淡水鱼类
营养生理与饲料

NUTRITIONAL PHYSIOLOGY AND FEED OF
FRESHWATER FISH

叶元土　吴　萍　蔡春芳　等著

化学工业出版社

· 北京 ·

内容简介

本书集成了作者团队从事淡水鱼类、淡水虾蟹的营养生理研究和饲料研究30余年的成果。全书共十一章。第一章 鱼类胃肠道营养生理、第二章 鱼类胃肠道对氨基酸的吸收与利用、第三章 氧化损伤与生物抗氧化、第四章 鱼类的蛋白质新陈代谢、第五章 油脂与淡水鱼类的脂代谢、第六章 鱼类胆固醇和胆汁酸代谢、第七章 鱼类的矿物质代谢、第八章 鱼类日粮中豆粕的非营养作用、第九章 鱼虾酶解产物对养殖鱼类的营养作用、第十章 海带对养殖鱼类的营养作用、第十一章 养殖鱼类的食用质量。

本书适用于从事水产动物营养和饲料学基础研究、水产饲料产业生产、水产养殖业生产和水产食品产业领域的专业技术人员和管理人员。希望本书能作为一本帮助相关人员以水产动物营养代谢生理规律为底层逻辑去设计水产饲料和使用水产饲料的专业性书籍。

图书在版编目（CIP）数据

淡水鱼类营养生理与饲料 / 叶元土等著. -- 北京：化学工业出版社，2024.5

ISBN 978-7-122-44678-7

Ⅰ.①淡…　Ⅱ.①叶…　Ⅲ.①淡水鱼类-鱼类养殖　Ⅳ.①S965.1

中国国家版本馆CIP数据核字(2024)第002150号

责任编辑：张林爽　　　文字编辑：张熙然　李玲子　陈小滔
责任校对：李雨函　　　装帧设计：刘丽华

出版发行：化学工业出版社
　　　　　（北京市东城区青年湖南街13号　邮政编码100011）
印　　装：中煤（北京）印务有限公司
889mm×1194mm　1/16　印张58¼　彩插12　字数1600千字
2024年10月北京第1版第1次印刷

购书咨询：010-64518888　　　　　售后服务：010-64518899
网　　址：http://www.cip.com.cn

凡购买本书，如有缺损质量问题，本社销售中心负责调换。

定　　价：298.00元

著者名单

叶元土　教授　　　　　　（苏州大学基础医学与生物科学学院）

吴　萍　副教授　　　　　（苏州大学基础医学与生物科学学院）

蔡春芳　教授　　　　　　（苏州大学基础医学与生物科学学院）

曹霞敏　副教授　　　　　（苏州大学基础医学与生物科学学院）

成中芹　副教授　　　　　（苏州大学基础医学与生物科学学院）

王永玲　高级实验师　　　（苏州大学基础医学与生物科学学院）

蒋　蓉　　　　　　　　　（无锡三智生物科技有限公司）

萧培珍　　　　　　　　　（北京桑普生化技术股份有限公司技术中心）

罗　莉　教授　　　　　　（西南大学水产学院）

周继术　副教授　　　　　（西北农林科技大学动物科技学院）

曾　端　　　　　　　　　（Fisher King Seafoods Ltd，加拿大）

丁小峰　　　　　　　　　（苏州市农业综合行政执法支队）

唐　精　　　　　　　　　（岳阳展翔生物科技有限公司）

郭建林　　　　　　　　　（浙江省淡水水产研究所）

邱晓寒　　　　　　　　　（亚信集团股份有限公司）

蔡卫俊　　　　　　　　　（江苏射阳县海洋与渔业局）

诸葛燕　　　　　　　　　（苏州市水产技术推广站）

白　燕　　　　　　　　　（辽宁医学院畜牧兽医学院）

李　婧　　　　　　　　　（陕西省水产技术推广站）

代小芳　　　　　　　　　（浙江省嘉兴市海盐县农业技术推广中心）

李高峰　　　　　　　　　（丰顺英维营养科技有限公司）

肖顺应　　　　　　　　　（成都通威动物营养科技有限公司）

姚仕彬　　　　　　　　　（广东恒兴饲料实业股份有限公司）

许　凡　　　（江苏省大丰华辰水产实业有限公司）

黄雨薇　　　（苏州药明检测检验有限责任公司）

陈科全　　　（新希望集团海外事业部）

林秀秀　　　（温州中壹技术研究院有限公司）

吴代武　　　（四川省中江县应急管理局）

罗其刚　　　（四川省泸县农业农村局）

何　杰　　　（无锡三智生物科技有限公司）

高敏敏　　　（苏州贝康医学检验实验室有限公司）

周露阳　　　（浙江丰宇海洋生物制品有限公司）

郁　浓　　　（苏州康宁杰瑞生物科技有限公司）

吕　昊　　　（常州海大生物饲料有限公司）

孙　飞　　　（奥华饲料有限公司）

石瑶瑶　　　（青岛鲜达物流科技有限公司）

王卓君　　　（无锡三智生物科技有限公司）

吕　斌　　　（奥华饲料有限公司）

前言

中国的水产动物营养学与饲料技术的研究在20世纪80年代开始快速发展，水产饲料产业的发展伴随着中国水产养殖业的发展，取得了显著的成就。目前，中国水产饲料的年产量已超过2200万吨，位居世界第一；中国鱼虾蟹养殖总量超过4000万吨，位居世界第一。

科学研究的重要使命之一就是为产业发展提供基础理论和技术支撑，为产业的发展保驾护航。水产动物营养学研究的对象是水产动物，而水产饲料学的研究对象是饲料原料、饲料配制和饲料制造技术。将水产动物营养学与饲料学技术有效结合，其使命就是以水产动物营养需要和营养生理代谢规律为科学基础，依托饲料原料的营养质量、非营养质量进行科学的组合配制，并制造出满足水产动物需要的配合饲料，在保障水产动物生理健康、保护水产动物生存的水域生态环境条件下，通过养殖生产活动，以最少的饲料消耗获取最大化的、满足人类食用需求的养殖渔产品。因此，水产动物营养与饲料学是一个综合性的学科，它既是一个基础性学科，也是一个技术性学科。

回顾水产动物营养与饲料学基础研究和技术研究的历程，审视当今水产饲料技术和水产饲料产业发展的现状，我们会发现一系列的科学问题和技术问题，其中一个重要的问题是"在水产动物营养生理代谢与饲料技术之间，是否实现了基础理论和产业技术的有机融合？"我们坚信，饲料技术必须建立在水产动物的营养生理代谢基础之上，而不能转化为产业技术的基础理论研究也会失去其科学的应用价值。

我们所在苏州大学水产动物营养与饲料实验室团队从事淡水鱼类、淡水虾蟹的营养与饲料研究已经30多年，始终围绕水产动物的营养生理代谢和饲料技术开展研究。我国水产动物营养与饲料的基础研究与应用技术研究目标，从早期的以促进水产动物生产性能为目标，逐渐发展到现阶段的以水产动物生产性能和生理健康为目标，后期发展的方向应该是以水产动物生产性能、水产动物的生理健康和养殖渔产品的食用质量（营养质量、食用质量和安全质量）为目标。每一个阶段我们都希望能够较为系统地开展研究工作，研究方法、实验平台、动物模型是研究工作的基础，一些基础性的数据也是学科发展所必需的。本书在总结我们研究成果的同时，更多地以水产动物营养生理代谢规律为理论基础和技术基础，研究淡水鱼类、淡水虾蟹的饲料质量控制技术，实现水产饲料对于水产动物的生长性能目标、水产动物的健康维护目标、养殖渔产品的食用质量控制目标。

全书共11章。第一章以淡水鱼类的感觉器官、胃肠道消化组织结构与生理为基础，分析了鱼类对饲料的摄食、消化过程，重点研究了鱼类胃肠道黏膜结构与功能保持完整性的生理基础和结构基础，分析了饲料物质对胃肠道黏膜结构的损伤作用与修复作用。第二章研究了肠道黏膜对氨基酸的吸收机制，以及肠道黏膜在吸收氨基酸过程中对氨基酸的利用效率。第三章以氧的化学结构和性质为基础，分析了鱼体内氧的存在方式、运输和动态平衡机制；分析了活性氧（ROS）等自由基的来源、生理作用，以及鱼体内活性氧的动态平衡机制；重点分析了清除活性氧自由基的鱼体内生理活性物质和饲料物质种类、化学结构和性质；研究了氧化损伤的细胞模型与氧化损伤机制、饲料物质对鱼体的氧化损伤作用，以及通过饲料途径对鱼体氧化损伤的修复技术。第四章分析了淡水鱼类体内蛋白质周转代谢的研究方法，研究了必需氨基酸对草鱼体蛋白质周转代谢的影响，重点研究了油脂氧化产物诱导草鱼体蛋白质分解作用机制。第五章以油脂的化学结构和性质为基础，分析了油脂氧化酸败的化学机制和特点，研究了水产动物对饲料油脂消化、吸收和存储特点，研究了水产动物油脂的脂肪酸组成特征、饲料油脂的脂肪酸组成与鱼体脂肪酸组成的相关性。第六章以胆固醇、胆汁酸的化学结构和性质为基础，研究了淡水鱼类对胆固醇、胆汁酸的生物合成途径及其调控机制，研究了饲料胆汁酸对淡水鱼胆固醇、胆汁酸代谢的影响，重点是饲料胆汁酸对鱼体胆汁酸肠肝循环动态平衡的维护作用机制。第七章分析了淡水鱼类对水域环境中矿物质元素的吸收和利用，重点研究了饲料磷对草鱼骨骼生长的影响。第八章利用草鱼原代肝细胞模型研究了豆粕、大豆水溶物对肝细胞的损伤作用机制，通过养殖试验探究了黄颡鱼饲料中添加酵母培养物和天然植物对高剂量豆粕损伤的修复作用。第九章以鱼粉为对照，研究了酶解鱼溶浆、酶解鱼浆、酶解虾浆等新型海洋生物蛋白质原料对黄颡鱼的养殖效果，分析了海洋鱼类、虾类的酶解产品对黄颡鱼的功能性作用。第十章研究了以海带为代表的海藻产品对斑点叉尾鲴、草鱼的作用效果，分析了海带产品对鱼体生理代谢的作用途径。第十一章以肌细胞、肌肉的组织结构为基础，分析了鱼类肌肉生长方式和肌纤维类型，分析了鱼（活鱼）、鱼肌肉的食用质量内容、评价方式及其影响因素，探讨了饲料途径对养殖鱼类食用品质的影响。

本书既是对我们团队30多年来研究工作的总结，也是对淡水鱼类营养生理代谢与饲料技术融合的研究和知识的梳理。重点是对水产动物营养生理代谢规律的认知，将其作为知识的基础，探讨水产饲料如何适应水产动物的营养需求和代谢生理的需要、不良饲料物质如何对水产动物器官组织结构与功能产生损伤，目标是为水产动物提供适合其生长发育所需要的、营养均衡的、安全的配合饲料。水产养殖过程中，水产饲料的使用需要实现三大目标：满足水产动物的营养需要并实现水产动物的快速生长；适应水产动物生理代谢的需要，维护水产动物以及水产动物重要器官组织的结构与功能，维护好水产动物的生理健康，希望通过饲料途径控制水产动物病害的发生；还要通过饲料途径提高水产动物的食用价值，并获得好看、好吃、营养、安全的养殖水产食品。

本书的读者群体为从事水产饲料产业和水产养殖业的技术人员、管理人员。希望本书作为一本既有基础理论也有技术含量的专业书籍，为我国水产动物营养学研究、饲料技术研究和水产养殖技术的进步奉献一份力量。

科学和技术的发展都有其历史的阶段性。本书主要是以我们团队的研究工作为基础进行写作，因此在认知视角方面和认知程度上都会带有我们的视角、观点和研究的局限性，读者可以带着自己的视角和观点来阅读本书。

本书集成了本实验室团队的部分研究成果，衷心感谢实验室团队的奉献。实验室团队的研究生们，把自己一生中最美好的时光奉献给了苏州大学水产动物营养与饲料实验室，也希望通过本书把他们的研究成果系统地奉献给社会。"求真务实、开拓创新；技术为本、艰苦创业；踏实做人、回报社会"是我们的实验室精神。"苏州大学水产动物营养与饲料实验室研究生理事会""苏州大学水产动物营养与饲料实验室研究生爱心基金会"为团队的建设和发展做出了重大贡献。每年一度的"苏州大学水产动物营养与饲料学学术年会"交流平台凝聚了团队的力量，感谢团队的每一位成员。

限于篇幅和知识内容的系统性，没有将实验室团队的全部研究成果集成在本书中，也就没有把实验室团队的所有成员作为本书的作者。同时，也依据知识内容的需要，集成了部分文献资料的结果以补充知识的系统性和完整性。在此，对所有奉献者表达衷心的感谢。

著者
2023年12月

目录 / Contents

Nutritional

Physiology

and

Feed of

Freshwater

Fish

淡 水 鱼 类

营 养 生 理

与

饲 料

第一章
鱼类胃肠道营养生理

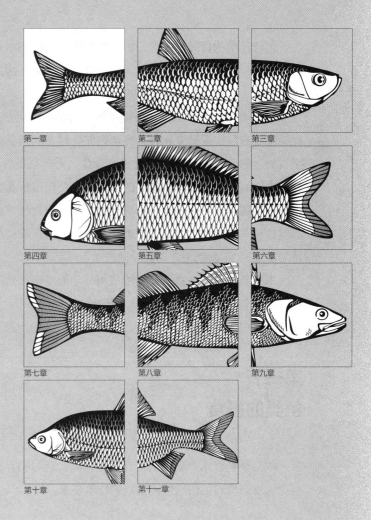

第一章　　第二章　　第三章
第四章　　第五章　　第六章
第七章　　第八章　　第九章
第十章　　第十一章

水产养殖的目标是在保护水域生态环境、维护水产动物生理健康的条件下，通过饲料的投喂和养殖生产活动，以最少的饲料消耗，获得最大限度的、满足消费需求的渔产品。水产动物足够的摄食量是满足其生长、发育、抗应激需要的物质和能量基础。

水产动物是生活在水域环境中的变温动物。自然水域环境条件下，水产动物的食物丰度相对较低，食物也有白昼、季节变化，水产动物需要综合利用其感觉器官、摄食器官、游泳器官等去寻找食物、辨别食物、捕获食物，并完成食物的吞食。而养殖条件下，食物主要为配合饲料，水产动物在寻找食物、捕获食物等方面可以减少能量的消耗，只要摄取配合饲料并吞食配合饲料即可实现对食物的获得。饲料本身的物质组成（如诱食、促进摄食、减少饱食感觉或维持饥饿的物质）、饲料颗粒进入水体后的形态、饲料颗粒进入水体后的运动状态等成为影响水产动物摄食的主要因素。这就涉及饲料配方（物质组成和量的多少）、饲料制造、饲料投喂技术等环节。

本章基于水产动物消化道的结构与功能基础，阐述水产动物的摄食、消化和吸收，尤其注重胃肠道黏膜结构与功能完整性的认知和健康维护。

第一节
鱼类的摄食

本部分将以水产动物的摄食器官、摄食行为和吞食行为，以及相应的生理代谢调控机制为基础，重点探讨水产饲料的适应性和相应的技术要求。

一、鱼的口裂与饲料颗粒的适应性

不同种类的鱼、不同生长期或不同个体规格大小的鱼，其口裂大小是不同的。那么，什么规格的饲料颗粒（直径与长度）才适合水产动物的摄食呢？

这就涉及不同种类的鱼、不同个体大小的鱼，其口裂宽度与饲料颗粒直径、长度的关系问题。首先，如果能够建立鱼的口裂宽度与个体大小之间的关系，那么就可以依据个体体重计算得到其口裂宽度的值。其次，需要建立口裂宽度与饲料颗粒直径、长度之间的数学关系，依据口裂宽度计算得到饲料颗粒的直径和长度。而对于饲料形态而言，包括了粉状饲料、碎粒饲料、微颗粒饲料（微囊或包被的饲料）、软颗粒饲料、硬颗粒饲料、膨化沉性饲料、膨化缓沉饲料、膨化浮性饲料等。饲料颗粒规格主要指饲料颗粒的直径、长度，对于近于球形的饲料如碎粒饲料、微颗粒饲料、膨化饲料等，主要考虑饲料颗粒的直径；而对于硬颗粒饲料，则要同时考虑饲料颗粒的直径和长度。

从饲料角度考虑，饲料颗粒规格是否适合水产动物的有效摄食，主要包括饲料颗粒进入水产动物口咽腔是否顺利、饲料颗粒在口咽腔中的适应性、水产动物吞食过程对饲料颗粒的适应性、饲料颗粒进入胃肠道后的耐久性等方面。因此，饲料颗粒的规格首先要适合水产动物口裂的大小，让水产动物能顺利地摄食到饲料颗粒并送入到口咽腔，其限制条件就是饲料颗粒的直径、长度要与水产动物口裂大小相适应。其次，水产动物的吞食、摄食方式对饲料颗粒有不同的要求，例如鳙、鲢等是滤食性鱼类，饲料颗粒进入口咽腔后不是直接以吞食的方式进入消化道，而是通过鳃耙的滤食过滤食物，食物通过鳃耙沟、鳃耙管后再经过吞食进入消化道；虾蟹类动物的摄食，往往是将一颗饲料抱住再进行啃食；多数水产动物则是直接将进入口咽腔的食物或饲料吞食进入消化道。在饲料颗粒进入口咽腔后这一环节的限制因素包括：饲料颗粒规格是否适合水产动物经过口咽腔的吞食活动、饲料的呈味物质刺激口咽腔感受细胞如味蕾细胞的生理反应等。因此，过大的或过硬的饲料颗粒可能会因不适合吞咽活动而被直接吐出口咽腔，颗粒饲料中的苦味、油脂氧化产物等可能会刺激感受细胞使水产动物产生厌食的感觉和生理反应，从而将食物从口咽腔中吐出。再次，水产动物对摄取的食物或饲料需要完成吞咽动作，饲料颗粒才能进入消化道。咽喉的伸缩性、感觉细胞的生理反应等对吞食活动有较大的影响。后面还将提到生产中常见的"吐料"，即饲料颗粒即使被吞咽进入胃、食道后，也有可能被吐出来。最后，颗粒饲料进入胃肠道后的溶散时间也是一个重要问题，如果一颗饲料颗粒在胃肠道内长时间不能被溶散，就会严重影响消化效果，甚至在溶散之前就被当成粪便排出体外。而养殖条件下一般4h就投喂一次饲料，常常发生不适合的颗粒饲料未溶散时直接排出体外的情况。

除了上述的一般性摄食、吞食活动外，水产动物的神经分泌活动、激素调节活动等形成的"饱食感觉""饥饿感觉""厌食感觉"以及相应的生理调节对最大摄食量的影响也是非常重要的。提高水产动物的摄食量是保障生长效果的重要技术环节。

鱼类种类繁多，口的位置和形态差异很大。硬骨鱼类依据口所在的位置和上下颌的长短可分为上位口、下位口（腹位口）及端位口（前位口）三大类。上位口的下颌一般长于上颌，下位口则是上颌长于下颌。下位口的鱼类一般生活于水之中下层，以底栖生物为食。

水产动物口裂大小包括口裂高度和口裂宽度，口裂的高度是指水产动物的口自然张开后，上下颌之间的垂直距离；口裂宽度是指水产动物的口自然张开后，左右口角之间的直线距离。口裂的大小和形状常与捕食习性有关。一般营追捕生活的肉食性鱼类口裂较大，齿亦尖利，如大口鲶、鳜、大黄鱼等。它们一旦遇到食物，就大量吞食，可吞食比本身口咽腔容积还大的食物，口腔和咽喉都能作极大程度的扩张，具有松动的颌骨。而温和性或以食小动物和植物为主的鱼类，口裂一般较小，如鲴、鲫、鲤等。而食浮游生物的鱼类中，有的口裂也很大，如鲸鲨、鳙、鲢等，它们用大口尽量吞取较多的水，滤取水中的食物。

水产动物口裂宽度与饲料直径间存在一个数学关系：饲料颗粒的直径为鱼体自然状态下口裂宽度的25% ～ 50%，即饲料颗粒直径为口裂宽度的1/4 ～ 1/2，这样的饲料颗粒容易被鱼类摄食。

硬颗粒饲料一般为长条形或圆柱形，长度不超过直径的4倍，最佳为2倍。这是因为，如果长度为直径的4倍，以鱼体口裂宽度的25%为饲料颗粒的直径，那么25%×4=1，即饲料颗粒的长度与鱼体自然状态下口裂宽度完全一致，正常状态下鱼很难自然摄食这颗饲料，即使这颗饲料进入了口咽腔，口咽腔的大小也限制了这颗过长的饲料吞咽进入消化道。如果饲料颗粒的长度为直径的2倍，这颗饲料的长度也就是鱼体口裂宽度的50%、直径为口裂宽度的25%，则很容易被鱼所摄食，也有利于后续的吞食。对于膨化饲料，一般加工成球形颗粒，这时即使颗粒的直径为口裂宽度的50%，鱼体也很容易摄食这颗饲料。

关于不同种类、不同个体规格鱼体的口裂大小，目前的数据不多，我们也仅研究了几种鱼体的口裂大小与鱼体规格（体质量）的关系。

（一）翘嘴红鲌（*Erythroculter ilishaeformis*）口裂宽度与体重的关系

我们利用太湖野生的和养殖的翘嘴红鲌为试验对象，依据测量数据建立了翘嘴红鲌口裂宽度（Y）与体重（x）的回归方程：$Y=0.2665x^{0.3078}$（$r=0.9853$，$P < 0.01$）。根据这个方程和饲料颗粒直径为口裂宽度的25%，可以计算出不同个体大小翘嘴红鲌的口裂宽度和可摄食的饲料直径。

（二）花䱻（*Hemibarbus maculatus*）口裂宽度与体重的关系

以太湖野生的、太湖周边池塘养殖的花䱻为试验对象，测定了养殖及野生花䱻各年龄段鱼体口裂宽度（Y）与体重（x）的回归关系，养殖的花䱻为 $Y=95.853x^{3.1285}$（$r=0.9796$），野生花䱻为 $Y=121.68x^{2.8296}$（$r=0.9720$）。依据以上关系式和饲料颗粒直径为口裂宽度的25%，可以计算出不同个体大小花䱻的口裂宽度和可摄食的饲料直径。

（三）池塘混养条件下养殖鱼类的摄食与饲料颗粒大小

中国池塘养鱼的特色之一就是混养，包括不同种类的鱼混养，因不同栖息水层的鱼类占据了水体中不同的生态位，使立体空间得到了充分的生态利用。此外，混养也包括不同个体大小的鱼类混养。

我们知道，不同种类的鱼体其口裂大小有较大的差异，如草鱼的口裂大，而鲫、鲤的口裂相对较小；同种鱼不同个体大小的鱼体其口裂大小也有差异。那么，如何设计投喂的饲料颗粒直径和长度呢？

在这种情况下，基本原则首先是根据最小口裂大小来确定饲料颗粒的规格，以满足最小口裂的鱼类或同种鱼的最小个体能够摄食到颗粒饲料；其次，是依据主养鱼类的口裂大小设计饲料颗粒规格，以保障主养鱼类能够摄食到饲料颗粒并快速生长。而套养种类或同种类但个体小的鱼体，则摄食部分碎粒饲料、粪便或有机碎屑等。

在鱼虾混养、鱼蟹混养的池塘，养殖早期（主要依据虾蟹个体规格）可以分别投喂虾蟹饲料和鱼饲料。例如在池塘的一角或池塘的1/4面积处设置围网（网眼大小依据虾蟹规格确定）为虾蟹养殖区，在虾蟹养殖区域投饲虾蟹的苗种饲料，等待虾蟹生长到一定程度，可以摄食碎粒饲料或小规格的鱼饲料的时候，则将围网撤除，这时就以投喂鱼的饲料为主，不再投喂虾蟹饲料。虾蟹以摄食鱼饲料中的碎粒饲料为主。

二、鳙的滤食器官与饲料颗粒大小适应性

鳙（*Hypophthalmichthys nobilis*）在自然条件下以浮游动物作为食物来源，但是，在人工养殖条件下，特别是作为混养的套养鱼类时，一般摄食碎粒饲料、浮游动物和有机碎屑。也有的养殖场在颗粒饲料中搭配部分发酵饲料作为鳙的食物，发酵饲料可为鳙提供足够的食物并使其在套养条件下快速生长，从而获得较好的鳙产量。由于鳙的市场价格较好，目前已开展了鳙精养的养殖生产方式，进行了鳙饲料的开发。那么，鳙的饲料颗粒如何设计呢？

实际生产中，对于鳙饲料颗粒的设计往往存在误区，因鳙的口裂较大，常被误认为可以摄食较大颗粒规格的饲料，这是生产上不正确的认知。和其他鱼类相比，鳙的口裂是大，但是这与摄食的饲料颗粒规格没有关系，因为鳙的摄食是通过鳃耙过滤水中的食物，把食物汇集到鳃耙沟，而且过滤的食物要通过鳃耙管进入食道。因此，不能按照鳙的口裂大小设计饲料的颗粒规格，而是应该按照鳃耙间距、鳃耙沟宽度、鳃耙管直径等参数来设计饲料颗粒的规格，尤其需要了解适合鳙滤食的最小饲料颗粒直径和最大饲料颗粒直径。鳙作为滤食性鱼类的代表之一，了解鳙摄食所需饲料的大小，有助于对其他滤食性鱼类饲料的研发。

刘焕亮等（1992）研究了鳙的口裂大小与鱼体个体大小的关系。鳙的口径（为鱼体口自然张开后上下颌顶端之间的距离）随鱼体增长或个体体重增加而增大。鳙（全长6.4～35.0mm）的口径（Y，μm）对体全长（X，mm）（体全长为鱼体吻端至尾鳍末端的距离）的直线回归方程为：$Y=93.27X-308.56$。鳙的口宽（口裂宽度）随体长的增长而增大，鳙的口宽（Y，μm）对体全长（X，mm）的直线回归方程为：$Y=94.73X-382.22$（$n=16$）。因此，与其他鱼类相比，鳙的口裂是很大的（X的系数较大），这主要是为了

吸入更多的水体进入鳃以过滤食物的需要，而不是为了满足摄食食物规格的大小。

那么，鳙等滤食性鱼类摄食的饲料颗粒规格该如何确定呢？如果不是按照口裂大小而确定，那又是以什么作为依据来确定饲料颗粒规格大小呢？

这里需要认识水产动物摄食食物或饲料的方式。水产动物摄食食物或饲料的方式主要有以下几种：①吞食，这是大多数水产动物的摄食方式，即将整个食物或饲料颗粒一次性地摄食、吞食，食物或饲料可以快速通过口咽腔进入食道、胃或肠道。食物或饲料颗粒进入口咽腔可以是由鳃盖张合形成的水流产生的动力促使食物行进，也可以由动物附肢主动摄取食物或饲料颗粒。肉食性、杂食性鱼类基本为吞食方式，沼虾类、蟹类则通过螯足、附肢夹住食物或饲料颗粒并送入口中。②滤食，这是滤食性鱼类的摄食方式，依赖鳃盖张合形成的水流带入食物或饲料，并通过鳃耙过滤食物或饲料。③抱食、啃食，动物通过附肢抱住食物或饲料颗粒，利用吻端啃食食物或饲料颗粒。

鳙、鲢是典型的淡水滤食性鱼类，其基本的摄食过程可以总结为以下过程：食物或饲料随水流进入口（鳃盖张合形成的水流为动力）→鳃耙过滤食物（滤水通过鳃盖后部流出）→被过滤的食物或饲料汇集到鳃耙沟→经过鳃耙管→通过吞咽动作，将鳃耙管中的食物吞入食道→肠道。因此，滤食性鱼类摄取食物是通过鳃耙来过滤食物大小；又通过味蕾、鳃耙管等来选择、识别被过滤的食物，并通过咽喉进入消化道。这些鱼类不能以直接吞咽的方式来摄取食物，而大部分的鱼类是通过吞咽的方式摄取食物的。

鳙通过鳃耙过滤、摄取食物，因而对食物规格不仅有最小粒径的限制，同时还有最大粒径的限制，这对饲料颗粒规格设计是非常关键的。在饲料设计时必须考虑两个问题：首先，对于可以被滤食的饲料颗粒，鳃耙可以过滤的最小颗粒大小是多少？其次，被过滤的食物要汇集在鳃耙沟并通过鳃耙管才能被吞食，那么能够进入鳃耙沟、通过鳃耙管的最大饲料颗粒直径是多少？

饲料企业习惯用粉状饲料投喂鳙，而粉状饲料如果粒径过细则不能被鳙摄食，且粉状饲料中的维生素、矿物质等遇水即溶解，也不能被鳙利用。如果饲料颗粒过大，则不能通过鳃耙沟、鳃耙管进入鱼体消化道，饲料同样不能被摄食。

鳙的摄食器官其实质是滤食性器官，由鳃弧骨（e）、腭褶（b）、鳃耙（a）和鳃耙管等组成，其基本构成见图1-1。鳙的鳃不仅是呼吸器官（鳃丝），也是滤食器官（鳃耙）。

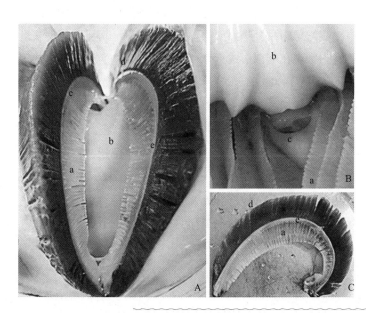

图1-1 鳙鱼鳃的滤食系统
a—鳃耙；b—腭褶；c—食道口；d—鳃丝；e—鳃弧骨

鳃耙是鳙的主要滤食结构，着生于鳃弧骨上，在鳃丝的相对方向。鳙的每个鳃弓上都有2列对称的鳃耙，鳃耙的长度小于鳃丝长度，同一鳃弓上的两列鳃耙基部靠拢并形成鳃耙沟，相邻鳃弓的鳃耙端部相接，形成鳃耙管。鳃耙管位于头盖骨耳囊区下方的软腭组织中，呈螺卷状。鳙的鳃每侧有4个鳃耙管，鳃耙管的大小没有查到相应的数据。全长370mm的鳙，鳃耙管直径为4mm，长度为30～40mm。此外，在口咽腔顶壁每侧有4条腭褶（耙间褶），当口闭合时，腭褶正好嵌合在各鳃弓的内外列之间。

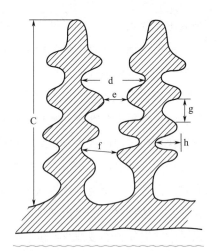

图1-2 鳃耙形态结构模式图（刘焕亮，1992）
C—鳃耙的长度；d、e、f—鳃耙的宽度，在基部形成鳃耙沟；g—鳃耙侧突起的间距；h—侧突起长度

鳙鳃耙杆部的两侧各有一列突起，称侧突起（其尖端没有侧突起）。相邻鳃耙的侧突起通常呈交错排列，偶尔也有对生。第一外列鳃耙中段，每毫米平均包含16.3～17.3个侧突起，两突起之间的距离是33.7～41.25μm。关于鳙鳃耙的形态结构，可以参照刘焕亮等（1992）的模式图，见图1-2。鳙的鳃耙长度大于鳃丝的长度。鳃耙在鳃弧骨上的分布是不均匀的，每一鳃弧骨的前、中、后三段的鳃耙密度（条/mm）也不相同，一般是后端最密，前端次之，中段最稀。鳃耙主要起机械过滤的作用。鳃耙的形态和排列方式还可使口咽腔内产生多种形式的水流，从而有助于吐出异物并有利于食物团向咽底运动等。电镜观察发现，鳃耙及鳃耙沟中都有黏液孔分布，因此过滤的食物可黏附于鳃耙上。鳃耙上的黏液细胞可能参与摄食过程。

同一鳃弧骨的内外两列鳃耙呈锐角排列，中间的空隙称鳃耙沟，与其相对应的腭褶嵌于其中。腭褶着生在口腔的骨上，不在鳃弧骨上。在三维空间上，腭褶的凸起部分则是与两列鳃耙形成的鳃耙沟对应的，共同参与对食物的过滤。腭褶在摄食过程中的摆动会形成水流，从而带动食物沿鳃耙沟向后移动；腭褶表面的枕状突呈"V"字形开口向后排列，这种排列方式有助于刮取食粒、推动水流；腭褶上丰富的黏液细胞参与了沉食过程；腭褶表面密布味蕾，具味觉功能；腭褶的蠕动可使附于鳃耙上的食物下移至鳃耙沟中。鳃耙沟的后1/3段下凹成槽状，在大量黏液作用下，可将食物黏聚成团。咽上器官的鳃耙管为一封闭的管道，管壁有咽鳃软骨支持，管外有发达的围耙管肌，与咽上器官外侧强大的舌咽鳃肌共同作用，可使鳃耙管腔内的水流冲至鳃耙沟中，使鳃耙沟中食物团上浮。横剖咽前区，可见各鳃耙长度从外向内呈明显的阶梯式递减，左右咽骨上第九列鳃耙在咽部形成近似"漏斗"的结构，上浮的食物团沿着递减的阶梯进入"漏斗"而后进入咽部（孙晓明，1992）。

鳙鳃耙过滤食物的基本过程和原理。食物先经过鳃耙过滤，水和微小物体（滤液）从鳃耙间隙顺利通过并从鳃孔排出，不能通过鳃耙间隙的浮游生物、有机碎屑（滤渣）等被滤积到鳃耙沟中并向后方（食道口方向）移动，到近咽喉底时进入鳃耙管，鳃耙管壁肌肉收缩，从管中压出水流把食物汇集到一起而进入咽底，然后经咽喉（食道口）进入前肠，食物才能被消化吸收。由图1-1中图C可见，其食道口直径相对于鳙鱼的口裂要小很多（该尾鳙体重1600g、口裂宽为50mm）。

鳙的鳃耙、腭褶、鳃耙管在过滤食物过程中，可过滤的食物规格（包括食物的最小规格和最大规格）是如何确定的？

关于滤取食物的最小规格。因为鳙通过鳃耙来滤取水中的食物，食物规格主要取决于鳃耙间距和鳃耙侧突起间距，见图1-2。鳙通过鳃耙过滤得到的食物规格可以参照"鳃耙间距×侧突起间距"来估算。刘焕亮等（1992）的研究结果表明，全长30.0mm以上的鳙的鳃耙间距为23.4～72.0μm，侧突起间距为29.8～55.8μm，可以滤取的最小食物规格为"鳃耙间距（23.4～72.00μm）×侧突起间距

（29.8～55.8μm）"。

有资料显示（刘焕亮，1992），鳙的鳃耙间距为57～103μm，侧突起间距为33～41μm；鲢鱼的鳃耙间距为33～56μm，侧突起间距为11～19μm。鲢鱼的鳃耙像一片滤取浮游生物的筛绢，比鳙约密一倍。在摄食过程中，浮游植物和浮游动物同水一起进入鳙的滤食器官中，大多数的浮游植物通过该器官排出体外，而大多数的浮游动物被过滤累积在滤食器官中。所以，鳙肠管中的食物组成主要是浮游动物（浮游动物与浮游植物的个数比值为1：4.5，但两者体积之比则浮游动物较大）。董双林（1995）试验研究发现，鲢对小于60μm的食粒的滤除率大于鳙，而鳙对无节幼体和轮虫的滤除率大于鲢。统计分析表明，它们对直径约70μm的食粒的滤除率几乎相等。也就是说，鲢对浮游植物的摄食能力较强，鳙对浮游动物的摄食能力较强，对直径约70μm的食粒两者的摄食能力相当。

因此，对于鳃耙间距（一个鳃弧骨上2列鳃耙之间的距离）在23～103μm，鳃耙侧突起间距在29～41μm的鳙，依据刘焕亮提出的模型，可以过滤的食物二维规格是：（23～103μm）×（29～41μm）。不同个体大小的鳙在上述二维结构大小上有一定差异，但这个规格大小对于饲料而言，是非常的小。依据饲料筛网规格，60目筛网可以通过的饲料规格为250μm、80目为180μm、100目为150μm、120目为120μm，要达到20～30μm规格的筛网为400～600目。按照饲料企业饲料加工设备的粉碎能力，如果采用80目的筛网，其饲料颗粒规格为180μm，即使超微粉碎通过100目筛网所得饲料规格也达150μm，都高于鳙鳃耙间距和鳃耙侧突起间距，是可以被鳙鳃耙过滤的。这个数据表明，饲料企业现有对饲料原料粉碎得到的粉料颗粒直径远大于鳙鳃耙可以滤食的食物的最小粒径。

那么，鳙的鳃耙滤取食物的最大颗粒规格如何确定呢？

这个问题的研究资料很少，现有的研究都以讨论鳙、鲢可以滤取的最小食物颗粒大小为主。鳙、鲢滤取的食物是通过鳃耙沟汇集到鳃耙管，并经过咽喉部进入食道的。目前的生产性试验结果显示，即使使用膨化颗粒饲料，也没有发现鳙可以直接将1.0mm、2.0mm左右直径的饲料颗粒经过咽喉进入消化道，即没有发现鳙可以直接吞咽饲料颗粒的情况，还是依赖鳃耙滤食的食物才能进入食道。因此食物颗粒规格的大小要能够通过鳃耙沟、鳃耙管，否则不能进入食道。

而鳃耙沟、鳃耙管的三维空间规格目前没有数据，但是鳃耙沟里也有鳃耙过滤食物，且鳙的鳃耙管中的鳃耙结构与鳃弧骨上鳃耙结构是一致的，这说明即使鳃耙管较大，但通过鳃耙管的食物也需经鳃耙过滤。因此，实际上通过鳃耙管的食物不会比通过鳃弧骨鳃耙过滤的食物颗粒大多少。

依据鳃弧骨鳃耙滤取食物的二维规格"（23～103μm）×（29～41μm）"，即使是这个规格的2倍，最大颗粒规格也就200μm，对应的筛网为70目左右。

按照上述分析结果，鳙饲料无论是粉料还是碎粒饲料的形态，饲料颗粒的直径都不应大于200μm（小于70目筛）。而关于鳙饲料的最小规格，在饲料企业现有的粉碎条件下，即使超微粉碎的饲料也大于鳙可以滤食的最小规格。

根据上述分析，鳙的颗粒饲料的制备，按照鱼类的鱼苗开口饲料生产工艺和饲料规格执行较为适宜。这类饲料颗粒的直径要求小于500μm。

三、鱼体感觉器官与摄食行为的适应性

与鱼类摄食有关的感觉器官包括对味的识别（如味蕾）、对运动状态的识别（如眼睛、侧线）、对食物颜色的识别（如眼睛）、对声音的感知（如侧线、鳔）等。鱼类长期生活于水域环境中，其感觉器官对食物的感知与识别构成了摄食行为的基础。

鱼类依靠视觉、嗅觉、味觉、触觉及侧线感觉发现和摄取食物。养殖条件下，水产动物摄食相对容易，部分感觉器官也会发生变化，其摄食行为相对简单，但是，吞食行为与饲料的关系值得关注，尤其要避免吞食后再吐食的行为。

(一) 视觉器官与摄食

鱼类眼球由巩膜、脉络膜及视网膜等三层被膜组成。鱼类眼睛的结构模式图见图1-3。巩膜在眼球的最外层，起保护眼球的作用，在眼球前方部分是透明的角膜。中间一层为脉络膜，由银膜、血管膜及色素膜三层组成。脉络膜向前延伸到眼球前方部分为虹膜，其中央的孔为瞳孔。眼球的最内层为视网膜，是产生视觉作用所在的部位。

从模式图图1-3中可以发现，真骨鱼类眼睛的晶状体是球形，且无弹性、不能伸缩，这是鱼类眼睛的一大特点，表现为近视眼的特征。人类眼睛的晶状体是可以伸缩的，看不同距离的物体时可以通过调节晶状体来实现对焦距的调整，调节瞳孔大小实现对光亮度的调节。鱼类眼睛这个功能极度弱化，它们仅仅能够看见10～20m距离之内的物体。鱼没有泪腺，所以不会流泪。鱼也没有真正的眼睑（死亡后也不能闭眼）。鱼类两眼视角覆盖区域才是识别物体的有效区域，而两眼视角交叉区域位于正前方，因此鱼眼睛可以看见正前方的物体，但距离仅仅10～20m。关于鱼类的眼睛是否可以分辨颜色有不同的认识。

整体而言，鱼类眼睛对饲料颗粒、食物的识别、认知能力等均差于陆生动物，对于食物的辨别和认识主要依赖皮肤感觉器官、嗅觉、味觉等的综合作用。通过视觉辨识食物，主要是对食物的运动状态、食物形态、食物大小等进行辨别和感知。在取食过程中，饲料颗粒是进入水体、在水体沉降过程中被鱼体认知的，这是主要的辨识过程。当饲料颗粒沉入水底后，鱼体则主要通过化学感受来进行辨别和认知。

鱼体对饲料的颜色认知是有影响的，其主要是依赖饲料颜色在水体中反差的大小来进行有效的识别。饲料颗粒的颜色与水体背景的反差越大，则越容易被识别。白色、黑色、红色在水体中可以形成较大的反差色调，因此这些颜色的饲料容易被鱼体所识别。

(二) 味觉、嗅觉与摄食

嗅觉感受器由鼻孔、鼻腔和位于鼻腔内的嗅囊构成。嗅囊是鱼类主要的嗅觉器官，由一些多褶的嗅觉上皮组成，它分化为嗅觉细胞和支持细胞。鱼类的嗅囊能感受由食物所产生的化学刺激，有感觉气味的能力。嗅觉上皮的感觉细胞有四种：纤毛感觉细胞、微绒毛感觉细胞、隐窝感觉细胞和杆状细胞。鱼类的嗅觉上皮模式图见图1-4。

鱼类通过嗅觉器官能感受饵料生物、凶猛鱼类、异性等在水中散发的气味，以及水中低浓度的化学物质气味。溯河洄游的鲑科鱼类之所以能回到它出生的河流进行繁殖，就是因为它对该河流的气味有特别的反应，正是这种化学刺激引导鲑鱼作回归移动。鳗鱼苗在海洋中也是嗅到淡水的气味后，即朝淡水方向移动。所以嗅觉对鱼类的寻食、避敌、识别种群以及生殖、洄游等都起着重要的作用。

鱼类的味觉器官是味蕾，味蕾是椭球形的构造，它也是由感觉细胞和支持细胞组成，鱼类味蕾结构模式图见图1-5。味蕾顶部以纤毛和微绒毛的形式存在，其内部以突触的形式与神经纤维相联系，味觉中枢在延脑。味蕾一般由50～150个味觉细胞构成，10～14d更新一次。

鱼类味蕾的分布十分广泛，在口咽腔、舌、唇、鳃弓、鳃耙、食管、体表皮肤、触须及鳍上均有分布。可以这样理解：凡是与水体或食物可以接触的地方，都有味蕾的分布。值得注意的是，食道甚至胃肠道中也有少量的味蕾分布。其作用是否影响吞食、吐食？这个问题值得关注。鱼类味蕾的分布模式与

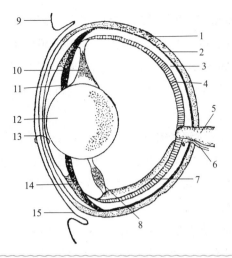

图1-3 真骨鱼类眼睛结构模式图
1—巩膜；2—脉络膜的银膜；3—脉络膜的血管膜和色素膜；
4—视网膜；5—视神经；6—血管；7—镰状突；8—晶状体缩肌；
9—皮肤；10—悬韧带；11—虹膜；12—晶状体；13—角膜；
14—环韧带；15—结膜
（图片引自"鱼类学"）

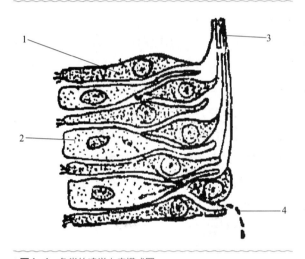

图1-4 鱼类的嗅觉上皮模式图
1—嗅觉细胞；2—支持细胞；3—嗅神经；4—第5对脑神经末梢

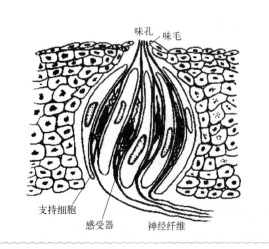

图1-5 鱼类味蕾结构模式图

其摄食方式、摄食策略、生活习性密切相关。在鱼类发育过程中，味蕾在开口摄食前的几个小时甚至前一天就已经出现。鱼类味蕾可根据其味孔与周围上皮的位置高度分为3种类型：Ⅰ型味蕾，顶部显著高于表皮；Ⅱ型味蕾，顶部仅略高于表皮；Ⅲ型味蕾，顶部与表皮处于同一个水平面上。Ⅰ型、Ⅱ型味蕾具有一定的机械感觉作用，但对化学感觉较机械感觉更为敏感，且先于机械感觉而识别，能够对非适口性味道迅速识别，当饵料无味道时再利用机械感觉进行识别。Ⅲ型味蕾仅具化学感觉功能。

动物对味觉的感受过程是化学物质与味蕾细胞表面受体结合，味觉受体感受到味觉物质后发生细胞内变化，通过突触将信息转导到神经系统，并在脑部产生神经兴奋。对不同的化学物质有不同的受体进行感受，并产生不同的神经信号。不同的神经信号通过神经系统、激素系统调控动物的摄食行为。

味觉的分类有不同的方法，人体的基本味觉分为酸、甜、苦、咸，也有的分为酸、甜、苦、咸、鲜、脂肪味、金属味等。赵红月（2007）以异育银鲫为研究对象，测定了氨基酸、有机酸、核苷等22种刺激物对嗅觉和味觉反应的阈值。结果显示，嗅觉反应阈值集中在$10^{-6} \sim 10^{-5}$g/L，味觉反应阈值集中在$10^{-6} \sim 10^{-5}$mol/L。

目前研究较多的味觉可以分为甜、鲜、苦、酸和咸5种基本感觉。甜味的物质很多，如糖、氨基酸、甜味蛋白和二肽等，其味觉受体是第一家族成员（taste receptor family 1 member，T1R）中的T1R2和T1R3。鲜味物质主要有氨基酸类化合物、嘌呤核苷酸类化合物等，其味觉受体为T1R家族中的T1R1和T1R3。苦味物质如生物碱、黄烷酮糖苷类、萜类、甾体类、苦味肽等，其味觉受体为第二家族成员（taste receptor family 2 member，T2R）。值得注意的是T2R还在胃肠道和肠内分泌细胞中表达，可能参与了其他化学物质的传递。T2R是否会引起吐料的行为，值得探讨。酸味物质有无机分子、有机化合物（如乙酸、柠檬酸、乳酸和酒石酸）等，PKD1L3和PKD2L1是瞬时受体电位多囊蛋白（transient receptor potential polycystin, TRPP）通道家族的成员，是候选的酸味受体。NaCl、NH₄Cl和KCl等盐类都会引起动物体内的咸味反应，上皮细胞钠离子通道ENaC（epithelial Na⁺ channel）和瞬时受体电位香草酸亚型1（transient receptor potential vanilloid 1, TRPV1）是咸味受体。鱼类的脂肪味觉候选受体是CD36。CD36在味蕾细胞的顶端表达，是一种B型清道夫受体，是位于多种细胞表面的特殊的蛋白质受体。

味觉受体感受味觉物质后的信号转导，主要是通过引起味觉细胞的去极化或极化作用，调节细胞内的Ca²⁺水平，随后由感觉神经传导到中枢神经，从而激活了味觉传入神经纤维，产生味觉信号。

关于养殖条件下味蕾的变化，苏健等（2013）比较了野生和人工养殖的鲤口咽腔腭部的味蕾分布数量。与野生鲤相比，人工养殖鲤口咽腔腭部的味蕾和黏液细胞密度减小。这些变化可能与人工养殖鲤几乎完全吞食颗粒状配合饲料有关，在养殖条件下鱼体味蕾分布会发生一些变化，适应人工饲料的摄食。

养殖水产动物的食性是具有可塑性的，一些肉食性鱼类经过驯化可以摄食人工配合饲料，并可能引起感觉器官的一些变化。而如何通过人工干预方式，调整鱼体味觉感受、促进摄食则是我们关注的重点，使一些促进摄食的物质在饲料中得到应用。

关于脂肪味觉以及脂肪酸对鱼体摄食的影响，刘宁宁（2011）的一项研究工作很有意义，且该项研究中也有对苦味引起吐料的试验结果。他们分别制作了含亚麻酸和亚油酸（脂肪酸味饲料）、氨基酸（鲜味饲料）和苦味剂苯酸苄铵酰胺（苯甲地那铵）（denatonium benzoate, 100mmol/L）（苦味饲料）三种饲料，饲料中加入荧光染料，然后分别饲喂斑马鱼，通过录像观察它们对不同食物的吞、吐情况，食后迅速解剖肠道，在荧光显微镜下观察肠道中食物的荧光强度，分析鱼类对不同食物的偏爱性。结果表明，在斑马鱼摄食的初级阶段，观察到喂养含苦味剂饲料的斑马鱼有明显的吞食后再吐出现象，而喂养亚麻酸和亚油酸或氨基酸饲料的斑马鱼吞食饵料后都没有再吐出现象；进一步观察斑马鱼肠道中食物的荧光强度，发现斑马鱼对不同饲料的喜好性为含脂肪酸食物＞含氨基酸食物＞含苦味剂食物，喂养含氨基酸食物和脂肪酸食物的荧光密度要远远大于喂养含苦味剂食物的荧光密度，含脂肪酸食物的荧光密度大于含氨基酸食物的荧光密度。认为斑马鱼对含脂肪酸和氨基酸的食物具有偏好性，似乎还更偏好含脂肪酸的饲料，而对含苦味剂的饲料有明显的厌恶，有明显吞进食物然后把食物吐出来的现象。类似地，对蓝鲨的试验表明，蓝鲨对含甜味剂糖精的饲料非常喜欢，对含脂肪酸和氨基酸的饲料次之，但对含苦味剂的饲料不喜欢，甚至厌恶。鱼类的这些行为学试验证明：鱼类除了具有苦味和氨基酸的味觉感受外，还具有脂肪酸的味觉感受。

这个试验结果值得被关注。一是饲料中脂肪酸对斑马鱼和蓝鲨具有促进摄食、吞食的作用。在现有的饲料研究中，一般将游离氨基酸的诱食性作为重点考虑，而关于脂肪酸对摄食的影响则考虑不足。脂肪、脂肪酸和一些脂类物质具有很好的诱食作用，在人的食物中，菜里如果没有油脂则很难刺激食欲，其实对于水产饲料也是如此。水产饲料中适宜的油脂、脂肪酸种类和含量是有利于水产动物摄食的，而氧化后的油脂则会导致吐食。我们在氧化油脂试验中发现，用氧化油脂含量较高（氧化豆油、氧化鱼油，2%～6%添加量）的饲料饲养草鱼、鲫、黄颡鱼等淡水鱼类，鱼体摄食后有吐食的现象；在同等条件下，投喂未氧化油脂的饲料没有吐食的现象。在进行灌喂试验中也发现，灌喂氧化油脂后试验鱼直接吐食。因此，氧化油脂可能直接影响鱼体摄食、吞食反应，并导致吐食。而饲料中苦味是否导致吐食则没有系统的研究。

鱼类是否对苦味有味觉感受一直有争议，这个试验中以苯酸苄铵酰胺作为苦味剂（奎宁也是苦味代表物质）对斑马鱼和蓝鲨进行投喂，出现吞食后的吐食现象。在乌鳢、月鳢、加州鲈、鳜等肉食性鱼类养殖中，经常发现有吐料的现象，是否与氧化油脂或苦味物质有关，在鱼类胃肠道黏膜中是否有苦味受体存在，这是值得我们关注的问题。

（三）侧线器官与摄食

侧线器官是高度特化的皮肤感觉器，为鱼类和水生两栖动物所特有。软骨鱼类的侧线器官呈沟状或管状，硬骨鱼类则一般为管状，埋于皮下，叫做侧线管。侧线管内充满黏液，管壁上有呈结节状的感觉器，其构造与感觉芽相似，整个感觉器浸润在黏液内。侧线管有很多分支，末端向体表开孔，或穿过鳞片开孔，这些侧线管的分支向体表的开孔叫做侧线孔。被分支小管穿过的鳞片就是侧线鳞，在分类上，计算鳞式的侧线鳞就是这些带孔的鳞片。

侧线的形状和分布依鱼的种类而异，常用作分类的根据。侧线分布在鱼体的侧面直至尾基，有的平直纵贯于体侧的中部，有的跟鱼体背部轮廓相平行，有的则跟腹部轮廓相一致，还有些鱼类甚至有2条、3条或更多条的侧线，如三线舌鳎有3条。侧线及其感受器在头部、鳃部等也有分布，只是不如体侧的侧线明显。

侧线器官中能感受刺激的部位叫神经丘（neuromast），它由一些能感受刺激的、具有纤毛的毛细胞和支持细胞组成。毛细胞（hair cell）为感受机械波刺激的感觉上皮细胞，细胞基底与神经末梢相接。有些鱼的感觉细胞上端有突出的嵴顶器，由黏性的胶质囊或被膜构成，感觉细胞的纤毛就被包在其中。不同种类鱼的神经丘结构不同，支持细胞与感觉细胞数量的比例也不一样。在毛细胞中有一条动纤毛（kinocilium）和数十条不动毛。动纤毛具有纤毛结构，运动方向和神经的兴奋显然有一定的关系。当水流经过静息的鱼体，或鱼开始游动，都能使嵴顶器发生位移，从而牵动纤毛并将水流所造成的机械压力变化传给感觉细胞。

侧线器官与鱼类的摄食、避敌、生殖、集群和洄游等活动都有密切关系。侧线器官的主要功能是感觉水流的振动。侧线器官的管道内充满黏性物质，水中的压力变化传给黏液，或者传给管内的神经丘，引起其中感觉细胞的兴奋。侧线器官能够感受水流的刺激，利用条件反射证明，有些鱼类，在离其身躯及头部10mm处，可以鉴别直径1/4mm的纤维移动2mm距离所发生的信息，并能准确地鉴别干扰信息源。这种水中定位的功能对于捕获食物具有重要意义。

侧线器官在鱼类生活中相当重要，它是凶猛鱼类确定猎取物方位的感觉器官，也是温和鱼类观察敌害的感觉器官。侧线器官有感受水温的功能，有些鱼类能感受0.03～0.05℃的水温差。在损毁侧线器官之后，鱼类对水温的敏感程度明显降低。侧线器官还是鱼类的一种辅助性本体感受器，当鱼游动、肌肉收缩引起身体曲度变化时，会导致侧线器官感受装置发出信号传入中枢神经系统的冲动，从而进行躯体的活动调控。

侧线器官也是听觉的辅助器官，侧线感受器官可以感受低频的声波刺激。侧线能对低频声波刺激发生反应，而其可听频率范围则依种类而不同。鲫的侧线能感受1～25Hz的低频声波，鲤的侧线能感受5～25Hz的低频声波，海鲶的侧线能感觉到的声波频率为50～150Hz。6～16Hz的低频声波是对鱼类侧线最适宜的刺激范围，过高或过低频率的声波刺激，侧线均不大敏感。

（四）听觉器官与摄食

鱼类没有中耳和外耳，只有内耳。内耳是鱼类的听觉器官，位于眼睛的后方，埋藏在脑颅的耳囊内。内耳在外形上可分为椭圆囊和球囊两部分。椭圆囊构成内耳的上部，在它的前壁、后壁和侧壁上各连着一条弧形的管子，分别叫做前半规管、后半规管和侧半规管（也叫水平半规管）。每一个半规管的一端均膨大成球形的构造，叫做壶腹或坛。球囊构成内耳的下部，它的后方有一圆形突出，叫做瓶状囊或听壶。内耳的各种囊腔是互通的，内部充满着内淋巴液，并含有固体的耳石。耳石的主要成分是碳酸钙，其大小、数量因种类各不相同，例如板鳃鱼类的耳石为许多小的颗粒。硬骨鱼类的耳石，通常是三块，在球囊内的一块最大，叫做矢耳石；在椭圆囊内的前侧部与前半规管壶腹相近的一块最小，叫做微耳石；还有一块在球囊的后部或瓶状囊内，叫做星耳石。有些鱼类如鲤、鲢的星耳石很大。耳石随鱼体生长也相应地成层增长，磨片后可观察到呈现出同心排列的环纹，人们常借此与其他构造对照来研究鱼类的年龄和生长。而且耳石的形状常因属甚至因种而不同，因此常用于种类的鉴定。

内耳的内壁有无数的感觉细胞和支持细胞组成的感觉上皮，在壶腹内的感觉上皮叫做听嵴，在椭圆囊和球囊内的感觉上皮叫做听斑，其基本构造跟侧线的感觉器相类似。鱼类听觉感觉区主要在球囊。当外界的声波传到鱼体时，内耳的内淋巴液也发生同样的振荡，这种振荡刺激内耳的感觉细胞，再经听神经传递给脑而产生听觉。

内耳的主要功能是保持鱼体的平衡。当切除椭圆囊和半规管时，鱼就失去平衡，但不影响听觉；若切除内耳的下部球囊，不会引起鱼的平衡失调。说明平衡的中心是在椭圆囊和半规管。

四、摄食与吐料

自然水域中食物的丰度相对较低，水产动物需要较为灵敏的化学感受和较强的摄食行为来获得足够的食物。养殖条件下，人们总是希望提供更多的饲料供水产动物摄食，并获得较快的生长速度和较低的饲料系数，因此，水产动物依赖感觉器官寻找食物的能力有所下降。

人工配合饲料如何保障水产动物对饲料的感觉与认知，并促进其摄食量的增加是一个重要的问题。同时，水产动物摄食后吐出饲料的情况时有发生，这也是值得关注的问题。

（1）摄食行为与饲料颗粒

养殖条件下水产动物的摄食有很多影响因素，也是一个较为复杂的行为过程，下面就主要影响因素进行分析。

① 摄食驯化与摄食感知系统的可塑性。有些鱼类随时都处于觅食和摄食状态，如草鱼、鲫等。也有些特殊的鱼类一天的摄食次数很少，如大口鲶。整体而言，肉食性鱼类，尤其是鱼食性鱼类在一天中的摄食次数会少于杂食性、草食性和滤食性鱼类。

水产动物的摄食行为是可以驯化的，这已经得到广泛的认知。驯化摄食的主要条件包括时间点、投饲地点、投饲过程中的声音与人的活动等，可以使水产动物形成条件反射，形成较为稳定的摄食节律。经过一段时间的驯化，水产动物到固定的时间点会集中在固定的投饲区域，或者给予一定的声音刺激、人在摄食区域的活动等，均可以引导养殖的水产动物集中到投饲区域。

摄食行为较为容易驯化，而食性的改变则相对更有难度。如肉食性鱼类，尤其是鱼食性鱼类要通过训食转变为摄食配合饲料。如何引诱鱼群集中在投饲区域并促进鱼体摄食配合饲料，这需要一定的技术条件支持，例如饲料中是否含有可以引诱和促进摄食的成分，而这些成分我们还不完全知道。海洋生物的饲料原料，如鱼粉、虾粉、酶解鱼浆、酶解虾浆、乌贼膏等具有很好的诱食特性，这也是诱导肉食性鱼类食性转化的重要方面。同时，饲料的形态是否满足鱼体摄食行为的需要也是一个重要的问题，例如大口鲶、鳜是典型的鱼食性鱼类，其摄食频率不高，但一次摄食量较大，如果使用团块状、软颗粒饲料训食可以满足这个要求，而颗粒饲料需要较长时间、高频率地摄食，可能训食、转食的难度相对会比较大。

② 饲料溶失与促进摄食物质。水产动物的味蕾可以感知到酸、甜、苦、咸、鲜等主要味道，相应的

呈味物质对刺激摄食反应是有效的。此外，辣、麻、脂肪味等对水产动物的味觉也是有刺激的，也会影响到水产动物的摄食活动。

值得注意的是，呈味物质需要溶解在水体之中或悬浮于水体之中，才能对味觉器官产生刺激并引导摄食。硬颗粒饲料、软颗粒饲料、粉料、碎粒饲料等在进入水体之后，逐渐向水底沉降，在沉降过程中以及沉入水底之后，会有一部分饲料颗粒表面的物质溶解或溶失在水体中，这些物质对水产动物的味觉感受器官会产生刺激，影响到摄食行为的发生。然而，膨化颗粒饲料，无论是浮性、沉性还是缓沉性的，一般都会在颗粒的表面喷涂油脂。油脂不溶于水，但会溶失在水体并漂浮于水面（真空喷涂油脂更多地进入饲料颗粒内部，在水体中溶失量会减小），同时在喷油的膨化颗粒表面也会形成一个油-水界面，且由于膨化颗粒饲料的黏接性要优于硬颗粒饲料，导致饲料物质在水体中的溶失量大大降低。此时，对水产动物味觉感受器官产生刺激作用的则主要是油脂，而不是溶失的饲料物质如氨基酸、核苷酸、糖等。此时，油脂的味道、油脂的种类、油脂的氧化程度等对水产动物摄食的影响成为主要因素。

因此，在水产动物摄食节律已经形成的条件下，投饲节律和摄食条件反射应该是水产动物摄食活性的主要影响因素；诱食剂的作用降为次要因素，其促进摄食的物质发挥作用的效果发生在吞食过程。

另外，硬颗粒饲料和外喷油脂的膨化颗粒饲料这些促进摄食的物质的作用效果有差异。饲料中的呈味物质对水产动物摄食的影响受到硬颗粒饲料、软颗粒饲料、碎粒饲料等在水体中溶失量的影响，外喷油脂的膨化颗粒饲料则受到喷涂油脂的影响。这是饲料呈味物质对摄食行为影响应该考虑的因素。可以认为，在硬颗粒饲料、软颗粒饲料、碎粒饲料等饲料中，酸、甜、苦、咸、鲜等呈味物质对摄食会产生重要影响，而喷油的膨化颗粒饲料则主要是油脂的影响，其他呈味物质的影响程度非常有限。

笔者一直在思考的一个问题是：饲料中促进摄食的物质的生理作用基础应该不仅仅是作用于摄食相关的器官和组织，还可以对水产动物的生理代谢产生重大的影响，并依赖于水产动物生理代谢强度的变化结果对摄食活动产生重要的影响。比如鱼粉、乌贼膏、鱿鱼膏、酶解鱼溶浆等来自海洋的生物性原料，以及氧化三甲胺、二甲基丙酸噻亭、甜菜碱、胆碱等单一诱食剂物质，或许是动物生理代谢所必需的生理活性物质，对动物的生长代谢、生理健康维护等具有重要的作用，使动物的代谢活动增强、生长速度加快，从而需要更多的饲料物质和能量供给，于是增加动物对食物或饲料的摄取量。再如，饲料中氨基酸、脂肪和脂肪酸等，通过动物的氨基酸感知系统、能量感知系统产生生理信号，这些信号传递到中枢神经系统，对动物的代谢强度产生影响，同样对摄食量和摄食行为产生干扰。

因此，我们对饲料中促进或抑制摄食的物质的研究，不能仅仅局限于其摄食过程中的作用，应该利用组学技术，综合考虑对动物整体生理代谢的作用，研究这些物质的生理作用机制，以及在饲料中的使用方法。在本书后面章节中关于酶解鱼溶浆、海带等的试验研究中，我们综合应用了上述试验方法，取得了一些重要的结果，如我们研究发现，胃肠道激素刺激神经系统和激素系统，引发了系列生理代谢反应，例如"下丘脑-垂体-胰腺的生长激素轴线"的调控反应。

③ 饲料颗粒的形态、沉降行为对摄食的影响。鱼类的视觉有效区域在眼睛的正前方，养殖条件下鱼类可以调整姿态对沉入水体中的饲料进行辨识。饲料颗粒的大小、形态、与水域环境的色差等，以及饲料颗粒在水体中的沉降行为（沉降速度、直线或非直线沉降、气泡等）是影响摄食的主要因素。此时，饲料颗粒的规格与口裂的适应性、饲料颗粒大小或长度与口咽腔的适应性等成为影响摄食的关键因素。一个基本的数据是饲料颗粒大小不能大于摄食水产动物自然口裂宽度的50%、不能大于口咽腔空间大小的50%，这是对饲料颗粒最大颗粒的限制条件。饲料颗粒也不宜过小，这与水产动物摄食行为有关。如果饲料颗粒过小，水产动物需要摄食更多的饲料颗粒、更长时间地摄食才能达到饱食状态，从而需要消耗更多的摄食能量、占据更多的或更长时间的摄食水域空间。

饲料颗粒在水体中的沉降速度是需要考虑的一个重要因素，理论上讲，沉降速度比较慢的饲料更有利于水产动物的摄食。

④ 粉料、碎粒饲料等微颗粒饲料如何被摄食。依据饲料筛网规格与过筛后颗粒的大小，水产饲料生产中常用的60目筛网通过的饲料规格为250μm、80目为180μm、100目为150μm、120目为120μm。没有进行超微粉碎的筛网不会超过80目，其饲料原料的规格为180μm以上；有超微粉碎设备和生产工艺的筛网则可以达到120目，原料颗粒规格在120μm以上。这样的话，饲料原料的最小规格也在120μm以上。

使用粉状饲料投喂的对象一般为水产动物的苗种阶段，或者是鳙等滤食性鱼类。在苗种开口阶段，鱼苗可以摄食的颗粒规格为20～30μm，甚至更小的规格。颗粒直径120μm以上超出了鱼苗的摄食规格，不能被开口阶段的鱼苗所摄食，且即使摄食到的也是单一的颗粒、单一的饲料原料，在营养平衡上很难满足鱼苗的需要。人工繁殖过程中苗种的开口饲料主要依赖小球藻（直径小于10μm）、硅藻（直径60μm）等天然饵料。在自然条件下，仔鱼期鱼苗对饵料的选择也主要是根据大小进行选择，饵料对象的临界大小（一般是包括附肢在内的最大宽度）受仔鱼口裂宽度的限制。仔鱼摄取的饵料大小一般占其口裂宽度（左右口角之间的最大宽度）的20%～50%，很少超过80%（殷名称，1995）。

依据现有资料统计，仔鱼期鱼苗可以摄食的食物颗粒规格一般为40～90μm，生产的开口饲料颗粒的粒径不能大于这个规格。一般条件下，鱼苗开口饲料的粒径在50～500μm，虾蟹的开口饲料颗粒粒径更小，一般为20～500μm；鱼苗的苗种饲料颗粒粒径一般设置为50～125μm、125～250μm和大于250μm（小于500μm）三种规格。

从营养平衡角度考虑的重要问题是，鱼苗或鳙摄食到的一个颗粒之中是否包含了几种饲料原料或多种饲料成分？如果饲料原料粉碎得到的最小颗粒规格是120μm（120目），按照最理想的情况，假设4颗这样的颗粒按照正四面体堆积方式（每一个面包括3个颗粒，组成等边三角形），四面体单边的长度也是120μm×2=240μm，即在最理想的颗粒堆积方式且一个颗粒代表一种原料的状态下，一个240μm边长的饲料颗粒最多也只能是4种饲料原料。假设饲料配方由12种饲料原料组成，一个鱼苗至少也要摄食3粒这样的颗粒才能保证摄食到全部的12种饲料原料。这还是最理想的情况。因此，鱼苗开口饲料的生产难点不在配方和原料组成，重要的在于饲料原料的粉碎细度以及颗粒饲料的生产方式和工艺、设备。

前面分析了粉状饲料颗粒规格大小与摄食的问题，粉状饲料溶失问题也是需要考虑的。如果粉状饲料加入有维生素、磷酸二氢钙等原料，在进入水体后将很快溶失在水体中，很难被水产动物摄食。

（2）吞食与吐食

水产动物摄食饲料之后一般以吞食的方式将颗粒饲料送入消化道，摄食和吞食是紧密联系在一起的先后动作。有胃鱼类吞食的饲料在胃中开始消化和吸收，而无胃鱼类吞食的饲料颗粒通过食道后快速进入肠道。黄鳝食道黏膜还有胃的痕迹，可以在一定范围内膨大并暂时存储食物。所有鱼类食道与肠道的分界点是胆囊的胆管开口或胰腺的管道开口处。

在吞食过程中，饲料颗粒的软硬程度、表面的光滑程度是影响吞食的主要因素。

一个需要关注的问题是：摄食后是否吐食？水产动物摄食后的吐食有二种情况：一是饲料颗粒在口咽腔就被吐食，二是饲料颗粒进入胃后（对于有胃鱼类）才被吐食。

吐食的产生有以下几个方面的原因。一是饲料颗粒软硬程度、颗粒大小等，过大的、坚硬的、不适应口咽腔的饲料颗粒将被直接吐食，尤其是一些摄食行为较为特殊的水产动物，如鳜等，过大的颗粒将被直接吐出。二是油脂氧化程度较大，尤其外喷油脂氧化的饲料颗粒，观察到鱼体有摄食行为，但饲料颗粒进入口咽腔后直接被吐出。这主要受到口咽腔味蕾等感觉器官对食物认知和感知后的生理反应影响。三是鳙等滤食性鱼类，过大的颗粒虽然较容易进入口咽腔，但不适合其摄食和吞食方式，不能通过鳃耙而被直接吐食。

（3）胃损伤与吐食

有胃鱼类在摄食、吞食后，饲料颗粒进入胃部，食物在胃部可能引起生理反应而吐食。这包括氧化油脂对胃部的刺激以及长期摄食不良饲料后造成胃黏膜损伤等引起胃反应（如呕吐）而吐食。

关于饲料油脂氧化产物对胃肠道黏膜损伤的研究较多，造成吐食的认知也被广泛接受。鱼粉等原料中的组胺是否会造成胃黏膜损伤并引起吐食？我们在组胺含量很低的白鱼粉（黄颡鱼日粮）中，加入不同剂量的组胺，观察黄颡鱼胃黏膜的损伤情况。发现低剂量组胺的日粮对黄颡鱼生长是有利的，而超过一定剂量对生长影响是负面的，且造成胃黏膜损伤，并可导致吐食。

五、胃肠道排空时间与饲料投喂

食物（饲料）进入消化道后与消化液混合，并逐渐被消化和吸收，同时，依赖于胃肠道蠕动，食糜逐渐向后肠、肛门移动，直到排出体外。饲料或食物从被摄食进入消化道后，多长时间后作为粪便被排出体外？与此对应的是饲料颗粒黏结性，其在消化道内被溶散、被消化的时间有多长？其如何适应水产动物的胃肠道排空时间和节律？水产动物的摄食节律、排空节律与饲料的投喂时间如何协调？

有胃鱼类有胃排空时间和肠道排空时间，而无胃鱼类则主要是肠道排空时间。排空时间在不同的水产动物有很大的差异，也与水域环境条件、饲料投喂次数、饲料投喂量、饲料质量有较大的关系。

关于饲料颗粒在胃肠道中的行为，理想状态是其在进入胃肠道后能够较短时间内被"崩解"，即全部溶散在胃肠道，可以快速地与消化液混合、被消化和吸收。而如果饲料颗粒黏结度过高，饲料被崩解的时间延长，就不利于与消化液混合、不利于被消化和吸收。如果饲料颗粒崩解、溶散的时间过长，甚至在被作为粪便排出体外的时候都还没有被崩解、被溶散，则水产动物对饲料物质的消化吸收率很低。部分地区要求膨化饲料或硬颗粒饲料在水中要有20h以上的耐水时间，意味着这类饲料进入消化道后也需要20h以上才能被溶散、被消化，如果这个时间已经超过了水产动物胃肠道排空时间，那就意味着这类饲料会以整体颗粒形态被排出体外，这是极不科学的。

水产动物口咽腔中缺少真正的牙齿，缺乏咀嚼能力，饲料颗粒不能在口腔中被磨碎。草鱼虽然有强大的咽喉齿，但主要是用于磨断水草等食物的，不是磨碎饲料的。有胃鱼类虽然有胃，但不像禽类的肌胃那样可以磨碎食物或饲料颗粒。水产动物不能将颗粒状食物或饲料磨碎，对颗粒状食物的消化是从其表面逐渐酶解、逐渐溶失和消化的。对一些鱼食性鱼类的吐出物以及解剖后对胃中食物的观察可以发现，被摄食的鱼、虾、蟹等，还能保持其整体形态，没有被磨碎，说明鱼类缺乏对食物磨碎的能力。

我们对大口鲶的摄食过程进行观察，得到一个很有意思的结果。将大小适宜的鳙、鲢与大口鲶混养在一起，可以看到大口鲶直接将整条鳙、鲢摄食。一段时间后，会在养殖桶里观察到大口鲶将摄食后被部分消化的鳙、鲢的骨架吐出来，骨架还能保持其完整性，部分骨架中鱼体内脏还保留在里面。这可以形象地说明，大口鲶对整个食物鱼的消化是从体表开始，逐渐将鱼肉等溶失、消化，最后将食物鱼的骨架给吐出来。大口鲶有扩张能力很强的胃，但依然不能将食物鱼的骨架磨碎或分散。如果颗粒饲料黏结度很高，饲料颗粒就成为一个整体，不能在消化道内被磨碎、被分散，鱼就只能从颗粒的表面逐渐溶散、消化这颗饲料，如果饲料颗粒还没有被溶散、消化就作为粪便被排出体外，则严重影响到饲料的消化率。

在行业标准NY/T 4128—2022 《渔用膨化颗粒饲料通用技术规范》中，对膨化颗粒饲料加工质量作了相应的要求，例如膨化颗粒饲料的含粉率（膨化颗粒饲料中所含粉料即筛下物的质量占试样总质量的比例）应不大于0.5%，膨化颗粒饲料的颗粒耐久度（在特定测试条件下，膨化颗粒饲料在输送和搬运过程中抗破碎的能力）应不小于98.0%，水中稳定性以溶失率表示，渔用膨化颗粒饲料的溶失率（在特定测试条件下，膨化颗粒饲料在水中浸泡一定时间，溶解、散失于水中饲料的质量占试样总质量比例）为≤10.0%。

那么，水产动物的胃排空时间、肠排空时间有多长？或者，食物经过消化道后作为粪便排出体外需要多长时间？其中，水产动物消化道的长度是主要的影响因素。另外，水产动物生理状态、水域环境状态等也是影响胃肠道排空时间的因素。

不同种类的水产动物，其消化道的长度与体长的比例是不同的，肠道长度较长的水产动物，食物在消化道中的时间也会较长，相反，肠道短的水产动物，其食物在肠道中停留的时间也就比较短。肠的长短、粗细跟鱼类食性也很有关系。肉食性鱼类的肠管粗短，如翘嘴红鲌、鳜、乌鳢等，其肠管短于体长或基本等于体长；杂食性鱼类如野杂鱼、鲫等的肠管，一般为体长的2～3倍；吃草的鱼类如草鱼、鳊、鲂，肠管较细长，大多为体长的3～4倍；以藻类为主食的鲴，肠管很长，为体长的5～6倍；吃浮游生物的鲢、鳙，肠管都相当长，鳙以浮游动物为食，肠管为体长的5倍左右，而以浮游植物为主食的鲢，肠管为体长6倍以上。很明显，富含纤维质的植物被消化的速度较慢，需要有较大的消化和吸收面积，因而肠管较长，这是一种适应性。肠管的长度还跟鱼体的增长、食性的转变有关，例如幼小的鲢，在以小型甲壳动物为食时，肠管很短，不及身体的长度；成鱼主要以浮游植物为食时，肠管长度才达体长的6倍以上。

水产动物的消化道长度大致可以分为两大类。

① 直肠型。消化道从食道一直到肛门呈直线状，肠道在腹胸腔内没有拐点、没有回折。虾、蟹、黄鳝都属于这类消化道类型。

那么，这类水产动物的胃肠道排空时间有多长？以中国对虾为例，陈马康等（1993）在水温26.6～29.0℃条件下，测定得到体长7.0～20.0cm对虾不同个体的消化排空时间为6.0～7.7h。有资料显示，体长5.0～8.0cm的对虾由空胃摄食至饱胃需要15～20min；喂饱后15～30min，饵料在胃肠内消化、移动并开始排粪。对虾肠道较短，一次摄食后多次排粪。对虾摄食蛤肉后排粪次数为1.3～4.3次，约3.5h完全排空；而摄食配合饲料后，排粪次数达9.0～11.2次之多，约需5.5h完全排空。黄坚（2016）测定了投喂配合饲料后中华绒螯蟹幼蟹的胃肠道排空时间，在7.5h左右消化道内食物基本完全排空。

虾、蟹的摄食方式是抱食，即用附肢抱住食物或饲料颗粒，依赖螯足剪碎食物或饲料颗粒后再摄食、吞食。抱住的是一颗较大的食物或饲料，而摄食、吞食的其实是碎粒状的食物或饲料，不是直接吞食抱着的大颗粒食物或饲料。虾蟹的摄食速度比鱼类慢很多，因此，要求饲料颗粒在水体中的耐水时间较长。同时，虾蟹的胃肠道很短，食物在消化道中停留时间很短，又要求饲料进入消化道后快速崩解、快速分散，才有利于饲料的消化和吸收。如何解决这个很矛盾的问题？如果以1h的时间作为饲料被虾蟹寻找、摄食的时间，那么虾蟹饲料颗粒能够被分散的时间就是1h，所以不能将饲料颗粒黏结得过于紧密，不要过度强调饲料颗粒的耐水时间。

对于直肠型的鱼类，以黄鳝为例。周文宗等（2008）在室内研究了不同摄食方式下黄鳝的排粪活动，以及摄食对黄鳝排粪量的影响。一天饱食一次的黄鳝排粪活动分3批完成，排粪时间为28～92h。每天的摄食量（X）和摄食后15h内的排粪量（Y）存在极显著的直线回归关系：$Y=0.1502X+0.0017$（$r=0.7633$），黄鳝摄食量增加能加快排粪进程。

黄鳝胃排空的时间较长，使用膨化饲料时，可采取少次、多量的投饲方式。

② 肠道长度与体长比值为1～6的类型。这种类型的水产动物肠道在腹胸腔内有多个回折，盘曲在腹胸腔内。大多数鱼类属于该类型。

有胃鱼类和无胃鱼类的差异在于，有胃鱼类食物在胃里停留一段时间之后再进入肠道，有胃排空和肠道排空两个排空时间，而无胃鱼类则只有肠道排空时间。

鱼类的胃排空率［gastric emptying rate，GER，g/h或g/（100g·h）］，是指摄食后食物从胃中排出的速率。需要注意的是，食物从胃部排出进入肠道不是连续进行的，而是以脉冲方式间断进行的。食物从胃中排出，刺激肠感受器，这些感受器反馈的信息导致幽门口半径和胃肌活性的改变，其结果是营养物的排出不是平滑、连续的过程，而是脉冲式地排入前肠。另外，由于幽门收缩和舒张周期不是持续的，这样每个排空脉冲持续仅几秒钟。

余方平等（2007）在25℃条件下研究了体重为（237.8±74.2）g的美国红鱼的胃排空率，为每小时排出摄入食物量的3%～4%，或每小时排出胃内残余食物量的6%～7%，比真赤鲷（每小时排出摄入食物量的5%～6%）和黑棘鲷（每小时排出摄入食物量的6%～7%）的胃排空率要低。达到99%胃排空的时间为27～29h。

董桂芳等（2013）采用胃和肠内含物质量分析法研究斑点叉尾鮰和杂交鲟的胃、肠排空时间。斑点叉尾鮰在摄食9h后约50%胃内含物已排空，此时肠内含物达到最大，24h时胃和全肠内含物均降至最低。杂交鲟在摄食7h后胃内含物约下降了58%，肠内含物7h后达到最大值后保持稳定至13h，24h时胃和全肠内含物均降至最低。朱伟星等（2015）的试验结果显示，斑点叉尾鮰胃50%排空时间为12.8h（以干重计）；完全排空约36h。虹鳟在20℃时胃100%排空需17h。韩冬（2005）研究长吻鮠肠排空时间，发现长吻鮠在摄食9h后胃内含物已排空76%，而摄食后7～9h肠内含物达到最大。瓦氏黄颡鱼胃内饲料在投喂后36h和40h左右完全排空，达到投喂前水平（覃志彪等，2011）。曾令清等（2011）在25℃条件下研究了南方鲇（大口鲇）幼鱼的胃排空率，用平方根模型对南方鲇幼鱼胃内容物湿重和干重数据的拟合结果最优，其方程分别为 $Y^{0.5}=1.889-0.051t$（$R^2=0.87$，$P<0.001$）和 $Y^{0.5}=0.870-0.024t$（$R^2=0.86$，$P<0.001$），南方鲇幼鱼在25℃下的胃排空率为0.051g/h，其99%胃排空时间为36.7h。

马彩华等（2003）研究了平均体重（420±65）g的大菱鲆的摄食量与排空速率（水温18.6℃）。大菱鲆摄食后经过6h的消化开始排便，随时间增量呈抛物线增大，排便的高峰在14h，对饱食个体可提前至约12h，至16h后迅速减少，20h接近排空。排粪曲线遵从公式是：$E=0.0132t^3-0.7025t^2+11.074t-42.717$，其相关性极显著，$P<0.01$。对胃里被消化的食物鱼块的观察结果显示，在胃体滞留期主要是由机械蠕动、辅以化学酶解，由表及里地渐近消化过程。而后在幽门括约肌的调控下逐渐向肠转移，进而消化吸收。以小杂鱼为饵料的大菱鲆在18～19℃下摄食后排粪时间是6.4h。

李晓东等（2009）研究了体重（43.42±0.75）g的矛尾复鰕虎鱼（*Synechogobius hasta*）胃肠道中食糜的移动速度和排空率。在刚摄食后胃内容物达到最大值，并随着时间的延长减少，至22h全部排空。线性回归模型能较好地用来模拟食糜在胃中的变化：食糜在前肠、中肠和后肠出现的时间分别为摄食后1h、3h和4h，达到最大值的时间分别为摄食后2h、9h和10h。张波等（2001）用胃排空模型预测真鲷胃排空的时间，达到99%排空的时间为20～31h，比黑鲷的排空（达到99%排空的时间为18～20h）略慢。食物的能量组成也影响鱼类的胃排空，增加能量组成导致排空减慢。食物能量从5kJ/mL增加至11kJ/mL，鲽鱼的胃排空时间加倍。在拟鲤也发现高脂肪含量（35%）的卤虫比其他食物排空更慢些。

因此，对于有胃鱼类的饲料投喂，由于有胃排空时间和肠道排空时间，饲料在消化道内的时间相对较长，可以考虑采取一天2次、每次饲料投喂量较大的投喂策略。对于无胃鱼类，则可以考虑一天2～3

次的饲料投喂方案。

六、摄食的生理调节

动物的摄食活动是受到神经调控的，同时也通过神经调控传导外周信号因子，使动物具有饥饿或饱食的感觉，从而影响动物的摄食活动和摄食量。在养殖条件下，动物的摄食量是动物生产性能充分发挥的物质和能量基础，直接影响养殖动物生长潜力的发挥和生产效益，通过营养调控手段提高动物的采食量具有重要的意义。

一个重要问题：水产动物是否具有饱食的感觉？饱食后是否会停止摄食？水产动物摄食的食欲是如何调控的？

（一）感觉系统对摄食的调节

无论是在自然水域环境中，还是在养殖环境条件下，水产动物均可以依赖视觉、嗅觉、味觉、触觉等感觉系统对食物或饲料进行感知，并完成摄食和吞食过程。这个过程是受到神经调节和体液调节系统共同作用完成的，其生理过程、调控机制较为复杂。对于营养生理与饲料摄食而言，正如前面已经阐述的，主要还是味觉、嗅觉系统的生理作用，尤其是饲料中呈味物质以及厌食因素（如苦味、油脂氧化产物等）的作用效果。

（二）胃肠系统对摄食的调控

胃肠道对摄食调控主要是指饱食感觉的调节、胃肠道蠕动对胃肠道排空时间或食糜在消化道内移动速度的调节、排粪速度和时间的调节等方面。

胃肠道作为神经系统的外周组织，可以分泌产生一些活性多肽类物质，参与对食欲、饱感、饥饿感的调控。这些外周组织所产生的活性肽、信号等需要传递到中枢神经系统，再由中枢神经系统发出指令性信号，对摄食量等进行调节。涉及的调控因子包括胆囊收缩素（cholecystokinin，CCK）、胰高血糖素样肽1（glucagon-like peptide-1，GLP1）、葡萄糖依赖性促胰岛素激素（glucose-dependent insulinotropic polypeptide，GIP）、胰多肽（pancreatic polypeptide，PP）、生长激素释放肽（ghrelin）等。其中CCK、GLP1、GIP、PP及胰岛素的作用是负调节动物的采食量，生长激素释放肽的作用是促进动物摄食。

生长激素释放肽（ghrelin）是生长激素促分泌素受体（growth hormone secretagogue receptor，GHSR）的内源性配体。生长激素释放肽mRNA在鱼类胃肠道中高度表达，并且在脑中检测到表达。生长激素释放肽在胃和脑中合成，在哺乳动物中控制能量平衡和增进食欲，被认为是餐前饥饿及启动摄食的第一信号。内源性生长激素释放肽在空腹时升高，而在餐后迅速下降。

胆囊收缩素在大脑中和肠胃中发现，在哺乳动物中，具有很多生理学上的活性，但主要的功能是作为饱食信号。

（三）中枢神经系统对摄食量的调节

大脑内控制食物摄取、维持能量稳态以及调节机体代谢的区域，包括下丘脑弓状核、室旁核、背内侧核及下丘脑外侧区。中枢神经系统是调节采食量的关键，其作用是整合、加工传入的复杂食物信号，经整合及加工后的信号可刺激摄食中枢兴奋，使动物产生饱感或饥饿感，从而调节动物的采食量。

在我们对草鱼、黄颡鱼和乌鳢肝胰脏转录组的研究中，发现这些鱼类也具有与哺乳动物类似的神经调节因子和信号路径。由神经元合成并分泌阿黑皮素原（pro-opiomelanocortin，POMC），由POMC生成 α-促黑细胞激素（α-melanocyte stimulating hormone，α-MSH），α-MSH由突触末端释放并与大脑内黑素皮质激素受体4（melanocortin-4 receptor，MC4R）结合产生神经信号，从而减少动物的采食量。瘦素及胰岛素可以刺激POMC神经元兴奋，并将神经信号传至脑部的孤束核内，孤束核又将神经信号传至大脑皮层内采食量调控的相关区域，从而减少动物的采食量。神经肽Y（neuropeptide Y，NPY）是由36个氨基酸组成的单链多肽，广泛分布于脊椎动物中枢和外周神经系统。NPY具有调节动物摄食和心血管的功能，参与免疫应答和激素释放，对生殖、肥胖及性逆转等生理过程也有作用。NPY对脊椎动物的摄食起到重要的促进作用，给金鱼、大西洋鲑、斑点叉尾鲴中枢注射哺乳动物或鱼类NPY会导致剂量依赖的摄食量增加。下丘脑的哺乳动物雷帕霉素靶蛋白（mammalian target of rapamycin，mTOR）通路在调控采食量中扮演重要的角色。mTOR是一种进化上保守的丝氨酸/苏氨酸蛋白激酶，在感受营养、激素、能量状态，调节细胞生长、增殖及代谢中发挥关键性的作用。外周组织中活化的mTOR使下游靶蛋白核糖体S6激酶1（ribosomal S6 kinase 1，S6K1）及真核翻译起始因子4E结合蛋白1（eukaryotic translation initiation factor 4e binding protein 1，4E-BP1）磷酸化，促进翻译的起始，从而增加蛋白质的合成。外周因子激活下丘脑mTOR信号，并降低了采食量及体重；相反，抑制雷帕霉素或抑制mTOR活性则提高了采食量。

（四）胰岛素、瘦素等对摄食的调节

胰岛素和瘦素可反映体内脂肪的储存情况，循环中两者的浓度与脂肪组织含量呈正相关，故可作为肥胖信号。

瘦素是肥胖基因编码的一种蛋白激酶，主要由脂肪细胞产生和分泌，但也在其他组织中合成，如脑和胃上皮细胞。瘦素是一种多效性激素，对动物脂肪合成代谢、能量平衡及摄食调控等方面均起到重要调控作用。循环中瘦素水平并不因摄食而发生较大的变化，而是与脂肪含量成正比。瘦素在中枢内发挥采食量调节作用的机理是通过影响神经肽基因的表达，促进POMC神经元兴奋，降低动物的采食量。

瘦素、胰岛素与相应受体结合会引起一系列信号级联反应，其中磷酸肌醇3-激酶（phosphatidylinositide 3-kinase，PI-3K）信号是两者均可激活的通路。磷酸化的PI-3K激活下游靶蛋白激酶B（protein kinase B，PKB），进而激活mTOR，引起神经肽（如NPY/AgRP）表达的变化，抑制摄食；而氨基酸，尤其是亮氨酸则可直接激活mTOR信号通路，起到负调节采食量的作用。此外，葡萄糖、脂肪酸及氨基酸等营养物质也可通过影响胞内的氧化磷酸化来调节能量状态，单磷酸腺苷激活的蛋白激酶 [adenosine 5'-monophosphate（AMP）-activated protein kinase，AMPK] 作为能量的感受器可感应能量水平的变化，并将这一变化传递给mTOR，进而引起采食量的改变。

鱼类与其他动物类似，外周生长激素释放肽和瘦素分别是食欲增强和抑制的第一反应信号，而中枢NPY和阿黑皮素原（POMC）信号通路分别在第一时间反馈启动或者停止摄食。胃、肠等合成的生长激素释放肽具有促进生长激素释放、增加食欲等功能。

（五）营养物质对摄食的调节

葡萄糖、脂肪酸及氨基酸等营养物质均可通过影响胞内AMPK的活性来调节摄食。AMPK是机体内能量的感受器,对AMP/ATP值高度敏感。当能量供应不足时,AMP/ATP值升高,AMPK被激活;相反,充足的营养供应使AMP/ATP值下降,导致AMPK失活。AMPK也可抑制mTOR的活性,从而提高采食量。

七、摄食节律与饲料投喂节律

关于水产动物摄食节律与饲料投喂节律的关系是需要讨论的一个重要问题。养殖条件下,饲料的投喂节律是否需要与自然水域条件下水产动物的摄食节律保持一致?

关于水产动物摄食节律的研究较多,但这些研究大多是基于水产动物在自然水域环境条件下的摄食节律。在自然水域生态环境条件下,水产动物需要消耗较多的能量寻找食物、辨别食物并摄取食物,如果水域环境中食物的丰度较低,则水产动物需要花费更多的时间和能量去寻找食物。不同的水产动物其摄食习性差异较大,也会依据自然水域环境中食物饵料的出现时间、丰度等形成自己的摄食节律,如鱼食性鱼类有白天摄食的,也有较多种类是夜间摄食的,而杂食性、草食性鱼类多数是白天摄食的。可以认为,自然水域环境中水产动物摄食节律的形成,是适应光照、温度、溶解氧等环境条件,以及食物丰度的周期性变化或节律性变化的结果。这些因素影响了水产动物的生理节律,是水产动物主动适应水域生态环境的结果,环境因素、食物因素的节律性变化是"因",动物体内生理活动、代谢节律性等是"果"。

自然水域环境中水产动物的摄食节律可以分为:①白天摄食型,如牙鲆、石斑鱼、大口胭脂鱼等;②晚上摄食型,如云斑尖塘鳢、黄鳝、大口鲇等;③无明显节律性,白天、夜晚均有很高摄食强度,如异育银鲫、草鱼、鲤等。

在养殖条件下投喂人工配合饲料,对于养殖的水产动物而言,水温、光照、溶解氧的日节律及季节性节律没有发生改变,只是可以摄取到食物或饲料的日节律发生了改变。食物的丰度出现的时间、节律性改变了,一是人工养殖的生产活动,包括饲料投喂主要是在白天;二是在养殖水体中,水体溶解氧含量、浮游植物光合作用等在白天含量高,夜间则逐渐降低。因此,无论是夜间摄食还是白天摄食的水产动物,养殖条件下基本都是白天投喂饲料。水产动物是否可以调整摄食节律,改为白天摄食呢?这个问题需要探讨。水产动物的生理节律控制机制,是否可以随着摄食节律的改变而调整生理节律?

除了摄食节律外,水产动物也有其内在的生理代谢节律。其包括摄食、代谢以及和环境有关的神经、激素合成与分泌节律性,也包括消化酶分泌、生长激素分泌等涉及消化吸收和代谢的活动及其调控因子。

有几个问题需要讨论:①水产动物的摄食节律是如何形成的?是否具有可塑性?②摄食节律与水产动物内在的生理节律之间的关系如何?摄食或投喂节律是否需要与生理节律保持一致?

(1)水产动物的摄食节律是如何形成的?是否具有可塑性?

在自然水域环境中,气候因素、环境因素等具有较为明显的节律性,即周期性。太阳光照所传递的热能量是地球生物、环境能量的主要来源,而光照具有显著的日夜、季节周期性,并由此产生水域环境中生物与非生物因素的周期性节律。这种节律会引起水产动物饵料生物丰度的周期性、节律性变化,也会引起水体溶解氧、温度、光照等的周期性、节律性变化。水产动物受到食物供给与摄食的周期性、节律性影响,作为变温动物还受到水体物理和化学因素的周期性、节律性变化的影响,导致体内生理代谢、生理活动也随之产生周期性、节律性变化,这应该是水产动物生理节律、摄食节律等产生的主要原因，动物的"生物钟"效应也是如此。

因此，水产动物与其他动物一样，其摄食节律、生理节律的产生是对生态环境、食物环境等适应的结果。虽然不同的动物这些节律性具有一定的种类差异，但是，可以确认的基本认知是这类节律性，尤其是生理节律性调控应该具有可塑性。既然是适应生态环境、食物环境的结果，那么，当生态环境或食物环境发生改变的时候，动物应该能够调整生理代谢来适应变化了的环境，只是适应环境变化需要一定的时间进程，不同动物这种适应变化的时间进程可能有差异，适应能力有一定的差异，但总体趋势是基本一致的。

支持上述观点的主要依据来源于生活常识和研究结果。例如，当人在不同时区生活时，时区差异主要在白昼时间，即光照和温度的差异，人可以通过"倒时差"来适应不同时区的白昼环境。而当饮食习惯颠倒时，膀腺、十二指肠和空肠生物钟基因的表达节律发生了显著的变化，部分基因完成了时相重置。其中，食物信号对空肠生物钟系统的影响最大，食物信号也能够影响膀腺消化酶基因的表达节律。

水产动物与人一样，其内在的生理节律是可以改变的，是具有可塑性。因为这些节律的形成本身就是对环境条件、食物条件节律性变化适应的结果。

基于上述认知，在养殖条件下饲料投喂时间、节律发生改变的时候，经过一定时间的驯化，水产动物能够调整其生理代谢活动和摄食行为，来适应这类变化。

（2）动物的生理节律

生物节律广泛存在于生物界，是大多数生物的基本特征。生物节律是生物系统的重复过程，它是机体不断进化的结果，在机体适应外界环境变化、维持内环境稳定等方面起着重要的作用。而生物节律的基础是动物内在环境的生理节律。生理节律是动物生理和行为活动节律，包括睡眠-觉醒循环、血管系统、内分泌系统、神经分泌系统、肾脏活动、胃肠道活动、肝脏代谢等的节律性。

动物生理节律的形成过程是感知并适应环境中的光照、温度和食物等周期信号，从而使动物体与外界环境保持周期同步。鱼类的摄食节律是在长期的演化过程中，对光照、温度、溶氧、饵料等生态因子周期性变动的一种主动适应，是一种"内源节律"或称为"生理节律"。

环境中的光信号能够影响动物的视觉成像，并能通过大脑发送信号来调整生理和行为的节律。松果体分泌的褪黑素在光信号向体内传递的过程中扮演了重要的角色。环境温度的急剧变化能够影响动物机体的行为和自主活动，同时也影响水域环境中的物理、化学和生物因素的变化。环境中的光照、温度和水域环境中生物与非生物因素的周期变化，诱导水产动物生理代谢活动的周期变化。通过神经和激素分泌活动的周期性变化，使消化生理、能量物质的代谢发生节律性变化。例如，可以通过胰腺细胞对胰岛素和胰高血糖素的分泌，以及胰腺细胞胰淀粉酶、胰蛋白酶、胰脂肪酶等的分泌逐渐形成消化生理的节律性。

第二节
鱼类胃黏膜与胃的消化生理

鱼类可以分为有胃鱼类和无胃鱼类。在淡水鱼类中，数量最大的鲤科鱼类属于无胃鱼类，肉食性鱼类、罗非鱼等属于有胃鱼类。

从营养学角度，动物足够的采食量是生长、发育的物质基础和能量基础。有胃的水产动物最大摄食量与胃容量、胃排空时间有关，而胃容量是以胃的组织结构为基础的，不同鱼类有差异。饲料物质在胃里完成初步消化和吸收。饲料在胃部的消化包括胃酸对食物蛋白的变性作用、胃蛋白酶的水解作用等，胃酸的分泌与调控机制、胃蛋白酶原与活性胃蛋白酶的分泌、胃液与饲料或食物的混合效果等是基础。水产动物的胃液酸碱性与哺乳动物有一定的差异，在一定程度上反映了水产动物胃组织、胃腺细胞的原始性。

一、胃的结构与摄食量

水产动物的胃组织结构包括胃黏膜层、黏膜下层、肌肉层和浆膜层。胃的黏膜层是主要的功能细胞聚集区域，是胃部生理功能的生物学基础。而肌肉层的结构包括外层的纵纹肌、内层的横纹肌和中间的斜纹肌。胃部肌肉细胞的类型为平滑肌，受自主神经支配，为不随意肌，同时也受内分泌系统的间接控制。胃部肌肉伸缩功能较强，摄食食物后胃容量增加，没有食物的时候胃肌肉层收缩。

胃在营养学上的主要功能包括存储食物或饲料、分泌胃液并与食物或饲料混合（蛋白质酸变性有利于消化）、分泌胃蛋白酶并进行初步消化、完成部分物质吸收等。而这些变化的生理基础则是由鱼体胃的组织结构、胃消化生理特点等决定的，也就是说鱼体自身的生理学基础是关键。

有胃鱼类的摄食受到胃容量的限制，食物或饲料先在胃里存储和初步地消化后，再进入肠道。摄食饲料的养殖鱼类，其胃容量对摄食量影响较大，而胃排空时间对食物在胃里的消化利用率也有很大的影响。在解剖上通常测定胃壁厚度、胃的长度或宽度、胃容量等参数来比较不同水产动物胃容量的大小。由于胃部平滑肌的伸缩性较大，有无食物对胃部容量的影响很大，所以这类解剖学上的测量数据很难较为准确地评估其胃容量。无论胃的形状如何，依据最大摄食量测定其中食物的质量或体积是确定胃容量最为有效的方法。

值得注意的是，摄食的食物或饲料进入胃里，并逐渐在胃中被消化，也有少量物质如游离氨基酸被吸收；同时，胃部蠕动使食物从胃进入肠道，食物或饲料由胃进入肠道是以脉冲方式不间断输送的。因此，要测定一种鱼的最大摄食量或胃容量，要有时间的限制，需要在一定时间内让鱼体饱食后去测定胃容量，如果摄食时间过长就会有部分食物从胃进入肠道。一般投喂时间不要超过1h。

如果能够确定水产动物个体大小与其胃容量的关系，就可以依据养殖过程中鱼体的大小计算得到其胃容量的大小，由胃容量的大小推算出其摄食量及投饲量的大小。胃容量与鱼体体重有密切关系，同一种类的鱼，胃容量随体重增加，是正相关关系，即个体大的鱼体其胃容量也大。而如果以胃容量占鱼体体重的比例作为比胃容量值的话，则是相反的，即随着鱼体体重增加，其比胃容量值逐渐减小。如虹鳟体重从2g增加到270g，其比胃容量值从18.66%下降到13.25%。

以胃里食物或饲料总量占鱼体重的比例表示鱼体的饱食量（比胃容量），有资料显示（尾崎久雄，1985），体重80～135g的虹鳟的饱食量为3.7%～5.7%；体重20g的鳗鲡饱食量为2.2%～2.3%；体重12～22g的石斑鱼饱食量为6.7%～14.9%。赵卫红等（2010）以体重0.672～4.827g的日本沼虾和3.678～43.163g的克氏原螯虾为试验对象，研究这两种虾的胃容量及其与体长、体重间的关系，日本沼虾和克氏原螯虾胃容量随着体重和体长的增加而增加。对于有胃鱼类或虾蟹类，依据其胃容量确定饲料投喂量有较好的相关性。针对不同的养殖种类，关注胃容量与摄食量的关系是一项重要的基础性工作，目前可用的资料非常有限。

值得关注的问题是：不同鱼类的摄食习性与胃容量的关系。我们在对鱼食性鱼类的研究中发现，鱼食性鱼类一次摄食量较大，且摄食后要停止较长时间才再次摄食。大口鲶是典型的鱼食性鱼类，有较为完善的感觉器官去发现、识别和捕获食物鱼，如触须上密集的味蕾、带有倒刺的唇齿等。大口鲶一旦摄食到食物鱼（一尾或多尾），其胃部最大限度地扩张以存储食物鱼。食物鱼进入胃后开始与胃液混合，被消化，初步消化的食物进入肠道，而剩下的鱼骨等不能消化的物质则吐出体外。而大口鲶一旦摄食到足够的食物，基本就不再到处游动，而是停留在池塘或鱼缸底部休息，不像草鱼、鲫那样随时都处于寻找食物、摄食食物的状态。只有当胃里的食物消化完毕，胃排空之后才会再次寻找、捕获食物鱼。大口鲶具有比其他肉食性鱼类更低的静止代谢率，也支持上述结果。

如果驯化大口鲶摄食配合饲料，就需要充分地考虑到其摄食习性。如果饲料颗粒过小，大口鲶需要较长时间去摄食饲料，则其可能处于吃不饱的状态。相反，如用粉状饲料在养殖现场做成大团块状软颗粒饲料投喂，大口鲶只需摄食几次就能达到饱食状态，等待消化完毕后再次摄食。这种方式更有利于大口鲶的摄食和饱食。

同样的方式可能也适用于鳜的饲料生产和投喂。鳜也是典型的鱼食性鱼类，有伸缩性很强的胃。鳜对于活动状态的食物鱼具有很好的摄食感觉和摄食行为，而对于静止状态的食物辨识能力较弱。因此，如果不采用常规的饲料加工方式生产硬颗粒或膨化颗粒饲料，而是像大口鲶那样做成软颗粒饲料或团块状饲料，或许更适合鳜的摄食习性。

二、胃黏膜组织结构与胃液的分泌

（一）水产动物胃的外形和结构

水产动物种类很多，除了有胃的水产动物外，还有较多种类是没有胃的，食道之后直接就是肠道，这在动物进化上应该是较哺乳动物更为原始的阶段。软骨鱼类的胃外形类似于U形或J形，即使像大型软骨鱼类鲨鱼的胃外形也是J形，其中贲门部较大、较长，而幽门胃部分则较小、较短。硬骨鱼类的胃大致有I形、U形、V形、Y形、"卜"字形等形状。如黄鳝的胃为I形，摄食食物后胃体部扩大，而无食物时从外形上则与食道、肠道很难分辨，解剖后观察内壁才能够从胃黏膜色泽、皱褶等分辨出来胃部。

在组织学上，胃壁的结构层次与其他动物没有太大的差异，但具体在胃腺结构、细胞类型和细胞超微结构上有一定的差异。胃壁包括以下几层结构。①黏膜层，是胃壁最内层，面向胃腔，由单层柱状上皮细胞组成，表面有密集小凹或孔，是位于黏膜内腺体的腺管开口处。柱状上皮细胞分泌黏液。在胃黏膜腺体的基底部有薄层交织肌束，称为黏膜肌层。胃排空时，黏膜呈现许多皱襞。②黏膜下层，由疏松结缔组织和弹性纤维组成，内有丰富的血管和淋巴管以及神经网络。③肌层，包括三层不同方向的肌纤维，为平滑肌，具有较强的伸缩性，存储食物或饲料时可以扩张，相反则收缩，胃黏膜形成皱褶。负责胃的蠕动的是肌肉层的中层，是环行纤维，在幽门部最厚，在幽门末端形成括约肌。④浆膜层，即腹膜层，比较结实，包裹着胃，对其有保护作用。

（二）胃黏膜的结构屏障

胃黏膜与消化道其他部位的黏膜结构类似，形成完整的结构屏障。水产动物的消化道是与食物或饲料接触，也是与外部环境来的水体接触的部位，需要有物理结构上的、化学的和生物的（微生物）屏障，以便维持内部环境与外部环境的相对独立性；同时，也是消化和吸收的重要部位，所以这类屏障是相对的，是有物质交换的屏障。

胃的生理屏障包括黏液屏障和黏膜屏障。因为胃酸的原因，微生物屏障在胃部研究不多。胃壁、胃腺的细胞可以分泌大量的黏液，这些黏液在黏膜细胞顶端构成了一道黏液屏障。黏膜屏障是胃部主要的生理屏障，在物理结构上，由黏膜顶端（面向胃腔一侧）的细胞膜（包括微绒毛）构成一道结构屏障；而黏膜细胞之间，则由相邻黏膜细胞的细胞膜通过细胞紧密连接、缝隙连接等构成了细胞之间的屏障。当然，这些结构受到损伤、破坏后，这些结构屏障同样受到损伤和破坏，胃黏膜的结构屏障功能就会受到损伤，显著的结果就是通透性增加。人体医学中，通常以血液中胃蛋白酶活性大小来判定胃黏膜的通透性，如果血液中胃蛋白酶活性显著增加，表明胃黏膜的通透性显著增加。

胃黏膜结构屏障还有一个很重要的功能就是防止胃酸对黏膜细胞的损伤作用。胃液的酸性较强，可以导致食物蛋白质变性，但不能引起黏膜细胞顶端的膜蛋白和细胞内蛋白变性，即不能对黏膜细胞造成酸性损伤，这主要依赖于黏液层的保护作用。由于黏液具有较高的黏滞性和形成凝胶的特性，分泌后即覆盖于胃黏膜表面，形成一层厚约500μm的保护层。这个保护层在黏液表面起润滑作用，减少粗糙食物对胃黏膜的机械损伤。同时，在黏液层形成黏液 - 碳酸氢盐屏障（mucus-bicarbonate barrier），它能有效地保护胃黏膜免受胃内盐酸和胃蛋白酶的损伤。因为胃黏液的黏稠度为水的30～260倍，可显著减慢离子在黏液层中的扩散速度，当胃腔内的H^+通过黏液层向黏膜细胞方向扩散时，其移动速度明显减慢，并与不断地从黏液层近黏膜细胞侧向胃腔扩散的HCO_3^-发生中和。在这个过程中，黏液层中形成一个pH梯度，黏液层近胃腔一侧呈酸性，pH约2.0，而近黏膜细胞一侧呈中性，pH约7.0。因此，胃黏膜表面的黏液层可有效防止胃内H^+对胃黏膜的直接侵蚀和胃蛋白酶对胃黏膜的消化作用。

因此，胃黏膜表层的黏液层、胃黏膜细胞顶端与细胞间紧密连接，构成了胃黏膜屏障，对胃黏膜具有保护作用。黏膜上皮细胞是一种不断更新的细胞，很易受损而脱落，但修复迅速。在正常情况下，表层上皮细胞每1～3d完全更新一次。也正因为如此，黏膜细胞是代谢强度很高的细胞，由高强度的代谢维持细胞更新。从营养学角度，维护胃黏膜细胞、肠道黏膜细胞的营养与代谢，也是维护胃肠道黏膜屏障的基础，修复胃肠道黏膜细胞的损伤也是维护胃肠道黏膜结构屏障的重要内容。

（三）胃腺与胃黏膜的细胞

胃对食物的化学性消化是通过胃黏膜中多种外分泌腺细胞分泌的胃液来实现的。胃黏膜中有三种外分泌腺：①贲门腺，为黏液腺，位于胃与食管连接处的环状区；②泌酸腺，为混合腺，存在于胃底的大部分及胃体的全部，包括壁细胞（parietal cell）、主细胞（chief cell）和颈黏液细胞（neck mucous cell）；③幽门腺，分泌碱性黏液，分布于幽门部，在胃液进入食道前就开始中和胃酸。

胃黏膜内还含有多种内分泌细胞，通过分泌胃肠激素来调节消化道和消化腺的活动。常见的内分泌细胞有：①G细胞，分泌促胃液素和促肾上腺皮质激素（ACTH）样物质；②δ细胞，分泌生长抑素，对促胃液素和胃酸的分泌起调节作用，分布于胃底、胃体和胃窦；③肠嗜铬样细胞（enterochromaffin-like cell，ECL cell），合成和释放组胺，分布于胃泌酸区内。

胃黏膜分泌的胃液包括黏液、胃蛋白酶、盐酸等组成部分，以及水、HCO_3^-、Na^+、K^+等无机物。胃液的pH值反映了盐酸分泌量的大小。鱼类胃黏膜中3种分泌细胞在黏膜中的位置是：表层为表面黏膜细胞，中间层为颈黏液细胞，下层为泌酸胃酶细胞。表面黏膜细胞主要起保护作用，防止胃蛋白酶和胃酸对胃黏膜上皮的破坏；颈黏液细胞可分泌黏液；泌酸胃酶细胞主要起分泌胃蛋白酶原和胃酸的作用。

关于胃蛋白酶原和胃酸分泌细胞的研究表明，哺乳动物胃蛋白酶原和胃酸分别由胃腺中的胃酶细胞（zymogenic cell）和泌酸细胞（oxyntic cell）分泌，而鱼类的细胞分泌类型存在差异。鱼类中则存在3种不同类型：①胃蛋白酶原和胃酸分别由胃酶细胞（pepsin cell）和泌酸细胞（oxyntic cell）分泌；②胃蛋白酶原和胃酸均由同一类细胞即泌酸胃酶细胞（oxynticopeptic cell）分泌；③胃蛋白酶原和胃酸既由泌酸胃酶细胞分泌，也可分别由胃酶细胞和泌酸细胞分泌。不同分泌类型可反映鱼类消化器官（胃腺）的演化与特化，与消化作用的效率高低密切相关。

（四）胃酸的分泌过程

胃酸即指盐酸，由胃黏膜中壁细胞（泌酸细胞）分泌。盐酸的分泌量与壁细胞的数目和功能状态直接相关。

（1）壁细胞

壁细胞（parietal cell）又称泌酸细胞（oxyntic cell），细胞较大，多呈圆锥形，结构模式图如图1-6所示。胃壁细胞的胞质呈明显的嗜酸性。壁细胞的细胞质中有许多管状泡囊，顶端（胃腔端）有细胞内分泌小管（intracellular secretory canaliculus），管壁与细胞顶面质膜相连，分泌小管内壁有许多微绒毛，受刺激时（分泌期）细胞内的分泌小管即时形成一致密的网络，而管壁细胞状泡囊消失。这种结构可以使分泌的胃酸先存储在分泌小管中，当进食后可以快速释放胃液、胃酸。细胞内小管的微绒毛内有很多肌动蛋白组成的微丝，细胞质内有较多的线粒体，盐酸由小管顶端表面分泌，酸分泌为一主动转运过程，需要很多能量，而这些能量由壁细胞内的线粒体提供。

细胞内有分泌小管是胃酸分泌细胞的显著特征，也是对食物进入胃后生理反应的一种适应性。当食物进入时可以快速释放胃酸等分泌物，而空胃时胃酸等分泌物可以暂时存储在小管中。

（2）胃酸的分泌过程与控制机制

胃壁细胞分泌胃酸的过程中，H^+从哪里来？H^+又是如何通过壁细胞进入胃腔的？壁细胞内如何维护酸碱平衡？

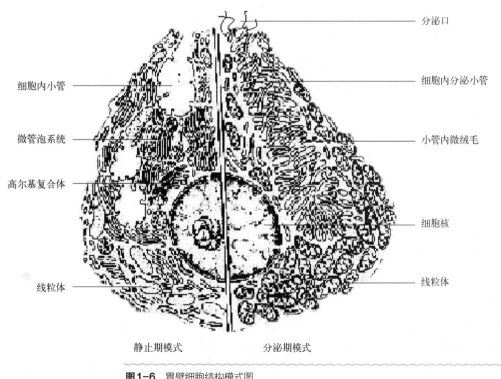

图1-6　胃壁细胞结构模式图

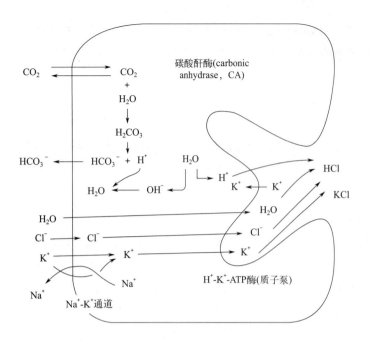

图1-7 胃酸分泌过程示意图

壁细胞分泌盐酸的基本过程如图1-7所示。壁细胞分泌的H^+来自细胞内水的解离（$H_2O \longrightarrow H^+ + OH^-$）。在分泌小管膜$H^+$-$K^+$-ATP酶（质子泵）的作用下，$H^+$从壁细胞的胞内主动转运到分泌小管中。$H^+$-$K^+$-ATP酶水解1分子ATP所释放的能量驱使$H^+$从胞内进入分泌小管，同时驱动$K^+$从分泌小管的腔进入胞内。$H^+$与$K^+$的交换是1对1的。在顶端膜主动分泌$H^+$和换回$K^+$时，顶端膜中的$K^+$-$Cl^-$通道同时开放，进入细胞的$K^+$和细胞内的$Cl^-$又经$K^+$-$Cl^-$通道进入分泌小管腔，并形成HCl（胃酸）。当需要的时候，如胃进食后，HCl由壁细胞分泌小管的腔进入胃腔。

留在壁细胞内的OH^-在碳酸酐酶（carbonic anhydrase，CA）的催化下与CO_2结合成HCO_3^-，HCO_3^-通过壁细胞基底侧膜上的Cl^--HCO_3^-交换体被转运出细胞，而Cl^-则被转运入细胞内，补充进入分泌小管的Cl^-，使Cl^-能源源不断地经顶端膜进入小管腔。同时，壁细胞基底侧膜上的钠泵将细胞内的Na^+泵出细胞，同时将K^+泵入细胞，以补充由顶端膜丢失的部分K^+。水则来自血液循环系统。

壁细胞分泌胃酸的过程及其调节机制主要通过受体、第二信使和H^+-K^+-ATP酶三个环节的作用来完成，而H^+-K^+-ATP酶是这一过程的最后一步。胃液、胃酸分泌的主要刺激因素是食物，进食后可以引起神经系统、分泌系统和物质与能量代谢的综合生理反应，产生信号刺激作用。壁细胞膜分为底侧膜和顶端膜，底侧膜靠近黏膜下层，有蕈毒碱性受体（muscarinic receptor，mAChR）、胃泌素受体（gastrin receptor，GR）和组胺H2受体（histamine H2-receptor，H2R），分别受乙酸胆碱、胃泌素和组胺的刺激，均可引起壁细胞分泌胃酸。细胞内cAMP和cGMP、胞内游离Ca^{2+}作为胃酸分泌的第二信使刺激分泌胃酸。胃壁细胞中H^+-K^+-ATP酶是由α亚基和β亚基组成的异二聚体，是胃酸分泌的分子基础，也是调控壁细胞分泌胃酸的最后通道，即胃酸分泌的最后环节。H^+-K^+-ATP酶通过自身的磷酸化和去磷酸化，将细胞外的K^+转入细胞内，同时逆浓度梯度将细胞内的H^+泵出细胞外，完成H^+/K^+电中性跨膜离子转运和胃酸分泌功能。水产动物的胃组织中，H^+-K^+-ATP酶基因在泌酸细胞和颈黏液细胞中高度表达。部分水产动物的胃蛋白酶原也在泌酸细胞中表达，即在同一种细胞中表达了胃蛋白酶原、H^+-K^+-ATP酶的基因，兼具了两种胃液重要物质的合成，不像哺乳动物那样胃蛋白酶原和H^+-K^+-ATP酶是分别在不同细胞中合成的。这样的结果可能导致胃蛋白酶原的合成速度、胃酸的分泌速度都下降，这或许是生物进化阶段特征，也或许是适应水域生态环境的特征。

碳酸酐酶是一种含锌金属酶，是催化 $CO_2+H_2O \longrightarrow H^++HCO_3^-$ 反应的酶，在胃壁细胞分泌胃酸的过程中，维持细胞内的酸碱平衡，并将 HCO_3^- 排出细胞进入血液。胃酸分泌过程中，CO_2 主要由壁细胞本身的代谢产生，也可以从血液中来。整体上看，鱼体从血液中吸收 CO_2 和 H_2O 后形成 H_2CO_3，在碳酸酐酶的作用下产生 H^+，释放出 H^+ 后生成的 HCO_3^- 再被血液吸收，形成 $NaHCO_3$。同时，碳酸酐酶是红细胞的主要蛋白质成分之一，在调节血液酸碱平衡过程中发挥重要作用。在水产动物中，碳酸酐酶在鳃中有很高的表达活性，在维持鱼体通过鳃丝排出 CO_2 过程以及维持鱼体渗透压方面发挥着很重要的生理作用。

关于鱼类胃蛋白酶原和胃 H^+-K^+-ATP 酶基因的表达细胞研究表明，多数鱼类的胃蛋白酶原和胃酸都是由既能分泌胃蛋白酶原又能分泌胃酸的泌酸胃酶细胞分泌（这与哺乳动物不同，哺乳动物的胃蛋白酶原和胃酸分别由胃腺中的胃酶细胞和泌酸细胞分泌），如乌鳢、鲶、黄颡鱼、大西洋鳕、虹鳟、鳜、太阳鱼、黄金鲈、美洲拟鲽和真鲷等均属于这一类。泌酸胃酶细胞兼具泌酸细胞和胃酶细胞的功能，尚未完全特化，属于一种原始形态，其分泌胃酸和胃蛋白酶原的能力不如充分特化的泌酸细胞和胃酶细胞，这也从细胞水平解释了鱼类胃腔酸化水平比哺乳动物低的原因（薛洋，2011）。而在对星斑鳐、六鳃鲨和尼罗罗非鱼的研究中发现，它们的胃蛋白酶原和胃酸与哺乳动物相同，分别由胃腺中的胃酶细胞和泌酸细胞分泌。也有研究发现罗非鱼胃酸的pH值低于其他有胃鱼类，原因可能是其具有独立的胃酸分泌细胞。

值得注意的是，胃酸的形成和分泌是一个耗能的过程，是需要能量的主动过程。H^+-K^+-ATP 酶本身就是能量代谢的酶。以人的胃酸分泌为例，胃液中的 H^+ 浓度为 $150 \sim 170mmol/L$，比血浆中的 H^+ 浓度高 3×10^6 倍。因此，壁细胞分泌 H^+ 是逆巨大的浓度梯度而进行的主动过程。H^+ 的分泌是依靠壁细胞顶端分泌小管膜中的质子泵实现的。质子泵具有转运 H^+、K^+ 和催化 ATP 水解的功能，故也称 H^+-K^+-ATP 酶。

（五）胃黏膜细胞中非胃酸的分泌

胃黏膜细胞中含有大量的分泌细胞，包括胃腺的外分泌细胞和黏膜上皮中的内分泌细胞。外分泌细胞包括分泌盐酸的壁细胞、分泌胃蛋白酶原的主细胞、分泌黏液的颈黏液细胞；而内分泌细胞包括分泌铃蟾肽（蛙皮素）/促胃液素释放肽的G细胞和分泌促胃液素、缩胆囊素、生长抑素、促胰液素的D细胞。

除了分泌胃酸的壁细胞外，G细胞是数量第二多的胃肠内分泌细胞，含有较粗大的圆形颗粒，因分泌胃泌素（gastrin）而得名。胃泌素又称为促胃液素，为17个氨基酸的多肽，是G细胞分泌的一种胃肠激素，主要刺激壁细胞分泌盐酸，也有轻微的刺激主细胞分泌胃蛋白酶原等作用。目前已能人工合成5肽胃泌素，其生物活性与17肽基本相同。胃泌素是进食时刺激壁细胞分泌盐酸的主要物质，其作用强度比组胺大1500倍。此外，还能刺激壁细胞增生，刺激胃黏膜RNA、DNA合成，增加胃黏膜屏障功能。促胃液素释放肽（gastrin releasing peptide，GRP），又称铃蟾素（bombesin）能强烈刺激促胃液素释放，进而促进胃酸大量分泌。已知铃蟾素是一种由胃壁非胆碱能神经元分泌的神经递质。中枢内注射铃蟾素能减少胃酸分泌，但静脉注射铃蟾素后，血液促胃液素水平很快上升，基础和餐后胃酸分泌量随之增加。已知G细胞膜中存在铃蟾素受体，故铃蟾素是直接作用于G细胞而使促胃液素释放增加的。

主细胞（chief cell）位于胃的基底部，细胞基部呈强嗜碱性，顶部充满酶原颗粒，但在普通固定的染色体标本上，颗粒多溶失，使该部位着色浅淡。颗粒内含胃蛋白酶原（pepsinogen），以胞吐方式释放后，被盐酸激活为具有活性的胃蛋白酶，参与对蛋白质的初步消化。胃蛋白酶原（pepsinogen）主要由胃腺的主细胞合成和分泌，颈黏液细胞、贲门腺和幽门腺的黏液细胞以及十二指肠近端的腺体也能分泌胃蛋白酶原。胃蛋白酶原以无活性的酶原形式储存在细胞内，进食、迷走神经兴奋及促胃液素等刺激可促进其释放。胃蛋白酶原进入胃腔后，在HCl作用下，从酶原分子中脱去一个小分子肽段后，转变成有活性的胃蛋白酶。胃蛋白酶的作用位点是蛋白质、多肽链中苯丙氨酸或酪氨酸羧基参与形成的肽键。胃蛋白酶只有在酸性环境中才能发挥作用，其最适pH为1.8～3.5。当pH值超过5.0时，胃蛋白酶便完全失活。肠道内容物的pH值一般为中性，因此，胃蛋白酶进入肠道后变性，失去活性。

组胺（histamine）具有极强的促胃酸分泌作用。组胺由ECL细胞分泌，以旁分泌的方式作用于邻旁壁细胞的H2型受体，引起壁细胞分泌胃酸。当HCl分泌过多时，可负反馈抑制胃酸分泌。胃窦内pH降到1.2～1.5时胃酸分泌受到抑制，其原因是HCl可直接抑制胃窦黏膜δ细胞分泌生长抑素，间接抑制促胃液素和胃酸的分泌。

（六）鱼类胃液的酸碱度（pH值）

有胃鱼类的胃液pH值一般是多少？一般情况下，大多数鱼类胃液的pH值为4.5～4.7，当摄食饲料或食物后，盐酸分泌量增加,pH值会下降。胃蛋白酶的最适宜pH值一般为1.75～3.8。吉滨河等（1989）测定喂食水华微囊藻的尼罗罗非鱼胃液pH值，其胃液pH值呈现一个与摄食相关的周期变化。摄食旺期胃液平均pH值为1.47，最低值为0.8。停食后pH值升高，最大值为6.0。罗非鱼胃酸pH值低可能与其具有类似哺乳动物胃黏膜中独立的泌酸细胞有关。

我们测定了大口鲶、长吻鮠、黄颡鱼等胃液的pH值，无论胃内是否有食物或食物多与少，其胃内容物的pH值一般都较高。图1-8是我们对大口鲶和长吻鮠胃、胆汁、肠道内容物pH值的测定结果。在调查分析的大口鲶、长吻鮠样本中，其胃内容物的最低pH值为5.0，多数样本胃内容物的pH值在6.5左右。从解剖后测定食糜pH值的结果看，大口鲶胃液pH值为5.5～6.5，出现概率最多的样本pH值为6.5；而胆汁、前肠和中肠的食糜pH值多数在7.0；后肠则为7.5。长吻鮠胃液pH值5.0～6.5，有食物时多数为5.0，无食物为6.5；胆汁、前肠和后肠的pH值多数在6.5；中肠食糜的pH值多数为7.0。因此，水产动物胃液为酸性，但是，酸度一般不是很高，其内容物的pH值为5.0～6.5。为什么水产动物胃内容物的酸性不是很强？可以从两个方面来理解：一是水产动物胃黏膜分泌酸性物质（如HCl）的能力不如陆生动物强；二是水产动物生活于水域环境中，在摄食食物、饲料的同时，也会吞食部分水体，而水体的pH值一般为中性，在一些盐碱地区水体为碱性水。由此可以认为，水产动物的化学性消化能力相对于哺乳动物要弱很多。

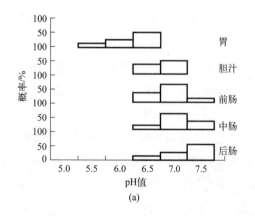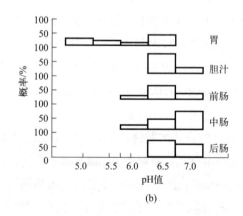

图1-8 大口鲶 [（a）] 和长吻鮠 [（b）] 胃、胆汁、肠道内容物pH值

我们测定得知几种鱼类肠液pH值为5.5～7.5，其中，草鱼消化液pH值为5.5～8.0，鲢为6.0～8.0，鲫为6.0～8.0，鲤为6.0～7.0。有资料显示，仔猪胃液pH值一般在3.5～5.5，而成年猪胃液的pH值为2.0左右。

三、饲料组胺对胃黏膜的损伤作用

（一）组胺及其来源

组胺（histamine）化学式是$C_5H_9N_3$，分子量为111.145，熔点为83～84℃，沸点209.5℃，相对密度为1.131。

水产饲料中的组胺主要来源于鱼粉等组氨酸含量较高的原料，其反应过程涉及原料中蛋白质在微生物作用下的腐败作用。

鱼粉的原料鱼和其他动物性蛋白质原料，其中含有一定量的游离组氨酸，同时在肌肉自溶酶解过程中，蛋白质肽链也有部分水解并产生游离的组氨酸。当这些含有一定量游离组氨酸的蛋白质原料受到微生物污染后，在适宜的条件下，微生物进行生长繁殖过程中会产生并释放组氨酸脱羧酶（histidine decarboxylase），组氨酸脱羧酶将催化游离组氨酸发生脱羧基反应并生成组胺，反应式如下。

组氨酸　　　　　　　　　　　　　　　　　　　组胺

微生物的污染，以及在微生物生长繁殖过程中，鱼粉中的蛋白质、氨基酸及其他含氮物质被分解为氨、三甲胺、吲哚、组胺、硫化氢等低级产物，使鱼粉产生具有腐败特征的臭味，这种过程称为腐败。

在保持鱼虾等新鲜度的情况下，蛋白质组氨酸含量高≠游离组氨酸含量高≠组胺含量高。只有在微生物污染后，蛋白质组氨酸→游离组氨酸→组胺，而游离组氨酸来源于蛋白质，此时，高组氨酸含量的蛋白质将会出现高组胺含量。

鱼体死亡后，经历"僵硬-自溶-腐败"阶段，鱼体自溶会产生较多的游离氨基酸，但不产生生物胺。只有在微生物大量繁殖、生长之后，微生物所分泌的脱羧酶存在的时候才是生物胺产生的主要时期。红鱼粉的主要原料鱼，如鳀鱼、金枪鱼、沙丁鱼、鲣鱼等肌肉中组氨酸的含量显著高于白色肌肉鱼类（如鳕鱼）。鱼肉蛋白质腐败产生的生物胺留存于鱼粉产品之中，导致所得的红鱼粉产品中组胺也相应较高。

鱼粉原料鱼种类不同，其组氨酸含量有差异，样本中游离组氨酸含量和组胺含量也有很大的差异。在GB 2733—2015《食品安全国家标准鲜、冻动物性水产品》中的组胺标准值为：高组胺鱼类≤40mg/kg，其他海水鱼类≤20mg/kg。高组胺鱼类为：鲐鱼、鲹鱼、竹荚鱼、鲭鱼、鲣鱼、金枪鱼、秋刀鱼、马鲛鱼、青占鱼、沙丁鱼等青皮红肉海水鱼，这些种类也是红鱼粉、鱼排粉（海洋捕捞鱼）的主要原料鱼。该标准中组胺含量为鲜样中的含量，如果以可食用部分平均含水量75%计算，样本干重的高组胺鱼类组胺含量为160mg/kg，其他海水鱼类为80mg/kg。FDA规定，食品中组胺含量不得超过50mg/kg；欧盟规定，水产品及其制品中组胺含量不得超过100mg/kg；南非的限量标准为100mg/kg；澳大利亚的限量标准是200mg/kg。

（二）鱼粉中组胺含量

水产饲料中鱼粉使用量较畜禽高很多，因此，水产饲料中组胺主要来自鱼粉产品中的组胺。在鱼粉

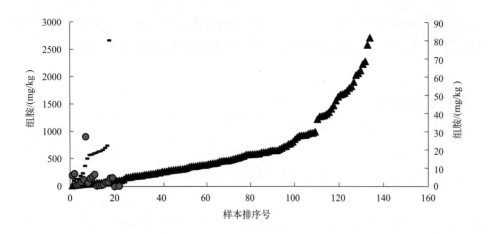

图1-9　红鱼粉（n=167）、鱼排粉（n=54）、白鱼粉（n=32）中组胺含量（鱼粉国标编制组）
▲红鱼粉　●鱼排粉　-白鱼粉

国家推荐性标准修订过程中，测定了167个红鱼粉、54个鱼排粉和32个白鱼粉样本中的组胺含量，其数据分布见图1-9。

在32个白鱼粉样本中，有14个样本的组胺含量低于（≤12.5mg/kg）检出限，占43.75%；其余18个样本的组胺含量仅一个为80.20mg/kg，其余的均低于22.39mg/kg。这充分显示了白鱼粉低组胺含量的特征。

在54个鱼排粉样本中，组胺含量相对于红鱼粉较低，均低于300mg/kg。鱼排粉是以鱼加工的副产物为原料所得到的产品，而鱼加工的产品是作为食品需要的，对加工的原料鱼新鲜度有很高的要求。这些加工的副产物用于鱼粉生产时，如果能够及时用于生产鱼排粉，是新鲜度很好的原料。即使原料鱼（如金枪鱼）可能含有较高的组氨酸，其副产物生产的金枪鱼鱼排粉组胺含量依然可以很低。

红鱼粉中组胺含量分布范围较大，这主要是因为：①原料种类差异，红色肌肉鱼类组胺含量很高。②原料鱼的新鲜度和鱼粉产品的新鲜度差异。在新修订的鱼粉推荐性国标（GB/T 19164—2021）中，红鱼粉中组胺含量的标准值为：特级≤300mg/kg，一级≤500mg/kg，二级≤1000mg/kg，三级≤1500mg/kg。

鱼粉中除了组胺值得关注外，还有一种有害物质——肌胃糜烂素（gizzeosine）值得关注。肌胃糜烂素最早是在鸡饲料中使用了鱼粉并导致鸡黑色呕吐病发生原因的研究中发现的。后来在鱼粉中分离、鉴定了肌胃糜烂素，并证实是由于鱼粉中的肌胃糜烂素导致了鸡的肌胃黏膜糜烂。

鱼粉中肌胃糜烂素来自组胺和赖氨酸的聚合反应所产生的化合物，其反应式如下：

$$HC = C - CH_2 - CH \atop N \quad\quad NH \quad\quad NH_2 + H_2N - (CH_2)_4 - CH - COOH \longrightarrow \atop CN \quad\quad\quad\quad\quad\quad\quad\quad NH_2$$

组胺　　　　　　　　　赖氨酸　　　　　　　　　　　肌胃糜烂素

游离的组胺与赖氨酸中的ε-NH$_2$在120℃以上时容易发生反应，生成肌胃糜烂素，但温度在200℃以上时就会分解。

现在不清楚的是，鱼粉中的肌胃糜烂素对有胃鱼类的胃黏膜是否也会造成损伤。目前关于肌胃糜烂素研究的难点在于缺乏肌胃糜烂素的标准样品，如果有合适的标准样品则可以采用高效液相、质谱-液相色谱联动等仪器和方法进行定量检测。

红鱼粉中主要原料鱼如鳀鱼、沙丁鱼、凤尾鱼、青占鱼等有较高含量的游离组胺，同时也含有较高含量的赖氨酸，鱼粉的加工温度和持续时间可以满足游离组胺与赖氨酸聚合产生肌胃糜烂素的合适条件。肌胃糜烂素在100℃加热2h开始产生；100～150℃时，随温度和时间的延长含量增高。因此，在红鱼粉中含有一定量的肌胃糜烂素是客观存在的。有报道，日粮中含0.2mg/kg的肌胃糜烂素就有可能导致动物生产性能下降、胃黏膜出现损伤。而在水产饲料中因为鱼粉尤其是红鱼粉的使用量较高，0.2mg/kg含量的肌胃糜烂素存在的可能性比较高，是否会对水产动物的生长和鱼体健康造成影响，尤其是否对胃黏膜造成损伤，目前还没有研究报道，这是一个有待研究的问题。

（三）日粮组胺对黄颡鱼胃黏膜的损伤作用

为了研究日粮中组胺对黄颡鱼胃黏膜的损伤作用，我们做了一个养殖试验。

金枪鱼是组胺含量较高的一种鱼粉原料鱼，金枪鱼鱼粉、鱼排粉中也有较高含量的组胺。白鱼粉是组胺含量最低的鱼粉（组胺含量小于25mg/kg）。我们试验所用饲料配方及其营养成分见表1-1，对照组为金枪鱼鱼粉组（TFM组）和白鱼粉组（H0组），以白鱼粉组为基础饲料，分别补充5个剂量的组胺盐酸盐标准品（Sigma，$C_5H_9N_3 \cdot 2HCl$，含组胺60.30%），以金枪鱼粉中组胺含量为依据，设置H1、H2、H3、H4、H5共5个剂量组。

表1-1　试验日粮原料组成与营养水平（干物质基础）　　　　　　单位：%

原料	TFM	H0	H1	H2	H3	H4	H5
金枪鱼粉	28.30	—	—	—	—	—	—
白鱼粉	—	31.00	31.00	31.00	31.00	31.00	31.00
组胺盐酸盐/（mg/kg）	—	—	32.87	86.11	139.34	192.57	299.04
细米糠	13.00	13.00	13.00	13.00	13.00	13.00	13.00
豆粕	16.50	16.50	16.50	16.50	16.50	16.50	16.50
棉粕	9.00	9.00	9.00	9.00	9.00	9.00	9.00
玉米蛋白粉	5.00	5.00	5.00	5.00	5.00	5.00	5.00
血球粉	1.50	1.50	1.50	1.50	1.50	1.50	1.50
猪肉粉	3.00	3.00	3.00	3.00	3.00	3.00	3.00
磷酸二氢钙	2.00	2.00	2.00	2.00	2.00	2.00	2.00
沸石粉	4.00	2.00	2.00	2.00	2.00	2.00	2.00
小麦	13.00	13.00	13.00	13.00	13.00	13.00	13.00
豆油	3.50	3.00	3.00	3.00	3.00	3.00	3.00
预混料[①]	1.00	1.00	1.00	1.00	1.00	1.00	1.00
合计	100.00	100.00	100.00	100.00	100.00	100.00	100.00
营养水平[②]							
粗蛋白质	40.32	40.28	40.28	40.28	40.28	40.28	40.28
粗脂肪	8.21	8.23	8.23	8.23	8.23	8.23	8.23
灰分	8.18	9.08	9.08	9.08	9.08	9.08	9.08
总磷	1.85	1.86	1.86	1.86	1.86	1.86	1.86

① 预混料为每千克日粮提供：Cu 25mg，Fe 240mg，Mn 130mg，Zn 190mg，I 0.21mg，Se 0.7mg，Co 0.16mg，Mg 960mg，K 0.5mg，维生素A 8mg，维生素B₁ 8mg，维生素B₂ 8mg，维生素B₆ 12mg，维生素B₁₂ 0.02mg，维生素C 300mg，维生素D3 3mg，维生素K3 5mg，泛酸钙25mg，烟酸25mg，叶酸5mg，肌醇100mg。
② 营养水平为实测值。

各组饲料中生物胺种类和含量如表1-2所示。生物胺的检测委托新希望六和测试中心（青岛）分析，仪器Thermo Q-Exactive（配有ESI源），色谱柱Hypersil GOLD C18 100mm×2.1mm×3.0μm，流动相为甲醇-0.1%甲酸水溶液，流速0.3mL/min，柱温30℃。除TFM组外，H0～H5组的尸胺、精胺、腐胺、亚精胺均无显著差异，而组胺则显示梯度差异，其中，H2组组胺含量与TFM组基本一致。

表1-2　试验饲料中生物胺含量　　　　　　　　　　　　　　　　　　　　　单位：mg/kg

生物胺种类	组别						
	TFM	H0	H1	H2	H3	H4	H5
尸胺	87.8	304.4	317.5	303.1	325.3	311.5	303.1
精胺	16.5	20.0	16.5	18.4	18.8	18.5	18.2
腐胺	25.5	101.7	109.9	102.8	109.6	104.4	102.0
亚精胺	84.0	89.6	91.6	88.6	91.9	90.4	90.1
组胺	53.2	4.3	18.0	56.2	84.6	103.5	158.9

使用试验饲料在池塘网箱中养殖黄颡鱼8周的结果显示，H1组的特定生长率SGR显著高于其他组（$P<0.05$），其他组无显著差异（$P>0.05$）。黄颡鱼特定生长率与饲料组胺含量的关系见图1-10。试验结果显示，黄颡鱼特定生长率与饲料组胺含量显示出二次函数关系的变化趋势，在饲料组胺含量低（18.00mg/kg）条件下，黄颡鱼具有较好的生长速度，而较高饲料组胺含量条件下显示出其对生长的抑制作用。

试验结束时，将各组黄颡鱼胃黏膜取样做扫描电镜分析，结果见图1-11。H0与H1这两组的黄颡鱼胃黏膜细胞正常，表面的微绒毛排列紧密，细胞界线清晰。H2与H3这两组，胃黏膜细胞表面的微绒毛有部分脱落，大部分还是完整的。H4组和H5组这两组的胃黏膜细胞损伤严重，黏膜表面已经失去基本的细胞形态，表面微绒毛几乎全部脱落。金枪鱼鱼粉组（TFM组）的胃黏膜扫描电镜图片显示，其细胞状态与H4和H5组相似。

上述结果显示，在日粮中组胺含量低于18.00mg/kg时，黄颡鱼胃黏膜细胞表面结构正常；当日粮中组胺含量超过56.2mg/kg时，黄颡鱼胃黏膜表面出现损伤；当组胺含量达到103.5mg/kg以上时，黄颡鱼胃黏膜的损伤面积和损伤程度均显著增加。除了金枪鱼鱼粉组（可能含有肌胃糜烂素等未知成分）外，其余各组都是在白鱼粉基础上添加组胺盐酸盐的试验组，所得到的试验结果应该是日粮组胺含量差异导致的，显示出日粮组胺对黄颡鱼胃黏膜具有实质性的损伤作用，且随日粮组胺含量增加，其损伤作用显著增加；日粮中组胺含量小于56.2mg/kg时，对黄颡鱼胃黏膜损伤作用相对较低。

采用透射电镜对各试验组黄颡鱼肠道黏膜细胞之间的连接结构进行了观察，结果见图1-12。肠道黏膜细胞之间的连接有紧密连接、缝隙连接等结构，在靠近微绒毛端的细胞之间的连接一般为紧密连接结构，而靠近黏膜基底层端的连接一

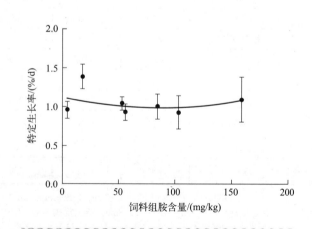

图1-10　黄颡鱼特定生长率（SGR）与饲料组胺含量的关系

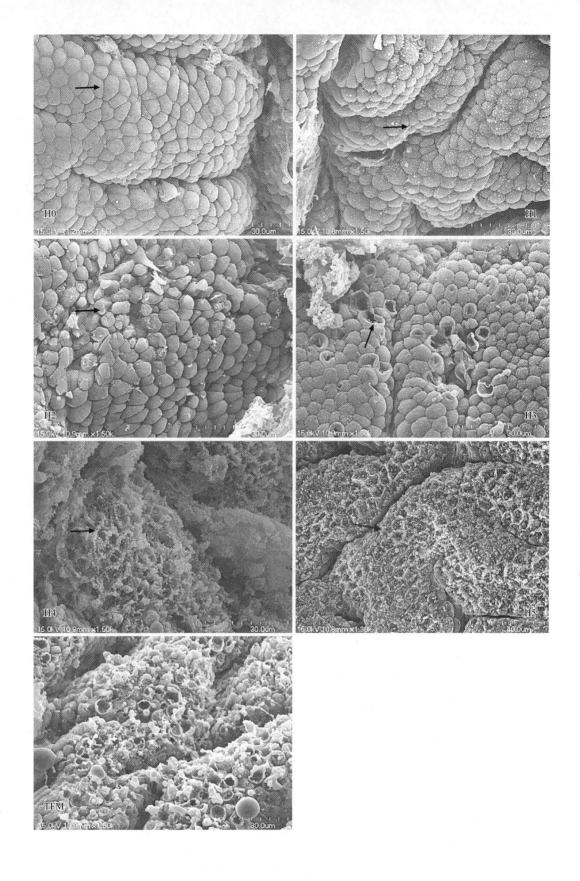

图1-11 黄颡鱼胃黏膜细胞的观察

←示意细胞损伤。放大倍数均为×1.5k，最小刻度（右下）30.0μm

H0与H1这两组的黄颡鱼胃黏膜细胞完好且排列紧密；H2与H3这两组在图中箭头处有少数细胞破裂，其他部位较为完好；H4组和H5组的黄颡鱼胃黏膜扫描电镜结果显示，这两组的细胞损伤严重，黏膜表面已经失去基本的细胞形态；TFM组的胃黏膜扫描电镜图片显示，其细胞状态与H4和H5组相似

般为缝隙连接结构。H0、H1组微绒毛端和基底层端的细胞连接紧密；H2、H3组微绒毛端连接紧密，而基底层端连接出现缝隙；H4、H5组微绒毛端和基底层端连接均出现缝隙，且缝隙有扩大的趋势；TFM组微绒毛端连接紧密，而基底层端则出现显著的缝隙。随饲料组胺含量增加，肠道黏膜细胞之间的连接出现缝隙，且缝隙有组间增大的趋势。结果显示，饲料中组胺的添加量会使黄颡鱼肠道黏膜细胞之间的连接结构受到损伤，损伤程度与饲料组胺添加量有一定的线性关系。

肠道黏膜细胞的结构完整性（尤其是微绒毛结构完整性）和肠道黏膜细胞之间紧密连接的完整性是肠道结构屏障形成的物质基础。其如果受到损伤将导致肠道通透性增加，并诱发炎症和肠道内细菌、内毒素的易位，由肠道黏膜损伤形成对远程器官组织如肝胰脏的损伤性打击作用，严重时将诱发多器官功能和结构损伤。因此，日粮中组胺超量除可能导致胃黏膜损伤外，对肠道黏膜也具有损伤性作用，且这种作用是结构性的器质性损伤。水产动物饲料中应该控制组胺的含量。

不同种类的鱼、有胃鱼类和无胃鱼类对日粮中组胺的耐受性可能有差异，因此，不同鱼类日粮中组胺的限量值也会存在差异，这需要更多的试验结果来证实。

四、食物在胃的消化和吸收

食物或饲料在胃里被初步消化，同时还有部分物质被吸收。

（一）胃的物理性消化作用

食物在水产动物胃里的物理性消化作用主要表现为食物或饲料与胃液的混合作用，胃壁肌纤维的蠕动是主要动力来源，食物或饲料不能在胃里被绞碎、磨碎。在养殖条件下，饲料与胃液的混合效果还取决于饲料颗粒在胃里的溶散程度，如果饲料颗粒在胃里能够完全溶散，那么饲料原料颗粒充分暴露出来并与胃液混合，这是较为理想的消化状态和效果。

颗粒饲料进入胃里后，因为吸水后可能被逐渐溶散，溶散后的饲料颗粒可以增加与胃液的接触表面积。而膨化颗粒饲料由于淀粉糊化后黏结性增强，饲料颗粒在胃里可能不能完全被溶散，只是从颗粒的表面开始有部分的溶散。膨化颗粒饲料在胃里的溶散效果也与摄食频率、摄食量和胃排空时间有关系，如果饲料投喂频繁、胃排空时间短，可能就会有更多的颗粒饲料没有被溶散就进入肠道了。在养殖生产期间，对养殖的有胃鱼类打样，解剖鱼体后可以观察到胃里的饲料颗粒状态，也会观察到膨化颗粒饲料多数还是以颗粒状存在于胃里。

（二）胃酸的作用与过胃保护

胃酸的生理作用有：①激活胃蛋白酶原，并为胃蛋白酶提供适宜的酸性环境；②使食物中的蛋白质变性，有利于蛋白质的水解；③抑制或杀灭随食物进入胃内的细菌等微生物；④盐酸随食糜进入小肠后，可促进促胰液素和缩胆囊素的分泌，进而引起胰液、胆汁和小肠液的分泌；⑤盐酸造成的酸性环境有利于小肠对铁、钙等矿物质元素的吸收。

相反，由于盐酸属于强酸，对胃和十二指肠黏膜具有侵蚀作用，如果盐酸分泌过多，将损伤胃和十二指肠黏膜，诱发或加重溃疡病；若胃酸分泌过少，则可引起腹胀、腹泻等消化不良症状。

消化过程中，食物或饲料蛋白质需要变性，球状蛋白的高级空间结构被破坏，肽链伸展为纤维状有利于消化酶与肽链的接触和水解作用。食物或饲料蛋白在加工过程中部分被热变性，这对蛋白质的消化是有利的。不过，过度的热变性可能导致美拉德反应或碳化变化，会导致蛋白质的消化率和营养价值下降。

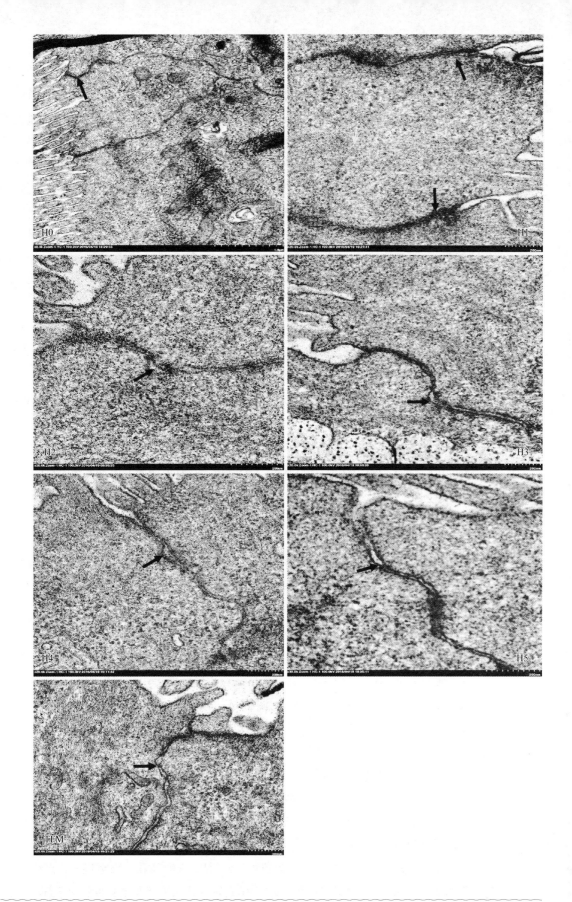

图1-12 黄颡鱼肠道黏膜细胞之间的连接

放大倍数均为×20.0k 最小刻度（右下）200nm；H0、H1组微绒毛端和基底层端的细胞连接紧密；H2、H3组微绒毛端连接紧密，而基底层端连接出现缝隙；H4、H5组微绒毛端和基底层端连接均出现缝隙，且缝隙有扩大的趋势；TFM组微绒毛端连接紧密，而基底层端则出现显著的缝隙

食物或饲料蛋白质进入胃里后，主要依赖胃酸的酸变性作用。与动物性原料相比，植物性原料的细胞外面还有细胞壁，需要更多的胃酸通过细胞壁使植物细胞内的蛋白质变性，也需要更长的在胃里的消化时间。

对于食物或饲料中生理活性蛋白质或多肽，在胃里如何不因胃酸引起酸变性而保持其原有活性是一个难题。饲料或食物中的外源性酶，如植酸酶、蛋白酶、淀粉酶等，如果在胃里被胃酸作用而酸变性了，则这些酶蛋白将作为蛋白质而被消化，失去其原有的酶的生物活性。对于多肽类物质也是如此。为此，选择可以抗酸的酶或多肽是一个较为理想化的目标，因为要在pH值1.0～5.5的酸性环境里不被酸变性是非常不容易的。另外一种可能的选择方案是将生理活性蛋白质、多肽等进行包被处理，比如用硬脂酸、糊精或淀粉类物质作为包被材料，这类材料在胃里不能被消化，可以带着其中的生理活性物质进入肠道后再被消化，而肠道内pH值一般为弱酸性、中性或弱碱性。如果采用蛋白质类物质作为包被材料，由于蛋白质可能被胃蛋白酶水解，形成的包膜存在被破坏的风险。当然，所有的包被材料和包被方法还需要考虑其颗粒在饲料加工和存储过程中的影响。

胃酸的另一个重要作用就是激活胃蛋白酶原，并维持胃蛋白酶的适宜pH值，维持胃蛋白酶的作用环境条件。关于水产动物胃蛋白酶的适宜pH值有较多的研究报告。部分鱼类的胃蛋白酶适宜pH值为：大口鲶2.0～2.6、乌鳢2.8、长吻鮠3.0、大菱鲆2.0～2.5、大鳞大麻哈鱼2.3～2.5、红大麻哈鱼2.3～2.5、银大麻哈鱼2.8～3.0、大麻哈鱼2.5～3.0、几种鳟（河鳟、鳟、虹鳟）2.3～2.5、日本鳗鲡3.2～3.3、尖吻鲈4.0、鳜2.8、罗非鱼2.0。

因此，有胃鱼类胃蛋白酶的适宜pH值为2.0～3.0。胃液pH值与胃蛋白酶适宜的pH值比较，通常是胃液的pH值高于胃蛋白酶适宜的pH值。消化酶适宜pH值偏离其消化液实际pH值在水产动物中是较为普遍的现象。

（三）胃蛋白酶的消化作用

胃蛋白酶的分泌形式是胃蛋白酶原，哺乳动物的胃蛋白酶原是由胃黏膜组织中的主细胞分泌的。水产动物的胃蛋白酶原和胃蛋白酶与哺乳动物存在较大的差异，这是需要特别关注的。

首先是分泌细胞的差异。

哺乳动物的胃蛋白酶原由主细胞分泌，胃酸由壁细胞分泌，胃蛋白酶原和胃酸分别由两种细胞分泌完成。但是，在水产动物中，至少有两种情况与哺乳动物完全不同。①胃蛋白酶原和胃酸均由同一类细胞即泌酸胃酶细胞分泌。②胃蛋白酶原和胃酸既可由泌酸胃酶细胞分泌，也可分别由胃酶细胞和泌酸细胞分泌。例如鳜胃腺细胞属于泌酸胃酶细胞，兼有分泌胃蛋白酶原和胃酸的功能，细胞分化程度较低。鳜泌酸胃酶细胞兼有哺乳动物胃酶细胞和泌酸细胞的结构特征，细胞内含有大量的粗面内质网，核上区含有电子致密颗粒（类似胃酶细胞），同时在细胞顶部又有发达的微管泡系（与泌酸细胞类似）。大黄鱼的胃腺细胞为矮锥形，细胞内含有微管泡系和酶原颗粒，也是一种典型的泌酸胃酶细胞。

其次，是胃蛋白酶种类有很大的差异。

哺乳动物中存在5类胃蛋白酶原（pepsinogen，PG）：PG A、PG B、PG C、PG F和PG Y。鱼类中，目前仅发现PG A和PG C。哺乳动物中同一种胃蛋白酶原还存在着多种形式的同工酶原。鱼类的PG C基因一般为单拷贝，即控制合成一条多肽链；而PG A同哺乳动物类似，普遍存在多拷贝现象，即存在同工酶现象，如岩鳕中发现3种PG A，斜带石斑鱼、太平洋蓝鳍金枪鱼、美洲拟鲽、大西洋庸鲽、斑鳜中均发现2种PG A。鱼类具有不同PG A可适应个体发育、特定生理条件下的不同催化功能需求。

上述特点显示出水产动物胃蛋白酶以及蛋白质在胃里的消化结果与哺乳动物存在较大差异。与哺乳动物相比，水产动物有一定的原始性，胃蛋白酶原和胃酸分泌细胞的分化程度不高，同一种细胞兼具两种重要物质的分泌，这在某种程度上也显示了水产动物胃蛋白酶原、胃酸分泌能力不如哺乳动物。这种结果也可能是适应水域环境的需要，因为如果有很强的胃酸分泌能力、分泌的胃酸多，食糜在由胃进入肠道后就需要更多、更强的碱性物质来中和胃酸，才能保持肠道中食糜为弱酸性、弱碱性或中性。因此，水产动物饲料中酸化剂的使用效果不如畜禽，也可能与水产动物胃肠道食糜酸碱度调控能力有一定的关系。

胃蛋白酶原经胃酸刺激后形成有酶活性的胃蛋白酶，并在酸性条件下发挥酶水解作用。研究表明鱼类不同类型的胃蛋白酶原的基因组结构十分相似，它们具有相同数量的外显子和内含子，内含子的位置也十分接近，只是内含子大小有所不同。

鱼类胃蛋白酶原的氨基酸序列整体上与其他脊椎动物相似（薛洋，2011），可分为三个区域：从N端到C端依次为信号肽（signal peptide）部分、激活肽（activation peptide）部分和胃蛋白酶（pepsin moiety）部分。信号肽位于肽链的N端，长度为15～16个氨基酸残基，呈疏水性，负责胃蛋白酶原肽链的转运，在转录后加工过程中被切除。激活肽长度为39～45个氨基酸残基，其序列中所含碱性氨基酸残基的比例显著大于酸性氨基酸残基，激活肽部分呈碱性。在酸性条件下，也可以在有活性的胃蛋白酶的作用下，激活肽部分的氨基酸残基被切除，释放出有活性的成熟的胃蛋白酶。胃蛋白酶部分呈酸性，含有大量的酸性氨基酸残基，是胃蛋白酶的主要活性部位，氨基酸序列包括2个保守的天冬氨酸残基构成的活性中心，同时含有6个半胱氨酸残基形成的3个二硫键。

胃蛋白酶的酶解位点是疏水性氨基酸，尤其是芳香族氨基酸。消化酶的酶解位点是指特定氨基酸羧基参与形成的肽键，即由酶解位点氨基酸提供羧基，与另一个氨基酸的氨基形成肽键，其酶解产物的羧基末端氨基酸就是酶切位点氨基酸。胃蛋白酶识别的位点氨基酸包括苯丙氨酸、色氨酸、酪氨酸、亮氨酸、异亮氨酸等疏水性侧链基团氨基酸，其水解产物的羧基端氨基酸就是上述氨基酸。

蛋白质肽链中含有上述氨基酸，因此，胃蛋白酶酶解的产物包括了未被水解的多肽链（消化时间和程度不足时）、羧基末端为上述氨基酸的多肽链、小肽，或上述游离状态的氨基酸。

值得注意的是，食物或饲料蛋白质在胃里是不能被完全消化的，首先是因为胃蛋白酶的酶切位点具有专一性，只能水解疏水性尤其是芳香族氨基酸的羧基参与形成的肽键。而一个蛋白质多肽链中含有20种氨基酸。其次，也是因为食物或饲料在胃里消化的时间、消化程度有限，食糜随胃蠕动会逐渐向后端移动并进入肠道，肠道内的消化酶种类更多，也有更长时间将食物蛋白质进行更彻底的消化。

还要关注的一个问题是，胃蛋白酶在pH值超过5.0时将失去活性，失去活性的胃蛋白酶成为一种蛋白质，将在肠道内被其他蛋白酶水解，其分解后得到的氨基酸会被动物再利用。在幽门胃部分泌的胃液中就开始有碱性物质，也开始中和胃里食糜的酸性物质如盐酸，同时也将导致胃蛋白酶变性而失去活性，当其进入肠道后将被作为蛋白质而被水解。

另外，在人体医学检验中，一般将血清胃蛋白酶活性检测作为胃黏膜损伤的一种标志物。其原理是当胃黏膜损伤后，胃黏膜屏障被破坏，黏膜通透性显著增加，本来存在于胃液中的胃蛋白酶可能进入血液，从血液中检测到的胃蛋白酶种类、活力大小即可判定胃黏膜损伤程度和疾病类型。水产动物是否可以通过血清胃蛋白酶种类和活性检测判别胃黏膜损伤、胃黏膜通透性，还有待研究。

（四）胃黏膜的吸收作用

一般论述中认为胃可以吸收水和无机盐，对其他物质如氨基酸、单糖等的吸收很少。在一些药物吸收动力学的研究中发现，胃黏膜可以吸收部分小分子的药物，说明胃黏膜具有一定的吸收能力。

在我们用放射性同位素标记的氨基酸试验中，发现有胃鱼如大口鲶、长吻鮠、斑点叉尾鮰等，胃黏膜具备氨基酸的吸收能力。例如，我们采用离体胃肠道灌注试验模型，以^{3}H标记的亮氨酸 [L-（4,5-^{3}H）Leu]

作为示踪氨基酸，在鱼用生理盐溶液中分别加入2mmol/L的Leu、1μCi/mL的L-（4,5-³H）Leu，（25±1）℃、40min内，测定了斑点叉尾鮰离体胃、肠道前段、肠道中段、肠道后段对培养液中亮氨酸的吸收量分别为2.3μmol/g、5.8μmol/g、6.0μmol/g、6.5μmol/g，如果以胃、肠道前段、肠道中段、肠道后段吸收量占整个胃肠道总量的比例计算，则分别为胃12.0%、前肠27.5%、中肠29.0%、后肠31.5%。显示斑点叉尾鮰的胃对氨基酸有一定的吸收能力，但其吸收能力不如肠道。

五、胃的内环境与饲料酸化剂问题

断奶仔猪由于胃酸分泌不足，胃肠道内pH值较高，胃蛋白酶活性低，胃消化功能发育不健全，通过饮水或饲料中加入外源性酸化剂可以弥补胃酸的不足。在水产动物饲料中加入外源性酸化剂是否会有同样的效果？虽然一些养殖试验结果显示，在部分有胃鱼类如罗非鱼饲料中加入一些种类的酸化剂可以得到一定的生长效果，而其他多数有胃鱼类、无胃鱼类饲料中加入酸化剂效果并不显著。这里需要考虑以下两个问题。①水产动物胃肠道酸碱度及其调控能力。水产动物胃酸、胃蛋白酶原的分泌细胞与哺乳动物差异较大，胃酸分泌能力相对较低，胃液的pH值相对较高，理论上加入外源性有机或无机酸应该是有效的。但是，胃酸分泌能力低也许是水产动物自身适应水域环境如海水、淡水的一种结果，在摄食过程中，饲料物质会吸收水环境中的水，无论是海水或是淡水，其pH值为碱性、中性或弱酸性（酸雨水质），都会中和部分胃酸。另外，酸碱性的变化也是水产动物渗透压变化的基础之一，强的酸碱性意味着对渗透压的压力会显著增加。水产动物长期适应了这类环境，养殖条件下如果从饲料途径加入外源性的酸化剂，可能增加水产动物胃肠道酸碱度调节压力和渗透压的调节压力，可能是不适宜的。②选择的酸化剂种类、使用量等也是需要考虑的问题。目前饲料中使用的酸化剂包括有机酸、无机酸，有强酸，也有弱酸。酸化剂对养殖动物的作用基础是弥补胃酸分泌的不足，而不应该是强行增加饲料物质的酸性。水产动物适应了水域环境条件下胃肠道的酸碱度，再增加饲料酸化剂就是不适宜的。另外，添加以杀菌为主要目的酸化剂对于水产动物或许也不适宜。水产动物胃肠道的微生物区系与陆生动物差异很大，可以有效调整陆生动物微生物区系的酸化剂对水产动物不一定适用。同时，依据杀菌机制不同，具有广谱杀菌能力的酸化剂对胃肠道黏膜细胞也有一定的损伤作用。

第三节
鱼类肠道黏膜与肠道屏障

鱼类的肠道是重要的消化和吸收器官、重要的内分泌器官和重要的免疫防御器官，肠道也是重要的代谢器官，肠道黏膜细胞是更新速度很快的细胞。肠道的生理功能是以其组织结构和细胞功能为基础，以组织结构、细胞功能为基础的肠道生理认知是营养学的重要研究内容。基于肠道在水产动物生理代谢和生理健康中的重要作用，如何评价饲料对肠道生理健康的作用效果也是养殖生产中的一个重要课题。

一、鱼类肠道的形态与分段

水产动物种类很多，食性也较为复杂，其肠道的长度和重量在不同种类、不同食性的水产动物中差异较大。即使是同一种类，在不同生长阶段、不同摄食状态下以及食性变化的情况下，其长度和重量也有很大的变化。

（一）肠道的长度及其在腹胸腔内的分布状态

无胃鱼类的口咽腔之后有一段食道，长度较短，是食物暂时存储的位置，有类似于胃的存储作用。食道之后就是肠道。那么，食道与肠道的分界点在哪里？以什么为标志呢？在解剖学上，以胆管在消化道开口的位置作为分界点的标志。胆管是肝胰脏分泌的胆汁进入消化道的位置，有胆汁进入后就是消化道，胆管开口之前的部分则为食道。在人体消化道解剖学上，胃之后是一段十二指肠，而胆管开口也是胃与肠道的分界点。

要注意的是，鱼类多数为肝胰脏，即胰腺细胞是弥散在肝细胞中的，没有独立的胰腺。肝细胞分泌的胆汁经过胆囊、胆管进入消化道，那么胰腺分泌的胰液和消化酶如何进入消化道呢？是通过管道——胰腺管进入消化道的，且胰腺管的开口位置与胆管邻近，但是管道细小，没有胆管那样粗大容易观察到。

因此，肠道的起点应该是从胆管在消化道的开口位置开始，到肛门结束。

鱼类肝胰脏分泌的消化酶中包含淀粉酶、脂肪酶和蛋白酶。值得注意的是，淀粉酶、脂肪酶是直接有活性的消化酶，而蛋白酶则是分泌的酶原进入消化道，在消化道中激活为有活性的蛋白酶。在测定消化酶活力的时候，肝胰脏中的淀粉酶、脂肪酶活力较高，且与肠道消化液中酶活力差异不大，而肝胰脏中的蛋白酶因为主要以酶原形式存在，其活力较低，低于肠道消化液中蛋白酶。

一般以肠道的长度与水产动物体长的比值（比肠长）作为评价不同种类水产动物肠道长度的一个指标，即比肠长=肠道自然长度/体长。肠道长度的定义是指从胆管在肠道的开口位置作为起点，一直到肛门的长度；而体长则是指从水产动物的吻端开始，一直到尾柄基部、尾鳍起点的长度。也可以解剖分离出肠道后称重，以肠道重量与体重的比值（比肠重）作为评价鱼类肠道的一个指标，即比肠重=肠道壁重量/体重。

在解剖时要特别注意，测量肠道长度和重量时，均需要取出完整的肠道。肠道长度为其自然长度，在剔除肠道外脂肪、结缔组织时，不要拉扯肠道，避免测量误差。而肠道重量测定时，除了要剔除肠道外脂肪组织，还要挤出肠道内容物，肠道重量其实为肠道壁的重量。可以剖开肠道并用生理盐水清洗肠道内容物后，用滤纸等吸干表面水分后再进行称重。

肠道壁的肌纤维是平滑肌，主要受到自主神经支配，是肠道蠕动的主要动力来源，有一定的节律性。当解剖鱼体的时候，在取出肠道、剔除肠道外脂肪和系膜的过程中，一是肠道肌纤维有自主收缩的情况，二是受到解剖、剔除过程中人为拉扯的影响较大，所以肠道的长度测量准确性较差。因此，比肠长的数值即使在同一种鱼类、不同条件下的测定结果也是有差异的。所以，比肠长可以作为一个定性化的数据指标，不宜作为定量化的数据指标。

作为一个定性化的指标，比肠长在不同食性水产动物中差距较大。一般情况下，肉食性鱼类有胃作为食物存储器官，肠道的长度相对于杂食性、草食性和滤食性水产动物的肠道较短，其比肠长一般小于1，很少超过2。杂食性鱼类的比肠长则在1～5，而草食性、滤食性鱼类的肠道相对较长，比肠长的最大值可以到7或8，如篮子鱼、银鲳、鲻等。摄食状态对比肠长也有一定的影响，摄食后，尤其是饱食后，肠道可以横向扩张，也能纵向扩张，肠道的长度也增加。

肠道在腹胸腔的分布状态结果显示，部分水产动物的肠道为直线型，肠道在腹胸腔内没有回折点或拐点，这种类型的水产动物比肠长一般小于1，如鳗鲡、香鱼、鲱、鳅、飞鱼等海水鱼类。我们测定得到黄鳝的比肠长为0.70～0.73、大口鲶的比肠长0.42～0.97，都是肠道很短的鱼类。虾也是比肠长小于1的种类。

多数水产动物的肠道在腹胸腔里是有回折的，甚至有多个回折点，肠道经过多次回折，盘曲在腹胸腔内。这类水产动物的肠道长度大于体长。我们测定得知，滤食性和草食性鱼类的比肠长相对较长，如鲢鱼的比肠长为3.07～8.88，鲫鱼0.63～3.99。

因此，水产动物肠道的长度和内部空间的大小是影响摄食量、存储食物量的主要因素，同时也是肠道排空时间的基础性条件。

肠道的重量主要与动物种类有关，与肠道长度也有一定的关系，另外还与肠壁厚度有直接的关系。例如，长吻鮠是肉食性鱼类，但其肠道壁很薄，与同是肉食性鱼类的大口鲶相比，长吻鮠的肠道重量与体重的比值（比肠重）很小。斑点叉尾鮰的肠道壁也是很薄的，草鱼的肠道壁相对较厚。

如何评价一种水产动物肠道重量或组织的韧性？在实际养殖过程中，生产一线的技术人员发明了一种"挂重物"的简单方法，也是一种比较有效的方法。具体方法如下：解剖取出鱼的肠道，挤出肠道内容物，剔除肠道系膜、脂肪后，在肠道上挂上剪刀或其他重物，用手提起肠道的两端，看肠道能够承受多重的重物而不断裂。在同等条件下，肠道挂的重量越重，表明肠道质量越好。生产一线人员在评价不同种类养殖鱼类、不同饲料企业饲料产品对肠道质量的影响时使用该方法，尤其是评价维护肠道健康的功能饲料时经常使用。

这个方法的原理就是，如果饲料物质对于肠道生长发育是有利的，则肠道肌肉层可能增厚，肌肉纤维的韧性、弹性也会增加；相反可能是肠壁变薄，肠道壁生长和发育不佳。比较同等条件下肠道承受的重物重量，可以作为一个评价肠道质量的较为有效的方法。我们在对草鱼肠道健康功能饲料进行评价时，一尾1100g体重的草鱼肠道承受了600g的重物，而肠道未断裂，即承受了超过体重50%的重物。一般情况下，同样重量草鱼的肠道可以承受200～250g的重物。

（二）肠道的分段与功能差异

水产动物消化道从胆管开口即为肠道，一直到肛门结束。那么，肠道从前端到肛门，是否存在组织结构上的差异和生理代谢功能的差异？如果有差异又如何进行分区？依据什么来进行分区呢？这是一个值得讨论的问题。

从肠道的生理代谢功能和作用而言，肠道从前端到后端是有明显的功能差异的。这种差异体现在多个层面：消化道组织结构和黏膜组织结构的差异、黏膜中分泌细胞种类和数量的差异、消化液分泌量的差异、消化功能和吸收功能的差异等。肠道从前肠到后肠有结构性差异和功能性差异是不难理解的，重点在于是否具有分区的必要性，以及如何进行分区的可操作性问题。

如果从组织结构和生理代谢功能方面考虑，肠道的前部（从胆管开口到第一个回折拐点以前）、肠道后部的直肠（最后一个回折拐点到肛门）存在显著的差异。无胃鱼类的肠道前段承担了胃的部分功能，其肌纤维的扩张能力在肠道中是最强大的，同时也要分泌大量的消化液（包括黏液、消化酶、激素等）并与食物混合，所以肠道前段一般是相对粗大的。而肠道后段承担了直肠的功能，一些需要重吸收的成分如胆汁酸、胆红素等和水分在这里被重吸收，其吸收功能较强，消化功能相对较弱。

因此，为了便于研究和分析，将肠道的前段-前肠、肠道后段-直肠分区是有必要的。至于中间段的中肠，也是肠道中最长的一部分，是否需要再分区则可以依据研究目标而定。

我们对翘嘴红鲌前肠、中肠和后肠进行扫描电镜，可以观察到前、中、后肠的表面结构是有差异的（见图1-13）。这些差异主要表现在皱褶的形态，以及分泌孔的密度和大小、微绒毛密度等。鱼类肠道黏膜结构是与其生理功能相适应的，例如，肠黏膜表面的分泌孔在前后肠数量较多，中肠分泌孔数量较少但孔径较大，后肠黏膜表面有较多的分泌物，这些分泌物有利于排粪。

二、肠道的屏障结构与肠黏膜隐窝

（一）肠道的结构

水产动物肠壁的结构层次与其他动物类似，有黏膜层、黏膜下层、肌层及浆膜层四层结构。

黏膜层位于肠腔面，为肠壁的最里层，由柱状上皮、基膜、固有膜和黏膜肌层组成。以斑点叉尾鮰中肠横切的组织切片如为例，见图1-14。

上皮细胞类型为单层柱状上皮，其中含有柱状细胞、杯状细胞等，肠腺在黏膜层面向肠腔开口。上皮细胞的基底面附着在基膜上，基膜是一层薄而透明的膜，介于上皮与固有膜之间；而靠近肠腔一侧是微绒毛区域，所以肠道上皮细胞是极性分化较大的细胞，即靠近肠腔一侧和基底膜一侧细胞的结构是有显著差异的，这是与其功能作用相适应的。固有膜由致密结缔组织组成，含有神经、血管、淋巴组织和腺体，有弹性，除起到联系上皮与深层组织的作用外，管壁在收缩时的牵引还可以改变黏膜的形态，有利于营养物质吸收、腺体分泌和血液运行。黏膜下层由疏松结缔组织组成，含有较大的血管、神经丛及

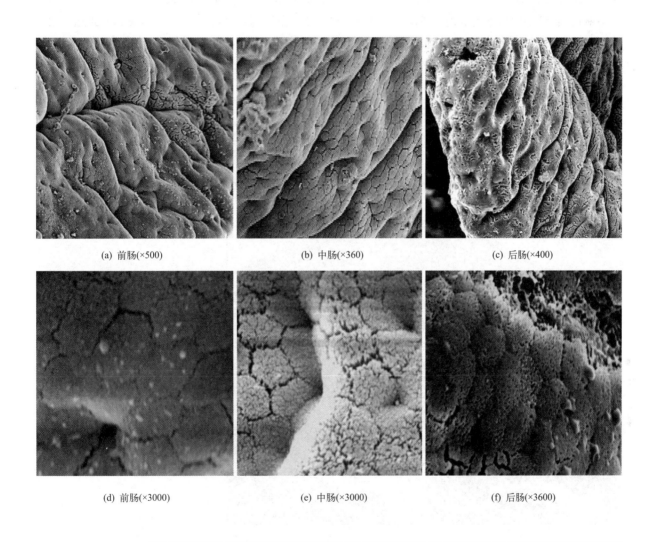

(a) 前肠(×500)　　　　　(b) 中肠(×360)　　　　　(c) 后肠(×400)

(d) 前肠(×3000)　　　　　(e) 中肠(×3000)　　　　　(f) 后肠(×3600)

图1-13　翘嘴红鲌前肠、中肠和后肠扫描电镜图

淋巴组织，有联系黏膜与肌层的作用。肠道肌层为平滑肌细胞，平滑肌的显著特点是有自律性。肌层分为内环形、外纵行两层平滑肌。肠道的浆膜层为疏松结缔组织，其中含有神经、血管和淋巴管等。如在疏松结缔组织外覆有一层间皮，则称为浆膜，是消化管壁与周围器官互相联系固定的组织，也可以减少消化管蠕动时的摩擦。

肠道黏膜层形成许多褶皱，不同种类水产动物、同一种水产动物的不同肠段，其褶皱的排列方式和形状有差异。在黏膜褶皱上又有许多分支的肠绒毛，肠绒毛可尽量延长已分解和部分消化的食物在肠道内的停留时间，使食物在肠内进一步被消化并被充分吸收。肠绒毛上皮细胞的游离面有密集排列的微绒毛，使肠道的吸收面积大大增加；且微绒毛表面膜含有吸收、水解、分泌的多种酶和转运载体，是肠黏膜接触食糜的第一道组织结构。在肠上皮细胞侧面、相邻的上皮细胞之间，有细胞间连接复合体，其中的紧密连接具有重要的屏障作用，使肠腔内的物质不会经细胞旁路穿越上皮通过，保证了机体的选择性吸收机制，又可防止固有层内物质进入肠腔。

肠道刷状缘（微绒毛）是营养物质消化吸收的重要部位，肠上皮细胞分化程度越高，它的消化吸收能力越强。肠碱性磷酸酶（alkaline phosphatase，ALP）是肠道纹状缘的标志酶，与蛋白质和脂质的代谢有密切关系，其表达量和活性在肠上皮细胞顶端处（微绒毛区域）最高。钠钾ATP酶（Na^+/K^+-ATPase）是细胞膜上的糖蛋白，主要作用是通过参与维持肠道上皮细胞膜内外的离子浓度差来吸收营养物质，其表达沿肠隐窝-绒毛轴从上到下逐渐降低。一系列研究表明，蔗糖酶-异麦芽糖酶（sucrase-isomaltase，SI）、乳糖酶-根皮苷水解酶（lactase-phlorizin hydrolase，LPH）、氨肽酶N（aminopeptidase，APN）、转化酶（invertase）和乳糖酶（lactase LCT）等酶类在绒毛上的表达和活性均高于隐窝。

（二）肠道隐窝与肠道干细胞

肠道的黏膜层由若干绒毛构成，每个绒毛由基底部向绒毛顶端构成一个基本单位。绒毛基底部的黏膜层向黏膜下层凹陷，其细胞组成与绒毛柄部、顶端有很大的结构差别，其中含有肠道干细胞、潘氏细

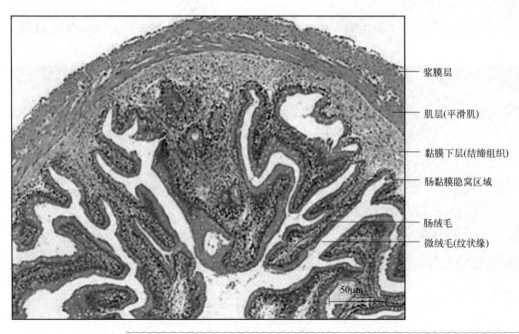

浆膜层

肌层(平滑肌)

黏膜下层(结缔组织)

肠黏膜隐窝区域

肠绒毛

微绒毛(纹状缘)

50μm

图1-14 斑点叉尾鮰肠道组织切片（横切面）

Nutritional Physiology and Feed of Freshwater Fish
淡水鱼类营养生理与饲料

胞等，尤其是肠道干细胞是肠道黏膜细胞的来源，逐渐增殖分化为肠道黏膜上皮细胞，新生的上皮细胞继续增殖、分裂，并逐渐推着黏膜上皮细胞向绒毛顶端上移，当到达绒毛顶端后，黏膜细胞逐渐凋亡，并从绒毛顶端脱落，掉入肠腔内。因此，从绒毛基底部到绒毛顶端就形成了一个细胞增殖、移动的方向，到绒毛顶端后肠上皮细胞就完成一个生命周期，所需要的时间不超过5d，表明肠道黏膜上皮细胞是更新速度非常快、代谢非常活跃的细胞。从顶端脱落的上皮细胞进入肠腔后则被消化酶或细胞溶酶体中的酶分解，其产物可能被再吸收利用。

肠道黏膜细胞的寿命不超过5d，一方面表明其是代谢非常活跃的细胞，需要大量的营养物质满足其快速分裂、增殖的营养需要，这或许是一些酶解蛋白质原料中小肽、游离氨基酸等的作用方向；另一方面需要有源源不断的新细胞来补充才能保障肠道黏膜屏障结构与功能的完整性。那么，新的肠道黏膜细胞从何而来？细胞的增殖一般是通过有丝分裂来实现的，但是，动物细胞的分裂具有一定的传代数量限制，通常情况下细胞分裂50代，即一个细胞分裂50代后就停止分裂了，这时候需要有新的干细胞产生新的细胞，干细胞分化之后再进行细胞的有丝分裂增殖。肠道黏膜细胞的寿命很短、分裂代数较高，必然需要肠道干细胞来保持黏膜细胞的分化和增殖潜力。肠道黏膜细胞的干细胞位于肠道黏膜的隐窝中。

绒毛肠上皮细胞的凹陷部分就是重要的肠隐窝（crypt），由隐窝向绒毛顶端的一个肠绒毛单位就构成了"肠隐窝-绒毛轴"（crypt-villus axis），把一个绒毛单位分成隐窝和绒毛两个部分，即隐窝内陷进入了黏膜下层间的充质中，绒毛朝向肠腔。为了更好地说明肠隐窝-绒毛轴结构和肠黏膜细胞种类、功能，引用亓振等（2014）的模式图（见图1-15）。就细胞种类而言，隐窝是由肠道干细胞及其后代组成的增殖区域，而绒毛是由各种特化细胞组成的分化区域。

干细胞（stem cell）是一类未分化的细胞或原始细胞，具有通过自我复制产生相同的子代细胞，以及通过终末分化来生成组织中的全部成熟细胞成分的能力，可终生存在于器官的组织中。按干细胞分化的潜能将其分为全能干细胞、多能干细胞和单能干细胞。按组织来源将干细胞分为胚胎干细胞和成体干细胞。

肠道干细胞（intestinal stem cell）（早期文献中表述为未分化细胞）位于肠道隐窝基底部，在隐窝基底部+1～+4位潘氏细胞之间，每个隐窝内有4～6层干细胞。肠道干细胞呈狭长柱状，细胞核椭圆。肠道干细胞以对称分裂和不对称分裂两种方式来维持隐窝内干细胞数量的稳定。富含亮氨酸重复序列的G蛋白偶联受体5（Leucine-rich-repeat containing G-protein-coupled receptor，Lgr5）是肠道干细胞标记物。干细胞表面Lgr5蛋白是R-spondins的受体，R-spondins是Wnt信号通路的激动剂，Wnt构成的信号通路决定干细胞命运并驱使干细胞和TA细胞增殖。Lgr5$^+$小肠干细胞位于隐窝底部，镶嵌分布于潘氏细胞中间，+4位干细胞（由基底部算起的第4个干细胞）位于潘氏细胞之上。因此，Lgr5$^+$细胞、+4位干细胞是肠道隐窝中的肠道干细胞。

如何鉴定肠道绒毛隐窝中的肠道干细胞？早期的研究来源于以小鼠为试验对象的同位素标记（^{3}H-胸腺嘧啶核苷）追踪细胞的分裂与分化试验研究，该试验结果证实了绒毛柱状细胞、黏液分泌细胞、肠内分泌细胞和潘氏细胞均来源于肠道干细胞，并证实了标记的细胞持续分裂能够形成由隐窝底部延伸向绒毛顶端的细胞带。后来的系列研究证明，Lgr5是肠道干细胞的标记分子。因此，只要隐窝中对Lgr5具有阳性反应的细胞就是肠道干细胞，也表示为Lgr5$^+$细胞。

肠道干细胞（intestinal stem cells，ISCs）的分裂方式为非对称分裂，分别为一个原代干细胞和一个分化了的定向祖细胞（commited progenitor cell）。非对称分裂的原代干细胞保留旧的DNA链（DNA静止状态），而新合成的DNA链（DNA活跃状态）为快速增殖的子代TA细胞。原代干细胞维持了永久分裂

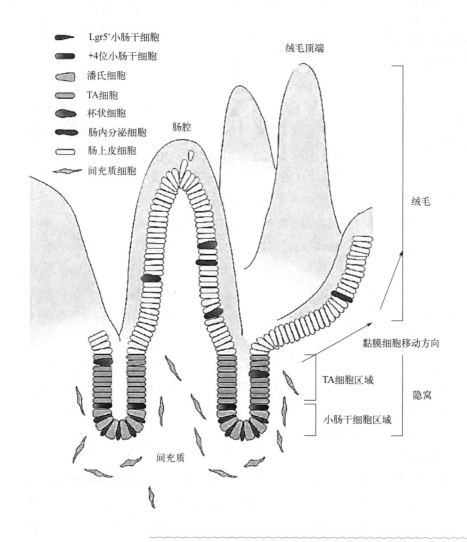

图例：
- Lgr5⁺小肠干细胞
- +4位小肠干细胞
- 潘氏细胞
- TA细胞
- 杯状细胞
- 肠内分泌细胞
- 肠上皮细胞
- 间充质细胞

绒毛顶端

肠腔

绒毛

黏膜细胞移动方向

TA细胞区域

隐窝

小肠干细胞区域

间充质

图1-15 肠上皮细胞和肠道干细胞模式图（亓振等，2014）
Lgr5⁺小肠干细胞位于隐窝底部，镶嵌分布于潘氏细胞中间，+4位小肠干细胞位于潘氏细胞之上

的能力，定向祖细胞再分化为具有特殊结构和功能的终末分化细胞，包括肠型细胞、杯状细胞、内分泌细胞和潘氏细胞等，从而维持肠道黏膜结构和功能的稳定，避免疾病的发生和发展。同时，肠道干细胞也具有对称分裂的方式，在发育时或损伤后可以发生对称性分裂，分裂成两个子代干细胞以增加干细胞数量。通常情况下对称性分裂产生的多余干细胞将通过凋亡或快速分化的方式得以清除。

很重要的一点是，肠道干细胞的增殖与分化是受到隐窝干细胞区域微环境因素调控的，这些调控因素也是对动物生理条件、外界刺激因素等的响应，并传导给肠道干细胞。例如在肠道黏膜损伤时，存活的干细胞加快分裂恢复干细胞数量，通过上皮细胞移行分化重建正常隐窝和绒毛。

肠道隐窝是肠绒毛上皮向黏膜下层的凹陷部分，从三维结构可以想象为锥体形状。其细胞组成则是以最底部（锥顶）位置算起，第一就是Lgr5⁺细胞，其上一层为第一层（圈）潘氏细胞，在第一层（圈）潘氏细胞之上为第二层（圈）Lgr5⁺细胞，接着是第二层（圈）潘氏细胞、第三层（圈）Lgr5⁺细胞，第三层（圈）潘氏细胞之后，第四层（圈）肠道干细胞不再是Lgr5⁺细胞，而是+4位的干细胞。之所以称为"+4位干细胞"，是其细胞增殖特性与Lgr5⁺细胞不同，且可能就是分化为TA细胞的前体干细胞。这样的结构就形成了肠道隐窝干细胞区域，或者可以认为，肠道隐窝就是肠道干细胞和潘氏细胞集中的区域。

肠道干细胞、潘氏细胞集中为肠道干细胞形成了一个微环境区域。肠道干细胞增殖和分化是受到程序化信号、生理代谢信号等控制的，维持肠道黏膜细胞持续、快速的更新能力的同时，影响细胞的分化控制。所以，肠道干细胞需要一个微环境，一些调控因素在这个微环境中对肠道干细胞的增殖、分化发挥调控作用，同时，细胞增殖、分化需要大量的营养物质和能量，肠道干细胞微环境的营养与能量保障也是非常重要的。在哺乳动物中，维持肠隐窝干细胞的微环境、调控干细胞分化和增殖有4条信号通路：Wnt信号通路、上皮生长因子（epithelial growth factor，EGF）信号通路、Notch信号通路及抑制骨形态发生蛋白质（bone morphogenetic protein，BMP）信号通路。

关于肠道干细胞增殖、分化的基本过程，亓振等（2014）认为在若干信号因子的刺激、调控下以及在细胞营养的保障下，Lgr5$^+$细胞开始分裂、分化，最初形成快速增殖的前体细胞（transit amplifying cell），即TA细胞。由TA细胞快速分裂并逐渐向上层迁移，与此同时分化成吸收型和分泌型两大类细胞。前者指肠柱状上皮细胞（absorptive enterocyte），主要负责营养物质的吸收，其数量占绒毛细胞的95%以上。而后者主要包括潘氏细胞（paneth cell）、杯状细胞（goblet cell）和肠内分泌细胞（enteroendocrine cell）。另一方面，由TA细胞分化形成的潘氏细胞向下迁移至隐窝底部；而肠上皮细胞、杯状细胞和肠内分泌细胞向上迁移，并在迁移过程中逐渐分化、成熟，逐步到达绒毛顶端。由隐窝肠道干细胞增殖、分化为肠上皮细胞并到达绒毛顶端的时间，一般为3～5d。到达绒毛顶端后，上皮细胞便会发生程序化凋亡，或受到损伤后从绒毛顶端脱落，掉入肠腔。掉入肠腔的衰老细胞将被细胞自身溶酶体的酶水解，或被肠道内消化酶水解，其营养物质会被再利用。

肠上皮细胞的生命周期只有3～5d，这种快速的自我更新被认为对肠道的完整性至关重要。由于胃肠道组织细胞更新频率较高，使得胃肠道上皮黏膜细胞处于持续的高再生状态。在调节胃肠道内环境的稳定、保持细胞的凋亡和衰老、新细胞的增殖和分化之间的平衡方面，肠道干细胞扮演着非常关键的角色。肠道干细胞一边维持自我更新，产生新的干细胞来维持数目稳定；一边产生快速增殖的前体细胞，对分化的细胞进行补充，它是肠上皮快速更新的根本动力。潘氏细胞是唯一存在于隐窝内的分化细胞，与干细胞相间分布，是肠道干细胞微环境的重要组成部分，它可以分泌多种生长因子维持干细胞的生长，同时还会分泌多种杀菌素，帮助抵御肠道微生物的入侵。快速增殖细胞则可以通过增殖来迅速增加细胞数量，并且进一步分化成肠上皮的各种功能细胞类群。

要特别注意的是，如果要分离肠道黏膜细胞作为原代细胞培养，依据肠隐窝-绒毛轴结构，如果在肠囊中灌注细胞分离酶如胶原酶等，分离得到的单个细胞主要为绒毛顶端的细胞，这类细胞属于已经分化的、寿命较短的上皮细胞，离体培养效果很差，不适宜作为肠道原代黏膜细胞离体培养。作为肠道原代黏膜细胞培养最好的应该为隐窝结构中的细胞，其主要为肠道干细胞、潘氏细胞。而隐窝又凹陷在黏膜下层组织中，因此，采集肠道黏膜组织材料的方法就至关重要了。采用剪碎肠道的方法可以得到隐窝细胞，但也包含了肠壁组织中的细胞，细胞种类很多，对黏膜细胞分离和原代培养也是不利的。如果采用剪开肠道，将刮取的肠道黏膜用胶原酶等分离细胞、组织块，并通过离心的方法尽量收集黏膜细胞团（组织块），而不是单个细胞（通过调整离心转速），这样就可以获得更多的肠道隐窝组织块，以隐窝组织块作为肠道黏膜原代细胞培养的材料则可以得到具有更强增殖和分化能力的黏膜细胞，包括吸收细胞和分泌细胞。这是我们在建立肠道原代黏膜细胞培养模型研究过程中重要的经验总结。

分化成熟的肠上皮细胞主要包括4种类型的细胞：1种吸收型上皮细胞和3种分泌型上皮细胞。吸收型肠上皮细胞主要负责营养物质的吸收，其数量占绒毛细胞的95%以上。分泌型肠上皮细胞与肠道免疫屏障有密切关系，其中，杯状细胞（goblet cell）在整个上皮分布并分泌黏液；潘氏细胞（paneth cell）

在隐窝底部聚集，产生抗菌肽并调节肠道微生物，同时也产生生长因子维持附近干细胞的生长；肠内分泌细胞（enteroendocrine cell）数量较少，但负责调节肠道上皮的多种功能，如分泌激素和消化酶、调控饱腹感等。此外，肠道上皮还存在M细胞（microfold cell）和簇状细胞（tuft cells）。M细胞存在于肠道相关的淋巴滤泡中，可能与肠腔内物质与免疫细胞的交流有关。簇状细胞在肠道上皮中的数量较少，目前它们的功能尚不清楚。

（三）肠道黏膜屏障

胃肠道在动物生理代谢中具有重要的作用和地位，是动物从食物中获得生长、发育、代谢所需的物质和能量的主要器官，其通过消化和吸收功能实现这个目标。胃肠道也是与食物等外界环境接触的器官，如何做到选择利用对自己有利、排除对自己不利的因素，也是胃肠道的重要职责，需要通过胃肠道屏障来实现这个目标。胃肠道黏膜细胞是代谢最为活跃的细胞，也是生命周期短、更新速度快的细胞。代谢越活跃就越容易受到损伤，多数损伤作用，尤其是氧化损伤和炎症反应的始发位点都在胃肠道黏膜。要综合调控胃肠道黏膜细胞的复杂生理代谢和细胞更新，需要调动神经、内分泌等系统调控机制实现目标。所以，胃肠道是重要的消化吸收器官、重要的内分泌器官、重要的免疫防御器官。

肠道的屏障主要包括肠道黏膜的结构屏障、黏液屏障、免疫屏障和微生物构成的生态屏障。

（1）肠道黏膜的结构屏障

这是一道具有物理性结构的细胞屏障，由胃肠道黏膜上皮细胞的屏障结构来实现。动物的上皮细胞一般为单层细胞，但上皮细胞的形态在不同器官组织有差异。在体表、口咽腔等部位，一般为一层扁平上皮细胞构成的物理性结构屏障；而在食道、胃、肠道，则是一层柱状上皮细胞组成的物理性结构屏障，在柱状上皮细胞之间镶嵌着其他功能细胞如分泌细胞等。

肠道黏膜的结构屏障包括两个部分。首先是上皮细胞部分，胃肠道上皮细胞是一类极性细胞，在面向胃腔、肠腔一层，细胞膜衍生出微绒毛结构，增大了内层细胞膜的表面积。这一层细胞膜构成的微绒毛结构又被称为纹状缘或刷状缘，在微绒毛膜上有大量的受体、信号传递体、转运载体、酶等分子，由于不同部位的功能不同，其纹状缘上存在的分子类别有很大的差异，但都是与其生理功能相适应的，这是基本的认知。微绒毛的质膜构成了黏膜细胞的结构性屏障。

其次，在黏膜上皮细胞之间还有一层屏障结构。现已知的上皮细胞之间有4种连接形式：紧密连接（tight junction）、黏附连接（adherens junction）、缝隙连接（gap junction）和桥粒（desmosome），其示意图见图1-16。如果从靠近肠道腔面一层为起点，位于连接结构顶端、最接近肠腔的是紧密连接和黏附连接，统称为顶端紧密连接，由跨膜蛋白和肌动蛋白细胞骨架通过连接分子或者骨架蛋白相连而成，其中Claudin、Occludin、JAM依赖ZO蛋白，VE-钙黏蛋白通过连环素与细胞骨架相连。桥粒通过中间纤丝相互连接。

因此，在理论上，肠道内的物质要进入动物体内就有了两条可能的通道：一是通过微绒毛质膜进入黏膜细胞内，再通过基底膜进入血液或淋巴液循环系统；二是通过黏膜细胞之间的缝隙直接进入黏膜下层。当微绒毛质膜、细胞之间的连接受到损伤后，这两条通道都可能成为胃肠道内细菌易位、内毒素易位和一些正常情况下不能吸收的大分子物质等进入动物体内的路径。正常情况下，细胞之间的缝隙在紧密连接结构保护下是非通过性通道，是不会有物质成分通过的，微绒毛质膜就成为唯一通道。微绒毛质膜虽然也是黏膜细胞的细胞膜，但也有其特殊性，不同于一般的细胞质膜。

细胞微绒毛膜构成了胃肠道黏膜细胞内与胃肠腔之间的屏障结构，这层膜是选择性的功能生物膜，通过这层膜的控制，形成黏膜细胞内与胃肠腔的分界线。如果这层膜，即黏膜细胞的微绒毛膜受到破坏之时，这层物理性的屏障结构也会受到破坏，选择控制性作用消失，通透性显著增加，一些胃肠腔内不利的因子将进入黏膜细胞，并通过黏膜细胞传递到血液，通过血液传递其他器官组织。

关于微绒毛的结构，在胃肠道黏膜细胞游离面（面向胃肠腔一侧）是质膜衍生为微绒毛。电镜下微绒毛排列整齐，可以通过扫描电镜观察到微绒毛的密度、高度，并作为胃肠道黏膜结构完整性的一个判别指标。光镜下所见胃肠道黏膜上皮细胞的微绒毛为一层致密的结构，称为纹状缘。微绒毛内部是需要有骨架支撑的，而这类骨架就是许多纵行的微丝（microfilament）。在黏膜细胞内，微丝上端附着于微绒毛顶部，下端插入胞质中，附着于终末网（terminal web）。终末网是微绒毛基部胞质中与细胞表面平行的微丝网，其边缘部附着于细胞侧面的中间连接处。微丝为肌动蛋白丝。终末网中还有肌球蛋白，其收缩可使微绒毛伸长或变短。吸收细胞的微绒毛终末网下方的胞质内充满大量分支平滑型内质网及长杆状线粒体。吸收、防御分别是黏膜的主要功能。微绒毛质膜承载的生理职能较多，尤其是选择性吸收或分泌职能，也是重要的生理信号和信息传递的职能载体，所以，微绒毛质膜的化学组成、结构与其他细胞质膜有显著的不同。质膜上镶嵌了大量的载体，也有很多的特殊分子通道等结构。例如，肠腔中的碳水化合物和某些蛋白质水解后，葡萄糖（或半乳糖、氨基酸）不能通过细胞之间的紧密连接，但可从细胞外衣滤过，并可经柱状上皮细胞顶部质膜区，通过 Na^+ 浓度梯度依赖的、Na^+ 介导的转运蛋白同向协同转运至细胞内，再经基旁侧质膜上 Na^+ 不依赖的蛋白易化转运至细胞外并扩散至体液中（没有进入血液），而 Na^+ 经 Na^+-K^+-ATP 酶泵至细胞外。脂肪水解后，脂肪酸与特异蛋白结合，并经胞饮、胞移、胞吐至基旁侧质膜外后，再扩散至中央淋巴管中。当特定因素诱导微绒毛变细、密度下降、高度下降（即微绒毛变得稀、短）后，则消化和吸收功能下降。

紧密连接是一种由多种蛋白质构成的、动态的、多功能复合体，呈一狭长的带状结构，它将相邻的细胞以"拉链样"结构相吻合，使相邻的细胞膜紧靠在一起，因此是一类非通过性的细胞之间的连接形式。其组成分子分为两类：一类为细胞膜蛋白，它们位于细胞膜上，多为跨膜蛋白，如 Claudin、Occludin、JAM 蛋白等，它们是构成紧密连接选择性屏障的功能蛋白；另一类为细胞质蛋白，它们位于细胞质中，如 ZO-1、ZO-2、ZO-3、Cinglin、Symplekin 等，它们可与多种蛋白质结合，将膜蛋白与肌动蛋白组成的细胞骨架连接起来，同时起到传递信号分子的作用。胃肠道黏膜上皮细胞之间紧密连接结构分子组成示意图见图 1-16。

肠上皮细胞之间的紧密连接结构在透射电镜下表现为一条黑色的致密电子带（见图 1-17），始于上皮顶端，从绒毛根部向黏膜下层延伸。我们通过透射电镜对草鱼中肠黏膜细胞之间的结构进行观察，可见完整的肠道微绒毛（见图 1-17A、B、C）以及肠上皮细胞层（见图 1-17F），肠上皮细胞侧面存在高电子密度（黑色）连接线，高倍放大观察，能看到连接线处有致密的黑点（见图 1-17F），证实了草鱼中肠紧密连接结构的物理性存在。

我们通过 RT-PCR 技术克隆获得了草鱼 Claudin-3、Claudin-12、Claudin-15a、Claudin b、Claudin c、Occludin、ZO-1、ZO-2、ZO-3 基因片段序列，证实其为紧密连接蛋白基因的组成，从而证实了草鱼中肠紧密连接结构的存在。当草鱼肠道损伤后，相关紧密连接结构组成蛋白质的基因表达量显著下降。在我们对日粮氧化油脂的研究中，观察到了肠道黏膜紧密连接结构的损伤，以及组成紧密连接结构的蛋白基因表达水平的变化。

（2）黏液屏障

在上一节里阐述了胃液组成的黏液层的作用，在肠道黏膜表面也有一层黏液层，构成了一道黏液屏障。肠黏液屏障是覆盖在肠上皮表面的、由黏蛋白构成的凝胶网状结构。

在肠道黏膜上皮细胞层中有大量的分泌细胞，其中也有黏液分泌细胞。肠腺也是重要的分泌腺，除

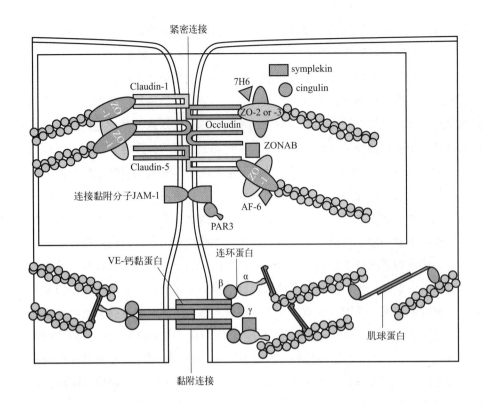

图1-16 上皮细胞之间的连接（紧密连接和黏附连接）

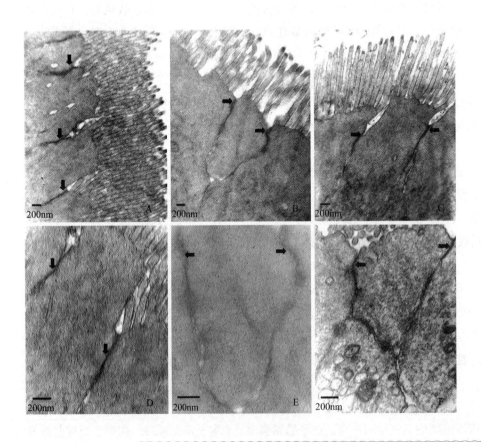

图1-17 草鱼中肠的紧密连接结构透射电镜图
A、B、C：TEM×20000　D、E、F：TEM×40000

了分泌大量的功能物质之外，也分泌大量的黏液。由肠壁分泌产生的黏液含有多种功能性成分，以黏液的形式黏附在肠道黏膜的表面，构成黏液层。

黏液层主要由凝胶状糖蛋白组成，黏蛋白2（MUC2）是糖蛋白的主要成分，其特殊结构能保障黏液屏障的结构稳定性和抗性。黏液的凝胶层是由黏蛋白多聚体在上皮表面相互重叠、相互穿插形成的。凝胶呈疏松的网状结构，可容纳大量水分以及截留脂类、血浆蛋白、酶和离子等有机物。这种凝胶结构决定了黏液的稳定性，因此黏蛋白多聚体含量是衡量黏液屏障保护功能的指标之一。

黏液层的主要功能为：①维持肠道内横向的pH值梯度；②阻止酸和蛋白酶对肠道黏膜的侵蚀；③起润滑作用，使肠道黏膜免受机械损伤；④阻止肠道微生物对肠道黏膜的直接侵蚀；⑤为正常菌群提供适宜的生存环境。黏液层可能被机械力、内源性微生物菌群、胰酶、胆汁、胃蛋白酶等降解，这种降解可能使大分子抗原吸收增加和微生物有机体的黏附力加强。黏蛋白形成保护层覆盖在绒毛上，其分泌可能受神经和激素的双重调节。肠上皮细胞间的紧密连接可有效阻止大分子物质（如病原菌、抗原等）进入机体。

肠道黏膜杯状细胞能通过基础及调节分泌途径生成黏蛋白来维持和更新肠黏液层，肠道菌群也是黏液屏障通透性形成的关键因素。肠道黏液屏障能防止腔内细菌接触上皮，发挥抗感染作用，调节肠道免疫与外来刺激之间的平衡。肠道黏液层成为菌群与肠道上皮间的物理屏障，同时为肠道菌群提供营养物质和生活环境。黏液层中富含由杯状细胞分泌的黏液、潘氏细胞及普通上皮分泌的多种抗菌类物质和B胞分泌的IgA，是肠道菌群难以跨越的障碍，能有效防止肠道菌群与肠道上皮的接触及侵入，防止炎症的发生。

保护肠道黏膜细胞结构与功能的完整性，有利于保证肠道黏膜正常地分泌黏液物质。

（3）微生物构成的微生态屏障

在人和动物肠道中栖息着大约10^{14}个细菌，达500余种，但并未引起机体不正常或致病现象，这一微生物生态构成了肠道正常菌群。肠道菌群间保持着共生或拮抗关系，它们以宿主摄取的食物以及消化道内的各种成分作为营养，从而不断地增殖和代谢，它们与宿主的健康、疾病有着极其密切的联系。在正常状态下，肠道菌群的组成、种类都是较为稳定的。肠道常驻菌群中99%左右为专性厌氧菌，与其他细菌构成一个相互依赖又相互作用的微生态系统，这种微生态平衡构成了肠生物屏障。专性厌氧菌（主要是双歧杆菌等）通过黏附作用与肠上皮紧密结合，形成菌膜屏障，可以竞争性抑制肠道中致病菌（如某些肠道兼性厌氧菌和外来菌等）与肠上皮结合，抑制它们的定植和生长；也可分泌醋酸、乳酸、短链脂肪酸等，降低肠道pH值与氧化还原电势，并与致病菌竞争利用营养物质，从而抑制致病菌的生长。

细菌在肠道内是按照一定的时间顺序定植的，逐渐成为常驻菌群。黏附是定植的第一步，在黏膜的特定部位有特定的细菌黏附，益生菌在肠道黏膜上皮细胞表面黏附定植后，菌群开始扩增，最终形成稳定的菌群。这些微生物可发挥生态占位定植的作用，竞争定植位点以阻止病原菌与肠道黏膜受体结合产生黏附，益生菌的黏附还可以防止条件致病菌的易位，防止条件致病菌向周围不断扩散而引发有关部位感染。

肠道菌群不仅和肠黏膜共同构成一道保护屏障，阻止细菌、病毒和食物抗原的入侵，还可以刺激肠道的免疫器官发挥更强的免疫功能。黏附的益生菌与黏膜表面发生相互作用，可以有效地刺激免疫反应，并通过竞争排斥作用，把病原菌从肠道上皮排斥出去。

关于水产动物肠道黏液层、微生物屏障的研究还有不少盲点。例如肠炎的主要病原菌为嗜水气单胞菌，而该菌本身也是水体和鱼类肠道的优势菌群，属于条件致病菌。在什么条件下嗜水气单胞菌由正常菌转变为致病菌？饲料中以及随饲料附带的水体微生物都可以进入消化道，这些菌群进入消化道后会发生什么样的作用？发酵的饲料原料、发酵的成品饲料对水产动物的肠道黏膜健康均表现为有利的作用，这是因为引入的外源性微生物的作用结果，还是发酵过程中生成的微生物次级代谢产物（如有机酸、维生素）所产生的结果？这也在另一个层面证实：水产动物肠道黏膜的健康对微生物或微生物次级代谢产物有一定的依赖性。

（4）免疫屏障

根据功能和分布，可将肠道黏膜免疫系统分成肠相关淋巴组织和弥散免疫细胞。弥散免疫细胞是肠黏膜免疫的效应部位，在白细胞介素IL-4、IL-5、IL-6协同诱导下可使B细胞分化成为浆细胞，产生S-IgA而发挥作用。S-IgA是肠黏膜表面阻止病原体入侵的主要免疫防御因子，也是重要的抗炎因子，在维护肠黏膜屏障完整性上具有重要作用，主要功能为：①阻止病原体在肠黏膜黏附，中和细菌毒素和病毒；②增强Fc受体（免疫球蛋白Fc部分c末端的受体）细胞的吞噬活力；③可通过封闭抗原而抑制免疫反应，减轻肠道损伤。免疫球蛋白（Ig）与抗原结合后，抗体的Fc段变构，与细胞膜上的Fc受体结合，产生各种生物效应，抗原-抗体复合物对细胞的作用都是通过Fc受体的介导，因此Fc受体在免疫功能及其调节中具有非常重要的作用。每一类Ig都有其相对应的Fc受体。

肠相关淋巴组织主要指分布于肠道的集合淋巴小结、固有膜淋巴细胞和上皮内淋巴细胞，是动物体内最大的免疫器官，在肠道执行局部免疫功能，并与其他因素协同作用，维护肠黏膜屏障功能。在肠道上皮及固有层中存在多种肠相关淋巴组织（gut-associated lymphoid tissue），如肠的派尔集合淋巴结（peyer patches）、淋巴滤泡、大肠的结肠节（colonic patches）。在这些肠相关淋巴组织中存在许多免疫细胞，如树突细胞、M细胞、T淋巴细胞、B淋巴细胞等，这些淋巴细胞相互协同，促进机体的免疫耐受反应并参与宿主防御。其中，M细胞和树突细胞直接感知肠道内容物，并将来源于肠道菌群的信息传递给其他免疫细胞，诱导免疫反应或免疫耐受。

在硬骨鱼的胃肠道中先后发现了15种具有免疫反应的内分泌细胞，分别为：5-羟色胺、神经降压素、蛙皮素、胃泌素、甲硫氨酸脑啡肽、p物质、血管活性肠肽、胆囊收缩素、抑胃多肽、生长抑素、高血糖素、类高血糖素、胰多肽、胰岛素及降钙素免疫反应细胞。在软骨鱼和圆口鱼类的胃肠道中则发现了19种免疫活性内分泌细胞，除以上15种，还有胃泌素释放肽、酪肽、α内啡肽、β内啡肽免疫反应细胞。内分泌细胞显示水平与血浆的浓度密切相关。

三、肠道生理稳态及其调控

肠道稳态（intestinal homeostasis）是动物肠道黏膜屏障、免疫屏障与肠道内环境，包括肠道微生物、营养物质和代谢产物等相互作用而形成的动态平衡状态。胃肠道黏膜屏障阻挡着外界抗原或病原微生物的侵入，选择性地吸收消化产物，并保持着肠道黏膜组织内环境的稳定。肠道稳态其实质就是肠道黏膜组织结构、功能的稳定状态。肠道黏膜组织与肠道内环境之间的动态平衡状态，包括肠道黏膜组织自身的稳定和肠道内环境的稳定。当然，这种稳定状态是动态平衡的，在一定范围波动，但整体要保持稳定。肠道稳态对肠道的正常生理功能，如营养吸收、能量代谢及抵御肠道感染等具有重要意义，而肠道稳态失衡与一些重大疾病密切相关，如肠道感染、炎症性肠炎。

笔者将从以下几个方面对肠道稳态进行阐述：①肠道稳态的基本构成与稳定机制；②饲料或食物对肠道稳态的损伤与修复作用，例如肠道黏膜细胞营养的需要与供给、黏膜损伤的修复机制、损伤修复的可行途径等；③肠道稳态损伤对其他远程器官组织的影响以及维护对策，尤其是饲料途径的维护对策。

胃肠道黏膜结构性屏障是胃肠道屏障中最重要的物理性屏障，而维持黏膜细胞的数量是维护结构性屏障的结构基础。黏膜细胞的生命周期不超过5d，需要有足够的细胞增殖来维护黏膜结构性屏障的完整性，新增殖、分化的黏膜上皮细胞来源于胃肠道黏膜中的干细胞。这类干细胞在胃黏膜、肠黏膜中均存在，胃肠干细胞一边维持自我更新，产生新的干细胞来维持干细胞的数目稳定，一边产生快速增殖的前体细胞（TA细胞），对分化和衰老的细胞进行补充，它是肠上皮细胞快速更新的基本动力。其基本过程是：在维持胃肠道干细胞自身稳定（如干细胞的不对称分裂）的同时，干细胞首先转化为TA细胞，由TA细胞进一步增殖分化为胃肠道黏膜的柱状细胞、分泌细胞、潘氏细胞等功能性和结构性细胞，新增殖的上皮细胞从肠道隐窝、胃腺逐渐向肠绒毛顶端推进，取代原有的老细胞，老细胞从绒毛的顶端脱落进入胃肠腔中，完成一次胃肠道黏膜细胞的更新，黏膜细胞也完成一次生命周期。

黏膜上皮细胞的增殖、分化是由基因的程序表达和微环境共同调控的，干细胞区域微环境的构成包括了隐窝-肠道干细胞区域干细胞本身，以及隐窝-肠道干细胞区域的生长因子、细胞因子和细胞外基质。肠道干细胞生活在由邻近的肠细胞、隐窝周边间充质细胞和基底膜组成的微环境中，该微环境向肠道干细胞提供包括Wnt信号、骨形成蛋白信号（bone morphogenetic protein，BMP）、Notch信号和表皮生长因子信号（epidermal growth factor，EGF）等在内的多种信号以及基质中的营养物质，使其维持自我更新、增殖和分化的能力。如潘氏细胞（paneth cell）在隐窝底部聚集，产生抗菌肽并调节肠道微生物，同时产生生长因子维持附近干细胞的生长，为肠道隐窝干细胞提供了微环境。

在肠上皮肠隐窝-绒毛轴上，Wnt、Notch、BMP和EGF四条信号通路的活性呈梯度分布，例如Wnt信号通路在肠隐窝-绒毛轴上由隐窝到绒毛顶端逐渐减少，在隐窝微环境中信号最强。四条信号通路共同调控着肠道干细胞的命运：自我更新、增殖和分化。其中，Notch和Wnt信号通路协同促进肠道干细胞自我更新，而BMP信号通路抑制其自我更新，即Wnt、Notch、EGF信号共同促进其增殖，而BMP信号起到抑制作用。在TA细胞区域，Notch信号在分泌型、吸收型细胞分化决定中起关键作用（抑制分泌型细胞分化，促进吸收型细胞分化），Wnt信号促进潘氏细胞的形成，BMP信号促进分泌型细胞的终末成熟。

Wnt信号通路是一条保守的信号通路，参与调控了一系列胚胎发育过程以及成体干细胞的自我维持过程。在肠隐窝-绒毛轴中，Wnt信号存在梯度递减性，Wnt信号强度高的隐窝部位对应着肠道干细胞区域及增殖细胞所在位置，而Wnt信号强度低的绒毛部位对应着分化细胞所在的位置。Wnt信号维持了肠道干细胞的自我更新和增殖。Wnt信号通过调控EphB-Ephrin B梯度将肠道干细胞定位在隐窝底部的微环境中，促使其维持自我更新和增殖的状态。Wnt信号通路的过度激活会诱导新的潘氏细胞的形成。在生理状态下，Wnt信号配体主要靠紧邻干细胞的潘氏细胞以及周围的间充质细胞提供。

BMP属于转化生长因子β（transforming growth factor-β，TGF-β）超家族，参与调控细胞的增殖、分化和凋亡等诸多过程，在胚胎发育和成体干细胞维持中发挥着重要的作用。与Wnt信号相反，BMP信号在肠隐窝-绒毛轴上存在梯度递增性。BMP信号抑制肠道干细胞的自我更新和增殖，拮抗Wnt等信号通路，在限制肠道干细胞的过度激活中发挥着至关重要的作用。总之，BMP信号通路在抑制隐窝干细胞的增殖、异生中发挥重要的作用。此外，BMP信号在分泌型细胞的终末分化中起重要作用。

Notch信号通路广泛存在于脊椎动物和无脊椎动物，在进化上高度保守，通过相邻细胞之间的相互作用调节细胞、组织、器官的分化和发育。Notch信号在调控肠道干细胞的分化、自我更新和增殖中都发挥着重要的作用，Notch信号会抑制分泌型细胞的分化，并促进吸收型细胞的分化。潘氏细胞会提供Notch信号的配体，当Wnt信号强度高时（在干细胞区域），由潘氏细胞介导的Notch信号会抑制分泌型细胞的分化，并与Wnt信号协同促进细胞的增殖和维持细胞的自我更新。而当Wnt信号强度低时（在TA

细胞区域），Notch信号在抑制分泌型细胞分化的同时会促进吸收型细胞的分化。

EGF信号促进肠道干细胞和TA细胞的增殖，是一种重要的细胞生长因子，有很强的生理活性。

肠道中存在着大量的微生物，而肠上皮细胞直接和这些微生物相互作用。一方面肠上皮细胞会影响肠道微生物，例如，潘氏细胞会分泌一些杀菌素来调控肠道中的微生物；另一方面肠道微生物本身以及它们的代谢产物也会对肠上皮细胞产生影响。有研究表明，乳酸杆菌的侵染可以激活肠道干细胞中的JNK信号通路，从而促进肠上皮干细胞的增殖，加速肠上皮细胞的更新以及损伤后修复。用沙门菌感染培养的肠上皮类器官会明显抑制其中干细胞的干性基因表达，并且促进干细胞向肠壁细胞和潘氏细胞分化，激活肠上皮细胞的抗菌机制。

肠道菌群作为机体的"体外器官"，其最显著特征是构成的稳定性，通过影响食物代谢和消化道功能与结构，同时产生大量的生物活性代谢分子而发挥"激素样"效应，从而参与宿主的物质代谢，促进宿主对营养物质消化吸收，在维持肠道正常生理功能、调节机体免疫以及拮抗病原微生物定植等方面发挥重要作用。消化道也是免疫器官，有许多免疫细胞参与了肠道黏膜免疫应答。

四、肠道通透性改变

肠道黏膜上皮细胞的结构和功能的完整性及正常的再生能力是肠黏膜屏障的结构基础，也是维护肠道健康最为基础的目标。那么，如何判定胃肠道黏膜结构屏障的完整性呢？对胃肠道黏膜组织结构、细胞结构、黏膜细胞之间紧密连接结构等的研究结果是基础，而胃肠道通透性增高是肠道黏膜结构屏障功能受损的间接反映指标。主要的评价方法包括以下内容。

（1）组织学观察

采集胃肠道黏膜组织，通过酶学定位、免疫组织化学定位、组织切片等方法观察肠道绒毛、微绒毛的组织结构，其结构，尤其是微绒毛质膜结构的完整性，是关键性指标。

（2）电镜观察

通过扫描电镜可以观察到微绒毛，量化内容包括测量微绒毛的高度和单位面积中微绒毛的密度，并进行数字化统计和分析，进行试验组间的比较和定量评价。

通过透射电镜观察微绒毛质膜结构，细胞内微丝、微管结构，终末板结构（基底层）的完整性，以及细胞之间紧密连接结构的完整性，并进行定量的数字化数据分析。观察的重点在于黏膜细胞的结构完整性，尤其是微绒毛质膜以及细胞之间连接结构的完整性。对肠黏膜上皮细胞内线粒体密度、表面积进行定量分析也是对黏膜细胞结构和功能评价的重要指标内容。

值得注意的是，由于胃黏膜、肠道黏膜不同部位的黏膜细胞分布可能有差异，如果进行试验组间的比较，胃肠道黏膜的材料取样点或取样的位置和方法要一致。比如对肠道黏膜的取样，可以规定以肠道中胆管开口位置为起点，距离胆管开口多少长度位置采集肠道黏膜样本。

（3）通透性探针

在人体医学中，在胃肠道黏膜屏障结构完全正常的情况下，肠道黏膜对许多物质并不吸收或吸收量极少，但当肠道黏膜结构屏障的结构和功能受损时，这些物质通过肠道的量会增加，显示肠道通透性增高。通常可用各种核素标记肠道不吸收的大分子物质如二乙基三胺五乙酸（DTPA）或乙二胺四乙酸（EDTA）等，通过检测尿中核素标记物的量来确定肠道通透性是否增高；或以摄食非代谢性多糖聚乙二醇（PEG）后检测尿中PEG排泄率来反映肠道通透性是否增高。以非代谢性低聚糖为探针的肠道通透性检测方法在临床最为常用，其中又以乳果糖/甘露醇双糖分子探针为代表，尿中两者比值增高表明肠道通透性增高，黏膜结构屏障功能受损。

（4）淋巴细胞计数

通过对HE染色黏膜组织，随机计数500～1000个黏膜上皮细胞，同时计数其间的淋巴细胞数，取比例（%）即为IEL计数值。其可反映上皮内淋巴细胞的数目变化并反映出黏膜细胞免疫功能的变化。

（5）肠道细菌易位和细菌内毒素易位

肠道细菌和内毒素易位（bacteria and endotoxin translocation）是指肠道细菌及其产物从肠腔易位至肠系膜或其他肠外器官的过程。发生细菌易位表明肠黏膜抵抗细菌的屏障功能减弱。肠细菌内毒素（endotoxin）是多种革兰氏阴性菌（G⁻菌）的菌体中存在的毒性物质的总称，其组成成分为细胞壁，由菌体裂解后释出的毒素，其化学成分有磷脂多糖-蛋白质复合物，其毒性成分主要为类脂质A（脂多糖lipopolysaccharide，LPS）。内毒素位于细胞壁的最外层，覆盖于细胞壁的黏肽上。内毒素不是蛋白质，因此非常耐热，在100℃的高温下加热1h也不会被破坏，只有在160℃的温度下加热2～4h，或用强碱、强酸或强氧化剂加热煮沸30min才能破坏它的生物活性。

一般细菌毒素可分为两类。一类为外毒素（exotoxin），它是一种毒性蛋白质，是细菌在生长过程中分泌到菌体外的毒性物质。产生外毒素的细菌主要是革兰氏阳性菌，如白喉杆菌、破伤风杆菌、肉毒杆菌、金黄色葡萄球菌以及少数革兰氏阴性菌。另一类为内毒素（endotoxin），是革兰氏阴性菌的细胞壁的产物。细菌在生活状态时不释放出来，只有当细菌死亡自溶或黏附在其他细胞时，才表现其毒性。内毒素的主要化学成分是脂多糖中的类脂质A。

肠道细菌易位的检测方法是：无菌条件下定量采集血液或器官组织，并接种到细菌培养基上，经过培养，定量计算血液或组织中的细菌总数。而细菌内毒素则一般是使用鲎试剂来定性或定量检测。

2005年版《中国药典》规定168个品种需要进行细菌内毒素检查，并收录了两种细菌内毒素检查法：凝胶法和光度测定法。前者利用鲎试剂与细菌内毒素产生凝集反应的原理来定性或半定量检测内毒素；后者包括浊度法和显色基质（比色）法，系分别利用鲎试剂与内毒素反应过程中的浊度变化及产生的凝固酶使特定底物释放出呈色团的多少来定量测定内毒素。

（6）血浆D-乳酸和二胺氧化酶

在生理学研究中，可以通过检测血浆中D-乳酸、二胺氧化酶的活性来判定肠道的通透性。D-乳酸为右旋乳酸，主要由肠道多种细菌中产生，正常情况下不能被吸收进入血液。当肠黏膜通透性增加时，肠道中细菌产生的大量D-乳酸通过受损黏膜进入血液，使血浆中D-乳酸水平升高，故监测血浆D-乳酸水平可及时反映肠黏膜损害程度和通透性变化。

二胺氧化酶（diamine oxidase，DAO）是动物肠黏膜上层绒毛中具有高度活性的细胞内酶，在组胺和多种多胺代谢中起作用。其活性与绒毛高度及肠黏膜细胞的核酸和蛋白合成密切相关，能够反映肠道机械屏障的完整性和受损伤程度。二胺氧化酶除能分解组胺外，在肠黏膜中还能分解由氨基酸脱羧所生成的胺，起着解毒作用。

二胺氧化酶活性反映肠道黏膜结构和功能完整性的基本原理是：二胺氧化酶是黏膜细胞的胞内酶，正常情况下，肠道内容物和血浆中二胺氧化酶活性很低；当肠黏膜细胞坏死脱落入肠腔，使肠黏膜组织二胺氧化酶活性降低，而肠内容物二胺氧化酶活性升高，且可以进入肠细胞间隙，使血浆中活性升高。血浆活性的变化，可在无创伤情况下反映肠道损伤和修复情况，即血浆中二胺氧化酶活性与肠道黏膜细胞受到损伤并脱落进入肠腔的死亡黏膜细胞量有正相关关系。

血浆二胺氧化酶活性与血浆D-乳酸检测结果反映的肠道黏膜屏障损伤情况有一定的差异，血浆二胺氧化酶活性是以死亡并进入肠腔的黏膜细胞数量为基础，而D-乳酸是以黏膜屏障通透性增加为基础。

(7) 黏膜细胞紧密连接结构与标志性基因表达活性

通过透射电镜可以对黏膜细胞之间的紧密连接结构进行直接观察，主要观察紧密连接结构的紧密程度、是否出现缝隙性损伤等。也可以通过荧光定量PCR检测紧密连接结构蛋白基因的表达活性，如果表达活性显著下降，也意味着黏膜细胞之间的紧密连接结构受到显著性损伤。

第四节
草鱼肠道黏膜细胞的培养与应用模型

肠道黏膜细胞（intestinal epithelial cell，IEC）是肠道的主要功能细胞，参与肠道食物的消化、吸收、免疫屏障和应激反应，并与肠道的内、外分泌功能关系十分密切。在营养生理研究中，除了经过养殖试验对试验鱼体肠道黏膜进行切片、电镜以及其他研究之外，如果能够利用分离的原代肠道黏膜细胞进行离体培养，建立离体肠道黏膜细胞试验平台，在营养学、生理学、病理学等研究中均具有重要的意义。

一个重要问题是：营养生理学研究是用细胞系好还是用原代细胞好？细胞系的好处在于可以无限制地传代培养，而原代细胞则是每次试验都需要从鱼体肠道黏膜采集细胞。然而，细胞系的建立本质上就是使细胞"癌化"，使细胞失去接触抑制，可以无限次地分裂。而原代细胞是从器官组织分离而来的细胞，也是具有一定分化程度的细胞，这些细胞是已经具有了不同器官组织生理代谢作用的细胞。因此，营养生理研究建议使用原代分离细胞。

肠腔内是微生物非常多的地方，肠道黏膜细胞极易受到食物的影响，在肠绒毛的不同部分其分化程度有很大的差异。同时，肠道黏膜细胞也是更新速度很快的细胞，因此，要建立离体培养的原代肠道黏膜细胞试验模型是一项较为复杂而细致的技术工作。

一、用于肠道黏膜细胞分离的试验鱼需要强化培育

原代培养的肠道黏膜细胞直接来源于试验鱼的肠道黏膜，这些试验鱼一般是来自养殖池塘或可控环境条件下养殖的鱼类。因此试验材料鱼的健康状态，尤其是肠道黏膜的生理健康状态尤其重要。

在实际养殖条件下，饲料物质、环境条件等多种因素可能影响到试验材料鱼的肠道及肝胰脏生理健康状态。来自同一地区的不同批次的试验材料鱼，其肠道与肝胰脏器官组织状态也有较大的差异，导致试验结果不稳定。同时，试验研究的可重复性要求不同批次的试验材料鱼的条件及肠道与肝胰脏器官组织状态基本一致。因此，可以对提供肠道黏膜的试验材料鱼进行一段时间的强化饲养，以期对可能已产生的肠道黏膜损伤、肝胰脏损伤进行适度的修复，调整其生理状态，使其生理状态相近，从而确保试验的可重复性。例如，如果有肠道炎症或肝胰脏损伤的鱼，其细胞内可能带有细菌等微生物，即使在细胞分离、培养操作过程中没有染菌，但细胞本身带菌，也会造成细胞分离、培养的失败。

对此，我们进行过比较研究。试验期间多次购入试验草鱼，随机抽取10～20尾鱼进行常规解剖，观察鱼体肠道、肝胰脏健康状态，以有明显肠道和肝胰脏损伤如炎症、绿色肝胰脏的鱼为试验材料，结果导致整个试验批次不能用于试验研究。在早期的试验中，没有对试验材料鱼进行强化培育，结果出现不同批次试验的肠道黏膜细胞贴壁效果差、生长不良，且出现不同试验批次培养细胞细菌污染概

率增加，尤其是不同批次试验鱼的试验结果重复性很差。因此，对试验鱼的强化培育就显得尤为重要。

依据鱼体营养和细胞营养学原理，自制强化培育饲料，用含有肉碱、牛磺酸、谷氨酰胺、酵母培养物等物质的饲料饲养2周后进行试验，得到很好的改善。对强化培育与未强化培育试验鱼肠道黏膜细胞原代培养的生长效果进行比较，解剖观察发现，经过强化培育后，鱼体肠道及肝脏均正常；消化分离后发现未强化培育试验材料鱼肠道黏膜细胞团数量明显少于强化培育后的结果；细胞培养24h时，未强化培育的试验材料鱼肠道黏膜细胞增殖状态不良，且贴壁细胞较少（图版Ⅰ-1），而强化培育后的试验材料鱼肠道黏膜细胞增殖正常，增殖细胞贴壁（图版Ⅰ-2）。说明投喂强化培育饲料2周后，试验材料鱼肠道及肠道黏膜细胞生理状态均得到很大程度改善。因此，对要进行肠道黏膜细胞分离和原代培养的试验鱼，在试验之间及试验进行中，均应进行肠道和肝胰脏生理功能强化培育，以提高肠道黏膜细胞的质量，保障试验结果的可重复性，这对于草鱼肠道黏膜细胞原代培养非常重要。

因此，用于肠道黏膜细胞分离的试验材料鱼需要做好两个方面的工作。①强化培育至少2周，强化培育的饲料可以按照保护肠道和肝胰脏为主要目标的功能饲料进行配制，例如将0.5%左右的酵母培养物、30mg/kg的胆汁酸、100mg/kg的左旋肉碱、500mg/kg的天然植物复合物（瑞安泰）添加到强化培育饲料中，对鱼体的肠道和肝胰脏进行2周左右的修复，之后就可以用正常的商业饲料或试验饲料投喂。②用于肠道黏膜细胞分离培养的试验鱼最好在室内循环系统中进行可控条件的养殖，且同一批试验最好采用同一批试验鱼。鱼体的健康状态，尤其是肠道和肝胰脏（生理性的肠肝轴作用使得肠道黏膜和肝胰脏紧密联系）的健康状态对肠道黏膜细胞质量有显著性的影响。

二、肠道黏膜细胞分离方法

肠道黏膜细胞位于肠腔内壁肠绒毛外层，从肠道黏膜的隐窝到绒毛顶端（肠隐窝-绒毛轴，crypt-villus axis），细胞之间的成熟度、分化程度往往有很大的差异。隐窝细胞区域是分化程度较低的细胞区域（干细胞所在区域），从隐窝开始到绒毛顶端，黏膜上皮细胞逐渐分化、衰老，衰老的黏膜上皮细胞从绒毛的顶端脱落，进入消化腔（食糜）。

因此，分离原代细胞的方法就值得研究。原代细胞分离最为基本的目标是分离得到分化程度较低的黏膜细胞，最好是隐窝细胞或细胞团。而隐窝细胞一般位于绒毛的基部，靠近肠道壁。绒毛顶端细胞容易分离得到，但由于分化程度高，人工培养中分裂次数常受到限制。

取试验材料鱼，超纯水冲洗体表2次，捣碎脑部处死，迅速置75%酒精中浸泡5～10s。超净工作台上解剖，取出肠道中段，去除肠系膜，用注射器（10mL）吸取D-Hanks清洗液冲洗肠段内腔3～4次，分别采用以下三种方法消化、分离草鱼肠道黏膜细胞。①机械剪碎消化法，将肠段剪成1mm³大小的组织块，用D-Hanks清洗液反复清洗后备用；②肠囊翻转消化法，将肠段翻转，使肠道黏膜面朝外，用D-Hanks清洗液清洗肠道黏膜面后，用无菌棉线扎紧肠囊的两端，再将肠囊置于消化液中消化；③机械刮取消化法，将肠段翻转，使肠道黏膜面朝外，用D-Hanks清洗液清洗肠道黏膜面后，放入培养皿中，用无菌载玻片一端刮取肠道黏膜层，使用清洗液反复清洗刮取下来的黏膜层，清除悬浮在液面上层多余的脂肪后待用。

将处理后的黏膜组织转入细胞培养瓶（50mL）中，加入胶原酶Ⅰ、Ⅳ联合消化液，28℃振荡消化30min后，按19∶1比例（$V_{消化液}$∶$V_{血清}$）立即加入FBS终止消化，玻璃吸管（10mL）反复吹打5min后，静止1min，吸取上清中细胞悬液到细胞培养瓶中备用。

经联合消化酶消化后，800r/min离心7min，加入完全培养液悬浮沉淀，重复离心2次，接种于96孔板（鼠尾胶原或鱼皮胶原包被），在27℃、6% CO_2条件下培养，以消化后黏膜细胞团数量、细胞悬液中活细胞比例及48h细胞活性为指标，比较三种消化方法的效果。

经机械刮取法处理且联合消化酶消化后的草鱼肠道黏膜细胞，将其平均分成4份，分别按200r/min、400r/min、600r/min、800r/min转速离心7min后，在96孔板内分别计数每个转速梯度下单个细胞与细胞团比例，同时使用荧光倒置显微镜拍照。

三种消化、分离方法培养的黏膜细胞的效果见表1-3。三种消化方法获得的肠道黏膜细胞中活细胞比例均大于99%，机械剪碎消化法组MTT OD值显著低于肠囊翻转消化法组与机械刮取消化法组（$P<0.05$），机械刮取消化法组MTT OD值较肠囊翻转消化法组高。从获取的黏膜细胞看，机械剪碎消化法获得的大部分为单个细胞（图版 I-3），细胞培养24h后部分培养孔有成纤维细胞生长（图版 I-6）；肠囊翻转消化法与机械刮取消化法则获得大量的黏膜细胞团（图版 I-4、图版 I-5），培养的细胞无杂质细胞生长。

表1-3　三种消化方法对草鱼原代肠道黏膜细胞MTT OD值的影响

处理组	样本数/孔	活细胞比例/%	MTT OD值
机械剪碎消化法	20		0.432 ± 0.095^a
肠囊翻转消化法	20	>99	0.576 ± 0.101^b
机械刮取消化法	20		0.627 ± 0.102^b

注：处理间注小写字母全部不同表示在0.05水平上显著，相同字母表示差异不显著（$P>0.05$）。以下皆同。

采用不同转速离心处理后，随着转速升高，黏膜细胞团与单个细胞数量逐渐增多（图版 I-7 ～图版 I-10）。从黏膜细胞团与单个细胞比值可以看出（见表1-4），比值呈先升高后降低趋势，400r/min组比值最高，达到1∶4，800r/min组最低，为1∶12，200r/min与600r/min组比值相等，均为1∶7。

表1-4　不同离心转速对细胞团与单个细胞比值的影响

处理组转速/（r/min）	样本数/孔	细胞团/单个细胞
200	12	1∶7
400	12	1∶4
600	12	1∶7
800	12	1∶12

肠道黏膜主要包括绒毛结构与隐窝，其中隐窝细胞具有增殖分化能力，能支持细胞持续增殖。在细胞分离过程中，分离到隐窝作为细胞培养的原代细胞是肠道黏膜细胞培养成功的关键。

胶原酶 I、IV将肠黏膜消化成大小不一的黏膜细胞团，其中包含隐窝细胞，所以消化分离过程黏膜细胞团的数量与质量非常重要，细胞团的数量越多，试验效果越好。从本试验结果可以看出三种消化分离法获得的黏膜细胞团活细胞比例均大于99%，但机械刮取消化法较机械剪碎消化法、肠囊翻转消化法获得更多的黏膜细胞团，且48h后细胞生长活性最佳，同时无杂细胞生长，故使用机械刮取消化法为宜。分离转速过高，会导致消化后细胞悬液中单个细胞、杂细胞、细菌沉降，挤占细胞团的生长空间，培养过程中也要消耗营养物质。若进行多次较低转速的离心则有利于细胞团与单个细胞、杂细胞的分离。因此，在400r/min时，黏膜细胞团比例最大，达到了细胞团与单个细胞的有效分离，这不仅能提高培养液利用效率，减少细菌污染的机会，也便于细胞团接种浓度的确定。因此，肠道黏膜细胞的消化分离采用机械刮取消化法与400r/min离心。

三、肠道黏膜细胞的培养条件

经机械刮取法处理，联合消化酶消化后400r/min转速下离心7min，去上清液，加入完全培养液悬浮，重复离心2次后，分别采取下列条件进行培养。①培养液与CO_2浓度组合：分别使用均含15% FBS的DMEM（高糖）、DMEM（低糖）、M199三种培养液悬浮细胞沉淀，接种后分别放入3%、6%、9%、12%的CO_2浓度下培养。②血清浓度：M199悬浮沉淀，分别添加FBS至0、5%、10%、15%、20%浓度，接种后放入6% CO_2培养。③细胞团接种浓度：完全培养液悬浮沉淀，计数大于5个细胞的黏膜细胞团，分别按照0.5×10^3个/孔、1.2×10^3个/孔、2×10^3个/孔、2.8×10^3个/孔、3.7×10^3个/孔浓度接种后放入6% CO_2培养。上述处理温度均控制在27℃，培养过程中观察细胞生长状态及测定48h细胞活性，比较不同培养条件下细胞生长效果。

比较DMEM（高糖）、DMEM（低糖）、M199培养液分别与不同CO_2浓度组合下肠道黏膜细胞的生长效果，结果显示（见表1-5）：随着CO_2浓度的升高，DMEM（高糖）组12% CO_2浓度下MTT OD值最高，同时显著高于3% CO_2浓度下的MTT OD值（$P < 0.05$）；DMEM（低糖）组细胞MTT OD值呈增高趋势，12% CO_2浓度下MTT OD值显著高于其他浓度组（$P < 0.05$）；M199培养液组MTT OD值随CO_2浓度增加则呈先增高后降低趋势，在6% CO_2浓度下MTT OD值显著高于其他浓度组（$P < 0.05$），12% CO_2浓度下MTT OD值显著低于其他浓度组（$P < 0.05$）。此外，6% CO_2浓度下M199培养液组MTT OD值显著高于12% CO_2浓度下DMEM（高糖）组、DMEM（低糖）组（$P < 0.05$）。

表1-5　不同培养液与CO_2浓度组合对草鱼肠道黏膜细胞MTT OD值的影响

处理条件		样本数/孔	MTT OD值
培养液	CO_2浓度/%		
DMEM（高糖）	3	20	0.235 ± 0.063^a
	6	20	0.261 ± 0.062^{ab}
	9	20	0.265 ± 0.052^{ab}
	12	20	0.313 ± 0.106^{bc}
DMEM（低糖）	3	20	0.250 ± 0.064^a
	6	20	0.277 ± 0.059^{ab}
	9	20	0.265 ± 0.063^{ab}
	12	20	0.370 ± 0.111^{de}

处理条件		样本数/孔	MTT OD 值
培养液	CO_2 浓度 /%		
M199	3	20	0.345 ± 0.074^{cd}
	6	20	0.560 ± 0.119^{f}
	9	20	0.404 ± 0.067^{e}
	12	20	0.238 ± 0.093^{a}

比较不同血清浓度下细胞的生长效果，结果显示（见表1-6），随着FBS浓度增加，细胞MTT OD值逐渐增高，FBS浓度组细胞MTT OD值显著低于其他FBS浓度组（$P<0.05$），且细胞在培养48h内未能汇合成片（图版Ⅰ-11）；5%与10% FBS浓度组MTT OD值无显著性差异，在培养48h内汇合成片；15%、20% FBS浓度组细胞MTT OD值显著高于其他FBS浓度组（$P<0.05$），细胞均能在培养24h内快速汇合成片（图版Ⅰ-12）。

对比试验细胞不同接种浓度后发现（表1-6），随着接种浓度增加，细胞MTT OD值逐渐增高，以 3.7×10^3 个/孔浓度组最高，MTT OD值达到 1.055 ± 0.160；当接种浓度在 $2\times10^3 \sim 2.8\times10^3$ 个/孔时，OD值介于 $0.5 \sim 1.0$ 之间。从增殖细胞汇合成片所需的时间可以看到，当接种量为 $0.5\times10^3 \sim 1.2\times10^3$ 个/孔时，细胞在48h内未能汇合成片；接种量为 $2\times10^3 \sim 2.8\times10^3$ 个/孔时，48h内细胞能汇合成片（图版Ⅱ-1、图版Ⅱ-2）；当接种量为 3.7×10^3 个/孔时，细胞24h内即可汇合成片。

表1-6　不同血清浓度及接种细胞浓度对草鱼肠道黏膜细胞MTT OD值的影响

处理条件		样本数/孔	MTT OD 值
血清与接种细胞	血清浓度或接种细胞浓度		
胎牛血清（FBS）	0	12	0.283 ± 0.073^{a}
	5%	12	0.469 ± 0.087^{b}
	10%	12	0.509 ± 0.161^{b}
	15%	12	0.631 ± 0.121^{c}
	20%	12	0.677 ± 0.119^{c}
接种细胞	3.7×10^3 个/孔	12	1.055 ± 0.160
	2.8×10^3 个/孔	12	0.716 ± 0.083
	2.0×10^3 个/孔	12	0.576 ± 0.063
	1.2×10^3 个/孔	12	0.340 ± 0.081
	0.5×10^3 个/孔	12	0.188 ± 0.037

不同培养液含不同浓度的 $NaHCO_3$，其与 CO_2 作用来调节培养液pH，以适宜细胞生长增殖。本试验结果发现黏膜细胞在6%CO_2浓度下M199培养液组的生长效果最佳，DMEM（高糖）、DMEM（低糖）培养液组均在12%浓度CO_2下生长效果较好；而且6% CO_2浓度下M199培养液组MTT OD值显著高于12% CO_2浓度下DMEM（高糖）和DMEM（低糖）组（$P<0.05$），可能是由于M199培养液中营养物质比DMEM（高糖）和DMEM（低糖）组更为全面，更适宜草鱼IEC原代细胞的生长增殖。胎牛血清是细胞原代培养中必不可少的营养物质之一，过高过低均可导致细胞生长不佳，添加15%胎牛血清能显著促进细胞生长增殖，且无杂细胞生长。细胞团接种浓度直接影响到细胞团增殖汇合成片的速度，汇合后细胞间的接触能抑制细胞的继续增殖，接种浓度过大，细胞还未分化成熟就可能由于接触抑制而停止继续

增殖，同时营养消耗过快，导致细胞生长受阻；接种浓度过小，细胞虽能分化成熟，但不能汇合成片。同时，MTT检测法中适宜OD值范围为0.5～1，本试验结果显示细胞团接种在2.0×10³个/孔时，细胞能在48h内成功汇合成片，且利于MTT检测法进行测定细胞活性，适宜作为细胞的接种浓度。

因此，草鱼IEC原代细胞培养条件宜采用机械刮取消化法消化，在400r/min转速下离心，以M199为培养液，添加15%浓度胎牛血清，接种细胞浓度2.0×10³个/孔，CO_2浓度为6%。

四、肠道黏膜原代细胞活力评价方法

使用机械刮取消化法、联合消化酶消化后的草鱼肠道黏膜细胞经400r/min转速下离心7min，重复离心2次后，调整细胞浓度为2×10³个/孔，接种后放入27℃、6% CO_2培养。测定不同时间点细胞活性及细胞培养液中碱性磷酸酶（AKP）与乳酸脱氢酶（LDH）活力，同时使用荧光倒置显微镜、碱性磷酸酶（AKP）染色法、Giemsa染色法观察细胞形态。

通过荧光倒置显微镜观察到肠道黏膜细胞的生长过程（图版Ⅱ-3～图版Ⅱ-8）：肠道黏膜细胞从鱼体肠道消化分离后呈细胞团样，细胞团在接种12h内贴壁，部分细胞团增殖出卵圆形游离细胞环绕于细胞团周围，成功贴壁后呈梭状；36～60h，细胞逐渐分化成熟，细胞汇合成片；72h时，有部分细胞开始凋亡萎缩。

通过对比荧光倒置显微镜、Giemsa染色法及AKP染色法观察细胞形态及细胞生长过程，结果显示（图版Ⅱ-9～图版Ⅱ-12）：荧光倒置显微镜能方便快速地观察细胞外部形态，观察过程中不影响细胞生长；通过Giemsa染色法与AKP染色法对细胞染色后，观察到细胞边界清晰，细胞核着色较深，呈卵圆形，核仁可见，其中AKP染色法染色时间较长，染色程序较复杂且成功率低。

测定不同时长肠道黏膜细胞的细胞活性及培养液中AKP、LDH酶活力，结果显示（图1-18、图1-19）：随着培养时间增加，细胞MTT OD值逐渐降低，在48～60h细胞MTT OD值相对稳定；AKP与LDH活力在12～60h间，波动不稳定；随培养时间增加，LDH/MTT OD值呈增高趋势，在72h为最高（169.52±47.20），在36～48h时差异较小。

从三种细胞形态观察方法对比结果可知，荧光倒置显微镜观察法的优点是直接、简便，但是不能观察到细胞内部结构；AKP染色法与Giemsa染色法均能对细胞内部结构进行有效观察，但Giemsa染色法更为快捷简单，成功率高。因此，荧光倒置显微镜观察法与Giemsa染色法相结合，能有效地观察细胞内外部形态。

活细胞的线粒体脱氢酶能将染料MTT转变为不可溶性的紫色甲臜（formazan）颗粒，被溶剂溶解后呈现蓝紫色（OD值表示），其OD值与细胞数量呈线性关系，显示细胞增殖活力，可间接反映细胞数量。因此，可以使用MTT检测方法来描述细胞生长。

通过细胞形态观察及MTT测定，并不能反映细胞结构完整程度、分化程度，还应检测相关酶活力。LDH存在于细胞内，当细胞结构破坏时能迅速逸出到胞外，导致培养液中的LDH活力增加，故细胞外LDH已广泛作为细胞结构完整性的重要标志酶。肠型AKP是一种底物专一性较低的磷酸单酯酶，直接参与磷酸基团的转移和代谢过程，存在于肠道黏膜细胞刷状缘上，是肠道黏膜细胞的标志酶，其含量与黏膜细胞分化程度有关。从本试验对此两种酶进行针对性的检测结果看，由于培养细胞增殖与凋亡，细胞活性随时间变化，故AKP、LDH活力在培养过程中也处于波动不稳定状态，这不利于不同时间点细胞结构功能完整性比较。但现已发现AKP及LDH酶活力大小与MTT OD值显著相关，故可采用酶活力值与MTT OD值相比，以降低细胞活性对酶活力的影响。从本试验结果发现AKP/MTT OD值与LDH/

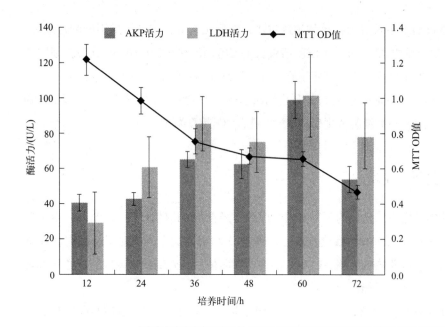

图1-18 不同时长培养细胞的MTT OD值及AKP、LDH活力

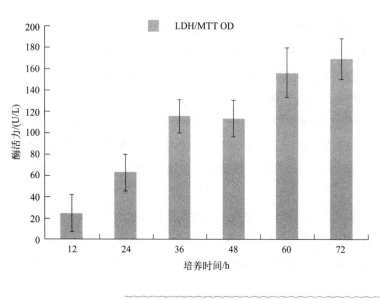

图1-19 LDH/MTT OD值

MTT OD值随时间增长的趋势明显，符合细胞分化与凋亡规律，一定程度上消除了细胞数量导致波动情况的影响，更能反映细胞结构完整与分化程度，利于不同时间点细胞的比较。

五、肠道黏膜原代细胞的应用模型

一个重要的问题是：分离的原代黏膜细胞是否需要经过一定时间培养后再用于营养生理的研究，还是用分离的原代细胞直接进行营养生理的研究？

刚从肠道黏膜上分离的黏膜细胞形态呈球形或椭球形，一般采用胶原酶进行分解后再进行离心分离，此时的细胞受到一定程度损伤，是不适宜直接用于营养生理学试验的。应该将分离的细胞培养一段

Nutritional Physiology and Feed of Freshwater Fish
淡水鱼类营养生理与饲料

时间，黏膜细胞得到恢复生长后再用于试验研究。

细胞培养多少时间后可以用于试验研究？理论是黏膜细胞恢复生长并进入快速增殖的前期，就可以用于试验研究。依据上述我们的试验，这个时间点为24～48h。

使用MTT法在波长为555nm处检测细胞活性，绘制出肠道黏膜细胞的生长曲线（见图1-20）。从图中生长曲线可以看出：细胞在培养到24h时，相比于12h时细胞活性显著降低（$P < 0.05$）；24～60h期间，细胞活性显著增强（$P < 0.05$），在60h细胞活性达到最强，60～72h细胞活性无显著差异（$P > 0.05$），此时细胞活性处于平衡状态。

对不同培养时间的肠道黏膜细胞进行Giemsa染色的观察结果见图1-21。

肠道黏膜细胞分离出来，培养12h，细胞活性虽然较高，但主要还是刚分离出来的细胞显示出的细胞活性，而不是分裂增殖的细胞。为什么12～24h检测到的细胞活性是下降的？就是因为部分分离的细胞死亡。培养24h后，如图1-21的A和B，黏膜细胞已经开始分裂、增殖，此时检测到的细胞活性以分裂增殖的细胞活性为主。48h后，黏膜细胞进入相对平稳的时期。96h后，黏膜细胞开始衰老。因此，24～48h是黏膜细胞快速增长时间，是进行细胞营养生理、毒理研究的最佳时间。所以，离体培养的黏膜细胞在24～48h之间在细胞培养液中加入待研究的营养素、药物等，是最为适宜的时间点。

因此，我们将草鱼肠道黏膜细胞分离、培养的试验条件和方法总结如下。①通过对试验材料草鱼投喂肠道、肝胰脏保护与功能强化的饲料进行鱼体肠道的强化培育，确保其原代黏膜细胞培养试验的可重复性。采用机械刮取消化法进行肠道黏膜组织的消化，离心转速以400r/min为宜；在使用M199培养液、6%浓度CO_2、15%浓度胎牛血清、接种细胞浓度为2.0×10^3个/孔条件下可批量复制原代草鱼肠道黏膜细胞。②原代草鱼肠道黏膜细胞增殖过程符合动物原代黏膜细胞生长分化规律，采用荧光倒置显微镜观察法与Giemsa染色法相结合观察细胞形态，使用MTT检测方法来描述细胞生长活性，同时采用培养液中AKP/MTT OD值与LDH/MTT OD值分别描述细胞分化成熟度与细胞结构完整程度，能系统、有效地评价细胞生长效果。③通过MTT检测方法及AKP/MTT OD值、LDH/MTT OD值，确定在原代培养24～48h之间，黏膜细胞处于增殖期，适宜相应的细胞试验。

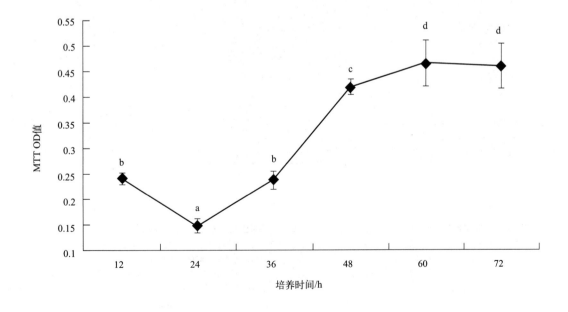

图1-20 培养不同时间草鱼肠道黏膜细胞活性
不同小写字母表示差异显著（$P < 0.05$），相同小写字母表示差异不显著（$P > 0.05$）

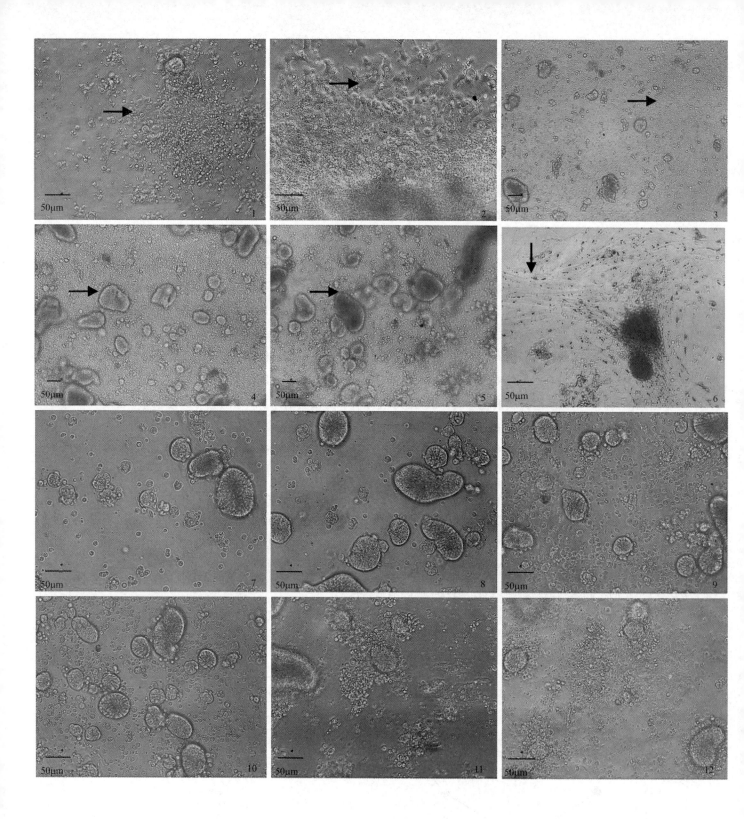

图版 I 不同分离及原代培养条件下肠道黏膜细胞（IEC）形态及生长（荧光倒置显微镜观察）

1.投喂强化饲料前，取试验鱼肠道进行肠道黏膜细胞原代培养24h后细胞状态，增殖的贴壁细胞，×200；2.投喂强化饲料后，取试验鱼肠道进行肠道黏膜细胞原代培养24h后细胞状态，增殖贴壁细胞，×200；3.机械剪碎消化法，单个细胞，×100；4.肠囊翻转消化法，肠道黏膜细胞团，×100；5.机械刮取消化法，肠道黏膜细胞团，×100；6.机械剪碎消化法，细胞培养24h后，成纤维细胞生长，×200；7. 200r/min转速离心，×200；8. 400r/min转速离心，×200；9. 600r/min转速离心，×200；10. 800r/min转速离心，×200；11.未添加血清，培养48h后，×200；12.添加15%浓度血清，培养24h后，×200

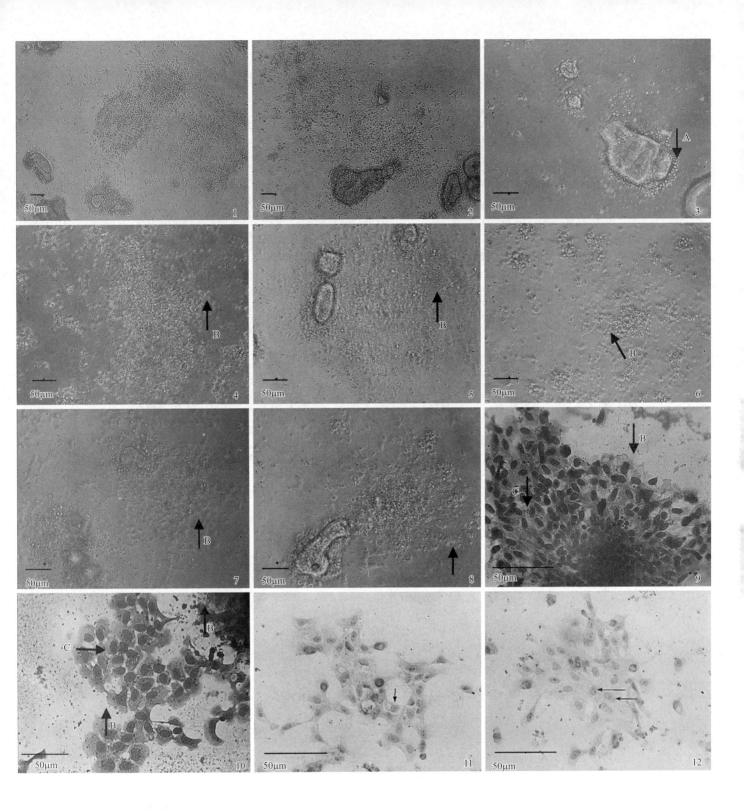

图版 II 细胞生长过程（荧光倒置显微镜）及Giemsa、AKP染色后细胞形态

1.接种浓度2×10³个/孔，48h后细胞汇集成片，×100；2.接种浓度2.8×10³个/孔，48h后细胞汇集成片，×100；3.培养12h，细胞团增殖的游离细胞（↑$_A$），×200；4.培养24h，贴壁的肠道黏膜细胞（↑$_B$），×200；5.培养36h，贴壁的肠道黏膜细胞（↑$_B$），×200；6.培养48h，×200；7.60h，贴壁的肠道黏膜细胞（↑$_B$），×200；8.培养72h，部分细胞凋亡萎缩（↑），×200；9.培养24h，Giemsa染色，细胞核（↑$_C$），贴壁的肠道黏膜细胞（↑$_B$），×400；10.培养48h，Giemsa染色，细胞核（↑$_C$），贴壁的肠道黏膜细胞（↑$_B$），×400；11.培养24h，AKP染色，贴壁的肠道黏膜细胞（↑），×400；12.培养48h，AKP染色，细胞核（↑），×400

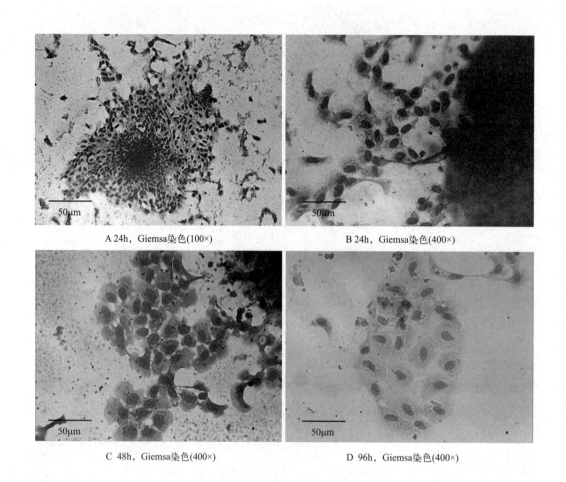

A 24h，Giemsa染色(100×)　　　　　　B 24h，Giemsa染色(400×)

C 48h，Giemsa染色(400×)　　　　　　D 96h，Giemsa染色(400×)

图1-21　草鱼肠道黏膜细胞培养不同时间细胞形态

第五节
饲料物质对鱼类胃肠道黏膜结构和功能的影响

　　鱼类肠道的重要地位体现在它是鱼体最大的消化吸收器官、内分泌器官和免疫器官，也是最活跃的代谢器官。同时，肠道作为鱼类与外界环境直接接触的器官，还是氧化损伤、炎症的始发器官。通过肠-肝轴、血液系统，肠道黏膜损伤后所产生的炎症因子、细菌和内毒素等将对其他器官组织产生远程打击作用，导致鱼体多器官组织损伤和病理性变化。饲料中除了含有对鱼体有营养作用的物质外，一些有害物质如油脂氧化产物、蛋白质腐败产物、霉菌毒素、重金属等也会随着饲料进入消化道，尤其是在肠道内对肠道黏膜造成损伤，并影响鱼体整体生理健康。因此，饲料物质与鱼体肠道黏膜的相互作用也是水产动物营养与饲料重要的研究领域。

　　饲料与鱼体肠道黏膜之间的关系包含两个方面：一是酵母和微生物刺激代谢、酶解蛋白质原料等，可以促进黏膜细胞分化和增殖，而黏膜细胞的分化、增殖是维护肠道黏膜结构与功能完整性的最有效途径；二是饲料中可能含有油脂氧化产物如丙二醛，蛋白质腐败产物如组胺、肌胃糜烂素，还有霉菌、毒素等有毒有害物质，这些物质会对黏膜细胞产生直接的损伤作用。因此，肠道黏膜细胞的分化、增殖与饲料物质是一个动态平衡关系。我们认为，一些酶解产品中的小肽、游离氨基酸等物质可以为肠道黏膜细胞的分化、增殖提供直接的营养作用。我们用放射性同位素试验证实了肠道黏膜在吸收氨基酸的同时，也将相当比例的氨基酸用于肠道黏膜细胞的增殖、蛋白质的合成、脂肪的合成等。一方面，饲料中的酵母类产品、微生物次级代谢产物可以直接促进黏膜细胞的增殖，修复损伤的黏膜细胞；另一方面，油脂氧化产物（丙二醛）对肠道黏膜细胞具有显著的损伤作用，这也是本节要介绍的内容。

如何研究饲料物质与肠道黏膜细胞之间的关系？如何评价鱼体肠道健康状态？如何评估一类饲料物质对肠道黏膜细胞分化、增殖的影响？这些都是本节需要关注的内容。

一、酵母培养物对团头鲂肠道黏膜和微绒毛结构的影响

酵母类产品包括酵母培养物（酵母及其培养基的混合产品）以及单纯的酵母（如啤酒酵母和酿酒酵母）、酵母细胞壁、酵母内容物（核苷酸）、酵母膏等。在水产饲料中，酵母产品通过饲料途径添加，所表现出来的对水产动物的养殖效果主要体现在对动物整体健康的维护和损伤修复作用，尤其是酵母产品对免疫防御和肠道健康的维护作用得到广大从业者的共识。

那么，酵母产品中是什么物质在发挥这些作用？是酵母自身组成的营养物质，还是酵母在生长过程中产生的、留存于酵母产品中的次级代谢物质？目前还没有准确的研究结果给予证实。另外，酵母产品对水产动物的作用位点在哪里？一般的认知是其对肠道微生物的生长发育、肠道微生态平衡发挥作用，主要证据来自细菌培养中要使用酵母膏，以及养殖试验中对试验水产动物肠道菌群的研究结果。我们多年的研究结果显示，酵母产品应该还有另一个主要的作用位点，那就是对肠道黏膜细胞生长发育、损伤修复的直接作用。之所以称为"直接作用"，是因为酵母产品中含有提供黏膜细胞的营养供给或生理代谢调节和控制作用的物质，并直接作用于肠道黏膜细胞。主要的证据包括，酵母产品饲料途径可以增加水产动物肠道黏膜细胞微绒毛密度和高度，有利于维护黏膜屏障结构和功能的完整性；其他证据来自我们利用草鱼肠道离体原代黏膜细胞的试验结果，以酵母培养物的水提物为试验材料，以草鱼肠道离体原代黏膜细胞为试验对象，试验结果显示酵母培养物的水提物可以促进黏膜细胞的生长和发育，能够修复丙二醛对黏膜细胞的损伤。

在养殖生产中，在配合饲料中使用1%～3%的发酵的饲料原料（含水分40%左右的发酵原料）也显示出上述类似的效果。有理由推测是微生物次级代谢产物通过饲料途径发挥了作用，取得了较为明显的效果。

目前，我们的研究结果主要包括：添加酵母培养物的饲料对水产动物生长速度的影响；胃肠道黏膜扫描电镜图片以及依据电镜测量的微绒毛密度、微绒毛高度，主要展示酵母培养物对肠道黏膜屏障物理性结构的维护效果。

我们早期以酵母培养物为试验材料，通过团头鲂饲料途径进行了养殖试验，发现酵母培养物对团头鲂的生长速度和饲料效率有正向的作用效果，尤其是对肠道绒毛和微绒毛具有显著的维护效果。另一个重要结果是，通过连续和间断使用添加了酵母培养物的饲料进行养殖试验，发现连续添加酵母培养物的效果更为明显，可以初步判定日粮中连续添加酵母培养物不会对团头鲂的生长产生抑制作用。

（一）试验条件

酵母产品为酵母培养物（yeast culture，简称YC），由达农威生物发酵工程技术（深圳）有限公司提

供，为美国达农威产品。在饲料中设计了0mg/kg（YC0）、500mg/kg（YC500）、1000mg/kg（YC1000）、1500mg/kg（YC1500）、2000mg/kg（YC2000）和2500mg/kg（YC2500）共6个剂量试验组。为了比较酵母培养物在饲料中连续使用和间断使用的效果，试验中选择了1000mg/kg（YC1000，D）、2000mg/kg（YC2000，D）两个剂量的间断投喂组，具体方法是：

用这2个剂量组饲料投喂3周后，改用对照组饲料投喂3周，之后再用这2个剂量组饲料投喂3周直到试验结束。试验饲料配方和营养成分见表1-7。

选用平均体重为9.20±0.2g的团头鲂为试验对象，在室内循环系统养殖100d，其间在43d、72d、100d取样，主要测定其生长速度。试验结束时采集团头鲂肠道黏膜做电子扫描电镜观察，并测定不同试验组团头鲂肠道黏膜微绒毛的密度和高度。

表1-7　饲料配方和营养成分（风干基础）

原料	YC0	YC500	YC1000	YC1500	YC2000	YC2500
麸皮 /‰	100	100	100	100	100	100
面粉 /‰	135	134.5	134	133.5	133	132.5
细米糠 /‰	100	100	100	100	100	100
豆粕（46%）/‰	60	60	60	60	60	60
菜粕 /‰	235	235	235	235	235	235
棉粕 /‰	235	235	235	235	235	235
进口鱼粉 /‰	30	30	30	30	30	30
肉骨粉 /‰	20	20	20	20	20	20
磷酸二氢钙 $Ca(H_2PO_4)_2$/‰	20	20	20	20	20	20
沸石粉 /‰	15	15	15	15	15	15
膨润土 /‰	15	15	15	15	15	15
混合油 /‰	25	25	25	25	25	25
预混料 /‰	10	10	10	10	10	10
酵母培养物 /‰	0	0.5	1	1.5	2	2.5
合计 /kg	1000	1000	1000	1000	1000	1000
粗蛋白质 /%	28.38	28.42	28.48	28.55	28.60	28.65
磷 /%	1.45	1.45	1.45	1.45	1.45	1.45
粗灰分 /%	11.27	11.27	11.27	11.27	11.27	11.27
粗纤维 /%	7.26	7.26	7.26	7.26	7.26	7.25
粗脂肪 /%	5.30	5.32	5.34	5.36	5.36	5.36

（二）团头鲂生长速度

经过100d的室内养殖试验，不同时间段团头鲂特定生长率（SGR）如图1-22所示。

在43d、72d和100d共3次取样，测得其特定生长率，可以得到以下结果：①在各试验组中，2000mg/kg连续投喂组团头鲂的特定生长率最大，整体比对照组提高了11.64%，差异显著（$P < 0.05$），表明饲料中酵母培养物的添加量呈现出剂量效应关系，即有一个最适宜添加量的剂量效应；②随着养殖时间的延长，各投喂组的阶段性生长速度均出现下降的趋势，经过统计分析，100d与43d时相比较，

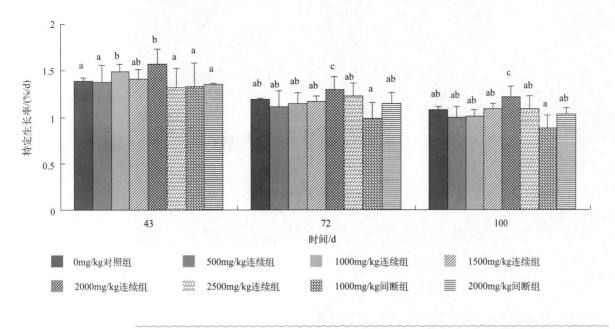

图1-22　不同时间段团头鲂特定生长率

各组生长速度下降22.3% ～ 32.2%，除1000mg/kg组外，其余各组之间的下降幅度无显著性差异（$P >$ 0.05），显示团头鲂在前期的生长速度较快，后期的生长速度较慢；③比较1000mg/kg、2000mg/kg连续投喂和间断投喂组的结果，可以看到1000mg/kg、2000mg/kg连续投喂组团头鲂的特定生长率显著高于间断投喂组（$P < 0.05$），表明酵母培养物在饲料中长期使用的效果优于间隔3周的投喂效果。

酵母产品通过饲料途径对水产动物生长速度的影响表现出明显的适宜剂量效果，即低剂量、高剂量对生长速度反而会产生不利的影响，这在多种水产动物的养殖试验中都有显示，至于其中的原因目前还没有较为可信的研究结果。本试验的另外一个重要结果是：连续投喂组的生长速度比3周一个周期间断投喂的结果好，没有显示出连续投喂对生长速度的抑制效果。

（三）肠道黏膜扫描电镜观察结果

按前肠、中肠分段，取材部位均在每段中央部位，经扫描电镜观察并测量微绒毛密度和高度。因后肠主要为直肠部分，没有取样做电镜分析。

（1）肠道黏膜褶皱

各试验组团头鲂前肠黏膜褶皱扫描电镜结果见图1-23。前肠褶皱呈"S"型或"Z"型，排列较为紧密。从酵母培养物500mg/kg组（YC500）开始，随着酵母培养物添加量增加，前肠褶皱排列更加紧密；褶皱表面附着的食糜颗粒在酵母培养物1000mg/kg组有明显增加，在2000mg/kg和2500mg/kg组更为明显；相同剂量酵母培养物的连续投喂组与间断投喂组相比较，间断投喂组褶皱表面食糜颗粒明显少于对应的连续投喂组。

各试验组团头鲂中肠黏膜褶皱扫描电镜结果见图1-24，对照组黏膜褶皱表面附着的食糜颗粒较多，随着酵母培养物添加量的增加，黏膜褶皱排列更加紧密，尤其是在酵母培养物2000mg/kg组中肠黏膜褶皱排列更为紧密；各组表面附着的颗粒也明显比前肠减少；相同剂量酵母培养物的连续投喂组与间断投喂组相比较，间断投喂组褶皱形状逐渐变平，黏膜褶皱排列更加紧密。

上述结果表明，在饲料中添加酵母培养物后，前肠、中肠的黏膜褶皱排列有更为紧密的趋势，在

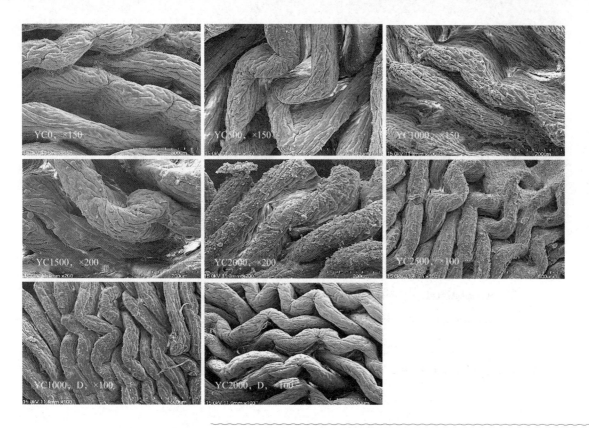

图1-23 酵母培养物对团头鲂前肠黏膜褶皱的影响

YC1000，D为1000mg/kg间断投喂组；YC2000，D为2000mg/kg间断投喂组

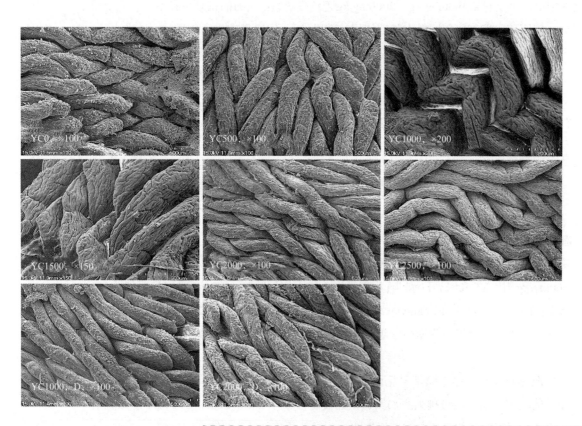

图1-24 酵母培养物对团头鲂中肠黏膜褶皱的影响

YC1000，D为1000mg/kg间断投喂组；YC2000，D为2000mg/kg间断投喂组

Nutritional Physiology and Feed of Freshwater Fish
淡水鱼类营养生理与饲料

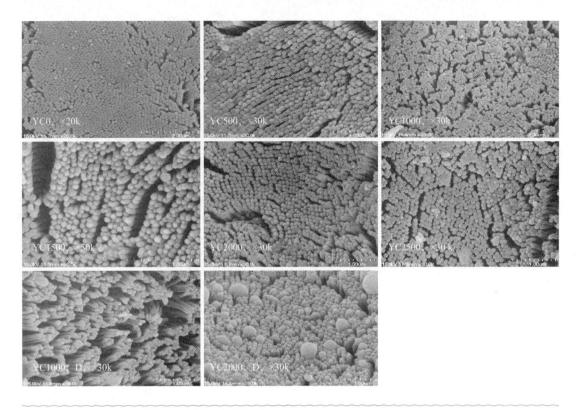

图1-25 酵母培养物对团头鲂前肠黏膜绒毛密度的影响

YC1000，D为1000mg/kg间断投喂组；YC2000，D为2000mg/kg间断投喂组

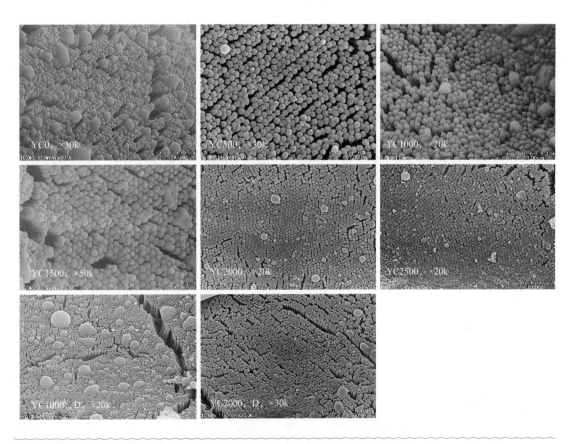

图1-26 酵母培养物对团头鲂中肠黏膜绒毛密度的影响

YC1000，D为1000mg/kg间断投喂组；YC2000，D为2000mg/kg间断投喂组

1500mg/kg和2000mg/kg组最为明显，而在低剂量组（500mg/kg）和高剂量组（2500mg/kg）不明显；间断投喂组与连续投喂组相比较，中肠的褶皱排列更为紧密。

（2）肠道黏膜绒毛密度

各试验组团头鲂前肠黏膜扫描电镜结果见图1-25。

根据各组电子显微镜照片，选取适宜的区域统计微绒毛的数量，并计算绒毛的密度，结果见表1-8。

表1-8　酵母培养物对肠道微绒毛密度的影响

组别	前肠微绒毛密度/(个/μm²)	中肠微绒毛密度/(个/μm²)
YC0	78.2	79.0
YC500	66.4	92.9
YC1000	73.4	88.7
YC1500	123.3	139.8
YC2000	95.9	83.5
YC2500	80.7	93.5
YC1000，D	65.0	94.5
YC2000，D	103.0	100.5

前肠对照组的绒毛密度较低，其他各试验组绒毛的密度随酵母培养物剂量的增加有明显的变化，其中1500mg/kg连续投喂组黏膜绒毛密度比对照组提高57.67%，为最高；2000mg/kg连续投喂组和2000mg/kg间断投喂组黏膜绒毛密度比对照组分别提高了22.63%和31.71%，其他各组均无明显提高；相同剂量的连续投喂组与间断投喂组相比较，1000mg/kg间断投喂组与相应的连续投喂组相比降低了11.44%，而2000mg/kg间断投喂组与相应的连续投喂组相比则提高了7.40%。

各试验组团头鲂中肠黏膜扫描电镜结果见图1-26。

中肠对照组的绒毛排列较为均匀，表面附着食糜颗粒较少，其他各试验组绒毛的密度（见表1-8）均比对照组有所提高，其中1500mg/kg连续投喂组的绒毛密度最大，比对照组提高了76.96%，其他各组与对照组相比提高幅度在5.65%～27.27%之间；间断投喂组1000mg/kg和2000mg/kg绒毛密度与相应的连续投喂组相比则分别提高了6.54%和20.36%。

综合试验结果可见，团头鲂肠道微绒毛呈规则的六边形簇状分布，前肠、中肠微绒毛密度基本相同。添加酵母培养物后，各试验组与对照组相比，绒毛密度均有不同程度提高，以1500mg/kg连续投喂组的效果最好，绒毛密度比对照组平均提高了67.37%，其中间断投喂效果与连续投喂相比并无显著差异。在摄食添加酵母培养物的饲料后，前肠、中肠黏膜绒毛密度均有不同程度增加；前肠和中肠相比较，中肠黏膜绒毛密度较前肠的变化更显著。连续投喂与间断投喂相比较，1000mg/kg间断投喂组与相应的连续投喂组相比，间断投喂组前肠绒毛密度降低了11.44%，而2000mg/kg间断投喂组与相应的连续投喂组相比则提高了7.40%；1000mg/kg和2000mg/kg间断投喂组与相应的连续投喂组相比，中肠绒毛密度则分别提高了6.54%和20.36%。

（3）肠道黏膜绒毛高度

各试验组的前肠、中肠黏膜断面扫描电镜结果分别见图1-27和图1-28。

根据电子显微镜照片，选取适宜的区域统计微绒毛的高度，结果见表1-9。

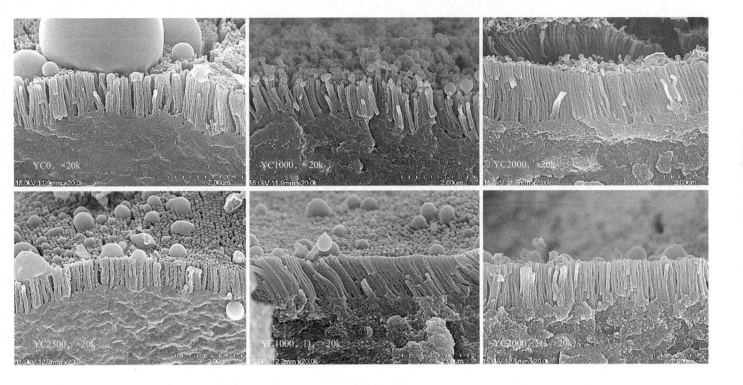

图1-27 酵母培养物对团头鲂前肠黏膜绒毛高度的影响

YC1000，D为1000mg/kg间断投喂组；YC2000，D为2000mg/kg间断投喂组

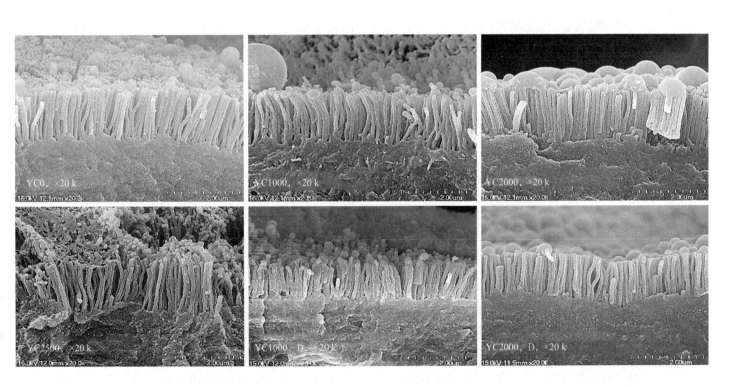

图1-28 酵母培养物对团头鲂中肠黏膜绒毛高度的影响

YC1000，D为1000mg/kg间断投喂组；YC2000，D为2000mg/kg间断投喂组

表1-9 酵母培养物对肠道微绒毛高度的影响

组别	前肠微绒毛高度/μm	中肠微绒毛高度/μm
YC0	1.14	1.32
YC1000	0.90	1.27
YC2000	1.46	1.35
YC2500	0.77	1.48
YC1000，D	1.22	0.96
YC2000，D	1.04	1.22

前肠微绒毛的高度随酵母培养物的增加而发生显著的变化，其中2000mg/kg连续投喂组和1000mg/kg间断投喂组微绒毛高度分别比对照组提高了28.07%和7.02%，其他各组则出现了不同程度的下降。而间断投喂组1000mg/kg、2000mg/kg与相应的连续组相比则分别提高了35.56%和降低了28.77%。

中肠连续投喂组2000mg/kg和2500mg/kg绒毛高度分别比对照组提高了2.27%和12.12%，其他各组则出现了不同程度的下降。间断投喂组1000mg/kg与2000mg/kg与相应的连续投喂组相比，绒毛高度分别降低了24.41%和9.63%。

综合考虑前肠、中肠的试验结果，团头鲂肠微绒毛高度的顺序为中肠＞前肠，添加了酵母培养物后使肠道黏膜绒毛高度发生了显著性的变化，除连续投喂组2000mg/kg比对照组平均提高了14.07%外，其他各组均出现了高度降低的现象，但差异并不明显。间断组绒毛高度与相应连续组相比出现明显的降低趋势，表明间断使用效果不如连续使用。

综上所述，在团头鲂基础饲料中添加酵母培养物可以显著改善肠道黏膜绒毛的生长。适宜的添加量可以显著促进肠道黏膜绒毛的生长，对维持肠道黏膜的完整性、提高黏膜细胞增殖能力具有非常重要的作用和意义。主要表现为肠道黏膜褶皱的排列更为紧密，前肠、中肠黏膜绒毛排列更为紧密，前肠、中肠黏膜绒毛高度有显著提高。在饲料中添加酵母培养物对团头鲂前肠和中肠黏膜的发育和完整性具有良好作用的适宜添加量为1500～2000mg/kg。相同剂量酵母培养物的连续投喂组与间断投喂组相比较，以连续投喂含有酵母培养物饲料的团头鲂肠道黏膜褶皱、绒毛密度、绒毛高度变化更为显著。

二、酵母培养物水溶物能够促进草鱼肠道原代黏膜细胞的生长

酵母类产品在水产饲料中的应用可以改善鱼体肠道健康，增强鱼体的免疫防御能力，这是目前可以接受的认知。但是，关于酵母类产品在水产饲料中的作用机制，一直被认为是通过对肠道微生物菌群结构的干预，并通过肠道微生物的生长或代谢次级产物对鱼体发挥作用。我们提出一个观点：酵母类产品的水溶物（以次级代谢产物为主）应该是其发挥生理作用的主要物质基础，且可能对肠道黏膜细胞的生长、结构与功能的完整性有直接作用。如何进行验证呢？我们设计了一个试验，以草鱼肠道黏膜离体细胞（原代黏膜细胞）为试验对象，将酵母培养物的水溶物定量添加到原代细胞培养液中，观察黏膜细胞的生长效果；同时，用丙二醛作为黏膜细胞的损伤物质，在丙二醛损伤肠道黏膜细胞之后，再添加酵母培养物的水溶物，探讨酵母培养物水溶物是否可以修复丙二醛对黏膜细胞的损伤。我们用上述两个试验来探讨酵母培养物对草鱼黏膜细胞的作用效果和作用机制。试验均取得了正向的结果，也验证了我们最初的设想。

我们在实验室条件下从草鱼肠道中分离得到黏膜细胞，当细胞生长36h后，添加不同浓度的酵母培养物水溶物到培养液中。采用单因子试验设计，设空白组及4个处理组，各组均为64个重复，每个重复为一个培养孔。空白组不做处理，各处理组添加不同类型的培养液。计算每升培养液中添加对应的酵母培养物量，计算公式为：对应酵母培养物浓度/(mg/L)=1000/n，n为稀释倍数，算得各处理组添加对应酵母培养物浓度/(mg/L)为10(YC10)、25(YC25)、50(YC50)、100(YC100)、200(YC200)。具体试验设计见表1-10。

表1-10　酵母培养物水溶物对草鱼IEC原代细胞的影响试验设计

项目	YC0	酵母培养物水溶物处理组				
		YC10	YC25	YC50	YC100	YC200
添加培养液类型	完全培养液	（1/100酵母培养物水溶物）完全培养液	（1/40酵母培养物水溶物）完全培养液	（1/20酵母培养物水溶物）完全培养液	（1/10酵母培养物水溶物）完全培养液	（1/5酵母培养物水溶物）完全培养液
对应酵母培养物浓度/(mg/L)	0	10	25	50	100	200

酵母培养物水溶物的制备方法：取100g酵母培养物产品于2000mL烧杯中，加入1000mL鱼用生理盐水（0.75%盐浓度）后置于4℃冰箱中，在磁力搅拌器搅拌下过夜，真空过滤得到滤液。将滤液置于冷冻干燥机中进行冷冻干燥，得到酵母培养物的冻干粉。以冻干粉为原料，定量配制酵母培养物水溶液。制备酵母培养物水溶物的原料为达农威水产益康（酵母培养物XP）。含酵母培养物水溶物的细胞培养液制备方法是：室温下使用完全培养液将酵母培养物溶解10min，超净台中用0.22μm滤膜过滤，制得无菌含酵母培养物水溶物的完全培养液。

将已经培养36h的草鱼原代肠道黏膜细胞培养板，按照表1-10的分组更换细胞培养液，分别在不同时间点采集各组细胞，采用MTT法测定各组细胞的活性。结果显示，添加不同浓度的酵母培养物水溶物有增高细胞活性的趋势（见表1-11）。与对照组YC0相比较，3h时处理组YC100、YC200细胞活性增高极显著（$P < 0.01$），YC100、YC200细胞增殖率分别达到42.83%和41.09%，以处理组YC100为最高。6h时，处理组YC50、YC200细胞活性增高显著（$P < 0.05$）。9h时，处理组YC50细胞增殖率达到39.37%。结果表明，培养液中添加100～200mg/L浓度酵母培养物水溶物在3h对细胞生长促进作用明显，50mg/L组在6h细胞生长效果较好，依各组均值进行比较的结果显示，浓度为10～25mg/L的酵母培养物水溶物在12h内促细胞生长效果不理想。

表1-11　细胞活性变化

组别	细胞活性（OD值）				各组平均值
	3h	6h	9h	12h	
YC0	0.287±0.051	0.403±0.078	0.348±0.121	0.243±0.116	0.320±0.045
YC10	0.355±0.054	0.439±0.071	0.405±0.168	0.282±0.084	0.370±0.026
YC25	0.328±0.082	0.409±0.087	0.408±0.106	0.272±0.093	0.354±0.044
YC50	0.332±0.062	0.506±0.107*	0.485±0.156	0.252±0.135	0.393±0.062*
YC100	0.410±0.079**	0.448±0.076	0.447±0.236	0.265±0.103	0.393±0.081*
YC200	0.405±0.102**	0.497±0.093*	0.388±0.041	0.328±0.082	0.405±0.059**

注：*/**表示数据与对照组进行比较，*为差异显著（$P < 0.05$），**为差异极显著（$P < 0.01$）。以下皆同。

对添加不同浓度酵母培养物水溶物后的黏膜细胞进行Giemsa染色后显微镜下观察，结果发现（见图1-29），细胞在添加酵母培养物水溶物后，细胞集落面积大，细胞增殖正常，其中50～200mg/L

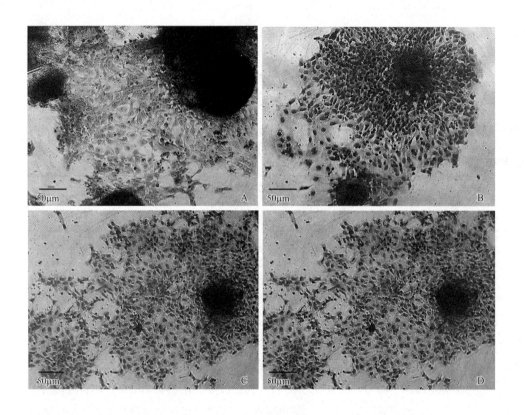

图1-29 酵母培养物水溶物对草鱼肠道离体黏膜细胞生长的影响

A. 对照组YC0，3h，细胞集群；B. 酵母培养物水溶物YC50组，3h，细胞集群和贴壁较好，×200；C. 酵母培养物水溶物YC100组，3h，细胞群落面积大、贴壁较好，×200；D. 酵母培养物水溶物YC200组，3h，细胞群落面积大、贴壁好，×200

浓度酵母培养物水溶物的集落中细胞贴壁扩展能力较好，轮廓清晰，无明显细胞凋亡产生。

上述结果表明，培养液中添加浓度为50～200mg/L酵母培养物水溶物对细胞有促进增殖作用。酵母培养物对肠道黏膜细胞的生长有促进作用，验证了酵母培养物水溶物中确实含有对草鱼肠道黏膜原代细胞生长有益的物质，其中的代谢产物有助于促进细胞增殖与生长。

三、酵母培养物水溶物能够修复丙二醛对草鱼肠道黏膜细胞的损伤

以离体的草鱼肠道黏膜细胞为试验对象，在培养液中加入不同浓度梯度的丙二醛及酵母培养物水溶物，研究酵母培养物水溶物不同剂量、不同作用时间下对丙二醛损伤的肠道黏膜细胞的影响。

制备酵母培养物水溶物原料为达农威水产益康。本试验中，分别制成含酵母培养物50mg/L（YC50）、100mg/L（YC100）、200mg/L（YC200）的无菌酵母培养物的细胞培养液。

制备丙二醛（MDA）的原料为1,1,3,3-四乙氧基丙烷（1,1,3,3-tetraethoxypropane）（Sigma-Aldrich公司产品，浓度≥96%）。制备方法如下：①丙二醛贮备液，取3mL的1,1,3,3-四乙氧基丙烷到100mL、0.01mol/L HCl中，搅拌6h，4℃避光放置2周后，0.22μm滤膜过滤分装，−20℃冷冻保存。使用丙二醛测试盒测得丙二醛含量为（44545.46±539.25）μmol/L。②丙二醛添加，在试验前，将丙二醛贮备液用各组对应的完全培养液稀释530倍后，添加到96孔培养板中。

本试验设正常组YC0、丙二醛模型组（MDA，1～2组）及酵母培养物水溶物处理组（YC，1～6组），其中YC水溶物处理组是在含有酵母培养物水溶物的细胞培养液中添加不同浓度的丙二醛。各组均

为96个重复，每个重复为一个培养孔。

我们在实验室条件下分离草鱼肠道黏膜细胞，并进行培养。当细胞生长36h时，各组更换培养液，其中YC水溶物处理组中YC1、YC4组使用50mg/L酵母培养物水溶物完全培养液，YC2、YC5组使用100mg/L酵母培养物水溶物完全培养液，YC3、YC6组使用200mg/L酵母培养物水溶物完全培养液；其余各组使用正常的完全培养液。更换培养液后各组按表1-12剂量要求添加丙二醛，最后使细胞培养液中丙二醛分别达到4.94μmol/L、9.89μmol/L两个浓度，酵母培养物达到50mg/L、100mg/L、200mg/L三个浓度梯度。具体实验设计见表1-12。

表1-12 酵母培养物水溶物修复丙二醛损伤细胞的试验设计

项目	正常组 YC0	丙二醛模型组		YC水溶物处理组					
		MDA1	MDA2	YC1	YC2	YC3	YC4	YC5	YC6
培养液类型	完全培养液			含酵母培养物水溶物的完全培养液					
培养液体积/μL	170	160	150	160	160	160	150	150	150
丙二醛MDA体积/μL	0	10	20	10	10	10	20	20	20
培养液中酵母培养物YC浓度/(mg/L)	0	0	0	50	100	200	50	100	200
丙二醛浓度/(μmol/L)	0	4.94	9.89	4.94			9.89		

离体培养的草鱼肠道黏膜细胞经过36h培养后加入丙二醛与酵母培养物水溶物，于3h、6h、9h、12h时间点进行取样，采用MTT方法测定细胞活性，结果见表1-13。

表1-13 不同时间各组细胞活性变化

组别	细胞活性（OD值）			
	3h	6h	9h	12h
YC0	0.467±0.041	0.493±0.025	0.439±0.029	0.417±0.022
MDA1	0.463±0.036	0.430±0.038	0.383±0.017▲	0.389±0.022
MDA2	0.437±0.035	0.389±0.054▲	0.350±0.030▲	0.365±0.028▲
YC1	0.490±0.018	0.490±0.025*	0.451±0.022*	0.434±0.051
YC2	0.515±0.034	0.511±0.028*	0.468±0.059*	0.457±0.028*
YC3	0.452±0.044	0.471±0.019	0.437±0.039	0.392±0.034
YC4	0.443±0.042	0.411±0.053	0.426±0.042#	0.402±0.031
YC5	0.441±0.024	0.446±0.036	0.450±0.042#	0.423±0.031#
YC6	0.463±0.047	0.450±0.037	0.421±0.016#	0.447±0.044#

注：不同符号表示差异显著（$P<0.05$），▲为丙二醛模型组与正常组比较，*/#为酵母培养物水溶处理组与相应丙二醛模型组比较。以下皆同。

由表1-13可知，与正常组相较，丙二醛模型组细胞活性均有降低趋势，其中MDA2组在6～12h细胞活性均显著降低（$P<0.05$），MDA1组在9h显著降低（$P<0.05$）。与丙二醛模型组相较，酵母培养物水溶物组细胞活性均有提高的趋势，其中与MDA1组相较，YC1组及YC2组分别在6～9h、6～12h细胞活性显著增加（$P<0.05$）；与MDA2组相较，YC5组及YC6组分别在9～12h细胞活性显著增加（$P<0.05$），YC4组则在9h显著增加（$P<0.05$）。其余差异不显著（$P>0.05$）。

培养液中4.94～9.89μmol/L浓度丙二醛对细胞正常生长及存活产生抑制，且随着浓度的增加，丙二醛对细胞的生长抑制作用增强。我们前面的研究结果表明，饲料中添加酵母培养物能提高绒毛高度与隐窝深度比，能促进草鱼肠道皱襞、微绒毛形成与生长。从本试验结果可以看出，50～100mg/L酵母培养物的水溶物对4.94μmol/L浓度丙二醛造成的细胞损伤有较好的修复作用，添加酵母培养物水溶物后细胞活性与细胞总蛋白指标均在9～12h时几乎达到正常组水平，同样显示出酵母培养物水溶物对肠道黏膜细胞的促生长作用。此外，培养液中添加200mg/L酵母培养物水溶物的修复效果不如50～100mg/L浓度，可能是由于200mg/L酵母培养物水溶物中过量的营养同样会抑制细胞生长。同时，200mg/L酵母培养物水溶物对9.89μmol/L浓度丙二醛的修复效果优于4.94μmol/L浓度，可能是高浓度丙二醛激发了黏膜细胞对营养物质的需求，显示丙二醛对黏膜细胞损伤程度与酵母培养物水溶物浓度有一定的正相关性。

通过荧光倒置显微镜、Giemsa染色后显微镜观察培养的实验细胞的生长状态变化过程（见图版Ⅲ）。结果发现，正常组细胞生长正常，细胞贴壁且胞浆丰富，细胞界线清晰（图版Ⅲ-A、图版Ⅲ-F）；丙二醛模型组随丙二醛浓度增加，游离细胞增多，且细胞折光性差（图版Ⅲ-B、图版Ⅲ-C），同时细胞界线模糊（图版Ⅲ-G、图版Ⅲ-H），MDA2组黏膜细胞在12h时成片发生凋亡（图版Ⅲ-I）。6h时，YC5组细胞生长及形态没有明显改善（图版Ⅲ-H、图版Ⅲ-N）；9h时，添加酵母培养物水溶物组中贴壁细胞较多，游离性细胞较少（图版Ⅲ-D、图版Ⅲ-E），细胞界线较为清晰（图版Ⅲ-J、图版Ⅲ-K），YC3组细胞生长不及YC2组（图版Ⅲ-K、图版Ⅲ-L）；12h时，添加酵母培养物水溶物组对丙二醛损伤细胞的修复作用较理想，其中以YC2、YC5组细胞状态较好（图版Ⅲ-M、图版Ⅲ-O），YC2组细胞生长状态最优且接近正常组水平（图版Ⅲ-F、图版Ⅲ-M）。

上述结果表明，4.94～9.89μmol/L浓度的丙二醛显著抑制了离体草鱼肠道黏膜细胞的生长及存活率，致使细胞集落区域变小，细胞形态及界线模糊，同时细胞贴壁及扩展能力下降。添加酵母培养液水溶物后，12h内能使细胞生长恢复接近至正常水平，表明酵母培养物水溶物中有益物质对细胞具有促生长作用。这些结果表明，对于4.94～9.89μmol/L浓度的丙二醛对草鱼肠道黏膜细胞产生的损伤，培养液中添加50～200mg/L酵母培养物水溶物对丙二醛损伤的细胞有改善生长状态的作用，其中以100mg/L浓度酵母培养物水溶物对4.94μmol/L浓度丙二醛损伤的细胞修复作用最佳，使细胞生长状态恢复正常。

四、鳀自溶鱼浆能够维护胃黏膜表面结构完整性

前面陈述了酵母培养物类产品对鱼体肠道黏膜生长、损伤修复的作用效果。在饲料中有一些原料，尤其是海洋生物的一些原料，含有较多的小肽、游离氨基酸等成分，可以为胃肠道黏膜细胞更新、生长提供一定的营养物质，也是维护鱼体生长性能和胃肠道黏膜结构与功能完整性的营养基础。我们进行了不同鱼粉、酶解鱼浆、酶解虾浆、酶解鱼溶浆、酶解或细胞级粉碎的海带粉等原料在水产饲料中的营养效果研究，得出如下结论：按照蛋白质质量计算，海洋鱼虾类的酶解产品与超级蒸汽鱼粉进行比较，日粮中1/4超级蒸汽鱼粉蛋白质量的酶解鱼溶浆、酶解鱼浆、酶解虾浆等产品的养殖效果，与28%或30%的鱼粉使用量的效果具有等效性。即按照10%含水量的样品计，在黄颡鱼日粮中添加8%～9%的这些酶解产品能够与28%或30%的超级鱼粉添加量取得等效的养殖生产性能结果。海洋生物酶解产品为什么能够取得如此好的养殖效果？我们做了多方面的分析和试验，其中一个重要的原因就是这类产品对鱼体胃肠道组织结构和生理健康具有良好的维护作用，可能是其中含有的一些成分对胃肠道黏膜细胞生长、损伤修复等具有良好的作用效果。本部分仅仅展示了自溶酶解鳀鱼浆对黄颡鱼生长和胃黏膜结构完整性维护的试验结果，其余内容会在其他章节中陈述。

以冰冻鳀为主要原料，用绞肉机低温（4℃）绞碎后，置于55℃恒温自溶9h得到自溶酶解的鳀鱼浆，于-20℃保存备用。

试验黄颡鱼饲料配方设计为：①以30%鱼粉为对照（FM组），以6%自溶鱼浆（干物质）部分替代鱼粉（MPH6组），探讨鱼粉日粮中自溶鱼浆的养殖效果；②以30%鱼粉为对照，以植物蛋白原料、肉

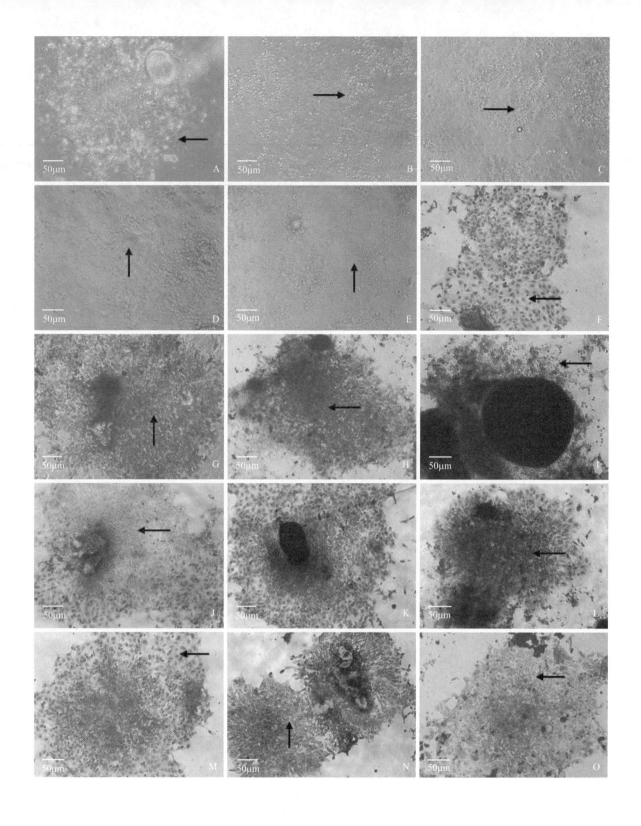

图版Ⅲ 不同条件下肠道黏膜细胞生长及形态

图A～E，倒置荧光显微镜观察，×200；图F～O，Giemsa染色观察，×200

A. 正常组，9h，细胞胞浆丰富(↑)；B. MDA1组，9h，折光性差、游离细胞(↑)；C. MDA2组，9h，折光性差、游离细胞(↑)；D. YC2组，9h，细胞生长正常，贴壁细胞(↑)；E. YC5组，9h，贴壁细胞(↑)；F. 正常组，9h，生长正常，细胞胞浆丰富；G. MDA1组，12h，细胞轮廓、界线模糊(↑)；H. MDA2组，6h，细胞轮廓、界线模糊(↑)；I. MDA2组，12h，大片细胞凋亡；J. YC1组，9h，细胞生长较正常，部分细胞界线不清晰(↑)；K. YC2组，9h，细胞生长较正常；L. YC3组，9h，细胞生长差，细胞轮廓、界线模糊(↑)；M. YC2组，12h，细胞生长正常，铺展正常(↑)；N. YC5组，6h，细胞生长差，细胞界线模糊(↑)；O. YC5组，12h，细胞生长较正常，部分细胞界线模糊(↑)

骨粉为主要蛋白源，在无鱼粉日粮中添加3%（FPH3）、6%（FPH6）和12%（FPH12）的自溶鱼浆（干物质）。试验配方的具体组成和营养成分见表1-14。

表1-14　试验日粮原料组成与营养水平

原料	FM	MPH6	FPH3	FPH6	FPH12
米糠 /‰	12.8	13.3	11.1	10.8	13.0
米糠粕 /‰	—	—	5.6	6.6	6.0
豆粕 /‰	16.5	16.5		—	—
大豆浓缩蛋白 /‰	—	—	19.0	18.0	16.0
棉粕 /‰	9.0	9.0	—	—	—
棉籽蛋白 /‰	—	—	19.0	18.0	16.0
玉米蛋白粉 /‰	5.0	5.0	6.0	6.0	6.0
血球粉 /‰	1.5	1.5	3.5	2.5	2.0
鱼粉 /‰	30.5	24.8	—	—	—
酶解鳀鱼浆[①] /‰	—	6.0	3.0	6.0	12.0
猪肉粉 /‰	3.0	3.0	8.5	8.5	7.0
磷酸二氢钙 /‰	2.9	2.8	3.8	3.6	3.2
沸石粉 /‰	2.0	2.0	2.0	2.0	2.0
小麦 /‰	13.0	13.0	13.0	13.0	13.0
豆油 /‰	2.8	2.1	4.5	4.0	2.8
预混料[②] /‰	1.0	1.0	1.0	1.0	1.0
合计	100.0	100.0	100.0	100.0	100.0
营养水平（干物质）					
粗蛋白质 /%	40.23	40.23	40.63	40.41	40.35
总磷 /%	1.87	1.86	1.85	1.85	1.85
粗灰分 /%	8.27	8.23	5.45	5.78	6.36
粗脂肪 /%	8.27	8.22	8.25	8.26	8.27
能量 /(MJ/kg)	19.72	19.36	19.94	19.59	19.52
牛磺酸 /(mg/kg)	4.84	4.81	0.60	1.17	2.12
尸胺 /(mg/kg)	526.3	513.5	139.5	252.5	485.1
组胺 /(mg/kg)	322.0	229.0	<3.0	<3.0	<3.0
腐胺 /(mg/kg)	193.4	152.8	16.9	22.3	30.0

① 自溶鱼浆以干物质参与配方计算。
② 预混料为每千克日粮提供：铜25mg，铁640mg，锰130mg，锌190mg，碘0.21mg，硒0.7mg，钴0.16mg，镁960mg，钾0.5mg，维生素A 8mg，维生素B₁ 8mg，维生素B₂ 8mg，维生素B₆ 12mg，维生素B₁₂ 0.02mg，维生素C 300mg，泛酸钙25mg，烟酸25mg，维生素D₃ 3mg，维生素K₃ 5mg，叶酸5mg，肌醇100mg。

在面积为40m×60m的池塘中设置试验网箱（规格为1.0m×1.5m×1.5m），选择初始体重为（30.08±0.35）g的黄颡鱼种300尾为试验鱼，随机分成5组，每组设3个重复（n=3）。每网箱20尾。正式养殖试验期为60d。养殖期间水温24.1～36.0℃。

试验黄颡鱼的生长性能结果见表1-15。养殖过程中黄颡鱼成活率各处理组间无显著差异（$P >$ 0.05）。以SGR表示的黄颡鱼生长速度结果显示，以FM为对照，FPH12差异不显著（$P > 0.05$），MPH6、FPH6降低了24.39%、23.58%，差异显著（$P < 0.05$）。对于日粮效率，FPH12与FM组FCR差异不显著（$P > 0.05$），而MPH6、FPH3、FPH6提高了32.14%～42.86%（$P < 0.05$）。MPH6、FPH3、FPH6组PRR显著低于FM和FPH12（$P < 0.05$），降低了21.11%～27.78%。MPH6组LRR比FM低了41.51%（$P < 0.05$），FPH3、FPH6、FPH12无显著变化（$P > 0.05$）。

表1-15　自溶鱼浆对黄颡鱼生长、日粮效率的影响（平均值±标准差）

项目	FM	MPH6	FPH3	FPH6	FPH12
初始均重(IBW)/g	30.15±0.28	30.23±0.34	30.25±0.43	29.95±0.18	30.10±0.35
终末均重(FBW)/g	63.2±4.8[b]	52.9±3.7[a]	56.5±2.1[ab]	52.9±4.6[a]	60.2±7.1[ab]
成活率(SR)/%	100±0	96.7±2.9	100±0	100±0	100±0
特定生长率(SGR)/(%/d)	1.23±0.14[b]	0.93±0.13[a]	1.04±0.06[ab]	0.94±0.13[a]	1.15±0.17[ab]
与对照组比较SGR/%	-	-24.39	-15.45	-23.58	-6.50
饲料系数(FCR)	2.8±0.6[a]	4.0±0.4[b]	3.7±0.3[b]	3.9±0.3[b]	2.9±0.3[a]
与对照组比较FCR/%	-	42.86	32.14	39.29	3.57
蛋白沉积率(PRR)/%	18.0±2.6[b]	13.3±2.4[a]	13.0±1.0[a]	14.2±0.7[a]	18.0±2.3[b]
脂肪沉积率(LRR)/%	53±3[b]	31±8[a]	39±5[ab]	42±13[ab]	49±17[ab]

注：1. 特定生长率（SGR，%/d）=100%×（ln试验结束尾均体重−ln试验开始尾均体重）/试验周期。
2. 饲料系数（FCR）=饲料消耗量/鱼体增加质量。
3. 脂肪沉积率（LRR，%）=100%×（试验结束时体脂肪含量−试验开始时体脂肪含量）/摄食脂肪总量。
4. 蛋白沉积率（PRR，%）=100%×（试验结束时体蛋白含量−试验开始时体蛋白含量）/摄食蛋白总量。

自溶鳀鱼浆与鱼粉比较，原料鱼都为鳀，在原料组成上的差异不大，因此，所得产品营养组成上的差异主要由于生产工艺不同造成。鱼粉生产过程中，主要经历了蒸煮、压榨、脱脂、110℃左右的烘干过程；而鱼浆、酶解鱼浆保留了原料鱼的主要组成物质，也没有高温过程。高温可能导致热敏感物质损失，导致油脂氧化酸败，甚至可能导致肌胃糜烂素等有害物质产生。因此，与鱼粉比较，鱼浆可能保留了更多的热敏感物质成分，也避免了高温对鱼粉产品成分的影响，从而可能导致其在养殖水产动物的生产性能、鱼体健康等方面具有一定的优势。本文的试验结果也显示，在黄颡鱼日粮中，12%自溶鱼浆（干物质）与30%的鱼粉在生产性能方面具有一定的等效性。此结果告诉我们，一方面，酶解鱼浆这类新产品开发具有很好的市场前景，可以显著降低日粮中鱼粉的使用量；另一方面，原料全物质组成的、低温生产的酶解鱼浆能够更好地满足水产动物营养和生理需要，获得理想的养殖效果。

各组黄颡鱼的胃黏膜扫描电镜结果如图1-30所示。添加自溶鱼浆的各处理组，黄颡鱼胃部黏膜结构清晰，上皮细胞形态完整、排列紧密；而添加了鱼粉的FM、MPH6组，胃部黏膜损伤严重，上皮细胞出现破损，可能与日粮中组胺含量较高有直接的关系。

本试验鳀鱼粉日粮组胺为229～322mg/kg，而自溶鱼浆日粮组胺＜3mg/kg。组胺所带来的毒性影响因子（肌胃糜烂素）可能会影响黄颡鱼胃肠道肌肉收缩等。用组胺含量高的鱼粉投喂虹鳟时发现，其胃部产生了严重的生理病变。本研究中，高鱼粉组黄颡鱼胃黏膜上皮细胞出现损伤，意味着高组胺的鱼粉会导致胃肠道病理变化，而自溶鱼浆则无此风险。

在本试验条件下，高植物蛋白会抑制黄颡鱼生长。植物蛋白日粮中添加12%自溶鱼浆，以棉籽蛋白、大豆浓缩蛋白和鸡肉粉为补充蛋白源，生长速度、日粮效率与30%鱼粉组具有一定的等效性。

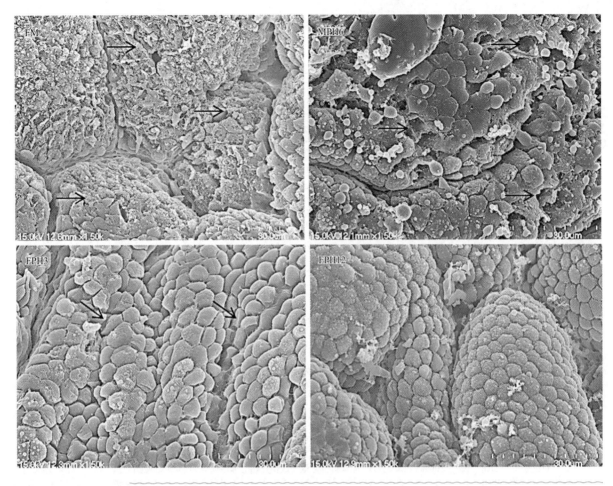

图1-30 黄颡鱼胃黏膜扫描电镜
"→"指示上皮细胞损伤

五、饲料氧化鱼油对肠道黏膜具有损伤作用

水产饲料油脂含量较高，即使草食性的草鱼、团头鲂等种类的饲料中粗脂肪含量也超过6%，杂食性的鲤鱼饲料粗脂肪超过8%，而肉食性的鱼类如加州鲈、翘嘴红鲌等饲料粗脂肪含量超过10%。饲料油脂中的脂肪酸在原料存储、饲料加工、成品饲料运输和使用过程中都有氧化酸败的客观存在性和必然性，尤其膨化饲料的油因其喷涂在饲料颗粒的表面，更增加了脂肪酸氧化酸败的概率。而油脂氧化产物对动物是有毒副作用的，对养殖动物的生长速度、饲料效率会有负面的影响，对胃肠道黏膜、肝胰脏等器官组织也会造成器质性的损伤作用。胃肠道作为接触饲料的主要器官组织，受到油脂氧化酸败产物损伤作用也最大。

本部分内容中，我们通过饲料中氧化油脂对鱼类胃肠道黏膜屏障和功能损伤的典型案例，总结了氧化油脂和丙二醛对草鱼生长的影响和对胃肠道黏膜的损伤作用。

（一）试验饲料

试验饲料以酪蛋白和秘鲁蒸汽鱼粉为主要蛋白源，采用等氮、等能方案设计基础饲料，设置了6%豆油组（6S）、6%鱼油组（6F）、4%豆油组＋2%氧化鱼油（4S2OF）、2%豆油组＋4%氧化鱼油（2S4OF）、6%氧化鱼油组（6OF）共5种半纯化饲料，配方及实测成分指标见表1-16。

饲料原料经粉碎过60目筛，按配方比例称重，混匀，用绞肉机制成1.5mm粗细的条状料，再切成2mm长的颗粒。饲料置于阴凉处自然风干，待饲料相互之间不粘连，水分大致在20%左右的时候，将其收起装袋并放入−20℃冰柜保存。每次使用时，将饲料从冰柜中拿出，自然升温到常温后再投喂。氧化鱼油组是由氧化鱼油和豆油按比例混合作为脂肪源，所以6F组的实际POV值比4S2OF组高12.25%，而AV则比4S2OF和2S4OF组分别高出100%和3.9%。

表1-16　试验饲料组成及成分含量

原料	组别				
	6S	6F	4S2OF	2S4OF	6OF
酪蛋白/‰	215	215	215	215	215
蒸汽鱼粉/‰	167	167	167	167	167
磷酸二氢钙/‰	22	22	22	22	22
氧化鱼油/‰	0	0	20	40	60
豆油/‰	60	0	40	20	0
鱼油/‰	0	60	0	0	0
氯化胆碱/‰	1.5	1.5	1.5	1.5	1.5
预混料[①]/‰	10	10	10	10	10
糊精/‰	110	110	110	110	110
α-淀粉/‰	255	255	255	255	255
微晶纤维/‰	61	61	61	61	61
羧甲基纤维素/‰	98	98	98	98	98
乙氧基喹啉/‰	0.5	0.5	0.5	0.5	0.5
合计	1000	1000	1000	1000	1000
营养水平[②]					
粗蛋白质/%	30.01	29.52	30.55	30.09	30.14
粗脂肪/%	7.08	7.00	7.23	6.83	6.90
能量/(kJ/g)	20.242	20.652	20.652	19.943	20.860
过氧化值POV/(meq/kg)	2.89	57.09	50.86	98.84	146.81
酸价AV/[mg(KOH)/g)]	0.03	0.80	0.40	0.77	1.14
丙二醛MDA/(mg/kg)	0.18	10.82	61.59	123.92	185.04

① 预混料为每千克饲料提供：Cu 5mg，Fe 180mg，Mn 35mg，Zn 120mg，I 0.65mg，Se 0.5mg，Co 0.07mg，Mg 300mg，K 80mg，维生素 A 10mg，维生素 B_1 8mg，维生素 B_2 8mg，维生素 B_6 20mg，维生素 B_{12} 0.1mg，维生素 C 250mg，泛酸钙 20mg，烟酸 25mg，维生素 D_3 4mg，维生素 K_3 6mg，叶酸 5mg，肌醇 100mg。
② 为实测值。

（二）饲料中氧化油脂会降低草鱼的生长性能

养殖试验在浙江一星集团实验基地池塘网箱中进行。试验草鱼经过72d的养殖试验后，各组草鱼的特定生长率及饲料效率结果见表1-17。

表1-17　饲料氧化鱼油对草鱼生长性能的影响

组别	初体重 (IBW)/g	末体重 (FBW)/g	存活率/%	特定生长率 (SGR)/(%/d)	饲料系数 (FCR)	蛋白质沉积率 (PRR)/%	脂肪沉积率 (LRR)/%	肝体比 (HSI)/%
6S	74.6±1.5	176.2±12.4	100±0	1.72±0.006[c]	1.62±0.05[a]	35±1.35[c]	59±0.12[b]	1.38±0.021[a]
6F	74.4±1.6	167.8±6.5	98.3±2.9	1.62±0.015[b]	1.76±0.02[b]	30.3±0.47[b]	53.9±2.36[a]	1.63±0.311[b]
4S2OF	74.5±0.2	166±9.4	100±0	1.60±0.012[b]	1.80±0.09[b]	30.4±1.23[b]	54.9±0.44[a]	1.63±0.194[b]
2S4OF	75±0.8	167.3±0.2	91.7±10.4	1.61±0.020[b]	1.77±0.04[b]	30.4±0.91[b]	51.5±2.01[a]	1.69±0.285[b]
6OF	75.6±0.2	163.1±4.8	98.3±2.9	1.53±0.015[a]	1.90±0.02[c]	28.3±0.28[a]	64.6±2.01[c]	1.53±0.175[b]

					Pearson分析结果				
POV 值	R^2	N	N	0.99	0.837	0.810	0.774	0.112	0.180
	P	N	N	0.451	0.029*	0.038*	0.049*	0.583	0.476
AV 值	R^2	N	N	0.161	0.790	0.748	0.837	0.045	0.267
	P	N	N	0.504	0.044*	0.058	0.029*	0.731	0.373
MDA 含量	R^2	N	N	0.188	0.686	0.676	0.549	0.163	0.083
	P	N	N	0.466	0.084	0.088	0.152	0.500	0.638

注：上标不同小写字母表示差异显著（$P<0.05$）；N表示没有数据；＊表示差异具有显著性（$P<0.05$），＊＊表示差异极显著（$P<0.01$）。下表同。

　　添加氧化鱼油后草鱼存活率下降，但各组间并没有显著差异。与6S组比较，其余4组草鱼SGR、PRR均显著下降（$P<0.05$），其中6OF组具有最小值，且显著小于其他组（$P<0.05$）；6F、4S2OF及2S4OF组FCR显著大于6S组（$P<0.05$），3组间没有显著差异，而6OF组则显著大于所有组（$P<0.05$）；相较6S组，添加鱼油或氧化鱼油后，草鱼肝体比HSI显著上升（$P<0.05$），其中在6F、2S4OF及4S2OF组中呈上升趋势，在6OF组出现下降趋势，但无显著性差异。

　　草鱼的生长性能与饲料油脂氧化酸败指标的相关性分析及回归分析结果显示：SGR（y）与饲料POV（x）呈对数函数负相关关系，回归方程为$y=-0.041\ln(x)+1.7685$，$R^2=0.8692$；SGR（y）与饲料AV（x）呈对数负相关关系，回归方程为$y=-0.041\ln(x)+1.5764$，$R^2=0.8063$；FCR（y）与饲料POV（x）呈幂函数正相关关系，回归方程为$y=1.5569x^{0.0341}$，$R^2=0.8469$；PRR（y）与饲料POV（x）呈对数函数负相关关系，回归方程为$y=-1.557\ln(x)+36.678$，$R^2=0.9521$；PRR（y）与饲料AV（x）呈对数函数负相关关系，回归方程为$y=-1.618\ln(x)+29.334$，$R^2=0.9333$。结果表明，饲料中较低的POV与AV值会显著降低草鱼的SGR与PRR，且随着POV与AV值上升，SGR与PRR的下降速率会变缓。饲料中较低的POV值会显著增加草鱼FCR，且随着POV值上升，FCR上升的速率会变缓。

（三）饲料中氧化油脂会对草鱼肠道黏膜结构和功能造成损伤

（1）对草鱼肠道黏膜绒毛结构和紧密连接结构的损伤

　　经72d养殖试验后，取各组试验草鱼肠道全长的1/2处肠道做组织切片和电镜切片，观察结果见图1-31。

　　显微镜下观察经过石蜡切片、苏木精-伊红染色的试验组草鱼肠道组织切片，由图1-31中A～E可知：相比较6S组，6F、4S2OF及2S4OF组肠道绒毛较为显著的特征是绒毛顶端变为平钝，推测是绒毛顶端黏膜细胞脱落后的结果；绒毛之间的间隙扩大，排列不整齐，应该是绒毛数量减少的结果；绒毛内部的中央乳糜管明显扩增。图1-31E中6OF组肠道绒毛变化更为显著。肠道切片结果显示，鱼油氧化产物增加了肠道绒毛的间隙，扩大了中央乳糜管。中央乳糜管的扩张是一种代偿性改变，通过其扩张以增加肠道绒毛的吸收能力。

依据组织切片图，统计各组草鱼肠道黏膜组织中，单位面积的杯状细胞个数及微绒毛高度结果见表1-18。添加鱼油或氧化鱼油后草鱼肠道绒毛杯状细胞个数增加了56.7% ～ 312.8%，且各组间具有显著性差异（$P < 0.05$）。肠道微绒毛高度中6OF具有最小值，且显著小于其余各组（$P < 0.05$）。除6OF组外，其余各组差异不显著（$P > 0.05$），但相对于6S组有升高的趋势。

表1-18　氧化鱼油对草鱼肠道杯状细胞数量、微绒毛高度的影响

组别		杯状细胞数量[①]/(个/根)	微绒毛高度/μm
6S		49.9±11.18[a]	1.46±0.01[b]
6F		78.2±10.59[b]	1.61±0.05[b]
4S2OF		113.5±20.87[c]	1.58±0.05[b]
2S4OF		159.8±12.28[d]	1.58±0.04[b]
6OF		206.2±16.83[e]	1.26±0.22[a]
Pearson分析结果			
POV值	R^2	0.933	0.271
	P	0.008[**]	0.368
AV值	R^2	0.653	0.125
	P	0.098	0.560
MDA含量	R^2	0.986	0.373
	P	0.001[**]	0.273

①每20个绒毛的数量。

光学显微镜观察黏膜上皮细胞后发现，杯状细胞数量在草鱼摄食鱼油和氧化鱼油后明显增加。因此，杯状细胞的过度增多表明草鱼肠道黏膜受到了损伤。除6OF组肠道微绒毛高度低于6S组外，其余几组均高于6S组。这可能是由于鱼油氧化产物对草鱼造成损伤，使草鱼需要更多营养物质来修复这些损伤，从而使肠道微绒毛增生以增加肠道吸收营养的能力。6OF组微绒毛高度减小，可能是鱼油氧化产物超出草鱼的耐受范围而造成微绒毛的萎缩。

紧密连接常见于单层柱状上皮，位于相邻细胞间隙的顶端侧面，具有渗透性调节功能和维持细胞极性这两个功能。紧密连接在细菌及其毒素或炎症细胞因子等外界因素的影响下功能会丧失，最终导致组织浮肿和损伤，并使肠道通透性增加。利用透射电镜观察了草鱼肠道黏膜细胞之间的紧密连接结构，见图1-31中的F ～ J，箭头所示为草鱼肠道紧密连接结构，6S组肠道紧密连接结构为一条黑色的致密电子带，而添加鱼油或氧化鱼油后此结构出现明显空隙。图1-31G ～ J箭头所示处可以发现紧密连接结构出现空隙，并且逐步扩大，6OF组整个通路基本已打开。

（2）氧化鱼油诱导草鱼肠道黏膜细胞间紧密连接蛋白基因表达活性显著下调

对组成肠道黏膜细胞间紧密连接结构蛋白基因表达活性的检测结果见表1-19。与6S组相比，在饲料中添加氧化鱼油后，闭合蛋白Claudin-3、Claudin-15a和胞浆蛋白ZO-1、ZO-2、ZO-3基因表达活性显著下调（$P < 0.05$），而闭锁蛋白Occludin基因表达活性出现不同程度的下调，但差异不显著（$P > 0.05$）。

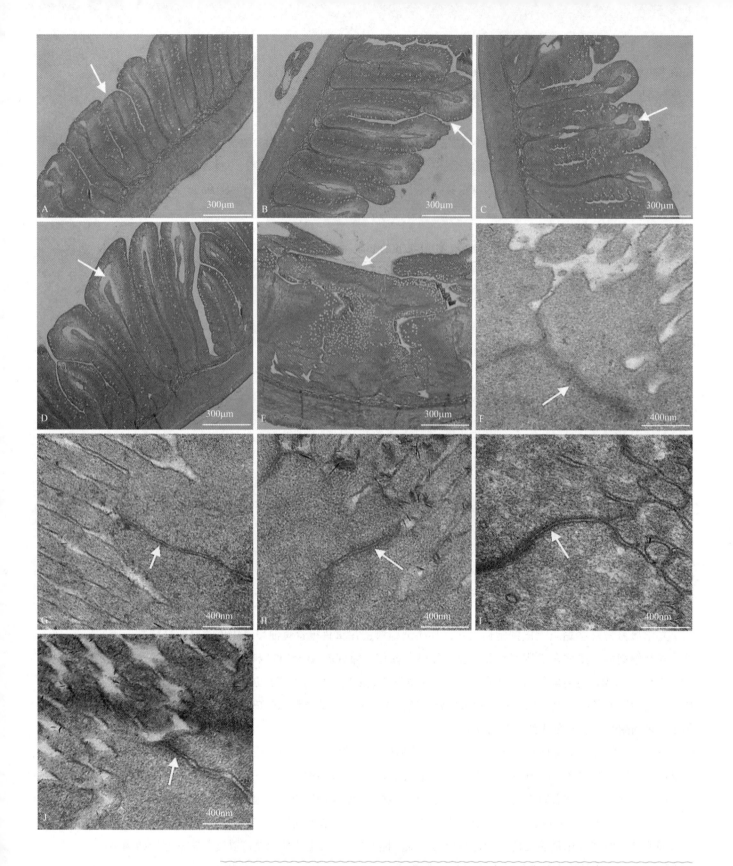

图1-31　氧化鱼油对草鱼中肠形态、结构的影响

A.6S组，中肠绒毛排列整齐，黏膜表面完整(↑)；B. 6F组，绒毛间隙增大(↑)；C.4S2OF组，中央乳糜管扩大(↑)；D.2S4OF组，绒毛不规则排列，中央乳糜管扩大(↑)；E.6OF组，绒毛增生、水肿(↑)；F. 6S组，中肠紧密连接正常(↑)；G.6F组，紧密连接出现缝隙(↑)；H.4S2OF组，紧密连接扩张(↑)；I.2S4OF组，紧密连接受损，缝隙明显(↑)；J. 6OF组，紧密连接严重受损，结构完全打开(↑)

A～E：光学显微镜观察×100；F～J：透射电镜观察，×12000

表1-19　氧化鱼油对草鱼肠黏膜细胞间紧密连接蛋白基因表达活性的影响

组别	闭合蛋白Claudin基因表达活性				胞浆蛋白ZOs基因表达活性						闭锁蛋白Occludin基因表达活性	
	Claudin-3	变化量[①]/%	Claudin-15a	变化量/%	ZO-1	变化量/%	ZO-2	变化量/%	ZO-3	变化量/%	Occludin	变化量/%
6S	1.00 ± 0.09^b	-	1.00 ± 0.01^c	-	1.00 ± 0.01^c	—	1.00 ± 0.08^b	—	1.00 ± 0.37^b	—	1.00 ± 0.1^a	—
6F	0.51 ± 0.22^a	−45	0.51 ± 0.09^a	−49	0.93 ± 0.17^{bc}	−7	1.5 ± 0.25^c	50	1.04 ± 0.01^a	4	1.56 ± 0.29^b	56
2OF	0.64 ± 0.1^a	−36	0.44 ± 0.01^a	−56	0.78 ± 0.21^{bc}	−22	0.45 ± 0.04^a	−55	0.42 ± 0.07^a	−58	0.88 ± 0.03^a	−12
4OF	0.6 ± 0.11^a	−39	0.71 ± 0.11^b	−29	0.73 ± 0.14^b	−27	0.52 ± 0.01^a	−48	0.44 ± 0.02^a	−56	0.88 ± 0.31^a	−12
6OF	0.9 ± 0.01^b	−9	0.55 ± 0.06^a	−45	0.48 ± 0.03^a	−52	0.36 ± 0.02^a	−64	0.46 ± 0.02^a	−54	0.94 ± 0.05^a	−6

① 变化量＝（鱼油或氧化鱼油组的数值－豆油组的数值）×100%/豆油组的数值。

将6S、6F、2OF、4OF和6OF组饲料的AV值、POV值、MDA含量分别与肠道黏膜细胞间紧密连接蛋白基因表达活性作Pearson相关性分析，检验双侧显著性，样品组数$n=5$，结果见表1-20。饲料中的AV值、POV值、MDA含量与闭合蛋白Claudin-3、Claudin-15a，胞浆蛋白ZO-1、ZO-2、ZO-3和闭锁蛋白Occludin基因表达活性均显示负相关关系的变化趋势，其中饲料POV值、MDA值与胞浆蛋白ZO-1基因表达活性呈极显著负相关关系（$P<0.01$）。

表1-20　草鱼肠道黏膜细胞间紧密连接蛋白基因表达活性与饲料油脂质量的相关性分析

Pearson分析结果		Claudin-3	Claudin-15a	Occludin	ZO-1	ZO-2	ZO-3
AV值	$R^{2①}$	−0.292	−0.599	−0.147	−0.775	−0.228	−0.438
	$P^②$	0.634	0.285	0.813	0.124	0.712	0.461
POV值	R^2	−0.096	−0.483	−0.221	−0.941	−0.554	−0.673
	P	0.878	0.409	0.721	0.017**	0.333	0.213
MDA含量	R^2	−0.093	−0.318	−0.53	−0.978	−0.783	−0.806
	P	0.882	0.602	0.358	0.004**	0.117	0.1

注：＊表示因子之间显著相关，$P<0.05$；＊＊表示因子之间极显著相关，$P<0.01$。
①R^2相关系数。
②P显著性（双侧）水平。

再对相关系数$R^2>0.90$的因子作回归分析发现，POV值、MDA含量对胞浆蛋白ZO-1基因表达活性的影响以二次函数关系拟合度最高，拟和度分别为0.9106和0.9591（见图1-32）。

由图1-33所示，闭锁蛋白Occludin和闭合蛋白Claudins是构成紧密连接结构的主要跨膜蛋白，相邻肠道黏膜细胞间通过跨膜蛋白Occludin、Claudins的胞外环以"拉链"状相连接，形成"锁扣"结构，从而封闭细胞旁间隙，在维持紧密连接的屏障功能和通透性上起着关键作用。研究表明，当紧密连接蛋白Claudins、Occludin合成量不足时，紧密连接结构受到损伤，肠道黏膜细胞间通透性会显著增加。胞浆蛋白ZOs是一类外周膜蛋白，有三种异构体（ZO-1、ZO-2、ZO-3），它们一端可以与跨膜蛋白Occludin、Claudins的胞内域相连，另一端可以与肌动蛋白相结合，从而将跨膜蛋白与细胞内骨架系统连接起来，构成稳定的紧密连接结构。胞浆蛋白ZOs可以将不同的信号传递到跨膜蛋白Claudins、Occludin，对紧密连接结构的"开启"与"闭合"进行调控。ZO-1的结构和功能与紧密连接结构的其他成员关系密切，多数情况下，只要ZO-1受到破坏，紧密连接结构的功能也会随之变化，所以，ZO-1常被用来作为组织紧密连接屏障功能和通透性的指标。本试验中，在添加氧化鱼油后，闭锁蛋白Occludin基因表达活性出

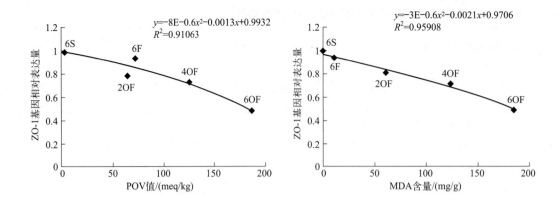

图1-32　ZO-1基因表达活性与饲料油脂氧化指标POV值和MDA含量的回归关系

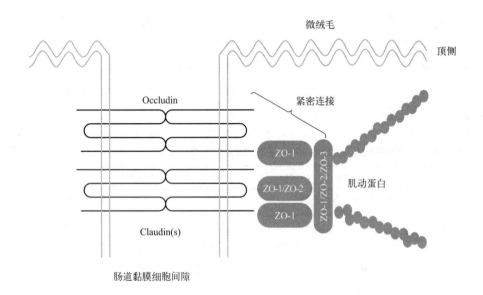

图1-33　肠道黏膜上皮细胞间的紧密连接示意图

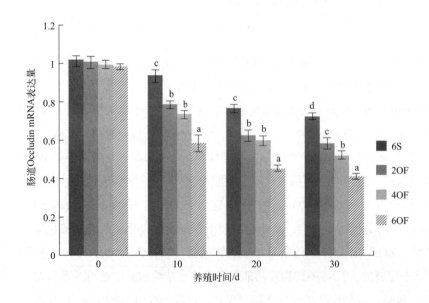

图1-34　不同时期氧化鱼油对草鱼肠道闭锁蛋白Occludin基因表达活性的影响

现不同程度下调，闭合蛋白Claudin-3、Claudin-15a基因表达活性显著下调（$P < 0.05$）。胞浆蛋白ZO-1、ZO-2、ZO-3基因表达活性显著下调（$P < 0.05$）。

上述结果表明，饲料氧化鱼油减少了闭锁蛋白Occludin和闭合蛋白Claudin-3、Claudin-15a的生成能力，削弱了胞浆蛋白ZOs对紧密连接"锁扣"结构的"闭合"调控，通过打开紧密连接"锁扣"结构的方式，导致肠道黏膜细胞间紧密连接结构被破坏，增加肠黏膜的通透性，从而损伤肠道黏膜屏障。

关于养殖过程中氧化鱼油对草鱼肠道Occludin基因表达活性的影响结果见图1-34。与6S组相比，在$10 \sim 30$d饲喂不同浓度的氧化鱼油饲料后，肠道Occludin基因表达活性都出现不同程度下调，且差异显著（$P < 0.05$）。

（3）氧化鱼油使草鱼肠道黏膜通透性显著增加

肠道黏膜通透性的升高主要通过肠道黏膜细胞通路和肠黏膜细胞间通路通透性增加来实现。其中，二胺氧化酶DAO活性、D-乳酸和内毒素含量经常作为判断肠黏膜通透性和肠黏膜屏障功能的指标。试验结束时，采集试验草鱼血清测定了血清中的二胺氧化酶活性、内毒素含量和D-乳酸含量，探讨它们对肠道通透性的影响结果，结果见表1-21。与6S组相比，在添加氧化鱼油后，血清二胺氧化酶活性、内毒素和D-乳酸含量都出现显著增加（$P < 0.05$）。

表1-21　氧化鱼油对草鱼肠道通透性的影响

组别	二胺氧化酶活性/(U/L)	内毒素含量/(EU/L)	D-乳酸含量/(μmol/L)
6S	19.56±1.4[a]	46.5±3.9[a]	0.605±0.0575[a]
6F	23.22±0.88[b]	53.5±2.8[ab]	0.883±0.0031[b]
2OF	29.86±0.88[c]	63.6±1.5[b]	0.962±0.0565[b]
4OF	29.91±0.88[c]	65.2±4.9[b]	0.866±0.1298[b]
6OF	44.04±1.71[d]	125.3±16.1[c]	2.022±0.2075[c]

血清二胺氧化酶活性、内毒素含量、D-乳酸含量与肠道紧密连接蛋白基因表达活性的相关性分析见表1-22。

表1-22　草鱼肠道黏膜通透性与肠道紧密连接蛋白基因表达活性的相关性分析

Pearson分析结果		Claudin-3	Claudin-15a	Occludin	ZO-1	ZO-2	ZO-3
二胺氧化酶活性	$R^2$①	0.12	−0.492	−0.419	−0.992	−0.73	−0.753
	P②	0.848	0.4	0.483	0.001**	0.162	0.142
内毒素含量	R^2	0.295	−0.37	−0.323	−0.946	−0.614	−0.577
	P	0.63	0.539	0.596	0.015**	0.271	0.308
D-乳酸含量	R^2	0.247	−0.453	−0.202	−0.911	−0.522	−0.51
	P	0.689	0.444	0.744	0.032*	0.367	0.38

注：*表示因子之间显著相关，$P < 0.05$，**表示因子之间极显著相关，$P < 0.01$。
① R^2相关系数。
② P显著性（双侧）水平。

草鱼血清二胺氧化酶活性、内毒素含量、D-乳酸含量与闭合蛋白Claudin-15a、闭锁蛋白Occludin和胞浆蛋白ZO-1、ZO-2、ZO-3基因表达活性均显示负相关关系的变化趋势，其中血清二胺氧化酶活性、内毒素含量与胞浆蛋白ZO-1基因表达活性呈极显著负相关关系（$P < 0.01$），血清D-乳酸含量与胞浆蛋

白ZO-1基因表达活性呈显著负相关关系（$P<0.05$）。

DAO是具有高度活性的细胞内酶，该酶在小肠黏膜上层绒毛中含量高、活性强，在其他组织中含量少、活性低。当肠道黏膜细胞受损、肠道黏膜通透性增加后，胞内释放的大量DAO会通过肠道黏膜屏障而进入血液，使血浆DAO活性升高。D-乳酸主要是细菌发酵的代谢产物，正常情况下很少被吸收。当肠道黏膜细胞受损时，肠道黏膜通透性增加，肠道中细菌产生大量D-乳酸会通过受损黏膜细胞进入血液，使血浆D-乳酸水平升高。所以血浆DAO活性和D-乳酸含量可作为反映肠道黏膜损害程度和通透性变化的重要指标。当肠道屏障被破坏时，肠道黏膜通透性增加，大量的内毒素可通过肠道黏膜细胞间通路、肠道黏膜细胞微绒毛的细胞膜通路，进入血液引发内毒素血症。因此，内毒素的含量可反映肠道黏膜屏障的功能。有研究表明，腹泻、感染和手术等多种应激状态均可导致暂时或长时间的肠道黏膜屏障损伤，表现为肠道黏膜通透性增加、细菌和毒素移位等。表1-21结果显示，在添加氧化鱼油后，血清DAO活性、D-乳酸和内毒素含量都出现显著增加（$P<0.05$），表明饲料氧化鱼油破坏了肠道黏膜细胞和黏膜细胞间紧密连接结构，即肠道黏膜屏障遭到严重损伤，肠道黏膜通透性显著增加。

六、饲料丙二醛对草鱼生长和肠道黏膜有损伤作用

（一）试验饲料

丙二醛作为油脂氧化的终产物之一，对养殖动物显示出较强的毒理作用。而饲料中添加丙二醛在试验操作上是一件不容易的事。主要原因是丙二醛自身的分子结构是含有2个醛基的3碳醛类化合物，2个醛基的性质非常活跃，很容易与其他物质发生依赖醛基的化学反应。也正因为这个性质，生物体内的丙二醛可以与蛋白质肽链中的氨基酸残基、核酸中的基团等发生交联反应，并造成对动物的毒理作用。

丙二醛化学试剂为1,1,3,3-四乙氧基丙烷，依赖4个乙氧基对2个醛基进行保护，使用时需要脱去4个乙氧基而得到丙二醛。饲料制造过程中也会造成丙二醛与其他物质的反应，因此，我们的试验操作是现场配制丙二醛，并喷雾到颗粒饲料的表面，待饲料吸干丙二醛后再进行投喂，采用这样的方式将丙二醛引入饲料和鱼体消化道中。

丙二醛制备方法是参照GB 5009.181—2016《食品安全国家标准食品中丙二醛的测定》的方法：精确称取31.5000g的1,1,3,3-四乙氧基丙烷，用95%乙醇溶解后定容至100mL，搅拌15min，置于−20℃冰箱内保存备用。此溶液丙二醛浓度实测值为1388μmol/mL。

试验饲料采用半纯化日粮的设计方案，主要原因是尽量控制由饲料原料带入丙二醛或其他具有有毒副作用的物质干扰试验结果。饲料原料选用酪蛋白和秘鲁蒸汽鱼粉为主要蛋白源，采用等氮、等能方案设计基础饲料，设置了豆油组即S组为对照组，M1组、M2组、M3组、F组共5种半纯化饲料，其中S组、M1组、M2组、M3组共用一个基础配方，只是丙二醛剂量不同，且丙二醛剂量未计入饲料配方中（颗粒饲料外喷丙二醛），F组为鱼油组，主要用于与豆油组的比较。试验饲料配方及实测营养指标见表1-23。

草鱼来源于浙江一星饲料有限公司养殖基地，为池塘培育的1冬龄鱼种，共350尾，平均体重为（74.82±1.49）g。草鱼随机分为5组，每组设3重复，每重复20尾。正式试验共养殖72d。

M1、M2、M3 3组不同丙二醛浓度试验组饲料的制作是在养殖现场，通过在S组饲料中喷洒4mL不同浓度丙二醛溶液制得。丙二醛溶液浓度根据每天实际投喂饲料量计算，使最终M1、M2、M3组饲料丙二醛浓度分别为61.59mg/kg、123.92mg/kg、185.04mg/kg。

表1-23 试验饲料组成及营养水平

原料	S	M1	M2	M3	F
酪蛋白 /‰	215	215	215	215	215
蒸汽鱼粉 /‰	167	167	167	167	167
磷酸二氢钙 /‰	22	22	22	22	22
豆油 /‰	60	60	60	60	0
鱼油 /‰	0	0	0	0	60
氯化胆碱 /‰	1.5	1.5	1.5	1.5	1.5
预混料[①] /‰	10	10	10	10	10
糊精 /‰	110	110	110	110	110
α- 淀粉 /‰	255	255	255	255	255
微晶纤维 /‰	61	61	61	61	61
羧甲基纤维素 /‰	98	98	98	98	98
乙氧基喹啉 /‰	0.5	0.5	0.5	0.5	0.5
合计	1000	1000	1000	1000	1000
饲料营养水平[②]					
粗蛋白质 /%	30.01	30.01	30.01	30.01	29.52
粗脂肪 /%	7.08	7.08	7.08	7.08	7.00
能量 /(kJ/g)	20.242	20.242	20.242	20.242	20.652
过氧化值POV/(meq/kg)	2.89	2.89	2.88	2.89	57.09
酸价 AV/ [mg(KOH)/g]	0.03	0.03	0.03	0.03	0.80
丙二醛 MDA/(mg/kg)	0.18	61.59	123.92	185.04	10.82

① 预混料为每千克饲料提供：Cu 5mg，Fe 180mg，Mn 35mg，Zn 120mg，I 0.65mg，Se 0.5mg，Co 0.07mg，Mg 300mg，K 80mg，维生素A 10mg，维生素B_1 8mg，维生素B_2 8mg，维生素B_6 20mg，维生素B_{12} 0.1mg，维生素C 250mg，泛酸钙20mg，烟酸25mg，维生素D_3 4mg，维生素K_3 6mg，叶酸5mg，肌醇100mg。

② 为实测值。

（二）饲料丙二醛导致草鱼生长性能下降

经72d养殖试验后，各组草鱼生长性能、饲料效率及肝体比结果见表1-24。

表1-24 丙二醛对草鱼生长性能、饲料效率及肝体比的影响

组别	初体重 (IBW)/g	末体重 (FBW)/g	存活率 /%	特定生长率 (SGR)/(%/d)	肥满度 (CF)	饲料系数 (FCR)	蛋白质沉积率 (PRR)/%	脂肪沉积率 (LRR)/%	肝体比 (HSI)/%
S	74.6±1.5	176.2±12.4	100±0	1.72±0.01[c]	1.80±0.06[c]	1.62±0.05[a]	35.2±1.4[a]	59.3±0.12[c]	1.38±0.02[a]
M1	75.3±0.5	171.3±3.1	98.3±2.9	1.65±0.04[b]	1.75±0.07[ab]	1.70±0.05[b]	34.5±0.6[a]	61.2±0.8[c]	1.55±0.25[c]
M2	74.3±0.6	159.7±5.1	98.3±2.9	1.51±0.05[a]	1.73±0.07[ab]	1.89±0.04[c]	31.1±0.6[b]	53.1±0.3[b]	1.47±0.03[bc]
M3	75.4±0.3	158.7±5.8	96.7±2.9	1.49±0.01[a]	1.72±0.08[a]	1.94±0.02[c]	30.5±0.8[b]	39.6±0.3[a]	1.39±0.08[ab]
F	74.4±1.6	167.8±6.5	98.3±2.9	1.62±0.02[b]	1.77±0.03[bc]	1.76±0.02[b]	30.3±0.47[b]	53.9±2.63[b]	1.63±0.311[c]
Pearson 分析结果									
MDA 含量 R^2	N	N	N	0.0.694	0.933	0.889	0.953	0.953	0.781	0.007
P	N	N	N	0.080	0.034*	0.057	0.024*	0.024*	0.116	0.919

注：不同小写字母表示差异显著（$P < 0.05$）；N表示没有数据；*表示差异具有显著性（$P < 0.05$），**表示差异极显著（$P < 0.01$）。

饲料添加丙二醛后，相对于S组，M1、M2、M3组存活率下降，但没有显著差异；M1、M2、M3组草鱼特定生长率SGR显著下降（$P < 0.05$），饲料系数FCR显著增加（$P < 0.05$），蛋白质沉积率PRR、

脂肪沉积率LRR除M1组外，M2、M3组均显著下降（$P<0.05$）；M1、M2、M3组草鱼肥满度CF出现显著下降（$P<0.05$），肝体比HSI则先上升后下降，S组显著小于M1、M2组（$P<0.05$），与M3组没有显著差异。饲料中添加鱼油与豆油相比，鱼油F组存活率也有所下降，但没有显著差异；SGR显著小于S组（$P<0.05$），与M1组没有显著差异；FCR显著大于S组（$P<0.05$），与M1组没有显著差异；PRR显著小于S、M1组（$P<0.05$），与M2、M3组没有显著差异；LRR显著小于S、M1组（$P<0.05$），与M2组没有显著差异；F组CF显著大于M3组（$P<0.05$），与S、M1、M2组没有显著差异；F组HSI具有最大值，但与M1、M2组没有显著差异。

相关性分析及回归分析结果显示：SGR（y）与饲料MDA（x）呈线性函数负相关关系，回归方程为$y=-0.0065x+1.7173$，$R^2=0.934$；FCR（y）与饲料MDA（x）呈线性函数正相关关系，回归方程为$y=0.009x+1.6146$，$R^2=0.9518$；PRR（y）与饲料MDA（x）呈线性函数负相关关系，回归方程为$y=-0.1371x+35.455$，$R^2=0.9100$。

上述结果显示，草鱼SGR、PRR会随着饲料中MDA含量的上升而呈线性下降，FCR则与之相反。表明饲料丙二醛会导致草鱼的生长性能下降，且生长性能的下降与饲料中丙二醛的剂量成正相关关系。

（三）饲料丙二醛影响试验草鱼的生理健康

经72d养殖试验后，测定了各试验组草鱼血清化学指标，各组草鱼血清生化指标结果见表1-25。

表1-25　丙二醛对草鱼血清生化指标的影响

项目	组别					Pearson分析结果	
						MDA含量	
	S	M1	M2	M3	F	R^2	P
TBA/(μmol/L)	1.5±0.1[b]	0.7±0.1[a]	0.8±0.1[a]	0.7±0.2[a]	0.7±0.0[a]	0.591	0.231
TC/(mmol/L)	5.3±0.1[a]	5.7±0.5[ab]	6.0±0.1[bc]	6.3±0.1[c]	6.1±0.2[bc]	1.000	0.000**
HDL/LDL	1.3±0.1[b]	1.1±0.1[a]	1.1±0.2[a]	1.0±0.1[a]	1.3±0.0[b]	0.582	0.077
TG/(mol/L)	2.1±0.2[a]	2.8±0.3[b]	2.5±0.3[b]	2.5±0.1[b]	2.7±0.2[b]	0.164	0.595
ALT/(U/L)	7.7±0.5[a]	7.0±1.7[a]	9.0±1.4[b]	12.1±1.1[c]	7.0±2.7[a]	0.790	0.111
A/G	0.5±0.0[c]	0.4±0.1[b]	0.4±0.1[b]	0.4±0.1[a]	0.5±0.0[c]	0.799	0.106
MDA/(nmol/mL)	14.1±1.7[a]	21.5±1.2[b]	21.3±0.9[b]	21.7±0.9[b]	20.2±1.9[b]	0.601	0.225
SOD/(U/mL)	127.2±1.4[a]	163.2±5.6[bc]	149.3±3.1[bc]	189.8±9.2[c]	142.3±4.4[b]	0.731	0.145
endotoxin/(EU/L)	46.5±3.91[a]	55.27±0.88[b]	64.05±1.78[c]	74.72±4.56[d]	53.5±2.81[b]	0.998	0.001**
D-lactic acid/(μmol/L)	0.61±0.06[a]	0.74±0.03[b]	0.96±0.04[d]	0.93±0.02[d]	0.88±0.03[c]	0.852	0.077

注：同行上标不同小写字母表示差异显著（$P<0.05$）；**表示差异极显著（$P<0.01$）。

与S组相比，添加丙二醛会使草鱼血清总胆汁酸TBA含量显著下降（$P<0.05$）；总胆固醇TC含量除M1组外均显著上升（$P<0.05$）；高密度脂蛋白HDL/低密度脂蛋白LDL显著下降（$P<0.05$）；甘油三酯TG含量显著升高（$P<0.05$）；血清谷丙转氨酶ALT活性，除M1组外，其余各组均显著上升（$P<0.05$）；白蛋白（A）/球蛋白（G）显著下降（$P<0.05$）；血清丙二醛含量、SOD酶活性、内毒素活力单位及D-乳酸含量均显著上升（$P<0.05$）。添加鱼油组与豆油组相比，鱼油F组血清总胆汁酸TBA含量显著小于S组（$P<0.05$）；总胆固醇TC含量显著大于S组（$P<0.05$）；HDL/LDL与S组无显著差异；甘油三酯TG含量显著升高（$P<0.05$）；ALT和A/G与S组无显著差异；丙二醛、SOD含量均显著大于S组（$P<0.05$）；F组血清内毒素endotoxin及D-乳酸含量均显著大于S组（$P<0.05$），其中内毒素

与M1组没有显著差异，D-乳酸含量鉴于M1组与M2组之间，且差异具有显著性（$P < 0.05$）。

相关性分析及回归分析结果显示：总胆固醇TC（y）与饲料MDA（x）呈线性正相关关系，回归方程为$y=0.0235x+5.3991$，$R^2=1$；内毒素（y）与饲料MDA（x）呈线性正相关关系，回归方程为$y=0.7323x+46.09$，$R^2=0.9975$。

上述结果显示，草鱼血清胆固醇TC及内毒素含量会随着饲料MDA含量的增加而线性上升，尤其是血清内毒素含量的增加表明肠道黏膜屏障通透性发生改变。

同时，也测定了各组试验草鱼肠道丙二醛、总胆汁酸TBA、总胆固醇TC的含量，见表1-26。

表1-26　丙二醛对草鱼肠道丙二醛、TBA、TC含量的影响

组别	MDA/(nmol/mg)	TBA/(μmol/L)	TC/(mmol/L)
S	25.7±1.1[a]	3.4±1.73[c]	0.51±0.04[a]
M1	27.4±1.4[a]	0.37±0.12[a]	0.64±0.03[b]
M2	28.5±1.7[ab]	0.42±0.04[a]	0.67±0.05[b]
M3	32.1±3.7[b]	0.3±0.09[a]	0.44±0.03[a]
F	26.3±2.0[a]	1.67±0.15[b]	0.61±0.04[b]
Pearson分析结果			
MDA含量　R^2	0.937	0.617	0.046
P	0.032*	0.214	0.786

与S组相比，添加丙二醛会使肠道丙二醛含量有所上升，但除M3组差异显著外（$P < 0.05$），M1、M2组均没有显著差异；肠道总胆汁酸含量显著下降（$P < 0.05$），胆固醇含量除M3组与S组没有显著差异外，M1、M2组均显著大于S组（$P < 0.05$）。添加鱼油组与豆油组相比，F组肠道丙二醛含量与S组没有显著差异；肠道胆汁酸含量显著小于S组（$P < 0.05$），但显著大于M1、M2及M3组（$P < 0.05$），肠道胆固醇含量显著大于S组（$P < 0.05$），与M1、M2组没有显著差异。

相关性分析及回归分析结果显示：肠道MDA含量（y）与饲料MDA（x）呈线性函数正相关关系，回归方程为$y=0.1591x+25.374$，$R^2=0.9371$。

上述结果显示，草鱼肠道丙二醛含量直接受饲料丙二醛含量的影响，且会随饲料丙二醛含量的上升而线性增加。

上述研究结果揭示了饲料丙二醛对草鱼鱼体生理性的"肠-肝轴"胆汁酸循环的影响。胆汁酸的"肠-肝循环"具有重要的生理意义。肝胰脏、肠道组织都具有以乙酰辅酶A为原料的胆固醇生物合成的能力。肝胰脏以胆固醇为原料合成初级胆汁酸，初级胆汁酸进入肠道后，在肠道细菌等作用下转变为次级胆汁酸，并在肠道后段被重新吸收回到肝胰脏，这就是典型的胆汁酸"肠-肝循环"通路。试验结果显示，MDA会显著降低血清TBA含量，而TC含量则上升；肝胰脏TBA含量没有显著差异，TC含量显著上升；肠道TBA含量显著下降，TC含量显著上升。这说明MDA可能不会损伤草鱼肝胰脏合成胆汁酸的能力，其主要是通过减少胆汁酸在肠道的含量来阻碍胆汁酸在肠道正常的重吸收作用，以此来破坏草鱼体内正常的胆汁酸"肠-肝轴"。而MDA减少草鱼肠道胆汁酸含量的途径可能是降低胆汁酸回收效率，使其大部分随粪便排出体外；也有可能是MDA本身或MDA促使肠道内部某种物质大量消耗胆汁酸，但不影响胆汁酸的重吸收；或者两者同时发生作用。这些结果表明MDA对草鱼体内胆汁酸的"肠-肝循环"的影响主要集中在通过某种方式减少了草鱼肠道中重吸收后进入血清的胆汁酸含量。

（四）饲料丙二醛对草鱼肠道黏膜组织有损伤作用

经72d养殖试验后，各组草鱼肠道黏膜绒毛结构见图1-35A～E。图1-35A～E分别为S、M1、M2、M3及F组。S组肠道绒毛排列整齐；F组与M1组绒毛排列较整齐，但中央乳糜管扩大；M2组绒毛密度下降，绒毛间隙增加，中央乳糜管扩大；M3组绒毛出现假复层柱状上皮细胞。

结果显示，M1、M2及F组草鱼肠道绒毛中央乳糜管出现扩增。中央乳糜管作为肠道内外物质交换的通道之一，其扩张原因之一是动物体受到损伤，从而使中央乳糜管代偿性扩增以增加肠道绒毛的吸收能力。M3组肠道的单层柱状上皮细胞出现增生，这与肠道杯状细胞数量增加相一致。这些结果表明，少量的丙二醛与鱼油等其他氧化产物均会导致肠道绒毛中央乳糜管代偿性扩增，而大剂量的丙二醛会使肠道绒毛出现假复层柱状上皮细胞。

各组草鱼肠道杯状细胞个数及微绒毛高度结果见表1-27。

表1-27　丙二醛对草鱼肠道杯状细胞数量、微绒毛高度的影响

组别		杯状细胞数量/（个/根）	肠道微绒毛高度/μm
S		49.88 ± 11.18^a	1.46 ± 0.01^b
M1		120.50 ± 27.16^c	1.54 ± 0.07^{bc}
M2		148.60 ± 20.87^d	1.56 ± 0.18^{bc}
M3		191.67 ± 15.73^e	1.30 ± 0.04^a
F		78.20 ± 10.59^b	1.61 ± 0.05^c
Pearson分析结果			
MDA含量	R^2	0.114	0.252
	P	0.663	0.498

相比S组，添加丙二醛后，M1、M2组草鱼肠道微绒毛高度增加，但没有显著差异，M3组微绒毛高度显著下降（$P<0.05$）；草鱼肠道杯状细胞数量显著增加（$P<0.05$），且M3组具有最大值。与豆油组相比，添加鱼油的F组的微绒毛高度具有最大值，且显著大于S、M3组（$P<0.05$），与M1、M2组无显著差异；F组肠道杯状细胞数量显著大于S组（$P<0.05$），但显著小于M1组（$P<0.05$）。相关性分析结果显示，草鱼肠道绒毛杯状细胞数量和微绒毛高度与饲料丙二醛含量没有直接相关性。

光学显微镜观察黏膜上皮柱状细胞后发现，添加丙二醛后各组草鱼肠道黏膜柱状细胞数量随着丙二醛含量的增加而显著增加，F组相比S组显著增加但显著小于M1组。杯状细胞是一种糖蛋白分泌细胞，其分泌的黏蛋白能润滑肠道，保护肠道上皮黏膜；并且它产生的三叶状蛋白，能在上皮黏膜受损时与细胞因子和生长因子协同作用加快上皮细胞的愈合。因此，杯状细胞的增多表明草鱼肠道黏膜受到了损伤。

（五）饲料丙二醛破坏草鱼肠道紧密连接结构

经72d养殖试验后，图1-35F～J，分别为S、M1、M2、M3、F各组草鱼肠道紧密连接结构（图中箭头所指即为草鱼肠道紧密连接结构）。由图可知，S组紧密连接结构没有空隙，M1、M2及F组紧密连接结构出现空隙，M3组紧密连接结构基本完全打开。

肠道扫描电镜结果显示，M3组草鱼肠道微绒毛高度显著低于其余各组，S组虽低于M1、M2组，但差异没有显著性，F组显著大于S组，但与M1、M2组没有显著差异。这说明低剂量的丙二醛或鱼油其他氧化产物均会使肠道微绒毛代偿性增长以吸收更多营养物质来修复机体损伤，这与人类短肠综合征病人残余肠道的代偿、适应过程有相似之处。且上述结果与切片中中央乳糜管的扩增结果相一致。而当丙

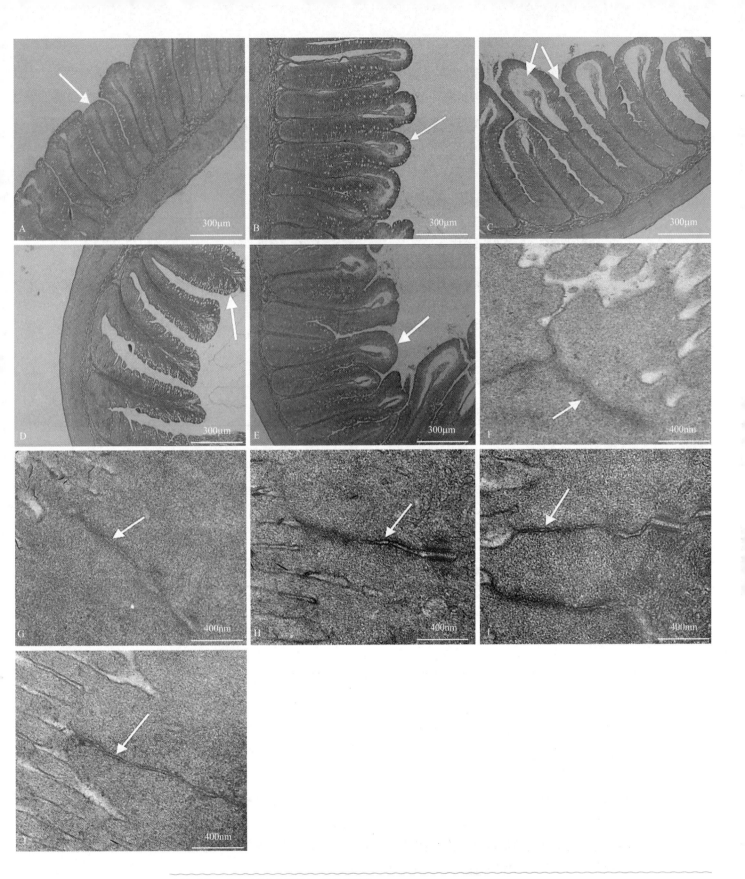

图1-35 MDA对草鱼中肠形态、结构的影响

A. S组，中肠绒毛排列整齐，黏膜表面完整（↑）；B. M1组，绒毛排列较整齐，中央乳糜管扩大（↑）；C. M2组，绒毛间隙增大，中央乳糜管扩大（↑）；D. M3组，绒毛密度下降，出现假复层柱状上皮细胞(↑)；E. F组绒毛中央乳糜管扩大（↑）；F. S组，中肠紧密连接正常（↑）；G. M1组，紧密连接出现缝隙（↑）；H. M2组，紧密连接扩张（↑）；I. M3组，紧密连接严重受损，结构完全打开（↑）；J. F组，紧密连接结构出现缝隙（↑）。A～E：光学显微镜观察，×100；F～J：透射电镜观察，×12000

二醛含量超出草鱼耐受范围后，微绒毛会受到实质性损伤并出现萎缩。

丙二醛诱导草鱼肠道黏膜细胞间紧密连接蛋白基因表达活性显著下调。对组成肠道黏膜细胞间紧密连接结构蛋白质基因表达活性的检测结果见表1-28。与对照组相比，在饲料中添加丙二醛后，闭合蛋白Claudin-3、Claudin-15a，闭锁蛋白Occludin和胞浆蛋白ZO-1、ZO-2、ZO-3基因表达活性都显著下调（$P<0.05$）。

表1-28　丙二醛对草鱼肠道黏膜细胞间紧密连接蛋白基因表达活性的影响

组别	闭合蛋白Claudin基因表达活性				胞浆蛋白ZOs基因表达活性						闭锁蛋白Occludin基因表达活性	
	Claudin-3	变化量/%	Claudin-15a	变化量/%	ZO-1	变化量/%	ZO-2	变化量/%	ZO-3	变化量/%	Occludin	变化量/%
S	1.00 ± 0.09^c	0	1.00 ± 0.02^d	0	1.00 ± 0^d	0	1.00 ± 0.08^b	0	1.00 ± 0.01^d	0	1.00 ± 0.11^c	0
M1	0.5 ± 0.03^a	−50	0.85 ± 0.07^c	−15	0.57 ± 0.02^a	−43	0.52 ± 0.06^a	−42	0.41 ± 0.07^a	−59	0.57 ± 0.03^a	−43
M2	0.8 ± 0.08^b	−20	0.36 ± 0.04^a	−64	0.58 ± 0.04^{ab}	−42	0.52 ± 0.1^a	−56	0.65 ± 0.09^c	−35	0.74 ± 0.13^b	−26
M3	0.48 ± 0.02^a	−52	0.57 ± 0.01^b	−43	0.62 ± 0.02^b	−38	0.52 ± 0.02^a	−48	0.54 ± 0.02^b	−46	0.53 ± 0.05^a	−47

注：变化量=（处理组的数值－对照组的数值）/豆油组的数值×100%。

将对照组、MDA-1、MDA-2和MDA-3组饲料丙二醛含量分别与肠道黏膜细胞间紧密连接结构蛋白质基因表达活性作Pearson相关性分析，检验双侧显著性，样品组数$n=5$，结果见表1-29。

饲料丙二醛含量与闭合蛋白Claudin-3、Claudin-15a，胞浆蛋白ZO-1、ZO-2、ZO-3和闭锁蛋白Occludin基因表达活性均显示负相关关系的变化趋势。

表1-29　饲料丙二醛含量与草鱼肠黏膜细胞间紧密连接蛋白基因表达活性的相关性分析

Pearson分析结果		Claudin-3	Claudin-15a	ZO-1	ZO-2	ZO-3	Occludin
MDA	$R^{2①}$	−0.649	−0.806	−0.71	−0.818	−0.582	−0.749
	$P^②$	0.351	0.194	0.29	0.182	0.418	0.251

① R^2相关系数。
② P显著性（双侧）水平。

作为肠道黏膜细胞间通路的关键结构，紧密连接结构只允许离子和可溶性的小分子通过，大分子物质及微生物难以通过，通过紧密连接结构的"开启"与"闭合"实现肠道黏膜细胞间通路的"开启"与"闭合"，紧密连接发生变化会使肠道黏膜屏障受损。对照组紧密连接结构没有出现缝隙；MDA-1、MDA-2组紧密连接结构开始出现缝隙，并且逐步扩大；MDA-3组紧密连接结构严重受损，缝隙达到最大。这些结果表明，在饲料中添加丙二醛后，紧密连接的"锁扣"结构会被打开，紧密连接结构遭到破坏，导致肠道黏膜通透性增加。这也为肠道黏膜细胞间紧密连接蛋白基因表达活性显著下调导致肠道紧密连接结构被破坏、增加肠道黏膜的通透性提供了很好的证据。

饲料丙二醛导致草鱼肠道屏障通透性显著增加。透射电镜结果显示，丙二醛和鱼油其他氧化产物均可导致草鱼肠道紧密连接结构受到损伤，并使肠道通透性增加。肠道通透性增加可以有两个通路，一是细胞内通路，即由于上皮细胞微绒毛、肠腔方面细胞膜损伤，导致内毒素等经过上皮细胞→基底层→毛细血管的通路进入血液循环；二是细胞间通路，即由于上皮细胞间紧密连接的破坏，导致内毒素等经过上皮细胞间歇通路进入血液系统。血清DAO活性、D-乳酸含量和内毒素活力单位数等指标可以作为肠道屏障通透性改变的评价指标。试验结束时，测定了各试验组草鱼血清的上述三个指标，结果见表1-30。与对照组相比，在饲料中添加丙二醛后，血清DAO活性、内毒素含量和D-乳酸含量都出现显著增加（$P < 0.05$）。

表1-30 丙二醛对草鱼肠道黏膜通透性的影响

组别	二胺氧化酶（DAO）/(U/L)	内毒素 /(EU/L)	D-乳酸 /(μmol/L)
对照组	19.56±1.4[a]	46.5±3.9[a]	0.61±0.06[a]
MDA-1	22.31±0.31[b]	55.27±0.88[b]	0.74±0.03[b]
MDA-2	24.62±0.87[c]	64.05±1.78[c]	0.96±0.04[c]
MDA-3	27.61±0.42[d]	74.72±4.56[d]	0.93±0.02[c]

D-乳酸是肠道固有细菌的代谢中产物，动物体内一般不具有将其快速代谢分解的酶，因而血清中D-乳酸水平常用来反应肠道通透性。内毒素是G⁻菌细胞壁的脂多糖部分，可以引起黏膜水肿并引起缺血，使肠绒毛顶端细胞坏死，肠道通透性增加，同时还能引起谷氨酰胺代谢紊乱，进而影响肠道黏膜细胞的修复。本试验中，丙二醛和鱼油其他氧化产物均可显著增加草鱼血清中D-乳酸和内毒素的含量，这与透射电镜中紧密连接结构被破坏结果相一致。

内毒素含量的上升还可增强细菌易位和定植的能力，而需氧菌的大量聚集和繁殖可产生高浓度的内毒素，因此内毒素会通过血液循环进入其他组织而对机体造成损伤。在给小鼠腹腔注射丙二醛后发现，丙二醛的代谢途径是由血液流向肝胰脏，再由肝胰脏流向机体其他组织，因此当肠道通透性增加使得丙二醛大量进入草鱼血液循环，从而增加机体其他组织中丙二醛的含量并增加其被损伤的可能性。

第六节
氧化豆油水溶物、丙二醛对草鱼肠道黏膜原代细胞的损伤作用

油脂氧化产物对动物具有毒副作用，尤其是会对细胞造成损伤，但是具体的作用位点、作用方式和作用途径目前尚不清楚。对已经受到氧化损伤的细胞如何进行修复，是营养学研究的一个重要课题。

我们利用草鱼肠道黏膜分离原代培养细胞，以氧化豆油水溶物和丙二醛（纯）为试验材料，研究它们对黏膜细胞的损伤作用，证实了氧化豆油水溶物对草鱼肠道黏膜原代细胞具有直接损伤作用，表现为氧化损伤作用方式，其作用位点以生物膜为基点；丙二醛作为油脂氧化产物，对肠道黏膜有直接性的损伤作用，是氧化油脂对细胞的损伤作用物质之一。

一、氧化豆油水溶物对草鱼肠道黏膜原代细胞的损伤作用

（一）豆油的氧化及其水溶物的制备

油脂不溶于水，细胞培养体系是水溶性的，研究氧化豆油对于草鱼肠道黏膜原代细胞的影响时，氧

化豆油不能直接添加到细胞培养液中。我们探讨了不同的乳化方法，试验效果均不理想，主要是乳化剂本身对细胞膜也是有毒性或负面作用的。豆油氧化产物种类复杂，主要包括游离脂肪酸、烯醛类、过氧化物、H_2O_2、自由基等。我们尝试用氧化豆油的水溶物进行细胞试验，在试验方法上是可行的。

氧化油脂的水溶物是以溶解性进行分类的一大类产物，包括丙二醛、部分酸、醇等水溶性物质。要测定细胞培养液中氧化豆油水溶物的水平，首先需要对氧化豆油的水溶物进行定量。同时，为了试验的可重复性，需要建立较为稳定的豆油氧化、氧化豆油水溶物的制备方法。

试验用油为毛豆油，购自东海粮油工业（张家港）有限公司，普通浸出工艺，最高温度120℃，不含抗氧化剂。在豆油中加入Fe^{2+}（$FeSO_4 \cdot 7H_2O$）30mg/kg、Cu^{2+}（$CuSO_4$）15mg/kg、H_2O_2（30% H_2O_2）600mg/kg和0.3%的双蒸水，混匀后取样，计为氧化前豆油，$-40℃$冷冻待测。使用自制氧化装置对豆油进行氧化，具体条件为：氧化温度在（80±2）℃，充氧定时器设置为开启1min停止30min进行间歇式充氧氧化，氧化时间为20～30d。

氧化豆油中水溶性物质的萃取：取上述氧化后的豆油300mL，质量为264.32g，装入分液漏斗中，倒入200mL双蒸水与氧化豆油充分混合，静置15min，待水、油分层后，将下层萃取液放入干净的烧杯中，如此反复5～6次，最终混合获得萃取液约1200mL，得到氧化豆油水溶液。

将上述氧化豆油水溶液转入冷冻干燥机内，按照操作要求进行冷冻干燥，3d后取出，得到氧化豆油水溶物冻干粉。依据得到的氧化豆油水溶物冻干粉的质量，可以计算其占氧化前豆油质量的比例，即水溶物的含量或得率。

用双蒸水将称量好的氧化豆油冻干粉溶解，转入棕色容量瓶中，定容，获得氧化豆油水溶物总计35mL。在超净台中使用针头式过滤器0.22μm滤膜进行过滤，分装至1.5mL无菌EP管中，$-80℃$冷冻保存待用。

豆油、氧化豆油、氧化豆油水溶物中丙二醛（MDA）、H_2O_2含量见表1-31。与豆油相比，氧化豆油酸价（AV）、过氧化值（POV）、丙二醛（MDA）值均有增高，分别为豆油中含量的1.16、17.82、9.45倍；碘价（IV）值有降低趋势，为豆油的62.60%。氧化豆油水溶物中丙二醛值为氧化豆油的25.87%，同时H_2O_2含量达到（1864.63±1424.14）μmol/L。

表1-31　豆油、氧化豆油及其水溶物AV、POV、IV、MDA、H_2O_2值

项目	IV/ [g(I$_2$)/kg]	AV/ [mg(KOH)/g]	POV/(meq/kg)	MDA含量/（μmol/L）	H_2O_2含量/(μmol/L)
豆油	78.10±3.76	6.61±0.05	29.88±1.78	34.46±6.21	—
氧化豆油（OS）	48.89±4.28	7.68±0.14	532.35±22.03	325.58±4.15	—
氧化豆油水溶物	—	—	—	84.24±1.57	1864.63±1424.14

注：—表示该值并未检测。

用高效气相色谱仪按照归一法测得氧化豆油及其水溶物脂肪酸组成（见表1-32）。与豆油相比，氧化豆油不饱和脂肪酸（UFA）、多不饱和脂肪酸（PFA）比例降低，下降幅度分别为3.60%、14.51%；饱和脂肪酸（SFA）、单不饱和脂肪酸（MFA）比例增高，上升幅度分别为20.12%、26.82%；此外，氧化豆油水溶物与氧化豆油脂肪酸组成比例相近。

表1-32 豆油、氧化豆油及其水溶物脂肪酸组成 单位: %

项目	豆油	氧化豆油	氧化豆油水溶物
C6:0	—	0.061	—
C8:0	—	0.087	0.082
C11:0	—	0.016	—
C12:0	0.005	0.017	0.664
C14:0	0.079	0.085	0.424
C14:1	0.008	—	—
C15:0	—	0.024	—
C15:1	0.003	—	—
C16:0	10.027	11.664	11.471
C16:1	—	0.119	—
C17:0	0.108	0.065	0.32
C17:1	0.067	0.081	0.058
C18:0	3.956	4.448	4.107
C18:1n9c	22.271	26.944	27.358
C18:2n6c	55.068	48.29	49.514
γ-C18:3n3	0.054	—	0.042
α-C18:3n3	7.403	4.866	4.989
C20:0	0.352	0.398	0.359
C20:1	0.295	0.287	0.174
C21:0	—	0.07	—
C20:2	0.042	0.14	—
C20:3n3	—	—	0.025
C20:4n6	—	0.188	0.274
C22:0	0.109	0.613	—
C22:2	0.064	—	0.001
C22:1n9	—	1.31	—
C23:0	—	0.072	—
C24:0	0.162	0.156	0.141
C24:1	0.018	—	—
饱和脂肪酸（SFA）	14.798	17.776	17.568
不饱和脂肪酸（UFA）	85.293	82.225	82.435
单不饱和脂肪酸（MFA）	22.662	28.741	27.59
多不饱和脂肪酸（PFA）	62.567	53.484	54.844

注: —表示未检测出。

制备后的氧化豆油水溶物不仅需要含有水溶性的氧化产物，而且还需要其对动物机体损伤具有代表性。已有研究表明，50μmol/L的丙二醛孵育线粒体5min，其呼吸途径中的丙酮酸脱氢酶（PDH）活性降低至20%，在细胞培养液中添加终浓度为200μmol/L的H_2O_2能对细胞产生不可逆的氧化损伤。试验中获得的氧化豆油水溶物中MDA及H_2O_2含量分别达到（84.24±1.57）μmol/L、（1864.63±1424.14）μmol/L，因此，试验制备的氧化豆油水溶物能满足对草鱼肠道黏膜原代细胞损伤的试验要求。

（二）氧化豆油水溶物对草鱼肠道黏膜原代细胞生长的影响

采用单因子试验设计，设对照组C及4个氧化豆油水溶物处理组（OS-1、OS-2、OS-3、OS-4），各组均为128个重复（孔）。当细胞生长36h后，分别添加含不同浓度氧化豆油水溶物的完全培养液至草鱼肠道黏膜原代细胞中，计算每升培养液中添加的水溶物所对应的氧化豆油量，计算公式为：

培养液中添加的水溶物对应氧化豆油量（g/L）=（$m_{氧化豆油}/V_{氧化豆油水溶物定容}$）×（$V_{添加氧化豆油水溶物量}/V_{培养液最终体积}$）×1000

计算得到各处理组中培养液对应氧化豆油量：OS-1为111.06g/L、OS-2为222.12g/L、OS-3为444.24g/L、OS-4为888.48g/L。试验设计见表1-33。

表1-33 氧化豆油水溶物对草鱼肠道黏膜原代细胞影响试验设计

项目	对照组C	氧化豆油水溶物处理组			
		OS-1	OS-2	OS-3	OS-4
完全培养液/μL	150	150	150	150	150
双蒸水 H_2O/μL	20	17.5	15	10	0
氧化豆油水溶物/μL	0	2.5	5	10	20
对应氧化豆油的量/(g/L)	0	111.06	222.12	444.24	888.48
丙二醛含量 MDA/(μmol/L)	0	1.24	2.47	4.96	9.91
H_2O_2 含量/(μmol/L)	0	27.42	54.84	109.68	219.37

培养的黏膜细胞活性及细胞总蛋白含量变化见表1-34。与对照组比较，处理组OS-1～OS-4的细胞活性在3h、6h、9h、12h时间点上均极显著降低（$P<0.01$），处理组OS-2、OS-3在6h、12h时间点上极显著降低（$P<0.01$），而处理组OS-1在6h降低显著（$P<0.05$），12h时极显著降低（$P<0.01$）；比较各组细胞活性平均值后可以看出，与对照组比较，处理组OS-2、OS-3、OS-4极显著降低（$P<0.01$），处理组OS-1显著降低（$P<0.05$）。处理组OS-4细胞总蛋白含量在3h、6h、9h时显著降低（$P<0.05$），12h极显著降低（$P<0.01$）；比较各组细胞总蛋白平均值后可以看出，处理组OS-4极显著降低（$P<0.01$），处理组OS-2、OS-3显著降低（$P<0.05$）。

试验结果表明，细胞活性随着氧化豆油水溶物添加浓度的增加和作用时间的延长而下降，其中添加对应888.48g/L氧化豆油的水溶物（OS-4组）在12h内极显著降低了细胞活性（$P<0.01$）；添加对应111.06g/L（OS-1组）、222.12g/L（OS-2组）、444.24g/L（OS-3组）氧化豆油的水溶物在3h时细胞活性无明显差异，但6h时，添加对应111.06g/L氧化豆油的水溶物的细胞活性即显著降低（$P<0.05$），添加对应222.12g/L、444.24g/L氧化豆油的水溶物的细胞活性极显著降低（$P<0.01$）。此外，在9h时，除添加对应888.48g/L氧化豆油的水溶物（OS-4组）外，其他浓度与对照组无显著性差异（$P>0.05$）；而时间延长至12h时，氧化豆油水溶物处理的各试验组的细胞活性均极显著降低（$P<0.01$），预示了细胞活性在受到抑制后，有短暂的自我保护过程。然而，在氧化豆油水溶物作用时间延长后，添加量对应111.06g/L氧化豆油水溶物的OS-1组细胞活性下降，并且细胞活性不能恢复到最初水平。从细胞总蛋白含量来看，添加对应888.48g/L氧化豆油水溶物的OS-4组细胞总蛋白含量在各时间点均有显著性影响（$P<0.05$），其他浓度水溶物梯度组的影响不显著（$P>0.05$），说明氧化豆油水溶物对细胞总蛋白含量影响较细胞活性小。

表1-34 细胞活性及细胞总蛋白含量变化

项目	组别	3h	6h	9h	12h	各组平均值
细胞活性（MTT）	对照组C	0.380±0.015	0.404±0.034	0.293±0.051	0.229±0.012	0.327±0.019
	OS-1	0.363±0.031	0.348±0.038*	0.286±0.018	0.178±0.014**	0.294±0.012*
	OS-2	0.350±0.034	0.303±0.023**	0.270±0.016	0.164±0.021**	0.272±0.012**
	OS-3	0.348±0.029	0.250±0.054**	0.231±0.004	0.143±0.023**	0.243±0.019**
	OS-4	0.262±0.024**	0.180±0.014**	0.178±0.014**	0.122±0.011**	0.185±0.007**

项目	组别	3h	6h	9h	12h	各组平均值
细胞总蛋白含量/(mg/L)	对照组C	208.80±9.47	201.31±14.38	192.94±18.04	193.38±3.05	199.11±5.94
	OS-1	199.99±9.69	193.38±21.16	182.82±14.20	176.21±20.56	188.10±13.64
	OS-2	197.35±5.82	183.65±18.40	175.33±16.36	164.32±8.75	180.16±6.59*
	OS-3	191.62±7.12	172.69±10.21	166.08±17.44	159.92±18.78	172.57±10.01*
	OS-4	167.4±15.18*	150.23±14.53*	141.42±14.16*	143.18±6.59**	150.56±11.73**

注：*/** 表示数据与对照组进行比较时，* 为差异显著（$P<0.05$），** 为差异极显著（$P<0.01$）。以下皆同。

（三）氧化豆油水溶物对草鱼肠道黏膜原代培养细胞群落和细胞形态的影响

将各试验组的培养细胞分别用荧光倒置显微镜观察和Giemsa染色后进行显微镜观察，结果见图版Ⅳ。

通过荧光倒置显微镜与Giemsa染色观察结果可知，对照组C在3h、6h、9h、12h的生长状态良好，细胞增殖正常，贴壁细胞多，且胞质丰富，折光性好，也无明显凋亡现象发生；细胞集落面积较大，贴壁细胞正常分化。添加氧化豆油水溶物（OS）后，在培养过程中观察到细胞生长与形态方面出现不同程度的变化。细胞集落周围出现游离细胞，其中以处理组OS-3、OS-4较为严重，染色后观察到细胞集落中心区域细胞轮廓不清晰；6h时，处理组中部分贴壁细胞由梭状变为圆球状，同时细胞折光性下降，随着添加浓度增加，此类细胞逐渐增多。处理组OS-1、OS-2中细胞出现和处理组OS-3、OS-4相同的现象，处理组OS-3细胞此时较3h时集落面积小，处理组OS-4细胞脱落；时间延长至12h时，处理组OS-1、OS-2细胞多呈圆球状，容易脱落，贴壁细胞少，处理组OS-3、OS-4情况较为严重，大部分细胞脱落到培养液中，残留贴壁细胞团，其周围贴壁细胞极少。

因此，贴壁的草鱼肠道黏膜原代细胞受到氧化豆油水溶物中有害物质的作用后，细胞凋亡程度随着氧化豆油水溶物的添加浓度及作用时间增加而加深，氧化豆油水溶物作用细胞后其折光性下降，细胞呈圆球状，染色后发现细胞轮廓不清晰，细胞界线模糊。添加对应888.48g/L氧化豆油的水溶物在3h内即对细胞形态造成影响，添加对应111.06g/L、222.12g/L氧化豆油的水溶物在6h内开始损伤细胞，其损伤程度较444.24g/L、888.48g/L浓度轻。氧化豆油水溶物对细胞的作用过程大致为：首先，细胞集落周围的受损的贴壁细胞贴壁能力减弱，集落中心区域的贴壁细胞界线模糊，细胞折光性均下降；其次，随着损伤程度的增加，集落边缘细胞不贴壁而游离于细胞集落周围，中心区域的细胞缩小，其形状不规则；最后，集落边缘不断产生受损的游离细胞，集落面积持续减小，最终仅残留细胞团。

（四）培养液中碱性磷酸酶（AKP）活力变化

由表1-35可知，与对照组比较，6～12h期间，各处理组培养液中AKP酶的活力有降低的趋势。其中3h时处理组OS-2、OS-3、OS-4培养液中AKP活力均有极显著升高（$P<0.01$），9h则相反；随着时间的延长，培养液中AKP酶活力呈降低趋势。处理组OS-4在各时间点均有极显著差异（$P<0.01$）。添加对应444.24～888.48g/L氧化豆油的水溶物在6～12h均能显著降低培养液中AKP酶的活力。

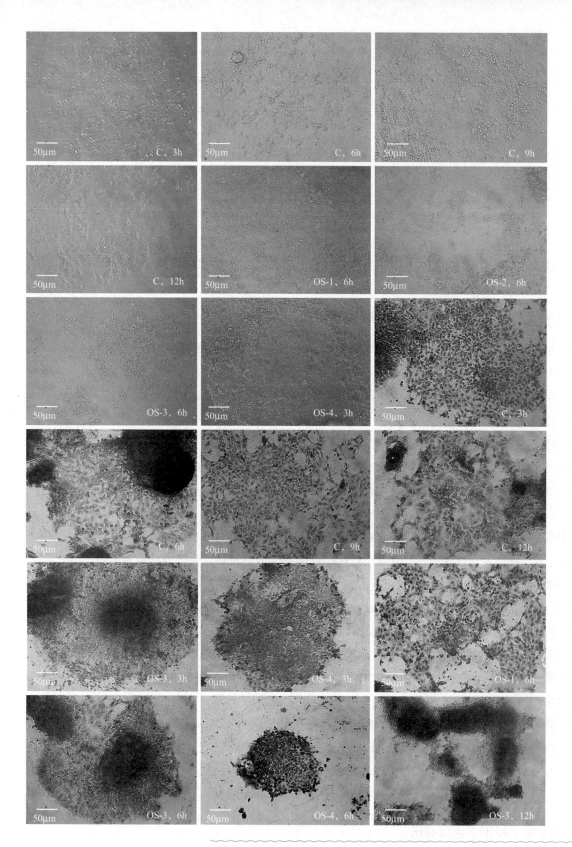

图版Ⅳ 草鱼肠道黏膜培养细胞荧光倒置显微镜和Giemsa染色观察结果放大倍数均为×200

荧光倒置显微镜结果。C，3h：对照组3h；C，6h：对照组6h；C，9h：对照组9h；C，12h：对照组12h；OS-1，6h：氧化豆油水溶物111.06g/L组6h；OS-2，6h：氧化豆油水溶物222.12g/L组6h；OS-3，6h：氧化豆油水溶物444.24g/L组6h；OS-4，3h：氧化豆油水溶物888.48g/L组3h

Giemsa染色观察结果。C，3h：对照组3h；C，6h：对照组6h；C，9h：对照组9h；C，12h：对照组12h；OS-3，3h：氧化豆油水溶物444.24g/L组3h；OS-4，3h：氧化豆油水溶物888.48g/L组3h；OS-1，6h：氧化豆油水溶物111.06g/L组6h；OS-2：氧化豆油水溶物222.12g/L组3h；OS-3，6h：氧化豆油水溶物444.24g/L组6h；OS-4，6h：氧化豆油水溶物888.48g/L组6h；OS-3，12h：氧化豆油水溶物444.24g/L组12h

Nutritional Physiology and Feed of Freshwater Fish
淡水鱼类营养生理与饲料

表1-35　培养液中AKP酶活力变化　　　　　　　　　　　　　　　　　　　　　单位：U/L

项目	组别	3h	6h	9h	12h	各组平均值
碱性磷酸酶（AKP）	对照组C	58.46±0.56	64.02±2.3	68.41±2.01	59.63±1.73	62.63±0.77
	OS-1	60.28±0.89	59.30±1.47	62.38±3.71	56.03±2.86	59.50±1.74
	OS-2	124.53±3.63**	59.72±1.84	55.61±2.43**	55.28±1.10	73.79±1.15**
	OS-3	120.56±0.98**	55.70±1.21*	57.80±1.90**	53.22±1.25**	71.82±0.31**
	OS-4	121.54±1.93**	53.60±1.82**	47.57±1.69**	51.12±1.54**	68.46±1.06**

AKP酶是肠道黏膜细胞的标志酶，代表了细胞的分化成熟程度。AKP酶活力上升，表明细胞分化程度越高，肠道黏膜细胞的消化、吸收和防御能力越强。从试验结果可以看出，添加不同浓度的氧化豆油水溶物后，在6～12h内有降低培养液中的AKP酶活力的趋势，表明其抑制了细胞的分化成熟，产生明显抑制的浓度为添加对应222.12～888.48g/L的氧化豆油水溶物，副作用发生的时间点主要集中在添加后6～12h。根据细胞增殖特点，即肠道黏膜细胞从隐窝开始逐步向外扩展，集落边缘的细胞分化程度较靠近中心的细胞高，同时结合细胞生长观察与Giemsa染色结果，我们认为造成细胞分化程度降低的主要原因可能是细胞受到氧化豆油水溶物的作用后，集落边缘细胞脱落，集落面积减小，残余细胞分化程度较受损前分化程度低，由此导致了培养液中AKP酶活力下降的结果。

总结试验结果可以得到以下认知，①添加不同浓度的氧化豆油水溶物在12h内均极显著（$P<0.01$）降低细胞活性，从导致细胞损伤的添加浓度及作用时间来看，添加对应111.06g/L氧化豆油的水溶物在6h能显著抑制细胞生长，在12h时才对细胞产生极显著损伤（$P<0.01$）；添加对应222.12～444.24g/L浓度氧化豆油的水溶物，在6h就能产生极显著损伤（$P<0.01$），以上浓度均对细胞总蛋白含量指标无显著影响；添加对应888.48g/L氧化豆油的水溶物能在3h对细胞产生极显著的损伤（$P<0.01$），对细胞总蛋白含量指标产生显著影响。②试验观察到氧化豆油水溶物导致损伤的细胞动态变化过程，主要表现在集落边缘不断产生受损的游离细胞，集落面积持续减小，最终仅残留活力较低的细胞团。造成细胞这一动态变化的可能原因是氧化豆油水溶物中有害物质如H_2O_2、丙二醛降低了细胞膜的流动性或影响了细胞中黏附因子的表达，导致细胞贴壁与迁移受阻。此外，结果也暗示其破坏了细胞膜的结构，导致细胞裂解死亡。③以碱性磷酸酶活力为标志，添加对应444.24g/L、888.48g/L氧化豆油的水溶物在6～12h能显著抑制草鱼肠道黏膜细胞的分化、成熟。

二、丙二醛对草鱼肠道黏膜原代细胞的损伤作用

油脂氧化后，其重要的终产物之一为丙二醛（MDA），由于MDA能与蛋白质产生交联作用，修饰蛋白，从而使蛋白形态发生改变，导致细胞生理功能发生改变。本试验通过制备纯的丙二醛，并试验不同浓度丙二醛对原代培养的草鱼肠道黏膜细胞的影响，观察细胞生长形态、细胞活性及培养液中酶的活力，旨在探讨氧化豆油水溶物中相应丙二醛浓度对细胞损伤的作用及程度。

（一）丙二醛试剂的准备和使用

丙二醛制备所需试剂为1,1,3,3-四乙氧基丙烷（1,1,3,3-tetraethoxypropane），Sigma-Aldrich公司

产品，浓度≥96%。取3mL 1,1,3,3-四乙氧基丙烷到100mL、0.01mol/L的HCl中，搅拌6h，4℃避光放置2周后0.22μm过滤分装，−20℃冷冻保存。使用丙二醛测试盒测得丙二醛含量为（44545.46±539.25）μmol/L。

试验采用单因子试验设计，设对照组及4个处理组，各组均为128个重复，每个重复为一个培养孔。当细胞生长36h后，在培养液中添加丙二醛及双蒸水（对照）。具体方法为：对照组在150μL完全培养液中添加20μL无菌双蒸水，各处理组在150μL完全培养液中添加20μL含丙二醛及双蒸水的混合物，各处理组中丙二醛终浓度分别为1.23μmol/L、2.47μmol/L、4.94μmol/L、9.89μmol/L。具体试验设计见表1-36。

表1-36　丙二醛对草鱼肠道黏膜原代细胞影响试验设计

项目	对照组	丙二醛处理组			
		M-1	M-2	M-3	M-4
完全培养液量/μL	150	150	150	150	150
添加双蒸水量 H_2O/μL	20	17.5	15	10	0
添加丙二醛使用液量/μL	0	2.5	5	10	20
丙二醛浓度/(μmol/L)	0	1.23	2.47	4.94	9.89

（二）培养液中丙二醛含量变化

培养液中丙二醛浓度变化从表1-37可知，各处理组培养液中丙二醛浓度在3h呈梯度变化，其浓度随着时间的延长呈降低趋势。相比于3h，处理组M-3、M-4在6h下降幅度较大，分别达到20.80%、54.98%。处理组培养液中丙二醛下降幅度较大的时间主要集中在3～6h。

我们由此可以得出结论：添加不同浓度丙二醛后，培养液中丙二醛浓度相应增加，但随着时间的延长，丙二醛浓度呈降低趋势，显著降低时间点为添加后6h。

表1-37　培养液中丙二醛浓度变化　　　　　　　　　　　　　　　单位：μmol/L

组别	3h	6h	9h	12h	各组平均值
对照组C	1.76±0.00	1.54±0.15	1.41±0.07	1.86±0.03	1.64±0.02
M-1	1.70±0.06	1.94±0.16**	1.49±0.09	1.54±0.09**	1.67±0.08
M-2	2.10±0.09**	1.98±0.09**	1.45±0.00	1.35±0.07**	1.72±0.02
M-3	3.27±0.22**	2.59±0.13**	2.06±0.16**	1.76±0.06	2.42±0.10**
M-4	6.42±0.16**	2.89±0.19**	2.77±0.15**	1.78±0.14	3.46±0.05**

（三）细胞活性及细胞总蛋白含量变化

由表1-38可知，处理组细胞活性及细胞总蛋白含量在3～6h时极显著降低（$P<0.01$）；9h时，M-1、M-4组细胞活性极显著降低（$P<0.01$），M-1到M-4组细胞总蛋白含量极显著降低（$P<0.01$）；12h时，M-3、M-4细胞总蛋白含量极显著降低（$P<0.01$）。

结果显示，添加不同浓度丙二醛后细胞活性及细胞总蛋白含量均在3～6h内极显著降低（$P<0.01$）。添加4.94μmol/L（M-3）、9.89μmol/L（M-4）浓度的丙二醛在3～6h能明显抑制细胞生长，在12h内能极显著降低细胞总蛋白含量，经计算其细胞抑制率达到50.43%。此外，添加1.23μmol/L（M-1）、2.47μmol/L（M-2）浓度的丙二醛在12h细胞活性与细胞总蛋白含量有上升趋势，表明细胞有一定程

度的自身保护作用。

表1-38　细胞活性及细胞总蛋白变化

项目	组别	3h	6h	9h	12h	各组平均值
细胞活性（MTT）	空白组O	0.506±0.041	0.589±0.066	0.317±0.092	0.292±0.067	0.426±0.028
	M-1	0.425±0.060**	0.466±0.050**	0.243±0.022**	0.276±0.081	0.352±0.024**
	M-2	0.376±0.051**	0.383±0.092**	0.272±0.044	0.295±0.054	0.331±0.017**
	M-3	0.446±0.063**	0.292±0.061**	0.289±0.037	0.262±0.033	0.322±0.025**
	M-4	0.417±0.038**	0.281±0.061**	0.238±0.036**	0.263±0.052	0.299±0.025**
细胞总蛋白/（mg/L）	对照组C	264.23±4.35	265.38±9.51	211.84±4.35	198.03±2.64	234.87±4.19
	M-1	241.20±6.07**	222.21±3.60**	203.36±3.45*	203.21±12.73	222.49±4.12**
	M-2	225.66±4.35**	205.51±7.79**	191.12±5.28**	209.54±5.18	207.96±1.39**
	M-3	210.12±7.79**	191.12±8.52**	175.58±5.28**	174.43±6.07**	187.81±4.35**
	M-4	211.84±7.19**	171.55±14.14**	162.34±4.99**	142.76±9.51**	172.12±7.02**

注：*/**表示数据与对照组进行比较，*为差异显著（$P < 0.05$），**为差异极显著（$P < 0.01$）。以下皆同。

（四）细胞群落生长观察和Giemsa染色观察

　　用荧光倒置显微镜和Giemsa染色后观察细胞形态，结果见图1-36。添加丙二醛3h后，各处理组中均有圆球状细胞出现，随丙二醛浓度增大而增多，其折光性较差，Giemsa染色后观察到大部分细胞状态较正常，而集落部分区域细胞轮廓不清晰。6h时，圆球状细胞增多，折光性变差，Giemsa染色后发现部分细胞集落面积减小。9h时，M-1和M-2组圆球状细胞较少，处理组M-3和M-4组大部分细胞呈圆球状，Giemsa染色后发现M-1和M-2组中部分细胞分化正常，贴壁较正常，M-3和M-4组中大部分细胞轮廓不

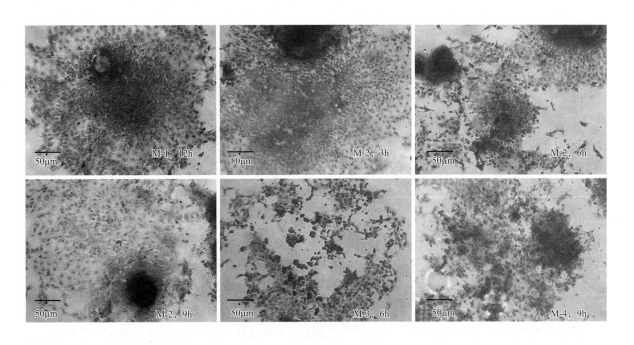

图1-36　丙二醛对草鱼黏膜原代培养细胞的影响（Giemsa染色观察）

清晰，其中M-4组中大部分细胞明显凋亡。12h时，M-1和M-2组贴壁细胞较多，而M-3和M-4组大部分细胞凋亡，细胞集落面积小，其中M-4情况最为严重。

上述结果表明，在1.23～2.47μmol/L浓度丙二醛作用下，细胞在12h内生长较为正常，但其生长效果及细胞状态较对照组差；在4.94～9.89μmol/L浓度丙二醛作用下，12h内细胞生长不良，细胞集落逐渐减小。同时，丙二醛作用后细胞生长及形态大致过程为：首先，细胞集落内产生折光性差的圆球状细胞，部分细胞显示其轮廓不清晰；其次，轮廓不清晰的细胞逐渐增多，细胞集落中部分细胞凋亡。此外，试验发现丙二醛与氧化豆油水溶物导致的细胞形态变化有共同特点，即都会产生圆球状细胞及导致肠道黏膜细胞轮廓不清晰。

（五）培养液中碱性磷酸酶（AKP）活力变化

由表1-39可知，与对照组比较，不同浓度丙二醛均有降低细胞培养液中AKP酶活力的趋势，但降低幅度程度较小。在12h，处理组M-4降低极显著（$P < 0.01$），然而，处理组M-4中AKP酶活力在3h显著升高（$P < 0.05$）。其他差异不显著。结果表明，丙二醛有抑制细胞分化成熟的趋势，在9.89μmol/L浓度12h时对细胞分化程度有极显著的降低（$P < 0.01$）。

表1-39　培养液中AKP酶活力变化　　　　　　　　　　　　　　　　单位：U/L

组别	碱性磷酸酶（AKP）活力				各组平均值
	3h	6h	9h	12h	
对照组C	56.02±4.72	66.04±2.70	66.21±0.79	74.38±0.70	65.66±1.38
M-1	53.33±1.63	60.94±5.86	67.54±6.45	73.23±2.67	63.76±1.11
M-2	54.87±0.48	64.15±1.12	62.20±6.17	66.60±2.61	61.95±1.89
M-3	55.01±0.97	65.65±6.69	62.34±14.5	70.12±4.27	63.28±3.48
M-4	64.54±6.61*	72.36±6.62	63.39±5.34	57.94±0.30**	64.55±1.29

总结本部分的试验结果可以看出，在草鱼肠道黏膜细胞培养液中，添加4.94～9.89μmol/L浓度的丙二醛3～6h能极显著降低细胞活性（$P < 0.01$）；同时，丙二醛作用细胞3～9h期间能极显著降低细胞总蛋白含量（$P < 0.01$），说明丙二醛损伤细胞过程中，对细胞膜的影响较大，这说明丙二醛与细胞膜蛋白交联后，形成丙二醛-蛋白质加合物，尤其是使膜蛋白变化，并最终导致细胞质内多种细胞器及胞质散落到培养液中。

通过显微镜对细胞进行观察，发现细胞能承受一定浓度下丙二醛导致的损伤。结合MTT OD值及细胞总蛋白含量变化，丙二醛在1.23～2.47μmol/L浓度范围内，细胞能在12h内通过增殖来消耗丙二醛，从而降低丙二醛的损伤程度。此外，丙二醛与氧化豆油水溶物导致的细胞形态变化较为相似，由此推测丙二醛可能是氧化豆油导致肠道损伤的重要物质之一。

三、氧化豆油水溶物、丙二醛对草鱼肠道黏膜原代细胞超微结构的损伤作用

通过前面的试验，发现氧化豆油、丙二醛对草鱼肠道黏膜原代细胞有损伤作用。氧化豆油中含有过氧化物如H_2O_2，其能造成细胞中线粒体脂质过氧化，从而导致其结构改变，由此产生的自由基会使细胞膜发生改变，同时，H_2O_2也能通过影响细胞色素c氧化酶和ATP合成酶部分亚基，从而影响线粒体

呼吸链氧化磷酸化过程中的关键酶活性。丙二醛能影响线粒体呼吸链复合物及关键酶活性，但对细胞超微结构的改变尚未有相关文献资料说明，而丙二醛对细胞超微结构的损伤在研究丙二醛损伤机制中非常重要。同时，联合添加酵母培养物水溶物及氧化豆油水溶物，观察细胞超微结构的改变，对研究酵母培养物对细胞的保护机制非常重要。因此，本试验通过在草鱼肠道黏膜原代细胞培养液中分别添加氧化豆油水溶物、丙二醛以及联合添加酵母培养物水溶物与氧化豆油水溶物，采用透射电镜观察各处理组细胞形态及超微结构的变化。

（一）试验方案

采用单因子试验设计，设对照组及3个处理组，各组均为144个重复，每个重复为一个培养孔。当细胞生长36h后，对照组培养液中添加20μL的无菌双蒸水，处理组按表1-40进行，分别添加氧化豆油水溶物、丙二醛及酵母培养物水溶物。

表1-40　氧化豆油水溶物、丙二醛、酵母培养物水溶物对细胞超微结构的影响试验设计

项目	对照组	氧化豆油水溶物处理组	丙二醛处理组	酵母培养物水溶物＋氧化豆油水溶物处理组
培养液类型	完全培养液	完全培养液	完全培养液	（1/10酵培水溶物）完全培养液
培养液量/μL	150	150	150	150
双蒸水量 H_2O/μL	20	10	10	10
氧化豆油水溶物量/μL	0	10	0	10
丙二醛使用液量 MDA/μL	0	0	10	0
对应氧化豆油量/（g/L）	0	444.24	0	444.24
培养液中丙二醛量/（μmol/L）	0	4.96	4.94	4.96
H_2O_2含量/（μmol/L）	0	109.68	0	109.68
对应酵母培养物量/（mg/L）	0	0	0	100

细胞透射电子显微镜样品制备方法如下。

① 细胞取样。以添加双蒸水后开始计时，对照组及丙二醛处理组分别在3h、6h、9h取样，氧化豆油水溶物处理组、酵母培养物水溶物＋氧化豆油水溶物处理组在3h、6h取样，取样时各组随机选取48孔，吸取培养液后进行以下操作：无菌PBS冲洗→加入50uL胰酶（0.1g/L）消化（5min）→收集于10mL离心管中→加入0.5uL血清→离心1000r/min（5min）→加入3mL无菌PBS悬浮→离心1000r/min（5min）→加入1.5mL 2.5%戊二醛-PBS溶液悬浮→转入1.5mL EP管中→离心1000r/min（5min）→加入1.5mL 2.5%戊二醛-PBS溶液，于4℃贮存。

② 电镜样品处理。取出上述细胞样品，弃上清液后，按以下操作进行：PBS缓冲液冲洗2次（15min/次）→锇酸（1h）→缓冲液冲洗2次（15min/次）→30%丙酮（15min）→50%丙酮（15min）→70%丙酮饱和醋酸双氧铀过夜→80%丙酮（15min）→90%丙酮（15min）→100%丙酮（3次，10min）→1∶1的包埋剂∶100%丙酮（1h）→纯包埋剂浸透（2h）→放入模具包埋→放入72℃烘箱中聚合8h→超薄切片，醋酸双氧铀-柠檬酸铅双染色，透射电镜观察。

（二）电镜观察结果

试验结果见图版Ⅴ。可以看出：在3h时，对照组细胞观察到有胞浆空泡，细胞核染色质凝集，线粒

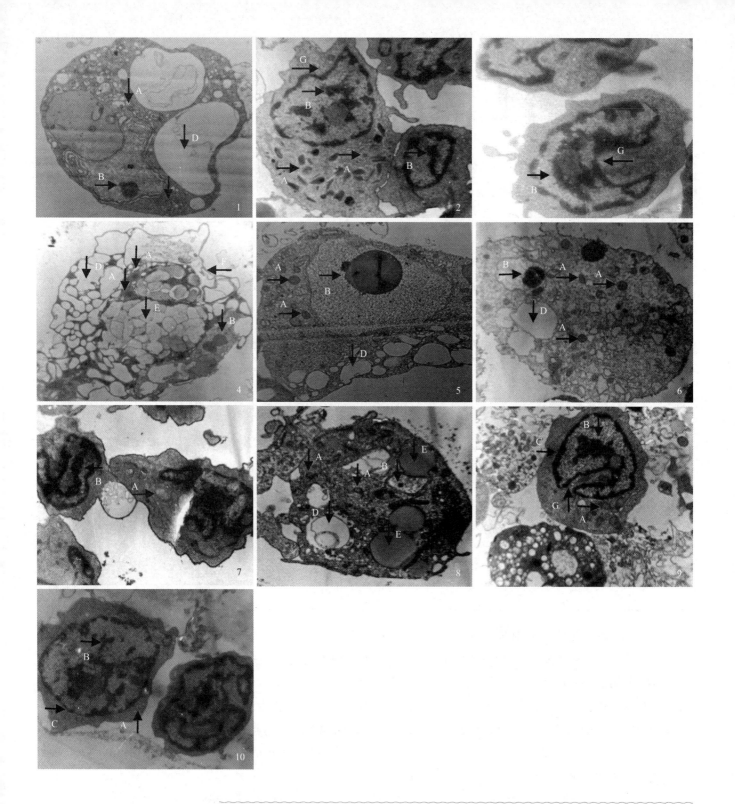

图版Ⅴ 丙二醛、氧化豆油水溶物、酶母培养物水溶物对草鱼肠道原代黏膜细胞的影响（×6000）

1. 对照组。3h，胞浆空泡变，细胞核染色质凝聚，线粒体正常；2. 对照组，6h.部分线粒体肿胀；3. 对照组，9h，皱折较严重，染色质凝集靠边，线粒体轻微肿胀；4. 丙二醛处理组，3h，细胞核固缩，线粒体肿胀，细胞膜不明显，胞浆空泡变，细胞内基质透明呈气球样；5. 丙二醛处理组，6h，细胞空泡变程度减轻，线粒体增多；6. 丙二醛处理细，9h，细胞核固缩，线粒体增多，肿胀程度严重；7. 氧化豆油水溶物处理组，3h，皱折程度较重，染色质凝集靠边；8. 氧化豆油水溶物处理组，6h，胞浆空泡变，线粒体肿胀，基质气球样；9. 醇母培养物水溶物＋氧化豆油水溶物处理3h，细胞核皱折较严重，染色质凝集，线粒体轻度肿胀；10. 酵母培养物水溶物＋氧化豆油水溶物处理6h，线粒体较正常，无明显肿胀，细胞核染色质凝集程度减轻

箭头说明：↑A表示线粒体；↑B表示染色质凝聚；↑C表示细胞核；↑D表示胞浆空泡变；↑E表示细胞基质呈气球样；↑F表示细胞膜；↑G表示细胞核皱折

体正常，内嵴清晰；在6h时，细胞核染色质凝集较多，细胞核皱折程度轻，部分线粒体轻微肿胀；9h时，细胞核皱折程度加重，核内染色质凝集靠边，线粒体增多，轻微肿胀。表明肠道黏膜细胞经过分离后再分化，细胞损伤状态逐步得到修复。

丙二醛处理组，3h时，细胞核固缩，细胞核染色质凝集，线粒体肿胀，细胞膜不明显，胞浆空泡变程度较严重且细胞内基质透明呈气球样；6h时，细胞空泡变程度较3h轻，线粒体增多且肿胀程度较3h轻，细胞核染色质凝集；9h时，细胞核固缩，细胞核染色质凝集，线粒体数目较多且肿胀程度严重，内嵴不清晰，胞浆空泡变程度较重，细胞有凋亡的趋势。

氧化豆油水溶物处理组，3h时，细胞核皱折程度较重，染色质凝集靠边，线粒体增多，轻度肿胀；6h时，细胞核固缩，细胞核染色质凝集，胞浆空泡变，线粒体肿胀，细胞内基质透明呈气球样。

酵母培养物水溶物+氧化豆油水溶物联合使用3h时，细胞核皱折程度较严重，细胞核染色质凝集，线粒体轻度肿胀；6h时，细胞皱折程度较3h轻，细胞核染色质凝集程度减轻，线粒体较为正常，无明显肿胀。

上述结果表明，在氧化豆油水溶物及丙二醛处理后，细胞内基质最终均透明呈气球样，同时胞浆空泡变，细胞核固缩。丙二醛作用6h时细胞内空泡变及线粒体肿胀程度较3h减轻，9h时上述症状继续加重；氧化豆油水溶物处理后的结果较丙二醛更为严重。在含氧化豆油水溶物的培养液中添加酵母培养物水溶物，作用6h后细胞内无空泡变，且线粒体也无明显肿胀，细胞状态接近对照组水平。

因此，总结本部分的研究结果，可以得出以下结论。草鱼肠道黏膜原代细胞经氧化豆油水溶物和丙二醛处理后，细胞核固缩，胞浆空泡变，且线粒体肿胀程度严重，核染色质凝集加重，同时，细胞内基质透明呈气球样，说明这两种有害物质能引起细胞结构与超微结构的改变，进一步可能导致细胞某些功能受到影响。结合全部的试验结果（部分结果未列出），我们可以认为：丙二醛能使细胞抗氧化系统中GSH-PX酶活力及T-AOC能力下降，并能导致细胞内产生过氧化物及氧自由基。因丙二醛能影响线粒体呼吸链复合物及关键酶活性，可能导致细胞内氧自由基及过氧化物含量失衡，这些产物攻击细胞生物膜，使其发生脂质过氧化作用，进一步导致线粒体肿胀及细胞膜结构消失，从而引起细胞某些功能的改变。

豆油氧化后的终产物主要为丙二醛，其中还含有过氧化物等多种有害物质，添加对应444.24g/L的氧化豆油水溶物到培养液中，H_2O_2和丙二醛含量分别达到109.68μmol/L、4.96μmol/L。从本试验氧化豆油水溶物及丙二醛作用细胞后其超微结构变化过程发现，丙二醛在3h时对细胞的损伤程度较重，在6h时有一定程度的减轻，9h继续加重；而6h时氧化豆油水溶物较3h时对细胞损伤程度重，表明丙二醛单独发生损伤时，细胞在短时间内有一定程度的自身修复，然而在氧化豆油水溶物作用时，在本试验条件下并未观察到此修复作用，可能是因为氧化豆油水溶物中除了含有丙二醛外，还有其他有害物质如过氧化物等，同时也会对细胞造成损伤。

酵母培养物对肠道有保护作用。酵母培养物能促进细胞生长，可以有效抑制4.96μmol/L浓度的丙二醛导致的细胞损伤。从本试验结果可以看到，100mg/L酵母培养物水溶液能使含4.96μmol/L丙二醛的氧化豆油水溶物导致的细胞超微结构改变恢复到接近对照组的状态，细胞核椭圆形，染色质凝集并不严重且线粒体无明显肿胀，说明添加酵母培养物水溶物能保护细胞，使其避免受到氧化豆油水溶物的损伤。

Nutritional

Physiology

and

Feed of

Freshwater

Fish

淡 水 鱼 类

营 养 生 理

与

饲 料

第二章

鱼类胃肠道对氨基酸的吸收与利用

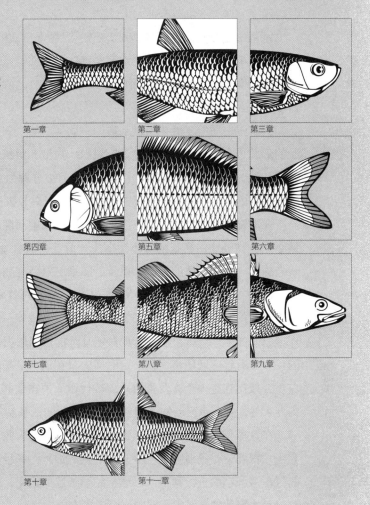

第一章　第二章　第三章
第四章　第五章　第六章
第七章　第八章　第九章
第十章　第十一章

氨基酸是蛋白质的基本构成单位，饲料蛋白质的氨基酸如何才能转化为水产动物体蛋白质的氨基酸？饲料蛋白质氨基酸组成对水产动物体蛋白质氨基酸组成是否有影响？胃肠道黏膜是与饲料直接接触的组织，也是代谢更新速度很快的组织，饲料的氨基酸和小肽如何能够满足胃肠道黏膜细胞的营养需要？

饲料蛋白质需要消化为氨基酸、小肽（二肽、三肽）后才能被胃肠道黏膜细胞吸收，以氨基酸或小肽的形式进入血液并运送到各器官组织。血液、组织液和细胞液中的氨基酸构成鱼体的氨基酸库（或称氨基酸池）。饲料蛋白质在消化道内是如何被分解为游离氨基酸和小肽的？植物蛋白质与动物蛋白质比较，植物的细胞壁对细胞中蛋白质的消化水解有较大的影响，蛋白质的消化产物是否可以完全被吸收？

在动物体内，血液、细胞液和组织液（细胞间隙中液体）构成了内环境，其中的游离氨基酸来源包括了从食物吸收的氨基酸和体蛋白质分解产生的氨基酸。体蛋白质分解包括损伤蛋白质的分解和死亡、衰老的细胞中蛋白质的分解，以及吞噬细胞对吞噬物中蛋白质的分解等。这些蛋白质会在组织蛋白质酶（如细胞中溶酶体中的蛋白质酶）的作用下分解为游离氨基酸。这些存在于动物内环境（血液、细胞液、组织液）的游离氨基酸构成了氨基酸池或氨基酸库。新蛋白质合成需要的氨基酸直接来源于体内氨基酸库或氨基酸池。新蛋白质的合成对氨基酸的选择依据是依赖于mRNA遗传密码所决定，是受到遗传控制的。一个有趣的问题是，在一定时间内，在这个氨基酸库中有多少比例来自于食物的氨基酸用于新的蛋白质合成？这是一个涉及蛋白质周转代谢率的重要问题，对哺乳动物，这个比例大致为25%，水产动物约为45%，表明水产动物的饲料蛋白质来源的氨基酸对体蛋白质合成的影响较大。

在这里我们主要讨论胃肠道黏膜对氨基酸的吸收、转运，以及在吸收、转运过程中对吸收氨基酸的利用。胃肠道黏膜细胞是代谢非常活跃的细胞，在吸收食物来源的氨基酸、小肽的过程中，也会对吸收的氨基酸、小肽进行利用，以维持黏膜细胞的代谢、增殖和分化。胃肠道黏膜细胞的营养需要与营养供给也是水产动物营养学重要的研究内容之一。

第一节
氨基酸和小肽

一、组成蛋白质的氨基酸

组成蛋白质的20种氨基酸在化学结构、性质等方面的差异主要体现在氨基酸的侧链基团，其 α-氨基、α-羧基都是相同的，见表2-1。

表2-1　组成蛋白质的20种氨基酸

氨基酸	等电点（PI）	分子量	化学结构式
甘氨酸Gly	5.97	75	$H-\underset{\underset{H}{\mid}}{\overset{\overset{NH_2}{\mid}}{C}}-COOH$
丙氨酸Ala	6.00	89	$CH_3-\underset{\underset{H}{\mid}}{\overset{\overset{NH_2}{\mid}}{C}}-COOH$

氨基酸	等电点（PI）	分子量	化学结构式
缬氨酸 Val	5.96	117	CH_3、CH_3 连接 CH_2—$\overset{NH_2}{\underset{H}{C}}$—COOH
亮氨酸 Leu	5.98	131	CH_3、CH_3 连接 CH—CH_2—$\overset{NH_2}{\underset{H}{C}}$—COOH
异亮氨酸 Ile	6.02	131	CH_3—CH_2—$\underset{CH_3}{CH}$—$\overset{NH_2}{\underset{H}{C}}$—COOH
丝氨酸 Ser	5.68	105	HO—CH_2—$\overset{NH_2}{\underset{H}{C}}$—COOH
苏氨酸 Thr	6.16	119	CH_3—$\underset{OH}{CH}$—$\overset{NH_2}{\underset{H}{C}}$—COOH
半胱氨酸 Cys	5.05	121	HS—CH_2—$\overset{NH_2}{\underset{H}{C}}$—COOH
甲硫氨酸（蛋氨酸）Met	5.74	149	CH_3—S—CH_2—CH_2—$\overset{NH_2}{\underset{H}{C}}$—COOH
天冬酰胺 Asn	5.41	132	H_2N—$\overset{O}{\underset{}{C}}$—$CH_2$—$\overset{NH_2}{\underset{H}{C}}$—COOH
谷氨酰胺 Gln	5.65	146	H_2N—$\overset{O}{\underset{}{C}}$—$CH_2$—$CH_2$—$\overset{NH_2}{\underset{H}{C}}$—COOH
天冬氨酸 Asp	2.77	133	HO—$\overset{O}{\underset{}{C}}$—$CH_2$—$\overset{NH_2}{\underset{H}{C}}$—COOH
谷氨酸 Glu	3.22	147	HO—$\overset{O}{\underset{}{C}}$—$CH_2$—$CH_2$—$\overset{NH_2}{\underset{H}{C}}$—COOH
赖氨酸 Lys	9.74	146	H_2N—CH_2—CH_2—CH_2—CH_2—$\overset{NH_2}{\underset{H}{C}}$—COOH

氨基酸	等电点（PI）	分子量	化学结构式
精氨酸 Arg	10.76	174	
苯丙氨酸 Phe	5.48	165	
酪氨酸 Tyr	5.68	181	
色氨酸 Trp	5.89	204	
组氨酸 His	7.59	155	
脯氨酸 Pro	6.30	115	

在组成蛋白质的20种氨基酸中，我们需要关注以下几个重要问题。

① 用氨基酸分析仪测定蛋白质氨基酸时，一般直接得到的数据为17种氨基酸的含量。主要原因：一是天冬酰胺和谷氨酰胺这2种氨基酸在蛋白质进行盐酸水解的过程中，酰胺转化为了酸，即天冬氨酸和谷氨酸，因此天冬氨酸和谷氨酸数量中也分别包括了天冬酰胺和谷氨酰胺的数量；二是蛋白质在盐酸水解过程中，色氨酸的化学结构被破坏，色氨酸的含量需要在碱性条件下水解后单独测定。

② 作为酶蛋白催化活性中心的氨基酸侧链基团主要有半胱氨酸的—SH、丝氨酸的—OH、苏氨酸的—OH、酪氨酸的酚羟基、组氨酸的咪唑基等，这些基团都是强极性的基团，能够催化化学键的断裂和新的化学键的形成。例如，组织蛋白酶（cathepsin）成员中大部分属于半胱氨酸蛋白酶（溶酶体中），少数为天冬氨酸蛋白酶（组织蛋白酶D、E）和丝氨酸蛋白酶（组织蛋白酶A、G）；丝氨酸蛋白酶是一个蛋白酶家族，其活性中心含有丝氨酸的—OH；天冬氨酸蛋白酶（aspartic proteinase）的活性中心由两个催化性天冬氨酸残基组成。

③ 脯氨酸与其他 α-氨基酸不同，为亚氨基形成的氨基酸。脯氨酸进入肽链后，可发生羟基化作用，从而形成4-羟脯氨酸。羟脯氨酸是胶原蛋白的主要成分之一，为胶原中特有的氨基酸，约占胶原蛋白氨基酸总量的13%。胶原蛋白是体内含量最多的蛋白质，约占人体蛋白质总量1/3。在动物性饲料原料中，动物皮渣、油渣、肉骨粉、鱼排粉等原料中主要为胶原蛋白，其中的脯氨酸、羟脯氨酸含量较高。

脯氨酸   羟脯氨酸

因为羟脯氨酸是胶原蛋白的特异性氨基酸，且含量稳定，因而可通过样品中羟脯氨酸的含量计算胶原蛋白含量（检测限0.01～50mg/L），例如，在NY/T 3608—2020《畜禽骨胶原蛋白含量测定方法　分光光度法》中，测定羟脯氨酸的含量后，骨胶原蛋白含量=试样中羟脯氨酸×换算系数，鸡、猪、牛和羊骨的胶原蛋白换算系数分别为7.4、7.7、7.9和7.6。

④ 组成蛋白质的20种氨基酸的平均分子量为136.7，分子量最小的为甘氨酸（75）、最大的为色氨酸（204）。如果依据氨基酸平均分子量（136.7），二肽分子量在274、三肽分子量在418左右。因此，在小肽分析结果中，分子量小于180的组分为游离氨基酸，分子量小于500的一般为二肽、三肽。与20种氨基酸的平均分子量（136.7）最为接近的氨基酸为亮氨酸（131）和异亮氨酸（131）、天冬酰胺（132）和天冬氨酸（133）。

二、小肽

从表2-1可知，组成蛋白质的20种氨基酸的平均分子量为136.7。胃肠道黏膜细胞对食糜中消化产物的吸收转运对分子种类、极性、分子量大小有较大的限制。黏膜细胞的细胞膜是一类选择性生物膜，H_2O、CO_2、O_2、N_2和一些不带电的极性小分子等以自由扩散的方式通过，而氨基酸、葡萄糖等有机分子需要载体转运才能通过。就蛋白质消化产物而言，游离氨基酸、二肽、三肽可以在载体作用下通过黏膜细胞的膜而被吸收、转运。小肽的结构是由其中的氨基酸决定，含有一个或二个肽键、一个羧基端和一个氨基端。小肽最大的特点是没有稳定的空间构象，虽然肽键具有部分双键性质，不能自由旋转，但其他C—C键则可以自由旋转。

目前依然不清楚的是：第一，不同的食物或饲料蛋白质在消化道内能够产生多少数量的小肽？例如，对于一类特定的饲料蛋白质如大豆蛋白质，在经过消化道的消化酶水解后，能够产生多少数量的小肽、多少数量的游离氨基酸？虽然目前有较多的研究报告显示，小肽的吸收效率远远高于游离氨基酸，但如果食物蛋白质消化产物依然是以游离氨基酸为主，那么即使胃肠道黏膜细胞对小肽的吸收效率高，但吸收转运的方式还是游离氨基酸。

第二，关于小肽的吸收转运研究主要集中在胃肠道黏膜细胞对食糜中小肽的吸收和转运，发现其吸收效率高于游离氨基酸的吸收。但食物蛋白质消化而来的小肽进入胃肠道黏膜细胞之后，是否需要水解为游离氨基酸，并转运进入血液？冯健等（2004）用酶解酪蛋白溶液灌注草鱼肠道，并测定肠道中小肽与血液中小肽的关系，证明草鱼血浆中小肽种类和数量的增加与肠道中的小肽种类和数量有关，表明草鱼肠道能够完整地吸收某些小肽进入血液循环。

第三，食糜中的小肽对黏膜细胞的营养作用和生理代谢调控作用值得研究，这是目前研究的不足之处。胃肠道黏膜细胞能够高效率地吸收食糜中的小肽，而小肽除了具有营养作用外，也有生理代谢的调控作用，具有功能性作用。酶解鱼溶浆、酶解虾浆、酶解鱼浆等能够显示出超越鱼粉蛋白质的营养作用效果，更多的是其中含有较多的功能性小肽。这类小肽对胃肠道黏膜细胞的营养作用和生理代谢调节作用值得重视和更深入的研究。

三、食物蛋白质在胃肠道的消化过程和消化产物

食物或饲料蛋白质如何被水解为可以被胃肠道黏膜细胞吸收的小肽、游离氨基酸？有很多因素可以影响到对食物蛋白质的消化和吸收，可以从以下几个方面来认知。

（一）细胞壁对消化作用的影响

食物或饲料的组织结构对消化作用有影响。主要在植物细胞与动物细胞的比较上，植物细胞的细胞壁是一道物理性的结构障碍。如果细胞壁具有完整的结构，则细胞中的蛋白质需要溶解并转移到植物细胞外才能被消化，或者消化酶需要进入植物细胞内才能与蛋白质接触并进行水解。实际情况可能是上述两种情况同时存在。植物细胞的细胞壁成为植物细胞中蛋白质被消化的一个障碍，如果通过机械粉碎或者酶解作用能够将植物原料的细胞壁破坏，或许可以提高植物性饲料原料的消化率，尤其是其中蛋白质的消化率。能够将细胞壁粉碎的方式又称为破壁粉碎或者称为细胞级粉碎，即粉碎后颗粒直径等于或小于细胞直径的粉碎方式。植物性原料的细胞级粉碎目前还主要用于功能性天然植物的粉碎，如破壁粉碎的灵芝孢子粉。我们采用细胞级粉碎方式对豆粕、菜粕、棉粕、葵仁粕等进行了粉碎，并加入到斑点叉尾鮰饲料中进行养殖试验，的确可以提高斑点叉尾鮰的生长速度。

对于植物蛋白质原料，多数为植物种子中的蛋白质，如豆粕、菜粕、棉粕、玉米蛋白粉、大米蛋白粉等。而植物种子中的蛋白质溶解性也是影响其消化的因素，例如醇溶蛋白质在水溶液中不溶解，也很难被消化酶水解。

（二）食物或饲料蛋白质需要变性后才能被消化水解

从蛋白质的结构与功能方面理解，蛋白质具有功能作用时需要有稳定的三维空间结构，即稳定的空间构象是蛋白质功能发挥的基础，尤其是酶蛋白。因此，有活性的蛋白质（如酶蛋白）具有稳定的三维空间结构，一般为球状体的三维空间结构。蛋白质多肽链的消化本质就是对多肽链中肽键的水解，需要消化酶的功能基团（底物结合位点和催化位点）与肽键实现有效的接触，这是水解肽键需要的空间条件。可以设想：当饲料蛋白质还是有活性的球状体蛋白质，而要水解它的消化酶也是球状体结构，两个球状体靠在一起其接触面积是很小且有空间位阻的，且饲料蛋白质肽链上的肽键也隐藏在球状体之中，消化酶很难对饲料蛋白质实施水解作用。当食物蛋白质变性后，肽链伸展、维系蛋白质空间结构的次级键消失，肽链上的肽键（消化酶的水解位点）就暴露出来了，有利于消化酶与多肽链的接近、水解。

因此，饲料蛋白质被消化酶水解的先决条件是饲料蛋白质变性而消化酶保持活性。水产饲料生产过程中，物料在调制器内有90℃以上的温度、15%以上的水分含量下，可以促进饲料蛋白质的热变性；在制粒过程中有一定的压力和温度，也能使蛋白质部分变性。挤压膨化饲料的调制和制粒过程中温度可以超过120℃、20个大气压，且水分含量超过25%，这些条件均有利于饲料蛋白质变性。但过高的温度和过大的压力也会导致化学反应的发生、蛋白质的焦化等，这是不利的影响。水产饲料制粒过程中的温度、压力、水分含量，以及高温、高压持续的时间等对饲料蛋白质的变化、消化效率是有很大的影响的，这也是我们需要深入研究的内容。

由于多数鲤科鱼类没有胃，也就没有很强的胃酸导致食物蛋白质的酸变性，这一点不像哺乳动物可以依赖胃酸对蛋白质进行酸变性。因此，水产饲料蛋白质的变性作用也就主要依赖饲料制造过程中的热变性。

（三）消化酶的种类及其水解位点

食物或饲料蛋白质水解产物的种类受到消化酶种类、酶活力的影响。消化酶包括了具有专一性水解位点的专一性水解酶，也有非专一性的水解酶。

如何理解消化酶的水解位点？如表2-2消化酶的种类和性质中显示胰蛋白酶的水解位点是Arg和Lys。那么，水解位点是Arg、Lys的是α-羧基参与形成的肽键呢，还是α-氨基参与形成的肽键呢？如果是α-羧基参与形成的肽键，则水解产物肽链的羧基末端为Arg或Lys，而如果是α-氨基参与形成的肽键，则水解产物肽链的氨基末端为Arg或Lys。对水解产物肽链羧基、氨基末端分析的结果表明，得到的产物羧基末端是Arg或Lys，因此，胰蛋白酶的水解位点是Arg或Lys α-羧基参与形成的肽键。

对于所有的消化酶水解位点的研究结果表明，消化酶的水解位点就是α-羧基参与形成的肽键，其水解产物的羧基末端就是水解位点的氨基酸。表2-2中列出的是在消化道中发挥水解作用的消化酶，属于细胞外酶。在黏膜细胞内进行水解作用的属于细胞内酶，例如溶酶体中含有较多的蛋白酶，能够水解蛋白质、多肽、小肽等，水解产物为游离氨基酸。

表2-2　消化道中消化酶的种类和性质

消化酶	来源或定位	蛋白酶类型	酶的水解位点	适宜pH
胃蛋白酶	胃	酸性蛋白	Trp、Phe、Met、Leu、Ala等疏水性氨基酸羧基端肽键	$1.5 \sim 2.5$
胰蛋白酶	胰腺细胞	丝氨酸蛋白酶	Arg、Lys	$8.0 \sim 9.0$
胰凝乳蛋白酶	胰腺细胞	丝氨酸蛋白酶	Phe、Lyr、Thr	$8.0 \sim 9.0$
弹性蛋白酶	胰腺细胞	丝氨酸蛋白酶	Gly、Ala	7.8
羧肽酶A	胰腺细胞	锌金属蛋白酶	带有自由—NH_2的氨基酸羧基肽键	7.4
羧肽酶B	胰腺细胞	锌金属蛋白酶	Lys、Arg羧基肽键	8.0
羧肽酶Y	胰腺细胞	丝氨酸蛋白酶	寡肽羧基末端肽键	8.0
氨肽酶	肠黏膜	金属蛋白酶	寡肽的氨基末端肽键	$7.0 \sim 8.5$
二肽酶	肠黏膜	糖蛋白类酶或巯基蛋白酶	二肽的肽键	8.0
肠激酶	肠道	丝氨酸蛋白酶	激活胰蛋白酶等	8.0

如果要将蛋白质多肽链全部水解为游离氨基酸，一是需要有能够水解蛋白质中20种氨基酸的羧基形成的肽键的酶；二是水解酶要有足够的活力、保持活力的时间足够长，且在消化道内能够适宜分布，保障食物或饲料从口腔进入、食糜在消化道内移动过程中能够被这些消化酶水解，水解产物能够全部被吸收、转运，剩下不能被消化和吸收的作为粪便排出体外。所以，饲料或食物蛋白质水解产物种类是受到消化酶的影响的。

胰腺细胞分泌的蛋白质水解酶一般是以无活性的酶原形式分泌并输送到消化道，在肠激酶或胰蛋白酶的作用下，切去部分肽链后才转变为有活性的酶。这个激活过程路径见图2-1。

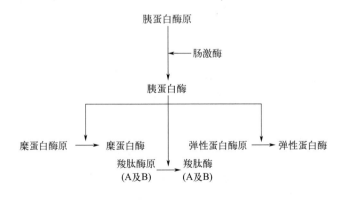

图2-1　肠激酶对消化酶酶原的激活过程

（四）饲料蛋白质的消化水解需要多种酶的协同作用

从酶的水解位点也可以发现，饲料或食物蛋白质多肽链水解为小肽、游离氨基酸的过程需要多种酶的协同作用。

饲料蛋白质进入胃后，胃蛋白酶对饲料蛋白质可以进行初步的水解，一是水解的程度问题，是否有足够的时间和酶解条件允许胃蛋白酶对饲料蛋白质进行水解，在养殖条件下，一般4h就投喂一次饲料，饲料在胃里停留的时间很难超过4h。二是胃蛋白酶的水解位点为Trp、Phe、Met、Leu、Ala等疏水性氨基酸羧基端形成的肽键。但组成蛋白质的有20种氨基酸，即使胃蛋白酶有充分的条件对饲料蛋白质进行深度的、完全的水解，其水解产物也是以上述疏水性氨基酸为羧基末端的肽链和部分游离氨基酸，不能将饲料蛋白质全部水解为可以被吸收的二肽、三肽和游离氨基酸，可以产生部分游离氨基酸、小肽和被初步水解的蛋白质多肽链。

经过胃蛋白酶在胃里初步水解的食糜进入肠道后，肠道内胰蛋白酶、糜蛋白酶等对饲料蛋白质多肽链继续水解。胰蛋白酶的水解位点为Lys、Arg的羧基肽键，糜蛋白酶的水解位点为脂肪族氨基酸，依然不能将饲料蛋白质完全水解为游离氨基酸、二肽、三肽。

氨肽酶、羧肽酶的水解作用。氨肽酶是以寡肽链为底物，从肽链氨基端开始，每次水解一个或两个氨基酸的水解酶，羧肽酶则是从寡肽链的羧基端开始，每次水解一个或两个氨基酸的水解酶。理论上，只要有氨肽酶、羧肽酶就可以将饲料蛋白质水解为游离氨基酸和二肽了。而事实上是做不到的，一是氨肽酶、羧肽酶的底物是短肽链或称为寡肽链，需要其他蛋白酶将蛋白质的多肽链水解为短肽链；二是羧肽酶、氨肽酶的作用效率和持续时间的问题，也不足以完全依赖这两类酶就可以将饲料蛋白质水解为游离氨基酸和二肽。氨肽酶、羧肽酶是消化酶的一类，是在肠道内将短肽链进一步水解的消化酶。氨肽酶、羧肽酶主要来源于肠道黏膜细胞、胰腺细胞，如果肠道黏膜受到损伤，这些氨肽酶、羧肽酶的合成量也会受到影响，同样对食物蛋白质的消化水解效果产生重要影响。例如出现消化不良，或吸收效率显著降低。

（五）消化不良

当动物消化能力、吸收能力下降后，食物蛋白质、多肽链难以完全被消化和吸收，此时肠道微生物就会更多地利用这些蛋白质、多肽和氨基酸作为营养物质，导致肠道微生物过度增殖。肠道微生物过度增殖又会导致肠道内产气量显著增加，所产生的气体包括酵母类产生的二氧化碳，以及对色氨酸等分解产生的恶臭味物质。如组氨酸、色氨酸等分解就会产生恶臭味物质。

养殖鱼类出现消化不良的因素中，包括摄食过量（尤其是摄食过量的蛋白质）和摄食了不易消化的饲料。在草鱼、团头鲂等草食性鱼类中，如果饲料蛋白质含量过高，解剖鱼体时就会发现肠道内有气体，肠道黏膜出现炎症、红斑等现象。当鱼类摄食大麦等原料时，解剖后也能观察到肠道产气的现象。因此，每种鱼类都有其适宜的饲料蛋白质含量，过高的饲料蛋白质、难以消化的蛋白质就会导致肠道黏膜损伤，影响到鱼体的生理健康和抗应激的能力，严重的会对生长性能造成负面影响，与增加饲料蛋白质含量促进鱼体快速生长的目标适得其反，导致生长性能下降。

四、蛋白质消化产物的吸收

饲料物质的消化率是指经过消化水解作用后，产生的可以被动物吸收的饲料物质质量占饲料中该物质总质量的比例。而实际情况是，在消化的过程产生的消化产物随时都在被胃肠道黏膜细胞吸收，很难对消化产物进行定量。所以消化率测定方法中，实际测定的是粪便中残余物质的质量与饲料中该物质质量的比值。因此"消化率"本质上是包括了"消化率"和"吸收率"，应该叫作"消化吸收率"。这就有一个问题了，鱼类对饲料蛋白质的消化产物是否可以百分之百地被吸收？

我们做了一个试验来进行验证，在测定草鱼对不同蛋白质原料消化率的同时，测定粪便中残余的氨基酸总量，如果粪便中含有一定量的游离氨基酸，则表明草鱼消化道内食糜的氨基酸没有完全被吸收，如果在粪便中没有游离氨基酸则表明被完全吸收了。

（一）表观消化率测定结果

采用"70%基础饲料+30%待测原料"的消化率测定方案，以三氧化二铬为指示剂，测得草鱼对鱼粉、豆粕、菜籽粕和棉籽粕的蛋白质表观消化率分别为87.54%、87.53%、79.45%、75.22%。对鱼粉和豆粕的消化率最高，而菜籽粕的消化率次之，棉籽粕的消化率最低。这一结果表明草鱼对豆粕具有很好的消化效果，其消化率与进口鱼粉的消化率几乎相等。同时，对菜籽粕、棉籽粕也有较好的消化效果。

（二）粪便中水溶总蛋白质、游离氨基酸的测定结果

粪便中水溶总蛋白质和游离氨基酸的提取。精确称取粪便样品0.1～0.2g，按照样品质量的50倍体积加入pH7.4、0.2mol/L的磷酸盐缓冲液，室温（18℃）下浸提3h，3500r/min离心20min，得上清液。直接取上清液0.1mL用于测定水溶总蛋白质含量。另取上清液0.2mL，加入10%三氯醋酸0.2mL于试管中沉淀蛋白质，6000r/min离心25min后取上清液0.2mL用于测定游离氨基酸含量。每个处理设3个平行实验组。

采用茚三酮方法测定草鱼粪便中的水溶总蛋白质和游离氨基酸的量，结果如表2-3所示。在各组中均检测到了水溶总蛋白质的存在，而没有检测到游离氨基酸的存在。粪便中的总蛋白质量占粪便质量的比例分别为鱼粉组0.2%、豆粕组0.44%、菜籽粕组0.51%和棉籽粕组0.32%。

按照相同的方法也测定了草鱼摄食其他蛋白质原料如酵母粉、芝麻饼、花生饼、肉粉等的粪便水溶蛋白质、游离氨基酸的含量，其结果与上述结果基本一致。即在粪便中检测到了0.2%～0.5%的水溶总蛋白质的含量，而未能检测到游离氨基酸。

表2-3　草鱼粪便中水溶总蛋白质游离氨基酸含量

项目	鱼粉组	豆粕组	菜籽粕组	棉籽粕组
样品重（干重）/g	0.115	0.109	0.112	0.105
水溶总蛋白质/%	0.2	0.44	0.51	0.32
游离氨基酸/%	0	0	0	0

本实验结果表明在粪便中的游离氨基酸是被完全吸收了，而还有一定量的水溶蛋白质存在，且残存的蛋白质量在不同原料组有差异。这些残存的蛋白质可以是来自于饲料的饲料蛋白质，也可以是鱼体消化道分泌物的蛋白质成分如消化酶，表明粪便中还有一定量的残存蛋白质。

第二节
同位素示踪技术及其在营养生理研究中的应用

在营养生理研究中，通常需要将饲料或食物途径的营养素（如氨基酸）与动物自身的相同营养素（如氨基酸）进行区别并进行定量分析，同位素示踪技术为此奠定了基础。例如，对食物途径来源的氨基酸进行同位素标记，就可以研究这个氨基酸在进入动物体内后的代谢途径以及在不同代谢途径中的分配比例。在确认动物营养需要的氨基酸种类时，将 ^{14}C 标记的葡萄糖灌喂或肌内注射，一定时间后对鱼体氨基酸进行分离并作放射性分析，如果氨基酸带有放射性 ^{14}C 则表明这个氨基酸可以由葡萄糖转化而来，动物可以在体内自己合成这种氨基酸，否则就不能自身合成这种氨基酸——必需氨基酸。

一、同位素

具有相同质子数、不同中子数的同一元素的不同核素（nuclide）互为同位素（isotope），在元素周期表中位于同一位置。

核素是指具有一定数目质子和一定数目中子的一种原子，即一种核素就是一种特定的原子。化学元素（chemical element）是具有相同的核电荷数（核内质子数）的一类原子的总称。一种化学元素是具有相同数量核电荷数（核内质子数）的一类原子，而一种原子就是一种核素，所以一种化学元素可以有多种核素或多种原子即多种同位素。例如，氢有 ^1H、^2H、^3H 3 种原子，就有 3 种核素，它们的原子核中都有 1 个质子，分别有 0、1、2 个中子。这 3 种核素互称为同位素。

原子（atom）是指化学反应不可再分的基本微粒，原子在化学反应中不可分割，但在物理状态中可以分割。原子是由原子核（atomic nucleus）和核外高速运动的电子（electron）所组成的。原子核又是由质子（proton）和中子（neutron）（氢除外，其原子核只有质子、没有中子）组成，一个质子带一个单位的正电荷，中子不显电性，质子所带的正电荷数就叫核电荷序数，也被称作原子序数（用 Z 左下角数字表示），就原子所带电荷而言，质子数=核电荷数=核外电子数。

因此，一种元素的质子数是相同的，即一种元素有同一数量的质子数，又称为原子序数，但可以具有不同的中子数。如果质子数（原子序数）发生变化了，元素也就随之改变，如镭放出 α 粒子后变成氡。

一种元素的质子数可以等于中子数，也可以不相等。如果一个原子核的质子数和中子数不相等，那么该原子核很容易发生放射性衰变到一个更低的能级，并且使得质子数和中子数趋于相近，这是元素原子稳定的一种趋向。因此，质子数和中子数相同或很相近的原子不容易发生衰变。

组成原子核的质子带正电荷，中子不带电荷。原子核位于原子的中心部位，占有极小体积（大部分空间为电子运动空间），而都是正电荷的质子之间是相互排斥的，那么含有带正电荷的质子、不带电荷的中子又如何聚集在一起组成原子核呢？这就有另外一种作用力——核力（nuclear force）。核力是使质子和中子组成原子核的作用力，是强相互作用力、短程力，非常强大的核力将质子和中子吸引在一起，使它们在非常小的区域形成原子核。核力作用在质子与质子、质子与中子、中子与中子之间均等发生，即质子数、中子数越多核力越大。自然界的元素中，当原子序数逐渐增加时，因为质子之间的排斥力增强，需要更多的中子来使整个原子核保持稳定，其中子数就会大于质子数。

如果一种元素的原子核不稳定就会发生衰变（radioactive decay），不稳定的原子核在放射出粒子及能量后可变得较为稳定。这些放射出的粒子或能量（后者以电磁波方式射出）统称辐射（radiation）。由不稳定原子核发射出来的辐射可以是α粒子、β粒子、γ射线或中子。最常见的放射性衰变有：①α衰变。原子核释放一个α粒子，即含有两个质子和两个中子的氦原子核。衰变的结果是产生一个原子序数低一些的新元素。②β衰变。属于弱相互作用的现象，衰变过程中一个中子转变成一个质子或者一个质子转变成一个中子。前者伴随着一个电子和一个反中微子地释放，后者则释放一个正电子和一个中微子。所释放的电子或正电子被叫做β粒子。因此，β衰变能够使得该原子的原子序数增加或减少一位。③γ衰变。原子核的能级降低，释放出电磁波辐射，通常在释放了α粒子或β粒子后发生。

二、稳定同位素与放射性同位素

同位素就是质子数相同、中子数不同的同一元素的不同原子，而原子核稳定需要质子数与中子数能够保持相同。因此，同位素发生衰变、中子数发生变化就是一个原子核趋于稳定的发展趋势。当中子数大于质子数，且差距越大的同位素就越容易发生衰变，原子核就越不稳定，这类中子数与质子数相差很大的原子核衰变速度更快（半衰期更短）且会放出原子核衰变的射线。因此，依据同位素原子核半衰期长短和是否放出射线分为稳定同位素和放射性同位素。

稳定同位素是指原子核结构稳定，不发生放射性衰变的同位素。所谓的"稳定"也是相对的，一般半衰期大于10^{15}a的元素的同位素称为稳定性同位素。而放射性同位素是指半衰期相对较短、衰变过程有射线放出的同位素。地球上已知有81种元素有稳定同位素，它们共有274种（包括半衰期＞10^{15}a的放射性核素）稳定同位素。原子序数在84以上的元素的同位素都是放射性同位素。

元素的书写可以用元素符号（symbols for elements）+质子数和质量数来表示，一个元素符号表示一个原子。元素符号通常用元素的拉丁名称的第一个字母（大写）来表示，如碳C。如果几种元素名称的第一个字母相同，就在第一个字母（必须大写）后面加上元素名称中另一个字母（必须小写）以示区别，如氯Cl，这就是元素符号书写的"一大二小的规则"。在元素符号的左上角数字表示该原子的质量数（质量数=质子数+中子数）、左下角数字表示该原子的原子序数（质子数），同位素由于都是原子序数相等、中子数不等（原子质量不等）的原子，一般省去左下角的原子序数而只是书写左上角的质量数，如碳的三种同位素可以表示为^{12}C、^{13}C和^{14}C（有放射性）等。

三、同位素用于物质代谢示踪的理论基础

同位素的化学性质是一致的，而物理性质如原子质量是有差异的。正是基于这个理论基础，同位素具有相同的化学性质，在生理代谢、物质转化等方面就具有相同的作用基础；而具有不同的物理性质，尤其是具有不同的原子质量，则可以将同种元素的不同的同位素进行区别，并进行定性、定量的检测和分析。

水产动物营养与饲料学的目标和任务是：以多种饲料原料为基础，依据水产动物的营养对营养素种类和数量的需要（包括生长发育的需要、繁殖的需要、抵御环境应激的需要、抵御病害的需要、动物整体或器官组织损伤修复的需要等）科学地设计饲料配方并制造出配合饲料（日粮）。水产动物在适宜的生活环境中摄食配合饲料满足物质和能量的需要，生产出适合人类食用的、安全的动物产品（动物食品）。依据上述分析，有几个问题需要关注：①饲料是水产动物生长发育的物质基础和能量基础；②饲料物质如何转化为动物产品，在动物体内作为物质转化和能量利用的途径、效率；③水产动物对饲料利

用效率的问题，目标是能够以最低的物质和能量消耗获得最多的、适合人类需要的养殖动物产品，及有效利用饲料物质，也减少饲料物质对环境的影响。

因此，如果能够将饲料途径引入的物质进行定量的标记，并能够在水产动物体内进行代谢示踪、在动物产品中进行示踪和区分，这对于研究饲料物质的物质转化、能量利用将是非常必要的。即使是在一定时间段，能够将饲料来源的物质与水产动物体内原有的物质进行定量区分也是非常有效的研究技术。而同位素具有相同的化学性质、不同的物理性质，这样可以在化学反应、生理代谢上具有相同性质，而因为其原子质量、放射性等是有差异的，也就可以定量检测和分析，这就是同位素在水产动物营养生理代谢研究中应用的科学基础。

四、同位素的定量分析

同位素具有相同的化学性质而不同的物理性质，同位素的定量分析的依据应该是其物理性质。而同位素物理性质的差异主要在于原子质量数（稳定同位素）、放射性衰变能够放出不同的辐射。

（一）同位素标记与示踪

同位素示踪就是利用同位素追踪物质的运行和变化路径、效率，借助同位素原子以研究生化反应、生理物质代谢转化的历程，此时，同位素就成为了一种示踪的元素。用示踪元素标记的化合物，其化学性质不变，但物理性质有差异。

（二）稳定同位素的定量表示方法

同位素的定量分析就是以特定的元素为目标，以特定的试验材料为对象，定量地分析其同位素组成。

同位素丰度表示法。元素的同位素组成常用同位素丰度表示，同位素丰度（isotopic abundance）是指一种元素的同位素混合物中，某一特定同位素与该元素的总原子数之比；就是组成同一元素的不同同位素（不同的原子）的原子比例，其实质就是相同元素的不同原子组成比例，如果用百分数表示，就是同一元素的不同原子数量的百分数。例如，地球上元素的同位素丰度只是指它们在地壳中的含量，如氢的同位素丰度：^{1}H=99.985%，^{2}H（D）=0.015%；氧的同位素丰度：^{16}O=99.76%，^{17}O=0.04%，^{18}O=0.20%。地壳中同位素丰度有以下规律。①原子序数在27号以前的元素中，往往有一种同位素的丰度占绝对优势，如^{14}N为99.64%，^{15}N为0.36%。大于27号的元素同位素的丰度趋向于平均，如锡的10种天然同位素中丰度最大的是^{120}Sn，为32.4%。②原子序数为偶数的元素中，往往是偶数中子数同位素的丰度大，如硫的天然同位素中，^{32}S的丰度为95.02%。

δ值表示法。对样本稳定同位素经过质谱分析后可以得到同一元素的重/轻同位素比值，为$R_{样}$值。由于稳定同位素多数是原子序数小于20的元素，自然界分布中以轻核素丰度为主、重核素丰度很低，$R_{样}$值数值很小，故以千分之为单位表示。不同地区、不同样本的$R_{样}$值差异较大，也不便于不同研究项目的比较，因此，在$R_{样}$值基础上，国际统一定义了一个δ值。

定义为：δ（‰）= $[(R_{样}-R_{标})/R_{标}]\times1000$。

表示样品中某元素的同位素比值（$R_{样}$）相对于标准样品同位素比值（$R_{标}$）的千分偏差。如果δ值为正，则表示此样品比标准品富集重同位素；为负，则表示此样品比标准品贫重同位素。

其中，$R_{标}$为标准样品的R值，为国际通用的同位素标准值。例如，几种常用同位素的R标准值见表2-4，为5种环境稳定同位素的国际标准及其绝对同位素比率。氧和氢等稳定同位素具有多个国际标准。

表2-4 部分同位素的R标准值

元素	δ符号	测量比率（R）	国际标准	R值
H	δ_D	D/H	标准平均海洋水（SMOW）	0.00015575
		H/H	标准南极轻降水（SLAP）	0.000089089
C	δ_C	$^{13}C/^{12}C$	美国南卡罗来纳州白垩纪皮狄组层位中的拟箭石化石Pee Dee Belemnite（PDB）	0.0112372
N	δ_N	$^{15}N/^{14}N$	空气中氮气	0.003676
O	δ_O	$^{18}O/^{16}O_{SMOW}$	标准平均海洋水（SMOW）	0.0020052
		$^{18}O/^{16}O$	Pee Dee Belemnite（PDB）	0.0020672
		O/O	标准南极轻降水（SLAP）	0.0018939
S	δ_S	$^{34}S/^{32}S_{CDT}$	Canyon Diablo Troilite（CDT）	0.045005
B	δ_B	$^{11}B/^{10}B$	SRM951硼酸	4.04362

因此，对试验样本测定其稳定目标同位素的$R_样$值后，选用国际统一的$R_标$值，即可计算出该同位素的δ值，可以表示为$\delta^{15}N$，即为样品中^{15}N的δ值。

（三）稳定同位素的分析方法

稳定同位素定量分析的依据就是不同核素的原子质量差异，也就是其物理性质的差异。不同核素原子质量差异就需要对不同原子（核素）的原子质量进行分离后再定量检测，由于原子质量太小，需要有精密仪器才能检测。稳定同位素的检测方法主要有以下几种。

① 质谱法。是稳定同位素分析中最通用、最精确的方法。它是先使样品中的分子或原子电离，形成各同位素的相似离子，然后在电场、磁场的作用下，使不同质量与电荷之比的离子流分开进行检测。若用照相底板摄像检测，则称质谱仪。将离子流收集在法拉第杯电极上，并用静电计测量电流，以能使仪器自动连续地接收不同荷质比的离子，这样的仪器称为质谱计。这两种仪器不仅能用于气体，也可用于固体的研究。质谱计能用于几乎所有元素的稳定同位素分析。

② 核磁共振法。是稳定同位素分析的另一重要方法。由于构成有机体主要元素的稳定同位素^2H、^{13}C、^{15}N、^{17}O和^{33}S等的核自旋量子数均不为零，在外磁场的作用下，这些原子核都会像陀螺一样进动，若此时在磁场垂直方向加上一个射频电场，当其频率与这些原子核进动频率相同时，即出现共振吸收现象，核自旋取向改变，产生从低能级到高能级的跃迁；当再回到低能级时就放出一定的能量，使核磁共振能谱上出现峰值，此峰的位置是表征原子核种类的。磁场强度恒定时，根据共振时的射频电场频率，可以检出有机体样品中不同基团上的同位素，根据峰高，还可测定含量，但由于其测定灵敏度较低，一般不作定量分析用。核磁共振分析与同位素示踪技术相结合，在化学、生物学、医药学等领域已成为很有用的工具。

③ 光谱法。利用红外振动光谱中同位素取代引起的谱线位移，可测定氢化合物中的2H含量。原子吸收、发射光谱等可用于氮等同位素分析，甚至可作铀235浓度的中等精度测定。但对质量数较大的同位素，由于其位移值较小，应用受到一定限制。

（四）稳定同位素的应用

在营养生理研究中，我们最想知道的是饲料物质在水产动物体内流动、在不同物质组成的分配比例以及对饲料物质的物质转化与利用的效率。而同位素示踪技术可以很好地满足上述要求。

稳定同位素与放射性同位素比较，由于半衰期更长，原子核更为稳定，同时不会放出辐射射线，是更好的示踪研究工具。使用较多的稳定同位素包括碳、氮、氧的同位素。

饲料物质中如何选择示踪同位素？一是可以将碳、氮、氧的稳定同位素进行人工标记，也要有相应的标记方法和产品。二是直接选用含有较多稳定同位素的饲料物质作为示踪元素，示踪元素在饲料原料中是自然积累的。这主要依赖于不同地区、不同饲料原料中对稳定同位素的富集程度不同，例如不同地区地壳环境、土壤环境、水域环境、空气环境不同，饲料物质对碳、氮、氧同位素的富集程度有差异，可以选用这些地区的饲料原料作为示踪物质，研究水产动物对饲料物质的转化和利用效率、代谢路径等。可以得出这些过程中所发生的生理生化反应，也可以计算出外来添加营养在动物体内的吸收利用率。

自然界中稳定同位素存在着自然分馏的效应使得不同来源的动物样品中的同位素比率存在差异。稳定同位素通过动物的采食、饮水等生命活动进入动物体内，部分同位素经过同化作用成为动物体内的组成部分，对动物组织器官中的稳定同位素比率进行测定分析，可以了解动物对饲料物质的消化、吸收、转运和物质转化、利用效率。

在自然状态下，动物体内同位素受到气候、环境、生物代谢类型等多方面的差异所产生的影响，导致动物组织中的稳定同位素的种类和数量会携带有当地气候、环境因子的特征，通过测定动物组织中稳定同位素组成与当地土壤、植物、相近动物进行比较来确定其食性和食物来源，动物源性食品溯源、品质分析就是基于这个基础上进行的。生物体内的同位素组成受气候、环境、饮食、生物代谢类型等多因素的影响，从而使不同种类及不同地域来源的食品原料中的稳定同位素自然丰度存在差异，稳定性同位素指纹分析溯源技术就是基于这个原理来实现对食品原料的溯源作用。例如，对于氨基酸水平上的稳定同位素自然丰度的分析研究对于说明物质的代谢方式和途径、具体分布，以及揭示氨基酸的代谢途径差异、在特殊环境下的合成差异等方面都将具有重大的意义。草食动物组织器官内的 δ^{13}C 值主要与动物所食用的饲料种类有关，主要受饲料中 C3、C4 植物比例的影响。

蛋白质、氨基酸是主要含氮营养素，对水产动物饲料中氨基酸、蛋白质的研究关注度很高。氮有七种同位素（^{12}N、^{13}N、^{14}N、^{15}N、^{16}N、^{17}N、^{18}N）。其中 ^{14}N、^{15}N 是稳定同位素。其余为半衰期都很短的放射性同位素。空气中 ^{14}N 的丰度为 99.633%，^{15}N 的丰度为 0.365%，^{15}N/^{14}N 值在不同地域和不同高度的大气中恒为 1/272（Peterson et al.1987）。因此，通常以大气氮作为工作标准，用来检测各种含氮物质的氮同位素组成。空气中 δ^{15}N 的标准值：

$$\delta^{15}N\,(\text{空气},\,\%) = \frac{\left(\frac{15N}{14N}\right)_{\text{样本}} - \left(\frac{15N}{14N}\right)_{\text{标准}}}{\left(\frac{15N}{14N}\right)_{\text{标准}}} \times 100$$

地球系统中的 δ^{15}N 值为 -5% ～ 10%，大多数含氮物质的 δ^{15}N 值集中于 -1% ～ 2%。

（五）放射性同位素分析方法

（1）放射强度

放射性同位素定量检测的依据是其放出的射线强度。放射性同位素不断地衰变，在单位时间内发生衰变的原子数目叫做放射性强度（radioactivity），放射性强度的常用单位是居里（Curie，Ci），表示在 1s 内发生 3.7×10^10 次核衰变，符号为 Ci。10^{-3} 居里为毫居里（mCi），10^{-6} 居里为微居里（μCi），10^{-12} 居里为皮居里（pCi）。

在国际单位制（SI）中，放射性强度单位用贝柯勒尔（Becquerel）表示，简称贝可（Bq），为 1s 内发生一次核衰变，符号为Bq。1Ci=3.7×10^{10}Bq。

试验样品中的放射强度则用单位质量样品中的放射强度，即比强度表示，可以表示为：Bq/kg、Bq/mg或mCi/kg、mCi/mg等。

（2）放射强度检测方法

不同的放射性同位素在衰变过程中放出的射线（辐射）有差异，由不稳定原子核发射出来的辐射可以是α粒子、β粒子、γ射线或中子。不同辐射粒子性质、辐射能量是不同的，其检测方法也不同。①γ射线，能量强，容易检测，但对动物、人体的损伤也大；②β粒子，能量较小，也容易检测，对动物、人体损伤小；③α粒子，能量低，不容易检测。

对于能量较强的γ射线使用G-M计数器或定标器就能够进行检测，而对于能量较低的β粒子需要用液体闪烁计数仪（释放β粒子同位素，如^{3}H、^{32}P、^{14}C等）和晶体闪烁计数仪（释放β粒子的同位素，如^{131}I、^{57}Cr等）进行检测。

在水产动物营养生理研究中应用较多的同位素如^{3}H、^{32}P、^{14}C等，释放的是β粒子，可以用液体闪烁计数仪进行检测。液体闪烁计数仪为使用液体闪烁体（闪烁液）接收射线并转换成荧光光子的放射性，统计荧光光子数量的计量仪。液体闪烁计数仪主要测定发生β核衰变的放射性核素，尤其对低能β更为有效。

液体闪烁计数仪检测的基本原理是，依据射线与闪烁剂相互作用产生荧光效应。闪烁溶剂分子吸收射线能量成为激发态，再回到基态时将能量传递给闪烁体分子，闪烁体分子由激发态回到基态时，发出荧光光子。荧光光子被光电倍增管接收转换为光电子，再经倍增，以脉冲信号形式输送出去。将信号放大、分析、显示，表示出样品液中放射性强弱与大小。直接检测的放射强度以每分钟检测到的荧光光子脉冲计数次数（简写为cpm），经过荧光淬灭校正、衰变修正后，以衰变率，即射线每分钟的衰变次数（简写dpm）表示。

含有放射性同位素的动物组织样本经过冷冻干燥或烘干后，需要经过消化为液体再用于液体闪烁仪检测。可以用样品质量10倍的HClO$_4$，在70℃完全消化，再加入样品质量5倍的H$_2$O$_2$在70℃褪色至无色透明。再定量取样加入到闪烁液（瓶）中进入仪器进行定量检测，即对每分钟放射次数进行定量检测。

液体闪烁计数仪放射性测量。取待测样品50～100μL于闪烁瓶中，加入含0.5%丁基-PBS的二甲苯闪烁液8mL，滴加Triton-x-100闪烁液透明。用液闪谱仪测量消化液的cpm/mL，采用内标法作淬灭校正计算相应dpm值。

（3）同位素稀释法与示踪元素定量

放射性同位素稀释法是一种应用放射性同位素（或稳定同位素）进行定量分析的方法。将一定量已知放射性比度（稳定同位素则用比丰度）的同位素或标记化合物加入试样中，与被测物质均匀混合，待交换完全后，再用化学方法分离出被测元素或化合物，提纯并测定其放射性比度（或比丰度），按其放射性比度（或比丰度）的改变，根据一定的关系式，可计算该元素在试样中的含量。此法优点是不需定量地分离出被测元素或化合物，适用于成分复杂、分离困难的样品分析。

当已知比活度为S_1、质量为m_1的标记化合物和质量为m_2的同一种化学形态的非标记物均匀混合时，标记分子被非标记分子所稀释，混合物的放射性比活度S_2必然比S_1低。混合前后的总放射性应相等：

$$S_1 \times m_1 = S_2 \times (m_1 + m_2)$$

故如m_1和m_2中有一个量为已知，只需测定混匀后样品的放射性比活度，就可算出另一量。测定S_2时，样品不需要定量分离。

（4）放射性同位素方法的应用

同位素标记的化合物与相应的非标记化合物在化学性质上完全一样，可以参与完全相同的化学反应，具有完全相同的生理作用，这就是可以用放射性同位素进行示踪的基本依据。在标记化合物中混合一定量的非标记化合物后，比放射度下降，降低的程度与相应的非标记化合物的数量（或浓度）成正比，根据放射性比度下降的量就可以定量测定和计算非标记同种化合物的含量。这就是同位素示踪定量分析的基本原理。

同位素示踪技术的优点：①灵敏度高，使用同位素示踪技术可以检测到$10^{-12} \sim 10^{-4}$g的物质量，这是其他定量分析方法难以达到的；②可以区别原有分子与新加入或新合成的同种分子；③分析操作程序简化，进行定量分析时，可以不必对被检测物质进行复杂的分离、纯化等程序，只需要进行简单处理或不处理，即可以测定放射性；④不影响动物的正常生理条件，同位素示踪方法所用的射线剂量一般很微量，可以在生理剂量以下进行工作，不会影响动物正常的生理条件。

然而，放射性同位素元素具有放射性，对生物有潜在的损伤危害和对环境会造成污染，因此，同位素示踪技术要求专门的实验技术培训，也需要在专业实验室进行试验研究。

（六）对消化产物吸收与运输的研究

动物对消化产物的吸收实际上包含了消化、吸收和对所吸收营养物质的转运等基本生理过程，消化是在消化道内和黏膜表面进行（部分物质在黏膜细胞内还在进行消化作用），吸收是通过黏膜细胞进行，而对吸收营养物质的转运主要依赖于血液系统进行。对营养物质吸收的研究内容主要包括黏膜细胞对肠道内营养物质的吸收和转运的生理和生物化学机制，对营养物质吸收、转运能力（动力学）和吸收效率及其影响因素等。

对营养物质吸收、转运的研究必须首先对营养物质进行定性和定量分析。对吸收的营养物质的定量可以从两个方面进行：

① 差额分析方法，即定量测定消化道内营养物质的减少量，这部分营养物质应该是被消化道吸收的量；

② 对吸收物质直接定量分析，包括在消化道组织积累的和已经进入血液及淋巴系统的营养物质。

除了脂质类可以大分子状态被消化道黏膜细胞吸收外，蛋白质、糖类等营养物质只能以小分子化合物如小肽、氨基酸、葡萄糖等被消化道黏膜以不同方式吸收、积累和转运。对这些小分子化合物的定量分析方法很多，在营养学研究中对小肽、氨基酸、葡萄糖等的定量分析方法可以采用同位素分析方法、高效液相色谱分析方法等进行定量测定，其测定结果可以用于对营养物质吸收机制、吸收动力学特征、吸收途径等方面的研究工作。

第三节
鱼类肠道离体灌注试验系统

研究肠道对食物进行消化、吸收的试验模型可以采用活体（在体）试验模型，也可以采用离体试验模型。活体研究最大的优点是与真实的生理环境和生理状态较为一致，但也有其弊端，如试验条件难以根据试验目标的需要进行调整和控制、试验周期较长等。例如在研究肠道对消化产物的吸收时，肠道对消化产物的吸收和吸收后的转运几乎是同时进行的，这就使得对吸收产物的定量研究难以实现。离体研究则可以对试验条件和试验环境进行有效的控制和调节。我们在研究肠道对饲料蛋白质消化产物如氨基酸的吸收、转运试验中，采用了一种离体灌注试验系统，使用较为方便。

一、试验装置及工作原理

本试验系统包括灌注系统和试验条件控制系统2个部分。

灌注系统（图2-2）主要包括肠道（A肠管）、灌注溶液（D）及灌注流出液导管（E）、灌注液的收集（F）；其工作原理是试验灌注液（D）通过导管流向肠道（A），以恒定的速度（恒流泵G）进行灌注，试验溶液在流经肠道时，一方面可以对肠道内食物进行消化、水解，另一方面则通过肠道进行有效的吸收，并将吸收的物质转运到肠道培养液（B）中或在肠道（A）中积累，我们可以通过流经肠道前后的样品或肠道内外的样品进行定量或定性的比较分析，最后对消化或吸收作出定量或定性的评价。

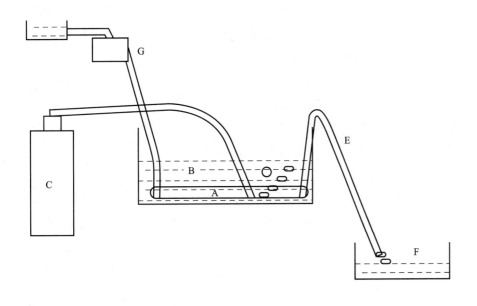

图2-2 鱼类肠道离体灌注实验系统
A—肠道；B—肠道培养液；C—氧气瓶；D—试验灌注液；E—流出液导管；F—流出液；G—恒流泵

试验控制系统包括温度控制（生化培养箱）、灌注液流量控制（恒流泵G）、氧气供给（C）、肠道培养液（生理盐溶液B）；其工作原理是将上述系统置于生化培养箱中，控制环境温度（适合于淡水鱼类肠道灌注的温度一般在28℃），恒流泵控制灌注液的流量在12～15滴/min，由氧气瓶从试验开始前的5min就向培养液中冲入医用氧气，直到试验结束。

离体肠道的制备。试验鱼在室内循环水养殖系统中养殖2周以上，可以使用商品饲料进行养殖，但需要补充维护肠道健康的饲料物质如维生素、酵母培养物、天然植物等，保障用于试验鱼体健康和肠道健康。试验开始时，鱼体在高锰酸钾或食盐溶液中浸泡2～3min，之后用MS-222（间氨基苯甲酸乙酯甲磺酸盐）进行轻度麻醉，或用剪刀等敲击鱼体头部使其昏迷。用75%酒精擦拭鱼体体表，快速剪开鱼体腹部，取出内脏团，小心剥离出鱼体肠道、剔除肠道外脂肪等。注意不要过度挤压肠道而造成损伤，肠道内容物可以不挤出，等待灌注液在试验开始时冲出即可。

安装离体肠道。灌注系统置于生化培养箱中，温度控制在28℃。提前30min将灌注液、肠道培养液等装入灌注系统，并调试好控制系统。将离体肠道前部接入经过灌注液恒流泵（G）连接的导管、肠道后部接入灌注流出液导管（E），用白线捆扎肠道与导管接口。开动恒流泵（G）输入灌注液，检测灌注系统的密闭性后即可开始灌注试验。

二、肠道离体灌注系统的应用

我们设计该试验系统的主要目的是研究肠道对食物成分的消化和吸收的定量分析，尤其是氨基酸的吸收效率和利用情况。

（1）用于消化过程的定量研究

研究的目的是希望定量分析食物营养物质在流经肠道过程中被肠道内消化酶水解的过程及水解动力学特征，即需要对食物成分被消化水解的中间产物、终产物等进行定量的分析。例如我们在希望了解饲料蛋白质在经过鱼体肠道的过程中小肽、氨基酸等的生成量及其变化行为的时候就可以使用该系统。其工作方法是在试验进行前用生理盐溶液对肠道进行快速灌流将肠道内原有的食糜冲洗出来，之后马上进行试验蛋白质溶液的灌流，利用肠道内壁黏附的消化酶在短时间（30min）内对流经肠道的蛋白质进行消化、水解，对流经肠道前后的蛋白质、小肽、氨基酸等进行定量分析，利用相同条件下灌流生理盐溶液的试验体系作为对照，这样就可以对饲料蛋白质的水解过程和水解动力学进行定量的研究。

（2）用于肠道对营养素吸收的定量研究

我们早期的目的就是为了研究肠道对氨基酸的吸收而设计的这套试验系统。利用该试验系统可以定量研究肠道对食物成分吸收并转运到肠道外的营养成分以及停留在肠道壁组织中营养成分的数量。例如在研究肠道对氨基酸的吸收和转运时，可以定量分析肠道内外的氨基酸的数量变化，并建立肠道对各种氨基酸吸收转运的动力学方程。类似的研究方法还可以用于对小肽、单糖、脂肪酸等的研究。我们对氨基酸的吸收与利用进行了研究，在后面将进行介绍。

三、鱼类肠道离体培养条件

要保证上述试验设计的科学性和可行性，首先要解决的问题是：肠道生理活性是否能够维持一定的时间。

胃肠道碱性磷酸酶（AKP）是一种与多种营养物质主动运输有关的酶，可以测定其活性来衡量胃肠道的生理活性。因此，我们以草鱼翻转肠囊为试验对象，取出肠道后翻转肠道并结扎肠囊两端，制成常规使用的肠囊样本。以AKP活性作为判定肠道组织生理活性的指标确定适宜的培养条件，同时测定了亮氨酸（Leu）在草鱼培养肠道中的吸收积累量，从另一个方面证实培养条件的适宜性。通过这两个衡量指标筛选出最适的草鱼肠道离体培养条件。

（一）生理盐溶液

选择了在动物及鱼类器官组织培养中经常使用的3种生理溶液进行试验。

1号溶液：含128mmol/L的NaCl、4.7mmol/L的KCl、2.5mmol/L的CaCl$_2$、20.0mmol/L的NaHCO$_3$、1.2mmol/L的KH$_2$PO$_4$和1.2mmol/的MgSO$_4$。

2号溶液：含NaCl 0.75%、KCl 0.02%、CaCl$_2$ 0.02%和NaHCO$_3$ 0.002%。

3号溶液：含NaCl 0.75%、KCl 0.01%、CaCl$_2$ 0.01%和NaHCO$_3$ 0.02%。

氨基酸选用^{3}H-Leu加入到Leu 1.0mmol/L中，氨基酸用2号生理溶液配制。^{3}H-Leu溶液放射强度为1.0μCi/mL，Leu浓度为1.0mmol/L。

在培养皿中分别加入10mL上述3种生理盐溶液，放入25℃水浴锅中水浴恒温，充氧5min后放入肠囊，培养10min后取出，剪去结扎线以外部分，称重，加入10倍体积（质量浓度）pH7.4、0.02mol/L磷酸盐缓冲液匀浆，3000r/min离心10min，取上清液，采用磷酸苯二钠为底物的金氏法测定AKP酶活力，并规定30℃下、每15min生成1μmol酚所需酶量为1个金氏单位。1号、2号和3号溶液培养的肠囊，其AKP酶活性分别为55.94［金氏单位/g（以肠道计）］、62.40［金氏单位/g（以肠道计）］、61.46［金氏单位/g（以肠道计）］。2号和3号溶液培养肠囊的AKP酶活力无显著差异，均可以作为离体肠道培养液。

（二）培养温度

在培养皿中加入10mL的2号生理盐溶液，放入水浴锅中，分别设置20℃、25℃、30℃、37℃水浴恒温，充氧5min后，放入肠囊进行试验；培养5min后取出肠囊，测定肠囊AKP酶活力。结果是在25℃时其AKP酶活性最高，在37℃时酶活性下降了25%（$P < 0.05$）。鱼类为变温动物，与陆上恒温动物区别较大，因此其酶类所适应的环境温度也不同。

（三）培养时间

在25℃水浴保温，分别设置了培养5min、10min、30min、60min后取出肠囊，测定肠囊AKP酶活力。草鱼离体肠囊的AKP酶活性在10min内变化不显著，随着培养时间的增加，30min后AKP酶活性降低7%，60min后酶活性降低了50%（$P < 0.05$）。

（四）离体肠道对Leu的吸收量

在培养皿中加10mL、1mmol/L的Leu溶液，其中每mL含有1μCi/mL ^{3}H-Leu，充氧5min后放入肠囊，通过水浴锅调节不同培养温度，在不同培养时间后取出肠囊、冲洗肠囊、剪去结扎外部分后称重，加入5倍体积（质量浓度）高氯酸，7倍体积（质量浓度）H$_2$O$_2$，70℃消化至透明无杂质，取50μL消化液于闪烁瓶中，通过液体闪烁计数仪测量其放射性强度，并依据同位素稀释原理和方法计算肠道组织吸收的Leu速率，结果见表2-5。

表2-5　培养温度和时间对肠道Leu的吸收速率的影响　　　　　　　　　　　　单位：μmol/(g·min)

时间/min	20℃	25℃	30℃
5	0.043	0.047	0.044
10	0.049	0.050	0.036
30	0.025	0.023	0.017

由表2-5可知，随着培养时间的增加，草鱼肠道对Leu的吸收量在不断积累，10min内增加速率较快，至30min时仍在增加，但速率减慢（$P < 0.01$）。因此，在选择肠道对氨基酸吸收的离体培养时间时，可以选择肠道对Leu吸收速率较快（5min）的时间段作为培养时间，使草鱼离体肠道在更接近活体的条件下进行研究。温度选择25℃为培养温度。

依据上述研究结果，鱼类肠道离体灌注系统的试验条件，可以选用2号生理盐溶液，培养温度25℃，培养时间在30min以内。

四、肠道离体灌注系统的检查

（1）对试验营养成分定量分析的灵敏度问题

对研究对象进行定量分析有2个条件要考虑。一是研究对象与系统中原有成分、其他成分的区分。如我们要研究肠道对亮氨酸的吸收和转运量就必须将试验供给的亮氨酸与肠道组织原有的亮氨酸以及其他氨基酸、蛋白质等进行区分和定量测定。这在方法学上是较为困难的，目前最有效的方法是采用放射性同位素示踪技术。二是对研究对象定量分析的灵敏度要求较高，因为试验营养成分的浓度很低，必须有较为灵敏的检测方法进行定量的分析，如高效液相色谱、气相色谱、同位素示踪技术、放射免疫分析等方法可以用于对研究对象的定量分析。

（2）灌注系统的密闭性检测

要保证试验的成功，肠道组织不能出现破损或泄漏，那么该试验系统如果检查灌注系统，尤其是肠道的密闭性呢？可以利用肠道内灌注空气的方法进行检查。在试验开始的时候在灌流的管道内保留一定量的空气，开动恒流泵后试验灌注液推动空气流过肠道，因为肠道是浸入生理盐溶液中的，如果有破损和泄漏，当空气流过肠道时在生理盐溶液中就会有气泡产生，否则没有。注意的是此时应该短时间关闭氧气以便观察。

（3）灌注液、肠道培养液

为了保持肠道组织的生理活性，使用鱼类生理盐水溶液作为肠道培养液（B），其配方如前所述。而灌注液的配制则是使用鱼类生理盐水作为溶剂，配制需要研究的目标物质如氨基酸、淀粉、蛋白质等。浓度的设置则依据试验需要进行设置。

五、氨基酸吸收、转运的肠道离体灌注试验方法

当试验氨基酸溶液从肠道内流过的时候，肠道会通过肠道黏膜对氨基酸进行有效的吸收。被吸收的氨基酸首先进入肠上皮黏膜细胞内，积累到一定浓度时，再从黏膜细胞基底侧膜出来进入基部毛细血管（血液系统）、细胞间质或其他细胞。之后，通过血液或细胞间的传递而运输到身体各部位或在肠道组织间传递。在我们的试验系统中就会有被吸收的氨基酸进入肠道外培养液中。因此，我们可以从两个途径测定到肠道对氨基酸的吸收量的变化：肠道内灌注液氨基酸的减少量和肠道外培养液中氨基酸的增加量。

肠道内灌注液减少的氨基酸去路主要是被肠道黏膜吸收并在肠道组织积累、传递，部分运输到肠道外培养液中。所以，肠道内灌注液中氨基酸的减少量应该包括在肠道组织的积累量和运输到肠道外的量。当然，更精确的分析还应该包括肠道组织在试验过程中因代谢产生、消耗的氨基酸，以及肠道微生物的影响。

第四节
鱼类肠道黏膜对氨基酸吸收与竞争性抑制作用

蛋白质在消化道内水解为小肽和氨基酸后才能被肠道吸收，并转运到血液系统。肠道对氨基酸的吸收是需要转运载体的主动吸收。我们利用肠道离体灌注试验模型和同位素示踪技术，研究了肠道对氨基酸吸收的动力学、转运的动力学等问题，明确了肠道对氨基酸吸收机制，尤其是氨基酸之间吸收转运的竞争性抑制作用。

胃肠道黏膜细胞对氨基酸的吸收是需要载体的，是一个主动、耗能的吸收过程。主要的问题是：①不同的氨基酸是需要特定的专一载体？还是同类型的、几个氨基酸共用载体？②那么哪些氨基酸算是同一类？是按照酸碱性，还是按照氨基酸侧链基团结构相似性？③胃肠道黏膜细胞对氨基酸的吸收是否具有"饱和性"？或吸收动力学特征如何？是否与胃肠道食糜中氨基酸浓度有关？④胃肠道黏膜细胞对吸收的氨基酸是如何利用的？这些问题都是需要通过试验来进行验证和探讨的。

一、草鱼肠道对L-亮氨酸和L-苯丙氨酸的吸收

以平均体重14.8g（12.5～17.5g）的草鱼肠道翻转肠囊（肠道解剖后翻转，并在两端结扎）为试验对象，选用^{3}H标记的L-[4,5-^{3}H]亮氨酸（放化纯度98%，比活度13Ci/mmol）和DL-[4-^{3}H]苯丙氨酸（比活度10.5 Ci/mmol）为示踪氨基酸，二种氨基酸在浓度0.5～15.0μmol/mL范围内设置不同的梯度用于试验，标记氨基酸在试验氨基酸溶液中的放射强度为1.0μCi/mL。翻转肠囊培养温度（25±1）℃，在试验氨基酸溶液中培养20～120min取样。吸收氨基酸后的试验肠囊用高氯酸（HClO$_4$）消化、H$_2$O$_2$脱色，定量取样置于塑料液闪瓶中，加入液体闪烁剂，用BAKMAN公司的LS-9800液闪谱仪测定样本每分钟的荧光光子脉冲（同位素衰变放出射线所产生的荧光信号）计数次数（cpm值），经过荧光淬灭校正、衰变修正后，以衰变率，即射线每分钟的衰变次数得到dpm值（校正后的cpm值），采用放射性同位素稀释法计算肠道组织吸收、转运的氨基酸量（μmol/g）、速率[μmol/(g·min)]。

（一）肠道黏膜对L-亮氨酸和L-苯丙氨酸的持续性吸收

试验的L-亮氨酸和L-苯丙氨酸浓度均为2.0mmol/L，在120min内测定了草鱼翻转肠囊分别对L-亮氨酸和L-苯丙氨酸的吸收量，结果见图2-3。

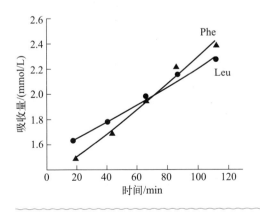

图2-3　草鱼肠道黏膜对氨基酸的吸收随时间的变化

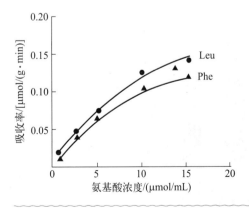

图2-4　氨基酸浓度与吸收率的关系

草鱼翻转肠囊能够持续性地吸收并积累L-亮氨酸和L-苯丙氨酸，培养60min后，翻转肠囊中的L-亮氨酸和L-苯丙氨酸量大于了培养液中氨基酸浓度（2.0mmol/L），表明肠囊能够逆浓度吸收培养液中的L-亮氨酸和L-苯丙氨酸。同时，也显示出肠囊对L-亮氨酸和L-苯丙氨酸的吸收量有差异。

（二）氨基酸浓度对吸收率的影响

在40min内，测定了两种氨基酸浓度为0.5～15.0μmol/mL时肠道黏膜面对氨基酸的吸收率 [以μmol/(g·min)表示]，结果如图2-4所示，得到肠囊对氨基酸的吸收速率-氨基酸浓度曲线，该曲线与酶反应速度-底物浓度曲线极为相似。在5μmol/mL浓度以下吸收率的增加近于直线关系，而在10.0μmol/mL以后则趋于稳定，显示出典型的吸收饱和动力学特征。

参考酶反应动力学方程Michaelis-Menten方程，建立了草鱼肠道翻转肠囊对L-亮氨酸和L-苯丙氨酸吸收速率与氨基酸浓度的关系：

$$J = J_{max} \times [S] / (K_t + [S])$$

式中，J为黏膜对试验氨基酸的吸收速率，μmol/(g·min)；J_{max}为最大吸收速率；K_t为吸收速率为最大吸收速率1/2时的氨基酸浓度，μmol/mL；$[S]$为培养液中氨基酸浓度，μmol/mL。

动力学常数用Lineweaver-Burk双倒数法求得。对L-亮氨酸吸收时，$J_{max}=0.732$μmol/(g·min)，$K_t=51.60$μmol/mL；L-苯丙氨酸吸收$J_{max}=0.248$μmol/(g·min)，$K_t=14.296$μmol/mL。从上述动力学特征可看出，草鱼肠黏膜对L-亮氨酸的吸收能力强于对L-苯丙氨酸的吸收能力，亮氨酸的J_{max}是苯丙氨酸的2.95倍。

（三）不同肠段对氨基酸吸收的差异

将草鱼肠道翻转后，在肠道第一个回折处（前段）、最后一个回折处（后段）以及中间肠段的1/2处分别结扎，分别测定了肠道前段、中段前1/2、中段后1/2和后段对两种氨基酸40min内的吸收量，结果见图2-5。各肠段在40min内对L-亮氨酸的吸收量高于L-苯丙氨酸的吸收量3%～5%。再从各肠段对同种氨基酸的吸收量来看，两种氨基酸均表现为中段前1/2段为最低，中段后1/2段和后段较高，肠前段次之。按照前段、中段前1/2、中段后1/2和后段在氨基酸吸收总量中各自所占比例分别为L-亮氨酸：23.8%、17.7%、29.4%和29.1%；L-苯丙氨酸：24.0%、18.0%、30.0%和28.0%。草鱼肠道前段对氨基酸具有吸收能力，肠道中段后1/2和后段具有较强的氨基酸吸收能力，而均以中段前1/2段为最低。

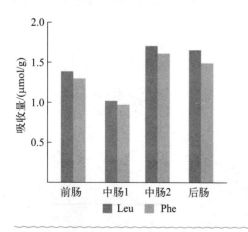

图2-5 肠道不同部位的吸收量

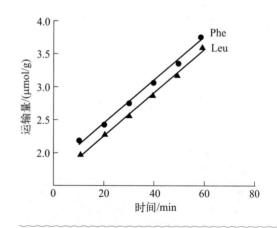

图2-6 肠道对氨基酸的跨壁运输量

▲ L-亮氨酸Leu； ● L-苯丙氨酸Phe

（四）肠道对氨基酸的跨壁运输量

肠道对氨基酸的吸收是在肠黏膜进行的，对于由肠黏膜吸收、积累的氨基酸可通过两种途径进入血液，一是黏膜细胞积累一定的氨基酸后以被动或（和）协同扩散方式直接扩散到肠组织中的毛细血管内而进入血液；二是在黏膜细胞积累一定量的氨基酸后越过肠道扩散到肠道周围的血液系统中。肠道黏膜面对氨基酸的吸收量实际为黏膜面对培养液中氨基酸的吸收和积累量，而跨壁运输量为肠道吸收后直接向肠道周围扩散的量。

我们采用肠道离体灌注系统，测定了草鱼肠道对L-亮氨酸和L-苯丙氨酸的跨壁运输量，肠道内灌注氨基酸的浓度为2.0μmol/mL，灌注流速0.23～0.25mL/min。

测定了60min内肠道对两种氨基酸的跨壁运输量，结果如图2-6。肠道对两种氨基酸的跨壁运输量（y）与时间（x）的变化表现为一次线性关系，回归方程L-亮氨酸为：$y=1.609+0.03357x$（$R^2=0.997$，$S=\pm0.0515$）。L-苯丙氨酸为：$y=1.841+0.3285x$（$R^2=0.997$，$S=\pm0.0489$）。肠道对L-苯丙氨酸的跨壁运输量大于L-亮氨酸，前者高于后者约9%。

通过本试验研究结果，可以得到的认知如下。①草鱼肠道能够在试验期间（120min）持续性地吸收、转运L-亮氨酸和L-苯丙氨酸。②对两种氨基酸的吸收速率-氨基酸浓度曲线与酶反应速度-底物浓度曲线极为相似。在5.0μmol/mL浓度以下吸收率的增加近于直线关系，而在10.0μmol/mL以后则趋于稳定，显示出典型的吸收饱和动力学特征。表明肠道黏膜面对两种氨基酸的吸收应是一种需要载体的主动吸收过程。而底物浓度与载体的结合转运是会被饱和的。由氨基酸浓度对吸收率建立的动力学参数为Leu：最大吸收率$J_{max}=0.732$μmol/(g·min)，动力学常数$K_t=51.60$μmol/mL；L-Phe：最大吸收率$J_{max}=0.248$μmol/(g·min)，动力学常数$K_t=14.296$μmol/mL。草鱼肠黏膜对L-亮氨酸的吸收能力强于对L-苯丙氨酸的吸收能力，亮氨酸的J_{max}是苯丙氨酸的2.95倍。③肠道对L-苯丙氨酸的跨壁运输量大于L-亮氨酸，前者高于后者约9%。

虽然草鱼肠道对L-苯丙氨酸吸收率低于L-亮氨酸，而肠道对L-苯丙氨酸吸收后通过跨壁运输的量，即吸收后向肠道周围血管系统扩散的量则大于L-亮氨酸。肠道对两种必需氨基酸的吸收动力学参数有较大差异，表明草鱼肠道氨基酸的吸收、释放、运输量不同的氨基酸存在差异。

草鱼从肠道前段开始就能有效吸收氨基酸，对日粮游离氨基酸的吸收时间将早于蛋白质水解氨基酸。对肠道前段、中段前1/2、中段后1/2和后段对两种氨基酸吸收量占吸收总量的比例分别为Leu：23.8%、17.7%、29.4%和29.1%；Phe：24.0%、18.0%、30.0%和28.0%。表明氨基酸在肠道前段就能被有效地吸收，吸收能力最强的为肠道的中段后1/2和后肠。出现这种现象的原因目前尚无可靠试验依据供参考，但对说明鲤科鱼类对饲料中游离氨基酸的利用率较差的原因则可能有一定帮助。造成对游离氨基酸利用率不高的主要原因被认为是肠道对游离氨基酸的吸收在时间上先于饲料蛋白质中氨基酸的吸收，后者只有随食糜在消化道内移动，并被水解为游离氨基酸后方能被肠道吸收。本试验结果显示出肠道前段对两种氨基酸的吸收能力强于中前1/2段，这可为上述理论提供一定的佐证。饲料中游离氨基酸可能在肠前段就已被大部分吸收了，而饲料蛋白质中氨基酸只有在肠道内被水解成游离氨基酸并向肠道后段移动过程中才能被吸收，两种来源的氨基酸在吸收部位和时间上均有差异。如果鱼体具有稳定血液、组织液和细胞液（氨基酸池）中游离氨基酸的调控能力，过程被吸收的氨基酸可能被用于能量的转化或物质的转化，没有用于新的蛋白质的合成。而新的蛋白质合成对氨基酸的平衡性有较高的要求，先后不同步的游离氨基酸在氨基酸池中的平衡性没有得到同步保障，就会导致个别含量过高的氨基酸被用于非蛋白质合成的营养需要。

离体实验中，草鱼肠道每一部位所接触的氨基酸量完全一致，其表现出的肠道各部位对氨基酸的吸收率反映肠道的真实吸收能力和吸收率，后段的真实吸收率应比前段高，肠道后段的吸收能力比前段强。此时的结果应为在相同条件下，肠道各部位对相同氨基酸吸收能力的差异。

二、草鱼肠道对L-亮氨酸和L-苯丙氨酸吸收的抑制动力学

前面分析了草鱼肠道对L-亮氨酸和L-苯丙氨酸的吸收量和速率具有饱和动力学特征，显示是需要载体转运的主动吸收过程。氨基酸吸收的载体则是另一个研究对象，不同的氨基酸是如何选择载体的？哪些氨基酸可以共用一类载体？如果从氨基酸吸收动力学分析，则可以对氨基酸载体的转运能力、竞争关系进行探讨。

我们利用草鱼肠道离体灌注和标记氨基酸的同位素示踪的方法，研究了L-Ile、L-Val、L-Lys、L-Glu、L-Pro、L-Tyr对草鱼肠道吸收Leu和Phe的吸收率的影响。结果显示，在试验的氨基酸中，L-Ile、L-Val对草鱼肠道吸收L-Leu有抑制作用，其抑制率分别为35.29%和48.94%；L-Lys、L-Glu、L-Pro未对L-Leu的吸收产生显著影响。L-Tyr对草鱼肠道吸收L-Phe有抑制作用，使L-Phe的吸收率下降了22.54%，其余几种氨基酸对L-Phe的吸收无显著影响。结果表明，肠道对氨基酸吸收过程中，氨基酸之间产生相互抑制的化学基础是氨基酸之间的结构相似性，尤其是侧链结构相似的氨基酸之间具有相互的抑制作用，可能是因为共用一类转运载体。而与氨基酸的酸碱性相关性不明显。

（一）试验条件

选用平均体重（25±10）g的草鱼肠道为试验对象。放射性标记的示踪氨基酸为 ^3H 标记氨基酸 L-[4,5-^3H] 亮氨酸（放化纯度98%，比活度13Ci/mmol）和DL-[4-^3H] 苯丙氨酸（比活度10.5Ci/mmol），这2个氨基酸均为中性氨基酸，L-Leu为带支链的氨基酸，L-Phe为带苯环的氨基酸。选用了5种用于抑制动力学测定的氨基酸，它们分别是中性氨基酸：L-Ile、L-Val；碱性氨基酸：L-Lys；酸性氨基酸：L-Glu；亚氨基酸：L-Pro；在Phe吸收抑制动力学试验中选用了带苯环的氨基酸Tyr，没有选用Ile，其他4种氨基酸相同。

氨基酸抑制动力学的测定。抑制氨基酸在肠囊培养液中的浓度均为1.0μmol/mL的条件下，测定试验氨基酸Leu和Phe的浓度为1.0～10.0μmol/mL的5个浓度梯度下草鱼肠道对L-Leu和L-Phe的吸收率，以不加其他氨基酸时肠道对L-Leu和L-Phe的吸收率为对照。在培养液中按照1μCi/mL的比例分别加入L-[4,5-^3H]-Leu、DL-[4-^3H]-Phe作为标记物。离体肠道为翻转肠囊，肠囊培养时间（吸收时间）均为5min，即5min内的氨基酸吸收速度作为动力学数据。

（二）5种氨基酸对L-Leu吸收率的影响

5种氨基酸的浓度均为1.0μmol/mL，将L-Leu的浓度设置为1.0～10.0μmol/mL，测定了5min内翻转肠囊对L-Leu的吸收速度，结果见表2-6。

表2-6　5种氨基酸对草鱼幼鱼肠道L-Leu吸收率的影响

氨基酸 L-Leu浓度	肠囊对L-Leu的吸收率/ [μmol/(g·min)]					平均值/ [μmol/(g·min)]	变化/%
	1.0	2.0	4.0	8.0	10.0		
Leu（对照）	0.11	0.25	0.74	1.26	1.64	0.80[a]	0
L-Ile	0.17	0.23	0.53	0.73	0.93	0.52[b]	−35.29
L-Val	0.12	0.22	0.50	0.60	0.60	0.41[b]	−48.94

氨基酸 L-Leu 浓度	肠囊对 L-Leu 的吸收率 / [μmol/(g·min)]					平均值/ [μmol/(g·min)]	变化/%
	1.0	2.0	4.0	8.0	10.0		
L-Lys	0.12	0.19	0.37	1.27	1.30	0.65[a]	−18.77
L-Glu	0.16	0.31	0.75	1.13	1.57	0.78[a]	−1.88
L-Pro	0.15	0.22	0.62	1.06	1.74	0.76[a]	−5.01

对照组 Leu 的吸收率与 Leu 底物浓度变化呈一次线性关系，而在含有 1.0μmol/mL 的 L-Ile、L-Val 时，L-Leu 吸收率分别下降了 35.29%、48.94%，差异显著（$P < 0.05$），表明 L-Ile、L-Val 对草鱼肠道吸收 L-Leu 有抑制作用。L-Lys、L-Glu、L-Pro 未对草鱼肠道 L-Leu 的吸收率产生显著影响（$P > 0.05$）。

（三）5 种氨基酸对 L-Phe 吸收率的影响

5 种氨基酸的浓度均为 1.0μmol/mL，将 L-Phe 的浓度设置为 1.0～10.0μmol/mL，测定了 5min 内翻转肠囊对 L-Phe 的吸收速度，结果见表 2-7。

表 2-7　5 种氨基酸对草鱼幼鱼肠道 L-Phe 吸收率的影响

氨基酸 L-Phe 浓度	肠囊对 L-Phe 的吸收率 / [μmol/(g·min)]					平均值/ [μmol/(g·min)]	变化/%
	1.0	2.0	4.0	8.0	10.0		
Phe（对照）	0.30	0.38	0.69	1.46	1.85	0.94[a]	0
Tyr	0.19	0.29	0.62	1.19	1.32	0.73[ab]	−22.54
Val	0.35	0.36	0.80	1.55	1.75	0.96[a]	2.46
Lys	0.25	0.40	0.64	1.43	1.96	0.95[a]	−0.11
Glu	0.25	0.39	0.54	1.75	2.17	1.02[a]	8.55
Pro	0.28	0.44	0.77	1.35	1.87	0.94[a]	0.00

Phe 吸收率随 Phe 底物浓度的变化呈线性增加的关系。但在补充 1.0μmol/mLTyr 后，Phe 的吸收率明显降低，表明 Tyr 对草鱼肠道 Phe 的吸收率有影响，这种影响表现为抑制作用，Tyr 的存在抑制了 Phe 吸收率，使其降低了 22.54%（$P < 0.05$），其余的 Val、Lys、Glu、Pro 对草鱼肠道 Phe 的吸收率影响不显著（$P > 0.05$）。

关于肠道对氨基酸吸收转运载体与竞争性抑制问题，何庆华等（2007）总结了氨基酸转运载体的主要类型和转运的氨基酸种类，见表 2-8。其中的氨基酸转运载体包括了不同细胞膜上存在的氨基酸载体（如红细胞），不仅仅限于肠道黏膜上的氨基酸载体。对于一个细胞而言，氨基酸转运载体既是氨基酸作为营养素从机体胞外进入胞内的通道，也是氨基酸进出胞内完成神经细胞兴奋、抑制等重要细胞功能的通道。氨基酸信号通路及其作用的研究也是营养学研究的一个热点问题。

表 2-8　氨基酸转运载体系统

转运载体系统		底物	转运载体蛋白	基因
中性氨基酸转运载体家族				
Na⁺ 依赖性	A	Ala, Phe, N-甲基氨基酸	ATA1, ATA2, ATA3	SLC38
	G	Gly, Ser	GLYT1, GLYT2	SLC6
	B⁰	广泛的底物选择性	B⁰AT1, B⁰AT2	SLC6
	ASC	Ala, Ser, The, Cys, Gln	ASCT1, ASCT2	SLC1

转运载体系统		底物	转运载体蛋白	基因
Na⁺ 依赖性	N	Gln, Asn, His	SN1, SN2	*SLC*38
	β 系统	β-Ala, 牛磺酸	Taut	*SLC*6
	y⁺L	中性氨基酸	y⁺LAT1, 4F2hc, y⁺LAT2·4F2hc	*SLC*7
Na⁺ 非依赖性	L	大型中性氨基酸	LAT1·4F2hc, LAT2·4F2hc	*SLC*7
	asc	Ala, Ser, The, Cys	LAT1·4F2hc, Asc2	*SLC*7
	T	芳香族氨基酸	TAT1	*SLC*16
	b⁰,⁺	中性和碱性氨基酸	BAT1/b⁰,⁺·Asc-2	*SLC*7
酸性氨基酸家族				
Na⁺ 依赖性	X⁻_{AG}	L-Glu, L-/D-Asp	EAAC1, GLT-1, GLAST, EAAT4, EAAT5	*SLC*1
Na⁺ 非依赖性	X⁻_C	Cys, Glu	xCT·4F2hc	*SLC*7
碱性氨基酸家族				
Na⁺ 依赖性	B⁰,⁺	中性和碱性氨基酸	ATB⁰,⁺	*SLC*6
Na⁺ 非依赖性	y⁺	碱性氨基酸	CAT1, CAT2, CAT3, CAT4	*SLC*7
	b⁰,⁺	中性和碱性氨基酸	BAT1/b⁰,⁺AT·rBAT	*SLC*7
	y⁺L	中性和碱性氨基酸	y⁺LAT1·4F2hc, y⁺LAT2·4F2hc	*SLC*7

$\qquad$氨基酸转运载体系统一般以其底物分为中性、酸性和碱性氨基酸转运载体系统，或者以对Na^+的依赖性分为Na^+依赖性和Na^+非依赖性转运系统。Na^+依赖性转运系统利用质膜上以Na^+电化学势梯度形式储存的自由能逆浓度梯度从胞外转运氨基酸底物进入胞内，因此，这些转运载体具有较强的动力从胞外转运氨基酸至胞内。Na^+依赖性氨基酸转运系统包括 A 型、ASC 型、B^0型、X_{AG}^-型、$B^{0,+}$型和β型等转运载体；Na^+非依赖性氨基酸转运系统包括转运中性氨基酸的 L 型、转运小型中性氨基酸的 asc 型，选择性转运芳香族氨基酸的 T 型、选择性转运碱性氨基酸的y^+型，转运碱性和中性氨基酸的$b^{0,+}$和y^+L 型以及转运半胱氨酸和谷氨酸的X_c^-型等转运载体。

$\qquad$在肠道对氨基酸的吸收过程中，氨基酸之间有相互影响。但是，哪些氨基酸之间能够产生这种竞争性的抑制作用呢？早期的一些资料表明是氨基酸的极性和酸碱性为主要决定因素，即酸性氨基酸之间、中性氨基酸之间、碱性氨基酸之间相互产生吸收抑制作用。

$\qquad$在我们的研究范围内，草鱼肠道 Leu 的吸收率受到 Ile、Val 的影响，与另外几种氨基酸无关。产生影响的抑制氨基酸 Ile、Val 与 Leu 同属于侧链支链氨基酸，其结构较为相似。而未产生抑制影响的氨基酸 Lys、Pro、Glu 与 Leu 的侧链结构不同。对草鱼肠道吸收 Phe 的研究结果中，也仅有 Tyr 影响了草鱼肠道 Phe 的吸收率，而 Val、Lys、Glu、Pro 都对 Phe 的吸收不产生显著影响。这个结果与草鱼肠道 Leu 吸收动力学的研究结果非常相似。

亮氨酸Leu $\qquad$ 异亮氨酸Ile $\qquad$ 缬氨酸Val

苯丙氨酸Phe $\qquad$ 酪氨酸Tyr

肠道中氨基酸是通过不同的氨基酸载体转运的，通常认为隶属于同一载体的氨基酸，在转入肠细胞过程时会出现相互抑制现象。从我们的试验结果看来，如果中性氨基酸均使用一类载体，则Tyr和Phe、Val和Phe都会发生相互抑制现象，实际上，Val并未对Phe的吸收产生明显的抑制，按照氨基酸的酸碱性判断氨基酸之间的相互抑制作用还需进一步的深入研究。

因此，我们认为肠道氨基酸吸收过程中，氨基酸之间产生相互抑制的主要原因是氨基酸之间的结构相似性，与氨基酸的侧链基团有关。结构相似的氨基酸之间有竞争抑制作用。

我们也研究了10种必需氨基酸平衡模式对单一氨基酸吸收的影响，结果发现单一氨基酸的吸收并不受氨基酸平衡模式的影响，只是受到氨基酸侧链结构相似性的氨基酸影响。因此，可以认为，氨基酸的平衡模式只是对新的蛋白质合成产生影响，而不是对氨基酸的吸收、转运等过程产生影响。

三、斑点叉尾鮰胃、肠道对亮氨酸的吸收

采用胃、肠道的离体灌注方法和氨基酸同位素示踪法，测定了斑点叉尾鮰胃、肠道对L-亮氨酸的吸收。亮氨酸的同位素为^{3}H标记氨基酸为L-[4,5-^{3}H]亮氨酸（放化纯度98%，比活度13Ci/mmol）。

斑点叉尾鮰胃、肠道均能有效地吸收、运输L-亮氨酸，肠道的吸收能力大于胃。胃、肠囊在120min内不同时间对L-亮氨酸的吸收量的结果显示。①胃和肠的黏膜面均能有效地吸收并积累培养液中的亮氨酸，随时间延长而吸收量也增加。但胃的吸收能力远低于肠道。②胃单位质量（g）组织对亮氨酸的吸收量在120min内达到培养液单位体积（mL）中亮氨酸量（2.0μmol/mL）。肠道的吸收量则高于培养液每毫升中亮氨酸的量。此结果表明肠道能够逆着亮氨酸浓度吸收并积累培养液中的亮氨酸，在90min时达到最大值，约为培养液的2.5倍。肠道于90min时的吸收量达到最大值5.0μmol/g；胃在120min时达到2.0μmol/g。

胃、肠黏膜面对亮氨酸的吸收速率均具有饱和动力学特征，吸收速率受亮氨酸浓度的影响，当达到一定浓度之后浓度升高而吸收速率不再增高，即达到饱和状态。这是氨基酸吸收、转运依赖于载体的典型特征。肠道对亮氨酸的吸收速率高于胃，但两者达到最大速率时的浓度均为10.0mmol/L。

胃和肠道的前段、中段、后段在相同条件下对L-亮氨酸的吸收量有差异，它们各自对L-亮氨酸在40min内的吸收量占总量的比例分别为12.0%、27.5%、29.0%和31.5%。亮氨酸的吸收主要在肠道进行。肠道对L-亮氨酸的跨壁运输量随时间延长逐渐增加，40min时达到最大值6.12μmol/g。

第五节
鱼类肠道对氨基酸的吸收与利用

肠道黏膜细胞是动物体内更新速度很快的细胞，意味着肠道黏膜细胞是代谢强度很高的细胞，也是最容易受到损伤的细胞；肠道既是重要的消化吸收器官，也是重要的分泌器官、重要的免疫防御器官。在我们利用鱼类肠道离体灌注模型的系列研究中，发现了一个重要的问题：肠道黏膜组织优先利用了吸收的氨基酸用于新的蛋白质合成或转化为脂肪等物质。这就引发系列问题的思考，肠道黏膜屏障、肠道黏膜细胞代谢强度很大，也容易受到损伤，那么如何维护肠道黏膜结构与功能的完整性？更为重要的是：如何为肠道黏膜细胞提供合适的营养，或如何通过日粮做好肠道黏膜细胞的

营养？葡萄糖、游离氨基酸和小肽等可以快速地被细胞代谢所利用，应该是肠道黏膜细胞重要的营养物质和能量物质。在我们对氨基酸吸收利用的研究中，在谷氨酰胺的吸收与利用的研究中，以及后期对酶解鱼溶浆、酶解虾浆等的研究中，都可以发现一个重要的现象，肠道黏膜细胞会优先将吸收的营养物质用于蛋白质、脂肪的合成，用于黏膜细胞的更新。逆向思考，日粮中如果能够提供这些营养物质，或许更有利于肠道黏膜细胞的增殖和结构功能完整性的维持，更有利于肠道的健康和鱼体的健康，这是现代营养学的一个重要研究领域和技术领域。在这一节里将展示我们的部分研究结果。

一、动物肠道对吸收氨基酸的利用

关于不同器官组织中新的蛋白质合成强度，采用同位素标记氨基酸大剂量注射法是主要的技术方法。有人研究了虹鳟、南极鱼的不同器官组织蛋白质的合成率的差异，发现肝胰脏、鳃、消化道和脾脏中蛋白质合成速度较心脏、红肌和白肌高，表明鱼体功能性组织器官（如肝胰脏）较结构性组织器官（如肌肉）中蛋白质合成速度快，新蛋白质合成代谢强度在功能性器官组织较结构性器官组织强。

在鱼体蛋白质周转代谢的研究中，新合成蛋白质需要的氨基酸从哪里来？为了研究方便，将血液组织中、组织液中和细胞液中的游离氨基酸统称为游离氨基酸库或游离氨基酸池。游离氨基酸池中的氨基酸主要来源于二个途径，一是从食物消化吸收获得，二是从体蛋白质分解、衰老细胞分解、细胞吞噬等代谢途径获得。食物来源的游离氨基酸包括了食物中的游离氨基酸、食物蛋白质消化后吸收的氨基酸。而从体蛋白质分解而来的氨基酸则包括了细胞凋亡或死亡后蛋白质在溶酶体或其他酶的作用下分解的氨基酸、衰老的蛋白质分解的氨基酸、蛋白质损伤后被泛素或热休克蛋白标记并被蛋白酶分解的氨基酸等。

水产动物与哺乳动物新蛋白质合成的氨基酸来源有显著性的差异。有研究结果表明，水产动物与哺乳动物新蛋白质合成的氨基酸来源方面存在明显的差异，水产动物新的蛋白质合成需要的氨基酸，大部分来自于食物来源的氨基酸（超过50%），而不是体蛋白质周转的氨基酸（低于50%）；但哺乳动物则不同，器官组织新合成蛋白质需要的氨基酸主要来源于体蛋白质分解产生的氨基酸（超过70%），而不是来自于食物氨基酸（低于30%）。

这个事实的生理意义在哪里？这或许也是生物进化的一种表现。意味着食物氨基酸对哺乳动物新的蛋白质合成的影响程度很小，即使一天不摄食，其影响程度也不到30%；而对于水产动物而言，食物氨基酸对新的蛋白质合成的影响程度可能大于50%，一天不摄食的话，对这一天蛋白质的合成代谢就会产生重大的影响。如果从生理学上内环境稳定机制和稳定状态来分析，哺乳动物内环境中游离氨基酸池、蛋白质新陈代谢更为稳定，其稳定调控机制较强，受到当天摄食食物的影响程度很小。但是，对于水产动物则影响很大，变温的水产动物内环境的稳定状态相对较差，稳定的调控能力不如哺乳动物。

上述机制也可以说明为什么水产动物，尤其是鲤科鱼类对饲料中游离氨基酸的利用能力不如哺乳动物？我们的研究结果表明，鱼体从胃开始就具有对食物氨基酸的吸收能力，肠道前段开始就具备很强的对食物氨基酸吸收能力。如果在日粮中以游离氨基酸如赖氨酸、蛋氨酸等来平衡日粮的必需氨基酸模式，而这些游离氨基酸进入消化道后可能在前肠就被吸收，并在血液中形成这些游离氨基酸的浓度峰值。单个氨基酸在血液或游离氨基酸池中峰值的出现可能启动体内游离氨基酸池的内稳态调控机制，为了削减峰值就将这些氨基酸用于能量转化、物质转化。然而，食物中的蛋白质随食糜在消化道内移动并被消化，消化产生的氨基酸被吸收，消化的时间需要2～4h，并在中肠或后肠被吸收。此时的游离氨基酸池中必需氨基酸可能不平衡，因为为了平衡氨基酸模式补充的游离氨基酸已经在早前的时间点被分解利用了。由于水产动物新的蛋白质合成需要的氨基酸对食物来源氨基酸依赖程度大于50%，不平衡的食物来源游离氨基酸将对蛋白质合成造成负面的影响。其结果就是日粮中补充的游离氨基酸由于与饲料蛋白质来源的氨基酸吸收不同步，加之鱼类游离氨基酸内稳态机制对不同步的个别游离氨基酸峰值的动态调整，导致日粮补充的游离氨基酸并未能实现其氨基酸模式平衡在新的蛋白质合成中发挥平衡作用的目标。

但是，哺乳动物则可能不一样了，有研究结果显示，如果当天的食物氨基酸不平衡，例如缺乏赖氨酸，在48h内补充赖氨酸还可以保持体内氨基酸池中必需氨基酸的平衡性，有利于新的蛋白质合成。关于食物氨基酸对动物体蛋白合成贡献率的影响，有研究发现，不同鱼利用血浆蛋白质用于肝脏蛋白质合成的贡献为20%～35%，而Simth(1981)对虹鳟中的研究结果为11%。上述研究结果表明鱼肝胰脏中新合成的蛋白质需要的氨基酸只有少部分（20%～35%）是从血浆中来，而大部分为肝胰脏中降解的蛋白质再合成新的蛋白质。鱼体用于蛋白质合成的氨基酸主要是依赖于食物中摄取的蛋白质、氨基酸供给，达到92%的比例（Reeds et al.，1980），水产动物体蛋白质分解用于再合成蛋白质的比例较低。而在哺乳类只有1/4到1/3的用于蛋白质合成的氨基酸需要从食物中供给，大部分为从体蛋白质降解为氨基酸然后再合成蛋白质。

肠道黏膜细胞是代谢强度很高的细胞，细胞更新速度快，细胞代谢活性强。可以从两个方面进行理解，一是被更新的细胞可以通过衰老分解、死亡分解、凋亡分解等途径的代谢非常活跃，其中的蛋白质被分解为氨基酸后再利用的速度和数量均较大，就蛋白质分解而言，应该是分解的速度快、分解产生的游离氨基酸的量也很大。另一方面，新的蛋白质合成速度、新的细胞增殖速度均非常快，代谢非常的活跃，需要有大量的游离氨基酸供给用于新的蛋白质的合成代谢。

因此，肠道组织具有相当高的蛋白质合成速度，细胞具有很强的代谢能力。那么，用于新的蛋白质合成的氨基酸来源呢？依然包括了组织蛋白质周转代谢产生的氨基酸，也包括了来自于食物的氨基酸。肠道也是对食物氨基酸的吸收部位，我们的研究证明，食物来源的氨基酸在肠道会被优先利用，用于新的蛋白质合成，或转化为脂肪酸、糖类物质等。

对于从食物或饲料来源的、被肠道吸收的氨基酸，一部分用于肠道黏膜组织自身的代谢，另一部分则转运到血液和其他器官组织。单就被肠道吸收后自身代谢利用的氨基酸而言，一是肠道黏膜组织蛋白质合成代谢率很高，那么，被吸收的氨基酸有多少比例用于肠道黏膜组织新的蛋白质的合成？二是被吸收的氨基酸有多少比例用于向其他物质的转化或能量代谢？这些氨基酸都是被肠道黏膜组织吸收后被肠道黏膜细胞截留的氨基酸。

Fauconneau(1980)研究了在水温10℃和18℃下虹鳟消化道蛋白质合成率为23%/d～60%/d，高于其他器官组织，表明肠道黏膜是蛋白质合成速度很快的器官组织。在常见的哺乳动物中，对于生长期家畜，肠道蛋白质合成分率至少是外周体组织的10倍，在成年动物这一差别高达30倍。这些结果表明动物肠道黏膜蛋白质合成代谢速率较大。而关于肠道黏膜组织中被截留的氨基酸用于物质转化或能量代谢的比例，在其他动物中对不同氨基酸有一些研究结果。对于成年大鼠，肠腔食糜中的精氨酸在经肠黏膜吸收时，有40%被分解代谢；对于成年人，食物中38%的精氨酸在通过小肠黏膜时被利用。这些结果表明，摄入的精氨酸有相当大的一部分不能被肠外组织利用，主要被肠道黏膜组织自身利用了。食糜中的脯氨酸在通过仔猪肠黏膜时有38%被截留，因此日粮中较多的脯氨酸不能被肠外组织利用；仔猪日粮中必需氨基酸通过肠黏膜时的代谢至少60%是分解代谢。摄入的日粮亮氨酸在通过狗的小肠黏膜吸收时，约有30%被截留，被截留的亮氨酸进入转氨基和蛋白质合成途径的分别有55%和45%。对于仔猪，日粮中40%的亮氨酸、30%的异亮氨酸和40%的缬氨酸在通过肠黏膜时被截留，被截留的支链氨基酸用于肠黏膜蛋白质合成的平均不到20%（Stoll et al.，1998a），其余部分则用于了物质转化和能量代谢。仔猪饲料中赖氨酸和蛋氨酸的50%、苯丙氨酸的45%和苏氨酸的60%在通过肠黏膜吸收时被截留，其中的三分之一在通过小肠黏膜时即被分解代谢，被截留的这些必需氨基酸用于黏膜蛋白质合成的比例平均不到20%，对于苏氨酸，这个比例更低，只有11%。结合到黏膜蛋白质的比例如此之低，表明这些氨基酸在黏膜中主要发生的分解代谢。对于成年人，摄入的赖氨酸和苯丙氨酸分别有30%和58%在通过肠黏膜时即被截留。

鉴于肠黏膜中氨基酸的分解代谢在维持肠黏膜完整性、正常功能中具有重要作用，通过营养调控肠黏膜中氨基酸的分解代谢也是值得研究的问题。日粮中氨基酸在肠黏膜中除了进行蛋白质合成、分解代谢以外，还同时进行着其他有机物质如脂类、糖类的生物合成，但合成的量有多大？是否可以通过营养调配等手段使氨基酸尤其是必需氨基酸用于脂类、糖类等非蛋白质生物合成的比例大大减少，而用于合成体蛋白质的比例却大大提高？这些十分有意义的鱼类营养问题确实很有必要进行研究。

二、鲫鱼、草鱼离体肠道对L-酪氨酸和L-脯氨酸的吸收与利用

（一）试验条件

以平均体重（120.4±34.9）g/尾的草鱼、平均体重（96.1±20.6）g/尾的鲫鱼离体灌注肠道模型为试验对象，以L-脯氨酸，L-酪氨酸为试验氨基酸，并用放射性氨基酸L-［4,5-^{3}H］酪氨酸、L-［2,3,4,5-^{3}H］脯氨酸为同位素示踪氨基酸，放射性强度用液体闪烁计数仪进行测量，得到放射强度cpm值。

灌注液中氨基酸浓度设置为脯氨酸10.0mmol/L、5.0mmol/L和1.0mmol/L，酪氨酸设置为2.5mmol/L、1.5mmol/L和0.5mmol/L。

由于鱼体大小差异使肠道长度和质量有一定的差异，我们把鲫鱼、草鱼肠道对试验氨基酸的跨壁运输量表示为单位肠道组织质量（g）对试验氨基酸的跨壁运输量，计算公式如下：

跨壁运输量(μmol/g)=（培养液cpm值-空白培养液cpm值）×灌注试验氨基酸浓度（mmol/L）×培养液体积（L）×1000/［灌注液cpm值×肠道质量（g）］。

氨基酸吸收转运速度［μmol/(g·min)］=（培养液cpm值-10min时培养液cpm值）×灌注试验氨基酸浓度（mmol/L）×培养液体积（L）×1000/［灌注液cpm值×肠道质量（g）×10］。

不同时间测定通过肠道吸收并转运到肠道外培养液中的试验氨基酸量，以此计算肠道对试验氨基酸的吸收转运速度；测定在40min时"吸收转运到肠道外+截留于肠道组织内的试验氨基酸量"（代表总吸收量），结合流过肠道内的试验氨基酸的量计算肠道对灌注试验氨基酸总吸收率；对肠道组织蛋白质、脂肪进行分离纯化，并测定肠道组织内游离试验氨基酸放射性强度，计算蛋白质结合、脂肪结合的试验氨基酸、游离形式的试验氨基酸及其在这3者之外的其他部分的试验氨基酸量，对各种方式存在的试验氨基酸量按照比例进行比较分析以探讨肠道组织对试验氨基酸的利用比例。

（二）肠道对氨基酸吸收转运速度

肠道对氨基酸吸收转运速度结果见图2-7，鲫鱼对Tyr的吸收转运速度高于草鱼对Tyr的吸收转运速

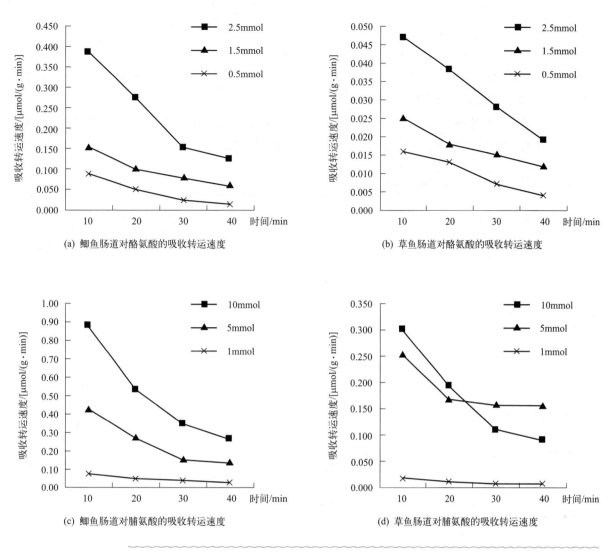

图2-7 鲫鱼、草鱼肠道对酪氨酸和脯氨酸的吸收转运速度

度，在三个浓度、在10min内，鲫鱼对Tyr的吸收转运速度分别是草鱼相应浓度组的5、6、12倍，且随着浓度的增加，倍数也显著增加。鲫鱼对Pro的吸收转运速度在10min内极显著高于草鱼的相应Pro浓度。

鲫鱼肠道对Tyr和Pro的吸收转运速度也有显著差异（$P < 0.05$），对Pro的吸收转运速度显著高于Tyr。而草鱼对此两种氨基酸的吸收转运速度差异极显著（$P < 0.01$），对Pro的吸收转运速度是Tyr的10倍左右。

上述结果表明，鲫鱼、草鱼肠道吸收动力学特征表现为：随着灌注氨基酸浓度的减少，截留于肠道内的氨基酸比例越少，而被转运到肠外的比例越高。对于同一氨基酸，鲫鱼转运到肠道外的比例远高于草鱼。

（三）鲫鱼、草鱼肠道对Tyr和Pro的总吸收率

以吸收后截留于肠道内的试验氨基酸量（μmol）+肠道吸收转运到培养液中的试验氨基酸量（μmol）为肠道吸收的试验氨基酸总量，计算吸收总量占试验期间流过肠道的试验氨基酸总量（μmol）的比例作为肠道对试验氨基酸的总吸收率。结果见表2-9和表2-10。

鲫鱼肠道对Tyr的总吸收率与灌注液Tyr浓度未表现出正相关关系，各组间差异不显著（$P > 0.05$）；鲫鱼肠道对Pro的总吸收率与灌注液Tyr浓度成正相关关系（$R=0.7982$）。草鱼肠道对Tyr的总吸收率与灌注液Tyr浓度成负相关关系（$R=-0.8475$），而且差异显著（$P < 0.05$）；草鱼肠道对Pro的最大吸收率是5.0mmol/L（吸收率为8.14%）。

相比较而言，草鱼肠道对Pro的总吸收率高于相应浓度的鲫鱼肠道，而且差异极显著（$P < 0.01$）；草鱼肠道对Tyr的总吸收率除了2.5mmol/L组外，其余两个浓度组均高于鲫鱼肠道。

表2-9　鲫鱼肠道对试验氨基酸总的吸收率

试验氨基酸及浓度/(mmol/L)		跨膜转运量/(μmol/g)	肠道保留量/(μmol/g)	单位质量肠道吸收量/(mol/g)	总吸收量/μmol	流过肠道总量/μmol	总吸收率/%	占吸收总量的比率	
								肠道内/%	跨膜转运/%
Tyr	2.5	9.845±0.104	8.696±0.067	18.541±0.037	5.403	200	2.70	46.89	53.11
	1.5	3.894±0.010	2.619±0.007	7.512±0.008	2.770	120	2.38	46.88	53.12
	0.5	1.763±0.005	1.245±0.002	3.008±0.007	0.981	40	2.44	41.40	58.60
Pro	10	19.775±0.0.564	26.398±0.363	46.173±0.927	14.742	800	1.84	57.17	42.83
	5	9.890±0.153	6.959±0.110	16.848±0.456	6.101	400	1.52	41.30	58.70
	1	2.028±0.013	1.237±0.004	3.266±0.005	0.620	80	0.78	37.89	62.11

表2-10　草鱼肠道对试验氨基酸总的吸收率

试验氨基酸及浓度/(mmol/L)		跨膜转运量/(μmol/g)	肠道保留量/(μmol/g)	单位质量肠道吸收量/(μmol/g)	总吸收量/μmol	流过肠道总量/μmol	总吸收率/%	占吸收总量的比率	
								肠道内/%	跨膜转运/%
Tyr	2.5	1.348±0.065	4.626±0.011	5.974±0.054	3.660	200	1.83	77.44	22.56
	1.5	0.705±0.009	2.128±0.000	2.833±0.009	2.885	120	2.40	75.12	24.88
	0.5	0.401±0.008	0.520±0.002	0.926±0.006	1.221	40	3.05	56.18	43.82
Pro	10	6.942±0.232	21.986±0.109	28.928±0.341	36.870	800	4.61	76.00	24.00
	5	7.381±0.083	22.980±0.494	30.361±0.424	32.580	400	8.14	75.69	24.31
	1	0.465±0.001	1.213±0.003	1.678±0.001	1.180	80	1.47	72.31	27.69

分析表2-9和表2-10中截留在肠道内和转运到肠道外的试验氨基酸的比例可以获得很有价值的结果。肠道对吸收的试验氨基酸一部分保留在肠道内，另一部分则通过肠道转运到肠道外的培养液中。对于Tyr和Pro这两种氨基酸在相同浓度下，草鱼比鲫鱼截留在肠道内的比例均极显著增高（$P < 0.01$），即吸收转运到肠道外的比例比鲫鱼极显著偏低。此外，除了鲫鱼Pro试验组，鲫鱼Tyr试验组和草鱼Tyr、pro试验组中在高浓度组转运到肠道外的氨基酸比例均差别很小，而且，随着氨基酸灌注浓度的降低，跨膜转运的比例越来越高，低浓度组的比例显著高于其他高浓度组（$P < 0.05$）。

上述结果表明，鲫鱼肠道对两种氨基酸的总吸收率与灌流氨基酸浓度变化成正相关变化关系，即随着灌注氨基酸浓度减小，总的吸收率也在减小。但草鱼对Tyr的总吸收率却正好与灌注氨基酸浓度变化成负相关变化关系，即当Tyr灌流浓度分别为2.5mmol/L、1.5mmol/L、0.5mmol/L时其总吸收率为1.83%、2.40%、3.05%。草鱼对Pro的总吸收率以5.0mmol/L组为最高，这一结果再一次验证了草鱼肠道对部分氨基酸的吸收具有高浓度下其总吸收率或吸收转运速度下降的事实，即出现饱和现象或称为高浓度抑制现象。

（四）肠道对吸收的试验氨基酸的利用比例

为了分析肠道对试验氨基酸的利用情况，在不同试验条件下取灌注的鲫鱼、草鱼肠道，采用C-M液（三氯甲烷∶甲醇为2∶1）提取肠道组织中的脂肪，得到试验肠道的脂肪样本。另将试验肠道用含2%HClO$_4$的溶液沉淀蛋白质，离心后上清液为游离氨基酸样本；沉淀中再提纯其中的蛋白质，得到蛋白质样本。之后测定脂肪样本、游离氨基酸样本和纯化后的蛋白质样本中的放射性强度cpm值，即每分钟待测液中释放的放射衰变次数。以待测液中的cpm值与灌注液中cpm值比较，计算样本中脂肪、游离氨基酸和蛋白质结合的、分别来自于放射性氨基酸为L-[4,5-^{3}H]酪氨酸、L-[2,3,4,5-^{3}H]脯氨酸中的^{3}H量。以此计算灌注液中的氨基酸被转化为脂肪的比例，以及游离氨基酸存在的比例和结合在蛋白质中的比例（应该是新合成的蛋白质的比例），探讨灌注液中氨基酸被肠道利用、代谢的去路。

将肠道内游离的试验氨基酸及蛋白质、脂肪中结合的试验氨基酸与吸收转运到肠道外培养液中的试验氨基酸作为总量作成分配比例图，见图2-8和图2-9。

由图2-8可知，对于鲫鱼，在不同的Tyr浓度组中，肠道蛋白质结合的Tyr比例没有显著性的变化；肠道脂肪结合的Tyr氨基酸比例以1.5mmol/L浓度组最高（40.03%），三组之间有显著性差异。

对于Pro，鲫鱼肠道蛋白质结合的Pro以5.0mmol/L浓度组比例最低（1.73%），其他两组差异不显著，但合成蛋白质的比例均显著高于Tyr相应的试验组（$P<0.05$）；肠道脂肪结合的Pro呈现出随浓度逐渐降低的正相关变化趋势；肠道内游离的试验氨基酸所占比例呈现出逐渐降低的与试验氨基酸浓度正相关变化趋势。

由图2-9可知，对于草鱼，肠道蛋白质结合的Tyr比例以0.5mmol/L浓度组的比例最高（3.07%），各组间的比例差异显著（$P<0.05$），同鲫鱼相比，草鱼肠道用于合成蛋白质的Tyr比例显著高于鲫鱼（$P<0.05$）；肠道脂肪结合的Tyr比例以0.5mmol/L浓度组比例最低（45.72%）与其他两组差异极显著，而其他两组间差异不显著，且草鱼用于合成脂肪的Tyr比例显著高于鲫鱼相应的浓度组。

草鱼肠道蛋白质结合的Pro比例以5.0mmol/L浓度组比例最高（0.87%），与其他两组差异并不显著（$P>0.05$），但合成蛋白质的比例显著低于鲫鱼相应浓度组；肠道脂肪结合的Pro比例以1.0mmol/L浓度组比例最低（44.70%），与其他两组差异极显著，而其他两组间差异不显著，且均极显著高于鲫鱼相应的浓度组（$P<0.01$）。

（五）肠道内试验氨基酸的不同物质之间的比例关系

前面的结果显示出草鱼、鲫鱼肠道在灌注试验氨基酸浓度逐渐增加或下降时，不同浓度组Pro和Tyr的各种存在形式有一个绝对比例，这个比例对于鱼类肠道吸收、利用氨基酸情况能说明一定的问题。那么，肠道内蛋白质、脂肪各自结合的试验氨基酸及肠道中游离的试验氨基酸之间的相对比例又是如何的呢？它们又能反映什么问题？

由表2-11以看出，鲫鱼的肠道随着Tyr、Pro浓度及草鱼肠道随着Tyr浓度的逐渐下降，肠道内蛋白质、脂肪结合的试验氨基酸的绝对量也呈逐渐减少的趋势，唯独草鱼5.0mmol/L Pro试验组肠道内蛋白质、脂肪结合的试验氨基酸的绝对量高于其他两试验组。从绝对量上来看，鲫鱼肠道蛋白质、脂肪结合的Tyr的量基本上均显著高于草鱼结合的量（$P<0.05$）；鲫鱼除了5.0mmol/L Pro试验组肠道内脂肪结合的试验氨基酸的绝对量显著低于草鱼结合的量外，其他浓度Pro试验组肠道内蛋白质、脂肪结合的试验氨基酸的绝对量均高于草鱼相应浓度试验组。

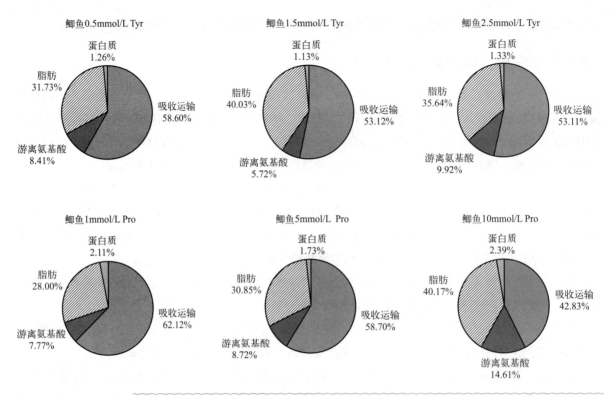

图2-8 鲫鱼肠道对试验氨基酸吸收利用的比例

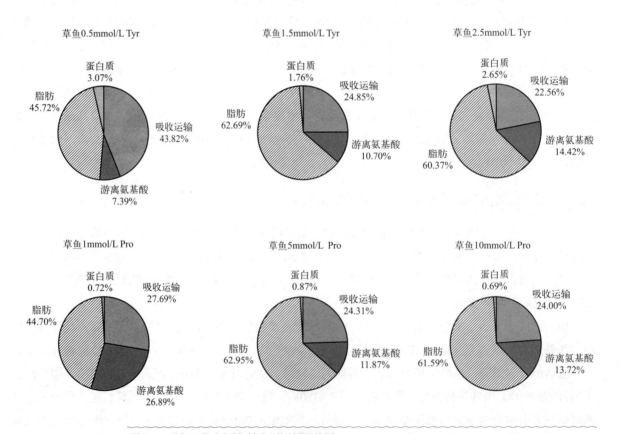

图2-9 草鱼肠道对试验氨基酸吸收利用的比例

表2-11　鲫鱼、草鱼肠道内不同物质的试验氨基酸之间的比例

试验鱼类	试验氨基酸及其浓度/(mmol/L)		蛋白质/游离氨基酸/%	蛋白质/脂肪/%	游离氨基酸/脂肪/%	蛋白质结合的试验氨基酸的量/(μmol/g)	脂肪结合的试验氨基酸的量/(μmol/g)
鲫鱼	Tyr	2.5	13.47	3.75	29.36	0.247	6.609
		1.5	23.02	2.77	13.07	0.082	2.970
		0.5	15.04	3.99	26.51	0.038	0.954
	Pro	10.0	16.68	5.87	36.36	1.104	18.549
		5.0	19.88	5.62	28.29	0.292	5.196
		1.0	27.18	7.55	27.76	0.069	0.914
草鱼	Tyr	2.5	18.37	4.38	23.88	0.158	3.607
		1.5	22.46	3.20	17.01	0.050	1.776
		0.5	41.54	6.72	16.17	0.028	0.423
	Pro	10.0	5.03	1.24	22.29	0.199	17.817
		5.0	7.30	1.30	18.88	0.263	19.112
		1.0	2.66	1.60	60.14	0.012	0.750

从相对量来看，对于不同浓度的Tyr，鲫鱼肠道蛋白质/游离氨基酸（P/Free AA）比值以1.5mmol/L试验组最高，而0.5mmol/L试验组也高于2.5mmol/L试验组；草鱼此比值随Tyr浓度的减小而逐渐增加，尤以0.5mmol/L试验组极显著高于其他浓度组（$P < 0.01$）；鲫鱼除了1.5mmol/L试验组肠道内P/Free AA略高于草鱼外，其他两组均显著低于草鱼。关于蛋白质/脂肪（P/F）比值，鲫鱼和草鱼对于不同浓度的Tyr试验组，其变化情况很相似，即都以1.5mmol/L试验组的比值最小，其次是2.5mmol/L试验组，比值最高的是0.5mmol/L试验组；不难看出，草鱼三个Tyr浓度组的P/F比值均显著高于鲫鱼（$P < 0.05$），而且以0.5mmol/L试验组此比值极显著高于鲫鱼（$P < 0.01$）。关于游离氨基酸/脂肪（Free AA/F）比值，草鱼随Tyr浓度的下降而呈下降趋势，鲫鱼总的趋势同草鱼类似，但以1.5mmol/L试验组比值最小，并且除了此试验组外，鲫鱼其他两组此比值均显著高于草鱼（$P < 0.05$）。

由以上结果可看出，鲫鱼肠道蛋白质和脂肪各自结合的Tyr绝对量均显著高于草鱼，但从相对量上看，鲫鱼利用游离Tyr合成蛋白质和脂肪的能力不如草鱼，这一特点由饼形图中蛋白质、脂肪所占绝对比例所印证。

对于不同浓度的Pro，从相对量上来看，鲫鱼肠道P/Free AA比值随着Pro浓度的减小而逐渐增加，呈现出与试验氨基酸浓度负相关变化趋势，尤其是1.0mmol/L试验组与前两组差异显著（$P < 0.05$）；与鲫鱼不同，草鱼以5.0mmol/L试验组的比值最高，1.0mmol/L试验组的比值最低；鲫鱼P/Free AA比值极显著高于草鱼（$P < 0.01$）。关于P/F比值，鲫鱼和草鱼对于不同浓度的Pro试验组，其变化情况很相似，即都以1.0mmol/L试验组的比值最高，前两组比值差异甚小，但鲫鱼此比值极显著高于草鱼（$P < 0.01$）。关于Free AA/F比值，鲫鱼随Pro浓度的下降而呈下降趋势，草鱼总的趋势同鲫鱼类似，但不同的是以1.0mmol/L试验组比值最高且极显著高于鲫鱼相应浓度组比值，而其他两试验组，此比值均显著低于鲫鱼。

由此可知，对于Pro，鲫鱼肠道蛋白质结合的绝对量和相对量均显著高于草鱼，说明鲫鱼利用Pro合成蛋白质的能力显著高于草鱼，而鲫鱼利用Pro合成脂肪的能力不如草鱼。

此外，将两种鱼Pro和Tyr之间合成蛋白质、脂肪的情况相比较，对于鲫鱼，Pro高、中、低三个浓度组的P/Free AA、P/F、Free AA/F比值基本上高于Tyr相应高、中、低三个浓度组比值，只是Pro 5.0mmol/

L试验组的P/Free AA比值低于Tyr 1.5mmol/L试验组比值。因此，无论从绝对量上看还是从相对量上看，鲫鱼利用Pro合成蛋白质和脂肪的能力均显著高于Tyr。而草鱼与鲫鱼情况正好相反，Pro高、中、低三个浓度组的P/Free AA、P/F、Free AA/F比值基本上低于Tyr相应高、中、低三个浓度组比值，只是Pro 5.0mmol/L和1.0mmol/L试验组的Free AA/F比值高于Tyr 1.5mmol/L和0.5mmol/L试验组比值。从绝对量上看，草鱼肠道蛋白质结合Pro的量要高于Tyr，尤其是肠道脂肪结合Pro的量要显著高于Tyr，但从相对量上看，草鱼利用游离Pro合成蛋白质的能力显著低于Tyr，利用游离Pro合成脂肪的能力基本上也低于Tyr。

总结本试验结果表明，鲫鱼、草鱼肠道在吸收、转运酪氨酸、脯氨酸的同时也在利用试验氨基酸进行蛋白质、脂肪的合成。截留于肠道的试验氨基酸大部分合成脂肪，部分以游离氨基酸形式存在，部分用于蛋白质的合成及其他利用方式。用于合成脂肪的试验氨基酸比例在鲫鱼和草鱼均较蛋白质大很多，但草鱼用于合成脂肪的试验氨基酸比例显著高于鲫鱼。各试验氨基酸浓度组中鲫鱼肠道蛋白质结合Tyr的绝对量均高于草鱼，尤其是脂肪结合的Tyr的绝对量显著高于草鱼，但从相对量上看，鲫鱼利用游离Tyr合成蛋白质和脂肪的能力不如草鱼。对于Pro，鲫鱼肠道蛋白质结合的绝对量和相对量均高于草鱼，说明鲫鱼利用Pro合成蛋白质的能力高于草鱼，而鲫鱼利用Pro合成脂肪的能力大体上不如草鱼。

在消化道合成的蛋白质主要用于分泌，在分泌的蛋白质中主要是黏蛋白，而肠黏蛋白的核心部分富含半胱氨酸、脯氨酸、苏氨酸和丝氨酸，后三者构成了黏蛋白肽链的重复片段。黏蛋白具有保护性生理机能，在肠黏膜受到损伤或发生炎症时分泌量增加，使消化道代谢的氨基酸增加，所以黏蛋白的大量分泌对这些氨基酸的需要量应有可测的影响。同时本实验结果显示肠道灌注氨基酸有较大比例用于肠黏膜脂肪的合成，这同样会阻碍日粮氨基酸进入门脉循环供肠外组织利用，并会打破日粮原有的氨基酸平衡，因此在配制鱼类配合饲料时，应考虑肠道对日粮氨基酸的利用情况，设置一定的保险系数。

三、谷氨酰胺对草鱼肠道L-亮氨酸、L-脯氨酸吸收及对肠道蛋白质合成的影响

肠道黏膜是更新很快的组织，也是体内能量消耗的主要器官。谷氨酰胺是体内快速生长细胞如淋巴细胞、肠道黏膜细胞等重要的能量物质，对肠道组织代谢有重要作用；在应激状态下，尤其是消化道疾病状态下，外源性谷氨酰胺的供给具有更为重要的作用，成为条件必需氨基酸。

以平均体重（44.45±34.45）g的草鱼为试验对象，采用同位素技术（^{3}H标记氨基酸为L-[4,5-^{3}H]亮氨酸、L-[3,4-^{3}H]脯氨酸）研究谷氨酰胺对草鱼肠道吸收L-亮氨酸、L-脯氨酸的影响，以及对肠道蛋白质合成的影响，以探讨谷氨酰胺在肠道氨基酸吸收及肠道蛋白质代谢合成方面的作用。

分别设计肠囊培养液中亮氨酸、脯氨酸1.0mmol/L、5.0mmol/L、10.0mmol/L三个浓度梯度，谷氨酰胺浓度分别设计为1.0mmol/L和5.0mmol/L两个浓度，以不含谷氨酰胺的培养液为对照。如对于亮氨酸，分别为"1.0mmol/L Leu+1.0mmol/L Gln"、"5.0mmol/L Leu+1.0mmol/L Gln"、"10.0mmol/L Leu+1.0mmol/L Gln"、"1.0mmol/L Leu+5.0mmol/L Gln"、"5.0mmol/L Leu+5.0mmol/L Gln"、"10.0mmol/L Leu+5.0mmol/L Gln"，以及作为对照的1.0mmol/L Leu、5.0mmol/L Leu、10.0mmol/L Leu共9个试验组；对于脯氨酸按照上述设计同样为9个试验组。每个试验组溶液含放射性氨基酸的放射剂量为2.0μCi/mL。

（一）肠道对试验氨基酸吸收总量

在5min内分别测定了1.0mmol/L和5.0mmol/L谷氨酰胺对肠道亮氨酸、脯氨酸吸收量的影响，结果

见图2-10和图2-11。与对照组结果相比较，加入谷氨酰胺后肠道对亮氨酸的吸收量（μmol/g）显著增加了（$P < 0.05$），对脯氨酸的吸收量（μmol/g）也显著增加（$P < 0.05$）。这些表明谷氨酰胺显著促进了草鱼肠道对亮氨酸和脯氨酸的吸收。但是，1.0mmol/L与5.0mmol/L谷氨酰胺试验组相比较，无论是对亮氨酸的吸收，还是对脯氨酸的吸收均没有显著差异（$P > 0.05$）。比较图2-10和图2-11的结果可知，肠道对亮氨酸的吸收量高于对脯氨酸的吸收量。

（二）试验肠道组织中游离试验氨基酸

测定了试验草鱼肠道组织中游离氨基酸中试验氨基酸的量，这部分氨基酸是经过肠道吸收进入肠道组织以游离状态存在的试验氨基酸，结果见图2-12和图2-13。与对照组比较，无论是亮氨酸试验组还是脯氨酸试验组，在亮氨酸和脯氨酸浓度为1.0mmol/L时，肠道组织中游离的亮氨酸和脯氨酸在各试验组间没有显著性的差异（$P > 0.05$），但是在5.0mmol/L和10.0mmol/L时，加入了谷氨酰胺的试验组结果与对照组结果具有显著性的差异（$p < 0.05$），显著高于对照组的结果。但是，在加入1.0mmol/L与5.0mmol/L谷氨酰胺的结果相互比较，无论是亮氨酸组还是脯氨酸组均无显著性的差异（$P > 0.05$）。表明低浓度下游离氨基酸可能被肠道黏膜利用，高浓度下才显示出游离氨基酸量的增长。

（三）肠道蛋白质结合的试验氨基酸量

将草鱼肠道蛋白质经过分离、70℃烘干后测定并计算得到蛋白质结合的试验氨基酸的量，结果见图2-14和图2-15。试验中，单位质量的肠道蛋白质结合的亮氨酸和脯氨酸的量的变化关系，反映了肠道新合成的蛋白质的量的变化关系，也反映了肠道蛋白质合成代谢的活跃程度。谷氨酰胺显著增加了试验草鱼肠道蛋白质的合成量，无论是亮氨酸组还是脯氨酸组，加入了谷氨酰胺试验组肠道蛋白质结合的试验氨基酸量均显著高于对照组的结果（$P < 0.05$）。这些结果表明，试验草鱼肠道不仅利用了吸收的试验氨基酸用于肠道蛋白质的合成，而且利用了肠道组织中其他氨基酸（如肠道蛋白质周转产生的氨基酸）用于新的蛋白质的合成，谷氨酰胺的加入使肠道蛋白质合成量显著增加。然而，将1.0mmol/L与5.0mmol/L谷氨酰胺的试验结果相互比较，则没有显著差异（$P > 0.05$）。

同时，从图2-14和图2-15的结果可以发现，随着培养液中试验氨基酸浓度的增加，无论是添加了谷胺酰胺的试验组还是没有添加的对照组，肠道蛋白质结合的试验氨基酸量均显著增加，其变化近于直线变化关系。表明试验氨基酸浓度增加的同时，其肠道蛋白质合成量也随之显著增加。比较图2-14和图2-15的结果可知，亮氨酸草鱼肠道蛋白质合成量高于脯氨酸组草鱼肠道蛋白质的合成量。

上述试验结果表明：①在草鱼离体肠道组织中加入谷氨酰胺后，能够显著增加肠道对亮氨酸和脯氨酸的吸收量、肠道组织游离试验氨基酸量和肠道蛋白质结合的试验氨基酸量，表明谷氨酰胺在草鱼肠道氨基酸吸收和肠道蛋白质合成方面具有非常重要的促进作用；②草鱼肠道在吸收亮氨酸和脯氨酸的同时，肠道组织依然在进行着活跃的蛋白质合成代谢或蛋白质周转代谢。除了利用试验氨基酸外，肠道原有蛋白质分解产生的氨基酸也参与了新蛋白质的合成，其合成代谢强度受氨基酸浓度影响，有正相关变化关系，即随着试验氨基酸浓度的增加其新合成的蛋白质量也随之增加。比较肠道对亮氨酸和脯氨酸的吸收量、新蛋白质合成量，亮氨酸组结果高于脯氨酸组结果。

肠道黏膜的能量物质不是常规的以葡萄糖为主，而是以氨基酸为主要能量物质，通过肠道黏膜吸收的日粮必需与非必需氨基酸部分在肠道就地作为能源物质被消耗，同时还要吸收通过血液从体内组织转运来的谷氨酰胺等（大鼠吸收25%～30%的谷氨酰胺）氨基酸作为能量物质，以维持肠道黏膜的完整性和肠道的正常生理功能。对于日粮来源的Leu在通过肠黏膜时有一定量被截留下来分别用于氨基酸分解

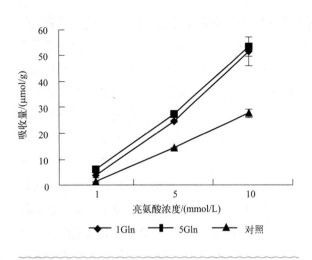

图2-10 Gln对肠道Leu吸收量的影响

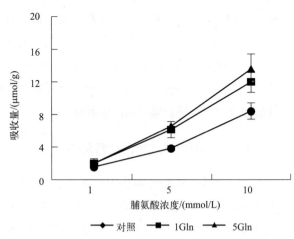

图2-11 Gln对肠道Pro吸收量的影响

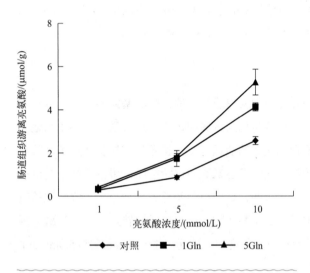

图2-12 Gln对肠道游离Leu的影响

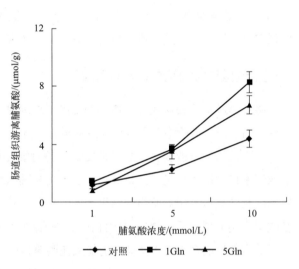

图2-13 Gln对肠道游离Pro的影响

代谢和蛋白质的合成，在不同的动物这种被截留的比例和分别用于转氨分解、蛋白质合成的比例有很大的不同，狗有30%的Leu被截留并分别以55%和45%的比例用于氨基酸的转氨分解和新的蛋白质合成，人有20%～30%的Leu被截留，仔猪有40%的Leu被截留并以小于20%的比例用于蛋白质合成，绵羊被截留的Leu几乎全部用于蛋白质的合成。在本试验中，在灌注的亮氨酸和脯氨酸浓度从1.0mmol/L增加到5.0mmol/L、10.0mmol/L时，肠道蛋白质合成量呈线性增加，加入谷氨酰胺后蛋白质合成量显著增加，但是1.0mmol/L和5.0mmol/L的谷氨酰胺对肠道蛋白质合成量无显著差异，表明谷氨酰胺能够显著增加肠道蛋白质的合成代谢，对肠道正常生理功能和代谢的维持具有重要的作用。

四、草鱼离体肠道对L-亮氨酸和L-酪氨酸的吸收与利用

以平均体重（159.5±31.1）g草鱼的肠道为试验对象，采用同位素示踪方法和肠道离体灌注模型研究了草鱼肠道对亮氨酸、酪氨酸的吸收与利用。

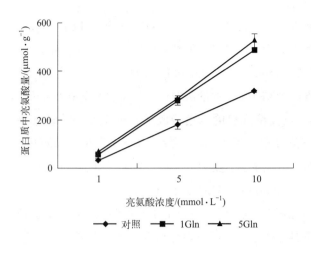

图2-14 Gln对肠道蛋白质Leu合成量的影响

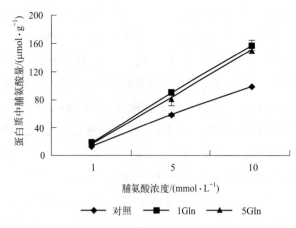

图2-15 Gln对肠道蛋白质Pro合成量的影响

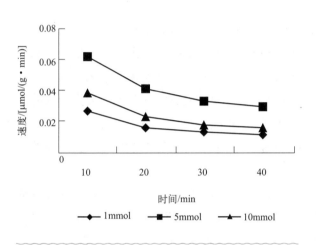

图2-16 草鱼肠道对Leu的吸收转运速度

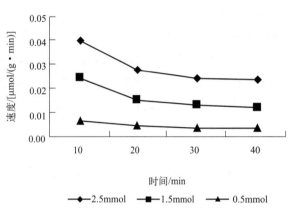

图2-17 草鱼肠道对Tyr的吸收转运速度

Leu设置为10.0mmol/L、5.0mmol/L和1.0mmol/L，Tyr参考其溶解度设置为2.5mmol/L（近于饱和浓度）、1.5mmol/L和0.5mmol/L。放射性氨基酸为L-[4,5-³H]亮氨酸、L-[3,5-³H]酪氨酸，比活度均为60Ci·mol⁻¹。在相同条件下、不同时间测定通过肠道吸收并转运到肠道外的试验氨基酸量，以此计算肠道对试验氨基酸的吸收转运速度；测定在40min时吸收转运到肠道外的、截留于肠道组织内的试验氨基酸量，结合流过肠道内的试验氨基酸的量计算肠道对灌注试验氨基酸总吸收率；对肠道组织蛋白质进行分离纯化，并测定肠道组织内游离试验氨基酸放射性强度，计算蛋白质结合的试验氨基酸、游离形式的试验氨基酸及其在这两者之外的其他部分的试验氨基酸量，对各种方式存在的试验氨基酸量按照比例进行比较分析以探讨肠道组织对试验氨基酸的利用比例。按照同位素稀释方法通过测量的dpm值计算各样品中试验氨基酸的量。

（一）肠道对氨基酸吸收转运速度

根据肠道培养液和灌注液dpm值，计算得到肠道对试验氨基酸吸收转运速度，即单位时间（min）

通过肠道吸收并转运到培养液中的试验氨基酸量（μmol），结果见图2-16和图2-17。肠道对Leu和Tyr的吸收转运速度随时间延长逐渐下降，在20min以后趋于稳定。试验氨基酸浓度对吸收速度的影响在Leu和Tyr具有不同的结果，对于Leu，灌流的Leu浓度在1.0mmol/L、5.0mmol/L、10.0mmol/L试验组的吸收转运速度在试验组间具有显著性的差异（$P<0.05$），如在10min时的吸收转运速度分别为0.026μmol/（g·min）、0.062μmol/（g·min）和0.038μmol/（g·min），在高浓度组的肠道吸收转运速度反而显著下降（$P<0.05$）。肠道对Tyr吸收转运速度与灌注的Tyr浓度变化有正相关关系，Tyr浓度在0.5mmol/L、1.5mmol/L和2.5mmol/L试验组的吸收转运速度在组间也具有显著性的差异（$P<0.05$），如在10min时的吸收转运速度分别为0.006μmol/（g·min）、0.024μmol/（g·min）和0.039μmol（g·min）。

肠道对Leu的吸收转运在10.0mmol/L组的吸收转运速度显著低于5.0mmol/L组的结果，再一次验证了草鱼肠道对Leu等部分氨基酸的吸收具有高浓度下其总吸收率、吸收转运速度下降的事实。但对Tyr的吸收转运量与灌注氨基酸浓度变化成正相关变化关系，即灌注的Tyr增加时，肠道对Tyr的吸收转运速度也随之增大。

（二）肠道对试验氨基酸的总吸收率

以吸收后截留于肠道组织的试验氨基酸量（μmol）、肠道吸收转运到培养液中的试验氨基酸量（μmol）为肠道吸收的试验氨基酸总量，计算吸收总量占试验期间流过肠道内的试验氨基酸量（μmol）的比例作为肠道对试验氨基酸总吸收率，结果见表2-12。肠道对Leu的总吸收率为12.83～18.85%，总吸收率与灌注的氨基酸浓度的相关关系与肠道对Leu吸收转运率的变化规律相同，最大吸收率是5.0mmol/L组（吸收率为18.85%），其次为10.0mmol/L组（16.45%），以1.0mmol/L组最低（12.83%）；对Tyr的总吸收率为22.18%～27.49%，总吸收率大小与灌注液Tyr浓度成正相关关系；肠道对Leu的总吸收率低于Tyr。

对于Leu，在10.0mmol/L、5.0mmol/L和1.0mmol/L的浓度组，分别有65%、34%、17%的试验氨基酸保留在肠道组织内，Leu浓度越高保留在肠道内的比例越高，而转运到肠道外的比例就越低。对于Tyr，保留在肠道组织内和转运到肠道外的试验氨基酸比例受氨基酸浓度影响较小，保留在肠道内的试验氨基酸比例在2.5mmol/L、1.5mmol/L、0.5mmol/L组分别为45%、45%、48%。

表2-12　草鱼肠道对试验氨基酸总的吸收率

氨基酸	氨基酸浓度/(mmol/L)	肠道组织中/μmol	吸收运输量/μmol	流过肠道量/μmol	总吸收率/%	占吸收总量的比例/%	
						肠道内	吸收转运
Leu	10.0	63.73±2.61	34.96±0.01	600	16.45	65	35
	5.0	19.08±3.09	37.46±0.01	300	18.85	34	66
	1	1.27±0.15	6.42±0.01	60	12.83	17	83
Tyr	2.5	18.58±1.80	22.64±0.01	150	27.49	45	55
	1.5	9.49±0.20	11.83±0.01	90	23.68	45	55
	0.5	3.16±0.09	3.49±0.01	30	22.18	48	52

（三）肠道组织对吸收的试验氨基酸的利用比例

为了进一步分析肠道对试验氨基酸的吸收和利用情况，测定并计算了肠道组织游离氨基酸、蛋白质结合的试验氨基酸量（μmol），由于这两者的量与肠道组织内截留的试验氨基酸总量有一定的差值，将其差值称之为"其他量"（μmol）。将肠道内的这三种成分量与吸收转运到肠道外的试验氨基酸量（μmol）一起做成分比例图，见图2-18。

在所有的试验组中均有一定比例的试验氨基酸进入了肠道新合成的蛋白质中，新合成蛋白质的氨基酸除了灌注的试验氨基酸外，其余的氨基酸来源于肠道组织蛋白质的周转代谢，这一结果既表明肠道组织利用吸收的试验氨基酸进行着活跃的蛋白质合成代谢，又表明肠道组织在离体条件下还在进行着活跃的蛋白质更新（周转代谢）。图2-18中还显示出有较大比例的试验氨基酸在肠道内以游离氨基酸形式存在；另外，"其他量"在不同的试验条件下其大小有较大的差异，在Tyr组达到13%～24%，而在Leu组为1%～6%，Tyr组结果明显高于Leu组。

在不同的试验氨基酸浓度组中，随着Leu浓度从1.0mmol/L、5.0mmol/L和10.0mmol/L逐渐增加，经过肠道吸收并转运到肠道外的Leu比例分别为83%、66%和36%，呈现出逐渐降低的负相关变化趋势；肠道内游离的Leu所占比例分别为9%、28%和48%，呈现出逐渐增加的正相关变化趋势；肠道蛋白质结合的Leu比例为2%、5%和13%，呈现出逐渐增加的正相关变化趋势。而对于Tyr，浓度从0.5mmol/L、1.5mmol/L和2.5mmol/L逐渐增加时，经过肠道吸收并转运到肠道外的Tyr比例分别为52%、55%和55%，没有显著性变化；肠道内游离形式的Tyr所占比例分别为7%、10%和16%，呈现出逐渐增加的正相关变化趋势；肠道蛋白质结合的Tyr比例为17%、15%和16%，没有显著性的变化，其他类所占比例分别为24%、20%和13%，呈现出逐渐下降的变化趋势。

试验结果表明，草鱼离体肠道吸收的Leu和Tyr有较大比例被转运到了肠道外，部分截留于肠道内以有利氨基酸形式存在，部分用于了肠道蛋白质的合成，同时还有部分被吸收的Leu和Tyr被分解或转化利用（本试验中的"其他量"）。从用于蛋白质合成和其他量的比例大小看，草鱼肠道对Leu和Tyr的利用比例有很大的差异，表现出氨基酸种类特异性，本试验中Tyr用于蛋白质合成和其他部分的比例大于Leu。从灌注液氨基酸浓度对吸收转运率和蛋白质合成、其他利用等的影响来看，Leu和Tyr也有很大的差异，Leu浓度对吸收及利用的效果影响程度较大，而Tyr的影响较小。

（四）肠道蛋白质结合的试验氨基酸

前面的结果显示出草鱼肠道在灌注试验氨基酸浓度逐渐增加时，Leu组试验氨基酸进入肠道蛋白质的比例逐渐增加，而Tyr组则基本维持在15%～17%。表2-13统计了肠道蛋白质结合的试验氨基酸放射性强度和蛋白质结合的试验氨基酸的量。单位质量肠道结合的试验氨基酸量随试验氨基酸浓度有显著的变化，当灌注的Leu浓度从1.0mmol/L、5.0mmol/L到10.0mmol/L时，每克肠道新合成的蛋白质中结合的Leu分别为（0.08±0.02）μmol/g、（0.86±0.24）μmol/g和（2.28±0.48）μmol/g，显示出逐渐增加的正相关变化关系。当Tyr浓度从0.5mmol/L、1.5mmol/L到2.5mmol/L时，每克肠道新合成的蛋白质中结合的Tyr分别为（0.39±0.01）μmol/g、（1.33±0.11）μmol/g和（2.69±0.58）μmol/g，也显示出逐渐增加的正相关变化关系。由于试验肠道蛋白质中Leu和Tyr的含量应该是相对稳定的，因此，试验中单位质量的肠道蛋白质结合的Leu和Tyr量的变化关系反映了肠道新合成的蛋白质量的变化关系，即随着肠道内灌注的Leu和Tyr浓度的增加，肠道组织新合成的蛋白质量也逐渐增加，蛋白质合成代谢也逐渐增强。

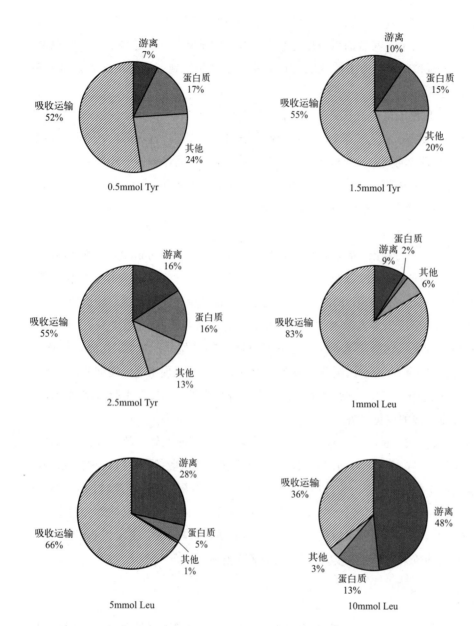

图2-18 肠道组织对试验Tyr和Leu吸收利用的比例

表2-13　肠道蛋白质结合的试验氨基酸

	灌注氨基酸浓度/(mmol/L)	纯化蛋白质放射强度/(dpm值/g)	蛋白质结合的试验氨基酸量/(μmol/g)
	10.0	107266±22788	2.28±0.48
Leu	5.0	31000±8770	0.86±0.24
	1	32266±8285	0.08±0.02

Nutritional Physiology and Feed of Freshwater Fish
淡水鱼类营养生理与饲料

	灌注氨基酸浓度/(mmol/L)	纯化蛋白质放射强度/(dpm 值/g)	蛋白质结合的试验氨基酸量/(μmol/g)
	2.5	175333±38041	2.69±0.58
Tyr	1.5	174800±15047	1.33±0.11
	0.5	112733±3185	0.39±0.01

　　总结本试验结果表明，肠道是蛋白质代谢非常活跃的内脏器官组织。离体肠道组织在吸收肠道灌注的氨基酸溶液时，依然在进行着活跃的蛋白质合成代谢或周转代谢，除了灌注的试验氨基酸外，肠道原有蛋白质分解产生的氨基酸参与了新蛋白质的合成，其合成代谢强度受氨基酸浓度影响有正相关变化关系，即随着灌注的试验氨基酸浓度的增加其新合成的蛋白质量也随之增加。

Nutritional

Physiology

and

Feed of

Freshwater

Fish

淡水鱼类

营养生理

与

饲料

第三章
氧化损伤与生物抗氧化

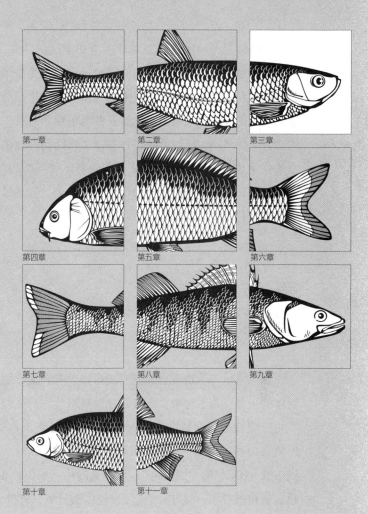

第一章　第二章　第三章　第四章　第五章　第六章　第七章　第八章　第九章　第十章　第十一章

生命体对于氧的依赖是地球上生命演化的结果，现代生命体中依然保留了一些生命演化历程的痕迹。氧既是生命体赖以生存的必需要素，也是生命体受到损伤的源头之一，氧化损伤、自由基损伤等是生命体受到损伤的主要方式。需氧代谢与抗氧化损伤的动态平衡是生命活动得以维持的基础，也是水产动物营养生理的重要内容。本章系统地梳理了氧对生命活动的作用，阐述了生命体的抗氧化与氧化损伤的动态平衡机制；同时阐述了在实际生产活动过程中，如何正确认知水产动物对氧的利用、氧在生命体中的代谢过程、生命体抗氧化损伤的基本生理行为与过程，最终通过饲料途径维护水产动物的有氧代谢、维护有氧代谢与抗氧化损伤的动态平衡，并通过饲料途径增强水产动物抗氧化损伤的能力、对氧化损伤的器官组织进行修复。

第一节
活性氧与活性氮

氧气是所有生物所必需的，既可作为营养素，更是生命的保障体系。然而，氧也具有两面性，在生物体的正常代谢过程中，尤其是在呼吸链代谢产生能量的过程中，线粒体呼吸链正常运行的同时，也会产生一定量的活性氧物质。活性氧包括了超氧自由基 $O_2^-\cdot$、羟基自由基 $\cdot OH$、烷氧自由基（$RO\cdot$）、过氧自由基（$ROO\cdot$）和一氧化氮自由基（$NO\cdot$），也包括非自由基，如 H_2O_2、次氯酸（$HOCl$）和单线态氧（$^1O_2$）等。生物体内有活性氧的生产机制，也有活性氧的清除机制，如 H_2O_2 由过氧化氢酶分解、超氧自由基 $O_2^-\cdot$ 可以由超氧化物歧化酶分解；此外，谷胱甘肽转移酶等也是抗氧化损伤体系的主要成员。当活性氧生产过多、体内清除这些活性氧物质的能力不足时，活性氧不能及时地、有效地被清除的时候，它们就会对细胞和器官组织产生氧化性的损伤，进而影响到水产动物的生理健康。氧化损伤就是在活性氧生产与活性氧清除机制失衡后产生的。氧化损伤是动物细胞、机体损伤的主要损伤方式，也是油脂氧化产物的主要损伤方式。

一、三线态氧与激发态氧

（一）原子和分子的电子轨道

原子核外的电子是按照一定的轨迹围绕原子核运动的，原子核外有多个电子，具有层级和能级的不同电子按照其较为稳定的轨迹运动，量子力学中将这些电子运动的空间区域用波函数来表示，在三维空间区域上就形成了所谓的电子轨道。一个电子轨道中可以有1个电子，也可以有2个电子在其中运动。

当原子组成分子时，例如2个氧原子组成氧分子时，分子的电子轨道数是如何确定的呢？一个基本原则是原子的电子轨道数与分子的电子轨道数是一致的，如单个氧原子的电子轨道数为4，那么2个氧原子组成一个氧分子时，一个氧分子的轨道数就是8。

氧分子示意图如图3-1，左侧、右侧各代表一个氧原子的电子轨道，二个氧原子组合成氧分子，中间（虚线连接）即氧分子的电子轨道。一个圆圈代表一个电子轨道，圆圈中的箭头代表电子，一个箭头代表一个电子；箭头指向（向上或向下）代表电子轨道中2个电子的自旋方向，如果2个箭头指向同一个方向，则表示这个电子轨道中的2个电子的自旋方向一致，否则代表2个电子的自旋方向相反。

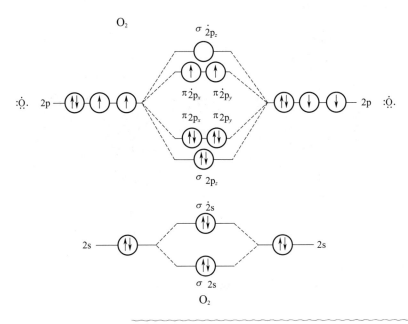

图3-1 氧分子电子轨道示意图

（二）成键轨道与反键轨道

分子中的电子围绕整个分子运动，其波函数称为分子轨道，因此电子轨道实质就是电子运动轨迹的波函数。分子轨道是由原子轨道线性组合而成，组合前、后轨道总的数目不变。若组合得到的分子轨道的能量比组合前的原子轨道能量低，所得分子轨道叫做"成键轨道"，所组成的键较为稳定；反之叫做"反键轨道"，反键轨道的能量高于成键轨道，键不稳定。电子轨道有σ、π轨道，因此，反键轨道有σ^*反键轨道和π^*反键轨道（以符号σ^*和π^*标记）。

当原子组成分子时，形成成键轨道还是反键轨道，是依据成键后轨道能级来区分的，但反键轨道总会存在。

如图3-1所示，当2个氧原子组合成一个氧分子后，就有了8个电子轨道，其中包括4个成键轨道和4个反键轨道，反键轨道右上角标注了"*"符号。氧原子有s、p二个电子层，靠近原子核的s电子层电子组成了一个成键轨道"2s"和一个反键轨道"2s*"。外层的p电子层组成了三个成键轨道（下方）和三个反键轨道（上方）。氧分子的基态与激发态就在外层的这3个反键轨道上。

（三）三线态氧（基态）与单线态氧（激发态）

再看图3-2，氧分子外层（p电子层）有3个反键轨道，有2个电子分别在2个$2p\pi^*$反键轨道中且箭头指向一致（向上），其涵义就是2个自旋方向一致的电子分别在2个$2p\pi^*$反键轨道中，这就是基态氧，又称为三线态氧，也就是日常环境中正常的氧分子。之所以称为三线态氧，是因为氧分子（O_2）最外层两个电子的自旋方向相同（平行），分别占据不同的反键轨道，自旋多重度为2s+1=3，这种氧原子称为三重态氧原子，是稳定的氧分子。

当基态氧原子（三线态氧分子）被激发后，原来两个$2p\pi^*$轨道中两个自旋平行的电子，既可以同时占据一个$2p\pi^*$轨道，自旋相反，也可以分别占据两个$2p\pi^*$轨道，自旋相反。两种激发态，自旋多重度为s=0，2s+1=1，即他们的自旋多重性均为1，是单重态（分别用$^1\Delta g$和$^1\Sigma_g^+$表示）。这就是处于激发态的O_2，激发态氧分子又称为单线态氧$^1O_2$。

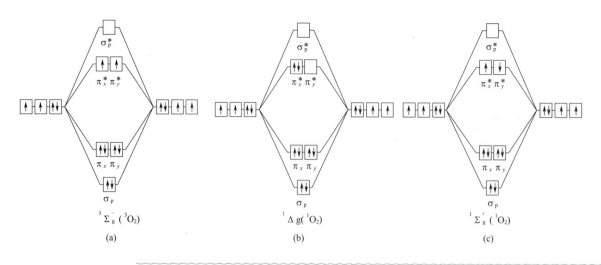

图3-2 三种状态氧分子的外层电子轨道与电子分布

（a）基态氧$^3\Sigma_g^-$($^3O_2$)；（b）第一激发态氧$^1\Delta g$($^1O_2$)；（c）第二激发态氧$^1\Sigma_g^+$($^1O_2$)

三线态氧和2种激发态氧的外层电子及其轨道示意图如图3-2所示。

由于第二激发态氧$^1\Sigma_g^+O_2$很不稳定，寿命非常短（寿命10^{-9}s，高出基态的能量为154.8kJ/mol），生物环境中的激发态氧主要为第一激发态氧$^1\Delta gO_2$（寿命$10^{-6} \sim 10^{-5}$s，高出基态的能量为92.0kJ/mol）。

处于激发态的氧分子能量较高，性质较为活跃，在生物组织或氧分子的环境中，如果遇到其他较为活跃的分子就会发生氧化反应。尤其是生物体内、包含油脂的脂肪酸分子中的双键及其邻近碳原子上的C-H键，激发态的氧分子就会与另外的活性基团、活性分子形成过氧化合物。过氧化合物不稳定，再分解，产生其他分子。如果基态的氧接受一个电子，就变成了有一个单电子的典型的超氧阴离子自由基。激发态氧也会形成活性氧如过氧化合物、超氧化合物、过氧自由基、超氧自由基、羟基自由基（·OH）等，进一步造成生物组织的氧化损伤。

基态氧如何才会成为活性氧或激发态的氧呢？正常情况下，氧分子是稳定的，不会自发转变为激发态。氧分子转变为激发态氧的过程是需要能量的，这个能量的来源主要包括光电子、电离辐射、线粒体呼吸链中的电子泄漏等。例如，一些荧光试剂具有吸收光电子的能力，这些荧光试剂将吸收的光电子能量传递给基态氧，导致基态氧的反键轨道电子吸收能量，并出现电子轨道跃迁，使基态氧吸收能量转化为激发态氧，激发态氧进一步引发氧化反应、氧化损伤。如果受到射线照射，电离辐射的能量也能导致基态氧转化为激发态氧。

二、活性氧

（一）活性氧的类型

自由基是指能独立存在的、含有一个或一个以上未成对电子的原子或原子团，它具有很高的反应活性，可对机体产生毒害，破坏生物大分子结构，影响细胞活性。

活性氧（reactive oxygen species，ROS）是生物体内一类氧的单电子还原产物的总称，其主要种类包括含氧的自由基（即以氧为中心的自由基）和强氧化性的非自由基化合物。

其中，含氧的自由基种类包括：超氧阴离子自由基（$O_2^-·$）（superoxide anion）、羟基自由基（·OH）（hydroxyl radical）、氢过氧自由基（HOO·）（hydroperoxyl radical）、烷氧自由基（RO·）（alkoxy radical）、

烷过氧自由基（ROO·）（alkane peroxy radical）和一氧化氮自由基（NO·）等。

具有强氧化性的非自由基含氧化合物包括：过氧化氢（H_2O_2）（hydrogen peroxide）、次溴酸（HOBr）（hypobromous acid）、次氯酸（HOCl）（hypochlorous acid）、臭氧（O_3）（ozone）、单线态氧（$^1O_2$）（singlet oxygen）和氢过氧化物（ROOH）（hydroperoxide）等。

（二）活性氧的代谢

活性氧的来源和去路如何？动物体内有不同途径来源的活性氧（ROS），ROS由机体的正常耗氧代谢和一些细胞介导的免疫功能产生。在ROS产生过程中，以水溶剂中溶解氧为物质基础，超氧阴离子自由基（$O_2^-·$）是主要的起始物质，当处于激发态的氧$^1O_2$接受一个电子后就转变为$O_2^-·$，$O_2^-·$诱发系列反应生成更多的ROS成分。例如，在正常的线粒体呼吸链代谢过程中，物质氧化代谢消耗了90%以上的氧，大致有1%～2%的O_2转换为$O_2^-·$。

$O_2^-·$是一种前导性的ROS，生理上由单电子还原激发态的O_2形成，主要是在线粒体呼吸链复合体Ⅰ和Ⅲ中生成。$O_2^-·$的其他来源有α-酮戊二酸脱氢酶、黄嘌呤氧化酶催化的次黄嘌呤氧化和磷脂酶A_2依赖的环加氧酶、脂氧合酶途径及质膜NADPH氧化酶氧化等。

$O_2^-·$不稳定，化学性质活跃，寿命短，但$O_2^-·$是系列活性氧成分的起始物质。当$O_2^-·$产生后，迅速转化为H_2O_2，而H_2O_2则相对稳定，且可以在细胞内不同细胞器之间、不同细胞之间进行传递。在一些酶的作用下，或在有Fe^{2+}存在的条件下，H_2O_2可以转化为·OH。·OH是化学性质最活跃、反应更强的自由基，可对其他物质如细胞膜中脂肪酸不饱和键、蛋白质肽链上氨基酸残基的侧链基团、DNA等发动攻击作用，产生更多的自由基，如活性氮自由基、脂质自由基、次氯酸等。细胞中也存在活性氧的防御机制，正常情况下，产生的活性氧得到及时有效的控制，维持正常生理代谢的进行。

细胞内由氧生成水的过程中活性氧的产生过程，见图3-3。

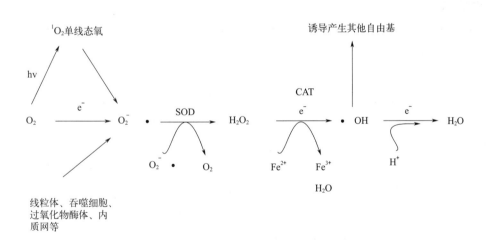

图3-3 机体内由氧生成水的过程中产生活性氧

hv—光能量；SOD—超氧化物歧化酶；CAT—过氧化氢酶

我们知道，生物体内的氧最终会生成水，而由O_2生成H_2O的过程也正是活性氧的产生过程。图3-3较为形象地显示了O_2氧化生成H_2O的过程，在这个过程中产生了$O_2^-·$、·OH和H_2O_2共三种活性氧。在生物体外，氧气与氢气燃烧可以直接生产水，不产生ROS，但是在生物体内及在细胞内，O_2需要经历图3-3的反应过程才能生成H_2O，这个过程也是$O_2^-·$、·OH和H_2O_2活性氧ROS的产生过程。

需要注意的是，这个过程在细胞和组织中发生，可以在不同位点形成、转化，也有的在一个复合体内如细胞色素c氧化酶中完成。如果在细胞色素c氧化酶复合体中进行，即使有三种活性氧产生，它们也不会泄漏，只在复合体分子内完成O_2氧化生成H_2O的过程，这也是生命的完美之处。

（三）线粒体电子漏与ROS生成

呼吸链（respiratory chain）是由一系列的递氢反应和递电子反应按一定的顺序排列所组成的体系，将脱下的成对氢原子交给氧生成水，同时生成ATP。这是生物体内氧化产能的主要生理过程。代谢反应中脱下的H都要传递给线粒体内膜上的呼吸链复合物，又称为ATP酶复合物，通过H和电子（e^-）的传递将能量转移给ADP生成ATP，这是生物能量产生中心。呼吸链传递的H最终传递给O_2生成H_2O。正常代谢过程中，一个氧分子在呼吸链上接受由呼吸链传递来的4个电子后被还原，并与4个H^+最后生成2个分子水。

但在呼吸过程中，线粒体电子传递链会"漏出"少量的电子直接与氧结合形成超氧自由基$O_2^-\cdot$，这一现象被称为线粒体电子漏（electron leak）。

ROS主要在呼吸链的呼吸态4（复合酶Ⅳ）生成，在呼吸态3（复合酶Ⅲ）向呼吸态4转换中，由于ADP耗尽、ATP积累，使O_2消耗的主要途径被切断，导致O_2浓度升高。而引起O_2单电子还原的主要呼吸链成员都处于还原状态，高氧的环境和高还原态的呼吸链促使线粒体电子漏更易生成$O_2^-\cdot$。线粒体内膜呼吸链上的4个复合物中，复合物Ⅰ和Ⅲ被认为是线粒体电子漏产生的主要部位。在生理条件下，复合物Ⅰ产生电子漏总量的2/3，复合物Ⅲ产生总量的1/3。解偶联作用可以使线粒体内膜质子漏（proton leak）增加，线粒体膜电位（$\Delta\psi m$）降低，刺激O_2的消耗，减少$O_2^-\cdot$的生成，因此，解偶联抑制了O_2的单电子还原。解偶联蛋白可作为线粒体ROS生成和生物能学的调节器。

（四）几种典型的活性氧

（1）超氧阴离子自由基（$O_2^-\cdot$）

由图3-3可知，氧分子（O_2）接受单一电子产生超氧阴离子自由基：

$$O_2+e^- \longrightarrow O_2^-\cdot$$

$O_2^-\cdot$是阴离子自由基，性质活泼，具有很强的氧化性和还原性。依据$O_2^-\cdot$的化学性质，$O_2^-\cdot$的氧化活性释放程度不强，又因其带负电荷，使$O_2^-\cdot$的亲电性减弱，在水溶液中生成水化复合物，在供电子反应和夺氢反应过程中都受到一定程度的屏蔽作用。但是，在非水或疏水环境中，$O_2^-\cdot$的活性有所增强，例如可以成为红细胞中细胞膜脂肪酸氧化的诱发剂，引发红细胞膜的氧化损伤。在酸性环境中，大部分$O_2^-\cdot$转化为氢过氧自由基HOO·，HOO·不带电荷，亲电性增强，不容易被水化，故活泼性比$O_2^-\cdot$强。因此HOO·的损伤作用更强，例如生物膜内部等非极性环境更利于产生HOO·，吞噬细胞则可产生更多的HOO·。

$O_2^-\cdot$的产生途径主要包括以下几个主要的反应或过程：

① 线粒体途径

这是$O_2^-\cdot$产生的主要途径和主要来源，这在后面将会详细的介绍。

② 单线态氧（$^1O_2$）被激发

在细胞、组织中光敏素的作用下，O_2吸收光能，并接受一个电子产生$O_2^-\cdot$。

③ 吞噬细胞

吞噬细胞包括单核吞噬细胞和中性粒细胞。吞噬细胞在吞噬病原生物、衰老的细胞、死亡的细胞或细胞碎片的过程中，主要依赖 NADPH 氧化酶的作用，同时产生大量的活性氧，尤其是大量的 $O_2^-\cdot$。

$$2O_2+NADPH \xrightarrow{\text{NADPH氧化酶}} 2O_2^-\cdot+NADP^++H^+$$

④ 黄嘌呤氧化酶

黄嘌呤氧化酶是一种含钼、非血红素铁、无机硫化物、黄素腺嘌呤二核苷酸（FAD）的黄素酶，含有两分子 FAD、两个钼原子和八个铁原子。酶中的钼以蝶呤型钼辅因子的形式存在，是酶的活性位点。铁原子则为 [2Fe-2S] 铁氧还蛋白铁硫簇的一部分，参与电子转移反应。

黄嘌呤氧化酶底物专一性不高，除以嘌呤及其衍生物（次黄嘌呤、黄嘌呤）为电子供体外，还可以蝶啶衍生物、醛（生成羧酸）为电子供体生成羟基化合物，氧原子来源于水，可以产生 $O_2^-\cdot$。

黄嘌呤氧化酶电子受体根据酶的来源可分成多种，有分子氧、硝酸盐、苯醌、硝基化合物、烟酰胺腺嘌呤二核苷酸（NAD）、铁氧还蛋白等。黄嘌呤氧化酶催化的是如下反应：

$$次黄嘌呤+H_2O+O_2 \longrightarrow 黄嘌呤+H_2O_2$$
$$黄嘌呤+H_2O+O_2 \longrightarrow 尿酸+H_2O_2$$
$$黄嘌呤+H_2O+2O_2 \longrightarrow 尿酸+O_2^-\cdot+2H^+$$

（2）羟基自由基（·OH）

羟基自由基（·OH）具有极强的得电子能力（氧化电极电位 2.8V），是自然界中仅次于氟（氧化电极电位 3.06V）的氧化剂，其氧化能力强于常见的一些强氧化剂，如：臭氧（O_3）（氧化电极电位 2.07V）、过氧化氢（H_2O_2）（氧化电极电位 1.78V）、高锰酸钾（$KMnO_4$）（氧化电极电位 1.51V）、二氧化氯（ClO_2）（氧化电极电位 1.5V）、氯气（Cl_2）（氧化电极电位 1.36V）。作为反应的中间产物，羟基自由基寿命极短，小于 10^{-12}s。·OH 是对生物体毒性最强、危害最大的一种自由基，它一旦形成，会诱发一系列的自由基链反应。·OH 可以使组织中的糖类、氨基酸、蛋白质、脂肪酸、核酸等物质发生氧化，遭受氧化性损伤和破坏，导致细胞坏死或突变。衰老、肿瘤等均与羟基自由基有关。

羟基自由基的性质主要表现在以下几个方面：①具有极强的氧化性能，羟基自由基是一种强氧化剂，是最活泼的一种活性小分子，也是进攻性最强的化学物质之一，它几乎能和所有的生物大分子、有机物或无机物发生各种类型的化学反应，并有非常高的反应速率常数和对负电荷的亲电性；②寿命只有 10^{-12}s，因此穿透距离有限，只是对邻近的分子发生无选择性的氧化性攻击；③具有强的得电子能力，化学反应速度极快；④无选择性，羟基自由基一旦产生，会诱发一系列的自由基链反应，但作用范围仅限于邻近的分子，它几乎可以氧化分解所有邻近的有机物质。

羟基自由基引发的化学反应主要有以下几种形式：

① 抽氢反应

抽氢反应是脂肪酸氧化酸败的第一步反应，发生的位点主要在双键邻近碳原子的 C—H 键上。从化学结构上，羟基自由基（·OH）含有一个孤电子，如果遇到一个带有活跃性质的氢（解离能低的H）时，这个氢极易与羟基自由基结合生成水（H_2O）。例如可以从解离能低的 C—H 键中吸收一个 H 原子，形成水和有机化合物基团。在脂肪酸分子中，邻近碳碳双键（C=C）的亚甲基（—CH$_2$—）上的 C—H 键解离能是最低的，也是最容易发生抽氢反应的位点，同时也是脂肪酸分子发生氧化酸败的首发位点。

羟基自由基（·OH）是含有单电子的游离基团，与羟基和氢氧根离子不同。羟基是指已经与其他原子通过共价键连接的一个极性基团—OH，氢氧根离子则是含有孤对电子的基团，带负电荷，可以与其他带正电荷的离子形成化合物如 NaOH。

$$H : \overset{\cdot\cdot}{\underset{\cdot\cdot}{O}} \cdot \qquad \left[H : \overset{\cdot\cdot}{\underset{\cdot\cdot}{O}} : \right]^{-}$$

羟基自由基　　　　氢氧根离子

② 氧化分解反应

羟基自由基（·OH）攻击其他分子，使其他分子如氨基酸发生氧化分解。

③ 加成反应

羟基自由基与脱氧核糖核酸DNA、核糖核酸RNA中的嘌呤或嘧啶碱基会发生加成反应，如加到双键上形成二级基团。

④ 电子转移反应

羟基自由基同无机或有机化合物都能发生电子转移反应，其反应式如下：

$$Cl^- + OH\cdot \longrightarrow Cl\cdot + OH^-$$

$$OH\cdot + O_2^-\cdot \longrightarrow OH^- + O_2$$

生物体内羟基自由基的产生主要有酶途径和非酶途径两种途径。

a. 非酶途径产生羟基自由基

水分子H_2O在电离辐射作用下均裂可以产生羟基自由基和氢原子。

$$H_2O \longrightarrow H + \cdot OH$$

在有金属离子存在的情况下，由H_2O_2反应生成羟基自由基，这个反应在体外用于羟基自由基的产生和清除自由基的试验中，这个反应又被称为Fenton反应：

$$Fe^{2+} + H_2O_2 \longrightarrow Fe^{3+} + \cdot OH + OH^-$$

在红细胞中含有较多的Fe^{2+}，当有H_2O_2存在时，Fenton反应就得以发生并产生羟基自由基。细胞色素中所含的其他金属离子同样可以诱发H_2O_2生成羟基自由基，这也是体内羟基自由基的主要来源。

$O_2^-\cdot$与H_2O_2反应也可以生成羟基自由基：

$$O_2^-\cdot + H_2O_2 \longrightarrow \cdot OH + OH^- + O_2$$

b. 酶途径产生羟基自由基

髓过氧化物酶（myeloperoxidase，MPO）是一种血红素蛋白，富含于中性粒细胞中，髓过氧化物酶的主要功能是通过在中性粒细胞和单核细胞中催化形成高活性的卤化物（特别是氯）等氧化物质，杀灭微生物。髓过氧化物酶具有的抗菌作用是基于"MPO-H_2O_2-卤化物"抗菌系统完成的。当包含外源性细菌在内的病原侵入机体后，最先被吞噬细胞摄取，这个过程伴随着还原型辅酶Ⅱ活性的激活以及脱颗粒过程的发生，例如进行髓过氧化物酶与活性氧簇物质的释放，包括$O_2^-\cdot$、H_2O_2、·OH等。一些活性氧物质，如·OH，具有高度反应性，能够快速接近微生物并对其进行杀灭。过氧化氢与髓过氧化物酶共同作用可以促进次氯酸的形成，次氯酸可以杀灭侵入的大部分微生物。因此，在髓过氧化物酶作用下产生的·OH和次氯酸、次溴酸等是杀灭微生物的主要物质基础，其中H_2O_2是主要的反应底物：

$$H_2O_2 + X（卤化物）+ H^+ \longrightarrow HOX（次卤化物）+ H_2O$$

$$HOX+O_2^- \cdot \longrightarrow \cdot OH+O_2+X^-$$

其他一些酶类在催化反应过程中也会产生羟基自由基，如生物膜中的前列腺素合成酶、脂质氧化酶、过氧化物酶、磷脂酶和环氧酶等。

三、自由基反应

自由基反应包含自由基化合和自由基转移二种化学反应类型，前者是二个自由基的聚合反应，表现为自由基的终止反应；而后者是自由基的传递反应，由一个自由基生成另一个新的自由基。

自由基化合或偶联反应（combination or coupling）。反应的基本模式为：

$$R_1 \cdot +R_2 \cdot \longrightarrow R_1—R_2$$

由2个自由基结合形成一个自由基的化合物。由于2个自由基结合在化学反应上是释放能量，因此合成反应是有利的，反应的速度也非常快，其结果是减少了自由基的数量，但是可能生成了新的聚合物，如二聚体化合物。

自由基转移的反应模式为：

$$X^- \cdot +Y \longrightarrow X+Y^- \cdot$$

这个反应的结果是产生了新的自由基。在自由基传递反应中，还有一类特殊的反应叫做夺氢或抽氢反应：

$$A \cdot +RH \longrightarrow AH+R \cdot$$

这个反应的实质就是电子和氢的交换反应，产生了新的含氢化合物和新的自由基。

自由基的链式反应是自由基转移的典型反应模式。一般包括自由基的引发、链式增长和链终止三个反应阶段。其基本特征是，在引发阶段需要有光、热、射线等提供电子能级跃迁的能量，导致一个共价键配对的二个电子发生均裂而生成自由基。而一旦有自由基生成，生成的自由基就会对邻近的分子发生攻击。由于自由基的寿命短、化学性质活跃，自由基参与的化学反应的活化能很低或不需要活化能，因此化学反应非常迅速，在自由基攻击邻近的化学分子时，可以通过夺取电子、加成反应、碎裂反应等将自由基电子在分子中传播，产生新的更多数量的自由基，这就是自由基的链式爆发阶段。当环境中产生的自由基数量增多后，自由基就可以两两结合发生偶联反应，导致自由基数量快速减少，但生成了新的聚合物，这就是自由基链式反应的终止阶段。

油脂自动氧化反应就是典型的自由基反应，其实质是三酰甘油酯或磷脂中的脂肪酸的氧化。自由基反应的起始阶段是饲料中或细胞中的游离脂肪酸产生脂肪酸过氧自由基，同时当线粒体呼吸链中发生电子漏产生自由基后，这些自由基会攻击细胞生物膜系统中的位于三酰甘油酯或磷脂中的结合型的脂肪酸，两者叠加造成生物膜系统的氧化损伤。当然，细胞中的自由基也会攻击蛋白质和DNA分子，使其发生自由基反应，导致原有的蛋白质、核酸变性，生成了新的化合物或聚合体，从而导致细胞、器官组织和机体的氧化性损伤。氧化损伤具有广泛性损伤的特点，即没有特定的损伤目标，只要是与自由基邻近的分子都可能受到损伤。

以脂肪酸的自动氧化为例，无论是在饲料中还是细胞中，反应的原理是相同的。在起始阶段，在有热、光、金属离子和溶解氧（特别注意，一定是溶解氧，因为气态氧与有机分子的结合能力比较差）等存在的条件下，游离脂肪酸（RH）能够活化产生R·和H：

$$RH \longrightarrow R\cdot + H$$

自由基反应中一旦有R·的产生，立即进入自由基传递和爆发阶段。产生的R·与O_2结合形成ROO·，接着ROO·攻击游离脂肪酸（RH）形成R·和ROOH过氧化物：

$$R\cdot + O_2 \longrightarrow ROO\cdot（脂肪酸过氧自由基）$$

$$ROO\cdot + RH \longrightarrow R\cdot + ROOH（脂肪酸过氧化物）$$

$$ROOH \longrightarrow R\cdot + RO\cdot + ROO\cdot$$

上述反应就是自由基爆发阶段，产生了更多的自由基和过氧化物。油脂的氧化酸败程度可以通过测定过氧化值来鉴定，但过氧化值测定的脂肪酸过氧化物只是反应的中间产物。在氧化反应的初期，脂肪酸的氧化程度与过氧化值的大小具有正相关关系，而到了氧化反应的后期，过氧化值的大小则不能反映脂肪酸的氧化程度。

当环境中存在较多的自由基后，增加了自由基两-两相互接触的机会，就会出现二个自由基偶联产生聚合物的反应，自由基的数量减少，自由基链式反应进入终止阶段。

$$R_1\cdot + R_2\cdot \longrightarrow R_1 - R_2（新的聚合物）$$

$$ROO\cdot + X（抗氧化剂等） \longrightarrow 稳定的化合物$$

四、活性氮

活性氮（reactive nitrogen species，RNS）是一类在分子组成上含有氮的活性化学物质的总称，包括二种自由基形式的一氧化氮（·NO）、二氧化氮（·NO_2）和非自由基形式的过氧亚硝基（$ONOO^-$）、过氧亚硝酸（ONOOH）等。其中，NO与$ONOO^-$为典型代表，在生物体的生理与病理条件下均发挥着重要作用，并且NO_2与$ONOO^-$等活性氮物质是以NO为底物经过氧化反应生成的。

（一）一氧化氮

（1）化学结构和性质

一氧化氮（nitric oxide，NO）是由氧与氮双原子分子构成的气态分子，共有11个价电子，O原子（6个价电子）和N（5个价电子）原子形成共价键后，在分子轨道的氮上含有1个未成对的电子。因此，一氧化氮本质上是一个自由基"·NO"的分子。

$$:\ddot{N}::\ddot{O}:$$
NO的电子排布

常温下，一氧化氮为气体，在水中的溶解度较小（1mmol/L），且不与水发生反应。在生理温度和离子浓度下，溶解度约为（1.55mmol/L）。半衰期5～10s，有较高的脂溶性，容易穿过细胞膜，是极易通过细胞膜扩散的气体自由基，因此，一氧化氮可以在不同器官组织的细胞之间流动，这也是其作为信号分子的基础。

（2）生理作用

在发现·NO的生理作用过程中，首先是它作为信号分子被研究。

以一个细胞为研究对象，细胞外环境中的信息要通过信号分子传递到细胞内，并引起细胞内的生理反应，尤其在引起细胞核基因的表达、蛋白质合成等反应时，至少需有三级信号分子将细胞外信息传递到细胞内，这就是所谓的"三信号信使"学说。而·NO在神经细胞、器官组织细胞进行信号传递过程中，是作为第一信使发挥作用的，也就是·NO发挥着细胞之间信号、信息的传递作用。

传递生命信息有3个信使：

第一信使是指各种细胞外信息分子，又称细胞间信号分子即细胞因子，诸如内分泌激素、前列腺素、气体信号分子（·NO）以及免疫细胞产生的免疫细胞因子。这些生物活性分子由体内各种不同的细胞产生后，能够通过血液、淋巴液、各种体液等不同途径，作用到细胞膜表面，引起细胞内的特定反应。因此，·NO属于细胞间的通信物质。

第二信使是指细胞外第一信使与其特异受体结合后，通过信息跨膜传递机制激活的受体，刺激细胞膜内特定的效应酶或离子通道，而在胞浆内产生的信使物质。这种胞内信息分子起到了将胞外信息转导、放大、变为细胞内可以识别的信息的作用。

第三信使又称DNA结合蛋白，是指负责细胞核内核外信息传递的物质，能调节基因的转录水平，发挥转录因子的作用。这些蛋白质在细胞胞质内合成后进入细胞核内，发挥信使作用，因而称这类核蛋白为"核内第三信使"。

（3）生物体内·NO的来源

动物体内的多种细胞均可产生·NO，其合成途径是在一氧化氮合酶（nitric oxide synthase，NOS）催化作用下，以L-精氨酸为原料，通过还原型尼克酰胺腺嘌呤二核苷酸磷酸（NADPH）还原而生成（图3-4）。在水产动物体内也证实了一氧化氮合酶的存在，以及其在不同组织器官中的分布。

（4）一氧化氮合酶（NOS）

一氧化氮合酶（NOS）是一种同工酶，分别存在于内皮细胞、巨噬细胞、神经吞噬细胞及神经细胞中。目前发现NOS有三种类型的同工酶：内皮型一氧化氮合酶（endothelial nitric oxide synthase，eNOS）、神经元型一氧化氮合酶（neuronal nitric oxide synthase，nNOS）和诱导型一氧化氮合酶（inducible nitric oxide synthase，iNOS）。iNOS则主要存在于内皮细胞、单核细胞和胶质细胞，参与机体

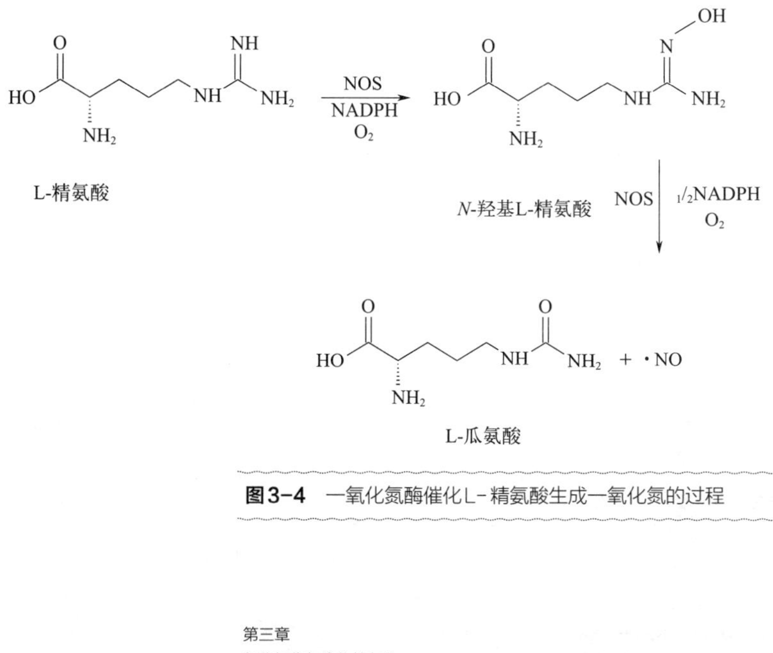

图3-4 一氧化氮酶催化L-精氨酸生成一氧化氮的过程

的免疫调节功能。nNOS主要在周围和中枢神经系统的神经元中高表达，其产生的·NO对于调节突触传递及可塑性功能有重要作用。神经细胞、巨噬细胞、肝细胞、血管内皮细胞、中性粒细胞等多种体细胞均可产生一氧化氮，但生理条件下血管内皮细胞是产生一氧化氮的最主要细胞，其产生的一氧化氮在生理、病理情况下均有保持血管内皮细胞完整性的作用。eNOS主要分布于血管内皮细胞，其中以海洋生物为主要原料提取出来的一种内皮一氧化氮合酶活性更高，称为"一氧化氮海洋合酶"（NOSs），可以增强体内一氧化氮循环的作用。这种酶主要由尖海龙、牡蛎等海洋生物产生。

（二）过氧亚硝基阴离子

过氧亚硝基阴离子（peroxynitrite anion，$ONOO^-$）是较·NO和O_2^-·氧化作用更强的氧化剂。它生成后，可在生成的局部、胞浆或弥散到邻近的细胞起反应。$ONOO^-$进一步酸化成ONOOH发挥强大的氧化作用。$ONOO^-$病理性损伤作用的机制如下：$ONOO^-$作为强氧化剂，可作用于酶、蛋白质、脂质及DNA等大分子物质，产生细胞毒性作用，使细胞发生机能、代谢障碍及能量耗竭，导致细胞损伤或死亡。

过氧亚硝基阴离子$ONOO^-$极不稳定，在酸性介质下（此时分子结构为ONOOH）易进一步分解为羟基自由基·OH及二氧化氮自由基·NO_2。NO与1分子·NO_2可生成三氧化二氮（N_2O_3），$ONOO^-$还可与CO_2反应生成$ONOOCO_2^-$。在众多NOS代谢产物中，$ONOO^-$的半衰期极短，且活性远强于·NO及其他产物。它的性质极具有代表性，在细胞信号转导途径中发挥重要的调控作用。$ONOO^-$作为中间产物，可生成上述多种活性自由基，在体外培养的血管内皮细胞中$ONOO^-$可通过激活转录因子而增加血管内皮生长因子（vascular endothelial growth factor，VEGF）的表达，刺激血管新生。小剂量$ONOO^-$可刺激神经干细胞增殖。作为氧化剂可直接氧化氨基酸残基，可使蛋白质中的酪氨酸残基快速硝化成3-硝基酪氨酸（3-nitrotyrosine，3-NT），使机体呈现硝化应激状态，参与多种生理病理过程。$ONOO^-$的生物合成及代谢产物如图3-5所示。

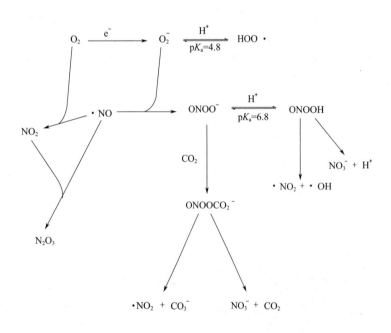

图3-5 $ONOO^-$的生物合成及代谢产物

体内许多细胞都可以产生·NO和O_2^-·，以·NO和O_2^-·生成$ONOO^-$的意义在于：①清除·NO并减轻O_2^-·的生物活性；②·NO捕获O_2^-·，起到抗O_2^-·的保护作用；③O_2^-·与·NO结合起调节·NO的作用，如应用O_2^-·清除剂（SOD、巯基）减少O_2^-·，能加强·NO的生物活性，而·NO与O_2^-·生成$ONOO^-$反应清除O_2^-·的速度很快，比SOD清除O_2^-·的速率常数快三倍；④O_2^-·与·NO结合生成$ONOO^-$，加强它们的致病作用。正常情况下，·NO以生理性作用为主，$ONOO^-$可能参与机体的调节和防御作用；病理情况下$ONOO^-$生成过多，则主要为氧化、损伤性的作用。

第二节
鱼体内氧的动态平衡

生物体内都有一定量的活性氧（ROS）存在，活性氧是随着体内代谢活动的发生，尤其是随着氧在生物体内的代谢所产生的。动物吸收的氧气（O_2）中，有$1\% \sim 2\%$的O_2用于产生活性氧（ROS）自由基。

氧在水生动物体内的作用具有两面性，一是作为代谢必需的成分，可视为必需的营养素之一，缺氧可导致系列生理响应，严重缺氧可导致水产动物窒息死亡；但富氧对水产动物却是不利的，会导致ROS的产生，甚至出现"气泡病"。二是氧也是体内ROS产生的物质基础，由ROS介导的系列氧化损伤是水产动物器官组织、细胞损伤的主要原因。

我们需要科学认知水产动物体内氧的来源、运输和利用效果，尤其是以体内氧为基础的ROS产生及对水产动物氧化损伤的过程，从而科学减轻或防止水产动物受到氧化损伤的危害。

要注意的是，氧在动物体内器官组织中的分布是不均匀的，即在部分器官组织中氧含量可能较高，而在另一些器官组织中氧含量较低。器官组织中氧含量的分布与其代谢活跃程度、对氧的需求量有直接关系，代谢活跃程度高的器官组织对氧的需求量相对较高。不同器官组织氧含量的调节主要是通过对血流量的调节来实现的。例如，在动物受到机械损伤并大出血的时候，机体会调节血流量在不同器官组织中的分配，一般会减少胃肠道黏膜组织的血流量（正常状态下它是耗氧量很大的器官组织），以便使有限的血流量供给脑等关键性器官组织。

一、氧、氧气和溶解氧

氧（oxygen）是位于元素周期表第二周期ⅥA族的元素，原子序数为8，原子量为16.00。氧是地壳中最丰富、分布最广的元素，也是构成生物界与非生物界最重要的元素，在地壳中的含量为48.6%。地球上丰富的水体质量中，氧占了水质量的89%。干燥空气中含有20.946%体积的氧。氧是构成有机体的主要化合物，如蛋白质、糖类和脂肪中都含有氧。除黄金外的所有金属都能和氧发生反应生成金属氧化物。

氧的同位素已知的有十七种，包括氧12至氧28，其中^{16}O（相对丰度0.99757）、^{17}O（相对丰度0.00038）和^{18}O（相对丰度0.00205）三种属于稳定型，其他已知的同位素都带有放射性，其半衰期均少于3min。

氧气（oxygen）是氧元素形成的一种单质，化学式O_2。分子量32；熔点$-218.4℃$，沸点$-183℃$。

溶解于水中的分子态氧称为溶解氧（dissolved oxygen），溶解氧的浓度与空气中氧的分压、大气压、水温水质有密切的关系，在20℃、100 kPa下，纯水中的溶解氧浓度为9 mg/L。

大气压为大气压强的简称，气压（air pressure）是作用在单位面积上的大气压力，气压的国际制单位是帕斯卡，简称帕，符号是Pa。一个标准大气压=1.013×10⁵帕=0.1013MPa=760mm水银（汞）柱高。

气体在液体中的溶解度与气体的分压有着密切的关系。气体分压（partial pressure）是指当气体混合物中的某一种组分在相同的温度下占据气体混合物相同的体积时，该组分所形成的压力。比如一瓶空气，将其中的氮气除去，剩余的氧气仍会逐渐占满整个集气瓶，但剩下的氧气单独造成的压力会比原来的低，此时的压力值就是原空气中氧气的分压值。

理想气体的混合物中，各气体组分的分子间没有相互作用力，互不干扰，可视为每一气体组分各自对容器壁造成一定的压强，其总压等于各组分的分压之和，这就是道尔顿分压定律（dalton's law of partial pressures），也可以表述为：理想气体混合物中某一气体组分的分压和总压的比值等于该组分的摩尔分数。

通常情况下，大气压为101.325kPa，其中氧气的摩尔分数（等于体积分数）为21%，氮气为78%，故氧气的分压约为101.325kPa×21%=21.278kPa，氮气的分压是79.034kPa。

在气-液体系中，如氧气和水中，氧气可微量溶解于水中，溶解后的氧气同时也可以逸出；同时水也有逸出为水蒸气和水蒸气液化回到水的过程。这些过程达到动态平衡后，液相为氧气与水形成的溶液，而气相为氧气和水蒸气的混合物。对于这种体系，气体在液体中的溶解度与气体的平衡分压成正比，与溶剂的性质无关。

因此，空气中氧气在水体中的溶解量与大气压和大气中氧分压有直接的关系。当大气压下降时，氧的分压也会下降，即可影响到空气中氧气在水体中的溶解量。高原上的养殖池塘，大气压下降，同时大气中的氧分压下降，会导致空气中氧气在水体中的溶解性低，水体溶解氧含量会较平原地区低。

当氧气溶解在水体中时，水体氧气浓度、氧分压也会对鱼体鳃丝与血液中的气体交换产生直接的影响。血液中氧气与水体中氧气的交换主要依赖于水体与血液的氧分压差，差异越大交换量越大。二氧化碳的交换也是如此。

二、水体中溶解氧的来源和去路

养殖水体中溶解氧的来源主要有：①池塘换水，包括注水和排水带来的溶解氧变化；②空气溶解氧；③水生植物光合作用产生的氧气。

有资料表明，在晴天无增氧的养殖池塘中，水体浮游植物光合作用产生的氧气可以占池塘一昼夜产生的氧气总量的90%，而空气溶解的氧仅占10%。水生植物光合作用产生的氧气量的大小受光照的强度、水温的高低所影响。晴天光照很好，水生植物的光合作用很强，产生的氧气就很多，通常使表层水体溶解氧达到过饱和状态，在一天之中，往往在中午1～2时溶解氧的含量达到最大值，此时水体溶解氧主要来源于光合作用，空气中的氧气难以溶解于水体之中。到了夜间，水生植物的光合作用基本停止，池塘水体的氧气来源主要依赖于空气在水中的溶解氧。此时，水体中氧气的消耗量大于溶解氧的产生量，水体溶解氧逐渐降低，到早晨的5～6时为最小值。晴天池塘水体中的溶解氧含量大于阴天。

大气氧在水体中的溶解机制。空气中的氧溶解于水体之中的原理就是常规的气体溶解机制，溶解氧的含量受到氧气在水体溶解度的影响。O_2为非极性气体，在水体中的溶解度不高，20℃、标准大气压

（1个大气压）下在纯水里溶解氧的浓度大约为9 mg/L。在自然水体如江河、池塘、海洋中的溶解度还会受到水体其他因素如pH值、盐度等的影响，其中氧分压和氧浓度是最直接的影响因素。当超过水体中溶解氧的溶解度时，多余的氧气则溢出到大气中。

空气中的氧气在水中溶解量的大小主要受空气的流动性、水体的流动性、水温、盐度、大气压等影响而变化。主要表现为：①在一定范围内随着水温的升高而下降；②随着盐度的增加呈指数下降；③大气压降低，溶解氧减少；④水体流动性增加溶解氧增加；⑤空气流动性增加水中溶解氧增加。

关于水温、盐度对池塘水体溶解氧含量的影响可以参见表3-1。

表3-1 在标准大气压下水中溶解氧与温度、盐度的关系　　　　　　单位：mg/L

温度/℃	盐度/‰								
	0	5	10	15	20	25	30	35	40
20	9.1	8.8	8.7	8.3	8.1	7.9	7.7	7.4	7.2
22	8.7	8.5	8.2	8	7.8	7.6	7.3	7.1	6.9
24	8.4	8.1	7.9	7.7	7.5	7.3	7.1	6.9	6.7
26	8.1	7.8	7.6	7.4	7.2	7	6.8	6.6	6.4
28	7.8	7.6	7.4	7.2	7	6.8	6.6	6.4	6.2
30	7.5	7.3	7.1	6.9	6.7	6.5	6.3	6.2	6
32	7.3	7.1	6.8	6.7	6.5	6.3	6.1	6	5.8
34	7.0	6.8	6.6	6.4	6.3	6.1	5.9	5.8	5.6
36	6.8	6.6	6.4	6.2	6.1	5.8	5.7	5.6	5.4
38	6.5	6.3	6.2	6	5.8	5.7	5.5	5.4	5.2
40	6.3	6.2	5.9	5.8	5.6	5.7	5.3	5.2	5

池塘水体溶解氧的消耗。水中溶解氧的消耗者主要为水中悬浮物和水中溶解的有机物（40%）、池塘底泥（40%），水体中鱼及其他水生生物的消耗只占很少部分（12%）。

三、鱼类的呼吸器官及其对氧的吸收

水生动物已适应了水体生活环境，其主要的呼吸器官是鳃（gill），水生动物除了以鳃作为主要的呼吸器官外，还有其他辅助呼吸器官，如口咽腔黏膜、肠黏膜、皮肤、鳃上器官、鳔等。

鳃是重要的呼吸器官、排泄器官，也是鱼类重要的渗透压调节器官。作为呼吸器官和排泄器官，鱼类的鳃有着完美的结构以实现吸收水体中溶解氧、排出血液中CO_2的目标，而鳃上的泌氯细胞对渗透压的调节具有重要的作用。

孟庆闻等（1983）鲤鱼鳃组织结构示意图见图3-6。在鳃丝上有大量的鳃小片，鳃小片表面由单层扁平上皮细胞构成，而在鳃小片内部有盘曲的毛细血管和支持细胞，支持细胞位于盘曲的毛细血管之间。这样的结构极大地增加了毛细血管网与水体的接触面积。

值得关注的问题是：水体中的溶解氧是如何越过鳃小

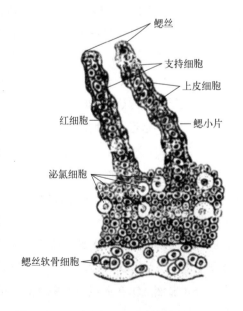

图3-6 鲤鱼鳃组织结构示意图

片上的单层扁平细胞、毛细血管的上皮细胞而进入血液中的？现有的资料表明，O_2是以扩散作用的机制进入血液中的。细胞膜是由磷脂双分子层构成的选择性通过膜，分子量越小的物质，则脂溶性越强，通过磷脂双分子膜的速率就越快。O_2是非极性的小分子，易溶于磷脂双分子层中，可以快速地通过细胞膜，这也是生物细胞对快速获取氧的结构适应性。

那么，O_2以扩散作用进入血液的驱动力是什么？其驱动力就是水体中溶解氧分压、氧浓度与血液中溶解氧分压、氧浓度的差值。在这个分压差、浓度差的作用下，O_2随着水分子（H_2O）通过扁平上皮细胞之间的间隙从水体进入血液中，当然，O_2也能从细胞膜进入血液中。

另外，血液中的氧是否可以逆向扩散到水体呢？即当水体溶解氧分压低、氧浓度低（水体缺氧状态）时，血液中的氧是否也可以反向扩散呢？目前还没有这类研究报告。

四、氧在血液中的存在形式与运输

氧在血液中如何存在？首先是以氧分子（O_2）的形式存在，其次，也会以血液中的溶解氧、红细胞中与血红蛋白结合的氧分子，即溶解氧和结合氧的形式存在。溶解氧是以物理性质溶解在血液液体（血浆、细胞液）中的，而红细胞中与血红蛋白结合的氧分子则是化学结合性质的。

O_2和CO_2都以物理溶解和化学结合两种形式存在于血液中。气体在溶液中的溶解量是与其分压、溶解度成正比，与温度成反比的。这与空气中的氧气在水体中溶解形成水体溶解氧的原理是一致的。那么，氧和二氧化碳在水生动物血液中的溶解量是多少呢？水生动物是变温动物，且种类非常多，这类研究资料非常有限，上层鱼类与底层鱼类相比，血液中氧气含量更高；冷水性鱼类与温水性鱼类、热水性鱼类相比，血液中溶解氧含量更高；深海鱼类血液中氧含量低；而像金枪鱼这类游泳能力强的红肉鱼类，血液中溶解氧含量高。

这里借鉴人体生理学中关于血液溶解氧的一些数据做简单的分析。在温度38℃、101.325kPa（1个大气压）下，氧和二氧化碳各自在100mL血液中的溶解量（溶解度）为2.36mL和48mL。血氧分压（partial pressure of oxygen，P_{O_2}）为物理溶解于血液中的氧所产生的压力，血红蛋白结合氧不产生血氧分压。人体动脉血氧分压（Pa_{O_2}）约为13.3kPa，静脉血氧分压（Pv_{O_2}）约为5.33kPa。那么，按此计算血液中氧和二氧化碳溶解量的理论值为：静脉血二氧化碳的分压为6.12kPa，计算得到100mL血液中含溶解的CO_2为（48×6.12）/101.325=2.90mL；动脉血氧分压为13.3kPa，计算得到100mL血液中含溶解的O_2为（2.36×13.3）/101.325=0.31mL。但是，人体动脉血中，物理溶解的O_2为0.31mL/100mL（占总量的1.5%）、血红蛋白化学结合的O_2为20.0mL/100mL（占总量的98.5%），二者合计为20.31mL/100mL。可见，血液中溶解氧的比例远远小于血红蛋白结合氧的比例。动脉血中物理溶解CO_2为2.53mL/100mL、与血红蛋白化学结合的CO_2为46.4mL/100mL，二者合计为48.93mL/100mL。

从上述数据可知，血液中溶解的O_2和CO_2的量是很少的，远低于红细胞中血红蛋白化学结合O_2和CO_2的量，仅靠血液中溶解的O_2和CO_2不能适应机体代谢的需要，机体对O_2和CO_2的运输主要依赖于化学结合的O_2和CO_2。

那么，溶解的O_2和CO_2是否就不重要了呢？不是的，很重要。其原因是必须先有溶解的O_2和CO_2才能发生化学结合的O_2和CO_2。在鳃和其他呼吸器官吸收O_2时，水体溶解氧的分压高、浓度高，依赖扩散作用进入血液，O_2在血液中首先以溶解氧形式存在，血液中氧分压升高，之后O_2进入红细胞并与其中的血红蛋白形成化学结合O_2。当血液中O_2和CO_2需要释放之时（如在器官组织中氧需要从血液释放进入组织细胞中，在鳃部二氧化碳需要从血液中释放到水体中），也是先从血红蛋白化学结合O_2或CO_2释放到血液中，然后再扩散出去的。因此，血液中物理溶解的O_2、CO_2是血红蛋白化学结合O_2、CO_2的过渡期存在的形式，物理溶解的O_2、CO_2和化学结合的O_2、CO_2两者之间处于动态平衡。

因此，血液中氧的总量是以血红蛋白结合氧为主，血液中红细胞数量、血红蛋白含量对结合氧含量有直接的影响。而红细胞数量、血红蛋白含量与水产动物的生理健康状态有直接关系，因此，血液中氧的总量与饲料质量也就产生了重要的联系。

五、红细胞与血红蛋白

（一）血细胞

鱼类的血细胞包括红细胞、淋巴细胞、单核细胞和粒细胞。鱼类的血细胞并非来源于骨髓，硬骨鱼类虽然已形成骨髓腔，但还未有造血机能。鱼类主要的造血部位是肾脏和脾脏，其次是肠黏膜组织、肝脏、胰脏等。肾小管之间以及肾小管与集合管之间的管间组织区是肾脏的造血区，窦状隙、脾髓、小肠的黏膜下区分别是肝脏、脾脏和小肠的造血区。不同血细胞分别由相同或不同的造血器官产生，例如红细胞主要在肾脏、脾脏和肝脏中产生，部分鱼类（如草鱼、鲤鱼等）也可由红细胞分裂直接产生红细胞；淋巴细胞主要在肝脏、脾脏、胸腺和头肾中产生；单核细胞的主要发生器官是肾脏；嗜中性粒细胞的主要发生器官是肾脏和脾脏，同时肠道黏膜对其产生也有一定的作用；嗜酸性粒细胞和嗜碱性粒细胞的发生器官是肾脏和脾脏。

（二）红细胞

红细胞（erythrocyte）的主要功能是携带、运输O_2，另外，还具有吞噬作用，这是鱼类红细胞免疫功能的主要体现形式之一。红细胞含量占其血细胞总量的90%以上。成熟红细胞中央有一圆形或椭圆形细胞核，这是与陆生动物红细胞所不同的。绝大多数鱼类红细胞的长径为$9 \sim 18\mu m$、短径为$7.5 \sim 10.5\mu m$；细胞核大小为$5\mu m \times 2.5\mu m \sim 6.5\mu m \times 4.5\mu m$。我们对异育银鲫红细胞进行扫描电镜观察，发现其形态为橄榄型，且在一端有局部凹陷，见图3-7。

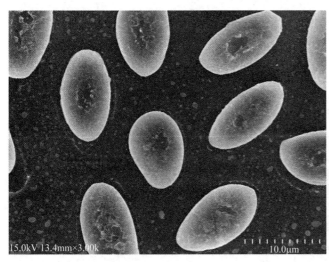

图3-7　鲫鱼的红细胞（扫描电镜）

红细胞中血红蛋白的含量与季节有关。有资料介绍，在春、夏、秋和冬季四个季节中，嘉陵江铜鱼的血红蛋白含量分别为66.89g/L、85.05g/L、79.84g/L和86.52g/L；圆口铜鱼血红蛋白含量分别为74.78g/L、71.21g/L、72.8g/L和82.45g/L，显示在冬季的血红蛋白含量较高。红细胞体积与血液携氧能力有直接的关系，拥有大量红肌可作持续高速游动的鱼类，如金枪鱼，血红蛋白含量最高而红细胞体积最小。

（三）血红蛋白与肌红蛋白

血液循环是运输O_2和CO_2的运输动力系统，血液中、红细胞中溶解氧也是氧的存在方式之一，而溶解氧在转为与血红蛋白（hemoglobin，Hb）、肌红蛋白（myoglobin，Mb）结合氧的过程中，或血液向不同器官组织释放氧的过程中，氧分压、氧浓度差则是动力来源，这也是扩散作用的动力。由溶解氧转化为化学结合氧或其逆向过程中，是以化学物质扩散作用方式进行，此时氧分压差、浓度差是动力来源，此过程不需要酶的参与，但温度、pH值等会对这个过程产生影响。

水生动物通过鳃等呼吸器官吸收水体中溶解氧后，在血液中形成血液溶解氧。血液溶解氧越过红细胞膜进入红细胞后，首先在红细胞质中形成溶解氧。当红细胞细胞质中的溶解氧达到一定的氧分压、氧浓度之后，会刺激血红蛋白α和β亚基构象发生变化，提升血红蛋白结合氧的效率。当血液到达不同器官组织之后，如果器官组织液中氧分压、氧浓度低于血液中溶解氧分压、氧浓度，就会导致氧气从血液释放到器官组织细胞中，形成组织液溶解氧，或到达线粒体并在线粒体中参与呼吸链，实现对氧的生物利用。

肌肉组织的肌细胞中含有肌红蛋白，肌红蛋白中的血红素也能结合氧，形成肌红蛋白结合氧，这种方式的氧除了供肌肉细胞消耗外，也是一种存储氧气的方式。因此，血液中的血红蛋白氧属于氧的运输方式，而肌红蛋白中的结合氧则是氧的存储方式。

红细胞占血细胞总数的90%以上，而红细胞中最主要成分是血红蛋白，约占其湿重的32%、干重的97%。血红蛋白（Hb）是由两对不同的珠蛋白链（α链和β链）组成的四聚体，即含有4条多肽链，每条多肽链与1个血红素相连接，构成Hb的单体或亚单位。血红蛋白α链由141个氨基酸残基组成，β链由146个氨基酸残基组成。α亚基和β亚基构象相似，四个亚基$\alpha_2\beta_2$聚合成具有四级结构的Hb分子，如图3-8（a）。四个亚基沿中央轴排布四方，两α亚基沿不同方向嵌入两个β亚基间，各亚基间依赖多种次级健（疏水键、氢键、盐键等）维系其稳定性，使整个血红蛋白分子呈球形。

与血红蛋白的高级结构所不同的是，肌红蛋白为单亚基蛋白质，由一条含大约153个氨基酸和一个血红素基团的多肽链组成，见图3-8（b）。肌红蛋白存在于肌肉细胞内，作为向血液中血红蛋白提供氧的临时贮藏库。

血红蛋白和肌红蛋白多肽链中均以血红素作为辅基，也是化学氧结合的部位（图3-9）。血红素是铁卟啉化合物，是血红蛋白的辅基，也是肌红蛋白、细胞色素、过氧化物酶、过氧化氢酶等的辅基。

血红素分子是一个典型的平面型环状分子，见图3-9，其母体结构为一个卟啉环，而环状分子的中央为Fe^{2+}，Fe^{2+}是与氧分子进行化学结合的位点，形成氧合血红蛋白或氧合肌红蛋白。同时，Fe^{2+}也可以与二氧化碳、一氧化碳、氰根离子结合，也是这些物质的结合位点和运输载体。

血红素中央的Fe^{2+}有6个配位键，其中4个配位键与卟啉环的N结合，1个与珠蛋白多肽链F螺旋区的第8位组氨酸（F8）残基的咪唑基的N相连接，1个与O_2分子或CO_2、NO等结合，且这些结合是可逆的。因此，血红蛋白、肌红蛋白中的O_2是与血红素中的Fe^{2+}以配位键相结合的，这些O_2称为化学结合O_2，相应的血红蛋白结合物称氧合血红蛋白。

在虾蟹等甲壳动物中，卟啉环中央位置结合的不再是Fe^{2+}，而是Cu^{2+}，因此血液的颜色也变为蓝色。植物中的叶绿素卟啉环中结合的是Mg^{2+}，当失去其中的Mg^{2+}后，树叶变为黄色或红色，这就是

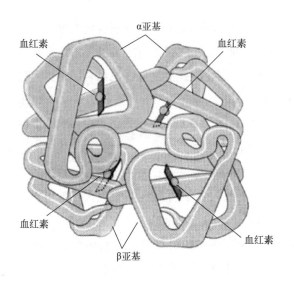

(a) 血红蛋白结构示意图

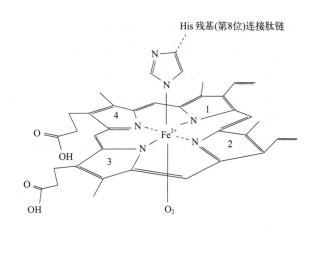

图 3-9 血红素的分子结构及其与肽链和 O_2 的连接

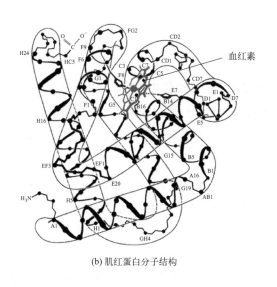

(b) 肌红蛋白分子结构

图 3-8 血红蛋白和肌红蛋白分子结构

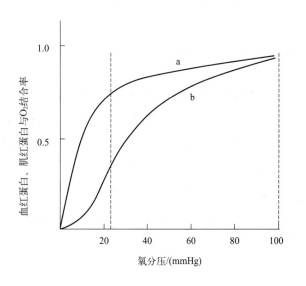

图 3-10 血红蛋白、肌红蛋白 O_2 结合饱和曲线
a—肌红蛋白；b—血红蛋白

秋天树叶的颜色。

血红素可以在生物体内合成。生物体内合成血红素的基本原料是甘氨酸、琥珀酰辅酶 A 和 Fe^{2+}。红细胞的寿命大约为 120d，衰老的红细胞通过膜的改变被识别，并被血管外的网状内皮系统吞噬。细胞中的珠蛋白链变性后，将血红素释放于细胞质中，珠蛋白被降解为氨基酸进入氨基酸池被重新利用。血红素则被网状内皮细胞中内质网内的酶降解，在血红素加氧酶（heme oxygenase）等的作用下，分解为胆绿素、胆红素。所以，红细胞中血红素也是色素的主要来源。

血红蛋白、肌红蛋白中血红素与 O_2 的结合会导致珠蛋白三维结构的变化，且这种变化会影响到珠蛋白与氧结合效率。珠蛋白与氧的结合效率受到氧分压、氧浓度的直接影响，其结合效率可以通过血红蛋白、肌红蛋白与 O_2 的结合率和氧分压的关系得到显示，这就是"氧的饱和曲线"。

氧的饱和曲线（图3-10）就是"血红蛋白或肌红蛋白与 O_2 的结合率"——氧分压关系曲线，曲线为

"S"型。在特定范围内随着环境中氧含量的变化，血红素与氧分子的结合率有一个剧烈变化的过程（虚线位置）。在鳃组织中，血红素可以充分地与氧结合，在体内其他部位，血红蛋白则可以充分地释放所携带的氧分子。当氧分压较高时（如达到100mmHg左右），血红蛋白、肌红蛋白与O_2的结合率达到饱和状态；而当氧分压降低如达到接近23mmHg（1mmHg=133.32Pa）时，血红蛋白、肌红蛋白所结合的O_2快速释放，血红蛋白或肌红蛋白与O_2的结合率显著下降。这种效应非常有利于提高血红蛋白、肌红蛋白结合O_2或释放O_2的效率，以适应血液或器官组织对O_2的化学结合或释放。

这种效应的产生原理是，在血红素中，四个吡咯环形成一个平面，在未与O_2结合时Fe^{2+}的位置高于平面0.7Å，一旦O_2进入某一个血红蛋白α亚基的疏水区域时，O_2与Fe^{2+}的结合会使Fe^{2+}嵌入四吡咯平面中，也即向该平面内移动约0.75Å。Fe^{2+}位置的这一微小移动，牵动F8组氨酸残基（与Fe^{2+}配位键结合位点）连同F螺旋段的位移，再波及附近肽段构象，造成两个α亚基间的盐键断裂，使亚基间结合变弱，同时促进第二亚基的变构并氧合，后者又促进第三亚基的氧合，使Hb分子中第四亚基的氧合速度为第一亚基开始氧合时速度的数百倍。这种一个亚基的变构作用促进另一亚基变构的现象，称为亚基间的协同效应。所以在不同氧分压下，Hb氧饱和曲线呈"S"型。

六、鱼体内氧的动态平衡机制

水生动物是生活在水域环境中的变温动物，且种类非常多，不同种类的生物学特征有很大的差异，但分别适应于生物体所处的生态环境。氧作为生理代谢所必需的物质，过低、过高时对水生动物都是不利的，并容易产生活性氧（ROS）自由基，对健康产生副作用。每种水生动物保持适宜的氧含量并处于合理的动态平衡是非常重要的。

水生动物是如何实现体内氧绝对量、氧含量的动态平衡的？超过动态平衡的氧对水生动物会产生哪些影响？实际生产中应如何维持水生动物体内氧的动态平衡？这是我们需要掌握的必要的专业知识。

（一）氧在水生动物体内的存在形式

氧是以分子氧（O_2）形态存在于动物体内的，有2种存在形式：物理性溶解O_2和化学性结合O_2。那么，溶解状态的O_2和化学结合态的O_2的比例是多少？在人体血液中，在氧的总量中，溶解态的O_2为1.5%，而血红蛋白结合态的O_2为98.5%，显然化学结合态O_2占据了绝大多数。水生动物体内，溶解态的O_2与化学结合态O_2的比例尚未有资料报道，但总体上与人或其他动物具有相似的情况，即以化学结合态的O_2为主要的存在形式。这种化学结合态O_2主要存在于血红蛋白、肌红蛋白的血红素中，也包括细胞色素c的血红素、过氧化物酶的血红素中。而溶解态的O_2则主要存在于血液、组织液、细胞液等液体之中。

（二）氧在水生动物体内的运输和传输机制

前面已经分析了氧的运输主要依赖红细胞中的血红蛋白，将从呼吸器官吸收的氧运输到身体的不同器官和组织，供机体生理代谢的需要；同时也把不同器官组织中代谢产生的CO_2通过血液运输到呼吸器官并排出体外。

在血液、组织液、细胞液中也有大量的溶解态的O_2存在，那么，O_2是如何穿越细胞膜、细胞间隙的呢？这类传输的驱动力是什么？

生物组织是由大量的生物膜所分隔的不同区域水溶性系统。O_2 在不同细胞、结缔组织之间进行传输，需要通过大量的生物膜，包括细胞膜、内质网膜、线粒体膜等结构性屏障。在细胞中，细胞膜是磷脂双分子层的脂膜，而细胞器膜如线粒体膜、溶酶体的膜、过氧化物酶体的膜、内质网膜、高尔基体膜等则为单分子层的脂膜。细胞内生物膜最大的特性就是它们都为选择性通透性的脂膜，其选择性可以分为几大类。①分子质量小（小于 150Da）、非极性或者极性小（如 H_2O）的分子可以依赖简单扩散作用自由地通过。O_2 是非极性的，O_2 分子质量为 32Da，因此可以自由穿越生物膜；这类物质还包括 CO_2、N_2、苯、尿素、脂溶性激素（如固醇类激素）等。②虽然分子量小，但极性很强的分子则不能自由通过，需要有相应的膜通道。如 K^+、H^+、Na^+、HCO_3^-、Ca^{2+}、Cl^-、Mg^{2+} 等，需要依赖于离子转运通道和载体进行转运。③分子量大的物质、极性的分子，需要转运载体进行转运。如三酰甘油酯虽然分子量大，但属于非极性分子，容易与生物膜的脂类融合，因此容易通过细胞膜。

既然 O_2 在生物膜间的传输是以简单扩散作用的方式进行，这是一种不需要能量的传输方式，其传输的方向和动力源自于磷脂膜两侧的氧分压和氧浓度的差值，即从氧分压高、浓度高的一侧向氧分压低、氧浓度低的脂膜另一侧传输。因此，血液、组织液、细胞液中磷脂膜两侧 O_2 的氧分压、O_2 浓度差就是传输的动力，且传输的方向是可逆的，由分压高、浓度高的一侧向分压低、浓度低的一侧传输。随着生物体对 O_2 的消耗、CO_2 的生产，其浓度和分压是动态变化的，因此其传输方向也是动态变化的。

（三）水生生物体内氧总量与存储

依赖特定的器官和组织如肌肉组织，水生生物体内具有一定的存储氧的能力，从而增加了体内氧的总量。

动物体内的氧总量由三部分构成：①血液总量、血红蛋白和肌红蛋白等存储的氧的量；②水生动物组织液和细胞液中溶解氧的量；③鱼鳔等存储的氧的量。

因此，血液量大，尤其是血红蛋白含量高的种类，以及红色肌肉种类（肌红蛋白含量高）体内存储氧的容量大，存储的氧总量就大。例如游泳速度快、中上层鱼类如金枪鱼等的血液量大，血红蛋白含量高，体内存储的氧总量大，可以满足其对氧的需要量。

水生动物的血液量有多大？不同种类、同一种类不同季节的血液总量差异较大。软骨鱼类血量大约为其体重的 6%，硬骨鱼类的血量大约为体重的 3%，如硬头鳟为 3.5%、鲤鱼为 3%、鳕鱼为 2.4%。水生动物体内血液量低于人体的血液量，通常人体的血液量约占体重的 7% ～ 8%。

除了血液总量外，血液中红细胞数量、血红蛋白含量也是影响体内氧存储量的因素。鱼类在缺氧环境中，会通过增加血液中红细胞数量来增加血红蛋白的量，提高化学结合氧的结合能力。不同鱼类血液中血红蛋白含量有很大的差异，例如，几种不同鱼类血液中血红蛋白的含量分别为：真鲨 4.0g/100mL、鳟鱼 8.5g/100mL、鲤鱼 8.5g/100mL、泥鳅 10.1g/100mL、鳗鲡 9.4g/100mL、金枪鱼 14.4g/100mL。可见，游泳能力强的金枪鱼血液中血红蛋白含量也是最高的，冷水性鱼类如鳕鱼血液中血红蛋白含量较低，因为冷水性鱼类血液和组织液中溶解氧的量较大。

以血红素的量来计算化学结合氧的量。1mmol 的血红素可以结合 1mmol 的氧（容积为 22.4mL），鱼类 100mL 血液中含有 0.2 ～ 0.9mmol 的血红素，就可以结合 0.2 ～ 0.9mmol 的氧，即（0.2 ～ 0.9）×22.4mL 的氧（林浩然，1999）。

（四）鱼鳔及其在鱼体溶解氧调节中的作用

在鱼类发育中，鱼鳔在胚胎时期就开始形成，在食道背部长出胚芽后逐渐形成一前一后两个腔室的鱼鳔。多数鱼类的鱼鳔有一个导管（鳔管）与食道相通，但也有些种类没有鳔管。根据鳔管的有无可将鱼类分为有鳔管的管鳔鱼类和无鳔管的闭鳔类，管鳔鱼类如鲱形目、鲤形目鱼类，闭鳔类如鲈形目鱼类。闭鳔类的鱼鳔，主要依赖毛细血管网组成的气腺（gas gland）或称为红腺（red gland）进行气体的交换。鳔管虽然与食道相通，但气体的交换还是主要依赖于毛细血管网。还有些鱼类没有鱼鳔，如一些快速游泳的鲭类、金枪鱼类、底栖生活的鲽形目鱼类等。

鱼鳔的组织结构可以分为三层：外层为外膜，里层为黏膜层，中间为肌层。黏膜层由上皮和固有膜构成，上皮为单层鳞状上皮或纤毛上皮，上皮之下的固有膜为结缔组织，内有大量的血管网。肌层由内层环纹肌、外层纵纹肌（实质为平滑肌）构成，是对鱼鳔体积伸缩起主要调节作用的肌纤维。最外层的外膜为纤维结缔组织，有纵行或环行纤维，细胞间有小型薄板状的鸟粪素结晶，因此鱼鳔呈银白色。

鱼鳔中的气体以氧气和氮气为主，气体成分及其组成比例在不同鱼种间差异较大，且会随环境的改变而变化。一般淡水鱼类鳔内氧气含量比海水鱼低，海水鱼中深海鱼类氧气含量高，可以达到80%左右。淡水鱼类鳔内氧气含量也差异较大，如丁鲅鱼鳔内氧气的比例为4.1%、鲤鱼为3.4%、狗鱼为19%。鱼鳔内二氧化碳的含量较低，一般为0.7% ～ 6.2%。

鳔管内的气体主要来自血液，依赖毛细血管网的传输，氧气则是以血液溶解氧作为主要来源。部分有鳔管鱼类也可以从水面吸气并通过与食道连接的导管进入鱼鳔内。鱼鳔内气体的排出可以通过鳔管排入食道，再通过口腔排出，更多的时候是通过血液排出。血液与鱼鳔内气体的交换原理依然是扩散作用，即依赖于血压氧分压、氧浓度差进行气体的交换。

鱼鳔的功能除了调节鱼体的密度以便适应在水层中的位置外，还有存储气体，尤其是存储氧气的功能，因此鱼鳔是鱼体氧气的存储器官之一。

一个很有趣的问题是，不同水层生活的鱼类是否可以依赖鱼鳔对密度的调节任意在水层中垂直游动？现实情况是，这类在水层上下游动的距离也是有限的，大致情况是可以在其适宜水层的上、下20%距离的水层较为自由地活动。例如，河鲈生活的适宜水深为20m，其可以自由活动的水深度范围为16 ～ 24m。深海鱼类也是如此，例如适宜在水深100m活动的鱼类，它最多也只能上升22m，到达78m的水深处。

有鳔鱼类因为鱼鳔在腹胸腔内，从鱼体重心而言，鱼鳔在鱼体重心的下方，鱼体要保持在水体中的姿势需要胸鳍、臀鳍和尾鳍等共同的作用，而鱼体一旦死亡，失去平衡，鱼肚就会向上翻转过来，这就是所谓的"翻肚"现象，也和鱼鳔在鱼体中的位置有关。

鱼鳔的另外一个重要功能就是呼吸作用，鱼鳔可作为临时的或辅助的呼吸器官，这主要依赖于鱼鳔与血液进行气体交换的功能。鱼鳔内也存储有较多的氧气，可以作为鱼体内的"氧气包"供氧，在必要的时候与血液进行氧气的交换，可以临时补充血液中氧气的不足。

总结鱼体氧气的来源、氧在血液和器官组织中的存在形式等信息，可见图3-11。

七、严重失血时血液及其溶解氧的再分配

氧是鱼体正常生理代谢、生命活动维持所必需的物质，在正常情况下，鱼体的不同器官组织所分配的血液量是相对稳定的，而在缺氧或剧烈运动时，鱼体可以实时调整血流量在不同器官组织中的分配比例，以满足器官组织的需要量。例如在剧烈运动时，肌肉系统所需要的氧量增加，红色肉中的血流量就会增加。处于缺氧环境时，脾脏、肾脏等器官组织会产生更多的红细胞，这些组织中的血液量也会适当增加。红色肌肉因为血红蛋白含量高，其含氧量也高，一般为白色肌肉的2 ～ 3倍。

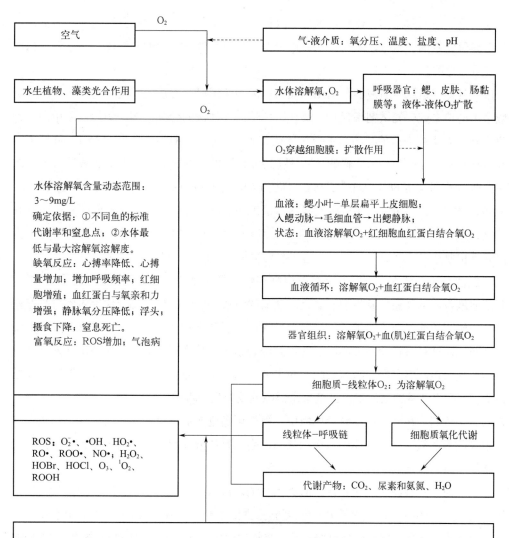

空气 —O₂→ 气-液介质：氧分压、温度、盐度、pH

水生植物、藻类光合作用 → 水体溶解氧，O₂

O₂ →

呼吸器官：鳃、皮肤、肠黏膜等；液体-液体O₂扩散

O₂穿越细胞膜：扩散作用

水体溶解氧含量动态范围：3～9mg/L
确定依据：①不同鱼的标准代谢率和窒息点；②水体最低与最大溶解氧溶解度。
缺氧反应：心搏率降低、心搏量增加；增加呼吸频率；红细胞增殖、血红蛋白与氧亲和力增强，静脉氧分压降低；浮头；摄食下降；窒息死亡。
富氧反应：ROS增加；气泡病

血液：鳃小叶-单层扁平上皮细胞；
入鳃动脉→毛细血管→出鳃静脉；
状态：血液溶解氧O₂+红细胞血红蛋白结合氧O₂

血液循环：溶解氧O₂+血红蛋白结合氧O₂

器官组织：溶解氧O₂+血(肌)红蛋白结合氧O₂

细胞质-线粒体O₂：为溶解氧O₂

线粒体-呼吸链   细胞质氧化代谢

代谢产物：CO₂、尿素和氨氮、H₂O

ROS：$O_2^-\cdot$、$\cdot OH$、$HO_2\cdot$、$RO\cdot$、$ROO\cdot$、$NO\cdot$；H_2O_2、$HOBr$、$HOCl$、O_3、$^1O_2$、$ROOH$

ROS产生与细胞防御的动态平衡：ROS诱导生理代谢调控、信号通路等响应，增强抗氧化力和免疫防御反应，如依赖细胞色素c氧化酶、过氧化氢（物）酶、维生素E、维生素C等的作用，维持ROS产生与防御的动态平衡。

氧化应激：当ROS产生与防御能力的动态平衡失衡，即ROS不能及时清除时，有部分氧化损伤出现，细胞和机体产生更强烈的防御机制，对氧化损伤的分子进行清除，对损伤的细胞结构进行修复，对生理代谢平衡进行修复。

氧化损伤：超过了细胞和机体对氧化应激损伤的自我修复能力，细胞或器官组织出现结构性和功能性损伤，并表现出氧化损伤病理性反应。此时需要有外源性的抗氧化应激、细胞和器官组织氧化损伤进行修复的物质(需要外力的作用来维护平衡)。氧化损伤无特定作用位点，无作用对象的选择性，是广泛性的损伤作用

图3-11 氧气从空气到鱼体内的路径总结

但是，如果出现严重失血的时候，鱼体是否也会像人体或陆生动物那样，调整血液在不同器官组织中的分配比例呢？答案是肯定的。水生动物在严重失血情况下，也会调整血液的分配比例，这就是血液分配比例的再调整或重新分配。

正常情况下，鱼体各器官组织中血液的分配比例如何？因涉及到研究方法的问题，这方面的研究资料相对有限。一般采用同位素或荧光试剂来显示鱼体在特殊情况下血液的分配比例。例如，采用同位素方法，测定了鳟鱼不同器官组织中血液量占血液总量的比例为：红肌+白肌混合肌肉为36%、红肌7%、肾脏9%、皮肤6%、肝脏9%、消化道8%、脾脏1%、性腺2%。如果以不同器官组织中血液量占体重的比例则为：红肌+白肌混合肌肉为66%、红肌2.5%、肾脏1.0%、皮肤4.0%、肝脏1.2%、消化道3.0%、脾脏0.2%、性腺4.0%（林浩然，1999）。在鱼体不同器官组织的血液分配中，以鳟鱼为例，肾脏、肝胰脏、肠道作为代谢活跃的器官组织，分别分配了9%、9%和8%的血液，相对高的血液配比除了可以提供足够的血氧（溶解氧和血红素结合氧）外，也和这些器官组织代谢废物的排出相适应。

在人体生理上，血液重新分配是指皮肤、腹腔中内脏和骨骼肌的血管收缩，而心、脑血管不收缩，从而保证心脏、脑部血液供应的现象。其生理机制是，缺血缺氧条件引起的化学感受性反射到可兴奋交感神经，引起大部分内脏和骨骼肌血管收缩，外周阻力增大，血压升高，而心、脑血管的感受受体数量少所以影响不大，甚至交感神经兴奋会激发心脏活动导致腺苷累积，扩张冠脉血管。如果出现人体严重失血的情况，人体内血液会重新再分配，将有限的血液主要保障大脑、心脏的供血，并大幅度减少其他器官组织如肌肉系统、消化系统等的血液量，这是生命保障的重要生理机制。

鱼类也存在这种调整机制，在一般性的缺氧环境中，鱼类可通过增加呼吸频率、增加红细胞数量等方式，加大从水体中吸收溶解氧的能力。而剧烈运动状态，会调整血液分配比例，增加红色肌肉中的血液量，保障进行有氧代谢需要的氧气。

当鱼体出现严重缺血时，也会减少消化系统、肌肉系统的血液量，保障大脑、心脏的血液量，以维持生命活动。我们对异育银鲫发生鳃出血、大量失血后，肠道黏膜组织的切片观察结果可说明以上事实。

江苏大丰地区池塘养殖的异育银鲫发生鳃出血病后，采集健康鲫鱼和发病鲫鱼的肠道的全长1/2处的肠道组织进行组织切片观察，结果见图3-12。（a）为健康鲫鱼的肠道黏膜绒毛结构，可以看见绒毛顶端是尖状的，（b）为发生鳃出血病后鲫鱼的肠道黏膜绒毛形态，可以发现绒毛不再是尖状，而变为平顶状。

为什么会出现这种情况呢？异育银鲫鳃出血病是由一种鲤疱疹Ⅱ型病毒为病原体引发的疾病。肠道黏膜绒毛出现这样大的结构性变化，一方面是肠道黏膜自身出血所致，另一方面因鱼体调整不同器官组织血液量分配比例所致。但不管是哪种生理作用方式，其结果就是因失血过多致使肠道绒毛顶端溶失。因为失血过多，鱼体大幅度减少了肠道组织的供血量，导致绒毛萎缩来适应这种变化，其可能的过程是：绒毛顶端黏膜细胞脱落、尖形绒毛逐渐变为平整形。这也是鱼体维持最基本的生命活动的一种保护机制。

肠道黏膜细胞是体内更新速度较快的细胞，肠黏膜细胞作为担负吸收、分泌和免疫多重功能的细胞，本身就具有很强的代谢强度。当鱼体大量出血时，也会有人体和其他动物类似的现象，会大幅度减少非必要的代谢活动对血氧的消耗，而将有限的血氧保障给心脏、大脑等器官组织，以维持最基本的生命活动，即以"保命"为主。如果继续大量失血，则就会因为缺氧、缺血而死亡。

八、养殖鱼类的低氧适应性与氧应激

鱼类生活在复杂的水域生态环境中，而氧是生命存在的基本需要。鱼类对水体溶解氧有一定的适应

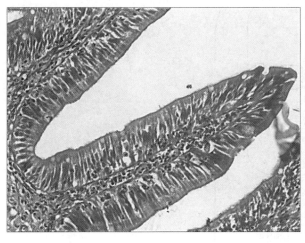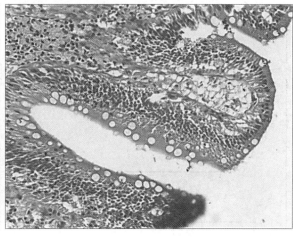

(a)   (b)

图3-12 异育银鲫鳃出血后肠道黏膜绒毛结构
（a）健康鲫鱼；（b）鳃出血后鲫鱼

范围，水体中溶解氧对鱼体生存、生长和代谢具有直接的影响。

以水体溶解氧作为要素，可能发生的情况大致有以下几种：①地球上的鱼类分化出高需氧量鱼类如游泳能力强的鲑鱼、金枪鱼等，也存在对溶氧低需求鱼类，如大多数养殖的鲤科鱼类；②鱼类较长时期处于低于其溶解氧需要量的水域中时，能够调整自身的生理代谢、鱼体活动量等进行适应，当水体溶氧达到需求量范围时则恢复到正常状态；③短期急剧的溶解氧缺乏，鱼类将处于强烈的缺氧应激状态，以氧化应激状态为主要的生理代谢特征；④短期内水体溶解氧剧烈变化，鱼体处于较强的短期缺氧应激和短期强烈的富氧应激，鱼体会发生强烈的氧化应激、氧化损伤。

（一）低氧信号传导途径与鱼类低氧适应

低氧诱导因子（hypoxia inducible factor，HIF）介导的转录激活反应是细胞感受低氧的最为关键的信号转导途径（肖武汉，2014）。低氧诱导因子在细胞适应低氧水平过程中扮演着关键的角色，激活包括参与氧气传感、氧气运输、血管生成、新陈代谢变化和红细胞生成等过程的基因表达。低氧诱导因子（HIF）是由在核内稳定存在的β亚基（HIF 1β）和对氧浓度变化敏感的α亚基（如HIF-1α、HIF-2α和HIF-3α）组成的异源二聚体。每个低氧诱导因子分子由HIF-1α或HIF-2α和HIF-1β 2个亚单位组成。每个亚单位包含基本的bHLH-PAS（helix-loop-helix-PAS）结构域，它们介导异源二聚体的形成以及与DNA的结合。HIF-1β与其他bHLH-PAS蛋白形成异源二聚体并超量存在，而HIF-1α水平决定HIF-1的转录活性。

常氧条件下，脯氨酸羟化酶（prolyl hydroxylase，PHD，包括PHD1、PHD2和PHD3，其中PHD2起主要作用）利用氧分子作为底物对低氧诱导因子（HIF-1α和HIF-2α）的特异脯氨酸位点进行羟基化。在这一反应中，一个氧原子插入脯氨酸残基，另一个氧原子插入α-酮戊二酸，将它分解成CO_2和琥珀酸酯。羟基化后的低氧诱导因子被pVHL（Von Hippel-Lindau）识别并结合，pVHL招募VBC

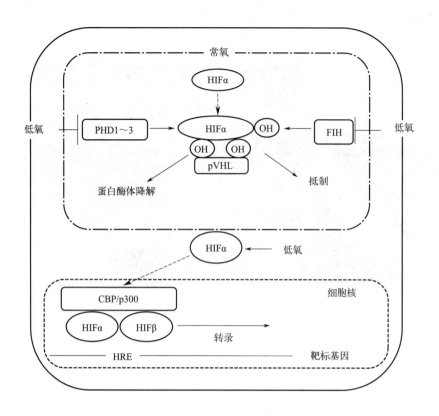

图3-13 低氧信号传导途径

（VHL、转录延伸因子B、转录延伸因子C）E3泛素连接酶复合体，导致低氧诱导因子通过蛋白酶体降解。然而，在低氧条件下，由于缺乏氧分子，脯氨酸羟化酶的活性受到抑制，PHD2不能羟化低氧诱导因子（HIF-1α和HIF-2α），因此，低氧诱导因子不能与VBC E3泛素连接酶复合体结合，使得低氧诱导因子的蛋白质得到稳定；稳定的低氧诱导因子转运到细胞核中，与HIF-1β结合，形成异源二聚体，该二聚体与其下游基因的低氧反应元件（hypoxia response element，HRE）结合，再在一些转录激活因子（如CBP/p300）的共同作用下，激活下游基因的表达，从而引起一系列的生理、生化反应，如图3-13。

正是由于低氧诱导因子HIF-α在低氧信号转导中的关键作用，对低氧诱导因子的调控成为对低氧信号转导调控的主要方式。对低氧诱导因子的调控包括在转录水平调控和翻译后调控。目前对HIF-α的转录水平调控报道较少，现有工作主要集中在对其翻译后调控的研究上。NF-κB被发现可以诱导HIF-1α的转录表达，进而在先天免疫和炎症反应中发挥作用。HIF-α的翻译后调控呈现在许多方面，除了上述VHL介导HIF-α的降解这一经典调控方式外，还存在HIF-α的乙酰化/去乙酰化、磷酸化/去磷酸化、SUMO（类泛素蛋白修饰分子）化、Neddylation（类泛素化修饰）化等调控方式。乙酰化转移酶p300/CBP与HIF-1αC末端的结合可以显著增强HIF-1α的转录活性。依赖NAD$^+$的去乙酰化酶Sirt1、Sirt3、Sirt6和Sirt7可对HIF-1α和HIF-2α进行正向或者反向调控，这些调控在细胞代谢、寿命、肿瘤发生、心血管疾病等方面发挥重要作用。有研究表明，低氧刺激导致SUMO-1的mRNA水平和蛋白水平显著增加；SUMO-1与HIF-1α在低氧情况下共同定位于核内，并使HIF-1α发生SUMO化；而SUMO化可使

HIF-1α稳定性或转录激活活性增强。

（二）鱼类低氧适应策略

在现存的2万余种鱼类中，它们对低氧的耐受能力表现出很大的差异。完全依赖有氧代谢来进行快速游泳的种类，如鲑鱼和金枪鱼，对低氧状态呈现中度或超级敏感。然而，像鲤、鳗鲡和狗鱼（*Esox masquinongy*）等，它们在低氧条件仍能生存。鱼类对低氧的适应一般可分为长期适应和急性应激反应。

为了长期适应不同的水体溶氧环境，鱼类会发生组织器官形态结构的改变，也会通过基因突变，引起一些相应的生理、生化变化。

① 改变呼吸器官结构或产生鳃以外的器官辅助呼吸，这是一些鱼类为了适应水体低氧环境的首选策略。例如，泥鳅除鳃外，还发展了皮肤和肠来进行辅助呼吸；黄鳝发展出口腔及喉腔的内壁表皮作为呼吸的辅助器官。

② 改变代谢途径和代谢方式也是鱼类长期适应低氧环境的策略之一。鲫鱼是目前已知最能耐受低氧的鱼类物种。在低温条件下，它在低氧条件下可以生存数月。金鱼在5℃，其缺氧的半致死时间为45h；而在20℃，其缺氧的半致死时间为22h。在低氧条件下，代谢率的抑制被认为是鲫鱼能够生存的关键。在极度缺氧的条件下，鲫鱼可进行无氧代谢，能够将无氧糖酵解过程中产生的乳酸直接转化为乙醇，并分泌到水中。鲫鱼在低氧或缺氧条件下，仍保持活力，而不是和一些需要冬眠的龟类一样进入冬眠状态。这主要是由于鲫鱼具备能利用储藏在肌肉和肝脏中的糖原、能减少代谢、把乳酸转化为乙醇和二氧化碳来规避乳酸的酸性等特征。

③ 增加红细胞的数量和提高血红蛋白的载氧能力，也是鱼类长期适应低氧环境的策略之一。鱼类在演化历程中，经过多次的遗传分离，在许多与低氧适应相关的基因上呈现出结构和功能上的多态性。在鲤科鱼类，低氧诱导因子基因（*hif-α*）被发现在基因组中进行了加倍。尽管其一个拷贝保留了古老类型的低氧刺激反应，但另一个拷贝却变得对低氧压力更为敏感，因此，鲤科鱼类的*hif-α*基因在物种形成过程中，已经发生了亚功能的分化。此外，在辐鳍鱼类和软骨鱼类的分化基部，*hif-α*基因呈现出不同形式的演化模式。

（三）鱼类对低氧的急性应激反应

由于水体成分、水体温度或季节的改变，特别是在较高密度的养殖水体，经常会出现短期急性缺氧。鱼类对于短期急性缺氧会产生强烈的应激反应。①鱼类会试图利用"口"到水面直接进行呼吸，以尽可能获得空气中的氧，这就是常见的鱼类"浮头"现象；②通过鳃形态和结构的改变，以增加氧气的交换；③改变心肌ATP敏感钾离子通道、代谢速率以及增加红细胞的数量也是许多鱼类应对急性低氧的重要策略。尽管鱼类可通过一些急性应激反应来应对水体短期缺氧，以维持其正常的生理活动，但是水体的严重急性缺氧，往往引起鱼类瞬间大量死亡，这就是在水产养殖上通常所称的"翻塘"现象。研究表明，鱼类脑细胞和心肌细胞在缺氧状态下的凋亡，是导致"翻塘"、引起鱼类瞬间大量死亡的主要原因。与许多其他脊椎动物一样，低氧信号转导途径中的一些重要因子严格调控着鱼类的这一生理过程。弄清急性缺氧引起鱼类死亡的原因和机制，对于在水产养殖上防止或减少养殖鱼类"翻塘"造成的损失，具有重要的实践指导意义。

第三节
活性氧（ROS）的产生

引发活性氧产生的因素包括体内因素（内环境）与外环境因素两大方面。外部因素包括水质环境的变化，尤其是溶解氧浓度的急剧变化，但外部因素产生活性氧（ROS）需要通过体内的生理响应来引发。体内产生ROS的主要部位是线粒体，其次是过氧化物酶体、溶酶体和内质网膜。此外，细胞吞噬过程也是体内ROS的主要来源，尤其在病理条件下，体内会产生更多的ROS。

在动物体内，有1%～2%的氧会用于产生活性氧自由基，而产生活性氧自由基的主要位点就是细胞的线粒体，尤其是代谢活跃的细胞的线粒体，如胃肠道黏膜细胞、肝细胞等；此外，在巨噬细胞对异物的吞噬与分解过程中、一些氧化代谢反应过程中，尤其是在缺氧与富氧环境下，活性氧的产生速度和数量会显著增加。

线粒体是细胞能量代谢的细胞器，依赖线粒体内膜上镶嵌的呼吸链，通过氢和电子的传递，产生高能磷酸化合物ATP，ATP是生物体的生物能量来源。细胞生命活动所需要的能量中，有80%的能量来源于线粒体（还有部分来自于无氧代谢）。这个过程中，在呼吸链进行H^+和电子的传递过程中，会发生电子泄漏，从而导致活性氧的产生。细胞内也存在相应的清除活性氧的机制，以保护细胞正常的结构和功能，如过氧化氢酶、过氧化物酶等就是常见的可清除活性氧的物质。当这种清除ROS的机制受到削弱时，会导致细胞内过多的ROS外溢，并对细胞的结构和功能产生重大的影响，这就是所谓的自由基损伤作用。有较多的研究结果显示，线粒体是细胞内活性氧自由基的产生位点，也是细胞凋亡、细胞死亡和一些疾病的始发位点。

一、线粒体中ROS的产生

（一）线粒体

线粒体是细胞的细胞器，也是动物体内唯一一个含有遗传物质（DNA）的细胞器。线粒体直径在0.5～1.0μm之间，在不同生理状态下，线粒体的形态会发生一些改变，但多数为杆状。红细胞中一般没有线粒体，而其他细胞中均有线粒体的存在。

利用透射电镜观察了草鱼肝细胞中的线粒体结构，在细胞核边缘分布有较多的线粒体（见图3-14），线粒体有外膜、内膜两层膜结构，而在线粒体内有大量的嵴（cristae）的结构，这是由线粒体内膜在线粒体内折叠所形成的，也是呼吸链的存在位点。内膜的化学组成中，20%为脂类，80%为蛋白质，由此可见，内膜其实是大量的蛋白质嵌入在脂质中，并以蛋白质为主的结构。内膜上的转运蛋白质控制着线粒体内外腔中物质的交换，内膜的通透性很小，一般分子质量大于150Da的分子就不能通过。线粒体的这种结构充分保障了内部的物质和能量代谢的稳定性，尤其是对于呼吸链中能量的产生、活性氧的产生具有保护作用，就像"核动力工厂"的保护装置。

线粒体内膜上镶嵌着大量的基粒（elementary particle），这就是ATP酶复合体（ATP synthase complex），也是呼吸链的存在位点。一个线粒体中有$10^4 \sim 10^5$个这类基粒。物质的氧化分解、生物合成主要在细胞质和线粒体基质液中进行，典型的例子如三羧酸循环就主要在线粒体基质液中进行。线粒体内膜则是依赖于呼吸链进行能量转换的部位。

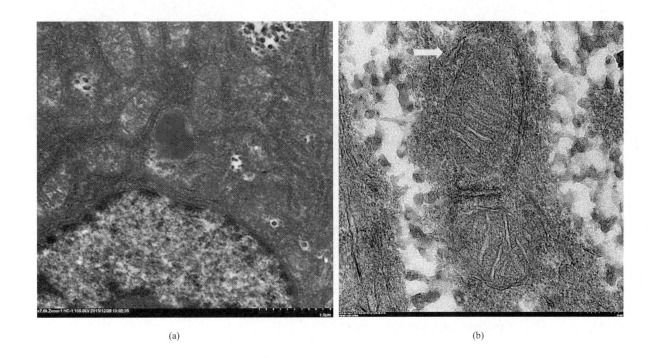

(a)   (b)

图3-14 草鱼肝细胞的线粒体
（a）细胞核周围有较多的线粒体；（b）为放大的线粒体

（二）呼吸链

呼吸链（respiratory chain）又称为电子呼吸链（electron transport respiratory chain），就是线粒体内膜上由蛋白质、酶等组成的生物氧化过程中H^+和e^-的传递链，在这个传递过程中产生ATP。

在动物体内，有机物需要完全氧化为含氮代谢物、CO_2和H_2O，这个过程就是将有机物脱下的H与O_2反应生成H_2O，C氧化为CO_2，含氮物质则氧化为尿酸、尿囊素、氨等成分。

呼吸链是由一系列的递氢体（hydrogen transfer）和递电子体（electron transfer）按一定的顺序排列所组成的连续反应体系，它将代谢物脱下的氢原子交给氧生成水，同时生成ATP。实际上呼吸链的作用代表着线粒体最基本的功能，呼吸链中的递氢体和递电子体就是能传递氢原子或电子的载体，由于氢原子可以看作是由H^+和e^-组成的，所以递氢体也是递电子体，递氢体和递电子体主要是酶、辅酶、辅基或辅因子。

呼吸链包含15种以上组分，主要由4种酶复合体和2种可移动电子载体构成，可移动电子载体主要是辅酶Q和细胞色素c。其中复合体Ⅰ、Ⅱ、Ⅲ、Ⅳ、辅酶Q和细胞色素c的数量比为1：2：3：7：63：9。细胞呼吸链的模式图见图3-15。

复合体Ⅰ即还原型辅酶Ⅰ（nicotinamide adenine dinucleotide，NADH）与辅酶Q氧化还原酶复合体，位于线粒体内膜上，由NADH脱氢酶和铁硫蛋白（铁-硫中心，iron-sulfur centers）组成。复合体Ⅰ从NADH得到两个电子，经铁硫蛋白传递给辅酶Q。复合体Ⅱ由琥珀酸脱氢酶（succinate dehydrogenase，SDH）和铁硫蛋白组成，能够将从琥珀酸得到的电子传递给辅酶Q。复合体Ⅲ为辅酶Q与细胞色素c氧化还原酶复合体，是细胞色素和铁硫蛋白的复合体，它把来自辅酶Q的电子，依次传递给线粒体内膜外表面的细胞色素c。辅酶Q是呼吸链中唯一的非蛋白氧化还原载体，可在膜中迅速移动，它在电子传递链中处于中心地位，可接受各种黄素酶类脱下的氢。复合体Ⅳ为细胞色素c氧

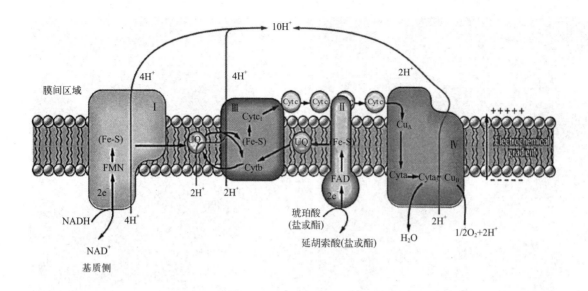

图3-15 线粒体中呼吸链结构模式图

化酶复合体，以细胞色素aa3复合物形式存在，又称细胞色素氧化酶，是最后一个载体，将电子直接传递给氧。

需要关注的是，生物体内H与O_2不能直接进行结合反应，H需要先解离为H^+和e^-，电子e^-经过线粒体内膜上酶复合体的逐级传递，最终使O_2转化为$O^{2-}\cdot$，$O^{2-}\cdot$与线粒体基质中的2个H^+化合生成水（H_2O）。细胞内H与O_2化合生成水的过程中，有3种ROS（超氧自由基、过氧化氢、羟基自由基）产生，主要经历的步骤如下：

$$O_2 + e^- \longrightarrow O_2^- \cdot （超氧自由基）；$$

$$O_2^- \cdot + e^- + 2H^+ \longrightarrow H_2O_2 （过氧化氢，非自由基ROS）；$$

$$H_2O_2 + e^- + H^+ \longrightarrow H_2O + \cdot OH （羟基自由基）；$$

$$\cdot OH + e^- + H^+ \longrightarrow H_2O$$

这是生物体内活性氧产生的基础反应过程，而这个过程除了在细胞的线粒体中发生外，也在细胞进行生理过程中的多处位点发生，包括巨噬细胞的吞噬过程中、分泌型蛋白质肽链二硫键形成过程中、溶酶体酶解反应过程中、过氧化物酶体反应过程中等多处位点，都是在H^+和e^-传递给O_2生成H_2O的过程中产生活性氧。

细胞内有2种呼吸链共存，即NADH氧化呼吸链和琥珀酸氧化呼吸链。

（1）NADH氧化呼吸链

NADH（nicotinamide adenine dinucleotide）是烟酰胺腺嘌呤二核苷酸的还原态，称为还原型辅酶Ⅰ。NADH与NAD^+是细胞中的一对氧化还原对，NADH是辅酶Ⅰ（NAD）的还原形式，NAD^+是其氧化形式。在氧化还原反应中，NADH作为氢和电子的供体，NAD^+作为氢和电子的受体共同参与呼吸作用、光合作用、乙醇代谢等生理过程。它们作为生物体内很多氧化还原反应的辅酶参与生命活动，并相互转化。而呼吸链中的细胞色素仅仅是电子传递体，不能传递H。

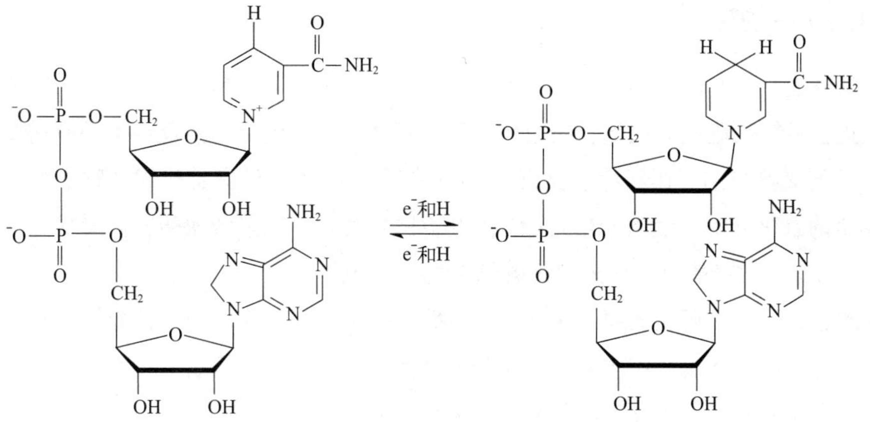

NAD⁺(氧化型辅酶Ⅰ)　　　　　　　　　　NADH(还原型辅酶Ⅰ)

大多数脱氢酶都以NAD^+作为辅酶，在脱氢酶催化下底物脱下的2个氢交给NAD^+生成$NADH+H^+$，在NADH脱氢酶作用下，$NADH+H^+$将两个氢原子传递给黄素单核苷酸（FMN）生成$FMNH_2$，再将氢传递至辅酶Q（CoQ）生成$CoQH_2$，此时两个氢原子解离成$2H^+$和$2e^-$，$2H^+$游离于线粒体介质中，2个e^-经Cyt（细胞色素）b → cytc1 → cytc → cytaa₃传递，最后将2个e^-传递给$1/2\ O_2$，生成$O_2^-\cdot$，$O_2^-\cdot$与介质中游离的$2H^+$结合生成水，综合上述氢的传递过程可用图3-16表示。

（2）琥珀酸氧化呼吸链

琥珀酸在琥珀酸脱氢酶作用下脱氢生成延胡索酸，黄素腺嘌呤二核苷酸（FAD）接受两个氢原子生成$FADH_2$，然后再将氢传递给CoQ，生成$CoQH_2$，此后的传递和NADH氧化呼吸链相同，整个传递过程可用图3-17表示。

NADH氧化呼吸链和琥珀酸氧化呼吸链均存在于线粒体内膜上，由于氢和电子传递的起始位点不同，其产生的ATP数量也相差1个，即底物脱下的2个氢如果进入NADH氧化呼吸链就能产生3分子的ATP，如果进入琥珀酸氧化呼吸链就只能产生2分子的ATP。

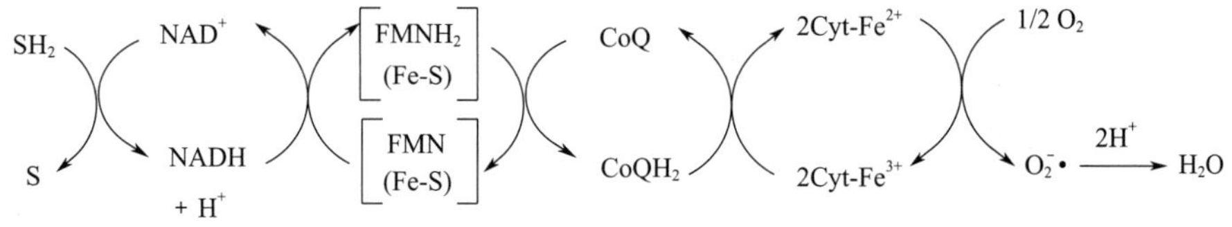

图3-16 NADH呼吸链

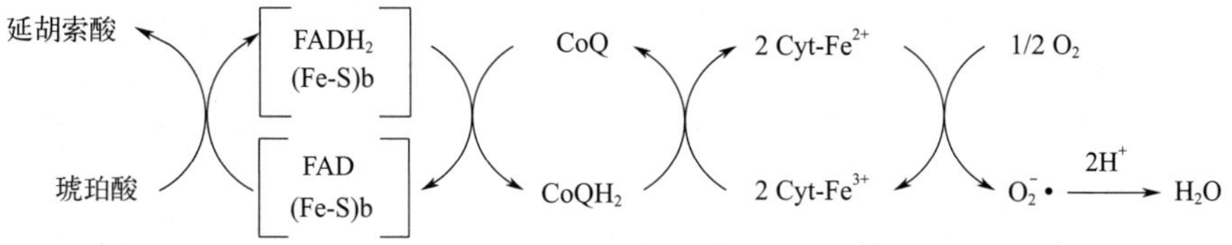

图3-17 琥珀酸呼吸链

（三）呼吸链中ROS的产生

蛋白质（氨基酸）、糖（单糖）、脂肪（脂肪酸）的完全氧化分解是受严格的酶控制的有序化代谢反应，其反应位点主要在细胞质基质液、线粒体基质液和线粒体内膜上。其反应类型有需要氧参与的氧化分解代谢与不需要氧参与的代谢（酵解反应），而无氧参与的酵解反应其代谢产物最终还需通过有氧代谢才能进行完全的氧化分解，使碳转化为CO_2，氮转化为氨氮、尿素或尿酸、尿囊酸等成分，氢则与氧结合生成H_2O。有氧代谢产能效率是无氧代谢产能效率的10倍以上。

线粒体内膜也是选择性通过的膜，氨基酸、单糖、脂肪酸在细胞质中进行分解，最终以乙酰CoA等成分进入线粒体，在线粒体基质液中完成三羧酸循环实现完全的氧化分解，而在细胞质基质液、线粒体基质液中分解代谢脱下的氢均要进入呼吸链实现能量的转化。

因此，在线粒体中进行的氧化分解代谢与高能磷酸化合物ATP、GTP等合成代谢是相互偶联的，这就是氧化磷酸化反应（oxidative phosphorylation）与呼吸链能量转化之间的偶联，即氧化磷酸化反应与电子传递偶联并从ADP生成ATP的过程。

线粒体内，在氧化磷酸化与氢、电子传递偶联过程中，代谢反应非常活跃，既是溶解氧消耗的主要部位，更是生物活性氧ROS产生的主要部位。细胞内绝大多数的ROS是在线粒体中产生的。因此，线粒体是细胞代谢强度最集中的位点，既是细胞的能量代谢中心，也是ROS的产生中心。代谢强度越大，越容易受到损伤，包括外界因素和内部因素的损伤。而一旦线粒体损伤，就会导致细胞的损伤，包括线粒体、其他细胞器的结构损伤和功能性损伤。因此，线粒体是细胞、器官组织损伤，尤其是氧化损伤的始发位点，也是细胞死亡、细胞凋亡的始发位点。

在细胞呼吸链上氢和电子传递过程中，关于ATP与活性氧的产生位点，这里引用郑荣粮等（自由基生物学，第三版，2007）修改的示意图图3-18来说明。

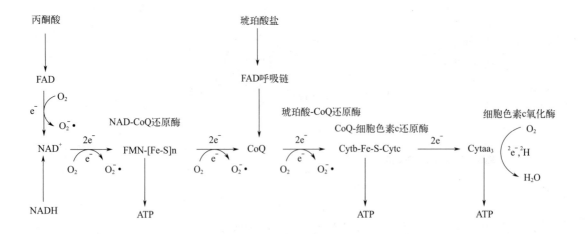

图3-18 呼吸链构成及ATP、活性氧（ROS）产生位置

在呼吸链中，产生$O_2^-\cdot$的位点主要在复合酶Ⅰ、复合酶Ⅲ、复合酶Ⅱ、泛醌和细胞色素。依据郑荣粮等数据，由于$O_2^-\cdot$寿命短不易测定，可以$O_2^-\cdot$的继发性产物H_2O_2的量来反映$O_2^-\cdot$的生成量，在复合酶Ⅰ生成的H_2O_2的数量为4.62nmol/(min·mg)，以蛋白质质量计，复合酶Ⅲ为4.24nmol/(min·mg)，以蛋白质质量计，复合酶Ⅱ为0.03nmol/(min·mg)，以蛋白质质量计，表明$O_2^-\cdot$的生成主要在复合酶Ⅰ和Ⅲ。在呼吸链中产生的$O_2^-\cdot$继发性地产生其他自由基，如羟基自由基、过氧自由基等。

需要注意的是，ROS是在呼吸链的氢和电子传递过程中产生的，即在线粒体内代谢物质氧化磷酸化与能量产生的偶联过程中产生，具有其自然的属性。线粒体和细胞也有一套生理机制来清除ROS，只有当受到损伤或代谢过激时，才会发生ROS从线粒体泄漏或ROS过量的情况，这时就会出现由ROS引发的系列氧化损伤。

在细胞内，除了线粒体会产生ROS外，微粒体、过氧化物酶体、内质网等也是ROS产生的部位，只是产生的量相对于线粒体呼吸链所产生的量更少而已。

我们对ROS产生位点、过程的关注是为了更好地理解由ROS诱导的氧化损伤作用的过程和作用的途径，也是为了更好地防止由ROS引发的对线粒体、对细胞以及对组织器官的损伤，从而维护水生生物的生理代谢和生理健康。控制和减少ROS引发的氧化损伤，修复由ROS引发的损伤才是我们基本的目标。

那么如何通过饲料途径防止养殖动物在生理代谢过程中产生过多的ROS呢？有很多饲料物质在体外都具有抗氧化、清除自由基的生物活性，如一些天然植物中的活性成分茶多酚、黄酮等。从上述对ROS产生的位点和产生机制来看，$O_2^-\cdot$的作用范围和时间是非常有限的，其作用范围主要在线粒体内；而·OH的寿命会长一些、传播范围会大一些，但也有限制的时空距离范围，主要在细胞内和其邻近的组织内。

因此，可用于饲料途径的抗氧化物质、清除自由基的物质的一个非常重要的要求就是：这些物质能够被养殖动物消化道吸收，并通过血液、淋巴液等途径到达细胞内，否则这些物质就只能在消化道发挥作用。

二、吞噬细胞与NADPH氧化酶途径产生ROS

吞噬细胞是指体内具有吞噬功能的一群细胞，主要包括单核吞噬细胞系统和中性粒细胞。单核吞噬细胞系统（mononuclear phagocyte system，MPS）包括游离于血液中的单核细胞（monocytes）及进入各种组织后发育而成的巨噬细胞（macrophages）。巨噬细胞具有很强的吞噬能力，还是一类主要的抗原呈递细胞，在特异性免疫应答的诱导与调节中起关键作用。中性粒细胞是一类小吞噬细胞，具有非特异性免疫防御作用并参与机体的免疫应答、炎症损伤等。

吞噬细胞对体内的衰老死亡细胞和外来异物有吞噬和消化的功能，是机体天然防御的重要机制之一。值得关注的问题是，吞噬细胞对被吞噬的病原生物、异物等进行杀灭和消化，而杀灭被吞噬物的机制实际是通过NADPH（还原型辅酶Ⅱ）氧化酶产生活性氧，依赖所产生活性氧的强氧化作用来杀灭被吞噬物。之后，再对被吞噬物进行消化分解，分解产物可以再被利用。例如蛋白质被分解为氨基酸，氨基酸则进入体内游离氨基酸池或库，用于新的蛋白质的合成代谢。

细胞内产生ROS的酶有多种，如黄嘌呤氧化酶、细胞色素P450、环加氧酶、脂氧合酶、一氧化氮合成酶和NADPH氧化酶等。其中，除了NADPH氧化酶将催化产生ROS作为唯一功能外，其他的酶产生的ROS都是作为催化过程中的副产物出现的。

NADPH氧化酶特异性地存在于吞噬细胞质膜，能生成用于清除病原生物的活性氧（ROS）。吞噬细胞NADPH氧化酶有6个同源物即NOX1、NOX3、NOX4、NOX5、DUOX1、DUOX2，NADPH氧化酶催化亚基gp91^{phox}/NOX2及其同源物统称为NOX家族蛋白。这些酶能通过质膜传递电子产生活性氧（ROS）。

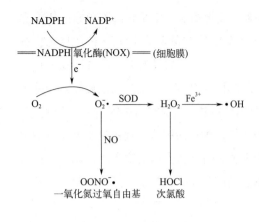

图3-19 NADPH氧化酶催化产生ROS的过程

NADPH氧化酶（NOX）属于多亚基膜结合酶，是体内氧化还原信号的关键酶，也是体内活性氧（ROS）的主要来源。NADPH为烟酰胺腺嘌呤二核苷酸磷酸，是多种酶的辅酶。NADPH作为NOX的电子供体，氧作为其电子受体，NOX能催化氧气还原成超氧化物自由基。其反应产生活性氧的过程如图3-19所示。

NOX催化产生的ROS在许多生理学过程中都起着重要作用，最主要的是免疫防御作用，例如在由病原微生物介导的呼吸爆发中扮演着关键角色。呼吸爆发是指在缺血再灌注组织过程中，组织重新获得氧供应的短时间内，激活的中性粒细胞耗氧量显著增加，产生大量氧自由基，又称为氧爆发，这是再灌注时自由基生成的重要途径之一。该过程中，中性粒细胞与巨噬细胞产生大量ROS，杀伤进入细胞的病原体。除了免疫作用外，NOX催化产生的ROS也参与了细胞增殖、凋亡、血管生成、内分泌和细胞外基质的氧化修饰以及信号通路的调节等生理过程。

NOX催化产生的ROS在氧化应激过程中发挥作用。氧化应激是指机体受有害刺激时ROS的产生增多或被清除减少，导致ROS在体内蓄积而引起分子、细胞和机体的损伤。正常生理条件下，机体的抗氧化系统和氧化能力之间保持着相对的动态平衡，机体产生的ROS能迅速地被体内抗氧化系统清除。但在某些病理情况下，NADPH氧化酶、醛糖还原酶以及蛋白激酶C会被激活，刺激体内的ROS过度产生，导致机体抗氧化能力下降，当氧化能力大大超过抗氧化能力时就会引发氧化应激。

NOX催化产生的ROS在炎症反应中发挥着作用。炎症是机体针对外源病原体或异物的免疫防御性反应。在外源病原体或异物入侵的先天性免疫反应中，机体会发生急性炎症反应，伴随着血管舒张、血管渗透性增加和白细胞的迁移。这个过程虽然有利于病原体或异物的清除，但是如果不加以控制，可以导致机体的损伤和疾病的发生。NOX催化产生ROS在炎症过程中起到重要作用。在炎症部位，中性粒细胞中的ROS产生增多，引起血管内皮功能障碍和组织损伤。血管内皮是大分子和炎性细胞从血液转移至组织的通道。在炎症条件下，中性粒细胞产生的ROS导致血管内皮间隙开放，促进炎性细胞穿越内皮间隙转移至组织。转移的炎症细胞在清除病原体或异物的同时，也对组织产生损伤。

NOX催化产生的ROS在组织纤维化过程中发挥着作用。纤维化是许多慢性炎症性疾病共同的、最终的病理特征，主要由大量的细胞外基质在炎症组织和受损组织周围沉积而引起。细胞外基质由纤维母细胞和肌纤维母细胞合成，这两种细胞主要由生长转化因子（TGF-β）进行调控，TGF-β是纤维化发生过程中起主要调节作用的一类细胞因子。研究表明，NOX依赖的氧化还原信号在TGF-β调节的纤维化过程有着重要影响，尤其是NOX4在这个过程中扮演着关键的角色。一方面，NOX4可以作为TGF-β调节纤维化过程的下游信号直接影响纤维化过程，主要表现在TGF-β可以增加纤维化组织中NOX4基因的表达，而NOX4催化产生的ROS则可以促进纤维化反应。另一方面，NOX依赖的氧化还原信号也能够以一种反馈的形式调节TGF-β/Smad信号通路，从而间接促进纤维化过程。

三、内质网中活性氧的产生

分泌型蛋白质肽链二硫键形成过程中产生较多的活性氧（ROS）。内质网是细胞中分布最广的膜系统，粗面内质网是蛋白质合成的场所，在蛋白质合成的过程中，新合成的蛋白质进入内质网后，必须在内质网中进行修饰、加工，例如多肽链中二硫键的形成。内质网为蛋白质二硫键的形成提供了独一无二的氧化折叠环境，在蛋白质氧化折叠的过程中会产生活性氧。

分泌型蛋白质需要通过在分子内或分子间形成二硫键，从而形成其天然构象。这些二硫键的形成和异构化由蛋白质二硫键异构酶（protein disulfide isomerase，PDI）来催化。PDI一方面可以通过二硫键异构酶活性促进蛋白质肽链内或蛋白质肽链间形成正确的二硫键，另一方面也可以催化某些蛋白质肽链二硫键的水解。

内质网中蛋白质肽链的氧化折叠反应是由二硫键异构酶催化的，该酶从多肽底物的硫基（—SH）接受电子被还原，将电子转移给分子氧，该过程导致了ROS的形成。不论是真核生物，还是原核生物，分子氧都作为蛋白质二硫键形成过程中最终的电子受体。在蛋白质合成过程中，细胞内大约25%的活性氧来源于内质网中蛋白质肽链氧化折叠形成二硫键的过程。

在大多数动物的内质网中，存在着膜结合的微粒体单加氧酶系统（microsomal monooxygenase，MMO）。肝细胞中存在高浓度的MMO，MMO在肾脏、大脑、淋巴细胞、血管平滑肌、鼻黏膜和肠黏膜细胞等组织中也存在。MMO系统中所有的蛋白质组分锚定在内质网膜的外表面。膜结合的MMO是多酶系统，通常包含末端氧化酶细胞色素P450和含有FAD/FMN的NADPH-细胞色素P450还原酶，该酶系统催化的反应是重要的ROS来源之一。

四、溶酶体中活性氧的产生

溶酶体是进行细胞内消化作用的细胞器，含有多种酸性水解酶。溶酶体在细胞内发挥消化作用的同时也可能产生ROS。

细胞内溶酶体的大小和形态是不同的，溶酶体内的酸性水解酶发挥最优活性需要酸性的环境，因此，溶酶体内的质子（H^+）浓度远远超过细胞溶胶中的质子浓度。辅酶Q不均匀地分布在亚细胞结构的细胞膜中，线粒体中的辅酶Q具有生物能学和病理生理学功能，高尔基体和溶酶体中辅酶Q的含量也相当高。溶酶体中的辅酶Q可利用辅酶Q循环，作为一个活性的质子转运蛋白，维持溶酶体中质子浓度。在这一循环过程中，辅酶Q中的苯醌环是该分子的活性部位，氧气是这一循环中电子的最终受体，这也是活性氧产生的基础反应。

五、过氧化物酶体中活性氧的产生

过氧化物酶体是含有氧化酶的单层膜细胞器，参与许多代谢过程，包括脂肪酸的氧化，乙醛酸、氨基酸的代谢，多胺氧化和磷酸戊糖的氧化。过氧化物酶体中催化代谢反应的多种氧化酶可能是细胞内ROS的来源之一。动物过氧化物酶体中，过氧化氢主要来源于不同氧化酶转移底物的氢原子到分子氧的过程。在大鼠肝脏中，过氧化物酶体产生大约35%的过氧化氢，占了整个氧耗量的20%。过氧化物酶体可认为是细胞内过氧化氢（H_2O_2）、超氧阴离子（$O_2^-\cdot$），羟基自由基（$\cdot OH$）的来源之一。过氧化物酶体中多种氧化酶催化其底物参与代谢过程的同时产生过氧化氢和超氧阴离子。

六、细胞外黄嘌呤氧化还原酶（XOR）途径活性氧的产生

黄嘌呤氧化还原酶（XOR）主要参与细胞外嘌呤代谢，并且是这一代谢过程的限速酶，其终产物是

活性氧（包括·OH、H_2O_2和O_2^-·）和尿酸。

在动物体内，黄嘌呤氧化还原酶（XOR）存在两种互变异构体，即黄嘌呤脱氢酶（XDH）和黄嘌呤氧化酶（XO），属于含钼黄素蛋白酶。该酶分布广泛，在肝脏和肠道中表达水平最高，其他组织中活性较低。该酶在嘌呤化合物降解代谢通路中能够催化次黄嘌呤氧化为黄嘌呤，黄嘌呤进一步氧化为尿酸。黄嘌呤脱氢酶还原NAD^+为NADH，然而黄嘌呤氧化酶不能还原NAD^+，它还原分子氧，XOR能催化还原的分子氧产生超氧阴离子（O_2^-·）和过氧化氢。除了催化次黄嘌呤和黄嘌呤的氧化外，XOR还能催化许多底物的羟基化作用和发挥NADH氧化酶的催化作用。XOR在催化这些反应的过程中产生超氧阴离子和过氧化氢。黄嘌呤氧化酶催化的是如下反应。

$$次黄嘌呤+H_2O+O_2 \longrightarrow 黄嘌呤+H_2O_2$$

$$黄嘌呤+H_2O+O_2 \longrightarrow 尿酸+H_2O_2$$

$$黄嘌呤+H_2O+2O_2 \longrightarrow 尿酸+2O_2^-·（超氧阴离子）+2H^+（氢离子）$$

第四节
活性氧的生理效应与氧化损伤作用

一、体内活性氧的生理作用

体内活性氧的生理作用可以从以下六个方面来了解。

第一，生物活性氧包括了含氧的自由基和具有强氧化性的非自由基物质，机体内产生活性氧的部位很多，产生的活性氧的种类也多，不同的活性氧分别以各自的作用方式发生强烈的氧化作用。

第二，活性氧在组织内、细胞内引起的生物学效应非常广泛，而且对作用对象无选择性，几乎对所有靠近的分子都能发生攻击、损伤。活性氧可以无选择地对其他分子产生作用。自由基本身就是非常活跃的化学物质，对其他物质具有很强的攻击性，几乎是无选择地对邻近的所有分子进行攻击作用，所产生的生物学效应非常广泛。属于非自由基物质的含氧强氧化剂，如过氧化氢、过氧化物，也因为其强氧化性对邻近物质产生了广泛的氧化作用。例如，对蛋白质、氨基酸进行攻击，使蛋白质损伤并被标记后进行分解、清除；自由基对DNA、RNA进行攻击、氧化损伤。

第三，活性氧作用的后果是产生广泛性的氧化损伤，且无固定的作用位点。对机体广泛性的氧化损伤主要体现在没有特定的作用对象和没有特定的作用位点。没有特定的作用位点包括对代谢途径、对细胞结构或器官组织结构的损伤，均表现为大范围的、无特定作用位点的广泛性氧化作用，其结果导致代谢紊乱、细胞或组织结构的损伤，并引发系列的不正常的生理代谢反应，严重的甚至引起细胞凋亡、细胞氧化损伤性坏死等。

第四，由于自由基的寿命非常短，其生物学效应主要发生在产生活性氧的部位。活性氧的产生主要集中在代谢非常活跃的部位，例如，线粒体是细胞的氧化代谢中心，也是活性氧的产生中心，自然也成为氧化损伤作用的集中位点。不适宜的自由基会导致线粒体结构和功能损伤，并由此诱发细胞的损伤、凋亡和死亡。在不同的器官组织中，胃肠道黏膜是代谢非常活跃、更新速度非常快的部位，也是活性氧产生、氧化损伤作用的主要部位。

第五，细胞或机体内抗氧化作用的物质很多，可以分别针对不同的活性氧物质进行防御，以维持氧化与抗氧化的动态平衡。机体存在两类抗氧化系统，一类是酶抗氧化系统，包括超氧化物歧化酶（SOD）、过氧化氢酶（CAT）、谷胱甘肽过氧化物酶（GSH-Px）等；另一类是非酶抗氧化系统，包括维生素C、维生素E、谷胱甘肽、褪黑素、α-硫辛酸、类胡萝卜素以及微量元素铜、锌、硒（Se）等。

第六，活性氧的生物学作用具有多面性。活性氧是体内代谢必然的、正常的产物，在低剂量时可以作为信号分子激活免疫防御系统，在吞噬细胞内也是主要的杀菌物质，具有正常的生理活性作用。但当活性氧的剂量增加或者清除活性氧的物质缺乏时，会出现氧化应激反应，这时会对细胞分子、细胞结构造成轻微的氧化损伤，因为损伤轻微，所以可以依赖自身的免疫防御系统进行修复。这类活性氧剂量可以称为中等剂量，其判别标准就是因氧化应激所受的损伤可以自我修复，即处于"氧化应激-氧化损伤-自我修复"的动态平衡状态。其中可能包含了蛋白质、DNA的损伤或线粒体途径的细胞凋亡，但总体上不会对动物机体造成明显的氧化损伤。如果活性氧含量继续增加或者清除活性氧的能力进一步下降，氧化应激就会发展到较强烈的氧化损伤状态，且依赖动物自身的免疫防御系统不能对氧化损伤的物质进行清除、对细胞结构进行损伤修复，其结果就会导致细胞、器官组织结构与功能的损伤，动物的器官组织出现病理反应，动物的抗病防病能力下降，发病率增加。这类剂量可以称为高剂量或损伤剂量。这时需要借助外源性的抗氧化物质、外源性的细胞或器官组织的损伤修复物质来修复机体的损伤。

二、ROS的生理效应与作用路径

线粒体、内质网、过氧化物酶体、吞噬细胞等是活性氧、活性氮的产生位点。自由基的寿命非常短，如·OH的半衰期为10^{-9}s，脂质自由基RO·的半衰期只有数秒。在非常短的半衰期下，这些自由基所攻击的其他分子就只能是在其产生区域周围的分子。但是，活性氧成分可以在细胞内，甚至细胞间自由的传递，如O_2^-·、·OH等可以在细胞内自由扩散，也可以进入细胞核内。尤其是H_2O_2，寿命长，分子小，可以在细胞内的不同细胞器之间传递；·NO可以在细胞之间进行传递。因此，扩散的活性氧、活性氮会产生整体性的生理效应，但其量超过细胞的生理防御能力时会引起广泛性的氧化应激作用和广泛性的氧化损伤。

ROS的生理作用具有两面性，在中等、低等剂量时，可以作为生理代谢的信号物质发挥作用，激发动物体内复杂的生理反应，这些反应既是清除部分ROS的需要，也是增强生理机能如免疫防御能力的需要，所以对动物生理健康和生理代谢是有利的。但是，当ROS剂量过大时，超过了机体对ROS的清除能力时，ROS就对细胞、生理代谢物质和生理代谢过程产生氧化应激和氧化性损伤作用。

（一）生理信号与转导通路

低浓度的ROS具有有益的生理功能，通过激活胞浆内的第二信使、第三信使参与细胞内的信号转导、细胞应答，以及生物发育分化、损伤修复、代谢、免疫、细胞死亡等过程。生物体内产生的活性氧ROS，在不同的细胞信号转导通路中发挥重要作用，也可激活各种转录因子。例如，ROS可激活B细胞的核因子K-轻链增强子（NF-κB）、活化蛋白-1、缺氧诱导因子-1α及信号转导子与转录激活子3（STAT3）等，调控炎症、细胞转化、肿瘤细胞存活、肿瘤细胞增殖与侵袭、血管生成和转移的蛋白质的表达。因此，ROS是细胞信号转导途径的组成部分，并已被证明能调节细胞转化、存活、增殖、侵袭、血管生成和转移。当机体内的吞噬细胞在细胞膜受到刺激时，通过呼吸爆发机制，产生大量ROS，ROS是吞噬细胞发挥吞噬和杀伤作用的主要介质。

（1）ROS具备作为细胞信号分析的物质基础

作为细胞信号分子需要具有准确性、高效性和可逆性的特点。而ROS自由基分子在化学本质上就是最外电子层有孤电子的得与失两种化学行为，信号的准确性很高，且变化是可逆的，在电子的得与失过程中几乎不消耗能量，具有可逆性。ROS的代谢过程具有级联反应特征，可以将信号放大，显示出高效性。ROS分子很小，可以在细胞内、细胞间进行传递，而在传递过程中，可以通过膜上的酶、细胞内的酶系统对不同的ROS成分进行转化和浓度控制，即可以处于受控状态，维持了细胞代谢动态平衡的相对稳定性。当然，另一方面，一旦受控机制遭受破坏，其对细胞代谢、结构的损伤作用也是巨大的，这就是氧化应激和氧化损伤，且具有广泛性，这就是ROS生理作用的显著特点。

细胞的信号分子包括了细胞外和细胞内的信号分子，前面已经介绍过细胞外信号分子要将信号转导到细胞内和细胞核，还需要第二信使和第三信使的作用，需通过基因表达并产生相应的蛋白质产物，发挥出相应的生理作用和生理响应。ROS的成分中，既包含了细胞外信号分子如·NO，也包含了细胞内信号分子如 $O_2^-\cdot$、·OH和H_2O_2等。$O_2^-\cdot$、·NO和H_2O_2是三种重要的ROS信号分子，其中，·NO、H_2O_2可以自由地穿透细胞膜和细胞内的生物膜；$O_2^-\cdot$由于带负电荷不容易穿透细胞膜，且细胞膜上有SOD酶可以将$O_2^-\cdot$歧化为H_2O_2而进行信号转导，部分生物膜上也有$O_2^-\cdot$传递的通道。

ROS通过氧化还原修饰或硝化修饰靶分子活性中心的巯基或血红素铁来转导信号。不同的细胞信号分子可以选择不同的信号通路发挥其生理作用，产生不同的信号生理响应。细胞内的信号通路主要有：①离子通道信号通路（如钙离子信号通路）；②磷酸肌醇信号通路；③环核苷酸信号通路（包括cAMP和cGMP信号通路）；④蛋白激酶/磷酸酶信号通路（包括常见的丝裂原激活的蛋白激酶信号级联通路）。信号分子可以通过这些信号通路将细胞外信息、细胞内信息传递到细胞核，引发基因的表达、蛋白质的合成代谢和蛋白质的修饰作用，并产生相应的生理响应，如细胞内蛋白质构象的变化、细胞内离子浓度的变化、细胞内pH值的变化、膜的去极化引起膜离子通道的改变、蛋白质的磷酸化与去磷酸化、基因表达活性的变化等。

（2）ROS与钙离子信号通路

细胞内游离Ca^{2+}浓度的变化与细胞的多种生物学效应密切相关。钙离子（Ca^{2+}）是细胞内广泛的第二信使，可以调节基因的表达、神经递质的传递、细胞运动和细胞生长等许多生物学过程。正常情况下，细胞内Ca^{2+}浓度为10^{-7}mol/L，在ROS等外来信号刺激下，细胞内Ca^{2+}浓度可以迅速上升到$10^{-6}\sim10^{-5}$mol/L。Ca^{2+}浓度的增加，可引起Ca^{2+}信号通路的生理效应响应。ROS主要通过激活内质网、线粒体等细胞器的Ca^{2+}转运系统，或促使蛋白质结合的Ca^{2+}加速释放，或调控细胞膜上Ca^{2+}泵、Ca^{2+}通道，使细胞外的Ca^{2+}进入细胞内。ROS介导的信号可以是三磷酸肌醇（IP3）依赖型和非依赖型，例如在血管平滑肌细胞中，ROS可以有选择性地刺激IP3诱导Ca^{2+}释放，从而引起基因表达和肌肉收缩；H_2O_2可以直接激活内质网膜上的IP3受体诱发内质网释放Ca^{2+}。

（3）ROS与cGMP信号通路

cGMP信号通路是细胞内重要的信号通路，$O_2^-\cdot$、·NO和H_2O_2均能参与鸟苷酸环化酶（guanylate cyclase，GC）活性的调节，通过这个过程实现ROS对cGMP信号通路的参与。可溶性鸟苷酸环化酶（sGC）是·NO的唯一受体，sGC为·NO-cGMP信号通路中的关键酶。其调节过程为：·NO可与sGC的血红素铁形成亚硝酸复合物并激活GC，GC引起细胞内cGMP水平上升，从而激发一系列与之相关的级联信号转导反应。H_2O_2在过氧化氢酶作用下分解时可以激活sGC并启动cGMP相关的信号通路和细胞效应，$O_2^-\cdot$则抑制sGC。

例如，·NO对血管舒张的调节过程中，血管内腔中的乙酰胆碱作用于血管内皮细胞的膜受体，使内皮细胞中Ca^{2+}浓度升高，诱发NADPH氧化酶（NOX）合成·NO，合成的·NO分泌到周围的平滑肌细胞，激活GC使cGMP合成量增加，并下调平滑肌细胞内Ca^{2+}浓度，使得平滑肌舒张，从而使血管扩张、血流通畅。

（4）ROS与蛋白磷酸化信号通路

外源ROS的加入或细胞受刺激后，ROS的产生会引起细胞内某些蛋白激酶活性的变化，从而激发一系列磷酸化、去磷酸化反应的信号传递过程。

蛋白质磷酸化是细胞信号转导过程的重要环节，也是一种调节细胞信号转导的重要方式。磷酸化状态有两组酶调节：蛋白激酶和蛋白磷酸化酶。许多激酶和磷酸化酶都有特异的氨基酸作用位点，如酪氨酸激酶/磷酸化酶、丝氨酸/苏氨酸激酶/磷酸化酶。ROS通过影响这些蛋白激酶或磷酸酶的活性，影响蛋白质的磷酸化过程，从而调节细胞信号的转导，对多种细胞功能产生影响。

以蛋白酪氨酸激酶（protein tyrosine kinase，PTK）为例，多种ROS成分如H_2O_2可以通过酪氨酸激酶/磷酸化酶信号通路进行信号的传递，诱导细胞产生相应的生理响应。蛋白酪氨酸激酶（PTK）是一类催化ATP上γ-位的磷酸转移到蛋白酪氨酸残基上的激酶，能催化多种底物蛋白酪氨酸残基磷酸化，在细胞生长、增殖、分化中具有重要作用。迄今发现的蛋白酪氨酸激酶中多数是属于致癌RNA病毒的癌基因产物，也可由脊椎动物的原癌基因产生。

蛋白酪氨酸激酶/磷酸化酶作用与受体偶联的膜结合PTK相关的信号转导过程，在细胞增殖调控等生命活动中具有重要作用。ROS的信号转导作用与蛋白酪氨酸激酶/磷酸化酶有关。例如，肾小球膜细胞与细胞外基质相互作用过程中产生的H_2O_2激活PTK；上皮生长因子与上皮生长因子受体结合诱导的H_2O_2和$O_2^-·$，H_2O_2激活PTK，$O_2^-·$抑制PTK。

蛋白激酶C（protein kinase C，PKC）属于多功能丝氨酸/苏氨酸激酶。蛋白激酶C是G蛋白偶联受体系统中的效应物，在非活性状态下是水溶性的，游离存在于胞质溶胶中，激活后成为膜结合的酶。蛋白激酶C的激活是脂依赖性的，需要膜中的二脂酰甘油（diacylglycerol，DAG）的存在，同时又是Ca^{2+}依赖性的，其激活过程需要胞质溶胶中Ca^{2+}浓度的升高。当DAG在质膜中出现时，胞质溶胶中的PKC被结合到质膜上，然后在Ca^{2+}的作用下被激活。PKC的非活化形式几乎存在于除脑组织外的所有组织细胞质中，被激活后，PKC引发一系列蛋白质磷酸化相关的级联信号转导过程。ROS的某些信号转导过程通过激活PKC实现，例如，H_2O_2转导脑动脉肌细胞收缩的信号与PKC密切相关，·NO通过激活肝细胞PKC诱导肝细胞顶侧细胞骨架松弛。

（二）ROS与基因表达

ROS作为基因表达的调控物质，可通过调节蛋白激酶活性、直接修饰转录因子或对翻译后转录因子的磷酸化和去磷酸化来调控基因的表达。

有丝分裂原活化蛋白激酶（MAPKs）信号转导途径与细胞生长、分化、凋亡等密切相关，在介导细胞凋亡过程中起着重要作用，是真核细胞信号转导调控系统中应用最广泛的机制之一。有丝分裂原活化蛋白激酶（mitogen-activated protein kinases，MAPKs）是一组Ser/Thr蛋白激酶，包括胞外信号调节激酶（extracellular signal-regulated kinases，ERKs）ERK1、ERK2，c-Jun氨基末端激酶（c-Jun N-terminal kinases，JNKs）JNK1、JNK2、JNK3，p38蛋白p38a、p38h、p38g和p38y。这三类激酶能活化三条信号转导途径，ERKs调控细胞的分裂增殖，JNKs和p38蛋白激酶主要参与引起细胞生长阻滞和凋亡的应激反应。ERK信号转导通路通过血小板源性生长因子、成纤维细胞生长因子、上皮生长因子等生长因子调整信号。上皮生长因子受体（EGFR）已被证实能被ROS激活，活化的上皮生长因子受体又引起受体自身磷酸化，进一步活化细胞膜上的Ra蛋白，Ra蛋白激活Raf和MAPK酶的激酶，并最终激活胞外信号调节激酶ERKs。

细胞核因子-κB（nuclear factor kappa B，NF-κB）是细胞中一个重要的转录因子，参与一系列的生理过程，在免疫反应、生长调控、细胞凋亡及病毒复制的调节中起主导作用，也是第一个在某些类型细胞中直接对氧应激产生应答反应的真核转录因子。ROS至少通过两种途径影响NF-κB的活性。一种途径是ROS增强NF-κB的抑制剂InB的降解从而提高细胞核内活性NF-κB的含量，促进与DNA结合。另一种途径是ROS直接作用于转录因子本身，因为NF-κB通常以简化的结构与DNA结合，去除苏糖醇及巯基乙醇等一些中间产物能增强NF-κB和DNA的结合。有活性的转录因子NF-κB为由p50和p65二个亚基组成的异二聚体。未激活的NF-κB在异二聚体上还结合着抑制亚基IκB，在激活信号的作用下，无活性的NF-κB释放抑制亚基，转变为有活性的异二聚体。有证据显示，H_2O_2和$O_2^-\cdot$通过激活NF-κB转导信号，$\cdot NO$可通过稳定NF-κB抑制亚基抑制NF-κB的激活。

受氧化激活的c-Jun氨基末端激酶（JNKs）对下游的重要影响是活化转录因子AP-1。作为二聚体的AP-1的一部分，*c-Jun*编码蛋白氨基端反式激活结构域63和73位丝氨酸残基受JNKs的激活发生磷酸化，因而引起AP-1调控的基因的反式激活作用。除了AP-1，转录因子——低氧诱导因子-1（HIF-1）提供了另外一个受ROS调节的转录调控方式。HIF-1的活性受到氧含量水平变化的控制，低氧水平能提高其活性，并促进所调控基因的表达。

转录因子AP-1是由原癌基因*c-Jun*和*c-Fos*的表达产物组成的异二聚体，许多ROS相关的信号转导通过激活AP-1完成。例如，ROS诱导大鼠肺上皮细胞*c-Jun*和*c-Fos* mRNA水平上升、AP-1含量增多、AP-1活性增强；血管紧张肽Ⅱ受体激活产生的ROS又可激活c-Jun氨基末端激酶。

（三）ROS诱导的基因表达与抗氧化损伤系统

ROS作为一类信号分子，可以通过细胞内信息的传递诱导一系列抗氧化损伤作用的基因得到表达、相应的蛋白质得到合成或修饰。其中最为重要的就是诱导一些Ⅱ相酶蛋白基因的表达和蛋白质的合成，并发挥相应的生理作用：清除ROS，减少氧化应激；对受到氧化损伤的物质或细胞进行及时清除，保护细胞和生物机体，维护正常的生理功能。

核因子E2相关因子2（nuclear factor E2 related factor 2，Nrf2）是机体抗氧化应激的中枢调节者，可保护机体免受氧化应激导致的各种病理改变。*Nrf2*基因含有6个功能区，分别被命名为*NEH* 1～6。*Nrf2*基因几乎能在所有细胞中表达，正常情况下，其在胞质中通过*NEH 2*与*KELCH*样环氧氯丙烷相关蛋白1（kelch-like ECH-associated protein-1，Keap1）结合而被降解，不发挥生理作用。

当机体处于氧化应激状态时体内的氧化磷酸化作用可以促使*Nrf2*与Keap1解体，随后*Nrf2*转位进入细胞核，在各个功能区的密切配合下与抗氧化反应元件（antioxidant response element，ARE）结合，启动Nrf2-ARE信号通路并促使下游Ⅱ相解毒酶和抗氧化酶基因的表达。这些酶在保护机体免受ROS及一些毒害物质损害中起到重要作用，可增加细胞对氧化应激的抵抗性从而发挥保护作用。主要包括过氧化氢酶（CAT）、超氧化物歧化酶（SOD）、一氧化氮合成酶（nitric oxide synthase，NOS）、谷胱甘肽过氧化物酶（glutathione peroxidase，GSH-Px）、谷胱甘肽硫转移酶（GST）、醌氧化还原酶1（NQO1）、γ-谷氨酸合成酶重链（γ-GCSH）和轻链（γ-GCSL）以及血红素加氧酶1（HO-1）等。同时，这些被激活的保护性酶类能够参与体内的广泛调节作用，对动物机体进行多方面的保护，此信号通路与机体炎症、肿瘤、衰老、凋亡、神经损伤等多方面均有密切联系。

氧化损伤与抗氧化损伤的一些基因表达、物质合成的大致过程，可总结为图3-20所示。

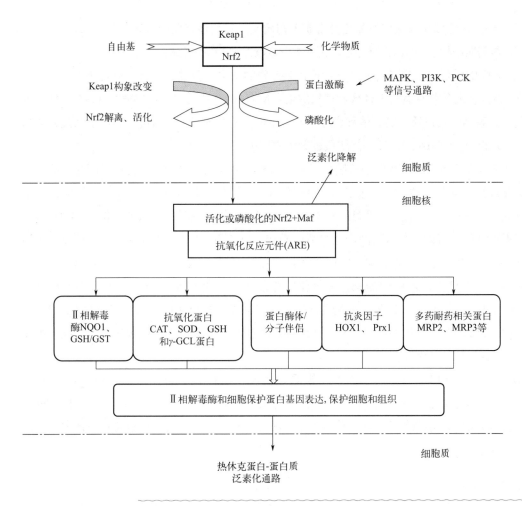

图3-20 Keap1-Nrf2-ARE通路调控细胞抗氧化系统蛋白基因表达

在这些生物学过程中，重要的生理作用之一是诱导热休克蛋白的合成，以及受到氧化损伤的蛋白质等被泛素化标记，之后再被吞噬细胞或蛋白酶体捕获，在蛋白酶的作用下，损伤的细胞和蛋白质被分解，从而实现对细胞、机体的保护作用。这些内容会在后续章节中较为详细地进行阐述。

Ⅰ相反应和Ⅱ相反应是生物体内的一类解毒反应过程。外源性毒素和内源性的氧化损伤物质需要依赖机体的生物转化进行解毒作用，生物转化是机体对有毒有害化学物处置的重要环节，也是机体维持稳态的主要机制。基于药物代谢动力学，生物转化有毒有害物质的过程分为两个阶段，第一阶段为氧化、还原及水解反应，产生一系列细胞毒性产物，主要包括亲电子基和氧自由基，也称作Ⅰ相反应；第二阶段为结合反应，即药物解毒过程，也称作Ⅱ相反应。

Ⅰ相反应的代谢过程主要是在P450酶系的参与下，对外源化合物进行羟化、氧化、还原、水解，使其大部分失去活性。Ⅱ相反应的代谢过程主要是在相关酶的催化下，将谷胱甘肽、葡萄糖醛酸、硫酸酯、氨基酸和乙酸酯等经共价键结合到外源化合物或Ⅰ相代谢活化产物的分子上，形成高度极性的产物以利排泄、解毒。

Ⅱ相代谢是机体应对外源物质、维持内环境稳态的一种自我生理保障机制。外源物质结构不同，其在生物体内的Ⅱ相代谢反应类型也不同。谷胱甘肽S-转移酶（glutathione S-transferase, GSTs）、尿苷二磷酸葡萄糖醛酸转移酶（uridine diphosphate glucuronyl transferase, UGT）、磺基转移酶（sulfotransferase, SULT）、芳香胺N-乙酰化转移酶（arylamine N-Acetyltransferase, NATs）和甲基转移酶（methyltransferase,

MT）是主要的Ⅱ相酶。这些酶能够保护机体免受毒素等物质及一些活性物质的侵害，降低毒素的危害，使其转化成其他物质或排出体外，因此也常称它们为Ⅱ相解毒酶或Ⅱ相抗氧化酶。

谷胱甘肽是内源性的解毒剂，它通过巯基与毒性代谢产物的亲电子基共价结合，使其功能失活，通过尿液或胆汁排出体外。而谷胱甘肽与毒性代谢产物的结合反应是在谷胱甘肽 S- 转移酶（GSTs）催化下完成的。GSTs是一种膜结合蛋白质，具有多种生理功能，是体内重要的代谢解毒酶。谷胱甘肽过氧化物酶（glutathione peroxidase，GSH-Px），具有抗脂质过氧化的作用。

体内的炎症反应是机体的一种自我保护机制，但其作用紊乱会导致机体损伤，造成炎症性疾病。炎症反应常伴随氧化应激，氧化物的存在可释放出活性氧（ROS），包括过氧化氢（H_2O_2）、超氧自由基（$O_2^- \cdot$）、羟基自由基（$\cdot OH$）等物质，对组织造成损伤。Nrf2基因被激活并启动Nrf2-ARE信号通路后，增强抗炎酶血红素加氧酶1（HO-1）基因的表达，从而增加一氧化碳（CO）含量并抑制巨噬细胞的活性，起到抗炎的作用。NQO1是一种调节细胞内物质处于氧化还原状态的黄素酶，血红素加氧酶1（heme oxygenase-1，HO-1）是血红素降解的限速酶，在氧化应激条件下，通过激活 Nrf2 通路，调控 HO-1 基因表达，可以起到保护器官、神经、黑色素细胞等的作用。在脑损伤抗氧化保护的研究中发现，HO-1、NQO1水平在抗氧化应激中发挥着重要作用，Nrf2通路可以通过调控抗氧化蛋白或酶的表达，维持机体氧化还原平衡，从而保护机体或降低损伤。

有研究发现（龚慧，2014），甘草提取物显著诱导了Nrf2蛋白表达和ugtia1、γ-gcs/gclc、mrp2 mRNA表达；异甘草素能显著诱导Nrf2蛋白表达，并促进Nrf2核内转移。表明甘草物质通过干预Nrf2/ARE信号通路调控下游Ⅱ相解毒酶和药物转运体的表达，发挥多靶点作用优势，促进毒物在体内的代谢和排泄，减少毒物暴露。

（四）ROS参与免疫反应

在机体受到病原微生物入侵时的初始反应阶段，免疫系统受来自巨噬细胞等产生的ROS影响产生应答反应，进而破坏入侵细菌的细胞膜和病毒的蛋白质，最终消灭入侵的病原微生物。ROS还通过自身的作用把先天免疫和获得性免疫连接起来。因为在机体感染的初始反应阶段，抗原没有达到激活T细胞的水平，单凭抗原无法激活应答反应。此时，ROS可引起T细胞内GSH/GSSG的比率发生改变，应答反应得以顺利激活。

·NO通过多条途径调节炎症，在调控免疫反应中起到很重要的作用。一氧化氮对细菌、真菌、寄生虫、肿瘤细胞有杀伤作用。例如，鱼的组织细胞中广泛存在着诱导型一氧化氮合酶（iNOS），iNOS在细胞受到诱导剂［细菌内毒素（LPS）、肿瘤坏死因子-α(TNF-α)、白细胞介素-1(IL-1)、干扰素-γ(IFN-γ)等］刺激时被激活表达，巨噬细胞和嗜中性粒细胞被激活，持续产生大量的·NO，通过非特异性地抑制、杀灭细菌、真菌、病毒和寄生虫等。在不同菌株感染虹鳟时发现，虹鳟被不同菌株感染后其血清中·NO浓度都有显著的升高，并且菌株的致病力越强则诱导产生的·NO浓度越高。细菌内毒素（LPS）可以诱导虹鳟头肾巨噬细胞、金鱼头肾巨噬细胞和鲶鱼腹腔巨噬细胞大量产生·NO。

三、活性氧损伤作用的生理机制

高浓度的ROS具有有害的病理效应，可触发细胞内的氧化应激（oxidative stress），它可直接作用于蛋白质、脂类和DNA，造成氧化损伤（oxidative damage），引起癌症、糖尿病、心脑血管疾病、神经退行性疾病和衰老等。

生物活性氧作用的本质是有氧参与的氧化反应或自由基反应，这是由有氧自由基、强氧化剂引发的对其他物质所产生的氧化反应和自由基反应。相应的防御对策则需立足于对活性氧自由基的清除、对氧化反应的防御、对氧化损伤的修复等方面，即立足于氧化反应、自由基反应的防御对策。

自由基本身含有单电子，化学性质非常的活跃，能够对其他的原子核发生攻击性反应，即发生亲核反应。其中一类主要的反应就是因自由基引发的亲核反应产生过氧化物，而过氧化物又引发进一步反应，既可以在原分子上插入新的化学基团生产新的化合物或改变原分子的化学组成、结构，也可以诱导自由基链式反应，发生分解反应产生更多新的物质。例如，对脂肪酸的自动氧化就是有氧自由基引发的链式反应，其结果是导致脂肪酸链断裂生成低碳数的脂肪酸、醛、酮、醇，或发生聚合反应生成新的聚合物。

活性氧生物反应的中间产物和终产物种类众多。产生活性氧自由基的细胞内位点、器官组织位点很多，同时活性氧自由基种类也很多，因此，在活性氧自由基产生位点所发生的氧化反应、自由基反应类型多，中间产物多，终产物就更多。氧化反应或自由基反应的结果产生了新的化学物质：原有的分子分解，尤其是生物大分子氧化分解产出新的物质，如脂肪酸的氧化分解；在原有分子上加入新的化学基团，如对DNA的损伤作用、对蛋白质侧链氨基酸的损伤作用；引发次生反应的多种产物，活性氧多数情况下有过氧化物阶段，过氧化物再继续分解、反应引发的次生反应，以及自由基的聚合反应等，都会产生更多的次生反应产物。

要特别注意的是：细胞内、组织内自身也含有大量的酶、蛋白质、抗氧化剂等物质，它们可以清除活性氧自由基，只有当活性氧自由基的生成量大于清除量、生成活性氧自由基的能力大于清除能力的时候才发生活性氧自由基的氧化损伤作用。

对活性氧自由基的清除作用有两种方式，一种是直接将活性氧自由基等清除，例如抗氧化剂、自由基清除物质等，它们可以将自由基直接转化为活性低的物质，或将二个自由基结合从而起到封闭自由基的作用等。另一种清除方式则是对活性氧自由基产生的中间产物或终产物进行清理，例如多肽链氨基酸侧链因为自由基损伤导致多肽链变性的蛋白质，受到损伤的多肽链会被泛素、热休克蛋白等进行标记，再依赖于细胞内蛋白酶将标记的蛋白质多肽链进行分解，分解产生的氨基酸进入细胞或组织液，成为体内氨基酸池的一部分被再利用；对受到活性氧自由基损伤的碱基等，也会被标记并引导DNA损伤修复酶对损伤的碱基进行清除。这是生命的完美之处。

（一）活性氧的性质

活性氧的化学性质非常活跃，但活性氧的半衰期很短，几种活性氧的半衰期（37℃下）分别为：$^1O_2$、$O_2^-·$、$RO·$的半衰期为10^{-6}s；$HO·$为10^{-9}s；$ROO·$为10^{-2}s。正因为活性氧寿命短，直接测定活性氧的含量或浓度是非常困难的，同时，它们发挥化学作用的时间距离也是有限的，主要与邻近的分子发生化学反应。但是，活性氧自由基可以转化为强氧化剂如H_2O_2，与活性氧相比，H_2O_2的氧化性更强、寿命更长，对细胞内其他物质的作用更大，作用的三维空间距离也更远。

$O_2^-·$的寿命短，也是弱性氧化剂和还原剂，但当$O_2^-·$转化为$HO·$自由基时，就成了强氧化剂。$O_2^-·$可以通过细胞膜上的阴离子通道与儿茶酚胺、氧合血红蛋白、维生素C、氢醌类化合物、含硫蛋白等发生化学反应，从而显示出直接的毒性作用。

$HO·$是强氧化剂，虽然半衰期极短，但一经产生就会对邻近的化学分子发生攻击性氧化作用，且是无差别的攻击性氧化作用，包括核酸、蛋白质、糖、有机小分子等，产生很强的毒性。但是，因为其寿命极短，一般只能扩散5～10个分子直径的三维空间距离，在30Å的附近能与任何活性物质发生反应。HO·的氧化毒性效果取决于所供给的其他分子的生物学作用，如果这些分子具有非常重要的生理作用，如DNA、酶、重要结构或功能的蛋白质、细胞膜中的脂肪酸等，就会产生较为严重的生物学生理毒性效应。

H_2O_2在细胞中扩散的三维空间距离较大，它也可以穿越细胞膜，因为其寿命较长、氧化性强，所产生的氧化性损伤效果较为明显。细胞中过氧化氢酶可以及时地清除H_2O_2。H_2O_2的扩散性高，能穿过膜，与过氧化氢酶、GSH过氧化物酶等酶类或非酶类、低浓度铁等过渡型金属相遇时，容易产生代谢反应。

（二）活性氧引发的蛋白质和氨基酸氧化

氨基酸中His、Pro、Trp、Cys和Tyr等都是自由基的敏感型受体，ROS可与邻近的氨基酸反应，直接作用于蛋白质，使之发生过氧化，也可通过LOOH（氢过氧化物）间接作用于蛋白质，使蛋白质多肽链断裂、聚合或交联，使正常蛋白质具有的活性增强或减弱。

蛋白质的氧化分为主链和侧链的氧化，主链的氧化可以发生多肽链的断裂，多肽链侧链氨基酸的氧化则可以对蛋白质进行修饰、损伤等。ROS能够导致肽链的肽键水解，或从α-碳原子处直接断裂。肽键的水解常发生在脯氨酸处，其机制为ROS攻击脯氨酸使之引入羰基而生成α-吡咯烷酮，经水解与其相邻的氨基酸断开，α-吡咯烷酮成为新的N-末端，可以进一步水解成为谷氨酰胺。肽链直接断裂的方式是活性氧攻击α-碳原子生成α-碳过氧基，后者转化为亚氨基肽，经过弱酸水解为氨基酸和双羧基化合物。

ROS引发的多种机制可以导致蛋白质的交联和聚合。如蛋白质分子中的酪氨酸可以形成二酪氨酸，半胱氨酸氧化形成二硫键，两者均可以形成蛋白质的交联。交联可以分为肽链内交联和肽链间交联2种形式。蛋白质分子中酪氨酸和半胱氨酸的数目可以决定交联的形式。另外，脂质过氧化产生的丙二醛（MDA）与蛋白质氨基酸残基反应生成烯胺，也可以造成蛋白质交联。生物体内单糖自动氧化的α-羰基醛产物可以与蛋白质交联而使酶失活，并使膜变形性下降，导致细胞衰老与死亡。

ROS对脂肪族氨基酸的侧链残基氧化反应中，在O_2存在时，羟基自由基及其他自由基都可以氧化多肽链氨基酸的脂肪族侧链，形成氢过氧化物、羟基衍生物和羰基复合物。蛋白质的羰基衍生物是侧链赖氨酸、脯氨酸、精氨酸等通过大量的烷氧自由基和过氧自由基反应形成的，羰基及其衍生物的存在已经被作为由ROS介导的重要的蛋白质氧化标志物。对于芳香族与杂环氨基酸，自由基进攻的主要位点是这些氨基酸残基的芳香环或杂环，结果导致环的氧化或断裂，形成不同的氧化产物。对于含硫氨基酸，如半胱氨酸和蛋氨酸对几乎所有ROS都特别敏感，半胱氨酸也可以氧化形成二硫化物，蛋氨酸残基可以氧化为蛋氨酸亚砜残基。

ROS对酶类的损伤可以破坏酶反应中心巯基（—SH）或中心氨基酸（色氨酸），或与酶分子中金属离子反应影响酶的活性，如含巯基（—SH）的酶，在ROS作用下，使—SH转变为—S—S—而失去活性。ROS也通过自由基链反应，引起酶与酶之间发生交联形成多聚物。还可以通过破坏酶产生活性必需的脂质微环境，间接影响酶的活性。

羰基化反应强度或羰基衍生物含量可以作为蛋白质受到活性氧损伤作用强度的一个判别指标。蛋白质多肽链的羰基化反应及其衍生物的产生主要来源是在活性氧作用下，赖氨酸、精氨酸、脯氨酸、苏氨酸残基可以直接被活性氧氧化生成羰基化合物，蛋白质多肽链的氨基酸侧链与脂质过氧化产物、丙二醛等反应也可以生产羰基化合物。羰基化合物可以与其他的醛、酮发生化学反应，依据这个原理可以建立通过测定蛋白质活性氧损伤后产生的羰基化合物含量，并以此判定蛋白质受到活性氧的损伤程度的评价方法。

活性氧可使蛋白质发生氧化修饰而影响其性质。如果蛋白质经活性氧攻击后损伤轻微，如其中的两个相邻的—SH成为—S—S—，则在GSH、硫氧还蛋白（thioredoxin）与NADPH的反应中或者在谷氧还蛋白与GSH的存在下，可通过修复酶的作用基本上得到修复。如果损伤较重，则可被具有多个活性中心的多催化功能蛋白酶水解。该酶又称为蛋白质酶体（proteasome）或多酶复合体（multi-enzyme complex）。在该酶的作用下，活性氧所致损伤的蛋白质可以迅速降解为氨基酸，进入氨基酸池，合成新的蛋白质。营养素与抗氧化剂是自由基所致重要生物大分子损伤的修复、置换、降解代谢或重新生物合成的物质基础。营养缺乏可使机体发生自由基所致的损伤。

动物体内不仅自由基稳衡性动态平衡必须维持正常，而且与营养物质及其代谢有关的某些物质（如GSH）的稳衡性动态也需维持正常。在营养缺乏或不良时这些正常关系受到了严重影响，但在纠正营养缺乏时此关系不一定恢复正常，甚至更为严重。例如，对缺乏Fe的病人采用补充Fe的措施，却使体内Fe^{2+}介导的反应中产生的·OH增加，从而使蛋白质的氧化修饰与脂质过氧化加重。在这种情况下应在补充Fe的同时再给予适当量的抗氧化剂。在正常生理状况与营养素和"必需"抗氧化剂供给适宜的条件下，动物体内营养物质的代谢中自由基的产生量才会稳定；包括抗氧化酶与抗氧化剂在内的抗氧化系统的效能正常才可使自由基的产生与清除接近于动态稳定平衡，维持内环境于正常的稳定还原态；自由基的生理作用可正常发挥；自由基所致重要生物大分子的损伤可得到修复。

（三）活性氧对DNA的损伤作用

活性氧对DNA分子的攻击位点主要有分子中的不饱和键（碱基中）、碳氢键、甲基等，并由此引发DNA的损伤。活性氧对DNA的损伤方式主要包括：对碱基的损伤和修饰作用，容易生产嘧啶二聚体；导致DNA双链中核苷酸的错误配对，或者出现未配对的核苷酸；双链DNA中两条单链的交联反应，也包括DNA分子与组蛋白的交联反应；DNA链发生断裂；染色体单体的交换等。在这些损伤方式中，以碱基损伤为主要的损伤作用方式。例如H_2O_2攻击DNA时，90%以上为碱基损伤，2%～4%为单链断裂，0.8%～0.9%为双链断裂，其他为染色体损伤。羟基自由基可以引起脱氧核糖、嘌呤、嘧啶的改变，也可以破坏磷酸二酯键，并引发系列次级反应。例如，羟基自由基可对胸腺嘧啶的5,6-双键进行加成，形成胸腺嘧啶自由基。碱基的改变可导致其基团控制下的许多生化与蛋白质合成过程受到破坏。自由基还可以从DNA的戊糖夺取氢原子，使之在C4位置形成具有未配对电子的自由基，然后，此自由基又在β-位置发生链的断裂。

DNA自由基损伤的标志物是8-羟基-2脱氧鸟苷（8-hydroxy-2-deoxyguanosine，8-oxodG），是活性氧自由基如羟基自由基、单线态氧等攻击DNA分子中的鸟嘌呤碱基第8位碳原子而产生的一种氧化性加合物。·OH攻击DNA后的氧化产物较多，其中8-oxodG常作为DNA氧化损伤的标志物。DNA损伤的修复有碱基切除修复等方式，8-oxodG可通过鸟嘌呤氧化修复系统加以修复。带有—SH的化合物可减轻DNA损伤，甚至可使轻微损伤的DNA得到修复。8-oxodG可以通过高灵敏度、高选择性的检测手段来检测，尿中8-oxodG的排出量反映了"全身"DNA损伤后经切除修复而排出的产物量。

8-羟基-2′-脱氧鸟苷（8-hybroxy-2′-deoxyguanosine, 8-oxodG）

（四）活性氧对脂肪酸的损伤

细胞内脂质是构成生物膜的主要成分，膜脂质中的脂肪酸，尤其是不饱和脂肪酸非常容易受到活性氧的攻击，其攻击位点主要在不饱和键碳原子及其邻近的碳原子上，并在脂肪链上形成自由基。重要的是脂肪酸链上形成的自由基可以在链上传递，导致脂肪酸链断裂的位点不确定、断链后生产的产物不确定。因此，脂肪酸氧化的过程不能重复，氧化产物具有显著的不确定性，这也是脂肪酸氧化酸败的最大特点。

脂肪酸氧化的主要方式为自动氧化，其化学本质就是脂肪酸的自由基链式反应，有脂肪酸氧化的起始阶段、自由基链式反应爆发性阶段和终止阶段。氧化的中间产物以过氧化物为主，而终产物则种类多，产物种类具有不确定性。这些中间产物、终产物对细胞、动物器官组织有害。损伤作用的方式则以氧化损伤为主。

活性氧在细胞中的生物学效应除了对游离脂肪酸引起氧化反应之外，重要的是也对生物膜的构成物质——磷脂中的脂肪酸酯引发氧化损伤。ROS对生物膜的损伤是导致细胞损伤的主要作用方式。ROS与生物膜的磷脂、酶和膜受体相关的多不饱和脂肪酸的侧链、核酸等大分子物质发生脂质过氧化反应，形成脂质过氧化产物、丙二醛（malonaldehyde，MDA）和4-羟基壬烯酸（4-hydroxynonenal，4-HNE）等，从而使细胞膜的流动性和通透性发生改变，最终导致细胞结构和功能的改变。自由基对生物膜的损伤是作用于细胞膜及细胞器膜上的多不饱和脂肪酸，使其发生脂质过氧化反应，脂质过氧化的中间产物脂自由基、脂氧自由基、脂过氧自由基等可以与膜蛋白发生反应生成蛋白质自由基，使蛋白质发生聚合和交联。自由基对生物膜损伤的自由基链式反应可表示为：

$$R\cdot + LH \longrightarrow L\cdot + RH$$

$$L\cdot + O_2 \longrightarrow LOO\cdot$$

$$LOO\cdot + LH \longrightarrow LOOH + L\cdot$$

生成的自由基又可以回到第一步，引发链式反应，进而使细胞膜受损。同时，ROS成员中的一些自由基也可直接与膜上的酶或与受体共价结合。这些氧化损伤破坏了镶嵌在膜系统上的许多酶、受体、离子通道的空间构型，使膜的完整性被破坏，膜流动性下降，膜脆性增加，细胞内外或细胞器内外的物质和信息交换障碍，影响膜的功能与抗原特异性，导致广泛性损伤和病变。活性氧可使生物膜内磷脂中的不饱和脂肪酸发生脂质过氧化，转变为磷脂氢过氧化物（LOOH）。在谷胱甘肽过氧化物酶GSH Px识别与作用下LOOH转变为LOH；或者在磷脂酶A2作用及Ca^{2+}的存在下LOOH被切去，而磷脂成为溶血磷脂。通过脂肪酰辅酶A的再酰化作用，可转入另一不饱和脂肪酸，使生物膜的结构与功能基本上得到维持。

水生动物的高不饱和脂肪酸除了在腹部脂肪、肠系膜脂肪和肌肉中存在外，主要存在于生物膜的磷脂中。对于深海鱼类和冷水性鱼类，为了要在低温水域中保持细胞膜的流动性，除了体内含有较多的胆固醇分子以增加流动性外，在磷脂的脂肪酸组成中增加了脂肪酸的不饱和度，即含有更多的不饱和键（双键），以增加细胞膜的流动性。但是，一旦生物膜磷脂中的不饱和脂肪酸被氧化后，就会改变生物膜的结构和性质，形成对生物膜的氧化损伤效应。例如，当红细胞的细胞膜磷脂中脂肪酸氧化后，红细胞的脆性会显著增加，这是因为红细胞的细胞膜中脂肪酸发生过氧化损伤后，细胞膜流动性下降，失去弹性所致。当遇到不能发生形变的毛细血管通道时，如果毛细血管的内径小于红细胞的直径，这个红细胞就会被堵在毛细血管里，逐渐造成毛细血管的堵塞，如果没有其他生理机制清除这类变性的红细胞，就会出现局部的病理反应。

水产动物细胞膜、内质网膜、线粒体膜等含有较多的不饱和脂肪酸，尤其是高不饱和脂肪酸如二十碳五烯酸（EPA）、二十二碳六烯酸（DHA），因此更容易受到活性氧的攻击作用。丙二醛作为脂肪酸氧化的产物，细胞、组织中丙二醛的含量一般可以作为氧化损伤程度的一个判定指标。

活性氧是直接发生氧化损伤作用的物质，但引发活性氧产生的因素很多。活性氧是含氧的自由基和强氧化剂，是引发细胞内蛋白质、氨基酸、脂肪酸、糖和其他有机物质自由基反应、氧化反应的直接物质。但是，引发活性氧产生的因素很多，除了溶解氧或化学结合氧，其他的如电离辐射、环境恶化、油脂氧化产物、重金属、霉菌毒素等等，均可以导致细胞内活性氧增加。

因此，对于一个水生动物个体而言，食物因素（油脂氧化酸败产物如过氧化物和丙二醛、蛋白质腐败产物如组胺、重金属、霉菌毒素等）、环境因素（溶解氧分压和浓度的剧烈变化、温度、pH值、盐度等，养殖过程中使用的药物等）、自身生理状态（疾病、排卵、失血等）等都是引发体内产生活性氧的重要因素，而一旦产生活性氧就会引发系列生理反应和代谢反应。一个水生生物个体内部的器官组织、细胞等同样受到所处环境、营养和生理代谢状态的影响，在生理代谢越是活跃的器官组织、细胞中，细胞器所产生活性氧的能力越强，受到氧化损伤、自由基损伤的概率越大。

活性氧引发的化学反应主要在细胞内，可以引起组织器官和鱼体的损伤。特别需要注意的是，当这些活性氧引发的化学反应、氧化损伤作用发生在肝胰脏细胞，就会导致肝细胞的损伤和肝胰脏的病变；如果发生在肠道黏膜细胞，就会对肠道黏膜造成氧化性损伤，导致肠道黏膜结构性屏障及其他功能的损伤。

就一个细胞而言，其中的线粒体、内质网、细胞质基质液和线粒体基质液是代谢反应最为活跃的位置，也是活性氧产生的主要位点。一旦这些位置的氧化损伤超过自我修复能力之后，就会引发系列其他反应，包括相关基因表达活性的变化、代谢通路的变化、线粒体和内质网等结构的变化，之后就会引发这个细胞的整体性的损伤和变化，严重情况下就会出现细胞凋亡、细胞死亡等现象。而当有较多的细胞损伤、细胞凋亡和细胞死亡之后，就会激发所处的器官组织结构和功能的改变，并通过组织液、血液将器官组织结构与功能变化所产生的效应向其他器官组织，甚至全身进行传递，如炎症因子的传递等，对远程器官组织实施氧化损伤打击、引发炎症反应等。严重情况下会导致多器官、多组织损伤，包括结构性损伤和功能性损伤，甚至多器官功能衰竭。如果情况愈加严重时，还会导致动物整体生理功能障碍、整体性生理健康损伤，甚至导致个体的死亡。

因此，活性氧引发的损伤虽然是在细胞内、细胞器或基质液中发生，依赖于自身的氧化损伤——抗氧化损伤维持其动态平衡，但一旦这种平衡机制被打破，就可能导致器官组织、个体整体的损伤和生理功能障碍。对此相应的防御机制和对策就要立足于个体整体性的抗氧化损伤防御、重点器官和重点组织如肝胰脏、胃肠道黏膜等的重点防御。

四、氧化应激与氧化损伤

氧化应激（oxidative stress，OS）是指动物体内氧化与抗氧化作用失衡的一种状态，整体上生理代谢倾向于氧化作用，导致系列生理反应，如组织中中性粒细胞炎性浸润、蛋白酶分泌增加、产生大量氧化中间产物等。

对于一个正常的细胞、正常的器官组织和正常的动物个体而言，体内活性氧的产生、由活性氧引发的氧化反应或自由基反应与相应的抗氧化、氧化损伤修复作用等是处于动态平衡的，只有当这种动态平衡受到影响，整体偏向于氧化反应、自由基反应导致的氧化作用大于相应的抗氧化作用之时，才会出现相应的氧化应激状态。氧化应激是一个较为宏观的、整体性的描述方式，其本质是氧化与抗氧化的动态平衡偏向于以氧化作用为主而引发的生理反应，同时伴随有相应的可量化的或可观察到的氧化损伤指标出现。如果没有出现相应的可观察到的氧化损伤、氧化应激指标，则应该是处于动态平衡之中，即抗氧化与氧化是均衡的生理状态之中。

氧化损伤（oxidative damage）是指有依赖于有氧参与的氧化性代谢反应发生，并伴随有具体的物质受到氧化性的损伤作用，可以表现为蛋白质、DNA、油脂等受到氧化性反应的伤害，由具体的代谢物质的伤害发展到对代谢途径、信号通路的干扰，出现代谢紊乱，或者出现了细胞细微结构、组织结构和功能的损伤性改变，且这种改变是可以被检测、观察到的结果。

因此，综上所述，氧化应激可以视为氧化损伤的前期状态，或者是较为轻度的氧化损伤，氧化损伤是由应激性反应发展到了可以进行评估的损伤状态。这也是一个较为宏观的代谢反应、生理反应的评估和整体性的描述。

为什么这样讲呢？以活性氧自由基的氧化反应为例，比如在线粒体呼吸链的氢和电子传递过程中，本身就会产生较多的活性氧自由基，只要这些活性氧自由基产生的量在可控范围之内，活性氧自由基所处的位置依然在其本应出现的位置而没有发生外溢，就是正常的代谢反应，这些活性氧自由基就不会产生氧化性的损伤作用。但是，在这个过程中，依然存在活性氧自由基参与的氧化反应，只是被控制在了一定的范围内，或者在酶蛋白分子内。例如过氧化氢酶可以在分子内将 $O_2^-\cdot$ 传递给 H 生成 H_2O，虽然其中也有 H_2O_2 中间物质但依然在分子内受控状态中。

五、ROS 与线粒体途径的细胞凋亡

ROS 通过线粒体内膜跨膜电位的降低，改变线粒体膜的通透性并引起线粒体的损伤，线粒体损伤后可以诱发线粒体途径的细胞凋亡或损伤性死亡。

线粒体是细胞内具有双层膜结构的细胞器，其外膜具有较好的通透性。由于外膜上存在整合膜蛋白（integral membrane protein），可以形成非特异性的膜孔道，允许分子质量小于 1.5kDa 的分子或离子通过。而线粒体内膜的通透性较差，对于质子以及大多数的分子、离子都是不通透的，所有需要通过线粒体内膜的物质都要通过内膜上的特异性载体完成转运。线粒体内、外膜通透性的差异也为线粒体内膜两侧形成质子梯度、推动 ATP 的合成创造了条件，也是维持线粒体膜电势（$\Delta\Psi m$）的关键因素。线粒体的膜通透性转换现象（mitochondrial permeability transition，MPT）主要是指线粒体内膜非特异的通透性变大。线粒体上存在着一种非特异孔道，即线粒体膜通透性转换孔道（mitochondrial permeability transition pore，MPTP），当这种孔道被打开后，线粒体内膜的通透性会非特异性增大，线粒体发生膜通透性转换。更多的研究发现，线粒体膜通透性转换孔道的开放只能允许分子质量在 1.5kDa 以下的分子和离子通过。

线粒体膜通透性转换孔道（MPTP）引发线粒体的膜通透性转换（MPT）是线粒体途径引起细胞凋亡的主要路径。当细胞受到 ROS 等凋亡信号刺激时，MPTP 孔道将持续不可逆地开放。由于线粒体基质的高渗性，即线粒体基质的蛋白质浓度高于线粒体内外膜间隙及胞浆内的蛋白质浓度，胶体渗透压导致水从 MPTP 孔道不可逆地进入线粒体，线粒体吸水发生肿胀（swelling）。同时，离子的自由通透造成线粒体内膜两侧离子浓度差的消失，也破坏了线粒体和胞浆之间的 Na^+、K^+、Ca^{2+} 代谢。渗透压使更多的水分进入线粒体基质，导致线粒体肿胀。由于线粒体内膜有嵴的存在，具有更大的表面积，外膜会先于内膜胀破，内外膜间隙里的内容物也都释放到胞浆中，引发多种级联反应，最终导致外膜的完全破裂，

引起内外膜间隙中的促凋亡蛋白（如Cyt c等）由线粒体外膜的破裂处释放到细胞质中，并激活下游的凋亡反应。在线粒体发生肿胀的过程中，氧化呼吸作用受到破坏，质子跨膜运势被抑制，线粒体膜电位丢失，ROS大量爆发，Ca^{2+}外流，这些又进一步加剧了MPTP孔道的开放。

线粒体对细胞凋亡具有重要的调节作用，它不仅是内源凋亡通路的感应器，还是凋亡信号的放大器，可使细胞凋亡快速高效地进行。线粒体途径凋亡是受到细胞内信号通路严密调控的。这一过程可分为三个不同的阶段：启动（initiation）阶段、效应（commitment）阶段和执行（execution）阶段。在启动阶段，线粒体接受不同的凋亡刺激信号；在效应阶段，线粒体对凋亡信号进行处理、整合，并决定细胞是否发生凋亡，一旦做出凋亡的决定，细胞凋亡就会不可逆地发生，当决定发生凋亡后，线粒体通过释放内外膜间隙里的一些促凋亡因子，如细胞色素c（Cyt c）等，进一步激活下游凋亡通路；在执行阶段，被Cyt c等激活的半胱氨酸蛋白酶（caspase）发挥作用，能够直接引起细胞内蛋白质和DNA的降解，细胞发生典型的形态学改变。

马淇等（2012）总结了"活性氧（ROS）-线粒体的膜通透性转换（MPT）-线粒体途径的细胞凋亡"的关系。在"活性氧（ROS）-线粒体的膜通透性转换（MPT）-线粒体途径的细胞凋亡"的关系中，ROS是线粒体膜通透性转换孔道（MPTP）开放的有效激活剂，氧化应激增加也能诱导MPTP的开放。有越来越多的证据表明，瞬时性的MPTP开放与线粒体内的ROS形成相关。线粒体内超氧阴离子（$O_2^-\cdot$）爆发的同时，伴随着MPTP孔道的瞬时可逆开放，二者相互偶联。在凋亡的效应阶段，MPTP孔道持续不可逆地开放，引发线粒体内膜的通透性非特异的增大，内膜两侧的质子梯度消失，线粒体膜电位降低，呼吸链上的氧化磷酸化脱偶联，ATP合成受到抑制，ROS大量爆发。Bcl-2（B-cell lymphoma-2，B淋巴细胞瘤-2）家族蛋白对MPTP有重要的调节作用。Bax是与Bcl-2同源的水溶性相关蛋白，是Bcl-2基因家族中细胞凋亡促进基因，Bax的过度表达可促进MPTP的开放，可拮抗Bcl-2的保护效应而使细胞趋于死亡。与之相反，Bcl-2能够抑制MPTP孔道的持续开放。Bcl-2的高表达能通过抑制MPTP的瞬时开放，抑制氧化应激型的细胞凋亡。除Bcl-2家族蛋白外，有实验证明caspase也可以作用于MPTP，诱导它开放，在即将凋亡的细胞中形成一个线粒体-caspase-线粒体的正反馈放大回路，可以放大凋亡信号。在氧化应激型凋亡的启动阶段，MPTP的瞬时可逆开放大量增加，并通过释放$O_2^-\cdot$达到ROS的累积，对细胞造成损伤。在凋亡的效应阶段，MPTP孔道持续不可逆地开放，引起线粒体吸水肿胀。由于线粒体内膜折叠形成许多嵴，相对于外膜具有更大的表面积，所以外膜最先胀破，内外膜间的Cyt c等促凋亡蛋白释放到细胞质中，激活下游的凋亡反应。MPTP的开放本身并不能引起Cyt c的释放，这可能是由于MPTP通道的口径不足以让Cyt c通过。在细胞凋亡的晚期，由于线粒体和胞浆中的抗氧化系统紊乱，产生的ROS无法得到有效的清除，细胞内的ROS水平会显著升高。高浓度的ROS会触发细胞内的氧化应激，造成氧化损伤，导致线粒体功能的丧失，并最终引发细胞凋亡。$O_2^-\cdot$和H_2O_2等形式的ROS可以直接氧化修饰Bax蛋白上62位和126位的半胱氨酸残基，激活Bax使其向线粒体转位，引发后续的凋亡。

Cyt c从线粒体内、外膜间隙释放到胞浆是细胞凋亡的关键步骤。而在Cyt c释放的过程中，线粒体外膜的Bcl-家族蛋白和线粒体通透性转换起决定作用。Bcl-2家族成员根据结构和功能的不同可分为三大类。第一类是抑凋亡蛋白亚家族（anti-apoptotic subset），包括Bcl-2、Bcl-xL、Bcl-w、Bcl2A1、Bcl-B和Mcl-1等。第二类是促凋亡蛋白亚家族（pro-apoptotic subset），包括Bax、Bak和Bok等。第三类是BH3-only亚家族（BH3-only subset），包括Bid、Bim、Bik、Bad、Noxa、Puma、BMF和HRK等。Bcl-2家族蛋白在细胞凋亡和线粒体外膜完整性的调控中都有很重要的功能。Bcl-2位于线粒体外膜上，可以通过抑制Bax孔道的形成抑制凋亡。Bax是最早发现的Bcl-2家族促凋亡蛋白，它在正常细胞中主要定位于细胞浆，受到凋亡刺激后发生构象变化，转位到线粒体上，直接寡聚化或与Bak、MPTP相互作用，在线粒体的外膜形成大的孔道，引起Cyt c的释放。与Bax不同，Bak定位在线粒体上，凋亡发生时，Bak构象会发生变化而协助Bax形成大孔道，引起Cyt c等的释放。BH3-only蛋白本身并不能引起细胞凋亡，它们可能通过激活Bax/Bak而发挥促凋亡作用，也有观点认为BH3-only蛋白通过抑制Bcl-2的抑凋亡作用而促进凋亡发生。

第五节
活性氧的生物防御与体内抗氧化物质

动物对ROS的清除拥有完整的防御体系，整个防御体系可分为以酶学机制和非酶学机制为基础的两大类。以酶学机制为基础的防御体系包括超氧化物歧化酶（SOD）、过氧化氢酶（CAT）和谷胱甘肽过氧化物酶（GPX）等酶类，其中，SOD歧化O_2^-·生产H_2O_2，CAT催化分解H_2O_2为H_2O和O_2，GPX利用GSH还原氢过氧化物为H_2O或醇类化合物。非酶学机制主要是一些低分子量的抗氧化分子，如α-生育酚、维生素C和GSH。

在养殖条件下，可以通过饲料途径添加抗氧化的物质，修复氧化损伤的细胞、组织；也可以通过在水体中提供不同种类、一定量的外源性物质来增强鱼体的抗氧化损伤，修复受到氧化损伤的细胞和器官组织。

一、生物防御的酶类

（一）细胞色素c氧化酶

（1）细胞色素（cytochrome）

细胞色素是一类以铁卟啉（或血红素）作为辅基的电子传递蛋白，广泛参与动物、植物、酵母以及好氧菌、厌氧光合菌等的氧化还原反应。细胞色素作为电子载体，传递电子的方式是通过其血红素辅基中铁原子的还原态（Fe^{2+}）和氧化态（Fe^{3+}）之间的可逆变化，在细胞能量转移中起着极为重要的作用；而线粒体上电子传递的过程，也是活性氧产生和防御的过程，细胞、机体通过系列生理调节来维持活性氧的产生、氧化与防御的动态平衡。这种平衡一旦受到破坏，就会产生氧化应激反应，进一步会造成氧化损伤。如果机体、细胞的抗氧化应激、抗氧化损伤作用不足以防御活性氧的氧化损伤，那么鱼体中代谢活跃的器官组织、机体就会出现免疫防御能力下降、病害发生率增加，甚至直接出现器质性病变，严重的导致鱼体死亡。

细胞色素可按其吸收光的波长进行分类，已鉴定出至少30种不同的细胞色素。通常a类细胞色素的吸收光波长为598～605nm；b类为556～564nm；c类在550～555nm；d类为600～620nm。

细胞色素的化学结构中，卟啉环以四个配价键与铁连接，形成四配位体螯合的络合物，一般称为血红素。根据血红素辅基的不同结构，可将细胞色素分为a、b、c和d四类。a类细胞色素辅基的结构是血红素A，它与原血红素的不同是在于卟啉环的第八位上以甲酰基代替甲基，第二位上以羟代法尼烯基代替乙烯基。b类细胞色素的辅基是原血红素即铁-原卟啉IX，其化学特征是卟啉环上的侧链取代基为4个甲基、2个乙烯基和2个丙酸基，这些结构与正常的血红蛋白、肌红蛋白辅基的结构相同。c类细胞色素的辅基是血红素以其卟啉环上的乙烯基与蛋白质分子中的半胱氨酸巯基相加成的硫醚键共价结合而形成的。d类细胞色素仅在细菌中发现，它的辅基为铁二氢卟啉，与其他细胞色素不同。

细胞色素主要存在于线粒体的呼吸链上，细胞色素是作为电子传递体（不是氢的传递体）发挥重要作用的。在呼吸链中的排列顺序为 Cyt b → Cyt c1 → Cyt c → Cyt aa3。Cyt a 与 Cyt a3 形成复合体 Cyt aa3，负责将电子从 Cyt c 传递给 O_2 生成 H_2O，故称为细胞色素氧化酶（细胞色素 c 氧化酶）。细胞色素 b 及细胞色素 P450 主要存在于内质网上。

（2）细胞色素 c 氧化酶

细胞色素 c 氧化酶（cytochrome c oxidase，COX）又称为亚铁细胞色素 -c：氧气氧化还原酶（EC1.9.3.1），是一种存在于细胞线粒体内膜上的跨膜蛋白复合物，由于细胞色素 c 氧化酶是呼吸电子传递链的第四个中心复合物，因此又被称为复合物Ⅳ（complex Ⅳ）。细胞色素 c 氧化酶既是线粒体的标志酶，也是促使氧转化为水的控制酶，整个过程都是在复合体Ⅳ的内部完成，其重要生理意义在于可以避免活性氧的产生。

细胞色素 c 氧化酶是由线粒体基因组与核基因组各自编码的亚基共同组成的复合物，为同源二聚体的结构。它含有多个金属辅因子和 13 个亚基（在哺乳动物细胞中），其中，10 个亚基由来自细胞核基因编码、合成，另外三个亚基则是在线粒体中合成的。复合物含有两个血红素、一个细胞色素 a 和细胞色素 a3 以及两个铜中心（Cu A 和 Cu B）。细胞色素 a3 和 Cu B 形成了一个双核中心，作为氧气的还原位点。细胞色素 c 被呼吸链复合物Ⅲ还原后，结合到 Cu A 双核中心，并把一个电子传递给双核中心，细胞色素 c 本身则恢复氧化状态（细胞色素 c 上的铁从 +2 价氧化到 +3 价）。被还原的 Cu A 双核中心再将一个电子通过细胞色素 a 传递给细胞色素 a3-Cu B 双核中心。

复合物Ⅳ在呼吸链中位于呼吸链的末端，能接受来自四个细胞色素 c 的四个电子，并传递到一个氧气分子上。其反应过程为：接受来自四个细胞色素 c 的四个电子（e^-），并传递到一个氧气分子（O_2）上，将溶解氧 O_2 转化为两个 H_2O。在这一进程中，它结合来自线粒体基质内的四个质子（H^+）生产 H_2O，同时跨膜转运四个 H^+，从而有助于形成跨膜的 H^+ 电化学势能量差，而这一势能差可以被三磷酸腺苷合成酶用于生成 ATP。即在细胞色素 c 氧化酶的作用下，将 e^- 与直接传递给 O_2、并接受由泛醌（CoQ）传递来的 H^+ 直接生成 H_2O。重要的是，这个反应过程是在细胞色素 c 氧化酶分子内完成，没有中间产物的泄漏，不会产生活性氧。反应式可以总结为：

$$4Fe^{2+}\text{-细胞色素 } c + 8H^+（进）+ O_2 \longrightarrow 4Fe^{3+}\text{-细胞色素 } c + 2H_2O + 4H^+（出）$$

如果没有细胞色素 c 氧化酶的作用，氧气氧化生成水会产生三种活性氧（ROS），即超氧自由基（$O_2^-\cdot$）、羟基自由基（$\cdot OH$）和过氧化氢（H_2O_2），以上过程避免了活性氧的产生，堪称生命体系的完美性。

细胞色素 c 氧化酶（COX）作为线粒体的标志酶，其活力的发挥是维持线粒体功能、进行细胞能量代谢的关键。其活力与机体代谢异常、疾病及中毒等有着密切的关系。细胞色素 c 氧化酶的生物学作用主要表现在以下几个方面。①参与细胞能量代谢，功能活跃的器官组织中，细胞内线粒体数量多，COX活力较强，例如在人体中脑、肝等重要器官的 COX 活力较高。②参与线粒体途径的细胞凋亡或死亡，线粒体的氧化损伤部位成为诱导细胞凋亡或死亡的始发位点，其间细胞色素 c 氧化酶活力、基因表达活性的急剧变化是一个标志性指标。线粒体合成 ATP 的过程依赖于线粒体内膜的电子传递链，相关研究认为 COX 活力下降导致细胞的 ATP 水平降低，并启动细胞的凋亡或死亡。同时，由于 COX 活力改变，可使线粒体内跨膜电位崩溃，而线粒体膜电位下降又使膜电位通透转换孔开放，细胞色素 c 释放入胞浆，并启动 caspase 系统导致细胞凋亡。例如，在亚硒酸钠诱导 NB4 细胞凋亡过程中，COX 在蛋白水平显著下调。ROS 作为上游调节因素介导 COX 下调与 caspase-3 激活，caspase-3 在一定程度上参与 COX 表达下调，COX 的减少能显著提高 NB4 细胞对亚硒酸钠诱导凋亡的敏感性。③参与体内微量元素的代谢与病理变化。COX 是含铜（Cu）酶，铜缺乏可导致 COX 活力下降、氧化磷酸化受抑制、ATP 生成减少，影响细胞的能量代谢。铁缺乏时，大脑COX活力降低，影响记忆和认知能力。锌离子（Zn^{2+}）浓度增加可抑制COX活力，并推测这可能与锌离子改变COX内的质子路径有关。④参与氧的代谢和病理变化。实验证明，COX在长时间缺氧环境中，其最大活力呈可逆性下降，可能是缺氧引起的COX另一结合位点的变构造成其催化作用的可逆性变化，且缺氧条件下，COX活力改变常引起中枢神经系统功能障碍；而高压氧则可使COX活力增高。⑤参与中毒与解毒作用。例如，氰化物中毒可抑制COX正常活力，并伴有自由基的显著增多，这可能与线粒体电子传导受阻、电子漏出有关，从而使O_2和H_2O_2的产生增加。氰化物对COX的抑制作用尤以大脑最明显。二氯甲烷中毒时，在机体内代谢产生高浓度一氧化碳也能与COX的Fe^{2+}结合，阻断呼吸链。硫化氢、砷化物和甲醇等中毒也是通过抑制COX活力而阻止细胞的氧化过程。

（二）超氧化物歧化酶

超氧化物歧化酶（superoxide dismutase，SOD）是生物体内存在的一种抗氧化金属酶，它能够催化超氧阴离子自由基歧化生成氧和过氧化氢，在机体氧化与抗氧化平衡、ROS的产生与防御中起着至关重要的作用。催化超氧阴离子自由基歧化过程中产生的过氧化氢再在过氧化氢酶的作用下被分解成氧和水。即通过把$O_2^-\cdot$转化为H_2O_2，H_2O_2再被过氧化氢酶转化为无害的H_2O，从而达到清除细胞内氧自由基，保护细胞的目的。

按照SOD中金属辅基的不同，大致可将SOD分为三大类，分别为Cu/Zn-SOD、Mn-SOD、Fe-SOD。

① Cu/Zn-SOD。呈蓝绿色，主要存在于真核细胞的细胞质内，其活性中心包括一个Cu^{2+}和一个Zn^{2+}。研究表明，Cu^{2+}的存在是Cu/Zn-SOD活性所必需的，它直接与超氧阴离子自由基作用；而Zn^{2+}周围环境拥挤，没有直接裸露在反应溶液中，不直接与超氧阴离子自由基作用，起到稳定活性中心周围环境的作用。在化学结构中，Cu^{2+}与其周围四个组氨酸上的氮原子以配位键结合，构型是一个畸变的近平面四方形。Zn^{2+}的周围有三个组氨酸通过氮原子与之配位，其中一个组氨酸被Cu^{2+}和Zn^{2+}所共用，形成——咪唑桥结构。另外，Zn^{2+}还同一个天冬氨酸残基配位，使Zn形成畸型四面体配位构型。

② Mn-SOD。呈粉红色，主要存在于原核生物和真核生物的线粒体中。由203个氨基酸残基构成。活性中心为Mn^{2+}，配位结构为五配位的三角双锥，其中一个轴向配体为水分子，另一轴向位置的配位基为His-28蛋白质辅基，在中心平面上是蛋白质辅基His-83、Asp-166和His-170。酶的活性部位在一个主要由疏水残基构成的环境里，两个亚基链组成一个通道，构成了底物或其他配体接近Mn^{2+}的必经之路。

③ Fe-SOD。呈黄褐色，主要存在于原核细胞中。它们可以有效地清除超氧阴离子自由基，避免其对细胞过度的损伤，具有抗氧化、抗辐射及抗衰老等功能。

SOD的催化作用是通过金属离子M^{n+1}（氧化态的Zn或Cu）和M^n（还原态Zn或Cu）的可逆转变来传递电子的。在配合物中，内界是配位单元，外界是简单离子。一般认为超氧阴离子自由基首先与金属离子形成内界配合物，M^{n+1}被体内的超氧阴离子自由基（$O_2^-\cdot$）还原为M^n，同时生成O_2，M^n又被$HO_2\cdot$氧化为M^{n+1}，同时生成H_2O_2；而SOD又被氧化为初始氧化态的SOD（图3-21）。最后，H_2O_2在过氧化氢酶的作用下，被催化分解为H_2O和O_2。

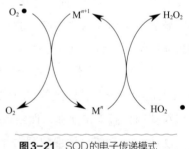

图3-21　SOD的电子传递模式

（三）过氧化氢酶

过氧化氢酶（catalase，CAT）是催化过氧化氢分解成氧和水的酶，存在于细胞的过氧化物酶体中。过氧化物酶体（peroxisome）是一种细胞器，为一层单位膜包裹的囊泡，直径为0.5～1.0μm，普遍存在于真核生物的各类细胞中，在肝细胞和肾细胞中数量特别多。过氧化物酶体含有丰富的酶类，主要是氧化酶、过氧化氢酶和过氧化物酶。过氧化氢酶是过氧化物酶体（peroxisome）的标志酶，约占过氧化物酶体中酶总量的40%。

过氧化物酶体与线粒体对氧的敏感性是不一样的，线粒体氧化所需的最佳氧浓度为2%左右，增加氧浓度，并不能提高线粒体的氧化能力。过氧化物酶体的氧化率随着氧张力的增强而成正比地提高。因此，在低浓度氧的条件下，线粒体利用氧的能力比过氧化物酶体强，但在高浓度氧的情况下，过氧化物酶体的氧化反应占主导地位，这种特性令过氧化物酶体具有避免细胞受高浓度氧毒性的作用。

H_2O_2可穿透大部分细胞膜，因此它比$O_2^-\cdot$（不能穿透细胞膜）具有更强的细胞毒性，穿透细胞膜后可与细胞内的铁发生反应生成羟基自由基（·OH）。过氧化氢酶的生物学功能是在细胞中促进过氧化氢分解，使其不会进一步产生毒性很大的羟基自由基。

过氧化氢酶促进过氧化氢分解的机理实质上是催化过氧化氢的歧化反应，其反应过程需要有两个H_2O_2分子先后与CAT相遇且碰撞在活性中心上才能发生反应。H_2O_2浓度越高，分解速度越快。过氧化氢酶的歧化反应式如下：

$$2H_2O_2 \Longrightarrow O_2 + 2H_2O$$

（四）谷胱甘肽过氧化物酶

谷胱甘肽过氧化物酶（glutathione peroxidase，GSH-Px）是机体内广泛存在的一种重要的过氧化物分解酶，是体内重要的自由基捕获酶之一，谷胱甘肽过氧化物酶主要分布在细胞质的基质液中。GSH-Px不仅具有清除自由基及其衍生物的作用，还能减少脂质过氧化物的形成，增强机体抗氧化损伤的能力。同时，GSH-Px还参与前列腺素I_2（PGI_2）和血栓素A_2（TXA_2）的合成，后两者可保护细胞的结构，维持细胞的功能。

GSH-Px的活性中心是硒半胱氨酸，其活力大小可以反映机体硒（Se）水平。硒是GSH-Px酶系的组成成分，它能催化GSH变为GSSG，使有毒的过氧化物还原成无毒的羟基化合物，同时促进H_2O_2的分解，使细胞膜免受过氧化物的干扰与损伤，从而保护其结构及功能。反应式如下。

清除过氧化氢的反应：2GSH（还原型谷胱甘肽）+ H_2O_2 $\longrightarrow$ GSSG（氧化型谷胱甘肽）+ $2H_2O$

清除过氧化物的反应：2GSH（还原型谷胱甘肽）+ ROOH $\longrightarrow$ GSSG（氧化型谷胱甘肽）+ 2ROH

GSH-Px对过氧化氢的清除发生在特定的器官组织中。含过氧化氢酶较多的组织，仍需GSH-Px清除H_2O_2，因为在细胞中过氧化氢酶多存在于微体，而在胞浆和线粒体中却很少，组织中较多的GSH-Px可及时清除H_2O_2。而缺乏过氧化氢酶的器官组织，更需GSH-Px。例如，脑与精子中几乎不含过氧化氢酶（CAT），而含较多的GSH-Px，代谢中产生的H_2O_2可以被GSH-Px清除。

GSH-Px重要的生理功能之一是清除脂类氢过氧化物。GSH-Px可催化脂类氢过氧化物分解生成相应的醇，防止脂类氢过氧化物均裂和引发脂质过氧化作用的链式、支链反应，减少脂类氢过氧化物的生成以保护机体免受损害。

谷胱甘肽过氧化物酶主要包括4种不同的GSH-Px，分别为胞浆GSH-Px、血浆GSH-Px、磷脂氢过氧化物GSH-Px及胃肠道专属性GSH-Px。

① 胞浆GSH-Px由4个相同的分子质量大小为22kDa的亚基构成四聚体，每个亚基含有1个分子硒半胱氨酸，胞浆GSH-Px广泛存在于机体内各个组织，以肝脏和红细胞中为最多。它的生理功能主要是催化GSH参与过氧化反应，清除在细胞呼吸代谢过程中产生的过氧化物和羟基自由基，从而减轻细胞膜多不饱和脂肪酸的过氧化作用。

② 血浆GSH-Px的结构与胞浆GSH-Px相同，主要分布于血浆中，其功能目前还不是很清楚，但已经证实与清除细胞外的过氧化氢和参与GSH的运输有关。

③ 磷脂过氧化氢GSH-Px是分子质量为20kDa的单体，含有1个分子硒半胱氨酸。最初从猪的心脏和肝脏中分离得到，主要存在于睾丸中，其他组织中也有少量分布。其生物学功能是可抑制膜磷脂过氧化。

④ 胃肠道专属性GSH-Px是由4个分子质量为22kDa的亚基构成的四聚体，只存在于啮齿类动物的胃肠道中，其功能是保护动物免受摄入脂质过氧化物的损害。

（五）生物体内清除ROS的综合反应

总结不同的酶清除ROS的过程，可以得到以下路径图，见图3-22。

在细胞的呼吸链传递电子的过程中，可以将传递的电子直接传递给溶解氧，体内的溶解氧在获得电子后生成了$O_2^-\cdot$，成为ROS产生的起始过程。而$O_2^-\cdot$在SOD酶等作用下生成H_2O_2，H_2O_2是细胞内可以传递得更远的ROS。在过氧化氢酶、谷胱甘肽酶等作用下，H_2O_2可以转为H_2O，也可以在Fe^{2+}等存在的条件下转化活性更强的羟基自由基$\cdot OH$，$\cdot OH$作为活性最强的ROS攻击蛋白质、核酸、脂质中的氨基酸残基、核苷酸、不饱和脂肪酸等，产生氧化损伤作用，并产生过氧自由基、脂质过氧自由基等中间产物，而谷胱甘肽过氧化物酶则是清除$\cdot OH$的有效物质。因此，细胞内、动物体内重要的ROS是$O_2^-\cdot$、$\cdot OH$和H_2O_2，而SOD酶、过氧化氢酶、谷胱甘肽氧化酶、谷胱甘肽过氧化物酶等酶类可以清除这些ROS。

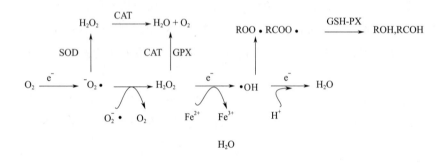

图3-22 机体内抗氧化物质对自由基的清除过程

二、生物体内清除活性氧的非酶物质

维生素C、维生素E和β-胡萝卜素都有阻抑自由基活动、保护细胞的作用，但是它们的功效各不相同：维生素C属水溶性维生素，能在细胞内部的液体中循环流动；维生素E是脂溶性的，能保护细胞内不饱和脂肪酸免受自由基的破坏，而不饱和脂肪酸具有保护内脏的功能；β-胡萝卜素则可监管低氧部位例如肌肉里的微细血管，尤其对于眼球、肺等微细血管较多的部位具有保护作用。这三种抗氧化剂发挥最佳功效的部位不同，三种一起补充，才能达到全面保护身体的作用。维生素E和维生素C能与有机自由基发生反应，组织内的维生素C水平通常比维生素E高得多，例如肝脏内两者的含量大约分别为2mmol及0.02mmol。但维生素E比维生素C具有更大的亲脂性，维生素E是生物膜内一种较强的抗氧化物，特别是对脂质的过氧化作用更加明显。维生素E能透入膜的精确部位，这可能是它能对抗各种高反应性能的自由基的一个重要原因。

（一）维生素E

维生素E是一种脂溶性维生素，其水解产物为生育酚，是最主要的抗氧化剂之一，且是脂溶性的细胞内抗氧化剂，主要在防御脂质氧化产物中的自由基如脂质过氧自由基的过程中起作用。例如可以保护生物膜中磷脂的不饱和脂肪酸的过氧化反应，从而避免脂质过氧化物的产生，起到保护生物膜的结构和功能的完整性的作用。当动物体缺乏维生素E时，细胞的完整性受损，无法维持细胞膜的流动性，使细胞膜和细胞器膜在免疫调节中不能发挥正常作用。

机体、细胞在代谢过程中，会不断地产生自由基，如羟基自由基、超氧自由基、过氧化物自由基等，维生素E能捕捉到这些自由基，与自由基反应产生生育酚羟基自由基，再被维生素C、谷胱甘肽以及辅酶Q重新还原为生育酚，实现对自由基的清除。因此，维生素E的主要生理功能是清除细胞内自由基，从而防止自由基对生物膜中多不饱和脂肪酸、富含巯基的蛋白质成分以及细胞核和骨架的损伤，保持细胞、细胞膜的完整性和正常功能。

维生素E有4种生育酚（tocopherol）和4种生育三烯酚（tocotrienol）共8种类似物，其中α-生育酚含量最高，生理活性也最高。8种维生素E的化学结构通式如下，在生育酚和生育三烯酚结构式中，R_1和R_2分别结合不同的基团就是8种维生素E的化学结构，见图3-23，4种生育酚和4种生育三烯酚的R_1和R_2基团见表3-2。

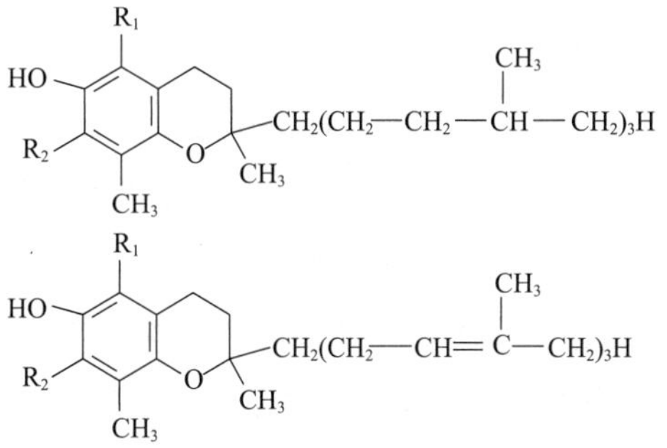

图3-23 维生素E（生育酚和生育三烯酚）的化学结构式

表3-2　4种生育酚和4种生育三烯酚的R_1和R_2基团

种类	R_1	R_2
α-生育酚（α-生育三烯酚）	—CH_3	—CH_3
β-生育酚（β-生育三烯酚）	—CH_3	—H
γ-生育酚（γ-生育三烯酚）	—H	—CH_3
δ-生育酚（δ-生育三烯酚）	—H	—H

在清除自由基的过程中，维生素E酚羟基上的氢可以作为自由基的接受体结合一个自由基，而自身被氧化，产出一个生育酚自由基，产生的生育酚自由基再与其他自由基如过氧自由基氧化，并生成非自由基的物质，从而实现对自由基的清除作用。例如，α-生育酚清除自由基的反应如图3-24所示。

在8类维生素E中，生育三烯酚的营养作用远低于α-生育酚与γ-生育酚，但有更强的抗氧化作用，而且还有降低血液中胆固醇与血浆中脂蛋白原B（apolipo-protein B）和脂蛋白的作用。

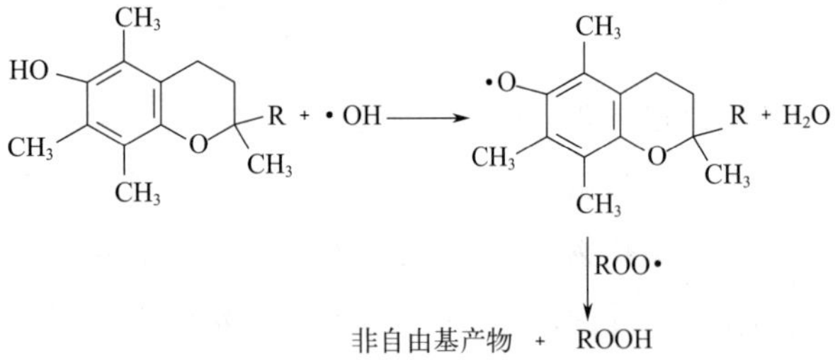

$$非自由基产物 \quad + \quad ROOH$$

图3-24 生育酚清除自由基的反应模式

（二）维生素C

维生素C又名抗坏血酸（ascorbic acid），为六碳的多羟基内酯，其特点是具有可解离出 H^+ 的烯醇式羟基，其水溶液有较强的酸性。维生素C可脱氢而被氧化，有很强的还原性；氧化型维生素C又称为脱氢抗坏血酸（dehydroascorbic acid），可接受氢而被还原。因此，有还原型维生素C和氧化型维生素C两种形式，且这两种形式可以转换。

维生素C含有不对称碳原子，具有光学异构体，自然界存在的、有生理活性的是L-抗坏血酸。L-抗坏血酸的生物效价最高，而其异构体中仅D-异抗坏血酸有1/20的L-型抗坏血酸效价，其余两种均无活性。

L-抗坏血酸的氧化与还原性质（图3-25）取决于其化学结构，以还原型的L-抗坏血酸为起点，可以失去一个H转变为半脱氢L-抗坏血酸，半脱氢L-抗坏血酸实质上为一个L-抗坏血酸的自由基形式，不稳定，可以再继续脱去一个H而转变为脱氢L-抗坏血酸（氧化型）；相反，氧化型的L-抗坏血酸接受2个H又转变为还原型的L-抗坏血酸。在L-抗坏血酸的还原型与氧化型转变过程中，完成了H的转移，这是L-抗坏血酸作为抗氧化剂的化学性质，因此，L-抗坏血酸是一个传递H的物质，是递氢体，也是递电子体物质。

从化学性质分析，抗坏血酸作为一种强的还原剂是基于作为一种氢和电子载体的性质，在与氧或者金属离子相互反应失去一个氢的时候，抗坏血酸转变了半脱氢抗坏血酸，即一种抗坏血酸的自由基形式，性质活泼，可被其他的酶再还原为L-抗坏血酸。还原型的L-抗坏血酸与氧化型的L-抗坏血酸是一个有效的氧化-还原系统，参与体内多种重要的氧化还原反应。

抗坏血酸在体内重要的生理作用之一是对重要的功能基团——巯基（—SH）的保护作用，主要是保护含巯基（—SH）酶的活性中心，以及保护谷胱甘肽的还原状态，发挥解毒作用。

一些酶的催化中心主要由巯基（—SH）、羟基（—OH）和咪唑基等构成，抗坏血酸的重要生理功能之一就是保护这些酶活性中心的巯基处于还原状态，从而保护这些酶的活性。L-抗坏血酸与谷胱甘肽的氧化还原作用之间有密切的联系，尤其是对生物膜的保护上需依赖谷胱甘肽的氧化还原作用。生物膜脂质中不饱和脂肪酸容易被氧化，且多数情况下为一种自由基链式反应的氧化作用方式，在氧化过程中容易产生脂质过氧化物，或者受到其他自由基如脂质过氧化物自由基的攻击，致使生物膜的结构和通透性发生改变。还原型的谷胱甘肽（GSH）可使脂质过氧化物还原，从而清除其对生物膜的损伤作用。而L-抗坏血酸在谷胱甘肽还原酶的催化下，可使氧化性的谷胱甘肽（GSSG）还原，使GSH不断得到补充，从而保证谷胱甘肽的功能。例如，不饱和脂肪酸易被氧化成脂质过氧化物，后者可使各种膜，尤其是溶酶体膜破裂，释放出各种水解酶类，致使组织自溶，造成严重后果，还原型谷胱甘肽在谷胱甘肽过氧化酶的催化下可使脂质过氧化物还原，从而消除其对组织细胞的破坏作用，而GSH便氧化成GSSG，在谷胱甘肽还原酶催化下，L-抗坏血酸也可使GSSG还原成GSH，从而使后者不断得到补充。反应过程如图3-26所示。

L-抗坏血酸发挥解毒作用也是对酶活性中心巯基的保护。例如，一些含巯基的酶在重金属中毒（如铅、汞中毒）时被抑制，给以L-抗坏血酸往往可以缓解其毒性。因为金属离子能与体内巯基酶类的巯基—SH结合，使其失活，以致代谢障碍而中毒。L-抗坏血酸可以将GSSG还原为GSH，后者可与金属离子结合而排出体外，所以L-抗坏血酸能保护含巯基的酶，具有解毒作用（图3-27）。

L-抗坏血酸也参与机体的免疫作用，例如，抗体分子中含有相当数量的双硫键，抗体的合成需要足够量的半胱氨酸，体内高浓度的L-抗坏血酸可以把胱氨酸还原成半胱氨酸，有利于抗体的合成。L-抗坏血酸增强机体的免疫功能不仅限于促进抗体的合成，它还能增强白细胞对流感病毒的反应性以及促进H_2O_2在粒细胞中的杀菌作用等。

L-抗坏血酸可通过还原作用与氢氧根离子（OH^-）、$O_2^-\cdot$、$\cdot OH$发生可逆的脱氢反应，清除氧自由基、减轻氧自由基对动物的损伤而成为动物血浆中最强的抗氧化剂，具有很强的抗脂质过氧化作用。在红细胞内，L-抗坏血酸可保护细胞膜免受水相中的过氧化物损害，并保持血红蛋白处于还原态。L-抗坏血酸对红细胞的影响可能是浓度依赖性的，在L-抗坏血酸浓度高时，红细胞膜的脆性有所改善、溶血率有所降低，这可能与膜的物理作用或渗透调节有关。

L-抗坏血酸（AH_2）能有效地清除$O_2^-\cdot$、$\cdot OH$和有机自由基$R\cdot$，自身成为半脱氢抗坏血酸自由基（$AH\cdot$），$AH\cdot$可以再继续脱去一个H而转变为脱氢的L-抗坏血酸（氧化型AH），脱氢抗坏血酸AH再被还原成还原型的抗坏血酸AH_2，它的清除能力是广泛的。主要的反应过程如下：

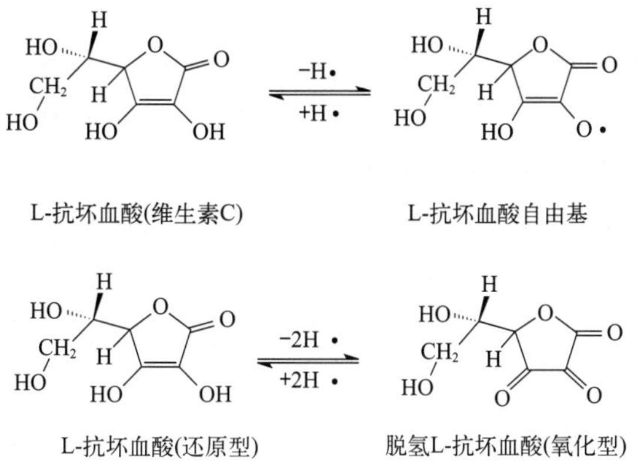

图3-25 L-抗坏血酸氧化型与还原型的变化

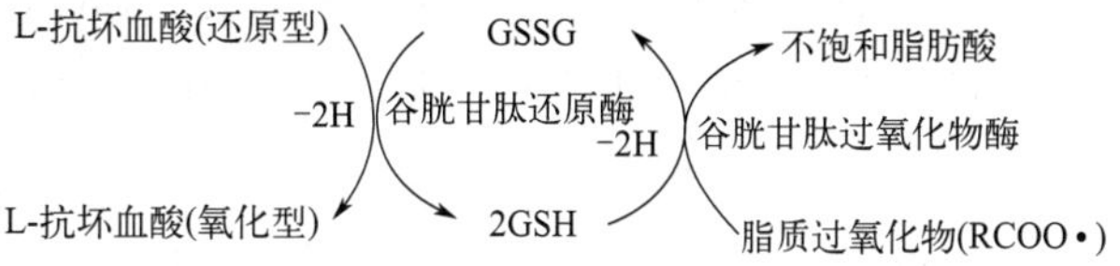

图3-26 L-抗坏血酸与谷胱甘肽的氧化还原过程

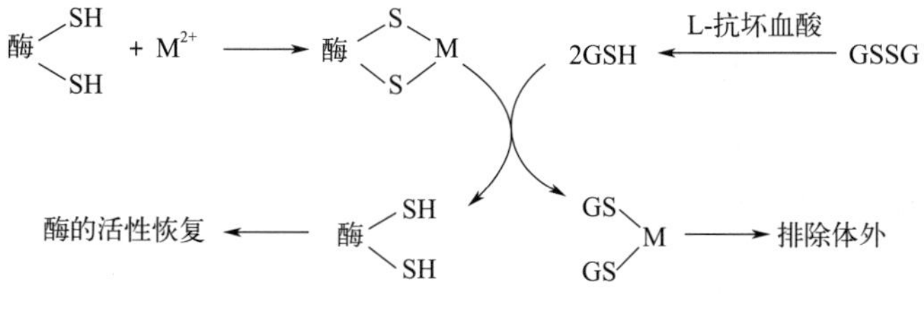

图3-27 L-抗坏血酸与谷胱甘肽联合解毒的作用过程

$$AH_2+O_2^-\cdot+H^+ \longrightarrow H_2O_2+AH\cdot$$

$$AH_2+\cdot OH \longrightarrow H_2O+AH\cdot$$

$$AH_2+R\cdot \longrightarrow RH+AH\cdot$$

（三）谷胱甘肽

谷胱甘肽（glutathione, GSH）是一种由L-谷氨酸、L-半胱氨酸和甘氨酸组成的三肽γ-L-谷氨酰-L-半胱氨酰-甘氨酸，半胱氨酸上的巯基（—SH）为谷胱甘肽活性基团，谷胱甘肽（尤其是肝细胞内的谷胱甘肽）能参与生物转化作用，把机体内有害的毒物转化为无害的物质排泄出体外，谷胱甘肽还能帮助保持正常的免疫系统的功能。

体内谷胱甘肽的生物合成与代谢过程如图3-28所示。

GSH分子中的γ-谷氨酰键可防护肽酶、蛋白酶对GSH的水解，而且C-末端甘氨酸部分对谷氨酰环化酶也有防护水解的类似作用。GSH是很重要的抗氧化剂，能参加某些抗氧化酶的酶促反应，协调内源性与外源性抗氧化剂的作用，维持自由基的产生与清除处于动态平衡，并使内环境处于稳定的还原态。

谷胱甘肽还原酶（glutathione reductase, GR）是一种利用还原型NAD（P）将氧化型谷胱甘肽（GSSG）催化成还原型谷胱甘肽（GSH）的酶EC．1．6．4．2。谷胱甘肽还原酶是生物氧化还原体系中最为重要的酶之一，是维持细胞中还原型谷胱甘肽（GSH）含量的主要黄素酶。在NADPH参与下，氧化型谷胱甘肽转化为还原型谷胱甘肽，后者在防止血红蛋白的氧化分解、维持巯基蛋白的活性、保证巯基蛋白的还原性及细胞的完整性方面具有重要的作用。

GSH作为体内重要的抗氧化剂和自由基清除剂，一方面，可直接单独作用于许多自由基（如烷自由基、过氧自由基、半醌自由基等），另一方面，可作为谷胱甘肽过氧化物酶的底物，发挥清除细胞内过氧化物的作用。GSH能够把机体内有害的物质转化为无害的物质，排泄出体外，减少氧化应激对脂质、DNA及蛋白质的损伤，因此GSH通常被认为是机体抗氧化能力的一个重要指标。

谷胱甘肽主要通过谷胱甘肽过氧化物酶（glutathione peroxidase, GSH-Px）和谷胱甘肽S-转移酶（GSTs）这2种酶来清除细胞内的自由基和过氧化物。氧在机体内易发生单电子还原，生成超氧阴离子（$O_2^-\cdot$），并能衍生出H_2O_2和·OH等活性氧或自由基，这些自由基会引起脂质过氧化和某些酶的失活即氧化损伤。由于GSH-Px将H_2O_2还原成H_2O，降低了自由基生成的可能性，从而发

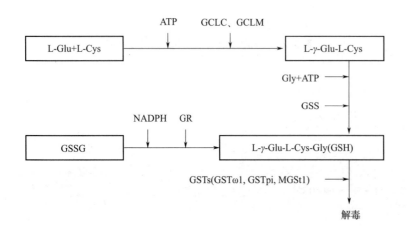

图3-28 谷胱甘肽生物合成途径

挥了保护作用。

谷胱甘肽 S- 转移酶（glutathione S-transferases，GSTs）是谷胱甘肽结合反应的关键酶，催化谷胱甘肽结合反应的起始步骤，主要发生在胞液中。GSTs 主要功能是催化内源性或外来有害物质的亲电子基团与还原型谷胱甘肽的巯基（—SH）结合，形成更易溶解的、没有毒性的衍生物。谷胱甘肽 S- 转移酶有多种形式，例如，GSTω1 是细胞内降解生物异源物质的一类酶，能够催化还原型谷胱甘肽上的硫原子亲核攻击底物上的亲电子基团，降低细胞内有毒物质水平。此外，GSTs 还可以结合一些亲脂性化合物，甚至还可作为过氧化酶和异构酶发挥作用。

因此，GSH 在自由基、抗氧化剂与营养素代谢的协调性相互关系中起到很重要的作用，主要表现在：①GSH 在消化道内可与亲电子化合物结合，减少亲电子化合物进入体内，并可与·OH 等自由基反应，使消化道内自由基减少；②GSH 可在非酶反应中与·OH 等 ROS 反应，清除 ROS，所产生的 GSSG 可在谷胱甘肽还原酶的作用下转变为 GSH，仍可起到清除自由基的作用；③在 GSH-Px 的酶促反应中 GSH 氧化为 GSSG，但在谷胱甘肽还原酶的作用下也转变为 GSH，可再发挥它参与 GSH-Px 的酶促反应的抗氧化作用；④GSH 还可通过氧化还原循环，直接或间接地使清除自由基后的外源性抗氧化剂（如抗坏血酸、维生素 E）与某些内源性抗氧化剂（如 α- 硫辛酸）从氧化型转变为原来的还原型；⑤在谷胱甘肽转移酶的催化下，使进入体内的各种亲电子化合物及其代谢物与 GSH 结合而被清除；⑥可作为半胱氨酸的储备，以应体内急需；⑦GSH 参与硫氧还蛋白体系与谷氧还蛋白的生化作用，硫氧还蛋白体系与谷氧还蛋白是调节体内氧化还原态的重要—SH 蛋白，其生化作用为脱氧核苷酸的生物合成、氧化修饰蛋白的修复等。

氧化型谷胱甘肽（GSSG）与还原型谷胱甘肽（GSH）的平衡是细胞氧化还原调节的重要形式，谷胱甘肽还原酶可以催化这两种类型间的互变。GSH 几乎存在于所有的细胞中，其浓度在 $0.1 \sim 1.0\text{mmol/L}$ 之间。

GSH/GSSG 平衡的维持不仅是细胞中重要的抗氧化防御体系，而且对 ROS 介导的细胞信号转导的调节至关重要，关系到细胞内各种生理过程的正常化。在许多与 ROS 相关的细胞增殖、分化和凋亡的信号转导过程中发生 GSH 含量的变化，GSH 合成促进剂或抑制剂也影响 ROS 的信号转导作用。①GSH/GSSG 平衡参与了 ROS 诱导的细胞内 Ca^{2+} 浓度升高的过程。ROS 通过氧化 GSH 生产 GSSG 后，GSSG 作用于肌醇三磷酸（IP3）受体/通道引起 IP3 敏感的 Ca^{2+} 释放，但 GSH 对 IP3 受体则无影响。②GSH/GSSG 变化对细胞膜 Na^+-Ca^{2+} 交换体功能也有重要影响。在心脏内皮细胞中，GSH/GSSG 通过调节细胞膜的离子通透性和蛋白质磷酸化两种途径调节细胞内 Ca^{2+} 浓度，GSSG 使细胞膜去极化，从而阻止外源性的 Ca^{2+} 进入细胞内。另外，GSSG 也抑制了胞浆线粒体上 IP3 敏感的 Ca^{2+} 通道的激活。③GSH/GSSG 在调控蛋白质磷酸化过程中同样发挥着重要作用。当细胞发生氧化胁迫时，GSSG 含量增高，使某些蛋白质巯基被氧化，靶蛋白在相邻的蛋白质巯基间形成二硫键，或靶蛋白与 GSH 形成二硫化合物，使得蛋白质的结构和功能发生改变，从而调控蛋白质磷酸化信号转导通路。④GSH/GSSG 平衡还会调控氧化还原敏感的转录因子的活性。

人体和动物体内自由基产生、清除的正常动态平衡与内环境中氧化还原稳衡性动态平衡的维持是密切相关的。其标志之一是象征 GSH 稳衡性动态平衡的 GSH/GSSG 比值等于或大于 100/1。在有氧代谢中，$NADPH/NADP^+$ 以及 $NADH/NAD^+$ 的比值也有类似的作用，说明动物体内代谢的正常运转实际是内环境稳定的氧化还原稳衡性动态平衡。自由基动态稳定的特征显然不同于 GSH 等非自由基的动态稳定性，但两者在机体内仍然有相互协调的密切关系。当营养缺乏或不良时，GSH 水平下降。这反映了营养适宜与代谢正常也是 GSH 动态稳定的正常维持所必需的，其依据如下。①在蛋白质缺乏或蛋白质营养不良时，GSH 合成能力减弱。②活性氧显示损伤作用，如诱发脂质过氧化时，产生的 LOOH，要靠 GSH-Px 催化为LOH，但此反应需要GSH作为H供体。其反应产物GSSG必须依靠谷胱甘肽还原酶作用，才能还原为GSH。如果谷胱甘肽还原酶不能充分发挥作用，则GSSG增加，GSH水平下降。濒于饥饿状态的动物体营养不良时谷胱甘肽还原酶活性下降，GSH/GSSG比值减少，表明抗氧化能力减弱。③谷胱甘肽还原酶须在NADPH存在下才能催化GSSG还原为GSH，同时NADPH转变为$NADP^+$，因此$NADP^+$能否再转变为NADPH也是决定体内GSH水平与GSH/GSSG比值的关键因素。据此可以看出，GSH水平与GSH/GSSG比值以及机体整体代谢的正常维持有着十分密切的关系。

（四）色素类抗氧化物质

类胡萝卜素具有抗氧化性、激活免疫能力的作用。类胡萝卜素能吸收单线态氧的能量使之回复到三重态氧，自身成为吸附能量的类胡萝卜素，放出热能后变回普通的类胡萝卜素，这种消除单线态氧的能力只有含有9个以上共轭双键的类胡萝卜素才具备。类胡萝卜素能捕捉引起脂质过氧化的自由基，中止脂质过氧化，其捕捉自由基的能力在低氧分压下强于高氧浓度下。β-胡萝卜素可淬灭单线态氧（$^1O_2$）。它与脂质过氧自由基（LOO·）反应的活性虽低于维生素E，但在生物膜内部的β-胡萝卜素对LOO·的清除速度却快于维生素E。因此，β-胡萝卜素也属于"必需"抗氧化剂。

不同色素清除自由基的效率有差异。类胡萝卜素中番茄红素对DPPH自由基清除效率最强，分别为α-胡萝卜素的5.32倍，β-隐黄质的5.95倍，β-胡萝卜素的6.76倍，玉米黄质的13.89倍，叶黄素的22.73倍。番茄红素能接受不同电子的激发，可淬灭数千个单线态氧自由基，为维生素E淬灭能力的100倍。番茄红素抗癌作用主要是改善细胞间隙连接蛋白质的遗传密码的连接，它对子宫癌细胞生长的抑制作用比α-胡萝卜素、β-胡萝卜素强10倍（高彦祥等，2005）。虾青素化学结构不同于其他类胡萝卜素，具有比较活泼的电子效应，极易捕获自由基。花青素属类黄酮中的一类化合物，也属多酚物质，具有消除自由基、抗脂质过氧化的作用。

三、自由基动态稳定与营养物质的关系

已知需氧生物必须从大气中摄取氧，而且须从外界摄取营养物质并进行其正常代谢才可维持生命，同时，也必须维持自由基动态稳定，主要表现在以下几个方面（方允中等，2004）。

需氧生物体内的营养物质及其代谢与自由基动态稳定之间具有密切的关系。正常生理情况下自由基产生量比较稳定，而当营养缺乏或不良时会影响其数量的动态稳定性。在动物体内，在非酶反应或酶反应中产生自由基所需的物质均直接或间接来源于营养物质。营养缺乏可影响动物体内自由基的产生量，如蛋白质与热量的严重缺乏可使非蛋白结合铁增加，造成活性氧产量增高；饥饿诱发营养不良使大鼠肝脏中抗氧化剂减少，GSH水平下降，从肝脏中释放氧自由基的量增加；Zn与Cu缺乏可使大鼠肝脏的微粒体中依赖还原型辅酶Ⅱ（NADPH）的细胞色素P450还原酶活性增加，导致活性氧产量增多。

清除自由基的成分来源于营养素与抗氧化剂，营养缺乏导致清除自由基的能力降低。机体内SOD、过氧化氢酶、谷胱甘肽过氧化物酶（GSH-Px）等抗氧化酶和其他非酶的内源性抗氧化剂，如含有Zn的金属硫蛋白、铜蓝蛋白以及小分子的内源性抗氧化剂（如带有—SH的化合物）的生物合成原料需要氨基酸、必需的金属离子和ATP。作为必需的外源性抗氧化剂的维生素本身就是营养素。另外，还有一些非营养素的天然抗氧化剂（如黄酮类）也是体内清除自由基的物质来源。例如，当动物体缺乏Se时，心肌中GSH-Px活性甚至会下降95%，会发生过氧化损伤及线粒体机能失常。如果补充Se，GSH-Px活性下降程度减轻，因此缺乏Se的症状也好转。缺乏Cu可使动物体内Cu-Zn-SOD降低；缺乏Mn会导致动物

组织中Mn-SOD活性减少。缺乏Zn可使金属硫蛋白的生物合成下降。蛋白质营养缺乏时会使机体内非酶的抗氧化剂水平降低。总之，营养缺乏或不良会导致外源性抗氧化剂的供给不足。

营养适宜和代谢正常可维持自由基产生与清除的平衡，维持内环境的还原态。在正常生理情况下，如果外界因素引起体内的$O_2^-\cdot$产生量增加，则可诱导SOD等抗氧化酶的合成量相应增加，如属于兼性厌氧菌的粪链球菌中SOD的含量可随着外界氧分压的增加而增加；在氧分压增加的类似实验条件下，动物体内SOD水平的变化与氧分压的增加呈正相关。由于营养素与抗氧化剂是动物体内清除自由基成分的直接或间接的物质来源，只要营养适宜和代谢正常，自由基的产生与清除就可维持正常平衡，体内还原型GSH、NADPH、NADH等物质的水平就不会因活性氧所致的氧化应激而下降，内环境遂可维持在生理性的稳定还原态。

发挥活性氧与NO的生理作用，需要营养物质供给的适宜与生理状况正常。动物利用活性氧来进行信号转导，在细胞分裂、分化和基因调控以及其他的生理作用（如参与或调控前列腺素的生物合成）中发挥作用，并在特殊情况（如细菌侵入机体）下，可通过激活白细胞中的活性氧来杀菌。活性氧的这些生理作用的发挥需要确保营养物质供给的适宜与机体生理状况正常，如活性氧与抗氧化剂对基因表达都起到重要作用；活性氧的信号转导与GSH和GSSG的水平有关。蛋白质或精氨酸缺乏以及其他膳食因素均可影响NO合酶的生物合成或NO的产生量，从而影响NO生理学作用的发挥。必须指出的是，缺乏精氨酸底物的NO合酶却可催化O_2为$O_2^-\cdot$，使活性氧的产生量增高。

营养素与抗氧化剂是生物大分子损伤修复的物质基础。在生理情况下，动物体内产生的自由基虽不断地被清除，但只能维持于接近稳定平衡的极低水平，除发挥生理作用外，仍能损伤生物膜脂质、蛋白质（如酶）、DNA等重要的生物大分子。不过，机体的自我调节可使生物大分子的损伤得到修复。

第六节
细胞的氧化损伤与死亡细胞的清除

一、细胞水平的氧化损伤与修复

细胞是生物体的基本组成单位，新陈代谢是生命的基本特征，在细胞水平上也有细胞的寿命与细胞的新陈代谢，即细胞的衰老和死亡。细胞在受到严重的氧化损伤作用后会导致整体损伤和死亡。机体内有系列的生理机制，可以将衰老、凋亡、死亡的细胞进行吞噬、分解，将这些凋亡或死亡的细胞及时地清除，这是机体的一种重要的保护机制。而分解的细胞组分大部分将被重新利用。

因此，基于细胞水平的氧化损伤与保护机制，一方面能够对衰老、凋亡、坏死的细胞进行及时清除；另一方面，促进细胞的增殖与分化、及时补充相应的新的细胞也是非常重要的生理修复机制。例如，肠道黏膜细胞是代谢活跃的细胞，也是更新速度很快的细胞，肠道黏膜细胞除了正常的衰老、凋亡和死亡外，也最容易受到损伤或发生坏死。正常生理状态下，肠道能够及时清除这些细胞，并依赖隐窝干细胞的分化、增殖补充新的肠道黏膜细胞。在氧化应激、严重的氧化损伤作用下，一方面会造成更多的肠道黏膜细胞坏死，另一方面也影响了肠道隐窝干细胞的分化和增殖。此时，如果通过饲料途径，添加适宜的肠道黏膜细胞所需的营养物质、增加抗氧化物质，尤其是增加对细胞增殖、分化有促进作用的物质，就可以通过保障细胞营养，增加抗氧化作用和抗氧化损伤的修复作用，并促进肠道黏膜干细胞的分化、增殖，以更多新的肠道黏膜细胞来补充损伤、坏死的黏膜细胞，从而维护肠道黏膜的结构完整性和功能完整性。此时，促进肠道黏膜细胞的增殖、分化就是对肠道黏膜损伤的最佳修复方式。同样的原理适合于对肝胰脏、鳃、肾脏等器官组织的修复。

对死亡细胞的有效清除对于一个有机体的生命活动的维持是必要的。正在死亡的或者已经死亡的细胞通过吞噬作用或其他方式被及时清除。根据不同的细胞死亡模式，凋亡、自噬和坏死，存在不同的机制来保证细胞残骸的清除，这也是正常的生命活动。吞噬细胞无论是对死亡细胞的吞噬或是对细胞碎片的吞噬，都要经历识别、分解、转化和再利用的基本过程。濒临死亡的细胞、死亡过程中的细胞、死亡后的细胞与正常细胞是有差别的，具有吞噬功能的细胞是如何识别这些死亡细胞或死亡细胞碎片的？对死亡细胞、细胞碎片进行吞噬之后，都要依赖酶的作用，因为无论是将细胞的组成物质进行再分解，还是对细胞组分进行转化，都需要酶的参与，这些酶来自于哪里？来自于溶酶体和细胞质中的酶发挥了重要的作用。那么被分解的细胞产物又到哪里去了？生命的完美就在于新陈代谢和循环再利用，这些被分解的产物会得到再利用，如细胞膜脂质、蛋白质等都会被再利用，与食物来源的营养物质一样，重新用于新的脂质、新的蛋白质或新的核酸的合成。例如，人体、哺乳动物细胞中新合成的蛋白质中，有70%～80%的氨基酸是来自于这些再利用的氨基酸，只有20%～30%的氨基酸是来自于摄入食物的氨基酸。对于水产动物而言，新合成的蛋白质中仅有50%左右的氨基酸来自于这类周转的氨基酸，还有一半左右来自于食物蛋白质的氨基酸。

因此，在细胞水平上对机体细胞的衰老、死亡的认知，一方面这是机体正常的生理代谢活性，也是正常的细胞新陈代谢，机体有系列的生理机制来完成这项任务。另一方面，在环境、食物等应激条件下，细胞的这类新陈代谢会受到干扰，甚至出现疾病状态，需要得到修正。当机体自身的自我修正能力不足时，就需要通过环境改善、饲料途径来提供相应的营养物质或生理代谢调控物质，提升水产动物的自我修复能力，辅助水产动物修复受到的伤害。这些环境改善、饲料改善的基础作用点，是养殖动物本身，因此要建立立足于养殖动物自身的生理代谢、生理机能的修复和修正。这也是现代营养学、生理学和疾病防控的主要任务和目标。

要注意的是，任何学科基础理论和技术的发展都有其时代背景特征，都有其历史的进程特征。水产动物生理学、细胞学的研究落后于人体医学，生命体都有其共性的一面，也有其特殊性的一面，我们尽量从人体医学研究中吸收其共性的一面，建立相应的知识基础来研究水产动物特殊性的一面，这是学科发展的基本逻辑。

（一）细胞的死亡类型

细胞都有其自身的寿命，新的细胞可以通过细胞的有丝分裂或干细胞的分化而来，不同细胞更新的时间有差异，例如人体体细胞的平均寿命大约120d，肠道黏膜细胞的寿命为2～3d，味蕾细胞的寿命约为20d，嗜碱性粒细胞在组织中存活10～15d，酸性粒细胞8～12d，正常表皮细胞的更新时间平均为28d，红细胞平均寿命120d。组织器官中的细胞在完成其使命之后将会衰老、死亡，而细胞死亡的路径有多种形式。

细胞死亡的方式或路径可以按照不同标准来区分（李容等，2016）：①根据形态学特征可分为凋亡、坏死、自噬和有丝分裂灾难等；②根据酶学标准可分为天冬氨酸特异性半胱氨酸蛋白酶（caspase）依赖型和非caspase依赖型；③根据功能方面可分为程序性死亡、意外死亡、病理性死亡及生理性死亡。

caspase的全称为含半胱氨酸的天冬氨酸蛋白水解酶（cysteinyl aspartate specific proteinase），caspase家族属于半胱氨酸蛋白酶，是一组存在于细胞质中具有类似结构的蛋白酶。caspase蛋白酶的特点：①天冬氨酸的羧基参与形成的肽键为酶切位点（底物肽链上天冬氨酸羧基参与形成的肽键），所以命名为caspase；②酶活性依赖于半胱氨酸残基的亲核性；③通常以酶原的形式存在，是由两大、两小亚基两两组成的异四聚体，大、小亚基由同一基因编码，在受到激活后前体被切割，产生两个活性亚基。这些蛋白酶是引起细胞凋亡的关键酶，一旦信号转导途径被激活、caspase被活化，就会发生凋亡蛋白酶的级联反应，包括细胞内的酶被激活，降解细胞内的重要蛋白质，最终导致细胞不可逆地走向凋亡。

2009年细胞死亡命名委员会（Nomenclature Committee on Cell Death，NCCD）建议统一根据形态学标准定义和分类细胞死亡，细胞死亡种类或方式有：凋亡（apoptosis）、自噬性细胞死亡（autophagic cell death）、细胞坏死（necrosis）、角化性细胞死亡（cornification）和非经典性细胞死亡，非经典性细胞死亡包括有丝分裂崩溃（mitotic catastrophe）、失巢凋亡（anoikis）、沃勒变性（wallerian degeneration）、副凋亡（paraptosis）、细胞焦亡（pyrolysis）、细胞内亡（entosis）、兴奋性中毒（excitotoxicity）、铁死亡（Fe-roptosis）。

关于细胞死亡的定义性描述，2005年第一届细胞死亡学术命名委员会（NCCD）给出的定义为：不同于濒死细胞（dying cell）的可逆细胞状态，死亡细胞（death cell）是指细胞到达生命终点，处于不可逆转的状态。只有符合以下任一分子水平或者是形态学的条件，才能界定一个细胞的死亡，这些条件主要包括：①细胞失去了质膜的完整性；②细胞形成凋亡小体；③细胞碎片被邻近的细胞吞噬。

这里补充几个重要的细胞相关的概念。

（1）关于细胞的质膜及其衍生物

质膜（plasma membrane）又称细胞膜（cell membrane），一般厚度在5～10nm。质膜与细胞内膜（即各种细胞器的膜）具有共同的结构和相近的功能，统称为生物膜。生命体系是一个水溶性的体系，细胞是生物体的基本组成单位，而细胞内还有细胞器。质膜使细胞与外界环境有所分隔，而又保持着种种联系。质膜首先是一个具有高度选择性的滤过装置和主动运输装置，保持着细胞内外的物质浓度差异，控制着营养成分进入细胞，废物、分泌物排出细胞。其次它是细胞对外界信号的感受装置，介导了细胞外因子对细胞引发的各种反应。质膜还是细胞与相邻细胞以及细胞外基质的连接中介。而细胞内膜则将细胞内部分隔成不同的区室（compartments），让细胞内各种化学反应在相对隔离的微环境中进行，这是生命代谢有序进行的基础。质膜主要由脂质和蛋白质组成，其组成比例大致为：脂类50%，蛋白质40%，糖类1%～10%。

质膜的完整性是其生理功能形成的基础，当完整性破坏时则通透性显著增加，这是细胞损伤的重要表现形式。

质膜常带有许多特化的附属结构。如：微绒毛、褶皱、纤毛、鞭毛等，这些特化结构在细胞执行特定功能时具有重要作用。

微绒毛（microvilli）是细胞表面伸出的细长指状突起，广泛存在于动物细胞，尤其是胃肠道黏膜细胞的表面。微绒毛直径约为0.1μm，长度则因细胞种类和生理状况不同而有所不同。肠上皮细胞刷状缘中的微绒毛，长度为0.6～0.8μm。微绒毛的内芯由肌动蛋白丝束组成，肌动蛋白丝之间由许多微绒毛蛋白（villin）和丝束蛋白（fimbrin）组成的横桥相连。微绒毛侧面质膜由侧臂与肌动蛋白丝束相连，从而将肌动蛋白丝束固定。微绒毛的存在扩大了细胞的表面积，有利于细胞同外环境的物质交换。如肠上皮细胞的微绒毛，使细胞的表面积扩大了30倍，大大有利于吸收营养物质。不论微绒毛的长度还是数量，都与细胞的代谢强度有着相应的关系，例如肿瘤细胞，对葡萄糖和氨基酸的需求量都很大，因而带有大量的微绒毛。

细胞皱褶（ruffle），在细胞表面还有一种扁形突起，称为皱褶。皱褶在形态上不同于微绒毛，它宽而扁，宽度不等，厚度与微绒毛直径相等，约0.1μm。在巨噬细胞的表面，普遍存在着皱褶结构，与吞噬颗粒物质有关。

细胞内褶（infolding）是质膜由细胞表面内陷形成的结构，同样具有扩大细胞表面积的作用。这种结构常见于液体和离子交换活动比较旺盛的细胞。

纤毛（cilia）和鞭毛（flagella）是细胞表面伸出的条状运动装置。二者在发生和结构上并没有什么差别，均由9+2微管构成。有的细胞靠纤毛（如草履虫）或鞭毛（如精子和眼虫）在液体中穿行；有的细胞（如动物的某些上皮细胞）虽具有纤毛，但细胞本体不动，纤毛的摆动可推动物质越过细胞表面，进行物质运送，如气管和输卵管上皮细胞的表面纤毛。纤毛和鞭毛都来源于中心粒。

（2）凋亡小体（apoptosis body）

程序性死亡细胞的核DNA在核小体连接处断裂成核小体片段，并向核膜下或中央异染色质区聚集形成浓缩的染色质块。随着染色质不断聚集，核纤层断裂消失，核膜在核孔处断裂，形成核碎片。同时在程序性死亡过程中，由于不断脱水，细胞质不断浓缩，但仍有选择透过性，细胞体积减小。凋亡细胞经核碎裂形成染色质块（核碎片），然后整个细胞通过发芽、起泡等方式形成一个球形的突起，并在其根部收窄而脱落形成一些大小不等、内含胞质、细胞器及核碎片的小体即凋亡小体。

凋亡小体的形成可以通过两种方式。①通过发芽脱落。经核碎裂形成大小不等的染色质块，然后整个细胞通过出芽、起泡等方式形成一个球形的膜包小体，内含胞质、细胞器和核碎片，脱落形成凋亡小体。②通过自噬体形成。凋亡细胞内线粒体、内质网等细胞器和其他胞质成分一起被内质网膜包裹形成自噬体，与凋亡细胞膜融合后，自噬体排出细胞外成为凋亡小体。

凋亡小体形成后的去路是被吞噬细胞或邻近细胞吞噬，之后依赖溶酶体中的酶进行分解。

（3）吞噬细胞（phagocyte）

通常将体内具有吞噬功能的一群细胞称为吞噬细胞，主要包括单核吞噬细胞系统和中性粒细胞。单核吞噬细胞系统（mononuclear phagocyte system，MPS）包括游离于血液中的单核细胞（monocyte）和进入各种组织后发育而成的巨噬细胞（macrophage）。巨噬细胞具有很强的吞噬能力，还是一类主要的抗原呈递细胞，在特异性免疫应答的诱导与调节中起关键作用。中性粒细胞是一类小吞噬细胞，具有非特异性免疫防御作用并参与机体的免疫应答、炎症损伤等。

吞噬细胞对体内衰老死亡细胞和外来异物有吞噬和消化的功能，是机体天然防御的重要机制之一。

（二）细胞凋亡

细胞凋亡（apoptosis）是指为维持内环境稳定，由基因控制的细胞自主、有序的死亡方式。凋亡细胞细胞膜发生皱缩、凹陷，染色质固缩，形成核碎片，很少或根本没有细胞器超微结构改变，细胞膜将细胞质分割包围，有些包围了染色质片段，形成多个膜结构尚完整的凋亡小体。细胞凋亡的显著特征是质膜没有发生显著性的改变；有凋亡小体的形成及形成过程，凋亡小体再被邻近细胞或吞噬细胞所吞噬、分解。这个过程属于细胞的正常生理代谢。

细胞凋亡是一个高度程序化的主动过程，由一系列相关基因进行调控。在机体发育过程中，细胞凋亡在组织和器官的构建中起着重要的作用。细胞的凋亡也是个体发育和组织更新所必需的。细胞凋亡遵循着细胞固有的程序性自杀机制，细胞通过形成凋亡小体，最后被周围邻近的细胞或吞噬细胞所吞噬。目前研究发现，主要有两大保守蛋白家族参与细胞凋亡，即BCL-2蛋白家族和caspase蛋白酶家族。

（三）细胞坏死

与凋亡不同，细胞坏死（necrosis）会导致细胞质膜破裂，细胞发生自溶，将细胞内容物释放出来，引起炎症反应。

细胞坏死是细胞受到强烈理化或生物因素作用引起细胞无序变化的死亡过程。表现为细胞体积胀大、细胞器肿胀、质膜破裂、细胞内容物外溢，而细胞核变化较慢，DNA降解不充分。细胞坏死后释放的细胞组分会引起局部严重的炎症反应。坏死的细胞中，线粒体发生结构与功能的改变，如氧化磷酸化的解偶联增强、产生活性氧和一氧化氮、线粒体膜通透性改变。

细胞内活性氧、钙离子浓度、钙激活性蛋白酶、磷脂酶等都能介导细胞坏死。在细胞增殖过程中，由氧应激反应造成的DNA过度损伤会引起聚腺苷酸二磷酸核糖转移酶-1 [poly（ADP-ribose）polymerase-1，PARP-1] 的高度激活，从而引起细胞坏死。PARP-1在DNA修复和细胞凋亡中发挥至关重要的作用。研究发现受体相互作用蛋白激酶-3（RIP3）控制着凋亡和坏死两个通路的平衡。在细胞内，如果RIP3这种蛋白激酶表达量高，细胞就会出现坏死；相反，如果RIP3在细胞内表达量低，则细胞就会凋亡。这也意味着细胞凋亡和坏死是可以相互转换的。

RIP3是丝/苏氨酸蛋白激酶家族成员（特异地催化蛋白质底物上的丝氨酸/苏氨酸残基磷酸化，从而调节该蛋白质功能）之一，该蛋白家族作为细胞重要的应激传感分子，在调控细胞存活、细胞凋亡和细胞坏死通路中发挥着重要作用。近年来的研究发现，RIP3参与肿瘤坏死因子TNF-α诱导的细胞程序性坏死生物学过程，是TNF-α诱导的细胞凋亡与坏死不同死亡途径转换的关键开关分子。

（四）自噬性细胞死亡

自噬性细胞死亡（autophagic cell death）是一种区别于凋亡和坏死的另一种细胞死亡形式。自噬性细胞死亡是细胞死亡过程中不发生染色质凝集，但伴随着胞内出现大量自噬空泡（autophagic vacuole，AV）。与凋亡的细胞不同，在体内发生的自噬性死亡细胞很少或没有吞噬细胞参与清除，主要依赖细胞内自身的溶酶体酶进行分解作用。

自噬性细胞死亡是以细胞质中出现大量的自噬体和自噬溶酶体为特征，最终被细胞内自身的溶酶体降解。自噬现象广泛存在于真核生物中，是细胞的一种自我保护机制，用于降解和回收再利用细胞内生物大分子（例如错误折叠的蛋白质）和功能降低的细胞器，是细胞在生理应激条件下生存的策略及机制，对细胞生长调控及维持细胞内稳态有着重要的意义。自噬小体成熟后与溶酶体融合，形成自噬溶酶体，在自噬溶酶体中将自噬体的内外膜及内容物进行降解。其降解产物中的脂类、氨基酸、核苷酸等通过溶酶体透明质酸酶释放到细胞质中，进而参与生物合成与代谢。

自体吞噬过程是一个吞噬自身细胞质蛋白并将其包被进入囊泡的过程。主要分为三种类型：巨型自体吞噬（macro-autophagy）、微型自体吞噬（micro-autophagy）和分子伴侣介导的自体吞噬（chaperon mediated autophagy）。其中，巨型自体吞噬主要负责降解细胞内稳定并永久存在的蛋白质，产生氨基酸以维持细胞在营养缺乏时的生存。

自噬在细胞重塑、清除受损的或多余的细胞器、维持细胞动态平衡等过程中扮演重要角色。细胞内的物质主要有两种降解途径，一是通过蛋白酶体被降解，另一途径是通过自噬作用。蛋白酶体主要降解胞内短寿命的蛋白质，而自噬负责长寿命蛋白质和一些细胞器的降解。自体吞噬在动物中的主要功能有：①作为细胞营养缺乏时的营养动员，如饥饿应答时，在不同的器官（如肝脏）或在培养的细胞中，氨基酸的匮乏会诱导细胞产生自体吞噬，由自体吞噬分解大分子，在分解代谢和合成代谢过程中产生中间代谢物；②在细胞正常活动中有重要作用，如在动物的变态发育、老化和分化过程中，自体吞噬负责降解正常的蛋白质以重新组建细胞；③在某些病理和压力条件下，通过自体吞噬能选择性地隔离某些细胞器，如线粒体、过氧化物酶体等，清除细胞内受损的细胞器，阻止细胞损伤的发生。

细胞自噬作用需要溶酶体（lysosome）的参与。细胞质中的蛋白质和细胞器最终在溶酶体内降解，故溶酶体在维持细胞结构和功能的平衡方面起着重要的生理作用。通过自噬溶酶体途径，细胞可清除某些病原体并参与抗原呈递。除成熟红细胞外，所有动物细胞都含有溶酶体，溶酶体的数目和形态因细胞不同和细胞功能状态不同而异。

（五）副凋亡

属于非凋亡性程序细胞死亡，与坏死不同的是，副凋亡（paraptosis）并不出现细胞膜的破坏。副凋亡的发生主要由肿瘤坏死因子（TNF）受体家族 TAJ/TROY 及胰岛素生长受体触发。细胞经各种刺激会出现细胞质空泡化现象，空泡体积及数量逐渐增加，线粒体和内质网肿胀造成胞浆空泡化。但是副凋亡没有凋亡的其他形态特征。

（六）细胞焦亡

细胞焦亡（pyroptosis）又称细胞炎性坏死，是一种程序性细胞死亡，表现为细胞不断胀大直至细胞膜破裂，导致细胞内容物的释放进而激活强烈的炎症反应。其特征为依赖于炎性半胱天冬酶（caspase-1、caspase-4、caspase-5、caspase-11），并伴有大量促炎症因子的释放。细胞焦亡的形态学特征、发生及调控机制等均不同于凋亡、坏死及其他细胞死亡方式。

细胞焦亡首先在感染了沙门菌的巨噬细胞中发现，这种细胞死亡形式导致释放的白细胞介素IL-1β和IL-18可能会导致相应的局部和全身性的炎症反应。巨噬细胞焦亡无细胞凋亡的形态特征，但是显示出一些细胞坏死的相关性状。细胞焦亡过程依赖于caspase-1的活化，而caspase-1的一个重要功能就是介导白细胞介素-1β（IL-1β）前体裂解成具有活性的IL-1β，IL-1β能募集、激活其他免疫细胞，诱导趋化因子（如IL-18）、炎症因子（如IL-6）、黏附分子等的合成，最终形成"瀑布效益""级联效应"，放大炎症反应，导致剧烈的炎症反应的发生。ROS的产生与细胞焦亡密切相关，因为ROS也可通过激活caspase-1引起细胞焦亡。

细胞焦亡的生化特征或主要标志是有炎症小体的形成、有caspase的激活以及大量促炎症因子的释放。炎性小体的分子质量约$7×10^5$Da，各种炎性小体的结构都有差异，但一般均含有caspase-1和一种核苷酸结合寡聚化结构域（nucleotide-binding oligomerization domain，NOD）样受体家族蛋白或HIN200（hemato-poietic IFN-inducible nuclear protein containing a 200-amino-acid repeat）家族蛋白。某些炎性小体还含有凋亡相关斑点样蛋白（apoptosis-associated speck-like protein containing CARD，ASC）。

（七）胀亡

胀亡（swelling）表现为细胞质肿胀和核溶解的细胞损伤过程。胀亡细胞的形态学表现为细胞肿胀，细胞或细胞器体积增大，胞质空泡化，内质网肿胀；线粒体早期可出现致密化，后期肿胀，嵴破坏、消失；细胞核内染色质分散，凝集在核膜、核仁周围，有时聚集成团块；胞膜起泡，通透性增加；细胞膜完整性破坏、胞膜崩解，最后细胞核溶解。由于细胞内容物外溢，因而胀亡细胞周围伴有明显的炎症反应。胀亡多为缺血、缺氧及毒物刺激引起的一种被动的细胞死亡。细胞死亡方式类似于细胞浊肿、水变性、气球样变等发展为溶解坏死（lytic necrosis）的形态学改变。

需要注意的是，细胞不同死亡形式之间存在相互联系，在一些情况下，一个特异的刺激会引发一种形式的细胞死亡，但在某些时候，一种刺激就如同一把"万能钥匙"，往往会引起多种死亡形式。在同一个细胞中，不同的死亡机制共存且相互影响，但最终有一个主导者。决定细胞凋亡、自噬还是坏死是由多种因素调控的，包括能量水平、细胞损伤、特异抑制剂等。例如，ATP的耗损会引起细胞自噬，然而如果自噬不能维持细胞内能量，最终细胞会走向坏死；轻度的损伤引起细胞凋亡，重度的损伤则引起细胞坏死。

二、凋亡和死亡细胞的清除

前面介绍了体内细胞的不同死亡途径和基本特征。无论以哪种方式死亡，死亡的细胞整体、细胞碎片必须清除，这是生理反应和生理保护的重要基础。凋亡或坏死通过不同的机制来保证细胞残骸的清除，细胞残骸如果不能有效清除，就会导致组织结构紊乱，血管栓塞，引起炎症和自身免疫反应。

生物体内对死亡细胞、细胞碎片等的清除方式也是多样化的，这是一系列复杂的生理过程，包括对死亡细胞、细胞碎片的识别、分解或转化等基本过程，分解的产物被清除或被重新利用。这是生命体系的重要组成部分，也是生命代谢的基本过程。

（一）凋亡细胞的清除

凋亡的细胞或者凋亡小体最初是被完整的质膜包裹的，如果它们不能在短的时间内被清除，则将继发坏死，释放有免疫原性的细胞内成分到细胞外。在实体器官，凋亡或死亡的细胞主要由吞噬细胞吞噬和分解，也可以由邻近的细胞吞噬清除。

吞噬细胞对凋亡细胞的识别需要有相应的信号分子，这是凋亡细胞能被吞噬细胞识别和清除的关键。而这类具有识别信号的分子一般位于凋亡细胞的表面。即细胞发生凋亡后在细胞表面出现了一些区别于正常细胞的特殊信号，这些信号可被吞噬细胞上的不同受体所识别，又称为"食我"信号（崔天盆等，2014）。

细胞发生凋亡后在细胞膜上出现的"食我"信号，是凋亡细胞能被吞噬细胞识别和清除的关键。目前已知的"食我"信号包括磷脂酰丝氨酸的外翻、糖类的改变及糖蛋白分布与聚集的改变等。凋亡细胞膜中磷脂酰丝氨酸（phosphatidylserine，PS）从细胞膜的内表面进入外表面称为磷脂酰丝氨酸外翻。磷脂酰丝氨酸外翻是凋亡细胞的普遍特征，也是吞噬细胞识别凋亡细胞的关键性信号物质。

磷脂酰丝氨酸是存在于细胞中的一种重要的膜磷脂，是细胞膜的活性物质，其化学组成和结构特征为二酰甘油酰磷酸丝氨酸，丝氨酸残基与磷酸残基结合后与C-3位甘油的羟基连接，构成极性的头部；甘油的另外两个羟基分别与脂肪酸成酯后组成尾部。磷脂酰丝氨酸通常位于细胞膜的内层，是细胞膜组分之一，占膜总磷脂含量的2%～10%。因为凋亡细胞膜上外翻的磷脂酰丝氨酸可与特异性探针性物质结合，因此可采用流式细胞术、荧光光谱技术和分子靶向技术等对其进行定性和定量的检测。磷脂酰丝氨酸对巨噬细胞识别和吞噬的重要性首先发现于红细胞，衰老的红细胞的清除跟凋亡细胞类似，依赖Fas-半胱天冬酶-3（caspase 3）/半胱天冬酶-8（caspase 8）信号导致的磷脂酰丝氨酸外翻。

吞噬细胞的吞噬过程是摄入大小超过$0.5\mu m$的颗粒。在这个过程中，巨噬细胞通过细胞骨架重排包围即将被消化的颗粒，形成一个所谓的吞噬环。环绕颗粒完成后，颗粒就被包埋在质膜小囊中，形成吞噬小体，随后成熟为吞噬溶酶体。巨噬细胞消化凋亡细胞后的抗炎效应的发挥主要是分泌及上调TGF-β、血小板活化因子、IL-10和前列腺素E2。

（二）坏死细胞和细胞碎片的清除

正在死亡的或者已经死亡的细胞通过吞噬作用清除，随后通过水解酶完成细胞内的降解，根据细胞的死亡模式如凋亡、自噬或坏死，可有不同的机制来保证细胞残骸的清除。在清除过程中，小的易消化的细胞残骸可以被迅速和有效地吞噬，由于坏死细胞的细胞膜完整性的缺乏和细胞膜破裂后细胞内容物的散播，坏死细胞碎片的清除经常被推迟。细胞外的机制（水解酶、细胞外分子的调理吞噬）是经典的细胞吞噬作用的补充。

不同途径坏死细胞的最终去处包括：①坏死细胞及细胞碎片像凋亡细胞那样，通过吞噬被清除；②坏死的细胞碎片被细胞外的蛋白质水解酶和核酶水解消化，随后降解的大分子产物被重吸收。

与凋亡细胞不同，坏死细胞经历了质膜的破坏、裂解、细胞成分扩散进入细胞外间隙的过程，这样使巨噬细胞很难收集碎片。与凋亡的细胞相比，坏死细胞的吞噬不是那么有效，而且发生较晚。坏死细胞吞噬的机制被认为是巨胞饮作用，胞膜完整与否不重要。巨噬细胞形成广泛的膜皱褶，最后形成一个长的细的突起，后者蜿蜒包裹坏死的碎片，促使坏死细胞碎片与细胞外液体一起在巨胞饮体中被消化。而凋亡细胞被消化是通过吞噬过程中拉链样的机制，这个过程的发生需要一个未受损的质膜的存在。

坏死细胞被吞噬后的免疫结果与凋亡细胞不同，坏死裂解的中性粒细胞诱导促炎反应，释放巨噬细胞炎症蛋白2（macrophage-inflammatory protein-2）。在坏死中性粒细胞摄取过程中，从坏死中性粒细胞释放的丝氨酸蛋白酶、弹性蛋白酶作为一个促炎危险信号；热休克蛋白Hsp72是另一个危险信号因子，与LPS单独作用相比，Hsp72与LPS协同刺激巨噬细胞产生一个更强的细胞因子反应。

坏死细胞碎片清除的第二种方式是细胞外酶催化清除，降解产物被吞噬细胞重吸收。促进水解的酶包括出现在循环和细胞外液中的核酶和水解酶系统（凝血和纤溶系统），或者由募集来的活化的吞噬细胞分泌的酶。坏死细胞的清除发生较晚，因为坏死细胞的膜破裂后，细胞内成分是自由流动的，巨噬细胞很难收集坏死细胞碎片。血浆内源性核酶DNA酶Ⅰ和纤溶酶原系统成分能穿透坏死细胞，在细胞和核结构的纤溶酶原被纤溶酶原活化因子活化后，纤溶酶原被转化为活化的丝氨酸蛋白酶——纤溶酶。

三、鱼类的吞噬细胞与吞噬作用

鱼类吞噬细胞（phagocyte）主要包括巨噬细胞（macrophage）和粒细胞（granulocyte）。吞噬细胞通过吞噬菌体摄取和消灭感染的细菌、病毒以及损伤的细胞、衰老的红细胞。吞噬细胞广泛分布于鱼体内，保证鱼类能有效监视入侵的病原，并将其快速吞噬。

鱼类的巨噬细胞可以从不同组织中分离得到，包括血液、淋巴器官（特别是肾脏）和腹膜腔。粒细胞可以分为中性粒细胞、嗜伊红（酸性）粒细胞和嗜碱性粒细胞。中性粒细胞和嗜酸性粒细胞最常见，而多数鱼类缺少嗜碱性粒细胞。和巨噬细胞一样，粒细胞也可以从血液、淋巴组织和腹膜腔中分离。

吞噬作用可以分成三个阶段：被吞噬物附着（attachment）到吞噬细胞表面→内吞（ingestion）并形成吞噬体（phagosome）→在吞噬体内降解。吞噬细胞可被许多细菌产物、损伤细胞释放的因子及某些免疫反应的产物所趋化而作定向运动，一旦它们与被吞噬的颗粒相遇即将其黏附。颗粒较大时，吞噬细胞伸出伪足将其包围吞噬；颗粒较小时，细胞则内陷而将其吞入。异物被细胞吞入后即成为吞噬体。之后，细胞中的溶酶体颗粒靠拢吞噬体，并与之融合，形成吞噬溶酶体（phagolysosome）。当溶酶体和吞噬体融合时，细胞内新陈代谢活性增强，产生大量具有一定杀菌作用的乳酸，使 pH 值下降。在此过程中，髓过氧化物酶与 H_2O_2 氧化氨基酸形成醛，溶酶体中的蛋白水解酶（如溶菌酶）破坏细菌的细胞壁，促使醛、酸等进入菌体，发挥杀菌作用。接着溶酶体中的多种水解酶水解菌体细胞的相应成分，最后将消化后的残体经胞吐作用排出胞外。

巨噬细胞和中性粒细胞都能产生氧自由基，鱼类吞噬细胞呼吸爆发过程中可产生氧自由基，如 O_2^-·和 H_2O_2。呼吸爆发的主要反应是在 NADPH 氧化酶催化下，氧分子的一个电子还原成为 O_2^-·。哺乳类动物的 NADPH 氧化酶是一种存在于细胞质膜上的多酶复合体，主要由低能细胞色素 b 和一种色素蛋白组成，并通过还原态 NADPH 起电子传递链作用。NADPH 由磷酸己糖旁路产生，这一过程具有葡萄糖依赖性。相似情形也出现在鱼类中。有证据表明，虹鳟吞噬细胞中存在 NADPH 氧化酶，也存在葡萄糖依赖性 O_2^-·生成作用。鱼类巨噬细胞产生的 O_2^-·对鱼类病原体毒性不大，但所产生的 H_2O_2 及其衍生物就像无细胞体系中的 H_2O_2，是强杀菌剂，有很强的毒性。某些细菌可以通过抑制氧自由基的产生而逃脱吞噬细胞的吞噬，例如爱德华氏细菌 NUF251 能够抑制牙鲆巨噬细胞产生氧自由基，避免被氧自由基伤害而在巨噬细胞内生存下来。

鱼类能产生活性氮自由基（·NO），一氧化氮合酶存在于大西洋鲑和虹鳟的中枢神经系统和脑内。在哺乳类动物中有 2 种一氧化氮合酶：组成型一氧化氮合酶和诱导型一氧化氮合酶。吞噬细胞尤其是巨噬细胞经细胞因子诱导后，可以表达诱导型一氧化氮合酶。一氧化氮合酶的表达对某些病原的杀灭至关重要，虽然·NO 本身不足以启动脂质过氧化等有害反应，但是，·NO 可以形成更强的过氧化、硝化和亚硝化基团，如·OH、·NO_2、·OONO 等。另外，·NO 能和铁反应形成亚硝酰血红素复合物，能和氧自由基反应形成过氧化亚硝酸盐 ONOO·。研究表明，鱼类也具有诱导型一氧化氮合酶。虹鳟、鲤鱼和猫鲨的诱导型一氧化氮合酶基因全长已经被克隆出来。鲤鱼吞噬细胞被血内鞭毛虫刺激后，就表达诱导型一氧化氮合酶。病毒可以诱导虹鳟诱导型一氧化氮合酶基因表达。鲇鱼腹腔内注射活的爱德华氏细菌后，在其头肾检测到一氧化氮合酶。在金鱼中，巨噬细胞系、原代培养的肾巨噬细胞与脂多糖（LPS）或含巨噬细胞活化因子的培养液共育后，都能分泌·NO。含巨噬细胞活化因子的培养液和 LPS 可以协同作用，诱导·NO 的产生。这些结果显示诱导型一氧化氮合酶表达和·NO 产生之间存在联系。添加精氨酸类似物（单甲基精氨酸或氨基胍）到金鱼巨噬细胞培养物中，可以抑制·NO 产生，说明鱼类·NO 产生具有精氨酸代谢依赖性。转铁蛋白似乎也可以诱导鱼类巨噬细胞产生·NO。有证据表明，鱼类吞噬细胞产生的·NO 具有一定的杀菌活性。活化的鲇鱼巨噬细胞可以部分杀灭气单胞菌，并且其杀菌活性能被产生·NO 的抑制剂 L- 单甲基 - 精氨酸部分抑制。

四、蛋白酶体与蛋白质泛素化降解途径

生物体细胞内外多数的蛋白质处于极其稳定的动态平衡中，蛋白质的降解与合成是维持这种动态平衡的两种重要的代谢方式。当蛋白质作为活性氧和自由基的标靶分子而受到伤害时，发生变性的蛋白质可通过蛋白质分解酶而得以修复。当 DNA 在受到活性氧和自由基所造成的损伤而使主链切断、碱基改变时，也都有相应的修复酶类进行修复或再生。

体内蛋白质的降解主要是对死亡细胞中蛋白质的降解和受到损伤的蛋白质的降解，其降解途径主要有以下几种：①溶酶体途径，蛋白质在溶酶体的酸性环境中被相应的酶降解，然后通过溶酶体膜的载体蛋白运送至细胞液，降解所得的氨基酸补充胞液代谢库如游离氨基酸池；②泛素-蛋白水解酶途径，一

种特异性降解蛋白质的重要途径，参与机体多种代谢活动，主要降解细胞中被泛素标记的蛋白质；③半胱天冬氨酸蛋白水解酶（caspase）途径，是细胞凋亡的蛋白质降解途径；④其他途径，有些细胞器具有特有的蛋白水解酶，确保细胞内各项代谢活动有条不紊地进行。

自噬（autophagy）和泛素-蛋白酶体系统（ubiquitin-proteasome system，UPS）是生物体内蛋白质降解的两种主要途径。蛋白酶体（proteasome）广泛分布于细胞质和细胞核中，具有多种蛋白水解酶活性，是蛋白质合成过程中错误折叠的蛋白质和其他受到损伤的蛋白质被水解的主要降解途径，其显著特征是这个过程需要对被水解的蛋白质进行泛素标记，即蛋白质降解的泛素化途径。

五、生物膜的损伤与修复

生物膜的磷脂双分子层将细胞与外界环境分开。大部分细胞会在机械损伤或化学应激下引发质膜损伤，如果不及时修复将会导致细胞死亡。胞外钙离子（Ca^{2+}）通过伤口进入细胞，作为损伤的最初信号，会诱发一系列的修复反应。随后，胞内细胞器也释放Ca^{2+}，并产生系列细胞行为来应对损伤，维护质膜的完整性。

生物的细胞是高度有序的，质膜是细胞与胞外空间分隔的主要壁垒，植物细胞依靠细胞壁维持结构，可以抗拒较大的外力，而高等动物细胞膜则直接面临各种外力胁迫，易于产生损伤。破损质膜需要快速得到修复，生物体在长期的进化过程中产生了较为完备的质膜修复系统，用来应对各种膜损伤，如果损伤不能得到及时修复，会导致细胞死亡。

（一）胞外钙离子

动物细胞中存在钙离子的浓度分布差，从10^{-4}mmol/L到1mmol/L不等，细胞外Ca^{2+}浓度较高（约2mmol/L），胞浆Ca^{2+}浓度低（约0.1mmol/L），细胞外Ca^{2+}浓度是细胞内Ca^{2+}浓度的20倍；细胞核中Ca^{2+}浓度最低；细胞器如高尔基体、溶酶体（约0.5mmol/L）、内质网（0.3～1mmol/L）中钙离子浓度较高。

质膜遭受损伤，首先是胞外Ca^{2+}从细胞膜的伤口进入，胞内伤口附近迅速感知到Ca^{2+}浓度的升高并启动生理机制，使进入的Ca^{2+}被局限在伤口附近。伤口处的钙信号可以诱导细胞内的内质网、溶酶体等释放Ca^{2+}，以维护伤口附近区域的Ca^{2+}平衡。

细胞膜损伤后，Ca^{2+}促进细胞内不同的小泡如溶酶体的小泡在伤口处聚集，其小泡的生物膜与受伤的细胞膜迅速融合，实现对受伤细胞膜的修复。修复完成后，伤口附近钙离子浓度重新恢复到正常水平。

如果损伤未能及时修复，会导致细胞内物质外泄，大量Ca^{2+}涌入，诱发胞浆Ca^{2+}浓度升高，引起溶酶体通透性提高、线粒体细胞色素c外泄，进而诱导细胞凋亡或死亡。因此，无论修复还是最后死亡都离不开Ca^{2+}浓度的变化，只是强度范围不同。

（二）胞吞、胞吐及膜外小泡脱落

细胞表面的出芽（膜在细胞外以小泡形式脱落）、窖蛋白（caveolin，Cav）内吞作用、小泡与质膜的融合及溶酶体胞吐等是细胞膜中度损伤修复存在的多种细胞行为。

溶酶体的胞吐是溶酶体膜或溶酶体小泡与质膜的融合。通过向外破裂把溶酶体内含物释放到胞外，包括水解酶类和氧化性物质。释放后，导致胞外氧化力增强，小泡的融合引起质膜表面积增大。在质膜修复中，溶酶体的地位越来越重要。胞外Ca^{2+}促进胞内溶酶体Ca^{2+}通道开放，引起Ca^{2+}释放，激活突触

结合蛋白（synapse binding protein）Ⅶ和其他钙离子传感器。随后，触发溶酶体的胞吐作用。通过荧光标记技术观察小泡融合现象发现，近端溶酶体是Ca^{2+}升高后胞吐小泡的来源。

Ca^{2+}流引起胞吐作用后，紧跟着的是大量的胞吞作用。胞吞作用会降低质膜表面积，其中小窝蛋白（caveolin）辅助的胞膜小窝内吞作用被证明与修复相关。如果抑制细胞的胞吞作用就会抑制损伤修复，胞吞是膜损伤修复的细胞行为之一。有报道认为，在损伤的肌纤维和内皮细胞里存在很多质膜内陷形成的膜海绵体，说明膜损伤去除时存在大量的内吞反应。

在膜外表面的小泡脱落也称为出芽（budding）或脱落（shedding）。细胞膜损伤诱发Ca^{2+}激增，凋亡相关蛋白-2（apoptosis-link protein，ALG-2）被招募到损伤位点。ALG-2促进ALG-2相互作用蛋白X的辅助蛋白（accessory proteins ALG-2-interacting protein X，ALIX）积累。ALIX促进内吞分拣复合体需要的转运蛋白Ⅲ（endosomal sorting complex required for transport Ⅲ，ESCRT Ⅲ）聚集在损伤位点，完成对膜的修复。

（三）质膜修复的补丁模型

质膜损伤后用什么来修补损伤的膜呢？大量研究认为，质膜修复需要脂补丁（patching）。补丁假说认为，Ca^{2+}诱发胞内小泡在损伤部位融合，形成补丁。补丁模型中的补丁并非来自于任意的胞内小泡，而是来自于溶酶体或溶酶体小泡与质膜的融合。损伤后聚集的小泡，有些是由损伤处质膜内陷胞吞产生的，这些内吞小泡经过融合变大，但不是做补丁的，而是被送入溶酶体降解。

细胞膜损伤修复的模型较多，修复应该是分步骤进行，溶酶体及其分泌的小泡在伤口处的聚集和融合为伤口形成一道由小泡膜组成的屏障，胞外Ca^{2+}和氧化性物质进入后被这道屏障约束，不能继续向胞内自由扩散，从而限制了胞外物质的进入，阻止有毒物质进一步进入胞浆，保护细胞内环境。由于小泡的融合使伤口附近磷脂表面积远远高于伤口的总面积，因此要通过胞吞和出芽的方式来减少膜表面积，并使受伤的细胞膜以出芽方式切除，实现细胞膜的修复作用。

在实际过程中，细胞膜损伤诱发细胞骨架蛋白质解聚，修复过程中这些蛋白质重新聚合，随着伤口不断缩小，逐渐建立新的质膜与骨架的联系。内吞后的小泡由于含有胞外的有毒物质，最终需要被送入溶酶体降解。

综上所述，Ca^{2+}通道蛋白、胞吞、胞吐、出芽、溶酶体分泌、小泡运输、小泡融合、修复相关蛋白质、细胞骨架解聚及重新聚合等过程的酶类及其调控的相关蛋白质都将影响到质膜的损伤修复。

（四）磷脂过氧化物的切除与修复

磷脂酶（phospholipase）是水解甘油磷脂的一类酶，其中包括磷脂酶A_1、A_2、B、C和D，在动植物内广泛存在。它们特异地作用于磷脂分子内部的各个酯键，形成不同的产物。磷脂酶A_1、A_2、C、D在磷脂上的水解位点如图3-29所示。

磷脂酶A_2（phospholipaseA_2，PLA_2）是催化磷脂甘油分子上第二位酰基的水解酶，亦是花生四烯酸（AA）、前列腺素及血小板活化因子（PAF）等生物活性物质生成的限速酶，所产生的脂质介质在炎症和组织损伤时膜通道的活化、信息传递、血流动力学及病理生理过程中，以及在调节细胞内外代谢中起关键性作用。在急性胰腺炎、创伤及多脏器功能衰竭（MSOF）患者血清中PLA_2活性升高。

磷脂酶A_2也是磷脂受到过氧化损伤后的修复酶。其修复过程是，当磷脂受氧化胁迫而形成过氧化磷脂，在磷脂酶A_2的作用下，切下一个带有过氧化基的脂肪酸基，使成为不完整单脂肪酸磷脂，即溶血磷脂。在有修复功能的酰基转移酶存在下，就可重新接上一个脂肪基而恢复磷脂的结构和功能。游离出来的氢过氧化脂肪酸在谷胱甘肽过氧化物酶（GSH-Px）作用下，可还原成脂肪酸。磷脂酶 A_2 与酰基转移酶修复过氧化损伤脂肪酸的过程如图 3-30 所示。

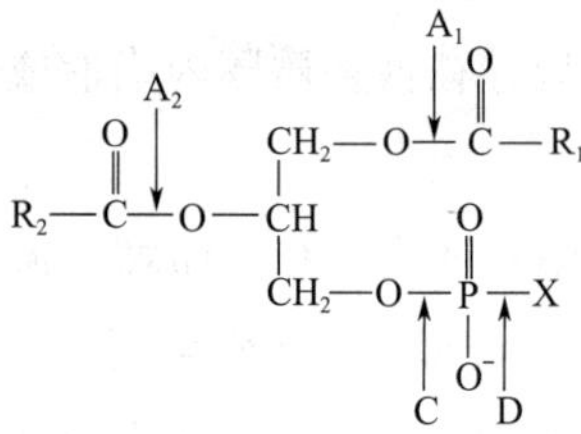

图 3-29 磷脂酶 A_1、A_2、C、D 在磷脂中分子中的水解位点

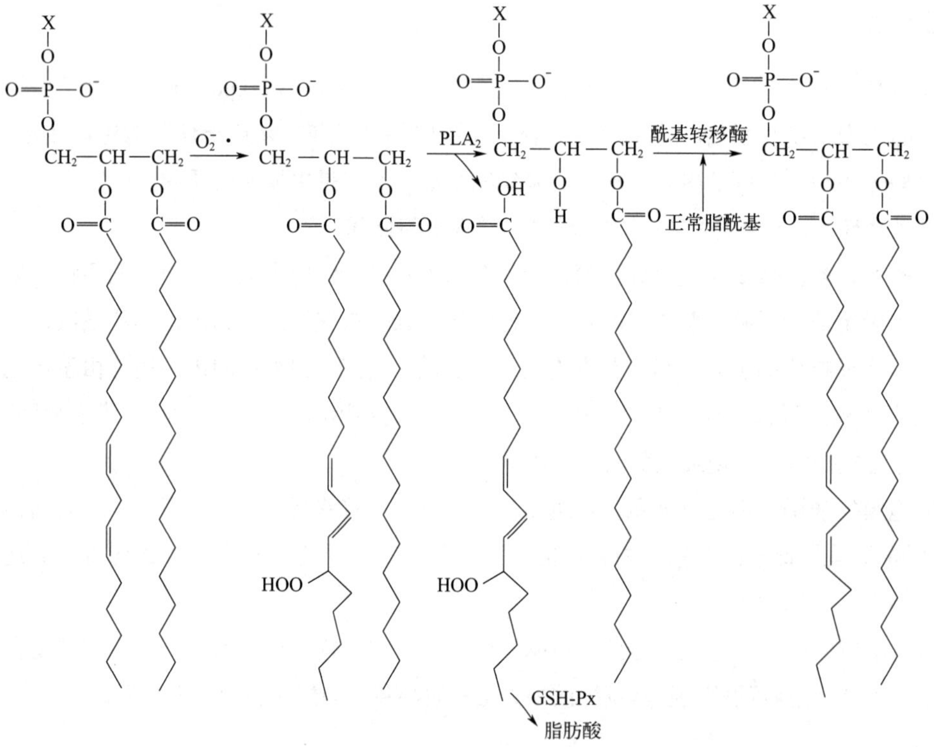

图 3-30 磷脂酶 A_2 与酰基转移酶修复过氧化损伤脂肪酸的过程

第七节
抗氧化物质抗氧化力的定量评价

如果机体受到的损伤严重或内环境与外环境恶化程度过大，细胞和机体的防御能力不足以应对氧化损伤的情况下，通过饲料途径或水体途径引入一些抗氧化损伤的物质、抗自由基的物质，同时引入对损伤的细胞具有修复作用的物质，则可以降低细胞受到氧化损伤的程度，并促进损伤的细胞和组织得到逐

步的修复。这是养殖条件下，通过饲料途径维护水产动物生理健康、修复被损伤的细胞和组织的有效技术对策。

通过饲料途径引入的抗氧化作用、抗自由基作用以及氧化损伤修复的物质，首先会在消化道的消化液中、胃肠道黏膜细胞和组织中发挥作用。如果这些物质能够被吸收、并通过血液传输到体内各器官组织，尤其是能够进入细胞内环境中，则是更为理想的物质，也可以在机体内发挥抗氧化、抗自由基并对损伤的细胞、组织进行修复的作用。

如何筛选、定量评价这些外源性物质的抗氧化能力？有三类方法进行定量评价：①体外试验进行评价，采用化学方法定性和定量地评价这些物质对于清除含氧的自由基、含氮自由基的能力；②在饲料中加入抗氧化物质，并经过一定时期的养殖试验结果进行抗氧化能力的评价；③水溶性抗氧化物质，可以通过细胞损伤模型及其修复试验评价。

一、清除自由基效率的定量评价方法

清除自由基能力的评价方法建立的基本原理是：在离体条件下，使用较为稳定的自由基试剂或通过化学反应产生自由基，在这些自由基体系中同时引入受试物（需要评价其清除自由基能力的物质）后，受试物可以通过不同的路径封闭自由基的数量，使反应体系中原有的自由基数量下降。依据自由基下降的程度，在相同条件下比较不同的受试物清除自由基的能力。

其中，对自由基数量的定量评价就是关键点，需要建立不同的检测方法对自由基数量进行定量的评价。可以直接测定自由基物质的数量，也可以通过自由基物质在自由基被封闭后的中间产物或终产物进行定量分析。相应的定量技术包括了电子自旋共振法/高效液相色谱方法、质谱方法、紫外或可见光比色方法、荧光比色方法、荧光定量方法、滴定方法等化学定量技术。较常用的荧光法结合共聚焦显微成像技术和微区光谱检测技术，是使活细胞和组织内的ROS"实时、可见、定量"的检测方法，而在 $600 \sim 1000nm$ 的近红外光区，生物机体光吸收或荧光强度很小，且致密介质（如组织）的光散射大大降低，激发光的穿透性更大，因而自发荧光的背景干扰大大降低，且能量较低、减少光照对细胞的损伤，也是用来检测活细胞和组织内的活性氧的重要技术。

而受试物清除自由基能力的比较，一般采用 IC_{50} 值进行比较。在试验中设置不同的受试物浓度，同时检测不同浓度下反应体系中自由基的数量，IC_{50} 值为自由基被抑制率或清除率达到50%时的受试物浓度或质量分数；IC_{50} 值越小，表明清除自由基的能力越强，反之越弱。而 IC_{50} 值的获得需要建立受试物浓度或质量分数与自由基抑制率或清除率的关系曲线或回归方程，依据关系曲线或回归方程求得 IC_{50} 值。

自由基种类较多，而从元素种类方面分析，生物组织中主要为含氧的自由基和含氮的自由基。所以清除自由基能力定量评价方法建立的基础也主要为含氧的自由基和含氮的自由基。作为定量评价方法的反应体系中的自由基要具有相对的稳定性，即要求自由基具有相对较长时间的寿命、受反应环境条件的影响相对较小，这是一个定量方法建立的基础，也是具有良好重现性、数据可靠性的基础。

值得注意的是，对于完整的细胞或者活体动物组织中自由基的定量方法建立非常的困难，主要原因是细胞或生物组织中，本身具有抗氧化损伤、清除自由基的物质，且细胞、生物组织中的自由基稳定性差、寿命短，在制备细胞、生物组织样品过程中，大量的自由基已经被清除了或反应了。

比较理想的方法是能够在不破坏细胞、组织的情况下就能对细胞、生物组织中自由基进行定量评价，这个难度非常大。一是需要定量方法的灵敏度非常高、能够对极其微量的自由基进行定量；二是要求在不破坏细胞结构、生物组织结构的条件下，进行自由基的定量，以免受到抗氧化、抗自由基物质的干扰。其实就是要求能够对一个完整的细胞微环境中的自由基进行定量分析，可想而知其技术难度非常高。

利用离体细胞实验模型可以解决这个问题，例如希望了解草鱼肝细胞在不同环境、有受试物存在的条件下对自由基的清除能力，可以使用过氧化氢肝细胞损伤模型。离体培养的肝细胞用过氧化氢损伤，对过氧化氢及其自由基进行定量，再测定在有受试物条件下，对过氧化氢及其自由基的清除率。同时，如果依据过氧化氢、自由基反应的中间产物或终产物结合一定量的荧光试剂，使用荧光聚焦显微镜等手段还能进行细胞内的定位。

二、DPPH自由基清除效率评价方法

（1）DPPH试剂

DPPH的化学名称为1,1-二苯基-2-三硝基苯肼（1,1-diphenyl-2-picrylhydrazyl），分子式$C_{18}H_{12}N_5O_6$，分子量394.32，是一个稳定的氮自由基物质。熔点127～129℃。对光敏感，见光易分解，试剂应在0℃、避光保存。试验过程中也要注意避光。吸入、口服或皮肤接触有害，试验操作过程中要注意。

光学性质显示，DPPH最大光吸收的波长为519nm（蓝光区），其互补光为紫色，所以DPPH为暗紫色棱柱状结晶，在溶液中呈现深紫色，并且在自由基被中和之后会变为无色或浅黄色，这是比色方法建立的基础。

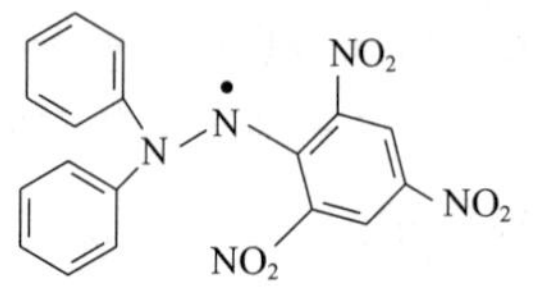

DPPH的化学结构式

（2）DPPH用于评价受试物清除自由基能力的原理

从化学结构式可以知道，DPPH是一种稳定的氮自由基物质。它的稳定性主要来自3个苯环的π键共轭作用及空间障碍，使位于中间的氮原子上不成对的电子不能发挥其应有的电子成对（形成共价键）作用。

DPPH法于1958年被提出，广泛用于定量测定生物试样、酚类药物和食品的抗氧化能力。其依据是DPPH自由基有单电子，在519nm处有一强吸收，其醇溶液呈紫色的特性。当有抗氧化剂存在时，抗氧化剂物质能够与自由基结合，DPPH自由基被清除。当DPPH自由基被清除后，溶液颜色变淡，其褪色程度与其被清除程度（即吸光度的改变）成定量关系，因而可用分光光度计或酶标仪进行快速的定量分析。

DPPH自由基的清除过程主要涉及到氢转移（hydrogen atom transfer，HAT），即反应物分子中的氢原子从一个基团转移到同一分子或另一反应物分子的化学反应。以多酚类抗氧化物质为例的反应简要过程如图3-31所示。

由图3-31可知，DPPH在与多酚类物质反应时，反应过程实质为一个夺氢反应，氮自由基被H^+封闭后形成共价键化合物，其反应产物为与多酚等抗氧化物质的结合物或者形成聚合物。上述反应也是多酚类物质具有清除自由基的基础性化学反应过程。

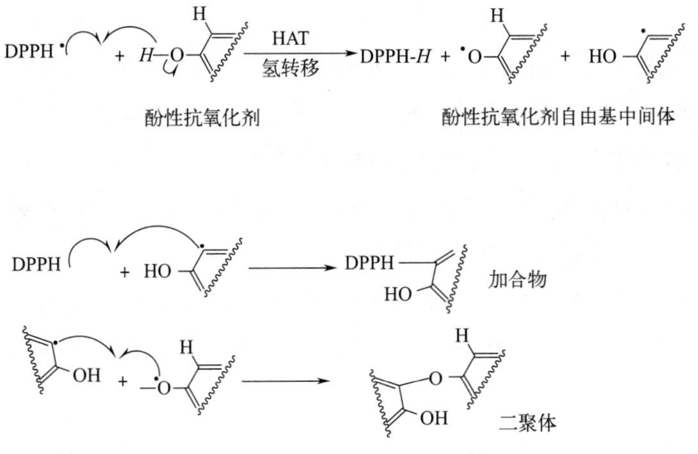

图3-31 清除DPPH自由基的反应过程（李熙灿，2017）

（3）影响DPPH法测定结果的因素

首先是溶解性问题。DPPH的分子极性较弱，可以溶解在乙醇中。因此，如果受试物是水溶性的，反应体系需要以乙醇作为溶剂。其次，DPPH对光敏感，实验试剂、反应过程要注意避光。第三，受试物空间位阻的问题，由于氮自由基位于DPPH分子中心位置，对于大分子受试物如大分子的抗氧化多肽等要与氮自由基结合受空间位阻的影响，但对于分子量较小的如多酚类物质则有效。

（4）定量分析

定量结果是以受试物对DPPH的清除率表示，即清除DPPH自由基的效率。DPPH的含量是以在519nm波长下的吸光度表示，当受试物在反应过程中清除DPPH中的氮自由基并生成不含自由基的结合物之后，结合后的DPPH在519nm波长下不再具有吸光度，反应液的吸光度下降，且吸光度下降的幅度与受试物清除DPPH自由基的量成线性相关。

DPPH清除率的计算公式为：

$$DPPH清除率 = \frac{A_0 - (A_x - A_{x0})}{A_0} \times 100\%$$

式中，A_0为不加样品（含DPPH）时反应体系在519nm波长的吸光度值（空白对照）；A_x为加入样品后519nm波长的吸光度的值（样品）；A_{x0}为不含DPPH（含受试物）时反应体系在519nm波长的吸光度的值（排除样品的吸光度影响）。

依据受试物不同浓度下测定的DPPH清除率，可以做受试物浓度（x轴）-DPPH清除率（y轴）的关系曲线，求得IC_{50}值，即清除50%的自由基所需要的受试物样品的最终浓度。有两种计算方法（李熙灿，2017），①以实验所得的抗氧化剂浓度为横坐标，清除率为纵坐标，然后计算线性回归方程。将清除率50%代入方程中求得对应的横坐标值即为IC_{50}值，注意最终结果为三次或三次以上的平行试验取平均值。②通过浓度曲线的图直接读出。在50%处画一横线，此横线与曲线的模拟线的交点的对应的横坐标，即IC_{50}。

（5）受试物对DPPH清除率的表示方法

前面介绍的方法得到的结果是受试物溶液的结果，例如IC_{50}为对DPPH清除率达到50%时的受试物浓度（如mg/mL），如果IC_{50}浓度值高，则表示需要较高的受试物浓度才能达到对DPPH清除50%的结果，其清除DPPH的能力相对较弱。因此，IC_{50}值越低表示受试物清除DPPH的能力越强。

如果受试物为固体样品，则需要依据固体样品的精确质量和稀释倍数对IC_{50}值进行换算，可以换算为每毫克受试物的IC_{50}值。

另外，在进行测定试验时，设置正对照，正对照一般选择维生素E（脂溶性），检测结果既可以得到受试物清除DPPH的IC_{50}值，也可以得到维生素E的IC_{50}值，并与维生素E的自由基清除力进行比较。

维生素E（生育酚）是常见的抗氧化剂。由于维生素E难溶于水，而且易变质，将其结构进行修饰，即得Trolox（化学名称：6-羟基-2，5，7，8-四甲基色烷-2-羧酸）。Trolox不仅溶于水，而且易溶于有机溶剂，所以，广泛地用作抗氧化剂的阳性对照物。亦称水溶性维生素E。为了方便对比评价所测物质的抗氧化能力，通常采用Trolox作为DPPH自由基清除实验的阳性对照品。

（6）DPPH·自由基清除实验操作（李熙灿，2017）

① DPPH测试液的配制

取DPPH固体1mg溶于24mL、95%乙醇（或无水乙醇、甲醇）中，超声5min，充分振摇，使上下各部分均匀。避光保存，5h内用完。取1mL上述步骤配制好的DPPH溶液，加0.5mL 95%乙醇（或无水乙醇、甲醇）稀释后，使其吸光度在0.6～1.0之间（保障在定量线性范围内）。若吸光度过大，则继续加溶剂；若吸光度过小，则补加DPPH固体或者原始溶液。

② 样品液的配制

样品用合适的溶剂溶解，为便于计算，可配成1mg/mL浓度。溶剂则根据样品的极性进行选择，首选甲醇、95%乙醇或无水乙醇（尽量与DPPH溶液所用溶剂相同），如果还是不溶，则可用二甲基亚砜（DMSO）溶解。

③ 预试验

取DPPH溶液1.0mL，加0.5mL相应有机溶剂后，向其中加少量样品液。加样时，先少后多渐加，边加边混合，并观察溶液的褪色情况，当溶液颜色基本褪去时，记下样品的加样量。如果反应缓慢可在37℃烘箱中放置30min。

此加样量即为样品的最大用量，在此最大用量的基础上，往前设置5个用量，使之成等差数列。

如果在预试过程中，发现加样到500μL时，DPPH溶液颜色基本褪去，则500μL为该样品液的最大用量。则对于该样品而言，其用量梯度宜设为100μL、200μL、300μL、400μL、500μL。

A_0值：取DPPH溶液1.0mL到比色皿中，加对应有机溶剂0.5mL，稀释混合，测A值，此A值为A_0（A_0须在0.8～1.0之间）。

A_x值：取（500−x）μL有机溶剂到比色皿中，加样品液xμL（x是根据预试结果确定样品液的用量），再加DPPH溶液1.0mL，混合使反应液总体积为1.5mL。测A值，此A值为A_x值。

A_{x0}值：按照A_x值测定方法，不加入DPPH试剂，用有机溶剂补充到总体积与A_x一致，测定A值，此A值为A_{x0}值。

上述测定A值时均采用蒸馏水或有机溶剂（乙醇溶液）调整分光光度计的0点。

例如某样品的用量梯度为100μL、200μL、300μL、400μL、500μL，则加样如表3-3所示。

表3-3 DPPH自由基测定加样表

样品液	95%乙醇（或无水乙醇）/μL	DPPH试剂/mL	总体积/mL
0	500	1.0	1.5
100	400	1.0	1.5
200	300	1.0	1.5
300	200	1.0	1.5
400	100	1.0	1.5
500	0	1.0	1.5

④ 最终测量

每测一个用量需要测三个平行数据。

⑤ DPPH·清除率（抑制率）的计算

按照上述公式计算受试物对DPPH自由基的清除率。

⑥ 使用注意事项

测量前，要先用空白溶剂调零。

将溶液注入比色皿后应当充分摇匀，使颜色均匀分布。

每次使用前后要注意比色皿的清洁。

如果在实验过程中出现A值大于A_0的情况，则可能是由于样品本身产生的本底吸收所致，此时，应该减去本底吸收的A值（$A_本$）。这个$A_本$值可以通过加样品但不加DPPH的方法测得。此时的计算公式为：

$$清除率 = \frac{A_0 - (A - A_本)}{A_0} \times 100\%$$

三、ABTS自由基清除方法

（1）ABTS试剂（李熙灿，2019）

ABTS（图3-32）化学名称为2,2'-联氮-二（3-乙基-苯并噻唑-6-磺酸）二铵盐 [2,2'-azinobis-(3-ethylbenzthiazoline-6-sulphonate)，ABTS]，分子式为$C_{18}H_{24}N_6O_6S_4$，分子量为548.68。

ABTS与过二硫酸钾反应，可以生成绿色的ABTS自由基。该自由基在734nm有最大吸收，所以，通过检测734nm的吸光度，可以测定其浓度。一种物质加入到ABTS自由基溶液后，如果734nm的吸光度降低，则说明该物质具有自由基清除活性，属于自由基抗氧化剂。该法称为ABTS自由基清除法，可以用作植物（或中草药抽提物）、纯化合物的抗氧化能力的评价。

（2）溶液配制

ABTS（分子量为548.68）二铵盐储备液（7.4mmol/L）：取ABTS二铵盐3mg，加蒸馏水0.735mL。

二硫酸钾（$K_2S_2O_8$）（分子量为270.32）储备液（2.6mmol/L）：取$K_2S_2O_8$ 1mg，加蒸馏水1.43mL。

取0.2mL的ABTS二铵盐储备液和0.2mL $K_2S_2O_8$储备液混合，黑暗环境下室温放置12h，用pH 7.4磷酸盐缓冲液将混合液稀释10～20倍直至吸光度为0.70±0.02，此溶液即为ABTS自由基工作液（注：也可以用95%乙醇或无水乙醇，但必须是原装分析纯试剂，回收或重蒸者均不可用）。

（3）样品液的配制

样品用合适的溶剂溶解，为便于计算，可配成1mg/mL浓度。溶剂根据样品的极性进行选择，首选95%乙醇或无水乙醇，如不溶可用二甲基亚砜（DMSO）溶解。

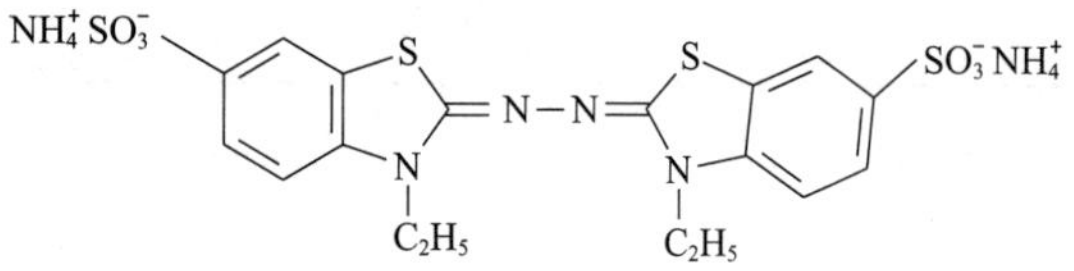

图3-32 ABTS及其自由基的化学结构式

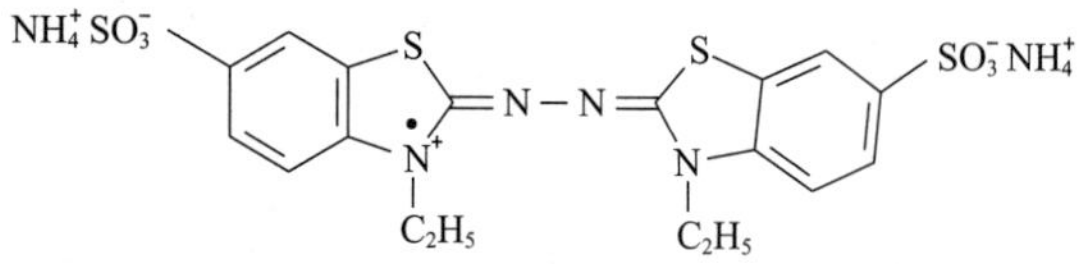

（4）预试验

取ABTS自由基工作液0.8mL，往其中加少量样品液，加样时，先少后多渐加，边加边混合，并观察溶液的褪色情况，当溶液颜色基本褪去时，记下样品的加样量。如果反应缓慢，可在37℃烘箱中放置0.5h。此加样量即为样品的最大用量，在此最大用量的基础上，往前设置5个用量，使之成等差数列。

在预试过程中，发现加样到100μL时，ABTS自由基工作液颜色基本褪去，则100μL为该样品液的最大用量。则对于该样品而言，其用量梯度宜设为20μL、40μL、60μL、80μL、100μL。

（5）试验测定

A_0值：取ABTS自由基工作液800μL加入到比色皿中，加95%乙醇（或无水乙醇）200μL，稀释混合，测A值，此A值为A_0（A_0宜在0.70±0.02）。

A值：取（200−x）μL 95%乙醇（或无水乙醇）加入到96孔板中，加样品液xμL（x是根据预试结果确定样品液的用量），再加ABTS·+自由基溶液800μL，混合使反应液总体积为1mL，测A值。

例如，某样品的用量梯度为20μL、40μL、60μL、80μL、100μL，则加样如表3-4所示。

表3-4 ABTS自由基测定加样表　　　　　　　　　　　　　　　　　　　　单位：μL

样品液	95%乙醇（或无水乙醇）	ABTS试剂	总体积
0	200	800	1000
20	180	800	1000
40	160	800	1000
60	140	800	1000
80	120	800	1000
100	100	800	1000

（6）ABTS·+清除率（抑制率）的计算

$$清除率 = \frac{A_0 - A}{A_0} \times 100\%$$

式中，A_0为不加样品时的值；A为加入样品后的值。

四、PTIO自由基清除实验指导

（1）PTIO自由基试剂（李熙灿，2019）

PTIO化学名称为3-氧代-2-苯基-4,4,5,5-四甲基咪唑啉-1-氧（2-phenyl-4,4,5,5-tetramethy limidazoline-3-oxide-1-oxyl），分子式$C_{13}H_{17}N_2O_2$，分子量233.29。

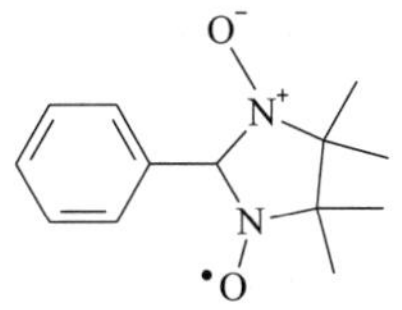

PTIO自由基化学结构式

（2）PTIO测试液的配制

取PTIO固体3mg溶于20mL蒸馏水（用水或缓冲液溶解PTIO时，检测波长为557nm。也可以用甲醇、二甲基亚砜（DMSO）溶解，此时检测波长均为585nm）中，超声5min，充分振摇，务必使上下各部分均匀，得"PTIO测试液"。

用空白溶剂调零后，取800μL "PTIO测试液"和200μL缓冲液或甲醇（与PTIO溶液中的溶剂保持一致）于比色皿中，在557nm处测A值，即得A_0值。A_0在0.2～0.6之间。

（3）样品液的配制

样品用缓冲液或甲醇、乙醇溶解，配成1mg/mL浓度的溶液，可适当超声使之完全溶解。如果溶解性差，浓度小于1mg/mL也可以。

（4）预试验

取"PTIO测试液"800μL，往其中加少量样品液，加样时，先少后多渐加，边加边混合，并观察溶液的褪色情况，不能立即褪色时则37℃水浴2h后再观察，当溶液颜色基本褪去时，记下样品的加样量。

此加样量即为样品的最大用量，在此最大用量的基础上，往前设置5个用量，使之成等差数列。如，在预试过程中，发现加样到200μL时，PTIO溶液颜色基本褪去，则200μL为该样品液的最大用量。则对于该样品而言，其用量梯度宜设为0μL、40μL、80μL、120μL、160μL、200μL。

（5）A值测量

用移液枪取"PTIO测试液"800μL加入到比色皿中，加样品液xμL（x是根据预试结果确定样品液的用量），再加（$200-x$）μL甲醇混合，37℃水浴（或烘箱）30min或更久后，测557nm吸光度值。

例如，某样品的用量梯度为0μL（测出的A即A_0值）、40μL、80μL、120μL、160μL、200μL，其加样如表3-5所示。

表3-5 PTIO自由基测定加样表

单位：μL

样品液	甲醇（或水）	PTIO测试液	总体积
0	200	800	1000
40	160	800	1000
80	120	800	1000

样品液	甲醇（或水）	PTIO测试液	总体积
120	80	800	1000
160	40	800	1000
200	0	800	1000

（6）PTIO·清除率（抑制率）的计算

$$清除率=\frac{A_0-A}{A_0}\times100\%$$

式中，A_0为不加样品时的值；A为加入样品后的值。

五、羟基自由基清除率测定方法

羟基自由基是生物体内破坏性最强的自由基，寿命短、扩散的范围小，主要作用区域是其产生位置周边区域，但因为其活性强、化学性质非常活跃，对所接触到的其他分子产生无选择性的攻击作用，氧化性损伤作用力非常强。

对羟基自由基的研究一是希望定量测定羟基自由基的含量或丰度，但因为其寿命短，在生物组织内测定其含量是一个非常难的事情；二是建立体外测定羟基自由基的含量，以及受试物清除羟基自由基的能力（清除率）的模型，这是评价受试物清除羟基自由基能力的有效方法。当然，体外检测结果不能完全代替体内的生物组织结果，因为受试物是否可以被生物组织吸收并在组织或细胞内清除羟基自由基还有漫长的生物生理过程。

（一）体外测定受试物清除羟基自由基能力的化学原理

体外测试受试物清除羟基自由基能力或清除率，首先需要依据化学反应产生大量的羟基自由基，并进行定量测定；同时，在有受试物存在的相同反应体系中，受试物清除能够清除部分羟基自由基，并对反应过程中羟基自由基数量的变化，尤其是反应完成后剩余的羟基自由基的数量进行定量测定。依据是否添加受试物反应前后羟基自由基的数量变化比例计算受试物清除羟基自由基的清除率，如计算得到IC_{50}，即清除50%羟基自由时受试物的浓度值。依据IC_{50}值大小对不同受试物羟基自由基清除能力进行比较，IC_{50}值越小，表示受试物清除羟基自由基的能力越强。

（1）Fenton反应与羟基自由基的产生

Fenton反应是以化学家Fenton H. J.（1893年）命名的反应。是·OH的体外生产反应：

$$Fe^{2+}+H_2O_2 \longrightarrow Fe^{3+}+\cdot OH+OH^-$$

从上式可以看出，1mol的H_2O_2与1mol的Fe^{2+}反应后生成1mol的Fe^{3+}，同时生成1mol的羟基（OH^-）和1mol的羟基自由基（·OH）。据计算在pH 4的溶液中，·OH自由基的氧化电势高达2.73V。反应液中，$FeSO_4$溶液提供Fe^{2+}，H_2O_2则直接由H_2O_2溶液提供。

（2）·OH的捕获与定量

生物样品（组织、体液）中·OH的测定多采用高效液相色谱法（HPLC）。高效液相色谱法测定自由基，在分离检测前需先用捕获剂捕获自由基，因此捕获剂不但要能捕获所需测定的自由基，反应产物具有一定稳定性，还要有利于HPLC分离和检测。如果捕获剂捕获自由基后的生成物具有荧光性质，也可用荧光检测器进行检测，其灵敏度比用紫外可见光检测要高。多种物质均可作为·OH的捕获剂，包括水杨酸、二甲亚砜、酚类物质等。

在体外生成·OH后，同样需要选择捕获试剂捕获·OH，并依据捕获试剂在捕获·OH后的光化学性质、生成的化合物等来进行定量测定·OH的含量，或计算清除·OH的能力。例如，水杨酸方法实际上就是利用Fenton反应产生·OH后，用水杨酸等试剂来捕获·OH，并依据捕获试剂在捕获·OH后发生的反应建立定量测定·OH的方法。

由于·OH是强氧化剂，可以对很多试剂发生化学反应。而为了对·OH进行定量的测定，则需要选择适宜的捕获试剂；依据捕获试剂的不同，建立了不同的测定·OH的定量方法。

（二）水杨酸方法

水杨酸是最常用的·OH捕获剂，其羟基化产物是2,3-二羟基苯甲酸以及2,5-二羟基苯甲酸（图3-33）。水杨酸，又称邻羟基苯甲酸，是一种脂溶性的有机酸。化学式为$C_7H_6O_3$，分子量138.12。微溶于水，易溶于乙醇、乙醚、氯仿。

水杨酸的羟基化产物是2,3-二羟基苯甲酸以及2,5-二羟基苯甲酸的混合物，可以采用高效液相色谱仪直接测定2,3-二羟基苯甲酸和2,5-二羟基苯甲酸的含量，并计算出羟基自由基的量。

也可以采用比色方法测定。Fenton反应生成的羟基自由基与水杨酸反应，生成于510nm处有特殊吸收的2,3-二羟基苯甲酸或2,5-二羟基苯甲酸。如果向反应体系中加入具有清除羟基自由基功能的受试物，就会减少生成的羟基自由基，从而使有色化合物的生成量相应减少。采用固定反应时间法，在510nm处测量含受试物反应液的吸光度，并与空白液比较，以测定被测物对羟基自由基的清除作用。

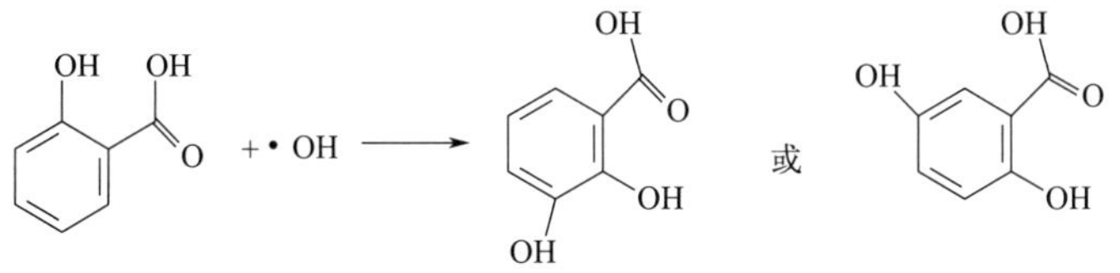

水杨酸化学结构式　　　2,3-二羟基水杨酸　　　2,5-二羟基水杨酸

图3-33 水杨酸捕获羟基自由基的反应

其清除率计算公式为：

$$羟基自由基清除率 = \left(1 - \frac{A_x - A_{x0}}{A_0}\right) \times 100\%$$

式中，A_0为空白对照（不加受试物）的吸光值；A_x为加样品的吸光值；A_{x0}为不加H_2O_2的反应液吸光值。

具体的操作为，称取0.1668g $FeSO_4 \cdot 7H_2O$，用蒸馏水定容至100mL，即得到6mmol/L $FeSO_4$溶液。称取0.0829g水杨酸，用无水乙醇定容至100mL，即得到6mmol/L水杨酸乙醇溶液。取65.4μL、30% H_2O_2溶液，用蒸馏水定容至100mL，即得到6mmol/L的H_2O_2溶液。

注意：依据受试物清除自由基的能力大小，硫酸亚铁和水杨酸的浓度是可以调整的，例如可以配制为9mmol/L的反应液。

提前配制好待测样品（受试物稀释为不同浓度或冻干粉配制成不同浓度）。测定时按表3-6依次加样，加入H_2O_2启动反应，立即放入37℃水浴15min后取出（依据预实验确定反应时间），反应结束后在波长为510nm下测定其吸光值，用蒸馏水调零。每个样品做3个平行（$n=3$）、每个样品测量3次（9个数据），结果取平均值。按公式计算羟基自由基的清除率，以浓度为横坐标，清除率为纵坐标，绘制曲线，做回归方程，计算IC_{50}值。

表3-6　羟基自由基测定加样表

吸光度	加样量
A_0	0.5mL $FeSO_4$溶液+0.5mL水杨酸乙醇溶液+4.5mL蒸馏水+0.5mL H_2O_2溶液
A_x	0.5mL $FeSO_4$溶液+0.5mL水杨酸乙醇溶液+3.0mL蒸馏水+1.5mL受试物溶液+0.5mL H_2O_2溶液
A_{x0}	0.5mL $FeSO_4$溶液+0.5mL水杨酸乙醇溶液+3.0mL蒸馏水+2.0mL受试物溶液

注：依据预实验结果，可以调整H_2O_2溶液添加量，三个试验组保持反应液体积一致即可。

（三）Fenton体系+二甲亚砜（DMSO）为基础反应的羟基自由基检测方法

二甲亚砜DMSO是一种常见的溶剂，可以作为·OH的捕获剂，分子式为$(CH_3)_2SO$，其捕获羟基自由基的反应如图3-34所示。

DMSO具有高极性、高沸点、热稳定性好、非质子、与水混溶的特性，能溶于乙醇、丙醇、苯和氯仿等大多数有机物，被誉为"万能溶剂"。对细胞无毒性，能迅速透入细胞，降低冰点，提高细胞膜对水的通透性，延缓冻结过程，能使细胞内水分在冻结之前透出细胞外，在胞外形成冰晶，提高细胞内的电解质浓度，减少胞内冰晶，从而减少冰晶对细胞冻伤。

定量测定羟基自由基的基本原理是，首先利用Fenton体系产生·OH，·OH与二甲亚砜反应产生甲基自由基。依据甲基自由基与不同试剂的反应建立了不同的检测方法。

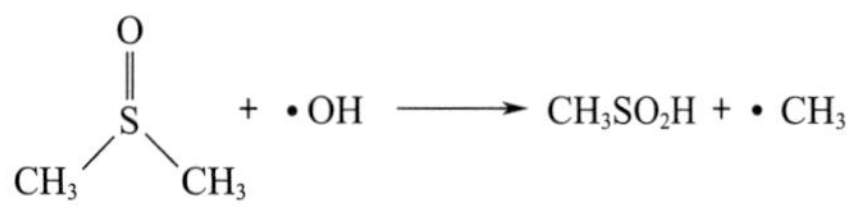

图3-34　二甲亚砜捕获羟基自由基的反应

（1）DMSO捕获·OH后的高效液相色谱方法

首先使DMSO与·OH反应生成甲基亚磺酸（CH_3SOOH）和甲基自由基，然后用重氮盐与甲基亚磺酸反应，生成重氮化合物并利用HPLC进行定量。该方法定量的依据是甲基亚磺酸与重氮盐化合生产的甲基亚磺酸-重氮化合物，即依据甲基亚磺酸的量反推消耗的羟基自由基的量，属于间接定量方法。依据使用的重氮盐不同，也有不同的方法。

用坚牢黄GC盐（重氮盐）与甲基亚磺酸反应，将生成的邻-氯苯重氮甲基砜用乙酸乙酯萃取，然后用HPLC定量地测定了Fenton反应体系中产生的·OH。以Capcell-Pak NH_2为流动柱，乙醇与正己烷混合液（3：100，体积比）为流动相分离，流速为1mL/min；检测器为Shimadzu SPD-10AV紫外-可见分光光度计，C-R6A积分仪；检测波长为285nm；进样：20μL/次。

（2）荧光法

某些物质的分子能吸收能量而发射出荧光，根据荧光的光谱和荧光强度，对物质进行定性或定量的方法，称为荧光分析法。该法具有灵敏度高、选择性强、需样量少和方法简便等优点。荧光方法还可以用于羟基自由基在细胞中的定位。

Fenton反应生成的·OH先与DMSO反应，定量生成甲基自由基，然后甲基自由基被自旋标记荧光探针I捕捉，形成强荧光产物，荧光强度的增量（ΔF）与反应生成的甲基自由基的量成正比，也与参加反应的·OH的量成正比。基于上述原理建立的测定·OH的实验方法，具有操作简单、专一性好、灵敏度较高和易于推广等特点，可用于化学与生物体系中·OH的表征。如谷学新等（2002）采用Fenton体系产生·OH与DMSO反应产生甲醛，然后与乙酰丙酮、氨发生Hantzsch反应生成的3,5-二乙酰-1,4-二氢吡啶，其最大激发波长和发射波长分别为419.4nm、505.5nm，通过测定荧光强度的变化可以间接定量羟基自由基的产生量。

（3）比色法

比色法作为一种定量分析的方法，是以生成有色化合物的显色反应为基础，通过比较或测量有色物质溶液颜色深度来确定待测组分含量的方法。采用Fenton体系产生·OH与DMSO反应产生甲基自由基，再与2,4-二硝基苯肼（DNPH）反应生成稳定的酒红色腙类物质（HCHO-DNPH），其最大吸收波长为390nm，光度法测定其含量可间接测定·OH的生成量。

徐向荣等（1999）利用Fenton反应产生的·OH与DMSO反应，生成甲基亚磺酸，再与坚牢蓝BB盐反应生成偶氮砜，比色法测定其含量可间接测定·OH的生成量。

例：二甲亚砜+偶氮试剂测定羟基自由基的操作方法。

① 羟基自由基的产生

在10mL刻度具塞试管中，加入2mL 200mmol/L二甲亚砜、1mL 0.1mol/L HCl、2.5mL 18mmol/L FeSO₄，再加入3mL 80mmol/L H₂O启动反应，加去离子水补充至刻度，混匀。

② 羟基自由基的测定

取1mL上述混合液，加入2mL 15mmol/L坚牢蓝BB盐。在室温黑暗中反应10min。再加1mL吡啶使颜色稳定，然后加3mL甲苯：正丁醇=3：1混合液，充分混合，静置分层。下层相中含有未反应的偶氮盐，用吸管移走弃掉。甲苯/正丁醇相用5mL经正丁醇饱和的水冲洗，移去未反应的偶氮盐，将上清液移到比色皿中，于420nm测定吸光度A_0。

③ 羟基自由基清除率的测定

在前面二甲亚砜反应体系中加入一定量的受试物，按照前述的方法测定吸光度A_S，按下式计算：

$$清除率 = （A_0 - A_S）/A_0 \times 100\%$$

六、超氧阴离子自由基清除效率的测定方法

O_2^-·是生命过程和化学反应中氧分子作为电子受体，形成不同的活性氧自由基反应链中的第一个自由基，它可以经过一系列反应生成其他氧自由基，如O_2^-·可接受一个质子形成氢过氧自由基（HO_2·），HO_2·相对于O_2^-·而言，是更强的还原剂和氧化剂。与其他活性氧相比，O_2^-·不是很活泼，但由于它的寿命较长，可以从其生成位置扩散到较远的距离反应，从这种意义上说，O_2^-·具有更大的

危险性。

一般采用邻苯三酚方法测定受试物对$O_2^-\cdot$清除能力。邻苯三酚（pyrogallol）化学名称为1,2,3-苯三酚，又称为焦性没食子酸（pyrogallic acid）。在弱碱性条件下，邻苯三酚能发生自氧化反应，生成超氧阴离子和有色中间产物，该中间产物在320nm处有一特征吸收峰。在初试阶段，中间产物的量与时间成线性关系。当加入超氧阴离子清除剂时，它能迅速与超氧阴离子反应，从而阻止中间产物的积累，使溶液在320nm处光吸收减弱。故可以通过测定$A320$值来评价清除剂对超氧阴离子的清除作用。在pH值＜9.0时，邻苯三酚自氧化速率与生成的$O_2^-\cdot$的浓度呈正相关，故可通过紫外可见分光光度计来定量测定抗氧化剂在此体系中对$O_2^-\cdot$的清除作用，间接评价抗氧化剂的抗氧化能力。邻苯三酚的化学结构式和自氧化反应式如图3-35所示。

辛建美（2011）采用改进的邻苯三酚自氧化体系测定活性肽对超氧阴离子自由基（$O_2^-\cdot$）的清除作用。具体操作如表3-7所示。

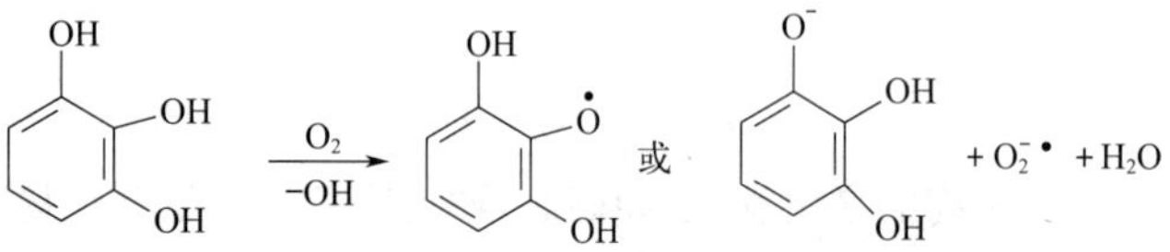

图3-35 邻苯三酚碱性条件下的自氧化反应

表3-7 超氧阴离子自由基测定加样表

加样顺序	加样量/mL		
	空白管（A_0）	对照管（A_c）	样品管（A_s）
加入50mmol/L，pH8.2 Tris-HCl（其中含有2mmol/L EDTA-Na$_2$）	4.5	4.5	4.5
加入样品液			0.3
10mmol/L HCl	0.3		
蒸馏水		0.1	
水浴	25℃，10min		
5mmol/L的邻苯三酚		0.2	0.2
测定	A_0	A_c	A_s

上述三管混匀后迅速于干燥的比色皿中，30s后，在320nm下每隔30s测定一次OD值，作吸光度随时间变化曲线的回归方程，其斜率为邻苯三酚的自氧化速率v（ΔOD/min）。以维生素C代替样液作为阳性对照，其他操作同上。按下式计算样品对$O_2^-\cdot$的清除率。

$$E\left(O_2^-\cdot\right)=\frac{A_c-A_s}{A_c-A_0}\times100\%$$

此法灵敏度较高，适用于活性物质浓度较低的样品测定。

Nutritional Physiology and Feed of Freshwater Fish
淡水鱼类营养生理与饲料

七、天然植物水提物的抗氧化效率的评价

我们采用前述体外清除自由基的测定方法，以维生素C作为对照，分别测定了单一天然植物和复合天然植物DPPH自由基、·OH和O_2^-·的清除率，显示天然植物对自由基具有一定的清除能力，可以作为饲料途径的一类抗氧化剂和自由基清除剂。

（1）单一天然植物DPPH清除率的测定

以维生素C作为阳性对照，我们选择8种单一天然植物水提物为材料，采用DPPH法进行抗氧化力的评价。8种天然植物为诃子（*Terminalia chebula* Retz，TCR）、虎杖（*Polygoni cuspidati rhizoma et radix*，PCRR）、荷叶（*Folium nelumbinis*，FN）、车前草（*Plantaginis herba*，PH）、侧柏叶（*Platycladi cacumen*，PC）、甘草（*Glycyrrhizae radix et rhizoma*，GRER）、大黄（*Rhei radix et rhizoma*，RRER）和肉桂（*Cinnamomi cortex*，CC），均为天然植物中药饮片。将8种天然植物用粉碎机粉碎，过60目筛，各称取一定量的粉末，按料液比1:10加入双蒸水，搅拌均匀，4℃浸泡24h，用0.22μm滤膜过滤两遍，将滤液放入冷冻干燥机，制成冻干粉末，−80℃冷冻保存待用。

同时，选用二种商品形式的天然植物复合物瑞安泰（RAT）和健力特（JLT）一起进行抗氧化能力的测试。瑞安泰和健力特为无锡三智生物科技有限公司混合型天然植物产品，为市场销售产品，2个产品中主要的单一天然植物种类包括了葛根、黄芪、甘草、板蓝根、诃子等。瑞安泰和健力特的加工方式是：将不同的单一天然植物饮片分别进行超微粉碎，使90%的颗粒直径小于50μm，加入一定的混合载体通过科学比例将其混合，通过振动筛搅拌混合均匀制成产品。

DPPH溶于无水乙醇中，配成终浓度为$8.62×10^{-5}$mol/L DPPH。称取0.128g待测样品（冻干粉），加入20mL 75%乙醇，超声提取5min，8000r/min离心8min，收集上清，得到初始浓度为6.4g/L的待测液母液，用无水乙醇稀释成不同浓度。加样步骤和加样量按照陈旭丹等（2007）的方法，按照下列公式计算清除率：

$$清除率 = [1-(A_i-A_j)/A_0] ×100\%$$

式中，A_j为添加样品的吸光值；A_i为样品加DPPH的吸光值；A_0为DPPH吸光值。

表3-8　单一天然植物对DPPH自由基的清除率（IC$_{50}$）

组别	IC$_{50}$/(μg/mL)
诃子	10.03±0.35[e]
虎杖	62.67±8.96[de]
肉桂	146.00±13.11[d]
大黄	88.00±3.46[de]
车前草	579.00±69.76[b]
荷叶	64.67±5.86[de]
侧柏叶	252.67±8.96[c]
甘草	1044.50±113.14[a]

清除自由基能力以半抑制率（IC$_{50}$）进行比较，IC$_{50}$定义为：自由基数目减少50%时所需要的样品浓度，即为自由基清除率下降50%时样品的浓度。IC$_{50}$值越小表明清除能力越强，抗氧化能力越高。根据表3-8结果得知，诃子、虎杖、大黄、荷叶的DPPH自由基清除率无显著差异（$P > 0.05$），8种天然植物水提物的DPPH自由基清除率由大到小为诃子、虎杖、荷叶、大黄、肉桂、侧柏叶、车前草、甘草。清除DPPH自由基能力最强的是诃子。

（2）天然植物水提物对·OH自由基和DPPH自由基的清除能力

以维生素C为对照，测定天然植物水提物的·OH清除自由基的能力，结果都以IC₅₀值来表示。由表3-9所示，·OH清除能力大小排序为：维生素C＞瑞安泰≥健力特＞诃子。

同时测定瑞安泰、健力特和诃子的DPPH自由基清除能力，得到清除能力大小排序为：维生素C＞诃子＞瑞安泰＞健力特。

表3-9　天然植物水提物对自由基、DPPH自由基清除率的影响（n=3）

组别	除·OH活性/(mg/mL)	除DPPH自由基活性/(mg/mL)
瑞安泰	1.468±0.08[a]	0.261±0.05[b]
健力特	1.483±0.02[a]	1.311±0.32[a]
诃子	11.682±0.61[b]	0.006±0.49[c]
维生素C	$3.940×10^{-4}$±0.46[c]	$8.577×10^{-7}$±0.77[d]

（3）超氧阴离子自由基（O₂⁻·）清除活力

采用邻苯三酚自氧化法检测了瑞安泰、健力特和诃子对$O_2^-\cdot$的清除率。由图3-36所示，天然植物水提物的最高清除率达不到50%，$O_2^-\cdot$清除能力大小排序为：维生素C＞瑞安泰＞健力特≥诃子。

上述试验结果表明，8种天然植物经预实验初步筛选出清除DPPH自由基能力最强的诃子。瑞安泰、健力特和诃子都能较好地清除活性自由基，这可能是由于天然植物中存在多种植物多糖和植物多酚而起作用。·OH清除能力由高到低排序为：维生素C＞瑞安泰≥健力特＞诃子，DPPH自由基清除能力由高到低排序为：维生素C＞诃子＞瑞安泰＞健力特，$O_2^-\cdot$清除能力由高到低排序为：维生素C＞瑞安泰＞健力特≥诃子。除维生素C外，RAT组的$O_2^-\cdot$和·OH的清除能力是最强的。

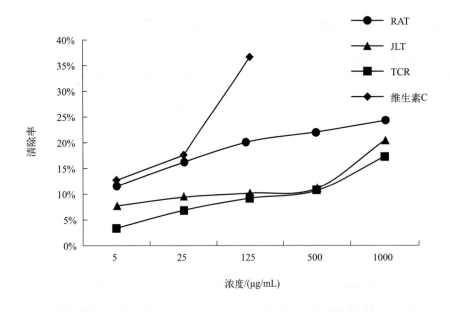

图3-36　不同天然植物对$O_2^-\cdot$清除率的影响（n=3）

第八节
植物多酚类抗氧化物质

植物多酚（plant polyphenol）的化学特征是具有苯环并结合多个羟基，其是植物体内重要的次生代谢产物。植物多酚参与植物生长、繁殖过程，是植物颜色、味道的主要构成物质，也是植物防御病原、天敌、应激的物质。现代医学、药学、畜牧学和水产学的研究发现，植物多酚类物质具有抗氧化损伤、修复氧化损伤的作用，并在抗菌、抗炎症、参与动物体内物质代谢等方面显示出重要的生理作用，也成为一些药物研究的主要来源，在畜牧、水产上也作为新型的饲料添加物质的来源。充分认知植物多酚的化学组成、化学结构、物理与化学性质，以及对水产动物生理代谢的影响，也是现代营养与饲料学的重要研究领域。

植物多酚种类繁多，分类方法和命名方法也很多。尤其是在命名方法上，既有中国传统中医药的命名方法，多数是依据植物种类和来源进行分类，也有依据化学组成和结构进行分类。总体上为传统中医药的一些命名规则和方法，但主要还是依据其化学结构形式进行命名，导致俗称与化学名称、系统命名等相结合，就会出现同一个化学物有多个名称的情况。

根据其化学结构，植物多酚包括了黄酮和非黄酮两大类。黄酮类化合物可分为黄酮、黄酮醇、二氢黄酮、花色素、黄烷醇以及异黄酮等。非黄酮类多酚化合物主要有酚酸（如原儿茶酸）和芪类化合物（如白藜芦醇），它可进一步分为苯甲酸衍生物，如没食子酸、原儿茶酸以及肉桂酸衍生物。

在化学结构上，植物多酚以苯酚为基本骨架，以苯环的多羟基取代为特征，以酸、酮、醇、酯、苷（糖苷）等功能基团为主要类别物质，如酚酸类、芪类、黄酮类及木酚素类等。其化学组成上，有单分子、游离状态的多酚，更有以单分子体为单位的聚合物，或以糖（葡萄糖分子上的羟基为结合点）以糖苷键结合的复合物。分子大小则是从低分子量的简单酚类到分子量大至数千道尔顿的单宁类。依据化学结构分类种类多达9000种。

植物多酚可通过疏水键和多位点的氢键与蛋白质发生结合反应，这是其最重要的化学性质，植物多酚与其他生物大分子，如生物碱、多糖等的分子复合反应也与此相似。植物多酚中多个邻位酚羟基可与金属离子发生络合反应，该反应是其多种应用的化学基础。抗氧化性也是植物多酚的一个重要性质。由于植物多酚的酚羟基中的邻位酚羟基极易被氧化，且对活性氧等自由基有较强的捕捉能力，因此植物多酚具有很强的抗氧化性和清除自由基的能力。另外，植物多酚在200～300nm之间（紫外区）还有着较强的吸收紫外线的能力。随着植物多酚结构和化学性质研究工作的不断深入，人们对植物多酚的认识了解逐步加深，同时也为植物多酚在多领域中的应用奠定了理论基础。

一、酚酸类

酚酸类（phenolic acids）物质是含有苯酚的酸类物质，是一类分子中具有羧基和羟基的芳香族化合物。依据苯酚上羧基的不同可以分为含苯甲酸类（甲酸）和肉桂酸类（丙酸），前者如没食子酸、原儿茶酸，后者如咖啡酸、阿魏酸等。依据苯酚上羟基的不同有单羟基、二羟基和三羟基苯甲酸。单羟基苯甲酸如水杨酸为邻羟基苯甲酸存在于柳树皮、白桦树叶及甜桦树中，是重要的精细化工原料，可用于阿司匹林等药物的制备；二羟基苯甲酸有龙胆酸、原儿茶酸、香草酸等；三羟基苯甲酸如没食子酸等。除了上述单体羟基酚酸类外，缩酚酸是由酚酸上的羧基与另一分子酚酸上的羟基相互作用缩合（酯键）而成；

酚酸上的羟基也可以形成甲酯化的化合物，如阿魏酸、芥子酸就是甲酯化的酚酸类物质。这是酚酸类化合物的主要结构基础和分类依据。

酚酸类物质中常见的有没食子酸、咖啡酸、阿魏酸、肉桂酸等，其化学结构式如下。

没食子酸(gallic acid)　　　咖啡酸(gaffeic acid)　　　奎尼酸(quinic aid)

新绿原酸(neochlorogenic acid)　　　肉桂酸(cinnamic acid)

阿魏酸(ferulic acid)　　　原儿茶酸(protocatchuic acid)　　　芥子酸(sinapic acid)

（1）没食子酸（gallic acid）

没食子酸亦称"五倍子酸""棓酸"，系统名称为3,4,5-三羟基苯甲酸，分子式$C_7H_6O_5$。当没食子酸去掉羧基后转变为连苯三酚，即焦性没食子酸（pyrogallic acid）。

没食子酸溶于热水，难溶于冷水，其溶解性为：1g没食子酸溶于87mL水、3mL沸水、6mL乙醇、100mL乙醚、10mL甘油及5mL丙酮。几乎不溶于苯、氯仿及石油醚。

没食子酸广泛存在于掌叶大黄、大叶桉、山茱萸等植物中。在动物上的生理作用表现为，具有抗炎、抗突变、抗氧化、抗自由基等多种生物学活性。对肝脏具有保护作用，可以抵抗四氯化碳诱导的肝脏生理和生化的转变。

（2）肉桂酸（cinnamic acid）

肉桂酸，又名β-苯丙烯酸、3-苯基-2-丙烯酸，分子式为$C_9H_8O_2$。是从肉桂皮或安息香分离出的有机酸，在植物体内的代谢中由苯丙氨酸脱氨降解产生的苯丙烯酸。

肉桂酸本身就是一种香料，具有很好的保香作用，通常作为配香原料，可使主香料的香气更加清香挥发。肉桂酸的各种酯（如甲、乙、丙、丁等）都可用作定香剂，用于饮料、糖果、酒类等食品。

（3）咖啡酸（caffeic acid）

咖啡酸的分子式$C_9H_8O_4$，分子量180.15，化学名称为3,4-二羟基肉桂酸。微溶于冷水，易溶于热水及冷乙醇。

咖啡酸有较广泛的抑菌和抗病毒活性。体外试验表明，有抗病毒活性，对牛痘和腺病毒抑制作用较强，其次为脊髓灰质炎Ⅰ型和副流感Ⅲ型病毒。口服或腹腔注射时，咖啡酸可提高大鼠的中枢兴奋性；口服可增加胃中盐酸的分泌量，并能使脉搏变慢；可增进大鼠胆汁分泌。有增加白细胞数量、止血及灭活维生素B_1等作用。能抑制鼠脑组织匀浆脂质过氧化物的生成，有缩短血凝及出血时间的作用。

（4）奎尼酸（quinic acid）

为1-羟基六氢没食子酸（hexahydro-1,3,4,5-tetrahydroxybenzoic acid）。存在于烟叶、烟气中。

（5）绿原酸（chlorogenic acid，CA）

绿原酸是由咖啡酸与奎尼酸生成的缩酚酸，是植物体在有氧呼吸过程中经莽草酸途径产生的一种苯丙素类化合物，是金银花的主要抗菌、抗病毒有效药理成分之一。

绿原酸具有较广泛的抗菌作用，与咖啡酸相似，口服或腹腔注射时，可提高大鼠的中枢兴奋性。可增加大鼠及小鼠的小肠蠕动的张力。有利胆作用，能增进大鼠的胆汁分泌。

绿原酸是一种有效的酚类抗氧化剂，其抗氧化能力要强于咖啡酸、对羟苯酸、阿魏酸、丁香酸、丁基羟基茴香醚（BHA）和生育酚。绿原酸之所以有抗氧化作用，是因为它含有一定量的R—OH基，能形成具有抗氧化作用的氢自由基，以消除羟基自由基和超氧阴离子等自由基的活性，从而保护组织免受氧化作用的损害。绿原酸及其衍生物具有比抗坏血酸、咖啡酸和生育酚（维生素E）更强的自由基清除效果，可有效清除DPPH自由基、羟基自由基和超氧阴离子自由基，还可抑制低密度脂蛋白的氧化。

杜仲绿原酸含有一种可促进人体的皮肤、骨骼、肌肉中胶原蛋白的合成与分解的特殊成分，具有促进代谢、防止衰退的功能，可用来预防宇航员因太空失重而引起的骨骼和肌肉衰退，同时发现杜仲绿原酸无论在体内还是体外，均有明显抗自由基作用。

根据咖啡酰在奎尼酸上的结合部位和数目不同，有单咖啡酰奎尼酸和二咖啡酰奎尼酸所组成的绿原酸异构体。从植物中发现的绿原酸异构体有：绿原酸（3-咖啡酰奎尼酸）、隐绿原酸（4-咖啡酰奎尼酸）、新绿原酸（5-咖啡酰奎尼酸）、异绿原酸A（3,5-二咖啡酰奎尼酸）、异绿原酸B（3,4-二咖啡酰奎尼酸）、异绿原酸C（4,5-二咖啡酰奎尼酸）、莱蓟素（1,3-二咖啡酰奎尼酸）。例如，从金银花中分离得到8个酚酸成分，分别是新绿原酸、隐绿原酸、3,5-二咖啡酰奎尼酸、3,4-二咖啡酰奎尼酸、4,5-二咖啡酰奎尼酸、绿原酸、咖啡酸等。

（6）原儿茶酸（protocatechuic acid，PCA）

原儿茶酸化学名称为3,4-二羟基苯甲酸，分子式为$C_7H_6O_4$，分子量154.12，是一种水溶性酚酸成分，并且是很多中药的活性物质，存在于鳞始蕨科植物乌蕨的叶、冬青科植物冬青的叶中。有抗菌作用，体外试验时对绿脓杆菌、大肠埃希菌、伤寒杆菌、痢疾杆菌、产碱杆菌及枯草芽孢杆菌和金黄色葡萄球菌均有不同程度的抑菌作用。

（7）阿魏酸（ferulic acid）

阿魏酸的化学名称为4-羟基-3-甲氧基肉桂酸，是桂皮酸（又称肉桂酸，3-苯基-2-丙烯酸）的衍生物之一。阿魏酸能清除自由基，促进清除自由基的酶的产生，增加谷胱甘肽转移酶和醌还原酶的活性，并抑制酪氨酸酶活性。阿魏酸广泛存在于植物细胞壁中，特别在米糠和麦麸中含量比较丰富。

（8）芥子酸（sinapinic acid）

芥子酸为4-羟基-3,5-二甲氧基肉桂酸：3-（4-hydroxy-3,5-dimethoxyphenyl）prop-2-enoic acid。芥子酸在植物界中广泛分布，存在于香料、水果、蔬菜、谷物和油料作物中，其中菜籽粕中芥子酸含量达12.81mg/g。

（9）莽草酸（shikimic acid）

莽草酸存在于木兰科植物八角的干燥成熟果实中。化学名称为3,4,5-三羟基-1-环己烯-1-羧酸，分子量174.15，分子式$C_7H_{10}O_5$。在20℃水中溶解度为18%，微溶于乙醇、乙醚，几乎不溶于氯仿、苯。

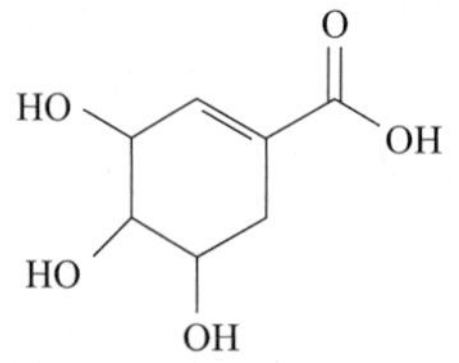

莽草酸(shikimic acid)

莽草酸通过影响花生四烯酸代谢抑制血小板聚集，抑制动、静脉血栓及脑血栓形成。莽草酸具有抗炎、镇痛作用，莽草酸还可作为抗病毒和抗癌药物中间体。

（10）单宁酸（tannic acid）

单宁酸又称为丹宁酸、没食子鞣酸。溶于水和乙醇，几乎不溶于醚、苯、氯仿和石油醚。单宁酸一般具有涩味，可使蛋白质、生物碱沉淀。单宁存在于多种树木（如橡树和漆树）的树皮和果实中，也是这些树木受昆虫侵袭而生成的主要成分，含量达50%～70%。

单宁不是单一的化合物，它的化学成分比较复杂。可分为两类，一类缩合单宁（condensed tannin），是由黄烷醇缩合形成的聚合物（polyflavonoid），不含有糖残基。分子结构中黄烷醇通过C—C键与儿茶酚或苯三酚结合，原花青素类是代表物质，也是葡萄果实中多酚类物质的主要成分之一。另一类是水解单宁（hydrolytic tannin），分子中具有酯键，是葡萄糖的没食子酸酯。水解单宁是没食子酸与葡萄糖的复合物，水解之后可以得到葡萄糖和没食子酸；而缩合单宁可以是儿茶素的聚合物，也可以是其他黄烷醇的聚合物（如原花青素）。

水解单宁和缩合单宁在结构组成上完全不同，因此它们在化学性质和应用范围上的差异显著。如水解单宁在酸、碱、酶的作用下不稳定，易于水解。而缩合单宁则相对稳定，但在强酸作用下会缩合成不溶于水的物质。水解单宁和缩合单宁在分子结构上仍具有一些共性，如二者的酚羟基数目多，并以邻位酚羟基最为典型。分子量都较大，且分布较宽。正是这种化学结构，赋予了多酚独特的化学性质。

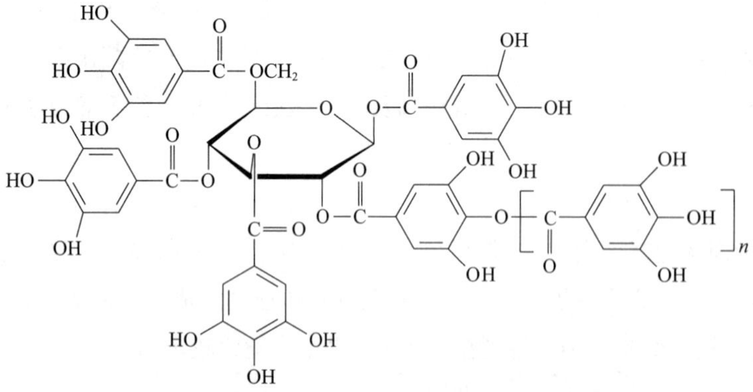

水解单宁(n个没食子酸+葡萄糖)

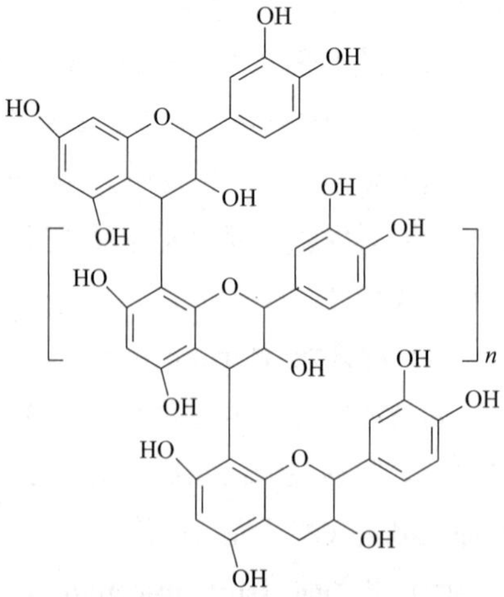

缩合单宁(儿茶素聚合物)

单宁酸的化学组分随原料来源而异，在五倍子中含量较高，由中国五倍子得到的单宁酸含葡萄糖约12%；由土耳其五倍子得到的单宁酸含葡萄糖约16.5%。单宁酸是止血剂，在医药上曾用于治疗咽喉炎、扁桃腺炎、痔疮和皮肤疱疹等，内用可治疗腹泻、肠出血等。单宁酸在食品上可用作抗氧化剂，一般与维生素E、维生素C或没食子酸等混合后使用。也可用作啤酒和葡萄酒的澄清剂、橡胶的凝结剂等。单宁酸为收敛剂，能沉淀蛋白质，与生物碱、苷及重金属等均能形成不溶性复合物，并具有抗氧化、捕捉自由基、抑菌、衍生化反应的特性。也可用作皮革鞣制剂。

二、黄酮类

黄酮类（flavonoids）为以黄酮（2-苯基色原酮）为母核而衍生的一类有色物质，化学结构的核心结构（又称为母体结构）是由两个具有酚羟基的苯环（A环与B环）通过中央三碳原子（C环，C2、C3、C4）相互连结而成的一系列化合物，其基本母核称为2-苯基色原酮，以C6（A环）-C3-C6（B环）为基本碳架，见图3-37。

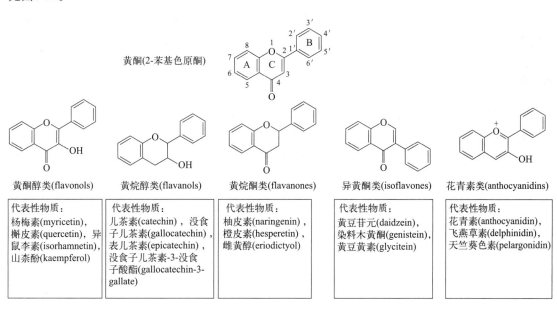

图3-37 黄酮类核心结构通式和主要类型

根据三碳链的氧化程度（脱氢与不脱氢）、B-环连接位置（2-位或3-位）以及三碳链是否构成环状（C环）等特点，天然黄酮类化合物分为6个亚类：黄酮类（flavones）如芹菜素（apigenin）和木犀草素（luteolin）等；黄酮醇类（flavonols）如槲皮素（quercetin）和杨梅酮（myricetin）等；黄烷酮类（flavanones）如橙皮素（hesperetin）和柚皮素（naringenin）等；黄烷醇（flavanols）或儿茶素（catechin）类如表儿茶素（epicatechin，EC）和没食子儿茶素（gallocatechin）等；花青素类（anthocyanidins）如花青素（anthocyanin）等；异黄酮类（isoflavones）如染料木黄酮（genistein）和黄豆黄素等。

黄酮类化合物结构中，苯环（A环和B环）上常连接有酚羟基、甲氧基、甲基、异戊烯基等官能团，它还常与糖结合成苷。

黄酮类化合物多以苷类形式存在，由于所连接的糖的类型和位置不同形成多种黄酮苷。组成黄酮苷的糖类多为单糖如葡萄糖、鼠李糖等，少数为二糖，如芸香糖等。黄酮醇水溶性较差，而其苷类则较易溶于水。糖苷键不稳定，易水解而脱糖。

黄酮类化合物在植物界分布很广，在植物体内大部分与糖结合成苷类或以碳糖基的形式存在，也有以游离形式存在的。黄酮类化合物的主要生理作用有：①黄酮类化合物有提高动物机体抗氧化及清除自由基的能力。黄酮类化合物因酚羟基上的氢原子可与过氧自由基结合生成黄酮自由基，进而与其他自由基反应，从而终止自由基链式反应。黄酮类化合物对超氧阴离子自由基（$O_2^- \cdot$）、羟基自由基（$\cdot OH$）和单线态氧（$^1O_2$）均有良好的清除作用，且量效关系明显，这种作用可能与3、7位羟基有关。②人体医学研究结果显示，黄酮类化合物在防治心血管疾病，如防止动脉硬化、降低血脂和胆固醇、降低血糖、舒张血管和改善血管通透性及减少冠心病发病率等方面均具有良好的效果。③黄酮类化合物具有抑菌作用。几乎所有黄酮类化合物对很多微生物（包括革兰氏阳性菌、革兰氏阴性菌和真菌）都具有程度不等的抑菌活性。④黄酮类化合物对细胞凋亡的影响。黄酮类化合物能够诱发癌细胞的凋亡，发挥抗癌抗肿瘤作用，而对正常组织细胞的凋亡起延缓作用。⑤黄酮类化合物具有雌激素的双重调节作用，能促进动物的生长，影响性激素的分泌和代谢及体内激素的水平。⑥黄酮类化合物可提高机体免疫机能，促进机体健康。

（一）芹菜素

芹菜素（apigenin）是一种广泛存在于各类蔬菜水果中的天然黄酮类化合物，又称芹黄素、洋芹素，化学名称为4',5,7-三羟基黄酮（4',5,7-trihydroxyflavone）。芹菜素分子中4'、5、7位3个羟基和C2、C3位双键可以与自由基结合，其5、7位羟基可以螯合金属离子，抑制自由基的产生，从而决定了芹菜素的抗氧化活性。

芹菜素主要存在于瑞香科、马鞭草科、卷柏科植物中，广泛分布于温热带的蔬菜和水果中，尤以芹菜中含量为高。在一些药用植物如车前子、络石藤等中也有很高的含量，植物源性饮料如茶、酒以及一些调味品中也有分布。

芹菜素(apigenin)　　木犀草素(luteolin)

（二）木犀草素

木犀草素（luteolin）化学名称为3',4',5,7-四羟黄酮。微溶于水，具弱酸性，可溶于碱性溶液中，正常条件下稳定。木犀草素多以糖苷的形式存在于多种植物中，这些植物包括金银花、菊花、荆芥、白毛夏枯草、洋蓟、紫苏属、黄芩属、裸花紫珠等天然植物。

木犀草素的抗炎活性与抑制一氧化氮（NO）和其他炎性细胞因子如肿瘤坏死因子-α（TNF-α）、白细胞介素-6（IL-6）的产生，抑制蛋白质酪氨酸的磷酸化以及核转录因子κB（NF-κB）介导的基因表达有关。木犀草素主要靠改变细胞信号通路抑制肿瘤细胞生长因子或改变激酶活性抵抗癌细胞的浸润，也可通过阻滞细胞周期等方式抑制癌细胞生长。

三、黄酮醇

黄酮醇类（flavonols）是指含有2-苯基-3-羟基（或含氧取代）苯并γ-吡喃酮（2-苯基-3-羟基色原酮）类化合物，是各类黄酮化合物中数量最多、分布最广泛的一类，已发现有1700多种。其中最简单的黄酮醇类化合物为7-羟基黄酮醇（7-hydroxyflavone），槲皮素（quercetin）则是植物界分布最广、最常见的黄酮醇类化合物。芦丁（rutin）是最常见的黄酮醇苷化合物，6-C-β-D-葡萄糖槲皮素苷（6-C-β-D-glucose quercetin glucoside）则是已发现的为数不多的黄酮醇碳苷之一。

（一）槲皮素

槲皮素（quercetin）分子式为$C_{15}H_{10}O_7$，分子量为302.23，结构式如下。槲皮素又称为槲皮素栎精（meletin）、槲皮黄素（sophretin）。溶于热乙醇（1:23）、冷乙醇（1:300），可溶于甲醇、醋酸乙酯、冰醋酸、吡啶等，不溶于石油醚、苯、乙醚、氯仿中，几乎不溶于水。

槲皮素能对抗自由基，络合或捕获自由基防止机体脂质过氧化反应；能够直接抑制肿瘤，有效发挥防癌抗癌作用；在抗菌、抗炎、抗过敏、防止糖尿病并发症方面也有较强的生物活性。

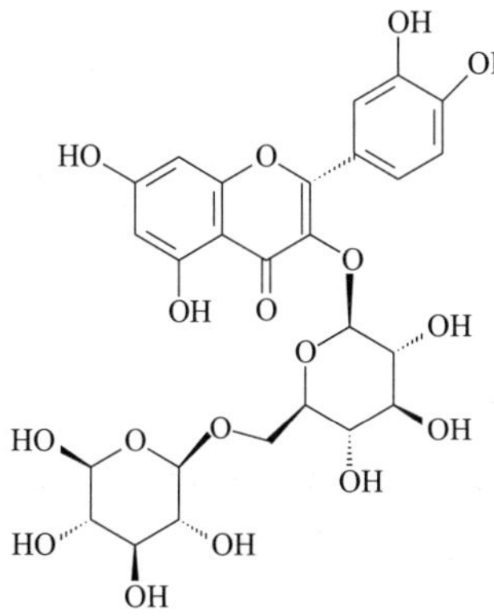

槲皮素-3-O-芸香糖苷
(quercetin-3-O-rutinose)
芦丁(rutin)

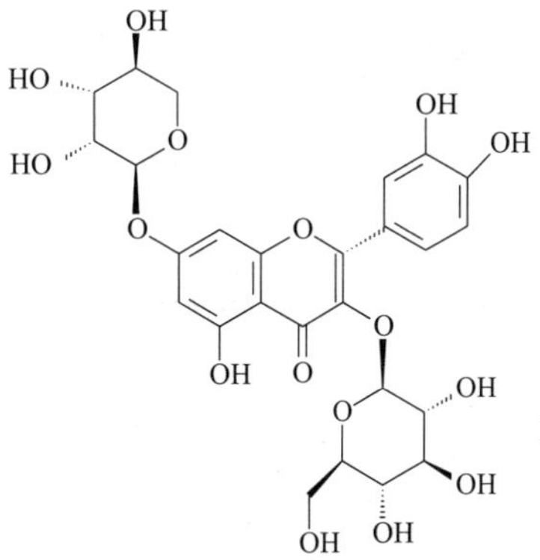

槲皮素-3-O-葡萄糖-7-O-鼠李糖苷
(quercetin-3-O-glucoside-7-O-rhamnoside)

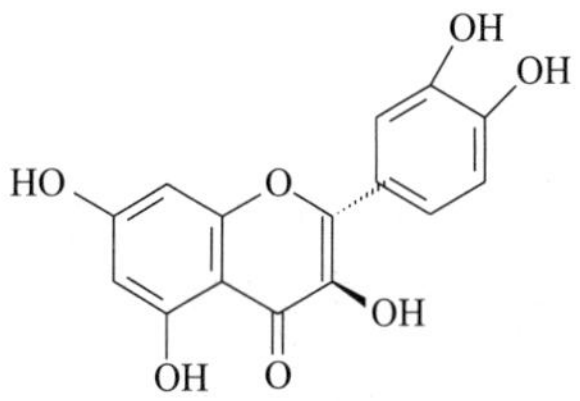

槲皮素(quercetin)

槲皮素广泛存在于许多植物的茎皮、花、叶、芽、种子、果实中，多以苷的形式存在，如芦丁、槲皮苷、金丝桃苷等，经酸水解可得到槲皮素。对人体和动物具有多重生物活性，如抗氧化、抗病毒、抗炎作用。有抗氧化、清除自由基、抑制脂质过氧化等多种功效，可以保护心血管健康，在抗癌方面也显示出较好的作用。

槲皮素是一种天然的螯合剂，能够螯合机体中的铁，降低机体内铁过载，减少铁过载导致的氧化损伤。槲皮素可通过诱导肿瘤细胞的凋亡发挥抗肿瘤作用。槲皮素可显著降低丙肝病毒的复制率，同时发现经槲皮素处理后的病毒颗粒的传染性降低了65%，表明槲皮素影响了病毒的完整性。氧自由基在应激性胃黏膜损伤中也具有重要作用，槲皮素药理研究已证实其具有胃黏膜保护作用。

槲皮素具有良好的抗氧化及清除自由基的作用。槲皮素对H_2O_2损伤的HepG2细胞具有保护作用，其机制可能与槲皮素通过激活HepG2细胞的转录因子Nrf2、上调Ⅱ相酶（SOD、CAT和NQO1）活性和蛋白质表达有关。

（二）芦丁

芦丁（rutin）化学名称为槲皮素-3-O-芸香糖苷（quercetin-3-O-rutinoside），又称为芸香苷（rutoside）、维生素P，主要存在于槐米（槐花的花蕾）、芸香、荞麦、沙棘、山楂、桉树叶和烟叶等多种植物中，其中以槐米、荞麦、桉树叶含量最高。芦丁可用作食用抗氧化剂和营养增强剂等。芦丁有维生素P样作用和抗炎作用。芦丁能很明显地清除细胞产生的活性氧自由基，是清除自由基的强氧化剂，它可终止自由基的连锁反应，抑制生物膜上多不饱和脂肪酸的过氧化作用，清除脂质过氧化产物，保护生物膜及亚细胞结构的完整性，在机体内起着重要作用。

（三）杨梅素

杨梅素（myricetin）又称杨梅酮、杨梅黄酮，分子式$C_{15}H_{10}O_8$，分子量318.24，化学名称为3,5,7-三羟基-2-（3,4,5-三羟基苯基）-4H-1-苯并呋喃-4-酮，一种黄酮醇类化合物。微溶于沸水，溶于乙醇，几乎不溶于氯仿和醋酸。

杨梅素(myricetin)

主要存在于杨梅树皮或叶中。杨梅素是一种很强的抗氧化剂，氧化应激在各种神经疾病包括局部缺血和阿尔茨海默病中起关键作用。杨梅素通过不同途径抑制由谷氨酸引起的神经毒性，保护神经元，从而有效阻止神经损伤。

四、异黄酮类

异黄酮是黄酮的异构体。异黄酮类是由异黄酮（3-苯基色原酮）衍生的一类化合物。异黄酮类分子中C2、C3间双键被氢化后，则称为异黄烷酮或二氢异黄酮类。是植物苯丙氨酸代谢过程中，由肉桂酰辅酶A侧链延长后环化形成以苯色酮环为基础的酚类化合物，其3-苯基衍生物即为异黄酮，属植物次生代谢产物。主要存在于豆科植物中，大豆异黄酮是大豆生长中形成的一类次级代谢产物。由于是从植物中提取，与雌激素有相似结构，因此称为植物雌激素。在每100g大豆样品中，含异黄酮128mg，大豆异黄酮的雌激素作用影响到激素分泌、代谢生物学活性、蛋白质合成、生长因子活性。由甘草中得到的甘草酮也属异黄酮类，熔点251℃，在其苯环C3上有异戊烯取代基，并具有间苯三酚型含氧取代基。广豆根中所含的紫檀素可视为异黄烷酮的衍生物，熔点164～165℃，有抗癌活性和抗霉菌的作用。由毛鱼藤中分离到的鱼藤酮（熔点165～166℃）的基本结构仍然是异黄烷酮，只是C2位上多一个碳原子与B环C2位形成了一个含氧的杂环，有较强的杀虫、毒鱼作用，用作农业杀虫剂。芒柄花素是一种简单的异黄酮类化合物，为针状结晶，熔点258℃，广泛分布于豆科植物如黄芪、甘草、红车轴草（红花翘摇）等中，有抗菌和类似雌性激素的作用，可能是它的结构与己烯雌酚相似的缘故。

（一）染料木黄酮

化学名称为4',5,7-三羟基异黄酮，又称为染料木素、金雀异黄素。染料木黄酮（genistein）是大豆异黄酮中的一种主要活性因子，是大豆异黄酮产品中最有效的功能成分，具有多种生理功能。染料木黄酮在结构上与哺乳动物的雌激素——雌二醇相似，具有雌激素的活性基团——二酚羟基，所以染料木黄酮具有类雌激素活性等多种生理活性。

染料木黄酮通过上调相关促凋亡基因、下调相应抗凋亡基因，来促进肿瘤细胞的凋亡进而预防限制肿瘤的发生。其抑菌机制是通过破坏细胞壁和细胞膜的完整性，抑制三羧酸（TCA）循环途径和蛋白质的合成等方面来实现的。由于染料木素具有抑菌和抗氧化性等生理活性，从营养学方面讲，如果作为食品添加剂能发挥其双重作用，应用前景极为广阔。能同雌激素一样刺激雌激素调节基因的表达，提示染料木黄酮与雌激素受体结合，除了产生抗雌激素样效应外，还能通过激活雌激素反应元件而表现一定的雌激素效应。

（二）大豆异黄酮

大豆异黄酮（soy isoflavone）是一种植物化学物质，属植物黄酮类，主要来源于豆科植物的荚豆类，大豆中的含量较高，为0.1%～0.5%。主要是指以3-苯并吡喃酮为母核的化合物，大豆中天然存在的大豆异黄酮总共有12种，可以分为3类，即大豆苷类（daidzin groups）、染料木苷类（genistin groups）、黄豆黄素苷类（glycitin groups）。每类以游离型、葡萄糖苷型、乙酰基葡萄糖苷型、丙二酰基葡萄糖苷型等4种形式存在。游离型的苷元（aglycon）占总量的2%～3%，包括染料木黄酮（genistein）、黄豆苷元（daidzein）和黄豆黄素（glycitein）。结合型的糖苷（glycosides）占总量的97%～98%，在大豆中主要存在9种异黄酮糖苷，其中大豆苷（daidzin）、染料木苷（genistin）、丙二酰大豆苷（malonyl-daidzin）和丙二酰染料木苷（malonyl-genistin）的含量最多，约占总量的95%。种植环境、加工方法、遗传因素等对大豆异黄酮的含量和成分有一定影响，表现为不同大豆品种中异黄酮总量及各组分比例的差异。

（1）黄豆苷元（daidzein）

黄豆苷元又称大豆黄酮、大豆苷元、大豆素。为4',7-二羟基-异黄酮。溶于乙醇和乙醚，在水中的溶解度小，易溶于稀碱溶液，盐酸-镁粉反应呈阴性，浓硫酸反应呈黄色，紫外吸收特征峰波长为249nm，是存在于大豆中的一类活性物质。存在于豆科植物野葛（*Pueraria lobata*）的根、豆科植物红车轴草（*Trifolium pratense* L.）全草、紫苜蓿（*Medicago sativa*）全草中。有雌激素样作用，合成的大豆黄素有明显的抗缺氧作用。对金黄色葡萄球菌、大肠埃希菌有显著的抑菌作用。

（2）黄豆黄素（glycitin）

化学名称为4',7-二羟基-6-甲氧基异黄酮。黄豆黄素具有诱发细胞程序性死亡、提高抗癌药效、抑制血管生成等作用。

（3）染料木苷（genistin）

为4',5,7-三羟基异黄酮-7-糖苷。

（4）大豆苷（daidzin）

大豆苷化学名称为大豆苷元-7-葡萄糖苷（daidzein-7-glucoside），是大豆黄素（daidzein）的 β-葡萄糖苷，是大豆异黄酮的主要存在形式。大豆苷提取来源为豆科植物大豆的种皮（黄色的种子）。

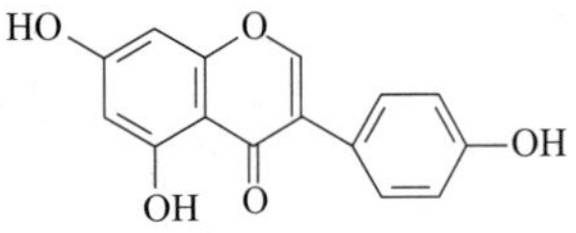

染料木黄酮(genistein)

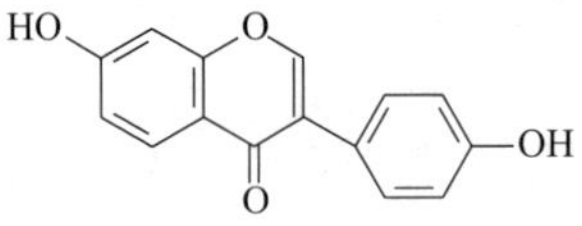

黄豆苷元(daidzein)

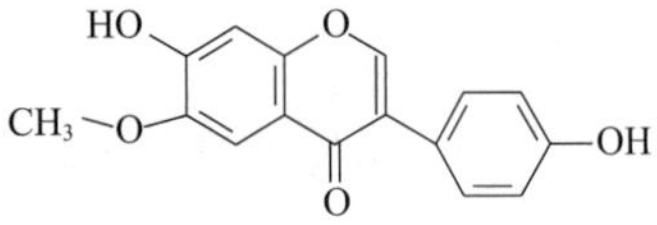

黄豆黄素(glycitein)

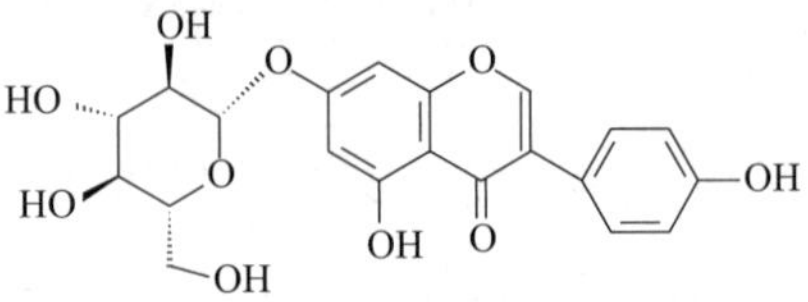

染料木苷(genistin)

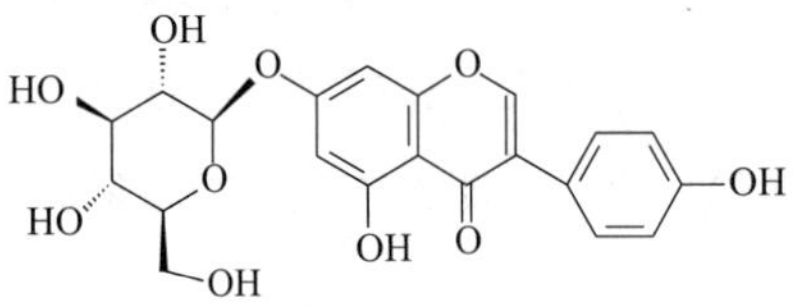

大豆苷(daidzin)

五、黄烷酮类

黄烷酮（flavanone）化学名称为2,3-二氢黄酮。黄烷酮类是一种黄酮类化合物，指以2-苯基二氢色原酮为母核而衍生的一类化合物。2-苯基二氢色原酮即黄烷酮，又名二氢黄酮。植物体中存在的大多是其羟基衍生物，母核上还可能有甲氧基或其他取代基。用碱处理时，易开环生成查耳酮，酸化又转为黄烷酮，两者互为同分异构体，且常常共存于植物体中。

黄烷酮母体分子中含一个较为复杂的C6-C3-C6基本骨架，单纯的黄烷酮在自然界尚未发现，但其羟基衍生物和甲氧基衍生物（特别是在3,5,7,3′4′位置上取代）总称为黄烷酮类，主要作为配糖体存在于植物界中。其骨架分子结构上共有10个可被取代的位置，使其具备极大的结构修饰潜力，且天然黄烷酮取代基多为羟基、异戊烯基、苄氧基、甲氧基、香叶基，特殊的结构及多变的活性取代基使黄烷酮化合物具有杀菌、抗炎、抗肿瘤、抗HIV病毒、抗诱变、抗氧化等诸多生物药理活性。在柑橘类（如柠檬、蜜橘等）外果皮的白色部分中有橙皮苷（5,7,3′-三羟基-4′-甲氧基黄烷酮）。

（一）橙皮苷

橙皮苷（hesperidin）又称川陈皮素、二氢黄酮苷，分子式为$C_{28}H_{34}O_{15}$。略微溶于甲醇及热冰醋酸，几乎不溶于丙酮、苯及氯仿，而易溶于稀碱及吡啶，难溶于水。

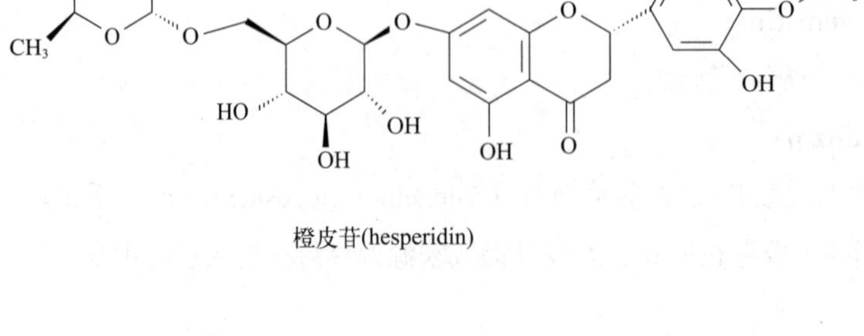

橙皮苷(hesperidin)

橙皮苷是一种广泛存在于柑橘类水果中的类黄酮物质，为芸香科植物酸橙（*Citrus aurantium* L.）及其栽培变种或甜橙（*Citrus sinensis*）的干燥幼果提取物。芸香科植物佛手果实、蕉柑果实、枸橘果实、柠檬果实、藜檬果皮、枸橼成熟果实、十字花科植物荠菜带根全草均含有较高含量的橙皮苷。在人体医学上，橙皮苷具有维持渗透压，增强毛细血管韧性，缩短出血时间，降低胆固醇等作用，在临床上用于心血管系统疾病的辅助治疗。

（二）杜鹃素

杜鹃素（farrerol）是从满山红及其他杜鹃属植物中提取的一种具有祛痰功效药物，现已人工合成。不溶于水，溶于乙醇、乙醚，易溶于丙酮。

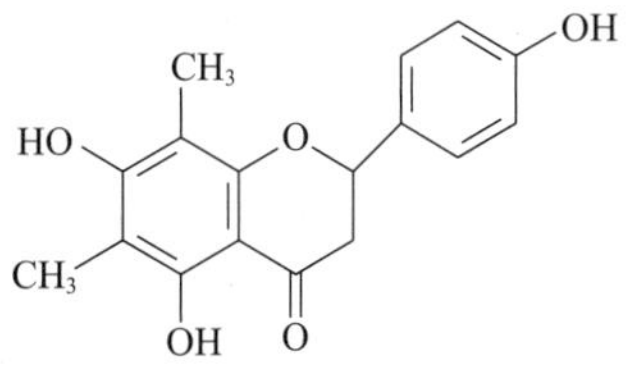

杜鹃素(farrerol)

可直接作用于呼吸道黏膜，促进纤毛运动，增强气管、支气管机械清除异物的功能，可使痰内酸性糖蛋白纤维断裂，唾液酸含量下降，使痰黏度下降，痰液变稀，易于咳出，同时使痰量逐渐减少。临床主要用于慢性支气管炎所致的痰多黏稠等。

六、二氢黄酮醇

二氢黄酮醇（dihydroflavonol）为黄酮类C2-C3位的双键氢化、C3位上带有羟基的一类黄酮类化合物，其结构通式如下。

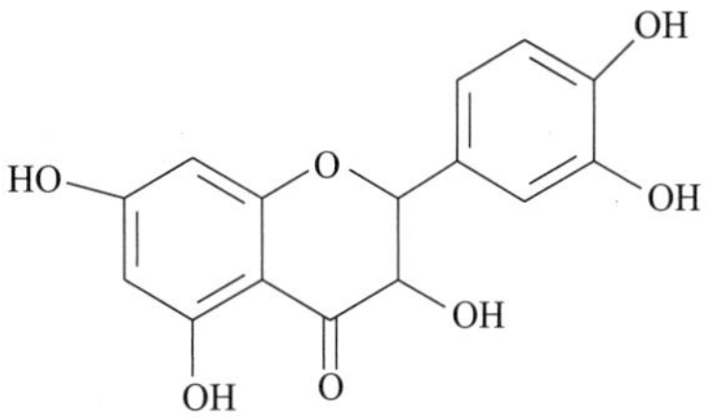

二氢黄酮醇(dihydroflavonol)结构通式

（一）木脂素（木酚素）

木脂素（lignans）又称为木酚素，是由具有"苯环+3碳"结构的单体如桂皮素、松柏醇、芥子醇等为单元聚合而成的二聚体或多聚体化合物。天然木脂素通常为C6-C3单体的二聚体，少数可见三聚体、四聚体。组成木脂素的单体有对羟基肉桂醇（P-hydroxycinnamyl alcohol）、芥子醇（sinapyl alcohol）、松柏醇（coniferol）等，它们可脱氢，形成不同的游离基，各游离基相互缩合，即形成各种不同类型的木脂素，多在8-8′（又称为β碳原子）位置结合（见叶下珠脂素的化学结构），也有在其他位置结合的。如果两个单体以氧原子连接的化合物称为新木脂素；如果由三分子苯丙基聚合的化合物，称为倍半木脂素（sesquilignan）；由黄酮或查耳酮与苯丙烯衍生物缩合的化合物，称为黄酮木脂素（flavonolignan）或𠮶酮木脂素（xanthonolignan）等。典型的黄酮木脂素，其黄酮单元与苯丙素单元通过氧桥连接，形成苯并二氧六环结构，因此均含有C6-C3-C6-C3-C6结构单元。该类化合物具有很强的抗氧化、保肝、抗肿瘤、杀菌等生物活性，其主要的天然产物如水飞蓟素。

如果木脂素由两分子苯丙基β-碳（8位碳）缩合后，侧链γ-碳（9位碳）上的含氧基团又可相互脱水缩合形成取代的四氢呋喃、半缩醛、内酯四氢萘或环辛烯等结构。所以木脂素还可分为更多类型，如单环氧木脂素（monoe-poxy lignan）、木脂内酯（lignanolide）、环木脂素（cycloli-gnan）等。从植物界已分得200多个木脂素、100多个新木脂素。

几种天然存在的简单木脂素和聚合体木脂素如橄榄脂素（olive lignans）、叶下珠脂素（phyllanthus lignans）的化学结构如下。

对羟基肉桂醇
(*p*-hydroxycinnamyl alcohol)

松柏醇(coniferol alcohol)

芥子醇(sinapyl alcohol)

橄榄脂素(olive lignans)

叶下珠脂素(phyllanthus lignans)

在化学组成和结构上，由于黄酮类物质也有"苯环+3碳"的结构特征，类似于木脂素的C6+C3结构，天然植物中既存在木脂素，也存在黄酮类，更有二者相似的黄酮类木脂素，如水飞蓟素在化学结构上就是典型的黄酮醇类的黄酮木脂素结构。木脂素由于它较广泛地存在于植物的木部和树脂中，或在开始析出时成树脂状，故称为木脂素。木脂素的积累与物种的抗逆性相关。木脂素还是植物的抗毒素和昆虫的拒食剂，具有植物毒性和细胞毒性，是植物防御病虫害的化学物质。木脂素还参与植物的生长调控。

木脂素属于一种植物雌激素（phytoestrogen），植物激素可分为异黄酮类（isoflavones）、木脂素类（lignans）和香豆素类（coumarin）三大类。

根据木脂素的来源可将其分为植物木脂素和动物木脂素。植物木脂素分布于植物体内，开环异落叶松树脂酚（secoisolariciresinol，SECO）和罗汉松脂酚（matairesinol，MAT）是植物中2种含量最多的木脂素。动物木脂素是植物木脂素在肠道菌群作用下的代谢产物，主要为肠二醇（enterodiol，END）和肠内酯（enterolactone，ENL）。动物木脂素是在人体肠道内生成的，见图3-38。例如，存在于亚麻籽中的亚麻木酚素化学结构为开环异落叶松树脂酚二葡萄糖苷（secoisolariciresinol diglucoside，SDG），一般约占亚麻籽质量的0.9% ~ 1.5%。SDG进入消化道后，首先是肠道细菌将SDG水解转化成SECO，随后是

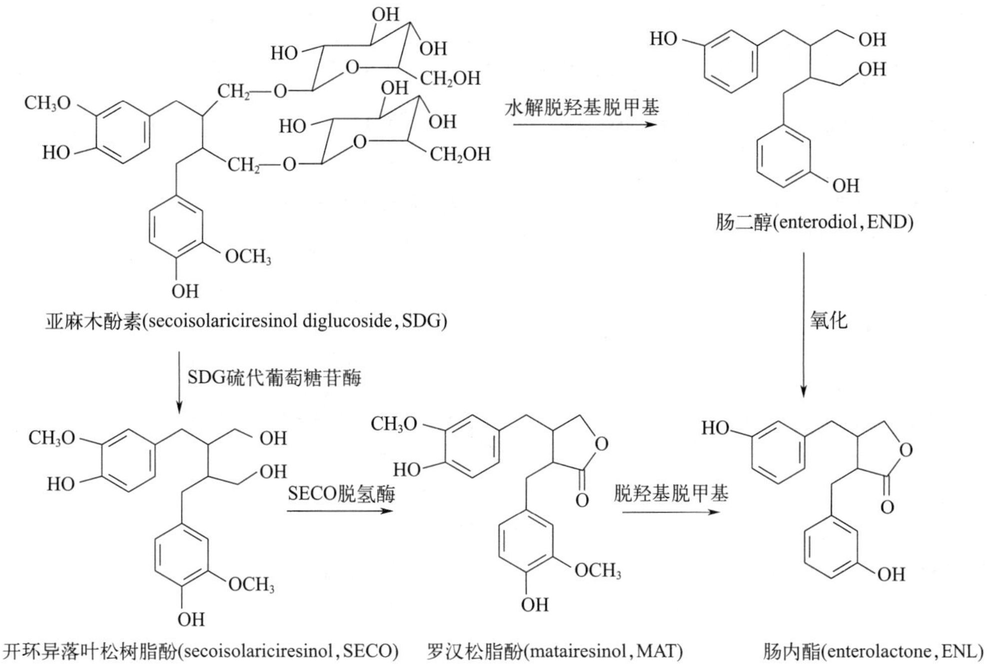

图3-38 植物木脂素与动物木脂素的化学结构及其在消化道内的转化关系

结肠内微生物的脱羟基和脱甲基作用，使SECO转化成END，ENL则是END经过肠道细菌的氧化作用生成的。MAT也可在肠道菌群作用下脱羟基和脱甲基转化为ENL。当植物木脂素（SDG或MAT）转化为END和ENL后，通过胃肠道吸收进入肠肝循环，再被肝和其他组织的酶代谢，最终以葡糖苷酸和硫酸盐形式从尿液和胆汁中排出。

木脂素作为植物雌激素已引起食物化学家、营养学家和药物学家的广泛关注。木脂素具有多种生物活性，包括具有清除体内自由基、抗氧化、抗病毒和抗肿瘤等作用。木脂素也具有重要的抗氧化活性，SECO、END、ENL和SDG的抗氧化性分别是维生素E的4.86、5.02、4.35和1.27倍，表现出良好的抗氧化能力。木脂素对激素依赖型疾病，特别是乳腺癌、前列腺癌和良性前列腺增生有预防作用。在人体医学上的研究表明，木脂素具有雌激素和抗雌激素的生物活性。当内源雌激素水平较低时，哺乳动物木脂素呈现雌激素活性；反之则显出抗雌激素活性。木脂素与雌激素通过竞争与其结合的受体来调节靶组织雌激素的生物活性，因而用于预防与雌激素失衡有关的疾病，抑制良性前列腺增生。

（二）水飞蓟素

水飞蓟素（silymarin）是天然的黄烷酮木脂素类化合物，从菊科植物水飞蓟（*Silybum marianum*）的干燥果实中提取而得到的天然活性物质，其主要成分包括水飞蓟宾（silybin）、异水飞蓟宾（isosilybim）、水飞蓟宁（silydianin）和水飞蓟亭（silychristin）四种同分异构体，其中水飞蓟宾（A和B）量最高，保肝活性也最高。水飞蓟素溶于丙酮、醋酸乙酯、甲醇和乙醇，略溶于氯仿，几乎不溶于水。

水飞蓟宾A(silybin A)　　　　　　　　　　水飞蓟宾B(silybin B)

异水飞蓟宾A（isosilybin A）　　　　　　　水飞蓟亭(silychristin)

水飞蓟宁(silydianin)

　　水飞蓟素通过抗脂质过氧化反应维持细胞膜的流动性，能稳定肝细胞膜、维持肝细胞膜结构的完整性，使毒素无法穿透并破坏肝脏细胞。水飞蓟素进入肝细胞后可以与雌二醇结合并使之激活，活化的受体则可以增强肝细胞核内聚合酶的活性，使核糖体转录增强，胞浆内核糖体数目增多，促进酶及结构蛋白等合成，并间接促进细胞的合成，有利于肝细胞的修复和再生。

　　可预防肝硬化、脂肪肝、胆管炎等症，同时对癌细胞的生长及分化有抑制作用。水飞蓟素是目前世界上所发现最具肝疾疗效的类黄酮，对四氯化碳、硫代乙酰胺、毒蕈碱、鬼笔碱等肝脏毒物引起的各种类型肝损伤具有不同程度的保护和治疗作用，并对四氯化碳所引起的丙氨酸氨基转移酶的升高有一定的阻止作用。以水飞蓟素做成的药品适用于慢性迁延性肝炎、慢性活动性肝炎、初期肝硬化、肝中毒等病的治疗。

（三）二氢槲皮素

　　二氢槲皮素（dihydroquercetin），也称紫杉叶素（taxifolin），化学名称为5,7,3',4'-四羟基二氢黄酮醇，属于P族维生素，是一种从落叶松根部提取的天然二氢黄酮醇类化合物。同时也存在于多种植物（葡萄、橘子和西柚）中，在落叶松中含量较高，特别是花旗松。二氢槲皮素是自然界中存在的一种重要的二氢黄酮醇类化合物。易溶于乙醇、乙酸、沸水等，稍溶于冷水，几乎不溶于苯。

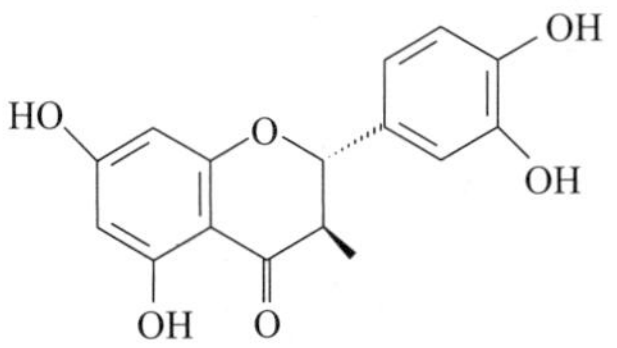

二氢槲皮素(dihydroquercetin)

二氢槲皮素结构的特殊性决定了其具有较强的抗氧化特性、调节酶活等多种生物活性。二氢槲皮素有较强的清除自由基、抗氧化作用。还能保护红细胞，有防止氧化溶血的作用。二氢槲皮素能抑制活性氧离子（$O_2^-\cdot$）和H_2O_2对黑线仓鼠VP1细胞产生的细胞毒作用，同时也有保护肝脏的作用。二氢槲皮素可以通过调节酶的活性影响脂代谢，能够降低肝脏脂肪的合成，抑制细胞内胆固醇的合成，抑制细胞中胆固醇的酯化、三酰甘油酯和磷脂的合成。二氢槲皮素能够有效抑制酪氨酸酶活性，防止黑色素沉淀，有着得天独厚的美白作用。

（四）二氢杨梅素

在化学结构上，二氢杨梅素（dihydromyricetin）是杨梅素的2、3位加氢后的结果，属于二氢黄酮醇类物质。易溶于热水、热乙醇及丙酮，溶于乙醇、甲醇，极微溶于醋酸乙酯，不溶于氯仿、石油醚。

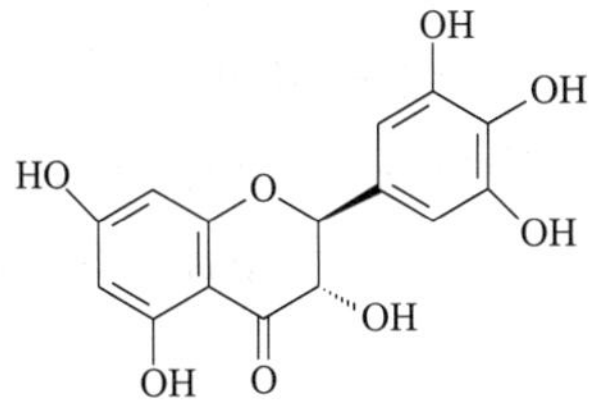

二氢杨梅素(dihydromyricetin)

二氢杨梅素为葡萄属植物藤茶的提取物，是藤茶中的主要活性成分。用于提取二氢杨梅素的显齿蛇葡萄（*Ampelopsis grossedentata*）又称藤茶、长寿藤，是民间的传统用药，被广泛用于治疗皮肤病、疖肿及骨髓炎、急性淋巴炎等感染性疾病。二氢杨梅素能明显抑制油脂中MDA的生成，随二氢杨梅素纯度（60%～90%）增加，抗氧化作用增强。对动物油和植物油均有很强的抗氧化作用。纯度为98%的二氢杨梅素，能明显抑制大鼠心肌、肝和脑组织匀浆中丙二醛（MDA）的生成，并随二氢杨梅素浓度增加而抑制MDA生成的效果增强，含量99%的二氢杨梅素对试验系统中1,1-二苯基-2-三硝基苯肼（DPPH）自由基的清除率达到90%。二氢杨梅素对枯草芽孢杆菌、金黄色葡萄球菌、沙门菌、大肠埃希菌、产气杆菌、啤酒酵母、黏红酵母、青霉、黑曲霉、黄曲霉、毛霉及根霉均有抑菌作用，尤其对革兰氏阳性、革兰氏阴性球菌或杆菌作用明显。二氢杨梅素广泛应用于治疗呼吸道感染、酒精中毒的中成药制剂，对体外培养的大鼠肝细胞四氯化碳中毒性损伤、D2半乳糖胺和脂多糖诱导的小鼠肝损伤有显著的保护作用。

（五）落新妇苷

落新妇苷（astilbin），化学名称为（2*R*,3*R*）-花旗松素-3-*O*-α-L-吡喃鼠李糖苷，是从植物落新妇

（*Astilbe chinensis*）中提取得到的化合物。

落新妇苷(astilbin)

落新妇为多年生草本植物，主要生于海拔400～3600m的山坡林下阴湿地或林缘路旁草丛中，先也作为园艺植物种植。

落新妇苷具有多种生物学活性，包括抑制辅酶A还原酶，抑制醛糖还原酶，保护肝脏、镇痛、抗水肿等。正常的免疫应答是机体维持自身平衡、抵御外来侵略的主要机制，过剩的免疫应答则会造成各种自身免疫性疾病、过敏及各种炎症反应等。免疫抑制药物通过抑制免疫应答而治疗相关疾病。但如果这种抑制作用缺乏对细胞和组织的选择性，造成机体免疫应答的全面抑制，则会产生严重的毒副作用。有报道称，落新妇苷有显著的选择性免疫抑制作用，且它的选择性作用与以往的免疫抑制剂相比具有明显优势，因此可以作为一种新的免疫抑制剂用于免疫相关疾病的治疗。

落新妇苷具有很强的抗氧化能力，能有效清除DPPH、ABTS等自由基和超氧阴离子，抑制亚油酸过氧化。可抑制髓过氧化物酶和辣根过氧化物酶活性，并能有效清除次氯酸。在CCl_4诱导的小鼠肝损伤模型中，落新妇苷可显著降低肝脏脂质过氧化和诱导提高超氧化物歧化酶活性而起到护肝作用，效果强于维生素E。

落新妇苷对革兰氏阴性菌如不动杆菌（*Acinetobacter* spp.）、莫拉菌属（*Moraxella*），及阳性菌如藤黄微球菌（*Micrococcus luteus*）、表皮葡萄球菌（*Staphylococcus epidermidis*）等都有显著抑制作用，最小抑制剂量为25～75μg。

七、黄烷醇类

黄烷醇类（flavanols）化合物包括三类，第一类为天然黄烷-3-醇类，包括其双聚体，少数3位糖苷及没食子酸酯；第二类为黄烷-3,4-二醇类，即无色花色苷元；第三类为缩合原花色苷元。

黄烷醇是一种天然植物化合物，存在于水皂角、可可、茶、红酒、水果和蔬菜中，而可可中的黄烷醇含量最高。

（一）儿茶素

儿茶素（catechin），又称茶单宁、儿茶酸，是茶叶中黄烷醇类物质的总称，儿茶素是茶多酚中最重要的一种，约占茶多酚含量的75%到80%，也是茶的苦涩味的来源之一。儿茶素主要分为四种：表儿茶素（epicatechin，EC）、表没食子儿茶素（epigallocatechin，EGC）、表儿茶素没食子酸酯（epicatechin gallate，ECG）和表没食子儿茶素没食子酸酯（epigallocatechin gallate，EGCG）。

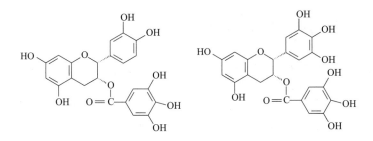

没食子儿茶酸(素)(gallocatechin,GC)　　儿茶酸(素)(catechin,C)

表没食子儿茶酸(素)(epigallocatechin,EGC)　表儿茶酸(素)(epicatechin,EC)

表儿茶素没食子酸酯(epicatechin gallate,ECG)　　表没食子儿茶素没食子酸酯epigallocatechin gallate(EGCG)

茶黄素(theaflavin)

茶黄素-3′-没食子酸酯(theaflavin-3′-gallate)

儿茶素类属于多元酚类中的一种，有苦涩味。由茶叶中分离出儿茶素及其酯类衍生物，主要有（-）-表儿茶素、（-）-表没食子儿茶素、（-）-表儿茶素-3-没食子酸酯、（-）-表没食子儿茶素-3-没食子酸酯等。这些化合物分子小，溶于水成为溶液，在溶液中可被氧化而自身缩合为不同程度的缩合产物，从水溶性鞣质到水不溶性鞣红。当用开水沏绿茶时，开始茶水为黄绿色澄清液，放置过夜后，转为黄棕色混浊的溶液，即鞣质前体变为缩合鞣质所致。

（二）原花青素

原花青素（proanthocyanidins，PC）是由不同数量的儿茶素或表儿茶素结合而成，为植物多酚类天然抗氧化剂，由于在酸性介质中加热可产生相应的花色素而得名。最简单的原花青素是儿茶素或表儿茶素或儿茶素与表儿茶素形成的二聚体，此外还有三聚体、四聚体等直至十聚体。按聚合度的大小，通常将二、三、四、五聚体称为低聚原花青素（oligomeric proanthocyanidins，OPC），将五聚体以上的称为高聚原花青素（polymeric proanthocyanidins，PPC）。一般而言，原花青素的平均聚合度在 3 ~ 11，原花青素的结构模式如下。

原花青素是植物中广泛存在的一大类多酚类化合物的总称，具有强抗氧化、消除自由基的作用，可有效消除超氧阴离子自由基和羟基自由基，可直接清除活性氧及活性氮，也可以增加线粒体膜电位和细胞氧消耗，减少氧自由基生成，直接清除自由基和终止氧化反应。原花青素可通过螯合金属离子发挥抗氧化作用。研究表明，茶叶和红酒中大部分多酚类物质均能够抑制非血红素铁的吸收。原花青素还具有增强体内抗氧化酶活性的作用，如提高超氧化物歧化酶、过氧化氢酶、谷胱甘肽过氧化物酶和谷胱甘肽还原酶等酶的活性。原花青素也参与磷酸、花生四烯酸的代谢和蛋白质磷酸化，保护脂质不发生过氧化损伤。原花青素还能循环再生其他内源性抗氧化剂，如维生素C、谷胱甘肽、辅酶Q（泛醌）和维生素E。

原花青素

原花青素分布广泛，存在于许多植物的皮、壳、籽、核、花、叶中，葡萄籽中原花青素含量最高，种类丰富。葡萄籽是原花青素的重要来源之一。葡萄籽作为葡萄汁和葡萄酒工业生产的副产品，含 60% ~ 70% 的多酚类物质，其中含有大量的由单体儿茶素或表儿茶素构成的二聚体、三聚体和低聚物形式的原花青素。

原花青素的吸收取决于其聚合度的大小，在一些体外研究中发现，只有原花青素二聚体和三聚体能被肠上皮细胞吸收，而平均聚合度为7的原花青素多聚体则无法被吸收。对儿茶素和原花青素的抗氧化性能进行比较研究发现，原花青素的抗氧化性能在油相中随聚合度增加而降低，在水相中随聚合度的增加先增加后下降，三聚体的抗氧化性能最强。此外，原花青素聚合物可被结肠微生物降解为低分子量的化合物，随后被吸收，例如，原花青素二聚体和表儿茶素能够被降解为酚酸和非酚酸醛芳香族化合物代谢物。

原花青素作为一种具有活性酚羟基结构的天然物质，其抗氧化机理与多酚类物质相似，其可能机制有：①通过自身结构具有的酚羟基起到直接清除氧自由基的作用；②通过自身结构特点螯合Fe^{2+} 等金属离子，减少经Fenton反应产生的羟基自由基对细胞核内DNA的损伤；③提高机体抗氧化相关酶的活性、调控Keap1-Nrf2-ARE通路来达到提高机体抗氧化能力的目的。例如，在氧化应激状态下，葡萄籽原花青素（GSP）通过降低 nrf2 mRNA、ho-1 mRNA、nqo1 mRNA 的表达量，提高 keap1 mRNA 表达量以减轻 ROS 对仔猪肝脏 Nrf2 信号通路的影响；同时，GSP通过减缓内质网应激相关分子葡萄糖调节蛋白78（glucose-regulated protein 78，GRP78）mRNA 表达量，抑制氧化应激诱导的 xbp-1 mRNA、atf6 mRNA、pdia4 mRNA 和 chop mRNA 表达上调，同时降低肝脏 caspase-12 的含量，减轻内质网氧化损伤。

八、花青素类

花青素（anthocyanin）又称花色素，是自然界一类广泛存在于植物中的水溶性天然色素，是花色苷（anthocyanins）水解而得的有颜色的苷元。

花青素类(anthocyans)

花青素的结构模式中 R_1 和 R_2 可以是 H、OH 或 OCH_3，R_3 为糖基或 H，R_4 为糖基或 OH，自然状态的花青素都以糖苷形式存在，常与一个或多个葡萄糖、鼠李糖、半乳糖、木糖、阿拉伯糖等通过糖苷键形成花色苷，花色素中的糖苷基和羟基还可以与一个或几个分子的香豆酸、阿魏酸、咖啡酸、对羟基苯甲酸等芳香酸和脂肪酸通过酯键形成酰基化的花色素。花青素分子中存在高度分子共轭体系，含有酸性与碱性基团，易溶于水、甲醇、乙醇、稀碱与稀酸等极性溶剂中。花青素类物质的颜色随 pH 值变化而变化，pH7 呈红色，pH=7～8时呈紫色，pH＞11时呈蓝色。

已知花青素有20多种，食物中重要的有6种，即天竺葵色素、矢车菊色素、飞燕草色素、芍药色素、牵牛花色素和锦葵色素。常见的6种花青素的结构如下。

1. 天竺葵色素 pelargonidin: R_1=H，R_2=H;
2. 矢车菊色素 cyanidin: R_1=OH，R_2=H;
3. 飞燕草色素 delphinidin: R_1=OH，R_2=OH;
4. 芍药色素 peonidin: R_1=OCH_3，R_2=H;
5. 牵牛花色素 petunidin: R_1=OCH_3，R_2=OH;
6. 锦葵色素 malvidin: R_1=OCH_3，R_2=OCH_3

原花青素也叫前花青素，是自然界中广泛存在的一种多酚类聚合物，具有很强的抗氧化能力，在热酸性条件下可分解为花青素单体。

花青素具有很强的抗氧化作用，能清除细胞内的氧自由基，从而缓解氧自由基的损伤，是一种很好的氧自由基清除剂和脂质过氧化抑制剂。抗氧化是花青素最主要的生理功能，花青素的其他生理功能主要基于其抗氧化活性。花青素主要的吸收部位在胃和小肠，但其吸收机制尚不明确。由于胃具有特殊的酸性环境和较小的胃黏膜吸收面积，大多数药物在胃部吸收较差，而花青素却可以快速吸收。花色苷具有较大的疏水性，可以通过被动扩散直接被小肠吸收。

九、芪类

芪类（stilbene）化合物是指具有二苯乙烯母核或其聚合物的一类物质的总称，是不属于黄酮类的另一类多酚化合物。这类化合物因为是"植物抗毒素"，并对人体和动物具有抗氧化、抗菌等功能作用而受到重视。这类物质在植物界的正常组织中含量较低，当植物受病菌感染或外界刺激时，受刺激组织部位芪的总含量显著增加，天然芪类化合物可能是植物的应激产物。例如，白藜芦醇被认为是一种植物抗毒素，在植物受到病原性进攻和环境恶化时产生白藜芦醇是天然芪类化合物的代表，它具有抗肿瘤、抗氧化和预防心血管疾病等的生物活性。芪类化合物研究较多的是白藜芦醇（resveratrol，Res）、云杉苷（piceide，PD）、ε-葡萄素（ε-viniferin）、δ-葡萄素（δ-viniferin）、紫檀芪（pterostilbene，PS）等。

芪类的化学结构与其抗氧化、清除氧自由基作用有关，其生物活性是建立在结构中的乙烯双键和羟基上，即芳环上的羟基是生物活性源泉。

（一）白藜芦醇

白藜芦醇（resveratrol，Res）是植物体在逆境或遇到病原侵害时分泌的一种抗毒素，紫外线照射、机械损伤及真菌感染时合成急剧增加，故称之为植保素（phytoalexin）。在700多种植物中发现了白藜芦醇，包括12科31属72种植物，其中葡萄、虎杖及花生等食品中含量较高。

白藜芦醇化学名称为3,4',5-三羟基-1,2-二苯基乙烯（3,4',5-芪三酚），分子式为$C_{14}H_{12}O_3$，分子量为228.25。难溶于水，易溶于乙醚、三氯甲烷、甲醇、乙醇、丙酮、乙酸乙酯等有机溶剂。与氨水等碱性溶液可显红色，与三氯化铁-铁氰化钾可发生显色反应，利用此性质可以鉴定白藜芦醇。

天然的白藜芦醇有顺、反两种结构，自然界中主要以反式构象存在，两种构象可以分别与葡萄糖结合，形成顺式和反式白藜芦醇糖苷。而顺式和反式的白藜芦醇糖苷在肠道中糖苷酶的作用下可以释放出白藜芦醇。在紫外线照射下，反式白藜芦醇能够转化为顺式异构体。白藜芦醇芪结构苯环上的羟基被糖基、甲基、甲氧基或其他取代基取代，形成不同的芪单体，如紫檀芪（pterostilbene）、白藜芦醇苷（piceid）等，与白藜芦醇结合的为β葡萄糖。白藜芦醇还可以通过氧化聚合形成低聚物如葡萄素（viniferin）。

反式白藜芦醇(trans-resveratrol)　　　　顺式白藜芦醇(cis-resveratrol)

反式白藜芦醇葡萄糖苷[trans-piceid(虎杖苷)]　　顺式白藜芦醇葡萄糖苷[cis-piceid(虎杖苷)]

白藜芦醇是一种多酚类植物抗毒素，具有较强的抗氧化活性，对肝脏、神经系统、血管和细胞损伤有较好的保护作用。白藜芦醇能够促进Keap1蛋白降解，激活Keap1-Nrf2-ARE信号通路，启动抗氧化应激一系列蛋白质和酶的表达，增强细胞抗氧化应激的能力。通过Nrf2/Keap1调节其下游调控蛋白

（SOD、CAT、GSH-Px），可以有效消除肾脏高血糖介导的氧化损伤。白藜芦醇能降低组织中MDA含量，增加T-SOD活力，上调*nrf2*、*ho-1*基因和其蛋白质表达，改善糖尿病小鼠肾脏的氧化应激状态，可以通过调节肝热休克蛋白和核转录因子，如SOD、CAT、GSH-Px活性以及Nrf2的表达，减少鹌鹑肝细胞对热的氧化应激损伤。

（二）葡萄素

葡萄素（viniferin）是以白藜芦醇为基本单元，通过脱氢聚合反应合成的白藜芦醇聚合体。主要有二聚体ε-葡萄素（ε-viniferin）和δ-葡萄素-（δ-viniferin）以及三聚体α-葡萄素（α-viniferin）的顺式和反式异构体，是在葡萄受到病菌侵染或逆境胁迫后产生的，其本质作用仍然是葡萄抗毒素。葡萄素和白藜芦醇一样具有抗菌、抗炎、抗癌等活性，且其活性和稳定性都高于白藜芦醇。

葡萄素[viniferin(二聚体)]　　　葡萄素[viniferin(三聚体)]

（三）紫檀芪

紫檀芪（pterostilbene）是白藜芦醇天然的甲基化衍生物，化学名称为3,5–二甲氧基-4′-羟基二苯乙烯，广泛存在于葡萄、广西血竭和蜂胶中。在体外，紫檀芪的抗真菌特性比白藜芦醇高5～10倍。研究表明，紫檀芪具有抗癌、降血脂、抗糖尿病的特性。

紫檀芪(pterostilbene)

（四）虎杖苷

虎杖苷（Polydatin）的化学名称为3,4′,5-三羟基芪-3-*β*-D-吡喃葡萄糖苷，又称为云杉新苷、白藜芦醇苷。虎杖苷是植物虎杖的提取物，虎杖（*Reynoutria japonica* houtt）属蓼科蓼属植物，是多年生灌木状草本植物。虎杖的根和根茎是提取天然白藜芦醇的主要部位，天然白藜芦醇主要以虎杖苷的形式存在于虎杖植物中。

（五）白皮杉醇

白皮杉醇（piceatannol）化学名称为3′-羟基白藜芦醇（3,3′,4,5′-四羟基-反式二苯乙烯），又名比杉特醇，是一种具有抗白血病活性的天然小分子化合物。主要存在于葡萄、大黄和甘蔗中。

白皮杉醇(piceatannol)

（六）查耳酮和二氢查耳酮类

查耳酮（chalcones）别名为二苯基丙烯酮、苯乙烯基苯基酮、亚苄基苯乙酮，分子式为$C_{15}H_{12}O$，分子量为208.26。有脱氢与不脱氢2种结构式，如下。

查耳酮(chalcones)核心结构   二氢查耳酮(dihydrochalcones)核心结构

查耳酮是天然产物中常见的一类化合物，广泛存在于多种药用植物如甘草、红花中，其化学结构特征为多酚类、酮类化合物，具有多酚类和酮类的化学性质和生物学作用。在天然植物中，查耳酮是植物代谢的一类中间产物，也是合成黄酮类化合物的一类中间体，但其本身也具有多种生理活性，比较典型的甘草查耳酮A和B。

甘草查耳酮A(licochalcone A)   甘草查耳酮B(licochalcone B)

甘草查耳酮A（licochalcone A）属于甘草黄酮中的查耳酮类物质，分子量为338.40，化学结构式为$C_{21}H_{22}O_4$。甘草查耳酮A具有多种生理功能，例如杀菌、抗炎、抗寄生虫、抗肿瘤等。

甘草查耳酮B（licochalcone B）是从胀果甘草中分离得到的一种天然查耳酮类化合物，具有抗炎、抗菌（对革兰氏阳性菌具有较强的抑制活性）、抗氧化、抗癌、抗阿尔茨海默病、保护肝脏、保护心脏等作用。溶于多种有机溶剂和碱性溶液，不溶于水。甘草查耳酮B也属于甘草黄酮中的查耳酮类物质，分子量为286.28，化学结构式为$C_{16}H_{14}O_5$。与甘草查耳酮A具有α,β-不饱和联苯酮的共同结构，在常温下为淡黄色粉末。

十、天然植物中的多酚

（一）苹果多酚

苹果多酚包括多种酚类物质，可分为酚酸及其羟基酸酯类、糖类衍生物和黄酮类化合物，黄烷醇（儿茶素类和低聚原花青素）是苹果多酚的主要种类，超过酚类物质总含量的80%，其次是羟基肉桂酸（1%）、黄酮醇（2%～10%）、双氢查耳酮（0.5%～5%）和花色苷（1%，仅存在于红色苹果）。

苹果中多酚的主要成分因品种及成熟度的不同而有所不同。成熟苹果中的多酚主要为绿原酸、儿茶素以及原花青素等。而未成熟苹果中则含有较多的二羟基查耳酮、黄酮醇类化合物。未成熟的苹果与成熟苹果相比，成分组成相似，但成分含量上有很大的差异。特别是多酚类物质的含量高出成熟苹果含量的10倍以上。苹果的果皮比果肉有更高含量的酚类化合物。5-O-咖啡酰奎尼酸、（+）-儿茶素、（−）-表儿茶素、根皮苷和芦丁平均有8%、24%、32%、50%和66%存在于苹果果皮中，它们构成苹果总质量的6%～8%。

（二）茶多酚

茶多酚（tea ployphenols）是茶叶中含有的一类多羟基酚类化合物的总称，含量约占茶叶干物质总量的20%～30%。茶多酚是一类以儿茶素类为主体的多酚类化合物，除儿茶素类外，有黄烷醇类、黄烷酮类、酚酸类和花色苷及其苷元。其中儿茶素类化合物为茶多酚的主体成分，约占茶多酚总量的65%～80%。儿茶素类化合物主要包括表儿茶素、表没食子儿茶素、表儿茶素没食子酸酯和没食子儿茶素没食子酸酯四种物质，具有保健功能的主要是儿茶素和黄酮类物质。

儿茶素类化合物是茶叶中的主要功能成分，占茶叶干质量的12%～24%。茶树中儿茶素类化合物主要包括：儿茶素（catechin，C）、表儿茶素（epicatechin，EC）、没食子儿茶素（gallocatechin，GC）、表没食子儿茶素（epigallocatechin，EGC）、儿茶素没食子酸酯（catechin gallate，CG）、表儿茶素没食子酸酯（epicatechin gallate，ECG）、没食子儿茶素没食子酸酯（gallocatechin gallate，GCG）及表没食子儿茶素没食子酸酯（epigallocatechin gallate，EGCG）8种单体。

儿茶素具有抗炎症、抗菌、抗病毒及抗氧化等效用，其中，EGCG抗氧化性最为突出，EGCG可以抑制活性氧簇和丙二醛（MDA）产生，提高谷胱甘肽过氧化物酶（GSH-Px）活性，起到抗氧化作用。EGCG对癌细胞的抑制通过多条信号途径实现，主要包括NF-κB、MAPK、PI3K-Akt、TLRs和Nrf2等途径，EGCG能增加Nrf2的转录活性和与ARE（A，U富集序列）的结合能力，且能激活B淋巴母细胞、上皮和血管内皮细胞中Nrf2介导 ho-1 基因的表达。儿茶素可通过调节相关酶活性或与相关酶蛋白特异性结合抑制癌细胞增殖，诱导癌细胞调亡，但不同儿茶素单体间存在明显差异。儿茶素存在脂溶性低、稳定性差、在人体内利用率低等缺点，大大限制了其开发应用。可以通过酶法、化学法、微生物法等对儿茶素进行结构修饰以提高其药效及生物利用率。

茶多酚在人体内的吸收与代谢主要依赖其在肠道的生物转化，转化后生物活性得以提高。人体小肠不能完全吸收茶多酚，大部分茶多酚被认为是在肠道中残留并转化为乳酸Ⅰ型代谢产物（内酯、酚酸和芳香酸，简单的酚类）和Ⅱ型代谢产物（葡萄糖醛酸盐、硫酸盐和甲氧基衍生物），然后经过结肠细菌酶糖基化、肠道微生物脱羟基和去甲基化后转化成中间代谢产物，进一步转化为小分子化合物，进入肠肝循环或体循环，发挥各种生理功能，最后代谢物经尿液或粪便排出体外。

茶多酚在胃肠道中不能被完全吸收，其到达靶器官或组织的量相对较低，而且体内代谢速度很快，导致其生物学活性大大降低。EGCG在人体服用后1～2h内即可达到最高儿茶素血浆浓度水平（1～2mol/L），随后在初始服用24h内迅速清除血浆浓度恢复至基线水平。有多种因素抑制茶多酚的吸收与代谢，包括内因如EGCG对消化条件的敏感性、肠道运输效率低和快速代谢与清除；外因如摄入量、食物基质、营养状况等的影响，且各因素间存在或协同或制约作用。

（三）葡多酚

葡多酚又称为葡萄原花青素，广泛存在于葡萄籽，由黄酮醇类和缩聚单宁等物质组成，其中含量最高的为原花色苷，可达80%～85%。不同品种葡萄的多酚各种成分含量不同，使葡萄品种间存在颜色差异，它的颜色呈深玫瑰色至浅棕红色不等。在葡萄籽与葡萄皮中，葡多酚的含量较高，有资料表明，红葡萄的果皮中，多酚含量可达25%～50%，种子中则可达50%～70%。所以现在国内外研究使用的葡多酚一般从葡萄籽中提取。甲醇、乙醇和丙酮均为常用的葡多酚的提取溶剂。葡多酚的组成较为复杂，尽管国外做了很多这方面的研究，但是对于葡多酚化学成分的定量分析还没有可靠的方法。

白藜芦醇是葡萄多酚中很重要的一种活性物质，主要存在于葡萄皮中。葡萄酒中的白藜芦醇含量高低主要取决于葡萄皮的发酵时间，葡萄品种、葡萄生长环境、酿酒工艺等因素的差异也会影响白藜芦醇在葡萄酒中的含量。

十一、亚麻籽中的多酚类

亚麻（*Linum usitatissimum*）是一种一年生或多年生的植物，为亚麻科亚麻属植物，是古老的纤维作物和油料作物，包含油用亚麻、纤用亚麻和油纤两用亚麻三个品类。

亚麻籽平均质量为3.5～11g/千粒，颜色分为黄色和棕色两种。亚麻籽由种皮、胚乳和子叶组成。亚麻籽壳占全籽质量的30%～39%，表面光滑，富含胶质和纤维，并含有少量蛋白质和脂肪。种皮分4层，最外层含有黏液质的糖类，含有亚麻籽胶。色素层细胞中含有单宁色素与亚麻籽色素。亚麻籽中的水溶性色素，主要为异黄酮类或二氢黄酮类化合物，棕色亚麻籽相对于金黄色亚麻籽，细胞中含更多的亚麻单宁色素。子叶占全籽质量的50%左右，富含脂肪和蛋白质。这些成分基本都在亚麻籽粕中。大量油脂与蛋白质存在于胚乳层。

亚麻籽胶存在于亚麻籽壳中，为一种亲水的天然植物胶，具有非常强的乳化、增稠功能。亚麻籽中胶的含量占亚麻籽质量的2%～10%，随品种和栽培区域不同而不同。亚麻籽胶主要由木糖、阿拉伯糖、鼠李糖、半乳糖、葡萄糖、岩藻糖以及半乳糖醛酸组成，因此亚麻籽胶是一种酸性杂多糖，含少量蛋白质及矿物元素。亚麻籽胶具有高黏度、强持水性、优良的乳化性、发泡性及稳定性，可降低血脂。

亚麻籽中富含植物雌激素类成分。亚麻木酚素主要是指开环异落叶松树脂酚（secoisolariciresinol，SECO），而游离SECO和部分以二糖苷（secoisolariciresinol diglucoside，SDG）形式存在的SECO主要分布于亚麻籽表皮部分，亚麻木酚素通常是黄褐色粉末。亚麻木酚素还是一种良好的天然抗氧化剂。

亚麻籽含有40%～48%的油脂，10%～30%的蛋白质。亚麻籽油，含有5%～6%的棕榈酸、3%～6%的硬脂酸、19%～29%的油酸、14%～18%的亚油酸和高达45%～52%的α-亚麻酸（α-linolenic acid，ALA），对心血管疾病的防治有极大帮助。α-亚麻酸是ω-3多不饱和脂肪酸，也是DHA和EPA的前体物质。

亚麻籽中的生氰糖苷主要是二糖苷（如β-龙胆二糖丙酮氰醇、β-龙胆二糖甲乙酮氰醇），及少量单糖苷（如亚麻苦苷、百脉根苷），均为有毒成分。二糖苷在机体内能通过β-糖苷酶的作用而释放氢氰酸，再与含酶金属卟啉进行络合而产生强烈的抑制呼吸的作用，使机体发生中毒。

亚麻籽中的抗维生素B$_6$因子是D-脯氨酸的衍生物，被称为亚麻素（linatine），在亚麻粕中的含量为100mg/kg左右，其水解产物1-氨基-D-脯氨酸可与吡哆醛或磷酸吡哆醛缩合生成稳定的化合物腙，因此有破坏维生素B$_6$的作用。用亚麻粕做动物饲料时应添加适量的维生素B$_6$。

第九节
鱼类氧化损伤的细胞模型及其应用

　　动物实验模型是研究氧化损伤机制、筛选抗氧化损伤物质、筛选氧化损伤修复物质及研究其作用机制的有效技术方法。动物实验模型包括了活体动物实验模型和细胞试验模型，活体动物实验模型主要是通过饲料途径饲喂氧化损伤物质诱导动物出现氧化损伤，而细胞实验模型则是依赖离体培养的细胞进行相关的研究。

　　我们利用建立的草鱼原代肝细胞 H_2O_2 损伤模型，测试了两种天然植物商品（瑞安泰和健力特）对 H_2O_2 损伤的草鱼原代肝细胞的修复作用。一是探索了草鱼肝细胞的氧化损伤模型建立方法和模型特征，探讨了 H_2O_2 对肝细胞的损伤作用机制；二是证实了两种商品性天然植物产品瑞安泰和健力特对 H_2O_2 损伤肝细胞具有修复作用。

一、实验动物与动物实验模型

（一）动物模型简介

　　模型（model）是对特定对象的一种简化模拟或描述，简单地讲就是原型的一种概念性的、特征性的复制品。例如飞机模型、桥梁模型、动物模型等。与模型对应的称为原型。模型的基本要素就是能够再现原型的本质和内在特性；是对原型的系统、过程、对象或概念的一种简化表达形式；能够反映原型本质的思想、基本特征。

　　实验动物主要在人类医学研究中使用。对一些难以在人身上进行的工作，及一些数量很少的珍稀动物，或一些因体型庞大、不易实施操作的动物种类，采用取材容易、操作简便的另一种动物来代替人类或原来的目标动物进行实验研究，这就是实验动物。例如小鼠已经成为建立人类疾病的动物模型最佳实验动物。常用的 SPF（specific pathogen free）级动物是指无特定病原体级实验动物，尤其是指机体内无特定的微生物和寄生虫存在的动物，但非特定的微生物和寄生虫是容许存在的。一般指无传染病的健康动物，空气洁净度要求一万级，既可来自无菌动物繁育的后代，亦可经解剖取胚胎后，在隔离屏障设施的环境中，由 SPF 亲代动物抚育。水产学、水产动物营养学的研究则一般直接使用养殖水产动物作为实验动物。

　　动物实验模型是依据研究目标，可以在活体实验动物身体上重现其发生机制与发展历程的模型。这种能够重现其研究目标特征的活体动物就称为动物实验模型。在实验动物身体上重现特定研究目标的发生机制、发展历程的过程就称为建模，其实验方法又称为建模方法。例如免疫缺陷的试验动物模型。

　　动物实验模型建立的意义在于，一个良好动物模型是一项重大研究工作取得成功的基本条件。动物实验模型是对研究目标原型动物的一种简化模拟，可以最大限度地排除其他因素的干扰，而特征性地重现研究目标的发生机制和发展历程，使研究目标专一、实验条件和方法更为规范，可以大大降低工作量、显著提高研究工作的成功概率；重要的是可以在较短的时间内，批量地获得具备研究目标特征的实验动物，既保障了实验动物研究目标特征的重现，又保障了实验动物数量的需要。

　　模式动物（model animal）是指一种动物的生命活动过程可以成为另一种动物或者人类的参照物，为了保证这些动物实验更科学、准确和重复性好，可以用各种方法把一些需要研究的生理或病理活动相对稳定地重现在标准化的实验动物身上，供实验研究之用，这些标准化的实验动物称之为模式动物。常见的模式动物如海胆、果蝇、酵母、大肠埃希菌、线虫、斑马鱼、非洲爪蟾、大鼠、小鼠等。

（二）动物实验模型建立的基本要求

首先是所选择的实验动物在生物学、生理学、进化程度等方面要与研究目标动物最大限度地接近，直接选用养殖水产动物作为动物实验模型材料可以很好地满足上述需要；其次是在实验动物身上能够较为完整地重现研究目标所需要的发生机制和发展历程，具备研究目标所需要的全部生理、代谢特征，即研究目标特征要明显且稳定，这需要依据特定的研究目标而选择适当的模型构建方法来实现，例如鱼类脂肪肝实验模型的构建可以采用人为诱导肝损伤并饲喂高脂肪含量的饲料，或在一定时期内直接饲喂过量脂肪含量的饲料来实现；第三，具备研究目标的动物数量要达到一定的规模，可以使具备研究目标的实验动物实现批量的复制，以满足研究工作对实验动物数量的需要；第四，在建模完成时，实验动物要保持一定的成活率，以满足利用动物实验模型进行后期研究工作的需要；第五，模型建立的时间较短，简单讲就是选择与研究目标动物生物学一致或接近的动物，可以在较短的时间内、批量地、稳定地复制研究目标所需要的重要特征。这是动物实验模型成立的基本条件和要求。

（三）动物实验模型建立方法

动物实验模型构建方法与研究目标是密切相关的。研究目标不同，建立动物实验模型的方法也不同，关键是要满足模型成立的基本条件和要求。例如关于动物器官的作用研究可以采用切除特定器官的方法建立动物实验模型；营养学研究的动物实验模型可以采用在日粮中缺少某种营养素的方法建立营养缺陷动物实验模型。

在不同方法中，采用药物或试剂建立目标特征的方法较多，也较为常用。这种药物或试剂就被称为造模剂。不同的造模剂所建立的模型特征是有差异的，主要依据研究目标进行选择。

二、动物脂肪肝病实验模型

饲料物质与养殖动物生理健康的关系也是水产动物营养学与饲料学研究的重要内容之一。在水产养殖中，养殖动物的脂肪肝病是主要的营养性疾病之一，也是水产动物营养研究的重要内容之一。水产动物营养与饲料研究的主要方向除了营养素对养殖动物的营养作用外，还要研究饲料中非营养物质对养殖动物的作用。非营养物质如纤维素显示出营养辅助作用，而更多的物质如抗营养因子、油脂氧化产物、霉菌毒素、重金属等则是对养殖动物显示副作用或毒性作用，这些物质可能导致养殖水产动物正常代谢失调、组织或器官损伤等，进而影响到养殖动物的生理健康，导致抗应激能力下降、免疫防御能力下降等。在实际生产中可能表现为水产动物生长速度下降、饲料效率降低、鱼体体色变化、感染疾病的概率显著增加等。

每种养殖动物都有其最适应的生活环境，并具有最佳生长潜力，这是普遍规律。养殖动物只有在良好的生理和健康条件下才能获得最佳的生长潜力。饲料是养殖动物的主要物质和能量来源，饲料的营养质量、卫生安全质量对于养殖动物的生理健康具有非常重要的作用。借鉴人类医学与药物研究的发展历程与成就，动物实验模型在病理基础研究、药物筛选与作用机制研究中发挥了重要的作用。构建不同的非健康动物实验模型对于饲料物质与养殖水产动物健康关系的研究同样具有重要的学术和应用价值。

（一）动物的脂肪肝及其判断标准

动物肝脏或肝胰脏（水产动物多数为肝胰脏）脂肪性病变的主要特征是：①脂肪含量超过正常值，即脂肪在肝（胰）脏中过量累积，不同动物肝（胰）脏脂肪含量正常值有一定的差异；②在肝组织切片观察结果中，肝细胞中有超过正常值的脂滴（脂滴大小与数量均超过正常值）；③具备进一步发展为脂肪性肝炎、肝纤维化、肝硬化、肝萎缩、肝功能衰竭、肝与其他器官同时病变的基础。动物出现脂肪性肝病的判别标准目前还是一个值得研究的问题。目前较为成熟的是人体医学中关于人体脂肪肝病鉴定的基本判断标准（表3-10），而其他动物，包括水产动物脂肪肝的判别标准还有待研究。

表3-10 人体脂肪肝和肝细胞脂肪变性程度判断标准

等级	肝脂肪含量/%（以湿重计）	肝小叶内含脂滴细胞数/总细胞数比值
−	3～5	0
+	5～10（轻度）	<1/3
++	5～10（轻度）	1/3～2/3
+++	10～25（中度）	>2/3
++++	25～50或以上（重度）	≈1

资料来源：中华医学会肝脏病学分会脂肪肝和酒精性肝病学组，2003。
注：等级"−"表示正常；"+"表示脂肪肝成立及其程度。

（二）脂肪肝实验模型及其应用

脂肪肝实验模型要求。实际生产中，养殖水产动物发生脂肪肝病的概率较高，而要满足试验研究的需要，要获得一定数量、病变程度较为一致的具备脂肪肝病特征的实验水产动物则较为困难，这就需要通过有效的实验方法构建一批具备脂肪肝特征的水产动物。动物脂肪肝病实验模型构建的基本要求包括：①能够较为准确而有效地复制不同致病因素所引起的脂肪肝、肝损伤的实验动物脂肪肝和肝损伤类型，要充分考虑其发病机制，使其更接近研究对象的脂肪肝病变过程，能够有效复制脂肪肝病变的发病机制；②时间尽可能短，一般要求在几周内建模完成；③实验条件可控性强，模型稳定、可重复性高，便于进行有效的、批量化的复制和模拟；④实验模型建立的可操作性强，造模方法和检测指标尽可能简便、经济；⑤动物死亡率低，脂肪肝发展过程中最好能够呈现"单纯性脂肪肝→脂肪性肝炎→脂肪性肝纤维化→肝硬化→肝功能衰竭"的病变渐进性或急性发展过程，便于进行不同发展阶段的研究。

脂肪肝病实验模型构建的应用（表3-11）。脂肪肝病实验模型的主要应用方向包括：①用于水产动物脂肪性肝病发生机制、基本的发展历程及其机制的基础研究，需要研究不同的饲料物质、不同的试验条件下，养殖水产动物脂肪肝的发生的物质基础、作用位点、生理与生化作用途径、标志性指标及其指标值的变化等，阐述脂肪肝病发生的机制；②用于应用技术与作用机理研究，研究预防和治疗脂肪肝病的营养与饲料控制方法（如饲料安全控制、营养素的平衡、饲料配方的优化等）、有效的饲料添加物和药物，阐明饲料物质、药物的作用机理；③用于饲料添加剂或药物的筛选和评价。

表3-11　动物脂肪性肝病实验模型应用的基本方案

模型	试验条件	研究内容与应用方向
正常组	正常的饲料与实验条件	正对照
模型组	依据研究目标确定造模方法和条件	与正常试验组对比研究脂肪性肝病发生原因、发生机制，以及发展基本历程与发展机制。例如是什么原因导致肝胰脏脂肪积累量增加而发生脂肪肝？发生脂肪肝的生理与代谢后果如何等。
模型组＋实验目标组	实验动物造模后，给予实验受试物（种类、剂量水平）	分别与正常对照组、模型组对比研究饲料物质、饲料添加剂、药物等的作用机制、有效作用剂量，定量评价受试物是否对模型组的损伤具有修复作用、损伤修复的程度是否达到正常组的状态等。

（三）动物脂肪肝病实验模型建立方法

小鼠或大鼠脂肪肝实验模型构建的方法较多，而水产动物脂肪肝病模型构建还处于发展的初期，在造模剂选择、建模条件等方面需要借鉴和参考。不同的造模剂、不同的建模方法所得到的动物脂肪性肝病的发生机制、肝病特征有一定的差异。下面介绍几种较为典型的动物脂肪性肝病造模方法。

（1）药物性脂肪肝模型

药物性脂肪肝模型的造模机理是药物通过影响肝细胞线粒体外源性脂肪酸的β氧化，从而诱发肝细胞脂肪变性。成模标准为肝内三酰甘油含量显著增加，多种炎症细胞因子基因表达增强，血清谷丙转氨酶（ALT）水平增高，肝组织学观察见多灶性炎症细胞浸润。

（2）养失调性大鼠脂肪肝模型

造膜方法：用缺乏胆碱和蛋氨酸、低蛋白、高脂饲料喂幼年大鼠可造成脂肪代谢障碍，通过8～12周以上的喂养诱发脂肪肝，是国内最常用的非酒精性脂肪肝模型。包括单纯高脂乳剂灌胃法；高脂、高糖、高蛋白质乳剂灌胃法；高脂液体饲料喂养法；高糖饮食造模法；禁食后给予高脂高糖饲料造模法（宋正己，2004）。

成模标准：模型中以血脂四项［三酰甘油、低密度脂蛋白（LDL）、高密度脂蛋白（HDL）、极低密度脂蛋白］、肝胆固醇、肝三酰甘油指标变化为判断依据，成模标准是造模组与对照组相比，血清三酰甘油、总胆固醇（total cholesterol，TC）、HDL、LDL水平显著升高；肝胆固醇、肝三酰甘油水平显著升高；肝脏病理学显示肝细胞明显水肿，肝细胞浆内出现大小不等的脂滴，呈肝细胞脂肪变性，偶见肝细胞点状坏死。

（3）四氯化碳（CCl₄）引起的肝损伤实验模型

四氯化碳（CCl_4）已被广泛地应用于诱导动物肝损伤模型，其模型特征为肝纤维化。CCl_4诱导肝纤维化进展稳定、重复性好，是研究肝纤维化发展动态最常用的方法。CCl_4经肝内的CYP2E1代谢生成氧化活性中间产物（reactive oxygen intermediates，ROI），造成生物膜结构和功能损伤，表现为肝小叶中央区肝细胞坏死脂变、反应性增生，脂质的过氧化反应可促进肝纤维化，急性损伤小叶中央区见气球样变，DNA片段及巨噬细胞提示细胞凋亡参与肝损伤。在肝细胞内质网中，CCl_4通过肝微粒体细胞色素P450氧化酶激活后，产生自由基$CCl_3 \cdot$及$Cl \cdot$，自由基的$CCl_3 \cdot$可通过共用电子对和P450磷脂部分发生反应，增强过氧化脂质，引起内质网、线粒体、高尔基体甚至细胞膜的变性和坏死，造成蛋白质合成和能量代谢的障碍。

造模方法：常用于大鼠、小鼠肝纤维化实验模型。给药途径有皮下注射、腹腔注射、灌胃、蒸气吸入或拌于食物中快速口服等。常用的为40%～60% CCl_4橄榄油溶液皮下注射，0.3mL/100g（以体重计），首剂加倍，每周2次，共8～12周形成肝纤维化（郭花等，2006）。

成模标准：造模机理为四氯化碳通过自由基脂质过氧化反应等途径导致实验大鼠肝细胞损伤，血清三酰甘油、血清 ALT 指标变化最为显著。成模标准为重度大泡性肝细胞脂肪变、肝细胞坏死和炎症，血清三酰甘油、ALT 异常。

（4）氨基半乳糖（D-gal）肝损伤模型

模型特征为实验性肝炎模型，病理改变与病毒性肝炎相似，是目前研究病毒性肝炎的发病机制及其药物治疗的较好模型。长期小剂量可导致肝纤维化和肝癌。外源性半乳糖进入体内后，竞争性捕捉三磷酸尿苷（UTP）生成二磷酸尿苷半乳糖（UDP-gal），造成 UTP 及其他尿嘧啶核苷酸的消耗，从而使依赖其生物合成的核酸、糖蛋白、脂糖等物质合成受到限制，使磷酸鸟苷耗竭，导致物质代谢严重障碍，引起细胞功能性和结构性损伤。

造模方法：将 D-gal 以无菌生理盐水配 10% 的溶液，用 1mol/L 的 NaOH 将 pH 调至 7.0，按 500 ～ 850mg/kg 一次性腹腔注射成年大鼠。剂量超过 1000mg/kg 时，常引起广泛性肝坏死。肝功能衰竭模型：大剂量 24h 内注射，单剂 4 ～ 6h 出现个别肝细胞变性坏死，6h 后有肝巨噬（Kupffer）细胞增多，24h 后出现多灶性坏死伴炎性反应，48h 后损伤达高峰，门管区出现水肿炎性细胞浸润，48h 后开始重建结构，7 ～ 12d 完全恢复。

成模标准：D-gal 肝损伤呈弥漫性的复发性片状坏死，与病毒性肝炎所造成的损伤类似。

（5）硫代乙酰胺（TAA）肝损伤模型

硫代乙酰胺是弱致癌性物质，在实验性肝损伤动物中致肝癌、肝细胞损伤反应效果好，肝纤维化组织改变接近人类肝硬化表现，诱发急性肝衰竭（acute liver failure，ALF）可表现肝性脑病，常用于制作肝纤维化和 ALF 模型。TAA 可引起肝细胞坏死、肝硬化、肿瘤、急性肝功能衰竭。TAA 在体内主要经 P450 代谢生成活性中间产物 TSO（TAA-S-oxide），后者经 P450 继续氧化代谢生成极性中间产物，与细胞内大分子物质呈不可逆性结合，例如干扰 RNA 从胞核到胞浆的转运过程，影响蛋白质的合成和酶活力，增加肝细胞核内 DNA 合成及有丝分裂，促进肝硬化发展。

造模方法：腹腔注射 TAA 350mg/kg，24h 后重复一次，成功地复制出急性肝衰竭大鼠模型，过程简单易行，具有可行性和重复性，制备成功率高。

成模标准：AST/ALT 比值明显升高，AST/ALT 比值是临床应用较多的反映肝细胞损坏程度的指标，AST 主要分布于线粒体，当肝细胞严重病变坏死时，线粒体内 AST 便释放出来，轻型肝炎时 AST/ALT 比值下降，重症肝炎时比值上升。

（6）草鱼硫代乙酰胺（TAA）肝损伤模型

向超林（2011）等利用硫代乙酰胺与高脂肪饲料建立草鱼肝胰脏损伤实验模型，并利用该模型研究了酵母培养物、姜黄素、水飞蓟素对肝胰脏损伤的修复效果。

造模方法：采用注射硫代乙酰胺（TAA）及饲喂高水平油脂饲料建立草鱼肝损伤实验模型。草鱼腹腔注射 TAA 300mg/kg，1 次 /d，注射 1 次；投喂含高于 4.8% 油脂（豆油）的饲料，养殖 2 周左右即可建立草鱼肝胰脏损伤和肝纤维化实验模型。

成模标准：①注射 TAA 组草鱼特定生长率显著降低了 30.5%（$P < 0.01$），成活率平均为 73.33%。注射 TAA 组草鱼的肌肉粗脂肪含量显著降低了 17.6%（$P < 0.05$），而肝胰脏粗脂肪含量显著增高了 13.38%（$P < 0.01$）。②注射组在 2 周、4 周和 6 周时，注射 TAA 组血清 AST/ALT 分别为对照组的 1.94 倍、1.38 倍和 1.31 倍。试验结束时，草鱼血清 AST/ALT 增高了 10.1%，而血清胆碱酯酶（CHE）降低了 6.38%。注射 TAA 草鱼血清 SOD 活力显著低于对照组 8.56%（$P < 0.05$）。③与对照组相比，注射 TAA 组肝细胞肿胀且边界模糊，肝细胞部分脂肪病变，有部分炎症浸润，并都出现肝纤维化。实验模型具备脂肪肝和肝纤维化病理特征。

模型的实验应用：通过在硫代乙酰胺（TAA）所致肝损伤草鱼饲料中分别添加酵母培养物 DV、姜黄素和水飞蓟素，探讨三种保护剂对肝损伤草鱼生长性能和氧化体系的影响。结果显示：①酵母 DV 组、姜黄素组和水飞蓟素组草鱼的特定生长率（SGR）分别高出模型组48.68%、28.95%和17.11%，同时低于对照组，但差异不显著（$P>0.05$）；注射TAA和保护剂对草鱼的肝脏指数（LBR）及体脂肪组成含量的影响显著（$P<0.05$）。②TAA和三种添加剂对各组血清T-SOD和GSH-Px之间的影响显著（$P<0.05$），酵母DV组和姜黄素组T-SOD、GSH-Px显著高于模型组（$P<0.05$），而水飞蓟素组与模型组差异不显著（$P>0.05$）。结果表明：在饲料中分别添加0.075%酵母DV、0.140%姜黄素、0.083%水飞蓟素，对于TAA+3.61%油脂建立的肝损伤实验模型草鱼的肝胰脏具有一定的修复作用，但尚不能完全恢复到对照组草鱼的生理状态。

三、鱼类肝细胞 H_2O_2 损伤模型

氧化损伤细胞模型构建所使用的造模剂为 H_2O_2，选用的细胞则依据不同的研究目标可以选择不同的细胞系或原代细胞，例如人体医学一般选用鼠或人体的细胞系，而水产动物因为细胞系缺乏，则一般选用原代的肝细胞或其他原代细胞。造模参数主要为 H_2O_2 在细胞培养液中的浓度、持续作用时间，而加入 H_2O_2 的时间点一般在培养细胞处于对数生长时期。模型成立的条件则依据选定的检测指标确定，而指标的设置则与模型的特征密切相关。例如，研究氧化损伤和抗氧化损伤的一般性损伤模型可以选择细胞成活率或细胞活性为指标，以达到与对照组具有显著性差异、具有50%以上细胞存活作为模型成立的条件。如果以研究对细胞膜氧化损伤为研究目标，则需要以细胞膜通透性指标如乳酸脱氢（LDH）酶活性、转氨酶活性等为指标；如果以研究 H_2O_2 诱导的线粒体途径损伤、细胞凋亡或死亡为研究目标，则需要以模型细胞的凋亡率、线粒体膜电位、细胞色素c氧化酶活性、caspase-3活性等为建模指标，同时检测细胞和线粒体的超微结构。模型成立的条件依然是与对照组比较，细胞凋亡率达到显著性差异，但有50%～70%以上细胞成活，如果细胞的成活率过低则难以进行受试物的筛选和抗氧化损伤、抗氧化损伤修复作用的试验。

因此，需要依据研究目标来设定 H_2O_2 诱导细胞氧化损伤细胞模型的建模指标，并构建相应的成模参数（指标体系）。

氧化损伤细胞模型的应用依然采用"正对照组、模型组（负对照组）、模型试验组（造模剂+受试物）"的设置方法，研究受试物对氧化损伤的修复作用机制和效果，以经过受试物修复后，模型指标能够好于模型组且接近正对照组的结果作为判定指标。与正对照组的试验指标检测结果进行比较，一般以能够修复到正常组的比例表示其修复程度。

需要特别注意的是，在进行氧化损伤修复效果评价的试验过程中，造模剂和受试物加入的时间及其所代表的生理意义。有以下几种情况，如果将受试物加入到培养基，培养细胞达到对数生长期时再加入 H_2O_2，这是在受试物加入并培养细胞到对数生长期后再加入 H_2O_2，得到的结果表明的是受试物对培养细胞生长和健康的影响以及抵御 H_2O_2 氧化损伤的能力。另一种情况则是，在培养细胞达到对数生长期后，同时加入受试物和 H_2O_2，或在加入 H_2O_2 后再加入受试物，这是在 H_2O_2 造成培养细胞氧化损伤之后再加入的受试物，所显示的结果是对 H_2O_2 损伤之后的修复作用。

（一） H_2O_2 作为造模剂的肝细胞损伤模型

（1）人正常肝细胞LO2的 H_2O_2 损伤模型与芹菜素的修复作用

杜毅超等（2020）以LO2细胞为试验对象，以 H_2O_2 为造模剂建立细胞损伤模型，以CCK-8检测细胞活力，同时测定培养液中LDH和SOD酶活力、丙二醛含量判定细胞通透性改变，hoechst染色观察细

胞凋亡、以caspase-3活性判定细胞凋亡，得到模型成立的条件为：以含10%胎牛血清的RPMI 1640为培养基，在LO2细胞培养12h后加入500μmol/L的H_2O_2，37℃、5% CO_2条件培养4h，H_2O_2诱导LO2细胞氧化损伤，细胞活性约为对照组的70%、并出现凋亡。用此模型研究了芹菜素对LO2细胞H_2O_2损伤后的修复作用，以细胞凋亡率为判别指标，空白对照组、模型组、5μmol/L的芹菜素（细胞培养液中的浓度）组细胞凋亡率分别为（7.54±0.52）%、（39.77±3.44）%、（14.40±0.79）%，差异显著（$P < 0.01$）。以培养细胞中caspase-3活性为判别指标，空白对照组、模型组、5μmol/L的芹菜素组的caspase-3活性分别为（4.38±0.59）U/mg、（16.44±1.13）U/mg、（10.60±1.04）U/mg（$P < 0.05$）。证实芹菜素通过抑制ROS的生成，降低caspase-3活性，对H_2O_2诱导的LO2细胞损伤具有保护作用。

（2）H_2O_2诱导产蛋鸡原代肝细胞氧化应激模型

齐晓龙等（2013）以45周龄海兰褐产蛋鸡肝原代细胞为试验对象，以加入了胎牛血清的william's E为培养基，37℃、5% CO_2培养条件下，以细胞存活率为对照组的60%为建模标准。模型成立的参数条件为4mmol/L的H_2O_2处理肝细胞2h，细胞内ROS产量显著高于对照组；同时丙二醛（MDA）含量也显著增加，造成了细胞氧化损伤。

（3）斜带石斑鱼原代肝细胞H_2O_2损伤模型

张润蔚等（2017）以斜带石斑鱼原代肝细胞为试验对象，建立了H_2O_2损伤模型成模。以含有20%胎牛血清的L-15为培养基，以斜带石斑鱼肝细胞的存活率达50%～65%为成模标准。在原代肝细胞生长到对数期后，以800μmol/L H_2O_2作用于肝细胞，25℃、5%的CO_2条件下培养8h，斜带石斑鱼肝细胞的存活率降低至61.98%；同时，肝细胞超氧化物歧化酶、谷胱甘肽过氧化物酶和过氧化氢酶活性显著降低，丙二醛与脂质过氧化物含量显著升高；斜带石斑鱼肝细胞H_2O_2氧化损伤模型成立。

（二）草鱼肝细胞H_2O_2损伤模型

细胞内产生过量的ROS是造成氧化应激的重要因素之一，ROS主要包括一氧化氮、H_2O_2和活性羟基自由基等，其中H_2O_2性质稳定、操作简易是建立氧化应激模型的优选氧化剂。

以平均体重20g左右的草鱼肝脏原代细胞为试验对象，用含10%胎牛血清的M199为培养基，在5%的CO_2和27℃的培养箱中培养。在肝细胞生长处于对数期时加入H_2O_2。

MTT染色法检测各实验组草鱼原代肝细胞的成活率，得到图3-39的结果。

培养液中终浓度为200μmol/L的H_2O_2处理细胞1h时细胞存活率为（64.85±0.37）%，与对照组相比具有显著性差异（$P < 0.05$），可作为氧化应激模型构建的条件。

不同浓度H_2O_2对肝细胞凋亡的影响结果见图3-40。不同浓度的H_2O_2损伤肝细胞1h，流式细胞仪分析结果显示，与正对照相比，100μmol/L的H_2O_2处理组就已经有明显的凋亡，随着H_2O_2浓度的增加，肝细胞的凋亡率逐渐增高，与正对照相比有显著性差异（$P < 0.01$）。400～600μmol/L的H_2O_2组晚期凋亡和坏死细胞显著增多。

如图3-41所示，100μmol/L、200μmol/L、400μmol/L和600μmol/L H_2O_2处理1h后，肝细胞的总凋亡率分别是（21.29±1.62）%、（36.78±1.23）%、（53.82±3.56）%、（61.52±3.71）%。

肝细胞内ROS含量如图3-42所示，H_2O_2浓度为0～200μmol/L时ROS的含量随浓度的升高而升高，200μmol/L时ROS含量最高，与对照组相比具有统计学意义（$P < 0.01$）。400～600μmol/L时ROS含量显著降低。0～600μmol/L H_2O_2处理细胞1h后，ROS水平用荧光强度来表示分别为62.0±4.00、103.7±2.52、109.3±1.53、87.0±6.33、66.3±3.02。

上述试验结果表明，细胞存活率是表征细胞状态的基础指标，直接反映外界刺激对细胞的损伤程

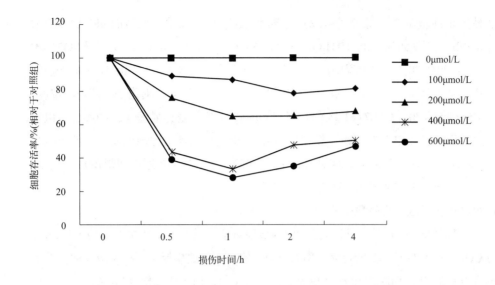

图3-39 H₂O₂浓度和损伤时间对细胞存活率的影响

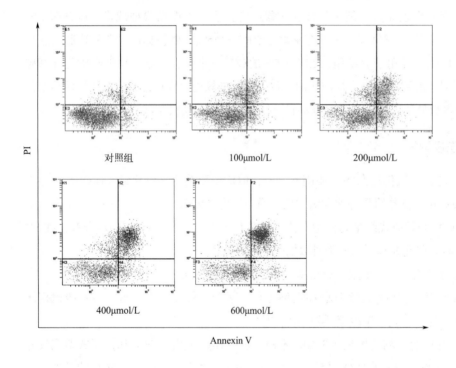

图3-40 H₂O₂损伤肝细胞1h后流式细胞仪分析结果

度。细胞存活率低于50%说明大量细胞可能发生不可逆死亡；高于70%则说明细胞状态良好，没造成明显的氧化损伤，不利于后期试验的进展。细胞成活率在50%～70%时可作为建立模型的基础标准。试验结果用200μmol/L的H₂O₂处理细胞1h时细胞存活率达到（64.85±0.37）%，符合建模细胞存活率的范围。

因此，通过试验总结的草鱼原代肝细胞的H₂O₂损伤模型建立方法为，以含10%胎牛血清的M199培养基为培养液，在5% CO₂、27℃培养条件下，以培养液中终浓度为200μmol/L的H₂O₂为造模剂、处理肝细胞1h，可以成功构建草鱼原代肝细胞的氧化应激模型。细胞存活率在50%～70%，细胞凋亡率在30%～50%。模型特征为细胞存活率为（64.85±0.37）%，SOD活性显著降低24.50%，MDA含量

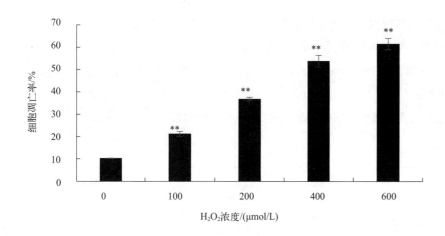

图3-41 H₂O₂损伤肝细胞的凋亡率
图形上方标有"**"表示差异极为显著（$P < 0.01$），（$n=6$）

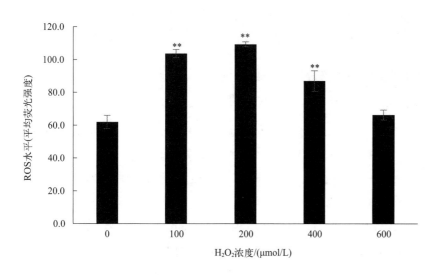

图3-42 不同浓度H₂O₂对肝细胞ROS水平的影响
图形上方标有"**"表示差异极为显著（$P < 0.01$），（$n=6$）

增加了5.56%、LDH活力增加13.88%、细胞凋亡率升高26.51%、ROS水平显著增加了76.29%，说明 H_2O_2 通过对细胞造成自由基的损伤，产生大量氧化产物，降低抗氧化酶水平，降低细胞活力而表现出明显的氧化损伤作用，促进细胞凋亡。

四、3种天然植物水溶物对草鱼原代肝细胞 H₂O₂ 损伤的修复作用

（一）天然植物材料

利用构建的 H_2O_2 氧化应激模型为基础，以瑞安泰、健力特和诃子水溶物为试验材料，以维生素C作为对照，探讨不同天然植物水溶物对草鱼原代肝细胞氧化应激损伤的保护作用及其作用机制。

天然植物中具有抗氧化活性作用有效成分主要包括多酚类、多糖类、黄酮类及皂苷类等物质。瑞安泰和健力特中的皂苷、黄酮、多糖、多酚含量的测定分别按T/AHFIA 004—2018《食品中总皂苷含量的测定　分光光度法》测定总皂苷，GB/T 20574—2006《蜂胶中总黄酮含量的测定方法　分光光度比色法》测定黄酮，《保健食品功效成分检测方法》（王光亚，2002）中粗多糖的测定方法（以葡萄糖计）、茶叶中茶多酚和儿茶素类含量的检测方法测定多糖和多酚含量。测定结果如表3-12。

表3-12　瑞安泰和健力特活性成分含量/%

组别	多酚	水溶性多糖	黄酮	皂苷
瑞安泰RAT	1.78±0.01	8.71±0.02	0.17±0.02	3.56±0.00
健力特JLT	2.56±0.00	12.37±0.01	1.03±0.01	3.46±0.02

3种天然植物水溶物的制备方法为：各称取一定量的天然植物粉末，按料液比1∶10加入双蒸水，搅拌均匀，4℃浸泡24h，用0.22μm滤膜过滤两遍，将滤液放入冷冻干燥机冻干，得冻干粉，于−80℃冷冻保存待用。

使用时，先将冻干粉配制成一定浓度的母液，之后依据试验需要定量加入到细胞培养液中，天然植物的添加量以单位体积培养液中含天然植物冻干粉质量（mg/mL）表示。维生素C直接以质量浓度表示。

（二）3种天然植物水溶物可以部分修复H_2O_2损伤的草鱼肝细胞活力

（1）细胞培养液中适宜的水溶物浓度

接种$2.5×10^5$个分离的草鱼肝细胞到96孔细胞培养板中，24h后待其覆盖底面积80%左右时，更换培养基，使培养液中瑞安泰（RAT）、健力特（JLT）、诃子（TCR）的水溶物和维生素C（VC）的浓度各分别为0.01mg/mL、0.05mg/mL、0.1mg/mL、0.5mg/mL、1.0mg/mL、5.0mg/mL，继续培养24h后，更换新培养液，MTT法检测细胞活力。

由图3-43结果所示，0.01～1mg/mL浓度的健力特水溶物培养肝细胞24h的细胞活力无显著性差异（$P > 0.05$），健力特浓度增加到5mg/mL时细胞活力显著降低（$P < 0.05$）；0.01～0.5mg/mL浓度的瑞安泰水溶物培养肝细胞24h，与对照组相比，细胞活力呈显著性上升趋势（$P < 0.05$），1～5mg/mL范围内肝细胞活力显著降低（$P < 0.05$）；0.01～0.5mg/mL浓度的诃子水溶物培养肝细胞24h，细胞活力无显著性差异（$P > 0.05$），1～5mg/mL浓度的诃子水溶物显著降低细胞活力（$P < 0.05$）；维生素C作为阳性对照在0.01～0.1mg/mL浓度范围内与对照组相比无显著性差异，0.5mg/mL和1mg/mL两个浓度下细胞活力显著升高，5mg/mL浓度的维生素C显著降低细胞活力（$P < 0.05$）。

因此，后续试验选用浓度为0.01～0.5mg/mL的三种天然植物水溶物和维生素C阳性对照进行试验。

（2）对H_2O_2损伤肝细胞活力的修复作用

按照实验室的细胞分离和培养方法，培养分离的原代肝细胞24h后，更换培养基，加入含有200μmol/L的H_2O_2培养细胞1h建立模型，加入含天然植物水溶物的培养液，继续培养细胞24h，MTT法检测细胞活力。细胞活力结果如图3-44所示，H_2O_2组与对照（Con）组相比有显著降低的趋势（$P < 0.05$），除健力特组外，瑞安泰、诃子和维生素C组与H_2O_2组相比都能显著性提高细胞活力（$P < 0.05$），维生素C组效果最好，瑞安泰和诃子组间无显著性差异（$P > 0.05$）。

与H_2O_2组相比，四种物质都有提高细胞活力的结果，且瑞安泰、诃子和维生素C组具有显著性差异。除维生素C组外，细胞相对活力由高到低分别是：诃子＞瑞安泰＞健力特。

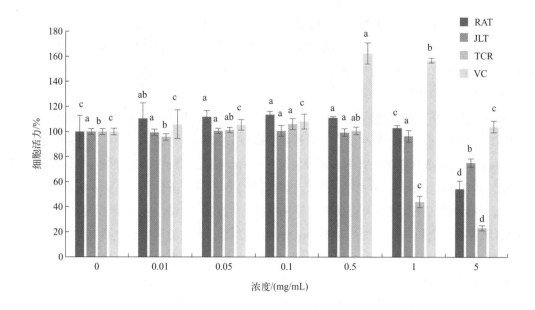

图3-43 不同浓度天然植物水溶物和维生素C对细胞活力的影响

同一物质图形上方标有不同小写字母表示同一物质不同浓度间差异显著（$P < 0.05$），（$n=3$）

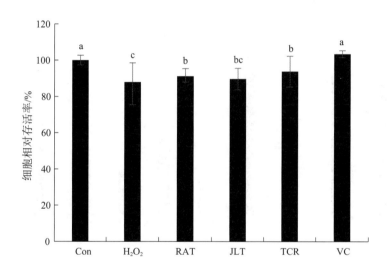

图3-44 天然植物水溶物和维生素C对损伤细胞活力的影响

图形上方标有不同小写字母表示两组差异显著（$P < 0.05$），相同字母表示两组无显著性差异（$P > 0.05$），（$n=3$）

（三）3种天然植物对H_2O_2损伤肝细胞抗氧化酶活性的影响

接种$4×10^6$个细胞到12孔板里，待细胞生长到对数生长期时，加入H_2O_2损伤细胞1h，建立损伤模型，弃掉上清，对照（Con）组和H_2O_2组换正常培养基，其余组别分别加入0.10mg/mL的瑞安泰、健力特、诃子的水溶物和维生素C的完全培养基，培养细胞24h，弃掉上清，胰酶消化细胞2min，完全培养基终止消化，弃上清，收集细胞后，加入1mL双蒸水，利用细胞超声破碎仪低温裂解细胞（功率30%，裂解3min），按照南京建成生物工程研究所试剂盒的方法检测SOD、CAT酶活性和MDA、GSH含量。

结果如图3-45所示，与对照相比，H_2O_2组的MDA含量显著上升（$P < 0.05$），与H_2O_2组相比，加入不同天然植物水溶物和维生素C后，丙二醛（MDA）含量呈显著下降趋势。H_2O_2组谷胱甘肽（GSH）含

量与Con相比显著降低，天然植物水溶物和维生素C组都显著提高了GSH含量（$P<0.01$）。H_2O_2组过氧化氢酶（CAT）活性显著降低，天然植物水溶物和维生素C组CAT酶活性有升高趋势，除健力特组，其余三组都具有显著性（$P<0.01$）。H_2O_2组的SOD活性较Con组显著提高，加入天然植物水溶物和维生素C后SOD活性显著下降（$P<0.05$）。

MDA是生物膜中不饱和脂肪酸被氧化后的代谢产物，对细胞有毒性，反映细胞损伤和动物脂质过氧化程度。SOD、CAT作为体内重要的抗氧化酶，其活性能够检测水生动物的抗氧化能力。SOD可以与体内超氧自由基发生歧化反应生成H_2O_2，CAT再将其分解成水，两者构成完整的抗氧化过程，减少超氧自由基对细胞的氧化应激损伤。GSH是动物体内一种天然的抗氧化剂，具有多个特殊功能的化学基团，能清除体内$O_2^-\cdot$，保护细胞膜的完整性，具有抗脂质氧化作用，能提高动物抗氧化应激能力。鲤鱼和草鱼日粮中添加GSH能够提高增重率，能提高IGF-1mRNA的表达量。本试验观察到H_2O_2组CAT的抗氧化酶活性显著性降低，MDA水平显著上升，说明细胞膜受损且脂质发生过氧化，抗氧化酶系统受损。在损伤细胞基础上加入瑞安泰、健力特、诃子以及维生素C培养细胞24h后，检测到胞内的CAT酶活性及GSH水平显著上升（$P<0.01$），MDA含量显著下降（$P<0.05$）。说明天然植物水溶物可以增加损伤细胞的抗氧化酶活力，减少MDA积累，逆转草鱼肝胰脏细胞氧化应激标志物的变化，包括$O_2^-\cdot$、MDA

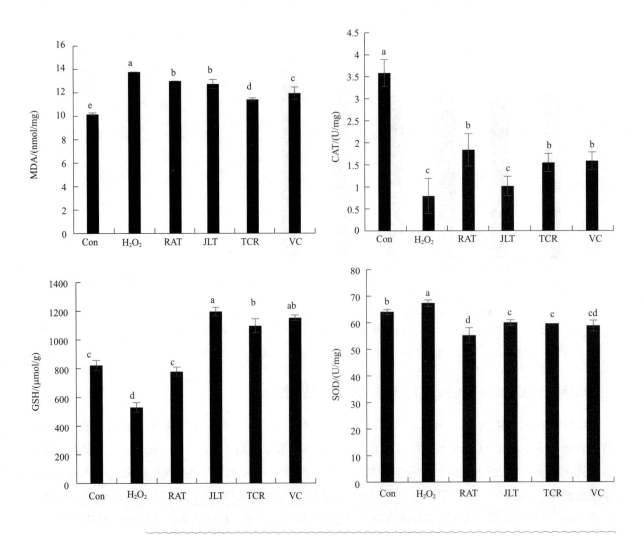

图3-45 天然植物水溶物和维生素C对损伤细胞酶活性的影响（$n=3$）

图形上方标有不同小写字母表示两组差异显著（$P<0.05$），相同字母表示两组无显著性差异（$P>0.05$），（$n=3$）

的含量。但是SOD酶活性却在H_2O_2损伤后呈现上升的趋势，这可能是因为SOD是机体内清除$O_2^-\cdot$唯一的清除剂，由于受到适当的氧化应激后处于自身的保护作用呈现升高趋势。

（四）对H_2O_2损伤肝细胞活性氧（ROS）含量的影响

用试剂盒测定培养的细胞内ROS含量，结果如图3-46所示，H_2O_2组胞内ROS水平显著高于对照（Con）组（$P<0.01$）；与H_2O_2组相比，加入天然植物水溶物和维生素C培养细胞24h后，细胞内的ROS水平均显著降低（$P<0.01$），其中维生素C组降低最显著。瑞安泰和健力特两组之间无显著性差异（$P>0.05$），诃子和维生素C对活性氧的清除效果较为明显。

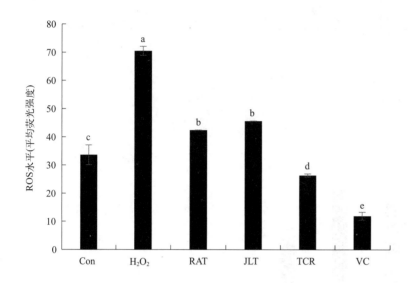

图3-46 天然植物水溶物和维生素C对细胞内ROS水平的影响（$n=3$）
同一物质图形上方标有不同小写字母表示同一物质不同浓度间差异显著（$P<0.05$），（$n=3$）

（五）对H_2O_2损伤肝细胞凋亡的修复作用

区分细胞凋亡采用典型的碘化丙啶（PI）染色，当细胞发生凋亡或者死亡时磷脂酰丝氨酸（PS）发生外翻，从细胞内到细胞外，是早期形态改变之一。Annexin V能高效识别结合PS，PI染色能够区分出细胞凋亡时期。收集各试验组细胞，按试剂盒的方法处理细胞，用Annexin V-FITC和PI双染，流式细胞仪检测。

结果如图3-47所示，H_2O_2组的细胞凋亡率为（35.72±0.93）%，与对照（Con）组相比增高了14.07%（$P<0.01$），细胞群明显向第四象限移动。瑞安泰组和健力特组细胞凋亡率分别为（24.87±0.53）%和（23.71±1.32）%，两者与H_2O_2组相比凋亡率显著降低（$P<0.05$），第四象限细胞群减少。维生素C组细胞凋亡率最低（17.61±1.06）%，诃子组细胞凋亡率为（26.21±4.41）%与H_2O_2组有显著性差异（$P<0.05$），但是活细胞明显减少，细胞群向第一象限和第二象限移动。

（六）对H_2O_2损伤肝细胞线粒体膜电位的修复作用

线粒体是细胞氧化呼吸、获取物质能量的重要细胞器，所以最先受到氧化损伤。线粒体膜电位（MMP）的检测方法常用JC-1探针，当细胞处于正常生长状态时显示红色荧光，线粒体膜受损后绿色荧光增强。通过计算红绿荧光强度比值来分析MMP。收集各组细胞后，按照MMP试剂盒

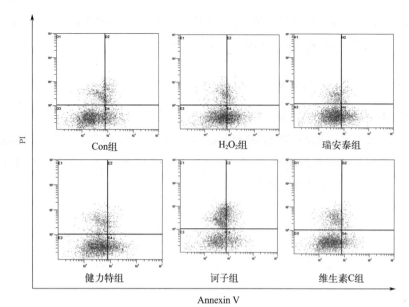

(a)

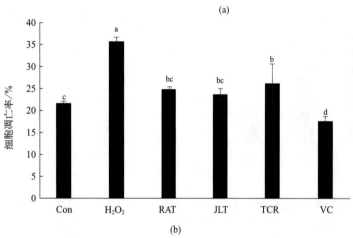

(b)

图3-47 天然植物水溶物和维生素C对肝细胞凋亡率的影响

（a）流式细胞仪检测Annexin V/PI双染结果；（b）肝细胞的凋亡率；

图形上方标有不同小写字母表示组间差异显著（$P<0.05$），（$n=3$）

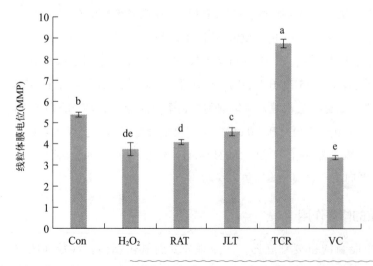

图3-48 天然植物水溶物和维生素C对MMP的影响

图形上方标有不同小写字母表示组间差异显著（$P<0.05$），（$n=3$）

方法操作，流式细胞仪检测。

结果如图3-48所示，与对照（Con）组相比，H_2O_2组的线粒体膜电位显著性下降（$P < 0.05$），加入天然植物水溶物和维生素C后，仅健力特组和诃子组有显著性上升的趋势。尤其是诃子组的MMP最高，瑞安泰组和维生素C组MMP与H_2O_2组无显著性差异（$P > 0.05$）。

线粒体在调节细胞能量代谢中起关键作用，线粒体动力学被认为对维持细胞稳态具有重要生理作用。线粒体动力学降低，说明线粒体功能已损害，细胞可能已经处于衰老或者死亡状态。氧化应激时自由基的增强进一步恶化线粒体损伤，并打开线粒体通透性转变孔（MPTP），诱导细胞凋亡。本试验检测结果显示：与对照组相比，H_2O_2组胞内ROS水平显著升高，MMP显著降低，瑞安泰、健力特和诃子组的MMP与H_2O_2组相比有上升趋势，可降低胞内ROS水平保护线粒体膜的完整性。H_2O_2组的细胞凋亡比例达到（35.72 ± 0.93）%，与对照组相比有显著升高趋势，而加入天然植物水溶物和维生素C后降低了细胞凋亡率。结合DAPI细胞核荧光染色结果，H_2O_2组的细胞核浓缩，形状不规则且细胞核破裂现象明显，天然植物水溶物和维生素C组细胞核浓缩现象减少，少量细胞核形态趋向正常。透射电镜结果显示，细胞受损伤后线粒体肿胀，嵴消失，加入瑞安泰、健力特、诃子和维生素C后能够缓解线粒体嵴消失情况，并且自噬小体和溶酶体数量增加，能促进细胞清除受损结构，促进细胞自噬抑制细胞氧化损伤。细胞自噬属于细胞调控应激和防御应激的适应性反应，能降解受损细胞器，参与损伤修复，维持细胞稳态。

（七）对肝细胞超微结构的修复作用

各试验组细胞用2.5%的常温戊二醛避光固定5min，用细胞刮轻轻刮下细胞，用吸管把细胞吸进离心管，$1000g$离心2min，换上新的固定液室温避光固定30min，经过PBS冲洗后1%锇酸固定2h，PBS再次冲洗，先用50%乙醇脱水逐渐过渡到用100%乙醇脱水，使用环氧树脂和硬化剂对样品浸透包埋，3mm直径铜网收集切片，柠檬酸铅和醋酸铀进行染色，于透射电镜下观察细胞超微结构，选取2000倍镜和10000倍镜下各十个视野，主要观察线粒体、细胞核、内质网、溶酶体形态数量及分布情况。

结果如图3-49所示，对照（Con）组肝细胞细胞核呈现圆形或者椭圆形，染色质集中于细胞核中央，细胞质均匀分布，线粒体丰富，结构完整，嵴清晰（图A和图A1）；H_2O_2组的细胞有严重空泡化现象，细胞质分布不均匀，大片面积缺失，细胞核染色质边集化特征显著，线粒体肿胀，嵴消失，细胞器减少，内含脂滴，有少量吞噬小体和吞噬溶酶体（图B和图B1）；瑞安泰组（图C和图C1）、健力特组（图D和图D1）、诃子组（图E和图E1）、维生素C组（图F和图F1）与H_2O_2组相比嵴消失情况有所缓解，但依旧有线粒体肿胀现象，线粒体数量略有升高，自噬小体和自噬溶酶体聚集趋于增多。上述结果表明，H_2O_2损伤肝细胞后能够造成肝细胞微观结构显著性的改变，天然植物水溶物和维生素C能够缓和细胞受损情况，主要是通过线粒体形态、自噬溶酶体数量的变化起作用。

（八）细胞凋亡蛋白的检测结果

采用Western Blot实验方法：①将各处理组弃掉上清，离心后收集细胞，按1：10的比例加入样本和裂解液，充分裂解细胞，离心收集上清。用BCA检测试剂盒检测方法测定细胞蛋白质含量；②制备SDS-PAGE凝胶电泳，将蛋白marker和细胞样品加到胶孔内，电压设置在80～100V，待溴酚蓝未接触胶的底端即结束电泳；③转膜（PVDF膜）后加入Western封闭液，加入一抗，4℃下过夜，TBST缓冲液洗膜30min（3次），室温加入二抗2h，同前步骤洗膜三次，清洗完毕后放入化学发光成像系统，均匀撒上等体积A液和B液的混合物，扫描拍照（图3-50）。

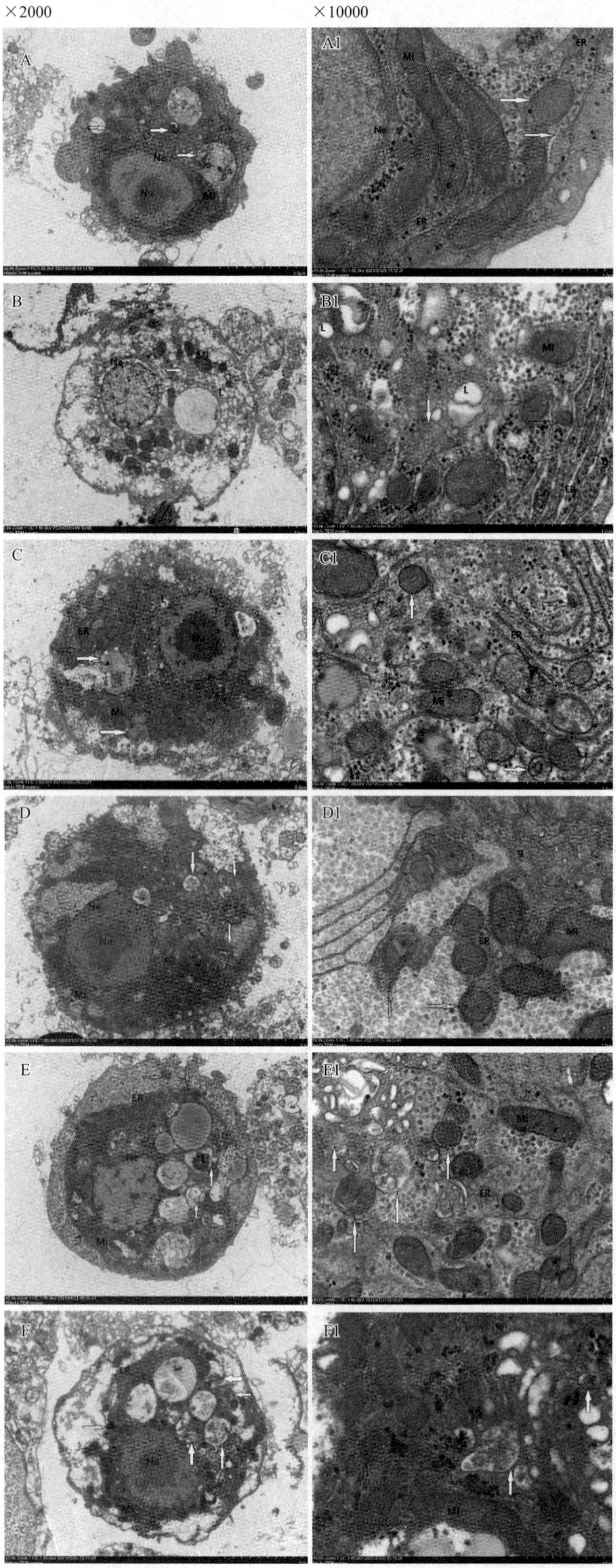

图3-49 肝细胞超微结构变化

A～F为（×2000）显微镜下的肝细胞超微结构；A1～F1为（×10000）显微镜下的肝细胞超微结构。A和A1—对照组；B和B1—H₂O₂处理组；C和C1—瑞安泰处理组；D和D1—健力特处理组；E和E1—诃子处理组；F和F1—维生素C处理组；Ne—核膜；Nu—细胞核；ER—内质网；g—糖原；L—脂滴；Mi—线粒体；实心箭头—自噬溶酶体；空心箭头—自噬小体

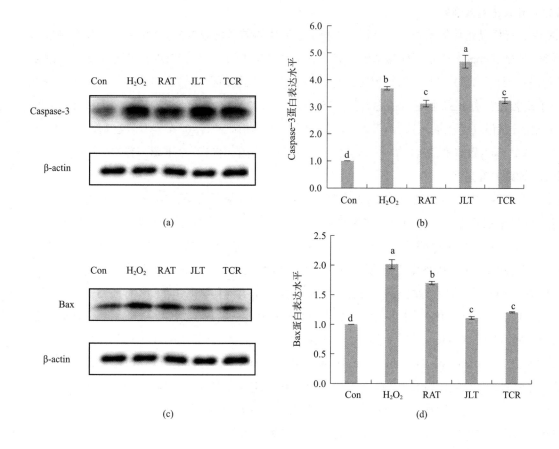

图3-50 天然植物水溶物对细胞凋亡蛋白相对表达量的影响

（a）Caspase-3蛋白条带；（b）Caspase-3蛋白相对表达量；（c）Bax蛋白条带；（d）Bax蛋白相对表达量，（n=3）
图形上方标有不同小写字母表示组间差异显著（$P<0.05$），（n=3）

Western Blot实验检测结果发现，与对照（Con）相比，H_2O_2组的凋亡蛋白Caspase-3的表达显著性升高（$P<0.01$），与H_2O_2组相比，瑞安泰组和诃子组的Caspase-3的表达活性显著降低（$P<0.01$），凋亡蛋白活性被抑制，说明瑞安泰和诃子能够通过抑制Caspase-3的表达活性对草鱼原代肝细胞起到保护作用。H_2O_2组Bax蛋白的表达较Con组有显著性升高趋势（$P<0.01$），瑞安泰组、健力特组和诃子组与H_2O_2组相比有显著性降低的趋势。

细胞凋亡的两条主要途径都与Caspase-3有关。半胱天冬酶在凋亡的启动中发挥重要作用，Caspase-3蛋白位于细胞质中，是细胞凋亡的主要执行者。本试验中显示H_2O_2组的Caspase-3蛋白和Bax蛋白表达显著升高，说明H_2O_2能够通过线粒体途径引起细胞凋亡，三种天然植物水溶物处理细胞后Caspase-3蛋白和Bax蛋白表达呈现降低趋势，推测三种物质可能通过抑制促凋亡蛋白的表达，从而抑制H_2O_2诱导线粒体途径的草鱼肝细胞凋亡。

（九）试验组细胞转录组分析结果

收集对照组、H_2O_2组、瑞安泰组、健力特组、诃子组和维生素C组的细胞，每个处理三个重复。收集的肝细胞用PBS清洗干净，加入Trizol后立刻反复吹打，直至裂解充分，溶液通透且不再黏稠，放入液氮罐中，用于草鱼肝细胞转录组测序。

（1）各组差异表达的基因数

使用edgeR进行样品组件的差异表达分析，在检测过程中将差异倍数≥2且FDR＜0.05作为筛选标准。差异倍数（fold change）表示两样品（组）间表达量（FPKM）的比值，FDR的差异显著性经过多重检验对P值进行校正。H_2O_2组与对照组相比，有1073个差异表达基因，363个表达上调，710个下调；H_2O_2组与诃子组相比，有3637个差异表达基因，1565个上调，2072个下调；H_2O_2组与健力特组相比，有482个差异基因，有156个上调，326个下调；H_2O_2组与瑞安泰相比，有200个差异表达基因，有89个上调，111个下调；H_2O_2组与维生素C相比，有359个差异表达基因，有103个上调，有256个下调。

（2）KEGG通路关键基因

转录组的分析结果显示，对照组与H_2O_2组比较，有401个差异基因注释到158条KEGG通路上，其中显著性富集到27条通路上（$P＜0.05$）。这些通路主要与肝细胞的脂质代谢、糖代谢、信号转导以及免疫应答相关。H_2O_2组与诃子组的结果比较，有1398个差异基因注释到232条KEGG通路上，其中显著性富集到15条通路上（$P＜0.05$），这些通路则主要涉及细胞过程和分解代谢、糖代谢、异生物素的生物降解和代谢。H_2O_2组与健力特组结果比较，有150个差异基因注释到103条KEGG通路上，其中显著性富集到7条通路上（$P＜0.05$），主要与细胞衰老和细胞自噬相关。H_2O_2组和瑞安泰组结果比较，有66个差异基因注释到70条KEGG通路上，其中显著性富集到2条通路上（$P＜0.05$），分别是内分泌和其他因素调节钙重吸收（endocrine and other factor-regulated calcium reabsorption）以及自噬（autophagy）。H_2O_2组和维生素C组结果比较，有125个差异基因注释到102条KEGG通路上，其中显著性富集到7条通路上（$P＜0.05$），主要包括内吞作用（endocytosis）、铁死亡（ferroptosis）等细胞过程相关通路。

依据不同组别转录组比较结果，筛选出具有显著特征的基因信息如表3-13。

表3-13　KEGG通路关键基因

基因代码	NR注释名称	log2(FC)	P值
CI01180000_07713320_07727939	Calpain-2 催化亚基	1.06	0.000403
CI01000049_00439527_00443722	胰岛素受体底物2	−1.02	0.0001409
CI01000004_03802203_03806124	受体型酪氨酸蛋白磷酸酶F样	9.48	$1.29×10^{-18}$
CI01000194_00315962_00324957	RAC-γ 丝氨酸苏氨酸激酶样蛋白	−7.66	$9.43×10^{-6}$
CI01000319_00143560_00150809	羊毛甾醇14-α脱甲基酶	1.11	$5.99×10^{-6}$
CI01000051_01926867_01942055	δ(24)-甾醇还原酶	−1.09	$8.97×10^{-6}$
CI01000075_01523380_01525836	磷脂氢过氧化物谷胱甘肽过氧化物酶	1.05	$5.28×10^{-6}$
CI01000003_00731635_00742538	转铁蛋白受体蛋白1样	−1.33	$2.09×10^{-6}$
CI01000095_00183587_00185442	高迁移率族蛋白	1.67	0.005335425
CI01000321_03212011_03226326	未知蛋白 G5714_018813	−7.43	0.000175871
CI01000207_00627498_00634910	Beclin-1 蛋白[1]	10.25	$5.74×10^{-28}$
CI01000082_04018472_04019339	未知蛋白 DNTS_005108	9.66	$4.904×10^{-19}$
CI01000207_00627498_00634910	Beclin-1 蛋白[2]	10.80	$1.96×10^{-34}$
CI01000016_02559364_02565395	钙结合蛋白样	1.07	0.049383689
CI01000027_09002993_09040903	未知蛋白 G5714_015951	1.56	$9.92×10^{-6}$

注：NR注释名称中Beclin-1蛋白上标1代表H_2O_2与健力特组，上标2代表H_2O_2与瑞安泰组的差异表达基因；差异表达基因（DEGs）的筛选依据基因在样本中的表达量的比值即差异表达倍数（fold change，FC）≥log2；以P值＜0.05作为显著差异的阈值标准。

对于这些基因显著差异表达可能影响的代谢路径。在H₂O₂组，"内质网中的蛋白质加工通路"中Calpain-2 catalytic subunit（钙依赖蛋白Calpain-2催化亚基）基因表达上调，造成细胞内Ca²⁺紊乱；"胰岛素信号通路"中Insulin receptor substrate 2（胰岛素受体底物2）基因表达下调，Receptor-type tyrosine-protein phosphatase F-like（受体型酪氨酸蛋白磷酸酶F样）表达上调9.48倍，可能影响胰岛素的信号转导；"类固醇生物合成通路"中Delta(24)-sterol reductase［δ(24)-甾醇还原酶］基因表达下调，影响固醇合成途径，氧化还原酶失衡造成氧化损伤。诃子组中"铁死亡通路"中Phospholipid hydroperoxide glutathione peroxidase（磷脂氢过氧化物谷胱甘肽过氧化物酶）基因表达上调，Transferrin receptor protein 1-like（转铁蛋白受体蛋白1样）基因表达下调，表明诃子可能通过抑制铁死亡保护细胞。健力特组"自噬通路"中high mobility group protein（高速泳动族蛋白）基因表达上调，Death-associated protein kinases（死亡相关蛋白激酶）基因表达下调7.43倍，Beclin-1 protein（自噬蛋白Beclin-1蛋白）基因上调10.25倍，可通过促进细胞自噬保护细胞。瑞安泰组"自噬通路"中Beclin-1 protein（自噬蛋白Beclin-1蛋白）基因上调10.80倍，"内分泌和其他因素调节钙重吸收通路"中Calbindin-like（钙结合蛋白样）基因上调，参与钙离子的结合、调节钙平衡。维生素C组"甲状腺激素合成通路"中Thyroxine（甲状腺素）基因表达上调，促进甲状腺激素合成缓解细胞凋亡。

（3）H₂O₂诱导细胞凋亡基因表达影响

选择H₂O₂组与对照组细胞，采用荧光定量PCR仪测定了细胞凋亡蛋白基因的表达活性。结果如表3-14所示，H₂O₂组与对照组相比，促凋亡基因*caspase3*、*caspase8*、*caspase9*和*bax*基因mRNA表达量都有显著性增加的趋势，尤其是*caspase3*，增加了18.13倍，凋亡的效应主要是依赖于*caspase3*。

表3-14　凋亡相关基因的相对表达量

组别	*caspase 3*	*caspase 8*	*caspase 9*	*bax*
对照	1.03±0.28	1.01±0.21	1.02±0.21	1.02±0.24
H₂O₂	19.16±0.20*	4.27±0.22*	7.87±0.25*	6.06±0.46*

（4）H₂O₂对肝细胞的氧化损伤与天然植物修复作用的转录组结果分析

本试验中，根据RNA测序技术对各组细胞差异基因进行深度分析结果得知，H₂O₂组与对照组的基因差异表达涉及到"内质网中的蛋白质加工""胰岛素信号通路""MAPK信号通路""类固醇生物合成"等多条通路。共有1073个基因差异表达，其中363个上调，710个下调，H₂O₂损伤肝细胞是一个多因素、多基因和多通路共同控制的过程。与H₂O₂组相比，诃子组的基因差异表达与细胞凋亡相关通路有"铁死亡"，健力特组主要涉及"自噬"相关通路；瑞安泰组主要涉及"内分泌和其他因素调节钙重吸收"以及"自噬"相关通路；维生素C组主要涉及"甲状腺激素合成"相关通路。

通过对H₂O₂损伤草鱼肝细胞以及添加天然植物水溶物和维生素C进行损后修复试验的转录组分析，得到差异表达基因和显著富集通路，H₂O₂组与对照组的基因差异表达主要涉及"内质网中的蛋白质加工""胰岛素信号通路""MAPK信号通路""类固醇生物合成"等通路。与抗氧化相关基因表达异常如*cyp51*和*tdp-43*表达上调，*dhcr24*和*ndufa4*表达下调，抑制细胞的抗氧化功能，引起线粒体和内质网功能障碍，造成肝细胞氧化损伤。*lar*、*capn2*上调和*irs*、*akt*下调，H₂O₂诱导的氧化应激可能与"内质网中的蛋白质加工"信号通路有关，也可能与通过LAR介导的P13K/AKT/FOXO通路有关。

与H₂O₂组相比，诃子组的基因差异表达主要涉及的与细胞凋亡相关通路有"铁死亡"，诃子可能通过上调*gpx4*，降低铁死亡的发生来缓解细胞凋亡；健力特组主要涉及"自噬"相关通路，影响其上游的*hmgb1*、*dapk*基因引起*beclin 1*上调来降解和回收利用细胞内受损蛋白质和细胞器，缓解受损细胞发生严重凋亡；瑞安泰组主要涉及"内分泌和其他因素调节钙重吸收"以及"自噬"相关通路，通过上调 *calb1*、*cabp28k*、*atg6* 和 *atg9* 的表达，调节细胞自噬以及细胞内 Ca^{2+} 平衡，恢复内质网稳态，修复细胞损伤凋亡；维生素C组主要涉及"甲状腺激素合成"相关通路，通过 *TG* 表达上调促进甲状腺素合成以缓解细胞凋亡。

可以认为，瑞安泰、健力特、诃子水溶物对草鱼原代肝细胞的氧化应激损伤具有缓解作用，表现在提高细胞相对活力、提高细胞抗氧化能力、清除体内自由基和过氧化物、促进细胞自噬、降低缓解细胞核和线粒体结构的损伤、下调Caspase-3和Bax蛋白的表达，可逆转 H_2O_2 引起的凋亡蛋白的增加，从而减轻Caspase-3介导的线粒体途径的凋亡和氧化损伤，对肝胰脏的保护具有一定的效果。

第十节
生命的起源与有氧代谢

46亿年前是地球的形成时间，42亿年前是海洋的形成时间，40亿年前是地球生命出现时间，27.5亿年前是产生氧气的光合作用形成时间。

本节的目的不是讨论生命起源与进化的问题，是希望从生命起源与生物进化历程中留下的有氧代谢"痕迹"去认知和理解动物的有氧代谢，更好地理解生命的本质。地球上氧气的产生作为一类自然选择条件，使现代生命体系有了无氧代谢和有氧代谢，活性氧也是一种有氧代谢的保留方式，活性氧所引起的氧化应激、氧化损伤与修复也是生命代谢的一种体现形式。在我们对生命本身了解不足的情况下，沿着生命起源与进化的历程去认知氧化应激、氧化代谢也是一种思路。

一、细胞中原始生命的三大"遗迹"

原始生命是生命起源的化学进化过程的产物。原初生物在形成之后，其最基本的化学反应条件即被固定。在细胞水平，即细胞内环境中，目前认为有三大原始生命的"痕迹"：①原初的RNA世界；②细胞内的还原性环境；③细胞内低钠、高钾环境。

（一）原初生命体是RNA世界

在现代的细胞中，绝大多数化学反应是由蛋白质来催化的，而蛋白质自身的合成，却仍然要由RNA来催化。组成蛋白质的肽链是在核糖体中合成的，其中的蛋白质亚基只起结构和调节的作用，真正把氨基酸连到肽链上，使肽链延长的是其中的RNA分子。RNA既能够催化自身的形成，也能够把氨基酸连接到小RNA分子上（tRNA），再把这样带"标记"的氨基酸连接到不断伸长的肽链上。mRNA中核苷酸的序列，像DNA中的脱氧核苷酸序列一样，也能够用来储存信息，即为蛋白质分子中的氨基酸序列编码。细胞"剪接"RNA以除去内含子（intron）的剪接体（splicesome），也是由能够自我剪接的第Ⅱ型内含子（RNA）演变而来的。这些事实都说明，最初的生命是RNA的世界，蛋白质是后来才发展出来的。

（二）原初生命体内是还原性的环境

在原初生命形成时，大气中还没有氧气，主要由中性气体（如氮气）和还原性气体（如氢气、氨和硫化氢）组成。原始的地球环境是还原性的，在此环境中形成的细胞内部是高度还原性的。在这种环境下形成的蛋白质，特别是其中的酶，也只能在还原性环境中才能最好地发挥作用。这种情形一旦形成，就难以改变。大气中的氧气出现在22亿～28亿年前，从此大部分生物的环境转变为氧化性的。动物体内的氧化应激以及抗氧化应激机制，其本质还是保护细胞内的还原性内环境的需要。为了保持细胞内的还原环境，细胞内普遍含有还原性分子如谷胱甘肽、谷胱甘肽转移酶、SOD酶、过氧化氢酶等，使得蛋白质分子中的半胱氨酸残基（—SH）保持在还原状态，即不形成二硫键。后来变为叶绿体的原核生物蓝细菌（cyanobacteria）和后来变为线粒体的原核生物α-变形菌（α-proteobacteria）就已经能够合成谷胱甘肽，说明生物很早就发展出对抗环境中氧化状态的能力。在动物体内，在分子中形成二硫键的蛋白质则主要是分泌到细胞外的蛋白质，例如抗体分子和胰岛素；或者主要的构成部分位于细胞膜表面的（也即在细胞外，例如胰岛素受体）蛋白质。植物用谷胱甘肽-抗坏血酸循环（glutathione-ascorbate cycle）来消灭细胞内的活性氧物质，维持细胞内的还原状态。现在许多在试管内进行的酶反应，都需要加入还原性的分子如巯基乙醇或二硫苏糖醇（dithiothreitol, DTT），使反应体系保持在还原状态，使酶能够正常地工作，而不受大气中氧气的影响。

因此，从原始生命的起源与进化历程中可以理解为，细胞内环境保留了原始生命环境的还原性，即使在有氧出现后，生命进化为有氧代谢，但为了保持其细胞内的还原性内环境，出现了系列细胞内抗氧化的物质如维生素C、谷胱甘肽等，其目的是清除活性氧等成分，维护细胞内的还原性内环境。

（三）细胞内环境是低钠高钾的内环境

所有的生物，包括原核生物中的细菌和古菌，真核生物中的真菌、植物和动物，在细胞质中都是低钠高钾的内环境。例如人的神经细胞内的钾为150mmol/L，而钠只有15mmol/L。出芽酵母细胞质中钾为130mmol/L，钠为79mmol/L。即使是生长在盐湖中的嗜盐古菌，当外部液体中的氯化钠浓度达到4mol/L时，古菌也会将细胞内的钾浓度增加到4mol/L，以保持细胞内K/Na的浓度比例高于1。这说明任何生物都要在细胞内保持比钠高的钾浓度。而且这种细胞内外钾离子和钠离子浓度的巨大差异，对生物存在一个适应性代谢的问题。

由于细胞膜对钠离子和钾离子是选择性透过的（强极性离子），要保持细胞外钠高、钾低，细胞内钾高、钠低的状态，细胞必须不断地将细胞内的钠离子"泵"出去，将细胞外的钾离子"泵"进来。这种跨膜离子运输都是逆着离子的浓度梯度，这些过程需要消耗能量。这一生理功能依赖钠钾泵（sodium-potassium pump）来实现，钠钾泵简称钠泵，Na^+-ATP酶、K^+-ATP酶为细胞膜中存在的一种特殊蛋白质，可以分解ATP获得能量，并利用此能量进行Na^+、K^+的主动转运，即能逆浓度梯度把Na^+从细胞内转运到细胞外，把K^+从细胞外转运入细胞内，ATP酶的主要作用是控制细胞膜内外的K^+、Na^+离子的浓度差，维持细胞内外液的渗透压。

在细胞消耗的能量中，大约有20%用在维持细胞内外钾、钠离子浓度的不平衡上，而神经细胞用于此目的的能量能够占到神经细胞总能量消耗的60%。生物为什么要保持这样一种"浪费"的状态呢？为什么生物的演化过程不对细胞内钾和钠的浓度进行调整，使其与细胞外液体的状态一致呢？

研究认为，原初生命形成时的一些环境条件，已经固定在细胞内的化学代谢链中，无法改变了。生命活动主要是由蛋白质催化的，同时也包括核糖核酸（RNA）的催化作用。蛋白质和RNA都是生物大分子，其性状和功能严重依赖于它们所处溶液的组成和性质，包括离子组成。一旦反应条件形成和被优化，是不可能再改变的，因此生物在外表上可以千变万化，但是细胞的基本性质却是高度保守的。这些保留在细胞内的环境条件，就是原初细胞留下的"遗迹"。

二、生命起源与进化历程的回顾

总结现有的研究资料，回顾地球生命的起源的基本历程及其特征见图3-51。

希望能够在这个历程中寻找生命起源与进化历程中保留在现代动物体内的"生命痕迹"，了解其形成过程是为了认知和维护生命代谢的有序性、维护动物的抗氧化应激的能力、维护动物的生理健康，寻找能够发挥有效作用的物质，并通过饲料途径维护动物的氧化与氧化应激动态平衡、维护动物的健康。

在这个历程中，地球上氧气的产生是一个重大事件，从此选择了动物的有氧代谢，生物类群也就分裂出好氧生物与厌氧生物二大类群，动物体内以有氧代谢为主，但依然有无氧代谢的存在。在氧气作为动物生存条件的进化过程中，氧活泼的化学性质致使动物体内活性氧的产生，也同时产生了消除活性氧的生理机制；活性氧导致的氧化应激依然是动物氧化损伤、衰老的主要生理机制。当长期处于氧化应激状态时，养殖动物就需要有外来的抗氧化应激、抗氧损伤和氧化损伤修复作用的物质，这些物质可以通过饲料途径，也可以通过养殖过程中水域途径进行给予，辅助动物对活性氧的抵御、维护动物的生理健康，这就是基本的思路。

地球上出现的原核生物之所以进化为需氧生物，自由基起到很重要的作用。大气中的O_2进入原核生物体内，通过非酶反应或酶反应转变为$O_2^- \cdot$，$O_2^- \cdot$的活性衍生物H_2O_2在过渡金属离子介导的反应中产生$\cdot OH$，$\cdot OH$可损伤重要生物大分子。在生物进化的初期，厌氧菌就不能在有O_2的大气中生存，但进化为耐氧厌氧菌时，其菌体内有了清除$O_2^- \cdot$的超氧化物歧化酶（SOD），就可以存活。耐氧厌氧菌再进化为需氧菌，并在漫长的进化过程中进化为多细胞的低级与高级需氧生物。虽然自由基具有很活泼的化学性质和参与多种化学反应的能力，所有需氧生物体内却一直保持着自由基衡稳性动态的特征，即自由基不断在产生，但也不断地被SOD等抗氧化酶和内源性抗氧化剂（如GSH）与外源性抗氧化剂组成的抗氧化系统清除，使活性氧的产生与清除达到接近于平衡状态；稳态中的活性氧能履行信号转导和调控细胞分裂、分化与基因转录、基因表达等生理功能，而且在哺乳动物中还需要NO合酶的酶促反应产生一定量的一氧化氮（NO），发挥其重要生理学作用；即使有过多的自由基仍可损伤重要生物分子，但其损伤可被有效地修复。因此，内源性氧化应激（endogenous oxidative stress）未发生或发生得不明显。据此可知，需氧生物既需要活性氧自由基，又不至于受到自由基的危害。为了保持生命，在不同的生理情况下的各种需氧生物体内自由基衡稳性动态必须维持正常。

三、地球上氧气的出现改变了地球生命的进化历程

地球环境中，氧在自然界中分布最广，占地壳质量的48.6%，是丰度最高的元素。动物呼吸、燃烧和一切氧化过程都消耗氧气。空气中的氧能通过植物的光合作用不断地得到补充。然而，回顾地球生命进化的历程，氧元素是原始地球的主要组成物质，但是氧气的出现则导致了生物进化历程的改变。

地球形成初期的原始大气应是以宇宙中最丰富的轻物质如氢气、氦气和一氧化碳为主。地球形成后的原始大气组成为水蒸气、氢气、氨气、甲烷、硫化氢、二氧化碳等，原始大气里是没有氧气的。现在大气中按体积来算，氮气约占78%，氧气约占21%，稀有气体约占0.94%，二氧化碳约占0.03%，其他气体和杂质约占0.03%，现在大气组成的形成经历了几十亿年的发展过程。

地球上的氧气是如何形成不是我们探究的问题，而可以肯定的是，在氧气产生之前的生命体是不需要氧气的，且因为没有臭氧阻挡紫外线，这些生命体不能在浅层海水中生存也是确定的，推测当时的深层海水中的生命体主要为厌氧性菌类和低等的蓝藻。

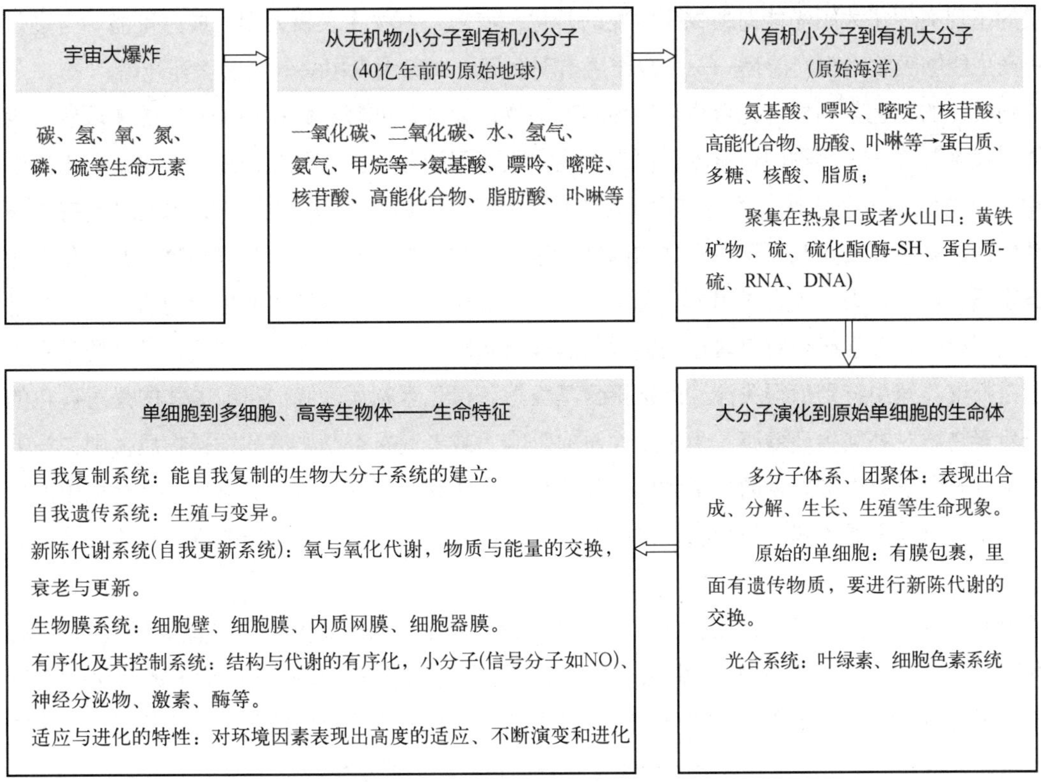

宇宙大爆炸	从无机物小分子到有机小分子 (40亿年前的原始地球)	从有机小分子到有机大分子 (原始海洋)

宇宙大爆炸

碳、氢、氧、氮、磷、硫等生命元素

从无机物小分子到有机小分子（40亿年前的原始地球）

一氧化碳、二氧化碳、水、氢气、氨气、甲烷等→氨基酸、嘌呤、嘧啶、核苷酸、高能化合物、脂肪酸、卟啉等

从有机小分子到有机大分子（原始海洋）

氨基酸、嘌呤、嘧啶、核苷酸、高能化合物、肪酸、卟啉等→蛋白质、多糖、核酸、脂质；

聚集在热泉口或者火山口：黄铁矿物、硫、硫化酯(酶-SH、蛋白质-硫、RNA、DNA)

单细胞到多细胞、高等生物体——生命特征

自我复制系统：能自我复制的生物大分子系统的建立。

自我遗传系统：生殖与变异。

新陈代谢系统(自我更新系统)：氧与氧化代谢，物质与能量的交换，衰老与更新。

生物膜系统：细胞壁、细胞膜、内质网膜、细胞器膜。

有序化及其控制系统：结构与代谢的有序化，小分子(信号分子如NO)、神经分泌物、激素、酶等。

适应与进化的特性：对环境因素表现出高度的适应、不断演变和进化

大分子演化到原始单细胞的生命体

多分子体系、团聚体：表现出合成、分解、生长、生殖等生命现象。

原始的单细胞：有膜包裹，里面有遗传物质，要进行新陈代谢的交换。

光合系统：叶绿素、细胞色素系统

对现代营养学与饲料学的提示与思考

现代生殖与发育学研究结果显示，动物的生命周期中保留了生命起源、进化历程的发育过程(人的胚胎有鳃的过程），如氧、活性氧与氧化应激、氧化损伤与修复等代谢过程是否就是生命历程的重演与保留？生物体、细胞结构与新陈代谢的有序化管控需要生物信号分子的作用。那么水产动物是否也保留了对生命起源、生命进化历程中一些"痕迹"性物质作为营养需要呢？这是些什么物质呢？这些物质可能不是生物大分子，或许就是一些小分子(如NO、非蛋白氮、含硫物质、氧化三甲胺、二甲基丙酸噻亭、牛磺酸、脯氨酸、半胱氨酸等)；也可能就是如清除活性氧和活性氮以及具有氧化损伤修复功能的物质；还有如海藻中活性物质，微生物刺激代谢，海水软体动物、虾、蟹、鱼中含有的活性物质等。如果日粮中提供了这些物质之后，依赖其他陆生动物蛋白质、植物蛋白质和油脂提供营养物质，就能减少日粮中对鱼粉、虾粉的依赖性？现代营养学是否应该从蛋白质原料的营养作用和生理代谢功能作用来进行认知？或许，这些"痕迹"性物质正是具有营养生理功能作用的日粮必需物质？

图3-51 生命的起源与生命的特征

色素物质的出现实现了太阳光能向植物化学能的转化，使得"万物生长靠太阳"成为可能。当进化到色素物质的产生能够吸收太阳光能量——光合作用出现之后，地球大气中氧气浓度逐渐升高。

这里要特别关注的是色素物质与光合作用，而养殖动物，尤其是虾蟹对饲料色素物质的需求应该也是生命进化的"痕迹"之一，动物的色素不仅仅为动物提供了保护色（在抵御紫外线方面也是有用的），在生化代谢中也是与氢和电子传递与能量产生（ATP）、色素的清除自由基能力和抗氧化能力是有关系的。生命体系中的色素不仅仅是我们现在所熟知的虾青素之类的，是能够吸收太阳光能量，并转化为化学能的一类物质。可以认为，光合作用的出现是地球生命进化的一个大事件，而色素物质的产生则是物质基础。我们现在的营养学研究对色素在动物体内的作用基础、生理代谢过程等应该也是需要重视的研究内容。这在虾蟹养殖中特别值得关注。虾蟹摄食藻类等获得色素物质，我们目前关注的是对体色的影响，而关于色素物质对虾蟹生理健康、生长与代谢的影响，或者说是否是必需的饲料物质，则关注的不多，这或许是营养学研究中被忽视的一个领域。我们知道中华绒螯蟹有吃草根的习性，而草根中的色素物质对大闸蟹是否也是需要的呢？值得我们去研究。关于色素为什么可以吸收光能将在其他章节中进行介绍。

绿色植物利用太阳的光能，同化二氧化碳（CO_2）和水（H_2O）制造有机物质并释放氧气的过程，称为光合作用。植物在同化无机碳化物的同时，把太阳能转变为化学能，储存在所形成的有机化合物中。每年光合作用所同化的太阳能约为人类所需能量的10倍。有机物中所存储的化学能，除了供植物本身和全部异养生物之用外，更重要的是人类、动物营养和动物活动的能量来源。

太阳辐射的波长大致可分为四个波段：①小于0.1μm的波段，其能量主要来自太阳的色球层和日冕部分，该波段主要对大气起光致电离作用，大于0.1μm的分为三个波段，其能量主要来自太阳的光球层；②0.1～0.2μm的辐射占太阳总辐射能的万分之一，有使氧分子光致离解的作用；③而0.2～0.3μm的辐射占太阳总辐射能的1.75%，有使臭氧发生光致离解的作用；④至于波长大于0.3μm的能量，占太阳总辐射能量的98%，易被水汽和地面所吸收，有照明和转化为热能的作用。

色素物质含有较多的不饱和键，尤其有较多的共轭π键，其中的成键电子的振动频率可以与相应振动频率的太阳光光电子发生共振效应，以共振效应吸收太阳光子的能量。光合作用则可以把吸收的光子能量转化为化学能，并用于物质合成代谢所需要的能量。光合色素存在于叶绿体的类囊体膜，包含叶绿素、反应中心色素和辅助色素，高等植物和大部分藻类的光合色素是叶绿素a、叶绿素b和类胡萝卜素；在许多藻类中除叶绿素a、叶绿素b外，还有叶绿素c、叶绿素d和藻胆素，如藻红素和藻蓝素；在光合细菌中是细菌叶绿素等；在嗜盐菌中则是一种类似视紫质的色素11-顺-视黄醛。叶绿素分子是由两部分组成的：核心部分是一个卟啉环（porphyrin ring），其功能是光吸收。在化学本质上，光合色素包括了叶绿素和类胡萝卜素，可以吸收为0.4～0.7μm波长的可见光。

大约在地球的太古代晚期到元古代前期，大气中氧含量已由现在大气氧含量的万分之一增加到千分之一。氧气的出现及其浓度的变化对生物进化产生了重大的影响，并形成生命起源与进化的大事件。

大事件之一是，大气中氧气浓度增加后在大气外层形成了臭氧层，臭氧层的出现阻挡了太阳紫外线对生命体的危害，使得生活于海洋深层的生物可以上升到表层，甚至生物可以上陆地生活了。

原始地球的海底已具备了生命诞生的条件，海底的硫黄、氢气、甲烷、二氧化碳为生命的诞生提供了物质条件，海底火山爆发产生热量，为生命的诞生提供了能量，而且厚厚的海水挡住了阳光紫外线对原始生命的伤害。

在距今约6亿年前的元古代晚期到古生代初的初寒武纪，蓝绿藻的繁盛产生了大量氧气，这深刻地改变了大气成分，使原始大气中诞生了臭氧层，挡住了阳光中的紫外线，生命得以在海洋表面繁衍和生息，同时大气层就像穿在地球身上的厚厚外衣，使照射到地球表面的太阳光不至于散发出去，给生命以温暖，生命才得以生存下来。氧含量达到现在大气氧的百分之一左右，这时高空大气形成的臭氧层，足以屏蔽太阳的紫外辐射而使浅水生物得以生存，在有充分二氧化碳供它们进行光合作用的条件下，浮游植物很快发展，多细胞生物也有发展，约5.3亿年前的寒武纪出现生命大爆发（cambrian explosion）。

大事件之二是，在大约22亿年前，地表环境从一个还原性环境转变为氧化性环境，需氧生物得以生存、厌氧生物大量死亡。在原始生命由自养生物进化到异养生物过程中，具有光合作用能力的生物产生的氧气逐渐增加，而氧气成为无氧生物的"毒气"，这样一次氧气跃升，可能会迫使那时长期占主导地位的厌氧生物要么去设法适应新的环境，演化成氧呼吸生物；要么就走向灭亡或隐藏到贫氧的海底和湖底淤泥中。无氧生活的地球原始生命体面临氧气的威胁，大量的无氧生活的生命体死亡，只有有氧生活的生命体得以生存。自此之后，地球生命体进入了好氧生物的时代。

大事件之三是，大气曾经经历过高氧含量时期，导致大量生命体死亡，逐渐发展到现代大气环境和现代生物群体。随着太阳光照的增强及真核生物的出现，光合作用产生的氧气含量终于跃升到可以对生物体施加明显影响的程度。到古生代中期（距今约4亿多年前）的后志留纪或早泥盆纪，大气氧已增加到现在大气氧浓度的十分之一左右，植物和动物进入陆地，气候湿热，一些造煤树木生长旺盛。在光合作用下，大气中的氧含量急增。到了古生代后期的石炭纪和二叠纪（分别距今约3亿和2.5亿年前），大气氧含量达现有大气氧含量的3倍，这促使动物大发展。在三叠纪（距今约2亿年前）出现了哺乳动物。中生代中期的侏罗纪（距今约1.5亿年前）出现了巨大动物如恐龙。但因植物不加控制地发展，使光合作用加强，大量消耗大气中的二氧化碳，致使大气中二氧化碳减少；二氧化碳的减少必导致大气保温能力减弱、温度降低、大气中水分凝降。二氧化碳减少使光合作用不足，光合作用不足就导致大气中氧气含量下降。姜莹英（2010）提到，氧气的浓度从4亿年前的20%左右突然升到了3亿年前的30%，随后在2.4亿年前又降到了12%，使得大批动物从高纬度迁徙到低纬度，受环境的改变及空间、食物的限制，很多生物灭绝。

在动物生理代谢中，血液和细胞中氧气浓度过高也是有害的，富氧条件下活性氧的产生量显著增加，导致动物出现氧化应激，甚至氧化损伤，导致生理代谢紊乱、器官组织结构损伤和功能性损伤，也会危及生命。

四、有氧代谢与生物分子的进化选择

大气氧气的变化对生物的生理代谢产生了重大影响，重演生命进化的历程，可以发现一些原始进化的"痕迹"，而这些痕迹可以帮助我们对动物生理代谢、重要蛋白质或酶的结构与功能加深理解，对营养学和饲料学的研究也是有益的。

生物在长期的进化过程中，不断地与它所处的环境发生相互作用，逐渐在新陈代谢方式上形成了不同的类型。按照自然界中生物体同化和异化过程的不同，新陈代谢的基本类型可以分为同化作用和异化作用两种。一方面，生物有机体把从环境中摄取的物质，经一系列的化学反应转变为自身物质。这一过程称为同化作用，即物质从外界到体内，从小分子到大分子。因此，同化作用是一个吸收能量的过程，如绿色植物利用光合作用，把环境中的水和二氧化碳等物质转化为淀粉、纤维素等物质。与此相反的是异化作用，即从体内到外界环境，物质由大分子转变为小分子的过程，这是个释放能量的过程，同时把生物体不需要或不能利用的物质排出体外。

姜莹英（2010）研究了氧气对生物分子和生化代谢进化的影响，采用化学信息和生物信息结合分析方法，通过分析有氧和无氧代谢物质结构分布，发现有氧代谢产物主要包括固醇类、双萜类、多酚类、生物碱和大环内酯类等次级代谢物，在一些高级的生命活动中发挥了重要生理作用，如跨膜转运、信号转导和抗氧化等。有氧代谢产生了很多无氧时期不存在的结构新颖的代谢物，如磺酸盐和亚硫酸盐等。因此氧气有利于生物体探索更广阔化学空间，对代谢物进化产生了重要的影响。有氧代谢物主要物质在生命高等功能中发挥了重要作用，如跨膜转运（固醇类）、信号转导（固醇类、多酚类）、抵抗外来侵害（生物碱和大环内酯类）、抗氧化（多酚类）等。

氧气与物质代谢途径的进化关系密切。依赖氧的角鲨烯环氧化作用和接连发生的有氧反应的结果是固醇或类固醇的生成，并且有氧代谢物具有较强的疏水性和较合适的体积大小，从而比无氧代谢物更容易穿过细胞膜，并作为核受体配体在真核生物信号转导过程中发挥功能。进一步研究发现，97.5%的核信号分子是依赖氧气合成的，因此推断氧气通过促进核受体配体的合成促进核信号系统的进化，从而推动了高等真核生物的进化。

通过分析无氧、有氧代谢物分布的主要类群，发现无氧代谢物主要包括氨基酸类、嘌呤类、核苷酸类、糖类、叶酸等化合物，这些都是组成生命的基础物质。

因此，无氧代谢的产物成为了生命体的主要结构物质，而有氧代谢产生的物质成为了生命体的功能性物质。这也是生命进化历程的"痕迹"之一。生命体每时每刻都在进行着若干的物质和能量代谢，而这些繁杂的生理代谢为何可以保持有序地进行？酶的作用是必不可少的物质基础，而一些有氧代谢的次级代谢产物作为酶的组成部分、作为信号分子等发挥了关键性的作用。如果按照这个思路理解，现代的养殖动物对海洋生物体中的一些次级代谢物质、一些小分子的需求应该是可以理解的，表现为养殖动物饲料中对鱼粉的依赖性，而乌贼膏、鱿鱼膏、酶解鱼溶浆、酶解虾浆等产品，以及海藻、海藻提取物或酶解海藻等在日粮中的表现效果比鱼粉产品更强，或许这就是生命进化历程中对特殊海洋成分物质的需求是必需的原因。虽然我们还不知道这些物质到底是什么，但依赖海洋生物体作为饲料原料来提供这些物质应该也是可行的。这也是引起我们对海洋生物饲料原料产生重大兴趣的原因，来自于海洋生物、尤其是低等海洋生物的饲料原料中，或许存在着大量的、陆生动物和水产动物所需的微量成分，这些成分可能是生理活性物质成分。

氧气的出现对酶结构和功能产生了重要的影响。姜莹英（2010）和秦涛（2011）比较了有氧酶和无氧酶使用的辅因子，发现有氧酶较少使用ATP作为辅因子，这是由于有氧代谢可以产生更多的能量；有氧酶中NADP（H）、FAD和抗坏血酸盐比NAD（H）使用更普遍；有氧酶使用了更多的铁（包含血红素）、铜和钼等金属辅因子，有化学和生物证据都表明铜和钼在无氧环境中生物利用度极低，直到氧气出现后才被生物利用。比较有氧酶和无氧酶催化位点的使用，结果发现有氧酶使用了更多的非极性氨基酸残基（如Trp和Ile等），无氧酶则使用了更多的极性氨基酸残基（如Asp、Glu、Lys和Arg等）。

蛋白质结构中同样也包含了地球化学进化的印记，由于生物化学与地球化学共同进化，蛋白质折叠（fold）可能记录了地球化学的活动，包括地球的氧气含量。金属蛋白酶演化的研究结果支持了这种推测，表明折叠的演化历史可以反映地球化学史上金属的生物利用情况。例如，最早的锰和铁蛋白折叠比铜蛋白折叠出现的早，反映了锰和铁在无氧环境就可以被利用，而铜的利用被限制。值得注意的是，最古老的铜结合酶（EC 1.9.3.1）的功能是在呼吸链中把电子传递给氧气，这表明，第一个铜蛋白折叠与有氧呼吸的出现紧密绑定。卟啉是包括最原始的生命在内的所有生物系统的基本代谢产物。一项先进的光谱分析发现，34.9亿年前的原始海洋的沉积层硅多晶岩沉积物中含氧钒卟啉复合物，这些含碳的微观结构可能代表最古老的生命痕迹之一。这些结果对于了解海洋微量元素在生命体中的作用是很有意义的。海洋生物富集了海洋中的矿物质元素，作为饲料原料的海洋生物中矿物质对水产动物的生理作用应该是我们需要关注的一个重要领域。

秦涛（2011）的研究表明，半胱氨酸和组氨酸具有多种生物化学功能，对整个生命起着至关重要的作用。利用化学信息和生物信息分析技术，推断出半胱氨酸和组氨酸生物合成的起源时间约为33亿～35亿年以前。对含硫无机物的生物化学反应的研究发现，早期的反应基本上是与半胱氨酸（Cys）代谢有关的，并且半胱氨酸的同化作用和异化作用几乎是同时产生的（约36.8亿年前），随后才有了硫酸盐还原反应，直到约29亿～30亿年前第一次出现了氧，而之后的反应基本属于氧化产生硫酸的反应。同化和异化硫酸盐还原途径出现比较早，并且推断生成硫化物的反应出现在25.1亿年前。

生物化学和地球化学是共同进化的，对有氧代谢进化历史的追溯可证实这一观点。由于原始的氧化还原酶不能利用过渡金属，因此原始生命中氧化还原反应需要依赖有机氧化还原辅因子，尤其是NADPH和NADH有机辅因子使用较多。在酶的催化位点中，His是使用频率最高的氨基酸残基，占到了16.2%，His也是与过渡金属结合中最常用的残基之一，Cys在与过渡金属的结合中也非常关键。Cys和His生物合成出现在约33亿～35亿年前，为生命进化相对较晚时期（32.7亿年前）中金属结合蛋白质的进化提供了合理的解释。

地球化学进化不仅在蛋白质组分（金属辅因子）中留下了印记，同时也在代谢物和相关反应中留下了印记。秦涛（2011）通过对有氧和无氧代谢途径中转移酶使用基团的分析发现，磷酸基团（27.6%）和磺酸基团（28.9%）在两种转移酶转移的基团中出现最多。酚基团在有氧代谢中的普遍使用，归功于需氧的羟化反应的出现；而磺酸基团和亚硫酸基团的独立使用，可能是由于氧化的含S基团在有氧世界里是唯一可以大量获得的。在地球整个历史中，磷酸盐可以大量获得，这也能解释在无氧代谢物中为什么磷酸基团经常被使用。

五、海底热液环境与"生命起源"

覆盖地球表层的海洋早在42亿年前（始太古代）就已经形成了，海底热液与地球化学和生物生理生化的相关性也为生命起源于海底热液环境提供了线索。海底热泉是指海底深处的喷泉，原理和火山喷泉类似，喷出来的热水就像烟囱一样，发现的热泉有"白烟囱""黑烟囱""黄烟囱"。海底热泉的发现，成为20世纪科学领域中最重要的事件之一。

在生命起源过程中，所有这些动物维持生命所需的最初能源，不是依靠阳光的光合作用，而是热泉喷出的硫化物。化学自养细菌利用氧化热液中的硫化物（如H_2S）得到能量，去还原CO_2而制造有机物，其他动物都是依靠细菌还原喷口热液中的硫化氢作为原始能量来源。在海底热液烟囱壁上或周围弥散环境中，栖息着十分繁茂的生物群落，包括古细菌、嗜热细菌、管状蠕虫、蛤类、贻贝类、双壳类、腹足纲的软体动物、甲壳类、节肢动物的虾类和蟹类、须腕动物、棘皮动物、环节动物、脊索动物、脊椎动物鱼类等在内的丰富多样的生物群落。据研究资料，作为食物链源头的细菌类和古细菌类与其他动物有2种关系，一种是细菌和古细菌以硫化氢为营养大量繁殖，深海中小动物蠕虫、虾、蟹与蛤等以它们为食，鱼和蟹类等大动物又吞食小动物；另一种生存方式是深海动物如蠕虫（riftia）、贻贝（bathymodiolus）或蛤（calyptogena）等与它们之间的共生关系，这些深海动物体内寄生着大量的硫细菌，并含有硫化氢，为硫细菌提供了一个稳定的生存环境，并供给它们合成营养的原料，如硫化氢、二氧化碳等物质，另一方面硫细菌通过一系列的化学反应合成糖类来回报寄主动物，这种情况就和陆地上绿色植物用光合作用来制造能量相似。海底热泉生态系统的初级生产者是那些化能自养型微生物类群，它们能够从海底热液喷口中广泛存在的无机化学反应中获取维持生命活动所必需的能量，摆脱了对光合作用的依赖，构成"黑暗食物链"最为重要的一环。

生物代谢过程中与电子转移密切相关的铁氧化还原蛋白的Fe-S中心与热液循环过程中形成的Fe-S矿物在结构和成分上存在诸多的相似性，这也是生命起源与进化的一个重要的"痕迹"。含硫的各种无机化合物在海底热液系统中是非常普遍的，它们是诸多化能自养初级生产者最为常见的能量来源之一，而各种含硫有机化合物的出现，包括微生物必需的酶、氨基酸及蛋白质等，则从生物学的角度加强了地球早期生命与无机世界之间的联系。

从海底热泉的化学组成来看，热液中含有大量的CH_4、H_2、NH_3、H_2S、HCN和Fe、Cu、Zn、Pb、Au、Ag、Ca等各种金属元素，尤其是硫铁矿。热泉中含有大量的一氧化碳、硫化氢和硫化金属矿物，特别是黄铁矿物和硫的存在具备了硫化铁产生的物质基础。硫化铁是一种非常重要的催化剂，很多化学反应在它的表面或者说在它的晶体骨架里，进行得非常顺利，一些重要化合物已在热泉中被发现。例如一种活性物质，像硫化酯就发现在热泉之中，它与一种非常重要的化合物和一些复合物非常类似，这种化合物提供了能量新陈代谢的一种途径。所以说新陈代谢的途径可能跟热泉中的黄铁矿、硫以及它们的聚合物有一定的关系。存在于很多重要的生化酶的中心，那些生化酶可能就产生于含有大量硫的热泉之中。由此看来，地球上的生命也许就产生在距今38亿年到40亿年间，在这些充满硫黄味的热水池或者软泥之中。

原始生命如何躲避太阳光的紫外线？海底热液系统所处的海底能够为原始生命提供安全的场所，从而使它们免受太阳、大气以及地球表层演化过程中所产生的不利条件的影响，从而保证了生命的前进演化过程。

第十一节
天然植物对异育银鲫抗氧化作用和抗病力的研究

药食同源的天然植物中存在较多的抗氧化物质，以这类天然植物为原料可以开发出适合于饲料途径使用的具有抗氧化损伤以及修复氧化损伤细胞的饲料用添加剂产品。这个技术思路是否可行？本节的试验证明了这个路径的可行性。

一、天然植物及其在饲料中的应用

关于"天然植物"的定义，在GB/T 19424—2018《天然植物饲料原料通用要求》中描述为"天然植物（natural plant）为自然生长或人工栽培植物的全株或某一特定部位"。而"天然植物饲料原料（natural plant as feed material）为：以植物学纯度不低于95%的单一天然植物干燥物、粉碎物或粗提物为原料，添加或不添加辅料制得的单一型产品；或以2种或2种以上天然植物干燥物、粉碎物或粗提物为原料，添加或不添加辅料，经复配加工而成的复配型产品；或由天然植物粉碎物和粗提物复配而成的混合型产品"，"包括天然植物干燥物饲料原料（单一型和复配型）、天然植物粉碎物饲料原料（单一型和复配型）、天然植物粗提物饲料原料（单一型和复配型）、混合型天然植物饲料原料"。

植物学纯度是指依据天然植物的生物学性状进行鉴定的结果，植物学纯度不低于95%的涵义是指该种天然植物经过植物学性状鉴定，该种植物质量比例不低于95%，即杂质物的比例低于5%。

因此，依据上述定义，天然植物的范围非常大，一般依据其使用目标进行简单的分类，如药用天然植物、饲料原料天然植物、油料天然植物等。也可以依据生物种类分类天然植物，如禾本科天然植物。

饲料用的天然植物则是指用于饲料的天然植物干燥物、粉碎物或粗提物，可以是单一型的、复配型的或混合型的天然植物。我国传统的中药植物是重要的中药资源，其中部分药食同源的中药类天然植物也允许在饲料中使用。

天然植物含有多酚类、黄酮类等物质，具有强的清除自由基、抗氧化的能力，如何通过饲料途径引入含多酚类、黄酮类等物质的天然植物增强养殖动物的抗氧化能力、抗病能力是一个值得系统和深入研究的问题。

药食同源天然植物在饲料中的应用包括了两大方面，一是以抑菌、杀菌作为主要目标的天然植物及其应用，选择含有抑菌、杀菌作用的天然植物，例如以黄芪、黄连、大黄、地榆等为主的天然植物，以抑制或杀死病原微生物为使用目标；另一类则是以清除自由基、抗氧化应激、修复损伤细胞等为主要生理目标的天然植物选用与应用，依赖天然植物的多酚类、黄酮类等物质发挥作用，例如以茶叶、甘草、金银花、葛根等为主要原料，以自由基清除效果、抗氧化能力和对氧化损伤细胞的修复效果为依据进行不同天然植物的组合，如本试验中的受试物"瑞安泰"。

对于天然植物的加工方式有多种，一是按照化学和药物学的方法，希望分析和提取天然植物中的有效成分，尤其是单一的有效物质，包括小分子的和大分子的单一物质作为药物使用。这是目前研究最多、最热门的领域。较为成功的案例当属青蒿（*Artemisia carvifolia*）的青蒿素（artemisinin）、红豆杉（*Taxus wallichiana* var. *chinensis*）的紫杉醇（taxol）。二是对天然植物进行萃取的方式，例如中国的"药酒"其本质就是以乙醇为溶剂对天然植物进行萃取，"煎熬"中药其本质是以水为溶剂通过加热对天然植物进行萃取、浓缩。三是以物理的方法对天然植物进行破壁粉碎，依赖机械作用破坏细胞壁、让植物细胞中的成分能够有效释放，这种方式又称为细胞级粉碎，粉碎后90%以上的产物颗粒粒度小于细胞平均直径，可以判定为细胞已经被粉碎、达到了细胞壁破碎的效果。

对于天然植物的利用方法上也有所不同，一是对天然植物中单一有效成分作为药物使用，这主要为一些小分子物质。二是对单一的天然植物进行利用，例如在饲料原料和饲料添加剂目录中的黄芪多糖、杜仲提取物等，这是对单一天然植物提取（其实主要为萃取）、浓缩之后加以利用，这种方式利用了单一天然植物中的多种有效成分，也属于混合物质的利用方式。三是依据博大精深的中医的理论，将不同的天然植物按照一定的目标如清热、抗炎等进行有效组合，"处方"就是对不同天然植物的有效组合的配方。这种利用方式是对多种天然植物进行了综合利用，其本质是对混合物的利用。

不同的利用方式有不同的利用效果和使用的目标。而对单一物质的使用需要建立在定量化学分析、物质结构分析和功能分析的基础上，且利用的物质对人体或动物具有明确的靶点、明确的作用路径和作用效果，也包括了使用的剂量效果和副作用等。而依据中医理论对多种天然植物的组合使用，是在明确每种天然植物的作用效果的基础上，单一物质、单一种类的天然植物难以满足使用目标的情况下，将多种天然植物混合使用，在物质组成上具有"混沌"的混合物质特征，对使用目标则是较为明确。从中国的中医和中药的发展历程和效果来看，这种混合不同天然植物、混合了不同种类的物质的使用效果是很好的，因为在使用目标上，中医也是针对特定的"病症"组合中药进行使用的，即使是一个特定的"病症"并不等于一个特征的化学反应的结果，也不是一个特定生理反应的结果，而是具有多种代谢作用位点、多种生理反应路径和不同的生理反应结果的，这需要有不同的物质，通过多位点、多路径来实现目标。

本试验中使用的受试物"瑞安泰"是以清除活性氧自由基、修复损伤细胞（肠道黏膜细胞和肝细胞）为主要目标，以增强动物抗氧化应激、修复氧化损伤的肝胰脏和肠道黏膜细胞为主要生理作用路径，依据含有高含量的植物多酚，包括非黄酮类的多酚酸和黄酮类物质的多种天然植物，采用"细胞破壁"的加工方式对单一天然植物进行加工处理后，依据中医的理念将不同的天然植物进行有效组合的复配型天然植物产品。形式上为几种植物破壁粉碎后的混合物，化学本质上则是以植物多酚为主，含有几种天然植物全部细胞成分和非细胞成分的混合物，本产品指引的检测指标为多酚含量。

二、在异育银鲫饲料中使用天然植物能够增强鱼体抗氧化能力

水产动物与其他动物、人体具有一定的相似性，体内自然和非自然条件下会产生一定量的活性氧成分，包括一些活性氧自由基成分和非自由基成分，如超氧自由基（$O_2^-\cdot$）、羟基自由基（$\cdot OH$）、烷氧自由基（$RO\cdot$）、过氧自由基（$ROO\cdot$）和一氧化氮（$NO\cdot$）等，也包括非自由基，如H_2O_2、次氯酸（$HOCl$）和单线态氧（$^1O_2$）等。而在饲料中含有油脂氧化酸败的副产物、蛋白质腐败产物、霉菌毒素、重金属、过量的矿物质等情况下，水产动物体内会产生更多的活性氧成分（ROS），氧化应激、氧化损伤成为水产动物生理健康损伤的主要作用方式和类型，可能导致肝胰脏、胃肠道黏膜等代谢活跃的细胞出现氧化损伤，并导致器质性病变甚至整体性的病变，抵御不良环境的抗应激能力、抵御病原生物感染的防御能力下降，除了导致生产性能下降外，也会导致水产动物抗应激能力的下降、发病率的增加，且还会影响到养殖渔产品的食用价值和安全性。如果在饲料中长期使用一定量的天然植物混合物，尤其是以清除活性氧物质、修复氧化损伤细胞为主要目标的天然植物混合物，希望能够实现对水产动物正常生理代谢衡稳态的维护、正常生理健康的维护，希望水产动物在具有健康生理状态的条件下实现快速的生长，消耗最少量的饲料物质而获得最大化的养殖动物产物产品，且是满足人类食用要求的养殖渔产品。这就是本试验的主要目标，选择异育银鲫作为试验对象，在常规饲料中加入受试物——瑞安泰，并在含有氧化豆油的饲料中加入瑞安泰，通过异育银鲫的生长性能、肝胰脏和肠道黏膜的结构与功能完整性、血液和器官组织的抗氧化能力进行评价，并通过注射异育银鲫鳃出血病原体——鲤疱疹 II 型病毒（CyHV-2）（使用患病鱼的器官组织液）的方法确定试验鱼抗病毒的效果。

（一）试验条件

试验鱼为异育银鲫（*Carassius auratus gibelio*），为江苏省盐城市大丰区华辰水产实业有限公司培育的一冬龄鱼种，平均体重为（68±2）g。养殖试验在江苏省盐城市大丰区华辰水产实业有限公司的试验基地进行。在面积为10亩（1亩=666.67m²）、平均水深2m的池塘中设置规格为1.5m×1.5m×2.0m（长×宽×高）的网箱进行养殖试验。试验分组后，每组设4个重复，每个重复40尾异育银鲫。试验鱼驯化14d后进行试验饲料的投喂，开始正式的养殖试验，养殖试验期为70d。

设置了正常饲料的对照组（S组）、对照组饲料+0.05%瑞安泰（Cnp组）、氧化豆油组（OS组）、氧化豆油+0.05%瑞安泰（OS+Cnp）共四个试验组。瑞安泰由无锡三智生物科技有限公司提供，为金银花、黄芪、板蓝根、葛根等多种天然植物破壁粉碎后按照一定比例配合的混合物，依据其在实际饲料生产中的使用剂量为0.05%。氧化豆油是试验室自制的氧化豆油，氧化前后的酸价、过氧化值、丙二醛含

量见表3-15。豆油氧化以后，酸价、过氧化值和丙二醛含量较氧化前分别增高14.4倍、300倍和83.3倍，且远高于食用植物油标准GB/T 1535—2017《大豆油（含第1号修改单）》中规定值。

饲料原料经粉碎过60目筛，饲料配方见表3-16。饲料用小型环膜制粒机（温度65℃）制成直径1.5mm，长2～3mm的颗粒状饲料，晾干水分至13%左右，置于－20℃冰箱保存备用，使用前按需要量取出饲料自然解冻后投喂。

表3-15 豆油氧化前后酸价、过氧化值和丙二醛含量的对比

指标	豆油	氧化豆油
酸价（KOH）/(mg/g)	0.17	2.62
过氧化值/(meq/kg)	0.98	295.45
丙二醛/(mg/kg)	0.08	6.74

注：1meq/kg=0.5mmol/kg。

表3-16 试验饲料配方及实测化学组成（干物质基础）

原料	对照组S	对照+瑞安泰Cnp	氧化豆油组OS	氧化豆油+瑞安泰OS+Cnp
鱼粉	11.5	11.5	11.5	11.5
膨化大豆	7.7	7.7	7.7	7.7
豆粕	10.4	10.4	10.4	10.4
菜粕	13.4	13.4	13.4	13.4
棉粕	16.0	16.0	16.0	16.0
细米糠	10.6	10.6	10.6	10.6
面粉	19.2	19.2	19.2	19.2
豆油	4	4		
氧化豆油			4	4
磷酸二氢钙	2.2	2.2	2.2	2.2
沸石粉	2	2	2	2
膨润土	2	2	2	2
维生素预混料[①]	1	1	1	1
瑞安泰		0.05		0.05
合计	100	100.05	100	100.05
实测化学组成				
水分/%	13.4	14.3	11.8	14.0
粗蛋白/%	35.7	36.0	35.2	34.5
粗脂肪/%	8.9	8.5	9.0	8.9
总能/(kJ/g)	17.3	17.4	17.3	17.1
灰分/%	11.9	11.8	11.9	11.9
酸价（KOH）/(mg/g)	24.7		25.1	25.1
过氧化值/(meq/kg)	2.4		12.5	13.2
丙二醛/(mg/kg)	5.0		5.3	5.1

注：1meq/kg=0.5mmol/kg。
① 预混料（mg/kg饲料），铜5，铁180，锰35，锌120，碘0.65，硒0.5，钴0.07，镁300，钾80，维生素A 10，维生素B_1 8，维生素B_2 8，维生素B_6 20，维生素B_{12} 0.1，维生素C 250，泛酸钙20，烟酸25，维生素D_3 4，维生素K_3 6，叶酸5，肌醇100。

（二）对异育银鲫的生长性能的影响

在池塘网箱中养殖70d后，获得各组异育银鲫的存活率、特定生长率和饲料效率结果见表3-17。与S组相比，添加0.05%瑞安泰的Cnp组异育银鲫末均重、特定生长率、饲料系数、蛋白质沉积率、脂肪沉积率和能量保留率均无显著差异（$P > 0.05$）。

以氧化豆油替代正常豆油的OS组的末均重、特定生长率显著低于S组（$P < 0.05$），OS组的饲料系数显著高于S组（$P < 0.05$），而蛋白质沉积率、脂肪沉积率和能量保留率显著低于S组（$P < 0.05$）。与OS组比较，添加了0.05%瑞安泰的OS+Cnp组异育银鲫末均重、特定生长率均有一定提升，但与OS组差异不显著（$P > 0.05$），仅末均重达到S组水平（$P > 0.05$）。OS+Cnp组的饲料系数降低、蛋白质沉积率提高，但均与OS组差异不显著（$P > 0.05$），而其脂肪沉积率和能量保留率显著高于OS组（$P < 0.05$），并达到与S组无显著差异的水平（$P > 0.05$）。

结果表明，在常规饲料中添加0.05%瑞安泰，对异育银鲫的生产性能虽然没有明显的提高，但也未产生副作用；表明日粮中瑞安泰的作用未体现在提高生长性能方面，不是作为生长速度促进剂而发挥作用。将饲料中4%的豆油替换为等量的氧化豆油养殖异育银鲫70d以后，异育银鲫特定生长率下降13.8%，饲料系数上升21.2%，生长性能显著下降，这与其机体出现氧化应激损伤、炎症损伤、载氧和凝血能力下降、胆汁淤积、肝肠结构受损密不可分。在饲料油脂氧化条件下，添加0.05%的瑞安泰能提高异育银鲫生长速度和饲料效率，其中脂肪沉积率和能量保留率达到与OS组显著差异水平。表明瑞安泰能够在一定程度上修复饲料氧化豆油对异育银鲫造成的损伤作用，在脂肪代谢方面的修复作用更为显著。

表3-17 对异育银鲫存活率、特定生长率和饲料效率的影响

指标	S	Cnp	OS	OS+Cnp
初均重/g	68.6±0.2	68.7±0.1	68.8±0.2	68.7±0.3
末均重/g	154.4±3.5[b]	156.8±2.5[b]	138.3±0.6[a]	142.5±5.2[ab]
存活率/%	98.33±1.44	95.83±1.44	98.75±1.25	96.67±1.44
特定生长率/(%/d)	1.16±0.04[c]	1.18±0.02[b]	1.00±0.00[a]	1.04±0.05[ab]
饲料系数	1.84±0.08[a]	1.81±0.05[a]	2.23±0.01[c]	2.13±0.15[bc]
蛋白质沉积率/%	24.63±3.60[b]	24.65±0.57[b]	19.4±0.63[a]	22.87±1.86[ab]
脂肪沉积率/%	32.19±1.20[b]	35.12±3.89[c]	19.75±1.27[a]	33.40±6.84[b]
能量保留率/%	22.13±3.54[bc]	24.38±0.81[c]	15.94±1.30[a]	22.62±3.74[bc]

注：数字上方标有不同小写字母表示组间差异显著（$P < 0.05$）。

（三）提升了异育银鲫血清的抗氧化能力

选取血清总抗氧化能力、超氧化物歧化酶活力、过氧化氢酶活力、谷胱甘肽含量、谷胱甘肽过氧化物酶活力、谷胱甘肽S-转移酶活力等作为抗氧化指标，血清丙二醛含量作为氧化应激敏感指标，试验结束时各组鱼体抗氧化能力指标结果见表3-18。

与S组相比，添加瑞安泰的Cnp组鱼体血清超氧化物歧化酶活性、过氧化氢酶活力较S组均显著提高（$P < 0.05$）。谷胱甘肽含量各组间均无显著差异（$P > 0.05$）。与氧化豆油的OS组相比，添加瑞安泰的OS+Cnp组鲫鱼血清总抗氧化能力、超氧化物歧化酶活力和过氧化氢酶活力有不同程度升高，超氧化物歧化酶活力差异显著（$P < 0.05$）；而谷胱甘肽含量、谷胱甘肽过氧化物酶活力、谷胱甘肽S-转移酶活

力和丙二醛含量均有不同程度下降，但与OS组均无显著差异（$P > 0.05$）。

表3-18 饲料油脂氧化条件下对异育银鲫抗氧化能力的影响

指标[①]	S	Cnp	OS	OS+Cnp
总抗氧化能力/(U/mL)	17.35±0.68[a]	18.71±1.15[ab]	18.30±0.84[a]	18.81±0.43[ab]
超氧化物歧化酶活力/(U/mL)	494.91±4.69[a]	542.23±14.66[c]	512.19±16.30[ab]	583.54±18.58[c]
过氧化氢酶活力/(U/mL)	2.39±0.68[a]	3.61±0.20[b]	2.64±0.10[ab]	2.87±0.22[ab]
谷胱甘肽含量/(mg/L)	24.11±1.31[a]	20.12±6.42[a]	24.81±0.65[a]	24.11±1.59[a]
谷胱甘肽过氧化物酶活力/(U/mL)	216.58±7.97[a]	223.31±8.51[a]	229.05±10.16[ab]	219.92±20.01[a]
谷胱甘肽S-转移酶活力/(U/mL)	7.75±1.94[a]	4.27±1.20[a]	14.07±1.03[b]	12.42±3.44[b]
丙二醛含量/(nmol/mL)	13.00±0.95[a]	12.92±1.04[a]	14.23±0.62[b]	13.51±1.84[ab]

① 此表中指标均用血清测定。
注：数字上方标有不同小写字母表示组间差异显著（$P < 0.05$）。

上述结果显示，在异育银鲫饲料中用氧化豆油替代正常豆油后，鱼体出现氧化损伤，而补充天然植物瑞安泰后，鲫鱼的抗氧化能力得到一定程度的修复，显示出瑞安泰提升异育银鲫抗氧化能力的作用效果。

（四）提升了异育银鲫的免疫能力

以血液淋巴细胞数量、血清免疫球蛋白含量为特异性免疫指标，以血液粒细胞数量、单核细胞数量、血清溶菌酶含量为非特异性免疫指标，在试验结束时测定各组鱼机体免疫能力，结果见表3-19。

表3-19 饲料油脂氧化条件下对异育银鲫免疫能力的影响

指标	S	Cnp	OS	OS+Cnp
特异性免疫				
血液淋巴细胞数量/(10⁹/L)	193.46±11.01[a]	198.95±31.49[a]	785.32±25.04[c]	222.51±12.51[b]
血清免疫球蛋白含量/(g/L)	14.30±0.36[a]	17.20±2.40[c]	13.63±0.99[a]	17.30±0.96[b]
非特异性免疫				
血液粒细胞数量/(10⁹/L)	2.89±0.18[a]	2.72±0.66[a]	14.03±2.16[c]	6.13±3.15[b]
血液单核细胞数量/(10⁹/L)	1.06±0.04[a]	1.12±0.57[a]	1.89±0.20[b]	0.48±0.33[c]
血清溶菌酶含量/(μg/mL)	0.35±0.12[a]	0.40±0.11[a]	0.95±0.17[c]	0.51±0.15[ab]

注：数字上方标有不同小写字母表示组间差异显著（$P < 0.05$）。

从特异性免疫方面看，与S组比较，添加瑞安泰的Cnp组淋巴细胞数量与S组无显著差异（$P > 0.05$）；而Cnp组免疫球蛋白含量显著高于S组（$P < 0.05$）。在饲料油脂氧化条件下，OS组血液淋巴细胞数量较S组显著上升（$P < 0.05$），而血清免疫球蛋白含量与S组差异不显著（$P > 0.05$）。血液淋巴细胞数量Cnp组与S组无显著差异（$P > 0.05$），Cnp组血清免疫球蛋白含量较OS和S组呈上升趋势，与OS和S组均差异显著（$P < 0.05$）。

从非特异性免疫方面看，与S组比较，Cnp组的粒细胞数量与S组无显著差异（$P > 0.05$）。Cnp组血液中单核细胞数量与S组无显著差异（$P > 0.05$），Cnp对血清溶菌酶含量无显著影响（$P > 0.05$）。与S组比较，OS组血液粒细胞、单核细胞数量以及血清溶菌酶含量均显著上升（$P < 0.05$）。

试验结果显示，瑞安泰能提高血清免疫球蛋白含量。将日粮中豆油换为氧化豆油会导致异育银鲫血液淋巴细胞数量、粒细胞数量、单核细胞数量和溶菌酶含量显著上升。在饲料油脂氧化条件下，添加瑞安泰能使血液淋巴细胞数量、粒细胞数量、单核细胞数量和溶菌酶含量较OS组显著降低，但血清免疫球蛋白含量较OS组显著上升。

三、日粮天然植物能提高异育银鲫对CyHV-2病的保护效果

（一）试验条件

CyHV-2病鱼的选择。选取体色发黑，腹部、眼球充血严重，鳃丝流血不止，"鳃出血"症状明显的异育银鲫3尾（图3-52），取其肝脏、脾脏、体肾和头肾制成混样，以CyHV-2病毒核心序列C-2-F1和C-2-R1为引物（C-2-F1：TGGAATCAGTTCAACGCGTCAT；C-2-R1：CGTCAGTGCCTGGCAGTAATA），提取的混合组织DNA为模板，进行PCR扩增，PCR产物于2%琼脂糖进行凝胶电泳，电泳结果见图3-53。

3尾鱼均获得了239bp片段的特异性条带。将第3尾鱼PCR产物用胶回收试剂盒纯化，于金唯智生物科技有限公司测序，测序结果经NCBI-BLAST比对，确定其与CyHV-2病毒DNA解旋酶序列AAX53078.1的覆盖率为94%，确定性为99%（图3-54），说明这3尾异育银鲫确定携带CyHV-2病毒，可用于攻毒试验病毒液制作。

攻毒液的制备。将上述病鱼混合组织按1:6（质量浓度）灭菌0.75%生理盐水制作组织匀浆，反复冻融3次，2880g离心10min，上清液过0.25μm（带荚膜病毒大小在110～200nm）滤膜除菌，所得的组织液即为病毒液，−80℃保存待用。

攻毒过程和管理。将每个试验组用于攻毒试验的异育银鲫随机均分为2组，每组20尾，第一组用于死亡率统计（攻毒过程中不采样），第二组用于攻毒过程（开始前、攻毒后3d、7d）采样分析。

攻毒前的试验鱼的病毒检测。攻毒试验开始前，从每个试验组取3尾鱼，取肝、脾、头肾和体肾制成一混合样，以病毒核心序列C-2-F1和C-2-R1为引物（C-2-F1：TGGAATCAGTTCAACGCGTCAT；C-2-R1：CGTCAGTGCCTGGCAGTAATA），提取的混合组织DNA为模板，进行PCR扩增，PCR产物于2%琼脂糖进行凝胶电泳，电泳结果见图3-55。攻毒试验前所有处理均未获得239bp片段的特异性条带，说明试验鱼在攻毒试验开始前并未携带CyHV-2病毒。

攻毒方法。每尾鱼按照0.3mL/尾的剂量，腹腔注射病毒液。

攻毒鱼的管理。攻毒过程中不投喂，24h增氧；每天上午和下午检测水质；整个攻毒试验期间，水温20～25℃，溶解氧浓度＞5.0mg/L，pH8.2～8.6，氨氮浓度＜0.5mg/L，亚硝酸盐浓度＜0.02mg/L，硫化物浓度＜0.05mg/L。

攻毒后感染鱼的症状与病毒检测。用确定携带CyHV-2病毒，并明显发病的异育银鲫肝、脾、头肾和体肾制作毒液，腹腔注射攻毒7d后，试验鱼出现明显"鳃出血病"症状，体色发黑，腹部充血严重，解剖发现内脏、鱼鳔出血明显（图3-56）。

每个处理取3尾鱼，用其肝、脾、头肾和体肾制成混合样用于病毒检测，检测PCR电泳结果见图3-57。攻毒试验后所有处理均获得239bp片段的特异性条带，选取Cnp组的PCR产物，用胶回收试剂盒纯化，于苏州金唯智生物科技有限公司测序，测序结果经NCBI-BLAST比对（图3-58），确定它们与

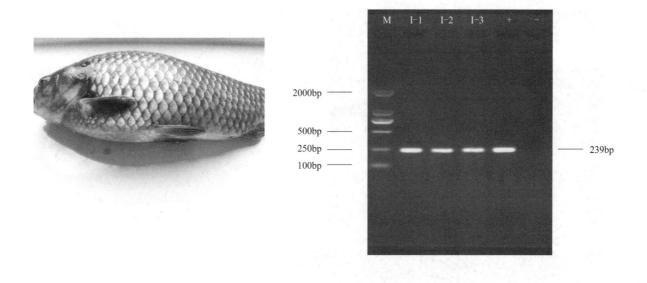

图3-52 患病异育银鲫症状（见彩图）

图3-53 3尾制作病毒液病鱼的PCR凝胶电泳结果
M—DNAmaker；I-1 ~ 3—制作病毒液的3尾鱼；+—阳性对照（克隆有CyHV-2解旋酶核酸序列的质粒DNA），-—阴性对照（无菌水）

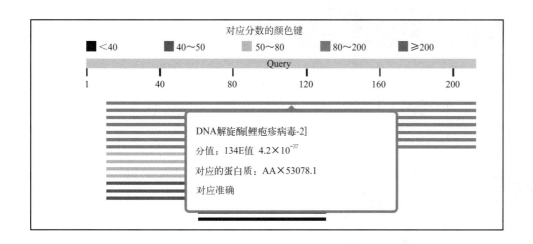

图3-54 第3尾鱼PCR扩增产物NCBI-BLAST比对结果（见彩图）

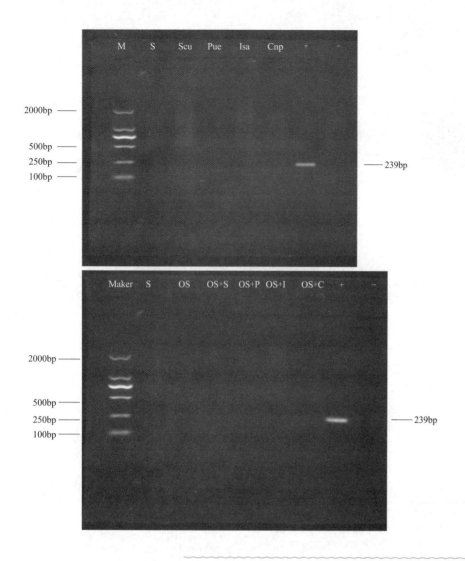

图 3-55 攻毒试验开始前的 PCR 凝胶电泳结果

M—DNAmaker；S-Cnp—试验组；+—阳性对照（克隆了 CyHV-2 病毒核酸序列的质粒 DNA）；-—阴性对照（无菌水）

图 3-56 攻毒试验后患病异育银鲫的症状（见彩图）

白色"—→"—发病鲫鱼体色发黑；白色"↑"—腹部充血严重；白色"↗"—内脏、鱼鳔出血明显

Nutritional Physiology and Feed of Freshwater Fish
淡水鱼类营养生理与饲料

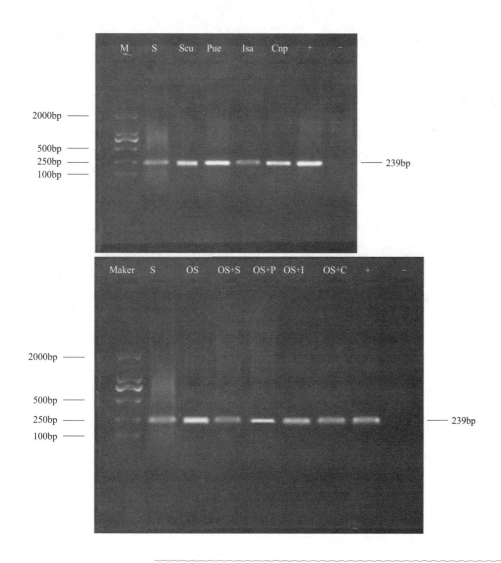

图3-57 攻毒试验结束后异育银鲫的PCR凝胶电泳结果

M—DNAmaker；S～Cnp—试验组；+—阳性对照（克隆了CyHV-2病毒核酸序列的质粒DNA）；-—阴性对照（无菌水）

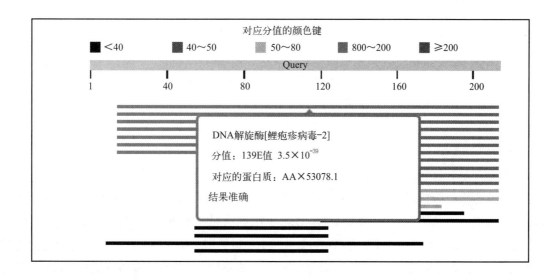

图3-58 攻毒后Cnp组异育银鲫PCR扩增产物NCBI-BLAST比对结果（见彩图）

CyHV-2病毒DNA解旋酶序列AAX53078.1的覆盖率分别为92%和93%，确定性均为100%，说明试验鱼在攻毒试验结束后已经携带CyHV-2病毒。

（二）累积死亡率和相对免疫保护率

异育银鲫注射0.3mL/尾剂量的病毒液后，第3天开始发病死亡，到第7天时的累积死亡率和相对免疫保护率（以对照组S组为基准）统计如表3-20。

与S组相比，添加瑞安泰的Cnp组累积死亡率降低，相对免疫保护率为66.7%，体现出良好的免疫保护作用。

将饲料中豆油替换为等量的氧化豆油（OS组）后，与S组相比，OS组累积死亡率上升5%，相对免疫保护率下降11.1%，说明氧化油脂会降低异育银鲫对CyHV-2病毒的抵抗力。在饲料油脂氧化条件下，添加瑞安泰后与OS组相比，异育银鲫的累积死亡率下降，相对免疫保护率提高，且与S组相比OS+Cnp组的累积死亡率下降，相对免疫保护率提高了77.8%，说明瑞安泰能完全修复由于氧化豆油造成的异育银鲫抵抗CyHV-2病毒能力的下降，并使机体对CyHV-2的抵抗力进一步增强。

表3-20　饲料油脂氧化条件下，饲喂瑞安泰对异育银鲫攻毒后累积死亡率和免疫保护率的影响

指标	S	Cnp	OS	OS+Cnp
攻毒剂量/(mL/尾)	0.3	0.3	0.3	0.3
攻毒尾数/尾	20	20	20	20
存活尾数/尾	11	17	10	18
累积死亡率/%	45	15	50	10
相对免疫保护率/%	0	66.7	−11.1	77.8

（三）鱼体抗氧化能力

在攻毒试验开始后的第3天和第7天采集各组血清，测定血清抗氧化能力的变化，结果见表3-21。

从血清总抗氧化能力看，S组随时间呈现先急剧降低、后缓慢升高趋势，终末值显著低于起始值（$P < 0.05$），且其余组变化情况与S组相同；在3d、7d，Cnp组血清总抗氧化能力显著高于S组（$P < 0.05$）。3d时，OS组血清总抗氧化能力显著高于S组（$P < 0.05$），添加瑞安泰后，OS+Cnp组较OS组显著降低（$P < 0.05$）；7d时，OS组血清总抗氧化能力与S组无显著差异（$P > 0.05$），添加瑞安泰后，与OS和S组均无显著差异（$P > 0.05$）。

从血清丙二醛含量看，S组随时间呈现持续上升趋势，终末值显著高于起始值（$P < 0.05$），且其余组变化情况与S组相同；到7d时，Cnp组血清丙二醛含量显著低于S组（$P < 0.05$）。3d时，OS组血清丙二醛含量显著高于S组（$P < 0.05$），添加瑞安泰后，OS组丙二醛含量呈上升趋势，但无显著差异（$P > 0.05$）。

综上所述，S组异育银鲫攻毒后血清总抗氧化能力下降，丙二醛含量上升。表明CyHV-2病毒的入侵会导致机体氧化-抗氧化系统失衡，产生氧化应激。OS组总抗氧化能力指标变化与S组相似，但丙二醛含量却在攻毒全过程中均显著高于S组。在饲料油脂氧化条件下，添加瑞安泰后，OS+Cnp在7d时总抗氧化能力和丙二醛含量均和OS组差异不显著。

表3-21　饲料油脂氧化条件下，饲喂瑞安泰对异育银鲫攻毒后机体抗氧化能力的影响

指标	时间	S	Cnp	OS	OS+Cnp
血清总抗氧化能力 /(U/mL)	0d[①]	17.35±0.68[aC]	18.71±1.15[abC]	18.31±0.84[aB]	18.81±0.43[abC]
	3d	6.37±0.50[aA]	8.47±0.07[cA]	8.18±0.94[bA]	6.95±0.82[aA]
	7d	9.09±0.44[aB]	12.95±0.77[cB]	8.96±0.58[aA]	10.36±1.01[abB]
血清丙二醛含量/ (nmol/mL)	0d	13.01±0.95[aA]	12.92±1.04[cA]	14.23±0.62[bA]	13.51±1.84[abA]
	3d	15.81±0.72[aB]	15.02±0.88[aB]	16.87±0.94[bB]	17.81±0.22[bcB]
	7d	18.12±0.11[aC]	16.47±0.20[cB]	19.61±0.43[bC]	18.57±0.29[abC]

注：表中同列数据的差异性用大写字母表示，有相同大写字母表示差异不显著（$P>0.05$），无相同大写字母表示差异显著（$P<0.05$）。

① 0d的试验数据来自养殖试验结果，不另外取样。

（四）鱼体免疫力的变化

攻毒后异育银鲫机体免疫能力的影响见表3-22。

从特异性免疫能力看：S组血液淋巴细胞数量随时间呈现先急剧减少、后增加的趋势，终末值显著低于起始值（$P<0.05$），其余组变化情况与S组相同；3d时Cnp组血液淋巴细胞数量著高于S组（$P<0.05$），到7d时，与S组均无显著差异（$P>0.05$）。3d时，与S组相比，OS组血液淋巴细胞数量显著增加（$P<0.05$），添加天然植物瑞安泰后与OS相比，瑞安泰组均显著减少（$P<0.05$），OS+Cnp显著高于S组（$P<0.05$）；7d时无显著差异（$P>0.05$）。

血清免疫球蛋白含量，所有组均随时间进程呈现先升高后降低的趋势；3d时，OS组与S组无显著差异（$P>0.05$），瑞安泰添加以后，OS+Cnp组较OS组显著升高（$P<0.05$）；7d时，OS组较S组显著降低（$P<0.05$），添加天然植物后，瑞安泰组均较OS组显著升高（$P<0.05$），OS+Cnp组达到和S组无显著差异水平（$P>0.05$）。

从非特异性免疫能力看，血液粒细胞数量随时间变化规律不一，S组呈现先增加后减少趋势，OS和OS+Cnp组呈现持续减少趋势；3d时，OS组较S组血液粒细胞数量显著增加（$P<0.05$），添加瑞安泰后，与OS组相比，血液粒细胞数量呈降低趋势，OS+Cnp组与OS组差异显著（$P<0.05$），而与S组无显著差异（$P>0.05$）；7d时，OS组粒细胞数量较S组无显著差异（$P>0.05$），添加瑞安泰后，粒细胞数量呈增加趋势，OS+Cnp组与OS组差异显著。血液单核细胞数量3d时，各试验组之间均无显著差异（$P>0.05$）；到7d时，各组之间无显著差异（$P>0.05$）。血清溶菌酶含量除S组和Cnp组外（先增加后减少），其余各组均随时间呈现持续减少趋势；3d时，血液单核细胞各组之间无显著差异（$P>0.05$）；到7d时，除OS+Cnp组显著降低外，其余各组之间均无显著差异（$P>0.05$）。

综上所述，CyHV-2感染后，异育银鲫机体会同时启动特异性免疫和非特异性免疫以减小病毒造成的损伤。从特异性免疫看，S组血液淋巴细胞数量减少，血清免疫球蛋白含量上升，说明病毒的入侵会破坏淋巴细胞，同时刺激体液免疫的发生；从非特异性免疫看，S组血液粒细胞先增多后减少，单核细胞先减少后增多，溶菌酶含量先增加后减少。将饲料中豆油替换为等量的氧化豆油后与S组相比，OS组淋巴细胞数量、粒细胞数量、单核细胞数量和溶菌酶含量显著增加，但到7d时上述指标却与S组无显著差异，并且免疫球蛋白含量显著低于S组。添加天然植物瑞安泰后，淋巴细胞数量、粒细胞数量和单核细胞数量均较OS组显著下降。OS+Cnp组淋巴细胞数量变化也较OS和S组更加缓和，免疫球蛋白含量在3d和7d时显著高于OS组，并在7d时与S组无显著差异。

表3-22　饲料油脂氧化条件下，饲喂瑞安泰对异育银鲫攻毒后机体免疫能力的影响

项目		S	Cnp	OS	OS+Cnp
特异性免疫能力					
血液淋巴细胞数量 /(10⁹个/L)	0d	193.46±11.01^{cC}	198.95±31.49^{aB}	785.32±25.04^{dB}	222.51±12.51^{cB}
	3d	39.92±2.51^{aA}	105.52±10.98^{bA}	133.64±31.60^{cA}	106.65±2.97^{bA}
	7d	119.56±17.98^{aB}	130.40±14.68^{bA}	125.92±19.20^{aA}	121.08±15.65^{aA}
血清免疫球蛋白含量 /(g/L)	0d	14.30±0.36^{aA}	17.20±2.40^{cB}	13.63±0.99^{aA}	16.10±0.03^{bA}
	3d	21.00±0.20^{aC}	22.67±0.85^{bC}	21.70±0.70^{abC}	26.90±1.8^{dB}
	7d	17.80±0.70^{cB}	13.77±0.06^{aA}	15.40±0.10^{aB}	17.00±0.00^{cA}
非特异性免疫能力					
血液粒细胞数量 /（10⁹个/L）	0d	2.89±0.18^{aA}	2.72±0.66^{aA}	14.03±2.16^{cC}	6.13±3.15^{b}
	3d	6.77±0.68^{aB}	7.27±0.22^{C}	10.23±0.57^{bB}	6.09±1.31^{a}
	7d	2.47±0.81^{aA}	4.56±0.69^{bB}	2.90±1.03^{aA}	3.18±0.70^{a}
血液单核细胞数量 /(10⁹个/L)	0d	1.06±0.04^{cB}	1.12±0.57^{bAB}	1.89±0.20^{dB}	0.48±0.33^{abA}
	3d	0.25±0.12^{A}	0.25±0.08^{A}	0.41±0.11^{A}	0.30±0.19^{A}
	7d	2.02±0.24^{aC}	1.91±0.40^{aB}	2.04±0.15^{aB}	0.99±0.16^{cB}
血清溶菌酶含量 /(μg/mL)	0d	0.35±0.12^{aAB}	0.40±0.11^{aA}	0.95±0.17^{dB}	0.51±0.15^{abB}
	3d	0.40±0.05^{aB}	0.58±0.03^{cB}	0.40±0.05^{aA}	0.44±0.03^{aB}
	7d	0.22±0.03^{abA}	0.28±0.04^{bA}	0.25±0.14^{abA}	0.19±0.02^{aA}

注：表中同列数据的差异性用大写字母表示，有相同大写字母表示差异不显著（$P > 0.05$），无相同大写字母表示差异显著（$P < 0.05$）。

　　总结上述试验结果表明，在CyHV-2感染后，异育银鲫会产生氧化应激损伤、免疫损伤、载氧和凝血能力异常等病理反应，最终导致异育银鲫的死亡。在CyHV-2感染后，添加0.05%瑞安泰的饲料主要通过降低氧化应激损伤、刺激免疫细胞增殖、促进溶菌酶产生和降低肝脏通透性等作用，对攻毒后的异育银鲫体现出良好的免疫保护作用，相对免疫保护率为66.7%。

第十二节
天然色素及其抗氧化作用

　　天然色素是由天然动物（如南极磷虾）、植物（如姜黄）和微生物（如雨生红球藻）等获得的色素物质，不是人工合成的色素物质。

　　天然色素的分类问题，根据色素来源分为植物色素、动物色素和微生物色素；依据其化学结构特征

分类，分为卟啉类衍生物、异戊二烯衍生物、多酚类衍生物、酮类衍生物、醌类衍生物以及其他六大类；依据溶解性可分为脂溶性色素（如叶绿素和类胡萝卜素）及水溶性色素（如花青素）。

色素在生命体系中的作用可以包括几个非常重要的方面：①基于色素物质对光能的吸收，能够进行光合作用的生物利用太阳光的光能转化为化学能，并用于合成了大量的有机物，这是自养生物中色素的贡献；②色素的存在赋予了自然界多姿多彩的世界，也是生物多样性的基础性作用；③色素分子结构特性决定可以吸收一些对生命体有害的紫外线，可以清除一些自由基和氧化性物质，色素也是生命体的保护性物质基础。

一、色素物质的颜色为互补光的颜色

（一）人对颜色的感知

人感知颜色的器官是眼睛，其中视网膜中的视锥细胞和视杆细胞是感知光和颜色的两种视细胞。光线通过眼睛照射在视网膜上的视细胞后，视杆细胞和视锥细胞分别对光的强度和颜色进行感知，即通过视细胞中的色素如视紫蓝质、视紫红质将光能转化为化学能和神经兴奋信号，并将神经信号传递到大脑形成颜色的感知。因此，颜色的基础是光，人对颜色的感知本质上为大脑的神经反应。

光具有波粒二象性，既有粒子属性——光子（能反射），又具有波的属性——电磁波（有波长和振动频率）。电磁波本身没有颜色属性，只有波长和频率之分，只是人类大脑处理视锥细胞接收到的光信息时，把不同的波长信号进行划分，从而得到七种基本颜色，"颜色"只是人类神经活动的产物。

人类视网膜上有视杆细胞和视锥细胞，在视网膜内含有600万～800万个视锥细胞，12000万个视杆细胞，分布于视网膜的不同部位。视杆细胞接受光刺激，并将光能转换为电能，发出神经冲动，为光感受器细胞。视杆细胞的杆状体呈细长形，长40～60μm，直径约2μm。视杆细胞所含的感光物质为视紫红质，是感受弱光刺激的细胞，对光线的强弱反应非常敏感，对不同颜色光波反应不敏感。猫头鹰等动物视网膜中视杆细胞较多，故夜间活动视觉灵敏。

视锥细胞能接受光刺激，并将光能转换为神经冲动，也是光感受器细胞。由外节、内节、胞体和终足四部分组成。其外节为圆锥状，故名视锥细胞；细胞内的感光物质为视紫蓝质。在光刺激下，感光物质可发生一系列的光化学变化和电位改变，使视锥细胞发出神经冲动。对灵长类和人游离视网膜单个视锥细胞吸收光谱测量的研究，发现有三类视锥细胞，其吸收光谱高峰分别为450nm（蓝）、525nm（绿）和550nm（红）。因此，视锥细胞又分为三种，分别对红、绿、蓝三种颜色的光灵敏；当视觉细胞接收到外界光源的刺激时，就会把信号转换为神经电信号并传递给大脑，大脑根据不同细胞的刺激情况分析出看到物体的信息。有些人可能存在色盲或者色弱，那是因为在他们的视网膜中，某种视锥细胞感光过于灵敏，或者感光不足，甚至是无法感光。比如红绿视觉缺陷属于X染色体上的隐性遗传，占我国男性人口的8%，女性占0.5%，对于红绿色弱者，他们的红视锥细胞和绿视锥细胞对光的感知就存在异常，使得大脑接收到的信息存在偏差，无法得到准确的颜色信息，实际上我们所说的准确颜色信息，也只是基于绝大部分人的颜色认知制定的标准。对于红色盲来说，他们的红视锥细胞完全丧失感知功能。很多鸟类拥有四种视锥细胞，对它们来说，看到的色彩比人类丰富很多，蜜蜂和蝴蝶的视锥细胞，甚至可以看到紫外线，而皮皮虾，竟然拥有多达16种视锥细胞，人类很难想象在皮皮虾眼里的世界是什么样的。

位于视细胞中的二种色素感受物质分别为视杆细胞中的视紫红质（rhodopsin）和位于视锥细胞中的

视紫蓝质（iodopsin），二种色素感受物质的感光物质都是视黄醛（retinal），差异在于视蛋白（opsin）；它们都是由视黄醛和视蛋白结合而成。视黄醛由维生素A氧化而形成，是维生素A的醛化合物。视黄醛有多个同分异构体。在视紫红质内与视蛋白结合的为分子构象较为卷曲的一种，即11-顺视黄醛（11-*cis*-retinal）；在光照下它即转变为构象较直的全-反视黄醛（all-*trans*-retinal）。

（二）人眼感受到颜色的光为经过色素物质的反射或透射光

太阳光是唯一自然光源，有很宽的光谱系，人肉眼只能感知其中可见光部分的光波，在可见光区内，不同波长的光显示不同的颜色，根据波长依次减短分为红、橙、黄、绿、青、蓝、紫。

可见光通常是指频率范围在$3.9×10^{14} \sim 7.5×10^{14}$Hz之间的电磁波，其真空中的波长为$390 \sim 760$nm。光在真空中的传播速度为$v=3×10^8$m/s，是自然界中物质运动的最快速度。波长小于380nm的紫外区域的光和波长大于770nm的红外区域的光均为不可见光。

颜色是通过色素对自然光中的可见光选择吸收后，其互补光反射或透射而产生的。色素分子能够吸收可见光的能力被激发而发生电子跃迁。因此，色素的颜色不是吸收光自身的颜色，而是反射光（或透射光）中可见光的颜色。若光源为自然光，色素吸收光的颜色与反射（透射）光的颜色互为补色。例如呈现紫色，是其吸收绿色光所致，紫色和绿色互为补色。如果将可见光全部吸收时呈黑色，将可见光全部通过时则无色。

二、色素价电子与光子的共振效应是颜色产生的分子基础

太阳辐射强度是表示太阳辐射强弱的物理量，单位是W/m^2，即点辐射源在给定方向上发射的在单位立体角内的辐射通量。地球轨道上的平均太阳辐射强度为1369W/m^2，地球在1h中获得的太阳能，比人类在全世界一年使用的能量还要多。太阳辐射能量的99%集中于波长为$150 \sim 7000$nm的电磁波中，其中可见光区（$390 \sim 760$nm）占总辐射的约50%，红外光区（波长大于760nm）占约43%，紫外光区（波长小于390nm）只占约7%。光辐射能量的大小与它的频率成正比，即$E=hn$，这里E是光子的能量，n是它的频率，h为普朗克常数，为$6.62607015×10^{-34}$J·s。在这些光线中，紫外线的能量太高，容易造成化学键的断裂，红外线的能量太低，只能增加分子的热运动，都不适合作为生物的能源，能够作为生物有效能源的，主要是可见光。

（一）色素物质为什么可以吸收光能

分子是由原子组成的，不同的原子是以化学键结合在一起组成了分子。有机分子中的化学键主要为共价键，共价键的本质是不同原子共用一对或多对电子形成的作用力，包括σ键、π键。色素分子中能够吸收光子能量的是构成共价键的电子，称为成键电子或价电子。

那么，价电子是如何吸收光子的能量的呢？是依赖于色素分子中的价电子与光子的"共振效应"。价电子和光子本质上都有电磁波特性，即都有属于自己的振动频率。当价电子的振动频率与光子的振动频率相同的时候，价电子与光子就发生共振，共振的结果就是能量的叠加、振幅的增加，于是光子的能量也就可以传递给价电子。而价电子吸收光子的能量后就会发生能级跃迁，由低能级跃迁到高能级。到高能级之后呢，价电子吸收的能量又以热能的形式散发掉，于是又会回到低能级，再与光子共振吸收能量，再进行能级跃迁，如此反复。

价电子能够吸收的光子是有选择性的，这个选择性就是振动频率，而振动频率和光的波长是相关的。因

此，不同的价电子只能吸收与其振动频率相同的光波，这就是不同的色素分子能够吸收不同波长的光波的物质基础。

根据分子轨道理论，许多有机分子中的价电子跃迁，须吸收波长在 $200 \sim 1000nm$ 范围内的光，恰好落在紫外-可见光区域。在有机化合物分子中，与紫外-可见吸收光谱有关的价电子有三种：形成单键的 σ 电子，形成双键的 π 电子和分子中未成键的孤对电子，称为 n 电子，也称为 p 电子。

当有机化合物吸收了紫外线或可见光，分子中的价电子就要跃迁到激发态，其跃迁方式主要有四种类型，以*表示激发态的价电子，即 $\sigma \rightarrow \sigma^*$，$n \rightarrow \sigma^*$，$\pi \rightarrow \pi^*$，$n \rightarrow \pi^*$。各种跃迁所需能量大小为：$\sigma \rightarrow \sigma^* > n \rightarrow \sigma^* > \pi \rightarrow \pi^* > n \rightarrow \pi^*$。

有机化合物吸收光能的过程其实就是*电子与光子发生"共振"的过程，在共振过程中，成键电子将光子的能量吸收并发生能级的跃迁。而色素物质的分子结构中，有较多的共轭双键，也就有了较多的 π 电子，这是吸收光子能量的基础。当吸收一定波长的光子能量后，其反射光或透射光（互补光）就是人眼可以观察到的光。这类反射或透射光再进入人眼，通过眼底色素的转换，将光信号转换为神经信号，就在人的大脑形成颜色的感知，所以人眼观察的颜色其实是被色素物质吸收光的互补光、反射光或透射光的颜色。

（二）色素分子中的发色基团

凡是有机化合物分子在紫外及可见光区域内（$200 \sim 760nm$）有吸收峰的基团都称为发色基团，如 —C=C—、—C=O、—CHO、—COOH、—N=N—、—N=O、—NO$_2$、—C=S 等。发色基团吸收光能时，电子就会从能量较低的 π 轨道或 n 轨道（非共用电子轨道）跃迁至 π^* 轨道（n 电子激发后也是进入 π^* 轨道），然后再从高能轨道以放热的形式回到基态，从而完成了吸光和光能转化。能发生 $n \rightarrow \pi^*$ 电子跃迁的色素，其发色基团中至少有一个 —C=O、—N=N—、—N=O、—C=S 等含有杂原子的双键与 $3 \sim 4$ 个以上的 —C=C— 双键共轭体系（由一个单键隔开的两个双键）；能发生 $\pi \rightarrow \pi^*$ 电子跃迁的色素，其发色基团至少是由 $5 \sim 6$ 个 —C=C— 双键共轭体系。随着共轭双键数目的增多，吸收光波长向长波方向移动，每增加 1 个 —C=C— 双键，吸收光波长约增加 30nm。与发色基团直接相连接的 —OH、—OR、—NH$_2$、—NR$_2$、—SH、—Cl、—Br 等官能团也可使色素的吸收光向长波方向移动，它们被称为助色基团。不同色素的颜色差异和变化主要取决于发色基团和助色基团。

在有机化合物分子结构中，单键与双键相间的情况称为共轭双键，即分子结构中由一个单键隔开的两个双键称为共轭双键，以 C=C—C=C 表示。共轭双键体系即双键和单键交替的分子结构也能发生分子内部的共轭效应，这类共轭双键较孤立双键更稳定，能量较小，典型的分子就是苯环中的大 π 键，即共轭的 π 键构成了一个六元环的共轭 π 键。共轭的结果是共轭体系内单键变短，而双键变长，单双键长度差别缩小乃至消失，这样的体系比较稳定。如苯分子中六个碳-碳的键长都是 1.39Å（1Å 等于 10^{-10}m），而普通的碳-碳双键的键长为 1.34Å，碳-碳单键为 1.48Å。

具有共轭双键的化合物，相间的 π 键与 π 键相互作用（π-π 共轭效应），生成大 π 键。由于大 π 键各能级间的距离较近电子容易激发，所以吸收峰的波长就增加，生色作用大为加强。例如乙烯（孤立双键）的 $\lambda max=171nm$ [摩尔吸收系数为 $\varepsilon=15530L/(mol \cdot cm)$]；而丁二烯（$CH_2$=CH—CH=$CH_2$）由于 2 个双键共轭，此时吸收峰发生深色移动（$\lambda max=217nm$），吸收强度也显著增加 [摩尔吸收系数为 $\varepsilon=21000L/(mol \cdot cm)$]。色素分子中含有较多的共轭双键体系。随着共轭度的增加，其紫外特性使最大吸收波长红移；如有荧光，其最大激发光波的波长红移，最大发射光波长红移；如有颜色的话，颜色逐步加深。由于大π键各能级间的距离较近，电子容易激发，所以吸收峰的波长就增加，生色作用大为加强。

三、天然色素的主要种类

依据色素分子结构类型，天然色素主要有以下几类，见表3-23。

表3-23　天然色素分类

色素	类别	代表种类
多烯色素	胡萝卜素类	β-胡萝卜素
	叶黄素类	辣椒红素、藏红花素
多酚色素	花青苷类	玉米红、萝卜红
	黄酮类	高粱红、可可色素
	鞣质类	鞣质、儿茶素
	查耳酮类	红花红、红花黄
醌酮色素	酮类	姜黄素、红曲色素
	蒽醌类	虫胶色素
	萘醌类	紫草根色素
吡咯色素	卟啉类	叶绿素、血红素
其他色素	含氮花青素	甜菜红、核黄素
	混合物	焦糖

（一）卟啉类色素

卟啉类色素又称为吡咯色素，由四个吡咯环的α-碳原子通过次甲基相连而形成共轭体系，也称为卟啉环。卟啉环中通过共价键或配位键与金属元素形成配合物，而呈现各种颜色。

（1）叶绿素（chlorophyll）

叶绿素是绿色植物的主要色素，存在于叶绿体中类囊体的片层膜上，在植物光合作用中进行光能的捕获和转换。在生命起源与进化过程中，叶绿素的出现成为光能向化学能和生物能量转换的分子基础，改变了生命进化的方向和基本历程。其化学结构最显著的特征是分子中含有的化学键或化学基团可以捕获光电子的能量，发生电子的能级跃迁和能量的转化。

叶绿素是由叶绿酸、叶绿醇和甲醇缩合而成的二醇酯。高等植物中的叶绿素有a、b两种类型，其区别仅在于3位碳原子上的取代基不同。取代基是甲基时为叶绿素a（蓝绿色），是醛基时为叶绿素b（黄绿色），二者的比例一般为3∶1。叶绿素不溶于水，易溶于乙醇、乙醚、丙酮等有机溶剂。

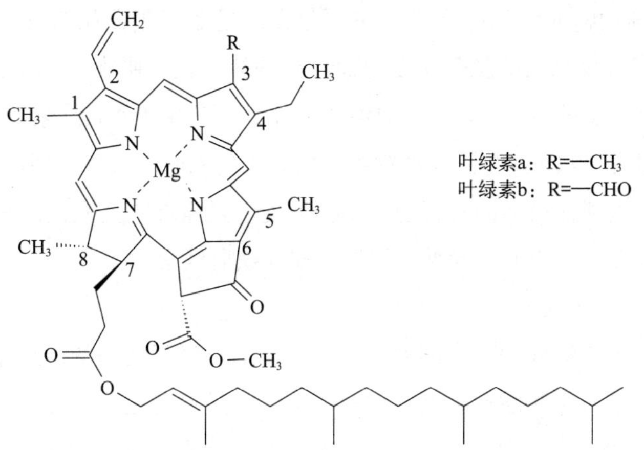

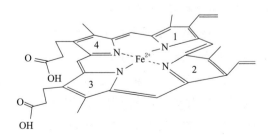

叶绿素a：R=—CH₃

叶绿素a：R=—CH₃
叶绿素b：R=—CHO

叶绿素a和b的化学结构

在活体植物细胞中，叶绿素与类胡萝卜素、类脂物及脂蛋白结合成复合体，共同存在于叶绿体中。当细胞死亡后，叶绿素就游离出来，游离的叶绿素对光、热敏感，很不稳定。叶绿素对酸敏感，在酸性条件下，叶绿素中的镁原子会被氢原子代替而形成暗绿色或绿褐色的去镁叶绿素（酸菜的颜色），但在碱性溶液中叶绿素会被水解生成仍为鲜绿色的叶绿酸盐，且形成的绿色更为稳定，因此在蔬菜技术加工中可用石灰水或氢氧化镁处理，以提高溶液的pH，保持蔬菜的鲜绿色。而在适当条件下叶绿素中的Mg^{2+}还可以被其他元素如Cu^{2+}、Fe^{2+}、Zn^{2+}等取代或置换，形成的取代物的颜色仍为鲜绿色，且稳定性大为提高，尤其以叶绿素铜的颜色最为鲜亮。

叶绿素是生物利用太阳光能量的主要分子。叶绿素对可见光的吸收主要在600～700nm，即主要吸收橙色光和红色光，叶绿素的互补光就是绿色的。叶绿素分子在可见光的激发下能够发射出电子，而且这个电子还可以还原醌分子，这样就可以利用氢醌来建立跨膜氢离子梯度，这就是基于叶绿素的光合作用的基本原理。光合作用的基本原理是利用太阳光的光子激发色素分子（视黄醛和叶绿素）中的电子而建立跨生物膜的氢离子（H^+）梯度，即让生物膜一侧的H^+浓度大大超过另一侧。这个跨膜的H^+梯度就是生物储存能量的主要方式。H^+从膜的一侧流回另一侧时，就可以带动位于膜上的酶合成高能化合物三磷酸腺苷（ATP），为各种需要能量的生命活动提供能量。除了转化太阳光中的能量，叶绿素分子射出的电子还可以合成还原力强的氢原子，为细胞合成有机物所用，例如把不含氢的二氧化碳分子变为含有氢原子的葡萄糖。

（2）血红素（heme）

血红素是一种铁卟啉化合物，中心Fe^{2+}有6个配位键，其中4个分别与卟啉环的4个氮原子配位结合。还有一个与肌红蛋白或血红蛋白中的球蛋白中组氨酸侧链以配价键相连结，结合位点是球蛋白肽链中组氨酸残基的咪唑基氮原子。第六个键则可以与任何一种能提供电子对的原子如氧结合。

血红素的分子结构

血红素是存在于高等动物血液和肌肉中的主要色素，是血红蛋白和肌红蛋白的辅基。红色肌肉中90%以上的色素是血红素，故肌肉的颜色主要为血红素的紫红色。肌肉中的肌红蛋白是由1个血红素分子和1条肽链组成的，分子质量为17kDa。而血液中的血红蛋白由4个血红素分子分别和四条肽链（2α、2β）结合而成，分子质量为68kDa。在活体动物中，血红蛋白和肌红蛋白发挥着氧气转运和储备的功能。

用亚硝酸盐腌制，鲜肉能保持肉的鲜红色，是因为处于还原态的亚铁血红素能与——NO_2形成亚硝基肌红蛋白和亚硝基血红蛋白，防止血红素继续被氧化成高铁血红素。

(3) 类胡萝卜素（carotenoids）

类胡萝卜素广泛分布于生物界中，类胡萝卜素可以游离态溶于细胞的脂质中，也能与糖类、蛋白质或脂类形成结合态存在，或与脂肪酸形成酯。类胡萝卜素类是具有生理活性的功能性抗氧化剂、单线态氧（$^1O_2$）的有效淬灭剂，能清除羟基自由基（·OH），在细胞中与细胞膜中脂类相结合，有效抑制脂质氧化。

多烯色素是以异戊二烯残基为单位的共轭链为基础的一类色素，习惯上又称为类胡萝卜素，属于脂溶性色素，大量存在于植物体、动物体和微生物体中。

类胡萝卜素按结构可归为两大类：一类是称为胡萝卜素的纯碳氢化合物，包括α-胡萝卜素、β-胡萝卜素、γ-胡萝卜素及番茄红素；另一类是结构中含有羟基、环氧基、醛基、酮基等含氧基团，如叶黄素、玉米黄素、辣椒红素、虾黄素等。

类胡萝卜素是脂溶性色素，微溶于甲醇和乙醇，易溶于石油醚；叶黄素类却易溶于甲醇或乙醇中。由于类胡萝卜素具有高度共轭双键的发色基团和含有——OH等助色基团，故呈现不同的颜色，但分子中至少含有7个共轭双键时才能呈现出黄色。食物中的类胡萝卜素一般是全反式构型，偶尔也有单顺式或二顺式化合物存在。全反式化合物颜色最深，若顺式双键数目增加，会使颜色变浅。类胡萝卜素在酸、热和光作用下很易发生顺反异构化，所以颜色常在黄色和红色范围内轻微变动。

一些类胡萝卜素能在体内转变形成维生素A，所以又将这些类胡萝卜素称为维生素A前体，如β-胡萝卜素。一分子的β-胡萝卜素可以分解为二分子的维生素A。β-胡萝卜素进入机体后，在肝脏及小肠黏膜内经过酶的作用，其中50%变成维生素A。β-胡萝卜素的抗氧化性主要表现在它具有清除自由基的能力。β-胡萝卜素具有多个双键是一种有效的抗氧化剂，能传递高能量从而使活性氧变成稳定的氧分子；还可作为一种弱氧化剂直接与自由基反应，阻止自由基的连锁反应，从而减少它对细胞的损伤。在光、热、氧气及活泼性较强的自由基的存在下，易被氧化，从而保护机体不被破坏。生物体中存在大量的脂质过氧化和自由基反应，从而导致细胞功能的下降、机体的衰老以及疾病的发生，β-胡萝卜素的存在可减少脂质过氧化。因此，类胡萝卜素可以清除自由基以及淬灭单线态氧的活性，受到了普遍的关注。

叶黄素（lutein）化学式中含有两个酮环，是类胡萝卜素的一种。叶黄素具有3个手性中心，有8种立体异构体。叶黄素的稳定性差，主要易受氧、光、热、金属离子、pH等因素的影响，如热处理过程可引起叶黄素异构化反应产生9-顺式叶黄素和13-顺式叶黄素。因而在保存时，要将叶黄素结晶纯品或含叶黄素的材料密闭真空或充入惰性气体包装，避免光照并且低温保存。叶黄素具有较强的抗氧化能力，能够抑制氧自由基的活性，阻止氧自由基对正常细胞的破坏。

玉米黄质（zeaxanthin,3,3′-二羟基-β-胡萝卜素），亦称玉米黄素，分子式$C_{40}H_{56}O_2$，分子量为566.88，是一种含氧的类胡萝卜素，与叶黄素属同分异构体。大部分存在于自然界中的玉米黄素为全反式异构体。玉米黄质是一个多烯分子，含有9个交替的碳共轭双键和单键。碳骨架的两端各连接一个带羟基的紫罗酮环。这个共轭的双键体系构成了光吸收的生色团，它给予了类胡萝卜素独特的色泽。玉米黄质实际上只有3种立体异构体，其中3*R*,3′*S*-玉米黄质和3*S*,3′*R*-玉米黄质称为内消旋玉米黄质，而自然存在的玉米黄质主要是3*R*,3′*R*-玉米黄质。黄玉米的主要色素就是玉米黄质，在玉米籽粒中的含量约为0.1～9mg/kg。万寿菊类胡萝卜素总含量可超过1mg/g，以鲜重计。

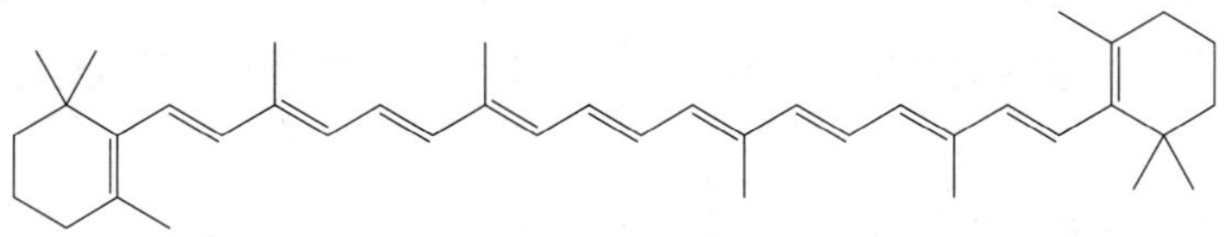

β-胡萝卜素

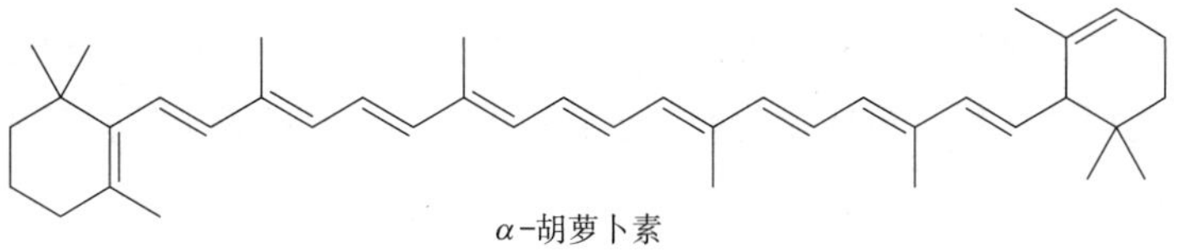

α-胡萝卜素

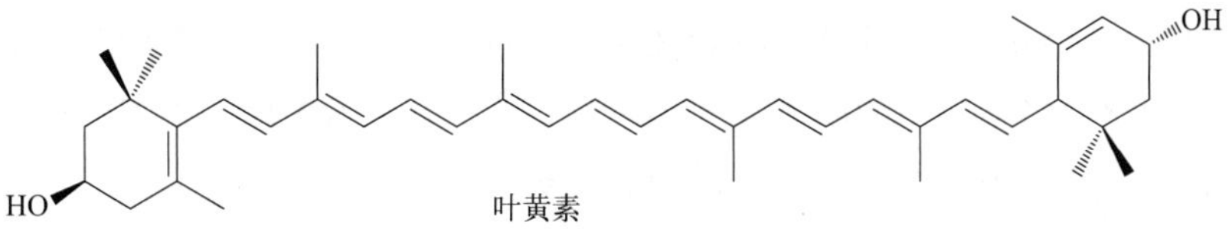

叶黄素

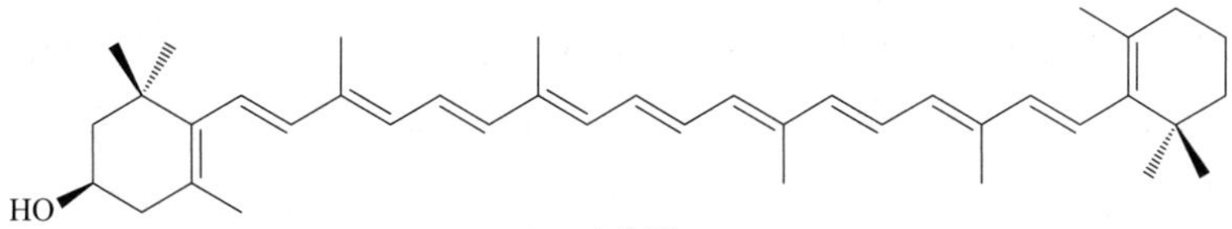

β-玉米黄质

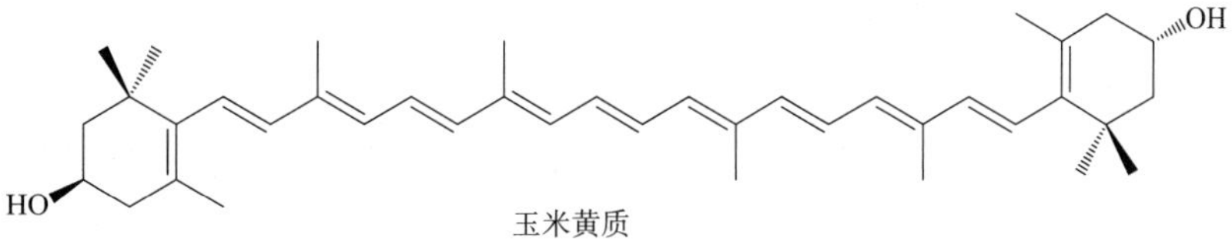

玉米黄质

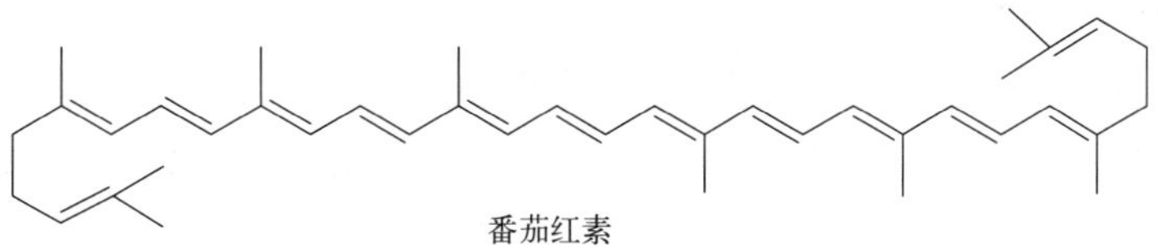

番茄红素

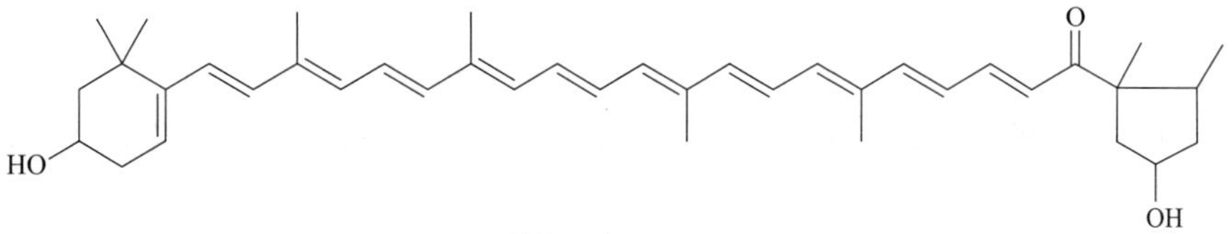

辣椒红素

番茄红素（lycopene）分子结构上有11个共轭双键和2个非共轭双键，组成为一种直链型碳氢化合物，具有很强的抗氧化功能。是成熟番茄中的主要色素，也是常见的类胡萝卜素之一。天然存在的番茄红素绝大部分是全反式构型，而在人体组织中则大部分为顺式构型（＞50%），且体内番茄红素顺式构型所占比例并不随食物中番茄红素构型的差异而改变。目前认为，反式构型的番茄红素在吸收之前即大部分在胃肠道变构为顺式构型。番茄红素所具有的长链多不饱和烯烃分子结构，使其具有很强的消除自由基能力和抗氧化能力。番茄红素可活化免疫细胞，保护吞噬细胞免受自身的氧化损伤，促进T淋巴细胞、B淋巴细胞增殖，刺激效应T细胞的功能，促进某些白介素产生及抑制炎症介质生成。

类胡萝卜素与蛋白质形成的复合物，比游离的类胡萝卜素更稳定。例如，虾黄素是存在于虾、蟹、牡蛎及某些昆虫体内的一种类胡萝卜素。在活体组织中与蛋白质结合，呈蓝青色。当久存或煮熟后，蛋白质变性后与色素分离，同时虾黄素发生氧化，变为红色的虾红素。烹熟的虾蟹呈砖红色就是虾黄素转化的结果。

类胡萝卜素可以有效地清除植物体中的活性氧而保护植物免遭强太阳光的灼伤，在动物体内的类胡萝卜素也可捕获清除单线态分子氧以及羟基自由基，通过抗氧化作用而保护动物细胞免遭自由基的破坏。在细胞中，膜脂和膜蛋白是自由基攻击的对象，由于含不饱和脂肪酸，易导致自由基链反应，发生脂类降解和蛋白质氧化。而类胡萝卜素（包括叶黄素）是非常重要的结合于膜上的抗氧化剂，可以与自由基起反应，形成无害的产物或通过破坏自由基链反应将自由基清除。

(4) 虾青素（astaxanthin）

虾青素的分子结构由八个异戊二烯为基本单元组成。虾青素的化学结构是由四个异戊二烯单位以共轭双键形式联结，两端又有两个异戊二烯单位组成六元环结构。虾青素中因为含有一个长的共轭双键系统，比其他异戊二烯化合物更不稳定。光、热、酸和氧等易于破坏虾青素的结构。

① 虾青素的绝对构型

虾青素在3和3′位置有两个不对称碳原子，能以四种构象存在，包括一对映体（3S,3′S；3R,3′R）和内消旋形式（3R,3′S；3′R,3S）。化学合成的虾青素是几种构象异构体的混合物。红法夫酵母（*Phaffia rhodozyma*）中含有3R,3′R虾青素（92%）作为主要的构象异构体。雨生红球藻中生物合成的虾青素为3S,3′S异构体。磷虾中的虾青素构象（3S,3′S）。野生鲑鱼中检测到所有的虾青素为内消旋和对映构象异构体，野生三文鱼中则主要沉积3S,3′S型的虾青素。

② 虾青素的几何异构体

通过原子的缠绕和旋转而改变，从而产生多种几何异构体。如果两个最大的功能基团都在双键的同一侧，那就形成了Z型顺式异构体，如果这两个最大的功能基团位于双键的不同侧，就形成了E型反式异构体。

③ 游离虾青素与酯化虾青素

虾青素分子的两个末端环上各有一个羟基，它们都能与酸根反应形成酯，如果只有一个羟基和酸根结合，会形成虾青素单酯，若两个羟基都和酸根反应，就会形成双酯。酯化了的虾青素亲水性减弱，亲油性增强，亲油性的顺序是虾青素双酯＞虾青素单酯＞游离虾青素。

④ 虾青素的化学合成

化学合成虾青素的主要途径是在β-胡萝卜素的两个末端环上分别加上一个羟基和一个酮基。Roche AG和BASF AG两企业都在以化学合成法生产虾青素，它们生产的商品虾青素是虾青素和许多稳定成分（包括动物胶、蔗糖、玉米淀粉、变性淀粉）的混合物，其中虾青素的含量为5%，是多种空间异构体的混合物，但顺式虾青素的含量通常控制在2%以下。

⑤ 天然虾青素及人工合成虾青素的差异

化学合成的虾青素与天然虾青素在异构体形式、存在状态及生理活性方面都有很大的不同。人工合成虾青素通常是3S3′S、3R3′S和3R3′R型三种虾青素立体异构体按1:2:1的比例组成的混合物，而且主要以未酯化的游离形式存在。天然虾青素正好相反，其主要成分是3S,3′S结构及少数的3R,3′R结构，常呈现酯化状态或与蛋白质结合形成复合物。

人工合成虾青素与天然虾青素的这些差异将对它们在生物体内的沉积效率产生重要的影响。例如，用虹鳟进行的试验表明，雨生红球藻生产的天然虾青素在该鱼体内的沉积及着色效果明显好于人工合成虾青素的着色效果。

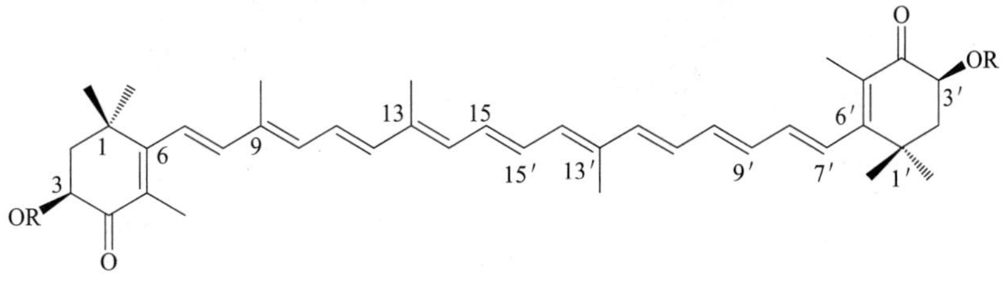

虾青素酯(反式，3*S*，3′*S*)

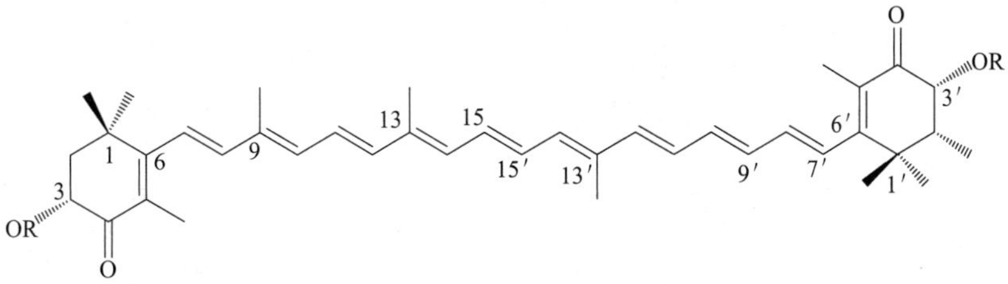

虾青素酯(反式，3*R*，3′*R*)

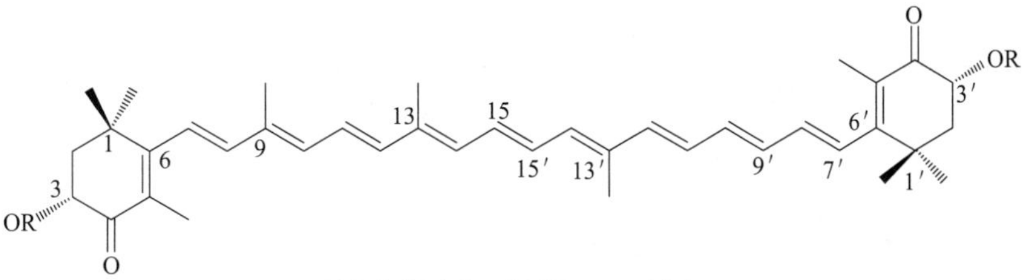

虾青素酯(反式，内消旋，3*S*，3′*R*)

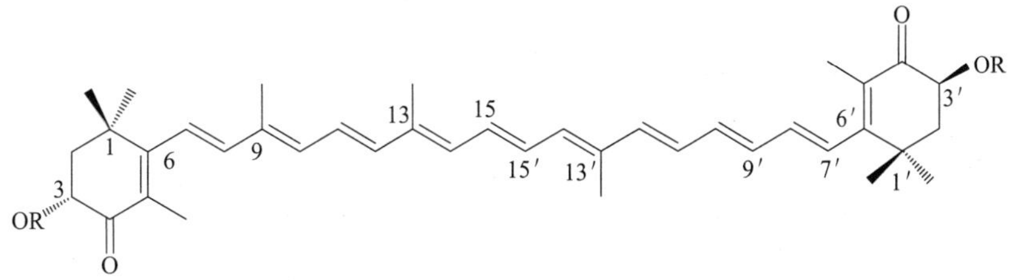

虾青素酯(反式，内消旋，3*R*，3′*S*)

（5）花青素（anthocyans）

花青素作为羟基供体，是自由基清除剂。是自然界一类广泛存在于植物中的水溶性天然色素，是花色苷（anthocyanins）水解而得的有颜色的苷元。已知花青素有20多种，如天竺葵色素、矢车菊色素、飞燕草色素、芍药色素、牵牛花色素和锦葵色素等。

花青素一般与糖形成糖苷，花色素本身不稳定，而形成糖苷后则较为稳定。自然状态的花青素都以糖苷形式存在，很少有游离的花青素存在。花青素的基本结构是带有羟基或甲氧基的2-苯基苯并吡喃环的多酚化合物，称为花色基原。花色基原可与一个或几个单糖结合成花青苷，糖基部分一般是葡萄糖、鼠李糖、半乳糖、木糖和阿拉伯糖。这些糖基有时被有机酸酰化，主要的有机酸包括对香豆酸、咖啡酸、阿魏酸、丙二酸、对羟基苯甲酸等。

花青素可呈蓝、紫、红、橙等不同的色泽，主要是结构中的羟基和甲氧基的取代作用的影响。由图3-59可见，随着羟基数目的增加，颜色向紫蓝方向增强；随着甲氧基数目的增加，颜色向红

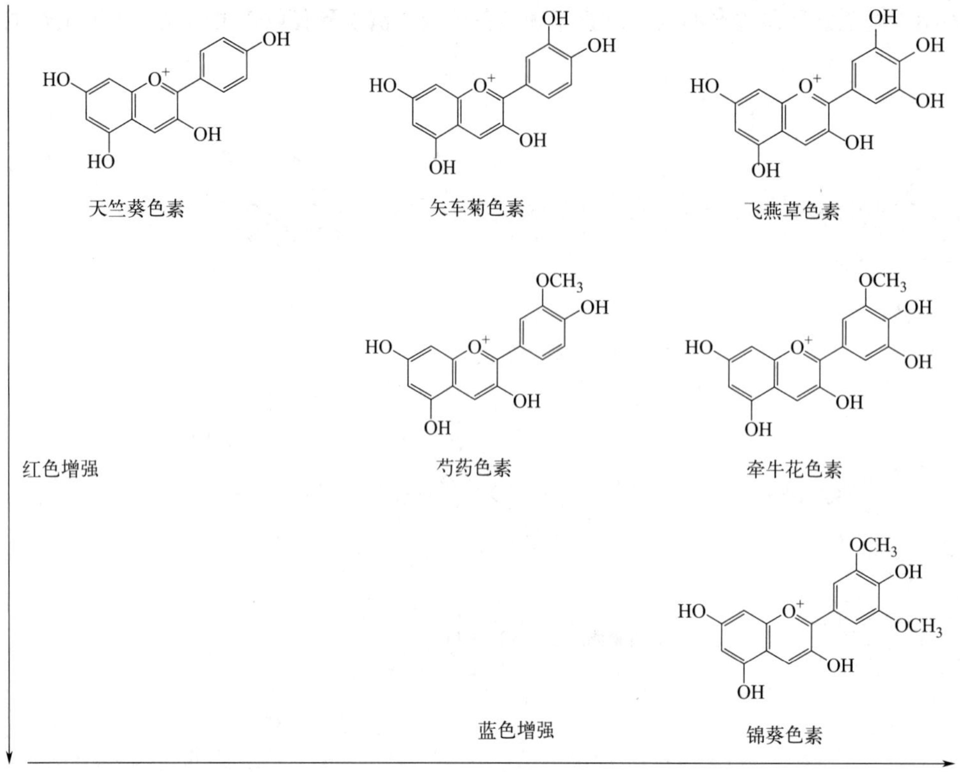

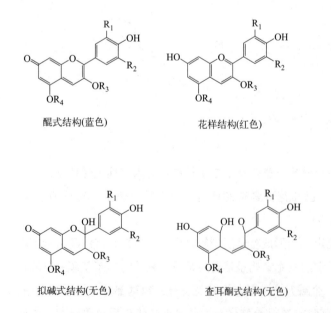

天竺葵色素   矢车菊色素   飞燕草色素

红色增强

芍药色素   牵牛花色素

蓝色增强   锦葵色素

图3-59 常见花青素及取代基对其颜色的影响

醌式结构(蓝色)   花样结构(红色)

拟碱式结构(无色)   查耳酮式结构(无色)

图3-60 花青苷在不同pH下结构和颜色的变化

Nutritional Physiology and Feed of Freshwater Fish
淡水鱼类营养生理与饲料

色方向变动。

鲜花的色泽是多变的，即使一天之中花色也是变化的，其原因之一是受细胞pH值的影响。在花青苷分子中，其吡喃环上的氧原子是四价的，具有碱的性质，而其酚羟基则具有酸的性质。这使花青苷在不同pH下出现4种结构形式（图3-60），以矢车菊色素为例，在酸性pH中呈红色，在pH8 ～ 10时呈蓝色，而pH＞11时吡喃环开裂，形成无色的查耳酮。

（6）黄酮类色素（flavonoids）

黄酮类色素是广泛分布于植物组织细胞中的色素，常为浅黄或无色，偶为橙黄色。黄酮类母核在不同碳位上发生羟基或甲氧基取代，即成为黄酮类色素。食品中常见黄酮类色素的结构如下所示。黄酮类多以糖苷的形式存在，成苷位置一般在母核的4,5,7,3′碳位上，其中以C–7位最常见。成苷的糖基包括葡萄糖、鼠李糖、半乳糖、阿拉伯糖、木糖、芸香糖、新橙皮糖和葡萄糖酸。

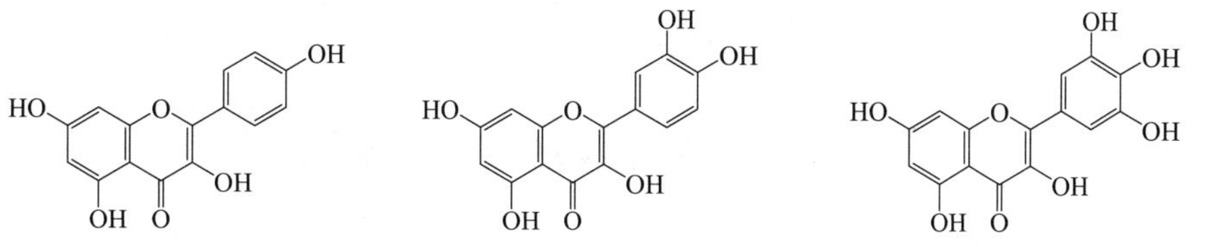

茨非醇　　　　　　　　　槲皮素　　　　　　　　　杨梅素

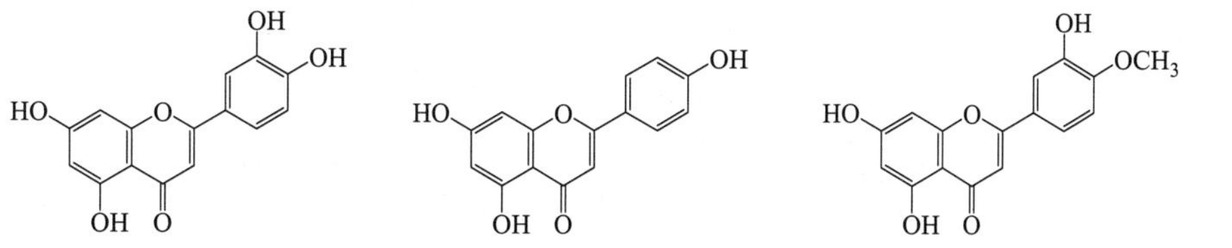

圣草素　　　　　　　　　柚皮素　　　　　　　　　橙皮素

槲皮素广泛存在于苹果、梨、柑橘、洋葱、茶叶、啤酒花、玉米、芦笋等中。苹果中的槲皮素苷是3-半乳糖苷基槲皮素，称为海棠苷；柑橘中的芸香苷是3-β-芸香糖苷基槲皮素；玉米中的异槲皮素为3-葡萄糖苷基槲皮素。圣草素在柑橘类果实中含量最多。柠檬等水果中的7-鼠李糖苷基圣草素称为圣草苷，是维生素P的组成之一。柚皮素在C–7处与新橙皮糖成苷，称柚皮苷，味极苦。其在碱性条件下开环、加氢形成二氢查耳酮类化合物时，则是一种甜味剂，甜度可达蔗糖的2000倍。橙皮素大量存在于柑橘皮中，在C–7处与芸香糖成苷称橙皮苷，在C–7处与β-新橙皮糖成苷，称为新橙皮苷。红花素是一种查耳酮类色素，存在于菊科植物红花中。自然状态下与葡萄糖形成红色的红花酮苷，当用稀酸处理时转化为黄色的异构体异红花苷。

① 姜黄素（curcumin）

姜黄素是从草本植物姜黄（*Curcuma longa*）根茎中提取的一种黄色色素，属于二酮类化合物，其分子结构如下。是自然界中极为稀少的二酮类有色物质，主要包括姜黄素（curcumin）、脱甲氧基姜黄素（demethoxycurcumin）和双脱甲氧基姜黄素（bisdemethoxycurcumin）及四氢姜黄素、脱甲氧基四氢姜黄素、双脱甲氧基四氢姜黄素。

已发现姜黄素具有抗炎、抗氧化、调脂、抗病毒、抗感染、抗肿瘤、抗凝、抗肝纤维化、抗动脉粥样硬化等广泛的药理活性。姜黄素是目前世界上销量最大的天然食用色素之一，是世界卫生组织和美国食品药品监督管理局以及多国准许使用的食品添加剂。

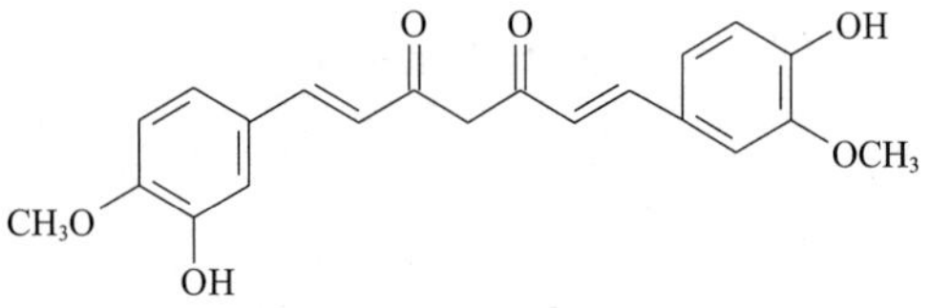

姜黄素(curcumin)

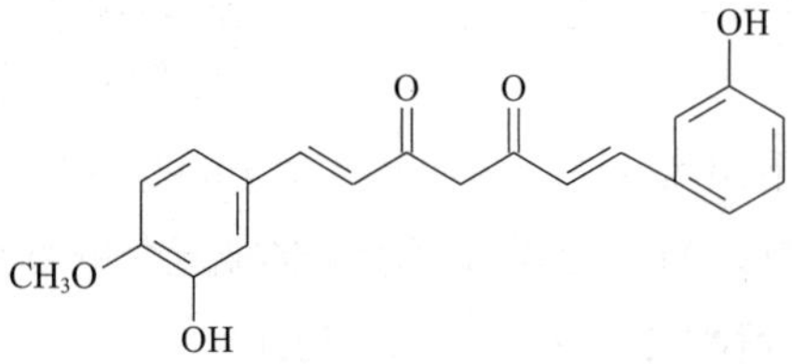

脱甲氧基姜黄素(demethoxycurcumin)

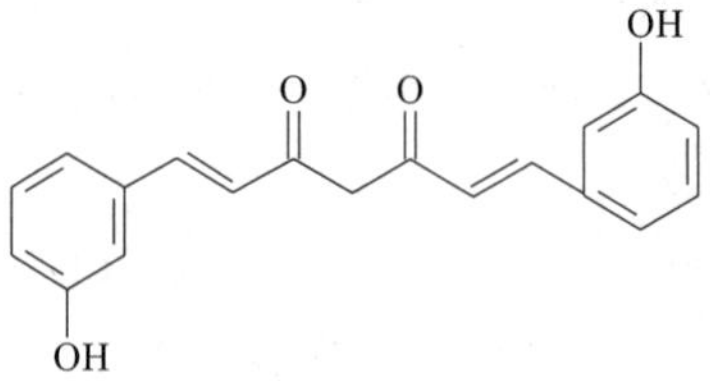

双脱甲氧基姜黄素(bisdemethoxycurcumin)

② 栀子黄（crocin，gardenia yellow）

栀子黄又称为藏花素（crocin），属类胡萝卜素系列，但栀子黄属于水溶性的色素，是因为龙胆二糖的水溶性极强。它是栀子（*Gardenia jasmindides* Ellis）中的黄色色素，其黄色色素成分为类胡萝卜类色素的藏花素，与藏红花中的藏花素相同。分子式为$C_{44}H_{64}O_{24}$，分子量976.97。具有很强的抗氧化、淬灭自由基和抑癌活性。

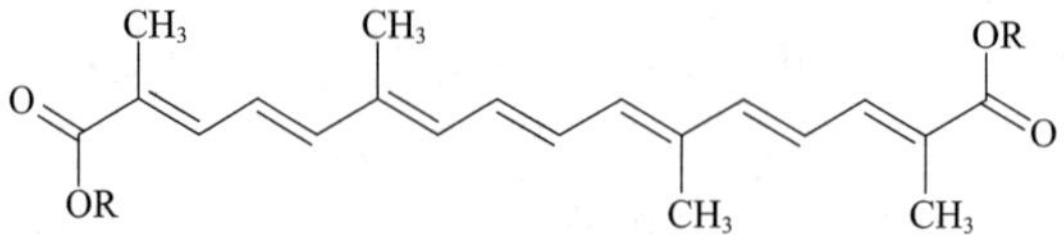

栀子黄素(藏花素) R=龙胆二糖

四、黑色素与黑色素细胞

对于养殖水产动物而言，黑色体色与鱼体生理健康紧密联系，而鱼体健康又与饲料质量，尤其是饲料安全质量紧密联系，因此成为饲料产品质量关注的问题。

鱼体的体色大致可以分为黑色体色和彩色体色如黄色、红色体色，这是鱼体吸收和沉积饲料中叶黄素、虾青素等类胡萝卜素的结果，在技术上容易解决，只要饲料中保障足够量的色素即可，如育成鱼三文鱼饲料中保障有60～80mg/kg的虾青素即可，黄颡鱼饲料中保持有40～60mg/kg的叶黄素即可。

然而，黑色体色则是依赖于黑色素细胞的分布密度、黑色素颗粒（黑素体）在黑色素细胞中的分布状态、黑素体中黑色素的含量。鱼体中黑色素来自以酪氨酸为原料的生物合成途径，不依赖于饲料中的色素、不依赖于饲料中的黑色素；黑色素细胞的增殖方式也不同于一般的细胞分裂的增殖方式，而是依赖于神经嵴干细胞的分化，首先在眼睛、肝胰脏等器官组织中分化为幼小的黑色素细胞，幼小的黑色素细胞逐渐向皮下组织、腹膜中迁移，并发育为成熟的黑色素细胞。鱼体皮肤下、鳞片表明黑色素细胞的数量多少，即黑色素细胞的分布密度对黑色体色具有显著影响，如果不足则黑色体色不足，在含有类胡萝卜素的情况鱼体则出现黄色体色或白色体色，这就是养殖过程中经常发生的"香蕉鱼""油菜花鱼"

体色。另外，黑色体在黑色素细胞中的分布状态也对黑色体色产生重大影响，如果鱼体受到刺激，产生应激反应，或者鱼体生活在浅色环境如白色的水泥池、盆中，黑色体将从黑色素细胞的树突状分枝中向细胞中央迁移，并聚集在细胞的中央部分，这时候鱼体黑色体色大幅度地减弱，并出现黄色体色、白色体色等现象。当应激因素解除或鱼体生活在深色环境中时，黑色体将从黑色素细胞中央向树突状分枝中迁移，鱼体将逐渐恢复黑色体色。因此，这种应激性体色变化是可逆的。但是，如果是黑色素细胞数量不足、分布密度不高，黑色体中黑色素含量不足，则需要依赖于神经嵴干细胞的分化、幼小黑色素细胞的迁移、黑色素细胞的成熟过程来弥补，而其中任何一个环节出现生理性障碍，都将影响到鱼体的黑色素细胞的分化、迁移和成熟过程，并将影响到鱼体黑色体色的稳定。在不知道具体是什么因素、具体在哪一个生理环节出现问题的情况下，全面地维护好鱼体的生理健康，尤其是胃肠道黏膜和肝胰脏的健康，能够维护鱼体的正常黑色体色。在饲料质量中，要消除油脂氧化产物如丙二醛、蛋白质腐败产物如组胺、霉菌毒素如黄曲霉菌毒素B$_1$、有毒有害物质等全方位确保饲料的质量安全，适当的时候可以添加以延缓氧化为主要目标的天然植物、酵母产品、胆汁酸产品等维护、修复受到损伤，尤其是氧化损伤的肝胰脏、胃肠道黏膜细胞，从而修复鱼体损伤的器官组织，恢复鱼体的生理健康，这是维护、修复养殖鱼体黑色体色的基本技术思路。

（一）动物黑色素细胞的来源

动物色素细胞来源于神经嵴干细胞的分化。神经干细胞（neural stem cell）是指存在于神经系统中，具有分裂潜能和自更新能力的母细胞，它可以通过不对等的分裂方式产生神经组织的各类细胞。在脑脊髓等所有神经组织中，不同的神经干细胞类型产生的子代细胞种类不同，分布也不同。色素细胞主要来源于外周神经干细胞。

黑色素细胞（melanocyte，MC）是一种存在于鱼体鳞片表层、腹膜、眼睛等部位的树突状细胞，图3-61为团头鲂鳞片上的成熟的黑色素细胞，细胞中含有大量的黑色颗粒，称之为黑素体，黑素体中含有黑色素。黑色素细胞能合成并分泌黑色素，具有腺细胞的功能特性。

黑色素细胞分化、成熟及其衰老死亡的过程见图3-62。其中，幼小的黑色素细胞要从神经组织迁移到皮肤下层、眼睛和腹膜等部位之后，再发育为成熟的黑色素细胞。因此，黑色素细胞的补充是依赖于神经嵴干细胞分化，而不是依赖于黑色素细胞分裂的。

（二）黑色素与黑色素的生物合成

作为一类色素，黑色素来源包括了植物黑色素、微生物黑色素和动物黑色素。从化学组成看，黑米色素的主要成分为黄酮类的花色苷类化合物。紫心甘薯色素、浆果类紫葡萄色素、乌饭树果色素等的主要成分为花色苷类物质，理化性质与黑米色素相似。黑芝麻色素为吲哚类色素，含有羧基和酚羟基。香蕉皮黑色素属于邻苯二酚型异黑素。

乌骨鸡黑色素是一种动物性黑色素，属吲哚型真黑色素，其周围连接其他一些芳香或烯烃类及羟基等基团的化合物。鱿鱼墨黑色素是以吲哚结构为主体异聚物。因此，天然黑色素包括两大类，一大类是酪氨酸、多酚及它们相关化合物代谢最终产物黑色素（melanin），动物色素多数属于这一类；另外一大类花色苷类而显黑色的色素，主要分布在植物中。

动物性黑色素（melanin）是复杂黑色高聚物，包括了真黑色素（eumelanin）、棕黑素（phaeomelanin）和异黑素（allomelanin），其区别主要在于颜色、化学组成（含氮量与含硫量不同）、可溶性及颗粒结构。其化学组成特征是一类聚合物。

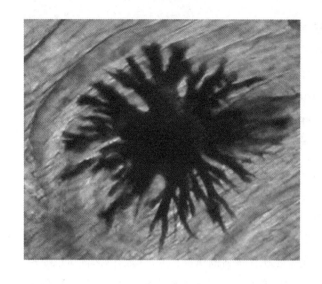

图3-61 黑色素细胞

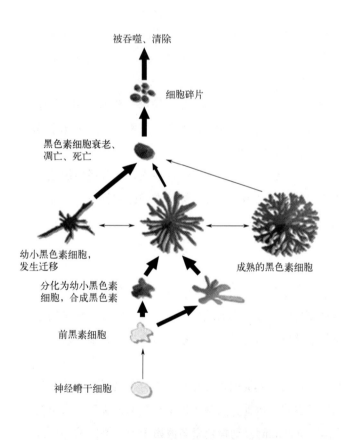

被吞噬、清除

细胞碎片

黑色素细胞衰老、凋亡、死亡

幼小黑色素细胞，发生迁移

成熟的黑色素细胞

分化为幼小黑色素细胞，合成黑色素

前黑素细胞

神经嵴干细胞

图3-62 黑色素细胞的分化、成熟与衰老死亡过程示意图

真黑色素含氮，不含硫原子，颜色为深棕色或黑色，主要存在于动物、家禽黑羽或蓝羽、眼、皮肤以及相关的组织中，是酪氨酸、二羟基苯丙氨酸（DOPA）、多巴胺和 β-氨基乙基苯酚（俗称酪胺）氧化聚合而产生。

棕黑素含氮和硫原子主要存在于家禽红棕色、浅黄色羽毛和绒毛等组织中，合成途径与真黑素相同，不同在于胱氨酸或谷胱甘肽参加了合成过程。

异黑素呈棕色或黑色，主要存在于植物或微生物中，是酚类物质在多酚氧化聚合酶作用下氧化聚合形成，植物中的黑色素多数以DHN（二羟基萘）类黑色素为主要结构骨架。按照碱解或氧化降解产物来看，可将黑色素分为吲哚构架和儿茶酚构架两种。

对于花色苷类的色素，如从黑米、黑豆、乌饭树、枫叶等提取出的黑色素，其理化性质不同于上述黑色素（melanin）。花色苷类色素系水溶性色素，易溶于水、乙醇、丙酮等极性溶剂，不溶于正己烷、甘油、花生油等非极性溶剂。在酸性条件下稳定，在中性或弱碱性条件下不稳定。

（三）黑色素的主要生理功能

黑色素呈黑色是其吸收可见光的结果，含吲哚醌较多的黑色素（如真黑色素）之所以会显得黑一些，主要是由于其在光谱红色部分有很强的吸收，这些低频率的光的吸收主要是通过羰基，而一些含较少羰基的黑色素（如褐色素），会显得较黄或较红。其中，最著名的就是鸡羽毛上的红黑色素，它含有大量的硫。

黑色素聚合体占有很宽的吸收光谱，而且由黑色素吸收的大量可见光能量都可以被转化为热量。

（1）光吸收作用

黑色素有很宽的吸收带，能吸收对生物机体有害的波段，将吸收的光子经光-电偶联效应转变为电能，再经分子振动偶联过程将电能转变为热能，从而避免了光的伤害，起到光保护作用。例如沙漠环境中生长的海枣（*Phoenix dactylifera*），在果实成熟期间产生的褐黑色黑色素，能保护果实经受住地球上最强的阳光辐射。

（2）抗氧化作用

黑色素分子结构使其成为一种电荷传递媒介，既作为电子受体，又作为电子供体。这种双重性使黑色素具有很强抗氧化作用，是高效的自由基消除剂，经测定黑色素抗氧化能力相当于维生素E的5倍、相当于维生素C的110倍，从生物演化过程来看，黑色素是比SOD/过氧化物酶更古老的抗氧化自由基保护系统。

五、鱿鱼、乌贼的黑色素

头足类墨汁存在于头足类墨囊中，天然墨汁成分复杂，墨黑色素常与蛋白质结合存在于墨囊中，含有墨黑色素、多糖、蛋白质、脂肪、灰分等多种物质。墨汁中的多糖和多肽不仅具有良好的生物活性，其中的墨黑色素生物活性也备受关注。

人们对乌贼墨黑色素的结构进行了深入研究，提出了墨黑色素是一种由5,6-二羟基吲哚单体和二羟吲哚羧酸（DHICA）单体组成的共聚物。乌贼墨存在于其墨囊内，在遇敌时喷出以保护自身安全。不同种类的乌贼墨的量不同，墨汁约占全部乌贼体重的1.28%。乌贼墨汁中黑色颗粒呈球形，直径变化较大，多数为120～180nm；乌贼墨汁中含黑色颗粒200mg/mL。

乌贼墨的化学成分为黑色素和蛋白质多糖复合体。黑色素是吲哚醌（5,6-二羟基吲哚与二羟吲哚羧酸）的多聚物，与蛋白质结合或不结合。乌贼墨汁中粗蛋白含量为10.08%，粗脂肪含量为1.34%。其中，不饱和脂肪酸含量占总脂肪的43.40%，脂肪酸主要组成是油酸和棕榈油酸，油酸占总脂肪酸的26.35%。

Nutritional

Physiology

and

Feed of

Freshwater

Fish

淡 水 鱼 类

营 养 生 理

与

饲 料

第四章

鱼类的蛋白质新陈代谢

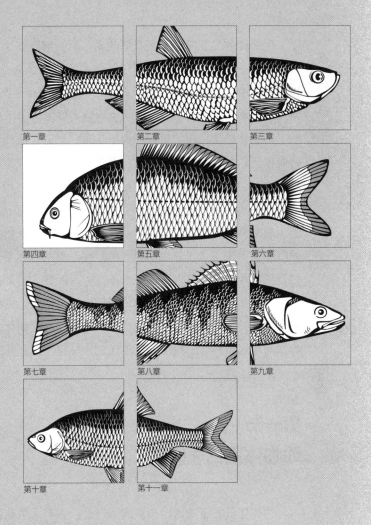

第一章　第二章　第三章　第四章　第五章　第六章　第七章　第八章　第九章　第十章　第十一章

生命体的显著特征就是新陈代谢，包括细胞整体、机体中的结构与功能性物质等都有新陈代谢的过程，就是一些物质不断被分解、新的物质不断合成，新合成的物质不断更替原有的衰老的物质和结构，即几乎所有的生命体物质都处在不断更新的动态平衡之中。水生动物是生活在水域环境中的动物类群，水产动物则是进行人工养殖的水生动物类群，同样具有生命体的新陈代谢特征。

动物体内蛋白质数量和种类处于蛋白质的合成代谢和分解代谢的动态平衡之中，二者的动态平衡维持着体蛋白质数量的动态稳定、增长或降低；从代谢分率看，当合成代谢分率大于降解代谢分率时，体蛋白质沉积量增加，表现为体蛋白质数量的增长；相反，体蛋白质沉积量减少，体蛋白质数量表现为下降，机体会逐渐消瘦。饲料养殖的目标是希望更多的饲料蛋白质氨基酸转化为体蛋白质并沉积在体内，最大限度地使养殖动物体蛋白质数量增长；而疾病条件下、饲料油脂氧化条件下，则可能导致鱼体蛋白质沉积量下降，水产养殖动物变得消瘦，养殖鱼体可能出现"瘦背"现象。了解和掌握水产动物体内蛋白质新陈代谢内在机制和规律就具有特别重要的意义。

动物体有一套非常完善的代谢调控机制和复杂的控制系统，其作用就是保障各类生理代谢有序化的进行，这是生命的重要特征。要完全破解生命控制体系需要长期坚持不懈的科学研究和全人类的共同努力。而在这个科学进程中，逐步认知其阶段性成果也是非常必要的。

第一节
动物体蛋白质降解

动物体既在不断地合成新的蛋白质，也有大量的蛋白质在不断地降解，这些蛋白质包括了损伤的蛋白质、衰老细胞分解后的蛋白质、寿命到期的酶等蛋白质分子、被巨噬细胞吞噬的异物蛋白质等，这些蛋白质降解后得到的氨基酸就是由体蛋白质分解的氨基酸，这些氨基酸将与食物或饲料来源的氨基酸一起进入体内氨基酸库，用于新的蛋白质的合成，或用于能量的产生，或用于物质的转化等。

一、动物体蛋白质降解的生理意义

细胞是生命体的基本构成单位，动物细胞蛋白质不断降解的过程提供了以下几种重要的生理功能。①生命体最为显著的特征就是新陈代谢，生命活动也是非常复杂的代谢过程，但更是有序化控制的过程。在长期的进化过程中，生命体成为一个完美的机体，对一些衰老的细胞、损伤的组织需要快速地清除，这也是典型的生命活动；但也要对被分解的产物进行再利用，避免出现浪费。②对具有时间性（寿命）功能蛋白的降解也是动物生理稳态维持的必要条件。特异蛋白质的快速降解有利于动物适应新的生理状态和细胞组成的改变，例如一些抗应激的蛋白质或多肽，在应激环境改变后就需要及时地消除这些因子，否则长期高度应激反应对动物是不利的。再如一些关键的调节蛋白质（如转录因子、酶和抑制因子）的快速消除是控制细胞生长和代谢所必需的，如果这些因子过长时间持续地发挥生理作用将导致生理代谢的异常，细胞或生命体反而会受到损伤。③是对损伤蛋白、错误蛋白的修正机制，这也是蛋白质结构与功能维持所需要的控制机制。这种机制选择性地消除一些生物合成错误或由自由基破坏或变性引起的异常折叠的蛋白质。这里也包括了自然衰老、凋亡的细胞蛋白质的分解。④是在异常条件下生命维持的必要条件。在能量摄入不足或患有分解代谢性疾病情况下，为了维持生命体的生存和生命活动的正常进行，细胞蛋白质的整体降解增加，特别是在骨骼肌容易发生，而被分解的蛋白质氨基酸等主要用于生命活动的维持代谢。这就为机体提供了糖原异生、新蛋白质的合成和能量的产生所必需的氨基酸。⑤在免疫系统对胞内和胞外异常蛋白质（如病毒）的不断监控过程中，异物性蛋白质需要被降解，体内的蛋白质降解机制起着至关重要的作用。

二、降解的体蛋白质种类

动物机体中每时每刻都有大量的蛋白质被降解，同时也有大量的蛋白质在合成。生命体就是一个蛋白质不断被降解、新的蛋白质不断被合成的动态平衡体。那么，机体中哪些蛋白质会被降解呢？

（一）细胞整体被降解，其中的蛋白质被分解后重新利用

生命体有一个生活史即生命周期，细胞作为生命体的基本构成单位，同样具有生命周期。生命体、细胞的生命周期是按照时间轴发生和发展的，是在控制之下的有序发生、发展过程。细胞是生命机体的基本构成单位，部分细胞也是有寿命的，处于不断的更新过程中。从细胞生命过程来看，细胞的死亡类型包括了凋亡、自噬、死亡、焦亡等方式，会有一定的信号刺激代谢调控机制，启动溶酶体途径、凋亡途径等进行细胞的降解，被降解的产物会被重新利用。

值得关注的问题是：①细胞衰老、细胞凋亡、细胞死亡、细胞被吞噬的标志性指标有哪些？这些信号又是如何进行传递、如何被机体内的监控系统识别并启动细胞分解过程的？②细胞被分解的位置在哪里？是在细胞原位被分解还是转移到特定位点被分解？例如，对于从原来胃肠道黏膜位置脱落的细胞会被消化酶或吞噬细胞识别，并进入降解程序；血液中衰老的红细胞会在血液中被吞噬细胞识别并进行降解程序，器官组织中细胞、结缔组织中的细胞等是否就会在原来位置被识别并进入降解程序呢？水产动物被油脂氧化产物损伤的肌肉细胞会在原位被分解吗？③细胞整体被降解的过程如何？一个完整的细胞包括了细胞膜、内质网膜、各种细胞器、细胞核等，它们各自是如何被分解的？④细胞整体被降解后，降解的产物何处去？例如磷脂是被完全水解为脂肪酸、甘油、磷酸基团、胆碱或丝氨酸等成分后再被利用，还是部分水解、修饰后就可以被再利用？蛋白质需要被完全水解为氨基酸后再被利用吗？这些水解产物是保留在细胞液、组织液或血液中后进行转运，还是在新的细胞合成时就原地直接利用？

（二）有限寿命的蛋白质被降解

包括一些达到寿命期、需要被更新的蛋白质，包括一些酶、蛋白质或多肽类的调节剂等。一些代谢酶也是有寿命的，否则持续地发挥作用对细胞结构、生理代谢是非常不利的，尤其是一些激素类多肽或蛋白质等。一般情况下，结构性蛋白质的寿命会长一些，而功能性蛋白质的寿命则较短。

生命过程的主要体现者是蛋白质，尤其是那些功能性的蛋白质。而功能性蛋白质也是有寿命的，因为生理活动过程中的蛋白质如果不能被及时清除，意味着持续地发挥着其生理功能，势必造成生理代谢的紊乱。蛋白质的半衰期并不恒定，与细胞的生理状态密切相关。综合一些研究结果显示，细胞内一些蛋白质的半衰期介于几十秒到百余天，大多数是 $70 \sim 80d$。哺乳动物细胞内各种蛋白质的平均周转率为 $1 \sim 2d$。代谢过程中的关键酶，尤其是处于分支点的酶寿命仅几分钟，有利于体内稳态在情况改变后快速建立。例如，大鼠肝脏的鸟氨酸脱羧酶半衰期仅 11min，是大鼠肝脏中降解最快的蛋白质。肌肉肌动蛋白和肌球蛋白的寿命约1周到2周。血红蛋白的寿命超过一个月。分泌到细胞外的一些结构蛋白质，它们的寿命都比较长，如胶原蛋白、眼睛中的晶体蛋白。

关于糖蛋白代谢的研究结果显示，糖蛋白中糖链的结构不仅与糖蛋白的寿命有关，而且与一些细胞的寿命有关。红细胞表面存在多种糖蛋白，这些糖蛋白的唾液酸被除去后，被肝脏实质细胞清除，同时也将红细胞从循环的血液中清除。糖蛋白和红细胞上的唾液酸可作为其"年龄"指标，带有唾液酸的糖蛋白和红细胞是"年轻"的分子和细胞，一旦丢失了唾液酸，则糖蛋白和红细胞进入"老年"期，应该被分解代谢。

（三）异物和受损伤的蛋白质被降解

疾病条件导致的细胞或物质损伤，饲料氧化油脂产物如丙二醛等损伤物质，机体的生理调控机制会及时清除这些物质。以丙二醛为例，丙二醛含有二个醛基，其性质非常的活跃，可以与蛋白质中的氨基酸侧链基团如赖氨酸、精氨酸的 ε-氨基发生交联反应，导致蛋白质多肽链高级结构的改变、理化性质的改变而成为一个"错误蛋白质"，这个蛋白质就要被分解掉以便保持生命结构与功能的稳定。此时，这些错误蛋白质就会被泛素或热休克蛋白标记，被标记的蛋白质就会被蛋白酶体中的蛋白酶分解。如果饲料长期供给油脂氧化产物，其作用方式之一就是诱导体细胞质膜中脂肪酸氧化产生丙二醛，这些丙二醛就会导致包括肌肉蛋白质在内的蛋白质与丙二醛反应而成为"错误的蛋白质"，这些蛋白质就会被标识、被分解，长期下去鱼体就会变得消瘦，因为有较多的肌肉蛋白质被分解了。

这些体蛋白质是如何被分解的呢？在哪里被分解的呢？被谁分解的呢？分解后的产物去了哪里呢？这些问题到目前为止也是生命科学研究的热点问题，是非常复杂的生命过程和生命调控机制："被识别和标记──→被分解──→分解产物再利用"的宏观过程。

三、体蛋白质降解的途径

（一）细胞的更新与细胞蛋白质的降解

综合生命科学研究中细胞死亡、被更新的方式，包括了细胞凋亡、细胞坏死、细胞衰老、细胞自噬等方式，都是十分重要的生物学现象，它们参与了生物的发育、生长等多种过程。通过这几种方式，将整个细胞分解、清除，其降解产物再利用，用于新的细胞的构建。这也是以细胞为生命单位的新陈代谢活动。这些细胞死亡的不同方式中，启动细胞分解的机制和路径上有差异，激活细胞分解体系的机制和参与分解的系统有差异。其生理作用的目标几乎是一致的，那就是通过细胞死亡（被分解）与新生细胞生长的动态平衡来维持机体正常生命活动。然而，它们有一个共同点就是需要有分解酶的分解作用，其中很重要的分解酶是来自于细胞内的溶酶体中的酶，细胞的溶酶体也是细胞内的"消化器官"。当然，细胞中蛋白质被降解有两种途径。一种是依赖于蛋白酶体的蛋白质降解途径，它通过蛋白酶体降解被泛素化标记的蛋白质，主要降解一些短寿命的蛋白质；另一种是依赖于溶酶体（或液泡）的蛋白质降解途径，它通过自噬体将需要降解的物质包裹，并运送到溶酶体或液泡中利用其酸性水解酶将蛋白质降解。主要降解的物质有蛋白聚集体、长寿命蛋白质以及细胞中受损的细胞器如线粒体等，以达到清除有害蛋白质和物质重新利用的目的。

（二）溶酶体与体蛋白分解

溶酶体（lysosome）是单细胞生物、多细胞生物、动物细胞中的一种细胞器（在植物和酵母细胞中为液泡），只有原核生物没有溶酶体。溶酶体主要起源于细胞内的囊泡运输系统。溶酶体在细胞内的运动主要在微管（microtubule）上进行。

溶酶体的结构维护了其内部的酸性、高钙环境。溶酶体是最外层由单层脂膜包裹的一种细胞器，脂膜厚度 7～10nm，其磷脂成分与其他质膜接近。溶酶体膜与细胞其他膜结构上的不同之处在于溶酶体膜上有 H^+-ATPase，通过水解 ATP 将质子（H^+）转运到溶酶体内，以维持其酸性环境。溶酶体内部 pH 比胞液的 pH 低约 2 个单位，pH 值介于 4.5～5.5，该酸性环境不仅有利于维持其水解酶活性，还有利于催化酶的水解过程。溶酶体内 Ca^{2+} 含量约为 400μmol，比胞液的浓度高很多，升高溶酶体内 pH 可以使其 Ca^{2+} 浓度下降。因此溶酶体也被认为是细胞内的钙库。溶酶体膜上含有多种转运蛋白，可将有待降解的生物大分子转运进溶酶体，并将水解的产物转运出去。

溶酶体的主要功能是作为细胞内的"消化器官"发挥作用，细胞自溶、防御以及对某些物质的利用均与溶酶体的消化作用有关。溶酶体生理作用的发挥以其中的水解酶为基础，溶酶体中含有约 60 种水解酶，大多是糖蛋白，包括蛋白酶、核酸酶、磷酸酶、糖苷酶、脂肪酶、磷酸酯酶及硫酸酯酶等。可溶性的酶多数以阴离子复合形式存在，结合性酶多以水溶性多聚阳离子复合形式结合于带负电的膜上（在溶酶体内 pH 低于 5 的环境下）。溶酶体强大的降解作用对于细胞内毒性物质的清理、受损细胞器的清除、信号转导的调控、细胞内环境的维持都非常重要。例如在细胞分化过程中，某些衰老的细胞器和生物大分子等陷入溶酶体内并被消化掉，这是机体自身更新组织的需要。在老年有机体的细胞中，溶酶体酶含量增高，以去除有缺陷的蛋白质。溶酶体内的组织蛋白酶（cathepsin）是研究最为深入的水解酶。组织蛋白酶是半胱氨酸蛋白酶家族的主要成员，在生物界已发现 20 余种。根据其不同水解位点，可分为 B、C、H、F、K、L、O、S、V、W、X（半胱氨酸）、D、E（天冬氨酸）及 G（丝氨酸）等。它们均为酸性水解酶，但在中性条件下也具有部分活性。组织蛋白酶均以酶原形式合成，可被其他蛋白酶活化，或在酸性条件下自水解活化。活化的组织蛋白酶 B 和 L 在溶酶体中浓度高达 1mmol/L，占其蛋白质含量的 20%。这些水解酶不仅参与了溶酶体内部的蛋白质水解活动，而且其释放到细胞液中或分泌到细胞外会引发各种细胞病变，进而对机体产生广泛影响。

溶酶体作为细胞内"消化器"可以与不同的被分解物结合形成不同的溶酶体复合体，例如与自噬体融合后，形成自噬溶酶体，消化分解细胞的内源性物质；与吞噬体结合形成吞噬溶酶体，将大分子物质分解成简单物质；与内吞泡结合，形成异噬溶酶体，分解细胞的外源性物质。

自噬（autophagy）是指从粗面内质网的无核糖体附着区脱落的双层膜包裹部分胞质和细胞内需降解的细胞器、蛋白质等成分形成自噬体（autophagosome）的过程。自噬体直径一般为 300～900nm，平均 500nm；其囊泡内常见的包含物有胞质成分和某些细胞器如线粒体、内吞体、过氧化物酶体等；与溶酶体融合形成自噬溶酶体，降解其所包裹的内容物，以实现细胞本身的代谢需要和某些细胞器的更新；在机体的生理和病理过程中都能见到；与其他细胞器相比，自噬体的半衰期很短，只有 8min 左右，说明自噬是细胞对于环境变化的有效反应。

自噬溶酶体（autolysosome）是自噬体与溶酶体融合形成的复合体，是一种细胞自体吞噬泡，作用底物是内源性的，即细胞内的蜕变、破损的某些细胞器或局部细胞质。它们由单层膜包围，内部常含有尚未分解的内质网、线粒体和高尔基体或脂类、糖原等。正常细胞中的自噬溶酶体在消化、分解、自然更替一些细胞内的结构上起着重要作用。这种溶酶体广泛存在于正常的细胞内，在细胞内起"清道夫"作用，作为细胞内细胞器和其他结构自然减员和更新的正常途径。当细胞受到药物作用、射线照射和机械损伤等各种理化因素伤害时，其数量明显地增多，因此对细胞的损伤起一种保护作用。

细胞的吞噬作用（phagocytosis）为各种变形的、具有吞噬能力的细胞所特有，吞噬的物质多为颗粒性的，如微生物、组织碎片和异物等，在胞内形成吞噬体（phagosome），是一种在胞吞作用中在被吞噬物质周围形成的囊泡，这种囊泡由细胞膜向细胞内凹陷产生，可以吞噬直径达几微米的复合物、微生物以及细胞碎片。吞噬体是一种在免疫过程中常见的细胞结构，入侵机体的病原微生物可在吞噬体中被杀灭、消化。在成熟过程中吞噬体需与溶酶体融合，生成兼具隔离与分解异己物质能力的吞噬溶酶体，只在动物细胞中发现。胞饮作用（pinocytosis）是由质膜包裹液态物质形成吞饮小泡或吞饮小体的过程，形成吞饮小体（pinosome）或吞饮小泡（pinocytotic vesicle）和微吞小泡（micro-pinocytotic vesicle）。吞饮小体是胞饮过程中以小的囊泡形式将细胞周围的微滴状液体，吞入细胞内过程中形成的小体。吞饮小体与初级溶酶体接触时，双方接触部分的膜溶解，当各自的内容物互相混合，初级溶酶体内的酶就可以把所吞噬的外源性物质消化分解。受体介导的胞吞作用，在质膜上形成凹陷，当特定大分子与凹陷部位的相应受体结合时，凹陷进一步向胞质回缩，并从质膜上籤断形成有被小泡（coated vesicles），即胞内体（内体）（endosome），是膜包裹的囊泡结构，有初级内体（early endosome）和次级内体（late endosome）之分，初级内体通常位于细胞质的外侧，次级内体常位于细胞质的内侧，靠近细胞核。

胞外蛋白质也能转运到细胞内被溶酶体降解，如血浆蛋白、激素和被吞噬的细菌，经胞吞作用后溶解，并在溶酶体中完全降解，降解后产生的肽随后又被传递到与MHC Ⅱ类分子相关的免疫系统。细胞表面受体的胞吞作用伴随着蛋白质在溶酶体中的降解，并且当细胞表面受体与配位基结合后，就使降解的速度加快。一些胞液蛋白被溶酶体的自噬体吞食后，亦在溶酶体中发生降解。当动物体缺乏胰岛素或氨基酸时，大多数细胞中溶酶体的这个降解过程加速。另外，在细胞中还存在一种特殊机制，如热休克蛋白Hsp 70转运某些胞液蛋白质直接进入溶酶体。用阻止溶酶体酸化的因子（如氯喹和甲胺），或者用溶酶体半胱氨酸蛋白酶、组织蛋白酶B、H和L的抑制剂（如亮肽素或E_{64}）测定蛋白质水解过程中溶酶体作用的大小。这些抑制剂的使用证明，溶酶体途径主要与表面膜蛋白和胞吞的胞外蛋白质的降解相关，而在正常状态下的胞液蛋白质的正常周转过程中并不发挥主要作用。

无论是海水鱼还是淡水鱼、软体动物等，在死亡之后经历"僵直""自溶"等过程，其中"自溶"过程就是细胞中溶酶体发挥作用、细胞分解的过程。细胞自溶作用就是细胞中的溶酶体膜破裂，使得溶酶体中的水解酶释放到细胞中，使细胞溶解。这种细胞自溶作用可以用于一些动物蛋白质的自溶性酶解并得到相应的酶解产品，如自溶鱼浆、自溶黑水虻浆等产品。

（三）泛素－蛋白酶体途径的体蛋白质降解

细胞内蛋白质的水解还有蛋白质水解体系即泛素-蛋白酶体系统（ubiquitin-proteasome system，UPS）途径。这是一个包含多步骤的反应过程，有多种蛋白质参与，其基本过程是蛋白质先被泛素标记，然后被蛋白酶体识别并降解。

蛋白酶体降解途径对于许多细胞进程，包括细胞周期、基因表达的调控、氧化应激反应等，都是必不可少的。反应过程中，泛素-蛋白酶体复合体主要由泛素（ubiquitin，Ub）、泛素活化酶（ubiquitin-activating enzyme，E1）、泛素结合酶（ubiquitin conjugating enzyme，E2）、泛素连接酶（ubiquitin-ligase enzyme，E3）、蛋白酶体（proteasome）及其底物（蛋白质）构成。

泛素是由76个氨基酸组成的具有高度保守性的小分子蛋白质，是所有真核细胞中普遍存在的最为丰富的蛋白质之一，分子质量约8.5kDa。泛素化在蛋白质的内吞和外泌作用中有目标定位功能，即对被分解蛋白质进行标识的作用。

损伤蛋白质被泛素标记，并形成泛素-蛋白质复合体是蛋白被降解的起始过程，一是对损伤蛋白质进行选择、识别，二是对损伤蛋白质进行标记，这种标记就是将损伤蛋白质与泛素结合，形成泛素-蛋白质复合体。这个过程包含了三个基本过程：①泛素活化酶（Uba或E1）水解ATP，在自身的活性位点半胱氨酸（Cys）的和泛素C末端76号甘氨酸（Gly76）之间形成高能硫酯键，从而激活泛素的

—COOH末端，为下一步的亲核攻击做准备；此过程产生E1-泛素中间体。②E1-泛素中间体中的泛素转移给多个泛素结合酶E2（泛素结合酶E2活性部位为半胱氨酸），产生多聚化的泛素。③由E3募集特异的底物和E2，并介导泛素从E2转移到靶蛋白，完成对靶蛋白（损伤蛋白质）的泛素标记，产生泛素-蛋白质复合体。泛素连接酶E3为泛素-蛋白酶体系统选择性降解机制的关键因素，识别被降解的蛋白质并将泛素连接到底物上。

上述过程完成了对需要被降解的蛋白质的识别和泛素标记，形成的复合体需要蛋白酶来进行降解，而蛋白酶是多种水解酶的一个复合体，又称为蛋白酶体。

蛋白酶体广泛分布于细胞质和细胞核中，依据离心沉降系数和是否需要ATP的不同，有26S蛋白酶体和20S蛋白酶体二种。其中26S蛋白酶体的分子质量约2.5MDa，依赖于ATP；而20S蛋白酶体分子质量约750kDa，不依赖ATP。泛素-蛋白酶体中的蛋白酶体为26S蛋白酶体，其中的蛋白酶具有泛素依赖性。

26s蛋白酶体是由19S和20S亚基组成的桶状结构。其中，19S为调节亚基，位于桶状结构的两端（见图4-1），识别多聚泛素化蛋白质并使其去折叠。19S亚基上还具有一种去泛素化的功能，使底物去泛素化；当靶蛋白去泛素后将被降解。20S为催化亚基，位于两个19S亚基的中间，其活性部位处于桶状结构的内表面，可避免细胞内环境的影响。20S亚基由2个α环和2个β环，共4个同轴的环组成。无论是α环还是β环，每个环均由7个亚基（分别称为α亚基和β亚基）组成，4个同轴的环形成一种桶状结构。位于桶状结构两端的两个环为α环，每个环由7个α亚基组成。桶状结构中间位置的两个环为β环，每个环由7个β亚基组成，其中β1、β2和β5具有苏氨酸蛋白酶活性位点，β1亚基具有caspase样肽酶活性，β2具有胰蛋白酶样活性，β5具有胰凝乳蛋白酶样活性。这些活性位点处于20S中心复合物内部，从而可以有效地防止非特异性蛋白质的降解。

19S调节复合物通过α环与核心复合体相结合。19S调节复合物由17个不同亚基、两部分构成，一个是基底复合物，另一个是盖复合物。前者由6个ATP酶亚基和2个非ATP酶亚基组成，后者由9个亚基组成。19S的伴侣蛋白能将泛素标记的蛋白质底物展开，并送进20S的桶型核心中，在桶型核心内有三对蛋白质水解活性位点。这三对位点的命名分别对应其糜蛋白酶、胰蛋白酶和半胱天冬酶的裂解特异性。

泛素介导的蛋白质水解速率和特异性也受到泛素链的去组装控制，这一去组装过程是由大量的去泛素化酶所催化的，干扰去泛素化酶的活性可完全改变细胞的生理活动。损伤蛋白质被26S蛋白酶体分解的过程如图4-1所示。

蛋白质是生命功能的体现者，而蛋白酶体直接影响某些蛋白质的更新，其中包括错误折叠蛋白质和许多在生命活动中起重要作用的蛋白质，如p53、细胞周期蛋白（cyclin）等，显然这些蛋白质数量的调节会直接影响相关的生物学功能。综合现有研究结果显示，蛋白酶体的功能涉及细胞周期控制、细胞凋亡、应激反应、DNA修复、基因转录、抗原提呈、信号转导、癌症、炎症、神经退行性疾病的发生等。

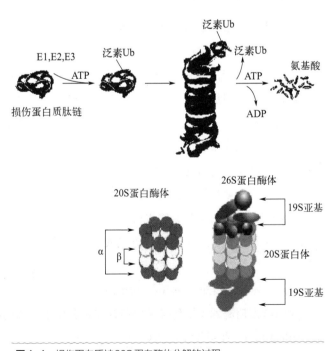

图4-1 损伤蛋白质被26S蛋白酶体分解的过程

（四）胞液蛋白酶水解途径

哺乳动物细胞液蛋白质的水解作用除了通过泛素-蛋白酶体这个主要途径之外，还存在胞液蛋白质水解途径。这个途径不依赖ATP，由Ca^{2+}活化，并与命名为钙激活蛋白酶（calpains）的半胱氨酸蛋白酶有关。如许多溶酶体蛋白酶，这些胞液蛋白酶被E_{64}和亮肽素抑制。当细胞受损和胞液Ca^{2+}升高时，这些胞液蛋白酶被活化。因此，它们在组织受伤、坏死和自溶过程中发挥着一个重要的作用。

胞液蛋白酶另外的成员是半胱氨酸蛋白酶家族中与白细胞介素-1β转化酶（ICE）相关的蛋白酶。这些酶与真核生物的细胞凋亡途径密切相关。它们在Asp残基之后分解蛋白质，并被合成为无活性的前体物。真核生物对各种各样的有毒刺激（如DNA破坏）的应答，就是各种与ICE相关的蛋白酶被激活，并导致细胞程序性死亡的一个过程。

（五）线粒体蛋白酶系统

线粒体参与许多不同的过程，如细胞凋亡、新陈代谢、疾病、老化、贮存和Ca^{2+}的释放等。线粒体的基质中含有一个完整的蛋白质周转系统，并存在一种依赖ATP的细胞器蛋白质降解途径。线粒体蛋白酶系统中不含有泛素，但含有高分子蛋白酶复合体。该复合体与在细菌中发现的相似。线粒体蛋白酶分解系统能把多肽或游离的蛋白质亚基消化成氨基酸。

四、组织蛋白酶

动物体的蛋白水解酶类包括了消化道内对食物蛋白质水解的酶类，以及在动物体组织内、细胞内对蛋白质水解的酶类。动物体内蛋白质水解的酶类统称为组织蛋白酶（cathepsin），包括了细胞外的蛋白质水解酶和细胞内的蛋白质水解酶，而以细胞内蛋白质水解酶为主。

（一）组织蛋白酶的主要类型

组织蛋白酶依据蛋白酶在动物体组织中存在的位点或酶解作用位点，包括了细胞内的蛋白酶如溶酶体中的蛋白酶、线粒体中的蛋白酶、细胞液中的蛋白酶等，同时，在细胞之间的组织液中也存在蛋白质水解酶，如胶原蛋白酶主要在结缔组织中存在，对结缔组织中损伤的胶原蛋白进行水解作用。动物被屠宰之后，其肌肉组织出现"僵直""软化""自溶"等发展过程，其中组织蛋白酶对肌肉蛋白的水解程度对屠宰后动物肌肉的风味、食用品质将产生重大的影响。尤其对于水产加工产品如鱼糜、鱼浆、鱼片、鱼柳等产品食用质量、风味受到组织蛋白酶的影响较大。细胞中，组织蛋白酶则比较多地存在于如粗面内质网、溶酶体、高尔基体、线粒体和质膜之中。

目前对组织蛋白酶的分类更多的是依据构成酶蛋白活性中心的氨基酸种类、辅因子类型进行区分，包括丝氨酸蛋白酶、半胱氨酸蛋白酶、天冬氨酸蛋白酶、苏氨酸蛋白酶和金属蛋白酶，这些酶分别是以丝氨酸、半胱氨酸、天冬氨酸、苏氨酸等氨基酸侧链基团和金属离子（Ca^{2+}、Zn^{2+}）作为酶的活性中心基团。

（1）丝氨酸蛋白酶（serine proteases）

丝氨酸蛋白酶就是以丝氨酸侧链构成蛋白质水解酶的活性中心，这类组织蛋白酶包括了组织蛋白酶A（cathepsin A）和组织蛋白酶G（cathepsin G）。

组织蛋白酶A（cathepsin A）属于溶酶体羧肽酶，为存在于溶酶体中、从肽链羧基端进行水解的蛋白质水解酶。组织蛋白酶A的代表性底物是 *N*- 苄氧基羰基 -L- 谷酰胺 -L- 苯丙氨酸，最适 pH 约 5.5。组织蛋白酶G最初是从脾脏中提取出来的一种单链丝氨酸蛋白酶，在 pH 为中性的条件下参与吞噬反应中的吞噬颗粒的降解。

（2）天冬氨酸蛋白酶（aspartic proteases）

天冬氨酸蛋白酶是以天冬氨酸构成酶的活性中心的蛋白酶，包括组织蛋白酶D和组织蛋白酶E两种。

组织蛋白酶D是天冬氨酸类溶酶体肽链内切酶，广泛存在于脊椎动物、真菌、反转录病毒和植物病毒中，其正常功能是在溶酶体的酸性环境中水解蛋白质。在 pH 2.8 ~ 5.0 的范围内（最适 pH 值为 4）能够降解激素、多肽前体、多肽、结构及功能蛋白质，但在 pH 大于 5.5 时无活性。

有研究表明，组织蛋白酶D在动物宰后肌肉的降解中也发挥重要作用。在肌肉成熟、嫩化过程中，它可以快速降解肌球蛋白重链、肌球蛋白轻链、肌联蛋白、C- 蛋白及 M- 蛋白，并且还可以缓慢降解肌钙蛋白T、肌钙蛋白I、肌球蛋白和原肌球蛋白。并且在降解过程中，组织蛋白酶D还可以与组织蛋白酶A、B、C协同作用。

组织蛋白酶E是一种非分泌性的细胞内非溶酶体蛋白酶，在胃黏膜上皮细胞中含量极高。

（3）半胱氨酸蛋白酶（cysteine proteases）

半胱氨酸蛋白酶的种类较多，是以半胱氨酸构成酶的活性中心的一类蛋白质水解酶，包括了组织蛋白酶B、组织蛋白酶C、组织蛋白酶F、组织蛋白酶H、组织蛋白酶K、组织蛋白酶L、组织蛋白酶N、组织蛋白酶O、组织蛋白酶S、组织蛋白酶T、组织蛋白酶U、组织蛋白酶W、组织蛋白酶V和组织蛋白酶X。

组织蛋白酶B是溶酶体内半胱氨酸蛋白水解酶，催化苯甲酰 -L- 精氨酰胺的水解。已知有B1和B2（或B′和B）二种。易被巯基试剂抑制，又称巯基酶，属于木瓜蛋白酶家族，在 pH 3.0 ~ 7.0 都具有活性，碱性条件下会不可逆失活。该酶存在于细菌、病毒、原生动物、植物和哺乳动物中，在动物肝、脾、肾、骨、神经细胞、间质成纤维细胞、巨噬细胞等都有分布。在溶酶体降解蛋白质途径中发挥着必不可少的作用，当胞外蛋白质、血浆蛋白、激素和被吞噬的细菌等进入细胞即被溶酶体内蛋白质水解酶水解，进行细胞内消化，从而使蛋白质的合成与降解保持精确的平衡。鱼体内的组织蛋白酶B为糖蛋白，其活性容易受到温度和 pH 的影响。在 37℃，pH 为 6.0 时，组织蛋白酶B对肌球蛋白重链的降解作用强烈，而对肌动蛋白基本无影响；而在 55℃，pH 为 6.5 ~ 7.0 时，组织蛋白酶B对肌球蛋白重链及肌动蛋白都具有降解作用；而当 pH 在 7.5 ~ 8.0 的范围内，组织蛋白酶B会自发变性。在发酵鱼产品的研究中，组织蛋白酶B比其他内肽酶具有更高的活性。

组织蛋白酶C的代表性底物是甘氨酰 -L- 苯丙酰胺，在 pH 5 左右催化此肽键的水解，在 pH 7 左右时催化以其他底物分子的氨基代替水分子作为受体的转移反应，亦称为二肽氨肽酶 I 或二肽转移酶。能为巯基化合物或 Cl^- 所激活。

组织蛋白酶K介导了破骨细胞对骨细胞的吸收。人或动物成年个体的骨骼系统的生长一直处于一个动态平衡中，其本质就是由破骨细胞在旧骨区域分泌酸性物质溶解矿物质、分泌蛋白酶消化骨基质、进行骨吸收，从而形成骨吸收陷窝（absorption lacuna）；成骨细胞移行至被吸收部位，分泌骨基质，骨基质矿化而形成新骨。组织蛋白酶K是由 329 个氨基酸构成的蛋白质，主要存在于破骨细胞，还在皮肤、心脏、骨骼肌、肺、胎盘、卵巢、睾丸、小肠和结肠等组织中激活和表达。组织蛋白K与骨质疏松有关，在骨吸收陷窝，激活的破骨细胞几乎特异地表达成熟的组织蛋白酶K。在吸收陷窝的酸性微环境下，组织蛋白酶K降解 I 和 II 型胶原蛋白，尤其是 I 型胶原蛋白。

组织蛋白酶L是溶酶体半胱氨酸蛋白酶家族的主要成员，具有非常独特的合成和转运方式。组织蛋白酶L在肌肉成熟、嫩化过程中起到重要作用，且只具有内肽酶的活性。在 pH 为酸性至中性的条件下，组织蛋白酶L可非常活跃地参与降解肌球蛋白、α-辅肌动蛋白、肌钙蛋白T和I以及I型胶原蛋白，并且它降解肌球蛋白的能力是组织蛋白酶B的10倍。组织蛋白L在高温下活性较高。在高温下，组织蛋白酶L是降解比目鱼肌肉的主要蛋白酶。

组织蛋白酶H兼具内肽酶和外肽酶（氨肽酶）的活性，最适pH为7。组织蛋白酶H可参与降解细胞内蛋白质，可以降解肌肉中的肌球蛋白重链、肌动蛋白、原肌球蛋白和肌钙蛋白I，但是哺乳动物源的组织蛋白酶H能够降解肌原纤维蛋白，而对肌钙蛋白却没有表现出内肽酶的活性。鲤鱼中的组织蛋白酶H可以水解Arg-MCA、Leu-MCA，还可以水解Lys-MCA和Ala-MCA，但是鲤鱼中的组织蛋白酶H不能水解N端封闭的合成底物，说明它只有氨肽酶活性没有内肽酶活性。

（4）基质金属蛋白酶（matrix metalloproteinase，MMP）

基质金属蛋白酶是一类活性中心中含有金属离子的基质金属蛋白酶，是一个大家族，因其需要Ca^{2+}、Zn^{2+}等金属离子作为辅助因子而得名。能降解细胞外基质中的各种蛋白质成分，在维持和重建细胞外基质中起着中心作用。

MMP家族已分离鉴别出26个成员，编号分别为MMP 1～26。根据作用底物以及片段同源性，MMP的主要类型有：①间质胶原酶类，可降解间质胶原（I、II、III型胶原），包括MMP1、MMP8和MMP3；②IV型胶原酶/明胶酶等，可降解基底膜IV型胶原和变性的间质胶原（明胶），包括MMP2和MMP9；③基质分解素类，可降解蛋白多糖、层粘连蛋白、纤维连接蛋白和IV型胶原，包括MMP3、MMP7和MMP10；④膜型金属蛋白酶类（membrane-type MMP3，MT-MMPs），包括MMP14、MMP15、MMP16和MMP17；⑤其他类型，包括MMP11和MMP12等。

MMP家族成员具有相似的结构，一般由5个功能不同的结构域组成：①疏水信号肽序列；②前肽区，主要作用是保持酶原的稳定，当该区域被外源性酶切断后，MMP酶原被激活；③催化活性区，有锌离子结合位点，对酶催化作用的发挥至关重要；④富含脯氨酸的铰链区；⑤羧基末端区，与酶的底物特异性有关。其中酶催化活性区和前肽区具有高度保守性。

钙蛋白酶是一类钙依赖性细胞内的中性半胱氨酸蛋白酶，根据其对钙离子的敏感性不同可分为微摩尔级钙蛋白酶（钙蛋白酶I）和毫摩尔级钙蛋白酶（钙蛋白酶II）两个亚型。它们都是异源二聚体，其中钙蛋白酶I的亚基大，且分子质量为80kDa；钙蛋白酶II的亚基小，且分子质量为20kDa。在一般反应中，钙蛋白酶的活性位点在大的亚基，小的亚基则扮演分子伴侣的角色。钙离子对钙蛋白酶的反应机制起到至关重要的作用，决定着钙蛋白酶解离或是自主解离反应，甚至对于反应底物的选择也有决定性的作用。

鱼类的钙蛋白酶在pH为中性的条件下有活性。鲈鱼肌肉中的钙蛋白酶II主要参与降解肌纤维蛋白和极少的肌质蛋白。因为钙蛋白酶主要存在于溶酶体中，导致它无法与底物结合，所以在活鱼体的组织中钙蛋白酶几乎没有活性。而当鱼被屠宰后，由于溶酶体被释放，从而钙蛋白酶可以发挥作用。在鱼宰后的初期，pH并没有很快地降低，所以钙蛋白酶可以参与鱼宰后新鲜时期的肌肉降解。钙蛋白酶的反应所需钙离子的浓度要远远高于平常生理活动的需要，即使鱼宰后肌质中的钙离子浓度升高也满足不了钙蛋白酶的反应。因此，钙蛋白酶在鱼屠宰后肌肉成熟嫩化反应中的作用可能只在初期，而在后期活性较低。

鱼的肌肉组织中有I、II、V、VI等类型的胶原蛋白，其中，I型胶原蛋白的含量最高，是主要胶原蛋白，而V型胶原蛋白含量较低，是次要胶原蛋白。肌肉中胶原蛋白的稳定性由分子间的交联作用维持，交联主要发生在胶原蛋白的非螺旋区域，分子间交联的裂开可增加胶原蛋白的溶解性。

（二）组织蛋白酶的合成

组织蛋白酶都是由无活性的前体酶原（precursor zymogen）水解而成，其在体内的合成途径为：首先在核糖体结合膜上以前体酶原的形式合成，经转铁蛋白先进入内质网，然后进入高尔基体，同时通过糖基化及磷酸化作用形成甘露糖-6-磷酸蛋白，最后通过溶酶体膜上甘露糖-6-磷酸特异性受体的识别作用，间接转运到溶酶体中。同所有木瓜蛋白酶类半胱氨酸蛋白酶一样，组织蛋白酶的前体酶原也由信号肽（signal-peptide）、前体肽（pro-peptide）和含有成熟蛋白酶活性中心的催化域（catalytic domain）构成。信号肽的长度在10～20个氨基酸残基之间，它负责将核糖体表达的前体酶原蛋白转运至内质网，在内质网被水解掉后形成只含前体肽和催化域的酶原pro-cathepsin。前体肽氨基酸残基数差别较大（36～315），它占据了酶的活性中心，使酶原没有催化活性，并随之转运入胞内溶酶体，在溶酶体的酸性条件下自动水解，去掉前体肽，产生有活性的成熟的组织蛋白酶。

（三）组织蛋白酶的生理作用

组织蛋白酶作为机体清除衰老细胞、损伤蛋白质等的主要执行者，保护了机体正常的组织和细胞结构，维护了正常的新陈代谢稳态，这是组织蛋白酶的重要生理作用。除此之外，组织蛋白酶在体蛋白质降解过程中还具有其他方面的重要意义。

（1）组织蛋白在免疫反应中的生理作用

在抗原降解和抗原呈递中，组织蛋白酶家族是众多参与其中的酶的超家族中的一员。抗原降解是指抗原（如细菌、病毒等）被巨噬细胞（或树突状细胞）等抗原呈递细胞（以内吞或胞饮的形式包裹到细胞内部形成内吞泡，然后与初级溶酶体结合，初级溶酶体中含有的大量水解酶包括组织蛋白酶），在结合后就会被释放到内吞泡中，在这些酶的共同作用下，把抗原打断为抗原片段（肽段）的过程。抗原呈递则是指被打断的蛋白质片段在抗原呈递细胞内（如巨噬细胞）与组织相容性复合体分子特异性结合，之后再次表达于抗原呈递细胞的细胞膜表面上，这种装载了抗原片段的分子可以与辅助性细胞的细胞抗原受体再次特异性结合，进一步活化增殖淋巴细胞的过程。组织蛋白酶B和D等溶酶体蛋白酶可以降解外来的抗原。

例如，在哺乳动物中，组织蛋白酶S在特异性免疫抗原呈递过程中发挥着重要的作用，在鱼类中也发现了组织蛋白酶S的存在，在鱼体内的免疫应答中发挥着重要作用，一方面可以对外源的抗原进行降解，另一方面，可以对恒定肽链进行剪切，进而对特异性免疫反应进行调控。斑点叉尾鮰在被爱德华氏菌（*Edwardsiella ictaluri*）感染后，组织蛋白酶S的表达水平升高。

（2）组织蛋白酶在鱼糜、鱼片加工过程中的作用

鱼糜制品加工质量的好坏与鱼肉凝胶特性有关，而凝胶特性又与鱼肉中组织蛋白酶活性紧密相关。组织蛋白酶对肌球蛋白、肌钙蛋白、辅肌动蛋白、原肌球蛋白、结蛋白、肌联蛋白、伴肌动蛋白和肌动蛋白等鱼肉结构蛋白均具有不同程度的分解能力。组织蛋白酶，例如组织蛋白酶B、H、L，对鱼肉的组织结构作用非常大，这是由于此类酶具有热稳定性和良好的内肽酶性质，可以切断内肽键使蛋白质变成短肽。在整个鱼糜加工过程中，鱼肉的肌球蛋白和肌动蛋白会在食盐、机械擂溃等的作用下发生溶解，再与水发生水化作用，并发生聚合形成肌动球蛋白溶胶，加热后凝固收缩且相互连接成网状结构，形成三维网状的凝胶体，即凝胶化过程；而肌动球蛋白易在组织蛋白酶的催化下发生降解，导致网状结构被破坏，即产生了凝胶劣化现象。有研究表明，在半胱氨酸蛋白酶中起主要作用的是组织蛋白酶B、L、H，这些酶在50～60℃具有最大的活性，并引起蛋白质自溶作用。将太平洋狭鳕在60℃条件下放置30min，再在90℃条件下煮制，会使大部分的肌球蛋白重链发生降解，最后鱼糜制品的凝胶强度极差。

鲢鱼糜制品在加工过程中容易发生热诱导（50～70℃）的鱼糜凝胶软化，导致鱼糜制品品质下降（李树红等，2004）。鱼糜制品的软化是因内源热稳定蛋白酶水解了肌球蛋白，这些蛋白酶包括溶酶体半

胱氨酸组织蛋白酶B、L或类L、H等蛋白酶，组织蛋白酶L可能是重要的蛋白水解酶。

（3）组织蛋白酶在胚胎发育过程中的作用

组织蛋白酶在一些动物的胚胎发育阶段，参与卵黄的降解吸收。卵黄在动物个体的胚胎阶段负责供给营养，卵黄中含有的多种多样的大量蛋白质，是动物早期生长发育赖以生存的能量来源。卵黄中组织蛋白酶的存在为上述过程提供了有力的保证。有报道研究了组织蛋白酶Z在锦鲤卵新陈代谢中可能有降解卵黄蛋白活性的作用，在斑马鱼的受精卵中也提取到了组织蛋白酶L的三种亚型，并发现其中的一种有卵黄蛋白加工吸收的作用。

五、动物肌肉蛋白质降解的调节因子

动物蛋白质降解的研究主要集中在对肌肉的研究，肌肉的蛋白质降解随营养供给、内分泌因子和收缩能力的变化而变化。

（一）营养供给对肌肉蛋白质降解的调节

日粮蛋白质水平、蛋能比、氨基酸、肽及饲喂水平等因子调节肌肉蛋白质降解。我们的研究表明，在氨基酸模式相同条件下，随日粮蛋白质水平的升高，草鱼肌肉蛋白质合成率和降解率线性上升，但由于合成率的增加较降解率的增加更占优势，致使合成与降解的差值增大，促进了草鱼肌肉的增长。

肌肉蛋白质降解也受到某些氨基酸的调控。具有抑制蛋白质水解作用的氨基酸包括Trp、Leu和Met等。Mortimore（1988）认为Leu、Tyr、Glu、Pro、His、Trp和Met共同对蛋白质的自溶降解发挥抑制作用，Ala可能具有辅助调节作用。在氨基酸中只有支链氨基酸，特别是Leu能够有效抑制骨骼肌蛋白质的降解过程。Leu干扰蛋白质水解，可能是由于它非竞争地阻止了Glu/Gln从肌肉细胞流出，而Glu/Gln的损失，会加快肌肉蛋白质降解。日粮中小肽的加入会降低肌肉蛋白质降解率，因为小肽不易参与氧化代谢。

（二）内分泌信号对肌肉蛋白质水解的调节

（1）糖皮质激素和胰岛素

由于肌肉蛋白质转化成氨基酸可能是糖原异生反应速率的一个主要决定因素，所以蛋白质水解作用被几个糖代谢调节激素控制，特别是胰岛素和糖皮质激素。糖皮质激素是活化蛋白质分解代谢反应的一个重要因子。它通过改变肌肉基因的表达，以及在禁食状态通过增加泛素mRNA的水平或泛素与蛋白质结合物的水平，从而增强蛋白质的水解，并打破体内能量平衡。

糖皮质激素促进肌肉蛋白质分解代谢的反应在饲喂状态下没被发现，因为高水平的胰岛素抑制蛋白质水解作用的活化。尽管切除肾上腺的禁食鼠，其肌肉中地塞米松（其作用为合成糖皮质激素）量的增加促进了蛋白质降解和泛素mRNA的增加，但在孵育的培养基中胰岛素的存在仍阻止了这种反应。在饲喂状态下，肌肉蛋白质降解受到抑制，蛋白合成得到提高。因此，在禁食状态，或可能在糖尿病状态下，肌肉蛋白质水解作用的活化似乎需要两个信号：其一是糖皮质激素，其二是下降的胰岛素水平。而且，当糖皮质激素达到药理学剂量时，类固醇就能在饲喂状态下克制胰岛素的抑制效应，并活化肌肉蛋白质降解及肌肉的耗竭。

糖皮质激素是通过直接作用于肌肉细胞而发挥其促蛋白质水解的效应。另外，有关糖皮质激素的促蛋白质水解作用的另一个证据是，能抑制糖皮质激素活化的基因转录的受体拮抗剂（RU486）阻止了这种反应。

（2）细胞分裂素和其他因子

患脓毒症和某些癌症的肌肉中泛素-蛋白酶体途径的活化，表现出是由活化了的巨噬细胞释放的细胞分裂素发出信号的。当巨噬细胞吞噬细菌时，内毒素或抗原-抗体复合物等释放循环介质，比如肿瘤坏死因子（TNF）和白细胞介素IL-1，从而激发许多防御反应，如发烧、白细胞增加和肌肉蛋白质水解增加。脓毒症、某些类型癌症和烧伤都伴有大量的TNF和其他单核因子（糖皮质激素）的出现，这些介质共同作用作为肌肉耗竭反应的信号。经试验证明，TNF的大量注射能活化肌肉蛋白质水解作用。

动物疾病状态下还存在促进肌肉蛋白质过度水解的其他因子。例如，从表现出失重和骨骼肌蛋白质水解增加的患腺癌的鼠体中，分离到的一种蛋白质多糖，以及存在于含有各种不同赘生物的人尿中的一种免疫类似物。然而，这些报道还需进一步试验证实。

（3）甲状腺激素

正常调节肌肉蛋白质降解的另一重要激素类物质是甲状腺激素。在甲状腺切除或垂体切除之后，鼠肌肉蛋白质降解减少。但服用了甲状腺素（T3）或甲状腺素（T4）后又使肌肉整体分解代谢增强，恢复到正常水平或达到过高水平。大剂量服用T3或T4，或患有甲状腺功能亢进的病人，甲状腺激素会导致过多的蛋白质水解和肌肉的丢失，并且发现服用T3后提高了肌肉蛋白酶体含量和增加了肌肉依赖ATP的蛋白质水解过程，如同溶酶体的蛋白质水解过程。

另一方面，当T3的生成量减少时，肌肉中泛素-蛋白酶体途径的活力降低，这如同其他途径，有助于保护肌肉蛋白质的适应性，比如蛋白酶体含量降低。

第二节
草鱼蛋白质周转代谢的研究

蛋白质周转（protein turnover）是指在特定的代谢库内（动物个体、器官或细胞）蛋白质被更新的代谢过程，蛋白质周转代谢是研究蛋白质的合成分率与降解分率大小，并以此计算蛋白质周转代谢率的大小。例如1d之内有多少蛋白质合成，有多少蛋白质被降解，蛋白质总体的周转率是多少等。可以表示为在1d之内有多少比例的蛋白质完成了更新。所谓代谢库，是指在体内一个特定的区域中存在并有周转特性的蛋白质的总量，包括整体水平代谢库和组织（器官如肝脏、肠道、肌肉组织等）水平的代谢库。如果深入到细胞水平，则为细胞内代谢库，它以细胞作为一个整体。

一、蛋白质周转代谢研究方法

（一）蛋白质合成与分解的表示方法

在蛋白质周转的研究工作中，蛋白质周转代谢测定指标主要为蛋白质合成速率、蛋白质降解速率。

蛋白质合成速率有两种表示方法：一种是最常用的蛋白质合成分率（fractional synthesis rate，FSR），定义为给定蛋白质每天被更新或被替换的百分率，即每天蛋白质合成量除以相应的蛋白质质量，表示为%/d。因其为百分率，所以能使不同质量的蛋白质（例如不同的器官、不同的体组分、不同的动物）的合成速率直接比较。另一种表示方法为蛋白质合成量（protein synthesis，g/d），是一种绝对量表示方法。由蛋白质质量乘以FSR计算而得。

类似于蛋白质合成率的测定方法，蛋白质降解亦有百分降解速率（fractional degradation rate，FDR，%/d）和降解量（g/d）两种表示方法。蛋白质降解分率（FDR）用蛋白质合成分率（FSR）与蛋白质生长分率（fractional growth rate，FGR，%/d）之差表示。

（二）蛋白质合成率的测定方法

蛋白质合成量或合成率的测定方法建立，需要明确的一个重要问题就是：新合成的蛋白质与原有的蛋白质如何区分并定量测定？同位素是最为有效的技术方法，包括放射性同位素和稳定同位素。目前，蛋白质合成的测定主要采用同位素示踪的方法，即用稳定性或放射性同位素标记某种氨基酸（亮氨酸、苯丙氨酸、赖氨酸、组氨酸等）注入体内，测定它在一定时间内在蛋白质和游离氨基酸代谢库中的分布和变化率，或者测定其在代谢产物中的分布和变化率，然后计算出蛋白质合成速率。这样就可以有效地将新合成的蛋白质与原有的蛋白质进程区分并定量测定。

这里主要介绍测定组织（器官）及整体蛋白质合成常用的三种方法。

（1）恒速连速灌注法

将示踪氨基酸恒速并连续（一般需6～8h）注入体静脉内，2～4h后，示踪氨基酸在血液和组织内达到"最大稳态值"，即示踪氨基酸进入和流出血管（或组织）的速度（μmol/h）基本相等，具体的数量特征为示踪氨基酸在血浆中的比放射性（单位体积的放射强度）持续稳定。测定组织蛋白质时，因无法区分出各组织中示踪氨基酸的氧化速率，所以只能测定它进入蛋白质中的速率。取灌注前后组织标样，测定注入示踪氨基酸期间示踪氨基酸的比放射性增加量，并同时测定示踪氨基酸在游离氨基酸代谢库中的变化情况，再计算出蛋白质的合成速率。计算公式为：

$$\text{Sb/Sa} = [\lambda/(\lambda - K_s)] \times (1 - e^{-K_s t}/1 - e^{-\lambda t}) - [K_s/(\lambda - K_s)]$$

式中，Sb为采样时组织蛋白质中示踪氨基酸的比放射性；Sa为测定组织游离氨基酸库中示踪氨基酸的比放射性；K_s为蛋白质合成速率；λ为示踪氨基酸从注入上升至最大稳态期间的速率常数；t为示踪物灌注持续时间。

这里的λ由$R \times K_s/(1-p)$估算。R为表示测定组织蛋白质结合的示踪氨基酸的比例，p表示示踪氨基酸在组织中的比放射性。因λ对K_s值的计算影响不大，一般可取经验值，如绵羊，该值可用39/d(Schaefer等，1986)。

（2）大剂量一次性注入法

这种方法目前被广泛地应用于测定各组织中蛋白质合成速率。将大剂量（一般为体内该种游离氨基酸量的5～50倍）标记氨基酸一次性注入动物静脉中，这种高浓度梯度使得各组织间的示踪氨基酸的比放射性很快达到基本均匀一致的状态。示踪氨基酸进入体内后，以一种恒定速率进入合成的蛋白质。这种进入速率（示踪氨基酸占该种氨基酸总量的比例）即为蛋白质在测定期间（一般为1.5～2h）的合成速率，换算成以天为单位（设定蛋白质合成在全天内稳定）则为FSR（%/d）。我们以DL-[4-³H]-Phe为示踪氨基酸的计算公式为：

$$\text{FSR}（\%/d）=（\text{Sb/Sa}）\times（1440/t）\times 100$$

$$\text{Sb}（\text{dpm/μmol}）= \frac{\text{蛋白质结合Phe放射强度（dpm/g）}}{\text{蛋白质中Phe含量（μmol/g）}}$$

$$Sa（dpm/\mu mol）=\frac{游离Phe放射强度（dpm/mL）}{游离氨基酸中Phe含量（\mu mol/mL）}$$

式中，Sb为测定组织蛋白质结合示踪氨基酸的比放射性；Sa为相应期间组织游离氨基酸库中示踪氨基酸的比放射性平均值；1440为1d的时间，min；t为测定时间，min；dpm为经过矫正的样品放射衰变次数的单位。测定时间根据不同动物、不同组织及不同的示踪氨基酸注入方法而作不同的规定。

例如，Garlick（1980）对鼠静脉注射150μmol/100g（以体重计）L-［4-³H］Phe测定组织蛋白质合成率，血浆和组织中游离phe的比放射性，在2min达最大值，然后缓慢下降。这样蛋白质合成分率（FSR）就用10min时蛋白质结合Phe比放射性（Sb）和组织中（0～10min内）游离Phe的比放射性在2min和10min的平均值（Sa）计算。并证明该法是种快速、灵敏且可靠的测定组织的蛋白质合成率的方法。

对于鱼类蛋白质合成分率的测定，Langer（1993）用L-［2,6-³H］-Phe 150μmol/100g（以体重计）腹腔注射1～5g的饥饿欧洲真鲈，发现整体游离Phe的比放射性40min才达最大值，整体蛋白质结合Phe的比放射性0～60min呈直线上升。故选取注射后40min作为研究FSR的时间点。

同恒速连续灌注法相比，该方法明显缩短了测定时间，特别适用于测定周转率非常高的器官组织中蛋白质合成率，例如肠道和肝脏。

对于这种方法，至今仍存在一个有争议的问题，就是大剂量的氨基酸注入体内后是否改变体内蛋白质的合成速率。因为当外源性蛋白质或者氨基酸供应量改变时，体内游离氨基酸的流量会发生改变。而蛋白质合成速率与游离氨基酸的流量是否呈正相关报道不一致。Lobley等（1993）研究发现，恒速连续灌注U-¹⁴C-Phe和1-¹³C-Leu与大剂量一次注入¹⁵N-Phe两种方法之间没有统计上的显著差异，不同的示踪氨基酸也无显著差异。

（3）动-静脉插管测定方法

对测定动物或组织选择合适的部位插入动脉和静脉导管，持续恒速灌注示踪氨基酸，测定动静脉中该种氨基酸和示踪氨基酸的含量、比放射性以及血流量，可计算出在动脉灌注区域内该组织（或器官）对该种氨基酸的摄入量、沉积量以及蛋白质的合成和降解。

如果示踪氨基酸为Phe，测定组织血液中标记和未标记的Phe的总流量（ILR）为：

$$ILR（mmol/h）=I（mmol/h）\times APE_i（\%）/APE_a$$

式中，I为示踪氨基酸的灌注速率；APE_i为示踪氨基酸在灌注液中的比放射性；APE_a为动脉中示踪氨基酸的比放射性。

由于Phe在肌肉中不氧化分解，如果设定测定期间苯丙氨酸代谢库没有变化，则动静脉血流中的苯丙氨酸量的差值为苯丙氨酸在测定期间的沉积量，即：

$$Phe沉积量（mmol/min）=（P_a-P_v）\times Bf$$

用于蛋白质合成的Phe（mmol/min）$=（P_a\times APE_a-P_v\times APE_v）\times（Bf/APE_y）$

式中，P为血液中游离Phe的含量，mmol；Bf为血流量（通过动脉注入氨基马尿酸沉淀），mL/min；APE为示踪氨基酸的比放射性；下角标a和v分别为动、静脉；y为动脉或静脉，择其最能代表前体库者（Harris等，1992）。

这种技术已成功地应用于肌肉、肝脏、乳房等组织的蛋白质代谢中。该法的成败取决于血管插管部位的准确与否，被测定的组织或器官最好只有一个动脉进口和一个静脉出口，若有多个进口、出口，手术、测定和计算都相当复杂。

（三）蛋白质降解的测定方法

（1）间接计算法

动物机体内每时每刻都在进行着蛋白质的合成与分解，而要以一个动物体为目标，如何定量研究其合成代谢量、分解代谢量？

蛋白质的降解一般难以直接测定，至今都没有简单、可靠的研究方法。蛋白质降解量通常用蛋白质合成量和氮沉积量的差值估计。那么蛋白质降解分率（FDR，%/d）则相应为蛋白质合成分率（FSR，%/d）与蛋白质生长（或沉积）分率（FGR，%/d）之差表示。在恒速连续灌注法和大剂量一次注入法研究蛋白质周转中，FGR需用下式计算：

$$FDR（\%/d）=（\ln P_f - \ln P_i）\times 100/t$$

式中，P_i和P_f分别是试验初始和结束时组织、器官（或整体）的蛋白质质量，g；t为动物生长试验天数。

$$FDR（\%/d）=FSR（\%/d）-FGR（\%/d）$$

（2）同位素标记氨基酸的脉冲示踪法

放射性同位素标记氨基酸的脉冲示踪法，适用于孵育的组织、器官和培养中的细菌、酵母、细胞的蛋白质降解的研究。在该法中，被研究的蛋白质简单标记之后，具有放射性的多肽就随时间而衰变。为了抑制蛋白质水解释放的具有放射性的氨基酸再次反应，给予大量非放射性氨基酸或者抗生素抑制剂阻断蛋白质合成。这种方法的结果为，具有放射性的蛋白质总量和蛋白质种类的流失呈指数衰变曲线。

脉冲示踪分析法除了能研究细胞蛋白质的降解外，在特异抗体或类似标记物能从放射标记的多肽中分离出来的条件下，它还能用于研究一些特异蛋白质的降解动力学。若借助于各种细胞蛋白酶（如线粒体蛋白酶、各种胞液蛋白酶等）的特异抑制剂，相应的降解途径也就清楚了。

（3）测定某种氨基酸的累积量反映蛋白质降解的程度

对于分离的组织，其整体蛋白质降解率，可以通过测定一种既不是合成的，也不是代谢产生的氨基酸的累积量而测定，例如骨骼肌中的Tyr。因为Tyr在培养液中的累积量直接反映细胞蛋白质的丢失程度，而且易于用荧光法测定。

肌肉的蛋白质降解还可以通过测定肌肉中N-甲酰组氨酸的生成量，或者测定尿中N-甲酰组氨酸的排出量来计算。因为肌肉的主要收缩蛋白（肌动蛋白和肌球蛋白）含有N-甲酰组氨酸，它产生于合成后的组氨酸残基的甲基化。肌肉蛋白质降解时，它不再结合到蛋白质或参与代谢。

二、草鱼蛋白质周转代谢的测定方法

动物机体中每时每刻都在进行着蛋白质的分解代谢和合成代谢，机体蛋白质量的增长来自于合成代谢量大于分解代谢量的差值，如果将一个动物个体作为对象，体蛋白质生长量=体蛋白质合成量-体蛋白质分解量，这是一个容易理解的等式关系。体蛋白质的合成代谢与体蛋白质的分解处于动态平衡之中，在动物生长时期，尤其是快速生长时期，蛋白质的合成量大于分解量，动物的体蛋白质表现出一定的生长量，动物的体重也是增长状态。在养殖条件下，也是希望通过饲料途径，通过对养殖环境和养殖过程的人为干预，使动物的质量、体蛋白质量处于较高的生长量和生长速度，这是进行动物养殖而获得动物食品，尤其是动物蛋白质的主要目标。

然而，以养殖动物个体为研究对象，我们需要研究动物个体蛋白质合成与分解的过程、速度和量的变化。动物机体蛋白质合成依赖于遗传物质的表达，并依赖于食物供给和体蛋白质分解提供足够的氨基酸等营养物质，尤其是来自于食物的氨基酸要最大限度地在机体内沉积才能表现为动物的最大程度的生长。蛋白质的分解代谢除了正常的细胞更新、蛋白质更新外，如果机体处于较强的应激状态，或者病理状态下，或导致出现蛋白质损伤、细胞损伤，或动物具有强烈的免疫反应，其结果会导致更多的细胞凋亡、死亡，造成更多的蛋白质通过泛素化途径、溶酶体途径被分解，例如在一定剂量的丙二醛存在下，会导致蛋白质侧链氨基酸发生交联反应，致使蛋白质损伤而被泛素化途径分解，势必造成过多的蛋白质被分解，在实际生产中表现为摄食氧化油脂饲料的鱼体变得身体消瘦，尤其是背部肌肉量不足而出现"瘦背"。再如，如果长期的过度免疫作用，也会导致更多的、非正常的细胞或蛋白质被分解，其结果也会导致蛋白质分解速度、分解量增加，如果这类蛋白质的分解量大于了蛋白质的合成量，则会导致动物个体生长速度的下降、蛋白质沉积量的减少，甚至出现负增长。这应该是养殖生产过程，包括饲料质量状态需要极力避免的生理和生长状态。

如何从一个动物整体或者一个器官组织层面上去定量地评价和分析蛋白质的分解量、合成量？这是一个在研究方法上需要探索的问题。在养殖生产过程中，我们可以在饲养一定时间后，分析起始和结束时的蛋白质量，计算得到机体蛋白质的增长量，这种方法的主要问题是将养殖期间蛋白质的分解与合成过程作为一个"暗箱"对待，并不能知道其中的蛋白质合成量、合成速度，同样不知道试验期间的蛋白质分解量、分解速度。同时，如果需要探讨日粮因素、环境因素等对机体或器官组织蛋白质合成与分解代谢的影响，则必须了解每时每刻的蛋白质分解速率和合成速率的问题，并以此作为判定的目标来探讨其影响因素。

同位素示踪技术的优点在于可以区分新加入的与原有存在于体内或组织中的物质，例如用同位素标记的氨基酸进入食物蛋白质，养殖动物摄入这类标记后的蛋白质后，标记的氨基酸将进入新合成的蛋白质中，并区别于原先就存在于机体中的蛋白质氨基酸。

同位素包括了放射性同位素和稳定性同位素，这直接决定了检测方法的不同以及检测结果的灵敏度。稳定性同位素的差异是不同的同位素具有不同的原子量或分子量，这需要检测灵敏度非常高的仪器设备，例如质谱仪。放射性同位素定量的依据来自于其中放射发出的射线，如β射线、γ射线等，射线的检测可以通过荧光反应将射线的脉冲信号放大并捕捉到射线的强度，依据射线的强度对放射性同位素进行定量测定。因此，放射性同位素在检测方法和仪器设备上具有更为实用的优势。而放射性同位素的废物处理需要将其深埋于地下深井中，等待其自然衰变，衰变到不对环境生物、人体造成伤害的程度。

为了探讨水产动物蛋白质周转代谢的基本情况，在罗莉（2000）研究中，使用了放射性同位素标记的氨基酸，采用大剂量同位素标记的方法，以草鱼为试验对象，先期研究了灌喂氨基酸后对草鱼蛋白质合成代谢率的影响，并确定了技术方法。后期探讨了日粮氨基酸平衡模式、相同氨基酸模式下不同日粮蛋白质水平对草鱼蛋白质合成代谢率的影响，得到一些试验结果，这对于我们认知草鱼等淡水鱼类体蛋白质、器官组织蛋白质合成代谢率及其影响因素是很有意义的。

三、灌喂氨基酸混合液对草鱼蛋白质合成代谢率的影响

采用同位素示踪的生物大剂量法，以单一的氨基酸为原料配制成不同的必需氨基酸模式的混合溶液。灌喂这些氨基酸混合溶液后，测定了草鱼肌肉、肝胰脏和整体蛋白质合成率，并探讨肌肉、肝胰脏的蛋白质合成代谢与整体蛋白质合成代谢的关系。

（一）试验条件

示踪氨基酸为DL-［4-³H］-Phe。将非放射性L-Phe用生理盐水配制为150mmol/L溶液后，加入放射性DL-［4-³H］-Phe，使灌喂用的氨基酸溶液中的放射强度为40mCi/L。

实验设计了三个处理组：①采用食道灌喂的大剂量法研究³H-Phe掺入草鱼体组织中的时间、过程；②研究极端不平衡的必需氨基酸模式溶液对蛋白质合成的影响；③采用正交设计，研究必需氨基酸模式中Lys、Met、Trp、Arg四因素对蛋白质合成的影响，这四种氨基酸是淡水鱼饲料中最容易出现的限制性氨基酸。

实验中带放射性的废弃水体、试验材料等置于深井中待其自然衰变。

肌肉、肝胰脏及全鱼蛋白质的纯化及游离氨基酸的分离方法为：取经过制样处理后的肌肉、肝胰脏及全鱼样品1g左右，按5倍质量体积加入冰冷的10%三氯乙酸，玻璃匀浆器匀浆，匀浆液转移到5mL塑料离心管，用高速离心方法分离蛋白质（沉淀）和游离氨基酸（上清液），蛋白质（沉淀）再经过脱脂处理。

游离的和与蛋白质结合的Phe放射强度测定方法为：将制备好的纯蛋白质放入70℃烘箱中干燥至恒重，称取一定量纯蛋白，按30倍质量体积加入高氯酸（$HClO_4$），70℃烘箱反应30min，至样品完全消化，再加入30倍质量体积的H_2O_2，振荡器摇匀，70℃烘箱反应至消化液透明无色。随后取400μL消化液于闪烁瓶中，加入5mL闪烁液（5%的丁基-PBD二甲苯溶液），再加入无水乙醇5mL，使闪烁液被乳化至刚好澄清，置于液体闪烁计数仪测定放射强度，内标法作淬灭校正。游离氨基酸（上清液）直接取400μL于闪烁瓶，测定放射强度。纯化蛋白质和游离氨基酸库中Phe含量测定采用BECKMAN-6300高效氨基酸自动分析仪测定。

$$蛋白质合成分率或速率（FSR，\%/d）：FSR（\%/d）=（Sb/Sa）×（1440/t）×100$$

式中，Sb、Sa分别为与蛋白质结合的Phe和游离Phe的比放射性，dpm/μmol；1440为1d的时间，min；t为测定时间。

Sb（dpm/μmol）=［蛋白质结合Phe的放射强度（dpm/g）］/［蛋白质中Phe含量（μmol/g）］

Sa（dpm/μmol）=［游离Phe的放射强度（dpm/mL）］/［游离氨基酸中Phe含量（μmol/mL）］

（二）³H-Phe进入草鱼体组织中的时间进程

试验的目标是确定测定蛋白质合成率的时间点，证明食道灌喂的氨基酸大剂量法研究蛋白质合成的有效性，探讨食道灌喂的氨基酸大剂量法研究蛋白质合成的有效性。

取暂养2周的草鱼27尾，饥饿2d，排空肠道内容物。第3d清晨，用注射器通过输液软管小心插入食道，1min内一次性大剂量灌喂完示踪氨基酸溶液，灌喂剂量为1mg/100g（以鱼体重计）。设置进入鱼体后2min、5min、10min、20min、30min、40min、50min、60min共8个时间组，每组3尾，试验鱼体液氮速冻终止反应。在冰盘中打开鱼体腹腔取出肠道，用冰冷生理盐水冲出肠道内容物，滤纸吸干。随后

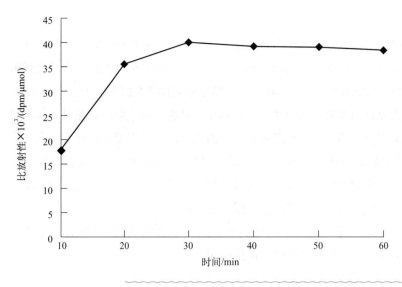

图4-2 游离氨基酸液中Phe的比放射性

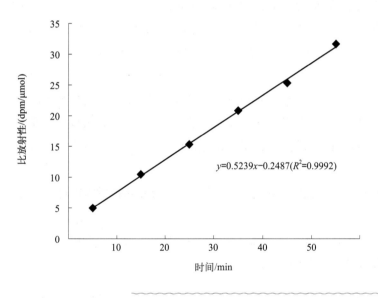

$y=0.5239x-0.2487(R^2=0.9992)$

图4-3 蛋白质中Phe的比放射性

将肠道和鱼体一并放入预冷研钵中，液氮制冷条件下剪刀剪碎、研细并混匀。此过程中随时滴加液氮，−20℃冷冻保存制备样品，测定全鱼（即整体）中与蛋白质结合的和游离Phe的含量和放射强度，计算比放射性。

[3]H-phe掺入草鱼体的时间过程结果见图4-2和图4-3。

饥饿状态下，草鱼被灌喂示踪氨基酸液后，0～30min，蛋白质和游离氨基酸的比放射性随时间的递增而显著增加（$P<0.05$），灌喂后30min时，游离氨基酸中Phe比放射性达最高值（$P<0.05$）。30～60min，游离氨基酸中Phe比放射性随时间的递增缓慢下降，保持一相对稳定状态，说明从肠道吸收而来的[3]H–Phe在这段时间可能开始分解；而蛋白质结合Phe的比放射性（y，dpm/μmol）随时间（x）线性上升（$y=0.5239x-0.2487$，$R^2=0.9992$）（图4-3），这一过程说明[3]H -Phe进入到新

合成的蛋白质中的过程。

　　氨基酸大剂量法是指引入的试验氨基酸数量为在动物体内该种游离氨基酸量的5～50倍。测定动物蛋白质周转的方法中，大剂量一次性注入法和动静脉稀释法已用于鲤鱼、虹鳟、鲈鱼蛋白质合成代谢研究中。在虹鳟试验中证明了大剂量Phe不影响蛋白质合成速率。在测定鼠活体单个组织的蛋白质合成时，又进一步证实了^{3}H-Phe示踪的大剂量法的可靠性和优越性。示踪物引入动物体常采用静脉注射，静脉注射其优点为示踪氨基酸能很快分布到各器官组织，达到基本均匀一致的状态，所以测定时间短，通常为2～10min，且较灵敏；其缺点是鱼体的静脉难以找到并进行注射。在研究欧洲真鲈整体蛋白质周转时采用了腹腔注射，并证明有效。其优点为容易操作，其缺点为易使组织间放射性同位素交叉污染。本试验采用的食道灌喂法可避免静脉注射和腹腔注射两种方法在鱼类研究中的不足。

　　因此，依据试验结果，我们确定测定蛋白质合成的时间点为引入示踪氨基酸后30min，此值与Langer（1993）采用^{3}H-Phe腹腔注射欧洲真鲈测得的适宜时间为40min相近。

（三）必需氨基酸模式溶液对草鱼幼鱼肌肉、肝胰脏及全鱼蛋白质合成的影响

　　以单体氨基酸为原料，设计5种必需氨基酸模式液，研究平衡模式和极端不平衡的必需氨基酸模式对草鱼幼鱼肌肉、肝胰脏及全鱼蛋白质合成的影响（表4-1）。模式1与草鱼肌肉中10种必需氨基酸比例关系完全相同，设定为必需氨基酸平衡模式。模式2、3、4、5是在模式1基础上，分别缺乏赖氨酸（Lys）、蛋氨酸（Met）、色氨酸（Trp）、精氨酸（Arg）的极端不平衡模式。这4种氨基酸是淡水鱼饲料中最容易出现的限制性氨基酸。

　　试验模式液中必需氨基酸量的确定：以草鱼20～30g体重为基础，投饲率按照4%，饲料粗蛋白含量32%，计算出鱼体每天摄入的蛋白质总量。再根据草鱼肌肉必需氨基酸比例关系确定每天鱼体需要的10种必需氨基酸的量。每天每100g体重用8mL的必需氨基酸模式液食道灌喂，满足每天鱼体必需氨基酸的需要量推算而得。

　　食道灌喂必需氨基酸模式液量的确定：以草鱼投饲率4%计，每天每100g体重鱼体供给饲料4g，灌喂模式液的量则以其2倍（8mL）。

　　试验的目的是探讨在极端不平衡模式，即缺少单一氨基酸情况下，草鱼整体和器官组织中蛋白质合成率的变化，可以了解这些缺少的氨基酸对蛋白质合成率的影响。

表4-1　必需氨基酸模式配比　　　　　　　　　　　　　　　　　　　　　　　　　单位：mmol/L

氨基酸	模式1	模式2	模式3	模式4	模式5
赖氨酸 Lys	75	0	75	75	75
蛋氨酸 Met	22	22	0	22	22
色氨酸 Trp	7.5	7.5	7.5	0	7.5
精氨酸 Arg	50	50	50	50	0
组氨酸 His	18.5	18.5	18.5	18.5	18.5
亮氨酸 Leu	60	60	60	60	60
异亮氨酸 Ile	41	41	41	41	41
苯丙氨酸 Phe	34	34	34	34	34
苏氨酸 Thr	43.5	43.5	43.5	43.5	43.5
缬氨酸 Val	47.5	47.5	47.5	47.5	47.5

试验时取暂养、饥饿2d的草鱼，分为5组，每组3尾，第3天、4天按每100g鱼重、8mL/d分别食道灌喂必需氨基酸模式液1～5，每天分3次定时灌喂（9:00，14:00，19:00）。第5d时9:00灌喂必需氨基酸模式液，12:00灌喂示踪氨基酸溶液，30min后液氮速冻鱼体，冰盘中分割肝胰脏和肌肉。测定肌肉、肝胰脏、全鱼游离的和与蛋白质结合的Phe的含量和放射强度，计算比放射性和蛋白质合成速率。结果见表4-2。

表4-2　极端不平衡必需氨基酸模式对草鱼蛋白质合成速率的影响　　　　　　　　　　　　　单位：%/d

	模式1（肌肉模式）	模式2（缺Lys）	模式3（缺Met）	模式4（缺Trp）	模式5（缺Arg）
肌肉	5.06[a]	2.51[cd]	1.92[d]	4.25[b]	3.06[c]
肝胰脏	12.28[a]	8.08[c]	6.64[d]	10.56[ab]	9.60[bc]
全鱼	7.15[a]	3.53[d]	2.88[d]	5.90[b]	4.65[c]

同一必需氨基酸模式下，肌肉、肝胰脏及全鱼的蛋白质合成速率大体顺序为肝胰脏＞全鱼＞肌肉，而且，肌肉、肝胰脏的蛋白质合成速率与全鱼蛋白质合成速率对必需氨基酸模式变化的反应具有相似的趋势；不同必需氨基酸模式下，肌肉、肝胰脏及全鱼的蛋白质合成速率大小顺序为：模式1（平衡必需氨基酸）＞模式4（缺Trp）＞模式5（缺Arg）＞模式2（缺Lys）＞模式3（缺Met）。

结果表明：①引入草鱼体内的极端不平衡的必需氨基酸模式溶液，对草鱼体蛋白质合成速度产生了直接的影响；②必需氨基酸模式溶液在缺少某一种必需氨基酸下，体蛋白质合成还在继续进行，这说明体内氨基酸代谢库的氨基酸参与了体内蛋白质的周转；③在Lys、Met、Trp、Arg 4个必需氨基酸中，缺乏Met的模式溶液对蛋白质合成影响最大，其次是缺乏Lys，再次为缺乏Arg，最后为缺乏Trp。表明缺乏Lys、Met、Trp、Arg的极端不平衡必需氨基酸模式，同肌肉模式（相对平衡模式）相比，显著降低了肌肉、肝胰脏及全鱼的蛋白质合成速率。说明氨基酸的平衡具有促进蛋白质合成的效果。

（四）灌喂Lys、Met、Trp、Arg水平对蛋白质合成的影响

采用$L9(3^4)$正交设计，研究必需氨基酸模式中Lys、Met、Trp、Arg 4种限制性氨基酸对蛋白质合成率的影响。氨基酸的配比见表4-3，在表4-3中，Lys、Met、Trp、Arg 4个营养因素的3水平为：第一水平如表4-1中模式1，按肌肉必需氨基酸组成推算而得；第二和第三水平分别为第一水平基础上减少和增加20%。其余6种必需氨基酸与表4-1的模式1相同。按前述方法测定9种模式下肌肉、肝胰脏游离的和与蛋白质结合的Phe的比放射性，计算蛋白质合成速率。

表4-3　灌喂用的4种氨基酸的$L9(3^4)$正交实验设计表　　　　　　　　　　　　　　　单位：mmol/L

组别	Lys	Met	Trp	Arg
1	75（1）	22（1）	7.5（1）	50（1）
2	60（2）	17.6（2）	6.0（2）	50（1）
3	90（3）	26.4（3）	9.0（3）	50（1）
4	60（2）	26.4（3）	7.5（1）	40（2）
5	90（3）	22（1）	6.0（2）	40（2）
6	75（1）	17.6（2）	9.0（3）	40（2）
7	90（3）	17.6（2）	7.5（1）	60（3）

组别	Lys	Met	Trp	Arg
8	75（1）	26.4（3）	6.0（2）	60（3）
9	60（2）	22（1）	9.0（3）	60（3）

注：括号内数字表示水平级别。

得到蛋白质合成率的试验结果见表4-4。

表4-4 不同必需氨基酸模式下肌肉、肝胰脏蛋白质合成速率　　　　　　　　单位：%/d

组织	组别								
	1	2	3	4	5	6	7	8	9
肌肉	5.06	3.98	4.27	5.74	4.30	4.55	3.82	6.45	5.41
肝胰脏	12.18	9.68	10.35	13.90	10.45	11.04	9.26	15.66	13.09

依据每个氨基酸的三个水平蛋白质合成率进行极差分析，肌肉蛋白质合成速率极差值分别为：Met（1.38）、Lys（1.22）、Arg（0.79）、Trp（0.17）；肝胰脏蛋白质合成速率极差值分别为：Met（3.31）、Lys（2.94）、Arg（1.93）、Trp（0.44）。同时，统计分析而得，肌肉、肝胰脏蛋白质合成速率最大的4个因素的水平分别为：Lys（75mmol/L，第1水平），Met（26.4mmol/L，第3水平），Trp（6.0mmol/L，第2水平），Arg（60mmol/L，第3水平）。由这4个水平组合而成的试验8组的肌肉、肝胰脏蛋白质合成速率均达最高，分别为6.45、15.66，该组被认为是这4种必需氨基酸的最佳组合。

试验结果显示：①个别必需氨基酸（Lys、Met、Trp和Arg）的含量变化对草鱼肌肉、肝胰脏蛋白质合成产生了直接影响；②在Lys、Met、Trp和Arg 4种限制性必需氨基酸中，对肌肉、肝胰脏蛋白质合成影响最大的是Met，其次是Lys，再次为Arg，Trp对蛋白质合成影响最小；③采用食道灌喂必需氨基酸模式溶液，并通过食道引入示踪氨基酸研究，得到了蛋白质合成速率最高的4种必需氨基酸（Lys、Met、Trp、Arg）的最佳组合模式。该模式与肌肉中的模式相比：Lys同肌肉模式水平，Met、Trp和Arg分别为肌肉模式水平基础上增加20%、减少20%和增加20%。

因此，总结上述试验的结果，我们可以有以下认知。

以DL-[4-³H]-Phe³H放射性氨基酸作为示踪氨基酸，采用灌喂Phe大剂量方法在30min时测定草鱼全鱼、肌肉和肝胰脏的蛋白质合成率是一种可行的技术方法。以单体氨基酸为原料，依据草鱼肌肉必需氨基酸组成比例作为标准模式，证明必需氨基酸的平衡模式对全鱼、肌肉和肝胰脏的蛋白质合成率有直接的影响，缺乏单一氨基酸会造成蛋白质合成率的显著下降，但鱼体依赖体内自身存在的氨基酸池中周转的氨基酸为原料，保持了一定程度的蛋白质合成率，即在短时间内缺乏某一种氨基酸并不会停止体内蛋白质的合成代谢。在试验的4种必需氨基酸中，Met的缺乏对蛋白质合成速率影响最大，其次是Lys，再次是Arg，Trp的缺乏影响最小。这可能与Met在所有蛋白质多肽链合成的起始氨基酸有关，即核糖体结合mRNA在起始位置结合的第一个氨基酸是Met。比较肌肉、肝胰脏和全鱼蛋白质合成率大小，结果显示肝胰脏蛋白质代谢旺盛，对灌喂的氨基酸种类和浓度的变化非常灵敏。肌肉是蛋白质沉积的主要组织，对灌喂的氨基酸模式有一定的敏感性，但较肝胰脏和全鱼的结果低。

四、日粮蛋白质水平对草鱼肌肉、肝胰脏蛋白质周转代谢的影响

在日粮必需氨基酸模式相同条件下，设计了日粮不同蛋白质水平对草鱼肌肉、肝胰脏蛋白质周转

代谢的影响，检测的指标包括：蛋白质的合成分率（FSR）、蛋白质降解分率（FDR）、蛋白质生长分率（FGR）、蛋白质合成能力（CS）、蛋白质合成的翻译效率（KRNA）和蛋白质沉积效率（PRE）。几个参数的计算方法为：

① 蛋白质生长分率（FGR，fractional growth rate）

$$FGR（\%/d）=（\ln P_f - \ln P_i）\times 100/76$$

式中，P_i 和 P_f 分别是试验起始和结束时尾均肌肉或肝胰脏蛋白质总量，g。由尾均重、含肉率（或肝胰比）和肌肉（或肝胰脏）蛋白质含量三者的含量计算而得。

② 蛋白质合成分率（FSR，fractional synthesis rate）

$$FSR（\%/d）=（Sb/Sa）\times（1440/30）\times 100$$

式中，Sb 和 Sa 分别表示肌肉或肝胰脏中与蛋白质中的游离氨基酸的 Phe 的比放射性，dpm/μmol；1440 是每天的时间，min；30 是示踪期的时间，min。

③ 蛋白质降解分率（FDR，fractional degradation rate）

$$FDR(\%/d)=FSR-FGR$$

④ 核糖体活力（KRNA，即蛋白质合成翻译效率）：用单位 RNA 每天合成蛋白质的量表示。

$$KRNA=FSR÷[RNA/（pro·d）]\times[mg（以合成蛋白质计）/μg（以 RNA 计）]$$

⑤ 蛋白质沉积效率（PRE，protein retention efficiency）

$$PRE（\%）=FGR\times 100/FSR$$

⑥ 蛋白质合成能力 [CS，protein synthesis capacity，μg(以 RNA 计)/mg(以蛋白质计)]。

（一）试验条件

试验草鱼初始体重为 65.9g/尾，在池塘网箱中进行养殖试验，每个网箱放养 22 尾草鱼幼鱼，养殖试验为 72d。试验饲料配方见表 4-5。

表 4-5　试验日粮配方/%

项目	试验日粮组			
	Ⅰ组	Ⅱ组	Ⅲ组	Ⅳ组
鱼粉	6.3	5.6	4.9	4.5
豆粕	42.3	37.6	32.9	47.5
菜粕	9	8	7	—
棉粕	5.3	4.8	4.2	19
玉米	—	—	—	6
次粉	17	19	20	14
米糠	8.1	6	13	—
麦麸	15	15	16	5
菜油	2	2	2	2
预混料	1	1	1	1
Ca（H₂PO₄）₂	1	1	1	1
赖氨酸 Lys	—	—	0.308	0.323

项目	试验日粮组			
	Ⅰ组	Ⅱ组	Ⅲ组	Ⅳ组
蛋氨酸Met	—	—	0.07	—
异亮氨酸Ile	—	—	0.105	0.185
营养水平				
粗蛋白质[①]/%	30.07	28.12	26.26	32.15
必需氨基酸平衡关联度[②]	0.7845	0.7845	0.7845	0.7845

① 粗蛋白质为实测值。

② 关联度采用灰色关联分析法计算，是指饲料中10种必需氨基酸的模式与草鱼所需要的10种必需氨基酸模式的总体接近程度。其值的大小反映饲料必需氨基酸平衡效果，值越大，必需氨基酸平衡越好。关联度值相同，日粮必需氨基酸模式则相同。草鱼对10种必需氨基酸需要量的比例以草鱼肌肉必需氨基酸组成为依据。

蛋白质合成率的测定采用DL-[4-³H]-Phe大剂量灌喂方法。在试验结束时，每组取鱼3尾，称重后用微量进样器通过输液软管小心插入草鱼食道，1min内一次性灌喂完示踪氨基酸液（1mg/100g，以体重计）。灌喂30min后测定肌肉、肝胰脏与蛋白质结合Phe比放射性（Sb）和游离的Phe比放射性（Sa）。

（二）相同必需氨基酸模式下不同日粮蛋白质水平的养殖效果

各试验组生长速率（SGR）从高到低的顺序为：Ⅳ组＞Ⅰ组＞Ⅱ组＞Ⅲ组，与日粮蛋白质水平成正相关（R^2=0.9973），见表4-6。

表4-6 试验草鱼的生产性能

项目	日粮分组			
	Ⅰ组	Ⅱ组	Ⅲ组	Ⅳ组
初始尾均重/g	62.72	65.18	63.15	64.59
结束尾均重/g	172.51	158.59	137.10	198.91
特定生长率SGR/(%/d)	1.29[b]	1.17[c]	1.02[d]	1.48[a]
采食量/(g/尾)	177.9	162.5	135.3	231.03
饲料系数	1.65[c]	1.74[b]	1.83[a]	1.72[b]

（三）相同必需氨基酸模式下不同日粮蛋白质水平对蛋白质周转的影响

肌肉蛋白质的FGR、FSR、FDR均表现为：Ⅳ组＞Ⅰ组＞Ⅱ组＞Ⅲ组。肝胰脏FGR亦表现为：Ⅳ组＞Ⅰ组＞Ⅱ组＞Ⅲ组。肝胰脏FSR在各试验组差异不显著（$P>0.05$），FDR表现为：Ⅳ组＜Ⅰ组＜Ⅱ组＜Ⅲ组，见表4-7和图4-4。而日粮蛋白质水平高低顺序为：Ⅳ组（CP 32.15%）＞Ⅰ组（CP 30.07%）＞Ⅱ组（CP 28.12%）＞Ⅲ组（CP 26.26%）。

表4-7 不同蛋白质水平下草鱼肌肉、肝胰脏蛋白质周转速率

项目		日粮分组			
		Ⅰ组	Ⅱ组	Ⅲ组	Ⅳ组
肌肉	FGR/(%/d)	1.23[ab]	1.12[b]	0.96[c]	1.45[a]
	FSR/(%/d)	5.33[b]	4.96[bc]	4.49[c]	6.61[a]
	FDR/(%/d)	4.10[b]	3.84[bc]	3.53[c]	5.16[a]
	PRE/(%/d)	23.09[a]	22.58[ab]	21.38[c]	21.94[bc]
肝胰脏	FGR/(%/d)	1.42[b]	1.26[c]	1.12[d]	1.65[a]
	FSR/(%/d)	15.09	15.08	15.21	15.10
	FDR/(%/d)	13.67[bc]	13.82[ab]	14.09[a]	13.45[c]
	PRE/(%/d)	9.41[b]	8.36[c]	7.36[d]	10.93[a]

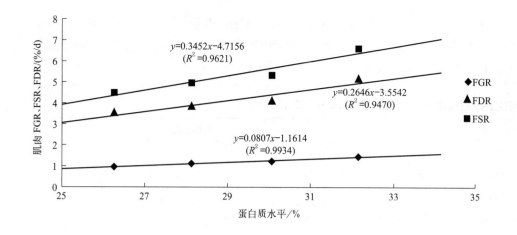

图4-4 日粮蛋白质水平对肌肉FGR、FSR、FDR的影响

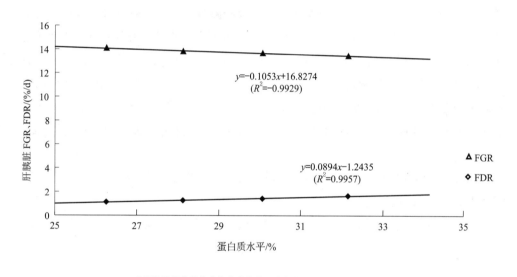

图4-5 日粮蛋白质水平对肝胰脏FGR、FDR的影响

上述试验结果表明：①草鱼肌肉蛋白质的生长分率（FGR）、合成分率（FSR）和降解分率（FDR）均分别与日粮蛋白质水平呈正相关，4个试验组R^2值分别为0.9934、0.9621、0.9470（见图4-4）；②草鱼肝胰脏蛋白质的FGR与日粮蛋白质水平呈正相关（R^2=0.9957），但蛋白质水平的变化对FSR无影响，FDR与日粮蛋白质水平呈负相关（R^2=−0.9929）（见图4-5）；③草鱼肌肉FGR、FSR、FDR随日粮蛋白质水平的变化，表现出相同的变化趋势。草鱼肌肉蛋白质生长速率越高，其蛋白质合成、降解越快，即蛋白质周转越快。从表4-7还可知，肌肉的蛋白质沉积效率（PRE）为Ⅰ组最高，其次为Ⅱ组和Ⅳ组，Ⅲ组最低，表明肌肉合成的蛋白质用于生长（或沉积）的效率在适宜蛋白质水平（CP30.07%）时最高；而肝胰脏PRE，即合成的蛋白质用于生长（或沉积）的效率随日粮蛋白质水平的增长而提高。

（四）相同必需氨基酸模式下不同日粮蛋白质水平组草鱼的肌肉、肝胰脏蛋白质合成能力（CS）及合成翻译效率（KRNA）

从表4-8可知，肌肉、肝胰脏蛋白质合成能力 [CS，mg（以RNA计）/g（以蛋白质计）] 在各试验组差异不显著（$P>0.05$）。表明日粮蛋白质水平的变化，对肌肉、肝胰脏蛋白质合成能力无影响。另外，肌肉蛋白质合成翻译效率（KRNA）表现为：Ⅳ组＞Ⅰ组＞Ⅱ组＞Ⅲ组，这与日粮蛋白质水平顺序相同。表明随日粮蛋白质水平提高，肌肉蛋白质合成翻译效率相应提高；而日粮蛋白质水平对肝胰脏蛋白质合成翻译效率无影响，各试验组KRNA差异不显著（$P > 0.05$）。

表4-8　肌肉、肝胰脏蛋白质合成能力（CS）及合成翻译效率（KRNA）

项目		日粮分组			
		Ⅰ	Ⅱ	Ⅲ	Ⅳ
肌肉	CS/［mg（以RNA计）/g（以蛋白质计）］	6.33	6.47	6.48	6.43
	KRNA/｛mg(以合成蛋白计)/［g（以RNA计）· d］｝	0.84[b]	0.77[bc]	0.69[c]	1.03[a]
肝胰脏	CS/［mg（以RNA计）/g（以蛋白质计）］	14.43	14.38	14.12	14.66
	KRNA/｛mg(以合成蛋白计)/［g（以RNA计）· d］｝	1.05	1.05	1.08	1.03

总结上述结果表明，在日粮必需氨基酸模式相同条件下，①日粮蛋白质水平的增加加快了草鱼的生长速度，促进其肌肉、肝胰脏蛋白质的增长。②肌肉蛋白质合成和降解速率与日粮蛋白质水平呈正相关，表明日粮蛋白质水平与肌肉蛋白质周转（合成率和分解率）呈正相关关系。③肝胰脏蛋白质合成速率不受日粮蛋白质水平的影响，其降解速率与日粮蛋白质水平呈负相关。④肌肉蛋白质生长速率的增加归因于蛋白质合成分率的增长速度大于降解速度，以及蛋白质合成的翻译效率（即单位RNA所合成的蛋白质）的提高；肝胰脏蛋白质生长速率的增长归因于蛋白质降解的减少。⑤肌肉蛋白质沉积效率（生长率占合成率的比例）在适宜蛋白质水平（30.07%）时才表现为最佳，而且在该水平下饲料系数最低，即饲料转化率最高。

日粮蛋白质水平的增加促进肌肉生长原因则在于同时促进了肌肉蛋白质合成和降解，合成的增加较降解的增加更占优势，从而促进肌肉蛋白质总量的增长（或沉积的增加）。另外，日粮蛋白质水平的增加促进肝胰脏生长则归因于抑制了蛋白质降解，从而在相同的蛋白质合成率下，表现出蛋白质总量的增长（或沉积的增加）。

五、日粮必需氨基酸模式对草鱼生长及蛋白质周转的影响

通过调整原料种类和配比，以及补充氨基酸，设计了6种必需氨基酸（EAA）模式的日粮，其必需氨基酸平衡关联度（相关系数)分别为0.7071、0.7259、0.7409、0.7512、0.7827和0.8231，见表4-9。试验设计目的为研究必需氨基酸模式的平衡效果对草鱼生长和肌肉、肝胰脏蛋白质周转代谢的影响。

表4-9　试验日粮配方组成

项目	日粮分组					
	Ⅰ组	Ⅱ组	Ⅲ组	Ⅳ组	Ⅴ组	Ⅵ组
鱼粉	4.5	3.0	16.0	12.0	7.0	7.0
豆粕	47.5	47.0	15.0	20.0	47.0	47.0
菜粕	—	10.0	30.0	18.0	10.0	10.0
棉粕	19.0	3.0	—	19.0	6.0	6.0
啤酒酵母	—	7.0	—	—	—	—
玉米	6.0	—	—	—	—	—

项目	日粮分组					
	Ⅰ组	Ⅱ组	Ⅲ组	Ⅳ组	Ⅴ组	Ⅵ组
次粉	14.0	15.0	15.0	16.0	15.0	15.0
米糠	—	6.0	8.0	—	6.0	6.0
麦麸	5.0	5.0	12.0	11.0	5.0	5.0
菜油	2.0	2.0	2.0	2.0	2.0	2.0
预混料	1.0	1.0	1.0	1.0	1.0	1.0
$Ca(H_2PO_4)_2$	1.0	1.0	1.0	1.0	1.0	1.0
赖氨酸 Lys	—	—	—	—	—	0.44
蛋氨酸 Met	—	—	—	—	—	0.10
异亮氨酸 Ile	—	—	—	—	—	0.15
粗蛋白质 /%（CP）	31.12	31.26	31.02	31.35	31.07	31.07
必需氨基酸平衡关联度	0.7071	0.7259	0.7409	0.7512	0.7827	0.8231

经过池塘养殖试验，日粮不同必需氨基酸模式下草鱼的养殖效果，见表4-10。

表4-10　草鱼的生长性能和肌肉、蛋白质周转率

项目		日粮分组					
		Ⅰ组	Ⅱ组	Ⅲ组	Ⅳ组	Ⅴ组	Ⅵ组
生长性							
初始尾均重 /g		64.6±3.4	64.8±4.6	65.0±4.1	64.1±2.9	64.0±5.7	63.4±3.5
结束尾均重 /g		164.6±15.1^e	186.4±8.0^d	200.2±9.6^{cd}	203.6±8.7^c	216.2±18.6^b	227.2±10.1^a
全鱼生长率 /(%/d)		1.23±0.09^e	1.39±0.13^d	1.48±0.06^c	1.52±0.11^{bc}	1.60±0.05^b	1.68±0.12^a
采食量 /(g/尾)		180.0±10.3	210.3±20.1	227.3±10.7	222.5±19.5	238.7±25.1	244.1±17.4
饲料转化率		0.56±0.03^d	0.58±0.05^{cd}	0.61±0.02^c	0.63±0.06^c	0.64±0.05^b	0.67±0.07^a
蛋白质周转率							
肌肉 /(%/d)	FGR	1.17±0.13^d	1.33±0.07^{cd}	1.43±0.15^c	1.47±0.08^{bc}	1.55±0.11^b	1.64±0.06^a
	FSR	5.40±0.21^d	6.23±0.32^{cd}	6.60±0.27^{bc}	6.78±0.50^{ab}	7.26±0.45^a	7.75±0.38^a
	FDR	4.23±0.19^d	4.90±0.15^c	5.17±0.19^{bc}	5.31±0.34^b	5.71±0.28^{ab}	6.11±0.27^a
	PRE	21.66±1.56	21.34±2.38	21.67±1.89	21.68±3.12	21.35±3.21	21.16±2.01
肝胰脏 /(%/d)	FGR	1.29±0.16^d	1.43±0.09^c	1.61±0.18^b	1.62±0.20^b	1.68±0.07^{ab}	1.83±0.13^a
	FSR	13.62±0.50^d	14.75±0.65^c	16.89±0.60^b	16.91±0.70^b	17.69±1.02^a	18.91±0.89^a
	FDR	12.33±0.32^c	13.32±0.35^c	15.28±0.40^b	15.29±0.40^b	16.01±0.59^a	17.08±0.66^a
	PRE	9.47±0.29	9.69±0.36	9.53±0.16	9.58±0.42	9.50±0.19	9.68±0.45

从表4-10可知，各试验组生长速率、饲料转化效率从高到低的顺序为Ⅵ＞Ⅴ＞Ⅳ＞Ⅲ＞Ⅱ＞Ⅰ；从日粮必需氨基酸的平衡效果来看，其关联度顺序也为：Ⅵ（0.8231）＞Ⅴ（0.7827）＞Ⅳ（0.7512）＞Ⅲ（0.7409）＞Ⅱ（0.7259）＞Ⅰ（0.7071）。表明必需氨基酸模式平衡愈好的试验组，草鱼生长速率与饲料利用效率愈高。再从Ⅵ组和Ⅴ组的结果比较来看，Ⅵ生长速率和饲料转化效率均高于Ⅴ（$P＜0.05$），表明饲料中通过添加游离氨基酸改善必需氨基酸模式的平衡程度，对于提高养殖效果具有一定的作用。

上述结果表明：①日粮必需氨基酸模式的平衡，促进草鱼生长和饲料的转化；②必需氨基酸模式的平衡能提高肌肉、肝胰脏的蛋白质生长速率（FGR）和蛋白质合成速率（FSR）与降解速率（FDR），但必需氨基酸模式的改变，对肌肉、肝胰脏蛋白质的沉积效率（PRE），即FGR与FSR的比值不产生影响；③日粮必需氨基酸模式的平衡促进肌肉、肝胰脏蛋白质增长的原因是蛋白质合成能力的提高，蛋白质合成的增加较降解的增加更占优势。

六、日粮营养因素对动物蛋白质周转的调控作用

（一）日粮蛋白质水平对蛋白质周转的调控

经过我们前面对草鱼蛋白质周转代谢的研究结果表明，养殖动物体蛋白的增长来自于蛋白质合成量与降解量的差值，不同日粮蛋白质水平下，动物具有不同的蛋白质周转代谢率。随日粮蛋白质水平的提高，体蛋白质合成增加、蛋白质降解也增加，但合成增加的量大于降解的量；日粮适宜的蛋白质能量比下，动物蛋白质周转的降解量占合成量的比例降低，而且氮的排泄量也减少。体蛋白质生长率和蛋白合成速率（FSR）随日粮蛋白质水平的增加而增加；低蛋白质日粮降低了整体蛋白合成速率（FSR），但整体蛋白降解速率（FDR）没发生改变，那么日粮蛋白质水平的提高促进动物生长则是蛋白质合成增加的结果。

器官、组织的蛋白质周转也受到日粮蛋白质水平的影响。表现在虹鳟白肌和肝脏的生长率随日粮蛋白质水平的降低而减少。草鱼肝脏蛋白质生长率的下降归因于蛋白质沉积效率的降低；白肌生长率的下降归因于蛋白质合成速率（FSR）的下降，蛋白质合成能力和蛋白质合成的翻译效率（KRNA）降低，而不是PRE的减少。

（二）限制性氨基酸对蛋白质周转的调控

氨基酸的种类、数量、平衡状态及供给形式是影响蛋白质周转代谢的重要因素。

（1）氨基酸种类对蛋白质周转的调控

我们的试验也证明，Leu、Arg、Met、Trp等氨基酸在蛋白质的合成中有着重要作用。Leu能够促进不同营养生理条件下大鼠肌肉的蛋白质合成，支链氨基酸如Arg能够提高肌肉对胰岛素的敏感性。Leu、Arg和Met可能是胰岛素的促泌素，例如当大鼠给予Leu后，体内胰岛素迅速升高，胰岛素参与蛋白质合成代谢的调控作用。有研究认为，Leu促进大鼠蛋白质合成的原因之一是加快了蛋白质的链延长速度。Met是蛋白质合成的起始氨基酸，对蛋白质合成有影响。有试验表明，在无氮日粮中添加Met能增加多聚染色体数量，改善肝脏及整体蛋白质合成速度，提高蛋白质的绝对合成量。Trp是影响蛋白质合成的另一重要氨基酸，它不仅仅是合成蛋白质原料，而且参与调节蛋白质的合成。除此以外，许多动物体内、外试验还证明Glu/Gln比与蛋白质合成存在线性关系。

（2）氨基酸水平对蛋白质周转的调控

日粮氨基酸水平的高低及氨基酸的缺乏对蛋白质的周转也产生较大的影响。有研究结果显示，用Leu、Val和Lys对哺乳动物试验，发现整体蛋白质合成量与食物中这些氨基酸的含量呈线性增加，当这些氨基酸含量增加到一定值时，整体蛋白质合成量达最大值，并保持不变。日粮中缺乏某个必需氨基酸（EAA）或几个EAA时，动物蛋白质合成和降解速度降低，而补加这些EAA后，蛋白质合成和降解加快。

（3）氨基酸的平衡性对蛋白质周转的调控

补充Lys、Met提高日粮氨基酸平衡后，蛋白质合成和降解都增加。对草鱼饲喂不同氨基酸模式的

日粮发现，氨基酸模式平衡性越高，蛋白质合成和降解速率越高，蛋白质合成的增加更占优势。日粮氨基酸平衡性增加，体蛋白质合成和降解减少，降解的减少更占优势。类似的试验对猪和鸡的研究结果也证明：通过补加Lys改善日粮氨基酸的平衡，促使体蛋白质生长率增加，主要归因于体蛋白质降解的减少。有人用欧洲真鲈试验，在日粮蛋白质水平相同条件下，用氨基酸不平衡的脂渣粉和羽毛粉（30%和50%）替代氨基酸平衡的鱼粉蛋白质，体蛋白质合成和降解均增加，降解增加的幅度远远大于合成增加的幅度，从而导致生长、氮沉积的减少。

第三节
禁食对草鱼器官组织蛋白质代谢的影响

采用肌内注射、以^{3}H标记的亮氨酸作为示踪氨基酸的大剂量方法测定新合成蛋白质的比率，用茚三酮测定氨基酸总量的方法，测定了摄食和禁食45d的草鱼各器官组织游离氨基酸量、吸收积累的试验氨基酸量、非蛋白质水溶液和蛋白质结合的放射性强度（dpm值）。试验结果表明，草鱼器官组织有较强的蛋白质合成代谢，而不同器官组织蛋白质代谢强度有显著性的差异，尤其是禁食后不同器官组织蛋白质代谢率下降的程度有很大的差异。整体上是肠道、肝胰脏的蛋白质合成代谢率下降幅度较大，而脑、心脏的蛋白质代谢较为稳定。表明草鱼的进食状态对体内器官组织蛋白质合成代谢具有直接性的影响，尤其是对肠道、肝胰脏等，禁食后导致其蛋白质合成显著下降。而脑则保持了较为稳定的蛋白质合成水平，受进食状态的影响较小。

禁食状态下草鱼不同器官组织蛋白质合成代谢率差异性研究结果，在一定程度上也可以反应鱼体在饥饿应急状态下的生理响应机制，比如降低肠道、肝胰脏组织中蛋白质代谢率，而优先保护脑组织中蛋白质的合成代谢率。在饥饿条件下，鱼体的生理代谢调整方向以求生存、维持生命活动的代谢成为主要生理响应。

一、试验条件

选取初始平均体重（14.3±2.1）g的一冬龄草鱼为试验对象，在室内循环养殖系统中投喂配合饲料养殖70d后，将试验草鱼分为二组：一组用于禁食，不投饲料，且在养殖桶的进水口安置过滤棉以防止循环水带进粪便、残余饲料等物质，保持禁食的环境；另一组则继续投喂硬颗粒配合饲料。草鱼养殖试验从10月开始，到11月结束（45d），试验期间水温从22℃下降到16℃。

示踪氨基酸的引入方法。示踪氨基酸选用L-［4,5-^{3}H］亮氨酸，放射比活度60Ci/mol，非标记亮氨酸为化学试剂亮氨酸。通过肌内注射引入^{3}H标记的亮氨酸，注射氨基酸用鱼用生理盐溶液配制，亮氨酸为浓度75mmol/L、50μCi/mL放射性强度的亮氨酸溶液。每尾草鱼的注射量视鱼体大小为0.2～0.3mL。从草鱼背鳍基部末端、侧线鳞以上的背部肌肉进行注射。注射完毕后将鱼放入盛有10L水的桶中，30min时对草鱼进行取样处理。

实验中带放射性的废弃水体、试验材料等置于深井中待其自然衰变。

本试验检测的器官组织包括心脏、肝胰脏、脾脏、肾脏和肠道内部器官和肌肉、大脑、血清外部器官和组织。在注射后30min时开始从尾动脉取血，自然凝固后3000r/min离心20min取血清0.1mL测放射性强度。取血过程控制在2min内完成，之后将试验草鱼迅速放入液氮罐中以超低温终止蛋白质合成反应，5min后将草鱼取出，在室温条件下自然解冻。

待草鱼解冻还没有完全，但可以进行解剖操作时对草鱼进行常规解剖，迅速取下草鱼的大脑；从注射同位素部位的鱼体另一侧背部、侧线鳞以上取下草鱼背部（背鳍以下、侧线鳞以上）的白色肌肉；剖开腹部，取下冰冻状态下的心脏让其自然解冻后滤纸吸干血污再称重；全部取出还在冰冻状态下的肾脏迅速称重、处理（肾脏中还有较多的血）；在冰冻状态下小心分离脾脏、肝胰脏和肠道，直接对脾脏、肝胰脏进行称重、处理；肠道解冻后去除肠道外脂肪、系膜和肠内容物，滤纸吸干后对肠道称重。

器官组织总放射性强度测定样品的处理。将新鲜样品称重后置于试管中，加入样品质量5倍体积的$HClO_4$，在70℃消化完全（约45min）。再加入样品质量5倍体积的H_2O_2在70℃褪色至无色透明。冷却后定量取消化液100μL于闪烁瓶中。每个测定样品作3个平行，取其平均值。

器官组织游离氨基酸总量、游离氨基酸放射性强度和蛋白质结合放射性强度测定样品的处理。定量称取器官组织样品（样品质量一般不超过1.0000g，样品不足时将2或3尾草鱼的样品合并为一个样品），按照样品质量5倍体积加入2%的$HClO_4$溶液，玻璃匀浆器匀浆，10000r/min离心20min，取上清液100μL于试管中按照茚三酮方法测定游离氨基酸总量。另取上清液100μL于闪烁瓶中用于放射性强度的测定。

蛋白质的纯化方法。取上述离心样品沉淀，弃去多余的上清液，保留沉淀，用约10mL的2%的$HClO_4$溶液洗涤沉淀，再在10000r/min离心20min，弃去上清液，保留沉淀。取约10mL 0.3mol/L的NaOH于含蛋白质沉淀的离心管中，搅匀，置70℃约40min使沉淀溶解，在6000r/min离心15min，将上清液转入另一个离心管中，弃去沉淀。在上清液中加入$HClO_4$使$HClO_4$含量达到2%，沉淀蛋白质，在10000r/min离心20min，弃去上清液，保留沉淀。先后用无水乙醇、无水乙醚、丙酮各10mL洗涤沉淀，均在−4℃进行冷冻离心，10000r/min离心20min。沉淀在70℃烘干（约2h）得干的蛋白质。

精确称重干的蛋白质并置于试管中，加入样品质量10倍体积的$HClO_4$，在70℃消化完全（约45min）。再加入样品质量10倍体积的H_2O_2在70℃褪色至无色透明。冷却后定量取消化液100μL于闪烁瓶中。

闪烁液及放射性强度测量。闪烁液的配制为：精确称取PPO（2,5-二苯基噁唑）2.5g、POPO[1,4-双-2-（5-苯基噁唑基）苯]0.25g用二甲苯溶解，加入Triton X-100（聚乙二醇辛基苯基醚）150mL（视样品水分多少可以适当调整用量），再用二甲苯定容到500mL。每个闪烁瓶中取闪烁液5mL。放射性用SN-6930液体闪烁计数器进行测量，采用内源标准方法对cpm值进行校正，得到校正后的dpm值。

全鱼水分、粗蛋白质和氨氮排泄率的测定。氨氮排泄率的测定方法为将禁食的草鱼3或4尾放入已经经过爆气处理和定量取（10L）的自来水中，测定24h的水样中的氨氮。以单位体重（kg）、单位时间（h）的氨氮排泄量计算禁食草鱼的氨氮排泄率。

二、器官组织游离氨基酸含量的分析结果

大剂量方法测定机体蛋白质合成率的基本原理就是选择一种标记的氨基酸，其使用剂量为动物体内该种游离氨基酸含量的5～50倍的量，以便在较短的时间内使标记氨基酸在体内各器官组织迅速达到平衡。本试验使用了75mmol/L的亮氨酸、50μCi/mL的^{3}H标记亮氨酸的注射剂量，在引入草鱼体内后是否会改变草鱼器官组织原有的游离氨基酸平衡？或这种影响有多大？为此，我们采用茚三酮方法测定注射试验氨基酸溶液前后草鱼各器官组织游离氨基酸含量，结果见表4-11。

表4-11　注射氨基酸溶液前后器官组织游离氨基酸含量的变化

器官组织	禁食组			摄食组		
	注射前/(mg/g)	注射后/(mg/g)	与注射前比较/%	注射前/(mg/g)	注射后/(mg/g)	与注射前比较/%
脑	0.905±0.031	0.939±0.020	3.76	0.925±0.019	0.947±0.017	2.38
肌肉	3.898±0.022	3.123±0.070	−19.88	3.930±0.008	3.984±0.003	1.37
脾脏	0.846±0.014	1.513±0.020	78.84	1.263±0.023	1.271±0.011	0.63
肝胰脏	1.917±0.024	2.291±0.026	19.51	2.233±0.024	2.765±0.026	23.82
心脏	0.648±0.036	0.696±0.006	7.41	0.429±0.031	0.486±0.006	13.29
肠道	1.319±0.067	1.589±0.035	20.47	2.364±0.011	2.203±0.005	−6.81
肾脏	1.670±0.045	2.671±0.064	59.94	1.523±0.034	1.554±0.003	2.04
总量	11.203	12.822	14.45	12.667	13.211	4.29

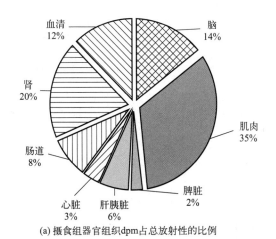

(a) 摄食组器官组织dpm占总放射性的比例

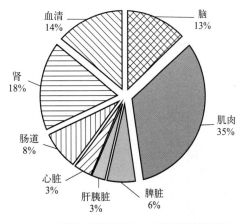

(b) 禁食组器官组织dpm占总放射性的比例

图4-6　试验氨基酸在器官组织中的分布

注射试验氨基酸前后的测定结果显示，摄食组草鱼注射氨基酸溶液后，其肝胰脏游离氨基酸含量增加了23.82%（$P<0.05$），其他器官组织没有显著性的变化。在禁食组，注射氨基酸溶液后，器官组织游离氨基酸含量变化较大，肌肉游离氨基酸下降了19.88%，而脾脏和肾脏游离氨基酸含量变化具有显著性的差异，分别增加了78.84%（$P<0.05$）和59.94%（$P<0.05$），其他器官组织游离氨基酸含量虽然没有显著性的差异，但是有一定的增加，如肝胰脏和肠道游离氨基酸含量分别增加了19.51%和20.47%。结果表明草鱼肌内注射试验氨基酸溶液后，对禁食草鱼的器官组织的游离氨基酸含量影响较大，在30min内使脾脏、肾脏游离氨基酸显著增加，对摄食组草鱼仅使肝胰脏游离氨基酸含量显著增加。因此，对正常摄食的草鱼采用大剂量方法测定蛋白质合成速率是可行的。

三、试验氨基酸在器官组织中的分布

取摄食和禁食草鱼各5尾，注射含标记亮氨酸的氨基酸溶液30min后液氮终止反应，常规解剖取新鲜的器官组织经过消化后测定各器官组织的总放射性，以单位质量（g）器官组织所含有的放射脉冲数（dpm）计算各器官组织吸收的氨基酸含有放射性强度。为了比较各器官组织对试验氨基酸的吸收量的大小，计算得到各器官组织单位质量dpm值占所测定的器官组织dpm值总量的比例，结果见图4-6。

试验氨基酸主要还是集中在肌肉，积累量达到35%，大脑吸收了13%～14%的试验氨基酸，血清中

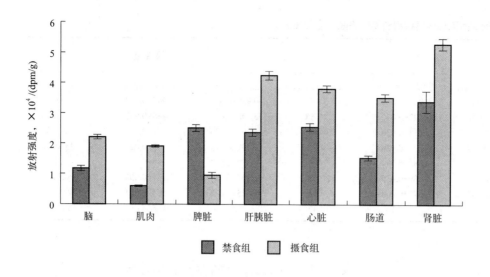

图4-7 器官组织游离氨基酸放射性强度

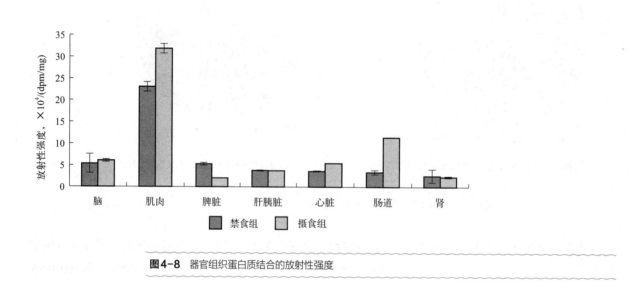

图4-8 器官组织蛋白质结合的放射性强度

积累了12%～14%的试验氨基酸。而在内脏器官组织中，肾脏吸收了18%～20%的试验氨基酸。在肠道积累的试验氨基酸比例（8%）高于肝胰脏（3%～6%），预示着肠道具有较强的蛋白质代谢活动，心脏积累了3%的试验氨基酸。

　　比较禁食组和摄食组的结果表明，肌肉的结果没有差异，而内脏器官组织对试验氨基酸的吸收积累比例有一定的差异。在免疫器官的脾脏，禁食组为6%而摄食组为2%，在肾脏禁食组为18%、而摄食组为20%，在物质和能量代谢器官的肝胰脏禁食组为3%而摄食组为6%，另一个较大的差异在血清，禁食组为14%而摄食组为12%。其他内脏器官组织几乎没有差异。

四、试验氨基酸在器官组织非蛋白质水溶液中的含量

　　对上述样品，测定了以2%的$HClO_4$沉淀蛋白质后上清液（称为非蛋白质水溶液）中的放射性强度，主要为游离状态的试验氨基酸和已经转移到其他水溶性成分中的试验氨基酸成分，其结果见图4-7。

试验氨基酸在所测定的器官组织中均有较高的含量，尤以肾脏最大，表明试验氨基酸在30min内就在排泄和造血器官进行着大量的积累；其次在脾脏、肝胰脏、心脏和肠道等内脏器官组织中含量较高，而肌肉和大脑含量相对较低。比较禁食组和摄食组的结果，非蛋白质水溶液中，摄食组dpm值高于禁食组的比例分别为脑88%、肌肉219%、肝胰脏79%、心脏49%、肠道129%、肾脏56%，而脾脏则表现出相反的结果，是禁食组高于摄食组161%。

五、各器官组织新的蛋白质合成量

将各器官组织经过分离得到的70℃烘干的蛋白质用于测定其放射性强度，计算得到单位质量蛋白质的dpm值，结果见图4-8。

所有测定的器官和组织均表现出较高的蛋白质合成速率，尤以肌肉蛋白质结合的放射性氨基酸最多，新合成的蛋白质量较大，表现出很强的蛋白质合成率；其次是肠道，也具有较高的蛋白质合成率；大脑组织也表现出较高的蛋白质合成率，肠道和大脑新合成的蛋白质量均高于肝胰脏。禁食组与摄食组相比较，肝胰脏蛋白质结合的放射性强度几乎相等，在大脑、肌肉、心脏、肠道是禁食组低于摄食组，而在肾脏和脾脏的结果为禁食组新合成的蛋白质量显著高于摄食组。蛋白质中dpm值摄食组高于禁食组的比例分别为脑13%、肌肉38%、心脏52%、肠道238%，而肝胰脏、肾脏、脾脏则是禁食组高于摄食组，分别为1%、11%、161%。

六、全鱼在禁食过程中氨氮的排泄率

为了进一步了解禁食条件下草鱼整体的蛋白质代谢情况，测定了在禁食过程中的草鱼全鱼氨氮排泄率和粗蛋白质、水分的变化，计算出了草鱼在禁食过程中的氨氮排泄量占全鱼蛋白质总量的比例。结果见表4-12。

表4-12中鱼体质量为3～4尾草鱼的总重，由试验结果可以知道，在禁食过程中草鱼的氨氮排泄率从第3天的404.44μmol(N)/(kg·h)下降到第45天的100.44μmol(N)/(kg·h)，排泄的氮质量从5.66mg/(kg·h)下降到1.41mg/(kg·h)，表明草鱼整体的蛋白质代谢率呈下降趋势。氨态氮/蛋白质氮的大小反映了单位时间内草鱼排泄的氮质量占鱼体总的蛋白质氮的比例，在禁食条件下主要消耗体内内源性的蛋白质，因此可以反映出草鱼内源性蛋白质的周转量，其值愈大表明消耗的内源性蛋白质量愈大。草鱼在禁食3d时的排泄率为0.64%，在第5天就下降到0.37%，下降速度很快。但是，以后的时间内则下降速度较慢，到45d时下降到0.28%。

表4-12　禁食过程中草鱼全鱼氨氮排泄率

禁食时间/d	鱼体重/g	氨氮排泄率/ [μmol(N)/(kg·h)]	排泄氮质量/ [mg/(kg·h)]	水分/%	蛋白质/%	氨态氮/蛋白质氮[①]/%
3	101.8	404.44	5.66	74.5	58.43	0.64
5	101.8	325.68	4.56	69.92	61.1	0.37
10	100.5	250.33	3.50	69.38	61.14	0.28
15	91.7	204.17	2.86	72.6	57.16	0.30
25	68.6	144.04	2.02	72.82	57.33	0.36
35	144.1	148.87	2.08	75.59	59.99	0.21
45	116.5	100.44	1.41	75.09	59.98	0.28

① 氨态氮/蛋白质氮（%）=（单位鱼体重氮排泄质量/单位体重全鱼蛋白质氮质量）×100

七、禁食对草鱼器官组织和鱼体蛋白质代谢的影响

本试验从各器官组织游离氨基酸量、吸收积累的示踪氨基酸dpm值总量、非蛋白质水溶液示踪氨基酸dpm值、蛋白质结合示踪氨基酸dpm值等几个指标对蛋白质代谢情况进行研究分析。在禁食和摄食条件下草鱼各器官组织游离氨基酸的分布有一定的差异，将摄食组和禁食组草鱼器官组织游离氨基酸含量进行比较，在肌肉、肝胰脏、肠道的游离氨基酸含量是禁食组低于摄食组，而脾脏、心脏、肾脏的结果是禁食组高于摄食组，大脑的游离氨基酸几乎没有差异，较为稳定。

肌肉积累了35%的试验氨基酸，而相应地在非蛋白质水溶液中的dpm值很低（＜2000dpm/g，以组织计），在不同器官组织蛋白质中的dpm值也是最高的，表明草鱼肌肉吸收和积累的试验氨基酸主要用于了蛋白质的合成，且摄食组草鱼的蛋白质合成量比禁食组高38%左右，这些结果表明草鱼肌肉在进行着较为活跃的蛋白质合成代谢。

脑是中枢神经器官，吸收和积累了13%～14%的试验氨基酸，脑进行着较为活跃的蛋白质代谢活动；摄食组与禁食组相比较，除了摄食组非蛋白质水溶液的dpm值高于禁食组88%左右外，蛋白质中dpm值、游离氨基酸总量均无显著性差异，表明草鱼脑的蛋白质合成量受禁食的影响不大，蛋白质代谢较为稳定。

在内脏器官中，肾脏积累了18%～20%的试验氨基酸，再结合肾脏游离氨基酸和蛋白质中的dpm值看，肾脏蛋白质中的dpm值很低，而非蛋白质水溶液中的dpm值非常高，这些结果显示出，在肾脏积累的试验氨基酸数量较多，但主要还是以游离氨基酸状态存在。摄食组与禁食组相比较，摄食组游离氨基酸dpm值高于禁食组56%，而蛋白质结合dpm值低于禁食组11%，结果表明摄食组草鱼肾脏的试验氨基酸主要以游离氨基酸（或非蛋白质）形式存在，在禁食条件下，草鱼肾脏依然进行着较强的蛋白质合成代谢。

肠道吸收和积累了8%的试验氨基酸，其比例高于肝胰脏，非蛋白质水溶液中和蛋白质中的dpm值也很高，并高于肝胰脏的结果，表明肠道是内脏器官中蛋白质代谢较为活跃的器官。摄食组与禁食组的结果相比较，摄食组非蛋白质水溶液中dpm值高于禁食组129%、蛋白质结合的dpm值高于禁食组238%，结果显示出禁食后草鱼肠道的蛋白质合成代谢强度显著下降，在摄食条件下草鱼肠道的蛋白质代谢活动是很强的。

脾脏吸收和积累了2%～6%的试验氨基酸，也是蛋白质代谢较为活跃的内脏器官。摄食组与禁食组相比较，禁食组非蛋白质水溶液中和蛋白质中的dpm值均为摄食组2.6倍。这一结果表明在禁食条件下草鱼的脾脏的蛋白质代谢活动不仅没有减弱，反而增强了，表明在禁食条件下草鱼整体蛋白质代谢活动和肌肉、肠道等器官组织蛋白质代谢活动显著降低的时候，作为免疫器官、造血器官的脾脏，其蛋白质代谢活动没有减弱，反而得到加强，这也是本试验得到的很有价值的结果之一。

肝胰脏吸收和积累了3%～6%的试验氨基酸，是蛋白质代谢较为活跃的内脏器官。摄食组与禁食组相比较，摄食组肝胰脏积累的试验氨基酸为禁食组的2倍，其非蛋白质水溶液中的dpm值高于禁食组79%，蛋白质结合的dpm值没有显著差异，表明摄食组草鱼肝胰脏积累的游离氨基酸较多，禁食后肝胰脏的蛋白质合成量并没有受到影响。

心脏吸收和积累了3%的试验氨基酸，摄食组草鱼心脏非蛋白质水溶液和蛋白质结合的dpm值分别高于禁食组49%和52%，表明禁食组草鱼心脏的蛋白质合成量下降了一半左右。

鱼类可以调节自身的能量分配以适应食物的缺乏，禁食状态下鱼类的总体代谢水平将明显下降。有研究发现南方鲶幼鱼在27.5℃禁食20d代谢率下降47%，草鱼在30℃下禁食35d的代谢率明显低于在正常状态的测定值，20℃时草鱼摄食和禁食条件下，氨氮和尿素氮的平均日排泄率分别为2.68mg/(kg·h)

和0.65mg/(kg·h)，以氨氮排泄为主，占总氮的80%左右。将禁食2d的氮排泄4.58mg/(kg·h)作为内源性氮排泄。在本试验条件下测定了草鱼的氨氮排泄率和排泄的氨氮占鱼体蛋白质氮的比例。在禁食过程中，草鱼的氨氮排泄率从第3天的404.44μmol(N)/(kg·h)下降到第45天的100.44μmol(N)/(kg·h)，排泄的氮质量从5.66mg/(kg·h)下降到1.41mg/(kg·h)，在禁食5d时的氨氮排泄率4.56mg/(kg·h)（此时水温为21.5℃），与Carter和Brafield（1992）禁食2d的结果相接近，在禁食15d时的氨氮排泄率2.86mg/(kg·h)与周洪琪在20℃测定结果相接近。

计算得到草鱼氨氮排泄量占体蛋白质量的比例，草鱼在禁食3d时的排泄率为0.64%，在第5天就下降到0.37%，但是在第5天以后的时间内则缓慢下降，到45d时下降到0.28%。南方鲶在22.5℃时氨氮排泄量占体蛋白质量的比例为0.55%，本试验测得草鱼在22℃左右禁食3d的氨氮排泄量占体蛋白质量的比例为0.64%。上述结果反映出，在禁食过程中，草鱼整体的蛋白质代谢活动下降，禁食5d以后氨氮排泄率趋于稳定，此时的水温在21.5℃，其氨氮排泄率为4.56mg/(kg·h)、氨氮排泄的氮占鱼体蛋白质的比例为0.37%。这个结果可以作为草鱼在水温21.5℃左右时的内源性氨氮排泄的参考值。

第四节
鲫鱼器官组织中游离氨基酸含量分析

蛋白质合成代谢需要有游离氨基酸的供给，新合成蛋白质的氨基酸从哪里来？用于新的蛋白质合成的氨基酸来源于体内氨基酸库，即由血液、组织液、细胞液中的氨基酸组成的游离氨基酸库或池。而氨基酸库的氨基酸则分别来源于食物消化吸收的氨基酸、衰老的蛋白质分解的氨基酸、细胞衰老分解的氨基酸、脂肪或糖类异生的氨基酸。那么，水产动物体内不同器官组织、全鱼整体的游离氨基酸情况如何？正是基于上述认识，本试验以鲫鱼为试验材料，测定了不同器官组织中游离氨基酸含量及其昼夜变化，希望对鱼体体内氨基酸库的数量变化有一个较为基础的认知。

通过本试验，得到的主要结果是：①从器官组织中游离氨基酸含量看，无论是摄食组还是禁食组鲫鱼，肠道组织中游离氨基酸含量均是最高的，其次是肝胰脏组织。这个结果显示出，代谢强度大的器官组织如肠道、肝胰脏、肾脏、脾脏组织中游离氨基酸含量较高，而大脑、心脏、卵巢组织中游离氨基酸含量较低，肌肉是蛋白质沉积主要部位，也有较高的、较为稳定的游离氨基酸含量。②在24h内间隔3h的测定结果显示，鱼体器官组织中游离氨基酸含量处于动态平衡中，具有一定的节律，可能与其生理代谢节律性有一定的相关性。器官组织中动态稳定的游离氨基酸对于蛋白质代谢具有重要的作用和意义。

本试验虽然显示了不同器官组织中游离氨基酸数量的差异和时间变化，但是不能反映出游离氨基酸的来源。器官组织中的游离氨基酸主要有两个来路：一是从食物在消化道经过消化后吸收，二是来源于器官组织中蛋白质的分解代谢。饥饿条件下器官组织中游离氨基酸数量的变化可以显示出不同器官组织中蛋白质分解代谢的大致情况。

一、鲫鱼全鱼及各器官组织游离氨基酸的昼夜变化

以平均体重（20±2.3）g的鲫鱼为实验材料，分别设置配合饲料投喂组和停食组。在室内循环水养殖系统中投喂饲料养殖3周后，将其中一组停食，另一组继续投喂饲料。停食组为停食24h的鲫鱼，饲

料投喂组在投喂饲料后不同时间取样。取样分析游离氨基酸总量的器官组织包括心脏、肝胰脏、脾脏、肾脏、肠道、卵巢、肌肉、大脑、血清等器官组织，同时对全鱼也进行了分析。

投喂组鲫鱼试验饲料配方见表4-13。每天8:00、14:00、17:00准时进行投喂3次，日投饲率为鱼体重的4%。

表4-13　试验饲料配方

原料	配比/%	原料	配比/%
鱼粉	7	菜油	1
次粉	14	豆油	1
豆粕	47	棉粕	6
麦麸	11	预混料	1
菜粕	10	$Ca(H_2PO_4)_2 \cdot H_2O$	2

器官组织的样本处理和游离氨基酸测定方法。在24h内间隔3h取样，采用茚三酮方法测定鲫鱼全鱼及肌肉、肝胰脏、肠道、心脏、大脑、肾脏、脾脏、卵巢等器官组织的游离氨基酸含量，具体方法是：定量称取新鲜器官组织样品（样品质量一般在0.1g左右，样品不足时将2或3尾鲫鱼合并为一个样品），按照样品质量10倍加入2%的$HClO_4$溶液，玻璃匀浆器匀浆，在10000r/min离心20min，取上清液100μL于试管中按照茚三酮方法测定各组织器官中游离氨基酸的含量，以每克鲜样中所含游离氨基酸的质量（mg）表示。

（一）摄食条件下各组织器官及全鱼游离氨基酸24h的变化

在24h内测定得到摄食组鲫鱼全鱼和各器官组织的游离氨基酸含量，结果见表4-14。

表4-14　摄食条件下肠道、肝胰脏、脾脏、肾脏、全鱼、肌肉、大脑、心脏、卵巢中游离氨基酸的含量

单位：mg/g

时间	肠道	肝胰脏	脾脏	肾脏	全鱼	肌肉	大脑	心脏	卵巢
2:00	0.25±0.01	0.41±0.02	0.18±0.01	0.22±0.01	0.26±0.01	0.34±0.01	0.21±0.01	0.21±0.02	0.18±0.01
5:00	0.49±0.01	0.33±0.01	0.17±0.01	0.19±0.01	0.27±0.02	0.25±0.01	0.15±0.01	0.15±0.01	0.16±0.01
8:00[①]	0.63±0.01	0.59±0.01	0.33±0.01	0.33±0.01	0.43±0.03	0.28±0.01	0.21±0.01	0.19±0.01	0.22±0.01
11:00	1.56±0.04	0.53±0.02	0.23±0.14	0.41±0.01	0.52±0.02	0.33±0.01	0.29±0.03	0.30±0.01	—
14:00[①]	0.91±0.05	0.48±0.02	0.32±0.01	0.18±0.01	0.47±0.01	0.28±0.01	0.18±0.01	0.19±0.01	0.15±0.01
17:00[①]	0.88±0.02	0.59±0.07	0.32±0.01	0.32±0.01	0.49±0.02	0.50±0.01	0.20±0.01	0.20±0.01	0.20±0.01
20:00	1.25±0.19	0.56±0.01	0.37±0.02	0.32±0.05	0.34±0.01	0.25±0.16	0.23±0.01	0.25±0.01	0.21±0.01
23:00	0.99±0.02	0.41±0.03	0.30±0.01	0.31±0.01	0.34±0.01	0.47±0.01	0.23±0.01	0.21±0.01	0.211±0.01

注：—为未采集到样本。
① 为饲料投喂时间点。

在8:00、14:00和17:00分别投喂饲料后，全鱼和不同器官组织中游离氨基酸含量的变化，具有以下结果：

① 不同器官组织的游离氨基酸含量有较大的差异，肠道中游离氨基酸的含量显著高于全鱼和其他各组织器官，其次是肝胰脏，大脑、心脏和卵巢中游离氨基酸含量较低。

② 各器官组织、全鱼游离氨基酸含量在24h内的各时间点是动态变化的。肠道游离氨基酸含量在11:00、20:00（即早晚两次投喂后3h）出现两次游离氨基酸含量峰值；心脏和大脑中游离氨基酸的含量变化很小。各器官组织游离氨基酸的变化规律不尽相同，全鱼、肌肉、肾脏中游离氨基酸的

含量在11:00（第一次投喂后3h）均有所升高，而肝胰脏、脾脏中的含量却有所下降，肝胰脏游离氨基酸在17:00升至最高，之后渐渐降低；卵巢各时间段游离氨基酸含量比较稳定，各组数据间没有显著差异。

③ 在24h内，各器官组织和全鱼游离氨基酸含量出现峰值的时间有较大差异。全鱼及肠道、肾脏、大脑、心脏这些器官组织游离氨基酸含量最高值出现在11:00（第一次投饲后3h），分别为0.52±0.02mg/g、1.56±0.04mg/g、0.41±0.01mg/g、0.29±0.03mg/g、0.30±0.01mg/g；肝胰脏和肌肉中游离氨基酸含量最高值出现在17:00（第二次投饲后3h），分别为0.59±0.07mg/g、0.50±0.01mg/g；而脾脏在20:00（第三次投饲后3h）出现游离氨基酸含量最高值0.37±0.01mg/g。

（二）停食状态下各组织器官及全鱼游离氨基酸24h的变化

在停食24h后，每隔3h测定全鱼和各器官组织24h内的游离氨基酸含量，结果见表4-15。在停食状态下，除8:00外，鲫鱼肠道内游离氨基酸的含量仍比其他各组织高，在14:00、23:00分别出现两个峰值，比正常投喂情况下推迟了3h；肌肉中游离氨基酸的变化显著，在2:00、17:00达到最低水平，与卵巢中游离氨基酸的变化规律极其相似；肝胰脏中游离氨基酸含量与肌肉中游离氨基酸相接近，但与其不同的是变化趋势不成明显的波浪状，从11:00开始渐渐上升，到23:00才达到峰值；全鱼、脾脏中游离氨基酸变化规律趋于一致，仅在2:00至5:00之间有所不同，脾脏中游离氨基酸在此之后有所回升，但全鱼仍保持下降趋势；肾脏、大脑中游离氨基酸的变化规律也大致相同，仅在11:00与17:00之间两者向着相反的方向变化。

表4-15　停食状态下肠道、肝胰脏、脾脏、肾脏、全鱼、肌肉、大脑、心脏、卵巢中游离氨基酸的含量

单位：mg/g

时间	肠道	肝胰脏	脾脏	肾脏	全鱼	肌肉	大脑	心脏	卵巢
2:00	0.66±0.01	0.36±0.01	0.17±0.08	0.28±0.02	0.32±0.01	0.31±0.01	0.20±0.01	0.22±0.01	0.09±0.01
5:00	0.65±0.02	0.29±0.01	0.25±0.01	0.23±0.01	0.24±0.01	0.36±0.01	0.19±0.01	0.16±0.01	0.20±0.01
8:00	0.48±0.02	0.65±0.01	0.19±0.01	0.23±0.01	0.28±0.01	0.51±0.01	0.18±0.01	0.19±0.01	0.29±0.01
11:00	0.63±0.06	0.35±0.03	0.27±0.01	0.20±0.01	0.37±0.05	0.52±0.05	0.10±0.01	0.17±0.01	0.21±0.01
14:00	0.89±0.01	0.35±0.02	0.20±0.01	0.22±0.01	0.33±0.01	0.38±0.01	0.15±0.01	0.15±0.01	0.14±0.01
17:00	0.43±0.01	0.38±0.01	0.16±0.01	0.15±0.01	0.23±0.01	0.31±0.02	0.14±0.01	0.15±0.01	0.14±0.01
20:00	0.46±0.01	0.40±0.04	0.22±0.01	0.27±0.02	0.28±0.01	0.40±0.01	0.43±0.01	0.21±0.01	0.20±0.01
23:00	0.94±0.01	0.52±0.01	0.33±0.01	0.20±0.03	0.39±0.01	0.40±0.03	0.14±0.01	0.18±0.02	0.18±0.02

（三）在摄食状态下，白天、夜间各器官组织游离氨基酸含量平均值的比较

为了比较全鱼和各器官组织游离氨基酸含量在白天与夜晚含量的差异，将上午6点到下午6点共12h的结果作为白天进行统计平均，将其余12h的结果作为夜晚的统计平均，分别作图如图4-9所示。

结果显示：①全鱼及各器官组织在白天游离氨基酸含量平均值要高于夜间游离氨基酸含量平均值；游离氨基酸含量发生显著变化的器官有全鱼、肠道、肝胰脏、脾脏和肾脏，白天游离氨基酸含量比夜间游离氨基酸含量分别高为35.77%、25.19%、22.06%、15.81%、16.21%，肌肉、大脑和心脏游离氨基酸含量也有所改变，分别下降5.34%、7.55%、5.13%，而卵巢中游离氨基酸量却上升1.31%。②白天各组织器官及全鱼游离氨基酸含量平均值由高到低顺序依次为肠道、肝胰脏、全鱼、肌肉、肾脏、脾脏、心脏、大脑、卵巢，但夜间肌肉中游离氨基酸含量的平均值却比全鱼中游离氨基酸含量的平均值来得高，

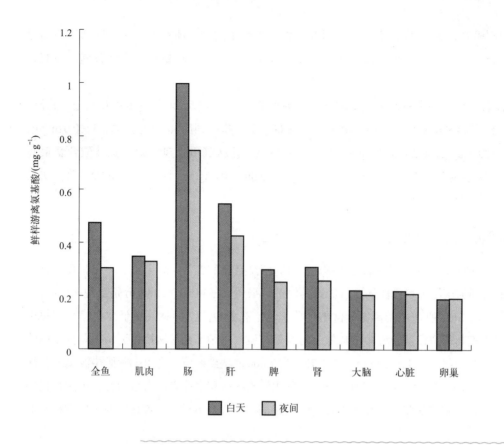

图4-9 在摄食状态下，白天、夜间各器官组织游离氨基酸含量平均值的比较

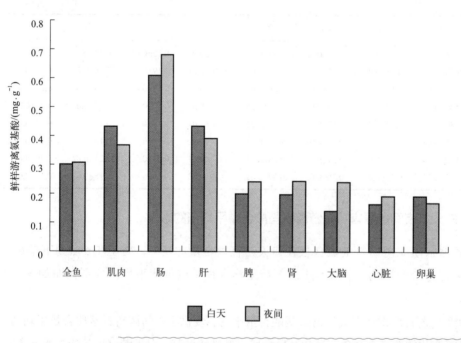

图4-10 在停食状态下，白天、夜间各器官组织游离氨基酸含量平均值的比较

从图4-9中可以看出，肌肉中游离氨基酸含量在白天、夜间无显著变化，仅下降了5.34%，所以出现上述现象是由于夜间全鱼中游离氨基酸含量发生显著下降，大约为35.77%。

Nutritional Physiology and Feed of Freshwater Fish
淡水鱼类营养生理与饲料

（四）在停食状态下，白天、夜间各器官组织游离氨基酸含量平均值的比较

按相同的统计方法得到停食组鲫鱼各器官组织游离氨基酸的白天和夜晚的含量见图4-10。①全鱼及各组织器官游离氨基酸含量平均值在白天、夜间有很大差异，肠道、脾脏、肾脏、大脑、心脏及全鱼中游离氨基酸含量在夜间有所提高，分别提高11.76%、20.65%、23.20%、70.74%、16.38%、1.93%，肌肉、肝胰脏和卵巢在夜间有所下降，分别降低14.95%、9.74%、12.19%。②白天、夜间全鱼及各组织器官游离氨基酸含量的高低顺序有所变动，但无论白天还是夜间，肠道、肝胰脏、肌肉和全鱼中游离氨基酸含量都依次排在前面。大脑中游离氨基酸含量变化比较大，其白天游离氨基酸含量为所有组织器官中最低，但夜间含量超过心脏和卵巢。

二、正常投喂与停食状态下部分器官组织游离氨基酸含量的比较

（1）肠道游离氨基酸含量的比较

无论在正常投喂还是在停食状态下，鲫鱼肠道中游离氨基酸含量始终比其他各组织器官高。但在各时间段，两者之间又存在着显著差异，结果如图4-11所示，鲫鱼摄食组肠道中游离氨基酸的含量要显著高于停食组；摄食组在摄食后3h（即图中的11:00、17:00、20:00），肠道中游离氨基酸含量要高出停食组50%左右，但在最后一次投喂9h后，摄食组肠道中游离氨基酸含量反而要显著低于停食组。从图4-11中还能看出在摄食和停食两种状态下，肠道中游离氨基酸含量随时间都呈波浪状变化，有趣的是在摄食条件下，其含量在11:00、20:00（即早晚两次投喂后3h）出现两次游离氨基酸峰值，而在停食状态下，其含量在14:00、23:00（即早晚两次投喂后6h）分别出现两个峰值，从时间上看，正好比正常投喂情况下推迟了3h。

（2）肌肉游离氨基酸含量的比较

由图4-12可见，在正常投喂情况下，肌肉中游离氨基酸含量也呈波浪状变化趋势。3次饲料投喂时间为8:00、11:00、17:00，而肌肉中游离氨基酸含量最大值分别出现在17:00和23:00，最低值出现在20:00。

在停食状态下，肌肉中游离氨基酸含量在8:00、11:00处于峰值，之后持续下降，到20:00有所回升，但回升幅度不大；23:00之后又开始下降。

依据上述结果，饲料中的蛋白质在鱼体内经过消化，转变为各种氨基酸，经肠壁吸收后进入鱼体的血液。血液中的游离氨基酸是鱼体器官组织中游离氨基酸的主要来源。本试验研究发现，肠道组织是游离氨基酸含量最高的器官组织。器官组织中游离氨基酸的来源包括了食物来源的氨基酸，也包括了器官组织蛋白质分解代谢所产生的氨基酸，它们都汇集在血液、细胞液和组织液中，构成了机体中氨基酸库或氨基酸池。那么，不同器官组织游离氨基酸含量的差异是什么原因造成的呢？一种可能是这些器官组织积累机体氨基酸库的容量较大，仅仅作为体内游离氨基酸池中的一部分且主要发挥积蓄氨基酸的作用；另外一种可能就是，这些器官组织具有很强的代谢周转率，既可以积蓄机体游离氨基酸池中的氨基酸，自身也具备较强的蛋白质分解代谢能力，依赖自身组织吞噬溶酶体、自噬溶酶体等蛋白质分解产生更多的游离氨基酸。从动物生理学角度分析，后者的可能性更大。例如，肠道黏膜细胞是代谢非常活跃的细胞，更新速度快，蛋白质代谢活跃程度高，新的蛋白质合成需要大量的游离氨基酸，而自身细胞中蛋白质分解代谢也能产生较多的游离氨基酸，导致其组织中的游离氨基酸含量也很高。肝胰脏是鱼体代谢中心器官，其中的游离氨基酸含量也很高，类似的还有脾脏、肾脏也是代谢非常活跃的器官组织，其

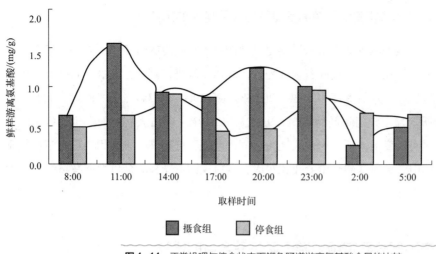

图4-11 正常投喂与停食状态下鲫鱼肠道游离氨基酸含量的比较

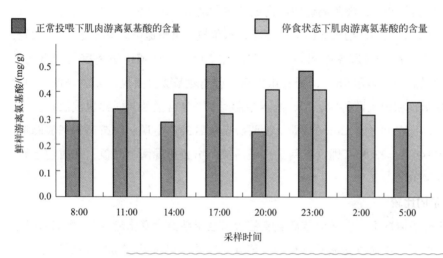

图4-12 正常投喂与停食状态下鲫鱼肌肉游离氨基酸含量的比较

中的游离氨基酸含量也相对较高。而大脑、心脏、卵巢的蛋白质代谢程度相对较弱，因此其中的游离氨基酸含量也是最低的。

其次，各器官组织中游离氨基酸含量是动态变化的，在24h时间内，有含量的峰值、也有含量的最低值，这除了与摄食活动有关外，是否与昼夜节律、生理代谢节律有关？值得再研究。鲫鱼在早晚两次（分别为8:00、17:00）投喂3h后，肠道中游离氨基酸的含量显著升高，并且要比同一时间段停食状态下肠道中游离氨基酸的含量高出1倍左右，这是因为投喂的饲料在3h内被鱼体所消化，产生的氨基酸被肠道快速吸收。但是肠道中两次游离氨基酸的含量差异显著，前者显著高于后者，出现这种差异的原因还不清楚，更令人不解的是，在中午14:00投喂后3h肠道中游离氨基酸的含量并没有增加，反而减少了。在对正常投喂与停食状态下鲫鱼肠道游离氨基酸含量的比较分析后发现，中午14:00投喂后3h肠道中游离氨基酸的含量也高出同一时间段停食状态下肠道中游离氨基酸的含量的1倍，而在其他时间段，两者游离氨基酸含量的差异并不显著。这可能由于在各时间段，肠道转运氨基酸和合成蛋白质的效率不一样所引起的。

在停食状态下，全鱼及其他各组织器官游离氨基酸总量在各时间段均有一定幅度的下降，但在大多时间段肌肉组织中游离氨基酸的含量却有所升高。这很可能是因为鱼类的活动需要消耗自身一部分能量，鱼体活动每时每刻都需要肌肉的参与，在没有外源能量的补充下，肌肉中蛋白质的分解提供能量就成了必要，因此耗能越多，肌肉中蛋白质分解的氨基酸含量就可能越高。

肌肉是鱼体蛋白质沉积的主要部位，也是蛋白质代谢相对活跃的器官组织。无论在停食还是正常投喂情况下，鲫鱼肌肉中游离氨基酸的含量都维持在一定的基数上。在正常投喂情况下，这个基数大约为0.25mg/g，在停食状态下，这个基数约为0.31mg/g，这可能是由于鲫鱼本身存在着一套自我调节氨基酸浓度的机制。

在对摄食状态下鲫鱼全鱼及各器官白天和夜间游离氨基酸含量平均值比较分析后发现，全鱼及肠道、肝胰脏、脾脏和肾脏这些组织器官在白天游离氨基酸含量平均值要高于夜间游离氨基酸含量平均值，其他一些组织器官在这一方面没有显著差异。这可能因为肝胰脏、肠道等组织器官在蛋白质代谢方面比较活跃。

第五节
油脂氧化产物诱导草鱼肠道黏膜氧化损伤与蛋白质降解

油脂氧化产物对水产动物具有毒副作用，主要表现为氧化损伤，并诱导鱼体出现过度的氧化应激。氧化损伤的蛋白质、细胞要被分解，要被体内的生理机制及时地清除，这就涉及体蛋白质的降解、降解产物的再利用。长期的饲料途径油脂氧化产物将导致鱼体蛋白质沉积量减少、鱼体消瘦，其中主要是油脂氧化产物对细胞、对蛋白质的氧化损伤诱导泛素化-蛋白酶体途径对蛋白质的分解，也可能含有细胞坏死、自噬作用和细胞的凋亡等作用的结果。

一、灌喂氧化鱼油引起草鱼肠道氧化损伤和蛋白质降解

我们研究了氧化豆油水溶物、丙二醛对草鱼肠道离体黏膜细胞生长和结构的影响，均显示出黏膜细胞受到直接性的氧化损伤作用。正常情况下，鱼体自身具备抗氧化损伤系统如谷胱甘肽/谷胱甘肽转移酶系统，体内也含有抗氧化物质如维生素E，以便清除有毒有害物质等，保护细胞和组织免受进一步的损伤打击作用。灌喂氧化鱼油可以在短期内对鱼体肠道黏膜造成急性损伤，利用急性损伤的肠道组织提取总RNA并采用RNA测序方法完成核酸序列分析、基因注释，进行转录水平的基因表达差异分析、代谢途径基因表达通路分析，可以从基因表达层面，更为宏观地了解氧化鱼油对肠道黏膜组织整体性的损伤作用、黏膜细胞对损伤的应答。本文主要分析了灌喂氧化鱼油对草鱼肠道黏膜组织抗氧化应激通路基因的差异表达，包括Keap1-Nrf2-ARE通路、GSH/GSTs系统、热休克蛋白和泛素-蛋白酶体系统基因的差异表达结果，对于了解肠道黏膜组织抗氧化损伤作用机制、黏膜组织和细胞的保护机制具有重要意义。

得到的主要结果包括：组织切片观察结果显示，氧化鱼油导致草鱼肠道黏膜出现严重的结构性损伤。肠道黏膜中具有较为完整的"Keap1-Nrf2-ARE"基因调控通路，肠道黏膜在受到氧化鱼油的氧化损伤后，激活了细胞的抗氧化损伤保护机制，使NRF2介导的氧化应激反应通路基因差异表达显著性地上调，并导致了下游的GSH/GSTs通路基因差异表达显著性上调，促进了GSH的生物合成和GSTs的抗氧

化作用；导致"Keap1-Nrf2-ARE"信号通路下游的热休克蛋白和泛素-蛋白酶体通路基因差异表达显著性上调，清除受损伤蛋白质，保护细胞结构完整性。研究表明，上述三类抗氧化应激通路构成了氧化豆油对肠道黏膜损伤细胞、损伤蛋白质的降解系统和清除系统，表明草鱼自身生理机制对肠道黏膜组织和黏膜细胞的保护、损伤修复发挥了重要的作用。

（一）试验条件

鱼油为以鳀鱼、带鱼为原料，在鱼粉生产过程中提取、经过精炼的精制鱼油，按照试验室建立的方法制备氧化鱼油。采用常规方法测定鱼油和氧化鱼油的氧化指标，碘价（IV）分别为（67.19±3.32）g/kg和（61.99±4.03）g/kg、酸价（AV）分别为（0.51±0.04）mg/g和（3.64±0.23）mg/g、过氧化值（POV）分别为（10.86±1.26）meq/kg和（111.27±2.85）meq/kg（1meq/kg=0.5mmol/kg）、丙二醛（MDA）分别为（7.50±1.600）μmol/mL和（72.20±10.0）μmol/mL。鱼油经过14d的氧化后，IV下降了7.74%，而AV、POV、MDA分别增加了613.73%、924.59%、862.67%，表明鱼油已经被深度氧化。

试验草鱼来自于江苏常州池塘养殖的草鱼幼鱼，用常规草鱼饲料在室内循环养殖系统中养殖20d后，选择平均体重（108.4±6.2）g草鱼42尾，分别饲养于单体容积0.3m³的6个养殖桶中，每个养殖桶饲养7尾试验草鱼。设置鱼油组和氧化鱼油组，每组各3个平行。灌喂期间水温（23±1）℃、溶解氧6.4mg/L、pH7.2。

将鱼油、氧化鱼油分别与大豆磷脂（食品级）以质量比4∶1的比例混匀、搅拌乳化，作为灌喂用的鱼油、氧化鱼油，于4℃冰箱中保存备用。选取内径2.0mm的医用软管（长度5cm）安装在5mL一次性注射器上，作为灌喂工具。灌喂试验开始前鱼体停食24h，将草鱼用湿毛巾包住身体，按照试验鱼体体重的1%分别吸取乳化后的鱼油、氧化鱼油，待鱼嘴张开时，将灌喂软管送入口中，感觉到管口通过咽喉进入食道时，通过注射器注入鱼油或氧化鱼油。注射完毕后，保持注射姿势15～20s，之后快速退出注射软管，将草鱼放入水族缸中。于每天上午9∶00对试验鱼定量灌喂，下午投喂草鱼饲料1次，连续灌喂7d。

在第7天灌喂后24h，常规解剖取出肠道，清除肠道外脂肪组织，在肠道全长的1/2处，按照组织学切片要求切出1cm长的肠管，生理盐溶液清洗肠道。用苦杏仁酸固定肠道组织，用冰冻切片机对肠道进行切片，切片厚度5μm。苏木精-伊红染红后，显微镜观察肠道组织形态，并照相。分别在氧化鱼油组、鱼油组的3个平行养殖桶中各取3尾，每组各9尾试验草鱼，常规解剖、分离内脏团，将肠道剖开，浸于预冷PBS中漂洗2次，之后转入另一个预冷培养皿中，培养皿置于冰盘上，用手压住前肠端、用解剖刀从前向后一次刮取得到黏膜，装入1.5mL离心管中，液氮速冻，保存于-80℃。每尾鱼肠道黏膜独立分装、保存。

每尾试验草鱼肠道黏膜独立用于提取总RNA。氧化鱼油组、正常鱼油组各9个肠道黏膜样品，按照总RNA提取试剂盒操作进行。RNA提取后经过电泳检测RNA质量，在三个平行桶各取1尾、共3尾鱼RNA质量好的样本（电泳条带亮度高、清晰、无拖尾）进行等量混合为1个样本，同样方法再混合一个样本，其余的舍弃。鱼油组、氧化鱼油组分别得到2个（n=2）平行样本、共4个混合RNA样本，分别用于RNA测序分析。混合后的RNA提取液轻轻吹打充分混匀后，加入到专用的RNA保存管，真空干燥，一般60μL干燥6～7h，80μL干燥9～10h。干燥样品用于总RNA测序。

采用RNA纳米生物分析芯片和量子比特套件（RNA nano bioanalysis chip and qubit kit）测定（仪器为Agilent 2100）氧化鱼油组和正常鱼油组RNA完整性和浓度，RNA完整性RIN（RNA integrity number）值分别为9.10和8.70。

分别取等量（约2.5μg）的氧化鱼油组和正常鱼油组草鱼肠道黏膜RNA，采用Illumina公司TruSeq的RNA试剂盒制备cDNA文库，PCR循环15次。利用Illumina的HiSeq2000进行文库的聚类和序列分析，配对末端（PE）的读段为50bp。原始测序读段中除去接头序列、序列质量分数小于20、读长序列小于30的短读段后用于基因的从头组装。基因的从头组装使用Brujin图形方式进行装配（CLC Bioversion5.5）。转录组的注释和基因定位是利用UniProtKB/SwissPro和NCBI进行基因top hits（E值为10^{-6}）的BLAST检索。基因的注释采用UniProtKB/SwissProt数据库（Blast2GO version 2.5.1）进行。

依据RNA测序分析结果和基因表达分析结果做差异表达分析和IPA（ingenuity pathways analysis）基因通路分析，在CLC genomics workbench（version5.5）进行基因的差异表达分析，映射参数分别设置为95%，$P < 0.05$。以正常组草鱼结果为对照，灌喂氧化鱼油组基因具有显著差异表达的条件为fold（即$\log_2$ FC）绝对值大于2、读段数大于10。fold绝对值越大表明差异表达越显著，其绝对值大于3可视为具有显著性的差异。依据P值和具有显著差异表达基因数占通路基因总数的比例确认基因通路。

（二）肠道组织切片观察结果

灌喂鱼油和氧化鱼油7d后，草鱼肠道组织学切片观察结果见图4-13。鱼油组肠道绒毛顶端（→指示点）完整，绒毛边缘清晰。氧化鱼油组肠道绒毛顶端已经破裂、黏膜脱落。从绒毛的顶端开始向肠道壁基部的黏膜出现梯次性的破裂、脱落。结果显示，氧化鱼油对草鱼肠道黏膜造成了严重的结构性损伤，这种损伤作用是从绒毛顶端开始的，造成绒毛顶端损伤最为严重。

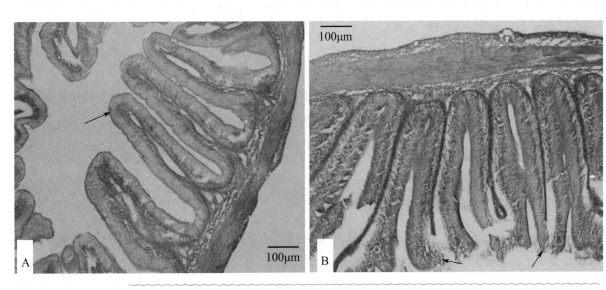

图4-13　氧化鱼油导致草鱼肠道黏膜组织损伤
A—鱼油组，"—→"指示绒毛顶端完整；B—灌喂氧化鱼油组，"—→"指示绒毛顶端破裂

（三）Keap1-Nrf2-ARE通路基因差异表达

依据基因注释结果，结合Keap1-Nrf2-ARE通路基因组成，得到该通路的19个差异表达显著的基因信息，被注释的基因序列与斑马鱼、草鱼等物种同类基因的相似度在68.6%～97.1%。结果见表4-16。

草鱼在灌喂氧化鱼油后，在肠道黏膜中，Keap1-Nrf2-ARE通路上游基因*keap1*（fold为2.87）和*nrf2b*（fold为2.26）都差异表达上调，显示出对下游抗氧化基因通路具有差异表达上调的可能性。

由该通路调控的下游多种抗氧化蛋白的基因和Ⅱ相解毒酶基因的转录结果也显示差异表达，只是不同的基因差异表达程度不同。通过IPA（ingenuity pathways analysis）基因通路分析，其通路基因差异表达"-log（P值）"为5.39，具有显著性差异；组成通路的不同基因差异表达结果显示，Nrf2介导的氧化应激反应通路中有10个基因（基因全名见表4-16）*ho1*、*mgst1*、*dusp14*、*abcc2*、*dnaja4*、*gclc*、*sqstm1*、 *dnajb1*、*abcc4*、*gstω1* 差异表达的 fold 值＞3，差异表达显著性上调，仅有 *aox1* 差异表达显著下调（fold 值＜−3）。

属于 Ⅱ 相解毒酶基因的 NAD（P）H 醌氧化还原酶 1（*NQO1*）（fold 为 −1.20）差异表达下调，过氧化氢酶（fold 为 −1.37）差异表达下调，而三种超氧化物歧化酶（*SOD1* 的 fold 为 2.33、*SOD2* 的 fold 为 1.54、*SOD3* 的 fold 为 1.12）则差异表达上调；溶菌酶（fold 为 −2.41）差异表达下调。

上述结果显示，在灌喂氧化鱼油的急性损伤刺激下，肠道黏膜细胞自我保护机制被激活，产生显著的基因表达应答，主要表现为 Keap1-Nrf2-ARE 抗氧化应激通路基因显著性地差异表达，其中，清除氧化损伤物质如过氧化物基因表达上调，清除受到损伤的细胞组分如蛋白质等通路的下游基因差异表达显著上调，而细胞质中 Ⅱ 相解毒酶基因差异表达下调。这是典型的抗氧化应激生理反应，也表明氧化鱼油对草鱼肠道黏膜的损伤为氧化性损伤。

（四）体蛋白质降解的泛素化通路

通过 IPA（ingenuity pathways analysis）基因通路分析，显示蛋白质泛素化通路基因差异表达，其通路基因差异表达的 "−log（P 值）" 为 10.4，其中有 19 个基因的 fold 值＞3.0 或＜−3.0，达到显著性水平，结果见表 4-17。该通路基因主要有 *psmβ7*、*psmα6b*、*psmβ5*、*psmc4*、*psmb3*、*psmc1*、*psmd1*、*psmc5*、*psmb6*、*psmc2*、*ube2v2*、*usp14*、*uchl1*、*hsp10*、*hsp90αa1*、*psmd6*、*psmα5*、*dnajb1* 共 18 个基因（基因全名见表 4-17）的 fold 值＞3，差异表达显著性地上调；仅有 *psmβ9* 的 fold 值＜−3.0，为差异表达显著性地下调。上述基因序列与斑马鱼等物种相同基因的相似度为 84.7% ～ 99.1%。

上述结果显示，灌喂氧化鱼油后，草鱼肠道黏膜组织中的蛋白质发生损伤性改变，被热休克蛋白（如 Hsp90αa1）、泛素标记（如泛素结合蛋白 P62）、再激活蛋白酶系统（如 26S 蛋白酶体）并被分解，以清除受到损伤的蛋白质，保护细胞的正常结构和功能。这也是黏膜细胞自我保护、对抗氧化鱼油损伤的应答。

（五）体蛋白降解的谷胱甘肽/谷胱甘肽转移酶通路

通过 IPA（ingenuity pathways analysis）基因通路分析，显示谷胱甘肽/谷胱甘肽转移酶（GSH/GSTs）基因差异表达，其通路基因差异表达的 "−log（P 值）" 为 5.53，达到显著差异水平。其中，控制谷胱甘肽生物合成的 *g6pd*、*gclc*、*gclm*、*ggt1*、*gss*、*gsr*、*gst*、*gstω1*、*gstα*、*gstpi*、*gstθ1b*、*mgst1*、*pgd*、*gpx1a* 共 14 个基因的 fold 值＞3.0，差异表达显著性上调，其基因序列与斑马鱼、草鱼、鲢鱼等物种相同基因序列的相似度为 76.9% ～ 96.4%，结果见表 4-18。

上述结果表明，草鱼灌喂氧化鱼油后，肠道黏膜中的谷胱甘肽/谷胱甘肽转移酶系统的蛋白质和酶基因的表达增强，以便及时清除氧化损伤物质，保护细胞的正常结构和功能。

表 4-16　草鱼肠道黏膜 Keap1- Nrf2-ARE 和 NRF2 介导的氧化应激通路

被注释的基因	序列长度	基因的相似度/% 和比对物种	fold 值	酶编号
Kelch-like ECH 相关蛋白 1（*keap1*）	3457	90.5	2.87	
核因子（红细胞源性）样 2b（*nrf2b*）	319	91	2.26	
NAD（P）H 醌氧化还原酶 1（*nqo1*）	376	76.3	−1.20	EC:1.6.2.2；EC:1.6.5.2
谷胱甘肽 S- 转移酶 ω1（*gstω1*）	1709	82.6	464.81	EC:2.5.1.18
过氧化氢酶（*cat*）	1365	97.1 草鱼（*Ctenopharyngodon idella*）	−1.37	EC:1.11.1.6
细胞外超氧化物歧化酶 [铜-锌]（*sod3*）	945	73.2	1.12	

被注释的基因	序列长度	基因的相似度/%和比对物种	fold值	酶编号
超氧化物歧化酶［铜–锌］（sod1）	1147	92.9 草鱼（Ctenopharyngodon idella）	2.33	EC:1.15.1.1
锰-超氧化物歧化酶（sod2）	922	96 鲢鱼（Hypophthalmichthys molitrix）	1.54	EC:1.15.1.1
溶菌酶（lzy）	638	81.6 草鱼（Ctenopharyngodon idella）	−2.41	EC:3.2.1.17
DNAJ同源物亚家族成员4（dnaja4）	1641	87.1	9.88	
泛素结合蛋白P62（sqstm1）	1637	68.6	9.76	
多药耐药相关蛋白4（abcc4、mrp4）	5325	88	7.89	EC:1.1.1.141
醛氧化酶1（aox1）	905	77.5	−4.85	EC:1.1.1.158
多药耐药相关蛋白成员2（abcc2、mrp2）	4986	79.5	3.93	
双特异性磷酸酶14（dusp14）	980	72.8	3.24	EC:3.1.3.48
血红素加氧酶1（ho1）	493	91.7	3.23	EC:1.14.99.3；EC:3.1.4.4
微粒体谷胱甘肽S-转移酶1（mgst1）	2935	86.8	3.22	EC:2.5.1.18
谷氨酸-半胱氨酸连接酶催化亚基（gclc）	3329	93	24.88	EC:6.3.2.2
与DnaJ（hsp40）同源、亚家族B成员1（dnajb1）	1905	86.9	15.24	

注：比对物种除特别注明（括号内）外，其余均为斑马鱼（Danio rerio）。

表4-17 草鱼肠道黏膜蛋白质降解的泛素化通路基因

被注释的基因	序列长度	基因的相似度/%和比对物种	fold值	酶编号
泛素C末端水解酶L1（uchl1）	1083	84.7	9.44	EC:3.4.22.0；EC:3.1.2.15；EC:3.4.19.0
10kDa的热休克蛋白（hsp10）	1320	92	7.08	EC:2.3.1.20；EC:2.3.1.22；EC:2.4.1.101
热休克蛋白HSP90-α-样（hsp90aa1）	1705	97.5	6.96	
蛋白酶体亚基的β型7（psmβ7）	985	94.3	5.48	EC:3.4.25.0
26S蛋白酶体非ATP酶调节亚基3（psmb3）	1586	93.1	4.89	
蛋白酶（prosome，macropain）亚基，β型5（psmβ5）	1383	91	4.54	EC:3.4.25.0
蛋白酶体26S亚基、ATP酶4（psmc4）	1130	98.5	4.17	EC:3.6.1.3
蛋白酶体α-6B亚基（psmα6b）	1268	91.9 斑点叉尾鮰（Ictalurus punctatus）	3.88	EC:3.4.25.0
26S蛋白酶（S4）调节亚基（psmc1）	1509	98.9	3.75	EC:3.6.1.3
26S蛋白酶体非ATP酶调节亚基（psmd1）	2800	97.1	3.71	
26S蛋白酶体调节亚基8（psmc5）	1511	99.0	3.63	EC:3.6.1.3
PSMB6蛋白（psmb6）	839	92.3	3.56	EC:3.4.25.0
26S蛋白酶体调节亚基7（psmc2）	1630	99.0	3.55	EC:3.6.1.3
泛素结合酶E2变种2（ube2v2）	2114	97.2	3.33	EC:6.3.2.0
泛素特异性肽酶14（usp14）	550	96.7	3.24	EC:3.1.2.15
26S蛋白酶体非ATP酶调节亚基6（psmd6）	1411	97.1	3.22	
蛋白酶体亚基α型5（psmα5）	1399	99.1	3.13	EC:3.4.25.0
蛋白酶体β-9b的亚基（psmβ9）	547	92.5	−21.74	EC:3.4.25.0
DNAJ同源物亚家族B成员1（dnajb1）	1835	85.6	15.24	EC:2.7.11.17

注：比对物种除特别注明（括号内）外，其余均为斑马鱼（Danio rerio）。

表4-18　草鱼肠道黏膜谷胱甘肽/谷胱甘肽转移酶通路基因

被注释的基因	序列长度	基因的相似度/%和比对物种	fold值	酶编号
葡萄糖-6-磷酸1-脱氢酶（g6pd）	3360	87.3	30.74	EC:1.1.1.49
谷氨酸-半胱氨酸连接酶催化亚基（gclc）	3329	93.0	24.88	EC:6.3.2.2
谷氨酸-半胱氨酸连接酶调节亚基（gclm）	5482	82.4	8.25	
γ-谷氨酰转移酶1（ggt1）	1877	76.9	3.30	EC:2.3.2.2
谷胱甘肽合成酶（gss）	1895	82.7	7.89	EC:6.3.2.3
谷胱甘肽还原酶（gsr）	2944	87	18.27	EC:1.8.1.7
谷胱甘肽S-转移酶（gst）	683	95.8鲢鱼（Hypophthalmichthys molitrix）	9.37	
谷胱甘肽S-转移酶的ω1（gstω1）	1709	82.6	464.81	EC:2.5.1.18
谷胱甘肽S-转移酶α（gstα）	782	87.6鲢鱼（Hypophthalmichthys molitrix）	9.25	EC:2.5.1.18
pi-谷胱甘肽S-转移酶（gstpi）	851	90.6鲢鱼（Hypophthalmichthys molitrix）	11.96	EC:2.5.1.18
谷胱甘肽S-转移酶θ1B（gstθ1b）	1491	89.9草鱼（Ctenopharyngodon idella）	3.22	EC:2.5.1.18
微粒体谷胱甘肽S-转移酶1（mgst1）	2935	86.8	3.22	EC:2.5.1.18
6-磷酸葡萄糖脱氢酶（pgd）	2057	95.5	6.30	EC:1.1.1.44
谷胱甘肽过氧化物酶（gpx1a）	1006	96.4草鱼（Ctenopharyngodon idella）	3.70	EC:1.11.1.9

注：比对物种除特别注明（括号内）外，其余均为斑马鱼（Danio rerio）。

（六）对本试验结果的分析

本试验是以正常鱼油为对照，在灌喂氧化鱼油7d后，采用RNA测序方法，即利用草鱼肠道黏膜组织的总RNA逆转录为cDNA后，通过核酸序列分析、基因拼接、基因注释而获得转录组基因信息，并与灌喂正常鱼油肠道黏膜的结果对比进行差异表达分析，得到灌喂氧化鱼油试验组肠道黏膜基因的差异表达结果。首先，能够被注释的基因都是已经转录为RNA的基因，即得到转录表达的基因；其次，得到的差异表达结果就是与正常鱼油组对比的差异结果，当fold绝对值＞2时具有较显著性的差异表达，当≥3时达到显著差异水平，如果fold值为正值表示是差异表达上调，负值则为差异表达下调。

① 灌喂氧化鱼油导致草鱼肠道黏膜抗氧化应激基因差异表达上调。鱼油氧化的产物包括过氧化物、游离脂肪酸、丙二醛等物质，对动物具有普遍的毒副作用。Keap1-Nrf 2-ARE通路是细胞内的抗氧化应激代谢通路，其主要生理作用是及时清除来自于外界的或细胞内产生的氧化损伤物质如氧自由基、过氧化物等，是细胞内的广泛性抗氧化代谢途径，保护多种细胞和组织免受氧化损伤，维持机体氧化-抗氧化的生理平衡。

Keap1-Nrf2-ARE通路的反应基本过程为：在正常生理条件下，Nrf2在细胞质中与Keap1结合，形成Nrf 2-Keap1复合体，并处于非活性状态；在受到细胞内、外界自由基或化学物质刺激时，Keap1的构象改变，或者Nrf2经过磷酸化被激活，导致Nrf2与Keap1解离，Nrf2处于活化状态；活化的Nrf2由细胞质进入细胞核，与抗氧化反应元件（ARE）结合，启动下游的Ⅱ相解毒酶、抗氧化蛋白、蛋白酶体/分子伴侣（热休克蛋白-泛素化系统）、GSH/GSTs系统等基因的转录和表达，以抵抗内外界的有害刺激，成为细胞内的抗氧化机制，保护多种细胞和组织，维持机体氧化-抗氧化的生理平衡。ARE是一个特异的DNA启动子结合序列，是Ⅱ相解毒酶和细胞保护蛋白基因表达的上游调节区，Nrf2是这一序列的激活因子。

本试验中，作为NRF2诱导的抗氧化应激通路的主要组成部分，Dnaja4、Dnajb1与底物蛋白质结合防止其聚合。USP14则通过对泛素化链的修剪防止基质的降解。多药耐药相关蛋白Abcc4（Mrp4）、Abcc2（Mrp2）是重要的跨膜转运解毒体系；血红素氧化合酶（*HO-1*）是血红素降解的限速酶，*HO-1*及其酶解产物直接影响抗氧化损伤能力的变化，是机体最重要的内源性保护体系之一。Mgst1、Gclc、Gstω1作为Ⅱ相代谢过程主要物质，清除细胞内的有毒物质和氧化物质，避免对DNA、功能蛋白质的破坏，以维持机体内环境的稳定。这些基因差异表达均显著上调，表明草鱼肠道受到氧化鱼油急性损伤后，使这些基因的表达增强，肠道黏膜细胞产生了强烈的抗氧化应激反应，以便清除鱼油氧化产物，尤其是受到鱼油氧化产物损伤而导致死亡或凋亡的肠道黏膜细胞碎片、损伤蛋白质等，并参与修复细胞的损伤，保护其他细胞免受损伤，是一种典型的抗氧化损伤与修复、保护生理机制。

依赖NAD（P）H醌氧化还原酶1是降解醌、醌亚胺、氮氧化合物的酶，其基因差异表达下调，溶菌酶基因差异表达下调，以及依赖过氧化氢酶清除过氧自由基的基因差异表达下调，而三种超氧化物酶SOD1、SOD2、SOD3清除过氧化物的基因均差异表达上调。这些结果显示，氧化鱼油对草鱼肠道黏膜的损伤不是产生过氧化氢、醌类有毒物质损伤作用类型，从前面的分析结果看，属于自由基为主的氧化损伤、蛋白质直接性损伤的氧化损伤类型。

试验表明，在灌喂氧化鱼油后，作为"Keap1-Nrf2-ARE"信号调控的下游靶向通路，谷胱甘肽/谷胱甘肽转移酶（GSH/GSTs）代谢通路基因、热休克蛋白和蛋白质泛素化通路基因显著性上调，这些结果同时也表明："Keap1-Nrf2-ARE"信号通路在转录水平参与了肠道黏膜细胞对氧化鱼油损伤的应激反应，表明在草鱼肠道中存在Keap1-Nrf2-ARE通路所需要的主要基因，并且在氧化鱼油损伤下被激活。灌喂氧化鱼油对草鱼肠道的损伤作用是以氧化损伤、对细胞蛋白质损伤为主要损伤类型。草鱼肠道在受到氧化损伤后，激活了多个抗氧化应激基因通路以应对氧化性损伤和对蛋白质的损伤作用，使NRF2介导的氧化应激反应信号通路、GSH/GSTs系统、热休克蛋白和蛋白质泛素化通路基因等差异表达显著性上调，以便清除氧化损伤物质、修复氧化损伤细胞，对黏膜组织、细胞进行损伤修复和保护。

② 灌喂氧化鱼油使草鱼肠道黏膜谷胱甘肽/谷胱甘肽转移酶代谢通路基因差异表达上调。GSH/GSTs是动物重要的解毒、抗氧化系统。本试验中，涉及到GSH的合成酶、转移解毒酶或蛋白质的基因，构成了一个完整的GSH/GSTs功能系统，以谷氨酸、半胱氨酸为原料的谷胱甘肽合成途径和谷胱甘肽转移酶通路示意图见图4-14。GSH/GSTs系统的基因差异表达显著，且均是显著上调，成为氧化鱼油对肠道黏膜损伤后被激活的主要抗氧化损伤应激作用系统之一。

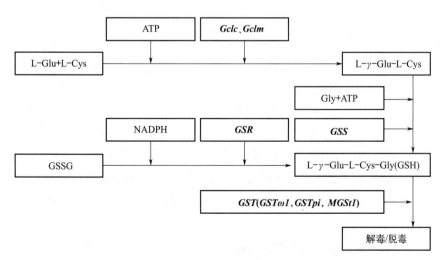

图4-14 GSH/GSTs通路示意图
黑体斜体——催化反应的酶缩写

谷氨酸-半胱氨酸合成酶（GCL）是GSH生物合成的限速酶，由催化亚基（Gclc）和调节亚基（Gclm）组成，其活性影响着GSH合成的速度，如果GCL的活性增高，则可使GSH合成加速，从而提高细胞内外GSH浓度。GSR保持了GSH处于还原状态。本试验中，它们都差异表达显著性上调，表明灌喂氧化鱼油激活了GSH合成速度。

GSH作为体内重要的抗氧化剂和自由基清除剂，一方面，GSH可直接单独作用于许多自由基（如烷自由基、过氧自由基、半醌自由基等），另一方面，作为谷胱甘肽过氧化物酶的底物，发挥清除细胞内过氧化物的作用。GSH能够把机体内有害的物质转化为无害的物质，排泄出体外，减少氧化应激对脂质、DNA及蛋白质造成损伤，因此GSH通常被认为是机体抗氧化能力的一个重要指标。本试验中，GSH生物合成途径控制反应的酶的基因均达到显著性的差异表达上调，GSH生物合成量增加是细胞防御氧化应激损伤、加强自我保护的重要途径之一。表明草鱼肠道在受到氧化鱼油急性损伤后，显著性地刺激了肠道黏膜细胞GSH生物合成的强度，合成了大量的GSH以用于抗氧化应激的需要（图4-14）。

谷胱甘肽转移酶（GSTs）有多个亚类，如GST、GSTω1、GSTα、GSTpi、GSTθ1b、MGSt1等。本试验中，这些亚类谷胱甘肽转移酶的基因均达到差异表达显著性的上调。GSTs的主要功能是催化内源性或外来有害物质的亲电子基团与还原型谷胱甘肽的巯基（——SH）结合，形成更易溶解的、没有毒性的衍生物。例如，GSTω1是细胞内降解生物异源物质的一类酶，能够催化还原型谷胱甘肽上的硫原子亲核攻击底物上的亲电子基团，降低细胞内有毒物质水平。此外，GSTs还可以结合一些亲脂性化合物，甚至还作为过氧化酶和异构酶发挥作用。

上述结果显示，在灌喂氧化鱼油后，草鱼肠道黏膜中的GSH/GSTs被激活，通过清除自由基、过氧化合物等抗氧化应激作用，实现对肠道黏膜的保护。这个结果也显示，氧化鱼油对草鱼肠道黏膜的损伤类型为氧化性损伤作用。

③ 灌喂氧化鱼油使草鱼肠道黏膜热休克蛋白-蛋白质泛素化通路基因差异表达上调。饲料油脂或动物体内脂质（如细胞膜磷脂）氧化后可能产生丙二醛，而丙二醛则通过其醛基（——CHO）与蛋白质肽链中赖氨酸、精氨酸的ε-NH$_2$发生交联反应，形成丙二醛-肽链复合体，导致这类蛋白质变性、失去原有的生理功能，形成对细胞蛋白质的损伤作用。在动物体内，泛素-蛋白酶体途径是细胞内较普遍的一种非依赖溶酶体的内源蛋白降解方式，主要是对损伤蛋白进行识别、标记和酶解，是细胞的一种保护机制。

当细胞蛋白质损伤后，细胞内的保护机制将被激活，如激活热休克蛋白表达并对损伤蛋白质进行标记，或将损伤的蛋白质进行泛素化标记，之后通过蛋白酶体对标记的蛋白质进行降解。这里需要有2个主要过程，首先是要将细胞不再需要的蛋白质或者受到损伤的蛋白质进行识别并进行标记，包括热休克蛋白和蛋白质泛素化来完成这类工作。热休克蛋白主要有Hsp90、Hsp70、Hsp27等，主要作用是提高泛素-蛋白酶体系统的活性，对错误的、损伤的蛋白质进行识别和泛素化标记，而泛素连接酶也可以直接对错误的、损伤的蛋白质进行识别和泛素化标记。之后，依赖蛋白酶体的作用对标记的蛋白质进行降解，所产生的氨基酸再被利用。蛋白酶体的主要作用是降解细胞不需要的或受到损伤的蛋白质，这一作用是通过断裂肽键的化学反应来实现。这种包括泛素化和蛋白酶体降解的整个系统被称为"泛素-蛋白酶体系统"。

本试验中，依据通路分析方法，泛素-蛋白酶体通路的$-\log$（P值）为10.4，差异显著。有19个基因进入该通路，作为对错误或损伤蛋白质的识别，并完成泛素化标记，包括对泛素化调控的生理反应，以热休克蛋白识别和标记为主的Hsp10（fold为7.08）、Hsp90aa1（fold为6.96）两种热休克蛋白得到显著性的差异表达上调；以泛素化识别、标记的 *ube2v2*（fold 为 3.33）、*usp14*（fold 为 3.24）、*dnajb1*（fold 为 15.24）也是差异表达显著性的上调。关于被识别、标记的损伤蛋白质的酶解反应过程中，Psmb3（fold 为 4.89）、Psmβ7（fold 为 5.48）、Psmβ5（fold 为 4.54）、Psmc4（fold 为 4.17）、Psmα6b（fold 为 3.88）、Psmc1（fold 为 3.75）、Psmd1（fold 为 3.71）、Psmc5（fold 为 3.63）、Psmb6（fold 为 3.56）、Psmc2（fold 为 3.55）、Psmd6（fold 为 3.22）、Psmα5（fold 为 3.13）、Uchl1（fold 为 9.44）等蛋白质或酶，是 26S 蛋白酶体的主要构件物质，其主要作用是完成对识别、标记蛋白质的完全降解过程。在草鱼肠道黏膜被氧化鱼油损伤后，均得到差异表达显著性的上调。

这些结果表明，草鱼肠道黏膜在受到氧化鱼油的严重氧化损伤后，产生的大量的损伤细胞或损伤蛋白质，激活了肠道黏膜细胞中热休克蛋白和泛素-蛋白酶体系统，并得到差异表达显著性的上调，以便清除这些损伤或错误的蛋白质，保护肠道黏膜组织和细胞。

因此，总结本试验的研究结果，可以认为：鱼油氧化后，可产生自由基、过氧化物、丙二醛等产物，对动物具有毒副作用。对草鱼灌喂氧化鱼油后，肠道黏膜组织受到显著的氧化性损伤，对肠道黏膜进行转录组分析，结果发现，草鱼肠道黏膜组织中存在着完整的"Keap1-Nrf2-ARE"基因调控通路，并激活了其下游通路 GSH/GSTs 通路基因差异表达显著性上调，促进了 GSH 的生物合成和 GSTs 的抗氧化作用；同时，也激活了"Keap1-Nrf2-ARE"通路下游的泛素-蛋白酶体通路基因差异表达及显著性上调，对损伤的细胞蛋白质经热休克蛋白和泛素标记后被 26S 蛋白酶体水解，及时清除受损伤的蛋白质。这些结果也表明，Keap1-Nrf2-ARE 信号通路在转录水平显著地参与了对氧化鱼油导致的肠道黏膜氧化损伤的应答。依据参与氧化鱼油损伤应答的主要蛋白（酶）基因的差异表达结果，表明氧化鱼油诱导的草鱼肠道黏膜损伤作用类型为以自由基、过氧化物、丙二醛等造成的损伤为主的氧化损伤和蛋白质损伤；而以激活溶酶体的蛋白质降解机制、以清除过氧化氢或醌类有毒物质损伤的解毒作用机制表现不显著。

二、饲料氧化鱼油诱导草鱼肌肉泛素-蛋白酶体途径的蛋白质降解

氧化鱼油可导致草鱼氧化应激，氧化应激可直接作用于蛋白质，导致其错误折叠和失活，泛素-蛋白酶体途径是动物体内的蛋白质降解途径之一，能介导细胞内多余的蛋白质或者异常蛋白质降解。骨骼肌蛋白的降解往往导致肌组织丢失、增重率下降等症状。有研究表明，在感染、创伤等应激情况下，肌蛋白丢失与蛋白质降解途径的激活有关。其中泛素-蛋白酶体途径包括热休克蛋白 90-α（Hsp90αa1）、泛素结合酶（Ube2v2）、蛋白酶体亚基的 β 型 7（Psmβ7）、蛋白酶体 α-6B 亚基（Psmα6b）、26S 蛋白酶体非 ATP 酶调节亚基 6（Psmd6）和泛素 C 末端水解酶 L1（Uchl1）等在草鱼肌肉中的表达活性，其中 Psmβ7、Psmα6b 位于蛋白酶体催化区域，*PSMd6* 位于识别区域。

为了研究饲料氧化鱼油对草鱼肌肉泛素-蛋白酶体途径的影响，设计了两组试验，分为为期 7d 的短期试验和为期 72d 的长期试验，在短期试验中，以豆油、氧化鱼油为饲料脂肪源分别设计豆油组（S）和 6% 氧化鱼油（OF）组等氮、等能半纯化饲料，在池塘网箱养殖平均体重（74.8±1）g 的草鱼 7d。长期试验中则以豆油、氧化鱼油外加鱼油为饲料脂肪源分别设计豆油组（6S）、鱼油组（6F）、2% 氧化鱼油（2OF）、4% 氧化鱼油（4OF）及 6% 氧化鱼油（6OF）5 组等氮、等能半纯化饲料，在池塘网箱养殖平均体重（74.8±1）g 的草鱼 72d。其中两次试验中豆油组和鱼油组为同一批次的相同饲料。

采用荧光定量 PCR（qRT-PCR）的方法，分别测定了在两次试验中草鱼摄食含有氧化鱼油的饲料后，*hsp90αa1*、*ube2v2*、*psmβ7*、*psmα6b*、*psmd6*、*uchl1* 在草鱼肌肉中的表达活性。

（一）试验条件

试验用豆油为"福临门"牌一级大豆油，鱼油来源于广东省良种引进服务公司生产的"高美牌"精炼鱼油，氧化鱼油为鱼油在试验室条件下氧化制备。豆油、鱼油和氧化鱼油过氧化值（POV）和酸价（AV）见表4-19。

表4-19　油脂中POV值、AV值

组别	过氧化值POV/(meq/kg)	酸价AV/(g/kg)
豆油	2.89	0.03
鱼油	57.09	0.80
氧化鱼油	73.40	1.18

注：1meq/kg=0.5mmol/kg。

以酪蛋白和秘鲁蒸汽鱼粉为主要蛋白源，采用等氮、等能方案设计基础饲料，设置了6%豆油组（简称6S组和S）、6%鱼油组（6F）、2%氧化鱼油+4%豆油组（2OF）、4%氧化鱼油+2%豆油组（4OF）、6%氧化鱼油组（6OF和OF）五组等氮等能的试验饲料。饲料配方及成分见表4-20。各组饲料蛋白质含量为29.52%～30.55%，无显著差异，能量为19.943～20.860kJ/g，无显著差异。

表4-20　试验饲料组成及营养水平（干物质基础）

饲料原料	6S（S）	6F	2OF	4OF	6OF
酪蛋白	215	215	215	215	215
蒸汽鱼粉	167	167	167	167	167
磷酸二氢钙Ca$(H_2PO_4)_2 \cdot H_2O$	22	22	22	22	22
豆油	60	0	40	20	0
鱼油	0	60	0	0	0
氧化鱼油	0	0	20	40	60
氯化胆碱	1.5	1.5	1.5	1.5	1.5
预混料[①]	10	10	10	10	10
糊精	110	110	110	110	110
α-淀粉	255	255	255	255	255
微晶纤维素	61	61	61	61	61
羧甲基纤维素	98	98	98	98	98
乙氧基喹啉	0.5	0.5	0.5	0.5	0.5
合计	1000	1000	1000	1000	1000
营养成分[②]					
粗蛋白/%	30.01	29.52	30.55	30.09	30.14
粗脂肪/%	7.08	7.00	7.23	6.83	6.90
能量/(kJ/g)	20.24	20.65	20.65	19.94	20.86
二十碳五烯酸+二十二碳六烯酸/%EPA+DHA	2.82	8.51	4.73	6.62	8.16

① 预混料为每kg饲料提供：Cu 5mg，Fe 180mg，Mn 35mg，Zn 120mg，I 0.65mg，Se 0.5mg，Co 0.07mg，Mg 300mg，K 80mg，维生素A 10mg，维生素B_1 8mg，维生素B_2 8mg，维生素B_6 20mg，维生素B_{12} 0.1mg，维生素C 250mg，泛酸钙20mg，烟酸25mg，维生素D_3 4mg，维生素K_3 6mg，叶酸5mg，肌醇100mg。
② 实测值。

试验用草鱼来源于浙江一星实业股份有限公司养殖基地，为池塘培育的一冬龄鱼种，平均体重为（74.8±1）g。短期试验分为2组，每组设置3个重复（网箱），每个网箱20尾鱼；长期试验的草鱼随机分为5组，每组设3重复，每重复20尾。长期养殖试验在浙江一星试验基地进行，在面积为5×667m²（平均水深1.8m）池塘中设置网箱，网箱规格为1.0m×1.5m×2.0m。每天08:00和15:00定时投喂，投饲率为2%～4%。

短期试验草鱼养殖7d、停食24h后，每网箱随机取三尾、每组共9尾作为基因分析样本试验鱼。长期试验草鱼养殖72d、停食24h后，采集基因样本，且另每网箱随机取3尾试验鱼，剪取侧线以上白肌置于波恩氏液固定，用于组织学切片分析。组织学切片采用石蜡切片方法，苏木精-伊红染色。肌肉基因序列依据试验室转录组测序结果，定量PCR中hsp90αa1、ube2v2、psmβ7、psmα6b、psmd6和uchl1基因及内参基因β-actin所使用的Taqman引物由prime5.0软件设计，引物序列见表4-21。

表4-21　实时荧光定量PCR引物

引物名称	核酸序列
β-actin F	CGTGACATCAAGGAGAAG
β-actin R	GAGTTGAAGGTGGTCTCAT
hsp90αa1 F	GTAGATGCGGTTGGAGTGC
hsp90αa1 R	CTGGTGATCCTGCTGTTCG
ube2v2 F	GCAAAACAGCGAGTCCG
ube2v2 R	CACGCCGCAGAAATACG
psmβ7 F	GTCAACCCCTCCGAGAACT
psmβ7 R	TGGTCGTCGCTGATAAGAAT
psmα6b F	AGGCAAACGCCAGATAAAG
psmα6b R	TTGTGACCAAGGAAAACCC
psmd6 F	CATACGAGGTAAATGTGGAGACG
psmd6 R	CCCGCAACACTGAGAAAGC
uchl1 F	TGATGCGGTTGCTGATGA
uchl1 R	CCCCTTTCTCCCGTTCTG

（二）氧化鱼油对草鱼肌肉组织结构的影响

由图4-15的A～E可知：对照组6S肌肉结构无显著变化；摄食鱼油的6F组肌纤维间隙出现增宽的现象，但肌纤维内部还保持完整；2OF组和4OF组肌纤维萎缩，间隙显著增宽，并发生断裂呈竹节状（见图4-15中箭头所示）；6OF组肌纤维进一步萎缩，间隙进一步增宽，有的出现破碎甚至溶解的现象（见图4-15中箭头所示）。

显微镜下利用图形识别软件统计肌纤维间隙面积占视野总面积的比例，结果见表4-22，随着氧化鱼油添加量的增加，细胞间质面积/细胞横切面积随之显著增加（$P < 0.05$）。

表4-22　氧化鱼油对细胞间质面积/细胞横切面积（A_s/A_c）的影响

组别	细胞间质面积/细胞横切面积（A_s/A_c）
6S	0.34±0.01[a]
6F	0.94±0.1[b]
2OF	1.17±0.05[bc]
4OF	1.2±0.09[bc]
6OF	1.29±0.31[c]

（三）短期氧化鱼油刺激对肌肉组织蛋白泛素系统的影响

分别用6S组和6OF组饲料饲喂草鱼7d后，利用荧光定量PCR技术测定肌肉组织中泛素蛋白系统相关基因在氧化鱼油刺激后的表达活性，结果如图4-16所示。

经饲喂氧化鱼油刺激后，泛素蛋白系统相关基因表达活性均有所上调，其中ube2v2和26S蛋白酶体相关基因表达活性显著上调（$P < 0.05$）。

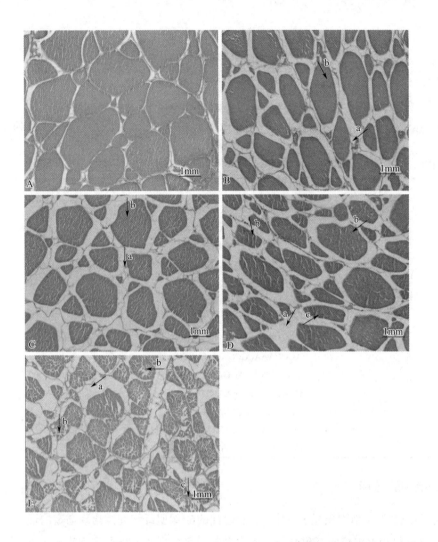

图4-15　氧化鱼油对草鱼肌肉形态、结构的影响

A—6S组肝胰脏细胞排列整齐，大小均一；B—6F组，肌纤维间隙出现增宽的现象（↑a），但肌纤维内部还保持完整（↑b）；C、D—2OF～4OF肌纤维萎缩（↑c），间隙显著增宽（↑a），并发生断裂呈竹节状（↑b）；E—6OF组肌纤维进一步萎缩（↑b），间隙进一步增宽（↑a），有的出现破碎甚至溶解的现象（↑c）

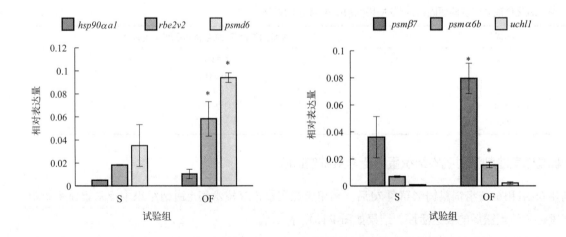

图4-16　短期氧化鱼油刺激对肌肉组织泛素-蛋白酶体途径的影响

（四）不同浓度氧化鱼油对草鱼蛋白泛素系统的影响

用不同浓度的氧化鱼油饲料饲喂草鱼72d后，利用荧光定量PCR技术测定肌肉组织泛素蛋白系统相关基因在氧化鱼油刺激后的表达活性，结果如图4-17所示。

相比6S组，6F组除26S蛋白酶体相关基因表达活性无显著差异外，其余各基因表达活性均显著上调（$P < 0.05$）；2OF组中$psm\beta7$和$uchl1$表达活性显著上调（$P < 0.05$），其余均无显著差异；4OF组中$ube2v2$和$uchl1$表达活性显著上调（$P < 0.05$），其余均无显著差异；6OF组各基因均有下调，其中涉及蛋白酶体20S催化亚基的相关基因显著下调（$P < 0.05$）。

随着氧化鱼油添加量的增加，添加氧化鱼油组中除$ube2v2$外，其余各基因表达活性均随之下调。

（五）试验结果的分析

依据本试验结果，可以从以下几个方面进行分析。

（1）氧化鱼油短期刺激对肌肉泛素-蛋白酶体系统的影响。

当鱼油氧化产物刺激鱼体肌纤维，使其发生应激反应。短期试验发现，经饲料氧化鱼油刺激后，肌肉$hsp90\alpha a1$表达活性上调，这可能是机体通过上调$hsp90\alpha a1$表达活性而加强识别因外界刺激而受损或错误折叠的蛋白质，并辅助其恢复正确构象，亦或者将无法修复的蛋白质转移至泛素-蛋白酶体系统，将其降解。泛素-蛋白酶体途径主要由泛素激活酶、泛素结合酶（$ube2v2$）、泛素蛋白连接酶、26S蛋白酶体和去泛素化酶组成，其中26S蛋白酶体由20S核心颗粒和19S调节颗粒组成。受损蛋白首先共价结合多个或单个泛素，其中$ube2v2$可使泛素之间连接或者通过其末端结构直接识别底物蛋白。经氧化鱼油短期刺激后，肌肉$ube2v2$表达活性显著上调，以增强靶蛋白的泛素化。同时由20S和19S共同构成的26S蛋白酶体，其相关基因均显著上调（$P < 0.05$），以加强蛋白酶体对靶蛋白的降解作用。作为去泛素化酶家族重要成员之一，$uchl1$通过上调表达活性从而维持单体泛素的浓度，促使泛素-蛋白酶体途径能正常运行。以上结果表明在氧化鱼油短期激活下，肌肉中的泛素-蛋白酶体系统会受到影响，且其相关基因均上调以降解因氧化应激而损伤的蛋白质，维持机体正常的代谢。

（2）氧化鱼油长期刺激对肌肉泛素-蛋白酶体系统的影响。

在短期试验的结果上，又进行了为期72d的试验，进一步研究氧化鱼油对草鱼肌肉泛素蛋白途径的影响。研究发现添加鱼油的6F组，$hsp90\alpha a1$、$ube2v2$和$uchl1$表达活性均显著升高，而26S蛋白酶体相关基因均无显著变化，从切片结果也观察到6F组肌纤维发生了一定的萎缩，而其肌纤维内部结构还较完整。这可能是由于6F组所含鱼油其氧化程度较低，对肌蛋白的损伤作用相比于氧化鱼油组较弱。$hsp90\alpha a1$作为分子伴侣可以识别并修复因氧化应激而导致受损的肌蛋白，并将蛋白质转移到相应部位，使细胞内蛋白质恢复原有功能，同时将少量无法修复的肌蛋白转移到泛素-蛋白酶体途径，将其降解。$UCHL1$和其他去泛素化酶一样具有水解酶活性，也存在其他成员没有的连接酶的活性。$uchl1$通过泛素K63的连接形成多聚泛素，而不是通过泛素K48的连接（K48连接多聚泛素，参与UPS途径），K63-泛素的连接形成多聚泛素不参与泛素-蛋白酶体降解途径，而是参与其他信号途径，例如，DNA的修复、细胞内吞作用等生物学功能，并且该功能会抑制泛素-蛋白酶体降解途径。这可能是$ube2v2$和$uchl1$表达活性均显著升高，而26S蛋白酶体相关基因均无显著变化的原因，$uchl1$表达活性均显著升高抑制了UPS蛋白质降解途径，因此最终降解蛋白质的26S蛋白酶体相关基因表达活性并未发生显著的变化。

添加氧化鱼油2OF和4OF组蛋白质降解途径相关基因相比6S均有所上调，从组织切片结果看这两组肌纤维出现萎缩、内部出现竹节状、间隙显著增宽等现象，这均证明肌细胞受到一定的损伤，因此我

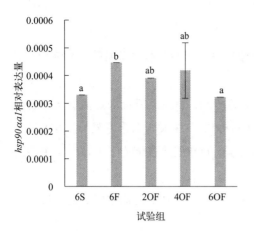
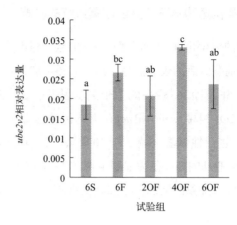
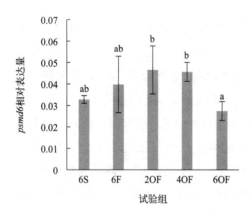
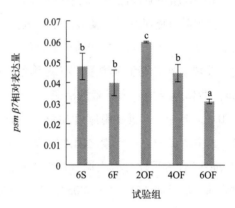
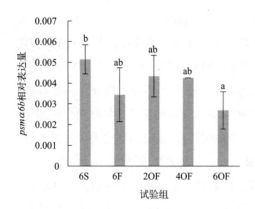
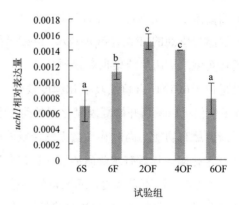

图4-17 长期试验不同浓度氧化鱼油对草鱼蛋白泛素系统的影响

Nutritional Physiology and Feed of Freshwater Fish

淡水鱼类营养生理与饲料

们推测这可能是因氧化鱼油导致肌蛋白受到损伤，刺激泛素-蛋白酶体途径相关基因表达活性上调，加强对损伤蛋白的降解活动。6OF组泛素-蛋白酶体途径相关基因表达活性并未像短期试验出现各基因均上调的结果，甚至在与短期试验使用相同浓度鱼油饲料的6OF组中出现了相反的结果，泛素-蛋白酶体系统相关基因表达活性均出现下调，而切片结果发现肌纤维严重损伤，甚至出现肌纤维溶解的现象。6OF组有害成分相比其他各试验组含量最高，其中丙二醛（MDA）是氧化鱼油主要的终产物之一，常作为鱼油氧化程度的重要指标，一方面MDA致使大量蛋白质变性并蓄积从而使泛素-蛋白酶体系统的功能过载，另一方面MDA致使线粒体和呼吸作用相关酶受损，因此ATP含量减少，这导致依赖ATP泛素-蛋白酶体系统无法正常运行，这可能是导致6OF组泛素-蛋白酶体系统受损而使其相关基因表达活性下调的原因。

试验结果表明，氧化鱼油会导致肌纤维萎缩，间隙增宽，甚至出现肌纤维溶解的现象。过氧化值为73.40meq/kg（1meq/kg=0.5mmol/kg）的氧化鱼油在一吨饲料中添加量低于40kg时，在其承受范围之内，激活泛素-蛋白酶体途径以降解受损蛋白。过氧化值为73.40meq/kg的氧化鱼油在一吨饲料中添加量高于60kg时，在短期内能刺激草鱼肌肉泛素蛋白途径显著上调，以调高蛋白质的降解系统，而长期饲喂会导致肌肉泛素蛋白途径上调，抑制泛素-蛋白酶体途径，积累变形蛋白对机体造成进一步的损伤。

三、饲料丙二醛诱导草鱼肌肉泛素－蛋白酶体途径的蛋白质降解

前面的研究表明，氧化鱼油能诱发鱼体肌纤维排列紊乱、萎缩、降解等现象，而这一现象发生可能是由于油脂氧化产物与肌肉蛋白质发生反应引起的。丙二醛（MDA）是油脂氧化酸败重要的有毒有害产物之一，常常作为油脂氧化程度的一个重要的指标。MDA与蛋白质氨基端结合产生交联作用，修饰蛋白质，进而造成蛋白质结构和功能的改变，且具有降低培养成纤维细胞的增殖能力，抑制细胞周期G2/M期，并进一步诱导其凋亡。

肌纤维萎缩最终归结于体内肌纤维蛋白质合成和降解速度平衡受到破坏，分解速度超过合成速度，肌纤维出现降解、萎缩，机体增重率下降等现象。已知机体蛋白质分解包括以下三种途径，溶酶体途径、钙蛋白酶途径以及泛素-蛋白酶体途径，其中前两种途径仅占机体蛋白质代谢15%～20%，并且几乎不作用于肌纤维蛋白上。当肌纤维发生异常，泛素-蛋白酶体途径能发挥重要作用，活化泛素标记异常蛋白质，并最终将其在蛋白酶体中降解。

为了研究MDA对草鱼肌肉组织结构的影响，探讨MDA导致肌肉蛋白变性、肌肉蛋白分解的过程和原因，选择初始体重（74.8±1.0）g的草鱼，分别投喂基础饲料（6S组）和添加61mg/kg（B1组）、124mg/kg（B2组）、185mg/kg（B3组）丙二醛的试验饲料，在池塘网箱养殖72d后，测定了肌肉蛋白质含量并进行了肌肉组织切片观察结果，通过荧光定量PCR（qRT-PCR）的方法，测定了热休克蛋白90-α（hsp90αa1）、泛素结合酶（ube2v2）、蛋白酶体亚基的β型7（psmβ7）和泛素C末端水解酶L1（uchl1）基因在草鱼肌肉中的表达活性的方法，目的在于揭示草鱼经饲料MDA刺激后，其泛素-蛋白酶体系统相关基因在肌肉中的表达情况以及丙二醛致使肌肉损伤与泛素-蛋白酶体相关基因表达的情况的关系。

（一）试验条件

丙二醛（MDA）的制备原料为1,1,3,3-四乙氧基丙烷（1,1,3,3-tetraethoxypropane）（Sigma-Aldrich公

司产品，浓度≥96%）。制备方法：精确量取1,1,3,3-四乙氧基丙烷31.500mL，用95%乙醇溶解后定容至100mL，搅拌15min，此时每mL溶液相当于丙二醛100mg。丙二醛现配现用，以喷雾方式喷在饲料颗粒表面，待丙二醛被吸收后即刻将含有丙二醛的饲料投喂，不保存。饲料中丙二醛含量的设定是依据本试验室氧化鱼油对草鱼生长、健康的影响试验中氧化鱼油添加量对应的丙二醛含量，依据氧化鱼油、丙二醛对草鱼肠道离体黏膜细胞影响的剂量而设定。

以酪蛋白和秘鲁蒸汽鱼粉为主要蛋白源，豆油（"福临门"牌一级大豆油）为主要脂肪源，采用等氮、等能方案设计基础饲料，设置了豆油组（简称6S组）、添加61mg/kg的丙二醛组（B1）、添加124mg/kg的丙二醛组（B2）、添加185mg/kg的丙二醛组（B3）4组等氮等能的试验饲料。饲料配方及成分见表4-23。

表4-23 基础饲粮组成及营养水平（风干基础）

饲料原料	含量
酪蛋白	215
蒸汽鱼粉	167
磷酸二氢钙 $Ca(H_2PO_4)_2 \cdot H_2O$	22
豆油	60
氯化胆碱	1.5
预混料[①]	10
糊精	110
α-淀粉	255
微晶纤维素	61
羧甲基纤维素	98
乙氧基喹啉	0.5
共计	1000
营养水平[②]	
粗蛋白质/% CP	30.01
粗脂肪/% EE	7.08
能量/(kJ/g)ME	20.24

① 预混料为每kg饲料提供：Cu 5mg，Fe 180mg，Mn 35mg，Zn 120mg，I 0.65mg，Se 0.5mg，Co 0.07mg，Mg 300mg，K 80mg，维生素A 10mg，维生素B_1 8mg，维生素B_2 8mg，维生素B_6 20mg，维生素B_{12} 0.1mg，维生素C 250mg，泛酸钙 20mg，烟酸25mg，维生素D_3 4mg，维生素K_3 6mg，叶酸5mg，肌醇100mg。
② 实测值。

草鱼来源于浙江一星饲料实业股份有限公司养殖基地，为池塘培育的1冬龄鱼种共300尾，平均体重为（74.8±1.0）g。草鱼随机分为4组，每组设3重复，每重复20尾。养殖试验在浙江一星试验基地进行，在面积为5×667m²（平均水深1.8m）池塘中设置网箱，网箱规格为1.0m×1.5m×2.0m。将各组试验草鱼随机分配在4组、12个网箱中。

分别用商品料训化一周后，开始正式投喂。每天08:00和15:00定时投喂，投饲率为2%～4%。每10天依据投饲量估算鱼体增重并调整投喂率，记录每天投饲量。正式试验共养殖72d。

养殖72d、停食24h后，每网箱随机取三尾、每组共9尾作为基因分析样本试验鱼。另每网箱随机取3尾试验鱼，剪取侧线以上白肌部分速置于波恩氏液（Bouin's）固定，用于组织学切片分析。组织学切片采用石蜡切片方法：苏木精-伊红染色，中性树胶封片，光学显微镜下观察肌肉组织结构并采用Nikon COOLPIX4500型相机进行拍照。

（二）丙二醛对肌肉蛋白质含量和肌肉组织结构的影响

饲料添加丙二醛后，肌肉蛋白质含量减少，但并无显著性差异，见表4-24。

表4-24　肌肉蛋白质含量/%

组别	肌肉蛋白质含量
6S	16.92 ± 1.70^a
B1	15.94 ± 0.17^a
B2	15.88 ± 0.58^a
B3	15.93 ± 0.43^a

由图4-18的A～D可知，对照组6S肌肉结构无显著变化；添加丙二醛的B1组肌纤维间隙显著增宽，部分肌纤维内部出现断裂（见图4-18中箭头所示）；B2组肌纤维萎缩，间隙显著增宽，大部分肌纤维发生断裂呈竹节状（见图4-18中箭头所示）；B3组肌纤维进一步萎缩，间隙进一步增宽，肌纤维边缘模糊（见图4-18中箭头所示）。见表4-25，随着丙二醛添加量的增加细胞间面积/细胞横切面积（A_s/A_c）随之显著增加（$P<0.05$）。

表4-25　氧化鱼油对细胞间面积/细胞横切面积（A_s/A_c）的影响

组别	细胞间面积/细胞横切面积（A_s/A_c）
6S	0.34 ± 0.01^a
B1	0.67 ± 0.03^b
B2	0.77 ± 0.09^{bc}
B3	0.99 ± 0.23^c

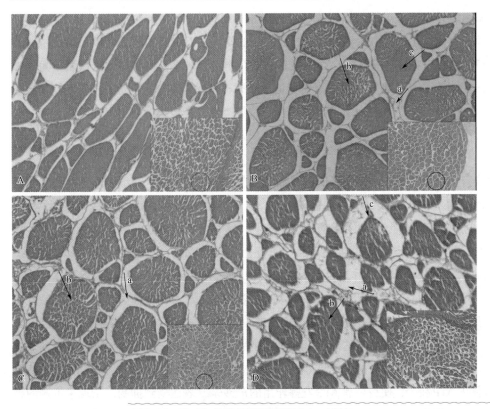

图4-18　丙二醛对肌肉组织结构的影响（×400）

A—6S组肌纤维完整；B—B1组肌纤维间隙显著增宽（↑a），部分肌纤维内部出现网状结构（↑b，↑c）；C—B2组肌纤维萎缩，间隙显著增宽（↑a），大部分肌纤维发生断裂呈竹节状（↑b）；D—B3组肌纤维进一步萎缩，间隙进一步增宽（↑a），肌纤维发生断裂（↑b），肌纤维边缘模糊（↑c）

（三）丙二醛对草鱼肌肉泛素－蛋白酶体途径相关基因表达活性的影响

添加丙二醛后，肌肉$hsp90\alpha a1$表达活性显著上调（$P < 0.05$），同时$ube2v2$、$psm\beta 7$和$uchl1$表达活性均有升高的趋势，但差异不显著（$P > 0.05$）。$ube2v2$和$uchl1$表达活性在B2组达到最大值，而$psm\beta 7$表达活性在B3组达到最大值（见图4-19）。

泛素-蛋白酶体途径相关基因表达活性与饲料油脂MDA含量的相关性。将各组油脂中MDA含量与泛素蛋白途径相关基因$hsp90\alpha a1$、$ube2v2$、$psm\beta 7$和$uchl1$在肌肉中表达活性做Pearson相关性分析，检验双侧显著性，结果见表4-26。

表4-26　泛素－蛋白酶体系统相关基因表达活性与MDA相关性

Pearson 分析结果		$hsp90\alpha a1$	$ube2v2$	$psm\beta 7$	$uchl1$
MDA	$R^{①}$	0.686	0.513	0.511	0.242
	$P^{②}$	0.014	0.088	0.090	0.449

① R相关系数；② P显著性（双侧）水平。

再对显著性$P < 0.05$的因子作回归分析如图4-20所示，$hsp90\alpha a1$表达活性与MDA含量呈二项式的关系（$R^2 = 0.9911$），随着MDA添加量的增加，$hsp90\alpha a1$的表达活性随之上调，并在饲料MDA含量为150mg/kg时，$hsp90\alpha a1$的表达活性达到最大，随后出现下调的趋势（见图4-20）。

（四）对本试验结果的分析

我们用MDA对草鱼肠道黏膜细胞的损伤试验结果显示出与氧化豆油水溶物的试验结果非常类似，显示MDA可能是鱼油、豆油氧化产物中重要的具有损伤作用的物质。丙二醛的醛基可以与肌肉中的赖氨酸、精氨酸的ε-氨基发生交联反应，形成丙二醛-蛋白质复合物。而该复合物将导致蛋白质成为异常蛋白质，将被体内的热休克蛋白等识别，或被泛素化标记。如果不能及时清除，将作为"变性"蛋白进入蛋白泛素化系统被蛋白酶降解。严重的就会导致肌肉蛋白含量降低，在组织形态上出现肌肉萎缩的现象。这可能是氧化油脂导致养殖鱼类肌肉萎缩、鱼体变瘦，以及肠道蛋白、肝胰脏蛋白降解的一条重要途径。

草鱼饲喂添加剂量为61～185mg/kg丙二醛的饲料后，发现丙二醛试验组肌纤维出现不同程度的萎缩以及断裂，且肌肉组织中$hsp90\alpha a1$表达活性均显著上调，这可能是由于丙二醛致使蛋白质发生交联，并与蛋白质产生共价加合物导致肌肉蛋白质受到损伤，诱导标记蛋白损伤的$hsp90\alpha a1$表达活性上调，使新合成的$hsp90\alpha a1$迅速进入胞核中，在转录和翻译两个水平上调热休克蛋白的合成。$hsp90\alpha a1$起到识别受损蛋白质，并辅助其恢复正确构象的作用，若无法修复的蛋白质则转移至泛素-蛋白酶体途径，将其降解，以维持机体的正常代谢。有研究表明$hsp90\alpha a1$对20S蛋白酶体起到保护性的作用，从而减轻对20S蛋白酶体的直接损伤，且$hsp90\alpha a1$发挥作用是依赖于ATP的存在。本试验通过相关性分析发现，随着MDA添加量的增加，肌纤维$hsp90\alpha a1$表达活性呈二项式的关系，当MDA含量为150mg/kg时其表达活性达到最大值，之后出现下降的趋势。这可能是因为当饲料MDA含量超过150mg/kg时，MDA致使肌肉细胞线粒体受损，体内ATP减少，使得依赖ATP发挥作用的$hsp90\alpha a1$表达受到抑制，出现了下调的趋势，同时从切片结果中也发现在MDA含量唯一超过150mg/kg的B3组，相比其他组肌纤维显著萎缩。这表明若MDA浓度超过150mg/kg，可能会导致$hsp90\alpha a1$表达活性出现下调，无法及时修复受损蛋白，且对20S蛋白酶体的保护作用减弱，进而破坏机体的正常代谢。

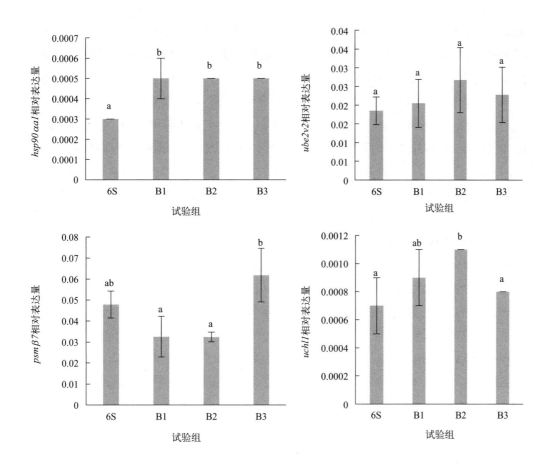

图4-19 不同饲料组中泛素-蛋白酶体系统相关基因的表达量

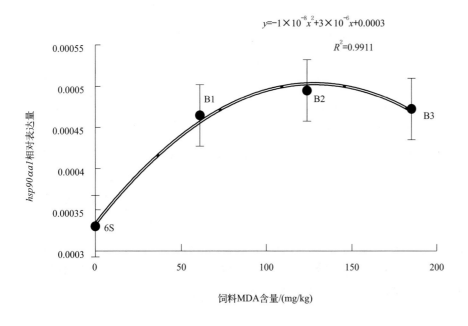

$$y=-1\times10^{-8}x^2+3\times10^{-6}x+0.0003$$

$$R^2=0.9911$$

图4-20 饲料MDA含量与*hsp90αa1*表达量关系

泛素-蛋白酶体途径是降解变性的肌纤维蛋白的重要降解途径，细胞首先将无法修复的变性蛋白作为靶蛋白进行泛素化标记，然后转运至蛋白酶体，降解为短肽，或者去泛素化后蛋白质被回收利用。Ube2v2为泛素结合酶，能够结合泛素形成中间体，并将泛素小分子结合到与泛素连接酶（E3）连接的靶蛋白，但也有部分在不需要E3参与的条件下就可以完成对靶蛋白的泛素化修饰。E2的活性能直接影响靶蛋白的泛素化程度，有人认为细胞凋亡与E2具有紧密相关性，他们利用腺病毒E1A蛋白诱导细胞发生细胞凋亡时，检测到一种20kDa的E2同工酶的活性上升了将近10倍。本试验中添加MDA后肌肉 *UBE2V2* 表达活性出现上调的趋势，这可能是因为组织中存在的MDA与蛋白质结合，且通过与蛋白质氨基酸残基形成的羰-氨交联反应修饰蛋白质，导致功能蛋白质紊乱，致使肌纤维蛋白损伤，其中无法通过Hsp90αa1等分子伴侣修饰的蛋白质通过诱导ube2v2表达活性上调，以加强异常蛋白质的泛素化，为进入20S蛋白酶体降解准备。20S蛋白酶体是由α亚基和β亚基组成，分别发挥识别和催化功能。Psmβ7则是位于蛋白酶体颗粒的催化区域，发挥重要作用。本试验结果显示在B3组*psmβ7*表达活性出现了上调，这可能是因为通过增加其表达活性以增强其催化效率，起到及时清除异常蛋白的作用。泛素-蛋白酶体途径是一个被严格调控的可逆过程，其中去泛素化酶的调节就是一个重要的环节。Uchl1属于泛素羧基末端水解酶家族，可以通过裂解C末端76位甘氨酸，将泛素分子从多肽底物上释放出来，其活性位点上的狭窄裂隙和环状结构直径的限制，在一定程度上起到了特异性识别底物的功能，阻止了它对一些大分子泛素化蛋白的结合和催化。本试验结果显示，丙二醛组uchl1表达活性均有所上调其中B2组显著上调达到了最大值，同时试验发现ube2v2表达活性也在B2组达到最大值，这可能是由于靶蛋白进入了蛋白酶体催化降解后，泛素链则通过去泛素化酶Uchl1的作用，与多肽分解，回收再利用，因此我们发现丙二醛组结合泛素Ube2v2和去泛素化Uchl1表达活性具有相似的趋势，以维持机体内部泛素化的循环利用。从切片结果看，随着丙二醛添加量的增加，肌纤维细胞萎缩、变形、间隙显著增宽，且肌肉蛋白含量也出现了减少的趋势，这可能是由于MDA通过导致蛋白损伤加强泛素-蛋白酶体的降解途径，致使肌纤维损伤、肌肉蛋白质含量较少，同时可能因养殖时间不足肌肉蛋白质含量还未出现显著下降甚至出现"瘦背病"的症状。

因此，在本试验条件下饲喂添加0～165mg/kg MDA的饲料，草鱼肌肉以及泛素-蛋白酶体途径产生了一定的影响。①添加丙二醛后，肌肉蛋白质含量出现减少的趋势，若增加丙二醛浓度或者提高饲养时间可能会使肌肉蛋白质显著减少，甚至出现"瘦背病"等症状。②丙二醛会导致肌纤维损伤，草鱼通过提高泛素-蛋白酶体相关基因的表达活性，增强降解变性肌蛋白，以避免变形肌蛋白大量积压对机体造成实质性的损伤，维持机体细胞的正常代谢。③研究发现在B3组泛素-蛋白酶体系统相关基因均出现下降的趋势，我们推测可能是由于MDA一方面能与蛋白质氨基酸反应而使其变性，变性蛋白积累而导致泛素-蛋白酶体系统受到破坏，并相关基因出现下调；另一方面能够降低线粒体膜电位，抑制线粒体呼吸链复合物Ⅰ、Ⅱ、Ⅴ的活性从而抑制ATP的产生，而导致依赖ATP泛素-蛋白酶体系统基因表达下调。泛素-蛋白酶体系统作为生理保护的一种表现形式，当MDA对蛋白质造成损伤，该系统会被激活及时清除体内异常的蛋白质，避免进一步的伤害，而当MDA含量超过机体自身承受的范围，导致泛素蛋白酶功能过载，功能下降，变性蛋白的积累使得机体受到实质性伤害。我们推测长时间养殖使得肌肉蛋白含量显著降解的结果，并非是通过增强泛素-蛋白酶体系统功能而实现的。

Nutritional

Physiology

and

Feed of

Freshwater

Fish

淡 水 鱼 类

营 养 生 理

与

饲 料

第五章

油脂与淡水鱼类的脂代谢

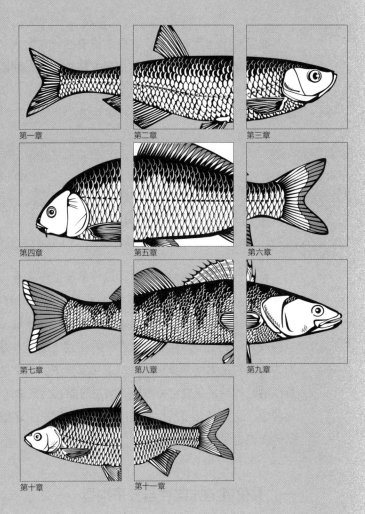

第一章　　　　第二章　　　　第三章

第四章　　　　第五章　　　　第六章

第七章　　　　第八章　　　　第九章

第十章　　　　第十一章

油脂对于水产动物而言，既是重要的营养物质和能量物质来源，其氧化产物也是有毒有害物质的来源。对油脂、脂肪酸的营养作用研究较多，而对油脂氧化产物的研究和认知也是水产动物营养生理的重要内容。本章旨在从油脂的化学组成和结构着手，以认知油脂、脂肪酸的化学性质作为基础，探讨油脂氧化产物对水产动物的危害与预防对策。

第一节
有机分子的构型与构象

有机分子具有结构多样性，这也是在生命起源与进化过程中形成的，如构成蛋白质的氨基酸都是L-型氨基酸，天然存在的单糖都是D-型糖；葡萄糖有α-D-葡萄糖和β-D-葡萄糖；含双键的脂肪酸分子有顺式和反式脂肪酸；肉碱有D-型肉碱和L-型肉碱。这些分子在化学组成是完全相同的，分子量也相同，但构成分子的原子或化学基团在三维空间上的分布是不同的，其物理和化学性质、生物学作用也是有差异的，通常称为同分异构体。对于化学分子，化学结构决定了化学性质、物理性质和生物学作用，例如鱼油的营养特征是含有多不饱和脂肪酸如EPA和DHA，而多不饱和脂肪酸的另一个特性就是容易发生氧化酸败，这是其分子结构特性所决定的。因此，了解有机分子的化学结构基础、掌握有机分子空间构象基础知识也是非常必要的。

一、共价键的方向性与分子构型

分子的构型是由分子中共价键的方向性决定的。分子中两个原子之间通过共用电子对形成的化学键称为共价键，而共价键是有方向性的，共价键的方向性决定了分子的构型，这是有机分子具有不同构型的化学基础。那么，共价键的方向性是什么含义？共价键为什么会有方向性呢？

（一）原子轨道与杂化轨道理论

原子之间形成的化学键其本质就是两个原子共用了各自的核外电子，共价键就是两个原子共用了一对电子。而核外电子的运动轨迹是有方向性的，由此决定了共价键的方向性。

原子轨道（atomic orbital）是以数学函数描述原子中电子波行为，又称为波函数。此波函数可用来计算在原子核外的特定空间中，电子的出现概率，并指出电子在三维空间中的可能位置。"轨道"便是在波函数界定下，电子在原子核外空间出现概率较大的区域。如何理解呢？我们都知道原子是由原子核和核外电子构成的，可以视为原子核是不移动的，而核外的电子是在不停的运动的且运动的速度非常快。一个电子的运动轨迹不是随机、杂乱地运动；如果在一定时期内将一个电子的运动轨迹以"点"来描绘出一个三维图像，可以发现这个电子的"点"会构成一类特定的图像，例如一个"哑铃型"的三维图像，这就是电子的轨道，而这个轨道用数学公式描述就是波函数，原子轨道其本质就是原子的电子的运动轨迹函数或三维空间图形。

我们知道原子核外电子是分层的，其实质是不同层级的电子具有不同的能级，电子层也就是不同电子的能级层。从第一到第七周期的所有元素中，人们共发现4个能级，分别命名为s、p、d、f，分别称为s轨道层、p轨道层、d轨道层、f轨道层。电子轨道数是由电子数量及其能量级决定的，每个轨道都有一组不同的电子数，且最多可容纳两个电子。比如s轨道就只有2个电子，其轨道形状类似于球体；而在p轨道中有3个p轨道（分别为px、py、pz三维方向排布），可以容纳6个电子。在d轨域中有5个d轨道，共可容下10个电子。

自然科学的研究结果发现，在不同层级的电子轨道中，只有最里层的s轨道是球形的，没有方向性，第二层即p轨道层的三个电子轨道，每个轨道为哑铃型，且三个轨道并不是重叠在一起，而是分别在相互垂直的三个方向上（轨道之间形成了夹角），这就出现了轨道的方向性，电子轨道的方向性就决定了由共用电子对组成共价键的方向性。同一个层级中不同电子轨道的夹角决定了电子轨道的方向性。

不同层级的轨道轮廓见图5-1，s轨道是一个球形结构体，没有方向性；p轨道有px、py、pz三个方向，每个轨道的形状是哑铃型；d轨道的形状和方向均有好几种。脂肪酸、蛋白质和多糖主要由碳C、氮N、氧O元素组成，主要包含了s轨道和p轨道。

成键轨道和杂化轨道。在化学键形成过程中，由于原子间的相互影响，原子中几个能量相近的不同类型的原子轨道（即波函数），可以进行线性组合，重新分配能量和确定空间方向，组成数目相等的新原子轨道，这种轨道重新组合的方式称为杂化（hybridization），杂化后形成的新轨道称为杂化轨道（hybrid orbital）。只有最外电子层中的电子参与形成化学键，也就只有外层电子可以进行轨道杂化。

因此，可以这样理解，构成共价键的电子轨道需要发生一定程度的改变，而这种改变是由不同元素的原子特征决定的。原子的电子轨道（成键电子的运动轨迹）在形成化学键之前和成键之后是有差异的。由非成键的轨道转变为成键轨道的过程就是"杂化"的过程，所形成的成键电子轨道称之为"杂化轨道"。杂化轨道与未杂化的轨道在形状发生了改变，键角也发生变化。如图5-2所示的氧O、碳C形成化学键是sp3杂化轨道，由一个s轨道和三个p轨道进行杂化，其原有的s轨道和p轨道混合，p轨道的轨道形态由哑铃型变成了一头大、一头小的异形哑铃型，轨道之间的夹角为109° 28′，空间构型为正四面体。4个异哑铃型的sp3杂化轨道可以与其他原子的轨道形成σ键。

在脂肪酸形成双键的过程中，C原子的成键轨道不是采用sp3杂化，而是进行sp2杂化。sp2杂化是由同一层的1个s轨道与3个p轨道中的2个轨道杂化形成，所形成的3个杂化轨道称sp2杂化轨道。在sp2杂化轨道中，每一个杂化轨道各含有1/3的s成分和2/3的p成分，杂化轨道间的夹角为120°，呈平

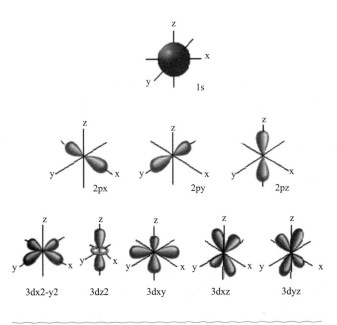

图5-1 s、p、d电子轨道的形状与方向

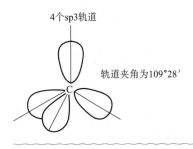

图5-2 sp3杂化轨道（正四面体）

面正三角形。剩余的一个p轨道保持原有的轨道形态，不参与杂化。sp2的3个杂化轨道以120°分别形成3个单键，即3个σ键，而剩余的、未杂化的1个p轨道则以原有的哑铃型轨道形态，在2个C原子之间以肩并肩的方式形成π键，因此，在2个原子的双键中，包含了一个σ键和一个π键，这类双键多在不饱和脂肪酸、烯烃、醛、酮、酯等有机分子中存在。

（二）共价键的方向性

杂化轨道成键时，要满足原子轨道最大重叠原理（maximum overlap principle），即在形成共价键时，原子间总是尽可能的沿着原子轨道最大重叠（本质上是电子云的重叠）的方向成键。成键电子的原子轨道重叠程度越高，电子在两核间出现的概率密度也越大，形成的共价键也越稳固。

在形成共价键时，共用的电子云需要最大限度的重叠才具有较为稳定的化学键，即应满足成键原子轨道最大重叠原理。在符合对称性匹配的条件下、在满足能量相近原则下，原子轨道重叠的程度越大，成键效应越显著，形成的化学键越稳定。每个原子外层电子就是形成化学键的电子，而成键的电子是按照一定的方向不停运动，其运动轨迹形成了电子轨道。例如氧（O）、碳（C）的外层电子是一个s电子轨道与3个p轨道杂化后形成了4个sp3杂化轨道，如图5-2所示。4个杂化轨道两两之间的夹角为109°28′，空间构型为正四面体。可以理解为任何一个原子的外层成键电子轨道都是具有方向性的。因此，当二个原子的外层电子共用形成化学键时，为了满足成键原子的外层电子轨道最大限度的重叠，成键的二个原子的外层电子轨道就需要沿着各自合适的方向进行叠加，才能达到最大程度的有效重叠。这样便决定了共价键的方向性以及共价键的夹角。原子轨道除s轨道呈球形对称，可沿任意方向重叠外，其他p、d、f轨道在空间均有不同的伸展方向。它们的相互重叠或这些轨道与s轨道的重叠便需要取一定的方向，才能满足最大重叠原理，才能形成稳定的化学键。所谓共价键的方向性，是指一个原子与周围原子形成共价键有一定的角度，这是因为原子轨道（p、d、f）有一定的方向性，它和相邻原子的轨道重叠成键满足最大重叠条件。

二、构型与构象

（一）构型、构象

构型（configuration）是指分子中，各原子或基团间特有的、固定的空间排列方式不同而使它呈现出不同三维立体结构。构象（conformation）是指在有机化合物分子中，由C—C（σ键）单键旋转而产生的原子或基团在空间排列的无数特定的状态。

二者的关键性差异在于：构型是由化学键的方向决定的，构型的改变需要改变化学键，可以理解为构型是分子中不同原子或基团的钢性三维分布状态；而构象的改变不需要改变化学键，是分子中不同基团围绕单键旋转所构成的原子或基团的三维空间分布状态。

（二）顺反异构和旋光异构

构型从大类上可以分为顺反异构、旋光异构两种，顺反构型是由于双键或环的存在，双键的π键是两个成键原子外层p轨道以肩并肩的方式形成的共价键，不能自由地旋转，这样π键就构成了一个"面"；在环状分子中，构成的环状结构也形成了一个"面"。由于"面"的存在，与成键原子形成化学键的其他原子或者基团就可能分布在"面"的不同侧面，就形成了顺、反两种构型。

那么，拿什么原子或基团来判定是在"面"的同侧面或是不同侧面呢？一般是选择质量较大的基团或者链状分子的主链原子来判定。例如，在不饱和脂肪酸的双键中含有一个σ键和一个π键，单独的σ成键的两个原子可以围绕σ自由旋转而构成不同的构象，而双键由于π键的存在构成了一个"面"，构成双键两端的原子就不能自由旋转了，这时就以主链碳原子作为判定依据，如果π键两端的碳原子基团在π键同一侧的就是顺式（cis）构型、如果在不同侧面（在π键的两侧）则就是反式（trans）构型，如图5-3所示，为一个顺式、一个反式构型的且共轭的分子构型。因为π键的存在，C_1—C_2、C_3—C_4之间的σ键就不能自由旋转（C_2—C_3之间可以自由旋转），这样π键就构成了一个"面"，邻近的2个C如果在"同一面"就是顺式构型，否则就是反式构型。含有反式构型的脂肪酸又称为反式脂肪酸。

旋光异构是手性分子（chiral molecule）所具有的构型。有机分子中，因为分子结构中含有手性碳原子，能够使平面偏振光向左或向右旋转的物质称为旋光性物质（或光活性物质）。手性分子是指与其镜像不能重合的分子，就如人的左手和右手是不能重合的，但是又具有镜像对称。在氨基酸、糖等有机物中，多数分子结构中含有手性碳原子。手性碳原子（chiral carbon atom）是指一个C原子的四个成键轨道（sp3杂化轨道）分别与四个质量各不相同原子或基团相连接的碳原子，用C*表示。碳原子在形成化学键时是以sp3杂化轨道构成了4个成键轨道，如果4个轨道上连接的原子或原子基团不一样，则这个碳原子就是手性碳原子。以手性碳原子为核心就构成了镜像异构体，具有镜像对称构型，但是二个分子的原子基团不能重合。一个手性碳原子就能构成2个镜像异构体，如图5-4所示为乳酸的一对镜像异构体，乳酸分子C原子的4个成键轨道为sp3杂化轨道，分别连接了H、CH3、OH和COOH，这4个基团的质量是不相等的，所以正四面体中心的C为手性碳原子（C*）。

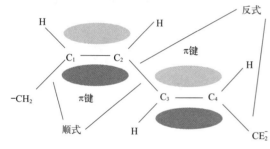

图5-3 共轭的两个双键

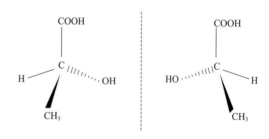

图5-4 乳酸分子的镜像异构体

镜像异构体为什么又称为旋光异构体呢？或者为什么镜像异构体可以产生旋光性呢？

先要理解偏振光（polarized light）。光具有波粒二象性，具有粒子（光子）特性，也具有电磁波的特性。电磁波是横波，振动方向和光波前进方向构成的平面叫做振动面，光的振动面只限于某一固定方向的光叫做平面偏振光或线偏振光。自然光的振动方向是在各个方向振动的，当自然光通过光栅（只允许一个振动方向的光波通过）后，只有与光栅缝隙方向一致的光可以通过，其他振动方向的光被拦截了，这个光就是偏振光。

手性碳原子成键轨道（sp3杂化轨道）连接的4个原子基团是不同的，意味着4个原子基团的质量（原子量）是不同的。可以想象为，当这个手性碳原子构成的分子在空中或水体中自由悬停时，原子量大的，质量大（如乳酸分子中的—COOH），这个原子或基团就会在最下方位置，而最小原子量的原子或基团就会在最上方（如乳酸分子的—H），由于另外2个原子或原子基团质量也是不一样的，其中稍微重一点的就会偏向向下的方向，相对轻一点的就会偏向向上的方向。当有光线进入溶液时，光线只能从分子的缝隙中穿过。当一速偏振光通过这个手性碳原子分子组成的溶液时，就会导致偏振光的振动方向发生改变，即偏离原来的振动方向。假设这个偏振光原来的振动方向是与站立人的站立方向一致（垂直于地平面），当这个偏振光通过手性碳原子物质的溶液后，如果偏振光的振动方向向我们的右手方向偏移，这个含手性碳原子的物质就是右旋体（dextroisonmer），在其分子名称前用（＋）或D表示；反之就是左旋（levoisomer），在其名称前加（－）或L表示；偏离的角度就是旋光度，以角度值表示。这个物质就具有旋光性，其异构体就是旋光异构。因此，旋光性的产生是基于手性碳原子，那么区分手性碳原子的2个镜像异构体的最佳方法是测定其旋光性和比旋光度。例如，D-型肉碱和L-型肉碱可以用比旋光度进行区分和鉴定，这是部分具有旋光异构体的饲料添加剂鉴别的最佳方法。

（三）比旋光度

比旋光度（specific rotation）一般用 $[\alpha]$ 表示，即单位浓度和单位长度下的旋光度，是旋光物质的特征物理常数。旋光性物质的旋光度和旋光方向可用旋光仪进行测定。

由旋光仪直接测得的旋光度，甚至旋光方向，不仅与物质的结构有关，而且与测定的条件有关。因为旋光现象是偏振光透过旋光性物质的分子时所造成的。溶液中旋光物质分子愈多，偏振光旋转的角度愈大。因此，由旋光仪测得的旋光度与被测样品的浓度（如果是溶液），以及盛放样品的管子（旋光管）的长度密切相关。通常，规定旋光管的长度1dm，待测物质溶液的浓度为1g/mL，在此条件下测得的旋光度叫做该物质的比旋光度，用 $[\alpha]$ 表示。相同条件下，比旋光度仅决定于物质的结构，因此，比旋光度是物质特有的物理常数。

在实际工作中，常常可以用不同长度的旋光管和不同的样品浓度测定某物质溶液的旋光度α，并按下式进行换算得出该物质的比旋光度 $[\alpha]$。

$$[\alpha] = \frac{\alpha}{C \times l}$$

式中，C为溶液的浓度，g/mL；l为旋光管长度，dm。

若被测物质是纯液体，则按下式进行换算。

$$[\alpha] = \frac{\alpha}{l \times \rho}$$

式中，ρ为液体的密度，g/mL。

因偏振光的波长和测定时的温度对比旋光度也有影响，故表示比旋光度时，还要把温度及光源的波长标出，将温度写在 $[\alpha]$ 的右上角，波长写在右下角，即 $[\alpha]^t_\lambda$。溶剂对比旋光度也有影响，故也要注明所用溶剂。例如某物质的比旋光度为：$[\alpha]^{20}_D=98.3$（$C=1$，CH_3OH），表明该物质的比旋光度为右旋98.3，测定时的温度为20℃，使用D钠光，溶剂为甲醇，溶液浓度为1%。

三、绝对构型与相对构型

（一）绝对构型

绝对表示手性分子中各个基团在空间的真实排列关系，即绝对的空间关系。一个化合物，当其结构式按规定所表达的立体结构，与该化合物分子的真实的立体结构一致时，这种立体结构的构型即为绝对构型（absolute configuration）。

绝对构型是以手性碳原子所连接的基团在空间不同方向上的排布为特征的构型标记法，即R、S构型标记法。

基本方法是，若手性碳原子连接的四个不同的基团a、b、c、d，可以按照4个基团的原子量、基团质量大小排序，若a＞b＞c＞d，即a的顺序最大，d的顺序最小。再把立体结构式或其透视式中d（顺序最小）的基团，放在离观察者最远的位置，而使a、b、c处在观察者的眼前。然后如图5-5所示，从a开始，按a→b→c连成圆圈，如果a→b→c是按顺时针方向旋转，这种构型就用R（rectus）表示，则为R型；如为逆时针排列，则为S（sinister）型。

以甘油醛为例，含有一个手性碳原子（C*）在第二位碳原子上，因此有一对镜像异构体，如图5-5所示。手性碳原子的4个sp3杂化轨道上分别连接了：—H（原子量1，d）、—OH（原子量17，c）、—CHO（原子量29，b）和—CH$_2$OH（原子量31，a），将原子量最小的—H远离人体，在a→b→c顺序为顺时针方向的为D-型、左旋（+）、R型，其镜像异构体为L-型、右旋（−）、S型。

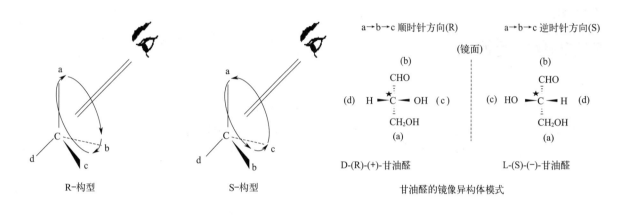

图5-5 R、S构型判定方法和甘油醛的镜像异构体

（二）相对构型（D-构型、L-构型）

相对构型是按照有机分子书写方式Fischer惯例来命名的，按照与参照化合物D-或L-甘油醛的绝对构型的实验化学关联而指认的构型，即D-或L-的命名是以甘油醛为参照标准进行认定的，将其他分子（如氨基酸、单糖Fischer规则的分子结构式）选定手性碳原子中—OH的位置，与D-、L-甘油醛进行比对，如果—OH位置与D-甘油醛一致则为D型，如果与L-甘油醛一致则为L型，所以是相对构型。

为了避免任意指定构型所造成的混乱，用甘油醛为标准来确定对映体的构型。它们的投影式如图5-5所示，认定右旋（+）甘油醛，—OH在手性碳原子的右边被定为D-型；认定左旋（−）甘油醛，—OH在手性碳原子的左边的被定为L-型。

（三）α与β构型

α与β构型主要出现在环状分子中的异构体，如固醇类、糖类物质，这里以葡萄糖为例进行说明。

单糖的结构有链和环状两种，当单糖分子从链式结构转变成环状结构时，分子中增加了一个手性碳原子。增加了一个手性碳原子意味着就会产生一对镜像异构体。这一对镜像异构体在空间的排列方式有2种，分别称为α-式异构体和β-式异构体，如葡萄糖形成环状结构时，有α-葡萄糖和β-葡萄糖两种异构体。以D-葡萄糖为例，规定六元环的Haworth式中C$_1$上的羟基与C$_5$上的—CH2—OH在环的同一边的为β型，不在环同一边的为α型，如图5-6所示。

从α与β葡萄糖的异构体可以很好地理解其生物学作用的差异，α-D-型葡萄糖主要是淀粉类物质的组成单位，是人体、动物可以利用的糖类，而β-D-型葡萄糖主要存在于纤维素中，由于动物缺乏可以水解β糖苷键的酶，导致动物不能直接利用纤维素。纤维素和淀粉的组成单位都是葡萄糖，差异仅仅在于一个是α构型、一个是β构型的二种异构体，导致了自然界淀粉与纤维素的差异，动物对淀粉和纤维素利用的差异性。

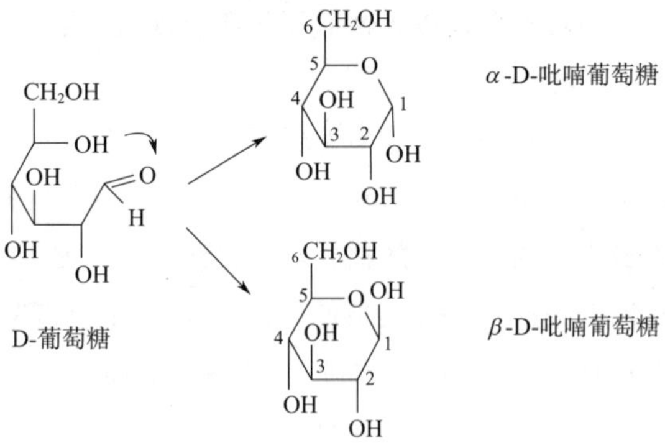

图5-6 D-葡萄糖的环状结构

第二节
油脂的化学基础

脂类物质是依据溶解性，不溶于水的一类以C、H、O元素组成的物质的总称。在水产动物营养与水产动物生物学中，脂类也是一类非常重要的能量物质、结构物质和功能性物质，我们想从生物学作用与化学结构、性质方面认知脂类物质，一是作为营养学的基础认知脂类，二是从水产动物的生物学基础认知脂类物质。

一、脂类的结构特征与生物学作用

（一）对脂类物质的营养学与生理学认知

营养学的任务是通过饲喂饲料满足养殖水产动物的营养需要，这就有了需求端和供给端，理想的目标是供给端（饲料）能够完全地满足需求端（水产动物）的需要，这个目标的实现任务艰巨，需要较长时期的发展历程，精准营养目标的实现还需要发展时间。

首先，在需求端需要什么脂类物质我们并不完全知道。养殖的水产动物需要哪些脂类物质？不同脂类物质之间的比例是什么？对不同脂类物质的需求量是多少？这些问题目前还不能准确地、完整地回答。其结果就导致了在供给端，即饲料端，尽可能多地提供不同脂类物质于饲料中，即让水产动物在饲料获取中处于按需所取的状态，这就有可能导致营养不平衡、部分脂类种类不足、部分脂类种类过量的情况发生。较为不利的情况是，部分脂类物质过量可能对水产动物造成伤害，尤其是对器官组织结构的器质性伤害，这也是营养性疾病发生的主要原因。

在不能完全了解水产动物对脂类的营养需求的情况下，分析水产动物机体中脂类物质的组成，并依据机体脂类组成作为饲料中应该供给的脂类种类的依据，这也是动物营养学的一个基本规则。从水产动物脂质化学组成的分析结果看，在脂类种类上与其他陆生动物有较多的共性，但也有一定的特殊性，主要表现在：①水产动物，尤其是海水鱼类，在其体脂组成中，高不饱和脂肪酸如EPA、DHA的含量较高，这可能与其环境水体的温度较低，要保持细胞膜等生物膜在低温下的流动性是相关的。②海水鱼类、虾蟹等含有较多的蜡酯成分。蜡是脂肪酸与高级醇化合形成的酯类物质，蜡酯在鱼类中分布较为广泛，如皱鳃鲨的肝油、短吻丝鲹的肝油、抹香鲸的体油脂和脑油，以及狭鳕、日本鲭、无须鳕、鲻等的卵巢、浮游生物、虾类微小幼体、异鳞蛇鲭、棘鳞蛇鲭（体脂含量20%左右，其中90%为蜡酯）、海鲂（体脂含量4%、其中76%为蜡酯）、棘鲷（体脂含量8%、其中97%为蜡酯）等的机体油脂中都含有较多蜡酯成分。重要的是，一些鱼类、甲壳类动物将蜡酯作为储存脂质。例如，在海洋的中层和深层，生物密度稀薄、生物饵料的供给不稳定，这种环境中的桡足类、南极磷虾、糠虾类、十足类等甲壳动物和矢虫类、乌贼等生物体组织中存在大量的脂和蜡酯。而生活在饵料供给充足的温带、热带表层、淡水水域的动物、浮游生物几乎不含有蜡酯，这是营养学需要关注的问题。一些昆虫如黑水虻、蝇蛆、黄粉虫的脂类中含有较多的蜡酯，如果将这类昆虫粉作为饲料原料，是否可以满足部分水产动物对饲料中蜡酯的需求？这是值得重视的一个营养学和饲料学问题。③海水动物含有较多的奇数碳原子的脂肪酸，且这些奇数碳原子的脂肪酸主要存在于蜡酯中，包括C15：0、C17：0、C17：1、C19：1等脂肪酸。④海水鱼类含有较高含量的角鲨烯。角鲨烯是一类高不饱和的烃类化合物，为一类不皂化物。角鲨烯在普通动物中也存在，含量较低，但在鲨鱼的肝油中角鲨烯含量达到80%以上。目前关于角鲨烯的营养作用研究尚显不足。

其次，在供给端，所有的营养素几乎都需要由饲料原料中的营养素来满足，而不是完全依赖单一种类的营养素的组合来满足需要，这就必然导致营养素不平衡的客观性。同时，饲料物质还需要经历粉碎、称量配合、混合、加水加热调质、挤压制粒、烘干和冷却、包装与存储等过程，这些过程中，饲料中营养素不仅仅发生物理性变化，也有化学变化，化学变化的结果会产生新的物质、改变原有物质的组成和比例等等。因此，从供给端理解，营养素的供给也存在很大的不确定性、单一营养素的非定量性、营养素物质的转化与改变等情况。

再者，饲料物质进入水产动物体内之后，还要经历摄食与水体中溶失、消化与吸收、转运、器官组织细胞再吸收与转运、代谢分解与合成、物质转化、能量代谢消耗等过程，这也是一个非常复杂的生理过程。

因此，对于饲料物质，包括脂类物质的营养作用与生理作用的认知还需要细致、系统的研究工作，饲料物质要转化为水产动物体组成物质，要转化为能量物质，要作为生理活性物质发挥作用，涉及的生理过程和不确定因素实在太多，要方方面面完全掌握和了解几乎是一项难以完成的任务。但是，在复杂的局面下如何把问题简单化处理，抓住问题的主要矛盾、抓住关键的生理与代谢节点进行营养学研究和饲料技术的研究，则是必须的，这也是不同的研究者具有不同视角、不同的研究或技术切入点的客观性和必要性。

下面，从脂类物质的生物学作用与化学结构特征进行分析。

（二）储存脂质

水产动物中很大比例的脂类物质是作为能量存储物质留存于体内，主要在肠系膜、腹部脂肪块以及肌肉组织和器官组织中储存。

（1）脂类是能量效率最高的能量物质

在自然界，依赖植物、藻类等的光合作用，将太阳光的能量转化为化学能量，是主要的能量获取方式。动物则主要依赖于植物原料作为食物，将化学能在不同生物体之间进行转移，单一个体则依赖生理代谢将化学能在不同物质之间进行转移。而脂类是所有物质中含能量最高的物质，是生物体组成物质、存储物质中能量效率最大的物质。水产动物机体中含有较多的脂类物质，其中多数也是以能量存储作为目标。

从三大类能量物质的产能效率分析，糖类17.50kJ/g、蛋白质23.64kJ/g、脂肪39.54kJ/g，每克脂肪的产能量为蛋白质的1.67倍、糖类2.26倍。从元素产能效率看，C和H的产能效率高，尤其是H。C氧化成CO_2释放的能量为33.81kJ/g，H氧化成H_2O释放的能量为144.3kJ/g，H是C的4.27倍。物质含H越多、产能效率越高。脂肪平均含77%的C、12%的H、11%的O，蛋白质平均含52%的C、7%的H、22%的O，糖类含44%的C、6%的H、50%的O，所以，脂肪含能量最高。在动物机体内，能量的产生主要在细胞的线粒体中进行，H和电子通过线粒体中的呼吸链将能量传递给ADP、GDP等，通过高能磷酸键将能量存储在ATP、GTP等分子中。

（2）动物机体存储的脂类

动物体内作为能量物质存储的脂类物质主要为三酰甘油和蜡，三酰甘油又名甘油三酯，在生物体中磷脂主要作为结构脂类。

动物机体中的能量脂质是存储在细胞中的，血液、组织液中的脂类物质是脂类运输的存在方式。细胞中的三酰甘油主要以"油滴"的形式存在于普通细胞如肌肉细胞、肝细胞中，而脊椎动物的脂肪细胞成为存储脂肪的专业化细胞，主要分布在皮肤下、肠细胞和腹部脂肪块（板油）。

在生命体长期的进化过程中，自然选择促使动物形成了一套完整的能量存储和利用的方式。由于脂肪存储能量的效率高，同等质量的脂肪存储的能量较糖类和蛋白质要高很多，如果需要同等量的能量，存储的脂肪的质量就显著少于糖类和蛋白质，占据生物体组织中的空间也小很多。但由于脂肪是疏水性的，而糖如葡萄糖是亲水性的，要完全分解并产生能量的速度则是葡萄糖显著快于脂肪，当出现急需能量的时候则优先利用葡萄糖等糖类作为能量，如果需要长时间地供给能量则还是依赖于脂肪。

植物种子如大豆、油菜籽，以三酰甘油为主要能量物质，以脂滴的形式存在于细胞中，作为种子萌发所需要的能量和一些前体物质的来源。动物体内作为能量物质存储的主要为三酰甘油，也是动物越冬、抗低温的重要物质。养殖动物在经历了夏季高温期快速生长之后，在由高温期转向低温期的季节转换过程中，会启动动物体内的代谢机制，将其他物质转化为脂肪，并将食物脂肪直接沉积，导致体内积累更多的脂肪物质作为能量物质，这些物质能够抗低温（保暖），为越冬做好物质和能量储备。这个在一些冬眠动物如熊、企鹅、海象、海豹中尤其突出，而水产养殖动物也基本保留了这种生理代谢特性，具有秋季"育肥"的营养代谢特征。

蜡是海洋浮游生物的主要存储能量物质。蜡是高分子一元醇与长链脂肪酸形成的酯质，蜡的凝固点都比较高，在38～90℃之间，为不溶于水的固体。蜡的生物功能是作为生物体对外界环境的保护层，也是无脊椎动物身体的支持结构物质（没有骨架系统作为身体支持结构），主要存在于皮肤、毛皮、羽毛、植物叶片、果实以及许多昆虫的外骨骼及其表面。如蜂蜡的主要组分是长链一元醇（C26—C36）的棕榈酸酯，羊毛蜡是很复杂的混合物，含有蜡酯、醇和脂肪酸。纯化后称为羊毛脂，是羊毛固醇的脂肪酸酯。

蜡依据来源不同，可以分为植物蜡、矿物蜡、石油蜡、合成蜡。石蜡是石油加工产品的一种，是矿物蜡的一种，也是石油蜡的一种。石蜡是碳原子数为18～30的烃类混合物，主要组分为直链烷烃（为80%～95%），还有少量带个别支链的烷烃和带长侧链的单环环烷烃（两者总含量20%以下）。石蜡是从原油蒸馏所得的润滑油馏分经溶剂精制、溶剂脱蜡或经蜡冷冻结晶、压榨脱蜡制得蜡膏，再经脱油，制得的片状或针状结晶。植物蜡多存在于叶、果实、茎和枝的表面，称为蜡被。蜡被在许多种类植物叶片的表面通常都有（单子叶植物蜡质层更多、更厚），其化学成分为高级脂肪酸及高级一元醇的脂类化合物，为高分子量的热塑性固体，此结构具有防止叶片中水分过多地蒸发及微生物侵袭叶肉细胞的功能。

水产动物体内的蜡属于蜡酯，为高级醇（多碳链数的醇）与脂肪酸形成的酯，在鲨鱼的肝油、鳕鱼的肝油、鲸的体油和肝油中含量较多，其次是在卵巢等器官组织中。海洋浮游生物、虾类幼体中蜡酯的含量也很高，是主要的能量物质。在一些海洋鱼类和甲壳动物中也以蜡酯作为能量存储物质，例如在海洋的中层和深层水域生活的海洋生物，如桡虫类、南极磷虾类、糠虾类、十足类等甲壳动物和矢虫类、乌贼等生物体组织中存在大量的蜡和蜡酯。在这些动物种类中三酰甘油含量低，蜡酯成为主要的存储物质。如异鳞蛇鲭和棘鳞蛇鲭肌肉中含有20%的脂质，其中90%是蜡酯。海鲂含有4%的脂质，其中76%为蜡酯，棘鲷含有8%的脂质，其中97%为蜡酯。海水鱼油中的蜡酯成分及其对水产动物的营养作用也是值得重视的营养学和饲料学问题。

（三）结构脂质

脂类的另一个重要生物学作用是作为结构脂质（structural lipid），较为典型的是生物膜的组成物质。生物膜包括了细胞膜、内质网膜、细胞器的膜，在水溶性的环境中依赖生物膜作为分区的结构，构成了细胞，在细胞内构成了细胞器及其微环境区域，这是生命体的显著特征。

生命体是一个非常复杂的体系，而细胞作为基本组成单位，是生命体的结构基础和功能基础。在细胞内，不同的细胞器、细胞基质发挥不同的生理作用。在分区的物理性结构基础上，依赖神经分泌物质、激素、酶作为代谢的调控物质，将非常繁杂的生理代谢反应进行了有序化的组织，使生命体系成为高度有序化的体系。

构成生物膜的脂质包括了磷脂、固醇类、糖脂和蛋白脂，其显著的结构特征是使脂质成为可以在水相和脂相共存的界面分子，既有极性的分子端，也有非极性的分子端，即"两性分子"结构特征。因此，生物膜中的脂类物质一般以醇羟基、含氮生物碱、磷酸基、糖等极性基团作为亲水基团，而脂肪酸的烃链作为疏水基团。

在结构脂质中还有一类神经细胞的特殊脂质，这类脂质组成了神经细胞的髓鞘（myelin sheath），即包围有鞘神经纤维轴索的管状外膜，由髓磷脂构成，又称髓磷脂鞘。髓磷脂（myelin）是神经元外侧的脂质，包裹在某些神经元的轴突外，具有绝缘作用并提高神经冲动的传导速度，并有保护轴突的作用。

（四）生理活性脂质

脂质中有较多具有生理活性的脂质（active lipid），虽然在数量上不如能量存储和结构脂质多，但种类较多、生理活性较强。这类脂质中最为典型的是固醇类物质、萜类物质，它们都是异戊二烯的衍生物。例如类固醇激素中的雄激素、雌激素和肾上腺皮质激素等，作为激素发挥对生长和生理代谢的调控作用。萜类物质如维生素A、维生素D、维生素E、维生素K与光合色素，也是重要的生理活性物质，或者作为酶蛋白的辅酶发挥作用，或者参与电子或H在线粒体呼吸链中的传递体发挥作用。磷脂酰肌醇及其衍生物是细胞内第二信使的存储库，发挥信号传递作用。类二十碳烷如前列腺素也是生理活性脂质。

活性脂质是应该受到重视的一类脂质，在营养学上也只能通过饲料原料脂质来进行补充，为什么海洋生物性原料具有特殊营养作用也是值得思考的问题。昆虫含有较多的蜡酯，昆虫饲料原料是否也具有特殊的营养作用？

丁酸在生物体内的主要功能是提供能量，是一种能够快速分化的能量源，主要是影响结肠的上皮细胞的发育，维持肠道的功能，并促进肠道黏膜干细胞增殖。己酸、辛酸和癸酸这三种脂肪酸相互作用具有抗肿瘤和病毒的功能。人食用过多的月桂酸与肉豆蔻酸，会造成人体血清中的胆固醇含量增加，会造成血栓等疾病。

二、脂肪酸及其性质

（一）脂肪酸分子的多样性

脂肪酸和甘油是三酰甘油的基本构成单位，甘油上三个羟基分别与三个脂肪酸以酯键连接。构成三酰甘油的三个脂肪酸是三酰甘油分子多样性的主要原因。在三个羟基上连接的脂肪酸可以完全相同，可以其中两个相同，也可以是三个脂肪酸分子完全不同。可以有两个或三个不同的脂肪酸分子，或分别在甘油酯分子中三个羟基的位置不同。这是三酰甘油分子多样性的基础。

为什么说豆油，即使是精炼豆油也不是由一种三酰甘油组成的？在油脂的质量标准中，一般规定了油脂的熔点、碘价、皂化值的范围值，而不是一个单一绝对数值。且质量标准中的脂肪酸组成也不是一二种脂肪酸，而是多种或十几种脂肪酸。鱼油质量标准中的脂肪酸种类更多，多的达到20种左右。豆油、菜籽油、猪油、鱼油等是依据其来源分类的三酰甘油，其中含有多种脂肪酸、是由多种脂肪酸构成的多种甘油酯。因此，三酰甘油也具有分子多态性，就如蛋白质是由20种氨基酸构成的，但有若干种类的蛋白质一样。油脂其实是不同三酰甘油的混合物，所以油脂的物理性质中有同质多晶的现象，所以油脂的熔点、碘价等是一个范围值。

脂肪酸分子的多样性又是如何形成的？差异在什么地方？我们总结了生物体内脂肪酸分子多样性的结构基础，脂肪酸分子的差异主要体现在以下七个方面：

（1）碳原子数量

构成脂肪酸分子的碳原子数目，最小的是甲酸，二碳的是乙酸，四碳的是丁酸，十八碳的为硬脂酸等。构成三酰甘油的脂肪酸多数为偶数碳原子的脂肪酸，尤其是在植物、陆生动物体的脂肪酸基本都是偶数碳原子的脂肪酸，奇数碳原子的脂肪酸主要存在于水产动物，尤其是海洋动物中。

（2）是否含有不饱和键

是否含有不饱和键是脂肪酸类型的主要差异。含有不饱和键的脂肪酸称为不饱和脂肪酸，不含不饱和键的脂肪酸则称为饱和脂肪酸。不饱和键包括了双键、三键。细菌中脂肪酸多数为饱和脂肪酸，含有一个不饱和键的不饱和脂肪酸就很稀少。部分植物如棕榈油中含有大量的饱和脂肪酸，反刍动物如牛油、羊油中饱和脂肪酸含量高，饱和脂肪酸含量高的油脂熔点高，常温下多数呈固态。植物油脂中不饱和脂肪酸含量高，油的熔点低，常温下多数呈液态。海水鱼类，尤其深海鱼类油脂中含有多不饱和脂肪酸，其油脂熔点更低，可以在较低的温度下，甚至0℃以下还能保持油脂的流动性，尤其是构成细胞膜的脂肪酸中，高不饱和脂肪酸含量高，细胞膜的流动性好，可以抵御低温的应激性伤害，同时在低温下也能保持细胞的活性。

（3）不饱和键的数量

含有一个或多个不饱和键（主要为双键）的脂肪酸为不饱和脂肪酸，而不同的不饱和脂肪酸可以含有一个（单不饱和脂肪酸）、二个或多个不饱和键（多不饱和脂肪酸）。含有不饱和键的数量也是脂肪酸分子多样化的基础之一。海水鱼油中如EPA、DHA分别含有五个和六个不饱和键，称为多不饱和脂肪酸。

（4）不饱和键的位置

即使都是含有不饱和键的不饱和脂肪酸，除了不饱和键的数量差异外，不饱和键在脂肪酸烃链上的位置也有差异，如$\omega3$、$\omega6$系列的不饱和脂肪酸，脂肪酸分子烃链的一端为甲基（—CH_3），另一端为羧基（—COOH），$\omega3$是指在脂肪酸分子中距离甲基（甲基碳原子又称为ω碳原子）的第三位碳原子上是双键，$\omega6$是指在脂肪酸分子中距离甲基的第六位碳原子上是双键。这类命名法则与脂肪酸的系统命名法则是不同的。

在脂肪酸分子的系统命名法则中，是从羧基碳原子开始编号的（功能基团的编号最小化原则），其表示方法是"C碳原子数：双键数Δ（delta）右上标数字（双键位置）+c（顺式cis）或t（反式trans）"，如亚油酸为：$18:2\Delta^{9c,12c}$为顺，顺-9,12-十八烯酸，即18碳、9位和12位顺式的不饱和键的脂肪酸。然而，如果按照ω法则，距离甲基的最近的是第6位碳原子（从羧基端开始为12位碳原子）有双键，为$\omega6$脂肪酸。

因此，如果一个脂肪酸结构式是用ω表示的就是采用了从脂肪酸甲基端开始编号双键位置的规则，如果是用Δ表示的，就是系统命名的规则。

ω法则主要针对不饱和脂肪酸，从甲基（CH_3—）开始对双键位置进行编号，即离甲基最近（距离羧基最远）的双键进行编号，如果距离甲基的第3位碳原子出现双键，就为$\omega3$，如果是第六位则为$\omega6$。为什么在系统命名规则上还要增加一个ω命名或分类的法则？主要原因是在脂肪酸合成过程中，以乙酰辅酶A为原料，每次增加2个碳原子单位，且是从甲基端开始向羧基端延伸脂肪酸链的，一旦从甲基端形成了双键，这个双键在后续脂肪酸链延长过程中就不会再变化了，是固定的了。同时，按照这个分类后，发现人体、动物对不饱和脂肪酸的营养需要主要为$\omega3$和$\omega6$系列的不饱和脂肪酸。$\omega6$系列脂肪酸主要有亚油酸、γ-亚麻酸（GLA）、花生四烯酸（ARA）等，$\omega3$系列脂肪酸主要有α-亚麻酸（ALA）、EPA、DHA等。花椒籽中含α-亚麻酸多，亚麻籽、月见草籽中含γ-亚麻酸多。α-亚麻酸是EPA和DHA的前体，在体内α-亚麻酸经脱氢与碳链延长，生成一系列代谢产物，其中重要的产物是前列腺素、EPA和DHA。γ-亚麻酸在体内能够被代谢形成二高-γ-亚麻酸或花生四烯酸，进而转化为前列腺素和白三烯。亚麻酸是细胞膜脂的主要脂肪酸之一。

（5）支链或其他基团

在细菌脂质和植物脂质的脂肪酸分子中，可能含有羟基、甲基、环丙烯基等构成稀有脂肪酸。在植物中环式脂肪酸是一种含有三个碳原子组成的环状结构的稀有脂肪酸，包括了饱和的环丙烷脂肪酸和不饱和的环丙烯脂肪酸，环丙烷和环丙烯脂肪酸的环式结构具有独特的物理化学性质和高化学活性。

环式脂肪酸主要存在于部分植物（如梧桐、锦葵、棉籽）中，也发现这些脂肪酸有抗真菌和抑制癌细胞的作用。植物中的环式脂肪酸又被分为饱和的环丙烷脂肪酸如二氢苹婆酸（dihydrosterculic acid，DHS）和二氢锦葵酸（dihydromalvalic acid，DHM）与单不饱和的环丙烯脂肪酸如苹婆酸（sterculic acid，STC）和锦葵酸（malvalic acid，MLV），苹婆酸与锦葵酸之间的区别在碳链长度上，苹婆酸为19碳，锦葵酸为18碳，这些脂肪酸的结构式见图5-7。还有一种是含有羟基的单不饱和的环丙烯脂肪酸二羟基苹婆酸（2-hydroxy sterculic acid，2-OH STC）。

在荔枝和龙眼种子的油脂中，环丙烷脂肪酸DHS是主要的环式脂肪酸，分别约占总脂肪酸的35%、48%。而在绝大多数含有环式脂肪酸的植物中，环丙烯脂肪酸都是主要的环式脂肪酸成分，而环丙烷脂肪酸的含量都很低。

棉籽饼（粕）中含有1%～2%的两种环丙烯类脂肪酸（cyclopropene fatty acid），即苹婆酸（sterculic acid）和锦葵酸（malvalic acid），它可以加重棉酚引起的鸡蛋蛋黄变褐、变硬，并使鸡蛋蛋白呈粉红色。苹婆酸的毒力大于锦葵酸。环丙烯脂肪酸改变动物脂质、蛋白质和糖代谢。环丙烯脂肪酸会造成动物生理紊乱及肉质变硬的现象，主要是由于环丙烯脂肪酸是多种动物体内脂肪酸脱氢酶的强抑制剂。

在细菌的膜脂上主要有三种环式脂肪酸：顺式-9,10-亚甲基软脂酸（cis-9,10-methylene palmitic acid）、顺式-11,12-亚甲基硬脂酸（cis-11,12-methylene octadecanoic acid）和顺式-9,10-亚甲基硬脂酸（cis-9,10-methylene octadecanoic acid）。

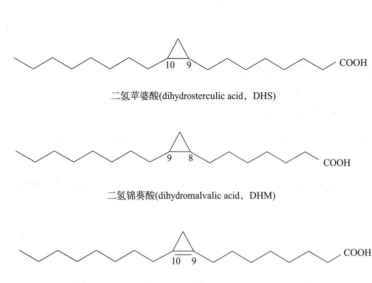

二氢苹婆酸(dihydrosterculic acid，DHS)

二氢锦葵酸(dihydromalvalic acid，DHM)

苹婆酸(sterculic acid，STC)

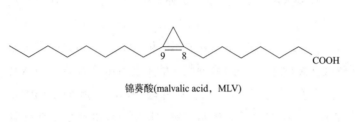

锦葵酸(malvalic acid，MLV)

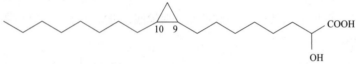

2-羟基苹婆酸(2-hydroxy sterculic acid，2-OH STC)

图5-7 植物油中存在的几种环式脂肪酸

(6) 共轭与非共轭双键脂肪酸

在有机化合物分子结构中，单键与双键之间由一个单键隔开的情况称为共轭双键（conjugated double bonds），以C═C—C═C表示。共轭双键体系即双键和单键交替的分子结构产生共轭效应，这类共轭双键较孤立双键更稳定，能量较小。

具有共轭双键的化合物易发生加成、聚合、狄尔斯-阿德耳双烯合成反应。不仅能发生普通的烯烃加成（1,2-加成），还能发生特殊的1,4-加成反应。例如1,3-丁二烯与溴反应，不仅能得到1,2-加成的产物，还能得到溴原子添加在1,4位置上中间形成新的双键的1,4-加成产物，即1,4-二溴-2-丁烯。

共轭双键倾向于具有更活跃的化学反应性（即更容易被氧化）。天然存在的脂肪酸分子共轭双键一般很少，只是在个别脂肪酸中出现，如乌柏酸（2,4-癸二烯酸）和α-桐油酸。

α-桐油酸C18:3Δ^{9c,11t,13t}

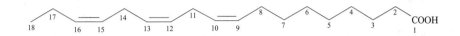

α-亚麻酸C18:3Δ^{9c,12c,15c}

α-桐油酸与α-亚麻酸可以视为同分异构体，但α-桐油酸含有共轭双键，α-亚麻酸不含共轭双键。两种脂肪酸在结构和性质上也有很大的差异，这可以理解即使是脂肪酸分子，也有结构多样性，导致其化学和物理性质的多样性，这也是生命的特性。

天然存在的脂肪酸分子共轭双键较少，非共轭双键较多。多数不饱和脂肪酸有一个双键在C9和C10之间，即Δ^9。在多不饱和脂肪酸分子中，一般也有一个Δ^{9}双键，其余的双键在Δ^{9}与甲基之间，如Δ^{12}、Δ^{15}。分子中双键的排列一般为二个双键之间间隔了一个亚甲基（—CH$_2$—），这是非共轭双键体系。

（7）顺式与反式脂肪酸

在不饱和脂肪酸结构，因为双键中π键的存在，使得脂肪酸分子具有顺式或反式两种构型。顺式脂肪酸与反式脂肪酸最大不同是在烃链的构型上，即顺式脂肪酸分子结构中的烃链会形成约30°的角度，而反式脂肪酸没有这个角度。因此，在构成细胞膜的磷脂分子中，如果含有一个顺式脂肪酸分子，这个脂肪酸的烃链就会有30°的角度，使得磷脂分子的脂肪酸烃链不容易形成晶体（液晶），在一定程度上也维持了细胞膜的流动性。相反，如果磷脂分子中的脂肪酸均为反式脂肪酸，则其中的脂肪酸烃链容易有序排列，形成晶体的概率显著增加，会导致细胞膜的流动性显著降低。

（二）天然脂肪酸种类及其特性

常见的天然脂肪酸种类及其分子特征见表5-1，可以发现有以下共性特征。

（1）碳原子为偶数

天然脂肪酸的生物合成起始原料为乙酰辅酶A，每次碳链的延长都是加上一个乙酰基（CH$_3$CH$_2$—），因此最终合成的脂肪酸基本都是偶数碳原子的。奇数碳原子的脂肪酸在海洋生物中有，但在陆地动植物中极少含有。多数脂肪酸的原子数在12～24，低于14碳的脂肪酸主要在乳脂中出现。

（2）天然脂肪酸多数为顺式结构

动物机体中，脂肪酸的双键几乎总是顺式几何构型，这使不饱和脂肪酸的烃链有约30°的弯曲，干扰它们堆积时有效地填满空间，结果降低了范德瓦耳斯相互反应力，使脂肪酸的熔点随其不饱和度增加而降低。脂质的流动性随其脂肪酸成分的不饱和度相应增加，这个现象对生物膜的性质有重要影响。饱和脂肪酸是非常柔韧的分子，理论上围绕每个C—C键都能相对自由地旋转，因而其三维空间构象范围很广。但是，其充分伸展的构象具有分子势能最小原则，也最稳定；因为这种构象在毗邻的亚甲基间的位阻最小。和大多数物质一样，饱和脂肪酸的熔点随分子量的增加而增加。天然存在的反式脂肪酸较少，主要有乌桕酸、α-桐油酸和反式异油酸。

表5-1 常见脂肪酸种类及其化学结构

通俗名	系统名	简写符号	结构式	ω位点	熔点/℃	存在
饱和脂肪酸						
酪酸	ω-丁酸	4:0	$CH_3(CH_2)_2COOH$	—	-7	牛乳脂
羊油酸	ω-己酸	6:0	$CH_3(CH_2)_4COOH$	—	-3.4	奶油、椰子油、棕榈油
羊脂酸	ω-辛酸	8:0	$CH_3(CH_2)_6COOH$	—	16.5	奶油、椰子油、棕榈油
羊蜡酸	ω-癸酸	10:0	$CH_3(CH_2)_8COOH$	—	31.6	奶油、棕榈油、抹香鲸脑油
月桂酸	ω-十二酸	12:0	$CH_3(CH_2)_{10}COOH$	—	44.2	可可油
肉豆蔻酸	ω-十四酸	14:0	$CH_3(CH_2)_{12}COOH$	—	53.9	肉豆蔻油,乳脂
棕榈酸（软脂酸）	ω-十六烷酸	16:0	$CH_3(CH_2)_{14}COOH$	—	63.1	动、植物油脂
硬脂酸	ω-十八烷酸	18:0	$CH_3(CH_2)_{16}COOH$	—	69.6	动、植物油脂
二羟基硬脂酸	ω-9,10-二羟硬脂酸	18:0(9,10-OH)	$CH_3(CH_2)_7—CHOH—CHOH—(CH_2)_7COOH$	—	92	蓖麻油
花生酸	ω-二十酸	20:0	$CH_3(CH_2)_{18}COOH$	—	76.5	花生油
山嵛酸	ω-二十二酸	22:0	$CH_3(CH_2)_{20}COOH$	—	81.5	山嵛油
木蜡酸	ω-二十四酸	24:0	$CH_3(CH_2)_{22}COOH$	—	84	海红豆籽油、花生油
蜡酸（蜂酸）	ω-二十六酸	26:0	$CH_3(CH_2)_{24}COOH$	—	88.5	蜂蜡、植物蜡如亚麻蜡
褐煤酸	ω-二十八酸	28:0	$CH_3(CH_2)_{26}COOH$	—	93~94	蜂蜡、巴西棕榈蜡、竹蜡
单不饱和脂肪酸（单烯酸）						
肉豆蔻油酸	十四碳-9-烯酸（顺）	$14:1\Delta^{9c}$	$CH_3(CH_2)_3CH=CH(CH_2)_7COOH$	$\omega5$	-4.5	*Pycnanthus kombo* 种子油
棕榈油酸	十六碳-9-烯酸	$16:1\Delta^{9c}$	$CH_3(CH_2)_5CH=CH(CH_2)_7COOH$	$\omega7$	-0.5	乳脂、海藻
油酸	十八碳-9-烯酸	$18:1\Delta^{9c}$	$CH_3(CH_2)_7CH=CH(CH_2)_7COOH$	$\omega9$	13.4	橄榄油等,分布广
顺式异油酸	十八碳-11-烯酸（顺）	$18:1\Delta^{11c}$	$CH_3(CH_2)_5CH=CH(CH_2)_9COOH$	$\omega7$	14.4	乳酸杆菌 *L.arabinosus*
反式异油酸	十八碳-11-烯酸（反）	$18:1\Delta^{11t}$	$CH_3(CH_2)_5CH=CH(CH_2)_9COOH$	$\omega7$	43.5	牛及其他动物脂肪
蓖麻油酸	十八碳-12-羟基-9-烯酸（顺）	$18:1\Delta^{9c}(12—OH)$	$CH_3(CH_2)_5CHOHCH_2CH=CH(CH_2)_7COOH$	$\omega9$	—	蓖麻油
鳕油酸	二十碳-9-烯酸（顺）	$20:1\Delta^{9c}$	$CH_3(CH_2)_9CH=CH(CH_2)_7COOH$	$\omega11$	23	鱼油
贡多酸	二十碳-11-烯酸（顺）	$20:1\Delta^{11c}$	$CH_3(CH_2)_7CH=CH(CH_2)_9COOH$	$\omega9$	23	巨头鲸鱼酸,十字花科种子油
芥子酸	二十二-13-烯酸（顺）	$22:1\Delta^{13c}$	$CH_3(CH_2)_7CH=CH(CH_2)_{11}COOH$	$\omega9$	33	十字花科种子油,菜籽油
神经酸或鲨油酸	二十四碳-15-烯酸（顺）	$24:1\Delta^{15c}$	$CH_3(CH_2)_7CH=CH(CH_2)_{13}COOH$	$\omega9$	42	神经组织,鱼肝油
多不饱和脂肪酸						
乌桕酸	十碳-2,4-二烯酸（反,顺）	$10:2\Delta^{2t,4c}$	$CH_3(CH_2)_4CH=CH—CH=CHCOOH$	$\omega6$	—	乌桕油
亚油酸	十八碳-9,12-二烯酸（顺,顺）	$18:2\Delta^{9c,12c}$	$CH_3(CH_2)_4(CH=CHCH_2)_2(CH_2)_6COOH$	$\omega6$	-5	大豆油,亚麻籽油等

通俗名	系统名	简写符号	结构式	ω位点	熔点/℃	存在
α-亚麻酸	十八碳-9,12,15-三烯酸（全顺）	18:3 $\Delta^{6c,\ 9c,\ 12c}$	$CH_3(CH=CHCH_2)_3(CH_2)_6COOH$	$\omega3$	-11	亚麻籽油、花椒籽油
γ-亚麻酸	十八碳-6,9,12-三烯酸（全顺）	18:3 $\Delta^{9c,\ 12c,\ 15c}$	$CH_3(CH_2)_4(CH=CHCH_2)_3(CH_2)_3COOH$	$\omega6$	-14.4	月见草种子油
α-桐油酸	十八碳-9,11,13-三烯酸（顺，反，反）	18:3 $\Delta^{9c,\ 11t,\ 13t}$	$CH_3(CH_2)_3(CH=CH)_2CH=CH(CH_2)_7COOH$	$\omega5$	49	桐油、苦瓜籽油
花生四烯酸	二十碳-5,8,11,14-四烯酸（全顺）	20:4 $\Delta^{5c,\ 8c,\ 11c,\ 14c}$	$CH_3(CH_2)_4(CH=CHCH_2)_4(CH_2)_2COOH$	$\omega6$	-49	脑磷脂、卵磷脂
EPA	二十碳-5,8,11,14,17-五烯酸（全顺）	20:5 $\Delta^{5c,\ 8c,\ 11c,\ 14c,\ 17c}$	$CH_3CH_2(CH=CHCH_2)_5(CH_2)_2COOH$	$\omega3$	-54	鱼油、动物磷脂
DHA	二十二碳-4,7,10,13,16,19-六烯酸（全顺）	22:6 $\Delta^{4c,\ 7c,\ 10c,\ 13c,\ 16c,\ 19c}$	$CH_3CH_2(CH=CHCH_2)_6(CH_2)_2COOH$	$\omega3$	-45.5	鱼油、动物磷脂

（3）脂肪酸碳原子数越多，熔点越高

脂肪酸的熔点与碳原子数具有直接的关系，表现为碳原子数越多熔点越高。以饱和脂肪酸为例，将脂肪酸的熔点与碳原子数的关系作图，见图5-8。

饱和脂肪酸的熔点（y）与碳原子数（x）成正相关关系，可以得到回归方程：$y=-0.1539x^2+9.2086x-46.095$，$R^2=0.9936$。熔点高于室温的时候，在室温下将成固态形式，如18碳硬脂酸盐做出的肥皂在常温下是固体状态的。

三酰甘油是由脂肪酸组成的，脂肪酸熔点与三酰甘油的熔点也是正相关的。脂肪酸的不饱和度越高，熔点越低。脂肪酸含不饱和键数量越多，其熔点下降越大，熔点温度值与不饱和键数成反比例关系。以18碳脂肪酸为例，见表5-2。

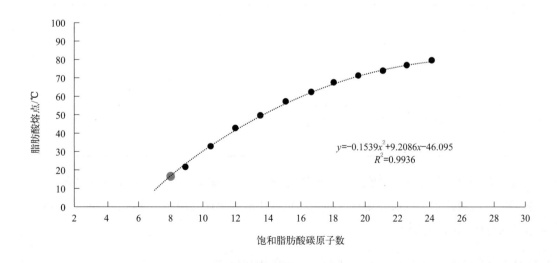

$$y=-0.1539x^2+9.2086x-46.095$$
$$R^2=0.9936$$

图5-8 饱和脂肪酸熔点与碳原子数的关系

表5-2　18碳脂肪酸的熔点与不饱和度的关系

通俗名	系统名	简写符号	熔点/℃
硬脂酸	ω-十八烷酸	18：0	69.6
油酸	十八碳-9-烯酸	$18:1\Delta^{9c}$	13.4
顺式异油酸	十八碳-11-烯酸（顺）	$18:1\Delta^{11c}$	14.4
亚油酸	十八碳-9,12-二烯酸（顺，顺）	$18:2\Delta^{9c,\ 12c}$	-5
α-亚麻酸	十八碳-9,12,15-三烯酸（全顺）	$18:3\Delta^{6c,\ 9c,\ 12c}$	-11
γ-亚麻酸	十八碳-6,9,12-三烯酸（全顺）	$18:3\Delta^{9c,\ 12c,\ 15c}$	-14.4

18碳饱和脂肪酸的熔点为69.6℃，18碳一烯酸的熔点为13.4～14.4℃，18碳二烯酸的熔点为-5℃，18碳三烯酸的熔点为-14.4～-11℃。

按照脂肪酸不饱和度与熔点的关系，含有不饱和脂肪酸越多的三酰甘油的熔点越低，在常温下多数呈液态，而含饱和脂肪酸越多的油脂，其熔点较高，常温下一般呈固态，如羊油、牛油、棕榈油等。再如EPA和DHA，虽然碳原子数分别为20碳和22碳，应该有较高的熔点；但由于分别含有5个和6个不饱和键，其熔点分别为-54℃和-45.5℃，这也是鱼油熔点很低的主要原因。

（4）反式脂肪酸（trans fatty acid，TFA）的熔点高于顺式脂肪酸

反式双键的键角小于顺式异构体，其烃链波浪形结构空间上为直线形的刚性结构，这些结构上的特点使其具有与顺式脂肪酸不同的性质，具有更高的熔点和更好的热力学稳定性，性质更接近饱和脂肪酸。

相同碳原子数、相同饱和度条件下，反式脂肪酸的熔点高于顺式脂肪酸，见表5-3。顺式异油酸的熔点为14.4℃，而反式异油酸的熔点为43.5℃。α-亚麻酸和γ-亚麻酸只是双键的位置不同，其熔点分别为-11℃和-14.1℃，差异不大；而含有2个反式双键的α-桐油酸的熔点为49℃。这主要是因为顺式脂肪酸在双键位置脂肪酸链有约30°的弯曲，而反式脂肪酸则没有，脂肪酸分子可以排列得更为整齐，更容易形成液晶状态，导致脂肪酸的熔点显著增加。

表5-3　18碳顺式和反式脂肪酸的熔点

通俗名	系统名	简写符号	熔点/℃
顺式异油酸	十八碳-11-烯酸（顺）	$18:1\Delta^{11c}$	14.4
反式异油酸	十八碳-11-烯酸（反）	$18:1\Delta^{11t}$	43.5
α-亚麻酸	十八碳-9,12,15-三烯酸（全顺）	$18:3\Delta^{6c,\ 9c,\ 12c}$	-11
γ-亚麻酸	十八碳-6,9,12-三烯酸（全顺）	$18:3\Delta^{9c,\ 12c,\ 15c}$	-14.4
α-桐油酸	十八碳-9,11,13-三烯酸（顺，反，反）	$18:3\Delta^{9c,\ 11t,\ 13t}$	49

在人体、陆地动物以及水产动物基本都是顺式脂肪酸的情况下，如果食物或饲料中有反式脂肪酸，则可能导致脂肪酸、三酰甘油物理性质如熔点的显著变化，会出现生理代谢和生物膜结构的显著性变化，反式脂肪酸就成为有害的脂肪酸了。

（三）脂肪酸的分子结构会影响到三酰甘油、磷脂的三维结构和性质

三酰甘油是甘油的三个羟基以酯键连接三个脂肪酸，磷脂则是甘油的二个羟基以酯键连接二个脂肪

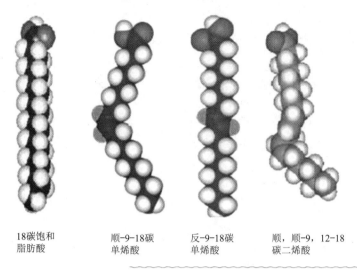

| 18碳饱和脂肪酸 | 顺-9-18碳单烯酸 | 反-9-18碳单烯酸 | 顺，顺-9，12-18碳二烯酸 |

图5-9 18碳脂肪酸的顺反构型模式图

酸，组成三酰甘油和磷脂的脂肪酸分子结构对三酰甘油和磷脂的三维结构和性质有直接的影响，而磷脂又是生物膜的主要构成成分，因此，脂肪酸的分子结构如是否含有不饱和键、含不饱和键的数量、顺式或反式双键等将影响到生物膜的性质，如流动性、通透性等。

关于顺式和反式脂肪酸，是因为烃链中含有双键，且双键中含有一个不能自由旋转的π键所产生的异构体。由于π键的存在，如果与双键上2个碳原子结合的2个烷基在π键碳链的同侧、空间构象呈30°的弯曲状，则称为顺式不饱和脂肪酸，这也是自然界绝大多数不饱和脂肪酸的存在形式。反之，如果与双键上2个碳原子结合的2个烷基分别在π键碳链的不同侧，空间构象呈线性，则称为反式不饱和脂肪酸。

图5-9显示了同为18碳的烷酸、顺式单不饱和脂肪酸、反式单不饱和脂肪酸和顺顺二烯酸的三维结构示意图。

图5-9中较为形象地显示了同为18碳的4种构型脂肪酸的三维空间结构。饱和的烷酸可以形成直线形的刚性结构，若干同类脂肪酸分子可以排列得更为规则、紧密，容易形成晶体（液晶）状结构；如果构成生物膜的磷脂全是这类脂肪酸，那么生物膜的刚性很强，容易形成液晶状态，会使生物膜的流动性下降。为同分异构体的顺式和反式脂肪酸的三维空间结构差异很大，其中反式结构的与烷酸几乎类似，可以具有较高的熔点，排列可以更为紧密，而顺式的则出现一个30°的拐点，若干相同的脂肪酸排列就不如烷酸和反式脂肪酸那样紧密，如果构成生物膜的磷脂含有这种顺式脂肪酸，则可以使生物膜具有一定的流动性和通透性。含有二个不饱和键的顺式脂肪酸三维结构较含有一个顺式双键的脂肪酸具有更大的拐点角度。

（四）类二十碳烷脂类

类二十碳烷或类二十烷酸是由20碳的多不饱和脂肪酸转化而来的一类功能性脂质（图5-10），主要包括了含20碳的信号分子物质，如前列腺素、白三烯、凝血噁烷。在人体和动物组织中可以合成这些物质，合成的前体物质主要有花生四烯酸、亚麻酸、EPA等。

前列腺素（prostaglandin，PGs）是一类有生理活性的不饱和脂肪酸，广泛分布于身体各组织和体液中。前列腺素（PGs）的基本结构是前列腺烷酸。天然的前列腺素含有20个碳羧酸、羟基脂肪酸，其化学结构与命名均根据前列烷酸分子而衍生。前列腺素与特异的受体结合后在介导细胞增殖、分化、凋

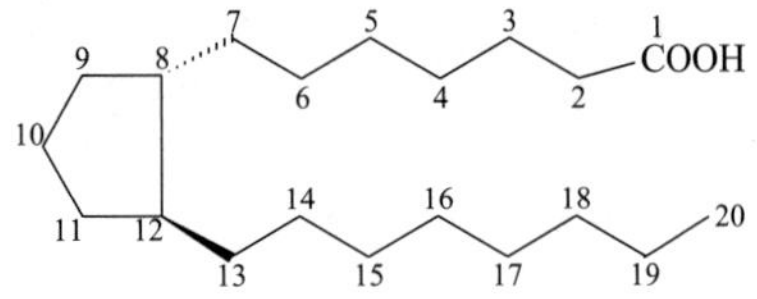

前列腺烷酸

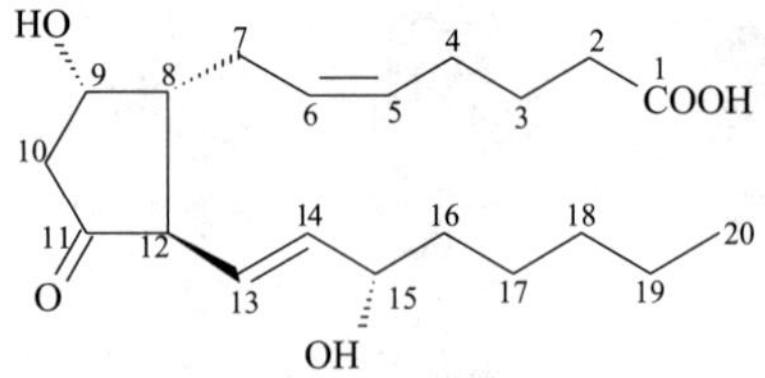

PGD_2

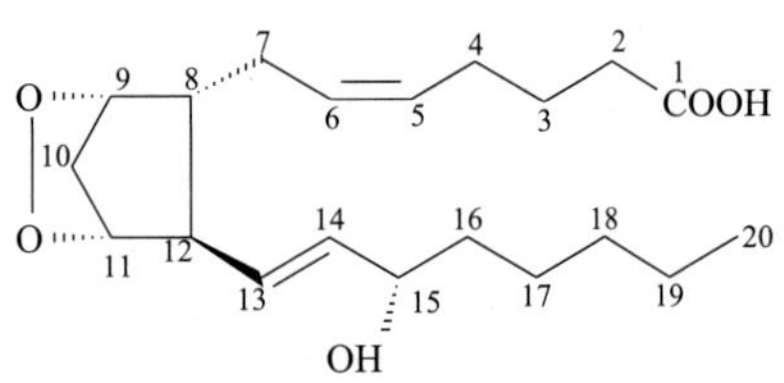

PGH_2

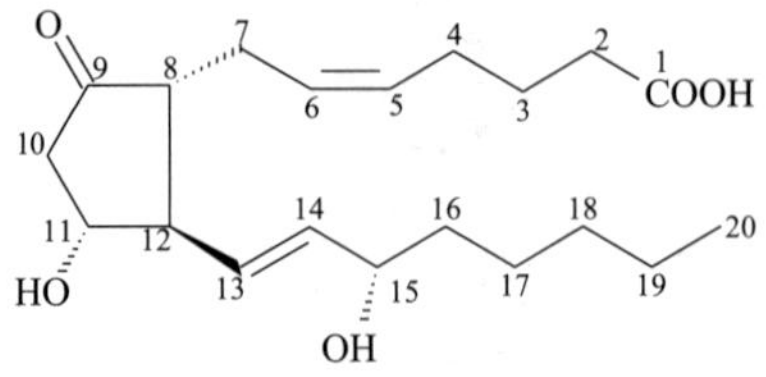

PGE_2

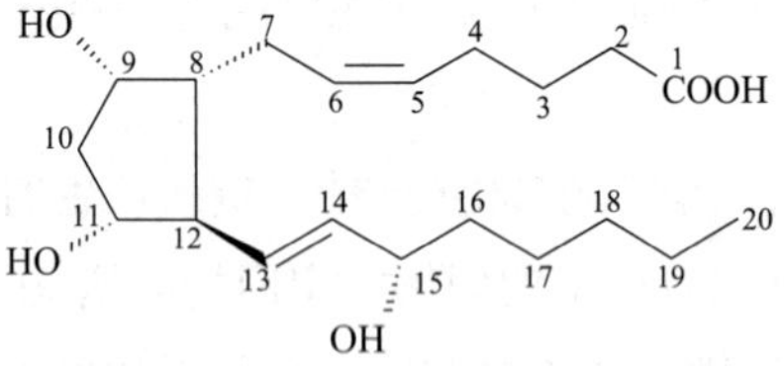

PGF_2α

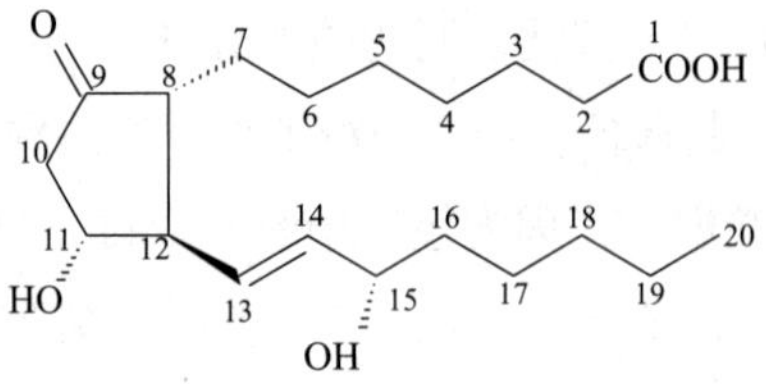

PGE_1

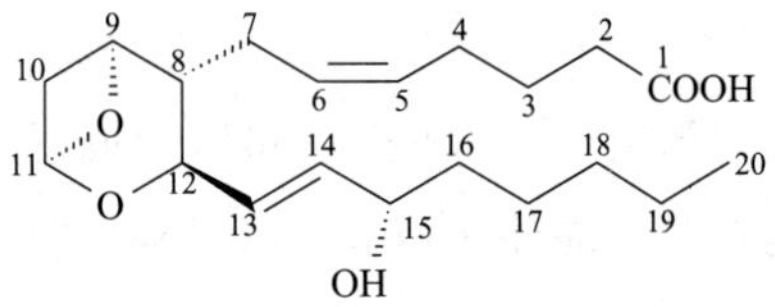

凝血噁烷A_2(TXA_2)

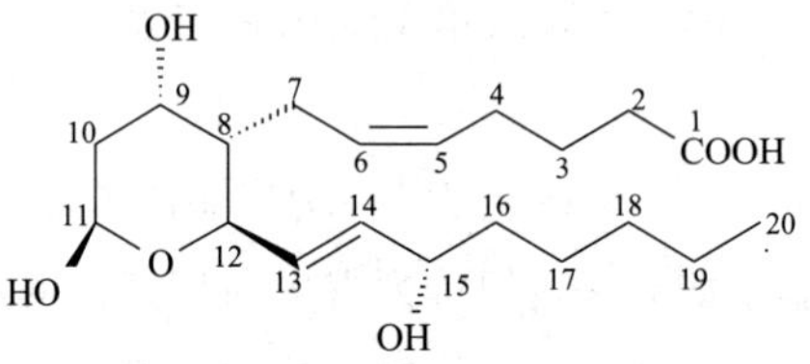

凝血噁烷B_2(TXB_2)

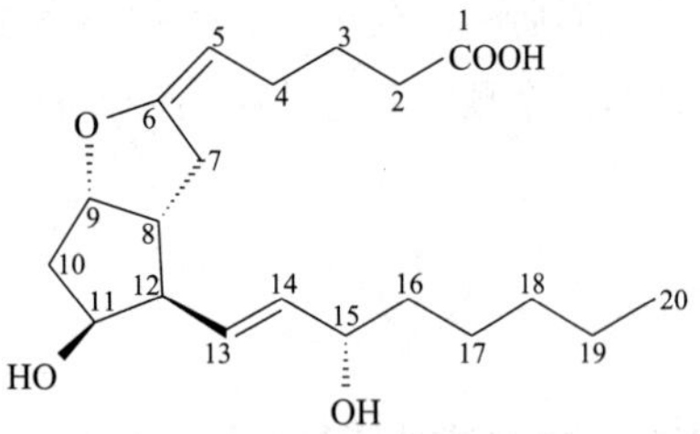

前列环素(PGI_2)

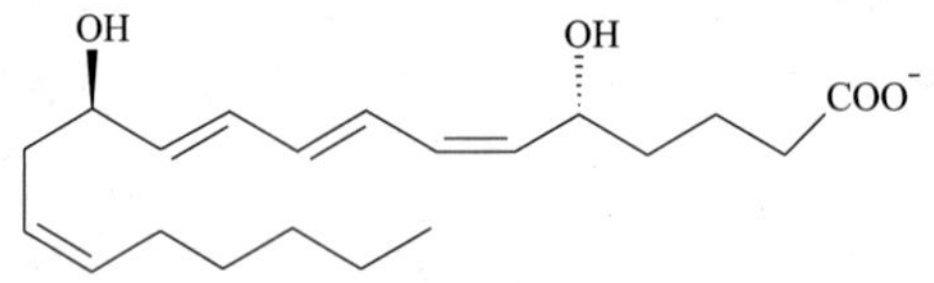

白三烯B_4(LTB_4)

图5-10 几种20碳脂肪酸的化学结构式

亡等一系列细胞活动以及调节雌性生殖功能和分娩、血小板聚集、心血管系统平衡中发挥关键作用。此外，前列腺素也参与炎症、癌症、多种心血管疾病的病理过程。前列腺素（PGs）是一种局部激素，通过收缩或舒张血管调节心、脑、肺、肾等各个器官系统的血流量，其调节血管舒缩的机制除了其直接作用外，尚有儿茶酚胺的释放作用。

前列腺素是二十碳不饱和脂肪酸花生四烯酸经酶促代谢产生的一类脂质介质。花生四烯酸在各种生理和病理刺激下经磷脂酶A2（phospholipase A2，PLA2）催化经细胞膜磷脂释放，在前列腺素H合成酶（prostaglandin H synthase，PGHS），又称环氧化酶（cyclooxygenase，COX）的环氧化活性和过氧化活性的作用下，依次转变为前列腺素中间代谢产物PGG_2和PGH_2，然后经过下游不同的前列腺素合成酶的作用代谢生成各种有生物活性的前列腺素，包括PGI_2、PGE_2、$PGF_{2\alpha}$、PGD_2、血栓素A_2（thromboxaneA2，TxA_2）。COX是前列腺素合成过程中的关键酶，有COX-1和COX-2两种同工型，以同源二聚体或异源二聚体的形式存在于内质网膜上和核膜上。COX-1和COX-2在功能上既有差别，又相互联系，同时参与维持体内稳态和炎症时的前列腺素合成。前列腺素结构中含1个五碳环和2条脂肪酸侧链，其中的1条侧链的末端为羧基。PGs按五碳环或侧链不饱和键位置或取代基等结构上的不同而分为A、B、C、D、E、F、G、H和I型九个系列。根据碳氢骨架上双键数目的不同而分为1、2、3三类。由花生四烯酸通过环氧酶途径生成PG_2（如PGE_2），由花生三烯酸合成PG_1（PGE_1），由花生五烯酸合成PG_3（如PGE_3）。

白三烯（leukotriene，LT）是花生四烯酸在白细胞中的代谢产物，具有共轭三烯结构的二十碳不饱和酸，在体内含量虽微，但却具有很高的生理活性，并且是某些变态反应、炎症以及心血管等疾病中的化学介质。白三烯及其类似物——阻断剂的研究，对于免疫以及发炎、过敏的治疗都有重要意义。其中，LTB_4为5,12-二羟基-6,8,10,14-二十碳四烯酸。

三、脂肪酸的氧化酸败

油脂主要由三酰甘油构成，油脂的氧化酸败其实是三酰甘油、磷脂分子中的脂肪酸发生的氧化分解或聚合作用。

油脂在贮藏、加工过程中，由于与空气等作用发生氧化而进一步分解产生异臭味的现象称为酸败。主要由于油脂中不饱和脂肪酸发生自动氧化，产生过氧化物，并进而降解成挥发性醛、酮、酸的复杂混合物。一般酸败后油脂的密度减小，碘值降低，酸值增高。酸败后的油脂具有哈喇味。

（一）脂肪酸氧化的特征分析

（1）脂肪酸氧化发生的位点

脂肪酸氧化发生的位点是在脂肪酸分子中的双键及其邻近的亚甲基上，不仅仅是双键发生氧化作用、分解作用，与双键邻近的2个亚甲基碳原子也要参与氧化作用和分解作用。

（2）氧化作用的方式

脂肪酸的氧化作用包括了自动氧化、光敏氧化和酶促氧化三种方式。自动氧化是需要氧的作用方式，其本质是在有氧参与下的自由基链式反应过程，包括了反应的起始阶段即自由基产生阶段（消耗氧较少）、自由基增殖阶段（消耗氧多）、自由基反应终止阶段（消耗氧少），一些可以消耗氧、自由基或封闭金属离子（尤其是过渡金属离子）的抗氧化剂可以降低脂肪酸自动氧化的发生概率和发生程度，起到抗氧化的作用。光敏氧化是在有光和一些吸光物质如色素的条件下，依赖光敏物质吸收光能启动脂肪酸的氧化，这个过程也要产生自由基，避光可以很好地防止脂肪酸的光敏氧化。酶促氧化主要发生在植物种子以及油脂被微生物污染后导致的脂肪酸氧化，是在脂肪酸氧化酶的作用下的氧化过程。例如米糠中油脂的氧化，稻谷种子中脂肪酸氧化酶与油脂不接触，而在生产大米的过程中，一是油脂从细胞油滴中溢出，并与脂肪酸氧化酶发生接触，具备了酶促氧化的条件；二是一些促进脂肪酸氧化的因素增加，激活了脂肪酸的氧化作用。如果在大米生产过程中，及时地将米糠采取挤压膨化的方式使脂肪酸氧化酶失活，也能有效避免米糠中油脂的氧化作用。在高温、高湿和通风不良的情况下，可因微生物的作用而发生水解，产生脂肪酸和甘油，脂肪酸可经微生物进一步作用，生成酮。

（3）脂肪酸碳链断裂的位点不确定，氧化产物不确定

参与脂肪酸氧化作用的碳原子包括了双键碳原子及其邻近的碳原子，在氧化过程中具体在哪个碳原子之间发生化学键的断裂、脂肪酸分解是不确定的，这与当时的环境条件相关联。尤其是自由基链式反应过程中，自由基可以在脂肪酸碳链上传递，具体在哪个碳原子上产生过氧化物、发生C—C键的断裂是随机的。这就导致氧化后的产物种类具有不确定性，即使同一种脂肪酸，也很难完全重复试验得到相同的氧化酸败产物。

我们可以确定的是氧化过程都有过氧化物或过氧化氢阶段，即过氧化中间产物阶段。得到的产物包括了低碳链数的脂肪酸、醇、酮、醛或聚合物，但具体种类尚不确定。尤其是多不饱和脂肪酸，是全部的双键都参与氧化分解，还是部分双键参与氧化分解？即使是只有一个双键的脂肪酸发生氧化，其中也至少有2个双键碳原子、2个邻近的碳原子参与氧化过程，而对油脂或磷脂而言，情况就更为复杂，它们本身也是混合物，其中的脂肪酸种类也是较多的。所以，即使纯净的一种脂肪酸其氧化产物也具有不确定性；而对于油脂、磷脂其氧化产物更为复杂。

（4）氧化酸败的发生具有必然性，氧化产物具有毒副作用的客观性

油脂、磷脂中含有脂肪酸，尤其是含有不饱和脂肪酸，就有发生脂肪酸氧化酸败的客观必然性。要完全防止脂肪酸不被氧化酸败是很难做到的，这可以从多方面来理解，一是油脂、磷脂本身不是纯净物，其中含有促进氧化酸败的成分如金属离子、氧、水分子等，二是油脂加工、存储过程中，不能有效避免脂肪酸的氧化酸败作用的发生。

另一个客观事实是，脂肪酸氧化酸败的中间产物、终产物对人体、动物是有毒副作用的，例如产生的自由基本身就是化学性质活跃的物质，中间产物中的过氧化物也是化学性质活跃的物质，终产物中产生的丙二醛、酮、醇以及聚合物等对人体、动物有很强毒副作用。脂肪酸氧化酸败的产物对人体、动物的作用方式主要还是氧化损伤，但因为氧化产物是不确定的，种类也是复杂多样的，所以没有特定的作用位点。

（5）脂肪酸氧化酸败的定性与定量评价

如何对脂肪酸、油脂、磷脂的氧化程度进行评价？包括了感官评价和化学定量评价。

感官评价注意依赖人的感觉器官对气味、色泽、口感等进行评价，是依据油脂氧化后的物理和化学性质的感官评价方式，如可以产生哈喇味、酸味等。而化学评价包括了以氧化脂肪酸的化学性质为依据的定量评价。

依据氧化后双键数量的减少而建立的碘值评价方法，氧化程度与碘值下降程度成正相关关系，即氧化后双键数目减少、碘的加成反应减少、消耗的碘质量减少。依据氧化后脂肪酸链断裂产生更多的、低碳链的脂肪酸建立了皂化值的评价方法，氧化程度越大，产生的低碳链脂肪酸数量越多，滴定消耗的KOH质量越多，皂化值越大。依据氧化后产生的游离脂肪酸增加建立的酸价评价方法，游离脂肪酸越多，滴定消耗的KOH质量越多，酸价越高；但其他消耗KOH的酸性物质也可能对结果产生影响，测定的是酸性类物质的结果，不完全是游离脂肪酸的结果。依据脂肪酸氧化过程中都有过氧化物的产生为基础，建立了过氧化值评价方法，但这是对中间产物的定量评价方法，在氧化反应的初期，过氧化值越高表明氧化程度越大，过氧化值与氧化程度具有正相关关系；但是，在氧化后期，大量的过氧化物被分解，过氧化值降低，但其实脂肪酸氧化程度已经很高了，这也是过氧化值评价脂肪酸氧化程度的缺陷。依据氧化酸败作用产生的终产物、特定的有毒有害物质（如丙二醛）建立的评价方法应该是最为有效的方法，丙二醛是脂肪酸氧化的终产物，且是有毒有害的、单一种类的物质，丙二醛的质量分数既可以反映脂肪酸的氧化程度，又能够反映产生的具体的有毒有害物质的量，作为脂肪酸、油脂、磷脂，以及含油脂、磷脂的饲料原料氧化程度、有毒有害物质的限量指标，丙二醛是非常有效的指标。以后可以沿着这个思路建立对脂肪酸、油脂、磷脂，以及含油脂、磷脂的饲料原料安全质量定量评价指标和方法。

（二）脂肪酸的氧化起始反应——抽氢反应

（1）抽氢反应

抽氢反应是指在化学反应中，一个反应物从另一个反应物中获得H的过程，通常为脂肪酸转变为自由基的过程。

自由基的产生是一个共价键的二个成对电子发生均裂，均裂后成键的二个基团各自带走一个单电子，从而生成2个含有孤电子的自由基。脂肪酸分子中，在双键邻近的亚甲基碳原子的氢由于解离能很小，很容易在光、其他自由基如羟基自由基存在的情况下，其C—H发生共价键电子的均裂，分别产生一个脂肪酸自由基和一个H自由基，从而引发脂肪酸分子的氧化酸败反应。

不饱和脂肪酸氧化的诱导反应是一个抽氢反应，即$RH \longrightarrow R \cdot + H \cdot$。对于直接抽氢反应过程，抽氢反应能力与C—H键强度成反比，C—H键强度越低，则越容易被抽氢，氧化稳定性越差。评价抽氢反应难易程度的指标包括：C—H键长、键级、C—H键解离能等，键解离能是采用最多的评价指标。键解离能值越低说明C—H键越弱，因此容易被抽氢氧化。

（2）脂肪酸分子中容易被抽氢的碳（C）位点

抽氢反应是脂肪酸分子发生氧化酸败的起始反应，以C的编号作为脂肪酸分子中脂肪酸抽氢、双键位点进行定位，抽氢发生的位点是脂肪酸发生氧化反应的第一位点，之后由于自由基可以在脂肪酸碳链上传递，后续氧化位点可能改变。

那么，脂肪酸，尤其是不饱和脂肪酸，碳链上哪些位置上的氢最容易发生抽氢反应呢？发生抽氢反应后脂肪酸分子结构会发生哪些变化呢？哪些因素会影响到抽氢反应呢？

化学反应的本质是新的化学键的形成和旧的化学键的断裂，而化学键就是原子成键电子轨道的重叠。在化学键形成或断裂过程中也是能量的释放或消耗的过程。键解离能（bond dissociation energy，BDE）是指断裂或形成分子中某一个键所消耗或放出的能量。键解离能是代表着此共价键牢固程度的一种物理量，键解离能越大，此共价键越稳定。

元素的原子通过价电子的共享形成共价键并结合成稳定分子的过程是一个体系能量降低的过程，也就是一个放能的过程，释放的能量即为所形成化学键的键能。反之，如果化学键断裂，则需要提供能量。化学键的断裂有均裂（产生二个自由基）和异裂（产生二个离子）两种不同的方式，这两种方式在断裂过程中需要的能量是不同的，一般将键的均裂所需要的能量称为键的解离能。

张文华等（2009）利用计算化学方法、以C—H键解离能（BDE）为理论参数，从分子水平研究了棕榈油酸、油酸、蓖麻油酸、芥子酸、亚油酸、亚麻油酸、α-桐油酸和二十二碳六烯酸（DHA）不饱和脂肪酸碳链上最容易发生抽氢反应的位置，以及碳链长度、双键个数、酯化反应、取代基对不饱和脂肪酸自动氧化的影响。研究结果表明，紧邻脂肪酸双键（C=C）的α-CH$_2$上的C—H，尤其是具有双烯丙基结构的α-CH上的C—H，是油脂氧化抽氢的位点，而双键CH＝CH上的C—H最难发生抽氢。

不饱和脂肪酸的氧化稳定性不仅与双键数目有关，而且与双键的相对位置有关，在抽氢后能形成共轭结构的不饱和脂肪酸容易发生自动氧化。碳链上的取代基对不饱和脂肪酸的自动氧化有影响，吸电子基团有利于提高脂肪酸的氧化稳定性，但碳链的长短对氧化稳定性的影响并没有规律。

总结张文华等（2009）的计算结果，8种典型的脂肪酸抽氢反应的键解离能数据和在脂肪酸碳链中的位点定位，见图5-11。依据我们的观点提出以下认知供参考。

① 依据键解离能，脂肪酸烃链结构中最容易被抽氢的位点

图5-11中显示了8种脂肪酸分子中C—H具有最低键解离能的位点和C—H键的解离能数据，键解离能最小就是最容易发生抽氢反应的化学键位点，C—H最低的键解离能就意味着是最容易发生抽氢反应的位点。以棕榈油酸为例，双键—$C_9H＝C_{10}H$—上C—H键的解离能分别为471.84kJ/mol和469.73kJ/mol，均大于邻近的α亚甲基—C_8H_2—的C—H键解离能362.80kJ/mol和—$C_{11}H_2$—位点上C—H键解离能359.36kJ/mol。表明邻近双键的亚甲基（称为α-甲基）上的C—H键的解离能最低，是最容易被抽氢的位点，即脂肪酸分子中双键邻近的亚甲基碳原子上的氢，尤其是在2个双键之间的亚甲基（如亚油酸的—$C_{11}H_2$—、亚麻酸的—$C_{11}H_2$—和DHA的C6、C9、C12、C15、C18）上的氢最容易被抽氢，这就是脂肪酸分子中最容易成为氧化反应起始位点的碳原子上的C—H键。

② 产生脂肪酸自由基的位点有传导性

以棕榈油酸为例，位于双键邻位的C8和C11的C—H键解离能比其他位置的C—H键解离能低。这是由于在双键邻位的C中心自由基通过双键的共振效应，既可以在C8位首先抽氢，也可以在C11位抽氢，即使在其中一个位点完成抽氢反应后，产生的自由基也可以通过共振效应进行传递，见图5-12。

这种自由基共振效应主要发生在双键邻近的2个亚甲基上，也是自由基的传递效应，其结果是导致后期过氧化物形成位点以及C—C键的断裂位点具有不确定性。以棕榈油酸为例，既可以在C8位形成过氧化物，发生C—C间断裂，同样也可以在C11位发生。最后导致氧化产物的不确定性。这就是脂肪酸氧化酸败的显著特点，难以重复试验，难以得到相同的氧化酸败产物。

③ 双键位置对抽氢反应有直接的影响

在脂肪酸分子结构中，含有共轭双键的脂肪酸在发生抽氢反应后，产生的自由基共振效应效果非常显著，而具有非共轭双键的脂肪酸抽氢后产生的自由基共振效益主要在双键邻近的2个亚甲基上。

以α-桐油酸为例，分子结构中含有3个双键形成的共轭键，当在C15位完成抽氢反应产生α-桐油酸自由基后，则可以沿着共轭双键在C15与C9之间依赖共轭键实现自由基的共振效应（图5-13），即自由基的传递效应。其结果导致后续的过氧化物中间产物形成位点、C—C键断裂位点的不确定性，进而导致氧化产物的不确定性。

而含有6个双键的DHA，其亚甲基上C—H键的最低键解离能为335.57kJ/mol，与含3个双键的亚麻油酸的最低C—H键解离能337.27kJ/mol几乎相同，因此双键的相对位置比双键个数对不饱和脂肪酸的氧化稳定性影响更大，抽氢反应后能形成共轭结构的不饱和脂肪酸容易发生自动氧化。

（三）脂肪酸氧化的过程

对于饲料而言，油脂、磷脂中的脂肪酸氧化主要发生在动物体外，包括油脂、磷脂的直接原料，以及饲料原料中的油脂和磷脂如鱼粉、肉粉中的油脂和磷脂，影响脂肪酸氧化酸败的因素较为复杂。但是，从对养殖动物产生的结果看，氧化过程的中间产物、终产物进入水产动物体内后，对动物产生广泛性的氧化损伤作用，这是主要的损伤作用方式；并可能进一步诱导水产动物体内的脂肪酸，尤其是生物

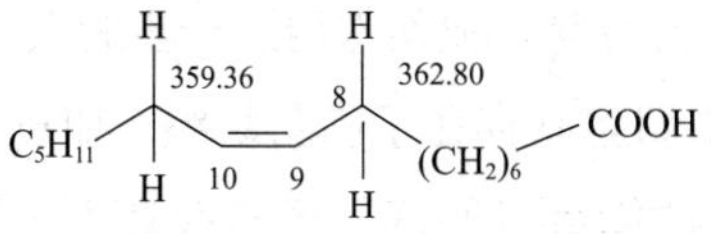

棕榈油酸C$_{11}$—H的键解离能为359.36kJ/mol

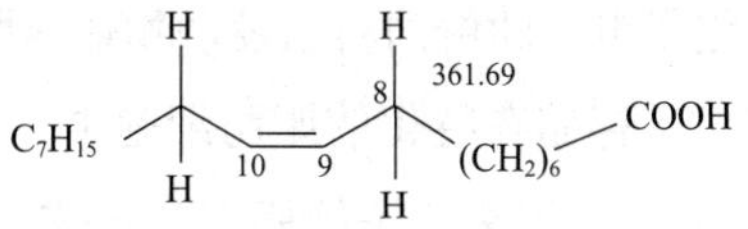

油酸C$_8$—H的键解离能为361.69kJ/mol

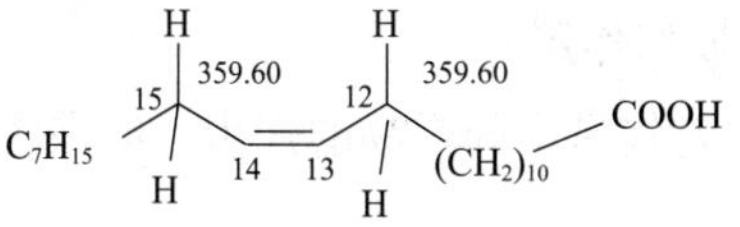

芥子酸C$_{15}$—H的键解离能为359.60kJ/mol

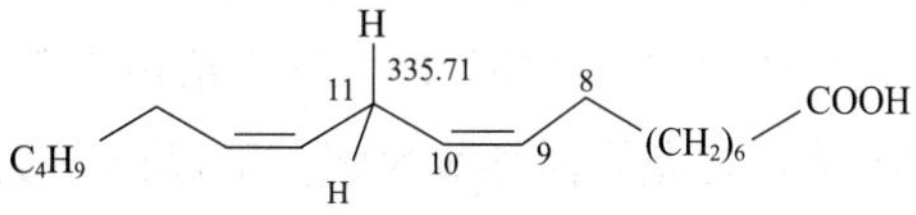

亚油酸C$_{11}$—H的键解离能为335.71kJ/mol

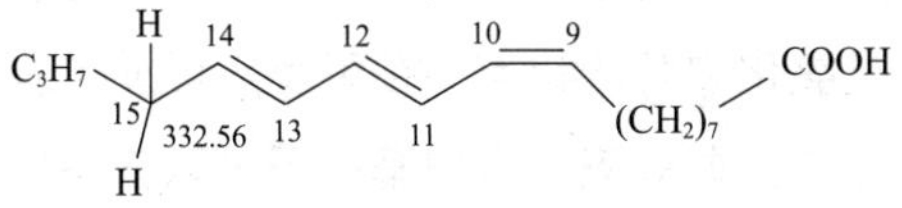

α-桐油酸C$_{15}$—H的键解离能为332.56kJ/mol

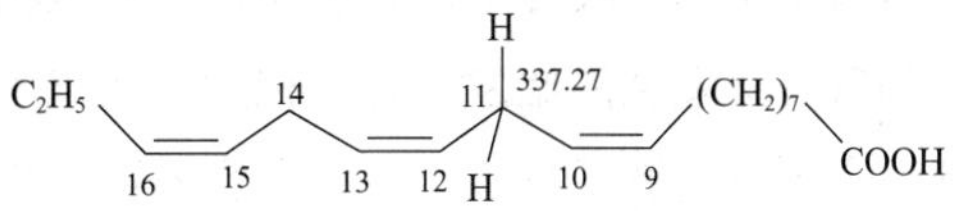

亚麻油酸C$_{11}$—H的键解离能为337.27kJ/mol

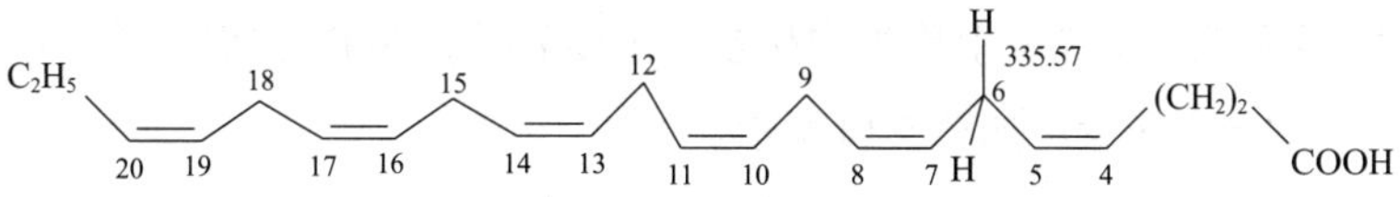

DHA C$_6$—H的键解离能为335.57kJ/mol

图5-11 几种脂肪酸结构中最容易发生脱氢反应的C—H键解离能

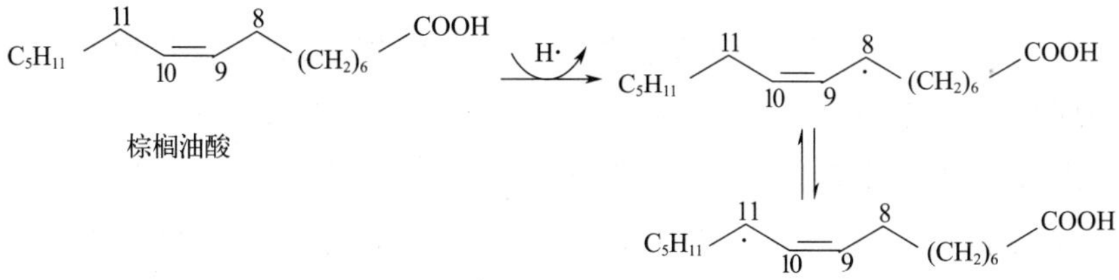

棕榈油酸

棕榈油酸自由基

图5-12 棕榈油酸的抽氢反应位点及其自由基的共振效应

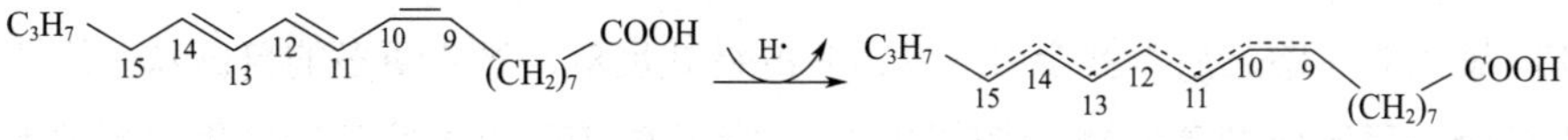

图5-13 α-桐油酸C$_{15}$抽氢后自由基的共振效应

膜磷脂中的脂肪酸发生氧化作用。即由饲料引发动物体内脂肪酸的氧化，将氧化损伤作用进一步放大。

动物体内的油脂存储一是存储在特化的脂肪细胞中，而大量的脂肪细胞则存在于脂肪组织，如皮下脂肪组织、肠系膜脂肪组织、腹部脂肪块的脂肪组织中，也有较多的油脂会以脂滴的形式存在于细胞中，如肌肉细胞。这些存储的油脂在一定条件下也会发生氧化作用。

动物体内有大量的生物膜组织，而生物膜中以磷脂为主，磷脂分子结构中含有2个脂肪酸链，这2个脂肪酸链也是脂肪酸氧化作用的主要发生位点。生物膜中磷脂的脂肪酸发生氧化分解后将导致生物膜组成和结构及其功能的改变，对动物细胞、器官组织造成广泛性的氧化损伤作用。

下面以生物膜磷脂中的花生四烯酸为例，了解脂肪酸的氧化过程，尤其是中间产物的产生、终产物如丙二醛的产生过程。

生物膜组织是细胞、生命体系中的分界组织结构，处于水溶体系中，而水溶体系中含有足够的溶解氧（血红蛋白、肌红蛋白中的氧为存储性质的氧），为脂肪酸的氧化作用提供了氧化的条件；同时，磷脂分子结构中也含有花生四烯酸等不饱和脂肪酸，不饱和脂肪酸的双键邻近亚甲基上C—H键因为键解离能低，成为了抽氢反应发生的始发位点，但始发位点不等于就是氧化裂解的位点。抽氢反应形成了脂肪酸自由基，依据自由基的链式反应、不饱和脂肪酸自由基的传递或共振效应，自由基电子可以在脂肪酸碳链传递，导致氧化位点的不确定性和氧化产物的不确定性，致使脂肪酸氧化酸败的过程、氧化机制、中间产物和终产物的复杂化。

脂肪酸自动氧化发生、发展机制有较多的研究，我们在另一本书里也较为详细的研究了饲料氧化油脂对草鱼等淡水鱼类的损伤作用，这里不再详细讨论。引用生物化学（王镜岩等，2002），仅仅总结以花生四烯酸为例的氧化过程，以及丙二醛的产生过程，如图5-14所示。

在正常情况下，衰老的细胞被吞噬后，生物膜上的磷脂会被重新利用，例如可以在磷脂酶 A_2 的作用下释放出花生四烯酸等不饱和脂肪酸，作为合成前列腺素等物质的前体物质，或被再利用合成新的磷脂、生物膜等。

如果在有活性氧自由基如羟基自由基、过氧自由基等作用下，生物膜磷脂中的不饱和脂肪酸也会被活性氧自由基攻击，发生氧化反应，造成生物膜的氧化损伤，进而导致细胞、组织器官的氧化损伤。

如前面的介绍，脂肪酸分子发生氧化反应的第一步反应是抽氢反应，花生四烯酸分子结构中，处于2个双键之间的亚甲基上C—H的键解离能最低，是最容易首先发生抽氢反应的，即C7、C10、C11三个亚甲基上的C—H键是最容易发生抽氢反应的位点。当第一个C—H键发生共价键均裂后，就会产生第一个脂肪酸自由基L·（C13位）和H·。L·上的孤电子-自由基电子在脂肪酸碳链上是可以通过共振效应进行传递的，对于花生四烯酸则将导致分子结构的重排，产生一个单键两端各一个双键，即C12—C15之间形成了共轭双键，且双键π电子也会产生共振效应（如C11═C12与C8═C9）。

抽氢反应的发生是需要有活性氧自由基的参与，其中HO·的活性最高，也是最容易从脂肪酸分子结构中键解离能最低的C—H键上抽氢，并接受H·的自由基（生成 H_2O）。这也是活性氧引发脂肪酸，主要是不饱和脂肪酸发生氧化酸败的主要原因。

一旦抽氢反应作为脂肪酸氧化的起始之后，就会引发自由基的链式反应，产生更多的自由基和活性氧，脂肪酸自由基也会加上氧分子而形成过氧化物、脂肪酸的氢过氧化物等，这是脂肪酸氧化酸败过程中的主要中间产物。

在脂肪酸氧化过程中，一个重要的反应就是形成分子内的过氧化物，如花生四烯酸分子中在C9和

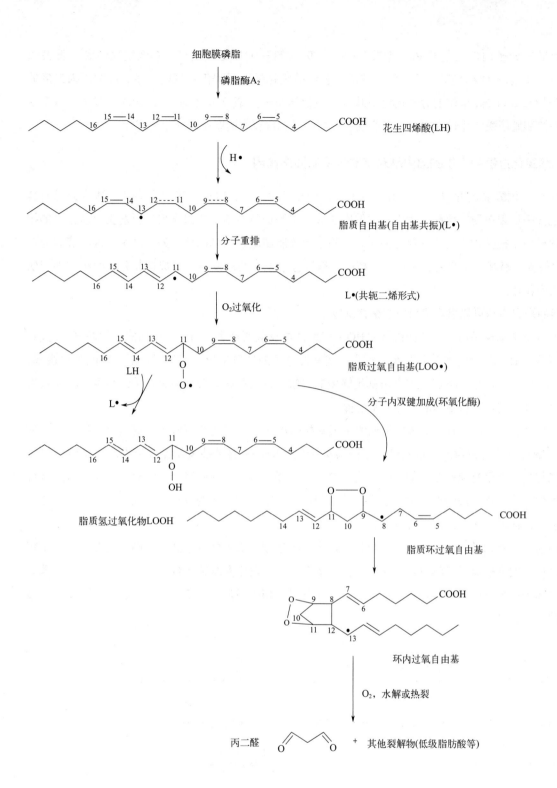

图5-14　花生四烯酸的氧化反应、丙二醛的产生

C11之间会形成分子内的过氧化物。如果在C8—C9、C11—C12之间的C—C键发生断裂，就会以C9—C10—C11为主体结构产生丙二醛，这就是脂肪酸氧化酸败过程丙二醛的产生。因此，丙二醛的产生首先是形成邻近3碳单位的分子内过氧化物，过氧键进一步氧化为醛基（—CHO）。这在含3个以上双键的不饱和脂肪酸氧化过程中，丙二醛成为重要的、有毒有害的脂肪酸氧化终产物。

（四）脂肪酸氧化过程中产生的自由基对其他分子的损伤作用

脂肪酸在氧化酸败过程中会产生脂质自由基，如L·、LO·、LOO·等，这些自由基将会对与其邻近的其他分子如蛋白质、核酸、生物膜中的脂肪酸分子等进行自由基攻击作用，引发蛋白质分子的损伤、核酸的自由基损伤和生物膜的氧化损伤等。除了上述脂肪酸自由基的反应外，产生的丙二醛因为含有2个活性很强的醛基，也会引起蛋白质、核酸、糖等分子发生交联反应，造成这些分子的结构性损伤和功能性损伤作用。

（1）脂肪酸自由基可以引起蛋白质的聚合反应

脂肪酸自由基本身是由于其他自由基如HO·引发抽氢反应所产生，而一旦脂肪酸自由基产生之后，它们也可以作为H·的接受体而引发蛋白质分子或其他分子的抽氢反应，产生蛋白质、核酸等自由基，这就是自由基的链式反应。当产生的自由基足够多的时候，自由基之间会发生聚合或结合反应，使自由基数量快速下降。这就是自由基的动态平衡过程。

在蛋白质肽链中，C—H键解离能最低的是氨基酸的α-碳原子上的C—H键，这是容易被抽氢形成氨基酸或肽链自由基的位点。一旦肽链上氨基酸α-碳原子的C—H被抽氢就在该位点形成了肽链自由基，就可能与另一个氨基酸残基上的C=O上的O发生交联反应，形成肽链之间的聚合反应，这类聚合反应一旦发生，这个蛋白质结构将发生变形，并引起蛋白质功能和性质的变化，例如可能被泛素、热休克蛋白等识别并标记，之后再被蛋白酶水解。

图5-15显示了蛋白质多肽链发生抽氢反应、自由基的形成、聚合物的形成示意图，主要目的是了解蛋白质多肽链上发生抽氢反应的位点是在α-碳原子的C—H，发生多肽链聚合作用的位点也就是α-碳原子。当蛋白质多肽链发生聚合作用后，此时的蛋白质就是损伤蛋白质，其结构和功能将发生改变，通常的结局是被标记后清除。

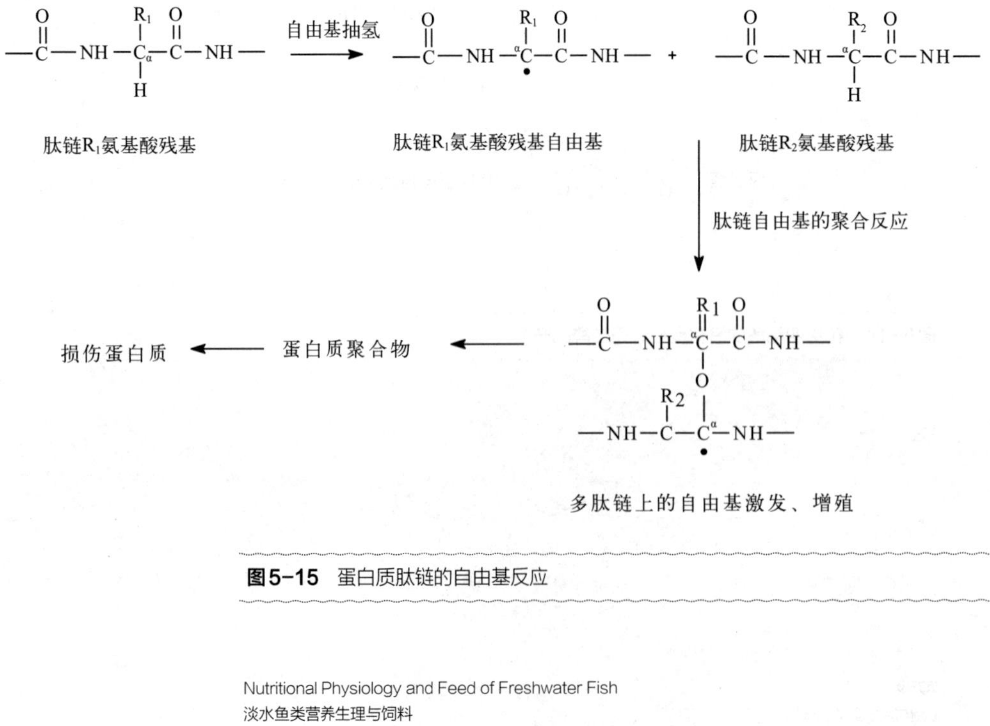

图5-15 蛋白质肽链的自由基反应

(2) 终产物丙二醛与蛋白质的交联反应

丙二醛（malondialdehyde，MDA）是脂质氧化终产物，会引起蛋白质、核酸等生命大分子的交联聚合，且具有细胞毒性。丙二醛既是膜脂质氧化的产物，也是造成膜损伤的主要物质，主要伤害是导致膜脂质过氧化，损伤生物膜结构，使得细胞膜结构和功能受到损伤，改变膜的通透性，从而影响一系列生理生化反应的正常进行。

丙二醛对蛋白质的损伤作用主要是依据其二个活性的醛基与蛋白质多肽链上的氨基发生交联作用，包括多肽链内和多肽链之间的交联作用，导致蛋白质损伤，见图5-16。同时，丙二醛也可以与蛋白质或酶分子结构中的巯基（—SH）发生反应，而酶蛋白质的巯基通常是酶的活性中心功能基团，一旦与丙二醛发生反应后将导致酶蛋白质功能的损失，并对酶蛋白质参与的代谢作用形成干扰。

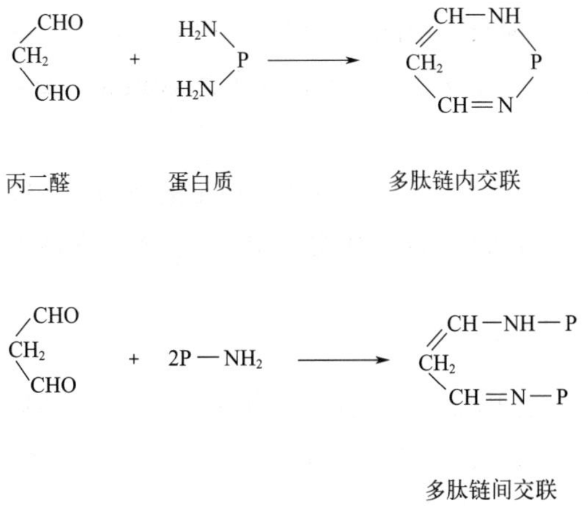

丙二醛　　　蛋白质　　　多肽链内交联

多肽链间交联

图5-16 丙二醛对蛋白质多肽链上氨基的交联作用

四、肉碱与脂肪酸的生物氧化

油脂是水产动物重要的能量来源，三酰甘油、磷脂等氧化产能都是在细胞内进行的生物氧化，包括细胞质中和线粒体中的代谢过程，最终都是在线粒体完全氧化、产能。

动物对脂肪酸生物氧化产能的过程也是非常复杂的生理代谢过程，有系列的调控机制来分配油脂的存储与动用、转移与运输、转化与合成等，作为水产动物营养与饲料学关注的重点问题是：水产动物对油脂存储与动用的调控作用和作为能量代谢的过程及其调控作用。在营养学上有一项重要的研究内容：就是如何利用饲料油脂作为能量代谢的提供者，尽量减少氨基酸作为能量物质的消耗，这就是"油脂对蛋白质的节约作用"。要改变水产动物的调控机制和生理代谢途径是非常困难的，但是，合理地利用水产动物对油脂代谢途径和调控机制是可以有所作为的。

肉碱作为脂肪酸生物氧化过程中由细胞质进入线粒体内膜的转运载体，在饲料中补充一定量的肉碱，增强水产动物对脂肪酸的氧化产能的代谢强度，发挥油脂对蛋白质的节约作用也被证明是有效的，在水产饲料中添加肉碱也成为一个有效的技术手段。

(1) 肉碱（carnitine）的化学结构

肉碱的化学结构式如图5-17所示，含有一个手性碳原子C^*，因此有一对旋光异构体（镜像异构体），分别是D-右旋（+）-（S构型）-肉碱和L-左旋（-）-（R构型）-肉碱，简称右旋D-肉碱和左旋L-肉碱。

肉碱在自然界中有两种存在形式，右旋的D-（+）-肉碱（carnitine D-form）比旋光度（specific

optical rotation）为 +29°～ 33°（20℃，589 nm）（C=10，H₂O）；左旋 L-（-）肉碱的比旋光度（以干基计）为 -29.0°～ -32°。旋光度是区分右旋与左旋肉碱的关键性指标。按照化学结构命名，右旋肉碱为（3S）-3-羟基-4-（三甲胺基）丁酸，左旋肉碱为（3R）-3-羟基-4-（三甲胺基）丁酸。

肉碱可以形成肉碱盐酸盐，或与酒石酸结合后，其稳定性增加，旋光度也发生一定的变化。例如，L-肉碱盐酸盐的比旋光度（以干基计）为 -21.3°～ -23.5°。L-肉碱酒石酸盐（结构式见图5-17）的比旋光度（以干基计）为 -11.0°～ -9.5°。L-肉碱酒石酸盐（L-carnitine tartrate）是以食品添加剂L-肉碱和酒石酸为原料合成的食品添加剂。化学名称（R）-双［（3-羧基-2-羟丙基）三甲胺基］-L-酒石酸盐。

从其化学结构可以知道，肉碱含有3个甲基，也是一种甲基供体，而甲基供体（一碳单位）在生物体内参与多种代谢过程和代谢反应，这也是肉碱重要生理作用的一个方面。在3位C原子上有一个—OH，这是与脂肪酸的—COOH结合的位点，形成酯键使肉碱与脂肪酸以共价键结合在一起（酯酰肉碱）。共价键的形成或者分解都需要有酶的作用，催化此反应的酶为肉碱脂酰转移酶（carnitine acyl transferase，CAT）。

肉碱主要存在于细胞的线粒体，天然存在的肉碱为L-肉碱，化学合成的方法生产出的肉碱，一般是左旋肉碱和右旋肉碱的混合物，然后用分离的方法将右旋肉碱从左旋肉碱中分离出去，生产出左旋肉碱。微生物发酵方法得到的为L-肉碱。

（2）肉碱生物合成途径

肉碱广泛存在于动物、植物细胞中，尤其在动物细胞中含量更高，植物组织细胞中含量较低。动物细胞可以赖氨酸、蛋氨酸为原料合成肉碱，以Lys（提供碳链）、Met（提供甲基）为原料，在肝、肾、脑等组织中合成。其合成途径见图5-18。

在动物组织合成L-肉碱的过程中，一分子Lys合成一分子肉碱，同时需要Met提供甲基，一分子Met提供一个甲基，合成一分子肉碱就需要三个甲基、三分子的Met。即合成1 g L-肉碱需2.78 g的Met。

从上述合成途径分析，通过饲料途径提供肉碱是否可以减少体内细胞生物合成肉碱的量，从而节约赖氨酸和蛋氨酸？这还需要有更深入的研究。

（3）肉碱对脂肪酸在线粒体膜上的穿梭作用

在脂肪代谢过程中一种重要的脂肪酸转运载体——肉碱是需要关注的，在水产动物饲料中也在广泛使用肉碱促进脂肪代谢，防止出现脂肪肝。

在生物体内脂肪酸氧化产能的过程中，肝脏是主要的代谢器官，而肝细胞的线粒体是能量代谢中心。在三酰甘油作为能量物质代谢过程中，要先水解为游离的脂肪酸和甘油，甘油可以直接进入代谢途径，而脂肪酸，尤其是长链脂肪酸（大于12碳）在水溶体系中溶解性不高，需要生产脂酰辅酶A后才能分散在水溶体系中，这个过程主要发生在细胞质中。因此，细胞质中的脂酰-CoA需要从细胞质转运到线粒体内。线粒体是具有双层膜的细胞器，外膜通过性较好，而内膜则是较为严苛的选择性膜。因此，细胞质中的脂酰-CoA要通过线粒体内膜就需要转运载体，这个载体就是肉碱，肉碱通过在线粒体内膜中的来回穿梭将脂酰-CoA转运到线粒体内。

肉碱穿梭系统（carnitine shuttle system）是脂酰-CoA通过形成脂酰肉碱从细胞质转运到线粒体的一个穿梭循环途径。β-氧化需要在线粒体基质中进行，而在胞质中形成的脂酰-CoA不能透过线粒体内膜，必须依靠内膜上的肉碱为载体才能进入线粒体基质，这个运载系统称为肉碱穿梭系统。过程如图5-19所示。

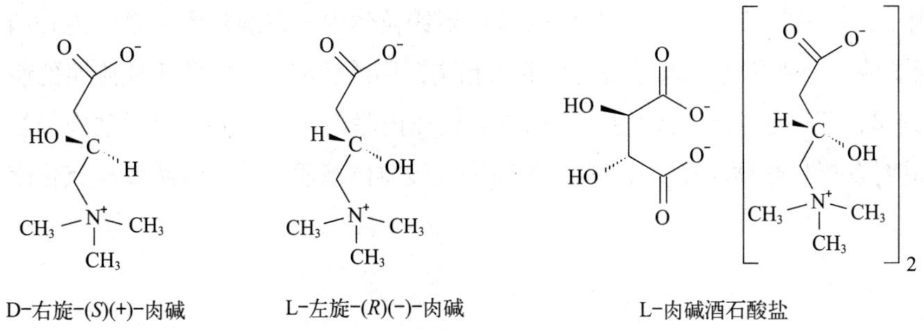

D-右旋-(S)(+)-肉碱　　　　L-左旋-(R)(−)-肉碱　　　　　　　L-肉碱酒石酸盐

图5-17　肉碱的结构式

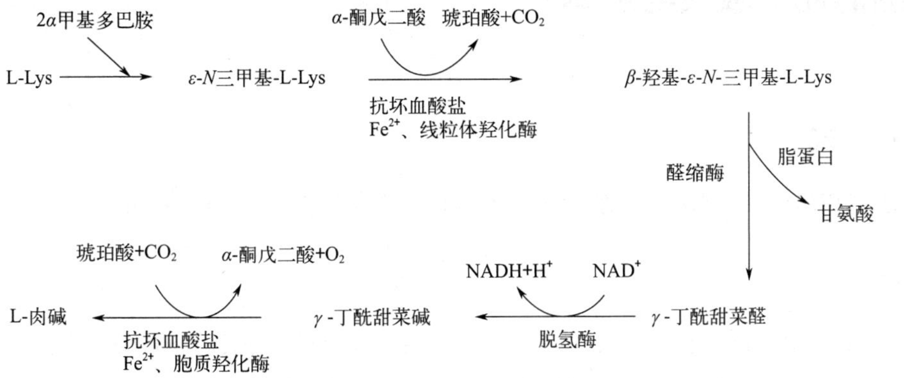

2α甲基多巴胺

L-Lys → ε-N三甲基-L-Lys $\xrightarrow[\text{Fe}^{2+}、线粒体羟化酶]{\text{抗坏血酸盐}}$ β-羟基-ε-N-三甲基-L-Lys

α-酮戊二酸　琥珀酸+CO_2

醛缩酶　脂蛋白 → 甘氨酸

L-肉碱 $\xleftarrow[\text{Fe}^{2+}、胞质羟化酶]{\text{抗坏血酸盐}}$ γ-丁酰甜菜碱 $\xleftarrow[\text{脱氢酶}]{}$ γ-丁酰甜菜醛

琥珀酸+CO_2　α-酮戊二酸+O_2　　　　NADH+H^+　NAD^+

图5-18　L-肉碱的生物合成途径

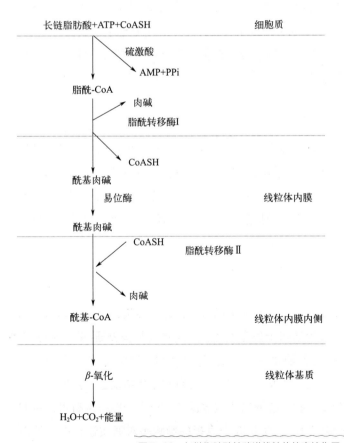

长链脂肪酸+ATP+CoASH　　　　　　细胞质

　硫激酸
　AMP+PPi

脂酰-CoA

　肉碱
　脂酰转移酶Ⅰ
　CoASH

酰基肉碱

　易位酶　　　　　　　　　线粒体内膜

酰基肉碱

　CoASH　　　线粒体内膜内侧
　脂酰转移酶Ⅱ
　肉碱

酰基-CoA　　　　　　　　线粒体内膜内侧

　β-氧化　　　　　　　　线粒体基质

H_2O+CO_2+能量

图5-19　长链脂肪酸转移进线粒体的穿梭作用

在肉碱脂酰转移酶的作用下，肉碱将细胞质中脂酰-CoA转运到线粒体内。在线粒体内膜的内外两侧均有肉碱脂酰转移酶，为同工酶，分别称为肉碱脂酰转移酶Ⅰ和肉碱脂酰转移酶Ⅱ。酶Ⅰ使胞浆的脂酰-CoA转化为辅酶A和脂酰肉碱，后者进入线粒体内膜。位于线粒体内膜内侧的酶Ⅱ又使脂酰肉碱转化成肉碱和脂酰-CoA，肉碱重新发挥其载体功能，脂酰-CoA则进入线粒体基质，成为脂肪酸β-氧化酶系的底物。

第三节
鱼类对饲料油脂的消化、吸收与运输

一、饲料中油脂的存在形式

饲料中的油脂包含了饲料原料中的油脂和提取的油脂、磷脂油、固醇类等三大类脂质成分。

（一）饲料油脂的存在形式

对于植物性饲料原料，含油脂较高的包括大豆、油菜籽、花椒籽、亚麻籽、葡萄籽、番茄籽等种子类籽实原料，其油脂主要为三酰甘油、磷脂存储在细胞内的油滴之中，当作为原料被粉碎后，油脂游离出来，与其他原料成分混合。另一类如米糠、DDGS饲料、各类胚芽、酱油渣等原料中，油脂基本已经游离出来。动物油脂原料中，肉粉、鱼粉、虾粉、各类溶浆（包括酶解的与非酶解的）、乌贼膏、鱿鱼膏、肉渣等各类原料中，油脂主要存储在脂肪组织细胞中，且基本游离出来，与其他组织呈混合状态。这些原料中的脂类物质以三酰甘油、磷脂为主，其次含有固醇类、鞘脂类等成分。作为饲料原料需要经历粉碎、混合、调质、制粒、烘干、冷却等生产过程。

（二）饲料油脂的添加方式

饲料中直接添加的、提取过的油脂主要包括植物性油脂如豆油、菜籽油、棕榈油、磷脂油等，动物油脂则包括鱼油、猪油、鸡油、鸭油、乌贼油、虾油等。依据添加方式，有在混合机中添加的油脂和磷脂，是在制粒之前添加的，称之为内加油脂；还有就是饲料制粒之后，烘干、冷却之前以喷涂的方式喷涂在饲料颗粒的表面，这类油脂在颗粒饲料的表面还需要经历烘干、冷却的过程；也有在饲料颗粒烘干之后再喷涂油脂的方式，这类油脂不再经历烘干、冷却过程。

（三）饲料生产过程中油脂的化学反应

在饲料生产过程中，饲料中的脂类成分、内加的油脂需要经历饲料的粉碎、称量、混合、调质、制粒、烘干、冷却、过筛、包装等过程，其中的脂类物质可能发生变化，如可能与糖类物质的—OH、蛋白质多肽链上氨基酸侧链基团上的—OH、—SH等基团发生化学反应，产生部分糖脂、蛋白质脂；也有部分油脂是以吸附作用等方式渗入到淀粉颗粒、蛋白质肽链结构中，没有发生化学反应。其次，由于油脂、脂肪酸与微量元素、其他成分混合，也会发生脂肪酸的氧化酸败反应，产生一些有毒有害的中间产物、终产物等，对饲料卫生安全质量构成影响；再次，也是较为直接的影响是对调质过程中调质温度、淀粉的糊化、颗粒黏弹性、耐水性等产生不利的影响。

对于硬颗粒饲料，这些油脂是混合在饲料原料中的，而膨化饲料包含了饲料颗粒中的油脂和外喷在颗粒表面的油脂。在饲料加工过程中，有适宜的水分（调质器中水分含量：硬颗粒12%～15%、膨化饲料22%～30%）、温度（硬颗粒90～95℃、膨化饲料120～130℃），同时多种成分混合在一起，油脂会发生部分水解，脂肪酸可能与蛋白质、糖等发生交联反应，这也是膨化饲料测定油脂含量时需要加入酸水解后测定的原因。因此，饲料途径投喂给水产动物的油脂包含有游离存在的三酰甘油、磷脂、与其他物质结合的甘油酯或脂肪酸复合物。他们在进入消化道后都需要溶散在水溶体系中才能被脂肪水解酶等水解。在饲料中添加油脂乳化剂对于饲料加工以及饲料进入消化道对油脂的消化作用是有利的。

（四）如何预防饲料原料、油脂中的脂肪酸氧化

对于米糠等含油脂高的饲料原料，在生产过程中导致细胞破损，细胞油滴中的油脂将被溢出，同时这些原料中含有脂肪酸氧化的酶类，由于溢出的油脂增加了与脂肪氧化酶接触的机会，会加速油脂中脂肪酸的酶促氧化速度和氧化的程度，一个有效的技术方法是及时将米糠进行挤压膨化，依赖热的作用、机械作用使脂肪氧化酶失活，可以在一定程度上预防酶促氧化，但不能预防脂肪酸的自动氧化和光敏氧化。所以，这类油脂含量高的饲料原料尽量缩短仓储时间、原料控制好新鲜度，"随到随用"是最好的对策。

对于大豆、油菜籽、葵花籽、花生、南瓜子、葡萄籽等含油脂高的种子原料，油脂也是存储在细胞的油滴或油囊中的，其中也含有活性的酶类。可以直接将这些籽实原料进行仓储、进入配料仓，使用时通过称量后与其他原料混合后进入粉碎阶段，在粉碎过程中油料种子中溢出的油脂很快与其他原料混合，减少了油脂与脂肪氧化酶接触的概率，也是有效的防控手段。因此，油料籽实原料不适宜单独进行粉碎，更不适宜单独粉碎后进入料仓存储等待配。例如油菜籽，除了上述的油脂与脂肪氧化酶是分离的之外，其中的芥子苷是没有毒性的；当油菜籽粉碎后，油脂与脂肪酶增加了接触机会、芥子苷与芥子苷酶也增加了接触机会，可能导致芥子苷的分解并产生噁唑烷酮、氰类有毒物质。因此，油菜籽不适宜单独粉碎、单独进入料仓，应该与其他原料一起先配料、后粉碎，可以大大减少有毒有害物质的产生。这是成本最低的预防脂肪酸氧化、预防有毒有害物质产生的技术方法。

对于单纯的油脂和磷脂等原料，在饲料生产过程中，要尽量避免经历粉碎、仓储等过程，避免饲料生产过程中的氧化和化学反应，同时也避免了高油脂原料对粉碎机粉碎性能的影响。因此，可以在第二次混合机里直接添加，之后就进入待制粒仓，再进入调质器混合调质。

（五）如何降低高油脂对饲料调质、制粒的影响

水产饲料中油脂含量有越来越高的发展趋势，主要是希望油脂作为能量消耗，并降低氨基酸等作为能量的消耗，即用油脂节约蛋白质，高油脂、低蛋白质饲料也是今后发展趋势；高油脂饲料对于冷水性鱼类具有很好的生长效果，对杂食性、肉食性鱼类也具有很好的生长效果，尤其是进入秋季、冬季之前，水产动物都有在体内存储脂肪准备越冬的生理习性，通过饲料途径增加油脂供给对水产动物可以产生"育肥"的作用效果，在鲫鱼、鲤鱼、肉食性鱼类、蟹等水产动物这类"育肥"效果尤其明显。所以，即使是在硬颗粒饲料中，鲤鱼饲料、鲫鱼饲料的油脂含量在秋季、冬季之前可以达到9%以上，甚至达到10%～13%的高含量，而对于肉食性鱼类，无论是海水肉食性鱼类，还是淡水肉食性鱼类，膨化饲料中喷油之前的颗粒饲料油脂含量也达到10%左右，再在膨化颗粒饲料表面喷油4%～10%，这样的结果使膨化饲料油脂水平达到14%～20%。而对于三文鱼、鲟鱼等冷水性鱼类的饲料，油脂水平可以

达到25%～30%。

饲料中高油脂含量，尤其是制粒之前的饲料中高油脂含量的饲料，在生产过程中对饲料调质、制粒有不利的影响，水、油难以互溶，导致调质器中水分含量受到限制、温度受到限制；水分含量受到限制后，导致淀粉糊化效果降低、黏接性能下降，最后导致饲料产品的粉化率增加、饲料颗粒的耐水时间下降等。那么，如何避免这些不利的影响呢？

饲料原料的调质效果对于颗粒饲料的制粒效果具有决定性的影响，是非常重要的水产饲料生产过程。饲料的调质就像我们日常生活中做馒头、做面包、做拉面的"揉面团""醒面团"过程，不经历这些过程就难以实现面团的黏弹性、柔韧性和发泡性。饲料的调质就是依赖温度、水分和机械剪切力的作用，使其中的淀粉糊化、各类原料颗粒充分地混合，主要依赖糊化的淀粉、具有黏性作用的蛋白质（如血球粉、谷蛋白粉等）充分糅合、黏结，实现饲料原料颗粒的黏结性、弹性和柔韧性，经过挤压制粒后饲料颗粒具有很好的黏弹性、黏结性，减少了进入水体中的溶失，减少饲料颗粒的粉化率，同时还有利于饲料颗粒进入水产动物消化道后的溶散效果。饲料颗粒进入消化道后能快速地溶散才有利于与消化液、消化酶充分的混合，如果饲料颗粒黏结过于牢固则不利于在消化道中的消化作用和吸收作用，关于这部分的内容可以参考消化生理有关章节。

对于高油脂饲料在调质阶段的影响需要解决的技术问题就是脂类与水分的溶解性问题。前面的分析表明，饲料原料中的油脂、直接添加的油脂和磷脂等，基本都是从细胞中溢出的脂类物质，除了磷脂可以在水溶体系中很好地分散之外，油脂与水分是互不相溶的，是具有排斥作用的。可以想象的是：如果一个饲料原料颗粒表面全是这些油脂覆盖，相当于在原料颗粒、淀粉颗粒的表面有一层油膜。那么在调质过程中，水蒸气的水分子就难以进入到饲料原料颗粒、淀粉颗粒的内部，其中的淀粉接收不到水分、调质器内部温度也上不去（达不到淀粉糊化的要求温度），那么饲料原料颗粒内部、淀粉颗粒内部没有水分子进入就难以糊化，淀粉不能糊化就会保持原有的淀粉颗粒的三维结构状态，淀粉颗粒的微晶结构得到维持，这样的淀粉就失去了黏结性。要破坏饲料原料颗粒、淀粉颗粒表面的油膜最有效的技术方法就是乳化剂，乳化剂具有亲水、疏水的两性分子结构。如果一滴油进入水中，乳化剂亲油的一端与油脂结合，并包裹在乳化颗粒的内部，亲水的一端则与水分子结合，并分布在乳化颗粒的表面，这样的结果就使油滴可以较为均匀地分散在水溶体系中。相反，一滴水进入油脂中，乳化剂的亲水端与水分子结合，并聚集在乳化颗粒的内部，疏水的一端与油脂结合，并分布在乳化颗粒的表面，这样的结果就是水分子可以均匀地分散在油脂中。因此，高油脂饲料中的乳化剂是非常重要的物质，可以有效地解决高油脂饲料的调质温度升高、水分含量增高的问题，使饲料原料的调质效果得到保障。

那么需要什么样的乳化剂呢？乳化剂有很多种类，典型特征是具有亲水的一端或亲水的一面（如胆汁酸），也有疏水的一端或一面。如葡萄糖与18碳硬脂酸形成的葡萄糖酯、含一个脂肪酸的甘油酯、磷脂、胆汁酸等都是很好的乳化剂。而在饲料原料调质过程中，脂类物质主要为三酰甘油，分子量很大，这时候的乳化剂分子量较大、分子三维体积较大，才能很好地分散三酰甘油，小分子量的乳化剂效果就不如大分子量的乳化剂。此时最好的乳化剂就是磷脂了，包括大豆磷脂、菜籽油磷脂等，其分子量、分子三维空间结构与三酰甘油相似。因此，应该在高油脂水产饲料中保持一定量的磷脂油，此时的磷脂油除了提供饲料磷脂外，更重要的是消除高油脂饲料中油脂对饲料调质效果的不利影响。一般性的淡水鱼类饲料中，如果油脂含量达到8%以上，则同时提供0.5%～1.0%的磷脂油可以起到很好的乳化效果，对于油脂含量达到10%的饲料，则需要有1.0%～2.0%的磷脂油。

磷脂油的添加方式可以与需要添加油脂（如豆油等）按照1∶3或1∶4的比例混合后直接加入到饲料中，也可以单独添加到第二次混合机中。

（六）颗粒饲料中油脂的存在形式

依据前面的分析，已经制成颗粒的饲料中，油脂主要分散在饲料颗粒之中，与其他原料充分地混合在一起，也有磷脂油乳化形成的乳化颗粒分散在原料、颗粒的缝隙之中。如果颗粒表面喷涂的油脂量过大，饲料颗粒进入水体中后其表面的油脂可能会溶失在水体之中，在饲料投喂区域水体表面形成油膜。对于喷涂油脂量超过6%的膨化饲料，应该采用真空喷涂的方式，将大量的油脂吸附在颗粒内部、饲料原料的缝隙中。

可以确定的是，在饲料颗粒中的油脂不存在于细胞中，而是在饲料原料的混合物之中，或者以油滴、乳化颗粒的形式存在于饲料颗粒的缝隙中，是有利于进入水产动物消化道后的消化和吸收的。

二、油脂在消化道内的消化

消化道中的消化酶都是水溶性的，饲料中游离存在的油脂需要由两性物质进行乳化后分散在水溶体系中才能被脂肪水解酶消化。而对油脂在消化道内进行乳化作用的主要是胆汁酸、胆汁酸盐等物质，在饲料加工过程中加入的乳化剂（磷脂）等在消化道内也可以促进油脂的乳化作用，提高对油脂的消化作用。在消化道内，通过肠道的蠕动，由胆汁中的胆汁酸盐使食物脂类乳化，使不溶于水的脂类分散成"水包油"的小胶体颗粒，提高溶解度增加了酶与脂类的接触面积，有利于脂类的消化及吸收。值得注意的是，饲料或食物中的油脂数量远远大于鱼体分泌的胆汁酸的数量，因此，完全依赖胆汁酸的乳化作用是有限的；而饲料中磷脂的添加量相对较高，对饲料油脂的乳化作用更有效。

在消化道内，食物与消化液得到充分的混合形成食糜。食糜中的油脂与水会形成一个"水-油界面"，在形成的水-油界面上，分泌进入肠道的胰液中包含的酶类，开始对食物中的脂类进行消化，亲水性的消化酶是很难进入油脂颗粒内部的。消化脂肪的消化酶包括胰脂肪酶（pancreatic lipase）、辅脂酶（colipase）、胆固醇酯酶（pancreatic cholesteryl ester hydrolase or cholesterol esterase）和磷脂酶A_2（phospholipase A_2）等。饲料或食物中的脂肪乳化后，被胰脂肪酶催化，水解甘油三酯的1和3位上的脂肪酸，生成2-甘油一酯和脂肪酸。此反应需要辅脂酶协助，将脂肪酶吸附在水界面上，有利于胰脂肪酶发挥作用。

根据三酰甘油消化水解的程度不同有几种情况。①完全消化，对于甘油三酯可以完全消化为甘油和脂肪酸再分别被吸收，在动物消化道内完全消化的油脂所占比例很少。②部分消化，脂肪酶水解甘油三酯的1和3位上的酯键，生成2-甘油一酯和脂肪酸。此反应需要辅脂酶协助，将脂肪酶吸附在水界面上，有利于胰脂肪酶发挥作用。③不消化，油脂类可以不经过消化而被直接吸收。这三种情况同时存在，油脂可以不经过水解消化也能被吸收。

对于磷脂的消化，饲料中的磷脂被磷脂酶A_2催化，在第2位上水解酯键生成溶血磷脂和脂肪酸，胰腺分泌的是磷脂酶A_2原，是一种无活性的酶原形式，在肠道被胰蛋白酶水解释放一个六肽后成为有活性的磷脂酶A_2催化上述反应。

食物中的胆固醇酯被胆固醇酯酶水解，生成胆固醇及脂肪酸，而进入肠道黏膜细胞后，需要重新合成胆固醇酯。

食物中的脂类经上述胰液中酶类消化后，生成甘油一酯、脂肪酸、胆固醇及溶血磷脂等，这些产物极性明显增强，与胆汁乳化成混合微团（mixed micelles）。这种微团体积很小（直径20nm），极性较强，可被肠黏膜细胞吸收。

三、油脂消化产物的吸收

脂质在鱼体内的吸收和哺乳动物体内的吸收相似，吸收的位点在肠道黏膜。

如前所述，食物中的脂类经消化道内水解酶消化后的微团可被肠黏膜细胞直接吸收。而长链脂肪酸（碳原子数大于10）则只在胆盐乳化作用下可被吸收，吸收进入黏膜细胞后的长链脂肪酸仍需合成甘油三酯再通过淋巴进入血液循环。对于长链脂肪酸，在脂酰-CoA合成酶（fatty acyl-CoA synthetase）催化下，生成脂酰-CoA而分散在水溶体系中，有利于黏膜细胞的吸收作用。

短链脂肪酸比长链脂肪酸易于被吸收，不饱和脂肪酸比饱和脂肪酸更易被吸收。鱼类对不饱和脂肪酸和短链脂肪酸的消化吸收率高达95%，对饱和脂肪酸和长链脂肪酸的吸收约为85%。

DHA在体内的消化吸收与其他脂肪酸相比，差异很大。以甘油三酯形式存在的DHA为例，在肠道中，甘油三酯被肝脏分泌的胆盐乳化后，在胰脂肪酶和肠脂肪酶的作用下，分解成甘油二酯、甘油一酯、脂肪酸和极少量甘油。这些水解产物与胆固醇、溶血磷脂和胆盐共同形成一种水溶性的混合微粒，穿过小肠绒毛表面的水屏障到达微绒毛膜以被动扩散的方式被吸收（胆盐除外）。

当这类水解后的脂类物质进入肠道黏膜细胞后，还要经过在黏膜细胞内的加工才能转移到血液中，进入血液循环。在黏膜细胞内，脂酰-CoA可在转酰基酶（acyltransferase）作用下，将甘油一酯、溶血磷脂和胆固醇酯化生成相应的甘油三酯、磷脂和胆固醇酯。在肠道黏膜细胞中，生成的甘油三酯、磷脂、胆固醇酯及少量胆固醇，与肠道黏膜细胞或肝细胞内合成的载脂蛋白（apolipoprotein）构成乳糜微粒（chylomicrons，CM），通过淋巴最终进入血液，被其他细胞所利用。有研究证实，在鲑、鳟中，肠上皮细胞将吸收的脂类重新酯化并合成为CM，CM大小范围为80～800nm，CM通过淋巴系统进入血液循环。大西洋鲑肠道中观察到类似于CM的囊泡，颗粒大小130～200nm；这些CM位于微绒毛附近，同样也靠近基底膜外侧，形成了类似"转运的通路"，表明大西洋鲑中CM是肠道脂类的主要转运载体。

艾庆辉（2016）总结了影响水产动物肠道脂类转运的主要因素，认为包括了以下因素。①饲料中脂类的含量和组成会影响肠道脂肪转运。饲料中中性脂含量过高、磷脂不足或者用植物油替代鱼油均会导致大量的脂滴在鲫、金头鲷、北极红点鲑、虹鳟肠上皮细胞中富积。其原因可能是肠上皮细胞脂蛋白合成不足，不能及时将肠道吸收的脂类转运至机体其他组织，从而导致脂滴富积。②不同磷脂种类会影响到肠道脂肪转运效果。在鲫仔鱼中的研究表明，磷脂酰胆碱（phosphatidylcholine，PC）的乳化、转运效果要好于磷脂酰肌醇（phosphatidylinositol，PI），可能的原因包括：磷脂酰胆碱是鱼类脂蛋白中磷脂的主要成分，如在大西洋鲑血浆极低密度脂蛋白VLDL中其含量高达95%，远远超过脂蛋白中其他几种磷脂；磷脂酰胆碱对于载脂蛋白apo B的合成有特殊的效果。③饲料中的蛋白质原料也会影响肠道脂肪的转运。有研究发现植物蛋白源替代60%鱼粉会使大西洋鲑幽门盲囊脂肪大量沉积，*apo B*、*apo AI*和*mtp*基因表达量显著升高，这些基因表达量的上调可能是为了加速肠道中脂肪的转运。肠道脂肪酸结合蛋白（FABP2）的功能是负责肠细胞内脂肪酸的转运。

四、脂质在血液中的存在形式

血浆中含有的脂类统称为血脂，包括甘油三酯、磷脂、胆固醇及其酯和游离脂肪酸。血脂是以脂蛋白（lipoprotein）的形式存在并运输的，脂蛋白由脂类与载脂蛋白结合而形成。与哺乳动物类似，鱼类的油脂转运也是通过脂蛋白来完成的。

脂蛋白是一类由富含固醇脂、甘油三酯的疏水性内核和由蛋白质、磷脂、胆固醇等组成的外壳构

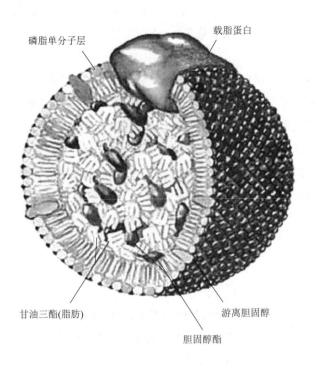

磷脂单分子层　　　　载脂蛋白

甘油三酯(脂肪)

胆固醇酯

游离胆固醇

图5-20　脂蛋白结构模式图

成的球状微粒，见图5-20。脂蛋白对于动物细胞外脂质的包装、储存、运输和代谢起着重要作用。脂蛋白具有微团结构，非极性的甘油三酯、胆固醇酯等位于微粒的核心区域，外周为亲水性的载脂蛋白（apolipoprotein）、胆固醇酯（cholesteryl ester，CE）、磷脂等的极性基因，这样使脂蛋白具有较强水溶性和稳定性，可在血液中运输。血浆中的游离中短链脂肪酸可与血浆白蛋白结合而被运输，称之为脂酸白蛋白。

　　依据不同脂蛋白中蛋白质脂类成分所占比例不同，其分子密度不同（甘油三酯含量多者密度低，蛋白质含量多的分子密度高），在一定离心力作用下，根据脂蛋白颗粒的沉降速度或漂浮率不同，将脂蛋白分为五类，即乳糜微粒（chylomicrons，CM）、极低密度脂蛋白（very low density lipoprotein，VLDL）、中间密度脂蛋白（intermediate-density lipoprotein IDL）、低密度脂蛋白（low density lipoprotein，LDL）和高密度脂蛋白（high-density lipoprotein，HDL）。乳糜微粒在肠黏膜细胞中合成，VLDL、LDL、IDL和HDL既可在肠黏膜细胞合成，也可在肝脏合成，鱼类血浆中脂质蛋白复合物包括了CM、VLDL、IDL、LDL和HDL。血中脂类转运到脂肪组织、肌肉等部位的毛细血管后，游离脂肪酸通过被动扩散进入细胞内，甘油三酯经毛细血管壁的酶分解成游离脂肪酸后再被吸收，未被吸收的物质经血液循环到达肝脏进行代谢。

　　甘油三酯在CM、VLDL中的比例较高，而PL（磷脂）、胆固醇则在LDL和HDL中的比例较高，并且每种脂蛋白中均含有多种载脂蛋白。在鳟中，CM、VLDL、LDL和HDL中甘油三酯的比例分别为84%、52%、22%和11%，磷脂的比例分别为8%、18%、27%和32%。至于载脂蛋白，CM含Apo AⅠ、Apo B等，VLDL和IDL含有Apo AⅡ、Apo B和Apo C等，LDL含Apo AⅠ、Apo B等，HDL中载脂蛋白的组成与其他脂蛋白的组成差异较大，不含有Apo B，主要由Apo AⅠ和Apo AⅡ组成（艾庆辉，2016）。

　　哺乳动物的血脂成分中，各类脂蛋白微粒中的脂质成分均含甘油三酯、磷脂、胆固醇及其酯。但组成比例有很大差异，其中甘油三酯在乳糜微粒中含量为最高，达其化学组成的90%左右。磷脂含量以

HDL为最高，达40%以上。胆固醇及其酯以LDL中最多，几乎占其含量50%。VLDL中以甘油三酯含量为最多，达60%。

艾庆辉（2016）总结了鱼类脂肪与脂肪酸的转运及调控研究进展，发现虽然脂蛋白的种类相同，但在脂蛋白的组成上鱼类与哺乳动物存在差异。哺乳动物中血浆脂蛋白以VLDL和LDL为主，条纹鲈、真鲷、大西洋鲑和团头鲂等鱼类中血浆HDL所占的比例最大、浓度最高，VLDL浓度明显低于HDL。VLDL的主要作用是将肝脏中过多的脂肪转运到外周组织，其浓度与鱼类摄食的状态和摄食后的时间密切相关。条纹鲈摄食后血浆VLDL浓度是饥饿4周后的2倍多，欧洲鲈摄食后12～24h内血浆VLDL的浓度明显升高。血浆中低浓度的VLDL表明肝脏向外分泌VLDL的速率比较慢或者VLDL在循环系统中的周转速率非常快。HDL主要负责胆固醇的逆向转运，血浆中高浓度的HDL表明外周组织向肝脏转运胆固醇的速率较快。

（一）载脂蛋白（apoprotein，Apo）

脂蛋白中与脂类结合的蛋白质称为载脂蛋白，载脂蛋白在肝脏和肠黏膜细胞中合成。已发现了十几种载脂蛋白，结构与功能研究比较清楚的有Apo A、Apo B、Apo C、Apo D与Apo E五类。每一类脂蛋白又可分为不同的亚类，如Apo B分为B100和B48；Apo C分为C I、C II、C III等。

载脂蛋白在分子结构上含有较多的双性α-螺旋结构，表现出两面性，分子的一侧极性较高可与水溶剂及磷脂或胆固醇的极性区结合，构成脂蛋白的亲水面，分子的另一侧极性较低可与非极性的脂类结合，构成脂蛋白的疏水核心区，疏水性核心区就是疏水脂质的存在区域。

载脂蛋白的主要功能是作为脂类的运输载体。有些脂蛋白还可作为酶的激活剂：Apo A I 激活卵磷脂胆固醇脂酰转移酶（lecithin cholesterol acyl transferase，LCAT），Apo C II 作为辅因子可激活脂蛋白脂肪酶（lipoprotein lipase，LPL），Apo C III 可以刺激VLDL的组装、分泌并且抑制VLDL被LPL水解等。有些脂蛋白也可作为细胞膜受体的配体，如Apo B48、Apo E参与肝细胞对乳糜微粒的识别，Apo B 100可被各种组织细胞表面LDL受体所识别。

（二）乳糜微粒（CM）

乳糜微粒是在肠黏膜细胞中生成的，食物中的脂类进入黏膜细胞后，在细胞滑面内质网上经再酯化后，与粗面内质网上合成的载脂蛋白构成新生的乳糜微粒（包括甘油三酯、胆固醇酯和磷脂以及Apo B48），经高尔基复合体分泌到细胞外，进入淋巴循环最终进入血液。新生乳糜微粒入血后，接受来自HDL的Apo C和Apo E，同时失去部分Apo A，被修饰成为成熟的乳糜微粒。

（三）极低密度脂蛋白（VLDL）

VLDL主要在肝脏内生成，VLDL主要成分是肝细胞利用糖和脂肪酸（来自脂动员或乳糜微粒残余颗粒）自身合成的甘油三酯，与肝细胞合成的载脂蛋白Apo B100、Apo AI和Apo E等加上少量磷脂和胆固醇及其酯所构成。肠黏膜细胞也能生成少量VLDL。VLDL分泌入血后，也接收来自HDL的Apo C和Apo E。Apo C II激活LPL，催化甘油三酯水解，产物被肝外组织利用。同时VLDL与HDL之间进行物质交换，一方面是将Apo C和Apo E等在两者之间转移，另一方面是在胆固醇酯转移蛋白（cholesteryl ester transfer protein，CETP）协助下，将VLDL的磷脂、胆固醇等转移至HDL，将HDL的胆固醇酯转至VLDL，这样VLDL转变为中间密度脂蛋白（IDL）。VLDL是体内转运内源性甘油三酯的主要方式。当血浆中VLDL含量增高时可以作为脂肪肝形成的一个指标。

（四）低密度脂蛋白（LDL）

LDL 由 VLDL 转变而来，LDL 中主要脂类是胆固醇及其酯，载脂蛋白为 Apo B100。LDL 在血中可被肝及肝外组织细胞表面存在的 Apo B100 受体识别，通过此受体介导吞入细胞内，与溶酶体融合，胆固醇酯水解为胆固醇及脂肪酸。这种胆固醇除可参与细胞生物膜的生成之外，还对细胞内胆固醇的代谢具有重要的调节作用：①通过抑制 HMG CoA 还原酶活性，减少细胞内胆固醇的合成；②激活脂酰 CoA 胆固醇酯酰转移酶（acyl-CoA cholesterol acyltransferase，ACAT）使胆固醇生成胆固醇酯而贮存；③抑制 LDL 受体蛋白基因的转录，减少 LDL 受体蛋白的合成，降低细胞对 LDL 的摄取。LDL 代谢的功能是将肝脏合成的内源性胆固醇转运到肝外组织，保证组织细胞对胆固醇的需求。

（五）高密度脂蛋白（HDL）

HDL 在肝脏和肠中生成。HDL 中的载脂蛋白含量很多，包括 Apo A、Apo C、Apo D 和 Apo E 等，脂类以磷脂为主。HDL 分泌入血后，新生的 HDL 为 HDL3，一方面可作为载脂蛋白供体将 Apo C 和 Apo E 等转移到新生的 CM 和 VLDL 上，同时在 CM 和 VLDL 代谢过程中再将载脂蛋白运回到 HDL 上，不断与 CM 和 VLDL 进行载脂蛋白的交换。另一方面 HDL 可摄取血中肝外细胞释放的游离胆固醇，经卵磷脂胆固醇酯酰转移酶（LCAT）催化，生成胆固醇酯。此酶在肝脏中合成，分泌入血后发挥活性，可被 HDL 中 Apo AI 激活，生成的胆固醇酯一部分可转移到 VLDL。通过上述过程，HDL 密度降低转变为 HDL2，HDL2 最终被肝脏细胞摄取而降解。HDL 的主要功能是将肝外细胞释放的胆固醇转运到肝脏，这样可以防止胆固醇在血中聚积。

五、肝脏脂肪转运的调控

鱼类中也存在着与哺乳动物相似的脂肪转运方式。肝脏脂肪的转运包括了外源性脂肪转运与内源性的脂肪转运。在乳糜微粒中的三酰甘油在血管内壁脂蛋白脂酶 LPL 的作用下分解为脂肪酸，被肌肉、脂肪组织等外周组织利用，形成的乳糜微粒残体被肝脏摄取，这一过程称为脂肪转运的外源性途径（exogenous pathway）。肝脏也可以将合成的脂肪通过 VLDL 转运至机体其他组织贮存或利用，这一过程称为脂肪转运的内源性途径（endogenous pathway）。

脂蛋白转运的三酰甘油，在脂蛋白酯酶（LPL）的作用下分解为脂肪酸，然后才能进入细胞内。LPL 是分解脂蛋白中三酰甘油酯的限速酶。在虹鳟和真鲷肝脏、肌肉和脂肪组织中均发现了 LPL 基因表达和酶活性。与哺乳动物类似，鱼类血液内水解形成的脂肪酸进入细胞内并不完全是被动扩散的过程，存在着膜相关的脂肪酸转运体介导的转运，并且发现大西洋鲑肝细胞对长链多不饱和脂肪酸（$20:5\omega$ $3 > 18:3\omega 3 = 22:6\omega 3 > 18:2\omega 6 > 18:1\omega 9$）的吸收更依赖于膜蛋白的调节。在虹鳟、大西洋鲑等鱼类中已发现两种脂肪酸转运体——脂肪酸移位酶（fatty acid translocase，CD36）和脂肪酸转运蛋白1（fatty acid transport protein，FATP1）的全长或核心片段。脂肪酸进入细胞后，胞质型脂肪酸结合蛋白（cytoplasmic fatty acid-binding protein，FABP）将其转运到不同的位点进行代谢或者储存。鱼类和虾蟹中也存在多种 FABP。肝脏、肌肉和脂肪组织是鱼体的主要脂肪贮存部位，其中肝脏主要表达 FABP10，肌肉中 FABP3 的表达量最高，其次是 FABP11，脂肪组织主要表达 FABP11。

载脂蛋白 Apo B100 在肝脏脂肪转运中发挥了重要作用，它是 VLDL 的重要组成成分，且每个 VLDL 只含有 1 个 Apo B100 分子，因此 Apo B100 的分泌会对 VLDL 的组装产生重要影响。艾庆辉（2016）总结了影响鱼类 Apo B100 合成的因素，脂肪酸种类会影响 Apo B100 分泌，并且不同种类的脂肪酸效果也有差异。在碳链长度方面，棕榈酸（16：0）会显著刺激原代肝细胞 Apo B100 的分泌；与棕榈酸相比，己酸（6：0）、辛酸（8：0）、癸酸（10：0）和十二碳酸（12：0）均会抑制 Apo B100 分泌，并且癸酸的效果最好。在不饱和度方面，硬脂酸（18：1ω9）对 Apo B100 分泌没有明显影响，棕榈酸和亚油酸（18：2ω6）会显著促进其分泌；而花生四烯酸（20：4ω6，ARA）和二十碳六烯酸（22：6ω3，DHA）则会抑制其分泌。对于 Apo B100 分泌的影响，不同脂肪酸的调控机制也不尽相同。除了 Apo B100 外，微粒体三酰甘油转移蛋白（microsomal triglyceride transfer protein，MTP）在 VLDL 的组装过程中也起着重要作用，抑制 MTP 的活性或者编码 MTP 的基因突变或基因敲除也会导致 VLDL 组装受阻。在团头鲂中，高脂饲料会抑制肝脏三酰甘油的分泌，导致肝脂沉积增加。在饲料中添加高水平的胆碱（1800mg/kg）可以显著提高团头鲂肝脏 Apo B100 和 MTP 的基因表达，并且显著降低高脂饲料组鱼体肝脏脂肪沉积，可能原因是胆碱促进了肝脏 VLDL 的分泌从而加速肝脂向外转运。在脂肪源方面，与菜籽油组相比饲料中高含量的 EPA 或 DHA（EPA、DHA 占总脂肪酸的比例超过 40%）会降低大西洋鲑肝细胞甘油酯的分泌。此外，研究发现仅用植物油替代鱼油并不会影响血浆和 VLDL 中 TAG 的含量，用植物蛋白质完全替代鱼粉会使血浆三酰甘油含量显著降低，然而当用高水平的植物蛋白质、植物油同时替代鱼粉、鱼油时血浆三酰甘油含量显著升高，这些结果表明植物蛋白源和植物油在影响鱼体肝脏脂肪转运时存在着交互作用。

第四节
鱼类对饲料油脂的存储与利用

鱼类对于饲料来源脂质的利用与其他动物类似，三酰甘油作为能量物质主要用于存储和氧化产能，磷脂则作为结构脂质主要用于生物膜的更新，还有一部分脂质则参与体内代谢，除了部分直接作为生理活性脂质参与代谢外，其余用于物质之间的转化。

鱼类与其他动物一样，对于三酰甘油可以不加改造就用于存储，这就是鱼体脂肪酸组成与饲料脂肪酸组成具有极为显著的相关性的主要原因。这里主要提出的问题是：鱼体存储脂肪的部位在哪里？养殖鱼类容易出现脂肪肝，且出现脂肪性肝损伤作用的概率较大，意味着在肝细胞中有大量的脂肪积累，积累的脂肪因为脂肪酸的氧化酸败，或者是因为溶解于脂肪中的有毒有害物质在肝细胞积累，从而导致肝损伤。单纯的脂肪对鱼体的损伤程度不大，而损伤性脂肪肝则会造成器质性病变，脂肪肝会转化为肝硬化、肝萎缩，并由肝损伤为始发位点引起其他远程组织的器质性损伤，即远程打击作用，严重的情况下出现多器官功能衰竭、多器官结构损伤。

然而，我们在对自然水域——嘉陵江野生鱼类的研究中发现，在冬季鱼体也存储了大量的脂肪，主要存储在肠系膜和腹部脂肪块中，而肝胰脏中脂肪含量没有超出正常水平，肝胰脏色泽依然是健康的紫红色。这就提出一个问题：动物越冬之前都有存储油脂作为能量的习性，且存储的量也很大，但是存储的位点不是肝胰脏，而是在脂肪组织中大量沉积，所以并不导致鱼体出现脂肪肝病。养殖条件和自然条件相比，鱼体沉积的脂肪位点出现了重大的差异，是否是因为养殖过程中，一些物质干扰、改变了鱼体存储脂肪的位点？且由于含有脂肪酸氧化的产物导致了这种存储位点的改变，并引发了脂肪肝病？这就需要了解鱼体对饲料脂肪存储的调控机制，可能就是这类调控机制的改变造成了养殖条件下的脂肪肝病。

肌肉细胞中存储过多的脂肪，一方面因为存储脂肪与饲料脂肪酸组成显著相关，肌肉中存储的脂肪将对鱼体肌肉的味道产生重大影响；另一方面，如果溶解于存储脂肪的一些有毒有害物质，尤其是脂肪酸氧化的中间产物、终产物，可能导致肌肉细胞的损伤，引起肌肉组织的结构与功能性的改变，例如过量的丙二醛将导致肌肉蛋白质发生交联反应，导致蛋白质变性而被大量的清除，鱼体可能出现"瘦背病"，即鱼体背部的肌肉数量显著下降。但是，在自然水域的野生鱼类并不出现这类情况，这是否也是因为调控食物脂肪存储位点、机制发生了改变的结果呢？

还有一个问题是：斑点叉尾鮰、长吻鮠、黄颡鱼等背部肌肉会出现黄色，有类似于"黄膘猪肉"的情况，为什么会发生在背部肌肉？颜色是如何产生的？这类颜色是自溶解的色素，还是脂肪酸氧化后产生的多聚物之类的物质本身也吸收部分可见光而产生颜色？

上述问题直接提示我们，养殖条件下与自然水域野生鱼类比较，可能是因为体内脂肪存储调控机制的改变，从而导致了养殖条件下发生脂肪肝病、肌肉萎缩等营养性病症。目前的很多研究工作是在投喂配合饲料、养殖条件下的试验研究，如果对比野生条件下的脂肪代谢或许能够得到更好的结果。

一、鱼类脂肪的存储

关于油脂与脂肪名称，水产饲料习惯上将饲料用的三酰甘油叫做油脂，而对水产动物体内油脂习惯称为脂肪，这与常温下为固态的称为脂肪、液态的称为油脂有点差异。

（一）鱼类脂肪存储的主要部位

关于水产动物，尤其是鱼类存储脂肪的位置，与陆生动物有一些差异。整体上，鱼类在体内存储脂肪的位置主要包括腹部的肠系膜脂肪、腹部两侧的脂肪块（有点类似于"猪板油"）、皮肤下脂肪，以及肌肉组织和肝胰脏、肠道、脑等器官组织中。不同鱼类脂类贮存的主要部位会有所差别，行动缓慢的鱼类如鳕的肝脏是脂肪贮存场所，远海鱼类如鲭和鲑将脂肪贮存在肌肉中，而活动性不强的鳗鱼在肌隔（肌肉细胞之间的结缔组织）中贮存大量脂肪。在营养状态良好时，沙丁鱼、鲹、鲭、鲣等鱼类将甘油三酯存储在皮下组织，鳕、鲨鱼、乌贼等将甘油三酯存储在内脏器官组织，特别是肝脏中较多，也是提取鱼肝油的主要来源。养殖的鲤科鱼类肠系膜是主要的脂肪存储位点，肉食性鱼类除了肠系膜脂肪外，腹部两侧还有脂肪块。肌肉组织中一般存储有较多的脂肪，且能够影响到鱼肉的质构和风味。肝胰脏在养殖鱼类也是脂肪存储位点，这也是导致脂肪肝、脂肪肝病发生的主要原因。脑以及鱼体的头部也存储有一定量的脂肪。三文鱼在肌肉中存储了较多的脂肪，在红色肌肉之间形成了白色纹路的脂肪组织。

吴俊琳（2015）采用核磁共振扫描成像技术，研究了从水产品市场采购的草鱼、罗非鱼、金鲳鱼、大黄鱼和大菱鲆共五种鱼体中脂肪的分布、沉积状态，结果表明，草鱼、罗非鱼、金鲳鱼和大黄鱼的脂肪组织主要积累在脑部和腹腔，而且腹腔脂肪组织紧密包裹在内脏器官的周围；大菱鲆的皮下脂肪组织主要分布在鱼鳍之下。并根据脂肪组织的分布情况，五种鱼可以被分为两个类型：一是内脏脂肪占主导的鱼，如草鱼、罗非鱼、金鲳鱼和大黄鱼；二是皮下脂肪占主导的鱼，如大菱鲆。

鱼体中脂肪的存储主要有两种形式：①普通细胞中的脂滴，②已经分化后、特化的脂肪细胞。几乎所有的细胞中都有脂滴，而肠系膜、腹部脂肪、皮下脂肪等则以特化的脂肪细胞存储脂肪为主。

（二）肌内脂肪（intramuscular fat，IMF）

水产动物肌肉脂肪是需要关注的问题，有几个方面的重要影响：①肌肉的主要组成物质是蛋白质和脂肪，因此，蛋白质和脂肪在肌肉的沉积有利于水产动物可食用肌肉数量或质量的增长，尤其是鱼体背部肌肉的增长可以有效提升含肉率、鱼体肥满度等指标，在秋季选择合适的油脂如猪油，增加饲料油脂含量，可以提升鱼体背部肌肉质量、背宽，也是有效"育肥"的饲料技术方案；②肌肉沉积的脂类物质也是影响鱼肉食用品质的主要因素，包括对肌肉"嫩"度、口感、硬度等的影响，以及对肌肉风味的影响；③肌肉沉积脂肪氧化对肌肉结构造成严重不利影响，例如脂肪氧化产物可以导致肌肉萎缩、鱼体出现"瘦背""畸形"的情况。

（1）肌内脂肪与肌间脂肪

肌肉脂肪沉积的位点包括了肌纤维细胞（肌肉细胞）中的脂滴、肌纤维细胞之间的结缔组织、肌束之间结缔组织、肌膜等部位的脂肪细胞，脂肪细胞是脂肪沉积的主要位点。肌纤维细胞里脂滴中的脂肪主要为细胞提供能量，数量相对较少，而结缔组织中脂肪细胞才是沉积脂肪的主要位点，是体内作为能量存储的需要。因此，在食物脂肪来源、能量物质来源较为丰富的情况下，在越冬之前，脂肪细胞可以沉积较多的脂肪，其成分主要为三酰甘油、磷脂、固醇等。

肌肉细胞中蛋白质沉积、肌肉组织中脂肪沉积对水产动物的生长和饲料物质利用是必要的，也是养殖的主要目标。蛋白质的合成与肌肉纤维的增长、脂肪的合成与沉积也是生长代谢的重要方面。

与陆生动物类似，水产动物的肌肉脂肪包括肌肉（肌肉束）内部的肌内脂肪（intramuscular fat）和肌肉束之间的肌间脂肪（intermuscular fat）。

肌内脂肪为沉积在某块肌肉内的肌纤维（muscle fibers）（肌细胞）间与肌束（muscle fiber bundles）（多个肌纤维聚集成肌肉束）间的脂肪，可以视为沉积在整块肌肉内的脂肪。因此，肌内脂肪不仅包括感观可见的由大量脂肪细胞沉积在肌束膜（perimysium）和肌内膜（endomysium）上形成的大理石纹样（marbling），还包括通过显微镜才能看见的渗入相邻肌纤维间的少量脂肪细胞所含脂肪。肌肉内存在两种可能分化为脂肪细胞的干细胞群，即肌卫星细胞和脂肪来源干细胞。肌内脂肪的前体细胞更倾向于脂肪来源干细胞；通过用肌肉生长抑制素（myostatin）处理猪肌卫星细胞和脂肪来源干细胞，发现随着两种细胞中肌肉生长发育关键基因成肌分化因子1（myogenic D，Myo D）和 $PPAR\gamma$ 表达量发生差异性变化，进而影响两种细胞的成脂分化，有研究发现肌内脂肪细胞的主要来源是脂肪来源干细胞。

肌内脂肪细胞是由中胚层的多能干细胞分化发育而成，脂肪合成的发生与两个生理过程有关，一个是脂质代谢，即脂肪组织中能量的进出（脂肪合成与脂肪分解），此过程不需要干细胞的参与，另一个是脂肪细胞的发生，从类似干细胞的纺锤体样细胞开始分化，一般过程是首先形成缺乏脂质的前体脂肪细胞，然后是多房室（脂肪颗粒）的脂肪细胞，最后形成成熟单室的脂肪细胞。

肌内脂肪含量是某块肌肉组织的肌内脂肪占这块肌肉质量的比例。值得注意的是，对于鱼肉、扇贝等水产品，肉中含较高的磷脂、糖脂和脂蛋白等结合态脂肪，在测定肌肉脂肪含量时需要加入酸并进行酸解，将这些结合态脂肪（酸）水解后进行抽提，而不是直接将肌肉用乙醚或石油醚进行抽提。肌肉脂肪的含量是结合态脂肪和游离态脂肪之和。由于粗脂肪的测定使用乙醚、石油醚或正己烷等抽提剂，因此粗脂肪测定值不可避免包含极少量磷脂、糖脂、脂蛋白、固醇等结合态脂肪以及色素、脂溶性维生素和芳香油等脂溶性物质。对于鱼肉、扇贝等水产动物肉及肉产品而言，由于肉中含较高的磷脂，粗脂肪和总脂肪测定值有较大差异。

如图5-21所示为肌肉组织横切面图，肌纤维为横纹肌，一个肌细胞构成一个肌纤维，其中含有若干肌原纤维、多个细胞核，肌原纤维之间为细胞质即胞浆，在胞浆中也会有脂滴，但数量极少；肌纤维之间为疏松结缔组织，其中含有较多的脂肪细胞，属于肌肉内脂肪。

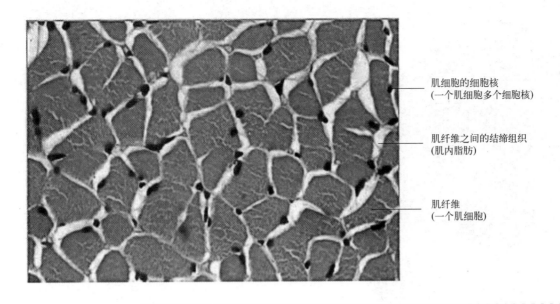

图5-21　肌肉组织（横纹肌）中的肌纤维

肌细胞的细胞核
(一个肌细胞多个细胞核)

肌纤维之间的结缔组织
(肌内脂肪)

肌纤维
(一个肌细胞)

　　肌间脂肪是沉积于单块肌肉间的脂肪（fat lying between individual muscle），即沉积在"单块（individual）"肉肌外膜上的脂肪。这在人体和陆生动物有较为明显的肌肉块，鱼类等水产动物也有很多肌肉块，是鱼体身体不同部位运动的主要动力来源。

　　猪的肌间脂肪主要位于不同的肌肉群之间，猪肉中最有代表性的是五花肉中的脂肪，肌间脂肪是猪肉具有优良口感的主要因素；猪的肌内脂肪主要定位于肌纤维旁、肌束膜的结缔组织中，对肉的风味、多汁性、嫩度或坚实度以及整体的可接受度都有积极的影响。

（2）鱼类肌肉脂肪的"大理石纹路"

　　雪花牛肉、猪肉的大理石纹路主要为肌肉与脂肪相间的纹路，也是影响肉质的主要因素之一。鱼类肌肉组织也是如此，只是纹路分布、数量多少的不同。

　　如果从鱼体背鳍前缘或后缘基部将整个鱼体横切，可以观察到鱼体的肌肉纹路，不同种类的鱼类其肌肉纹路是有差异的，这就是鱼体大侧肌的纹路。食用鱼体主要是食用鱼头和鱼体身体躯干的大侧肌，且以大侧肌为主。鱼体肌肉纹路其实就是肌肉纤维纹路与肌肉纤维之间结缔组织中脂肪细胞构成相互交替的纹路，见图5-22。其中的脂肪纹路为疏松结缔组织中脂肪细胞为主构成的纹路，在三文鱼类鱼体中这类脂肪纹路较为明显。在肌肉脂肪分类上，属于肌间脂肪。如果从脂肪纹路看，在背部肌肉分布的较少、腹部肌肉分布较多且密集，这或许是鱼体腹部肌肉美味的原因之一。图5-22显示了虹鳟鱼体横切后的肌肉和脂肪纹理，肌肉层与脂肪酸层交替排列组成了肌肉组织的纹路；而脂肪层为肌束之间结缔组织中脂肪细胞沉积脂肪后发育而成，其中以三酰甘油为主。

（3）肌内脂肪与肌肉品质

　　① 适量肌内脂肪有利于提升肉质的嫩度

　　肉的嫩度是评价肉类食用品质的重要指标之一，是消费者评判肉质优劣及影响消费选择的重要因素。嫩度是指人对肉入口咀嚼过程中的感觉，包括三个方面感觉，第一是入口开始咀嚼时，是否容易咬开；第二是否容易被咀嚼碎；第三咀嚼后留在口中的残渣量。嫩度的度量除了直接的口感评定外，主要用剪切力来评判。在肌肉正常剪切力范围之内，相应的剪切力越高嫩度越差，剪切力越低嫩度越好。

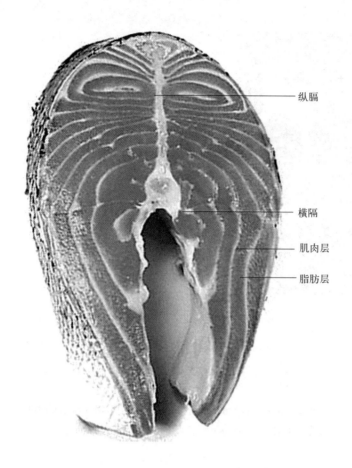

纵膈

横隔

肌肉层

脂肪层

图5-22 虹鳟鱼体横切面

　　肌肉中主要含有肌纤维组织、结缔组织和脂肪组织，肌肉的嫩度与肌肉中脂肪含量密切相关。研究发现，猪肉肌内脂肪在1%～3%之间随着肌内脂肪含量的增加，肌纤维会越细，而肌纤维之间缔联的结缔组织也越少，肌肉的剪切力越低，肉的嫩度越好。肌内脂肪含量在2%～3%时口感最好，低于2%时肌肉变干；高于3%时由于脂肪含量过高，入口发腻。大理石花纹是一项反映肉质的重要感官指标，肌内脂肪含量还影响肌肉的大理石纹评分，肌内脂肪含量越高，脂肪越多，大理石纹评分也相应升高。滴水损失是评判肌肉持水能力的指标，与肌肉的多汁性密切相关，肌内脂肪含量越高，肌肉表面的脂质越丰富，油脂在肌肉表面形成的膜相对缓解了钙蛋白酶受自由基攻击的程度，进而降低了滴水损失。

　　② 肌内脂肪与肌肉系水力

　　肌肉系水力是肉类保持其水分的能力，肌肉中的水分主要以结合水、不易流动水和自由水3种形式存在，储存在不同的空间结构中，主要存在于肌原纤维内、肌纤维间、肌原纤维及肌束间；肌原纤维蛋白以结构蛋白的方式存在，在肌纤维、肌原纤维间形成大量的"毛细管"似的缝隙，呈现均匀的网格状结构，为水分的存在提供了空间，肌肉蛋白质所带的净电荷是束缚水分的主要吸引力。

　　③ 肌内脂肪与肌肉风味

　　肌内脂肪中的脂类和某些脂溶性物质是风味物质的前体物，其有关成分包括氨基酸、醇类、脂类等相关物质，而磷脂是影响肌内脂肪发挥风味成分重要的前体物质，对香气特性和挥发性化合物的种类数量变化影响很大。

（4）影响肌内脂肪沉积的因素

① 日粮营养水平是影响肌内脂肪的主要因素

维生素A与猪肌内脂肪的关系。日粮中维生素A对动物的脂代谢具有调节作用，在育肥中期限制日粮维生素A的添加量能够在不影响其他屠宰性能的前提下增加猪肌内脂肪的含量。有研究证实其原理是日粮中的维生素A通过调控机体内脂肪细胞的分化进而影响脂肪的沉积。

共轭亚油酸与猪肌内脂肪的关系。共轭亚油酸对猪肌内脂肪的沉积起着一定的调控作用。日粮中添加共轭亚油酸或含有共轭亚油酸的物质能够显著提高肌内脂肪含量。并且有研究证实，当育肥猪日粮中共轭亚油酸含量达到1%及以上时，猪背最长肌脂肪含量明显提升，此外猪日粮中添加共轭亚油酸还可以提高饲料转化率，降低背膘厚度，增加瘦肉率，起到营养再分配的作用。共轭亚油酸能够显著降低皮下脂肪沉积，增加瘦肉率，当日粮中共轭亚油酸含量在2%时，能极显著增加猪背最长肌大理石花纹，且对猪肉品质无不良影响。

② 关键调控因子与基因的影响

Wnt家族蛋白在肌细胞与肌内脂肪细胞相互作用中起决定作用，其信号转导途径会促进肌细胞生长而抑制肌内脂肪细胞的合成。Wnt信号肽使前体脂肪细胞处于休眠状态，通过抑制脂肪分化的调控关键因子CEBPα和PPARγ，在体外促进肌纤维的形成，抑制其向脂肪细胞分化。

热休克蛋白β1（heat-shock protein beta 1，HSPB1）的mRNA和蛋白质表达量与肌内脂肪含量显著相关，并且对其通路研究发现HSPB1的调节因子——肿瘤坏死因子受体超家族成员和血管紧张素原，二者的表达量都与肌内脂肪含量呈显著负相关，HSPB1可以作为肌内脂肪研究中的一个重要候选基因。

肌内脂肪含量是一个典型的由多基因控制的数量性状。脂肪酸结合蛋白（FABP）家族的成员主要参与调控脂肪酸的摄取和运输，并具有组织特异性。心脏型脂肪酸结合蛋白（H-FABP，又称FABP3）被认为是调控IMF含量的主要候选基因之一。H-FABP在心肌和骨骼肌中表达较高，并且在长链脂肪酸的运输以及代谢中发挥着重要作用，能够影响肌内脂肪含量。脂肪型脂肪酸结合蛋白（A-FABP又称FABP4）主要在脂肪细胞中表达。在脂肪细胞的脂质代谢和贮存方面发挥重要作用，主要参与脂肪细胞甘油三酯的生成和分解。脂蛋白酯酶（LPL）可由肌肉细胞和脂肪细胞合成和分泌，是脂肪沉积中的关键酶。二酰基甘油转移酶1（DGAT1）在脂肪组织中的甘油三酯储存中起着重要作用，并且在骨骼肌中表达。

脂肪细胞的主要的功能是存储多余的能量，并在饥饿或在能量消耗代谢过程中释放能量。释放的能量被肌肉利用。同时，脂肪组织作为内分泌器官，可以释放细胞因子，维持能量平衡，调节能量利用率适应多种生理活动和代谢需要。

除各种调控因子外，脂肪组织的沉积对脂肪细胞增殖、分化和代谢产生影响，并与肌肉有相互作用。有些可能是由邻近肌肉的脂肪组织产生，有些由较远的脂肪组织如大网膜脂、肠系膜脂、肾周脂肪产生，存在于不同的信号转导通路。因此，这些脂肪组织和肌肉之间的相互作用只能通过内分泌的方式完成。而与肌肉组织距离近的脂肪组织，如皮下脂、肌内脂肪和肌间脂肪组织，则可能是通过内分泌或旁分泌起作用。因此，脂肪沉积位置决定脂肪组织发挥不同生理作用。胰岛素抑制骨骼肌和脂肪组织中的脂解作用。胰岛素可以通过诱导FAT/CD36受体易位到质膜来增加脂肪酸的摄入。胰岛素减少了约为29%的油酸氧化水平，证明了胰岛素的效果，有利于肌肉脂质的代谢。

脂肪组织由脂蛋白脂肪酶（LPL）和激素敏感性酯酶（HSL）分解产生脂肪酸，通过扩散或转运蛋白穿过细胞膜被吸收。这个过程涉及三种蛋白质，在纤维氧化过程中脂肪酸的利用率最高。40kDa的质膜结合蛋白介导脂肪酸跨质膜运输。一种84kDa的脂肪酸转运酶（FAT/CD36）介导调控肌肉对短链脂肪酸的利用。肌肉收缩时，通过磷脂酰肌醇（PI3-K）通路刺激胰岛素释放，FAT/CD36从细胞器转运到细胞膜，增加肌肉中脂肪酸的利用。此外，60kDa的脂肪酸转运蛋白（FATP）已被确定属于极长链乙酰辅酶A合成酶，可将脂肪酸转化为乙酰辅酶A，然后可能酯化为TAG或进行β-氧化作用。

肌内脂肪细胞与肌细胞在发育中相互作用，并且肌内脂肪的生长与肌肉的生长速率和肌纤维类型密切相关。肌内脂肪的代谢平衡主要通过肌肉内甘油三酯的摄入、合成与分解来调节，同时也与其他多种代谢途径有关，包括日粮中提供的脂肪、肝脏的从头合成途径、肌肉从血液中摄入的非酯化甘油三酯、脂肪酸氧化提供能量等。肌细胞、脂肪细胞和成纤维细胞在骨骼肌早期发育阶段来源于间充质干细胞，特别是胚胎期和新生阶段，并且大部分的间充质干细胞以转移分化为肌细胞为主，而只有一少部分的才会形成具有共同前体细胞的脂肪细胞和成纤维细胞，因此这个共同的前体被叫做纤维/脂肪前体细胞。

二、脂滴与脂肪细胞

（一）脂滴

脂滴（lipid droplets）是一种呈球状的、有三维结构的细胞器，主要功能是动态调节细胞的能量平衡。脂滴是一种分布非常广泛的细胞器，存在于大多数原核生物和几乎所有的真核生物中。

脂滴的膜为单层的磷脂膜，其主要的磷脂组成为磷脂酰胆碱（phosphatidylcholine，PC）和磷脂酰乙醇胺（phosphatidyl ethanolamines，PE），以及少量的磷脂酰肌醇（phosphatidylinositol，PI）。脂滴的内部为油脂，其成分主要为三酰甘油，以及少量的其他脂类物质。磷脂的亲水端在脂滴的最外面，与水分子接触，而疏水端（脂肪烃链）位于脂滴内侧，与三酰甘油接触。脂滴就是有磷脂单层膜包裹的一个脂肪球，可以悬浮于细胞质的水性溶胶体系中。

由于磷脂的两性性质，磷脂优先被吸附在界面处，它们通过降低表面张力，为单层膜提供高弯曲弹性，从而增加脂滴乳液稳定性。在磷脂单层膜中还有蛋白质，这与细胞膜有点类似。脂滴膜中的蛋白质也可以增加界面弹性，进一步有助于脂滴的稳定性。磷脂单层的结构和组成取决于细胞类型，但主要由磷脂酰胆碱、磷脂酰乙醇胺和较低程度的磷脂酰肌醇以及溶血磷脂组成，每一种磷脂都具有特定的界面性质，这些界面性质决定了它稳定乳液的能力。磷脂酰胆碱的形状是圆柱形的，因此提供了极好的表面积覆盖，并大大降低了表面张力。相比之下，磷脂酰乙醇胺是锥形的，具有较小的头部，头部基团三维体积较小，在稳定油滴乳剂方面不如磷脂胆碱。一些未酯化的脂质，如甾醇或胆固醇酯，也可能定位于脂滴表面，在那里它们可填充磷脂之间的空间，并作为辅助表面活性剂。脂滴膜上有300～500个脂滴蛋白。有些可能是作为脂滴的结构蛋白，有些是代谢酶，有些参与其他功能。膜中的蛋白主要包括脂滴包被蛋白（perilipin）、脂肪分化相关蛋白ADRP和脂滴尾联蛋白Tip 47等。蛋白质组学研究则进一步发现，Rab家族蛋白很多，甘油三酯水解酶（ATGL）及脂肪合成和胆固醇合成的许多酶类，以及与膜转运相关的蛋白如Rab18蛋白等都与脂滴相关。有研究表明，细胞内脂滴来自于内质网，以类似出芽方式生成。脂类合成的很多关键酶存在于内质网，脂类合成主要发生在内质网。

除了白色脂肪组织的细胞只有一个超大脂滴外，其他细胞中脂滴的大小差异很大，主要与细胞类型有关，脂滴的直径从40nm到100μm不等，是细胞内贮存中性脂的主要场所。

脂滴并非细胞内一个简单的能量贮存器，而是一个复杂、活动旺盛、动态变化的多功能细胞器。脂滴能够沿着细胞骨架运动，并与其他细胞器相互作用，可能在脂类代谢与存储、膜转运、蛋白质降解，以及信号转导过程中起着重要的作用。人体的多种代谢性疾病，如肥胖、脂肪肝、心血管疾病及糖尿病、中性脂贮存性疾病，往往都伴随着脂质贮存的异常。动物细胞的脂滴作为储存甘油三酯的主要场所，在代谢稳态中起着重要作用。脂滴来源的脂肪酸在线粒体中的β-氧化反应是细胞合成ATP的主要能量来源。线粒体也可以将用于合成ATP的能量以热量的形式释放出去，以维持动物体温。有研究表明，在白点鲑、虹鳟和鲭的红肌细胞（类似于棕色脂肪组织）中发现了大量脂滴，脂滴的周围有较多的线粒体包围，表明红肌细胞代谢的脂类直接来源是细胞内脂滴，而且脂滴来自于距离肌隔最近的脂肪细胞。红肌中细胞间和细胞内脂类大量贮存，为鱼类连续游动时β-氧化所需脂类提供保证。

（二）脂肪细胞与脂肪组织

脂肪细胞（adipocyte）是一类已经分化后特化的细胞类群，其特征是细胞内有一个很大的脂滴，细胞核等细胞器被脂滴挤压而分布在一个很小的细胞区域内，见图5-23。

由大量的脂肪细胞聚集构成的组织称为脂肪组织（adipose tissue），主要为肠系膜脂肪酸组织、腹部脂肪块脂肪组织、皮下脂肪组织等。脂肪组织中主要为脂肪细胞，其中也含有较多的结缔组织、毛细血管网等结构。从脂肪细胞的起源、色泽，以及其中主要的脂肪种类区分，有白色脂肪组织（white adipose tissue）和褐色（或棕色）脂肪组织（brown adipose tissue，BAT）二大类。

白色脂肪组织是由含有一个大脂滴的脂肪细胞聚集组成的，细胞中央有一个大脂滴占满细胞，将细胞核推挤到细胞的边缘，仅含少量的线粒体和其他细胞组分。白色脂肪组织主要分布在皮下、肠系膜等处，是体内最大的"能源库"。白色脂肪组织不仅是被动的能量贮存器官和机体最大的内分泌器官，而且在调节机体胰岛素敏感性和维持能量代谢平衡中发挥重要的作用。棕色脂肪组织是由含有多个脂滴脂肪细胞聚集而成的，组织中含有丰富的毛细血管，细胞内有许多小脂滴，线粒体丰富且特异性高表达解偶联蛋白UCP1，因毛细血管多（血液颜色）、线粒体多而呈现棕色。

为什么白色脂肪组织中脂肪细胞一般只有一个大的脂滴，而褐色脂肪组织中脂肪细胞会有多个脂滴？这是因为两类脂肪组织的功能差异所致。白色脂肪组织主要作为能量存储的组织，一个脂肪细胞内的脂滴汇聚成了一个大的脂滴，只有在一定的生理条件如饥饿条件下，神经、激素系统调控下才会调用白色脂肪组织中的三酰甘油作为能量，平时则主要作为"仓储"的能量物质。而褐色组织本身是能量快速产生部位，比如在恒温动物遇到冷刺激条件下需要产热保持恒定的体温，而这类产热不是依赖ATP

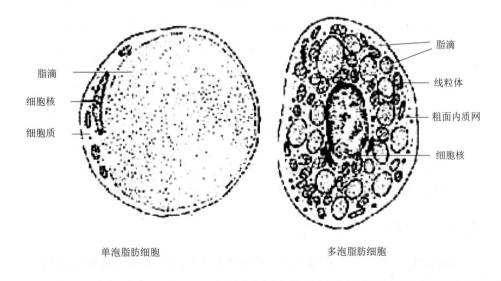

单泡脂肪细胞　　　　　　　　多泡脂肪细胞

图5-23 细胞中的脂肪分布

释放能量，是依赖脂肪快速氧化，且依据解偶联蛋白UCP1的作用使H和电子e⁻不通过呼吸链传递产生ATP，直接以"化学产热"将热量释放出来。所以，脂肪细胞内有多个脂滴并与线粒体紧密靠近，在脂滴与线粒体之间有直接的联系，在代谢路径上还是通过酯酰辅酶A将脂滴中脂肪酸转移到线粒体，通过脂肪酸的β-氧化路径进行氧化，只是用于UCP1的H和e⁻不再传递ADP用于ATP的产生，而是将化学反应的热量直接释放出来，快速地使体内温度增加。

在水产动物的红色肌肉中如侧线鳞下面的深色肉，也有类似于人体、哺乳动物褐色脂肪组织的脂肪细胞，这类脂肪细胞中也含有多个脂滴，并与线粒体紧密靠近且有大量的毛细血管分布其中，但水产动物不需要直接产热来维持体温，而是由于快速游泳、在水层中上下游动等需要快速地获得能量，这种能量应该还是ATP类型的能量，但又没有产生过量的乳酸（厌氧代谢）。有研究发现，大西洋鲑肌肉和脂肪组织的脂类大多数分布于肠系膜，红肌中也含有较高水平的脂类。与红肌相比较，背部肌肉的肌隔中脂肪细胞密度较低。另外，红肌中发现了很多脂滴，而白肌中没有这种现象。

在特殊条件下身体产热对于恒温动物是必要的生理反应，而水产动物因为快速游动也需要快速产能，了解这类褐色脂肪组织产热机制、快速产能机制，对于研究水产动物褐色肌肉组织脂肪细胞的功能作用有一定的参考价值，尤其是其中解偶联蛋白UCP在水产动物褐色肌肉细胞中也能高效表达，这是值得研究的问题。褐色脂肪组织，又叫棕色脂肪组织，在除单孔类、有袋类的几乎所有的真兽体内，都发现存在着一种高度特化的产热组织，这就是褐色脂肪组织。褐色脂肪组织除了一般脂肪组织所具有的营养成分储藏以及寒冷时起保温作用外，还进行着极为活跃的代谢活动。细胞内含有大量的脂滴及高浓度的线粒体，细胞间含有丰富的毛细血管和大量的交感神经纤维末梢，组成了一个完整的产热系统。该组织的每个细胞都直接与毛细血管接触，并受无髓交感神经末梢支配。故该组织的血液供应十分充分，其颜色部分是因丰富的血红蛋白而造成的，这也是为了适应旺盛的代谢而增加氧供给，以及为产生的热量输出所必需的。褐色脂肪组织的每个细胞几乎都接受棒状的神经末梢支配，因此对外界的环境条件变化反应更敏感、更迅速。褐色脂肪组织的细胞呈多边形，较小。胞质中央一般具圆形核，周围密布着小脂滴，故又称"多空泡性脂肪组织"。褐色脂肪组织细胞还富含线粒体，其体积大，内膜面积也因众多的嵴而更大扩展。这些特征都是褐色脂肪组织高强度的产热活性所必需的。褐色脂肪组织的主要功能是产热，它的产热能力是肝脏的60倍，是肌肉在有氧呼吸下产热量的10倍。在褐色脂肪组织线粒体内膜的外表面上，有一种分子质量为32kDa的特殊蛋白质，称为解偶联蛋白UCP。这种所特有的蛋白质具有嘌呤核苷酸的结合位点，氢离子的浓度和自由脂肪酸的含量可影响这种蛋白质的功能特性，它的含量和活性状态直接关系到褐色脂肪组织的产热能力，故有人称其为"热源"或"产热素"。正因为这种蛋白质的存在，使褐色脂肪组织的线粒体能产生一种独特的非偶联的呼吸机制。它的热能产生与ATP的合成无直接关系，氧化脂肪放出的能量以一种更直接的方式消散，即从与呼吸链相联系的能量传递系统的中间物中直接释放能量。这种机制的特征是，具有低能力的氧化磷酸化，但却有高速度的电子传递系统。

对于水产动物褐色肌肉及其细胞中的脂滴的生理作用还需要深入的研究。水产动物虽然没有快速产热的需要，但有快速游泳对能量快速供给的需要。

（三）脂肪细胞和脂肪组织的生理功能

脂肪细胞不仅仅是一个存储脂肪的细胞，脂肪组织也是动物机体内非常重要的、复杂且高度活跃的分泌功能器官，参与包括食欲、能量平衡、胰岛素敏感性、繁殖、骨形成、炎症反应和免疫等许多过程的调控。

我们要研究自然水域的野生鱼类与养殖条件下鱼类脂肪存储、动员利用的机制，就需要了解和掌

428

握脂肪组织的调控机制，包括哪些因素参与了脂肪的存储与动员、是以什么作用方式进行参与的等问题。

脂肪细胞具有内分泌、旁分泌及自分泌功能。现已发现动物脂肪细胞能够分泌100多种脂肪细胞因子（adipocytokines），它们对机体各器官，也包括脂肪组织本身具有重要的调节功能。在这些脂肪因子中，研究比较多的有瘦素（leptin）、抵抗素（resistin）、肿瘤坏死因子-α（TNF-α）、白细胞介素（interleukin，IL）-1b、IL-6、IL-8、IL-10、IL-18、内脂素（visfatin）、网膜素（omentin）、纤溶酶原激活物抑制物-1、肝磷脂结合的上皮生长因子样生长因子和血管紧张素等。这些因子分别和内分泌神经中枢、肾上腺、胰岛、骨骼肌、肝脏、心肌及血管内皮等细胞进行脂-脑、脂-胰、脂-肌及脂-肝等的生理代谢对话，形成复杂反馈网络以维持糖脂代谢，调节血管内皮功能以及机体的免疫功能等。例如，瘦素是一种由白色脂肪组织产生、分泌的蛋白质类激素。其前体由167个氨基酸残基组成，N末端有21个氨基酸残基信号肽，该前体的信号肽在血液中被切掉而成为146氨基酸、分子质量为16kDa的瘦素。瘦素具有广泛的生物学效应，其中较重要的是作用于下丘脑的代谢调节中枢，发挥抑制食欲、减少能量摄取、增加能量消耗、抑制脂肪合成的作用。瘦素的作用途径是通过抑制体内神经肽Y（neuropeptide Y，NPY）刺鼠肽基因相关蛋白（agouti-related protein，AgRP）的表达，从而使体内黑色素细胞刺激激素（alpha-melanocortin stimulating hormone，α-MSH）的活性表达增强。抵抗素是由脂肪组织特异分泌的一种多肽类激素。抵抗素基因表达的调节可能通过磷脂酰肌醇-3激酶（PI3K）/Akt、丝裂素活化蛋白激酶（MAPK）信号转导通路和CAAT/增强子结合蛋白（EBP）、过氧化物酶体增殖物激活受体（PPAR）转录因子完成。抵抗素通过作用于胰岛素靶器官导致胰岛素刺激的葡萄糖代谢出现异常，抵抗素还与脂肪细胞的分化、免疫、炎症、心血管疾病存在联系。

（四）脂肪细胞的分化与增殖

脂肪细胞的分化和增殖是脂肪组织发育的生理学基础，一个重要的特性是，脂肪细胞的增殖不是依赖于细胞的有丝分裂，而是来自于干细胞的分化，这与鱼类色素细胞的增殖方式有些类似。因此，脂肪细胞数量的增加、脂肪组织的发育依赖于干细胞的分化，会涉及更多的、更复杂的生理代谢调控机制。脂肪沉积是一个包含脂肪细胞分化、甘油三酯合成与水解、脂肪细胞凋亡等内容的复杂生物过程，其分子调控机制错综复杂，还需要更多的研究工作来解释这个生物过程。

脂肪细胞起源于脂肪组织中存在的间充质干细胞，该细胞因具有自我更新、活力持久、多向分化等干细胞的特征而被称为脂肪源性干细胞（adipose-derived stem cells，ADSCs）。脂肪源性干细胞在激素、生物活性因子、寒冷等因素刺激下，逐渐分化为单能干细胞即脂肪母细胞。它可保持着干细胞增殖活跃的特性，脂肪母细胞再进一步分化为前脂肪细胞，即脂肪细胞前体。前脂肪细胞再经历细胞融合、接触抑制和扩增等步骤启动向成熟脂肪细胞分化，并在胰岛素、地塞米松等诱导剂作用下完成向成熟脂肪细胞的分化。生长期前脂肪细胞的形态与成纤维细胞相似，经诱导分化，其细胞骨架和细胞外基质发生变化，开始进入由不成熟细胞向成熟细胞转变。细胞形态由成纤维细胞样逐渐趋于类圆或圆形，胞体逐渐增大，胞质中开始出现小脂滴，脂质开始累积；以后小脂滴增多并融合为较大的脂滴，可经油红"O"染色等方法于显微镜下显色，从而获得成熟脂肪细胞的形态特征。成熟脂肪细胞无分裂增殖能力，为脂肪细胞分化的终末阶段。

脂肪细胞分化过程中涉及大量的基因表达，主要有C/EBPs家族、过氧化物酶体增殖物激活受体（peroxisome proliferator-activated receptors，PPARs），还有螺旋-环-螺旋转录因子家族等其他转录因子，其中以前两者研究的居多。例如，C/EBPs家族有C/EBPα、C/EBPβ、C/EBPδ 3个成员参与脂肪细胞的分化。过氧化物酶体增殖物激活受体（PPARs）是配体激活的转录因子核受体超家族成员之一，有三种亚型：PPARα、PPARβ/δ和PPARγ。它们在脂肪生成、脂质代谢、胰岛素敏感性、炎症和血压调节中起着关键作用。

三、存储脂肪的利用

脂类动员和沉积是脂类新陈代谢的两个基本调节过程，这是在严格的生理条件控制之下的生理过程，只是我们目前还不完全知道其中的调控机制。我们知道在食物或饲料来源油脂过多的情况下，动物会将多余的脂肪沉积，而在食物或饲料供给不足、饥饿时会动用存储的脂肪满足生存和生长的需要。对于养殖鱼类，与自然水域的野生水产动物相比，养殖条件下人工饲料供给充足，发生饥饿的情况不多，因此动用存储脂肪的概率相对较少；但是，随着季节的变化，季节变化的主要特征应该是水温的变化，尤其是水温由高温期向低温期转化的秋季，水产动物也有存储脂肪的反应。一个重要的问题是存储脂肪的位点如果在肝胰脏就可能导致出现脂肪性肝病。

（一）脂滴脂肪的水解

前面已经分析过，动物体内的脂肪主要存储在脂滴中，包括脂肪细胞中的大脂滴和其他细胞中的脂滴。动物对脂肪的动员和利用其实就是对细胞脂滴中脂类物质的动员和利用。

首先，对于脂肪的合成与分解、存储与动员的过程都是受到一系列神经和激素调控的，也包括了多种信号通路的调控作用。我们除了要关注这些过程之外，还要关注启动脂肪存储与动员、合成与分解利用的调控因子，在什么情况下启动这些代谢机制？对于养殖鱼类而言，除了饲料因素外，环境因素如水温高低及其水温的变化方向也是重要的因素，这就是季节性变化的因素。了解这些生理机制对于水产饲料的季节性调整方案是非常重要的知识基础。

其次，神经因子、激素等对脂肪代谢调控的作用点是脂肪代谢的酶，是依赖对脂肪分解与合成、存储与动员、吸收与转运等生理过程的蛋白质、酶蛋白基因表达、转录与转录后加工等过程产生直接的作用，体现出对脂肪代谢的有序化控制。所以，了解脂肪代谢的调控机制也要了解这些酶或蛋白基因的信息。

（1）参与脂肪动员的激素和其他调控因素

在动物体内，各类脂肪酶控制着消化、吸收、脂肪重建和脂蛋白代谢等过程，而酶蛋白的合成与活性又是受到激素控制的。胰高血糖素（glucagon）、肾上腺素（epinephrine）、肾上腺皮质激素（adreno cortico hormones，ACTH）、去甲肾上腺素（norepinephrine，NE）、促甲状腺激素（thyroid stimulating hormone，TSH）等激素，可以与脂肪细胞膜、脂滴膜上受体作用，激活腺苷酸环化酶，使细胞内cAMP水平升高，进而激活cAMP依赖的蛋白激酶，将激素敏感脂肪酶蛋白磷酸化，使其被激活，促进甘油三酯水解，这些可以促进脂动员的激素称为脂解激素（lipolytic hormone）。

相反，胰岛素（insulin）、前列腺素（prostaglandin，PG）E2及盐酸等与上述激素作用效果相反，可抑制脂动员，称为抗脂解激素（antilipolytic hormones）。

激素对脂滴甘油三酯的脂解反应的调控及甘油三酯的脂解反应的路径见图5-24。

脂肪动员生成的脂肪酸可释放入血，与白蛋白结合形成脂酸白蛋白运输至其他组织被利用。但是，脑及神经组织和红细胞等不能利用脂肪酸，甘油被运输到肝脏，被甘油激酶催化生成三磷酸甘油，进入糖酵解途径分解或用于糖异生。脂肪和肌肉组织中缺乏甘油激酶而不能利用甘油。

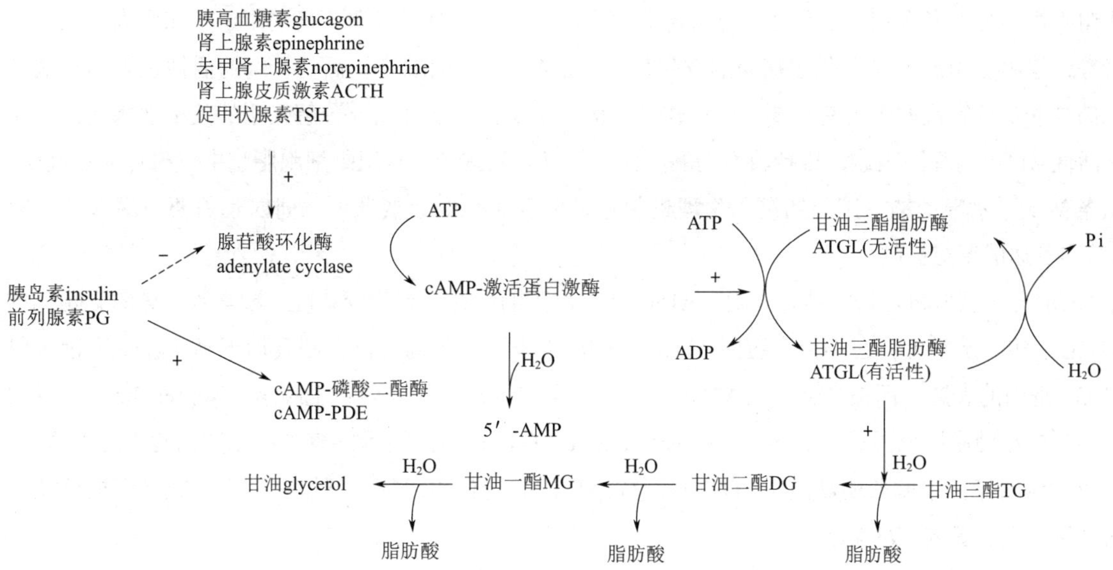

胰高血糖素glucagon
肾上腺素epinephrine
去甲肾上腺素norepinephrine
肾上腺皮质激素ACTH
促甲状腺素TSH

$+$

腺苷酸环化酶 adenylate cyclase

ATP

cAMP-激活蛋白激酶

$-$

胰岛素insulin
前列腺素PG

$+$

cAMP-磷酸二酯酶
cAMP-PDE

H_2O

5′-AMP

ATP

$+$

甘油三酯脂肪酶 ATGL(无活性)

ADP

Pi

甘油三酯脂肪酶 ATGL(有活性)

H_2O

甘油glycerol

H_2O

甘油一酯MG

H_2O

甘油二酯DG

H_2O

甘油三酯TG

脂肪酸

脂肪酸

脂肪酸

图5-24 细胞脂滴中甘油三酯的脂解过程与激素调控示意图

(2) 脂滴内脂质的分解与酶

体内能量代谢的核心反应是脂肪细胞的脂解反应，该反应调控脂肪酸从甘油三酯存储库的释放，是对存储脂肪的动员。脂解反应产生的脂肪酸由血清白蛋白转运至体内各个组织以满足机体能量需要。无论是脂肪细胞，还是普通细胞，甘油三酯、甘油二酯、甾醇酯、视黄醇酯等主要存储在脂滴中，磷脂在脂滴的膜中，当机体需要脂肪酸供能的时候，脂滴膜上的各类脂酶及其他蛋白质相互作用，将甘油三酯分解为甘油和脂肪酸提供给需能组织。

参与脂滴中甘油三酯水解的酶和蛋白质主要包括：甘油三酯酶（adipose triacylglyceride lipase, ATGL）、激素敏感脂肪酶（hormone sensitive lipase, HSL）、单酰基甘油酯酶（monoacylglycerol lipase, MAGL）等甘油酯水解酶，其中ATGL只水解三酰甘油为脂肪酸和二酰甘油，HSL既可以水解三酰甘油，也可以水解二酰甘油，MAGL只水解甘油单酯。ATGL将三酰甘油水解为单脂肪酸和二酰甘油为解反应的限速反应，控制着三酰甘油的水解速度。与哺乳动物相似的是，脂肪水解酶（ATGL、HSL、MAGL）也几乎在所有鱼类脂肪能量动用旺盛的器官组织中存在，例如脑、肠道、脾脏、肾脏、肝脏、脂肪白肌及红肌组织中，在鱼类特有的鳃也有脂肪水解酶的存在。

(3) 甘油三酯酶

甘油三酯酶（ATGL）主要分布在细胞质中，部分（约10%）与脂滴紧紧相邻。ATGL的基因表达具有组织和时序差异特性，例如ATGL的mRNA在白色和棕色脂肪组织中高度表达，在心肌和骨骼肌中也有一定量的表达，而在下丘脑、胸腺、脑、肝、脾、肾等组织表达量很低。

应用基因敲除及突变模型等技术，对ATGL的生物学功能及调控机制有了较多的认识，发现其不仅在脂肪组织脂解过程中扮演关键脂肪酶的作用，而且在非脂肪组织脂质和能量代谢过程中也起到了重要的作用。ATGL在机体骨骼肌、肝脏等非脂肪组织能量代谢过程中起着重要作用，与脂肪酸分流和脂质代谢信号通路过程密切相关。ATGL基因在非脂肪细胞中的过量表达导致脂滴大小显著下降（脂肪被动员），相反，失去催化活性的突变体尽管具有保留定位于脂滴周围的能力，但已失去降解脂滴的作用。ATGL基因缺失致使胰岛素信号通路活性发生了组织特异性变化。ATGL基因突变将会打破机体原有的能量代谢平衡，导致多余脂肪沉积在机体大部分器官组织中，尤其是代谢旺盛的组织，如肌肉、肠、心脏及肾等，这将会引起一系列代谢疾病的发生。因此，ATGL基因的表达活性、酶的活性在脂滴三酰甘油的存储与动员分解代谢中具有重要的生理作用，应该是机体脂肪存储与分解代谢的关键性酶蛋白。保持较高活性ATGL的基因表达，维持较高的酶活性，可以有效减少器官组织细胞脂滴中三酰甘油的沉积。在养殖条件下，水产动物控制脂肪沉积生理机制也是值得研究的重要课题，同时也需要更深入地了解ATGL基因表达的调控机制。

ATGL的分子调控机理研究结果表明，ATGL转录水平的调控受到营养状况、激素水平等的影响。例如，ATGL在转录水平上，在小鼠空腹时ATGL的mRNA表达量瞬间升高，喂食后下降，显示饥饿可以提高ATGL基因的表达，而摄食会抑制ATGL基因的表达；胰岛素、异丙肾上腺素（isoprenaline，一种β受体激动剂）和肿瘤坏死因子α（tumor necrosis factor α，TNFα）均可下调ATGL在脂肪细胞中的表达量，显示可以抑制对脂滴中脂肪的动员。ATGL在脂代谢中的关键作用可能与肝脂肪变性、胰岛素抵抗及其他代谢并发症存在着内在联系。

关于脂肪酶的分子结构，来源不同的脂肪酶在氨基酸序列上可能存在较大差异，但其三级结构却非常相似。脂肪酶的活性部位由丝氨酸、天冬氨酸、组氨酸侧链基团组成，属于丝氨酸蛋白酶类。脂肪酶的催化部位在分子内部，表面被相对疏水的氨基酸残基形成的多个α螺旋肽链结构所覆盖。外部肽链中α螺旋的双亲性会影响脂肪酶与底物在油-水界面的结合能力，脂肪酶的催化特性在于，在油水界面上其催化活力最大，这是脂肪酶区别于酯酶的一个特征。溶于水的酶作用于不溶于水的脂肪底物，反应是在2个彼此分离的完全不同的相的界面上进行。脂肪酶具有油-水界面的亲和力，能在油-水界面上高速率的催化水解不溶于水的脂类物质。

（4）围脂滴蛋白家族

有研究结果显示（张利红等，2006），围脂滴蛋白家族在调控机体ATGL介导的脂解过程中起着重要作用。围脂滴蛋白（perilipin）是脂滴相关蛋白家族的核心成员之一，是定位于脂滴表面的高磷酸化的蛋白质，对脂肪组织中甘油三酯的代谢有双重调节作用，既可通过阻止脂肪酶接近脂滴，降低基础状态下的脂解，又可促进激素刺激的脂肪分解。

围脂滴蛋白家族属于脂滴相关蛋白家族，该家族成员不仅序列相似、基因结构也相似，可能来源于同一主基因。该家族主要由围脂滴蛋白、脂肪细胞分化相关蛋白（adipocyte differentiation-related protein，ADRP）和尾部相互作用蛋白（tail-interacting protein）三大成员组成。对围脂滴蛋白的生理功能研究结果显示，在基础状态下，围脂滴蛋白锚定于脂滴表面作为生理屏障阻止可溶性脂酶接近脂滴，使三酰甘油不被脂肪酶水解，而在脂解因素刺激下可被蛋白激酶（PKA）磷酸化，进而使可溶性脂肪酶磷酸化，并易位至脂滴表面，此时其与磷酸化的围脂滴蛋白共定位于脂滴表面刺激脂解。在分化的脂肪细胞中，围脂滴蛋白基因的表达主要由PPARγ（过氧化物酶体增殖物激活蛋白受体γ）调控，PPARγ是脂肪细胞分化的关键调控因子。

四、甘油三酯的合成与鱼类脂肪的特点

（一）甘油三酯的合成

甘油三酯合成的直接原料是甘油、甘油单酯、甘油二酯和脂肪酸。甘油三酯的合成主要部位是肝脏、脂肪组织和肠道黏膜细胞，不同的组织细胞中甘油三酯的合成各有其特点。脂肪组织合成的甘油三酯主要是就地储存，肝脏和肠黏膜上皮细胞合成的甘油三酯不能在原组织细胞内储存，而是以极低密度脂蛋白（VLDL）或乳糜微粒（CM）进入血液并被运送到脂肪组织内储存或运送到其他组织被利用。

肝脏是甘油三酯合成的主要器官组织，肝脏可利用糖、甘油和脂肪酸作原料，通过磷脂酸途径合成甘油三酯，肝细胞缺乏甘油单酯途径的合成酶系。脂肪酸的来源有体内脂动员产生的脂肪酸，有糖和氨基酸转变生成的脂肪酸和食物中的外源性脂肪酸。在脂肪酸动员期间，水解脂肪产生的甘油从脂肪组织经血流运送到肝脏，肝脏的强活性甘油激酶将甘油活化产生 Sn- 甘油 -3- 磷酸，后者作为合成甘油三酯的酰化接受体。酰化反应有一定的专一性，饱和脂肪酸通常酰化在甘油分子的 C1 和 C3 位置，而多烯酸无例外是在 C2 位。食物来源的脂肪酸包括了食物脂肪在消化道消化并直接吸收、经血液循环进入肝脏的中短链脂肪酸以及乳糜微粒残余颗粒中脂肪分解生成的脂肪酸。

肝脏不是甘油三酯的存储器官，当肝细胞中甘油三酯含量过高会引起脂肪肝、脂肪性肝病。正常情况下，肝脏合成的甘油三酯和磷脂、胆固醇、载脂蛋白一起形成极低密度脂蛋白（VLDL），分泌入血，也因此，血清中 VLDL 含量可以作为脂肪肝形成的一个参考指标。肝脏合成的甘油三酯转运出肝脏障碍，或者进入肝脏的脂肪过多，均可能导致出现脂肪肝。如果肝脏磷脂合成障碍或载脂蛋白合成障碍，就会影响甘油三酯转运出肝脏，也会引起脂肪肝。

分布在肠系膜、皮下、腹部等部位的脂肪组织也是甘油三酯的合成部位，脂肪组织甘油三酯的合成与肝脏基本相同，脂肪组织也是利用甘油磷酸途径合成甘油三酯，甘油单酯途径不占主要地位。不同之处在于脂肪组织不能直接以甘油为原料，只能以糖分解提供的 α- 磷酸甘油作为合成甘油三酯的原料。脂肪组织没有甘油激酶，脂肪酸动员期间水解脂肪产生的甘油不能被利用，只能经血液运送到肝脏。与肝脏不同的是，脂肪组织能大量储存甘油三酯。

肠黏膜上皮细胞合成甘油三酯有甘油单酯途径、甘油磷酸途径两条途径。肠黏膜细胞内合成的甘油三酯有 85% 是通过甘油单酯途径，15% 通过甘油磷酸途径。在进食后，食物中的甘油三酯被水解生成游离脂肪酸和甘油一酯，被肠黏膜细胞吸收，并在肠黏膜细胞内合成甘油三酯，这个途径称为甘油单酯途径，进入肠黏膜细胞的 2-甘油单酯有 70% 是以完整的分子形式被细胞吸收。食物脂肪在肠内经脂肪酶水解产生脂肪酸和 2- 单酰基 -Sn- 甘油（即 2-甘油单酯）被黏膜细胞吸收，依赖甘油单酯途径合成甘油三酯。同时，消化产生、并被肠黏膜细胞吸收的脂肪酸经活化，产生酰基辅酶 A 作为酰基供体，肠黏膜细胞有甘油激酶催化产生 Sn- 甘油 -3- 磷酸的能力，最后通过 Sn- 甘油 -3- 磷酸途径合成甘油三酯。这些合成的甘油三酯参与乳糜微粒（CM）的组成，并以乳糜微粒形式进入血液。在饥饿情况下，肠黏膜也能利用糖、甘油和脂肪酸作原料，经磷脂酸途径合成甘油三酯，这一部分甘油三酯参与极低密度脂蛋白合成。

（二）甘油三酯生物合成的调控

动物体的甘油三酯维持着动态平衡，在正常进食情况下，过量的脂肪酸合成甘油三酯在体内贮存起来，外源的脂肪酸在体内可经链延长、链缩短、加氢或去饱和反应，从而改变脂肪酸的结构，并对甘油三酯分子的脂肪酸模式进行改组。从糖类代谢产生的乙酰辅酶 A 全程合成的脂肪酸的路径只限于饱和脂肪酸和单烯酸，因为动物没有合成亚油酸的能力，必需脂肪酸（亚油酸、亚麻酸和花生四烯酸）必须靠食入植物油供给。

激素对甘油三酯的合成起着重要的作用，胰岛素刺激甘油三酯合成，胰岛素的作用一是促进葡萄糖透过脂肪细胞和肌肉细胞膜，加速糖酵解和戊糖磷酸支路，从而给脂肪酸合成和甘油三酯合成提供原料；二是胰岛素还能增强有关合成酶的活性。

脂肪组织内游离脂肪酸的流入和流出速度也是在激素的控制之下，特别是胰岛素和肾上腺素。胰岛素促进游离脂肪酸流入，而肾上腺素能激活脂解过程，促进脂肪酸流出。血液内游离脂肪酸的含量取决于脂肪组织内甘油三酯的降解与合成之间的比例。激素通过这些作用调节控制着甘油三酯的水解和合成，因此影响脂肪酸动员的激素也同样是调节控制甘油三酯合成的因素，调节脂肪酸合成的因子也同样影响甘油三酯的合成。甘油三酯的合成也受反馈调节，柠檬酸和酰基辅酶A相互竞争地调节着脂肪酸合成限速酶（乙酰辅酶A羧化酶）的活性，从而影响到甘油三酯的合成。

（三）水产动物体内甘油酯组成特点

在水产食品分析中，将丙酮可溶性脂质称为非极性脂质或中性脂质，包括甘油三酯、蜡酯、二酰甘油醚、烃、甾醇和甾醇酯等，而把丙酮不溶性脂质称为极性脂质，包括磷脂、糖脂。因此，水产动物脂肪的组成包括了甘油酯、磷脂、糖脂、蛋白脂中的脂肪酸组成，以及甘油三酯分子中，分别与甘油三个羟基结合的脂肪酸种类、结合的脂肪酸分子的排列方式。

关于三酰甘油分子中脂肪酸在甘油羟基上的分布，由于构成三酰甘油的脂肪酸并不是一种脂肪酸，而是多种脂肪酸，这就构成了三酰甘油分子的多样性。假设只有一种脂肪酸与甘油酯形成三酰甘油，则就只有一种甘油酯；假设有2种脂肪酸，那么这2种脂肪酸将可以在甘油的C1—OH、C2—OH、C3—OH进行排列组合，就会有2^3个三酰甘油分子；假设有n个脂肪酸分子构成三酰甘油，理论上就可以构成n^3个三酰甘油分子。这就是为什么我们通常使用的豆油、菜籽油并不是纯净的一种三酰甘油，因为有多个脂肪酸与甘油分子的3个羟基形成甘油酯，其实是多种三酰甘油分子的混合物。鱼油、鱼体肌肉中、肠系膜、肝胰脏等组织中的脂肪，其实也是多种三酰甘油的混合物。

脂肪酸在甘油分子3个羟基上的分布也有一定的规律性，不是完全随机的分布。例如，通过对鱼类肌肉三酰甘油的脂肪酸分布分析结果显示，在甘油C1—OH上结合的脂肪酸主要为饱和脂肪酸或者是单烯酸，C2—OH上分布的主要为多烯酸、短链脂肪酸，在C3—OH上分布的主要为长链脂肪酸。

鱼体肌肉的磷脂分子中，在甘油分子上也以酯键结合了2个脂肪酸分子，在磷脂的磷酸基团上结合的主要为磷脂酰胆碱（PC）和磷脂酰乙醇胺（PE），还有少量的心磷脂、磷脂酰肌醇、脑苷脂、鞘磷脂、溶血卵磷脂等。

五、鱼类脂肪酸的生物合成

（一）水产动物脂肪酸的生物合成代谢

水产动物脂类物质的特征主要有：含20C及其以上的长链多不饱和脂肪酸，且这些多不饱和脂肪酸主要存在于组成细胞膜的磷脂和三酰甘油（尤其是甘油的C2位脂肪酸）中；含有蜡质成分和含有奇数碳原子的脂肪酸（海水生物）。

水产动物体内的脂肪酸主要有以下几个来源：①来自于食物的脂肪酸，这是主要的来源，既可以将来自于食物的甘油酯、磷脂经过血液转运到器官组织直接利用，也可以对主要的脂肪酸，尤其是长链多不饱和脂肪酸进行去饱和、延长碳链的改造后加以利用；②体内周转的甘油酯、磷脂及其脂肪酸，主要来源于衰老的细胞膜等成分，这也是主要来源之一；③糖、氨基酸等转化而来的脂肪酸，这部分主要为非必需脂肪酸；④胆固醇既可以从食物中获取，也可以来自于体内胆固醇周转，还可以以乙酰辅酶A为原料从头合成，合成的包括胆固醇、胆固醇酯和胆汁酸、固醇类激素、维生素等。

无论是甘油酯中的脂肪酸，还是磷脂中的脂肪酸，对于非必需脂肪酸的生物合成是以乙酰辅酶A为原料，但更多的是来自于食物和体内周转的脂肪酸。对于必需脂肪酸，即长链多不饱和脂肪酸，则主要是以亚油酸、α-亚麻酸为原料，在它们的脂肪酸碳链上进行：①在脂肪酸碳链延长酶的作用下，以乙酰辅酶A为原料，每次延长2个碳链，从C18到C20、C22、C24、C26的碳链延长反应；②去饱和反应，主要在Δ6、Δ5和Δ4去饱和酶作用下，分别在C6、C5、C4位开始，进行C7-C6、C6-C5、C5-C4脱氢反应，生成相应的双键，使脂肪酸的不饱和度增加。其结果是以亚油酸（ω-6系列）、α-亚麻酸（ω-3系列）为原料，可以分别合成ω-6系列的γ-亚麻酸、花生四烯酸和ω-3系列的EPA、DHA。但是，这个过程需要有脂肪酸碳链延长酶和去饱和酶的共同作用。

脂肪酸碳链延长酶（fatty acid carbon chain elongase），反应发生的部位在滑面内质网和线粒体中。脂肪酸的延长是从羧基端进行碳链的延长合成。即ω-3脂肪酸（如18:3ω3）经去饱和与碳链延长后还是合成ω-3不饱和脂肪酸，而不能变成ω-6系列。

鱼体可自身合成饱和脂肪酸（saturated fatty acid，SFA），也能在硬脂酰辅酶A去饱和酶（stearoyl-CoA desaturase1，SCD1）作用下生成C18:1ω9和C16:1ω7等单不饱和脂肪酸（monounsaturated fatty acid，MUFA）；对于多不饱和脂肪酸（polyunsaturated fatty acid，PUFA），虽然有相应的碳链延长酶和去饱和酶，但合成能力是有限的，主要还是依赖于从食物中获取或从体内周转代谢中获得。

脂肪酸去饱和酶（fatty acid desaturase，FAD）的功能主要是催化脂肪酸碳链中C—C单键去饱和反应，经过脱氢反应转换成C＝C双键。脂肪酸去饱和酶催化去饱和反应的电子供体在不同生物种类上有差异，如在蓝藻和叶绿体中，去饱和反应都以铁氧还蛋白为电子供体；而在动物和真菌，则以一个由细胞色素b5和NADH-细胞色素b5氧化还原酶组成的系统作为电子供体。

根据脱氢反应位点或双键引入的位置，脂肪酸去饱和酶可分为Δ15、Δ12、Δ9、Δ6、Δ5和Δ4去饱和酶等，Δ命名是从羧基端开始对碳原子编号的命名规则，Δ6表示从羧基端开始的第6位碳原子。在不同的生物体中分布的脂肪酸去饱和酶种类有差异，主要有3类去饱和酶：①在植物中，属于酰基-酰基载体蛋白去饱和酶（acyl-ACP desaturase），是一类可溶性的去饱和酶，其功能是将双键引入到与酰基载体蛋白结合的脂肪酸中；②在一些藻类中，属于酰基脂肪去饱和酶（acyl-lipid desaturase），是一类膜结合蛋白，主要存在于内质网、植物叶绿体膜，主要功能是将双键引入以甘油酯形式存在的脂肪酸中；③动物体中，属于酰基辅酶A去饱和酶（acyl-CoA desaturase），也是膜结合蛋白，该酶广泛存在于动物及真菌的内质网膜上，其功能是将双键引入到与CoA结合的脂肪酸中。

鱼体能对脂肪酸进行一定的转化，但转化能力有限。如鲤、鳟、美洲红点鲑、鳗鱼、香鱼等，当长时间喂以18:3ω3饲料时，其体组成中20:5ω3、22:6ω3会增加，说明此类鱼能把18:3ω3等十八碳烯酸转化成20-C或22-C同一系列脂肪酸，但不同鱼类的这种转化能力是不一样的，若以虹鳟转化率为100%，则淡水香鱼为36%，鳗鲡为20%；海水鱼转化能力更低。鱼类由于缺少具有Δ12和Δ15去饱和酶活性的酶，需要先从食物中获取亚油酸和α-亚麻酸，并在内质网中经Δ6、Δ5、Δ4等去饱和酶以及脂肪酸碳链延长酶的共同作用下，进行去饱和作用和碳链的延长作用，将亚油酸和α-亚麻酸分别转变为ω-6和ω-3系列的高不饱和脂肪酸，其反应过程见图5-25和图5-26。

从高不饱和脂肪酸（HUFA）生物合成途径可知，Δ6、Δ5、Δ4脂肪酸去饱和酶及碳链延长酶是调控鱼类HUFA合成的关键酶，其基因的表达量和酶的活性直接影响着HUFA的合成能力。

淡水硬骨鱼类具有将C18多不饱和脂肪酸（PUHA）转化成HUFA的能力，而海水鱼类大多不具有此种能力或该能力很弱。将18碳亚油酸（linolenic acid，LA，18:2ω6）和α-亚麻酸（α-linolenic acid，ALA，18:3ω3）转化成20～22C的HUFA（如ARA、EPA、DHA）需要经过去饱和酶的去饱和作用，

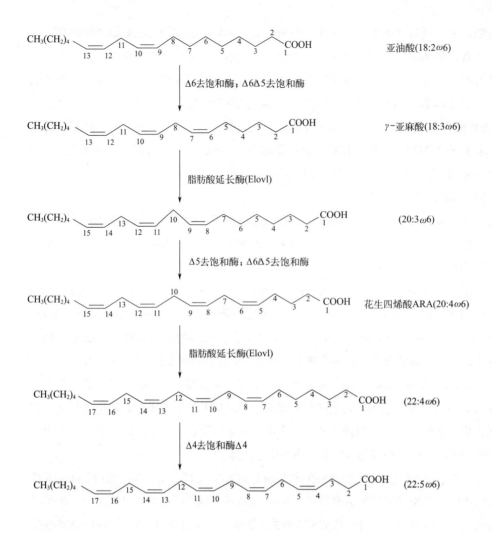

图5-25 以亚油酸为原料的高不饱和脂肪酸合成途径

以及碳链延长酶的延长作用。其中，从EPA到DHA可能存在两条途径：一条是普遍认为的22:5ω3在延长酶2/延长酶4（Elovl 2/Elovl 4）和Δ6去饱和酶的作用下转化为24:6ω3，再经过β-氧化反应转化为DHA；另一条为22:5ω3在Δ4去饱和酶的作用下直接转化为DHA。

（二）水产动物长链高不饱和脂肪酸合成的影响因素

（1）温度对鱼类HUFA合成代谢的影响

温度对于水产动物体内去饱和酶的活性有直接的影响，脂肪酸去饱和酶显示出温度敏感特性。温度变化成为刺激鱼体合成长链高不饱和脂肪酸的主要因素之一，在养殖条件下，水体温度是随季节变化的，我们较为关注的是在从高温到低温转化，从夏季进入秋季的过程中，温度变化对鱼体高不饱和脂肪酸的合成造成了直接的影响。

温度主要是通过影响细胞膜中脂肪酸的饱和度，从而影响膜的流动性。由于低温环境中磷脂脂肪酸的不饱和度高于高温环境，所以外界温度的改变可能改变膜中HUFA的含量，从而影响机体内HUFA的代谢情况。原因可能有两方面：①通过影响脂肪酸去饱和酶及延长酶的活性直接影响HUFA的合

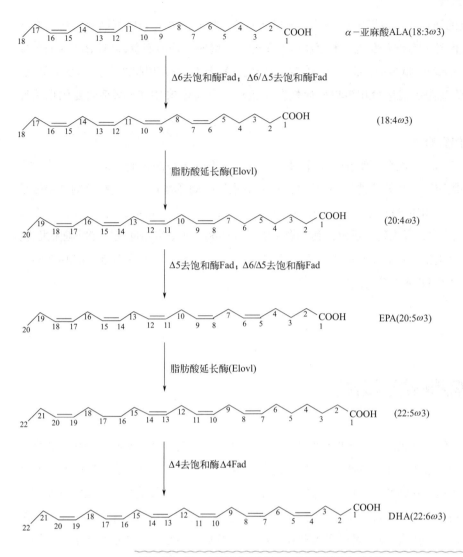

α−亚麻酸ALA(18:3ω3)

Δ6去饱和酶Fad；Δ6/Δ5去饱和酶Fad

(18:4ω3)

脂肪酸延长酶(Elovl)

(20:4ω3)

Δ5去饱和酶Fad；Δ6/Δ5去饱和酶Fad

EPA(20:5ω3)

脂肪酸延长酶(Elovl)

(22:5ω3)

Δ4去饱和酶Δ4Fad

DHA(22:6ω3)

图5-26 以α-亚麻酸为原料的高不饱和脂肪酸合成途径

成；②通过调整膜脂中HUFA的含量，进而间接地影响HUFA的代谢。有资料显示，在5℃和12℃的条件下进行了大西洋鲑肝细胞的离体试验，在低温条件下DHA合成量较高。在5℃情况下，适应冷水性虹鳟的肝细胞比温水性的虹鳟肝细胞更为有效地将18:3ω 3合成22:6ω 3。虹鳟肠上皮细胞和肝细胞的Δ6去饱和酶的活性在5℃或7℃时的活性分别高于20℃或15℃时的结果，随着温度的升高，机体的Δ6去饱和酶活性反而降低。

有资料显示，季节变化显著影响了伊拉克鲇（*Silurus triostegus*）背部肌肉组织的脂肪酸组成。ω3/ω6 PUFA比例在春夏秋冬季节分别为2.47、1.20、1.03和1.40，其中组织DHA、EPA、AA的含量在春季最高、夏季最低，总PUFA含量冬季最高，然后是春、秋和夏季。相似的是，在大西洋鲑鱼中也发现冬季的PUFA最高，而夏季最低。在白梭吻鲈（*Sander lucioperca*）发现，组织ω3/ω6 PUFA比例在春季高达1.49，两倍高于夏季。高水平的ω6 PUFA导致夏季的ω3/ω6 PUFA比例最低。

（2）水体盐度对高不饱和脂肪酸合成产生影响

鱼类为适应环境盐度的变化，可以通过调整体内脂代谢，增加体内HUFA生物合成，以提高生物膜中HUFA的含量，而改变膜的离子通透性。为了维持体内正常的渗透压，机体需要改变细胞膜中脂肪酸的种类及含量，以调整膜的通透性。盐度主要是通过调控脂肪酸去饱和酶及延长酶基因的表达活性和酶的活性影响HUFA合成代谢。有研究表明，大西洋鲑幼鱼初次入海时（降河洄游），其HUFA的合成速率最快，且Δ6去饱和酶的表达量最高；而后，HUFA的合成速率及Δ6去饱和酶的表达量逐渐降低，但是Δ5去饱和酶及延长酶基因的表达量和蛋白质活性变化较小，且与体内HUFA水平的变化相关性不大。

（3）日粮脂肪酸组成的影响

饲料中过量的高度不饱和脂肪酸会抑制Δ6去饱和酶的活性，从而致使18:2ω6向20:4ω6的转化受到抑制，而摄食高度不饱和脂肪酸含量较低的饲料时，其Δ6和Δ5去饱和酶活性升高。当虹鳟饲料中缺乏高度不饱和脂肪酸时，会发生18:3ω3的延长反应，但饲料中含有ω3PUFA时，18:3ω3的延长反应不会发生。18:2ω6在褐鳟肝脏和肌肉中都发生延长反应，其产物主要是20:2ω6；而去饱和反应只在肝脏中发生，其产物为20:3ω6。一些研究指出，18:2ω6和18:3ω3会相互竞争Δ6去饱和酶。饲料中高水平的18:2ω6会抑制18:3ω3去饱和合成EPA和DHA的能力。

第五节
水产动物油脂的脂肪酸组成分析

在本书中，把从生物组织中已经提取出来的单纯的油称为油脂，把存在于水产动物体内组织和细胞中的油称为脂肪。饲料中使用的就包括了单纯的油脂和饲料原料中的油脂，饲料中使用的磷脂为磷脂油，归入油脂考虑。固醇类物质在饲料中使用的主要有胆固醇，含有胆固醇结构的化合物还包括有胆汁酸类产品。存在于水产动物如鱼、虾、蟹、软体动物、活体动物中的油称之为脂肪，主要存在于普通细胞中的脂滴中和已经分化的脂肪细胞中，属于活体动物组织中的脂肪，包括了三酰甘油、磷脂、固醇类、蜡酯和与糖、蛋白质结合的脂质成分。

一、油脂和脂肪酸的分析方法

对油脂或脂肪的定量分析方法需要依据不同油脂类别如甘油酯、磷脂、与糖或蛋白质结合的复合脂质等确定相应的定量分析方法，更多的是对其中的脂肪酸的定量分析方法，也包括对油脂产品质量，尤其是氧化程度的定量评价方法。目前对油脂品质分析，在水产动物营养学研究的分析方法中，对油脂的取样、样本处理和分析方法上存在着一些误区，导致检测结果和试验结果的真实性和科学性受到影响。

（一）样本采集

分析用样本是质量分析的基础，但我们通常在油脂样本采集时出现不必要的失误导致结果可信度下降，需要重点考虑以下几个问题。

（1）样本的代表性

可以参考相应的国标确定分析样本的代表性，如GB/T 14699.1—2005《饲料 采样》和GB/T 5524—2008《动植物油脂 扦样》。油脂属于液态原料，且桶装、池装、车装的样品分层的情

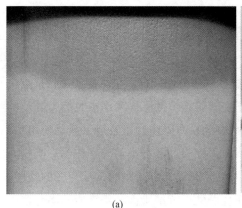

（a）　　　　　　　　　　　　（b）

图5-27　鱼油分层和上下层鱼油色泽的对比（见彩图）
（a）1t油桶中分层；（b）上下层鱼油样本

况较为严重。分层的原因一是其中磷脂、蜡酯等脂类物质静置后与三酰甘油有分层的情况；二是水比油重，水分沉底，且水分可以加速油脂的氧化，所以氧化产物主要在底部。采样时，如果从容器的上层采样，就难以代表原料油脂的准确性。图5-27中显示了1t桶装精炼鱼油的分层现象，上下层油脂的色泽差异很大，其中脂肪酸分析结果也有很大的差异。我们将一个50t罐装的精炼金枪鱼鱼油上层、下层和上下层混合后的样品进行了脂肪酸分析，其主要的脂肪酸含量见表5-4，可以发现分层后金枪鱼鱼油的脂肪酸含量有很大的差异。采用内标法分析的结果显示，下层油脂的脂肪酸总量为777.08g/kg，而上层为887.48g/kg，表明下层油脂中含有的非脂肪酸成分较多，这些成分包括磷脂、蜡酯，可能还有糖脂、蛋白脂等成分。从脂肪酸分类统计结果看，多不饱和脂肪酸主要分布在上层油脂中，达到383.40g/kg，而下层仅为297.50g/kg；饱和脂肪酸则主要分布在下层油脂中为305.00g/kg，而上层为289.51g/kg。因此，如果对油脂采样方法不正确，所取样本很难代表该类原料的真实情况，会导致检测结果的误判。例如，GB/T 19164—2021《饲料原料　鱼粉》中，要求红鱼粉、白鱼粉的油脂中，DHA与EPA占鱼粉总脂肪酸比例之和≥18.0%，这是依据对不同鱼粉的油脂脂肪酸分析结果确定的，后期对鱼油的产品质量标准可能会同时采用这个指标和指标值，如果在油桶里取上层油脂，其EPA和DHA含量高于下层油脂，就容易达到要求；而取下层油脂则可能达不到要求。

表5-4　精炼金枪鱼鱼油50t罐装分层后部分脂肪酸含量比较（内标法）　　　　　　单位：g/kg

取样	肉豆蔻酸 14:0	棕榈酸 16:0	棕榈油酸 16:1ω7	硬脂酸 18:0	油酸 18:1ω9	EPA 20:5ω3	DHA 22:6ω3	脂肪酸总和	饱和脂肪酸（SFA）	单不饱和脂肪酸（MUFA）	多不饱和脂肪酸（PUFA）
上层	34.80	182.84	48.62	48.79	126.40	68.91	285.73	887.48	289.51	214.56	383.40
混合	34.09	177.51	47.66	47.88	123.69	68.06	282.36	865.60	281.57	187.26	396.77
下层	36.78	189.66	50.21	50.30	111.80	50.60	211.68	777.08	305.00	174.59	297.50

油脂样本采集应该是将所有油脂混合均匀后进行采集，但对于已经罐装且静置时间较长的油脂再混合难度很大（低温下有较强的黏稠性），最好的方法是在油罐车进入饲料厂的时候，在油罐车或者在抽取油罐车油脂进入饲料厂油罐之时采集样本，此时的油脂混合均匀度应该相对较高。

在科学研究时，对于鱼体脂肪分析的样本，同样需要注意样本代表性的问题。鱼体脂肪沉积位点在不同种类是有差异的，即使是同一种鱼类，不同器官组织、不同脂肪组织的脂肪酸组成也有差异。例如肌肉中的脂肪包括了肌细胞中脂滴、肌细胞之间的脂肪细胞中沉积的脂肪，以及肠系膜脂肪组织、皮下脂肪组织的脂肪酸都存在差异，有三酰甘油、磷脂、蜡酯、固醇酯等的种类差异。作为影响鱼类肌肉品质的肌肉脂肪样本采集，也要注意白色肌肉和红色或深色肌肉样本中脂肪酸组成差异的问题。有些研究中以背部白色肌肉作为鱼体脂肪酸样本分析，这存在片面性。背部肌肉与腹部肌肉脂肪含量差异本身也很大，白色肌肉和红色肌肉脂肪含量差异也很大。因此，作为鱼体肌肉脂肪分析的样本也应该是以大侧肌，即鱼体一个体侧侧面的肌肉作为代表，这样就包含了背部、腹部和白色、红色肌肉的部位。

（2）样本干燥方法、油脂提取温度和保存温度

用于油脂或脂肪分析的样本，其中不饱和脂肪酸氧化的问题是需要关注的焦点，需要避免高温和长时间保存。①保存时间问题，时间过长其中脂肪酸可能氧化。目前没有关于油脂样本能够保藏多长时间其脂肪酸组成不发生显著性改变的确切研究数据。只是知道在生物组织材料中的油脂与单纯的油脂相比氧化稳定性要更好一些。因此，整体原则是应尽可能减少样本保存时间。②样本干燥方法和样本中油脂提取过程中温度的影响很大，例如新鲜的鱼体、鱼肉样本含有超过60%的水分，需要进行干燥后才能提取油脂。此时应该采用冷冻干燥的方式，而不能采用烘干的方式；鱼粉、鱼肉等油脂提取的方法也是需要采用低温浸提的方式，可以采用固定的温度条件，如4℃或25℃条件下浸提样本中的油脂。③低温保存条件，低温（4℃）是常规的保存温度，但生物组织材料建议在-80℃低温冰箱中保存。④样本容器，不宜使用金属容器。

（二）分析样本的前处理和油脂提取方法

对于单纯油脂样本在分析之前也要进行前处理，主要包括脱水、去杂质的问题。为了避免油脂中脂肪酸的氧化，分析用的油脂脱水不宜采用烘干的方法，可以采用冷冻干燥脱水的方法，也可以采用加入无水硫酸钠（Na_2SO_4）进行脱水处理。

对于饲料原料样本如鱼粉、肉粉等，以及生物组织样本如新鲜鱼肉、鱼体组织等，则需要提取油脂后用于分析。脱水的方法也不适宜采用烘干脱水，最佳方法是冷冻干燥脱水。

生物样本总脂肪酸测定需要采用盐酸水解后提取脂肪或直接皂化的方法。而油脂提取的方法则需要依据研究目标进行选择。如果是测定甘油酯含量，则可以采用乙醚、低沸点石油醚提取油脂，油脂的提取温度要控制在50℃以下。如果是要分析总脂质的含量，包括了磷脂、糖脂、蛋白质结合脂肪酸，则样本需要加酸水解并提取油脂或脂肪。可以参照GB 5009.168—2016《食品安全国家标准　食品中脂肪酸的测定》的"5.2水解提取法"的酸水解方法，该方法中加入了抗氧化剂（焦性没食子酸）和内标，加入了8.3mol/L的盐酸进行酸水解。对于膨化饲料，由于有部分脂肪与糖或蛋白质发生的交联反应，也需要用盐酸进行酸水解。

（三）脂肪酸分析的内标法与归一法

作为样品中脂肪酸含量的定量测定方法，内标法（internal standard method）是优选的定量分析方法。

在油脂原料鉴定的时候，需要对不同油脂原料进行相互比较，比较的是其中脂肪酸组成比例（模式），此时可以采用归一法。

内标法将一定质量的纯脂肪酸或脂肪酸甲酯作为内标物加到一定量的被分析样品混合物中，然后对含有内标物的样品进行色谱分析，分别测定内标物和待测组分的峰面积（或峰高）及相对校正因子，按公式即可求出被测组分在样品中的含量。测定的结果较为准确，由于是通过测量内标物及被测组分的峰面积的相对值来进行计算的，在一定程度上消除了操作条件等的变化所引起的误差。内标法测定结果为单一脂肪酸质量占样本质量的比例。而归一法的结果显示的是单一脂肪酸占脂肪酸总量的比例，显示的是油脂的脂肪酸组成比例，一般用于同种原料的脂肪酸组成比较和鉴定。

二、鱼粉、虾粉、鱼油等样本中脂肪酸种类

本节脂肪酸检测数据来自于对国家标准GB/T 19164—2021《饲料原料　鱼粉》修订的检测样本和检测数据，该项工作的承担单位有中国饲料工业协会、新希望六和股份有限公司、通威股份有限公司、广东恒兴饲料实业股份有限公司、广东海大集团股份有限公司、山东省畜产品质量安全中心、苏州大学、山东省海洋资源与环境研究院、全国畜牧总站；承担该项工作的人员有王黎文、叶元土、李俊玲、郭吉原、张凤枰、黄智成、江春、张若寒、王世信、姜晓霞、杨曦、吴仕辉、张璐、薛敏、艾春香、解绶启和许剑彬。该项工作以采集进口的和国产的红鱼粉、白鱼粉和鱼排粉为主，同时采集相关产品包括鱼油、虾粉、乌贼膏、鱿鱼膏、酶解鱼溶浆、酶解鱼浆、酶解虾浆等共计320个样本，进行了较为系统和全面的质量数据检测和分析，本部分为有关脂肪酸的检测数据分析。

（一）内标法测定结果

用于内标法脂肪酸含量测定的样本及样本数量为：白鱼粉17个（分别来自俄罗斯和美国），酶解产品9个（酶解虾浆2个、酶解鱼浆2个、酶解鱼溶浆5个），虾粉7个，虾膏4个，鱿鱼膏2个，红鱼粉99个，鱼浆2个，鱼排粉15个（罗非鱼鱼排粉7个、金枪鱼鱼排粉1个、巴沙鱼鱼排粉3个、海水鱼鱼排粉4个），鱼溶浆6个，鱼虾粉1个，鱼油40个（罗非鱼鱼油9个，其余为海水鱼油）。共计202个样本。经过显微镜检验、感官检验排除不适宜用于进一步分析的样本（如变质、杂质过多等）共10个，实际用于检验分析的有效样本数为192个。

标准脂肪酸选择了丁酸（4:0），己酸（6:0），辛酸（8:0），癸酸（10:0），十一酸（11:0），月桂酸（12:0），十三酸（13:0），肉豆蔻酸（14:0），肉豆蔻烯酸（14:1），十五酸（15:0），十五烯酸（15:1ω5），棕榈酸（16:0），棕榈油酸（16:1ω7），十七酸（17:0），十七烯酸（17:1ω7），硬脂酸（18:0），反式油酸（18:1-9t），油酸（18:1ω9），反式亚油酸（C18:2-9t，12t），亚油酸（18:2ω6），花生酸（20:0），γ-亚麻酸（18:3ω6），α-亚麻酸（18:3ω3），11-二十碳烯酸（20:1ω9），二十一酸（21:0），11,14-二十碳二烯酸（20:2ω6），山萮酸（22:0），8,11,14-二十碳三烯酸（20:3ω6），11,14,17-二十碳三烯酸（20:3ω3），花生四烯酸（20:4ω6），芥子酸（22:1ω9），二十三酸（23:0），13,16二十二碳二烯酸（22:2ω6），EPA（20:5ω3），木蜡酸（24:0），神经酸（24:1ω9），DHA（22:6ω3）共37种脂肪酸标准品，采用内标法（GB 5009.168—2016）测定了其中的脂肪酸含量，结果见图5-28。由图可知，共有21种脂肪酸被检测到，其余的16种脂肪酸没有被检测到。

被检测出具有一定含量的21种脂肪酸为：肉豆蔻酸（14:0），十五酸（15:0），棕榈酸（16:0），棕榈油酸（16:1ω7），十七酸（17:0），10-十七烯酸（17:1ω7），硬脂酸（18:0），反式油酸（18:1-9t），油

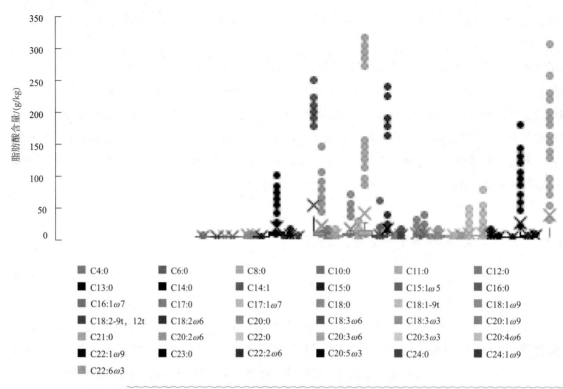

图5-28 鱼粉、虾粉、乌贼膏、鱼油等样品脂肪酸含量（内标法，见彩图）

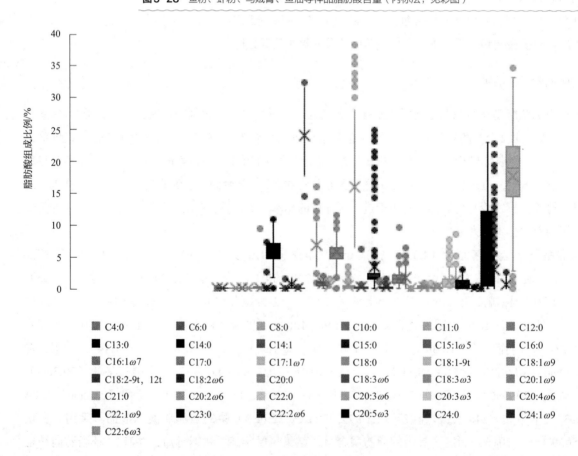

图5-29 鱼粉、虾粉、乌贼膏、鱼油等产品脂肪酸组成（归一法，见彩图）

酸（18:1ω9），反式亚油酸（C18:2-9t，12t），亚油酸（18:2ω6），花生酸（20:0），γ-亚麻酸（18:3ω6），α-亚麻酸（18:3ω3），11-二十碳烯酸（20:1ω9），11,14-二十碳二烯酸（20:2ω6），8,11,14-二十碳三烯酸（20:3ω6），11,14,17-二十碳三烯酸（20:3ω3），花生四烯酸（20:4ω6），EPA（20:5ω3），DHA（22:6ω3）。不同种类的产品中脂肪酸种类和含量有较大的差异。

（二）归一法测定结果

用于归一法脂肪酸含量测定的样本及样本数量为：白鱼粉20个（分别来自俄罗斯和美国），酶解产品9个，虾粉10个，虾膏4个，鱿鱼膏2个，红鱼粉109个，鱼浆2个，鱼排粉17个，鱼溶浆6个，鱼虾粉4个，鱼油40个。共计223个样本。

与内标法选用了相同的37种脂肪酸标准品，提取油脂后采用归一法测定了样本中脂肪酸组成的比例，结果见图5-29。共有15种脂肪酸被检测到且具有一定量的组成比例。被检测到的15种脂肪酸是：肉豆蔻酸C14:0，十五酸C15:0，棕榈酸C16:0，棕榈油酸C16:1ω7，十七酸C17:0，硬脂酸C18:0，油酸C18:1ω9，亚油酸C18:2ω6，α-亚麻酸C18:3ω3，11-二十碳烯酸C20:1ω9，11,14,17-二十碳三烯酸C20:3ω3，花生四烯酸C20:4ω6，EPA C20:5ω3，木蜡酸C24:0，DHA C22:6ω3。

内标法和归一法对鱼粉等产品测定出来的脂肪酸种类为什么会有差异？内标法检测到了21种有一定含量的脂肪酸，而归一法检测到了15种，这主要是检测方法能够检测到的脂肪酸不同所造成的。目前多采用的食品脂肪酸分析方法GB 5009.168—2016《食品安全国家标准　食品中脂肪酸的测定》，归一法测定脂肪酸组成比例采用的是"索氏抽提法"，从样品中抽提脂肪后，再用气相色谱方法测定不同脂肪酸占脂肪酸总量的比例，以百分数表示。归一法所使用的提取溶剂为无水乙醚（$C_4H_{10}O$）或石油醚（C_nH_{2n+2}），石油醚沸程为30～60℃。所抽提的脂肪主要为三酰甘油和游离脂肪酸，磷脂、糖脂、蛋白脂、蜡酯等很少被抽提出来。而内标法，对鱼粉等含油脂原料采用水解-提取法：加入内标物的试样经水解后测定，样品的水解方法是加入8.3mol/L盐酸、70～80℃水浴中水解40min。之后再用乙醚或石油醚溶液提取其中的脂肪，在碱性条件下皂化和甲酯化，生成脂肪酸甲酯，经毛细管柱气相色谱分析，内标法定量计算测定脂肪酸甲酯含量。依据各种脂肪酸甲酯含量和转换系数计算出总脂肪、饱和脂肪（酸）、单不饱和脂肪（酸）、多不饱和脂肪（酸）含量。在样本经历酸水解后，一些结合脂肪酸被游离出来并生成脂肪酸甲酯。因此，内标法测定得到的脂肪酸结果不仅仅是三酰甘油中的脂肪酸，还包括了蜡酯、蛋白质脂、糖脂、磷脂等结合的脂肪酸。而归一法测定的脂肪酸主要为三酰甘油和游离的脂肪酸。如果以研究水产动物脂肪酸组成为目标，采用内标法的测定结果更为科学；如果只是比较不同油脂的脂肪酸组成，则可以采用归一法。

三、鱼油脂肪酸组成和含量分析结果

（一）鱼油与鱼粉中鱼油的脂肪酸组成差异性

鱼油的生产过程：原料鱼（新鲜的原料鱼或虾、冷冻原料鱼或虾）→蒸煮（水蒸气加热）→压滤→得压榨饼或渣经过烘干、粉碎得鱼粉或虾粉；压榨滤液→离心、过滤→滤液经三相分离机分离→水（压榨水经过减压浓缩得到鱼溶浆）；油→干燥后得到毛油，即鱼油毛油→脱色、脱磷脂等→精炼鱼油。

从上述鱼油的生产过程可以知道，鱼油是在原料鱼或虾经过蒸煮压榨后得到压榨液，再经过压榨液的油水分离后得到的，即原料鱼或虾压榨后得到的油脂。与鱼粉中残存的油脂相比，鱼油其实主要来源于鱼体（虾）的脂肪组织，而鱼粉或虾粉中残存的油脂则包括了脂肪组织中残存的油脂，也包括细胞脂滴中的油脂，以及细胞膜中的磷脂等。从油脂来源看，鱼油的脂肪酸组成与鱼粉或虾粉中的脂肪酸组成会有差异。可以这样认为，鱼油中的脂肪酸组成主要代表了鱼体或虾体脂肪酸组织，即脂肪酸细胞中的三酰甘油的脂肪酸组成，是存储脂肪的主要脂肪酸组成；而鱼粉或虾粉中的脂肪酸组成更能代表鱼体或虾整体的脂肪酸组成，包括结构脂质、三酰甘油等的脂肪酸组成。

鱼油是以三酰甘油为主，含少量的磷脂和固醇酯，其脂肪酸组成和含量可以采用内标法进行分析，得到鱼油中不同脂肪酸的绝对含量。得到的脂肪酸总量应该小于100%，因为其中含有甘油的量，鱼油中脂肪酸总量一般在80%～90%，其余主要为甘油。

然而，鱼粉或虾粉中的粗脂肪含量因为加工方式等不同其含量差异较大，如果采用内标法测定的是样本中脂肪酸的绝对含量，这个值会因为不同样本中粗脂肪总量的差异而导致其脂肪酸绝对含量的差异，如果要在不同样本之间进行脂肪酸组成和含量的比较，这个绝对值含量不能进行相互的比较，应该换算为单一脂肪酸占脂肪酸总量的比例来进行比较，而这正是归一法测定结果，归一法测定结果就是单一脂肪酸占脂肪酸总量的比例。因此，鱼粉或虾粉中脂肪酸组成和含量的比较应该采用归一法测定脂肪酸的结果，而不是内标法的结果，即使采用了内标法，测定结果也应该换算为单一脂肪酸占脂肪酸总量的比例进行样本间的相互比较。如果需要知道样本中不同脂肪酸的绝对含量以供饲料配方设计、能量值计算，则应该采用内标法，且以内标法测定结果进行计算。

鱼粉标准课题组对40个鱼油样本脂肪酸含量和组成进行了分析，得到一些重要的结果。

（二）鱼油脂肪酸组成与含量

（1）内标法测定的鱼油脂肪酸组成和含量

采用内标法测定鱼油脂肪酸组成和含量的数据见表5-5。

共检测到有含量的22种脂肪酸，有些脂肪酸在不同样本中有差异，有的被检测到或没有检测到。值得关注的几个脂肪酸包括：①奇数碳原子的十五酸、十七酸、十七烯酸主要存在于海水鱼油中，淡水的罗非鱼鱼油中含量很低或没有，尤其是十七烯酸。海水鱼油中奇数碳原子脂肪酸较多是一个特征，可能来源于海洋食物。②二种反式脂肪酸：反式油酸（C18:1-9t）和反式亚油酸在鱼油中均被检测到，其中反式油酸含量大于反式亚油酸，且油酸的含量本身也高于亚油酸的含量。经相关性分析，反式油酸含量与油酸含量（相关系数-0.4）、反式亚油酸含量与亚油酸含量（相关系数-0.3）之间并无相关性；罗非鱼鱼油中油酸和亚油酸含量均显著高于其在海水鱼油的含量，这是淡水鱼油或养殖鱼类鱼油的显著特征；然而，罗非鱼鱼油即使有高含量的油酸、亚油酸，但相应的反式油酸、反式亚油酸含量均低于其在海水鱼油中的含量。这里就有个问题，二种反式脂肪酸是海水鱼类的正常组成成分呢，或是鱼粉、鱼油在加工过程中因为温度过高或其他原因造成的呢？这需要另外的试验来证实，本次检测结果发现这个问题，但还不能确定二种反式脂肪酸的来源。③γ-亚麻酸（C18:3ω6）、二十碳二烯酸（C20:2ω6）、二十碳三烯酸（C20:3ω6）、神经酸（C24:1ω9）只是在部分样本中检测到，且含量也很低，另一些样本中则没有检测到。可能属于概率性的存在于鱼油中，不是普遍性地存在。然而，同是二十碳三烯酸的C20:3ω6和C20:3ω3的含量出现较大差异，其中C20:3ω3在部分鱼油样本中检测到较高的含量。这可能是在长链高不饱和脂肪酸合成过程中，以α-亚麻酸（C18:3ω3）为起始原料合成EPA、DHA过程中，经过一次碳链延长（延长2个碳单位）就会产生

表5-5 鱼油中的脂肪酸检测数据（内标法）

单位：g/kg

脂肪酸	肉豆蔻酸 C14:0	十五酸 C15:0	棕榈酸 C16:0	棕榈油酸 C16:1	十七酸 C17:0	十七烯酸 C17:1ω7	硬脂酸 C18:0	反式油酸 C18:1-9t	油酸 C18:1ω9	反式亚油酸 C18:2-9t,12t	亚油酸 C18:2ω6	花生酸 C20:0
鱼油	78.5	7.2	185.3	99.4	5.9	14.0	38.9	19.0	84.8	4.6	11.2	4.4
鱼油	60.0	8.3	176.6	58.3	7.3	5.6	34.8	6.8	93.2	4.3	12.8	6.9
鱼油	60.2	8.5	169.2	57.4	7.3	5.4	33.1	6.2	92.7	0.0	13.8	6.2
鱼油	58.2	9.1	164.9	55.3	7.0	5.2	32.9	6.3	89.8	0.0	13.2	6.1
鱼油	60.6	8.5	166.6	52.9	7.3	4.7	29.5	5.0	80.2	0.0	13.3	5.6
鱼油，精炼	89.7	5.6	191.7	138.3	4.9	19.6	45.3	29.3	85.8	5.0	14.6	2.4
鱼油，精炼	94.9	5.9	206.7	132.0	5.0	19.4	49.6	27.5	79.4	4.0	17.2	2.9
鱼油，精炼	74.4	4.6	192.1	102.0	4.3	15.1	45.7	22.2	109.7	11.9	14.0	0.0
鱼油，混合油	72.6	6.8	199.6	95.0	6.3	11.6	46.1	15.7	123.4	8.7	13.8	2.9
鱼油，精炼	57.7	7.8	180.5	57.8	7.1	4.3	40.4	5.1	124.4	0.0	24.3	4.5
鱼油，精炼	58.1	7.2	181.5	66.0	7.4	6.8	46.0	8.9	130.9	0.0	38.5	4.6
鱼油，精炼	80.8	7.6	188.9	101.8	6.6	13.2	42.0	19.3	81.4	4.6	11.9	4.6
鱼油，精炼	60.6	9.1	180.9	59.2	8.1	6.0	37.7	7.0	95.0	4.5	12.7	7.0
鱼油，精炼	61.9	9.1	172.9	58.2	7.9	5.3	36.5	6.7	89.8	3.8	12.8	6.2
鱼油，毛油	63.1	7.0	176.3	71.7	6.7	8.1	40.7	11.2	105.0	4.9	32.4	5.0
鱼油，毛油	49.2	9.1	204.1	58.2	10.1	3.9	54.5	3.5	140.3	0.0	11.7	3.7
鱼油，毛油	58.9	7.5	165.5	63.5	7.3	8.1	38.9	9.9	75.9	9.2	9.7	7.8
鱼油，毛油	63.0	7.2	161.0	60.9	7.3	5.5	37.0	8.4	85.1	3.4	13.7	6.2
杂鱼	48.9	7.8	186.9	60.7	7.8	3.8	42.5	3.2	137.4	3.3	13.6	2.9
杂鱼	49.4	8.3	191.1	60.8	8.7	3.8	43.9	3.1	133.5	3.5	11.7	3.0
杂鱼	53.9	8.6	198.4	68.3	8.9	4.9	47.5	5.2	117.6	4.5	12.9	3.7
杂鱼	49.3	7.9	191.4	59.2	7.9	3.6	41.1	3.7	128.8	4.3	13.1	3.1
杂鱼	51.9	7.5	172.3	58.2	7.3	4.1	34.7	3.8	101.3	6.3	11.7	2.6
鱼油，沙丁鱼	68.8	2.9	177.8	84.7	2.0	14.9	30.6	19.3	120.4	52.8	7.1	1.5
鱼油，鲲鱼油	63.2	7.3	161.4	73.4	6.6	8.6	34.5	11.8	89.3	8.5	12.4	7.9

脂肪酸	肉豆蔻酸 C14:0	十五酸 C15:0	棕榈酸 C16:0	棕榈油酸 C16:1	十七酸 C17:0	十七烯酸 C17:1ω7	硬脂酸 C18:0	反式油酸 C18:1-9t	油酸 C18:1ω9	反式亚油酸 C18:2-9t,12t	亚油酸 C18:2ω6	花生酸 C20:0
鱼油，金枪鱼	36.3	9.7	184.9	49.9	11.0	0.0	49.1	0.0	113.5	3.1	11.9	3.4
鱼油，金枪鱼	34.8	9.2	182.8	48.6	10.6	0.0	48.8	2.9	126.4	0.0	11.5	3.3
鱼油，金枪鱼	34.1	8.9	177.5	47.7	10.1	0.0	47.9	2.9	123.7	0.0	11.0	3.1
鱼油，金枪鱼	36.8	10.4	189.7	50.2	11.3	2.5	50.3	0.0	111.8	0.0	10.6	4.1
鱼油，罗非鱼	20.4	2.3	187.6	38.5	2.9	0.0	49.8	5.0	291.3	0.0	205.5	2.7
鱼油，罗非鱼	19.5	0.0	183.7	36.9	2.6	0.0	49.2	4.8	289.9	0.0	220.5	0.0
鱼油，罗非鱼	20.0	0.0	180.3	37.5	2.9	0.0	47.2	4.9	278.5	0.0	206.7	0.0
鱼油，罗非鱼	21.6	2.9	182.4	43.4	4.2	1.9	48.7	5.6	270.4	0.0	176.4	2.4
鱼油，罗非鱼	23.0	3.7	183.7	44.3	3.9	0.0	53.9	3.8	260.8	0.0	161.2	2.6
鱼油，罗非鱼	22.4	0.0	181.0	44.9	0.0	0.0	46.8	5.9	276.4	0.0	174.0	0.0
鱼油，罗非鱼精炼	25.1	0.0	228.2	43.4	4.5	0.0	62.4	0.0	264.8	0.0	167.9	3.5
鱼油，罗非鱼精炼	28.0	3.9	228.6	40.5	3.9	0.0	65.6	4.7	249.4	0.0	147.5	0.0
鱼油，罗非鱼精炼	22.3	0.0	190.3	43.8	0.0	0.0	48.0	4.3	280.8	0.0	183.0	0.0

脂肪酸	γ-亚麻酸 C18:3ω6	α-亚麻酸 C18:3ω3	二十碳烯酸 C20:1ω9	二十碳二烯酸 C20:2ω6	二十碳三烯酸 C20:3ω6	二十碳三烯酸 C20:3ω3	花生四烯酸 C20:4ω6	EPA C20:5ω3	神经酸 C24:1ω9	DHA C22:6ω3	Σ脂肪酸 ΣFA
鱼油	0.0	10.4	12.6	0.0	0.0	20.1	11.4	113.3	0.0	114.1	835.2
鱼油	0.0	15.4	23.4	0.0	0.0	47.2	0.0	96.0	0.0	169.3	826.4
鱼油	0.0	17.4	22.6	0.0	0.0	46.8	0.0	98.5	0.0	179.3	824.6
鱼油	0.0	16.4	20.6	0.0	0.0	41.8	0.0	95.4	0.0	171.3	793.5
鱼油	0.0	17.8	32.2	0.0	0.0	0.0	68.7	85.7	0.0	154.9	793.5
鱼油，精炼	3.2	6.0	3.6	0.0	0.0	0.0	13.9	129.5	5.9	67.6	861.7
鱼油，精炼	3.3	6.9	3.7	0.0	0.0	0.0	12.8	114.5	5.3	53.3	844.3
鱼油，精炼	0.0	5.7	4.4	0.0	0.0	0.0	11.8	122.7	0.0	73.2	813.6
鱼油，混合油	2.2	8.5	11.4	1.9	1.7	0.0	20.6	104.5	4.4	116.3	875.3
鱼油，精炼	0.0	25.6	37.9	0.0	0.0	0.0	73.8	78.7	5.8	138.6	874.2
鱼油，精炼	0.0	16.6	17.7	0.0	0.0	0.0	25.4	89.9	0.0	129.4	846.1

脂肪酸	γ-亚麻酸 C18:3ω6	α-亚麻酸 C18:3ω3	二十碳烯酸 C20:1ω9	二十碳二烯酸 C20:2ω6	二十碳三烯酸 C20:3ω6	二十碳三烯酸 C20:3ω3	花生四烯酸 C20:4ω6	EPA C20:5ω3	神经酸 C24:1ω9	DHA C22:6ω3	Σ脂肪酸 ΣFA
鱼油，精炼	0.0	10.8	13.6	0.0	0.0	22.6	0.0	117.5	0.0	117.3	844.4
鱼油，精炼	0.0	15.0	22.3	0.0	0.0	0.0	47.8	98.5	0.0	172.0	843.5
鱼油，精炼	0.0	16.5	19.0	0.0	0.0	40.1	0.0	95.9	0.0	163.6	806.3
鱼油，毛油	0.0	15.9	21.6	0.0	0.0	0.0	47.4	97.9	0.0	125.0	839.7
鱼油，毛油	0.0	9.5	7.3	0.0	0.0	0.0	17.6	69.5	0.0	174.9	826.9
鱼油，毛油	0.0	11.7	14.3	0.0	0.0	0.0	34.1	125.5	0.0	173.8	821.8
鱼油，毛油	0.0	16.4	19.6	0.0	0.0	0.0	43.2	107.6	0.0	175.4	821.0
鱼油，杂鱼	0.0	17.4	10.8	0.0	0.0	13.9	12.1	78.0	0.0	182.8	833.7
鱼油，杂鱼	0.0	14.4	10.6	0.0	0.0	11.4	13.0	68.8	0.0	180.1	819.2
鱼油，杂鱼	0.0	17.7	12.7	0.0	0.0	17.7	14.3	86.0	5.7	185.5	873.8
鱼油，杂鱼	0.0	17.2	11.4	0.0	0.0	14.4	12.5	74.6	3.3	154.1	801.1
鱼油，杂鱼	0.0	20.3	14.7	0.0	0.0	23.0	12.1	90.3	4.3	153.5	779.9
鱼油，沙丁鱼	2.1	4.0	34.1	0.0	0.0	0.0	17.9	170.2	3.7	54.0	872.2
鱼油，鳀鱼油	0.0	14.1	20.3	0.0	0.0	0.0	44.8	120.7	4.8	173.0	862.5
鱼油，金枪鱼	0.0	8.7	9.1	0.0	0.0	5.2	17.1	61.5	0.0	235.5	809.9
鱼油，金枪鱼	0.0	7.5	13.3	2.8	0.0	0.0	7.0	68.9	6.1	285.7	887.5
鱼油，金枪鱼	0.0	7.2	13.0	2.7	0.0	4.3	21.1	68.1	0.0	282.4	865.6
鱼油，金枪鱼	0.0	6.4	6.5	0.0	0.0	3.8	14.4	50.6	3.5	211.7	777.1
鱼油，罗非鱼	12.5	20.6	14.3	10.1	7.3	3.0	10.2	0.0	7.8	8.8	900.6
鱼油，罗非鱼	13.8	20.8	13.3	10.7	7.7	3.0	10.5	0.0	8.0	4.7	899.4
鱼油，罗非鱼	12.3	21.8	13.2	9.9	7.2	3.2	10.5	0.0	7.5	9.6	873.2
鱼油，罗非鱼	9.8	20.7	13.3	8.2	6.6	2.8	10.7	6.9	6.0	24.5	869.6
鱼油，罗非鱼	6.4	23.4	14.7	6.9	3.6	3.1	10.4	14.6	0.0	45.5	869.4
鱼油，罗非鱼	9.7	20.1	12.1	7.8	6.4	0.0	7.6	5.1	0.0	0.0	820.2
鱼油，罗非鱼精炼	10.4	20.3	11.3	8.1	6.4	3.1	9.1	3.3	6.4	12.9	891.2
鱼油，罗非鱼精炼	8.1	17.9	9.6	6.9	5.6	0.0	6.9	7.6	0.0	13.1	847.7
鱼油，罗非鱼精炼	11.5	21.5	11.7	8.6	7.0	0.0	8.3	0.0	0.0	0.0	841.1

表5-6 **鱼油的脂肪酸组成分类统计分析（内标法）**

单位：g/kg

脂肪酸	单不饱和脂肪酸	多不饱和脂肪酸	油酸+亚油酸	EPA+DHA	Σω3	Σω6
鱼油	229.8	280.6	96.1	227.4	257.9	27.3
鱼油	187.3	340.7	106.0	265.3	327.9	17.1
鱼油	184.3	355.8	106.5	277.8	342.0	13.8
鱼油	177.2	338.1	102.9	266.6	324.9	13.2
鱼油	175.0	340.4	93.5	240.6	258.4	82.0
鱼油，精炼	282.4	234.8	100.4	197.1	203.1	36.6
鱼油，精炼	267.2	208.0	96.7	167.8	174.7	37.4
鱼油，精炼	253.3	227.4	123.7	196.0	201.6	37.7
鱼油，混合油	261.4	269.4	137.2	220.8	229.3	48.8
鱼油，精炼	235.4	340.9	148.6	217.3	242.8	98.0
鱼油，精炼	241.6	299.7	169.4	219.3	235.8	63.9
鱼油，精炼	229.3	280.1	93.2	234.8	268.2	16.4
鱼油，精炼	189.6	346.0	107.7	270.5	285.5	65.0
鱼油，精炼	178.9	329.0	102.6	259.6	316.2	16.6
鱼油，毛油	217.6	318.6	137.3	222.9	238.8	84.6
鱼油，毛油	213.1	283.2	152.0	244.4	253.9	29.3
鱼油，毛油	171.8	354.8	85.7	299.2	311.0	53.0
鱼油，毛油	179.5	356.3	98.7	283.0	299.4	60.3
鱼油，杂鱼	215.9	317.7	151.0	260.8	292.1	29.0

脂肪酸	单不饱和脂肪酸	多不饱和脂肪酸	油酸+亚油酸	EPA+DHA	Σω3	Σω6
鱼油，杂鱼	211.8	299.5	145.2	248.9	274.7	28.2
鱼油，杂鱼	214.4	334.0	130.5	271.4	306.8	31.6
鱼油，杂鱼	210.2	285.9	142.0	228.7	260.3	29.9
鱼油，杂鱼	186.5	310.9	113.0	243.9	287.1	30.2
鱼油，沙丁鱼	280.4	255.3	127.5	224.2	228.2	79.9
鱼油，鳀鱼油	208.1	365.0	101.8	293.7	307.8	65.7
鱼油，金枪鱼	172.5	340.0	125.4	297.0	310.9	32.1
鱼油，金枪鱼	214.6	383.4	137.9	354.6	362.1	21.3
鱼油，金枪鱼	187.3	396.8	134.7	350.4	361.9	34.8
鱼油，金枪鱼	174.6	297.5	122.4	262.3	272.5	25.0
鱼油，罗非鱼	356.9	278.0	496.8	8.8	32.4	245.6
鱼油，罗非鱼	352.8	291.6	510.3	4.7	28.5	263.2
鱼油，罗非鱼	341.6	281.3	485.1	9.6	34.6	246.6
鱼油，罗非鱼	340.7	266.8	446.8	31.5	54.9	211.8
鱼油，罗非鱼	323.6	275.1	422.0	60.1	86.6	188.5
鱼油，罗非鱼	339.4	230.7	450.5	5.1	25.2	205.5
鱼油，罗非鱼精炼	325.9	241.6	432.8	16.2	39.6	202.0
鱼油，罗非鱼精炼	304.2	213.6	396.9	20.6	38.5	175.1
鱼油，罗非鱼精炼	340.6	239.9	463.8	0.0	21.5	218.3

C20:3ω3, C20:3ω3也是EPA、DHA合成的一个中间体。这在一定程度上反映了对脂肪酸改造的能力。

对鱼油的脂肪酸组成进行分类统计，结果见表5-6。可见：①海水鱼油的ω3系列脂肪酸含量显著高于ω6系列脂肪酸含量；而罗非鱼鱼油则相反，是ω6系列脂肪酸含量显著高于ω3系列脂肪酸含量。ω3系列脂肪酸包括了DHA C22:6ω3、EPA C20:5ω3、二十碳三烯酸C20:3ω3、α-亚麻酸C18:3ω3共4种脂肪酸；ω6系列脂肪酸包括亚油酸C18:2ω6、γ-亚麻酸C18:3ω6、二十碳二烯酸C20:2ω6、二十碳三烯酸C20:3ω6、花生四烯酸C20:4ω6共5种脂肪酸。在长链高不饱和脂肪酸合成过程中，以γ-亚麻酸C18:3ω6为起始原料，经过去饱和、碳链延长合成花生四烯酸C20:4ω6。而ω3系列长链高不饱和脂肪酸的合成过程中，是以α-亚麻酸C18:3ω3为起始原料，经过去饱和、碳链延长合成DHA和EPA。②海水鱼油的"双A（EPA和DHA）"含量之和显著高于其在罗非鱼油中的含量，而"双油（油酸和亚油酸）"含量之和显著低于其罗非鱼的含量，这是海水鱼鱼油与罗非鱼鱼油或养殖鱼类鱼油（如三文鱼、巴沙鱼、斑点叉尾鲴）的脂肪酸特征显著差异。

将检测的22种脂肪酸的组成和含量作图5-30，可以发现几个特征：

首先，在油脂样本中含量超过50g/kg的脂肪酸为肉豆蔻酸（14:0）、棕榈酸（16:0）、棕榈油酸（16:1ω7）、油酸（18:1ω9）、EPA和DHA，可以视为鱼油中含量较高的6种脂肪酸。

其次，2种反式脂肪酸反式油酸（18:1-9t）、反式亚油酸（C18:2-9t，12t）检测出一定量，在40个油脂样本中的平均含量分别为（10.41±7.77）g/kg和（5.88±10.10）g/kg，对比数据样本后发现，2种反式脂肪酸主要出现在精炼的海水鱼油中，在海水鱼油毛油、罗非鱼鱼油中含量很少或没有。在精炼鱼油中，2种反式脂肪酸含量范围值为8.90～34.23g/kg，而鱼油毛油中2种反式脂肪酸的含量范围值为0～8.00g/kg。表明可能是在鱼油精炼过程中产生的。

再次，有3种奇数碳原子的脂肪酸被检测到，分别是十五酸（15:0）、十七酸（17:0）、十七烯酸，在40个鱼油样本中的含量分别为（7.49±1.46）g/kg、（6.99±1.63）g/kg、（8.01±5.01）g/kg，3种奇数碳原子脂肪酸在40个鱼油样本中总量的平均值为（20.88±6.64）g/kg。对照鱼油样本，发现3种奇数碳原子的脂肪酸主要出现在海水鱼油中，3种奇数碳原子脂肪酸含量范围值为18.84～30.12g/kg，而罗非鱼鱼油中含量很低，其范围值为2.58～9.05g/kg，表明3种奇数碳原子脂肪酸主要存在于海水鱼油中，淡水鱼油中含量很低。

最后，鱼油的脂肪酸的饱和性分析。将40个鱼油样本的脂肪酸总量，以及不饱和脂肪酸、单不饱和脂肪酸、多不饱和脂肪酸分别进行统计，同时也统计"双A（EPA和DHA）""双油（油酸和亚油酸）"ω3系列和ω6系列脂肪酸含量，见图5-31。

40个鱼油样本的脂肪酸总量在583.9～900.6g/kg，平均值为（842.11±22.25）g/kg，罗非鱼鱼油的脂肪酸总量低于海水鱼油，其中罗非鱼鱼油脂肪酸总量范围值为583.9～793.5g/kg，而海水鱼油的脂肪酸总量范围值为801.1～900.6g/kg。对于同一种油脂的精炼油与毛油比较，精炼油的脂肪酸总量大于毛油，如金枪鱼精炼油脂肪酸总量为865.6～809.9g/kg，而金枪鱼毛油的脂肪酸总量为583.9～777.1g/kg；混合海水鱼油的精炼鱼油脂肪酸总量为813.6～900.6g/kg，而混合鱼油毛油的脂肪酸总量为651.9～839.7g/kg。

在油脂中，除了脂肪酸外，还含有甘油、磷酸基团、丝氨酸、胆碱等成分，含三酰甘油越多其脂肪酸总量越高，含磷脂、糖脂等越多，其脂肪酸总量越低。

因此，依据油脂中脂肪酸总量的分析结果可以得知，罗非鱼鱼油中含磷脂等非三酰甘油成分较多，所以脂肪酸总量低于海水鱼油；鱼油精炼过程主要除去了磷脂等成分，得到的三酰甘油成分增加，所以脂肪酸总量增加。是否能以油脂中脂肪酸总量作为鱼油纯度的指标标准？这是值得探讨的一个问题。

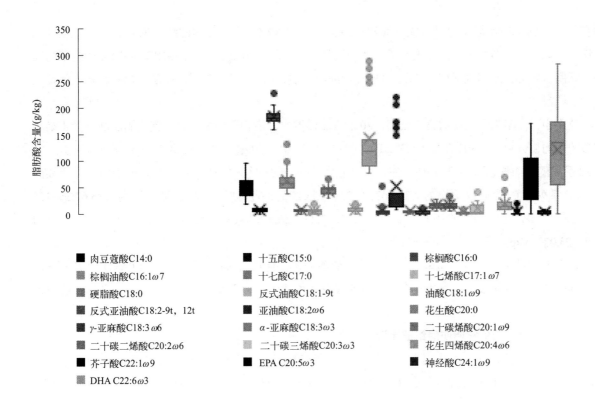

图5-30 鱼油脂肪酸组成和含量（内标法，*n*=40，见彩图）

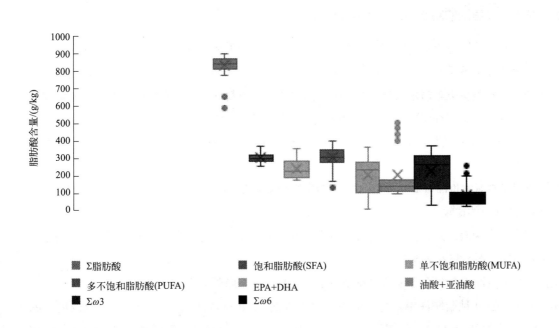

图5-31 鱼油脂肪酸的饱和性（内标法，*n*=40，见彩图）

鱼油在饲料中的使用目标是提供三酰甘油作为能量物质的来源，三酰甘油的纯度依赖脂肪酸总量来标识应该是可以的。饲料中的磷脂主要是满足水产饲料制造过程的需要，同时提供水产动物需要的结构脂质——磷脂。因此，水产饲料中的三酰甘油和磷脂是分别提供的，各自进行产品质量控制和配方保证值设计。

在油脂中，多不饱和脂肪酸含量较高，40个鱼油样本中，饱和脂肪酸、单不饱和脂肪酸、多不饱和脂肪酸的平均值分别为（303.75±22.72）g/kg、（213.01±31.61）g/kg、（307.19±50.29）g/kg。

$\omega 3$系列的脂肪酸以DHA和EPA为主，其含量大于$\omega 6$系列脂肪酸的含量，$\omega 6$系列脂肪酸以亚油酸为主。$\omega 3$系列脂肪酸总量平均为（264.67±48.25）g/kg，而$\omega 6$系列脂肪酸总量平均为（36.67±24.13）g/kg。"双A（EPA+DHA）"的平均值为（238.67±37.27）g/kg，"双油（油酸+亚油酸）"的平均值为（119.24±23.07）g/kg。

非常重要的结果是，罗非鱼鱼油的"双油（油酸+亚油酸）"很高，而"双A（EPA+DHA）"很低；海水鱼油的结果正好相反，这可以作为淡水鱼油和海水鱼油的一种重要化学指标的差异，在后面将进行分析。

（2）归一法测定的鱼油脂肪酸组成比例

采用归一法检测，在鱼油中具有一定量的20种脂肪酸组成比例见图5-32。这些脂肪酸为肉豆蔻酸（C14:0）、十五酸（C15:0）、棕榈酸（C16:0）、棕榈油酸（C16:1ω7）、十七酸（C17:0）、10-十七烯酸（C17:1ω7）、硬脂酸（C18:0）、反式油酸（C18:1-9t）、油酸（C18:1ω9）、亚油酸（C18:2ω6）、反式亚油酸（C18:2-9t, 12t）、α-亚麻酸（C18:3ω3）、11-二十碳烯酸（C20:1ω9）、11,14-二十碳二烯酸（C20:2ω6）、11,14,17-二十碳三烯酸（C20:3ω3）、花生四烯酸（C20:4ω6）、EPA（C20:5ω3）、芥子酸（C22:1ω9）、神经酸（C24:1ω9）和DHA（C22:6ω3）。

采用归一法测定的鱼油脂肪酸的饱和性见图5-33，依然是多不饱和脂肪酸含量较高，且以$\omega 3$系列多不饱和脂肪酸为主。

（三）淡水鱼油与海水鱼油的脂肪酸组成和含量的比较

海水鱼粉、海水鱼油因为含有长链高不饱和脂肪酸，在营养价值和在饲料中使用的养殖效果上差异很大。但是，在鱼油、鱼粉质量鉴定与品质控制过程中，经常遇到的问题是：淡水鱼粉与海水鱼粉如何进行有效的鉴别？以养殖鱼类与海水鱼类为原料生产的鱼粉、鱼排粉如何进行有效的鉴别？淡水鱼油与海水鱼油如何进行有效的鉴别？这次在鱼粉国标修订过程中，通过对脂肪酸组成和含量的分析发现，部分脂肪酸组成和含量可以有效地进行上述鉴别，这里分享课题组的研究成果，这是目前为止找到的最为有效的化学指标之一。

（1）内标法测定的海水鱼油与罗非鱼鱼油脂肪酸组成和含量的比较

① 21种脂肪酸含量的比较

将内标法测定结果中有一定含量的脂肪酸，按照海水鱼油和罗非鱼鱼油分别以平均值±标准差进行统计，结果见图5-34、图5-35和表5-7。

海水鱼油、淡水鱼油中有16种脂肪酸检测到一定的含量，不同脂肪酸含量有差异。

由表5-7可见，在21种脂肪酸中，差异很小（海水鱼油/罗非鱼鱼油比值在0.5～2.0范围内）的有棕榈酸16:0、棕榈油酸16:1ω7、硬脂酸18:0、α-亚麻酸18:3ω3、11-二十碳烯酸20:1ω9共5种脂肪酸，其他脂肪酸差异较大。如果以"海水鱼油/罗非鱼鱼油比值"大于10、小于0.1（即相差10倍左右）进行统计，则有10-十七烯酸17:1ω7、亚油酸18:2ω6、γ-亚麻酸18:3ω6，11,14-二十碳二烯酸20:2ω6、

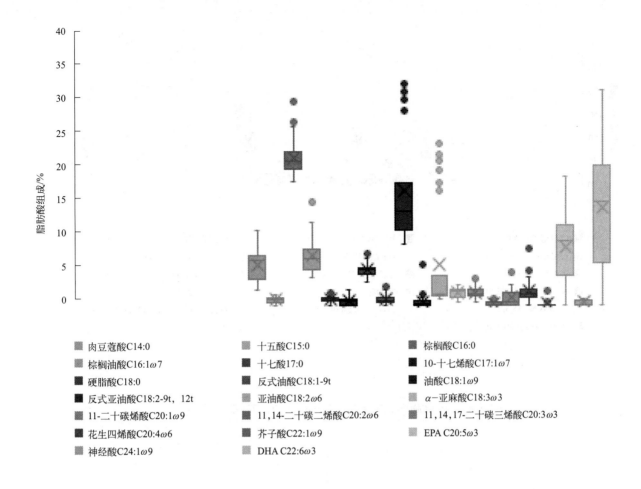

图例:

- 肉豆蔻酸C14:0
- 十五酸C15:0
- 棕榈酸C16:0
- 棕榈油酸C16:1ω7
- 十七酸17:0
- 10-十七烯酸C17:1ω7
- 硬脂酸C18:0
- 反式油酸C18:1-9t
- 油酸C18:1ω9
- 反式亚油酸C18:2-9t，12t
- 亚油酸C18:2ω6
- α-亚麻酸C18:3ω3
- 11-二十碳烯酸C20:1ω9
- 11,14-二十碳二烯酸C20:2ω6
- 11,14,17-二十碳三烯酸C20:3ω3
- 花生四烯酸C20:4ω6
- 芥子酸C22:1ω9
- EPA C20:5ω3
- 神经酸C24:1ω9
- DHA C22:6ω3

图5-32 鱼油脂肪酸组成比例（归一法，$n=40$，见彩图）

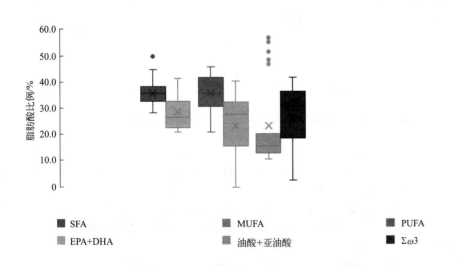

- SFA
- MUFA
- PUFA
- EPA+DHA
- 油酸+亚油酸
- Σω3

图5-33 鱼油脂肪酸饱和性（归一法，$n=40$，见彩图）

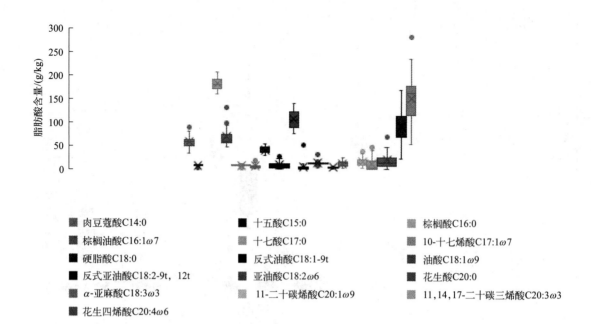

图5-34 海水鱼油脂肪酸组成和含量（归一法，n=31，见彩图）

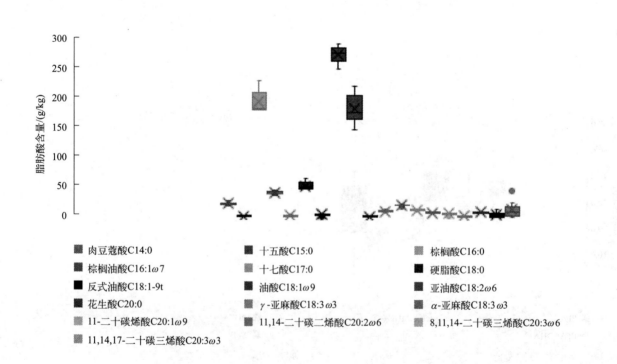

图5-35 罗非鱼鱼油脂肪酸组成和含量（归一法，n=9，见彩图）

表5-7 海水鱼油（n=21）与罗非鱼鱼油（n=9）脂肪酸组成和含量（均值）的比较（内标法）

单位：g/kg

脂肪酸	肉豆蔻酸 14:0	十五酸 15:0	棕榈酸 16:0	棕榈油酸 16:1ω7	十七酸 17:0	10-十七烯酸 17:1ω7	硬脂酸 18:0	反式油酸 18:1-9t	油酸 18:1ω9	反式亚油酸 C18:2-9t, 12t	亚油酸 18:2ω6
海水鱼油	58.5±15.2	7.8±1.5	181.9±12.0	69.5±23.5	7.6±2.0	6.8±5.4	41.7±6.4	8.9±7.9	106.4±19.6	5.0±9.4	14.1±6.4
罗非鱼鱼油	22.5±2.7	1.4±1.7	194.0±19.8	41.5±3.1	2.8±1.7	0.2±0.6	52.4±6.9	4.3±1.7	273.6±13.7	0	182.5±23.9
海水鱼油/罗非鱼鱼油	2.61	5.51	0.94	1.68	2.74	31.47	0.80	2.05	0.39		0.08

脂肪酸	花生酸 20:0	γ-亚麻酸 18:3ω6	α-亚麻酸 18:3ω3	11-二十碳烯酸 20:1ω9	11,14-二十碳二烯酸 20:2ω6	8,11,14-二十碳三烯酸 20:3ω6	11,14,17-二十碳三烯酸 20:3ω3	花生四烯酸 20:4ω6	EPA20:5ω3	DHA22:6ω3
海水鱼油	4.3±1.9	0.3±0.9	12.9±5.1	15.7±8.5	0.2±0.8	0.1±0.3	10.9±15.0	20.1±19.5	91.6±29.4	152.1±58.5
罗非鱼鱼油	1.2±1.5	10.5±2.3	20.8±1.5	12.6±1.6	8.6±1.4	6.4±1.2	2.0±1.5	9.3±1.4	4.2±5.0	13.2±14.3
海水鱼油/罗非鱼鱼油	3.45	0.03	0.62	1.25	0.03	0.01	5.41	2.15	21.96	11.49

8，11，14-二十碳三烯酸20:3ω6、EPA20:5ω3、DHA22:6ω3共7种脂肪酸的含量差异很大。在这7种差异很大的脂肪酸含量中，如果再以含量＞10.0g/kg进行进一步的筛选，则有亚油酸18:2ω6、γ-亚麻酸18:3ω6、EPA20:5ω3、DHA22:6ω3共4种脂肪酸，这应该是海水鱼油与罗非鱼鱼油脂肪酸组成差异最大且含量超过10.0g/kg的4种脂肪酸。

含量超过90.0g/kg的脂肪酸有棕榈酸16:0、油酸18:1ω9、亚油酸18:2ω6、EPA20:5ω3、DHA22:6ω3共5种脂肪酸。其中，棕榈酸16:0在两类油脂中含量几乎没有差异，所以，具有较高含量（＞90.0g/kg）且差异较大的4种脂肪酸是油酸18:1ω9、亚油酸18:2ω6、EPA20:5ω3、DHA22:6ω3，为了方便记忆和比较，分别称为"双油（油酸和亚油酸）脂肪酸"、"双A（EPA和DHA）脂肪酸"。

② 内标法检测的脂肪酸中"双A"和"双油"的比较

按照前述分析数据，统计海水鱼油与罗非鱼鱼油的"双油（油酸和亚油酸）脂肪酸""双A（EPA和DHA）脂肪酸"含量，并作图，见图5-36、图5-37。可以直观地观察到，海水鱼油脂肪酸的"双A"显著高于罗非鱼鱼油，二者的平均值分别为（243.7±55.2）g/kg和（19.6±18.7）g/kg；相反，海水鱼油脂肪酸的"双油"显著低于罗非鱼鱼油，二者的平均值分别为（120.5±21.5）g/kg和（456.1±36.8）g/kg。

海水鱼油与罗非鱼鱼油的上述4种脂肪酸含量的差异可以作为2类油脂鉴别的主要化学指标，由于内标法测定的是样本中脂肪酸的绝对含量，可以作为油脂的鉴定依据，上述4种脂肪酸含量的差异也可以作为海水鱼油、淡水鱼油的鉴别依据。比如，海水鱼油中"双A（EPA+DHA）"含量应＞200g/kg，且"双油（油酸+亚油酸）"含量＜150g/kg；如果"双A（EPA+DHA）"含量＜50g/kg且"双油（油酸+亚油酸）"含量＞400g/kg，可以判定为淡水鱼的鱼油或养殖鱼类的鱼油。只是作为产品质量标准，要确定具体的测定值作为标准值还需要有更多的样本。

(2) 归一法测定的海水鱼油与罗非鱼鱼油脂肪酸组成比例

① 脂肪酸组成比例

归一法测定的是油脂中各种脂肪酸含量占脂肪酸总量的比例，即油脂的脂肪酸组成比例。

在测定的40个鱼油样本中，海水鱼油的脂肪酸组成比例见图5-38，有19种脂肪酸检测到有一定的组成比例，其中含量超过5%的几种脂肪酸为肉豆蔻酸C14：0、棕榈酸C16：0、棕榈油酸C16：1ω7、硬脂酸C18：0、油酸C18：1ω9、EPA C20：5ω3和DHA C22：6ω3。

在罗非鱼鱼油（见图5-39）中，有13种脂肪酸含量有一定的组成比例，脂肪酸种类少于海水鱼油。其中，组成比例在5%以上的脂肪酸有棕榈酸C16：0、棕榈油酸C16：1ω7、硬脂酸C18：0、油酸C18：1ω9、亚油酸C18：2ω6共5种脂肪酸，而海水鱼油中的高不饱和脂肪酸EPA和DHA在罗非鱼鱼油脂肪酸组成比例中小于5%。

② 归一法检测的脂肪酸中"双A"和"双油"的比较

依据内标法检测结果，在海水鱼与罗非鱼鱼油脂肪酸组成中，"双A（EPA和DHA）"、"双油（油酸和亚油酸）"差异很大，采用归一法测定的海水鱼油和罗非鱼鱼油的结果见图5-40。

结果显示，海水鱼油依然具有高含量的"双A"，二种高不饱和脂肪酸之和占总脂肪酸含量的比例超过了20%，而"双油"之和占总脂肪酸含量比例全部样本都低于20%；相反，罗非鱼鱼油的"双A"之和比例低于5%，而"双油"之和占总脂肪酸的比例超过46%。

因此，采用归一法测定的鱼油脂肪酸比例，"双A"之和占总脂肪酸的比例超过20%、"双油"之和占脂肪酸总量的比例低于20%可以作为海水鱼油的一个鉴别或鉴定性指标；相反，罗非鱼等淡水鱼油的"双A"之和占脂肪酸总量的比例小于5%、"双油"之和占脂肪酸总量的比例大于46%。

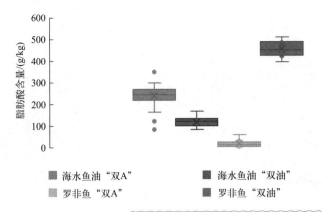

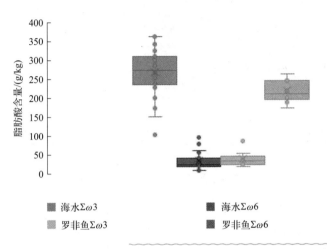

■ 海水鱼油"双A"　　　　　■ 海水鱼油"双油"
■ 罗非鱼"双A"　　　　　　■ 罗非鱼"双油"

图5-36 海水鱼油（*n*=31）与罗非鱼鱼油（*n*=9）"双A"与"双油"含量的比较（内标法，见彩图）

■ 海水Σω3　　　　　　　　■ 海水Σω6
■ 罗非鱼Σω3　　　　　　　■ 罗非鱼Σω6

图5-37 海水鱼油（*n*=31）与罗非鱼鱼油（*n*=9）ω3与ω6含量的比较（内标法，见彩图）

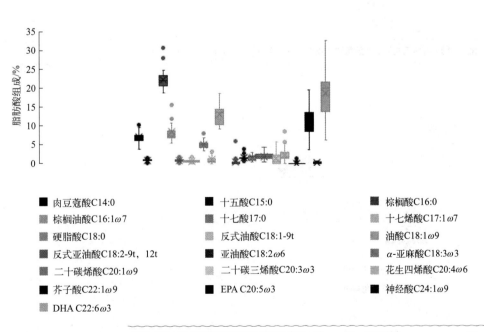

■ 肉豆蔻酸C14:0　　　　　　■ 十五酸C15:0　　　　　　　■ 棕榈酸C16:0
■ 棕榈油酸C16:1ω7　　　　　■ 十七酸17:0　　　　　　　■ 十七烯酸C17:1ω7
■ 硬脂酸C18:0　　　　　　　■ 反式油酸C18:1-9t　　　　　■ 油酸C18:1ω9
■ 反式亚油酸C18:2-9t，12t　　■ 亚油酸C18:2ω6　　　　　　■ α-亚麻酸C18:3ω3
■ 二十碳烯酸C20:1ω9　　　　■ 二十碳三烯酸C20:3ω3　　　■ 花生四烯酸C20:4ω6
■ 芥子酸C22:1ω9　　　　　　■ EPA C20:5ω3　　　　　　　■ 神经酸C24:1ω9
■ DHA C22:6ω3

图5-38 海水鱼油脂肪酸组成比例（归一法，*n*=31，见彩图）

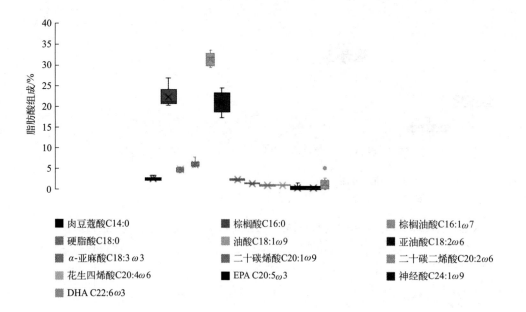

图5-39 罗非鱼鱼油脂肪酸组成比例（归一法，*n*=9，见彩图）

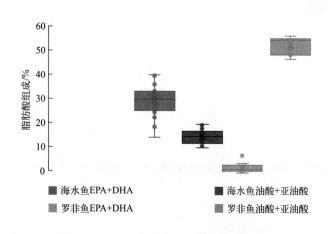

图5-40 海水鱼油与罗非鱼鱼油"双A"与"双油"比较（归一法，见彩图）

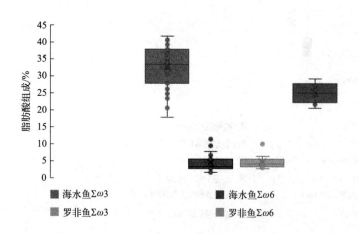

图5-41 海水鱼油（*n*=31）与罗非鱼鱼油（*n*=9）ω3与ω6含量的比较（归一法，见彩图）

Nutritional Physiology and Feed of Freshwater Fish
淡水鱼类营养生理与饲料

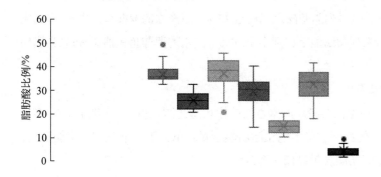

饱和脂肪酸　　　　　　　　单不饱和脂肪酸　　　　　　多不饱和脂肪酸

海水鱼EPA+DHA　　　　　海水鱼油酸+亚油酸　　　　海水鱼Σω3

海水鱼Σω6

图5-42　海水鱼油脂肪酸饱和性（归一法，$n=31$，见彩图）

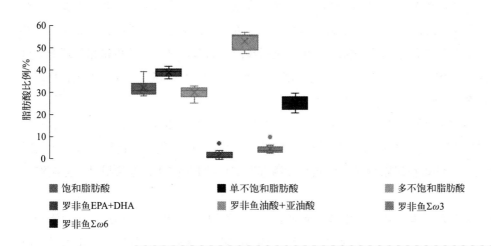

饱和脂肪酸　　　　　　　　单不饱和脂肪酸　　　　　　多不饱和脂肪酸

罗非鱼EPA+DHA　　　　　罗非鱼油酸+亚油酸　　　　罗非鱼Σω3

罗非鱼Σω6

图5-43　罗非鱼脂肪酸饱和性（归一法，$n=9$，见彩图）

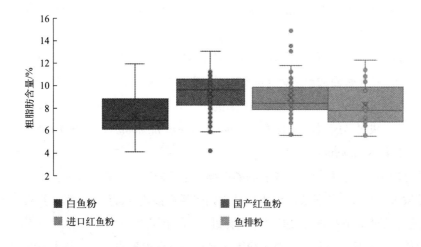

白鱼粉　　　　　　　　　　国产红鱼粉

进口红鱼粉　　　　　　　　鱼排粉

图5-44　鱼粉粗脂肪含量分布（$n=232$，见彩图）

③ 归一法检测的鱼油脂肪酸中 $\omega3$ 和 $\omega6$ 脂肪酸

总结归一法测定的鱼油脂肪酸中，$\omega3$ 系列脂肪酸之和、$\omega6$ 系列脂肪酸之和的结果见图5-41。

海水鱼油依然是 $\omega3$ 系列脂肪酸为主，$\omega3$ 系列脂肪酸之和超过25%，而淡水的罗非鱼油中 $\omega3$ 系列脂肪酸总量很低，低于5%；海水鱼油的 $\omega6$ 系列脂肪酸之和则小于10%，淡水的罗非鱼鱼油中 $\omega6$ 系列脂肪酸之和很高，大于20%。

④ 海水鱼油和罗非鱼鱼油的脂肪酸饱和性

海水鱼油脂肪酸的饱和性、脂肪酸组成见图5-42。海水鱼油的饱和脂肪酸、单不饱和脂肪酸、多不饱和脂肪酸组成比例，多不饱和脂肪酸比例最高、单不饱和脂肪酸含量最低。而罗非鱼鱼油脂肪酸中，则是单不饱和脂肪酸含量最高，多不饱和脂肪酸含量最低（图5-43）。

四、红鱼粉、白鱼粉、淡水或养殖鱼排粉中脂肪酸组成分析

（一）鱼粉的分类

以原料来源可以将鱼粉分为红鱼粉、白鱼粉和鱼排粉。白鱼粉为"以鳕鱼、鲽鱼等白色肉质鱼种的全鱼或其加工鱼产品后剩余的鱼体部分（包括鱼骨、鱼内脏、鱼头、鱼尾、鱼皮和鱼鳍等）为原料，经蒸煮、压榨、干燥、粉碎获得的产品"。红鱼粉为"以全鱼（白鱼粉原料鱼除外）的鱼体为原料，经蒸煮、压榨、干燥、粉碎获得的产品"，注意的是，红鱼粉包括《饲料原料目录》中的鱼粉和鱼虾粉。鱼排粉为"以白鱼粉原料鱼以外的鱼体加工鱼产品后剩余部分（包括鱼骨、鱼内脏、鱼头、鱼尾、鱼皮和鱼鳍等）为原料，经蒸煮、压榨、干燥、粉碎获得的产品"。

全球不同水域捕捞种类有较大的差异，不同原料鱼种类的化学组成也有一定的差异；不同海域捕捞的渔获物生产的鱼粉产品、不同原料鱼种类所生产的鱼粉产品在一些化学指标上有较大的差异，如白鱼粉组胺含量低、红鱼粉组胺含量高；热带、温带海域鱼油EPA/DHA含量相对于低温海域的低。

白鱼粉的生产原料主要为鳕鱼、鲽等白色肉鱼类加工鱼片、鱼柳等的副产物。鳕形目包括鳞鳗鳕亚目、鳕亚目、长尾鳕亚目和蛇鲥亚目共4亚目，11科，约162属，708种。主要分布于北太平洋海域，冷水性、近底层鱼类。代表种类如太平洋鳕pacific cod（*Gadus macrocephalus*），主要出产国是冰岛、加拿大、美国、俄罗斯、挪威及日本。鲽（*Pleuronectidae*；righteye flounders）为鲽亚目鲽科鱼类，全世界现有43属110种。

红鱼粉原料鱼较多，包括除了鳕鱼、鲽等白色肌肉以外的红色肌肉种类，主要原料鱼种类有：①鲱形目的太平洋鲱（*Clupea pallash*）、沙丁鱼属的沙丁鱼（*Sardine*）、鳀科的鳀鱼（*Anchovy*）等种类；②鲈形目玉筋鱼科的玉筋鱼（*Ammodytes personatus*）、鲭科鲭属的鲐鲅鱼（*Scomber japonicus*）、鲭科鲐属的鲭鱼（*Pneumatophorus japonicus*）、鲅科马鲛属的马鲛鱼（*Scomberomorus niphonius*）、鲭科的金枪鱼等种类；③胡瓜鱼目胡瓜鱼科的毛鳞鱼（*Capelin*）。

鱼排粉的原料为海水鱼或养殖鱼加工鱼片、鱼柳、鱼糜后的副产物，包括内脏、鱼头、鱼排、鱼皮等。海水鱼主要种类为金枪鱼、鲐鲅鱼、马鲛鱼等种类。淡水鱼种类则包括巴沙鱼、斑点叉尾鲴、罗非鱼、鲢、鳙、草鱼等养殖种类；也包括了海水养殖的三文鱼（大西洋鲑）加工副产物。

从上述原料种类的分析可以知道，红鱼粉、白鱼粉、鱼排粉不会是单一鱼种得到的产品，基本为混合原料得到的产品。所以，其化学指标如蛋白质和氨基酸、油脂和脂肪酸等是几种原料鱼的混合产品

的综合指标。这也是制作"鱼粉"标准样品的难度所在，也是鱼粉标准样本代表性难以实现的问题所在。

（二）鱼粉产品中粗脂肪含量

关于鱼粉中的脂肪酸含量，由于加工方式不同其含量有一定的差异，如脱脂鱼粉、半脱脂鱼粉、全脱脂鱼粉中脂肪酸含量差异较大。大部分白鱼粉、鱼排粉为以鱼加工副产物为原料的产品，加工过程中也要脱脂，产品中脂肪含量也很低。在鱼粉标准修订采集的232个样本中，红鱼粉、白鱼粉、鱼排粉产品中的脂肪含量见图5-44。

白鱼粉的脂肪酸含量均低于10%，国产红鱼粉的脂肪酸含量在4%～13%之间，进口红鱼粉的脂肪酸含量在5%～14%，鱼排粉的脂肪酸含量5%～12%。因此，白鱼粉、红鱼粉和鱼排粉中脂肪酸的组成和比例分析，采用内标法测定其绝对含量的绝对值均相对较低，而采用归一法测定的是油脂中脂肪酸的组成比例，其绝对值相对归一法的数值会高一些。重要的是，红鱼粉、白鱼粉、鱼排粉中不同脂肪酸含量归一法测定的结果是绝对含量值，与产品中粗脂肪含量是直接相关的，不同的产品中粗脂肪含量差异将导致鱼粉产品中不同脂肪酸绝对含量的差异。如果要进行不同产品之间脂肪酸组成和含量的比较则不适宜。如果采用归一法测定结果，归一法本身就是单一脂肪酸占脂肪酸总量的比例，因此，无论鱼粉产品中粗脂肪酸含量多少，均可以进行相对比较。所以，在对不同鱼粉产品脂肪酸组成和比例分析时，更多地采用了归一法的测定结果。

（三）鱼粉等产品中脂肪酸组成及其比例的数据

采用归一法，将检测到的白鱼粉、红鱼粉、虾粉、鱼排粉等产品中的脂肪酸组成及其比例结果列于表5-8。共有26种脂肪酸被检测到有一定的含量和组成比例（%），较鱼油中检测到22种多了4种脂肪酸，这主要是因为鱼粉等产品中脂肪酸包括了脂肪组织（脂肪细胞）、细胞中脂滴、生物膜中的脂肪酸，而鱼油则是原料鱼经过蒸煮、压榨后得到的油脂，主要为三酰甘油。因此，如果从营养学和生态学研究的角度考虑，鱼粉等产品中的脂肪酸更能真实地反映鱼、虾的脂肪酸组成。

与鱼油中脂肪酸组成相比较，鱼粉等产品中多出来的4种脂肪酸是十三酸（13:0）、山嵛酸（22:0）、芥子酸（C22:1ω9）、木蜡酸（C24:0），另有二十碳三烯酸C20:3ω3在鱼油中出现，而在鱼粉等产品中没有出现，其结果是鱼油中22种脂肪酸、鱼粉等产品中26种脂肪酸，有5种脂肪酸有差异。其中，十三酸（13:0）只是出现在海水鱼粉（白鱼粉、红鱼粉）中，海水鱼排粉、淡水的罗非鱼鱼排粉中没有；11-二十碳烯酸C20:1ω9、山嵛酸（22:0）、芥子酸（C22:1ω9）出现在所有类别鱼粉产品中，但含量很低；值得注意的是，木蜡酸（C24:0）在鱼粉产品中具有一定的含量，在个别样本中含量很高，比例超过20%的样本也有，但是，木蜡酸没有在虾粉中检测到；同时，虾粉中含有的EPA含量超过红鱼粉、白鱼粉的平均值，可能虾体中没有木蜡酸。木蜡酸为二十四烷酸（tetracosanoic acid），是巴西蜡和棕榈蜡的主要成分之一，在大部分天然脂肪中也有少量（0.2%～1.0%）存在。在神经组织中是神经鞘磷脂和角苷脂的一种组成成分。由于二十四烷酸熔点高，熔点在80～88℃；属于长链饱和脂肪酸，如果在细胞中的含量过高，会使细胞膜的流动性降低，甚至破坏细胞膜的正常结构，导致组织损伤。鱼粉等产品中脂肪酸组成比例分类统计结果见表5-9，其结果显示的特征与鱼油的结果类似。

表5-8 鱼粉产品脂肪酸组成和组成比例（归一法）

单位：g/kg

脂肪酸		十三酸 C13:0	肉豆蔻酸 C14:0	十五酸 C15:0	棕榈酸 C16:0	棕榈油酸 C16:1ω7	十七酸 C17:0	10-十七烯酸 C17:1ω7	硬脂酸 C18:0	反式油酸 C18:1-9t	油酸 C18:1ω9	反式亚油酸 C18:2-9t,12t	亚油酸 C18:2ω6	花生酸 C20:0
白鱼粉, n=20	范围值	0~7.2	0~7.0	0~0.8	14.2~23.4	3.9~9.6	0~0.8	0~0.8	3.2~5.6	0~1.6	10.1~27.0	0~1.0	0.8~2.2	0~0.7
	均值	0.5±1.7	4.4±1.6	0.4±0.2	19.2±2.0	6.0±1.7	0.3±0.2	0.2±0.2	4.4±0.7	0.3±0.4	18.6±5.3	0.3±0.4	1.4±0.4	0.±0.2
虾粉, n=9	范围值	0~0.1	3.3~8.9	0.6~1.4	20.3~25.9	6.4~9.3	0.5~0.9	0~0.8	1.7~3.9	0~0.6	12.0~19.3	0~0.3	1.5~3.5	0~0.3
	均值	0.1±0.1	4.8±2.3	0.8±0.3	24.3±2.2	7.8±1.0	0.7±0.1	0.4±0.3	2.9±0.7	0.3±0.2	17.0±2.9	0.2±0.2	2.0±0.7	0.2±0.1
红鱼粉, n=107	范围值	0~0.1	3.3~10.5	0~1.5	18.6~30.1	3.4~13.4	0~1.9	0~1.6	3.9~11.6	0~1.1	6.2~23.8	0~0.8	1.0~5.1	0~2.1
	均值	0.1±0.1	6.4±1.1	0.9±0.2	24±2.2	6.8±1.3	1.0±0.3	0.4±0.5	6.3±1.8	0.2±0.3	12±3.2	0.1±0.2	1.9±0.8	0.±0.4
海水鱼排粉, n=7	范围值	0	3.3~6.3	0.8~1.2	19.2~30.5	4.6~7.4	0.7~1.7	0~0.5	4.0~10.7	0~0.5	9.8~22.3	0~0.3	1.9~6.5	0.4~0.6
	均值	0	4.5±1.1	1.0±0.2	25.7±4.2	6.1±0.9	1.2±0.4	0.2±0.2	8.1±2.8	0.3±0.3	17.8±4.5	0.1±0.1	3.4±1.7	0.5±0.1
淡水鱼排粉, n=12	范围值	0	1.7~3.4	0.1~0.6	14.7~31.2	0.9~4.4	0.2~0.7	0~0.2	5.2~10.2	0~0.5	33.5~38.0	0~0.2	9.0~21.8	0.2~0.5
	均值	0	2.3±0.5	0.3±0.1	23.1±5.6	2.9±1.3	0.4±0.2	0.1±0.1	7.1±1.7	0.3±0.2	35.4±1.7	0.1±0.1	16.2±4.6	0.3±0.1

脂肪酸	γ-亚麻酸 C18:3ω6	α-亚麻酸 C18:3ω3	11-二十碳烯酸 C20:1ω9	11,14-二十碳二烯酸 C20:2ω6	山嵛酸 C22:0	8,11,14-二十碳三烯酸 C20:3ω6	11,14,17-二十碳三烯酸 C20:3ω3	花生四烯酸 C20:4ω6	芥子酸 C22:1ω9	EPA C20:5ω3	木蜡酸 C24:0	神经酸 C24:1ω9	DHA C22:6ω3
白鱼粉, n=20													
范围值	0~0.1	0.4~9.4	0.5~6.4	0~1.0	0~0.8	0~0.2	0~7.6	0.2~1.8	0~2.2	0~16.4	0~22.5	0.9~2.6	12.3~23.8
均值	0.1±0.1	2.1±2.1	3.4±2.2	0.4±0.3	0.2±0.2	0.1±0.1	0.9±1.8	0.±0.6	1.2±0.6	9.0±6.9	6.6±9.4	1.4±0.5	17.2±3.2
虾粉, n=9													
范围值	0~0.2	0.6~4.3	0.9~1.2	0~0.3	0~0.1	0~0.1	0.2~1.5	1.1~3.1	0~0.8	11.3~19.5	0	0~0.2	12.2~21.6
均值	0.1±0.1	1.9±1.4	1.0±0.1	0.2±0.1	0.1±0.1	0.1±0.1	0.6±0.6	1.5±0.7	0.3±0.3	16.8±3.5	0	0.1±0.1	15.7±3.7
红鱼粉, n=107													
范围值	0~0.6	0~5.1	0~4.5	0~0.5	0~0.6	0~0.5	0~8.0	0~5.7	0~3.1	0.1~19.9	0~19.0	0~1.6	6.6~34.2
均值	0.1±0.1	1.3±0.7	1.6±0.8	0.2±0.2	0.2±0.2	0.1±0.1	1.0±1.6	1.2±1.2	0.8~0.9	6.4±5.3	4.7±6.0	0.7±0.4	19.4±4.6
海水鱼排粉, n=7													
范围值	0~0.3	0.7~4.1	0.4~2.4	0~0.5	0~0.4	0~0.3	0.2~6.6	0.3~3.0	0~3.1	0.2~10.6	0~6.1	0.4~1.1	8.7~26.0
均值	0.2±0.1	1.6±1.2	1.1±0.6	0.3±0.2	0.2±0.2	0.2±0.1	1.6±2.5	1.5±1.2	1.2±1.3	4.3±4.4	2.1±2.6	0.8±0.3	15.6±7.0
淡水鱼排粉, n=12													
范围值	0.2~1.1	1.3~2.4	0.5~4.2	0.5~1.3	0.1~0.2	0.3~1.1	0.1~0.4	0~1.4	0.1~1.8	0.1~0.7	0.1~4.1	0~1.1	0.6~7.5
均值	0.7±0.4	1.8±0.4	1.8±1.2	0.9±0.3	0.2±0	0.8±0.2	0.2±0.1	0.7±0.5	0.7±0.7	0.2±0.2	0.8±1.5	0.3±0.4	2.1±2.5

表5-9 鱼粉产品脂肪酸组成分类的比例（归一法） 单位：%

脂肪酸	饱和脂肪酸	单不饱和脂肪酸	多不饱和脂肪酸	EPA+DHA	油酸+亚油酸	$\sum\omega3$	$\sum\omega6$
白鱼粉，$n=20$							
范围值	21.7～53.9	19.2～44.4	19.2～53.1	15.6～33.7	12.0～28.1	17.0～50.6	2.1～3.6
均值	36.3±10.1	31.2±7.1	32.5±7.6	26.2±5.7	20.0±5.1	29.2±7.4	2.9±0.5
虾粉，$n=9$							
范围值	33.0～36.8	21.8～30.7	35.6～43.9	30.9～33.8	14.4～21.0	32.0～39.0	3.2～5.4
均值	33.9±1.4	27.1±3.2	39.1±2.9	32.4±1.1	19.1±2.5	34.9±2.4	4.0±0.8
红鱼粉，$n=107$							
范围值	27.5～61.3	15.5～36.2	15.9～46.8	11.5～38.1	7.5～28.9	12.6～43.7	1.5～8.1
均值	44.7±7.7	23.0±3.6	31.8±7.4	25.8±6.4	14.8±3.4	28.0±7.7	3.6±1.2
海水鱼排粉，$n=7$							
范围值	30.6～52.8	20.2～31.5	17.1～45.6	9.2～36.6	11.7～27.9	10.5～42.2	3.1～7.9
均值	43.6±8.2	27.7±4.2	28.7±11.6	19.9±10.0	21.3±5.8	23.0±12.9	5.6±2.0
淡水鱼排粉，$n=12$							
范围值	27.1～44.5	39.5～45.3	13.2～29.8	0.7～7.7	46.7～55.6	2.1～10.1	10.9～26.1
均值	34.6±6.5	41.5±1.8	23.8±6.6	2.4±2.5	51.7±3.1	4.4±2.7	19.3±5.6

（四）白鱼粉脂肪酸组成和比例

白鱼粉的原料鱼为白色肌肉的鳕鱼种类，而原料类别主要还是鳕鱼切去鱼片后的副产物，包括鱼排、内脏、鱼皮等，所以白鱼粉其实质为鱼排粉，当然也有用不适宜加工鳕鱼鱼片的整鱼为原料的白鱼粉，但数量相对较少。白鱼粉中脂肪酸组成代表了鳕鱼类鱼体的脂肪酸组成。

20个白鱼粉样本的脂肪酸组成和比例（归一法）见图5-45，分类脂肪酸的组成比例见图5-46。白鱼粉中，①奇数碳原子脂肪酸十三酸（13:0）出现在2个白鱼粉样本中，占脂肪酸总量的比例分别为2.56%、7.12%，十五酸（15:0）在全部样本中均含有，但比例较低（0.24%～0.46%），十七酸（17:0）在全部样本中均含有，但比例较低（0.12%～0.84%），10-十七烯酸（17:1ω7）出现在11个样本中，比例较低（0.28%～0.8%），显示出白鱼粉原料鱼的一些特征，海洋冷水鱼类——鳕鱼的脂肪酸组成特征。②几种长碳链脂肪酸在白鱼粉中具有一定的比例，如11-二十碳烯酸（20:1ω9）（0.53%～6.66%）、11,14,17-二十碳三烯酸（20:3ω3）（0.14%～7.58%）、芥子酸（22:1ω9）（0.9%～2.04%）、木蜡酸（24:0）在7个样本中检测到且含量较高（15.77%～22.48%），神经酸（24:1ω9）在全部样本中检测到（0.91%～2.59%），这与其鱼粉产品不同，尤其是木蜡酸具有较高的含量和比例。③从分类脂肪酸组成看，白鱼粉饱和脂肪酸总量、单不饱和脂肪酸总量、多不饱和脂肪酸总量依次降低，"双A"之和比例（大于22%）大于"双油"脂肪酸之和的比例，ω3系列脂肪酸之和显著高于ω6系列脂肪酸之和。

如果将白鱼粉脂肪酸中的EPA和DHA含量在不同样本中的分布作图，见图5-47。可见白鱼粉脂肪酸组成比例中，"双A"之和大于15%，小于35%；而部分样本中的EPA占脂肪酸总量的比例很低，有7个样本的EPA含量为0，DHA含量占脂肪酸总量的比例显著高于EPA。表明在白鱼粉脂肪酸组成比例中，高不饱和脂肪酸是以DHA为主。

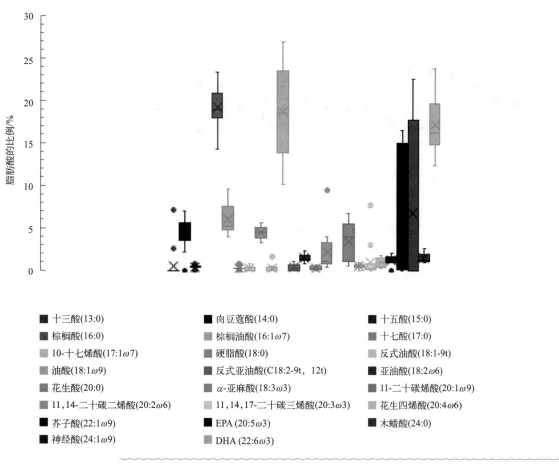

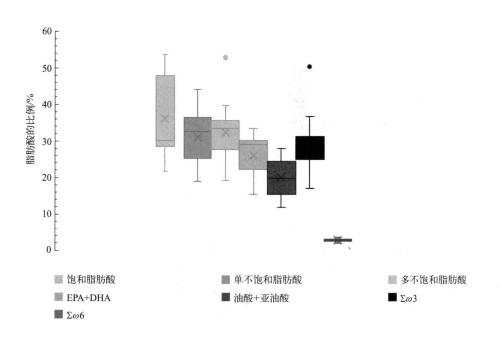

图 5-45 白鱼粉脂肪酸组成比例（归一法，$n=20$，见彩图）

图 5-46 白鱼粉分类脂肪酸组成比例（归一法，$n=20$，见彩图）

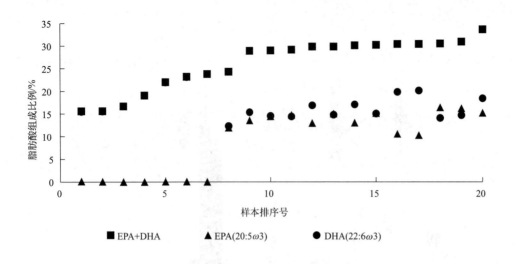

图5-47 白鱼粉脂肪酸中EPA和DHA比例（归一法，*n*=20）

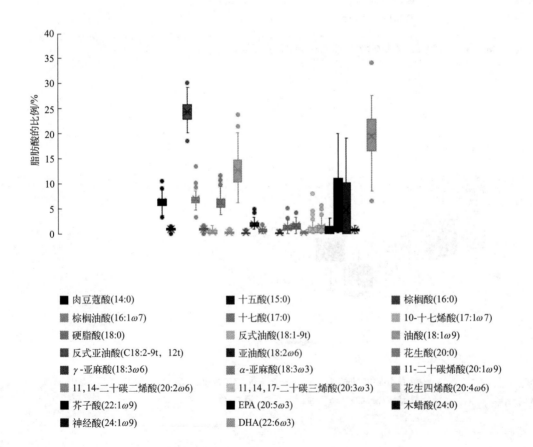

■ 肉豆蔻酸(14:0)　　　　　　　■ 十五酸(15:0)　　　　　　　■ 棕榈酸(16:0)

■ 棕榈油酸(16:1ω7)　　　　　■ 十七酸(17:0)　　　　　　　■ 10-十七烯酸(17:1ω7)

■ 硬脂酸(18:0)　　　　　　　　■ 反式油酸(18:1-9t)　　　　■ 油酸(18:1ω9)

■ 反式亚油酸(C18:2-9t，12t)　■ 亚油酸(18:2ω6)　　　　　■ 花生酸(20:0)

■ γ-亚麻酸(18:3ω6)　　　　　■ α-亚麻酸(18:3ω3)　　　　■ 11-二十碳烯酸(20:1ω9)

■ 11,14-二十碳二烯酸(20:2ω6)　■ 11,14,17-二十碳三烯酸(20:3ω3)　■ 花生四烯酸(20:4ω6)

■ 芥子酸(22:1ω9)　　　　　　■ EPA (20:5ω3)　　　　　　■ 木蜡酸(24:0)

■ 神经酸(24:1ω9)　　　　　　■ DHA(22:6ω3)

图5-48 红鱼粉脂肪酸组成比例（归一法，*n*=107，见彩图）

（五）红鱼粉脂肪酸组成和比例

红鱼粉是鱼粉产品中的主要类别，在107个红鱼粉样本中，检测到有一定组成比例的脂肪酸有23种，见图5-48。

在这23种脂肪酸中，具有一定的组成比例的最少碳原子数的脂肪酸是肉豆蔻酸（14:0），在白鱼粉中的十三酸（13:0）没有出现在红鱼粉中。长链饱和脂肪酸木蜡酸（24:0）在红鱼粉脂肪酸中也有较高的组成比例。红鱼粉中EPA和DHA的组成比例依然很高，而"双油"的2种脂肪酸组成比例很低。

红鱼粉中分类脂肪酸的组成比例见图5-49，具有很高含量的饱和脂肪酸，与白鱼粉脂肪酸组成比例相比较，红鱼粉的单不饱和脂肪酸组成比例较低，而多不饱和脂肪酸组成比例很高。"双A"脂肪酸组成比例显著高于"双油"脂肪酸组成比例，$\omega 3$系列脂肪酸之和显著高于$\omega 6$系列脂肪酸之和的比例。

（六）秘鲁鳀鱼与中国鳀鱼鱼粉脂肪酸组成和比例

鳀鱼是红鱼粉的主要原料鱼，因此鳀鱼鱼粉是红鱼粉的主要类别。在对进口的秘鲁鳀鱼鱼粉与国产鳀鱼鱼粉脂肪酸组成比例分析时，发现二个不同来源的鳀鱼鱼粉的脂肪酸组成比例有一定的差异，尤其是EPA的组成比例差异很大，将二个不同来源的鳀鱼鱼粉中脂肪酸组成比例分别作图，见图5-50、图5-51、图5-52，统计数据见表5-10和表5-11。

鳀鱼鱼粉中EPA和DHA的组成比例见图5-50，发现有15个样本的EPA组成比例为0，且EPA的组成比例小于DHA，即鳀鱼鱼粉中DHA含量高于EPA含量。

来源于秘鲁的鳀鱼鱼粉脂肪酸中，检测到19种脂肪酸具有一定量的组成比例，而国产鳀鱼鱼粉中检测到21种脂肪酸具有一定的组成比例。从脂肪酸种类数量看，国产鳀鱼鱼粉中脂肪酸种类较多。由于鱼体脂肪酸组成与食物脂肪酸组成具有很大的相关性，不同海域的鳀鱼食物来源可能存在较大的差异，由此导致鱼体脂肪酸组成具有较大的差异。当然，也不能排除原料中混入其他原料鱼影响生产得到的鳀鱼鱼粉的纯净度，比如国产鳀鱼原料鱼的纯净度不高，其中含有一定比例的其他原料鱼，导致其脂肪酸组成种类差异，这也是可能存在的结果。

值得关注的脂肪酸是，①EPA的组成比例差异，秘鲁鳀鱼鱼粉中EPA的组成比例很低，均值为（0.3±0.1）%，而在国产鳀鱼鱼粉中为（11.4±1.7）%。而DHA含量在秘鲁鳀鱼鱼粉中为（21.9±3.4）%、国产鳀鱼鱼粉中为（20.3±3.7）%，没有明显的差异。②木蜡酸（24:0）在秘鲁鳀鱼鱼粉中组成比例较高，均值为（14.6±2.6）%，而在国产鳀鱼鱼粉中的组成比例很低，均值为（0.2±0.2）%，显示木蜡酸是秘鲁鳀鱼鱼粉中的主要组成脂肪酸，而中国鳀鱼鱼粉中含量极低。③二种反式脂肪酸反式油酸（18:1-9t）和反式亚油酸（C18:2-9t，12t）在中国国产鳀鱼鱼粉脂肪酸组成中呈较低含量的组成比例，而在秘鲁鳀鱼鱼粉中则几乎没有检测到，反式脂肪酸的产生可能是过高的温度造成的，也可能来自于原料鱼鳀鱼的食物脂肪酸组成，但前者的可能性更大。

从表5-11可知，秘鲁鳀鱼鱼粉中饱和脂肪酸组成比例高于国产鳀鱼鱼粉。而高不饱和脂肪酸的组成比例则是中国国产鳀鱼鱼粉高于秘鲁鳀鱼鱼粉，"双A"之和的比例、$\omega 3$系列脂肪酸之和比例也呈这个趋势，分别见图5-53和图5-54。

（七）虾粉脂肪酸组成和比例

在9个虾粉样本中检测到16种脂肪酸具有一定量的组成比例，组成比例最高的是棕榈酸（16:0）（图5-55）。虾粉中没有检测到木蜡酸。虾粉脂肪酸中，DHA和EPA组成比例较为接近，没有显著差异。

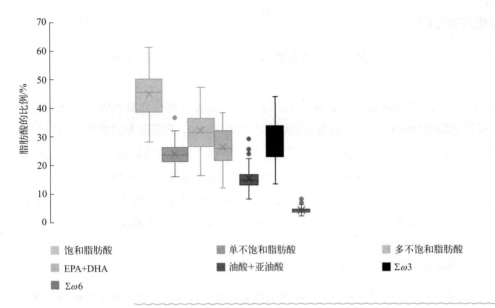

图5-49 红鱼粉分类脂肪酸组成比例（归一法，n=107，见彩图）

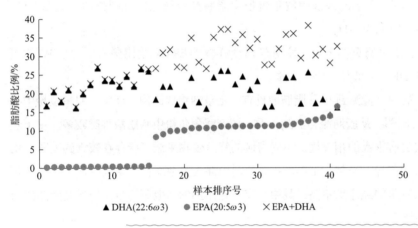

图5-50 鳀鱼EPA和DHA比例的分布（归一法，n=41）

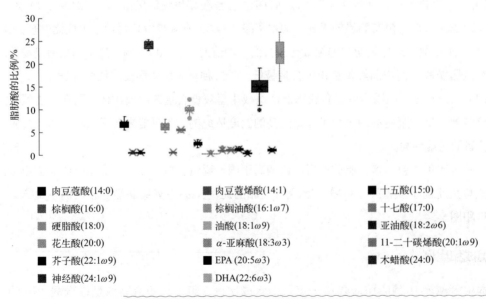

图5-51 红鱼粉（鳀鱼-秘鲁）脂肪酸组成比例（归一法，n=15，见彩图）

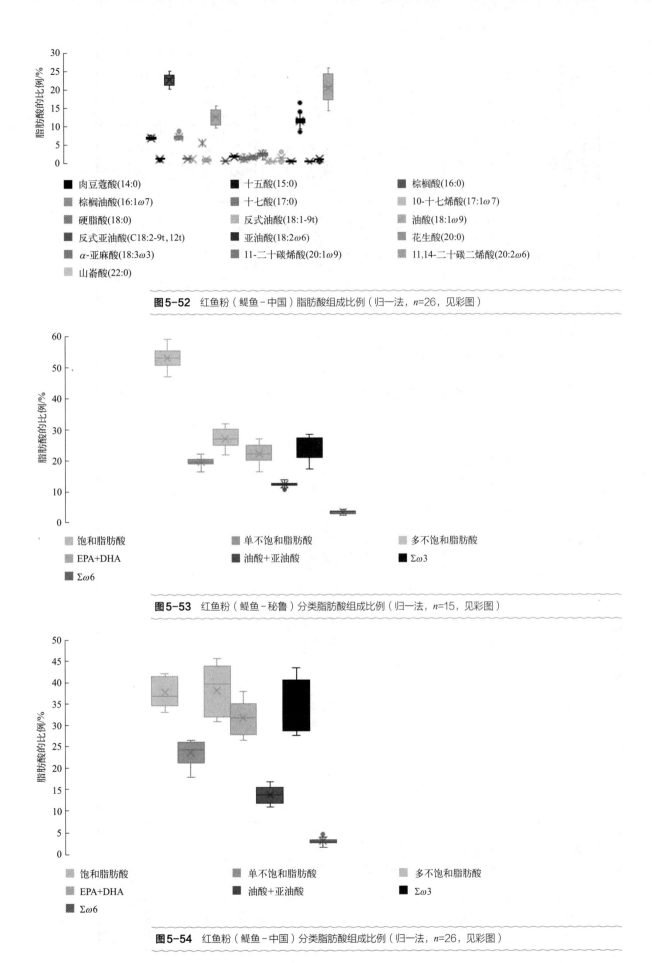

图5-52 红鱼粉（鳀鱼－中国）脂肪酸组成比例（归一法，$n=26$，见彩图）

图5-53 红鱼粉（鳀鱼－秘鲁）分类脂肪酸组成比例（归一法，$n=15$，见彩图）

图5-54 红鱼粉（鳀鱼－中国）分类脂肪酸组成比例（归一法，$n=26$，见彩图）

表5-10　秘鲁与中国产鳀鱼鱼粉脂肪酸组成的比较（归一法）

单位：%

脂肪酸		肉豆蔻酸(14:0)	十五酸(15:0)	棕榈酸(16:0)	棕榈油酸(16:1ω7)	十七酸(17:0)	10-十七烯酸(17:1ω7)	硬脂酸(18:0)	反式油酸(18:1-9t)	油酸(18:1ω9)	反式亚油酸(C18:2-9t,12t)	亚油酸(18:2ω6)
鳀鱼（秘鲁），n=16	范围值	5.5~8.5	0.5~1.1	22.9~25.2	5.0~7.9	0.6~1.0	0~0.9	5.0~5.8	0	8.0~12.2	0	1.6~3.3
	均值	6.9±0.8	0.7±0.2	24.1±0.8	6.4±0.8	0.7±0.1	0.1±0.2	5.5±0.3	0	9.8±1.0	0	2.6±0.5
鳀鱼（中国），n=28	范围值	6.2~7.5	0.6~1.1	20.1~25.0	6.0~8.5	0.7~1.2	0~1.5	4.2~6.5	0~1.0	9.4~15.5	0~0.5	1.1~1.9
	均值	6.6±0.3	0.9±0.1	22.8±1.5	6.9±0.6	1.0±0.1	0.8±0.3	5.3±0.9	0.5±0.3	12.5±2.0	0.2±0.2	1.4±0.2

脂肪酸		花生酸(20:0)	α-亚麻酸(18:3ω3)	11-二十碳烯酸(20:1ω9)	11,14,17-二十碳三烯酸(20:3ω3)	花生四烯酸(20:4ω6)	芥子酸(22:1ω9)	EPA(20:5ω3)	木蜡酸(24:0)	神经酸(24:1ω9)	DHA(22:6ω3)
鳀鱼（秘鲁），n=16	范围值	0.2~0.7	0.7~2.0	0.9~1.7	0.1~0.3	0.2~0.3	0.2~0.6	0.2~0.6	9.8~19.0	0.8~1.4	16.1~26.8
	均值	0.3±0.2	1.1±0.4	1.1±0.3	0.2±0.1	0.2±0.1	0.3±0.1	0.3±0.1	14.6±2.6	1.1±0.1	21.9±3.4
鳀鱼（中国），n=28	范围值	0~2.1	0.5~2.1	0.6~3.3	0~5.2	0~2.9	0~0.5	8.3~16.4	0~0.4	0~1.2	14.2~26.0
	均值	1.0±0.5	1.4±0.5	2.1±0.6	1.9±2.0	1.1±0.4	0.2±0.2	11.4±1.7	0.2±0.2	0.7±0.2	20.3±3.7

表5-11 秘鲁与中国产鳀鱼鱼粉分类脂肪酸组成的比较（归一法） 单位：%

脂肪酸	饱和脂肪酸	单不饱和脂肪酸	多不饱和脂肪酸	EPA+DHA	油酸+亚油酸	∑ω3	∑ω6
鳀鱼（秘鲁），*n*=16							
范围值	47.0～59.1	16.5～22.1	21.8～32.0	16.4～27.2	10.7～13.8	17.4～28.4	2.4～4.4
均值	53.2±3.2	19.7±1.3	27.1±3.2	22.3±3.4	12.4±0.8	23.5±3.6	3.6±0.5
鳀鱼（中国），*n*=28							
范围值	33.3～43.0	18.1～26.7	31.0～45.7	26.1～38.1	11.0～17.0	27.4～43.7	1.5～4.5
均值	38.0±3.3	23.9±2.5	38.1±5.5	31.6±3.7	14.0±1.9	34.9±5.7	2.9±0.6

从分类脂肪酸组成比例看（图5-56），虾粉中多不饱和脂肪酸组成比例很高，"双A"之和的比例显著高于"双油"之和的比例，ω3系列脂肪酸之和的比例显著高于ω6系列脂肪酸之和的比例，这与海水鱼类油脂的脂肪酸组成特征基本一致。

（八）海水鱼排粉与淡水（养殖）鱼排粉脂肪酸组成和比例

鱼排粉的生产原料是海水鱼、淡水鱼或养殖鱼类加工的副产物，包括了鱼排、内脏、鱼皮、鱼鳞等副产物。

在实际生产中，困扰饲料企业的主要问题是鱼排粉掺入到以全鱼为原料的红鱼粉中，且也有淡水鱼排粉掺入到白鱼粉中的情况。因此，需要依据鱼排粉与全鱼鱼粉的化学组成找到适宜的化学指标将鱼排粉与全鱼鱼粉区分开来，且能够鉴定出红鱼粉中是否含有一定量的鱼排粉。在氨基酸组成上找到了鱼排粉的特征性氨基酸，即甘氨酸和脯氨酸的含量，尤其是甘氨酸的含量，在鱼排粉中甘氨酸含量很高，而全鱼为原料的红鱼粉中甘氨酸含量很低，具体的指标值在GB/T 19164—2021中，甘氨酸/17种氨基酸总量（%）≤8.0%为红鱼粉（全鱼为原料），≤9.0%为白鱼粉的限定指标，而对海水鱼排粉、淡水鱼类鱼排粉该指标不作限定，其含义是以鱼加工副产物为原料所得的鱼排粉中，其甘氨酸/17种氨基酸的比例均大于9.0%。

另一个关注的问题是，如何将以海水鱼为原料的鱼粉或鱼排粉与淡水养殖鱼类如罗非鱼、斑点叉尾鮰、越南巴沙鱼的鱼排粉，以及欧洲、南美洲海水养殖的三文鱼鱼排粉在化学指标上进行区分？前面在罗非鱼鱼油与海水鱼油的脂肪酸组成结果中，无论是内标法的结果还是归一法的结果都表明，"双A"含量或比例之和与"双油"含量或比例之和是区分海水鱼油与罗非鱼鱼油的重要指标。那么，海水原料鱼与淡水鱼、养殖鱼（淡水养殖和海水养殖）的脂肪酸组成比例是否也可以采用"双A"和"双油"指标进行区分？结果显示完全可以用这2个指标进行区分。

淡水鱼排粉其实就是以养殖的罗非鱼、越南巴沙鱼、斑点叉尾鮰、草鱼、青鱼、乌鳢等鱼类经过食用鱼片、鱼柳等加工后的副产物为原料生产的产品，对于海水养殖的大西洋鲑，虽然是海水养殖环境中生长，但依然是摄食饲料生长的鱼类，对其鱼排粉中脂肪酸组成检测结果显示，符合淡水养殖鱼类副产物生产的淡水鱼排粉中的脂肪酸组成特征。因此，依据原料来源，将鱼排粉可以分为海水鱼类鱼排粉和养殖鱼类鱼排粉，养殖鱼类鱼排粉包括了海水养殖鱼类和淡水养殖鱼类的鱼排粉。

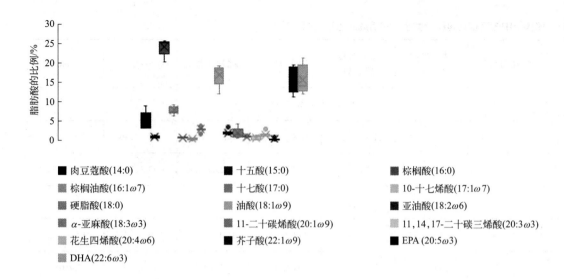

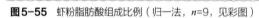

■ 肉豆蔻酸(14:0)	■ 十五酸(15:0)	■ 棕榈酸(16:0)
■ 棕榈油酸(16:1ω7)	■ 十七酸(17:0)	■ 10-十七烯酸(17:1ω7)
■ 硬脂酸(18:0)	■ 油酸(18:1ω9)	■ 亚油酸(18:2ω6)
■ α-亚麻酸(18:3ω3)	■ 11-二十碳烯酸(20:1ω9)	■ 11,14,17-二十碳三烯酸(20:3ω3)
■ 花生四烯酸(20:4ω6)	■ 芥子酸(22:1ω9)	■ EPA(20:5ω3)
■ DHA(22:6ω3)		

图5-55 虾粉脂肪酸组成比例（归一法，*n*=9，见彩图）

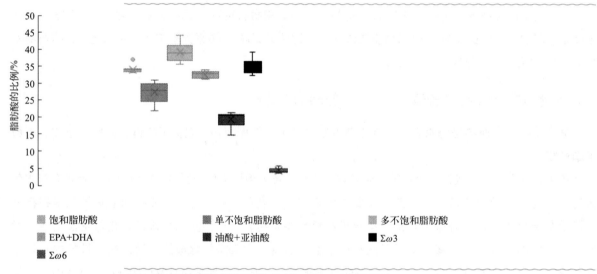

■ 饱和脂肪酸	■ 单不饱和脂肪酸	■ 多不饱和脂肪酸
■ EPA+DHA	■ 油酸+亚油酸	■ Σω3
■ Σω6		

图5-56 虾粉分类脂肪酸组成比例（归一法，*n*=9，见彩图）

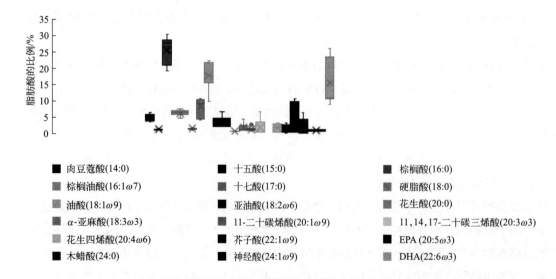

■ 肉豆蔻酸(14:0)	■ 十五酸(15:0)	■ 棕榈酸(16:0)
■ 棕榈油酸(16:1ω7)	■ 十七酸(17:0)	■ 硬脂酸(18:0)
■ 油酸(18:1ω9)	■ 亚油酸(18:2ω6)	■ 花生酸(20:0)
■ α-亚麻酸(18:3ω3)	■ 11-二十碳烯酸(20:1ω9)	■ 11,14,17-二十碳三烯酸(20:3ω3)
■ 花生四烯酸(20:4ω6)	■ 芥子酸(22:1ω9)	■ EPA(20:5ω3)
■ 木蜡酸(24:0)	■ 神经酸(24:1ω9)	■ DHA(22:6ω3)

图5-57 鱼排粉（海水鱼）脂肪酸组成比例（归一法，*n*=7，见彩图）

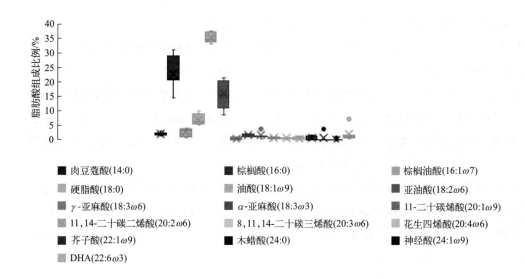

■ 肉豆蔻酸(14:0)　　　　　■ 棕榈酸(16:0)　　　　　　■ 棕榈油酸(16:1ω7)
■ 硬脂酸(18:0)　　　　　　■ 油酸(18:1ω9)　　　　　　■ 亚油酸(18:2ω6)
■ γ-亚麻酸(18:3ω6)　　　　■ α-亚麻酸(18:3ω3)　　　　■ 11-二十碳烯酸(20:1ω9)
■ 11,14-二十碳二烯酸(20:2ω6)　■ 8,11,14-二十碳三烯酸(20:3ω6)　■ 花生四烯酸(20:4ω6)
■ 芥子酸(22:1ω9)　　　　　■ 木蜡酸(24:0)　　　　　　■ 神经酸(24:1ω9)
■ DHA(22:6ω3)

图5-58 鱼排粉（养殖鱼）脂肪酸组成比例（归一法，*n*=12，见彩图）

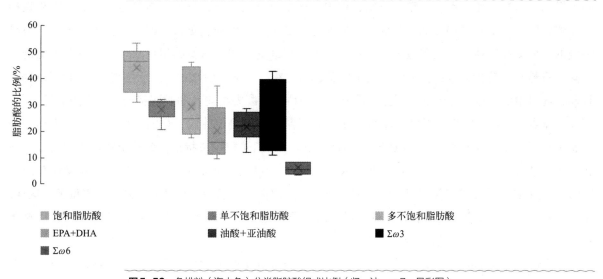

■ 饱和脂肪酸　　　　　　　■ 单不饱和脂肪酸　　　　　■ 多不饱和脂肪酸
■ EPA+DHA　　　　　　　　■ 油酸+亚油酸　　　　　　 ■ Σω3
■ Σω6

图5-59 鱼排粉（海水鱼）分类脂肪酸组成比例（归一法，*n*=7，见彩图）

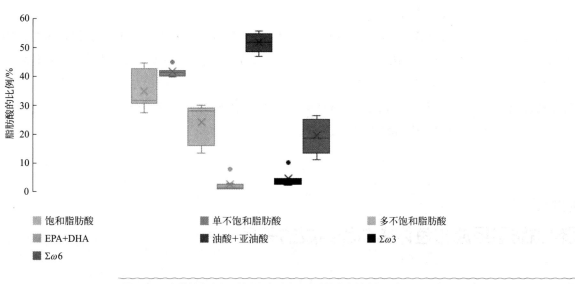

■ 饱和脂肪酸　　　　　　　■ 单不饱和脂肪酸　　　　　■ 多不饱和脂肪酸
■ EPA+DHA　　　　　　　　■ 油酸+亚油酸　　　　　　 ■ Σω3
■ Σω6

图5-60 鱼排粉（淡水和养殖鱼）分类脂肪酸组成比例（归一法，*n*=12，见彩图）

为什么养殖鱼类及其鱼排粉具有低比例的"双A"、高比例的"双油"？

首先，有一条基本规律，那就是鱼体脂肪酸组成及其比例受到摄食的食物脂肪酸组成及其比例的直接影响。在糖类、蛋白质和油脂三大类能量物质中，水产动物体内的糖类含量很低，主要为肝糖原和肌肉糖原，受食物糖类组成的影响较小。而水产动物体内蛋白质的合成，其氨基酸来源一是食物蛋白质消化后的氨基酸，二是体内蛋白质周转代谢产生的氨基酸，但体内新的蛋白质的合成是受到遗传控制的，即由DNA转录mRNA，并在mRNA遗传密码的指导下在核糖体合成新的蛋白质，因此，新合成的蛋白质中氨基酸组成、含量、比例不受食物蛋白质氨基酸的影响，是受到遗传控制的。对于水产动物体内沉积的脂肪的脂肪酸、磷脂中的脂肪酸，脂肪酸种类和含量、组成比例则受到食物脂肪酸的影响，这是因为水产动物改造从食物来源的脂肪酸种类的能力很低，即使可以以α-亚麻酸为原料合成ω3系列的多不饱和脂肪酸，但合成能力有限；以γ-亚麻酸为原料合成ω6系列多不饱和脂肪酸的能力也是有限的。因此，鱼体中沉积在三酰甘油和磷脂中的脂肪酸组成、比例和含量受到食物来源的脂肪酸组成、含量和比例的直接性影响，显示出很强的正相关性。

其次，配合饲料中的脂肪酸组成特征决定了所养殖鱼类鱼体脂肪酸组成特征。配合饲料中的油脂包括饲料原料（如米糠、菜粕、豆粕、棉粕、玉米及其副产物、鱼粉、肉粉等）中的油脂和直接添加的磷脂和三酰甘油如豆油、鱼油、菜籽油等，这其中的鱼油、鱼粉中的鱼油在饲料中的含量是很低的，即使在智利、澳大利亚等海水养殖的大西洋鲑饲料中，鱼粉的用量较以前也有很大比例的下降，鱼粉、虾粉在配合饲料中的比例也仅仅20%左右，在饲料中添加的油脂主要为豆油和菜籽油，且配合饲料中油脂总量达到20%以上。因此，其饲料中油脂为植物性油脂的特征。在中国的罗非鱼、草鱼、斑点叉尾鮰、乌鳢、青鱼和越南巴沙鱼的饲料中，鱼粉中油脂、鱼油的比例更低，添加的油脂也主要是豆油、菜籽油、猪油或鸡油、棕榈油等，其脂肪酸组成特征依然是植物油脂的特征。植物油脂中油酸、亚油酸的含量很高，而EPA和DHA含量很低。由此导致养殖鱼类鱼体中脂肪酸组成"双A"含量或组成比例之和显著低于海水鱼类，而"双油"脂肪酸之和则显著高于海水鱼类。这样，依据"双A"和"双油"的比例之和就可以将海水原料鱼生产的鱼粉、鱼排粉与养殖鱼（包括淡水和海水养殖）来源的鱼排粉进行有效的区分了。

鱼排粉脂肪酸组成。海水鱼排粉与养殖鱼排粉脂肪酸组成及其比例见图5-57和图5-58。海水鱼排粉与淡水和养殖鱼排粉分类脂肪酸组成比例见图5-59、图5-60。海水鱼排粉和养殖鱼排粉脂肪酸均有18种脂肪酸被检测到有一定的组成比例。

海水鱼排粉组成比例最高的是棕榈酸（16:0），而养殖鱼排粉中为油酸（18:1ω9）；海水鱼排粉脂肪酸组成中具有一定比例的木蜡酸（24:0），均值为（2.1±2.6）%，而养殖鱼排粉中木蜡酸的均值仅为（0.8±1.5）%。海水鱼排粉中"双A"比例之和为（19.9±10.0）%、养殖鱼排粉为（2.4±2.5）%，海水鱼排粉脂肪酸组成中"双油"比例之和为（21.3±5.8）%、养殖鱼排粉则为（51.7±3.1）%，成为海水来源与养殖来源鱼排粉脂肪酸组成比例的显著特征差异。

第六节
饲料脂肪酸组成与鱼体脂肪酸组成的关系

水产动物对脂肪以及其中脂肪酸的利用一直是营养学研究的重点内容之一。饲料中脂肪的脂肪酸组成会直接影响到水产动物存储的脂肪的脂肪酸组成，这是一个很重要的问题，主要原因是脂肪不经过消化或部分消化即可被吸收、被转运，且吸收的脂肪酸不经过体内代谢或简单改造（如对脂肪做结构、组成的改变）就可以将从饲料或食物途径来的脂肪沉积在体内。

由此带来两个重要的问题，一是养殖水产品中脂肪以及脂溶性成分对水产品食用风味有重要的影响，饲料油脂的脂肪酸组成和风味将影响到养殖水产品的食用风味；当然，这也为通过饲料脂肪途径改变养殖鱼类的食用风味和口味提供了基础。二是饲料油脂的性质（如熔点）对养殖水产动物脂肪的性质（如熔点）会产生直接的影响。例如，饲料脂肪熔点较高如猪油、棕榈油等，通过饲料途径进入体内后被沉积在肝胰脏、肠道系膜等部位，到冬季池塘水面如果结冰，水下温度可能低于3℃，水产动物是变温动物，其体温最多比环境温度高1℃左右，那么鱼体的体温最多4℃左右。其结果就是，鱼体内脏器官组织沉积的猪油、棕榈油等在此温度下凝固、硬化，就会导致鱼体内脏器官整体硬化、脂肪细胞中的甘油酯和细胞内脂滴的硬化，鱼体变得僵硬，春季来临时也不能摄食、不能很好地运动（包括鱼体的运动和内脏器官的运动），严重时会导致春季水面冰层融化后出现大量死鱼的情况。

一、确定饲料油脂脂肪酸与鱼体脂肪酸关系方法

饲料油脂脂肪酸与鱼体脂肪酸的关系包含了：脂肪酸种类的关系和脂肪酸组成比例的关系。

首先，饲料油脂的脂肪酸组成对水产动物体脂肪酸组成的影响是整体性的影响。我们知道鱼体存储脂肪的位点主要包括了皮下脂肪组织、肠系膜脂肪组织、腹部脂肪组织，以及头部的脂肪组织、器官组织细胞中的脂滴中的甘油酯，还有大量的构成细胞膜、内质网膜、细胞器膜的磷脂中的脂肪酸。由脂肪细胞构成的脂肪组织中沉积的主要为三酰甘油，是作为能量存储的脂肪，而器官组织细胞脂滴中三酰甘油则主要为细胞内脂肪酸氧化并用于产生ATP等生物能量，在细胞脂滴中的甘油酯也用于热量的产生。因此，可以将肠系膜、腹部、皮下等脂肪组织中的三酰甘油视为长期存储的能量脂肪，器官组织细胞脂滴中三酰甘油视为短期能量存储脂肪，生物膜中磷脂作为结构脂质。

其次，脂肪酸分析方法宜采用归一法。研究饲料或食物脂肪酸与鱼体脂肪组织、细胞脂滴、磷脂中脂肪酸的相互关系，不宜采用脂肪酸绝对含量的分析方法（内标法），因为除了脂肪组织中主要三酰甘油外，其他器官组织中的脂肪、磷脂中的脂肪酸含量差异很大，用内标法测定其中脂肪酸的绝对含量不便于相互进行比较。因此，可以采用归一法测定脂肪酸组成比例，即单一脂肪酸占脂肪酸总量的比例来测定器官组织、脂肪组织中脂肪酸的组成比例，在营养学上，将这种单一脂肪酸占脂肪酸总量的比例称为脂肪酸模式，即由单一脂肪酸占脂肪酸总量的比例构成的脂肪酸组成比例即为脂肪酸的营养模式。

第三，将饲料中脂肪酸组成比例与鱼体脂肪组织、器官组织中的脂肪酸组成比例进行相互比较，可以采用这二组数据的相关系数比较方法，即利用excel数据表计算得到二组数据的相关系数 R 值，R 值为正值表示正相关，如果为负值则为负相关；R 值的绝对值越大表明相关性越大，如果 R 值绝对值等于1则表明二组脂肪酸的组成模式一致。

第四，脂肪酸种类的比较。饲料中脂肪酸种类与鱼体脂肪组织和器官组织中的脂肪酸种类进行比较，如果二者的脂肪酸种类基本一致则可以视为鱼体没有对饲料或食物来源的脂肪酸进行再加工或新合成，如果饲料中脂肪酸种类与鱼体脂肪酸种类有差异，增加或者减少了脂肪酸种类，则可以视为一方面鱼体对饲料或食物脂肪酸种类的吸收、存储具有选择性，鱼体不要的脂肪酸可以不在鱼体中沉

积；另一方面，如果鱼体增加了较多的脂肪酸种类，表明鱼体可以自身合成或转化饲料、食物来源的脂肪酸种类。

第五，饲料或食物脂肪酸种类、组成比例与水产动物哪些器官组织的脂肪酸进行比较呢？这需要依据我们的研究目标和分析方向来确定。如果希望探讨饲料或食物脂肪酸组成及其比较对养殖水产动物食用质量，主要是肌肉质量和风味的影响，则应该将肌肉等可食用部分的器官组织中脂肪酸与饲料、食物脂肪酸种类、组成比例进行比较，要注意的是，中华绒螯蟹的肝胰腺也是主要的食用部位。如果需要探讨水产动物存储脂肪的组成及其组成比例与饲料脂肪酸的关系，则应该将肠系膜、腹部脂肪酸种类及其组成比例与饲料、食物脂肪酸进行比较；如果需要研究饲料脂肪酸组成及其比例对水产动物繁殖能力的影响，则应该将性腺（卵巢、精巢）的脂肪酸组成及其比例与饲料脂肪酸进行比较；如果需要研究饲料脂肪酸在水产动物体内的代谢过程和代谢效率，则应该将肝胰脏、肠道、肾脏等器官组织的脂肪酸组成及其比例与饲料脂肪酸进行比较。

第六，从动物生理代谢角度认知，饲料脂肪酸与鱼体脂肪酸组成及其比例的直接影响程度大于饲料氨基酸对水产动物体蛋白质氨基酸组成的影响，因为动物体内新的蛋白质的合成是受到遗传控制的，即蛋白质肽链中氨基酸的组成、氨基酸的排列顺序是由 mRNA 上遗传密码决定的。但是，鱼体对脂肪酸，尤其是高不饱和脂肪酸的合成、转化能力是有限的，再加上饲料油脂可以部分消化水解，甚至不用水解就可以被吸收、转运，并在体内细胞脂滴、脂肪组织中进行沉积。所以，饲料油脂对鱼体食用风味、营养价值具有直接性的影响。这也是我们探讨饲料油脂对鱼体脂肪酸组成影响的主要原因。

我们研究了不同脂肪原料对部分养殖鱼类生长速度、生理健康的影响，其中也研究了饲料油脂的脂肪酸组成与鱼体沉积的脂肪中脂肪酸组成的相关性，可以很好地证明饲料脂肪脂肪酸组成与鱼体脂肪脂肪酸组成具有直接的关联性，某种程度上是饲料脂肪酸组成决定了鱼体脂肪酸组成。鱼类更趋向利用饱和与单不饱和脂肪酸作为能量，而多不饱和脂肪酸 PUFA 一般作为构成磷脂的结构脂质和功能性物质保留在体内。

二、豆油、菜籽油、猪油、油菜籽对团头鲂生长和鱼体脂肪酸组成的影响

鱼类肌肉、肝胰脏和脂肪组织中脂肪酸组成模式直接受饲料中脂肪酸模式影响。

（一）试验条件

团头鲂（*Megalobrama amblycephala*）为草食性鲤科鱼类。选择初始平均体重为（7.77±0.18）g 的一冬龄团头鲂鱼种在室内循环养殖系统中进行养殖试验，在室内循环养殖系统中，养殖鱼体只能摄食饲料物质，不会受到类似池塘环境中浮游生物的影响。

采用鱼粉、豆粕、棉粕、麸皮等常规饲料原料进行配方设计（表5-12），饲料配制以常规原料的实际测定值为准，饲料蛋白质含量28%，常规原料中脂肪含量达到3%，添加在饲料中的四种脂肪源分别是豆油、菜油（市售食用菜油）、猪油（为猪板油，即猪的腹部脂肪）和加拿大油菜籽，豆油、菜油、猪油按照3%的添加量添加在饲料中，饲料中总脂肪含量设计为6%，加拿大油菜籽添加量为4.7%，折合脂肪含量2%，菜籽组饲料总脂肪含量为5%。

考虑到肉碱对脂肪酸代谢的影响，另设立了一组添加肉碱的试验组。肉碱样品为含50% D-肉碱、L-肉碱和一定量胆汁酸、载体的复合物，由北京桑普生物化学技术有限公司提供，在本试验饲料中的添加量为0.02%，即试验饲料中 D-肉碱和 L-肉碱含量各为50mg/kg。

表5-12　试验饲料配方和营养组成（风干基础）　　　　　　　　　　　　　　　　　　单位：%

原料	豆油组		菜油组		猪油组		菜籽组	
鱼粉	3	3	3	3	3	3	3	3
豆粕	8	8	8	8	8	8	8	8
菜粕	21.5	21.5	21.5	21.5	21.5	21.5	18.3	18.3
棉粕	22	22	22	22	22	22	22	22
麦麸	10	10	10	10	10	10	11.5	11..5
面粉	14	14	14	14	14	14	14	14
细米糠	10	10	10	10	10	10	10	10
肉骨粉	1.5	1.5	1.5	1.5	1.5	1.5	1.5	1.5
磷酸二氢钙 $Ca(H_2PO_4)_2$	2	2	2	2	2	2	2	2
沸石粉	2	2	2	2	2	2	2	2
膨润土	2	2	2	2	2	2	2	2
豆油	3	3						
菜油			3	3				
猪油					3	3		
油菜籽							4.7	4.7
预混料	1	1	1	1	1	1	1	1
复合肉碱		0.02		0.02		0.02		0.02
合计	100	100.02	100	100.02	100	100.02	100	100.02
实际测定饲料营养水平								
水分	7.32	7.22	7.48	7.72	7.76	7.86	7.52	7.77
粗蛋白CP	27.73	27.56	28.22	28.20	27.70	27.88	27.89	27.93
粗脂肪EE	6.15	6.07	6.17	6.11	6.00	5.92	5.09	5.02
灰分ASH	11.96	12.21	12.28	12.17	12.34	12.24	12.14	12.27

注：预混料（$mg \cdot kg^{-1}$配合饲料）为Cu $5mg \cdot kg^{-1}$、Fe $180mg \cdot kg^{-1}$、Mn $35mg \cdot kg^{-1}$、Zn $120mg \cdot kg^{-1}$、I $0.65mg \cdot kg^{-1}$、Se $0.5mg \cdot kg^{-1}$、Co $0.07mg \cdot kg^{-1}$、Mg $300mg \cdot kg^{-1}$、K $80mg \cdot kg^{-1}$、维生素A $10mg \cdot kg^{-1}$、维生素B_1 $8mg \cdot kg^{-1}$、维生素B_2 $8mg \cdot kg^{-1}$、维生素B_6 $20mg \cdot kg^{-1}$、维生素B_{12} $0.1mg \cdot kg^{-1}$、维生素C $250mg \cdot kg^{-1}$、泛酸钙 $20mg \cdot kg^{-1}$、烟酸 $25mg \cdot kg^{-1}$、维生素D_3 $4mg \cdot kg^{-1}$、维生素K_3 $6mg \cdot kg^{-1}$、叶酸 $5mg \cdot kg^{-1}$、肌醇 $100mg \cdot kg^{-1}$。

各组饲料的脂肪酸组成见表5-13，采用GC-9A岛津气相色谱仪测定，采用面积归一法计算脂肪酸含量。

表5-13　试验饲料脂肪酸组成表（归一法）　　　　　　　　　　　　　　　　　　　　单位：%

脂肪酸分组	豆油组		菜油组		猪油组		菜籽组	
	无肉碱	肉碱	无肉碱	肉碱	无肉碱	肉碱	无肉碱	肉碱
C14:0	0.65	0.61	0.71	0.74	1.63	1.70	0.77	0.83
C16:0	16.49	15.49	15.38	15.17	25.86	25.42	12.82	13.96
C17:0	—	—	0.22	0.22	0.31	0.29	—	—
C18:0	3.75	3.36	2.93	2.70	9.16	9.14	2.54	2.75
C20:0	0.27	0.25	0.31	0.28	0.21	0.23	0.33	0.35

脂肪酸分组	豆油组		菜油组		猪油组		菜籽组	
	无肉碱	肉碱	无肉碱	肉碱	无肉碱	肉碱	无肉碱	肉碱
C21:0	—	—	—	—	0.23	0.21	—	—
C22:0	0.20	0.16	0.19	0.16	0.26	0.27	0.34	0.35
SFA	21.36	19.87	19.75	19.28	37.66	37.27	16.80	18.23
C16:1	0.58	0.56	0.76	0.75	1.47	1.46	0.71	0.97
C17:1	—	—	—	—	0.17	0.16	—	—
C18:1ω9c	25.93	26.80	31.23	28.85	31.89	31.56	41.99	42.99
C20:1	0.40	0.43	1.12	1.31	0.45	0.48	1.00	1.05
C22:1ω9	—	—	3.24	2.82	—	—	—	—
C24:1ω9	—	—	0.17	0.16	—	—	—	—
MUFA	26.91	27.79	36.51	33.89	33.99	33.65	43.69	45.00
C18:2ω6c	44.25	44.46	37.80	35.07	24.24	24.89	29.03	29.05
γ-C18:3ω6	0.21	0.18	—	—	—	—	—	—
∑ω-6 PUFA	44.46	44.64	37.80	35.07	24.24	24.89	29.03	29.05
α-C18:3ω3	5.23	5.70	4.55	4.22	2.23	2.19	5.10	5.47
C20:5ω3	0.32	0.29	0.33	0.27	0.29	0.33	0.66	0.67
∑ω-3 PUFA	5.55	5.99	4.88	4.48	2.53	2.53	5.76	6.14
∑ω-3/∑ω-6	0.12	0.13	0.13	0.13	0.10	0.10	0.20	0.21

注："—"表示低于检测限，没有检测到值。

试验日粮配方及实际测定营养成分见表5-12，常规成分在各组间无显著差异。由表5-13可知，猪油组饲料有最高的饱和脂肪酸SFA含量（无肉碱组37.66%、肉碱组37.27%），而菜籽组饲料中单不饱和脂肪酸MUFA（无肉碱组43.69%、肉碱组45.00%）含量最高。芥子酸C22:1ω9只在菜油组饲料中检出，且含量较少，分别只占3.24%和2.82%。猪油组饲料中含有最少的ω6系列和ω3系列多不饱和脂肪酸（PUFA），而豆油组含有最多的ω6系列PUFA，ω3系列PUFA则少于菜籽组饲料中含量。菜油组饲料中ω6系列PUFA含量高于猪油组和菜籽组饲料中而低于豆油组饲料，ω3系列PUFA含量低于豆油组和菜籽组饲料中含量。

对饲料油脂进行了氧化程度评价，并与食用油脂国家标准比较，其结果见表5-14，除猪油因加工过程不同导致过氧化值略高于国家标准，其余各指标均符合脂肪质量与卫生标准。

表5-14 试验油脂的氧化指标

脂肪	酸价AV/(mg/g)	酸价(国标)AV/(mg/g)		碘值IV/(g/100g)	过氧化值POV/(mg/g)	过氧化值国标POV		国标
		一级	二级			一级	二级	
豆油	0.01	≤0.5	≤2.0	112.90	0.35	≤5.0mmol/kg	≤6.0mmol/kg	GB/T 1535—2017
菜油	0.22	≤1.5	≤3.0	115.19	0.99	≤0.125g/100g	≤0.25g/100g	GB/T 1536—2021
猪油	0.47	≤1.0	≤1.3	61.26	0.35	≤1.0%	≤1.0%	GB/T 8937—2006
油菜籽	—							

（二）团头鲂的生长速度

经过102d的养殖试验结束后，统计分析得到各组鱼体的成活率、体重特定生长率，结果见表5-15。

表5-15　不同脂肪源和肉碱对团头鲂存活率和特定生长率的影响

饲料组	肉碱（有/无）	初鱼数量/尾	末鱼数量/尾	存活率/%	平均值/%	初重/g	末重/g	特定生长率/(%/d)（SGR）	平均值
豆油组	无	15 15 15	15 14 15	100.00 93.33 100.00	97.78	8.00 7.49 7.57	26.43 20.36 24.23	1.17 0.98 1.14	1.10±0.10
豆油组	有	15 15 15	15 15 15	100.00 100.00 100.00	100.00	7.73 7.89 7.66	25.16 20.58 22.55	1.16 0.94 1.06	1.05±0.11
菜油组	无	15 15 15	13 14 15	86.67 93.33 100.00	93.33	7.93 7.71 7.55	24.98 24.60 22.40	1.13 1.14 1.07	1.11±0.04
菜油组	有	15 15 15	15 15 14	100.00 100.00 93.33	97.78	7.68 7.81 7.75	20.39 24.87 22.82	0.96 1.14 1.06	1.05±0.09
猪油组	无	15 15 15	15 15 15	100.00 100.00 100.00	100.00	7.75 8.02 7.91	21.59 22.35 20.29	1.00 1.00 0.92	0.98±0.05
猪油组	有	15 15 15	15 15 14	100.00 100.00 93.33	97.78	7.60 8.01 7.58	20.69 21.85 21.01	0.98 0.98 1.00	0.99±0.01
菜籽组	无	15 15 15	15 15 15	100.00 100.00 100.00	100.00	7.70 7.88 7.68	19.73 20.67 21.36	0.92 0.95 1.00	0.96±0.04
菜籽组	有	15 15 15	15 14 15	100.00 93.33 100.00	97.78	8.22 7.61 7.75	22.93 21.46 17.50	1.01 1.02 0.80	0.94±0.12

经过统计分析，8个试验组团头鲂成活率无显著性差异（$P > 0.05$）。养殖过程中死亡的7尾鱼，确定均为跳出养殖桶意外死亡，与饲料无关。体重特定生长率在四种脂肪源饲料组间无差异显著性（$P > 0.05$）；比较同种脂肪源，在不添加和添加肉碱各组间也无显著差异（$P > 0.05$）。猪油组和菜籽组鱼体特定生长率略低于豆油组和菜油组。

（三）饲料效率

不同脂肪源和复合肉碱的添加对团头鲂饲料系数和蛋白质效率的影响结果见表5-16。豆油组饲料系数分别为2.83、2.83，菜油组饲料系数分别为2.87、2.98，低于猪油组和菜籽组，菜籽组饲料系数分别为3.20、3.38；同种脂肪源不添加和添加复合肉碱饲料组饲料系数差异不大。不同脂肪源的添加对饲料系数有一定的影响，但这种影响程度无显著差异（$P > 0.05$），添加复合肉碱没有对饲料系数产生显著影响（$P > 0.05$）。各饲料组间蛋白质效率没有体现出差异显著性（$P > 0.05$），与不同脂肪源饲料对饲料系数的影响趋势相反，饲料蛋白质效率大小依次是豆油组＞菜油组＞猪油组＞菜籽组。

表5-16　不同脂肪源和肉碱对团头鲂饲料效率的影响

饲料组	肉碱（有/无）	投喂饲料总量/g	鱼初均重/g	末鱼均重/g	饲料系数FCR	平均值	蛋白质效率/%	平均值
豆油组	无	684.99	120	396.5	2.48		1.44	
		599.94	112.3	285	3.47	2.83±0.56	1.03	1.29±0.23
		631.37	113.5	363.4	2.53		1.41	
豆油组	有	654.81	115.9	377.4	2.50		1.43	
		617.03	118.4	308.7	3.24	2.83±0.48	1.10	1.28±0.22
		612.56	114.9	338.2	2.74		1.30	
菜油组	无	610.95	118.9	324.8	2.97		1.20	
		615.70	115.6	344.4	2.69	2.87±0.15	1.33	1.25±0.07
		654.41	113.3	336	2.94		1.22	
菜油组	有	624.86	115.2	305.9	3.28		1.09	
		632.04	117.1	373.1	2.47	2.98±0.44	1.45	1.22±0.20
		648.96	116.3	319.5	3.19		1.12	
猪油组	无	595.25	116.3	323.9	2.87		1.25	
		620.79	120.3	335.2	2.89	3.06±0.32	1.24	1.17±0.12
		638.17	118.7	304.4	3.44		1.04	
猪油组	有	623.47	114	310.4	3.17		1.13	
		610.15	120.2	327.7	2.94	3.15±0.12	1.21	1.14±0.04
		603.81	113.7	294.2	3.35		1.07	
菜籽组	无	610.76	115.5	296	3.38		1.06	
		610.54	118.2	310.1	3.18	3.20±0.25	1.12	1.12±0.09
		620.29	115.2	320.4	3.02		1.18	
菜籽组	有	673.28	123.3	343.9	3.05		1.17	
		591.34	114.1	300.5	3.17	3.38±0.47	1.13	1.07±0.14
		574.19	116.2	262.5	3.92		0.91	

（四）不同饲料脂肪酸组成与团头鲂各器官组织脂肪酸组成相关性

各试验组鱼体器官组织脂肪酸测定统计结果见表5-17、表5-18、表5-19、表5-20，各组脂肪酸特征值比较见表5-21（为不加肉碱组的结果），对脂肪酸结果有以下认知。

（1）不同器官组织脂肪酸组成与对应饲料脂肪酸组成的相关系数

在添加豆油的无肉碱、有肉碱两种饲料组中，心脏（0.74、0.73）、脑（0.68、0.66）、脾脏（0.75、0.66）和肝胰脏（0.64、0.77）、血液（0.51、0.28）中脂肪酸组成与饲料脂肪酸组成的相关系数相对较低；菜油组与豆油组结果相似，无肉碱、有肉碱两种饲料组中也是心脏（0.83、0.84）、脑（0.74、0.74）、脾脏（0.69、0.61）和肝胰脏（0.8、0.77）、血液（0.63、0.68）中脂肪酸组成与对应饲料脂肪酸组成较低，尤其脾脏（0.69、0.61）和血液（0.63、0.68）中较低；猪油组中仅血液与饲料脂肪酸组成相关性较低；菜籽组中脑（0.80、0.84）、脾脏（0.81、0.82）和肝胰脏（0.84、0.84）中相关系数较其他器官组织中低。这些结果表明不同脂肪源饲料对器官组织脂肪酸组成影响存在差异，心脏、脑、脾脏、肝胰脏和血液脂肪酸组成受饲料脂肪酸组成的影响相对较小。

在四种脂肪源所分别对应的试验组，肾脏、肌肉、皮肤、肠系膜脂肪、腹部脂肪及肠道中的脂肪酸组成与对应饲料组脂肪酸组成的相关性都较高。豆油组中，这几种器官组织的相关系数均在0.89～0.94之间，菜油组中，这几种器官组织中脂肪酸组成与饲料的相关性系数均大于0.90，猪油组和菜籽组也表现相同的结果，相关系数较豆油组和菜油组更高。这些结果表明饲料对肾脏、肌肉、皮肤、肠系膜脂肪、腹部脂肪及肠道中的脂肪酸组成影响较大，这些器官组织是鱼体脂肪的主要沉积位点，且以三酰甘油为主要种类。

（2）同种器官组织与不同饲料脂肪酸组成的相关性

同种器官组织与不同饲料脂肪酸组成的相关系数是有差异的，整体来说，猪油组饲料对各个器官组织脂肪酸的组成影响较其他三组饲料影响大，其次是菜籽组，菜油组饲料对器官组织脂肪酸的组成影响大于豆油组饲料。例如，在肌肉中，猪油组肌肉与饲料的相关系数为（0.98、0.95），菜籽组为（0.95、0.95），菜油组为（0.92、0.94），豆油组为（0.92、0.91）；肝胰脏中脂肪酸组成虽与饲料脂肪酸组成相关性较小，但与几种脂肪源饲料相关性大小顺序也是猪油（0.91、0.89）＞菜籽（0.84、0.84）＞菜油（0.80、0.77）＞豆油（0.64、0.77）。血液与饲料脂肪酸组成的相关性也与豆油组饲料相关系数最低而与猪油组饲料相关系数最高。在肾脏、皮肤、肠系膜脂肪、腹部脂肪中有同样的影响结果。

（3）器官组织脂肪酸特征值变化与饲料脂肪酸特征值的相关性

将各脂肪源饲料组中特征脂肪酸组成比例与对应饲料组器官组织中特征脂肪酸比例比较分析如下：

饱和脂肪酸 SFA 含量变化。在豆油组、菜油组和菜籽组饲料所对应的各个器官组织中的饱和脂肪酸含量中，鱼体 SFA 含量较饲料中 SFA 含量升高。其中又以心脏、脑、脾脏、肝胰脏和血液中饱和脂肪酸 SFA 的含量高于其他器官组织。猪油组饲料中有最高的 SFA 含量（37.66%、37.27%），各个器官组织中的 SFA 含量也较高，但只有肝胰脏和血液中 SFA 含量高于猪油组饲料中 SFA 含量，其他器官组织中 SFA 含量都低于或接近于饲料中 SFA 含量。

单不饱和脂肪酸 MUFA。饲料中 MUFA 含量相对较低的豆油组和猪油组鱼体各器官组织中，除血液外，其他器官组织中 MUFA 的含量较饲料中有所升高。菜油和菜籽组的各器官组织中，脾脏、肾脏、肝胰脏、皮肤、肠系膜脂肪和腹部脂肪中的 MUFA 较饲料中有所升高，心脏、脑、肠道、血液中 MUFA 的含量较饲料中有所降低。各器官组织中又以肝胰脏、皮肤、肠系膜脂肪和腹部脂肪含 MUFA 较高。MUFA 中最主要的脂肪酸种类是 C18:1ω9。

多不饱和脂肪酸 PUFA。大部分器官组织中的 PUFA 含量都低于对应饲料中 PUFA 的含量，肝胰脏中的 PUFA 是最低的。而不同脂肪源饲料所对应的同一器官组织中的 PUFA 含量也随饲料中的含量而变化，PUFA 含量较大的豆油组和菜油组饲料所对应的鱼体 PUFA 含量较大。

ω3 系列多不饱和脂肪酸。脑中 $\sum\omega3$ PUFA 含量最高，且高于饲料中的含量，表明脑具有富集 ω3 PUFA 的能力。血液中含量也较高，菜油组和猪油组饲料中 $\sum\omega3$ PUFA 含量较低，所对应的血液中 $\sum\omega3$ PUFA 含量升高；豆油和菜籽组饲料中 $\sum\omega3$ PUFA 较高，所对应血液中含量保持相对稳定。脾脏中未检出有 $\sum\omega3$ PUFA，其他器官组织 $\sum\omega3$ PUFA 含量较饲料中均有所降低。

ω6 系列多不饱和脂肪酸。$\sum\omega6$ PUFA 在饲料中含量较高，除猪油组心脏中 $\sum\omega6$ PUFA 含量高于对应的猪油组饲料中含量，其他器官组织中含量均低于对应饲料中，且脑和肝胰脏中的 $\sum\omega6$ PUFA 含量是最低的，不同脂肪源饲料同一器官组织中 $\sum\omega6$ PUFA 含量随饲料中含量的变化而变化。

$\sum\omega3$PUFA/$\sum\omega6$ PUFA。脑和血液中 $\sum\omega3$ PUFA/$\sum\omega6$ PUFA 的比值对应饲料中比值都有升高；比值最高的菜籽组饲料所对应的脑中 $\sum\omega3$ PUFA/$\sum\omega6$ PUFA 的比值最高，血液中比值差异不大。

$\sum\omega3$ 高不饱和脂肪酸（$\sum\omega3$ HUFA）。各组饲料中均含有一定量的 $\sum\omega3$ HUFA，脑和血液中 $\sum\omega3$ HUFA 含量高于饲料中含量，也高于肌肉、肝胰脏、皮肤、肠系膜脂肪、腹部脂肪和肠道中含量。心脏、脾脏和皮肤中没有检出 $\sum\omega3$ HUFA。

$\sum\omega6$ 高不饱和脂肪酸（$\sum\omega6$ HUFA 花生四烯酸 AA）。各组饲料中没有检出 $\sum\omega6$ HUFA，但是除脾脏中没有检出，其他器官组织中均增加了一定含量的 $\sum\omega6$ HUFA。

（4）脂肪酸种类、含量的变化

ω9 系列脂肪酸。饲料中都有较高含量的 C18:1ω9 和一定量的 C20:1ω9，而各个器官组织 C18:1ω9 是最主要的脂肪酸种类。除心脏、脾脏和血液中缺少C20:1ω9，其他器官组织中C20:1ω9的含量高于饲料中，各组器官组织中没有检出C20:2ω9和C22:2ω9。菜油组饲料中含有一定的C22:1ω9，在器官组织中降低，而饲料中含有的少量C24:1ω9，只存在肝胰脏和血液中，含量有所升高。

ω6系列脂肪酸。豆油饲料中含有少量的γ-C18:3ω6（0.21%，0.18%），但器官组织中除心脏、脑、脾脏和血液中没有，其他器官组织中γ-C18:3ω6含量均升高。菜油、猪油和菜籽组饲料中没有γ-C18:3ω6，但也在除心脏、脑、脾脏和血液的其他器官组织中存在一定含量的γ-C18:3ω6。四种脂肪源饲料中不含有的C20:3ω6和C20:4ω6，在除脾脏之外的其他器官组织中出现。而各个器官组织中C18:2ω6的含量相比对应饲料中C18:2ω6的含量有所降低。

ω3系列。饲料中含有α-C18:3ω3和C20:5ω3两种ω3脂肪酸，而α-C18:3ω3只出现在部分器官组织中且含量减少；C20:5ω3只出现在肠系膜脂肪和腹部脂肪中，其他器官组织中没有检出。同时，在肠系膜脂肪中出现了C20:3ω3以及在脑、肌肉、肠系膜脂肪、腹部脂肪、肠道和血液中出现一定含量的C22:6ω3。

C18:1ω9/ω3。饲料中C18:1ω9/ω3的比值是由小到大依次是豆油（4.67、4.47）＜菜油（6.40、6.44）＜菜籽（7.29、7.00）＜猪油（12.60、12.47）。这个比值反应在器官组织中的情况是，在脑中，比值C18:1ω9/ω3没有太大差异，而在肌肉、肝胰脏、皮肤、肠系膜脂肪和腹部脂肪中则显示有差异。

（5）特殊器官组织脂肪酸组成分析

心脏和脾脏中脂肪酸种类最少，C16:0、C18:0、C18:1ω9和C18:2ω6是主要脂肪酸，其中含量最丰富的是C18:1ω9，其次是C18:2ω6。血液中脂肪酸种类较心脏和脾脏中多，以C16:0、C18:0、C18:1ω9和C18:2ω6为主要脂肪酸，且C22:6ω3也有较高含量，含量范围在4.23%～5.50%之间；脑中脂肪酸种类比较丰富，其中的C22:6ω3是除C16:0、C18:0、C18:1ω9和C18:2ω6之外的含量最高的一种脂肪酸，含量范围在5.31%～7.89%，且脑中ω3系列脂肪酸含量是所有器官组织中含量最高的，ω3/ω6的比值也是各个器官组织中最高的。

（五）关于饲料脂肪酸组成对团头鲂器官组织脂肪酸组成的影响分析

本试验测定分析了心脏、脑、脾脏、肾脏、肌肉、肝胰脏、皮肤、肠系膜脂肪、腹部脂肪、肠道和血液中的脂肪酸组成，并将器官组织中的脂肪酸组成与对应饲料中脂肪酸组成进行相关性对比，结果表明，心脏、脑、脾脏、肝胰脏和血液脂肪酸组成受饲料影响较小，脂肪酸组成相对稳定；肾脏、肌肉、皮肤、肠系膜脂肪、腹部脂肪及肠道受饲料脂肪酸组成影响较大。各器官组织中，肠道是鱼体饲料中脂肪物质消化吸收的场所，而肠系膜脂肪包裹在肠道外，是能量聚集的场所，受饲料脂肪酸组成影响较大。肾脏、肌肉、皮肤参与脂肪新陈代谢，受影响较大。心脏、脑、脾脏、肝胰脏都是鱼体的功能性器官，不参与脂肪的代谢，受饲料脂肪酸组成的影响较小。

生物体，包括鱼，在体内都可以按照一定途径生物合成饱和脂肪酸中的C16:0和C18:0，从而维持整个鱼体饱和脂肪酸的稳定性。本试验中，C16:0和C18:0是各器官组织中的主要脂肪酸之一，虽然器官组织中饱和脂肪酸含量受饲料饱和脂肪酸含量影响，但差别不大，在部分器官组织中还有比较稳定的含量。与饲料脂肪酸相比，器官组织中饱和脂肪酸有所降低而单不饱和脂肪酸含量升高，这一结果表明，团头鲂具有在体内将饱和脂肪酸去饱和后转化为单不饱和脂肪酸的能力。

C18:1ω9是鱼体肌肉和肝胰脏中主要的单不饱和脂肪酸，某种程度上，C18:1ω9/ω3比率可以作为评判脂肪酸需求的标准。本试验中，C18:1ω9是器官组织中的主要脂肪酸，皮肤、肠系膜脂肪、腹部脂肪中C18:1ω9/ω3比值随着对应饲料中C18:1ω9/ω3比值的增大而增大，而不同脂肪源饲料对鱼体脂肪酸组成的影响程度与饲料中C18:1ω9/ω3比值成正相关，猪油组C18:1ω9/ω3最大，对鱼体脂肪酸组成影响最大。

ω3和ω6系列多不饱和脂肪酸是淡水鱼类重要的营养素，虹鳟鱼能有效地将C18:3ω3转化为C20:5ω3和C22:6ω3。Bell等（1986）报道淡水鱼能将C18:2ω6和C18:3ω3分别转化为长链的ω6和ω3系列脂肪酸。有研究表明，鲤、鳟、美洲红点鲑、鳗鱼、香鱼也能将外源性C18:3ω3在体内转化成C20和C22同一系列脂肪酸，但不同鱼类的转化能力是不一样的，淡水鱼类的这种转化能力强于海水鱼类。本试验中，饲料中有一定含量的C18:3ω3和C20:5ω3（EPA），而C20:3ω3在肠系膜脂肪中有少量，C22:6ω3（DHA）则在脑、肌肉、肠系膜脂肪、腹部脂肪、肠道和血液中有一定含量。这表明，团头鲂也有将C18:3ω3转化为C20:3ω3和C22:6ω3的能力，转化为C22:6ω3的能力较转化为C20:3ω3的能力强。本试验中，饲料中含有的C20:5ω3（EPA）只在肠系膜脂肪、腹部脂肪中存留少量，而在脑、肌肉、肠系膜脂肪、腹部脂肪、肠道和血液中增加了一定含量的C22:6ω3（DHA）。这说明C22:6ω3（DHA）比C20:5ω3（EPA）对团头鲂幼鱼更为重要或更容易获得。许多试验也证明DHA和EPA对仔鱼和幼鱼的重要性不同。仔鱼因神经组织发育迅速而需要较高的DHA，而幼鱼需要更高的EPA，对于EPA、DHA需要的重要性，不同鱼种类不同。

部分器官组织中还出现了饲料（菜油、猪油、菜籽）中不含有的γ-C18:3ω6、C20:3ω6和C20:4ω6（豆油组鱼体部分器官组织中出现C20:3ω6和C20:4ω6），且C18:2ω6含量相对饲料中有所下降。表明团头鲂将C18:2ω6在体内转化合成了γ-C18:3ω6、C20:3ω6和C20:4ω6。

因此，通过本试验可以确认的结果是，团头鲂对豆油、菜油、猪油和菜籽都能很好利用，四种脂肪源饲料的脂肪酸组成种类和数量能满足团头鲂正常生长所需的必需脂肪酸，都可以作为团头鲂生长所需的很好的脂肪源。团头鲂的必需脂肪酸种类包括C18:2ω6和C18:3ω3，但对C18:2ω6有更大的需求，C20:5ω3对团头鲂有比C18:2ω6和C18:3ω3更强的必需脂肪酸效力。

饲料脂肪酸组成影响了鱼体脂肪酸组成。C18:1ω9/ω3比例较高的猪油组和菜籽组饲料对鱼体脂肪酸组成影响较大，C18:1ω9/ω3比例较低的菜油组和豆油组对鱼体脂肪酸影响较小。饲料对心脏、脑、脾脏、肝胰脏和血液的脂肪酸组成影响较小，而对肾脏、肌肉、皮肤、肠系膜脂肪、腹部脂肪和肠道的脂肪酸组成影响较大。团头鲂具有将C18:3ω3和C18:2ω6分别转化为同系列高不饱和脂肪酸的能力。多不饱和脂肪酸含量较高的豆油和菜油的添加增加了鱼体多不饱和脂肪酸含量，提高了鱼体品质。复合肉碱的添加没有改变鱼体脂肪酸组成。

表5-17　豆油饲料组团头鲂鱼体各器官组织脂肪酸组成（归一法）

脂肪酸及相关性	豆油饲料		心脏		脑		脾脏		肾脏		肌肉	
肉碱（有/无）	无	有	无	有	无	有	无	有	无	有	无	有
C14:0/%	0.65	0.61	—	—	1.18	1.14	—	—	1.66	1.55	1.59	
C15:0/%	—	—	—	—	—	—	—	—	0.32	0.28		
C15:1/%	—	—	—	—	1.31	1.1	—	—				
C16:0/%	16.49	15.49	21.48	21.74	20.71	21.16	21.7	25.47	19.85	19.84	21.63	19.68
C16:1/%	0.58	0.56	—	—	2.82	3.2	—	—	2.13	2.37	2	1.47
C17:0/%	—	—	—	—	—	—	—	—	0.4	0.39		
C17:1/%	—	—	—	—	1.33	0.86	—	—				
C18:0/%	3.75	3.36	11.33	11.74	10.18	10.67	7.92	9.22	5.23	4.82	6.24	6.27
C18:1ω9c/%	25.93	26.8	31.88	31.98	28.82	28.68	40.29	37.7	34.48	35.19	29.87	32.49
C18:2ω6c/%	44.25	44.46	24.48	24.81	14.47	12.61	28.28	27.62	28.52	29.14	28.9	28.4
γ-C18:3ω6/%	0.21	0.18	—	—	—	—	—	—	0.56	0.58	0.67	0.51
α-C18:3ω3/%	5.23	5.7	2.37	2.02	1.25	1.09	1.82	—	2.13	2.27	2.18	2
C20:0/%	0.27	0.25	—	—	—	0.46	—	—				

脂肪酸及相关性	豆油饲料		心脏		脑		脾脏		肾脏		肌肉	
C20:1/%	0.4	0.43	—	—	0.6	0.57	—	—	0.7	0.62	0.61	0.68
C21:0/%	—	—	—	—	0.55	0.61	—	—	0.7	0.62	0.71	0.77
C20:3ω6/%	—	—	—	—	0.98	0.96	—	—	1.13	1.05	1.43	1.4
C20:4ω6/%	—	—	5.71	4.97	3.19	3.39	—	—	1.16	0.98	1.97	2.16
C20:3ω3/%	—	—	—	—	—	—	—	—	—	—	—	—
C22:0/%	0.2	0.16	—	—	—	—	—	—	—	—	—	—
C20:5ω3/%	0.32	0.29	—	—	—	—	—	—	—	—	—	—
C24:0/%	—	—	—	—	0.68	0.73	—	—	—	—	—	—
C24:1/%	—	—	—	—	2.87	1.11	—	—	—	—	—	—
C22:6ω3/%	—	—	—	—	5.31	7.89	—	—	—	—	1.03	1.16
脂肪酸相关性	1		0.74	0.73	0.68	0.66	0.75	0.66	0.9	0.91	0.92	0.91
特征值相关性	1	—	0.83	0.8	0.57	0.52	0.76	0.7	0.85	0.85	0.9	0.89

脂肪酸及相关性	肝胰脏		皮肤		肠系膜脂肪		腹部脂肪		肠道		血液	
肉碱（有/无）	无	有	无	有	无	有	无	有	无	有	无	有
C14:0/%	1.99	1.65	1.56	1.56	1.2	1.29	1.34	1.45	1.43	1.47	—	—
C15:0/%	—	—	—	—	0.22	0.22	0.22	0.22	—	0.29	—	—
C15:1/%	—	—	—	—	—	—	—	—	—	—	—	—
C16:0/%	22.24	21.26	19.91	19.96	16.77	17.37	17.51	17.73	20.63	21.08	24.55	25.65
C16:1/%	2.31	2.25	2.59	2.53	1.75	1.9	2.02	2.32	1.81	1.85	—	—
C17:0/%	0.47	0.62	—	—	0.31	0.3	0.34	0.33	0.45	0.44	—	—
C17:1/%	—	—	—	—	0.2	0.19	0.21	0.24	—	—	—	—
C18:0/%	11.21	11.04	4.82	4.83	2.73	3.95	4.87	4.25	5.94	6.41	9.3	10
C18:1ω9c/%	40.11	35.41	35	34.61	36.34	35.67	35.97	36.74	30.12	33.18	19.23	20.92
C18:2ω6c/%	15.46	20.19	29.8	29.49	31.08	29.72	29.08	27.75	30.62	26.47	15.92	17.29
γ-C18:3ω6/%	—	0.38	0.64	0.58	0.68	0.39	0.61	0.69	0.59	0.48	—	—
α-C18:3ω3/%	0.84	1.25	2.4	2.31	2.41	2.23	2.35	2.3	2.28	1.99	0.85	—
C20:0/%	—	—	—	—	0.33	0.28	0.18	0.13	—	—	—	—
C20:1/%	0.77	1.02	0.77	0.7	0.57	0.74	0.69	0.8	0.52	0.68	—	—
C21:0/%	0.59	0.86	0.53	0.61	0.54	0.56	0.59	0.58	0.57	0.54	1.05	1.15
C20:3ω6/%	0.87	1.12	0.99	1.09	1.04	1.03	1.1	1.02	1.16	1.07	2.63	2.52
C20:4ω6/%	1.06	1.44	0.92	0.96	0.6	0.56	0.62	0.59	1.55	1.54	6.98	6.78
C20:3ω3/%	—	—	—	—	0.07	0.07	—	—	—	—	—	—
C22:0/%	—	—	—	—	0.13	0.12	0.13	0.18	—	—	—	—
C20:5ω3/%	—	—	—	—	0.18	0.17	0.17	0.16	—	—	—	—
C24:0/%	—	—	—	—	0.09	—	—	—	—	—	2.95	2.61
C24:1/%	—	—	—	—	—	—	—	—	—	—	—	—
C22:6ω3/%	—	0.79	—	—	0.27	—	0.25	—	0.72	0.61	5.08	5.09
脂肪酸相关性	0.64	0.77	0.91	0.91	0.93	0.93	0.92	0.9	0.94	0.89	0.51	0.28
特征值相关性	0.42	0.6	0.86	0.86	0.89	0.86	0.85	0.82	0.91	0.82	0.74	0.72

表5-18　菜油饲料组团头鲂鱼体各器官组织脂肪酸组成（归一法）

脂肪酸及相关性	菜油饲料		心脏		脑		脾脏		肾脏		肌肉	
肉碱（有/无）	无	有	无	有	无	有	无	有	无	有	无	有
C14:0/%	0.71	0.74	—	—	1.2	1.28	—	—	1.8	1.78	1.28	1.33
C15:0/%	—	—	—	—	—	—	—	—	0.27	0.31	0.22	—
C15:1/%	—	—	—	—	1.98	1.64	—	—	—	—	—	—
C16:0/%	15.38	15.17	22.78	22.29	20.68	21.43	26.65	27.85	21.49	19.83	17.38	19.99
C16:1/%	0.76	0.75	—	—	2.45	2.56	—	—	1.69	1.91	1.25	1.24
C17:0/%	0.22	0.22	—	—	—	—	—	—	0.39	—	0.36	—
C17:1/%	—	—	—	—	1.72	1.35	—	—	—	—	—	—
C18:0/%	2.93	2.7	12.34	12.78	10.99	11.16	11.39	12.99	6.51	6.17	6.39	6.94
C18:1ω9c/%	31.23	30.85	32.65	31.73	29.88	30.42	37.9	36.56	35.27	38.95	31.53	31.76
C18:2ω6c/%	37.8	37.07	25.39	25.76	12.75	13.23	24.06	22.59	25.07	23.86	21.43	24.55
γ-C18:3ω6/%	—	—	—	—	—	—	—	—	0.46	0.47	0.45	0.53
α-C18:3ω3/%	4.55	4.52	5.28	5.7	1.21	1.27	—	—	2.2	2.14	2.5	1.98
C20:0/%	0.31	0.28	—	—	—	—	—	—	—	—	5.53	1.84
C20:1/%	1.12	1.31	—	—	0.78	0.82	—	—	1.12	1.17	2.54	1.18
C21:0/%	—	—	—	—	—	0.55	—	—	0.6	0.63	0.71	0.77
C20:3ω6/%	—	—	—	—	0.95	0.93	—	—	0.94	0.94	1.81	1.23
C20:4ω6/%	—	—	—	—	2.9	3.17	—	—	1.01	0.91	1.44	1.54
C20:3ω3/%	—	—	—	—	—	—	—	—	—	—	—	—
C22:0/%	0.19	0.16	—	—	—	—	—	—	—	—	—	—
C20:5ω3/%	0.33	0.27	—	—	—	—	—	—	—	—	0.2	—
C22:1ω9/%	3.24	3.82	—	—	—	—	—	—	1.02	0.89	0.58	0.66
C24:1/%	0.17	0.16	—	—	—	—	—	—	—	—	—	—
C22:6ω3/%	—	—	—	—	6.34	7.56	—	—	—	—	1.07	1.12
脂肪酸相关性	1	—	0.83	0.84	0.74	0.74	0.69	0.61	0.93	0.9	0.92	0.94
特征值相关性	1	—	0.83	0.83	0.69	0.7	0.73	0.68	0.87	0.87	0.85	0.9

脂肪酸及相关性	肝胰脏		皮肤		肠系膜脂肪		腹部脂肪		肠道		血液	
肉碱（有/无）	无	有	无	有	无	有	无	有	无	有	无	有
C14:0/%	2.22	2.14	1.58	1.73	1.49	1.5	1.64	1.62	1.5	1.52	—	—
C15:0/%	—	—	—	—	0.23	0.23	0.22	0.22	0.28	0.29	—	—
C15:1/%	—	—	—	—	—	—	—	—	—	—	—	—
C16:0/%	23.26	22.18	20.84	20.4	19.03	18.19	20.62	19.2	20.63	20.65	24.9	24.61
C16:1/%	1.66	1.77	2.01	1.8	1.54	1.53	1.78	1.67	1.47	1.7	—	—
C17:0/%	0.48	0.51	0.36	0.36	0.34	0.32	0.34	0.34	0.43	0.45	—	—
C17:1/%	—	—	—	—	0.17	0.16	0.19	0.22	—	—	—	—
C18:0/%	13.56	13.92	6.27	5.92	6.97	9.8	6.8	6.18	6.85	6.85	11.49	10.84
C18:1ω9c/%	34.13	37.61	37.24	36.77	34.22	32.3	35.27	37.36	33.7	31.75	21.26	22.2
C18:2ω6c/%	16.32	14.63	24.93	24.85	25.86	25.7	25.29	24.79	25.59	27.71	15.04	16.02

脂肪酸及相关性	肝胰脏		皮肤		肠系膜脂肪		腹部脂肪		肠道		血液	
γ-C18:3ω6/%	0.29	0.31	0.48	0.47	0.45	0.43	0.47	0.44	0.46	0.49	—	—
α-C18:3ω3/%	1.05	1.01	2.18	2.13	2.22	2.2	2.28	2.18	2.13	2.24	0.73	0.7
C20:0/%	—	—	—	—	0.16	0.17	0.18	0.18	—	—	—	—
C20:1/%	1.26	1.28	1.13	1.08	1.25	1.28	1.34	1.28	0.97	0.91	0.87	0.91
C21:0/%	0.76	0.67	0.64	0.58	0.53	0.53	0.6	0.58	0.57	0.62	1.12	—
C20:3ω6/%	0.97	0.87	0.88	0.87	0.83	0.83	0.95	0.88	1.06	1.1	2.59	2.78
C20:4ω6/%	1.41	1.22	0.73	0.75	0.44	0.41	0.47	0.44	1.39	1.39	6.34	6.1
C20:3ω3/%	—	—	—	—	0.07	0.07	—	—	—	—	—	—
C22:0/%	—	—	—	—	0.05	0.05	0.08	0.09	—	—	—	—
C20:5ω3/%	—	—	—	—	0.11	0.1	0.11	0.11	—	—	—	—
C22:1ω9/%	0.2	0.34	0.5	0.54	0.83	0.77	0.82	0.83	0.74	0.7	—	—
C24:1/%	0.57	0.5	—	—	—	—	—	—	—	—	2.61	2.57
C22:6ω3/%	—	—	—	—	0.24	0.22	0.21	0.2	0.67	0.77	4.85	5.36
脂肪酸相关性	0.8	0.77	0.92	0.93	0.95	0.95	0.94	0.93	0.94	0.95	0.63	0.68
特征值相关性	0.61	0.59	0.87	0.88	0.9	0.89	0.88	0.88	0.9	0.93	0.68	0.73

表5-19　猪油饲料组团头鲂鱼体各器官组织脂肪酸组成（归一法）

脂肪酸及相关性	猪油饲料		心脏		脑		脾脏		肾脏		肌肉	
肉碱（有/无）	无	有	无	有	无	有	无	有	无	有	无	有
C14:0/%	1.63	1.7	—	—	1.38	1.38	—	—	2.1	2.02	1.38	1.59
C15:0/%	—	—	—	—	—	—	—	—	—	0.26	—	—
C15:1/%	—	—	—	—	1.33	0.98	—	—	—	—	—	—
C16:0/%	25.86	25.42	24.34	24.84	20.74	21.88	26.31	26.05	23.58	23.83	23.2	22.53
C16:1/%	1.47	1.46	—	—	3.15	3.41	—	—	3.29	3	1.94	2.82
C17:0/%	0.31	0.29	—	—	—	—	—	—	0.35	0.36	—	—
C17:1/%	0.17	0.16	—	—	0.98	0.86	—	—	0.28	0.26	—	—
C18:0/%	9.16	9.14	13.27	12	9.23	10.34	9.76	11.159	5.78	6.07	7.8	6.62
C18:1ω9c/%	31.89	31.56	35.31	35.46	29.07	29.2	45.51	42.158	39.99	39.93	36.22	39.43
C18:2ω6c/%	24.24	24.89	20.68	21.05	12.23	11.26	18.42	16.862	19.55	19.12	19.05	17.72
γ-C18:3ω6/%	—	—	—	—	—	1.15	—	—	0.4	0.43	—	0.44
α-C18:3ω3/%	2.23	2.19	—	—	0.94	0.89	—	—	1.37	1.31	1.2	1.14
C20:0/%	0.21	0.23	—	—	0.75	1.36	—	—	—	—	—	—
C20:1/%	0.45	0.48	—	—	—	0.71	—	—	0.89	0.74	0.72	0.74
C21:0/%	0.23	0.21	—	—	—	0.9	—	—	0.6	0.66	—	—
C20:3ω6/%	—	—	—	—	0.87	0.87	—	—	0.79	0.88	1.19	1

脂肪酸及相关性	猪油饲料		心脏		脑		脾脏		肾脏		肌肉	
C20:4ω6/%	—	—	4.96	4.79	2.91	3.16	—	—	0.91	0.87	2.18	1.56
C20:3ω3/%	—	—	—	—	—	—	—	—	—	—	—	—
C22:0/%	0.26	0.27	—	—	—	—	—	—	—	—	—	—
C20:5ω3/%	0.29	0.33	—	—	—	—	—	—	—	—	—	—
C24:0/%	—	—	—	—	—	—	—	—	—	—	—	—
C22:6ω3/%	—	—	—	—	7.02	7.5	—	—	—	—	1.28	0.91
脂肪酸相关性	1	—	0.92	0.93	0.96	0.94	0.88	0.84	0.97	0.97	0.98	0.95
特征值相关性	1	—	—	—	0.96	0.96	0.93	0.93	0.95	0.95	0.98	0.94

脂肪酸及相关性	肝胰脏		皮肤		肠系膜脂肪		腹部脂肪		肠道		血液	
肉碱（有/无）	无	有	无	有	无	有	无	有	无	有	无	有
C14:0/%	2.3	2.3	1.72	2.01	1.56	1.54	1.91	1.81	1.95	1.97	—	—
C15:0/%	—	—	—	0.23	0.22	0.22	0.23	0.23	0.31	0.31	—	—
C15:1/%	—	—	—	—	—	—	—	—	—	—	—	—
C16:0/%	23.97	24.4	22.03	22.94	21.2	21.09	21.54	22.21	23.42	24.35	27.01	22.62
C16:1/%	3.08	3.16	3.5	3.18	2.55	2.47	2.88	2.88	2.7	2.77	—	3.16
C17:0/%	0.43	—	—	—	0.32	0.32	0.33	0.34	0.39	0.39	—	2.24
C17:1/%	—	—	—	—	0.24	0.26	0.27	0.26	0.27	—	—	—
C18:0/%	12.01	12.67	5.24	5.4	6.69	6.66	5.92	5.87	6.26	6.97	11.3	9.38
C18:1ω9c/%	40.48	41.28	41.33	41.18	39.27	39.49	40.56	40.27	36.59	34.61	22.42	23.57
C18:2ω6c/%	11.21	10.45	19.84	19.51	20.41	20.26	19.43	19.37	20.52	20.64	12.84	11.18
γ-C18:3ω6/%	—	—	0.43	0.48	0.42	0.42	0.43	0.43	0.45	0.43	—	—
α-C18:3ω3/%	0.62	0.52	1.38	1.41	1.41	1.36	1.41	1.4	1.42	1.34	—	—
C20:0/%	—	—	—	—	0.16	0.18	0.15	0.14	—	—	—	—
C20:1/%	1.24	1.17	0.85	0.74	0.88	0.76	0.97	0.8	0.62	0.71	—	—
C21:0/%	0.85	0.74	0.71	0.56	0.56	0.54	0.62	0.57	0.57	0.62	—	—
C20:3ω6/%	0.85	0.84	0.86	0.8	0.75	0.73	0.84	0.76	0.94	0.98	2.57	2.23
C20:4ω6/%	1.38	1.61	0.79	0.71	0.46	0.46	0.47	0.46	1.36	1.42	7.35	6.1
C20:3ω3/%	—	—	—	—	0.08	0.07	—	—	—	—	—	0.86
C22:0/%	—	—	—	—	0.1	0.1	0.08	0.08	—	—	—	—
C20:5ω3/%	—	—	—	—	0.17	0.16	0.16	0.17	—	—	—	—
C24:0/%	—	—	—	—	—	—	—	—	—	—	3.32	3.52
C22:6ω3/%	—	—	—	—	0.19	0.18	0.17	0.14	0.69	0.59	5.09	4.23
脂肪酸相关性	0.91	0.89	0.96	0.96	0.97	0.97	0.96	0.97	0.98	0.99	0.69	0.92
特征值相关性	0.89	0.87	0.93	0.93	0.95	0.94	0.94	0.94	0.98	0.99	0.94	0.98

表5-20　菜籽饲料组团头鲂鱼体各器官组织脂肪酸组成（归一法）

脂肪酸及相关性	菜籽饲料		心脏		脑		脾脏		肾脏		肌肉	
肉碱（有/无）	无	有	无	有	无	有	无	有	无	有	无	有
C14:0/%	0.77	0.83	—	—	1.22	1.18	—	—	1.9	1.79	1.44	1.4
C15:0/%	—	—	—	—	—	—	—	—	0.26	0.27	—	—
C16:0/%	13.82	13.96	18.84	18.66	20.5	19.26	26.9	26.23	20.63	19.35	18.94	19.83
C16:1/%	0.91	0.97	1.98	1.61	3.31	2.96	—	—	2.61	2.86	2.38	2.6
C17:0/%	—	—	—	—	—	—	—	—	0.36	0.36	—	—
C17:1/%	—	—	—	—	2.21	1.31	—	—	0.26	0.31	—	—
C18:0/%	2.54	2.75	10.06	10.77	10.92	9.8	9.82	9.16	5.26	4.39	4.99	5.53
C18:1ω9c/%	42.99	42.99	38.87	38.01	32.03	32.26	45.43	45.8	40.9	43.86	38.47	43.41
C18:2ω6c/%	29.03	29.05	19.34	19.2	8.49	9.16	17.86	17.21	20.26	19.36	17.04	17.87
γ-C18:3ω6/%	—	—	—	—	—	—	—	—	0.41	0.41	0.42	—
α-C18:3ω3/%	5.1	5.47	2.06	1.94	1.01	1.18	—	—	2.2	2.26	1.89	1.94
C20:0/%	0.33	0.35	—	—	—	—	—	—	0.17	—	1.13	—
C20:1/%	1	1.05	—	—	0.75	0.74	—	—	0.97	1.03	1.12	0.97
C21:0/%	—	—	—	—	—	—	—	—	0.55	0.51	0.63	0.69
C20:3ω6/%	—	—	1.87	1.83	0.81	0.83	—	—	0.8	0.76	0.97	1.04
C20:4ω6/%	—	—	3.37	3.34	3.06	2.98	—	—	0.96	0.85	1.39	1.6
C20:3ω3/%	—	—	—	—	—	—	—	—	—	—	—	—
C22:0/%	0.34	0.35	—	—	—	—	—	—	—	—	—	—
C20:5ω3/%	0.66	0.67	—	—	—	—	—	—	—	—	—	—
C22:1ω9/%	—	—	—	—	—	—	—	—	—	—	—	—
C24:1/%	—	—	2.41	2.91	—	—	—	—	—	—	—	—
C22:6ω3/%	—	—	—	—	7.12	7.81	—	—	0.45	0.47	1.19	1.23
脂肪酸相关性	1	—	0.93	0.93	0.8	0.84	0.81	0.82	0.96	0.96	0.95	0.95
特征值相关性	1	—	0.93	0.92	0.75	0.79	0.76	0.77	0.91	0.92	0.9	0.91

脂肪酸及相关性	肝胰脏		皮肤		肠系膜脂肪		腹部脂肪		肠道		血液	
肉碱（有/无）	无	有	无	有	无	有	无	有	无	有	无	有
C14:0/%	2.13	2.16	1.68	1.65	1.55	1.5	1.58	1.69	1.45	1.56	—	—
C15:0/%	—	—	—	—	0.24	0.25	0.23	0.24	0.31	0.35	—	—
C16:0/%	20.83	20.9	19.34	19.02	17.36	17.73	18.2	18.08	18.89	19.69	26.17	24.94
C16:1/%	3.44	3.1	3.46	3.35	2.51	2.57	2.68	2.81	2.33	2.42	—	—
C17:0/%	0.38	0.39	—	—	0.29	0.31	0.31	0.32	0.42	0.41	—	—
C17:1/%	—	—	—	—	0.24	0.25	0.24	0.27	—	—	—	—
C18:0/%	9.76	10.14	4.27	4.41	1.81	1.64	4.35	4.63	5.65	5.68	9.21	8.96
C18:1ω9c/%	48.06	49.42	45.65	45.03	46.15	46.52	45.18	44.25	42.24	41.61	29.4	29.13
C18:2ω6c/%	8.91	8.56	19.59	19.89	20.26	20.03	18.99	19.02	19.89	19.34	12.3	13.04
γ-C18:3ω6/%	—	—	0.5	0.45	0.44	0.39	0.39	0.42	0.37	0.38	—	—
α-C18:3ω3/%	0.83	0.66	2.46	2.28	2.35	2.28	2.19	2.25	2.2	2.14	—	—
C20:0/%	—	—	—	—	0.17	0.18	0.21	0.19	—	—	—	—
C20:1/%	1.15	1.31	1.1	1.05	1.09	1.07	1.36	1.22	0.98	0.89	—	—
C21:0/%	0.59	0.52	0.49	0.55	0.48	0.45	0.56	0.57	0.58	0.54	—	—
C20:3ω6/%	0.64	0.51	0.76	0.78	0.71	0.67	0.79	0.77	0.99	0.94	2.21	2.45
C20:4ω6/%	1.09	0.71	—	—	0.42	0.41	0.44	0.48	1.51	1.53	5.6	5.81
C20:3ω3/%	—	—	—	—	0.07	0.07	—	—	—	—	—	—
C22:0/%	—	—	—	—	0.11	0.11	0.09	0.08	—	—	—	—
C20:5ω3/%	—	—	—	—	0.14	0.13	0.13	0.14	—	—	—	—
C22:1ω9/%	—	—	0.54	0.57	0.24	0.23	0.3	0.29	—	—	—	—
C24:1/%	—	—	—	—	—	0.05	—	—	—	—	2.08	2.29
C22:6ω3/%	0.78	—	—	—	0.27	0.24	0.27	0.24	0.89	0.83	5.15	5.5
脂肪酸相关性	0.84	0.84	0.96	0.96	0.97	0.97	0.97	0.97	0.96	0.96	0.57	0.63
特征值相关性	0.71	0.69	0.91	0.91	0.94	0.93	0.91	0.91	0.93	0.92	0.71	0.75

表5-21 不同脂肪源饲料各组各个器官组织中脂肪酸特征值比较（归一法）　　　　　　　　　　单位：%

分组	心脏	脑	脾脏	肾脏	肌肉	肝胰脏	皮肤	肠系膜脂肪	腹部脂肪	肠道	血液
					SFA						
豆油组	32.81	33.29	29.61	28.16	30.18	36.51	26.82	22.31	25.18	29.03	37.85
菜油饲料	35.12	32.88	38.04	31.06	31.88	40.27	29.7	28.81	30.47	30.27	40.13
猪油饲料	37.61	32.1	36.07	32.41	32.38	39.56	29.93	30.8	30.77	32.9	41.62
菜籽饲料	28.9	32.64	36.72	29.13	27.13	33.69	25.77	22.02	25.52	27.3	37.45
					MUFA						
豆油组	31.88	37.75	40.29	37.3	32.48	43.2	38.36	38.86	38.89	32.45	19.23
菜油饲料	32.65	36.82	37.9	39.11	35.9	37.82	40.88	38.02	39.4	36.88	22.12
猪油饲料	35.31	34.52	45.51	44.45	38.88	44.8	45.69	42.95	44.69	40.18	22.42
菜籽饲料	43.25	41.02	45.43	44.75	41.96	52.65	50.75	50.23	49.76	45.54	29.4
					PUFA						
豆油组	32.56	25.2	30.1	33.5	36.18	18.23	34.75	36.32	34.17	36.91	31.46
菜油饲料	26.64	20.5	17.86	25.09	22.91	12.26	23.31	24.68	23.22	25.85	25.27
猪油饲料	25.64	23.97	18.42	23.03	24.91	14.06	23.31	23.89	22.9	25.38	27.85
菜籽饲料	30.68	24.14	24.06	29.69	28.89	20.04	29.21	30.21	29.77	31.31	29.55
					ω3PUFA						
豆油组	2.37	6.56	0	2.13	3.21	0.84	2.4	2.92	2.76	3	5.94
菜油饲料	5.28	7.55	0	2.2	3.77	1.05	2.18	2.64	2.59	2.8	5.58
猪油饲料	0	7.96	0	1.37	2.49	0.62	1.38	1.84	1.74	2.11	5.09
菜籽饲料	2.06	8.14	0	2.65	3.08	1.61	2.46	2.84	2.59	3.09	5.15
					ω6PUFA						
豆油组	30.19	18.64	28.28	31.37	32.97	17.39	32.35	33.4	31.41	33.91	25.52
菜油饲料	25.39	16.6	24.06	27.48	25.12	18.99	27.03	27.57	27.18	28.51	23.97
猪油饲料	25.64	16.01	18.42	21.66	22.42	13.44	21.92	22.05	21.17	23.28	22.76
菜籽饲料	24.58	12.36	17.86	22.44	19.82	10.64	20.85	21.84	20.63	22.76	20.11
					ω3/ω6						
豆油组	0.08	0.35	0	0.07	0.1	0.05	0.07	0.09	0.09	0.09	0.23
菜油饲料	0.21	0.45	0	0.08	0.15	0.06	0.08	0.1	0.1	0.1	0.23
猪油饲料	0	0.5	0	0.06	0.11	0.05	0.06	0.08	0.08	0.09	0.22
菜籽饲料	0.08	0.66	0	0.12	0.16	0.15	0.12	0.13	0.13	0.14	0.26
					C18:1ω9/ω3						
豆油组	13.47	4.39	—	16.17	9.31	47.56	14.6	12.43	13.02	10.06	3.24
菜油饲料	0	3.96	—	16.03	8.37	32.53	17.12	12.96	13.61	12.02	3.81

Nutritional Physiology and Feed of Freshwater Fish

淡水鱼类营养生理与饲料

分组	心脏	脑	脾脏	肾脏	肌肉	肝胰脏	皮肤	肠系膜脂肪	腹部脂肪	肠道	血液
猪油饲料	—	3.65	—	29.09	14.56	65.29	29.89	21.37	23.34	2.73	14.71
菜籽饲料	18.89	3.94	—	15.42	12.47	29.79	18.56	16.25	17.43	0	0

注：—表示低于检测限。

三、大豆、油菜籽、花生和油葵四种油籽对团头鲂生长和鱼体脂肪酸组成的影响

本试验使用大豆、油菜籽、带壳花生和带壳油葵四种油籽原料配制两个脂肪水平（1.5%和3.0%）的试验饲料，以1.5%的豆油为对照，在室内循环系统中，养殖平均体重约9g的团头鲂102d。油料种子中的脂类物质包括了三酰甘油和磷脂等成分，而提取的油脂则主要为三酰甘油。试验结果显示，①鱼体器官组织脂肪酸组成与饲料脂肪酸组成的相关性随饲料脂肪水平的增加而增强，如大豆添加量在1.5%脂肪水平时为0.81（肌肉）、0.53（肝胰脏）和0.83（肾脏），而添加量为3.0%脂肪水平时为0.87（肌肉）、0.59（肝胰脏）和0.90（肾脏）。②不同器官组织与对应饲料的脂肪酸组成相关系数有差异，鱼体肌肉、肠脂、腹脂、肠道、肾脏和皮肤与对应饲料之间脂肪酸组成相关系数均在0.80以上；而血清、肝胰脏、脾脏、心脏和大脑与对应饲料之间脂肪酸组成相关系数相对较低。③不同油籽饲料脂肪酸组成对鱼体器官组织脂肪组成影响程度有差异，豆油、大豆和油葵饲料中脂肪酸组成与鱼体器官组织脂肪酸组成相关性较低；而油菜籽、花生饲料中脂肪酸组成与鱼体器官组织脂肪酸组成相关性较高。④各器官组织脂肪酸中，$\omega6$系列的C18:2ω6与对应饲料中相比有所减少，但同时增加了γ-C18:3ω6、C20:2ω6、C20:3ω6和C20:4ω6。试验结果表明，不同油籽原料与各器官组织之间的相关性有很大的差异；不同器官组织脂肪酸组成受饲料的影响程度有一定差异；鱼体对饲料脂肪酸具备一定的转化能力，主要表现为ω3系列、ω6系列在系列内部存在着转化。

（一）试验条件

试验鱼为初重（9.00±0.7）g的当年团头鲂鱼种。养殖试验在室内循环养殖系统进行，单个养殖桶0.33m³。以脂肪含量为基准，设计试验饲料粗蛋白质含量均为28%，分别以大豆、油菜籽、带壳花生和带壳油葵四种油籽为油源使试验饲料脂肪含量为1.5%、3.0%两个脂肪水平，对照脂肪为1.5%的豆油。9种试验饲料配方和营养成分见表5-22。

表5-22　试验饲料配方和营养成分（风干基础）

项目		含量								
		对照组	大豆组		油菜籽组		花生组		油葵组	
			1.5%	3.0%	1.5%	3.0%	1.5%	3.0%	1.5%	3.0%
原料/‰	小麦麸	85.0	82.8	65.6	84.8	59.6	82.8	45.6	82.0	43.9
	细米糠	100.0	100.0	100.0	100.0	100.0	100.0	100.0	100.0	100.0
	豆粕	60.0	35.0	—	60.0	60.0	60.0	60.0	60.0	60.0

项目		含量								
		对照组	大豆组		油菜籽组		花生组		油葵组	
			1.5%	3.0%	1.5%	3.0%	1.5%	3.0%	1.5%	3.0%
原料 /‰	菜粕	240.0	230.0	230.0	230.0	220.0	230.0	230.0	230.0	230.0
	棉粕	240.0	230.0	220.0	230.0	230.0	230.0	230.0	230.0	230.0
	鱼粉	20.0	20.0	20.0	20.0	20.0	20.0	20.0	20.0	20.0
	肉骨粉	20.0	20.0	20.0	20.0	20.0	20.0	20.0	20.0	20.0
	磷酸二氢钙 Ca$(H_2PO_4)_2$	20.0	20.0	20.0	20.0	20.0	20.0	20.0	20.0	20.0
	沸石粉	20.0	20.0	20.0	20.0	20.0	20.0	20.0	20.0	20.0
	膨润土	20.0	20.0	20.0	20.0	20.0	20.0	20.0	20.0	20.0
	小麦	150.0	150.0	150.0	150.0	150.0	150.0	150.0	150.0	150.0
	预混料	10.0	10.0	10.0	10.0	10.0	10.0	10.0	10.0	10.0
	豆油	15.0	—	—	—	—	—	—	—	—
	大豆	—	62.2	124.4	—	—	—	—	—	—
	油菜籽	—	—	—	35.2	70.4	—	—	—	—
	花生	—	—	—	—	—	37.2	74.4	—	—
	油葵	—	—	—	—	—	—	—	38.0	76.1
	合计	1000	1000	1000	1000	1000	1000	1000	1000	1000
饲料实测营养水平 /%	水分	8.82	8.78	9.05	8.40	8.64	9.13	8.59	8.83	8.87
	粗蛋白CP	27.96	29.03	28.57	28.17	28.46	28.31	28.62	28.18	28.20
	粗脂肪EE	4.22	4.03	5.20	4.06	5.34	4.20	5.40	4.03	5.30
	灰分ASH	12.28	12.26	12.21	12.18	12.56	12.41	12.02	12.18	12.24
	钙Ca	1.28	1.46	1.88	1.49	1.88	1.47	1.36	1.64	1.65

注：预混料（mg·kg^{-1}配合饲料）为Cu 5mg·kg^{-1}、Fe 180 mg·kg^{-1}、Mn 35 mg·kg^{-1}、Zn 120 mg·kg^{-1}、I 0.65 mg·kg^{-1}、Se 0.5 mg·kg^{-1}、Co 0.07 mg·kg^{-1}、Mg 300 mg·kg^{-1}、K 80 mg·kg^{-1}、维生素A 10 mg·kg^{-1}、维生素B$_1$ 8 mg·kg^{-1}、维生素B$_2$ 8 mg·kg^{-1}、维生素B$_6$ 20 mg·kg^{-1}、维生素B$_{12}$ 0.1 mg·kg^{-1}、维生素C 250 mg·kg^{-1}、泛酸钙20 mg·kg^{-1}、烟酸25 mg·kg^{-1}、维生素D$_3$ 4 mg·kg^{-1}、维生素K$_3$ 6 mg·kg^{-1}、叶酸5 mg·kg^{-1}、肌醇100 mg·kg^{-1}。

（二）对团头鲂的生长速度的影响

四种油籽原料添加量在两个脂肪水平（1.5%、3.0%）对团头鲂成活率和特定生长率的影响结果见表5-23。各组成活率均为100%。主要结果为：①四种油籽原料添加量在1.5%脂肪水平与豆油对照组相比较，特定生长率SGR均有所提高，其中大豆组、花生组和油葵组特定生长率显著高于对照组（$P < 0.05$），分别提高了11.54%、14.42%和11.54%；油菜籽组仅提高1.92%，差异不显著（$P > 0.05$）。②四种油籽原料添加量在3.0%脂肪水平与豆油对照组之间的比较，大豆组特定生长率较豆油对照组呈负增长趋势，降低了2.88%；其他各组呈现正增长趋势，其中油菜籽组和油葵组较豆油对照组仅提高1.92%和2.88%，而花生组较豆油对照组提高了19.23%。③同种油籽原料在两脂肪水平（1.5%、3.0%）之间的比较，油菜籽组添加量在1.5%和3.0%脂肪水平下特定生长率不变；大豆组和油葵组添加量在3.0%脂肪水平时特定生长率1.01%/d、1.07%/d比添加量在1.5%脂肪水平时特定生长率1.16%/d明显降低；花生组添加量在3.0%脂肪水平时特定生长率1.24%/d比在1.5%脂肪水平时特定生长率1.19%/d增大。

表5-23　不同油籽原料及其添加水平对团头鲂存活率和特定生长率的影响

脂肪水平	组别	鱼尾数/尾	初总重/g	末总重/g	成活率/% SR	特定生长率/(%/d) SGR	$\bar{X} \pm SD$	特定生长率与对照组比较/%
		15	143.4	421.0	100	1.06		
	对照	15	135.3	409.4	100	1.09	1.04 ± 0.06^c	—
		15	151.4	414.0	100	0.98		
		15	141.3	460.4	100	1.16		
	大豆	15	142.5	461.6	100	1.15	1.16 ± 0.01^{ab}	11.54
		15	145.4	481.3	100	1.17		
		15	143.3	410.3	100	1.03		
	油菜籽	15	138.5	404.8	100	1.05	1.06 ± 0.04^{bc}	1.92
1.5%		15	135.0	410.8	100	1.09		
		15	139.7	471.8	100	1.19		
	花生	15	149.0	523.3	100	1.23	1.19 ± 0.06^a	14.42
		15	145.7	461.8	100	1.13		
		15	140.0	437.2	100	1.12		
	油葵	15	143.0	457.1	100	1.14	1.16 ± 0.05^{ab}	11.54
		15	142.0	494.1	100	1.22		

脂肪水平	组别	鱼尾数/尾	初总重/g	末总重/g	成活率/% SR	特定生长率/(%/d) SGR	$\overline{X} \pm SD$	特定生长率与对照组比较/%
3.0%		15	138.4	374.3	100	0.98		
	大豆	15	141.5	435.4	100	1.10	1.01 ± 0.08^b	−2.88
		15	142.1	380.2	100	0.96		
		15	139.5	363.3	100	0.94		
	油菜籽	15	156.0	453.0	100	1.05	1.06 ± 0.12^b	1.92
		15	139.7	467.8	100	1.18		
		15	140.1	489.9	100	1.23		
	花生	15	144.8	492.4	100	1.20	1.24 ± 0.06^a	19.23
		15	136.6	506.7	100	1.29		
		15	143.5	404.4	100	1.02		
	油葵	15	144.9	442.3	100	1.09	1.07 ± 0.11^b	2.88
		15	140.5	421.7	100	1.08		

注：同一水平下，同列数据右上角不同上标小写字母代表差异显著（$P<0.05$），下同。

（三）对饲料效率的影响

四种油籽原料添加量在两脂肪水平（1.5%、3.0%）对团头鲂蛋白质效率和饲料系数的影响结果见表5-24、表5-25：①油籽原料添加量在1.5%脂肪水平与豆油对照组相比较，油菜籽组饲料系数增加了2.53%，同时蛋白质效率降低了3.85%；大豆组、花生组饲料系数与豆油对照组之间差异显著（$P<0.05$），分别降低了11.19%和12.64%，相应其蛋白质效率分别提高了7.69%和12.31%；油葵组饲料系数降低了6.86%，却差异不显著（$P>0.05$），蛋白质效率方面较豆油对照组增加了10.00%。②油籽原料添加量在3.0%脂肪水平与豆油对照组比较，在饲料系数方面除花生组降低了17.69%外，大豆组、油菜籽组和油葵组分别增加7.58%、2.17%和6.14%；在蛋白质效率方面与饲料系数结果恰恰相反，除花生组增加了17.69%外，大豆组、油菜籽组和油葵组分别下降8.46%、3.08%和6.92%。③同种油籽原料添加量在两脂肪水平（1.5%、3.0%）下比较可以看出，油菜籽组蛋白质效率和饲料系数几乎没有变化；大豆组和油葵组添加量在3.0%脂肪水平的饲料系数和蛋白质效率（2.98，2.94；1.19，1.21）较添加量在1.5%脂肪水平时（2.46，2.58；1.40，1.43）效果差；花生组添加量在3.0%脂肪水平饲料系数和蛋白质效率（2.28，1.53）较添加量在1.5%脂肪水平（2.42，1.46）效果好。

表5-24　不同油籽原料及其添加水平对团头鲂饲料系数的影响

脂肪水平	组别	鱼尾数/尾	初总重/g	末总重/g	增重/g	饲料总重/g	饲料系数FCR	$\bar{X} \pm SD$	饲料系数与对照组比较/%
		15	143.4	421.0	277.6	766.5	2.76		
	对照	15	135.3	409.4	274.1	750.3	2.74	2.77±0.03	—
		15	151.4	414.0	262.6	736.1	2.80		
		15	141.3	460.4	319.1	798.1	2.50		
	大豆	15	142.5	461.6	319.1	803.3	2.52	2.46±0.09[b]	−11.19
		15	145.4	481.3	335.9	794.3	2.36		
		15	143.3	410.3	267.0	741.3	2.78		
	油菜籽	15	138.5	404.8	266.3	762.2	2.86	2.84±0.09[a]	2.53
1.5%		15	135.0	410.8	275.8	803.8	2.91		
		15	139.7	471.8	332.1	802.4	2.42		
	花生	15	149.0	523.3	374.3	834.3	2.23	2.42±0.20[b]	−12.64
		15	145.7	461.8	316.1	828.8	2.62		
		15	140.0	437.2	297.2	826.6	2.78		
	油葵	15	143.0	457.1	314.1	816.0	2.60	2.58±0.22[ab]	−6.86
		15	142.0	494.1	352.1	826.8	2.35		
		15	138.4	374.3	235.9	763.1	3.23		
	大豆	15	141.5	435.4	293.9	758.2	2.58	2.98±0.35[a]	7.58
		15	142.1	380.2	238.1	745.6	3.13		
		15	139.5	363.3	223.8	767.8	3.43		
	油菜籽	15	156.0	453.0	297.0	772.1	2.60	2.83±0.52[ab]	2.17
3.0%		15	139.7	467.8	328.1	810.8	2.47		
		15	140.1	489.9	349.8	800.1	2.29		
	花生	15	144.8	492.4	347.6	814.6	2.34	2.28±0.08[b]	−17.69
		15	136.6	506.7	370.1	820.5	2.22		
		15	143.5	404.4	260.9	758.0	2.91		
	油葵	15	144.9	442.3	297.4	941.4	3.17	2.94±0.23[a]	6.14
		15	140.5	421.7	281.2	767.0	2.73		

　　从表5-25中蛋白质沉积率中可以看出：①油籽原料添加量在1.5%脂肪水平与豆油对照组相比较，大豆组和油菜籽组蛋白质沉积率显著低于豆油对照组（$P < 0.05$），花生组和油葵组与豆油对照组之间差异不显著（$P > 0.05$）。②四种油籽原料添加量在3.0%脂肪水平与豆油对照组之间的比较，四种油籽原料在蛋白质沉积率较豆油对照组明显降低。③同种油籽原料添加量在两脂肪水平（1.5%、3.0%）下比较可以看出，油籽原料添加量在3.0%脂肪水平较添加量在1.5%脂肪水平下，大豆组和油葵组蛋白质沉积率下降，而油菜籽组和花生组升高。

表5-25 不同油籽原料及其添加水平对蛋白质效率、蛋白质沉积率的影响/%

脂肪水平	组别	蛋白质效率PER	蛋白沉积率PDR
	对照	1.30±0.01	25.51±0.72[a]
1.5%	大豆	1.40±0.05	22.69±1.58[b]
	油菜籽	1.25±0.04	19.74±1.13[c]
	花生	1.46±0.12	24.41±2.02[ab]
	油葵	1.43±0.18	23.71±1.30[ab]
3.0%	大豆	1.19±0.15[b]	16.46±2.27[b]
	油菜籽	1.26±0.21[ab]	20.53±3.56[b]
	花生	1.53±0.06[a]	24.99±1.12[a]
	油葵	1.21±0.09[b]	20.08±0.67[b]

（四）饲料脂肪酸组成与鱼体脂肪酸组成的相关性

（1）饲料与鱼体器官组织脂肪酸组成相关性

分析了鱼体各器官组织与对应饲料之间相关性，结果见表5-26～表5-30。从各表中数据可以得出以下结果：①鱼体器官组织脂肪酸组成与饲料脂肪酸组成的相关性随饲料脂肪水平的增加而增强。②从整体来看，不同器官组织与对应饲料脂肪酸组成相关系数（CRF）有差异，表现为鱼体肌肉、肠脂、腹脂、肠道、肾脏和皮肤与对应饲料之间的脂肪酸组成有较高的相关性，相关系数均在0.80以上，表明这些器官组织的脂肪酸组成受饲料中脂肪酸组成的影响较大；而血清（0.49～0.80）、肝胰脏（0.52～0.88）、脾脏（0.54～0.88）、心脏（0.72～0.93）和大脑（0.60～0.87）与对应饲料之间的脂肪酸组成相关系数（CRF）较低，表明这些器官组织的脂肪酸组成受饲料中脂肪酸的影响相对较小。③不同油籽饲料脂肪酸组成对鱼体器官组织脂肪酸组成影响程度有差异。表现为豆油、大豆和油葵饲料中脂肪酸组成与鱼体器官组织脂肪酸组成相关性较低为0.81～0.87（肌肉）、0.87～0.93（肠脂）、0.85～0.87（肠道）、0.49～0.61（血清）、0.52～0.59（肝胰脏）和0.54～0.64（脾脏），表明这些饲料的脂肪酸组成对养殖鱼体器官组织脂肪酸组成影响较小；而油菜籽、花生饲料中脂肪酸组成与鱼体器官组织脂肪酸组成相关性较高为0.91～0.95（肌肉）、0.94～0.98（肠脂）、0.92～0.97（肠道）、0.71～0.80（血清）、0.76～0.88（肝胰脏）和0.77～0.88（脾脏），表明这些饲料中脂肪酸组成对养殖鱼体器官组织脂肪酸组成影响较大。

（2）器官组织脂肪酸特征值变化

油籽原料添加量为3.0%脂肪水平时各器官组织与对应饲料脂肪酸特征值相关系数（CRE）较油籽原料添加量为1.5%脂肪水平时相对升高。不同器官组织脂肪酸特征值与对应饲料中脂肪酸特征值的变化：①饱和脂肪酸（SFA）中除油菜籽添加量为1.5%脂肪水平时腹脂相对降低外，其他器官组织中均有升高的趋势。②对于相关系数较高的器官组织中油菜籽和花生添加量在3.0%脂肪水平时，单不饱和脂肪酸（MUFA）含量较其他各组油籽原料高，同时其他油籽原料添加量在3.0%脂肪水平时较对应油籽添加量为1.5%脂肪水平时MUFA含量降低。③MUFA油菜籽、花生油籽原料添加量在两脂肪水平（1.5%和3.0%）下血清和脑含量相对降低，大豆添加量为3%脂肪水平和油葵添加量为1.5%脂肪水平血清含量有所降低，而其他器官组织含量相对升高。④多不饱和脂肪酸（PUFA）、$\omega6$系列中各器官组织含量均较对应饲料组降低。⑤$\sum\omega3/\sum\omega6$各组饲料对应血清和脑有升高的趋势。⑥$\omega3$系列各组饲料脑有上升趋势，除豆油、大豆、花生和油葵添加组血清有上升趋势外，其他均呈下降趋势。

表5-26 豆油对照组饲料与团头鲂各器官组织脂肪酸组成（归一法）

脂肪酸组成及相关系数	豆油	饲料	肌肉	肠脂	腹脂	肠道	血清
C11:0/%	0.06	—	—	—	—	—	—
C14:0/%	—	0.8	1.79	1.25	1.33	1.68	—
C15:0/%	—	—	—	0.19	0.16	—	—
C15:1/%	—	—	—	—	—	—	—
C16:0/%	10.9	16.29	21.89	15.82	17.12	22.79	25.65
C16:1ω7/%	0.07	0.73	2.73	2.22	2.19	2.38	1.15
C17:0/%	—	—	—	0.29	0.29	0.39	—
C17:1/%	—	—	—	0.21	0.21	—	—
C18:0/%	5.28	4.1	7.25	5.06	6.5	8.87	10.84
C18:1ω9/%	20.5	25.73	34.78	36.01	38.75	33.31	26.58
C18:2ω6/%	54.26	42.15	20.54	29.65	23.78	23.01	12.77
γ-C18:3ω6/%	0.86	0.41	—	0.69	0.6	0.4	—
α-C18:3ω3/%	6.98	4.08	1.44	2.38	1.89	1.45	0.86
C20:0/%	0.31	0.32	0.89	0.15	0.17	—	—
C20:1ω9/%	0.13	0.53	0.77	1	1.2	0.66	1.43
C21:0/%	—	—	1.06	0.68	0.74	—	1.65
C20:2ω6/%	—	—	—	—	—	1.08	—
C20:3ω6/%	—	—	1.19	1.11	1.07	1.64	2.27
C20:4ω6/%	—	—	1.86	0.72	0.66	—	6.74
C20:3ω3/%	—	—	—	0.07	0.07	—	—
C22:0/%	0.27	0.29	—	0.17	0.13	—	—
C20:5ω3/%	—	1.07	—	0.36	0.34	0.26	—
C23:0/%	—	—	—	—	0.06	—	—
C24:0/%	0.08	—	0.83	0.09	0.08	0.69	—
C22:6ω3/%	—	—	—	0.31	0.23	—	4.69
SFA/%	—	21.8	33.7	23.69	26.59	34.42	38.14
MUFA/%	—	26.98	38.28	39.43	42.36	36.35	29.16
PUFA/%	—	47.71	25.04	35.28	28.63	27.83	27.33
$\sum$ω3/%	—	5.15	1.44	3.12	2.53	1.7	5.55
$\sum$ω6/%	—	42.56	23.6	32.16	26.11	26.12	21.78
$\sum$ω3/$\sum$ω6	—	0.12	0.06	0.1	0.1	0.07	0.25
CRF	—	—	0.81	0.93	0.86	0.85	0.6
CRE	—	—	0.67	0.88	0.74	0.73	0.67

脂肪酸组成及相关系数	肝胰脏	肾脏	脾脏	心脏	大脑	皮肤
C11:0/%	—	—	—	—	—	—
C14:0/%	1.9	1.75	1.95	1.65	1.19	1.74
C15:0/%	—	0.2	—	—	—	0.22
C15:1/%	—	—	—	—	0.58	—
C16:0/%	18.6	20.11	27.03	24.15	20.33	20.47
C16:1ω7/%	2.74	2.61	2.37	2.28	2.88	2.79
C17:0/%	0.25	0.3	—	—	—	0.28
C17:1/%	—	0.21	—	—	—	0.22
C18:0/%	13.26	6.8	11.52	12.87	11.05	6.38
C18:1ω9/%	45.86	37.73	38	33.98	28.43	36.36
C18:2ω6/%	9.01	22.34	16.51	18.44	10.88	21.82
γ-C18:3ω6/%	0.26	0.48	—	—	0.25	0.48
α-C18:3ω3/%	0.53	1.66	—	1.24	0.9	1.61
C20:0/%	—	0.12	—	—	—	—
C20:1ω9/%	1.33	0.9	—	0.88	0.73	0.86
C21:0/%	0.92	0.68	—	—	0.57	0.68
C20:2ω6/%	1.05	—	—	1.21	0.93	—
C20:3ω6/%	1.92	1	—	3.21	3.91	0.91
C20:4ω6/%	—	1.3	—	—	—	0.88
C20:3ω3/%	—	—	—	—	—	—
C22:0/%	—	—	—	—	—	—
C20:5ω3/%	—	0.25	—	—	—	0.23
C23:0/%	—	—	—	—	—	—
C24:0/%	0.88	0.42	—	—	0.95	0.32
C22:6ω3/%	—	—	—	—	9.24	—
SFA/%	35.82	30.39	40.5	38.67	34.09	30.08
MUFA/%	49.93	41.45	40.37	37.14	32.62	40.23
PUFA/%	12.77	27.03	16.51	24.1	26.1	25.93
∑ω3/%	0.53	1.91	—	1.24	10.14	1.84
∑ω6/%	12.24	25.12	16.51	22.86	15.97	24.09
∑ω3/∑ω6	0.04	0.08	—	0.05	0.63	0.08
CRF	0.54	0.84	0.6	0.73	0.64	0.83
CRE	0.3	0.71	-0.97	0.61	0.57	0.7

表5-27 大豆添加在1.5%和3.0%脂肪水平饲料与团头鲂各器官组织脂肪酸组成（归一法）

脂肪酸组成及 相关系数	大豆	饲料		肌肉		肠脂		腹脂		肠道		血清	
		1.50%	3.00%	1.50%	3.00%	1.50%	3.00%	1.50%	3.00%	1.50%	3.00%	1.50%	3.00%
C14:0/%	—	1.21	0.77	2.1	1.81	1.44	1.08	1.14	0.99	1.81	1.49	—	—
C15:0/%	—	—	—	—	—	0.18	0.17	0.14	0.15	—	—	—	—
C15:1/%	—	—	—	—	—	—	—	—	—	—	—	—	—
C16:0/%	12.81	17.32	15.7	22.88	22.62	17.19	14.83	16.21	14.61	21.75	20.86	26.82	25.21
C16:1ω7/%	—	1.07	0.7	3.24	2.98	2.59	1.99	2.61	1.92	2.77	2.08	1.25	0.81
C17:0/%	—	—	—	—	—	0.32	0.3	0.27	0.29	0.4	0.41	—	—
C17:1/%	—	—	—	—	—	0.23	0.22	0.23	0.21	—	—	—	—
C18:0/%	3.06	3.89	3.75	7.37	7.68	6.25	5.3	7.92	6.52	7.69	7.77	9.96	12.19
C18:1ω9/%	27.6	26.37	25.8	36.26	29.37	39.8	37.87	41.16	38.53	35.58	34.84	27.57	22.88
C18:2ω6/%	48.83	39.96	44.83	20.26	25.59	23.65	28.76	22.1	27.5	22.59	25.52	11.86	13.82
γ-C18:3ω6/%	—	—	—	—	—	0.45	0.67	0.58	0.59	0.39	0.55	—	—
α-C18:3ω3/%	5.18	3.33	3.93	1.28	1.65	1.73	2.13	1.65	2.04	1.32	1.45	0.71	0.65
C20:0/%	0.44	0.35	—	—	—	0.17	0.16	0.17	0.17	—	—	—	—
C20:1ω9/%	0.29	0.59	0.48	0.97	0.99	1.1	1.07	1.32	1.07	0.88	0.84	1.3	0.85
C21:0/%	—	—	—	1.01	1.05	0.67	0.7	0.71	0.76	0.7	0.68	1.64	1.43
C20:2ω6/%	—	—	—	—	—	—	—	—	—	0.99	1.1	—	—
C20:3ω6/%	—	—	—	1.2	1.38	0.93	1.2	0.95	1.26	1.44	1.41	2.24	3.04
C20:4ω6/%	—	—	—	1.88	1.81	0.58	0.67	0.63	0.77	—	—	6.44	9.05
C20:3ω3/%	—	—	—	—	—	0.07	0.08	0.06	0.08	—	—	—	—
C22:0/%	—	0.62	0.32	—	—	0.15	0.14	0.15	0.18	—	—	—	—
C20:5ω3/%	—	1.2	0.81	—	—	0.29	0.27	0.43	0.27	—	—	—	—
C23:0/%	—	—	—	—	—	—	—	0.06	0.05	—	—	—	—
C24:0/%	—	—	—	1.14	0.89	0.09	0.08	0.1	0.08	0.61	0.62	—	—
C22:6ω3/%	—	—	—	—	—	0.32	0.3	0.26	0.25	—	—	4.95	5.65
SFA/%	—	23.38	20.55	34.49	34.06	26.48	22.76	26.88	23.8	32.95	31.83	38.43	38.83
MUFA/%	—	28.03	26.98	40.47	33.34	43.72	41.14	45.32	41.73	39.22	37.76	30.12	24.53
PUFA/%	—	44.49	49.57	24.63	30.43	28.02	34.08	26.66	32.76	26.72	30.03	26.2	32.22
∑ω3/%	—	4.53	4.74	1.28	1.65	2.4	2.78	2.4	2.65	1.32	1.45	5.66	6.3
∑ω6/%	—	39.96	44.83	23.35	28.78	25.62	31.3	24.26	30.12	25.4	28.58	20.54	25.92
∑ω3/∑ω6	—	0.11	0.11	0.05	0.06	0.09	0.09	0.1	0.09	0.05	0.05	0.28	0.24
CRF	—	—	—	0.81	0.87	0.87	0.89	0.84	0.87	0.85	0.85	0.61	0.59
CRE	—	—	—	0.7	0.78	0.77	0.84	0.73	0.81	0.76	0.77	0.69	0.73

脂肪酸组成及相关系数	肝胰脏		肾脏		脾脏		心脏		大脑		皮肤	
	1.50%	3.00%	1.50%	3.00%	1.50%	3.00%	1.50%	3.00%	1.50%	3.00%	1.50%	3.00%
C14:0/%	2.13	1.68	1.8	1.66	2.15	1.75	1.9	1.75	1.27	1.12	2.19	1.58
C15:0/%	—	—	0.21	0.23	—	—	—	—	—	—	0.26	0.25
C15:1/%	—	—	—	—	—	—	—	—	0.57	0.5	—	—
C16:0/%	20.16	18.68	19.33	19.4	27.1	26.21	23.1	23.03	20.48	19.93	22.62	19.31
C16:1ω7/%	3.54	2.24	2.92	2.37	2.97	2.28	2.9	2.34	3.1	2.67	3.55	2.41
C17:0/%	0.25	0.34	0.3	0.3	—	—	—	—	—	—	0.26	0.25
C17:1/%	—	—	0.23	0.21	—	—	—	—	—	—	0.27	0.23
C18:0/%	12.34	12.8	5.87	6.17	10.85	9.47	9.66	9.74	10.63	10.18	6.2	5.92
C18:1ω9/%	44.8	41.08	40.6	33.94	38.08	37.96	37.05	35.41	28.56	28.93	36.17	35.55
C18:2ω6/%	8.18	13.5	20.28	27.17	14.96	19.02	18.69	20.92	10.54	13.41	20.96	25.17
γ-C18:3ω6/%	0.29	0.4	0.42	0.65	—	—	—	—	—	0.32	0.43	0.62
α-C18:3ω3/%	0.42	0.75	1.67	1.9	—	—	1.07	1.12	0.82	0.98	1.39	1.67
C20:0/%	—	—	0.16	0.16	—	—	—	—	—	—	—	—
C20:1ω9/%	1.16	1.25	1.06	0.91	—	—	1.01	0.74	0.77	0.68	0.91	0.82
C21:0/%	0.9	0.99	0.7	0.72	—	—		0.71	0.6	0.6	0.66	0.71
C20:2ω6/%	0.95	1.36	—	—	—	—	0.93	1.05	0.91	1.02	—	—
C20:3ω6/%	2.17	2.27	0.97	1.26	—	—	1.92	1.98	3.69	3.68	0.79	1.07
C20:4ω6/%	—	—	1.25	1.38	—	—	—	—	—	—	0.75	0.92
C20:3ω3/%	—	—	—	—	—	—	—	—	—	—	—	—
C22:0/%	—	—	0.17	0.16	—	—	—	—	—	—	—	—
C20:5ω3/%	—	—	0.29	0.26	—	—	—	—	—	—	0.27	0.26
C23:0/%	—	—	—	—	—	—	—	—	—	—	—	—
C24:0/%	1.21	1.11	0.55	0.49	—	—	—	—	1	0.8	0.33	0.33
C22:6ω3/%	—	—	—	—	—	—	—	—	9.22	7.9	—	—
SFA/%	37	35.6	29.1	29.28	40.1	37.42	34.66	35.23	33.97	32.64	32.52	28.35
MUFA/%	49.49	44.57	44.8	37.43	41.06	40.24	40.96	38.5	33	32.78	40.89	39
PUFA/%	12.01	18.28	24.88	32.63	14.96	19.02	22.61	25.07	25.18	27.32	24.58	29.71
∑ω3/%	0.42	0.75	1.96	2.16	—	—	1.07	1.12	10.04	8.88	1.66	1.93
∑ω6/%	11.59	17.53	22.92	30.47	14.96	19.02	21.54	23.95	15.14	18.44	22.92	27.78
∑ω3/∑ω6	0.04	0.04	0.09	0.07	—	—	0.05	0.05	0.66	0.48	0.07	0.07
CRF	0.53	0.59	0.83	0.9	0.61	0.64	0.77	0.76	0.64	0.66	0.83	0.86
CRE	0.36	0.42	0.69	0.83	−0.96	−0.95	0.66	0.63	0.6	0.62	0.71	0.77

表5-28　油菜籽添加在1.5%和3.0%脂肪水平饲料与团头鲂各器官组织脂肪酸组成（归一法）

脂肪酸组成及相关系数	油菜籽	饲料		肌肉		肠脂		腹脂		肠道		血清	
		1.50%	3.00%	1.50%	3.00%	1.50%	3.00%	1.50%	3.00%	1.50%	3.00%	1.50%	3.00%
C14:0/%	—	0.87	0.75	1.77	1.5	1.31	1.23	1.09	1	1.58	1.35	—	—
C15:0/%	—	—	—	—	—	0.17	0.15	0.14	0.14	—	—	—	—
C15:1/%	—	—	—	—	—	—	—	—	—	—	—	—	—
C16:0/%	4.81	14.3	12.03	21.07	18.9	15.27	13.44	14.58	13.44	19.36	16.36	27.09	24.6
C16:1ω7/%	—	0.83	0.73	2.9	2.47	2.39	2	2.28	1.95	2.41	2.71	1.25	0.99
C17:0/%	—	—	—	—	—	0.27	0.24	0.26	0.25	0.34	0.34	—	—
C17:1/%	—	—	—	—	—	0.25	0.21	0.26	0.23	—	—	—	—
C18:0/%	1.95	3.37	3.11	6.95	5.6	7.55	4.74	—	8.11	6.88	6.53	11.6	10.31
C18:1ω9/%	62.73	39.44	44.7	41.58	43.39	43.71	48.68	52.8	46.5	44.34	45.64	30.75	32.56
C18:2ω6/%	15.99	29.17	25.74	15.55	16.64	19.18	19.45	18.77	18.93	17.52	18.23	10.19	10.67
γ-C18:3ω6/%	—	—	—	—	—	0.43	0.43	0.44	0.4	0.36	0.33	—	—
α-C18:3ω3/%	10.4	4.82	5.99	1.6	2.18	2.22	2.95	2.16	2.79	1.64	2.25	—	1.02
C20:0/%	0.56	0.42	0.48	—	—	0.19	0.21	0.2	0.2	—	—	—	—
C20:1ω9/%	2	1.16	1.38	1.13	1.19	1.55	1.6	1.83	1.56	1.22	1.34	1.45	1.01
C21:0/%	—	—	—	0.81	0.8	0.62	0.56	0.73	0.58	0.62	0.61	—	1.26
C20:2ω6/%	—	—	—	—	—	—	—	—	—	0.86	0.84	—	—
C20:3ω6/%	—	—	—	0.99	0.95	0.85	0.81	0.9	0.82	1.23	1.16	2.28	2
C20:4ω6/%	—	—	—	1.6	1.37	0.53	0.45	0.6	0.49	—	—	7.16	5.56
C20:3ω3/%	—	—	—	—	—	0.08	0.1	—	0.09	—	—	—	—
C22:0/%	—	—	—	—	—	0.15	0.16	0.23	0.17	—	—	—	—
C20:5ω3/%	—	1.41	1.33	—	—	0.39	0.44	0.42	0.37	0.33	0.36	—	—
C23:0/%	—	—	—	—	—	—	—	0.06	0.05	—	—	—	—
C24:0/%	—	—	—	0.98	1.08	0.09	0.12	0.12	0.09	0.61	0.7	—	—
C22:6ω3/%	—	—	—	—	—	0.27	0.32	0.23	0.25	—	—	5.44	4.59
SFA/%	—	18.97	16.36	31.58	27.87	25.62	20.84	17.43	24.03	29.4	25.89	38.69	36.18
MUFA/%	—	41.43	46.8	45.61	47.06	47.9	52.5	57.17	50.24	47.97	49.69	33.45	34.57
PUFA/%	—	35.4	33.06	19.74	21.15	23.95	24.93	23.52	24.15	21.93	23.17	25.06	23.84
∑ω3/%	—	6.23	7.32	1.6	2.18	2.96	3.8	2.81	3.5	1.97	2.61	5.44	5.61
∑ω6/%	—	29.17	25.74	18.14	18.97	20.99	21.13	20.71	20.65	19.96	20.57	19.62	18.23
∑ω3/∑ω6	—	0.21	0.28	0.09	0.11	0.14	0.18	0.14	0.17	0.1	0.13	0.28	0.31
CRF	—	—	—	0.91	0.95	0.96	0.98	0.94	0.98	0.94	0.97	0.71	0.8
CRE	—	—	—	0.82	0.89	0.9	0.96	0.89	0.94	0.86	0.92	0.75	0.75

脂肪酸组成及相关系数	肝胰脏		肾脏		脾脏		心脏		大脑		皮肤	
	1.50%	3.00%	1.50%	3.00%	1.50%	3.00%	1.50%	3.00%	1.50%	3.00%	1.50%	3.00%
C14:0/%	1.98	1.83	1.77	1.44	1.89	1.66	1.69	1.35	1.24	1.06	1.87	1.52
C15:0/%	—	—	0.21	0.19	—	—	—	—	—	—	—	0.21
C15:1/%	—	—	—	—	—	—	—	—	0.44	0.48	—	—
C16:0/%	18.13	17.31	19.29	16.56	25.59	23.43	22.31	20.36	19.64	18.72	20.26	17.56
C16:1ω7/%	2.86	2.46	2.81	2.27	2.53	2.28	2.41	2.07	2.89	2.74	3	2.54
C17:0/%	0.23	0.26	0.3	0.27	—	—	—	—	—	—	0.27	0.21
C17:1/%	—	—	—	—	—	—	—	—	—	—	0.25	0.22
C18:0/%	12.79	10.7	6.48	5.05	10.75	9.58	11.11	10.22	9.84	10.12	5.91	4.73
C18:1ω9/%	49.97	50.79	42.81	47.06	44.6	47.53	39.8	42.06	32.73	34.68	41.95	47.65
C18:2ω6/%	6.73	8.63	18.39	18.24	12.28	11.96	15.34	15.79	9.4	9.62	17.33	17.32
γ-C18:3ω6/%	0.17	0.24	0.39	0.4	—	—	—	—	0.23	0.24	0.39	0.4
α-C18:3ω3/%	0.57	0.95	1.78	2.65	—	—	1.23	1.77	1.07	1.35	1.88	2.51
C20:0/%	—	—	0.17		—	—	—	—	—	—	—	—
C20:1ω9/%	1.37	1.55	1.13	1.37	—	—	1.23	1.38	0.88	0.94	1.17	1.23
C21:0/%	0.79	0.71	0.65	0.62	—	—	—	—	0.55	0.52	0.68	0.57
C20:2ω6/%	0.78	0.82		—	—	—	1.16	1.19	0.79	0.83	—	—
C20:3ω6/%	1.46	1.36	0.84	0.86	—	—	3.09	3.01	3.1	3.2	0.77	0.71
C20:4ω6/%	—	—	1.16	1.15	—	—	—	—	—	—	0.73	0.63
C20:3ω3/%	—	—	—	—	—	—	—	—	—	—	—	—
C22:0/%	—	—	—	—	—	—	—	—	—	—	—	—
C20:5ω3/%	—	—	0.3	0.37	—	—	—	—	—	—	0.32	0.32
C23:0/%	—	—	—	—	—	—	—	—	—	—	—	—
C24:0/%	0.84	1.03	0.49	0.59	—	—	—	—	0.86	0.87	0.43	0.39
C22:6ω3/%	—	—	—	—	—	—	—	—	7.72	8.75	0.51	—
SFA/%	34.77	31.85	29.35	24.72	38.24	34.67	35.11	31.93	32.13	31.29	29.43	25.19
MUFA/%	54.21	54.8	46.75	50.71	47.13	49.81	43.44	45.51	36.94	38.83	46.37	51.65
PUFA/%	9.72	12	22.88	23.67	12.28	11.96	20.82	21.75	22.3	23.98	21.94	21.89
$\sum\omega$3/%	0.57	0.95	2.09	3.02	—	—	1.23	1.77	8.78	10.1	2.71	2.83
$\sum\omega$6/%	9.15	11.05	20.79	20.65	12.28	11.96	19.59	19.98	13.52	13.89	19.23	19.05
$\sum\omega$3/$\sum\omega$6	0.06	0.09	0.1	0.15	—	—	0.06	0.09	0.65	0.73	0.14	0.15
CRF	0.79	0.88	0.95	0.97	0.82	0.88	0.89	0.93	0.83	0.87	0.94	0.97
CRE	0.64	0.76	0.87	0.93	0.07	0.42	0.8	0.86	0.76	0.81	0.86	0.92

表5-29 花生添加在1.5%和3.0%脂肪水平饲料与团头鲂各器官组织脂肪酸组成（归一法）

脂肪酸组成及相关系数	花生	饲料		肌肉		肠脂		腹脂		肠道		血清	
		1.50%	3.00%	1.50%	3.00%	1.50%	3.00%	1.50%	3.00%	1.50%	3.00%	1.50%	3.00%
C14:0/%	—	0.85	0.67	1.82	1.45	1.41	1.31	1.17	0.97	1.61	1.32	—	—
C15:0/%	—	—	—	—	—	0.15	0.16	0.14	0.13	—	—	—	—
C15:1/%	—	—	—	—	—	—	—	—	—	—	—	—	—
C16:0/%	12.03	16.9	15.83	22.63	21.28	16.91	16.33	16.22	14.95	20.59	19.57	27.42	25.69
C16:1ω7/%	—	0.71	0.54	3.24	2.53	2.83	2.47	2.56	2.25	2.6	2.54	1.42	1.04
C17:0/%	—	—	—	—	—	0.25	0.25	0.25	0.25	0.3	0.34	—	—
C17:1/%	—	—	—	—	—	0.22	0.21	0.2	0.23	—	—	—	—
C18:0/%	3.5	3.85	4	6.8	6.64	6.46	5.16	7.11	12.51	7.41	7.41	11.44	11.33
C18:1ω9/%	51.37	37.69	42.91	41.91	41.92	44.41	45.02	46.23	42.25	42.42	43.06	29.76	30.22
C18:2ω6/%	27.36	31.84	30.6	16.86	16.9	18.85	19.37	18.43	19.48	17.48	18.8	11.16	9.69
γ-C18:3ω6/%	—	—	—	—	0.51	0.52	0.53	0.45	0.59	0.38	0.41	—	—
α-C18:3ω3/%	—	1.84	1.25	0.85	0.7	1.14	0.96	1.14	1.05	0.9	0.77	—	—
C20:0/%	1.47	0.68	0.85	—	—	0.25	0.29	0.24	0.29	—	—	1.19	0.18
C20:1ω9/%	0.82	0.73	0.66	0.95	1.04	1.26	1.28	1.29	1.25	0.95	0.9	1.93	1
C21:0/%	—	—	—	0.88	0.85	0.65	0.68	0.7	0.79	0.71	0.68	1.7	1.61
C20:2ω6/%	—	—	—	—	—	—	—	—	—	0.97	1.02	—	—
C20:3ω6/%	—	—	—	0.89	1.08	0.9	0.92	0.94	0.94	1.67	1.94	1.87	1.99
C20:4ω6/%	—	—	—	1.74	1.61	0.56	0.58	0.58	0.65	—	—	6.02	7.55
C20:3ω3/%	—	—	—	—	—	0.05	0.05	0.05	0.05	—	—	—	—
C22:0/%	—	—	—	—	—	0.09	0.13	0.1	0.26	—	—	—	—
C20:5ω3/%	—	1.02	0.63	—	—	0.3	0.22	0.37	0.22	0.27	—	—	—
C23:0/%	—	—	—	—	—	—	—	0.06	0.05	—	—	—	—
C24:0/%	—	—	—	0.65	0.65	0.07	0.07	0.06	0.06	0.58	0.64	—	—
C22:6ω3/%	—	—	—	—	—	0.18	0.17	0.15	0.15	—	—	3.13	2.89
SFA/%	—	22.28	21.35	32.78	30.87	26.25	24.38	26.05	30.26	31.19	29.95	41.75	38.8
MUFA/%	—	39.14	44.11	46.11	45.49	48.72	48.99	50.28	45.98	45.96	46.5	33.12	32.26
PUFA/%	—	34.7	32.48	20.33	20.81	22.49	22.8	22.11	23.13	21.66	22.94	22.18	22.11
∑ω3/%	—	2.86	1.87	0.85	0.7	1.66	1.4	1.71	1.47	1.17	0.77	3.13	2.89
∑ω6/%	—	31.84	30.6	19.48	20.11	20.83	21.4	20.4	21.65	20.49	22.17	19.05	19.22
∑ω3/∑ω6	—	0.09	0.06	0.04	0.03	0.08	0.07	0.08	0.07	0.06	0.03	0.16	0.15
CRF	—	—	—	0.91	0.94	0.94	0.97	0.93	0.95	0.92	0.96	0.76	0.77
CRE	—	—	—	0.84	0.9	0.88	0.94	0.87	0.92	0.86	0.93	0.74	0.77

脂肪酸组成及相关系数	肝胰脏		肾脏		脾脏		心脏		大脑		皮肤	
	1.50%	3.00%	1.50%	3.00%	1.50%	3.00%	1.50%	3.00%	1.50%	3.00%	1.50%	3.00%
C14:0/%	1.9	1.57	1.68	1.51	1.8	1.75	1.64	1.51	1.34	1.22	1.85	1.57
C15:0/%	—	—	0.18	0.17	—	—	—	—	—	—	0.22	0.19
C15:1/%	—	—	—	—	—	—	—	—	0.52	0.47	—	—
C16:0/%	18.73	17.76	19.6	18.7	27.43	26.17	23.52	21.96	21.28	21.8	20.66	19.83
C16:1ω7/%	3.15	2.46	2.91	2.52	2.79	2.48	2.52	2.33	3.21	3.06	3.25	2.89
C17:0/%	—	0.28	0.28	0.24	—	—	—	—	—	—	0.26	0.22
C17:1/%	—	—	0.21	0.2	—	—	—	—	—	—	0.22	0.21
C18:0/%	12.3	12.28	6.34	5.92	11.52	10.45	13.01	8.91	10.45	10.91	6.02	5.62
C18:1ω9/%	50.25	48.97	43.85	45.15	41.49	44.7	37.56	41.65	30.6	31.63	45.03	45.7
C18:2ω6/%	6.45	7.74	17.36	18.31	12.07	13.1	14.55	15.72	9.83	10.14	16.8	17.33
γ-C18:3ω6/%	0.23	0.23	0.37	0.46	—	—	—	—	—	—	0.42	0.47
α-C18:3ω3/%	0.31	0.29	1.02	0.85	—	—	—	—	0.68	0.57	0.94	0.78
C20:0/%	—	—	0.23	0.27	—	—	—	—	—	—	—	—
C20:1ω9/%	1.28	1.6	1.09	1.07	—	—	—	1.16	0.83	0.83	1.07	1
C21:0/%	0.87	1.02	0.74	0.7	—	—	—	—	0.63	0.59	0.73	0.65
C20:2ω6/%	0.77	1.06	—	—	—	—	1.37	1.33	0.88	0.9	—	—
C20:3ω6/%	1.69	2.08	0.95	0.96	—	—	4.5	3.14	3.69	3.87	0.8	0.82
C20:4ω6/%	—	—	1.26	1.25	—	—	—	—	—	—	0.76	0.82
C20:3ω3/%	—	—	—	—	—	—	—	—	—	—	—	—
C22:0/%	—	—	—	—	—	—	—	—	—	—	—	—
C20:5ω3/%	—	—	0.27	0.19	—	—	—	—	—	—	0.25	0.19
C23:0/%	—	—	—	—	—	—	—	—	—	—	—	—
C24:0/%	0.69	0.82	0.41	0.35	—	—	—	—	0.97	0.91	0.22	0.24
C22:6ω3/%	—	—	—	—	—	—	—	—	7.85	7.44	—	0.29
SFA/%	34.5	33.73	29.46	27.86	40.75	38.37	38.17	32.38	34.67	35.42	29.94	28.31
MUFA/%	54.68	53.03	48.06	48.95	44.29	47.19	40.08	45.14	35.16	35.99	49.56	49.8
PUFA/%	9.45	11.4	21.23	22.01	12.07	13.1	20.42	20.18	22.92	22.92	19.97	20.7
∑ω3/%	0.31	0.29	1.29	1.04	—	—	—	—	8.53	8.01	1.19	1.26
∑ω6/%	9.15	11.11	19.94	20.98	12.07	13.1	20.42	20.18	14.39	14.91	18.78	19.44
∑ω3/∑ω6	0.03	0.03	0.06	0.05	—	—	—	—	0.59	0.54	0.06	0.06
CRF	0.76	0.83	0.93	0.96	0.77	0.84	0.82	0.92	0.81	0.84	0.91	0.95
CRE	0.64	0.75	0.86	0.92	−0.13	0.28	−0.14	0.5	0.76	0.78	0.83	0.9

表5-30 油葵添加在1.5%和3.0%脂肪水平饲料与团头鲂各器官组织脂肪酸组成（归一法）

脂肪酸组成及相关系数	油葵	饲料		肌肉		肠脂		腹脂		肠道		血清	
		1.50%	3.00%	1.50%	3.00%	1.50%	3.00%	1.50%	3.00%	1.50%	3.00%	1.50%	3.00%
C14:0/%	—	0.87	0.66	1.69	1.41	1.48	0.91	1.22	0.88	1.62	1.31	—	—
C15:0/%	—	—	—	—	—	0.18	0.15	0.14	0.14	—	—	—	—
C15:1/%	—	—	—	—	—	—	—	—	—	—	—	—	—
C16:0/%	7.11	15.01	12.44	21.54	18.44	16.67	13.23	15.74	13.32	20.34	18.4	27.39	24.28
C16:1ω7/%	—	0.73	0.56	2.79	2.09	2.43	1.69	2.39	1.69	2.34	1.92	0.97	0.9
C17:0/%	—	—	—	—	—	0.29	0.22	0.26	0.22	—	0.33	—	—
C17:1/%	—	—	—	—	—	0.2	0.2	0.2	0.2	—	—	—	—
C18:0/%	5.72	4.73	5.07	7.02	6.87	6.02	5.91	7.4	7.97	8.29	7.72	12.05	11.79
C18:1ω9/%	16.79	28.22	23.16	35.53	31.99	37.91	32.8	38.73	34.07	34.59	32.49	22.75	24.66
C18:2ω6/%	69.16	46.63	52	22.52	28.15	26.75	34.89	25.54	32.64	25.53	30.38	13.24	16.34
γ-C18:3ω6/%	—	—	—	0.5	0.72	0.59	0.94	0.66	0.86	0.47	0.65	—	—
α-C18:3ω3/%	0.21	1.87	1.37	0.97	0.82	1.2	1.28	1.27	1.22	0.98	0.88	—	—
C20:0/%	0.35	—	0.35	—	—	0.17	0.17	0.17	0.17	—	—	—	—
C20:1ω9/%	—	0.51	0.43	0.75	0.68	1.06	0.98	1.03	0.89	0.85	0.72	0.9	0.62
C21:0/%	—	—	—	0.87	0.93	0.72	0.71	0.78	0.74	0.75	0.7	1.67	1.27
C20:2ω6/%	—	—	—	—	—	—	—	—	—	1.12	1.26	—	—
C20:3ω6/%	—	—	—	1.23	2.08	1.15	1.42	1.21	1.48	1.46	1.82	2.65	2.34
C20:4ω6/%	—	—	—	1.89	1.92	0.77	0.91	0.78	0.91	—	—	8.77	7.55
C20:3ω3/%	—	—	—	—	—	0.06	0.04	0.06	0.05	—	—	—	—
C22:0/%	—	—	—	—	—	0.1	0.16	0.11	0.13	—	—	—	—
C20:5ω3/%	—	0.98	0.95	—	—	0.3	0.17	0.25	0.26	0.25	0.26	—	—
C23:0/%	—	—	—	—	—	—	—	0.07	0.07	—	—	—	—
C24:0/%	—	—	—	0.63	0.79	0.05	0.03	0.06	0.07	0.43	0.54	—	—
C22:6ω3/%	—	—	—	—	—	0.2	0.18	0.17	0.19	—	—	4.32	2.94
SFA/%	—	20.61	18.52	31.76	28.44	25.69	21.51	25.94	23.72	31.43	28.99	41.1	37.34
MUFA/%	—	29.46	24.15	39.07	34.76	41.6	35.67	42.36	36.84	37.79	35.14	24.61	26.18
PUFA/%	—	49.48	54.32	27.11	33.7	31.03	39.84	29.95	37.61	29.81	35.24	28.99	29.17
∑ω3/%	—	2.85	2.32	0.97	0.82	1.76	1.68	1.75	1.72	1.23	1.14	4.32	2.94
∑ω6/%	—	46.63	52	26.14	32.88	29.27	38.16	28.19	35.9	28.58	34.1	24.67	26.24
∑ω3/∑ω6	—	0.06	0.04	0.04	0.03	0.06	0.04	0.06	0.05	0.04	0.03	0.18	0.11
CRF	—	—	—	0.81	0.85	0.88	0.93	0.86	0.9	0.87	0.87	0.49	0.52
CRE	—	—	—	0.73	0.82	0.81	0.91	0.79	0.88	0.79	0.84	0.67	0.67

脂肪酸组成及相关系数	肝胰脏		肾脏		脾脏		心脏		大脑		皮肤	
	1.50%	3.00%	1.50%	3.00%	1.50%	3.00%	1.50%	3.00%	1.50%	3.00%	1.50%	3.00%
C14:0/%	1.87	1.8	1.66	1.34	2.07	1.67	1.83	1.45	1.23	1.07	1.91	1.4
C15:0/%	—	—	0.2	0.21	—	—	—	—	—	—	0.27	0.23
C15:1/%	—	—	—	—	—	—	—	—	0.55	0.53	—	—
C16:0/%	19.22	17.25	19.01	17.12	27.42	26.01	23.1	21.2	20.64	19.26	20.96	17.7
C16:1ω7/%	2.68	1.84	2.59	1.87	2.62	1.88	2.5	1.87	3.02	2.54	3.08	2.11
C17:0/%	0.23	0.31	0.28	0.24	—	—	—	—	—	—	0.25	0.25
C17:1/%	—	—	0.21	—	—	—	—	—	—	—	0.26	—
C18:0/%	12.43	14.11	6.41	6.32	12.1	12.34	11.71	11.73	10.91	10.59	6.27	6.07
C18:1ω9/%	45.11	38.49	37.18	33.2	37.63	35.89	35.05	32.12	28.09	26.53	37.64	33.26
C18:2ω6/%	9.57	15.92	24.55	31.98	15.5	20.73	19.24	25.65	11.13	14.99	22.49	30.56
γ-C18:3ω6/%	0.37	0.41	0.56	0.77	—	—	—	—	0.33	0.37	0.54	0.77
α-C18:3ω3/%	0.31	0.41	1.08	1.02	—	—	—	—	0.58	0.62	1.05	0.94
C20:0/%	—	—	0.16	0.17	—	—	—	—	—	—	—	—
C20:1ω9/%	1.3	1.1	0.92	0.74	—	—	0.96	—	0.69	0.66	0.95	0.71
C21:0/%	1.02	1.07	0.75	0.76	—	—	—	—	0.59	0.62	0.79	0.76
C20:2ω6/%	1.14	1.55	—	—	—	—	1.37	1.52	0.96	1.14	—	—
C20:3ω6/%	2.36	2.8	1.17	1.42	—	—	3.19	3.3	4.18	4.17	0.97	1.23
C20:4ω6/%	—	—	1.33	1.62	—	—	—	—	—	—	0.9	1.06
C20:3ω3/%	—	—	—	—	—	—	—	—	—	—	—	—
C22:0/%	—	—	—	—	—	—	—	—	—	—	—	—
C20:5ω3/%	—	—	0.27	0.26	—	—	—	—	—	—	0.27	0.25
C23:0/%	—	—	—	—	—	—	—	—	—	—	—	—
C24:0/%	0.83	1	0.36	0.36	—	—	—	—	0.9	0.94	0.27	0.26
C22:6ω3/%	—	—	—	—	—	—	—	—	7.85	7.96	0.52	—
SFA/%	35.61	35.54	28.82	26.51	41.58	40.01	36.64	34.38	34.26	32.49	30.72	26.66
MUFA/%	49.09	41.44	40.9	35.81	40.24	37.77	38.51	33.99	32.35	30.25	41.93	36.08
PUFA/%	13.75	21.09	28.96	37.07	15.5	20.73	23.8	30.47	25.03	29.24	26.75	34.8
∑ω3/%	0.31	0.41	1.35	1.28	—	—	—	—	8.42	8.57	1.85	1.19
∑ω6/%	13.44	20.68	27.61	35.79	15.5	20.73	23.8	30.47	16.61	20.67	24.9	33.61
∑ω3/∑ω6	0.02	0.02	0.05	0.04	—	—	—	—	0.51	0.41	0.07	0.04
CRF	0.52	0.56	0.85	0.89	0.54	0.56	0.72	0.74	0.6	0.62	0.81	0.87
CRE	0.34	0.43	0.77	0.87	-0.97	-1	-0.93	-1	0.55	0.61	0.7	0.84

(3) 脂肪酸种类、含量的变化

豆油对照组饲料脂肪酸中含有γ-C18:3ω6，其他饲料组均无。ω9系列中各饲料组各器官组织除脾脏不含有C20:1ω9外，C18:1ω9和C20:1ω9含量均升高。各饲料组肌肉ω6系列中C18:2ω6相对饲料中的含量减少，而比饲料中新增加了C20:3ω6和C20:4ω6；ω3系列中α-C18:3ω3含量减少，而肌肉中不含C20:5ω3。肠脂和腹脂中，豆油对照组C18:2ω6含量减少而γ-C18:3ω6含量增加，同时比饲料中新增加了C20:3ω6和C20:4ω6，其他饲料组中减少了C18:2ω6含量而比饲料中新增加了γ-C18:3ω6、C20:3ω6和C20:4ω6；ω3系列中各饲料组减少了α-C18:3ω3和C20:5ω3的含量而比饲料中新增加了C20:3ω3和C22:6ω3。肠道中ω6系列除豆油对照组γ-C18:3ω6含量稍微减少外，各饲料组C18:2ω6含量降低，同时新增加了γ-C18:3ω6、C20:2ω6和C20:3ω6；ω3系列中豆油对照组、油菜籽组、油葵组和花生1.5%组α-C18:3ω3和C20:5ω3的含量均减少，而未出现其他新的脂肪酸种类；大豆组和花生3.0%组α-C18:3ω3的含量减少而C20:5ω3的含量变为零。肾脏和皮肤中ω6系列除豆油对照组饲料中含有γ-C18:3ω6且含量增加外，各饲料组在C18:2ω6含量减少的同时新增加了γ-C18:3ω6、C20:3ω6和C20:4ω6；ω3系列中皮肤中除油菜籽1.5%组、花生3.0%组和油葵1.5%组新增加了C22:6ω3外，各饲料组α-C18:3ω3和C20:5ω3的含量均降低。

(4) 特殊器官组织脂肪酸组成分析

脾脏组织中脂肪酸种类在各器官组织中相对最少，仅仅为C14:0、C16:0、C16:1ω7、C18:0、C18:1ω9和C18:2ω6；血清和脑中含有较高的C22:6ω3，其含量分别在2.89%～5.65%和7.44%～9.24%之间；大脑中ω6系列脂肪酸含量在整个器官组织中含量最高，其∑ω3/∑ω6在0.41～0.73之间。

第七节
同一池塘中五种淡水鱼鱼体脂肪酸组成分析

鱼体脂肪酸组成受到饲料或食物脂肪酸组成的影响，不同鱼体的脂肪酸组成也有差异。那么，在同一个池塘的条件下，不同鱼体的脂肪酸组成有何差异？在同一个池塘中，混养的种类中，有摄食饲料的种类，也有摄食浮游生物的种类，饲料脂肪是主要的脂肪和脂肪酸输入，其次是池塘浮游生物等的脂肪和脂肪酸输入，不同食性的鱼类可以摄取不同来源的食物，其鱼体、器官组织的脂肪酸组成有何差异呢？我们测定了五种淡水鱼鱼体各个器官组织中脂肪酸组成，分析各个器官组织脂肪酸组成的特性。

一、试验条件

采样时间选择在12月，为池塘养殖鱼类清塘上市的时间。地点为江苏宜兴市和桥镇一个农场的养殖池塘，面积40亩（1亩=666.67m²）。池塘鱼种放养密度为：团头鲂（*Megalobrama amblycephala*）1200尾/亩、鲫（*Carassius auratus*）500尾/亩、鲢（*Hypophthalmichthys molitrix*）80尾/亩、鳙（*Hypophthalmichthys nobilis*）40尾/亩。投喂蛋白质28%、脂肪6.5%的团头鲂饲料，饲料中添加的油脂为2.5%的豆油。采集该池塘中的野生麦穗鱼（*Pseudorasbora parva*）、鲢、鳙、团头鲂和鲫共五种淡水鱼。试验鱼数量和规格如表5-31所示。

表5-31 同一池塘中的5种试验鱼

项目	麦穗鱼（P）	鲢（Hm）	鳙（Hn）	团头鲂（M）	鲫（C）
数量/尾	50	10	10	15	15
体长/cm	8～12	30～40	30～40	20～25	25～30
体重/(g/尾)	10～15	600～1250	800～1500	350～450	300～400

采集全鱼及其内脏为试验材料，冷冻干燥后氯仿-甲醇（2∶1，体积比）混合液提取脂肪，采用归一法用气相色谱测定脂肪酸组成。测定方法和条件与第六节相同。

二、五种鱼不同器官组织中脂肪酸组成及其比例检测结果

（一）五种淡水鱼肌肉脂肪酸组成

五种淡水鱼肌肉脂肪酸组成结果见表5-32。红肌为鱼体侧线鳞皮下肌肉，白肌为背部白色的肌肉。

表5-32 五种淡水鱼肌肉脂肪酸组成（归一法）

脂肪酸	麦穗鱼（P）		鲢（Hm）		鳙（Hn）		团头鲂（M）		鲫（C）	
	白肌	红肌	白肌	红肌	白肌	红肌	白肌	红肌	白肌	红肌
肉豆蔻酸（C14:0）/%	2.54	2.75	2.09	5.62	—	6.36	—	1.58	2.73	2.26
十五酸（C15:0）/%	1.38	1.51	0.95	1.42	—	1.91	—	0.28	—	1.11
棕榈酸（C16:0）/%	21.29	21.49	15.99	25.31	23.36	19.27	20.87	24.32	27.37	19.39
十七酸（C17:0）/%	2.07	2.17	2.52	1.21	—	2.05	—	0.31	—	1.06
硬脂酸（C18:0）/%	4.59	4.01	2.95	2.31	6.27	5.04	5.78	4.4	5.43	2.98
花生酸（C20:0）/%	1.57	0.54	4.03	0.35	2.46	0.45	3.36	0.1	—	0.21
二十一酸（C21:0）/%	1.63	0.23	3.25	0.19	3.39	0.37	3.64	0.1	—	—
山嵛酸（C22:0）/%	1.8	—	—	—	—	3.41	—	—	—	—
肉豆蔻烯酸（C14:1）/%	—	—	—	0.24	—	0.16	—	—	—	—
10-十五烯（C15:1）/%	1.13	1.05	1.74	0.6	—	0.67	—	0.21	—	0.49
棕榈油酸（C16:1ω7）/%	11.5	12.99	7.48	12.62	3.4	8.78	4.88	3.74	5.55	4.44
10-十七烯酸（C17:1ω7）/%	1.28	1.67	0.83	0.41	1.24	0.17	1.8	0.31	—	0.91
油酸（C18:1ω9）/%	21.9	22.01	13.59	21.69	28.53	18.55	25.37	37.19	27.81	29.15

脂肪酸	麦穗鱼（P）		鲢（Hm）		鳙（Hn）		团头鲂（M）		鲫（C）	
	白肌	红肌	白肌	红肌	白肌	红肌	白肌	红肌	白肌	红肌
11-二十碳烯酸(C20:1ω9)/%	—	0.75	0.9	1.31	—	1.27	—	0.96	—	1.3
芥子酸(C22:1ω9)/%	—	—	—	—	—	—	—	—	—	1.14
神经酸(C24:1ω9)/%	2.58	1.56	3.1	1.56	—	1.85	—	0.35	—	1.02
亚油酸(C18:2ω6)/%	5.01	4.38	1.95	2.32	16.68	3.95	12.49	18.1	17.04	19.41
γ-亚麻酸(C18:3ω6)/%	0.84	0.48	3.02	0.32	1.91	0.38	2.71	0.38		0.52
11,14-二十碳二烯酸(C20:2ω6)/%	—	—	—	0.27	—	0.52	—	0.7	—	—
8,11,14-二十碳三烯酸(C20:3ω6)/%	0.84	0.69	—	—	—	1.95	—	—	—	0.67
花生四烯酸(C20:4ω6)/%	2.72	1.69	1.73	0.33	0.4	0.63	2.72	0.82	3.11	1.28
α-亚麻酸(C18:3ω3)/%	2.77	2.63	2.34	4.61	2.24	5.93	2.2	1.7	4.16	3.18
11,14,17-二十碳三烯酸(C20:3ω3)/%	—	0.64	0.55	—	—	—	—	0.08	—	0.27
EPA(C20:5ω3)/%	—	1.9	2.68	2.21	—	0.13	2.08	0.36	2.31	1.03
DHA(C22:6ω3)/%	—	—	1.68	—	—	—	—	—	—	—
SFA/%	36.87	32.69	31.77	36.41	35.48	38.86	33.66	31.09	35.52	27.02
MUFA/%	38.4	40.03	27.64	38.42	33.17	31.45	32.05	42.76	33.36	38.46
PUFA/%	12.17	12.4	13.95	10.06	21.24	13.49	22.21	22.15	26.61	26.36
∑ω6PUFA/%	9.41	7.24	6.7	3.25	18.99	7.42	17.93	20	20.15	21.89
∑ω3PUFA/%	2.77	5.16	7.25	6.81	2.24	6.07	4.28	2.15	6.46	4.48
∑ω3/∑ω6	0.29	0.71	1.08	2.1	0.12	0.82	0.24	0.11	0.32	0.2
油酸+亚油酸/%	26.91	26.39	15.54	24.01	45.21	22.5	37.86	55.29	44.85	48.56
EPA+DHA/%	—	1.9	4.36	2.21	0	0.13	2.08	0.36	2.31	1.03

由表5-32可以得知以下结果：

① 饱和脂肪酸（SFA）：在五种淡水鱼肌肉中出现的SFA种类共有八种，$C_{14:0}$、$C_{16:0}$和$C_{18:0}$是其中的主要SFA种类。白肌中SFA含量31.77%（鲢）～36.87%（麦穗鱼）。红肌中SFA含量27.02%（鲫）～38.86%（鳙）。同种鱼白肌和红肌中SFA存在差异，麦穗鱼、团头鲂、鲫的白肌中SFA含量大于红肌，而鲢和鳙白肌中SFA含量低于红肌中含量。

② 单不饱和脂肪酸（MUFA）：$C_{16:1}$和$C_{18:1\omega9}$是MUFA中的主要脂肪酸种类。白肌和红肌中的MUFA变化范围分别是27.64%（鲢）～38.40%（麦穗鱼）和31.45%（鳙）～42.76%（团头鲂）。

③ 多不饱和脂肪酸（PUFA）：白肌中含量范围为12.17%～26.61%，麦穗鱼和鲢的PUFA含量较低，而鳙、团头鲂、鲫中含量稍高。不同种类红肌中多不饱和脂肪酸组成与白肌一样，麦穗鱼和鲢的偏低，而鳙、团头鲂、鲫偏高。

④ $\sum\omega6$多不饱和脂肪酸$\sum\omega6$ PUFA：C18:2ω6和C20:4ω6是$\sum\omega6$ PUFA中的主要种类，不同鱼之间含量差异较大，鳙、团头鲂、鲫白肌中高含量的C18:2ω6导致$\sum\omega6$ PUFA总含量高于麦穗鱼和鲢，团头鲂和鲫红肌中的$\sum\omega6$ PUFA总含量也大大高于其他三种鱼。鲢$\sum\omega3$ PUFA总含量分别达到7.25%和6.81%。麦穗鱼白肌和红肌中还含有2.72%和1.69%的C20:4ω6。

⑤ $\sum\omega3$多不饱和脂肪酸$\sum\omega3$ PUFA：α-C18:3ω3是$\sum\omega3$ PUFA中最主要的脂肪酸种类。除麦穗鱼和鳙的白肌中不含有C20:5ω3(EPA)，其他几种鱼白肌和红肌中均存在一定量的EPA，其中又以鲢白肌和红肌中含量最高（2.68%、2.21%），且鲢肌肉中还含有1.68%的C22:6ω3（DHA），其他鱼中未检出。

⑥ $\sum\omega3/\sum\omega6$：比例最高的是鲢，分别是1.08和2.10。麦穗鱼、鲢和鳙白肌中的比值低于红肌中的比值，而团头鲂和鲫白肌中的比值则高于红肌中比值。

（二）五种淡水鱼肝胰脏和肾脏脂肪酸组成

五种淡水鱼肝胰脏和肾脏脂肪酸组成结果见表5-33。

表5-33　五种淡水鱼肝胰脏和肾脏脂肪酸组成（归一法）

脂肪酸		麦穗鱼（P）	鲢（Hm）	鳙（Hn）	团头鲂（M）	鲫（C）	麦穗鱼（P）	鲢（Hm）	鳙（Hn）	团头鲂（M）	鲫（C）
				肝胰脏					肾脏		
饱和脂肪酸SFA/%	C14:0	2.81	2.91	3.75	—	4.88	3.67	5.17	6.80	1.24	1.76
	C15:0	1.23	1.12	1.49	—	—	1.68	1.32	2.39	0.23	0.87
	C16:0	21.18	25.24	19.86	18.97	27.67	20.84	27.03	28.03	21.42	18.56
	C17:0	1.68	—	2.93	—	—	1.75	2.40	2.63	0.31	1.10
	C18:0	4.42	4.25	6.09	6.19	4.85	3.85	3.31	9.37	5.67	4.58
	C21:0	—	—	1.65	—	—	0.59	—	—	0.94	0.91
	C22:0	—	—	—	—	—	0.66	4.42	—	—	0.36
	C24:0	—	—	—	—	—	—	—	—	0.49	—

脂肪酸	麦穗鱼(P)	鲢(Hm)	鳙(Hn)	团头鲂(M)	鲫(C)	麦穗鱼(P)	鲢(Hm)	鳙(Hn)	团头鲂(M)	鲫(C)
	肝胰脏					肾脏				
单不饱和脂肪酸 MUFA/% C15:1	0.93	—	—	—	—	0.95	0.71	—	—	—
C16:1	14.19	8.57	6.17	3.47	9.44	15.05	11.15	7.07	2.93	3.65
C17:1	1.65	1.68	1.62	—	—	1.39	0.46	1.46	—	0.74
C18:1ω9	33.57	27.28	28.60	44.37	30.94	24.83	23.01	22.41	38.24	28.61
C20:1	0.25	2.85	3.29	2.24	—	0.68	1.38	1.61	1.09	1.18
∑ω6多不饱和脂肪酸 ∑ω6PUFA/% C18:2ω6	2.69	3.37	9.16	15.77	11.49	7.21	2.74	4.80	19.60	18.64
γ-C18:3ω6	—	—	—	—	—	0.28	—	—	0.34	0.41
C20:3ω6	0.38	—	—	—	—	0.64	1.46	—	0.99	1.03
C20:4ω6	0.25	2.09	0.94	1.79	—	1.44	—	1.84	—	—
∑ω3多不饱和脂肪酸 ∑ω3PUFA/% α-C18:3ω3	0.92	3.22	4.48	1.42	5.21	3.07	5.40	2.48	1.91	3.82
C20:3ω3	—	1.19	1.22	—	—	—	—	—	2.00	3.59
C20:5ω3	—	5.45	1.89	—	3.54	1.45	—	2.45	—	1.99
C22:6ω3	—	4.74	—	—	—	0.67	—	—	—	—
SFA合计/%	31.32	33.52	35.76	25.16	37.39	33.03	43.66	49.21	30.29	28.14
MUFA合计/%	50.60	40.37	39.67	50.09	40.38	42.90	36.71	32.56	42.26	34.17
PUFA合计/%	4.24	20.06	17.69	18.98	20.24	14.74	9.59	11.57	24.84	29.48
∑ω6PUFA合计/%	3.32	5.46	10.10	17.56	11.49	9.56	4.19	6.64	20.93	20.08
∑ω3PUFA合计/%	0.92	14.60	7.60	1.42	8.75	5.18	5.40	4.93	3.91	9.39
∑ω3/∑ω6	0.28	2.67	0.75	0.08	0.76	0.54	1.29	0.74	0.19	0.47

分析表5-33可知：①饱和脂肪酸SFA，内脏中SFA种类比较少，团头鲂肝胰脏中SFA含量为25.16%，鲫鱼肝胰脏中含量最高37.39%。鲢和鳙的肾脏中SFA较其他三种鱼高，鲫含量最低。②单不饱和脂肪酸MUFA，麦穗鱼和团头鲂肝胰脏和肾脏中单不饱和脂肪酸含量较高，分别是50.60%、50.09%和42.90%、42.26%。③PUFA，麦穗鱼肝胰脏中PUFA含量极低，只有4.24%，其他四种鱼含量范围在17.69%～20.24%。肾脏中只有团头鲂和鲫有较高含量的PUFA（24.84%、29.48%）。④∑ω6多不饱和脂肪酸∑ω6 PUFA，麦穗鱼和鲢的肝胰脏中∑ω6PUFA含量低于其他三种鱼，只有3.32%、5.46%；肾脏中最低的则是鲢和鳙，分别为4.19%、6.64%。团头鲂肝胰脏和肾脏中则有最高含量的∑ω6PUFA，分别是17.56%、20.93%。⑤∑ω3多不饱和脂肪酸∑ω3 PUFA，鲢的肝胰脏中含有大量C20:5ω3(5.45%)和C22:6ω3(4.74%)，∑ω3 PUFA含量也是最高的，为14.60%。团头鲂的肾脏中∑ω3 PUFA含量最低3.91%，鲫肾脏中含量最高为9.39%。⑥∑ω3/∑ω6，鲢肝胰脏和肾脏中比值最高，团头鲂中最低。鳙肝胰脏和肾脏中∑ω3/∑ω6比值也较高。

（三）五种淡水鱼肠道和皮肤脂肪酸组成

肠道和皮肤中的脂肪酸组成结果见表5-34。

表5-34　五种淡水鱼肠道和皮肤脂肪酸组成（归一法）

脂肪酸		麦穗鱼（P）	鲢（Hm）	鳙（Hn）	团头鲂（M）	鲫（C）	麦穗鱼（P）	鲢（Hm）	鳙（Hn）	团头鲂（M）	鲫（C）
				肠道					皮肤		
饱和脂肪酸 SFA/%	C14:0	4.02	5.71	7.08	1.62	2.58	3.09	6.01	6.12	1.50	1.67
	C15:0	1.89	1.46	1.87	—	—	1.62	1.47	1.82	—	0.69
	C16:0	23.10	24.44	20.62	23.20	21.41	22.22	24.53	18.88	20.87	17.84
	C17:0	2.01	2.11	2.13	—	—	2.03	0.42	1.97	—	0.77
	C18:0	4.87	3.06	6.58	5.83	5.81	3.70	2.36	4.83	4.24	3.45
	C20:0	—	0.18	—	—	—	0.39	—	0.63	0.56	0.16
	C21:0	0.45	—	—	—	—	0.61	0.37	—	—	—
	C22:0	0.37	—	—	—	—	1.12	2.88	3.70	—	1.00
	C24:0	—	—	—	—	—	0.61	—	0.66	—	0.31
单不饱和脂肪酸 MUFA/%	C14:1	1.20	0.21	1.28	—	—	—	—	—	—	—
	C15:1	1.02	0.47	—	—	—	1.00	—	0.50	—	0.33
	C16:1	15.75	11.93	7.67	3.12	3.31	12.24	10.17	7.66	3.59	3.29
	C17:1	1.41	2.10	1.19	—	—	1.68	2.30	1.29	0.18	0.65
	C18:1ω9	23.04	20.66	20.13	37.93	30.79	24.39	23.18	21.11	38.77	31.96
	C20:1	0.77	1.10	0.65	1.05	2.09	0.86	1.16	1.53	1.26	1.62
	C22:1ω9	—	2.37	3.21	—	—	—	—	—	—	—
∑ω6多不饱和脂肪酸 ∑ω6PUFA/%	C18:2ω6	4.09	2.93	8.27	21.10	25.80	4.37	2.82	4.13	19.77	20.92
	γ-C18:3ω6	—	0.21	—	—	—	—	—	0.29	0.29	0.53
	C20:2ω6	—	0.34	0.57	—	—	0.52	—	—	—	0.73
	C20:3ω6	0.43	—	—	0.84	—	1.13	0.35	0.41	0.77	—
	C20:4ω6	1.01	0.32	0.60	0.68	2.51	0.51	1.08	1.99	0.80	1.75
∑ω3多不饱和脂肪酸 ∑ω3PUFA/%	α-C18:3ω3	1.93	5.10	5.95	1.61	3.70	2.40	5.50	6.32	2.09	3.50
	C20:3ω3	0.39	—	1.96	—	—	—	2.05	2.10	—	0.33
	C20:5ω3	0.74	0.85	1.17	—	—	—	—	—	—	—
SFA合计/%		36.70	36.95	38.29	30.66	29.80	35.39	38.04	38.60	27.17	25.90
MUFA合计/%		43.20	38.83	34.14	42.10	36.20	40.17	36.81	32.09	43.81	37.85
PUFA合计/%		8.59	9.75	18.52	24.23	32.01	8.92	11.79	15.22	23.71	27.75
∑ω6PUFA合计/%		5.53	3.80	9.44	22.62	28.31	6.52	4.24	6.81	21.62	23.93
∑ω3PUFA合计/%		3.06	5.95	9.08	1.61	3.70	2.40	7.55	8.41	2.09	3.83
∑ω3/∑ω6		0.55	1.57	0.96	0.07	0.13	0.37	1.78	1.24	0.10	0.16

由表5-34可知：①饱和脂肪酸SFA，团头鲂、鲫的肠道和皮肤中的SFA含量较其他三种鱼低，鲫肠道和皮肤中的SFA含量是最低的，鳙肠道和皮肤中SFA含量最高。②单不饱和脂肪酸MUFA，在鲢和鳙的肠道中检出C22:1ω9，含量分别是2.37%和3.21%。单不饱和脂肪酸含量很高，肠道中为34.14%

（鳙）～ 43.20%（麦穗鱼），皮肤中为32.09%（鳙）～ 43.81%（团头鲂）。③PUFA，鳙、团头鲂、鲫肠道和皮肤中的多不饱和脂肪酸含量高于麦穗鱼、鲢肠道和皮肤中的含量，鲫肠道和皮肤中的多不饱和脂肪酸是最高的。④∑ω6多不饱和脂肪酸∑ω6 PUFA，团头鲂和鲫肠道中含量为22.62%和28.31%，皮肤中的含量也较高，为21.62%和23.93%。麦穗鱼、鲢、鳙肠道和皮肤中∑ω6 PUFA的含量相对较低。五种鱼肠道和皮肤中均含有一定量的C20:4ω6。⑤∑ω3多不饱和脂肪酸∑ω3 PUFA，鲢和鳙肠道和皮肤中∑ω3 PUFA含量分别为5.95%、9.08%和7.55%、8.41%，相对高于麦穗鱼、团头鲂、鲫肠道和皮肤中的含量。团头鲂肠道和皮肤中含有最低的∑ω3 PUFA。只有麦穗鱼、鲢、鳙肠道中检出C20:5ω3（EPA）。⑥∑ω3/∑ω6，鲢、鳙肠道和皮肤中均有较高的比值（肠道1.57、0.96，皮肤1.78、1.24），其次是麦穗鱼，分别为0.55、0.37。比值最低的是团头鲂，只有0.07和0.10。

（四）五种淡水鱼腹部脂肪和肠系膜脂肪脂肪酸组成

鳙没有采集到腹部脂肪，麦穗鱼没有采集到肠系膜脂肪。其他鱼类的腹部脂肪和肠系膜脂肪中的脂肪酸组成结果见表5-35。

表5-35　五种淡水鱼腹部脂肪和肠系膜脂肪脂肪酸组成（归一法）

脂肪酸		麦穗鱼（P）	鲢（Hm）	团头鲂（M）	鲫（C）	鲢（Hm）	鳙（Hn）	团头鲂（M）	鲫（C）
		腹部脂肪				肠系膜脂肪			
饱和脂肪酸 SFA/%	C12：0	—	—	—	—	0.41	0.62	—	0.11
	C13：0	—	—	—	—	0.23	0.23	—	—
	C14：0	3.74	5.61	1.42	5.88	6.50	5.92	1.56	1.66
	C15：0	1.70	1.26	0.20	1.47	1.43	1.47	0.24	0.57
	C16：0	18.43	21.83	20.56	22.63	21.54	16.49	20.83	15.82
	C17：0	1.50	2.15	0.26	0.05	2.20	1.60	0.29	0.62
	C18：0	2.64	1.83	4.58	1.91	1.81	4.14	4.75	3.19
	C20：0	0.20	1.49	0.14	0.16	0.21	0.33	0.17	0.16
	C21：0	0.47	0.36	0.75	0.38	0.36	0.54	—	0.61
	C22：0	0.79	1.24	0.09	3.56		1.51	—	0.55
单不饱和脂肪酸 MUFA/%	C14：1	0.11	0.20	—	0.18	0.22	0.10	—	
	C15：1	0.96	—	—	0.38	0.37	0.34	—	0.18
	C16：1	18.69	11.54	3.18	11.47	11.73	6.34	2.95	2.59
	C17：1	1.50	2.25	0.20	0.54	2.38	1.05	0.22	0.45
	C18：1ω9	22.29	18.61	39.61	19.07	18.63	19.72	39.78	31.61
	C20：1	0.65	1.51	1.08	1.55	1.28	1.72	1.26	1.98
	C22：1ω9	—	—	—	—		0.31		0.81
	C24：1	—	0.72	0.17	2.12				

脂肪酸		麦穗鱼（P）	鲢（Hm）	团头鲂（M）	鲫（C）	鲢（Hm）	鳙（Hn）	团头鲂（M）	鲫（C）
			腹部脂肪				肠系膜脂肪		
∑ω6多不饱和脂肪酸∑ω6PUFA/%	C18：2ω6	3.97	5.27	20.93	2.92	2.78	11.24	21.66	27.43
	γ-C18：3ω6	0.26	0.23	0.40	0.24	0.26	0.25	0.35	0.52
	C20：2ω6	—	—	—	0.39	—	—	—	—
	C20：3ω6	0.50	0.45	0.82	0.97	0.40	0.66	0.77	0.82
	C20：4ω6	1.12	1.03	0.72	0.45	1.03	1.27	—	0.72
∑ω3多不饱和脂肪酸∑ω3PUFA/%	α-C18：3ω3	3.16	5.63	2.06	5.63	6.28	6.70	2.07	3.94
	C20：3ω3	0.63	0.50	0.11	0.05	0.53	0.60	0.54	0.20
	C20：5ω3	1.81	3.63	0.10	—	3.77	3.58	—	0.07
	C22：6ω3	1.05	2.39	—	—	2.43	1.87	—	0.60
SFA合计/%		29.47	35.78	28.02	36.04	34.70	32.85	27.85	23.28
MUFA合计/%		44.20	34.83	44.24	35.31	34.62	29.59	44.20	37.63
PUFA合计/%		12.5	19.13	25.14	10.65	17.48	26.17	25.39	34.3
∑ω6PUFA合计/%		5.85	6.98	22.87	4.97	4.47	13.43	22.79	29.49
∑ω3PUFA合计/%		6.65	12.15	2.27	5.68	13.00	12.75	2.61	4.81
∑ω3/∑ω6		1.14	1.74	0.10	1.14	2.91	0.95	0.11	0.16

分析表5-35数据可知：① 饱和脂肪酸SFA，肠系膜脂肪中的饱和脂肪酸种类较多，有10种。鲢腹部脂肪和肠系膜脂肪中有较高的SFA含量，鲫腹部脂肪中相比有最高的SFA含量，肠系膜脂肪中有最低的SFA含量。②单不饱和脂肪酸MUFA，团头鲂腹部脂肪和肠系膜脂肪中有最高的MUFA含量（44.24%、44.20%），鲢和鳙肠系膜脂肪中的MUFA相对较低。③PUFA，鲢和团头鲂腹部脂肪中PUFA含量较高，麦穗鱼和鲫较低。鲢肠系膜脂肪中PUFA含量低于鳙、团头鲂、鲫。④∑ω6多不饱和脂肪酸∑ω6 PUFA，团头鲂腹部脂肪含有大量C18:2ω6，其∑ω6 PUFA含量达到22.87%，麦穗鱼、鲢鱼、鲫鱼中分别只有5.85%、6.98%和4.97%。团头鲂和鲫鱼肠系膜脂肪中的∑ω6 PUFA含量分别为22.79%和29.49%。⑤∑ω3多不饱和脂肪酸∑ω3 PUFA，除团头鲂腹部脂肪和肠系膜脂肪中含量较少（2.27%、2.61%），其他几种鱼均有较高含量，尤以鲢最高。⑥∑ω3/∑ω6：鲢腹部脂肪和肠系膜脂肪有最高的比值，团头鲂有最低的比值。

（五）五种淡水鱼脑和性腺脂肪酸组成

五种淡水鱼脑和性腺脂肪酸组成结果见表5-36。

表5-36　五种淡水鱼脑和性腺脂肪酸组成（归一法）

脂肪酸		麦穗鱼（P）	鲢（Hm）	鳙（Hn）	团头鲂（M）	鲫（C）	鲢（Hm）	鳙（Hn）	团头鲂（M）	鲫（C）
				脑					性腺	
饱和脂肪酸SFA/%	C14：0	1.82	1.80	1.10	1.32	1.86	5.26	4.49	1.64	—
	C15：0	0.86	0.48	0.39	—	0.84	—	1.34	0.28	—

脂肪酸		麦穗鱼（P）	鲢（Hm）	鳙（Hn）	团头鲂（M）	鲫（C）	鲢（Hm）	鳙（Hn）	团头鲂（M）	鲫（C）
				脑				性腺		
饱和脂肪酸 SFA/%	C16：0	20.75	22.04	19.24	21.17	18.21	24.29	20.42	20.98	32.43
	C17：0	1.18	0.80	0.62	—	0.90	—	1.79	0.33	—
	C18：0	7.84	11.54	11.99	8.43	6.39	5.30	6.38	4.77	7.61
	C21：0	—	—	—	0.82	0.56	—	0.79	0.83	—
	C22：0	1.10	—	1.14	—	0.27	—	0.91	—	—
	C24：0	—	—	1.09	—	—	—	—	—	—
单不饱和脂肪酸 MUFA/%	C15：1	1.25	1.29	1.29	0.50	0.86	—	—	—	—
	C16：1	10.27	5.72	4.59	3.70	6.85	11.35	5.14	3.52	—
	C17：1	1.18	0.90	2.05	0.32	0.91	2.15	0.92	0.27	—
	C18：1ω9	27.04	28.87	24.97	35.00	28.29	23.51	24.43	37.92	21.81
	C20：1	0.29	0.97	0.57	0.95	1.26	1.37	1.40	1.11	—
	C24：1	—	0.28	1.10	—	0.14	—	—	—	—
∑ω6多不饱和脂肪酸 ∑ω6PUFA/%	C18：2ω6	2.66	1.53	1.49	12.18	13.04	4.68	14.12	20.77	12.05
	γ-C18：3ω6	—	—	—	—	0.34	—	—	0.32	—
	C20：2	0.63	—	0.48	—	—	—	—	—	—
	C20：3ω6	—	0.47	4.29	—	0.68	—	—	0.87	—
	C20：4ω6	2.95	3.41	—	0.88	2.37	2.46	—	1.11	—
∑ω3多不饱和脂肪酸 ∑ω3PUFA/%	α-C18：3ω3	1.58	1.35	0.42	1.22	3.17	5.06	5.38	2.17	—
	C20：3ω3	0.32	—	—	3.11	0.26	—	2.10	—	6.67
	C20：5ω3	—	1.53	—	—	1.32	8.16	2.73	—	—
	C22：6ω3	6.98	9.38	11.10	4.94	4.14	3.32	1.73	—	9.98
SFA合计/%		33.54	36.66	35.59	31.74	29.04	34.86	36.11	28.83	40.03
MUFA合计/%		40.02	38.04	34.56	40.48	38.31	38.38	31.90	42.82	21.81
PUFA合计/%		15.12	17.67	17.78	22.35	25.34	23.67	26.06	25.24	28.70
∑ω6PUFA合计/%		6.25	5.41	6.26	13.07	16.44	7.13	14.12	23.07	12.05
∑ω3PUFA合计/%		8.88	12.26	11.52	9.28	8.90	16.54	11.93	2.17	16.65
∑ω3/∑ω6		1.42	2.26	1.84	0.71	0.54	2.32	0.84	0.09	1.38

由表5-36可知，①饱和脂肪酸SFA，鲢和鳙的脑中SFA含量高于麦穗鱼、团头鲂、鲫中含量。鲫性腺中SFA含量最高，达到40.03%。②单不饱和脂肪酸MUFA，除鳙鱼脑中MUFA含量较低34.56%，其他四种鱼的MUFA含量差异较小（38.04%～40.48%）。性腺中鳙和鲫的MUFA含量偏低，分别是31.90%和21.81%，鲢和团头鲂中含量差异不大，分别是38.38%、42.82%。③PUFA，鲢和鳙的脑中的PUFA含量相当，低于团头鲂和鲫的脑中PUFA含量，麦穗鱼脑中PUFA含量相对较低。四种鱼性腺中PUFA都有较高含量。④$\sum\omega6$多不饱和脂肪酸$\sum\omega6$ PUFA，团头鲂和鲫的脑中有最高含量的$\sum\omega6$ PUFA，分别是13.07%和16.44%，鲢脑中含量最低，仅为5.41%。团头鲂性腺中$\sum\omega6$ PUFA含量较高，为23.07%，鲢鱼最低，为7.13%。⑤$\sum\omega3$多不饱和脂肪酸$\sum\omega3$ PUFA，性腺中主要$\sum\omega3$ PUFA是C22:6$\omega3$。五种淡水鱼鲢脑和性腺中的$\sum\omega3$ PUFA都很高（12.26%、16.54%），其他四种鱼脑中都有一定含量的$\sum\omega3$ PUFA，而性腺中团头鲂中$\sum\omega3$ PUFA较低，只有2.17%。⑥$\sum\omega3/\sum\omega6$，麦穗鱼、鲢、鳙脑中$\sum\omega3/\sum\omega6$的比值较高而团头鲂和鲫的脑中的比值相对较低。性腺中，除团头鲂外（0.09），鲢、鳙和鲫的比值都较高。

（六）五种淡水鱼肌肉与肝胰脏脂肪酸组成的相关性

将五种淡水鱼白肌和红肌的脂肪酸组成与对应鱼体肝胰脏脂肪酸组成进行相关性比较分析，结果如表5-37所示。

表5-37　五种淡水鱼白肌和红肌与肝胰脏脂肪酸组成相关系数

项目	麦穗鱼（P）	鲢（Hm）	鳙（Hn）	团头鲂（M）	鲫（C）
白肌与肝胰脏脂肪酸相关系数 R^2	0.97	0.97	0.96	0.94	0.96
红肌与肝胰脏脂肪酸相关系数 R^2	0.97	0.96	0.92	0.97	0.91

由表5-37可知，各种类鱼体白肌和红肌与肝胰脏脂肪酸组成有较强相关，相关系数都大于0.90。

三、同一池塘中五种鱼体脂肪酸组成比例与鱼的种类和食性（食物）的相关性

在鱼类生态学研究中，通常只重视鱼体脂肪积累的量的变化，而对脂肪的质的变化——脂肪酸组成的变化很少注意。已有一些研究证实，伴随着摄食、越冬、繁殖、溯河或降海洄游等活动，鱼体组织不仅含脂量发生变化，脂肪酸组成也有很大变化，特别是在性腺发育过程中，存在着从肝胰脏、肌肉、肠系膜等脂肪积累部位向性腺转移脂肪酸的现象。本试验中，性腺PUFA含量相对其他器官组织中含量较高，五种鱼其他各个器官组织中PUFA含量相对较低。

五种淡水鱼的脂肪酸种类基本相同，C16:0、C18:0、C16:1、C18:1$\omega9$、C18:2$\omega6$、α-C18:3$\omega3$、C18:1$\omega9$是各器官组织中的主要MUFA种类，这一结果与其他淡水鱼的研究结果类似。但各种鱼之间脂肪酸种类含量存在很大差异，这与五种鱼不同的生活习性和食性是相关的。五种淡水鱼白肌和红肌中，麦穗鱼、鲢PUFA含量较低，且鲢PUFA低于鳙、团头鲂和鲫，鲢的脂肪酸总量较少。五种鱼肌肉中MUFA含量较高，而PUFA含量偏低，尤其是鲢肌肉中PUFA含量较低，这与养殖水域环境、鱼体大小、年龄以及取样的季节有关。鱼体器官组织的脂肪酸种类和总量主要受食物影响，但是其他因素也可能影响脂肪含量和脂肪酸组成，如鱼体大小和年龄、雌雄性别、地理位置以及取样季节等，脂肪酸组成还受水温的影响。

五种鱼肝胰脏中脂肪酸总量都较高，MUFA含量较肌肉中含量更高，除麦穗鱼肝胰脏外，其他四种鱼肝胰脏有较高的PUFA含量。肌肉与肝胰脏的脂肪酸组成具有较强的相关性，表明五种淡水鱼内脏也有很好的脂肪酸营养价值。

　　五种淡水鱼肾脏、肠道、皮肤、腹部脂肪、肠系膜脂肪、脑和性腺中，MUFA的含量都较高，团头鲂和鲫的PUFA含量要稍高于鲢和鳙，主要是$\omega 6$ PUFA含量高，而$\omega 3$ PUFA则较低。团头鲂各器官组织中$\omega 6$ PUFA相对含量较高，这可能与其草食性有关。鲢各器官组织中PUFA总量不高，但有较高含量的$\omega 3$ PUFA，$\omega 3/\omega 6$比值是五种鱼中最高的，这可能与鲢的食物中浮游植物中含有的α-C18:3$\omega 3$在鲢鱼体内转化合成C20:5$\omega 3$和C22:6$\omega 3$有关，这也表明，鲢对α-C18:3$\omega 3$转化到同系列C20和C22高不饱和脂肪酸的能力强于其他四种淡水鱼。

　　五种淡水鱼在冬季的低水温环境中，体内各器官组织中MUFA含量高，而PUFA含量相对低，鱼类脂肪酸组成受季节水温的影响较大。同时，鱼体内部存在着其他器官组织中的脂肪酸向性腺转移的现象。鲢鱼各器官组织中含有一定量的C20:5$\omega 3$和C22:6$\omega 3$，主要是由食物中的α-C18:3$\omega 3$转化而来，鲢将α-C18:3$\omega 3$转化合成C20:5$\omega 3$和C22:6$\omega 3$的能力较其他四种淡水鱼强。五种淡水鱼肌肉和肝胰脏脂肪酸组成有较强相关性。

Nutritional

Physiology

and

Feed of

Freshwater

Fish

淡 水 鱼 类

营 养 生 理

与

饲 料

第六章

鱼类的胆固醇和
胆汁酸代谢

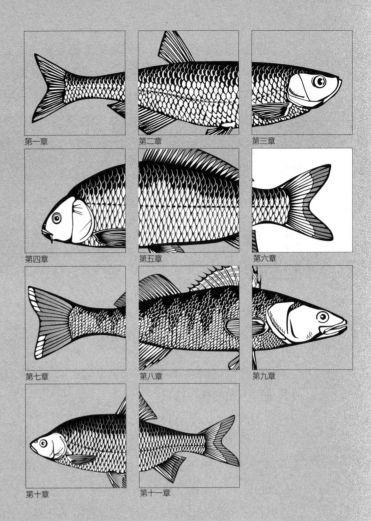

第一章　第二章　第三章

第四章　第五章　第六章

第七章　第八章　第九章

第十章　第十一章

胆固醇和胆汁酸代谢是水产动物营养生理的重要内容之一，尤其是胆汁酸的肠肝循环将肝胰脏生理和肠道生理联系在一起，而肠道黏膜屏障成为肠道健康的关键点，通常是体内炎症反应的始发位点，即由肠道炎症、肠道黏膜屏障通透性的改变作为体内生理反应的起点，通过肠肝轴的作用引发肝胰脏组织结构和功能的改变以及其他器官组织的病变。胆汁酸的合成原料为胆固醇，胆固醇代谢与胆汁酸代谢紧密相关。因此，了解胆固醇和胆汁酸的化学知识、生物合成代谢及其与水产动物健康的关系具有重要的生理意义和使用价值。

第一节
胆固醇

一、胆固醇的化学结构和性质

化学物质的三维空间结构及其主要功能基团决定了该物质的化学性质和物理性质，也是在动物体内发挥生理作用的物质基础。

胆固醇（cholesterol）的母体结构为环戊烷多氢菲，属于环戊烷多氢菲的衍生物。环戊烷多氢菲由三个环己烷和一个环戊烷组合而成。

胆固醇的分子式为$C_{27}H_{46}O$，分子量为386。密度0.98g/cm³，熔点147～150℃，沸点480.6℃（760mmHg，1mmHg=133.32Pa）。

从胆固醇的化学结构式我们可以有以下几点认知：

（1）胆固醇分子的极性

胆固醇的结构中，羟基形成一个极性的"头部"，主体结构为四个耦合在一起的环状结构，包括三个环己烷和一个环戊烷，而一个疏水性的饱和碳链形成了一个短的可摆动（C—C键旋转）的疏水的"尾部"。

值得注意的是，胆固醇分子的极性基团只有一个—OH，其余均为非极性基团。因此，即使有"两性"极性化学结构，但依然为脂溶性的性质。表现为胆固醇不溶于水，易溶于乙醚、氯仿等溶剂。

（2）胆固醇分子结构与细胞膜流动性

胆固醇分子的刚性结构为"三个环己烷+一个环戊烷"，在立体空间里具有"面状"特性的分子结构。而尾部是一个六碳的脂性链状结构，不含有不饱和键，因而其C—C键可以自由旋转，分子的"尾部"就可以自由旋转。因此，胆固醇分子作为一个两性的、扁平的、兼具刚性和柔性的小分子，它是调节磷脂双分子层流动性和相变（液晶相）的天然最佳分子，这也是胆固醇最基本的生物学功能。

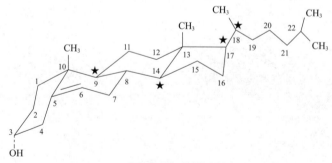

胆固醇(★表示手性碳原子)

胆固醇是构成细胞膜的重要成分，尤其是在动物细胞膜中含有胆固醇，而植物细胞膜中一般不含胆固醇。细胞膜是磷脂双分子层，内层和外层磷脂分子尾部的脂肪链构成细胞膜内部脂性空间，而极性的磷脂头部位于细胞膜的外表面和内表面。细胞膜内部的脂肪烃链为线性分子，链状分子之间可以形成一定的色散力（非极性分子相互靠近时，它们的瞬时偶极矩之间会产生很弱的吸引力，这种吸引力称为色散力。色散力、诱导力和取向力这3种分子间力统称为范德瓦耳斯力），正常情况下容易形成晶体（类似于液晶）或固体状态，这样就影响了细胞膜的流动性。而胆固醇分子作为细胞膜的组成部分之一，它极性顶端（—OH）靠近磷脂的亲水端，非极性尾端的6碳烃链则与磷脂的脂肪链尾部发生相互作用。在磷脂双分子层间拥有环状碳骨架的胆固醇分子的出现，会减弱单纯由脂肪烃链尾部间所形成的色散力，而使得细胞膜更具流动性，见图6-1。

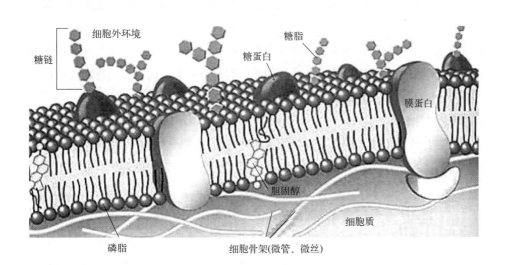

图6-1　细胞膜中的胆固醇（磷脂双分子层内部的环状物为胆固醇）

研究表明，温度高时，胆固醇能阻止双分子层的无序化；温度低时又可干扰其有序化，阻止细胞膜液晶的形成，保持其流动性。因此，胆固醇的主要作用就是维持细胞膜的稳定性，调节细胞膜的流动性。

动物细胞膜的胆固醇含量最为丰富，占细胞内总胆固醇的60%～80%；细胞器中高尔基体的胆固醇含量较高，而作为胆固醇的合成场所——内质网，其含量并不高，占0.5%～1.0%。

值得关注的是，为什么EPA和DHA在海水鱼，尤其是深海鱼类及海藻中含量较高？磷脂分子中，高不饱和脂肪酸的存在增加了细胞膜的流动性，保持了在低温条件下细胞膜的流动性。因为高不饱和脂肪酸链分子的色散力较弱，防止液晶相或固相的形成。

（3）胆固醇分子不分解的特性

在胆固醇分子中，由于其四个耦合环的结构，动物体内缺乏水解酶类，胆固醇无法被彻底氧化分解为CO_2和H_2O。其主要去路是经氧化、还原转变为其他含环戊烷多氢菲母核的化合物，进一步参与体内代谢。因此，当摄入胆固醇过量时，就沉积在体内，增加体内胆固醇的量。多余的胆固醇还可以胆固醇酯形式存储在细胞内或者直接外排到肠腔中，也可以将胆固醇外排到高密度脂蛋白中，由高密度脂蛋白运送回肝脏。在人体肝脏中，胆固醇经羧化、侧链氧化断裂，转变为胆汁酸，通过肝脏分泌胆汁的形式排出体外。人体每天排出约1.2g的胆固醇，其中1/2是以胆汁酸的形式排出，这些胆汁酸能进入肠道帮助脂类物质消化吸收。

（4）胆固醇的异构体

由胆固醇分子结构可知，胆固醇分子含有4个手性碳原子（C9、C14、C17、C18），一个手性碳原子可以形成2个镜像异构体，手性碳原子数与镜像异构体数量之间的关系为2^n（n为手性碳原子数量）。因此，胆固醇分子应该可以形成2^4个镜像异构体。镜像异构体可以引起旋光度的改变，胆固醇的比旋光度$-36°$。

动物体对化学物质镜像异构体的选择有其规律性，例如组成蛋白质的氨基酸均为L-氨基酸，天然存在的单糖均为D-型。目前没有文献报告水产动物体内的胆固醇构型差异，但可以肯定的是存在于水产动物体内的胆固醇构型是经过动物生理选择的，因此来源于动物的胆固醇构型是适合于动物需要的，也会有很高的利用效率。但是，人工合成的胆固醇存在构型差异，是否适合于动物需要则是需要考虑的问题。当存在多种构型的时候，动物会选择适合的构型，这也是人工合成的胆固醇被动物利用的效率有差异的主要原因之一。

鱼类具有胆固醇生物合成的机制，而虾蟹等甲壳动物缺乏胆固醇生物合成机制。因此，在虾蟹饲料中胆固醇是必需的营养素，而在鱼类饲料中则不是。鱼粉、虾粉、酶解鱼溶浆、肉粉、肉骨粉等原料中含有一定量的胆固醇，也是外源性胆固醇的重要来源。

（5）胆固醇作为其他物质合成原料

在动物体内，胆固醇是生物合成胆汁酸、维生素D以及甾体激素的原料。这些分子结构中，均保留了四个耦合环的结构，增加了侧链基团，尤其是功能性基团，从而既保留了部分胆固醇的性质，更增加了生理功能作用。

胆固醇在动物体内的代谢去路之一就是生物合成胆汁酸，是胆汁酸合成的原料。从胆酸（一种初级胆汁酸）化学结构式可以知道，胆酸的层面结构非常明显，一个层面为非极性的—CH_3，而另一个层面为强极性的—OH，成为具有四个环状结构的、亲水和疏水二个层面的两性分子，从而具有独特的生理作用。

胆固醇也是合成类固醇激素（steroid hormone）又称甾体激素的原料。

α-雌二醇　　　　　β-雌二醇　　　　　睾酮

类固醇激素包括性激素（雄性激素、雌性激素、孕激素）和皮质激素两大类，其化学结构特征都是以环戊烷多氢菲为母核，均以胆固醇为原料生物合成而来。以雌二醇和睾酮的化学结构式为例，从结构式可以清晰地看到，雌二醇、睾酮均以胆固醇母体结构为主体，这是以胆固醇为原料生物合成性激素和皮质激素的化学基础。

胆固醇的另外一个去路就是合成维生素D。维生素D_2和D_3由皮肤下的7-脱氢胆固醇经紫外线照射而生成。维生素D的化学结构中，将胆固醇分子中间的一个环己烷结构打开，但保留了另外三个环状结构。

维生素D本身并没有生理功能，只有转变为它的活性形式如25-羟基维生素D_3、1,25-二羟基维生素D_3、24,25-二羟基维生素D_3等才有生理活性，其中以1,25-二羟基维生素D_3为主要形式。

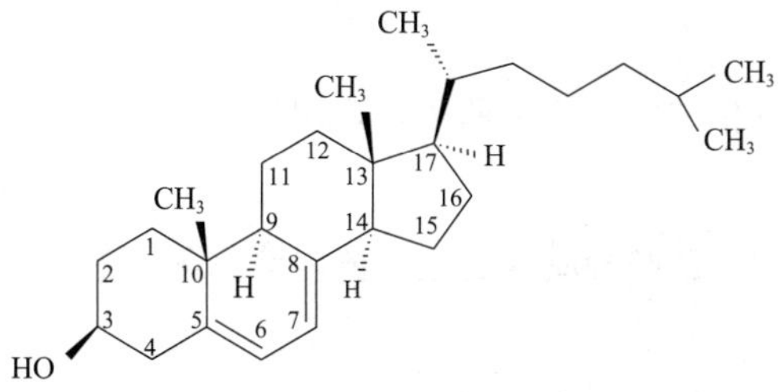

7-脱氢胆固醇

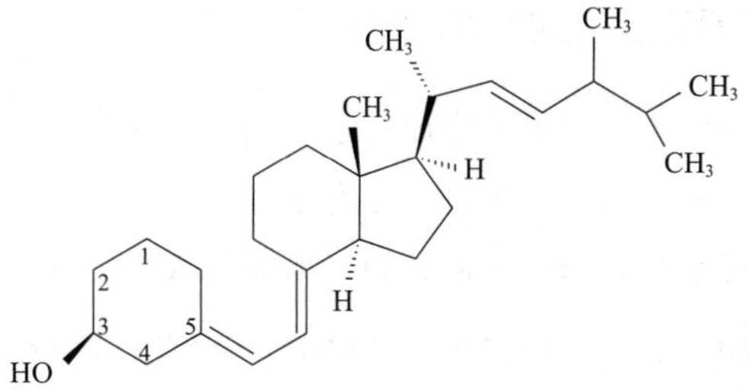

维生素D₂

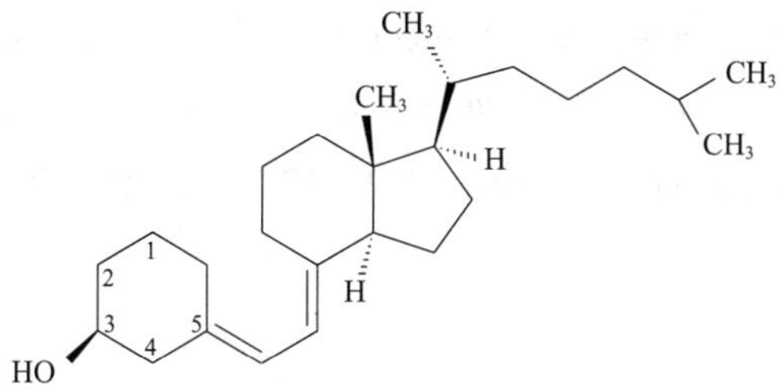

维生素D₃

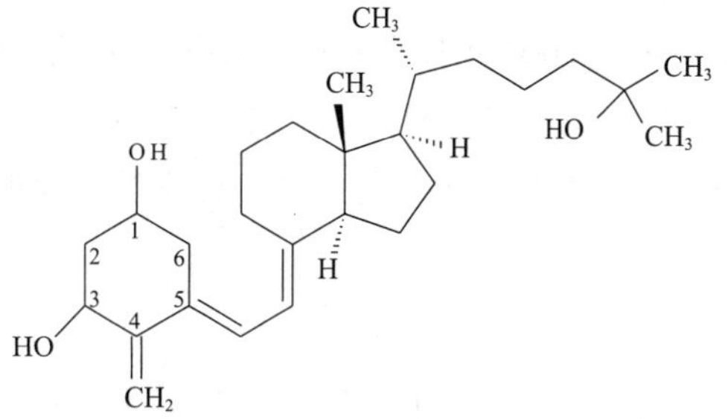

1,25-二羟基维生素D₃

过量的维生素D有毒性作用，维生素D长期过多时，高钙血症可致动脉粥样硬化、广泛性软组织钙化和不同程度的肾功能受损，严重者可致死。

二、胆固醇的生物合成途径与调控

（一）胆固醇的来源

胆固醇的来源包括三个主要路径：①通过肠道黏膜细胞吸收食糜中胆固醇，这包括了来自于食物中的、随胆汁液进入肠道的、脱落的肠黏膜细胞中的胆固醇；②细胞中胆固醇的合成，肝细胞和肠道黏膜细胞是胆固醇合成的主要细胞，胆固醇生物合成也受到严格的代谢控制，在新合成的胆固醇中，肝脏合成了80%的胆固醇，肠道合成了20%的胆固醇；③逆转运来自于肝细胞以外组织细胞、血液中的胆固醇，这类胆固醇一般以胆固醇酯的形式存在。

几乎所有的动物都具有以乙酰辅酶A为原料合成胆固醇的能力，我们在草鱼、鲫鱼、黄颡鱼等相关研究中也证实了鱼类同样具有合成胆固醇的能力。胆固醇生物合成主要在肝细胞和肠道黏膜细胞。食物中的胆固醇主要存在于动物性原料中，植物性原料胆固醇含量极低。食物来源的胆固醇主要在肠道中被吸收，通过淋巴循环运送到体内不同的器官组织中。

值得注意的是，虽然水产动物具备胆固醇的合成能力，但也可能出现胆固醇供给不足而影响生长速度和生理健康的情况。由于植物性饲料原料中胆固醇含量低，全植物性日粮中胆固醇供给不足，完全依赖鱼体自身合成胆固醇也难以满足需要，这时就会出现即使鱼体肝细胞和肠道黏膜细胞胆固醇合成代谢强度增加，依然出现胆固醇缺乏症情况，如胆汁酸合成量不足，且可能影响到固醇类激素合成，并由此影响到水产动物的生理代谢平衡。

同时，如果肠道黏膜和肝脏（肝胰脏）受到损伤之后，这些细胞合成胆固醇的能力会显著下降。

（二）胆固醇的生物合成

生物体内，物质的合成代谢都是受到基因表达及其相关酶或蛋白质生理作用控制的。鱼类与其他陆生动物一样，具备合成胆固醇的能力。

胆固醇生物合成的原料为乙酰辅酶A（acetyl-CoA），乙酰辅酶A是生物体内糖代谢、脂代谢以及氨基酸代谢的一个中间产物，也是脂肪酸合成的原料。

以乙酰辅酶A为原料完全合成胆固醇需要经历30多步化学反应（见图6-2）。生物体内，一种物质的生物合成途径中，经历多步骤的合成代谢反应时，一般有几个步骤的化学反应成为整个合成代谢的控制反应，称为限速反应，控制着整个合成代谢路径的反应强度和方向。在生物体以乙酰辅酶A为原料最终合成胆固醇过程中，最初几步反应是将乙酰辅酶A合成为甲羟戊酸（mevalonate），被称为甲羟戊酸途径，其中HMG-CR（3-hydroxy-3-methylglutaryl coenzyme A reductase，3-羟基-3-甲基戊二酰辅酶A还原酶）负责将3-羟基-3-甲戊二酸单酰辅酶A（HMG-CoA）催化转化为甲羟戊酸，是胆固醇合成甲羟戊酸途径的限速酶。每合成一分子的胆固醇大约消耗18分子的ATP、27分子的NADPH和11分子的O_2。

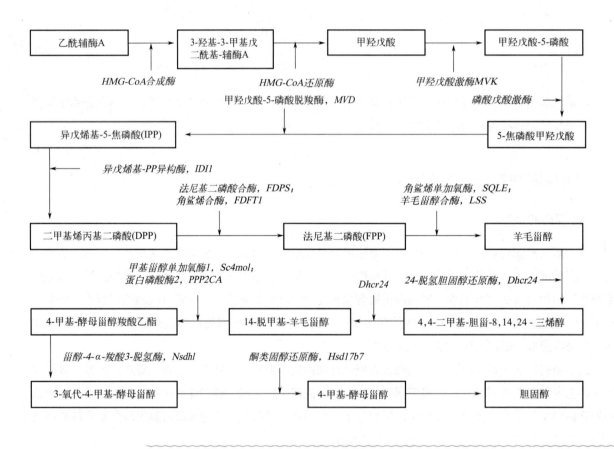

图6-2 胆固醇合成途径及其催化酶
图中催化酶为斜体

（三）胆固醇生物合成途径的调控

胆固醇合成过程受到SCAP-SREBP通路和HMG-CR降解的负反馈调控。胆固醇合成主要发生在内质网上，内质网是胆固醇生物合成的位点。

（1）胆固醇合成途径的激活

胆固醇合成反应的起始在于SREBPs的调控作用。SREBPs（sterol-regulatory element binding proteins）称为胆固醇调节元件结合蛋白，位于细胞的内质网。

SREBPs属于bHLH-Zip（basic helix-loop-helix leucine zipper transcription factors）转录因子家族，有SREBP1-a、SREBP1-c和SREBP2三种形式。其中SREBP1-a、SREBP1-c是由同一基因通过不同的转录起始位点所转录的，主要负责调控脂肪酸和甘油三酯合成过程中关键基因的表达，而SREBP2主要负责胆固醇合成基因的转录调控。

新合成的SREBPs为无活性前体，称为pSREBP，存在于内质网。SREBPs前体有1150个氨基酸残基，主要由3个结构域组成：①N端（480个氨基酸残基）具有转录调控功能的bHLHZip结构域；②中部2个跨膜区（80个和31个氨基酸残基），朝向内质网的亲水区；③C端（590个氨基酸残基）的剪切调控区。在内质网上，pSREBP嵌入内质网膜，SREBP的C端结构域与SCAP蛋白（SREBP cleavage-activating protein）以及Insig蛋白（insulin-induced gene）形成复合物，即"SREBP+SCAP蛋白+Insig蛋白复合体"。

SCAP蛋白称为SREBP裂解激活蛋白，位于内质网中，可以激活SREBPs的裂解。SCAP是一个由1276个氨基酸残基组成的膜蛋白，其氨基末端550个氨基酸形成相互间隔的疏水区和亲水区，包含8个跨膜螺旋结构；水溶性的羧基末端725个氨基酸包含5个拷贝的WD40重复序列，介导蛋白之间的相互作用。哺乳动物的胰岛素诱导基因（*Insig*）的两个异构体*Insig-1*和*Insig-2*，均可以使SCAP-SREBP复合体滞留在内质网膜上，也都可以激活固醇依赖的HMG-CoA还原酶降解。SREBPs可被两种蛋白酶裂解活化，包括S1P（site 1 protease）和S2P（site 2 protease）。S1P裂解SREBPs内质网膜腔内部分，S2P裂解跨膜区域。

胆固醇合成没有开始的时候，"SREBP+SCAP蛋白+Insig蛋白复合体"存在于内质网中。在转录调控时，SREBP的N端结构域必须从位于内质网的pSREBP上剪切释放出来，进入细胞核发挥转录调节功能。

当细胞内胆固醇水平降低后，SCAP蛋白构象发生变化，与Insig分离，协助SREBP前体（pSREBP）从内质网转运到高尔基体上，在高尔基体上经过S1P、S2P介导的两步酶切后，产生具有转录调节活性的核形式N端结构域（nSREBPs），转运入核，通过结合甾醇调控元件SREs（sterol regulatory element）（长度10bp）激活下游胆固醇合成途径相关基因（如*HMG-CR*、*LDLR*等）的表达，见图6-3。

（2）胆固醇合成途径的抑制

当细胞内胆固醇水平较高时，SCAP的甾醇感受结构域（sterol-sensing domain，SSD）感知内质网（endoplasmic reticulum，ER）胆固醇水平，与Insig相结合，将SREBP/SCAP复合物滞留在内质网上，抑制N端转录调控域剪切入核发挥转录调节作用，通过SCAP-SREBP途径在转录水平抑制胆固醇合成基因如*HMGCR*等的表达，从而抑制了胆固醇的合成。

调控抑制胆固醇生物合成的另一途径是HMGCR的降解调控。胆固醇自身也可作为信号分子来调节与其结合的蛋白质的结构和功能。HMGCR作为胆固醇合成的限速酶，也是胆固醇反馈抑制的重要调控位点。胆固醇合成中间体羊毛甾醇（lanosterol）可以促进HMGCR的降解，从而降低胆固醇的合成。

HMGCR的泛素化降解是由氧化型胆固醇（oxysterol）或羊毛甾醇（lanosterol）诱导的。当细胞内的胆固醇水平升高时，氧化型胆固醇或羊毛甾醇在内质网膜上积累，触发了HMGCR与Insig的结合，同时还招募了泛素连接酶gp78。gp78与泛素交联酶Ubc7和ATP酶VCP97形成复合物，协同将HMGCR泛素化修饰并转运到蛋白酶体上降解。

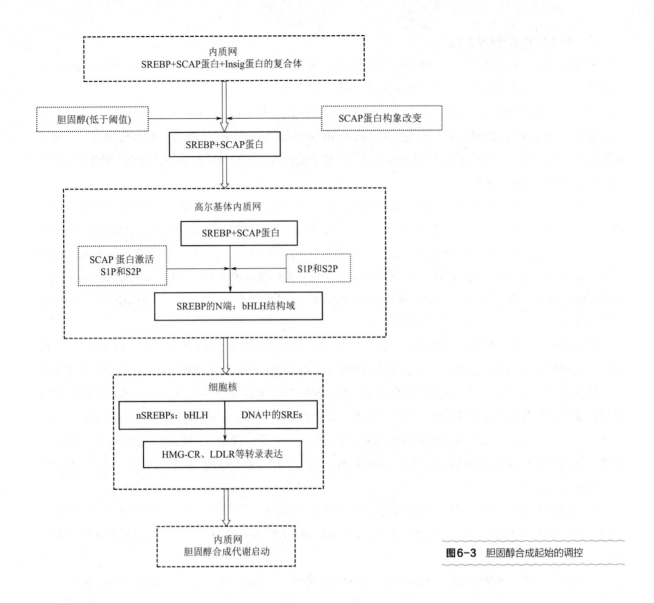

图6-3　胆固醇合成起始的调控

（四）胆固醇的合成量

水产动物每天的胆固醇合成量还没有系统的研究。人体内胆固醇的量约为140g，每天更新的胆固醇总量约为1g，与人从食物中获取的胆固醇比例约为7∶3。成年人的各个组织都能合成胆固醇，其中肝脏和肠黏膜是合成胆固醇的主要场所，分别占胆固醇合成量的50%和24%，而几乎所有哺乳动物细胞都能合成胆固醇。

三、胆固醇的吸收

胆固醇的来源除了通过自身合成外，还通过消化道对食糜中的胆固醇进行吸收。

水产动物与其他陆生动物一样，消化道中的食糜包含了食物、消化液（消化酶、活性物质等）、消化道脱落的细胞，以及消化道微生物及其代谢产物。

食物来源的胆固醇包含了游离的胆固醇和与脂质结合的胆固醇。食物中胆固醇是与一些脂类化合物结合在一起的，需要在消化过程中逐渐释放出来。肝脏细胞合成的部分胆固醇与胆汁酸等混合在一起，并随胆汁酸经过胆囊、胆总管进入消化道，所以，胆汁液中也含有部分的胆固醇。消化道黏膜细胞是动物体内更新速度很快的细胞，也是肠道黏膜屏障保护的一种生理机制，一般情况下，3～5d肠道黏膜细胞就会更新一次。而脱落的细胞在消化道中也会被水解，其中也会释放出胆固醇。

因此，消化道食糜中的胆固醇包含了食物来源的胆固醇、胆汁液中的胆固醇和脱落消化道黏膜细胞分解释放的胆固醇。

胆固醇是高度疏水的小分子，胆汁酸是既包含亲水性羧基、羟基又包含疏水性烃基的两性分子。胆固醇要到达肠道黏膜细胞的表面被吸收，需要胆汁酸的协助，胆汁酸与胆固醇形成脂质乳化后的球状微团到达黏膜上皮细胞的表面。

黏膜细胞吸收胆固醇的靶点是NPC1L1（niemann-pick-C1-like 1）蛋白，定位在肠黏膜上皮细胞的刷状缘。NPC1L1蛋白与相关胆固醇转运蛋白Flotillin-1和Flotillin-2相互作用，将胆固醇和其他甾醇转运通过肠黏膜细胞刷状缘，运送到肠黏膜细胞内。NPC1L1是肠黏膜细胞刷状缘膜上的13次跨膜蛋白，它的N端位于细胞膜外侧朝向肠腔，C端位于细胞内，而3～7跨膜区段构成了甾醇感受结构域。NPC1L1蛋白的N端结构域可以特异性结合刷状缘膜上的胆固醇。同时，质膜上的脂筏标记蛋白Flotillin-1和Flotillin-2与NPC1L1结合，协助NPC1L1在其周围形成一个富含胆固醇的微结构域。局部的高胆固醇导致NPC1L1的蛋白质构象变化，使羧基端与质膜解离。经过多步反应装配形成内吞复合体转运至黏膜上皮细胞内。

胆固醇内吞复合体进入上皮细胞后，胆固醇被转移至内质网，胆固醇在内质网被脂肪酰转移酶（acyl CoA: cholesterol acyltransferase，ACAT）催化，胆固醇被重新酯化，聚合成乳糜微粒。ACAT蛋白定位在内质网上，其中ACAT1表达在各组织和细胞中，而ACAT2特异性地表达于小肠和肝脏细胞中，胆固醇在运输到内质网上后，由内质网上的ACAT2催化形成胆固醇酯。这些胆固醇再在载脂蛋白Apo B和MTTP等作用下，同甘油三酯、磷脂及少部分的游离胆固醇一起装配形成乳糜微粒，经基底膜分泌进入淋巴循环。乳糜微粒从淋巴液分泌至血液中。肝脏合成的胆固醇由血液中的LDL运送到全身各处，供各组织细胞使用。而在各组织细胞上负责接收LDL的是位于细胞质膜上的受体LDLR。

LDLR广泛存在于哺乳动物外周细胞中，是一个单次跨膜蛋白，它可以通过受体介导的内吞途径介导LDL的吸收。在这个过程中，LDLR的胞外段与载脂蛋白Apo B相互作用，从而介导了LDLR与LDL的结合。

四、胆固醇的运输

胆固醇在血液中以脂蛋白的形式进行运输。脂蛋白主要由载脂蛋白、磷脂、甘油三酯、胆固醇及胆固醇酯组成。根据密度可将脂蛋白颗粒分成4类：乳糜微粒（chylomicron，CM）、极低密度脂蛋白（very low-density lipoprotein，VLDL）、低密度脂蛋白（low-density lipoprotein，LDL）、高密度脂蛋白（high density lipoprotein，HDL）。乳糜微粒用于肠道吸收的甘油三酯、磷脂和胆固醇的运输；VLDL主要用于甘油三酯的转运；LDL负责将肝脏合成的内源性胆固醇运往全身各处；而HDL负责将各组织外排的胆固醇运回肝脏代谢。不同脂蛋白颗粒中的脂质比例差异很大。其中LDL中的胆固醇和胆固醇酯含量最高，可占到LDL质量的50%，也是血液中运输胆固醇的主力。

LXR是近年来发现的调节胆固醇外排的转录因子。它可以通过调节胆固醇输出、胆汁酸的产生、脂肪酸的合成以及脂质转运蛋白的表达来调节胆固醇代谢的动态平衡。它能活化包括*ABCA1*、*ABCG5/8*及*Cyp7a1*在内的参与胆固醇外排的基因的表达。而在肠道细胞中植物甾醇和胆固醇含量过高时，位于肠细胞刷状缘面的ABCG5/ABCG8能介导多余的植物甾醇和胆固醇外排到肠腔中。

肝脏与外周组织间胆固醇的运输需要多种脂蛋白的参与，主要包括载脂蛋白A（apolipoprotein A，Apo A）、载脂蛋白B（apolipoprotein B，Apo B）、载脂蛋白C（apolipoprotein C，Apo C）、载脂蛋白D（apolipoprotein D，Apo D）、载脂蛋白E（apolipoprotein E，Apo E）五大类，且这类蛋白质的生物合成具有复杂的调控机制。脂蛋白是运输疏水性脂类重要的工具，其包含各种脂类和特定的载脂蛋白。

细胞内含有多种与胆固醇转运相关的脂质转运蛋白。肝脂肪酸结合蛋白（L-FABP）可明显提高肝细胞质膜外层的胆固醇比例。

五、胆固醇的逆转运

外周细胞无法降解胆固醇，而HDL能将胆固醇从外周细胞移出运送至肝脏，在肝脏被重新循环利用或转变为胆汁盐的形式最终随粪便排出体外，这个过程叫做胆固醇逆转运（reverse cholesterol transport，RCT）。

在血液经胆固醇酯转运蛋白（CETP）介导下，HDL颗粒上的部分胆固醇酯可以与LDL、VLDL上的磷脂或甘油三酯进行交换。当HDL随血液循环到达肝脏后，与肝细胞上的特异性的受体结合，其携带的胆固醇酯进入到肝脏。大部分进入肝脏的胆固醇转变成胆酸盐，再经肝胆管流入肠道，在肠道细菌群的作用下初级胆酸盐转变成了次级胆酸盐。

六、胆固醇的动态平衡与代谢调控

细胞内有一套复杂的调控机制控制着胆固醇的动态平衡。总结研究资料和我们对鱼类胆固醇合成代谢通路的研究结果，胆固醇动态平衡的调控机制路径如图6-4所示。

胆固醇动态平衡条件机制包括激素调控作用、胆固醇浓度逆向调控路径。调控作用的方向是，胆固醇浓度下降到一定阈值后，将启动胆固醇的合成代谢，增强胆固醇逆转运，增强胆固醇的吸收，而当胆固醇浓度过高时，则抑制胆固醇的合成，促进胆固醇向胆汁酸的转化。

细胞中胆固醇浓度变化是启动胆固醇代谢稳定态调控机制的关键因素，需要有一个胆固醇感受器。SCAP蛋白就是细胞中胆固醇浓度的感受器。位于内质网膜上的SCAP在N端550个氨基酸疏水序列形成8个跨膜螺旋，其中第2～6个跨膜区组成一个固醇敏感区（sterol sensing domain，SSD），可以感受细胞胆固醇水平变化。当细胞中胆固醇浓度过高时，SCAP与Insig相结合，将SREBP/SCAP复合物滞留在内质网上，从而抑制了胆固醇的合成。相反，当胆固醇浓度过低时，SCAP发生构象变化，SREBP/SCAP复合物脱离内质网，移动到高尔基体，将SREBP-bHLH结构域转移到细胞核，启动胆固醇的生物合成。

胆固醇浓度的调节。胆固醇可反馈抑制HMG CoA还原酶的活性，并减少该酶的合成，从而达到降低胆固醇合成的作用，细胞内胆固醇来自体内生物合成或胞外摄取。血中胆固醇主要由低密度脂蛋白（LDL）携带运输，借助细胞膜上的LDL受体介导内吞作用进入细胞。当胞内胆固醇过高时，可抑制LDL受体的补充，从而减少由血中摄取胆固醇。

激素的调节。HMG CoA还原酶在胞液中经蛋白激酶催化发生磷酸化丧失活性，而在磷蛋白磷酸酶作用下又可以脱去磷酸恢复酶活性，胰高血糖素等通过第二信使cAMP影响蛋白激酶，加速HMG CoA还原酶磷酸化失活，从而抑制此酶，减少胆固醇合成。胰岛素能促进酶的脱磷酸作用，使酶活性增加，则有利于胆固醇合成。此外，胰岛素还能诱导HMG CoA还原酶的合成，从而增加胆固醇合成。甲状腺素亦可促进该酶的合成，使胆固醇合成增多，但其同时又促进胆固醇转变为胆汁酸，增加胆固醇的转化，而且此作用强于前者，故当甲状腺机能亢进时，患者血清胆固醇含量反而下降。

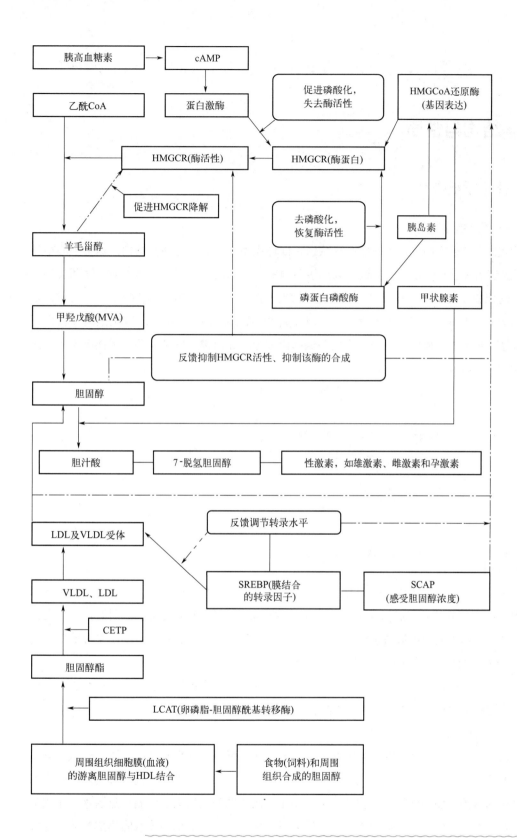

图6-4 胆固醇合成的调控（激素调节和胆固醇浓度调节）

第二节
胆汁酸的化学结构与性质

一、胆汁酸的立体化学结构

（1）胆汁酸的核心化学结构

不同种类的胆汁酸分子结构中，均含有四个环状结构即环戊烷多氢菲作为核心结构，这个核心结构是疏水性的。在环戊烷多氢菲C17位上的侧链可以连接不同的化学基团，如胆酸为异戊酸。在环戊烷多氢菲核心结构的不同位置上有羟基（—OH），不同胆汁酸分子的—OH主要在C3、C6、C7、C12，且—OH在不同胆汁酸分子结构中的空间位置有差异，以α/β构型表现出不同的构型。C3位上的羟基保留了胆固醇分子的构型，为α-型。胆汁酸分子环戊烷多氢菲内核上均无双键，但是有多个手性碳原子，意味着可以产生不同的镜像异构体。

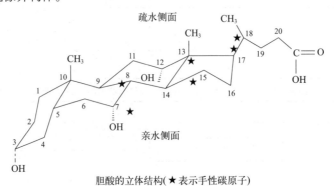

胆酸的立体结构（★表示手性碳原子）

（2）胆汁酸分子的构型

胆汁酸含有手性碳原子，可以形成不同的镜像异构体，属于同分异构体的一类，这也是胆汁酸分子多样性的结构基础。在化学分子式（层面状结构的分子）中一般以α或β表示其化学基团的构型。在人工合成胆汁酸产品中，即使以同一种原料进行胆汁酸合成，也会产生不同的异构体。动物来源的胆汁酸镜像异构体是经过动物选择的、适合于动物生理代谢本身的。

不同动物胆汁中的胆汁酸种类中存在镜像异构体胆汁酸，如熊胆汁中的熊脱氧胆酸含量较高，其化学本质为鹅脱氧胆酸的镜像异构体；猪胆酸与鼠胆酸也是镜像异构体。

（3）胆汁酸的分子极性

胆汁酸分子结构中，既含有亲水性的—OH及—COOH或牛磺酸基，又含有四个疏水性烃核（分子内核）和甲基。亲水基团（—OH）多数为α型，而甲基（—CH₃）为β型，两类不同极性的基团分别位于环戊烷多氢菲烃核的两侧，使胆汁酸分子构型上具有亲水和疏水的两个侧面。磷脂也是疏水、亲水的两性分子，或称为乳化剂性质的分子，但磷脂的分子较大且是线性（亲水头部和疏水的尾部）的两性分子；而胆汁酸分子相对较小，且为层面状结构的两性分子，这是胆汁酸分子非常重要的性质。胆汁酸具有较强的界面活性，能降低油水两相间的表面张力。由胆汁酸乳化油脂形成的水溶体系中的脂质体体积可以较大，而磷脂的疏水、亲水界面形成的脂质体体积则相对较大，如细胞膜。

（4）不同胆汁酸的结构差异

胆汁酸生物合成的原料是胆固醇，在保留了胆固醇核心结构（环戊烷多氢菲）的同时，C3位上的—OH在所有的胆汁酸分子得以保留，且均为α构型，这是胆汁酸结构上的共性。而其他位置上的—OH有差异，如C7和C12位上的—OH则出现变化。

例如，胆酸与脱氧胆酸在化学结构上主要差异在C7位上的—OH，脱去C7位上的—OH即为脱氧胆酸。胆酸与鹅脱氧胆酸在化学结构上的差异在C12位上的—OH，脱去C12位上的—OH即为鹅脱氧胆酸。如果同时脱去C7位和C12位上的—OH即为石胆酸。甘氨胆酸、牛磺胆酸的化学结构差异在烃链末端是甘氨酸或者是牛磺酸基。熊脱氧胆酸和鹅脱氧胆酸为同分异构体，主要差异是C7位上—OH的空间位置，鹅脱氧胆酸为7α构型，而熊脱氧胆酸为7β构型。

（5）胆汁酸的物理化学性质

含有羧基的胆汁酸，具有羧基官能团的化学性质，即它可与碱反应生成盐、与醇反应生成酯。胆汁酸盐主要为胆汁酸钠盐。

二、不同胆汁酸的化学结构与性质

从胆汁酸的化学结构式中可以发现，胆汁酸都是24个C原子的，但是—OH的数量、位置差异则构成了不同种类的胆汁酸。

依据—OH数量差异构成的胆汁酸种类有：含有一个—OH的胆汁酸如石胆酸，含有二个—OH的胆汁酸如脱氧胆酸，含有三个—OH的胆汁酸如胆酸，含有四个—OH的胆汁酸如海豹胆酸。

依据—OH在核心结构上位置的不同也构成不同种类的胆汁酸，如含有二个—OH的胆汁酸中，脱氧胆酸为$3\alpha,12\alpha$-二羟基，猪脱氧胆酸为$3\alpha,6\alpha$-二羟基，鹅脱氧胆酸为$3\alpha,7\alpha$-二羟基（熊脱氧胆酸为$3\alpha,7\beta$-二羟基，与鹅脱氧胆酸为同分异构体）。在含有三个—OH的胆汁酸中，胆酸为$3\alpha,7\alpha,12\alpha$-三羟基，猪胆酸为$3\alpha,6\alpha,12\alpha$-三羟基，蟒胆酸为$3\alpha,12\alpha,16\alpha$-三羟基，海豹胆酸为$3\alpha,7\alpha,23\alpha$-三羟基。

α/β异构体胆汁酸除熊脱氧胆酸和猪脱氧胆酸外，还有α-鼠胆酸（$3\alpha,6\beta,7\alpha$-三羟基）和β-鼠胆酸（$3\alpha,6\beta,7\beta$-三羟基）。3α-石胆酸的同分异构体为3β-石胆酸，存在于人、兔子的粪便中。在鱼类、两栖类等动物中，还含有27、28个C原子的胆汁酸。

（1）胆酸系列

胆酸（cholic acid，CA）是在内核C17位上连接了异戊酸。胆酸是以胆固醇为原料在细胞（如肝细胞或肠道黏膜细胞）中合成的游离胆汁酸。胆酸的化学名称为$3\alpha,7\alpha,12\alpha$-三羟基-5β-胆烷-24-酸。分子式为$C_{24}H_{40}O_5$，分子量为408.58。

甘氨胆酸（glycocholic acid，GCA）为结合型胆酸，分子式$C_{26}H_{43}NO_6$，分子量465.62。化学名称为N-（$3\alpha,7\alpha,12\alpha$-三羟基-24-羧基胆烷-24-基）-甘氨酸。即异戊酸的—COOH与甘氨酸的—NH_2化合形成酰氨键（类似于肽键）。

牛磺胆酸（taurocholic acid，TCA）分子式$C_{26}H_{45}NO_7S$，分子量515.71。化学名称为N-（$3\alpha,7\alpha,12\alpha$）三羟基-5β-胆甾烷-24-酰基牛磺酸，即异戊酸与牛磺酸连接。

胆酸、甘氨胆酸、牛磺胆酸的分子结构差异是C17位上的异戊酸，异戊酸分别连接甘氨酸基团和牛磺酸，内核结构则没有差异。

（2）脱氧胆酸系列

脱氧胆酸是以胆酸为基础，在酶的催化下脱去C7上的—OH而来，但C7上的—OH脱去后，C7的碳原子变为了非手性碳原子。脱氧胆酸（deoxycholic acid，DCA）分子式$C_{24}H_{40}O_4$，分子量392.58。化学名称为$3\alpha,12\alpha$-二羟基-5-β-胆烷-24-酸。

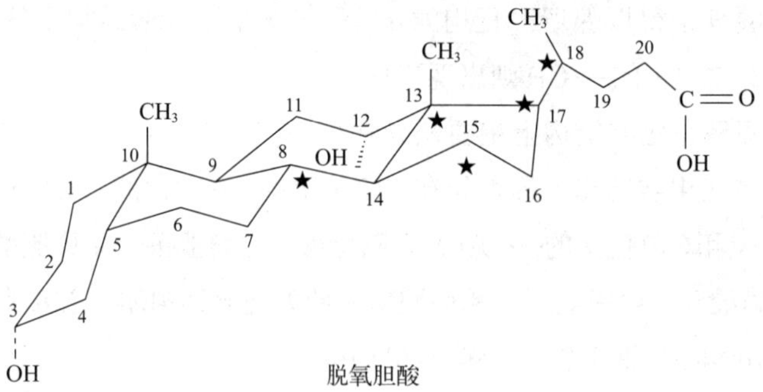

脱氧胆酸

甘氨脱氧胆酸（glycodeoxycholic acid，GDCA），化学式：$C_{26}H_{45}NO_6 \cdot xH_2O$，分子量：449.62。化学名称为 N-（$3\alpha,12\alpha$-二羟基-24-氧代胆烷-24基）甘氨酸。甘氨脱氧胆酸是以脱氧胆酸为前体，脱氧胆酸的—COOH连接甘氨酸合成。

(3) 猪胆酸和猪脱氧胆酸

猪胆酸（hyocholic acid，HCA）的化学名称为 $3\alpha,6\alpha,7\alpha$-三羟基-5β-胆烷酸，猪脱氧胆酸（hyodeoxycholic acid，HDCA）为 $3\alpha,6\alpha$-二羟基-5β-胆烷酸。当猪胆酸C7位上的—OH脱去后就转变为猪脱氧胆酸。猪胆酸与胆酸的化学结构比较，在环戊烷多氢菲内核上的—OH位置发生了改变，猪胆酸C12上没有—OH，但在C6位上有—OH。

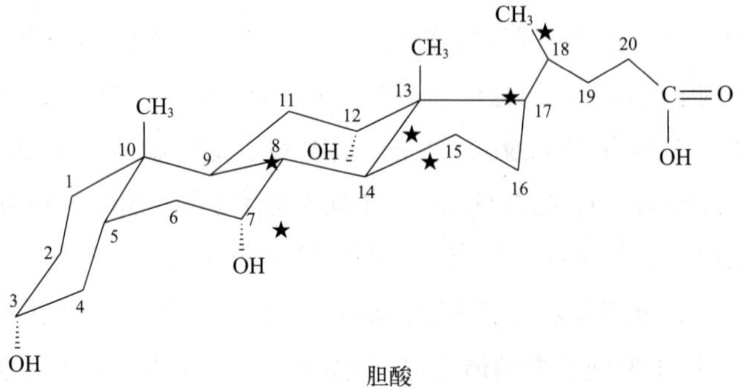

胆酸

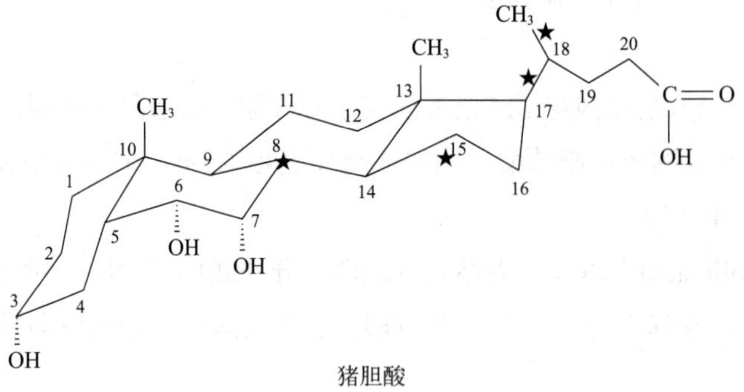

猪胆酸

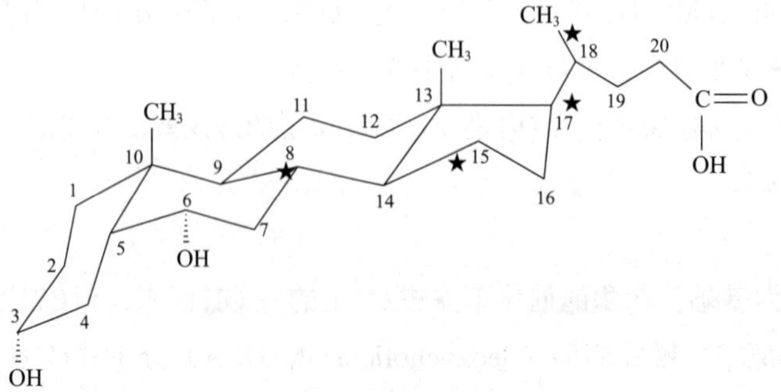

猪脱氧胆酸

以猪胆酸分子结构为基础，如果C7位上的—OH由α异构化，就是鼠胆酸。因此，猪胆酸与鼠胆酸实质上为一对镜像异构体。

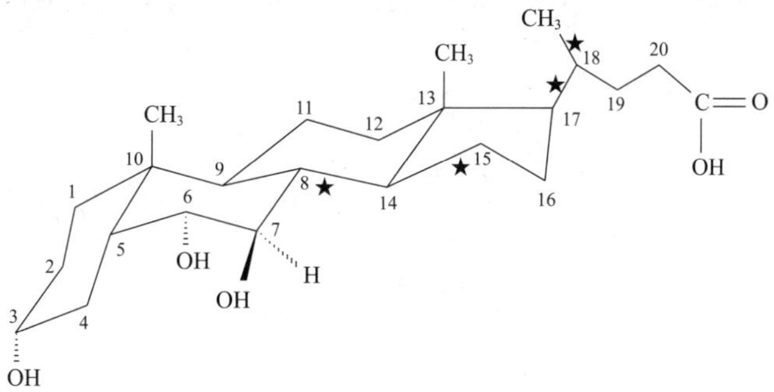

鼠胆酸

（4）熊脱氧胆酸和牛磺熊脱氧胆酸

熊脱氧胆酸（ursodeoxycholic acid，UDCA）分子式：$C_{24}H_{40}O_4$，分子量：392.57，化学名称为$3\alpha,7\beta$-二羟基-5β-胆甾烷-24-酸。熊脱氧胆酸C7位上的—OH是β构型。

牛磺熊脱氧胆酸（tauroursodeoxycholic acid，TUDCA）是由熊脱氧胆酸的羧基与牛磺酸的氨基之间缩水而成的结合型胆汁酸。分子式：$C_{26}H_{45}NO_6S$，分子量499.70，化学名称为$3\alpha,7\beta$-二羟基胆烷酰-N-牛磺酸。

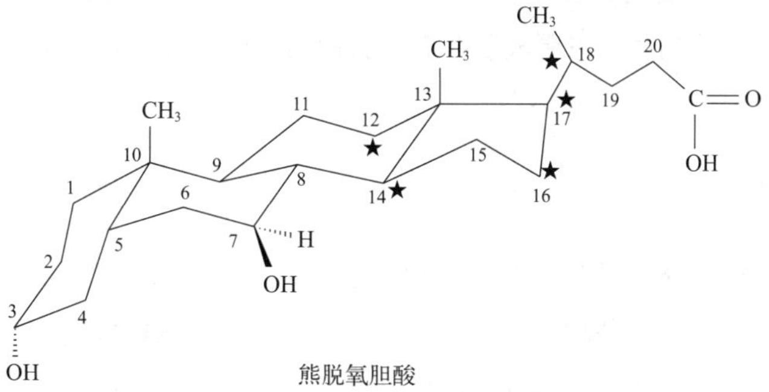

熊脱氧胆酸

（5）石胆酸

石胆酸（lithocholic acid，LCA）为3α-羟基-5β-胆烷酸。如果与胆酸的化学结构比较，胆酸分子环戊烷多氢菲内核结构C7和C12上的—OH脱去（保留了C3位上的—OH）就为石胆酸。石胆酸上的羧基分别与甘氨酸、牛磺酸结合，可以生产甘氨石胆酸（glycolithocholic acid，GLCA）、牛磺石胆酸（taurolithocholic acid，TLCA）。

石胆酸能抑制毛细胆管膜上的Na^+-ATP酶、K^+-ATP酶的活性，从而导致胆汁分泌障碍，饲料中添加过量的石胆酸、肝细胞中积累过量的石胆酸对肝胰脏是有害的，容易造成肝细胞损伤并出现胆汁淤积。另外，石胆酸所形成的微团大，使胆汁黏度显著增加，这也是石胆酸造成胆汁淤滞的原因。石胆酸具有肝毒性，可以导致动物肝实质细胞的损害。在人体内，只有很少部分被重吸收并在肝细胞中通过硫酸盐化被解毒，随胆汁分泌，多数石胆酸直接随粪便排出。

（6）鹅脱氧胆酸系列

包括鹅脱氧胆酸（chenodeoxycholic acid，CDCA）、甘氨鹅脱氧胆酸（glycochenodeoxycholic acid，GCDCA）和牛磺鹅脱氧胆酸（taurochenodeoxycholic acid，TCDCA）。

鹅脱氧胆酸的化学结构与脱氧胆酸比较，鹅脱氧胆酸的C3和C7位上含有—OH，而脱氧胆酸是C3、C12位上含有—OH，且均为α型。

鹅脱氧胆酸与熊脱氧胆酸的化学结构比较，在于C7位上—OH的空间位置有差异，熊脱氧胆酸（3α,7β-二羟基-5β-胆甾烷-24-酸，分子式$C_{24}H_{40}O_4$）的—OH为7β、而鹅脱氧胆酸（3α,7α-二羟基-5β-胆甾烷-24-酸，分子式$C_{24}H_{40}O_4$）的—OH为7α，因此，鹅脱氧胆酸与熊脱氧胆酸为同分子的镜像异构体，即同分异构体。

鹅脱氧胆酸

鹅脱氧胆酸与熊脱氧胆酸的生理作用则有很大的差异。熊脱氧胆酸已经作为临床上治疗肝病的药物（如获美国食品药品监督管理局FDA批准治疗原发性胆汁淤积性肝硬化的药物），具有利胆、保护细胞、抗凋亡、抗氧化和免疫调节作用，具有抗肝细胞凋亡的作用。鹅脱氧胆酸具有一定药理作用，例如在溶解胆固醇型胆结石方面。但鹅脱氧胆酸有一定的毒性，主要原因是鹅脱氧胆酸在肠道细菌作用下转变为石胆酸，石胆酸是一种肝毒性物质，主要表现在血清谷丙转氨酶（GPT）增高、腹泻和肝毒性。

三、胆汁酸的生理功能

胆汁酸分子表面既含有亲水的羟基、羧基和磺酸基，又含有疏水的甲基和烃核，而且主要的几种胆汁酸的羟基空间位置均属α型，甲基均为β型，所以，胆汁酸的立体构象具有亲水和疏水两个侧面。这就使胆汁酸分子具有较强的界面活性，能够降低油/水两相之间的界面张力。正是具有上述结构特征，胆汁酸盐才能将脂类等物质在水溶性中乳化成3～10μm的微团。胆汁酸盐在脂类的消化吸收和维持胆汁中胆固醇呈溶解状态中起着十分重要的作用。因此，在动物体内胆汁酸最重要的功能是消化食物中的脂肪和脂溶性物质（油溶性维生素和胆固醇等）。

在食物的消化过程中，胆汁酸不但起到辅助脂肪酶的作用，同时能够增强脂肪酶的活性。食物中的脂肪通过胆汁酸的作用而被乳化，并且被脂肪消化酶所消化。消化产物包含在胆汁酸的微粒中，并被小肠中的绒毛膜吸收。由于脂肪酶的活性在pH值为8～9时，它的效果是最好的；而在pH值为6～7时，脂肪酶基本不起作用。小肠前端pH值为6～7，在那里脂肪酶实际上是不起作用的，但是当脂肪酶与胆汁酸形成一种复合物时，脂肪酶的性质发生了改变，它能在pH值为6～7的小肠中起作用。并且在吸收的过程中，脂肪酶不仅可以执行运输功能，同时，它还可以提高在小肠中绒毛膜表面的脂肪浓度，并促进吸收。

胆汁酸具有提高动物免疫力，减少动物体内细菌内毒素吸收量的功能。随着抗生素在养殖业中的大量使用，细菌的抗药性以及抗生素的二次污染等问题受到越来越多的关注。抗生素杀灭细菌后产生大量的内毒素称为抗生素的二次污染，内毒素严重影响动物体的健康，容易引起急性肝脏营养缺乏症，并且不容易防治。而胆汁酸的缺乏会加速小肠吸收内毒素和产生严重的胃部阻塞物。如果动物摄入适量的脱氧胆汁酸，就能有效分解内毒素，维持动物体的健康。

胆汁酸还是一种有效的杀菌剂。在动物的大肠中，胆汁酸能够抑制大肠埃希菌、链球菌及其他有害细菌的增殖。胆汁酸还能防止食物在胃部腐烂与发酵。因此，胆汁酸还能够预防气胀与腹肿胀等疾病。刘玉芳等（1998）研究了草鱼胆汁酸对细菌生长的抑菌作用，发现草鱼结合胆汁酸盐和游离胆汁酸盐对三种革兰氏阳性菌，如金黄色葡萄球菌、藤黄八叠球菌和枯草芽孢杆菌有抑菌作用，能够明显地抑制革兰氏阳性菌的生长。草鱼结合胆汁酸盐像乳糖培养基中的牛胆盐一样，能够抑制革兰氏阳性菌的生长，而有利于革兰氏阴性菌如大肠埃希菌的生长。草鱼游离胆汁酸盐像GN增菌液中的脱氧胆酸钠一样，能够抑制革兰氏阳性菌的生长，而对革兰氏阴性菌痢疾志贺菌的生长则无影响。

某些种类的胆汁酸如脱氧胆酸和熊脱氧胆酸还可促进肝细胞分泌大量稀薄的胆汁，增大胆汁容量，使胆道畅通，消除胆汁淤滞，起到利胆作用。对脂肪的消化和吸收也有一定的促进作用。

第三节
胆汁酸的生物合成代谢与调控

一、初级胆汁酸与次级胆汁酸

胆汁酸生物合成的原料为胆固醇，合成的部位主要在肝细胞，部分在肠道黏膜细胞。在肝细胞内，以胆固醇为原料直接合成的胆汁酸称为初级胆汁酸，包括游离型的胆酸和鹅脱氧胆酸，结合型的甘氨胆酸、牛磺胆酸，以及甘氨脱氧胆酸、牛磺脱氧胆酸。当肝细胞合成的胆汁酸经过胆囊汇集、通过胆管进入消化道后，初级胆汁酸在肠道中受细菌作用，进行7-α脱羟作用生成的胆汁酸，称为次级胆汁酸，包括脱氧胆酸、石胆酸、熊脱氧胆酸，见图6-5。

二、胆汁酸的合成途径

胆固醇合成胆汁酸是在酶的控制下完成，总结胆汁酸合成途径，并定位代谢过程中的催化酶种类，见图6-6。胆汁酸合成有两种途径：经典途径（classical pathway）和替代途径（alternative pathway）。经典途径中胆固醇7α-羟化酶（cholesterol 7 α-hydroxylase，CYP7A1）启动，CYP7Al是此反应的限速酶，控制着胆汁酸合成代谢途径的强度。经典途径首先通过一系列酶促反应将胆固醇从7α羟化开始，然后通过12α羟化、27α羟化，断裂侧链，分别生成胆酸（CA）和鹅脱氧胆酸（CDCA）。替代途径由甾醇27α-羟化酶（sterol 27 α-hydroxylase，CYP27A1）和甾醇12α-羟化酶（sterol 12 α-hydroxylase，CYP8B1）启动，最终生成鹅脱氧胆酸（CDCA）。在肝细胞中，82%的胆汁酸盐由经典通路合成而来。鱼类同哺乳动物一样，合成胆汁酸的主要途径为经典途径，但鱼类的胆汁酸合成途径中，经典途径和替代途径分别占总胆汁酸的合成比例，还未见报道。大西洋鲑植物基础日粮中补充胆固醇后，使得血浆27-羟胆固醇含量和肝脏中CYP27A1 mRNA表达量增加，显示了通过替代途径同样刺激合成胆汁酸。

在我们对草鱼、鲫鱼、黄颡鱼等的研究中，肠道黏膜细胞也具备以乙酰辅酶A为原料合成胆固醇、以胆固醇为原料合成胆汁酸的全过程代谢酶基因，也具备合成代谢调控途径的主要蛋白质、酶的基因。在灌注氧化油脂、饲料中添加外源性胆汁酸等研究中，均能够影响胆固醇、胆汁酸合成代谢的强度，对主要酶或蛋白质基因的表达活性均产生重要的影响。这些研究结果显示，鱼类具备与陆生动物同样的胆固醇、胆汁酸合成代谢路径及其调控机制。

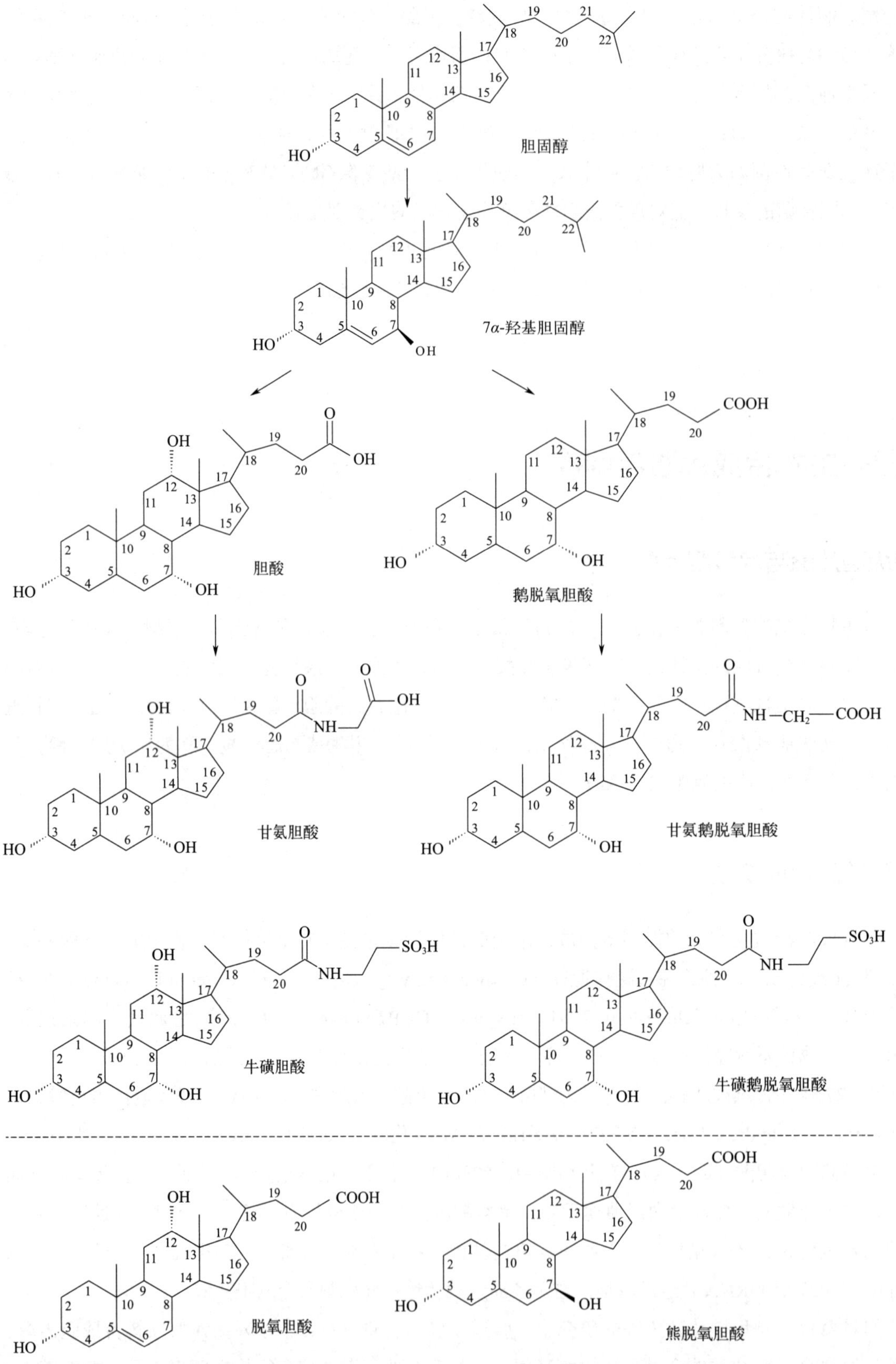

图6-5 以胆固醇为原料的胆汁酸合成

Nutritional Physiology and Feed of Freshwater Fish
淡水鱼类营养生理与饲料

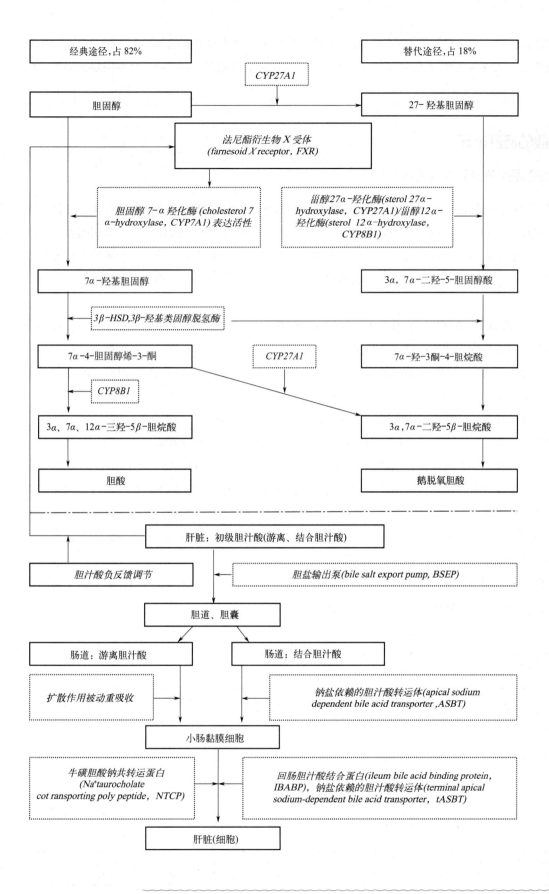

图6-6 胆汁酸合成途径及其代谢调控
酶为斜体形式

经典途径直接合成的胆汁酸是胆酸，而替代途径直接合成的胆汁酸是鹅脱氧胆酸。经典途径合成鹅脱氧胆酸的分支点在 7α-4-胆固醇烯-3-酮，在CYP27A1的控制下合成 3α,7α-二羟基-5β-胆烷酸即鹅脱氧胆酸。

三、胆汁酸的肠肝循环

（一）胆汁酸的肠肝循环过程与生理意义

胆汁酸在肝脏合成后由胆盐输出泵（bile salt export pump，BSEP）泵入胆道。胆囊汇集、存储肝脏合成的胆汁酸和其他成分，组成胆汁液。在BSEP的作用下胆汁经胆管进入消化道。人体和哺乳动物的胆管是在十二指肠进入小肠，水产动物没有十二指肠，在解剖学上，通常以胆管进入肠道的开口处作为肠道与胃或食道的分界线，尤其是对于无胃的鲤科鱼类，在解剖上没有胃的结构，以胆管开口作为食道与肠道的分界线。

在肝细胞合成的胆汁酸以及从血液中重吸收的胆汁酸需要分泌到胆管并汇集到胆囊中。胆汁酸的分泌是一个需要能量支持的主动转运过程，也是胆汁酸合成代谢重要的调控环节。存在于肝细胞和胆小管细胞膜上的多种具有转运功能的蛋白质分子对胆汁酸的形成和分泌起着极其重要的作用。BSEP和多药耐药蛋白MRP2（multidrug resistance protein 2）是毛细胆管膜上主要的胆汁酸转运蛋白，分别转运胆盐和胆红素葡萄糖醛酸酯。MRP2主要表达在肝细胞基膜上，负责胆红素和其他胆汁成分的排泄。

胆汁酸进入消化道后，在肠道内发挥其生理作用，如乳化脂肪、调节肠道菌群等。胆汁酸或胆汁酸盐随食糜在肠道内移动。人体和哺乳动物消化道中的胆盐或胆汁酸绝大多数（约95%以上）由小肠（主要是回肠末端）黏膜吸收进入血液。由肠道重吸收的胆汁酸（包括初级和次级胆汁酸、结合型和游离型胆汁酸）均由门静脉进入肝脏，在肝脏中游离型胆汁酸再转变为结合型胆汁酸。新的胆汁酸经肝细胞分泌，重新构成胆汁，这一过程称为"胆汁酸的肠肝循环"（enterohepatic circulation of bile acid）。水产动物没有回肠，重吸收胆汁酸的部位在肠道的后段。

总结胆汁酸从肝细胞合成、通过胆囊分泌到肠道、经过肠道黏膜细胞重吸收回到肝脏的胆汁酸肠肝循环过程，已经涉及的酶或转运蛋白等信息，见图6-7。

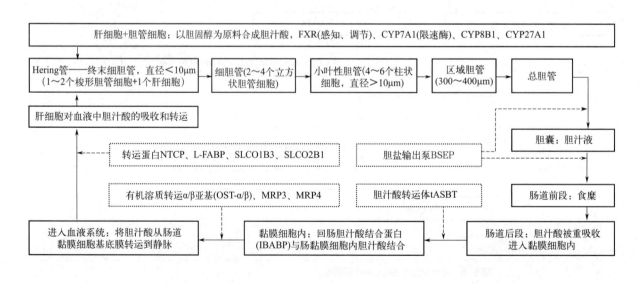

图6-7 胆汁酸的肠肝循环路径

胆汁酸肠肝循环的生理意义在于使有限的胆汁酸重复利用，促进脂类的消化与吸收。正常人体肝脏内胆汁酸池的量为3～5g，而维持脂类物质消化吸收肝脏每天需要16～32g的胆汁酸，依靠胆汁酸的肠肝循环可弥补胆汁酸的合成不足。每次饭后可以进行2～4次肠肝循环，使有限的胆汁酸池发挥最大限度的乳化作用，以维持脂类食物消化吸收的正常进行。胆汁酸的肠肝循环次数与食物的质量和数量有关。胆囊排出胆汁的量以高蛋白质食物（蛋、肉、鱼）最多，高脂肪或混合性食物次之，糖类最少。

肠道中的各种胆汁酸平均有95%被肠壁重吸收，其余的随粪便排出。胆汁酸的重吸收主要有两种方式：①结合型胆汁酸在回肠部位主动重吸收；②游离型胆汁酸在小肠各部及大肠被动重吸收。胆汁酸的重吸收主要依靠主动重吸收方式，需要消耗能量。石胆酸主要以游离型存在，故大部分不被吸收而排出。随粪便排出体外而损失的胆汁酸由胆固醇合成来补充。正常情况下，合成速度与损失速度相等，以维持体内胆盐的数量值恒定。

（二）肠肝循环过程中胆汁酸的转运载体

胆汁酸的肠肝循环是体内重要的生理过程，其维持需要大量的胆汁酸转运载体。这些转运体的基因表达及功能对于胆汁代谢平衡具有重要作用，如果出现缺陷将会引起严重的肝组织、肝细胞的胆汁淤积，也可能出现胆囊的胆汁淤积。

（1）肝细胞基底膜上的胆汁酸转运体

肝细胞基底膜上有胆汁酸的摄入受体，介导肝窦血液中的胆汁酸转运到肝细胞内的转运过程。NTCP（牛磺、胆酸钠共转运蛋白，Na^+/taurocholate co-transporting polypeptide）和OATP（有机阴离子转运多肽，organic anion transporting polypeptide）是基底膜上主要的胆汁酸摄入转运体，NTCP介导Na^+依赖的胆汁酸摄取，而OATP介导非Na^+依赖的胆汁酸摄取。当肝细胞内底物浓度较高时，OATP还可介导反向转运，将肝细胞内的底物转运到肝窦，避免其浓度过高对肝细胞造成损伤。基底膜上还有介导胆盐输出的转运体，如OST（有机溶质转运体，organic solute transporter）α/OSTβ二聚体；ABC（ATP-结合盒，ATP-binding cassette）转运体家族成员：MRP3（多药耐药蛋白，multidrug-resistant-associated protein 3）和MRP4。胆盐的"反向输出"途径在生理情况下并非肝脏排出胆汁酸的主要途径，在胆汁淤积时这些转运体基因表达上调，减轻肝内胆汁酸负荷，是重要的机体防御机制。

（2）毛细胆管膜上的胆汁酸转运体

毛细胆管膜上的转运体主要为ABC家族成员，是胆汁形成的关键蛋白。其包括：①BSEP（胆盐输出泵，bile salt export pump）是主要的胆盐输出泵，将肝细胞内的胆盐转运到毛细胆管，胆盐形成渗透压力，驱动胆汁流的产生，此为胆盐依赖的胆汁流，是肠肝循环的限速步骤；②MRP2转运结合胆红素、部分胆汁酸、还原型谷胱甘肽及药物，介导非胆盐依赖的胆汁流；③MDR1（多重抗药性蛋白1，multidrug-resistant 1）的基因产物，转运带正电荷的大分子物质；④MDR3基因产物为磷脂翻转酶，可将胆盐磷酸酯由毛细胆管膜内层转运到外层，随胆汁排出。除了ABC转运体，还有阴离子交换蛋白AE2，介导Cl^-/HCO_3^-交换转运，调节细胞内pH值及胆汁中碳酸氢盐的排出。FIC1蛋白（家族性肝内胆汁淤积蛋白1 familial intrahepatic cholestasis1），介导氨基酰磷脂的转运。

（3）胆管上皮细胞上的胆汁酸转运体

胆汁进入胆管后，胆管上皮细胞可经胆汁酸转运体（apical sodium-dependent bile acid transporter，ASBT）和MRP3对其重吸收，而其上的AE2和CFTR（cAMP反应性Cl^-通道cAMP-responsive Cl^- channel）介导HCO_3^-分泌，完成对原始胆汁的稀释和碱化过程。

（4）肠道黏膜细胞对胆汁酸的重吸收和转运

胆汁排入肠道后主要由回肠上皮上的ASBT重吸收，再经由基底膜上的OSTα/OSTβ二聚体进入门静脉系统回到肝脏。

游离胆汁酸在肠道通过扩散作用被动重吸收，结合胆汁酸在回肠通过小肠刷状缘的钠盐依赖的胆汁酸转运体（ASBT）被主动重吸收，ASBT能够转运几乎所有的胆盐。在肠道黏膜细胞中，肠道黏膜细胞吸收的胆汁酸与回肠胆汁酸结合蛋白（ileum bile acid binding protein，IBABP）结合向黏膜细胞基底面转运，后经基底面的MRP3和有机溶质转运体α/β重吸收入门静脉，然后胆汁酸在牛磺胆酸钠共转运体（Na$^+$/taurocholate co-transporting polypeptide，NTCP）和有机阴离子转运多肽（organic anion transporting polypeptides，OATP）介导下被肝细胞摄取。NTCP主要的生理学作用底物包括大多数的甘氨酸和牛磺酸结合的胆汁酸，维持胆汁酸的肠肝循环及保持血浆胆汁酸浓度处于最低水平。NTCP在肝细胞窦状膜上的高水平表达及其对结合胆汁酸的亲和性促进了NTCP从门静脉血中对胆汁酸的摄取。新合成的胆汁酸再经BSEP的作用被分泌入胆小管，构成胆汁酸的肠肝循环。重吸收的胆汁酸抑制肝细胞CYP7A1的活性，对胆盐的分泌形成负反馈调节，使体内胆汁酸量维持在一个较为稳定的水平。

四、胆汁酸代谢的调控

胆汁酸通过调控参与胆汁酸代谢和胆固醇代谢的基因表达来维持自体平衡，胆汁酸对CYP7A1的负反馈调节可以确保整体的胆汁酸生物合成受严格的控制。胆汁酸通过负反馈机制调节自身代谢，负反馈调节通路和调控机制中，需要有一个对胆汁酸浓度的感受器，并能将感知到的信息传递到胆汁酸生物合成代谢的通路及其调控机制中，这个胆汁酸感受器就是核受体FXR，核受体FXR又称为法尼酯衍生物X受体（farnesoid derivative X receptor，FXR）。FXR通过抑制CYP7A1的转录从而减少胆汁酸的合成；通过上调BSEP的表达促进肝脏分泌胆汁酸，使胆汁酸变成胆汁。

FXR作为胆汁酸的感受器，主要生理作用是调节体内胆汁酸代谢、胆固醇代谢和脂蛋白代谢。胆汁酸对CYP7A1的负反馈调节可以维持体内胆汁酸池的平衡，当由肝脏、胆囊、消化道组织、血液和组织液中胆汁酸构成的胆汁酸池增大后，激活核受体FXR，并通过信号通路使CYP7A1转录被抑制，胆汁酸合成速度下降。FXR在肝细胞中激活后，可抑制胆汁酸的合成，增加胆汁的分泌，抑制肝脏对胆汁酸的吸收，从而调节胆汁酸的代谢。

人的FXR由11个外显子和10个内含子组成，有FXRa1、FXRa2、FXRa3、FXFa4四种亚型，四种亚型的表达具有组织特异性。FXR具有典型的核受体结构，N端依次为配体依赖的转录激活域（AF1）、高度保守的DNA结合域（DBD），C末端为配体结合域（LBD）和配体依赖的转录激活域（AF2）。当被配体激活后，FXR构象发生改变，通常与类视黄醇X受体（retinoid X receptor，RXR）形成异源二聚体的形式，与其靶基因启动子区的FXR反应元件（FXREs）结合。生理浓度下的多种初级和次级胆汁酸以及一些多不饱和脂肪酸可激活FXR，其中以鹅脱氧胆酸（CDCA）为FXR的天然最适配体，次级胆汁酸石胆酸和脱氧胆酸也可以激活FXR。

受FXR调控的靶基因主要包括：胆固醇7α-羟化酶（CYP7A1）、胆盐输出泵（BSEP）、回肠胆汁酸结合蛋白（IBABP）、牛磺酸钠依赖的转运蛋白（NTCP）、磷脂转运蛋白（phospholipid transfer protein，PLTP）、载脂蛋白（apolipoprotein，apo）等。另外，通过诱导过氧化物酶体增殖激活性受体a/y（peroxisome proliferator-activated receptor-a/y，PPARa/y）、极低密度脂蛋白受体（very low density lipoprotein，VLDL）等基因的转录参与血浆甘油酯水平的调节。FXR通过和这些基因启动子上的FXR反应元件

（FXRE）结合从而调控这些基因的表达。

胆固醇在肝脏转变为胆汁酸是胆固醇代谢的主要去路，还有部分胆固醇直接作为胆汁成分随胆汁排入小肠，最终随粪便排出。具体而言，胆固醇分解代谢中50%转变成胆汁酸，10%用于甾体激素的合成，40%与胆汁酸、磷脂排入胆囊。在胆固醇代谢调节中，肝X受体（liver X receptor，LXR）与FXR作用相反，两者协同调节胆固醇的平衡。当胆固醇升高时，氧化甾醇刺激*LXR*的转录，进而增加*CYP7A1*转录，使胆固醇转变成胆汁酸。LXR对胆固醇及胆汁酸的正性调节作用可能比FXR的负性作用更明显。

甲状腺激素、炎性因子、胰岛素和生长因子等可通过*CYP7A1*启动子5端上游区调控*CYP7A1*的转录。例如，甲状腺素可提高*CYP7A1*的活性和侧链氧化酶的活性，使该酶的mRNA水平增加。雌/孕激素可降低*CYP7A1*的活性抑制胆汁酸的合成，且孕激素对*CYP7A1*活性的抑制有剂量依赖性。生长激素可刺激*CYP7A1*的活性，使胆汁酸合成增加。

五、胆汁淤积

胆汁淤积主要是指胆汁酸在肝脏或者血液中的浓度异常升高。肝细胞水平胆汁形成时的功能性缺陷，以及胆管水平胆汁分泌和流动的缺陷都能引起胆汁淤积。生理条件下，胆汁的形成是由集中在肝细胞和胆管切口的基底侧和小管薄膜处的广泛的特定吸收和运输系统介导的。

在肝细胞水平，激素和药物能导致轻微性胆汁淤积。致炎细胞因子抑制运载体的表达和功能，导致炎性胆汁淤积（淤积性胆炎）。在胆管水平，递增性的胆管损伤导致胆管贫乏，狭窄、结石或者是肿瘤阻断胆汁流动而导致胆管阻塞。

六、日粮植物蛋白质对胆固醇、胆汁酸代谢的影响

（一）抗性蛋白

抗性蛋白（resistant protein）是一类在消化道内不易被消化、类似于食物纤维的食物蛋白质成分。一些谷物蛋白质如大米蛋白质、种子蛋白质如大豆蛋白质中含有一定比例的醇溶蛋白（prolamin），不容易被消化，是抗性蛋白质的主要组成物质。同时，植物蛋白质中含精氨酸的量较高、赖氨酸含量低，导致Arg/Lys比例较高。有研究指出，植物蛋白质中的抗性蛋白和高Arg/Lys比例对胆固醇、胆汁酸的排泄和吸收造成较大的影响，导致较多的胆固醇、胆汁酸随粪便排出，一是引起更多的胆固醇用于合成胆汁酸，二是胆固醇从消化道的吸收量不足，从而降低了血清中胆固醇的含量，对胆固醇的代谢和胆汁酸的肠肝循环造成很大的影响。研究表明，大豆抗消化蛋白疏水度越高，与胆汁酸结合能力越强，降胆固醇作用也越强。

（二）日粮植物蛋白质

尽管胆固醇在体内存在内稳态，但是大豆蛋白质能干扰肠肝循环。与酪蛋白相比，大豆蛋白质干扰肠肝循环，增加胆汁酸排出。大豆蛋白质是一种非磷酸化蛋白质，大豆蛋白质（主要是醇溶蛋白）与胆汁酸结合并随粪便排出体外，从而增加了粪胆汁酸的排出量，减少了肠道黏膜对胆汁酸的重吸收，致使更多的胆固醇用于合成胆汁酸，降低血清胆固醇。用酪蛋白质（高度磷酸化蛋白质）、脱磷酸酪蛋白和大豆蛋白质进行胆汁酸的体外吸收试验，结果表明大豆蛋白质和脱磷酸酪蛋白溶液沉淀中的胆汁酸含量

明显高于酪蛋白溶液沉淀中的含量，也证明了这一机理。因此，大豆蛋白质降低胆固醇机制是能增加胆汁酸的合成和排泄，从而降低机体胆固醇水平；大豆蛋白质的高精氨酸/赖氨酸比例是破坏肠道胆固醇吸收的主要因素。高精氨酸和低赖氨酸比例能增高7α-胆固醇羟化酶的活性，促进胆固醇转化成胆汁酸。高豆粕日粮中添加胆汁酸对于维持胆汁酸动态平衡是有益的。

大米蛋白质能促进胆汁的流动、胆道内胆汁酸和胆固醇的排出，从而降低了肝脏胆固醇的积累，与大豆蛋白质具有相似的作用结果，主要表现为：能够显著降低幼鼠的血清总胆固醇水平，显著降低幼鼠的肝脏总胆固醇水平及游离胆固醇水平，能够显著降低肝脏胆固醇的酯化率。与酪蛋白相比，大米蛋白质能够刺激幼鼠的粪便排出，增加总粪类固醇、总粪中性类固醇、总胆汁酸、总中性类固醇、粪总胆汁酸、中性粪固醇的排泄。

谷蛋白是大米蛋白质中的主要蛋白质，占80%以上；醇溶蛋白占总量的1%～5%。杨林等（2009）以酪蛋白为对照，比较了日粮大米蛋白质、大豆蛋白质对大鼠胆固醇、胆汁酸代谢的影响。三种蛋白质对大鼠的生长性能、蛋白质功效无显著差异；大米蛋白质和大豆蛋白质显著降低了大鼠血浆总胆固醇、血浆非高密度胆固醇（LDL-C、VLDL-C）水平及肝脏总脂质、肝脏胆固醇、肝脏甘油三酯含量。大米蛋白质和大豆蛋白质显著阻碍大鼠的肠道对胆固醇的吸收，其肝脏胆固醇酯化率均显著低于对照组；大米蛋白质显著刺激了大鼠中性粪固醇、粪胆固醇的排泄，但大鼠粪胆汁酸的排泄与对照组无显著差异。作者认为，有效阻碍肝脏胆固醇分泌进入循环系统是大米蛋白质、大豆蛋白质降低血浆胆固醇水平的共同作用机制；大米蛋白质和大豆蛋白质对胆固醇代谢的主要作用机制之一是有效阻碍肠道胆固醇的吸收，而非单纯地刺激粪胆汁酸的排泄。

大米蛋白质有效阻碍肠道胆固醇吸收。大米蛋白质降低胆固醇含量的机制可能是通过阻碍肠道对胆固醇的吸收，同时促进胆固醇转化和排泄。将摄入的胆固醇转化成胆汁酸或者分解，减少肝脏胆固醇水平，从而有利于人体胆固醇水平的降低。此外，大米蛋白质还能促进胆汁的排放，减少肝脏胆固醇的蓄积，促进肝脏胆固醇的代谢与释放。

第四节
胆汁色素

胆汁色素（bile pigment）包括胆红素、胆绿素等色素，是胆汁颜色、胆汁淤积后肝脏颜色变化、动物尿色泽，甚至鱼体体表颜色变化的物质基础。在人体医学、动物医学和水产动物生产中，也常常通过体色的变化、粪便和尿的色泽变化、肝脏颜色的变化、肌肉颜色的变化等感官指标来判断肝脏的健康、人体或动物的整体健康情况状态。这是否与中医学中通过对人体表的色泽、眼睛色泽等观察来判断病变情况有相似之处？

动物体内胆红素、胆绿素合成的原料是血红素，血红素在化学结构上是以卟啉环为主体结构的环状化合物。动物体内含有血红素的物质包括血红蛋白、肌红蛋白、过氧化物酶、过氧化氢酶及细胞色素等。这些物质都可以成为胆红素、胆绿素等胆汁色素合成的原料。

胆汁色素是动物胆汁的主要成分之一，由棕黄色的胆红素和青绿色的胆绿素组成，两者的含量比例和浓度的不同而使胆汁呈现各种颜色。人的胆汁几乎只含有前者，通常是黄褐至红褐色。肉食动物的胆液多含胆红素；草食动物的胆液多含胆绿素，为绿色。

一、血红素

血红素的化学结构式见图6-8。

血红素分子为一个大的环状分子，称为卟啉（porphyrin）。在卟啉分子中心为Fe^{2+}，Fe^{2+}可以形成6个化学键（分子结构式中，$\longrightarrow$代表配位键），其中4个化学键与四个吡咯环（A、B、C、D）结合，1个与血红蛋白肽链上组氨酸（His）以配位键结合，另一个化学键则可以与O_2结合，成为运输氧气的关键性物质。卟啉环其实是由A、B、C、D四个吡咯环组成，二个环中间连接一个C，卟啉分子中含有13个双键。

血红素是血红蛋白（hemoglobin，Hb）和肌红蛋白（myoglobin，Mb）的组成成分之一，承担氧气的运输功能。血红蛋白是由四个亚基构成的四聚体，分别为两个α亚基和两个β亚基。每条多肽链（亚基）与一个血红素相连接，构成血红蛋白的单体或亚单位。肌红蛋白是动物肌细胞储存和分配氧的蛋白质，它是由一条多肽链和一个血红素构成。

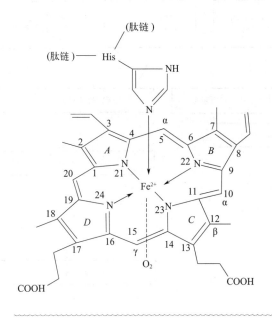

图6-8 血红素分子（含A、B、C、D环）与肽链的连接

血液中血红蛋白、肌红蛋白中的血红素在正常生理条件下，结合Fe^{2+}而不是Fe^{3+}，当结合Fe^{3+}后会出现病症。新鲜的肌肉显示出鲜艳的红色，其中肌红蛋白中血红素是主要作用物质。部分鱼类红色肌肉的色素物质还包括了虾青素、类胡萝卜素等。

二、胆红素、胆绿素的合成

血红蛋白在血红素加氧酶（heme oxygenase，HO）的作用下，生成胆绿素，继续还原成胆红素（bilirubin）。总结动物体内胆红素、胆绿素的代谢途径及其代谢酶，见图6-9。

胆红素来源主要有：①80%左右胆红素来源于衰老红细胞中血红蛋白的分解，正常红细胞的平均寿命是120d，过了寿限的衰老红细胞被肝、脾和骨髓的网状内皮细胞所吞噬和分解，其中的血红素转化为胆红素；②小部分来自造血过程中红细胞的过早破坏；③非血红蛋白血红素的分解。

体内红细胞不断更新，衰老的红细胞由于细胞膜的变化被网状内皮细胞识别并吞噬，在肝、脾及骨髓等网状内皮细胞中，血红蛋白被分解为珠蛋白和血红素。血红素在微粒体中血红素加氧酶HO催化下，血红素原卟啉环状分子中C5上的α次甲基桥（$=CH-$）的碳原子两侧断裂，使原卟啉环打开，并释出CO、Fe^{2+}和胆绿素IX（biliverdin）。Fe^{2+}可被重新利用，CO可排出体外。胆绿素进一步在胞液中胆绿素还原酶（辅酶为NADPH）的催化下，迅速被还原为胆红素。

血红素加氧酶HO是胆红素生成的限速酶，需要O_2和NADPH参加，受底物血红素的诱导。而同时血红素又可作为酶的辅基起活化分子氧的作用。已知HO有3种同工酶HO-1、HO-2、HO-3。HO-2和HO-3可大量表达（组成型），与正常细胞内的血红素结合而分别发挥其功能。而HO-1属诱导型，广泛分布于哺乳动物多种组织细胞中；HO-1可由多种刺激因子诱导表达。

用X射线衍射分析胆红素的分子结构表明，胆红素分子内形成氢键而呈特定的卷曲结构。分子中C、

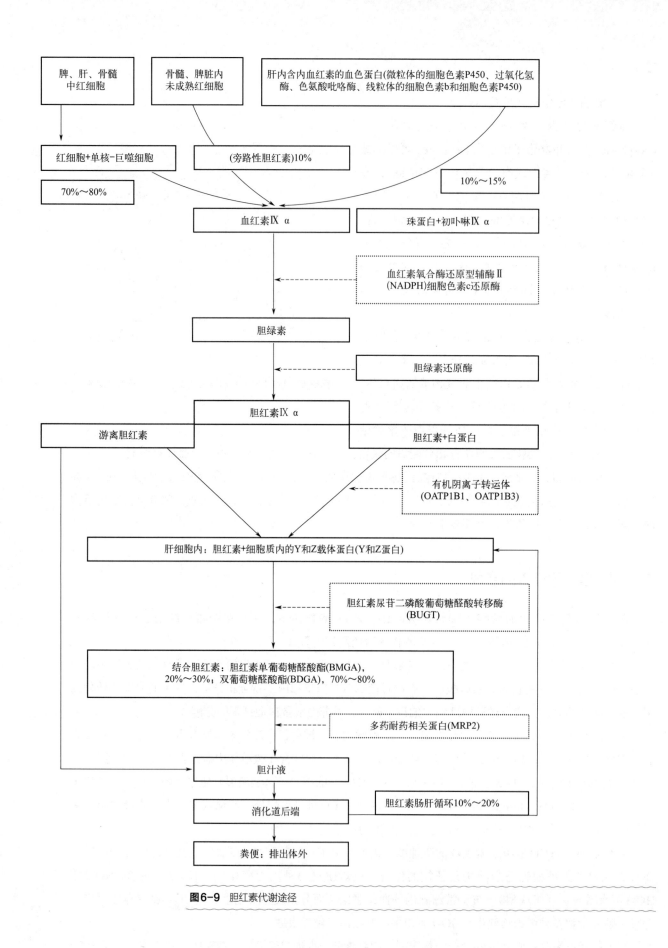

图6-9 胆红素代谢途径

Nutritional Physiology and Feed of Freshwater Fish
淡水鱼类营养生理与饲料

D两个吡咯环之间是单键连接，因此C环与D环能自由旋转。在一定的空间位置，C环上的丙酸基的羧基可与D环、A环上亚氨基的氢和A环上的羰基形成氢键；D环上的丙酸基的羧基也与B环、C环上亚氨基的氢和B环上的羰基形成氢键。这6个氢键的形成使整个分子卷曲成稳定的构象。

胆红素分子立体结构中，极性基团如—OH、—COOH被封闭在分子内部，而4个疏水的吡咯环及其疏水的—CH_3等位于分子的外侧，使胆红素分子显示出亲脂、疏水的特性。

胆红素（-----表示氢键）

胆红素在453nm波长附近有最大吸收峰，在pH低于7.0的水溶液中几乎不溶解，这主要是因为未解离的羧基形成完全的分子内氢键，饱和了对水的亲和力。胆红素的钠盐易溶于水，但其钙盐、镁盐、钡盐不溶于水。胆红素具有脂溶性，胆红素溶解度随溶剂的极性增加而增加，芳香族溶剂比脂肪族溶剂的溶解性好。胆红素显弱酸性，易溶于碱。胆红素的这种分子结构导致了游离胆红素在血液、细胞液和组织液中难以溶解，需要与其他水溶性的基团或白蛋白等结合，形成结合胆红素才能溶解，这也是结合胆红素在血液、消化道存在的主要方式。游离的胆红素因为其脂溶性，容易透过不同组织的细胞膜，并在细胞内显示毒性。然而血液中的胆红素主要以白蛋白结合胆红素的形式存在，这种被血清蛋白所"固定"了的胆红素不能透过细胞膜。

胆红素很不稳定，极易发生氧化和光解反应。

三、胆红素的肠肝循环

利用重氮分析方法将人体内胆红素分成两种形式：直接胆红素（direct bilirubin，DBIL）和间接胆红素（indirect bilirubin，BIL）。间接胆红素和直接胆红素组成血清总胆红素。

直接胆红素为结合胆红素，是由游离胆红素进入肝后，受肝内葡萄糖醛酸基转移酶的作用与葡萄糖醛酸结合生成的。直接胆红素溶于水，与偶氮试剂呈直接反应，能通过肾随尿排出体外。肝脏对胆红素的代谢起着重要作用，包括肝细胞对血液中间接胆红素的摄取、结合和排泄三个过程。血清直接胆红素浓度升高，说明经肝细胞处理后胆红素从胆道的排泄发生障碍。血清直接胆红素浓度增高主要见于阻塞性黄疸、肝细胞性黄疸、肝癌、胰癌、胆石症、胆管癌等。其中，黄疸类型包括了溶血性黄疸、肝细胞性黄疸、阻塞性黄疸。

间接胆红素又称非结合胆红素，为不与葡萄糖醛酸结合的胆红素，又称为游离胆红素。血清间接胆红素浓度升高，主要与各种溶血疾病有关。大量的红细胞被破坏后，大量血红蛋白被转变成间接胆红素，超过了肝脏的处理能力，不能将其全部转变成直接胆红素，使血液中的间接胆红素浓度升高。其浓度反映肝细胞的转化功能和红细胞的分解状态，如急性黄疸型肝炎、急性肝坏死、慢性活动性肝炎、肝硬化等疾病。

而利用高效液相色谱分析，可将胆红素细分为4个组分：①α胆红素，即非结合胆红素；②β胆红素，即单葡萄糖醛酸胆红素；③γ胆红素，即双葡萄糖醛酸胆红素；④δ胆红素（Bδ），该胆红素与血清白蛋白结合，不能被肝细胞摄取，循环于血清中，在血浆中与白蛋白共价结合。

未与葡糖醛酸结合的胆红素是非结合胆红素（un-conjugated bilirubin，UCB），又称为游离胆红素；经过生物转化的葡糖醛酸胆红素，又称为结合胆红素（conjugated bilirubin，CB），具有亲水性。

游离胆红素（UCB）在血液中与白蛋白结合后经血液运输至肝脏。在肝脏中，UCB白蛋白结合物通过肝血窦内皮细胞的间隙自由扩散到达窦周隙，在窦周隙中UCB与白蛋白分离，分离后的UCB在肝细胞基底侧膜通过易化扩散迅速被肝细胞摄取。位于肝细胞基底外侧膜上的有机阴离子转运多肽（organic anion transport polypeptide，OATP）是介导UCB肝脏摄取的主要转运体。在肝细胞内，脂溶性的游离的胆红素转化为水溶性的结合胆红素（CB）才能被分泌至胆汁中。从胆汁排泄的、水溶性的结合胆红素为CB-胆红素葡萄糖醛酸结合物（bilirubin glucuronide，BG）。肝脏毛细胆管膜上的MRP2是介导肝细胞内CB-胆红素葡萄糖醛酸结合物转运到胆汁的转运载体，是一个主动转运的过程。毛细胆管内结合胆红素的浓度远高于细胞内浓度，故胆红素由肝内排出是一个逆浓度梯度的耗能过程，也是肝脏处理胆红素的一个薄弱环节，容易受损。排泄过程如发生障碍，则结合胆红素可返流入血，使血中结合胆红素水平增高。

胆红素在内质网经结合转化后，在细胞浆内经过高尔基体、溶酶体等作用，运输并排入毛细胆管随胆汁排出。葡糖醛酸化的胆红素穿过基底外侧膜和毛细胆管膜后经胆管排出进入肠道，在肠道内成为尿胆色素和尿胆色原而排出，但也有重新吸收返回肝脏的。在回肠末端和结肠内细菌的作用下，脱去葡糖醛酸基，并被还原成胆素原，在肠道下段此胆素原被氧化成胆素，肠道中10%～20%的胆素原可被肠黏膜细胞重吸收进入血液。

结合胆红素随胆汁排入肠道后，自回肠下段至结肠，在肠道细菌作用下，由β-葡萄糖醛酸酶催化水解脱去葡萄糖醛酸，生成非结合胆红素，后者再逐步还原成为无色的胆素原族化合物，包括胆素原（porphobilinogen）、粪胆素原（sterco bilinogen）及尿胆素原（urobilinogen）。粪胆素原在肠道下段或随粪便排出后经空气氧化，可氧化为棕黄色的粪胆素，它是正常粪便中的主要色素。正常人每日从粪便排出的胆素原40～80mg。当胆道完全梗阻时，因结合胆红素不能排入肠道，不能形成粪胆素原及粪胆素，粪便则呈灰白色。

在生理pH条件下胆红素是难溶于水的脂溶性物质，在血液中主要与血浆白蛋白或α1球蛋白（以白蛋白为主）结合成复合物进行运输。这种结合增加了胆红素在血浆中的溶解度，便于运输；同时又限制胆红素自由透过各种生物膜，使其不会对组织细胞产生毒性作用，每个白蛋白分子上有一个高亲和力结合部位和一个低亲和力结合部位。每分子白蛋白可结合两分子胆红素。在正常成人每100mL血浆的血浆白蛋白能与20～25mg胆红素结合，而正常成人血浆胆红素浓度仅为1.0～10.0mg/L，所以正常情况下，血浆中的白蛋白足以结合全部胆红素。这类胆红素经门静脉入肝，胆红素在肝血窦处通过自由扩散进入的肝实质细胞，这种扩散是双向的。

上述过程构成了胆红素的肠肝循环（entero-hepatic circulation of bile pigments），见图6-10。在胆红素的肠肝循环过程中，少量（10%）胆素原可进入体循环，可通过肾小球滤出，由尿排出，即为尿胆素原。正常成人每天从尿排出的尿胆素原为0.5～4.0mg，尿胆素原在空气中被氧化成尿胆素，是尿液中的主要色素，尿胆素原、尿胆素及尿胆红素临床上称为尿三胆。

四、胆红素与黄疸

黄疸是胆红素代谢障碍的一个典型疾病。部分鱼类在肝胰脏损伤时也会出现体色的变化，而胆汁淤积造成肝胰脏色泽变化也是养殖生产中鱼类常见的一种疾病。

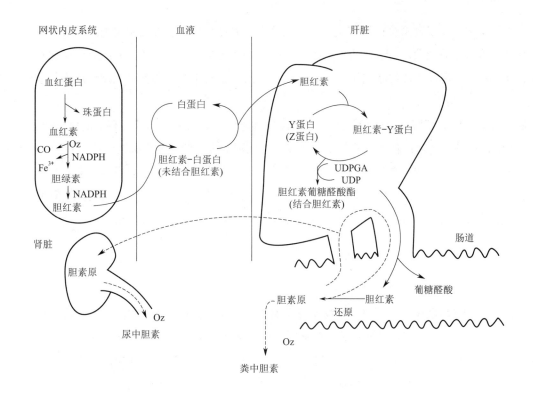

图6-10 胆红素的肠肝循环示意图

在胆红素生成过多，或肝细胞对胆红素摄取、结合或排泄过程发生障碍时，血中胆红素浓度增高，出现高胆红素血症。胆红素呈金黄色，血浆胆红素浓度过高时便扩散进入组织，导致巩膜、皮肤、大部分内脏器官和组织以及某些体液黄染，此现象称黄疸，是胆红素代谢障碍的临床表现。

正常人血浆中胆红素的总量不超过10mg/L，其中未结合型约占4/5，其余为结合胆红素。凡能引起胆红素生成过多，或使肝细胞对胆红素处理能力下降的因素，均可使血中胆红素浓度增高，称高胆红素血症（hyperbilirubinemia）。胆红素是金黄色色素，当血清中浓度高时，则可扩散入组织，特别是巩膜或皮肤，因含有较多弹性蛋白，后者与胆红素有较强亲和力，故易被染黄。黏膜中含有能与胆红素结合的血浆白蛋白，因此也能被染黄。

黄疸程度与血清胆红素的浓度密切相关。一般血清中胆红素浓度超过20mg/L时，肉眼可见组织黄染；当血清胆红素达70mg/L以上时，黄疸较明显。

凡能引起胆红素代谢障碍的各种因素均可形成黄疸，主要有四方面：①肝细胞内胆汁色素载量升高；②胆红素代谢过程紊乱，即胆红素从肝血窦弥散入肝细胞内至转运至微粒体内结合过程紊乱；③结合过程缺陷；④肝细胞将结合胆红素通过毛细胆管排入胆汁内的过程障碍。在这一转运过程中发生任何障碍或在胆红素排泄至肠腔过程中胆管阻塞都将导致胆红素代谢障碍。

五、胆红素的生理作用

胆红素在氧化还原反应中能作为氢供体提供氢原子，具有抗氧化作用。另外，两分子胆红素结合一个分子的白蛋白的不对称性，促使胆红素C-10上的氢转化为活性的氢原子，易与超氧离子等自由基结合，胆红素含有一个延伸的共轭双键系统和活性氢原子，能够阻止氧化作用。胆红素主要通过清除过氧化脂质，切断过氧化脂质引起的连锁反应，防止细胞破坏，属于非酶类抗自由基系统。除此之外，胆红素还能直接清除氧自由基，于早期阶段终止自由基引起的细胞损伤，是新生儿防御各种氧化物质损伤的血浆自由基清除剂之一。

胆红素在一定浓度范围内对肝脏具有保护作用。胆红素被氧化成胆绿素后，后者是有效的肝脏药，它在不破坏肝脏组织的情况下，有增殖新细胞的作用，可以用于血清肝炎、肝硬变等病的治疗。

胆红素是分析化学及生化研究的重要试剂和贵重的生化药品，也是许多药物的主要原料。胆红素广泛地存在于牛、猪、羊、鸡等动物的胆汁中，含量约为0.06%。胆红素在临床上具有解热、祛痰镇静、抗惊、抑菌、降压、促进血红素再生的功效，并有抑制乙型脑炎病毒和W26癌细胞等作用。

六、胆绿素

血清胆绿素系血红蛋白与胆红素的中间物。胆绿素亦可由胆红素氧化而成，尤其是胆红素在肝及胆道停滞后。胆绿素使皮肤变绿色。在完全性肝外胆道阻塞时，胆绿素浓度特别高，皮肤呈绿色。

比较胆红素与胆绿素的分子结构式可以发现，主要差异在D环、D环与C环之间亚甲基的双键的位置，其实质为分子内电子重排，尤其是在共轭双键分子中的电子重排。因此，胆红素与胆绿素二种分子是容易相互转换的，这也是胆红素可以容易氧化为胆绿素（脱氢），而胆绿素加氢还原为胆红素的化学基础。胆绿素在胞液中胆绿素还原酶（biliverdin reductase）催化下，从NADPH获得两个氢原子，还原生成胆红素。

在胆绿素分子结构中，由于D环、C环之间的亚甲基形成了双键，则不能自由旋转，不能像胆红素那样形成分子内氢键。胆绿素分子中的亲水基团如—OH、—COOH则暴露在分子外侧，因此胆绿素的水溶性比胆红素高。胆绿素在670nm波长表现出显著的吸收峰。

禽类蛋壳颜色与胆绿素有直接的关系，蛋壳颜色主要有4种：绿壳、褐壳、粉壳、白壳。蛋壳色素的主要成分有3种：原卟啉-IX、胆绿素-IX、胆绿素的锌螯合物。原卟啉-IX形成黄色、粉红色、淡黄色或褐色，胆绿素及其锌螯合物引起蓝色和绿色。这3种色素按不同比例，就可以形成从紫蓝色到橄榄绿的不同颜色。蛋壳中原卟啉-IX由蛋壳腺的上皮细胞重新合成，而不是来源于衰老的红细胞。用δ-氨基-γ-酮基戊酸（δ-ALA）为原料可以合成原卟啉-IX。卟啉胆绿素-IX由衰老红细胞的血红素分解而成。鸟类体内产生大量的胆绿素在某种机制的作用下将一部分胆绿素转运到壳腺部并最终沉积到蛋壳上。

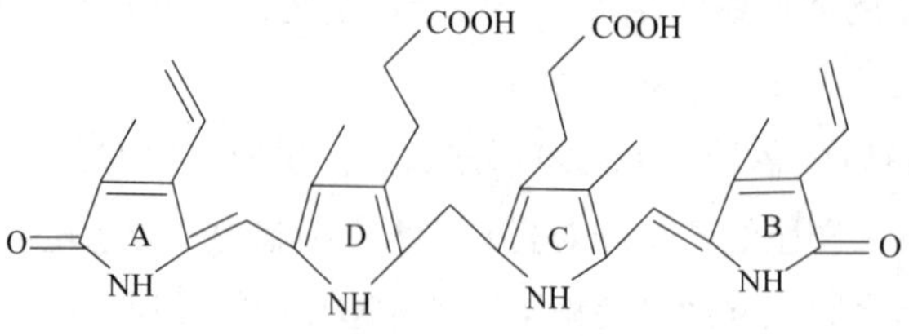

胆红素分子式

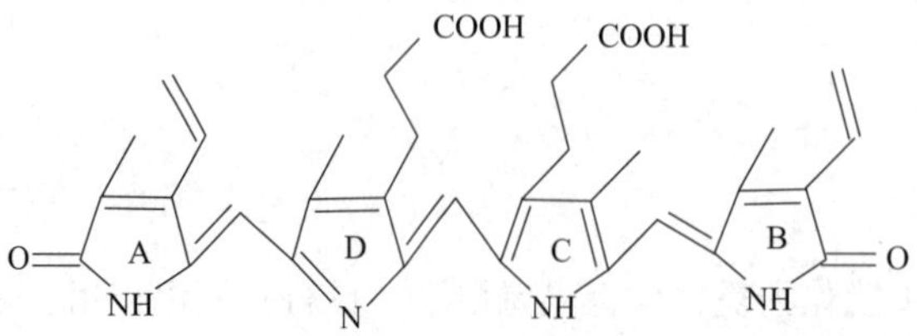

胆绿素分子式

第五节
胆汁的化学组成

胆汁由肝细胞分泌、胆囊汇集后进入肠道，胆汁酸及其胆汁酸盐、胆色素是胆汁的主要化学组成物质，它们在肠道后段或回肠大部分被重新吸收，通过血液系统或淋巴系统，再回到肝脏。在生理上形成了胆汁酸（盐）、胆色素的肠肝循环，构成了"肠肝轴"的核心组件。

胆汁酸（盐）、胆色素作为胆汁的核心组成物质，在不同动物胆汁酸中，其胆汁酸种类、胆色素种类，及其含量、比例是有差异的，这反映了动物的选择性和生理适应性；同时，任何物质的代谢都是受到严格的生物学、生理学控制的，都有其存在的必要性和客观性。当这种代谢控制受到损伤或破坏时，动物体内的生理平衡就会受到破坏，就会发生疾病；如果不能有效修复、控制这类生理动态平衡，就会使相关的疾病进一步发展，导致动物多器官结构和功能的障碍。对于养殖动物而言，了解这些生理途径、动态平衡过程及其维护或控制机制，通过饲料途径维护、修复这类生理平衡机制，是基于动物生理健康目标下，获得动物的快速生长、有效的饲料转化的基础。

一、人类和动物胆汁的化学组成

胆汁是由肝细胞连续分泌的一种黏性、味苦的微碱性液体，由肝管转入胆囊管而储存在胆囊内，食物消化时再由胆囊排出、进入肠道。不同动物胆汁的分泌量有差异，人每天分泌 0.5 ～ 1.2L，牛、马为 6 ～ 7L，羊为 0.3 ～ 0.5L，狗为 0.25 ～ 0.3L，兔为 120mL/kg（以体重计），鼠为 40 ～ 60mL/kg（以体重计）。在肝脏刚合成的胆汁称为肝脏胆汁，而存储在胆囊中的胆汁称为胆囊胆汁。肝脏的胆汁呈金黄色或橘棕色，pH 约 7.4，为弱碱性。胆囊胆汁的颜色变深，pH 约 6.8。胆囊胆汁与肝脏胆汁不仅仅是水分含量的变化、胆汁和胆色素的浓缩，其中或许有化学变化的发生。

胆汁化学组成物质包括水、胆汁酸或胆汁酸盐、胆汁酸色素、胆固醇、脂肪酸、卵磷脂、黏蛋白、无机盐等。胆汁为液态，含量最多的成分是水，不同动物胆汁中水分含量分别为：鸡胆汁为 84.31%，猪胆汁为 89.93%，牛胆汁为 89.412%，兔胆汁为 85.46%，蟾蜍胆汁为 85.17%。胆汁水分含量除了不同动物种类有差异外，其摄食状态、食物组成等对胆汁的分泌量、水分含量等也有很大的影响。在胆汁的干物质中，以干重计醇溶物平均含量大致是：鸡胆汁为 69.32%，猪胆汁为 65.15%，牛胆汁为 65.46%，兔胆汁为 68.43%，蟾蜍胆汁为 67.83%（杨春梅，2006）。胆汁中的无机物盐离子包括 Na^+、K^+、Ca^{2+}、HCO_3^- 等。

在中国传统医学上，动物胆汁液经过干燥后的胆粉作为一类药物使用，典型的如蛇胆粉、熊胆粉、牛的胆结石——牛黄。这说明外源性的动物胆汁对人体某些疾病的治疗是非常有效的，尤其是胆汁酸、胆色素生理动态平衡受到破坏而引发的疾病。

动物胆盐如牛胆盐、猪胆盐、羊胆盐等在微生物检测中作为培养基，尤其是选择性培养基的成分，主要作为抑菌剂使用，抑制样品中其他细菌生长，对于要检测的细菌生长则无影响。

猪胆粉、牛胆粉、鸡胆粉等因为产量大，作为动物饲料的一类添加物质，对养殖动物生理健康的维护、一些"肠肝轴"类疾病的治疗也是非常有效的，并对养殖动物的生产性能产生显著的正面效果。

相反，部分鱼胆汁对人体或动物是有毒的，主要原因是鱼胆汁中含有一些陆生动物、哺乳动物胆汁中没有的胆汁酸成分。鱼类是变温动物、是水生动物，其胆汁中的胆汁酸成分是否反映了动物进化过程也是值得关注的科学问题。

（一）人胆汁化学组成

胆汁酸和胆汁酸盐是胆汁的主要成分，胆汁中的有机物有胆汁酸、胆色素、脂肪酸、胆固醇等。胆汁中没有消化酶，胆汁酸与甘氨酸结合形成的钠盐或钾盐称为胆盐。目前关于胆囊胆汁酸的分析报告较多，主要是因为胆囊胆汁中胆汁酸含量高，容易检测。而不同器官组织如血液、肝脏、肠道以及食糜中胆汁酸种类和含量的检测数据很有限，如人体血清胆汁酸浓度很低（总胆汁酸$2\mu g/mL$）。

人类胆汁中存在的胆汁酸种类主要有胆酸（CA）、鹅脱氧胆酸（CDCA）、脱氧胆酸（DCA），还有少量石胆酸（LCA）及微量熊脱氧胆酸（UDCA）。前4种胆酸在胆汁中的比例通常为10∶10∶5∶1。表6-1显示了正常人体肝脏胆汁和胆囊胆汁的基本化学组成。胆汁中固体物质的比例在胆囊胆汁中可以达到14%，而肝脏胆汁中仅为3%。胆汁酸含量也是胆囊胆汁显著高于肝脏胆汁。

表6-1　人肝脏胆汁与胆囊胆汁的组成　　　　　　　　　　　　　　　　　　　　单位：%

成分	肝脏胆汁	胆囊胆汁
水	97	86
总固体物	3	14
胆汁酸盐	1.93	9.14
胆固醇	0.06	0.26
无机盐	0.84	0.65
黏蛋白和色素	0.53	2.98

（二）动物胆汁的化学组成

不同动物的胆汁中胆汁酸种类和含量有较大的差异（表6-2）。

表6-2　几种动物的胆汁化学组成　　　　　　　　　　　　　　　　　　　　　单位：%

成分	公牛	猪	狗	鹅
水	90.4	88.8	97.7	80.0
干物质	9.6	11.2	2.3	20.0
胆色素	—	0.57	0.14	2.58
黏蛋白、胆汁酸	8.3	8.4	1.2	14.96
胆固醇	—	—	0.045	—
磷脂	—	2.2	0.268	0.36
无机物	0.3	—	0.018	2.1

猪胆汁化学成分包括胆汁酸类、胆红素类等物质，其中胆汁酸类含量最高，约占总含量（干物质计）的50%～70%，主要有3α-羟基-6-氧-5α-胆烷酸、LCA、猪胆酸、HDCA、CDCA等。鸡胆汁中胆汁酸主要为鹅脱氧胆酸（CDCA）、胆酸（CA）、脱氧胆酸（DCA）和石胆酸（LCA）。兔胆汁主要成分为脱氧胆酸（DCA）、胆酸（CA）、鹅脱氧胆酸（CDCA）和石胆酸（LCA）。熊胆汁的主要成分，按照含量由多到少依次为熊脱氧胆酸（UDCA）、鹅脱氧胆酸（CDCA）、脱氧胆酸（DCA）、胆酸（CA）、胆固醇、胆红素、无机盐等，其中熊脱氧胆酸为鹅脱氧胆酸的镜像异构体，为熊胆所特有。蛇胆汁主要成分为胆色素、胆汁酸、胆固醇、氨基酸、磷和无机盐等，大多数蛇胆中牛磺胆酸（TCA）为其主要成

分。狗胆汁的主要成分有胆酸（CA）、脱氧胆酸（DCA）、牛磺胆酸（TCA）等。牛胆汁中主要含胆酸（CA）、脱氧胆酸（DCA）、鹅脱氧胆酸（CDCA）、牛磺胆酸（TCA）、牛磺脱氧胆酸（TDCA）、甘氨脱氧胆酸（GDCA）等。

牛黄为牛科动物胆囊、胆管或肝管中干燥的结石（张宇静等，2016）。各种牛黄中主要含有以下化学成分：胆红素类72.0%～76.5%，胆酸4.3%～6.1%，脱氧胆酸3.3%～4.3%，胆汁酸盐3.3%～4.3%，胆固醇2.5%～4.3%，脂肪酸1.0%～2.1%，及多种类胡萝卜素、卵磷脂、氨基酸类、微量元素及肽类。牛黄中胆红素含量很高，是重要特征之一。

天然牛黄中的化学组成主要包括以下成分。①游离胆汁酸主要为胆酸（CA）和脱氧胆酸（DCA）及少量的鹅脱氧胆酸（CDCA）、熊脱氧胆酸（UDCA）；②结合胆汁酸主要为牛磺胆酸（TCA）、甘氨胆酸（GCA）及少量的牛磺脱氧胆酸（TDCA）、甘氨脱氧胆酸（GDCA）等；③天然牛黄中含胆红素，包括游离胆红素、胆红素钙、胆红素酯以及部分胆绿素；④总胆固醇含量0.11%～0.38%；⑤含有多种无机元素，含有钾、钙、钠、镁、铁、铜、锰、锌、磷、氮等，含量总计3.85%～4.64%，其中钙2.3%～2.6%，锌1.9%～2.4%，钙和锌含量较高，其他元素含量甚微，是天然牛黄化学成分的一个显著特征；⑥天然牛黄中游离氨基酸含量很低，最高只有0.12%。

天然熊胆中熊脱氧胆酸均值为（18.17±0.8）%，鹅脱氧胆酸均值为（15.17±0.42）%。天然熊胆胆红素含量一般为0.396%～0.400%。天然熊胆胆固醇含量一般为0.56%～0.59%，平均为0.57%。

二、鱼类胆汁、胆汁酸的化学组成

（一）鱼类胆汁的化学组成

（1）鱼类胆汁的pH

陆生动物尤其是哺乳动物的肝脏胆汁呈弱碱性，而胆囊胆汁呈中性，如牛、猪、羊、兔、鼠等动物的胆囊胆汁呈中性到弱碱性，pH 7.0～7.5。狗的肝脏胆汁pH 7.89～8.10，而胆囊胆汁pH 6.39～6.74。

鱼类的胆汁pH值一般为弱酸性，也有呈中性的。软骨鱼类的胆囊胆汁pH 6.4，肝脏胆汁pH 7.5～7.6。这与人和陆生动物有相似性，表明肝脏胆汁在胆囊存储期间发生了化学变化。另外，从胆汁的颜色看，刚分泌的肝脏胆汁因为胆红素含量相对高一些，颜色为金黄色，而胆囊胆汁由于胆红素在胆囊中氧化为淡绿色，胆汁的颜色变为墨绿色，这也说明胆汁在胆囊中发生了化学变化。陈金芳等（2016）报道，鲟鱼胆汁是一种墨绿色的黏稠液体，pH值为6～7，含水质量分数为86.8%，醇溶物为87.5%。

硬骨鱼类的胆汁一般为弱酸性，如鲤鱼胆囊胆汁pH值为5.5、大西洋鲱为5.8、杜父鱼为5.4～5.8。胆汁的pH值与摄食、消化活动有关，变动很大。

（2）鱼类胆汁中的胆汁酸

有资料显示，鳕鱼胆汁含水量89.8%、固形物含量10.2%，无机物中含有K^+、Na^+、Fe^{2+}、Ca^{2+}、Mg^{2+}、Cl^-、SO_4^{2-}、PO_4^{3-}等。鱼胆汁成分主要包括胆酸（CA）、鹅脱氧胆酸、鹅牛磺胆酸、鹅牛磺脱氧胆酸等，及少量组胺类物质。

值得关注的是，软骨鱼类胆汁酸的主要种类为鲨胆甾醇以及鲨胆甾醇硫酸酯或其衍生物，另外的胆汁酸是胆酸。在鱼类、两栖类和爬行类动物的胆汁中，发现有27碳、28碳，甚至29碳的胆汁酸。硬骨鱼类胆汁酸通常以胆酸为主，并含有少量鹅胆酸，如鲇鱼、鲫鱼、黑鲷等；也有以鹅胆酸为主要成分的鱼类，兼有胆酸、四羟基去甲甾醇胆烷酸等。生活在淡水、半咸水和海水中的鱼类，其胆汁酸的种类、分布与水质没有关系。

（3）部分鱼类的胆汁毒性

部分鱼类胆汁酸具有毒性，其主要毒性物质有水溶性5α-鲤醇（cyprinol）硫酸酯钠、氢氰酸和组织胺。在鲤科鱼类胆汁的鲤醇有5α-鲤醇、5β-鲤醇二种构型，这是主要的胆汁毒性物质，其作用的靶器官是肾脏。

鲤醇硫酸酯钠在草鱼胆汁内含量为66.7mg/mL，在胆盐内含量为79.4mg/100mg（樊启新等，1991）。由于鲤醇硫酸酯钠具有对热稳定性，且不被乙醇所破坏，所以鱼胆生服、熟服或泡酒服均能引起中毒，即使外用也难幸免。鲤醇硫酸酯钠经肾排泄时，直接被溶酶体所获取，当毒物浓度达到某一阈值时，溶酶体的完整性可能受到损害，致溶酶体破裂；线粒体肿胀，细胞能量代谢受阻，从而导致近曲小管上皮细胞坏死。淡水鱼胆汁中鲤醇的结构式如图6-11所示。

伍汉霖（2011）研究了21种鱼类的胆汁动物毒性，发现有的鱼类其胆汁无毒，有的毒性很大。胆汁有毒的鱼类有草鱼、青鱼、鲢、鳙、鲤、鲫、团头鲂等11种鲤形目鲤科鱼类。其中以鲫鱼的胆汁毒性最强，毒性强弱依次为：鲫＞团头鲂＞青鱼鲮＞鲢＞鳙＞翘嘴红鲌＞鲤＞草鱼＞拟刺鳊＞赤眼鳟。

陈少如等（1995）研究了草鱼新鲜胆汁对大鼠、小鼠的急性毒性，以胆汁质量计，草鱼胆汁对小鼠的LD$_{50}$为4320mg/kg；大鼠按3500～4000mg/kg灌胃，115只大鼠染毒后24～120h存活的58只中出现多器官衰竭（MOF）的比例为77.59%；小鼠染毒后24～48h，心、肝、肾、肺、脑及血浆内丙二醛（MDA）含量明显高于对照组；染毒后24h血液内谷胱甘肽、过氧化物酶（GSH-Px）活性明显高于对照组，48h降至正常；红细胞超氧化物歧化酶（SOD）活性在48h明显低于对照组。试验结果表明，用新鲜草鱼胆汁可制造多器官衰竭（MOF）模型，且MOF发生机制可能与氧自由基增多及抗氧化物质减少有关。

周亦武等（1993）研究了草鱼新鲜胆汁对大鼠急性毒理的病理学，实验鼠肾小管及肾小球病变明显；肾小管上皮细胞碱性磷酸酶（AKP）、酸性磷酸酶（ACP）、琥珀酸脱氢酶（SDH）、细胞色素氧化酶（CCO）活性降低，病变程度显示剂量-效应关系。进一步表明急性草鱼胆汁中毒病程迁延时，主要靶组织是肾小管和肾小球，其死因是急性肾功能衰竭。

（4）鱼类胆汁中的胆色素

鱼类的胆汁呈黄色至青色不等，在胆囊中经贮存后，颜色会加深变绿，这是由于胆红素被氧化成了胆绿素。在鱼类，两种胆色素的比例因种类而有所不同，鲷、鲽、鲻鱼等的胆绿素含量高于胆红素，而鲈、鰤等鱼类则正好相反。两种色素含量的不同，决定了鱼类胆汁呈现不同的颜色。鱼类胆汁色素量通常比其他脊椎动物要少，如鲤鱼胆汁中含有1.5～3.5g/L的胆红素。

不同种类水产动物除了胆汁色素种类差异导致胆汁颜色差异外，因为摄食与不摄食、季节不同，其胆汁颜色也有差异。因此，单纯以胆汁颜色来判断鱼体健康状态是较为困难的。而因为肝胰脏损伤、肠道黏膜损伤导致胆汁酸、胆色素的肠肝循环障碍，并进而引起血清中胆汁酸含量、胆红素含量的变化，以及表皮或鳞片色素的变化，则是可以判断鱼体的生理健康状态的。

（二）鱼类不同组织中胆汁酸的组成和含量

我们用反相高效液相色谱-荧光检测技术（HPLC-FLD）对草鱼的血清、胆囊胆汁、肝胰脏、肠道等不同组织样品胆汁酸进行测定。色谱条件：Waters Nova C18色谱柱（3.9mm×150mm，5μm）；柱温：25℃。荧光检测：激发波长330nm，荧光波长410nm。流动相A：三蒸水，流动相B：乙腈：甲醇=2：1

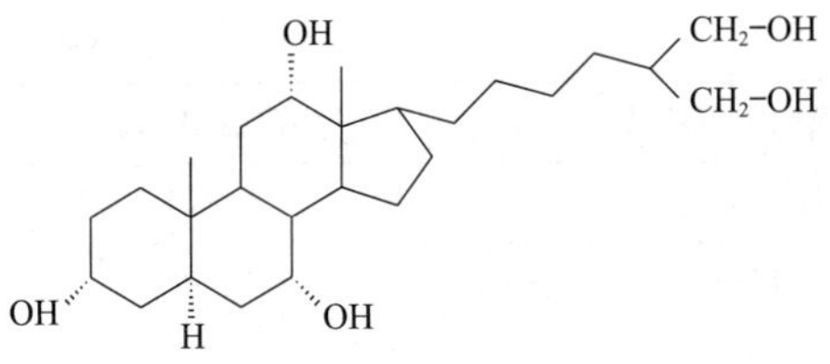

5α-鲤醇结构式

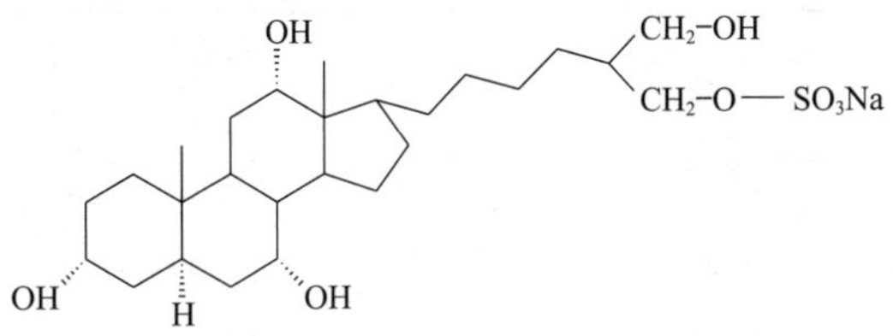

5α-鲤醇硫酸酯钠结构式

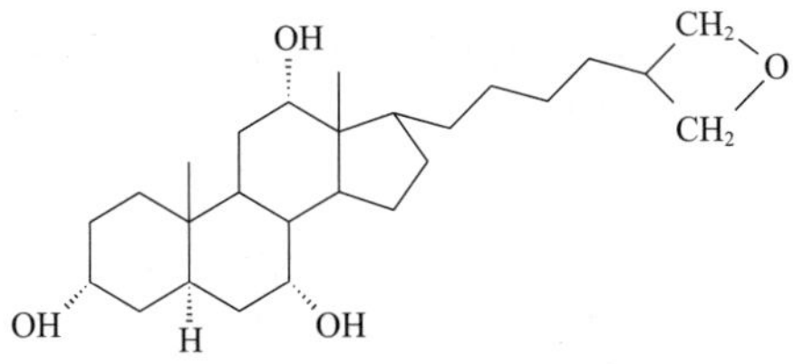

5α-脱水鲤醇结构式

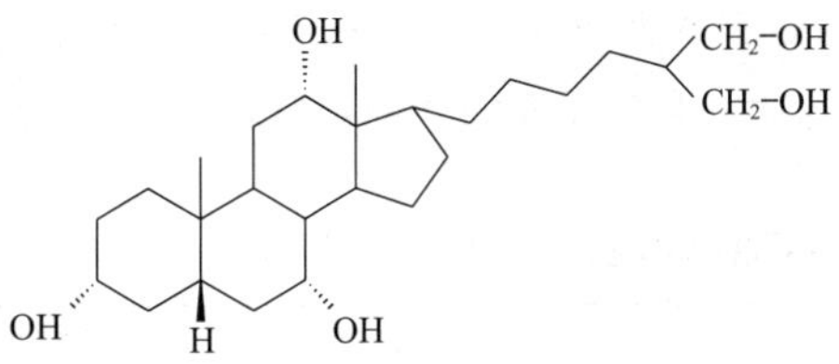

5β-鲤醇结构式

图6-11 淡水鱼胆汁中鲤醇的结构式

（体积比），流速1mL/min。梯度洗脱：0.0min，65%B；8.0min，65%B；8.1min，80%B；15.0min，80%B；19.0min，90%B；24.0min，90%B。

　　游离型胆汁酸的测定结果见表6-3。依据使用的胆汁酸标准样品和检测结果，可以确认草鱼器官组织中存在胆酸CA、鹅脱氧胆酸CDCA、脱氧胆酸DCA、石胆酸LCA、熊脱氧胆酸UDCA五种含量较高的游离胆汁酸。

　　对于游离型的胆汁酸，血清、胆囊胆汁、肝胰脏、肠道等不同组织样品中，均是石胆酸的含量相对较高。

表6-3　游离型胆汁酸含量　　　　　　　　　　　　　　　　　　　　　　　单位：μg/g

样品	胆酸	鹅脱氧胆酸	脱氧胆酸	石胆酸	熊脱氧胆酸
	CA	CDCA	DCA	LCA	UDCA
血清	2.013	0.336	0.6107	17.587	0.407
胆囊胆汁	0.057	0.115	0.279	18.091	0.200
肝胰脏	1.96	1.192	0.357	601.689	0.075
肠道	4.489	3.5921	2.786	524.203	2.540

　　对于牛磺结合胆汁酸，检测到牛磺胆酸TCA、牛磺鹅脱氧胆酸TCDCA、牛磺脱氧胆酸TDCA三种牛磺结合胆汁酸，其中以牛磺胆酸含量较高，结果见表6-4。血清、胆汁、肝胰脏、肠道等不同组织样品中，不同种类牛磺结合型胆汁酸的含量变化趋势相同，其中以胆汁中含量相对较高，肠道次之，其他相对含量较低，表明草鱼胆囊胆汁酸中以牛磺结合胆汁酸为主。

表6-4　不同样品牛磺结合型胆汁酸含量 　　　　　　　　　　　　　　　　　　　　　单位：μg/g

样品	牛磺胆酸	牛磺鹅脱氧胆酸	牛磺脱氧胆酸
	TCA	TCDCA	TDCA
血清	2.368	0.335	0.196
胆囊胆汁	194.577	10.850	8.526
肝胰脏	3.320	0.920	0.572
肠道	10.022	2.507	1.207

对于甘氨结合型胆汁酸，共检测到甘氨胆酸GCA、甘氨熊脱氧胆酸GUDCA、甘氨鹅脱氧胆酸GCDCA、甘氨脱氧胆酸GDCA 4种甘氨结合胆汁酸，结果见表6-5。血清、胆囊胆汁、肝胰脏、肠道等不同组织样品中，甘氨胆酸的含量相对较高，其他含量相对较低。

表6-5　不同样品中甘氨结合型胆汁酸含量 　　　　　　　　　　　　　　　　　　　　单位：μg/g

样品	甘氨胆酸	甘氨熊脱氧胆酸	甘氨鹅脱氧胆酸	甘氨脱氧胆酸
	GCA	GUDCA	GCDCA	GDCA
血清	275.381	1.155	2.433	3.330
胆囊胆汁	39.514	30.219	9.602	6.857
肝胰脏	7.644	1.264	0.799	3.365
肠道	29.916	1.080	1.667	9.413

张晶等（2017）采用超高效液相色谱——三重四级杆质谱联用仪测定了草鱼不同组织胆汁酸组成。分析条件为：进样盘温度和柱温分别为10℃和40℃；流动相流速为0.35mL/min，每次进样量5μL。流动相A为10mmoL/L乙酸铵，pH4.0；流动相B为乙腈。流动相A的梯度程序（A%）为0～10min，70%；10～11min，30%；11～13min，70%。质谱采用电喷雾电离模式，检测模式为多反应检测；毛细管电压为2500V，脱溶剂气温度为350℃；脱溶剂气流量为650L/h。结果是在血清样品中没有检测到胆汁酸。在肝胰脏中初级胆汁酸检测到胆酸CA，其平均浓度达到（728.68±303.11）ng/mg，并未检测到鹅脱氧胆酸CDCA；在肝胰脏中没有检测到次级胆汁酸。胆囊胆汁中检测到的主要胆汁酸有初级胆汁酸胆酸CA和鹅脱氧胆酸CDCA，平均含量分别为（11.23±5.00）ng/μL和（0.83±0.36）ng/μL；次级胆汁酸脱氧胆酸DCA，平均含量为（0.14±0.07）ng/μL。在个别胆汁样品中检测到甘氨胆酸GCA、牛磺酸结合脱氧胆酸盐（sodium taurodeoxycholic，T-DC）和牛磺酸结合鹅脱氧胆酸盐（sodium taurochenodeoxycholic，T-CDC）。在肠道内容物中共检测到9种胆汁酸CA、CDCA、DCA、UDCA、LCA、T-CDC、T-DC、GCA和GUDCA。中肠和后肠内容物中主要胆汁酸是CA，其平均含量分别为（6.54±2.30）ng/mg和（1.23±0.57）ng/mg。肠道检测到的主要次级胆汁酸是DCA和UDCA，在中肠内容物中平均含量分别是（0.13±0.09）ng/mg和（0.3±0.18）ng/mg；在后肠内容物中平均含量分别是（0.08±0.04）ng/mg和（0.2±0.09）ng/mg。只在个别肠道样品中检测到LCA，但其结合物GLCA则完全没有检测到。草鱼血清中没有检测到胆汁酸。

张晶等（2017）将胆囊胆汁中胆汁酸含量与草鱼的肥满度进行了相关性分析，发现肥满度与胆囊中胆汁酸含量呈负相关关系。进一步研究发现胆汁中CA和CDCA含量与肥满度呈负相关关系，即鱼越胖体内CA和CDCA含量越低。在牛蛙的饲料中添加一定量的胆汁酸，可降低牛蛙的体脂含量。研究说明若在饲料中添加适量的CA或CDCA，则可以调节草鱼的能量代谢，减少脂肪在草鱼肝胰脏的积累，从而可以降低草鱼肝胆综合征的发病率。

第六节
日粮胆汁酸对异育银鲫胆汁酸代谢和免疫防御能力的影响

一、日粮胆汁酸对鱼体胆汁酸组成、代谢的影响

在实际工作中，三个重要的问题是：外源性胆汁酸对鱼体内源性胆汁酸的组成、代谢会产生什么样的影响？外源性胆汁酸是否会改变鱼体内源性胆汁酸的化学组成？是否会抑制内源性胆汁酸的合成代谢？

胆汁酸因为其特殊的化学结构和性质，具有立体型的亲水、亲脂两性性质，其立体结构保留了胆固醇分子（环戊烷多氢菲）的核心结构，为层面状的两性分子。因此，在营养生理上，胆汁酸的作用对象应该是以脂类物质为主。同时，胆汁酸是动物生理性肠肝轴中的关键性物质，其生理作用的基点应该是胆汁酸的肠肝循环代谢。

油脂氧化产物对肠道黏膜、肝胰脏等具有显著性的损伤作用，尤其是会破坏胆汁酸的肠肝循环。那么，外源性的胆汁酸对脂质氧化损伤是否有修复作用？对胆汁酸的肠肝循环会产生什么样的生理作用？

为此，我们以平均体重（68.8±0.20）g/尾的异育银鲫为试验对象，以日粮中添加氧化豆油为负对照，以正常豆油为正对照，分别添加不同剂量的胆汁酸产品，以胆囊胆汁酸组成与饲料胆汁酸组成的相关性、以胆汁酸合成代谢和胆汁酸的肠肝循环途径关键节点等为研究目标，探讨外源性胆汁酸对内源性胆汁酸组成和代谢的相关性。

饲料中添加的胆汁酸为猪胆汁酸产品，由北京桑普生物化学技术有限公司提供（商品名称为可利康）。另外，试验饲料中还补充了化学合成的熊脱氧胆酸，为上海诺星医药科技有限公司合成的产品。

采用高效液相色谱-质谱法测定胆汁酸产品的胆汁酸组成和鲫鱼胆囊胆汁酸组成。胆汁酸测定的具体方法如下：饲料添加的胆汁酸样品（可利康）100mg磨碎后加入1mL乙醇，超声破碎后加热使蛋白质沉淀，并用乙醇萃取三次，将萃取液置于氮气下，35℃吹干。吹干后的样品复溶于200μL甲醇中并用C18固相萃取柱纯化。胆囊胆汁样品直接取100μL胆囊胆汁用C18固相萃取小柱纯化。所有纯化后的样品需氮气吹干后定容，4℃保存。

高效液相色谱条件如下：进样盘温度和柱温分别为10℃和40℃；流动相流速为0.35mL/min，每次进样量5μL。流动相A为10mmoL/L乙酸铵，pH4.0；流动相B为乙腈，流动相A的梯度程序（A%）为0～10min，70%；10～11min，30%；11～13min，70%。质谱采用电喷雾电离模式，检测模式为多反应检测；毛细管电压为2500V，脱溶剂气温度为350℃，脱溶剂气流量为650L/h。

饲料补充的胆汁酸样品的胆汁酸组成见表6-6，共检测出了10种胆汁酸的含量。同时，胆汁酸组成按照归一法表示为单一胆汁酸占总胆汁酸的比例作为胆汁酸的组成模式，结果见表6-6。

表6-6　添加的胆汁酸复合物的胆汁酸组成

胆汁酸成分	含量/（μg/g）	占总量的比例/%
胆酸（CA）	23.00	0.14
鹅脱氧胆酸（CDCA）	2774.04	17.35
猪脱氧胆酸（HDCA）	9315.81	58.27
脱氧胆酸（DCA）	83.94	0.53

胆汁酸成分	含量/（μg/g）	占总量的比例/%
石胆酸（LCA）	31.16	0.19
牛磺胆酸（TCA）	1092.09	6.83
牛磺脱氧胆酸（TDCA）	95.55	0.60
牛磺鹅脱氧胆酸（TCDCA）	861.48	5.39
甘氨胆酸（GCA）	106.53	0.67
甘氨熊脱氧胆酸（GUDCA）	1604.12	10.03
总计	15987.71	100.00

日粮补充胆汁酸组成中，以猪脱氧胆酸为主要成分，占总胆汁酸的比例达到58.27%，其次为鹅脱氧胆酸（17.35%）、甘氨熊脱氧胆酸（10.03%）、牛磺胆酸（6.83%）、牛磺鹅脱氧胆酸（5.39%），石胆酸含量较低，为0.19%。

日粮中添加的氧化豆油为我们实验室自制产品，豆油氧化前后酸价、过氧化值和丙二醛含量的对比结果见表6-7。

表6-7　豆油与氧化豆油的氧化评价指标

指标	豆油	氧化豆油
酸价/(mg/g，以每毫克KOH计)	0.17	2.62
过氧化值/(meq/kg)	0.98	295.45
丙二醛/(mg/kg)	0.08	6.74

注：1meq/kg=0.5mmol/kg。

按照异育银鲫实用饲料进行饲料配方设计，设置正对照组（F，4%豆油），氧化油脂负对照组（O，4%氧化豆油），在F组中分别添加0.03%和0.06%胆汁酸复合物（可利康）制得BA1、BA2组饲料；在O组中分别添加0.03%和0.06%胆汁酸复合物制得饲料BO1和BO2组；分别在F组中分别添加0.02%和0.04%熊脱氧胆酸（上海诺星医药科技有限公司）配制成U1、U2组。具体配方和分组见表6-8。

表6-8　试验饲料组成及营养水平

项目	组别							
	F	O	BA1	BA2	BO1	BO2	U1	U2
原料								
面粉/‰	192	192	192	192	192	192	192	192
细米糠/‰	105.6	105.6	105.6	105.6	105.6	105.6	105.6	105.6
膨化大豆/‰	76.8	76.8	76.8	76.8	76.8	76.8	76.8	76.8
豆粕/‰	103.68	103.68	103.68	103.68	103.68	103.68	103.68	103.68
菜粕/‰	134.4	134.4	134.4	134.4	134.4	134.4	134.4	134.4
棉粕/‰	163.2	163.2	163.2	163.2	163.2	163.2	163.2	163.2
鱼粉/‰	115.2	115.2	115.2	115.2	115.2	115.2	115.2	115.2

项目	组别							
	F	O	BA1	BA2	BO1	BO2	U1	U2
磷酸二氢钙 $Ca(H_2PO_4)_2 \cdot H_2O$/‰	21.12	21.12	21.12	21.12	21.12	21.12	21.12	21.12
沸石粉/‰	38.4	38.4	38.4	38.4	38.4	38.4	38.4	38.4
豆油/‰	40		40	40			40	40
氧化豆油/‰		40			40	40		
胆汁酸复合物/‰			0.3	0.6	0.3	0.6		
熊脱氧胆酸/‰							0.2	0.4
预混料[①]/‰	9.98	9.98	9.98	9.98	9.98	9.98	9.98	9.98
合计/‰	1000	1000	1000	1000	1000	1000	1000	1000
营养水平[②]								
粗蛋白质/%	31.25	31.22	31.18	31.2	31.33	31.29	31.07	31.14
粗脂肪/%	8.51	8.54	8.49	8.5	8.51	8.52	8.49	8.48
总能/(kJ/g)	13.08	13.05	13.1	13.13	13.04	13.08	13.09	13.11
酸价/(mg/g)	24.70	25.10	25.10	26.90	25.4	25.70	24.60	24.80
过氧化值/(meq/kg)	2.40	12.50	2.50	2.40	13.60	12.80	2.60	2.50
丙二醛/(mg/kg)	5.00	5.30	5.10	5.30	5.00	5.20	5.30	5.40

注：1meq/kg=0.5mmol/kg。

① 预混料（mg/kg，以饲料计）：铜5，铁180，锰35，锌120，碘0.65，硒0.5，钴0.07，镁300，钾80，维生素A10，维生素B_1 8，维生素B_2 8，维生素B_6 20，维生素B_{12} 0.1，维生素C 250，泛酸钙20，烟酸25，维生素D_3 4，维生素K_3 6，叶酸5，肌醇100。

② 实测值。

养殖试验在江苏省大丰华辰水产实业有限公司养殖基地池塘养殖网箱（1.5m×1.5m×2m）中进行，试验异育银鲫用商品鲫鱼饲料驯化14d后，每天8:00和16:00定时投喂试验饲料，投饲量为鱼体质量的2%～3%，每10天估算鱼体增重，调整并记录投饲量。试验时间：2016年7～9月，养殖周期为70d。试验期间，每天测定并记录水温，每7天进行一次水质测定。整个试验期间水温22～36℃，溶解氧浓度＞5.0mg/L，pH8.2～8.6，氨氮浓度＜0.2mg/L，亚硝酸盐浓度＜0.01mg/L，硫化物浓度＜0.05mg/L。

（一）异育银鲫的生长性能

经过70d的养殖试验，异育银鲫生长性能结果见表6-9，①氧化豆油O组与正常豆油F组相比，特定生长率SGR、蛋白质沉积率显著降低，而饲料系数FCR显著升高（$P<0.05$）。②BA2组的SGR、饲料系数与F组相比差异不显著（$P>0.05$），但是SGR显著高于其他各组（$P<0.05$），异育银鲫的蛋白质沉积率显著提高（$P<0.05$），脂肪沉积率虽然无显著差异（$P>0.05$），但是低于F组。③BO1组与BO2组的SGR显著高于O组（$P<0.05$），但是显著低于F组（$P<0.05$），蛋白质沉积率和脂肪沉积率与O组无显著差异（$P>0.05$）。④U1与U2组的SGR显著低于F组以及其他胆汁酸复合物添加组（$P<0.05$），与O组无显著差异（$P>0.05$），但是该两组的FCR显著高于其他各组（$P<0.05$）；熊脱氧胆酸添加组的蛋白质沉积率显著低于F组（$P<0.05$），脂肪沉积率无显著差异（$P>0.05$）。⑤各组的存活率没有表现出显著差异（$P>0.05$）。

表6-9　饲料中添加胆汁酸对异育银鲫生长性能的影响（$n=3$）

项目	组别							
	F	O	BA1	BA2	BO1	BO2	U1	U2
初均重/g	68.60±0.17	68.83±0.23	68.83±0.05	68.66±0.05	68.60±0.26	68.96±0.15	68.86±0.23	68.93±0.20
末均重/g	140.52±4.06[ab]	124.68±2.37[c]	132.55±2.18[b]	145.54±3.04[a]	131.94±6.37[b]	133.71±3.69[b]	119.34±2.59[d]	123.09±5.09[cd]
特定生长率 SGR/(%/d)	1.03±0.03[a]	0.85±0.02[c]	0.94±0.02[b]	1.07±0.03[a]	0.93±0.08[b]	0.95±0.04[b]	0.78±0.02[c]	0.83±0.07[c]
饲料系数 FCR	1.87±0.11[d]	2.25±0.04[c]	2.42±0.02[bc]	2.02±0.07[d]	2.57±0.20[b]	2.73±0.15[b]	3.70±0.52[a]	3.48±0.54[a]
存活率/%	98.67±1.15	99.00±1.41	99.33±1.15	96.67±2.88	96.33±2.88	92.67±4.61	92.67±2.51	95.00±8.66
蛋白质沉积率 PRR/%	30.23±3.45[b]	22.32±1.29[c]	15.05±2.41[d]	38.23±4.60[a]	17.16±3.06[c]	20.46±1.16[c]	21.06±6.37[c]	18.73±3.11[c]
脂肪沉积率 FRR/%	37.51±8.44	30.42±1.46	28.28±4.91	33.69±4.74	30.29±5.27	28.22±1.42	32.14±4.71	30.56±4.05

注：同行数据肩注不同小写字母表示差异显著（$P < 0.05$）。

将各组的生长结果进行氧化油脂和日粮胆汁酸的双因素方差分析，见表6-10。结果显示，O组的生长性能显著降低（$P < 0.05$），异育银鲫的生长性能与油源显著相关（$P < 0.05$）。饲料中添加胆汁酸后，在胆汁酸与不同油脂的相互作用下，虽未观察到显著的影响（$P > 0.05$），但是末均重与特定生长率有一定程度增高。与正常豆油组F组相比，O组的末均重、特定生长率分别降低了11.27%和17.48%（$P < 0.05$）。脂肪源和胆汁酸的添加与存活率相关性不显著（$P > 0.05$）。

表6-10　异育银鲫的生长性能的双因素方差分析（$n=3$）

组别	末均重/g	特定生长率SGR/(%/d)	存活率SR/%
F	140.52±4.06	1.03±0.03	98.67±1.15
BA2	145.54±3.04	1.07±0.03	96.67±2.88
O	124.68±2.37	0.85±0.02	99.00±1.41
BO2	133.71±3.69	0.95±0.04	92.67±4.61
双因素方差分析[①]	（P值）		
OS	0.014	0.009	0.336
BA	0.144	0.129	0.065
OS×BA	0.653	0.511	0.247

① OS表示不同油脂，BA表示添加胆汁酸，OS×BA表示不同油脂与添加胆汁酸的相互作用。

结果表明，当饲料中的胆汁酸复合物添加量为0.06%时，异育银鲫生长性能最佳；添加0.06%胆汁酸能够提高异育银鲫的蛋白质沉积率，降低脂肪沉积率。用4%氧化豆油代替4%豆油后，异育银鲫生长性能显著下降；而在氧化豆油损伤下添加胆汁酸，也能够促进异育银鲫恢复性生长，说明添加胆汁酸能够补充氧化损伤所造成的机体胆汁酸不足，从而保证异育银鲫的正常生长。添加单一的熊脱氧胆酸反而降低了异育银鲫的生长速度。

（二）血清、肝胰脏、肠道总胆汁酸和胆固醇含量

试验结束时，测定异育银鲫血清、肝胰脏和肠道组织中总胆汁酸含量、胆固醇含量，结果见表6-11。

表6-11　外源性胆汁酸对异育银鲫血清、肝胰脏的肠道总胆汁酸、胆固醇的影响（$n=3$）

组别	血清	肝胰脏	肠道	血清	肝胰脏	肠道
	胆汁酸/（μmol/L）			胆固醇/（mmol/L）		
F	2.95±0.28[a]	8.33±0.26[b]	8.53±0.56[ab]	8.36±0.23[ab]	0.04±0.01[b]	0.05±0.03[ab]
BA1	4.07±0.11[b]	7.58±0.28[c]	8.59±0.16[ab]	7.09±0.42[c]	0.04±0.01[b]	0.04±0.02[b]
BA2	3.99±0.13[b]	7.09±0.29[c]	9.06±0.17[a]	7.50±0.25[b]	0.04±0.01[bc]	0.03±0.02[b]
O	3.05±0.98[a]	14.39±0.27[a]	6.31±0.86[d]	8.50±0.14[a]	0.07±0.01[a]	0.07±0.01[a]
BO1	4.03±0.31[b]	8.47±0.30[b]	7.66±0.30[c]	7.60±0.53[b]	0.04±0.01[b]	0.06±0.01[ab]
BO2	2.79±0.08[a]	8.27±0.31[b]	7.70±0.25[c]	8.05±0.85[ab]	0.03±0.01[c]	0.05±0.01[ab]
U1	4.22±0.45[b]	9.39±0.32[b]	7.61±0.38[c]	7.33±0.38[bc]	0.06±0.01[a]	0.05±0.01[ab]
U2	4.26±0.21[b]	9.13±0.33[b]	7.81±0.21[c]	8.07±0.80[ab]	0.05±0.01[b]	0.05±0.01[ab]

注：同列数据肩注不同小写字母表示差异显著（$P<0.05$）。

可以得到以下结果：

（1）胆汁酸含量的变化

首先，氧化油脂O组与正常油脂F组比较，饲料氧化油脂对血清总胆汁酸含量无显著性的影响（$P>0.05$）；肝胰脏总胆汁酸含量显著增加（$P<0.05$），增加了72.75%；肠道总胆汁酸含量显著下降（$P<0.05$），下降了26.03%。这个结果显示，饲料氧化油脂对鱼体造成了氧化损伤，并导致胆汁酸在肝胰脏淤积。

其次，在正常日粮中补充胆汁酸后，BA1、BA2组血清总胆汁酸含量显著增加，分别增加了37.97%、35.25%（$P<0.05$）；肝胰脏总胆汁酸含量分别下降了9.00%、14.89%（$P<0.05$）；肠道总胆汁酸含量分别增加了0.70%、6.21%，无显著性差异（$P>0.05$）。该结果表明，虽然肠道胆汁酸含量有增加，但不显著；饲料胆汁酸被鱼体吸收进入了血液，使血清中维持高浓度的总胆汁酸含量；血清高浓度总胆汁酸含量导致肝胰脏胆汁酸含量下降。

最后，对于氧化油脂饲料中补充胆汁酸后的结果显示：与正对照F组相比较，BO1组、BO2组的血清总胆汁酸含量分别增加了36.61%（$P<0.05$）、下降了5.42%（$P>0.05$）；肝胰脏总胆汁酸含量增加了1.68%、下降了0.72%，均无显著差异（$P>0.05$）；肠道总胆汁酸含量下降了10.20%、9.73%，均无显著差异（$P>0.05$）。与负对照组比较：BO1、BO2组血清总胆汁酸含量分别是增加32.13%、下降8.52%（$P<0.05$）；肠道总胆汁酸含量分别增加了21.39%、22.03%（$P<0.05$）。上述结果表明，饲料中添加氧化豆油并同时补充胆汁酸后，肝胰脏胆汁酸淤积的情况得到好转，肠道胆汁酸含量得到部分的恢复。BO1组与BO2组比较，BO1组恢复的效果更好。

（2）胆固醇含量的变化

首先，氧化油脂O组与正常油脂F组比较，血清、肝胰脏和肠道胆固醇含量均增加，在肝胰脏达到显著差异水平。

其次，在正常日粮中补充胆汁酸后，BA1、BA2组的血清、肝胰脏和肠道胆固醇含量均下降，除BA1的血清外，其余均未达到显著水平。在氧化油脂日粮中补充胆汁酸后，BO1、BO2组的血清、肝胰脏和肠道胆固醇含量均下降，BO1组的血清、肝胰脏含量下降达到显著性水平。

上述结果表明，无论是正常日粮，还是氧化油脂日粮，胆汁酸的补充均导致血清、肝胰脏和肠道胆固醇含量下降。

(3)日粮中补充熊脱氧胆酸后胆汁酸、胆固醇含量的变化

与对照F组比较，血清、肝胰脏的胆汁酸含量增加，而胆固醇含量在肝胰脏中U1组显著增加，U2组无显著性差异，血清和肠道胆固醇含量无显著性差异。

(4)氧化油脂、日粮胆汁酸对胆汁酸、胆固醇含量变化的双因素分析

依据表6-11的试验数据，做氧化油脂、日粮胆汁酸对血清、肝胰脏和肠道胆汁酸、胆固醇含量影响的双因素分析，结果见表6-12。

表6-12　总胆汁酸（TBA）和总胆固醇（TC）浓度的双向ANOVA分析（$n=3$）

组织	TBA（ANOVA，$P > F$）			TC（ANOVA，$P > F$）		
	O	BA	O×BA	O	BA	O×BA
血清	0.510	0.492	0.513	0.233	0.038	0.465
肝胰脏	0.001	0.001	0.012	0.017	0.000	0.004
肠道	0.000	0.014	0.203	0.104	0.029	0.843

注：O代表氧化油脂；BA代表胆汁酸。

由表6-12可知，关于总胆汁酸含量：①日粮中氧化油脂、日粮胆汁酸对鲫鱼血清胆汁酸含量无显著性影响，也无交叉影响。②日粮中氧化油脂、日粮胆汁酸对肝胰脏的中胆汁酸含量具有显著性影响，且具有交叉性显著影响，即日粮氧化油脂导致肝胰脏总胆汁酸含量显著增加，出现胆汁酸淤积，而日粮胆汁酸使肝胰脏胆汁酸含量显著下降，且具有修复氧化油脂导致的肝胰脏胆汁酸淤积的显著性作用结果。③日粮氧化油脂、日粮胆汁酸对肠道总胆汁酸含量均有显著性影响，但无交叉显著性影响。即氧化油脂导致肠道胆汁酸含量下降，而日粮胆汁酸使肠道胆汁酸含量显著增加。

关于胆固醇含量：①日粮中胆汁酸导致血清胆固醇含量显著下降，而日粮氧化油脂对血清胆固醇无显著影响，日粮氧化油脂、日粮胆固醇对血清胆固醇含量无相互交叉影响。②日粮氧化油脂、日粮胆汁酸对肝胰脏胆固醇含量具有显著性影响，且具有交叉显著性影响；即日粮氧化油脂导致肝胰脏胆固醇含量显著增加，而日粮胆汁酸则使肝胰脏胆固醇含量下降，在BO1组达到显著性水平。③日粮胆汁酸使肠道胆固醇含量显著下降，而日粮氧化油脂对肠道胆固醇含量无显著性影响，日粮氧化油脂、日粮胆汁酸对肠道胆固醇也无交叉显著性影响。

总结上述研究结果，可以有以下认知：①氧化油脂对肝胰脏的胆汁酸、胆固醇含量有显著性的影响，导致肝胰脏胆汁酸含量显著增加，出现肝胰脏胆汁酸淤积；②日粮胆汁酸可以修复日粮氧化油脂对肝胰脏、肠道的损伤，使胆汁酸含量恢复到正常水平，这应该是对胆汁酸肠肝循环、胆汁酸合成代谢修复的结果；③日粮胆汁酸对血清、肝胰脏和肠道总胆汁酸含量、胆固醇含量的影响结果表明，对维护胆汁酸、胆固醇的动态平衡是有利的，这应该是日粮胆汁酸发挥生理作用的基础位点。

值得注意的是，日粮胆汁酸过量添加（BO2）未出现更好的结果，反而出现负面影响。这与我们长期的研究结果一致，即日粮胆汁酸的添加量有一个适宜的水平，过量会导致损伤作用。

（三）胆囊胆汁酸组成与日粮胆汁酸组成的相关性

表6-13中列出了试验异育银鲫胆囊中胆汁的胆汁酸组成和比例，可以得到以下结果。

(1)在异育银鲫胆囊中检测到有效含量的10种胆汁酸

对各实验组异育银鲫胆囊胆汁经过检测分析，具有效含量的胆汁酸共10种，包括游离初级胆汁酸2种：鹅脱氧胆酸（CDCA）和胆酸（CA）；结合胆汁酸5种：牛磺胆酸（TCA）、牛磺鹅脱氧胆酸（TCDCA）、牛磺脱氧胆酸（TDCA）、甘氨胆酸（GA）、甘氨熊脱氧胆酸（GUDCA）；次级胆汁酸有脱氧胆酸（DCA）、石胆酸（LCA）；另一种胆汁酸为猪脱氧胆酸（HDCA）。

（2）不同种类胆汁酸含量差异很大

在异育银鲫胆囊胆汁检测到的10种胆汁酸中，牛磺胆酸的含量最高，在所有组别中牛磺胆酸相对比例均大于72.50%，因此，牛磺胆酸是鲫鱼胆囊胆汁中的主要胆汁酸。其次是甘氨胆酸和牛磺鹅脱氧胆酸，牛磺鹅脱氧胆酸比例在所有组别中大于6.84%；甘氨胆酸比例在所有组别中大于4.30%。胆酸、鹅脱氧胆酸、猪脱氧胆酸、脱氧胆酸、石胆酸5种胆汁酸含量相对较低，各自占总胆汁酸的比例均小于1.0%。

（3）日粮胆汁酸不能改变异育银鲫胆囊胆汁酸的组成

一个非常重要的结果是：日粮胆汁酸组成不能改变异育银鲫胆囊胆汁酸的组成及其比例；异育银鲫胆囊胆汁酸组成比例具有很高的稳定性。因此，日粮胆汁酸对血清、肝胰脏和肠道胆汁酸总量可能有影响，对胆汁酸的肠肝循环可能有影响，但不能改变胆囊胆汁酸的组成模式，或者可以认为，鲫鱼具有稳定其胆囊胆汁酸组成模式的稳定机制，只是这个机制我们还没有认识到。主要证据为：

① 异育银鲫胆囊胆汁酸以牛磺胆酸为主，而日粮胆汁酸则是以猪脱氧胆酸为主

日粮中补充的胆汁酸（可利康）是以猪胆汁为原料的产品，其中猪脱氧胆酸含量最高，占所有胆汁酸的比例达到58.27%，其次是鹅脱氧胆酸、甘氨熊脱氧胆酸、牛磺胆酸、牛磺鹅脱氧胆酸等。而异育银鲫胆囊胆汁酸中，组成比例最高的是牛磺胆酸，占总胆汁酸的比例超过72.50%。在日粮补充胆汁酸中含量最高的猪脱氧胆酸在鲫鱼胆囊胆汁酸中含量比例不超过0.02%。

② 异育银鲫胆囊胆汁组成模式与日粮胆汁酸组成模式没有相关性

如果以单一胆汁酸占10种胆汁酸总量的比例作为胆汁酸组成模式，以日粮胆汁酸组成模式为基准，计算不同组别的胆囊胆汁酸组成模式与日粮胆汁酸模式之间的相关系数，判定它们之间的相关性，结果见表6-13中的R_1。R_1的值全部为负值，但绝对值均小于0.12，可以判定为没有相关性。

表6-13　日粮胆汁酸组成与异育银鲫胆囊胆汁酸组成及其相关性

胆汁酸	牛磺胆酸 TCA	牛磺脱氧胆酸 TDCA	牛磺鹅脱氧胆酸 TCDCA	甘氨胆酸 GA	甘氨熊脱氧胆酸 GUDCA	胆酸 CA	鹅脱氧胆酸 CDCA	猪脱氧胆酸 HDCA	脱氧胆酸 DCA	石胆酸 LCA	合计	R_1	R_2
可利康 /(μg/g)	1092.09	95.55	861.48	106.53	1604.12	23.00	2774.04	9315.81	83.94	31.16	15987.7	1.000	
比例/%	6.83	0.60	5.39	0.67	10.03	0.14	17.35	58.27	0.53	0.19	100.0		
F组/ (μg/g)	521.54	6.80	55.13	77.39	36.55	0.38	0.22	0.07	0.05	0.21	698.3	−0.104	1.000
比例/%	74.68	0.97	7.89	11.08	5.23	0.05	0.03	0.01	0.01	0.03	100.0		
BA1组 /(μg/g)	472.52	4.46	53.28	78.57	32.48	0.80	0.25	0.15	0.04	0.26	642.8	−0.107	1.000
比例/%	73.51	0.69	8.29	12.22	5.05	0.12	0.04	0.02	0.01	0.04	100.0		
BA2组 /(μg/g)	629.30	5.39	61.98	71.40	30.77	0.28	0.14	0.10	0.03	0.30	799.7	−0.096	0.999

胆汁酸	牛磺胆酸 TCA	牛磺脱氧胆酸 TDCA	牛磺鹅脱氧胆酸 TCDCA	甘氨胆酸 GA	甘氨熊脱氧胆酸 GUDCA	胆酸 CA	鹅脱氧胆酸 CDCA	猪脱氧胆酸 HDCA	脱氧胆酸 DCA	石胆酸 LCA	合计	R_1	R_2
比例/%	78.69	0.67	7.75	8.93	3.85	0.04	0.02	0.01	0.00	0.04	100.0		
O组/(μg/g)	565.56	5.39	60.13	101.63	18.54	0.52	0.22	0.07	0.07	0.24	752.4	-0.109	0.999
比例/%	75.17	0.72	7.99	13.51	2.46	0.07	0.03	0.01	0.01	0.03	100.0		
BO1组/(μg/g)	448.89	3.99	72.53	78.18	13.68	0.96	0.31	0.06	0.10	0.47	619.2	-0.113	0.997
比例/%	72.50	0.64	11.71	12.63	2.21	0.16	0.05	0.01	0.02	0.08	100.0		
BO2组/(μg/g)	684.54	4.69	53.65	33.75	6.57	0.44	0.23	0.07	0.12	0.42	784.5	-0.081	0.994
比例/%	87.26	0.60	6.84	4.30	0.84	0.06	0.03	0.01	0.02	0.05	100.0		
U1组/(μg/g)	453.21	7.51	64.20	69.06	20.64	1.13	0.33	0.06	0.08	0.59	616.8	-0.109	0.999
比例/%	73.48	1.22	10.41	11.20	3.35	0.18	0.05	0.01	0.01	0.10	100.0		
U2组/(μg/g)	691.15	3.52	80.48	65.54	31.69	0.49	0.21	0.05	0.05	0.21	873.4	-0.093	0.998
比例/%	79.13	0.40	9.21	7.50	3.63	0.06	0.02	0.01	0.01	0.02	100.0		

注：R_1 为各试验组异育银鲫胆囊胆汁酸组成比例与日粮补充胆汁酸（可利康）组成比例的相关系数；R_2 为各试验组异育银鲫胆囊胆汁酸组成比例与对照 F 胆囊胆汁酸组成比例的相关系数。

但是，如果以对照组 F 组鲫鱼胆囊胆汁酸组成模式为基准，其他组的结果与其的相关系数如表 6-13 中的 R_2 值，其绝对值大于 0.994，可以判定为显著性相关。这个结果表明，各试验组异育银鲫胆囊胆汁酸的模式是基本一致的、是稳定的，即使在有饲料氧化油脂、日粮胆汁酸补充的影响下，也是非常稳定的。

③ 日粮补充的熊脱氧胆酸在异育银鲫胆囊胆汁酸中没有有效含量，没有被检测到，表明即使在日粮中补充了熊脱氧胆酸，在鲫鱼胆囊胆汁中也难以检测到。

（四）胆汁酸代谢关键酶基因表达活性

选取对照 F 组、氧化油脂 O 组和补充了胆汁酸的 BA2 组、BO2 组异育银鲫，采集其肝胰脏和肠道黏膜组织提取总 RNA，采用荧光 PCR 定量方法，对胆汁酸合成、胆汁酸肠肝循环途径中关键酶或蛋白质的基因 mRNA 表达量进行定量检测，进行定量检测的基因包括了胆汁酸合成经典途径关键酶胆固醇 7α-羟化酶 CYP7A1、替代途径主要酶甾醇 12α-羟化酶 CYP8B1 和甾醇 27α-羟化酶 CYP27A1；胆固醇合成途径关键酶，羟甲基戊二酸单酰辅酶 A 还原酶 HMGCR；肝细胞胆汁酸结合蛋白，肝型脂肪酸结合蛋白 FABP；肝细胞胆汁酸吸收转运载体，ATP 结合盒式蛋白 C 类亚族 ABCC2；肝胰脏、胆囊胆汁酸分泌控制蛋白，胆汁酸盐输出泵转运蛋白 BSEP；肠道黏膜细胞从食糜中吸收胆汁酸的转运载体，Na⁺/胆汁酸联合

转运体 *ASBT*；肠道黏膜细胞胆汁酸结合蛋白，肠胆汁酸结合蛋白 *BABP*。

依据荧光定量 PCR 检测的相对表达量结果作图，分别见图 6-12 和图 6-13。依据基因相对表达量数据，进行显著性分析的结果见表 6-14。

表 6-14　异育银鲫胆汁酸代谢相关基因的表达的双因素方差分析

基因表达	肝胰脏（ANOVA，$P > F$）			肠道（ANOVA，$P > F$）		
	OS	BA	OS × BA	OS	BA	OS × BA
胆固醇 7α-羟化酶 *CYP7A1*	0.000	0.418	0.000	0.001	0.000	0.642
甾醇 12α-羟化酶 *CYP8B1*	0.000	0.239	0.001	0.001	0.000	0.766
甾醇 27α-羟化酶 *CYP27A1*	0.000	0.788	0.000	0.000	0.000	0.000
羟甲基戊二酸单酰辅酶 A 还原酶 *HMGCR*	0.000	0.000	0.000	0.001	0.000	0.105
肝型脂肪酸结合蛋白 *FABP*	0.000	0.000	0.008	0.003	0.000	0.444
ATP 结合盒式蛋白 C 类亚族 *ABCC2*	0.700	0.000	0.000	/	/	/
胆汁酸盐输出泵转运蛋白 *BSEP*	0.000	0.000	0.000	/	/	/
Na⁺/胆汁酸联合转运体 *ASBT*	/	/	/	0.000	0.000	0.000
肠胆汁酸结合蛋白 *BABP*	/	/	/	0.000	0.007	0.000

氧化油脂处理（O 组）对肝胰脏中的胆汁酸和胆固醇代谢关键基因的表达有显著影响。氧化油脂处理（O 组）显著抑制了胆汁酸合成（*CYP7A1*、*CYP8B1*、*CYP27A1*）和转运（*FABP*）的相关基因表达（$P < 0.05$），并且使胆汁酸转运蛋白（*BSEP*、*ABCC2*）和胆固醇合成限速酶（*HMGCR*）基因表达升高（$P < 0.05$）。胆汁酸的添加（BA2 组和 BO2 组）使胆汁酸盐输出泵转运蛋白（*BSEP*）基因的表达和胆固醇合成关键酶（*HMGCR*）的表达下调（$P < 0.05$），并使 *FABP* 和 *ABCC2* 基因的表达上调（$P < 0.05$）。从图 6-12 的肝胰脏中胆汁酸合成相关基因（*CYP27A1*、*CYP7A1*、*CYP8B1*）、胆固醇合成限速酶（*HMGCR*）和胆汁酸转运蛋白（*BSEP*、*FABP* 和 *ABCC2*）的表达水平来看，日粮氧化油脂和日粮胆汁酸有显著的交互作用（$P < 0.05$）。与 F 组相比，BA2 组中 *CYPA7A1*、*CYP27A1*、*CYP8B1* 和 *HMGCR* 基因表达下调，*FABP* 和 *ABCC2* 基因上调。另一方面，BO2 组的肝胰脏中 *CYP7A1*、*CYP27A1*、*CYP8B1* 和 *FABP* 的表达高于 O 组，而 *HMGCR* 和 *BSEP* 的表达低于 O 组。

氧化油脂处理（O 组）抑制了肠道中参与胆汁酸合成相关基因（*CYP7A1*、*CYP8B1*、*CYP27A1*）以及 *HMGCR*、*ASBT* 和 *FABP* 基因的表达（$P < 0.05$），但是同时上调了 *BABP* 的表达（$P < 0.05$），同时胆汁酸添加组的以上 7 个基因的表达呈现上调（$P < 0.05$）。*CYP7A1*、*ASBT* 和 *BABP* 的表达受到氧化油脂

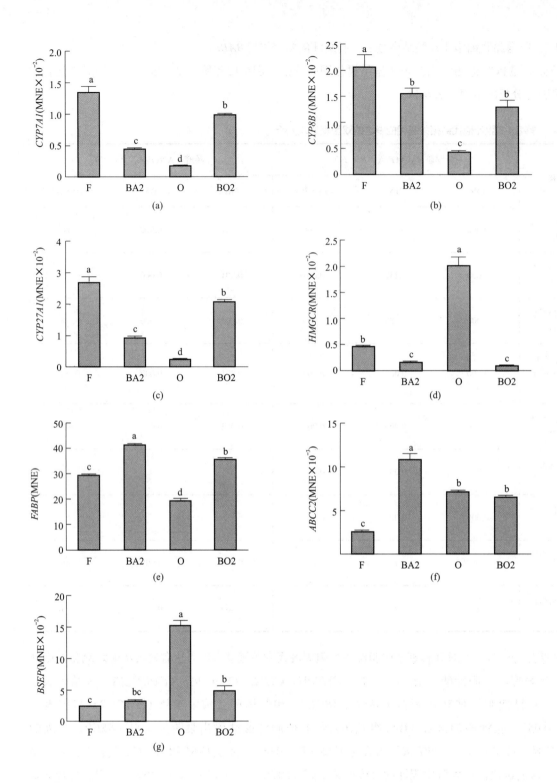

图6-12 异育银鲫肝胰脏 *CYP7A1*、*CYP8B1*、*CYP27A1*、*HMGCR*、*FABP*、*ABCC2* 和 *BSEP* 基因的表达结果

F—正常饲料组；BA2—正常饲料添加0.06%胆汁酸组；O—氧化油脂饲料组；BO2—氧化油脂饲料添加0.06% 胆汁酸组；MNE—基因的相对表达量；*n*=9

Nutritional Physiology and Feed of Freshwater Fish

淡水鱼类营养生理与饲料

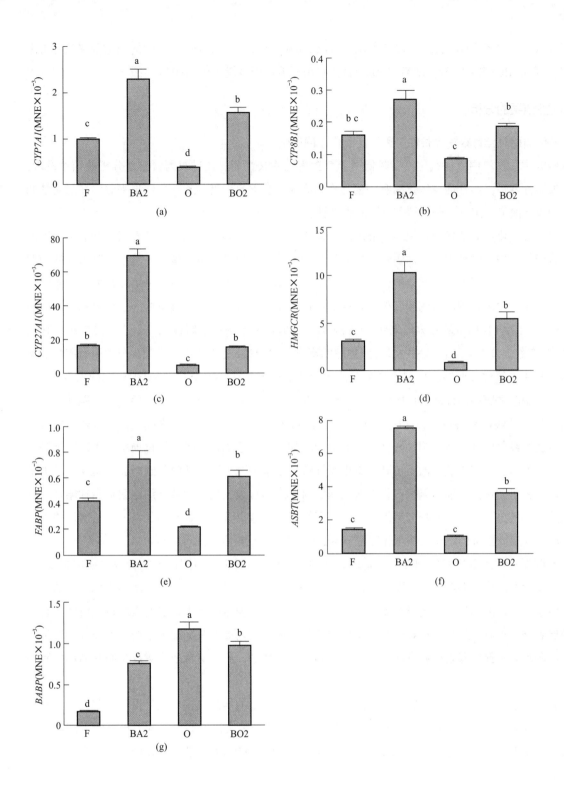

图6-13 异育银鲫肠道*CYP7A1*、*CYP8B1*、*CYP27A1*、*HMGCR*、*FABP*、*ASBT*和*BABP*基因的表达结果
F—正常饲料组；BA2—正常饲料添加0.06%胆汁酸组；O—氧化油脂饲料组；BO2—氧化油脂饲料添加0.06%胆汁酸组；*n*=9

处理和胆汁酸交互作用的显著影响（$P < 0.05$）。BA2组中$CYP7A1$、$ASBT$和$BABP$的表达显著高于F组（$P < 0.05$），同时BO2组中$CYP7A1$和$ASBT$的表达水平显著高于O组（$P < 0.05$）。

（五）对试验结果的分析

（1）氧化油脂对异育银鲫生长性能和胆汁酸代谢的影响

在本研究中，饲料中添加氧化油脂降低了异育银鲫的生长性能。通过双因素方差分析的结果发现，饲料中添加胆汁酸后，胆汁酸与氧化油脂的相互作用影响不显著，但就生长速度结果来看，在氧化油脂饲料中添加胆汁酸能一定程度改善异育银鲫的生长性能。

饲料中添加氧化油脂能使异育银鲫的肝胰脏中总胆汁酸和总胆固醇的水平显著升高，肠道中总胆汁酸水平显著降低。关于饲料中氧化油脂对鱼类胆汁酸代谢的影响目前尚不清楚。肝脏在去除体内的内源性和异源性化合物方面起着至关重要的作用。为了维持脂质代谢和胆汁酸代谢的平衡，需要胆汁酸的肝胆分泌和肠肝循环稳态，胆汁酸的肠肝循环是控制胆汁酸生物合成总速率的最重要的生理机制。胆固醇7α-羟化酶（CYP7A1）和甾醇12α-羟化酶（CYP8B1）是胆汁酸合成中的限速酶，但是甾醇27α-羟化酶（CYP27A1）在经典通路和酸性通路中参与胆固醇的降解，CYP8B1在人体中决定胆酸与鹅脱氧胆酸的比例。在本试验中，氧化油脂饲料抑制了几个胆汁酸合成的关键酶（CYP7A1、CYP8B1和CYP27A1）的基因表达，表明肝胰脏中胆汁酸合成酶的活力下降。此外，我们发现介导胆汁中主要的结合胆汁酸分泌至胆囊的胆汁酸盐输出泵转运蛋白（BSEP）的基因在氧化油脂作用下，其表达量上调，这表明摄食氧化油脂饲料使得鲫鱼肝胰脏转运胆汁酸到胆囊的能力增加了。由于氧化油脂的氧化损伤作用，肝胰脏中总胆汁酸的含量增加，这与氧化油脂使肝胰脏中胆汁酸合成量的减少和从肝胰脏到胆囊的运输的增加是不一致的。一种可能性是：油脂氧化产物如丙二醛等对肝细胞造成损伤，导致肝细胞膜通透性增加，肝细胞合成的胆汁酸出现外溢而不是向毛细胆管、胆管汇集。其结果就是导致肝胰脏组织中总胆汁酸含量增加，出现胆汁在肝胰脏的淤积，并对肝细胞造成进一步的损伤作用。

通过肠肝循环回到肝胰脏的胆汁酸会抑制$CYP7A1$的表达，反馈调节胆汁酸的合成。在本试验中，可能是为了减少肝细胞中胆汁酸的淤积，胆汁酸的反馈调节机制通过抑制新的胆汁酸的合成，并加强肝胰脏对胆囊运输胆汁酸的能力来维持肝细胞内胆汁酸的平衡。根据这些结果，我们推断鱼类机体具有一定程度的自我调节机制，这可能有利于减少包括部分胆汁酸盐在内滞留在肝细胞中的毒性成分。这种维持体内胆汁酸动态平衡的稳定机制应该是通过对胆固醇合成代谢、胆汁酸合成代谢及其肠肝循环机制的调控来实现的。

本试验结果还发现氧化油脂饲料引起的肝胰脏总胆固醇含量的增加，这可能是由编码胆固醇合成中的限速酶——羟甲基戊二酸单酰辅酶A还原酶（HMGCR）的基因表达上调导致的。也可能是肝胰脏胆汁酸合成的相关基因表达水平下降（例如$CYP7A1$、$CYP27A1$、$CYPA8B1$）进一步降低胆汁酸合成所需的胆固醇含量。

在肠道中，Na^+/胆汁酸联合转运体（ASBT）位于肠上皮细胞微绒毛，在回肠中重新吸收胆汁酸。肠道胆汁酸结合蛋白（BABP）负责结合胆汁酸和降低回肠黏膜细胞内胆汁酸浓度。氧化油脂处理（O组）后$ASBT$的表达下调，但$BABP$的表达上调，这表明重吸收胆汁酸的能力降低，从肠黏膜细胞到循环系统的胆汁酸盐运输能力增加。此外，O组肠道中胆汁酸合成过程的关键酶（$CYP7A1$、$CYP27A1$、$CYP8B1$）的表达显著下调，这与肠道总胆汁酸的含量降低是一致的。这些数据表明，饲料中添加氧化油脂会抑制肠道胆汁酸的合成和重吸收，同时增强从肠黏膜细胞到循环系统的运输从而来降低肠道总胆汁酸的含量。此外，我们另外的研究结果显示，氧化油脂能诱发草鱼肠炎或肠道黏膜结构屏障损伤，从而阻止肠细胞的发育并限制肠道重吸收胆汁酸盐。在这方面，需要进一步的研究来阐明胆汁酸盐的代谢机制和其在内部器官的循环。

（2）饲料添加胆汁酸对异育银鲫生长性能和胆汁酸代谢的影响

饲料添加胆汁酸能够调节异育银鲫内源胆汁酸的合成、转运以及重吸收来维持机体的胆汁酸平衡和肠肝循环，进而减少肠道和血清的胆固醇含量、增加肠道胆汁酸含量以及防止氧化油脂造成的肝胰脏胆汁酸和胆固醇的增加。

当饲料中的胆汁酸复合物添加量为0.06%时，异育银鲫生长性能最佳；用4%氧化豆油代替4%豆油后，异育银鲫生长性能显著下降。在饲料中添加胆汁酸会影响肝胰脏和肠道的胆汁酸代谢，双因素方差分析结果显示，饲料中添加胆汁酸后，在胆汁酸与氧化油脂的相互作用下，虽未观察到显著的影响，但是生长速度有一定程度增高。

在本试验中，我们探讨了饲料中添加胆汁酸对肝胰脏和肠道胆汁酸代谢的影响。双因素方差分析结果显示，在肝胰脏中，*CYP7A1*、*CYP8B1*和*CYP27A1*基因的表达受饲料中添加的胆汁酸和油脂的交互作用的影响，但仅添加胆汁酸没有影响。与F组相比，BA2组肝胰脏中*ABCC2*和*FABP*基因的表达上调。*ABCC2*属于多药耐药性蛋白（MPR）基因家族中的一员，定位于两极分化细胞的顶端膜结构区域，如肝细胞、肾近端小管上皮细胞、肠上皮细胞，这些细胞的功能是对内源和异种生物产生的有机阴离子的终端排泄和解毒，尤其是与谷胱甘肽、葡萄糖醛酸酯或硫酸盐等共轭的单向流出的物质，而且肝胰脏中的ABCC2泵是胆汁酸转运的驱动力。肝型脂肪酸结合蛋白（FABP）是主要的肝胰脏胆汁酸结合蛋白，它在肝胰脏中胆汁酸的保留、高密度脂蛋白（HDL）的吸收与胆汁分泌、胆汁酸-胆固醇代谢等方面发挥很大的作用。这些结果表明，在正常饲料中添加胆汁酸可抑制肝胰脏新胆汁酸的合成、促进肝细胞细胞内胆汁酸结合蛋白的表达及从肝胰脏到胆囊的胆汁酸传输来维持肝胰脏中的胆汁酸平衡，这与肝胰脏中的总胆汁酸含量的结果是一致的。

另一方面，与O组相比，BO2组肝胰脏中*CYP7A1*、*CYP8B1*、*CYP27A1*、*FABP*基因的表达水平升高，*BSEP*的表达水平降低，同时肝胰脏中总胆汁酸含量降低，表明氧化油脂饲料中添加胆汁酸可调节肝胰脏中的胆汁酸代谢。因此，饲料中添加胆汁酸可以影响肝胆汁酸的代谢，有助于维持肝细胞胆汁酸的平衡，并保护肝功能。

本试验结果中，在饲料中添加胆汁酸（BA2组和BO2组）可使异育银鲫肠道中胆汁酸合成相关基因（*CYP7A1*、*CYP8B1*、*CYP27A1*）、转运相关基因（*ASBT*、*BABP*）和*FABP*基因的表达水平上调，这与总胆汁酸含量的增高是一致的，证明饲料中外源性胆汁酸的添加可能会影响肠道的胆汁酸代谢，并促进肠道胆汁酸的合成和运输。此外，*CYP27A1*、*ASBT*和*BABP*的表达水平受饲料中添加的胆汁酸和油脂源的交互作用的影响。一方面，BA2组的*CYP27A1*、*ASBT*和*BABP*的表达水平高于F组，这与BA2组的肠道中总胆汁酸含量的增加趋势相一致。这些结果表明在正常饲料中，胆汁酸的添加使肠道胆汁酸的生物合成能力加强，并促进从胆管到肠道、从肠黏膜细胞到循环系统的运输，这有助于维持肠道胆汁酸平衡和正常的肠肝循环。此外，胆汁酸添加组（BA2组和BO2组）肠道总胆汁酸含量的增加，进一步表明胆汁酸的添加可以提高肠道总胆汁酸的含量，促进消化过程中对脂类和脂溶性维生素的吸收。然而，我们发现氧化油脂（O组）可以抑制胆汁酸的生物合成（降低*CYP27A1*的表达）、降低胆汁酸从胆管到肠道的运输（降低*ASBT*的表达），同时增强从肠黏膜细胞到循环系统的运输（上调*BABP*的表达）。在氧化油脂饲料中添加胆汁酸（BO2组）后，这种情况发生了变化。如上所述，肠道中BABP是胆汁酸回收系统的组成部分，参与胞内的胆汁酸从顶端膜到肠黏膜细胞的基底外侧的运输，同时，肠道中由于饲料氧化油脂（O组）的毒性作用而降低的总胆汁酸含量可通过在饲料中添加胆汁酸（BO2组）来恢复，这进一步表明了在饲料中添加适量的胆汁酸可影响胆汁酸代谢并有助于维持鱼体内的胆汁酸平衡，这与在哺乳动物中的研究是一致的。另外，我们的研究表明，氧化油脂能诱发草鱼的肠功能障碍；同时有报道称虹鳟饲料中加入胆汁酸可能改善肠道健康及进一步影响胆汁酸的代谢，从而可以预防虹鳟鱼一些由抗营养因子引起的肠道炎症。本试验中，饲料中胆汁酸的添加导致了异育银鲫肠道总胆固醇含量降低，这与肠道中*HMGCR*的表达水平升高相反。HMGCR是胆固醇合成的关键限速酶，而胆固醇是胆汁酸合成的原材料。因此，我们认为，在饲料中添加胆汁酸后，胆汁酸合成的增加导致了总胆固醇含量的降低，从而上调了内源性胆固醇的合成。此外，异育银鲫血清中总胆固醇含量也由于胆汁酸的添加而降低，这可能是因肠道中总胆固醇水平的降低以及*FABP*基因表达上调导致肝胰脏中总胆固醇的吸收增强。

(3) 鱼体具有体内胆汁酸代谢内稳态调控机制，日粮胆汁酸通过维护这个机制而发挥作用

内稳态是指动物体内的内环境，主要是指血液、组织液、细胞液等液态环境状态。内稳态的稳定是动态的，是指其中的主要组成物质的含量可以在一定的范围内变化，动物可以通过神经调控、激素调控等方式保持内环境中物质含量处于一个较为稳定的动态平衡状态。这是动物维持生理平衡、保持健康生理条件的基础。而一旦这种内稳态机制受到破坏，动物生理条件就会出现显著的不平衡，甚至疾病。

鱼体内胆汁酸（盐）具有非常重要的生理作用，也需要一种保持相对稳定的动态平衡，也有相应的调控机制来维持这个动态平衡。鱼体内胆汁酸（盐）的内稳态动态平衡机制应该包括以下几个：①通过胆固醇途径调节胆汁酸（盐）的内稳态，胆固醇是胆汁酸合成的原料，在肝细胞、肠道黏膜细胞均可以以胆固醇为原料合成胆汁酸。以胆固醇为原料合成胆汁酸既是胆固醇内稳态稳定的调控机制，也是胆汁酸内稳态稳定的调控机制。当胆固醇含量增加时，可以更多地用于合成胆汁酸，正常情况下，体内胆固醇有50%左右是用于胆汁酸合成的。当体内胆汁酸不足时，也会促进更多的胆固醇用于胆汁酸的合成，以维持胆汁酸的内稳态稳定。②胆汁酸合成途径是体内胆汁酸内稳态稳定的主要机制。任何一种生理活性物质的合成都是受控的，包括受到神经调节控制、激素调节控制、环境变化时各类信号通路的控制等。胆汁酸的合成代谢也是如此，主要可以通过胆汁酸合成途径的关键酶基因表达活性的调控来实现。同时，胆汁酸合成还有经典途径和替代途径两条路径，保持内环境中胆汁酸的稳定。③胆汁酸的肠肝循环途径也是控制胆汁酸内稳态的重要途径。以胆汁酸、胆红素肠肝循环构成的生理肠肝轴具有非常重要的作用，只是我们目前的研究还不足，但可以肯定的是，正常状态下，能够通过肠道重吸收95%左右的胆汁酸回到内环境中，这个事实足以说明胆汁酸的肠肝循环是非常重要的，动物生理机制的选择与存在一定是非常合理的，这是生物进化的结果。且肝脏是重要的解毒器官，一些有毒物质的分解、排泄是通过肠肝轴来实现的，其中比较明确的是胆红素的作用价值得到证实，而胆汁酸在其中的价值还没有得到证实。胆汁酸的肠肝循环路径很长，从肝细胞胆汁酸的合成、分泌，到胆囊对胆汁的汇集、外排，胆汁酸进入消化道随食糜运动、化学变化，到肠道后端通过黏膜上皮细胞的重新吸收、转运，并通过血液、淋巴液将胆汁酸运回到肝脏，再通过肝细胞吸收血液中的胆汁酸（盐）。这个路径是很长的，一旦其中任何一个环节出现损伤都可能对胆汁酸（盐）的肠肝循环造成重大影响。而动物体对这个漫长代谢路径的维护作用也是非常复杂的生理代谢过程。④日粮胆汁酸（包括胆固醇）通过维护动物体内胆汁酸内稳态机制而发挥其生理作用，这是一个非常重要的认知。正常情况下，动物体内胆汁酸（包括胆固醇）是稳定的，胆固醇、胆汁酸不是动物必需的营养素。只有在损伤条件下，这个稳定状态、稳态调控机制才会出现失调。此时，日粮胆汁酸、胆固醇就会补充内源性胆汁酸、补充胆固醇合成量的不足，并通过系列调控机制来维持体内胆汁酸内环境的稳定。所以，日粮胆汁酸对动物生理作用的基点是动物体内胆汁酸内稳态控制机制。在实际养殖中，饲料中可能存在油脂氧化产物，可能存在霉菌毒素和其他毒素，且鱼类养殖环境中也存在对动物生理健康损伤的物质和剧烈变化的水域环境条件，就会造成动物体内内稳态环境、内稳态控制机制的失调，并出现生理性病变，甚至动物主要器官组织的器质性损伤，或疾病的发生和发展。因此，通过日粮途径提供胆汁酸、胆固醇就具有重要的生理作用和意义。

本试验中，异育银鲫胆囊胆汁酸的组成并不受日粮胆汁酸种类组成的影响，例如日粮中即使提供了熊脱氧胆酸，但是在鱼体胆囊胆汁中也没有有效地检测到熊脱氧胆酸；日粮提供的胆汁酸中猪脱氧胆酸含量很高，但鱼体胆囊胆汁酸组成中，依然是以牛磺胆酸作为主要胆汁酸。日粮提供的胆汁酸组成模式与鱼体胆囊胆汁酸组成模式并没有相关关系，而不同试验组鲫鱼胆囊胆汁酸组成模式即使在有日粮氧化油脂损伤的条件下，也保持高度的一致。这是本试验得到的最有价值的结果，表明异育银鲫体内胆汁酸组成模式、种类等具有自我调控能力，对内环境中胆汁酸含量也有自我调控能力，日粮胆汁酸的作用也是通过外内源性胆汁酸的补充来维护其自身内环境胆汁酸的动态平衡，维护内环境稳定的调控机制。这应该是我们确定日粮胆汁酸、胆固醇营养生理作用的科学基础认知。

二、日粮胆汁酸对异育银鲫鳃出血病的防御作用

攻毒试验是综合评价鱼体免疫防御能力的有效技术手段。为了探讨日粮胆汁酸补充后，对鱼体抗病力的作用效果，在本节前述养殖试验结束时，选取F组、O组和胆汁酸复合物添加组（BA1组、BA2组、BO1组和BO2组）进行异育银鲫鲤疱疹病毒2型（cyprinid herpesvirus 2，CyHV-2，是导致鱼体出现"鳃出血病"的病毒）攻毒试验。统计累计死亡率，计算相对免疫保护率，检测血液免疫学指标以及血清胆汁酸含量的变化。

（一）攻毒试验的准备工作

（1）攻毒试验鱼分组

在本节介绍的养殖试验70d后停食24h，在F、O、BA1、BA2、BO1、BO2这6个组（由于U1、U2组异育银鲫生长效果差，不再进行攻毒试验），分别选取40尾鱼随机分为2组（第一组用于死亡率统计，攻毒过程中不采样；第二组用于攻毒过程，开始前和3d时采样分析，试验结束时两组合并采样），置于12个80L的大桶中，进行CyHV-2的攻毒试验，当攻毒试验组有50%左右死亡率时结束攻毒试验。本试验在第7天结束，统计各组累计死亡率，计算免疫保护率以及进行终期采样，后续试验结果分别记为正常鱼（未注射病毒液的鱼，D0），感染3d（D3），感染7d（D7）。

（2）病毒组织液的制备

选取体色发黑，腹部、眼球充血严重，鳃丝流血不止，"鳃出血"症状明显的异育银鲫3尾，取其肝胰脏、脾脏、体肾和头肾制成混合样用于攻毒试验。攻毒试验前，对CyHV-2进行鉴定，依据我们的研究结果，以病毒核心序列C-2-F1和C-2-R1为引物（C-2-F1:TGGAATCAGTTCAACGCGTCAT；C-2-R1:CGTCAGTGCCTGGCAGTAATA），提取的混合组织DNA为模板，进行PCR扩增，PCR产物于2%琼脂糖进行凝胶电泳，见图6-14。3尾鱼均获得了239bp片段的特异性条带，并用胶回收试剂盒纯化，委托苏州金唯智生物科技有限公司测序，测序结果经NCBI-BLAST比对，确定其与CyHV-2病毒DNA解旋酶序列AAX53078.1的覆盖率为94%，确定性为99%，说明这3尾异育银鲫确定携带CyHV-2病毒，可用于攻毒试验病毒液制作。

将上述病鱼混合组织按1:6（质量浓度）灭菌0.75%生理盐水制作组织匀浆，反复冻融3次，2880g离心10min，上清液过0.25μm（带荚膜CyHV-2大小在110～200nm）滤膜除菌，所得的组织液即为病毒液，-80℃保存待用。

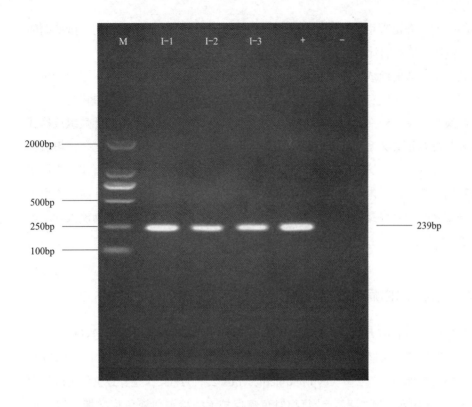

图6-14 3尾制作病毒液病鱼的PCR凝胶电泳结果

M—DNAmaker；I-1～I-3—制作病毒液的3尾鱼；+—鱼，阳性对照（确定患CyHV-2病鱼组织DNA）；－—阴性对照（无菌水）

（3）攻毒前试验鱼的CyHV-2检测

为了确认待进行攻毒试验的异育银鲫是否带有病毒，攻毒试验开始前，从每个试验组取3尾鱼，取肝、脾、头肾和体肾制成一混合样，按照前述方法进行CyHV-2鉴定，电泳结果见图6-15。攻毒试验前所有处理均未获得239bp片段的特异性条带，表明试验鱼在攻毒试验开始前并未携带CyHV-2。

（4）攻毒方法与攻毒试验鱼的暂养

攻毒方法为每尾鱼按照0.3mL/尾的剂量，腹腔注射病毒液。

攻毒试验鱼的管理：攻毒过程中不投喂饲料，24h增氧；每天上午和下午检测水质；整个攻毒实验期间，水温20～25℃，溶解氧浓度＞5.0mg/L，pH8.2～8.6，氨氮浓度＜0.5mg/L，亚硝酸盐浓度＜0.02mg/L，硫化物浓度＜0.05mg/L。

（5）攻毒后试验鱼病毒检测

为了确认攻毒试验鱼是否染上病毒，经过7d的攻毒试验，对攻毒试验鱼CyHV-2的检测结果如下。试验鱼出现明显"鳃出血病"症状，体色发黑，腹部充血严重（图6-16）。

每个处理组取3尾鱼，用其肝、脾、头肾和体肾制成混合样用于病毒检测，检测PCR电泳结果见图6-17。攻毒试验后所有处理均获得239bp片段的特异性条带，选取BO2组的PCR产物，用胶回收试剂盒纯化，于苏州金唯智生物科技有限公司测序，测序结果经NCBI-BLAST比对，比对结果与制作病毒液病鱼结果一致，说明试验鱼在攻毒试验结束后已经携带CyHV-2病毒。

（二）攻毒试验异育银鲫的累计死亡率与免疫保护率

攻毒试验后各组死亡率与相对免疫保护率的结果分别见表6-15和图6-18。第7天，F组的累计死亡

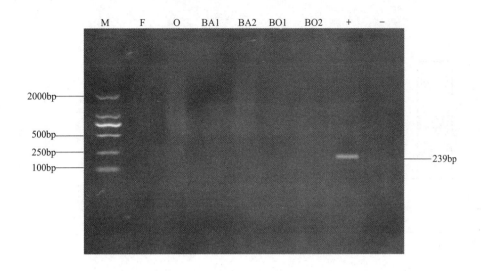

图6-15 攻毒试验开始前试验鱼的PCR凝胶电泳结果

M—DNAmaker；F ～ BO2—试验组；+—阳性对照（确定患CyHV-2的异育银鲫组织）；－—阴性对照（无菌水）

图6-16 攻毒试验后患病异育银鲫的发病症状

↓—发病鲫鱼体色发黑；↑—腹部充血严重

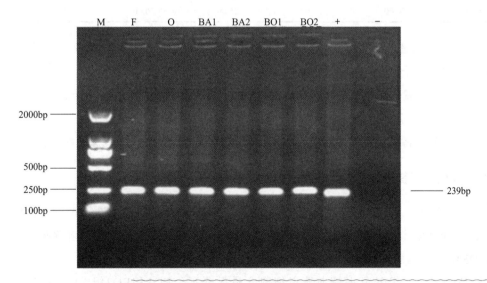

图6-17 攻毒试验结束后异育银鲫的PCR凝胶电泳结果

M—DNAmaker；F ～ BO2—试验组；+—阳性对照（确定患CyHV-2的异育银鲫组织）；－—阴性对照（无菌水）

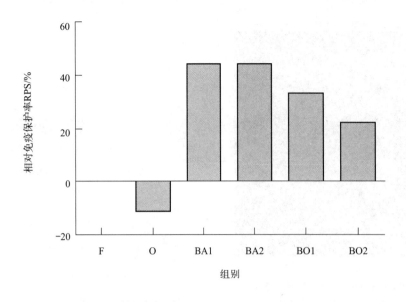

图6-18 攻毒试验各组试验鱼免疫保护率

率为45%，O组为50%，结束攻毒试验。与F组比较，BA1、BA2组死亡率只有25%；BO1组为30%，BO2组为35%，低于O组的50%。计算得到相对免疫保护率，O组为−10%，BA1与BA2组均为45%，BO1组与BO2组则分别为35%和25%。结果说明饲料添加胆汁酸能够降低异育银鲫对CyHV-2的死亡率，提高免疫保护率。

表6-15 日粮添加胆汁酸对异育银鲫攻毒后累计死亡率影响

项目	组别					
	F	**O**	**BA1**	**BA2**	**BO1**	**BO2**
初始尾数/尾	20	20	20	20	20	20
死亡数/尾	9	10	5	5	6	7
累计死亡率/%	45.00	50.00	25.00	25.00	30.00	35.00

上述结果表明，将饲料中豆油替换为氧化豆油饲喂异育银鲫70d，用CyHV-2病毒液注射攻毒7d后，发现O组累计死亡率较F组高5个百分点，相对免疫保护率低10个百分点，说明氧化油脂会降低异育银鲫对CyHV-2病毒的抵抗力，这与氧化油脂对机体的损伤有关。在饲料中添加胆汁酸能够降低鲫鱼的累计死亡率，提高免疫保护率，说明添加胆汁酸能够提高异育银鲫对CyHV-2病毒的抵抗力，这有可能是因为添加胆汁酸调节了异育银鲫内源的胆汁酸代谢循环，从而增强了异育银鲫应对外源刺激的能力。

（三）日粮添加胆汁酸对攻毒后异育银鲫血液免疫防御能力的影响

攻毒试验期间，异育银鲫血液白细胞计数的结果见图6-19、中性粒细胞计数结果见图6-20、淋巴细胞计数的结果见图6-21、单核细胞计数结果见图6-22，按照3个时间点：正常鱼时期（注射病毒液前，D0）、中期（感染3d，D3）、末期（感染7d，D7）比较上述血液细胞分析结果。

图6-19显示，D0和D3时期，O组异育银鲫血液白细胞含量显著高于BO1和BO2组（$P < 0.05$），F组异育银鲫血液白细胞含量与BA1和BA2组无显著差异（$P > 0.05$）。到感染7d（D7），BA1组和BA2组的白细胞含量高于F组，但无显著差异（$P > 0.05$），BO1和BO2组的白细胞含量显著高于O组

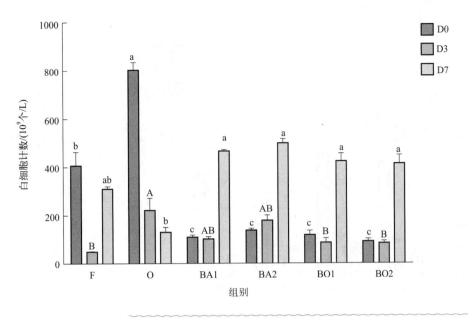

图6-19 攻毒试验各组试验鱼血液白细胞计数

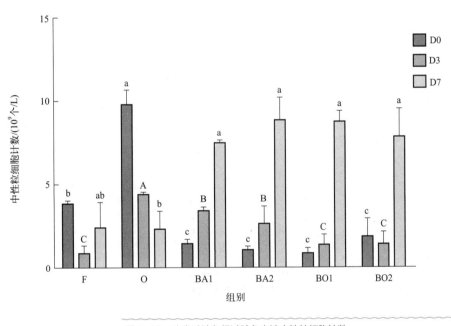

图6-20 攻毒试验各组试验鱼血液中性粒细胞计数

（$P<0.05$）。在整个攻毒试验过程中，F组异育银鲫血液白细胞含量先降低后升高，O组的白细胞含量则显著下降（$P<0.05$），而各胆汁酸添加组则是显著升高（$P<0.05$）。

从图6-20中可见，与白细胞计数结果一样，D0和D3时期O组异育银鲫血液中性粒细胞含量显著高于BO1和BO2组（$P<0.05$）；F组异育银鲫血液中性粒细胞含量在D0时显著高于BA1和BA2组（$P<0.05$），但到了D3则显著低于BA1组和BA2组（$P<0.05$）。到了D7，BA1组和BA2组的中性粒细胞含量高于F组，但无显著差异（$P>0.05$），BO1和BO2组的中性粒细胞含量显著高于O组（$P<0.05$）。整个攻毒试验过程中，各组异育银鲫血液中性粒细胞含量的变化趋势与其白细胞含量变化趋势一致。

图6-21显示，异育银鲫血液淋巴细胞计数在D0期的结果与白细胞计数结果基本一致，具有显著性

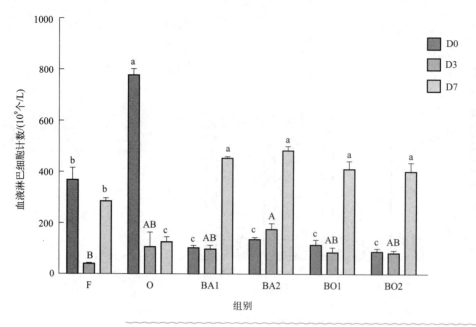

图6-21 攻毒试验各组试验鱼血液淋巴细胞计数

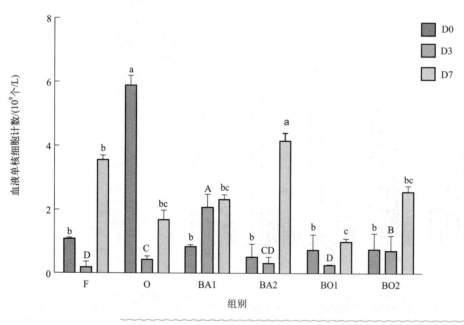

图6-22 攻毒试验各组试验鱼血液单核细胞计数

差异（$P<0.05$）；而到了D3时期，F组与BA1的差异不显著（$P>0.05$），但略低于BA1组，显著低于BA2组（$P<0.05$），O组与BO1和BO2组差异不显著（$P>0.05$）；到了D7的时候，结果与白细胞计数结果吻合，差异显著（$P<0.05$）。整个攻毒试验异育银鲫血液淋巴细胞含量的变化趋势也与其白细胞含量变化趋势一致。

攻毒试验异育银鲫血液单核细胞计数结果见图6-22。结果显示，D0期BA1组和BA2组与F组异育银鲫单核细胞含量差异不显著（$P>0.05$），O组则显著高于BO1和BO2组（$P<0.05$）。在D3时期，BA1组单核细胞含量显著高于F组与BA2组（$P<0.05$），BO2组显著高于BO1和O组。在D7时期，BA2组

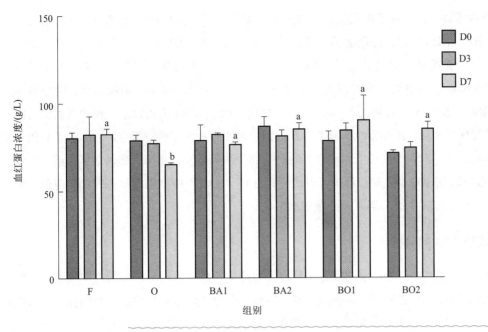

图6-23 攻毒试验各组试验鱼血液血红蛋白浓度

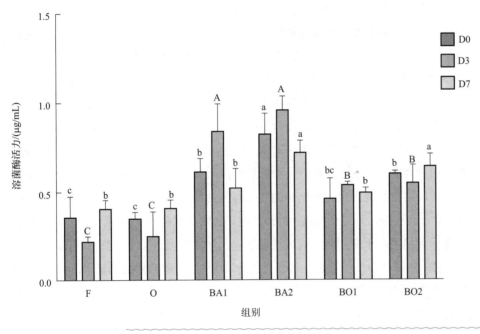

图6-24 攻毒试验各组试验鱼血清溶菌酶活力

单核细胞含量显著高于BA1和F组（$P < 0.05$），F组与BA1组之间差异不显著（$P > 0.05$）；BO1组、BO2组单核细胞含量与O组差异不显著（$P > 0.05$）。除去O组，其余各组异育银鲫血液单核细胞含量在整个攻毒试验期间都随着时间有一定的上升，其中BA2组上升最为显著（$P < 0.05$）。

图6-23显示的是攻毒试验异育银鲫血液血红蛋白浓度的结果。各组异育银鲫血液血红蛋白浓度在D0和D3时期差异不显著（$P > 0.05$）；在D7时，O组显著低于其他各组（$P > 0.05$）。从趋势来看，BO1组和BO2组在整个攻毒试验期间有一定程度的上升，O组则一直降低，而其余各正常饲料组（F组、BA1组和BA2组）则保持相对一致的水平。

攻毒试验各组异育银鲫血清中溶菌酶的活力见图6-24。结果显示，在D0期，相对于F组，随着胆汁酸添加量的升高（BA1和BA2组），血清溶菌酶活力也显著升高（$P<0.05$）；相对于O组，随着胆汁酸添加量的升高，血清溶菌酶活力也显著增高（$P<0.05$）。在D3期，F组血清溶菌酶活力仍然显著低于BA1与BA2组（$P<0.05$），且F组溶菌酶活力有明显下降（$P<0.05$），而BA1和BA2组有明显升高（$P<0.05$）；O组显著低于BO1与BO2组（$P<0.05$）。在D7时，F组、BA1和BA2组血清溶菌酶活力的差异仍然与前两个阶段保持一致（$P<0.05$），但F与BA1组之间不存在显著性差异（$P>0.05$），O组与BO1和BO2组的差异也基本与前两个阶段一致（$P<0.05$）。整个攻毒试验过程鲫鱼血清溶菌酶活力的变化趋势如下：F组与O组以及BO2组先明显降低后升高，而BA1、BA2和BO1组则是先升高后降低，但各组最终都达到了与各组正常鱼（D0）时基本一致的水平。

（四）对攻毒试验血细胞结果的分析

基于上述试验结果，通过CyHV-2攻毒期间各个阶段的血液学指标、血清溶菌酶活力来说明外源性胆汁酸对异育银鲫抗CyHV-2能力的影响。鱼类的血液学参数不仅可作为诊断疾病的重要指标，同时也可用来作为研究机体免疫变化的重要评价参数。白细胞中的粒细胞、单核细胞和淋巴细胞都与机体的抗传染免疫有密切联系，其中中性粒细胞和单核细胞均具有较强的吞噬作用。而单核细胞渗出血管后进入组织和器官，可进一步分化发育成巨噬细胞而具有最强的吞噬能力。淋巴细胞可以清除因受伤出血而进入组织的红细胞和侵入机体的病毒，对动物机体起着防御作用，它们是机体非特异性免疫的重要组成部分。因此，通过测定鱼类血液中白细胞的组成，可以反映出被测鱼类机体的免疫状态。

我们前期的研究发现，患CyHV-2病异育银鲫的血液中性粒细胞和单核细胞比例和血红蛋白均显著低于正常鱼；人工感染的CyHV-2病鱼血液淋巴细胞比例呈现显著增加趋势；异育银鲫在发生CyHV-2病后，胆汁酸生物合成代谢能力下降，可能导致胆汁酸含量的不足；其次，胆汁酸的分泌、重吸收、转运的蛋白质基因差异表达下调，导致胆汁酸的肠肝循环障碍。在血液学指标方面，正常鱼的白细胞分类计数（白细胞含量、中性粒细胞含量、单核细胞含量、淋巴细胞含量）都是两个对照组高于胆汁酸添加组。在攻毒试验期间，各个阶段的白细胞分类计数结果的变化趋势为F组异育银鲫血液白细胞含量先降低后升高，O组的白细胞含量一直下降，而其余各胆汁酸添加组则是明显的升高。其中，在D3和D7时，胆汁酸添加组的白细胞分类计数结果高于对照组。有研究表明，胆汁酸能促进免疫球蛋白（IgA、IgM、IgG）和白细胞介素-2的生成，增强机体免疫功能（曹爱智等，2009）。攻毒试验结果说明，在CyHV-2刺激鱼体的情况下，在F组中添加胆汁酸能够显著提高异育银鲫血液中的白细胞含量，从而增强了机体的免疫力，提高存活率和免疫保护率。我们前期的研究结果表明，氧化油脂会导致鱼体肝胰脏、肠道黏膜胆固醇生物合成通路基因差异表达，血清、肠道内胆汁酸含量显著下降，攻毒试验过程中，O组的鱼体血液白细胞含量一直下降，这可能是由于氧化油脂对机体造成了氧化损伤，从而导致机体的免疫力下降，造成存活率和相对免疫保护率下降，而在O组添加胆汁酸，能够提高鱼体的存活率和免疫保护率以及血液的白细胞含量，这可能是由于添加胆汁酸能够补充氧化损伤造成的胆汁酸含量下降，从而减少了氧化损伤对机体带来的负面影响，提高了免疫力。

患CyHV-2病异育银鲫会出现游动迟缓、呼吸缓慢等症状，这与体内供氧不足相关，血红蛋白是运输氧气和二氧化碳的载体，承担了气体运输这一血液重要功能，血红蛋白浓度在一定程度上反映了机体载氧能力的强弱。本试验结果显示，O组血红蛋白浓度在D7时显著低于其他各组，且一直呈降低的趋势，在对鲤鱼（*Cyprinus carpio*）、虹鳟（*Salmo gairdneri*）和五条鰤（*Seriola quinqueradiata*）摄食含氧化油脂饲料的研究中，均发现氧化油脂会导致血红蛋白减少，与本研究结果相似，这是由于长期的氧化油脂诱导氧化应激产生自由基攻击红细胞膜，进而导致细胞死亡，从而导致红细胞减少，再加上CyHV-2病毒的感染，血红蛋白浓度降低。在氧化油脂饲料中补充胆汁酸过后（BO1和BO2组），异育银鲫的血红蛋白浓度在整个攻毒试验期间呈升高趋势，这说明胆汁酸能够一定程度上修复氧化油脂应激带来的损伤来应对CyHV-2病毒的感染。本试验在正常饲料中添加胆汁酸，异育银鲫的血红蛋白浓度无显著差异，且均维持一个相对稳定的水平，而结合先前血清胆汁酸结果也印证本试验添加的胆汁酸浓度并没有使机体循环中的胆汁酸水平过高导致红细胞形态及功能改变，这说明在正常饲料中添加胆汁酸对异育银鲫的载氧功能无负面影响。

溶菌酶是生物体内重要的非特异免疫因子之一，在机体免疫过程中不仅能催化水解细菌细胞壁而导致细菌溶解死亡，还可诱导调节其他免疫因子的合成与分泌。溶菌酶水解细胞壁时所释放的肽聚糖碎片是合成与分泌各种抗菌蛋白包括溶菌酶的诱导物；溶菌酶可清除其他抗菌因子作用后所残余的细菌细胞壁并增强其他免疫因子的抗菌敏感性，并协同其他免疫因子共同抵制外来病原的入侵。水生动物血清溶菌酶活力的高低是衡量机体免疫状态的指标之一。血清溶菌酶活力提高，其免疫能力也相应提高。在本试验中，在D0时，分别与对照组F组和O组相比，添加胆汁酸能够显著提高异育银鲫血清溶菌酶的活力；D3时，F组血清溶菌酶活力有明显下降，而胆汁酸添加组（BA1、BA2）有明显升高，同时，O组显著降低，且显著低于胆汁酸添加组（BO1、BO2），这说明摄食胆汁酸饲料能在CyHV-2病毒使鱼体产生应激时，提高机体的溶菌酶活力，这与在鲤鱼上的研究相似。其次，中性粒细胞是鱼体生产溶菌酶的主要细胞类型，本试验鱼血清溶菌酶活力的结果与血液中性粒细胞含量的结果基本一致，说明添加胆汁酸提高鱼血液中性粒细胞含量的同时，还增强了其血清溶菌酶活力，进一步提高了鱼体免疫力。而各组的溶菌酶活力在D7时都达到了与各组正常鱼（D0）时基本一致的水平，这可能是鱼体在此时的应激状态已与正常鱼相同，具体原因还有待进一步研究。

（五）日粮添加胆汁酸对攻毒后异育银鲫血清总胆汁酸含量的影响

饲料添加胆汁酸对攻毒后异育银鲫血清胆汁酸含量的影响见图6-25。血清总胆汁酸含量随时间总体呈现降低趋势。D0时各组血清总胆汁酸无显著差异（$P > 0.05$）。D3时和D7时，BA2组和BA1组显著

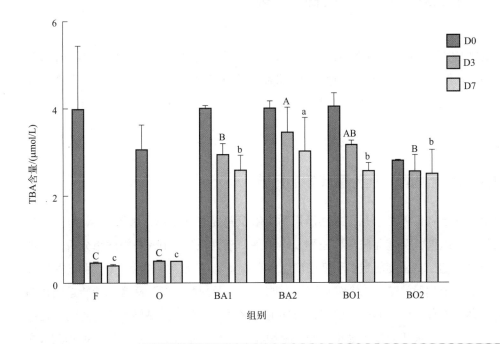

图6-25 攻毒试验各组试验鱼血清总胆汁酸含量

高于F组（$P < 0.05$），且BA2组最高（$P < 0.05$）。同样的，在D3和D7时，BO1组和BO2组均显著高于O组（$P < 0.05$），但BO1组与BO2组间无显著差异（$P > 0.05$）。

胆汁酸肠肝循环对于脂质的消化吸收具有重要作用，在CyHV-2攻毒以后，各组异育银鲫血清总胆汁酸含量呈现下降趋势，说明CyHV-2的入侵会使机体胆汁酸代谢异常，导致胆汁酸分泌的不足，这与林秀秀（2016）、刘文枝（2013）和叶元土等（2017）的研究结果相一致。D3和D7时，BA2组和BA1组显著高于F组，BO1组和BO2组均显著高于O组，说明在摄食胆汁酸饲料后，鱼体的内源胆汁酸循环得到了一定程度的改善，进而弥补了CyHV-2的入侵导致的机体胆汁酸分泌不足。

（六）对攻毒试验总结

依据上述试验结果，可以有以下认知：①在CyHV-2病毒感染后，异育银鲫会产生免疫损伤、胆汁酸缺乏等病理反应，最终导致死亡。②在正常饲料中添加胆汁酸（可利康）能够使受到CyHV-2感染的异育银鲫提高血液白细胞、中性粒细胞、单核细胞、淋巴细胞的含量，提高血清溶菌酶活力，进而增强免疫力，降低死亡率，提高免疫保护率，相对免疫保护率均为45%。③长期摄食氧化油脂饲料会降低异育银鲫免疫力，从而降低对CyHV-2病毒的抵抗力，提高了死亡率，相对免疫保护率为-10%；而在氧化油脂饲料中添加胆汁酸能够改善氧化油脂带来的负面效果，提高免疫力，降低死亡率，BO1和BO2组的相对免疫保护率分别为35%和25%。④在CyHV-2病毒感染后，异育银鲫血清胆汁酸含量降低，而饲料添加胆汁酸过后，补充了由CyHV-2入侵机体导致的胆汁酸分泌不足，结合前面的试验结果，在养殖条件下，为应对"鳃出血"爆发造成损失的情况，在饲料中添加适量的胆汁酸是可行的。

第七节
氧化油脂对草鱼胆固醇、胆汁酸代谢的影响

油脂是水产动物重要的能量物质，但油脂容易氧化酸败。我们的系列研究结果显示，饲料油脂氧化产物对鱼类具有广泛性的氧化损伤，对鱼类胃肠道黏膜、肝胰脏等器官组织和细胞具有直接性的损伤作用，其损伤作用的方式为广泛性的氧化损伤。氧化油脂对草鱼的胆固醇、胆汁酸代谢具有直接性的影响。

一、灌喂氧化鱼油对草鱼胆固醇、胆汁酸代谢的影响

以草鱼为试验对象，灌喂氧化鱼油7d后，采集肠道黏膜组织并提取总RNA，采用RNA测序方法，进行氧化鱼油组和正常鱼油组草鱼肠道黏膜基因差异表达水平、基因注释和IPA基因通路分析，并测定了血清中胆固醇、甘油三酯、高密度脂蛋白和低密度脂蛋白含量。研究结果显示，草鱼肠道黏膜在受到氧化鱼油损伤后，胆固醇和胆汁酸生物合成通路代谢酶、调节胆固醇和胆汁酸合成或转运的代谢酶或蛋白质基因差异表达，部分基因差异表达达到显著性上调水平。草鱼肠道黏膜具备完整的"乙酰辅酶A→胆固醇→胆汁酸"的合成代谢基因通路。肠道黏膜在受到氧化鱼油损伤后，以乙酰辅酶A为原料的胆固醇生物合成代谢通路基因表达增强，胆固醇由细胞外转运到细胞内的逆转运途径基因通路

差异表达下调，胆固醇由细胞内向细胞外转运基因通路差异表达上调；以胆固醇为原料的胆汁酸经典合成代谢途径基因通路表达上调，而胆汁酸合成的补充途径基因表达下调。在灌喂氧化鱼油后，血清胆固醇、低密度脂蛋白、甘油三酯含量分别增加了28.67%、29.25%和12.13%，而高密度脂蛋白含量下降了8.15%。

（一）试验条件

（1）氧化鱼油

在精炼鱼油中添加Fe^{2+}30mg/L（$FeSO_4 \cdot 7H_2O$）、Cu^{2+}15mg/L（$CuSO_4 \cdot 5H_2O$）、$H_2O_2$600mg/L（30%H_2O_2）和0.3%的水充分混合。在温度（80±2）℃、充空气、搅拌条件下持续氧化14d得到氧化鱼油，于-80℃冰箱中保存备用。采用常规方法测定鱼油和氧化鱼油的氧化评价指标：碘价（IV）分别为（67.19±3.32）g/kg和（61.99±4.03）g/kg、酸价（AV）（0.51±0.04）g/kg和（3.64±0.23）g/kg、过氧化值（POV）（10.86±1.26）meq/kg和（111.27±2.85）meq/kg、丙二醛（MDA）（7.50±1.600）μmol/mL和（72.20±10.0）μmol/mL。鱼油经过14d的氧化后，IV下降了7.74%，而AV、POV、MDA分别增加了613.73%、924.59%、862.67%。

（2）灌喂方法

将鱼油、氧化鱼油分别与大豆磷脂（食品级）以质量比4∶1的比例混匀、乳化，作为灌喂用的鱼油、氧化鱼油，于4℃冰箱中保存。选取内径2.0mm的医用软管（长度5cm）安装在5mL一次性注射器上，作为灌喂工具。用湿毛巾包住草鱼躯体，按照试验鱼体体重的1%分别吸取鱼油、氧化鱼油，待鱼嘴张开时将灌喂软管送入口中，感觉到管口通过咽喉进入食道时，通过注射器注入鱼油或氧化鱼油。注射完毕后，鱼体保持注射姿势15～20s，之后退出注射软管，将草鱼放入水族缸中。于每天上午9∶00对试验鱼定量灌喂。灌喂试验开始前鱼体停食24h，下午投喂草鱼饲料1次，连续灌喂7d。

在灌喂试验结束后，试验鱼体停食24h，氧化鱼油组与鱼油组分别在3个平行养殖桶中各取3尾，每组9尾试验鱼。提取肠道黏膜组织的中RNA用于转录组的分析。

（二）试验草鱼血清脂质成分显著变化

灌喂试验结束时采集试验鱼血清，测定其中胆固醇、甘油三酯、高密度脂蛋白、低密度脂蛋白含量，结果见表6-16。灌喂氧化鱼油7d后，草鱼血清胆固醇、甘油三酯、低密度脂蛋白含量分别增加了28.67%、12.13%、29.25%，而高密度脂蛋白含量下降了8.15%。

表6-16　试验草鱼血清胆固醇、甘油三酯、高密度脂蛋白和低密度脂蛋白含量　　　单位：mmol/L

组别	胆固醇	甘油三酯	高密度脂蛋白HDL	低密度脂蛋白LDL
	4.59	3.81	2.07	1.13
鱼油组	3.81	4.38	2.41	1.02
	4.67	4.18	1.78	1.03
平均	4.36	4.12	2.09	1.06
	5.51	4.46	1.98	1.53
氧化鱼油组	5.66	4.57	1.86	1.16
	5.67	4.84	1.91	1.43

组别	胆固醇	甘油三酯	高密度脂蛋白HDL	低密度脂蛋白LDL
平均	5.61	4.62	1.92	1.37
比率[①]/%	28.67	12.13	−8.15	29.25

① 为（氧化鱼油组结果−正常鱼油组结果）×100/正常鱼油组结果。

（三）肠道黏膜转录组分析结果

草鱼肠道黏膜组织得到4.5G的读段数量，注释了1万左右的基因数量（conting数）。显示有455个基因差异表达极显著（差异倍数≥3.0，差异倍数≤−3.0），其中253个基因差异表达显著上调（差异倍数≥3.0），202个基因差异表达显著下调（差异倍数≤−3.0），采用IPA（Ingenuity Pathways Analysis）基因通路分析方法，有183个差异表达显著的基因进入通路。观察到胆固醇和胆汁酸代谢通路、NRF2介导的氧化应激通路、GSH/GST（s）通路、泛素-蛋白酶体通路等差异表达上调。

依据RNA测序分析结果和基因表达分析结果做差异表达分析和IPA基因通路分析，在CLC基因组学分析系统（5.5版）进行基因的差异表达分析，映射参数设置为95%，$P<0.05$。以正常组草鱼结果为对照，灌喂氧化鱼油组基因具有显著差异表达的界定条件为差异倍数绝对值大于2、读段数大于10。依据P值和具有显著差异表达基因数占通路基因总数的比例确认差异表达的基因通路。

（1）胆固醇合成代谢基因通路

以灌喂正常鱼油的为对照，灌喂氧化鱼油后的草鱼肠道黏膜基因表达的差异分析结果见表6-17。共有18个胆固醇合成酶基因显示出差异表达，差异倍数（fold）范围为1.27～6.02，且全部为正值，即这些酶的基因全部为表达上调。这些酶的碱基序列与对应的斑马鱼基因的相似度为75.4%～99.1%，具有很好的相似度。

经过IPA基因通路分析，显示胆固醇生物合成（cholesterol biosynthesis）通路中，有*MVD*、*FDPS*、*SQLE*、*FDFT1*、*EBP*、*IDI1*、*MVK*、*LSS*、*HMGCR*、*SC5D*等基因差异表达，该通路的显著性P值为$3.59×10^{-20}$，比率为11/16（即在16个基因组成的路径中有11个基因显著差异表达）。

将所得到的灌喂氧化鱼油组基因表达差异分析结果进行KEGG中的路径分析，其中胆固醇生物合成和初级胆汁酸生物合成路径得到较为完整的显示，综合胆固醇、胆汁酸生物合成代谢途径和本试验中得到的具有差异表达的酶基因分析结果，绘制出了较为完整的乙酰辅酶A→胆固醇→胆汁酸的合成代谢途径，以及催化反应的酶，结果见图6-26。

（2）胆固醇生物合成调节、转运相关的酶（蛋白质）基因

依据胆固醇生物合成的代谢途径、胆固醇合成代谢的调节机制和胆固醇转运途径，以及IPA基因通路和KEGG中的通路分析结果，在灌喂氧化鱼油草鱼肠道黏膜转录组分析结果中，查找到甾醇O-酰基转移酶1（*SOAT1*）、固醇调节元件结合蛋白裂解激活蛋白（*SCAP*）、胆固醇酯转运蛋白（*CETP*）、固醇调节元件结合蛋白2、固醇调节元件结合蛋白3（*SREBP2*、*SREBP 3*）等14个酶或蛋白质的基因显示出差异表达，部分基因差异表达已经达到显著性差异水平，差异倍数（fold）范围为−3.05～7.89，见表6-18，不同基因差异表达倍数有较大的差异。所注释的基因序列与斑马鱼等物种对应基因序列的相似度为61.9%～95.5%。

上述结果显示，在草鱼肠道黏膜组织中，肠道黏膜受到氧化鱼油损伤后，不仅存在胆固醇合成途径代谢酶的基因差异表达，而且还有涉及胆固醇合成代谢调节、转运等途径的酶或蛋白质基因得到差异表达。与胆固醇生物合成途径共同组成了一个较为完整的胆固醇合成、调节控制和转运的基因通路。

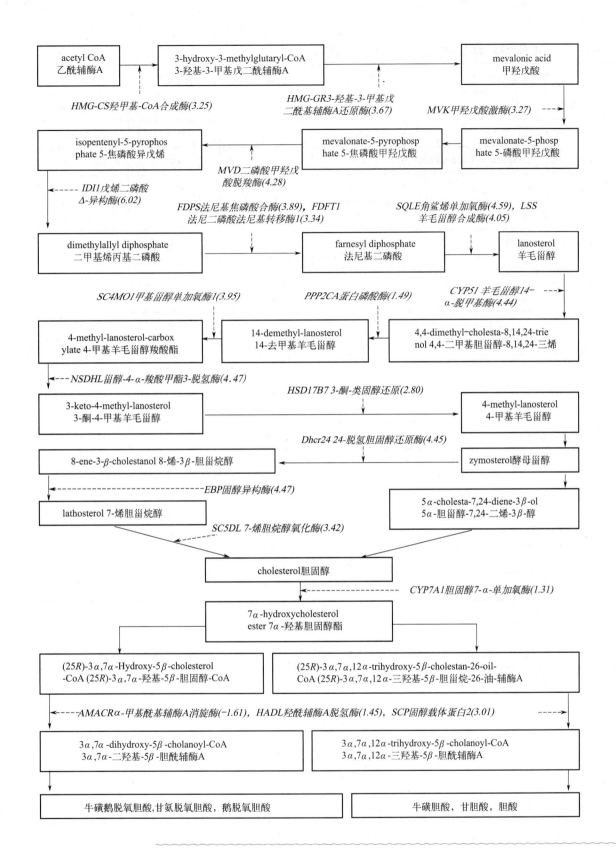

图6-26 饲料油脂质量与草鱼肠道胆固醇代谢相关酶基因表达活性相关性分析

图中酶为斜体

表6-17　草鱼肠道黏膜胆固醇生物合成代谢酶基因差异表达

基因描述（HSP）	序列长度/bp	相似度/%	差异倍数	酶编号
羟酰辅酶A脱氢酶 HADHB	2247	92.8	1.27	EC:2.3.1.16
羟甲基-CoA合成酶 HMGCS1	3525	75.4	3.25	EC:2.3.3.10
3-羟基-3-甲基戊二酰基辅酶A还原酶 HMGCR	499	93.5	3.67	EC:1.1.1.34
甲羟戊酸激酶 MVK	1879	80.1	3.27	EC:2.7.1.36
焦磷酸甲羟戊酸脱羧酶 MVD	243	88	4.28	EC:4.1.1.33
戊烯二磷酸Δ-异构酶 IDI1	844	95.8	6.02	EC:5.3.3.2
法尼基焦磷酸合酶 FDPS	1592	84.2	3.89	EC:2.5.1.10
法尼基二磷酸法尼基转移酶 FDFT1	1464	87.2	3.34	EC:2.5.1.21
24-脱氢胆固醇还原酶 DHCR4	1889	91.6	4.45	EC:1.3.1.72
角鲨烯单加氧酶 SQLE	2898	82.1	4.59	EC:1.1.1.35
羊毛甾醇合成酶 LSS	2663	89.5	4.05	EC:5.4.99.7
羊毛甾醇14-α-脱甲基酶 CYP51	2890	89.7	4.44	EC:1.14.13.70
蛋白磷酸酶2 PPP2CA	1774	99.1	1.49	EC:1.14.13.72
甲基甾醇单加氧酶1 SC4Mol 或 MSMO1	2302	91.3	3.95	EC:1.14.13.72
甾醇-4-α-羧酸甲酯3-脱氢酶 NSDH1	1490	85.9	4.47	EC:1.1.1.145 EC:1.1.1.170
3-酮-类固醇还原酶 HSD17B7	1611	84.4	2.80	EC:1.1.1.62
固醇异构酶 EBP	1393	81	4.47	EC:5.3.3.5
7-烯胆烷醇氧化酶 SC5D	1516	89	3.42	EC:1.14.21.6

注：比对物种均为斑马鱼。

表6-18　草鱼肠道黏膜胆固醇合成调节、转运相关酶（蛋白质）基因

基因描述（HSP）	序列长度/bp	相似度/%	差异倍数	酶编号
甾醇O-酰基转移酶 SOAT1	3251	77.4	−1.71	EC:2.3.1.26
固醇调节元件结合蛋白裂解激活蛋白 SCAP	3634	95.5（小家鼠 Mus musculus）	1.92	EC:2.7.7.6
胆固醇酯转运蛋白 CETP	1172	64	−1.28	
固醇调节元件结合蛋白3 SREBP3	264	79.9		
固醇调节元件结合蛋白2 SREBP2	588	61.9		
低密度脂蛋白受体相关蛋白12 LDLr12	1881	68.3	−1.13	EC:2.3.1.48
低密度脂蛋白受体相关蛋白1 LDLr1	2496	73.8	−2.00	EC:2.3.1.50
低密度脂蛋白受体相关蛋白8 LDLr8	478	70.8（尼罗罗非鱼，Oreochromis niloticus）	−2.34	

基因描述（HSP）	序列长度/bp	相似度/%	差异倍数	酶编号
ATP结合盒转运体A1 *ATP-BCT A1*	1881	87.1	−1.22	EC:3.6.1.3
多药耐药相关蛋白 *MRP1*	4847	80（花鳉，*Poeciliopsis lucida*）	1.75	
多药耐药相关蛋白4 *MRP4*	5325	88	7.89	EC:1.1.1.141
多药耐药相关蛋白成员2 *MRP2*	4986	79.5	3.93	
多药耐药相关蛋白3 *MRP3*	2721	87.4（尼罗罗非鱼，*Oreochromis niloticus*）	3.18	EC:1.6.1.2；EC:1.6.1.1
多药耐药相关蛋白5 *MRP5*	4730	86.9	−3.05	

注：比对物种除特别注明（括号内）外，其余均为斑马鱼。

在正常生理条件下，细胞内胆固醇浓度依赖 *CETP-SCAP-SREBPs-LDLr/HMGCoA* 还原酶/*ATP-BCT A1*、*G1* 3个方面的作用保持基本的稳定状态。①通过 *HMGCoA* 还原酶调节细胞内胆固醇的生物合成，增加细胞内胆固醇量。②通过 *CETP-SCAP-SREBPs-LDLr* 途径将细胞外胆固醇转运至细胞内，依赖 *SCAP* 的调节作用、*CETP* 的转运载体作用，通过低密度脂蛋白受体（*LDLr*）途径摄入外源性胆固醇，这就是胆固醇逆转运途径。③通过 ATP 结合盒转运体 A1（*ATP-binding cassette transporter*，*ATP-BCT A1*）、G1（*MRP1*、*MRP-G1*）将细胞内胆固醇转运到细胞外。上述三个方面协调维持细胞内胆固醇平衡稳定。

对于胆固醇的逆转运途径，其他组织来源的胆固醇需要进行酯化后才能被转运，甾醇 *O*-酰基转移酶（*SOAT1*）是催化胆固醇酯（cholesterol ester）与胆固醇相互转化的酶，本试验中差异表达下调（差异倍数为−1.71），表明胆固醇酯化或去酯化的反应减弱。固醇调节元件结合蛋白 *SREBP2*、*SREBP3* 表达没有差异，胆固醇酯转运蛋白（*CETP*）、低密度脂蛋白受体相关蛋白 *LDLr1*、*LDLr8*、*LDLr12* 表达均下调（差异倍数分别为−1.28、−2.00、−2.34、−1.13），仅有固醇调节元件结合蛋白裂解激活蛋白（*SCAP*）表达上调（差异倍数为1.92），但 *SCAP* 还参与激活 *HMG-CoA* 还原酶促进胆固醇合成。上述分析表明，草鱼肠道在氧化鱼油损伤、细胞内胆固醇合成代谢加强情况下，通过将胆固醇酯转化为胆固醇、通过 *CETP-SCAP-SREBPs-LDLr* 途径将细胞外胆固醇转移到细胞内的胆固醇逆转运途径是减弱的。

对于胆固醇的外流转运途径，ATP 结合盒转运体 A1（*ATP-BCT A1*）的表达是下调的（差异倍数为−1.22）。多药耐药相关蛋白（multidrug resistance-associated protein，*MRP*）属于 p 型糖蛋白（P-gp）超基因家族，其主要分布于肝脏毛细胆管膜，是肝脏毛细胆管膜磷脂输出泵，能有效地转运磷脂进入毛细胆管，在毛细胆管内胆盐与磷脂可形成微胶粒，从而保护胆管细胞免受胆盐损伤。本试验中，在肠道黏膜组织中注释得到上述几个蛋白质基因并显示出差异表达，其中的多药耐药相关蛋白 *MRP1*（差异倍数为1.75）、*MRP2*（差异倍数为3.93）、*MRP3*（差异倍数为3.18）、*MRP4*（差异倍数为7.89）均为显著性表达上调，只有 *MRP5*（差异倍数为−3.05）为显著性下调。这些结果表明，草鱼肠道组织中也有多药耐药相关蛋白基因的表达，且在氧化鱼油造成肠道黏膜损伤、细胞内胆固醇合成代谢加强条件下，细胞内胆固醇向细胞外转运得到加强。

对乙酰 CoA 是合成胆固醇的原料，*HMGCoA* 还原酶是合成胆固醇的限速酶，是存在于细胞液中微粒体（膜）的膜整合糖蛋白，催化合成甲基二羟戊酸（mevalonic acid），并生成体内多种代谢产物，称之为甲基二羟戊酸途径，即胆固醇合成途径。*HMGCoA* 还原酶基因和 LDL 受体基因（*LDLr*）启动子中均含有 *SREBP1*。*SREBPs* 即固醇调节元件结合蛋白，是膜结合的转录因子。*SREBPs* 有 *SREBP1*、*SREBP2*、

*SREBP3*三种，其中*SREBP2*主要是促进胆固醇的合成。*SCAP*（SREBP cleavage-activating protein, *SCAP*）是内质网的一种膜蛋白，是细胞内胆固醇敏感器，同时*SCAP*也被证明能与SREBPs在内质网结合成复合物，是*SREBP*的一个运载蛋白。当*SCAP*感受到细胞内胆固醇降低时被激活，形成SCAP-SREBPs结合体，并运载*SREBPs*进入细胞核，之后SCAP-SREBPs与*HMGCoA*还原酶或*LDLr*基因启动子上的固醇调节元件*SREBP1*结合，从而激活*HMGCoA*还原酶或*LDLr*基因的转录，促进胆固醇的合成。当胞内胆固醇水平升高时，SCAP-SREBPs结合体会滞留在内质网，*LDLr/HMGCoA*还原酶基因的转录就会停止。

本试验中，*HMGCoA*还原酶（差异倍数为3.67）、*SCAP*（差异倍数为1.92）均表现为差异表达增强，*SREBP2*和*SREBP3*没有显示出差异表达，考虑到*HMGCoA*还原酶基因启动子中含有*SREBP1*，因此，本试验结果表明，草鱼肠道黏膜在受到氧化鱼油损伤的情况下，*SCAP-SREBPs-HMGCR*控制路径对以*HMGCoA*还原酶作为限速酶的胆固醇生物合成调控是显著性上调性的，即是向增强胆固醇合成方向调控的。灌喂氧化鱼油后草鱼血清胆固醇含量增加了28.67%也为此提供了证据。

（3）胆汁酸合成通路

胆汁酸的合成一般是在肝细胞中进行的，这次在草鱼肠道黏膜中也得到差异表达的胆汁酸合成酶基因，以及涉及胆汁酸合成调节、转运酶或蛋白质的基因。胆汁酸的生物合成是以胆固醇为原料。依据转录组基因注释和基因差异表达分析结果，有胆汁酸合成途径的胆固醇7α-羟化酶（*CYP7A1*）、甾醇27α-羟化酶（*CYP27A1*）、细胞色素P4507B1（*CYP7B1*）、α-甲基酰基辅酶A消旋酶（*AMACR*）、羟酰辅酶A脱氢酶（*HADHa*）、固醇载体蛋白2（*SCP2*）基因显示差异表达，但仅有固醇载体蛋白2达到显著性差异水平，见表6-19。经过IPA基因通路分析和KEGG中的路径分析，初级胆汁酸代谢途径得到注释结果，显示灌喂氧化鱼油后，草鱼肠道黏膜胆汁酸合成途径得到差异表达，但没有达到显著性差异水平。涉及胆汁酸合成调节和转运的酶或蛋白的基因有法尼醇X受体（*FXR*）、胆汁酸盐输出泵转运蛋白（*BSEP*）、钠/胆汁酸转运蛋白7（*SLCA7*）显示出差异表达。

表6-19　草鱼肠道黏膜胆汁酸合成与调节酶（蛋白质）基因

基因描述（HSP）	序列长度/bp	相似度/%	差异倍数	酶编号
胆固醇7α-羟化酶*CYP7A1*	676	75.2	1.31	EC:1.14.13.17
甾醇27α-羟化酶*CYP27A1*	2436	75.2	1.01	
细胞色素P450，家族7，亚家族B，多肽*CYP7B1*	939	71.2	−1.98	EC:2.7.11.0
α-甲基酰基辅酶A消旋酶*AMACR*	2285	86.4	−1.61	EC:5.1.99.4
羟酰辅酶A脱氢酶*HADHa*	3052	90	1.45	EC:1.1.1.35；EC:4.2.1.17
固醇载体蛋白2*SCP2*	2422	89.4	3.01	EC:2.3.1.176
法尼醇X受体*FXR*	2272	85.7	−1.29	EC:6.3.2.6；EC:4.1.1.21；EC:5.4.99.18
胆汁酸盐输出泵转运蛋白*BSEP*	4579	84.9	1.36	
钠/胆汁酸转运蛋白7*SLCA7*	1692	91.1	−1.21	

注：比对物种均为斑马鱼。

以胆固醇为原料合成胆汁酸一般是在肝细胞内发生的酶促反应，而本试验中，草鱼在灌喂氧化鱼油并造成肠道黏膜损伤的情况下，肠道黏膜总RNA中也注释得到了胆汁酸合成及其调节、转运的酶（蛋白质）的基因，并显示出差异表达，这是一个值得关注的问题。

胆汁酸合成有经典途径及替代途径两种途径。经典途径是胆汁酸合成的主要途径，胆固醇7α-羟化酶（CYP7A1）是此反应途径的限速酶，胆汁酸的合成速度与CYP7A1的活性呈正相关。胆汁酸通过FXR对CYP7A1进行负反馈调节可以维持体内胆汁酸池的平衡。当胆汁酸浓度增大后，激活核受体FXR，使CYP7A1转录被抑制，胆汁酸合成速度下降。受FXR调控的靶基因主要有CYP7A1、BSEP。本试验中，在胆汁酸合成途径中的胆固醇7α-羟化酶（CYP7A1）、甾醇27α-羟化酶（CYP27A1）、细胞色素P450 7B1（CYP7B1）、α-甲基酰基辅酶A消旋酶（AMACR）、羟酰辅酶A脱氢酶（HADHa）、固醇载体蛋白（SCP2）均显示出差异表达，其中，CYP7A1（差异倍数为1.31）、CYP27A1（差异倍数为1.01）、HADHa（差异倍数为1.45）、SCP2（差异倍数为3.01）均为上调性差异表达，显示肠道黏膜胆汁酸合成增强。参与胆汁酸合成调节、转运的法尼醇X受体（FXR）、胆汁酸盐输出泵转运蛋白（BSEP）、钠/胆汁酸转运蛋白7（SLCA7）也被注释，显示差异表达。按照上述分析，FXR（差异倍数为−1.29）表达下调有利于胆汁酸合成速度增加，SLCA7（差异倍数为−1.21）下调不利于细胞对胆汁酸的吸收转运，而BSEP（差异倍数为1.36）表现为上调则有利于胆汁酸向细胞外的转运。因此，草鱼肠道黏膜在受到氧化鱼油损伤后，黏膜组织中显示具有胆汁酸合成途径的系列酶基因的存在，且其差异表达活性均显示为上调，增加了胆汁酸的合成代谢，即通过CYP7A1限速的胆汁酸经典合成途径得到加强。

胆汁酸合成的另一个途径称为替代途径，由CYP27A1和CYP7B1（差异倍数为−1.98）催化。本试验中，CYP27A1虽然差异表达上调，但是CYP7B1、AMACR（差异倍数为−1.61）为下调，表明在肠道黏膜中胆汁酸合成的替代途径整体下调。

依据本试验结果，可以得到以下认知：草鱼肠道黏膜具备完整的"乙酰辅酶A→胆固醇→胆汁酸"的合成代谢基因通路和代谢途径。肠道黏膜在受到氧化鱼油损伤后，胆固醇生物合成代谢途径增强，血清胆固醇含量增加；胆固醇逆转运途径减弱，胆固醇向细胞外转运增强；肠道黏膜组织中胆汁酸的经典合成代谢途径增强，而替代合成途径减弱。

二、饲料氧化鱼油对草鱼胆固醇、胆汁酸代谢的影响

在饲料中添加不同浓度氧化鱼油的阶段性试验中发现，饲喂含氧化鱼油饲料会使草鱼肝胰脏、肠道胆固醇含量减少，机体为了维持胆固醇的动态平衡，会增强肝胰脏和肠道胆固醇合成能力而削弱胆汁酸合成能力，致使肝胰脏、肠道胆汁酸含量降低。在添加不同浓度的氧化鱼油长期试验中发现，饲喂含氧化鱼油饲料同样会使肝胰脏和肠道胆固醇合成能力、向细胞内转运胆固醇能力增强，而向细胞外转运胆固醇能力、胆汁酸合成能力减弱，最终导致肝胰脏、肠道胆固醇含量增加，肠道胆汁酸含量减少而肝胰脏胆汁酸含量增加。预示着在饲料氧化鱼油的长期作用下，肝胰脏、肠道可能需要更多的胆固醇以满足生理代谢的需要，而肠道需要的胆汁酸可能出现供给不足，肝胰脏会出现"绿肝""花肝"现象。

（一）试验条件

（1）试验草鱼

草鱼来源于浙江一星实业股份有限公司养殖基地，为池塘培育的1冬龄鱼种，挑选体格健康、无畸形、体重为（74.8±1.2）g的草鱼300尾，随机分为5组，每组3个重复，每个重复20尾鱼。

（2）试验饲料与分组

以酪蛋白和秘鲁蒸汽鱼粉为主要蛋白源，采用等氮、等能方案设计基础饲料，制作了6%豆油组（6S组）、6%鱼油组（6F组）、2%氧化鱼油+4%豆油组（2OF组）、4%氧化鱼油+2%豆油组（4OF组）、

6%氧化鱼油组（6OF组）作为脂肪源的五组等氮等能试验饲料，饲料原料粉碎过60目筛，用绞肉机制成直径1.5mm的长条状，切成1.5mm×2mm的颗粒状，风干，饲料置于−20℃冰柜保存备用。饲料的总胆固醇含量参考NY/T 1032—2006测定，具体配方及营养水平见表6-20。豆油为"福临门"牌一级大豆油，鱼油为"高美牌"精炼鱼油，氧化鱼油按照实验室方法制备，并分别测定了4种油脂指标过氧化值（POV）、酸价（AV）、丙二醛（MDA）和多不饱和脂肪（∑PUFA），并计算试验饲料中POV值、AV值、MDA和∑PUFA含量，具体结果见表6-21。

表6-20 试验饲料组成及营养水平（干物质基础）

项目		组别				
		6S	6F	2OF	4OF	6OF
原料/‰	酪蛋白	215	215	215	215	215
	蒸汽鱼粉	167	167	167	167	167
	磷酸二氢钙 $Ca(H_2PO_4)_2 \cdot H_2O$	22	22	22	22	22
	氧化鱼油	0	0	20	40	60
	豆油	60	0	40	20	0
	鱼油	0	60	0	0	0
	氯化胆碱	1.5	1.5	1.5	1.5	1.5
	预混料[①]	10	10	10	10	10
	糊精	110	110	110	110	110
	α-淀粉	255	255	255	255	255
	微晶纤维	61	61	61	61	61
	羧甲基纤维素	98	98	98	98	98
	乙氧基喹啉	0.5	0.5	0.5	0.5	0.5
	合计	1000	1000	1000	1000	1000
营养水平[①]	粗蛋白质/%	30.01	29.52	30.55	30.09	30.14
	粗脂肪/%	7.08	7.00	7.23	6.83	6.90
	能量/(kJ/g)	20.242	20.652	20.652	19.943	20.860
	胆固醇/(μmol/g)	0.72	0.97	0.71	0.69	0.72

① 预混料为每千克饲料提供Cu 5mg，Fe 180mg，Mn 35mg，Zn 120mg，I 0.65mg，Se 0.5mg，Co 0.07mg，Mg 300mg，K 80mg，维生素A 10mg，维生素B_1 8mg，维生素B_2 8mg，维生素B_6 20mg，维生素B_{12} 0.1mg，维生素C 250mg，泛酸钙 20mg，烟酸25mg，维生素D_3 4mg，维生素K_3 6mg，叶酸5mg，肌醇100mg。
②实测值。

表6-21 试验饲料中POV值、AV值、MDA和∑PUFA含量分析结果

组别	过氧化值POV/(mg/kg)	酸价AV/(mg/kg)	丙二醛MDA/(mg/kg)	∑PUFA/%
6S	3.67	30	0.182	61.27
6F	72.45	800	10.8	35.25
2OF	64.55	400	61.6	48.12
4OF	125.43	770	123.9	40.92
6OF	186.31	1140	185	31.27

本试验中使用的鱼油有一定程度的氧化，由于其在饲料中比例为6%，而氧化鱼油组是由氧化鱼油和豆油按比例混合作为脂肪源，所以6F组的实际POV值比2OF组高12.24%，而AV则比2OF和4OF组分别高出100.0%和3.9%。

（二）草鱼生长性能、饲料效率及形体指标的影响

经72d养殖试验后，各组草鱼的特定生长率及饲料效率结果见表6-22。虽然添加氧化鱼油后草鱼存活率下降，但各组间并没有显著差异；相比较6S组，其余4组草鱼SGR、PRR均显著下降（$P<0.05$），其中6OF组具有最小值，且显著小于所有组（$P<0.05$）；6F、2OF及4OF组FCR显著大于6S组（$P<0.05$），3组间没有显著差异，而6OF组则显著大于所有组（$P<0.05$）；6F、2OF及4OF组LRR显著下降（$P<0.05$），而在6OF组出现上升，并显著大于所有组（$P<0.05$）；相较6S组，添加鱼油或氧化鱼油后，草鱼HSI显著上升（$P<0.05$），其中在6F、2OF及4OF组中呈上升趋势，在6OF组出现下降趋势，但没有显著性差异。

表6-22　饲料氧化鱼油对草鱼生长性能的影响

组别	初体重 IBW/g	末体重 FBW/g	存活率/%	特定生长率 SGR/(%/d)	饲料系数 FCR	蛋白质沉积率 PRR/%	脂肪沉积率 LRR/%	HIS/%
6S	74.6±1.5	176.2±12.4	100±0	1.72±0.006[c]	1.62±0.05[a]	35±1.35[c]	59±0.12[b]	1.38±0.021[a]
6F	74.4±1.6	167.8±6.5	98.3±2.9	1.62±0.015[b]	1.76±0.02[b]	30.3±0.47[b]	53.9±2.36[a]	1.63±0.311[b]
2OF	74.5±0.2	166±9.4	100±0	1.60±0.012[b]	1.80±0.09[b]	30.4±1.23[b]	54.9±0.44[a]	1.63±0.194[b]
4OF	75±0.8	167.3±0.2	91.7±10.4	1.61±0.020[b]	1.77±0.04[b]	30.4±0.91[b]	51.5±2.01[a]	1.69±0.285[b]
6OF	75.6±0.2	163.1±4.8	98.3±2.9	1.53±0.015[a]	1.90±0.02[c]	28.3±0.28[a]	64.6±2.01[c]	1.53±0.175[b]

				Pearson分析结果					
POV	R^2	N	N	0.99	0.837	0.810	0.774	0.112	0.180
	P	N	N	0.451	0.029*	0.038*	0.049*	0.583	0.476
AV	R^2	N	N	0.161	0.790	0.748	0.837	0.045	0.267
	P	N	N	0.504	0.044*	0.058	0.029*	0.731	0.373
MDA	R^2	N	N	0.188	0.686	0.676	0.549	0.163	0.083
	P	N	N	0.466	0.084	0.088	0.152	0.500	0.638

注：同行数据肩标不同小写字母表示差异显著（$P<0.05$）；N表示没有数据；数据右上角*表示差异具有显著性（$P<0.05$），**表示差异极显著（$P<0.01$）。

相关性分析及回归分析结果显示：SGR（y）与饲料POV（x）呈对数函数负相关关系，回归方程为$y=-0.041\ln(x)+1.7685$，$R^2=0.8692$；SGR（y）与饲料AV（x）呈对数函数负相关关系，回归方程为$y=-0.041\ln(x)+1.5764$，$R^2=0.8063$；FCR（y）与饲料POV（x）呈幂函数正相关关系，回归方程为$y=1.5569x^{0.0341}$，$R^2=0.8469$；PRR（y）与饲料POV（x）呈对数函数负相关关系，回归方程为$y=-1.557\ln(x)+36.678$，$R^2=0.9521$；PRR（y）与饲料AV（x）呈对数函数负相关关系，回归方程为$y=-1.618\ln(x)$

$+29.334$，$R^2=0.9333$。

上述结果表明，饲料中较低的POV与AV值就会显著降低草鱼的SGR与PRR，且随着POV与AV值的上升，SGR与PRR的下降速率会变缓。饲料中较低的POV值即会显著增加草鱼FCR，且随着POV值的上升，FCR上升的速率会变缓。

（三）草鱼血清胆固醇、总胆汁酸含量的变化

由表6-23可知，与6S组相比，在添加鱼油或氧化鱼油后，血清总胆固醇（TC）含量都出现不同程度的增加，其中6F、4OF和6OF组显著增加（$P<0.05$），增加量在6%～17%。在氧化鱼油组中，血清TC含量在4OF组达到最大值，与2OF、6OF组差异显著（$P<0.05$）。

与6S组相比，在添加鱼油或氧化鱼油后，血清总胆汁酸（TBA）含量都出现显著下降（$P<0.05$），减少量在37%～54%。在氧化鱼油组中，血清TBA含量在4OF组下降幅度最大，与2OF、6OF组差异显著（$P<0.05$）。

与6S组相比，在添加鱼油或氧化鱼油后，高密度脂蛋白HDL/低密度脂蛋白LDL的比值在4OF、6OF组出现显著下降（$P<0.05$）。

表6-23　氧化鱼油对草鱼血液中TC、TBA、HDL/LDL的影响

组别	TC/ （mmol·L^{-1}）	变化量/%	TBA/ （μmol·L^{-1}）	变化量/%	HDL/LDL	变化量/%
6S	5.32 ± 0.14^a	—	1.47 ± 0.05^d	—	1.31 ± 0.11^b	—
6F	6.07 ± 0.21^{cd}	14	0.73 ± 0.01^a	−50	1.31 ± 0.03^b	0
2OF	5.65 ± 0.13^{ab}	6	0.83 ± 0.01^b	−44	1.31 ± 0.05^b	0
4OF	6.22 ± 0.21^d	17	0.67 ± 0.03^a	−54	1.11 ± 0.06^a	−15
6OF	5.84 ± 0.02^{bc}	10	0.93 ± 0.06^c	−37	1.11 ± 0.05^a	−15

注：变化量=（鱼油或氧化鱼油组的数值−豆油组的数值）/豆油组的数值×100%；同列数据右上角标注不同字母表示差异显著（$P<0.05$）。

（四）草鱼肝胰脏、肠道TC和TBA含量

由表6-24可知，与6S组相比，在添加鱼油或氧化鱼油后，肝胰脏TC含量都出现不同程度的上升，其中2OF、6OF组显著增加（$P<0.05$），增加量在27%～74%。在氧化鱼油组中，肝胰脏TC含量在6OF组达到最大值，与4OF组差异显著（$P<0.05$）。

与6S组相比，在添加鱼油或氧化鱼油后，肝胰脏TBA含量除了6F组出现下降外，其他组都出现不同程度的上升，其中2OF、6OF组显著增加（$P<0.05$），增加量在−9%～94%。在氧化鱼油组中，肝胰脏TBA含量在6OF组达到最大值，与2OF、4OF组差异显著（$P<0.05$）。

由表6-24可知，与6S组相比，在添加鱼油或氧化鱼油后，肠道TC含量都出现不同程度的上升，其中6F、4OF组显著增加（$P<0.05$），增加量在4%～29%。在氧化鱼油组中，肠道TC含量在4OF组达到最大值，与2OF、6OF组差异显著（$P<0.05$）。

与6S组相比，在添加鱼油或氧化鱼油后，肠道TBA含量都出现不同程度的下降，且差异显著（$P<0.05$），减少量在50%～97%。

表6-24　氧化鱼油对草鱼肝胰脏和肠道中TC和TBA含量的影响

组别	肝胰脏				肠道			
	TC/ (mol · g^{-1})	变化量 /%	TBA/ (μmol · g^{-1})	变化量 /%	TC/ (mmol · g^{-1})	变化量 /%	TBA/ (μmol · g^{-1})	变化量 /%
6S	2.61±0.32[a]	—	0.047±0.004[a]	—	5.1±3.8[a]	—	0.034±0.017[c]	—
6F	3.72±0.41[abc]	43	0.043±0.008[a]	−9	6.1±0.4[b]	20	0.017±0.002[b]	−50
2OF	3.81±0.31[bc]	46	0.062±0.001[b]	32	5.3±0.2[a]	4	0.001±0.0001[a]	−97
4OF	3.32±0.31[ab]	27	0.051±0.002[a]	9	6.6±0.2[b]	29	0.004±0.001[ab]	−88
6OF	4.54±1.21[c]	74	0.091±0.007[c]	94	5.4±0.5[a]	6	0.008±0.003[ab]	−76

注：同列数据上标不同字母表示差异显著（$P<0.05$）。

（五）肝胰脏胆固醇、胆汁酸合成代谢相关酶基因表达活性

由图6-27可知，与6S组相比，在添加鱼油或氧化鱼油后，除了6F组下调外，参与胆固醇合成、调控和转运的 HMGCR、SREBP2 和 CETP 基因表达活性都出现不同程度的上调，其中 HMGCR 基因表达活性在4OF组、6OF组显著上调（$P<0.05$）。在氧化鱼油组中，HMGCR、SREBP2 和 CETP 基因表达活性都在4OF组达到最大值，其中 HMGCR 基因表达活性与2OF组差异显著（$P<0.05$）。而胆固醇转运蛋白 ABCA1 基因表达活性出现显著下调（$P<0.05$）。在氧化鱼油组中，ABCA1 基因表达活性在4OF组达到最小值，与2OF组差异显著（$P<0.05$）。

与6S组相比，在添加鱼油或氧化鱼油后，胆汁酸合成关键酶 CYP7A1 基因表达活性都出现不同程度的下调，其中4OF组、6OF组显著下调（$P<0.05$）。在氧化鱼油组中，CYP7A1 基因表达活性在4OF组达到最小值，与2OF组、6OF组差异显著（$P<0.05$）。

将6S组、6F组、2OF组、4OF组和6OF组饲料的MDA和∑PUFA含量分别与肝胰脏、肠道胆固醇、胆汁酸合成代谢相关酶基因表达水平做Pearson相关性分析，检验双侧显著性，样品量$n=5$，结果见表6-25。

饲料中MDA含量与 HMGCR、SREBP2、CETP 基因表达活性均显示正相关关系的变化趋势，而与 ABCA1、CYP7A1 基因表达活性显示负相关关系的变化趋势。饲料中∑PUFA含量与 HMGCR、SREBP2、CETP 基因表达活性均显示负相关关系的变化趋势，而与 ABCA1 基因表达活性呈现显著正相关关系（$P<0.05$）。

表6-25　饲料油脂质量与草鱼肝胰脏、肠道胆固醇、胆汁酸合成代谢相关酶基因表达活性相关性分析

Pearson		HMGCR	SREBP2	CETP	ABCA1	CYP7A1
MDA	R[①]	0.827	0.09	0.4	−0.449	−0.735
	P[②]	0.084	0.885	0.504	0.448	0.157
∑PUFA	R	−0.193	−0.073	−0.099	0.913	0.348
	P	0.756	0.907	0.874	0.03*[③]	0.567

① R相关系数。
② P显著性（双侧）水平。
③ 数据上标*表示因子之间显著相关。

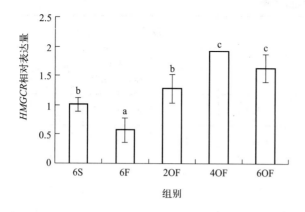

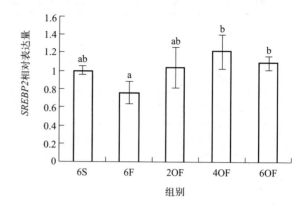

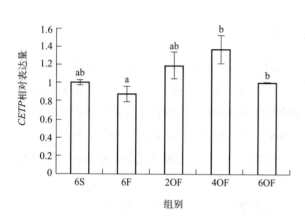

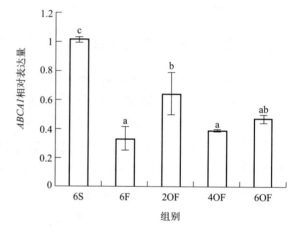

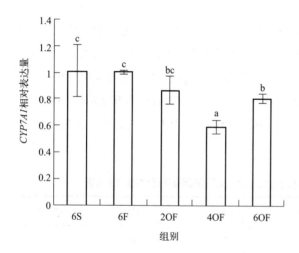

图6-27 氧化鱼油对草鱼肝胰脏胆固醇代谢相关酶基因表达活性的影响

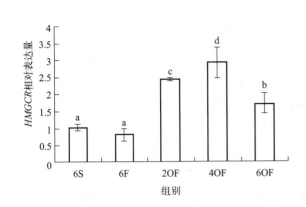

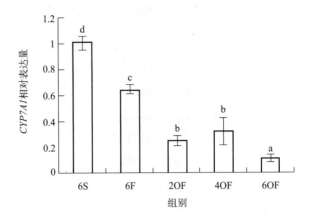

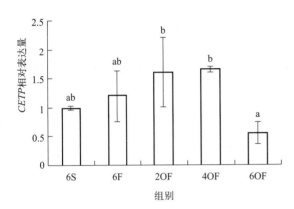

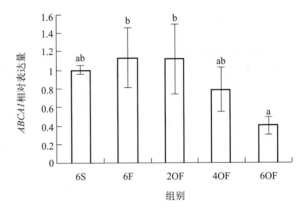

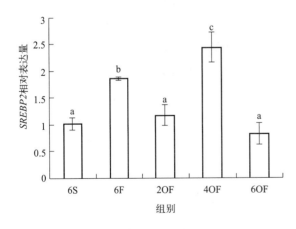

图6-28 氧化鱼油对草鱼肠道胆固醇代谢相关酶基因表达活性的影响

（六）肠道胆固醇、胆汁酸合成代谢相关酶基因表达活性

由图6-28可知，与6S组相比，在添加鱼油或氧化鱼油后，参与胆固醇合成、调控和转运的 *HMGCR*（除6F外）、*SREBP2*（除6OF外）和 *CETP*（除6OF外）基因表达活性都出现不同程度的上调，其中 *HMGCR* 基因表达活性在2OF、4OF和6OF组均显著上调（$P < 0.05$），*SREBP2* 基因表达活性在4OF组显著上调（$P < 0.05$）。在氧化鱼油组中，*HMGCR*、*SREBP2* 和 *CETP* 基因表达活性都在4OF组达到最大值，其中 *HMGCR*、*SREBP2* 基因表达活性与2OF、6OF组差异显著（$P < 0.05$），*CETP* 基因表达活性与6OF组差异显著（$P < 0.05$）。而胆固醇转运蛋白 *ABCA1* 基因表达活性差异不显著（$P > 0.05$）。

与6S组相比，在添加鱼油或氧化鱼油后，*CYP7A1* 基因表达活性都出现显著下调（$P < 0.05$）。在氧化鱼油组中，*CYP7A1* 基因表达活性在6OF组达到最小值，与2OF、4OF组差异显著（$P < 0.05$）。

由表6-26可知，饲料中MDA含量与 *HMGCR*、*SREBP2*、*CETP* 基因表达活性均显示正相关关系的变化趋势，而与 *ABCA1* 基因表达活性呈现显著负相关关系（$P < 0.05$）。

饲料中 $\sum$ PUFA 含量与肠道 *HMGCR*、*SREBP2*、*CETP* 基因表达活性均显示负相关关系的变化趋势，而与肠道 *ABCA1* 基因表达活性显示正相关关系的变化趋势。

表6-26　饲料油脂质量与草鱼肠道胆固醇代谢相关酶基因表达活性相关性分析

pearson		*HMGCR*	*SREBP2*	*CETP*	*ABCA1*	*CYP7A1*
MDA	*R*	0.566	0.05	0.275	−0.896	−0.566
	P	0.32	0.936	0.654	0.04*	0.32
$\sum$ PUFA	*R*	−0.113	−0.227	−0.22	0.492	−0.113
	P	0.857	0.713	0.722	0.4	0.857

注：*表示因子之间显著相关。

（七）饲料氧化鱼油对草鱼胆固醇、胆汁酸代谢影响的分析

正常情况下，细胞主要通过三个方面共同维持着胞内胆固醇的动态平衡：①通过关键限速酶HMGCR调节细胞内胆固醇的生物合成，其中固醇调节元件SREBP2能激活HMGCR的转录；②通过CETP将细胞外胆固醇逆转运到细胞内；③通过ABCA1将细胞内胆固醇转运到细胞外。

机体胆固醇的来源除了依靠自身合成以外，还可以通过摄入外源胆固醇的方式来补充。胆固醇不仅参与构成细胞膜的磷脂双分子层，而且还是合成维生素D、类固醇激素和胆汁酸等生理活性物质的原料，其中，合成胆汁酸是胆固醇的主要去路，CYP7A1是胆汁酸经典途径的合成限速酶，它的表达量和活性决定了胆汁酸的合成速度。

（1）饲料氧化鱼油对草鱼肝胰脏胆固醇合成代谢的影响

肝胰脏不仅是鱼类重要的代谢和解毒器官，也是合成机体胆固醇、胆汁酸的主要场所，对氧化鱼油的毒性极为敏感。在饲料中添加鱼油或氧化鱼油后，氧化鱼油组胆固醇合成关键酶 *HMGCR* 基因（除了6F组下调外）表达活性显著上调（$P < 0.05$），调控胆固醇合成的 *SREBP2* 基因（除了6F组下调外）表达活性上调，表明肝细胞以乙酰CoA为原料的胆固醇合成能力增强，肝胰脏胆固醇含量有增加的趋势；承担将细胞外胆固醇逆转运到细胞内 *CETP* 基因（除了6F组下调外）表达活性上调，而承担将细胞内胆固醇外流转运蛋白 *ABCA1* 基因表达活性显著下调（$P < 0.05$），表明将肝细胞外胆固醇转运至细胞内的能力增强，而将细胞内胆固醇转运到细胞外的能力减弱。与此同时，血清HDL/LDL的比值在4OF、6OF组出现显著下降，也表明外周组织胆固醇转入肝胰脏的能力在增强。上述结果表明，在摄食含有氧化鱼油

的饲料后，草鱼肝细胞合成胆固醇能力、向细胞内转运胆固醇的能力增强，而向细胞外转运胆固醇能力减弱，其结果应该会导致肝胰脏胆固醇含量的增加。在添加氧化鱼油后，血清和肝胰脏胆固醇含量显著增加（$P < 0.05$），为上述分析提供了很好的证据。

本试验还发现，肝胰脏 HMGCR、SREBP2 和 CETP 基因表达活性都在 4OF 组达到最大值，其中 HMGCR 基因表达活性与 2OF 组差异显著（$P < 0.05$），而 ABCA1 基因表达活性在 4OF 组达到最小值，与 2OF 组差异显著（$P < 0.05$），血清 TC 含量在 4OF 组达到最大值，与 2OF 组、6OF 组差异显著（$P < 0.05$），表明当饲料中添加氧化鱼油的含量达到 4% 时，氧化鱼油对肝胰脏胆固醇合成代谢的影响最大。

那么，饲料中氧化鱼油的哪些因素与肝胰脏胆固醇合成能力的增加、向内转运能力的增加、向外转运能力减弱，并促使肝胰脏胆固醇含量增加这一结果有关呢？

在添加鱼油或氧化鱼油后，饲料中 ∑PUFA 含量与 HMGCR、SREBP2、CETP 基因表达活性均显示负相关关系的变化趋势，而与 ABCA1 基因表达活性呈现显著正相关关系，表明随着氧化鱼油添加量的增加，饲料 ∑PUFA 含量的减少，会使肝细胞胆固醇合成能力、向内转运能力增强，而使向外转运能力减弱，其结果会导致肝胰脏胆固醇含量增加。

在添加鱼油或氧化鱼油后，饲料中 MDA 含量与 HMGCR、SREBP2、CETP 基因表达活性均显示正相关关系的变化趋势，而与 ABCA1、CYP7A1 基因表达活性显示负相关关系的变化趋势，表明随着氧化鱼油添加量的增加，饲料中鱼油氧化产物 MDA 含量增加，会使肝细胞胆固醇合成能力、向内转运能力增强，而使向外转运能力减弱，其结果会导致肝胰脏胆固醇含量增加。

所以，随着饲料氧化鱼油添加量的增加，饲料 ∑PUFA 含量减少和鱼油氧化产物 MDA 含量增加共同引起了肝胰脏胆固醇合成能力、向内转运能力的增加，向外转运能力减弱，并导致肝胰脏胆固醇含量增加。

(2) 饲料氧化鱼油对草鱼肠道胆固醇合成代谢的影响

肠道作为机体与外界接触的最大界面，在选择性吸收营养物质和防御有毒有害物质入侵等方面发挥着屏障功能。在饲料中添加鱼油或氧化鱼油后，草鱼肠道 HMGCR 基因（除了 6F 组下调外）、调控胆固醇合成的 SREBP2 基因（除了 6OF 组下调外）表达活性显著上调（$P < 0.05$），表明肠道细胞胆固醇合成能力增强，肠道胆固醇含量有增加的趋势；承担将细胞外胆固醇逆转运到细胞内 CETP 基因（除了 6OF 组下调外）表达活性上调，而承担将细胞内胆固醇外流转运蛋白 ABCA1 基因（除了 6F、2OF 组上调外）表达活性下调，表明将肠道细胞外胆固醇转运至细胞内的能力增强，而将细胞内胆固醇转运到细胞外的能力减弱。且与饲料中氧化鱼油的添加量有一定的关系，如 HMGCR、SREBP2、CETP、ABCA1 基因表达在个别组出现与其他组不同的结果。上述几个关键酶基因表达活性的变化结果表明，在摄食含有氧化鱼油的饲料后，草鱼肠道细胞合成胆固醇能力、向细胞内转运胆固醇的能力增强，而向细胞外转运胆固醇能力减弱，其结果应该会导致肠道胆固醇含量的增加。肠道胆固醇含量显著增加，这也为上述分析提供了有力的证据。

本试验还发现，肠道 HMGCR、SREBP2 和 CETP 基因表达活性都在 4OF 组达到最大值，其中 HMGCR、SREBP2 基因表达活性与 2OF、6OF 组差异显著（$P < 0.05$），CETP 基因表达活性与 6OF 组差异显著（$P < 0.05$），肠道 TC 含量在 4OF 组达到最大值，与 2OF、6OF 组差异显著（$P < 0.05$），表明当饲料中添加氧化鱼油的含量达到 4% 时，氧化鱼油对肠道胆固醇合成代谢的影响最大。

那么，饲料中氧化鱼油的哪些因素导致了肠道胆固醇合成能力、向内转运能力的增加，向外转运能力减弱，并促使肠道胆固醇含量的增加呢？

饲粮脂肪酸会对脂肪代谢酶有关基因表达造成影响。在添加鱼油或氧化鱼油后，饲料中∑PUFA含量与肠道 *HMGCR、SREBP2、CETP* 基因表达活性均显示负相关关系的变化趋势，而与肠道 *ABCA1* 基因表达活性显示正相关关系的变化趋势，表明随着氧化鱼油添加量的增加，饲料∑PUFA含量的减少，会使肠道细胞胆固醇合成能力、向内转运能力增强，而使向外转运能力减弱，其结果会导致肠道胆固醇含量增加。

脂质过氧化会改变肠道细胞膜表面的酶活性甚至使其活性丧失。在添加鱼油或氧化鱼油后，饲料中MDA含量与 *HMGCR、SREBP2、CETP* 基因表达活性均显示正相关关系的变化趋势，而与 *ABCA1* 基因表达活性呈现显著负相关关系，表明随着氧化鱼油添加量的增加，饲料中鱼油氧化产物MDA含量的增加，会使肠道细胞胆固醇合成能力、向内转运能力增强，而使向外转运能力减弱，其结果会导致肠道胆固醇含量增加。

所以，随着饲料氧化鱼油添加量的增加，由饲料∑PUFA含量减少和鱼油氧化产物MDA含量增加共同引起了肠道胆固醇合成能力、向内转运能力的增加，向外转运能力减弱，并导致肠道胆固醇含量增加。

(3) 肝胰脏、肠道胆汁酸合成能力变化及肝胰脏胆汁酸淤积的发展趋势

研究发现，肝病患者 *CYP7A1* 基因表达会下调，胆汁酸合成能力会降低，同时胆汁会淤积在肝脏中，分析原因，主要是胆汁酸的分泌出了问题。在饲料中添加鱼油或氧化鱼油后，草鱼肝胰脏、肠道 *CYP7A1* 基因表达活性显著下调，表明肝胰脏、肠道细胞以胆固醇为原料合成胆汁酸的能力减弱。在添加鱼油或氧化鱼油后，饲料中∑PUFA含量与肝胰脏、肠道 *CYP7A1* 基因表达活性均显示正相关关系的变化趋势，而饲料中MDA含量与肝胰脏、肠道 *CYP7A1* 基因表达活性均显示负相关关系的变化趋势，表明随着饲料氧化鱼油添加量的增加，饲料∑PUFA含量减少和MDA含量增加，导致了肝胰脏、肠道胆汁酸合成能力的减弱，其结果发展的趋势应该会导致肝胰脏、肠道胆汁酸含量的减少。

血清、肠道胆汁酸显著减少，而肝胰脏胆汁酸含量除了在6F组下降9%外，在氧化鱼油组均是增加，结果表明，草鱼摄食含有氧化鱼油的饲料后，氧化鱼油很可能阻碍了胆汁酸在肝胰脏中的向外转运，破坏了胆汁酸的肠肝循环，导致胆汁酸在肝胰脏中大量淤积，其结果可能导致肝胰脏的胆汁淤积，鱼体出现"绿肝""花肝"现象。

第八节
灌喂氧化鱼油对黄颡鱼和乌鳢胃肠道黏膜胆固醇胆汁酸代谢的影响

黄颡鱼（*Pelteobagrus fulvidraco*）为鲿科，黄颡鱼属，乌鳢（*Ophiocephalus argus*）为乌鳢科，鳢属，它们均为有胃的肉食性淡水经济鱼类。饲料油脂是其主要能量物质来源之一，而油脂氧化将导致其生理健康和代谢受到影响。对黄颡鱼、乌鳢灌喂鱼油、氧化鱼油7d后取其胃肠道黏膜为试验材料，提取总RNA后采用高通量测序技术（RNA测序）进行转录组分析。在转录组水平上，对参与胆固醇、胆汁酸生物合成通路的蛋白质、酶的基因表达活性进行分析，并做了氧化鱼油组相对于鱼油组的基因差异表达定量分析，探讨氧化鱼油对胃肠道黏膜组织中胆固醇、胆汁酸合成代谢的酶、蛋白质基因的差异表达。从一个较为宏观的侧面，从转录组水平较为宏观的视角探讨氧化鱼油对黄颡鱼、乌鳢胃肠道黏膜胆固醇、胆汁酸合成代谢，以及胆汁酸的肠肝循环代谢的影响，探讨饲料氧化油脂对鱼体生理健康、正常生理代谢的影响。

一、试验条件

（1）试验用黄颡鱼、乌鳢

黄颡鱼、乌鳢来自于浙江一星实业股份有限公司海盐试验基地，黄颡鱼平均体重（78±1.3）g/尾、乌鳢平均体重（56.2±2.3）g/尾，两种鱼各42尾。试验鱼分别饲养于单体容积为0.3m³的苏州大学室内循环水养殖桶中，共12个养殖桶，每桶放置7尾鱼。鱼油组、氧化鱼油组各设置3个平行，分别饲养于3个养殖桶，每组均为21尾鱼。用常规饲料养殖15d后开始灌喂氧化鱼油、正常鱼油。灌喂鱼油、氧化鱼油期间，控制水温在（24±1.0）℃，溶解氧和pH分别维持在7.3mg/L和7.8。

（2）氧化鱼油

实验鱼油选用"高美牌"精炼鱼油，氧化鱼油按照试验室建立的方法制备，鱼油、氧化鱼油于-20℃保存备用。

表6-27　鱼油、氧化鱼油和鱼浆的氧化程度评价指标

原料	过氧化值POV/(meq/kg)	酸价AV/(g/kg)	丙二醛MDA/(mg/kg)
鱼油	3.33	0.56	3.64
氧化鱼油	74.59	2.65	54.04
鱼浆	4.14	3.46	15.83

注：1meq/kg=0.5mmol/kg。

由表6-27可知，鱼油经过氧化后，过氧化值为原来的22.40倍、酸价为原来的4.73倍、丙二醛为原来的14.85倍。采用气相色谱仪，按照归一法测定，计算得到鱼油、氧化鱼油的EPA+DHA含量分别为25.35%、7.62%，经氧化后，EPA+DHA含量下降了70%。

（3）鱼油、氧化鱼油的灌喂方法

在预试验中，将鱼油、氧化鱼油与大豆磷脂（食用级）分别按照1∶1比例混合、乳化后灌喂，发现黄颡鱼、乌鳢均出现呕吐（吐料）情况，而用试验室制备的鳀鱼鱼浆灌喂则未出现呕吐。经过预试验按照下述方法制备灌喂的氧化鱼油和鱼油。鱼油和氧化鱼油与大豆磷脂（食品级）分别以1∶1比例混合，混匀并经乳化后，再将经乳化后的油脂与鳀鱼鱼浆按照1∶4的质量比例混合作为灌喂用的鱼油、氧化鱼油（分别含10%的鱼油、氧化鱼油），于4℃冰箱中保存。每次按照3d的用量进行制备，以保证灌喂用油脂的新鲜度。连续7d每天上午9:00对试验鱼进行定量灌喂。灌喂期间投喂黄颡鱼、乌鳢的商品饲料。

（4）RNA样本采集及总RNA提取

连续灌喂7d，最后一次灌喂后24h，每个养殖桶随机各取3尾鱼，每组共9尾用于总RNA提取。同时采集样本鱼的血液，得到的血清采用生化蛋白分析以测定血清中胆固醇和总胆汁酸的含量。

鱼体表经75%酒精消毒，常规解剖，快速用解剖刀刮取胃和肠道黏膜，将每尾鱼的胃和肠道黏膜混合后，液氮速冻，于-80℃保存备用。采样所用解剖工具均经灭酶、灭菌处理。选用试剂盒（easy spin plus）分别提取鱼油、氧化鱼油组胃肠道黏膜各9个样本的总RNA，电泳检测RNA质量。鱼油组、氧化鱼油组分别选取电泳条带亮度高、清晰、无拖尾的高质量RNA进行等量混合，鱼油组、氧化鱼油组各1个样本（每个样本至少有5尾试验鱼的总RNA样本组成），RNA质量约4μg。同法再混合鱼油组、氧化鱼油组各1个RNA样本，这样每组均有2个平行样本用于RNA测序。

（5）转录组分析方法

分别将氧化鱼油组和鱼油组黄颡鱼、乌鳢的胃肠道黏膜组织总RNA等量混合，混合样品总RNA用DNase I 消化DNA后，用Oligod（T）磁珠纯化总RNA中的mRNA，再向获得的mRNA中加入打断试剂，高温使其片段化，再以片段后的mRNA为模板，合成cDNA。之后经过磁珠纯化、末端修复、3'末端加碱基A、加测序接头后，再进行PCR扩增，构建文库。构建好的文库用Agilent 2100 Bioanalyzer和ABI Step One Plus Real-Time PCR System质检和测序，滤除含N比例大于10%、低质量（质量值中位数Q≤25的碱基位点）读段，得到过滤后的读段（clean reads）。经过质控（QC）、过滤后得到的读段，用转录组无参考基因组装软件Trinity（版本：v2012-10-05，min_kmer_cov为2）软件进行无参考基因组的转录本拼接（Mortazavi et al，2008）。利用不同的数据库对拼接好的转录本实施基因注释。

分别将氧化鱼油组、鱼油组黄颡鱼、乌鳢的胃肠道黏膜总RNA分别按照上述方法进行测序和转录组拼接，并用RSEM软件（mismatch2）把每个样品的读段与参考序列做比对，参考序列为Trinity拼接得到的转录组，从而进行基因表达定量。将灌喂氧化鱼油的黄颡鱼、乌鳢胃肠道黏膜转录本表达量与灌喂鱼油得到的对应转录本表达量对比，进行差异表达分析。差异表达分析用edgeR软件包进行分析。对于所有基因，当其表达量在两个不同样品间具有差异且统计分析中调整P值（即EDR值，为所有检验中假阳性的概率）<0.05时，认为其在两个不同样品中具有显著差异表达。

二、试验结果

（一）血清胆固醇、总胆汁酸含量

分别取氧化鱼油组（OFH）、鱼油组（FH）黄颡鱼、乌鳢血清，用生化蛋白分析仪测定血清中胆固醇、总胆汁酸含量（表6-28）。与灌喂鱼油的数据比较，灌喂氧化鱼油后，黄颡鱼血清中胆汁酸和胆固醇含量下降，分别下降了20.00%、4.06%。与灌喂鱼油的结果比较，灌喂氧化鱼油后，乌鳢血清中胆汁酸和胆固醇含量下降，分别下降了12.87%、11.56%。

表6-28　黄颡鱼、乌鳢血清胆固醇和总胆汁酸含量与比较

指标	鱼	鱼油组	氧化鱼油组	比率/%
总胆汁酸/(μmol/L)	黄颡鱼	0.40±0.13	0.32±0.12	−20.00
胆固醇/(mmol/L)		5.67±0.76	5.44±0.83	−4.06
总胆汁酸/(μmol/L)	乌鳢	2.02±1.36	1.76±0.90	−12.87
胆固醇/(mmol/L)		6.23±0.34	5.51±0.55	−11.56

（二）以乙酰辅酶A为原料的胆固醇合成通路基因的差异表达分析

（1）黄颡鱼的结果

基于灌喂鱼油（FH）、氧化鱼油（OFH）的黄颡鱼胃肠道黏膜转录组，将15个以乙酰辅酶A为原料的胆固醇生物合成途径的基因作了统计（表6-29）。

以乙酰辅酶A为原料，合成胆固醇的代谢途径中，3-羟基-3-甲基戊二酰辅酶A还原酶（HMGCR）是关键酶，控制了整个代谢通路的反应速度。表6-29中，HMGCR差异表达的$\log_2$（OFH/FH）值为−4.1，差异表达下调显著，表明灌喂氧化鱼油后，胆固醇生物合成代谢受到抑制。在代谢通路中的其

表6-29 黄颡鱼胆固醇生物合成通路基因差异表达信息

基因	转录本ID	转录本长度/bp	差异表达值log₂（OFH/FH）	差异表达的P值	BLASTE值	酶
3-羟基-3-甲基戊二酰辅酶A合成酶 $HMGCS1$	TRINITY_DN212622_c0_g1	1059	−1.3	0.39	$2.00×10^{-66}$	EC 2.3.3.10
3-羟基-3-甲基戊二酰辅酶A还原酶 $HMGCR$	TRINITY_DN78964_c1_g2	893	−4.1	1.00	$1.00×10^{-118}$	EC 1.1.1.34
磷酸甲羟戊酸激酶 $PMVK$	TRINITY_DN78352_c0_g1	1338	−0.2	1.00	$5.00×10^{-66}$	EC 2.7.4.2
甲羟戊酸焦磷酸脱羧酶 MVD	TRINITY_DN83694_c0_g2	1084	0.0	0.65	$6.00×10^{-120}$	EC 4.1.1.33
异戊烯二磷酸$δ$异构酶1 $IDI1$	TRINITY_DN95601_c0_g1	1491	0.3	0.73	$2.00×10^{-130}$	EC 5.3.3.2
法尼焦磷酸合酶 $FDPS$	TRINITY_DN211500_c0_g1	317	−2.1	0.28	$1.00×10^{-12}$	EC 2.5.1.10
鲨烯合酶 SQS（$FDFT1$）	TRINITY_DN95609_c0_g2	2034	0.7	0.34	0	EC 2.5.1.21
角鲨烯单加氧酶 $SQLE$	TRINITY_DN49170_c0_g1	1846	0.1	0.71	0	EC 1.14.13.132
羊毛甾醇合成酶 LSS	TRINITY_DN199837_c0_g1	616	−0.2	1.00	$1.00×10^{-49}$	EC 5.4.99.7
$δ$（24）-甾醇还原酶 $DHCR24$	TRINITY_DN94169_c1_g1	2329	0.5	0.24	0	EC 1.3.1.72
丝氨酸/苏氨酸蛋白磷酸酶2A催化亚单位的α亚型 $PPP2CA$	TRINITY_DN214679_c0_g1	1099	−3.4	0.00	0	EC 3.1.3.16
4-羧基甾固醇3-脱氢酶 $NSDH1$	TRINITY_DN97074_c0_g1	1479	−5.7	0.91	$7.00×10^{-65}$	EC 1.1.1.170
3-酮-类固醇还原酶 $HSD17B7$	TRINITY_DN93106_c0_g2	767	−1.9	0.00	$5.00×10^{-42}$	EC 1.1.1.270
3-$β$-羟基$δ$（8），$δ$（7）固醇异构酶 EBP	TRINITY_DN167407_c0_g1	1272	0.0	0.82	$2.00×10^{-95}$	—
甾醇$δ$（7）还原酶 $DHCR7$	TRINITY_DN96104_c11_g5	2168	−0.1	0.91	0	EC 1.3.1.21

表6-30　乌鳢胆固醇生物合成通路基因差异表达信息

基因	转录本 ID	转录本长度/bp	差异表达值 $\log_2$（OFW/FW）	P值	BLAST E值	酶
3-羟基-3-甲基-CoA 合成酶 HMGCS1	TRINITY_DN61964_c2_g9_i1	2802	-0.1	0.86	0	EC 2.3.3.10
3-羟基-3-甲基戊二酰辅酶 A 还原酶 HMGCR	TRINITY_DN58320_c0_g1_i1	4429	-0.1	0.45	0	EC 1.1.1.34
甲羟戊酸激酶 MVK	TRINITY_DN62094_c0_g1_i1	915	4.0	0.92	5.00×10^{-42}	EC 2.7.1.36
甲羟戊酸焦磷酸脱羧酶 MVD	TRINITY_DN61054_c0_g3_i1	1661	-0.5	0.79	0	EC 4.1.1.33
异戊烯二磷酸 δ 异构酶 1 IDI1	TRINITY_DN56537_c0_g1_i1	4432	-0.1	0.92	4.00×10^{-133}	EC 5.3.3.2
法尼焦磷酸合酶 FDPS	TRINITY_DN58696_c0_g1_i1	1331	-0.7	0.78	8.00×10^{-159}	EC 2.5.1.10
角鲨烯单加氧酶 SQLE	TRINITY_DN44151_c0_g1_i1	2914	1.7	0.00	0	EC 1.14.13.132
羊毛甾醇合成酶 LSS	TRINITY_DN65608_c2_g2_i2	3216	1.1	0.13	0	EC 5.4.99.7
δ（24）- 甾醇还原酶 DHCR24	TRINITY_DN43808_c0_g10_i1	1741	0.3	0.37	0	EC 1.3.1.72
丝氨酸/苏氨酸蛋白磷酸酶 2A 催化亚单位的 α 亚型 PPP2CA	TRINITY_DN56021_c0_g2_i1	1232	-0.6	0.65	1.00×10^{-137}	EC 3.1.3.16
4-羧基甾醇 3- 脱氢酶 NSDH1	TRINITY_DN59647_c0_g1_i1	2468	-1.1	0.65	8.00×10^{-168}	EC 1.1.1.170
3- 酮 - 类固醇还原酶 HSD17B7	TRINITY_DN58841_c0_g1_i1	1431	1.6	0.16	6.00×10^{-161}	EC 1.1.1.270
3-β-羟基甾醇 δ（8），δ（7）- 异构酶 EBP	TRINITY_DN4023_c0_g1_i1	1447	-0.9	0.41	3.00×10^{-99}	EC 5.3.3.5
C-5 固醇去饱和酶 SC5D	TRINITY_DN40522_c0_g1_i1	2179	0.2	0.48	4.00×10^{-148}	EC 1.14.19.20
7- 脱氢固醇还原酶 DHCR7	TRINITY_DN57364_c1_g2_i1	4229	-0.2	0.69	8.00×10^{-159}	EC 1.3.1.21

他酶的差异表达结果是，法尼焦磷酸合酶（*FDPS*）、丝氨酸/苏氨酸蛋白磷酸酶2A催化亚单位的α亚型（*PPP2CA*）、固醇4-α-羧酸甲酯3-脱氢酶（*NSDH1*）的$\log_2$（OFH/FH）值分别为−2.1、−3.4和−5.7，均为差异表达下调显著；其他11个酶蛋白基因有差异表达，但未达到显著性水平。灌喂氧化鱼油后黄颡鱼血清胆固醇含量下降了4.06%，胆固醇合成途径关键酶*HMGCR*、*FDPS*、*PPP2CA*、*NSDH1*差异表达的显著性下调，显示在灌喂氧化鱼油后，使黄颡鱼胃肠道黏膜组织中以乙酰辅酶A为原料的胆固醇合成代谢下降，可能是血清胆固醇含量下降的主要原因。

（2）乌鳢的结果

基于灌喂鱼油（FW）、氧化鱼油（OFW）的乌鳢胃肠道黏膜转录组分析结果，统计了以乙酰辅酶A为原料的胆固醇生物合成途径的15个基因，见表6-30。

以乙酰辅酶A为原料，合成胆固醇的代谢途径中，3-羟基-3-甲基戊二酰辅酶A还原酶（*HMGCR*）是关键酶，控制了整个代谢通路的反应速度。*HMGCR*差异表达的$\log_2$（OFW/FW）值为−0.1，有差异表达下调趋势，但不显著。在代谢通路中的其他酶中，甲羟戊酸激酶（*MVK*）的$\log_2$（OFW/FW）值为4.0，为差异表达上调显著；其他13个酶蛋白基因有差异表达，但未达到显著性水平。结果显示，灌喂氧化鱼油对乌鳢胃肠道黏膜胆固醇合成产生了一定的影响，但主要酶蛋白基因差异表达不显著。乌鳢的结果与黄颡鱼的结果比较，灌喂氧化鱼油对黄颡鱼的影响更大、而对乌鳢的影响相对较小。

（三）调节胆固醇合成代谢、胆固醇转运和吸收蛋白质基因差异表达

（1）黄颡鱼的结果

经过转录组注释和基因差异表达分析，筛选出调节胆固醇合成代谢、胆固醇转运和吸收的蛋白质、酶的基因信息（表6-31）。

固醇调节元件结合蛋白裂解激活蛋白（*SCAP*）、固醇*O*-酰基转移酶1（*SOAT1*）、低密度脂蛋白受体（*LDLR*）3个基因的$\log_2$（OFH/FH）值分别为4.5、6.6、6.8，均为差异表达显著上调；固醇调节元件结合蛋白-1（*SREBP-1*）、固醇调节元件结合蛋白2（*SREBP-2*）、固醇*O*-酰基转移酶2（SOAT2）胆固醇酯转移蛋白（*CETP*）、高密度脂蛋白受体SR-B1（*SCARB1*）、氧固醇受体（*LXR-α*）的$\log_2$（OFH/FH）值分别为−6.2、−7.9、−7.1、−6.4、−4.1、−6.6，均为差异表达显著下调；其他几个蛋白质基因有差异表达，但未达到显著性水平。研究显示，灌喂氧化鱼油对黄颡鱼胃肠道胆固醇合成、转运和吸收等生理活动有显著的影响。

（2）乌鳢的结果

经过转录组注释和基因差异表达分析，筛选出调节胆固醇合成代谢、胆固醇转运和吸收涉及的蛋白质、酶的基因信息，结果见表6-32。

固醇调节元件结合蛋白裂解激活蛋白（*SCAP*）的$\log_2$（OFW/FW）值−5.0、固醇调节元件结合蛋白1（*SREBP-1*）的$\log_2$（OFW/FW）值0.2、固醇调节元件结合蛋白2（*SREBP-2*）的$\log_2$（OFW/FW）值0.4，显示对胆固醇合成代谢上游调控基因也有差异表达。固醇*O*-酰基转移酶2（*SOAT2*）$\log_2$（OFW/FW）值−1.2、胆固醇酯转移蛋白（*CETP*）$\log_2$（OFW/FW）值−0.5，显示胆固醇逆向吸收转运蛋白基因差异表达有下调的趋势。低密度脂蛋白受体（*LDLR*）的$\log_2$（OFW/FW）值−0.7、高密度脂蛋白受体SR-B1（*SCARB1*）的$\log_2$（OFW/FW）值−6.2，均为差异表达下调；ATP结合盒子G-5（*ABCG5*）的$\log_2$（OFW/FW）值0.1。结果显示，灌喂氧化鱼油对乌鳢胃肠道胆固醇合成、转运和吸收等生理活动有显著的影响。

（四）以胆固醇为原料的初级胆汁酸合成通路基因的差异表达

（1）黄颡鱼的结果

对参与以胆固醇为原料的初级胆汁酸生物合成通路的蛋白质、酶基因的差异表达进行统计见表6-33。

表6-31 黄颡鱼调节胆固醇合成代谢、胆固醇转运和吸收蛋白质、酶的基因信息

基因	转录本 ID	转录本长度/bp	差异表达值$\log_2$（OFH/FH）	差异表达的 P 值	BLAST E 值
固醇调节元件结合蛋白裂解激活蛋白 SCAP	TRINITY_DN93270_c0_g2	677	4.5	0.72	$3.00×10^{-58}$
固醇调节元件结合蛋白1 SREBP-1	TRINITY_DN195448_c0_g1	595	-6.2	0.05	$6.00×10^{-15}$
固醇调节元件结合蛋白2 SREBP-2	TRINITY_DN77547_c0_g1	859	-7.9	0.86	$8.00×10^{-107}$
固醇 O-酰基转移酶2 SOAT2	TRINITY_DN178819_c0_g1	353	-7.1	0.09	$3.00×10^{-38}$
固醇 O-酰基转移酶1 SOAT1	TRINITY_DN96080_c1_g1	1113	6.6	1.00	$3.00×10^{-171}$
胆固醇酯转移蛋白 CETP	TRINITY_DN75351_c0_g2	660	-6.4	0.90	$6.00×10^{-29}$
低密度脂蛋白受体 LDLR	TRINITY_DN72959_c0_g1	327	6.8	0.66	$9.00×10^{-13}$
高密度脂蛋白受体 SR-B1SCARB1	TRINITY_DN67815_c0_g1	1931	-4.1	0.00	$1.00×10^{-57}$
ATP结合盒子 G-5 ABCG5	TRINITY_DN94128_c0_g1	1084	-0.1	0.59	$1.00×10^{-52}$
ATP结合盒子 G-8 ABCG8	TRINITY_DN97932_c1_g1	5193	-0.2	0.56	0
氧固醇受体（肝 X 受体 α）NR1H3, LXR-α	TRINITY_DN97631_c1_g1	5370	-6.6	0.97	0

表6-32 调节胆固醇合成代谢、胆固醇转运和吸收的蛋白质、酶的基因信息

基因	转录本 ID	转录本长度/bp	差异表达值$\log_2$（OFW/FW）	P 值	BLAST E 值
固醇调节元件结合蛋白裂解激活蛋白 SCAP	TRINITY_DN66736_c0_g2_i1	745	-5.0	0.01	$1.00×10^{-30}$
固醇调节元件结合蛋白1 SREBP-1	TRINITY_DN57623_c0_g1_i1	5620	0.2	0.47	0
固醇调节元件结合蛋白2 SREBP-2	TRINITY_DN58794_c1_g1_i1	5461	0.4	0.89	0
固醇 O-酰基转移酶2 SOAT2	TRINITY_DN56763_c0_g1_i1	2372	-1.2	0.13	0
胆固醇酯转移蛋白 CETP	TRINITY_DN90189_c0_g1_i1	578	-0.5	1.00	$8.00×10^{-73}$
低密度脂蛋白受体 LDLR	TRINITY_DN64254_c0_g1_i1	7375	-0.7	0.69	$4.00×10^{-14}$
高密度脂蛋白受体 SR-B1 SCARB1	TRINITY_DN106793_c0_g1_i1	426	-6.2	0.16	$6.00×10^{-63}$
ATP结合盒子 G-5 ABCG5	TRINITY_DN65292_c2_g1_i1	5531	0.1	0.65	0

表6-33 初级胆汁酸生物合成通路基因差异表达信息

基因	转录本ID	转录本长度/bp	差异表达值 $\log_2$(OFH/FH)	差异表达的 P 值	BLAST E值	酶
3β-羟基类固醇脱氢酶7 *HSD3B7*	TRINITY_DN97941_c3_g3	1781	-0.1	1.00	$2.00×10^{-86}$	EC 1.1.1.181
胆固醇7-α-羟化酶*CYP7A1*	TRINITY_DN88921_c0_g2	2606	8.4	0.26	$5.00×10^{-142}$	EC 1.14.13.17
25-羟基7-α羟化酶*CYP7B1*	TRINITY_DN86732_c0_g1	2475	0.2	0.59	$4.00×10^{-125}$	EC 1.14.13.100
7-α-羟基-4-胆甾烯-3-酮12-α-羟化酶*CYP8B1*	TRINITY_DN82639_c0_g4	1577	-5.0	0.01	$3.00×10^{-178}$	EC 1.14.13.95
5-β-胆甾烯-3-α,7-α,12-α-三醇27-羟化酶*CYP27A1*	TRINITY_DN84254_c0_g2	2168	0.4	0.50	$8.00×10^{-160}$	EC 1.14.13.15
17-β-羟基类固醇脱氢酶4 *HSD17B4*	TRINITY_DN93335_c0_g1	5980	-0.1	0.94	0	EC 4.2.1.119
羟戊二酰辅酶A脱氢酶*HCDH, HADH*	TRINITY_DN98586_c0_g5	1751	-0.5	0.67	$3.00×10^{-166}$	EC 1.1.1.35
胆汁酸辅酶A：氨基酸的N-酰基转移酶 *BAAT, BACAT*	TRINITY_DN98926_c3_g4	904	2.0	0.62	$6.00×10^{-36}$	EC 2.3.1.65
胆汁酸受体（法尼醇的X激活受体）*FXR*	TRINITY_DN85334_c0_g1	1463	-0.7	0.96	$8.00×10^{-112}$	
视黄酸受体RXR-α-B *RXRAB, NR2B1B*	TRINITY_DN62071_c0_g1	2381	6.3	0.53	$5.00×10^{-68}$	
视黄酸受体RXR-α-A *RXRAA, NR2B1A*	TRINITY_DN82621_c0_g1	944	3.1	0.47	$7.00×10^{-98}$	

以胆固醇为原料合成初级胆汁酸途径中，胆固醇7-α羟化酶（CYP7A1）是限速酶，同时，7-α-羟基-4-胆甾烯-3-酮12-α-羟化酶（CYP8B1）也是一个关键酶，基因差异表达分析显示，灌喂氧化鱼油与鱼油后，黄颡鱼胃肠道黏膜组织这2个酶的基因差异表达的$\log_2$（OFH/FH）值分别为8.4和-5.0，前者差异表达显著上调，而后者显著下调。胆汁酸辅酶A：氨基酸的N-酰基转移酶（BAAT）的$\log_2$（OFH/FH）值为2.0，为差异表达显著上调，其他酶的基因有差异表达，但未达到显著性水平。胆汁酸受体（法尼醇的X激活受体）（FXR）作为初级胆汁酸合成途径的上游基因，其表达效果对下游的胆汁酸合成途径基因表达有调控作用。同时，视黄酸受体RXR-α-B（RXRAB）、视黄酸受体RXR-α-A（RXRAA）也参与FXR对下游基因表达的调控作用。这3个基因差异表达的$\log_2$（OFH/FH）值分别为-0.7、6.3和3.1。结果表明，灌喂氧化鱼油会导致黄颡鱼胃肠道黏膜组织中以胆固醇为原料的初级胆汁酸生物合成的关键酶基因产生差异表达，对胆汁酸的合成产生了影响。

（2）乌鳢的结果

统计了参与以胆固醇为原料的初级胆汁酸生物合成通路的蛋白质、酶基因的差异表达结果，见表6-34。以胆固醇为原料合成初级胆汁酸途径中，胆固醇7-α羟化酶（CYP7A1）是限速酶，同时，7-α-羟基-4-胆甾烯-3-酮12-α-羟化酶（CYP8B1）也是一个关键酶，基因差异表达分析结果，灌喂氧化鱼油与鱼油后，乌鳢胃肠道黏膜组织这2个酶的基因差异表达的$\log_2$（OFW/FW）值分别为-9.2和-0.8，前者差异表达显著下调，而后者差异表达有下调趋势。

参与初级胆汁酸合成的其他酶的基因差异表达结果，CYP27A1的$\log_2$（OFW/FW）值为-3.7、胆汁酸辅酶A：氨基酸的N-酰基转移酶（BAAT）的$\log_2$（OFW/FW）值为-2.3，均为差异表达显著下调，其他酶的基因有差异表达，但未达到显著性水平。

表6-34中，胆汁酸受体（法尼醇的X激活受体）（FXR）作为初级胆汁酸合成途径的上游基因，其表达效果对下游的胆汁酸合成途径基因表达有调控作用，同时，视黄酸受体RXR-α-B（RXRAB）、视黄酸受体RXR-α-A（RXRAA）也参与FXR对下游基因表达的调控作用。这3个基因差异表达的$\log_2$（OFW/FW）值分别为-1.0、-1.0和-1.3，均为差异表达下调趋势，未达到显著性水平。结果显示，灌喂氧化鱼油对乌鳢胃肠道黏膜中，以胆固醇为原料的初级胆汁酸生物合成关键酶基因有差异表达，其中关键酶基因差异表达显著下调，对胆汁酸的合成产生了影响。

（五）胆汁酸吸收、转运蛋白质基因的差异表达

（1）黄颡鱼的结果

胆汁酸的吸收、转运也是胆汁酸代谢的重要组成部分。总结参与胆汁酸吸收、转运的蛋白质基因差异表达的信息（表6-35）。

部分蛋白质基因差异表达达到显著性水平，差异表达显著下调的基因有：胆汁酸盐输出泵转运蛋白（BSEP）$\log_2$（OFH/FH）值为-7.5、多药耐药相关蛋白2（MRP2）$\log_2$（OFH/FH）值为-6.9、多药耐药相关蛋白4（MRP4）$\log_2$（OFH/FH）值为-6.6、回肠钠/胆汁酸协同转运蛋白（ASBT）$\log_2$（OFH/FH）值为-2.0、肠胆汁酸结合蛋白（I-BABP）$\log_2$（OFH/FH）值为-2.3。差异表达显著性上调的基因有：肝型脂肪酸结合蛋白（L-FABP）$\log_2$（OFH/FH）值为6.6、溶质载体有机阴离子转运蛋白家族成员1B3（SLCO1B3）$\log_2$（OFH/FH）值为7.1、溶质载体有机阴离子转运蛋白家族成员2B1（SLCO2B1）$\log_2$（OFH/FH）值为2.6。其他蛋白质基因有差异表达，但没有达到显著性水平。结果显示，参与胆汁酸吸收、转运的蛋白质部分基因差异表达显著，灌喂氧化鱼油对黄颡鱼胃肠道黏膜组织中胆汁酸的吸收和转运代谢产生了重要的影响。

表6-34 初级胆汁酸生物合成通路基因差异表达信息

基因	转录本 ID	转录本长度/bp	差异表达值$\log_2$（OFW/FW）	P值	BLAST E 值	酶
3β-羟基类固醇脱氢酶7 HSD3B7	TRINITY_DN49648_c0_g1_i1	2457	-0.8	0.42	4.00E-134	EC 1.1.1.181
胆固醇7-α羟化酶CYP7A1	TRINITY_DN11645_c0_g1_i1	3162	-9.2	$6.05×10^{-21}$	0	EC 1.14.13.17
25-羟基7-α羟化酶CYP7B1	TRINITY_DN62142_c2_g2_i1	2434	1.5	0.81	$5.00×10^{-99}$	EC 1.14.13.100
7-α-羟基-4-胆甾烯-3-酮 12-α-羟化酶CYP8B1	TRINITY_DN36902_c0_g1_i1	2771	-0.8	0.47	0	EC 1.14.13.95
5-β-胆甾烷-3-α,7-α,12-α-三醇 27-羟化酶CYP27A1	TRINITY_DN36977_c0_g3_i1	1798	-3.7	0.09	$1.00×10^{-47}$	EC 1.14.13.15
17-β-羟基类固醇脱氢酶4 HSD17B4	TRINITY_DN53584_c0_g1_i1	3076	-0.3	0.97	0	EC 4.2.1.107 EC 4.2.1.119
羟戊二酰辅酶A脱氢酶HADH, HCDH	TRINITY_DN155263_c0_g1_i1	1547	0.0	0.66	$1.00×10^{-160}$	EC 1.1.1.35
胆汁酸辅酶A：氨基酸的N-酰基转移酶BAAT, BACAT	TRINITY_DN57497_c0_g1_i1	3723	-2.3	0.69	$9.00×10^{-37}$	EC 2.3.1.65
氧固醇受体LXR-α（肝X受体α）LXR-α	TRINITY_DN57303_c0_g1_i1	3647	-0.2	0.60	0	—
胆汁酸受体（法尼醇的X激活受体）FXR, NR1H4	TRINITY_DN55061_c0_g2_i1	2644	-1.0	0.25	$4.00×10^{-56}$	—
视黄酸受体RXR-α-B, RXRAB	TRINITY_DN57321_c2_g3_i1	2009	-1.0	0.92	0	—
视黄酸受体RXR-α-A, RXRAA	TRINITY_DN45454_c0_g1_i1	1164	-1.3	0.79	$6.00×10^{-111}$	—

表6-35 黄颡鱼参与胆汁酸吸收、转运的蛋白质基因差异表达信息

基因	转录本基因 ID	转录本长度/bp	差异表达值$\log_2$（OFH/FH）	差异表达的P值	BLAST E 值
胆汁酸盐输出泵转运蛋白ABCB11, BSEP	TRINITY_DN101695_c0_g1	316	-7.5	0.0942029	$7.00×10^{-16}$
多药耐药相关蛋白2 ABCC2, MRP2	TRINITY_DN168195_c0_g1	444	-6.9	0.0565217	$6.00×10^{-31}$
多药耐药相关蛋白3 ABCC3, MRP3	TRINITY_DN96452_c0_g1	2622	0.3	0.4331352	$2.00×10^{-15}$

基因	转录本基因 ID	转录本长度/bp	差异表达值 $\log_2$（OFH/FH）	差异表达的 P 值	BLAST E 值
多药耐药相关蛋白 4 *ABCC4, MRP4*	TRINITY_DN90897_c0_g1	860	-6.6	0.001996	8.00×10^{-92}
有机溶质转运 α 亚基 *OST-α, SLC51α*	TRINITY_DN96901_c2_g1	3219	-0.3	0.6054201	1×10^{-26}
钠（+）/牛磺胆酸转运蛋白 *SLC10A1, NTCP*	TRINITY_DN96062_c4_g1	2091	0.1	0.6613982	2.00×10^{-111}
回肠钠/胆汁酸协同转运蛋白 *SLC10A2, ASBT*	TRINITY_DN23296_c0_g1	1365	-2.0	0.0490758	2.00×10^{-34}
肠胆汁酸结合蛋白 *I-BABP*	TRINITY_DN99647_c8_g7	619	-2.3	0.0015566	3.00×10^{-47}
肝型脂肪酸结合蛋白 *L-FABP*	TRINITY_DN125859_c0_g1	449	6.6	0.0942029	2.00×10^{-77}
溶质载体有机阴离子转运蛋白家族成员 1B3 *SLCO1B3*	TRINITY_DN209422_c0_g1	376	7.1	0.0942029	3.00×10^{-24}
溶质载体有机阴离子转运蛋白家族成员 2B1 *SLCO2B1*	TRINITY_DN97644_c0_g1	1542	2.6	0.718336	4.00×10^{-66}

表 6-36　乌鳢参与胆汁酸吸收、转运的蛋白质基因差异表达信息

基因	转录本 ID	转录本长度/bp	差异表达值 $\log_2$（OFW/FW）	P 值	BLAST E 值
胆汁酸盐输出泵转运蛋白 *BSEP*	TRINITY_DN119943_c0_g1_i1	334	-2.6	0.19	5.00×10^{-48}
多药耐药相关蛋白 2 *MRP2*	TRINITY_DN51927_c0_g1_i1	3645	-6.3	0.72	9.00×10^{-17}
多药耐药相关蛋白 3 *MRP3*	TRINITY_DN64539_c1_g2_i1	7054	0.6	0.58	4.00×10^{-16}
多药耐药相关蛋白 4 *MRP4*	TRINITY_DN59018_c0_g2_i1	1721	5.3	0.65	2.00×10^{-12}
有机溶质转运 α 亚基 *OST-α*	TRINITY_DN17842_c0_g2_i1	484	-5.9	0.16	4.00×10^{-51}
肠胆汁酸结合蛋白 *I-BABP*	TRINITY_DN29063_c0_g1_i1	567	6.8	1.70E-12	3.00×10^{-53}
肝胆汁酸结合蛋白 *L-BABP*	TRINITY_DN40556_c0_g2_i1	665	-1.4	0.11	1.00×10^{-68}
钠/胆汁酸协同转运蛋白 7 *SLC10A7*	TRINITY_DN63688_c1_g2_i1	603	-5.9	0.05	8.00×10^{-57}

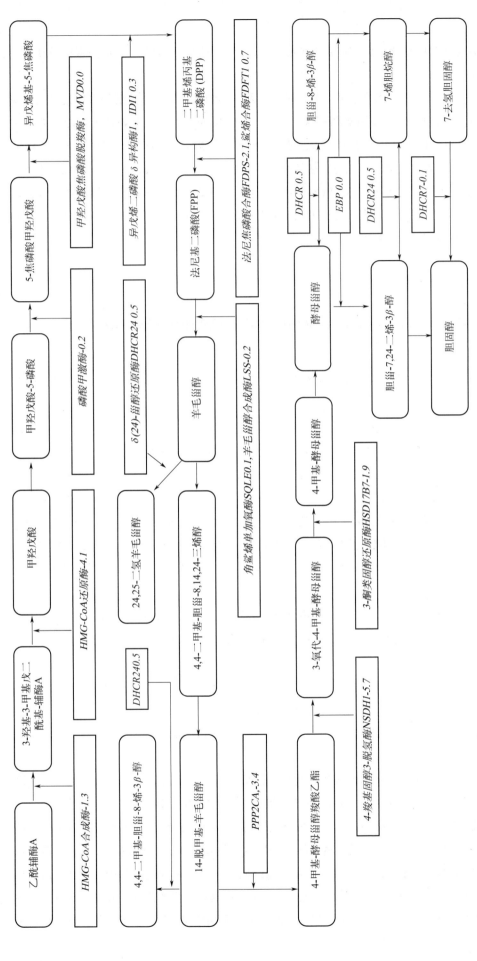

图6-29 胆固醇生物合成代谢途径和催化代谢反应的酶

催化反应的酶的名称，酶基因差异表达的$\log_2$（OFH/FH）值为斜体表示

（2）乌鳢的结果

胆汁酸的吸收、转运也是胆汁酸代谢的重要组成部分。总结参与胆汁酸吸收、转运的蛋白质基因差异表达的信息，结果见表6-36。

部分蛋白质基因差异表达达到显著性水平，差异表达显著下调的基因有：胆汁酸盐输出泵转运蛋白（*BSEP*）$\log_2$（OFW/FW）值为 -2.6、多药耐药相关蛋白2（*MRP2*）$\log_2$（OFW/FW）值为 -6.3、有机溶质转运α亚基（*OST-α*）$\log_2$（OFW/FW）值为 -5.9、钠/胆汁酸协同转运蛋白7（*SLC10A7*）$\log_2$（OFW/FW）值为 -5.9。差异表达显著性上调的基因有：多药耐药相关蛋白4（*MRP4*）$\log_2$（OFW/FW）值为5.3、肠胆汁酸结合蛋白（*I-BABP*）$\log_2$（OFW/FW）值为6.8。其他蛋白质基因有差异表达，但没有达到显著性水平。结果显示，参与胆汁酸吸收、转运的蛋白质部分基因差异表达显著，灌喂氧化鱼油对乌鳢胃肠道黏膜组织中胆汁酸的吸收和转运代谢产生了重要的影响。

三、对试验结果的分析

（一）灌喂氧化鱼油使黄颡鱼、乌鳢胃肠道黏膜组织胆固醇生物代谢通路基因差异表达

（1）黄颡鱼

根据胆固醇生物合成的代谢途径，将催化反应的酶定位于胆固醇合成途径的代谢反应链之中，绘制主要框架图（图6-29）。

胆固醇的来源包括2个途径，一是由体内组织细胞释放的胆固醇，从食物中摄取并进入血液的胆固醇；另一个来源则是，鱼类与其他动物一样，能够以乙酰CoA为原料合成胆固醇。细胞内胆固醇的主要来源是以乙酰辅酶A为原料合成胆固醇，HMG-CoA还原酶（*HMGCR*）是胆固醇生物合成代谢途径的限速酶，该酶为位于内质网上的膜结合糖蛋白，是体内胆固醇生物合成的关键酶，其 $\log_2$（OFH/FH）值为 -4.1，差异表达显著下调。经过基因注释、差异表达分析得知，参与胆固醇生物合成途径的基因 $\log_2$（OFH/FH）值范围为 -5.7 ~ 0.7，多数酶基因的差异表达为下调。表明在灌喂氧化鱼油后，黄颡鱼胃肠道黏膜组织利用乙酰辅酶A为原料合成胆固醇的多数酶蛋白基因差异表达下调，胆固醇的合成能力受到抑制，可能使胆固醇合成量不足。

固醇调节元件结合蛋白裂解激活蛋白（*SCAP*）是位于内质网上的膜蛋白，其作用主要是转运 *SREBP-1* 至高尔基体进行水解激活，激活后释放出活性片段进入细胞核内发挥作用，调节胆固醇的合成代谢。本试验中，*SCAP* 差异表达的 $\log_2$（OFH/FH）值为4.5，为差异表达显著上调。参与胆固醇生物合成代谢调节作用的固醇调节元件结合蛋白（*SREBP-1*、*SREBP-2*）的 $\log_2$（OFH/FH）值为 -6.2 和 -7.9，为差异表达显著下调。上述研究表明，灌喂氧化鱼油可能导致黄颡鱼胃肠道黏膜中胆固醇生物合成能力下降，合成的胆固醇可能不足。从血清中胆固醇含量看，氧化鱼油组黄颡鱼血清胆固醇含量下降了4.06%，可能与胆固醇合成量的不足有关。依据本试验，再来分析胆固醇的吸收、转运代谢情况。固醇 O-酰基转移酶（*SOAT*）是已知的细胞内唯一能够催化游离胆固醇，且使其与长链脂肪酸连接形成胆固醇酯的酶，有2种同工酶 *SOAT1* 和 *SOAT2*。*SOAT1* 在各种组织和细胞中都有表达，主要作用是催化胆固醇的酯化反应，维持细胞内胆固醇的代谢平衡。同时，有研究表明（Wang et al.，2008），血液中的单核细胞分化成巨噬细胞后，会使得 *SOAT1* 大量表达，导致细胞内胆固醇酯的过量堆积，从而形成泡沫细胞，*SOAT1* 的 $\log_2$（OFH/FH）值为6.6，差异表达显著上调，显示在黄颡鱼胃肠道黏膜细胞中，*SOAT1* 除了参与胆固醇的转运外，是否参与其他作用如单核细胞分化等值得进一步的研究。*SOAT2* 则只在肝脏和肠细胞（主要在肠上皮细胞绒毛的顶端）中表达，主要参与胆固醇的吸收以及脂蛋白的装配。食物来

源的胆固醇是以游离的形式被肠道黏膜细胞被动吸收，胆固醇进入肠黏膜细胞后受SOAT2催化，胆固醇与脂酰辅酶A结合生成胆固醇脂肪酸酯，并与载脂蛋白组装为乳糜微粒进入淋巴系统或血液系统。灌喂氧化鱼油的黄颡鱼胃肠道黏膜中SOAT2的$\log_2$（OFH/FH）值为-7.1，影响胆固醇转运的胆固醇酯转移蛋白（CETP）为-6.4，均为差异表达下调，显示胃肠道黏膜细胞从其他器官组织吸收、转运胆固醇能力下降。低密度脂蛋白受体（LDLR）、高密度脂蛋白受体SR-B1（SCARB1）分别是2种脂蛋白的受体，2种受体的$\log_2$（OFH/FH）值分别为6.8和-4.1，显示灌喂氧化鱼油后，黄颡鱼胃肠道黏膜细胞可能更多地依赖于低密度脂蛋白的吸收，并获得胆固醇，而对高密度脂蛋白的转运能力可能不足。ATP结合盒子G-5（ABCG5）、ATP结合盒子G-8（ABCG8）也是将细胞外胆固醇转运到细胞的2种载体，2种蛋白质的$\log_2$（OFH/FH）值分别为-0.1及-0.2，有差异表达下调的趋势。综合上述分析，黄颡鱼在灌喂氧化鱼油后，胃肠道黏膜组织胆固醇的生物合成代谢、胆固醇的吸收和转运生理活动受到较大的影响，一方面显示胃肠道黏膜组织以乙酰辅酶A为原料的胆固醇合成代谢受到严重影响，可能导致合成的胆固醇量的不足；另一方面，从其他器官组织、食物吸收和转运胆固醇的能力下降。其结果可能导致鱼体器官组织、血液中胆固醇含量的不足。氧化鱼油组黄颡鱼血液中胆固醇含量下降4.06%，也验证了这种趋势。

（2）乌鳢

细胞内胆固醇的主要来源是以乙酰辅酶A为原料合成胆固醇，HMG-CoA还原酶（HMGCR）是胆固醇生物合成代谢途径的限速酶，该酶为位于内质网上的膜结合糖蛋白，是体内胆固醇生物合成的关键酶，其$\log_2$（OFW/FW）值为-0.1，经过基因注释、差异表达分析得知，参与胆固醇生物合成途径的15个基因的$\log_2$（OFW/FW）值范围为-0.7～4.0，其中有9个基因的$\log_2$（OFW/FW）值负值，显示差异表达下调的趋势；有6个酶蛋白基因有差异表达上调的趋势。表明在灌喂氧化鱼油后，乌鳢胃肠道黏膜组织利用乙酰辅酶A为原料合成胆固醇的多数酶蛋白基因差异表达有下调，尤其是胆固醇合成代谢途径关键酶HMGCR也是差异表达下调的趋势。因此，胆固醇合成代谢受到灌喂氧化鱼油的影响，有减弱胆固醇合成代谢的发展趋势。

关于胆固醇合成代谢的调控作用。固醇调节元件结合蛋白裂解激活蛋白（SCAP）是位于内质网上的膜蛋白，主要功能是负责转运SREBP-1至高尔基体进行水解激活，释放出活性片段进入核内发挥作用，调节胆固醇的合成代谢。本试验中，SCAP差异表达的$\log_2$（OFW/FW）值为-5.0，为差异表达显著下调。参与胆固醇生物合成代谢调节作用的固醇调节元件结合蛋白（SREBP-1、SREBP-2）的$\log_2$（OFW/FW）值为0.2、0.4，为差异表达上调趋势。结果显示，在灌喂氧化鱼油后，参与调控乌鳢胃肠道黏膜组织中胆固醇生物合成的主要蛋白质基因有差异表达，对胆固醇合成代谢途径有一定的影响。

依据本试验结果，再来分析胆固醇的吸收、转运代谢情况。固醇O-酰基转移酶（SOAT）是细胞内已知的、唯一催化游离胆固醇与长链脂肪酸连接形成胆固醇酯的酶，有2种同工酶SOAT1、SOAT2。SOAT1在本试验中没有被注释到。SOAT2主要在肝脏和肠细胞（主要在肠上皮细胞绒毛的顶端）中表达，参与胆固醇的吸收以及脂蛋白的装配。食物来源的胆固醇是以游离的形式被肠道黏膜细胞被动吸收，胆固醇进入肠黏膜细胞后受SOAT2催化，胆固醇与脂酰辅酶A结合生成胆固醇脂肪酸酯，并与载脂蛋白组装为乳糜微粒进入淋巴系统或血液系统。灌喂氧化鱼油的乌鳢胃肠道黏膜中SOAT2的$\log_2$（OFW/FW）值为-1.2，影响胆固醇转运的胆固醇酯转移蛋白（CETP）为-0.5，均为差异表达下调趋势，显示胃肠道黏膜细胞从其他器官组织吸收、转运胆固醇能力下降。

低密度脂蛋白受体（LDLR）、高密度脂蛋白受体SR-B1（SCARB1）分别是2种脂蛋白的受体，2种受体的$\log_2$（OFW/FW）值分别为-0.7和-6.2，显示灌喂氧化鱼油后，细胞从低密度脂蛋白、高密度脂

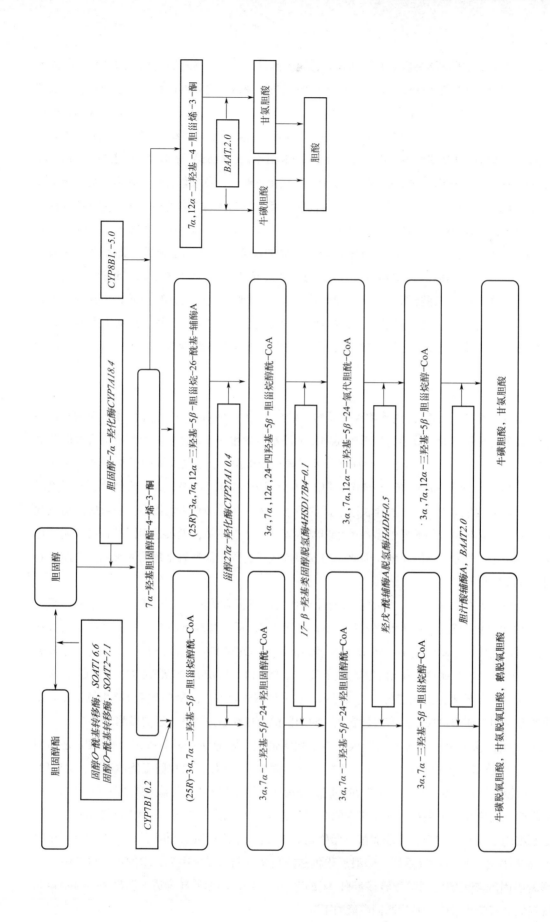

图6-30 胆汁酸生物合成代谢途径和催化代谢反应的酶
催化反应的酶的名称，酶基因差异用表达的 $\log_2$（OFH/FH）值为斜体表示

Nutritional Physiology and Feed of Freshwater Fish
淡水鱼类营养生理与饲料

蛋白吸收胆固醇的生理代谢可能受到抑制作用。ATP结合盒子G-5（*ABCG5*）也是位于基底膜将细胞外胆固醇转运到细胞的载体，$\log_2$（OFW/FW）值为0.1，有差异表达上调的趋势。

综合上述分析，乌鳢在灌喂氧化鱼油后，胃肠道黏膜组织胆固醇的生物合成代谢、胆固醇的吸收和转运生理活动受到较大的影响，一方面显示胃肠道黏膜组织以乙酰辅酶A为原料的胆固醇合成代谢受到一定的影响，多数酶蛋白和关键性酶蛋白基因差异表达下调，有导致合成的胆固醇量不足的趋势；另一方面，从其他器官组织、从食物吸收和转运胆固醇的能力下降。其结果可能导致鱼体器官组织、血液中胆固醇含量的不足。氧化鱼油组乌鳢血液中胆固醇含量下降11.56%也证实了这种趋势。

（二）灌喂氧化鱼油使黄颡鱼、乌鳢胃肠道黏膜胆汁酸代谢通路基因差异表达

（1）黄颡鱼

以胆固醇为原料，胆汁酸合成有两种途径：经典途径及替代途径。经典途径是由胆固醇7α-羟化酶（*CYP7A1*）催化，*CYP7A1*是此反应的限速酶；替代途径是由甾醇27α-羟化酶（*CYP27A1*）和甾醇12α-羟化酶（*CYP8B1*）催化的途径。依据胆汁酸生物合成途径，将经过单一基因注释的参与胆汁酸代谢的蛋白质、酶的基因定位于胆汁酸合成途径的代谢反应链中（图6-30）。

关于胆汁酸合成的调控作用。胆固醇7α-羟化酶（*CYP7A1*）是以胆固醇为原料合成胆汁酸代谢经典途径的限速酶，胆汁酸的合成速度与*CYP7A1*的活性呈正相关，决定了胆固醇向胆汁酸转化的速度。*CYP7A1*的$\log_2$（OFH/FH）值为8.4，显示其差异表达显著上调。其后续的胆汁酸合成代谢途径的催化酶的$\log_2$（OFH/FH）值均出现不同变化的差异表达，胆汁酸合成途径的*CYP8B1*的$\log_2$（OFH/FH）值为-5.0，差异表达显著下调，*BAAT*的$\log_2$（OFH/FH）值为2.0，差异表达上调，其他酶蛋白的基因差异表达上调或下调不显著（表6-33）。*CYP7A1*的活性和表达量受胆汁酸受体（法尼醇的X激活受体）（*FXR*）和氧固醇受体（肝X受体α）（*LXR-α*）的调节。*FXR*与*LXR-α*都是核受体超家族1H亚家族中的成员。*FXR*主要在胆汁酸的肠肝循环所经过的器官如肾脏、肠黏膜和肝脏，而*LXR-α*主要表达于肝脏。胆汁酸（主要为鹅脱氧胆酸和胆酸）作为*FXR*的配体与*FXR*结合后，再与另一类受体视黄酸受体（RXR）协同作用，可以反馈抑制*CYP7A1*的表达，而促进肠胆汁酸结合蛋白（*I-BABP*）的表达，即抑制胆汁酸的合成、增加胆汁酸的肠道吸收。本试验中，*FXR*的$\log_2$（OFH/FH）值为-0.7、*CYP7A1*的$\log_2$（OFH/FH）为8.4、*I-BABP*的$\log_2$（OFH/FH）为-2.3，显示从肠道吸收的胆汁酸量不足，而有促进初级胆汁酸合成的调控趋势。主要在肝细胞表达的*LXR-α*的$\log_2$（OFH/FH）值为-6.6，显示灌喂氧化鱼油导致黄颡鱼在肝细胞中胆汁酸的合成受到抑制。

关于胆汁酸的转运输出。胆汁酸在细胞内合成后，牛磺酸或甘氨酸结合胆汁酸由*BSEP*分泌至毛细胆管，是胆盐输出的主要载体；多药耐药相关蛋白2（*MRP2*）将硫酸盐或葡萄糖醛酸苷结合胆汁酸、羟基化胆汁酸（非胆盐的胆汁酸）分泌至毛细胆管，同时也将所承载的胆汁酸通过顶端膜刷状缘转运到肠腔内。本试验中，2

种胆汁酸输出载体BSEP、MRP2的基因差异表达，它们的$\log_2$（OFH/FH）值分别为-7.5及-6.9，显示将胆汁酸外排、转运到肠腔的载体蛋白表达活性显著下调，可能影响到胆汁酸由细胞内向细胞外，尤其是由肝细胞内向毛细胆管的转运。

肠道黏膜对胆汁酸的吸收转运。牛磺酸或甘氨胆酸等结合胆汁酸通过小肠刷状缘的钠盐依赖的胆汁酸转运体（ASBT）被黏膜细胞主动重吸收，黏膜细胞内的胆汁酸与肠胆汁酸结合蛋白（I-BABP）结合，再由位于基底膜的有机溶质转运α亚基（OST-α）作为载体从黏膜基侧膜吸收入静脉。在肠黏膜细胞基侧膜上表达的多药耐药相关蛋白3、多药耐药相关蛋白4（MRP3、MRP4）在基底膜也参与将硫酸盐或葡萄糖醛酸苷结合胆汁酸转运到静脉。本试验中，在灌喂氧化鱼油后，ASBT、I-BABP、OST-α及MRP3基因差异表达的$\log_2$（OFH/FH）值分别为-2.0、-2.3、-0.3及0.3，其中ASBT、I-BABP2种主要载体蛋白基因差异表达均显著下调；MRP3和MRP4也是基底膜上非结合型胆汁酸输出载体，而MRP4的$\log_2$（OFH/FH）值为-6.6，也意味着胆盐通过基底膜输出能力的不足。这些数据显示将胆汁酸从肠腔转运到黏膜细胞内，即肠道黏膜胆汁酸重吸收的载体蛋白基因表达活性下调，可能导致从肠道重吸收胆汁酸的不足或发生障碍。

肝细胞对胆汁酸的重吸收。钠（+）/牛磺胆酸转运蛋白（NTCP）、肝型脂肪酸结合蛋白（L-FABP），以及位于基底膜的溶质载体有机阴离子转运蛋白家族成员1B3（SLCO1B3）和溶质载体有机阴离子转运蛋白家族成员2B1（SLCO2B1）负责将血液中胆汁酸转运到肝细胞内。在灌喂氧化鱼油后，黄颡鱼胃肠道黏膜中NTCP、L-FABP、SLCO1B3及SLCO2B1蛋白质基因差异表达的$\log_2$（OFH/FH）值分别为0.1、6.6、7.1及2.6，都是差异表达上调，且除了NTCP外，其余3个转运载体蛋白基因均是差异表达显著上调。这些数据显示，将胆汁酸从血液中转运到肝细胞内的载体蛋白基因表达活性上调，肝细胞重吸收胆汁酸的能力增强。

总结上述分析，在灌喂氧化鱼油后，引起了黄颡鱼胃肠道黏膜胆汁酸合成代谢、胆汁酸分泌、重吸收等生理过程的显著性变化，显示灌喂氧化鱼油对胆汁酸代谢产生了较大的影响。整体表现为，控制胆汁酸合成代谢的酶基因差异表达有上调的趋势，有利于胆汁酸合成量的增加；而负责胆汁酸向毛细胆管、肠道分泌的载体蛋白基因差异表达下降，可能影响到胆汁酸的分泌量；负责肠道黏膜再吸收胆汁酸回到血液的主要载体蛋白基因差异表达下调，可能导致从肠道再吸收胆汁酸量的不足；负责从血液中吸收胆汁酸再进入肝细胞的转运载体蛋白的基因差异表达上调，增强了从血液再吸收胆汁酸回到肝胰脏的能力。在灌喂氧化鱼油后，胆汁酸合成增加、从血液再吸收胆汁酸增加，而胆汁酸不能有效分泌、转运到肠道，且从肠道再吸收的胆汁酸不足，最终可能导致胆汁酸在肝细胞内淤积，血清中胆汁酸含量不足。灌喂氧化鱼油组黄颡鱼血清胆汁酸含量下降了20.00%也证实了这种可能性。

（2）乌鳢

胆汁酸的合成代谢与调控。胆固醇7-α羟化酶（CYP7A1）是以胆固醇为原料合成胆汁酸代谢经典途径的限速酶，胆汁酸的合成速度与CYP7A1的活性呈正相关，决定了胆固醇向胆汁酸转化的速度。CYP7A1的$\log_2$（OFW/FW）值为-9.2，显示其差异表达显著下调，其后续的胆汁酸合成代谢途径的催化酶的$\log_2$（OFW/FW）值均出现不同变化的差异表达，胆汁酸合成途径的CYP8B1的$\log_2$（OFW/FW）值为-0.8，差异表达呈下调的趋势。替代途径的主要酶甾醇27α-羟化酶（CYP27A1）和甾醇12α-羟化酶（CYP8B1）的$\log_2$（OFW/FW）值分别为-3.7和1.5，前者显示差异表达显著下调。BAAT的$\log_2$（OFW/FW）值为-2.3，差异表达显著下调，其他酶蛋白的基因差异表达上调或下调不显著。

上述结果表明，乌鳢在被灌喂氧化鱼油后，其胃肠道黏膜组织以胆固醇为原料合成胆汁酸的主要酶蛋白基因差异表达显著性下调，胆汁酸的生物合成代谢受到抑制，将导致胆汁酸合成量的不足。

CYP7A1的活性和表达量受胆汁酸受体（法尼醇的X激活受体）（FXR）和氧固醇受体LXR-α（肝X受体α）（LXR-α）的调节。FXR与LXR-α都是核受体超家族1H亚家族中的成员。FXR主要在胆汁酸的肠肝循环所经过的器官如肝脏、肠黏膜和肾脏，而LXR-α主要表达于肝脏。胆汁酸（主要为鹅脱氧胆酸和胆酸）作为FXR的配体与FXR结合后，再与另一类受体视黄酸受体（RXR）协同作用，可以反馈抑制CYP7A1的表达，而促进肠胆汁酸结合蛋白（I-BABP）的表达，即抑制胆汁酸的合成、增加胆汁酸的肠道吸收。本试验中，FXR的$\log_2$（OFW/FW）值为-1.0、CYP7A1的$\log_2$（OFW/FW）为-9.2、I-BABP的$\log_2$（OFW/FW）为6.8，同时，与FXR具有协同作用的RXRAB、RXRAA的$\log_2$（OFW/FW）值分别为-1.0、-1.3，也是差异表达下调的趋势。这些结果，显示调控胆汁酸的生物合成的主要蛋白质基因差异表达下调，胆汁酸的生物合成代谢受到抑制作用，而肠道黏膜对胆汁酸肠道吸收将增强。主要在肝细胞表达的氧固醇受体（LXR-α）的$\log_2$（OFW/FW）值为-0.2，显示灌喂氧化鱼油导致乌鳢在肝细胞中胆汁酸的合成受到抑制。

无论是调控胆汁酸合成途径的主要蛋白质基因，还是胆汁酸生物合成途径的主要酶蛋白基因，均表现为差异表达显著下调，表明乌鳢在被灌喂氧化鱼油后，其胃肠道黏膜以胆固醇为原料合成胆汁酸的代谢将受到抑制，可能导致血清胆汁酸含量下降，而实测的灌喂氧化鱼油组乌鳢血清总胆汁酸含量下降了12.87%，也证实了上述结果。

关于细胞中胆汁酸的转运输出。胆汁酸在肝细胞和肠道细胞内合成后，牛磺酸或甘氨酸结合胆汁酸由胆盐输出泵（BSEP）分泌至毛细胆管，是胆盐输出的主要载体；多药耐药相关蛋白2（MRP2）将硫酸盐或葡萄糖醛酸苷结合胆汁酸、羟基化胆汁酸（非胆盐的胆汁酸）分泌至毛细胆管，同时也将所承载的胆汁酸通过顶端膜刷状缘转运到肠腔内。本试验中，2种胆汁酸输出载体BSEP、MRP2的基因差异表达，它们的$\log_2$（OFW/FW）值分别为-2.6、-6.3，显示将胆汁酸外排、转运到肠腔的载体蛋白表达活性显著下调，可能影响到胆汁酸由细胞内向细胞外，尤其是由肝细胞内向毛细胆管的转运。

肠道黏膜对胆汁酸的吸收转运。肠道黏膜细胞吸收的牛磺酸或甘氨胆酸等结合胆汁酸与肠胆汁酸结合蛋白（I-BABP）结合，再由位于基底膜的有机溶质转运α亚基（OST-α）作为载体从黏膜基侧膜吸收入静脉，这是胆汁酸依赖性的胆汁酸再吸收途径，对于硫酸盐或葡萄糖醛酸苷结合胆汁酸在基底膜的吸收和转移，则是依赖多药耐药相关蛋白3、多药耐药相关蛋白4（MRP3、MRP4）转运到静脉。本试验中，在灌喂氧化鱼油后，I-BABP、OST-α、MRP3、MRP4基因差异表达的$\log_2$（OFW/FW）值分别为6.8、-5.9、0.6、5.3，这个结果显示，肠道黏膜重吸收胆汁酸的能力得到增强，而依赖于胆汁酸为配体的黏膜细胞中胆汁酸向血液的转运载体（OST-α）差异表达下调，其转运能力下降；以MRP3和MRP4为载体的基底膜上非结合型胆汁酸转运蛋白基因差异表达上调，其转运能力增强。

总结上述分析结果，在灌喂氧化鱼油后，引起了乌鳢胃肠道黏膜胆汁酸合成代谢、胆汁酸分泌、重吸收等生理过程的显著性变化，显示灌喂氧化鱼油对胆汁酸代谢产生了较大的影响。整体表现为，控制胆汁酸合成代谢的酶基因差异表达下调、胆汁酸合成途径关键酶基因差异表达下调，导致胆汁酸合成量下降、血清胆汁酸含量下降；而负责胆汁酸向毛细胆管、肠道分泌的载体蛋白基因差异表达下降，可能影响到胆汁酸的分泌量；负责肠道黏膜再吸收胆汁酸回到血液的结合胆汁酸吸收途径主要载体蛋白基因差异表达上调，有利于肠道黏膜对结合性胆汁酸的重吸收；但结合型胆汁酸由黏膜细胞向血液的转运能力下降，非结合型胆汁酸的转运能力增强。这样的结果表明，在灌喂氧化鱼油后，胆汁酸合成能力下降、合成量减少，血清胆汁酸含量下降12.87%。细胞胆汁酸外排能力下降，具有导致肝细胞胆汁酸淤积的可能性；从肠道再吸收胆汁酸增加，但结合型胆汁酸从黏膜细胞基底膜转运到血液的能力下降，可能在细胞中淤积，但非结合型胆汁酸的转运可能增强。

Nutritional

Physiology

and

Feed of

Freshwater

Fish

淡 水 鱼 类

营 养 生 理

与

饲 料

第七章
鱼类的
矿物质代谢

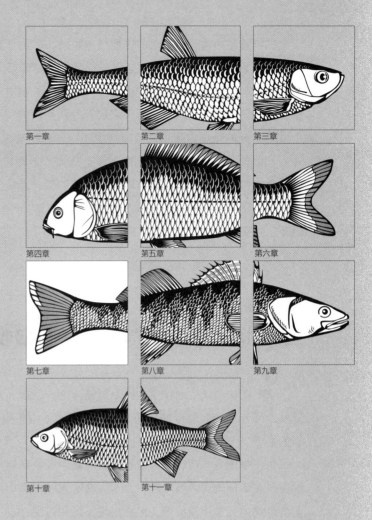

第一章　　　　第二章　　　　第三章

第四章　　　　第五章　　　　第六章

第七章　　　　第八章　　　　第九章

第十章　　　　第十一章

矿物质是鱼类骨骼系统的主要结构物质，矿物质离子也作为生命体系酶的辅因子发挥作用，一些重要的离子如钙离子、镁离子也是肌肉运动的主要调节因子。

生命起源于海洋，水体中矿物质、饲料中矿物质对鱼类营养生理的作用具有复杂性。例如，在日粮鱼粉替代研究中，鱼粉、虾粉等来自于海洋生物的饲料原料中矿物质的作用、矿物质的平衡性可能是一个值得研究的重要内容。鱼类与其他动物一样，细胞中保留了原始生命的"低钠、高钾"细胞内环境，并为此消耗了较多的能量，同时在渗透压调节方面矿物质对鱼类的生理作用也是值得深入研究的内容。养殖鱼类中偶尔也会出现鱼体畸形，养殖的甲壳动物如虾蟹会出现不能蜕壳的"铁壳虾""老头蟹"，其中矿物质的作用同样值得研究。本章依据我们的一些研究结果，对矿物质的营养生理进行简单的阐述，更多的是提出一些值得研究的问题。

第一节
鱼类对水域环境中矿物质元素的吸收

水产动物与陆生动物营养的重要差异之一就是：水产动物的矿物质来源除了饲料途径的之外，还可以从水域环境中吸收矿物质元素，且如果水体中矿物质元素含量足够的话（如钙），完全可以满足其营养的需要，而不依赖饲料途径提供。

也正是因为水产动物可以从水域环境中吸收矿物质元素使得其营养需要的研究复杂化，尤其是同一种饲料在不同地区养殖环境中、不同地区水域环境中可溶解的矿物质元素差异很大，会导致饲料途径的某些矿物质元素出现问题，包括出现不足和过量，甚至出现地区性中毒的问题。因为矿物质元素在动物体内有安全剂量的问题，超过一定量会产生毒性；如果饲料中矿物质元素量相对较高，再与水域环境中可吸收的矿物质元素的量叠加，就有可能造成区域性的某些矿物质元素供给过量，甚至中毒。例如镁，作为鱼类营养需要的常量元素，在一些地区需要通过矿物质预混料进行补充，而当补充了镁的饲料在一些含镁水域较高的地区如咸淡水、矿区等地的池塘中，就可能导致鱼体接受到的镁过量，鱼体出现"狂游"或网箱中的鱼冲击网衣导致鱼体嘴部损伤的现象。另外，水产动物种类很多，部分种类还是海水-淡水洄游性的种类，当其在淡水向海水或者海水向淡水洄游之时就会遭遇到水域矿物质元素与饲料矿物质元素的叠加问题。例如虾蟹种类中，部分种类的虾苗、蟹苗的繁殖和培育是需要海水环境的，经过淡化过后再进入淡水水域进行养殖，这个过程中矿物质元素供给量就会成为一个显著性的问题，而我们关于这方面的研究并不多，还不够深入，可能就会出现一些养殖问题。例如"铁壳虾""老头蟹"的问题，软壳虾、软壳蟹的问题。

因此，饲料中矿物质元素的补充量、有效剂量与水域环境矿物质元素组成和剂量有很大的关系。

从元素组成看，构成生物体的元素有50多种，其中C、H、O、N是构成水分和有机物的元素，其余的都称为无机质或矿物质成分。在人及动物体内，矿物质总量不超过体重干重的4%～5%，但却是不可缺少的成分；在植物体中矿物质的含量占干重的1%～15%。

依据动物体内矿物质元素含量的多少分为常量元素和微量元素，其划分的依据没有严格的标准，一般将生物体中含量大于0.01%（100mg/kg）的元素称之为常量元素，低于这个量的元素即称之为微量元素。按照上述标准，Ca、P、Mg、Na、K、Cl、S、F等为常量元素，Fe、Cu、Mn、Zn、Co、I、Se、Mu等为微量元素。

一、可以被吸收的矿物质元素形态

首先是能够在水体中溶解的矿物质元素才能被吸收，而溶解状态的矿物质一般是以离子状态存在；其次，如果是与其他成分以结合状态存在，作为其他成分的组成部分之一而被吸收。

金属元素可溶解状态为离子状态，如Ca^{2+}、Fe^{2+}、Zn^{2+}、Mn^{2+}、Mg^{2+}、Cu^{2+}、K^+、Na^+等，如果这些元素还是沉淀状态如$CaCO_3$中的Ca^{2+}是不能被吸收的。对于非金属元素，主要为酸根和负离子状态下才能被吸收，如PO_3^{3-}、Cl^-等。单纯以元素形态存在的矿物质对水产动物是有毒的，如单质磷（P）是有毒性的。

二、鱼类鳃的结构与功能

水产动物对水体矿物质吸收的主要部位是鳃、皮肤，通过饮水则在胃肠道被吸收。

鳃是水产动物进行气体（O_2和CO_2）交换的主要器官，也是水产动物与水域环境进行矿物质交换的器官，还是重要的排泄器官。鳃的这些功能与其生理学结构是紧密联系的。

（一）鳃的结构

硬骨鱼类鳃由鳃弓、鳃耙、鳃片、鳃丝、鳃小片等结构组成。鳃弓是鳃的支持结构，将鳃固着在鳃腔。鳃弓的形状一般为弧形，它的外侧着生鳃丝；弧形的内侧为鳃耙，主要用于过滤食物（如鲢鳙鱼的鳃耙很发达）。鳃丝沿着鳃弓外侧呈辐射状排列构成鳃片。一个鳃弓上有2排鳃丝，每一个鳃片叫做一个半鳃，同一个鳃弓上的两个半鳃叫做一个全鳃。在鳃丝上着生平行排列的鳃小片，鳃小片则是进行气体和物质交换的主要部位。

图7-1显示了鲫鱼鳃丝和鳃小片的组织结构。（a）为组织切片图，（b）为扫描电镜图。鳃丝和鳃小片是鳃的主要功能区域，是气体和物质交换的主要部位。鳃片是鳃的主要组成部分，它由无数平行排列的丝状物组成，这些丝状物叫做鳃丝。鳃丝的一端在板鳃鱼类是附着在鳃间隔上，而在真骨鱼类则附着在鳃弓上，另一端游离，鳃片的外观呈梳状。每一鳃丝的两侧又生有许多细小的片状突起，叫做鳃小片。这些鳃小片上密布有无数细小的血管，血液和水之间仅仅隔着很薄的血管上皮细胞和鳃小片间的两层细胞膜，所以鳃小片能成为鳃进行气体交换、矿物质吸收的场所。同时相邻两鳃丝间的鳃小片的排列是紧密嵌合的，即一个鳃小片嵌入相邻鳃丝的两个鳃小片之间，这样可使水流在通过鳃腔时更能得到充分的气体交换。

在鳃小片中，其表面为单层的扁平上皮细胞，上皮细胞的基底层分布有大量的毛细血管，而鳃小片内部也是由支持细胞与细血管间隔排列构成，见图7-2，鳃小片内部结构可见图7-3的示意图。鳃小片的这种结构极大地增加了与水体的接触表面积，加上水流方向与血液流动方向是反向的，非常有利于血液与水体的物质交换，同时有利于排泄氨氮等废物，也有利于水体中矿物质的吸收。

（二）鳃的生理功能

鳃的主要生理功能是作为水产动物的呼吸器官发挥作用，同时也是重要的排泄器官和渗透压调节器官、矿物质吸收器官。鱼类代谢产生的含氮废物如氨，主要通过鳃排出，鲤和金鱼通过鳃排泄的含氮物质比通过肾脏排出的要多5～9倍，可见鳃是重要的氮代谢废物排泄器官。在真骨鱼类鳃小片的基部，有一种特殊的细胞——氯细胞，这种细胞常比其他细胞大，用电子衍射等技术发现，氯细胞含有大量氯

鳃丝　鳃小片

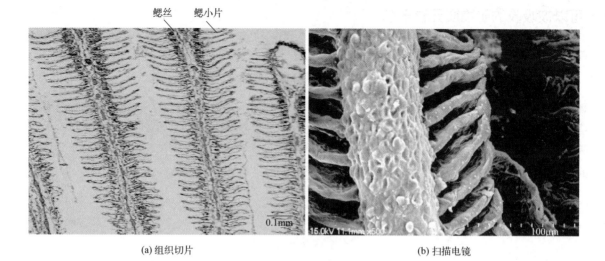

(a) 组织切片　　　　　　　　　　　　(b) 扫描电镜

图7-1　鲫鱼鳃丝和鳃小片组织结构

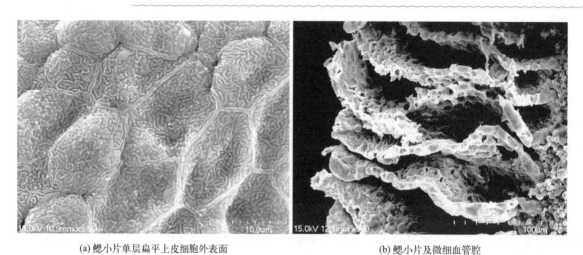

(a) 鳃小片单层扁平上皮细胞外表面　　　　　(b) 鳃小片及微细血管腔

图7-2　鲫鱼鳃小片表面的扁平上皮细胞和鳃小片中的微细血管

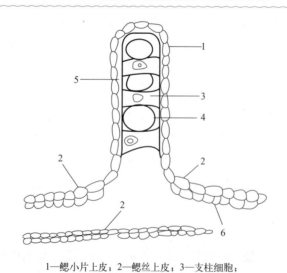

1—鳃小片上皮；2—鳃丝上皮；3—支柱细胞；

4—血道；5—基底膜；6—氯细胞

图7-3　鳃小片的横切面示意图

离子。海水真骨鱼类的氯细胞普遍存在，能将体内多余的Cl^-以及NH_4^+等代谢废物排出体外。淡水真骨鱼类也有氯细胞，但数量很少，它能从水中吸收无机盐，以补充体内盐分的不足，吸收的方式是通过离子交换，如以代谢废物NH_4^+换取水中的Na^+和K^+，以HCO_3^-换取水中的Cl^-。

三、鱼类的渗透压调节

（一）渗透压

渗透压是一个物理概念，是在渗透膜或半透膜两侧的水体形成的一种压强。当渗透膜两侧因为微粒子浓度差异且微粒子不能通过渗透膜时，就导致水分子在膜两侧形成一种压强，驱使水分子从微粒子低浓度一侧向高浓度一侧移动，以便实现膜两侧的压力平衡。对于两侧水溶液浓度不同的半透膜，为了阻止水从低浓度一侧渗透到高浓度一侧，而在高浓度一侧施加的最小额外压强称为渗透压。也可以理解为，在溶液中溶质微粒对水的吸引力。溶液渗透压的大小取决于单位体积溶液中溶质微粒的数目（浓度），溶质微粒越多，即溶液浓度越高，对水的吸引力越大，溶液渗透压越高；反过来，溶质微粒越少，即溶液浓度越低，对水的吸引力越弱，溶液渗透压越低。

生物体中，细胞膜就是一种渗透膜。细胞膜内外如果有渗透压，就会导致水分的迁移，生物体有系列的生理学机制来维持细胞渗透压的平衡。水产动物是生活在水体中的动物，而不同类型水体、不同地区水体中矿物质形成的渗透压是有差异的，水产动物具有生理调节适应水域环境渗透压的能力。

渗透压的单位是$m\ Osm/kg$或$m\ Osm/L$，其涵义就是1kg溶剂中所含有的非电解质或电解质的物质的量（mmol），称为毫渗透摩尔，简称毫渗。单位的换算关系为：$1Osm/L=1mol/L=1000mmol/L$。如果用压强表示则使用压强的单位"帕斯卡Pa，简称帕"，即牛顿/平方米（N/m^2）。

（二）水产动物的渗透压调节

淡水和海水的盐度相差极大，分别栖息于淡水、海水两种不同水域中的鱼类，其体液所含盐分浓度却并无显著差异，这就表明鱼类具有调节渗透压的机能。

水产动物渗透压的形成是体内与体外环境中水体电解质和非电解质浓度差异所致，而体内形成渗透压包含了有机质与无机离子等作为溶质。生命起源于海洋，生物在长期的进化进程中，形成了较为完善的渗透压调节机制来适应环境的变化，维持其生命的存在和延续。动物细胞保留了原始生命中低钠、高钾的环境，细胞也有渗透压调节适应机制。

水产动物对水域环境中矿物质的吸收与渗透压的调节有紧密的联系，尤其是Na^+、K^+、Cl^-直接参与了渗透压的调节。水产动物能够从所生存的水域环境中吸收和利用其中的矿物质也是对生存环境的一种适应，使得对矿物质元素的获得不像陆生动物那样，主要依赖于饲料或食物途径。

（1）淡水鱼类的渗透压调节

淡水鱼类和海水鱼类体液中的含盐浓度相差不大，均约为0.7%。淡水鱼血液的渗透压范围是$265\sim325m\ Osm/kg$，而淡水环境中的盐浓度在0.3%以下（渗透压小于$5m\ Osm/kg$），对淡水鱼类体液而言是低渗的。淡水鱼类生活在低渗的淡水环境中，因此鱼体就有渗透吸水的生理倾向。如果水分不受限制或无补偿地向体内扩散，就会把体液稀释到不再具有必要的生理功能的状态，动物即"内溺死"。淡水鱼类就需要不断地排出多余的水分，鱼类主要由肾脏排水来完成渗透调节作用。淡水鱼类肾脏中，肾小球的数量远远多于海水鱼类，通过大量肾小球的滤过作用，增大泌尿量来排出体内多余水分，如鲤鱼的肾小球数量多达24310个。在排水过程中，葡萄糖和一些无机盐分别在近端小管和远端小管被重新吸收，这样生成的尿很稀（渗透浓度为30～40m Osm/kg），由尿排泄所丧失的盐分很少。尿流量随淡水鱼类种类、温度而不同，据测定，一般在50～150mL/(kg·d)，如鲤鱼为5mL/(kg·h)。因此，淡水鱼类是通过大量地排泄溶质浓度很低、近乎清水的尿液来排出体内多余水分，随大流量尿液流失的部分盐类主要通过食物摄取和鳃的主动吸收来平衡。淡水鱼类的这种渗透压调节机制，其实质就是排水、保盐的生理调节机制。

（2）海水硬骨鱼类的渗透压调节

海水鱼类的渗透压维持在380～470m Osm/kg。海水含盐浓度30%以上，渗透浓度高达800～1200m Osm/kg。海水对于海洋鱼类的体液来说是高渗的，海水中盐分有渗透进入鱼体内的压力，而鱼体内的水分有离开鱼体进入海水环境中的压力。因此为了维持体内的水分和盐类平衡，海洋鱼类需要不同于淡水鱼类的渗透调节机制，需要保水、排盐。

海水硬骨鱼类由于体液渗透压浓度低于海水环境渗透压浓度，所以倾向于不断地从鱼体内向外扩散而大量失水。大多数种类除了从食物内获取水分外，主要通过大量地吞饮海水来进行水分的补偿。补偿量随种类的不同而异，对于同一种类则随水体含盐度的增高而增加。据测定，海水硬骨鱼类每天吞饮的海水量可达到体重的7%～35%，吞饮的海水大部分通过肠道吸收并渗入血液，随海水一同吸入的多余盐分（主要为Na^+、K^+和Cl^-等一价离子）则由鳃上的泌盐细胞排出。另外，海洋硬骨鱼类肾脏内肾小球的数量要远少于淡水鱼类，有些海水种类甚至完全消失。因此，肾脏的泌尿量大大减少，肾脏失水降至最低。肾小球的滤出液中，大部分水分被肾小管重新吸收，海洋硬骨鱼类的尿流量较小，一般每天为体重的1%～2%。如杜父鱼由肾脏分泌的尿液量仅为0.13～0.96mL/(kg·h)。

（3）板鳃鱼类的渗透压调节

板鳃鱼类为板鳃亚纲的鱼类，属于软骨鱼纲中的一个亚纲，在两鳃瓣之间的鳃间隔特别发达，甚至与体表相连，形成宽大的板状，故名板鳃类。鳃裂5～7对，鳃裂开口于体表，不具鳃盖。口位于头部、吻的腹面，宽大而横裂，亦有横口鱼类之称。大多数种类眼后有喷水孔1个。鳍条为角质鳍条，歪尾形，不具鳔。板鳃类全为肉食性动物，它们用侧线系统和大的嗅觉器官追踪猎物，视觉不发达。主要有鲨类和鳐类两大类。鲨类8目，26科，99属约368种，如虎鲨目、六鳃鲨目、鼠鲨目、角鲨目、锯鲨目。鳐类或鳐形总目鱼类鳃孔位于体腹面，有4目20科53属约438种，包括鳐目、电鳐目。

板鳃鱼类的渗透调节较为特殊，通过保留尿素和少量其他含氮化合物来保持血液的渗透浓度。典型海洋板鳃鱼类的血液中约含2.0%～2.5%的尿素；氧化三甲胺（TMAO）是另一种含氮代谢物，血液中的含量约为70mmol/L，其血液渗透压浓度仅次于尿素。板鳃鱼类总渗透压浓度要高于海水，水分主要通过鳃进入体内，进水量增加后稀释了血液尿素、氧化三甲胺的浓度，排尿量随之增加。当血液内尿素含量降低到一定程度时，进水量又减少，排尿量相应递减，尿素含量又逐渐升高，所以尿素是海洋板鳃鱼类保持体内水盐动态平衡的主要因素。

海洋板鳃鱼类的体液比海水环境中的盐浓度低，所以盐类主要通过扩散进入和食物摄入，其排泄主要通过以下途径：二价离子主要通过尿排泄，钠、少量的钾和钙、镁通过直肠腺排出，另外鳃也能排出少量的钠。对于盐度较低水域或淡水中的板鳃鱼类，主要是通过降低血液中氯化物、尿素和氧化三甲胺的含量来进行渗透调节。

板鳃鱼类体内含有较多的尿素、氧化三甲胺等非蛋白氮成分，如果鱼粉的原料中含这些原料鱼过多，就会导致鱼粉产品中非蛋白质含量过高、17种氨基酸/粗蛋白质的比例过低，鱼粉产品标准中，要求17种氨基酸/粗蛋白质的比例不小于83.0%。

（4）鳃的氯细胞在渗透压调节中的作用

鳃是鱼类主要的渗透压调节器官，当水环境中的盐度变化时，鱼鳃内的氯细胞也会发生变化来适应外界环境。广盐性硬骨鱼的氯细胞在渗透压调节过程中起到重要作用，其主要分布在鳃丝，还有一些分布于鳃小片基部的柱状血管基板上，少量分布在鳃小片上。

氯细胞比一般细胞稍大，最主要的特点是细胞内含有大量的线粒体和丰富的 Na^+-K^+-ATP 酶，可为鱼类体内离子的跨膜运输提供能量。细胞质中有发达的由基底侧膜延伸而来的呈分支状的微小管系统，与位于顶部的囊管系统和内质网等一起构成了氯细胞特化的内膜系统。管系之间相互连通，形成纵横交错的管腔系统，为离子转运提供通路。在氯细胞附近，有一个梨形或者半月形的同样具有管状系统的辅助细胞，与氯细胞形成 Na^+ 的转运通道：称为细胞旁道。

氯细胞具有分泌排出体内过多的 Na^+、Cl^- 以及调节体液渗透平衡的功能。无论是海水鱼，还是淡水鱼，鳃丝上都有氯细胞的存在，但由于它们生活环境的不同，其数量和结构存在较大的差异。海水鱼氯细胞发达，体积大，数量多，周围有辅助细胞存在。淡水鱼氯细胞数量少，没有辅助细胞，线粒体数量较少，管系不甚发达。

当外界环境的盐度发生变化时，鱼类除了通过改变氯细胞的数量、类型来进行离子的调控外，还能通过改变氯细胞上 Na^+-K^+-ATP 酶的活性来适应环境的变化（图7-4）。Na^+-K^+-ATP 酶，又称为"Na-K泵"，主要位于氯细胞的基底侧膜以及微小管系统上。在盐度调节过程中，该酶通过耗能泵出 Na^+、吸收 K^+，形成细胞内外电位势，启动二级膜蛋白运输及离子通道，以维持体内稳定的渗透压，也维持细胞内的低钠、高钾内环境，这就是 Na^+-K^+-ATP 酶所建立 Na^+ 的跨膜电化学梯度，在鱼类盐度适应时的离子转运过程中起中心作用，即为各种离子转运提供最终的驱动力，其能量来源于 ATP 的水解。

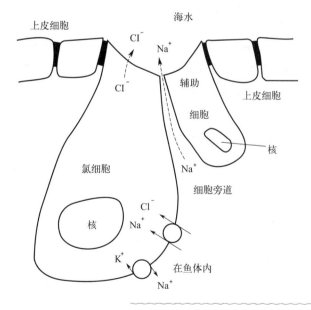

图7-4 海水鱼类鳃氯细胞对 Na^+ 和 Cl^- 排出示意图

四、鱼类对水域环境中矿物质元素的吸收

关于水产动物对水域环境中矿物质元素的吸收，要关注几个关键点。一是什么形态的矿物质元素可以被吸收？可以吸收的矿物质形态是溶解状态和离子状态的，不是单质元素，也不是非溶解状态的盐。

从水域环境中吸收的矿物质如离子状态的矿物质，与饲料途径吸收的同种元素是具有同样的生理作用的。二是水产动物吸收矿物质元素的部位，主要是鳃，皮肤也是重要的吸收器官，胃肠道则需要通过饮水来吸收。由于渗透压问题，海水鱼类饮水量大，生理上是"保水、排盐"，而淡水鱼类是需要"排水、保盐"。因此，淡水鱼类需要通过鳃和皮肤来吸收矿物质。但是，皮肤之上有鳞片和黏液层，皮肤对水域环境中矿物质元素的吸收效率远不如鳃。三是能够吸收多少矿物质元素、是否可以满足营养需要量？从现有的资料分析结果看，鱼体对矿物质的吸收效率很高，淡水鱼类对水体矿物质的富集率是很高的；而从水体中吸收的矿物质是否可以满足营养需要呢？则需要看水体中矿物质元素的含量了，如果可以被吸收的矿物质元素含量足够，则可以满足需要。较为典型的例子是鱼类对钙的需要量可以通过水体钙的吸收来满足。水体中 Ca^{2+} 的量较大（一般淡水可以达到40mg/L），水产动物的吸收效率也很高，从水域环境中吸收的 Ca^{2+} 就能满足其需要量，因此，在水产饲料中可以不考虑补钙的问题（网箱、集约化养殖鱼类饲料需要补充钙）。鱼类饲料标准中也无对钙的要求。淡水鱼类对水体中磷酸根的吸收效率还是很高的，但水体中的磷酸根浓度是很低的，从水域环境中吸收的磷不足以满足水产动物的需要量，所以需要在饲料中补充磷。四是对水体中重金属的吸收与富集成为水产品安全的一个隐患，海水水生动物、植物吸收的重金属导致鱼粉、乌贼膏、鱿鱼膏、磷虾粉等产品中重金属、氟等超标，并对水产动物造成伤害。这也是不利于水产动物吸收水域环境中矿物质的方面。

雷志洪等（1994）发表的《鱼体微量元素的生态化学特征研究》，较为系统地研究了长江、黄河、青海湖、澜沧江等水系的16种鱼（鲤、铜鱼、齐口裂腹鱼、瓣结鱼、白甲鱼、中华裂腹鱼、松藩裸鲤、嘉陵裸裂尻（kāo）鱼、软刺裸裂尻鱼、小头高原鱼、裸腹重唇鱼、短须裂腹鱼、青海湖裸鲤、花斑裸鲤、似鲇高原鳅、澜沧江裂腹鱼）肌肉中16种元素（As、Cd、Cr、Co、Cu、F、Fe、Hg、Mn、Ni、Pb、Se、Zn、Na、K和Mg）含量与所在水域环境中同种元素之间的关系。

该项研究选择了受人为污染很少的长江源头和岷江水系中的12种鱼，以鱼体内微量元素的含量除以相应水环境中过滤水的元素含量，计算出每个元素在不同鱼种肌肉中的富集系数。结果表明，鱼体对水域环境中微量元素有很强的富集作用，12种微量元素在12种鱼体的平均富集系数（鱼体/过滤水）在79.2～21206之间。为了说明各元素在鱼体内富集程度的差异，取不同元素在12种鱼体内的平均富集系数（A）进行比较，其结果为：Zn＞Se＞Hg＞Fe＞Cu＞Cd＞Co＞Mn＞As＞Ni＞Cr＞Pb，其中Zn和Se的A值大于20000，分别为21206和20113，为极高富集元素。Hg、Fe和Cu的A值在4000以上，分别为7748、6429和4986，这三个元素为高富集元素。Cd和Co的A值分别为1144和728，是中富集元素。Mn、As、Ni、Cr和Pb5个元素的平均富集系数在400以下，为低富集元素。从这些富集系数可以知道，江河中的鱼类可以从水域环境中吸收上述矿物质元素，如果水体中有足量的、可吸收状态的元素，则可以满足其生理和营养的需要。

雷志洪等同时分析了鱼体内微量元素与水中微量元素的关系，鱼体微量元素含量取长江源头过滤水中元素含量（其中F的含量以乌江-赤水的含量代替），鱼体与水中微量元素含量之间存在良好的线性关系，其回归方程为：$C_{鱼体}=-0.672+192\times C_{水}$，$R=0.9800$，$P=0.0000$。这很好地说明了鱼类对水域环境中矿物质元素的吸收能力。

五、水域环境中矿物质元素含量

水产动物可以吸收水域环境中的矿物质元素，那么，水域环境中矿物质元素的含量有多少？是否可以满足其营养需要呢？从现有的资料分析，仅有钙含量相对较高，基本可以满足水产动物的需要，而在集约化养殖条件下，鱼体密度显著增加，水产动物对矿物质元素的需求依然还是依赖于饲料途径。

表7-1显示的是雷志洪等（1994）总结的长江上游部分鱼类肌肉中部分矿物质元素的平均含量，淡水、海水和地壳中矿物质元素的含量。依据表中的矿物质元素组成和含量进行分析，可以有以下结果。

（1）鱼类可以富集淡水中的矿物质元素

雷志洪等（1994）选定的鱼类为长江源头和岷江水系的12种鱼，这是野生环境中生长的鱼类，其食物也主要为天然食物，鱼体中的矿物质元素一是来自于天然食物，二是吸收水域环境中的矿物质元素，因此，可以大致反映自然水域中鱼体对水体矿物质元素的吸收、富集情况。如果对比淡水中相应矿物质元素的含量，在鱼体肌肉中的矿物质元素的含量超过了淡水中元素的含量，表明这些鱼类对这些元素有较强的富集作用。

（2）鱼体矿物质元素组成、含量与淡水矿物质元素组成、含量具有很强的相关性

利用表7-1中的数据，采用excel来求2组数据的相关系数，结果发现，淡水中矿物质元素的组成、含量与鱼体矿物质元素组成、含量之间的相关系数为0.9800，海水中矿物质元素组成、含量与鱼体矿物质元素组成、含量的相关系数为0.9711，而地壳中矿物质元素组成、含量与鱼体矿物质元素组成、含量的相关系数为0.1284。这个结果显示，鱼体矿物质元素组成、含量与淡水、海水中矿物质元素组成、含量具有很强的相关性，而与地壳的元素组成、含量没有明显相关性。

（3）海水的矿物质元素组成、含量与地壳矿物质元素组成、含量具有很强的相关性

如果将淡水、海水中的矿物质元素组成、含量分别与地壳中矿物质元素组成、含量求相关系数，淡水与地壳的相关系数为−0.0782，没有相关性，而海水与地壳的相关系数为0.9998，具有很强的相关性。表明海水中的矿物质元素组成、含量受地壳的矿物质元素组成、含量的影响非常大，而淡水几乎不受影响。

（4）淡水与海水的矿物质元素组成差异很大

如果计算淡水与海水的矿物质元素组成、含量的相关系数，为−0.1106，表明二者之间没有相关性。

海水与淡水矿物质元素含量差异很大，这也是海水鱼类与淡水鱼类在矿物质元素需求上的重大差异。海水中高含量的氟（F）（1300μg/L）应该是需要考虑的一个因素，鱼粉、虾粉、磷虾粉等产品中F的含量很高，而F对水产动物生物矿化作用的影响也很大，在矿物质营养中如何防止高剂量F的影响是需要重视的问题。

对于水产动物需要的Cu、Fe、Mn、Zn，淡水中Fe平均含量高于海水，而海水中Zn含量高于淡水。因此，在海水鱼类饲料中注意Fe的补充是需要重视的问题。淡水中的离子主要有K^+、Na^+、Ca^{2+}、Mg^{2+}、HCO_3^-、CO_3^{2-}、SO_4^{2-}、Cl^-，淡水中常量成分占水体溶解盐类总量的90%以上。海水中主要有Na^+、Mg^{2+}、Ca^{2+}、K^+、Sr^{2+}、Cl^-、SO_4^{2-}、HCO_3^-（CO_3^{2-}）、Br^-、H_3BO_3、F^-，海水中常量成分占海水中溶解盐类的99.8%～99.9%，而且它们在海水中含量的大小有一定的顺序，其比例几乎不变。

表7-1　长江上游部分鱼体肌肉、淡水、海水和地壳中部分元素含量

元素	鱼/(mg/kg)	淡水/(μg/L)	海水/(μg/L)	地壳/(mg/kg)
As	0.585	4.34	2.60	1.80
Cd	0.009	0.052	0.11	0.20
Cr	0.040	0.246	0.20	100
Co	0.047	0.280	0.39	25.0
Cu	1.43	0.920	0.90	55.0

元素	鱼/(mg/kg)	淡水/(μg/L)	海水/(μg/L)	地壳/(mg/kg)
F	160	80.0	1300	625
Fe	34.8	27.95	3.40	56300
Hg	0.060	0.005	0.15	0.08
Mn	0.948	4.21	2.00	950
Ni	0.036	0.360	6.60	75.0
Pb	0.051	1.52	0.03	12.5
Se	3.74	0.200	0.09	0.05
Zn	21.7	0.810	5.00	70.0
与鱼体元素含量的相关系数	—	0.9800	0.9711	0.1284
淡水与海水元素含量的相关系数	—	—	−0.1106	—
淡水、海水与地壳元素含量的相关系数	—	−0.0782	0.9998	—

资料来源：雷志洪等，1994。

在一些鱼粉替代研究中，无鱼粉日粮、低鱼粉日粮会导致日粮中矿物质元素含量的不足，例如锌的不足。一个不可忽视的情况是，养殖动物对鱼粉的依赖，海洋生物原料如鱼粉、虾粉、海藻粉等对养殖动物的生长效果除了我们非常关注的蛋白质、氨基酸、色素等之外，是否还有矿物质元素的作用？从生命的起源和进化历程来看，我们现在认知的常量元素和微量元素所组成的日粮矿物质预混料是否还存在不足？包括元素种类的不足，以及更重要的是元素的比例不平衡。而来自于海洋生物的饲料原料可能弥补了这些元素种类的不足，并提供了更为平衡的矿物质元素？这个问题值得我们去研究。从环境与生命的演化过程中，生命产生的原料来自环境的物质，其中主要来自还原性大气层的物质和海洋中的物质，而且，生命进化的原料也取自环境中的物质。

对海洋中元素的丰度和元素的物理化学特性的分析结果显示，它们为海洋生物摄取所需要的化学元素，海水中丰度高的元素就自然地成了生命体的结构元素或称主要组成生命元素，如 H、C、O、N、Ca、P、Cl、K、S、Na、Mg 等 11 种元素，而海水中丰度较低的元素就可能为生命活动选择作为各种酶的活化中心，从而构成生命必需的微量元素，或成为非正常的微量生命元素，即体内分散元素在生命机体中具有特异的生理功能。生命的功能是含生命元素酶的生理功能的体现，如果各种酶（当然还有核酸、肽、激素、蛋白质）的生理功能完全丧失，生命也就停止了。

第二节
淡水鱼矿物质元素分析

对淡水鱼体矿物质元素含量的分析，一方面有助于了解水产品对于人体的营养作用，当然也包括水产品的食用安全性，如重金属含量；另一方面，也是为了水产动物饲料中矿物质元素的调整补充，以维护水产动物的生理健康和正常的生长性能。

鱼体矿物质元素组成包括全鱼的矿物质元素组成和含量，也包含鱼体不同部位的矿物质元素组成，包括骨骼系统、肌肉中矿物质元素的组成和含量。

从营养学角度，除了需要知道鱼体矿物质元素组成及其含量之外，更重要的是掌握不同矿物质元素之间的比例，或者称为矿物质元素的平衡模式，在营养学上，平衡模式比单一元素的含量更为重要。如果矿物质元素之间的比例失调，对水产动物也是具有毒性的，例如钙镁比例严重失调对甲壳动物是有毒性作用的。

矿物质元素的平衡模式与氨基酸的平衡模式相似，就是单一元素占总量或同一类别矿物质元素总和的比例。在饲料途径提供矿物质元素如铁、铜、锰、锌四大微量元素，更多的要考虑他们之间的比例关系，可以用这4种元素单一元素含量占总量的比例表示其比例关系或组成模式。本节内容是我们对部分淡水鱼类鱼体矿物质元素的分析结果，尤其是分析了几种主要矿物质元素之间的比例关系，即模式，这是饲料中矿物质元素补充需要重点关注的问题，尤其是对矿物质预混料的设计需要重点关注的技术问题。

一、黄颡鱼全鱼和各器官组织铁、铜、锰、锌四种微量元素含量及其模式

黄颡鱼（*Pelteobagrus fulvidraco*）又名嘎鱼、黄姑鱼、黄腊丁等，它是我国江河湖泊的一种名贵淡水经济鱼类，也是我国重要的淡水养殖鱼类。

（一）试验条件

黄颡鱼来自于苏州池塘养殖的商品鱼，共24尾，体重20.8～177.4g/尾。采用常规解剖获取黄颡鱼的肌肉、肝胰脏、肾、脾、心、脑、性腺、皮肤、头骨、脊椎骨等器官组织样品。黄颡鱼属于小型鱼类，脑和部分内脏器官较小，如心、脾等，试验中，将同一体重范围的3～4尾鱼合并为一个样品进行分析和测定。样品在70℃烘至恒重，后将样品磨碎供分析测定。采用550℃灰化、硝酸与高氯酸的混合酸（4∶1）10mL溶解，用电感耦合等离子体原子发射光谱进行测定。

（二）全鱼和各器官组织4种元素含量分析结果

分析得到黄颡鱼全鱼、肌肉、肝胰脏、脾、肾、心、脑、皮肤、头骨、脊椎骨、性腺中Cu、Fe、Mn、Zn的含量见表7-2。

表7-2　黄颡鱼全鱼及部分器官组织中铁、铜、锰和锌的含量

项目	样品数 n	Cu/(mg/kg)	Fe/(mg/kg)	Mn/(mg/kg)	Zn/(mg/kg)
全鱼	$n=3$	8.28±2.95	98.04±52.08	5.09±1.90	58.24±23.21
肌肉	$n=5$	4.02±1.73	43.00±6.96	2.20±1.32	26.78±10.60
肝胰脏	$n=5$	23.35±9.58	716.18±655.34	8.81±3.04	68.45±5.31
脾脏	$n=3$	44.80±26.10	1651.7±299.46	18.13±8.85	111.12±23.18
肾脏	$n=5$	7.51±2.18	352.62±46.65	8.74±2.16	75.32±29.15
脑	$n=4$	20.70±13.62	446.48±305.13	18.33±2.96	64.02±7.25
心	$n=5$	43.01±17.41	746.72±244.96	36.1±21.34	120.29±35.49
皮肤	$n=6$	9.19±5.72	60.17±10.54	5.39±2.94	136.65±34.71
性腺	$n=3$	11.27±2.15	324.71±109.72	10.21±1.81	107.25±76.26
脊椎骨	$n=6$	5.63±2.04	97.28±55.47	10.07±1.54	67.43±14.08
头骨	$n=7$	5.62±1.54	44.30±8.77	11.56±2.78	57.19±1.33

Cu在黄颡鱼脾脏（44.80±26.10）mg/kg、心脏（43.01±17.41）mg/kg中含量最高，而在肌肉（4.02±1.73）mg/kg、头骨（5.62±1.54）mg/kg、脊椎骨（5.63±2.04）mg/kg含量较低。Fe在黄颡鱼脾脏（1651.7±299.46）mg/kg中含量最高，在心脏（746.72±244.96）mg/kg、肝胰脏（716.18±655.34）mg/kg中含量也较高；而在肌肉（43.00±6.96）mg/kg、头骨（44.30±8.77）mg/kg中含量较低。Mn在黄颡鱼心脏（36.1±21.34）mg/kg中含量最高，在脾脏（18.13±8.85）mg/kg、脑（18.33±2.96）mg/kg中含量也较高；而在肌肉（2.20±1.32）mg/kg中含量最低，在全鱼（5.09±1.90）mg/kg、皮肤（5.39±2.94）mg/kg中含量也较低。Zn的含量在各器官间差异不显著，但在皮肤（136.65±34.71）mg/kg中含量最高，在心脏（120.29±35.49）mg/kg、脾脏（111.12±23.18）mg/kg中含量也较高；而在肌肉（26.78±10.60）mg/kg中含量最低，但皮肤中Zn的含量极显著高于其他器官；脾脏、心脏中Zn含量显著高于其他器官。

黄颡鱼脾脏中Cu、Fe、Mn、Zn的含量都比较高，极显著高于其他器官组织，这可能与脾脏是主要的造血器官有关。对于骨骼，黄颡鱼Cu、Fe、Mn、Zn的含量均高于乌鳢（Cu3.7mg/kg、Fe10.4mg/kg、Mn1.497mg/kg、Zn16.2mg/kg）、月鳢（Cu3.4mg/kg、Fe9.8mg/kg、Mn1.189mg/kg、Zn13.4mg/kg）。

（三）4种微量元素的比例关系

将表7-2种四种微量元素含量换算为单一元素占四种元素总量的比例，结果见表7-3。

表7-3　黄颡鱼全鱼及不同器官组织铁、铜、锰、锌的比例关系　　　　　　　　　　单位：%

项目	Cu	Fe	Mn	Zn
全鱼	4.88	57.79	3.00	34.33
肌肉	5.29	56.58	2.89	35.24
肝胰脏	2.86	87.68	1.08	8.38
脾脏	2.45	90.47	0.99	6.09
肾脏	1.69	79.38	1.97	16.96
脑	3.77	81.25	3.34	11.65
心	4.55	78.92	3.82	12.71
皮肤	4.35	28.46	2.55	64.64
性腺	2.49	71.61	2.25	23.65
脊椎骨	3.12	53.92	5.58	37.38
头骨	4.74	37.33	9.74	48.19

黄颡鱼全鱼和除皮肤、头骨外的器官组织中，铁所占比例较高，超过53%，尤其是脾脏中铁的比例最高，达到90%左右。而皮肤和头骨中，铁的比例分别为28.46%、37.33%，比较特殊的是锌所占比例显著高于其他组织和全鱼，皮肤中锌的比例达到64.64%，头骨中锌比例48.19%。脊椎骨中锌的比例为37.38%，也具有较高的比例。可以认为，黄颡鱼的皮肤和骨骼系统中含有较高比例的锌，如果缺锌可能导致皮肤和骨骼系统的结构与功能的变化，例如皮肤是表皮黏液分泌部位，缺锌可能影响到皮肤黏液的分泌。而皮肤黏液的分泌量、黏液的化学组成与鱼体的免疫防御能力有关，因此，对于无鳞鱼类需要注意锌的补充。值得注意的是，在日粮中鱼粉替代试验的研究中发现，当不用鱼粉或少用鱼粉之后，鱼类，尤其是海水鱼类对锌的需求量显著增加，且是倍性关系的增加。例如如果正常鱼粉下海水鱼对饲料中锌的需要量为120mg/kg的话，在无鱼粉日粮中锌的需要可能达到300mg/kg以上。

二、胡子鲇全鱼和各器官组织中Cu、Fe、Mn、Zn含量分析

广东地区养殖的胡子鲇（*Clarias fuscus*）又称为塘鲺，在分类上属鲇形目、胡子鲇科。属于热带、亚热带鱼类。取广东顺德池塘养殖的胡子鲇，常规解剖方法，取胡子鲇全鱼、肌肉、脊椎骨、头骨、皮肤、肝胰脏、心脏、脑、肾脏、胃、肠道等样品，采用原子吸收分光光度计测定其中Cu、Fe、Mn、Zn的含量。结果表明，Cu在肝胰脏及心脏中含量较高；Fe在肾脏、心脏、肠道等器官中含量较高；Mn在心脏、脊椎骨、头骨中含量较高；Zn主要在心脏、肾脏、脑中含量较高。

（一）试验条件

胡子鲇为广东新兴鱼苗场养殖的商品鱼，共50尾，体重范围3.63～5.15g/尾。采用常规的解剖方法获取全鱼、肌肉、肝胰脏、皮肤、头骨、脊椎骨等器官、组织样品。脑和部分内脏器官如心等较小，为便于分析，将体重相近的10～20尾鱼合并为一个样品进行分析和测定。所有样品在70℃烘至恒重，然后将样品磨碎放冰箱保存。样品经过消化溶解后，采用原子吸收分光光度计（型号GGX-9，北京海光仪器公司）进行分析。

（二）胡子鲇全鱼和各器官组织中四种元素的含量

分析得到胡子鲇全鱼、肌肉、肝胰脏、心、脑、肾、皮肤、头骨、脊椎骨、胃、肠道中Cu、Fe、Mn、Zn的含量见表7-4。

表7-4　胡子鲇全鱼及部分器官组织四种微量矿物元素的含量

项目	尾数	Cu/(mg/kg)	Fe/(mg/kg)	Mn/(mg/kg)	Zn/(mg/kg)
全鱼	$n=3$	16.58	753.89	13.78	88.97
肌肉	$n=8$	12.65	259.42	0.89	68.73
肝胰脏	$n=10$	109.66	874.76	3.21	94.20
肾脏	$n=10$	31.43	1627.24	4.09	142.72
胃	$n=10$	29.48	823.95	4.14	100.05
肠道	$n=8$	37.11	1173.74	4.45	97.57
脑	$n=20$	19.89	914.19	4.38	124.09
心	$n=20$	111.27	1561.93	69.65	185.50
皮肤	$n=20$	17.53	483.58	0.40	92.10
脊椎骨	$n=20$	15.72	405.54	44.96	100.63
头骨	$n=20$	12.09	418.59	49.11	96.68

表7-5反映了Cu、Fe、Mn、Zn四种单元素（各元素）占四种元素总量的比例。Fe、Zn在四种元素中所占的比例比较大，两种元素合计占四种元素总量的90%左右；Fe在四种元素中占的比例最大，均超过50%。表明Fe、Zn占胡子鲇器官组织的微量元素总量的比例较大。

表7-5　胡子鲇全鱼及部分器官组织所含Cu、Fe、Mn、Zn占四种元素总量的比例　　　　单位：%

项目	Cu	Fe	Mn	Zn
全鱼	1.90	86.33	1.58	10.19
肌肉	3.70	75.92	0.26	20.11
肝胰脏	10.14	80.86	0.30	8.71

项目	Cu	Fe	Mn	Zn
肾脏	1.74	90.13	0.23	7.90
胃	3.08	86.04	0.43	10.45
肠道	2.83	89.40	0.34	7.43
脑	1.87	86.04	0.41	11.68
心脏	5.77	81.00	3.61	9.62
皮肤	2.95	81.46	0.07	15.52
脊椎骨	2.77	71.54	7.93	17.75
头骨	2.10	72.61	8.52	16.77

通过对胡子鲇各个器官、组织中Cu、Fe、Mn、Zn含量的测定以及肌肉、骨骼中Cu、Fe、Mn、Zn占四种元素总量的比例比较，可见骨骼中的含量更加稳定，比例更具代表性，因此，将鱼类骨骼中矿物元素比例关系作为评判需要量的依据。

三、嘉陵江北碚段部分鱼类器官组织4种矿物质元素分析

采用原子吸收方法，测定了嘉陵江北碚段鳜鱼、岩原鲤、黄颡鱼、中华倒刺鲃、鲇、长吻鮠、大鳍鳠共7种鱼，包括肌肉和主要器官组织的Mg、Fe、Cu、Zn的含量。肌肉中Mg、Cu、Zn的含量在7种鱼之间差异不显著；而Fe的含量在7种鱼之间差异显著；Cu的分布有很大的种类差异，在鳜鱼、岩原鲤和鲇主要分布在肝胰脏，而在黄颡鱼、长吻鮠、大鳍鳠则主要分布在脑；Zn在脑、肾和肝胰脏的含量较高。

（一）试验条件

共采集了鳜鱼（140～580g/尾，n=6）、岩原鲤（310～563g/尾，n=5）、黄颡鱼（71～180g/尾，n=11）、中华倒刺鲃（342～1150g/尾，n=5）、鲇（99～256g/尾，n=10）、长吻鮠（326～456g/尾，n=4）、大鳍鳠（98～2407g/尾，n=13）7种、54尾鱼类。

采用550℃高温灰化、硝酸与高氯酸的混合酸（3：1）5～10mL溶解，使用原子吸收分光光度计进行测定。

（二）肌肉及部分器官组织中四种元素的含量

分析得到全部7种鱼类、54个鱼样品肌肉和部分内脏器官组织中Mg、Fe、Cu、Zn的含量见表7-6。

表7-6　鱼体Mg、Fe、Cu、Zn的含量　　　　　　　　　　　单位：mg/kg

鱼种类 （n为样本数）	器官组织	Mg	Fe	Cu	Zn
鳜鱼（Siniperca chuatsi） （n=6）	肌肉	8.81±1.21	6.65±1.01	1.07±0.12	6.65±1.16
	脑	30.50±3.54	70.75±12.67	2.71±0.43	17.90±5.98
	肝胰脏	14.11±1.98	65.34±10.32	6.73±1.00	65.36±3.78
	肾脏	17.67±5.67	147.55±13.97	1.16±0.88	22.81±2.00

鱼种类（n为样本数）	器官组织	Mg	Fe	Cu	Zn
鳜鱼（*Siniperca chuatsi*）（n=6）	胃	10.09±1.09	23.36±2.03	2.29±1.00	23.42±2.43
	卵巢	32.71±5.51	43.82±10.69	1.85±0.67	28.97±4.62
岩原鲤（*Procypris rabaudi*）（n=5）	肌肉	10.94±2.11	34.27±3.21	1.50±0.32	9.45±1.07
	肝胰脏	13.17±0.98	101.60±29.25	10.63±4.47	15.64±2.68
	脾脏	31.35±0.12	146.47±22.72	2.67±0.48	18.15±2.44
	肾脏	43.58±2.94	183.98±12.89	2.44±0.30	27.78±1.24
	心脏	26.24±3.01	59.05±9.34	3.60±1.06	17.68±4.65
黄颡鱼（*Pelteobagrus fulvidraco*）（n=11）	肌肉	9.45±0.21	24.15±8.48	0.75±0.14	8.11±1.73
	脑	82.01±5.87	145.35±9.45	22.48±2.63	113.37±19.21
	肾脏	46.38±11.34	153.21±12.01	2.63±0.43	36.13±3.31
	肝胰脏	19.29±2.12	145.65±2.98	5.27±0.51	17.79±1.11
	胃	32.99±1.12	138.86±5.98	1.73±0.32	19.50±1.21
中华倒刺鲃（*Spinibarbus sinensis*）（n=5）	肌肉	8.58±0.51	17.48±2.42	1.62±0.44	6.91±1.27
	脑	26.46±2.01	25.18±1.98	6.05±0.36	13.81±0.89
	肾脏	21.71±0.12	115.89±1.34	1.21±0.09	28.85±0.45
	心脏	47.18±1.67	72.67±4.01	3.51±0.12	24.73±1.32
鲇（*Silurus* spp.）（n=10）	肌肉	9.22±0.18	16.78±1.06	0.72±0.22	10.79±3.68
	脑	42.55±16.24	66.69±11.64	4.82±0.98	31.39±11.71
	肝胰脏	17.97±4.48	106.33±3.96	21.87±2.32	26.62±5.59
	肾脏	18.88±3.84	176.18±19.62	4.53±2.18	24.95±0.37
	心脏	49.16±1.98	83.10±3.78	5.12±0.69	34.12±0.71
长吻鮠（*Leiocassis longirostris*）（n=4）	肌肉	9.89±0.21	12.41±3.53	1.11±0.14	7.48±1.06
	脑	88.69±6.12	171.79±11.30	14.17±1.48	50.12±0.81
	肝胰脏	14.30±2.00	116.37±15.36	4.52±0.98	19.31±1.02
	胃	10.59±0.98	17.25±1.67	1.49±0.21	6.73±0.09
大鳍鳠（*Hemibagrus macropterus*）（n=13）	肌肉	9.21±0.47	21.76±6.89	1.03±0.04	10.04±0.43
	脑	85.05±3.09	128.71±21.09	9.93±0.98	42.17±2.00
	肝胰脏	50.71±6.64	106.35±19.91	2.94±1.73	21.65±0.71
	胃	0.11±0.01	3.46±0.12	0.14±0.01	0.70±0.01

总结7种鱼肌肉中四种矿物质元素含量结果见图7-5。

肌肉中Mg、Cu、Zn含量在7种鱼之间差异不显著，但是Fe的含量在7种鱼之间差异显著，以岩原鲤含量最高（34.27±3.21）mg/kg、黄颡鱼（24.15±8.48）mg/kg次之，以鳜鱼含量最低（6.65±1.01）mg/kg。在4种矿物质元素中，作为常量元素的Mg的含量不高，而以Fe的含量最高，Zn的含量与Mg的含量较为接近，Cu的含量最低。

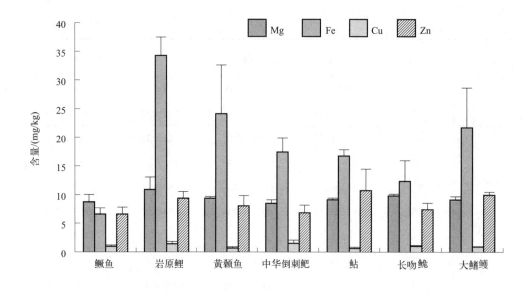

图7-5 7种鱼肌肉矿物质元素含量

Mg在脑组织中的含量较高，Fe主要分布在肾脏，Cu的分布有很大的种类差异，在鳜鱼、岩原鲤和鮊主要分布在肝胰脏，而在黄颡鱼、长吻鮠、大鳍鳠则主要分布在脑，分别是肝胰脏Cu含量的4.26、3.13、3.37倍。Zn在脑、肾和肝胰脏的含量较高。

四、重庆市主要养殖鱼类肌肉5种矿物质元素分析

试验收集了在重庆市主要养殖区域、重点养殖水域和重点批发市场的主要养殖鱼类，测定了肌肉中Mg、Fe、Cu、Mn、Zn的含量。

（一）试验条件

试验鱼类包括杂食性鱼类的鲤鱼、鲫鱼、罗非鱼、斑点叉尾鮰；草食性鱼类的草鱼、团头鲂；滤食性鱼类的鲢鱼、鳙鱼。

（二）肌肉中五种矿物质元素的含量

分析得到全部8种鱼类、168个鱼样品肌肉中Mg、Fe、Cu、Zn、Mn的含量见表7-7。

表7-7 不同鱼种类肌肉中Mg、Fe、Cu、Zn和Mn的含量　　　　　　　　　单位：mg/kg

类别		Mg	Fe	Cu	Mn	Zn
草鱼 （*Ctenopharyngodon idella*）	范围	10.05～40.62	4.04～45.45	0.37～1.71	0.46～1.50	4.94～55.45
	平均值	24.05±10.10	15.30±11.45	0.88±0.45	0.95±0.38	17.09±15.09
鲤鱼 （*Cyprinus carpio*）	范围	14.41～35.53	4.62～14.70	0.45～0.94	0.71～0.82	7.79～19.39
	平均值	21.97±8.32	12.35±4.85	0.69±0.17	0.75±0.04	19.40±10.90

类别		Mg	Fe	Cu	Mn	Zn
鲫鱼 （*Carassius auratus*）	范围	9.95～48.75	7.25～26.30	0.56～1.65	1.86～2.61	13.60～20.25
	平均值	25.34±12.94	15.10±7.01	1.08±0.39	2.19±0.28	17.79±2.70
鲢鱼 （*Hypophthalmichthys molitrix*）	范围	9.50～34.48	6.57～28.25	0.29～1.88	0.95～3.60	2.66～26.25
	平均值	22.63±9.42	14.02±7.13	0.92±0.64	1.87±0.94	9.89±7.66
鳙鱼 （*Hypophthalmichthys nobilis*）	范围	14.97～34.96	8.85～24.7	0.43～1.82	0.87～2.90	3.96～24.63
	平均值	23.83±7.82	15.90±7.19	1.01±0.45	1.55±0.80	11.23±7.45
团头鲂 （*Megalobrama amblycephala*）	范围	9.68～36.52	6.04-14.49	0.26～1.39	0.68～1.27	6.25～22.63
	平均值	24.78±11.75	13.51±6.02	0.74±0.45	0.98±0.22	10.72±6.89
斑点叉尾鮰 （*Ictalurus Punetaus*）	范围	15.01～15.56	4.13～6.72	0.83～0.96	0.81～1.48	5.98～8.41
	平均值	15.29±0.28	5.43±1.30	0.90±0.07	1.15±0.34	7.20±1.22
罗非鱼 （*Oreochromis niloticus*）	范围	12.26～26.00	6.36～27.93	0.57～2.18	0.78～3.22	6.51～20.22
	平均值	16.61±5.48	12.88±8.86	1.18±0.61	2.07±1.00	11.62±5.31

Mg作为常量元素，在肌肉中的含量并不高，可能大多数Mg集中在骨骼系统和内脏器官组织；Fe和Zn在肌肉中具有较高的含量，对于饲料中这2种元素的供给量可能应该得到有效的保障；Cu和Mn的含量在肌肉中相对于其他3种元素要低得多。

将表7-7中的Fe、Cu、Zn、Mn单一元素含量计算占4四种元素总量的比例作为四种元素的比例模式，结果见表7-8。

表7-8　肌肉中Fe、Cu、Zn、Mn比例关系　　　　　　　　　　　　　　　单位：%

类别	Fe	Cu	Mn	Zn
草鱼	44.71	2.57	2.78	49.94
鲤鱼	37.21	2.08	2.26	58.45
鲫鱼	41.76	2.99	6.06	49.20
鲢鱼	52.51	3.45	7.00	37.04
鳙鱼	53.55	3.40	5.22	37.82
团头鲂	52.06	2.85	3.78	41.31
斑点叉尾鮰	36.99	6.13	7.83	49.05
罗非鱼	46.41	4.25	7.46	41.87

可见这8种养殖鱼类肌肉中的四种元素中，以Fe、Zn所占比例高，而Cu、Mn所占比例低，为高Fe、高Zn，低Cu、低Mn的肌肉Fe、Cu、Zn、Mn模式。

五、翘嘴红鲌鱼体矿物质元素分析

翘嘴红鲌（*Erythroculter ilishaeformis*）是一种鱼食性鱼类，经过驯化也能摄食膨化饲料，目前进行人工养殖的翘嘴红鲌基本都是摄食膨化饲料。我们采集苏州地区以膨化饲料养殖的翘嘴红鲌，以及太湖里捕捞的野生翘嘴红鲌，依据鳞片年轮和养殖的实际年龄，分段进行了铜、铁、锰、锌含量分析。

养殖一龄、二龄、三龄的翘嘴红鲌是在同一季节，由苏州市水产研究所提供，是研究所自繁鱼苗，并用40%蛋白质膨化饲料喂养，野生翘嘴红鲌也是在同一季节捕捞于太湖。具体情况见表7-9。

表7-9　试验翘嘴红鲌

年龄	数量n/条	体重/g	平均体重/g
养殖1龄	30	7.8～12.1	9.7
养殖2龄	20	79.8～122.7	102.4
养殖3龄	15	515.2～780.4	591.2
野生3龄	18	481.1～790.8	652.02

采用常规的解剖方法获取翘嘴红鲌的肌肉、肝胰脏、心脏、脑、卵巢、精巢、头骨、脊椎骨、肾脏、脾脏、肠道、鳍条、鳞片、鳃盖骨，样品在70℃烘箱烘至恒重，然后将样品磨碎，干燥器中保存。样品经过550℃的高温消化炉中灰化6h（灰化后样品呈灰白色）。取出，冷却至室温后，加入硝酸与高氯酸的混合酸（4∶1）10mL；放置5h以上；然后在电炉上小心用小火加热，蒸煮30min，使灰化样品溶解（黑色炭粒消失），但不能使溶液蒸干，必要时可以滴加混合酸，直至炭化颗粒消失；再加10～20mL的蒸馏水继续蒸煮15min，将样品液中的硝酸除去。冷却后用25mL的容量瓶定容、待测。以不加样品，用同样的方法获取的试液作空白。

测定翘嘴红鲌肌肉、肝胰脏、脾脏、心脏、脑、卵巢、精巢、头骨、脊椎骨、肾脏、肠道、鳍条、鳞片、鳃盖骨中Cu、Fe、Mn、Zn的含量。样品的测定采用电感耦合等离子体原子发射光谱（ICP-AES）方法。分析得到翘嘴红鲌肌肉、肝胰脏、脾脏、心脏、脑、卵巢、精巢、头骨、脊椎骨、肾脏、肠道、鳍条、鳞片、鳃盖骨中Cu、Fe、Mn、Zn的含量（mg/kg）。结果见表7-10。

表7-10　全鱼及各器官、组织中四种微量元素含量　　　　　　　　　　　　　　单位：mg/kg

项目	分组	Cu	Fe	Mn	Zn	合计
全鱼	一龄	19.69±0.05	193.1±5.09	5.09±0.33	193.6±2.32	411.48
	二龄	15.20±0.22	203.2±4.51	4.906±0.23	141.8±2.92	365.106
	三龄	13.23±0.006	196.7±1.11	2.181±0.005	115.3±1.37	327.411
	野生	13.94±0.51	199.3±3.36	2.770±0.39	105.5±1.25	321.51
肌肉	一龄	15.92±1.06	84.65±2.59	0.781±0.001	50.17±1.83	151.521
	二龄	12.43±0.79	69.21±3.40	0.498±0.002	47.80±2.56	129.938
	三龄	13.70±0.41	88.22±1.07	0.395±0.001	37.80±2.35	140.115
	野生	12.40±0.28	69.52±2.22	0.65±0.004	36.59±0.58	119.16
肝胰脏	一龄	55.37±1.29	846.3±6.62	4.841±0.02	136.5±0.81	1043.011
	二龄	104.2±1.90	1057.1±12.9	2.371±0.04	291.3±1.87	1454.971
	三龄	117.5±5.58	783.8±36.8	2.448±0.2	259.5±11.9	1163.248
	野生	151.9±1.85	1038.3±17.0	3.46±0.16	302.7±4.48	1496.36

项目	分组	Cu	Fe	Mn	Zn	合计
肠道	一龄	32.97±1.06	352.9±7.71	4.902±0.03	187.2±4.33	577.972
	二龄	40.59±0.53	341.7±5.90	3.764±0.09	184.5±2.38	570.554
	三龄	33.87±0.69	348.4±4.10	2.937±0.16	152.4±2.83	537.607
	野生	21.70±1.14	340.5±9.97	2.04±0.05	120.9±4.08	485.14
脑	二龄	43.78±3.51	190.2±2.80	2.266±0.05	81.9±1.35	318.146
	三龄	15.52±1.23	157.8±5.11	1.637±0.03	40.94±1.99	215.897
	野生	16.73±0.34	210.7±8.79	1.440±0.07	62.1±2.68	290.97
脾脏	二龄	39.59±2.35	1327.4±10.6	1.583±0.03	156.8±11.8	1525.373
	三龄	19.64±2.66	896.3±2.82	1.145±0.14	75.36±1.56	992.445
	野生	22.60±0.99	1393.7±5.80	0.76±0.08	53.36±1.63	1470.42
肾脏	二龄	36.44±1.06	488.1±5.5	2.102±0.04	90.41±1.08	617.052
	三龄	23.17±1.74	496.0±10.9	2.498±0.2	81.22±1.94	602.888
	野生	20.46±1.79	368.0±6.72	2.16±0.09	72.49±1.48	463.11
心脏	二龄	22.16±1.42	638.0±12.2	3.824±0.20	99.44±1.01	763.424
	三龄	46.35±0.35	684.9±6.58	2.250±0.13	74.82±2.62	808.32
	野生	26.12±1.09	638.5±7.31	2.82±0.02	88.46±0.56	755.9
卵巢	二龄	31.08±1.37	295.4±9.13	1.617±0.15	81.70±2.52	409.797
	三龄	29.87±0.32	168.7±3.57	0.58±0.07	102.1±1.06	301.25
	野生	31.19±1.25	209.7±3.95	0.77±0.12	110.3±2.76	351.96
精巢	二龄	48.02±2.06	325.0±5.44	4.685±0.03	94.37±3.76	472.075
	三龄	21.83±2.54	213.5±0.90	1.149±0.09	73.07±2.38	309.549
	野生	49.57±1.37	204.6±3.15	1.51±0.08	75.82±0.89	331.5
脊椎骨	二龄	14.48±0.27	83.26±0.12	21.72±0.46	96.58±1.87	216.04
	三龄	11.89±0.86	67.19±1.12	25.09±0.02	83.95±1.41	188.12
	野生	10.96±0.24	67.45±2.31	21.46±0.60	72.79±0.72	172.66
头骨	二龄	19.16±1.28	93.5±4.19	24.32±0.69	107.1±2.91	244.08
	三龄	11.51±0.23	61.25±1.29	25.64±0.12	84.91±1.31	183.31
	野生	12.64±0.72	74.80±2.05	25.48±0.11	86.8±0.89	199.72
鳃盖骨	二龄	13.86±0.32	81.31±5.72	31.72±0.06	102.3±1.31	229.19
	三龄	13.18±0.22	63.06±2.51	40.05±1.19	100.6±2.11	216.89
	野生	12.38±0.37	70.18±1.33	26.64±1.34	75.9±3.21	185.1
鳍条	一龄	13.17±0.28	182.6±4.3	67.36±0.27	434.7±0.61	697.83
	二龄	12.77±0.31	179.0±2.26	33.99±0.28	404.8±0.48	630.56
	三龄	13.61±1.14	188.7±3.93	38.48±0.37	396.2±0.76	636.99
	野生	12.87±0.61	200.7±5.63	26.02±0.25	199.9±4.58	439.49
鳞片	二龄	11.52±0.60	332.1±7.54	23.47±0.73	364.2±7.94	731.29
	三龄	13.27±0.51	241.4±1.00	15.31±0.09	179.6±4.56	449.58
	野生	12.68±0.07	295.9±6.4	16.8±0.04	201.5±0.56	526.88

从表7-10中可以看出，在同一器官、组织中，随着鱼的年龄段的不同，4个试验分组中的器官、组织中Fe、Cu、Mn、Zn含量有一定的差异。例如，同一器官、组织中Cu含量变化最大，除了全鱼、肌肉、头骨、脊椎骨、鳞片、鳃盖骨和鳍条中Cu含量相对稳定外，其余8种器官、组织中Cu的含量变化很大，主要是内脏器官肝胰脏、肾脏、脾脏变化很大，尤其是肝胰脏中Cu的含量变化最大（55.37～151.9mg/kg），最大含量是野生翘嘴红鲌组，最小含量是养殖一龄翘嘴红鲌组，相差2.74倍；其次是Zn和Fe含量的变化，肝胰脏、脾脏中Fe的含量变化比较大，其中脾脏中含量变化最大（896.3～1393.7mg/kg），最大的野生组为最小的养殖三龄组的1.55倍；肝胰脏、脾脏、脑中Zn的含量变化比较大，其中脾脏中含量变化最大（53.36～156.8mg/kg），最大的养殖组为最小的野生组的2.93倍；同一器官、组织中Zn含量相对稳定。

从年龄段的结果来看，随着年龄的增长，翘嘴红鲌的各组织、器官中Cu、Fe、Mn、Zn随之变化，肝胰脏是Cu的主要储存器官，从表中可以看出，随着年龄的增长，肝胰脏中Cu的含量也随之增加，一龄中含量为（55.37±1.29）mg/kg，二龄中的含量为（104.2±1.90）mg/kg，三龄中的含量为（117.5±5.58）mg/kg，差异显著（$P < 0.05$），说明随着年龄的增长，翘嘴红鲌的肝胰脏对Cu的储存量有所增加，且增长量是显著的。因此在喂养不同年龄段翘嘴红鲌时，饲料中Cu含量也是不一样的；试验也发现心脏和脑中Cu的含量也是比较大的，其差异也是比较明显的，主要与Cu在心脏和脑中与蛋白质结合成为心肌铜蛋白、脑铜蛋白有关，因此随着年龄的增加，这些器官对Cu的需求量也是随之增加的；而鳍条等骨骼结构中Cu的含量是比较稳定的，并没有随着年龄的增加而增长。

Fe在这四种微量元素中含量所占的比例最大，占这四种微量元素总量的60%～70%，因此翘嘴红鲌对Fe的需求量一直都是很大的。从表7-10中可以看出，脾脏中Fe的含量最高，养殖二龄的脾脏Fe的含量为（1327.4±10.6）mg/kg，养殖三龄中Fe的含量为（896.3±2.82）mg/kg，差异显著（$P < 0.05$），这一结果是符合一般规律的，即脾脏是重要的造血器官，是血细胞的重要的储存库，是血液有效的过滤器官，Fe是影响机体免疫功能和防卫功能的最重要微量元素之一，而脾脏具有产生免疫反应的重要功能。从Fe在脾脏的变化规律来看，随着年龄的增长，脾脏中Fe的储存含量是不一样的；其次肝胰脏、心脏中Fe的含量也是很大的，因在肝胰脏中参与合成铁蛋白和血铁黄蛋白，心脏中则含有大量的血液，参与血液中氧气的运输。肝胰脏、心脏中Fe的含量随着年龄的增长，其含量也是不一样的，存在显著差异（$P < 0.05$），全鱼、肠道、鳍条中Fe的含量相对比较稳定，没有随着年龄的增长而出现显著差异（$P > 0.05$）。

Mn主要储存在骨骼中，骨骼中Mn的含量则随饲粮中Mn含量的变化而波动较大，研究发现饲粮Mn与骨骼中Mn的相关系数在0.95以上，因此骨骼被认为是评定Mn生物利用率的最敏感组织，即骨灰Mn是评价Mn生物有效率的最敏感指标。翘嘴红鲌的头骨、脊椎骨、鳃盖骨、鳍条等骨骼器官中Mn的含量相对比较高，符合Mn一般的存储规律，其中头骨中Mn的含量随着年龄的变化而相对稳定，其他骨骼器官中Mn的含量则随着年龄的变化而存在一定的差异性，且差异显著（$P < 0.05$），除鳍条外，其他骨骼器官都是随着年龄的增长，Mn的含量呈现增长趋势，说明随着年龄的增长，翘嘴红鲌对Mn的需求量呈现增长趋势。

Zn是鱼类必需的微量元素，几乎所有的免疫反应表现都依赖于足够的Zn含量，Zn在翘嘴红鲌各组织、器官中的含量也是很大的，仅次于Fe的含量。鳍条中Zn的含量最高，其次是肝胰脏。Zn主要贮存在骨和肝胰脏中，鳍条是骨骼的一个部分，因此鳍条中Zn的含量相对比较高。随着年龄的增长，鳍条中Zn的含量呈现明显的下降趋势，且差异显著（$P < 0.05$），表明随着年龄的增长，存储在鳍条中的Zn的含量呈现明显的下降趋势，而肝胰脏中的Zn的含量在三个年龄段时的含量存在一定的差异性，且差

异显著（$P<0.05$），同时是在养殖二龄时肝胰脏中Zn的含量最高，说明二龄时，翘嘴红鲌的肝胰脏中所储存的Zn的含量是最高的。同时从整体来看，翘嘴红鲌的各组织、器官中Zn的含量随着年龄的变化呈现一定的差异性，差异显著（$P<0.05$），说明翘嘴红鲌的各组织、器官中Zn的含量相对来说不是很稳定，是随着年龄的变化而变化的。

养殖三龄与野生三龄翘嘴红鲌各组织、器官中四种微量元素的比较。养殖翘嘴红鲌与野生翘嘴红鲌因生长环境的不同，摄食的食谱广度不一样，从而导致这两种环境条件下，翘嘴红鲌的各组织、器官中相关的生理、生化方面的差异性，因此有必要对这两种条件下相关的差异性进行比较，从而为以后对翘嘴红鲌的研究提供一定的参考依据。

太湖野生翘嘴红鲌主要摄食鱼虾等食物，而养殖条件下则摄食配合饲料，其饲料中含有40%以上的鱼粉。本试验研究了养殖三龄翘嘴红鲌和野生三龄翘嘴红鲌各组织、器官中Cu、Fe、Mn、Zn的含量，这两种条件下的鱼四种微量元素的含量还是存在一定的差异的，而且差异显著。从四种元素含量总量来看，大部分组织器官中，野生三龄翘嘴红鲌四种元素总量低于养殖三龄翘嘴红鲌四种元素总量，养殖组翘嘴红鲌沉积的四种元素更多一些。

Cu的主要储存器官肝胰脏中，野生翘嘴红鲌中的含量为（151.9±1.85）mg/kg，养殖翘嘴红鲌中的含量为（117.5±5.58）mg/kg，差异显著（$P<0.05$）；Fe的主要储存器官脾脏中，野生翘嘴红鲌中的含量为（1393.7±5.80）mg/kg，养殖翘嘴红鲌中的含量为（896.3±2.82）mg/kg，差异显著（$P<0.05$）；Mn的主要储存器官是骨骼，不同骨骼器官中的野生与养殖翘嘴红鲌Mn的含量差异显著（$P<0.05$）；Zn的主要储存器官骨与肝胰脏中，野生与养殖翘嘴红鲌Zn的含量差异显著（$P<0.05$）。

利用表7-10中数据，将三龄和野生的翘嘴红鲌四种微量元素的比例模式整理得到表7-11，即用单一种类占4种元素含量总量的比例表示为四种微量元素的比例模式。

表7-11　三龄鱼与野生鱼全鱼及各器官组织Fe、Cu、Mn和Zn组成比例　　　　　　单位：%

项目	分组	Cu	Fe	Mn	Zn
全鱼	三龄	4.04	60.08	0.67	35.22
	野生	4.34	61.99	0.86	32.81
肌肉	三龄	9.78	62.96	0.28	26.98
	野生	10.41	58.34	0.55	30.71
肝胰脏	三龄	10.10	67.38	0.21	22.31
	野生	10.15	69.39	0.23	20.23
肠道	三龄	6.30	64.81	0.55	28.35
	野生	4.47	70.19	0.42	24.92
脑	三龄	7.19	73.09	0.76	18.96
	野生	5.75	72.41	0.49	21.34
脾脏	三龄	1.98	90.31	0.12	7.59
	野生	1.54	94.78	0.05	3.63
肾脏	三龄	3.84	82.27	0.41	13.47
	野生	4.42	79.46	0.47	15.65
心脏	三龄	5.73	84.73	0.28	9.26
	野生	3.46	84.47	0.37	11.70
卵巢	三龄	9.92	56.00	0.19	33.89
	野生	8.86	59.58	0.22	31.34

项目	分组	Cu	Fe	Mn	Zn
精巢	三龄	7.05	68.97	0.37	23.61
	野生	14.95	61.72	0.46	22.87
头骨	三龄	6.28	33.41	13.99	46.32
	野生	6.33	37.45	12.76	43.46
脊椎骨	三龄	6.32	35.72	13.34	44.63
	野生	6.35	39.07	12.43	42.16
鳃盖骨	三龄	6.08	29.07	18.47	46.38
	野生	6.69	37.91	14.39	41.00
鳍条	三龄	2.14	29.62	6.04	62.20
	野生	2.93	45.67	5.92	45.48
鳞片	三龄	2.95	53.69	3.41	39.95
	野生	2.41	56.16	3.19	38.24

从表7-11可知，Fe的比例最高，其次为Zn，表现为高Fe、高Zn、低Cu、低Mn的组成比例模式。肌肉、肝胰脏、精巢、卵巢中Cu的比例相对较高，尤其是野生翘嘴红鲌精巢的Cu比例达到14.95%，是最高的，这值得关注。Mn在骨骼系统如头骨、脊椎骨、鳃盖骨和鳍条中含有较高的比例，而Fe的比例相较于其他组织则有所下降，Zn的比例也有所增加。

野生翘嘴红鲌与三龄翘嘴红鲌同种元素的比例有一定差异，但差异都不显著。

六、花鰁器官组织微量元素分析

花鰁（*Hemibarbus maculatus*）又名"桃花竹""杨花鱼""溪竹"等，在分类学上隶属鲤科，鉤亚科，鰁属，是主要分布于长江流域的一种重要的中小型经济鱼类。食性为肉食性，自然水域以小鱼、小虾等为食。由于市场价格较高，近年开始用膨化饲料进行人工养殖。

养殖各年龄段花鰁购于苏州水产研究所，经自繁鱼苗在同一池塘、同一季节用42%蛋白质膨化饲料培育而成。野生各年龄段花鰁在同一年度捕捞于太湖，试验鱼数据见表7-12。

表7-12　试验用花鰁

年龄	尾数/尾	体重范围/g	平均体重/g
养一龄	30	25.39～34.84	29.73
养二龄	20	49.87～101.11	71.1
养三龄	15	252.8～393.8	326.74
野二龄	20	222.4～273.5	249.67
野三龄	15	321.6～496.7	373.46

常规的解剖方法分别获取花鰁的全鱼、肝胰脏、肾脏、脾脏、肠道、脑、心、精巢、卵巢、鳍条、鳞片、头骨、鳃盖骨、脊椎骨等器官、组织样品。经过550℃灰化、酸溶解后，采用电感耦合等离子体原子发射光谱（ICP-AES）方法测定样品的Cu、Fe、Mn、Zn含量。

分析得到养殖及野生花鰁全鱼、肝胰脏、肾脏、脾脏、肠道、脑、心脏、精巢、卵巢、鳍条、鳞片、头骨、鳃盖骨、脊椎骨等器官、组织中Cu、Fe、Mn、Zn的含量（mg/kg），见表7-13。

表7-13　花鳐全鱼及各器官、组织中Cu、Fe、Mn和Zn的含量　　　　　单位: mg/kg

项目	年龄段	Cu	Fe	Mn	Zn	合计
全鱼	养1龄	16.44±0.47	280.06±7.12	8.03±0.09	131.72±2.44	419.81
	养2龄	12.81±0.22	223.47±5.74	5.31±0.04	122.89±4.00	351.67
	养3龄	16.85±1.37	288.90±3.93	5.29±0.08	93.77±2.05	387.96
	野2龄	12.87±0.88	255.93±6.33	7.21±0.50	104.38±0.96	367.52
	野3龄	11.75±0.47	224.85±4.91	7.46±0.42	93.67±1.66	325.98
肝胰脏	养1龄	33.68±1.51	923.80±5.31	5.28±0.10	132.26±3.21	1061.34
	养2龄	30.60±0.20	838.48±3.95	3.52±0.40	120.21±1.29	962.21
	养3龄	34.01±0.36	849.76±7.28	2.77±0.14	112.61±2.76	965.14
	野2龄	34.37±0.72	682.73±5.44	6.38±0.35	105.71±1.65	794.82
	野3龄	31.43±0.91	662.58±2.64	2.25±0.08	106.76±1.80	771.59
肾脏	养1龄	20.52±0.83	586.79±3.93	3.58±0.08	110.54±1.36	700.91
	养2龄	15.91±0.67	490.60±4.16	1.66±0.04	104.39±1.21	596.65
	养3龄	19.57±0.01	487.56±7.80	2.78±0.18	91.04±1.15	581.38
	野2龄	18.59±1.04	397.30±3.04	3.70±0.33	86.77±2.07	487.77
	野3龄	23.34±3.29	436.24±5.66	2.99±0.08	78.64±1.00	517.87
脾脏	养1龄	40.71±1.27	1076.48±3.44	3.34±0.09	193.38±2.01	1273.2
	养2龄	34.96±0.85	989.63±2.47	2.50±0.07	143.04±1.80	1135.17
	养3龄	33.97±1.11	892.37±4.82	2.08±0.06	113.49±3.33	1007.94
	野2龄	35.58±0.32	1002.47±9.68	2.20±0.10	137.03±2.09	1141.7
	野3龄	26.15±0.19	839.78±5.84	1.75±0.04	93.79±1.76	935.32
肠道	养1龄	13.19±0.86	886.74±7.13	4.03±0.13	156.54±1.62	1047.31
	养2龄	17.59±0.18	809.16±2.68	3.27±0.30	140.78±3.08	953.21
	养3龄	21.01±0.83	835.64±7.03	2.64±0.07	136.84±2.69	975.12
	野2龄	16.59±0.34	790.68±4.53	3.93±0.46	154.58±1.12	949.19
	野3龄	17.96±0.02	770.80±2.12	3.41±0.16	169.98±1.44	944.19
脑	养1龄	13.87±0.52	201.20±2.11	2.30±0.09	92.22±1.72	295.72
	养2龄	12.37±0.42	181.38±1.72	1.05±0.08	74.23±0.89	256.66
	养3龄	13.94±0.20	144.96±3.13	1.38±0.05	46.50±2.81	192.84
	野2龄	18.32±0.36	186.07±3.87	1.96±0.06	71.49±2.67	259.52
	野3龄	16.69±0.32	146.67±3.58	1.73±0.05	63.16±2.61	211.56
心脏	养1龄	69.60±0.39	2566.80±4.72	10.10±0.12	197.66±4.12	2774.56
	养2龄	28.97±0.56	789.37±3.17	8.06±0.13	124.77±4.73	922.2
	养3龄	40.02±0.68	814.46±6.19	2.41±0.08	117.82±2.49	934.69
	野2龄	31.92±1.00	528.60±4.68	1.78±0.08	85.70±1.89	616.08
	野3龄	24.92±0.59	425.24±1.66	0.89±0.06	83.98±2.65	510.11

项目	年龄段	Cu	Fe	Mn	Zn	合计
精巢	养1龄	19.25±0.96	282.45±3.50	1.04±0.04	146.70±3.66	430.19
	养2龄	21.67±0.91	258.63±5.36	1.10±0.12	124.39±3.83	384.12
	养3龄	16.03±0.16	235.17±3.26	1.18±0.03	102.75±1.65	339.1
	野2龄	34.52±0.25	363.92±6.23	1.70±0.07	127.04±2.81	492.66
	野3龄	25.81±0.67	224.79±3.16	1.39±0.06	133.62±2.18	359.8
卵巢	养1龄	14.79±0.75	239.97±1.76	20.70±0.88	98.80±0.99	359.47
	养2龄	18.47±0.82	217.04±5.13	20.88±0.45	91.61±2.80	329.53
	养3龄	21.09±1.05	203.96±3.26	12.47±0.83	89.13±0.86	305.56
	野2龄	18.25±1.05	193.35±2.22	11.74±0.33	85.87±2.09	290.96
	野3龄	18.96±0.69	179.71±5.24	7.63±0.22	69.99±1.21	257.33
鳍条	养1龄	13.04±0.71	145.45±6.44	48.20±0.59	207.12±6.16	400.77
	养2龄	13.50±0.33	185.48±6.37	40.38±0.47	246.82±5.67	472.68
	养3龄	13.60±0.47	174.82±2.67	34.65±1.06	244.85±2.02	454.32
	野2龄	15.24±0.42	169.68±4.77	39.30±0.46	211.99±1.35	420.97
	野3龄	14.54±1.09	161.76±1.20	34.81±0.76	261.78±3.93	458.35
鳞片	养1龄	14.34±0.02	129.69±3.07	24.31±1.17	160.42±1.71	314.42
	养2龄	13.12±0.39	155.37±1.97	21.52±0.88	138.88±4.86	315.77
	养3龄	15.85±0.56	162.12±6.49	19.56±0.72	151.46±3.37	333.14
	野2龄	14.03±1.09	150.96±1.68	17.86±1.40	128.08±1.39	296.9
	野3龄	19.68±0.51	159.51±3.26	14.54±0.67	136.49±1.31	310.54
头骨	养1龄	10.27±0.50	82.33±0.86	34.68±1.31	90.67±3.03	207.68
	养2龄	15.63±1.15	75.43±1.68	23.86±0.42	76.13±1.96	175.42
	养3龄	11.89±0.96	68.21±2.87	28.17±0.92	88.22±0.25	184.6
	野2龄	13.11±0.94	72.51±4.25	30.38±0.18	87.94±2.08	190.83
	野3龄	12.38±0.66	77.44±3.89	24.02±0.24	84.19±1.58	185.65
鳃盖骨	养1龄	13.29±0.41	98.55±1.22	49.89±0.64	110.91±2.49	259.35
	养2龄	13.65±0.86	96.70±0.89	45.47±1.16	105.37±4.34	247.54
	养3龄	13.31±0.28	84.11±2.14	38.10±0.24	98.50±2.25	220.71
	野2龄	13.67±0.37	85.74±1.27	41.22±0.98	93.35±2.15	220.31
	野3龄	13.32±0.15	90.51±1.79	34.87±0.39	91.06±0.38	216.44
脊椎骨	养1龄	10.38±0.65	93.40±1.97	38.35±0.63	104.76±0.34	236.51
	养2龄	11.90±0.18	81.38±1.24	32.91±0.24	98.13±4.05	212.42
	养3龄	12.71±0.80	82.19±3.15	27.93±1.18	97.00±1.24	207.12
	野2龄	12.36±0.28	72.84±2.88	28.39±1.07	91.39±2.01	192.62
	野3龄	13.32±0.80	78.58±1.40	25.75±0.49	92.26±1.51	196.59

在同一器官、组织中，随养殖或野生花鲴各年龄段不同，组织中 Fe、Cu、Mn、Zn 含量有差异，表现为同一器官、组织中 Fe 含量变化最大，且以肝胰脏、脾脏、心脏中差异较大，其余各器官中 Fe 含量相对稳定；Mn 在鳃盖骨、心脏、脑中的含量差异最大；Cu 和 Zn 的含量变化不大，相对稳定。

在养殖及野生各年龄段花鲴的器官、组织中，Cu 均在肝胰脏、脾脏、心脏中含量为高，在鳍条、脊椎骨、头骨等中含量较低，这与已有的研究其他鱼类各器官中铜含量结果接近。Fe 含量在脾脏、心脏、肝胰脏中含量极高，在肠道中也较高，而在鳃盖骨、脊椎骨、头骨中含量较低。Fe 在脾脏中含量极高，可能与脾脏是血细胞重要的储存库，也是血液的过滤器官，同时脾脏兼具产生免疫应答的重要功能等有关系。锰含量在鳃盖骨、鳍条、头骨、脊椎骨中含量极高，而在各内脏组织中含量较低，这与 Mn 对鱼体的骨骼系统形成有重要影响这一功能相适应。Zn 含量在鳍条中最高，在鳞片、心脏、脾脏、肝胰脏中含量也较高，而在脑中含量较低。

表 7-13 中养殖三龄和野生三龄鱼体器官组织的 Fe、Cu、Mn、Zn 的比例模式见表 7-14。

表 7-14 花鲴全鱼和各器官组织中 Fe、Cu、Mn、Zn 比例模式　　　　　　　　　　　单位：%

项目	年龄	Cu	Fe	Mn	Zn
全鱼	养3龄	4.34	74.47	1.36	24.17
	野3龄	3.60	68.98	2.29	28.73
肝胰脏	养3龄	3.52	88.05	0.29	11.67
	野3龄	4.07	85.87	0.29	13.84
肾脏	养3龄	3.37	83.86	0.48	15.66
	野3龄	4.51	84.24	0.58	15.19
脾脏	养3龄	3.37	88.53	0.21	11.26
	野3龄	2.80	89.79	0.19	10.03
肠道	养3龄	2.15	85.70	0.27	14.03
	野3龄	1.90	81.64	0.36	18.00
脑	养3龄	7.23	75.17	0.72	24.11
	野3龄	7.89	69.33	0.82	29.85
心脏	养3龄	4.28	87.14	0.26	12.61
	野3龄	4.89	83.36	0.17	16.46
精巢	养3龄	4.73	69.35	0.35	30.30
	野3龄	7.17	62.48	0.39	37.14
卵巢	养3龄	6.90	66.75	4.08	29.17
	野3龄	7.37	69.83	2.96	27.20
鳍条	养3龄	2.99	38.48	7.63	53.89
	野3龄	3.17	35.29	7.59	57.11
鳞片	养3龄	4.76	48.66	5.87	45.46
	野3龄	6.34	51.37	4.68	43.95
头骨	养3龄	6.44	36.95	15.26	47.79
	野3龄	6.67	41.71	12.94	45.35
鳃盖骨	养3龄	6.03	38.11	17.26	44.63
	野3龄	6.15	41.82	16.11	42.07
脊椎骨	养3龄	6.14	39.68	13.48	46.83
	野3龄	6.78	39.97	13.10	46.93

结果显示，养殖及野生三龄花鲈Cu、Fe、Mn、Zn四种单元素（各元素）占四种元素总量的比例相互接近，差异不大。但是，无论养殖还是野生的，均是Fe、Zn在四种元素中所占的比例较大，两种元素占四种元素总量的90%左右，特别的，铁在四种元素中占的比例最大，Cu、Mn含量不高。

七、鱼类骨骼的化学组成

矿物质是鱼类骨骼系统的主要构成成分，而鱼类骨骼系统的生长发育对于鱼体生长速度和鱼的形体具有非常重要的作用。例如在鱼苗阶段，鱼体骨骼生长发育好，则后期可以保持较快的生长速度，春季也是鱼体骨骼生长的主要阶段，到秋季则主要沉积脂肪和蛋白质，以育肥为主，在春季鱼体骨骼生长好，则有利于秋季的育肥。

作为饲料原料，鱼排粉也是重要的蛋白质原料和矿物质原料。鱼排粉的生产原料为鱼加工鱼片、鱼柳之后的副产物，以鱼排为主，还包括鱼的内脏、鱼皮、鱼鳃等。其中，鱼骨在副产物中的比例达到70%左右。

现有的研究资料主要是从鱼骨组成物质对于人体的营养作用方面进行研究，例如其中的钙、胶原蛋白等营养效果。从鱼类营养视角考虑，了解鱼骨的物质组成，尤其是矿物质的组成，通过饲料途径补充平衡的、足量的矿物质有利于水产动物骨骼系统的生长和发育，提高水产动物的生长速度，这也是鱼类营养研究的重要内容。

鱼的种类和生活环境不同，其鱼骨生化成分会有很大差异。何云等（2017）总结了部分鱼骨的化学组成，见表7-15。

表7-15　部分鱼类鱼骨的化学组成

鱼类	水分/%	粗灰分/%	粗蛋白/%	粗脂肪/%	钙Ca/(mg/g)	磷P/(mg/g)
鲭鱼	4.40	21.24	26.13	47.18	143	86
鲑鱼	4.96	26.37	29.20	38.12	135	81
小鳕鱼	6.19	53.82	36.97	1.41	199	109
鳕鱼	12.42	35.36	40.67	18.71	190	113
虹鳟	5.21	26.55	31.40	34.37	147	87
小鲱鱼	5.33	36.87	37.31	15.25	161	94
大鲱鱼	7.15	35.71	30.12	26.67	197	95
竹荚鱼	2.62	46.30	27.02	22.61	233	111
鲢鱼	8.20	58.20	28.00	9.83	260	—
金枪鱼	—	57.20	33.10	8.00	—	—
鲇鱼	7.80	54.70	33.20	7.90	—	—
罗非鱼	20.10	39.24	37.17	3.50	—	—
鲟鱼（软骨）	—	2.90	20.40	8.00	—	—
鲈鱼	—	61.86	24.00	6.82	—	—

鱼骨中粗蛋白含量占干物质总量的26%～41%，其中鳕鱼骨的粗蛋白含量最高，达40.67%。粗灰分含量占干物质总量的2%～62%，其中，以鲈鱼含量最高，达61.86%。鱼骨组织是由骨基质和骨矿物质构成的有机体，骨基质中胶原成分约占90%。鱼骨中的蛋白质以胶原蛋白为主，并以Ⅰ型胶原蛋白为主。

鱼骨钙大多以羟基磷灰石结晶形式存在，羟基磷灰石中磷酸钙和氢氧化钙的溶解度低（25℃溶解度为0.02和0.16），且鱼骨中羟基磷灰石钙与胶原纤维有机结合，外部还有水合壳的保护，通常溶出量甚微。鱼骨中钙磷比为（2∶1）～（1∶1）。

鱼骨中蛋白质的氨基酸组成值得关注，尤其是鱼骨胶原蛋白中甘氨酸含量、甘氨酸/17氨基酸的比例是作为红鱼粉与鱼排粉化学鉴别的关键性指标。何云等（2017）总结了部分鱼骨蛋白质的氨基酸组成，见表7-16。

表7-16　部分鱼类鱼骨、鱼骨蛋白质的氨基酸组成与组成比例　　　　　　　　　单位：%

氨基酸	鲈鱼		金枪鱼		鲇鱼		鲟鱼软骨		虹鳟鱼		鳕鱼	
	骨中含量	比例	蛋白质中含量	比例	骨中含量	比例	骨中含量	比例	骨中含量	比例	蛋白质中含量	比例
天冬氨酸 Asp	1.3	6.2	6.3	6.4	1.5	6.9	4.1	7.5	1.3	7.0	7.0	7.1
苏氨酸 Thr	0.6	2.9	3.5	3.6	0.7	3.2	1.8	3.3	0.6	3.4	2.7	2.8
丝氨酸 Ser	0.7	3.4	3.7	3.7	1.0	4.5	2.0	3.6	0.9	5.0	4.7	4.8
谷氨酸 Glu	2.4	11.3	10.8	10.9	2.6	12.3	6.1	11.2	2.0	10.7	9.0	9.2
甘氨酸 Gly	3.6	16.5	18.3	18.6	4.9	23.2	11.1	20.3	5.4	29.1	24.5	24.9
丙氨酸 Ala	2.6	12.1	9.6	9.8	2.0	9.6	4.4	8.0	1.9	10.3	7.3	7.5
半胱氨酸 Cys	0.4	1.8	1.4	1.5	0.1	0.5	0.6	1.1	0.1	0.5		0.0
缬氨酸 Val	0.7	3.2	3.2	3.3	0.8	3.8	2.3	4.2	0.6	3.3	6.9	7.0
甲硫氨酸 Met	0.3	1.5	2.0	2.1	0.3	1.4	1.5	2.7	0.4	2.0	2.6	2.7
异亮氨酸 Ile	0.4	1.8	3.0	3.0	0.4	2.1	1.9	3.5	0.5	2.4	3.1	3.2
亮氨酸 Leu	0.7	3.2	5.6	5.7	0.9	4.1	3.2	5.8	0.8	4.3	4.6	4.7
酪氨酸 Tyr	0.2	1.0	2.6	2.6	0.5	2.2	0.8	1.4	0.2	1.2	2.0	2.1
苯丙氨酸 Phe	0.5	2.5	3.6	3.6	0.6	2.8	1.6	2.9	0.4	2.1	2.5	2.5
赖氨酸 Lys	1.0	4.4	4.0	4.0	1.0	4.5	2.1	3.9	0.8	4.1	3.6	3.6
组氨酸 His	0.3	1.4	4.1	4.2	0.3	1.4	0.6	1.0	0.3	1.4	1.4	1.4
精氨酸 Arg	1.9	8.6	7.3	7.4	1.6	7.4	4.5	8.3	0.9	4.9	8.5	8.6
羟脯氨酸 Hyp	1.5	6.9		0.0		0.0		0.0		0.0		0.0
脯氨酸 Pro	2.4	11.2	9.5	9.7	2.1	10.1	6.1	11.2	1.6	8.4	7.9	8.1
合计	21.6	100.0	98.6	100.0	21.2	100.0	54.6	100.0	18.7	100.2	98.4	100.0

可以清楚地看到，鱼骨蛋白质中甘氨酸含量较高，甘氨酸/氨基酸总量的比例在16.5%～29.1%，在表7-16中的几种鱼类的鱼骨中，甘氨酸/氨基酸总量的比例都是最高的。

第三节
淡水鱼类对磷的需要与磷代谢

磷是水产动物重要的营养素，其来源包括了水体中无机磷（磷酸根）的吸收和饲料途径磷源的补充。经过我们的研究结果显示，饲料途径的磷供给量是影响鱼体生长速度和饲料效率的重要因素，也是影响鱼体身体健康，尤其是肝胰脏和骨骼系统生长发育的重要因素。由于磷原料种类较多，包括了单纯的磷酸盐和饲料原料中的磷（植酸磷和羟基磷灰石中的磷），鱼类对可溶性磷酸盐中磷的利用效率很高，而对饲料原料中的磷，包括鱼粉和肉骨粉中的磷的利用率很低，因此，饲料中保留一定的磷酸二氢钙等可溶性磷酸盐是非常必要的，依据我们的研究和实际使用结果，饲料中1.8%以上的磷酸二氢钙是淡水鱼类的基本需要量。

一、鱼类对磷的需求量

水产动物种类多，对不同种类磷的需求研究也很多，总结文献资料中一些主要养殖鱼类的磷需要量见表7-17。美国国家科学研究委员会NRC（2011版）中鱼类对日粮中磷的需要量见表7-18。

表7-17　不同鱼类对磷的需要量

品种	鱼体重/g	饲料磷需要量（P）/%	资料来源
牙鲆（Paralichthys olivaceus）	1.0	0.45～0.51	Uyan等（2007）
翘嘴红鲌（Culter alburnus）	3.59～3.99	0.88	陈建明等（2007）
大黄鱼（Pseudosciaena crocea）	1.8～1.90	0.89～0.91	Yang等（2006）
银鲫（Carassius auratus gibelio）	2.27	0.71	Yang等（2006）
花鲈（Lateolabrax japonicus）	6.18～6.38	0.86～0.90	Zhang等（2006）
齐口裂腹鱼（Sclizothorax prenanti）	1.51～2.07	1.48～4.99	段彪等（2005）
军曹鱼幼鱼（Rachycentron canadum）	20.2～24.0	0.88	周萌等（2004）
黑鲈（Dicentrarchus labrax）	10	0.65	Oliva等（2004）
黑线鳕（Melanogrammus aeglefinus）	4.19～4.21	0.72	Roy等（2003）
欧洲海鲈（Dicentrarchus labrax）	5.2	0.62	Vielma等（2002）
遮目鱼（Chanos chanos）	2.5	0.85	Borlonga等（2001）
丽体鱼（Cichlasoma urophthalmus）	0.40～0.42	1.5	Sanchez等（2000）
镜鲤（Cyprinus carpio）	18～44	0.67	Kim等（1998）
红色奥利亚罗非鱼（Oreochromis aureus）	0.8	0.5	Robinson等（1987）
白鲈（Morone chrysops）	2.61～2.71	0.54	Brown等（1993）
鲇鱼（silurus asotus）	6	0.42～0.45	Wilson等（1982）
大马哈鱼（Oncorhynchus keta）	1.5～4.9	0.50～0.60	Watanabe等（1980）
斑点叉尾鲴（Ictalurus punctatus）	1.8	0.45	Lovell（1978）
虹鳟（Oncorhynchus mykiss）	1.2	0.50～0.90	Ogino等（1978）
鲑鱼（Salmo salar）	6.5	0.6	Ketola（1975）
草鱼（Ctenopharyngodon idellus）	0.5	0.95～1.10	游文章等（1978）
青鱼（Mylopharyngodon piceus）	20	0.42～0.62	汤峥嵘等（1998）
草鱼（Ctenopharyngodon idellus）	26	1.419～1.577	王志忠等（2002）

品种	鱼体重/g	饲料磷需要量（P）/%	资料来源
大西洋鲑（salmo salar）	15	0.28	Vielma 等（1998）
鲤鱼（Cyprinus carpio）	13～25	0.7	Takeuchi 等（1993）
鲤鱼（Cyprinus carpio）	50	0.6	杨雨虹等（2006）

表7-18　NRC（2011版）中鱼类对饲料磷的需要量

鱼类	日粮中磷含量（P）/%	试验条件
斑点叉尾鮰（Ictalurus punctatus）	0.8	淡水实用日粮
	0.45	淡水（0.03mg/L）
	0.33（可利用磷）	淡水（0.04mg/L）
鲤鱼（Cyprinus carpio）	0.6～0.7	淡水（0.002mg/L）
奥利亚罗非鱼（Oreochromis aureus）	0.5	淡水（无磷）
虹鳟（Oncorhynchus mykiss）	0.7～0.8	淡水（0.002mg/L）
	0.54～0.61	淡水
大马哈鱼（Oncorhynchus keta）	0.5～0.6	淡水（0.002mg/L）
大西洋鲑（Salmo salar）	0.6（可利用磷）	淡水（＜0.5mg/L）0.7%日粮磷来自植物
	0.83～0.93	淡水
	1.0（0.9可利用磷）	淡水
杂交条纹鲈鱼（Morone chrysops×Morone saxatilis）	0.5	淡水硬度（150mg/L，以CaCO₃计）
真鲷（Chrysophrys major）	0.68	海水
遮目鱼（Chanos chanos）	0.85	海水
眼斑拟石首鱼（Sciaenops ocellatus）	0.86	微咸水（5%～6‰）
黄鱼（Pseudosciaena crocea）	0.89～0.91（可利用磷）	海水
黑线鳕（Melanogrammus aeglefinus）	0.96（0.72可利用磷）	海水
牙鲆（Paralichthys olivaceus）	0.6～1.5（总磷）	海水
黑鲷（Acanthopagrus schlegeli）	0.55（可利用磷）	海水
花鲈（Lateolabrax japonicus）	0.86～0.90	海水
点带石斑鱼（Epinephelus coioides）	1.09	海水
金头鲷（Sparus auratus）	0.75	海水
欧洲海鲈（Dicentrarchus labrax）	0.65	海水

　　关于不同鱼类对日粮中磷的需要量，要注意几点，一是这些需要量基本都是在可控试验条件下，通过养殖试验求得的数据，是以饲料中磷含量作为需要量的数据，而不是单位体重鱼体每天对磷的需要量。饲料中磷含量与鱼体实际接受的磷需要量之间有一个投饲率或摄食率的问题，换算之后才是每日单位体重的实际需要量。二是试验条件中，鱼体大小基本都是小规格鱼种，而养殖生产中商品鱼养殖的鱼体规格要大于这个体重。同时，试验用的饲料，有的纯化或半纯化日粮试验，与实际日粮试验是有差距的。三是试验期间水体中可溶解磷的含量对试验结果是有影响的，NRC中有些试验给出了水体中磷的含量。四是除了个别试验结果标注了是可利用磷之外，多数的试验结果为饲料中总磷的含量。

二、纯化饲料中磷浓度对草鱼生长和磷代谢的影响

试验设计了以酪蛋白、明胶、纤维素和豆油等为基础的纯化饲料，以磷酸二氢钙为磷源，通过在纯化饲料中添加不同浓度梯度的磷酸二氢钙对草鱼进行投喂，对草鱼纯化饲料中磷的适宜浓度添加量和磷缺乏对草鱼的影响进行了研究。

得到的主要结果包括：①草鱼对纯化饲料中的磷需求量浓度为7.13～11.06g/kg，过高或过低都不利于草鱼的生长。②饲料中在磷缺乏时，容易导致草鱼脂肪肝；饲料中磷添加过量时，容易影响草鱼形体发育，导致鱼体骨骼的畸形。③鱼体脊椎骨畸形的判断、鳃盖骨钙含量和全鱼磷含量可作为磷缺乏的一个判断标志。

（一）试验条件

草鱼（*Ctenopharyngodon idellus*）幼鱼由苏州市相城区新时代特种水产养殖场提供。酪蛋白、糊精、明胶、羧甲基纤维素钠、微晶纤维素、无水氯化钙购于国药集团化学试剂有限公司；磷酸二氢钙为饲料级产品。饲料配方及营养组成见表7-19。

表7-19　试验饲料组成及营养水平

项目		组别					
		I	II	III	IV	V	VI
原料	酪蛋白 /‰	280	280	280	280	280	280
	明胶 /‰	40	40	40	40	40	40
	糊精 /‰	140	140	140	140	140	140
	淀粉 /‰	300	300	300	300	300	300
	豆油 /‰	55	55	55	55	55	55
	羧甲基纤维素 /‰	50	50	50	50	50	50
	微晶纤维素 /‰	51	44	35	26	17	8
	膨润土 /‰	20	20	20	20	20	20
	沸石粉 /‰	20	20	20	20	20	20
	预混料[①] /‰	10	10	10	10	10	10
	氯化钙 /‰	34	28	21	14	7	0
	磷酸二氢钙 /‰	0	13	29	45	61	77
饲料营养水平	粗蛋白[③] /%	26.17	24.97	26.46	26.65	26.77	26.01
	粗脂肪[③] /%	4.76	4.53	4.93	5.03	5.14	4.86
	灰分[③] /%	10.56	10.82	11.43	11.42	11.96	12.30
	钙 Ca[②] /(g/kg)	12.24	12.15	12.17	12.20	12.22	12.24
	磷 P[②] /(g/kg)	0.00	3.20	7.13	11.06	14.99	18.93
	钙 Ca[③] /(g/kg)	12.03	12.13	12.53	14.03	16.10	16.63
	磷 P[③] /(g/kg)	1.43	4.87	8.07	11.63	14.57	15.70

① 预混料为每千克日粮提供：Cu 5mg；Fe 180mg；Mn 35mg；Zn 120mg；I 0.65mg；Se 0.5mg；Co 0.07mg；Mg 300mg；K 80mg；维生素A 10mg；维生素B_1 8mg；维生素B_2 8mg；维生素B_6 20mg；维生素B_{12} 0.1mg；维生素C 250mg；泛酸钙20mg；烟酸25mg；维生素D_3 4mg；维生素K_3 6mg；叶酸5mg；肌醇100mg。
② 补充量。
③ 实测值。

在以酪蛋白、豆油、淀粉、糊精和纤维素为原料的纯化饲料中分别添加磷酸二氢钙0g/kg、13g/kg、29g/kg、45g/kg、61g/kg、77g/kg，饲料原料经粉碎过60目筛，混合均匀，用小型面条加工机加工成1.5mm粗细的条状料，电风扇条件下干燥后再手工搓碎，选取3～4mm长的颗粒饲料置于冰箱中4℃密封保存。

试验草鱼360尾，初始平均质量为22.29g，为池塘养殖的一冬龄鱼种。试验鱼经一周暂养、驯化后，选择体格健壮、规格整齐的鱼种随机分为6个组，每组设4个重复，每个重复放鱼15尾，分别投喂饲料Ⅰ～Ⅵ，正式养殖试验75d。

养殖设施为室内流水养殖系统，单桶直径70cm，养殖容积0.23m³，以曝气自来水为水源，使用间歇性控电开关调节水体，每进水20min关闭40min，反复循环，桶的出水直接排掉。定期使用水博士水质测定盒测量水质。养殖期间水质条件为：水温20～26℃、溶解氧6.0mg/L以上、pH值7.0～7.4、氨氮含量0.20～0.40mg/L、亚硝酸盐氮0.05～0.1mg/L。试验饲料于每天8：00、12：00、17：30各投喂一次，投喂量为各试验组鱼体体重的2%～3%。

（二）对草鱼生长性能的影响

由表7-20可知，试验组Ⅰ、Ⅱ的增重率和特定生长率要显著低于其他试验组（$P<0.05$），其中第Ⅲ组的增重率和特定生长率最高。试验组Ⅴ的增重率和特定生长率要低于试验组Ⅳ，但是没有显著性差异；试验组Ⅵ的增重率显著高于试验组Ⅴ（$P<0.05$），而与试验组Ⅳ没有显著差异。上述结果表明：饲料磷水平对草鱼的生长有显著影响（$P<0.05$），当饲料中磷的添加水平为7.13g/kg时，草鱼的生长效果最好。

表7-20 投喂不同磷含量饲料草鱼的增重率、特定生长率、肥满度和肝体指数

组别	磷添加量（P）/(g/kg)	增重率/%	特定生长率SGR/%	肥满度CF/%	肝体指数LBR/%
Ⅰ	0	18.75±1.58[a]	0.22±0.01[a]	1.83±0.03	1.32±0.03[a]
Ⅱ	3.20	40.47±9.79[b]	0.55±0.15[b]	1.88±0.08	1.75±0.37[b]
Ⅲ	7.13	90.06±10.09[d]	0.93±0.02[d]	2.00±0.04	1.94±0.41[c]
Ⅳ	11.1	76.86±5.19[cd]	0.76±0.04[bcd]	1.87±0.07	1.89±0.67[c]
Ⅴ	15.0	67.92±9.06[c]	0.69±0.14[bc]	1.88±0.11	1.78±0.53[b]
Ⅵ	18.9	86.89±3.66[d]	0.83±0.03[cd]	1.89±0.04	1.72±0.44[b]

注：同列肩注相同小写字母者表示差异不显著（$P>0.05$）；同列肩注不同小写字母者，差异显著（$P<0.05$）。

（三）鱼体及骨骼组织钙磷含量

试验草鱼的灰分、钙、磷含量见表7-21。

表7-21 试验草鱼的灰分、钙、磷含量 单位：%

项目		组别					
		Ⅰ	Ⅱ	Ⅲ	Ⅳ	Ⅴ	Ⅵ
全鱼	钙Ca	6.82±0.28[c]	3.74±0.19[a]	3.61±.040[a]	5.75±0.45[b]	6.24±0.52[b]	6.56±0.32[c]
	磷P	1.27±0.05	1.45±0.22	1.19±0.08	1.48±0.18	1.63±0.30	1.56±0.04
	灰分	21.60±0.60[b]	15.66±4.14[ab]	13.32±1.33[a]	16.35±1.44[ab]	21.02±4.15[ab]	16.91±3.35[ab]
鳃盖骨	钙Ca	23.25±1.09	23.49±0.78	22.22±1.74	22.77±2.52	22.14±1.20	24.09±1.04
	磷P	10.07±0.35[c]	9.58±0.44[b]	7.90±1.79[ab]	5.89±0.99[a]	5.70±0.44[a]	5.63±1.03[a]
	灰分	61.62±0.74	60.07±1.64	60.34±1.22	61.21±0.65	61.76±0.61	62.53±1.13

项目		组别					
		I	II	III	IV	V	VI
脊椎骨	钙Ca	16.62±0.33	16.36±0.92	17.27±0.44	16.56±0.91	15.96±1.80	16.96±0.90
	磷P	6.95±0.25	7.01±0.31	7.14±0.13	6.77±0.33	6.82±0.78	7.03±0.79
	灰分	43.75±1.43	43.67±2.74	44.32±0.76	41.72±2.97	44.32±1.36	44.75±2.78

(1) 全鱼钙、磷含量

由表7-21可知，不同磷的添加水平对全鱼灰分有一定的影响，I组的灰分显著高于其他组（$P<0.05$），第III组的灰分含量是最低的，为13.32%；对草鱼全鱼钙的含量有显著性的影响（$P<0.05$），I组和VI组鱼体钙含量显著高于其他组，II组和III组显著低于其他试验组（$P<0.05$）；各试验组全鱼磷含量没有显著性差异，III组含量最低为1.19%，V组含量最高为1.63%。

(2) 鳃盖骨钙、磷含量

各试验组鳃盖骨灰分与钙的含量没有显著性差异（$P>0.05$），高磷组VI组的钙含量与灰分含量最高；鳃盖骨中的磷含量随着饲料中磷水平的增加有明显的降低趋势，在低磷饲料组与高磷饲料组之间存在显著性差异（$P<0.05$）。试验结果表明：饲料磷水平对草鱼鳃盖骨灰分、钙含量没有显著性影响（$P>0.05$），对鳃盖骨磷含量有显著性影响，其含量随着饲料磷水平的增加而降低。

(3) 脊椎骨钙、磷含量

对各试验组脊椎骨的灰分、钙、磷含量的影响，第III组的钙磷含量最高；第IV的灰分含量最低，但没有显著性差异。试验结果表明：饲料磷水平对草鱼脊椎骨灰分、钙、磷含量没有显著性影响（$P>0.05$）。

（四）血清生化成分

试验结果见表7-22。

表7-22 投喂不同磷含量饲料草鱼的血清生化指标

项目	组别					
	I	II	III	IV	V	VI
葡萄糖/(mmol/L)	5.70±1.00	4.80±1.04	4.30±0.80	4.00±0.10	4.57±0.75	6.10±1.30
胆固醇/(mmol/L)	6.07±0.24	5.12±0.64	7.02±0.31	7.17±5.93	5.93±1.46	5.59±1.00
甘油三酯/(mmol/L)	2.17±0.50	2.93±0.42	2.50±0.70	3.10±0.61	2.33±0.35	2.23±0.47
高密度脂质蛋白HDL/(mmol/L)	2.99±0.06	1.74±0.04	3.03±0.97	2.53±0.23	2.58±0.68	2.30±0.58
低密度脂质蛋白LDL/(mmol/L)	2.17±0.15	2.05±0.46	2.86±0.34	3.24±0.64	2.28±1.06	2.27±0.65
钙Ca/(mmol/L)	2.77±0.11	2.56±0.06	2.85±0.12	2.93±0.22	2.68±0.30	2.73±0.19
磷P/(mmol/L)	2.89±0.20	3.30±0.26	2.87±0.38	3.82±1.12	2.73±0.25	3.12±1.11
胆碱酯酶/(U/L)	112.0±11.0[ab]	135.3±63.5[c]	132.5±49.5[c]	97.0±9.8[a]	133.3±30.0[c]	90.0±29.7[a]
碱性磷酸酶ALP/(U/L)	100±15.60[b]	81.33±18.93[a]	116.00±37.00[b]	100.33±20.23[b]	85.00±30.64[a]	77.33±28.18[a]
总蛋白/(g/L)	25.2±0.65	22.43±2.46	25.10±1.00	26.93±2.85	23.20±4.76	22.60±2.26
白蛋白/(g/L)	16.8±1.26	13.43±2.25	16.80±0.90	17.27±1.40	15.30±4.28	14.20±2.36
球蛋白/(g/L)	8.4±0.11	9.00±0.30	8.30±0.90	9.67±2.09	7.90±1.15	8.40±1.13

项目	组别					
	I	II	III	IV	V	VI
白球比例	2.00±0.08	1.50±0.20	2.05±0.25	1.47±0.25	1.97±0.61	1.70±0.40
谷草转氨酶AST/(U/L)	72.00±2.42[a]	99.67±26.47[b]	96.50±20.46[b]	59.33±1.53[a]	75.33±17.79[a]	62.67±5.69[a]
谷丙转氨酶GPT/(U/L)	14.00±0.08[b]	10.00±1.00[ab]	13.83±2.84[b]	7.00±1.00[a]	11.33±2.52[ab]	10.00±1.00[ab]
肌酐/(mmol/L)	9.1±1.02	7.53±0.75	6.45±2.15	7.77±1.44	6.70±1.25	6.40±1.04
SOD/(U/mL)	283.9±20.0[a]	320.1±71.9[a]	544.7±77.5[b]	310.9±98.8[a]	244.1±62.5[a]	317.7±75.2[a]
溶菌酶[①]	5.11±0.52[a]	9.48±2.02[b]	7.33±0.25[ab]	9.25±1.78[b]	6.11±0.66[a]	5.79±1.48[a]

① 溶菌酶比活力值，无单位。

由表7-22可知，投喂不同磷含量饲料对血清钙的影响没有显著性差异（$P>0.05$），钙含量最高组为IV试验组，为2.93mmol/L，其次为III组，含量为2.85mmol/L，含量最低的为II组，为2.56mmol/L，各试验组之间没有显著性差异（$P>0.05$）。血清磷含量最高的为IV组，最低的为V组，各组之间没有显著性差异（$P>0.05$）。试验结果表明：饲料磷水平对草鱼血清钙、磷含量没有显著性影响（$P>0.05$）。

碱性磷酸酶含量最高的为III组，最低的为VI组，并且I、III、IV试验组含量显著高于II、V和VI试验组（$P<0.05$）。实验结果表明：饲料磷水平对草鱼血清的碱性磷酸酶含量有显著的影响（$P<0.05$），其中当饲料中磷的添加水平为7.13g/kg时，草鱼的碱性磷酸酶含量最高。

各试验组草鱼血清谷草转氨酶含量最高的是II组和III组且显著高于其他试验组（$P<0.05$），含量最低的为IV组，含量为59.33U/L。谷丙转氨酶IV组含量为7.00U/L，显著低于其他试验组，I组和III组含量分别为14.00U/L、13.83U/L。血清SOD活力III组含量最高，显著高于其他试验组（$P<0.05$），其余各组没有显著性差异。溶菌酶比活力值最高的为II组和IV组，最低的为I组和VI组，且显著低于其他试验组（$P<0.05$）。

（五）各组分与饲料磷含量的相关性分析

表7-23 草鱼各组分磷含量与饲料磷的相关性

项目		组别						相关系数
		I	II	III	IV	V	VI	
饲料磷P/(g/kg)		1.43	4.87	8.07	11.63	14.57	15.7	1.00
全鱼/%	灰分	21.6	15.66	13.32	16.35	21.02	16.91	−0.04
	钙Ca	6.82	3.74	3.61	5.75	6.24	6.56	0.28
	磷P	1.27	1.45	1.19	1.48	1.63	1.56	0.74
脊椎骨/%	灰分	43.75	43.67	44.32	41.72	44.32	44.75	0.15
	钙Ca	16.62	16.36	17.27	16.56	15.96	16.96	−0.09
	磷P	6.95	7.01	7.14	6.77	6.82	7.03	−0.28
鳃盖骨/%	灰分	61.62	60.07	60.34	61.21	61.76	62.533	0.55
	钙Ca	23.25	23.49	22.22	22.77	22.14	24.09	−0.06
	磷P	10.07	9.58	7.9	5.89	5.7	5.63	−0.97
血清	钙Ca/(mmol/L)	2.77	2.56	2.85	2.93	2.68	2.73	0.13
	磷P/(mmol/L)	2.89	3.3	2.87	3.82	2.73	3.12	0.08
	碱性磷酸酶ALP/(U/L)	100	81.33	116	100.33	85	77.33	−0.38

各试验组草鱼的全鱼、鳃盖骨、脊椎骨和血清磷、碱性磷酸酶与饲料中磷水平的相关系数见表7-23，全鱼、鳃盖骨、脊椎骨的磷含量与饲料磷含量的相关系数分别为0.74、−0.97、−0.28，全鱼的磷含量与饲料磷水平呈正相关关系，而鳃盖骨磷含量与饲料磷水平呈较强的负相关，脊椎骨的磷含量与饲料磷水平的相关性不强，血清磷和碱性磷酸酶含量和饲料磷水平的相关系数较低，分别为0.08、−0.38。试验结果表明：饲料磷水平能够影响草鱼全鱼的磷含量，并且两者之间呈正相关关系，随着饲料磷水平的增加，草鱼鳃盖骨的磷含量降低，两者之间呈负相关关系，饲料磷水平对脊椎骨的磷含量、血清磷和碱性磷酸酶含量影响不明显。

（六）草鱼脊椎骨畸形

（1）试验草鱼脊椎骨出现畸形

试验鱼在养殖的过程中，没有出现诸如出血等体表受伤状况，养殖试验结束采样时，肉眼观察可发现部分鱼出现了畸形，畸形的主要部位在草鱼的尾柄。试验草鱼在X射线照射下身体的骨骼状况见图7-6。

由X射线检查的结果可知，饲料中磷对六个试验组的草鱼头骨没有明显的影响，肉眼不能观察到头骨出现畸形的状况。对草鱼脊椎骨有明显的影响，主要表现为引起了草鱼脊椎骨的变形，变形的主要部位在脊椎骨末端1/5处。X射线图及采样时观察可知：Ⅰ试验组的草鱼脊椎骨在肉眼和X射线条件下观察都没有发现明显的畸形情况；Ⅱ、Ⅲ、Ⅳ试验组的试验草鱼在肉眼观察时基本没有发现明显的畸形情况，但是在X射线下观察时发现部分鱼的脊椎骨已经有了一定的畸形；Ⅴ和Ⅵ试验组肉眼观察就能发现一些尾部上翘的草鱼，尤其Ⅵ试验组尾部已经严重弯曲上翘，在X射线下观察尾部脊椎骨也有了畸形的情况。由此可以判断：Ⅰ试验组的草鱼没有出现畸形或者畸形的程度不严重，尚不足以表观现象判别；

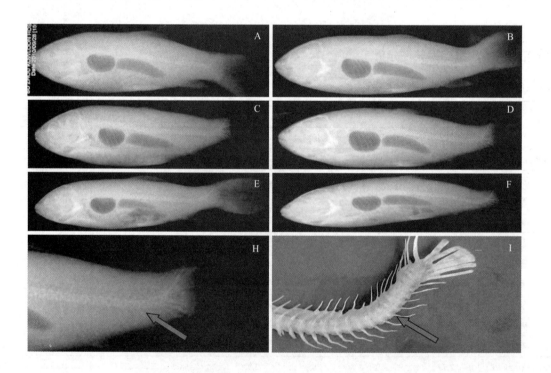

图7-6　各试验组X射线照射观察图
A Ⅰ试验组的草鱼；B Ⅱ试验组的草鱼；C Ⅲ试验组的草鱼；D Ⅳ试验组的草鱼；E Ⅴ试验组的草鱼；F Ⅵ试验组的草鱼；H畸形的骨骼X光片观察；I畸形的脊椎骨形状

Ⅱ、Ⅲ、Ⅳ试验组的草鱼已经开始出现畸形，因为畸形的程度不严重，所以只能在X射线条件下观察到脊椎骨的畸形而不能肉眼识别草鱼体型的不正常，畸形的程度只为轻度畸形或中度畸形；Ⅴ和Ⅵ试验组的草鱼出现的畸形情况比较严重，可为重度畸形，不只是其脊椎骨出现明显的畸形，而且鱼体的外表形态也发生明显的畸形变化，可轻易进行肉眼观察判断。

（2）鱼类骨骼畸形的判断

鱼类在生长发育过程中，鱼体的组织结构会发生一些功能上和结构上的变化。在发育的过程中容易出现骨骼的非健康状态，骨骼的发育畸形包括脊柱侧凸、脊柱前弯、鳃盖弯曲、尾椎畸形等，出现畸形的鱼通常生长缓慢，抗病能力弱。影响鱼类骨骼发育的因素主要有：饲料中钙磷含量、脂肪氧化产物的含量和种类、维生素及氨基酸的影响。有实验报道，不同类型的磷脂对鲤鱼的生长和发育有很大影响，卵磷脂具有促生长的作用，而磷脂酰肌醇则能显著降低鱼苗的骨骼畸形。磷脂及其代谢产物能提高作为生物膜Ca^{2+}转运系统重要组成部分的Ca^{2+}-ATP酶的活性，Ca^{2+}-ATP酶不仅参与骨组织有机质的钙化，还直接参与成骨细胞向骨组织的分化，是决定骨骼正常发育的重要因素。DHA和维生素C都能影响遮目鱼骨骼的发育，投喂添加DHA的饲料能显著降低遮目鱼的畸形率，饲料中添加DHA后，遮目鱼的畸形率由33%降低到了17%；而添加DHA和维生素C的饲料遮目鱼的畸形率只有8.4%～13.7%。在日本比目鱼饲料中添加高剂量的维生素A后，比目鱼的生长速度降低，出现脊柱弯曲、椎骨缩短等骨骼畸形情况。在比目鱼饲料（车轮虫）中添加几种维生素A后，比目鱼出现了很严重的脊柱畸形。饲料中缺乏维生素C时，会出现脊柱侧凸、鳃丝扭曲、鳃盖变短等畸形的症状，维生素C缺乏会引起鲤鱼幼苗鳃弓变形和尾鳍腐烂。也有报道，色氨酸缺乏将会引起红马哈鱼、虹鳟鱼、大马哈鱼和银大马哈鱼的脊柱侧凸，色氨酸能有效地治愈大马哈鱼的脊椎畸形。

然而在已有的文献中研究的主要方向都是营养素对鱼类骨骼发育的影响，一系列营养素的缺乏或过量可能会引起骨骼系统的畸形，尤其是脊椎骨的畸形。但对于鱼体畸形的判定主要是通过肉眼的观察，看其与正常鱼体的形态特征是否有差别来加以判断。在本试验中出现的肉眼观察鱼体体型正常，但在X射线条件下观察鱼体脊椎骨已经出现了一定程度的畸形。因此，对鱼体畸形情况的判定标准对科研试验的进行具有很大的指导意义。参考已有的研究成果和本试验的研究结果，把鱼类的骨骼畸形程度作以下的区别：

① 健康鱼体，通过肉眼观察鱼体体型正常，在X射线或其他方式的条件下直接观察脊椎骨形态正常的鱼体为健康鱼体。

② 轻度畸形，通过肉眼观察鱼体体型正常，在X射线或其他方式的条件下直接观察脊椎骨在某一点开始偏离脊椎骨主轴，与主轴之间形成一定的角度，当角度低于时20°时，鱼体体型仍基本保持正常，认为该鱼体尾轻度畸形。如图7-7A。

③ 中度畸形，通过肉眼观察鱼体的尾柄已经出现了一定程度的畸形，在X射线或其他方式的条件下直接观察脊椎骨在某一点开始偏离脊椎骨主轴，并与主轴之间形成一定的角度，角度大小在20°～45°之间时，认为该尾鱼中度畸形。如图7-7B。

④ 重度畸形，通过肉眼观察鱼体体型已经出现了严重的畸形，在X射线或其他方式的条件下直接观察脊椎骨时，骨骼某点偏离主轴角度大于45°，或者出现不止一次的偏离主轴。认为该尾鱼为重度畸形。如图7-7C。

在本试验中，无磷饲料喂养的试验组Ⅰ鱼体形体健康，没有发现畸形情况；Ⅱ、Ⅲ、Ⅳ试验组的试验草鱼出现了轻度畸形或者中度畸形的情况；Ⅴ和Ⅵ试验组的鱼体出现了重度畸形情况。出现无磷组鱼体骨骼正常而高磷组反而出现畸形的情况，可能是因为在养殖的过程中，纯化饲料的适口性较

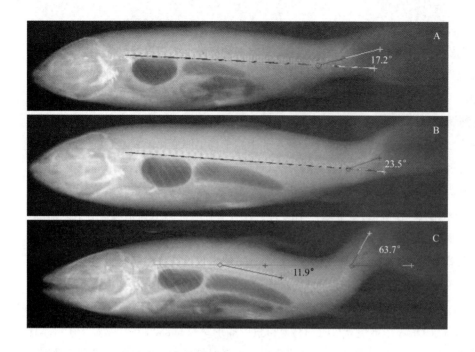

图7-7 草鱼脊椎骨畸形
A轻度畸形；B中度畸形；C重度畸形

差，硬度较硬，不利于鱼体对营养物质的吸收利用而阻碍鱼体的生长，低磷组草鱼的摄食率偏低。在形态学上，鱼类的骨骼包括头部骨、体内骨骼和鳞片。在脊椎骨的钙、磷、灰分含量和鳃盖骨的钙含量和灰分含量都没有显著性的差异，这与鲇鱼、斑点叉尾鮰、大西洋鲑、虹鳟鱼的研究中，投喂低磷饲料的试验鱼脊椎骨、鳃盖骨和鳞片的灰分、钙和磷含量偏低的结果有所差异，但是在鳃盖骨的灰分含量中已经有了这种趋势，推测引起差异的原因可能因为饲料的适口性不好，鱼体摄食的饲料量较少，再加上饲养的时间比较短，钙磷的沉积量还不够因此显现不出差异来。已有研究证明，从形态学观察来看，养殖结束后鱼体的头骨、鳃盖骨及鳞片没有发现异常现象，但是饲料含磷量高的组出现了尾柄畸形的情况，从X射线照射观察脊椎骨知道高磷组试验组的畸形情况比较严重，而低磷组的鱼体脊椎骨反而正常，这与众研究中认为饲料中磷含量偏低会引起鱼体的畸形的观点相悖，具体原因尚待进一步探讨。另外一个重要原因，本试验没有对氟进行定量测定，是否是因为磷酸二氢钙中氟含量过高所致值得研究。

（七）饲料总磷对肝胰脏功能的影响

（1）试验草鱼化学组成分析结果

由表7-24可知，试验结束后各试验组草鱼肝胰脏的水分含量没有显著性差异（$P > 0.05$）；各试验组粗蛋白含量之间没有显著性差异（$P > 0.05$），但是无磷添加饲料Ⅰ组和高磷饲料Ⅵ组鱼体肝胰脏粗蛋白含量要高于其他组，Ⅳ组的粗蛋白含量最低，为28.19%；草鱼肝胰脏的粗脂肪含量有随着磷含量的增加而降低的趋势，但是Ⅲ组肝胰脏的粗脂肪含量低于其他试验组，显著低于Ⅰ组、Ⅱ组（$P < 0.05$）。上述结果表明：饲料磷水平对草鱼肝胰脏的水分、粗蛋白含量没有显著性影响（$P > 0.05$），对粗脂肪含量有显著的影响（$P < 0.05$），当饲料磷添加量为7.13g/kg时，肝胰脏粗脂肪含量最低。

表7-24 投喂不同磷含量饲料草鱼的机体组成 单位：%

项目		组别					
		I	II	III	IV	V	VI
全鱼	水分	82.97±2.08	79.05±5.58	76.95±0.94	80.58±2.81	82.11±2.82	77.75±4.39
	粗蛋白	65.05±1.06[b]	57.12±7.37[ab]	53.59±2.60[a]	64.45±4.62[b]	59.27±3.68[ab]	54.00±4.25[a]
	粗脂肪	19.33±1.10	18.47±1.67	18.90±1.35	18.12±0.82	18.05±1.23	18.46±0.92
肌肉	水分	81.74±0.42	82.26±1.29	81.07±0.23	81.50±0.28	80.84±0.26	81.21±0.87
	粗蛋白	84.63±1.20[b]	81.54±2.65[ab]	80.04±1.32[a]	81.64±0.93[ab]	79.11±2.36[a]	80.35±1.40[a]
	粗脂肪	3.72±0.27[a]	4.54±1.10[ab]	5.55±0.89[abc]	6.89±1.42[c]	6.43±0.82[bc]	6.72±1.48[bc]
肝胰脏	水分	71.95±1.28	70.63±1.36	72.15±1.07	72.13±1.56	69.92±1.03	71.41±4.60
	粗蛋白	33.06±1.00	32.68±8.17	32.30±2.02	28.19±3.08	30.51±2.61	33.58±6.25
	粗脂肪	27.14±1.81[c]	26.64±3.45[bc]	18.10±1.79[a]	22.69±3.84[abc]	21.27±3.31[ab]	20.09±1.61[a]

（2）饲料磷含量对草鱼脂肪肝的影响

脂肪肝在鱼、猪、鸡、牛、羊等各种动物均有报道，引起脂肪肝的原因很多，大量研究表示遗传、营养、环境、有毒物质等原因均可导致脂肪肝的发生，发病机理和脂肪代谢有关，由肝细胞合成的增加和氧化减少引起。鱼类脂肪肝形成主要由于集约化养殖，养殖密度加大，生产周期缩短；同时投喂的是人工配合饲料取代天然饵料，配合饲料的营养不平衡，常常难以满足鱼体健康、快速生长的需要，造成养殖鱼类的营养代谢紊乱。肝胰脏脂肪代谢失调后，肝胰脏中脂肪含量升高，从而导致脂肪肝发生。脂肪肝是养殖鱼类常见的营养性疾病之一。

鱼类出现脂肪肝后其肝胰脏的形态组织学发生了变化。在光学显微水平上，病鱼肝细胞排列不规则，细胞内有大量的脂肪颗粒，细胞核的位置不在细胞中间而靠近了边缘。又据报道，在电子显微镜水平上，病鱼肝细胞核质分离，细胞核偏离，核膜破裂，线粒体水肿，内质网和高尔基体内充满了大量的脂肪颗粒。

本研究显示，饲料中磷的添加对试验草鱼的肥满度没有显著性影响，但是投喂不同磷浓度饲料的试验鱼肝体指数有显著差异（$P < 0.05$），饲料在III组、IV组时，肝体指数达到最高，而随着磷含量的降低肝体指数呈下降的趋势。可见饲料磷对鱼体的肝胰脏有重要的影响。本研究中，草鱼肝胰脏的脂肪含量随着饲料中磷的添加有降低的趋势，在无磷添加组饲料中，脂肪含量最高，说明饲料磷的缺乏能够导致脂肪肝的发生。在可见光显微水平上观察可有类似的推断，无磷添加组试验鱼的肝细胞细胞膜缺失，细胞核移位到一侧，胞内有大量脂肪粒，从另一方面说明磷缺乏试验组的草鱼肝胰脏容易产生脂肪肝。在本试验中，血清中的甘油三酯和胆固醇的含量都是IV含量最高，两者都有随着磷含量的增加而先增大再减小的趋势，在IV组达到最高然后随着磷含量的增加而降低，几方面的结论说明在草鱼饲料中磷缺乏会导致鱼体肝胰脏脂肪肝的发生。

（八）饲料总磷对生长的影响和磷缺乏的标志

本试验的研究结果显示饲料中适量无机磷的添加对草鱼的生长有明显的促进作用，当饲料磷添加量为7.13g/kg时，草鱼的增重率和特定生长率明显升高，进一步增加磷的含量，则生长有下降的趋势。在鱼类营养研究中，磷缺乏的标志国内外在不同的鱼类上已经有了较多的研究，鱼体灰分和磷含量常被作为鱼体磷状况的评价指标，脊椎骨中磷含量更因为磷在骨骼中的重要作用而成为反映鱼体磷营养状态更为灵敏的指标。

其他的主要标志包括生长缓慢、摄食率低、骨骼矿化低、鳃盖和鳞片磷含量低、骨骼软化和骨骼畸形等。在本试验研究中，鱼体的灰分含量无磷添加组显著高于其他组，其他几组差距不显著；鱼体磷含量随着饲料磷的增加有上升的趋势，无磷添加组磷含量低于其他组，但是本试验的鱼体钙磷含量以及骨骼的灰分及钙磷含量都不足以说明鱼体的畸形情况。此时可以参照鱼体骨骼的畸形程度来进行判断，可以结合其他指标把鱼体畸形的判断列为判断磷缺乏的一个显著标志。

三、常规饲料中磷浓度对草鱼生长和磷代谢的影响

前述试验是在纯化日粮中补充不同剂量的磷酸二氢钙对草鱼的生长和脊椎骨发育产生了重大影响，本试验是研究在实用日粮中的磷剂量对草鱼生长和代谢的影响。

得到的主要结果有：①在本试验条件下，添加12g/kg的磷酸二氢钙，即饲料总磷为12.36g/kg时最适宜草鱼的生长。②草鱼鳞片磷含量、血清钙含量与饲料磷含量有显著的正相关关系，相关系数分别为0.92和0.82，两者可作为鱼体磷营养状态的一个判别指标。③饲料中添加无机磷源磷酸二氢钙可以改善鱼体的脂肪代谢，并对草鱼的肝胰脏健康有一定的改善作用。④本试验条件下，膨化饲料更有利于加快草鱼的生长。

（一）试验条件

试验鱼是由苏州市相城区新时代特种水产养殖场提供的池塘养殖2龄草鱼，平均初重为(37.2±2.4)g。在苏州市相城特种水产养殖场室内水泥池进行养殖试验，水泥池长5.94m，宽2.82m，水深0.8m，每个水泥池挂5个网箱，加充氧头10个连续充氧。养殖水体为经曝气的池塘水。

分别在基础饲料中添加0g/kg、5g/kg、8g/kg、12g/kg、18g/kg的磷酸二氢钙，五个不同浓度的磷酸二氢钙试验组均加工成硬颗粒饲料，另外选择8g/kg、18g/kg两个添加水平的试验组进行膨化处理，共七组试验饲料，分别投喂对应的试验组草鱼，试验养殖周期为58d。

试验饲料由常规实用饲料原料组成，主要为小麦麸、细米糠、豆粕、菜粕、棉粕、鱼粉、豆油、预混料等，饲料配方及营养组成见表7-25。

表7-25　试验饲料组成及营养水平

| 项目 | | 硬颗粒 | | | | | 膨化 | |
		I	II	III	IV	V	VI	VII
原料/(g/kg)	小麦麸	75	70	67	63	57	67	57
	细米糠	100	100	100	100	100	100	100
	豆粕	70	70	70	70	70	70	70
	菜粕	230	230	230	230	230	230	230

项目		硬颗粒					膨化	
		I	II	III	IV	V	VI	VII
原料/（g/kg）	棉粕	230	230	230	230	230	230	230
	鱼粉	70	70	70	70	70	70	70
	磷酸二氢钙 $Ca(H_2PO_4)_2 \cdot H_2O$	0	5	8	12	18	8	18
	沸石粉	20	20	20	20	20	20	20
	膨润土	20	20	20	20	20	20	20
	豆油	15	15	15	15	15	15	15
	小麦	160	160	160	160	160	160	160
	预混料[①]	10	10	10	10	10	10	10
	合计	1000	1000	1000	1000	1000	1000	1000
营养成分[②]	水分/%	9.35	8.71	8.32	9.25	8.77	11.83	11.26
	粗脂肪/%	2.37	2.37	2.23	2.30	2.21	1.57	1.35
	粗蛋白/%	32.87	32.06	33.65	33.30	32.28	32.64	31.60
	总磷/（g/kg）	9.65	11.00	11.62	12.36	13.80	9.78	13.46
	总能/（kJ/g）	15.36	15.68	15.57	15.46	15.23	15.73	16.05

① 预混料为每千克日粮提供：铜5mg；铁180mg；锰35mg；锌120mg；碘0.65mg；硒0.5mg；钴0.07mg；镁300mg；钾80mg；维生素A 10mg；维生素B_1 8mg；维生素B_2 8mg；维生素B_6 20mg；维生素B_{12} 0.1mg；维生素C 250mg；泛酸钙20mg；烟酸25mg；维生素D_3 4mg；维生素K_3 6mg；叶酸5mg；肌醇100mg。

② 实测值。

（二）对草鱼生长速度的影响

经过58d的养殖试验，测定各试验组草鱼成活率、特定生长率的结果见表7-26。各组试验草鱼成活率为83%～100%，无显著差异（$P > 0.05$）。特定生长率的结果可以分析如下：

① 饲料不同浓度的磷酸二氢钙对草鱼的特定生长率的影响。在 I～V 五个硬颗粒饲料试验组中，磷的添加水平为12g/kg和18g/kg的IV组和V组的特定生长率显著高于添加水平为0和5g/kg的 I 组和 II 组（$P < 0.05$）；结果表明：草鱼的特定生长率随着饲料中磷酸二氢钙的增加而提高。在膨化处理的两个试验组中，VI组的特定生长率显著低于VII组（$P < 0.05$），表明在膨化处理条件下，饲料中磷酸二氢钙添加量对草鱼的生长速度有显著影响。

② 饲料不同的加工方式对草鱼的特定生长率的影响。饲料经膨化处理的VI组和VII组的特定生长率比III组和V组的分别增加了10.7%和8.7%，但没有显著性差异（$P > 0.05$），表明在相同配方下，加工成膨化饲料有利于草鱼的生长。

表7-26　7种饲料对草鱼成活率和特定生长率的影响

组别	鱼尾数	初重/g	末重/g	成活率 SR/%	特定生长率 SGR/(%/d)	平均值 ± 标准差
I	18	592.0	1113	94.4	1.19	
	18	661.0	1311	100.0	1.18	1.18 ± 0.02^a
	18	586.5	1088	94.4	1.16	
II	18	652.4	1228	100.0	1.09	
	18	701.2	1413	100.0	1.21	1.18 ± 0.08^a
	18	683.8	1396	100.0	1.23	
III	18	674.6	1243	83.3	1.37	
	18	645.1	1458	94.4	1.50	1.40 ± 0.09^b
	18	699.0	1430	94.4	1.33	
IV	18	657.8	1779	100.0	1.72	
	18	641.8	1983	100.0	1.94	1.84 ± 0.11^c
	18	639.2	1893	100.0	1.87	
V	18	680.0	1882	100.0	1.76	
	18	700.0	2041	100.0	1.85	1.83 ± 0.06^c
	18	682.2	2018	100.0	1.87	
VI	18	682.3	1536	94.4	1.50	
	18	651.0	1613	100.0	1.56	1.55 ± 0.04^b
	19	754.2	2522	100.0	1.50	
VII	18	580.2	1814	94.4	2.06	
	18	648.8	1873	94.4	1.93	1.99 ± 0.07^c
	18	640.2	1787	88.9	1.97	

注: 1. 同列数据肩标不同小写字母表示差异显著（$P<0.05$）。
2. 成活率（SR）=100%×（终尾数/初尾数）；特定生长率（SGR）=100%×（ln末均重−ln初均重）/饲养天数。

（三）对饲料效率的影响

养殖试验结束后，各试验组草鱼饲料系数、蛋白质效率、蛋白质沉积率和脂肪沉积率见表7-27，由表可以得出以下结果：

（1）饲料中添加不同浓度磷酸二氢钙对草鱼的饲料效率的影响

在 I ～ V 五个硬颗粒饲料试验组中，IV组和V组的饲料系数分别为1.57和1.47，显著低于其他试验组（除VI组、VII组外）（$P<0.05$），I组的饲料系数3.43，显著高于其他组（除II组、III组外）（$P<0.05$）；VII组比VI组降低了29.5%，但两者之间没有显著性差异（$P>0.05$）。上述结果表明：草鱼的饲料系数随着饲料中磷酸二氢钙添加量的增加而有明显的降低趋势。

饲料磷的添加水平对蛋白质效率影响显著，I组蛋白质效率显著最低，V组最高；VII组的蛋白质效率显著高于VI组（$P<0.05$）。结果表明：随着饲料中磷酸二氢钙的添加水平提高其蛋白质效率增加。

饲料中磷的添加对蛋白质沉积率和脂肪沉积率的影响显著（$P < 0.05$）。硬颗粒饲料试验组中，Ⅰ组蛋白质沉积率显著最低，Ⅴ组显著最高（$P < 0.05$）；膨化饲料试验组中，Ⅶ组的蛋白质沉积率显著高于Ⅵ组（$P < 0.05$）。脂肪沉积率在硬颗粒饲料试验组中最高的Ⅳ组，达到681.8%，显著高于其他组（除Ⅰ组外）（$P < 0.05$），其余各组无显著性差异，最低的为Ⅴ组，其值为381.9%；膨化饲料试验组中，Ⅶ组的脂肪沉积率显著低于Ⅵ组（$P < 0.05$）。以上结果表明：饲料中磷酸二氢钙的添加水平对蛋白质沉积率有显著影响，但对脂肪沉积率的影响不明显。

（2）不同加工方式对草鱼的饲料效率的影响

同一配方但加工方式不同的条件下，Ⅵ组的饲料系数比Ⅲ组的降低了23.3%，Ⅶ组的饲料系数比Ⅴ组的增加了4.1%，均无显著性差异（$P > 0.05$）；Ⅵ组的蛋白质效率比Ⅲ组的增加了23.0%，Ⅶ组的蛋白质效率比Ⅴ组的增加了0.42%，但都没有显著性差异（$P > 0.05$）；Ⅵ组的蛋白质沉积率比Ⅲ组增加了4.7%，Ⅶ组比Ⅴ组降低了11.5%，也无显著性差异（$P > 0.05$）；膨化处理后，Ⅵ组的脂肪沉积率显著高于Ⅲ组（$P < 0.05$），Ⅶ组的比Ⅴ也明显增加，但没有显著性差异（$P > 0.05$）。上述结果表明：相同配方的饲料经膨化处理后可以有效地提高草鱼的饲料效率，但是与硬颗粒之间没有显著性差异（$P > 0.05$）。

表7-27　7种饲料对草鱼饲料效率的影响

组别	初重/g	末重/g	投喂饲料量/g	饲料系数 FCR	蛋白质效率 PER/%	蛋白沉积率 PDR/%	脂肪沉积率 LDR/%
Ⅰ	592.0	1113.0	1875.5	3.43 ± 0.47^{c}	96.0 ± 9.9^{a}	46.7 ± 7.6^{a}	538.1 ± 62.9^{ab}
	661.0	1311.0	1891.4				
	586.5	1088.0	1880.8				
Ⅱ	652.4	1228.0	1830.9	2.83 ± 0.32^{bc}	110.9 ± 11.1^{ab}	71.3 ± 7.3^{b}	384.8 ± 46.0^{a}
	701.2	1413.0	1879.6				
	683.8	1396.0	1904.3				
Ⅲ	674.6	1243.0	1959.4	2.83 ± 0.51^{bc}	121.9 ± 12.7^{b}	74.0 ± 13.1^{b}	506.1 ± 122.1^{a}
	645.1	1458.0	1981.1				
	699.0	1430.0	1943.1				
Ⅳ	657.8	1779.0	1910.9	1.57 ± 0.12^{a}	200.5 ± 16.2^{c}	138 ± 11.9^{c}	681.8 ± 39.4^{b}
	641.8	1983.0	1946.0				
	639.2	1893.0	1920.4				
Ⅴ	680.0	1882.0	1871.4	1.47 ± 0.12^{a}	212.5 ± 10.6^{c}	166.0 ± 8.4^{d}	381.9 ± 30.5^{a}
	700.0	2041.0	1905.6				
	682.2	2018.0	1913.7				
Ⅵ	682.3	1536.0	1927.8	2.17 ± 0.15^{ab}	149.9 ± 5.7^{b}	77.5 ± 3.8^{b}	1112.5 ± 70.5^{c}
	651.0	1613.0	1928.4				
	754.2	2522.0	1939.8				

组别	初重/g	末重/g	投喂饲料量/g	饲料系数 FCR	蛋白质效率 PER/%	蛋白沉积率 PDR/%	脂肪沉积率 LDR/%
VII	580.2	1814.0	1829.6	1.53±0.06[a]	213.4±4.2[c]	146.9±2.2[cd]	438.2±28.9[a]
	648.8	1873.0	1821.4				
	640.2	1787.0	1820.8				

注：1. 同列上标不同小写字母表示差异显著（$P < 0.05$）。

2. 饲料系数（FCR）=每个缸投喂饲料总量/每个缸鱼体总增重量；蛋白质效率（PER）=100%×每个缸鱼体增重量/每个缸饲料蛋白质摄入量；蛋白质沉积率（PDR）=100%×（试验结束时鱼体总重×试验结束时鱼体粗蛋白含量－试验开始时鱼体总重×试验开始时鱼体粗蛋白含量）/（消耗饲料总重×饲料粗蛋白含量）；脂肪沉积率（LDR）=100%×（试验结束时鱼体总重×试验结束时鱼体粗脂肪含量－试验开始时鱼体总重×试验开始时鱼体粗脂肪含量）/（消耗饲料总重×饲料粗脂肪含量）。

（四）对试验草鱼灰分及钙磷含量的影响

（1）对草鱼全鱼、脊椎骨、鳃盖骨和鳞片的影响

试验结束，各试验组草鱼的全鱼、脊椎骨、鳃盖骨和鳞片的灰分、钙、磷含量见表7-28，饲料磷水平对草鱼全鱼的灰分含量有一定的影响，随着饲料磷水平的增加全鱼灰分有增加的趋势，但饲料磷水平升高到一定程度后，鱼体的灰分含量降低，饲料磷水平对脊椎骨、鳃盖骨和鳞片的灰分含量没有显著性影响；饲料磷水平对全鱼、脊椎骨、鳃盖骨和鳞片的钙含量没有显著性影响；饲料磷水平对草鱼的全鱼、脊椎骨和鳃盖骨的磷含量没有显著性影响，对鳞片的磷含量有显著性影响（$P < 0.05$），鳞片中的磷含量随着饲料磷水平的增加升高。

表7-28　7种饲料对草鱼灰分、钙、磷含量的影响

项目		I	II	III	IV	V	VI	VII
全鱼	灰分/%	14.53±0.71[a]	14.88±1.17[ab]	14.80±0.46[ab]	16.05±2.38[ab]	14.97±0.57[ab]	15.73±0.67[ab]	17.02±1.20[b]
	钙Ca/%	4.35±0.02	4.41±0.01	4.28±0.14	4.30±0.19	4.36±0.07	4.19±0.17	4.24±0.24
	磷P/%	1.22±0.05	1.29±0.16	1.48±0.07	1.39±0.12	1.62±0.40	1.51±0.36	1.50±0.13
脊椎骨	灰分/%	59.12±2.23	59.22±2.96	55.53±3.36	58.14±4.18	59.54±0.54	57.01±3.64	58.69±1.30
	钙Ca/%	24.14±1.40	21.55±1.73	22.86±2.91	23.53±0.67	21.16±1.11	23.16±0.73	22.98±1.79
	磷P/%	10.80±1.34	11.11±0.61	11.51±1.35	11.64±0.94	10.4±1.58	10.23±0.41	10.87±1.65
鳃盖骨	灰分/%	63.01±1.89	65.59±3.29	63.29±1.78	64.19±0.67	64.39±5.59	64.05±1.41	62.74±4.46
	钙Ca/%	21.26±0.78	25.54±2.21	25.09±3.26	25.94±1.40	24.19±2.21	25.09±4.34	24.47±1.37
	磷P/%	10.42±1.99	11.84±0.25	11.11±1.00	10.72±1.01	10.42±0.94	10.16±1.40	10.93±1.58
鳞片	灰分/%	26.58±0.79	26.22±0.34	25.36±0.86	25.19±2.69	26.86±2.18	28.27±2.26	25.70±2.55
	钙Ca/%	9.46±1.56	10.66±0.84	10.20±0.93	9.57±0.83	10.58±0.68	10.50±0.50	10.17±0.37
	磷P/%	6.72±0.27[a]	7.08±0.36[ab]	7.83±0.37[bc]	8.07±0.073[c]	10.12±0.40[d]	7.46±0.37[abc]	9.73±0.40[d]

注：同行上标不同小写字母表示差异显著（$P < 0.05$）。

（2）对草鱼血清钙磷代谢的影响

试验结束后，各试验组血清碱性磷酸酶、钙、磷含量结果见表7-29。草鱼血清碱性磷酸酶含量硬颗粒饲料试验组Ⅲ组最低，为167.0U/L，Ⅳ组含量最高，值为230.7U/L；膨化饲料试验组的血清碱性磷酸酶含量都高于相同配方的硬颗粒饲料试验组，并且Ⅵ组含量显著高于Ⅲ组（$P<0.05$）。血清钙含量Ⅴ组最高，达到2.8mmol/L，其余各试验组没有显著性差异。各试验组血清磷含量没有显著性差异（$P>0.05$）。上述结果表明：饲料磷水平对血清碱性磷酸酶含量和血清磷含量没有显著性的影响（$P>0.05$），Ⅴ组的血清钙含量显著高于Ⅰ组（$P<0.05$）。

表7-29　7种饲料对草鱼血清碱性磷酸酶、钙、磷含量的影响

组别	碱性磷酸酶(ALP)/(U/L)	血清钙含量/(mmol/L)	血清磷含量/(mmol/L)
Ⅰ	214.7±38.5[ab]	2.44±0.13[a]	10.19±3.93
Ⅱ	220.7±30.1[ab]	2.59±0.02[ab]	10.32±3.30
Ⅲ	167.0±64.5[a]	2.65±0.13[ab]	9.16±3.11
Ⅳ	230.7±32.0[ab]	2.54±0.09[ab]	9.63±1.13
Ⅴ	193.3±31.4[ab]	2.8±0.08[b]	8.08±1.08
Ⅵ	281.3±29.2[b]	2.46±0.07[a]	9.43±1.07
Ⅶ	249.3±42.9[ab]	2.61±0.17[ab]	9.83±2.44

注：同列上标不同小写字母表示差异显著（$P<0.05$）。

（3）鱼体钙磷含量与饲料磷水平的相关性分析

由表7-30可知，各组分钙磷含量与饲料磷水平的相关系数差异较大，鱼饲料磷水平相关性最强的是鳞片磷含量，相关系数达到0.92，其次为血清钙含量，相关系数为0.82，再次为全鱼的磷含量和灰分含量，相关系数为0.63和0.45。由该结果可知，在本试验中，草鱼饲料中的磷水平主要影响草鱼鳞片磷含量和血清钙含量，对其他成分的影响从相关性上分析不是很明显。

表7-30　各组分钙磷含量与饲料磷水平的相关系数

项目		Ⅰ	Ⅱ	Ⅲ	Ⅳ	Ⅴ	Ⅵ	Ⅶ	相关系数
饲料磷含量P/(g/kg)		9.65	11.00	11.62	12.36	13.8	9.78	13.46	—
全鱼/%	灰分	14.53	14.88	14.8	16.05	14.97	15.73	17.02	0.45
	钙Ca	4.35	4.41	4.28	4.3	4.36	4.19	4.24	0.07
	磷P	1.22	1.29	1.48	1.39	1.62	1.51	1.5	0.63
脊椎骨/%	灰分	59.12	59.22	55.53	58.14	59.54	57.01	58.69	0.25
	钙Ca	24.14	21.55	22.86	23.53	21.16	23.16	22.98	-0.50
	磷P	10.8	11.11	11.51	11.64	10.4	10.23	10.87	0.13

项目		组别							相关系数
		I	II	III	IV	V	VI	VII	
鳃盖骨 /%	灰分	63.01	65.59	63.29	64.19	64.39	64.05	62.74	-0.04
	钙Ca	21.26	25.54	25.09	25.94	24.19	25.09	24.47	0.32
	磷P	10.42	11.84	11.11	10.72	10.42	10.16	10.93	0.11
鳞片/%	灰分	26.58	26.22	25.36	25.19	26.86	28.27	25.7	-0.46
	钙Ca	9.46	10.66	10.2	9.57	10.58	10.5	10.17	0.20
	磷P	6.72	7.08	7.83	8.07	10.12	7.46	9.73	0.92
血清	钙Ca/（mmol/L）	2.44	2.59	2.65	2.54	2.8	2.46	2.61	0.82
	磷P/（mmol/L）	10.19	10.32	9.16	9.63	8.08	9.43	9.83	-0.55
	碱性磷酸酶ALP/（U/L）	214.7	220.7	167	230.7	193.3	281.3	249.3	-0.27

（五）草鱼体长特定生长率

由表7-31可知，草鱼的体长特定生长率与饲料磷水平之间有显著性关系，随着饲料磷水平的增加，草鱼的体长特定生长率有明显的增加趋势。试验结果说明，饲料中磷的添加水平可以显著影响草鱼骨骼的生长发育（$P < 0.05$）。而相同饲料配方条件下，饲料的加工方式对草鱼的体长特定生长率没有显著性影响（$P > 0.05$）。

表7-31　各试验组草鱼体长特定生长率

组别	I	II	III	IV	V	VI	VII
体长特定生长率SGR	0.46±.09[a]	0.42±.10[ab]	0.64±.02[c]	0.79±.13[d]	0.94±.07[e]	0.68±.05[bc]	0.82±.09[e]

注：体长特定生长率（SGR）=100%×（ln末均体长 -ln初均体长）/饲养天数。

（六）草鱼肝胰脏组成

由表7-32可知，在硬颗粒饲料试验组中，肝胰脏粗蛋白含量最低的为 I 组的32.21%，最高的为 V 组的45.21%，且各试验组肝胰脏粗蛋白含量之间有显著性差异（$P < 0.05$）；膨化饲料试验组中，VII组肝胰脏粗蛋白含量显著高于VI组（$P < 0.05$）。实验结果表明：饲料中磷水平对试验草鱼肝胰脏的粗蛋白含量有显著性影响（$P < 0.05$），试验草鱼肝胰脏的粗蛋白含量随着饲料磷水平的增加而升高。

肝胰脏粗脂肪最高含量为 I 组的45.45%，最低为 V 组的21.89%，且各组含量之间有显著性差异（$P < 0.05$），但饲料磷含量较低的III组肝胰脏粗脂肪含量低于磷含量较高的IV组；在膨化饲料中，磷含量高的VII组肝胰脏粗脂肪含量显著低于磷含量稍低的VI组。上述结果表明：饲料中是否添加无机磷源显著影响草鱼肝胰脏粗脂肪含量（$P < 0.05$），草鱼粗脂肪含量随着饲料磷水平的增加而降低。

相同配方的硬颗粒饲料和膨化饲料比较，两个膨化饲料试验组试验草鱼的肝胰脏粗蛋白含量显著低于相对应的硬颗粒饲料试验组（$P < 0.05$）；两个膨化饲料试验组试验草鱼的肝胰脏粗脂肪含量都显著高于相对应的硬颗粒饲料试验组（$P < 0.05$）。上述结果表明：饲料经过膨化处理后，可以降低试验草鱼肝胰脏的粗蛋白含量，同时增加鱼体肝胰脏的粗脂肪含量。

表7-32 7种饲料对草鱼体营养成分组成的影响（干物质基础）　　　　　　　　　单位：%

组别	粗蛋白CP			粗脂肪EE		
	全鱼	肌肉	肝胰脏	全鱼	肌肉	肝胰脏
I	55.63±0.14[b]	87.73±0.22[b]	32.21±0.16[b]	32.31±0.41[f]	7.93±0.17[b]	45.45±0.18[f]
II	62.09±0.17[c]	89.05±0.24[d]	38.22±0.22[c]	25.22±0.73[e]	5.73±0.37[a]	37.15±0.74[e]
III	63.02±0.13[d]	90.95±0.17[e]	40.97±0.18[d]	21.84±0.50[c]	6.00±0.52[a]	28.36±0.33[c]
IV	63.04±0.15[d]	89.35±0.22[d]	44.7±0.16[f]	23.92±0.51[d]	5.48±0.21[a]	32.05±0.16[d]
V	67.98±0.17[f]	88.40±0.16[c]	45.21±0.18[e]	17.03±0.18[a]	5.03±0.13[a]	21.89±0.2[a]
VI	55.15±0.19[a]	87.86±0.16[b]	31.57±0.27[a]	31.9±0.33[f]	9.14±0.62[c]	42.67±0.38[f]
VII	65.07±0.16[e]	75.10±0.20[a]	41.93±0.21[g]	18.85±0.30[b]	5.3±0.29[a]	26.41±0.2[b]

注：同列数据上标不同小写字母表示差异显著（$P<0.05$）。

四、团头鲂对饲料中磷的需求量

团头鲂初始平均体重为35g，为池塘养殖的1冬龄鱼种。在以酪蛋白、秘鲁鱼粉、豆油、糊精、淀粉和纤维素为原料的半纯化饲料中分别添加0g/kg、15.0g/kg、30.0g/kg、45.0g/kg、60.0g/kg、75.0g/kg磷酸二氢钙，配制成有效磷含量为3.8g/kg、6.9g/kg、10.1g/kg、13.2g/kg、16.4g/kg、19.5g/kg的6种半纯化饲料，试验饲料组成及营养水平见表7-33。

表7-33 试验饲料的组成及营养水平（干物质基础）

项目		6种磷含量饲料					
		3.8g/kg	6.9g/kg	10.1g/kg	13.2g/kg	16.4g/kg	19.5g/kg
原料/(g/kg)	酪蛋白	213.00	213.00	213.00	213.00	213.00	213.00
	秘鲁蒸汽鱼粉	205.00	205.00	205.00	205.00	205.00	205.00
	磷酸二氢钙Ca(H$_2$PO$_4$)$_2$·H$_2$O	0.00	15.00	30.00	45.00	60.00	75.00
	豆油	50.00	50.00	50.00	50.00	50.00	50.00
	大豆磷脂	10.00	10.00	10.00	10.00	10.00	10.00
	氯化胆碱	1.50	1.50	1.50	1.50	1.50	1.50
	维生素矿物质预混料[①]	10.00	10.00	10.00	10.00	10.00	10.00
	糊精	100.00	100.00	100.00	100.00	100.00	100.00
	α-淀粉	255.00	255.00	255.00	255.00	255.00	255.00
	微晶纤维素	55.00	50.00	45.00	40.00	35.00	30.00
	羧甲基纤维素	100.00	90.00	80.00	70.00	60.00	50.00
	乙氧基喹啉	0.50	0.50	0.50	0.50	0.50	0.50
	合计	1000.00	1000.00	1000.00	1000.00	1000.00	1000.00
营养水平[②]	粗蛋白CP/%	29.71	29.55	29.84	29.68	29.77	29.94
	粗脂肪EE/%	4.22	4.31	4.30	4.27	4.44	4.39

项目		6种磷含量饲料					
		3.8g/kg	6.9g/kg	10.1g/kg	13.2g/kg	16.4g/kg	19.5g/kg
营养水平②	灰分/%	6.45	7.06	7.57	8.42	9.42	10.53
	磷P/%	0.43	0.73	1.07	1.44	1.70	2.02

① 预混料为每千克饲料提供: Cu 5mg, Fe 180mg, Mn 35mg, Zn 120mg, I 0.65mg, Se 0.5mg, Co 0.07mg, Mg 300mg, K 80mg, 维生素A 10mg, 维生素B₁ 8mg, 维生素B₂ 8mg, 维生素B₆ 20mg, 维生素B₁₂ 0.1mg, 维生素C 250mg, 泛酸钙 20mg, 烟酸25mg, 维生素D₃ 4mg, 维生素K₃ 6mg, 叶酸5mg, 肌醇100mg。
② 实测值。

由表7-34可以看出，团头鲂的末体重、增重率均随着饲料中有效磷含量的增加呈先上升后下降的趋势。当饲料中有效磷含量从3.8g/kg增加到13.2g/kg时，末体重和增重率均显著上升（$P<0.05$），饲料系数显著下降（$P<0.05$）；从13.2g/kg增加到19.5g/kg时，末体重、增重率显著下降（$P<0.05$），饲料系数显著上升（$P<0.05$）。团头鲂的特定生长率也随着饲料中磷含量的增加呈先升后降的趋势，13.2g/kg组的特定生长率显著高于3.8g/kg、6.9g/kg、16.4g/kg、19.5g/kg四个组（$P<0.05$）。成活率在各组之间无显著性差异（$P>0.05$）。采用曲线模型分析饲料有效磷含量与团头鲂特定生长率SGR之间的关系，如图7-8所示。经回归分析得出，当饲料有效磷含量为12.98g/kg时，团头鲂可获得最大的生长速度。

表7-34　饲料有效磷含量对团头鲂生长性能的影响

项目	饲料有效磷含量					
	3.8g/kg	6.9g/kg	10.1g/kg	13.2g/kg	16.4g/kg	19.5g/kg
初体重IBW/g	35.40±0.08[a]	35.28±0.34[ab]	35.18±0.53[ab]	35.15±0.30[ab]	34.78±0.36[b]	35.10±0.24[ab]
末体重FBW/g	130.90±8.30[a]	159.40±3.76[b]	163.58±5.18[bc]	170.33±6.08[c]	156.83±6.53[b]	153.55±8.24[b]
增重率WGR/%	269.87±22.85[a]	352.40±7.02[b]	365.45±9.68[bc]	385.05±18.39[c]	351.30±22.02[b]	337.75±21.99[b]
成活率SR/%	98.75±2.17	100.00±0.00	100.00±0.00	100.00±0.00	100±0.00	100±0.00
饲料系数FCR	1.60±0.13[c]	1.22±0.02[ab]	1.18±0.03[ab]	1.12±0.05[a]	1.23±0.08[ab]	1.28±0.08[b]
特定生长率SGR/(%/d)	1.54±0.07[a]	1.78±0.02[b]	1.81±0.03[bc]	1.86±0.05[c]	1.78±0.06[b]	1.74±0.06[b]

注：1. 增重率=100%×(终体重－初体重)/初体重；成活率=100%×终尾数/初尾数；饲料系数（FCR）=饲料摄入量/(终体重－初体重)。

2. 同行数据肩注不同小写字母表示差异显著（$P<0.05$）。

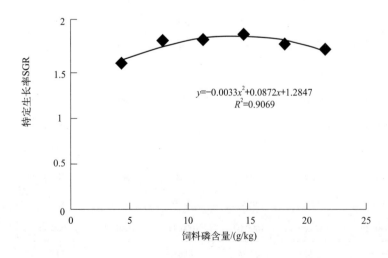

图7-8　饲料有效磷含量（x）与特定生长率SGR（y）的关系

图中公式：
$$y=-0.0033x^2+0.0872x+1.2847$$
$$R^2=0.9069$$

Nutritional

Physiology

and

Feed of

Freshwater

Fish

淡 水 鱼 类

营 养 生 理

与

饲 料

第八章

鱼类日粮中豆粕的
非营养作用

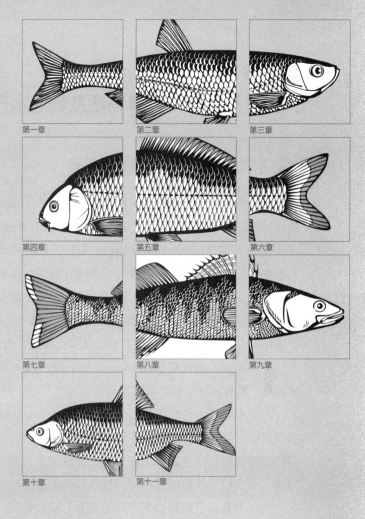

第一章　　　　第二章　　　　第三章

第四章　　　　第五章　　　　第六章

第七章　　　　第八章　　　　第九章

第十章　　　　第十一章

第一节
大豆、豆粕的抗营养物质及其对水产动物的作用

一、大豆、豆粕中的生理活性成分

大豆的生理活性物质包括了：①大豆蛋白（soybean protein）按其生理功能不同可分为储藏蛋白和生物活性蛋白两大类，生物活性蛋白占总蛋白质的30%，包括胰蛋白酶抑制剂、β-淀粉酶、血球凝集素等。②大豆异黄酮（soybean isoflavones，SI）又称植物雌激素，含量为0.1%～0.5%，分布于种皮、子叶和胚轴中，其中具有生理活性的两种成分是染料木素（genistein）和大豆苷元（daidzein），由于其酚羟基极易脱氢而发挥还原效应，具有抗氧化作用，能够抑制酪氨酸激酶的活性从而达到预防癌症的目的。③大豆皂苷（soya saponins）是由三萜类同系物（皂苷原）与糖（或糖酸）缩合形成的一类化合物，大豆中的皂苷含量为0.22%～0.47%，具有抗凝血、抗血栓及抗糖尿病、抗氧化、抗病毒作用等多种生物学功能。④大豆低聚糖（soybean oligosaccharides）是大豆中含有的低分子可溶性糖，主要成分是水苏糖、棉子糖和蔗糖，总含量约为10%。

大豆中存在一些热不稳定的抗营养因子（anti-nutritional factors，ANF），这些抗营养因子可以通过加热灭活，包括蛋白酶抑制因子、植物凝集素、致甲状腺肿素、脲酶等。生大豆经过溶剂萃取后被置于蒸汽加热过程中，可以使ANF中热敏感成分全部或部分失活。而热稳定性ANF包括大豆抗原、植物雌激素、非淀粉多糖和低聚糖等，这些都不能通过热处理消除。此外，大豆中存在一些因子如大豆低聚糖、大豆皂苷，它们起着营养和抗营养的双重作用，其中，可溶性成分是大豆抗营养作用的主要因素之一。

蛋白酶抑制因子（几种微量蛋白质或多肽）是生大豆中最主要的抗营养因子，含量约为30g/kg。鱼类摄食含有蛋白酶抑制因子的饲料后，摄食量和增重量下降，干物质、蛋白质和氨基酸等营养物质的消化率降低，鱼肝胰脏和肠道的蛋白酶活力呈现下降趋势，内脏器官生理机能发生改变。

大豆抗原蛋白主要是通过破坏动物肠黏膜细胞的形态和结构，降低饲料利用率，动物肠道发生病理学变化和过敏反应，导致生产性能下降。已经确认的大豆抗原蛋白有30余种，包括大豆球蛋白、β-伴大豆球蛋白（β-conglycinin）、大豆空泡蛋白（Gly m Bd 28k、Gly m Bd 30k）、大豆疏水蛋白（Gly m 1）、大豆外壳蛋白（Gly m 2）、大豆抑制蛋白（Gly m 3）、胰蛋白酶抑制剂（KTI）等。其中大豆球蛋白与β-伴大豆球蛋白是免疫原性最强的大豆抗原蛋白，占大豆籽实总蛋白质的65%～80%，是大豆中主要的抗原蛋白。关于大豆、豆粕对水产动物的损伤作用，对大西洋鲑的研究中发现，在日粮中添加一定量的大豆蛋白，肠上皮细胞结构破坏，黏膜褶缩短，黏膜固有层加深、加宽，肠道正常的结构和功能受损。由于单胃动物和鱼类肠黏膜中缺乏水解β-1,6糖苷键的酶，低聚糖特别是大豆中的棉子糖和水苏糖，不能够被小肠消化吸收，与厌氧微生物发酵作用产气，引起消化不良，或与消化酶或底物结合生成无活性的复合物，从而降低消化酶活性，增加肠内容物的渗透性和液体的保持力，从而减少了营养物质的水解作用。大豆皂苷属三萜皂苷（豆科植物含18～41mg/g，脱脂烘烤大豆粉含67mg/g），是由大豆苷元的羟基与低分子糖的羟基脱水形成的一种三萜烯类物质，具有强烈的表面活性，能够溶解红细胞或其他细胞，对鱼类的肠道黏膜有很强的毒害作用，在虹鳟和大马哈鱼的日粮中添加0.3%的大豆皂苷能够显著影响生长性能。大豆皂苷的化学结构见下图及表8-1。

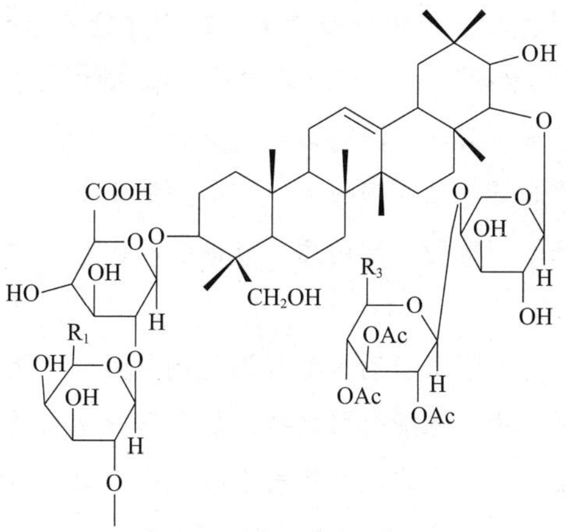

A组大豆皂苷结构

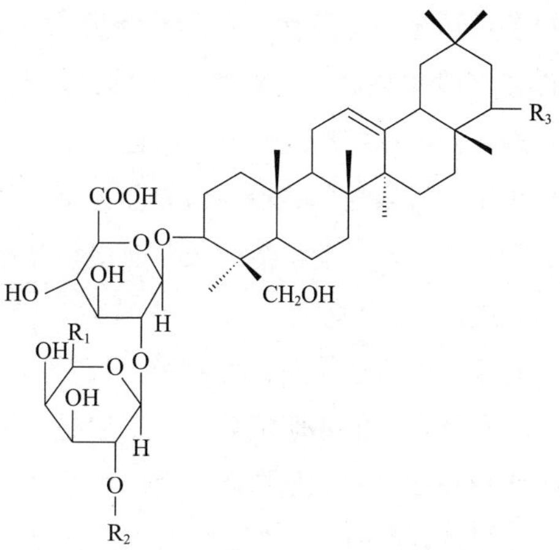

B组、E组和DDMP皂苷结构

表8-1 大豆皂苷结构中R₁、R₂、R₃基团（GB/T 22464—2008）

组名	代号	R₁	R₂	R₃
A组	Aa	CH₂OH	β-D-Glc	H
	Ab	CH₂OH	β-D-Glc	CH₂OCOCH₃
	Ac	CH₂OH	α-L-Rha	CH₂OCOCH₃
	Ad	H	β-D-Glc	CH₂OCOCH₃
	Ae	CH₂OH	H	H
	Af	CH₂OH	H	CH₂OCOCH₃
	Ag	H	H	H
	Ah	H	H	CH₂OCOCH₃
B组	Ba	CH₂OH	β-D-Glc	—OH
	Bb	CH₂OH	α-L-Rha	
	Bc	H	α-L-Rha	
	Bb′	CH₂OH	H	
	Bc′	H	H	
E组	Bd	CH₂OH	β-D-Glc	=O
	Be	CH₂OH	α-L-Rha	
DDMP	αg	CH₂OH	β-D-Glc	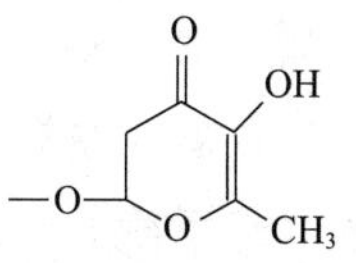
	βg	CH₂OH	α-L-Rha	
	βa	H	α-L-Rha	
	γg	CH₂OH	H	
	γg	H	H	

非淀粉多糖可分为可溶性和不溶性两类。不溶性非淀粉多糖由纤维素聚合物和部分半纤维素组成，可溶性非淀粉多糖由果胶、植物黏质、葡聚糖及部分低聚糖组成。单胃动物没有酶水解这些糖类，因此，它们的消化是通过细菌发酵分解。近年来，由于发现可溶性非淀粉多糖的抗营养作用，在单胃动物和鱼类的日粮中，可溶性非淀粉多糖的存在降低了肠道对葡萄糖的吸收、氨基酸的消化率、矿物质的吸收和脂类的利用。高水平的可溶性成分非淀粉多糖会降低干物质、蛋白质、能量的消化率，增加消化黏度，甚至引起腹泻。

此外还有些影响鱼类摄食、代谢和生长的热稳定抗营养因子包括多酚类和生物碱类，可能还含有大豆脱脂加热过程所产生的不明成分。单宁酸是一类分子量较大的酚类聚合物，与鱼体消化酶生成蛋白络合物，降低蛋白质效率和净蛋白利用率，影响鱼类摄食、营养物质的消化和吸收。生物碱呈碱性，其杂环中含氮，来自氨基酸前体，含生物碱类化合物的饲料口感不佳，使虹鳟摄食量降低。

总结大豆抗营养因子的抗营养作用主要有以下几个方面。一是能够抑制鱼类摄食饲料的适口性，造成食欲下降，比如大豆皂苷。二是抗营养因子能够和某些营养物质结合形成难以分解的复合物，从而影响该营养物质的吸收利用，如植酸。三是通过影响消化酶活性，来降低蛋白质等营养物质的消化吸收，如胰蛋白酶抑制因子。四是直接扰乱水生动物的生理功能，导致其组织器官发生组织学病变，从而对其产生毒害作用，如凝集素。大豆中抗营养因子研究文献较多，即使如此，也还有很多不清楚的问题。

二、日粮豆粕对鱼类肝脏组织的损伤作用

豆粕是水产饲料重要的植物蛋白质原料，但因为含有一些抗营养因子对水产动物也会产生一些副作用。

水产饲料中豆粕的副作用首先是在肠道黏膜和肝胰脏细胞损伤的研究过程中被发现。动物的生长依赖于营养物质的消化和吸收，肠上皮细胞在营养物质的消化和吸收中起着重要作用，是体内、外环境之间的重要屏障。饲料中豆粕替代鱼粉的比例越高，对鱼类肠道的影响越明显，主要表现为：肠道菌群失调，上皮细胞脱落，破坏肠道完整性，造成肠黏膜屏障受损，形成肠-肝轴的恶性循环，增大物质的渗透性到达肝脏组织，继而引起肝脏的代谢和免疫反应。豆粕替代鱼粉对鱼类肝胰脏组织学影响研究相对较少，随着饲料中豆粕添加量的增加，鱼体肝功能显著降低。45%的豆粕替代水平饲料对大黄鱼幼鱼的肝胰脏组织和肠道结构有破坏作用，其中肝胰脏空泡化现象严重、细胞内脂滴增多。对石首鱼的研究也证实了当饲料中豆粕水平44%以上时，肝胰脏细胞核发生了偏移，出现大量的脂质空泡。在对草鱼、鲈鱼、大黄鱼、半滑舌鳎、鳎鱼和牙鲆的研究中均证明了随着饲料中大豆蛋白源替代鱼粉水平的增加，肝胰脏组织出现了明显的病变，这可能是由于大豆蛋白源中的可溶性的抗营养因子（皂苷和非淀粉多糖）对肝胰脏造成的损伤。

三、日粮豆粕对肝脏抗氧化系统的影响

活性氧（ROS）如超氧阴离子、过氧化氢、过氧自由基和羟基自由基，是由所有有氧细胞代谢产生，是很多代谢物反应的副产物。在机体受到某些因子刺激时，鱼体内过量的氧化物积累会对核酸、蛋白质（包括酶）、生物膜等重要大分子造成损伤，造成细胞损伤，甚至引起细胞凋亡，影响细胞功能的完整性。线粒体被认为是产生活性氧的主要部位。在呼吸链的复合体 I（NADH/泛醌氧化还原酶）和复合体 III（泛醌/细胞色素 c 氧化还原酶）处产生 ROS。配合物中的泛醌位点是线粒体活性氧产生的主要部位：该位点通过单电子转移到氧分子，催化氧分子转化为超氧阴离子自由基（$O_2^- \cdot$）。线粒体中过量的

活性氧能够引起氧化应激，增强细胞抗氧化系统的活性和线粒体损伤，最终导致鱼类异常的生理和行为活动，比如养殖动物的摄食量下降，生产速度变缓，饲料转化率降低，免疫机能下降、发病率升高，甚至死亡。

为了防止肝脏氧化损伤，鱼类机体能够通过体内酶和非酶抗氧化物形成抗氧化系统，清除过量活性氧。体内最重要的非酶抗氧化物是谷胱甘肽 GSH，在抗氧化酶谷胱甘肽过氧化物酶（GSH-Px）和谷胱甘肽转移酶（GST）作用下催化超氧阴离子经过歧化作用变为过氧化氢（H_2O_2）和氧，GSH 的合成主要部位在动物体肝脏内，以谷氨酸、半胱氨酸和甘氨酸为底物，在 ATP 和辅酶作用下，经过两步酶促反应合成。机体内清除超氧阴离子自由基的主要酶类是 SOD，SOD 可以催化超氧阴离子发生歧化反应生产 H_2O_2 和水，消除细胞代谢产生的超氧阴离子，能够维持体内的氧化和抗氧化平衡，保护机体细胞免受损伤。细胞受损后脂质过氧化反应是机体抗氧化系统失衡所产生的主要问题，丙二醛（MDA）作为脂质过氧化的最终产物，对细胞有毒性作用，反映了机体细胞受自由基攻击的严重程度。日粮中豆粕替代 20% 以上的鱼粉时，点带石斑鱼肝胰脏中的 GSH 与 SOD 活性降低，MDA 含量显著升高，肝胰脏的抗氧化能力受到抑制。实用饲料中用豆粕替代部分鱼粉也会加大鱼体肝胰脏的抗氧化压力，增加脂质过氧化风险，饲料中用豆粕部分替代（33.7%）的鱼粉，增加了暗纹东方鲀的抗氧化压力，提高了肝损伤的风险。日粮中 36% 豆粕对罗非鱼肝胰脏的 GPT、GOT、SOD 活性有显著影响，这说明植物蛋白质原料中的某些成分使罗非鱼的抗氧化系统受到损害，鱼类营养与抗氧化系统存在着密切相关性。

第二节
大豆、豆粕水溶物对草鱼原代肝细胞的损伤作用

豆粕作为重要的植物蛋白质原料，多个研究结果证实，日粮中过高含量的豆粕会引起养殖鱼类肠道炎症、肝胰脏损伤，从而导致养殖的水产动物主要器官组织的器质性损伤。由此引发的思考包括：①豆粕中是哪些成分对养殖水产动物器官组织造成了损伤？这个问题虽然有一些研究，包括对大豆胰蛋白酶抑制因子、大豆凝集素、大豆皂苷、大豆黄酮、大豆多糖等的研究，但没有完整的、明确的结果。②豆粕中含有对养殖动物器官组织具有损伤作用的物质来源于哪里？是大豆本身含有的成分物质，还是大豆加工为豆粕的过程中产生的物质？③不同的养殖动物对日粮中豆粕使用量的上限是多少？④如果需要进一步提高豆粕在日粮中的使用量，有哪些技术方案可以克服高含量豆粕对器官组织的损伤作用？

本节内容是我们的一些研究结果。采集同一批次的巴西大豆及其豆粕，制备大豆、豆粕的水溶物冻干粉，用冻干粉为材料，以草鱼原代肝细胞为试验对象，在分离草鱼肝细胞培养 24h 后，向培养基中定量添加巴西大豆水溶物、巴西豆粕水溶物，使其终浓度为 0mg/mL、0.5mg/mL、2.5mg/mL、5.0mg/mL、10.0mg/mL 继续培养 24h。对肝细胞生长、超微结构、抗氧化能力、线粒体功能、凋亡等方面进行分析，同时也采用了转录组和代谢组学的方法进行分析，探讨大豆、豆粕水溶物对肝细胞的损伤作用。

主要的研究方法是采用 RNA 测序技术，考察对肝细胞全基因表达谱的影响，经过基因功能注释，以及利用 RPKM 法对基因表达丰度定量，对有差异表达的基因进行筛选，通过 GO 功能显著性富集和 KEGG 路径显著性富集分析等，对相关信息进行深度挖掘，进而探究大豆水溶物和豆粕水溶物诱导的原

代肝细胞抗氧化损伤的作用机理。应用液相色谱质谱联用技术（LC-MS）对肝细胞内代谢物和胞外代谢物进行分析，结合主成分分析法（PCA）和正交偏最小二乘判别分析（OLPS-DA）等模式识别方法，结合质谱碎片信息和数据库检索对潜在生物标志物进行结构鉴定，寻找引起肝细胞损伤的生物标志物，并且为修饰、消除或调节这些反应提供了潜在的靶点。

通过本节的研究内容可以得到的结果是高剂量的大豆和豆粕水溶物对草鱼原代肝细胞的生长、细胞结构和代谢均具有显著的损伤作用，且大豆水溶物的试验结果与豆粕水溶物的试验结果基本一致，表明豆粕中含有的对草鱼肝细胞具有损伤作用物质来源于大豆。

一、大豆水溶物、豆粕水溶物的制备和成分分析

为了保持大豆和豆粕种类的一致性，本试验选用了中粮集团有限公司（张家港）同一批次的巴西大豆和经过大豆油生产后得到的豆粕。为了除去大豆中热敏感抗营养因子对试验的影响，模拟豆粕加工的温度，将大豆粉碎后置于烘箱中，在140℃处理30～40min，检测脲酶活性，至脲酶活性ΔpH＜0.3为止。豆粕则为同一批次巴西大豆工业化生产豆油得到的豆粕。

大豆和豆粕经粉碎、过60目筛，分别称取豆粕、大豆各500g，以1∶6（质量浓度）的比例加入蒸馏水中，在4℃冰箱中浸提24h，间歇性搅拌。真空抽滤后得到滤液，滤液经过72h冷冻干燥后得到大豆水溶物冻干粉（SAE）和豆粕水溶物冻干粉（SMAE），冻干粉置于−80℃保存备用。依据试验需要，大豆水溶物、豆粕水溶物定量添加到细胞培养液中，培养液需要用0.25μm滤膜过滤、除菌后使用。

对冻干粉测定其水分、蛋白质、脂肪、灰分、可溶性糖以及小肽含量，结果见表8-2。在大豆水溶物和豆粕水溶物中存在的主要成分是蛋白质、糖类和灰分，大豆水溶物中的粗蛋白含量、可溶性糖含量均高于豆粕水溶物的结果，但酸溶蛋白质含量则是豆粕水溶物高于大豆的结果，从肽组成看，豆粕水溶物中分子质量小于180Da的成分（主要为游离氨基酸）含量高于大豆的结果。

表8-2　大豆水溶物和豆粕水溶物的组成和小肽含量（干物质）/%

	大豆水溶物 SAE	豆粕水溶物 SMAE
水分	0.51	0.61
粗蛋白	34.44±3.17	22.16±0.63
粗脂肪	0.55±0.28	0.16±0.07
粗灰分	10.1±0.19	14.6±0.07
可溶性糖	51.7±2.62	37.7±2.76
酸溶蛋白质[①]	2.68±0.42	5.76±0.82
肽组成[②]		
＞10,000Da	0.20[③]（7.28[④]）	0.23（4.05）
10,000～5000 Da	0.22（8.12）	0.26（4.57）
5000～2000 Da	0.27（10.03）	0.31（5.44）
2000～500 Da	0.07（2.48）	0.18（3.10）
500～180 Da	0.48（17.97）	1.18（20.43）
＜180Da	1.44（53.72）	3.59（62.33）

① 由江南大学（无锡，中国）分析测试中心按照GB/T 22729—2008中方法分析。
② 由江南大学分析测试中心按照GB/T 22729—2008中方法分析。
③ 由面积含量（%）乘以酸溶蛋白质含量计算得到，单位为g/100g，以干物质计。
④ 由面积归一法计算的占酸溶蛋白质中的比例，单位为g/100g，以酸溶蛋白质计。

需要注意的是，表8-2中的数据我们是依据营养成分做的分析结果，而本试验中对草鱼原代肝细胞产生损伤作用的为水溶性混合物质，产生作用的可能并不完全是上述营养物质。

二、大豆水溶物、豆粕水溶物对草鱼原代肝细胞活力有抑制作用

原代肝细胞的采集与培养。将用于肝细胞采集的草鱼浸泡在0.01%高锰酸钾溶液中30min，用75%的酒精擦拭体表，在超净工作台上取出肝胰脏组织，用预冷的D-Hanks试剂清洗3～4次，将组织块剪切成1mm³大小，加入3倍体积的0.25%胰酶（Gibco产品）放入振荡培养箱中低速振荡消化15min，终止液（含15%胎牛血清的M199培养基）终止消化；用70μm微孔细胞滤膜过滤组织块，肝胰脏细胞液再在1000r/min离心1min，去除上清液。加入D-Hanks液和红细胞裂解液（1：3）混合液以去除红细胞，再进行离心（1000r/min，4min）去除上清液，用D-Hanks液清洗两次（800r/min，1min）后得到肝细胞，用台盼蓝对细胞进行染色检测，活细胞的存活率＞85%时进行后续试验。

将上述方法获得的原代肝细胞按照4×10⁵个/孔的量接种到96孔细胞培养板中，每孔100μL。用M199培养基（15%胎牛血清、青霉素100IU/mL、链霉素100μg/mL、两性霉素0.25μg/mL）重悬细胞进行计数，调整细胞浓度后置于27℃、4.5% CO_2的培养箱进行原代肝细胞的培养。肝细胞培养24h后，将大豆水溶物、豆粕水溶物用含5%胎牛血清的培养基稀释成不同浓度，使大豆水溶物、豆粕水溶物在细胞培养液中的终浓度分别为0mg/mL、0.5mg/mL、2.5mg/mL、5.0mg/mL、10.0mg/mL，每个浓度至少设置6个重复孔，更换培养基，在培养箱中继续培养24h。采用CCK-8微板比色法检测细胞活力。方法为每孔加入10μL CCK-8溶液，培养箱孵育2h，在450nm波长下检测吸光度（OD值）。

结果如图8-1所示，在细胞培养液中加入大豆水溶物、豆粕水溶物后，细胞相对活力下降。0.5mg/mL、2.5mg/mL浓度下的大豆水溶物、豆粕水溶物组细胞相对活力与空白对照组相比无显著性差异。在5.0mg/mL和10.0mg/mL的大豆水溶物剂量组细胞相对活力与浓度呈现负相关；与对照组相比，细胞活力分别为（78.10±8.57）%、（65.97±7.35）%，具有极显著差异（$P < 0.01$）。结果显示，在草鱼离体肝细胞培养

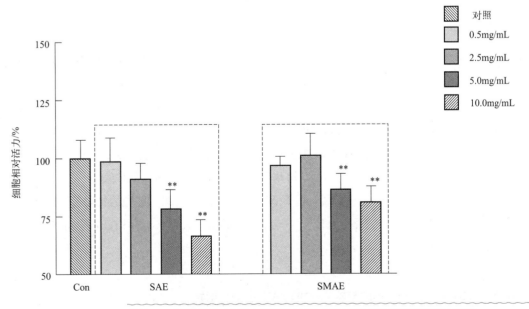

图8-1 大豆水溶物（SAE）和豆粕水溶物（SMAE）导致培养肝细胞活力下降
与对照组Con相比（$n \geq 6$），*$P < 0.05$，**$P < 0.01$

液中加入大豆水溶物、豆粕水溶物后，抑制了肝细胞的生长，且与大豆水溶物、豆粕水溶物添加剂量成正相关关系。培养液中添加的大豆水溶物、豆粕水溶物超过5.0mg/mL后，细胞相对生长活力极显著下降。

三、大豆水溶物、豆粕水溶物诱导草鱼原代肝细胞超微结构损伤

（一）培养细胞群落的变化

图8-2在光学显微镜下观察了对照组、10.0mg/mL浓度下大豆水溶物和豆粕水溶物组的细胞群落形态，在培养24h后，对照组中细胞均保持完整细胞形态，贴壁牢固，其余两组细胞出现贴壁不牢，汇片面积变少；高倍镜下细胞内有少量皱缩，内部颗粒增多，大部分细胞仍具有完整的细胞形态，视野中有少量的细胞碎片。

（二）细胞超微结构的变化

收集对照组和5.0mg/mL大豆水溶物和豆粕水溶物组细胞，数量为$6×10^6$个，PBS洗2遍，弃上清，用2.5%戊二醛作前固定，1%锇酸作后固定，梯度乙醇脱水后氧化丙烯浸透、环氧树脂包埋、制超薄切片，切片在200目铜网上收集，干燥24h，用醋酸铀酰和柠檬酸铅双重染色，在透射电镜下观察超微结构改变。如图8-3所示，正常组肝细胞核呈现圆形或椭圆形，双层膜结构清晰可见，核仁位于核中央，大而清晰，细胞质均匀分布，胞质内细胞器和内含物丰富，线粒体特别发达，呈圆球形、椭圆形、弯月形、球杆状或长杆状，内有清晰的细管状嵴，粗面内质网，常呈层状排列，膜表面有核糖体分布（a1、a2）。相比之下，大豆水溶物组（5.0mg/mL）细胞的内质网与线粒体数量减少，且肿胀现象明显，肝细胞内聚集了大小不一的脂滴（b1、b2）。豆粕水溶物组（5.0mg/mL）细胞超微结构发生了改变，包括核染色质沿核膜的环状凝结、稀疏的光密度、胞质、线粒体肿胀和数量的减少、内质网的肿胀（c1、c2）。

上述结果表明，大豆水溶物、豆粕水溶物均能导致肝细胞微观结构的显著性变化，主要的变化在细胞核、线粒体的微观结构，大豆水溶物、豆粕水溶物中均含有导致肝细胞细微结构损伤的物质成分。

（三）培养细胞的荧光染色结果

Hoechst 33258是一种可以穿透细胞膜的非嵌入性荧光染料，在染色体DNT的AT序列富集区域的小沟处与DNA结合，在紫外线激发下可以发出亮蓝色荧光。为了进一步观察细胞的凋亡特征，使用荧光显微镜观察Hoechst 33258试剂染色后的细胞核形态。方法为PBS清洗两遍细胞，4%多聚甲醛固定后添加100μL的Hoechst 33258试剂，避光孵育30min。PBS洗涤三次去除背景色，5.0mg/mL浓度的大豆水溶物和豆粕水溶物培养24h后，肝细胞被Hoechst 33258染色，结果见图8-4。荧光显微镜下可见对照组细胞大小一致，形状为圆形，且亮度均一。经大豆水溶物和豆粕水溶物处理的细胞核缩小，蓝色荧光强度明显减弱，染色不均匀（染色质凝集），核破碎，少数凋亡小体出现，是凋亡细胞的特征性形态改变。随着培养浓度和作用时间的增加，上述变化更加明显。这个结果显示，大豆水溶物和豆粕水溶物可以导致培养的肝细胞出现凋亡性损伤。

四、大豆水溶物、豆粕水溶物诱导草鱼原代肝细胞氧化损伤

采用微板法测定上清液中乳酸脱氢酶（LDH）活力，450nm波长下多功能酶标仪测定吸光度值。采

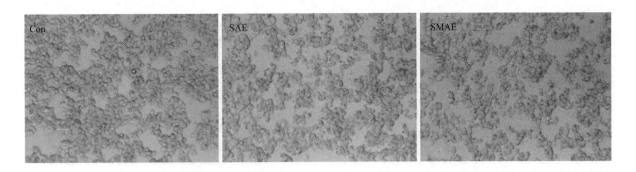

图8-2 大豆水溶物（SAE）和豆粕水溶物（SMAE）对培养细胞群落的观察（100×）

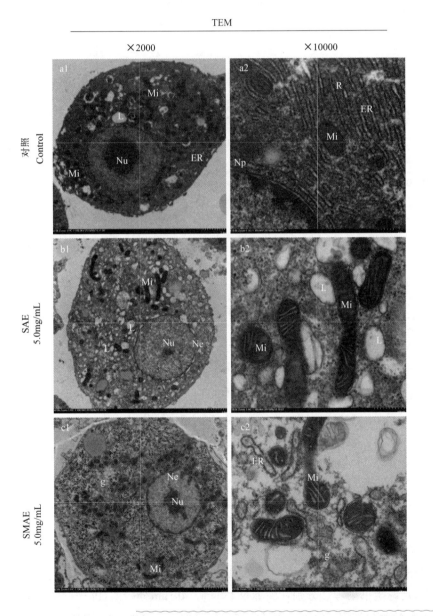

图8-3 大豆水溶物（SAE）和豆粕水溶物（SMAE）导致肝细胞超微结构损伤

a1 正常肝细胞超微结构（×2000）；a2 正常肝细胞超微结构（×10000）；b1 5.0mg/mL 大豆水溶物组处理组细胞（×2000）；b2 5.0mg/mL 大豆水溶物组处理组细胞（×10000）；c1 5.0mg/mL 豆粕水溶物组处理组细胞（×2000）；c2 5.0mg/mL 豆粕水溶物组处理组细胞（×10000）

Nu—细胞核；Np—核孔；Ne—核膜；Mi—线粒体；ER—内质网；g—糖原颗粒；L—脂滴

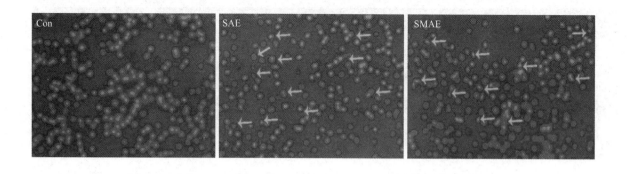

图8-4 Hoechst 33258荧光染色观察大豆水溶物（SAE）和豆粕水溶物（SMAE）培养细胞核形态变化
（见彩图）

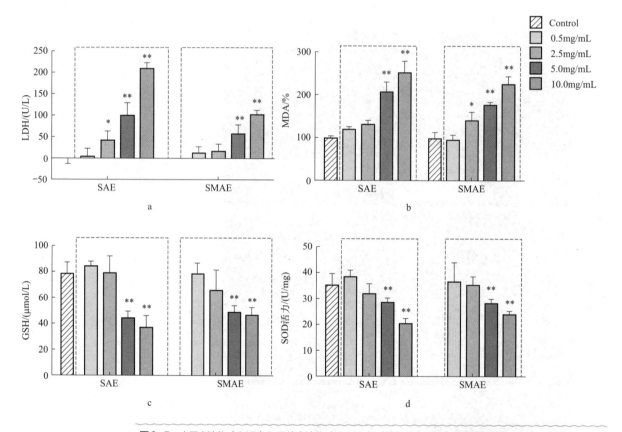

图8-5 大豆水溶物（SAE）和豆粕水溶物（SMAE）对草鱼原代肝细胞抗氧化活性的影响
a LDH；b MDA含量；c GSH；d SOD
与对照组相比（$n \geqslant 3$），*$P < 0.05$，**$P < 0.01$

用可见分光光度计法检测上清液中丙二醛（MDA）含量，细胞内超氧化物歧化酶（SOD）、谷胱甘肽（GSH）按南京建成细胞专用试剂盒说明书处理，分别在酶标仪450nm、405nm处检测OD值，结果见图8-5。图8-5a显示的是细胞上清液乳酸脱氢酶（LDH）含量的变化，可作为评价细胞损伤的指标。在低剂量组（0.5mg/mL、2.5mg/mL）SMAE组LDH的释放没有差异（$P > 0.05$），高剂量组（5.0mg/mL、10.0mg/mL）中，细胞释放到培养液中的LDH含量与对照组相比，极显著（$P < 0.01$）地增加。由此可以说明，培养液中水溶物含量的升高，会引起细胞膜通透性的增加，使较多的细胞内LDH释放到培养液。

丙二醛（MDA）是自由基引起的脂质过氧化过程中生成的一种醛类物质，如图 8-5b 所示，2.5mg/mL、5.0mg/mL、10mg/mL 水溶物组（除 SAE25mg/mL 组外）细胞上清液的 MDA 含量显著增加（$P < 0.05$）。SOD 是一种高效诱导酶，是机体抗氧化损伤的重要成员之一，超氧化物歧化酶（SOD）活力的高低间接反应了机体清除氧自由基的能力。如图 8-5d，高剂量（5.0mg/mL、10.0mg/mL）组 SOD 活性与对照组相比极显著（$P < 0.01$）下降。如图 8-5c 所示，与对照组相比，当大豆水溶物、豆粕水溶物添加量为 5.0mg/mL、10.0mg/mL 时，还原型谷胱甘肽（GSH）含量极显著（$P < 0.01$）降低。

如果 MDA 水平升高、SOD 活性降低，即可引发氧化应激反应，导致细胞发生氧化性损伤；培养液中 LDH 活性的增加是细胞膜损伤导致通透性增加的结果；而 SOD 活性降低、还原型谷胱甘肽（GSH）含量显著下降也表明肝细胞受到损伤的作用方式为氧化性损伤。上述结果表明，大豆水溶物、豆粕水溶物对草鱼原代肝细胞损伤的作用方式为氧化性损伤方式，其损伤强度与大豆水溶物、豆粕水溶物在细胞培养液中的添加剂量具有正相关关系。

五、大豆水溶物和豆粕水溶物诱导草鱼原代肝细胞凋亡

Annexin V（AV）选择性结合磷脂酰丝氨酸（PS），在正常情况下 PS 分布于细胞膜内侧，细胞发生凋亡时，PS 外翻到细胞外侧，能够与 AV 结合，将 AV 用荧光探针异硫氰酸荧光素（FITC）标记，碘化丙啶（PI）可以染色坏死细胞或凋亡晚期丧失细胞膜完整性的细胞，可以利用流式细胞术将正常细胞和凋亡早、晚期的细胞以及坏死细胞区分开。

肝细胞在含大豆水溶物、豆粕水溶物的培养基中继续培养 24h 后，将细胞上清液吸出到无菌离心管中备用。培养孔中的贴壁的细胞用 0.25% 胰酶消化，轻轻吹打、收集细胞；将收集到的细胞转移到前面收集的细胞培养液中，1000g 离心 5min，弃上清液，用 PBS 轻轻重悬细胞收集不超过 10 万个细胞，1000g 离心 5min，弃去上清液，加入 195μL Annexin V-FITC 轻轻重悬细胞，依次加入 5μL Annexin V-FITC、10μL PI 染色液，轻轻混匀。避光孵育 15min，随后置于冰浴中。用流式细胞仪检测细胞凋亡比例。统计每个样本中超过 10000 个细胞，定量分析细胞凋亡率。

试验结果如图 8-6 所示，随着大豆、豆粕水溶物浓度的升高，细胞早期凋亡率升高，细胞群向第三象限和第四象限偏移。低剂量组与对照组的凋亡比没有显著性差异，10.0mg/mL 大豆水溶物组凋亡率为（55.03±2.76）%、豆粕水溶物组的凋亡率为（37.11±8.57）%，均与对照组相比有极显著差异（$P < 0.01$）。

试验结果表明，大豆、豆粕水溶物会诱导草鱼的肝胰脏细胞发生凋亡，凋亡细胞数量呈剂量依赖性增加。在相同浓度下的大豆水溶物和豆粕水溶物比较，大豆水溶物组凋亡率更高，说明大豆水溶物较豆粕水溶物致原代肝细胞凋亡作用更强。

六、大豆水溶物和豆粕水溶物诱导草鱼原代肝细胞线粒体损伤

（一）培养细胞内活性氧（ROS）量显著增加

加入活性氧荧光探针（DCFH-DA）于培养基中，浓度为 10μmol/L，27℃ 孵育细胞 30min，用胰酶消化细胞，加入培养基终止消化制成细胞悬液，1000g 离心 5min 收集细胞，用 PBS 洗涤 2 次，再次离心收集细胞用于流式细胞术对 ROS 量的检测。检测结果见表 8-3，大豆水溶物和豆粕水溶物（5.0mg/mL 和 10.0mg/mL）培养肝细胞 24h 后，细胞内 ROS 水平增加了 67.0% ~ 116.2%（$P < 0.01$）。

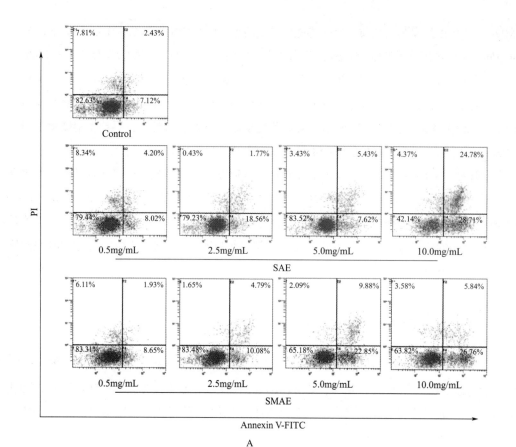

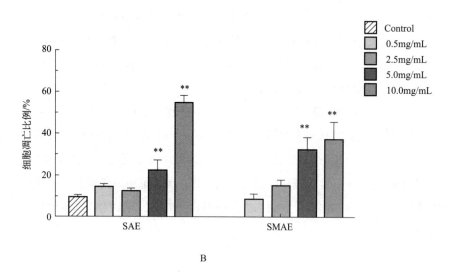

图8-6 大豆水溶物（SAE）和豆粕水溶物（SMAE）诱导草鱼原代肝细胞发生凋亡

A示流式细胞术检测到的Annexin V/PI双染图；B原代肝细胞凋亡比例

左上角（UL）象限表示坏死细胞（Annexin V−/PI+）；右上角（UR）象限表示晚期凋亡细胞（Annexin V+/
PI+）；左下（LL）象限表示活细胞（Annexin V−/PI−）；右下（LR）象限表示早期凋亡细胞（Annexin V+/
PI−）；与对照组比较，*P＜0.05，**P＜0.01；进行t检验确定处理组间的显著性差异，数据表示为平均值±
标准差（n=4）

表8-3　大豆水溶物和豆粕水溶物对原代肝细胞活性氧（ROS）形成的影响

组别	浓度/(mg/mL)	ROS变化（平均荧光强度[①]）	变化幅度/%
对照Control	0	15.667±0.839	0
大豆水溶物	5.0	31.367±1.060[**]	100.2
SAE	10.0	33.867±4.609[**]	116.2
豆粕水溶物	5.0	31.200±3.604[**]	99.1
SMAE	10.0	26.167±3.262[**]	67.0

注：与对照组比较，[**]$P < 0.01$；结果以三个独立试验的平均值±标准差表示。
①流式细胞术计算细胞内ROS水平及平均荧光强度。

（二）线粒体膜电位显著下降

线粒体通过细胞内在途径在细胞凋亡中发挥关键作用，细胞膜电位的改变是诱导细胞凋亡的关键。JC-1是一种广泛用于检测线粒体膜电位（mitochondrial membrane potential，MMP）的荧光探针，在线粒体膜电位较高时，JC-1聚集在线粒体基质中形成聚合物，产生红色荧光，相反JC-1呈现单体形式时为绿色荧光，最后，通过计算荧光强度比值（红色荧光与绿色荧光的比值）来分析MMP。收集细胞重悬于0.5mL细胞培养液中，加入0.5mL JC-1染色工作液，颠倒多次混匀，在27℃培养箱中孵育40min。染色结束后，600g、4℃离心4min，沉淀细胞，用JC-1染色缓冲液洗涤2次，重悬后用流式细胞仪进行分析。

结果见表8-4，与对照组相比，大豆水溶物组（2.5mg/mL、5.0mg/mL、10.0mg/mL）和豆粕水溶物组（5.0mg/mL、10.0mg/mL）MMP较对照组有不同程度的下降（$P < 0.05$）。结果表明，细胞内红绿荧光强度比值明显降低。与对照组相比，大豆水溶物和豆粕水溶物组（0.5mg/mL剂量除外）的MMP水平显著降低（[*]$P < 0.05$，[**]$P < 0.01$）。结果以三个独立试验的平均值±标准差表示。

表8-4　大豆水溶物和豆粕水溶物对原代肝细胞线粒体膜电位（MMP）的影响

组别	浓度/(mg/mL)	线粒体膜电位(MMP)	变化幅度/%
对照Control	0	18.588±6.399	0
大豆水溶物SAE	0.5	13.764±3.354	−26.0
	2.5	7.498±3.163[**]	−60.0
	5.0	3.984±1.051[**]	−78.6
	10.0	1.649±0.099[**]	−91.1
豆粕水溶物SMAE	0.5	15.004±4.378	−19.3
	2.5	9.191±5.920[*]	−50.6
	5.0	4.977±3.223[**]	−76.2
	10.0	3.530±2.194[**]	−81.0

注：[*]$P < 0.05$，[**]$P < 0.01$。

七、大豆、豆粕水溶物对草鱼原代肝细胞有氧化损伤作用

（一）高剂量的大豆、豆粕水溶物诱导肝细胞凋亡

线粒体是细胞能量代谢中心，线粒体动力学被认为在维持细胞内环境稳定方面具有重要的生理作用。诱导细胞凋亡的途径很多，线粒体凋亡途径是脊椎动物主要的生理凋亡途径。线粒体功能障碍是坏死的基本特性，伴随着线粒体膜通透性的改变，并向胞质中释放多种凋亡激活因子，包括细胞色素c、

核酸内切酶G、高温相关丝氨酸蛋白酶A2（HtrA2）、凋亡诱导因子（AIF）和半胱氨酸蛋白酶（caspase）活化。有研究表明，在鲑鱼的日粮中加入豆粕，大量的肠上皮细胞表现出细胞应激和损伤，可能是鲑鱼对豆粕日粮中未识别的"应激源"的响应。大豆中的大豆抗毒素（glyceollins）能够通过线粒体膜电位（MMP）去极化引起小鼠肝癌细胞凋亡。我们的研究结果也表明，在培养基中添加大豆水溶物和豆粕水溶物显著降低了肝细胞线粒体膜电位（MMP）。正常的MMP是维持线粒体内氧化磷酸化，ATP产生的必要条件，表现为线粒体膜内外的膜电位差。当MMP下降即线粒体内膜去极化后，会影响到H^+的跨膜转运，即导致线粒体内膜的通透性屏障，造成ATP合成功能障碍，并引发一系列细胞凋亡的级联反应。通过流式细胞仪检测细胞凋亡比例，10.0mg/mL浓度大豆水溶物组凋亡比例达到（55.03±2.76）%，豆粕水溶物组的凋亡比例达到（37.11±8.57）%，与对照组相比均有显著差异（$P < 0.01$），结果表明大豆、豆粕均能够引起原代肝细胞凋亡。

线粒体结构和功能的变化在肝细胞的功能及损伤中发挥着重要的作用。暴露于含大豆水溶物（5.0mg/mL）和豆粕水溶物（5.0mg/mL）培养基24h能够诱导肝细胞超微结构改变，结合Hoechst染色结果，包括细胞核凝结、少数凋亡小体出现、线粒体数量减少、肿胀现象明显，出现大量脂滴堆积，细胞质积累的脂滴通常意味着线粒体三羧酸（TCA）循环的功能障碍，表明一个损伤的细胞和脂肪变性的开始。

大豆水溶物和豆粕水溶物在5.0mg/mL浓度下诱导细胞内ROS过量产生，说明草鱼原代肝细胞表现出氧化应激。通过对细胞相关酶活力检测发现，细胞上清液中LDH、MDA水平明显升高，细胞内液中抗氧化酶（SOD、GSH）活性明显低于正常对照组（$P < 0.01$），反映肝细胞膜损伤，导致脂质氧化，抗氧化酶系统受损。

（二）豆粕中对肝细胞损伤的物质来自于大豆

豆制品作为重要的膳食蛋白质来源，在人类和动物食品中得到了广泛的应用。但是，大豆中生物活性物质的高含量使它成为一种需要关注的膳食补充剂。这些物质在鱼类体内不能正常代谢，可引起一系列主要与消化生理、健康和代谢相关的作用，导致肠黏膜屏障受损，增加物质对肝脏的通透性，进而引起代谢和免疫反应；大豆异黄酮染料木素促进人、大鼠乳腺上皮细胞和仔猪肝细胞凋亡；大豆凝集素能够降低猪肠柱状上皮细胞整合素的表达，从而诱导细胞凋亡。在豆油生产过程中，正己烷萃取会导致大豆加工过程中7S贮藏蛋白质的热变性温度和热焓的变化；在脱脂热处理的过程中可能发生了一些成分的改变（化学修饰反应）。通过对大豆水溶物、豆粕水溶物的化学成分进行分析，豆粕水溶物的可溶性糖含量下降，小肽含量升高，这都与加工相关。豆粕水溶物中含有引起草鱼肝细胞氧化损伤的物质，且这类物质来自于大豆自身的组成物质，不是来自于大豆生产豆油的过程中。我们花了很长时间和更多的试验来证实这个问题。先后采用了来自巴西和美国的不同批次的大豆和豆粕进行试验，结果相同。本文介绍了巴西大豆和豆粕的研究结果，这些结果与大豆水溶物和豆粕水溶物对草鱼肝细胞的损伤一致，证明这些损伤物质是大豆自身的存在物质。大豆水溶物和豆粕水溶物引起的肝细胞损伤可能有多种途径，本试验结果表明，ROS介导的线粒体损伤可能是大豆诱导原代肝细胞氧化应激和凋亡的重要途径之一。

因此，通过本试验结果表明：①大豆水溶物和豆粕水溶物对草鱼原代肝细胞结构和功能有损伤作用，损伤作用的程度与剂量呈正相关，当细胞培养液中超过5.0mg/mL时与对照组相比具有显著差异（$P < 0.05$）。②大豆水溶物和豆粕水溶物主要通过线粒体途径诱导草鱼原代肝细胞损伤作用，显著升高ROS水平，会导致细胞核凝结、细胞抗氧化系统的紊乱和线粒体结构和功能的抑制，最终影响细胞活力，触发细胞死亡途径。

第三节
大豆水溶物、豆粕水溶物对草鱼原代肝细胞损伤的转录组分析

前面的研究已经发现，在培养基中添加超过5.0mg/mL浓度的大豆水溶物、豆粕水溶物后，引起草鱼原代肝细胞的氧化损伤、细胞活力下降、线粒体肿胀，最终造成细胞凋亡。那么，大豆、豆粕水溶物对肝细胞的损伤作用是如何发生的？转录组学是研究活细胞在某一特定时间和空间、在某一特定生长状态下，细胞内所有的mRNA类型和拷贝数的技术方法。当外源物质进入细胞中发生生物学效应时，转录组测序、表达的基因注释结果，能够进行快速比对、识别关键靶基因和信号通路，是一个较为宏观的从已经表达的基因层面进行归类、差异分析的技术方法。

为了阐明大豆和豆粕水溶物在基因表达的整体水平上是如何影响肝细胞正常生命活动的，以5.0mg/mL浓度的大豆水溶物组（SAE）和豆粕水溶物组（SMAE）培养的草鱼原代肝细胞为试验对象，采用RNA测序的转录组学方法进行转录组分析，以正常组（Con）为参照，筛选大豆水溶物组（SAE）、豆粕水溶物组（SMAE）与之差异表达基因，并通过GO功能富集分析和KEGG信号通路富集分析，探讨两种水溶物诱导肝细胞损伤的可能作用机制。

具体操作方法是，收集5.0mg/mL浓度大豆水溶物组（SAE）、5.0mg/mL浓度豆粕水溶物组（SMAE）和对照组的肝细胞，每个组至少收集96孔以上的细胞量，肝细胞经过PBS清洗2次，加入Trizol（Ambion，美国）试剂反复吹打至裂解充分放入液氮中，用于肝细胞转录组测序。

肝细胞总RNA提取和检测。将细胞从液氮取出，加入200μL氯仿，上下颠倒约15s，使其混匀，室温静置5min，于4℃、12000r/min条件下离心15min。取上清加入0.8倍体积的异丙醇，上下颠倒后冰上静置10min，再次12000r/min离心10min，使RNA沉淀。弃上清，加入75%乙醇1mL清洗沉淀，然后4℃、12000r/min离心5min，弃上清后室温干燥，RNA沉淀加入40μL DEPC水溶解，即获得各组细胞总RNA。利用Nanodrop2000对所提RNA的浓度和纯度进行检测，琼脂糖凝胶电泳检测RNA完整性，Agilent2100测定RIN值。单次建库要求RNA总量1μg，浓度≥50ng/μL，OD_{260}/OD_{280}介于1.8～2.2之间。

RNA测序委托上海美吉生物医药科技有限公司提供技术服务，采用Illumina HiSeq测序平台完成的转录组测序，构建Illumina PE文库进行2×150bp测序，对获得的测序数据进行质量控制，之后利用生物信息学手段对转录组数据进行分析。

一、草鱼原代肝细胞转录组中差异表达的基因数量

加入大豆水溶物和豆粕水溶物培养24h后，肝细胞转录组中对照组和处理组分别采用TPM（transcripts per million reads）计算方法计算各个基因表达量，根据统计学差异标准，默认参数：P值＜0.05，且$|\log_2FC| \geq 1$为具有统计学意义，结果如图8-7所示。5.0mg/mL大豆水溶物处理组与对照组相比，基因差异表达上调337个、下调532个；5.0mg/mL豆粕水溶物处理组与对照组相比，基因差异表达上调440个、下调1011个；5.0mg/mL大豆水溶物处理组与5.0mg/mL豆粕水溶物处理组相比，共有76个基因差异表达上调、371个基因差异表达下调。

使用散点图表示原代肝细胞对照组和处理组差异表达基因（differently expression genes，DEGs）。采用edgeR软件包对获得的基因进行分析，对基因表达进行差异性分析，差异比较组的$\log_2$ fold change值（取同一基因在不同样本中表达量的比值来计算以2为底的对数值）分布散点图，见图8-8。

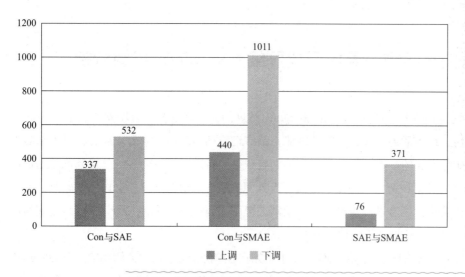

图8-7 对照组和处理组肝细胞差异表达基因数量统计

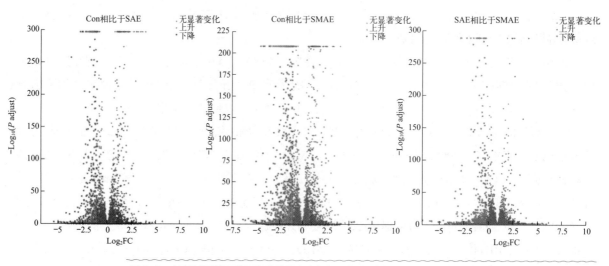

图8-8 水溶物组引起原代肝细胞差异表达火山图（见彩图）

二、差异表达基因的GO分析

（一）大豆水溶物组和豆粕水溶物组差异表达基因GO分类

利用GO数据库，可以对于一个或一组基因按照其参与的生物过程（biological process，BP）、分子功能（molecular function，MF）及细胞组分（cellular component，CC）三个方面进行分类注释。GO分类结果是以条目下差异表达基因数量及其占该条目基因总数的比例（%）为依据，尤其是差异表达上调、下调的基因数在相应的上调基因总数、下调基因总数中的比例，是分析该条目基因差异表达趋势的主要依据，这个比例越高表明该条目下基因受到大豆水溶物或豆粕水溶物影响越大。

由表8-5可见，细胞组分（CC）中，主要涉及细胞（cell）和细胞部分（cell part），22.26%的基因表达上调，22.93%的基因表达下调，其次是膜（membrane）和膜部分（membrane part）；生物学过程（BP）中，主要涉及单一生物过程（single-organism process），41.25%的基因表达上调，41.17%的基因表达下调，以及细胞过程（cellular process）、代谢过程（metabolic process）等；在分子功能（MF）中，受影响最大的是结合（binding），有31.16%基因差异表达上调，31.77%的基因差异表达下调，其次为催化活性（catalytic activity）。SMAE处理后原代肝细胞转录组差异表达基因结果在表8-6中，CC中，细胞（cell）、细胞部分（cell part），23.86%、23.64%的基因表达上调，22.75%、22.65%的基因表达下调；BP中，单一生物过程（single-organism process），36.59%的基因表达上调，40.55%的基因表达下调；MF中，受影响最大的依然是结合（binding），有31.16%基因差异表达上调，32.05%的基因差异表达下调。相比于大豆水溶物组，基因占总数的比例略有下降。

表8-5 大豆水溶物处理后原代肝细胞转录组DEGs的GO数据库基因分类（GO Term）分类结果

基因本体	Term名称	Up数目	Up比例/%	Down数目	Down比例/%
细胞组分 CC	细胞	75	22.26	122	22.93
	细胞部分	75	22.26	122	22.93
	细胞器	44	13.06	74	13.91
	细胞器部分	27	8.01	74	13.91
	膜	76	22.55	83	15.60
	膜部分	66	19.58	83	15.60
	细胞外区域部分	22	6.53	66	12.41
	大分子复合物	25	7.42	0	0
生物学过程 BP	细胞过程	128	37.98	203	28.16
	生物调节	71	21.07	130	24.44
	代谢过程	111	32.94	203	38.16
	发展过程	29	8.61	61	11.47
	对刺激的反应	61	18.10	90	16.92
	单一生物过程	139	41.25	219	41.17
	本地化	36	10.68	42	7.89
	多细胞生物过程	27	8.01	68	12.78
	信号	42	12.46	65	12.22
	生物过程的调节	61	18.10	123	23.12
	生物过程负调控	0	0	39	7.33
分子功能 MF	结合	105	31.16	166	31.77
	催化活性	104	30.86	153	28.76

注：Up比例表示注释到GO条目的上调DEGs占全部上调DEGs的比例；Down比例表示注释到GO条目的下调DEGs占全部下调DEGs的比例。

表8-6 SMAE处理后原代肝细胞转录组DEGs的GO Term分类结果

基因本体	Term名称	Up数目	Up比例/%	Down数目	Down比例/%
CC	细胞	105	23.86	230	22.75
	细胞部分	104	23.64	229	22.65
	细胞器	65	14.77	127	12.56
	细胞器部分	38	8.64	0	0
	膜	87	19.77	170	16.82
	膜部分	66	19.58	131	12.96
	胞外区	0	0	93	9.20
	大分子复合物	37	8.41	81	8.01
BP	细胞过程	156	35.45	379	37.49
	生物调节	95	21.59	256	25.32
	代谢过程	128	38.41	331	32.74
	发展过程	49	11.14	137	13.55
	对刺激的反应	82	18.64	198	19.58
	单一生物过程	161	36.59	410	40.55
	本地化	52	11.82	79	7.81
	多细胞生物过程	46	10.45	157	15.53
	信号	50	11.36	138	13.65
	生物过程的调节	85	19.32	243	24.04
	生物过程负调控	0	0	64	6.33
MF	结合	105	31.16	324	32.05
	催化活性	104	30.86	250	24.73
	转运活性	27	6.14	0	0

注：Up比例表示注释到GO条目的上调DEGs占全部上调DEGs的比例；Down比例表示注释到GO条目的下调DEGs占全部下调DEGs的比例。

（二）大豆水溶物组和豆粕水溶物组表达基因GO注释

为了进一步确定大豆水溶物引起肝细胞损伤可能的分子机制，我们进行了基因表达的功能富集分析，最终获得CC、BP以及MF三个功能群差异表达最显著的前20 GO条目，结果见表8-7，差异表达基因所富集到的CC主要与细胞外空隙（extracellular space）和细胞外区域部分（extracellular region part）有关。BP中主要包括蛋白质水解负调控（negative regulation of proteolysis）、水解酶活性的负调控

（negative regulation of hydrolase activity）、细胞脂质代谢过程（cellular lipid metabolic process）、类异戊二烯代谢过程（isoprenoid metabolic process）、氧化还原过程（oxidation-reduction process）、类固醇生物合成的过程（steroid biosynthetic process）等。所富集到的 MF 主要和肽酶抑制剂活性（peptidase inhibitor activity）、肽链内切酶调节活性（endopeptidase regulator activity）、肽酶调节活性（peptidase regulator activity）、氧化还原酶活性（oxidoreductase activity）有关。

表8-8显示的是豆粕水溶物组与对照组的DEGs显著富集的GO条目，在CC中主要与细胞外空隙（extracellular space）、细胞外区域（extracellular region）和细胞外区域部分（extracellular region part）有关。在BP中主要包括氧化还原过程（oxidation-reduction process）、催化活性的负调节（negative regulation of catalytic activity）、小分子代谢过程（small molecule metabolic process）以及蛋白质水解代谢相关调控。在 MF 中，差异表达基因主要集中在氧化还原酶活性（oxidoreductase activity）、酶抑制剂的活性（enzyme inhibitor activity）以及肽酶调节。

通过维恩（Venn）图分析注释到两组基因级共有的差异基因有605个，富集因子（Rich Factor）越大，代表该功能富集程度越大。q 值越小，代表该功能富集显著程度越大。Rich Factor 排名前30的GO条目参见图8-9。其中对激活蛋白级联（protein activation cascade）、血液凝固（blood coagulation）、纤维蛋白凝块形成（fibrin clot formation）、内肽酶活性的调节（regulation of endopeptidase activity）、纤维蛋白原复合物（fibrinogen complex）、中性粒细胞激活（neutrophil activation）以及蛋白质代谢、免疫应答、氧化应激相关的GO条目也富集到了较多差异基因。

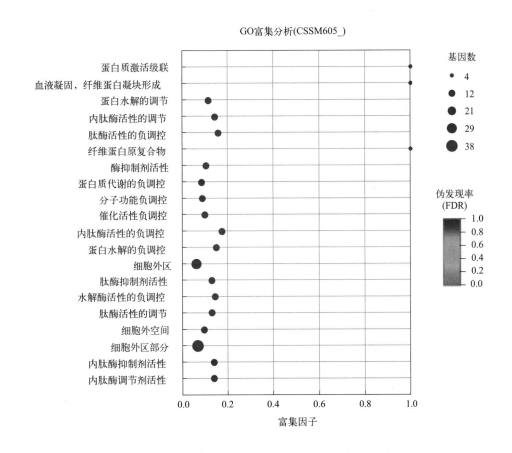

图8-9 差异表达基因GO富集分析结果图

表8-7　大豆水溶物组DEGs GO注释

基因本体	GO ID	通路名称	数目	P值校正
CC	0005615	细胞外空隙	32	$6.37×10^{-8}$
	0044421	细胞外区域部分	49	$7.19×10^{-8}$
BP	0045861/0051346/0010466/0010951	蛋白质水解负调控/水解酶活性负调控/肽酶活性负调控/内肽酶活性负调控	24	$6.37×10^{-8}$
	0044255	细胞脂质代谢过程	46	$6.37×10^{-8}$
	0030162	调节蛋白水解作用	26	$6.37×10^{-8}$
	0006720	类异戊二烯代谢过程	14	$6.37×10^{-8}$
	0006629	脂质代谢过程	56	$6.37×10^{-8}$
	0052548	内肽酶活性的调节	26	$6.47×10^{-8}$
	0052547	肽酶活性的调节	26	$6.75×10^{-8}$
	0055114	氧化还原过程	67	$8.74×10^{-8}$
	0006694	类固醇生物合成的过程	14	$8.74×10^{-8}$
MF	0004857	酶抑制剂的活性	26	$6.37×10^{-8}$
	0061134	肽酶调节活性	27	$6.37×10^{-8}$
	0004866	肽链内切酶抑制剂活性	26	$6.37×10^{-8}$
	0030414	肽酶抑制剂活性	26	$6.47×10^{-8}$
	0061135	肽链内切酶调节活性	26	$6.47×10^{-8}$
	0016491	氧化还原酶活性	69	$6.47×10^{-8}$

表8-8　豆粕水溶物组DEGs GO注释

基因本体	GO ID	通路名称	数目	P值校正
CC	0044421	细胞外区域部分	61	$1.22×10^{-6}$
	0005576	细胞外区域	53	$3.24×10^{-5}$
	0005615	细胞外空隙	33	$3.64×10^{-5}$
BP	0055114	氧化还原过程	87	$1.22×10^{-6}$
	0043086	催化活性的负调节	29	$4.65×10^{-6}$
	0010951	内肽酶活性的负调控	21	$4.94×10^{-6}$
	0010466	肽酶活性的负调控	22	$4.94×10^{-6}$

基因本体	GO ID	通路名称	数目	P值校正
BP	0051346	水解酶活性的负调控	23	5.20×10^{-6}
	0008150	生物过程	773	9.6×10^{-6}
	0052548	内肽酶活性的调节	23	1.15×10^{-5}
	0045861	蛋白水解负调控	22	1.21×10^{-5}
	0052547	肽酶活性的调节	24	1.92×10^{-5}
	0044092	分子功能的负调节	29	1.99×10^{-5}
	0044281	小分子代谢过程	129	9.34×10^{-5}
MF	0016491	氧化还原酶活性	86	4.65×10^{-6}
	0004857	酶抑制剂的活性	30	4.94×10^{-6}
	0004866	肽链内切酶抑制剂活性	25	4.94×10^{-6}
	0061135	肽链内切酶调节活性	25	5.44×10^{-6}
	0061134	肽酶调节活性	27	6.05×10^{-6}
	0030414	肽酶抑制剂活性	26	6.05×10^{-6}

三、差异表达基因KEGG分析

（一）大豆水溶物组、豆粕水溶物组差异表达基因KEGG注释结果

基于KEGG数据库分别进行大豆水溶物组和对照组、豆粕水溶物组和对照组差异基因筛选，同时进行通路（pathway）富集通路注释，默认当P值校正＜0.05为此KEGG通路存在显著富集情况，结果见图8-10。

大豆水溶物和豆粕水溶物培养肝细胞24h后，差异表达基因的KEGG富集分析包括补体和凝血级联（complement and coagulation cascades），PPAR信号通路（PPAR signaling pathway），细胞因子-受体相互作用（cytokine-cytokine receptor interaction），脂肪消化吸收（fat digestion and absorption），甘氨酸、丝氨酸和苏氨酸的代谢（glycine，serine and threonine metabolism），花生四烯酸代谢（arachidonic acid metabolism），甘油酯代谢（glycerolipid metabolism）和甘油磷脂代谢（glycerophospholipid metabolism）等通路。在大豆水溶物组中类固醇生物合成（steroid biosynthesis）、萜类化合物生物合成（terpenoid backbone biosynthesis）等糖类代谢相关通路也受到了显著的调节。

大豆水溶物组与对照组相比，可显著富集到122条途径，包括蛋白质水解负调控（negative regulation of proteolysis）、水解酶活性的负调控（negative regulation of hydrolase activity）、肽酶活性的负调控（negative regulation of peptidase activity）、细胞脂质代谢过程（cellular lipid metabolic process）、肽链内切酶调节活性（endopeptidase regulator activity）、氧化还原酶活性（oxidoreductase activity）、氧化还原过程（oxidation-reduction process）、类固醇生物合成（steroid biosynthetic）等。

豆粕水溶物组与对照组相比，主要涉及氧化还原过程（oxidation-reduction process）、催化活性的负

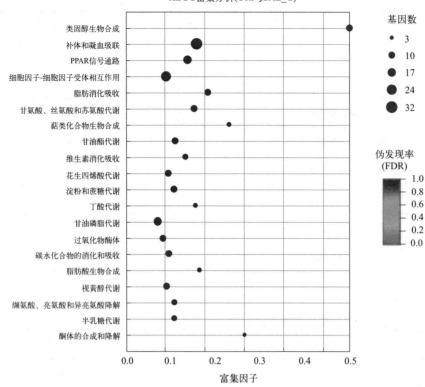

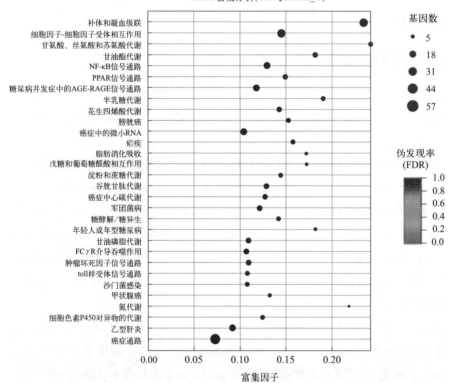

图8-10 差异表达基因KEGG富集分析结果图

调节（negative regulation of catalytic activity）、内肽酶活性的负调控（negative regulation of endopeptidase activity）、水解酶活性的负调控（negative regulation of hydrolase activity）、小分子代谢过程（small molecule metabolic process）、刺激反应（response to stimulus）、细胞对雌激素刺激的反应（cellular response to estrogen stimulus）和甘氨酸代谢（glycine metabolic process）等。豆粕水溶物组与对照组相比，差异基因显著性富集的KEGG通路主要有AGE-RAGE、肿瘤因子（TNF）、toll样受体信号通路以及半乳糖、谷胱甘肽、蔗糖、氮代谢等多个通路。并发症中的AGE-RAGE信号通路下调表达基因主要功能集中于细胞增殖和凋亡。

（二）大豆水溶物组和豆粕水溶物组共同的差异表达基因KEGG注释结果

605条差异基因可注释到256条KEGG通路，其中显著性富集到11条通路（$P < 0.05$），富集到这些通路上的基因有101条，结果见表8-9，这些通路与肝细胞脂质代谢、氨基酸代谢、配体/受体互作和免疫应答等有关。

KEGG通路富集分析结果显示，DEGs可显著富集到20条信号通路，影响最大的是补体和凝血级联，其次为甾体生物合成、PPAR信号通路、细胞因子的相互作用、脂肪消化和吸收、甘氨酸、丝氨酸和苏氨酸代谢、萜类骨架生物合成和甘油三酯代谢等，这些通路可能作为SAE引起肝细胞损伤的发生机制。SMAE组肝细胞显著富集到30条信号通路中，影响最大的是补体和凝血级联，其次是细胞因子的相互作用，甘氨酸、丝氨酸和苏氨酸代谢，甘油三酯代谢，NF-κB信号通路，TNF信号通路，谷胱甘肽代谢，糖酵解/糖异生，细胞色素P450等。这些结果提示，SAE可能更多的是通过诱导蛋白质与脂质代谢异常，参与氧化应激过程，进一步导致肝细胞炎症和坏死的发生。

表8-9　差异表达基因的KEGG通路分类结果

通路编号	通路名称	Up数量	Down数量	P值校正	第一类	第二类
map04610	补体和凝血级联	2	24	1.20858×10^{-11}	生物体系统	免疫系统
map04060	细胞因子-受体相互作用	11	12	6.01848×10^{-6}	环境信息处理	信号分子和相互作用
map00260	甘氨酸、丝氨酸和苏氨酸的代谢	1	9	5.1525×10^{-5}	新陈代谢	氨基酸代谢
map03320	PPAR信号通路	4	8	0.001202	有机系统	内分泌系统
map00590	花生四烯酸代谢	8	3	0.002335	新陈代谢	脂质代谢
map00561	甘油酯代谢	3	6	0.006967	新陈代谢	脂质代谢
map04975	脂肪消化吸收	2	5	0.011464	生物体系统	消化系统
map00564	甘油磷脂代谢	7	5	0.019242	新陈代谢	脂质代谢
map04062	趋化因子信号通路	7	10	0.019538	生物体系统	免疫系统
map05144	疟疾	3	4	0.037519	人类疾病	传染病：寄生
map00592	亚麻酸代谢	6	0	0.040555	新陈代谢	脂质代谢

注：Up数量：富集到该通路的上调基因数目；Down数量：富集到该通路的下调基因数目；校正的P值，一般P值小于0.05认为该功能为显著富集项。

四、对转录组结果的分析

（一）两种水溶物诱导草鱼原代肝细胞氧化还原反应相关基因差异表达

前面已证明大豆水溶物和豆粕水溶物能够引起草鱼原代肝细胞氧化应激，造成胞内活性氧自由基（ROS）升高，ROS能够损伤细胞和细胞器生理功能，并通过调节细胞参与验证应答反应，协同多种细胞因子启动和扩大炎症反应，加重肝细胞损伤、凋亡。

谷氨酸脱氢酶催化的反应是动物获得能量腺嘌呤核苷三磷酸（ATP）的重要途径，也是α-酮酸类在体内转化的主要途径，充当着连接谷氨酸和三羧酸循环的桥梁，在氨氮代谢过程中发挥着非常重要的作用。本研究中（表8-10），谷氨酸脱氢酶基因（gdhA）表达水平显著受到抑制，减少氨基酸的氧化供能，可能导致能量供应进一步下降，进而影响肝细胞的正常功能。α-氨基己二酸半醛合成酶（AASS）是一种含有赖氨酸α-酮戊二酸还原酶和酵母氨酸脱氢酶活性的双功能酶，在不可逆的分解代谢中起着重要作用。本研究中，AASS基因表达下调，赖氨酸分解受阻，最终影响TCA循环。甲基丙二酸半醛脱氢酶能够催化丙酰CoA在NAD$^+$和CoA依赖反应中的半醛转化，催化甲基丙二酸半醛氧化脱羧形成乙酰辅酶A，进而转变成琥珀酰辅酶A进入柠檬酸循环彻底氧化分解。本研究中甲基丙二酸半醛脱氢酶基因（mmsA）表达下调，说明氨基酸分解代谢减慢，这些下调基因提示着水溶物引起线粒体功能损伤，线粒体功能障碍。

细胞色素P450相关基因（CYP24A1、CYP4B1、CYP4V2、CYP2K、CYP2U1）参与外源性物质的氧化代谢，参与NADPH依赖的电子传递途径。CYP24A1基因主导维生素D分解代谢过程，在肝细胞内质网和线粒体中由25-羟基化酶羟基化后转化为25-羟基氨基酸D3［25-(OH)D3］，大豆中染料木素更能引起强烈的细胞毒性，抑制CYP24A1活性。

谷胱甘肽过氧化物酶以还原型谷胱甘肽为电子供体底物，催化过氧化氢或有机过氧化物还原成水或相应的醇，Gpx基因表达上调，超氧化物歧化酶（SOD3）基因表达水平显著下降，提示着肝细胞存在氧化应激。

吲哚胺2,3-双加氧酶2（TDO2）是催化必需氨基酸色氨酸分解代谢的第一步和限速步骤，同时参与免疫调节，本研究结果显示，IDO2基因表达显著下调。在氧化还原体系中，组氨酸代谢相关基因含铜胺氧化酶1（AOC1）、二甲基甘氨酸脱氢酶（DMGDH）、乙醛酸还原酶（GRHPR）、尿酸酶（ua）、还原酶SDR家族成员13（DHRS13）、半胱氨酸双加氧酶1（CDO1）和D-β-羟基丁酸脱氢酶（bdh）等基因显著下调，水溶物引起肝细胞氧化损伤。

（二）两种水溶物诱导草鱼肝细胞免疫应答相关基因差异表达

肝细胞在蛋白质激活级联反应和凝血途径中纤维蛋白原α、β、γ基因（FGA、FGB、FGG）表达相比对照组显著下调，反映了肝细胞分化状态差和肝脏功能的降低。参与物质代谢和转运的表达失调基因数量最多，提示着肝细胞物质代谢和转运发生显著改变。α-2-巨球蛋白（A2M）广泛参与机体生理及病理活动，清除过多的内源性、外源性蛋白酶而发挥蛋白酶抑制剂功能，参与凝血平衡，能够抑制纤维蛋白质水解，具有抑制氧自由基的功能，维持着细胞因子和生长因子的动态平衡，A2M基因表达显著下调（$P < 0.05$），显示肝细胞代谢异常，机体免疫功能低下以及内分泌功能紊乱。

白细胞介素IL-12由p35和p40亚基组成，促进细胞免疫和炎症反应，本研究中，toll样受体1(TLR1)基因和IL12A基因表达上调。当肝细胞受到水溶物中危害成分损伤刺激后，触发TLR1介导的获得性免疫，导致大量的炎症细胞因子产生，同时伴随着中性粒细胞激活（CXCR4、CCR9基因上调），分泌产生细胞外基质，基质金属蛋白酶9(*MMP9*)表达上调，降解细胞外基质，引起肝细胞免疫反应，加重肝细胞损伤。

（三）两种水溶物诱导草鱼肝细胞代谢相关基因显著差异表达

蛋白质代谢中，*A2M*、*A1M*、*DIABLO*等基因参与细胞蛋白质代谢相关过程，相关基因均表现为显著性下调。

雌激素代谢中，大豆中含有异黄酮类化合物，肝细胞做出了相应的反应：*FKBP11*、*phhA*、*CPN1*等基因表达下调。

氨基酸代谢中，*DMGDH*、*SARDH*、*BHMT*、*GNMT*基因参与了甘氨酸、丝氨酸、苏氨酸分解代谢等通路，*AGXT*基因参与多种氨基酸的代谢过程和乙醛酸代谢过程。*hutH*基因调节细胞对组氨酸分解过程对谷氨酸和甲酰胺的降解过程。参与了氨基酸代谢的一些关键基因表达下调，这表明了肝脏的一种补偿反应，以保存这些重要的营养物质。

脂肪酸代谢中，磷脂酶相关代谢基因（*PLA2G4*）表达上调，能够催化水解磷脂甘油酯sn-2的脂肪酰脂基，释放游离脂肪酸和溶血磷脂，磷脂酶活性的增高势必会影响细胞（器）膜的完整性和通透性，从而导致细胞各种内稳态的紊乱。脂素（lipin）能够双向调节细胞内脂类代谢的关键调节酶，一是作为磷脂酸磷酸酶（PAP）发挥甘油三酯、磷脂合成作用；二是作为转录协同刺激因子联系肝过氧化物酶体增殖物活化受体（PPAR）γ协同刺激因子1α（PGC1α）和PPARα，进而调节脂肪酸利用和脂肪合成基因的表达。有研究表明，肝细胞lipin 1与肝脏中极低密度脂蛋白（VLDL）的分泌有关，*Lipin1-α*或*Lipin1-β*过表达将增加甘油示踪的脂类分泌，减少VLDL蛋白和载脂蛋白B降解。与营养素代谢相关的脂素、γ-谷氨酰转肽酶、超长链脂肪酸蛋白延伸、甘油激酶等基因表达显著上调；而视黄醇脱氢酶、乙酰辅酶A合成酶、脂蛋白脂肪酶等基因显著下调。脂肪肝时，肝脏对脂肪酸的利用减少，合成增加。脂质进入肝脏后不足以被完全代谢，酯化成甘油三酯在肝细胞内堆积，影响到胆碱酯酶合成和降解，脂肪酸合成和转换增加，导致肝中酰基CoA积累，继而产生酰基胆碱等，因此胆碱酯酶活性升高可能是过多底物诱导肝合成酶增加的结果。肝细胞内游离脂肪酸增多，脂肪发生变性，导致γ-谷氨酰转肽酶升高。

（四）水溶物对草鱼原代肝细胞信号通路KEGG富集分析

差异表达基因的KEGG富集分析包括以下几个通路："补体和凝血级联""细胞因子-受体相互作用""甘氨酸、丝氨酸和苏氨酸的代谢""PPAR信号通路""花生四烯酸代谢""甘油酯代谢""脂肪消化吸收""甘油磷脂代谢""趋化因子信号通路""疟疾"以及"亚麻酸代谢"。大豆水溶物和豆粕水溶物共同通过这些通路诱导肝细胞炎症反应以及代谢紊乱，但是不同的是大豆水溶物组肝细胞类固醇的生物合成通路整体表达上调，但豆粕水溶物组却并不显著，这可能是因为通过类固醇生物合成通路调控机体脂肪沉积，这也与超微结构观察相一致。

因此，本研究开展了大豆水溶物和豆粕水溶物对草鱼原代肝细胞损伤的转录组分析，获得了诸多差异表达通路和相关基因。大体分为四类：免疫应答相关，包括"补体和凝血级联""PPAR信号""细胞因子-受体相互作用"；能源物质代谢相关，包括"脂肪消化吸收""甘氨酸、丝氨酸和苏氨酸的代谢""花生四烯酸代谢""甘油酯代谢""甘油磷脂代谢"；氧化应激相关通路，包括"过氧化物酶体"以及激素合成通路，如类固醇生物合成。同时，也涉及许多重要调控基因如细胞色素P450相关基因、超氧化物歧化酶、白细胞介素IL-12、雌激素代谢，以及脂肪酸代谢相关基因如脂素、γ-谷氨酰转肽酶、超长链脂肪酸蛋白延伸、甘油激酶等基因表达。

表8-10　差异表达基因列表

基因名称	描述	调控	差异倍数 Fold change		伪检验率 FDR	
			Con与SAE	Con与SAME	Con与SAE	Con与SAME
gdhA	谷氨酸脱氢酶1b	down	0.3893	0.2852	6.22×10^{-254}	0
Gpx	谷胱甘肽过氧化物酶	up	2.3244	3.7797	1.04×10^{-30}	3.62×10^{-94}
AASS	α-氨基己二酸半醛合成酶	down	0.3887	0.3594	3.95×10^{-144}	6.69×10^{-151}
mmsA	甲基丙二酸半醛脱氢酶	down	0.3788	0.3739	1.02×10^{-93}	5.74×10^{-106}
CYP24A1	1,25-二羟基维生素D(3) 24-羟化酶	down	0.2464	0.0506	6.89×10^{-161}	0
CYP4B1	细胞色素P450 4b1	down	0.2681	0.3246	2.10×10^{-159}	1.25×10^{-122}
CYP4V2	细胞色素P450，家族4，亚家族V，多肽8	down	0.2983	0.2789	4.69×10^{-45}	1.36×10^{-50}
CYP2K	细胞色素P450，家族2，亚家族K，多肽16	down	0.4093	0.2664	7.94×10^{-3}	2.18×10^{-4}
CYP2U1	细胞色素P450 2U1	down	0.3982	0.4588	4.17×10^{-7}	9.94×10^{-6}
SOD3	胞外超氧化物歧化酶	down	0.2156	0.1286	1.92×10^{-3}	2.21×10^{-4}
IDO2	吲哚胺2,3-双加氧酶2	down	0.3290	0.4111	1.47×10^{-83}	1.61×10^{-60}
AOC1	含铜胺氧化酶1	down	0.3322	0.2855	1.89×10^{-150}	1.62×10^{-171}
DMGDH	二甲基甘氨酸脱氢酶	down	0.1957	0.0898	5.38×10^{-206}	2.83×10^{-277}
GRHPR	乙醛酸还原酶/羟基丙酮酸还原酶b异构体X1	down	0.4845	0.3830	1.08×10^{-251}	0
ua	尿酸酶	down	0.4334	0.4185	8.11×10^{-64}	1.09×10^{-69}
DHRS13	脱氢酶/还原酶SDR家族成员13	down	0.4488	0.4837	6.06×10^{-8}	8.76×10^{-7}
CDO1	半胱氨酸双加氧酶1	down	0.3933	0.1873	1.21×10^{-11}	6.60×10^{-26}
bdh	D-β-羟基丁酸脱氢酶	down	0.4605	0.4893	7.38×10^{-19}	6.03×10^{-18}
FGA	纤维蛋白原α链	down	0.4959	0.4369	0	0
FGB	纤维蛋白原β链前体	down	0.4763	0.4254	0	0
FGG	纤维蛋白原γ多肽	down	0.4508	0.4049	0	0
TLR1	toll样受体1	up	2.7865	4.6627	3.78×10^{-3}	1.21×10^{-7}
IL12A	白细胞介素-12 p35	up	3.8656	2.7233	2.18×10^{-111}	6.21×10^{-55}
CXCR4	C-X-C趋化因子受体4型	up	2.5599	2.4808	2.85×10^{-11}	3.75×10^{-10}
CCR9	C-C趋化因子受体9型	up	4.7749	11.0313	3.93×10^{-23}	5.67×10^{-81}
MMP9	基质金属蛋白酶9	up	2.7203	16.8961	6.08×10^{-36}	0
A2M	α-2-巨球蛋白	down	0.2770	0.3020	0	2.26×10^{-300}
A1M	α-1-巨球蛋白	down	0.3662	0.3705	0	0
DIABLO	线粒体促凋亡蛋白A异构体x1	down	0.1707	0.0428	0	0

基因名称	描述	调控	差异倍数 Fold change		伪检验率 FDR	
			Con 与 SAE	Con 与 SAME	Con 与 SAE	Con 与 SAME
FKBP11	肽基脯氨酰顺反异构酶	down	0.4272	0.2665	$4.36×10^{-6}$	$8.76×10^{-6}$
phhA	苯丙氨酸-4-羟化酶	down	0.1476	0.0862	0	0
CPN1	羧肽酶N，多肽1	down	0.4520	0.4329	$1.92×10^{-33}$	$1.45×10^{-25}$
DMGDH	二甲基甘氨酸脱氢酶，线粒体	down	0.2603	0.0000	$1.25×10^{-1}$	$5.19×10^{-25}$
AGXT	丝氨酸-丙酮酸氨基转移酶	down	0.4660	0.1641	0	0
SARDH	肌氨酸脱氢酶，线粒体	down	0.3464	0.1522	$1.49×10^{-28}$	$5.49×10^{-58}$
BHMT	1甜菜碱——同型半胱氨酸S-甲基转移酶1	down	0.2109	0.1305	$2.09×10^{-123}$	$1.02×10^{-161}$
GNMT	甘氨酸N-甲基转移酶	down	0.3782	0.3064	0	0
hutH	组氨酸解氨酶，组氨酸酶	down	0.1885	0.0869	$9.28×10^{-52}$	$1.31×10^{-66}$
LPIN	磷脂酸磷酸酶	up	2.7406	2.3796	0	0
PLA2G4	磷脂酶A2，IV组C	up	19.9116	39.8241	$3.17×10^{-2}$	$9.20×10^{-4}$
RDH5	视黄醇脱氢酶51	down	0.4672	0.4853	$3.91×10^{-8}$	$1.40×10^{-7}$
Bcl-2	B细胞淋巴瘤2	down	0.3070	0.1354	$3.33×10^{-21}$	$8.12×10^{-38}$
PDHA	丙酮酸脱氢酶	down	0.4437	0.3140	$2.78×10^{-6}$	$2.71×10^{-10}$
G6PC	葡萄糖-6-磷酸酶	down	/	0.2739	/	0
GCK	葡萄糖激酶	up	/	3.2044	/	$3.44×10^{-125}$
ADH	乙醇脱氢酶 [NADP(+)]	down	/	0.3936	/	$8.57×10^{-34}$
FBP	果糖1,6-二磷酸酶1a	down	0.4497	/	$2.03×10^{-27}$	/

注："/"表示无显著性差异。

第四节
大豆水溶物、豆粕水溶物诱导草鱼原代肝细胞损伤的代谢组学分析

代谢组学被定义为所有低分子量代谢终产物（代谢物）的非靶向鉴定和定量的研究。细胞代谢组学是代谢组学的一部分，是检测由细胞与外界（培养基）进行的物质交换，它很好地反映了基因表达的下游事件，并提供了关于细胞内新陈代谢的信息。液相色谱-质谱（LS/MS）因其分离能力强、质谱特异性高等优点，成为目前分析代谢物最有力、可靠的技术。代谢组学分析是对某生物或细胞在一个特定生理时期内，对所有相对低分子量代谢产物同时进行定性和定量分析，并研究与疾病或特殊处理所引起的相关代谢物质图谱和代谢路径。

大豆中含有多种活性物质，包括黄酮、萜类及有机酸等化学成分，能够通过线粒体途径诱导原代肝细胞氧化应激，必然会引起与之相关代谢物质和代谢网络的变化。本节通过采集细胞内外环境中的代谢

物构建代谢组学轮廓，推断该过程主要涉及的代谢通路网络。运用代谢组学分析方法，探究大豆水溶物和豆粕水溶物造成肝细胞损伤的作用机制，并期望找寻干预措施。

一、试验条件

（一）细胞上清液的收集与处理

将草鱼的原代肝脏细胞以$1×10^7$个/mL的密度接种到6孔板中，每孔2mL，培养24h后更换含有大豆水溶物、豆粕水溶物的细胞培养液，继续培养24h；收集细胞培养液于无菌离心管中，1000g离心10min去除细胞后，取上清2000g高速离心去除细胞碎片和沉淀，再取上清液分装，液氮速冻，放置−80℃冻存。从每个样品中吸出20μL制成质控样品（QC）。向每个样品和QC样品中加入冷甲醇溶液（甲醇：水=4∶1，体积比）沉淀蛋白质，13000g离心10min，收集上清液过0.22μm滤膜后进行上机检测。

（二）细胞内液的收集与处理

采集细胞培养液的同时选用0.25%胰酶将培养后贴壁细胞消化下来，用PBS重悬后精确计数（$4×10^7$），按照相同细胞数分装至无菌1.5mL离心管中，1000g离心10min，弃上清液，液氮速冻猝灭细胞，放置−80℃保存，每组取培养板中6个孔细胞为样本。加入冷甲醇溶液（甲醇：水=4∶1，体积比）于样品中，低温下使用组织破碎仪破碎后混匀，超声萃取10min，重复3次，−20℃静置30min后离心（13000g，4℃，15min）去除大分子蛋白质等物质，将上清液转移至LC-MS带内衬管的进样小瓶中上机。

（三）UHPLC-QTOF/MS（超高效液相色谱－四极杆飞行时间质谱）分析

色谱条件，色谱柱为BEHC18柱（100mm×2.1mm i.d.，1.7μm；Waters，Milford，USA）；流动相A为水（含0.1%甲酸），流动相B为乙腈/异丙醇（1∶1）（含0.1%甲酸）；梯度洗脱程序为0～3min：0～20%B，3～9min：20%～60%B，9～11min：60%～100%B，100%B维持2.5min，13.5～13.6min：100%至0%B，0%B维持2.4min。流速为0.40mL/min，进样量为20μL，柱温为40℃。

质谱条件。样品质谱信号采集分别采用正负离子扫描模式，电喷雾毛细管电压，进样电压和碰撞电压分别为：1.0kV，40V和6eV（$1eV=1.60×10^{-19}J$）。离子源温度和去溶剂温度分别为120℃和500℃，载气流量900L/h，质谱扫描范围50～1000m/z，分辨率为30000。

（四）代谢组学数据处理和分析

在进行统计分析之前，需要对原始数据进行一系列的预处理。原始数据导入代谢组学处理软件Progenesis QI (Waters Corporation, Milford, USA)进行基线过滤、峰识别、积分、保留时间校正、峰对齐，最终得到一个保留时间、质荷比和峰强度的数据矩阵，然后进行数据预处理：①仅保留所有样品中非零值50%以上的变量；②原始矩阵中最小值的1/2填补缺失值；③总峰归一化，同时删除QC样本相对标准偏差（RSD）≥30%的变量，得到最终用于后续分析的数据矩阵。

原始数据用代谢组学处理软件Progenesis QI(Waters Corporation, Milford, USA)进行搜库鉴定，将MS和MSMS质谱信息与代谢数据库进行匹配。将"数据矩阵"文件中的数据矩阵导入SIMCA-P+14.0软件包（Umetrics, Umeå, Sweden），首先采用无监督的主成分分析方法（principal component analysis, PCA）来观察各样品之间的总体分布和组间的离散程度，然后用有监督的（正交）偏最小二乘法分析[(orthogonal) partial least squares discrimination analysis, (O)PLS-DA]来区分各组间代谢轮廓的总体差异，然后进行变量权重值（variable important in projection，VIP＞1）分析，进一步对差异代谢物进行差异分析。采用Metabo Analyst（http://www.metaboanalyst.ca/）中代谢通路分析工具（Met PA)分析和可视化上述鉴定代谢物可能涉及的代谢通路，从代谢通路方面阐释大豆、豆粕水溶物对肝细胞可能存在的干扰机制。

二、细胞代谢主成分分析

采用SIMCA软件（14.1）对3组样品进行多元统计分析，建立的含有3个有效主成分的PCA模型累计，结果表明大多数样品都落在95%置信区间的椭圆形内，无离群点。结果见图8-11，由PCA得分图可以看出细胞样品大豆水溶物组（DS_Z）和豆粕水溶物组（DSM_Z）相比于对照组（DC_Z）有一定的分离趋势，而这两个试验组之间没有明显的分离趋势。这表明了大豆水溶物、豆粕水溶物继续培养的草鱼原代肝细胞和对照组细胞的代谢模式存在明显差异，而大豆水溶物与豆粕水溶物组的结果相差不大。PCA模型参数R2X为0.766，表示模型的拟合准确度较好。细胞环境样品见图8-11，模型参数R2X为0.81，代谢足迹样品识别分析表明，样品都落在95%置信区间内，且大豆水溶物和豆粕水溶物组之间的差异不明显，但均与对照组相比差异较为明显。

正交偏最小二乘法判别分析和置换检验。运用有监督的OPLS-DA方法对大豆水溶物、豆粕水溶物诱导草鱼原代肝细胞的代谢足迹进行数据建模分析，进一步研究不同处理组代谢物的差异，消除无关潜在因素对分析结果的影响，提高模型的解析能力，并用置换检验（permutation tests）方法对OPLS-DA模型进行检验。OPLS-DA得分图如图8-12所示，对照组与二个处理组样品分离，在细胞内液和外环境中R2X(cum)分别为0.53、0.83，R2Y(cum)分别为0.989、0.998，Q2(cum)分别为0.92、0.986，表明了该模型拟合度和预测能力都较为理想，且处理组都与对照组明显分离，这也与PCA分析结果相一致。为防止模型出现过拟合现象，如图8-12置换检验结果分析可知，置换测试生产的Q2回归线截距为负值，说明所有OPLS-DA模型不存在过拟合现象。因此，以上结果表明不同处理组的细胞内液和培养液样品中代谢谱系有着显著差别。

上述结果显示，在草鱼原代肝细胞培养液中加入大豆水溶物、豆粕水溶物后，诱导肝细胞代谢产物发生了显著的改变，而大豆水溶物组与豆粕水溶物组肝细胞的代谢产物没有出现显著性的差异。

三、细胞代谢差异代谢物筛选

（一）细胞内液差异代谢物筛选

通过OPLS-DA分析，进一步筛选贡献较大的差异代谢物，结合t检验结果，在变量权重（VIP）＞1、$P＜0.05$、倍数变化（fold change，FC）＞1.2或＜0.83的条件下，构建代谢集。VIP值表示该代谢物对两组差异的贡献值，值越大表示代谢物在两组的差异越大，P值表示该代谢物在两组样本间的差异显著性，值越小表示代谢物在两组的差异越大。

细胞内液中，将大豆水溶物、豆粕水溶物组得到结果分别与对照组比较，共筛选出11个内源性小分子代谢物，它们被视为二种水提物对肝细胞内源性代谢产生扰动的潜在生物标记物（见表8-11）。与对照组相比，大豆、豆粕水溶物组中的UDP-D-半乳糖（UDP-D-galactose）、1-羟基-3-壬酮（1-hydroxy-3-nonanone）、7-羟基甲氨蝶呤（7-hydroxy methotrexate）、磺基转移酶家族成员胞质2B成员1（{［(3E)-4-(5-hydroxy-1-oxo-1H-isochromen-3-yl)but-3-en-1-yl］oxy} sulfonic acid）和精氨酰-脯氨酸（Arginyl-Proline）

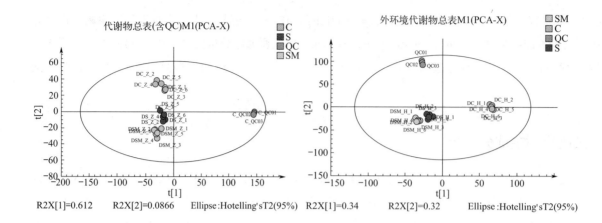

图8-11 细胞内液和外液的PCA得分图
颜色依M1等级而定

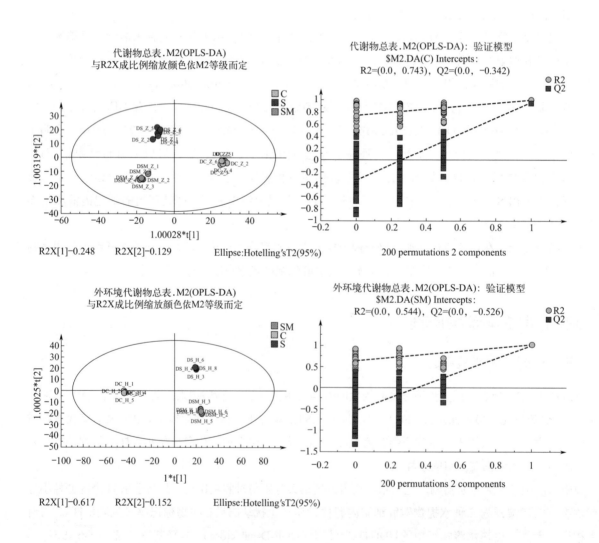

图8-12 OPLS-DA得分图和OPLS-DA模型的置换检验

Nutritional Physiology and Feed of Freshwater Fish
淡水鱼类营养生理与饲料

表8-11　细胞内液大豆、豆粕水溶物组与对照间差异代谢物和代谢途径表

编号ID	代谢物	M/Z	结构式	趋势①	相关通路	Control与SAE		Control与SMAE	
						VIP值②	P值①	VIP值	P值
neg_144	UDP-D-半乳糖	565.0494	$C_{15}H_{24}N_2O_{17}P_2$	↑	半乳糖代谢	3.6068	1.87×10^{-15}	3.0190	1.41×10^{-13}
neg_3070	1-羟基-3-壬酮	203.1283	$C_9H_{18}O_2$	↑	—	3.3136	5.37×10^{-15}	2.7957	8.79×10^{-3}
neg_3665	谷胱甘肽	306.0759	$C_{10}H_{17}N_3O_6S$	↓	谷胱甘肽代谢；ABC转运体	2.4657	3.75×10^{-2}	2.5035	1.56×10^{-2}
neg_3697	L-精氨酸	173.1037	$C_6H_{14}N_4O_2$	↓	精氨酸生物合成；氨酰-tRNA生物合成	1.7598	7.65×10^{-5}	2.0742	2.42×10^{-6}
pos_303	吲哚	159.0915	C_8H_7N	↓	苯丙氨酸、酪氨酸和色氨酸的生物合成	1.4318	3.64×10^{-3}	1.3986	2.07×10^{-3}
pos_1190	7-羟基甲氨蝶呤	512.2039	$C_{20}H_{22}N_8O_6$	↑	—	2.3917	2.01×10^{-3}	2.1442	9.89×10^{-3}
pos_2708	磷脂酰丝氨酸 PS [14:0/16:1(9Z)]	744.4231	$C_{36}H_{68}NO_{10}P$	↓	—	1.8247	1.46×10^{-5}	2.1720	2.38×10^{-5}
pos_3290	磺基转移酶家族成员1{[(3E)-4-(5-hydroxy-1-oxo-1H-isochromen-3-yl)but-3-en-1-yl]oxy}sulfonic acid	335.0220	$C_{13}H_{12}O_5S$	↑	—	3.5340	8.90×10^{-7}	3.0318	3.73×10^{-4}
pos_3699	精氨酰-脯氨酸	254.1622	$C_{11}H_{21}N_5O_3$	↑	—	2.2547	3.83×10^{-8}	1.7816	2.20×10^{-3}
pos_3625	直链淀粉	434.1669	$C_2H_6 \cdot [C_{12}H_{20}O_{11}]_n$	↓	淀粉和蔗糖代谢	2.2418	1.78×10^{-5}	2.2048	1.29×10^{-3}
pos_3671	吲哚乙醛	160.0756	$C_{10}H_9NO$	↓	色氨酸代谢	2.6276	2.11×10^{-6}	2.5508	5.11×10^{-7}

① "↑"表示模型组的代谢物水平高于对照组，"↓"表示模型组的代谢物水平低于对照组。
② VIP为变量投影重要性，从OPLS-DA模型获得。
③ P值由t检验获得。

表8-12　细胞外环境试验组与对照组间差异代谢物和代谢途径表

编号ID	代谢物	M/Z	结构式	趋势①	相关通路	Control与SAE		Control与SMAE	
						VIP值②	P值①	VIP值	P值
pos_345	N-乙酰基-L-苯基丙氨酸	208.0966	$C_{11}H_{13}NO_3$	↑	氨基酸代谢	1.6898	9.92×10^{-8}	1.9398	3.29×10^{-13}
neg_3247	N-乙酰基-D-苯基丙氨酸	206.0817	$C_{11}H_{13}NO_3$	↑	氨基酸代谢	1.8882	6.69×10^{-10}	2.0251	3.98×10^{-11}
pos_832	N-乙酰鸟氨酸	157.0969	$C_7H_{14}N_2O_3$	↑	氨基酸代谢	1.5739	2.35×10^{-6}	1.9182	6.23×10^{-8}
pos_946	胆碱	104.1074	$C_5H_{13}NO$	↑	膜运输	3.2278	1.52×10^{-9}	3.2044	1.15×10^{-9}
pos_947	L-组氨酸	156.0761	$C_6H_9N_3O_2$	↑	氨基酸代谢	1.065	2.20×10^{-2}	1.7092	2.50×10^{-5}

编号ID	代谢物	M/Z	结构式	趋势①	相关通路	Control与SAE VIP值②	Control与SAE P值③	Control与SMAE VIP值	Control与SMAE P值
pos_1547	5,6-二羟基二十碳三烯酸	361.2375	$C_{20}H_{34}O_4$	↑	脂质代谢	2.1452	$6.77×10^{-9}$	2.1502	$2.78×10^{-9}$
pos_3396	香草醛	153.0545	$C_8H_8O_3$	↑	氨基酸代谢	2.123	$4.95×10^{-9}$	2.1737	$2.86×10^{-8}$
pos_3625	直链淀粉	434.1669	$C_2H_6 \cdot [C_{12}H_{20}O_{11}]_n$	↑	糖类代谢	1.7177	$2.14×10^{-10}$	1.5756	$6.10×10^{-10}$
pos_3626	鸟苷	284.099	$C_{10}H_{13}N_5O_5$	↑	核苷酸代谢	2.0944	$3.89×10^{-14}$	2.0435	$4.32×10^{-14}$
pos_3628	鸟嘌呤	152.0565	$C_5H_5N_5O$	↑	核苷酸代谢	1.9706	$8.78×10^{-10}$	1.9179	$1.02×10^{-8}$
pos_3641	吡啶衍生物	210.0499	$C_9H_{11}NO_2$	→	异生物质的生物降解和代谢	1.0679	$6.07×10^{-5}$	1.7789	$3.61×10^{-6}$
pos_3668	N-乙酰神经氨酸	348.0699	$C_{11}H_{19}NO_9$	↑	糖类代谢	1.6189	$1.01×10^{-4}$	2.1572	$8.31×10^{-7}$
pos_3767	腺嘌呤	136.0618	$C_5H_5N_5$	↓↑	核苷酸代谢	1.0402	$3.08×10^{-3}$	1.2786	$6.31×10^{-5}$
neg_984	二磷酸腺苷	426.0225	$C_{10}H_{15}N_5O_{10}P_2$	↑	信号转导核苷酸代谢	2.0471	$9.79×10^{-12}$	2.2327	$7.27×10^{-13}$
neg_1121	酪胺葡糖苷酸	294.0981	$C_{14}H_{19}NO_7$	↑	糖类代谢	2.3349	$4.92×10^{-14}$	2.3404	$3.37×10^{-14}$
neg_2977	茉莉酸	255.1223	$C_{12}H_{18}O_3$	↓	脂质代谢	1.1742	$2.44×10^{-4}$	1.1575	$3.42×10^{-4}$
neg_3110	4-烯丙基丙戊酸	187.0969	$C_8H_{14}O_2$	↑	异生物质的生物降解和代谢	1.086	$4.02×10^{-8}$	1.1359	$7.04×10^{-7}$
neg_3529	黄嘌呤	151.0258	$C_5H_4N_4O_2$	↑	核苷酸代谢	1.2281	$1.42×10^{-7}$	1.0472	$1.60×10^{-8}$
neg_3541	异柠檬酸	191.0193	$C_6H_8O_7$	↑	糖类代谢	2.5957	$7.80×10^{-10}$	2.6565	$2.96×10^{-10}$
neg_3621	尿苷	243.0614	$C_9H_{12}N_2O_6$	↑	核苷酸代谢	1.6374	$3.08×10^{-10}$	1.6496	$6.77×10^{-12}$
neg_991	1-水杨酸葡萄糖苷	359.0619	$C_{13}H_{14}O_9$	↑	—	2.5673	$4.47×10^{-2}$	2.5899	$3.04×10^{-21}$
neg_1488	前列腺素F3a	333.2063	$C_{20}H_{32}O_5$	↑	—	1.7926	$2.86×10^{-8}$	1.4676	$6.31×10^{-7}$
neg_287	N-丙醇酰葡萄糖苷	452.0849	$C_{21}H_{21}O_9^+$	↑	—	1.6863	$6.91×10^{-5}$	1.595	$1.28×10^{-4}$
pos_1217	4-(3-羟基丁基)-2-甲氧基苯酚	633.2990	$C_{59}H_{96}O_{29}$	↑	—	1.184	$5.74×10^{-4}$	1.4255	$3.15×10^{-6}$
neg_999	酪氨酸-天冬氨酸	317.0777	$C_{13}H_{16}N_2O_6$	↑	—	1.327	$4.17×10^{-6}$	1.5192	$1.12×10^{-7}$
pos_3380	谷氨酸-色氨酸	332.1248	$C_{16}H_{19}N_3O_5$	↑	—	1.1634	$9.29×10^{-5}$	1.3681	$7.12×10^{-6}$
pos_1083	2,3-二甲基-3-羟基戊二酸	199.0587	$C_7H_{12}O_5$	↑	—	1.1581	$1.28×10^{-4}$	1.4606	$1.58×10^{-10}$
pos_1234	二羟基苯乙胺	120.0808	$C_8H_{11}NO$	↑	—	1.1371	$4.64×10^{-3}$	1.3697	$9.64×10^{-6}$
neg_1380	癸二酸	183.1022	$C_{10}H_{18}O_4$	↑	—	1.0189	$6.49×10^{-5}$	1.6443	$1.70×10^{-9}$
pos_3437	4-羟甲基香豆素	159.0439	$C_{10}H_8O_3$	↑	—	1.0178	$2.87×10^{-4}$	1.4172	$1.66×10^{-11}$

① "↑"表示模型组的代谢物水平高于对照组,"↓"表示模型组的代谢物水平低于对照组。
② VIP为变量投影重要性,从OPLS-DA模型获得。
③ P值由t检验获得。

表现为上调趋势，谷胱甘肽（glutathione）、L-精氨酸（L-arginine）、吲哚（indole）、磷脂酰丝氨酸PS [14∶0/16∶1(9Z)]、直链淀粉（amylose）和吲哚乙醛（indole acetaldehyde）表现为下调趋势。上述代谢物属于脂类、氨基酸类、核苷酸类、有机氧化合物和有机杂环化合物。

培养细胞外环境作为物质交流的重要场所，不仅为细胞提供了支持、生活环境，同时通过膜受体进而影响细胞的黏附、迁移、增殖、分化、存活等生物行为。综合正负离子模式筛选出的细胞外环境差异代谢物，其中30个代谢物在含大豆水溶物、豆粕水溶物培养基中显著增加，包括氨基酸类（amino acids）、二肽（peptides）、脂肪酸（fatty acids）、酚类（phenols）、糖类（organooxygen compounds）、嘌呤核苷（purine nucleotides）、咪唑并嘧啶类（imidazo pyrimidines）、吡啶类、香豆素类等，表8-12列出了具有显著差异的代谢物，除了腺嘌呤、茉莉酸、吡啶衍生物表现为差异下调，其余代谢物均表现为差异上调。

（二）外源性代谢物

基于非靶向代谢组学的全景模式，结果见表8-13，得到胞内水提物中主要含有genistein（染料木素）、soya saponin Ⅱ（大豆皂苷）、pea saponins Ⅱ（豌豆皂苷）、2-hydroxyacorenone（萜类化合物）、dinophytotoxin 1（鳍藻毒素）、tianeptine（噻奈普汀）、betaine（甜菜碱）、amylose（直链淀粉）等活性物质。

表8-13　细胞内液外源性代谢物（前10）

编号 ID	代谢物	M/Z	结构式	Control与SAE		Control与SMAE	
				VIP值[①]	P值[②]	VIP值	P值
pos_1421	染料木素	271.0597	$C_{15}H_{10}O_5$	4.854	$1.88×10^{-9}$	4.6266	$1.53×10^{-9}$
pos_124	大豆皂苷Ⅱ	913.5151	$C_{47}H_{76}O_{17}$	4.6781	$1.34×10^{-10}$	3.055	$1.59×10^{-7}$
pos_475	豌豆皂苷Ⅱ	941.5103	$C_{48}H_{76}O_{18}$	4.6012	$9.46×10^{-9}$	—	—
pos_1641	萜类化合物 2-hydroxyacorenone	269.2112	$C_{15}H_{24}O_2$	3.9122	$7.59×10^{-10}$	3.6915	$7.19×10^{-10}$
neg_1502	鳍藻毒素	839.4488	$C_{45}H_{70}O_{13}$	3.2052	$4.16×10^{-6}$	—	—
neg_2909	噻奈普汀	435.1183	$C_{21}H_{25}ClN_2O_4S$	2.9164	$5.30×10^{-6}$	2.5923	$2.47×10^{-6}$
pos_3777	甜菜碱	140.0681	$C_5H_{11}NO_2$	2.8881	$5.73×10^{-10}$	3.165	$1.40×10^{-12}$
neg_3670	N-（1-脱氧果糖基）色氨酸	401.1304	$C_{18}H_{24}N_2O_7$	2.6902	$6.09×10^{-9}$	—	—
neg_269	寡糖叶绿素	491.1203	$C_{22}H_{22}O_{10}$	2.6899	$8.43×10^{-7}$	2.8983	$5.50×10^{-9}$
pos_3547	黄酮类化合物	421.2005	$C_{26}H_{28}O_5$	—	—	2.9004	$5.65×10^{-4}$
pos_1445	色二孢霉毒素	347.1595	$C_{18}H_{28}O_4$	—	—	2.8721	$2.77×10^{-6}$
pos_3524	半萜化合物	474.2448	$C_{24}H_{32}O_7$	—	—	2.7957	$8.79×10^{-3}$
pos_3517	咖啡酰丁二胺	251.1390	$C_{13}H_{18}N_2O_3$	—	—	2.6226	$3.38×10^{-5}$
pos_3625	直链淀粉	434.1669	$C_2H_6·[C_{12}H_{20}O_{11}]_n$	2.2418	$1.78×10^{-5}$	2.2048	$1.29×10^{-3}$

① VIP值为变量投影重要性。
② P值由t检验得来。

四、代谢通路分析

将表8-11、表8-12中鉴定到的标志物输入Metabo Analyst的Met PA平台构建关联代谢通路，鉴定大豆水溶物、豆粕水溶物诱导草鱼原代肝细胞损伤最相关的代谢通路。首先Pareto方法对数据进行标准化处理，然后与数据库HMDB、PubChem和KEGG进行比对分析，能够准确地确定和分析代谢组相关性最强的代谢通路。图8-13显示，细胞内液的11个差异代谢物主要集中在细胞代谢、疾病发生过程中。图8-14中每一个气泡表示一个KEGG通路；横轴表示通路中代谢物在通路中的相对重要性Impact Value（影响值）的大小；纵轴表示代谢物参与通路的富集显著性$-\log_{10}(P$值）；圆点越大表明该通路富集到的差异代谢物越多，圆点离坐标越远表明该通路受到的影响越大。

Pathway（通路）分析在Metabo Analyst 4.0进行，如图8-14所示，筛选出影响值大于0.10的通路，标出了3个受到显著影响的代谢通路，包括谷胱甘肽代谢（glutathione metabolism）、精氨酸代谢（arginine biosynthesis）、精氨酸和脯氨酸代谢（arginine and proline metabolism）。

对细胞外液（培养液）30个差异代谢物进行KEGG通路统计发现大都集中在细胞代谢和生物体系统，将这30个与草鱼原代肝细胞损伤生物标记物相关的生物指标进行Met PA分析，得到与肝细胞损伤相关的2条通路，包括组氨酸代谢（histidine metabolism）、嘌呤代谢（purine metabolism）（图8-15、图8-16）。

五、大豆、豆粕水溶物诱导草鱼原代肝细胞损伤的代谢组学特征分析

（一）大豆水溶物、豆粕水溶物对原代肝细胞糖代谢和能量代谢有重要影响

在细胞内液中，UDP-D-半乳糖含量是显著升高的，是单糖和核苷酸组成的化合物，是生成多糖过程的中间产物，也是核苷酸代谢中的重要物质，在糖核苷酸的合成途径中是由葡萄糖及其衍生物经过各种酶促反应后转化而成，肝细胞内UDP-D-半乳糖含量的显著增加也预示着大豆水溶物和豆粕水溶物能够影响肝细胞的糖基化水平。

酪胺葡萄糖醛酸苷（tyramine glucuronide）和1-水杨酸葡萄糖醛酸苷（1-salicylate glucuronide）是UDP葡萄糖醛酸转移酶在肝脏产生的天然代谢物，通过糖苷键与该物质结合，生成葡萄糖醛酸，葡萄糖醛酸化作用被用来协助有毒物质、药物或其他不能作为能量来源的物质的排泄。三羧酸（TCA）循环是三大营养素（糖类、脂肪、氨基酸）的最终代谢通路，是机体重要的获取能量的方式。柠檬酸是TCA循环的关键中间代谢产物，柠檬酸异构化形成异柠檬酸是TCA循环中关键的代谢产物。在大豆水溶物和豆粕水溶物细胞处理组中，可能是由于三羧酸循环中依赖AMP浓度的NAD^+型异柠檬酸脱氢酶（isocitrate dehydrogenase）活性降低，三羧酸循环受到抑制，造成线粒体中异柠檬酸积聚转运排出。

（二）大豆水溶物、豆粕水溶物对原代肝细胞脂类代谢产生影响

磺基转移酶家族成员2B1（SULT2B1）主要分布在细胞浆负责大量内源性和外源性物质的硫酸化反应，通过介导氧化固醇硫酸化，形成3-硫酸-25-羟化胆固醇（5-cholesten-3β,25-diol 3-sulfate，25HC3S）参与了肝脏脂质代谢的调节。SULT2B1在细胞内含量显著高于对照组，表明了肝细胞脂质代谢旺盛。

细胞色素酶P450表氧化酶（CYP450）与环氧二十碳三烯酸（epoxy eicosatrienoic acids，EETs）生成有关，EETs能够很快被降解成5,6-二羟基二十碳三烯酸（5,6-DHET），EETs具有多种功能：抗炎、抑

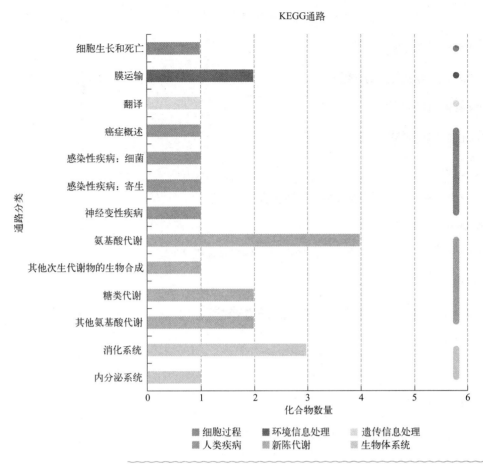

图8-13 细胞内液KEGG通路统计（见彩图）

纵坐标为KEGG代谢通路的名称，横坐标为注释到该通路下的代谢物个数。KEGG代谢通路可分为6大类：新陈代谢（metabolism），遗传信息处理（genetic information processing），环境信息处理（environmental information processing），细胞过程（cellular processes），生物体系统（organismal systems），人类疾病（human diseases）

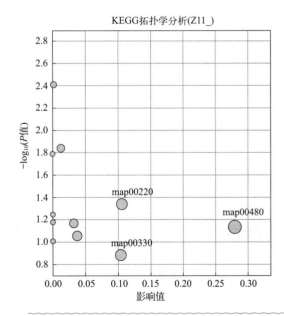

图8-14 细胞内液KEGG拓扑学分析

map00480—谷胱甘肽代谢，影响值0.279；map00220—精氨酸生物合成，影响值0.105；map00330—精氨酸和脯氨酸代谢，影响值0.103

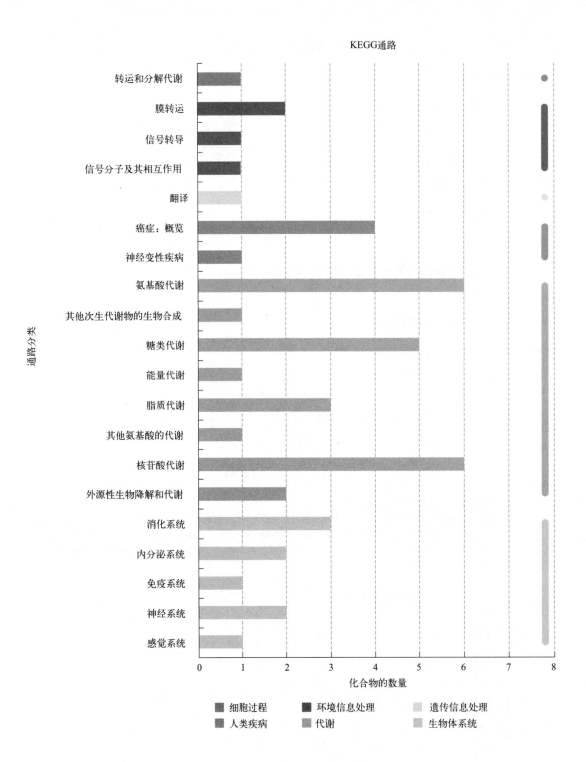

图8-15 细胞外液KEGG通路分析

Nutritional Physiology and Feed of Freshwater Fish
淡水鱼类营养生理与饲料

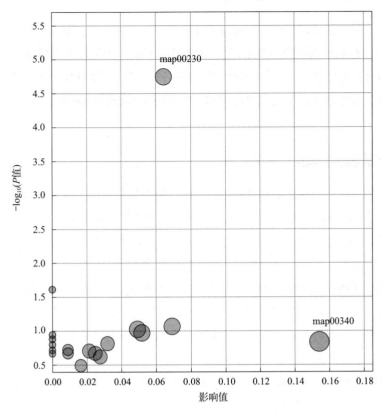

图8-16 细胞外液KEGG拓扑学分析
map00340—组氨酸代谢，影响值0.154；map00230—嘌呤代谢，影响值0.064

制NF-κB的激活、调节细胞增殖、调节离子通道等。细胞外液中的5,6-DHET含量显著高于对照组，肝细胞对炎症的发生未能做出有效的反应。

（三）大豆水溶物、豆粕水溶物对原代肝细胞氨基酸代谢和炎症因子的影响

谷胱甘肽是谷氨酸、半胱氨酸和甘氨酸结合而成的三肽，是一种抗氧化剂，其作为电子供体/受体参与氧化还原中起重要作用，为了减轻细胞内ROS的危害，机体可通过谷胱甘肽与ROS反应生成氧化型谷胱甘肽和水以清除ROS，这在前面的结果中也表明了氧化应激是造成肝细胞损伤的重要机制之一。精氨酸是肝脏中一种重要的支链氨基酸，是目前发现的动物细胞内功能最多的氨基酸，精氨酸代谢与尿素循环（鸟氨酸循环）密切相关，氨酰胺可进入三羧酸循环，氧化供能产生CO_2，细胞内液L-精氨酸含量显著下降，细胞内氨的分泌增加，表明了尿素循环受损。吲哚（indole）、吲哚乙醛（indole acetaldehyde）共同参与色氨酸的合成，且胞内含量相比于对照组显著降低，提示色氨酸合成受阻，提示着肝细胞处于炎症和损伤状态。

细胞外液组氨酸浓度升高引起组氨酸代谢紊乱亦是免疫应激相关作用的原因之一，组氨酸为组胺的前体化合物，后者可增强多种免疫细胞分泌IL-1α、IL-1β等促炎细胞因子及趋化因子，从而促进炎症反应。

（四）大豆水溶物、豆粕水溶物对原代肝细胞核苷酸代谢的影响

嘌呤核苷酸在机体组成、能量代谢、信号转导以及作为辅酶因子方面具有重要的功能。细胞在应激或者受到某种刺激的情况下会释放ATP，在胞外很快进行降解产生ADP和5'-AMP，上清液中黄嘌呤含量增多，这与大豆水溶物、豆粕水溶物对黄嘌呤氧化酶活性抑制相关，鸟嘌呤、鸟苷、尿苷含量增多可能是由于应激促进肝细胞中核苷酸分解。除此之外，N-乙酰神经氨酸（N-acetylneuraminic acid）含量上升表明氨基糖苷和核糖核苷代谢旺盛。

（五）大豆水溶物、豆粕水溶物对原代肝细胞胆碱类代谢的影响

细胞外液中胆碱是差异最大的内源代谢物，胆碱能够合成磷脂酰胆碱，肝细胞外液中胆碱含量的升高说明作为细胞膜主要成分的磷脂酰胆碱和磷脂酰乙醇胺分解加剧，细胞膜的完整性受到影响。

因此，本节利用基于GC/MS的非靶向细胞代谢组学的方法，通过代谢组学技术研究大豆水溶物和豆粕水溶物继续培养草鱼原代肝细胞得到的内源性代谢物的差异。在细胞内液中得到了UDP-D-半乳糖、1-羟基-3-壬酮、7-羟基甲氨蝶呤、磺基转移酶家族成员、精氨酰-脯氨酸、谷胱甘肽、L-精氨酸、磷脂酰丝氨酸、直链淀粉、吲哚乙醛和吲哚。对差异代谢物参加的通路进行拓扑学分析，得到谷胱甘肽代谢、精氨酸代谢、精氨酸和脯氨酸代谢这三条代谢通路的改变。这些结果说明这些内源性产物在整个代谢轨迹中产生了强烈的扰动而且与造成肝细胞损伤密切相关。

由于胞内与其胞外培养基进行代谢物交换，细胞外液中筛选出了30个差异代谢物，包含氨基酸、核苷酸、糖类、有机酸、胆碱类、胺类等，分别是L-组氨酸、酪氨酸-天冬氨酸、谷氨酸-色氨酸、鸟苷、鸟嘌呤、腺嘌呤、二磷酸腺苷、黄嘌呤、尿苷、直链淀粉、N-酰基-L-苯基丙氨酸、N-酰基-D-苯基丙氨酸、N-乙酰鸟氨酸、N-乙酰神经氨酸、酪胺葡糖苷酸、茉莉酸、4-烯丙基丙戊酸、异柠檬酸、N-丙醇酰葡萄糖苷、2,3-二甲基-3-羟基戊二酸、癸二酸、胆碱、5,6-对甲苯胺、二羟基苯乙胺、香草醛、1-水杨酸葡萄糖苷、吡啶衍生物、前列腺素F3a、4-(3-羟基丁基)-2-甲氧基苯酚、4-羟甲基香豆素，通过构建代谢通路，鉴别出二条与细胞损伤相关的代谢相关联的通路：核苷酸代谢和L-组氨酸代谢，这些通路对细胞TCA循环、核苷酸代谢、氨基酸代谢有影响进而引起肝脏的炎症，导致肝内脂类聚集并影响细胞膜完整性。

上述结果表明，内源性产物在整个代谢有影响轨迹中产生了强烈的扰动而且与造成肝细胞损伤密切相关，组氨酸代谢和嘌呤代谢通路使细胞TCA循环、核苷酸代谢、氨基酸代谢紊乱进而引起肝脏的炎症，导致肝内脂类聚集并影响细胞膜完整性。

第五节
日粮高剂量豆粕对黄颡鱼的损伤与修复

豆粕是水产饲料中重要的植物蛋白质原料，而较多的研究发现日粮中过高含量的豆粕不仅对养殖鱼类的生长造成不良影响，同时也会导致鱼体胃肠道黏膜和肝胰脏等实质性器官组织的损伤。在水产饲料配制和使用的实际生产活动中，不同的水产动物对饲料中豆粕添加量的耐受力有较大的差异，那么不同的水产动物饲料中豆粕使用量的上限是多少？如果日粮中过高的豆粕使用量会导致鱼体生长速度下降、

饲料效率降低，并导致鱼体健康受到损伤，那么，是否可以通过在饲料中添加抗氧化损伤的物质、添加对胃肠道黏膜损伤具有修复作用的物质来克服日粮中高含量豆粕对鱼体造成的损伤，并实现对养殖鱼类生产性能和鱼体健康的维护呢？这就是本节的主要研究内容，所得试验结果表明，在高含量豆粕日粮中添加酵母培养物和以抗氧化损伤、修复肝细胞损伤为目标的天然植物复合物均可以实现这一目标，并取得更好的养殖效果，保持更好的鱼体健康状态。

一、试验条件

本试验的饲料配方设计包含了三个主要内容：一是以黄颡鱼实用日粮为基础，分别设计了20%、30%、40%、50%四个豆粕含量试验组，分别称之为C2、C3、C4和C5；二是在四个豆粕含量试验饲料中均添加1.0%的酵母培养物，分别称之为YC2、YC3、YC4、YC5组；三是在四个豆粕含量试验饲料中均添加0.06%的天然植物复合物——瑞安泰，分别称之为RC2、RC3、RC4、RC5组。饲料配方见表8-14。试验配方中，以豆油平衡日粮中脂肪含量，根据各组豆粕水平的变化，以米糠粕、菜粕、棉粕和鸡肉粉等来平衡蛋白质和脂肪含量，配制4种等氮、等脂、等磷的黄颡鱼日粮。饲料所用预混料为黄颡鱼专用预混料，其中含有0.2%的叶黄素添加剂作为黄颡鱼色素来源在各组保持一致。

试验所用酵母培养物由英惠尔（北京）生物技术有限公司提供，该产品主要成分有酵母细胞代谢产物、经过发酵后的培养基以及少量酵母细胞；试验用酵母培养物实测常规成分为水分4.98%，粗蛋白质57.79%，粗脂肪1.40%，粗灰分8.57%。试验所用天然植物混合物的商品名称为瑞安泰，由无锡三智生物科技有限公司提供，以甘草、葛根、绞股蓝等天然植物饮片为原料，经过破壁粉碎后，以抗氧化、清除自由基和细胞损伤修复为主要目标进行天然植物配合的复合型天然植物产品。

试验日粮配方和营养成分实测值见表8-14，各组日粮水分、蛋白质、脂肪、灰分及总磷水平无显著差异。配方中所有原料经粉碎机粉碎后过60目筛，各原料按比例逐级混匀，在搅拌机中边加水边搅拌，经华祥牌HKj200制粒机加工制成直径1.5mm，长3～5mm的颗粒，自然风干后，−20℃密封保存备用。

养殖试验在浙江一星养殖基地池塘网箱中进行，在面积为40m×60m的池塘中设置试验网箱（规格为1.0m×1.5m×1.5m），在池塘中央设置一台叶轮式增氧机，每天工作12h，保持池塘溶氧均匀。每天测量水温并记录，整个试验期间的池塘水温在23.3～35.0℃。每周测池塘水面下20cm处水质，保持溶解氧浓度＞7.0mg/L，pH8.0～8.4，氨氮浓度＜0.10mg/L，亚硝酸盐浓度＜0.005mg/L，硫化物浓度＜0.05mg/L。

试验选取池塘培育的1冬龄黄颡鱼，初始体重为（17.6±0.12）g，随机分成12组，每组3个重复（$n=3$），每个重复40尾鱼。试验鱼用黄颡鱼专用膨化料驯化2周后，开始正式投喂，每日按照鱼体重3%～5%投喂2餐（上午6:30至8:30，下午5:30至7:30），每15d打样估算鱼体质量，调整投喂量，共饲养70d。

二、高含量豆粕抑制了黄颡鱼的生长性能

经过70d的养殖，黄颡鱼的生长速度和饲料使用数据见表8-15。黄颡鱼属于雌雄生长差异较大的鱼类，具有雄性生长优势。为了便于数据分析，将基础饲料组、基础饲料+酵母培养物组和基础饲料+天然植物组三个组的黄颡鱼雄性个体、雌性个体的生长速度分别与日粮中豆粕含量做相关性分析，见图8-17。

表8-14 试验日粮组成及营养成分（风干基础）

单位：%

项目		C2	C3	C4	C5	YC2	YC3	YC4	YC5	RC2	RC3	RC4	RC5
日粮组成	面粉	9.6	10.0	10.0	9.9	9.6	10.0	10.0	9.9	9.9	9.9	9.9	9.9
	米糠粕	0.0	0.5	1.9	1.0	0.0	0.5	1.9	0.9	1.8	1.8	1.8	1.8
	豆粕	20.0	30.0	40.0	50.0	20.0	30.0	40.0	50.0	50.0	50.0	50.0	50.0
	菜粕	18.6	12.0	5.2	0.6	18.6	12.0	5.2	0.0	0.0	0.0	0.0	0.0
	棉粕	12.0	7.8	3.3	0.4	11.0	6.8	2.3	0.0	0.0	0.0	0.0	0.0
	鱼粉	30.0	30.0	30.0	30.0	30.0	30.0	30.0	30.0	30.0	30.0	30.0	30.0
	鸡肉粉	2.0	2.0	2.0	0.5	2.0	2.0	2.0	0.5	0.5	0.5	0.5	0.5
	磷酸二氢钙$Ca(H_2PO_4)_2$	2.2	2.2	2.2	2.2	2.2	2.2	2.2	2.2	2.2	2.2	2.2	2.2
	豆油	4.4	4.3	4.2	4.3	4.4	4.3	4.2	4.3	4.3	4.3	4.3	4.3
	酵母培养物YC	—	—	—	—	1.0	1.0	1.0	1.0	—	—	—	—
	天然植物复合物RC	—	—	—	—	—	—	—	—	0.06	0.06	0.06	0.06
	预混料[①]	1.2	1.2	1.2	1.2	1.2	1.2	1.2	1.2	1.2	1.2	1.2	1.2
	合计	100	100	100	100	100	100	100	100	100	100	100	100
营养成分	水分	6.9	6.6	7.7	5.2	5.2	5.2	5.4	5.9	5.6	5.2	5.5	5.6
	粗蛋白	46.0	46.7	45.9	47.1	47.1	45.7	46.9	46.5	46.8	47.1	47.3	46.8
	粗脂肪	8.3	8.0	7.7	7.9	7.9	8.2	8.2	7.9	7.8	7.6	7.6	7.8
	灰分	10.4	10.4	10.2	10.3	10.3	10.3	10.5	10.4	10.4	10.6	10.5	10.4
	总磷	1.8	1.7	1.7	1.6	1.6	1.7	1.7	1.6	1.8	1.7	1.7	1.8

① 预混料（载体为沸石粉）为每千克日粮提供：铜（五水硫酸铜）25mg，铁（七水硫酸亚铁）640mg，锰（一水硫酸锰）130mg，锌（一水硫酸锌）190mg，碘（1%碘化钾）0.21mg，硒（1%亚硒酸钠）0.7mg，钴（1%氯化钴）0.16mg，镁（一水硫酸镁）960mg，钾（1%碘化钾）0.5mg，维生素$B_2$8mg，维生素$B_6$12mg，维生素B_{12}0.02mg，维生素C300mg，泛酸钙25mg，烟酸25mg，维生素$D_3$3mg，维生素$K_3$5mg，叶酸5mg，肌醇100mg。

表8-15 日粮豆粕含量对黄颡鱼生长、饲料效率的影响（n=3）

项目	C2	C3	C4	C5	YC2	YC3	YC4	YC5	RC2	RC3	RC4	RC5
日粮豆粕比例/%	20	30	40	50	20	30	40	50	20	30	40	50
放鱼数量/尾	120	120	120	120	120	120	120	120	120	120	120	120
收鱼数量/尾	116	118	111	107	118	117	116	115	118	117	116	115
雄/雌（♂/♀）	0.23±0.11[a]	0.26±0.00[b]	0.17±0.08[a]	1.06±1.49[a]	0.19±0.045[a]	0.26±0.015[a]	0.20±0.055[a]	0.23±0.115[a]	0.16±0.05[a]	0.29±0.08[b]	0.14±0.05[a]	0.16±0.08[a]
初均重IBW/g	17.65±0.14	17.71±0.13	17.62±0.11	17.55±0.12	17.73±0.13	17.61±0.36	17.53±0.18	17.50±0.05	17.48±0.11	17.77±0.11	17.54±0.22	17.56±0.11
成活率SR/%	96.67±1.44[b]	98.33±1.44[b]	92.50±2.50[ab]	89.17±5.20[a]	98.33±1.44[b]	97.50±0.00[a]	96.67±3.82	95.83±2.89	97.5±2.50	97.5±2.50	97.5±0.00	98.33±2.89
雄鱼♂												
终末均重FBW/g	67.60±5.86	67.04±1.79	64.08±7.36	58.09±0.04	71.20±1.09	65.57±6.41	71.08±10.65	62.92±3.93	66.17±5.63	67.76±4.10	71.38±8.31	67.98±6.73
特定生长率SGR(%/d)	1.91±0.13	1.90±0.05	1.84±0.16	1.71±0.01	1.99±0.01	1.87±0.12	1.99±0.20	1.83±0.09	1.90±0.12	1.91±0.09	2.00±0.16	1.93±0.15
与C2(YC2,RC2)比较/%	—	-0.52	-3.66	-10.47	—	-6.03	0	-8.04	—	0.53	5.26	1.58
与对应的C组比较/%	—	—	—	—	4.19	-1.58	8.15	7.02	-0.52	0.53	8.70	12.87
雌鱼♀												
终末均重FBW/g	33.78±0.31	34.07±1.01	34.65±2.24	33.14±3.18	34.68±0.30[b]	33.39±0.57[ab]	31.89±1.77[b]	31.22±2.13[a]	33.13±1.26	33.65±1.40	33.70±0.72	31.86±1.25
特定生长率SGR(%/d)	0.93±0.01	0.91±0.03	0.96±0.10	0.90±0.13	0.96±0.01[b]	0.91±0.03[ab]	0.85±0.06[ab]	0.83±0.1[a]	0.91±0.05	0.91±0.07	0.93±0.04	0.85±0.05
与C2(YC2，RC2）比较/%	—	-2.15	3.23	-3.23	—	-5.21	-11.46	-13.54	—	0	2.20	-6.59
与对应的C组比较/%	—	—	—	—	3.23	0.00	-11.46	-7.78	-2.15	0	-3.12	-5.56
与雄鱼SGR比较/%	-51.31	-52.11	-47.83	-47.37	-51.76	-51.34	-57.29	-54.64	-52.11	-52.36	-53.50	-55.96
饲料系数FCR	3.30±0.11	3.11±0.05	2.68±0.49	2.93±0.93	3.07±0.19	3.58±0.61	3.47±0.67	3.68±0.68	3.51±0.34	3.00±0.17	3.50±0.40	3.71±0.58

注：1. 特定生长率（SGR）=100%×（ln 试验结束尾均体重-ln 试验开始尾均体重）/试验周期。

2. 饲料系数（FCR）=饲料消耗量/鱼体重增加量。

3. 表中同行数据上标不同小写字母表示差异显著，同列数据不同大写字母表示差异显著（P<0.05）。

试验组的饲料系数与日粮中豆粕添加量的关系如图8-18所示。

黄颡鱼是具有性别生长差异的种类，雄性个体的生长优势大于雌性个体。为了避免试验组黄颡鱼雌雄比例不一致导致生长性能的差异，我们分别统计了各组鱼体雌雄比例以及雌雄性别个体的生长速度，并分别与组内黄颡鱼雌雄比例做了显著性分析（表8-16）。

表8-16　雄/雌比例与雄性黄颡鱼或雌性黄颡鱼SGR的Pearson相关分析

	基础饲料组		酵母培养物组YC		天然植物组RC	
	Pearson相关性	显著性	Pearson相关性	显著性	Pearson相关性	显著性
雄性♂SGR	−0.47	0.12	−0.14	0.65	−0.12	0.711
雌性♀SGR	0.12	0.71	0.41	0.18	−0.084	0.796

采样时雄雌比例的变化与雄性、雌性黄颡鱼SGR没有显著的正相关或者负相关。故网箱中黄颡鱼雌雄比例不同对黄颡鱼生长性能不造成显著影响。

依据试验黄颡鱼的生长性能结果，可以得到以下认知：

（1）黄颡鱼的生长速度和饲料效率与日粮中豆粕含量成负相关关系

从基础饲料组的数据看，30%、40%、50%豆粕组黄颡鱼的生长速度SGR分别比20%组下降了0.52%、3.66%、10.47%。从表8-17统计的回归方程可见，黄颡鱼无论是雄性，还是雌性个体的生长速度SGR与日粮中豆粕的添加量都是成负相关关系，表明在20%～50%的豆粕添加量范围内，随豆粕添加量的增加，黄颡鱼的生长速度呈现下降的趋势，显示日粮豆粕添加量对黄颡鱼的生长速度有不良的影响。

表8-17　试验黄颡鱼雌雄个体生长速度SGR与日粮豆粕添加量的回归方程

分组	性别	SGR与豆粕含量的回归方程	R^2值	日粮中最佳豆粕含量/%
基础饲料（豆粕）	雄性♂	$y=-0.0003x^2+0.0144x+1.741$	0.9992	22.33
	雌性♀	$y=-0.0001x^2+0.0066x+0.829$	0.2286	—
基础饲料（豆粕）+酵母YC	雄性♂	$y=-0.0001x^2+0.0034x+1.936$	0.3373	27.50
	雌性♀	$y=7\times10^{-5}x^2-0.0098x+1.1275$	0.9881	—
基础饲料（豆粕）+天然植物RC	雄性♂	$y=-0.0002x^2+0.0158x+1.652$	0.5279	40.25
	雌性♀	$y=-0.0002x^2+0.0124x+0.736$	0.8000	—

（2）黄颡鱼雄性个体的生长速度显著高于雌性个体

各试验组黄颡鱼雌鱼个体的生长速度与对应豆粕含量雄鱼个体SGR比较，均是显著低于雄鱼组的结果，差异的范围在47%～58%，即雌鱼的生长速度低于雄鱼的生长速度47%～58%，也证实黄颡鱼具有显著的雄性生长优势。

（3）在豆粕日粮中补充酵母培养物、天然植物复合物瑞安泰的影响

可以修复豆粕对生长速度的不良影响，均使黄颡鱼的生长速度增加；重要的是增加了黄颡鱼日粮中豆粕的添加量，显示提升了黄颡鱼对豆粕的耐受能力。

① 生长速度均得到恢复或提高

从YC组、RC组与对照组的黄颡鱼生长速度SGR对比数据看，在相同豆粕剂量下，添加酵母培养物的雄鱼YC2、YC3、YC4、YC5分别与C2、C3、C4、C5差异比例为4.19%、−1.58%、8.15%、7.02%，即除了YC3低于C3组1.58%外，其余各组均高于基础饲料组。表明在豆粕日粮中补充酵母培养物可以在一定程度上修复日粮中豆粕对黄颡鱼生长速度的不良影响，使黄颡鱼的生长速度得到恢复和提高。

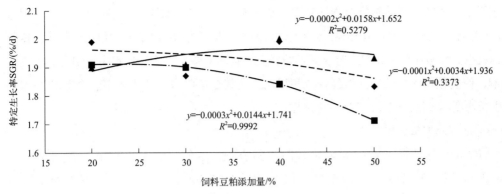

(a) 黄颡鱼雄鱼生长速度与豆粕添加量的关系

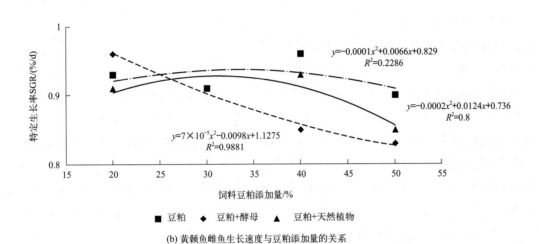

(b) 黄颡鱼雌鱼生长速度与豆粕添加量的关系

图8-17 日粮豆粕含量与雄、雌黄颡鱼SGR的关系

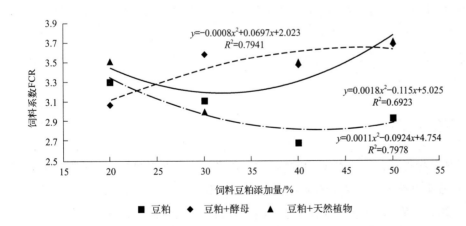

图8-18 黄颡鱼饲料系数与豆粕添加量的关系

在相同豆粕剂量下，添加天然植物复合物瑞安泰的雄鱼RC2、RC3、RC4、RC5的生长速度分别与C2、C3、C4、C5差异比例为-0.52%、0.53%、8.70%、12.87%，即除了RC2低于C2组0.52%外，其余各组均高于基础饲料组。表明在豆粕日粮中补充天然植物复合物瑞安泰可以修复日粮中豆粕对黄颡鱼生长速度的不良影响，使黄颡鱼的生长速度得到恢复和提高。尤其是与C2组的结果比较，体现出添加瑞安泰后黄颡鱼的生长速度不仅得到恢复，甚至还有提高。

② 日粮中豆粕的适宜添加量得到提高

依据雄鱼个体的SGR与日粮中豆粕剂量关系的回归方程，求解具有最大SGR时的日粮豆粕含量，基础饲料组（C组）为22.33%，补充酵母培养物后为27.50%，补充天然植物瑞安泰后为40.25%。表明补充酵母培养物和天然植物复合物瑞安泰可以提高黄颡鱼对日粮中豆粕的耐受力。这在水产饲料的配方编制和饲料生产给出了很好的指引，如果需要使用高剂量的豆粕，则可以补充类似于酵母培养物、天然植物复合物等类添加剂，可以一定程度上修复日粮豆粕对生长速度的不良影响，也可以提高日粮中豆粕的使用量。

（4）日粮豆粕对黄颡鱼生长速度的影响程度有性别差异

从基础饲料组雄鱼、雌鱼生长速度SGR与日粮中豆粕剂量的关系来看，随着日粮中豆粕含量的增加，雄鱼SGR下降幅度明显大于雌鱼的结果。从表8-16中的回归方程参数也能看到这种趋势。雄性个体生长速度快，可能摄食量也大于雌性个体，因此雄性个体受到日粮豆粕含量的影响更大，而雌性个体受到的影响相对较小。同种饲料对不同性别黄颡鱼生长速度影响程度的差异是值得研究的，我们对亲鱼饲料的研究尤其应该重视这个问题。

酵母培养物的作用位点和作用途径一般认为是在肠道，一方面是对肠道菌群平衡的维护与调整，另一方面是对胃肠道黏膜的维护以及损伤的修复。其最终结果体现在对生长速度的维护和改善、对饲料转化效率的提高。而天然植物则因为其中成分复杂、作用方向也差异很大。以杀菌为目标的天然植物如黄芩、大黄、地榆等含有抑菌、杀菌的成分，我们称之为中药类植物；而茶叶、绞股蓝、金银花、诃子等则因为含有多酚类物质而具有抗氧化、清除自由基的作用，葛根、甘草等含有黄酮等成分对损伤的肝细胞具有修复作用，我们称之为天然植物。如果将不同作用方向的天然植物以抗氧化、清除自由基和修复细胞损伤为目标筛选，并组合不同的天然植物，则可以表现出较好的体外和体内抗氧化效果，尤其是某些成分可以被动物吸收，并进入细胞，从而显示更好的抗氧化和修复损伤细胞的作用效果。从我们的试验结果看，豆粕对水产动物的损伤方式主要体现为广泛性的氧化损伤，尤其是对细胞线粒体的氧化损伤是主要的作用位点，损伤作用途径和位点还有肝细胞的线粒体和线粒体呼吸链中氧化与磷酸化的偶联作用，因而本试验中的天然植物复合物——瑞安泰对日粮豆粕引起的损伤作用表现出良好的修复效果，甚至超过基础饲料组的养殖效果。

三、引起黄颡鱼体组成变化

各组黄颡鱼体成分和形体指标见表8-18。体成分结果显示，随着豆粕水平的增加，粗脂肪含量呈逐渐减少的趋势，粗蛋白也随着豆粕水平的增加有降低的趋势，但不显著（$P > 0.05$）。在基础饲料组，随着日粮中豆粕含量的增高，黄颡鱼粗脂肪含量呈逐渐减少的趋势，粗蛋白也有降低趋势。雌鱼内脏团指数先降低后升高，同时雌鱼肥满度和肝胰脏指数高于雄鱼。性别对黄颡鱼的形态指标有较大影响。添加1.0%酵母培养物后，40%和50%豆粕组黄颡鱼体粗脂肪的降低有所缓解，组间差异不再显著；雄鱼形态指标较不添加酵母培养物时发生了显著变化。性别对黄颡鱼形态指标有较大的影响，尤其是肥满度。添加天然植物复合物后，各组黄颡鱼体成分差异不显著，饲料不同豆粕水平仍然显著影响雄鱼肝胰脏指数。

在大豆、豆粕水溶物对草鱼肝细胞影响的研究中，也发现大豆、豆粕水溶物对肝细胞脂代谢有较大的影响。日粮中豆粕剂量的增加可能影响到鱼体的脂代谢，其结果可能导致鱼体水分含量增加，而脂肪含量下降，并引起鱼体内脏团指数、肝胰脏指数的变化。

四、对黄颡鱼肝胰脏组织结构造成损伤

试验结束时，采集了各组黄颡鱼肝胰脏用于组织切片，为了保持各组条件一致，组织切片材料均在肝胰脏的基本相同的部位采集。采用石蜡包埋、HE（苏木精-伊红）染色的方法。

在基础饲料组中（图8-19），C2和C3组肝胰脏组织结构差异不显著，细胞呈规则的多边形，细胞界线清晰，细胞核位于细胞的中央，且染色较深，中央静脉结构完整。C4组肝细胞界线较为清晰，但部分肝细胞界线出现模糊化。C5组细胞核变大，且发生聚集现象，部分细胞出现空泡现象。

补充了酵母培养物后，各组肝细胞结构均呈规则多边形，细胞结构较为清晰，细胞核着色较深，均位于细胞中央（图8-20）；中央静脉结构相对较为完整，无结构损伤情况；但YC5组细胞核较大，且局部出现聚集。YC4（40%豆粕）组黄颡鱼肝胰脏组织结构损伤有所缓解，但YC5（50%豆粕）组肝胰脏组织结构损伤仍未得到有效缓解。

补充了天然植物复合物后，各组黄颡鱼肝细胞均呈规则的多边形，细胞结构清晰，细胞核染色较深（图8-21）；其中RC3和RC4组细胞核大多位于细胞中央，无聚集现象；RC2组细胞核局部发生聚集；RC5组细胞局部出现空泡，并且局部也发生细胞核聚集现象。RC5（50%豆粕）组、RC2（20%豆粕）组由日粮豆粕造成的损伤有所缓解，但仍有轻度炎症（或疑似炎症）现象；RC3、RC4组黄颡鱼肝胰脏组织处于最健康的状态。

在草鱼原代肝细胞试验中已经证实，大豆、豆粕水溶物会造成肝细胞的损伤。本试验结果显示，在日粮高豆粕含量条件下，尤其达到50%豆粕含量时，黄颡鱼的肝胰脏组织出现较为明显的结构性变化，并有一定程度的病理（炎症）性变化，再次通过养殖试验证实，高豆粕含量日粮对黄颡鱼肝胰脏的损伤作用。同时，日粮中添加酵母培养物、天然植物复合物瑞安泰可以在一定程度上修复高豆粕含量日粮对肝胰脏组织结构的损伤。这一结果对于水产饲料实际生产是具有重要指导意义的。

五、日粮高豆粕含量对黄颡鱼肠组织结构以及肠道通透性造成了损伤

养殖试验中对胃肠道黏膜结构与功能的评价方法主要包括通过研究血清D-乳酸含量、血清二胺氧化酶活性变化对黏膜屏障结构的通透性进行评价，并通过组织切片或电镜等技术对黏膜的组织结构进行观察和分析。

（一）对黏膜屏障结构通透性的评价

根据图8-22可知，在基础饲料组，随着豆粕水平的提升，黄颡鱼血清中D-乳酸含量C5组达到最高。二胺氧化酶含量各组差异不显著（$P > 0.05$）。

日粮中补充酵母培养物后，如图8-23所示，就D-乳酸结果而言，YC2、YC3和YC4组无显著差异，YC5组升高，但差异也不显著（$P > 0.05$）。以YC2组为对照，YC3、YC4组二胺氧化酶含量升高，YC5

表8-18 日粮豆粕含量对黄颡鱼体成分和形态指标的影响（$n=3$）

单位：%

项目	C2	C3	C4	C5	YC2	YC3	YC4	YC5	RC2	RC3	RC4	RC5
体成分												
水分	69.47±0.23	69.36±0.59	70.00±1.73	70.29±2.18	68.86±0.41	69.20±0.59	69.22±1.69	69.10±1.79	68.04±0.51	68.08±0.55	68.92±0.33	68.95±1.58
粗蛋白 CP	13.62±0.22	13.73±0.43	13.51±0.56	12.59±1.05	13.56±0.71	13.84±0.28	13.62±0.52	12.78±0.92	13.83±0.51	14.09±0.38	13.25±0.91	13.13±0.47
粗脂肪 EE	10.14±0.34	10.01±0.31	8.90±1.19	7.68±0.52	10.02±0.48	10.15±1.90	9.74±1.25	9.07±1.39	11.38±2.73	10.48±0.66	9.39±1.47	9.36±1.42
灰分	3.89±0.40	4.07±0.03	3.93±0.02	3.93±0.34	3.90±0.08	3.84±0.12	4.14±0.03	4.20±0.22	4.31±0.21	4.13±0.28	4.12±0.08	3.86±0.36
形体指标												
雄鱼												
肥满度 CF[①]	1.82±0.03	1.89±0.09	1.88±0.11	1.80±0.10	1.73±0.06[a]	2.00±0.10[b]	1.83±0.12[a]	1.70±0.00[a]	1.77±0.12	1.77±0.06	1.80±0.10	1.70±0.00
肝胰脏指数 HSI[②]	1.75±0.34	1.52±0.14	1.82±0.09	1.84±0.05	1.97±0.50	1.83±0.06	1.83±0.51	1.63±0.06	1.90±0.20[b]	1.73±0.12[ab]	1.83±0.06[ab]	1.50±0.26[a]
内脏团指数 VSI[③]	10.52±2.24	9.64±0.59	10.10±0.78	10.32±0.45	11.17±0.40[b]	11.73±1.07[b]	10.33±0.42[ab]	9.60±0.92[a]	10.37±0.93	9.93±0.75	9.90±1.71	9.80±1.08
雌鱼												
肥满度 CF	2.36±0.04[ab]	2.46±0.01[b]	2.26±0.03[a]	2.30±0.10[a]	2.33±0.12	2.27±0.06	2.37±0.06	2.27±0.06	2.33±0.06	2.27±0.06	2.13±0.15	2.23±0.15
肝胰脏指数 HSI	2.03±0.07[ab]	2.17±0.07[b]	1.98±0.01[a]	2.03±0.12[ab]	2.17±0.15	2.03±0.15	2.00±0.20	2.13±0.21	2.03±0.15	2.13±0.06	2.00±0.10	1.93±0.21
内脏团指数 VSI	10.54±0.84	6.93±6.01	8.71±0.25	10.97±0.49	13.07±0.49[b]	10.10±0.10[a]	9.37±1.24[a]	9.77±0.86[a]	9.10±0.70	9.97±0.97	9.57±0.55	8.33±1.96

注：表中同行数据上标不同小写字母表示差异显著（$P<0.05$）。
① 肥满度（CF）=100%×体重/体长³。
② 肝胰脏指数（HSI）=100%×肝胰脏重/体重。
③ 内脏团指数（VSI）=100%×内脏团重/体重。

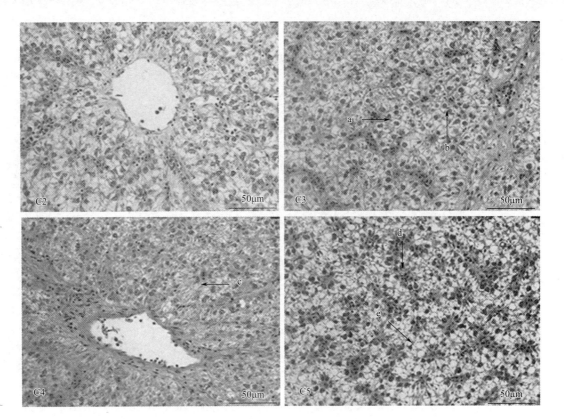

图8-19 日粮豆粕含量对黄颡鱼肝胰脏组织切片的影响（见彩图）

a—肝细胞排列整齐有序，呈规则的多边形，细胞间界线清晰；b—细胞核位于细胞的中央，且染色较深；c—肝细胞边界模糊且不规则"←"；d—细胞核变大且发生聚集"↓"；e—肝细胞出现空泡"↘"

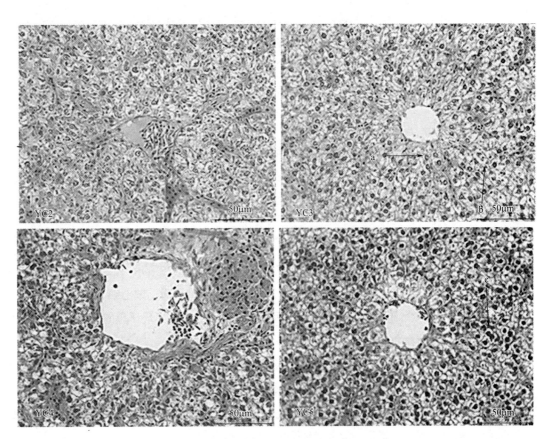

图8-20 不同豆粕水平饲料添加酵母培养物对黄颡鱼肝胰脏组织切片的影响（见彩图）

a—肝细胞排列整齐有序，呈规则的多边形，细胞间界线清晰；b—细胞核位于细胞的中央，且染色较深；c—细胞核变大且发生聚集"↓"

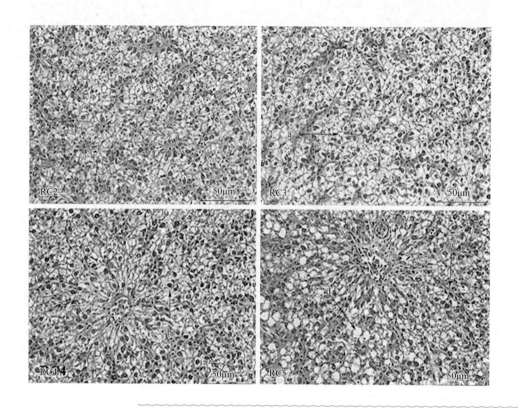

图8-21 不同豆粕水平饲料添加天然植物复合物对黄颡鱼肝胰脏组织切片的影响（见彩图）

a—肝细胞排列整齐有序，呈规则的多边形，细胞间界线清晰；b—细胞核位于细胞的中央，且染色较深；c—细胞核发生聚集"↓"；d—肝细胞出现空泡"↘"

组下降，但差异不显著（$P > 0.05$）。

日粮中补充天然植物瑞安泰后，如图8-24所示，随着饲料中豆粕水平的增加，黄颡鱼血清D-乳酸含量先降低后升高，以RC2组为对照，RC3、RC4组D-乳酸含量降低，差异显著（$P < 0.05$）；RC5组D-乳酸含量又上升。血清二胺氧化酶含量有逐渐下降的趋势，但各组间无显著性差异。

（二）对黄颡鱼肠道黏膜组织结构的影响

基础饲料组黄颡鱼中肠石蜡切片HE染色如图8-25所示。C2组绒毛密度相对稀疏，绒毛固有层相对较厚。C3和C4组绒毛密度相对较高，固有层相对较薄，绒毛细长，但C4组绒毛上端固有层开始出现轻度缝隙。C5组绒毛排列不规律，固有层增厚，且上端出现严重的分裂情况，表明日粮中50%豆粕水平的饲料对黄颡鱼肠道组织结构造成了严重的损伤。

日粮中补充酵母培养物后，各组黄颡鱼中肠石蜡切片HE染色如图8-26所示。4组切片比较而言：YC2组绒毛密度相对稀疏，绒毛固有层相对较厚，且杯状细胞较多，不规则。YC3组和YC4组绒毛密度相对较高，固有层相对较薄，绒毛细长，且杯状细胞排列整齐。YC5组与YC3组、YC4组相比，绒毛较稀疏，固有层增厚，但杯状细胞排列较为整齐。

日粮中补充天然植物复合物后，各组黄颡鱼中肠石蜡切片HE染色如图8-27所示。RC2组和RC3组中肠绒毛细长且排列非常紧密，固有层薄，杯状细胞排列较为整齐。RC4组和RC5组中肠绒毛排列较为紧密，但相对较短，固有层开始变厚；RC4组杯状细胞较多，且排列不规则；RC5组杯状细胞相对规则且整齐，但固有层上端开始出现分裂。

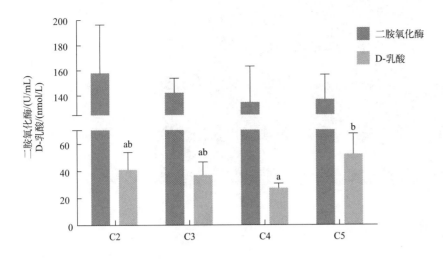

图8-22 日粮豆粕含量对黄颡鱼血清D-乳酸含量和二胺氧化酶活力的影响（$n=3$）

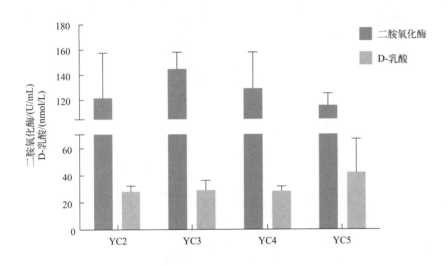

图8-23 不同豆粕水平饲料添加酵母培养物对黄颡鱼血清D-乳酸含量和血清二胺氧化酶的影响（$n=3$）

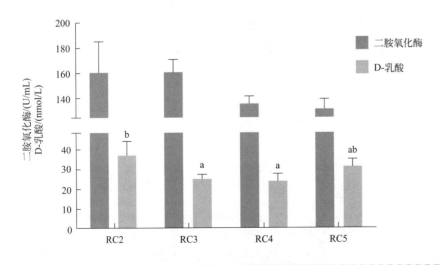

图8-24 不同豆粕水平饲料添加天然植物复合物对黄颡鱼血清D-乳酸含量和血清二胺氧化酶的影响（$n=3$）

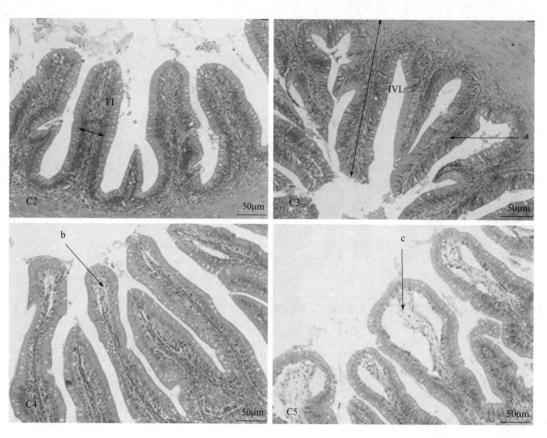

图8-25 日粮豆粕含量对黄颡鱼中肠组织的影响
"FI"—绒毛固有层厚度；"IVL"—肠道绒毛长度；"a"—肠道绒毛细长，固有层较薄；"b"—肠道绒毛固有层开始出现缝隙；"c"—肠道绒毛固有层出现严重间隙

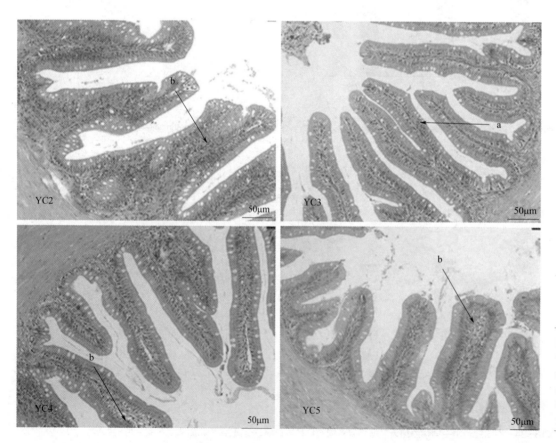

图8-26 不同豆粕水平饲料添加酵母培养物对黄颡鱼中肠组织切片的影响
a—肠道绒毛细长，固有层较薄；b—肠道绒毛固有层开始出现缝隙

Nutritional Physiology and Feed of Freshwater Fish
淡水鱼类营养生理与饲料

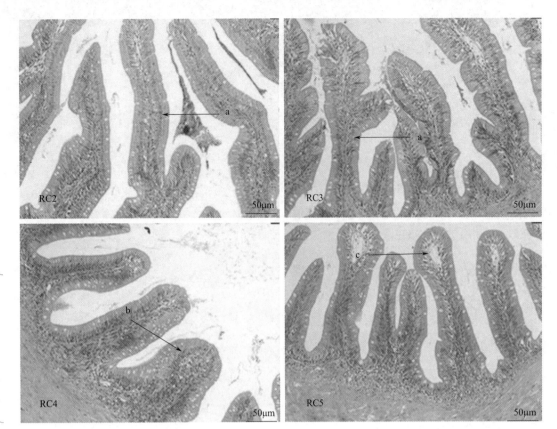

图8-27 不同豆粕水平饲料添加天然植物复合物对黄颡鱼中肠组织切片的影响

a—肠道绒毛细长，固有层较薄；b—肠道绒毛固有层开始出现缝隙；c—肠道绒毛固有层出现严重间隙

六、酵母培养物和天然植物复合物可修复豆粕对黄颡鱼的损伤

试验设计的不同豆粕水平的4组日粮养殖黄颡鱼70d后，根据豆粕剂量-SGR回归方程，建议黄颡鱼日粮中豆粕的最高添加量为22.33%，超过22.33%后黄颡鱼存活率与生长性能将下降；日粮豆粕损伤主要体现在对肝、肠等组织结构的损伤以及使机体产生抗氧化应激与免疫应激。日粮中添加1.0%酵母培养物或0.06%天然植物复合物后，根据豆粕剂量-SGR回归方程建议黄颡鱼日粮中豆粕添加量分别为27.5%和40.25%，分别增加了5.17个百分点和17.92个百分点；两种添加剂对黄颡鱼日粮中豆粕损伤均有不同程度修复作用，主要体现在对黄颡鱼消化道黏膜通透性、肝胰脏组织结构与功能损伤的修复，修复方式主要表现为对机体氧化损伤的修复。

Nutritional

Physiology

and

Feed of

Freshwater

Fish

淡 水 鱼 类

营 养 生 理

与

饲 料

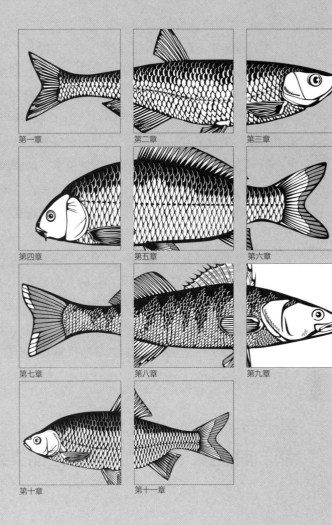

第一章
第二章
第三章
第四章
第五章
第六章
第七章
第八章
第九章
第十章
第十一章

第九章

鱼虾酶解产物对养殖鱼类的营养作用

生命起源于海洋，海洋生物作为水产动物的饲料原料可能含有一些水产动物所需要的特殊成分，因而在饲料中具有不可替代的地位和作用。以海洋捕捞的鱼虾为原料生产的饲料原料在《饲料原料目录》中就有白鱼粉、鱼排粉等。海洋捕捞的生、非食用的鱼、虾、软体动物、藻类等，传统上是作为鱼粉、虾粉、鱿鱼膏、海藻粉等的生产原料。近年来，采用酶解工艺利用鱼粉、虾粉蒸煮压榨后的鱼溶浆、虾溶浆为原料生产了酶解鱼溶浆、酶解虾浆等新产品，也可以利用海洋捕捞的鱼虾为原料，采用酶解工艺生产酶解鱼浆、酶解虾浆，以及酶解鱿鱼浆、酶解海藻浆等新产品。我们和部分企业开展了这些酶解产品在水产饲料中的应用效果和作用机制的研究，取得一些研究成果。总体上，这些酶解产品较传统工艺的鱼粉、虾粉等具有更好的养殖效果，主要表现在添加量更低，功能性作用更强，尤其是对水产动物的诱食性、鱼体健康、免疫防御能力等显示出更好的效果。这类酶解新产品的开发利用，对于鱼粉、虾粉等生产企业而言，可以利用多样化的海洋生物资源，采用先进的酶解工艺和设备，生产出不同种类的酶解产品，使海洋生物资源得到多样化的开发和利用，物尽其用；对于水产饲料企业而言，可以在水产饲料中差异化地选择不同的酶解产品进入饲料配方，既可以提升这些酶解产品的利用效果，也提升了饲料产品的诱食性和功能性，还能有效控制饲料配方成本。因此，酶解新产品的开发利用对于鱼粉、虾粉生产企业产业升级、对于水产饲料产品的质量升级均具有非常重要的意义。

第一节
海洋捕捞鱼、虾的饲料原料产品类型

鱼粉、虾粉生产技术的发展主要集中在烘干工艺和设备的发展。其中重要的方向是如何保持原料和产品的新鲜度、如何采用低温干燥的工艺等方面。在原料新鲜度保持方面，发展了工船鱼粉生产设备和工艺，即将捕捞的鱼、南极磷虾等原料集中在一条船上及时加工为鱼粉、南极磷虾粉等饲料原料产品，或者将捕捞的鱼虾等上岸后及时冷冻保存，以冻板的鱼、虾作为鱼粉、虾粉的生产原料。在低温生产工艺方面，主要是利用食品、药物烘干的设备或工艺，采用闪蒸、减压干燥等方式，将原料鱼虾蒸煮、压榨后，将烘干温度控制在100℃以下，并在40min内烘干，得到低温鱼粉。在鱼粉生产原料方面，随着海洋捕捞鱼、养殖鱼如斑点叉尾鮰或越南巴沙鱼等经过食用产品如鱼片、鱼柳加工后的副产物数量越来越多，利用这些食用鱼加工副产物为原料生产鱼排粉的数量也越来越多。

这些年最大的变化是酶解技术和工艺在海洋捕捞鱼虾、软体动物原料加工中的应用。最早期是对鱼粉加工过程中副产物鱼溶浆的酶解，得到酶解鱼溶浆或酶解鱼溶浆粉等产品。经过养殖试验发现了这些酶解产品在水产饲料中的应用价值，且这类酶解产品的营养效果显著优于鱼粉、虾粉等产品的效果。因此，在开发酶解鱼溶浆（粉）等新产品的基础上，海洋生物蛋白质原料生产企业逐渐开发了酶解鱼浆（粉）、酶解虾浆（粉）、酶解海带浆（粉）、酶解海带提取物、酶解鱿鱼膏等新产品。对于水产饲料企业，也逐渐改造了饲料生产设备和工艺，将高含水率（水分含量超过42%）的酶解浆状产品成功地应用到水产饲料生产工艺中。从应用效果方面分析，这类酶解产品在水产饲料中应用的效果主要体现在：①改善了水产饲料的风味，增加了饲料对养殖鱼虾蟹等动物的适口性，这在肉食性鱼类、虾、蟹等养殖过程中尤为明显；②在保障养殖动物生产性能的前提下，可以显著降低鱼粉、虾粉在水产饲料中的使用量，成为控制饲料配方成本的主要技术手段，也是水产饲料技术的重要进步；③酶解产品最大限度地保全了海洋生物的生物活性，对养殖水产动物的生理健康、生理代谢的作用较鱼粉、虾粉等更为显著，对水产动物的免疫防御能力维护、对水产动物的食用品质的维护显示出更好的效果。

我们从2017年开始这方面的研究，尤其是得到了浙江丰宇海洋生物制品有限公司、浙江亿丰海洋生物制品有限公司等企业的大力支持，较为系统地研究了这类酶解产品的养殖效果评价、产品的开发技术等。本章重点介绍酶解鱼溶浆、酶解鱼浆、酶解虾浆等产品在水产饲料中的应用试验结果，下一章将介绍我们对海带及其酶解产品的应用试验结果。

这类研究结果最大的成就在于：一方面推动了我国以海洋生物资源作为饲料原料开发的产业发展，引导了一些鱼粉、虾粉生产企业的转型发展和生产技术的提升，同时也显著提高了对有限的海洋生物资源的有效利用效率；另一方面，也推动了我国水产饲料技术的进步和产业的发展，显著提升了水产饲料产品的质量水平，尤其是显著改善了水产饲料的功能作用，对水产饲料功能作用从促进养殖动物生产性能向维护水产动物生理健康、维护养殖渔产品食用价值等纵深领域发展。

一、以海洋捕捞鱼虾为原料的饲料原料产品类别

统计《饲料原料目录》中以海洋捕捞的鱼虾为原料生产的动物蛋白质原料种类，以及使用酶解技术生产的新型蛋白质原料的种类，见图9-1。图中括号中的编号数字为《饲料原料目录》中该原料的编号，没有编号的则为新型的饲料蛋白质原料，将会在修订的《饲料原料目录》中出现。以酶解技术、微生物发酵技术结合一些食品工艺和设备、药物生产工艺和设备等方式，将一些低值原料开发为功能性高值原料，克服一些原料的抗营养因子和安全性问题，提升原料的饲料使用价值，这是值得鼓励和发展的方向。

以海洋捕捞的鱼虾为原料，生产的鱼粉、虾粉和酶解产品的生产工艺路线图见图9-2。酶解工艺重要的技术要点在于：①加入的酶种类，不同的专一性蛋白质水解酶具有不同的水解位点，蛋白质是以肽键连接的多肽链，对蛋白质的水解其实质就是对肽键的水解，即对一个氨基酸的羧基和另一个氨基酸的氨基形成的肽键的水解。专一性蛋白酶的水解位点是对氨基酸的选择性，其实质是对水解位点肽键

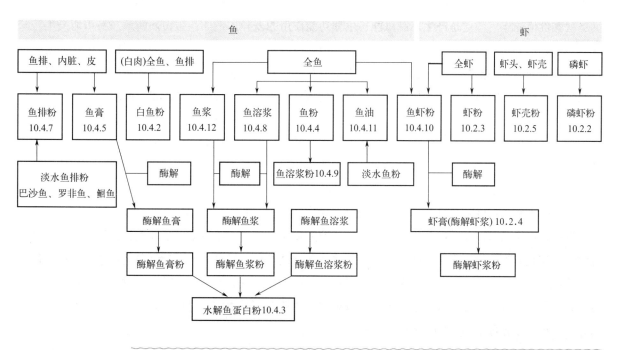

图9-1 以海洋捕捞鱼、虾为原料的饲料原料产品构成图

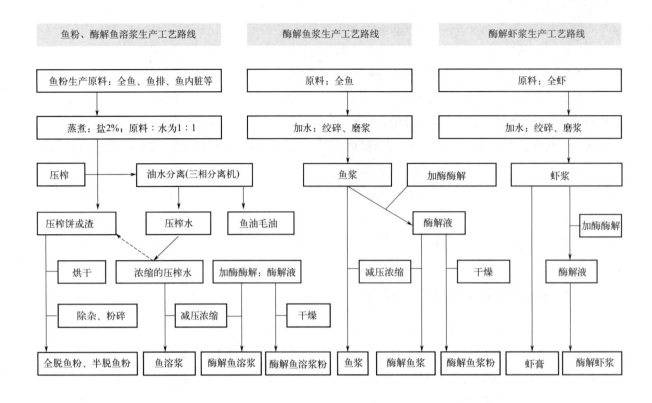

图9-2 鱼粉、酶解鱼溶浆、酶解鱼浆、酶解虾溶浆、酶解虾浆等生产工艺路线图

中提供羧基的氨基酸的选择。因此，水解后得到的肽链羧基末端就是蛋白酶水解位点氨基酸。不同蛋白酶水解位点是有差异的，因而可以得到不同羧基末端的肽链。②一般以几种酶的复合酶作为水解酶，而不同酶的组合可能得到不同的小肽、短肽链产物。不同的肽链产物将会具有不同的功能，这种功能不仅仅是营养价值的作用，更是产生产品风味、生理功能作用的差异。例如，蛋白质酶解产品可能产生苦味肽，使酶解产品具有苦味、麻味，而正常蛋白质中则没有苦味、麻味，为什么呢？蛋白质多肽链是有稳定的三维空间构象的多肽链，在正常蛋白质中具有苦味、麻味的肽位于蛋白质三维结构之中，不能对味觉产生刺激作用，因而不会产生风味味觉反应。当蛋白酶水解，尤其是不同的蛋白酶组合水解之后，就会将苦味肽释放出来，并产生味觉反应。同样的原理，一些具有抗氧化作用的、对胃肠道黏膜细胞分化或生长、对鱼体免疫防御具有促进作用的功能肽也会产生，但只有通过化学反应（如体外抗氧化、自由基清除率）进行测定，或通过养殖试验在动物生理、代谢和生长方面得到体现。③酶解条件的控制也是技术的关键点。蛋白酶是有活性的蛋白质，酶解条件的控制一是保障蛋白酶充分发挥其对多肽链的水解作用，提供适宜的pH值、温度、底物浓度和蛋白酶活力单位/底物浓度比值，二是要控制酶解时间，如果是以获得高含量游离氨基酸为目标则可以延长酶解反应时间，如果以获得功能肽为目标则需要控制酶解时间。这是有难度的，需要对酶解产品进行体外功能试验和饲料途径的养殖试验之后才能获得条件参数。终止酶解反应的方法一般是与杀菌工艺结合，即将温度快速升高到95℃左右并维持30min左右，既可以终止酶促反应，又能杀灭酶解产品中的微生物，包括有害微生物。之后经过浓缩工艺除去大部分的水分可以得到水分含量小于50%的酶解产品。

　　酶解的浆状产品水分含量控制也是产品质量控制的内容之一，一般采用的工艺是减压浓缩工艺，在低于大气压下可以降低水分的蒸发温度，加速水分的蒸发量，缩短水分蒸发的时间。那么，浆状产

Nutritional Physiology and Feed of Freshwater Fish
淡水鱼类营养生理与饲料

品水分控制在多少合适呢？这是依据产品的流动性、黏结性所决定的。酶解浆状产品的水分一般在40%～50%，但水分再降低的时候，酶解的浆状产品流动性很差，给产品的分装、包装和在饲料厂的使用过程造成不必要的麻烦，增加了无效的生产成本。

二、鳀鱼自溶与木瓜蛋白酶的酶解作用的试验

自溶性酶解作用是依赖鱼体自身的蛋白酶进行酶解的过程。鱼体消化道、细胞内溶酶体中都有一定量的水解酶存在。海洋捕捞的鱼体在死亡之后，会出现"僵直-软化-自溶"的过程，鱼体的软化、自溶就是其体内的蛋白酶、肽酶、脂肪酶等发挥水解作用的结果，主要包括消化道中的蛋白酶和组织蛋白酶、肽酶。依赖鱼体自身的蛋白酶也可以实现对蛋白质的水解作用，本试验就是以鳀鱼为原料，维持酶解温度和时间后，对鱼体自溶酶解后产品分析的结果。

（一）试验条件

试验分为4个处理组，分别用C、E、A、E＋A表示，C为对照组，即完全依赖内源性酶进行自溶酶解；E为在酶解鱼浆中添加外源木瓜蛋白酶5500U/g，酶解过程包括了内源性酶和外源性酶的共同作用过程；A为自溶添加抗生素抑制微生物组（抗生素的用量为青霉素150IU/g、链霉素150μg/g，每5h添加1次），主要是限制微生物繁殖过程中产生的胞外酶的作用；E＋A为木瓜蛋白酶并添加抗生素组。

自溶鳀鱼浆的制备。鳀鱼在冰冻状态下用绞肉机绞碎得鱼浆，分别取1000g鱼浆于烧杯中，按照设计的4个试验处理添加木瓜蛋白酶和抗生素，在55℃水浴锅恒温自溶，期间不断搅拌。于0h、3h、5h、7h、9h、12h和24h分别取样100g，-20℃保存，供成分分析用。

测定得到冰鲜鳀鱼主要营养成分为：水分（76.08±0.31）%、粗蛋白（17.71±0.36）%、粗脂肪（3.31±0.12）%、粗灰分（2.86±0.06）%。

（二）自溶过程中游离氨基氮含量的变化

以C组原料在不同时间点取样，测定不同自溶时间点样品中α-氨基氮含量，用以判定鳀鱼自溶酶解产生游离氨基酸的含量及其过程变化，结果如图9-3。在55℃自溶条件下，自溶酶解液中α-氨基氮的含量随自溶时间延长不断升高，前9h α-氨基氮升高速度较快，9h后升高速度减缓。

鳀鱼蛋白质在内源蛋白酶作用下，水解成多肽、游离氨基酸，均属于α-氨基氮。55℃下自溶9h，α-氨基氮含量显著升高，表明鳀鱼鱼浆水解程度较高，后期α-氨基氮升高缓慢，水解速度降低，可能是自溶初期鳀鱼内源蛋白酶活力较强，催化速率较快，随着反应进行，蛋白酶活性降低，催化速率减慢；随着自溶进行，反应底物减少，产物增加，抑制自溶反应进行。从本试验结果看，如果完全依赖鳀鱼自身酶的水解作用，在55℃条件下、酶解9h以内是较为适宜的时间，9h以后自溶酶解作用减弱。

（三）自溶过程中细菌总数的变化

为了探讨自溶过程中微生物繁殖过程中胞外酶的影响，防止微生物对蛋白质的腐败及对油脂的氧化作用，设置了抗生素处理的自溶鱼浆，试验结果见图9-4。无抗生素添加的C、E组自溶鱼浆，细菌总数在前7h小于4×10^4CFU/g，而9h后，细菌总数超过1×10^5CFU/g。添加抗生素的A、E+A组，有效抑制了微生物的生长，自溶9h细菌总数也没有超过4×10^4CFU/g。在实际生产中，为了避免抗生素的使用，在55℃自溶条件下，可以将自溶时间控制在9h以内，这个时间内细菌繁殖还没有达到高峰期。因此，在

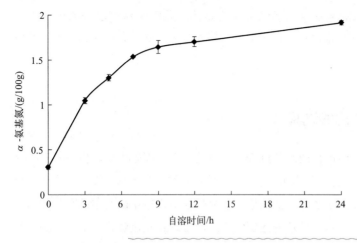

图9-3 自溶过程中α-氨基氮含量的变化

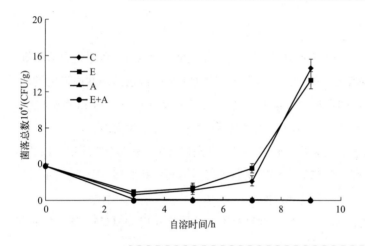

图9-4 自溶过程中细菌总数的变化

55℃自溶9h，不必添加抗菌剂，微生物对鳀鱼鱼浆营养成分变化影响较小。

（四）酶解过程中挥发性盐基氮（VBN）的变化

鱼浆自溶过程中VBN含量的变化见表9-1。四个处理的VBN在自溶过程的前3h均升高较快，5h后A组、E+A组VBN生成量显著高于C组（$P<0.05$），微生物在一定程度上可抑制VBN生成，或许是在自溶早期微生物将一些VBN成分作为营养物质消耗了。外源木瓜蛋白酶对VBN生成影响不显著（$P>0.05$）。自溶9h，VBN分别升高了127.4%～136.0%。

表9-1 鳀鱼浆酶解过程中挥发性盐基氮的变化（干物质） 单位：mg/100g

时间	0h	3h	5h	7h	9h	变化/%
C	288.7±2.1	556.0±4.0[a]	618.8±3.9[b]	623.1±4.7[b]	656.5±5.2[a]	127.4
E	288.7±3.8	584.2±3.9[b]	607.6±6.6[a]	608.6±4.2[a]	658.9±5.0[a]	128.3
A	288.4±4.4	557.1±4.2[a]	663.7±4.0[d]	676.6±4.2[d]	680.4±6.5[b]	136.0
E+A	290.9±3.0	645.9±5.6[c]	653.5±4.9[c]	657.8±5.5[c]	674.9±4.6[b]	132.0

注：表中同列数据上标不相同字母表示差异显著（$P<0.05$）。

VBN含量的变化与水产品的腐败程度存在明显的对应关系，有研究表明低温贮存下细菌总数升高与VBN变化一致。本研究中，VBN在自溶前3h升高最快，此时微生物未进入繁殖期，表明在55℃下自溶9h，微生物不是VBN变化的主要原因，应该是化学变化产生的VBN为主。

（五）鳀鱼酶解过程中生物胺的变化

鳀鱼浆自溶过程中生物胺含量变化见表9-2。自溶9h后，各试验组的组胺、精胺含量与原料鱼差异不大，腐胺、亚精胺含量有所降低，而尸胺含量升高了60.6% ～ 132.6%。生物胺由游离氨基酸脱去羧基后生成，催化脱羧反应的为脱羧酶。脱羧酶主要由微生物产生，为微生物的胞外酶。生物胺的降解酶是通过将生物胺氧化成醛类物质来实现，具有降解生物胺能力的酶主要包括胺氧化酶、胺脱氢酶和多铜氧化酶，这类酶也是由微生物所产生。本试验表明，在55℃自溶过程中，微生物对组胺、腐胺、精胺、亚精胺主要表现为降解作用，对尸胺表现为生成作用。

表9-2　鳀鱼浆自溶过程中生物胺含量的变化（干物质）　　　　单位：mg/kg

项目	原料鱼	C	变化/%	E	变化/%	A	变化/%	E+A	变化/%
组胺	45.3	44.6	−1.7	32.1	−29.2	44.6	−1.5	37.1	−18.2
尸胺	143.4	230.3	60.6	241.9	68.7	333.6	132.6	248.1	73.0
腐胺	108.2	71.3	−34.1	70.4	−35.0	82.1	−24.2	58.4	−46.0
精胺	75.4	60.0	−20.4	72.0	−4.6	71.6	−5.0	59.9	−20.6
亚精胺	146.9	110.8	−24.6	119.2	−18.8	126.5	−13.9	101.4	−31.0

（六）鳀鱼酶解过程中脂肪酸组成的变化

鳀鱼不饱和脂肪酸含量较高，因此在酶解过程中常出现脂肪氧化的现象。鳀鱼浆自溶9h脂肪酸含量的变化见表9-3。鳀鱼不饱和脂肪酸（UFA）占脂肪总量的41.62%，自溶后UFA含量降低了8.1% ～ 10.4%，饱和脂肪酸（SFA）含量升高了4.4% ～ 6.4%，意味着自溶过程中UFA部分转化成了SFA。A组、E + A组UFA含量高于C组、E组，表明微生物对UFA的转化有一定影响。

表9-3　鳀鱼浆自溶过程中脂肪酸的变化（干物质）　　　　单位：mg/100g

脂肪酸	简写式	原料鱼 含量	C 含量	C 变化/%	E 含量	E 变化/%	A 含量	A 变化/%	E + A 含量	E + A 变化/%
月桂酸	C12:0	25.5	27.7	8.7	26.4	3.4	28.7	12.6	27.3	7.1
（肉）豆蔻酸	C14:0	1897.8	2026.8	6.8	2168.6	14.3	2038.1	7.4	2005.0	5.6
十五烷酸	C15:0	214.8	232.8	8.4	247.0	15.0	248.6	15.7	243.3	13.3
棕榈酸	C16:0	4414.7	4664.1	5.7	4510.6	2.2	4508.0	2.1	4514.8	2.3
十七碳酸	C17:0	159.2	173.4	9.0	191.3	20.2	182.9	14.9	184.2	15.7
硬脂酸	C18:0	718.7	784.3	9.1	756.8	5.3	787.4	9.6	782.5	8.9
花生酸	C20:0	43.9	44.8	2.0	44.7	1.8	45.4	3.4	44.4	1.1
二十一烷酸	C21:0	102.0	104.0	2.0	104.4	2.4	109.0	6.9	107.6	5.6
山嵛酸	C22:0	16.0	16.6	3.7	16.3	1.9	17.0	6.2	16.8	5.1
二十四碳酸	C24:0	10.9	11.3	3.7	11.9	9.7	11.6	6.5	13.1	20.7
∑SFA	—	7611.6	8095.3	6.4	8087.8	6.3	7986.5	4.9	7948.8	4.4
肉豆蔻油酸	C14:1	17.2	17.0	−1.2	16.5	−4.1	16.5	−4.2	16.3	−5.0

脂肪酸	简写式	原料鱼 含量	C 含量	变化/%	E 含量	变化/%	A 含量	变化/%	E+A 含量	变化/%
棕榈油酸	C16:1	1282.5	1246.6	−2.8	1223.9	−4.6	1185.3	−7.6	1195.7	−6.8
油酸	C18:1	1846.0	1560.1	−15.5	1534.3	−16.9	1544.5	−16.3	1545.1	−16.3
亚油酸	C18:2	258.9	231.0	−10.8	214.8	−17.0	215.4	−16.8	236.0	−8.8
二十碳烯酸	C20:1	540.9	635.6	17.5	696.2	28.7	674.1	24.6	652.1	20.6
二十碳二烯酸	C20:2	26.9	23.1	−14.2	24.9	−7.4	24.5	−9.1	24.5	−8.9
花生三烯酸	C20:3	72.3	54.4	−24.8	65.3	−9.8	68.8	−4.9	64.9	−10.2
二十碳五烯酸	C20:5	161.2	140.4	−12.9	144.7	−10.2	146.8	−8.9	149.9	−7.0
二十二碳烯酸	C22:1	439.7	307.3	−30.1	337.5	−23.2	366.1	−16.7	386.8	−12.0
二十二碳二烯酸	C22:2	68.9	50.3	−27.0	52.3	−24.1	54.5	−21.0	53.3	−22.6
二十四碳烯酸	C24:1	168.3	120.6	−28.3	119.6	−29.0	133.3	−20.8	137.4	−18.3
二十二碳六烯酸	C22:6	679.3	601.0	−11.5	603.1	−11.2	643.7	−5.2	649.1	−4.4
∑UFA	—	5576.7	4998.7	−10.4	5044.5	−9.5	5084.8	−8.8	5122.8	−8.1

（七）酶解过程中脂肪酸氧化指标的变化

鲲鱼浆自溶过程中丙二醛（MDA）、过氧化值（POV）、酸价（AV）的变化见表9-4。自溶过程中POV表现为先升高后降低的趋势，5h出现峰值，为5.81mg/kg。自溶过程中C组POV最高，A组最低，结束后A组比C组低42.27%、E组比C组低32.37%，差异显著（$P < 0.05$）。

除A组外，自溶过程中MDA含量呈现先升高后降低的趋势，除A组，其他组MDA峰值均在300mg/kg左右，C组峰值在5h，E组、E+A组在3h，E+A组3h后MDA含量迅速降低，而A组波动较小，自溶9h后MDA含量均低于初始阶段。

各处理组的AV在前3h迅速升高，3h后升高速度减缓，7h后基本稳定，自溶9h后鱼浆AV在3.30～3.46之间。自溶过程中A组AV低于其他试验组，与C组差异显著（$P < 0.05$）。

表9-4　鲲鱼浆自溶过程中MDA、POV、AV的变化（干重）　　　　单位：mg/kg

指标	组	0h	3h	5h	7h	9h	变化/%
丙二醛 MDA	C	169.0±0.1	143.7±1.6[a]	306.4±1.2[d]	244.2±4.4[d]	152.8±0.2[c]	−9.6
	E	168.8±0.3	302.7±6.1[c]	253.7±2.3[c]	237.3±3.4[c]	134.0±1.8[b]	−20.6
	A	169.4±0.7	142.4±5.3[a]	129.3±1.2[a]	134.2±2.6[a]	129.1±1.8[a]	−23.8
	E+A	170.0±1.8	293.1±1.0[b]	146.1±2.7[b]	143.4±0.5[b]	127.5±1.3[a]	−25.0
过氧化值 POV	C	2.58±0.12	5.22±0.13[b]	5.81±0.13[c]	4.62±0.11[c]	4.14±0.11[d]	60.5
	E	2.57±0.03	3.51±0.03[a]	4.19±0.10[a]	4.11±0.11[b]	2.80±0.03[b]	9.0
	A	2.57±0.07	3.51±0.09[a]	4.25±0.11[a]	3.87±0.06[a]	2.39±0.05[a]	−7.0
	E+A	2.59±0.07	3.50±0.06[a]	4.89±0.14[b]	4.04±0.09[b]	3.23±0.08[c]	24.7
酸价 AV (KOH)/(mg/g)	C	2.52±0.06	3.19±0.07[b]	3.27±0.05[b]	3.34±0.06	3.46±0.07[b]	37.3
	E	2.51±0.05	3.13±0.06[ab]	3.21±0.07[ab]	3.38±0.03	3.39±0.06[ab]	35.1
	A	2.51±0.04	3.04±0.06[a]	3.15±0.06[a]	3.29±0.05	3.30±0.04[a]	31.5
	E+A	2.51±0.05	3.19±0.07[b]	3.27±0.05[b]	3.36±0.07	3.46±0.08[b]	37.9

鳀鱼不饱和脂肪酸含量较高，MDA、AV、POV是评价油脂氧化的重要指标，抗生素能有效降低MDA、POV、AV含量，可能是减少了微生物的代谢活动产生的酸性物质，自溶完成后MDA含量低于原料鱼，POV、AV含量水平低，表明鱼浆油脂氧化程度不高。

（八）自溶鳀鱼浆与商业鳀鱼鱼粉化学组成的比较

以C组自溶鱼浆冻干粉与商业鱼粉理化指标进行比较，结果见表9-5。鳀鱼自溶鱼浆冻干粉的粗蛋白、粗脂肪、VBN、TFAA含量分别比鱼粉高出5.85%、84.29%、1154.20%、750.57%，而灰分、组胺、AV比鱼粉低35.73%、19.35%、60%。

表9-5　酶解鱼浆与商品鱼粉部分理化指标实测值（干物质）

项目	鱼粉	自溶鱼浆
粗蛋白/(g/100g)	69.95	74.04
粗脂肪/(g/100g)	7.51	13.84
灰分/(g/100g)	18.61	11.96
总游离氨基酸TFAA/(g/100g)	1.76	14.97
牛磺酸/(g/100g)	0.51	0.61
组胺/(mg/100g)	5.53	4.46
挥发性盐基氮VBN/(mg/100g)	52.34	656.45
酸价AV (KOH)/(mg/g)	8.65	3.46
EPA/(g/100g)	0.64	0.14
DHA/(g/100g)	1.15	0.68

三、鳀鱼自溶鱼浆对黄颡鱼生长速度、健康的影响

以冰鲜鳀鱼为原料，经粉碎、酶解得到的自溶鳀鱼浆，直接用于水产饲料，可有效保持自溶鱼浆新鲜度和海洋鱼类特殊活性成分，这在部分海水鱼类饲料，尤其是肉食性鱼类中得到初步的应用，取得很好的养殖效果。主要特点是维持了原料鱼的蛋白质和油脂新鲜度，保持了海洋蛋白质源对养殖动物生长的优势，同时也增加了饲料的诱食效果。

自溶鳀鱼浆的小肽含量显著高于鱼粉，少量的自溶鱼浆即可满足日粮小肽供应，同时自溶鱼浆避免了鱼粉高温蒸煮、烘干等生产环节，油脂的氧化程度较低，但挥发性盐基氮高，其对养殖鱼类生长的作用有待验证。本试验在无鱼粉或高鱼粉日粮中添加自溶鱼浆，与鱼粉比较，分析对黄颡鱼生长速度、健康的影响，评价自溶鱼浆的养殖效果。

（一）试验条件

自溶鱼浆以冰冻鳀为主要原料，在试验室制备，用粉碎机低温（4℃）绞碎，55℃恒温自溶9h，于-20℃保存备用。自溶鱼浆、鱼粉的营养组成如前面的分析结果。

试验饲料配制采用黄颡鱼实用配方模式进行配方设计。①以30.5%鱼粉为对照（FM），以6%自溶鱼浆（干物质）部分替代鱼粉，设计日粮MPH6组，探讨鱼粉日粮中自溶鱼浆的养殖效果；②以30.5%鱼粉为对照（FM），以植物蛋白质、肉骨粉为主要蛋白质源，在无鱼粉日粮中添加3%（FPH3）、6%

（FPH6）和12%（FPH12）的自溶鱼浆（按照干物质计算的添加量），以提供牛磺酸等海洋蛋白质源的特殊活性成分，满足黄颡鱼生理代谢的需要，探讨是否可以获得理想的生长效果。

试验配方中，以豆油平衡各日粮脂肪含量，以磷酸二氢钙平衡总磷含量，以米糠粕保持日粮配方比例平衡，见表9-6。在FM与MPH6配方之间各主要原料配比保持基本一致，在FM与FPH3、FPH6、FPH12配方之间，大豆浓缩蛋白质、棉籽蛋白质、血球粉等按照一定比例变化，以保持各试验组日粮的氨基酸平衡性。玉米蛋白质粉作为黄颡鱼日粮色素来源，在配方中保持5%～6%。

表9-6 试验日粮原料组成与营养水平 单位：g/100g

项目		FM	MPH6	FPH3	FPH6	FPH12
原料	米糠	12.8	13.3	11.1	10.8	13.0
	米糠粕	—	—	5.6	6.6	6.0
	豆粕	16.5	16.5	—	—	—
	大豆浓缩蛋白质	—	—	19.0	18.0	16.0
	棉粕	9.0	9.0	—	—	—
	棉籽蛋白质	—	—	19.0	18.0	16.0
	玉米蛋白质粉	5.0	5.0	6.0	6.0	6.0
	血球粉	1.5	1.5	3.5	2.5	2.0
	鱼粉	30.5	24.8	—	—	—
	酶解鱼浆[①]	—	6.0	3.0	6.0	12.0
	鸡肉粉	3.0	3.0	8.5	8.5	7.0
	磷酸二氢钙 $Ca(H_2PO_4)_2$	2.9	2.8	3.8	3.6	3.2
	沸石粉	2.0	2.0	2.0	2.0	2.0
	小麦	13.0	13.0	13.0	13.0	13.0
	豆油	2.8	2.1	4.5	4.0	2.8
	预混料[②]	1.0	1.0	1.0	1.0	1.0
	合计	100.0	100.0	100.0	100.0	100.0
营养水平（干物质）	粗蛋白	40.23	40.23	40.63	40.41	40.35
	总磷	1.87	1.86	1.85	1.85	1.85
	粗灰分	8.27	8.23	5.45	5.78	6.36
	粗脂肪	8.27	8.22	8.25	8.26	8.27
	能量/(MJ/kg)	19.72	19.36	19.94	19.59	19.52

① 自溶鱼浆以干物质参与配方计算。
② 预混料为每千克日粮提供：铜25mg，铁640mg，锰130mg，锌190mg，碘0.21mg，硒0.7mg，钴0.16mg，镁960mg，钾0.5mg，维生素A 8mg，维生素B_1 8mg，维生素B_2 8mg，维生素B_6 12mg，维生素B_{12} 0.02mg，维生素C 300mg，泛酸钙25mg，烟酸25mg，维生素D_3 3mg，维生素K_3 5mg，叶酸5mg，肌醇100mg。

试验配方及营养成分实测值见表9-6，各组间粗蛋白、粗脂肪、总磷、能量水平无显著差异。原料粉碎后过60目筛，混匀加适量水搅拌，用华祥牌HKj200制粒机加工制成直径1.5mm、长3～5mm的颗粒，风干后，−20℃密封保存。

用Sykam（赛卡姆）S-433D氨基酸分析仪测定得到各试验组日粮的水解氨基酸、游离氨基酸的结果见9-7。自溶鱼浆会引起日粮多种游离氨基酸、生物胺含量变化，高植物蛋白质组游离氨基酸水平与自溶鱼浆添加量正相关。除His外，FPH12组游离必需氨基酸含量最高。

表9-7 日粮氨基酸和部分生物胺组成（干物质）

项目	水解氨基酸/(g/100g)					游离氨基酸/(g/kg)				
	FM	MPH6	FPH3	FPH6	FPH12	FM	MPH6	FPH3	FPH6	FPH12
赖氨酸 Lys	1.92	1.91	1.78	1.78	1.80	0.88	1.62	1.05	1.69	2.58
甲硫氨酸 Met	0.86	0.82	0.66	0.66	0.68	0.49	0.36	0.26	0.57	0.61
精氨酸 Arg	1.86	1.92	2.61	2.51	2.40	1.18	2.10	2.43	2.96	3.53
苏氨酸 Thr	1.28	1.29	1.34	1.31	1.31	0.77	1.36	0.36	0.68	1.47
缬氨酸 Val	4.80	4.89	5.29	5.15	5.12	1.17	1.70	0.51	0.99	1.81
亮氨酸 Ile	1.15	1.18	1.21	1.20	1.20	0.74	1.06	0.32	0.67	1.33
异亮氨酸 Leu	2.58	2.69	2.92	2.78	2.67	1.77	2.79	0.92	1.96	3.96
色氨酸 Trp	ND[①]	ND	ND	ND	ND	0.40	0.65	0.28	0.41	0.69
组氨酸 His	1.08	1.11	1.16	1.16	1.15	1.65	1.71	0.41	0.79	1.46
苯丙氨酸 Phe	1.54	1.48	1.87	1.77	1.67	0.66	1.16	0.41	0.80	1.50
总必需氨基酸 TEAA	17.07	17.29	18.88	18.32	18.01	9.71	14.51	6.95	11.52	18.94
丝氨酸 Ser	1.44	1.46	1.72	1.66	1.59	0.49	0.63	0.25	0.41	0.64
谷氨酸 Glu	5.25	5.36	6.41	6.15	5.86	1.60	1.98	0.75	1.15	1.75
甘氨酸 Gly	1.74	1.79	1.93	1.91	1.87	0.86	0.83	0.28	0.44	0.74
丙氨酸 Ala	1.84	1.83	1.82	1.82	1.75	2.51	3.18	0.98	1.86	3.64
半胱氨酸 Cys	0.29	0.31	0.46	0.41	0.38	<0.05	<0.05	<0.05	<0.05	<0.05
酪氨酸 Tyr	1.06	1.00	1.14	1.08	1.03	0.34	0.83	0.36	0.73	1.39
脯氨酸 Pro	1.55	1.67	2.02	1.92	1.79	0.66	0.59	0.18	0.30	0.50
天冬氨酸 Asp	2.9	2.94	3.27	3.21	3.15	1.01	0.81	0.82	1.10	1.94
天冬酰胺 Asn						1.72	1.91	2.69	2.71	1.82
鸟氨酸 Orn						0.28	0.39	0.13	0.21	0.42
牛磺酸 Tau						4.84	4.81	0.60	1.17	2.12
总氨基酸 TAA	33.14	33.65	37.66	36.48	35.42	24.02	30.47	13.99	21.60	33.90
尸胺/(mg/kg)						526.3	513.5	139.5	252.5	485.1
组胺/(mg/kg)						322.0	229.0	<3.0	<3.0	<3.0
腐胺/(mg/kg)						193.4	152.8	16.9	22.3	30.0

①色氨酸由于酸水解无法测定。

试验鱼与养殖管理。养殖试验在浙江一星养殖基地池塘网箱中进行，在面积为40m×60m的池塘中设置试验网箱（规格为1.0m×1.5m×1.5m），以海盐县长山河为水源，池塘中设置1台1.5kW的叶轮式增氧机，每天运行12h。

选取浙江一星养殖基地池塘培育的1冬龄、规格整齐、健康，平均体重为（30.08±0.35）g的黄颡鱼种，随机分成5组，每组设3个重复（$n=3$），每网箱20尾。试验鱼网箱驯化适应两周后开始正式投喂。日投喂2次（7:00、16:00），日投喂量为鱼体重的3%～5%，每10d估算1次鱼体增重量，调整投喂量，共投喂60d。养殖期间水温24.1～36.0℃，溶解氧浓度＞7.0mg/L，pH8.0～8.4，氨氮浓度＜0.10mg/L，亚硝酸盐浓度＜0.005mg/L，硫化物浓度＜0.05mg/L。

（二）生长速度及日粮利用率的变化

养殖过程中黄颡鱼成活率在各处理间无显著差异（$P>0.05$），见表9-8。以SGR表示黄颡鱼生长速度的结果显示，以FM为对照，FPH12差异不显著（$P>0.05$），MPH6、FPH6降低了24.39%、23.58%，差异显著（$P<0.05$）。对于日粮效率，FPH12与FM组FCR差异不显著（$P>0.05$），而MPH6、FPH3、

FPH6升高了32.14% ~ 42.86%（$P < 0.05$）。MPH6、FPH3、FPH6组PRR显著低于FM和FPH12（$P < 0.05$），降低了21.11% ~ 27.78%；MPH6组FRR比FM低了41.51%（$P < 0.05$），FPH3、FPH6、FPH12无显著变化（$P > 0.05$）。

表9-8　自溶鱼浆对黄颡鱼生长、日粮效率的影响（平均值 ± 标准差）

项目	FM	MPH6	FPH3	FPH6	FPH12
初始均重/g IBW	30.15±0.28	30.23±0.34	30.25±0.43	29.95±0.18	30.10±0.35
终末均重/g FBW	63.2±4.8[b]	52.9±3.7[a]	56.5±2.1[ab]	52.9±4.6[a]	60.2±7.1[ab]
成活率/% SR	100±0	96.7±2.9	100±0	100±0	100±0
特定生长率/(%/d) SGR	1.23±0.14[b]	0.93±0.13[a]	1.04±0.06[ab]	0.94±0.13[a]	1.15±0.17[ab]
与对照组比较/%	—	−24.39	−15.45	−23.58	−6.50
饲料系数FCR	2.8±0.6[a]	4.0±0.4[b]	3.7±0.3[b]	3.9±0.3[b]	2.9±0.3[a]
与对照组比较/%	—	42.86	32.14	39.29	3.57
蛋白质沉积率/% PRR	18.0±2.6[b]	13.3±2.4[a]	13.0±1.0[a]	14.2±0.7[a]	18.0±2.3[b]
脂肪沉积率/% FRR	53±3[b]	31±8[a]	39±5[ab]	42±13[ab]	49±17[ab]

注：1. 特定生长率（SGR）=100%×(ln试验结束尾均体重−ln试验开始尾均体重)/试验周期。
2. 饲料系数（FCR）=饲料消耗量/鱼体增重。
3. 脂肪沉积率（LRR）=100%×（试验结束时体脂肪含量−试验开始时体脂肪含量）/摄食脂肪总量。
4. 蛋白质沉积率（PRR）=100%×（试验结束时体蛋白质含量−试验开始时体蛋白质含量）/摄食蛋白质总量。

植物蛋白质基础日粮中添加12%自溶鱼浆后，黄颡鱼生长速度、日粮效率与30.5%鱼粉无明显差异，显示出一定的等效关系，这是本文的主要结果，丰富的游离氨基酸或与其相关的未知活性成分可能是这种等效关系形成的主要原因。

依赖于原料鱼自身的酶，以鱼体自溶为主要水解方式生产的酶解鱼浆作为一个原料产品已经进入《饲料原料目录》补充目录中，表明这类产品相对于鱼粉是一个新产品。本试验中，自溶鱼浆与鱼粉比较，原料鱼都为鳀鱼，在原料组成上的差异不大，因此，所得产品营养组成上的差异主要为生产工艺所造成的。鱼粉生产过程中，主要经历了蒸煮、压榨、脱脂、110℃左右的烘干过程，而鱼浆、酶解鱼浆保全了原料鱼的主要组成物质，也没有高温过程。高温可能导致热敏感物质的损失，导致油脂的氧化酸败，甚至可能导致肌胃糜烂素等有害物质的产生。因此，酶解鱼浆与鱼粉比较，可能保全了更多的热敏感物质成分，也避免了高温对鱼粉产品成分的不良影响，因此导致其在养殖水产动物的生产性能、鱼体健康等方面可能具有一定的优势。本文的试验结果也显示，在黄颡鱼日粮中，12%自溶鱼浆与30.5%的鱼粉在生产性能方面具有一定的等效性。一方面显示，酶解鱼浆这类新产品开发具有很好的市场前景，可以显著降低日粮中鱼粉的使用量；另一方面，鱼浆保全了鳀鱼的物质组成，低温生产的鱼浆能够更好地满足养殖的水产动物营养的、生理的需要，获得理想的养殖效果。

因此，在黄颡鱼常规日粮中添加6%的自溶鱼浆，使黄颡鱼的生长速度下降、日粮效率降低；在无鱼粉日粮中补充12%自溶鱼浆（干物质），其生长速度和日粮效率与30.5%鱼粉组无显著性差异。预示着以12%自溶鱼浆与30.5%的鱼粉日粮饲喂对黄颡鱼的生长速度、日粮利用效益具有一定的等效性。

（三）试验黄颡鱼体成分的变化

各试验组黄颡鱼体成分见表9-9，MPH6全鱼粗脂肪比FM低了13.13%，但差异不显著（$P > 0.05$），表明以鱼粉日粮中添加6%自溶鱼浆，黄颡鱼全鱼脂肪含量有降低的趋势。FM与FPH3、FPH6、FPH12相比，水分、粗蛋白、灰分含量无显著差异（$P > 0.05$）。

表9-9　自溶鱼浆对黄颡鱼体成分和形体指标的影响（平均值 ± 标准差）　　　　单位：%

项目		FM	MPH6	FPH3	FPH6	FPH12
体成分	水分	68.6±1.4	68.5±1.6	69.4±2.3	66.8±1.3	67.3±1.4
	粗蛋白CP	17.0±0.4	17.1±1.1	16.7±1.0	17.5±0.3	17.4±0.8
	粗脂肪EE	9.9±0.8	8.6±1.1	9.2±1.2	10.0±1.3	9.6±2.1
	灰分	4.57±0.26	4.56±0.09	4.56±0.38	4.66±0.12	4.35±0.18
形体指标	肥满度CF	2.07±0.09	2.09±0.12	2.17±0.01	2.16±0.10	2.14±0.12
	肝胰脏指数HSI	1.85±0.45[b]	1.77±0.08[ab]	1.73±0.15[ab]	1.39±0.15[a]	1.56±0.07[ab]
	内脏团指数VSI	7.6±0.5	6.1±0.7	7.0±1.2	7.4±1.0	7.2±1.4
	肠体比	0.75±0.08	0.74±0.13	0.81±0.06	0.81±0.08	0.77±0.05

注：1. 肥满度（CF）=100%×体重/体长^3。
2. 肝胰脏指数（HIS）=100%×肝胰脏重/体重。
3. 内脏团指数（VSI）=100%×内脏团重/体重。
4. 肠体比=肠长/体长。
5. 同行数据上标不同小写字母表示差异显著（$P < 0.05$）。

对于形体指标，FPH3、FPH6、FPH12黄颡鱼肥满度、肠体比高于FM，但无显著差异（$P > 0.05$），内脏团指数没有明显变化（$P > 0.05$），FPH6肝胰脏指数显著低于FM（$P < 0.05$），其他组无显著差异（$P > 0.05$）。

FPH3、FPH6、FPH12黄颡鱼肌肉游离氨基酸含量随自溶鱼浆添加量的增加，His、Ser含量降低（$P < 0.05$）（表9-10），而Tyr、Tau升高（$P < 0.05$）；与FM比，FPH6、FPH12的Thr、His、Gly、Ser、Ala、Asp及TFAA均显著升高（$P < 0.05$），MPH6各种游离氨基酸水平与FM均无显著差异（$P > 0.05$）。Tau在体内主要以游离形态存在，肌肉Tau水平与其日粮供应量正相关（图9-5），FPH3组含量显著低于FM组（$P < 0.05$）。

表9-10　酶解鱼浆对黄颡鱼肌肉游离氨基酸组成的影响（平均值 ± 标准差）　　　　单位：mg/g

项目	FM	MPH6	FPH3	FPH6	FPH12
赖氨酸Lys	0.50±0.09	0.53±0.09	0.43±0.09	0.50±0.07	0.68±0.16
甲硫氨酸Met	0.05±0.01	0.04±0.00	0.04±0.01	0.05±0.01	0.05±0.01
精氨酸Arg	0.09±0.02	0.08±0.01	0.07±0.01	0.08±0.01	0.11±0.02
苏氨酸Thr	0.40±0.07[a]	0.47±0.04[ab]	0.60±0.06[b]	0.57±0.10[b]	0.58±0.10[b]
缬氨酸Val	0.10±0.03	0.11±0.02	0.18±0.02	0.13±0.01	0.13±0.03
亮氨酸Ile	0.07±0.01	0.07±0.01	0.08±0.02	0.09±0.01	0.09±0.03
异亮氨酸Leu	0.15±0.02	0.16±0.03	0.19±0.04	0.19±0.01	0.20±0.07
色氨酸Trp	0.11±0.04	0.12±0.04	0.10±0.01	0.14±0.01	0.15±0.02
组氨酸His	0.25±0.04[a]	0.28±0.04[a]	0.47±0.07[cb]	0.51±0.02[c]	0.40±0.02[b]
苯丙氨酸Phe	0.09±0.03	0.07±0.00	0.07±0.01	0.09±0.02	0.08±0.02
总必需游离氨基酸TEFAA	1.82±0.13[a]	1.93±0.08[ab]	2.23±0.34[abc]	2.35±0.12[bc]	2.47±0.42[c]
甘氨酸Gly	1.05±0.42[a]	1.51±0.23[a]	3.58±1.06[b]	3.07±0.50[b]	3.07±0.61[b]
酪氨酸Tyr	0.09±0.01[bc]	0.07±0.00[b]	0.06±0.01[a]	0.10±0.01[c]	0.09±0.00[bc]
丙氨酸Ala	0.87±0.19[a]	1.04±0.07[a]	1.46±0.50[b]	1.42±0.21[b]	1.36±0.11[b]
谷氨酸Glu	0.09±0.03[a]	0.13±0.06[ab]	0.36±0.24[b]	0.21±0.07[ab]	0.18±0.10[ab]
丝氨酸Ser	0.19±0.02[a]	0.24±0.02[a]	0.52±0.08[c]	0.46±0.09[c]	0.36±0.05[b]
鸟氨酸Orn	0.23±0.07	0.25±0.03	0.23±0.08	0.27±0.06	0.27±0.03
天冬氨酸Asp	0.11±0.03[a]	0.12±0.01[a]	0.16±0.05[ab]	0.16±0.01[b]	0.16±0.02[b]
牛磺酸Tau	2.5±0.1[b]	2.4±0.1[b]	2.0±0.2[a]	2.3±0.1[ab]	2.4±0.3[b]
总游离氨基酸TFAA	7.0±0.4[a]	7.8±0.3[a]	10.6±2.2[b]	10.4±1.0[b]	10.4±1.1[b]

注：同行数据上标不同小写字母表示差异显著（$P < 0.05$）。

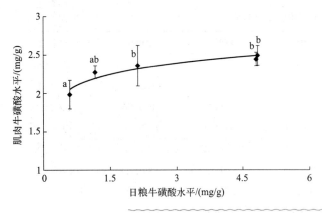

图9-5　日粮牛磺酸与黄颡鱼肌肉牛磺酸含量的关系

（四）试验黄颡鱼血清理化指标的变化

与FM相比，FPH3、FPH6、FPH12黄颡鱼血清ALB水平降低（表9-11），FPH3变化显著（$P<0.05$）；MPH6组LDL、CHOL水平升高，但不显著（$P>0.05$），各组的AST、ALT、HDL、TP、TG无显著差异（$P>0.05$）。

表9-11　自溶鱼浆替代鱼粉对黄颡鱼血清生理指标的影响（平均值 ± 标准差）

项目	FM	MPH6	FPH3	FPH6	FPH12
谷草转氨酶/(U/L) AST	204±42	194±54	198±13	205±22	163±33
谷丙转氨酶/(U/L) ALT	5.5±0.7	4.3±1.5	5.3±1.5	5.0±2.7	4.3±1.2
总蛋白质/(g/L) TP	39.6±1.9	41.4±2.3	39.0±3.6	42.4±3.1	40.8±3.6
白蛋白质/(g/L) ALB	12.1±0.3[a]	10.9±1.1[ab]	9.8±0.6[b]	11.2±0.7[ab]	10.8±0.9[ab]
胆固醇/(mol/L) CHOL	8.4±1.5	8.5±1.3	7.5±2.3	9.7±2.2	6.8±1.8
甘油三酯/(mol/L) TG	5.6±0.5	5.0±1.7	5.4±2.6	7.0±2.0	5.2±1.6
高密度脂蛋白/(mol/L) HDL	2.17±0.13	2.13±0.16	2.03±0.19	2.20±0.09	2.04±0.19
低密度脂蛋白/(mol/L) LDL	3.8±1.1	4.1±0.4	3.0±0.9	4.3±1.3	2.9±0.8

注：同行数据上标不同小写字母表示差异显著（$P<0.05$）。

血清蛋白水平与肝胰脏健康、营养状况密切相关，ALB在物质运输、维持血液渗透压方面具有重要作用。植物蛋白质日粮添加3%自溶鱼浆，血清ALB明显降低。CHOL是体内重要的脂类物质，HDL和LDL是其的主要运输者，分别将CHOL运入和运出肝胰脏。本试验中，各试验组黄颡鱼血清CHOL、HDL和LDL含量与对照组均无显著性差异。日粮中植物蛋白质含量过高会导致转氨酶大量释放到血液，引起血清转氨酶水平升高，使非特异性免疫力下降，本试验条件下，高植物蛋白质含量不会引起黄颡鱼血清中转氨酶水平的显著变化，自溶鱼浆对黄颡鱼免疫力具有保护作用，一定程度上可减缓损伤。

（五）试验黄颡鱼肝胰脏组织结构的观察

各组黄颡鱼肝胰脏石蜡切片HE染色如图9-6所示。从图中可以观察到，肝细胞轮廓清晰，细胞界线明显，相互挤压成多边形。FM和FPH12组细胞染色较均匀，细胞核多处于细胞中间；MPH6和FPH6组出现脂滴，部分细胞核成簇状聚集；FPH3组视野中细胞核数量明显减少，且成簇状聚集，存在大量的脂滴。

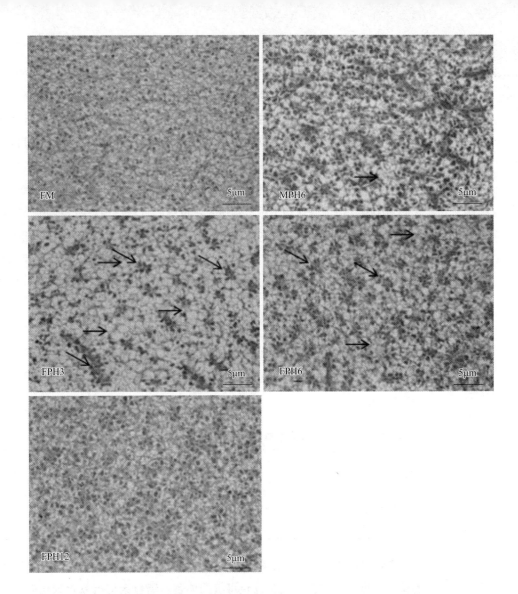

图9-6 黄颡鱼肝胰脏组织切片（400×）
"↘"细胞核成簇状聚集，
"⟶"脂滴

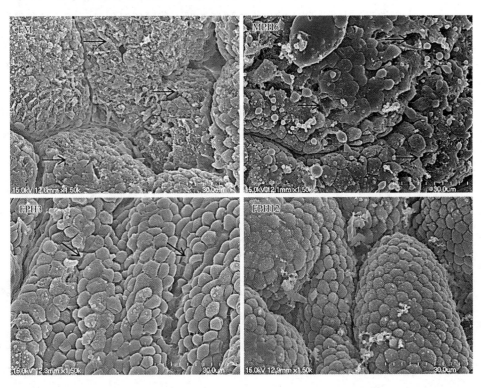

图9-7 黄颡鱼胃黏膜扫描电镜
"⟶"上皮细胞损伤

FM和FPH12组肝组织染色均匀，FPH3组出现大量的脂滴堆积，而各组鱼体脂肪含量没有显著差异，意味着高植物蛋白质日粮会造成肝组织中脂肪代谢发生障碍，引起脂滴的不均匀分布。

各组黄颡鱼的胃黏膜扫描电镜结果如图9-7。只添加自溶鱼浆的处理组中，黄颡鱼胃部黏膜结构清晰，上皮细胞形态完整、排列紧密；而添加了鱼粉的FM组、MPH6组胃部黏膜损伤严重，上皮细胞出现破损，FM组上皮细胞完全损坏，没有基本的细胞形态。

鱼粉中的生物胺含量是评价鱼粉质量的重要指标。鳀鱼等红肌鱼类含更高的组氨酸，组氨酸在微生物脱羧酶及尿酐酸酶作用下生成组胺。本试验鳀鱼粉日粮组胺为229～322mg/kg，而自溶鱼浆日粮组胺＜3mg/kg。组胺所带来的毒性影响因子（肌胃糜烂素）可能会影响黄颡鱼胃肠道肌肉收缩等。用组胺含量高的鱼粉投喂虹鳟时发现，其胃部产生了严重的生理病变。本研究中高鱼粉日粮组黄颡鱼胃黏膜上皮细胞出现损伤，意味着高组胺的鱼粉有导致胃肠道病理变化的风险，而自溶鱼浆则无此作用。

（六）黄颡鱼体色和色素含量的变化

试验结束时，所有试验组鱼体背部均为灰褐色和黑褐色，腹部呈微黄色或浅黄色，侧面色斑较明显。黄颡鱼皮肤叶黄素、黑色素含量见表9-12。各试验组黄颡鱼体表黑色素、叶黄素沉积率无显著性差异（$P > 0.05$）。

表9-12　自溶鱼浆对黄颡鱼皮肤色素含量的影响　　　　　　　　　　　　　　　　　　单位：mg/kg

项目	FM	MPH6	FPH3	FPH6	FPH12
背部黑色素	49±3	52±3	48±4	51±3	47±5
背部叶黄素	30.0±2.0	29.3±2.4	31.5±2.5	29.9±1.4	32.7±4.0
腹部叶黄素	12.5±1.0	12.2±1.1	12.4±1.5	13.1±1.0	13.1±1.6

黄颡鱼体色情况已成为影响养殖利润的重要指标，黄颡鱼料配方的目标之一是如何保持黄颡鱼体色的黄色亮度，同时保有正常黑色斑纹的体色。黑色素与抗氧化损伤有关，黑色素浓度增加，抗氧化作用增强，本试验以豆油作为主要脂肪源，黄颡鱼黑色素沉积量没有显著性变化，意味着避免了鱼油可能带来的潜在氧化损伤作用。黄颡鱼不能自身合成叶黄素，只能通过日粮摄入，以满足黄色色素沉积的需要。本试验主要以6%的玉米蛋白质粉作为色素源，在无鱼粉日粮中添加3%～12%的自溶鱼浆，黄颡鱼着色效果与鱼粉相近。

综合分析本试验结果表明，高植物蛋白质会减缓黄颡鱼生长，植物蛋白质日粮中添加12%自溶鱼浆，以棉籽蛋白质、大豆浓缩蛋白质和鸡肉粉为补充蛋白源，生长速度、日粮效率与30.5%鱼粉组具有一定的等效性；自溶鱼浆游离氨基酸含量远高于鱼粉，日粮添加12%自溶鱼浆黄颡鱼肌肉多种游离氨基酸水平明显升高，特别是呈味氨基酸。自溶鳀鱼浆对黄颡鱼的肝胰脏健康、体色没有不良影响。

第二节
鱼溶浆、酶解鱼溶浆（粉）对黄颡鱼生长、健康的影响

鱼溶浆（fish stickwater，SW）是鱼粉生产的副产物。海洋捕捞渔获物经过蒸煮、压榨，得到压榨液和压榨饼（固形物），压榨液经油水分离，得到初级鱼油和液体部分（又称为"鱼汤"），液体经减压、

加温浓缩成鱼溶浆。鱼溶浆主要含悬浮于水中的微小颗粒状物质，如溶解于水中的蛋白质、肽、游离氨基酸等，同时也含有生物胺、氧化三甲胺等成分。

在传统的鱼粉生产工艺中，鱼溶浆是返回到压榨饼中，这类返浆的鱼粉通常称为半脱脂鱼粉。酶解技术在鱼粉生产行业早期使用的案例就是以鱼溶浆为原料，添加外源性的复合酶（由中性蛋白酶、木瓜蛋白酶、菠萝蛋白酶等混合而成），维持酶解条件3～5h后，105℃维持20min左右杀菌，减压浓缩至水分含量为42%～50%所得的膏状产品，称之为酶解鱼溶浆。酶解鱼溶浆经过喷雾干燥（120～140℃）后得到酶解鱼溶浆粉，类似于《饲料原料目录》中的水解鱼蛋白粉。

从水产饲料的养殖效果角度考虑，酶解鱼溶浆与鱼溶浆在饲料中的使用效果有多大的差异？喷雾干燥的酶解鱼溶浆粉与酶解的鱼溶浆在饲料中的使用效果有多大的差异？这事关酶解技术应用的效果评价和酶解技术应用的问题，也是饲料产品选择使用需要考虑的问题。另外，这类酶解产品与优质鱼粉比较的使用效果如何？是否可以用这类酶解产品替代鱼粉的使用或下调水产饲料中鱼粉的使用量？为此，本试验以鱼溶浆（SW）为原料，采用酶解生产工艺，制备酶解鱼溶浆（HSW）和酶解鱼溶浆粉（HSM），以进口超级蒸汽鱼粉（FM）为对照，以肉食性的、体色变化敏感的黄颡鱼为试验对象，通过养殖试验探讨酶解鱼溶浆加工方式对黄颡鱼生长、健康的影响，对试验黄颡鱼的健康影响结果也是对酶解鱼溶浆（粉）产品安全质量的评价结果。

一、试验条件

对照用的鱼粉为超级蒸汽鱼粉（生产商为秘鲁太平洋中心工业有限公司，Companfa Pesouera del Pacffico Centro S.A.，Lima，Peru），其原料鱼主要为秘鲁鳀鱼。鱼溶浆（SW）、酶解鱼溶浆（HSW）、酶解鱼溶浆粉（HSM）为浙江省舟山丰宇海洋生物制品有限公司生产，原料鱼主要为东海海域的金枪鱼排、鳀鱼和部分野杂鱼，其比例大致为5：4：1。原料鱼按照鱼粉生产工艺流程，经蒸煮、压榨，压榨液经油水分离，再进行减压、加温浓缩（75～85℃），水分浓缩至55%左右即为试验用鱼溶浆SW。用于生产HSW、HSM的压榨液浓缩至约70%含水量，升温到105℃进行灭菌处理。灭菌的液体转入酶解反应釜，加入复合蛋白酶（木瓜蛋白酶和菠萝蛋白酶为主），在50～55℃酶解3～5h，再次升温至95℃灭活蛋白酶。经过减压、加热浓缩得到水分含量45%左右的酶解鱼溶浆HSW。HSW在120～140℃喷雾干燥成酶解鱼溶浆粉HSM。

鱼粉（FM）、SW、HSW、HSM的主要营养成分和小肽含量见表9-13。SW、HSW、HSM中牛磺酸（Tau）、游离氨基酸（FAA）、酸溶蛋白水平远高于鱼粉。SW主要包含小于180Da（主要是FAA）的小分子。HSW酸溶蛋白含量高于SW，特别是大于5000Da部分。对HSW与鱼粉小肽组成做关联性分析发现，其关联因子（R）为0.99，意味着它们组成模式相近。HSM肽组成与HSW有部分差异，小于10000Da的多肽有所升高。

表9-13　鱼粉、鱼溶浆、酶解鱼溶浆（粉）主要营养成分和小肽含量（干物质）　　　　单位：g/100g

项目		鱼粉FM	非酶解鱼溶浆SW	酶解鱼溶浆HSW	酶解鱼溶浆粉HSM
营养组成	水分	5.21	53.39	43.03	1.96
	蛋白质	68.65	65.39	69.94	79.72
	脂肪	9.08	6.15	1.77	1.54

项目		鱼粉 FM	非酶解鱼溶浆 SW	酶解鱼溶浆 HSW	酶解鱼溶浆粉 HSM
营养组成	灰分	20.7	15.7	17.5	13.3
	磷 P	2.73	0.59	0.82	0.70
	牛磺酸	0.44	2.33	2.03	1.68
	游离氨基酸 FAA	1.57	11.12	8.60	6.58
	酸溶蛋白[①]	11.98	44.74	51.73	52.85
肽含量[②]	＞10000Da	1.44[③](11.99[④])	1.82(4.06)	7.54(14.57)	4.25(8.02)
	10000～5000Da	1.01(8.46)	2.47(5.51)	5.46(10.56)	8.61(16.30)
	5000～3000Da	0.70(5.86)	2.18(4.87)	3.32(6.41)	6.01(11.37)
	3000～2000Da	0.52(4.36)	1.94(4.33)	2.32(4.49)	4.07(7.70)
	2000～1000Da	0.80(6.64)	3.75(8.39)	3.56(6.89)	5.74(10.87)
	1000～500Da	0.70(5.84)	4.24(9.48)	3.16(6.10)	4.38(8.29)
	500～180Da	2.02(16.90)	9.19(20.55)	9.24(17.86)	6.25(11.83)
	＜180Da	4.79(39.95)	19.16(42.82)	17.13(33.12)	13.54(25.62)

① 由江南大学（无锡，中国）分析测试中心按照GB/T 22729—2008中方法分析。
② 由江南大学分析测试中心按照GB/T 22729—2008中方法分析。
③ 由面积百分含量乘以酸溶蛋白含量计算得到，单位为g/100g，以干物质计。
④ 由面积归一法计算的在酸溶蛋白中的比例，单位为g/100g，以酸溶蛋白计。

本试验采用黄颡鱼实用配方模式进行配方设计。SW、HSW、HSM使用量的确定：对照组（FM）含30%的蒸汽鱼粉。以30%鱼粉的蛋白质质量为基础，以实测的SW、HSW、HSM的蛋白质含量为依据，按照30%鱼粉蛋白质质量的25%、50%、75%转换为试验日粮配方中SW（分别记为SW25、SW50和SW75）、HSW（分别记为HSW25、HSW50和HSW75）、HSM（分别记为HSM25、HSM50和HSM75）三种蛋白质原料的用量，共设计10个试验日粮配方，见表9-14。试验配方中，以混合油脂（鱼油：大豆磷脂油：豆油=1：1：2）提供不饱和脂肪酸，平衡各试验日粮中脂肪含量，以磷酸二氢钙提供磷源保持各试验配方总磷含量，大豆浓缩蛋白质、棉籽蛋白质和鸡肉粉同比例变化保持氨基酸平衡，以米糠粕保持试验日粮配方比例平衡。玉米蛋白质粉作为黄颡鱼日粮色素来源，在不同试验日粮配方中保持一致。

原料粉碎后过60目筛，按照表9-14进行日粮原料的配合。用混合机混合均匀后，用华祥牌HKj200制粒机加工制成直径1.5mm，长3～5mm的颗粒日粮。颗粒日粮采用风干的方式，风干至含水量10%左右作为养殖试验用的颗粒日粮，不同试验日粮由于水分含量不同，风干的时间也有差异，最长的风干时间为24h。所有的试验日粮均在-20℃密封保存备用。

试验日粮营养成分实测值见表9-14，各组间蛋白质、脂肪、总磷、能量水平无显著差异。日粮水解氨基酸见表9-15，除了HSW25组日粮外，所有日粮的氨基酸组成与鱼体氨基酸平衡模式大于等于0.95。日粮游离氨基酸见表9-16，除了HSM25，所有试验日粮游离氨基酸水平高于FM组。对日粮游离氨基酸组成与原料游离氨基酸作相关性分析，多组日粮与其原料的游离氨基酸相关性$R＞0.95$，表明日粮中海洋水溶性成分与其蛋白源组成密切相关。

表9-14　试验日粮配方及营养成分实测值　　　　　　　　　　　　　　　　　　单位：g/100g

项目		FM	SW25	SW50	SW75	HSW25	HSW50	HSW75	HSM25	HSM50	HSM75
原料	鱼粉	30.0	—	—	—	—	—	—	—	—	—
	鱼溶浆SW（10%含水量计）	—	8.3	16.6	24.9	—	—	—	—	—	—
	酶解鱼溶浆HSW（10%含水量计）	—	—	—	—	7.8	15.5	23.3	—	—	—
	酶解鱼溶浆粉HSM	—	—	—	—	—	—	—	6.3	12.5	18.7
	米糠	15.0	15.0	15.0	15.0	15.0	15.0	15.0	15.0	15.0	15.0
	米糠粕	13.0	7.8	6.6	5.5	8.0	7.1	6.3	9.7	11.5	12.4
	鸡肉粉	6.0	14.0	11.5	9.1	14.0	11.5	9.1	14.0	11.1	8.6
	棉籽蛋白质	6.0	14.0	11.5	9.1	14.0	11.5	9.1	14.0	11.1	8.6
	大豆浓缩蛋白质	6.0	14.0	11.5	9.1	14.0	11.5	9.1	14.0	11.1	8.6
	玉米蛋白质粉	5.0	5.0	5.0	5.0	5.0	5.0	5.0	5.0	5.0	5.0
	面粉	12.0	12.0	12.0	12.0	12.0	12.0	12.0	12.0	12.0	12.0
	$Ca(H_2PO_4)_2$	1.5	3.4	3.7	4.0	3.4	3.6	3.8	3.3	3.5	3.7
	沸石粉	2.0	2.0	2.0	2.0	2.0	2.0	2.0	2.0	2.0	2.0
	混合油脂[①]	2.5	3.6	3.5	3.4	4.0	4.2	4.4	3.9	4.2	4.5
	预混料[②]	1.0	1.0	1.0	1.0	1.0	1.0	1.0	1.0	1.0	1.0
	合计	100.0	100.0	100.0	100.0	100.0	100.0	100.0	100.0	100.0	100.0
主要营养组成（干物质）	水分	7.5	7.6	7.8	8.1	7.5	7.5	8.0	7.0	6.8	6.6
	蛋白质	42.9	42.9	43.1	43.3	43.0	43.4	43.4	42.9	43.1	42.7
	脂肪	8.27	8.23	8.19	8.25	8.36	8.34	8.31	8.15	8.19	8.33
	灰分	13.5	12.1	12.4	13.0	12.1	12.6	13.0	11.8	12.1	12.3
	总磷	1.95	1.98	1.94	1.93	1.96	1.93	1.96	1.94	1.93	1.97
	能量/$(kJ \cdot g^{-1})$	19.2	19.4	19.1	19.0	19.4	18.9	18.8	19.5	19.3	19.1

①鱼油：大豆磷脂油：豆油=1：1：2。

②预混料为每千克日粮提供：铜25mg，铁640mg，锰130mg，锌190mg，碘0.21mg，硒0.7mg，钴0.16mg，镁960mg，钾0.5mg，维生素A 8mg，维生素B_1 8mg，维生素B_2 8mg，维生素B_6 12mg，维生素B_{12} 0.02mg，维生素C 300mg，泛酸钙25mg，烟酸25mg，维生素D_3 3mg，维生素K_3 5mg，叶酸5mg，肌醇100mg。

表9-15　日粮水解氨基酸组成（干物质）　　　　　　　　　　　　　　　　　　单位：g/100g

项目	FM	SW25	SW50	SW75	HSW25	HSW50	HSW75	HSM25	HSM50	HSM75	鱼
					必需氨基酸						
缬氨酸Val	2.27	2.09	2.01	2.01	2.09	1.93	1.91	2.03	1.97	1.92	0.89
甲硫氨酸Met	0.68	0.49	0.51	0.47	0.51	0.49	0.52	0.54	0.51	0.58	0.32
异亮氨酸Ile	1.82	1.63	1.65	1.56	1.61	1.62	1.46	1.71	1.5	1.45	0.76
亮氨酸Leu	3.42	3.25	3.29	3.07	3.17	3.16	2.97	3.22	3.08	3.06	1.31
苯丙氨酸Phe	1.88	1.96	1.8	1.78	2.14	1.97	1.77	1.83	1.82	1.96	0.70
组氨酸His	1.42	1.24	1.22	1.40	1.57	1.75	1.91	1.17	1.23	1.37	0.49
赖氨酸Lys	2.68	2.2	2.32	2.26	2.18	2.19	2.28	2.17	2.12	2.26	1.35
精氨酸Arg	2.67	2.87	2.7	2.48	3.1	2.87	2.89	3.1	2.75	2.79	1.04
苏氨酸Thr	1.8	1.61	1.64	1.57	1.64	1.59	1.58	1.6	1.55	1.55	0.78
色氨酸Trp	ND	ND	ND	ND	ND	ND	ND	ND	ND	ND	ND

项目	FM	SW25	SW50	SW75	HSW25	HSW50	HSW75	HSM25	HSM50	HSM75	鱼
					非必需氨基酸						
酪氨酸 Tyr	0.94	1.1	0.99	0.95	1.12	1.03	0.94	0.99	0.95	0.98	0.45
脯氨酸 Pro	1.81	2.18	2.36	2.54	2.09	2.26	2.32	1.97	2.08	2.16	0.89
天冬氨酸 Asp	4.16	3.93	4.03	3.76	4.02	3.85	3.69	4.01	3.84	3.77	1.64
丝氨酸 Ser	1.91	1.88	1.93	1.76	1.95	1.84	1.81	1.9	1.86	1.78	0.82
谷氨酸 Glu	7.73	8.21	8.43	7.87	8.34	7.82	7.71	8.17	8.27	7.93	2.50
甘氨酸 Gly	2.6	2.7	2.87	3.15	2.79	2.85	3.24	2.55	2.92	3.3	1.19
丙氨酸 Ala	2.77	2.51	2.86	2.88	2.49	2.65	2.76	2.51	2.74	2.96	1.22
半胱氨酸 Cys	0.16	0.19	0.28	0.34	0.17	0.16	0.17	0.18	0.15	0.2	0.04
总氨基酸 TAA	40.72	40.05	40.89	39.84	40.98	40.03	39.94	39.65	39.34	40.02	16.38
R[①]	0.97	0.95	0.96	0.96	0.94	0.95	0.95	0.95	0.95	0.96	

① 日粮氨基酸与黄颡鱼鱼体氨基酸组成的相关系数。

表9-16 日粮游离氨基酸含量（干物质）　　　　　　　　　　　　　单位：g/kg

项目	FM	SW25	SW50	SW75	HSW25	HSW50	HSW75	HSM25	HSM50	HSM75
					必需氨基酸					
缬氨酸 Val	0.25	0.48	0.82	1.16	0.24	0.38	0.49	0.28	0.48	0.70
甲硫氨酸 Met	0.08	0.19	0.34	0.54	0.14	0.19	0.25	0.19	0.23	0.34
异亮氨酸 Ile	0.16	0.30	0.51	0.76	0.17	0.26	0.35	0.18	0.33	0.49
亮氨酸 Leu	0.37	0.61	1.02	1.49	0.39	0.61	0.79	0.41	0.80	1.12
苯丙氨酸 Phe	0.18	0.26	0.44	0.64	0.19	0.29	0.38	0.19	0.34	0.48
组氨酸 His	1.42	0.29	0.47	0.69	1.32	2.49	3.17	0.38	0.76	1.09
赖氨酸 Lys	0.41	0.58	0.97	1.35	0.45	0.68	0.81	0.39	0.74	0.88
精氨酸 Arg	0.84	0.95	0.89	0.75	1.20	1.12	1.11	1.10	1.22	1.21
苏氨酸 Thr	0.19	0.24	0.38	0.54	0.19	0.27	0.34	0.15	0.25	0.28
色氨酸 Trp	0.18	0.19	0.27	0.31	0.31	0.41	0.51	0.26	0.37	0.54
					非必需氨基酸					
酪氨酸 Tyr	0.18	0.26	0.42	0.61	0.18	0.27	0.35	0.16	0.31	0.43
脯氨酸 Pro	0.20	0.35	0.58	0.84	0.24	0.34	0.44	0.23	0.39	0.61
天冬氨酸 Asp	0.21	0.26	0.33	0.38	0.37	0.39	0.35	0.29	0.47	0.44
丝氨酸 Ser	0.16	0.14	0.15	0.16	0.23	0.29	0.34	0.15	0.21	0.18
谷氨酸 Glu	0.45	0.61	0.93	1.27	0.53	0.74	0.91	0.45	0.76	1.04
甘氨酸 Gly	0.21	0.53	0.89	1.29	0.27	0.37	0.49	0.28	0.48	0.70
丙氨酸 Ala	0.83	1.53	2.61	3.78	0.77	1.09	1.38	0.75	1.33	1.80
半胱氨酸 Cys	<0.03	<0.03	<0.03	<0.03	<0.03	<0.03	<0.03	<0.03	<0.03	<0.03
牛磺酸 Tau	1.81	1.86	2.82	3.35	1.72	2.66	3.07	1.37	2.40	3.21
总游离氨基酸 TFAA	8.13	9.63	14.83	19.89	8.88	12.84	15.54	7.22	11.86	15.53
R[①]	0.96	0.89	0.97	0.98	0.85	0.97	0.98	0.76	0.90	0.95

① 日粮与原料游离氨基酸组成的相关系数。

试验日粮油脂氧化指标见表9-17。各组过氧化值无明显差异，SW75组酸价、MDA最高，分别为FM组的2.35、1.81倍，氧化程度相对较高。

表9-17 试验日粮油脂氧化分析指标

项目	FM	SW75	SW50	SW25	HSW75	HSW50	HSW25	HSM75	HSM50	HSM25
酸价AV KOH/(mg/g)	27.40	64.42	47.55	35.32	40.09	26.65	24.48	40.72	29.94	28.57
丙二醛MDA /(mg/kg)	4.97	9.02	7.86	5.58	7.96	6.08	4.83	4.74	4.18	3.83
过氧化值POV /(mmol/kg)	1.33	1.05	1.17	1.18	1.36	1.53	1.43	1.41	1.42	1.38

养殖试验在浙江一星养殖基地池塘网箱中进行，在面积为40m×60m的池塘中设置试验网箱（规格为1.5m×1.5m×2.0m）30个，以海盐县长山河河水为水源。为保证池塘溶氧均匀，池塘中间设置1台1.5kW的叶轮式增氧机，同时设置1台2.2kW的微孔增氧鼓风机。每两个网箱之间，在水下1.8m的深度放置一个直径为0.5m的圆形微孔增氧盘（增氧盘由直径20mm纳米曝气管制成），投喂期间关闭增氧设备，投喂前使用微孔增氧1h，其余时间使用叶轮式增氧机增氧。

试验用黄颡鱼（3000尾）鱼种购自浙江省湖州市千金渔业农业专业合作社，运输前停食24h。0.3%食盐溶液浸泡15min消毒后，驯养2周，黄颡鱼平均体重为（15.67±0.11）g。0.3%食盐溶液浸泡15min消毒后，随机分成10组，每组设3个重复（$n=3$），共30个试验网箱，每个网箱46尾黄颡鱼。试验鱼网箱适应两周后开始正式投喂。每天投喂3次（5:30—7:00，12:00—13:30，18:00—20:00），日投喂量为体重的3%～5%，三餐投喂比例2∶2∶3，每10d估算1次鱼体增重量，调整投喂量，正式投喂60d。每天6:00、18:00记录池塘水温，试验期间水温25.5～34.4℃。每5d测定水下30cm的水环境，养殖期间水体溶解氧浓度＞7.0mg/L，pH 8.0～8.4，氨氮浓度＜0.10mg/L，亚硝酸盐浓度＜0.005mg/L，硫化物浓度＜0.05mg/L。

二、对黄颡鱼的生长速度和饲料效率的影响

（一）生长性能结果

经过60d的正式养殖试验，养殖过程中黄颡鱼成活率92.8%～97.1%，各处理间无显著差异（$P＞0.05$）（表9-18）。其他主要结果为：以SGR表示黄颡鱼的生长速度，①以FM为对照，添加SW的三个试验组，SGR下降了18.62%～43.09%，生长速度显著下降（$P＜0.05$）；添加HSW的试验组中，HSW25的结果与对照组无显著差异（$P＞0.05$），HSW50、HSW75降低了8.51%、12.77%，但无显著差异（$P＞0.05$）；添加HSM后，HSM25组与对照组无显著差异，而HSM50、HSM75组分别下降12.77%、18.62%，HSM75显著下降（$P＜0.05$）。显示在无鱼粉日粮中，添加7.8%酶解鱼溶浆、6.3%的酶解鱼溶浆粉（均为干重）与添加30%超级蒸汽鱼粉日粮取得等效的黄颡鱼生长速度效果，而如果以蛋白质量计算，酶解鱼溶浆、酶解鱼溶浆粉的蛋白质量仅为鱼粉蛋白质量的25%。②相同添加剂量组比较，SW25组的SGR为（1.53±0.23）%/d、HSW25组为（1.86±0.06）%/d、HSM25组为（1.75±0.09）%/d，HSW25组和HSM25组的SGR高于SW25组，在另外二个剂量组也是类似的结果。显示日粮中添加酶解鱼溶浆HSW和酶解鱼溶浆粉HSM组黄颡鱼的生长速度显著高于鱼溶浆SW的结果。如果将HSW25组的结

果与SW25组的结果量化比较，HSW25的SGR高于SW25组SGR 21.57%。③同等添加量下，将酶解鱼溶浆HSW与酶解鱼溶浆粉HSM的结果比较，HSW25组的SGR为（1.86±0.06）%/d高于HSM25组的（1.75±0.09）%/d，另外两个剂量组结果与此类似，均是酶解鱼溶浆HSW的结果高于酶解鱼溶浆粉HSM的结果，但均无显著差异。结果显示，酶解鱼溶浆喷雾干燥得到的粉状产品的养殖效果较浆状产品有下降的趋势。

对于FCR，变化规律与SGR相似，添加SW的三个试验组，升高了40.48%～115.48%，差异显著（$P < 0.05$），添加HSW的试验组无显著差异（$P > 0.05$），添加HSM的试验组中，HSM75升高了42.26%，差异显著（$P < 0.05$）。三种蛋白源试验中，添加量从25%升到75%，黄颡鱼的FCR升高，SW变化显著（$P < 0.05$）。

对SW、HSW、HSM添加梯度与SGR、FCR做Pearson相关性检验（$n=9$），结果见表9-19。SW、HSM的SGR、FCR与其添加梯度显著相关，HSW相关性不显著（$P > 0.05$）。

表9-18　鱼溶浆、酶解鱼溶浆、酶解鱼溶浆粉对黄颡鱼生长的影响（平均值±标准差）

项目	FM	SW25	SW50	SW75	HSW25	HSW50	HSW75	HSM25	HSM50	HSM75
初均重/g IBW	15.64±0.03	15.74±0.11	15.67±0.11	15.61±0.06	15.66±0.11	15.64±0.18	15.70±0.13	15.67±0.07	15.63±0.08	15.70±0.13
末均重/g FBW	48.2±0.9^c	39.9±6.1^b	33.5±1.8^a	29.8±2.7^a	47.8±1.8^c	43.9±2.8^{bc}	42.1±2.5^b	44.8±2.6^{bc}	41.7±2.0^b	39.7±2.9^b
成活率/% SR	92.8±3.3	95.7±3.8	95.7±2.2	96.4±1.3	94.9±2.5	97.1±1.3	94.2±2.5	94.9±5.0	94.9±5.0	94.9±1.3
增重率/% WG	209±5^c	153±40^b	114±13^a	91±17^a	205±11^c	181±21^{bc}	168±15^b	186±16^{bc}	167±13^b	152±16^b
特定生长率/(%/d) SGR	1.88±0.03^c	1.53±0.23b	1.27±0.10^a	1.07±0.15^a	1.86±0.06^c	1.72±0.12^{bc}	1.64±0.12^{bc}	1.75±0.09^{bc}	1.64±0.08^{bc}	1.54±0.11^b
与对照组比/%	—	−18.62	−32.45	−43.09	−1.06	−8.51	−12.77	−6.91	−12.77	−18.62
饲料系数FCR	1.68±0.04^a	2.36±0.64^b	3.09±0.37^c	3.62±0.33^d	1.76±0.10^a	2.04±0.21^{ab}	2.08±0.20^{ab}	1.90±0.20^{ab}	2.17±0.17^{ab}	2.39±0.27^b
与对照组比/%	—	40.48	83.93	115.48	4.76	21.43	23.81	13.10	29.17	42.26
蛋白质沉积率/% PRR	18.5±3.6^d	12.2±4.1^{bc}	8.7±1.9^{ab}	6.1±0.7^a	17.4±2.9^{cd}	13.7±1.7^{bcd}	13.5±1^{bcd}	17±5^{cd}	12.5±0.7^{bc}	11±2.4^{ab}
与对照组比/%	—	−34.05	−52.97	−67.03	−5.95	−25.95	−27.03	−8.11	−32.43	−40.54
脂肪沉积率/% FRR	70±16^d	41±17^{bc}	29±6^{ab}	12±5^a	70±12^d	56±12^{cd}	59±16^{cd}	50±13^{bcd}	47±2^{bcd}	45±10^{bc}
与对照组比/%	—	−41.43	−58.57	−82.86	0.00	−20.00	−15.71	−28.57	−32.86	−35.71
FIFO[①]	2.42	0.9	2.45	4.33	0.66	1.51	2.32	0.57	1.29	2.1
与对照组比/%	—	−62.81	1.24	78.93	−72.73	−37.60	−4.13	−76.45	−46.69	−13.22

注：同行数据上标不同小写字母表示差异显著（$P < 0.05$）。
① FIFO值=野生鱼消耗量/养殖鱼增加量。

表9-19　鱼溶浆、酶解鱼溶浆添加水平的Pearson相关性检验（$n=9$）

项目		SW	HSW	HSM
SGR	R	−0.77	−0.61	−0.73
	P	< 0.05	ns[①]	< 0.05
FCR	R	0.80	0.48	0.74
	P	< 0.01	ns	< 0.05

① 差异不显著。

（二）日粮游离氨基酸与试验黄颡鱼SGR的Pearson相关性分析

依据前面的结果，试验黄颡鱼的生长速度与鱼溶浆、酶解鱼溶浆、酶解鱼溶浆粉的添加量呈负相关关系，为什么在无鱼粉日粮中，三种原料的添加量越多、黄颡鱼的生长速度反而下降呢？这是一个值得探讨的问题，本试验对游离氨基酸和油脂氧化产物等进行了相关性分析，有一些结果，但还不能完全阐述其中的原因。

将日粮必需游离氨基酸的水平与SGR作Pearson相关性分析，结果见表9-20。日粮游离必需氨基酸中，除His、Arg外，其他氨基酸与SGR表现为负相关，除Trp外，其他氨基酸相关性显著（$P < 0.05$）。血清游离氨基酸与SGR负相关，除Thr、His、Arg，其他氨基酸相关性显著（$P < 0.05$）。日粮、血清总游离氨基酸与SGR回归关系见图9-8，游离氨基酸与黄颡鱼SGR呈现负关联性。

表9-20　游离必需氨基酸与SGR Pearson相关性分析（$n=30$）

项目		Tau	Thr	Val	Met	Ile	Leu	Phe	His	Trp	Lys	Arg	总计
日粮	R	−0.58	−0.80	−0.88	−0.84	−0.86	−0.81	−0.80	0.36	−0.01	−0.82	0.49	−0.70
	P	<0.01	<0.01	<0.01	<0.01	<0.01	<0.01	<0.01	<0.05	ns	<0.01	<0.01	<0.01
血清	R	−0.63	−0.01	−0.44	−0.54	−0.4	−0.44	−0.52	−0.23	−0.55	−0.53	−0.30	−0.55
	P	<0.01	ns	<0.05	<0.01	<0.05	<0.05	<0.01	ns	<0.01	<0.01	ns	<0.01

注：ns为差异不显著。

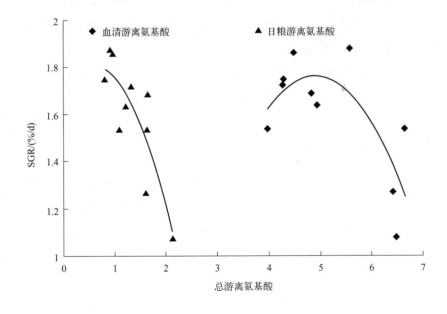

图9-8　日粮、血清总游离氨基酸对黄颡鱼生长（SGR）的影响

三、试验黄颡鱼体成分的变化

试验黄颡鱼体成分见表9-21，试验组与FM组的全鱼水分无显著差异，但SW75组的水分显著高于HSW25组，肝胰脏水分同样显著高于HSW25组；SW75组全鱼、肝胰脏脂肪水平最低，与FM、HSW25组差异显著，各组蛋白质、灰分含量无显著差异（$P > 0.05$）。

四、血清生理指标的变化

黄颡鱼血清生理指标见表9-22。各试验组AST、ALT、TP、ALB、GLO、GLU、TG、HDL和LDL均与FM组无显著差异。FM组血清总胆红素T-Bil水平最高，显著高于SW50、SW25、HSW75、HSW50、HSW25组。随着鱼溶浆、酶解鱼溶浆（粉）添加量升高，血清T-Bil呈上升趋势。

五、试验黄颡鱼肝胰脏组织结构的观察

各组黄颡鱼肝胰脏石蜡切片HE染色如图9-9所示。肝细胞轮廓清晰，细胞界线明显，相互挤压成多边形。FM、SW25、SW50、HSW25、HSW50、HSM25和HSM50组细胞染色较均匀，细胞核多处于细胞中间；SW75、HSW75和HSM75组视野中细胞核数量明显减少，且成簇状聚集，存在较多的脂滴。

六、试验黄颡鱼体色和色素含量的变化

试验结束时，所有试验组鱼体背部均为灰褐色和黑褐色，腹部呈微黄色或浅黄色，侧面色斑较明显，整个鱼体颜色较试验前加深，见图9-10。

黄颡鱼皮肤叶黄素、黑色素含量见表9-23。FM组背部黑色素含量最低，SW25、SW75、HSW25、HSM25黑色素显著高于FM($P < 0.05$)；同一种蛋白源（SW、HSW和HSM）的不同梯度和不同蛋白源的相同梯度，黑色素含量无显著差异（$P > 0.05$）。FM组鱼体背部叶黄素沉积量最高，除SW50和HSW75，其他处理降低显著（$P < 0.05$）；SW的添加梯度影响背部叶黄素的沉积，SW50显著高于SW75组；相同添加梯度的不同蛋白源，其背部叶黄素的沉积量无显著差异（$P > 0.05$）。与FM相比，除了SW50、SW75和HSW50，其他组腹部叶黄素含量显著降低（$P < 0.05$）；与SW和HSW相比，HSM降低腹部叶黄素的沉积，部分处理差异显著（$P < 0.05$）。

七、酶解鱼溶浆是一种优质海洋生物功能性原料

本试验日粮的设计是以30%超级蒸汽鱼粉作为对照组，试验组日粮则是以无鱼粉日粮为基础，依据30%鱼粉的蛋白质质量为基础，按照鱼粉蛋白质质量的25%、50%和75%三个含量梯度分别添加鱼溶浆SW、酶解鱼溶浆HSW和酶解鱼溶浆粉HSM。所得养殖结果就是三种蛋白质原料与鱼粉的比较结果。

非常有价值的结果是，仅为鱼粉蛋白质质量25%的酶解鱼溶浆HSW25和酶解鱼溶浆粉HSM25组黄颡鱼的生长速度SGR与鱼粉组（30%鱼粉添加量）SGR无显著差异，如果按照原料干重计，无鱼粉日粮中添加7.8%的酶解鱼溶浆（10%含水量计）、6.3%的酶解鱼溶浆粉可以取得与30%超级蒸汽鱼粉相同的黄颡鱼生长性能，这足以显示两种酶解产品的生物学效价显著高于鱼粉，可以认为这种作用不仅仅是蛋白质的营养作用，应该还有生物学活性作用更强的功能性作用，这是值得进一步研究的课题。

另外一个重要结果是，酶解产品的效果显著优于非酶解产品的效果。日粮中同等添加量的酶解鱼溶浆、酶解鱼溶浆粉的养殖效果显著高于鱼溶浆的结果，尤其是HSW25组的SGR高于SW25组21.57%。表明以鱼溶浆为原料经过酶解工艺得到的酶解鱼溶浆、酶解鱼溶浆粉具有较鱼溶浆更好的生物学效价，在实际生产中，最好将鱼溶浆进行酶解处理得到酶解鱼溶浆等酶解产品。酶解之后小肽的含量显著增加，这可以作为酶解产品与未酶解产品的重要质量指标，即酶解产品的酸溶蛋白或小肽含量显著高于非酶解产品，至于具体数据可以相应的产品质量标准进行量化界定。

表9-21 鱼溶浆、酶解鱼溶浆、酶解鱼溶浆粉对黄颡鱼全鱼和肝胰脏成分的影响（平均值±标准差）

单位：g/100g

项目		FM	SW25	SW50	SW75	HSW25	HSW50	HSW75	HSM25	HSM50	HSM75
全鱼	水分	69.9±0.9ab	71.4±0.9ab	70.9±0.1ab	72.7±2.4ab	69.0±2.5a	70.1±1.2ab	69.8±2.0ab	69.9±2.8ab	70.6±0.6ab	70.8±1.3ab
	蛋白质	15.7±1.7	15.2±0.1	15.7±11	15.3±1.1	15.6±2.0	15.0±0.2	15.3±0.6	16.0±1.5	15.0±0.4	14.8±0.3
	脂肪	9.5±1.7b	8.1±0.8ab	8.1±0.7ab	6.4±0.9a	9.9±1.6b	9.3±1.0b	9.7±1.8b	8.2±0.7ab	8.7±0.5b	8.9±1.5b
	灰分	4.2±0.6	4.4±0.5	4.6±0.1	4.1±0.6	4.4±0.3	4.2±0.3	4.5±0.6	4.4±0.3	4.6±0.6	4.3±0.6
肝胰脏	水分	67.7±3.6ab	69.7±2.0ab	72.5±0.8b	72.1±1.8b	66.0±1.7a	68.3±3.7ab	67.4±2.6ab	67.8±4.7ab	70.5±2.8ab	70.1±3.6ab
	脂肪	14.9±4.0b	11.7±2.8ab	8.2±0.7a	7.7±1.2a	16.0±1.0b	12.5±3.7ab	12.3±3.6ab	12.7±5.0ab	9.9±3.4a	8.4±4.0a

注：同行数据上标不同小写字母表示差异显著（P＜0.05）。

表9-22 鱼溶浆、酶解鱼溶浆、酶解鱼溶浆粉对黄颡鱼血清生理指标的影响（平均值±标准差）

项目	FM	SW25	SW50	SW75	HSW25	HSW50	HSW75	HSM25	HSM50	HSM75
总胆红素/(μmol/L)T-Bil	1.87±0.21b	1.47±0.06a	1.53±0.12a	1.60±0.26ab	1.40±0.20a	1.40±0.10a	1.46±0.31a	1.57±0.12ab	1.60±0.10ab	1.73±0.06ab
谷草转氨酶/(U/L)AST	312±41ab	292±13ab	338±20b	310±37ab	268±13ab	251±43a	292±28ab	291±19ab	325±77b	291±24ab
谷丙转氨酶/(U/L)ALT	20±6	24±9	23±5	22±9	17±3	22±7	26±9	18±3	26±7	15±5
总蛋白/(g/L)TP	35.2±4.0	39.5±8.9	31.8±1.5	31.5±2.9	33.9±0.9	34.3±2.8	35.8±1.7	36.8±5.0	35.9±5.0	35.2±3.6
白蛋白/(g/L)ALB	10.4±0.7	11.9±1.8	10.4±0.6	10.6±0.8	11.4±0.7	10.9±1.7	10.3±0.7	12.3±2.0	11.4±0.9	10.6±1.3
球蛋白/(g/L)GLO	24.8±3.3	27.5±8.5	21.3±1.3	21.4±3.6	22.8±0.2	23.4±1.4	25.5±1.2	24.3±2.6	24.5±4.5	22.6±1.2
葡萄糖/(mmol/L)GLU	8.3±1.7abc	8.9±2.2ab	11.0±1.1c	9.4±1.5abc	10.5±1.6bc	9.9±3.2abc	9.2±2.7abc	5.9±3.2a	7.7±2.1ab	6.5±1.9ab
甘油三酯/(mmol/L)TG	12.4±6.0	11.3±0.9	10.2±3.3	13.6±2.5	12.0±5.7	11.7±4.9	11.5±4.4	11.8±3.5	11.6±2.2	14.1±1.1
高密度脂蛋白/(mmol/L)HDL	1.46±0.18ab	1.17±0.27a	1.46±0.22ab	1.24±0.21a	1.49±0.27ab	1.50±0.18ab	1.34±0.27ab	1.71±0.18b	1.48±0.32ab	1.45±0.10ab
低密度脂蛋白/(mmol/L)LDL	0.50±0.32	0.46±0.27	0.62±0.19	0.56±0.37	0.34±0.27	0.38±0.35	0.36±0.25	0.60±0.10	0.55±0.44	0.67±0.16

注：同行数据上标不同小写字母表示差异显著（P＜0.05）。

表9-23 鱼溶浆、酶解鱼溶浆、酶解鱼溶浆粉对黄颡鱼皮肤色素含量的影响（平均值±标准差）

单位：mg/kg

项目	FM	SW25	SW50	SW75	HSW25	HSW50	HSW75	HSM25	HSM50	HSM75
背部黑色素	33.47±2.52a	49.69±6.37c	42.71±3.16abc	46.67±3.48bc	47.01±2.81bc	45.22±7.16bc	35.87±3.46ab	46.22±8.00bc	45.01±4.37abc	40.89±13.71abc
背部叶黄素	60.01±16.52c	36.31±7.46c	51.08±3.09bc	36.07±0.61c	43.16±0.19ab	45.76±14.29ab	50.77±1.03abc	38.05±4.12ab	42.16±3.43ab	45.64±2.87ab
腹部叶黄素	18.65±2.77c	14.12±1.00bc	18.87±2.00c	19.99±4.88c	11.69±2.16a	16.90±0.92c	12.18±0.64a	11.12±1.08a	12.58±0.17a	11.18±0.48a

注：同行数据上标不同小写字母表示差异显著（P＜0.05）。

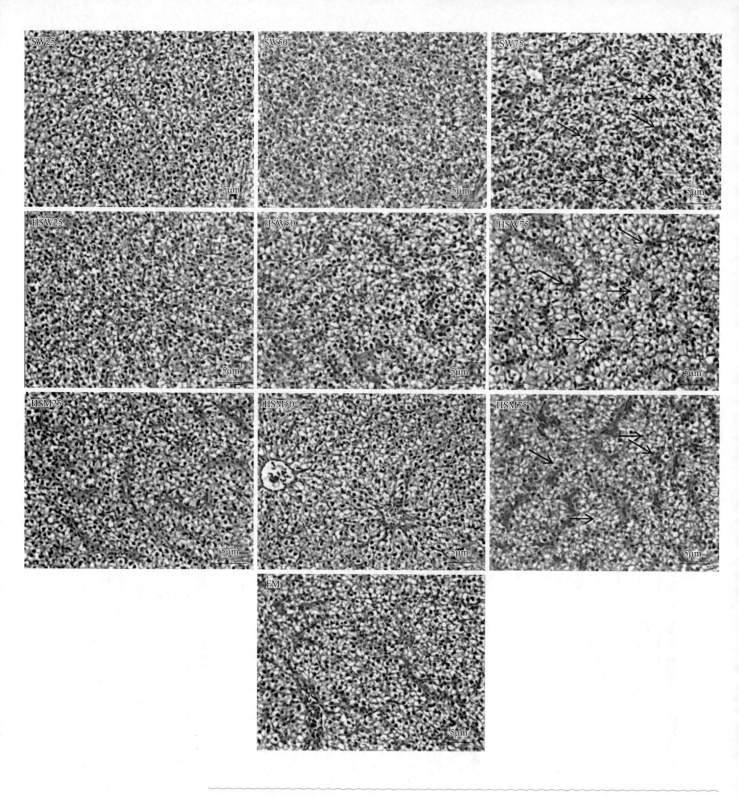

图9-9 黄颡鱼肝胰脏组织切片（400×）

"↘" 细胞核成簇状聚集，"⟶" 脂滴

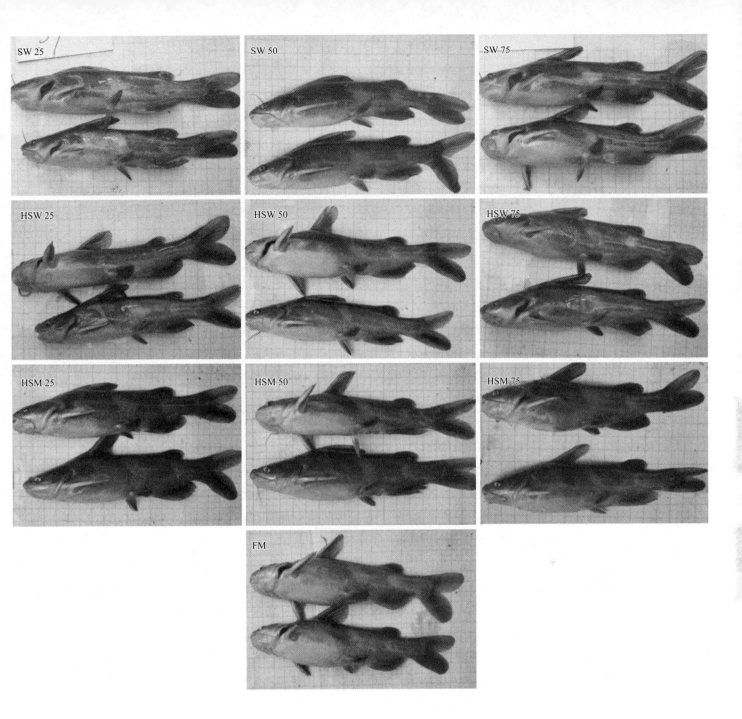

图9-10 试验黄颡鱼体色（见彩图）

酶解鱼溶浆经过喷雾干燥得到酶解鱼溶浆粉，对比酶解鱼溶浆在本试验中的养殖效果分析，两组黄颡鱼的生长速度SGR虽然没有显著性差异，但酶解鱼溶浆粉的结果低于酶解鱼溶浆的结果，表明酶解鱼溶浆在喷雾干燥过程中所发生的一些物质变化可能是造成这个结果的原因。虽然我们目前还不知道具体是哪些物质成分发生了变化，但可以推测的几个方向包括：喷雾干燥过程中一些挥发性成分丢失、高温过程中发生的物质反应。例如一些生物胺类成分的沸点低，喷雾干燥过程中可能挥发；油脂在喷雾干燥过程中是否会发生氧化？组胺与赖氨酸是否会在喷雾干燥过程中发生结合反应生成肌胃糜烂素等。依据本试验结果，可以明确的一个事实是：酶解鱼溶浆的养殖效果好于喷雾干燥的酶解鱼溶浆粉，因此，酶解得到的浆状物产品可以不需要再经历干燥的生产过程，这样既可以更好地保全酶解鱼溶浆中的有效成分，也可以节省喷雾干燥的设备投入和生产费用。

　　鱼溶浆、酶解鱼溶浆等对黄颡鱼生长性能的影响结果，如果从对养殖动物安全性评价方面考虑，是否安全呢？可以从多个方面进行评价，如通过血清生化成分的含量变化对鱼体健康、对肝胰脏和肠道健康进行评价，也可以通过对肝胰脏、肠道黏膜组织结构完整性进行评价。黄颡鱼的体色也是日粮安全性和鱼体健康状态的重要评价指标，因为日粮中油脂氧化产物如丙二醛、蛋白质腐败产物如组胺等可以导致鱼体胃肠道黏膜、肝胰脏损伤，并导致黄颡鱼体色变化，尤其是黑色体色的变化。

　　血清生理指标可以反映鱼类的营养代谢与健康状况。转氨酶活性是反映肝胰脏健康的指标，T-Bil的变化暗示肝的损伤情况，当肝胰脏等组织受到损伤时，会导致大量的转氨酶释放到血液中，引起血清中转氨酶活性的升高。本试验中摄食酶解鱼溶浆的黄颡鱼血清AST活性、T-Bil水平低于摄食鱼溶浆的，表明鱼溶浆酶解后有利于肝胰脏的保护。胆固醇（CHOL）是脂质代谢的重要部分，主要在肝胰脏参与合成胆汁酸。HDL和LDL是CHOL的主要运输者，HDL的功能是将CHOL由外周组织转运至肝胰脏进行代谢；而LDL将其由肝胰脏向外周转运。鱼溶浆处理黄颡鱼血清HDL水平较低，不利于CHOL参与代谢。这些结果表明，两个酶解产品对黄颡鱼的生理健康是安全的。

　　前期研究表明高植物蛋白日粮会造成肝胰脏内脂肪积累，引起脂滴的不均匀分布。本试验中，SW25、SW50、HSW25、HSW50、HSM25和HSM50组黄颡鱼肝组织染色均匀，意味着植物蛋白日粮中添加6.3%～16.6%的SW、HSW和HSM可避免高植物蛋白对肝胰脏脂肪代谢造成的不利影响。SW75、HSW75和HSM75组黄颡鱼肝胰脏脂肪含量低于其他试验组，但出现脂滴堆积现象，表明日粮中添加75%的SW、HSW和HSM会影响黄颡鱼肝胰脏的脂肪代谢过程。这可能与SW中高含量的牛磺酸有关，牛磺酸与胆酸、鹅脱氧胆酸结合形成的牛磺胆酸及牛磺鹅脱氧胆酸，溶解度增加，促进了胆汁酸从肝胰脏向血液、肠道中转移分泌，影响到脂肪代谢过程。

　　黄颡鱼体色情况是鱼体健康和饲料安全性的重要评价指标，试验结果显示日粮中添加酶解鱼溶浆后黄颡鱼着色效果与鱼粉相近；日粮中鱼溶浆的使用会增加黄颡鱼黑色素的沉积，而酶解鱼溶浆粉的使用会减少黄颡鱼叶黄素的沉积。黄颡鱼不能自身合成叶黄素，只能通过日粮摄入，以满足黄色色素沉积的需要。本研究主要以5%的玉米蛋白粉作为色素源，日粮中添加8%～25%的鱼溶浆，黄颡鱼日粮利用效率降低，可能导致日粮叶黄素摄入不足。黄颡鱼摄食后，吸收的叶黄素沉积在体面、脂肪及部分组织中，当沉积的叶黄素受到日粮中有害物质的破坏，特别是日粮中存在大量氧化油脂时，叶黄素可能会被部分分解。添加鱼溶浆的日粮油脂氧化程度略高于其他试验组，可能引起叶黄素的分解。日粮中添加鱼溶浆，黄颡鱼生长速度降低，采食下降，可能是黑色素沉积的主要原因。

　　另外一个结果值得关注，就是日粮中游离氨基酸含量过高可能引起黄颡鱼的生长速度下降。依据这个结果，在酶解鱼溶浆产品生产过程中应该控制酶解程度，如控制酶解时间、控制酶的添加量和酶的种类等，以小肽含量最高为酶解控制目标，而不是以游离氨基酸含量最高作为酶解条件的控制目标。在无鱼粉日粮中以SW、HSW、HSM作为海洋蛋白源，日粮游离氨基酸水平与SGR表现出显著的负相关性。本试验中，生长性能最高的鱼粉组游离氨基酸水平较低，而增加SW添加量，游离氨基酸含量上升，黄颡鱼生长速度降低。有研究表明，高游离氨基酸具有饱食作用，减少摄食，这与缩胆囊素（CCK）、胰酶对生长发育的调节作用有关；同时，游离氨基酸在运输机制上产生竞争，鱼体对游离氨基酸的吸收比结合氨基酸快，游离氨基酸吸收过早导致氨基酸不平衡，最终导致生长受阻。

因此，依据本试验的研究结果，对水产饲料产业和海洋生物资源饲料化利用产业的发展建议可以总结为以下几点：

① 对于水产饲料产业而言，在寻求用植物蛋白质原料、陆生动物蛋白质原料替代鱼粉有技术难度的情况下，可以寻求使用酶解的鱼溶浆、酶解的鱼溶浆粉，以及后文中我们经过试验研究的酶解鱼浆、酶解鱼浆粉等海洋生物酶解产品来替代日粮中的鱼粉，或最大限度地减少鱼粉的使用量。这或许是水产饲料配方成本控制的一个发展方向。

② 基于对海洋生物资源更有效的开发利用技术，海洋捕捞的鱼类、虾类，以及软体动物或其副产物如乌贼膏等原料，其饲料资源化利用方向不再是以生产鱼粉、虾粉等蛋白质原料作为唯一方向，更为有效的利用方向应该是利用酶解技术和设备，更多地用于生产酶解后的蛋白质原料，提高有限的海洋生物资源的饲料资源化利用价值。这也是对资源的一种更为有效的保护和利用。

利用酶解技术对海洋生物资源的饲料蛋白质原料资源化利用可以开发出更为有效的新产品，提高海洋生物资源的利用效率；同时，也是对水产饲料产业发展的巨大贡献。欣慰的是，我们连续几年的系统研究结果表明在这方面已经产生效果，对水产饲料产业的发展和海洋生物资源化利用产业的发展都产生了积极的推动作用。当一项研究成果能够现实地推动产业技术进步和发展方向的时候，这是对研究成果的最高评价。

基于上述试验结果显示出酶解产品的明显优势，推动了鱼粉、虾粉生产企业逐步转型升级发展海洋生物的酶解饲料产品，同时也推动了水产饲料技术和产品质量的进步。

第三节
鱼溶浆酶解程度对黄颡鱼生长和健康的影响

在第二节的试验结果显示，酶解鱼溶浆、酶解鱼溶浆粉中游离氨基酸含量过高可能是影响黄颡鱼生长的一个因素，如果这个结论成立则需要控制鱼溶浆的酶解程度，即以酶解产物中小肽含量最大化作为酶解技术控制目标，而不是以游离氨基酸含量最大化作为控制目标。

本试验以鱼溶浆（SW）为原料，采用酶解生产工艺，通过控制酶解时间和酶用量制备三种不同酶解程度的酶解鱼溶浆（L-HSW、M-HSW和H-HSW），按照不同含量添加到黄颡鱼日粮中，通过养殖试验探讨酶解鱼溶浆中肽组成和游离氨基酸含量对黄颡鱼生长的影响。

一、试验条件

对照组鱼粉为超级蒸汽鱼粉（生产商为厄瓜多尔均萨工业有限公司，Industrial Pesquera Junin S.A., Guayaquil, Ecuador）。低酶解度HSW（L-HSW）、中酶解度HSW（M-HSW）和高酶解度HSW（H-HSW）

的三个产品均为浙江省舟山丰宇海洋生物制品有限公司生产，原料鱼主要为东海海域的金枪鱼排、鳀鱼和部分野杂鱼，其比例为5∶4∶1，通过控制酶解时间和加酶量制备三种不同酶解程度的HSW。

鱼粉、L-HSW、M-HSW、H-HSW的主要营养成分和小肽含量见表9-24。L-HSW、M-HSW、H-HSW中牛磺酸、游离氨基酸、酸溶蛋白水平远高于鱼粉。与L-HSW相比，M-HSW含更多小于10000Da的小肽。H-HSW含有更多的分子量小于500Da的成分，缺少大于5000Da的成分。

表9-24　鱼粉、酶解鱼溶浆主要营养成分和小肽含量（干物质）

项目		鱼粉	L-HSW	M-HSW	H-HSW
营养组成/(g/100g)	水分	6.82	45.46	41.26	43.21
	蛋白质	74.4	68.81	71.82	78.59
	脂肪	10.43	3.14	4.15	3.78
	灰分	14.4	18.37	17.62	18.04
	磷P	2.28	1.16	1.22	1.39
	牛磺酸Tau	0.13	3.19	2.80	3.08
	总游离氨基酸TFAA	0.45	10.78	9.70	11.10
	酸溶蛋白	4.11	43.49	64.97	74.89
肽含量	＞10000Da	0.31(7.44)	9.12(20.96)	1.51(2.32)	＜0.1(＜0.1)
	10000～5000Da	0.26(6.32)	3.51(8.08)	3.49(5.37)	＜0.1(＜0.1)
	5000～3000Da	0.23(5.67)	2.15(4.95)	3.92(6.03)	0.33(0.44)
	3000～2000Da	0.14(3.50)	1.54(3.55)	3.77(5.81)	0.82(1.10)
	2000～1000Da	0.22(5.30)	2.34(5.37)	7.48(11.51)	3.74(5.00)
	1000～500Da	0.19(4.58)	2.34(5.37)	8.13(12.51)	9.69(12.94)
	500～180Da	0.70(16.99)	14.70(33.81)	24.73(38.07)	35.66(47.61)
	＜180Da	2.06(50.20)	7.78(17.90)	11.95(18.39)	24.59(32.83)

本试验采用黄颡鱼实用配方模式进行配方设计。L-HSW、M-HSW、H-HSW使用量的确定：对照组（FM）日粮含28%的蒸汽鱼粉。以28%鱼粉的蛋白质质量为基础，以实测的L-HSW、M-HSW、H-HSW的蛋白质含量（干物质）为依据，按照28%鱼粉蛋白质质量的15%、30%、45%转换为试验日粮配方中L-HSW（分别记为L-HSW15、L-HSW30和L-HSW45）、M-HSW（分别记为M-HSW15、M-HSW30和M-HSW45）、H-HSW（分别记为H-HSW15、H-HSW30和H-HSW45）三种酶解蛋白质原料的用量，共设计10个试验日粮配方，见表9-25。试验配方中，以混合油脂（鱼油∶磷脂油∶豆油=1∶1∶2）提供油脂和不饱和脂肪酸，平衡各试验日粮中脂肪含量，以磷酸二氢钙提供磷源保持各试验配方总磷含量，大豆浓缩蛋白质、棉籽蛋白质和鸡肉粉同比例变化以保持氨基酸平衡，以米糠粕保持试验日粮配方比例平衡。玉米蛋白质粉作为黄颡鱼日粮色素来源而各在配方中保持一致。试验日粮营养成分实测值见表9-25，各组间蛋白质、脂肪、总磷、能量水平无显著差异。日粮水解氨基酸组成见表9-26，氨基酸组成与鱼体氨基酸平衡模式大于等于0.95。日粮游离氨基酸含量见表9-27，所有试验日粮游离氨基酸水平高于对照组。对日粮游离氨基酸组成与原料游离氨基酸作相关性分析，多组日粮与其原料的游离氨基酸相关性R＞0.95，表明日粮中海洋水溶性成分与其蛋白源组成密切相关。

养殖试验在浙江一星试验基地进行，黄颡鱼初始体重为（18.67±0.11）g。

表9-25 试验日粮配方及营养成分实测值

单位: g/100g

项目		FM	L-HSW15	L-HSW30	L-HSW45	M-HSW15	M-HSW30	M-HSW45	H-HSW15	H-HSW30	H-HSW45
原料	鱼粉	28.0	—	—	—	—	—	—	—	—	—
	L-HSW（10%含水量计）	—	4.4	8.9	13.3	—	—	—	—	—	—
	M-HSW（10%含水量计）	—	—	—	—	4.4	8.7	13.1	—	—	—
	H-HSW（10%含水量计）	—	—	—	—	—	—	—	4.2	8.2	12.3
	米糠	15.0	15.0	15.0	15.0	15.0	15.0	15.0	15.0	15.0	15.0
	米糠粕	15.0	7.5	7.6	7.5	7.5	7.8	8.2	7.7	8.4	9.0
	鸡肉粉	6.5	16.1	14.5	13.0	16.1	14.5	12.9	16.1	14.5	12.9
	棉籽蛋白质	6.5	16.1	14.5	13.0	16.1	14.5	12.9	16.1	14.5	12.9
	大豆浓缩蛋白质	6.5	16.1	14.5	13.0	16.1	14.5	12.9	16.1	14.5	12.9
	玉米蛋白质粉	5.0	5.0	5.0	5.0	5.0	5.0	5.0	5.0	5.0	5.0
	面粉	12.5	12.5	12.5	12.5	12.5	12.5	12.5	12.5	12.5	12.5
	$Ca(H_2PO_4)_2$	0.5	1.6	1.7	1.8	1.6	1.7	1.7	1.6	1.6	1.6
	沸石粉	2.0	2.0	2.0	2.0	2.0	2.0	2.0	2.0	2.0	2.0
	混合油脂①	1.5	2.7	2.8	2.9	2.7	2.8	2.8	2.7	2.8	2.9
	预混料②	1.0	1.0	1.0	1.0	1.0	1.0	1.0	1.0	1.0	1.0
主要营养组成（干物质）	水分	8.1	6.9	6.8	6.5	7.0	6.8	6.6	7.1	6.9	6.7
	蛋白质	44.0	43.4	43.8	43.3	43.5	43.3	43.2	43.5	43.4	43.7
	脂肪	8.56	8.46	8.49	8.52	8.57	8.56	8.50	8.49	8.52	8.55
	灰分	12.0	12.1	12.5	13.0	12.0	12.5	12.8	12.0	12.4	12.7
	总磷	1.91	1.87	1.88	1.86	1.88	1.89	1.87	1.89	1.90	1.88
	能量/（kJ·g⁻¹）	19.4	19.3	19.5	19.1	19.2	19.3	19.0	19.6	19.2	19.4

① 混合油脂为鱼油:磷脂油:豆油=1:1:2。

② 预混料为每千克日粮提供: 铜25mg, 铁25mg, 锰130mg, 锌190mg, 碘0.21mg, 硒0.7mg, 钴0.16mg, 镁960mg, 钾0.5mg, 维生素A 8mg, 维生素B₁ 8mg, 维生素B₂ 8mg, 维生素B₆ 12mg, 维生素B₁₂ 0.02mg, 维生素C 300mg, 维生素D₃ 3mg, 维生素K₃ 5mg, 叶酸5mg, 烟酸100mg, 泛酸钙25mg, 烟酸钙25mg, 肌醇100mg。

表9-26 鱼体和日粮水解氨基酸组成（干物质）

单位: g/100g

项目	FM	L-HSW15	L-HSW30	L-HSW45	M-HSW15	M-HSW30	M-HSW45	H-HSW15	H-HSW30	H-HSW45	鱼
						必需氨基酸					
缬氨酸 Val	2.19	2.01	1.98	2.05	2.06	1.92	1.83	2.00	2.01	1.97	0.89
甲硫氨酸 Met	0.64	0.58	0.57	0.60	0.37	0.60	0.61	0.54	0.47	0.47	0.32
异亮氨酸 Ile	1.95	1.68	1.67	1.72	1.72	1.62	1.74	1.69	1.67	1.64	0.76
亮氨酸 Leu	3.58	3.13	3.24	3.24	3.29	3.18	3.02	3.33	3.23	3.17	1.31
苯丙氨酸 Phe	2.03	2.18	1.99	2.02	2.11	2.05	1.93	2.08	2.07	1.99	0.70
组氨酸 His	1.25	1.52	1.57	1.77	1.51	1.70	1.84	1.35	1.49	1.61	0.49
赖氨酸 Lys	2.93	2.31	2.24	2.34	2.34	2.30	2.39	2.35	2.38	2.40	1.35
精氨酸 Arg	2.95	3.23	3.18	3.18	3.34	3.17	3.12	3.32	3.37	3.17	1.04
苏氨酸 Thr	1.87	1.66	1.56	1.62	1.65	1.62	1.57	1.61	1.61	1.58	0.78
色氨酸 Trp	ND	ND	ND	ND	ND	ND	ND	ND	ND	ND	ND

项目	FM	L-HSW15	L-HSW30	L-HSW45	M-HSW15	M-HSW30	M-HSW45	H-HSW15	H-HSW30	H-HSW45	鱼
非必需氨基酸											
酪氨酸 Tyr	1.17	1.10	1.00	1.02	1.07	1.02	0.94	1.04	1.09	1.03	0.45
脯氨酸 Pro	2.15	2.47	2.37	2.51	2.48	2.46	2.46	2.40	2.45	2.43	0.89
天冬氨酸 Asp	4.13	3.98	3.70	3.78	4.00	3.82	3.65	4.01	3.88	3.78	1.64
丝氨酸 Ser	1.84	1.99	1.94	1.77	1.86	1.83	1.75	1.84	1.81	1.75	0.82
谷氨酸 Glu	7.35	7.58	7.35	7.50	7.52	7.54	7.27	7.67	7.54	7.53	2.50
甘氨酸 Gly	2.23	2.54	2.59	2.83	2.62	2.69	2.85	2.48	2.61	2.59	1.19
丙氨酸 Ala	2.58	2.39	2.65	2.53	2.46	2.45	2.44	2.46	2.47	2.47	1.22
半胱氨酸 Cys	0.26	0.34	0.29	0.29	0.31	0.31	0.23	0.34	0.31	0.28	0.04
总氨基酸 TAA	41.11	40.69	39.89	40.76	40.73	40.31	39.65	40.50	40.47	39.86	16.38
R①	0.97	0.95	0.95	0.95	0.95	0.95	0.95	0.95	0.95	0.95	—

①日粮氨基酸与鱼体体氨基酸组成关联性分析。

表9-27　日粮游离氨基酸含量（干物质）　　　　　　　　　　　　　　单位：g/kg

项目	FM	L-HSW15	L-HSW30	L-HSW45	M-HSW15	M-HSW30	M-HSW45	H-HSW15	H-HSW30	H-HSW45
必需氨基酸										
缬氨酸 Val	0.15	0.27	0.38	0.46	0.27	0.36	0.44	0.29	0.43	0.56
甲硫氨酸 Met	0.07	0.14	0.19	0.24	0.12	0.19	0.26	0.15	0.20	0.33
异亮氨酸 Ile	0.09	0.16	0.24	0.29	0.16	0.22	0.28	0.17	0.27	0.36
亮氨酸 Leu	0.23	0.35	0.51	0.64	0.36	0.51	0.65	0.52	0.84	1.18
苯丙氨酸 Phe	0.11	0.18	0.25	0.31	0.17	0.25	0.31	0.17	0.26	0.34
组氨酸 His	0.27	1.38	2.55	3.24	1.50	2.55	3.57	0.73	1.33	2.01
赖氨酸 Lys	0.17	0.31	0.45	0.58	0.30	0.43	0.55	0.32	0.47	0.67
精氨酸 Arg	0.61	1.24	1.18	1.12	1.18	1.11	1.02	1.42	1.34	1.51
苏氨酸 Thr	0.10	0.16	0.22	0.27	0.15	0.20	0.26	0.15	0.20	0.26
色氨酸 Trp	0.07	0.29	0.40	0.45	0.29	0.37	0.46	0.33	0.46	0.65
非必需氨基酸										
酪氨酸 Tyr	0.08	0.13	0.19	0.24	0.13	0.20	0.24	0.13	0.19	0.24
脯氨酸 Pro	0.13	0.21	0.29	0.39	0.20	0.31	0.38	0.11	0.10	0.14
天冬氨酸 Asp	0.15	0.23	0.25	0.26	0.21	0.22	0.24	0.23	0.25	0.28
丝氨酸 Ser	0.11	0.19	0.22	0.25	0.18	0.21	0.24	0.17	0.20	0.25
谷氨酸 Glu	0.33	0.56	0.66	0.78	0.53	0.63	0.74	0.59	0.76	0.97
甘氨酸 Gly	0.13	0.24	0.34	0.42	0.24	0.32	0.40	0.23	0.31	0.41
丙氨酸 Ala	0.35	0.56	0.76	0.92	0.54	0.72	0.88	0.57	0.78	1.02
半胱氨酸 Cys	<0.03	<0.03	<0.03	<0.03	<0.03	<0.03	<0.03	<0.03	<0.03	<0.03
牛磺酸 Tau	0.52	1.67	2.79	3.55	1.66	2.65	3.54	1.35	2.20	3.26
总游离氨基酸 TFAA	3.67	8.28	11.86	14.42	8.19	11.45	14.47	7.64	10.59	14.45
R①	0.60	0.85	0.96	0.98	0.88	0.96	0.98	0.72	0.91	0.96

①日粮与原料游离氨基酸组成关联性分析。

Nutritional Physiology and Feed of Freshwater Fish
淡水鱼类营养生理与饲料

二、对黄颡鱼的生长速度和饲料效率的影响

(一) 生长速度和饲料系数

养殖过程中黄颡鱼成活率96.4% ～ 100.0%，各处理间无显著差异（$P > 0.05$）（表9-28）。其他主要结果为：①以SGR表示的黄颡鱼生长速度，结果显示，FM最高，H-HSW45最低，下降了23.08%（$P < 0.05$），L-HSW30、M-HSW30、M-HSW45、H-HSW15与FM无显著差异。三种蛋白源添加量从4.2%升到13.3%，L-HSW和M-HSW黄颡鱼的SGR表现出先升高后降低的趋势（$P > 0.05$）；摄食H-HSW的黄颡鱼SGR随添加量增加而显著降低（$P < 0.05$）。②对于FCR，H-HSW45比FM高了55.76%，差异显著（$P < 0.05$），添加M-HSW的试验组与FM无显著差异（$P > 0.05$）。三种蛋白源，添加量从4.2%升到13.3%，摄食L-HSW和M-HSW的黄颡鱼FCR先降低后升高（$P > 0.05$），H-HSW显著升高（$P < 0.05$）。③对L-HSW、M-HSW、H-HSW添加梯度与SGR做Pearson相关性检验（$n=9$），结果见表9-29。H-HSW的SGR与其添加梯度显著相关（$P < 0.05$），而L-HSW和M-HSW相关性不显著（$P > 0.05$）。

(二) 日粮游离氨基酸与SGR的Pearson相关性分析

将日粮、血清游离必需氨基酸的水平与SGR作Pearson相关性分析，结果见表9-30。日粮中游离氨基酸均与SGR表现出负相关性，Val、Met、Ile、Leu、Phe、Trp、Lys、Arg显著相关（$P < 0.05$）。血清中Thr、Trp与SGR显著相关（$P < 0.05$）。

三、试验黄颡鱼体成分的变化

试验黄颡鱼体成分见表9-31，FM和H-HSW15全鱼水分较低，与M-HSW15差异显著（$P < 0.05$）；FM和H-HSW15全鱼脂肪较高，与M-HSW15差异显著（$P < 0.05$）。各组蛋白质、灰分含量无显著差异（$P > 0.05$）。FM肝胰脏水分显著低于M-HSW45（$P < 0.05$），脂肪显著高于L-HSW30、M-HSW15、M-HSW45、H-HSW15、H-HSW30和H-HSW45（$P < 0.05$）。

四、血清生理指标的变化

黄颡鱼血清生理指标见表9-32。各试验组总胆红素T-Bil、AST、ALT、GLU、BA、TG与FM组无显著差异（$P > 0.05$）；与FM相比，L-HSW15、H-HSW15组TP、ALB显著降低（$P < 0.05$）；L-HSW45和H-HSW45组GLO显著降低（$P < 0.05$）；各试验组CHOL显著低于FM（$P < 0.05$）。

五、试验黄颡鱼肝胰脏组织结构的观察

各组黄颡鱼肝胰脏石蜡切片HE染色如图9-11所示。各试验组肝细胞结构无明显差异，肝细胞轮廓清晰，细胞界线明显，相互挤压成多边形。

六、黄颡鱼体色和色素含量的变化

试验结束时，所有试验组鱼体背部均为灰褐色和黑褐色，腹部呈微黄色或浅黄色，侧面色斑较明

表9-28　不同鱼溶浆对黄颡鱼生长的影响（平均值±标准差）

项目	FM	L-HSW15	L-HSW30	L-HSW45	M-HSW15	M-HSW30	M-HSW45	H-HSW15	H-HSW30	H-HSW45
初均重/g IBW	18.66±0.05	18.65±0.12	18.72±0.06	18.65±0.07	18.70±0.04	18.63±0.03	18.68±0.05	18.65±0.05	18.65±0.00	18.70±0.03
末均重/g FBW	55.7±1.2^d	46.1±2.6^{ab}	51.1±4.8^{bcd}	48.8±3.6^{bc}	49.2±3.2^{bc}	54.0±3.9^{cd}	51.4±2.8^{bcd}	50.1±1.0^{bc}	49.3±2.2^{bc}	43.4±1.9^a
成活率/% SR	98.6±1.3	99.3±1.3	96.4±4.5	99.3±1.3	100±0	100±0	96.4±3.3	97.1±2.5	97.1±3.3	94.9±5.5
增重率/% WG	198±7^d	147±12^{ab}	174±27^{bcd}	161±19^{bc}	163±17^{bc}	190±21^{cd}	175±15^{bcd}	169±5^{bc}	164±12^{bc}	132±10^a
特定生长率/(%/d) SGR	1.82±0.04^d	1.51±0.09^{ab}	1.67±0.16^{bcd}	1.59±0.12^{bc}	1.61±0.10^{bc}	1.77±0.12^{cd}	1.68±0.09^{bcd}	1.65±0.03^{bcd}	1.62±0.11^{bc}	1.40±0.07^a
与对照组相比/%	—	-17.03	-8.24	-12.64	-11.54	-2.75	-7.69	-9.34	-10.99	-23.08
饲料系数 FCR	1.65±0.02^a	2.21±0.19^c	1.90±0.33^{abc}	2.09±0.22^c	1.98±0.13^{abc}	1.71±0.20^{ab}	1.91±0.13^{abc}	1.97±0.11^{abc}	2.03±0.21^{bc}	2.57±0.16^d
与对照组相比/%	—	-21.17	-10.36	-18.92	-26.13	-2.25	-14.41	-16.67	-19.37	55.76
蛋白质沉积率 PRR/%	22.2±1.7^c	17.5±2.7^{abc}	19.9±2.7^{bc}	18±2.4^{abc}	16.4±5.2^{ab}	21.7±2.5^{bc}	19.0±0.5^{abc}	18.5±2.8^{abc}	17.9±1.9^{abc}	14.2±2.1^a
与对照组相比/%	—	-21.17	-10.36	-18.92	-26.13	-2.25	-14.41	-16.67	-19.37	-36.04
脂肪沉积率 FRR/%	77±1^c	49±11^{ab}	50±9^{ab}	47±17^{ab}	39±21^a	55±7^{ab}	54±11^{ab}	66±12^{bc}	49±6^{ab}	39±9^a
与对照组相比/%	—	-36.36	-35.06	-38.96	-49.35	-28.57	-29.87	-14.29	-36.36	-49.35
FIFO	2.23	0.46	0.79	1.3	0.41	0.7	1.19	0.4	0.79	1.5
与对照组相比/%	—	-79.37	-64.57	-41.70	-81.61	-68.61	-46.64	-82.06	-64.57	-32.74

注：1. FIFO=野生鱼消耗量/养殖鱼增加量。
2. 同行数据上标不同小写字母表示差异显著（$P<0.05$）。

表9-29 不同酶解鱼溶浆添加水平的pearson相关性检验 ($n=9$)

项目		L-HSW	M-HSW	H-HSW
SGR	R	0.28	0.27	-0.80
	P	ns	ns	<0.01
FCR	R	0.54	0.03	0.78
	P	ns	ns	<0.05

注: ns表示无显著差异。

表9-30 游离必需氨基酸与特定生长率pearson相关性分析 ($n=30$)

项目		Tau	Thr	Val	Met	Ile	Leu	Phe	His	Trp	Lys	Arg	sum
日粮	R	-0.29	-0.35	-0.47	-0.47	-0.46	-0.52	-0.38	-0.08	-0.54	-0.44	-0.63	-0.35
	P	ns	ns	<0.01	<0.01	<0.05	<0.01	<0.05	ns	<0.01	<0.05	<0.01	ns
血清	R	0	0.43	0.13	0.04	0.12	0.11	0.16	0.19	-0.41	0.09	-0.07	-0.03
	P	ns	<0.05	ns	ns	ns	ns	ns	ns	<0.05	ns	ns	ns

注: ns表示无显著差异。

表9-31 不同酶解鱼溶浆对黄颡鱼全鱼和肝胰脏成分的影响 (平均值±标准差)

单位: g/100g

项目		FM	L-HSW15	L-HSW30	L-HSW45	M-HSW15	M-HSW30	M-HSW45	H-HSW15	H-HSW30	H-HSW45
全鱼	水分	67.1±1.2[a]	69.0±0.4[ab]	69.7±0.4[ab]	68.8±3.8[ab]	72.3±4.8[b]	69.5±0.8[ab]	69.4±0.8[ab]	67.8±1.4[a]	69.5±1.1[ab]	69.4±1.1[ab]
	蛋白质	16.08±0.71	16.47±1.10	16.22±0.83	16.16±0.88	14.73±1.83	16.04±0.06	15.84±0.49	15.92±0.97	15.86±0.07	15.97±0.85
	脂肪	10.80±0.05[b]	9.86±1.22[ab]	8.94±0.24[ab]	9.34±2.28[ab]	8.13±1.66[a]	9.05±1.14[ab]	9.53±0.99[ab]	10.91±1.09[b]	9.39±1.18[ab]	9.47±1.12[ab]
	灰分	4.16±0.12	3.80±0.44	4.20±0.17	4.18±0.70	4.10±0.79	4.18±0.15	4.30±0.10	4.30±0.11	4.27±0.08	4.17±0.23
肝胰脏	水分	69.4±2.3[a]	72.5±3.4[b]	72.2±1.7[ab]	70.1±1.1[ab]	72.9±1.2[b]	72.1±1.6[b]	74.1±1.2[b]	73.0±3.8[ab]	72.9±1.4[ab]	72.0±2.1[ab]
	脂肪	15.3±1.6[b]	10.1±5.4[ab]	8.1±2.3[a]	11.9±1.7[ab]	9.5±0.7[a]	11.0±3.4[ab]	6.8±0.9[a]	9.3±4.8[a]	8.6±1.2[a]	9.7±1.6[a]

注: 同行数据上标不同小写字母表示差异显著 ($P<0.05$)。

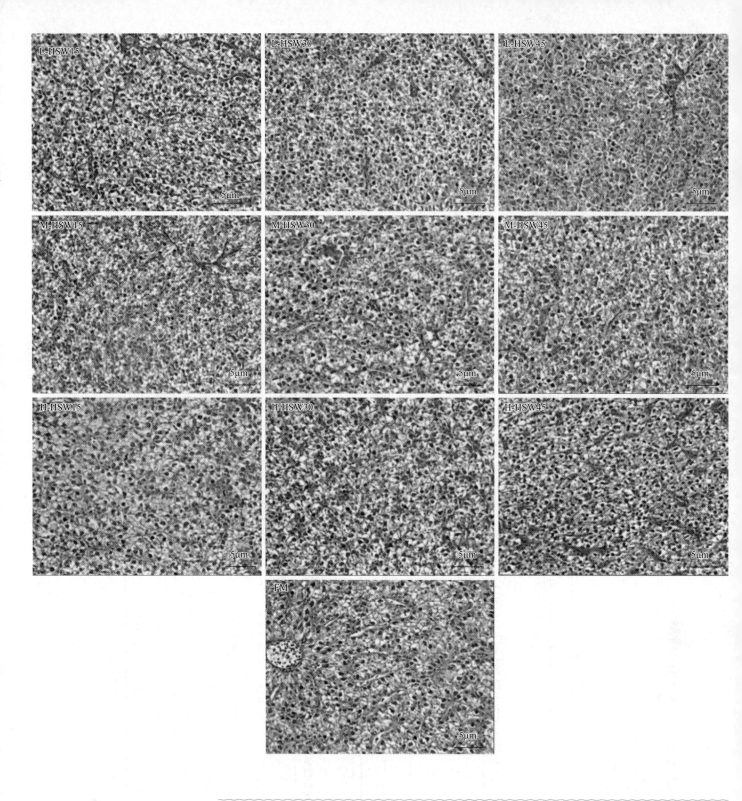

图9-11 黄颡鱼肝胰脏组织切片（400×）

表9-32 不同酶解鱼溶浆对黄颡鱼血清生理指标的影响（平均值±标准差）

项目	FM	L-HSW15	L-HSW30	L-HSW45	M-HSW15	M-HSW30	M-HSW45	H-HSW15	H-HSW30	H-HSW45
总胆红素/(μmol/L)T-Bil	0.77±0.06[ab]	0.60±0.10[a]	0.53±0.15[a]	0.53±0.06[a]	0.57±0.12[a]	0.87±0.29[b]	0.67±0.06[ab]	0.60±0.10[a]	0.63±0.12[ab]	0.57±0.06[a]
谷草转氨酶/(U/L)AST	264±31	241±11	275±30	252±7	277±29	257±16	257±18	249±25	241±16	261±16
谷丙转氨酶/(U/L)ALT	11.0±2.0	14.0±7.0	9.0±2.0	13.0±3.6	28.7±27.2	7.7±0.6	8.7±2.1	11.7±3.2	15.0±8.9	16.3±3.5
总蛋白/(g/L)TP	38.4±1.7[bc]	32.9±2.6[a]	34.3±2.4[a]	33.1±3.4[ab]	33.7±1.3[abc]	38.6±5.6[c]	33.7±1.6[abc]	32.5±1.7[a]	33.3±1.9[a]	33.2±2.4[a]
白蛋白/(g/L)ALB	13.5±0.8[b]	11.2±0.8[a]	11.8±1.0[ab]	11.7±1.5[ab]	12.2±0.8[ab]	12.7±1.9[ab]	12.0±0.7[ab]	10.8±1.0[a]	11.7±0.9[ab]	11.8±0.9[ab]
球蛋白/(g/L)GLO	24.9±0.9[bc]	21.7±1.9[ab]	22.5±1.3[ab]	21.4±1.9[ab]	21.6±1.2[ab]	25.9±3.7[c]	21.7±1.1[ab]	21.6±0.8[ab]	21.6±1.0[ab]	21.4±1.5[a]
葡萄糖/(mmol/L)GLU	7.6±4.9	9.9±2.4	5.7±0.2	8.7±1.9	8.4±1.0	7.1±2.7	6.2±1.8	8.9±1.8	8.0±2.1	8.7±3.8
总胆汁酸/(μmol/L)BA	20.5±4.9	19.4±1.6	20.9±1.0	19.1±2.0	25.9±8.1	19.0±1.5	23.6±5.2	18.4±1.8	24.0±4.4	21.6±1.4
胆固醇/(mmol/L)CHOL	6.7±0.9[b]	4.7±0.9[a]	4.4±0.7[a]	5.0±1.0[a]	5.0±0.4[a]	5.1±0.4[a]	5.0±0.5[a]	4.7±1.2[a]	5.0±0.8[a]	4.8±0.4[a]
甘油三酯/(mmol/L)TG	9.1±1.3	9.2±0.9	9.6±1.1	9.3±2.2	9.3±1.9	8.2±2.7	8.6±0.4	8.4±1.0	8.8±1.9	7.9±0.4
高密度脂蛋白/(mmol/L)HDL	1.95±0.32[b]	1.55±0.21[ab]	1.29±0.24[a]	1.53±0.24[ab]	1.70±0.32[ab]	1.60±0.34[ab]	1.49±0.22[ab]	1.59±0.34[ab]	1.61±0.22[ab]	1.60±0.21[ab]

注：同行数据上标不同小写字母表示差异显著（$P<0.05$）。

表9-33 不同酶解鱼溶浆对黄颡鱼皮肤色素含量的影响（平均值±标准差）

项目	FM	L-HSW15	L-HSW30	L-HSW45	M-HSW15	M-HSW30	M-HSW45	H-HSW15	H-HSW30	H-HSW45
背部黑色素	37.95±3.63	59.31±5.88[b]	41.05±2.72	54.12±24.1	48.19±23.91	32.45±4.03[a]	40.81±10.82	41.6±13.77	41.99±6.82	51.89±16.09
背部叶黄素	52.72±20.79	40.99±8.54	48.13±5.97	42.13±12.54	46.72±7.16	44.74±14.4	43.05±0.26	47.6±4.44	45.31±6.44	41.52±7.28
腹部叶黄素	16.63±4.65	17.21±6.58	17.39±2.81	13.84±1.15	11.87±1.00	16.77±1.09	12.38±2.39	11.64±1.69	14.01±2.59	12.34±2.98

显。黄颡鱼皮肤叶黄素、黑色素含量见表9-33，体表叶黄素沉积率无显著性差异（$P > 0.05$），M-HSW30组背部黑色素含量显著低于L-HSW15组，但均与FM组差异不显著（$P > 0.05$）。

七、应以小肽含量作为鱼溶浆酶解工艺的控制目标

植物蛋白源与海洋蛋白源在小分子氮组成上有显著的不同，特别是小肽、游离氨基酸和牛磺酸。因此，以植物蛋白质替代鱼粉会导致这些活性成分的不足，可能导致养殖鱼类生长速度降低。这在一定程度上说明了为什么以高植物蛋白日粮养殖肉食性鱼类难以维持正常生长。本研究的目的是评估不同酶解程度所得酶解鱼溶浆在黄颡鱼日粮中替代鱼粉的可行性。结果显示，酶解鱼溶浆在合适的添加水平下对黄颡鱼的养殖效果可与鱼粉组相近，其中，M-HSW是最理想的鱼粉替代物，高植物蛋白日粮中添加8.7%（10%含水量计）的M-HSW与鱼粉具有相近的生物质，其饲喂鱼的生长速度和饲料系数与鱼粉组相近。酶解程度不足或过度酶解的酶解鱼溶浆对黄颡鱼养殖效果均不利。

高植物蛋白日粮不能有效保障肉食性鱼类的生长，主要是因为缺乏海洋小分子含氮物。在本研究中，酶解鱼溶浆的小肽、牛磺酸等远高于鱼粉，日粮中添加少量的酶解鱼溶浆后，这些活性成分便与高鱼粉日粮相当，甚至更高，即可满足鱼类对未知生长因子的需求量。酶解鱼溶浆的添加量提高，伴随着游离氨基酸等的显著升高，鱼的生长呈现下降趋势，意味着高游离氨基酸日粮具有饱食作用，会减少摄食，与前期研究结果相一致。此结果也表明在植物蛋白质基础日粮中添加9%（10%含水量计）左右的酶解鱼溶浆替代鱼粉具有可能性。以酶解鱼浆为蛋白源时，控制小肽组成具有重要意义。

为了更好地揭示肽组成对黄颡鱼生长的影响，我们以小肽、游离氨基酸含量为指标生产了三种不同酶解程度的酶解鱼溶浆。H-HSW含有更多的小于500Da的小肽，缺少5000Da的长肽链，而L-HSW和M-HSW的肽组成比H-HSW更均匀。经60d养殖试验发现，L-HSW和M-HSW对黄颡鱼是可选择的蛋白源，M-HSW是理想的鱼粉替代物，可保持与饲喂鱼粉日粮相当的生长性能。而H-HSW不能维持黄颡鱼的正常生长，意味着高水解度的酶解鱼溶浆对黄颡鱼是不可选的蛋白源。大豆浓缩蛋白质、鸡肉粉、棉籽蛋白质按相同比例变化，试验日粮氨基酸模式接近，但黄颡鱼生长速度随着HSW添加量改变而出现显著差异，含大量分子质量低于500Da（主要是游离氨基酸和二/三肽）的H-HSW也会显著降低其生长速度。这意味着在HSW日粮中黄颡鱼的生长主要受游离氨基酸和小肽的影响。

总结本试验结果表明，黄颡鱼摄食无鱼粉日粮中M-HSW30可与28%鱼粉日粮具有等效的生物效能，预示着酶解鱼溶浆是鱼粉理想的替代物，其适宜添加量为8.7%（10%含水量计）。高添加量和过度酶解的酶解鱼溶浆对黄颡鱼均是不可选的。

第四节
酶解虾浆、酶解鱼浆（粉）在黄颡鱼日粮中的应用

鱼浆、虾浆是与鱼溶浆、虾溶浆不同的一类蛋白质原料。鱼溶浆是鱼粉生产过程中原料鱼经过蒸煮、压榨后得到压榨水，压榨水再经过油水分离、浓缩至水分50%左右的浆状物，虾溶浆也是按照鱼粉生产工艺得到的压榨水浓缩至水分50%左右的浆状产品。鱼浆、虾浆则是直接以整鱼、整虾为原料，经过粉碎得到的浆状物。以鱼浆、虾浆为原料，加入外源性的蛋白酶，在55℃保温、酶解4h，再经过减压

浓缩制作成水分含量为42%～46%的浆状产品，分别称之为酶解鱼浆、酶解虾浆。以这些酶解浆状产品为原料，经过喷雾干燥就得到酶解鱼浆粉或酶解虾浆粉。

前文研究了酶解鱼溶浆在黄颡鱼日粮中的应用效果，本试验则主要研究工业化生产的酶解鱼浆（粉）、酶解虾浆在黄颡鱼日粮中的应用效果。

一、试验条件

对照用的鱼粉为秘鲁生产的日本级蒸汽红鱼粉（FM），其原料鱼主要为秘鲁鳀。酶解鱼浆（FPH）和酶解鱼浆粉（FPPH）的原料鱼为中国东海海域的鳀和少量野杂鱼；酶解虾浆（SPH）的原料为海水糠虾（太平洋磷虾），均为浙江亿丰海洋生物制品有限公司利用工业化生产线生产的商业化产品。

酶解鱼浆（粉）、酶解虾浆产品酶解效果的评价指标主要为酸溶蛋白含量，即分子质量小于10000Da的肽、游离氨基酸和其他含氮小分子混合物的含量，FM、SPH、FPH、FPPH的营养成分见表9-34。酶解虾浆SPH、酶解鱼浆FPH、酶解鱼浆粉FPPH的酸溶蛋白含量、生物胺（组胺、腐胺、尸胺）、游离氨基酸含量显著高于鱼粉FM，不同分子量肽的含量在不同样本间也有很大的差异。

表9-34　原料营养成分表（干物质基础）

项目		FM	SPH	FPH	FPPH
营养组成	水分/(g/100g)	5.22	44.77	64.32	3.04
	粗蛋白/(g/100g)	68.65	63.74	69.68	74.72
	粗脂肪/(g/100g)	9.08	1.62	13.70	1.04
	灰分/(g/100g)	0.21	0.21	0.13	0.16
	总磷/(g/100g)	2.73	0.38	0.43	0.99
	组胺/(mg/kg)	188.00	448.00	945.00	1859.00
	腐胺/(mg/kg)	180.00	1046.00	1246.00	1315.00
	尸胺/(mg/kg)	226.00	1668.00	1328.00	1750.00
	总游离氨基酸/(g/100g)	1.58	17.52	7.79	11.26
	酸溶蛋白[1]/(g/100g)	11.98	47.19	46.84	65.31
	肽[2]/(g/100g)	10.40	29.67	39.05	54.05
不同肽含量占总含量的比例/%	＞10000Da	11.99	6.06	0.30	1.27
	5000～10000Da	8.46	6.52	0.78	3.48
	3000～5000Da	5.86	4.71	1.43	3.88
	2000～3000Da	4.36	3.73	2.21	3.94
	1000～2000Da	6.64	6.11	7.99	9.17
	500～1000Da	5.84	6.03	17.41	12.01
	180～500Da	16.90	10.97	32.16	23.50
	＜180Da	39.95	55.87	37.72	42.75

[1] 由江南大学分析检测中心（无锡）进行分析，用凯氏定氮法测定（GB/T 22729—2008）。
[2] 由江南大学分析检测中心（无锡）分析并用高效液相色谱法测定。

按照等氮、等脂肪、等磷要求进行黄颡鱼试验日粮的配方设计，配方见表9-35。以日粮中含30.0%的日本级秘鲁鱼粉（FM）为对照组，依据SPH、FPH、FPPH的蛋白质含量（干物质基础），按照添加量30%鱼粉蛋白质量的25%、50%、75%分别设计SPH（分别记为SPH25、SPH50和SPH75）、FPH（分别记为FPH25、FPH50和FPH75）、FPPH（分别记为FPPH25、FPPH50和FPPH75）三个含量梯度，分别得到含SPH 8.5%、17.0%和25.5%，含FPH7.8%、15.6%和23.3%，含FPPH 6.7%、13.5%和20.2%，共9个试验日粮和一个含30.0%鱼粉的对照组日粮。

采用氨基酸分析测定原料和日粮水解氨基酸、日粮游离氨基酸组成，结果见表9-36和表9-37。用excel对SPH、FPH、FPPH的水解氨基酸组成与FM的水解氨基酸组成做相关性分析（表9-36），发现SPH、FPH、FPPH的水解氨基酸成分与FM的水解氨基酸成分相关系数（R）分别为0.97、0.99、0.85，具有很强的相关性。将日粮水解氨基酸组成与初始鱼肌肉水解氨基酸做相关性分析（表9-36），分析日粮水解氨基酸与初始鱼肌肉水解氨基酸的相关性，发现相关系数（R）均大于等于0.95。说明试验日粮设计符合黄颡鱼的营养需求。

试验配方中，以混合油脂（鱼油∶磷脂油∶豆油=1∶1∶2）平衡试验日粮中脂肪含量，以磷酸二氢钙平衡各试验配方总磷含量，以米糠粕保持试验日粮配方比例平衡。在3个SPH、FPH、FPPH梯度的日粮中，大豆浓缩蛋白质、棉籽蛋白质、鸡肉粉（美国Tyson）按照一定比例变化，以保持各试验组日粮的氨基酸平衡性。玉米蛋白质粉作为黄颡鱼日粮蛋白质和色素来源而在配方中保持一致。原料粉碎后过60目筛，按照表9-35的配方进行日粮原料的配合。各类原料用混合机混合均匀后，用华祥牌HKj200制粒机加工制成直径1.5mm，长3～5mm的颗粒饲料。颗粒饲料采用自然风干的方式风干，在−20℃密封保存备用。

养殖试验在浙江一星养殖基地池塘网箱中进行。在面积为40m×60m的池塘中设置试验网箱（规格为长1.5m×宽1.5m×高2.0m）30个。试验用黄颡鱼（共1350尾）幼鱼购自浙江省湖州市千金渔业农业专业合作社，以对照组日粮，每天投喂3次（5:30～7:00，12:00～13:30，18:00～20:00）驯养2周。选取规格整齐的平均质量为（15.67±0.11）g黄颡鱼种1350尾，0.3%食盐溶液浸泡15min消毒后，随机分成10组，每组设3个重复（n=3），共30个试验单元（网箱），每个网箱投放45尾黄颡鱼。

各组试验日粮日投喂量为试验鱼体重的3%～5%，日投喂三次（5:30～7:00，12:00～13:30，18:00～20:00），三餐日粮的投喂比例为2∶2∶3。每10d估算1次鱼体增重量，调整试验日粮投喂量，正式养殖试验60d。每天6:00、18:00测试并记录水温，试验期间水温25.5～34.4℃。每5d测定水下30cm的水质指标，试验期间水体溶解氧浓度＞7.0mg/L，pH8.0～8.4，氨氮浓度＜0.10mg/L，亚硝酸盐浓度＜0.005mg/L，硫化物浓度＜0.05mg/L。

二、对黄颡鱼生长速度和饲料效率的影响

在池塘网箱中经过60d的养殖试验，得到各组黄颡鱼生长速度和饲料效率的结果，见表9-38。

由表9-38可以得到以下结果。

① 10个试验组的黄颡鱼成活率无显著差异（$P＞0.05$）。②以SGR代表黄颡鱼的生长速度，以FM组为对照，除了FPH25和FPPH25没有显著差异外，其他各试验组都有显著降低（$P＜0.05$）。结果表明，在黄颡鱼日粮中，7.8%的FPH（以10%含水量计）、6.7%FPPH（以10%含水量计）完全替代30.0%的鱼粉对黄颡鱼的生长速度SGR无显著影响（$P＞0.05$），显示出与酶解鱼溶浆类似的结果。这是本试验得到的重要结果，具有重要的意义。③将FPH特定生长率与FPPH比较，同等添加水平的FPH与FPPH差异

表9-35 试验日粮配方及营养组成（干物质基础）

单位：g/kg

项目		FM	SPH25	SPH50	SPH75	FPH25	FPH50	FPH75	FPPH25	FPPH50	FPPH75
原料	米糠	150.0	150.0	150.0	150.0	150.0	150.0	150.0	150.0	150.0	150.0
	米糠粕①	130.0	72.0	46.0	27.0	89.0	93.0	93.0	91.0	99.0	107.0
	鸡肉粉①	60.0	139.53	117.65	93.75	139.5	113.21	88.24	139.5	113.21	86.96
	棉籽蛋白质①	60.0	139.53	117.65	93.75	139.5	113.21	88.24	139.5	113.21	86.96
	大豆浓缩蛋白质①	60.0	139.53	117.65	93.75	139.5	113.21	88.24	139.5	113.21	86.96
	玉米蛋白质粉	50.0	50.0	50.0	50.0	50.0	50.0	50.0	50.0	50.0	50.0
	小麦	120.0	120.0	120.0	120.0	120.0	120.0	120.0	120.0	120.0	120.0
	超级蒸汽鱼粉②	300.0	—	—	—	—	—	—	—	—	—
	酶解虾浆 SPH(10%含水量计)	—	85.0	170.0	255.0	—	—	—	—	—	—
	酶解鱼浆 FPH(10%含水量计)	—	—	—	—	78.0	156.0	233.0	—	—	—
	酶解鱼浆粉 FPPH	—	—	—	—	—	—	—	67.0	135.0	202.0
	磷酸二氢钙 Ca(H₂PO₄)₂	15.0	35.0	39.0	43.0	34.0	37.0	40.0	33.0	34.0	35.0
	沸石粉	20.0	20.0	20.0	20.0	20.0	20.0	20.0	20.0	20.0	20.0
	混合油脂③	25.0	39.0	42.0	44.0	31.0	25.0	19.0	40.0	43.0	45.0
	预混料④	10.0	10.0	10.0	10.0	10.0	10.0	10.0	10.0	10.0	10.0
	原料合计	1000.00	1000.0	1000.0	1000.0	1000.0	1000.0	1000.0	1000.0	1000.0	1000.0
日粮营养组成	水分	74.6	75.7	78.3	80.6	75.0	77.5	80.0	70.6	68.5	68.1
	蛋白质	429.3	429.0	429.4	431.2	427.5	434.1	430.6	431.6	430.3	432.6
	脂肪	80.6	80.2	82.5	81.9	81.9	83.4	80.7	83.3	83.1	81.5
	灰分	135.2	123.6	129.7	139.5	119.6	121.3	123.9	122.3	123.7	125.3
	能量 (kJ·g⁻¹)	19.23	19.69	18.96	19.13	19.57	19.43	19.15	18.99	19.31	18.77

① 鸡肉粉：粗蛋白 70.29%，粗脂肪 12.58%，磷 2.21%（干物质），粗蛋白 63.50%，粗脂肪 12.58%（干物质），棉籽蛋白质：粗蛋白 67.46%，粗脂肪 1.09%，磷 1.08%，磷 1.44%（干物质），浓缩大豆蛋白质：粗蛋白 0.63%（干物质）。

② 产于美国秘鲁利马太平洋中心比绍拉公司。

③ 鱼油：磷脂油=1:1:2。混合油脂：磷脂油：豆油=1:1:2。

④ 预混料为每千克干日粮提供：铜 25mg，铁 640mg，锰 130mg，锌 190mg，碘 0.21mg，钴 0.16mg，镁 960mg，钾 0.5mg，硒 0.7mg，维生素 A 8mg，维生素 B_1 8mg，维生素 B_2 8mg，维生素 B_6 12mg，维生素 B_{12} 0.02mg，维生素 C 300mg，维生素 D_3 3mg，维生素 K_3 5mg，叶酸 5mg，泛酸钙 25mg，烟酸 25mg，烟酸钙 25mg，肌醇 100mg。

表9-36 原料、日粮、初始鱼肌肉水解氨基酸成分表（干物质基础）

单位：g/100g

项目	原料				日粮										鱼①
	FM	SPH	FPH	FPPH	FM	SPH25	SPH50	SPH75	FPH25	FPH50	FPH75	FPPH25	FPPH50	FPPH75	
缬氨酸	3.00	2.84	3.29	2.65	1.84	1.78	1.78	1.71	1.75	1.78	1.76	1.80	1.71	1.53	0.89
甲硫氨酸	1.80	1.52	1.82	1.47	0.71	0.52	0.56	0.57	0.55	0.60	0.67	0.50	0.49	0.51	0.32
亮氨酸	2.58	2.34	2.82	1.93	1.38	1.43	1.48	1.42	1.46	1.49	1.47	1.45	1.38	1.22	0.76
异亮氨酸	4.57	4.14	5.10	3.99	2.75	2.85	2.87	2.86	2.94	3.07	3.05	2.97	2.76	2.70	1.31
苯丙氨酸	2.55	2.00	2.47	1.78	1.61	1.72	1.69	1.72	1.81	1.72	1.66	1.82	1.60	1.53	0.70
组氨酸	2.14	1.47	1.89	4.69	1.19	1.06	1.02	1.01	1.09	1.09	1.11	1.23	1.32	1.39	0.49
赖氨酸	4.98	5.20	6.22	5.51	2.61	2.29	2.38	2.48	2.26	2.39	2.52	2.23	2.24	2.10	1.35
精氨酸	2.90	2.48	2.22	2.89	1.72	2.07	2.00	1.85	1.95	1.80	1.68	1.96	1.88	1.72	1.04
苏氨酸	2.52	2.28	2.69	2.29	1.40	1.30	1.35	1.38	1.38	1.40	1.43	1.30	1.30	1.24	0.78
总必需氨基酸∑EAA	27.04	24.27	28.52	27.20	15.22	15.02	15.12	15.02	15.19	15.33	15.35	15.27	14.68	13.94	7.63
酪氨酸	2.03	1.67	1.55	1.16	1.09	1.11	1.12	1.22	1.15	1.10	1.06	1.12	1.00	1.01	0.45
脯氨酸	2.00	2.44	2.05	3.15	1.45	1.59	1.53	1.51	1.49	1.46	1.46	1.54	1.48	1.55	0.89
天冬氨酸	5.53	5.26	6.29	5.57	3.41	3.44	3.39	3.36	3.46	3.44	3.44	3.46	3.28	3.01	1.64
丝氨酸	2.36	1.85	2.43	2.28	1.62	1.64	1.58	1.59	1.71	1.66	1.67	1.63	1.58	1.54	0.82
谷氨酸	8.74	9.99	10.70	11.77	6.60	7.25	7.14	7.09	7.19	7.15	6.99	7.46	6.93	6.64	2.50
甘氨酸	3.96	5.36	4.48	8.50	2.21	2.24	2.39	2.39	2.20	2.12	2.21	2.37	2.56	2.61	1.19
丙氨酸	3.42	4.61	4.81	6.04	2.31	2.09	2.22	2.30	2.14	2.24	2.32	2.29	2.29	2.33	1.22
半胱氨酸	<0.03	<0.03	<0.03	0.11	0.32	0.39	0.32	0.32	0.39	0.31	0.30	0.34	0.31	0.35	0.04
总非必需氨基酸∑NEAA	28.05	31.18	32.31	38.58	19.03	19.75	19.68	19.78	19.75	19.49	19.45	20.20	19.43	19.03	8.75
牛磺酸	—	—	—	—	—	—	—	—	—	—	—	—	—	—	—
总氨基酸∑AA	55.09	55.45	60.83	65.78	34.25	34.77	34.80	34.80	34.94	34.82	34.80	35.47	34.11	32.97	16.38
R	1.00	0.97	0.99	0.85	0.96	0.95	0.96	0.96	0.95	0.95	0.96	0.95	0.95	0.95	—

①初始鱼肌肉水解氨基酸。

注：R是将原料肌肉水解SPH、FPH、FPPH的水解氨基酸成分分别对原料FM的水解氨基酸成分做相关性分析，分析SPH、FPH、FPPH相对FM的水解氨基酸相关性。日粮水解氨基酸组成与初始鱼做相关性分析，分析日粮水解氨基酸成分与初始鱼水解氨基酸的相关性。

表9-37 试验日粮游离氨基酸（干物质基础）

项目	FM	SPH25	SPH50	SPH75	FPH25	FPH50	FPH75	FPPH25	FPPH50	FPPH75
缬氨酸	0.25	0.57	1.21	1.61	0.35	0.55	0.78	0.31	0.58	0.70
甲硫氨酸	0.08	0.31	0.66	0.88	0.19	0.34	0.50	0.16	0.30	0.36
亮氨酸	0.16	0.43	0.95	1.27	0.25	0.44	0.64	0.22	0.43	0.51
异亮氨酸	0.37	0.78	1.68	2.23	0.67	1.22	1.82	0.52	1.01	1.23
苯丙氨酸	0.18	0.43	0.95	1.25	0.28	0.48	0.69	0.26	0.50	0.61
组氨酸	1.42	0.21	0.29	0.35	0.17	0.28	0.41	0.95	1.98	2.57
赖氨酸	0.41	0.88	1.89	2.38	0.74	1.18	1.77	0.55	1.03	1.22
精氨酸	0.84	1.43	2.15	2.37	1.05	0.93	0.79	1.32	1.57	1.50
苏氨酸	0.19	0.42	0.91	1.20	0.23	0.35	0.50	0.22	0.41	0.48
色氨酸	0.18	0.25	0.44	0.54	0.20	0.32	0.18	0.28	0.45	0.39
总必需氨基酸∑EAA	4.07	5.71	11.13	14.08	4.13	6.09	8.08	4.79	8.26	9.57
酪氨酸	0.18	0.39	0.82	1.09	0.10	0.08	0.09	0.25	0.49	0.58
脯氨酸	0.20	0.85	1.92	2.58	0.25	0.41	0.58	0.25	0.46	0.52
天冬氨酸	0.21	0.35	0.64	0.79	0.39	0.36	0.48	0.36	0.52	0.55
丝氨酸	0.16	0.29	0.55	0.67	0.20	0.25	0.32	0.25	0.40	0.46
谷氨酸	0.45	0.43	0.71	0.85	0.52	0.75	0.99	0.94	1.73	2.14
甘氨酸	0.21	1.14	2.58	3.19	0.38	0.65	0.93	0.28	0.53	0.56
丙氨酸	0.83	1.41	2.98	3.92	0.85	1.40	2.00	0.83	1.46	1.73
半胱氨酸	<0.03	<0.03	<0.03	<0.03	<0.03	<0.03	<0.03	<0.03	<0.03	<0.03
总非必需氨基酸∑NEAA	2.25	4.86	10.20	13.09	2.69	3.90	5.39	3.16	5.59	6.54
牛磺酸	1.81	2.15	3.36	3.71	1.15	1.97	2.63	1.49	2.64	2.93
总氨基酸∑AA	8.13	12.72	24.69	30.88	7.97	11.96	16.1	9.44	16.49	19.04

表9-38 黄颡鱼生长速度和日粮利用效率（n=3）

指标	FM	SPH25	SPH50	SPH75	FPH25	FPH50	FPH75	FPPH25	FPPH50	FPPH75
初重/g	15.62±0.04	15.73±0.19	15.69±0.10	15.74±0.15	15.69±0.08	15.71±0.16	15.64±0.07	15.61±0.01	15.71±0.16	15.62±0.06
末重/g	48.23±0.91d	43.83±1.89c	40.89±2.37bc	38.28±0.78a	44.83±0.72cd	40.65±4.23ab	39.84±2.03ab	44.68±1.21cd	39.94±0.63abc	39.48±2.34abc
成活率/%	94.82±3.40	98.89±1.57	97.78±3.85	95.56±3.14	94.81±2.57	97.78±2.22	98.52±2.57	96.67±4.71	98.52±1.28	99.44±1.11
特定生长率[①]/(%/d)	1.88±0.03d	1.70±0.05c	1.60±0.10bc	1.48±0.03a	1.75±0.03cd	1.58±0.16ab	1.56±0.09ab	1.75±0.05cd	1.55±0.04ab	1.54±0.09ab
饲料系数[②]	1.68±0.04a	1.95±0.11abc	2.24±0.18bc	2.50±0.08d	1.93±0.04abc	2.26±0.37bcd	2.31±0.20bcd	1.92±0.06abc	2.32±0.06bcd	2.38±0.26cd
蛋白质沉积率[③]/%	16.96±2.06c	12.50±1.10ab	11.79±0.90a	10.96±1.35a	15.00±1.81bc	13.77±2.56b	12.88±1.24ab	15.58±1.01bc	13.98±1.46bc	13.37±2.41ab
脂肪沉积率[④]/%	75.14±16.50c	62.39±4.56b	56.14±4.41ab	45.91±9.34a	64.85±6.49bc	59.76±12.37ab	52.03±9.91ab	66.78±10.00bc	63.86±1.15bc	58.12±14.37ab
肥满度[⑤]/%	2.06±0.13	2.04±0.21	1.90±0.10	1.91±0.12	1.92±0.07	2.08±0.10	1.95±0.15	1.91±0.14	2.05±0.10	2.00±0.08

① 特定生长率（SGR）=100%×（$\ln W_t - \ln W_0$）/t，式中 W_t、W_0 分别表示终末均重、初始均重，t 为饲养天数。
② 饲料系数（FCR）=尾均饲料消耗量/鱼体增加质量。
③ 蛋白质沉积率（PRR）=100%×（试验结束时体蛋白质含量−试验开始时体蛋白质含量）/摄食蛋白质总量。
④ 脂肪沉积率（FRR）=100%×（试验结束时体脂肪含量−试验开始时体脂肪含量）/摄食脂肪总量。
⑤ 肥满度（CF）=100%×体重/体长³。
注：同行数据后标注英文字母表示差异显著性。

表9-39 酶解鱼浆（粉）、酶解虾浆组的SGR与添加水平的Pearson相关性检验（n=9）

指标		FPH	FPPH	SPH
特定生长率 SGR/（%/d）	R	−0.266	−0.780	−0.125
	P	0.490	0.013*	0.749

注：*$P<0.05$（双边显著）。

不显著（$P > 0.05$）。④以FCR表示日粮利用效率，FCR代表的饲料效率变化规律与SGR相反。

将SPH、FPH、FPPH三种酶解蛋白质原料的添加水平与养殖试验获得的SGR进行相关性分析，结果见表9-39。三种酶解蛋白质原料在黄颡鱼日粮中的添加水平与SGR表现为负相关关系。

在日粮中，SPH、FPH、FPPH的添加量与黄颡鱼的生长性能表现为负相关关系。日粮中过多的海洋酶解蛋白添加量没有取得好的生产性能，而较低的添加量取得了很好的效果，这与我们前面关于酶解鱼溶浆的试验结果类似。

三、酶解虾浆SPH、酶解鱼浆FPH和酶解鱼浆粉FPPH的FIFO值

FIFO值可以直观地显示养殖鱼类对饲料中海洋生物鱼类消耗量与产出量的关系。计算本试验日粮中FM、SPH、FPH和FPPH的FIFO值，结果见表9-40。

依据表9-40可以得到以下结果：①除了SPH75组的FIFO值相对FM增加27.66%外，其他试验组均低于FM组；②随着SPH、FPH、FPPH添加量上升FIFO的值也相应上升。

上述结果显示：在黄颡鱼日粮中，使用FPH、FPPH和低含量的SPH完全替代鱼粉后，可以显著降低海洋鱼类资源对黄颡鱼的FIFO值，实现对海洋生物蛋白资源的节约利用。

四、日粮氨基酸与黄颡鱼SGR的相关性分析

采用氨基酸分析仪测定了10个试验日粮的水解氨基酸（HAA）、游离氨基酸（FAA）含量与SGR进行相关性分析，结果见表9-41。

由表9-41得到以下结果：

① 日粮水解氨基酸除了Arg、Gly、Ala与SGR表现为负相关关系，其他的氨基酸都与SGR表现为正相关关系，但仅有Val和Met相关性显著（$P < 0.05$）。表明日粮中Val和Met成为影响SGR的主要因素。

② 日粮所有游离氨基酸与SGR表现为负相关关系，其中Tau、Thr、Val、Phe、Trp、Asp、Ser、Ala、Orn和总的日粮游离氨基酸相关性均达到显著水平（$P < 0.05$）。结果表明过高的游离氨基酸不利于黄颡鱼生长。

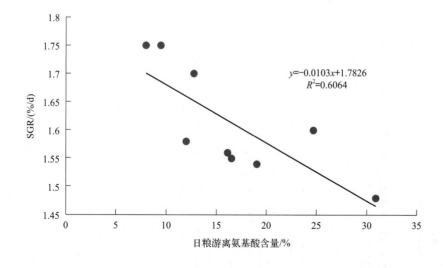

图9-12 日粮游离氨基酸与SGR的关系

表9-40 黄颡鱼 FIFO值

指标	FM	SPH25	SPH50	SPH75	FPH25	FPH50	FPH75	FPPH25	FPPH50	FPPH75
日粮添加比例/(g/1000g)	300.0	85.0	170.0	255.0	78.0	156.0	233.0	67.0	135.0	202.0
日粮实际添加鱼质量(g/1000g)	1333.3	382.0	764.0	1146.1	350.6	701.1	1047.2	301.1	606.7	907.9
fish in 输入的鱼质量/g	9813.5	2811.0	5730.7	8727.4	2663.3	5214.9	7928.1	2267.5	4597.9	6913.3
fish out 产出的鱼质量/g	4174.2	3123.9	3590.5	2907.8	3729.7	3292.2	3485.0	3793.8	3222.6	3203.1
fish in/fish out (FIFO)	2.35	0.90	1.60	3.00	0.71	1.58	2.27	0.60	1.43	2.16
与对照组相比/%	0.00	-61.70	-31.91	27.66	-69.79	-32.77	-3.40	-74.47	-39.15	-8.09

注：1. fish in 值＝计算的活鱼量（g）/1000g 日粮×3个平行单元试验消耗日粮总量（kg）。
2. 根据国际鱼粉生产水平，每1000g活鱼可生产鱼粉222.5g，假设酶解虾浆、酶解鱼浆（粉）产出值同样为222.5g/1000g。
3. 活鱼量 fish out：3个平行单元试验产出活鱼总量。
4. FIFO=（日粮鱼粉水平+日粮鱼油水平）/（野生鱼粉产量+野生鱼油产量）×饲料系数。

表9-41 日粮氨基酸与特定生长率的Pearson相关性分析（n=10）

氨基酸 AA		Tau	Thr	Val	Met	Ile	Leu	Phe	His	Trp	Lys	Arg	Asp	Ser	Glu	Gly	Ala	Tyr	Orn	总计
HAA SGR	R	ND	0.320	0.471	0.436	0.200	0.099	0.163	0.051	ND	0.298	-0.141	0.452	0.397	0.023	-0.446	-0.301	0.119	—	0.215
	P	ND	0.084	0.009*	0.016*	0.290	0.602	0.390	0.787	ND	0.110	0.457	0.190	0.256	0.949	0.196	0.397	0.744	—	0.253
FAA SGR	R	-0.478	-0.387	-0.389	-0.357	-0.378	-0.321	-0.385	-0.182	-0.474	-0.318	-0.359	-0.857	-0.698	-0.551	-0.551	-0.719	-0.567	-0.680	-0.433
	P	0.012*	0.046*	0.045*	0.068	0.052	0.102	0.047*	0.362	0.012*	0.106	0.066	0.002*	0.025*	0.099	0.099	0.019*	0.087	0.031*	0.024*

注：1. ND表示没有检测，色氨酸由于酸水解无法测定。
2. *P<0.05（双边显著）。

表9-42 试验日粮生物胺、油脂氧化分析指标

指标	FM	SPH25	SPH50	SPH75	FPH25	FPH50	FPH75	FPPH25	FPPH50	FPPH75
组胺/(mg/kg)	56.40	38.08	76.16	114.24	80.32	161.07	240.49	130.14	259.59	393.17
腐胺/(mg/kg)	54.00	88.91	177.82	266.73	71.54	143.47	214.21	109.16	217.73	329.78
尸胺/(mg/kg)	67.80	141.78	283.56	425.34	103.58	207.17	309.42	104.9	209.23	316.9
酸价（KOH）/(mg/g)	19.57	30.04	32.40	44.96	21.59	21.64	31.98	18.59	21.28	28.97
丙二醛/(mg/kg)	4.97	3.16	4.56	5.39	3.09	3.74	4.18	3.83	4.18	4.74
过氧化值/(mmol/kg)	1.33	1.07	1.33	1.33	1.47	1.41	1.44	1.28	1.38	1.45

将SPH、FPH和FPPH三个含量梯度试验日粮游离氨基酸总量与黄颡鱼的SGR关系作图9-12。

日粮中游离氨基酸含量与试验原料SPH、FPH和FPPH的游离氨基酸含量有直接的关系，随日粮中游离氨基酸增加黄颡鱼的SGR下降，这一结果表明，三种水解蛋白质原料的游离氨基酸含量是影响黄颡鱼生长的主要因素之一。

五、日粮中生物胺、油脂氧化指标与SGR的相关性分析

依据表9-42可得到以下结果：①除了SPH25的组胺含量外，所有试验组日粮生物胺均高于FM组；②同等添加水平的FPH和FPPH的酸价和丙二醛含量（除FPPH25外）比SPH低，三个试验组同等添加水平过氧化值的差异不显著；③随着日粮中SPH、FPH、FPPH三种蛋白源的添加量从25%上升到75%，生物胺、酸价、丙二醛含量都增加。

日粮中生物胺、油脂氧化分析指标与SGR的相关性分析见表9-43。

表9-43 日粮生物胺、油脂氧化指标与SGR的Pearson相关性分析

指标		组胺/(mg/kg)	腐胺/(mg/kg)	尸胺/(mg/kg)	酸价(KOH)AV /(mg/g)	丙二醛MDA /(mg/kg)	过氧化值 POV/(mmol/kg)
SGR	R	−0.575	−0.870	−0.903	−0.646	−0.317	−0.272
	P	0.082	0.001*	0.000*	0.043*	0.372	0.446

注：*$P < 0.05$（双边显著）。

可得到以下结果：①日粮生物胺、油脂氧化指标和SGR表现为负相关关系；②日粮腐胺、尸胺和酸价与试验鱼的SGR的相关性显著（$P < 0.05$），日粮中组胺、丙二醛和过氧化值与试验鱼SGR的相关性不显著（$P > 0.05$）。

综合分析上述数据，日粮中生物胺含量和油脂氧化程度对黄颡鱼的SGR有较大的影响，而日粮中腐胺、尸胺和酸价的变化可能是影响黄颡鱼生长主要因素。

六、酶解鱼浆、酶解虾浆是优质的海洋生物功能性的蛋白质原料

依据本试验结果，可以得到以下认知：

（1）黄颡鱼日粮中7.8%的酶解鱼浆FPH（以10%含水量计）、6.7%的酶解鱼浆粉FPPH（以10%含水量计）可以完全替代30.0%的鱼粉

海洋水解蛋白直接应用于饲料中可有效保持鱼蛋白水解物新鲜度和鱼体特殊活性成分，这在部分海水鱼类，尤其是肉食性鱼类中已得到初步的应用，并取得良好的养殖效果。其主要特点是维护原料鱼体蛋白质和油脂新鲜度、保持海水鱼类原料对养殖动物的生长优势。在黄颡鱼日粮中，7.8%（以10%含水量计）的酶解鱼浆FPH、6.7%（以10%含水量计）的酶解鱼浆粉FPPH完全替代30.0%的鱼粉对黄颡鱼的SGR和FCR无显著影响，显示出7.8%的FPH、6.7%的FPPH与30%的鱼粉具有等效性。这个结果表明，海洋捕捞的鱼类经过工业化酶解之后，其酸溶蛋白含量、不同分子量的肽含量显著增加，酶解虾浆SPH、酶解鱼浆FPH和酶解鱼浆粉FPPH的酸溶蛋白含量分别为FM的3.94、3.91、5.45倍，肽含量分别为FM的2.85、3.75、5.20倍，提升了海洋捕捞鱼类作为饲料蛋白质原料的生物学价值。

在黄颡鱼日粮中较低含量（按照蛋白质质量计算，仅为鱼粉蛋白质质量的25%）的FPH、FPPH即可获得很好的生长性能。预示着，工业化的酶解技术应用于海洋捕捞鱼类的酶解处理是可行的，酶解得到的FPH、FPPH作为鱼类饲料新型蛋白质原料具有很好的前景。

以FIFO值评价海洋低值鱼类转化为养殖黄颡鱼产量的效率，以具有生长性能等效的FPH25、FPPH25与FM相比较分别下降了69.79%和74.47%，表明工业化酶解处理得到的FPH、FPPH新产品在水产饲料中的应用，可以显著节约海洋鱼类资源，显著降低FIFO值，对保护海洋鱼类资源也具有重要的意义。

本试验中，以海洋捕捞的低值虾为原料，工业化酶解得到的新产品酶解虾浆SPH在黄颡鱼饲料中的效果不如FPH、FPPH显著。

（2）日粮游离氨基酸、小肽组成是造成试验组黄颡鱼生长差异的主要原因之一

我们添加三种水解蛋白源日粮的游离氨基酸含量均高于FM组的游离氨基酸含量。以鱼粉蛋白质质量为基础，随着三种蛋白源添加梯度从鱼粉蛋白质含量的25%增加到75%，日粮中游离氨基酸含量也增加，黄颡鱼的生长速度、日粮利用效率反而下降，日粮游离氨基酸含量与SGR表现为负相关关系，表明过高含量的游离氨基酸会降低黄颡鱼的生长性能。SPH、FPH、FPPH三种蛋白源在日粮中过高的添加量反而导致黄颡鱼的生长性能下降，低含量地添加三种蛋白源替代鱼粉，可以获得更好的黄颡鱼生长性能。

（3）油脂的氧化酸败、蛋白质腐败是造成试验组生长差异的主要原因之一

在本试验中，根据蛋白源生物胺的含量及其在日粮中的添加量，计算日粮中三种生物胺的含量以及油脂氧化分析指标实测值得到主要的结果显示，在日粮中过多地添加SPH、FPH和FPPH会带入更多的生物胺，并使日粮的酸价、丙二醛的值升高。生物胺和油脂氧化指标与试验鱼生长的相关性表明，日粮生物胺、油脂氧化指标值和SGR表现为负相关关系。腐胺、尸胺含量以及酸价与试验鱼的SGR的相关性显著（$P < 0.05$）。因此，日粮生物胺种类和含量、油脂氧化程度可能是影响本试验中黄颡鱼生长速度、日粮利用效率的重要因素；尤其是日粮中腐胺、尸胺和酸价的变化可能是影响本试验中黄颡鱼生长主要因素。

总结本试验结果表明，在本试验条件下在黄颡鱼日粮中添加7.8%的FPH（以10%含水量计）、6.7%的FPPH（以10%含水量计）完全替代30.0%的鱼粉，FIFO值降低了69.79%～74.47%。SPH、FPH和FPPH在日粮中添加量增加，导致日粮中游离氨基酸含量、腐胺和尸胺含量、油脂氧化产物（酸价）也随之增加，并成为影响黄颡鱼生长速度和饲料效率的主要因素。

这个结果与前面酶解鱼溶浆、酶解鱼溶浆粉等产品的结果类似，表明这类海洋鱼虾类酶解产品在黄颡鱼中的适宜添加量和作用效果是基本相同的。总结本章试验结果，以及周露阳（2019）同类试验的结果，关于酶解产品的添加和对黄颡鱼的生长速度结果，见表9-44。

表9-44 与FM对照组没有显著差异的试验组

指标	鱼粉 FM	酶解鱼浆 FPH	酶解鱼浆粉 FPPH	鱼粉 FM	酶解鱼溶浆 HSW	酶解鱼浆 FPH	鱼粉 FM	酶解鱼溶浆 HSW
添加量/%	30	7.8	6.7	28	8.5	8.2	28	9.2
SGR/%	1.88±0.03	1.75±0.03	1.75±0.05	1.82±0.04	1.81±0.02	1.79±0.04	2.38±0.10	2.26±0.14

注：酶解浆类产品以含水量10%计算在饲料配方中的实际添加量。

从三年的试验结果分析，日粮添加7.8%～8.2%的酶解鱼浆（以10%含水量计）和6.7%酶解鱼浆粉以及8.5%～9.2%酶解鱼溶浆（以10%含水量计）可以取得与28%～30%鱼粉日粮相同的生长效果。如果从蛋白质质量分析，相当于试验日粮鱼粉蛋白质质量1/4的酶解鱼浆、酶解鱼浆粉和酶解鱼溶浆取得了与28%～30%添加量的鱼粉相同的生长效果。

第五节
以鳀鱼为原料的鱼粉、鱼浆、酶解鱼浆在黄颡鱼饲料中应用效果的比较

鳀鱼作为海洋温带小型中上层鱼类，是中国东海、黄海海域生产鱼粉鱼油的主要原料，同一种原料鱼，经过不同的加工工艺和生产方式，可以得到不同的产品，而所得不同的产品在水产动物饲料中的应用效果可以反应出不同生产工艺和不同生产方式的合理性，对饲料中产品的选择也具有重要的意义。

本文以秘鲁超级蒸汽鱼粉为对照，利用东海捕捞的鳀鱼冻板为原料，分别按照不同的工艺和生产方式得到低温鳀鱼粉、常规鳀鱼粉、酶解鳀鱼鱼溶浆、鳀鱼鱼溶浆、酶解鳀鱼浆5种产品，分别将这5种产品加入到日粮中，以黄颡鱼为试验对象，经池塘网箱养殖试验，以黄颡鱼生长性能和健康指标为依据进行了比较分析。

一、试验条件

本试验所用的对照组鱼粉（FM）为秘鲁超级蒸汽鱼粉（日本级），其原料鱼标识为秘鲁鳀鱼（*Engraulis ringens*）。本试验用的酶解鳀鱼鱼浆和不同工艺的鳀鱼鱼粉、酶解的鳀鱼鱼溶浆，均以浙江同一季节捕捞的鳀鱼（冻板）为原料，采用不同的生产工艺加工而成，分别由浙江亿丰海洋生物制品有限公司和浙江丰宇海洋生物制品有限公司经工业化生产。冷冻保存的鳀鱼（冻板鳀鱼）绞碎后，在蒸煮机中95℃蒸煮40min，经双螺杆压榨机压滤得到压榨饼和压榨液。①压榨饼在烘干机（蒸汽压力0.1MPa，温度为85～90℃）中干燥40min，再通过热风干燥系统（温度低于90℃）干燥10～20s得到低温鳀鱼粉（L-FM）。②经过四级烘干得到的鱼粉为常规鳀鱼鱼粉（本试验标记为高温鱼粉，H-FM），四级烘干机的参数为：每级干燥机中干燥时间25min、温度为115～125℃，夹层蒸汽压力为0.6～0.8MPa。③经三相卧式离心机（转速3500r/min）脱去油脂后得到压榨液，压榨液经过真空浓缩得到水分含量40%～50%的试验用鳀鱼鱼溶浆（SW）。④压榨液加入复合蛋白酶，经过酶解、水分浓缩后得到水分含量40%～50%的试验用酶解鳀鱼鱼溶浆（HSW）。⑤以冻板鳀鱼为原料，机械粉碎后（颗粒细度80～100目）转入酶解反应釜，在50～55℃下，用复合蛋白酶酶解4h，转入终止反应釜加温至105℃进行酶灭活、灭菌1h，真空浓缩得到含水量40%～50%的试验用酶解鳀鱼浆（HFP）。

由表9-45、表9-46可知，秘鲁鱼粉（FM）、低温鳀鱼鱼粉（L-FM）、常规鳀鱼鱼粉（H-FM）、酶解鳀鱼浆（HFP）、酶解鳀鱼鱼溶浆（HSW）、鳀鱼鱼溶浆（SW）共6种蛋白质原料在粗蛋白、灰分和总磷含量方面无明显差异，但酶解鳀鱼鱼溶浆HSW的粗脂肪含量较高，SW的粗脂肪含量较低；HFP和HSW中分子质量低于500Da的小肽分别占75.57%和72.30%，而SW只占49.95%，HFP和HSW中分子质量大于10000Da的小肽均低于1%，而SW却占18.42%，关于肽中不同分子量肽的分布见表9-46，酶

解工艺对蛋白原料小肽分子量分布具有重要作用。如表9-48所示，HFP、HSW和SW的游离氨基酸含量显著高于FM组，分别是FM组的5.51、7.97和4.70倍，肽含量也显著高于FM组，分别是FM组的6.19、3.51和4.53倍，牛磺酸含量是FM组的2.02、4.37和3.98倍，HFP、HSW和SW的水解氨基酸含量保持在45～61g/100g之间。

表9-45　原料营养成分及含量（干物质基础）

营养成分	FM	L-FM	H-FM	HFP	HSW	SW
水分/%	10.89	8.03	6.37	46.86	48.70	45.80
粗蛋白/%	66.62	66.62	66.42	67.37	63.80	61.83
粗脂肪/%	6.85	8.06	8.56	8.09	19.58	3.86
灰分/%	14.30	16.79	15.46	17.16	16.81	15.46
磷P/%	1.5	2.09	2.00	0.94	1.11	0.87
挥发性盐基氮VBN/(mg/100g)	75.60	105.6	65.3	308.00	354.20	359.70
酸溶蛋白/%	9.24	/	/	55.89	40.84	42.16
肽/%	7.35	/	/	45.47	25.78	33.28
游离氨基酸/%	1.89	1.08	2.51	10.42	15.06	8.88

表9-46　原料蛋白质的肽分子量分布/%

肽分子量分布	FM	HFP	HSW	SW
＞10000	9.53	0.36	0.25	18.42
5000～10000	6.18	1.85	2.40	8.13
3000～5000	6.21	2.36	3.07	6.23
2000～3000	4.33	2.63	3.30	4.12
1000～2000	5.12	6.66	7.72	6.59
500～1000	5.30	10.57	10.69	6.56
180～500	36.54	54.11	52.85	28.89
＜180	26.79	21.46	19.45	21.06

日粮营养水平按照等氮等脂等磷的要求，试验日粮原料组成和营养素含量如表9-47所示。试验日粮的设计方案如下。①在日粮中分别添加30%的秘鲁超级蒸汽鱼粉（FM）、低温鳀鱼粉（L-FM）和常规鳀鱼粉（H-FM）。②以30%的秘鲁超级蒸汽鱼粉（FM）日粮为对照，按照对照组鱼粉（FM）蛋白质质量的25%、45%和65%设立三个含量梯度，在无鱼粉日粮中添加7.1%（HFP25）、13.3%（HFP45）和19.3%（HFP65）的酶解鳀鱼浆（均为以10%含水量计的配方比例）。③以酶解鳀鱼浆（HFP45）组添加的酶解鳀鱼浆蛋白质含量为基准，在无鱼粉日粮中添加15.7%鳀鱼鱼溶浆（SW）、15.5%酶解鳀鱼鱼溶浆（HSW）等相同蛋白质含量的蛋白质原料（干物质）。以美国鸡肉粉、棉籽蛋白质和大豆浓缩蛋白质为主要蛋白质满足黄颡鱼的营养需求，鱼蛋白酶解物提供的氨基酸、生物胺和不饱和脂肪酸满足鱼类生长发育所需的生理代谢需求。在无鱼粉日粮中以豆油平衡各试验组之间的脂肪含量，磷酸二氢钙平衡各试验组之间的总磷含量，米糠粕保持试验配方比例平衡。

日粮所有原料经粉碎后过60目筛，各种原料称量后逐级混匀，加入豆油和适量水后在搅拌机中搅拌混匀，用制粒机加工制成直径1.5mm、长度2～4mm的颗粒饲料。饲料风干后放入密封袋中，置于-20℃冰箱中保存备用，各组试验日粮的游离氨基酸含量如表9-48所示。L-FM、H-FM与FM十八种氨基酸组成的相关系数分别为0.8968、0.7852，L-FM和H-FM的牛磺酸含量升高，分别是FM组的1.36和2.68倍；日粮组中的游离氨基酸含量与酶解蛋白添加量呈正相关，且显著高于对照组日粮。

表9-47　试验日粮原料组成与营养水平（干物质基础）

项目		FM	L-FM	H-FM	HFP25	HFP45	HFP65	HSW	SW
原料 /(g/kg)	米糠粕	79	94	95	70	73	75	129	45
	美国鸡肉粉	72	71	71	152	130	109	123	129
	棉籽蛋白质	72	71	71	152	130	109	123	129
	大豆浓缩蛋白质	72	71	71	152	130	109	123	129
	米糠	150	150	150	150	150	150	105	150
	玉米蛋白质粉	50	50	50	50	50	50	50	50
	面粉	125	125	125	125	125	125	125	125
	鳗鱼鱼粉 FM	300	—	—	—	—	—	—	—
	低温鳗鱼粉 L-FM	—	300.0	—	—	—	—	—	—
	常规鳗鱼粉 H-FM	—	—	300.0	—	—	—	—	—
	酶解鳗鱼浆 HFP	—	—	—	71	133	193	—	—
	酶解鳗鱼鱼溶浆 HSW	—	—	—	—	—	—	155	—
	鳗鱼鱼溶浆 SW	—	—	—	—	—	—	—	157
	磷酸二氢钙 Ca(H$_2$PO4)$_2$	31	23	24	37	37	37	35	38
	豆油	19	15	13	11	12	13	2	18
	沸石粉	20	20	20	20	20	20	20	20
	预混料[①]	10	10	10	10	10	10	10	10
	原料合计	1000	1000	1000	1000	1000	1000	1000	1000
营养成分 /%	干物质	90.17	90.89	91.38	91.60	92.10	92.59	92.14	92.43
	蛋白质	47.88	47.62	47.33	47.20	46.93	46.72	46.93	46.75
	脂肪	10.58	10.48	10.37	10.34	10.28	10.23	10.34	10.25
	灰分	16.12	16.09	15.68	15.34	15.82	16.29	16.50	15.67
	磷	1.92	1.89	1.88	1.87	1.86	1.85	1.87	1.85

① 预混料为每千克饲粮提供：维生素A 8mg，维生素B$_1$ 8mg，维生素B$_2$ 8mg，维生素B$_6$ 12mg，维生素B$_{12}$ 0.02mg，维生素C 300mg，维生素D$_3$ 3mg，维生素K$_3$ 5mg，叶酸5.0mg，泛酸25mg，烟酸25mg，肌醇100mg，Cu（如硫酸铜）25mg，Fe（如硫酸亚铁）640mg，Mn（如硫酸锰）130mg，Zn（如硫酸锌）190mg，I（如碘化钾）0.21mg，Se（如亚硒酸钠）0.7mg，Co（如钴）0.16mg，Mg（如镁）960mg，K（如钾）0.5mg。

养殖试验在浙江一星实业股份有限公司的养殖基地中进行，在总面积为40m×60m的养殖池塘中设置试验网箱（规格为长1.5m×宽1.5m×高2m）24个，以海盐县长山河为水源，养殖池塘中设置一台功率1.5kW的叶轮式增氧机。

表9-48　原料和日粮中氨基酸的含量（干物质基础）

指标	原料水解氨基酸/(g/100g)				原料游离氨基酸/(g/100g)				日粮游离氨基酸/(g/kg)							
	FM	HFP	HSW	SW	FM	HFP	HSW	SW	FM	L-FM	H-FM	HFP25	HFP45	HFP65	HSW	SW
缬氨酸 Val	3.62	2.69	3.09	2.49	0.10	0.79	0.80	0.75	0.43	0.33	0.57	0.67	1.31	1.73	1.42	1.52
甲硫氨酸 Met	0.43	0.76	0.47	0.39	0.03	0.56	0.70	0.40	0.18	0.11	0.18	0.32	0.79	1.14	0.84	0.76
亮氨酸 Leu	5.07	4.06	4.44	3.76	0.16	1.52	1.55	1.12	0.68	0.50	0.89	1.32	2.47	3.43	2.80	2.63
异亮氨酸 Ile	3.12	1.98	2.26	1.74	0.08	0.59	0.73	0.54	0.33	0.25	0.42	0.59	1.09	1.42	1.08	1.07
苯丙氨酸 Phe	2.80	2.25	2.48	1.52	0.09	0.65	0.75	0.46	0.38	0.23	0.48	0.65	1.20	1.67	1.32	0.97
组氨酸 His	2.45	4.38	4.13	1.58	0.04	0.54	0.88	0.21	0.07	0.08	0.26	0.66	0.59	0.55	0.42	0.35
赖氨酸 Lys	6.81	5.65	6.77	3.92	0.14	0.54	0.99	0.42	0.69	0.57	1.07	1.33	2.07	2.69	1.47	1.20
精氨酸 Arg	4.00	3.18	3.33	4.31	0.14	0.75	0.84	0.18	1.11	1.14	1.43	4.60	2.69	3.01	2.53	2.20
苏氨酸 Thr	9.27	9.37	10.38	8.60	0.11	0.46	0.87	0.51	0.41	0.35	1.14	1.44	2.25	2.89	2.04	2.31
色氨酸 Trp	/	/	/	/	0.02	0.40	0.56	0.17	0.04	0.41	1.21	0.87	0.13	0.08	0.08	0.07
酪氨酸 Tyr	2.23	1.47	1.45	0.72	0.07	0.46	0.83	0.15	0.37	0.24	0.43	0.51	0.88	1.21	0.79	0.23
脯氨酸 Pro	1.73	2.88	1.78	1.55	0.11	0.23	0.45	0.39	0.93	0.64	1.73	1.20	1.33	1.70	0.33	1.26
天冬氨酸 Asp	1.68	1.95	1.73	1.30	0.11	0.56	0.86	0.33	1.09	0.86	1.33	1.06	1.54	1.86	1.57	1.20
丝氨酸 Ser	5.56	5.74	7.01	5.93	0.10	0.41	0.84	0.28	0.36	0.27	0.50	1.23	2.10	2.67	1.70	1.75
谷氨酸 Glu	5.01	4.79	4.67	3.89	0.01	0.03	0.01	0.01	0.41	0.38	0.51	1.24	1.55	1.65	1.62	1.27
甘氨酸 Gly	1.16	2.28	1.15	0.79	0.02	0.17	0.31	0.19	0.24	0.23	0.02	0.45	0.82	1.12	0.36	0.58
丙氨酸 Ala	3.27	6.45	5.27	4.62	0.13	0.83	1.05	0.98	1.01	0.93	1.95	1.79	3.04	3.94	2.59	3.22
半胱氨酸 Cys	0.01	0.03	0.02	0.01	0.02	0.07	0.15	0.09	0.04	0.00	0.01	0.02	0.16	0.20	0.14	0.09
牛磺酸 Tau	/	/	/	/	0.43	0.87	1.88	1.71	0.91	1.24	2.44	3.30	5.09	5.72	2.98	5.50
比值					—	2.02	4.37	3.98	—	1.36	2.68	3.63	5.59	6.29	3.27	6.04
总氨基酸 TAA	58.23	59.93	60.42	47.10	1.89	10.42	15.06	8.88	9.69	8.78	16.56	23.25	31.12	38.68	26.08	28.18
R	—	0.8734	0.9464	0.9156	—	0.5430	0.8386	0.8538	—	0.8968	0.7852	0.7037	0.7036	0.7079	0.6723	0.6355

注：1. 比值=（原料，试验日粮中牛磺酸含量）/（鱼粉，鱼粉日粮中牛磺酸含量）。
2. R使用excel的correl函数得出，是HFP、HSW和SW相对FM组18种氨基酸组成的相关系数。
3. "/"表示没有测定，色氨酸由干酸水解法测定。

试验用黄颡鱼幼鱼选购于浙江省湖州市千金渔业农业专业合作社，选择其中规格整齐、体色健康和体重为（17.69±0.09）g的黄颡鱼幼鱼960尾，随机分成8组，每组设置3个重复，每个网箱40尾。每日投喂2次（6:00～8:00和16:30～18:30），日投喂量为黄颡鱼体重的3%～5%，每2周随机挑选10个网箱称量鱼体重进行估算，调整投喂量，共投喂8周。

每五天测定水下30cm处的水质指标。养殖试验期间水温保持在24～35℃，水体溶解氧＞6mg/L，pH8.0～8.4，氨氮浓度＜0.10mg/L，亚硝酸盐浓度＜0.005mg/L，硫化物浓度＜0.05mg/L。

二、试验黄颡鱼生长性能和饲料效率

经池塘养殖8周后的养殖试验结果由表9-49可知：三组试验中，黄颡鱼成活率SR在90.7%～99.2%之间，各试验组间SR无显著差异（$P > 0.05$），表明鱼粉加工温度、酶解蛋白添加量和酶解蛋白种类对黄颡鱼的成活率均无显著影响。

鱼粉比较试验中，以FM组为对照，L-FM和H-FM组的SGR、FCR、PRR和FRR均无显著差异（$P > 0.05$）。与FM组相比，L-FM组的SGR增加了2.20%，FCR降低了3.57%，而H-FM组的SGR则降低了0.55%，FCR增加了1.34%。在PRR和FRR方面，L-FM相比对照组均呈现出下降趋势，而H-FM组的PRR增加，FRR降低。显示低温鳀鱼鱼粉L-FM对黄颡鱼的养殖效果要好于常规工艺生产的鳀鱼鱼粉H-FM的结果。

梯度实验中，以FM组为对照，HFP25组的SGR降低了3.30%，FCR升高了5.36%，无显著差异（$P > 0.05$）；HFP45和HFP65组的SGR分别降低了10.99%、20.33%，FCR分别升高了21.43%、41.96%，均差异显著（$P < 0.05$）；在PRR和FRR方面，与FM组相比，HFP25和HFP45组的PRR分别降低了7.37%、21.55%，差异不显著（$P > 0.05$），HFP65降低了33.98%，差异显著（$P < 0.05$）；HFP25组的FRR上升了14.43%，HFP45组下降了26.73%，无显著差异（$P > 0.05$），而HFP65组下降了81.19%，差异显著（$P < 0.05$）。

原料试验中，HFP45、HSW和SW试验组在SGR、FCR、PRR和FRR方面均无显著性差异（$P > 0.05$）。三组日粮中，HFP45表现出最高的SGR，SW组的SGR最低，经酶解后HSW组的SGR升高，在PRR和FRR方面，HSW组的PRR最高，HFP45的FRR最高。

上述研究结果表明，低温鳀鱼粉和常规鳀鱼粉的加工方式对黄颡鱼的生长性能和饲料效率无显著性影响，就黄颡鱼生长速度来说，低温鳀鱼粉的生长效果更好（$P > 0.05$）；在黄颡鱼日粮中用7.1%的酶解鳀鱼鱼浆HFP完全替代鱼粉对黄颡鱼的生长性能和饲料效率无显著影响（$P > 0.05$），表明7.1%HFP与30%鱼粉在黄颡鱼生长速度和饲料效率上具有一定的等效性；随着酶解蛋白添加量的增加，黄颡鱼的生长性能显著下降（$P < 0.05$）；酶解鳀鱼浆对黄颡鱼生长性能表现最好，鳀鱼鱼溶浆最差，酶解鳀鱼鱼溶浆效果优于鳀鱼鱼溶浆。

三、试验黄颡鱼体成分

由表9-50可知在鱼粉对比试验中，H-FM组中的粗蛋白含量显著高于L-FM和FM组（$P < 0.05$）；与FM相比，L-FM和H-FM组的粗脂肪含量呈现下降趋势，其中L-FM差异不显著（$P > 0.05$），H-FM差异显著（$P < 0.05$）；各试验组在总磷含量方面均无显著差异（$P > 0.05$）；L-FM和H-FM的灰分含量相比FM组呈现升高趋势，其中H-FM差异显著（$P < 0.05$）；在形体指标方面，CF、HIS和VSI均无显著差异（$P > 0.05$）。

表9-49 黄颡鱼生长速度和日粮利用效率 (n=3)

指标	组别									
	鱼粉对比试验			梯度试验				原料试验		
	FM	L-FM	H-FM	FM	HFP25	HFP45	HFP65	HFP45	HSW	SW
初均重 IBW/g	17.70±0.13	17.72±0.17	17.70±0.08	17.70±0.13	17.63±0.14	17.67±0.04	17.64±0.01	17.67±0.04	17.67±0.12	17.73±0.08
成活率 SR/%	99.2±1.4	95.0±0.0	95.0±5.0	99.2±1.4	95.0±4.3	92.5±8.7	96.3±3.8	92.5±8.7	90.7±3.2	92.5±7.5
末均重 FBW/g	49.08±2.73^C	50.42±3.91	49.02±5.13	49.08±2.73^C	47.35±0.87^C	43.87±1.44^B	39.70±1.66^A	43.87±1.44	43.66±2.09	42.70±2.36
特定生长率 SGR/(%/d)	1.82±0.09^C	1.86±0.14	1.81±0.18	1.82±0.09^C	1.76±0.05^C	1.62±0.06^B	1.45±0.08^A	1.62±0.06	1.61±0.08	1.56±0.10
与对照组比较/%	—	2.20	-0.55	—	-3.30	-10.99	-20.33	—	-0.62	-3.7
饲料系数 FCR	2.24±0.18^A	2.16±0.16	2.27±0.08	2.24±0.18^A	2.36±0.08^A	2.72±0.10^B	3.18±0.25^C	2.72±0.10	2.70±0.21	2.86±0.16
与对照组比较/%	—	-3.57	1.34	—	5.36	21.43	41.96	—	-0.74	5.15
蛋白质沉积率 PRR/%	16.01±3.06	15.84±2.93	17.60±1.89	16.01±3.06	14.83±2.81^{AB}	12.56±2.50^{AB}	10.57±2.01^A	12.50±2.50	14.81±0.77	13.61±0.86
脂肪沉积率 FRR/%	48.37±13.49^{AB}	47.34±17.21	37.36±7.82	48.37±13.49^B	55.35±8.14^B	35.44±7.49^B	9.10±2.25^A	35.44±7.49	34.16±2.15	32.77±9.46

注：数据上标无字母或相同字母表示差异不显著 ($P>0.05$), 不同字母表示差异显著 ($P<0.05$)。

表9-50 不同原料对黄颡鱼体成分和形体指标的影响 (n=3) /%

指标	组别									
	鱼粉对比试验			梯度试验				原料试验		
	FM	L-FM	H-FM	FM	HFP25	HFP45	HFP65	HFP45	HSW	SW
				体成分						
水分	68.32±2.70	70.41±2.24	71.21±0.78	68.32±2.70	70.21±1.03	70.57±0.86	72.52±1.01	70.57±0.86	71.63±0.20	71.67±1.71
粗蛋白 CP	50.17±0.99^a	51.93±2.65^a	56.96±0.80^b	50.17±0.99^{AB}	48.99±1.67^A	52.10±1.69^B	56.48±1.18^C	52.10±1.69	53.26±1.07	54.08±1.50
粗脂肪 EE	30.35±0.93^b	28.94±2.65^{ab}	24.46±4^a	30.35±0.93^B	29.7±2.05^B	26.66±2.9^B	20.30±1.81^A	26.66±2.90	24.89±0.84	24.40±2.39
总磷 TP	1.48±0.03	1.53±0.09	1.53±0.02	1.48±0.03^{AB}	1.45±0.03^A	1.50±0.02^{AB}	1.53±0.06^B	1.5±0.02	1.55±0.05	1.48±0.04
灰分	12.71±0.24^a	14.04±1.27^{ab}	14.84±0.85^b	12.71±0.24^A	13.26±0.96^A	13.80±1.24^A	15.82±0.56^B	13.80±1.24$^{\alpha}$	15.04±0.44$^{\alpha\beta}$	16.02±0.33$^{\beta}$

指标	鱼粉对比试验			梯度试验				原料试验		
	FM	L-FM	H-FM	FM	HFP25	HFP45	HFP65	HFP45	HSW	SW
形体指标										
肥满度 CF	2.10±0.07	1.91±0.01	1.92±0.17	2.10±0.07^B	1.97±0.06^A	2.06±0.03^{AB}	2.00±0.04^A	2.06±0.03^β	1.89±0.03^α	1.94±0.06^α
肝体比 HSI	1.84±0.10	1.76±0.07	1.83±0.19	1.84±0.10	1.80±0.05	1.84±0.11	1.85±0.06	1.84±0.11^β	1.72±0.01^α	1.85±0.06^β
脏体比 VSI	8.82±0.79	8.81±0.80	7.68±0.81	8.82±0.79	9.77±0.56	9.85±0.94	8.89±0.32	9.85±0.94^{αβ}	8.82±0.10^α	9.07±0.11^{αβ}

注：数据上标无字母或相同字母表示差异不显著（$P＞0.05$），不同字母表示差异显著（$P＜0.05$）。

表9-51 不同原料对黄颡鱼血清生化指标的影响（$n=3$）

指标	鱼粉对比试验			梯度试验				原料试验		
	FM	L-FM	H-FM	FM	HFP25	HFP45	HFP65	HFP45	HSW	SW
肝膜脏功能										
总蛋白 TP/(g/L)	32.03±1.16	32.00±1.32	32.9±1.01	32.03±1.16	31.17±1.66	30.73±1.51	31.47±0.81	30.73±1.51	33.87±1.36	32.13±1.77
白蛋白 ALB/(g/L)	9.73±0.64	9.50±0.87	11.03±0.84	9.73±0.64	9.50±0.87	9.00±0.60	9.70±1.21	9.00±0.60^α	10.63±0.55^β	9.00±0^α
谷丙转氨酶 ALT/((U/L)	4.33±0.58	5.00±1.00	5.33±1.15	4.33±0.58^{AB}	5.67±0.58^C	3.67±0.58^A	5.33±0.58^{BC}	3.67±0.58^α	10.33±1.15^β	9.00±1.73^β
谷草转氨酶 AST/((U/L)	314.0±8.2	328.3±2.5^{ab}	336.3±11.0^b	314.0±8.2^{AB}	296.3±14.2^A	332.0±12.1^B	324.0±6.1^B	332.0±12.1	353.0±11.5	344.3±13.3
血脂代谢功能										
胆固醇 CHOL/(mmol/L)	4.66±0.53	4.32±0.54	4.54±0.26	4.66±0.53^B	3.66±0.56^A	3.85±0.39^{AB}	4.42±0.28^{AB}	3.85±0.39	4.13±0.49	4.16±0.33
甘油三酯 TG/(mmol/L)	4.60±0.46	3.93±0.38	4.20±0.44	4.60±0.46	5.03±0.35	5.83±0.96	4.70±1.06	5.83±0.96^β	3.47±0.23^α	4.77±0.98^{αβ}
高密度脂蛋白 HDL/(mmol/L)	1.74±0.07	1.68±0.14	1.84±0.02	1.74±0.07^B	1.41±0.09^A	1.69±0.14^{AB}	1.73±0.27^B	1.69±0.14	1.84±0.13	1.65±0.09
低密度脂蛋白 LDL/(mmol/L)	0.50±0.04	0.67±0.02^b	0.80±0.05^c	0.50±0.04^B	0.41±0.13^{AB}	0.42±0.05^{AB}	0.27±0.09^A	0.42±0.05^α	0.86±0.03^γ	0.67±0.09^β

在梯度试验中，与对照组FM相比，HFP25在粗蛋白、粗脂肪、总磷和灰分含量方面均无显著差异（$P > 0.05$），黄颡鱼体成分中的粗蛋白、总磷和灰分含量随着酶解鳀鱼浆添加量的增加呈现出上升趋势，而脂肪含量则呈现出下降趋势，差异显著（$P < 0.05$）；在形体指标方面，各组HSI和VSI均无显著差异（$P > 0.05$），HFP25的CF相比对照组显著下降（$P < 0.05$）。

在原料试验中，HFP45、HSW和SW组在鱼体粗蛋白、粗脂肪和总磷含量方面均无显著差异（$P > 0.05$），在灰分含量方面，SW组显著高于HFP45组（$P < 0.05$）。在形体指标方面，HSW组的CF、HSI、VSI均显著低于HFP45，差异显著（$P < 0.05$）。

上述研究结果表明，鱼粉的加工方式影响鱼体的粗蛋白、粗脂肪和灰分组成；日粮中低剂量的酶解鳀鱼浆对黄颡鱼体组成没有影响，而高剂量的酶解鳀鱼浆不仅阻碍黄颡鱼生长发育，还会导致鱼体脂肪含量下降，灰分含量上升。不同蛋白质原料的酶解蛋白溶解物对鱼体蛋白、脂肪和总磷含量影响不大，但显著影响鱼体灰分含量。

四、试验黄颡鱼的血清指标的变化

由表9-51可知，显示肝胰脏功能的血清指标表明：鱼粉对比试验中，H-FM组的TP、ALB、AST和ALT含量均高于L-FM组，差异不显著（$P > 0.05$），FM组的AST含量显著低于H-FM组（$P < 0.05$）；梯度试验中，随着酶解鳀鱼浆添加量的增加，AST、ALB活性出现波动。与对照组FM相比，HFP25组在TP、ALB和AST含量方面均无显著差异（$P > 0.05$）；原料试验中，HSW、SW组的TP、AST和ALT含量均高于HFP45组，其中ALT含量差异显著（$P < 0.05$）；研究结果表明，摄食高温加工的鱼粉对鱼体肝胰脏造成损伤。低添加量的酶解鳀鱼浆对鱼体肝胰脏功能无影响，添加量升高会对肝胰脏功能造成损伤。相同添加水平下与HFP相比，SW和HSW对鱼体肝胰脏功能造成的损伤更大。

代表血脂代谢功能的血清指标表明：鱼粉对比试验中，H-FM组的CHOL、TG和HDL含量均高于L-FM组，差异不显著（$P > 0.05$），其中LDL含量显著高于L-FM和FM组，差异显著（$P < 0.05$）；梯度试验中，随着酶解鳀鱼浆添加量的增加，CHOL和HDL含量呈现上升趋势，TG和LDL含量呈现先上升后下降趋势，差异不显著（$P > 0.05$）。与FM组相比，HFP25组的CHOL、LDL和HDL含量均表现出降低；原料试验中，相比SW和HSW组，HFP45组的CHOL和LDL含量呈现出下降趋势，其中LDL差异显著（$P < 0.05$），相比HSW组，HDL呈现出下降趋势。研究结果表明，常规鳀鱼粉增加鱼体的血脂代谢，对鱼体健康造成不利影响。低剂量的酶解鳀鱼浆有利于降低鱼体血脂代谢强度，随着添加量增加，血脂代谢强度增强，对鱼体的负担增强。相同添加水平下与SW和HSW相比，HFP更有利于鱼体的健康。

五、低温鱼粉、酶解产品是优质海洋生物饲料原料

同种原料不同工艺得到的产品养殖效果有差异。本试验所使用的蛋白质原料均为东海海域同一季节捕捞的鳀鱼，通过不同的生产工艺加工得到。本试验旨在通过养殖试验对5种蛋白质产品的养殖效果进行评价和分析，根据生长效果评价哪种生产工艺效果最好，哪种方式的鳀鱼资源利用率最大，这是本文的研究目的。

酶解鳀鱼浆、酶解鳀鱼鱼溶浆、鳀鱼鱼溶浆的营养成分如表9-45所示，在粗蛋白、灰分和总磷含量方面没有明显差异，鳀鱼鱼溶浆粗脂肪含量显著下降，而酶解鳀鱼鱼溶浆则显著上升。挥发性盐基氮大多是水溶性物质，因此在酶解鳀鱼浆、酶解鳀鱼鱼溶浆、鳀鱼鱼溶浆等产品中的含量远高于鱼粉，分别

为蒸汽鱼粉（FM）的4.07、4.69和4.76倍。从肽含量和牛磺酸含量进行分析，酶解鳀鱼浆、酶解鳀鱼鱼溶浆和鳀鱼鱼溶浆3种试验原料的游离氨基酸和小肽含量均显著高于鱼粉，3种原料的游离氨基酸含量分别为鱼粉的5.51、7.97和4.70倍，小肽含量分别为鱼粉的6.19、3.51和4.53倍。酶解鳀鱼浆和酶解鳀鱼鱼溶浆中肽分子量低于500Da的小肽分别占75.57%和72.30%，而鳀鱼鱼溶浆只占49.95%，酶解鳀鱼浆和酶解鳀鱼鱼溶浆中大于10000Da的小肽均低于1%，而鳀鱼鱼溶浆却占18.42%，表明酶解工艺可以有效改善蛋白质原料的肽分子量分布。如表9-48所示，3种原料的牛磺酸含量分别是鱼粉的2.02、4.37和3.98倍，因此，3种试验原料中肽含量、牛磺酸含量是主要的差异因素，可能是影响酶解蛋白生物学效价的重要原因。从其氨基酸组成模式进行分析，酶解鳀鱼浆、酶解鳀鱼鱼溶浆、鳀鱼鱼溶浆的水解氨基酸模式与鱼粉相比，其相关系数分别为0.8734、0.9464和0.9156，游离氨基酸模式的相关系数为0.5430、0.8386和0.8538，显示出酶解鳀鱼鱼溶浆相比酶解鳀鱼浆更接近鱼粉的氨基酸模式，这也是生产工艺对原料蛋白质营养组成的重要影响方面。

结合5种蛋白质原料对黄颡鱼生长性能的影响进行分析，如表9-49所示，低温鳀鱼粉组的黄颡鱼生长速度相比对照组提升了2.20%，而常规鳀鱼粉组则下降了0.55%，试验结果显示低温加工的鳀鱼粉表现出的生长性能相对较好，证明85～90℃的温度条件加工制造的鱼粉相比115～125℃温度条件生产的鳀鱼鱼粉更符合黄颡鱼生长发育的营养需求。梯度试验中，HFP25组使用7.1%的酶解鳀鱼浆完全替代日粮中30%的鱼粉，饲料中海洋蛋白资源大量减少，而黄颡鱼的生长速度相比FM组仅仅降低了3.30%，其生物效价远远高于鱼粉。此外，本试验确定了酶解蛋白添加量的适宜范围，通过后续试验精细添加梯度确定最佳添加量，由此可能获得更好的生长性能，这不仅可以增强我国丰富的海洋蛋白资源优势，而且有利于降低饲料中鱼粉的使用量，节约生产成本，提高经济效益。

海洋蛋白质的生物效价与其原料种类、加工方式有关，酶解鳀鱼浆和酶解鳀鱼鱼溶浆分别以鳀鱼全鱼和鱼粉压榨液为原料加工制成，两种原料在试验中对黄颡鱼生长速度方面的影响无显著差异，而未经酶解处理的鳀鱼鱼溶浆组的黄颡鱼生长性能下降了3.7%，饲料系数增加了5.15%。所以在产品开发中要注重原料的选择以及生产工艺的应用，加强对新型前沿工艺的研究和开发。在生产环节中注重产品蛋白、小肽、牛磺酸和微量元素等有效成分含量的变化，避免生产过程中粉碎、高温、干燥以及过滤等工艺对营养物质的破坏。在饲料中使用要注重投喂对象的差异，养殖鱼类因食性、营养需求、摄食方式等方面存在差异，所以在饲料中使用酶解产品要因养殖鱼的种类而异，严格根据养殖对象的蛋白质需求、食性等要求谨慎添加，并且在饲料制作过程中要选择合适的环节进行添加，既要避免饲料加工过程中高温条件对酶解产品的破坏，又要保证酶解物质在饲料中充分发挥作用。

鱼粉这类水产蛋白质原料在饲料中显示出一定的特殊性，其特殊性表现在成为水产动物饲料中不可或缺的动物蛋白质原料，提供促进鱼类生长的"未知生长因子"，主要包括核苷酸、活性小肽、牛磺酸等已知物质以及一些未知物质。此外，鱼粉在其营养组成上具有蛋白质消化利用率高、氨基酸平衡性好、特殊氨基酸丰富、多不饱和脂肪酸（二十碳五烯酸、二十二碳六烯酸等）充足等特点，所以一直以来是水产动物饲料的重要蛋白源。其鱼粉质量受加工工艺的影响，不同温度干燥的鱼粉其色泽、气味、VBN（挥发性盐基氮）、油脂氧化和蛋白质消化率均会产生变化，从而对水产动物生长性能产生影响。

本试验结果表明，摄食低温鳀鱼粉的黄颡鱼具有较好的生长性能和血清指标，常规鳀鱼鱼粉在游离氨基酸、牛磺酸、VBN含量等方面较低温鳀鱼粉更有优势，表明本试验中蛋白质原料的营养素含量对黄颡鱼生长的影响不是主要方面。在加工过程中，蒸煮、干燥环节中温度过高会导致鱼粉蛋白质焦化，同时不饱和脂肪酸氧化酸败，从而导致鱼粉蛋白质的消化利用率降低，残留的鱼油氧化产物增多，这可能是影响本试验结果的主要因素。有相关研究表明，在虹鳟和大西洋鲑的养殖试验中，摄食高温鱼粉导致鱼类蛋白质消化率显著降低，这可能与温度升高导致巯基基团形成二硫键有关。高温加工导致的鱼粉蛋白质焦化和脂肪酸败是显著影响鱼粉质量的重要因素。鱼粉加工方式较多，根据传热媒介和烘干方式可以分为直火鱼粉和蒸汽鱼粉，根据脱脂工艺可以分为全脂鱼粉、半脱脂鱼粉和脱脂鱼粉，考虑加工温度、脂肪的质量以及微生物含量等多种因素对鱼粉质量的影响，建议在鱼粉加工过程中蒸煮温度控制在80～90℃，时间控制在40min，既要减少因过高的温度、过长的时间导致的维生素等热敏感物质的热损失增加、氨基酸与糖类物质因美拉德反应的热损失增加、油脂不饱和脂肪酸的氧化酸败等，又要保证最大限度地减少蛋白质在微生物作用下腐败所产生的不安全物质。

　　总结本试验结果表明，①在相同配方模式下，与常规鳀鱼粉组相比，摄食低温鳀鱼粉的黄颡鱼的生长性能和饲料效率相对较好，并且在鱼体健康指标方面要优于常规鳀鱼粉组；②在黄颡鱼日粮中添加7.1%酶解鳀鱼浆，以大豆浓缩蛋白质、棉籽蛋白质和美国鸡肉粉作为补充蛋白源，完全替代30%鱼粉，对鱼体的生长速度、饲料效率和血清生化指标没有显著影响，与鱼粉组相比表现出一定的等效关系，而日粮中过高添加量的酶解鳀鱼浆导致黄颡鱼生长速度和饲料效率的下降；③不同蛋白质原料的酶解产品对黄颡鱼的生长性能的影响不同，在不同酶解蛋白原料中，酶解鳀鱼浆（HFP）对黄颡鱼的生长效果最好。此外，经酶解后的酶解鳀鱼鱼溶浆（HSW）效果优于鳀鱼鱼溶浆（SW）。

Nutritional

Physiology

and

Feed of

Freshwater

Fish

淡水鱼类

营养生理

与

饲料

第十章

海带对养殖鱼类的营养作用

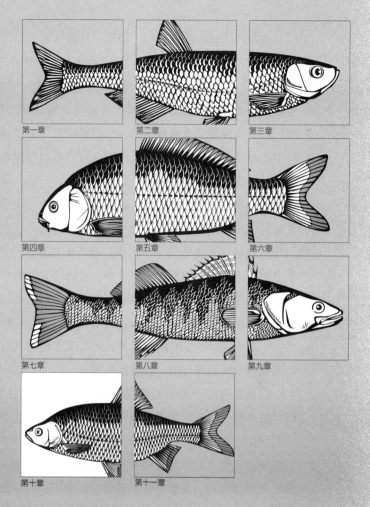

第一章　第二章　第三章
第四章　第五章　第六章
第七章　第八章　第九章
第十章　第十一章

在水产饲料中使用鱼粉、虾粉、乌贼膏等原料，对水产动物的养殖效果不仅仅体现在对生产性能如生长速度、饲料效率的影响，更是对水产动物的免疫防御能力、器官组织的结构与功能完整性的维护（可以称之为健康维护）具有重要的影响。另外一个很重要的表现是对养殖渔产品食用品质的保障，这个结果来源于在大西洋鲑饲料中将鱼粉含量从50%降到15%左右时，大西洋鲑的生长性能可以得到保障，但后来发现生食鱼片的口感、营养价值（主要是高不饱和脂肪酸含量）下降了。其实，在草鱼等饲料中也有类似的情况，无鱼粉的草鱼饲料可以保障其生产性能与含有鱼粉的饲料等效，但是，摄食无鱼粉日粮草鱼的抗病力、健康状态出现较大的下滑，同时生食草鱼片的口感质量显著下降。

按照我们的理念，海洋生物在生长过程中，可以吸收海水中的一些成分如矿物质，以及海洋生物代谢过程中产生的一些有机小分子物质如牛磺酸、二甲基丙酸噻亭、甜菜碱、氧化三甲胺等（这些是已知的具有功能性作用的成分，可能还有我们未知的一些物质成分），这些成分是陆生动物、陆生植物所不具备的，主要存在于海洋生物体内，这或许就是海洋生物对水产动物产生特殊营养和功能性作用的主要原因，且是陆生动物、陆生植物不能替代的。前面我们对酶解鱼溶浆、酶解鱼浆、酶解虾浆等的研究结果表明，黄颡鱼日粮中以鱼粉蛋白质含量为基础，鱼粉蛋白质四分之一用量的酶解鱼溶浆（饲料配方中8%～12%酶解产品用量）等产品就可以实现与30%、28%鱼粉用量等效的养殖效果，表明用这些酶解产品代替鱼粉是可行的，且更是高效的。

因此，有几个重要问题我们需要研究：①海洋植物——主要是海藻，是否也具有类似于海洋捕捞鱼、虾、蟹、软体动物等类似的特殊营养作用？这就是我们开展海带等海藻产品研究的初衷。可喜的是当我们第一次把海带、酶解海带产品加入到草鱼饲料中进行养殖试验时，就发现5%添加量的海带、酶解海带就取得了与对照组相比超过10%的生长速度提升效果，后面就以斑点叉尾鲴为试验对象，较为系统地开展海带粉、酶解海带、破壁粉碎海带、海带酶解提取物等产品的养殖试验，取得了较为显著的养殖效果，这也是本章的主要内容。②鱼粉、虾粉、酶解鱼溶浆等，以及海带为代表的海藻类产品对水产动物生长性能的改善、对水产动物免疫防御能力的保障和养殖渔产品食用质量的保障等效果产生的机制是什么？在还不能对具体物质成分进行筛选、定位的情况下，如何确认海洋生物饲料原料对水产动物产生良好效果的作用位点、作用途径和作用方式？在本章里，除了进行常规的养殖试验、对鱼体肝胰脏和胃肠道黏膜等进行评价的同时，我们利用转录组学的理念和技术，对斑点叉尾鲴鱼体的触须、胃肠道黏膜、脑、脑垂体、肝胰脏等器官组织进行了转录组的分析，希望从诱食性、胃肠道分泌因子、脑-脑垂体-胰腺（肝胰脏中）的生长激素轴线等方面进行探讨，从一个较为宏观的基因差异表达层面对作用机制进行一些分析。同时也对养殖渔产品的食用品质进行评价方法和效果的研究，希望建立一套研究思路和方法，较为系统的对海洋生物原料的特殊营养价值和营养生理进行研究，而不仅仅停留在某一个方面、某一个基因通路上进行研究。

第一节
海带及其加工产品的营养组成分析及其在草鱼饲料中的养殖试验

一、海带及其主要成分

海带（*Laminaria japonica*）隶属于褐藻门（Phaeopayta），褐藻纲（Phaeospolgeae），海带目（Laminariales），

海带科（Laminariaceae），海带属（*Laminaria*），是一种冷水性大型海生褐藻植物，生长于海底岩石，通体褐绿色，一般长2～4m，宽20～30cm，呈长条扁平状，因形似带子而得名。海带的生长温度在20℃以下，主要分布在北太平洋和大西洋等偏寒海域，我国海带主要养殖区域在山东荣成的海域。北美和欧洲各国的海藻原料主要是巨藻（*Macrocystis pyrifera*）、泡叶藻（*Ascophyllum Nodosum*）、翅藻（*Alaria*）等，而亚洲地区主要为海带和马尾藻（*Scagassum*）等。

与鱼粉中"未知生长因子"的情况类似，对海藻类产品的物质组成的了解，我们还仅仅只能从已知的、可以定量检测的物质组分开展工作，对于"未知成分"依然不能进行有效的定位和分析，而对未知成分的定位和研究结果可能会引导水产动物营养生理、饲料技术的重大进步，这是可以预期的结果。

海带中的糖类物质。海带40%～60%的成分为糖类，其中的单糖主要包括葡萄糖、半乳糖、甘露糖等；海带多糖由不同单糖通过糖苷键连接而成，主要包括褐藻胶（Algin）、褐藻糖胶（fucoidan）和海带淀粉（kelp starch）。褐藻胶是存在于细胞壁的酸性多糖，由β-1,4-D-甘露糖醛酸和α-1,4-L-古罗糖醛酸为单体构成的共聚物。褐藻胶水溶液是较为黏稠的液体，其中含有与多种金属离子分型形成凝胶的羧基和羟基。当褐藻酸盐和二价阳离子接触，二价阳离子会置换出褐藻胶分子中的部分氢离子和钠、钾离子，形成具有开放晶格形式的三维结构。褐藻糖胶又名褐藻多糖硫酸酯，除了含有α-L-岩藻糖，还有部分半乳糖、甘露糖、木糖、葡萄糖醛酸等。它以小滴状存在于细胞间组织或黏液基质中。由于其末端存在天然硫酸基，褐藻糖胶具有广泛的生物活性，如抗肿瘤、抗病毒、抗凝血、抗氧化等。褐藻淀粉又称昆布多糖，是一种细胞质多糖，主要是由β-1-3-糖苷键结合成的β-D-吡喃葡萄糖多聚物组成。

干海带表面的白色粉末主要成分即甘露醇，含量在7%左右，个别含量较高可达30%，甘露醇是一种六元醇，与山梨醇为同分异构体，具有与蔗糖类似的甜味，且不会提高血糖值，是一种良好的甜味剂。

与红藻和绿藻相比，海带所属的褐藻蛋白质含量较低，含量为5%～15%。海带中只含有少量脂质（1%～5%），大多数脂质是多不饱和脂肪酸，一些饱和脂肪酸、单不饱和脂肪酸仅在海带中大量存在，如肉豆蔻酸和棕榈酸。

海带可以通过细胞表面多糖吸附海水中的无机物质，因此无机成分含量极其丰富。碘、钾、钙、镁、锌、硒等矿物元素含量是陆生植物的10～20倍。海带有能力积累30000倍以上海水中碘浓度，又被称为"碘之王"，其碘含量丰富，且存在稳定，80%可被人体吸收。海带中还富含Fe、Mg、Ca。海带含有显著多于陆生蔬菜含量的脂溶性维生素E和维生素K，同时维生素B_1、维生素B_2、维生素B_{12}等水溶性的B族维生素也极为丰富。此外还含有较多的叶酸、维生素C等。从我们的研究结果和认知分析，生命起源于海洋，现代生物体——动物细胞中保留的"低钠高钾"细胞内环境的维护，可能需要一些来自于海洋的矿物质元素以及不同矿物质元素的比例关系，这可能是海洋生物对养殖水产动物具有特殊营养作用的一个方面，只是我们在这方面的研究还太少。

海带中的色素。海藻同陆生植物一样通过光合作用贮存能量，但是海水的阻隔使可利用的太阳能较陆生植物少得多，因此海藻往往含有比陆生植物更多的色素以提高能量转换效率。海带中含有的各种色素大致可以分为叶绿素和类胡萝卜素两部分，包括叶绿素a、叶绿素c、岩藻黄素、叶黄素、β-胡萝卜素等。海带呈现褐色是由于岩藻黄素掩盖了其他色素。藻类色素除了抗炎、抗氧化等色素普遍有的生物活性外，对癌细胞增殖也有抑制作用。海藻属于植物，其中的色素可能是产生特殊营养作用的一个方面，因为色素物质具有抗氧化、清除自由基的作用，这是我们已知的生理作用效果。在我们对中华绒螯蟹出现"水瘪子"病的个体与正常个体肝胰脏转录组的研究中发现，其中差异表达最为显著的居然是色素代谢系统，这或许可以表明色素物质和色素代谢对于中华绒螯蟹生理代谢的重要作用。

褐藻多酚是海带含有的一种次级代谢产物，属于间苯三酚衍生物。海带中多酚物质含量很低，但有着明显的抗氧化、抗肿瘤、抗菌等生理活性。其活性主要依赖多酚的酚羟基作为功能基团，酚羟基不仅可以中和氧化过程产生的自由基，还可以破坏细菌的细胞膜，从而达到抗氧化和抗菌的作用。

海带中的诱食性成分。二甲基-β-丙酸噻亭（DMPT）广泛富集于浮游动物、藻类、软体动物以及鱼虾等众多海洋生物中。研究发现海洋藻类是DMPT的源头，藻类自主合成、积聚DMPT后通过食物链进入到其他海洋动物体内。二甲基硫基团 $[(CH_3)_2S—]$ 是激活味觉受体的关键基团，也可以提供动物代谢所需的甲基，因此含有该基团的化合物对水产动物不仅有强烈的诱食效果还有较好的促生长作用。其中DMPT是这些含硫基团化合物中效果最强的物质。不同于氨基酸、核苷酸等其他诱食物质仅对少部分鱼类有诱食效果，DMPT的诱食性比较普遍。甜菜碱是一种季铵型生物碱，也广泛存在于海洋藻类中。其分子链上含有 $[(CH_3)_3N—]$ 基团，因此甜菜碱也是一种高效的活性甲基供体，具有一定的诱食作用。赵鹏利用高效液相色谱-三重四极杆质谱系统检测出海带中约含有173ng/g甘氨酸甜菜碱。

通过采取细胞破壁粉碎、酶解法以及酶解后精提取三种方法对海带进行处理，获得了三种不同加工程度的海带产品。海带、破壁海带、酶解海带、海带酶解提取物这四种海带产品的加工成本各不相同，其营养价值、在水产动物上的应用效果是否匹配其加工成本？本研究旨在通过营养价值评估和养殖试验评估，找到海带适合的加工方向，并寻找到合适的添加剂量，为海带在饲料生产过程的深加工方向以及添加量提供参考。

二、海带的破壁粉碎与酶解

（一）海带的破壁粉碎及破壁率

要开发以海带为代表的海藻类原料作为饲料途径使用的产品，一个重要的问题就是如何将这类海藻加工为饲料可以使用的产品？海带是褐藻类，含有丰富的褐藻胶，酶解过程需要将海带打浆，褐藻胶的存在导致浆状产品的流动性很差，在饲料中直接使用困难。而海藻又是具有细胞壁的植物性原料，如果不能破坏细胞壁则难以将细胞内的成分释放出来。因此，采用酶解技术、细胞级粉碎技术破坏细胞壁应该是主要的技术方向。

细胞破壁粉碎技术是利用机械力、流体动力等方法，将固体物质粉碎成微小粉末的技术。其粉碎原理与普通粉碎相同，但是细度要求更高，按微粉体积大小可分为微米级、亚微米级和纳米级，其中微米级定为1～100μm。当细度低于细胞直径即可认为达到破壁的程度，又可以称为细胞破壁粉碎。常用的细胞破壁粉碎技术包括适用于矿石粉碎的球磨式粉碎，以及适用于植物纤维粉碎的气流式、高频振动式等粉碎技术。通过细胞破壁粉碎技术消除细胞壁，功能性的有效成分得以充分溶出，因此该技术在多功能性食品和中药材加工方面已经得到广泛应用。此外，由于超微粉末间有很多微小空隙，可以作为固香空间，使粉碎体的香味更浓郁耐久。在食品领域，超微粉末也可以提升食品的适口性，使口感细腻润滑。采用0.2% NaOH、浸泡15min、料液比1∶15、温度25℃的湿法粉碎技术制备超微海带粉，可以达到95%破壁率，这种亚微米级的超微海带粉具有很好的溶解性和流动性。

我们的试验中，将超市购买的海带清洗、晒干后，由无锡三智生物科技有限公司采用天然植物细胞破壁粉碎机进行细胞破壁粉碎。粉碎后样本保存于实验室的4℃冷藏库中备用。

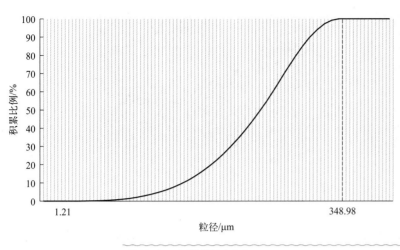

图10-1 破壁海带粒度分布

破壁粉碎的评价一般采用破壁率作为指标，破壁率的测定采用激光粒度分析法。将约0.1g破壁海带粉末加入到NKT5200-H全自动激光粒度仪的悬浮液中，控制其遮光度范围为8%～20%后进行测试，得到样品粒径分布特征。通过37 XF-PC光学显微镜观察计算海带的细胞直径，观察发现海带细胞呈椭圆形，故在视野下随机记录100个细胞的长轴和短轴的长度，取平均值作为细胞直径的范围作为基准。根据何煜的模型计算破壁率：

$$\eta_1 = \left[1-(1-1/n)^3\right] \times 100\% \qquad (n>1)$$

$$\eta_2 = 100\% \qquad (n \leqslant 1)$$

式中，n为颗粒粒径与细胞直径之比；η为破壁率。

根据镜检计算测得海带细胞直径D范围在（19.00±2.90）～（34.28±2.93）μm，平均为（26.64±8.18）μm。

图10-1为粒度仪检测所得破壁海带粒径分布图，其体积加权平均径为82.86μm。根据理想破碎模型计算法，计算得到我们将海带破壁粉碎后的破壁率在54.22%～79.85%，将用于后面开展的养殖试验。

（二）海带的酶解方法与效果

海带细胞壁的主要成分包括褐藻胶、果胶、纤维素、半纤维素等难降解的多糖，因此可以利用褐藻胶裂解酶、纤维素酶、果胶酶等进行酶解，酶解破壁的效果可以通过显微镜观察并计算酶解后产品中单细胞数量，选择细胞内某一个有效成分作为标识。

单一酶的酶解效率往往不高，复合酶解法则可针对细胞壁各组分，充分破坏细胞结构，大大提高酶解效率。如果采用木聚糖酶、木瓜蛋白酶、果胶酶和纤维素酶四种复合酶提取海带多糖，通过纤维素酶水解细胞壁的纤维素先使其破裂，然后加入果胶酶水解果胶质使多糖溶出，同时木瓜蛋白酶和木聚糖酶加速细胞崩解提高前两种酶的作用效果，四种酶交互作用显著提高了海带多糖的提取率。如果先加纤维素酶处理2h后再加果胶酶提取海带多糖比同步加酶法总糖得率提高了31.58%，分步加酶的提取效果更好。相对而言，酶解法需要较长时间，同时成本较高。

我们通过海带酶解前、后细胞形态的观察（图10-2），发现海带细胞由相邻紧密的完整椭圆形变为离散且存在破裂缺口的不规则形态。同时对海带酶解前后还原糖含量的检测发现，酶解后还原糖含量提高了32.59%，见图10-3。由此判断本试验酶解方法对海带细胞存在一定的破壁效果，这样的酶解海带样品用于我们后期的养殖试验。

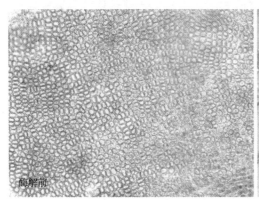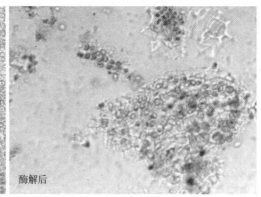

酶解前　　　　　　　　　　　　　　酶解后

图10-2 酶解前后海带细胞形态（10×20）

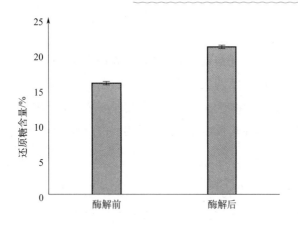

图10-3 酶解前后海带还原糖含量变化

三、试验用海带产品的营养成分分析

试验分别采用细胞破壁粉碎法和酶解法来制备海带产品。将细胞破壁粉碎制得的产品称为"破壁海带"，将酶解法制得的产品称为"酶解海带"。对海带粉（K）、破壁海带粉（BK）、酶解海带粉（KEH）和海带酶解提取物（KEHE）四种海带产品的碳水化合物、蛋白质、脂肪、矿物质、氨基酸、色素等营养成分进行了较全面的分析，并对加工前、后营养素含量的变化进行比较分析。

试验所用的海带产品来源为：海带于苏州的超市购买，为食用海带产品；酶解海带和破壁海带均使用同一批海带制备；海带酶解提取物由山东荣成鸿德海洋生物科技有限公司提供。

（一）主要成分的含量

由表10-1得知，各海带产品水分含量均低于15%，海带（K）、破壁海带粉（BK）、酶解海带（KEH）的水分含量并没有显著差异（$P > 0.05$），而海带酶解提取物（KEHE）由于工厂加工脱水更充分，因此含水量显著低于其他产品。除了海带酶解提取物外，各不同处理海带产品碳水化合物占比达到52.18% ~ 58.85%，为海带的主要营养成分。破壁海带粗蛋白含量显著高于海带和酶解海带（$P < 0.05$）。海带、破壁海带和酶解海带之间的粗脂肪和粗灰分没有显著差异（$P > 0.05$）。本试验使用的海带酶解提取物与前三种处理的海带不是同一批，可能由于海带种类、地域等因素，各营养成分均与市场采购的海带表现出显著差异（$P < 0.05$），其中以粗灰分为主要成分，而碳水化合物含量远低于其余海带产品（$P < 0.05$）。

表10-1　不同海带产品常规组成 　　　　　　　　　　　　　　　　　　　　　　　　　　　　　　　　　　单位：%

项目	K	BK	KEH	KEHE
水分	10.30±0.26[b]	10.72±0.06[b]	10.28±0.37[b]	6.65±0.24[a]
总碳水化合物	57.75±1.16[c]	52.18±0.60[b]	58.85±0.55[c]	19.96±0.64[a]
粗蛋白	9.31±0.77[a]	12.10±0.30[b]	9.14±0.25[a]	18.14±0.21[c]
粗脂肪	2.13±0.02[b]	2.29±0.02[b]	2.19±0.01[b]	1.45±0.22[a]
粗灰分	20.51±0.84[b]	22.71±0.51[b]	19.54±0.22[b]	53.80±0.09[a]

注：同行数据上标不同小写字母表示差异显著（$P < 0.05$）。

（二）氨基酸组成分析

由表10-2可知，本试验所用海带的苏氨酸、丙氨酸、谷氨酸、亮氨酸等氨基酸含量较为丰富。经过破壁处理后，所有氨基酸的含量都有所增加，氨基酸总量提高了28.4%。而酶解处理后，各类氨基酸含量与海带相比反而降低了7.8%，可能是因为酶解过程会加入大量水导致氨基酸有些许损失。而海带酶解提取物尽管蛋白质含量很高，但是氨基酸含量并没有显著高于其他三种海带产品，可能是主要以小肽或其他形式的N元素存在。

表10-2　不同海带产品水解氨基酸组成 　　　　　　　　　　　　　　　　　　　　　　　　　　　单位：g/100g

项目	K	BK	KEH	KEHE
天冬氨酸 Asp	0.43	0.47	0.61	0.24
苏氨酸 Thr	1.10	1.31	0.99	0.34
丝氨酸 Ser	0.16	0.17	0.12	0.04
谷氨酸 Glu	2.16	2.52	1.95	0.47
甘氨酸 Gly	0.30	0.42	0.30	0.08
丙氨酸 Ala	0.79	1.16	0.70	0.20
胱氨酸 Cys	0.01	0.01	0.01	0.01
缬氨酸 Val	0.70	0.82	0.60	0.14
甲硫氨酸 Met	0.14	0.23	0.17	0.04
异亮氨酸 Ile	0.49	0.68	0.47	0.09
亮氨酸 Leu	0.86	1.15	0.74	0.14
酪氨酸 Tyr	0.01	0.02	0.06	0.01
苯丙氨酸 Phe	0.53	0.61	0.42	0.08
组氨酸 His	0.17	0.26	0.17	0.04
赖氨酸 Lys	0.57	0.73	0.49	0.06
精氨酸 Arg	0.47	0.74	0.43	0.07
脯氨酸 Pro	0.35	0.59	0.29	0.12
总氨基酸 TAA	9.24	11.86	8.52	2.15

（三）矿物质元素含量分析

由表10-3可知，海带中I、Ca、K、Zn、Mn为含量最多的矿物质。海带细胞破壁粉碎后，I、Ca、K、Mg、Fe、Cu、Zn、Mn的含量都显著上升（$P < 0.05$）。而酶解后海带中各矿物质含量有下降趋势（P

＜0.05），矿物质元素损失的原因可能也与酶解过程加入大量水有关。此外，海带酶解提取物的灰分含量很高，然而其检测的矿物质含量并未显著高于其他海带产品，可能是含有未检测的Na等其他矿物质。

表10-3　不同海带产品矿物元素含量（n=3）

项目	K	BK	KEH	KEHE
碘 I/(mg/g)	3.16 ± 0.06^c	4.15 ± 0.03^d	2.54 ± 0.06^b	1.67 ± 0.03^a
钙 Ca/(mg/g)	21.37 ± 0.16^c	24.30 ± 0.12^d	20.22 ± 0.17^b	17.83 ± 0.21^a
钾 K/(mg/g)	33.09 ± 0.10^b	41.14 ± 0.39^c	33.91 ± 0.21^b	27.87 ± 0.60^a
镁 Mg/(mg/g)	0.70 ± 0.01^c	0.90 ± 0.01^d	0.59 ± 0.01^a	0.62 ± 0.01^b
铁 Fe/(mg/g)	1.34 ± 0.03^c	1.62 ± 0.02^d	1.21 ± 0.02^b	1.09 ± 0.02^a
铜 Cu/(μg/g)	1.61 ± 0.02^c	1.75 ± 0.03^d	1.25 ± 0.02^a	1.49 ± 0.02^b
锌 Zn/(μg/g)	44.58 ± 0.70^c	47.48 ± 0.27^d	36.61 ± 0.50^a	41.18 ± 0.37^b
锰 Mn/(μg/g)	33.61 ± 0.71^c	37.4 ± 0.80^d	27.98 ± 0.50^a	26.56 ± 0.53^b

注：同一行数据上标不同小写字母表示组间有显著差异（$P＜0.05$）。

（四）色素含量

水生植物与陆生植物一样，可以通过光合作用将太阳能转变为化学能。然而由于水中可利用的太阳能比陆地上少得多，因此水生植物中的色素含量往往远高于陆生植物。对于海带而言，色素主要有叶绿素（chlorophyll）和类胡萝卜素（carotenoid）两大类，其中叶绿素又包括叶绿素a、叶绿素b和叶绿素c；类胡萝卜素则包括叶黄素（lutein）和岩藻黄素（fucoxanthin）等。由表10-4可知，破壁和酶解工艺对海带中的叶绿素和类胡萝卜素都没有显著影响（$P＞0.05$）。但是类胡萝卜素含量有降低趋势，可能是加工过程中高温条件造成类胡萝卜素部分损失。而海带酶解提取物中，叶绿素含量显著低于其他海带产品（$P＜0.05$），叶绿素含量偏低也导致了其粉末颜色偏黄。

表10-4　不同海带产品色素含量（n=3）　　　　　　　　　　　　　　　　　　单位：mg/g

项目	K	BK	KEH	KEHE
叶绿素	2.01 ± 0.33^b	2.02 ± 0.13^b	2.43 ± 0.29^b	0.27 ± 0.03^a
类胡萝卜素	0.34 ± 0.03	0.28 ± 0.05	0.28 ± 0.08	0.27 ± 0.06

注：同一行数据上标不同字母表示差异显著（$P＜0.05$）。

四、草鱼日粮中添加海带的养殖效果

在研究海带作为一种饲料原料之初，我们将从超市购买的海带洗净、晒干、粉碎后，在实验室用纤维素酶和果胶酶水解后，与未酶解的海带均作为一种饲料原料加入草鱼饲料中，作为启动这项研究工作的预备试验，结果发现日粮添加海带的确可以提高草鱼的生长性能，同时对草鱼的健康产生了积极的影响，于是在后期进一步开展了破壁粉碎、酶解海带、一种工业化生产的海带提取物的系列试验研究。

（一）试验条件

试验用草鱼由江苏华辰水产实业有限公司养殖基地提供，初始平均体重为（165.80±0.80）g，随机分成4组，每组4个重复，每个重复15尾，置于规格为1.5m×1.8m×1.8m的网箱中。试验在江苏华辰养殖基地池塘（15亩）中进行。池塘中央设置1台1.5kW的叶轮式增氧机，运行7h/d。每天7:00、16:00各投喂一次，日投喂量为每个网箱鱼体总重的3%～4%，并根据每14d打样估算的质量及时调整。正式试验从2018年8月15日至10月20日，共计65d。

试验饲料配方及营养水平见表10-5。以不添加海带的饲料为对照组F，添加5kg/t的海带为HD5组，5kg/t的酶解海带为MJ5，10kg/t的酶解海带为MJ10。将原料经粉碎机粉碎后过60目筛，加豆油和约15%水搅拌混匀后，加入充分混匀的添加剂和预混料继续混匀，使用华祥牌HKj200制粒机压制，加工粒径设为长度4mm左右，直径1.5mm左右，晒干后置于4℃保存待用。

表10-5　试验饲料组成及营养水平（风干基础）

项目		F	HD5	MJ5	MJ10
原料 /(kg/t)	面粉	160	160	160	160
	米糠粕	80	75	75	70
	豆粕	200	200	200	200
	棉籽蛋白质	190	190	190	190
	菜籽粕	210	210	210	210
	磷酸二氢钙$Ca(H_2PO_4)_2$	25	25	25	25
	沸石粉	32.4	32.4	32.4	32.4
	预混料[①]	10	10	10	10
	进口鱼粉	60	60	60	60
	大豆油	30	30	30	30
	氯化胆碱（60%）	2	2	2	2
	维生素C酯	0.6	0.6	0.6	0.6
	海带	0	5	0	0
	酶解海带	0	0	5	10
	总计	1000	1000	1000	1000
营养水平	粗蛋白质CP/%	36.65	36.72	36.94	36.12
	粗脂肪EE/%	5.12	5.05	4.94	4.91
	粗灰分 /%	11.49	11.18	11.16	11.43
	磷P/%	1.60	1.62	1.63	1.57

①预混料为每千克日粮提供：镁96mg，铁64mg，锌19mg，锰13mg，铜2.5mg，碘0.021mg，硒0.07mg，钴0.016mg，钾0.05mg，维生素A 8mg，维生素B_1 8mg，维生素B_2 8mg，维生素B_6 12mg，维生素B_{12} 0.02mg，维生素C 300mg，维生素D_3 3mg，维生素K_3 5mg，泛酸钙25mg，烟酸25mg，叶酸5mg，肌醇100mg。

（二）试验结果

海带和酶解海带对草鱼特定生长率和饲料效率的影响见表10-6。饲料添加海带后，草鱼体重（末均重）均有增长，且酶解海带组高于非酶解海带组，其中MJ10组草鱼末均重显著高于F组（$P<0.05$）。HD5、MJ5、MJ10组的特定生长率均高于F组，且MJ10组与F组差异显著（$P<0.05$）。草鱼的特定生长率随酶解海带添加量的增加呈上升的趋势，添加量同为5kg/t时酶解海带组的特定生长率高于非酶解海带组。HD5、MJ5、MJ10组草鱼的饲料系数均显著低于F组（$P<0.05$），以MJ10组饲料系数最低。

表10-6　海带及酶解海带对草鱼生长性能的影响（$n=4$）

项目	F	HD5	MJ5	MJ10
初均重IBW/g	165.62±4.16	164.96±4.86	166.63±3.63	165.99±3.84
末均重FBW/g	239.18±17.72[a]	251.74±6.07[ab]	258.32±12.93[ab]	271.53±5.63[b]
特定生长率SGR/(%/d)	0.62±0.10[a]	0.69±0.09[ab]	0.71±0.08[ab]	0.80±0.04[b]
饲料系数FCR	2.56±0.58[a]	2.18±0.27[b]	2.06±0.24[b]	1.79±0.98[b]

注：1. 特定生长率（SGR，%/d）=100%×（ln末均重-ln初均重）/试验周期。
2. 饲料系数（FCR）=投料总量/鱼体增重量。
3. 同行数据上标不同小写字母表示差异显著。

本试验所用海带的主要成分是碳水化合物（57.75%），同时含有适中蛋白质（9.31%）和较低的脂肪（2.13%），以及色素和丰富的氨基酸和矿物质。养殖试验结果表明海带及酶解海带均能提高草鱼的生长速度，降低饲料系数。同为5kg/t的添加水平下，海带饲喂的草鱼SGR提高了11.3%，而酶解海带则使SGR提高了14.5%，酶解海带的促生长效果更好。

第二节
海带酶解提取物对斑点叉尾鮰生长的促进作用

以斑点叉尾鮰为试验对象，在日粮中添加不同比例的海带酶解提取物，研究其对斑点叉尾鮰生长、肠道组织结构的影响，通过肝胰脏转录组基因差异表达结果分析肝胰脏的代谢状态。

一、试验条件

斑点叉尾鮰（*Ictalurus punctatus*）购自江苏华辰水产实业有限公司养殖基地，鱼种初始均重为（51.18±1.14）g，驯养一周后，选用规格基本一致的鱼种随机分成6组，每组三个重复，共18个养殖单元（网箱），每个网箱40尾，共720尾。

本试验用的海带酶解提取物由山东荣成鸿德海洋生物科技有限公司提供，是应用酶解技术将纤维质和果胶质水解，提取出细胞质和细胞间质液中的物质，再经分离纯化、定向浓缩获得的产品，其制备流程如图10-4所示。

海带酶解提取物的组成见表10-7，以不添加海带产品、油脂为4%豆油的饲料组为对照组（S组）。海带酶解提取物在饲料中的添加量分别为0.3g/kg（KP3）、0.5g/kg（KP5）、1.0g/kg（KP10）、1.5g/kg（KP15）、2.0g/kg（KP20）。饲料组成及营养水平见表10-8。饲料原料粉碎后过60目筛，混匀加适量水搅拌，加工成直径1.5mm、长度4mm左右的颗粒，晒干后置于4℃保存待用。

表10-7　海带酶解提取物成分

海藻酸/%	海带多糖/%	海带寡糖/%	蛋白质/%	甘露醇/(mg/kg)	碘I/(mg/kg)	钾K/(mg/kg)	钙Ca/(mg/kg)
63.5	9.1	17.7	3.5	14.26×10^4	52.9	1.86×10^5	7.65×10^3

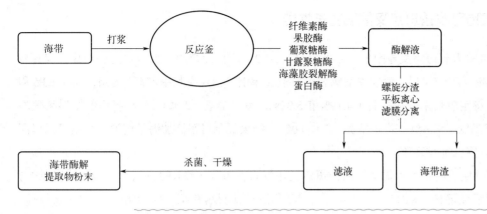

图10-4 海带酶解提取物制备流程

表10-8 试验饲料组成及营养水平（干物质基础）

项目		S	KP3	KP5	KP10	KP15	KP20
原料/(g/kg)	面粉	100	100	100	100	100	100
	米糠	50	50	50	50	50	50
	米糠粕	70	69.7	69.5	69	68.5	68
	膨化大豆	80	80	80	80	80	80
	豆粕	268	268	268	268	268	268
	菜粕	140	140	140	140	140	140
	进口鱼粉65	120	120	120	120	120	120
	美国鸡肉粉	60	60	60	60	60	60
	磷酸二氢钙$Ca(H_2PO_4)_2$	22	22	22	22	22	22
	沸石粉	20	20	20	20	20	20
	膨润土	20	20	20	20	20	20
	豆油	40	40	40	40	40	40
	海带酶解提取物	0	0.3	0.5	1	1.5	2
	预混料[①]	10	10	10	10	10	10
	合计	1000	1000	1000	1000	1000	1000
营养水平/%	水分	6.63	6.74	6.02	5.88	5.72	6.06
	粗蛋白	36.01	35.92	36.22	36.82	37.21	37.26
	粗脂肪	9.42	9.38	9.49	9.52	9.58	9.53
	粗灰分	12.10	12.14	12.17	12.20	12.30	12.26
	磷	1.44	1.51	1.48	1.43	1.50	1.51

① 预混料为每千克日粮提供：铜2.5mg，铁64mg，锰13mg，锌19mg，碘0.021mg，硒0.07mg，钴0.016mg，镁96mg，钾0.05mg，维生素A 8mg，维生素B_1 8mg，维生素B_2 8mg，维生素B_6 12mg，维生素B_{12} 0.02mg，维生素C 300mg，泛酸钙25mg，烟酸25mg，维生素D_3 3mg，维生素K_3 5mg，叶酸5mg，肌醇100mg。

养殖试验在华辰养殖基地池塘（15亩）试验网箱中进行，网箱规格为1.5m×1.8m×1.8m。池塘中设置1.5kW的叶轮式增氧机1台，运行7h/d。日投喂2次（7:00、16:00），日投喂量为鱼体重的3%～4%，每10d估算1次鱼体质量并调整投喂量。正式试验从2018年7月8日至9月8日，共计60d，养殖期间水温24～32.5℃。试验期间溶解氧浓度＞7.0mg/L，pH7.8～8.2，氨氮浓度＜0.10mg/L，亚硝酸盐浓度＜0.005mg/L，硫化物浓度＜0.05mg/L。

二、海带酶解提取物可改善斑点叉尾鮰生长性能

经过60d的养殖试验得到斑点叉尾鮰生长数据，见表10-9。添加海带酶解提取物对各组斑点叉尾鮰存活率均无显著性影响（$P > 0.05$）。添加提取物各组斑点叉尾鮰的特定生长率均高于S组，其中KP5和KP10组与S组相比，特定生长率分别提高了4.19%和5.39%，差异显著（$P < 0.05$）；各组的饲料系数均低于对照组，KP10组降低了9.09%，差异显著（$P < 0.05$）。结果显示日粮添加海带酶解提取物可以提高斑点叉尾鮰生长速度，降低饲料系数。

常规日粮中添加少量的海带酶解提取物时，斑点叉尾鮰的肥满度（除KP3外）、脏体比、肝体比与对照组相比均有不同程度降低，KP10～KP20组肥满度和脏体比显著降低，KP10组肝体比显著降低，日粮添加海带酶解提取物会降低脂肪在鱼体肝胰脏的沉积。各组斑点叉尾鮰鱼体的水分、粗脂肪、粗蛋白和粗灰分含量都没有显著性差异（$P > 0.05$）。

将饲料中海带酶解提取物的添加量与斑点叉尾鮰特定生长率、饲料系数的关系分别作图，见图10-5。随着饲料中海带酶解提取物添加量的增加，斑点叉尾鮰的特定生长率呈现二次回归方程的变化趋势，表明海带酶解提取物在日粮中的添加量有剂量效应特征。特定生长率（y）与海带酶解提取物添加量（x）之间符合一元二次回归方程$y=-0.0602x^2+0.1185x+1.6864(R^2=0.5525)$，经计算得出当以生长速度为标准时，海带酶解提取物在饲料中的最适添加量为984.2mg/kg。饲料中海带酶解提取物添加量与饲料系数的关系符合一元二次回归方程$y=0.0912x^2-0.1755x+1.2163(R^2=0.7478)$，经计算得出当以饲料系数为标准时，海带酶解提取物在饲料中的最适添加量为962.2mg/kg。

表10-9 饲料中添加海带酶解提取物对斑点叉尾鮰生长、形体指标和体成分的影响（$n=3$）

项目	S	KP3	KP5	KP10	KP15	KP20
生长性能						
初重 IBW/g	52.34±0.83	50.26±1.13	50.75±0.69	51.52±1.11	51.43±1.06	50.84±1.70
末重 FBW/g	144.48±1.66[bc]	141.57±3.91[abc]	144.39±4.84[bc]	148.26±3.16[c]	140.62±0.71[abc]	141.33±6.51[abc]
存活率 SR/%	96.67±3.82	95.83±3.82	99.17±1.44	100	100	100
特定生长 SGR/(%/d)	1.67±0.01[a]	1.73±0.03[ab]	1.74±0.08[b]	1.76±0.02[b]	1.69±0.01[ab]	1.70±0.03[b]
与S组比较/%	—	3.59	4.19	5.39	1.20	1.80
饲料系数 FCR	1.21±0.05[b]	1.19±0.02[b]	1.15±0.06[ab]	1.10±0.03[a]	1.19±0.01[b]	1.22±0.03[b]
与S组比较/%	—	-1.65	-4.96	-9.09	-1.65	0.83
形体指标（$n=10$）						
肥满度 CF/(g/cm³)	1.53±0.06[bc]	1.57±0.02[c]	1.48±0.05[b]	1.39±0.02[a]	1.41±0.03[a]	1.38±0.03[a]
脏体比 HSI/%	8.18±0.95[c]	8.09±1.06[bc]	7.76±0.69[bc]	5.89±0.67[a]	6.71±1.17[ab]	6.69±0.49[ab]
肝体比 VSI/%	1.16±0.13[b]	1.09±0.14[ab]	1.07±0.12[ab]	0.96±0.09[a]	1.08±0.04[ab]	1.07±0.04[ab]
体成分（$n=3$）						
水分/%	65.06±1.46	67.54±1.58	65.73±1.86	68.89±1.75	67.01±1.58	69.30±0.83
粗蛋白质 CP/%	16.32±0.25	14.47±0.97	16.21±0.57	15.29±0.33	15.74±0.61	14.23±0.90
粗脂肪 EE/%	14.44±1.39	12.89±1.51	13.56±1.22	11.37±2.20	12.22±2.26	11.96±0.75
粗灰分/%	3.86±0.84	3.46±0.07	3.53±0.48	3.47±0.41	4.00±0.53	3.56±0.23

注：同行肩标不同小写字母表示差异显著（$P < 0.05$）。

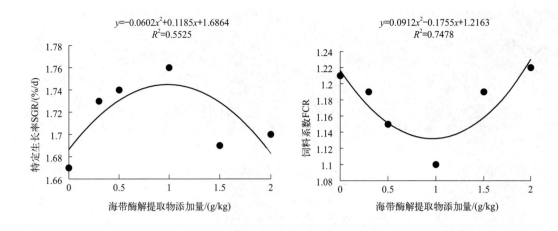

$$y=-0.0602x^2+0.1185x+1.6864$$
$$R^2=0.5525$$

$$y=0.0912x^2-0.1755x+1.2163$$
$$R^2=0.7478$$

图10-5 斑点叉尾鮰特定生长率与日粮中海带酶解提取物添加量的关系（a）和饲料系数与日粮中海带酶解提取物添加量的关系（b）

试验用的海带酶解提取物主要成分是褐藻酸钾以及海带多糖和寡糖。褐藻酸钾可以与饲料中的阳离子反应形成交联键，生成凝胶体将饲料原料包裹固定。这种凝胶体只轻微吸水膨胀，能保持长时间不溃散，提高了饲料的黏结性、耐水性和适口性，从而提高饲料的利用效率。另一方面，由于凝胶体饲料不易吸水，可以降低鱼摄食后的饱腹感，从而在一定程度上提高摄食量。

本试验在日粮中添加较高剂量的海带酶解提取物对斑点叉尾鮰的促生长作用反而有所降低，表现出剂量效应关系，即存在最适添加量的问题。一方面是因为海带酶解提取物中大量的海带多糖往往会对营养物质的吸收产生阻碍。转录组结果表现出的是海带酶解提取物中含有某些成分可能对促进脂质代谢有积极作用，然而当剂量达到一定程度，最终会表现为减少脂肪的利用。其主要成分褐藻胶本身对胆固醇、胆汁酸具有很强的吸附性，同时作为酸性多糖将带有大量负电荷，进一步阻止胆固醇进入细胞，通过吸附结合胆汁酸、胆固醇降低了鱼体对胆汁酸、胆固醇的重吸收。同时，高剂量下海带酶解提取物的凝胶特性也开始起反作用，在肠道形成的凝胶也会阻碍营养物质与肠黏膜接触，抑制吸收。作为一种潜在的膳食纤维，海带多糖也会促进肠道蠕动，但是加快肠道转运的同时也会减少食物在肠道的停留时间。

三、海带酶解提取物可改善斑点叉尾鮰肠道组织结构

斑点叉尾鮰养殖60d后，取中肠做组织切片，进行光学显微镜观察。肠道组织切片观察结果如图10-6所示，各组肠道绒毛宽度、肌层厚度的量化数据如图10-7所示。与S组相比，KP5组肠道绒毛变宽了24.63%。而KP10、KP15、KP20组的肠道绒毛有变短、变粗的趋势。KP3～KP15组肠道肌层厚度增厚，而KP20组的肠道肌层反而变薄（$P>0.05$）。其中KP5组与S组相比肠黏膜上层杯状细胞数目明显增多。结果显示，日粮添加0.3～0.5g/kg海带酶解提取物在一定程度上改善了斑点叉尾鮰的肠道结构，而更高的添加量反而没有明显改善效果。

肠道是鱼体与饲料直接接触的重要器官，其绒毛密度、长度、厚度以及肠壁的厚度可以直接影响营养物质的吸收。本试验中，日粮添加0.3～0.5g/kg海带酶解提取物可以增加绒毛宽度和肠壁肌层厚度，从而增大肠道与营养物质的接触面积并且增强肠道蠕动的动力，表明较低含量海带酶解提取物可以通过

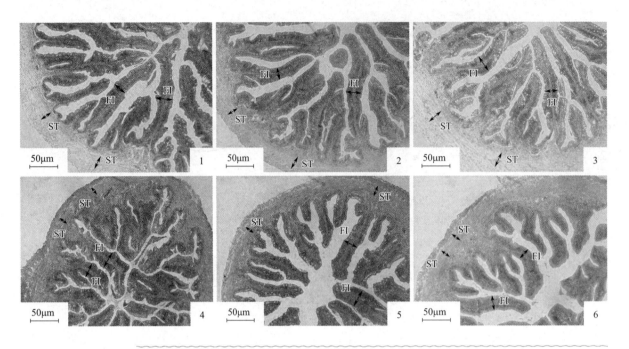

图10-6 日粮添加海带酶解提取物对斑点叉尾鮰肠道组织结构的影响（HE染色，200×）

"ST"表示肌层厚度；"FI"表示绒毛宽度；KP5中绒毛上密集白色空泡为杯状细胞，数量显著多于S组

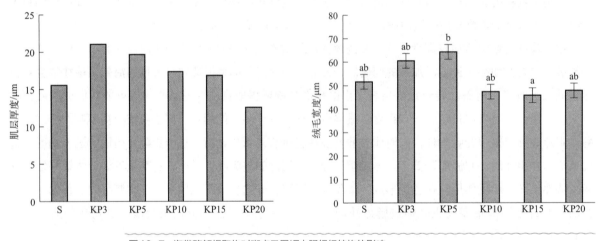

图10-7 海带酶解提取物对斑点叉尾鮰中肠组织结构的影响

改善肠道结构促进营养物质吸收。值得注意的是，添加0.5g/kg海带酶解提取物使肠黏膜上杯状细胞数目显著增加，显示黏膜细胞的分泌能力有增加的趋势。杯状细胞分泌的黏蛋白分布于肠壁表面，可以在肠黏膜表面形成网状结构作为其物理屏障保护肠道免受外界病原微生物侵害。本试验的结果表现出相似性，0.5g/kg海带酶解提取物对于维持肠道屏障功能也表现出积极作用。

四、肝胰脏中激素、固醇类合成和糖代谢、脂代谢的部分基因差异表达

（一）显著差异表达的基因数

依据对照组、1.0g/kg海带酶解提取物日粮组斑点叉尾鮰肝胰脏转录组数据，以同一基因差异表达量的$\log_2$（FC）的绝对值大于等于1，且校正P值小于0.05作为筛选显著差异基因的依据，分段统计结果

见表10-10。具有显著差异表达下调的基因数为81个，上调的基因数为199个，显著差异表达上调基因数远大于下调基因数。

筛选出海带酶解提取物相比对照组上调或下调幅度最大的前10位基因，将其GO注释和KEGG通路的注释结果一同统计于表10-11。其中显著上调的基因中有3个已知基因，分别是核受体共激活因子2(*ncoa2*)、Krüppel样因子12(*klf12*)和早幼粒细胞白血病锌指和含BTB结构域的蛋白质16(*zbtb16*)。显著下调的基因有2个已知基因，分别是a-1肾上腺素能受体（*adra1b*）和胶原蛋白24(*col24a1*)。

表10-10　日粮与添加海带酶解提取物日粮的转录组差异表达数量统计

$\log_2(FC)$	下调基因数	$\log_2(FC)$	上调基因数
（−2）～<（−1）	72	1～<2	142
（−4）～<（−2）	8	2～<4	55
<（−4）	1	≥4	2
小计	81		199
差异表达基因总数	7464		12264

（二）转录组基因GO分类结果

将经过GO注释的显著差异表达基因进行分类，GO信息、上调和下调基因数统计于表10-12。在生物过程条目中，DNA转录、信号转导相关基因受影响较大，且多表现为表达上调。在分子功能条目中，受影响较大的为结合类包括金属离子结合、ATP结合、DNA结合、核苷酸结合、核酸结合、锌离子结合等基因，相关基因以表达上调为主；其次为催化活性包括转移酶、水解酶、蛋白激酶活性，其显著上调基因数分别占显著差异基因数的65%、60%、58.3%。在细胞组分条目中，膜及膜组成成分的相关差异显著基因数最多，分别为57和51个，核、细胞质、细胞外区域也分别有49、41、12个显著差异的相关基因。这些结果表明摄食添加海带酶解提取物的日粮对鱼体细胞组成、细胞信号转导和分子功能方面产生了重大影响，从而可能导致细胞组织结构和功能发生改变。富集的GO Term大部分与细胞信号转导相关，而细胞信号转导系统具有调节细胞增殖、分化、代谢、应激、防御和凋亡等作用，从显著差异上调与下调的基因比例，多数差异基因表达上调，因此添加海带酶解提取物可能更多对促进细胞增殖、分化以及加强代谢、免疫防御等方面有积极作用。

（三）转录组KEGG通路分类结果

在生物体内，不同基因相互协调行使其生物学功能，基于通路（pathway）的分析有助于更进一步解读基因的生物学功能。结果见表10-13，有脂肪细胞因子信号通路、FoxO信号通路、类固醇生物合成通路等共12个代谢通路的基因显著差异表达（$P<0.05$）。这些信号通路主要富集在细胞增殖与分化（FoxO信号通路、铁死亡、P53信号通路、TGF-β信号通路）、激素调控（胰岛素信号通路）、脂类代谢（脂肪细胞因子信号通路、类固醇生物合成）、糖类代谢（半乳糖代谢、淀粉和蔗糖代谢、糖酵解/糖异生）以及生长因子代谢（磷酸肌醇代谢、烟酸酯和烟酰胺代谢）等方面，同时由于大部分差异表达上调基因数大于差异表达下调的基因数，因此多对信号通路产生正面影响，尤其是对细胞增殖和营养因子代谢有促进作用。最终结果表现为鱼体增强对营养物质吸收和利用，鱼体生长速度提高。

表10-11 海带酶解提取物组与对照组相比上调和下调幅度最大的各前10位基因

基因名称	log$_2$(FC)	基因描述	GO注释	KEGG通路	校正P值
LOC108268537	5.43	未鉴定的蛋白质	氧化脱甲基	NA	3.39×10^{-12}
ncoa2	2.86	核受体共激活因子2	转录共激活因子活性	NA	2.89×10^{-5}
LOC108271496	2.52	1,25-二羟维生素D(3)24-羟化酶，线粒体	氧化还原酶活性	00100 类固醇生物合成	1.40×10^{-4}
c5h1orf194	2.48	未表征蛋白C1orf194同源物	NA	NA	2.29×10^{-4}
LOC108271131	2.30	脂蛋白脂肪酶样前体	脂蛋白脂肪酶活性	03320 PPAR信号通路	4.09×10^{-4}
klf12	2.22	Kruppel样因子12亚型X1	金属离子结合	NA	7.78×10^{-4}
LOC108267282	2.14	嘌呤核苷酸激酶样	嘌呤核苷酸磷酸化酶活性	00760 烟酸酯和烟酰胺代谢	9.17×10^{-4}
zbtb16	2.12	锌指和含BTB结构域的蛋白质16	转录调控，DNA模板	NA	1.07×10^{-3}
LOC108271807	2.06	维生素D3羟化酶相关蛋白样亚型X1	膜的整体成分	04723 逆行内源性大麻素信号	1.56×10^{-3}
LOC108270518	1.97	C-C基序趋化因子样21a	单核细胞趋化性	04672 产生IgA的肠道免疫网络	2.24×10^{-3}
LOC108258483	-3.12	ras相关和pleckstrin同源结构域包含蛋白1样亚型	信号转导	04611 血小板活化	2.18×10^{-5}
LOC100304637	-3.19	胰岛素样生长因子2, IGF2	胰岛素样生长因子受体结合	04010 MAPK信号通路	1.67×10^{-5}
LOC108259607	-3.26	未表征的蛋白	翻译	04146 过氧化物酶体	1.84×10^{-5}
LOC108255161	-3.29	核受体亚家族1D组成员2样	NA	NA	9.46×10^{-6}
adra1b	-3.33	核受体亚家族1D组成员2样	去甲肾上腺素-肾上腺素血管收缩参与全身动脉血压调节	04080 神经活性配体-受体	1.16×10^{-5}
LOC108267421	-3.38	视网膜鸟苷基环化酶2样1x2亚型	核苷酸结合	00230 嘌呤代谢	6.67×10^{-6}
LOC108259372	-3.50	转导蛋白样增强蛋白3-B同工型X4	骨髓细胞分化	04330 Notch信号通路	3.88×10^{-6}
col24a1	-3.96	胶原α-1(XXIV)链	细胞外基质结构成分	NA	2.00×10^{-7}
LOC108255274	-4.59	核受体亚家族4A组成员1样	DNA结合转录因子活性	04010 MAPK信号通路	4.55×10^{-9}
LOC108254794	-5.64	25-羟基维生素D-1α羟化酶，线粒体	钙三醇1-单加氧酶活性	00100 甾体生物合成	3.54×10^{-12}

表10-12 斑点叉尾鮰摄食添加海带酶解提取物的日粮后肝胰脏转录组差异表达基因的 GO Term 分类结果

GO功能	GO ID	GO信息	具有显著性差异的基因数	上调基因数	下调基因数
生物过程	GO:0006355	以DNA为模板的转录调控	25	15	10
	GO:0006351	转录，DNA模板	19	8	11
	GO:0008150	生物过程	17	12	5
	GO:0006468	蛋白质磷酸化	15	10	5
	GO:0035556	细胞内信号转导	14	12	2
	GO:0007165	信号转导	13	12	1
	GO:0055114	氧化还原过程	12	11	1
分子功能	GO:0046872	金属离子结合	46	38	8
	GO:0005524	ATP结合	25	15	10
	GO:0003677	DNA结合	23	16	7
	GO:0003674	分子功能	20	14	6
	GO:0016740	转移酶活性	20	13	7
	GO:0000166	核苷酸结合	16	7	9
	GO:0016787	水解酶活性	15	9	6
	GO:0003676	核酸结合	14	8	6
	GO:0003700	DNA结合转录因子活性	14	10	4
	GO:0004672	蛋白激酶活性	12	7	5
	GO:0008270	锌离子结合	10	8	2
细胞组分	GO:0016020	膜	57	42	15
	GO:0016021	膜的组成部分	51	37	14
	GO:0005634	核	49	31	18
	GO:0005737	细胞质	41	27	14
	GO:0005575	细胞成分	27	20	7
	GO:0005886	质膜	14	10	4
	GO:0005576	细胞外区域	12	9	3

表10-13 斑点叉尾鮰摄食添加海带酶解提取物的日粮后肝胰脏转录组差异表达基因的 KEGG 通路分类结果

通路 ID	通路	显著差异表达基因数	上调基因数	下调基因数
ko04920	脂肪细胞因子信号通路	8	6	2
ko04068	FoxO信号通路	9	6	3
ko00100	类固醇生物合成	3	2	1
ko04216	铁死亡	4	3	1
ko04115	P53信号通路	5	4	1
ko00562	磷酸肌醇代谢	6	5	1
ko00052	半乳糖代谢	3	1	2
ko00760	烟酸酯和烟酰胺代谢	3	2	1
ko00500	淀粉和蔗糖代谢	3	1	2
ko04910	胰岛素信号通路	7	5	2
ko04350	TGF-β信号通路	5	4	1
ko00010	糖酵解/糖异生	4	2	2

肝胰脏对营养物质的代谢能力对鱼体的生长性能和健康状态有极大的影响，因此分析不同表型的肝胰脏转录组有助于阐明海带酶解提取物促生长的分子作用机制。不同表型的组织基因表达量的差异也是巨大的，而其中差异最为显著的基因可能就是作用靶点之一。依据试验结束时斑点叉尾鮰肝胰脏转录组分析的结果筛选出了其中上调、下调差异最明显的前十位基因，分析结果如下。

ncoa2是p160类固醇受体共激活因子家族主要成员之一。在脂肪细胞中，ncoa2作为共激活因子与脂肪细胞分化转录因子——过氧化物酶体增生物（PPARG）相互作用，通过减弱磷酸-PPARG-S114复合物来促进脂肪细胞的分化，增加脂肪细胞的数量。因此ncoa2对脂肪沉积有重要的调控作用。本试验中ncoa2基因高表达对鱼体脂肪沉积有一定的积极作用。

KLF12是一种与真核细胞转录调控相关的锌指蛋白，研究证实其与脂代谢的调节也有相关作用，可以显著促进脂肪酸合成酶（FAS）、乙酰CoA羧化酶（ACC）等脂代谢相关酶的基因表达水平提高。此外，脂蛋白和脂肪酶相关基因表达也显著提高。同时还推测KLF12基因在改善脂肪肝、增强葡萄糖耐受性以及增加胰岛素敏感性方面有重要作用。

在上调的差异基因中，描述为维生素D3羟化酶相关蛋白样亚型X1和C-C基序趋化因子样21a两种基因，其GO功能注释均与细胞膜相关。维生素D3羟化酶的生物学作用之一是促进小肠黏膜对钙和磷的吸收。C-C基序趋化因子则与IgA的合成相关，肠道黏膜产生的IgA能阻止毒素以及抗原入侵，其免疫效应对肠道健康起到重要的保护作用。从上述结果来看，海带酶解提取物对于肠黏膜的吸收作用以及维持肠道健康有积极影响，同时对肠道黏膜的免疫可能有积极作用。

日粮添加海带酶解提取物后，结果显示差异表达基因富集在12条显著差异表达的KEGG通路中，这些信号通路主要涉及细胞增殖与分化、脂类代谢、糖类代谢以及生长因子代谢、免疫等方面。其中，G6PC基因涉及其中6条信号通路，占总数的二分之一，可见该基因很可能是影响多种代谢的潜在靶位点之一。G6PC即6-磷酸葡萄糖酶催化亚基，是6-磷酸葡萄糖酶（G6Pase）的组成部分，在机体内作用为催化6-磷酸葡萄糖水解生成葡萄糖和磷酸，是糖原分解和糖异生的最后一步反应。研究表明，营养素可以调节鱼类肝胰脏中的G6PC水平，高糖饲料投喂草鱼后G6PC表达量上调。本试验结果显示，日粮添加海带酶解提取物后饲料成分改变，肝胰脏G6PC水平显著升高。此外，激素也对鱼类的G6PC表达水平有调控作用，研究发现胰岛素可以抑制虹鳟的G6PC表达水平。在本试验条件中，添加用量极低，含糖量变化幅度较小，并且KEGG通路显著富集在胰岛素信号通路上。而已有研究表明，海带酶解提取物的主要成分海带多糖可以提高胰岛素水平。因此海带酶解提取物可能是通过激素如胰岛素调控G6PC的表达水平，最终调控代谢酶的活性促进鱼体生长的，这个问题也将在后面的试验中得到证实。

转录组试验结果主要用于揭示饲料添加海带提取物后对斑点叉尾鮰生理代谢和生理机能的影响。本试验结果显示，饲料中海带酶解提取物的确对斑点叉尾鮰的生理代谢产生了积极影响，尤其是在作为信号分子的作用机制方面有增强的作用。揭示饲料海带酶解提取物可能通过影响生理代谢信号分子与激素调控作用、影响脂代谢和能量代谢等途径对斑点叉尾鮰的生理代谢、生长产生了积极的影响，并对肠道黏膜、肝胰脏等组织结构等产生了积极影响。在生理功能作用方面，显示出有增强免疫作用的能力，具体的作用位点、作用途径或作用方式等还需要进一步的研究。

因此，总结本试验结果表明，在初始质量为（51.18±1.14）g的斑点叉尾鮰日粮中添加1.0g/kg海带酶解提取物时个体的生长速度提高了5.39%，饲料系数降低了9.09%；体成分变化不显著；有改善肠道结构以及促进肝胰脏的糖脂代谢水平的作用。结合特定生长率和饲料系数与饲料海带酶解提取物添加量之间二次回归分析的结果，推荐斑点叉尾鮰饲料中海带酶解提取物添加量为962.2～984.2mg/kg。

基础日粮与添加1.0g/kg海带酶解提取物日粮组肝胰脏转录组的分析结果表明，添加海带酶解提取物使斑点叉尾鮰肝胰脏199个基因表达显著上调，81个基因表达显著下调，差异基因主要富集在细胞增殖与分化、激素调控、脂类代谢以及糖类代谢、免疫作用等相关的多个信号通路中。揭示海带酶解提取物可能通过鱼体影响生理代谢信号分子与激素调控作用、影响脂代谢和能量代谢等途径，对斑点叉尾鮰的生理代谢、生长产生了积极的影响。

第三节
日粮四种海带产品对斑点叉尾鮰生长和健康的影响

本试验选用了海带粉（K）、破壁海带粉（BK）、酶解海带粉（KEH）和酶解海带提取物（KEHE）四种海带产品，其碳水化合物、蛋白质、脂肪、矿物质、氨基酸、色素等营养成分在第一节中进行了分析。通过配制不同比例的四种海带产品饲料饲喂斑点叉尾鮰，在相同条件下研究其对斑点叉尾鮰生长、血清生化、抗氧化能力、消化酶活性、肠道结构的影响，以确定各海带产品在斑点叉尾鮰饲料的实际应用效果和添加的最适比例，并探讨其作用机制。

一、试验条件

本试验用油脂为"福临门"牌非转基因一级大豆油，鸡肉粉为美国泰森公司鸡肉粉，鱼粉为秘鲁鱼粉，其他原料均购自荆州市禾丰农业科技有限公司。预混料为无鳞鱼专用预混料，由北京桑普生物化学技术有限公司提供。海带粉（K）、破壁海带粉（BK）、酶解海带粉（KEH）和酶解海带提取物（KEHE）四种海带产品的营养组成见第一节的数据。

采用斑点叉尾鮰实用配方模式进行配方设计，见表10-14。以不添加海带产品的日粮作为对照组（S），设计海带添加量为5kg/t（K5）、10kg/t（K10）、15kg/t（K15），破壁海带添加量为5kg/t（BK5）、10kg/t（BK10）、15kg/t（BK15），酶解海带添加量为5kg/t（KEH5）、10kg/t（KEH10）、15kg/t（KEH15），酶解海带提取物添加量为0.5kg/t（KEHE0.5）、1kg/t（KEHE1.0）、1.5kg/t（KEHE1.5）。

表10-14　试验饲料组成及营养水平（风干基础）

项目		S	K5	K10	K15	BK5	BK10	BK15	KEH 5	KEH 10	KEH 15	KEHE 0.5	KEHE 1.0	KEHE 1.5
原料/(kg/t)	面粉	100	100	100	100	100	100	100	100	100	100	100	100	100
	米糠	50	50	50	50	50	50	50	50	50	50	50	50	50
	米糠粕	70	65	60	55	65	60	55	65	60	55	69.5	69	68.5
	膨化大豆	80	80	80	80	80	80	80	80	80	80	80	80	80
	豆粕	268	268	268	268	268	268	268	268	268	268	268	268	268
	菜粕	140	140	140	140	140	140	140	140	140	140	140	140	140
	进口鱼粉65	120	120	120	120	120	120	120	120	120	120	120	120	120
	美国鸡肉粉	60	60	60	60	60	60	60	60	60	60	60	60	60

项目		S	K5	K10	K15	BK5	BK10	BK15	KEH5	KEH10	KEH15	KEHE0.5	KEHE1.0	KEHE1.5
原料/(kg/t)	磷酸二氢钙 $Ca(H_2PO_4)_2$	22	22	22	22	22	22	22	22	22	22	22	22	22
	沸石粉	20	20	20	20	20	20	20	20	20	20	20	20	20
	膨润土	20	20	20	20	20	20	20	20	20	20	20	20	20
	豆油	40	40	40	40	40	40	40	40	40	40	40	40	40
	海带	0	5	10	15	0	0	0	0	0	0	0	0	0
	破壁海带	0	0	0	0	5	10	15	0	0	0	0	0	0
	酶解海带	0	0	0	0	0	0	0	5	10	15	0	0	0
	海带酶解提取物	0	0	0	0	0	0	0	0	0	0	0.5	1.0	1.5
	预混料[①]	10	10	10	10	10	10	10	10	10	10	10	10	10
	合计	1000	1000	1000	1000	1000	1000	1000	1000	1000	1000	1000	1000	1000
营养水平/%	水分	9.88	10.10	10.62	11.48	11.26	11.06	11.68	10.94	11.36	11.66	10.67	10.76	9.74
	粗蛋白	34.07	34.67	34.08	34.61	34.09	34.07	34.30	34.55	34.00	34.16	34.34	34.09	34.54
	粗脂肪	8.37	8.72	8.33	8.44	8.90	8.82	8.05	8.11	8.06	8.00	8.50	8.94	8.35
	粗灰分	13.44	13.48	13.23	12.99	13.15	13.33	13.12	13.24	13.07	13.16	13.31	13.29	13.56
	磷	1.65	1.68	1.69	1.60	1.65	1.66	1.62	1.63	1.64	1.64	1.70	1.64	1.65

①预混料为每千克日粮提供:镁96mg,铁64mg,锌19mg,锰13mg,铜2.5mg,碘0.021mg,硒0.07mg,钴0.016mg,钾0.05mg,维生素A 8mg,维生素B_1 8mg,维生素B_2 8mg,维生素B_6 12mg,维生素B_{12} 0.02mg,维生素C 300mg,维生素D_3 3mg,维生素K_3 5mg,泛酸钙25mg,烟酸25mg,叶酸5mg,肌醇100mg。

试验配方及营养水平见表10-14,13组饲料的蛋白质、脂肪、总磷、灰分均无显著差异,符合等氮等磷的饲料配比要求。将原料粉碎后过60目筛,加豆油和约15%水搅拌混匀后,加入充分混匀的添加剂和预混料继续混匀,使用华祥牌HKj200制粒机压制,加工粒径设为长度4mm左右、直径1.5mm左右,晒干后置于4℃保存待用。

斑点叉尾鮰(*Ictalurus punctatus*)购自江苏华辰水产实业有限公司养殖基地,鱼种初始均重为(27.19±0.17)g,于试验开始前用对照组(S)饲料驯养一周后,选用体质健康、规格基本一致的鱼种随机分成13组,每组三个重复,每个重复30尾,置于规格为1.5m×1.8m×1.8m的网箱中。正式养殖试验在华辰养殖基地池塘(15亩)中进行。池塘中央设置1台1.5kW的叶轮式增氧机,运行7h/d以保证水中溶氧。网箱及增氧机的分布情况见图10-8。每天7:00、16:00各投喂一次,日投喂量为每个网箱鱼体总重的3%～4%,并根据每14d打样估算的质量及时调整。正式试验从2020年7月8日至9月8日,共计60d,养殖期间水温24～32℃。试验期间每周使用桑普水博士水质检测试剂盒检测网箱周围水下20cm处水质溶解氧、pH、氨氮浓度、亚硝酸盐浓度及硫化物浓度。养殖期间所测水中溶氧均在7.0mg/L以上,pH在7.6～8.0,氨氮浓度＜0.10mg/L,亚硝酸盐浓度＜0.01mg/L,硫化物浓度＜0.05mg/L。

根据网箱的位置分布情况与最终试验所得每个网箱斑点叉尾鮰的特定生长率作相关性分析,结果如图10-8所示。网箱的位置分布与特定生长率没有相关性($P > 0.05$)。

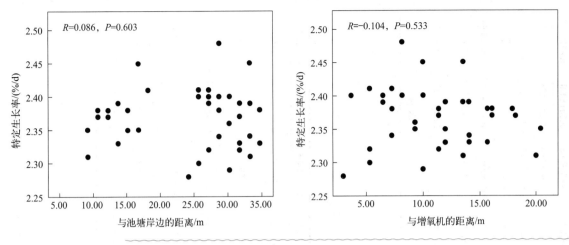

图10-8 网箱位置与特定生长率相关性分析

二、对生长性能和饲料效率的影响

日粮海带产品对斑点叉尾鲴生长速度的影响见表10-15，单因素方差分析结果显示，与S组比较，各海带产品组的增重率和特定生长率均有升高趋势，除了KEH5、KEHE0.5、KEHE1.5组，其余组增重率和特定生长率提升显著（$P < 0.05$）。其中BK5组的增重率和特定生长率提升最大，相比S组分别提高了10.56%和5.22%。将海带产品添加量为自变量（x），斑点叉尾鲴的特定生长率为因变量（y）作图，回归曲线如图10-9所示。不同海带产品添加水平的变化趋势相近，都呈现先上升后下降的趋势。海带日粮添加水平与特定生长率的回归方程为$y=-0.0007x^2+0.0159x+2.2995$（$R^2=0.999$），计算得海带在日粮中的最适宜添加量为11.35kg/t。破壁海带添加水平与特定生长率的回归方程为$y=-0.0013x^2+0.0237x+2.3085$（$R^2=0.8165$），计算得破壁海带在日粮中最适宜添加量为9.12kg/t。酶解海带添加水平与特定生长率的回归方程为$y=-0.0002x^2+0.0106x+2.298$（$R^2=0.9892$），计算得酶解海带在日粮中最适宜添加量为26.5kg/t。酶解海带提取物添加水平与特定生长率的回归方程为$y=-0.08x^2+0.148x+2.294$（$R^2=0.7818$），计算得酶解海带提取物在日粮中最适宜添加量为0.93kg/t。

日粮海带产品对斑点叉尾鲴饲料效率的影响见表10-16，除了KEH5、KEHE0.5、KEHE1.5，各组饲料系数相比S组显著降低（$P < 0.05$）。K10、BK10组相比对照组饲料系数下降了8.16%，KEH15组下降了10.42%（$P < 0.05$）。各海带产品组蛋白质效率和脂肪效率的变化趋势与特定生长率的变化趋势相似，海带和酶解海带提取物组随着添加量的增加先上升后下降（$P < 0.05$）。而各海带产品组蛋白质沉积率和脂肪沉积率并无显著变化（$P > 0.05$）。各组存活率均没有显著差异（$P > 0.05$）。

总结本试验结果表明，在本试验条件下，日粮添加10kg/t海带、5kg/t破壁海带、15kg/t酶解海带以及1.0kg/t海带酶解提取物分别可以使斑点叉尾鲴特定生长率提高3.91%、5.22%、4.79%、3.48%（$P < 0.05$）。依据生长速度与日粮中四种海带产品添加量的回归方程，求得的适宜添加量为海带11.35kg/t，破壁海带9.12kg/t，酶解海带26.5kg/t，海带酶解提取物0.93kg/t。而将其横向比较，破壁海带可以以最少的添加量得到最高的增重率，日粮添加5kg/t的破壁海带即可得到20kg/t酶解海带添加量所达的生长效果。酶解海带尽管可以获得比海带更好的增重效果，但是较高添加量也意味着更高的成本。因此从养殖效益来看，细胞破壁粉碎处理也优于酶解处理的结果。此外，酶解海带提取物以破壁海带约1/10的添加量即可达到其96.6%的增重效果，可以预见的是，若以更精细的酶解工艺处理海带，酶解海带的最适添加量也会有所降低。由于本试验的酶解海带提取物与其余三种海带产品并非同一批

表10-15 日粮海带产品对斑点叉尾鮰生长速度的影响（n=3）

指标	S	K5	K10	K15	BK5	BK10	BK15	KEH5	KEH10	KEH15	KEHE0.5	KEHE1.0	KEHE1.5
初均重 IBW/g	27.03±0.12	27.34±0.15	27.17±0.12	27.03±0.07	27.30±0.09	27.37±0.31	27.13±0.30	27.18±0.12	27.16±0.12	27.16±0.13	27.07±0.04	27.28±0.25	27.29±0.10
末均重 FBW/g	107.08±1.02^a	112.83±2.64^{bcd}	114.03±1.15^d	112.92±1.08^{cd}	116.67±3.40^{bcd}	113.77±0.74^{bcd}	113.08±0.94^{bcd}	110.06±2.53^{ab}	113.08±0.76^{bcd}	109.72±1.84^{ab}	109.99±1.12^{ab}	113.25±3.36^{abc}	116.00±2.84^d
存活率 SR/%	100	100	100	100	96.67±3.33	100	100	100	100	100	97.78±3.85	98.89±1.92	100
增重率 WGR/%	296.09±3.66^a	312.66±10.86^{bc}	319.75±3.11^{bc}	317.71±3.10^{bc}	327.37±12.96^c	318.28±4.24^{bc}	316.81±7.94^{bc}	306.39±4.64^{ab}	319.46±16.09^{bc}	325.06±8.84^c	304.96±10.16^{ab}	316.42±4.41^{bc}	304.04±4.96^{ab}
与S组比较/%	—	5.60	8.00	7.30	10.56	7.50	9.21	3.50	7.89	9.78	3.00	6.87	2.68
特定生长率 SGR/(%/d)	2.30±0.02^a	2.36±0.05^{bc}	2.39±0.01^{bc}	2.38±0.02^{bc}	2.42±0.05^b	2.39±0.02^{bc}	2.38±0.03^{bc}	2.34±0.02^{ab}	2.39±0.06^{bc}	2.41±0.04^c	2.33±0.04^{ab}	2.38±0.02^{bc}	2.33±0.02^{ab}
与S组比较/%	—	2.61	3.91	3.48	5.22	3.91	3.48	1.74	3.91	4.79	1.30	3.48	1.30

注：1. 增重率（WGR）=100%×末均重/初均重。

2. 特定生长率（SGR）=100%×（ln末均重 －ln初均重）/试验周期。

3. 同行数据上标不同小写字母表示差异显著（P＜0.05）。

表10-16 日粮海带产品对斑点叉尾鮰饲料效率的影响（n=3）

指标	S	K5	K10	K15	BK5	BK10	BK15	KEH5	KEH10	KEH15	KEHE0.5	KEHE1.0	KEHE1.5
饲料系数 FCR	1.06±0.02^c	1.00±0.04^{ab}	0.98±0.01^{ab}	0.99±0.01^{ab}	1.00±0.04^{ab}	0.98±0.01^{ab}	0.99±0.02^{ab}	1.06±0.07^c	0.99±0.04^{ab}	0.96±0.03^a	1.03±0.04^{bc}	0.99±0.01^{ab}	1.03±0.02^{bc}
与S组比较/%	—	-6.00	-8.16	-7.07	-6.00	-8.16	-7.07	0	-7.07	-10.42	-2.91	-7.07	-2.91
蛋白质效率 PER/%	276.40±3.43^a	290.09±9.18^{abc}	299.87±3.68^{bc}	291.96±3.47^{abc}	294.84±10.88^{bc}	298.92±2.88^{bc}	294.78±4.23^{bc}	275.83±18.17^a	292.42±17.42^{abc}	302.16±9.34^c	282.21±8.80^{ab}	297.31±2.98^{bc}	284.36±5.91^{abc}
蛋白质沉积率 PRR/%	40.38±2.37	42.82±6.37	41.82±2.95	37.91±2.44	41.67±3.97	41.27±6.68	40.18±2.96	40.85±3.20	37.46±3.03	43.37±6.07	37.21±4.29	41.48±4.03	40.60±5.11
脂肪效率 LER/%	1125.09±13.95^a	1153.39±36.47^{ab}	1226.84±15.07^{cd}	1197.22±14.22^{bc}	1129.33±41.67^a	1154.69±11.12^{ab}	1256.04±17.99^d	1114.34±73.40^a	1115.06±66.43^{ab}	1249.89±38.63^{cd}	1202.26±37.48^{bcd}	1269.91±12.72^d	1214.22±25.23^{bcd}
脂肪沉积率 LRR/%	108.74±7.40	111.43±13.91	110.77±18.49	100.54±22.73	87.80±13.33	92.47±22.38	104.91±9.79	101.69±10.47	92.63±3.90	120.35±36.18	98.59±19.28	111.39±9.27	114.89±23.73

注：1. 饲料系数（FCR）=饲料总量/鱼体增重量。

2. 蛋白质效率（PER）=（鱼体增重量/蛋白质摄入量）×100%。

3. 蛋白质沉积率（PRR）=100%×（试验结束后鱼体蛋白质含量 －试验开始前鱼体蛋白质含量）/蛋白质摄入总量。

4. 脂肪效率（LER）=（体重增加量/脂肪摄入量）×100%。

5. 脂肪沉积率（LRR）=100%×（试验结束后鱼脂肪含量 －试验开始前鱼脂肪含量）/脂肪摄入总量。

6. 同行数据上标不同小写字母表示差异显著（P＜0.05）。

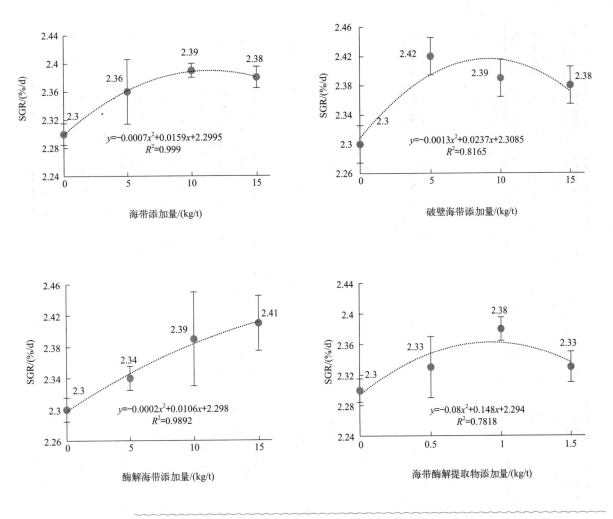

图10-9 日粮海带产品对斑点叉尾鮰特定生长率（SGR）的影响

海带，无法简单直接相比，但其试验结果也提示海带酶解提取物可以通过浓缩其营养成分大大降低饲料中所需添加量。

三、对鱼体成分和形体指标的影响

各组试验鱼的肥满度、脏体比和肝体比的差异均不显著（$P > 0.05$）（表10-17）。各组试验鱼的体成分也没有显著差异（表10-18）。

四、对血清生化指标的影响

斑点叉尾鮰血清生化指标见表10-19。与S组相比，各组CHOL、TG、HDL、LDL多有下降趋势，且高添加量组下降更明显，其中K10、BK5、BK15、KEH15、KEHE1.0、KEHE1.5组LDL显著降低（$P < 0.05$）；各组AKP水平上升，其中KEH5和KEHE1.0组差异显著（$P < 0.05$）；各组GLU均升高，其中BK5、BK10、KEH1.0组差异显著（$P < 0.05$）。各试验组AST、ALT、GLO、ALB没有显著差异（$P > 0.05$）。

血清生理指标可以一定程度上反映鱼体的代谢与健康状况。血清中的AST、ALT含量与肝脏健康紧

Nutritional Physiology and Feed of Freshwater Fish
淡水鱼类营养生理与饲料

表10-17 日粮海带产品对斑点叉尾鮰形体指标的影响（n=10）

指标	S	K5	K10	K15	BK5	BK10	BK15	KEH5	KEH10	KEH15	KEHE0.5	KEHE1.0	KEHE1.5
肥满度CF/(g/cm³)	1.43±0.02	1.39±0.02	1.44±0.04	1.40±0.03	1.43±0.01	1.40±0.01	1.39±0.03	1.35±0.02	1.36±0.01	1.35±0.03	1.32±0.03	1.33±0.02	1.36±0.02
脏体比HSI/%	8.43±0.63	8.93±0.80	9.17±0.15	8.80±0.97	7.78±0.61	8.95±1.08	8.49±0.94	8.10±0.20	8.08±0.55	8.1±0.45	8.86±1.14	8.69±1.20	8.18±0.64
肝体比VSI/%	1.41±0.03	1.35±0.07	1.40±0.04	1.48±0.03	1.48±0.06	1.51±0.1	1.36±0.01	1.31±0.07	1.36±0.06	1.34±0.03	1.42±0.05	1.37±0.13	1.42±0.05

注：1. 肥满度（CF，g/cm³）=体重/体长³。
2. 脏体比（HSI）=100%×内脏团重/鱼体重。
3. 肝体比（VSI）=100%×肝胰脏重/鱼体重。

表10-18 日粮海带产品对斑点叉尾鮰体成分的影响（n=3）

项目	S	K5	K10	K15	BK5	BK10	BK15	KEH5	KEH10	KEH15	KEHE0.5	KEHE1.0	KEHE1.5
水分/%	71.50±0.52	71.99±0.19	73.28±1.88	73.08±0.64	73.22±1.31	72.33±0.97	73.46±0.43	72.11±1.02	73.81±0.46	72.16±2.24	73.86±0.86	73.63±1.07	72.66±2.64
粗蛋白CP/%	13.68±0.72	13.81±1.33	13.22±0.65	12.49±0.69	13.34±0.66	14.37±0.67	12.98±0.78	13.83±0.61	12.22±0.37	13.51±1.21	12.61±0.85	13.22±0.98	13.44±1.22
粗脂肪EE/%	11.96±0.98	9.67±3.86	11.38±0.86	11.99±1.71	11.72±1.08	11.52±0.26	12.36±0.74	12.83±1.15	13.35±1.16	12.47±2.33	12.40±1.12	10.52±0.76	11.13±1.02
粗灰分/%	3.41±0.22	2.71±1.09	3.04±0.34	3.22±0.42	3.13±0.19	3.19±0.14	3.28±0.15	3.25±0.4	2.77±0.22	3.05±0.51	3.58±0.34	3.49±0.26	3.47±0.68

表10-19 日粮海带产品对斑点叉尾鮰血清指标的影响（n=3）

指标	S	K5	K10	K15	BK5	BK10	BK15	KEH5	KEH10	KEH15	KEHE0.5	KEHE1.0	KEHE1.5
合丙转氨酶AST/(U/L)	139.67±42.34	141.00±19.47	119.00±1.00	137.00±15.13	143.67±18.23	159.33±28.45	126.67±17.79	167.00±37.00	168.33±24.03	153.00±24.06	151.00±28.35	162.33±5.51	155.00±21.00
合草转氨酶ALT/(U/L)	7.33±1.15	5.67±0.58	8.33±1.15	6.00±2.00	6.67±1.53	8.33±1.15	6.33±1.53	6.00±1.00	6.67±2.31	8.00±1.00	8.33±1.15	8.00±1.00	8.67±1.53
碱性磷酸酶AKP/(U/L)	48.33 ± 4.73^{a}	55.67 ± 3.79^{abc}	52.67 ± 3.21^{abc}	48.33 ± 2.52^{a}	50.67 ± 0.58^{abc}	53.67 ± 0.58^{abc}	50.00 ± 9.00^{ab}	56.67 ± 4.16^{bc}	55.67 ± 3.06^{abc}	53.67 ± 0.58^{abc}	56.00 ± 3.61^{abc}	59.33 ± 3.21^{c}	56.33 ± 5.03^{ab}
球蛋白GLO/(g/L)	21.03±0.40	21.60±0.61	22.10±0.70	22.17±0.71	21.43±0.59	22.53±0.40	20.33±0.61	21.80±1.66	21.60±0.62	21.93±0.58	21.23±0.97	21.37±0.25	21.30±0.53
白蛋白ALB/(g/L)	11.37±0.21	10.97±0.38	11.00±0.26	11.10±0.46	11.10±0.17	11.37±0.67	11.37±0.67	11.13±0.59	10.87±0.35	11.17±0.31	10.93±0.38	10.9±0.17	10.73±0.47
胆固醇CHOL/(mmol/L)	4.43±0.25	4.12±0.32	4.24±0.21	4.17±0.30	4.12±0.28	4.51±0.67	3.89±0.25	4.79±0.89	4.36±0.32	4.47±0.30	4.54±0.48	4.75±0.20	4.40±0.42
甘油三酯TG/(mmol/L)	7.43±0.67	6.77±0.68	6.43±0.38	7.10±0.56	6.63±1.08	7.37±0.71	5.43 ± 0.49^{a}	8.70±3.04	7.13±0.61	7.27±0.76	7.03±1.25	7.83±0.58	6.83±1.33
高密度脂蛋白HDL/(mmol/L)	1.72±0.10	1.60±0.09	1.63±0.10	1.59±0.13	1.63±0.15	1.77±0.15	1.56±0.07	1.72±0.35	1.57±0.13	1.62±0.09	1.63±0.17	1.76±0.06	1.64±0.17
低密度脂蛋白LDL/(mmol/L)	0.67 ± 0.02^{d}	0.58 ± 0.12^{cd}	0.43 ± 0.04^{abc}	0.65 ± 0.11^{d}	0.39 ± 0.05^{ab}	0.78 ± 0.08^{d}	0.37 ± 0.02^{a}	0.65 ± 0.12^{d}	0.55 ± 0.10^{bcd}	0.39 ± 0.08^{ab}	0.56 ± 0.15^{cd}	0.47 ± 0.13^{abc}	0.30 ± 0.05^{a}
葡萄糖GLU/(mol/L)	3.80 ± 0.53^{a}	3.83 ± 0.67^{a}	4.13 ± 0.21^{ab}	4.80 ± 0.95^{abcd}	6.07 ± 0.80^{d}	5.37 ± 0.86^{bcd}	4.10 ± 0.30^{ab}	4.83 ± 1.19^{abcd}	5.70 ± 1.23^{cd}	5.00 ± 0.36^{abcd}	4.37 ± 0.67^{abc}	4.93 ± 0.67^{abcd}	4.90 ± 0.66^{abcd}

注：同行数据上标上不同小写字母表示差异显著（P<0.05）。

密联系。当肝脏受到损伤，细胞膜通透性增大，转氨酶会释放到血液中。本试验结果显示，各海带产品对AST和ALT均无显著影响，说明其并未对肝胰脏造成损伤。血清中CHOL和TG的含量可以反映脂类的代谢状况，CHOL升高说明肝功能可能受到影响，机体脂质代谢紊乱；而HDL和LDL则能反应脂类的转运状况，LDL将胆固醇由肝脏转运至肝外组织，而HDL的转运方向相反。LDL过高会引起CHOL在血管中堆积，诱发动脉粥样硬化；相反的是HDL水平越高表明机体逆转运胆固醇能力越强，胆固醇蓄积在动脉血管的可能性越小。本研究结果显示，与脂质代谢相关的CHOL、TG、HDL、LDL表现出一定下降趋势。表明海带产品对斑点叉尾鮰血脂健康无不良影响。其中K10、BK5、BK15、KEH15、KEHE1.0、KEHE1.5组的LDL显著下降，提示高添加水平的海带产品更有利于降低血脂。海带产品降血脂的功效与海带多糖有关，海带多糖可以通过调节与LDL的组装和分泌相关的基因表达以及缓解高脂肪日粮（HFD）诱导的胰岛素抵抗来减少LDL的过量产生。褐藻糖胶可以通过抑制外源性脂质吸收、促进内源性脂质代谢以及增加胆汁酸排泄等多途径调节机体脂质。斑点叉尾鮰在摄食海带日粮后，血清GLU上升，表明机体可能存在较高的糖代谢水平。其中BK5、BK10、KEH10组显著上调，提示海带处理后多糖降解为小分子糖更利于吸收，从而加强了斑点叉尾鮰对糖类的利用。

五、对血清激素水平的影响

各组斑点叉尾鮰的血清激素水平见表10-20。摄食海带产品日粮后斑点叉尾鮰的血清GH、IGF-1都有上升趋势，GH水平除K15、KEH5、KEHE1.5组外都有显著差异（$P < 0.05$），IGF-1水平则是K15、BK10、BK15、KEH10、KEH15以及KEHE1.0组表现出显著差异（$P < 0.05$）。与S组相比，各组INS水平有不同程度的下降，除BK15、KEH10、KEH15外均差异显著（$P < 0.05$）。血清中的LEP水平参差不齐，BK10、KEH10、KEH1.0、KEH1.5组显著低于S组，其余除KEH15组外均显著提高（$P < 0.05$）。除KEHE0.5和KEHE1.5组，其余组血清T4含量均高于对照组，K5、K10、BK5、BK10、BK15、KEH5、KEH15、KEHE1.0组显著高于对照组（$P < 0.05$）。

鱼类血清激素虽然含量低，但对鱼体的生命活动起着重要作用。GH是一种由垂体分泌的具有调节生长作用的多肽，是生长轴的核心激素，其通过促进脂肪分解、促进蛋白质合成、增强糖类利用等对生长发育起重要作用。而GH发挥作用的途径主要通过与肝细胞的GH受体结合，刺激肝细胞释放胰岛素样生长因子，通过IGFs和靶细胞相关受体结合促进细胞增殖生长。因此一般情况下，鱼类的生长速度与血清GH水平和IGF-1水平都呈正相关关系。本研究结果显示除K15、KEH5、KEHE1.5组外各组试验鱼血清GH水平都显著上升，IGF-1水平则是K15、BK10、BK15、KEH10、KEH15以及KEHE1.0组显著上升，与GH水平基本保持一致性。这表明海带对斑点叉尾鮰生长促进也通过GH/IGF-1生长轴调控。INS在机体中起着促进葡萄糖转化生成糖原以及抑制糖异生等作用，本试验结果中，血清胰岛素含量明显下降，符合血清中高血糖的结果。LEP是脂肪细胞分泌的一种蛋白质激素。LEP都可以通过对AgRP和POMC神经元调节产生食欲信号，低水平的LEP会表现出促进食欲的作用，而当机体营养过剩，产生的脂肪增加也导致LEP分泌增加，在减少摄食的同时促进脂肪代谢。本试验发现日粮海带产品对各试验组斑点叉尾鮰血清LEP水平有上升作用，正常情况下对食欲并无明显促进作用，但是鱼体摄食调控还受许多其他神经肽、激素影响，单单根据血清LEP水平亦无法准确判断。海带中富含的碘是合成甲状腺激素的关键原料，也是调节甲状腺功能的重要因素。尽管近来诸多报道论述了高碘对甲状腺的负面作用，但是机体对高碘的耐受性比碘缺乏的耐受性要强，且本试验的海带产品添加量较低，不存在碘过量的情况。因此按一般情况来说，血清碘离子（I⁻）含量升高为甲状腺素的合成提供了更多原料，本试验结果也表明，

表10-20 日粮海带产品对斑点叉尾鮰血清激素水平的影响（n=3）

项目	S	K5	K10	K15	BK5	BK10	BK15	KEH5	KEH10	KEH15	KEHE0.5	KEHE1.0	KEHE1.5
生长激素 GH/(ng/mL)	14.89±0.33[a]	16.24±0.45[e]	16.57±0.48[e]	14.47±0.29[a]	16.05±0.31[d]	18.70±0.32[g]	15.41±0.31[bc]	14.70±0.34[a]	18.01±0.09[f]	15.65±0.19[cd]	15.26±0.24[bc]	17.73±0.07[f]	14.60±0.24[a]
胰岛素样生长因子-1 IGF-1/(ng/mL)	417.00±6.60[a]	422.60±16.02[a]	430.15±14.53[ab]	446.56±4.86[bc]	417.56±13.72[a]	460.89±11.41[c]	494.15±11.81[de]	425.12±16.86[a]	465.93±9.24[cd]	486.59±9.91[de]	424.11±9.84[ab]	507.26±15.14[e]	437.21±15.44[ab]
胰岛素 INS/(mIU/L)	142.39±3.61[g]	131.69±2.69[d]	113.31±2.42[a]	120.78±2.65[bc]	119.43±2.04[b]	136.15±3.74[def]	138.44±3.78[efg]	125.56±2.42[c]	141.66±1.83[fg]	142.80±3.00[g]	132.00±2.65[d]	120.89±4.85[de]	134.49±4.21[de]
瘦素 LEP/(μg/L)	2.47±0.04[d]	2.73±0.01[f]	2.72±0.04[f]	2.84±0.02[e]	2.93±0.03[g]	2.35±0.06[b]	2.93±0.02[g]	2.77±0.01[e]	2.27±0.03[a]	2.44±0.01[cd]	2.46±0.04[cd]	2.40±0.05[c]	2.35±0.01[b]
甲状腺激素 T4/(pmol/L)	1475.15±24.31[b]	1948.19±48.98[f]	1837.23±39.75[e]	1438.26±47.20[b]	1699.02±46.72[d]	1652.30±55.71[cd]	2115.60±51.02[g]	1601.69±64.06[c]	1651.79±18.77[cd]	2006.59±38.88[f]	1282.43±14.70[a]	1963.76±33.21[f]	1334.99±33.21[a]

表10-21 血清激素水平与特定生长率的相关性分析（n=13）

项目		GH	IGF-1	INS	LEP	T4
SGR	R	0.121	0.445	-0.265	0.253	0.576
	P	0.693	0.128	0.381	0.405	0.039

表10-22 日粮海带产品对斑点叉尾鮰血清抗氧化指标的影响（n=3）

项目	S	K5	K10	K15	BK5	BK10	BK15	KEH5	KEH10	KEH15	KEHE0.5	KEHE1.0	KEHE1.5
超氧化物歧化酶 SOD/(U/mL)	14.88±0.94[ab]	15.28±1.53[ab]	14.98±0.95[ab]	12.69±1.21[a]	15.45±2.32[b]	12.71±0.85[a]	19.06±0.93[d]	14.98±0.44[ab]	14.73±0.65[ab]	16.50±1.71[cd]	15.80±1.68[b]	14.73±2.40[ab]	18.64±0.98[cd]
过氧化氢酶 CAT/(mmol/L)	1.04±0.13[a]	1.05±0.15[a]	1.25±0.40[a]	0.93±0.27[a]	1.05±0.21[a]	0.68±0.24[a]	2.26±0.47[c]	1.15±1.00[a]	2.66±0.31[a]	2.17±0.47[bc]	2.37±0.43[c]	1.46±0.26[c]	2.84±0.44[c]
总抗氧化能力 T-AOC/(U/mL)	7.85±2.72[ab]	8.14±6.07[ab]	15.05±5.44[b]	4.39±1.07[a]	16.27±4.45[b]	13.54±6.07[ab]	11.88±4.74[ab]	12.67±5.31[ab]	16.34±7.94[b]	14.90±2.49[b]	8.78±5.83[ab]	11.23±3.20[ab]	8.57±5.80[ab]
丙二醛 MDA/(nmol/mL)	8.72±0.67[a]	8.86±0.29[a]	8.86±1.14[a]	9.13±0.52[a]	9.27±0.88[a]	9.18±1.08[a]	9.27±1.10[a]	12.33±1.54[a]	13.11±1.38[a]	12.79±0.28[b]	9.63±1.18[a]	10.55±0.99[a]	10.50±0.34[a]
谷胱甘肽 GSH/(μmol/L)	162.63±19.72[a]	234.34±52.16[abc]	226.26±132.17[ab]	363.64±23.67[d]	321.21±113.34[bcd]	254.55±60.38[abcd]	197.98±56.07[ab]	368.69±67.37[d]	287.88±76.48[abcd]	209.09±34.42[ab]	193.91±49.61[ab]	301.01±68.86[bcd]	295.96±46.98[abcd]

注: 同行数据上标不同小写字母表示差异显著（P<0.05）。

海带产品可以提高斑点叉尾鮰血清T4水平。T4通过血液中的转运蛋白进入组织细胞，对机体的蛋白质合成、糖代谢、脂肪代谢等起促进作用。通常认为生长轴的GH和IGF-1是调节机体最重要的激素，但将血清中五种激素的含量与斑点叉尾鮰的特定生长率作相关性分析后发现，GH和IGF-1尽管呈现正相关关系但是不显著，反而是T4水平与SGR表现出较强的显著正相关关系，T4也被发现可以行使与GH类似的调节机体代谢和生长发育的功能，由此可以推测海带产品可能主要是通过甲状腺激素来调控机体生长的。

血清各激素水平与斑点叉尾鮰特定生长率的相关性分析见表10-21，除INS外，其余四种激素与SGR都呈现一定的正相关关系，其中T4的相关性显著（$P < 0.05$），IGF-1也有较强的正相关关系但是差异不显著（$P > 0.05$）。

六、对抗氧化体系指标的影响

各组抗氧化体系指标见表10-22。与S组相比，各组SOD、CAT、GSH有上升趋势，且在高添加量组表现出显著性，其中BK15、KEH15、KEHE1.5组血清SOD含量显著提高（$P < 0.05$），BK15、KEH10、KEH15、KEHE0.5、KEHE1.5组血清CAT含量显著提高（$P < 0.05$），K15、BK5、KEH5、KEHE1.0组血清GSH含量显著提高（$P < 0.05$）。各组T-AOC也有上升趋势，但是与S组相比差异不显著（$P > 0.05$）。酶解海带KEH组MDA含量均显著高于S组（$P < 0.05$）。

鱼体内有一套完整的抗氧化体系来维持自由基代谢平衡包括非酶类抗氧化和酶类抗氧化，酶类抗氧化包括超氧化物歧化酶（SOD）、过氧化氢酶（CAT）、谷胱甘肽（GSH）等，而总抗氧化能力（T-AOC）是非酶类和酶类的综合。海带中的褐藻糖胶、海带多酚、色素等均被证明有较好的体外抗氧化活性。饲料添加海带粉可以显著提高克氏原螯虾肝胰脏的SOD、CAT和GSH活性。在斑点叉尾鮰上的试验结果显示，摄食海带日粮后，各组SOD、CAT、GSH有均上升趋势。丙二醛（MDA）作为一种有毒害的过氧化物，其含量直接反应机体脂质过氧化物含量，间接反应细胞损伤程度，酶解海带组MDA有升高，其原因待进一步研究。总体而言，日粮中添加海带产品对提高斑点叉尾鮰的抗氧化能力有积极作用。

七、对胃肠消化酶活性的影响

斑点叉尾鮰胃肠的消化酶活性见表10-23。与S组相比，各组斑点叉尾鮰肠道和胃部的α-淀粉酶、脂肪酶、蛋白酶差异都不显著（$P > 0.05$）。然而摄食海带产品日粮后，斑点叉尾鮰肠道脂肪酶活性呈现下降趋势，破壁海带各组的α-淀粉酶活性均有上调趋势（$P > 0.05$）；胃部的α-淀粉酶、蛋白酶活性则都表现出上调趋势（$P > 0.05$）。

消化酶活性是研究鱼类消化生理的重要内容。由于消化道内缺少相关酶，海带中最多的多糖成分很难被吸收。通过研究试验鱼肠胃的α-淀粉酶、脂肪酶和蛋白酶结果发现均没有显著性差异，可能是添加量低或是试验天数不足导致的。从其变化趋势可以看出，肠道和胃部的脂肪酶活性有下降趋势，结合本试验的其他结果，日粮添加海带产品的饲料的脂肪效率有显著提高，而对脂肪沉积率的影响并不显著，同时血脂水平反而有下降趋势，推测可能是海带中黏性多糖妨碍了鱼体对外源性脂肪的吸收。尽管细胞破壁粉碎和酶解工艺已经降低了海带中难消化多糖的比例，但是对脂肪的吸收还是没有明显的改善。海带多糖具有抗氧化、抗菌、调节肠道菌群等生理活性，但是从高添加海带产品生长性能降低的结果来看，这些有利的生理活性可能会随着海带多糖的添加量提高而逐渐"功难抵过"。不过从α-淀粉酶和蛋白酶的角度，总体呈现活性上升趋势。海带对脂肪外的营养素的吸收并无不利影响。

表10-23　日粮海带产品对斑点叉尾鮰消化酶活性的影响（n=3）

项目		S	K5	K10	K15	BK5	BK10	BK15	KEH5	KEH10	KEH15	KEHE0.5	KEHE1.0	KEHE1.5
肠道	α-淀粉酶 α-AMS/(U/mg, 以蛋白质计)	0.59± 0.08[ab]	0.63± 0.24[ab]	0.59± 0.08[ab]	0.63± 0.24[ab]	0.69± 0.08[b]	0.66± 0.23[b]	0.68± 0.13[b]	0.66± 0.17[b]	0.39± 0.13[ab]	0.47± 0.05[ab]	0.68± 0.28[b]	0.32± 0.04[a]	0.70± 0.24[b]
	脂肪酶 LPS/(U/g, 以蛋白质计)	22.91± 8.45	15.54± 5.75	21.28± 3.58	16.47± 1.29	27.05± 8.41	23.16± 8.00	21.93± 11.73	16.50± 5.79	14.93± 9.10	13.78± 7.30	20.33± 5.88	23.54± 12.48	17.16± 8.86
胃	α-淀粉酶 α-AMS/(U/mg, 以蛋白质计)	0.20± 0.05	0.43± 0.16	0.35± 0.14	0.24± 0.13	0.21± 0.06	0.23± 0.04	0.39± 0.25	0.35± 0.18	0.24± 0.07	0.44± 0.19	0.21± 0.10	0.21± 0.01	0.19± 0.04
	脂肪酶 LPS/(U/g, 以蛋白质计)	46.04± 9.06	42.69± 14.05	54.71± 18.37	57.09± 16.28	41.18± 8.49	57.75± 14.99	41.49± 3.47	32.62± 11.56	41.30± 17.17	57.70± 20.74	40.95± 5.05	47.22± 18.91	46.31± 16.25
	蛋白酶 PPS/(U/mg, 以蛋白质计)	21.85± 7.04	31.93± 8.71	30.99± 13.12	31.47± 15.66	26.91± 10.1	34.22± 12.16	28.70± 8.54	28.53± 7.32	29.88± 7.55	32.20± 9.06	30.51± 11.24	29.12± 6.40	34.44± 12.59

注：同行数据上标不同小写字母表示差异显著（$P<0.05$）。

八、对肠道组织结构的影响

各组斑点叉尾鮰的中肠组织切片如图10-10和图10-11所示。与S组相比，各海带产品添加组中肠黏膜皱襞完整性较好，排列均较为密集，皱襞高度、宽度有增加趋势，肌层有明显增厚的趋势。将皱襞高度和肌层厚度数据量化统计到图10-12，除BK15和KEH5组外，各组试验鱼的肠道皱襞高度均显著提高（$P<0.05$），肌层厚度有显著差异的包括K10、BK15、KEH5、KEHE0.5、KEHE1.0、KEHE1.5（$P<0.05$）。"↓"所指为隐窝结构，其中S组中肠组织中较稀少，而各海带产品添加组的隐窝数有增加趋势，以BK15、KEH15、KEHE1.5组较明显且数目更多。

进一步放大中肠的纹状缘结构，由图10-11可见，与S组相比，各组纹状缘更为光滑，厚度有所增加，上皮细胞排列有序，空泡化现象减少。其中，以BK组的纹状缘结构最为紧密完整。

肠道是鱼体内与饲料直接接触的重要器官，其组织学结构与鱼体的消化吸收能力具有一致性。肠黏膜皱襞的高度、宽度、密度，上皮细胞的高低，肌层的厚度，纹状缘的发达程度，杯状细胞的数目等都与吸收能力密切相关。结果显示，各组试验鱼肠道皱襞高度和肌层厚度均有不同程度增加。皱襞高度增加可以扩大肠道与营养物质的接触面积，肌层厚度增加则有利于肠道蠕动，可见日粮添加海带产品对肠道形态结构有改善作用。绒毛基底部的黏膜层向黏膜下层凹陷形成肠道隐窝，其细胞组成与绒毛柄部和顶端有很大的差别，分化形成肠道干细胞、潘氏细胞等各种细胞，这些细胞（除潘式细胞）沿着隐窝-绒毛轴向上移动并逐渐成熟，最终达到绒毛顶部凋亡，形成肠上皮细胞的自我更新，这种上皮细胞的补充和脱落对维持肠黏膜完整性具有重要作用。日粮海带产品可能引起肠道隐窝数目一定程度上的增加。已有的研究表明营养因子和代谢产物可以在一定程度上上调肠上皮细胞的增殖分化速度和损伤修复速度，这些成分可能是多糖、脂肪酸、核苷酸、氨基酸甚至是矿物质元素。肠道隐窝大量增生可能是应激

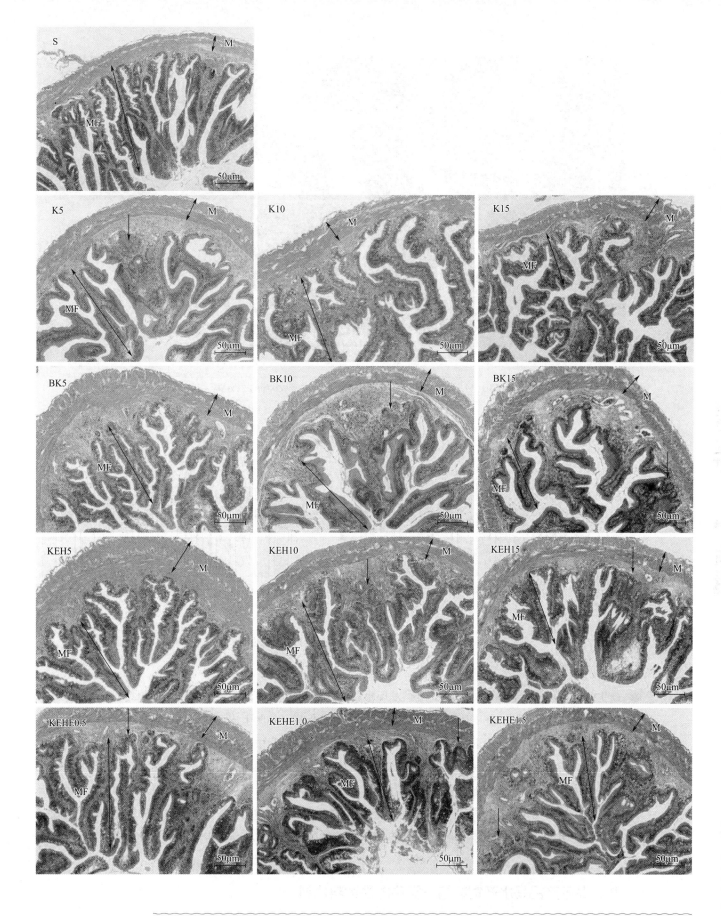

图10-10 日粮海带产品对斑点叉尾鮰中肠结构的影响

"MF"—皱襞高度;"M"—肌层厚度;"↓"指向肠道隐窝

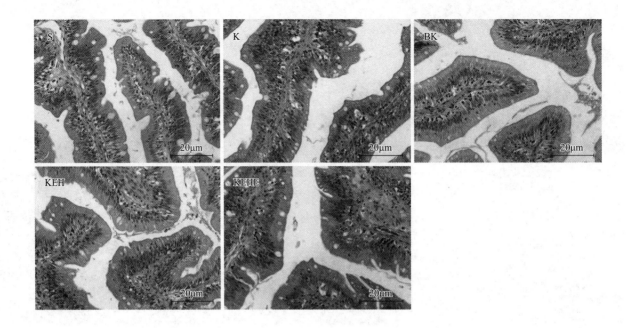

图10-11 不同海带产品代表组别斑点叉尾鮰中肠纹状缘的显微结构

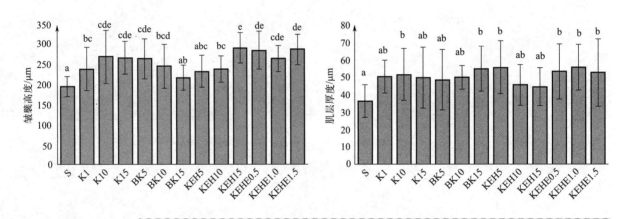

图10-12 日粮海带产品对斑点叉尾鮰皱襞高度和肌层厚度的影响

产生的肠道结构受损，但本研究的结果发现摄食海带日粮的鱼体肠道仅有少量较浅的隐窝出现，并不意味着肠道结构的受损，作者认为可能是海带中某些成分促进了小肠上皮细胞的更新，从而导致隐窝数目有所增加。纹状缘是在光镜下看小肠上皮细胞游离面的形态，实际由紧密排列的微绒毛构成，海带使试验鱼的纹状缘变厚、变光滑紧密，亦增加了上皮细胞与营养物质的接触面积。关于海带对肠道结构影响的研究不多，然而有众多研究指出，海带对肠道菌群以及肠道屏障功能有积极作用，推测海带中的海带多糖是促进肠道结构变化的主要因素。已经证实肠道结构的改变与肠道屏障功能的变化相关，海带通过促进肠道紧密连接性和优化肠道菌群结构来维持物理屏障和微生物屏障，进而对肠道结构的优化产生影响。

九、海带产品是水产饲料的一类功能性饲料原料

依据上述试验结果，可以得到以下认知：

① 饲料中添加海带、破壁海带、酶解海带和酶解海带提取物都能提高斑点叉尾鮰的增重率、特定生

长率，降低饲料系数，对斑点叉尾鮰的生长起促进作用。四种海带产品的适宜添加量依次为11.35kg/t，9.12kg/t，26.5kg/t，0.93kg/t。

② 相同添加量，细胞破壁粉碎处理的海带比酶解处理的海带饲喂斑点叉尾鮰的生长效果更好。以养殖效果来看，细胞破壁粉碎是更适合海带的加工方式。

③ 高添加量的海带产品对生长的促进效果不明显，海带中存在某些抗营养因子，可能与脂肪酶活性的降低有关。

④ 海带饲料可以提高斑点叉尾鮰血清GH、IGF-1、T4激素水平，其中T4水平与SGR表现出显著正相关关系，T4对斑点叉尾鮰生长的调控可能是海带促生长的作用机制之一。

⑤ 投喂海带产品饲料60d，斑点叉尾鮰血清转氨酶活性没有显著变化，海带产品不会对斑点叉尾鮰的肝胰脏产生损伤。同时也可以提高血清SOD、CAT、GSH活力，一定程度上增强机体抗氧化能力，维护鱼体健康。

⑥ 通过肠道组织形态的分析可以得出，海带能够增加斑点叉尾鮰肠道皱襞高度和肌层厚度，提高纹状缘致密性，说明海带能一定程度上增强肠道的消化吸收能力。

第四节
日粮四种海带产品对斑点叉尾鮰转录组差异表达与作用机制的研究

海带对养殖动物不完全是作为营养物质发挥作用，也可能是对摄食、对生理代谢机能维护或调控，对免疫防御、对抗氧化损伤、对损伤器官组织或细胞进行修复作用等。其可能因素众多，因此本试验采用转录组测序的方法，对试验鱼斑点叉尾鮰的触须、脑、垂体、肝胰脏、肠道五个组织进行了分析，旨在通过获得的转录信息筛选出摄食海带产品前后鱼体产生的差异表达基因，进一步分析其基因功能和作用的信号通路，更宏观地挖掘海带产品对斑点叉尾鮰生长、代谢的影响机制。

一、试验条件

各试验组分组、养殖和经过60d养殖试验结果的数据同第三节，只是选择不同组别的试验斑点叉尾鮰材料用于转录组的分析。

选取的试验组分别为对照组（S）、海带K10组、破壁海带BK5组、酶解海带KEH15组、酶解海带提取物KEHE1.0组。为了从诱食性、胃肠道因子及其对神经系统影响、生长激素轴线等进行转录组分析，用于转录组的试验材料包括了触须、脑、垂体、肝胰脏、肠胃黏膜组织共五个器官组织。用于转录组分析的取材数量是每个试验组的斑点叉尾鮰各组随机选取3尾鱼体，分别采集鱼体的触须、脑、垂体、肝胰脏、肠胃黏膜组织，每个网箱同一组织样品混合放入5mLEP管，迅速放入液氮中冷冻，用于后续提取RNA和转录组测序。因此，一个试验组有3个平行网箱，每个试验组的同一个材料（如触须）就有3个样本分别用于转录组测序和分析数据，最后按照数据统计方法取其平均值作为该组鱼体、该样本的测定值。

投喂对照组日粮和海带产品添加剂日粮的斑点叉尾鮰的触须、脑、垂体、肝胰脏、肠胃组织样本转录组测序样本的代号分别为：SZ对照组触须、SN对照组脑、ST对照组垂体、SG对照组肝胰脏、SW对照组胃肠道黏膜，KZ海带组触须、KN海带组脑、KT海带组垂体、KG海带组肝胰脏、KW海带组胃肠道黏膜，BKZ破壁海带组触须、BKN破壁海带组脑、BKT破壁海带组垂体、BKG破壁海带组肝胰脏、BKW破壁海带组胃肠道黏膜，KEHZ酶解海带组触须、KEHN酶解海带组脑、KEHT酶解海带组垂体、KEHG酶解海带组肝胰脏、KEHW酶解海带组胃肠道黏膜，KEHEZ酶解海带提取物组触须、KEHEN酶解海带提取物组脑、KEHET酶解海带提取物组垂体、KEHEG酶解海带提取物组肝胰脏、KEHEW酶解海带提取物组胃肠道黏膜。

转录组测序、基因注释委托外包公司进行，数据的分析由实验室进行。基因差异表达量的确定是以对照S组为基准，其他各试验组数据分别与S组数据进行对比、计算差异表达量。差异表达基因（DEGs）的筛选是依据基因在样本中的表达量的比值即差异表达倍数(fold change，FC)$\geqslant \log_2 FC \geqslant 2$，且FDR（错误发现率）$< 0.01$为筛选条件（FDR通过对差异显著性$P$值进行校正得到）。以$P$（$P$值）$< 0.05$作为显著差异的阈值标准。筛选出达到该条件的基因为显著差异表达基因，差异表达基因的注释分别基于NR、GO、KEGG数据库进行比对，并进行功能注释、功能富集、通路富集等表达水平分析。

本试验用于转录组分析全部样本的Q30均在93.77%以上，比对效率在89.35%以上，转录组数据可靠。依次将海带K10组、破壁海带BK5组、酶解海带KEH15组、酶解海带提取物KEHE1.0组数据与S组数据对比，触须组织分别得到1752(K10)、1723(BK5)、2035(KEH15)、2848（KEHE1.0）条显著差异表达的基因；脑组织分别得到1306、2331、1691、1600条差异基因；垂体组织分别得到2922、3103、3151、3561条差异基因；肝胰脏组织分别得到1796、1343、1726、1322条差异基因；胃肠组织分别得到2437、3228、2553、3889条差异基因。GO功能分类分析结果显示，触须差异基因被注释到细胞外区域、代谢过程、信号传感器活性等方面，脑部差异基因被注释到胞外区、系统发育、转录因子活性等方面，垂体差异基因被注释到质膜、神经元投射发育、结构分子活性等方面，肝胰脏差异基因被注释到线粒体、脂质分解代谢、天冬氨酸型内肽酶活性等方面，胃肠差异基因被注释到胞外区、糖类代谢、氧化还原酶活性等方面。KEGG通路分析结果显示，触须差异基因显著富集在疾病免疫相关通路，脑部和垂体的差异基因都富集于神经活性配体受体相互作用等信号通路，肝胰脏组织差异基因富集在类固醇生物合成、FOXO信号通路等通路上，胃肠组织差异基因则富集在PPAR信号通路、其他聚糖降解等通路上。

为了验证转录组基因注释的可靠性，从每个组织随机选取两个，共计10个差异表达基因进行荧光定量PCR技术对转录组结果进行验证，选用β-肌动蛋白（β-actin）作为内参基因。qPCR结果与转录组测序结果基本一致。

二、转录组的差异表达基因数与转录组结果的验证

采用EdgeR软件对差异基因进行分析，差异表达基因统计结果如表10-24所示。

表10-24　日粮与海带产品日粮饲喂的斑点叉尾鮰各组织转录组差异表达基因数量统计

DEG Set差异表达比对分组	DEG Number 显著差异表达基因数	Up-regulated差异表达显著上调基因数	Down-regulated差异表达显著下调基因数
SZ与KZ	1752	788	964
SN与KN	1306	815	491
ST与KT	2922	738	2184
SG与KG	1796	778	1018
SW与KW	2437	1176	1261

DEG Set差异表达比对分组	DEG Number显著差异表达基因数	Up-regulated差异表达显著上调基因数	Down-regulated差异表达显著下调基因数
SZ与BKZ	1723	935	788
SN与BKN	2331	1216	1115
ST与BKT	3103	736	2367
SG与BKG	1343	635	708
SW与BKW	3228	1767	1461
SZ与KEHZ	2035	1069	966
SN与KEHN	1691	847	844
ST与KEHT	3151	847	2304
SG与KEHG	1726	793	933
SW与KEHW	2553	1280	1273
SZ与KEHEZ	2848	1104	1744
SN与KEHEN	1600	827	773
ST与KEHET	3561	1271	2290
SG与KEHEG	1322	558	764
SW与KEHEW	3889	2104	1785

注: 1. DEG Set: 差异表达基因集, 使用"A与B"的方式命名。

2. DEG Number: 差异表达基因数目。

3. Up-regulated: 在样品B中的表达水平高于样品A中的差异基因数。

4. Down-regulated: 在样品B中的表达水平低于样品A中的差异基因数。

为了便于分析, 将在海带K10组、破壁海带BK5组、酶解海带KEH15组、酶解海带提取物KEHE1.0组中, 在同一个器官组织中均为显著差异表达的基因做了筛选, 见表10-25。

表10-25　各组织差异表达基因

组织	基因名称	NR注释	$Log_2(FC)$			
			K	BK	KEH	KEHE
触须	LOC108265045	味觉受体1型成员1样异构体X1	−1.45	—	—	−1.22
	LOC108255281	味觉受体1型成员3样异构体X1	−1.68	—	—	−1.46
	LOC108265044	G蛋白偶联受体家族C组5成员B	−1.68	—	−1.57	−1.81
	LOC108265046	味觉感受器类型1成员1样	−1.87	—	—	−1.98
	Gpr156	可能的G蛋白偶联受体156	−1.23	−1.03	—	—
	Gprc5b	G蛋白偶联受体家族C组5成员B	—	−1.68	−2.16	−1.61
	LOC108277953	代谢型谷氨酸受体5样	−1.13	—	−1.43	−1.29
	Asic1	酸敏感离子通道1异构体X3	−1.15	—	−1.29	−1.69
脑	KISS1R	Kiss-1受体	−2.63	−2.70	—	−0.98
	ADRA2A	α-2A肾上腺素受体	−1.85	−2.63	−1.83	−3.03
	Drd2	D(2)多巴胺受体	1.18	—	—	—
	Drd4	D(4)多巴胺受体	—	2.62	1.64	1.47
	POMC	阿黑皮质素原前体	—	—	−3.64	−6.69

组织	基因名称	NR注释	Log$_2$(FC)			
			K	BK	KEH	KEHE
脑	POMC-2	阿黑皮质素原	−1.41	−1.63	−4.04	−3.11
	HTR6	5-羟色胺受体6	−1.54	—	−1.45	−1.49
	LOC108276628	γ-氨基丁酸受体亚基rho-3样异构体X1	1.99	1.79	2.38	2.37
	LOC108278497	γ-氨基丁酸受体亚基alpha-6样	3.15	1.68	2.57	2.42
脑垂体	TRHR	促甲状腺激素释放激素受体	1.54	2.03	2.32	1.92
	Drd4	D(4)多巴胺受体	1.00	1.37	1.42	1.07
	Drd5	D(5)多巴胺受体	2.06	1.54	—	—
肝胰脏	IGF1	胰岛素样生长因子Ⅰ前体	1.22	—	1.31	—
	IGF2	胰岛素样生长因子Ⅱ	1.02	1.62	1.61	2.05
	IRS2	胰岛素受体底物2	−2.53	−3.04	−3.43	−3.24
	PLIN2	围脂滴蛋白2	−1.18	−1.41	−1.98	−3.02
	FASN	脂肪酸合酶异构体X1	−3.15	−1.01	−3.59	−2.90
	SCD	酰基辅酶A去饱和酶	−3.17	—	−2.45	−1.14
	ASS1	精氨琥珀酸合酶	1.40	1.21	—	1.09
	GLS2	谷氨酰胺酶肝胰腺亚型，线粒体	—	1.39	1.21	1.33
	RDH5	11-顺式视黄醇脱氢酶	1.51	1.37	2.01	1.81
	AKT	RAC-γ丝氨酸/苏氨酸蛋白激酶同工型X2	—	2.41	2.28	1.77
	FOXO3	叉头盒蛋白O3	−1.14	—	−1.28	−1.07
	CCNB1	G2/有丝分裂特异性细胞周期蛋白-B1异构体X1	−2.36	−1.70	−1.35	−1.29
	CCNG2	细胞周期蛋白-G2	−1.33	−1.18	−1.42	−1.07
	CDKN1A	细胞周期蛋白依赖性激酶抑制剂1异构体X1	−3.27	−3.81	−4.84	−4.16
肠道和胃	FABP2	脂肪酸结合蛋白，肠道	−2.08	−3.16	—	−5.29
	CD36	血小板糖蛋白4	−2.13	−3.03	−1.16	−5.26
	GALE	UDP-葡萄糖-4-差向异构酶异构体X1	—	1.59	1.34	1.52
	AGA	N(4)-(β-N-乙酰氨基葡萄糖)-L-天冬酰胺酶前体	—	1.26	—	1.39
	FUCA1	组织α-L-岩藻糖苷酶1	3.14	2.77	1.08	3.13
	FUCA2	组织α-L-岩藻糖苷酶2	1.64	2.97	—	3.09
	GLB1	β-半乳糖苷酶1	1.93	2.90	—	3.12
	HEXB	β-己糖胺酶亚基β异构体X1	—	1.50	—	1.47
	MAN2B1	溶酶体α-甘露糖苷酶	1.45	2.75	—	2.58
	GALT	半乳糖-1-磷酸尿苷酰转移酶异构体X1	—	1.85	—	1.63
	GNPDA2	葡萄糖-6-磷酸异构酶2	—	1.35	—	1.40
	Hk1	己糖激酶-1	—	1.59	—	1.99

三、对转录组结果的分析

本试验转录组的分析涉及四种不同海带产品，我们将不同海带产品组看作平行处理，认为四个海带产品组所共同富集的KEGG通路，以及相同通路中表达趋势呈现一致性的基因应当是海带这种原料本身对鱼体产生作用的途径以及位点，下列分析均是基于该分析方法。

（一）海带产品对触须转录组表达的影响

味觉在进食决策中起着关键作用，可以保护机体免受毒素侵害以及选择合适的营养物质。味觉主要由脊椎动物的味觉受体（taste receptors，TRs）介导。TRs被鉴定为七种跨膜G蛋白偶联受体，并在味蕾中表达。它们可以检测可溶性刺激，并启动味觉的信号转导。鲇鱼的不同组织器官都有TRs的分布，而以触须和皮肤分布最多。因此本研究以味觉受体主要分布的触须组织为研究对象进行转录组测序。研究结果显示，味觉受体存在T1Rs和T2Rs两个家族，T1Rs包括T1R1、T1R2和T1R3三种亚型，T1R2与T1R3结合形成特异性异源二聚体，对天然糖、D-氨基酸、蔗糖、糖精和甜蛋白等味觉物质具有甜味反应，而T1R1/T1R3则会对鲜味反应，T2Rs家族则是苦味的受体。另外，咸味和酸味的感受则主要依赖离子通道传递信号，包括感受咸味的钠离子通道和感受酸味的酸敏感离子通道。不同食性的鱼有不同的味觉偏好，主要受到遗传因素、个体发育和生态因子的综合影响，但是通常来说鱼类更偏好甜、鲜味，而对苦味都很排斥。

斑点叉尾鮰触须的转录组结果显示，基于KEGG通路分析，差异表达基因并未富集于味觉转导通路上（taste transduction，Ko04742）。而基于NR数据库信息，筛选出了9个味觉受体相关基因，分别与甜味、鲜味和酸味受体相关。各个基因在不同海带产品饲喂的斑点叉尾鮰触须中均呈下调表达。尽管有研究表明甜味会对斑点叉尾鮰起震慑作用，但本试验结果无法定论因甜味受体基因表达降低，海带产品的添加会吸引斑点叉尾鮰摄食。但从没有苦味受体相关基因表达上调可以推测，海带产品的添加对饲料风味并无不良影响。同时，破壁海带组显著下调的甜和鲜味受体基因数较少，提示其适口性可能更好。

（二）海带产品对脑、垂体转录组表达的影响

脊椎动物的下丘脑和垂体是机体最重要的内分泌器官，两者共同组成下丘脑-垂体激素系统，参与合成释放调控因子，调节机体的生理活动。与对照组相比，各试验组鱼脑组织和垂体组织的转录组差异基因都涉及神经活性配体-受体相互作用、细胞因子与细胞因子受体的相互作用、ECM受体相互作用、细胞黏附分子等信号分子相互作用的信号通路，其中又都显著富集于神经活性配体-受体相互作用的信号通路，可见该通路不仅存在众多差异基因，也是不同海带产品所共同影响的通路，最值得关注。

神经活性配体-受体相互作用信号通路所包含的受体可分为4类，包括A类视紫红质样（rhodopsin like amine）、神经肽（neropeptide）、激素蛋白（hormone protein）、类胡萝卜素（carotenoids）、核苷酸样（nucleotide like）等，B类分泌素样（secretin like），C类代谢型谷氨酸/信息素（metabotropic glutamate/pheromone）以及离子通道/其他受体（channels/other receptors）。各试验组在该条通路上与对照组有显著差异的基因数量繁多，且各有差异，然而组间所共有的差异表达基因应当与海带对斑点叉尾鮰机体的影响有关键作用。通过对脑、垂体重复基因的筛选发现，摄食相关的POMC基因、吻素受体（KISS1R）、α-2A肾上腺素受体（ADRA2A）、5-羟色胺受体6（HTR6）表达一致下调，多巴胺受体（Drd4）表达上调。POMC神经元是调节进食行为的中央黑皮质素系统的组成部分，由POMC产生的α-MSH与MC4R结合会起抑制食欲的效果。KISS1也参与摄食调控，KISS1神经元能通过激活POMC神经元发挥抑制食欲的作用。Drd4属于D2样多巴胺受体家族，有研究报道在小鼠下丘脑注射D2样多巴胺受体激动剂和拮抗剂均对摄食有影响。多巴胺系统通过调节奖赏环路参与摄食调控，它与POMC神经元和AgRP神经元均有相互作用，最终形成一种与成瘾药物奖赏模式类似的食物奖赏。多巴胺会通过抑制由β2-肾上腺素受体激活的

腺苷酸环化酶活性对α-促黑激素（α-MSH）起负反馈调节作用。5-HTR也可以通过抑制NPY的摄食效应起抑制摄食的作用，其受体之一的*HTR6*基因表达在本试验中显著下调。上述四个相关基因的表达趋势均与*POMC*的下调结果吻合，其中是否存在交互影响作用尚不明确，但是总体表现出对机体食欲促进的效果。已知的三种促进食欲的经典途径，包括*AgRP*通过阻断POMC神经元产生的α-MSH与MC4R结合，抑制表达*MC4R*受体的神经元的活性；NPY通过与分布在ARC等下丘脑多个亚区的NPY1或NPY5受体结合，促进食欲；AgRP神经元分泌的4-氨基丁酸（GABA）递质可以通过与局部区域POMC神经元上的GABA受体结合直接抑制POMC神经元活性，促进摄食。本试验中，还可以从神经活性配体受体相互作用信号通路中发现功能注释为*GABA*受体的两个基因显著上调，可以推测海带可能通过AgRP分泌GABA对POMC神经元起抑制作用，同时与吻素、多巴胺、5-羟色胺等调节因子共同作用对鱼体的摄食起一定的促进作用。然而其主要外周信号*Leptin*、*CCK*等的受体表达没有显著差异，同时各海带产品组鱼体血清瘦素含量也和生长结果没有表现出相关性，可能是其他外周信号在起作用，而具体是哪些信号还需进一步研究。

机体甲状腺的功能表达受下丘脑-垂体-甲状腺轴的影响，而促甲状腺激素释放激素（TRH）为该轴上的最上层调节因子。下丘脑分泌TRH通过结合促甲状腺激素释放激素受体（TRHR）刺激垂体释放促甲状腺激素（TSH），然后TSH激发甲状腺滤泡上皮细胞合成甲状腺激素（T4）和三碘甲腺原氨酸（T3），各海带产品添加组TRHR与S组相比的倍性变化量分别为1.54、2.03、2.32、1.92，结合第三节血清T4含量的结果来看，其对应组别的血清T4含量分别为1837.23pmol/L、1699.02pmol/L、2006.59pmol/L、1963.76pmol/L，呈现一定的正相关关系（$R=0.354$），因此可以推测海带产品可以通过上调TRHR对T4的合成起促进作用。

（三）海带产品对肝胰脏转录组的影响

肝胰脏是动物代谢的中心，海带日粮对斑点叉尾鮰肝胰脏转录组的代谢基因产生了重大影响。其影响的面很广，差异基因涉及的通路主要与脂质代谢相关，涉及亚油酸代谢、花生四烯酸代谢、甘油磷脂代谢、醚脂质代谢、α-亚麻酸代谢、类固醇激素的合成、类固醇生物合成、脂肪酸代谢、不饱和脂肪酸的生物合成、乙醚脂质代谢、PPAR信号通路、脂肪细胞因子信号通路等相关通路，此外还与色氨酸代谢、赖氨酸降解、精氨酸生物合成、丙氨酸和天冬氨酸以及谷氨酸代谢、氨基酸生物合成、半胱氨酸和蛋氨酸代谢等氨基酸相关通路以及萜类骨架的生物合成、卟啉与叶绿素代谢、视黄醇代谢、烟酸和烟酰胺代谢这些相关营养素的代谢密切相关。脂肪代谢的差异表达基因中，围脂滴蛋白2（*PLIN2*）被发现表达显著下调。围脂滴蛋白（perilipin）包被在甘油三酯、胆固醇脂滴外围可以作为一层屏障防止脂滴被脂肪酶水解，其表达活性降低意味着脂滴更容易与酶接触，脂肪分解加快。研究表明，其活性的调控受胰岛素、β-肾上腺素、心钠素的影响。高水平的胰岛素会抑制脂滴蛋白去磷酸化，从而对脂肪合成有一定的促进作用。脂滴蛋白表达下调可能受摄食海带后鱼体血清胰岛素降低所影响。而脂肪分解速度的增加也会降低血清CHOL、TG的含量。此外，精氨琥珀酸合酶（*ASS1*）、谷氨酰胺酶（*GLS2*）等与精氨酸、谷氨酸等氨基酸合成相关的基因显著上调，与视黄醇代谢相关的视黄醇脱氢酶（*RDH5*）基因显著上调。这些营养素代谢率的提高可能是由于胰岛素样生长因子*IGF-1*、*IGF-2*转录水平的提高。结果显示海带产品可以通过提高肝胰脏*IGF-1*、*IGF-2*表达水平，以及血清中IGF-1含量来促进斑点叉尾鮰的生长。尽管并未发现垂体*GH*以及肝胰脏*GHR*有显著表达差异，但是有报道称*IGF-1*和*IGF-2*同样也受包括甲状腺激素在内的一些固醇类激素的调控，因此垂体的TRHR和血清T4水平的提高可能对两者上调有一定的调节作用。

肝胰脏转录组差异基因均富集的FOXO信号通路也是关注重点。进一步分析发现，海带产品可能通过INS/IGF1介导，激活P13K-AKT通路，然后AKT磷酸化激活FOXO3参与自噬调控通路。其中AKT是一类蛋白激酶A/蛋白激酶G/蛋白激酶C家族的丝氨酸/苏氨酸激酶，在细胞生长、存活、凋亡及糖代谢等中起关键作用，本试验中海带产品组斑点叉尾鮰肝胰脏AKT表达显著上调。海带和破壁海带组中FOXO3基因表达显著下调。叉形头转录因子O亚型3（FOXO3）是FOXO家族的重要成员，在细胞增殖、分化、凋亡中发挥重要作用。FOXO3的转录活性受磷酸化调控，AKT可以磷酸化FOXO3的Thr32/Ser315/Ser253位点，磷酸化激活的FOXO3将与结构蛋白14-3-3特异性结合，从而被阻止进入细胞核，其介导的自噬基因丧失转录活性，从而降低细胞凋亡。本研究中，FOXO3的下游调节的细胞周期及细胞凋亡相关基因，包括周期蛋白cyclin家族的CCNB1、CCNG2基因，CIP/KIP家族的p21相关基因表达均下调。可见海带产品可能通过FOXO信号通路抑制细胞凋亡，对降低肝胰脏损伤、维持其健康状态具有积极作用。

（四）海带产品对胃、肠转录组的影响

胃部以及肠道等消化器官与饲料及其中营养物质直接接触，结果也显示其差异基因更多地与营养素的代谢相关，并且差异基因数目显著多于其余组织，海带K10组、破壁海带BK5组、酶解海带KEH15组、酶解海带提取物KEHE1.0组分别达到2437个、3228个、2553个、3889个，表明海带产品可能对肠道消化有着更广泛更深刻的影响。

本试验中，差异基因显著富集在与脂质代谢相关的PPAR信号通路、甘油酯代谢、甘油磷脂代谢、脂肪酸生物合成、脂肪细胞因子信号通路、脂肪酸代谢、脂肪酸降解、初级胆汁酸生物合成、乙醚脂质代谢、丙酮酸代谢等各个通路，且均表现为下调。基于对PPAR信号通路的分析，主要因子为上游的脂肪酸结合蛋白2（FABP2）。短链脂肪酸通过简单扩散作用直接进入肠道黏膜上皮细胞因此易于被吸收，但长链脂肪酸通过时需要载体，包括肠上皮细胞纹状缘膜中的脂肪酸结合蛋白FABPs、脂肪酸移位酶CD36等转运蛋白。这些转运蛋白对长链脂肪酸表现出很强的亲和性，通过与其特异性结合，将脂肪酸输送到内质网生成甘油三酯，参与脂肪酸的转运、储存及释放。本试验结果显示FABP2和CD36基因其表达显著下调，很可能是由于海带多糖对脂肪酸的吸附性阻碍了脂肪酸与肠道的接触，从而降低了肠道对脂肪酸的吸收，导致FABP2和CD36基因表达显著下调，进而也导致胃肠道脂肪酶活性的降低，这也可能是高添加量海带造成斑点叉尾鮰生长性能有所下降的原因之一。

与脂肪代谢相反的是，斑点叉尾鮰胃肠对糖类的代谢有显著增强，差异表达基因显著富集于其他聚糖降解、氨基糖和核苷酸糖代谢、糖胺聚糖降解、半乳糖代谢、果糖和甘露糖代谢、N-聚糖生物合成等代谢通路，参与代谢的UDP-葡萄糖-4-差向异构酶（GALE）、α-半乳糖苷酶（AGA）、α-L-岩藻糖苷酶（FUCA1、FUCA2）、β-半乳糖苷酶（GLB1）、β-己糖胺酶（HEXB）、α-甘露糖苷酶（MAN2B1）、半乳糖-1-磷酸尿苷酰转移酶（GALT）、葡萄糖-6-磷酸异构酶-2（GNPDA2）、己糖激酶-1（Hk1）等糖代谢相关酶基因显著上调。海带可以提高肠胃消化道内包括淀粉酶在内的糖代谢相关酶活性，提高其对糖类的消化能力。糖代谢能力的增强也导致了血清GLU含量的显著升高。有趣的是，甲状腺激素也被认为对肠道糖类吸收有调控作用，研究发现甲状腺机能亢进小鼠会提升葡萄糖摄入水平。摄食海藻对鱼体甲状腺激素影响的研究很少，但是甲状腺激素调控应当是海带对斑点叉尾鮰激素调控的重要手段之一。

值得注意的是，其他聚糖降解信号通路为四个试验组均显著富集的信号通路，其中两种α-L-岩藻糖苷酶（FUCA1、FUCA2）基因表达显著上调。α-L-岩藻糖苷酶是一种溶酶体酸性水解酶，负责水解岩藻多糖糖苷键的非还原末端的L-岩藻糖残基，释放出L-岩藻糖。L-岩藻糖（fucose）是一种六碳糖，

广泛存在于海藻中，尤其在褐藻中含量高，是大分子量的褐藻糖胶（fud）的构成部分之一。褐藻糖胶已被证明可以通过促进肠道益生菌生长以及抑制致病菌增殖维持肠道菌群平衡，而L-岩藻糖也能起到相似的作用，此外由于L-岩藻糖相比褐藻糖胶分子量小、黏度低、更易吸收，还可以作为多形拟杆菌（*Bacteroides thetaiotaomicron*）、肠道乳酸菌（*Lactobacillus* spp.）及双歧杆菌（*Bifidobacterium* spp.）等益生菌的碳源之一。因此酶活性的高低对肠道菌群的调控有重要作用。肠道上皮细胞所含的α-L-岩藻糖苷酶水解的L-岩藻糖向肠道微生物提供了营养或黏附受体，部分有益菌极易感知和利用这些L-岩藻糖，从而使得其作为信号分子利于有益菌在肠黏膜上定植，相应的病害菌的定植受到抵抗，这些有益菌群利用L-岩藻糖反过来为宿主提供免疫保护。因此α-L-岩藻糖苷酶FUCA1、FUCA2活性的提高应当会对肠道菌群的调节产生积极影响。

四、海带产品对斑点叉尾鲴的作用机制分析

通过本试验的结果，可以有以下认知。

① 海带产品在斑点叉尾鲴触须组织的转录组差异基因表达未富集于味觉信号通路，本试验所用剂量的海带产品及其中的促摄食物质可能对斑点叉尾鲴味觉引起的摄食影响没有明显效果，呈味物质对其受体基因的表达没有产生显著的影响。

② 海带产品在斑点叉尾鲴脑组织和垂体组织的转录组差异基因均富集于神经活性配体受体相互作用信号通路，POMC、KISS1R、ADRA2A、HTR6表达量下调，POMC神经元可能因此受到抑制，对中枢神经调控的摄食行为表现为促摄食作用。垂体TRHR基因表达上调，可能对促进甲状腺激素分泌起正向调控作用。

③ 海带产品在斑点叉尾鲴肝胰脏组织的转录组差异基因显著集中在脂质代谢相关通路、氨基酸生物合成、FOXO信号通路等。海带可以通过P13K-AKT通路磷酸化激活FOXO3，通过抑制FOXO信号通路下游的周期蛋白cyclin家族的CCNB1、CCNG2基因以及CIP/KIP家族的CDKN1A，抑制细胞凋亡，维护肝胰脏健康。

④ 海带产品在斑点叉尾鲴肠胃组织转录组结果中，脂质代谢通路上游FABP2、CD36基因表达下调，可能是脂质代谢降低的靶点。糖代谢相关基因GALE、AGA、FUCA1、FUCA2、GLB1、HEXB、MAN2B1、GALT、GNPDA2、HK1表达上调，肠道糖类吸收加强。

因此，依据转录组试验结果，分析海带产品对斑点叉尾鲴的作用机制，海带产品对斑点叉尾鲴的摄食调控、激素调控、糖代谢、脂肪吸收等方面产生了重大影响。摄食调控方面，海带产品未对斑点叉尾鲴的味觉受体以及味觉的信号转导产生明显影响，但是可能通过促进下丘脑GABA受体的表达，从而抑制POMC表达，阻碍其产生的α-MSH与MC4R结合，同时KISS1R、ADRA2A、HTR6显著下调，Drd4上调，各食欲调节因子共同作用促进机体食欲，提高生长速度。海带可以提高垂体TRHR的表达水平，对甲状腺激素的分泌起一定的促进作用，然后通过甲状腺激素的调控，上调肠道糖代谢相关酶的活性，促进肠道对糖的吸收，提高血糖含量，起到促进鱼体生长的作用。海带还能通过IGF-1激活FOXO信号通路，由AKT磷酸化FOXO3调节下游的CCNB1、CCNG2、CDKN1A基因，抑制细胞凋亡，维护肝胰脏健康，维持机体正常代谢。但是，海带也会抑制肠道FABP2和CD36的表达，降低胃肠道脂肪酶的活力，妨碍机体对脂肪的吸收和代谢。

为了较直观地显示海带产品对斑点叉尾鲴生长的调控机制，做了下述路径图（图10-13）。可以看到，海带产品制备的饲料进入水体后经感受器定位进入口腔。斑点叉尾鲴依赖吻端、触须以及口腔内的味觉

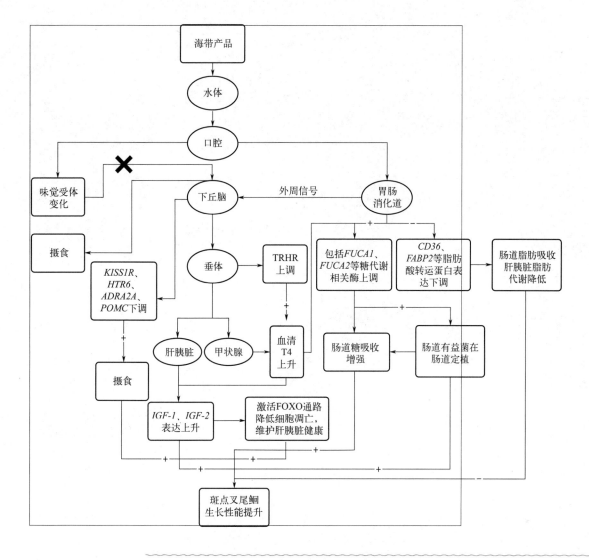

图10-13 海带产品对斑点叉尾鮰生长影响途径

分辨饲料风味，选择是否吞咽，但是海带产品并没有对味觉受体有明显影响，可能与添加量、呈味物质种类及其含量较少有关。当饲料进入鱼的消化道后，鱼体分泌外周信号到神经中枢，引起下丘脑AgRP神经元分泌GABA以抑制POMC神经元，伴随着其他抑制食欲的调节因子下调，总体表现出对食欲有促进作用，最终提高斑点叉尾鮰的生长性能。下丘脑通过血脑屏障感受到的外周信号传递到垂体，推测可能的信号是血清中T4含量的增加，从而引起垂体 TRHR 表达上调，其表达量与血清T4含量有一定正相关关系，因此可能是T4的上游调节因子，促进T4的合成分泌。血清T4含量提高后，表现出与GH类似的成长促进效果，整体提高了鱼体的代谢水平。一方面，肝胰脏 IGF-1、IGF-2 表达增强，血清IGF-1含量提高。另一方面，肠道糖代谢酶相关基因表达均上调，增强了鱼体对糖的吸收。虽然没有直接证据，但是T4可能是肝胰脏产生IGF增多以及肠道对糖类吸收增强的调控激素之一。产生的IGF还会激活肝胰脏FOXO信号通路减少肝细胞凋亡以对肝胰脏健康起一定的维护作用。上述结果都对生长速度的提高起积极作用。而最开始肠道脂肪的消化吸收就由于海带中多糖的存在被阻碍了，肠道上皮细胞接触到的脂肪减少，引起FABP2、CD36等转运蛋白活性的降低，最终导致消化道脂肪酶活力降低，血脂水平下降，高添加量下鱼体脂肪含量有下降趋势，这些都是生长受到抑制的信号。总的来说，海带通过对摄食、以甲状腺激素为主的激素调控、肠道糖类的吸收、肝胰脏健康等方面进行调节，促进斑点叉尾鮰的生长。

Nutritional

Physiology

and

Feed of

Freshwater

Fish

淡 水 鱼 类

营 养 生 理

与

饲 料

第十一章
养殖鱼类的食用质量

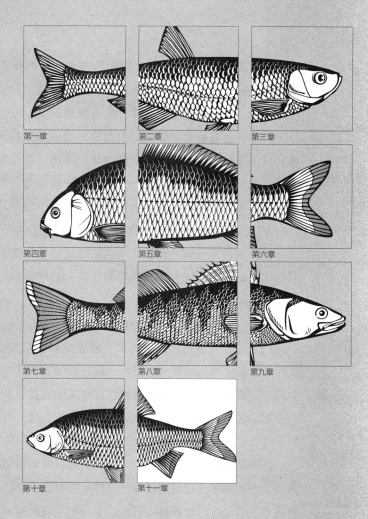

第一章　　第二章　　第三章
第四章　　第五章　　第六章
第七章　　第八章　　第九章
第十章　　第十一章

水产养殖的目标是为了提供优质的水产动物食品，尤其是含蛋白质和高不饱和脂肪酸的水产食品。动物蛋白质周转代谢的研究表明，水产动物体内的蛋白质数量和质量处于动态变化之中，每时每刻都在进行着蛋白质的合成与分解，数量的增值来自于蛋白质的合成量大于分解量。如果从生物化学层面分析，一方面需要食物或饲料蛋白质来提供氨基酸用于新的蛋白质的合成，同时尽量节约饲料蛋白质氨基酸用于能量的消耗和向其他物质的转化，最大限度地保持蛋白质的合成量大于分解量，实现养殖动物蛋白质数量的增值；另一方面，水产动物蛋白质代谢包括了合成代谢与分解代谢，分解代谢是体内蛋白质更新、细胞更新、组织更新的正常生理过程，分解代谢产生的氨基酸也是新的蛋白质合成的原料。因此，蛋白质合成代谢所需要的氨基酸有二个主要的来源：一是来自于食物或饲料的氨基酸，二是体内蛋白质分解代谢所产生的氨基酸。为了实现养殖动物蛋白质数量的增值，最大限度地减少体内氧化应激、细胞损伤，有效控制住蛋白质的分解代谢量，也是实现蛋白质合成量大于蛋白质分解量的有效途径。

我们也要认识到，水产动物蛋白质的合成是受到遗传控制的，并在水产动物生长发育过程中得到程序性的表达；体蛋白质的合成与分解也受到季节温度、水产动物自身生理状态的影响，即在水产动物生活、生长发育的阶段性过程中，通过基因的程序性表达控制着新的蛋白质种类和数量的更新与合成代谢。一定要注意的是被更新的蛋白质种类和数量、新合成的蛋白质种类和数量是受到遗传控制的，而遗传控制的表现过程是基因的表达与蛋白质的合成，其结果是蛋白质种类和数量的更新或新陈代谢。这些因素综合表现为水产动物个体的发育、生长过程和结果。

水产动物的食用价值包括了营养价值、风味价值和食用安全性。水产动物的营养价值不仅仅在于蛋白质，还有高不饱和脂肪酸等。饲料物质对水产食品的风味是有重要影响的，脂类是影响水产食品风味的重要因素。水产动物体内沉积的脂肪和脂肪酸组成受到日粮中脂肪和脂肪酸的重大影响，这在前面已经做过分析。因此，日粮的脂肪和脂肪酸组成对鱼体的食用风味和营养价值有直接性的影响。就饲料物质对养殖水产动物食用风味的影响程度而言，饲料脂肪和脂肪酸的影响程度远大于饲料蛋白质和氨基酸的影响程度。养殖水域环境中的藻类、水体有机物和污染也是影响水产动物食品风味、食用安全性的主要因素。对于水产食品安全性中药物残留、有害物质残留的问题，除了在养殖过程中尽量实现非药物化的养殖过程控制外，饲料途径中则以维护养殖水产动物的生理健康、增强免疫防御能力、有效控制病害实现对养殖过程药物的使用控制。

第一节
鱼类肌肉细胞与肌肉组织

本节的主要目的是认知水产动物，主要是鱼类的肌肉细胞和肌肉组织的结构和物质组成，了解它们的基本组成和结构，是了解水产动物食用价值的基础。新合成的蛋白质在水产动物体内并不是简单的堆积，而是要转变为肌肉细胞、肌肉组织的组成物质和结构性物质，逐渐在动物体内沉积并表现为动物体重的增长。尤其是在注重养殖水产品食用质量的情况下，一些"异味""不安全"物质在肌肉细胞、肌肉组织中的沉积将严重影响水产品的食用质量。

一、肌细胞与肌肉组织

肌细胞亦称肌肉细胞，又称肌纤维，在组织学上，一个肌纤维就是一个肌细胞。肌细胞与普通的细胞有很多的不同，最为显著的差异是其中含有大量的肌原纤维，是一种较为特化的结构性细胞。

肌细胞是构成肌肉的主要细胞类群，肌肉组织中的细胞除了肌细胞外，还有脂肪细胞、结缔组织中的细胞类群。而由肌细胞构成的肌肉组织是动物重要的结构组织，是身体的重要构成部分，也是个体保持运动状态、适应生活环境所必需的生理基础。动物肌肉组织的生长、发育的目的是满足其自身生存和生长发育的需要，并不是为了满足人类对食物的需要；只是人类养殖水产动物、捕捞水产动物的目的是为了满足人类对食物的需要。所以，要从动物自身的生存、生长发育视角去理解动物的肌肉细胞和肌肉组织。

（一）肌细胞的组成与结构

肌细胞是一类特化的细胞，其中含有大量的肌原纤维，无论是人眼视角、普通显微镜或电镜下都可以看见肌细胞、肌细胞中的肌纤维结构。肌细胞在组成和结构上与普通细胞有很大的差异，肌细胞的细胞膜称肌膜，细胞质称肌浆，肌浆中有许多与细胞长轴相平行排列的肌丝，即肌原纤维。肌原纤维是肌细胞、肌肉组织舒缩功能的物质基础，也是肌细胞最为显著的结构特征。肌细胞内的肌原纤维之间含有大量线粒体、糖原以及少量脂滴，肌浆内还含有肌红蛋白，尤其是在红色肌肉细胞中含有比白色肌肉细胞更多的肌红蛋白。红色肌肉中有更多的毛细血管分布，并含有较多的血红蛋白。血红蛋白、肌红蛋白的颜色使红肌表现出红色。

（二）肌肉组织类型与肌细胞类型

肌肉组织主要由肌细胞组成，肌细胞之间有少量的结缔组织以及血管和神经。

肌细胞呈长纤维形，肌细胞又称为肌纤维。根据结构和功能的特点，将肌肉组织分为三类：骨骼肌、心肌和平滑肌。不同的肌肉组织是由不同的肌细胞构成的，因此，分别也有骨骼肌细胞、平滑肌细胞和心肌细胞三种类型，见图11-1。动物体内分布最多的是骨骼肌和骨骼肌细胞。骨骼肌和心肌属于横纹肌，因为在显微镜下可以观察到横纹结构的存在。骨骼肌受躯体神经支配，为随意肌；心肌和平滑肌受植物神经支配，为不随意肌。

（1）平滑肌（smooth muscle）和平滑肌细胞

平滑肌主要分布在带有空腔的血管、内脏组织的管壁样组织内，如血管壁、胃肠道的壁，作为壁腔收缩舒张的物质基础和动力来源。平滑肌与骨骼肌、心肌在结构、功能、耦合机制、收缩状态等方面均不相同。平滑肌受自主神经支配，为不随意肌。同时也受内分泌系统的间接控制，平滑肌的伸缩活动的调控源自神经或激素的刺激。平滑肌主要分布在内脏壁、血管中，作为随意肌的自主控制特性，使得器官组织具有自身的运动节律性，与动物身体的运动控制性既有差异性，也有彼此的协调性。例如血管的运动与血液的流动、消化道管壁的运动即胃肠道的蠕动等，尤其自主控制的节律性，同时也受到身体运动状态的影响，当身体剧烈运动时心跳也会加快、血液流动会加速等。

平滑肌细胞呈长梭形，无横纹，只有一个细胞核，而骨骼肌细胞中有多个细胞核。平滑肌细胞不构成独立的器官，而只是成为构成体壁和内脏壁的肌层。细胞核呈长椭圆形或杆状，位于细胞中央，收缩时核可扭曲呈螺旋形，核两端的肌浆较丰富。核两端的肌浆内含有线粒体、高尔基复合体和少量粗面

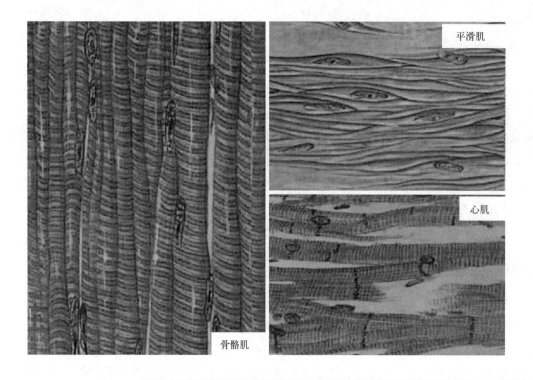

图11-1 骨骼肌、心肌和平滑肌模式图

内质网以及较多的游离核糖体，偶见脂滴，脂滴是平滑肌细胞中的能量存储物质。平滑肌纤维大小不一，一般长200μm，小血管壁平滑肌短至20μm；平滑肌细胞直径8μm。平滑肌细胞可单独存在，绝大部分是成束或成层分布的。

平滑肌细胞与平滑肌组织的关系。平滑肌虽然也具有同骨骼肌类似的肌丝结构，但由于它们不存在像骨骼肌那样平行而有序的排列，其特点是细胞内部存在一个细胞骨架，包含一些卵圆形的称为致密体的结构，致密体也间隔地出现于细胞膜的内侧，称为致密区。一个平滑肌细胞的致密区与相邻细胞的致密区相对应，而且两层细胞膜也在此处紧密地连接在一起，共同组成了一种机械性耦联，即结构性的耦联体，借以完成细胞间张力的传递。可以从组织结构上理解，通过这样的方式，将多个平滑肌细胞组合、捆绑在一起，并协调伸缩完成平滑肌的生理运动功能；细胞间也存在别的连接形式，如缝隙连接，它们可以实现细胞间的电耦联和化学耦联，也是细胞间的信号传递。

平滑肌细胞中的细肌丝有同骨骼肌类似的分子结构，但不含肌钙蛋白；同一体积的平滑肌所含肌纤维蛋白的量是骨骼肌的2倍，即平滑肌肌浆中有大量细肌丝存在，它们的排列大致与细胞长轴平行。与此相反，肌浆中肌球蛋白的量却只有骨骼肌的1/4。

需要特别注意的是，在鱼类的消化道系统中，构成消化道腔壁、消化道伸缩功能作用的肌细胞不全部是平滑肌细胞，在食道壁肌肉层的细胞是横纹肌细胞而不是平滑肌细胞，在胃肠道壁的肌肉层则全部是平滑肌细胞。

鱼类食道的肌肉层是由横纹肌组成的，具有较强的膨大或收缩能力，这是食道肌肉层的主要功能表现。肌肉层在食道黏膜层之外，食道肌肉层为横纹肌，食道横纹肌的分布也是内环、外纵，即内层为环形肌，外层为纵行肌，食道肌肉的蠕动可以快速地将食物或饲料输送至胃或肠道（无胃鱼类）。在食道后部，横纹肌逐渐由平滑肌替代，或平滑肌分散在横纹肌中，之后全部为平滑肌。在食道与胃部之间有括约肌，也是防止食物倒流的生理结构。

有胃鱼类的胃部肌肉细胞为平滑肌细胞，依然是内环、外纵的肌肉层分布。在胃与肠道之间也有括约肌。括约肌为环形肌，可以防止食糜倒流。胃肠道的肌肉层由内层环行肌与外层纵行肌两层平滑肌组成，环形肌数量和厚度大于纵行肌。

胃肠道中的平滑肌具有肌组织的共同特性，如兴奋性、传导性、收缩性和伸展性。但消化道平滑肌的这些特性又有其特点，如消化道平滑肌的电兴奋性较骨骼肌低，完成一次收缩和舒张的时间比骨骼肌的长得多，且变异较大。

平滑肌收缩和舒张的速度较慢，横纹肌每次收缩大约是0.1s，而平滑肌需要数秒，甚至数十秒，这或许就是食道为什么是横纹肌而不是平滑肌的原因，因为食物在食道中需要快速通过并进入胃或肠道。将离体的消化道置于适宜的环境中，其平滑肌能呈现节律性收缩，但其节律不如心肌那样规则，且收缩缓慢。这就是在常规解剖肠道时可以看到肠道的自律性蠕动现象的原因。

消化道平滑肌在静息时仍保持在一种轻度的持续收缩状态，即紧张性。这种紧张性使消化道腔内经常保持着一定的基础压力，并使消化道各部分保持一定的形状和位置。消化道平滑肌的各种收缩都是在紧张性的基础上发生的。在外力作用下，消化道平滑肌能做很大的伸展，以适应实际的需要，例如胃可以容纳几倍于胃原有容积的食物。

消化道平滑肌对一些生理物质的刺激特别敏感。例如，微量的乙酰胆碱可使其收缩，而肾上腺素则使其舒张，对化学、温度和牵张等刺激也具有较高的敏感性。这与它所处的环境有关，消化道内的食物和消化液是经常作用于平滑肌的机械性和化学性的自然刺激物。

依据上述生理结构和功能作用，在实际研究和生产中，通常需要评估胃肠道的组织结构和功能，其中包括需要测量胃肠道壁的厚度、肠道的长度等指标。胃肠道壁的厚度与其伸缩状态直接相关，例如胃肠道内有食物的时候，其扩张、伸展能力强，这是肌肉层伸展的结果，这样的情况下胃肠道壁的厚度将变小；反之，在空腹状态下其胃肠道壁的厚度将增加，那么在试验取样时胃肠道的食物状态就很重要。对于肠道长度的测量数据，肠道也有沿肠道纵轴伸展的能力，如果采样过程中，尤其是剔除肠道系膜如脂肪系膜的过程有拉扯肠道的动作，将会导致肠壁沿纵轴伸展，导致测量的数据不准确。因此，在实际生产或研究中，尽量不选择厚度、长度等可量性状，而选择质量数据或许更为科学。

我们需要关注的是，鱼类消化道肌肉层的生理运动方式包括蠕动、摆动和分节运动三种方式。这三种方式保障了鱼体消化道正常运动、食糜在消化道中移动、食物与消化液混合，以及消化道黏膜对消化产物充分吸收的生理运动，也是肠道健康的表现形式。

蠕动是指消化道的环行肌收缩形成收缩环，其收缩环按照消化道从前向后的顺序依次推进的过程。这是食物或饲料在胃肠道内腔中移动，消化液与食物充分混合，并从胃向前肠、中肠、后肠移动的主要动力源泉。消化道蠕动的速度决定了消化道内食糜移动的速度。有观察发现，鲤鱼、虹鳟肠道前2/5肠道的蠕动较强，中间2/5肠道的蠕动较弱，而后1/5肠道的蠕动最弱。

摆动是消化道纵行肌缓慢而有规律的收缩，这种摆动主要出现在胃肠道排空的时候。在鱼类摄食饲料、胃肠道膨胀的时候，胃肠道的摆动不明显或不发生。虹鳟在4～16℃的适宜生长温度下，其肠道摆动速度为0.5次/min，当温度上升到30℃以上时，摆动速度可达1.3次/min。摆动也是促使食糜在消化道从前向后移动的动力。

分节运动是以环形肌伸缩为主的节律性运动。食糜所在的一段肠道壁上，一群等间隔的环形肌同时收缩，把食糜分成若干段。数秒钟后收缩的部位开始舒张，而原先舒张的部位收缩，食糜又重新分节。反复进行分节运动，使得食糜和消化液充分混合，肠黏膜对消化产物的吸收得以充分进行。在实际生产中，可以观察到鱼体的粪便是分节的，表明鱼体肠道具有正常的分节运动。

（2）心肌（cardiac muscle）和心肌细胞

心肌分布于心脏和邻近心脏的大血管近段，心肌收缩具有自动节律性。心肌纤维（心肌细胞）呈短柱状，多数有分支，相互连接成网状。心肌细胞的核呈卵圆形，位居中央，有的细胞含有双核。心肌细胞的肌浆较丰富，多聚在核的两端处，其中含有丰富的线粒体和糖原及少量脂滴和脂褐素。心肌纤维也含有粗、细两种肌丝，它们在肌节内的排列分布与骨骼肌纤维相同，也具有肌浆网和横小管等结构。

（3）骨骼肌（skeletal muscle）和骨骼肌细胞

骨骼肌细胞在结构上最突出特点是含有大量的肌原纤维和丰富的肌管系统，且其排列高度规则、有序。肌细胞是体内耗能作功、完成机体多种机械运动的功能单位。鱼类的骨骼肌除大部分附着在头部、躯干部和附肢的骨骼外，少部分在部分器官组织，如食道。

骨骼肌纤维（骨骼肌细胞）为长柱形的细胞，长 1 ~ 40mm，直径 10 ~ 100μm。骨骼肌细胞为多核细胞，一个骨骼肌细胞（肌纤维）内有几十个甚至几百个细胞核，位于肌原纤维的周边、肌膜以内。核呈扁椭圆形，异染色质较少，见图 11-2。

骨骼肌细胞为什么会有多个细胞核？应该是适应肌原纤维蛋白更新、新的肌原纤维蛋白合成的反映。肌浆内含许多与细胞长轴平行排列的肌原纤维，在骨骼肌纤维的横切面上，肌原纤维呈点状，聚集为许多小区。骨骼肌细胞内、肌原纤维之间含有大量线粒体、糖原以及少量脂滴，肌浆内还含有肌红蛋白。

若干肌纤维（骨骼肌细胞）组成肌束，肌束聚集形成肌肉组织。在肌束外面由结缔组织包围，称为肌外膜（epimysium），它是一层致密结缔组织膜，含有血管和神经。肌外膜的结缔组织以及血管和神经的分支伸入肌肉组织内，分隔和包围大小不等的肌束，形成肌束膜（perimysium）。

骨骼肌细胞的细胞膜称为肌膜（sarcolemma），在不同骨骼肌细胞之间、肌膜外围有少量结缔组织包裹，称为肌内膜（endomysium），其中含有丰富的毛细血管。肌内膜其实是骨骼肌细胞之间的结缔组织，肌外膜其实为若干肌纤维（骨骼肌细胞）组成的肌束外围结缔组织。肌内膜、肌外膜各层结缔组织膜除有支持、连接、营养和保护肌组织的作用外，对单条肌纤维的活动，乃至对肌束和整块肌肉的肌纤维群体活动也起着调整作用。

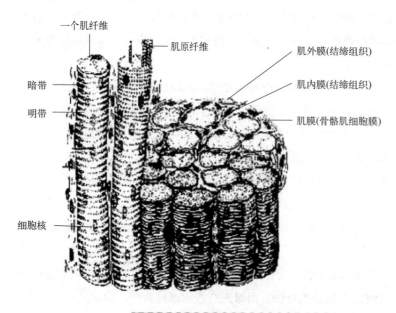

图11-2 骨骼肌细胞和骨骼肌组织模式图
引自组织与胚胎学，孙莉，2007

肌细胞、肌肉组织的结构层次见图11-3。骨骼肌细胞中的肌原纤维呈细丝状，直径1～2μm，沿肌纤维长轴平行排列，每条肌原纤维上都有明暗相间、重复排列的横纹。由于各条肌原纤维的明、暗横纹都相应地排列在同一平面上，因此肌纤维呈现出规则的明、暗交替的横纹。横纹由明带和暗带组成。在偏光显微镜下，明带呈单折光，为各向同性，又称I带；暗带呈双折光，为各向异性，又称A带。在电镜下，暗带中央有一条浅色窄带称H带，H带中央还有一条深M线。明带中央则有一条深色的细线称Z线。两条相邻Z线之间的一段肌原纤维称为肌节（sarcomere）。每个肌节都由1/2的I带＋A带＋1/2的I带所组成。肌节长2～2.5μm，它是骨骼肌收缩的基本结构单位。因此，肌原纤维就是由许多肌节连续排列构成的。鱼类的肌肉组织是分节的组合方式。

（三）肌原纤维（myofibrils）与肌管（myotube）系统

每个肌细胞含有大量直径1～2μm的纤维状结构，称为肌原纤维，它们平行排列，纵贯肌细胞（肌纤维）全长，在一个细胞中可达千条之多。肌原纤维由粗肌丝和细肌丝组装而成，粗肌丝的成分是肌球蛋白，细肌丝的主要成分是肌动蛋白，辅以原肌球蛋白和肌钙蛋白。

粗肌丝是由肌球蛋白构成，每个肌球蛋白分子呈双头长杆状，由一对重链和两对轻链组成，轻链构成肌球蛋白的头部（见图11-3）。许多肌球蛋白的头部向外突出，形成横桥。横桥部位具有ATP酶活性，可分解ATP获得能量，用于横桥运动。在一定条件下，横桥与细肌丝上的肌动蛋白发生可逆性结合，产生粗、细肌丝相对滑行，使肌肉收缩。

细肌丝主要由肌动蛋白（G-肌动蛋白）、原肌球蛋白、肌钙蛋白组成。肌动蛋白单体呈球状，许多肌动蛋白以双螺旋聚合成纤维状肌动蛋白（F-肌动蛋白），构成细肌丝主干。原肌球蛋白也呈双螺旋状，位于F-肌动蛋白的双螺旋沟中与其松散结合。安静时，原肌球蛋白位于肌动蛋白的活性位点上。肌钙蛋白是一个复合体，含有I、T、C三个亚基，分别对肌动蛋白、原肌球蛋白、Ca^{2+}具有亲和性。肌钙蛋白的作用之一是把原肌球蛋白附着于肌动蛋白上。当Ca^{2+}浓度增高时，亚基C与其结合，引起肌钙蛋白分子构型改变，进而引起原肌球蛋白分子变构，使肌动蛋白活性位点暴露，横桥随即与之结合使肌肉收缩。

肌管系统是与肌纤维的收缩功能密切相关的另一重要结构。它是由凹入肌细胞内的肌膜（即肌细胞膜）和肌质网（又称肌浆网，即肌细胞内的滑面内质网）组成的肌细胞内部管网系统，穿行于肌原纤维之间。肌管系统其实就是在每一条肌原纤维（一个肌细胞）周围的膜性囊管状结构，由来源和功能都不相同的两组独立的管道系统组成。一部分肌管的走行方向和肌原纤维相垂直，称为横管系统或称T管，是由肌细胞的表面膜向内凹入而形成；它们穿行在肌原纤维之间，并在Z线水平（有些动物是在暗带和明带衔接处的水平）形成环绕肌原纤维的管道；它们相互交通，管腔通过肌膜凹入处的小孔与细胞外液相通。肌原纤维周围还有另一组肌管系统，就是肌浆网，它们的走行方向和肌节平行，称为纵管系统或称为L管，L管其实就是肌细胞的内质网或称为肌质网（sarcoplasmic reticulum，SR）；纵管系统或肌浆网主要包绕每个肌节的中间部分，这是一些相互沟通的管道，其膜中有钙泵，可逆浓度梯度将胞质中的Ca^{2+}转运至肌质网内；肌质网与T管膜相接触末端呈膨大或扁平状，称为连接肌质网（junctional SR，JSR）或终池（terminal cisterna），其内储存有高浓度的Ca^{2+}，其浓度比胞质中的Ca^{2+}浓度高近万倍。

（四）肌卫星细胞（muscle satellite cell）

在骨骼肌内膜、肌外膜结缔组织中有一种扁平、有突起的细胞，称肌卫星细胞，排列在肌纤维的表面。有研究认为肌卫星细胞来源于体节生成期的中胚层细胞。在斑马鱼和小鼠胚胎研究中证实卫星细胞

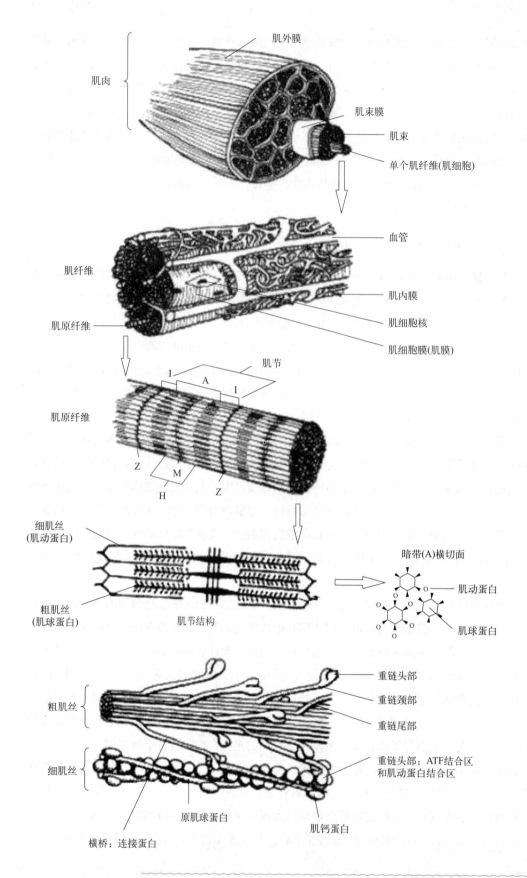

图11-3 肌肉组织结构层次模式图

分别来源于体节前缘的细胞和胚胎背主动脉。肌卫星细胞的数量会受到动物的年龄、种类和骨骼肌类型的影响。

肌卫星细胞被认为是能够进行自我更新的一类骨骼肌干细胞，在心肌和平滑肌中没有发现肌卫星细胞的存在。肌卫星细胞在动物生长发育过程中不断增殖生成新的肌肉，动物成年后其转变为静息状态，在骨骼肌受伤以后的再生过程中其起到了关键作用。

二、肌细胞（肌纤维）之间的结缔组织

在肌细胞之间和多个肌细胞构成的肌束之间都有结缔组织，结缔组织成为分隔肌纤维、分隔肌束的主要物理性结构，其中含有多种细胞和具有生理作用的物质。其中，肌内脂肪和肌间脂肪也成为影响肌肉品质的重要因素。

（一）结缔组织（connective tissue）

结缔组织由细胞和大量细胞间质构成，结缔组织的细胞间质包括基质、细丝状的纤维和不断循环更新的组织液，具有重要功能意义。其中的细胞有巨噬细胞、成纤维细胞、浆细胞、肥大细胞、白细胞、脂肪细胞等。纤维包括胶原纤维、弹性纤维和网状纤维，主要有联系各组织和器官的作用。基质是略带胶黏性的液质，填充于细胞和纤维之间，为物质代谢交换的媒介。纤维和基质又合称为"间质"，是结缔组织中最多的成分。结缔组织具有很强的再生能力，创伤的愈合多通过它的增生而完成，这主要是依赖于其中的细胞，尤其是一些具有分化能力的细胞——干细胞（如肌卫星细胞）的作用。结缔组织又分为疏松结缔组织（如皮下组织）、致密结缔组织（如肌腱）、脂肪组织和网状组织等。

（二）结缔组织与胶原纤维

在部分动物性饲料原料如猪油渣、鸡油渣、动物皮渣、肉骨粉等，其中含有较多的胶原蛋白，胶原蛋白在动物活体组织中存在于疏松结缔组织，即胶原纤维。胶原纤维与肌细胞中的纤维是不同类型的蛋白质纤维，了解胶原蛋白的基本特性对于动物饲料原料的认知也是有意义的。

（1）疏松结缔组织（loose connective tissue）

疏松结缔组织的特点是细胞种类较多，纤维较少，排列稀疏。疏松结缔组织在体内广泛分布，位于器官之间、组织之间以至细胞之间，起连接、支持、营养、防御、保护和修复等功能，疏松结缔组织的基本组成模式见图11-4。

（2）成纤维细胞（fibroblast）

成纤维细胞是疏松结缔组织的主要细胞成分。细胞扁平、多突起、呈星状，胞质较丰富、呈弱嗜碱性。胞核较大、卵圆形，染色质疏松着色浅，核仁明显。在电镜下，胞质内富含粗面内质网、游离核糖体和发达的高尔基复合体，表明细胞合成蛋白质功能旺盛。成纤维细胞既能合成和分泌胶原蛋白、弹性蛋白，生成胶原纤维、网状纤维和弹性纤维，也能合成和分泌糖胺多糖和糖蛋白等基质成分。

成纤维细胞处于功能静止状态时称为纤维细胞（fibrocyte）。细胞变小，呈长梭形，核小，着色深，胞质内粗面内质网少，高尔基复合体不发达。在一定条件下，如创伤修复、结缔组织再生时，纤维细胞又能再转变为成纤维细胞。同时，成纤维细胞也能分裂增生。

成纤维细胞常通过基质糖蛋白的介导附着在胶原纤维上。在趋化因子（如淋巴因子、补体等）的吸引下，成纤维细胞能缓慢地向一定方向移动。

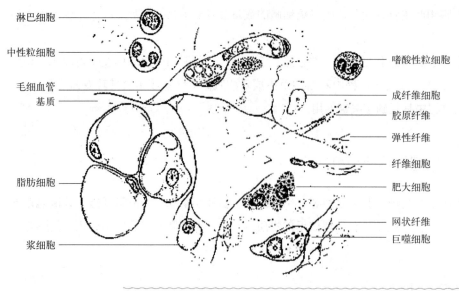

图11-4 疏松结缔组织基本组成模式图
引自组织与胚胎学，孙莉，2007

图中标注（左侧）：淋巴细胞、中性粒细胞、毛细血管基质、脂肪细胞、浆细胞

图中标注（右侧）：嗜酸性粒细胞、成纤维细胞、胶原纤维、弹性纤维、纤维细胞、肥大细胞、网状纤维、巨噬细胞

（3）胶原纤维（collagenous fiber）

胶原蛋白是生物高分子，是动物结缔组织中的主要成分，也是哺乳动物体内含量最多、分布最广的功能性蛋白，占蛋白质总量的25%～30%。疏松结缔组织中胶原纤维数量最多，新鲜时呈白色，有光泽，又名白纤维。HE染色切片中呈嗜酸性、着浅红色。胶原纤维由直径20～200nm的胶原原纤维黏合而成。电镜下，胶原原纤维显明暗交替的周期性横纹，横纹周期约64nm。胶原纤维的韧性大，抗拉力强。胶原蛋白主要由成纤维细胞分泌，分泌到细胞外的胶原（蛋白）再聚合成胶原原纤维，进而集合成胶原纤维。胶原纤维形成的基本过程包括：①细胞内合成前胶原蛋白分子。成纤维细胞摄取合成蛋白质所需的氨基酸，包括脯氨酸、赖氨酸和甘氨酸，在粗面内质网的核糖体上按照特定的胶原mRNA的碱基序列，合成前α-多肽链。后者一边合成一边进入粗面内质网腔内，并在赖氨酸羟化酶（lysine hydorxylase，LH）、脯氨酸羟化酶（proline hydroxylase，PHD）的作用下，将肽链中的脯氨酸和赖氨酸进行羟基化反应。经羟基化后，三条前α-多肽链互相缠绕成绳索状的前胶原蛋白分子（procollagen molecule）。溶解状态的前胶原蛋白分子，两端未缠绕，呈球状构型，在粗面内质网腔内或转移到高尔基复合体内加入糖基后，形成三股螺旋并分泌到细胞外。②原胶原蛋白分子的细胞外聚合。细胞外的前胶原蛋白分子，在肽内切酶的作用下，切去分子两端球状构型部分，形成原胶原蛋白分子（tropocollagen），直径约1.5nm，长约300nm。原胶原蛋白分子平行排列聚合成胶原原纤维。聚合时，相互平行的相邻分子错开1/4分子长度，同一排的分子，首尾相对并保持一定距离，聚合成束，于是形成具有64nm周期性横纹的胶原原纤维。聚合时，分子内、分子间的化学基因进行缩合、交联，增加原纤维的稳固性。若干胶原原纤维经糖蛋白黏合成粗细不等的胶原纤维。

原胶原的交联有赖氨酸醛化和羟赖氨酸醛化两条途径。交联首先在赖氨酸氧化酶（lysine oxidase，LOX）的催化下使赖氨酸或羟赖氨酸转化为醛赖氨酸或醛羟赖氨酸，之后与邻近分子的肽酰醛基或赖氨酸、羟赖氨酸相互作用。醛赖氨酸形成醛亚胺交联，而醛羟赖氨酸形成酮胺交联。赖氨酸氧化酶是唯一参与交联过程的酶。刚开始形成的交联是不稳定的两个共价键，随后两个共价键交联消失，被稳定的三个共价键交联所代替。这种非还原性交联称为吡啶交联，分为羟赖氨酰吡啶盐和赖氨酸吡啶残基两种结构。不同部位的原胶原是由不同的细胞合成的，如结缔组织中的主要由成纤维细胞合成，软骨中由软骨细胞合成，骨中由成骨细胞合成，而基底中的则由上皮或内皮细胞合成。

胶原纤维的合成受多方面的影响和调控。在胶原合成过程中，赖氨酸羟化酶（LH）、脯氨酸羟化酶（PHD）和赖氨酸氧化酶（LOX）这三种酶至关重要。细胞内脯氨酸的含量直接影响前α-多肽链的合成。LH调节胶原的合成主要通过羟化胶原分子中的赖氨酸。聚合时胶原蛋白分子内和分子间的交联障碍（常因赖氨酰氧化酶不足所致）将影响胶原纤维的稳固性。赖氨酸的羟化可以稳定胶原蛋白分子之间的共价交联，而LH1和LH2的表达能引起胶原蛋白中总的吡啶交联的产生。LH催化的羟化反应需要Fe^{2+}、O_2和维生素C的参与，而Cd^{2+}、Co^{2+}等则对此反应有抑制作用。PHD是一类依赖氧、α-酮戊二酸和Fe^{2+}催化的双氧酶，它是胶原维持三螺旋稳定结构的基础，是胶原合成的关键。缺氧或缺乏维生素C或Fe^{2+}等辅助因子，导致前α-多肽链的羟化受到抑制，造成前胶原蛋白合成障碍，影响创伤的愈合。目前发现PHD1、PHD2、PHD3和PHD4共4种，但参与胶原蛋白羟基化的主要为PHD3和PHD4，它们能够通过羟基化X-Pro-Gly序列上的脯氨酰残基，催化胶原蛋白中4-Hyp（4-羟基脯氨酸）和3-Hyp（3-羟基脯氨酸）的合成。LOX是具有Cu^{2+}结合位点的胺氧化酶，在细胞外基质中起着十分关键的作用。胶原纤维可在LOX的作用下形成共价交联，交织成稳定的网状结构，使其具有较强的弹性与韧性。

除成纤维细胞外，成骨细胞、软骨细胞、某些平滑肌细胞等起源于间充质的细胞以及多种上皮细胞也能产生胶原蛋白。不同组织的胶原蛋白其分子类型不同，已证实α-多肽链按其一级结构分为α1、α2、α3三类，不同类又分为10型，如α1（Ⅰ）、α1（Ⅱ）、α1（Ⅲ）……α1（Ⅹ）。

根据胶原蛋白在体内的分布和功能特点，可以将胶原分成间质胶原、基底膜胶原和细胞外周胶原。间质型胶原蛋白分子占整个机体胶原的绝大部分，包括Ⅰ、Ⅱ、Ⅲ型胶原蛋白分子。Ⅰ型胶原蛋白是构成致密并有横纹的粗纤维束，抗拉力强，主要分布在真皮、筋膜、被膜、纤维软骨等部位；Ⅱ型胶原蛋白主要构成有横纹的细原纤维，抗拉力较强，主要分布在透明软骨和弹性软骨；Ⅲ型胶原纤维主要有横纹的细原纤维，维持器官的形态结构，主要分布在网状纤维、平滑肌、神经内膜、动脉、肝脏、脾脏等器官组织中；Ⅳ型胶原蛋白是构成基底膜的重要成分，例如正常肝内基底膜主要存在于血管、淋巴管、胆管周围，肝窦壁处缺乏。在肝病时随炎症发展，纤维组织增生活跃，纤维组织生成过程中有大量胶原沉积，各种胶原均有所增加，但其中最为重要的就是构成基底膜的Ⅳ型胶原的增加。Ⅳ型胶原的测定可作为检查肝纤维化的指标。

（三）水产动物的胶原蛋白

动物肌肉中的胶原蛋白主要分布在肌外膜、肌束膜和肌内膜等部位。肌束膜和肌内膜是胶原蛋白影响肌肉硬度的最主要原因。胶原蛋白是由含有重复甘氨酸-脯氨酸-羟脯氨酸或羟赖氨酸序列（X-Pro-Gly）组成的，三条多肽链围绕而成的三螺旋结构，每条链由三个氨基酸重复序列构成。其中羟脯氨酸含量相对稳定，占胶原蛋白的13%～14%，故胶原蛋白含量通常用羟脯氨酸的含量表示。鱼类肌肉中存在Ⅰ、Ⅲ、Ⅳ、Ⅴ和Ⅵ型胶原蛋白，其中Ⅰ型和Ⅴ型为含量最高两种胶原蛋白，分别位于间质结缔组织和细胞周围结缔组织。

在水产动物体内胶原蛋白含量高于陆生动物，如果按照组织中蛋白质含量计算，鲢鱼、鳙鱼和草鱼鱼皮的蛋白质含量分别为25.9%、23.6%和29.8%，均高于各自相应鱼肉的蛋白质含量17.8%、15.3%和16.6%。而鱼皮中的胶原蛋白含量最高可超过其蛋白质总量的80%，较鱼体的其他部位要高许多。有研究报道，真鲷鱼皮中胶原蛋白占总蛋白质的80.5%，鳗鲡为87.3%，日本海鲈40.7%，香鱼53.6%，黄海鲷40.1%，竹荚鱼43.5%（均以干重计）。至于胶原蛋白的种类，分布在真皮、骨、鳞、鳍、肌肉等部位的为Ⅰ型胶原蛋白，软骨和脊索为Ⅱ型胶原蛋白和XI型胶原蛋白，肌肉的为Ⅴ型胶原蛋白。

水产动物的胶原蛋白是机体重要的结构蛋白质，不仅限于肌肉，鱼皮、鱼骨、鱼鳞、鱼鳔等均含有大量的胶原蛋白，占全鱼总蛋白质的14%～45%。由胶原蛋白形成以67nm长度为周期单位的纤维，呈条纹状。胶原蛋白的一级结构中，含有连续的甘氨酸三肽结构，即Gly-X-Y结构，其中X位为脯氨酸、Y位置上配置多个羟脯氨酸。因此，水产动物胶原蛋白的总氨基酸中，约1/3为甘氨酸，同时含有大量的脯氨酸和羟脯氨酸。甘氨酸对胶原蛋白螺旋结构的形成和稳定起到重要的作用。这是由胶原蛋白分子三维空间结构所决定的。一分子胶原蛋白是由3条分子量约$1.0×10^5$的α-多肽链向右旋转形成，为三重螺旋结构的蛋白质，分子长度可达300nm。在这种三重螺旋结构中，由于3条多肽链紧密型的右旋，要求每条多肽链也是右旋状态，如果组成肽链的氨基酸残基三维空间过大，则导致肽链沿着长轴方向右旋难以实现，并导致三条肽链之间的间隙过大。因此，每条多肽链一级结构中每间隔2个氨基酸（为亚氨基氨基酸，侧链小）就有1个甘氨酸（氨基酸侧链基团为—H）。

依据鱼皮、鱼骨、鱼鳞中胶原蛋白含量高，胶原蛋白中甘氨酸含量高的特征，"甘氨酸/17氨基酸总量"的比例超过了8%，并以此作为区分以全鱼为原料的鱼粉和以鱼加工副产物为原料的鱼排粉的关键性化学指标，即鱼粉中"甘氨酸/17氨基酸总量"的比例小于8%，鱼排粉中"甘氨酸/17氨基酸总量"的比例大于8%。这也是新的鱼粉标准中区分全鱼鱼粉和鱼排粉的关键性化学指标。

水产无脊椎动物的胶原主要分为两类，类Ⅰ型及类Ⅴ型胶原。其中类Ⅰ型胶原富含丙氨酸和糖结合型的羟赖氨酸，广泛存在于软体动物的各种器官中，包括：乌贼类的皮和头盖软骨、章鱼的外套膜等。类Ⅴ型胶原是丙氨酸含量比较少、富含糖结合型羟赖氨酸，已从矶海葵的中胶层、节足动物虾类和蟹类的肌肉及皮下膜、原索动物的肌膜体中分离出来。与脊椎动物相比，水产无脊椎动物的胶原富含羟赖氨酸，尤其是糖结合型含量多，而且纤维的直径小于50nm。海参胶原研究发现，刺参体壁含蛋白质3.3%，其中70%为胶原蛋白。氨基酸分析结果显示，胶原富含丙氨酸和羟脯氨酸，但羟赖氨酸含量较少，SDS电泳及SP凝胶柱分析发现其胶原组成为$(α1)_2α2$。

胶原的降解。肌肉降解涉及的蛋白酶主要有组织蛋白酶（cathepsin）、钙蛋白酶（calpain）以及基质金属蛋白酶（MMPs）等。MMPs是一类Zn^{2+}和Ca^{2+}依赖性的蛋白质水解酶，可以降解基膜蛋白和细胞外基质，负责结缔组织代谢，在胶原的细胞外降解中起着关键作用。依据对底物的特异性，可将MMPs分为胶原酶、明胶酶和基质溶解酶等几类。①胶原酶主要包括MMP-1、MMP-8和MMP-13。MMP-8优先降解I型胶原，而MMP-1和MMP-13则优先降解Ⅲ和Ⅱ型胶原。并且不同的胶原酶对胶原的降解也有所不同。胶原蛋白的降解与鱼肉的硬度和弹性密切相关，因此鱼肉中的内源性胶原蛋白酶被认为是鱼肉变软的重要因素。②明胶酶又称Ⅳ型胶原蛋白酶，包括明胶酶-A（MMP-2）和明胶酶-B（MMP-9）两种，它们能够被激活并极易水解明胶和胶原。明胶酶可以与明胶、Ⅳ型和Ⅴ型胶原蛋白等底物结合。③基质溶解酶包括基质溶解酶Ⅰ（MMP-3）、Ⅱ（MMP-10）和Ⅲ（MMP-11），它们可以降解细胞外多种基质蛋白，并参与酶原的激活过程。其中MMP-3和MMP-10可以降解相同的底物，但MMP-3的水解效率更高。

三、鱼类的肌肉组织

（一）鱼体肌肉

鱼体的肌肉系统非常复杂，要支持鱼身体各部位的运动以及鱼在水体中的运动。整体上，鱼体是由头部、躯干部、尾部和鳍构成，这也是肌肉系统存在的部位。从食用方面考虑，除了内脏、鳃之外都是可食部位，其中主要还是头部、躯干部和尾部的肌肉。肌肉的总体质量一般为体重的40%～60%。

从鱼体躯干横切面观察，可见鱼体的体侧肌，在鱼类学上称为大侧肌（为骨骼肌），从颜色上分有白色肌和暗肌（红色肌）。以脊椎骨为中心，通过从脊椎骨上下延伸的垂直隔膜将体侧肌分为左右对称的二部分，而通过从脊椎骨左右延伸的水平隔分为背肌、腹肌二部分。体侧肌是由从躯干到尾部并列排列的肌节所构成，而背、腹部的肌节几乎呈同心圆状排列，见草鱼鱼体横切面图11-5。

（二）鱼类肌细胞类型与肌肉结构

鱼类的肌肉跟其他脊椎动物一样，也可按其组织结构、分布特点或生理功能分为平滑肌、心肌和骨骼肌三大类。鱼体骨骼肌可以分为两大类：体节肌和鳃节肌。其中体节肌一般受意志支配，来自中胚层的生肌节，分布于躯干部、头部和附肢等处，主要包括附肢肌（奇、偶鳍肌）和中轴肌（大侧肌、头部和尾部肌肉）；鳃节肌也受意志支配，来源于胚层间叶细胞，分布在咽颅及其有关的部位，主要包括颌弓肌、舌弓肌和鳃弓肌。

骨骼肌细胞呈长柱状，此肌的最大特点是肌原纤维由于不同的折光率产生相间排列的明带和暗带，在肌肉上表现出有横的条纹，所以也叫做横纹肌，它的两端常连接在骨骼上，其中较固定的一端叫起点，另一端叫止点，肌肉收缩时，牵引止点接近起点。大侧肌是鱼体最大、最主要的肌肉，自头后至尾基。由结缔组织所成的隔膜截成一节一节的构造，每一节叫做肌节，结缔组织的隔膜叫做肌隔。

鱼肉由骨骼肌构成，骨骼肌是由许多肌纤维和部分结缔组织、脂肪细胞、血管和神经按照一定的顺序排列组成。大致50～150条肌纤维构成一个肌纤维集束，每个肌纤维集束外为结缔组织包围。若干个肌纤维束和结缔组织就构成了肌肉。如果结缔组织中脂肪细胞沉积的脂肪多，脂肪细胞体积增大，在肌纤维束之间就会出现白色的脂肪组织纹路。以草鱼鱼体横切面为例，鱼肉中的肌肉纹路是肌肉纤维和脂肪组织（结缔组织中脂肪细胞沉积脂肪后形成）交替排列而成。

以草鱼鱼体横切面示意图为例，可以大致总结出鱼体肌肉、肌纤维、肌细胞等结构层次。在鱼体躯干和尾柄部分，肌体横切面的结构层次见图11-6。

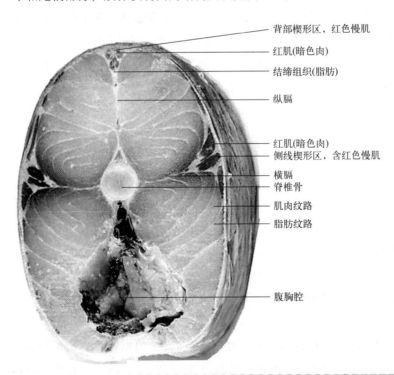

背部楔形区，红色慢肌
红肌(暗色肉)
结缔组织(脂肪)
纵膈
红肌(暗色肉)
侧线楔形区，含红色慢肌
横膈
脊椎骨
肌肉纹路
脂肪纹路
腹胸腔

图11-5 草鱼鱼体的横切面

图11-6 鱼体躯干肌肉组织分区

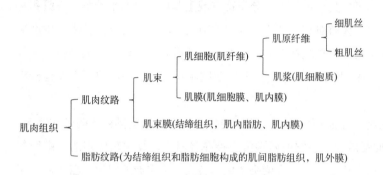

图11-7 鱼体肌肉结构层次

在肌肉组织结构构成中，包括了肌肉纹路和白色的脂肪纹路结构，其基本构成见图11-7。

大侧肌是鱼体的主要运动器官，当鱼体两侧的大侧肌有节律地交替收缩时，能形成运动波传到尾部，这种波状运动向后方作用于水，产生了反作用，可将鱼体推向前进。软骨鱼类和硬骨鱼类沿水平体轴的水平肌隔将大侧肌分成背腹两部分，背部的叫轴上肌，腹部的叫轴下肌。轴上肌和轴下肌（普通肌肉）之间有呈暗红色的条状肌肉，叫做红肌或暗肌。普通肌肉和暗色肌肉在生理学上分别相当于哺乳动物、鸟类的快肌纤维（白色肌肉）和慢肌纤维（暗色肌肉），主要基于肌肉收缩速度的差异。暗色肌中脂肪含量高，且富有血管，血液供应很丰富，暗红色就是由于肌红蛋白和大量血液存在的缘故。凡运动缓慢、底栖或在礁石中生活的鱼类，红肌不发达，而活泼游泳，特别是大洋洄游的鱼类红肌十分发达，不仅表层有，而且在深层脊柱两侧也有，如鼠鲨、鲭鲨、金枪鱼类等都有发达的红肌。红肌收缩慢，持久性好，耐疲劳，这是显著的特征。除红肌外，鱼体大侧肌的其余部分的肌肉色较白，叫做白肌。白肌脂肪含量低，肌红蛋白含量少，故呈淡白色。白肌收缩快，持久性差，易疲劳，在感受刺激时，如捕捉食物、逃避敌害，能产生短促而急速的反应。

一般活动性强的中上层鱼类如鲱、鲐、沙丁鱼、鲣、金枪鱼等的暗色肉多。分布在外侧的称为表层暗色肉，靠近脊骨的称为深层暗色肉。活动性不强的底层鱼类的暗色肉少，并限于为数不多的表层暗色肉，如鳕、鲽、鲤等。在运动性强的洄游性鱼类，如鲣、金枪鱼等的普通肌肉中也含有相当多的肌红蛋白和细胞色素等色素蛋白质，因此也带有不同程度的红色，一般称为红色肉，有时也把这种鱼类称为红肉鱼类，而把带有浅色普通肉或白色肉的鱼类称为白肉鱼类。对于以海洋捕捞鱼类为原料所生产的鱼粉，以鳕鱼全鱼或鳕鱼切片后的副产物加工得到的鱼粉称之为白鱼粉，是因为其肌肉以白色肌肉为主，在鱼粉产品中组胺含量很低，而以红色肌肉为主的其他鱼类为原料所生产的鱼粉称之为红鱼粉。

在鱼体的大侧肌中，红色肌肉与白色肌肉在结构和功能上有一定的差异。红肌中含有较多的水溶性蛋白质、糖原、酶和脂肪，其pH值在5.8～6.0，pH值较普通肌肉低，肌纤维也较细。普通的白色肌肉含有较多的盐溶性蛋白质和水。如鳕鱼的红色肉粗蛋白质为18.6%，而白色肉蛋白质为19.9%；红色肉的粗脂肪为2.5%，而白色肉为0.5%；红色肉的粗灰分为1.1%，而白色肉为1.3%；红色肉的水分为77.8%，而白色肉为78.4%。中上层洄游性鱼类肌肉中红色肌肉的数量比例较底层定着性鱼类高。如沙丁鱼红色肉占全部肌肉的比例为23.7%、鲽鱼为18.1%、鲐鱼为15.4%、鲅鱼为4.5%、鲢鱼为7.2%。红色肉的色调是由肌红蛋白、血红蛋白、细胞色素c等所产生。

与哺乳动物比较，鱼类的骨骼肌有以下特点：①哺乳动物、鸟类的快肌纤维与慢肌纤维是相互嵌合在一起的，而鱼类中的普通肌肉中只有快肌纤维、暗色肉中只有慢肌纤维，快肌纤维与慢肌纤维是相互分离状态的；②哺乳动物从新生儿出生，肌纤维数量保持不变，后期的生长主要依赖于肌细胞体积的增大，又称为肥大，而鱼类在孵化发育之后，不仅仅是肌纤维的肥大增长，肌纤维（肌细胞）数量也是增长的，称之为增生，大型鱼类具有终身保持肌肉生长的能力；③鱼类肌肉具有体节，这是与其他动物所不同的。

（三）鱼类肌肉蛋白质组成

（1）肌原纤维蛋白

肌原纤维蛋白占肌肉蛋白质总量的50%～70%，为盐溶性蛋白，包括肌球蛋白、肌动蛋白、原肌球蛋白、肌钙蛋白等；在鱼类肌肉组织的肌原纤维蛋白中，不同组成蛋白质占肌原纤维蛋白组成的比例大致为：构成粗肌丝的肌球蛋白约50%、副肌球蛋白约50%，构成细肌丝的肌动蛋白约20%、原肌球蛋白5%、肌钙蛋白约5%。

肌球蛋白和肌动蛋白是构成肌原纤维粗丝与细丝的主要成分。两者在ATP的存在下形成肌动球蛋白，与肌肉的收缩和死后僵硬有关。肌球蛋白的分子量约为5.0×10^5，是肌原纤维蛋白的主要成分。肌球蛋白占肌原纤维蛋白的40%～50%，长度大约150nm，由2条分子量约2.0×10^5的重链和4条分子量约2.0×10^4的轻链组成。肌球蛋白具有三个重要性质：①ATP酶作用；②与肌动蛋白结合；③在生理条件下形成单纤维。肌动蛋白是构成细肌丝的主要蛋白质，约占肌原纤维蛋白的20%。肌动蛋白为球状分子，分子量约为4.5×10^4，为单一多肽链。在生理盐浓度下，肌动蛋白聚合形成双螺旋的纤维状——肌动蛋白。原肌球蛋白由2个亚基组成，分子量7.0×10^4，形成双螺旋的纤维状。肌钙蛋白分子量7.0×10^4，以40nm为单位分布于细肌丝上，与原肌球蛋白紧密结合。肌动蛋白、原肌动蛋白、肌钙蛋白在细丝上的摩尔比为7∶1∶1。

（2）肌浆蛋白

肌浆蛋白质在肌肉总蛋白质中占20%～50%，为水溶性的，主要存在于肌细胞间质或肌原纤维间，包括糖酵解酶类、ATP酶、肌酸激酶、小清蛋白、肌红蛋白等水溶性蛋白，这些蛋白质主要存在于肌纤维膜与肌纤维之间、肌纤维之间或肌原纤维之间，也包括存在于细胞核、线粒体等细胞器中的蛋白质。

在鱼类普通肌肉全蛋白中，鳕鱼和多齿蛇鲻类白色肉鱼类的肌浆蛋白质占肌肉蛋白质总量的30%，而沙丁鱼和金枪鱼之类红色肉鱼类为30%～50%，即白色肉鱼类的肌浆蛋白含量低于红色肉鱼类，相反，肌原纤维蛋白在白色肉鱼类中含量较高，超过70%。

糖酵解酶类在以糖原或葡萄糖为底物的厌氧代谢中，糖原在糖原磷酸化酶（glycogen phosphorylase）的作用下产生葡萄糖-1-磷酸，1mol的葡萄糖最终产生2mol L-乳酸、3mol的ATP。在有氧代谢中是糖分解为丙酮酸进入三羧酸循环。鱼类的普通肌肉经常要进行激烈运动（快肌），因此厌氧代谢所需的酶较为丰富，包括烯醇化酶、醛缩酶、脱氢酶、肌酸激酶等。同时，在暗色肌肉中还有大量的肌红蛋白、血红蛋白或细胞色素类蛋白。

（3）基质蛋白

鱼类保留了源于中胚叶的肌节，肌肉组织中有较为丰富的肌隔膜。肌纤维之间为结缔组织，这些结缔组织中含有的基质蛋白（细胞外网状蛋白）化学性质稳定，一般不溶于中性盐和碱性溶液，且以胶原蛋白为主。在脆肉鲩中胶原蛋白含量较普通草鱼高。

（四）肌肉收缩及其需要的能量

（1）ATP酶的类型和作用

鱼体组织中的ATP酶主要以Na^+，K^+-ATP酶、Ca^{2+}-ATP酶、Mg^{2+}-ATP酶、Ca^{2+}，Mg^{2+}-ATP酶4种形式存在于组织细胞膜及细胞器膜上，它在物质运输、能量代谢、离子平衡以及信息传递等方面发挥重要作用。Na^+，K^+-ATP酶是主动运输的特殊运载酶，能催化水解ATP并驱动Na^+和K^+在生物膜两侧的对向运输，每分子ATP水解能够使3个钠离子被运出细胞，同时2个钾离子被运入。Na^+，K^+-ATP酶活性的变化能有效地反映细胞的功能和结构性状，已成为研究鱼类毒性的重要指标。Ca^{2+}，Mg^{2+}-ATP酶的活性是反映外源性钙离子存在下肌动蛋白-肌球蛋白复合物完整性的重要参数。Mg^{2+}-ATP酶的活性能表征肌动蛋白的完整性；Ca^{2+}-ATP酶的活性能表征肌球蛋白的完整性。因此，ATP酶活力的大小也是影响肌肉收缩张力和收缩速率的重要因素。同时，鱼肉肌球蛋白头部具有Ca^{2+}-ATP酶活性，是反映鱼肉或鱼糜蛋白变性的常用指标，而蛋白质的变性程度又往往与鱼肉品质有密切关联。

（2）肌纤维的收缩过程与机制

肌纤维细胞中，粗肌丝（肌球蛋白）与细肌丝（肌动蛋白）结合形成肌动球蛋白（actomyosin），细肌丝滑入粗肌丝并滑动是肌肉收缩的基本过程。这个过程需要消耗能量，其能量来源于高能磷酸化合物水解释放的能量，肌肉细胞中的高能磷酸化合物包括ATP和磷酸肌酸，以及无脊椎动物的磷酸精氨酸。肌球蛋白自身具备将ATP中末端磷酸根水解的能力，即肌球蛋白自身具备ATP酶活力（Ca^{2+}-ATP酶）。在Ca^{2+}离子浓度$10^{-3}mol/L$的条件下，细肌丝中的肌钙蛋白（troponin）与Ca^{2+}结合，引导肌动蛋白与肌球蛋白结合，形成肌动球蛋白复合体。同时，在Mg^{2+}存在下，肌动蛋白激活肌球蛋白Mg^{2+}-ATP酶酶活性，并分解ATP，1分子ATP分解为ADP可以释放7.3kcal（1cal=4.1868J）的能量，这个能量用于细肌丝与粗肌丝的结合，并引导细肌丝在粗肌丝上的滑动，引起肌肉的收缩运动。由肌动蛋白激活的肌球蛋白Mg^{2+}-ATP酶酶活性受到Ca^{2+}的调节作用，当肌细胞内Ca^{2+}浓度大于$10^{-6}mol/L$时就可以激活肌球蛋白Mg^{2+}-ATP酶酶活性，并引发肌肉的收缩反应；在无Ca^{2+}条件下，肌球蛋白Mg^{2+}-ATP酶酶活性受到抑制，肌肉停止运动。因此，肌球蛋白Mg^{2+}-ATP酶具有钙敏感性，这种Ca^{2+}的调节作用又由肌钙蛋白承担，是肌动蛋白与肌球蛋白结合的信号和动因；而细肌丝在粗肌丝上的滑动是肌肉收缩的过程，也是消耗能量的过程。

在肌肉收缩的生理活动过程中，Ca^{2+}发挥了重要的调控作用，图11-8显示了这个过程中Ca^{2+}在肌细胞内外的传递过程和作用。当产生肌肉收缩的信号（如神经兴奋性信号）后，首先是激活钙离子通道中的二氢吡啶受体（dihydropyridine receptor，DHPR）和兰尼碱受体（ryanodine receptor，RyR），Ca^{2+}进入肌细胞内，肌细胞内Ca^{2+}浓度升高。肌细胞内Ca^{2+}浓度升高诱导肌动蛋白与肌球蛋白结合，组成肌动蛋白与肌球蛋白复合体，并激活肌球蛋白Mg^{2+}-ATP酶活性，消耗ATP提供能量，引导细肌丝与粗肌丝的滑动，使肌肉收缩。当肌肉收缩信号刺激终止时，在肌小胞体膜上的肌小胞体Ca^{2+}-ATP酶的作用下消耗能量，并将前面流入肌细胞中的Ca^{2+}，主动运输到肌细胞的肌小胞体（钙池）中，肌细胞、肌纤维变为松弛状态。在肌小胞体中有钙结合蛋白，与被回收的Ca^{2+}结合并在肌小胞体中维持很高的Ca^{2+}浓度，这是Ca^{2+}存储。因此，任何机制导致Ca^{2+}从肌细胞外流入肌细胞内均可导致肌细胞、肌肉的收缩活动。

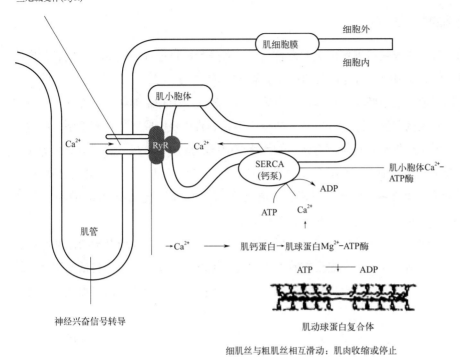

钙通道：二氢吡啶受体(DHPR)与
兰尼碱受体(RyR)

细胞外

肌细胞膜

细胞内

肌小胞体

肌小胞体Ca²⁺-
ATP酶

Ca^{2+}

RyR

Ca^{2+}

SERCA
(钙泵)

ADP

ATP Ca^{2+}

肌管

→Ca^{2+} 肌钙蛋白→肌球蛋白Mg²⁺-ATP酶

ATP   ADP

神经兴奋信号转导

肌动球蛋白复合体

细肌丝与粗肌丝相互滑动：肌肉收缩或停止

图11-8　肌细胞中肌纤维收缩的基本过程

第二节
鱼类肌肉生长方式及其影响因素

　　鱼类肌肉系统是鱼体重要构成部分，是鱼类在生活环境中运动、身体平衡和体内机体活动（如消化道运动、鳃的呼吸活动）关键性的动力保障；同时也是人类优质蛋白质、脂肪的重要食物来源。鱼类肌肉的生长与发育是遗传决定的，也是为了适应生活环境、为了生存的需要。养殖鱼类的目的是提供优质的水产动物食物，这需要在研究水产动物肌肉生长、发育的基础上，希望通过饲料、养殖过程和养殖环境，使水产动物的生长和发育向更好地满足鱼类自身的需要，同时也要满足人类对水产食品的需要方向发展，包括了遗传改良、饲料营养、养殖过程技术、养殖环境技术的研究与使用，力图使水产动物能够提供更多的、可食用的肉类，提供更优质的水产动物食品。

　　鱼体、鱼肉中的脂肪和脂肪酸是影响鱼肉风味的主要物质，而肌肉蛋白质是影响肌肉质构、咀嚼口感的重要物质基础，其中的游离氨基酸也是影响肌肉味道的重要物质基础。肌肉的质构与肌纤维质量、肌纤维类型有直接的关系；肌肉的色泽、系水力等也与肌纤维质量（肌纤维类型、肌纤维分布密度、肌纤维大小等）有紧密的联系。

　　水产动物种类繁多，鱼类种类也很多。不同种类的肌肉呈现出不同的生长方式，肌纤维的数量、密度，尤其是肌纤维的类别也有很大的差异。这或许就是不同种类水产动物具有不同的食用价值、不同的营养价值的根本原因。也正是水产动物种类的多样性，为人类提供了多样化的水产品食物，满足人类个性化的需求。

一、肌肉生长方式

（一）肌细胞的数量与肌肉的生长方式

研究鱼类肌肉细胞的发育和生长还得追溯到胚胎发育过程，而胚胎发育过程中主要关注的是肌肉的起源和体节的形成与发育。鱼类肌肉的发育与体节的形成是紧密关联的。

在胚胎发育的原肠胚期形成了三个胚层，胚体形态为圆球形。随后胚胎开始伸长，背部开始形成神经板，进一步形成神经沟与神经褶，最后形成神经管。神经管和其下的脊索构成胚体背部中轴，胚体逐渐形成圆柱形。中胚层的出现和分化更为复杂，脊索两侧的背部中胚层形成体节板，随后形成体节，再进一步分化为生肌节、生皮节和生骨节。成熟鱼类的体节构成包括了脊椎和肋骨、背侧皮肤的真皮层、背部的骨骼肌、体壁的肌肉等。鱼类躯干和尾端骨骼肌是由位于近轴中胚层（paraxial mesoderm）又称为背中胚层（dorsal mesoderm）体节按从前至后的顺序分化形成的。

在胚胎发育过程中，肌肉的首次形成来自原肠胚期形成的近轴中胚层，即在原肠胚形成期间，中胚层第二层细胞、背侧中胚层的细胞。胚胎发育是受控状态下的有序化发生的发育过程，包括基因表达的时空顺序、神经与激素的调控等。体节肌肉形成过程中包含了肌细胞的增殖和分化，而肌细胞的分化可以形成不同的肌纤维组织。

鱼类躯干和尾端骨骼肌起源于近轴中胚层，开始于胚胎体节，并通过体节旋转运动形成皮层状体节和原始肌纤维。在此分化过程中，成肌细胞（myoblast）停止分裂，融合形成肌管（myotube），并同时表达一类肌肉特异性蛋白，最终分化形成两种不同类型肌纤维，即称为白色肌肉的快肌和红色肌肉的慢肌。位于躯干深层的白色肌肉称之为快肌，位于表皮下面的红色肌肉称为慢肌。肌管的形成及其特异蛋白质的表达是肌细胞分化的主要阶段，例如肌球蛋白同样也是非肌细胞中细胞骨架的蛋白质成分，为什么在肌细胞中表达就会形成肌纤维细胞呢？肌管形成过程是多个肌原细胞的融合过程，其结果是产生了具有多个细胞核的肌细胞，同时诱导了特异蛋白质的表达，形成了肌纤维。肌细胞的分化是发生在这个阶段和过程之中，但具体发生了哪些变化还需要更深入的研究。目前研究的肌细胞生长调节因子等应该是已经分化后的结果。

类似于其他高等动物，鱼类早期发育过程中肌细胞增殖可分为三个连续且具明显特征的阶段，即①在体节形成之前，位于脊索近轴细胞（adaxial cells）分化并向中侧部迁移形成表层的慢肌纤维层，进而在新形成的体节内侧近轴细胞，在慢肌细胞迁移后产生快肌纤维，初步形成生肌节。②继而进入分层生长阶段（stratified growth），新的肌细胞到生肌节表层，以增加肌纤维数量。有研究认为，鱼类分层生长阶段直到鱼类孵化后期，甚至直到幼鱼进入摄食期。③肌细胞增殖的第三阶段即为嵌合型肌肉生长（mosaic growth），此阶段在生肌节之间新肌纤维不断添加，包括肌细胞增长，并开始增大生长过程。伴随着嵌合型生长阶段，*MyoD*、*Myf5* 与 *MEF2* 等基因持续表达。一旦该阶段基因表达受阻，则鱼类个体生长受到限制，其个体变小。因此，及早地激活嵌合型生长阶段，对鱼苗和幼鱼阶段肌肉发育和个体体重增加极为重要。

肌肉组织的生长包括了几个方面的内容：肌细胞数量的增加，称为肌细胞的增殖；肌细胞中肌原纤维发生变化如增粗，蛋白质合成量增加、肌纤维三维体积的增加，又称为肌细胞的肥大；肌细胞与肌纤维类型如快肌、慢肌或白肌、红肌的分化与类型之间的转化。

（1）肌细胞数量的增殖与肌肉的限定性和非限定性生长

在动物一生的生活史中，肌细胞数量是可增殖的还是不可增殖的？即肌细胞数量是不变的还是可变的？这决定了肌肉生长方式是限定性生长还是非限定性生长方式。

研究表明，脊椎动物的肌细胞数量变化存在二种情况，一是在胚胎发育后期、幼体动物、性成熟发育过程中，肌细胞数量在胚胎后期就确定了，在之后的动物生长、发育过程中，肌细胞数量保持不变，动物个体的三维尺度的增长、肌肉组织的生长则完全依赖于肌细胞三维尺度的增长，即依赖于肌细胞的肥大。这种生长方式称为肌肉组织的限定性（determinate）生长方式。肌肉限定生长最典型的代表动物就是哺乳类动物，其显著的特征是其成熟个体的大小是有限度的，不会是无限度的三维尺寸个体的生长。

另外一种方式是，在动物的生长、发育过程中，肌细胞数量可以增殖、肌细胞的体积也是增长的，这种生长方式称为非限定性（indeterminate）生长方式，即动物即使在性成熟之后，还可以继续生长，其个体大小是没有限度的。多数鱼类属于非限定性的生长方式，其肌肉组织的生长既依赖于肌细胞数量的增殖，也依赖于肌细胞的肥大作用。鱼类并没有固定的大小，而有些鱼类在整个生命中都在持续生长。

限定性生长与非限定性生长模式最主要的区别在于肌纤维即肌细胞数量的生长差异。与哺乳类不同的是，鱼类之所以表现为非限定性生长是因为鱼类可以通过新的肌纤维增生（hyperplasia）来增加肌肉质量，同样也可以通过已有的肌纤维的肥大或过度增长（hypertrophy）来增加肌肉的质量。

鱼类生长发育过程中，个体生长速率存在种间和同种个体间的差异，并受环境因子如温度和食物的影响，且个体大小差异主要受躯干骨骼肌增长的制约和限制。大型或快速生长的鱼类，肌细胞的增殖和增大可持续到一定个体大小，而小型和慢速生长的鱼类肌细胞增殖速率较慢，其生长主要依赖于肌细胞的增粗和增大来实现。

鱼类孵化后期的肌细胞增殖也是肌肉质量和肌细胞数量的补充过程，使得鱼类肌肉生长模式与其他脊椎动物不同，主要是因为鱼类孵化后肌纤维数量不是固定的，同时还伴随有肌纤维的增粗和肥大过程。但是并不是所有的鱼类肌肉生长都是非限定性生长，种与种之间的肌肉生长调控行为也是多样的。对于一些小型个体、寿命较短的鱼类，主要表现为限定性生长方式。例如有报道斑马鱼肌肉生长为限定性生长，发现斑马鱼幼鱼发育阶段仅仅有少量的肌纤维增殖。通过外源生长激素（growth hormone，GH）处理斑马鱼后可以带来适度和短期的约20%的增长。也有发现小型鱼类青鳉鱼孵化后期生长发育阶段不仅可以增加肌纤维数量和大小，而且在成鱼同样可以增加肌纤维大小。这预示着不仅仅是一些体型较大的、可以持续生长的鱼类在成熟后还能进行肌纤维的增大，而部分体型小的鱼类同样在成鱼后仍保留肌纤维增大的潜能。

朱琼（2011）研究了鳜快肌、慢肌组成比较及肌纤维早期发育特征，其研究结果表明，孵化后1～41日龄鳜鱼的骨骼肌背右侧第一肌节骨骼肌生长同时包括数目增加（增生）和面积增大（肥大），背侧第一肌节中肌纤维总数由40个增加到520个，肌纤维总面积由805.30μm²增加到186422.77μm²。其中，孵化后1～9日龄，肌纤维相对增生数目下降，相对增加面积缓慢上升，相对增加面积中增生生长的贡献率由60.53%降至8.8%，肥大生长则与之相反；9～15日龄，肌纤维相对增生数目呈现上升，相对增加面积相对平缓，相对增加面积中增生生长的贡献率略上升（由8.8%上升至20.26%），肥大生长贡献率略有下降；15～41日龄，相对增生数目和相对增加面积均呈上升趋势，相对增加面积中增生生长的贡献率下降并趋于平稳，肥大生长贡献率由79.79%上升到87.41%，成为优势生长。

鱼类肌肉细胞的增殖与肥大生长方式在幼鱼阶段较为明显，把鱼种养好应该有利于后期商品鱼的养殖。

(2) 肌卫星细胞与肌肉组织的损伤修复

具有限定性生长方式的动物肌肉组织，如果在出现损失的情况下，受到损伤的肌细胞、肌肉组织会通过泛素化、组织蛋白酶体等途径被分解。那么，这些损伤的肌细胞又如何被修复呢？

在肌肉的疏松结缔组织中存在有肌卫星细胞和骨髓间充质干细胞,可以被激活分化为肌细胞,并用于对损伤肌细胞的补充。但是,这并不意味着肌卫星细胞可以无限度地增殖,并使肌肉组织具有无限定性的生长方式,其根本原因是肌卫星细胞或骨髓间充质干细胞不具备无限度分裂、分化和增殖能力,理论上最多可以传代50代,之后也会衰老、死亡,失去增殖和分化的潜能。骨髓间充质干细胞(bone marrow mesenchymal stem cells,BMSC)是在哺乳动物的骨髓基质中发现的一种具有分化形成骨、软骨、脂肪、神经及成肌细胞的多种分化潜能的细胞亚群。因其多向分化潜能、旁分泌潜能、免疫调节能力及容易获取等特点广泛用于损伤骨骼肌的修复与再生。

肌卫星细胞被认为是肌肉正常生长和损伤修复的干细胞,但是这种修复是有限的,因为肌卫星细胞数量和增殖功能是有限的。例如,新生儿(5d)和婴儿(5月)的卫星细胞大约可以分裂60次和45次。9岁或60岁的人,只能分裂20～30次。卫星细胞的数量取决于动物的种类、年龄和骨骼肌类型。新生鼠卫星细胞数目约占肌细胞核总数的30%,成年后降到约4%,老年则下降到约2%(29～30个月)。

(二)肌纤维类型

肌纤维的类型决定畜、禽、水产动物肌内脂肪含量、肌肉嫩度以及肌肉色度等品质特性。骨骼肌在生长发育过程中,其肌纤维组成和类型并不是完全固定的,它们会随着骨骼肌对代谢与功能需求的改变而发生转变。这正是可以调控肌肉品质的生物学和生理学基础。

肌纤维(肌细胞)的发育过程包括了:①来自近轴中胚层的间充质干细胞进行定向分化、增殖、迁移,最终形成单核成肌细胞,呈双极形或纺锤形的单核细胞;②多个单核成肌细胞融合,并形成梭形的多核细胞肌管,肌管是长圆柱状的多核细胞,其中含有由肌动蛋白和肌球蛋白组成的肌原纤维;③随着肌原纤维的增多,细胞核向细胞的周边移动,这时的肌管就成为骨骼肌细胞或称肌纤维;④肌纤维生长并最终形成不同特性的成熟肌纤维。

即使都是骨骼肌,依据不同的鉴别方法也可以分为不同的骨骼肌纤维类型,其肌纤维的分类方法有三种。

① 依据骨骼肌形态与生理差异的分类

依据骨骼肌肌纤维颜色的不同将其分为红肌与白肌;而根据骨骼肌肌纤维收缩特性将其分为慢肌与快肌,红肌实际上对应于慢肌,白肌对应于快肌。

② 依据肌纤维的酶化学反应差异的分类

对骨骼肌纤维的肌球蛋白ATP酶(ATPase)与琥珀酸脱氢酶(SDH)染色法是两种最常用的组织化学染色法。根据肌球蛋白ATP酶在不同酸碱环境中活性的差异,可将骨骼肌肌纤维分为Ⅰ、Ⅱa、Ⅱb三种类型,这也是肌纤维分类中最为经典的方法。而对肌球蛋白ATP酶、琥珀酸脱氢酶或α-磷酸甘油脱氢酶进行染色,并根据骨骼肌纤维收缩的差异将肌纤维分为:慢收缩氧化型(SO)、快收缩氧化酵解型(FOG)和快收缩酵解型(FG)。

③ 根据肌球蛋白重链(myosin heavy chains,MyHC)的多态性的分类

依据肌纤维的氧化能力和肌球蛋白重链异构体表达的特性进行分类是国际上普遍认可的一种分类方法。根据此方法,可以将肌纤维分为4个亚型:Ⅰ型、Ⅱa型、Ⅱb型和Ⅱx型。其中,Ⅰ型肌纤维是慢速氧化型肌纤维,Ⅱa型肌纤维是快速氧化型肌纤维,Ⅱb型肌纤维是快速酵解型肌纤维,Ⅱx型肌纤维介于Ⅱa型和Ⅱb型之间,属于中间型肌纤维。

根据骨骼肌MyHC同工型表达模式所分出的4种肌纤维(Ⅰ型、Ⅱa型、Ⅱb型与Ⅱx型)表现出不同的生理与代谢特征,其中Ⅰ型和Ⅱa型肌纤维表现出氧化代谢特性,而Ⅱb型和Ⅱx型肌纤维表现出无

氧糖酵解特性。Ⅰ型纤维又称慢收缩型纤维，具有收缩缓慢的特性。这种类型的肌纤维含有丰富的线粒体，单根肌纤维周围具有更多的毛细血管和血红蛋白，其外观色泽显示为红色肌肉；细胞内糖的代谢形式主要是有氧代谢；具有收缩速度慢、抗疲劳能力强的特性，在耐力型工作中发挥主导作用。Ⅱ型纤维也称快收缩型纤维，具有收缩速度快、易疲劳的特性；肌纤维附近毛细血管较少，肌纤维内部肌红蛋白较少，外观颜色为浅色，显示为白色肌纤维。这种类型的肌纤维主要在强度要求高、速度要求快的运动中发挥作用。

在哺乳动物中，肌纤维类型与MyHC之间主要存在以下对应的关系（陈小保，2012），见表11-1。

表11-1 骨骼肌纤维肌球蛋白种类

纤维类型	收缩蛋白种类	肌球蛋白重链
Ⅰ	慢	MyHCs
Ⅱa	快	MyHCp1
Ⅱb	快	MyHCp2
Ⅱx	混合	MyHCf，MyHCs

（三）肌纤维类型的转变

在骨骼肌的生长发育中，骨骼肌肌纤维的类型并不是一成不变的。肌纤维类型的差异会导致骨骼肌生理与代谢特征上的差异，其差异是影响肌肉品质的重要因素。以哺乳动物为代表的肌肉限定性生长方式，其骨骼肌肌纤维数目在胚胎发育期间基本上就已固定，出生之后，由于肌纤维的肥大，动物躯体肌肉块才表现出增大、增粗。重要的是，动物肌肉在生长发育过程中，即使肌纤维数量增殖没有变化，但是其肌纤维组成类型并不是完全固定的，它们会随着骨骼肌对代谢与功能需求的改变而发生转变。骨骼肌纤维转变的方向是在一定条件下，几种类型的肌纤维可以相互转化，即Ⅰ型⇆Ⅱa型⇆Ⅱx型⇆Ⅱb型的变化方式。不同的研究发现，体育锻炼、激素、电刺激、神经刺激、不同的生理状态等均可引起不同程度的骨骼肌肌纤维类型的转变。

由于肌纤维类型与肌肉的品质有直接关系，对于养殖动物而言，其肌肉是人类的重要食品来源，人们总希望增加适合人类消费的动物肌肉食品。对于猪等哺乳动物而言，其肌纤维数量增殖难度很大，但是改变肌纤维类型、调整肌肉品质满足人类的需要是很好的研究方向。对于水产动物，其肌肉生长方式是非限定性生长，因此，既可以增殖肌纤维数量，也可以借鉴猪肉肌纤维类型改变的方法，来调整水产动物肌肉的品质。例如，通过运动的方式可以改变肌纤维的类型，在流水池、流水槽养殖的鱼类或虾类，活动能量增强、运动量加大，适应流水环境的需要可以促进肌纤维类型的改变，其结果是肌肉质构的改变，增加肌纤维的密度、肌纤维的嚼劲，增加肌纤维的持水力、控制肌纤维的滴水度，并改变肌纤维的色泽等，实现提升肌肉食用品质，这是值得研究和实施的重要方向。

鱼类MyHC亚型之间也可以相互转化，而这种转化也可成为不同肌纤维类型之间相互转变的诱因。鲤鱼通过调节MyHC各亚型的ATP酶活性而对气候温度的变化产生适应，其肌肉组织中存在有3个与温度关联的差异表达MyHC cDNA，分别为10℃型MyHC cDNA、30℃型MyHC cDNA和中间型MyHC cDNA，其中10℃型MyHC cDNA和30℃型MyHC cDNA主要集中在10℃和30℃的条件下表达，而中间型MyHC cDNA则在广谱温度条件下都可以大量表达。这也表明，环境条件可以改变鱼体肌纤维的类型。

衰老是动物个体生活史的末期阶段。衰老导致肌肉萎缩，还可以造成肌纤维类型从Ⅱ型肌纤维向Ⅰ型肌纤维的转化。在大鼠的肌肉中，随着年龄的增加，Ⅱb型肌纤维比例降低，Ⅱx、Ⅱa、Ⅰ型肌纤维比例增加。衰老造成肌肉萎缩和肌纤维类型的转化与神经系统的变化有关。肌肉萎缩衰老之后，神经冲动的频率降低，又由于 I 型是慢速型肌纤维，从肌肉的适应性来说，肌肉衰老也会造成 I 型肌纤维比例增加。

（四）肌纤维类型与肌肉品质

以猪肉为例，肌纤维类型和代谢规律直接影响猪肌肉的发育和肉品质特性。猪肉的肌纤维类型与肉色存在密切的关系，肌肉中氧化型肌纤维即 I 型纤维比例高，相应的肌红蛋白和血红蛋白含量就高，肉色鲜红；反之，酵解型肌纤维比例高时，肉色就显得苍白；系水力的差异会直接影响肌肉的颜色，而系水力的大小与肌纤维的类型又有着直接的联系。酵解型肌纤维即 II b 比例大的肌肉系水力相对较低。肌纤维所影响的另一个肉质指标是pH。水产动物屠宰之后，肌肉中pH值的变化主要取决于肌肉中糖原的含量，当肌肉中酵解型（II b型）肌纤维比例大时，肌肉中ATP酶活性与糖原含量高，屠宰后肌肉pH值下降快，并且容易产生PSE（pale soft exudative）肉，表现为肌肉色泽苍白、质地松软没弹性、肌肉表面渗出汁液。肉品的嫩度与肌纤维的直径，以及肌内脂肪存在密切的联系。与 II b型肌纤维相比， I 型肌纤维直径较细，剪切力更低，表现出更好的嫩度特性。肌内脂肪对肉品嫩度的影响主要体现在，一方面它可以切断肌纤维束间的交联结构，另一方面在咀嚼过程中起到润滑的作用，更利于肌纤维的断裂。另外，氧化型（ I 型）肌纤维比酵解型（ II b型）肌纤维具有相对更高的脂质含量与磷脂含量，并且肌内脂肪的含量与 I 型肌纤维含量成正相关，而磷脂含量高对改善肉品的风味具有重要的意义。

（五）肌肉生长的主要内容

肌肉组织包括肌纤维组织和肌纤维之间的结缔组织，肌肉的生长是肌肉组织整体的变化。肌肉的生长包含的内容有：①肌细胞数量的增殖，在鱼类个体发育中，肌细胞数量是增加的，所以表现为非限定性生长。增加的肌细胞一是来源于肌卫星细胞的转化，肌卫星细胞有类似于肌细胞干细胞的作用；二是骨髓间质细胞也具有分化为肌细胞的潜能。②肌细胞中肌原纤维的增长，包括肌原纤维数量与密度、肌原纤维直径的变化等，整体表现为肌细胞体积的增加，即肥大。③肌纤维类型的转变，在鱼类肌肉中快肌与慢肌的变化、肌纤维类型的变化等。④肌肉组织除了肌纤维、肌束及其肌膜外，还有结缔组织以及结缔组织中脂肪细胞，肌肉的生长也包括脂肪细胞，在肌肉外观上表现的脂肪纹路的生长。有研究显示，如果沉积的脂肪过多、脂肪细胞为主构成的脂肪纹路增长过快，也会压缩肌纤维的生长，会出现肌纤维更细、密度更低的情况，并导致肌肉的品质发生变化。

值得注意的是，相对于哺乳动物肌纤维的限定性生长方式不同，鱼类肌纤维以非限定性生长方式为主，但是，实质生肌肉组织并非可以无限度地生长，否则就是肉瘤一样的异形生长了。鱼体体型的变化、肌肉的生长速度与程度等，都是受到控制的，包括激素控制和遗传基因表达的控制等。例如，单就肌纤维的生长及其蛋白质的合成而言，有促进肌纤维生长的因子、促进蛋白质合成的因子，也有抑制肌纤维生长的如肌肉生长抑制素、控制蛋白质分解代谢的因子。生命体最为显著的特征就是一切生理活动、生理代谢和生命活动都是有序的，有完整的控制体系来保障这种有序性。这也是生命的奥秘、生命的完美之处。

当然，在养殖条件下，养殖动物出现过肥、身体短胖、"大肚子"等情况也是有的，就如人体"肥胖"一样。这主要还是脂肪沉积过多、养殖动物骨骼发育异常所致，这其中还有很多需要研究的问题存在。例如日粮矿物质与骨骼发育的关系、蛋白质与脂肪的关系等。

二、日粮因素和非日粮因素与肌肉生长

（一）日粮因素

(1) 日粮对肌肉生长影响的营养学基础

日粮是养殖动物主要的物质和能量来源，动物食品是人类主要的蛋白质和脂肪来源。就蛋白质而言，包含了蛋白质的数量、食用质量和卫生安全质量等关键性内容。动物蛋白质代谢是一类动态平衡的代谢，即同时在进行活跃的蛋白质合成代谢和蛋白质的分解代谢，动物蛋白质的数量积累是建立在蛋白质的合成代谢与分解代谢的"差额"基础上，如果蛋白质的合成量大于蛋白质分解量，则表现为动物蛋白质数量的增长，反之则是动物体蛋白质数量的减少。对于动物蛋白质的食用质量，涉及动物肌肉的风味、口感和营养质量、安全质量。风味和食用的口感则与肌肉中脂肪与脂肪酸、肌纤维类型、肌纤维的质量等有直接的关系；蛋白质代谢则在另一节中进行分析。

因此，日粮的营养组成和营养素水平是影响养殖动物生长、生理健康和肉食品质量的关键性因素，也是营养与饲料学的核心研究内容。而通过饲料途径改善养殖动物肉品质量则是现代营养与饲料学、动物养殖过程与技术改进、养殖环境控制的重要内容。本部分重点探讨肌纤维质量与肌纤维类型的改变与肉品质量的关系，肉品质量中肌纤维类型转变成为关键点。

日粮营养素种类、营养素水平是如何影响肌肉生长的？这是一个非常复杂的生理代谢过程，包含了营养学的几乎全部内容。有一点是肯定的，日粮在提供动物生长、代谢的物质与能量的同时，日粮中的营养和非营养物质是作为动物生理代谢、神经与激素调控、基因表达等内在因素的诱导性因素而发挥作用，是最为基础性的因素。

(2) 日粮营养素对动物肌肉生长的直接性影响

动物在生长发育的过程中，若营养水平不同，其肌肉生长的形态、大小及分布也是不同的，营养物质及营养利用率是调控及改善肉品质、酮体性状及骨骼肌蛋白质沉积的关键因素。

例如，日粮中能量和粗蛋白质水平可调节肌纤维的类型。研究发现，仔猪营养不良导致背最长肌中酵解型的Ⅱb型肌纤维的比例显著升高，而需氧型的Ⅱa型肌纤维的比例显著降低；限饲可使仔猪肌肉中的Ⅰ型肌纤维比例显著增加。低淀粉、高脂和高纤维日粮的猪肌肉中Ⅰ型和Ⅱa型肌纤维增加，Ⅱx和Ⅱb型肌纤维减少，表明低淀粉、高脂高纤维日粮能减少酵解型肌纤维的比例，改善育肥猪的肉质。有研究指出，日粮中氨基酸的水平同样对猪骨骼肌蛋白质的合成及沉积起着重要作用。例如，日粮中支链氨基酸如亮氨酸可以对动物肌肉蛋白质代谢产生直接的影响，缬氨酸、亮氨酸和异亮氨酸等支链氨基酸是唯一在骨骼肌内发生高强度代谢的氨基酸，在日粮中添加支链氨基酸可以增加血液循环中相应底物浓度，增加其在骨骼肌内的代谢，并生成合成蛋白质所需的天冬氨酸、谷氨酸、谷氨酰胺，进而促进骨骼肌蛋白质的合成。

关于鱼类肌肉中肌纤维类型目前主要分为快肌和慢肌，即白肌和红肌，没有像畜禽动物肌肉那样分为Ⅰ型、Ⅱa型、Ⅱb型与Ⅱx型四种类型的分类研究报告。

(3) 饲料途径的添加物对肌纤维转变的影响

日粮中除了常规的营养素之外，还有较多的非营养素类物质，且还可以在饲料中有目标地添加一些物质来影响养殖动物的肌生长和肌肉品质，这是通过饲料养殖动物获得动物产品数量的同时，也能够改善动物产品质量的有效途径。

微生物对饲料原料或饲料的发酵作用可以产生较多的次级代谢产物，如有机酸、维生素等，发酵豆

粕等在饲料中使用可以显著改善肌纤维类型，表现在肌肉的色泽鲜艳、滴水度下降、风味得到改善等方面。这类研究在猪、禽和鱼类都显示出共同的特征，其本质应该是对肌纤维类型改变后的结果，这也是通过饲料途径养殖动物，得到优质的品牌肉的一个技术途径。

另一个重要领域就是天然植物，尤其是含有多酚类的天然植物，依赖多酚类物质的抗氧化作用和清除自由基的作用，保障养殖动物的生理健康和肌肉品质。天然植物产品可以是提取的天然植物成分，也有通过破壁粉碎并将多种天然植物配合使用的技术途径。天然植物中常含有多种多酚类物质，多酚类物质能够提高养殖动物骨骼肌AMPK磷酸化程度，并调控肌纤维类型的转化。例如，日粮添加杜仲多酚提取物，猪背最长肌中Ⅰ型肌纤维相关基因的表达水平显著升高，而酵解型的Ⅱb型肌纤维的表达水平显著降低。红景天、茶叶多酚、苹果多酚等可以改变小鼠快肌纤维向慢肌纤维的转化，调整快肌与慢肌的比例。

（二）非日粮因素对动物肌肉生长的影响

（1）运动可以改变肌纤维类型

运动可以改变肌纤维的类型，这是在人体肌肉和养殖动物肌肉类型改变中均得到证实的结论，这也是讲究养殖动物福利、保障养殖动物运动空间和运动能力，以此提升养殖动物肉品质量的理论基础。同时也是流水养殖（包括流水池和流水槽养殖）的鱼类、江河水体中自然生长的以及海洋捕捞的鱼类、湖泊和水库等大水面捕捞的鱼类，其肌肉品质要优于池塘、网箱等水体养殖的鱼类肌肉品质的主要原因。在肌纤维方面可以发现其具有更良好的肌肉质构，例如肌纤维密度更高、口感更具有嚼劲等，同时肌内脂肪和肌间脂肪含量较低，这些肌肉脂肪也是影响鱼体肌肉品质的重要因素。

有研究结果显示，运动对骨骼肌的影响，主要通过重塑、改变肌纤维分子构成、纤维体积及肌肉质量来影响骨骼肌蛋白质的合成，进而促进骨骼肌肌肉生长来实现的。当然，运动有快速的运动、强烈的运动，也有慢速运动、不太激烈的运动方式。在人体肌肉类型研究中，耐力训练可以诱导Ⅱ型肌纤维向Ⅰ型肌纤维转化；耐力训练使人骨骼肌中酵解型的Ⅱb型肌纤维比例降低，而耗氧型的Ⅱa型肌纤维比例升高，在小鼠中也发现同样的结果。

运动对骨骼肌生长的影响，适当的运动对肌肉生长的影响效果，主要是源于：①运动对骨骼肌的锻炼作用，可以促进肌纤维类型的转变，从而改变肌肉组织的组成和结构。②运动中产生的代谢物对骨骼肌蛋白质合成相关信号通路的激活。例如，适当的运动使血液中色氨酸和酪氨酸水平增加，可显著激活mTOR（哺乳动物雷帕霉素靶蛋白）信号通路，提升蛋白质合成速率，促进骨骼肌的生长发育。③运动可诱导细胞中线粒体的数量增加，线粒体的代谢增强，氧利用增加，促进线粒体的生物合成及氧化代谢增强，同时显著增加代谢相关酶活。有氧运动还能够显著促进三羧酸循环中一些酶的活性，增强酮体氧化代谢。因此，适当的运动可显著促进骨骼肌的蛋白质合成，抑制蛋白质的降解，增加蛋白质在肌肉中的沉积，促进肌肉生长发育。在对大西洋鲑肌肉发育研究中发现，适当增加水中运动量会通过影响肌纤维直径大小改善肉质并优化其他感官指标，其中发育成熟较晚的大西洋鲑的肌纤维直径要稍大。肌纤维直径随个体成熟发育的变化由小到大逐渐增粗。对野生和养殖花鲈之间的肌纤维差异性的研究表明野生花鲈的不饱和脂肪酸含量较多，其肌纤维密度远远高于养殖花鲈，而养殖花鲈的则具有较强的亲水性以及含有较多的蛋白质和饱和脂肪酸，同时也减少了肌肉中脯氨酸、胶原蛋白的含量，这主要是生物体的遗传性能和运动共同协作所造成的结果。野生花鲈的红、白肌之间区别较大，其中红肌含肌纤维的数量多、肌纤维更细，养殖花鲈的红肌含量较少但白肌纤维则多而粗。

（2）环境温度可以诱导肌纤维类型的改变

环境温度是影响动物生长和代谢的主要因素，水产动物以变温动物为主，环境温度的改变对水产动物的生长和生理代谢具有决定性的影响。在家畜、家禽养殖中发现，环境温度的改变可以诱导其肌纤维类型的改变，而水产动物的同类研究则少有报道。例如，持续高温（33℃）应激可以使生长猪Ⅱ型肌纤维比例增多，Ⅰ型肌纤维比例降低，并能够引起肌肉的酵解潜能增加。31℃高温应激促进金鱼的厌氧代谢途径，抑制琥珀酸脱氢酶的活性，ATP酶活性增强，这也间接表明高温应激诱导Ⅰ型肌纤维向Ⅱ型肌纤维的转化。低温同样影响肌纤维类型的转化。

三、肌纤维生长的激素调控

我们知道，从受精卵的发育开始到性成熟的过程中，胚胎的发育、细胞的分化与分裂、幼体动物的生长与发育、成熟与衰老等生活史过程中，一切的代谢过程、细胞过程和生理过程都是受到控制的，这些控制包括了来自于亲体的遗传物质控制，这是最根本的物种的遗传法则。在遗传物质的控制下，基因的时空表达、组织化差异表达等成为内在的控制基础，而基因的表达产物将参与并控制着细胞的增殖、生长和分化过程，控制着细胞内的物质代谢和能量代谢，在严密的控制下维护着生命体的有序性和新陈代谢。同时，神经信号、激素信号、细胞因子等作为信使也参与了生命体的生长、发育和新陈代谢过程，这是生命有序性维持的基础。

就肌肉组织的生长与发育而言，从原肠胚胎期中胚层肌肉分化开始，直到个体的衰老死亡过程中，肌肉组织的生长与发育、肌细胞的生长、肌细胞的增殖、肌纤维的分化与变化等也受到若干基因表达的控制。可以认为，水产动物个体肌肉组织的分化发育和生物学性状的表现都由相应的基因和肌肉特异蛋白产物实现。有关骨骼肌蛋白质的合成与分解将在另一节中进行介绍。

肌肉组织中骨骼肌纤维的生长与分化主要包括了神经与激素控制、基因表达的信号通路控制、肌肉生长和蛋白质合成的基因表达控制等。

激素作为细胞分泌产物，在生理代谢的调控中发挥着重要的作用。激素包含了神经分泌激素、外分泌激素和内分泌激素等，主要作为调控信号因子对动物体内的生理代谢产生直接的作用，也是生命代谢有序性维持的关键性因素。肌肉的生长是动物体生长的重要构成部分，肌肉细胞的增殖、分化和肌纤维的转变等都是受到激素的调控的。激素种类非常多，其作用也非常强大，这里主要介绍几种对肌肉生长、肌细胞生长与分化、肌纤维转变发挥作用的激素。

糖皮质激素（glucocorticoid，GC）为一类甾体激素，是机体内应激反应重要的调节激素。有研究表明，糖皮质激素水平的升高，使骨骼肌蛋白质的合成过程受到抑制，并加速骨骼肌蛋白质的降解。因此，糖皮质激素是抑制肌肉蛋白质生长的激素。

胰岛素样生长因子（insulin-like growth factor，IGF）是一类多功能细胞增殖调控因子，在细胞的分化、增殖、个体的生长发育中具有重要的促进作用。IGF家族（IGFs）由两种低分子多肽（IGFⅠ、IGFⅡ）、两类特异性受体（IGFⅠR、IGFⅡR）及六种结合蛋白组成。

IGFⅠ是一个有70个氨基酸的单链碱性蛋白，IGFⅡ为一含67个氨基酸的单链弱酸性蛋白。两者70%以上同源，与人类胰岛素原的结构和功能约50%相似。IGFs的生物学功能是通过与特异性的靶细胞表面的受体结合而实现的。IGFⅠ受体和IGFⅡ受体分别称Ⅰ型受体（IGFⅠR），Ⅱ型受体（IGFⅡR）。IGFⅠR结构与胰岛素受体（insulin receptor）相似，由α和β两个亚基构成α2β2四聚体的糖蛋白，α亚基是配体结合部位，β亚基具有内在的酪氨酸激酶活性而无酪氨酸酶活性。

IGFs与其他的生长因子不同，在血清、细胞外液及细胞培养液中都与特异性的结合蛋白（binding proteins，BPs）结合以无活性的复合物形式存在。到目前为止，已发现6种IGFBP1、IGFBP2、

IGFBP3、IGFBP4、IGFBP5、IGFBP6，其特征性的结构构成了一个相关性分泌蛋白家族，均为低分子肽类，有50%的结构相似。它们与两种IGF都具高亲和力，而不与胰岛素结合。IGFBP2、IGFBP4、IGFBP5和IGFBP6在骨骼肌中表达。IGFBP的主要功能是转运蛋白质，延长IGF的半衰期和调节血浆清除率。IGFBPs既可激活，也可抑制IGF的活性。IGFBPs大量表达可调节IGF介导的细胞增殖和肌管形成，导致IGF Ⅰ和IGF Ⅱ下降。IGFBPs在分化和未分化猪肌细胞以及不同分化阶段均有表达，表明IGFBPs对细胞分化有调节作用。

大部分IGF在肝脏内合成，主要存在于血液循环中。IGF介导生长激素的刺激、调节组织生长和发育，对肌肉体积及力量、身体成分的维持及营养代谢的调节起着重要的作用。IGF Ⅰ与IGF Ⅱ具有相似的结构和体外活性，但体内的生物学效应不尽相同。IGF通过内分泌、旁分泌和（或）自分泌方式，由靶细胞表面受体IGF Ⅰ R和IGF Ⅱ R介导发挥其生物学效应，并受到IGF结合蛋白的调节。IGF Ⅰ是肌肉生长和发育重要的调控因子，不影响细胞增殖，但能刺激细胞分化，能够促进肌肉细胞的增殖和分化。骨骼肌卫星细胞在IGF的作用下增殖，这种相互作用对调控产后肌肉的生长发挥着重要作用。IGF Ⅰ受体（IGF Ⅰ R）可调控细胞增殖和分化的不同时期。IGF Ⅱ是由分化早期和分化末期的骨骼肌成肌细胞产生，是增殖分化过程中的关键因子，IGF Ⅱ通过激活Pi3激酶途径诱导IκB的降解。细胞核因子NF-κB启动降解IκB，诱导一氧化氮合成酶（INOS）的表达量增加。这些因子是IGF Ⅱ介导的终末骨骼肌细胞分化必不可少的因子。

四、鱼类肌肉生长与肌纤维类型

（一）鱼类肌纤维类型

关于鱼类肌纤维类型的研究资料不多，主要的研究工作还是在模式动物斑马鱼。按照肌肉收缩速度和分布位置的差异，鱼类骨骼肌由两种分布位置不同的肌纤维组成，一种是位于皮下浅层的红色、慢收缩型的红肌纤维，即Ⅰ类，另一种是构成躯体绝大部分的快收缩白肌纤维，即白色快收缩肌（Ⅱa、Ⅱb）和中间型肌（Ⅱx）。以斑马鱼为例，其成体的慢肌主要分布在水平肌隔的上、下和在表皮之间的楔形区域内，而鱼体躯干和尾部肌肉的大部分则为快肌。刘希良（2013）通过酶染色实验将翘嘴鲌肌纤维分成Ⅰ型（慢速氧化型）纤维、Ⅱa型（快速氧化型）纤维和Ⅱb型（快速酵解型）纤维三种类型。其中Ⅱa型（快速氧化型）纤维与组化实验中白肌中的能染上蓝色的小纤维细胞在大小、位置、比例上一致，表明Ⅱa型纤维即为散落分布在白肌中直径较小纤维。

鱼类肌细胞（肌纤维）含有不同的肌原纤维类型，并具有不同的功能作用，鱼类肌肉细胞功能蛋白质有三大类：①结构蛋白，包括肌球蛋白、肌动蛋白、原肌蛋白和肌动球蛋白等，它们构成鱼肌肉总蛋白质的70% ～ 80%；②肌膜蛋白，包括肌清蛋白、球蛋白和多种酶类或结合蛋白，占总量的20% ～ 25%；③以胶原蛋白为主的结缔组织蛋白，约占总量的3%。

（二）肌球蛋白重链（myosin heavy chain，MyHC）

鱼类骨骼肌包括肌球蛋白（myosin）、肌动蛋白（actin）、原肌蛋白（tropormyosin）和肌动球蛋白（actomyosin）。肌球蛋白是肌原纤维粗肌丝的构成蛋白，含2条分子量较大的重链肽链和4条分子量较小的轻链肽链；肌动蛋白、原肌蛋白是细肌丝的构成蛋白；而肌动球蛋白则是连接粗肌丝和细肌丝的蛋白质。鱼类肌球蛋白重链基因的全基因序列已分别在河豚、斑马鱼、鲤鱼和鳜鱼等鱼类中被分别克隆。这些基因包括肌球蛋白重链、轻链、肌动蛋白等肌肉结构蛋白基因。

肌球蛋白作为细胞骨架的分子动力，既是一类结构蛋白质，也是一种多功能蛋白质，其主要功能是为肌肉收缩提供能量。肌球蛋白占鱼骨骼肌肌原纤维蛋白质的50%～60%，对细胞的运动与细胞内物质传输起着重要的作用。肌球蛋白广泛存在于肌细胞和非肌细胞中，它是非肌细胞骨架的组成成分，为细胞质流动、物质运输、细胞器运动、有丝分裂、胞质分裂和细胞的顶端生长等提供所需的动力，参与细胞的吞噬、运动、受精和吸收等生理过程，充当非肌细胞生命活动的调节者，调节简单的细胞间的信号传递和较高级的细胞形状的改变等。同时，肌球蛋白也是肌细胞肌原纤维中粗肌丝的构成蛋白，在肌肉运动中与细肌丝的肌动蛋白协作，完成身体的运动。

在蛋白质组成上，肌球蛋白由2条分子质量为240kDa的重链和4条分子质量为16～24kDa的轻链组成。在物理性结构上，肌球蛋白为一个长度约150nm的棒状分子，一端有两个头部（肽链的氨基端），一端为细细的尾部（肽链的羧基端）。肌球蛋白以聚合形式参与细胞生理过程，肌球蛋白有序排列组成粗肌纤维，与肌动蛋白为主构成的细胞纤维形成交叉结构参与肌肉形成和肌肉的运动。

肌球蛋白分为两个功能区域：N-端的S1形成球状头部，分别有ATP酶结合位点和肌动蛋白结合位点，因而直接具有ATP酶活性和与肌动蛋白结合的能力，与肌肉的运动和能量供应相关，也是骨骼肌肌肉组织中粗横纹形成的位置。余下的杆状区域呈α-双螺旋结构，其C-端为轻链（light meromyosin，LMM），具有在生理性离子强度下形成粗丝的能力，轻链与鱼肌肉蛋白质的凝胶形成能力有关。

（三）肌球蛋白重链在肌纤维分类上的作用

肌球蛋白是一种多基因家族控制的蛋白质，虽然都是肌原纤维粗肌丝的构成蛋白，但不同动物种类、同一种动物的不同发育时期以及同一个体在不同生理和环境条件下，肌球蛋白基因的表达有差异，所形成的肌球蛋白也表现出差异性，这正是依据肌球蛋白进行肌纤维分类的基础依据。目前发现的肌球蛋白有多种类型，每一类肌球蛋白都以罗马数字（Ⅰ、Ⅱ等）表示。依据来源不同可以分为传统的肌球蛋白和非传统的肌球蛋白。传统的肌球蛋白是指构成肌肉的肌球蛋白，即肌球蛋白Ⅱ，但是非肌肉细胞也存在肌球蛋白Ⅱ，称为非肌肉肌球蛋白Ⅱ；非传统的肌球蛋白是指肌肉中不含有的肌球蛋白，如肌球蛋白Ⅰ、Ⅲ、Ⅳ、Ⅴ，只存在于非肌肉细胞之中。

肌球蛋白重链肽链类型与相应的基因型同工型对应，肌球蛋白重链同工型基因是指不同个体，或同一个体不同组织，或同一组织不同位置，在不同生理生化条件下肌球蛋白基因家族同源性和差异表达。已有研究结果证实，编码鱼类肌球蛋白重链基因是由众多的同工型基因所组成，且基因产物的表达因组织器官、发育阶段、环境因子（温度和生理条件）等不同而具有明显差异性。例如，鲤鱼肌球蛋白重链基因的多样性，分离到29种鲤鱼肌球蛋白重链基因的部分编码序列。

鱼类肌球蛋白重链基因及其同分异构体的表达被认为是肌纤维类型形成的决定因子，常用作区分肌纤维增殖和增粗的分子标记。鱼类肌球蛋白重链基因属于多基因家庭成员，且在不同发育阶段各MyHC亚型表达存在明显的差异性。例如，对褐鳟（brown trout）的研究中证实，在胚胎发育阶段MyHCs（慢）在所有慢肌细胞中表达，而MyHCf（快）亚型则在所有快肌中表达，在幼鱼孵化后MyHCs几乎在快肌中停止表达。从青鳉鱼基因组文库中筛选到8种MyHC亚型，其中3种只在胚胎和幼鱼表达，5个亚型在成鱼阶段表达；在鲤鱼中分离出8种MyHC亚型，其中5种MyHC亚型在成鱼表达。在鳜鱼肌肉中也分离到4个MyHC等位基因与肌纤维类型形成相关。

蛋白重链的头部具有ATP酶结合位点，并同时具有ATP酶活性。以其中ATP酶染色差异作为肌球蛋白重链的分类依据，也是肌球蛋白重链的标志性指标。鱼类肌肉蛋白质的稳定性，关系鱼肉的加工适性和贮藏稳定性，众所周知，鱼类蛋白质较畜类不稳定，而鱼类中不同鱼种，其肌肉蛋白质的稳定性也有较大的差异。肌肉的收缩特性由MyHC亚型决定。MyHC有4种不同亚型（即MyHCⅠ、MyHCⅡa、MyHCⅡb和MyHCⅡx），据此可将肌纤维分为4种类型，即Ⅰ型（慢速氧化型肌纤维）、Ⅱa型（快速氧化型肌纤维）、Ⅱb型（快速酵解型肌纤维）和Ⅱx型（中间型肌纤维）。

不同肌纤维具有不同的收缩和可塑性，并且受环境因子影响而导致不同种类的肌球蛋白异构体表达。随着水温度的变化和鱼游泳功能的需要，鱼类的*MyHC*基因表达显示出对这些变化因子的适应和调节。例如，金鱼和普通鲤鱼通过改变酶活性来调节对气候温度变化的适应。温度因子的变化使鲤鱼通过不同*MyHC*基因的同型异构体不同表达调节ATP酶活性。

从鱼类肌肉加工特性方面分析，鱼肉蛋白质的热稳定性具有重要的意义，而鱼肉蛋白质的热稳定性与肌球蛋白重链也是有关联的。环境温度会影响鱼肉蛋白质的稳定性。越是生长在低温环境的鱼类，其肌球蛋白质的凝集速度越快，其热稳定性也越低。研究表明从寒带到热带包括深海鱼类的肌肉蛋白质热稳定性与栖息水温有高的相关性，进一步证实了越是栖息于寒冷水域的鱼类，其蛋白质越不稳定。可能的原因是，肌球蛋白重链一级结构的变异是导致肌肉肌原纤维蛋白质性质发生变化的主要原因，而肌球蛋白重链一级结构的变异归咎于不同环境温度下特定MyHC同工型基因的表达，且由不同的同工型基因所表达的肌球蛋白往往展现了截然不同的生化性质，如酶学性质和稳定性。肌球蛋白的热稳定性越差，其形成凝胶的起始温度越低。

（四）鱼类肌肉生长调节因子

在肌细胞分化成熟过程中，肌纤维的生长、类型变化都是受到基因表达产物控制的，目前的研究者把这类基因称之为生肌调节因子。生肌调节因子（myogenic regulatory factors，MRFs）是肌肉基因专一的转录调节因子，是决定肌细胞分化的主导调控基因。MRFs家族中包括生肌决定因子（myogenic determining factor，MyoD）、肌细胞生成素（myogenin，MyoG）、生肌因子5（myogenic factor 5，Myf5）和生肌因子4（muscle regulatory factor 4，MRF4），MRF4因种属不同又称为MyF6。这些蛋白质代表着控制骨骼肌生成等很多方面的关键调节因子，MRFs基因家族对脊椎动物肌细胞的分化和骨骼肌系统的发育成熟具有重要意义。

MRFs基因家族调控着整个肌肉的发育过程，从肌祖细胞的定型、增殖及肌纤维的形成，直到个体出生后的肌肉成熟和功能完善，以及组织修复和再生等肌肉发生发育的各个环节。例如，在鼠类胚胎发育过程，各个生肌因子的表达呈现出发育过程时序特异表达，*Myf5* mRNA在发育8d的肌节中开始表达，至发育14d后其表达下调；*MyoD* mRNA在发育10.5d后开始表达，*MyoG*则在胚胎8.5d开始表达。*MyoD*和*MyoG*这两个因子在整个胚胎发育过程中持续表达。

MRFs的功能与之在骨骼肌发育过程中的表达时序性关系密切。在发育过程中，MRFs家族4个成员联合作用诱导前成肌细胞分化发育形成成肌纤维，但其各自具有特定的表达模式、存在时间、位置和表型，因此每个成员发挥不同的功能，具有不同的调控作用。*MyoD*和*Myf5*基因在成肌细胞增殖过程中表达，主要参与生肌过程，其中*Myf5*最早表达，*MyoG*与*Myf6*主要负责肌肉分化。有研究发现，*MyoD*和*Myf5*都缺乏的小鼠，不能生成骨骼肌，肌卫星细胞也受影响。*MyoG*是肌管和肌纤维形成的必需因子，缺乏*MyoG*的鼠无肌纤维生成，但肌卫星细胞不受影响。*Myf6*调控肌管的分化，其蛋白活性缺失将导致肌肉发育不良，*Myf6*减少的小鼠能生成骨骼肌，但因肋骨生长缺陷而在出生时死亡。

肌细胞生成素（myogenin，MyoG）基因是唯一在所有骨骼肌细胞系均可表达的基因，是骨骼肌分化所必需的因子，其功能不可被其他生肌调节因子所代替，通过控制成肌细胞的融合和肌纤维的形成来对肌肉的分化起关键作用。作为一种肌细胞特异性转录因子，*MyoG*基因具有以下三个功能：①调节自身基因的表达；②与生肌因子其他成员相互作用，调节彼此基因的表达；③调节肌肉特异基因的表达。

决定*MRFs*基因是否活化和表达的因素是非常复杂的，可能由发育、细胞生长状态及其他细胞因子等内部因素调控，也可能由运动、营养及应激等外部因素调控。这些因素可直接影响*MRFs*的转录，或通过蛋白质间的相互作用间接影响其表达。大多数的骨骼肌基因控制区都有一个或多个E-box，是*MRFs*激活肌肉基因转录的重要途径。胰岛素类激素家族是机体生长、发育和代谢的重要调控因子，对*MRFs*表达具有显著的调控作用。例如，胰岛素样生长因子-2显著提高了金头鲷肌细胞*MyoD*和*Myf5*基因表达，而胰岛素样生长因子-1上调了*Myf6*和*MyoG*基因的表达。*MyoG*基因在黄颡鱼雌雄个体心脏、肌肉等8种组织中均有表达，但在肌肉中的表达量显著高于其他组织，且在雄性中的表达量显著高于雌性，这可能是造成黄颡鱼雌雄生长差异的因素之一（梁宏伟等，2016）。

（五）骨骼肌卫星细胞的激活

骨骼肌卫星细胞（muscle satellite cell，MSC）的来源被认为是起源于体节的多潜能的中胚层细胞，存在于骨骼肌纤维与基膜之间扁平有突起的细胞，是具有增殖分化潜力的肌源性细胞，为一种单核多能干细胞。在一般情况下是处于静息状态的，当被激活后，具有增殖分化、融合成肌管、再形成肌细胞的能力。体外培养的骨骼肌卫星细胞具有良好的增殖与分化能力，因此，肌卫星细胞实质上是一种处于休眠状态下的成肌细胞，是肌细胞核的一种来源。骨骼肌卫星细胞的数量取决于动物的种类、年龄和骨骼肌类型。例如，有研究报告发现，新生鼠卫星细胞数目约占肌细胞核总数的30%，成年后降到约4%，老年则下降到约2%。

骨骼肌卫星细胞被认为是肌肉正常生长和损伤修复的干细胞。肌卫星细胞激活后能增殖分化成新的肌纤维，广泛参与骨骼肌组织的修复与再生。肌卫星细胞的激活和成肌分化主要受MyoD家族的调节。这些成肌调节因子（MRFs）包括MyoD、Myf5、MyoG和MRF4。其中MyoD、Myf5决定着肌卫星细胞是否能激活成为具有成肌特性的成肌细胞，而MyoG和MRF4则发挥着调节肌肉干细胞终末分化为肌管肌纤维的功能。

处于静止状态的肌卫星细胞不能检测到成肌调节因子的表达。卫星细胞由静止进入激活状态就会迅速表达MyoD，进一步共同表达Pax7、M-钙黏蛋白和Myf5。细胞内转录因子Pax-7的表达调控着肌卫星细胞的发育和增殖形成成肌细胞。随后生肌因子Myf5、MyoD、MyoG等成肌调节因子互相作用，促使成肌细胞进行融合，并分化为成熟肌纤维，参与受损区域的修复。

（六）肌肉生长抑制素

肌肉生长抑制素（myostatin，MSTN）是肌细胞分泌的一种激素，它参与调控肌肉的生长，是骨骼肌生长发育的负调节因子。MSTN作为肌肉发育的抑制剂，通过负调控机制抑制肌肉增生，导致肌纤维的数量减少和肌纤维变小。有研究报告，MSTN主要在小鼠的骨骼肌中表达。利用基因敲除技术研究它的功能发现，*MSTN*基因敲除鼠的骨骼肌是正常野生型小鼠的3倍以上。突变型小鼠骨骼肌肌纤维的数目比野生小鼠高出86%，表明突变小鼠骨骼肌肥大的原因既有肌细胞的增生，也有肌纤维的肥大。*MSTN*突变可增加牛的肌肉总量，并培育了双肌牛。此外，*MSTN*负调控卫星细胞的自我更新，可作为卫星细胞静止的信号。

重要调节因子肌肉生长抑制素在肌纤维发生分化和个体生长发育过程中也起着重要负调节作用。肌肉生长抑制素属于转化生长因子TGF-β超家族成员，在肌肉生长发育过程中调节控制肌纤维细胞的增殖和增大。作为一种信号分子，肌肉生长抑制素对肌肉生长的这种调节作用是通过细胞内的肌肉生长抑制素结合激活素受体ⅡB（AcrRⅡB）后，将信号传递到核内，下调与肌肉分化相关调节基因，如*MyoD*和*Myf5*等的表达，从而发挥抑制肌肉生长的作用。采用反义肌肉生长抑制素mRNA处理斑马鱼胚胎证实该基因的诱导致使胚胎个体发育增快和个体增大；当诱导肌肉生长抑制素基因过度表达，则导致肌肉萎缩。

有研究发现，在高等动物只有一种*MSTN*基因，而鱼类中则是二种或更多。已经从虹鳟鱼、大西洋鲑鱼、罗非鱼、石鲥鱼中都获得了两种同源性较高的*MSTN*。在虹鳟鱼中已经发现*MSTN*基因的亚家族，由4个基因（*MSTN-1a*、*MSTN-1b*、*MSTN-2a*和*MSTN-2b*）组成。

第三节
养殖鱼类的外观品质及其检验方法

饲料质量能够影响到养殖鱼类的体型、体色、体态，如何通过饲料途径维持养殖鱼类具有良好的体型、体色、体态体征是水产动物营养和饲料的研究方向之一。而这"三体"指标也是判定养殖鱼类品种的重要技术内容，如何建立这三体指标体系及其检验方法？这是本部分重点讨论的内容。

一、养殖鱼类的体型

鱼类种类多，不同种类鱼类的体型差异很大，例如鲤科鱼类草鱼、鲤鱼等的体型，与鳊鲂鱼类的体型差异很大。如何建立一种鱼类体型指标在鱼类分类学上有较多的研究，但主要侧重于种类的区分。饲料对养殖鱼类体型的影响结果则是对某一个具体种类在不同饲料、不同养殖条件下的变化。因此，重点探讨的内容是同一种类鱼体的体型变化趋势、体型变化的定量描述。

（一）鱼体的三维体型

对于一个特定养殖鱼类而言，从受精卵发育开始，到幼鱼阶段的体型就基本确定，较为简化的方法是确立其三维空间结构的形体。

依据GB/T 18654.3—2008《养殖鱼类种质检验　第3部分：性状测定》，确定养殖鱼类的三维体轴（body axis）是一个较为科学、合理的技术方法，相较于"鱼体框架图"更为简便、实用。这个方法对鱼体体轴的定义是：以鱼体的特定部位作出的三条互相垂直的几何轴线称鱼体体轴，即头尾轴、背腹轴和左右轴。常见的鲤科鱼类体轴示意图，见图11-9。

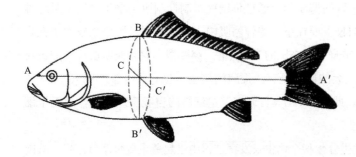

图11-9　鲤科鱼类体轴示意图（GB/T 18654.3—2008）
AA'—头尾轴；BB'—背腹轴；CC'—左右轴

以相互垂直的鱼体三轴作为基准来确定鱼体体型指标，这可以作为建立鱼体数据模型的基础。例如，鱼体的全长为个体总长度，即由鱼体吻端至尾鳍末端（与头尾轴平行）的距离。体长为鱼体吻端至最后一枚脊椎骨末端（与头尾轴平行）的距离。有鳞鱼类，以吻端至侧线鳞最后一个鳞片末端（与头尾轴平行）的距离为测量体长；无鳞鱼类以吻端至最后一枚脊椎骨末端（与头尾轴平行）的距离为测量体长，最后一枚脊椎骨的具体位置通常以其尾部的折痕为标志。体高为鱼体的最大高度，通常为背鳍前沿基点至腹部边缘的距离（与背腹轴平行）。

（二）饲料养殖鱼类体型特征指标

（1）肥满度（fatness；fish fullness）

作为饲料对养殖鱼体体型影响的重要指标之一是"肥满度"，这是一个条件系数，其计算方法为鱼体质量（W）与鱼体体长（L）立方数的比值，是反映鱼类肥瘦程度和生长情况的指标。肥满度计算公式为 $K=(W/L^3)\times100\%$。式中 W 为体重(g)，L 为体长(cm)。

肥满度在生态学上的意义较为明显，在自然水域环境中，同种鱼类肥满度大意味着可以摄取到丰富的食物，其食物充足。但是，在养殖条件下，尤其是投喂饲料养殖条件下，饲料质量和数量均较为充裕，养殖鱼体可能出现"过肥"的情况，如果是在腹部脂肪过多，再加上头尾轴较短（矿物质的影响）的情况下，肥满度可能更大，这类鱼体出现"短胖"体型。对于消费者而言，希望鱼体可食用部分更多，即鱼体肌肉含量更高。如果要排除腹部脂肪、内脏中肝胰脏过多（脂肪肝肥大）的情况，采用以鱼体"空壳重"为基础的肥满度指标更为合适。要完全去除鱼体内脏（质量）有一定的操作难度，也不现实，尤为多数鱼类的"肾脏"是紧贴脊椎且有一层膜与腹胸腔分开，要去除肾脏较为繁琐；心脏也是与腹胸腔内脏分离的。因此，以去除鱼体腹胸腔内的"内脏"（肝胰脏、脾脏、胆囊、消化道等）作为"空壳重"是可以的。依然借用肥满度的计算公式，将鱼体质量换为"空壳重"即可，可以称之为"空壳肥满度"或"酮体肥满度"，这能更好地反映饲养条件下鱼体的肥满度。

不同种类鱼的肥满度差异很大，而对于一个特定养殖品种而言，在饲料和养殖环境条件下，不同饲料、不同养殖条件下得到的养殖鱼类进行相对比较，以此判定饲料质量、养殖环境对鱼体生长和体型的影响是可以的。

（2）含肉率（flesh percentage；muscle content）

依据 GB/T 18654.9—2008《养殖鱼类种质检验　第9部分：含肉率测定》的方法测量和计算鱼体肌肉的含肉率。具体方法为：对鱼体称重、形体测量，去除鱼体鳞片、内脏、鳃、皮、血液后称重即为净重（W_1），之后放在蒸锅内隔水蒸至肉与骨骼能完全分离，取出稍冷后去除肌肉等可食部分，洗净骨骼和鳍条，滤纸吸干后称重，净重（W_1）减去骨骼重即为鱼肉重（W_2）。

计算公式为：

$$R = \frac{W_2}{W_1} \times 100\%$$

式中，R 为含肉率，%；W_2 为鱼肉重，g；W_1 为净重，g。

该方法得到的含肉率为鱼体肌肉质量占体重的比例（%），更能准确反应养殖条件下饲料物质对鱼体肌肉生长状态的影响。鱼体的肌肉包含了身体除内脏外的肌肉质量，饲料物质对鱼体肌肉生长（肌纤维肥大和肌纤维数量增殖）有直接的影响，养殖的目标是得到更多的、可食用的肉品量。

该方法的不足之处在于把皮肤及其蛋白质作为非食用部位去除了。鱼类皮肤含有较多的胶原蛋白，也是可以食用的部位，尤其是对于无鳞鱼类，其皮肤一般较厚实，如果去除皮肤后其含肉率较低。例如，几种鳗鱼在没有包含皮肤的情况下，其含肉率为日本鳗鲡（*Anguilla japonica*）69.22%、欧洲鳗鲡（*Anguilla anguilla*）61.77%、美洲鳗鲡（*Anguilla rostrata*）64.30%、花鳗鲡（*Anguilla marmorata*）62.93%、太平洋双色鳗鲡（*Anguilla bicolor pacifica*）68.10%，5种鳗鲡皮肤占体重的比值达到10.04%～20.44%（罗鸣钟等，2015）。而青鱼的含肉率可以达到71.08%、草鱼的含肉率为71.40%、池养二龄鳙鱼为72.94%、伊河团头鲂为77.47%，均高于5种鳗鲡的含肉率。因此，建议含肉率指标测定要含有皮肤的质量。

不同生活环境中的同一种类鱼，因为摄取食物量、水域环境温度等差异，也具有不同的含肉率，如池养黄河鲤鱼为71.95%，高于河道中黄河鲤含肉率（70.0%）；鄱阳湖黄颡鱼的含肉率为67.40%，瓦氏黄颡鱼为73.88%，黄颡鱼为67.53%。同科种类斑点叉尾鲴的含肉率为60.54%。

即使是同一种鱼类，不同品种之间的含肉率也有差异，例如普通鲤鱼的含肉率为72.54%，清水江鲤为69.63%，建鲤为75.7%，元江鲤为71.2%，荷元鲤为72.1%，散鳞镜鲤为52.1%，颖鲤为70.3%，荷包红鲤为54.8%。同样的情况也出现在几种鳅科鱼类，如中国台湾泥鳅的含肉率为63.94%，其中雌性为57.27%、雄性70.62%。另外，叶尔羌高原鳅含肉率为62.47%，长薄鳅为61.75%，中华沙鳅为51.75%，泥鳅为65.95%。

几种鲫鱼的含肉率有较大的差异，如黄金鲫鱼的含肉率为71.33%，异育银鲫鱼为51.94%～66.42%，白金丰产鲫为66.22%，萍乡肉红鲫雌鱼为70.33%和雄鱼为67.24%，红鲫为42.35%，彭泽鲫为61.20%，淇河鲫为65.72%。种类相近的莫桑比克罗非鱼含肉率62.2%，尼罗罗非鱼为66.3%。

不同种鳢的含肉率差异也较大，贵州水域乌鳢含肉率为68.24%，斑鳢的含肉率为58.40%；褐塘鳢为51.26%，尖头塘鳢为47.08%，线纹尖塘鳢为42.53%。

鲇鱼是无鳞鱼类中含肉率较高的种类，大口鲇含肉率达到79.84%，鲇的含肉率为79.71%，这是目前报道的含肉率最高的种类。同为鱼食性的鳜鱼含肉率为67.62%，白斑狗鱼（*Esox lucius*）为64.80%，鳡（*Elopichthys bambusa*）为77.61%。长吻鮠的含肉率为75.69%，翘嘴鲌为70.42%，黑尾近红鲌（*Ancheryth-roculter nigrocauda*）为70.74%。

其他几种养殖鱼类含肉率为，美国鲥鱼为68.70%，虹鳟为75.61%，匙吻鲟（*Polyodon spathula*）为62.72%。

（三）养殖鱼类的畸形

养殖鱼类出现畸形的概率不高，但还是有发生的情况。在鱼类胚胎发育时期，尤其是脊索形成时期如果有强光刺激会导致鱼体出现畸形，导致鱼种出现畸形。

鳙鱼脊椎的畸形导致形体出现大的变化，形成头大、身子短的体型。而鳙鱼头正是人们喜欢的食材，因而这种鳙鱼市场价格反而较普通鳙鱼更高。

饲料氧化油脂会导致鱼体肌肉萎缩，尤其是导致身体和尾部肌肉萎缩，因为肌肉萎缩导致脊椎弯曲，使养殖鱼体出现弯曲型的体型。在草鱼、团头鲂、鲤鱼、乌鳢等种类都有发生。

饲料中矿物质是影响鱼体骨骼系统发育的重要营养因素，由于矿物质的不平衡或缺乏导致鱼体出现骨骼型的畸形。在鳃盖、鱼头和脊椎等骨骼发生畸形的概率较高。

二、养殖鱼类的体色

养殖鱼类的体色主要是指肉眼观察活鱼身体表面的体色，不包括肌肉的颜色。鱼类的体色主要由色素细胞及其中的色素体现，与饲料质量、养殖环境、光照强度、鱼体生理健康状态等有直接的关系。

光色	频率/THz	波长/nm	互补光光色
红色	385~<482	622~<780	
橙色	482~<503	597~<622	
黄色	503~<520	577~<597	
绿色	520~<610	492~<577	
蓝色、青色	610~<659	455~<492	
紫色	659~<750	400~<455	

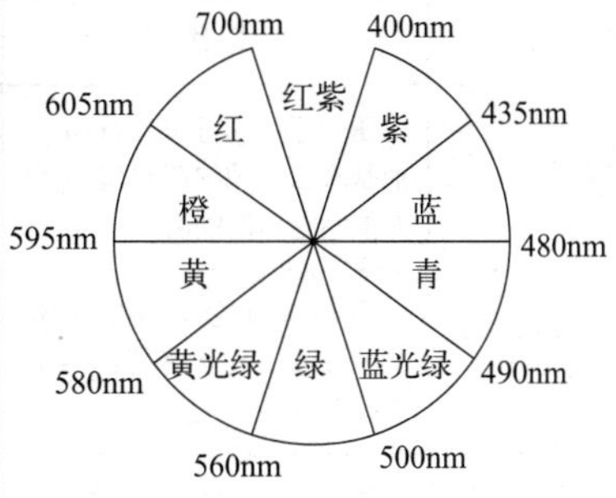

图11-10 可见光的互补光色与光的频率、波长

（一）养殖鱼类体色生物学基础

养殖鱼类的体色主要依赖于色素细胞和色素细胞中的色素得到体现。关于色素和颜色的形成机制，可以总结为以下几点。

（1）颜色的本质是一定波长或振动频率的可见光

光具有波粒二象性，为一类电磁波。人的眼睛可以感知的电磁波的频率在380～750THz、波长在400～780nm之间，称为可见光区。不同颜色的光具有不同的光子振动频率和波长，颜色的物理本质是光波，或称为电磁波。不同颜色的光子或光波还有其互补的光子或光波，图11-10中颜色环上任何两个对顶位置扇形中的颜色，互称为补色。如蓝色的补色为黄色。叶绿素a可以吸收波长为600～700nm（红光）的光，其反射或透射的互补光光色为蓝、绿色；叶绿素b吸收波长为400～500nm（蓝光）的光，其反射或透射的互补光为红色。

（2）人眼观察的颜色为色素物质（生色基团）吸收光的互补光

人眼见到的颜色，其本质是电磁波，是色素物质吸收一定波长或振动频率的光波后，其互补光被反射，并进入视网膜的锥体细胞，通过双极细胞层和神经节细胞层传递到位于大脑后部的视觉皮质中枢区，在大脑形成颜色的生理感觉。因此，在物理学方面，颜色的本质是特定的电磁波，是色素物质吸收光的互补光、反射（或透射）光；在生理学方面，颜色就是一种生理感觉，是通过人眼识别的生理感觉。

（二）水产动物的色素物质

依据色素物质的化学结构，生物体中的色素物质主要有：①卟啉类衍生物，含有卟啉环状结构，在卟啉中有很多双键，如植物的叶绿素、动物的血红素（血红蛋白、肌红蛋白、血蓝蛋白中的血红素），以及动物体内的胆汁色素（胆红素、胆绿素）；②异戊二烯衍生物，如类胡萝卜素（包括分子中不含氧的胡萝卜素、分子中含氧的叶黄素）；③多酚类衍生物，如鲜花中的花青素，植物组织中的类黄酮、儿茶素和单宁等；④酮类衍生物，如红曲色素、姜黄色素和醌类衍生物（虫胶色素和胭脂虫红）。

这些色素分子结构中都含有C＝C、C＝O、C＝N、N＝N等生色基团，其中吸收光能的成键电子主要为σ电子、π电子。在色素物质分子结构中，π电子共轭链越长，颜色越深；苯环增加，颜色加深；分子量增加，特别是共轭双键数增加，颜色加深。无机颜料结构中有发色团，如铬酸盐颜料是重铬酸根，呈黄色。水产品中色素的分布、性质和功能如表11-2所示。

表11-2　水产品中色素的分布、性质和功能

色素	分布	性状	功能	其他
血红蛋白（血红素）	脊椎动物的血液（红细胞中）	蛋白质（分子量$1.7×10^4$的亚基聚合而成的四聚体），含有能结合氧的铁离子，红色	将氧气输送到组织中	
肌红蛋白（肌红素）	脊椎动物的骨骼肌、心肌，软体动物的齿舌肌等	蛋白质（分子量$1.7×10^4$的单亚基），含有能结合氧的铁离子，红色	储存氧，一氧化氮代谢	参与红色调节（金枪鱼暗色肌、鲸类等肌肉含量高）
血蓝蛋白（血清素）	腹足类、头足类，甲壳类的血液淋巴（细胞外）	蛋白质，含有能结合氧的铜离子，蓝色	运输氧	血淋巴的主要成分（90%以上）
类胡萝卜素	鱼类的体表（皮肤），生殖腺，肌肉	脂溶性，以异戊二烯为基本单位，呈现红、橙、黄等颜色。种类多，分为胡萝卜素和含氧的叶黄素二大类	体色，抗氧化作用，是藻类进行光合作用的辅助色素	分子种类：$β$-胡萝卜素、叶黄素、玉米黄素、虾青素等，以游离型、蛋白质复合体形式存在
黑色素	鱼贝类的体表、眼、头足类的墨	黑褐色，由游离酪氨酸为原料合成	吸收过剩光	成分：真黑色素，褐黑素
胆汁色素（胆汁三烯类）	除胆汁外，鱼类的表皮、鱼鳞、血液、骨、卵巢	血红素在肝胰脏中的代谢产物，依据条件不同而形成青、绿、黄绿等颜色	抗氧化	胆绿素、胆红素
眼色素	甲壳类、头足类等的眼、皮肤	由色氨酸合成，呈现黄、红、紫色等颜色	调节体色	眼色胺、眼胺等
嘌呤类	鱼类（鲑鱼、鳟鱼、鳗鱼）的表皮	核酸的代谢物，无色	参与体色调节（银色化）、吸收紫外线	鸟嘌呤、尿酸等
醌类	海胆类的壳、刺，海百合类	红色	抗菌作用，驱避作用	萘醌，蒽醌

资料来源：水产利用化学，鸿巢章二等，1994。

（三）水产动物的体色

水产动物体色是人眼对鱼体体表色泽的观察，不包含内脏器官的色泽和肌肉的色泽。

水产动物的颜色种类较多，尤其是一些海洋鱼类具有非常鲜艳的色彩，淡水养殖的观赏鱼如金鱼、锦鲤的色彩较为多样化。而养殖鱼类，尤其是淡水鱼类的体色相对较为单一，背部显示黑色体色、腹部白色或银色，体侧显示出色斑或从背部向腹部黑色逐渐转为灰色、白色，这在鲤科鱼类如青鱼、草鱼、鲢鱼、鳙鱼、鲫鱼、乌鳢等较为普遍，鲤鱼、黄鳝、泥鳅、黄颡鱼、斑点叉尾鮰、加州鲈等鱼类体侧的色泽一般具有彩色。

鱼类体表的体色主要来自于：①色素细胞及其中的色素显示的颜色，例如鱼鳞、皮肤中的黑色素细胞是鱼体背部、体侧黑色细胞，其中的黑色素颗粒的数量、黑色素颗粒在黑色素细胞中的分布状态是黑色体色体现的基础。同时，在鱼鳞上还有红色、黄色细胞。②皮肤或鱼鳞黏膜中沉积有色素物质，尤其是一些脂溶性色素是随着脂肪沉积在皮肤下脂肪组织中，对鱼体的体色形成也有重要影响。

关于色素物质的来源，目前的研究结果表明，鱼体的黑色素是在黑色素细胞中，以酪氨酸为底物在酪氨酸酶的作用下，经历多巴胺、多巴醌等化合物途径合成黑色素；而胡萝卜素、叶黄素、虾青素等

来自于食物中的色素物质，经消化道吸收，会随着脂肪一起被鱼体吸收，之后随着脂肪在鱼体脂肪组织沉积。血红蛋白、肌红蛋白、血蓝蛋白中的血红素则是鱼体自身合成，并在红细胞衰老后转化为胆汁色素，又成为胆汁色素的来源。

黑色体色的色素来源是自身合成，合成位点在黑色素细胞中。然而，黑色素细胞的增殖不是依赖常规的细胞有丝分裂，而是依赖于神经嵴干细胞的分化。神经嵴干细胞分化为幼小的黑色素细胞，幼小黑色素细胞迁移到皮肤下、鱼鳞、眼睛、腹膜等处，继续发育为成熟的黑色素细胞。成熟的黑色素细胞中含有大量黑色素颗粒，黑色素细胞是具有大量树突状分支的"多刺型"细胞，当黑色素颗粒主要分布在这些树突分枝、刺突中时，鱼体黑色加深，显示出很深的黑色体色；当黑色素颗粒由树突状分枝转移到细胞体时，鱼体黑色体色减弱，原来被黑色掩盖的黄色、白色、红色等体色显示出来。这种情况主要体现在鱼体从池塘转移到白色背景环境如水池、盆、缸时，鱼体体色由黑色转为白色、灰色体色。当水环境光线很暗时，黑色素颗粒则主要分布在黑色素细胞的树突状分枝中，鱼体体色为非常明显的黑色体色，例如在水库网箱养殖的鱼类几乎全部、几乎全身都是黑色体色。

因此，鱼类黑色体色的变化有二种情况：①应激性、可逆转体色变化。这是在环境条件、光线、温度等变化时，鱼体产生应激反应并调整自己的体色与环境色接近，其变化的基础是黑色素颗粒在黑色素细胞中的分布状态、位置的改变，这种变化是可逆性的变化。②生理性褪色，这是基于黑色素细胞分化、幼小黑色素细胞迁移和成熟过程受到阻碍，导致鱼体鱼鳞、皮肤下成熟的黑色素细胞分布密度下降、数量下降产生的褪色性变化。这种情况与鱼体生理健康状态紧密相关，是器官组织、鱼体受到损伤后的生理状态反应。只有当损伤被修复后体色才能恢复。

对于黄色、红色等彩色体色，主要依赖于吸收的色素在鱼体的沉积，不是鱼体自身可以合成的色素。因此，当黄颡鱼等黄色体色不足之时，在饲料中增加叶黄素、胡萝卜素就可以改变鱼体的体色。

水库、湖泊等大水面养殖鱼类，如果可以接触底泥或水体深度不深的情况下，水体光线相对较强，鱼体依然能够保持正常体色。但是，网箱养殖的鱼类，因为水体深度大，水体中光线强度弱，几乎所有的养殖鱼类，包括像黄颡鱼等体色鲜艳的鱼类，体色几乎都是黑色体色。当转移到池塘、水池后，鱼体黑色体色逐渐减弱，可以自动恢复到正常颜色。

（四）养殖鱼类体色的检验与评价

不同种类鱼类具有不同的体色，同一种鱼类在不同饲料质量尤其是安全质量下、不同环境下、不同生理健康条件下也具有不同个体色，即使是同一尾鱼，其身体不同部位也具有不同体色。如何区分养殖鱼类体色类型？如何对养殖鱼类体色的色度进行评价？这是研究饲料物质、养殖环境条件、鱼体生理健康对体色影响的基础。

颜色的分类、同种颜色的色度确定需要有一套国际适用的标准。而涉及颜色的不仅仅是养殖鱼类、虾蟹等动物，肌肉的色泽、食品或食材的色泽也是丰富多彩的，更有各类颜料、涂料等，颜色构成了我们多彩的世界和多彩的生活。

现实世界中的颜色种类远远超过红、橙、黄、绿、蓝、靛、紫七色光，而对颜色的描述方法差异也很大。例如在白色与红色之间会有多少种颜色？红色、淡红、浅红、白色等，不同的人可以描述出不同的颜色种类（色差）、色度的表示方法，且难以量化确定颜色的深浅，即色度。

颜色在印染、颜料、涂料、灯管等领域应用更多，我国也制定了有关的标准如 GB/T 5698—2001《颜色 术语》、GB/T 3979—2008《物体色的测量方法》、GB/T-3977—2008《颜色的表示方法》、GB/T 13534—2009《颜色标志的代码》、GB/T 21172—2007《感官分析 食品颜色评价的总则和检验方法》、DB34/T

3168—2018《绿茶外观色泽表示方法及色卡》等，都是非常专业的颜色表示方法、测量方法，但对水产动物体色（肉色）的表示、测量等还很难适用。

对养殖鱼类体色（或肉色）的表示方法与测量方法建议采用比色卡，同时进行相关的生物学、生理学指标的测定。

色卡（colour atla）是自然界存在的颜色在某种材质上的体现，用于色彩选择、比对、沟通，是色彩实现在一定范围内统一标准的工具。对养殖鱼类体色（或肉色）的鉴定和测量可以采用德国RAL色卡（RAL K7 classic），为扇形卡，共213种颜色及其代码。RAL是德国的一种色卡品牌，这种色卡在国际上广泛使用，又称RAL国际色卡，它创建了一种4位数编码的RAL颜色作为颜色标准。

对照鱼体或肌肉，在自然光线充足的条件下，将"RAL K7 classic"色卡与鱼体表（或肌肉）进行对比，找到最佳匹配的颜色即为鱼体或肌肉的色泽。这类色卡是用4位数进行编号的，记录其编号可以找到对应的颜色描述和色泽基准。理想的方法是，从鱼体的头部→尾部、从背部→腹部，测量得到相应的颜色编号或色泽。

在研究饲料对鱼体体色或肌肉色泽影响时，主要用不同实验组之间的相对比较，也可以对不同种类的鱼体体色进行相互的比较。

（五）鱼体黑色体色形成的细胞学基础

采用常规组织切片技术方法，取鱼体皮肤进行固定后，一是沿着垂直于皮肤肌肉层方向切片，称为横切面，可以观察到皮肤黏膜层中的黑色素细胞和肌肉下层的黑色素细胞，黑色素细胞形成黑色的带状层结构；二是沿着皮肤肌肉层平行的方向切片，称为平切面。可以观察到皮肤黏膜下层、肌肉下层的黑色素细胞的形态。

（1）斑点叉尾鮰皮肤黑色素细胞

采用常规组织学切片技术对斑点叉尾鮰鱼体皮肤进行切片，进行吉姆萨-伊红染色后显微镜观察，可以观察到黑色素细胞形成的黏膜下层、肌肉层下的二条黑色素细胞带（色素带1和色素带2），以及黑色素细胞的形态，如图11-11所示，可见黑色素细胞为树突状的细胞，其中有黑色素颗粒分布。如果结合饲料条件、养殖条件可以研究其对色素细胞形态、数量密度的影响。

斑点叉尾鮰体色不稳定，容易出现黑色退化、体色变为黄色的情况。我们对比了池塘养殖的正常体色和黄色体色斑点叉尾鮰的皮肤组织，结果见图11-12。在真皮层之下有一层脂肪层，可见明显的脂肪细胞。一些脂溶性色素是否可以随着脂肪在皮下脂肪沉积，并进一步影响鱼的体色还是一个值得研究的课题。

正常体色的皮肤黏液层有较多的分泌细胞，可见表层的扁平上皮细胞。而体色变黄色鱼体皮肤黏液层发生明显的变化，且表层的扁平上皮细胞已经脱落。

（2）黄颡鱼皮肤组织和黑色素细胞

取黄颡鱼皮肤用Bouins液固定24h，70%乙醇保存。梯度乙醇脱水，二甲苯透明，石蜡包埋；切成5～6μm厚的薄片，常规贴片，晾干或恒温箱烘干；二甲苯脱蜡，系列乙醇复水，苏木精-伊红染色，梯度乙醇脱水，二甲苯透明，中性树胶封片，用0lympus（奥林巴斯）显微镜观察并拍照。黄颡鱼皮肤组织结构见图11-13。黄颡鱼皮肤裸露，与其他鱼类一样，可分为表皮和真皮。表皮分生发层和腺细胞层。生发层细胞靠近基膜，短柱状，排列较规则，核质略透明。该细胞层不断分裂产生新细胞，向外推移形成腺细胞及一般上皮细胞［图11-13，（a）］。腺细胞层占表皮的绝大部分，主要由杯状细胞、棒状细胞、球状细胞及一般上皮细胞构成。腺细胞层最外层为表质膜，是由细胞分泌物聚集而成。表质膜内为一层排列整齐的杯状细胞。杯状细胞圆形或卵圆形，胞膜清晰，胞质无色，胞核不明显［图11-13，

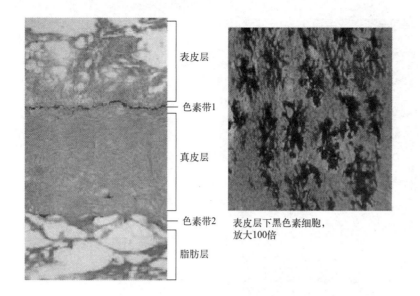

表皮层

色素带1

真皮层

色素带2

脂肪层

表皮层下黑色素细胞，
放大100倍

图11-11 斑点叉尾鮰皮肤组织和黑色素细胞（见彩图）

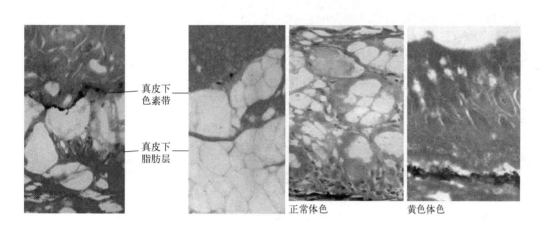

真皮下
色素带

真皮下
脂肪层

正常体色　　　　　　黄色体色

图11-12 斑点叉尾鮰皮肤组织（示黑色素细胞位置，见彩图）

（b）]。其内为2～3层扁平细胞，染色深，部分表质膜内无杯状细胞，全3～4层排列紧密的扁平细胞构成。球状细胞多呈球形，染色为伊红［图11-13，（e）］。占腺细胞层多数的是棒状细胞，被染成鲜红色［图11-13，（e）］。细胞排成4～10层，切面呈圆形、菱形或棒状。棒状细胞间有成群或成索状分布的一般上皮细胞和皮穴器官。一般上皮细胞多角形，核较大，胞质相对较少，因排列紧密而胞质界线不清［图11-13，（e）］。在横切面上，皮穴器官周围细胞呈环带状排列，属支持细胞，能分泌黏液，中心是感觉细胞［图11-13，（b）］。味蕾由味觉细胞和支持细胞组成，味觉细胞呈梭形，细胞长轴与上皮细胞垂直，细胞核椭圆形。支持细胞亦呈梭形，数目较多，与味细胞并列［图11-13，（a）］。真皮层位于表皮层的下方，较厚，为致密结缔组织，含丰富的胶原纤维，其次还含有网状纤维以及游走细胞和色素细胞等。黄颡鱼背、腹处的皮肤的真皮无疏松层而只有致密层［图11-13，（c），（f）］。侧线位于真皮层中，侧面皮肤中可观察到侧线感觉器为结节状，由感觉细胞和在周围的支持细胞组成［图11-13，（d）］。

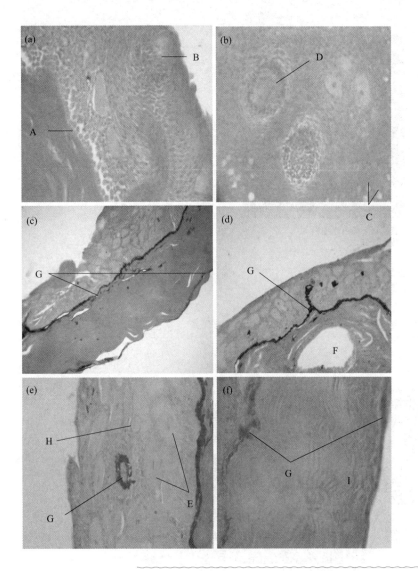

图11-13 黄颡鱼皮肤组织结构和黑色素细胞（见彩图）

（a）、（b）、（f）腹部切片；（c）、（d）、（e）背部切片

A—生发层；B—味蕾；C—杯状细胞；D—皮穴器官；E—棒状细胞；F—侧线；G—黑色素色素细胞；H—球状细胞；I—真皮层

　　对黄颡鱼皮肤切片进行观察后发现，在黄颡鱼腹部皮肤中，表皮层与真皮层之间、真皮层与皮下层之间各有一条色素带，前者明显比后者宽［图11-13，（f）］，表明色素细胞在表皮层与真皮层之间的沉积较多。此外，两条色素带在皮肤中都显得不连续，且宽窄极不均匀，表明色素细胞在黄颡鱼腹部皮肤中不是均匀分布的，有些地方色素细胞含量较高，而相邻的某处色素细胞含量有可能就很低。

　　在黄颡鱼背部皮肤中，除了在表皮层与真皮层之间、真皮层与皮下层之间各有一条色素带外，表层皮肤中也有色素细胞的分布［图11-13，（e）］，但这种色素细胞相对含量比较少。色素细胞在背部皮肤的表皮层与真皮层之间分布很密集，在显微镜下可以看到一条完整的色素带，此色素带较腹部皮肤中宽，表明色素细胞在黄颡鱼背部皮肤中的分布要多于腹部皮肤。此外，真皮层与皮下层之间的色素带色素细胞数量较少。

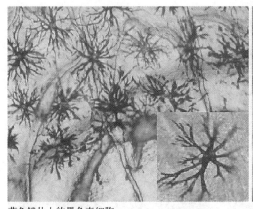

草鱼鳞片上的黑色素细胞　　　　　　　　　鲫鱼鱼鳞上的黑色素细胞

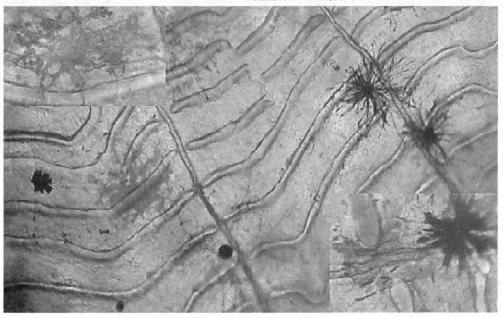

淡水白鲳鱼鳞上的黑色素细胞和红色素细胞

图11-14　草鱼、鲫鱼和淡水白鲳鱼鳞的黑色素细胞和红色素细胞（见彩图）

（3）鱼鳞黑色素细胞的观察

有鳞鱼类的鱼鳞上有大量的色素细胞分布，包括黑色素细胞和其他色素细胞，这是有鳞鱼类体色形成的基础。

鱼鳞上黑色素细胞的观察不用染色，直接取鱼体鳞片置于显微镜下即可观察。观察要点是色素细胞的种类，幼小黑色素细胞、成熟的黑色素细胞、衰老的黑色素细胞的类型，黑色素细胞中黑色素颗粒的分布状态、单位面积上成熟的黑色素细胞数量、黑色素细胞的表观形态特征。

我们直接用草鱼、鲫鱼和淡水白鲳鱼鳞在显微镜下观察，可以观察到鱼鳞上的黑色素细胞和其他色素细胞（图11-14）。在草鱼、鲫鱼鱼鳞上除了明显可见的黑色素细胞外，也可以看见其他色彩的细胞，尤其是在淡水白鲳鱼鳞上，可见清晰的红色色素细胞，这可以解释鱼体体色的应激性变色。当黑色颗粒集中在黑色素细胞中央时，黑色体色减弱之时，就可以体现出鱼体黄色、淡红色的体色。淡水白鲳是彩

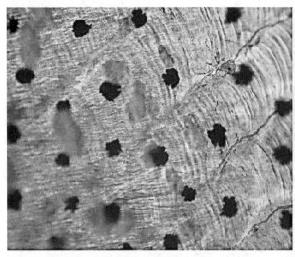 

黄色团头鲂：鱼鳞上黑色素细胞已经退化　　　　　　　体色正常的团头鲂：鱼鳞上黑色素细胞正常

图11-15　体色变黄和正常体色团头鲂鳞片黑色素细胞的形态

色体色，因为鱼鳞上也有较多的红色素细胞存在，红色素细胞和黑色细胞的比例变化、黑色素细胞应激性变化时，其体色更为鲜艳。

养殖过程中，因为饲料质量（如油脂氧化、霉菌毒素等）、水域环境恶化或用药之后，团头鲂鱼鳞上的黑色素细胞形态也会发生显著的改变。图11-15中，因为饲料油脂氧化导致养殖团头鲂体色发黄，可以观察到其中鱼鳞上的黑色素细胞已经退化，而正常体色团头鲂鱼鳞上的黑色素细胞树突状非常明显，黑色素细胞处于正常状态。这也是较为典型的饲料质量对团头鲂体色影响的案例，同时也表明鱼体健康状态对鱼鳞上黑色素细胞有直接的影响。

（六）黑色体色形成的酶学基础

在鱼体内，酪氨酸在酪氨酸酶的作用下生成多巴，再经过一系列的步骤最终生成黑色素。因此，鱼体黑色素的形成与酪氨酸酶活力有关。

鱼体皮肤中酪氨酸酶活力的测定方法为：取鱼体体侧或腹部皮肤，按1:5比例用67mmol/L、pH 6.8磷酸缓冲液冰冻匀浆，匀浆液在冰冻离心机上8000r/min离心25min，取上清液作为粗酶液。取浓度为3mg/mL L-多巴0.5mL，再加入28℃预热的2mL酪氨酸酶粗酶液，总反应体积为2.5mL，混合后立即室温下于分光光度计475nm处测定吸光度值，10min后再测吸光度值。$\Delta OD = \Delta OD_{10} - \Delta OD_0$。

血浆中酪氨酸酶活力的测定方法：抽取鱼体血液，以3000r/min，冰冻离心15min，取上清液作为酶液。取3mg/mL L-多巴0.5mL，再加入1mL、28℃预热的67mmol/L、pH6.8磷酸缓冲液，最后加入0.5mL血清，总反应体积为2mL，混合后立即室温下于721分光光度计475nm处测定吸光度值，10min后再测吸光度值。$\Delta OD = \Delta OD_{10} - \Delta OD_0$。

$$酪氨酸酶活力（U）= \frac{\Delta OD}{0.001 \times V \times t}$$

式中，V为血清液体积（1mL），t为时间。

（七）皮肤组织和血清类胡萝卜素、叶黄素含量测定

类胡萝卜素含量测定具体操作方法是，准确称取皮肤等组织1g鲜样品于25mL棕色容量瓶中。加入

7.5mL浸提液，塞上塞子并旋转振摇1min。用移液管加入1mL、40%的KOH甲醇溶液到容量瓶中，旋转振摇1min，将容量瓶于55.5℃水浴上加热20min，在容量瓶颈接上空气冷凝装置以防止溶剂损失。冷却样品，让其于暗处放置1h。加入7.5mL正己烷，旋转振摇1min，以10%硫酸钠溶液定容，猛烈振摇1min。于暗处放置1h后将上层液放入0.5cm比色皿中，以正己烷、丙酮混合液为空白对照（加盖防止丙酮挥发），在分光光度计下300～800nm波长范围内进行扫描，找出最大吸收峰所处的波长，在该波长下测定各组提取液的吸光度值。

$$总类胡萝卜素含量(mg/kg)=(A×K×V)/(E×G)$$

式中，A为吸光度；K为稀释倍数；V为提取液体积；E为摩尔消光系数；G为样品质量。

叶黄素含量的测定方法为，将上述静置后上层液进行色谱分离（将吸附剂装入色谱柱，装至7cm高即可，再在吸附剂上面装入无水硫酸钠，2cm高即可）。吸取5mL（若色素含量低则10mL）皂化后的上层液注入色谱柱，在色谱柱上部的待分析液快要流完之前，徐徐加入胡萝卜素洗脱溶剂（正己烷：丙酮=96：4），直至胡萝卜素带全部洗入接收抽滤瓶，胡萝卜素被洗脱后，叶黄素类色素仍保留在色谱柱中。胡萝卜素洗脱后，重新安装好实验装置，并加入叶黄素洗脱溶剂（正己烷：丙酮：甲醇=80：10：10），持续洗脱直至收集到全部叶黄素为止。整个操作始终应使液面高于吸附剂表面，将叶黄素溶液置于暗处，当其达到室温后转入25mL棕色容量瓶，用洗脱溶剂稀释至刻度，混合均匀后立即检测其吸光度值A_{474}。

$$总叶黄素浓度（mg/kg）=\frac{A_{474}×1000×f}{236×b×d}$$

式中，b为比色池的长度，cm；f为仪器误差$=0.561/$被观察的A_{474}；d为稀系数，

$$稀释系数（d）=\frac{样品重（g）×柱上的皂化液体积（mL）}{50mL上层液×最后的稀释液体积（mL）}$$

三、七种淡水鱼类色素含量和酪氨酸酶活力的比较分析

养殖鱼类体色变化是养殖过程中常见的问题，如养殖的斑点叉尾鮰、黄鳝、黄颡鱼等经常出现体色变白或发黄等现象。淡水鱼类体表色素主要包括黑色素（黑色）、类胡萝卜素（红、黄等鲜艳颜色）及嘌呤类物质（银白色）。黑色素是由酪氨酸在酪氨酸酶的作用下合成的，黄色、红色等鲜艳体色主要由类胡萝卜素、叶黄素在皮肤、鳞片色素细胞中的数量和分布状态所决定。选取养殖量较大的七种淡水经济鱼类草鱼、鲫鱼、团头鲂、黄颡鱼、黄鳝、泥鳅、斑点叉尾鮰为试验对象，测定了其皮肤、鳞片、血清中的酪氨酸酶活力和皮肤中的类胡萝卜素、叶黄素含量。

（1）总类胡萝卜素和叶黄素含量

我们测定了七种淡水鱼背部皮肤、腹部皮肤和鳞片中总类胡萝卜素和叶黄素含量，测定结果见表11-3。类胡萝卜素、叶黄素含量与鱼体体表的颜色、不同部位颜色的深浅有直接的关系。黄鳝、泥鳅、黄颡鱼三种无鳞鱼，无论背部皮肤还是腹部皮肤，类胡萝卜素、叶黄素含量都较高，显著高于草鱼、鲫鱼、团头鲂三种有鳞鱼（$P<0.05$），而这些鱼体表均有较深的黄色色泽；对于同一鱼类，类胡萝卜素、叶黄素多集中于背部皮肤，鳞片中类胡萝卜素、叶黄素含量也较少。类胡萝卜素、叶黄素可使鱼体呈现黄色、橙色和红色等，鱼类能将碳氢类类胡萝卜素代谢转化为虾青素、角黄素等含氧类类胡萝卜素。不同种类鱼虾对类胡萝卜素、叶黄素的代谢能力也存在差异。类胡萝卜素以游离形

式在中肠被吸收，在血液中以与脂蛋白结合的方式转运；肝脏是类胡萝卜素代谢的主要器官；对未成熟的鲑鳟鱼类，类胡萝卜素主要以游离形式存在于肌肉中，在性成熟过程中，从肌肉转移到皮肤和卵巢中。

值得注意的是，即使体色为黑色、白色的鱼如草鱼、鲫鱼、团头鲂的血清、皮肤和鳞片中也含有大量的类胡萝卜素、叶黄素，只是含量较体色为黄色的几种鱼低而已。因此，鱼体体色应该是多种色素积累的综合表现。

表11-3　七种淡水鱼类背部皮肤、腹部皮肤、鳞片中总类胡萝卜素、叶黄素含量

鱼	总类胡萝卜素 /(mg/kg)			叶黄素 /(mg/kg)		
	背部皮肤	腹部皮肤	鳞	背部皮肤	腹部皮肤	鳞
草鱼	2332.10±279.20[e]	533.56±34.23[de]	551.82±8.05[a]	8.58±1.80[d]	1.66±0.28[c]	5.83±1.60[a]
鲫鱼	1607.67±82.21[d]	527.10±3.95[e]	450.56±30.82[b]	5.28±0.74[e]	1.82±0.36[c]	3.86±0.14[b]
团头鲂	1507.82±341.60[d]	614.85±52.33[d]	193.96±16.74[c]	3.69±0.55[f]	1.21±0.82[cd]	1.21±0.59[c]
黄鳝	7045.13±317.04[a]	6058.43±366.12[a]	—	70.86±5.28[a]	35.11±2.49[a]	—
泥鳅	3588.14±369.64[b]	2012.99±262.45[c]	—	30.20±0.07[b]	11.70±0.38[b]	—
黄颡鱼	3779.70±198.24[b]	3294.62±64.98[b]	—	15.80±1.56[c]	11.04±2.52[b]	—
斑点叉尾鮰	634.79±58.76[e]	125.68±13.44[f]	—	2.95±0.69[f]	0.64±0.17[d]	—

注：表中同一列数据上标英文字母不同者表示差异显著（$P<0.05$）；—表示没有取样。

（2）七种淡水鱼的酪氨酸酶活力

七种淡水鱼皮肤、鳞片、血清中酪氨酸酶活力见表11-4。

表11-4　七种淡水鱼类背部皮肤、腹部皮肤、鳞片、血清中酪氨酸酶活力

鱼种	酪氨酸酶活力 /(U/g)			
	背部皮肤	腹部皮肤	鳞	血清
草鱼	2.875±0.629[a]	—	1.500[b]±0	0.133±0.031[e]
鲫鱼	1.500±0.291[b]	—	1.000±0.010[c]	0.650±0.079[c]
团头鲂	2.000±0.354[ab]	—	2.447±0.387[a]	0.933±0.617[bc]
黄鳝	未检出	未检出	—	1.600±0.567[b]
泥鳅	0.167±0.029[c]	未检出	—	2.000±0.020[a]
黄颡鱼	1.750±0.645[ab]	0.500±0.017[b]	—	0.200±0.004[d]
斑点叉尾鮰	2.250±1.061[ab]	2.400±0.283[a]	—	0.200±0.028[d]

注：表中同一列数据上标英文字母不同者表示差异显著（$P<0.05$）；—表示没有取样。

酪氨酸酶在皮肤、鳞片、血清中均有分布，且酪氨酸酶活力大小与鱼体表黑色颜色的深浅直接呈正相关关系，在不同部位酪氨酸酶活力大小与鱼体黑色素合成部位有关。如背部皮肤中草鱼、斑点叉尾

鲫、团头鲂的酪氨酸酶活力很高，表明黑色素合成能力较强，与这些鱼体背部主要为黑色体色有直接关系，如果饲料、疾病或水环境因素引起体色变浅时，酪氨酸酶活力可能会下降。泥鳅与黄鳝背部皮肤中酪氨酸活力较低，应该与它们的体色主要为黄色、部分黑色有直接的关系。鲫鱼和黄颡鱼酪氨酸酶活力差异不大，有一定的酶活力，也有一定量的黑色素沉积。血清中，泥鳅、黄鳝的酪氨酸酶活力反而较高，显著高于其他四种鱼类（除团头鲂外），这可能与它们种质特异性和生存环境差异有关。七种淡水鱼类背部皮肤的酪氨酸酶活力高于腹部皮肤和血清中的酪氨酸酶活，团头鲂鳞片中酪氨酸酶活力最高，泥鳅、黄鳝血清中酪氨酸酶活力也较高，这可能与黑色素主要合成部位有直接关系。

四、灌喂氧化鱼油诱导黄颡鱼体色变化的生理学基础

我们以黄颡鱼为实验对象，灌喂氧化鱼油、鱼油7d后，提取胃肠道黏膜总RNA，采用RNA测序并做转录组分析，分析了黑色素生物合成途径关键酶（酪氨酸酶）及其相关蛋白质基因、黑素体运动的3个蛋白质基因、α黑素细胞刺激激素途径和WNT/β-连环蛋白、EDN3和EDNRB、KIT及其配体KITL共3个信号通路的主要蛋白质基因的差异表达活性。结果显示，黄颡鱼胃肠道黏膜中存在黑色素细胞分化和发育过程、黑色素合成及其调控途径的代谢网络，通过绘制代谢网络得到了关键性酶或蛋白质的基因信息。在灌喂氧化鱼油后，控制黑色素合成途径主要基因的表达活性显著下调，可能导致黑色素合成量的不足；α-MSH激素途径主要基因差异表达上调，具备促进黑色素细胞分化和发育的调控基础；而调控黑色素细胞分化和发育的3个信号通路主要基因也有差异表达。因此，黄颡鱼受灌喂氧化鱼油的影响，黑色素细胞分化和发育过程受到较大影响，会影响到鱼体成熟的黑色素细胞的数量，同时，黑色素的生物合成量不足将导致黄颡鱼体色的变化。

以灌喂氧化鱼油、正常鱼油的黄颡鱼为试验对象，利用其胃肠道黏膜组织为材料，提取总RNA，采用RNA测序方法得到转录组信息；以转录组基因信息为基础，分析了黄颡鱼黑色素生物合成途径、黑色素细胞分化发育、黑色素颗粒运动等代谢过程中的蛋白质、酶的基因信息，以及灌喂氧化鱼油、正常鱼油后相关基因的差异表达信息。

鱼类体色的形成与体色变化受到体内因素和环境因素的多重影响，本文主要反映了灌胃氧化鱼油后，涉及黄颡鱼胃肠道黏膜中黑色素细胞分化和发育、黑色素生物合成、黑素体在黑色素细胞内运动的有关酶和蛋白质的基因的差异表达信息。成熟的黑色素细胞数量和密度、黑色素细胞中黑色素的数量、黑色素细胞中黑素体的运动与分布状态等是鱼体黑色体色的形成、黑色体色变化的生理学基础，而这些生理过程是在严格的生理环境、基因表达调控等作用下进行的。

（一）黑色素生物合成途径和黑素体运动蛋白质基因的差异表达

黑色素是在黑色素细胞内以酪氨酸为底物，经历了L-多巴、多巴醌、多巴色素等中间产物，最后合成真黑色素、褐黑色素（图11-16）。黑色素在黑色素细胞内聚集，形成黑素体，黑素体是黑色素在黑色素细胞内的存在形式。将转录组中涉及黑色素合成途径和黑素体运动的酶、蛋白质的基因信息统计在表11-5中。

涉及黑色素合成有4个基因，涉及黑素体运动的有3个基因。黑色素合成的酪氨酸酶基因与华支睾吸虫（Clonorchis sinensis）酪氨酸酶基因的同源性为49%，而其他基因与鲑、鲤、斑马鱼、斑点叉尾鲴种类的相同基因的同源性为74%～97%，具有较高的同源性。

在本试验的转录组结果中，经过单一基因注释和灌喂氧化鱼油、正常鱼油基因表达差异分析，涉及黑色素生物合成的酶注释得到了酪氨酸酶（*TYR*）、酪氨酸酶相关蛋白1(*TRP-1*)、酪氨酸酶相关蛋白2(*TRP-2*)、D-多巴色素互变酶-A(*DDT-a*)共4个酶蛋白的基因，且经过基因表达差异分析，这4个酶蛋白的$\log_2$(OFH/FH)值分别为−6.00、−5.70、8.46和−2.00，均达到差异表达显著性水平，显示灌喂氧化鱼油后，导致黑色素细胞内黑色素合成受到显著性的影响。

涉及黑素体运动的有3个主要蛋白质基因被注释，分别是Ras相关蛋白Rab-27A(*Rab27a*)、非常规肌球蛋白-Va(*Myosin-Va*)、肌球蛋白ⅦⅡa和RAB-相互作用蛋白（*MYRIP*），$\log_2$(OFH/FH)值均未达到差异表达显著性水平，显示灌喂氧化鱼油对黑色素细胞内的黑素体运动的蛋白质基因表达没有显著性的影响。

（二）α-MSH促进黑色素合成、黑色素细胞发育途径基因

α-黑素细胞刺激素(α-melanocyte-stimulating hormone，α-MSH)是一种神经内分泌激素，通过其受体MC-R等参与对黑色素合成途径、黑色素细胞的发育和黑色素细胞的迁移等生理代谢的调控作用。总结涉及α-MSH对黑色素细胞发育、黑色素合成的蛋白质基因信息见表11-6，共10个基因。经过基因的同源性分析，这些基因与斑点叉尾鮰、鲤、鲫鱼、斑马鱼物种相同基因的同源性为68%～100%，具有较高的同源性。在表11-6中，得到阿黑皮素原（*POMC*）和阿黑皮素原-2(*POMC-2*)蛋白基因，其$\log_2$(OFH/FH)值分别为2.40、−5.58，差异表达显著。得到黑色素浓缩激素受体1、黑色素浓缩激素受体2、黑皮素受体3(*MCH-R1*、*MCH-R2*、*MC-R3*)三种受体，以及*MCH-R1*相互作用的锌指蛋白（*MCH-R1-i*），它们的$\log_2$(OFH/FH)值分别为0.00、3.04、5.80和−0.50，显示只有*MCH-R2*、*MC-R3*达到差异表达显著性水平。

在黑色素合成和黑色素细胞分化和发育中，具有关键性调控作用的小眼相关转录因子（*MITF*）的$\log_2$(OFH/FH)值为−0.30，显示灌喂氧化鱼油后*MITF*基因表达有下调的趋势，但未达到显著性水平。

在不同的调控途径和信号途径中，配对盒蛋白*PAX-3(PAX3)*与配对域转录因子*PAX3-A*（*PAX3-a*）、转录因子*SOX-10(SOX10)*得到注释，它们的$\log_2$(OFH/FH)值分别为−1.40、5.00和−7.14，显示灌喂氧化鱼油后，*PAX3-a*差异表达显著性上调，而*SOX10*则差异表达显著性下调，*PAX3*有下调的趋势，但未达到显著性水平。

上述结果表明，黄颡鱼胃肠道黏膜中存在α-MSH及其受体*MCH-R1*、*MCH-R2*、*MC-R3*基因的表达，其中，*MCH-R2*、*MC-R3*差异表达显著性上调，而*MCH-R1*未显示差异表达。在黑色素合成、黑色素细胞分化、发育中具有关键性作用的*MITF*基因有差异表达下调的趋势。对*MITF*转录其调控的*SOX10*、*PAX3*、*PAX3-a*的表达也受到影响，显示差异表达。

（三）调控神经嵴细胞分化为黑色素细胞的三个信号途径基因

调控神经嵴细胞分化为前黑色素细胞、黑色素细胞发育的信号途径主要有KIT及其配体KITL信号通路、WNT/β-连环蛋白信号通路、EDN3和EDNRB信号通路，依据转录组单一基因注释、KEGG通路注释、GO功能注释等结果，总结涉及上述3个信号通路的相关蛋白质基因信息见表11-7，共有15个基因。经过基因的同源性分析，这15个基因与鲤、斑点叉尾鮰、金线鲃、鲫等物种相同基因的同源性为91%～100%，具有很高的基因同源性。

在KIT及其配体KITL信号通路中，注释得到原癌基因*Kit*配体（*KITL*）、肥大/干细胞生长因子受体（*KITA*或*SCFR*），其$\log_2$(OFH/FH)值分别为−0.35、0.21，有差异表达，但均不显著。对于WNT/

表11-5　黄颡鱼黑色素合成与黑素体在细胞内运动蛋白质的基因信息

基因	转录本 ID	转录本长度/bp	$\log_2$(OFH/FH)	P值	Blast P-E值	基因同源性*/%
酪氨酸酶 TYR	TRINITY_DN255_c0_g2	605	-6.00	0.06	5.0E-20	① 49
酪氨酸酶相关蛋白1 TRP-1	TRINITY_DN179139_c0_g1	320	-5.70	1.00	$1.0×10^{-60}$	② 92
L-多巴色素互变异构酶, DCT; 酪氨酸酶相关蛋白2, TRP-2	TRINITY_DN137449_c2_g1	2107	8.46	$4.1×10^{-26}$	0.0	③ 95
D-多巴色素互变酶-A, DDT-a	TRINITY_DN141872_c2_g2	1824	-2.00	$1.1×10^{-11}$	$3.0×10^{-44}$	③ 97
Ras相关蛋白Rab-27A, Rab27a	TRINITY_DN158127_c2_g1	2164	0.89	$9.8×10^{-5}$	$6.0×10^{-142}$	④ 94
非常规肌球蛋白-Va, MYO5A或Myosin-Va	TRINITY_DN99488_c0_g2	4600	-0.80	0.50	0	⑤ 88
肌球蛋白ⅤⅡa和RAB-相互作用蛋白, MYRIP	TRINITY_DN12795_c0_g1	1205	0.10	0.88	$1.0×10^{-36}$	⑤ 74

*进行同源性比对的物种：①华支睾吸虫；②鲑；③鲤；④斑马鱼；⑤斑点叉尾鮰。

表11-6　α-MSH对黑素细胞发育、黑色素合成的蛋白基因

基因	转录本 ID	转录本长度/bp	$\log_2$(OFH/FH)	P值	Blast P-E值	基因同源性*/%
阿黑皮素原, POMC	TRINITY_DN150490_c0_g1	569	2.40	0.28	$2.00×10^{-32}$	① 68
阿黑皮素原-2, POMC-2	TRINITY_DN152044_c5_g1	333	-5.58	1.00	$3.00×10^{-66}$	② 92
黑色素浓缩激素受体1, MCH-R1	TRINITY_DN4519_c0_g1	425	0.00	1.00	$9.00×10^{-59}$	③ 100
MCH-R1相互作用的锌指蛋白, MCH-R1-i	TRINITY_DN78371_c0_g1	2275	-0.50	0.63	$2.00×10^{-139}$	① 100
黑色素浓缩激素受体2, MCH-R2	TRINITY_DN24222_c0_g1	1481	3.04	$2.6×10^{-8}$	$1.00×10^{-110}$	④ 98
黑皮素受体3, MC-R3	TRINITY_DN213433_c0_g1	452	5.80	0.28	$1.00×10^{-76}$	① 95
小眼相关转录因子, MITF	TRINITY_DN99498_c2_g4	2565	-0.30	0.877	$6.00×10^{-71}$	① 73

基因	转录本 ID	转录本长度/bp	$\log_2$(OFH/FH)	P值	Blast P-E 值	基因同源性 */%
配对域转录因子 PAX3-A, PAX3-a	TRINITY_DN67185_c0_g1	753	5.00	0.25	4.00×10^{-78}	④ 77
配对盒蛋白 PAX-3, PAX3	TRINITY_DN67185_c0_g2	758	-1.40	0.36	2.00×10^{-74}	④ 75
转录因子 SOX-10, SOX10	TRINITY_DN205352_c0_g1	333	-7.14	0.25	7.00×10^{-27}	② 96

* 进行同源性比对的物种：①斑点叉尾鮰；②鲤；③鲫；④斑马鱼。

表11-7 调控黑色素细胞分化和发育的3个信号通路的基因

基因	转录本 ID	转录本长度/bp	$\log_2$(OFH/FH)	P值	Blast P-E 值	基因同源性 */%
KIT配体, KITL(MGF)	TRINITY_DN161739_c1_g2	3746	-0.35	0.45	4.0×10^{-17}	① 91
肥大/干细胞生长因子受体, KITA(SCFR)	TRINITY_DN164287_c0_g2	3435	0.21	0.12	3.0×10^{-130}	① 97
β-连环蛋白, β-catenin	TRINITY_DN147360_c0_g1	868	-0.10	0.96	3.0×10^{-147}	② 100
淋巴增强结合因子 1/T细胞特异性转录因子 1-α, LEF-1/TCF1-α	TRINITY_DN152754_c3_g1	2833	-0.99	0.01	7.0×10^{-117}	③ 93
环 AMP 应答元件结合蛋白 1, CREB-1	TRINITY_DN86813_c0_g1	1206	0.10	0.98	3.0×10^{-105}	② 97
内皮素-1 受体, EDNRA	TRINITY_DN165834_c0_g2	3807	0.83	0.00	0	④ 93
内皮素 B 受体, EDNRB	TRINITY_DN110003_c0_g1	495	-0.20	1.00	2.0×10^{-77}	② 94
内皮素-2, ET-2	TRINITY_DN131629_c1_g1	1415	4.37	6.58×10^{-18}	2.0×10^{-27}	① 92
内皮素-1, ET-1	TRINITY_DN136854_c0_g1	1588	2.71	3.91×10^{-11}	9.0×10^{-29}	③ 93
Rho相关 GTP 结合蛋白的 Rho, RHOU	TRINITY_DN156791_c2_g1	422	4.64	1.00	7.0×10^{-36}	① 95
RHOGTP 酶激活蛋白 32, ARHGAP32	TRINITY_DN164721_c0_g1	319	-0.80	1.00	5.0×10^{-54}	② 100
钙调蛋白激酶 II 的 α 链, CaMKII	TRINITY_DN68937_c1_g1	1005	-6.50	0.01	1.0×10^{-176}	⑤ 95
cAMP 依赖性蛋白激酶催化亚基 α, PRKACA	TRINITY_DN160609_c1_g1	594	0.58	0.07	8.0×10^{-135}	⑥ 100
cAMP 依赖性蛋白激酶催化亚基 β, PRKACB	TRINITY_DN134056_c3_g1	1315	0.39	0.23	8.00×10^{-63}	③ 97
cAMP 依赖性蛋白激酶 II 型-α 调节亚基, PRKAR2A	TRINITY_DN157710_c0_g1	2709	-0.69	0.02	0.0	① 98

* 进行同源性比对的物种：①鲤；②斑点叉尾鮰；③金线鲃；④鲫；⑤细粒棘球绦虫；⑥斑马鱼。

β-连环蛋白信号通路，注释得到β-连环蛋白（β-Catenin）、淋巴增强结合因子1/T细胞特异性转录因子1-α(LEF-1/TCF1-α)、环AMP应答元件结合蛋白1(CREB-1)基因，它们的log₂(OFH/FH)值分别为-0.10、-0.99和0.10，有差异表达但未达到显著性水平。关于EDN3和EDNRB信号通路，注释得到内皮素-1(ET-1)、内皮素-2(ET-2)、内皮素-1受体（EDNRA）、内皮素B受体（EDNRB）基因，它们的log₂(OFH/FH)值分别为2.71、4.37、0.83和-0.20，其中，ET-1和ET-2基因差异表达达到显著性水平。

在涉及的3个信号通路中，细胞内信号传递的主要蛋白质基因注释结果见表11-7。主要有Rho相关GTP结合蛋白的Rho（RHOU）、RHOGTP酶激活蛋白32(ARHGAP32)、钙调蛋白激酶Ⅱ的α链（CaMKⅡ）、cAMP依赖性蛋白激酶催化亚基α(PRKACA)、cAMP依赖性蛋白激酶催化亚基β(PRKACB)、cAMP依赖性蛋白激酶Ⅱ型-α调节亚基（PRKAR2A）得到注释，它们的log₂(OFH/FH)值分别为4.64、-0.80、-6.50、0.58、0.39和-0.69，其中，RHOU、CaMKⅡ差异表达显著，其余的有差异表达但不显著。

（四）关于黑色素的生物合成途径

黑色素是在黑色素细胞内，以酪氨酸为原料，在系列酶和蛋白质作用下，经过系列反应过程而合成，见图11-16。

总结黑色素合成途径，并将控制代谢反应的酶和蛋白质定位于合成途径之中，涉及代谢反应的酶或蛋白质，及其log₂(OFH/FH)值用斜体、加粗标示（图11-17）。

黑色素细胞内黑色素合成代谢反应链的关键酶是酪氨酸酶（tyrosinase，TYR），控制了反应链的代谢速度，是限速酶。由图11-16、图11-17可知，酪氨酸酶主要参与两个反应过程：催化L-酪氨酸羟基化转变为L-多巴，氧化L-多巴形成多巴醌，多巴醌经一系列反应后形成黑色素；在5,6-二羟基吲哚转化为吲哚-5,6-醌（indole-5,6-quinone）的过程中，也是受到酪氨酸酶的催化作用。酪氨酸酶的催化作用还需要2个重要蛋白质的参与，即酪氨酸酶相关蛋白1和2(TRP-1、TRP-2)，酪氨酸酶相关蛋白2又称为L-多巴色素互变异构酶（L-dopachrome tautomerase，DCT），在多巴醌（DOPA quinone）转化为吲哚-5,6-醌-2-羧酸（indole 5,6-quinone carboxylic acid）、多巴色素（DOPA chrome）转化为5,6-二羟基吲哚酸（DHICA）的反应中发挥作用，同时该步反应还有D-多巴色素互变酶-A(D-dopachrome tautomerase-A，DDT-a)的参与。在本试验中，在黄颡鱼胃肠道黏膜转录组中，注释得到了上述酶和蛋白质的基因信息；差异表达分析结果显示，灌喂氧化鱼油后，酪氨酸酶（TYR）、酪氨酸酶相关蛋白1(TRP1)的log₂(OFH/FH)值分别为-6.00、-5.70，均是差异表达显著下调；而酪氨酸酶相关蛋白2(TRP2)的log₂(OFH/FH)值为8.40，则是差异表达显著上调，由于TRP2同时还具有L-多巴色素互变异构酶的作用，因此，在灌喂氧化鱼油后，黄颡鱼胃肠道黏膜黑色素细胞中黑色素的生物合成代谢受到显著的影响，酪氨酸酶、酪氨酸酶相关蛋白1的基因表达是显著下调的。在多巴色素互变构型变化调节反应中，L-多巴色素互变异构酶蛋白基因表达显著上调，而D-多巴色素互变酶-A蛋白基因差异表达显著下调。

包括黄颡鱼在内的淡水鱼类，酪氨酸酶在皮肤、鳞片、血清中均有分布，且酪氨酸酶活力大小与鱼体表黑颜色的深浅呈正相关关系、在不同部位酪氨酸酶活力大小与鱼体黑色素合成部位有关。从图11-17的代谢途径以及相关酶蛋白在代谢链中的定位结果看，可以发现：在灌喂氧化鱼油急性损伤后，黄颡鱼胃肠道黑色素细胞合成黑色素的代谢限速反应阶段是代谢下调的，而由L-多巴醌、多巴色素异构化为真黑色素的反应过程则是上调的，L-多巴醌异构化为真黑色素的反应过程是上调的［DCT的log₂(OFH/FH)值为8.46］。结果表明，在灌喂氧化鱼油的条件下，黄颡鱼胃肠道黏膜中黑色素生物合成代谢关键酶基因差异表达显著下调，黑色素的合成可能受到显著性的抑制作用。同时，即使在黑色素合成反应受到下调影响的情况下，还是可以将L-多巴醌、多巴色素更多地异构化为真黑色素，而D-多巴醌异构化

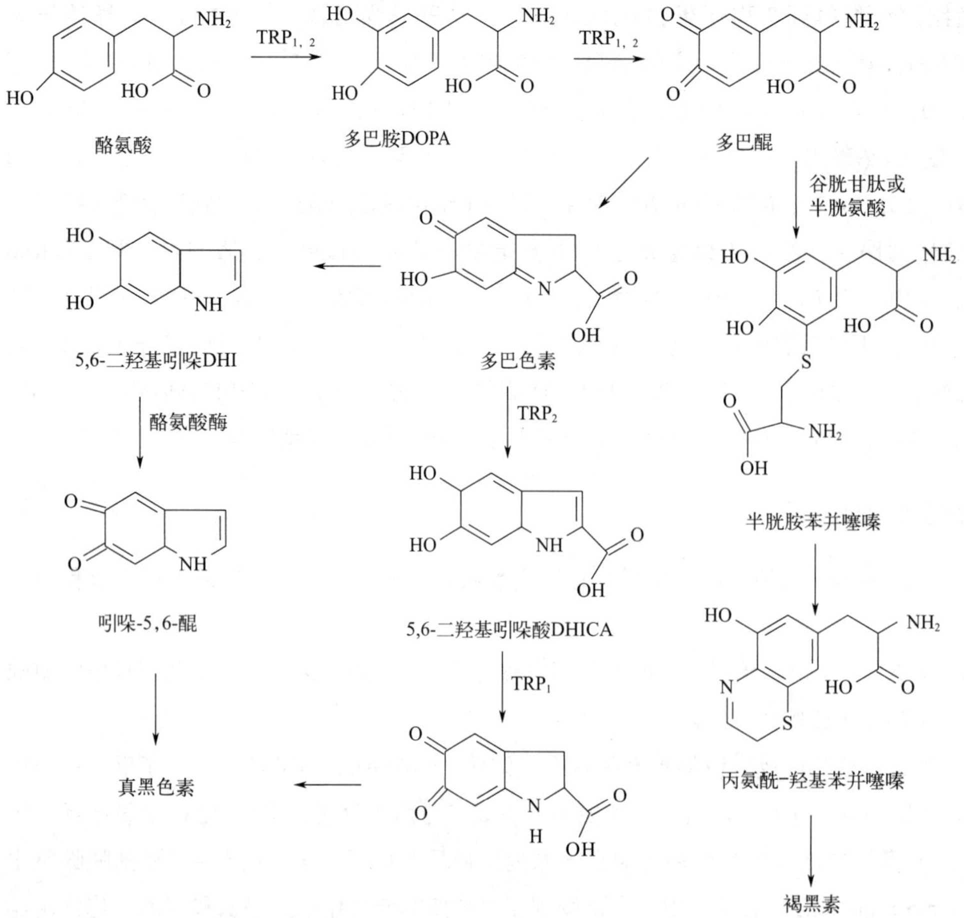

图11-16 黑色素的生物合成途径

为真黑色素的反应是下调的（*DDT-a* 的 $\log_2$(OFH/FH) 值为 −2.00），这或许也是一种生理适应性反应。

（五）关于黑素体运动有关的蛋白质基因差异表达

黑色素细胞是一类树突状的细胞，细胞有很多的树突状枝突，黑色素合成后形成黑素体。当黑素体在黑色素细胞中央部分集中、枝突中缺少黑素体时，鱼体的体色变浅；当黑素体从细胞中央运输到枝突中在枝突中的分布密度增大时，鱼体的体色加深，为深黑色体色。

黑素体在黑色素细胞内的运输主要是沿着微管且以微管形成或解体作为动力。有两类微管蛋白：驱动蛋白（kinesin）和细胞质动力蛋白（cyto-plasmic-dynein）参与黑素体的运输。有资料表明，黑素体依赖Rab27a（Ras相关蛋白Rab-27）、非常规肌球蛋白-VA（Myosin-Va）、肌球蛋白Ⅶa和RAB-相互作用蛋白（Melanophilin）结合于微管蛋白上，并依赖驱动蛋白和动力蛋白的活动实现黑素体在黑色素细胞内的运动，且这种运动是双向的：由细胞核周围向树突状分枝运输，由树突状分枝向细胞核周围运输。Rab27a是一种组织特异性蛋白，活性形式GTP-Rab27a连接到黑素体膜上，通过与Myosin-Va相互作用将黑素体连接到肌球蛋白Ⅶa上。因此，Rab27a、Myosin-Va、Melanophilin是黑素体与微管结构并在微管上运输的关键性蛋白。在灌喂氧化鱼油后，它们的 $\log_2$(OFH/FH) 值分别为0.89、−0.80和0.10三种蛋白基因有差异表达，但不显著，表明在灌喂氧化鱼油造成急性损伤后，虽然黄颡鱼黑色素细胞内黑色素的生物合成有显著性的变化，但细胞内黑素体运动相关蛋白表达活性没有显著性的变化。

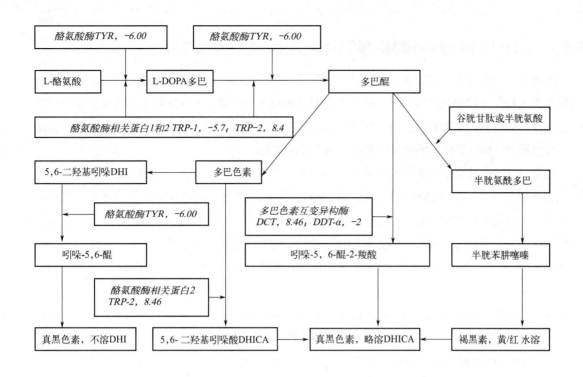

图11-17 黄颡鱼黑色素合成途径及其催化的酶、蛋白质定位框架图

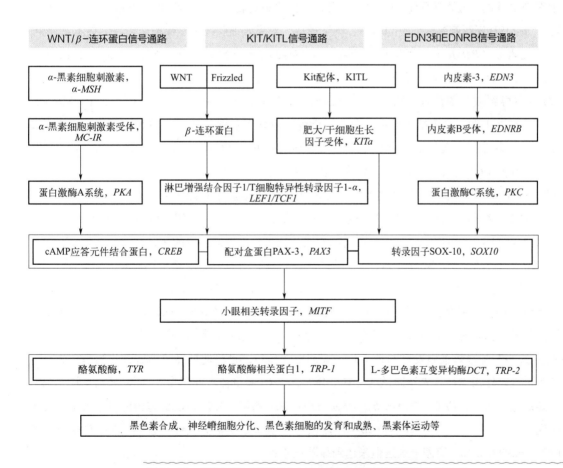

图11-18 黄颡鱼黑色素细胞分化与发育过程中的激素与信号通路基因网络

（六）关于α-MSH和3个细胞信号通路对黑色素细胞分化、发育的调控作用

黑色素细胞数量的增加不是细胞有丝分裂增殖，而是由神经嵴细胞分化发育而来。神经嵴是脊椎动物胚胎早期发育过程中出现的暂时性结构，神经嵴细胞就是由神经板边缘区域的细胞发育来的。由神经嵴细胞分化为黑色素细胞，大致经历了神经嵴细胞、成黑色素细胞和黑色素细胞3个阶段，在黑色素细胞分化、发育过程中，同时进行着黑色素的合成、黑素体的运动。

神经嵴细胞具有多向分化的潜能性和迁移性，是一类具有多种分化潜能的干细胞，从神经嵴细胞发育为成熟的黑色素细胞是其分化潜能之一。由神经嵴细胞分化发育为黑色素细胞要经历复杂的细胞迁移、细胞分化、细胞定向增殖和发育等过程，其发育过程是细胞外部环境和严格的基因表达编排共同发挥作用且相互影响的复杂结果，同样也受到基因网络调控，这个过程中主要包括：α-MSH的调控和3个细胞信号通路WNT/β-连环蛋白信号通路、EDN3和EDNRB信号通路、KIT及其配体KITL信号通路的调控，见图11-18。

α-黑素细胞刺激素（α-melanocyte stimulating hormone，α-MSH）是4种黑素细胞刺激素（melanocyte-stimulating hormone，MSH）的一种，属于神经内分泌激素，含有13个氨基酸残基，其前体为阿黑皮素原（pro-opiomelanocortin，POMC）。POMC可在脑垂体、下丘脑及神经系统其他部位、胃肠道和皮肤中产生。POMC水解成ACTH（促肾上腺皮质激素adreno-cortico-tropic-hormone）、β-促脂解素、β-内啡肽和γ-MSH，ACTH在酶的作用下可继续降解为α-MSH，α-MSH就是ACTH分子的1～13氨基酸组成。α-MSH的生理作用是直接激活其受体MC-1R，使黑素细胞内酪氨酸酶的表达增加、活性增强，从而使黑素合成量增加；α-MSH还影响黑素细胞的增生、树突形成、对黑素细胞的免疫保护作用等。在本试验中，注释得到阿黑皮素原（POMC）和阿黑皮素原-2（POMC-2）2种α-MSH前体，它们的$\log_2$(OFH/FH)值分别为2.40、-5.58，前者差异表达显著上调，而后者差异表达显著下调。α-MSH的3种受体MCH-R1、MCH-R2、MC-R3得到成功的注释，它们的$\log_2$(OFH/FH)值分别为0.00、3.04和5.80，显示MCH-R2、MC-R3差异表达显著上调。这个结果显示，在黄颡鱼胃肠道黏膜中也存在α-MSH调控途径，其主要基因的差异表达受到灌喂氧化鱼油的显著影响，体现在α-MSH前体POMC、POMC-2的表达活性显著性变化，α-MSH的受体MCH-R2、MC-R3差异表达显著上调。

KIT及其配体KITL信号通路。原癌基因KIT是编码肥大/干细胞生长因子的受体，KITL是KIT的配体，KITL被称为肥大细胞生长因子（MGF）或干细胞生长因子（SCF）。KITL与KIT相结合激活了KIT信号通路，从而导致KIT二聚体的形成和特定酪氨酸残基在激酶区域的自磷酸化，并由此活化下游的信号转导分子MAPK、PDK、JAK/STAT和Src家族成员，最后引发细胞内的复杂生理应答。KIT信号通路与MITF的相互关系是：①MITF能促进KIT的转录，从而上调KIT的表达；②KIT信号通路能活化MITF的转录。在本试验中，原癌基因KIT配体KITL、肥大/干细胞生长因子受体KITA或SCFR在胃肠道黏膜转录组中得到注释，它们的$\log_2$(OFH/FH)值分别为-0.35、0.21，显示有差异表达，但均不显著。

WNT信号通路在神经嵴细胞发育的各个阶段都能发挥作用，也包括神经嵴细胞分化为黑色素细胞的分化和发育过程。作用途径首先是通过活化其受体Frizzled（膜受体卷曲蛋白），随后激活下游的信号转导分子，如β-连环蛋白、PKC、CAMKⅡ、PKA和Rho GTP酶等，然后启动细胞内的复杂反应。在本试验中，β-连环蛋白、LEF-1/TCF1-α、CREB-1在黄颡鱼胃肠道黏膜中被注释，它们的$\log_2$(OFH/FH)值分别为-0.10、-0.99和0.10，有差异表达但未达到显著性水平。

EDN3和EDNRB信号通路。EDN3为内皮素-3，EDNRB为内皮素受体B，EDNRB与EDN3结合，活化下游的信号转导分子PKC、CamKⅡ和MAPK，继而引发细胞内复杂的生理应答，该信号通路对于神

经嵴来源的黑色素细胞和肠神经节的发育是非常重要的，对于黑色素细胞发育分化所需的酪氨酸酶基因的表达起至关重要作用。注释到 *EDNRA*、*EDNRB* 二种受体，它们的 $\log_2(\text{OFH/FH})$ 值分别为 0.83 和 -0.20；同时，*ET-1*、*ET-2* 的基因也被注释，它们的 $\log_2(\text{OFH/FH})$ 值分别为 2.71 和 4.37，差异表达显著性上调。

上述结果显示，黄颡鱼被灌喂氧化鱼油后，在胃肠道黏膜中，α-MSH 前体的基因、α-MSH 受体 *MCH-R2*、*MC-R3* 差异表达显著上调；WNT/β-连环蛋白信号通路、EDN3 和 EDNRB 信号通路、KIT 及其配体 KITL 信号通路的有关基因受到灌喂氧化鱼油的影响有差异表达，但未达到显著性水平。是否可以认为，黄颡鱼胃肠道黏膜中黑色素细胞分化与发育受 α-MSH 通路的影响较大，即受到激素调控的影响更大，而受其他三个信号通路的影响较小？这需要进一步的研究。

（七）关于黑色素代谢和黑色素细胞发育的几个关键性基因的差异表达分析

从图 11-18 可见，不同的信号通路通过对 *CREB*、*PAX3* 和 *SOX10* 等靶基因的调控，调节 *MITF* 的表达活性，再对下游的 *TYR*、*TRP-1* 和 *TRP-2* 的表达进行调控，从而实现对黑色素生物合成、黑素体在黑色素细胞内的运动、对黑色素细胞的分化和发育的调控作用。

SOX10 是转录因子中高迁移率基因结构域 SOX（*high-mobility group-domain*，*SOX*）家族成员，*SOX10* 基因在黑色素细胞形成过程中也发挥着重要作用，它调控 *MITF* 基因的表达从而调控黑色素的迁移和分化。*SOX10* 基因还可调控黑色素合成途径的 L-多巴色素互变异构酶（*DCT*）又称为酪氨酸酶相关蛋白 2（*TRP-2*）基因的表达。*SOX10* 受到 EDN3 和 EDNRB 信号通路的调控，同样也受到 WNT/β-连环蛋白信号通路的影响。在本试验中，*SOX10* 的 $\log_2(\text{OFH/FH})$ 值为 -7.14，为差异表达显著性下调；*DCT* 的 $\log_2(\text{OFH/FH})$ 值为 8.46，为差异表达显著性上调。这表明 *SOX10* 的表达受到灌喂氧化鱼油的影响很大，虽然导致其下游基因如 *MITF* 基因的表达受到显著影响，但 L-多巴色素的异构化是增强的。

PAX3 和 *SOX10* 协同作用激活 *MITF* 启动子，激活 *MITF* 的表达，进而促进黑色素合成关键酶如 *TRP-1*、*TRY*、*DCT* 等的表达增加。在本试验中，*PAX3* 的 $\log_2(\text{OFH/FH})$ 值为 -1.40；*SOX10* 的 $\log_2(\text{OFH/FH})$ 值为 -7.14，都是差异表达下调，显示对其下游基因的调控作用下降，会影响到黑色素的生物合成，使黑色素生物合成量呈现下降趋势。

MITF 作为色素细胞信号转导途径下游的一个信号分子，介导了多种信号级联过程，在色素细胞发育、分化和功能调节中起到关键性作用，因此它可以作为关键性靶位，用于研究其他相关基因。*MITF* 可调控酪氨酸基因家族的表达，从而参与黑色素细胞中黑色素生成的调控。本试验中，*MITF* 的 $\log_2(\text{OFH/FH})$ 值为 -0.30，为差异表达下调。

从上述几个关键基因的差异表达结果看，黄颡鱼在灌喂氧化鱼油后，其胃肠道黏膜组织中，涉及黑色素细胞分化、发育和成熟，以及涉及黑色素生物合成、黑素体在黑色素细胞内运动的主要基因显示差异表达，总体上是差异表达下调的趋势，而涉及 L-多巴色素的异构化的反应是增强的。

因此，可以认为，灌喂氧化鱼油对黑色素细胞的分化、发育、成熟，以及黑色素的生物合成、黑素体运动等的影响是负面的，可能导致成熟的黑色素细胞数量不足、皮肤中成熟的黑色素细胞密度下降、黑色素数量下降，导致黄颡鱼黑色体色变化，黑色体色不足，而出现体色变浅的情况；同时，由于黄颡鱼能够吸收，并沉积饲料来源的黄色素，在黑色素、黑色体色不足的情况下，鱼体出现黄色体色。

五、养殖鱼类的体态、体征

养殖鱼类的体态特征除了体型和体色外，还有体表黏液、鱼鳞完整性、鱼鳍条的完整性、应激性出血特征等内容。

（一）体表的黏液

鱼类皮肤的上皮组织中分布着大量的黏液细胞，鱼类的体表黏液是鱼体重要的防疫系统构成之一，有鳞鱼类虽然体表有鱼鳞被覆，但鱼鳞的表层也是有较多的黏液覆盖；对于无鳞鱼类，体表的黏液层更是重要的防御系统。

（1）体表黏液的作用

体表黏液中含有多种化学物质，这些物质主要来源于皮肤中细胞的分泌物；同时，完整的皮肤本身就构成了一道屏障，是鱼体身体与水域环境之间的一道生物学屏障。鱼体体表黏液的主要生物学和生理学作用，可以从以下几个方面得到认知。①形成机械屏障，除了可以阻止异物和病原体侵入之外，也是与水域环境的结构性屏障。当然，这个屏障并不是完全隔离的封闭式屏障，而是一道选择性的通透性屏障结构，例如可以通过皮肤吸收水域环境中的部分物质（土味素、矿物质等），也有排除体内部分物质的通透性作用。②形成化学屏障，保持体内的渗透压。③减少在水中运动时的摩擦力，对鱼类皮肤起润滑作用；黏液可结合水，可以防止鱼类短期离水环境时，皮肤干燥。④具有重要的免疫作用、抗氧化损伤作用。鱼类黏液中具有抵抗病原微生物入侵的非特异性的免疫化学反应物质，这些物质在鱼类的生命活动中发挥着重要的作用，尤其是无鳞鱼，这些活性物质的作用显得尤为重要。鱼类的表皮黏液中包含天然抗菌肽物质。

（2）黏液中的主要物质成分

具有免疫防御、抗氧化损伤作用的活性物质，主要有溶菌酶、转移因子、C-反应蛋白、几丁质、I型干扰素、补体类物质。溶菌酶主要是对细菌发挥作用，干扰素则主要是对病毒发挥作用，还有的物质则是对鱼体起调理作用，增加机体抵抗疾病的能力。在某些鱼类的黏液中的黏液物质对于人类的一些病原菌也有较好的杀菌活性，有的糖类物质还具有较强的免疫作用，如泥鳅皮肤表面的黏液中含有的多糖具有较强的免疫作用。在鱼类的黏液中含有免疫球蛋白，其血清学反应与血液相似，通过免疫电泳分析也证明了在鱼类的黏液中含有免疫球蛋白，而且这种免疫球蛋白与血清中的免疫球蛋白有很大的相似性。鱼类黏液中的免疫球蛋白与鱼类血液中的免疫球蛋白在结构与功能上并不完全相同，对于抗原的反应也不完全相同。

（3）鱼类体表黏液的评价

鱼类体表黏液含有多种有效成分，每种成分具有各自的生物学和生理学功能作用。而要完全分析其中有效成分的种类和含量，并以此作为黏液质量的评价却是一项艰巨的工作。在实践活动中，一般以黏液的数量进行简短的评价。黏液的质量与数量评价的意义在于：一是作为鱼体健康状态的一项评价指标，如果黏液数量充足，则认为鱼体处于健康状态下；二是作为应激能力的一种简单评价方式，将养殖鱼类置于冷刺激、缺氧刺激等应激条件下，如果鱼体能够保持足够数量的黏液，则认为鱼体抗应激能力强、鱼体处于健康状态；三是作为鱼体免疫防御能力的简单评价方式，如果鱼体在不同环境条件下都能保持充足的黏液数量，则认为鱼体具有良好的免疫防御能力。

那么，如何对鱼体体表黏液进行评价呢？对黏液的化学组成评价一般只是在实验室进行，而对数量的评价则可以采用简单易行的方法，主要有以下几种方法。

① 用手触摸的感官评价

对养殖收获的鱼类，在起网之后将鱼体置于水盆中，用手触摸，鱼体有润滑的感觉，无论是从头部向尾部移动手指，还是从尾部向头部移动手指，均能感觉到鱼体体表黏液的厚实程度和润滑，可以认为该鱼体处于健康状态，养殖的饲料、养殖的水域环境对养殖鱼类是适宜的。

对于应激状态下体表黏液的手感同样如此，只是鱼体要经历一定的应激条件。常用的应激条件有二类，一是冷水刺激，可以用温度差异在10℃左右的井水、冰水浸泡鱼体20min左右，再用手触摸鱼体体表，感觉体表黏液的厚实程度、润滑的感觉，并以此评价鱼体抗应激的能力大小。二是用缺氧应激的方法，将鱼体置于密封、带水的袋中作用30min，之后再用手触摸进行评价。

上述方法虽然简单，但的确可以对鱼体表面的黏液数量进行定性的评价，很是适用。

② 单位面积黏液数量的评价

用已知宽度的卡片从鱼体头部向尾部，沿着体侧用力推进，刮取并称重体表黏液的数量，质量除以面积，得到单位面积体表黏液的数量，这也是可以量化体表黏液的一种方法。

③ 黏液成分分析

黏液中含有抗菌成分、抗氧化成分等，可以采用定量分离的方法测定其中主要活性成分，并测定其活力，以此表示鱼体黏液的质量。只是这类方法较为专业，需要在实验室中进行。

鲇鱼体表黏液提取物具有较好的广谱抗菌活性和较好的稳定性，从鱼类的组织和表皮黏液中分离鉴定出大量的鱼源性抗菌肽，特别是表皮黏液抗菌肽。鲇鱼表面黏液蛋白质含量为0.336mg/mL；虹鳟体表黏液活性物质分析中还得到溶菌酶、白细胞介素IL-1、凝集素、肾上腺皮质激素等免疫活性物质。

（二）鱼鳞的完整性

对于有鳞鱼类，体表被覆鱼鳞的完整性也是评价鱼体体态特征的重要指标之一。鱼鳞是皮肤的衍生物，作为鱼体机械屏障、防御屏障具有重要的意义。当鱼体健康受到损伤，免疫防御能力、抗应激能力下降之时，鱼鳞容易脱落，尤其是在运输或强烈刺激下，鱼鳞更容易脱落。鱼鳞脱落之后在鱼体表容易观察到。相反，如果鱼体处于健康状态下，鱼体具有良好的抗应激能力之时，鱼鳞则不易脱落，可以保持鱼体表被覆的鱼鳞的完整性。

在实践活动中，渔民总结了一个较好的简单易行的方法。将鱼体平置，用拇指从头部向尾部，沿着侧线鳞路径推移，一次动作完成后计算侧线鳞有多少鱼鳞被推落下来，以脱落鱼鳞的多少作为鱼体抗应激、健康状态的评价指标。另外，也可以反方向，即从尾部向头部，沿着侧线鳞路径推移，也是以脱落的鱼鳞数量作为评价指标。

将鱼体在不同应激条件如冷水的温度刺激、缺氧刺激等处理后，再用上述方法得到确定脱落的鱼鳞数量。鱼鳞脱落数量越少表示鱼体健康程度越好，抗应激能力越强。

（三）鳍条的完整性

鱼体有多种鳍条，如背鳍、腹鳍、胸鳍、臀鳍、尾鳍等，当鱼体剧烈运动、受到强烈刺激后，鳍条通常有分裂，鳍刺也有断裂的情况。如果鱼体具有良好的健康状态、具有良好的抗应激能力，各类鳍条的鳍刺不会分裂、不会断裂，能够保持其完整性。同时，也可以外加不同的应激条件刺激，如冷水温度刺激、缺氧刺激等，之后再观察鱼体鳍条的完整性，即不同的鱼体鳍刺没有分裂、鳍刺没有断裂，表明鱼体健康状态良好、抗应激能力强。

（四）应激性出血观察

鱼体在遭受强烈应激条件之后，如果鱼体抗应激能力较差、鱼体健康状态较差，则会在运动较为强烈的尾鳍、胸鳍等鳍条基部出血，可以观察到鳍条基部发红，甚至有血液渗出的现象。反之，如果鱼体具有良好的健康状态、具有良好的抗应激能力，则不易出血。

应激性出血主要的观察点在于不同鳍条的基部、尾柄等部位，评价方式也是以定性描述为主，可以辅助相应的照片进行比较。

第四节
鱼类肌肉质量与评价方法

鱼类肌肉质量包括了肌细胞或肌纤维的组成与结构质量、肌肉化学与营养质量、肌肉加工质量、肌肉风味质量等内容。养殖鱼类的商品形式一是鲜活鱼，二是作为原料鱼用于鱼片、鱼糜、鱼柳等加工渔产品。因此，养殖鱼类的肌肉品质既包含了作为鲜活鱼的肌肉品质，也包含了作为原料鱼用于渔产品加工的肌肉品质。

一、肌肉组织的质构

前面已经介绍了鱼类的肌细胞结构、肌肉组织结构，本部分基于作为水产动物食品的肌肉结构质量进行分析。

在肌肉质量评价时通常会用到"质构（texture）"这个概念，并使用质构仪对肌肉质量进行评价。食品质构是指用力学的、触觉的、视觉的、听觉的方法，通过眼睛、手指、口腔黏膜及肌肉所感觉到的食品的性质，包括粗细、滑爽、颗粒感等食品流变学特性的综合感觉，包含了咀嚼感、舌头感觉、吞咽感觉等内容，是与食品的组织结构及状态有关的物理性质。食品质构，一是表示作为摄食主体的人所感知的和表现的内容，二是表示食品本身所具备的性质。因此，食品质构就是食品的物理性质通过感觉而得到的感知。

肌肉质构可以通过质构仪来进行检测。质构仪基本结构和工作原理是：由圆柱形、球形、锥形等形状的柱塞与肌肉样品接触，柱塞与压力元件连接。以一定的速度移动柱塞顶压、穿刺肌肉样品，柱塞受到来自于样品的反作用力，这个力通过柱塞传至压力元件。压力元件（传感器）将此反作用力转换为电子信号，其被记录下来。这种压力信号分别作为对肌肉组织的破断力（硬度）、破断凹痕、破断能、黏性、弹性、凝聚性等各种质构指标用数据化表达出来。

因此，质构仪检测的指标是对肌肉物理性质的评价，是对肌肉纤维的切断力、穿透力、咬力、剁碎力、压缩力、弹力和拉力等指标的评价，这些指标与肌纤维数量、肌纤维大小、肌纤维密度、肌纤维组织结构等直接关联。

二、肌肉组织的感官评价

感官评价是通过人的感觉如视觉、听觉、味觉、嗅觉、触觉对肌肉进行评价，是依据人的可接受性和喜好性对食品品质的评价方法。评价的内容包括了肌肉的外观如光泽、色泽（辅助项为体表颜色及其色泽度、眼睛和鳃的颜色）、风味（香气、不愉快味道、腐败味、异常气味）、味道（酸、甜、苦、咸、鲜等味觉）和肉质硬度等。

因此，外观性状与感官评价的基本顺序为：视觉检验→嗅觉检验→味觉检验→触觉检验，所依赖的是人的感觉如视觉、味觉、嗅觉、听觉、触觉进行检验和评价，检验的内容包括肌肉的外观性状如色泽、气味、质地、硬度等。

（一）鱼体横切面观察

在养殖现场，对养殖鱼类可以做横切面的直观观察。

基本方法是：选取试验鱼，从背鳍基部的前点或后点作为鱼体横切的位点，用美工刀或其他刀具，将整个鱼体横向切断，得到鱼体的横切面，对横切面进行观察，如图11-19所示。

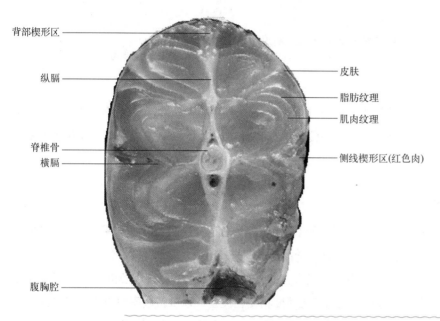

背部楔形区 —
纵膈 —
脊椎骨 —
横膈 —
腹胸腔 —
— 皮肤
— 脂肪纹理
— 肌肉纹理
— 侧线楔形区(红色肉)

图11-19 斑点叉尾鮰鱼体横切面（背鳍基部位置横切面）

观察的内容包括：①肌肉的光泽度或亮度，良好品质的肌肉组织横切面亮度较高，白的肌肉组织为亮白色，反之发暗。②肌肉的色泽，白色肌肉鱼类鱼体横切面肌肉颜色为亮白色，且整个横切面中，除了暗色肉部位外，色泽均匀，而较差品质的肌肉颜色可能为淡黄色、浅白色、淡褐色等。重点是观察背部肌肉的颜色，斑点叉尾鮰、长吻鮠、黄颡鱼、加州鲈、乌鳢等种类背部肌肉会出现黄色肌肉，这类肌肉的鱼体是不能作为原料鱼用于鱼片加工的。③肌肉纹理观察，高品质肌肉组织的横切面中肌肉纹理清晰，肌肉束之间的结缔组织较少，且结缔组织与肌肉纤维之间的界线非常清晰。④肌肉组织结构的分布状态，低放大倍数照片，肌肉纹理与结缔组织纹理。⑤V形区域形态、色泽，一是背部V形区域（又称之为楔形区），二是两侧的V形区域。应该为深色肉的区域，是血管集中区域，血红蛋白含量较高，主要观察结构状态和色泽。如果鱼体大小合适可以分离出两侧V形区域和背部V形区域的组织，用于蛋白质、粗脂肪和水分测定，并做水解氨基酸、脂肪酸组成分析，对比白色肌肉组织的氨基酸组成、脂肪酸组成的差异。面积量化，测量3个V形区域的面积占总面积的比例，或者分别计算白色肉区域面积与V形区域面积的比例，如大黄鱼红肌V形区的面积不超过肌肉总面积的10%。直接在横切面测量或者照片进行测量（计算相对比例的话，照片也是可以的）。

结果的判定则可以建立分级规则，例如依据肌肉颜色进行分级，建立相应的分级标准，并做出是否适合于"鱼片"切片加工、适合于"鱼糜"加工等判定。

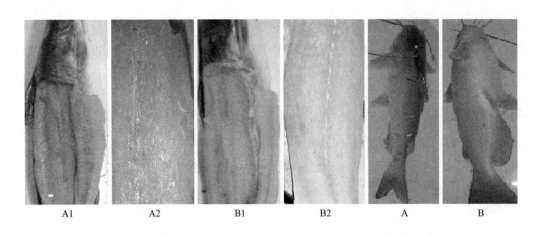

A1　　　　A2　　　　B1　　　　B2　　　　A　　　　B

图11-20　黄色体色和正常体色斑点叉尾鮰背部肌肉色泽（见彩图）
A黄色鱼体；B正常体色鱼体；A1和A2黄色鱼体背部黄色肌肉；B1和B2正常色泽肌肉

对于背部肌肉颜色的观察除了对鱼体横切面进行观察外，也可以从鱼体背部破开肌肉组织进行观察，如图11-20所示，分别为正常体色和黄色体色的斑点叉尾鮰，将背部肌肉破开后，可以观察到黄色体色斑点叉尾鮰背部肌肉也是黄色，而正常体色斑点叉尾鮰背部肌肉为白色。

（二）肌肉颜色的观察与判定

肌肉颜色是肌肉品质的重要指标，评价方法可以采用鱼体体色同样的方法，例如采用RAL-K7色卡进行比对和判定的方法。重要的是对评价结果如何进行分级处理。

肉色的观察主要是记录：①肌肉的色泽描述结果；②肉色的均匀程度；③肉色的变化类型及其速度。可以在规定时间和规定条件下，测定肉色的变化速度和变色类型，以维持屠宰时肌肉色泽时间长为好的品质。

采用LAB色差仪测定鳝鱼肉颜色变化，其中，L^*表示亮度，a^*表示红（+）绿（-），b^*表示黄（+）蓝（-）。

参考NY/T 821—2019《猪肉品质测定技术规程》，观察肌肉色泽的时间为屠宰后45～60min内完成，鱼体肌肉组织可以做成鱼片，每尾鱼至少2～3个鱼片，鱼片厚度2～3cm，置于白瓷盘上，自然光下观察或用比色卡比色。参考图11-20，鱼片可以沿着鱼体头尾轴垂直方向切片，用LAB色差仪测定不同部位肌肉的色泽。

（三）肌肉纹理观察

在NY/T-821—2019《猪肉品质测定技术规程》定义了猪肉的大理石纹（marbling，MD）为"肌肉横截面可见脂肪与结缔组织的分布情况"，主要观察的是猪肉的脂肪纹。

对于养殖鱼类肌肉横切面，主要观察到的是肌肉纤维纹理和其间的结缔组织相间形成的纹理。包括肌肉纹理的清晰程度、肌肉纹理的厚度、肌肉纹理的分布状态是否与自然水域野生鱼类肌肉纹理状态一致，可以图片的形式进行展示。鱼体横切面视野中，有白色肌肉与白色结缔组织相间的纹理，结缔组织中含有脂肪细胞，在肌肉脂肪含量高时、秋冬季时，脂肪细胞沉积的脂肪量过大，可能由脂肪细胞演化为脂肪组织。可以通过组织切片+脂肪染色进行直观的观察。这是肌肉纤维、肌束、结缔组织的直观观察结果，与脂肪含量有直接的关系，也是饲料对肌肉组织结构影响的直观结果。

三、肌肉组织的化学评价

（1）肌肉蛋白质组成的分离与测定

肌肉蛋白质组分主要有肌纤维蛋白、肌浆蛋白、基质蛋白和碱溶性蛋白四大类，可以对鱼体肌肉蛋白质进行分离后定量测定。

蛋白质组成对肌肉品质有直接的影响，例如肌球蛋白含量对肌肉凝胶质量，尤其是鱼糜的凝胶性能有直接的影响。胶原蛋白含量对肌肉的质地、硬度、弹性、剪切力等有直接的影响。

① 肌纤维蛋白、肌浆蛋白、基质蛋白含量测定

依据在中性盐溶液中的溶解性分为水溶性、盐溶性和盐不溶性三类蛋白质，见图11-21。水溶性蛋白质为可以在离子强度0.05mol/L以下的中性盐溶液中溶解的蛋白质，主要为肌浆蛋白质（sarcoplasmic protein）；盐溶性蛋白质为在离子强度0.05mol/L以上的中性盐溶液中溶解的蛋白质，主要为肌原纤维蛋白质（myofibrillar protein）；不溶于盐溶液的蛋白质来自于肌纤维鞘、肌隔膜、肌腱等结缔组织，称为肌基质蛋白（stroma protein），这类蛋白既不溶于盐溶液，也不溶于碱溶液。在鱼类普通肌肉的全蛋白质中，肌浆蛋白和肌原纤维蛋白分别占蛋白质总量的20%～50%和50%～70%，肌基质蛋白含量在鱼类中一般低于10%。

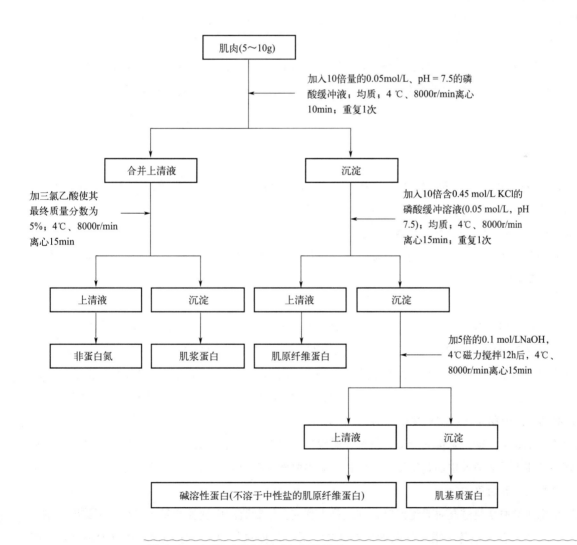

图11-21 鱼类肌肉蛋白质组成与盐溶性分离

② 肌胶原蛋白（collagen）含量测定

鱼类大侧肌的基本构成单位可以从头尾轴和腹背轴两个方向进行观察，头尾轴方向的肌肉由肌节（myotome）组成，肌节与肌节之间由肌隔（myocomma）隔开。沿着腹背轴方向，肌节又是由大量肌纤维（myofiber）共同组成的，肌纤维与肌纤维之间是由肌内膜（endomysium）隔开。肌纤维聚集形成肌纤维束（muscle fiber bundle），肌纤维束再聚集形成肌肉，肌纤维束之间隔着一层肌束膜（perimysium）。肌内膜、肌束膜和肌隔等都是肌肉结缔组织的组成部分，其主要成分是胶原蛋白、非胶原糖蛋白、氨基聚糖、蛋白聚糖与弹性蛋白。胶原蛋白是构成肌内结缔组织的主要成分。胶原蛋白在维持组织结构稳定性和保持肌肉组织完整性方面具有独特的特征，是动物体内尤为丰富和重要的蛋白质之一，是影响肌肉品质的重要因素。胶原蛋白含量与肌肉的硬度有正相关关系。

肌肉胶原蛋白含量是基于羟脯氨酸含量计算得到，因此，胶原蛋白含量测定方法是建立在羟脯氨酸测定方法基础上的。可以按照GB/T 9695.23—2008《肉与肉制品　羟脯氨酸含量测定》方法进行。该方法"适用于肉与肉制品中含量低于0.5%（质量分数）的羟脯氨酸的测定"。

该方法的基本原理是：羟脯氨酸测定为用硫酸于105℃水解试样，过滤、稀释水解产物，羟脯氨酸经氯胺T氧化后，与对二甲氨基苯甲醛反应产生红色化合物，在波长558nm处进行比色测定。胶原蛋白含量可用所测羟脯氨酸含量乘以换算系数得到。

具体操作为：称取鱼体背部肌肉4g于锥形瓶。加30mL浓硫酸并置105℃烘箱中16h。过滤，移取一定体积的水解物于250mL容量瓶中，定容。移取4.0mL此溶液于一个被测试管中，加入2.00mL氯胺T，放置20min后加2.00mL显色剂，将试管移到60℃的水浴锅保温20min。自来水下冷却3min，置于室温下30min。在（558±2）nm处测量吸光度，从标准曲线中可读出羟脯氨酸的浓度，再推算出胶原蛋白含量。

计算公式：

$$W_h = \frac{6.25C}{mv}$$

式中，W_h为样品中的羟脯氨酸含量，%；C为从标准曲线上查得相应的羟脯氨酸浓度，μg/mL；m为称取试样的质量，g；v为从250mL容量瓶中吸取液的体积，mL。

胶原蛋白含量=羟脯氨酸含量×换算系数。

换算系数为"胶原蛋白质量/羟脯氨酸质量"，不同的样本换算系数是不同的，鱼肉的换算系数为11.1（也有报道为11.42）。

③ 鱼肉胶原蛋白的分离

将鱼肉绞碎，加入10倍体积的0.1mol/L NaOH溶液，匀浆后在10000g下离心20min，收集沉淀。向沉淀中再次加入10倍体积的0.1mol/L NaOH溶液，搅拌过夜，随后在10000g下离心20min，收集沉淀。重复碱提步骤4次后收集的沉淀即为草鱼肉粗胶原蛋白。用蒸馏水反复冲洗粗胶原蛋白直至洗出液的pH为中性或基本不变。上述所有操作均在4℃条件下进行。提取的粗胶原蛋白样品冻干用于后续实验分析。

(2) 肌肉组织中糖原含量及其测定方法

动物体内组织中，糖原总量的一部分蓄积在肌肉中，作为激烈运动时的能量源。另外的糖原则蓄积在肝胰脏中，用于调节血液中葡萄糖浓度。红色肉鱼类肌肉中糖原含量高于白色肉糖原含量，天然鱼类肌肉糖原含量低于养殖鱼类。

肌肉组织中糖原含量过高对肌肉保鲜、加工是不利的，控制肌肉中糖原含量可以维持新鲜度、维持肌肉质构、减缓褐变反应等。主要是因为鱼体死亡之后，鱼体氧气缺乏，肌肉组织的糖原进行厌氧代谢，产生过多的乳酸等酸性物质，导致肌肉pH的下降，其结果导致肌纤维状态发生改变。同时，肌肉组织中过多糖原的存在，可以分解为葡萄糖等单糖，在肌肉、鱼糜等进行再加工时，糖与含氮的氨基酸物质可以发生美拉德反应，产生一些呈味物质和有色物质，对加工产品的风味、色泽产生影响。例如糖原含量与鲣鱼罐头出现的橙色肉、扇贝干制品的褐变反应密切相关。

肌肉组织中糖原含量测定方法较多，也有试剂盒用于肌肉糖原的测定，其原理是蒽酮法测定肌肉组织中糖原含量。对于养殖鱼类，在养殖结束时，肌肉糖原含量的测定结果可以判定肌肉组织中糖原的含量及其与饲料的关系，整体上以控制肌肉组织较低含量的糖原为方向。而对于在屠宰、鱼片或鱼糜加工过程中，检测并探讨控制肌肉糖原含量、控制糖原的厌氧分解、控制美拉德反应作为主要目标。

鱼体死亡后其肌肉组织糖原即发生变化，因此肌肉糖原含量的测定应该在鱼体死亡之时即进行测定，可以控制在死亡10min内进行肌肉糖原含量的测定。

(3) 肌肉pH的测定

肌肉中pH值的变化对肉色、系水力、嫩度、货架期等指标均有影响。鱼死后，肌肉通过糖酵解反应生成乳酸和ATP，产生H^+，降低pH值，导致鱼肉蛋白质变性，从而影响鱼肉质量。pH值也是反映宰杀后肌肉肌糖原酵解速率的重要指标，在一定范围内降低对改善肌肉的嫩度有利。加工过程中的pH值会影响到鱼肉的韧性。

按照GB 5009.237—2016《食品安全国家标准 食品pH值的测定》进行肌肉pH测定，具体测定方法为：选取试验鱼，取右侧侧线上方背鳍后方的白肌块，将pH计的电极接触肌肉表面或插入肌肉中直接测定。也可以将肌肉绞碎，制成鱼糜状用pH计电极直接测定。

参考NY/T 821—2019《猪肉品质测定技术规程》，肌肉pH值测定的时间为屠宰后45～60min内完成。

四、肌肉系水力

肌肉系水力（water holding capacity，WHC）是在特定外力作用（如加压、切碎、加热、冷冻等）下，肌肉在规定时间内保持其内含水的能力。系水力不仅影响加工肉的产量、颜色和结构等，还影响鲜肉的色泽、质地、嫩度、营养和风味等食用品质。肌肉水分含量和持水率等是鱼片质量的重要基础，也是鱼糜质量的重要指标。

肌肉系水力的测定可以选取试验鱼背鳍以下、侧线以上的白肌进行持水能力的测定。肌肉系水力主要通过以下几个指标表示。

(1) 滴水损失（drip loss，DL）

滴水损失是在无外力作用下，肌肉在规定时间内保持其内含水的能力。

测定方法可以参考NY/T 821—2019《猪肉品质测定技术规程》，在鱼体屠宰后2h内完成测定工作。每尾鱼至少2～3个鱼片，取5～10g的肌肉鱼片，鱼片厚度2～3cm。将肌肉鱼片吊挂于自封袋中，放在4℃冰箱中24h后称重，计算滴水损失。

计算公式如下：

$$滴水损失 = \frac{贮存前肉重（g）-贮存后肉重（g）}{贮存前肉重（g）} \times 100\%$$

(2) 冷冻渗出率

定量称取肌肉放入-20℃冰箱24h后，吸水纸擦干表面称重，计算冷冻渗出率。具体操作为：取10g左右的新鲜肌肉，置于-20℃冷冻24h后，取出、室温下（20℃左右）解冻，在完全解冻后，用布擦净表面渗出液，称量鱼肉质量，计算冷冻肉渗出损失。

$$冷冻肉渗出损失 = \frac{解冻前肉重（g）- 解冻后肉重（g）}{解冻前肉重（g）} \times 100\%$$

（3）离心损失

称取5g肌肉，然后用滤纸把肌肉包好放在离心管中（离心管的底部需要垫有适当的吸水纸），室温4000r/min，离心20min，取出肉样，再用吸水纸把肌肉表面的水分吸干后称重，计算离心损失。

（4）蒸煮损失率测定

顺鱼肉肌纤维方向切取5.00g样品，记为蒸煮前质量，装入自封袋于80℃恒温水浴加热10min，取出用吸水纸吸干表面水分，自然冷却至室温，记为蒸煮后质量。计算蒸煮损失率。

$$蒸煮损失率 = \frac{蒸煮前质量（g）- 蒸煮后质量（g）}{蒸煮前质量（g）} \times 100\%$$

五、肌肉组织的结构分析

鱼体大侧肌是肌肉的主要部分，也是"鱼片"的主要肌肉构成。对鱼体肌肉组织结构的观察需要采用切片技术，之后可以通过不同的染色方法和显微镜（光学显微镜或电子显微镜）进行观察。可以较为直观地观察到肌肉组织的基本结构、细微结构。

（一）切片方法

肌肉组织切片与其他生物组织切片相同，如果需要通过酶化学染色进行切片观察，这类切片需要采用冷冻切片技术，以便保持肌肉组织的酶活力。例如，需要通过ATP酶活性染色后进行肌球蛋白重链分类，则需要采用冷冻切片方法。

光学显微镜观察的肌肉切片可以采用常规的石蜡切片，之后选择不同的染色方法。对常规组织学、细胞的观察则可以采用常规的苏木精-伊红染色方法。如果需要对肌肉组织中脂肪细胞进行观察，则可以采用脂肪酸细胞染色方法如苏丹Ⅲ、苏丹Ⅳ、油红O等染色方法；如果需要对肌肉组织中糖原进行观察，则可以采用糖原染色方法。

电子显微镜包括扫描电镜和透射电镜，扫描电镜主要对组织、细胞、细胞器等的表面特征进行观察，而透射电镜则主要是对细胞、细胞器等细微结构的观察。电镜观察的切片及其处理方法则需要按照专业性的要求进行固定、切片和表面处理。

（二）切片取材方式

如果将鱼体分为三个相互垂直的轴，即头尾轴、背腹轴和左右轴，鱼体大侧肌中肌纤维的排列方式是平行于头尾轴、垂直于背腹轴和左右轴的。因此，肌肉组织的切片可以分为横切和纵切二种方式。

肌肉组织横切，从肌肉纤维的垂直90度方向切片，即沿着鱼体背腹轴方向进行切片，可以观察肌纤维的分布状态，测量肌原纤维、肌纤维、肌肉束的直径等；肌肉组织纵切，沿着肌纤维长径方向，即从鱼体头尾轴的方向切片，可以观察肌细胞的结构（电镜）、肌纤维长度测量等。

（三）肌肉组织切片取材位点的选择

用于肌肉组织切片并对肌纤维进行观察和分析的组织材料，其取材位点是非常重要的，主要是沿着

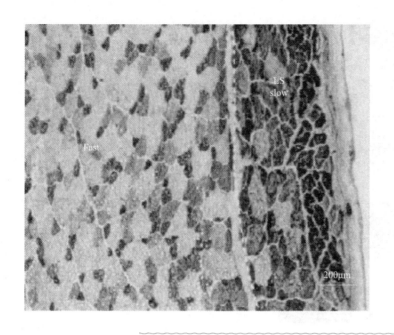

图11-22 酸性ATP酶法染色的红鳍东方鲀肌纤维组成

头尾轴从前向后，即使是体侧的大侧肌，不同部位肌纤维类型也是有差异的；同时，从皮肤下层肌肉到靠近骨骼的深层肌肉，其肌纤维类型也是有差异的。因此，如果以研究不同部位的肌纤维组成与结构为目标，则需要在不同部位、肌肉不同深度取材用于切片；如果是不同试验组之间的相互比较，不同试验组的取材位点需要保持一致，一是头尾轴方向的位点一致，二是肌肉层深度的位点保持一致（受组织块大小影响，不能将整块肌肉进行横切或纵切）。例如，刘希良（2013）在对翘嘴鳜肌纤维的分型的试验研究结果显示，①背肌浅层肌纤维细胞边缘圆润，鱼体前、中、后部不同直径肌纤维类型的分布情况是：肌纤维直径在0～15μm的比例，前部3.37%、中部5.14%、后部7.10%；肌纤维直径在15～30μm的比例前部64.36%、中部64.20%、后部71.43%；肌纤维直径在30～45μm的比例在中部显著高于后部；肌纤维直径大于45μm的比例，前部显著高于中部和后部。②背肌深层肌纤维细胞呈棱角多边形，肌纤维直径在0～40μm的比例，前部35.33%、中部29.47%、后部为39.77%；肌纤维直径在40～80μm的比例较多，前部为55.83%、中部为64.10%、后部为58.23%；肌纤维直径在80～100μm的比例较少，前部为7.20%、中部为4.7%、后部为2.60%，在后部未发现直径大于100μm的细胞。

肌肉快肌和慢肌的染色方法。采用酸性（pH4.6）、ATP酶染色法得到红鳍东方鲀肌纤维组成，按分布位置区分得到慢肌（slow）、快肌（fast）和混合肌（LS）三种肌纤维，见图11-22。慢肌（红肌）位于皮肤层之下，而快肌（白肌）位于肌肉深层（靠近脊椎骨）。

因此，①可以选择背部白色肌肉为材料即横膈线（侧线）以上、背鳍（注意，一定是背鳍前点至后点之间的位置）以下位置的肌肉组织；②从皮肤到脊椎骨方向，可以包括皮肤一起取材，不同试验组取材肌肉深度保持一致，组织块最好包含了慢肌和快肌的分布，在肌纤维直径、密度统计时分别进行测量和统计；③组织切片的材料可以包含横膈以上部分的深色肉一起切片观察，电镜材料则只要白色肌肉以观察肌纤维为主，可以选择同一侧的白色肌肉。

观察目标包括：①快肌、慢肌纤维数量的比例，统计单位面积中快肌纤维和慢肌纤维的数量，在不同条件下进行比较；②快肌纤维结构和慢肌纤维结构的观察。

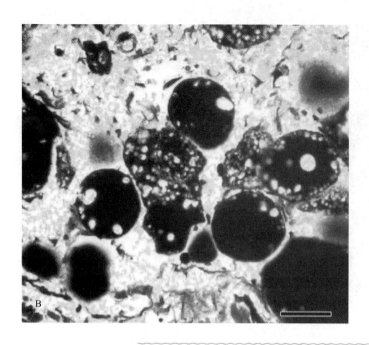

图11-23 脂肪组织进行锇酸染色的效果图示（见彩图）
脂肪细胞为黑色

（四）脂肪细胞的染色

由于脂类易溶于有机溶剂，石蜡切片在固定、脱水及透明过程中，脂质就会溶于酒精、二甲苯等有机溶剂中，不同程度地被破坏和丢失掉。因此，对肌肉组织脂肪细胞的染色方法是采用冰冻切片后苏丹类染色。例如，苏丹Ⅲ（Ⅳ）染色方法：①冰冻切片用70%乙醇漂洗，不超过30s；②切片入苏丹Ⅲ（Ⅳ）染液中3～15min或延长至1h；③新50%～70%乙醇分化，直至洗去切片上的浮色为止，蒸馏水洗；④用稀释1倍的明矾苏木精浅染核1min或稍长；⑤用滤纸将切片及周围的水分吸干；⑥用甘油或甘油明胶封固。染色结果是脂肪呈橘黄色或橘红色，细胞核浅蓝色。

陈敬文等（2016）报道了脂肪的锇酸染色方法，将新鲜组织用锇酸固定后，再进行常规切片和染色，组织中脂肪细胞、脂滴可以避免被有机溶剂溶失，脂肪被染为黑色。具体操作是，新鲜组织切为大小约1.5cm×1.5cm×0.3cm的组织块，于盛有锇酸染色液的棕色立式玻璃染色缸内浸染24h，取出后流水冲洗2h。之后进行常规脱水处理，石蜡包埋切片，HE复染，梯度酒精脱水，二甲苯透明，中性树胶封片。其中，锇酸染色液组成为：1%锇酸10mL，1%铬酸25mL，冰醋酸5mL，蒸馏水60mL。HE染色液组成为：harris苏木素染色液，0.5%伊红溶液。染色结果是脂肪呈黑色，细胞核浅蓝色，见图11-23。

锇酸染色原理是，锇酸经不饱和脂肪酸的还原作用形成锇和脂质的复合物，即氢氧化锇，呈黑色，不能被酒精、二甲苯等有机溶剂所溶解，对很微小的脂滴均能显示。

（五）肌肉组织胶原蛋白的天狼星红（sirius red）染色法

天狼星红染色法的基本原理是利用胶原分子与强酸性染料天狼星红结合一起后加强双折光现象，使不同颜色和形态的胶原纤维得以区分。适用的组织材料包括肌肉组织、肝组织等，观察其中胶原纤维的类型和突出显示组织中的胶原纤维数量、分布状态。

基本的操作方法是：①经10%福尔马林固定的组织取材大小1cm×1cm×0.2cm；②组织材料常规脱

水、透明、浸蜡、包埋；③石蜡切片厚度4μm；④二甲苯脱蜡至水洗；⑤置0.1%苦味酸天狼星红染液中1h；⑥自来水流水冲洗4min；⑦染harris苏木素5min；⑧各级浓度乙醇内脱水；⑨二甲苯透明、中性树胶封片；⑩在偏振光显微镜下观察。其中，0.1%苦味酸天狼星红染液为天狼星红0.1g溶于饱和苦味酸溶液100mL中。

天狼星红是一种很强的酸性染料，每个分子内含有6个磺酸基，它可以和胶原分子碱性氨基酸反应，有较强的双折光现象，较好地提高Ⅰ、Ⅱ、Ⅲ、Ⅳ型胶原的分辨率。天狼星红又是一种长形展开的分子，与胶原分子吸附反应极稳定，故染色后不易褪色，具有较强的特异性。例如，在偏光显微镜下可观察到心肌组织Ⅰ型胶原纤维紧缩排列，显示很强的双折光性，有的点状分布呈黄色。Ⅱ型胶原纤维有弱的双折光性，为疏松的网状，呈红色或亮白色。Ⅲ型胶原纤维显示弱的双折光性，呈绿的细纤维。Ⅳ型胶原纤维，呈弱浅黄色。

对于鱼类肌肉组织中胶原纤维的染色过程为：将肌肉样品于4%甲醛固定液中固定48h以上，分别经无水乙醇梯度脱水，二甲苯透明，石蜡包埋、切片，再经天狼星红染液染色，二甲苯透明，中性树胶封固。光学显微镜下观察肌肉中胶原蛋白分布情况并拍照。

鱼类肝胰脏是重要的代谢器官，脂肪性肝病、纤维化肝病是主要的病变类型。对肝组织中纤维化程度和胶原纤维类型的观察同样可以采用天狼星红对胶原蛋白的染色方法进行观察。

（六）肌肉切片的观察内容

常规组织切片，苏木精-伊红染色，注意取样的时间，鱼体放血后及时取样，因为鱼体死亡后组织酶会导致肌肉组织变化，尤其是放血、失水后肌纤维组织会萎缩。切片进行脂肪酸染色，观察肌肉组织中脂肪的分布情况。扫描电镜要测量肌细胞、肌原纤维、肌纤维、肌肉束的数据，最好用扫描电镜观察和照片观察并测量。透射电镜重点观察肌细胞结构，肌纤维的细微结构，线粒体位置和数量，粗肌丝与细肌丝、脂滴、细胞核位置和数量，结缔组织的细微结构和组成等。

肌纤维直径的测量和密度的计算。将光学显微镜或电镜获得的图片进行显微测量，也可以用图像分析系统测定肌纤维直径和肌纤维密度。在每块肌肉中，取1000～1500条肌纤维用于计算肌原纤维的直径。肌原纤维的密度根据一定面积中肌纤维的数量来计算，单位为条/mm²。肌纤维直径测量，由于肌纤维横截面肌细胞或纤维束多为不规则形状，直径测量方法参考椭圆形长、短轴的测量方法分别统计长径、短径，也可以求其平均直径。以横截面上肌纤维（肌细胞）最长两点间的距离作为长径，再过其中点测出垂直于长轴的短径长度，将长、短径的几何平均数作为每条肌纤维的直径。

值得注意的是，快肌主要分布在皮肤层浅部，而慢肌则更靠近脊椎骨。在切片组织材料中最好从皮肤向脊椎骨方向取样（注意：可以不要皮肤层，但需要注意组织块的方向），且组织块包含有慢肌和快肌，肌纤维数量、肌纤维直径的测量将慢肌与快肌分别进行观察、测量和统计。

肌纤维与结缔组织面积比的测量。在10×40倍的显微镜下使用直线形目测微尺测量各视野内肌纤维、结缔组织的面积，换算成单位参照面上肌纤维与结缔组织的面积比。

肌肉的硬度主要由肌原纤维的结构和状态、肌间结缔组织含量和性质决定。肌肉硬度和肌纤维横截面积（肌纤维直径）呈负相关关系，肌纤维横截面积小（肌纤维直径小）的鱼肌肉感官硬度大。肌纤维密度与咀嚼性、硬度、紧实度等质地特性呈正相关性，即具有高肌纤维密度的肉有较好的质地特性。

可能的原因是，肌纤维横切面面积越小，单位面积的肌纤维数量越多，相应的肌内膜、肌束膜和肌隔的比例增加，其中的胶原蛋白含量增加，肌肉的硬度增加。因此，肌纤维密度和胶原蛋白、羟脯氨酸有正相关关系，鱼肉的品质与肌纤维大小、分布和胶原蛋白含量有很大关系，且肌肉中脂肪含量、水分含量以及肌纤维几何特性均与鱼肉多汁性有关。

六、肌纤维类型分析方法

（一）基于酶学反应特性的纤维类型

基于肌球蛋白重链（MyHC）同工型类型对肌纤维进行分类。例如，对骨骼肌纤维的肌球蛋白ATP酶（ATPase）与琥珀酸脱氢酶（SDH）染色法是两种最常用的组织化学染色法。

（1）ATP酶染色法分类方法

根据肌球蛋白ATP酶在不同酸碱环境中活性的差异，可将骨骼肌肌纤维分为不同类型。ATP酶染色法的原理是肌原纤维ATP酶将ATP水解生成磷酸，后者与Ca^{2+}结合成磷酸钙沉淀，再与染料结合形成呈色聚合体。利用不同类型肌纤维ATP酶活性对pH抑制敏感性不同的特点，通过调节pH将其ATP酶活性差异区分开，以此达到纤维类型划分目的。将骨骼肌纤维划分为Ⅰ、Ⅱa、Ⅱb和Ⅱc型。其中Ⅰ型纤维相当于慢肌，Ⅱ型纤维相当于快肌，Ⅱ型纤维中，Ⅱb的收缩速度快于Ⅱa，Ⅱc纤维则为介于Ⅱa和Ⅱb之间的中间型肌纤维。

ATP酶染色法的缺点是，除了肌原纤维ATP酶活性和溶液pH值的影响以外，溶液中溶质特别是反应底物ATP二钠盐的浓度会随染色过程的进行而减小。即使所有溶液都是现用现配，同一批切片的染色效果也会存在差异，更无法在不同批次之间进行比较。

（2）肌纤维的琥珀酸脱氢酶（SDH）染色法

其原理是，SDH与氯化硝基四氮唑蓝（NBT）结合形成的蓝色沉淀，可以根据有无染色反应将纤维类型划分为红肌纤维和白肌纤维，也可以根据染色深度变化进行更细致划分，但很难严格区分Ⅰ型和Ⅱa型纤维。例如，Larzul等（1997）将肌动球蛋白ATP酶的pH敏感性和SDH反应特点结合，将猪背最长肌纤维类型组成划分为9.5%Ⅰ型纤维、6.5%Ⅱa型纤维、10%Ⅱb红肌纤维和74%Ⅱb白肌纤维。

（3）基于肌球蛋白重链（MyHC）免疫学反应特性的纤维类型划分

这种方法是利用骨骼肌肌球蛋白重链同工型的单克隆抗体，采用免疫组化的方法对肌纤维的类型进行鉴定，根据骨骼肌肌球蛋白重链同工型的差异也将肌纤维分为4类，它们分别为MyHC Ⅰ、MyHC Ⅱa、MyHC Ⅱb与MyHC Ⅱx，根据骨骼肌MyHC种类相应地将骨骼肌肌纤维分为慢速氧化型（Ⅰ型）、快速氧化型（Ⅱa型）、快速酵解型（Ⅱb型）与中间型（Ⅱx型）4种。有研究表明，成年哺乳动物骨骼肌存在肌球蛋白重链（MyHC）Ⅰ、Ⅱa、Ⅱx和Ⅱb四种不同亚基，其收缩速度按照Ⅰ＜Ⅱa＜Ⅱx＜Ⅱb增加。Lefaucheu等（1998）利用免疫组化方法将成年猪骨骼肌纤维类型划分为Ⅰ、Ⅱa、Ⅱb和Ⅱx型，分别对应于慢速氧化型、快速氧化型、快速酵解型和中间型。

（二）基于MyHC不同亚基基因特异性表达的纤维类型

肌纤维是由肌球蛋白、肌动蛋白、原肌球蛋白和肌钙蛋白等组成，肌球蛋白重链（MyHC）是骨骼肌的主要结构蛋白（组成粗肌丝），也参与肌肉的收缩、肌细胞的物质转运、能量供给和信号转导等生物学功能。该方法是基于MyHC不同亚基的mRNA表达量进行检测，并作为骨骼肌纤维类型划分的重要手段。

鱼类肌球蛋白重链基因及其同分异构体的表达被认为是肌纤维类型形成的决定因子，常用作区分肌纤维增殖和增粗的分子标记，也是增殖和增粗的分子标记。鱼类肌球蛋白重链基因属于多基因家庭成员，MyHC全基因序列已在斑马鱼、鲤鱼和鲑科鱼类等鱼类中被克隆、分析。鱼类全基因序列中通常包含有38～40个外显子。如鲤鱼的MyHC全基因含有11385个核苷酸，在转录过程中随机剪接38个内含子。

鱼类的*MyHC*基因存在有多种亚型，各亚型在不同个体间，或同一个体不同组织间，甚至同一组织的不同位置间以及发育的不同阶段都存在着表达上的差异性。而且各亚型的表达会随着环境因子的改变而产生相应的差异。例如，金枪鱼*MyHC*基因就存在*mMyHCembl*、*mMyHC*（*L1*）和*mMyHC*（*L2*）三种亚型，这三种亚型分别在胚胎和幼体中得到表达。

在不同肌纤维骨骼肌中，*MyHC*亚型的表达也有所差别，通常用一种或者几种*MyHC*的亚型来描述或者确定一种肌肉纤维的类型，而同时有几种*MyHC*亚型存在时则被称为混合型肌纤维。通过酶学试验证实，斑马鱼存在快速型、中间型和慢速型三种明显不同的骨骼肌纤维，各*MyHC*基因的亚型在三种肌纤维中存在着特异性的表达。

石军等（2013）从青鳉鱼基因组文库中筛选到8种*MyHC*亚型，其中3种只在胚胎和幼鱼表达，5个亚型在成鱼阶段表达。在鲤鱼中分离出8种*MyHC*亚型，其中5～6种*MyHC*亚型在成鱼表达。在鳜鱼肌肉中也分离到4个*MyHC*等位基因，推测它们可能与肌纤维类型形成相关。

第五节
鱼类死亡后肌肉质量的变化

"鱼儿离不开水"，养殖鱼类进入市场或加工厂之前都有一段活鱼转运距离和时间。因此，养殖鱼类的捕捞、装卸、转运是必须的过程，由此会造成鱼体强烈的应激反应。鱼类有系列生理机制来应对这类强烈的应激反应，而鱼体生理健康状态差异、鱼种差异则是抗应激能力差异的内在因素。

鱼肉的品质一般包括四方面，即食用品质（质构、风味、色泽等）、加工品质、营养品质和安全品质。鱼类作为动物食品，活鱼都需要一个宰杀、加工的过程。鱼体在死亡之后会有一个"软体-僵直-自溶软化"的过程，在这个过程中的不同时期发生不同的生理生化变化，并导致鱼体质量发生重大变化。

鱼体死亡后的初期，鱼体缺氧、血液凝固导致循环系统终止是主要的事件。此时鱼体生命活动终止，而细胞的生命活动还能维持一段时间，整个鱼体还处于柔软时期。其中的主要生理生化反应是物质和能量代谢转为厌氧代谢，标志性的是肌肉糖原分解、乳酸含量增加、肌肉pH值下降；肌动蛋白与肌球蛋白逐渐形成收缩复合体。

随后，鱼体进入僵直时期，主要的变化是肌动蛋白与肌球蛋白处于不可逆转的收缩状态，形成肌纤维的僵直复合体结构，鱼体变为僵硬。该时期鱼体体表完整，鱼体质量没有显著性的改变，保持较好的新鲜度和食用质量水平。

当鱼体进入自溶阶段后，僵硬的鱼体开始变软。该阶段最大的变化是鱼体、细胞的生理代谢完全终止，发生两个方面的重大反应，一是鱼体内酶水解作用为主的自溶反应，二是微生物利用鱼体营养条件，开始繁殖、增殖并引发腐败作用。该时期鱼体质量发生重大变化，单纯的自溶作用对鱼体蛋白质、核酸、油脂的分解可以产生大量的风味物质，对食用品质是有利的变化。然而，自溶作用与微生物的增殖作用是伴随的，微生物对游离氨基酸、脂肪酸、核苷酸等的利用将产生生物胺如组胺、丙二醛等有害物质，含硫氨基酸、组氨酸、氧化三甲胺等分解会产生恶臭、鱼腥臭等物质。其结果导致渔产品食用质量、安全质量等显著下降。

掌握和了解这些变化的目标是为了控制这些变化，并促成向有利于保持和提高食用价值的方向转变。

一、水产品新鲜度评价方法

活体养殖鱼类的体表特征、肌肉组织结构、肌肉品质和风味等的质量内容、评价方式在前面二节中已经做了介绍，鱼体死亡之后或加工屠宰之后，鱼体整体质量将发生显著的变化，尤其是新鲜度、肌肉组织风味、肌肉安全性等将发生非常重要的变化。

与陆生动物相比较，水产动物新鲜度下降的速度要快很多，死亡后发生质量变异的程度、产生的物质变化也要复杂得多。

（一）新鲜度及其评价方法

新鲜度（freshness）是指食品的新鲜程度，或者质量变异的程度，水产品新鲜度的评价方法主要有表11-8中的试验方法。

表11-8　水产食品新鲜度评价方法和指标

评价方法		优点	缺点
感官评价	感官评价	基于人的五官感觉，可以评价风味、色泽、表观形态等指标	需要提供客观化的数据，需要熟练的专业团队
化学评价	K值	可以标准化	① 有品种差异；②早期鲜度评价指标值变化小
	A、E、C值	用于软体类水产动物	① 有品种差异；②早期鲜度评价指标值变化小
	ATP	可用于评价最早期的新鲜度	操作复杂
	磷酸肌酸	可用于评价最早期的新鲜度	操作复杂
	多胺类如组胺、精胺、亚精胺、尸胺、腐胺	可用于微生物增殖	不能评价最早期的新鲜度
	挥发性盐基氮VBN	可用于微生物增殖	① 不能评价最早期的新鲜度；②不能用于软骨鱼类
组织学方法	显微镜观察；电子显微镜观察	可用于细微结构的评价	复杂，有品种差异
微生物学方法	菌落数	可以鉴别有害微生物	复杂，不能用于早期新鲜度评价

（二）感官评价方法

感官评价（sensory test）方法是通过人体的视觉、嗅觉、味觉、听觉、触觉生理反应，依据一定的技术方法和指标对水产品的特性进行评价、测定的方法。评价方法的判定则是依据作为食品消费、食用时，人可以接受的可接受性（acceptability）。如果需要对感官指标进行分级、评分，并做出相应的结论，一般需要经过培训的专业人员在设定的试验条件下进行。而作为一般的消费品时，则可以代表普通消费者的可接受性进行简单的感官评价。

（三）新鲜度的化学评价方法

新鲜度的化学评价的依据是基于细胞内物质和能量代谢的指标进行评价，尤其是鱼体死亡后营养物质、风味物质、有害物质的变化。常用的指标有K值、ATP成分、磷酸肌酸、生物胺、挥发性盐基氮（VBN）等指标。

要掌握这些化学指标需要了解鱼体死亡过程中的营养物质和能量物质的变化规律，以及鱼体被微生物污染、微生物的增殖和代谢过程。

（1）挥发性盐基氮（volatile basic nitrogen，VBN或TVB-N）

利用鱼类在细菌作用下生成挥发性氨和三甲胺等低级胺类化合物，测定其总含氮量作为鱼类的鲜度指标。鱼体死后初期，细菌繁殖慢，TVB-N的数量很少；自溶阶段后期，细菌大量繁殖，TVB-N的量也大幅度增加。所以，TVB-N值宜作为鱼类初期腐败的评定指标。

水产品中挥发性盐基氮测定可以按照GB 5009.228—2016《食品安全国家标准　食品中挥发性盐基氮的测定》进行，该方法用于以肉类为主要原料的食品、动物的鲜（冻）肉、肉制品和调理肉制品、动物性水产品和海产品及其调理制品、皮蛋（松花蛋）和咸蛋等腌制蛋制品中挥发性盐基氮的测定。饲料原料的挥发性盐基氮可以按照GB/T 32141—2015《饲料中挥发性盐基氮的测定》进行，适用于动物性蛋白饲料原料和含有动物性蛋白饲料原料的饲料产品中挥发性盐基氮的测定。

（2）三甲胺（TMA）

多数海水鱼的鱼肉中含有氧化三甲胺，在细菌腐败分解过程中被还原成三甲胺，可以测定三甲胺的含量作为海水鱼的鲜度指标。但淡水鱼类不适用，因为淡水鱼中氧化三甲胺含量很少。

水产品中三甲胺的测定按照GB 5009.179—2016《食品安全国家标准　食品中三甲胺的测定》进行，适用于水产动物及其制品和肉与肉制品中三甲胺的测定。

（3）组胺

鲐鱼、鲹鱼等水体中上层鱼类，死后在细菌作用下，组氨酸迅速分解生成组胺。有些人进食一定量此鱼时会引起过敏性食物中毒，故还需测定组胺的含量。一般认为，组胺的中毒界限为1kg鱼肉含组胺700～1000mg。

水产品组胺等生物胺的检测可以按照GB 5009.208—2016《食品安全国家标准　食品中生物胺的测定》进行，该方法适用于酒类（葡萄酒、啤酒、黄酒等）、调味品（醋和酱油）、水产品（鱼类及其制品、虾类及其制品）、肉类中生物胺的测定，包含了色胺、β-苯乙胺、腐胺、尸胺、组胺、章鱼胺、酪胺、亚精胺和精胺含量的测定方法。

饲料中生物胺的测定可以按照GB/T 23884—2021《动物源性饲料中生物胺的测定　高效液相色谱法》进行，适用于动物源性饲料原料中色胺、苯乙胺、腐胺、尸胺、组胺、章鱼胺、酪胺、精胺和亚精胺的测定，检测限为5mg/kg。

（4）K值

利用鱼类肌肉中腺苷三磷酸（ATP）在鱼体死后初期发生分解，经过ADP（腺苷二磷酸）、AMP（腺苷酸）、IMP（肌苷酸）、HxR（次黄嘌呤核苷）、Hx（次黄嘌呤）等，最后变成尿酸。测定其最终分解产物（次黄嘌呤核苷和次黄嘌呤）所占总的ATP关联物的比例（%）即为鲜度指标K值。K值所代表的鲜度和一般与细菌腐败有关的鲜度不同，它是反映鱼体死亡初期鲜度变化以及与品质风味有关的生化质量指标，也称鲜活质量指标。一般采用K值≤20%作为优良鲜度指标（日本用于生食鱼肉的质量标准），K值≤60%作为加工原料的鲜度标准。

水产品 K 值的测定按照SC/T 3048—2014《鱼类鲜度指标 K 值的测定　高效液相色谱法》进行，适用于鱼类可食部分中鲜度指标 K 值的测定。

（5）pH

一般活鱼肌肉的pH为7.2～7.4。鱼死后随着酵解反应的进行，pH逐渐下降。但达到最低值后，随着鱼体鲜度的下降，因碱性物质的生成，pH又逐渐回升。根据此原理可测定pH的变化来评定鱼的鲜度。

水产品pH值的参照按照GB 5009.237—2016《食品安全国家标准　食品pH值的测定》进行，适用于肉及肉制品中均质化产品的pH测试以及屠宰后的畜体、胴体和瘦肉的pH非破坏性测试、水产品中牡蛎（蚝、海蛎子）pH的测定和罐头食品pH的测定。

二、鱼体含氮成分与新鲜度

水产动物体内含氮成分较为复杂，种类多、含量高，其鱼体死亡之后，含氮成分变化大，构成了水产品新鲜度的主要内容。

（一）水产动物水溶性氮含量的种类差异

如果将鱼体粉碎，取出其中的油脂和蛋白质等大分子物质、骨骼等成分后，在其水溶液中含有较大量的、种类很多的含氮物质。不同种类的水产动物，其水溶性氮成分含量差异较大。在提取物中，底层鱼类水溶性含氮成分的量最低，3～5mg/g，占肌肉总含氮量（包括蛋白氮在内）的10%～15%。洄游性中上层鱼类较高，为5～8mg/g，占总含氮量的15%～20%。软体动物和甲壳类的水溶性含氮量7～9mg/g，占总含氮量20%～25%。含量最多的是鲨、鳐等软骨鱼类，水溶性氮含量达13～15mg/g，占总含氮量的1/3以上。软骨鱼类的水溶性氮含量比硬骨鱼类多是因为鲨、鳐鱼的尿素和氧化三甲胺（trimethylamine oxide，TMAO）含量显著高于其他鱼类，是渗透压调节的主要成分，二者的量即占了提取物氮的60%～70%。硬骨鱼类中，红肉鱼的含氮提取物比白肉鱼多，这主要是其咪唑化合物如组氨酸含量高的缘故，如鲣鱼仅组氨酸就占了62.8%，鲸鱼的咪唑化合物占了提取物氮的64.9%。

（二）水溶性氮的主要成分

（1）游离氨基酸（free amino acid，FAA）

游离氨基酸是鱼、贝类提取物中最主要的含氮成分。在鱼类的游离氨基酸组成中，显示出显著的种类差异特性的氨基酸有组氨酸、牛磺酸（taurine，Tau）、甘氨酸、丙氨酸、谷氨酸、脯氨酸、精氨酸、赖氨酸等，其中以组氨酸和牛磺酸最为特殊。

不同类型鱼类中组氨酸含量差异很大，特别是属于红肉鱼的鲣、金枪鱼等含有丰富的组胺酸，高达7～8mg/g，白色肌肉鱼类如真鲷、鲆鱼等含量只有0.1mg/g。鲐、鲹等部分红肉鱼以及竹荚鱼、鰤鱼等中间肉色鱼类含组氨酸2～7.5mg/g，在典型的红肉鱼和白肉鱼之间。鲸类只含0.01～0.04mg/g。从鱼体不同部位来看，普通肉的组氨酸含量比暗色肉和肝脏高。

高含量的组氨酸同鱼肉呈味相关，但也是引起组胺中毒的一个原因。组氨酸在细菌的作用下，脱羧基生成组胺易造成食物中毒。

因此，水产品中组胺含量既是水产品新鲜度的标识性指标，也是水产品中有毒物质限量控制的指标。

（2）核苷酸及其关联化合物

核苷酸（nucleotide）是由嘌呤碱基、嘧啶碱基、尼克酰胺等与糖磷酸酯组成的一类化合物。鱼贝类肌肉中主要含腺嘌呤核苷酸（adenine nucleotide）。核苷酸的分解产物核苷（nucleosides）、碱基等统称为核苷酸关联化合物。鱼贝肉中含量较高的核苷酸及其关联化合物有腺嘌呤核苷酸（ATP）、5′-腺苷酸（AMP）、5′-肌苷酸（IMP）、肌苷（inosine）及次黄嘌呤（Hx）。

鱼类死后，ATP迅速分解成IMP，而随后的IMP分解速度则较为缓慢，因此IMP在鱼体内积累量显著增加。核苷酸的代谢产物因鱼种而异，金枪鱼、真鲷等为HxR积蓄型，虾、鲽为Hx积蓄型。核苷酸及其关联化合物可作为鲜活度K值的指标。

（3）甜菜碱类物质

鱼贝类的组织中含有多种甜菜碱类物质，大致上可以分类为直链型和环状型。前者已知的有甘氨酸甜菜碱（glycine betaine，GB）、β-丙氨酸甜菜碱（β- alanine betaine）、γ-丁酸甜菜碱（γ-butyrate betaine）、肉碱（carnitine）、龙虾肌碱（homarine）、葫芦巴碱（trigonelline）、水苏碱（stachyine）等。

甜菜碱含量随着环境盐度的增减而变化，被认为同渗透压的调节有关。甘氨酸甜菜碱广泛分布于海产无脊柱动物的肌肉、生殖腺、内分泌腺组织中，同无脊柱动物的呈味相关，在软骨鱼类组织中含量也较多。β-丙氨酸甜菜碱分布于扇贝、鱼类。γ-丁酸甜菜碱在河鳗、海蟹等肌肉中有少量检出。肉碱在水产动物中分布比较广泛。龙虾肌碱在海产无脊柱动物组织中含量较高，而淡水水产品几乎不含。

（4）胍基化合物

水产动物组织中含有多种胍基化合物如精氨酸、肌酸（creatine）、肌酸酐（creatinine）和肌氨酸（sarcosine），这类物质结构上的特征是均含有胍基（—NH—C—NH—）。精氨酸多存在于无脊椎动物肌肉中，而肌酸多分布于脊椎动物肌肉中，精氨酸和肌酸分别来源于磷酸精氨酸（arginine phosphate）和磷酸肌酸（creatine phosphate），这类物质同贝类的能量释放和贮存有关。肌酸酐是肌酸的关联物质，在鱼类中的含量远比肌酸低，但广泛分布于各种鱼类中。肌酸酐可以从磷酸肌酸或肌酸由非酶反应生成。鱼肉经加热，肌酸减少而肌酸酐增多，这是因为肌酸脱水生成肌酸酐的缘故。

（5）尿素

尿素是水产动物氮代谢产物，也是渗透压调节物质。一般硬骨鱼类和无脊柱动物的组织中只有0.15mg/g以下的量，但海产的板鳃鱼类（软骨鱼类）所有的组织中均含有大量的尿素。海产的板鳃鱼类中，除通过肝脏尿素循环之外，有部分是通过嘌呤循环合成尿素的，大部分由肾脏尿细管再吸收而分布于体内，其数量在肌肉可达14～21g/kg。体内的尿素与氧化三甲胺一道起到调节体内渗透压的作用。鱼体死后，尿素由细菌的脲酶（urease）作用分解生成氨，所以板鳃类随着鲜度的下降生成大量的氨使鱼体带有强烈的氨臭味。

尿素和氧化三甲胺在鱼体微生物腐败作用下，也是挥发性盐基氮的重要成分物质，并作为水产品新鲜度指标。

（6）氧化三甲胺

氧化三甲胺（trimethylamine oxide，TMAO）是广泛分布于海产动物组织中的含氮成分。板鳃类鱼体肌肉含量可达10～15g/kg，与尿素一样是渗透压的调节物质。氧化三甲胺在白肉鱼类的含量比红肉鱼类多，淡水鱼中几乎未检出，即使存在也极微量。乌贼类富含氧化三甲胺，其外套膜肌含500～1500mg/kg。

鱼贝类死后，氧化三甲胺受细菌的氧化三甲胺还原酶还原而生成三甲胺（trimethylamine，TMA）、二甲胺、甲胺和甲醛等，使之带有鱼腥味。某些鱼种的暗色肉也含有该还原酶，故暗色肉比普通肉易带鱼腥味。已知在鳕鱼中，由于组织中酶的作用，氧化三甲胺发生分解，生成二甲胺（dimethylamine，DMA），产生特殊的臭气。

值得注意的是，板鳃鱼类即使在鲜度很好的条件下，也因含有大量的氧化三甲胺和尿素而极易生成挥发性含氮成分，故作为鲜度指标的VBN法不适于这些鱼类。

三、鱼类肌肉组织中的能量代谢与新鲜度变化

（一）鱼体肌肉组织中的能量物质与转化

肌肉纤维的收缩是需要能量的生理活动过程，直接供给Ca^{2+}在肌细胞内外转移、传输，以及直接供给肌动蛋白与肌球蛋白结合并引导细肌丝、粗肌丝相互滑动等生理行为所需要的能量物质是ATP（三磷酸腺苷），由肌内膜上、肌球蛋白上的Mg^{2+}-ATP酶催化，消耗ATP分解一个高能磷酸键生产ADP、磷酸根，释放的能量用于主动吸收和细肌丝与粗肌丝的相互滑动，完成肌纤维的收缩过程。

然而，在肌肉组织中作为能量物质存储的是磷酸肌酸。氨基酸、脂肪酸、单糖等在有氧条件下，在线粒体内完全氧化并产生足够的ATP。而在肌肉组织、肌细胞内，物质代谢产生的ATP会将磷酸键的能量通过磷酸原的转移过程，一并转移到肌酸，使肌酸转化为磷酸肌酸。磷酸肌酸作为能量物质存储在肌肉组织、肌细胞内。当肌肉纤维在肌肉收缩信号（如神经兴奋性信号、Ca^{2+}信号等）的刺激下，磷酸肌酸中的磷酸键分解，释放的磷酸根和能量转移到ADP上，重新形成ATP；再由ATP将能量用于对钙离子的主动吸收、细肌丝与粗肌丝的滑动。因此，肌肉组织中的能量物质包括ATP和磷酸肌酸，前者为能量的使用形式、后者为能量的存储形式。鱼体死亡后，这两类能量物质首先发生变化，其次级产物作为水产品新鲜度的鉴别和评价指标，如K值、磷酸肌酸含量、ATP含量等。

磷酸肌酸

磷酸肌酸（creatine phosphatt），化学名为N-［亚氨基（膦氨基）甲基］-N-甲基甘氨酸。磷酸肌酸是在肌肉或其他兴奋性组织（如脑和神经）中的一种高能磷酸化合物，是高能磷酸基的暂时贮存形式。磷酸肌酸水解时，1mol的磷酸肌酸可以释放10.3kcal（1cal=4.1868J）的自由能，比ATP释放的能量（7.3kcal/mol）高。磷酸肌酸在肌酸激酶的催化下，将其磷酸基转移到ADP分子中，见图11-24。当一些ATP用于肌肉收缩，就会产生ADP，这时，通过肌酸激酶的作用，磷酸肌酸很快供给ADP以磷酸基，从而恢复正常的ATP高水平。

由于肌肉细胞的磷酸肌酸含量是其ATP含量的3～4倍，磷酸肌酸可贮存供短期活动用的、足够的磷酸基。在活动后的恢复期中，积累的肌酸又可被ATP磷酸化，重新生成磷酸肌酸，这是同一个酶（磷酸肌酸激酶）催化的逆反应。肌酸激酶（creatine kinase，CK）以骨骼肌、心肌、平滑肌含量为多，主要存在于细胞质和线粒体中，是一个与细胞内能量运转、肌肉收缩、ATP再生有直接关系的重要激酶。

无脊椎动物中的磷酸精氨酸（arginine phosphate）与高等动物的磷酸肌酸一样，具有高能的磷酸胍键，所以作为一种磷酸原在生物体内起着能量的贮藏和传递体的重要作用。精氨酸磷酸在无脊椎动物的体内，由精氨酸与ATP在精氨酸激酶的作用下生成。

在肌肉组织、细胞中存在磷酸原的转移作用。肌酸或精氨酸等胍基（—NH—C—NH—）化合物在肌酸激酶、精氨酸激酶的作用下，与ATP的高能磷酸根结合，在鱼类生成磷酸肌酸并蓄积在肌肉组织

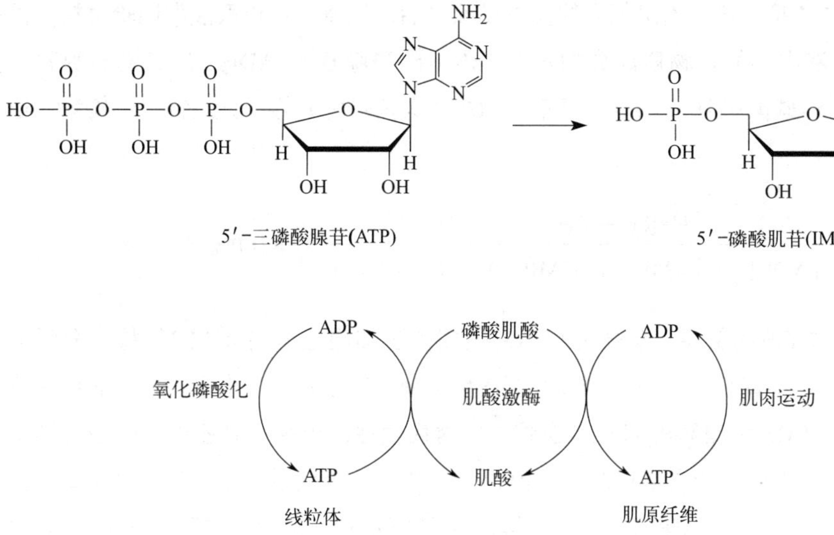

图11-24 肌肉中的高能磷酸化合物（ATP、IMP）及其磷酸化过程

中，而在无脊椎动物则生成磷酸精氨酸并蓄积在肌肉组织中。在机体活着的时候，线粒体中生成的ATP在细胞内被含量丰富的ATP酶分解，保护了磷酸肌酸或磷酸精氨酸。磷酸肌酸或磷酸精氨酸被转运到肌原纤维后，被那里的肌酸激酶或精氨酸激酶将ADP转换成ATP，供肌纤维Mg^{2+}-ATP酶使用，为肌纤维的收缩提供能量。肌酸激酶或精氨酸激酶在机体活着的时候在肌肉组织中的含量较高，鱼体死亡后，为了维持细胞生命活动，肌酸激酶或精氨酸激酶伴随着ATP的消耗而急剧下降。此时，磷酸肌酸或磷酸精氨酸发挥ATP缓冲体系的磷酸原功能。

鱼体在不同的宰杀方式下，养殖鱼类肌肉品质具有较大的差异。衣鸿莉等（2020）以养殖大菱鲆为试验对象，比较了无应激组（断髓速杀）、锁鲜组（无应激组冰藏7d）、窒息组（疲劳致死）、应激恢复组（活鱼充氧运输后暂养7d）、活品组（市售）和濒死组（市售）共6种死前应激状态下背肌ATP及其相关成分的变化，结果表明，死前应激状态对大菱鲆品质影响极大，无应激组大菱鲆肌肉ATP含量为2.95μmol/g，窒息组ATP则全部降解，肌肉糖原含量及pH值分别由5.28mg/g、7.10下降至3.06mg/g、6.61，锁鲜组大菱鲆具有良好的贮藏保鲜效果。在冰藏初期随着ATP的降解IMP迅速积累，在贮藏2d时肌肉IMP含量达到最大值（9.81μmol/g），贮藏6d时仍能维持较高水平（6.52μmol/g）。捕后的暂养处置具有应激恢复效果，大菱鲆经采捕运输后（0d）ATP含量仅为1.31μmol/g，暂养2d时肌肉ATP呈现上升趋势，暂养4d时达最大值（4.26μmol/g），暂养7d时肌肉糖原含量由初始点（0d）4.49mg/g恢复至8.17mg/g。市售鲜活大菱鲆品质具有较大提升空间，活品组ATP含量仅为1.70μmol/g，而濒死组ATP几乎全部降解，且均有显著的肌球蛋白及肌动蛋白降解现象。研究表明，离水即刻速杀冰藏处置的锁鲜品相对于市售大菱鲆具有优越的肌肉品质，捕后暂养处置能有效降低大菱鲆采捕运输产生疲劳应激导致的产品品质劣变。

（二）能量物质转化与新鲜度K值

K值是以机体重要能量物质ATP的分解过程为评价指标，表示肌肉维持生命活动的程度，为显示生命质量的特征性指标。其测定方法是，将肌肉组织中的蛋白质除去后，以水溶液提取液为试验材料，采用高效液相色谱技术，对提取液中的能量物质成分如ATP（5′-三磷酸腺苷）、ADP（5′-二磷酸腺苷）、AMP（5′-单磷酸腺苷）、IMP（5′-磷酸肌苷）、HxR（肌苷）、Hx（次黄嘌呤）等成分进行定量检测，通过下述公式计算K值：

$$K=\frac{[HxR] + [Hx]}{[ATP] + [ADP] + [AMP] + [IMP] + [HxR] + [Hx]}\times100\%$$

屠宰后肌肉能量代谢变化与K值的关系。鱼体死亡后，短期内肌细胞继续消耗ATP维持生命活动（鱼体死亡后细胞还没有死亡），但随着机体和细胞内氧浓度逐渐下降，呼吸链中的电子传递与氧化磷酸化反应停止，无法生成NAD⁺。NAD⁺是糖降解的必需物质，作为代偿性，由NADH还原丙酮酸并提供NAD⁺，结果导致L-乳酸增加。肌肉糖原的有氧代谢逐渐停止，并转入厌氧代谢。葡萄糖分解代谢产生的丙酮酸进入酵解途径，产生乳酸。由于乳酸的生成，细胞内H⁺浓度增加，随着死亡时间的推移pH值下降。同时，鱼体死亡后、细胞死亡过程中，肌肉细胞内的ATP快速消耗，并产生更多的ADP、AMP、IMP、肌苷和次黄嘌呤等代谢产物，即代表鱼体、鱼肉新鲜度的K值发生显著变化。

对于大部分宰后鱼肉而言，ATP的最初分解代谢通常导致IMP的暂时快速积累，使鱼肉产生良好风味，然后这种物质再慢慢降解为HxR，进而降解为Hx，而Hx被认为是引起异味的物质，随着贮藏时间的延长，Hx含量迅速上升，最终导致鱼体腐败味的产生。因此，ATP酶活性可以作为判断鱼肉风味等品质的最佳指标之一。

四、鱼体死亡初期肌肉组织的变化

鱼类与其他动物类似，在死亡初期身体还处于柔软阶段，但体内发生着显著的生理生化代谢的变化。随后鱼体会进入僵直时期，整个鱼体变得僵硬，并持续一定的时间。僵直期之后，鱼体又会变得柔软，这是体内酶解反应（组织酶的自溶作用）。再往后，在微生物等作用下，鱼体开始腐烂，进入腐败阶段。

因此，鱼体死亡之后，整个鱼体的状态要经历：死亡初期（身体柔软）→僵直期（身体僵硬）→自溶阶段（身体柔软）→腐败阶段（身体腐烂）。

在不同时期，鱼体体内发生着不同的化学反应和变化，并对鱼体新鲜度、食用质量和安全性等产生重要的影响。

（一）鱼体死亡初期的肌细胞活力与糖原分解

鱼离水之后，由于氧气供给和生活环境的改变，会有短暂的生命活动迹象时期，不同种类差异较大，多数鱼类会在30min内停止生命迹象，而一些可以依赖皮肤呼吸的鱼类如泥鳅、黄鳝等可以持续较长时间保持其生命力。

（1）肌肉细胞生命状态的短暂持续

鱼体生命迹象的停止还不等于细胞生命活动的停止，刚死亡的鱼类其体内的细胞，包括肌肉细胞还能保持一定时期的生命活力，这是死亡初期鱼体体内生命代谢持续一定时间的原因。当细胞的生命活动停止时，尤其是肌肉组织的生命代谢活动停止时，鱼体将进入僵直时期，身体变为僵直状态。

在鱼体死亡初期，鱼体个体已经死亡，但细胞还保持活力，还有一定的生命活动，肌肉仍然保持柔软的物理性质。此时，由于肌细胞中Ca^{2+}浓度低，肌肉处于松弛状态，肌球蛋白和肌动蛋白间的结合缓慢，还能保持伸缩状态。细胞中作为高能磷酸化合物的磷酸肌酸含量还较高，细胞中ATP还可以维持一定的水平。

为了维持肌细胞生命活动，生物膜（肌内膜、肌外膜）离子泵和肌原纤维中肌球蛋白的ATP酶还保持有活力，可以将ATP分解为ADP，磷酸肌酸再将ADP生成ATP。但随着磷酸肌酸水平的不断降低，ATP水平也降低。

鱼体死亡之后，柔软状态能够维持多长时间？僵直状态又能维持多长时间呢？鱼的种类不同，以及屠宰前的生理状态不同、屠宰条件和储藏条件的不同，这2个时间差异较大。鱼体死亡之后，柔软状态可以维持数分钟到数十小时。僵直状态也可以维持数小时到1天。大致情况是，洄游性鱼类较底栖鱼类死亡后进入僵直的速度快、窒息死亡的鱼类较放血死亡的鱼类死亡后进入僵直的速度快。

（2）肌肉糖原的分解

在鱼死后，肌肉中糖类、脂肪和蛋白质将发生降解反应。尽管鱼肌肉中糖类的数量与蛋白质和脂肪相比较低，但它们在活鱼状态和僵直期肌肉中的代谢对于鱼体肌肉质量、鱼体的僵直和自溶腐败程度具有极为重要的作用。

肌肉组织的高能化合物是ATP和磷酸肌酸，在有氧代谢状态下，氨基酸、脂肪酸和单糖等在线粒体通过三羧酸循环完全氧化分解产生ATP。而在剧烈运动氧供给不足、缺氧、离水死亡的早期等时候，肌肉以糖原为能量来源，经过酵解途径产生ATP，尤其是死亡的早期，在鱼体死亡、细胞生命活动还短暂持续的情况下，完全以肌糖原为能源经过酵解途径产生ATP，导致肌糖原含量下降、乳酸含量增加、pH值下降。

① 肌糖原（muscle glycogen）

肌糖原是存在于肌肉组织中的糖原（glycogen），是肌肉中糖的储存形式，动物组织中的另一种糖原存储在肝脏中，称为肝糖原（hepatic glycogen）。

糖原是由α-D-葡萄糖通过α-1,4糖苷键或α-1,6糖苷键结合而成的支链淀粉，是动物的储备多糖。糖原结构与支链淀粉相似，与碘显棕红色，在430～490nm下呈现最大光吸收。动物肌肉中，糖原占肌肉总质量的1%～2%。

肌糖原和肝糖原在组成和结构上相似，但生理功能则有差异。肝糖原可以直接水解为葡萄糖，水解产生的葡萄糖可以通过血液循环运输到全身器官组织。而肌糖原不能直接水解为葡萄糖，而是由糖原从非还原端开始，第一个非还原端的葡萄糖分子直接磷酸化，生成D-葡萄糖-1-磷酸，D-葡萄糖-1-磷酸经过异构化后进入糖酵解途径产生ATP，并生成乳酸。因此，肝糖原生成的葡萄糖是血糖的来源，而肌糖原的直接产物是D-葡萄糖-1-磷酸，D-葡萄糖-1-磷酸进入酵解代谢途径生成乳酸。肌糖原分解为肌肉自身收缩供给能量，肝糖原分解主要维持血糖浓度。

② 肌糖原的分解

在活细胞内，肌糖原的降解是从葡萄糖链的非还原性末端（葡萄糖的C1-OH为半缩醛羟基，具有还原性）开始，逐个切下葡萄糖基，生成D-葡萄糖-1-磷酸，再通过糖酵解等途径进一步分解，并产生能量和提供合成其他生物分子所需要的碳架。磷酸化酶是负责起始糖酵解作用的主要酶，广泛分布于各组织中。在最适的中性pH条件下，不仅在常温，而且在0℃左右，活性较高的磷酸化酶明显地增强了鱼肌肉中糖酵解或糖原分解作用。

由于糖原具有高度的分支状结构（众多的支链结构），使得糖原分子中8%～10%的葡萄糖处于可被利用的非还原末端。这就便于在需要时，可在短时间内快速大量动用，不需要时快速恢复贮存。糖原分子结构中，分支的支链比支链淀粉更多，平均每间隔12个α-1,4糖苷键的葡萄糖就是一个分支点（而其他支链淀粉分子结构中平均间隔为20～25个葡萄糖）。由于缺乏一种酶（肌肉中无分解6-磷酸葡萄糖的磷酸酯酶），肌糖原不能直接分解成葡萄糖，D-葡萄糖-1-磷酸异构化产生的D-葡萄糖-6-磷酸在氧充足的条件下被有氧代谢彻底分解，在无氧的条件下经酵解生成乳酸，经血液循环到肝脏，再在肝脏内转变为肝糖原或合成葡萄糖。

糖原在磷酸化酶的作用下，先释放出还原末端的一个葡萄糖单位并且和1分子磷酸结合生成D-葡萄糖-1-磷酸；D-葡萄糖-1-磷酸（glucose-1-phosphate，G-1P）在变位酶（mutase）的作用下转变为葡萄糖-6-磷酸；葡萄糖-6-磷酸（glucose-6-phosphate，G-6P）就可以进入糖酵解作用途径；已经降解一个葡萄糖的糖链可以继续上述反应。

在缺氧的条件下，肌糖原经过一系列的酶促反应最后转变成乳酸的过程称为肌糖原的酵解过程，肌糖原首先与磷酸化合结合，之后才分解，经过己糖磷酸酯、丙糖磷酸酯、丙酮酸等一系列中间产物，最后生成乳酸。糖原酵解的过程中，1mol的葡萄糖能产生2mol的ATP。通过这样的补给机制，动物即使死亡，在短时间内其肌肉中ATP含量仍能维持不变。之后，随着磷酸肌酸和肌糖原的消失，肌肉中ATP含量显著下降，肌肉开始变硬。

③ 肌肉糖原酵解潜能（glycolytic potential，GP）

肌肉糖原酵解潜能是衡量活体肌糖原含量或者屠宰后肌肉中可转化为乳酸的所有糖类化合物含量的指标，是指动物活体或在屠宰后肌肉中可转化为乳酸的底物（如肌糖原、葡萄糖-6-磷酸和葡萄糖）及乳酸的总量。其计算公式：

$$GP=2×（糖原浓度+葡萄糖浓度+6-磷酸葡萄糖浓度+乳酸浓度）$$

肌肉糖原酵解是屠宰后，肌肉代谢转变过程中的主要能量代谢途径，产生的乳酸和H^+会降低肉的pH，改变蛋白质变性程度，与肉色、系水力、嫩度密切相关，对肉品质形成有重要作用。肌肉糖原酵解潜力可反映糖酵解的程度与速率，是肉品质评价的重要指标之一。例如，糖酵解潜力的大小直接决定着pH变化的程度与速率。

（3）鱼类肌糖原的代谢

鱼类肌肉组织中糖原和脂肪共同作为能量来源贮存，但糖原含量比脂肪含量低，这是因为脂肪作为贮藏能量的形式优于糖原。鱼类肌肉糖原的含量还与鱼的致死方式密切相关，活杀时其含量为0.3%～1.0%，这与哺乳动物肌肉的含量几乎相同。运动活泼的洄游性鱼类，糖原含量较高，如鲐背肌糖原含量高达2.5%。

贝类特别是双壳的主要能源贮藏形式是糖原，因此其含量往往比鱼类高，而且贝类糖原的代谢产物也和鱼类不同，其代谢产物为琥珀酸。例如，双壳贝闭壳肌的糖原含量在0.1%～2.8%内，最少的是贻贝0.1%，最高的为文蛤2.8%，牡蛎只有0.5%。

① 糖酵解途径（glycolytic pathway）

糖酵解途径是将葡萄糖和糖原降解为丙酮酸并伴随着ATP生成的一系列反应，是一切生物有机体中普遍存在的葡萄糖降解的途径。糖酵解途径在无氧及有氧条件下都能进行，是葡萄糖进行有氧或者无氧分解的共同代谢途径。有氧条件下丙酮酸可进一步氧化分解生成乙酰CoA，乙酰CoA被转移到线粒体内，经过三羧酸循环生成CO_2和H_2O并释放能量（ATP）。在氧气供应不足（如肌肉剧烈收缩）的情况下，丙酮酸不能进一步氧化，便还原成乳酸，这个途径叫做无氧酵解。

由丙酮酸还原为乳酸的反应如图11-25所示，这个反应过程是在细胞质中进行的。乳酸（lactic acid；2-hydroxypropanoic acid）又名2-羟基丙酸，分子式为$CH_3CH(OH)COOH$，属于$α$-羟酸。

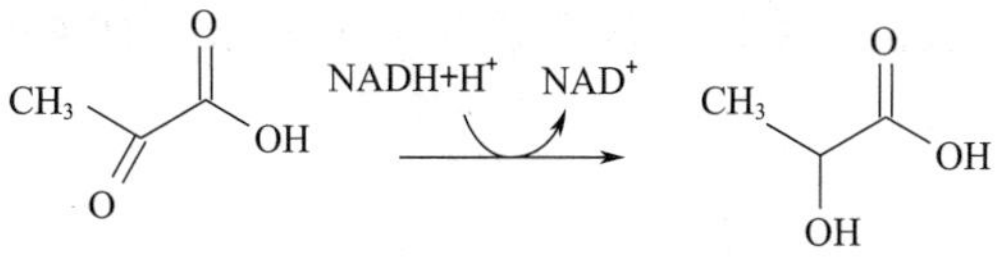

图11-25 丙酮酸还原生产乳酸的反应

丙酮酸还原为乳酸的生理意义在于重建糖酵解所需的烟酰胺腺嘌呤二核苷酸（NAD⁺）来保持三磷酸腺苷的合成。在氧气充足的肌肉细胞中，乳酸可以被氧化为丙酮酸，然后直接用来作为三羧酸循环的原料，乳酸也可以在肝脏内糖异生的循环转化为葡萄糖。

催化丙酮酸和乳酸相互转化的为乳酸脱氢酶，也是糖酵解的末端酶。乳酸脱氢酶以NAD⁺为辅酶，可逆地催化丙酮酸和NADH与乳酸和NAD⁺之间的反应。乳酸脱氢酶是一组由"M"和"H"两种亚基类型组成的四聚体同工酶，这两种亚基是被不同的基因编码并且结合形成5种同工酶：HHHH（LDH1）、HHHM（LDH2）、HHMM（LDH3）、HMMM（LDH4）和MMMM（LDH5）。LDH1和LDH2主要存在于心脏中，有助于实现从乳酸到丙酮酸的转化；LDH4和LDH5主要存在于肝脏和骨骼肌中，有助于逆反应生成乳酸，完成糖酵解过程，为机体在缺氧条件下提供能量。

② 鱼体死亡后肌糖原酵解生产乳酸

鱼类将糖原和脂肪共同作为能量来源进行贮存，洄游性鱼类的红色肉鱼活动性强，其糖原含量比白色肉鱼和淡水鱼都高。白色肉鱼糖原含量一般为0.4%，红色肉鱼的糖原含量一般在0.4%～1.0%的范围内，也有一些鱼含量更高，如日本贻鱼肌肉的糖原含量为80μmol/g（占肌肉总量的1.44%），鲐鱼背肌的糖原含量可达2.5%。

鱼类死亡之后，体内氧气供给不足，整个鱼体的生理代谢转为厌氧代谢，使细胞还能短暂维持其生命活动。在肌肉组织中也是如此，利用肌肉中的肌糖原通过酵解途径产生ATP，并生成乳酸，直到将肌肉中糖原耗尽。

有研究表明，鱼体死亡之后，其肌肉中的糖原含量快速下降，相应的乳酸含量增加，pH值下降。吕斌等（2001）测定了鳙、团头鲂和乌鳢三种淡水鱼类肌肉中糖原、乳酸的含量和pH值的变化。鱼体活杀后，鱼体背肌糖原含量鳙鱼为7.03μmol/g、团头鲂为7.02μmol/g、乌鳢为12.3μmol/g（占肌肉总量的0.22%）。鱼体宰杀后在5℃贮藏过程中，三种鱼的糖原含量均在死后1h内迅速下降，并在24h内全部分解完毕。乳酸是糖原酵解的产物，肌肉糖原含量降低后，乳酸含量增加，pH值下降。鱼体刚宰杀时，背肌中乳酸含量分别是乌鳢24.5μmol/g、鳙30.9μmol/g、团头鲂35.4μmol/g，三种鱼背肌乳酸含量与海水白色肉鱼宰杀后肌肉乳酸含量接近，但低于红色肉鱼，如养殖真鲷的乳酸含量为33.3～35.6μmol/g，长鳍金枪鱼的乳酸含量高达123.3～135.6μmol/g。三种淡水鱼死后24～60h，背肌中乳酸含量达到最大值，分别为乌鳢94μmol/g、鳙79.6μmol/g、团头鲂72.4μmol/g。三种淡水鱼刚宰杀时肌肉的pH值与海水鱼的接近，但死后最低的pH值比海水鱼的高，pH值的低值阶段出现在死后36～60h期间。

冷寒冰等（2020）比较红鳍东方鲀死后，室温和冷藏条件下背肌糖原含量的下降速度。结果显示，鱼体死亡之后肌肉糖原水平迅速下降，室温组至第3天几乎消耗完全，而冰藏组在5d后消耗完毕。

③ 肌肉pH值下降

活体动物肌肉的pH为7.2～7.4，为中性偏碱性。动物死后，随着糖原酵解成乳酸，pH下降，下降的程度与肌肉中糖原的含量有关。畜肉的糖原含量为1%左右，死后最低pH为5.4～5.5。洄游性的红肉鱼类糖原含量较高，为0.4%～1.0%，最低pH达5.6～6.0；底栖性的白肉鱼类糖原含量较低，为0.4%左右，最低pH在6.0～6.4之间。

（二）鱼体死亡后僵直期的肌肉变化

刚死的鱼体，肌肉柔软，还富有弹性。放置一段时间后，肌肉收缩变硬，失去伸展性或弹性，如用手指压，指印不易凹下；手握鱼头，鱼尾不会下弯；口紧闭，鳃盖紧合，整个躯体挺直，鱼体进入僵硬状态。僵直期的鱼体保持了完整的表面结构，鱼体肌肉糖原消耗基本结束，乳酸含量显著增加；肌动蛋白与肌球蛋白形成僵直复合体，肌肉最大程度地收缩，肌肉僵硬，缺乏弹性。处于僵直期的鱼体保持了较好的新鲜度，风味没有发生显著性的改变，处于可食用时期。此时，鱼体表皮完整，外界细菌难以侵入，鱼体内部又缺乏简单的细菌生长繁殖所必需的营养物质。

（1）鱼体僵直状态的形成过程

鱼体死亡后，鱼体和组织缺氧是大事件，在死亡初期主要通过肌酸磷酸激酶和肝糖酵解途径代替氧化磷酸化途径合成少量ATP，随着ATP的降解，当其含量达到特定水平（1～2mol/g），肌肉细胞内Ca^{2+}浓度基本达到最大值，其结果是肌球蛋白纤维和肌动蛋白纤维的结合变为不可逆，形成较为牢固的肌动蛋白与肌球蛋白复合体，鱼体呈僵直状态。

鱼体肌肉僵直状态的形成机制，活体肌肉收缩是由神经或其他因素刺激引起，Ca^{2+}在肌管网、肌内膜与肌细胞内之间的转移和肌细胞内浓度变化是肌肉收缩、松弛的关键调节因素。活体肌细胞发生肌纤维收缩的过程需要Ca^{2+}的调节作用，在神经信号刺激下，Ca^{2+}从肌小胞体（Ca^{2+}库）中迅速释放出来，使肌细胞环境中Ca^{2+}浓度增加。Ca^{2+}激活肌钙蛋白和肌球蛋白上Mg^{2+}-ATP酶活性，促进肌动蛋白与肌球蛋白形成肌动球蛋白复合体，消耗ATP作为能量引起细肌丝和粗肌丝的相互滑动，肌纤维收缩。当肌纤维收缩完成之后，肌纤维环境中的Ca^{2+}被肌小胞体膜上Ca^{2+}-ATP酶作用，消耗ATP作为能量，将Ca^{2+}主动吸收进入肌小胞体内，再转运到肌管网中存储（Ca^{2+}库）。

在鱼体死亡之后，鱼体变为僵直状态也是肌肉收缩的结果，但是与活体动物肌细胞中肌纤维收缩的生理机制有显著的不同，且这类收缩不可逆转，即不能再变为松弛状态。随着肌糖原含量减少、酵解速度的下降，其结果是ATP含量减少、肌细胞内乳酸含量增加、pH值显著下降；同时，肌小胞体膜上Ca^{2+}-ATP酶活性逐渐消失，不能主动吸收肌细胞质中的Ca^{2+}，导致肌细胞质中Ca^{2+}浓度显著增加。因此，肌浆网对Ca^{2+}的吸收能力和速度决定了从肌浆网漏出的Ca^{2+}的多少、肌细胞质中Ca^{2+}浓度大小，对肌纤维收缩速度、收缩程度有直接的影响，对鱼体僵直状态形成速度、僵硬程度有直接的影响。活体肌肉细胞中Ca^{2+}浓度约为10^{-6}mol/L时发生收缩，而死后游离钙浓度上升至10^{-4}mol/L，增加了100倍左右。鱼体肌细胞内Ca^{2+}浓度维持在高水平状态，肌球蛋白和肌动蛋白之间的结合逐渐增强，肌肉纤维处于收缩状态，肌球蛋白和肌动蛋白形成僵硬的复合体，于是限制了肌肉的伸缩。随着pH下降，肌小胞体的功能也下降，对Ca^{2+}的泄出影响很大。同时，肌肉pH的变化也与死后僵直有关，pH的下降使肌原纤维蛋白质发生变性，也间接影响到肌肉的硬度。死亡鱼体变为僵直状态与活细胞肌纤维收缩机制最大的不同在于，处于收缩状态的肌动蛋白与肌球蛋白复合体的结合状态是不可逆的，不能再转变为松弛状态。

通过电子显微镜观察得知，粗细肌丝两端突出的肌球蛋白头部和细丝中的肌动蛋白固定地结合形成矢状结构，称之为僵直复合体（rigor complex），这种结构是活体肌肉中所没有的。细肌丝和粗肌丝重合部分越大，其僵直的硬度也越大。

（2）影响鱼体僵直形成的因素

鱼体进入僵直期的速度和持续时间的长短受鱼的种类、死前生理状态、致死方法和贮藏温度等各种因素的影响。侧扁体型鱼类（如团头鲂、鲳鱼等）较圆体型鱼类（如乌鳢、草鱼、青鱼、鲇鱼）僵硬开始得迟，圆体型鱼类体内酶的活性较弱，但进入僵直后其肌肉的硬度更大。不同大小、年龄的鱼也表现出很大的差别。小鱼、喜动的鱼比大鱼更快进入僵直期，持续时间也短。

死后僵直速度与鱼捕获的环境温度有关。以底拖网捕获的鱼为例，环境温度30℃，鳕鱼从上甲板到僵直的时间只有1.5～2h，而捕获后的鲤鱼立即冰藏，则僵直期可持续数天。如果捕获后的鱼没有立即冰藏，以后即使再加冰贮藏，鳕鱼进入僵直期仍非常迅速，僵直持续时间也不超过24～36h。捕获后迅速致死的鱼，因体内糖原消耗少，比剧烈挣扎、疲劳而死的鱼进入僵直期迟，持续时间也长，因而有利于保藏。因此，活杀鱼一开始就进入低温贮藏，才能更好地保持其新鲜度。

僵直期的鱼体或肌肉萎缩程度较大。鱼体死后，随着肌肉中ATP的分解、消失，粗丝肌球蛋白和细丝肌动蛋白之间发生滑动，肌节缩短，肌肉发生收缩性的萎缩。肌肉的收缩性萎缩状态可能导致"鱼片"三维体积的缩小。在整鱼的情况下，由于骨骼的存在，鱼肉总体不会缩短。但是，如果是在鱼体僵直前割下的鱼片，因不受外力的约束，在僵直过程中会发生收缩性萎缩。萎缩的程度取决于肌肉中糖原的含量以及环境温度。从营养状况良好、死前未经挣扎的鱼割取的鱼片，会收缩原长度的40%。经过僵直收缩的鱼片触感很硬，并且煮熟后刚入口时感觉尚柔软，稍加咀嚼会感到形成的食物团很有韧性。

（3）鱼体僵直状态的肌肉结构变化

鱼体死后其肌肉因僵直而硬化，用硬度计测定鱼体肌肉硬度的变化，并加以数值化，可用来判断鱼的鲜度。注意的是鱼种和死前状态等不同，其硬度变化的模式有显著差异，影响了其评定的正确性。鱼体的电阻通常随着鲜度的下降而降低。利用这一现象，采用测定鱼体电阻来判断鱼的鲜度。但这种方法同样存在因鱼种不同差异较大，甚至鱼体压伤影响测定值的现象。

处于僵直期鱼体的僵直指数是评价鱼体僵直程度的物理指标，其测定方法是：如图11-26所示，将鱼体放在水平板上，测出鱼体体长的中点，使鱼体体长的前1/2放在平板上，后1/2自然下垂，测定水平板表面水平延长线至尾鳍基部的垂直距离（L），以刚离水的活鱼尾柄基部下垂距离记为L1，死亡后不同时期、不同条件下尾柄基部下垂距离记为L2，计算的僵直指数（R）：$R=\dfrac{L1-L2}{L1}\times100\%$

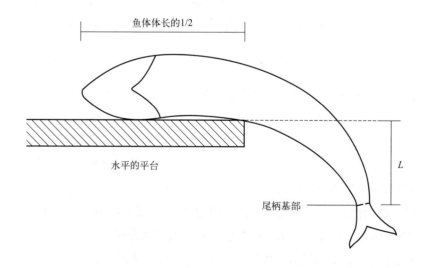

图11-26 鱼体死亡后僵直指数测定示意图
引自《水产品利用化学》，鸿巢章二，1994

当 R 为 20%、70% 和 100% 时分别称之为初僵、全僵和完全僵直。

冷寒冰等（2020）研究了红鳍东方鲀死后僵直及肌肉生化组成的变化，发现红鳍东方鲀冰藏组在死后 7h 左右才开始发生僵直，僵直指数最大可达 89%，并可维持 20 ~ 24h；冰藏至第 4d，僵直指数仍可分别保持在 9% 和 16%。室温组中没有明显观察到僵直发生发展过程，虽然测出最大僵直指数为 71%。红鳍东方鲀在死后贮藏过程中糖原水平迅速下降，室温对照组贮藏至第 3 天几乎消耗完全，而冰藏组消耗殆尽发生在 5d 以后；肌肉 pH 分析结果与糖原变化趋势相似，冰藏组的 pH 值较室温对照组下降得慢，且高于室温对照组。速杀后至僵直开始，各处理组 ATP 均迅速消耗，IMP 快速积累且为主要核苷酸降解产物；冰藏组 IMP 在第 3 天左右达到最大值 9.5μmol/g，随后开始呈下降趋势，贮藏到第 6 天时 IMP 仍保持在 7.5μmol/g 左右，始终处于较高水平。室温对照组则为 IMP 在第 1 天达到最大值 9.2μmol/g 后迅速下降，Hx 积累量明显增多。蛋白质磷酸化结果表明，鱼体死后的僵直状态或程度与肌肉蛋白组分性质也具有一定的关联，与糖酵解酶有关的蛋白组分其磷酸化程度在室温组和冰藏组之间存在明显差异，即室温组具有更高的磷酸化水平，这与室温组所表现出的更加活跃的糖酵解进程相吻合。红鳍东方鲀死后有良好的冰藏稳定性和高 IMP 积累的特点，同时蛋白质磷酸化水平与僵直进程所表现的关联值得进一步探索。

五、鱼体死亡后僵直解除与自溶

（一）鱼体僵直解除后的软化

鱼体死后进入僵直期，在达到最大程度僵直后，其僵直又缓慢地解除，肌肉重新变得柔软，称为鱼体僵直解除（解僵）。鱼类肌肉随着解僵过程迅速发生软化和生物化学变化。解僵肌肉的软化与活体肌肉的松弛不同，解僵是存在于肌肉中的内源性蛋白酶或来自腐败菌的外源性蛋白酶作用的结果，整个鱼体将进入自溶阶段。

鱼体僵直解除是伴随着鱼体组成物质自溶和微生物增殖的结果，鱼体构成物质的自溶作用依赖体内的多种酶对组成物质如蛋白质、核酸、油脂等的分解作用，可以产生大量的小分子成分、游离氨基酸、核苷酸等物质，对鱼体的风味产生有利的影响。但是，自溶作用发生的同时，微生物获得了营养，也开始大量增殖。微生物的增殖作用将氨基酸进行脱羧、转氨作用等，会产生组胺、尸胺、腐胺、精胺等生物胺，且还会产生一些鱼腥味、恶臭物质，对鱼体品质产生严重的不利影响，导致鱼体食用价值显著下降。

（二）鱼体自溶是体内酶解作用的结果

参与鱼体组织自溶作用的酶主要有磷酸化酶、脂肪酶、组织蛋白酶和内脏酶。在活鱼中，所有的酶类只有当代谢实际需要时才起作用，因此，平时大多数的酶都以某种无活性的前体存在，如磷酸化酶 b、胰凝乳蛋白酶原，它们转化成有活性的形式需要某些辅助因子存在。在某些情况下，酶与它们的作用基质是隔开的，例如水解酶类存在于溶酶体中。也有一些酶，如腺苷环化酶等在肌肉中以活性状态存在，但它们的浓度很低，它们的分布也被限制在某些特定的组织中。

鱼体自溶的主要变化是鱼肉蛋白质被分解，与肌肉中组织蛋白酶类对蛋白质分解的自溶作用有关。组织蛋白酶主要有酸性肽链内切酶和中性肽链内切酶。参与鱼类死后蛋白质分解作用的酶类中，除自溶酶类之外，还可能有来自消化道的胃蛋白酶、胰蛋白酶等消化酶类，以及细菌繁殖过程中产生的胞外酶。

（1）鱼体进入自溶阶段的特征性变化

鱼类死后的解僵和自溶阶段，在各种蛋白分解酶的作用下，一方面造成肌原纤维中 Z 线脆弱、断

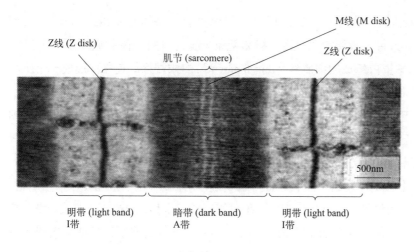

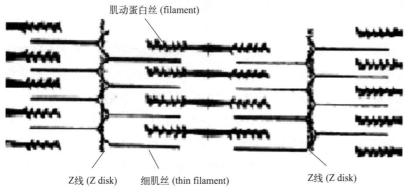

图11-27 鱼肉肌节的结构
两条Z线之间，1/2明带+暗带+1/2明带

裂，组织中胶原分子结构改变，结缔组织发生变化，胶原纤维变得脆弱，使肌肉组织变软和解僵。另一方面也使肌肉中的蛋白质分解产物和游离氨基酸增加，核酸水解后核苷酸含量增加，三酰甘油酯、磷脂水解后甘油、游离脂肪酸和磷酸原成分增加。

在鱼死后肌肉中引起Z线脆弱的原因有两个，一是死后僵直发生的张力给Z线以持续的紧张时，Z线的构造会发生崩溃；二是Z线的结构因Ca^{2+}达到一定浓度以上后崩溃，形成肌原纤维碎片。通常肌原纤维在Ca^{2+}浓度为10^{-6}mol/L时就发生收缩。死后肌肉中，Ca^{2+}从肌小胞体中和线粒体中泄出，游离Ca^{2+}的浓度可达到10^{-4}mol/L。解释上述原因，可能是肌肉中的中性蛋白酶被Ca^{2+}活化，将Z线分解；也有人认为是Ca^{2+}与构成Z线的蛋白质相结合，引起Z线的崩溃。

进入自溶时期的鱼体构成物质在体内酶的作用下发生了复杂的分解反应，并产生众多的小分子物质，主要的酶及其水解反应有以下几类。

（2）钙蛋白酶（calpains）的作用

钙激活蛋白酶和溶酶体组织蛋白酶参与了宰后鱼肉肌原纤维蛋白的水解，其活性是影响鱼肉硬度等品质的主要因素。僵直后的肌肉变化过程最重要的是Z线的崩解，钙激活蛋白酶参与了这一过程，它通过肌联蛋白的断裂引发Z线的断裂，弱化了肌联蛋白与α-辅肌动蛋白之间的相互作用，并且导致了完整的α-辅肌动蛋白从肌纤维结构中释放。

图11-27显示了一个肌节的细微结构。每条肌原纤维上都有明暗相间的带，每条肌原纤维的明带和暗带都准确地排列在同一平面上，因而构成了骨骼肌纤维明暗相间的周期性横纹。明带（light band）

又称I带，暗带（dark band）又称A带。用油镜观察，可见暗带中央有一条浅色窄带，称H带，H带中央有一条深色的M线。明带中央有一条深色的Z线，相邻两条Z线之间的一段肌原纤维称为肌节（sarcomere）。Z线（Z disk）与肌球蛋白组成的细肌丝（thin filament）的末端捆绑连接，形成一个肌小节（sarcomere）的末端墙（end wall），并且锚定肌动蛋白丝（filament）。

钙激活蛋白酶（又称钙激活因子、钙激活酶、依钙蛋白酶、钙激活中性蛋白酶）是指钙依赖型的细胞内中性半胱氨酸蛋白酶家族。至今已鉴定出14个成员，在骨骼肌中主要有μ-钙蛋白酶、m-钙蛋白酶、钙蛋白酶3（calpain 3、p94）。肌钙蛋白由三个亚基组成，分别为钙结合亚基（TnC）、抑制亚基（TnI）和原肌球蛋白结合亚基（TnT），其中TnT能结合原肌球蛋白起联结作用，TnT的降解弱化了细丝结构，可以提高肌肉嫩度。钙蛋白酶在肌肉组织中的作用过程为，①肌原纤维明带和Z线结合变弱或断裂，这主要是因为钙蛋白酶对肌联蛋白（titin）和伴肌动蛋白（nebulin）两种蛋白的降解；②细胞支架蛋白（costameres）、肌间蛋白（desmin）和丝蛋白（filamin）的降解；③肌钙蛋白（troponin）的降解。

(3) 溶酶体组织蛋白酶

组织蛋白酶在动物体内的溶酶体中以酶原形式广泛存在，以半胱氨酸作为活性中心，属于半胱氨酸蛋白酶类，通过蛋白水解酶切除部分肽链可以将其激活。已知的溶酶体组织蛋白酶大约有16种，根据作用位点的不同可分为4类：半胱氨酸蛋白酶、天冬氨酸蛋白酶、丝氨酸蛋白酶、金属蛋白酶。目前已从骨骼肌中分离到8种组织蛋白酶，它们是A、B1、B2（溶酶体羧肽酶B）、C、D、E、H和L。其中，B、D、H、L是肌肉中主要的组织蛋白酶，除了组织蛋白酶D外，其余3种都是半胱氨酸内切酶。组织蛋白酶大多属于酸性蛋白酶，组织蛋白酶B、D、H、L的适宜pH值范围分别为3.0～6.0、2.8～4.0、5.0～7.0、3.0～6.0，但在水解时却表现出更宽的活性范围。

大多数的组织蛋白酶和其他蛋白水解酶在酸性pH时具有较高的活力。它们在-10～60℃这个较大的温度范围内都能起作用，在僵直期后鱼肌肉中，组织蛋白酶具有最有利的条件发挥高活力的酶解作用。鱼体屠宰后，pH会逐渐降低，促使溶酶体膜破裂，释放出组织蛋白酶，降解肌纤维结构蛋白质。由糖原分解或糖酵解，以及脂肪分解作用引起的pH降低破坏了蛋白水解酶的调节机制，而酸性不断增加的环境又引起溶酶体膜的破裂，从而导致组织蛋白酶和其他一些水解酶的释放。

(4) 脂肪酶

包括磷酸酯酶在内的脂肪酶在鱼类挣扎期间和死亡后都在起作用，它们广泛地分布于各种鱼类中，特别是多脂鱼类和那些红肉鱼类。不仅在常温，而且在低温情况下都有利于鱼体肌肉的脂肪分解。大多数鱼贝类的胰腺和肌肉中的脂肪酶在pH6～10和-20～40℃温度范围内具有分解脂肪的能力。脂肪分解的初级产物是一些游离脂肪酸和甘油，在无菌肌肉中，由于缺乏呼吸氧，脂肪酸不会通过β-氧化途径发生进一步的降解。因此，在死鱼中，脂肪分解产物也会在鱼肌肉中积累，在这些分解产物中，尽管游离脂肪酸数量不多，但对于增加氢离子浓度或者降低肌肉的pH值将会产生明显的影响。脂肪分解所产生的低级脂肪酸还将引起鱼肌肉的风味变化，释放出来的高度不饱和脂肪酸极易氧化，引起氧化酸败。

(5) 内脏消化酶

参与鱼体自溶作用的酶还有内脏消化酶。鱼体内脏含有蛋白质、脂肪和碳水化合物的水解酶，主要酶为蛋白酶，其中包括胃蛋白酶、胰蛋白酶和胰凝乳蛋白酶，其次为脂肪酶和碳水化合物酶。

鱼体宰杀后，随着ATP的消耗和pH值下降，细胞膜的完整性被破坏，释放肌质网肌小泡内积蓄的钙离子，钙激活蛋白酶被活化而后发生自溶。再加上存在于鱼肉中的其他蛋白水解酶类，例如与结缔组织代谢和内肽酶有关的降解胶原蛋白和细胞骨架蛋白的基质金属蛋白酶，在宰后僵直和早期成熟过程中参与钙激活蛋白酶的激活并对肌原纤维蛋白进行降解的细胞凋亡酶，参与氧化蛋白质降解并可能通过降解细胞骨架蛋白和肌球蛋白、肌动蛋白、伴肌球蛋白等肌原纤维蛋白而参与宰后肌肉嫩化的蛋白酶体（特别是20S蛋白酶体）等均对宰后鱼肉的代谢和品质产生影响。解僵和自溶会给鱼体鲜度质量带来各种感官和风味上的变化，负责这类有益变化的是一组核酸解聚酶，它们把核酸水解成单核苷酸。酸性核糖核酸酶和酸性脱氧核糖核酸酶，它们也是在酸性环境中起作用，并且是溶酶体内的酶。酶解结果所产生的核苷酸大大地增强了鱼和肉类的风味，其中IMP（肌苷酸）和GMP（鸟苷酸）的二钠盐是二种最重要的呈味核苷酸，通过ATP的降解途径也能形成少量的IMP。

当然，另一方面，随着蛋白质、油脂等分解产物如游离氨基酸和低分子量的含氮化合物为细菌的生长繁殖创造了有利条件，加速了鱼体的解僵自溶过程，此过程成为由良好鲜度逐步过渡到细菌腐败的中间阶段。

六、鱼体微生物腐败作用

活鱼的肌肉和血液都是无菌的，但是鱼体表、鳃、消化道等与外界接触的部位则会附着很多细菌等微生物。鱼体死亡后，随着自溶作用的开始和不断深入，鱼体本身不断释放出简单的糖类、游离氨基酸和游离脂肪酸，为细菌的生长提供了丰富的营养物质，细菌得以迅速的繁殖，使得鱼体肌肉发生不可逆的腐败变化。细菌等向其体外分泌多种分解酶，以酶分解产生的物质作为能量和营养物质而得以大量繁殖，产生了引起鱼体腐败的各种酶。蛋白质、脂肪等分解产生胺类、脂肪酸、硫化氢、吲哚等具有腐臭特征的产物。

鱼体死后的细菌繁殖，从一开始就与死后的生化变化、僵直以及解僵等同时进行。但是在死后僵直期中，细菌繁殖处于初期阶段，分解产物增加不多。因为蛋白质中的氮源是大分子，不能透过微生物的细胞膜，因而不能直接被细菌所利用。当微生物从其周围得到低分子量含氮化合物，将其作为营养源繁殖到某一程度时，即分泌出蛋白酶分解蛋白质，这样就可利用不断产生的低分子成分。

鱼体所带的腐败细菌主要是水中细菌，多数为需氧性细菌，有假单胞菌属（*Pseudomonas*）、无色杆菌属（*Achromobacter*）、黄色杆菌属（*Flavobacterium*）、小球菌属（*Micrococcus*）等。这些细菌在鱼类生活状态时存在于鱼体表面的黏液、鱼鳃及消化道中。细菌侵入鱼体的途径：一是体表污染的细菌，温度适宜时在黏液中繁殖起来，使鱼体表面变得混浊，并产生令人不快的气味；二是细菌进一步侵入鱼皮，使固着鱼鳞的结缔组织发生蛋白质分解，造成鱼鳞容易脱落。当细菌从体表黏液进入眼部组织时，眼角膜变得混浊，并使固定眼球的结缔组织分解，因而眼球陷入眼窝。由于大多数情况下鱼是窒息而死，鱼鳃充血，给细菌繁殖创造了有利条件。鱼鳃在细菌酶的作用下，失去原有的鲜红色而变成褐色乃至灰色，并产生臭味。细菌还通过鱼鳃进入鱼的组织。三是腐败细菌在肠内繁殖，它穿过肠壁进入腹腔各脏器组织，在细菌酶的作用下，蛋白质发生分解并产生气体，使腹腔的压力升高，腹腔膨胀甚至破裂，部分鱼肠可能从肛门脱出。细菌进一步繁殖，逐渐侵入沿着脊骨行走的大血管，并引起溶血现象，把脊骨旁的肌肉染红，进一步可使脊骨上的肌肉脱落，形成骨肉分离的状态。

鱼体在微生物的作用下，鱼体中的蛋白质、氨基酸及其他含氮物质被分解为氨、三甲胺、吲哚、硫化氢、组胺等低级产物，使鱼体产生具有腐败特征的臭味，这种过程就是细菌腐败。主要表现在鱼的体表、眼球、鳃、腹部、肌肉的色泽、组织状态以及气味等方面。

由于微生物的作用，一些游离氨基酸发生的反应及其产物主要有以下几种类型。①经过脱氨反应产生相应的酮酸和氨等产物，氨成为影响水产品气味的主要物质之一。例如，由氨基酸氧化脱氨反应生成酮酸和氨；氨基酸直接脱氨生成不饱和脂肪酸和氨；经还原脱氨反应生成饱和脂肪酸和氨。②经历脱羧反应生成相应的生物胺，生物胺成为判断水产品新鲜度的重要指标。氨基酸脱出羧基后生成相应的胺和二氧化碳。通过脱羧反应，赖氨酸生成尸胺，鸟氨酸生成腐胺，组氨酸生成组胺。脱羧反应中除了生成甲胺等一价胺外，还生成胍丁胺（agmatine）、尸胺（cadaverine）、腐胺（putrescine）、组胺（histamine）、色胺（tryptamine）等二价胺化合物。③含硫氨基酸如蛋氨酸、半胱氨酸、胱氨酸等被绿脓杆菌属（*Pseudomonas aeruginosa*）的一部分细菌所分解，生成硫化氢、甲硫醇、己硫醇等，对水产品的气味（腐臭味）产生重大影响。④色氨酸在绿脓杆菌、无色杆菌、大肠埃希菌等细菌的色氨酸酶的作用下分解生成吲哚，是恶臭味的主要成分之一。

当上述腐败产物积累到一定程度，鱼体即产生具有腐败特征的臭味而进入腐败阶段。与此同时，鱼体肌肉的pH升高，并趋向于碱性。

当鱼肉腐败后，它就完全失去食用价值，误食后还会引起食物中毒。例如鲐鱼、鲹鱼等中上层鱼类，死后在细菌的作用下，鱼肉汁液中的主要氨基酸组氨酸迅速分解，生成组胺，人食用超过一定量后，容易发生荨麻疹。腐败变质的海产鱼类，食后容易引起副溶血性弧菌食物中毒。

由于鱼的种类不同，鱼体带有腐败特征的产物和数量也有明显差别。例如三甲胺是海产鱼类腐败臭味的代表物质。因为海产鱼类大多含有氧化三甲胺，在腐败过程中被细菌的氧化三甲胺还原酶作用，还原生成三甲胺，同时还有一定数量的二甲胺和甲醛存在，它是海鱼腥臭味的主要成分。又如鲨鱼、鳐鱼等板鳃鱼类，不仅含有氧化三甲胺，还含有大量尿素，在腐败过程中被细菌具有的尿素酶作用分解成二氧化碳和氨，因而带有明显的氨臭味。此外，多脂鱼类因含有大量高度不饱和脂肪酸，容易被空气中的氧氧化，生成过氧化物后进一步分解，其分解产物为低级醛、酮、酸等，使鱼体具有刺激性的酸败味和腥臭味。

第六节
鱼体和肌肉的风味物质与风味评价

淡水养殖鱼类是我国主要鱼类食品来源，养殖的鲜活水产品及其加工产品的食用风味是人们关注的重点质量内容。而食用风味从人类的感知方面而言，包含了利用嗅觉对气味的感知，以及利用味觉对味的感知。如果从分析方法而言，包括了对风味物质的定量检测和感官评价两个方面。

对水产品风味的评价方向则是要保障人类对水产品风味的可接受程度，即如果超过人类感官可接受程度的水产品不宜食用，不宜作为食品流通。因此，定量检测技术可以鉴定出具体的风味物质种类及其含量，但这个含量是否可以被人类可接受？这还需要感官评价技术，感官评价的结果要求得到人类对风味物质的感知阈值，即不良风味物质的含量上限不能超过某一含量值，对于喜悦的风味则设定最低限量值，达到这个限定值才能感知到这种风味。因此，定量分析技术和感官分析技术是相互协同的，其目标是一致的，即保障水产品的风味对于人类食用可接受且喜悦感良好。

水产品中风味物质的来源包括了以下途径：①来自于水体环境中的风味物质，包括水体藻类、放线菌等微生物体产生的土腥味物质，以及水体中有机物分解产生的风味物质如含硫化合物等，同样包括了水体被污染的影响风味的物质如石油类物质。②来自于水产动物死亡之后，体内组成物质被降解、转化产生的风味物质，以及在水产品加工过程中产生的风味物质，其中主要是一些脂类物质、萜类物质。

人体对食品风味的感觉包括了嗅觉和味觉，嗅觉是对气味（odor）的感知，是挥发性物质与鼻腔中的嗅觉感受器相互作用的感觉，包括令人喜悦的感觉和令人厌恶的感觉。人能够感受到嗅味的最低嗅味物质的浓度称为该种嗅味物质的嗅阈值（threshold odor number，TON）。味觉是食物成分刺激口腔味蕾产生的感觉，味觉阈值（taste threshold value）是人体所能感觉到味的呈味物质的最低浓度。

一、源自于水体生物的土腥味物质

养殖水体是鱼类的生活环境，水体中的异味物质可能通过鱼体鳃、皮肤、消化道等富集到鱼体体表或体内组织，甚至随脂肪等进入到肌肉中，其结果是导致养殖鱼类带有泥土味、腥臭味、霉味、柴油味、石油类味道。对来自于水体中的异味控制对策：一是选择好的水源作为养殖用水；二是对养殖水体，尤其是池塘养殖水体和底泥进行生物控制，重点是对其中藻类种类和数量的控制；三是在养殖过程控制的同时，对养殖鱼类进行后期"吊水""瘦身"等处理，或者对"鱼片""鱼糜"等加工产品进行脱臭处理。

来自于水体的异味物质有哪些？是如何富集到鱼体体表或体内的？如何进行养殖过程控制或养殖后期控制？这些问题值得我们关注。

池塘养殖水体生态系统中产物的异味物质主要来自于藻类、细菌、水体中有机物的分解，以及水体污染物，所表现的异味主要为"土腥味""霉味""柴油味"等。一是藻类等生物体的次级代谢产物，二是藻类等的腐败分解产物，三是水体有机物的分解产物。还要注意的是，一些藻毒素也是水体藻类死亡之后的腐败分解产物。

（一）土腥味物质种类

水体中的土腥味组成成分多且复杂，土腥味也是多种化合物质对人体嗅觉、味觉刺激的综合反应。最主要的致嗅物质成分有：土臭素（geosmin，GSM）、2-甲基异莰醇（2-methylisoborneol，2-MIB）、2-异丁基-甲氧基吡嗪（2-isobutyl-3-methoxy-pyrazine，IBMP）、2-异丙基-甲氧基吡嗪（2-isopropyl-3-methoxy-pyrazine，IPMP）、2,4,6-三氯苯甲醚（2,4,6-trichloroanisole，TCA）等5种。

（1）土臭素（geosmin，GSM）

土臭素分子式$C_{12}H_{22}O$，分子量182.3，其化学结构式如下，化学名称为反-1,10-二甲基-反-9-萘烷醇（*trans*-1,10-dimethyl-trans-9-decalol），是一种具有土腥味的挥发性物质，也称土腥味素、土臭味素、土味素。主要由放射菌和蓝藻合成并分泌到水中，被水产动物吸收后产生异味。

土臭素

（2）2-甲基异莰醇（2-methylisoborneol，2-MIB）

2-甲基异莰醇的化学命名为1R-外型-1,2,7,7-四甲基双环［2.2.1］庚-2-醇，英文名为bicyclo，又名2-甲基异冰片。分子式：$C_{11}H_{20}O$，分子量：168.28，结构式如下。可溶于乙醇、己烷，难溶于水。为多种放线菌和藻类的次生代谢产物。

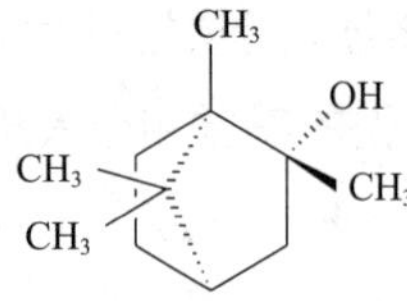

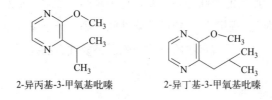

2-甲基异莰醇

土臭素（GSM）和2-甲基异莰醇（2-MIB）两种物质结构十分相似，均为环醇类物质。土臭素有着稳定的椅式结构，由两相连的六元环构成，为不规则的倍半萜化合物。不同的是，二甲基异莰醇（2-MIB）为类似于五元环结构，是单萜类化合物。两者的沸点数值分别是GSM的沸点为165℃、2-MIB的沸点为197℃，二者均为半挥发性物质。土臭素和2-甲基异莰醇的嗅阈值极低，为ng/L级别。纯水中土臭素的嗅阈值为1～10ng/L，而2-甲基异莰醇的嗅阈值为5～10ng/L，因此，10ng/L被认定为人类可感知该嗅味物质的最低限值。

（3）2-异丙基-3-甲氧基吡嗪（2-isopropyl-3-methoxy-pyrazine，IPMP）和2-异丁基-3-甲氧基吡嗪（2-isobutyl-3-methoxy-pyrazine，IBMP）

2-异丙基-3-甲氧基吡嗪是一种有机化学物质，分子式是$C_8H_{12}N_2O$，分子量152.19。

2-异丙基-3-甲氧基吡嗪　　　　2-异丁基-3-甲氧基吡嗪

（4）2,4,6-三氯苯甲醚（2,4,6-trichloroanisole，TCA）

2,4,6-三氯苯甲醚（TCA）是一种典型的土霉味物质，在饮用水处理中频繁检出，具有极低的嗅阈值（＜10ng/L）。

2,4,6-三氯苯甲醚是葡萄酒软木塞被污染而产生强烈泥土/发霉气味的物质，同时也是水体中主要的异味物质。在软木塞内的霉菌分解其生长环境中的2,4,6-三氯苯酚，并产生2,4,6-三氯苯甲醚，经木塞迁移到葡萄酒中，导致葡萄酒产生泥土/发霉气味，且痕量（2～10ng/L）的TCA便会产生令人不悦的气味。美国食品药品监督管理局的研究报告结果显示，2,4,6-三氯苯甲醚的阈值水平是3.1ng/L。

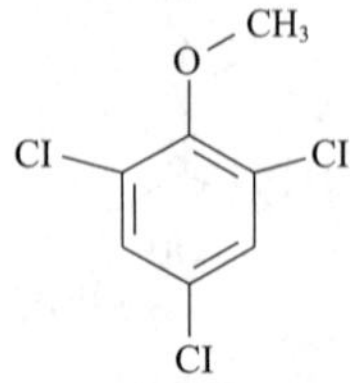

2,4,6-三氯苯甲醚

（5）β-环柠檬醛（β-cyclocitral）

β-环柠檬醛是一种化学物质，分子式是$C_{10}H_{16}O$，化学结构式如下。主要由蓝藻中的微囊藻所产生，通常在较浅的富营养化湖泊、发生微囊藻"藻华"时含有较高浓度，具有较强的草味等嗅味。

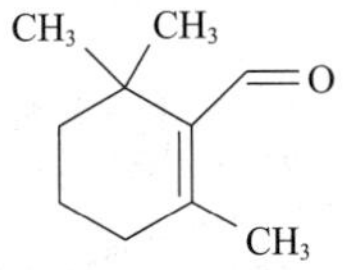

β-环柠檬醛

(6) 二甲基三硫 (dimethyl trisulfide)

二甲基三硫，别名甲基三硫醚，分子式为$C_2H_6S_3$，分子量为126.25，化学结构式如下。许多细菌可将含硫的蛋氨酸以及半胱氨酸分解代谢产生二甲基三硫，青草以及藻类等生物体蛋白质在缺氧腐败过程中也能够产生此类物质。水体中高浓度有机体腐败过程也产生二甲基三硫。

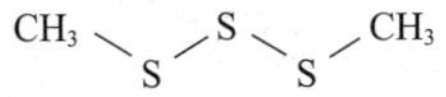

二甲基三硫

值得参考的是，2007年无锡饮用水臭味事件中，经过鉴定分析，其主要致嗅物质及其含量（于建伟等，2007）为：二甲基三硫（腥臭味）0.01μg/L、2-甲基异莰醇（霉味）0.009μg/L、β-环柠檬醛（草味、藻味）0.5μg/L、土臭素（土味）0.004μg/L、紫罗兰酮（花香味、草味）0.007μg/L。

(7) 水体嗅味物质轮状图

异味是借助于人的感觉器官（鼻、口和舌）而被感知的，它包括两个方面：即嗅觉异味和味觉异味。对于饮用水嗅味的分类，国外普遍采用饮用水嗅味轮图，如图11-28所示（卢宁等，2016）。嗅味轮将饮用水中嗅味分成3大类13种嗅味类型，其中鼻子可闻到的嗅觉异味最为常见、危害大，分为土霉味、芳香味、草木味、鱼腥味、烂菜味、化学品味、氯化物味及药味8种，最外圈部分列出了经过确认能产生相应异味的特征物质，目前共约40种。

水体中土腥味、霉味物质来源于藻类、放线菌，同时也包括水体有机物分解所产生的物质。目前研究较多的是饮用水异味物质及其来源，其次是养殖水体中异味物质的来源及其对养殖渔产品风味的影响。

（二）饮用水中土腥味物质及其评价

饮用水的水源地一般为湖泊、水库或江河，其中的藻类、放线菌等可能产生土臭素（GSM）、2-甲基异莰醇（2-MIB）等具有土霉味、土腥味的物质。我国也制定了相应的控制标准和检测评价方法。例如，GB 5749—2006《生活饮用水卫生标准》中，感官性状和一般化学指标中对"臭和味"提出了"无异臭、异味"的限值标准，对于特定嗅味物质的量化标准限值在附录A的表A.1中，列出了限值：土臭素10ng/L、2-甲基异莰醇10ng/L。

在GB/T 32470—2016《生活饮用水臭味物质 土臭素和2-甲基异莰醇检验方法》中，规定了测定生活饮用水及其水源水中，二种异味物质土臭素和2-甲基异莰醇顶空固相微萃取（solid phase microextraction，SPME）后，采用气相色谱-质谱法（gas chromatography-mass spectrometry，GC-MS）的SPME-GC-MS定量检测方法，检测精度达到ng/L，基本能够满足痕量土霉味物质的检测需求。

关于饮用水中异味物质的评价方法，在GB/T-5750.4—2006《生活饮用水标准检验方法 感官性状和物理指标》中，规定了用嗅气味和尝味法测定生活饮用水及其水源水的"臭和味"，分常温时和煮沸后进行嗅气和尝味，用适当的文字加以描述，并按6级记录其强度。

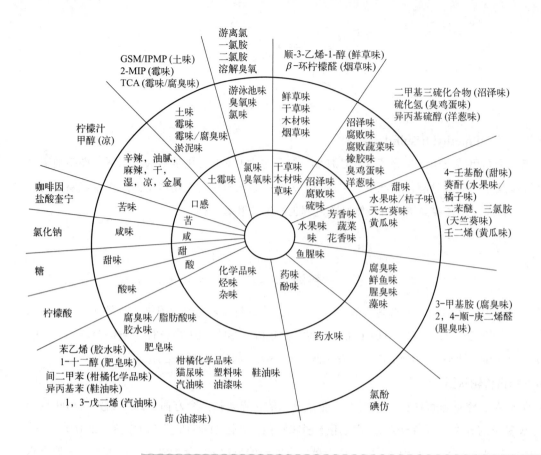

图11-28 嗅味轮示意图
引自卢宁等，2016

（三）产生土臭素（GSM）和2-甲基异莰醇（2-MIB）的水体浮游生物

综合国内外研究资料，水域生态环境中能够产生土臭素和2-甲基异莰醇的藻类见表11-9。微囊藻属（*Microcystis*）产生β-环柠檬醛，它是一种具有烟草味、霉味的物质，会导致水体产生异味；绿藻（*Chlorophyta*）产生的β-环柠檬醛与β-紫罗兰酮均是异味物质产生的主要原因。水体中产生土臭素和2-甲基异莰醇的藻类以蓝藻为主，尤其是阿氏颤藻（*Oscillatoria agardhii*）是产生土腥味物质的源头。产生土腥味的蓝藻还包括鱼腥藻（*Anabaena*）、鞘丝藻（*Lyngbya*）、微囊藻（*Microcystis*）和束丝藻（*Aphanizomenon*）等。主要原因是，土臭素（GSM）属于倍半萜类化合物，而2-甲基异莰醇（2-MIB）属于单萜类化合物，大多数蓝藻具有萜类化合物合成途径。徐盈曾对武汉东湖进行过调查研究，发现东湖中席藻（*Phormidiaceae*）与放线菌是产生2-MIB的主要源头，并且2-MIB浓度与放线菌生物量呈正相关。在对密云水库水体异味情况调查过程中，发现水体中大量的蓝绿藻，如颤藻、鱼腥藻，以及颗粒直链藻（*Melosira granulata*）是产生异味的主要原因。

水产养殖过程中，投喂过量饲料和动物粪便的积累都会造成养殖水体富营养化，为蓝藻等浮游植物大量繁殖提供条件，成为产生水产养殖异味物质的主要原因。水体中土臭素和2-甲基异莰醇的浓度变化与蓝藻的生物量及死亡有较为紧密的关系，可通过对水源地藻类种类和生物量的检测，预测臭味物质的变化规律。同时，可以通过控制藻类种类比例及其生物量，实现对2-MIB和GSM含量的有效控制。池塘养殖过程中，如何控制蓝藻成为水质控制、水体藻类控制的重要技术目标。对环境因子包括水体盐度、溶解氧、叶绿素等指标的检测是当前非常有效的手段，可以判断出它们的变化与土腥味物质的关系。

表11-9　水体中产生土臭素（GSM）或2-甲基异莰醇（2-MIB）的藻类

藻株		异味化合物
Anabaena sp.	鱼腥藻属	GSM
Anabaena solitaria	单丝鱼腥藻	GSM
Anabaena macrospora	巨孢鱼腥藻	GSM
Anabaena flos-aquae	水华束丝藻	GSM
Aphanizomenon gracile	柔细束丝藻	GSM
Anabaena viguieri	威格鱼腥藻	GSM
Anabaena variabilis	多变鱼腥藻	GSM
Anabaena scheremetievi	许门鱼腥藻	GSM
Anabaena circinalis	卷曲鱼腥藻	GSM
Anabaena aestuarii	艾氏鱼腥藻	GSM，2-MIB
Oscillatoria agardhii	阿氏颤藻	GSM
Oscillatoria brevis	镰头颤藻	GSM，2-MIB
Oscillatoria chalybea	铜绿颤藻	2-MIB
Oscillatoria curviceps	弯曲颤藻	2-MIB
Oscillatoria geminata	双点颤藻	2-MIB
Oscillatoria limnetica	沼泽颤藻	2-MIB
Oscillatoria limosa	泥生颤藻	2-MIB
Oscillatoria simpilossima	极简颤藻	GSM
Oscillatoria splendida	灿烂颤藻	GSM
Oscillatoria tenuis	弱细颤藻	GSM，2-MIB
Oscillatoria perornata	美丽颤藻	2-MIB
Westiellopsis prolifica	繁育拟惠氏藻	GSM
Oscillatoria cortiana	皮质颤藻	GSM
Oscillatoria variabilis	多变颤藻	GSM
Phormidium tenue	纤细席藻	2-MIB
Pseudanabaena sp.	拟鱼腥藻属	2-MIB
Phormidium inundatum	洪水席藻	GSM
Lyngbya aestuarii	河口鞘丝藻	GSM
Lyngbya cryptovaginata	隐鞘鞘丝藻	2-MIB
Lyngbya sp.	鞘丝藻属	GSM
Nostoc sp.	念珠藻属	GSM，2-MIB
Schizothrix muelleri	米氏裂须藻	GSM
Symploca muscorum	藓生束藻	GSM
Synechococcus sp.	集球藻属	2-MIB

关于水产养殖水体中藻类种类及其生物量与水体土腥味物质含量及鱼体异味程度的评价也有较多的研究。殷守仁等（2003）对北京市部分养殖池塘水体藻类与鱼体异味的关系进行了研究。人能够品尝出鱼体异味物质的临界点为10mg/kg，以鱼体异味程度的感官评价为指标，得到池塘不同藻类生物量与鱼体异味之间的关系，见表11-10。蓝藻是最可能引起鱼类异味的藻类，但硅藻和绿藻的一些种类也有可能引起鱼的异味。随着池塘中浮游藻类总生物量的提高，鱼体异味程度有加剧趋势，但池塘中总生物量高并非一定会引起异味，鱼体异味是由浮游藻类中的一部分种类引起的，并非全部浮游藻类的种类都能够引起鱼体异味。例如有的池塘浮游藻类总生物量达到50mg/L或更多，鱼体并不含有土腥等异味。王赛（2012）对广东地区池塘养殖罗非鱼体内土腥味物质与藻类的关系进行了研究，在罗非鱼生长旺盛的7～9月份，水体中出现能够通过自身代谢过程产生GSM和2-MIB的藻类有螺旋鱼腥藻（*Anabaena spiroides*）、卷曲鱼腥藻（*Anabaena circinalis*）、拟鱼腥藻属（*Anabaenopsis*）、小颤藻（*Oscillatoria tenuis*）、阿氏颤藻（*Oscillatoria agardhii*）、鞘丝藻属（*Lyngbya* sp.），这些浮游植物的种类和数量在泥土底质池塘水体中的数量较多，分布较为广泛，这是土塘养殖罗非鱼土臭味严重的主要原因。随鱼体质量的增加，鱼肉中的土臭味物质GSM和2-MIB含量不断增加，这说明土臭味物质在鱼体内经过鳃不断吸收，产生了富集作用。

表11-10　浮游藻类种类以及生物量与鱼体异味的关系

浮游藻种类	生物量/（mg/L）	
	异味轻微	异味严重
颗粒直链藻 *Melosira granulata*	0.4～0.9	1.1～22.3
针杆藻 *Synedra* spp.	3.0～6.2	14.1～34.7
舟形藻 *Navicula* spp.	10.0～28.9	—
菱形藻 *Nitzschia* spp.	—	5.2～10.6
栅藻 *Scenedesmus* spp.	0.9～2.2	—
蓝球藻 *Chroococcus* spp.	0.1～0.2	0.2～0.7
蓝纤维藻 *Dactylococcopsis* spp.	0.01～0.20	0.3～1.0
颤藻 *Oscillatoria* spp.	0.3～0.5	3.3～12.4
席藻 *Phomidium* spp.	—	0.5～2.5
鱼腥藻 *Anabaena* spp.	0.3～0.6	—
浮游藻类总生物量	12.7～18.1	42.9～94.8

徐立蒲等（2007）同样以北京市部分池塘为试验对象，研究了淡水鱼池土腥异味物质含量与浮游藻类和放线菌生物量的关系。结果发现，土臭素在精养鱼池中普遍存在，含量为1.22～35.58ng/L，2-甲基异莰醇在部分鱼池中被检出，含量1.39～6.00ng/L。鱼池中浮游藻类总生物量与土臭素含量正相关，精养鱼池中共检出浮游藻类6门22属，生物量17.33～178.34mg/L，以硅藻和裸藻为主。放线菌共测到4个属，其中链霉菌（*Streptomyces* sp.）是主要种类，放线菌总生物量0～76×10⁴ind/L。而在天津地区寡盐水养鱼池水体中普遍存在GSM和2-MIB，其中2-MIB是鱼池中的主要异味物质成分，浓度为0.33～5302.7ng/L，GSM浓度相对较低（0.29～12.10ng/L），天津地区鱼池中2-MIB含量与放线菌呈正相关。

（四）藻类细胞中GSM和2-MIB的存在形式

土臭素和2-甲基异莰醇是藻类的次级代谢产物，进入水体中后挥发刺激人体嗅觉和味觉产生土腥味。能够产生土臭素和2-甲基异莰醇的藻类或放线菌具有相应的合成代谢能力和途径，产生的土臭素和2-甲基异莰醇如果仅仅留存在藻体或菌体中则不易挥发、不被人体感觉到，一旦释放到水体，并达到一定浓度之后则可以被人体感觉到。

研究发现蓝藻细胞内的颗粒状GSM分为两部分，一部分溶解于细胞液中，另一部分与蛋白质相结合。在细胞液中，使用极性溶剂能够将与叶绿素和类胡萝卜素构成大分子蛋白质——色素完整光合体系的GSM萃取出来。吸附在类囊体表面的藻胆色素与GSM和2-MIB通过氢键和范德瓦耳斯力相连接。观察到大部分GSM储存于放线菌或者蓝藻细胞内，只有很少部分释放到环境当中。颗粒状与溶解性的GSM和2-MIB二者之间会发生相互转化，通过异养微生物的降解作用，颗粒状与溶解性的GSM或2-MIB的相对含量会发生变化，且GSM和2-MIB很难被降解，从而导致颗粒状的GSM或2-MIB迅速地转变为溶解性的GSM和2-MIB。

二、鱼体对水体土腥味物质的吸收

源自于水体藻类、放线菌的GSM和2-MIB是如何进入鱼体，并在鱼体尤其是肌肉中富集的？这是值得关注的重要问题，目前的研究资料非常有限。

（一）鱼体对水体藻类异味物质的吸收

（1）土臭素和2-甲基异莰醇的溶解性

土臭素和2-甲基异莰醇由水体中藻类、放线菌产生，并释放到水体中。水体中的土臭素和2-甲基异莰醇如何进入鱼体体内呢？土臭素和2-甲基异莰醇进入鱼体体内之后应该随血液转移到身体的不同组织器官中，并沉积下来。鱼类身体内环境也是水溶体系的极性环境。因此，土臭素和2-甲基异莰醇在水溶体系中的溶解性涉及在水体中、鱼体内环境中、器官组织中的溶解与分配、沉积量。

正辛醇-水分配系数（octanol-water partition coefficient，Kow，或称辛醇-水分配系数）是讨论有机污染物在环境介质（水、土壤或沉积物）中分配平衡的极其重要的参数。Kow定义为某一有机物在某一个温度下，在正辛醇相和水相达到分配平衡之后，在两相的浓度的比值。Kow值大于10的物质被认为是非极性的物质。土臭素和2-甲基异莰醇分配系数Kow值分别为3.70和3.13，同属弱极性分子。土臭素和2-甲基异莰醇25℃下在水中的溶解度分别为150.2mg/L和194.5mg/L，属微极性脂溶性化合物，溶于甲醇、正己烷、二氯甲烷和二硫甲烷等有机溶剂。

因此，从土臭素和2-甲基异莰醇的分子极性和在水相中的溶解性看，均为弱极性的分子，在水溶液中的溶解度很低；相应的在非极性溶剂中溶解度较大。在养殖过程中，它们可以随油脂被水产动物吸收、转运，并随油脂在体内不同器官组织沉积。

（2）鱼体的吸收部位与吸收方式

鱼类是生活在水域环境中的动物，从水域环境中富集特定物质可以通过接触水体的组织如鳃、皮肤等，也可以通过食物链或人工饲料进入水体后的吸附并带入消化道，通过消化道进行吸收。先前的一些试验主要还是在水体中引入土臭素和2-甲基异莰醇，之后取材鱼体肌肉或整个鱼体，测定其中土臭素和2-甲基异莰醇的含量。这种试验方法得到的结果应该是鱼体的鳃、皮肤等直接吸收土臭素和2-甲基异莰醇的结果。杨玉平（2010）研究了土臭素和2-甲基异莰醇在斑马鱼体中的富集情况，当斑马鱼暴露在含有土臭素和2-甲基异莰醇的水体中，土臭素和2-甲基异莰醇会迅速富集到斑马鱼体内。而且，水体中土臭素和2-甲基异莰醇的浓度越高，斑马鱼体中土臭素和2-甲基异莰醇的浓度也越高。在0~2d富集速度较快，2~7d富集变化趋势缓慢，土臭素的富集速度较2-甲基异莰醇快。将含有土臭素和2-甲基异莰醇的斑马鱼体暂养于清水中，随清水暂养时间的增加，鱼体中土臭素和2-甲基异莰醇的浓度下降缓慢。试验结果表明，环境水体中的土腥味物质通过鱼体鳃和皮肤呼吸进入鱼体，在鱼体内富集，导致鱼体产生严重的土腥味，而且这些土腥味物质在清水中的解析速度非常缓慢。据报道，在含有土臭素的水体中，3h后虹鳟鱼就有强烈的土霉味，但是清水暂养144h后，鱼体内土臭素的浓度才达到阈值以下。富含脂质的组织如鱼皮和内脏中土腥味物质的富集速度较快，浓度较高。如在沟鲶脂肪中检出的土臭素和2-甲基异莰醇浓度高于养殖水中的2~4倍。鱼类通过渗透作用产生异味的速度相当迅速，土臭素和2-甲基异莰醇几分钟内即可从水体中渗透到鱼体中。

因此，从现有的结果分析，鱼类长期生活在含较高浓度土臭素和2-甲基异莰醇的水体中，可以通过鳃、皮肤等组织吸收水体中痕量的土臭素和2-甲基异莰醇，进入鱼体后则主要沉积在脂肪含量高的组织中，这是因为土臭素和2-甲基异莰醇都是弱极性物质，在脂肪中的溶解度较大的缘故。至于具体的吸收机制、转移途径等还没有研究报道。

（二）鱼体中土臭素和2-甲基异莰醇含量与感觉阈值

土臭素和2-甲基异莰醇在纯水中的感觉阈值为10ng/L，这是饮用水中土臭素和2-甲基异莰醇的最高限量。鱼体中以及鱼肉及其加工产品中，土臭素和2-甲基异莰醇主要随脂肪存在，人体能够感觉到土臭素和2-甲基异莰醇的土腥味的阈值高于其在纯水中的阈值，尤其是味觉阈值会高于嗅觉的阈值。例如，饮用水中土臭素和2-甲基异莰醇的最高限量为10ng/L，而在鱼肉中能够感知到的土臭素和2-甲基异莰醇会在μg/kg的含量水平，远远高于土臭素和2-甲基异莰醇在纯水中的浓度。例如，人对鱼肉中土臭素（geosmin）的气味阈值为6~10μg/kg。人对不同鱼肉中异味化合物的气味阈值有差异，如对2-甲基异莰醇（2-MIB）在虹鳟鱼肉中的气味阈值为0.6μg/kg，在沟鲶肉中则为0.7μg/kg。一般认为，土臭素在鱼体内含量达到0.9μg/kg、2-甲基异莰醇达到0.6μg/kg时，鱼体中的土腥味会严重影响鱼产品的品质。

一般采用感官分析的方法来评价鱼体、鱼肉中土臭素和2-甲基异莰醇的最高量，人的嗅阈值可以作为渔产品中土臭素和2-甲基异莰醇的最高限量值。依据现有的研究结果，对于水产品，通过感官评价能够感知到土臭素和2-甲基异莰醇的气味、味觉阈值也有较大的差异，这或许与土臭素和2-甲基异莰醇在鱼体中的存在方式有关。

据报道，1977年在芬兰湾波尔沃（porvoo）海域捕捞的欧鳊（*Abramis brama*）由土臭素引起异味，其临界浓度为10μg/g。在海水中饲养的虾类也被发现具有强烈的土腥味，虾尾部肌肉含土臭素高达78μg/g。也有报道认为，鱼体中土臭素（GSM）或2-甲基异莰醇（2-MIB）任一种浓度超过0.7μg/kg时，这样的鱼类就不适合零售。对鲑科鱼类的研究发现，淡水养殖虹鳟体内2-MIB含量为0.73μg/kg，半咸水养殖银鲑体内GSM含量高达4.58μg/kg。在我国广东地区养殖的罗非鱼肌肉中，有研究检测到2-MIB含量从3.2μg/kg至36.66μg/kg不等，应该可以感知到鱼肉的土腥味较为严重。

三、鱼和鱼产品中土腥味的感官评价

对来自水体生物的土腥味评价，在饮用水领域较为完善，已经有标准化的定量检测和感官评价方法了。而对于养殖鱼类和其他水产品，目前还处于发展初期。

研究较多的土腥味物质是土臭素和2-甲基异莰醇，也是水产品活体动物及其肌肉等加工产品中主要的土腥味物质。关于水产品中土腥味物质含量与土腥味感官感觉程度的关系有一定的研究，其标志性的结果就是建立了水产品中土臭素和2-甲基异莰醇的感官阈值浓度，即土臭素在鱼体内含量达到0.9μg/kg、2-甲基异莰醇达到0.6μg/kg作为最高限量，也是嗅味、口味可以感觉到土腥味的阈值浓度。虽然这个阈值浓度显著高于饮用水中的阈值浓度，但检测下限也是微克级别，定量检测可以对样品顶空固相微萃取后，采用气相色谱-质谱法的定量检测方法，这对于一般性的水产企业而言还是难以达到相应的仪器设备要求。因此，感官鉴定并进行评分、等级划分就是相对有效的方法。

感官评定法评价水产品的异味物质最为直接、最为简便。然而，对水产品中土腥味物质的感官评价方法还不完善。GB/T 37062—2018《水产品感官评价指南》适用于生鲜、冷冻、即食及干制水产品的感官评价。对土腥味的定义描述为"常在淡水鱼中出现的，由土味素、2-甲基异冰片等产生的味道"，但没有可操作的土腥味感官评价方法，尚处于研究、试验阶段。

由食品工业发展而来的异味轮廓分析技术（flavour profile analysis，FPA）在经过多年的发展后，现在被广泛用于异味鉴定分析；感官评价的结果就是确定嗅阈值（threshold odor number，TON），建立感官评价的操作程序和要求，并对样本进行评价、分级。

人对不同浓度的2-MIB水溶液有不同的味觉反应，2-MIB在纯水中的嗅阈值低于2ng/L。2-MIB浓度不同，人的味觉感知结果也不同，当2-MIB的浓度较低时（10～100ng/L），有清凉的冰片感；当浓度为500～10000ng/L时，呈土腥味；而浓度更高时，则产生樟脑味。

美国检测斑点叉尾鮰异味的操作方法是：每口池塘选1尾鱼，去头和内脏，不去皮，去掉鱼体尾部1/3，并保持皮肤完整。不加任何调味品（包括盐），用以下的任何一种方法烹调，直到鱼肉易破碎呈薄片的状态。

① 将鱼用铝箔包好并在220℃温度下烧烤20min；

② 将鱼体放在一张小纸或塑料袋或有盖的盘子里，在高功率微波炉中处理（每50g需20min）；

③ 烹调后闻一下鱼体，注意有无难闻气味，随后品尝一下鱼肉，注意有无讨厌的异味。

殷守仁等（2004）在水中和鲤肉糜中定量加入2-MIB，组织人员品尝，确定了土腥味感官评分与实际含量之间的对应关系，制定了对土腥味感官评价的评分标准。试验表明，鱼肉中2-MIB的含量越大，其土腥味越大；2-MIB含量小，土腥味就小。以此建立了土腥味含量与品尝人员味觉反应之间的定量关系，见表11-11。得到在鲤鱼肌肉中2-甲基异莰醇的阈值为0.5μg/kg。

表11-11　鲤土腥味感官评分标准

味觉反应	2-MIB浓度/（ng/kg）	评分	接受程度
正常鱼肉味	0		正常可接受
正常鱼肉味	100	10～9	正常可接受
有轻微的土腥味感	500	8～7	正常可接受
有明显的土腥味感	1000	6～5	可接受
有较重的土腥味感	5000	4～3	基本可接受
有极重的土腥味感	10000	2～1	较难接受

四、源自于鱼体物质分解产生的风味物质

食品的风味是食物刺激味觉和嗅觉受体而产生的综合生理反应。风味物质包括了非挥发性物质（一般为水溶性成分）和挥发性物质，挥发性物质容易挥发，弥散在食物形成的蒸汽或空气中，既可以对嗅觉产生影响，也可以对口味产生重要的影响。水产品中挥发性呈味物质对风味影响很大，其种类也非常多。

（一）水产品中挥发性物质检测技术和方法

水产品的挥发性物质组成复杂，且含量非常低，部分风味物质的含量低到ng/kg级别，多数是在μg/kg级别，这种痕量的物质成分要定量检测出来需要非常精密的仪器，甚至是仪器的组合作用才能实现，这就需要有样本的处理技术，将痕量成分进行浓缩或提取，之后再采用精密仪器进行定量检测。

常见的前处理方法主要包括闭环捕集法（CLSA）、开环捕集法（OLSA）、液-液萃取法（liquid-liquid extraction, LLD）、搅拌棒吸附法（stir bar adsorptive extraction, SBSE）、微波蒸馏提取法（MAD-SE）、固相微萃取法（solid-phase microextraction, SPME）、顶空固相微萃取法（headspace solid-phase microextraction, HSPME）和吹扫捕集法（purge and capture technique, P&T）等。样本经过前处理后，再利用仪器进行定量检测和组成成分的鉴别或鉴定。定量检测常用的方法包括：气相色谱技术（GC）、气相色谱-质谱联用技术（GC-MS）。

因此，对痕量风味物质的定量分析技术包含了样本的前处理技术与定量检测技术的组合。常用的组合技术包括了微波蒸馏-固相微萃取-气质联用技术、固相微萃取-气质联用技术等。例如，利用微波蒸馏-固相微萃取-气质联用技术检测斑点叉尾鮰肌肉中土腥味物质，GSM与2-MIB检出限分别为0.25μg/kg和0.1μg/kg。该方法进一步优化之后，对大口黑鲈和白鲟肌肉中的GSM与2-MIB含量，二者检测限均为0.001μg/kg，检测能力显著提升。王国超（2012）也运用该方法检测罗非鱼肌肉中土腥味物质含量，得到GSM与2-MIB检出限分别为0.044μg/kg和0.095μg/kg，加标回收率分别可以达到42.7%和61.9%。

（二）新鲜鱼的挥发性风味物质

非常新鲜的活鱼和生鱼片具有令人愉快的芳香味，而一部分特殊的鱼类，如对香鱼、胡瓜鱼特有香气鱼类的研究表明，这些香气成分主要为2-反,6-顺-壬二烯醛、3-顺,6-顺-壬二烯醇等C_9羰基化合物、C_6羰基化合物、C_8羰基化合物和醇类。一些低分子量的醛类化合物对蒸煮以后鱼的特征香味有贡献，尤其是一些烯醛类及二烯醛类化合物。如2,4-二庚烯醛、2-辛烯醛、2-壬烯醛、2,4-二癸烯醛等对蒸煮以后鱼肉的特征香味贡献更大。

淡水鱼类带有一定程度的土腥味，前面已经分析了土腥味的主要物质成分及其来源。新鲜淡水鱼中的香味物质与1-辛烯-3-醇、2-辛烯醇、1-壬烯-3-醇、2-壬烯醇相关，其中1-辛烯-3-醇是一种亚油酸的氢过氧化物的降解产物，具有类似蘑菇的气味，它普遍存在于淡水鱼及海水鱼的挥发性香味物质中。

海水鱼类及海水来源的其他水产品带有一定程度的鱼腥味，主要是海水来源的水产品中氧化三甲胺含量较高。海水鱼中含有大量的氧化三甲胺，尤其是白色的海水鱼（如比目鱼），而淡水鱼中含量极少，故一般海水鱼的腥臭气比淡水鱼更为强烈。淡水鱼中氧化三甲胺的含量为4～6mg/kg；而海水鱼中含量较多，海水硬骨鱼为40～100mg/kg，海水软骨鱼为700～900mg/kg。

当鱼的新鲜度稍差时，其嗅感增强，呈现一种极为特殊的气味。这是由鱼体表面的腥气和由鱼肌肉、脂肪所产生的气味（成分有三甲胺、挥发性酸等）共同组成的一种臭气味，以腥气为主。鱼腥气的特征成分是存在于鱼皮黏液内的δ-氨基戊酸、δ-氨基戊醛和六氢吡啶类化合物共同形成，在鱼的血液内也含有氨基戊醛。在淡水鱼中，六氢吡啶类化合物所占的比重比海水鱼大。

当鱼的新鲜度继续降低时，最后会产生令人厌恶的腐败臭气。这是由于鱼表皮黏液和体内含有的各种蛋白质、脂质等在微生物的繁殖作用下，生成了硫化氢、氨、甲硫醇、腐胺、尸胺、吲哚、四氢吡咯、六氢吡咯等化合物而形成的。

（三）水产品中的挥发性化合物种类

刘方芳（2020）采用整体材料吸附萃取（MMSE）提取美国大口胭脂鱼肉中的挥发性物质，并利用气相色谱-质谱-嗅觉测量（gas chromatography-mass spectrometry/olfactometry，GC-MS/O，分析了美国大口胭脂鱼肌肉中的挥发性成分，共检测到42种挥发性成分，其中，醛类物质10种、醇类物质6种、酮类物质4种、酯类物质2种、烃类物质9种、芳香化合物8种、其他3种。醇类和羰基类物质占挥发性化合物的62.78%，芳香类化合物占28.13%。美国大口胭脂鱼肌肉中挥发性物质含量较高的是苯，占挥发性成分总量的14.87%，其次为己醛14.17%、1-戊烯-3-醇9.88%、甲苯6.32%、1-辛烯-3-醇5.44%、1-戊醇4.61%、苯甲醛4.59%、E-2-戊烯醛3.39%、2,3-戊二酮3.39%、辛醛2.92%、壬醛2.57%、6-甲基-5-庚烯-2-酮2.48%、1-己醇1.72%、2,3-辛二酮1.33%、Z-2-戊烯-1-醇1.01%、苯乙酮0.75%等化合物。采用芳香萃取物稀释分析法（AEDA）筛选关键气味物质得到18种风味活性物质，其中风味活性最强的物质为己醛（青草味）、1-戊烯-3-醇（蘑菇味）和1-辛烯-3-醇（蘑菇味）等物质。

施文正（2010）采用固相微萃取（SPME）结合GC-MS的方法，在养殖的草鱼背肉、腹肉、红肉、鱼皮、鱼肠和鱼鳃分别检出42、41、43、48、45和41种挥发性化合物；草鱼背肉、腹肉和红肉的挥发性成分以羰基化合物和醇类为主，相对含量分别达到95.76%、91.97%和96.87%。根据气味活度值法确定出养殖草鱼各部位的特征性挥发成分，背肉特征性挥发成分有12种：1-辛烯-3-醇、2,6-壬二烯醛、壬醛、(E,E)2,4-癸二烯醛、(E,Z)2,4-癸二烯醛、己醛、2-壬烯醛、辛醛、2-癸烯醛、庚醛、1-庚醇和2-辛烯醛等；腹肉的特征性挥发成分有12种：1-辛烯-3-醇、2,6-壬二烯醛、壬醛、(E,E)2,4-癸二烯醛、(E,Z)2,4-癸二烯醛、2-壬烯醛、辛醛、己醛、2-癸烯醛、1-庚醇、2-辛烯醛和庚醛等；养殖草鱼红肉的特征性挥发成分有9种：1-辛烯-3-酮、(E,Z)2,4-癸二烯醛、(E,E)2,4-癸二烯醛、2,6-壬二烯醛、2-壬烯醛、1-辛烯-3-醇、2,4-壬二烯醛、壬醛和己醛等；草鱼鱼皮的特征性挥发成分有6种：1-辛烯-3-酮、2,6-壬二烯醛、1-辛烯-3-醇、2-壬烯醛、(E,E)2,4-癸二烯醛和壬醛等；草鱼鱼肠的特征性挥发成分有5种：1-辛烯-3-酮、1-辛烯-3-醇、2,6-壬二烯醛、(E,E)2,4-癸二烯醛和2-壬烯醛等；草鱼鱼鳃的特征性挥发成分有7种：1-辛烯-3-酮、2,6-壬二烯醛、(E,Z)2,4-癸二烯醛、(E,E)2,4-癸二烯醛、2,4-壬二烯醛、2-壬烯醛和1-辛烯-3-醇等。同时，在春季、夏季、秋季和冬季的草鱼背肉分别确定出21、43、42和42种挥发性成分，春季、夏季、秋季和冬季的草鱼腹肉分别确定出26、44、41和26种挥发性成分，春季、夏季、秋季和冬季的草鱼红肉分别确定出48、46、43和53种挥发性成分，挥发性成分中都以醛酮类和醇类为主；电子鼻可以区分不同季节的草鱼背肉、腹肉和红肉，但相对来说季节变化对背肉和腹肉挥发性成分的影响比对红肉大。

江健等（2006）以我国主要食用养殖淡水鱼鲢、鳙、鲫和草鱼为原料，采用固相微萃取、顶空固相微萃取（HS-SPME）和气-质联用仪（GC-MS）检测方法，分别检出鲢、鳙、鲫和草鱼肉中有40、42、42、31种挥发性成分，均以挥发性羰基化合物和醇类为主，其相对含量分别为63.33%、72.69%、76.16%和55.40%。挥发性羰基化合物和醇类含量越高，气味越强烈，鲫和鳙的气味相近，四种鱼肉按气味的强弱排列次序为鲫、鳙、鲢、草鱼。

章超桦等（2000）研究了鲫鱼的挥发性成分和气味，新鲜鲫以草腥味、泥土味等混合的气味为主，其强度以内脏最强，皮次之，肌肉最弱。采用GC-嗅觉感官试验和GC-MS鉴定结果表明，与鲫特征性气味最为相关的成分为己醛；其他相关物质有1-戊烯-3-酮、2,3-戊二酮、1-戊烯-3-醇、反-2,顺-4-庚二烯醛、1-辛烯-3-醇、1,5-辛二烯-3-醇等$C_5 \sim C_8$的羰基化合物和醇类。

胡静等（2013）采用顶空固相微萃取法（HS-SPME）与气相色谱质谱联用法（GC-MS）分离鉴定了鳜鱼肌肉的挥发性风味物质，鳜鱼肌肉共鉴别出37种挥发性成分，其中含量较高的是醛、醇、酮类化合物，根据分析出的挥发性成分的风味特征可知对鳜鱼肌肉挥发性风味贡献较大的物质有己醛、庚醛、壬醛、1-辛烯-3-醇、2,5-辛二酮等。

王锡昌等（2005）用顶空固相微萃取与气质联用法分析测定了鲢肉中风味成分，共检出并确定48种成分，这些成分多数是一些羰基类及醇类化合物，其总含量高达88.23%，其中以1-辛烯-3-醇的含量最多，为18.95%，1-辛烯-3-醇一般表现为土味、蘑菇味；其次是一些直链的饱和醛类，如己醛、庚醛、辛醛、壬醛、癸醛等，而这些醛类通常产生一些令人不愉快、辛辣的刺激性气味，并且普遍存在于淡水鱼中。

（四）水产品中挥发性风味物质的来源

水产品中的挥发性风味物质主要来源于体表和体内的特殊成分，尤其是鱼体死亡后的自溶作用和微生物的腐败作用。

鱼表皮黏液和体内含有的各种蛋白质，分解成肽和氨基酸后，在酶和微生物的作用下，进一步经过脱羧和脱氨反应生成δ-氨基戊酸、δ-氨基戊醛和六羟基吡啶等腥味物质。鱼体内含有的氧化三甲胺会在微生物和酶的作用下降解生成三甲胺（TMA）和二甲胺（DMA），纯净的三甲胺仅有氨味，与δ-氨基戊酸、六羟基吡啶等成分共同存在时就会增强鱼腥味。

脂类经水解形成游离脂肪酸，其中的不饱和脂肪酸因含有双键而在加热过程中易发生氧化反应，生成过氧化物，这些过氧化物进一步分解生成酮、醛、酸、炔烃、烯醇、烷基呋喃等挥发性化合物。如己醛、1-辛烯-3-醇、1,5-辛二烯-3-醇、2,5-辛二烯-3-醇等成分构成了新捕获鱼产品中香味成分，对确定品种的特征风味可能起着十分重要的作用。此外，糖类在鱼类风味的形成中也起着一定的作用。在产卵的鲑鱼和其他部分淡水鱼中发现了(E,Z)-1,3,5-辛三烯和(E,E)-1,3,5-辛三烯；而1,3-辛二烯能显示出一种蘑菇香和类腐殖质香，这些挥发性成分对鱼肉的整体风味可能起着重要的作用。

水产品在烹调、加工过程中的美拉德（Maillard）反应是形成风味的最基本反应之一，食品在加热过程中所发生的美拉德反应包括氧化、脱羧、缩合和环化反应，可产生各种香味特征的香味物质，如含氧、含硫杂环的呋喃、噻吩、噻唑类等，同时也生成硫化氢和氨。如半胱氨酸与核糖或相关化合物之间的美拉德反应生成2-甲基-3-呋喃硫醇，或者生成2-呋喃甲硫醇；硫胺素的降解也可以产生2-甲基-3-呋喃硫醇，或者生成2-呋喃甲硫醇；半胱氨酸与己糖之间的美拉德反应生成2,5-二甲基-3-呋喃硫醇。

五、鱼类的呈味物质

鱼类呈味的主体是游离氨基酸（Glu、Asp等）低肽、核苷酸（AMP、IMP等）、有机酸（乳酸）等，由于其组成的不同而使鱼肉的风味具有多样性。一般而言，红肉鱼类味浓厚，白肉鱼类味淡泊。如鰤鱼的味与组氨酸含量密切相关，鲣鱼浸出物中含有的大量组氨酸、乳酸及磷酸钾是加强鲣汁缓冲作用、强化呈味作用的主要因素，鼠鲨肌肉的合成抽出物含有鹅肌肽使味变得浓厚，而鲸中的鲸肌肽可使鲜味增强特别是味变浓厚。组氨酸、鹅肌肽均带有咪唑环，一般称为咪唑化合物。

无脊椎动物为了有效调节其开放性血管系统的渗透压，积累了大量的游离氨基酸和小分子化合物，对其水产品的风味有很大的影响。洄游性鱼类肌肉中含有大量的游离组氨酸，在微生物作用下转化为组胺的量较大，食物中组胺含量达到100mg/kg时就会引起中毒，以此作为水产品中组胺的卫生标准。

董双林，李德尚，1995.鲢鳙摄食能力的比较研究 [J]. 海洋与湖沼，(1): 53-57.

刘焕亮，崔和，李立萍，等，1992.鳙滤食器官胚后发育生物学的研究 [J]. 大连水产学院学报，(1): 1-10.

谢从新，2010. 鱼类学 [M]. 北京：中国农业出版社.

孟庆闻，苏锦祥，李婉端，1983. 鱼类比较解剖学 [M]. 北京：科学出版社.

刘宁，2012. 鱼类脂味觉的行为学检测及候选脂味受体CD36的克隆与表达 [D]. 青岛：中国海洋大学.

陈马康，钟俊生，杨爱辉，等，1993. 中国对虾食物消化排空时间的研究 [J]. 上海水产大学学报，(4): 169-175.

周文宗，张硌，高红莉，等，2008. 黄鳝排粪活动的初步研究 [J]. 水生生物学报，(3): 322-326.

余方平，许文军，薛利建，等，2007. 美国红鱼的胃排空率 [J]. 海洋渔业，(1): 49-52.

马彩华，陈大刚，沈渭铨，2003. 大菱鲆的摄食量与排空速率的初步研究 [J]. 水产科学，(5): 5-8.

张波，郭学武，孙耀，等，2001. 温度对真鲷排空率的影响 [J]. 海洋科学，(9): 14-15.

张波，谢小军，2000. 南方鲇的饥饿代谢研究 [J]. 海洋与湖沼，31(5): 480-484.

尾崎久雄，1983. 鱼类消化生理学：上、下 [M]. 上海：上海科技出版社.

亓振，陈晔光，2014. 小肠干细胞的命运调控 [J]. 中国科学：生命科学，44(10): 975-984.

李连之，黄仲贤，2001. 细胞色素c氧化酶研究新进展 [J]. 无机化学学报，17(6): 761-772.

郭玉文，曹婧然，2016. 细胞水平的抗氧化机制研究进展 [J]. 医学综述，22(1): 13-16.

刘伟丽，2007. 线粒体在细胞凋亡中作用的研究进展 [J]. 医学综述，13(8): 578-580.

王勇军，王长法，张士璀，2003. 水产动物中一氧化氮合酶的研究概况 [J]. 海洋水产研究，24(2): 88-94.

耿军伟，于涵，林枝，等，2015. 动物细胞中活性氧的生成及代谢 [J]. 生命科学，27(5): 609-615.

方允中，杨胜，伍国耀，2004. 自由基稳衡性动态 [J]. 生理科学进展，35(3): 199-204.

Xican Li, 2017. 2-Phenyl-4,4,5,5-tetramethylimidazoline-1-oxyl 3-Oxide (PTIO•) Radical Scavenging: A New and Simple Antioxidant Assay In Vitro [J]. Journal of Agricultural and Food Chemistry, 65, 6288-6297.

施一公，2010. 细胞凋亡的结构生物学研究进展 [J]. 生命科学，22(3): 224-228.

艾庆辉，严晶，麦康森，2016. 鱼类脂肪与脂肪酸的转运及调控研究进展 [J]. 水生生物学报，40(4): 859-868.

吉红，曹艳姿，林亚秋，等，2009. 草鱼前体脂肪细胞的原代培养 [J]. 水生生物学报，33(6): 1226-1230.

张文华，石碧，2009. 不饱和脂肪酸结构与自动氧化关系的理论研究 [J]. 皮革科学与工程，19(4): 5-9.

权素玉，南雪梅，蒋林树，等，2018. 动物氨基酸转运与感知系统研究进展 [J]. 动物营养学报，30(10): 3810-3817.

何庆华，孔祥峰，吴永宁，等，2007. 氨基酸转运载体研究进展 [J]. 氨基酸和生物资源，29(2):40-41.

王万铁，2006. 病理生理学 [M]. 杭州：浙江大学出版社.

王镜岩，朱圣庚，徐长发，2002. 生物化学：上、下 [M]. 北京：高等教育出版社.

李兆杰，2007. 水产品化学 [M]. 北京：化学工业出版社.

姚泰，2001. 生理学：第5版 [M]. 北京：人民卫生出版社.

姚新生，1999. 天然药物化学：第2版 [M]. 北京：人民卫生出版社.

陈誉华，2002. 医学细胞生物学 [M]. 北京：人民卫生出版社.

林浩然，1999. 鱼类生理学 [M]. 广州：广东高等教育出版社.

何大仁，蔡厚才，1998. 鱼类行为学 [M]. 厦门：厦门大学出版社.

殷名称，1993. 鱼类生态学 [M]. 北京：中国农业出版社.

南京中医药大学，2006. 中药大辞典：上、下，第2版 [M]. 上海：上海科学技术出版社.

郑荣梁，黄中洋，2007. 自由基生物学：第3版 [M]. 北京：高等教育出版社.

成嘉，褚武英，张建社，2010. 鱼类肌肉组织发生和分化相关基因的研究进展 [J]. 生命科学研究，14(4): 355-362.

石军，褚武英，张建社，2013. 鱼类肌肉生长分化与基因表达调控 [J]. 水生生物学报，37(6): 1145-1152.

赵志强，2004. 肌卫星细胞的研究现状及应用前景 [J]. 山西医科大学学报，35(1): 80-83.

朱琼，2011. 鳜快肌、慢肌组成比较及肌纤维早期发育特征 [D]. 上海：上海海洋大学.

苌菊如，2012. 鳜骨骼肌慢肌胚胎期发生与胚后生长发育 [D]. 上海：上海海洋大学.

吴晨露，谢南南，周伸奥，等，2016. 程序性细胞坏死的分子机制及其在炎症中的作用 [J]. 中国细胞生物学学报，38(1):7-16.

杨芙蓉，2008. 原始蛋白结构与功能的生物信息学研究 [D]. 淄博：山东理工大学.

姜莹英，2010. 氧气对代谢进化的影响：化学信息学与生物信息学的综合研究 [D]. 淄博：山东理工大学.

秦涛，2011. 用蛋白质空间结构作为分子化石追溯代谢进化 [D]. 淄博：山东理工大学.

谢小军，孙儒泳，1993. 南方鲇的排粪量及消化率同日粮水平、体重和温度的关系 [J]. 海洋与湖沼，24(6): 627-633.

杨宏旭，衣庆斌，刘承初，等，1995. 淡水养殖鱼类死后生化变化及其对鲜度质量的影响 [J]. 上海水产大学学报，4(1): 1-9.

徐立蒲，赵文，熊邦喜，等，2007. 淡水鱼池土腥异味物质含量与浮游藻类和放线菌生物量的关系 [J]. 生态学报，27(7): 2872-2879.

章超桦，平野敏行，铃木健，等，2000. 鲫的挥发性成分 [J]. 水产学报，24(4): 354-360.

殷守仁，赵文，徐立蒲，等，2004. 鲤土腥味的感官检测与实践 [J]. 大连水产学院学报，19(4): 264-267.

王国超，2012. 罗非鱼味物质成分检测及脱除方法的研究 [D]. 青岛：中国海洋大学.

刘方芳，2020. 美国大口胭脂鱼关键挥发性气味物质的分析及脱腥技术研究 [D]. 上海：上海海洋大学.

刘旭，2007. 鱼类肌肉品质综合研究 [D]. 厦门：厦门大学.

江上信雄，1992. 鱼类实验动物 [M]. 北京：海洋出版社.

雷志洪，徐小清，惠嘉玉，等，1994. 鱼体微量元素的生态化学特征研究 [J]. 水生生物学报，18(4): 309-315.

张勇，周安国，2001. 蛋白质周转代谢及其测定 [J]. 动物营养学报，13(4): 7-13.

况莉，谢小军，2001. 温度对饥饿状态下南方鲇幼鱼氨氮排泄的影响 [J]. 西南师范大学学报，26(1): 45-50.

周洪琪，番兆龙，李世钦，等，1999. 摄食和温度对草鱼氮排泄影响的初步研究 [J]. 上海水产大学学报，8(4): 293-297.

邹立军，熊霞，王小城，等，2017. 肠道隐窝—绒毛轴上皮细胞更新及调控机制研究进展 [J]. 中国科学：生命科学，47(2): 190-200.

许国旺，2008. 代谢组学——方法与应用 [M]. 北京：科学出版社，2008.

张淑妍，杜雅兰，汪洋，等，2010. 脂滴—细胞脂类代谢的细胞器 [J]. 生物物理学报，26(2): 97-105.

鸿巢二，桥本周久，1994. 水产利用化学 [M]. 郭晓峰，邹盛祥，译. 北京：中国农业出版社.

刘希良，2013. 翘嘴鳜肌纤维初步分型及其红肌基因克隆、表达分析 [D]. 桂林：广西师范大学.

梁宏伟，李忠，邹桂伟，2016. 黄颡鱼肌细胞生成素基因cDNA克隆及其在雌雄个体中的差异表达 [J]. 中国水产科学，23(3): 522-529.

罗鸣钟，关瑞章，靳恒，2015. 五种鳗鲡的含肉率及肌肉营养成分分析 [J]. 水生生物学报，39(4): 714-722.

陈敬文，游淑源，王天娲，等，2016. 三种不同脂肪染色方法的比较 [J]. 中国组织化学与细胞化学杂志，25(3): 273-275.

衣鸿莉，刘俊荣，王选飞，等，2020. 养殖大菱鲆死前应激状态对肌肉代谢与品质的影响 [J]. 大连海洋大学学报，35(4): 571-576.

王赛，2012. 水质、藻类变化对罗非鱼异味产生的影响及异味去除初步探讨 [D]. 湛江：广东海洋大学.

杨玉平，2012. 鲢体内土腥味物质鉴定及分析方法与脱除技术的研究 [D]. 武汉：华中农业大学.

施文正，2010. 草鱼肉挥发成分及其影响因素的研究 [D]. 上海：上海海洋大学.

江健，王锡昌，陈西瑶，等，2006. 顶空固相微萃取与GC-MS联用法分析淡水鱼肉气味成分 [J]. 现代食品科技，22(2): 219-222.

胡静，张凤枰，刘耀敏，等，2013. 顶空固相微萃取-气质联用法测定鳜鱼肌肉中的挥发性风味成分 [J]. 食品工业科技，34(1): 313-316.

王锡昌，陈俊卿，2013. 顶空固相微萃取与气质联用法分析鲢肉中风味成分 [J]. 上海水产大学学报，14(2): 175-180.

徐盈，黎雯，吴文忠，1999. 东湖富营养水体中藻菌异味性次生代谢产物的研究 [J]. 生态学报，19(2): 212-216.

周露阳，2019. 酶解虾浆、酶解鱼浆（粉）、鱼溶浆、酶解鱼溶浆和酶解鱼粉对黄颡鱼（*Pelteobagrus fulvidraco*）生长的影响 [D]. 苏州：苏州大学.

能够给读者呈现一本什么样的专业书籍？这是我们一直在思考的问题。从水产动物营养与饲料视角思考，养殖动物需要什么营养素，饲料就要提供什么营养素，既要满足养殖动物生长的营养需要，也要满足动物生产和健康的营养需要。满足养殖动物对营养素的需要是饲料配制的目标，饲料就是满足养殖动物营养需要的物质载体。那么，养殖动物生物学基础、尤其是营养生理代谢基础就是专业技术人员需要的、最底层的专业基础，而目前行业领域里缺乏这类的专业书籍。

从自然科学最底层逻辑来认知、研究动物营养的生理基础，这是我们非常关注的研究思维和研究逻辑，它决定了研究的方向和研究项目的格局。以"第三章　氧化损伤与生物抗氧化"为例，养殖动物生理健康损伤的最底层基础就是器官、组织和细胞的氧化损伤，为什么呢？在生命起源和生物进化历程中，原始的地球有氧元素及其化学成分，但没有氧气，原始的地球为中性气体（如氮气）和还原性气体（如氨和硫化氢）等组成的还原性环境。在原始地球环境中产生了生命体，原初的生命体及其细胞内都是还原性的环境，其生命活动、代谢反应等都是在还原性环境中进行。后来，原始藻类、高等植物光合作用的形成产生了氧气，包括溶解于水体中的氧气和大气中的氧气，生命代谢活动也就产生了有氧代谢，并成为现代生命体的主要生理代谢方式。有氧代谢下生命体内出现了活性氧（包括超氧自由基、羟基自由基、烷氧自由基、过氧自由基、一氧化氮自由基等自由基，也包括过氧化氢、次氯酸、单线态氧等非自由基活性氧），同时也就产生了相应的抗氧化损伤生理代谢机制，且氧化损伤成为细胞损伤的最基础、最底层的损伤方式。现代生命体的细胞内环境中保留了还原性的代谢环境，并成为细胞中原始生命的三大"遗迹"（原初生命体是RNA世界、原初生命体内是还原性的环境和细胞内环境是低钠高钾的内环境）之一；现代生命体的细胞为了维护其还原性环境，出现了细胞内抗氧化的体系，如维生素C、谷胱甘肽等抗氧化物质及其生理代谢过程，其目的是清除活性氧等成分，维护细胞内的还原性内环境；细胞也消耗了较多的能量来维护其还原性环境。现代生命体内氧化损伤与抗氧化损伤的动态平衡系统就是水产动物代谢的生理基础，也是健康维护的生理基础，在养殖生产过程中如何通过饲料途径来维护养殖动物体内的这一动态平衡就是重要的科学问题和技术问题。那么，我们如何认知氧、氧气、活性氧和动物体内的氧化损伤呢？水体中、动物体内的氧气如何存在？如何认知水产动物体内氧气的来源与去路、氧气的存在形式与转运方式、体内活性氧的来源与去路、体内活性氧的动态平衡机制以及活性氧对细胞的损伤与损伤修复过程呢？在这些认知的基础上，如何通过饲料途径来维护养殖动物的抗氧化能力，并维护养殖动物的生理健康？这就是饲料技术的研究内容，也是依据养殖动物最基础的生理代谢过程及其特点，来研究饲料技术、开发饲料添加剂的重要思维逻辑。这也是本书希望呈现给读者的思维逻辑和认知场景。

综合利用自然科学研究方法来研究水产动物营养生理和饲料是研究工作取得成功的关键。放射性同位素示踪技术就是研究饲料或食物来源的营养素在水产动物体内的代谢踪迹和代谢强度的有效技术。我们利用放射性同位素示踪技术，结合肠道离体灌注模型，研究了几种淡水鱼肠道对氨基酸的吸收、转运机制与效率；同时研究了肠道在吸收氨基酸过程中对氨基酸的物质转化和利用效率。利用同位素技术研究了草鱼蛋白质周转代谢率，研究了饲料氨基酸平衡对草鱼体内蛋白质周转代谢的影响。养殖试验是动物营养与饲料研究的主要试验方法，但也有试验周期长、试验过程受养殖环境影响较大等不利因素。实验动物模型和细胞实验模型也是研究营养生理的重要方法，我们建立了几种实验动物模型和细胞实验模型，如以硫代乙酰胺为造模剂的草鱼肝纤维化实验动物模型，鱼体活体灌注氧化鱼油损伤的实验动物模型，饲料途径氧化油脂损伤实验动物模型，原代肝细胞分离和肝细胞过氧化氢、丙二醛损伤实验模型，原代肠道黏膜细胞分离和黏膜细胞丙二醛损伤实验模型，肌肉成纤维细胞分离与培养方法等。利用这些实验动物模型和细胞实验模型开展了系列的营养生理和饲料的研究工作，这些研究结果也在本书中呈现。

尊重试验过程和试验结果，试验过程中出现的"意外"就是新的研究起点，我们团队在这方面是有不少故事的。例如，不饱和脂肪酸对水产动物具有重要的营养作用。在20世纪80年代末期，我们依据不同油脂中不饱和脂肪酸含量选择了鱼油、玉米油、猪油和豆油进行草鱼的养殖试验，本意是探究不饱和脂肪酸含量不同的油脂对草鱼生长速度和饲料效率影响的差异，当养殖试验进行到40天左右的时候，试验出现了"意外事故"，发现鱼油组、玉米油组草鱼死亡率达到50%，且死亡鱼体弯曲、氧化损伤特征非常明显。分析试验用油脂，发现过氧化值、酸价、碘价等在不同油脂原料中差异显著，不饱和脂肪酸含量越高的鱼油、玉米油其油脂氧化酸败越显著，且与试验草鱼的死亡率、氧化损伤特征成显著正相关。于是，我们开启了对水产动物氧化损伤的生理基础、饲料氧化油脂对水产动物氧化损伤机制等系列研究工作，也成为坚持了近30年的长期的研究工作。在20世纪80～90年代的水产饲料中，更多地关注日粮中蛋白质含量、较少重视油脂含量，我们开展了日粮增加蛋白质含量、增加油脂含量的比较试验，结果发现增加饲料中油脂含量可以取得较增加蛋白质含量更好的养殖效果，于是比较了不同水产动物对不同油脂油料、油脂不同添加量的养殖效果，也引导大宗淡水鱼类饲料中粗脂肪含量从原来的3%～5%逐渐增加到6%～10%，部分养殖鱼类饲料油脂含量超过12%。这些研究结果，使得我们对于水产动物脂类营养作用的认知取得了显著进步，对饲料油脂的质量控制和使用方法也更为科学。在我们实验室团队发展历程中，对豆粕试验的"意外结果"也是有故事的。豆粕是重要的植物蛋白质原料，在进行不同植物蛋白质原料如豆粕、棉粕、菜籽粕等的比较研究中，发现豆粕对几种淡水鱼的养殖效果并没有达到理想的结果，尤其是日粮中过量的豆粕反而造成养殖鱼体生理健康受到严重损伤。试验结果与预期的、通识性的认知出现"意外"，因此试验结果当时还不敢发表。后来开展了不同的多次试验，尤其是利用草鱼原代肝细胞实验模型研究了大豆、豆粕水溶物对肝细胞的损伤作用，综合其他学者的研究结果，可以确认大豆、豆粕中含有对养殖动物细胞损伤的物质，且可能与常规的已知抗营养因子不同，在水产动物饲料中豆粕应该限量使用。在豆粕的研究过程中，发现棉粕（含棉籽多糖）对养殖动物健康损伤比豆粕小，棉粕逐渐成为水产动物饲料中重要的植物蛋白质原料。后来，在新疆的近10年技术服务过程中，与当地企业一起研究了棉籽榨油、提油工艺对棉粕质量的影响，改进了棉籽油生产工艺和设备，生产出粗蛋白质含量50%的棉粕，现在也有了粗蛋白质含量为60%的棉籽蛋白原料。还有一个关于多维、多矿试验的"意外结果"故事，在我们刚进入水产动物营养与饲料研究领域之时，开展了多维、多矿预混料的研究工作，发现日粮多维、多矿预混料使用量加倍的条件下，日粮中倍量增加多矿预混料的使用，养殖鱼体的生长速度显著增加，而日粮中倍量增加多维预混料则没有使养殖鱼体生长速度显著增加，但鱼体健康状态显著改善。于是认知到多维预混料对鱼体健康是重要的，而多矿预混料对鱼体体型、生长速度是重要的，后来就开展了淡水鱼类矿物元素的营养生理和饲料多矿预混料的系列研究工作。

科学永无止境，水产动物营养生理基础研究与饲料技术研究永远在路上。我们的团队从事淡水鱼、虾、蟹的营养生理基础研究和相关饲料应用技术研究工作30多年了，每个人做了某一个节点或某一个方面的研究工作，众人拾柴火焰高，集成实验室团队的工作，终于形成了本书。我们清醒地知道，本书尽管集成了我们实验室团队的集体研究成果，但仅仅是在科学研究进程中的一段时间节点的成果，也仅仅是淡水鱼类营养生理与饲料的一个方面的成果。我们希望能为水产动物营养生理与饲料专业领域的科研工作者和行业人士，展现我们的成果、我们的思维逻辑和研究方法；希望不同的读者读完本书能有所收获、得到启发，希望对水产养殖、水产饲料和水产食品产业发展能有用。

进行大量的研究工作不容易，完成本书的写作不容易，编辑出版本书也不容易。感恩所有人的付出，感谢为本书面世付出努力和辛苦的所有人！

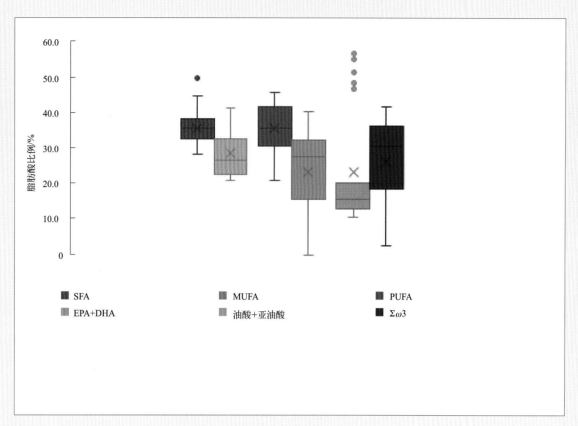

图5-33 鱼油脂肪酸饱和性（归一法，*n*=40）

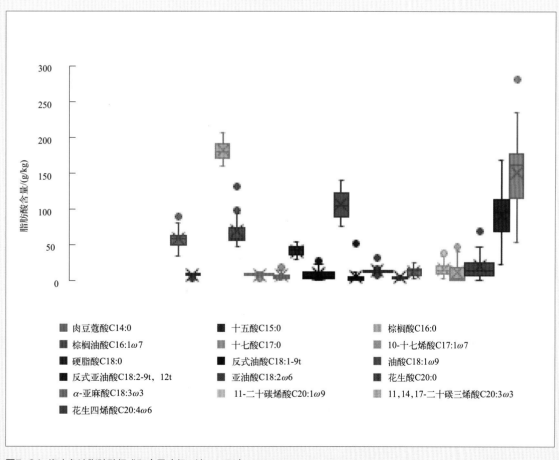

图5-34 海水鱼油脂肪酸组成和含量（归一法，*n*=31）

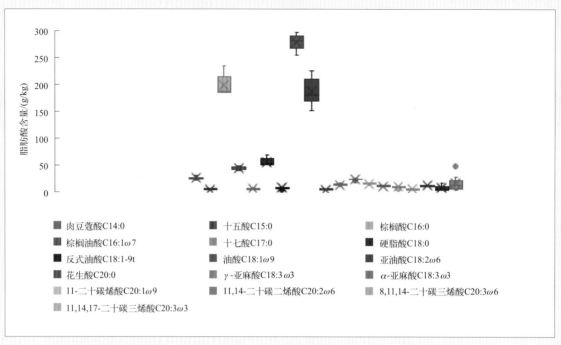

图5-35 罗非鱼油脂肪酸组成和含量（归一法，n=9）

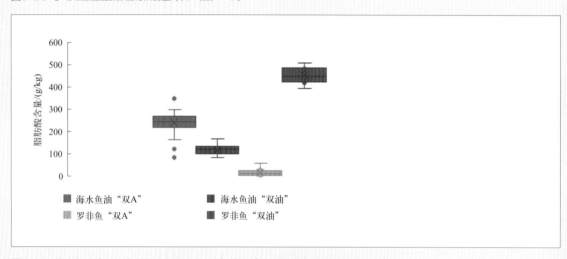

图5-36 海水鱼油（n=31）与罗非鱼鱼油（n=9）"双A"与"双油"含量的比较（内标法）

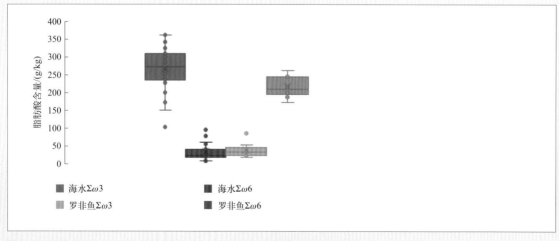

图5-37 海水鱼油（n=31）与罗非鱼鱼油（n=9）ω3与ω6含量的比较（内标法）

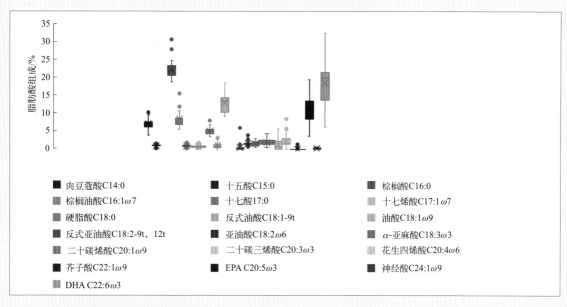

图5-38 海水鱼油脂肪酸组成比例（归一法，*n*=31）

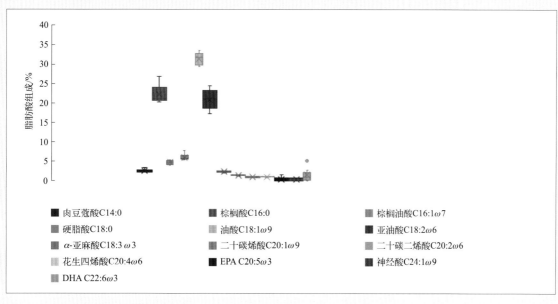

图5-39 罗非鱼鱼油脂肪酸组成比例（归一法，*n*=9）

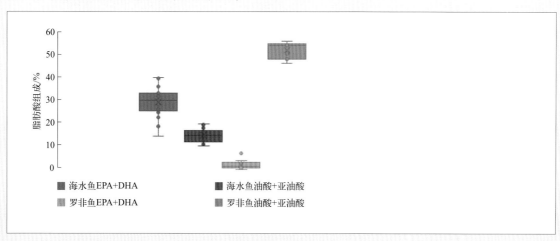

图5-40 海水鱼油与罗非鱼鱼油"双A"与"双油"比较（归一法）

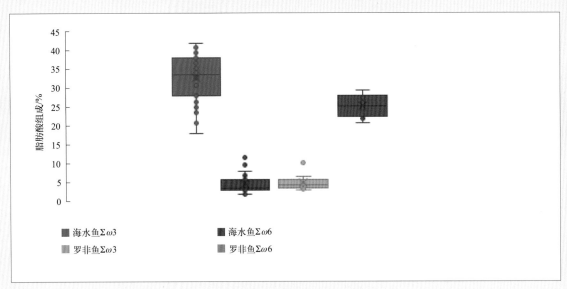

图5-41 海水鱼油（*n*=31）与罗非鱼鱼油（*n*=9）ω3与ω6含量的比较（归一法）

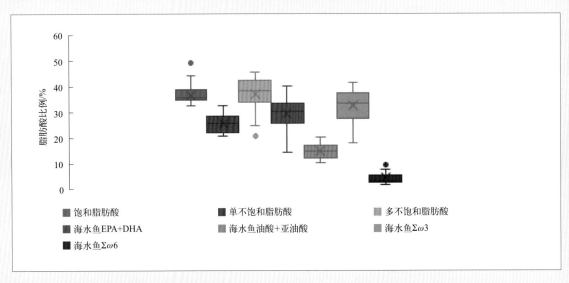

图5-42 海水鱼油脂肪酸饱和性（归一法，*n*=31）

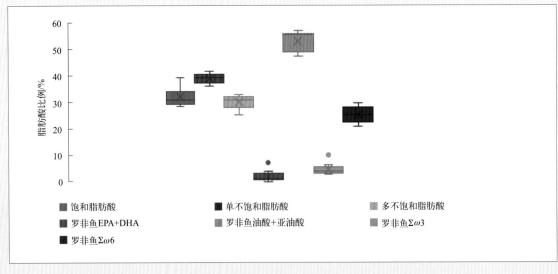

图5-43 罗非鱼脂肪酸饱和性（归一法，*n*=9）

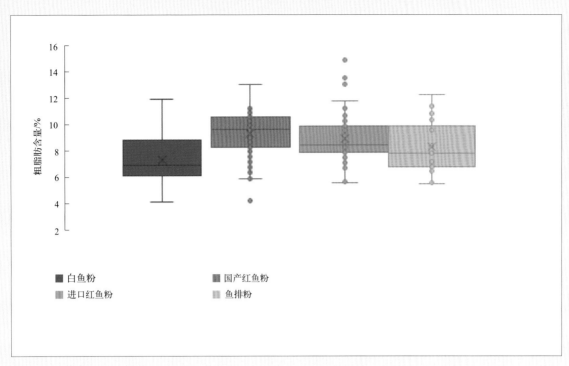

图5-44 鱼粉粗脂肪含量分布（*n*=232）

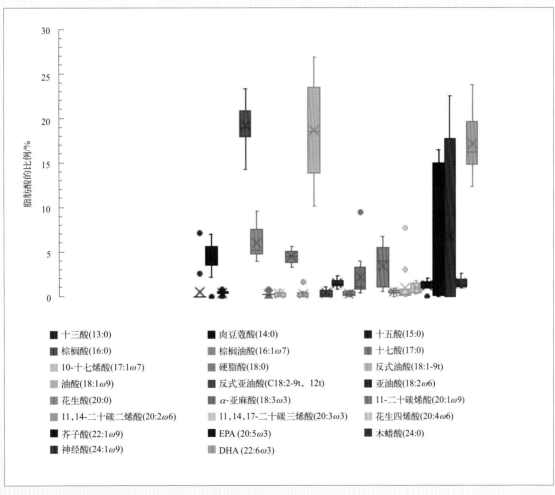

图5-45 白鱼粉脂肪酸组成比例（归一法，*n*=20）

9

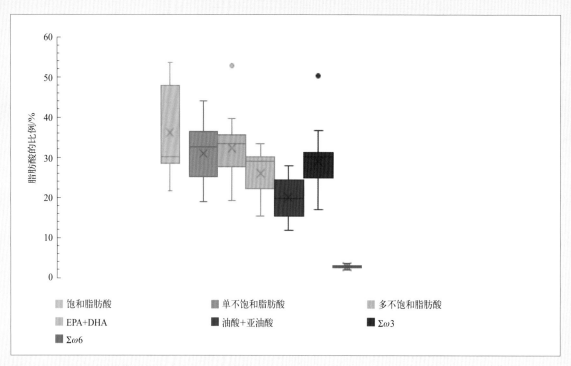

图5-46 白鱼粉分类脂肪酸组成比例（归一法，*n*=20）

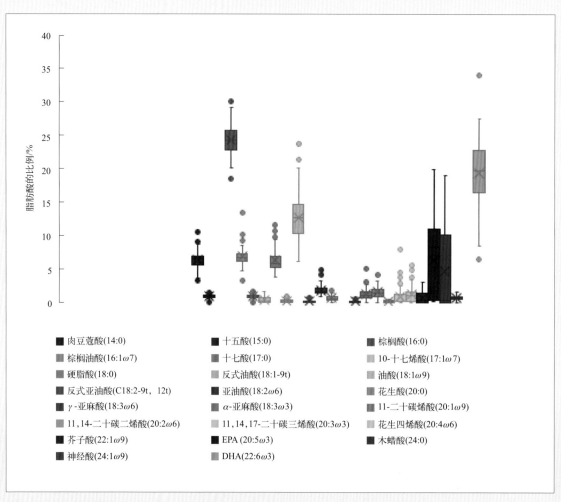

图5-48 红鱼粉脂肪酸组成比例（归一法，*n*=107）

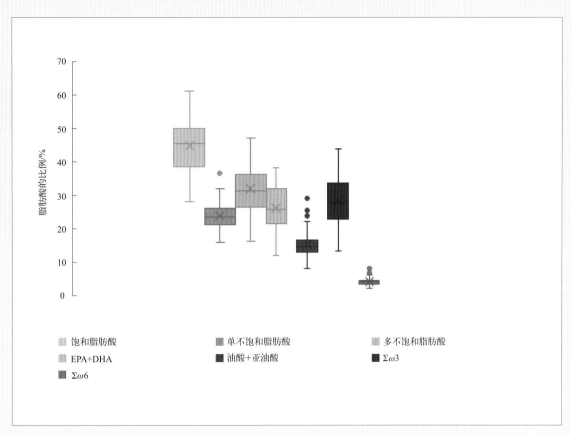

图5-49 红鱼粉分类脂肪酸组成比例（归一法，*n*=107）

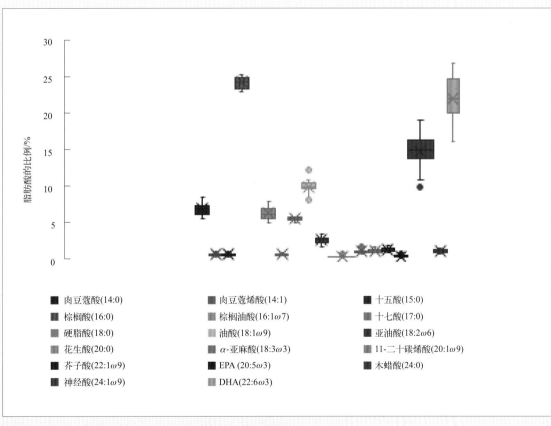

图5-51 红鱼粉（鳀鱼-秘鲁）脂肪酸组成比例（归一法，*n*=15）

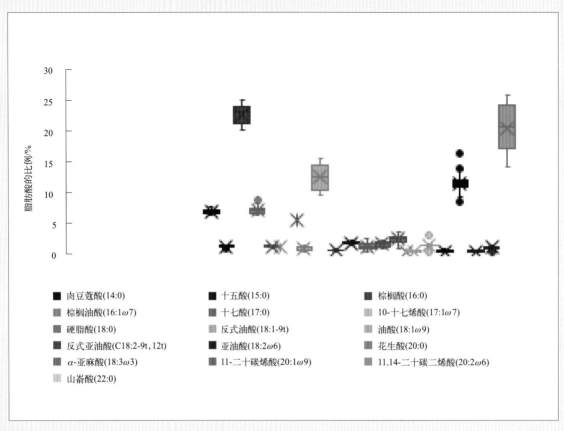

图5-52 红鱼粉（鳀鱼-中国）脂肪酸组成比例（归一法，n=26）

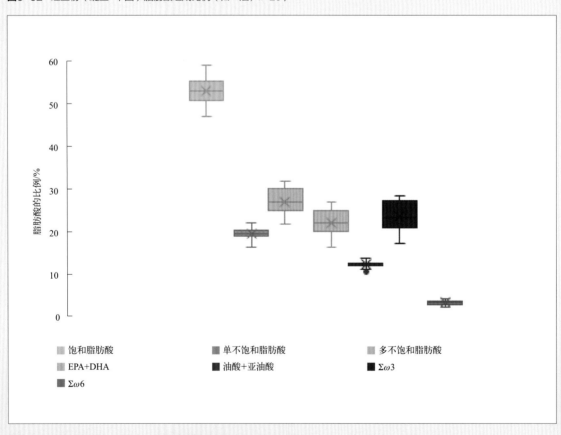

图5-53 红鱼粉（鳀鱼-秘鲁）分类脂肪酸组成比例（归一法，n=15）

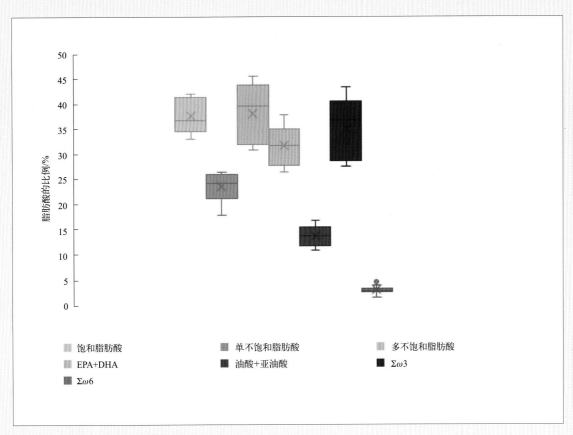

图5-54 红鱼粉（鳀鱼-中国）分类脂肪酸组成比例（归一法，$n=26$）

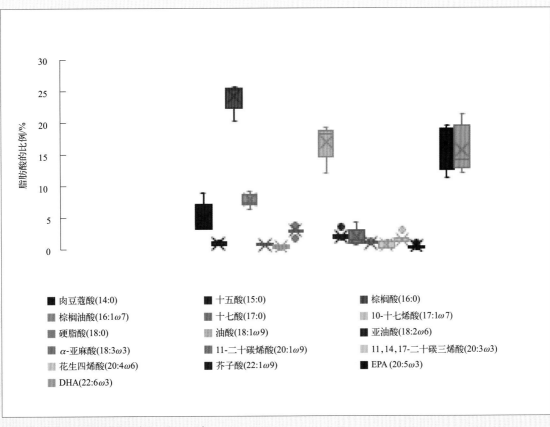

图5-55 虾粉脂肪酸组成比例（归一法，$n=9$）

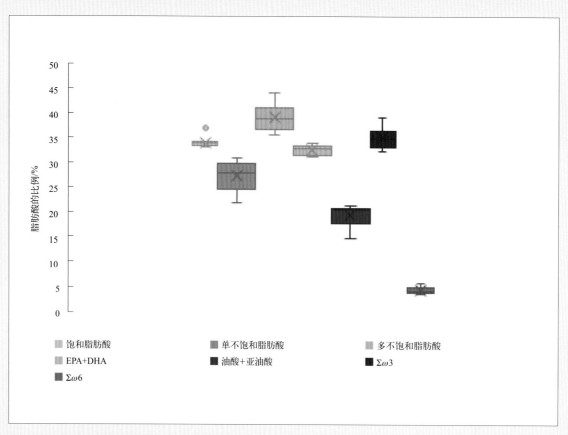

图5-56 虾粉分类脂肪酸组成比例（归一法，*n*=9）

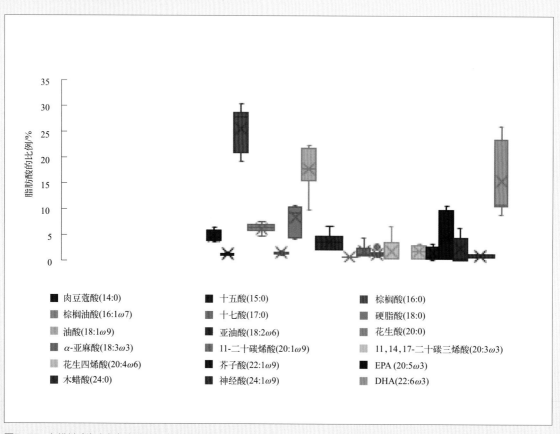

图5-57 鱼排粉（海水鱼）脂肪酸组成比例（归一法，*n*=7）

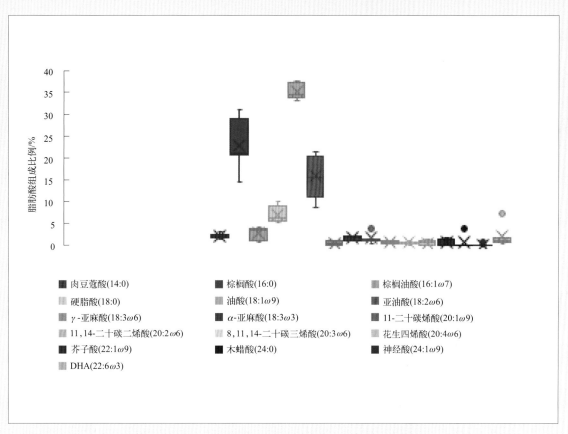

图5-58 鱼排粉（养殖）脂肪酸组成比例（归一法，*n*=12）

图例：
- 肉豆蔻酸(14:0)
- 棕榈酸(16:0)
- 棕榈油酸(16:1ω7)
- 硬脂酸(18:0)
- 油酸(18:1ω9)
- 亚油酸(18:2ω6)
- γ-亚麻酸(18:3ω6)
- α-亚麻酸(18:3ω3)
- 11-二十碳烯酸(20:1ω9)
- 11,14-二十碳二烯酸(20:2ω6)
- 8,11,14-二十碳三烯酸(20:3ω6)
- 花生四烯酸(20:4ω6)
- 芥子酸(22:1ω9)
- 木蜡酸(24:0)
- 神经酸(24:1ω9)
- DHA(22:6ω3)

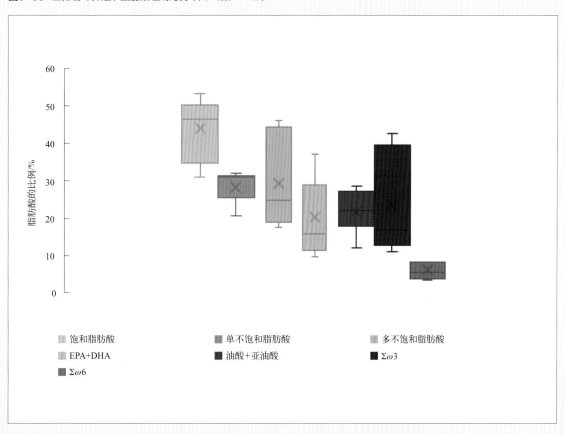

图5-59 鱼排粉（海水鱼）分类脂肪酸组成比例（归一法，*n*=7）

图例：
- 饱和脂肪酸
- 单不饱和脂肪酸
- 多不饱和脂肪酸
- EPA+DHA
- 油酸+亚油酸
- Σω3
- Σω6

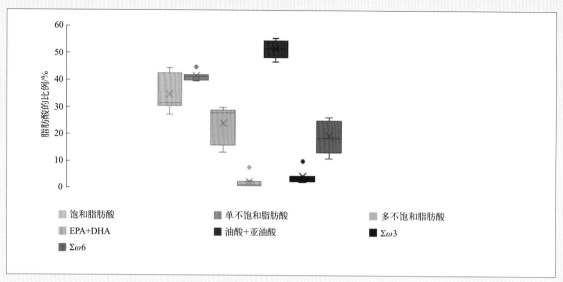

图5-60 鱼排粉（淡水和养殖鱼）分类脂肪酸组成比例（归一法，$n=12$）

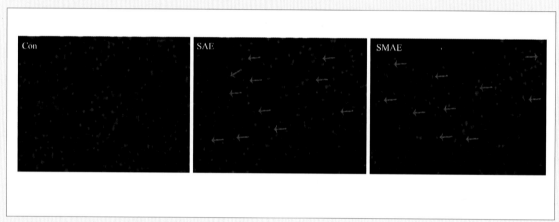

图8-4 Hoechst 33258荧光染色观察大豆水溶物（SAE）和豆粕水溶物（SMAE）培养细胞核形态变化

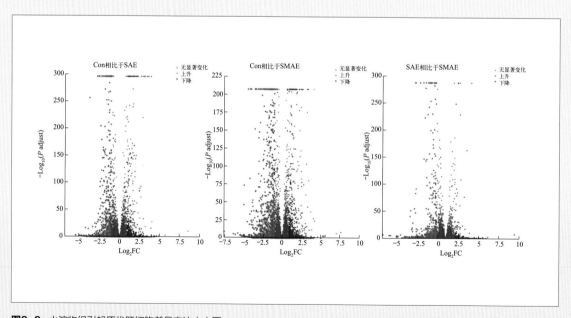

图8-8 水溶物组引起原代肝细胞差异表达火山图

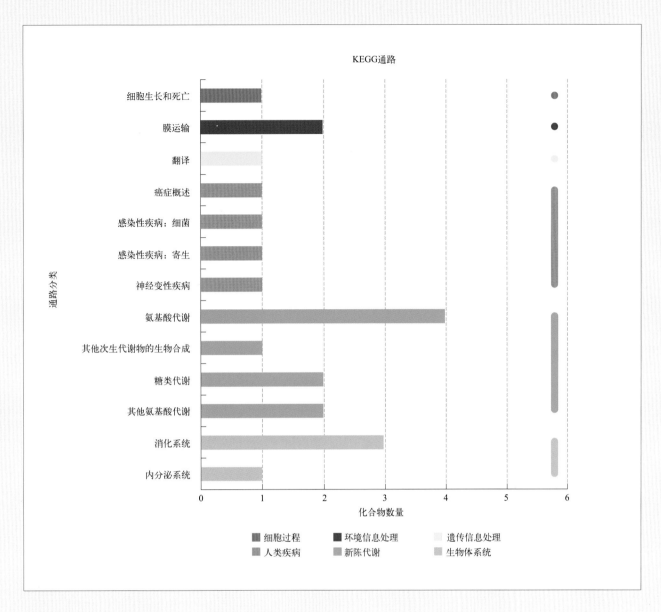

图8-13 细胞内液KEGG通路统计

纵坐标为KEGG代谢通路的名称，横坐标为注释到该通路下的代谢物个数。KEGG代谢通路可分为6大类：新陈代谢（metabolism），遗传信息处理（genetic information processing），环境信息处理（environmental information processing），细胞过程（cellular processes），生物体系统（organismal systems），人类疾病（human diseases）

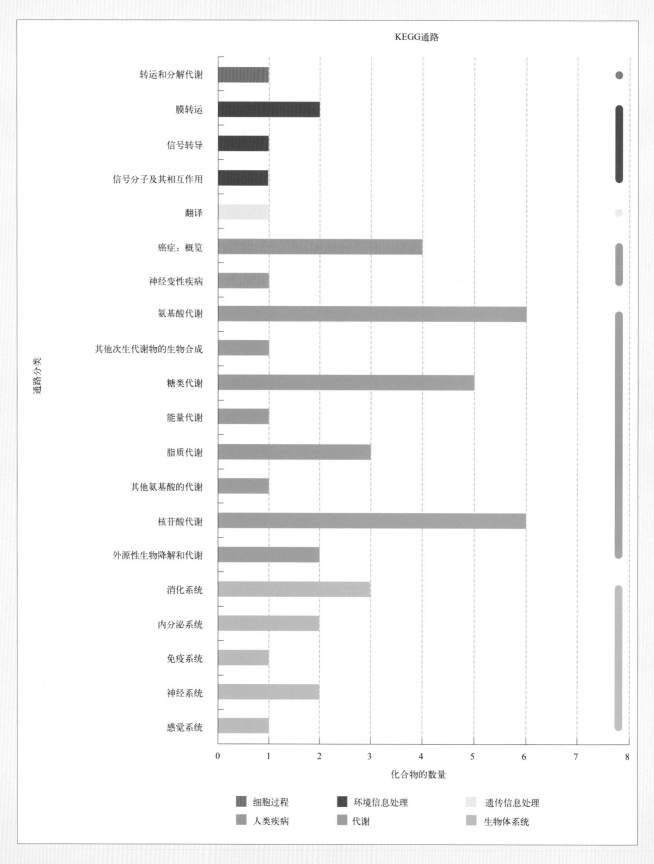

图8-15 细胞外液KEGG通路分析

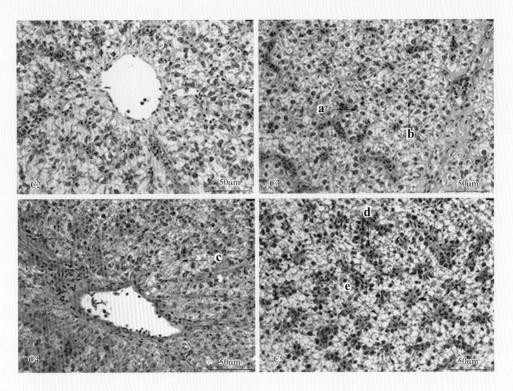

图8-19 日粮豆粕含量对黄颡鱼肝胰脏组织切片的影响

a—肝细胞排列整齐有序，呈规则的多边形，细胞间界线清晰；b—细胞核位于细胞的中央，且染色较深；c—肝细胞边界模糊且不规则"←"；d—细胞核变大且发生聚集"↓"；e—肝细胞出现空泡"↘"

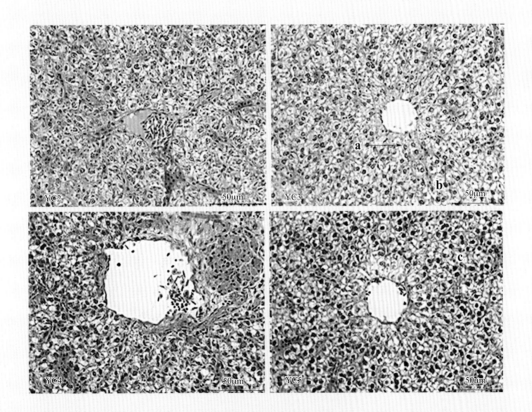

图8-20 不同豆粕水平饲料添加酵母培养物对黄颡鱼肝胰脏组织切片的影响

a—肝细胞排列整齐有序，呈规则的多边形，细胞间界线清晰；b—细胞核位于细胞的中央，且染色较深；c—细胞核变大且发生聚集"↓"

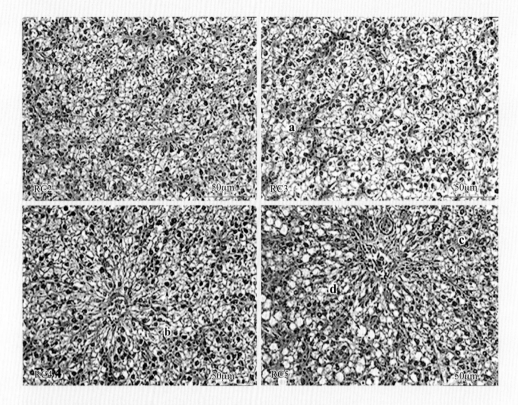

图8-21 不同豆粕水平饲料添加天然植物复合物对黄颡鱼肝胰脏组织切片的影响

a—肝细胞排列整齐有序，呈规则的多边形，细胞间界线清晰；b—细胞核位于细胞的中央，且染色较深；
c—细胞核发生聚集"↓"；d—肝细胞出现空泡"↘"

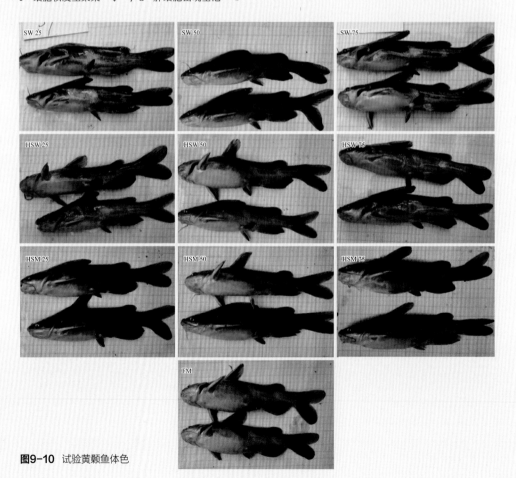

图9-10 试验黄颡鱼体色

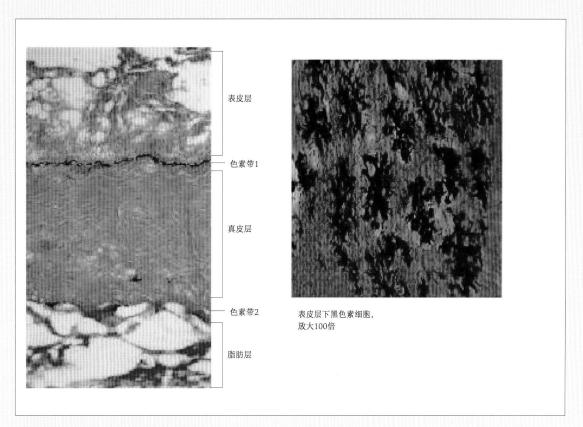

表皮层

色素带1

真皮层

色素带2

脂肪层

表皮层下黑色素细胞，
放大100倍

图11-11 斑点叉尾鮰皮肤组织和黑色素细胞

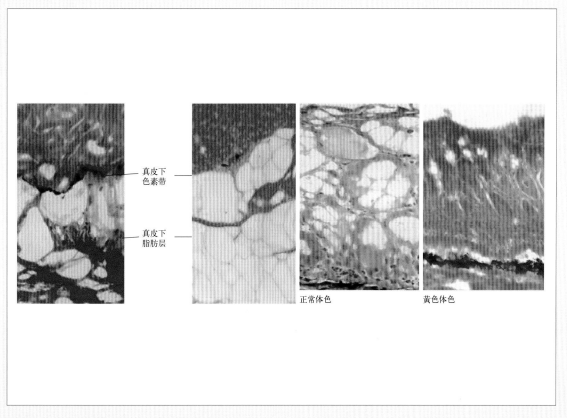

真皮下
色素带

真皮下
脂肪层

正常体色

黄色体色

图11-12 斑点叉尾鮰皮肤组织（示黑色素细胞位置）

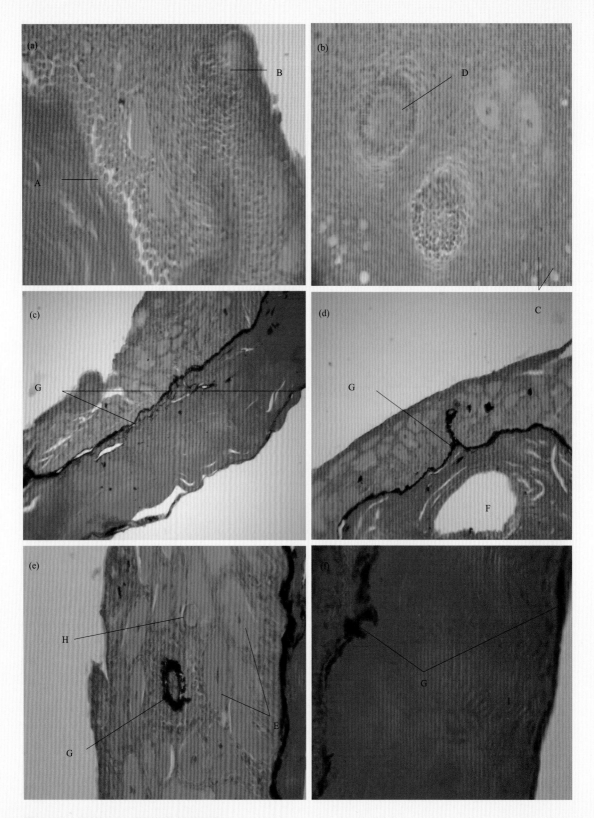

图11-13 黄颡鱼皮肤组织结构和黑色素细胞

(a)、(b)、(f)腹部切片；(c)、(d)、(e) 背部切片

A—生发层；B—味蕾；C—杯状细胞；D—皮穴器官；E—棒状细胞；F—侧线；
G—黑色素色素细胞；H—球状细胞；I—真皮层

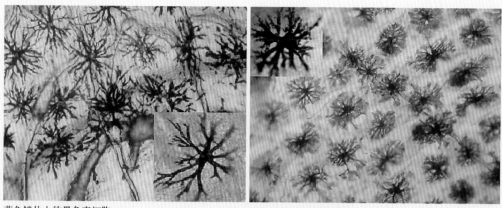

草鱼鳞片上的黑色素细胞 　　　　　　　　　鲫鱼鱼鳞上的黑色素细胞

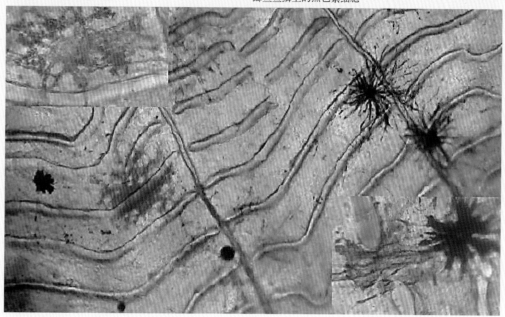

淡水白鲳鱼鳞上的黑色素细胞和红色素细胞

图11-14　草鱼、鲫鱼和淡水白鲳鱼鳞的黑色素细胞和红色素细胞

黄色团头鲂：鱼鳞上黑色素细胞已经退化　　　　体色正常的团头鲂：鱼鳞上黑色素细胞正常

图11-15　体色变黄和正常体色团头鲂鳞片黑色素细胞的形态

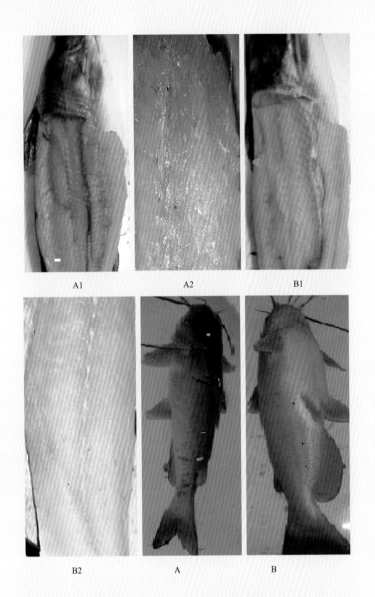

图11-20 黄色体色和正常体色斑点叉尾鮰背部肌肉色泽
A：黄色鱼体；B：正常体色鱼体；A1和A2：黄色鱼体背部黄色肌肉；B1和B2：正常色泽肌肉

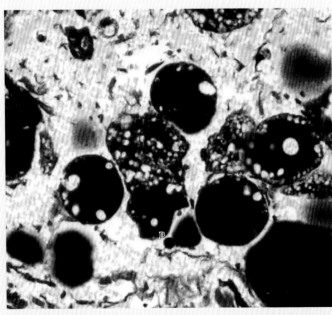

图11-23 脂肪组织进行锇酸染色的效果图示
脂肪细胞为黑色